NR. 4
REFERAT 0001–3083
SEITE 1–288

1964
29. JANUAR

CHEMISCHES ZENTRALBLATT

1830 gegründet
1897—1945 von der Deutschen Chemischen Gesellschaft fortgeführt

Herausgegeben im Auftrage
der Deutschen Akademie der Wissenschaften zu Berlin,
der Chemischen Gesellschaft in der DDR,
der Akademie der Wissenschaften zu Göttingen
und der Gesellschaft Deutscher Chemiker
von Prof. Dr. HEINRICH BERTSCH und Prof. Dr. Dr. h. c. WILHELM KLEMM

Chefredakteure
Dr. EUGEN KLEVER und Prof. Dr.-Ing. EBERHARD LEIBNITZ

135. JAHRGANG
1964

Chem. Zbl. 135. Jg. Nr. 4 Ref. 0001—3083 S. 1—288 Berlin, 29. Januar 1964

AKADEMIE-VERLAG GMBH · BERLIN · VERLAG CHEMIE GMBH · WEINHEIM · BERGSTRASSE

Inhalt

CHEMISCHES ZENTRALBLATT

1830 gegründet
1897—1945 von der Deutschen Chemischen Gesellschaft fortgeführt

Herausgegeben im Auftrage
der Deutschen Akademie der Wissenschaften zu Berlin,
der Chemischen Gesellschaft in der DDR,
der Akademie der Wissenschaften zu Göttingen
und der Gesellschaft Deutscher Chemiker
von Prof. Dr. HEINRICH BERTSCH und Prof. Dr. Dr. h. c. WILHELM KLEMM

Chefredakteure
Dr. EUGEN KLEVER und Prof. Dr.-Ing. EBERHARD LEIBNITZ

135. JAHRGANG
1964

Nr.	Referate	Seitenzahl	Ausgabe-Datum
1	1—3013	1—304	8. Januar 1964
2	1—2983	1—288	15. Januar 1964
3	1—3078	1—296	22. Januar 1964
4	1—3083	1—288	29. Januar 1964

AKADEMIE-VERLAG GMBH · BERLIN · VERLAG CHEMIE GMBH · WEINHEIM · BERGSTRASSE

Abkürzungsverzeichnis

A	Ampère
Ä.	Äthylalkohol
Å	Ångström
a	Jahr (nur für Dimensionen)
Abb.	Abbildung(en)
abs.	absolut(e)
Ae.	Diäthyläther
akt.	aktiv(e)
allg.	allgemein(e)
App.	Apparat(e), Apparatur(en)
asymm.	asymmetrisch(e)
at	Atmosphäre, technisch
atm	Atmosphäre, physikalisch
Atomgew.	Atomgewicht
ausg.	ausgegeben
AZ.	Acetylzahl
bar	Bar
bes.	besonders, besondere, insbesondere
Best.	Bestimmung(en)
Bibl.	Bibliographie(n)
bin.	binär
Bldg.	Bildung(en)
bzgl.	bezüglich
Bzl.	Benzol
Bzn.	Benzin
bzw.	beziehungsweise
C.	Chem. Zentralblatt (nur bei Zitaten)
c	Curie
ca.	zirka
cal	Calorie(Grammcalorie)
Chlf.	Chloroform
const	constans
cP	Centipoise
cSt	Centistokes
D_4^{20}	Dichte (bei 20° gemessen u. bezogen auf Wasser von 4°)
D	Debye
d	Tag (nur für Dimensionen)
DAB.	Deutsches Arzneibuch
dad. gek.	dadurch gekennzeichnet
Darst.	Darstellung(en)
Deriv.	Derivat
Derivv.	Derivate
Dest.	Destillation(en)
dest.	destillieren, destilliert(e)
d.h.	das heißt
DK	Dielektrizitätskonstante
DL	Dosis letalis
DTA	Differentielle Thermoanalyse
$E_{1\,cm}^{1\%}$	Extinktion (1%ige Lsg.; 1 cm Schichtdicke)
Eig.	Eigenschaft
Eigg.	Eigenschaften
Einfl.	Einfluß, Einflüsse
Einw.	Einwirkung(en)
EMK	Elektromotorische Kraft
Entw.	Entwicklung(en)
Ep.	Erstarrungspunkt
Epp.	Erstarrungspunkte
eV	Elektronenvolt

evtl.	eventuell
EZ.	Esterzahl
°F	Grad Fahrenheit
F.	Schmelzpunkt
FF.	Schmelzpunkte
Fl.	Flüssigkeit
Fll.	Flüssigkeiten
fl.	flüssig(e)
g	Gramm
Geh.	Gehalt(e)
gek.	gekennzeichnet(e)
gesätt.	gesättigt(e)
Geschw.	Geschwindigkeit(en)
Gew.	Gewicht(e)
ggf.	gegebenenfalls
Ggw.	Gegenwart
h	Stunde (nur für Dimensionen)
Herst.	Herstellung(en)
Hz	Hertz
I.E.	Internationale Einheit
i.m.	intramuskulär(e)
inakt.	inaktiv(e)
I.P.	Isoelektrischer Punkt
IR	Infrarot (Ultrarot)
i.v.	intravenös(e)
J	Joule
JZ.	Jodzahl
°K	Grad Kelvin
kcal	Kilogrammcalorie
Koeff.	Koeffizient(en)
Koll.	Kolloid(e)
koll.	kolloid(e), kolloidal(e)
Kondens.	Kondensation(en)
Konst.	Konstante(n)
konst.	konstant(e)
Konstit.	Konstitution(en)
Konz.	Konzentration
Konzz.	Konzentrationen
konz.	konzentriert(e)
korr.	korrigiert(e)
Kp.	Siedepunkt
Kpp.	Siedepunkte
krist.	Kristallisiert(e)
KW-Stoff	Kohlenwasserstoff
KW-Stoffe	Kohlenwasserstoffe
Labor.	Laboratorium, Laboratorien
l.c.	loco citato
Leg.	Legierung
Legg.	Legierungen
lösl.	löslich(e)
log	Logarithmus (allgemein)
Lsg.	Lösung
Lsgg.	Lösungen
Lsgm.	Lösungsmittel (Ein- u. Mehrzahl)
m	Meter
m	molar (Konzentrationsangabe)
Meth.	Methode(n)
Min.	Minute(n) (allgemein)
min	Minute (nur für Dimensionen)
Mitt.	Mitteilung(en)
mkr.	mikroskopisch(e)
ml	Milliliter
mμ	Millimikron
Mol	Grammolekül(e)
Mol.	Molekül
Moll.	Moleküle

mol.	molekular(e)
Molgew.	Molekulargewicht(e)
Mol.-Refr.	Molekularrefraktion(en)
n	normal (Konzentrationsangabe)
n-	normal (Isomerieangabe)
n_D^{20}	Brechungsindex (bei 20° u. D-Linie)
nachst.	nachstehend(e)
Nachw.	Nachweis(e)
Nd.	Niederschlag
Ndd.	Niederschläge
Oe	Oerstedt
opt.-akt.	optisch-aktiv(e)
p	Pond
PAe.	Petroläther
pH	Wasserstoffionenkonzentration (negativer dekad. Logarithmus)
pK	Dissoziationskonstante (negativer Logarithmus)
ppm	parts per million
Präp.	Präparat
Präpp.	Präparate
prim.	primär(e)
Prior.	Priorität(en), Unionspriorität(en)
Prod.	Produkt
Prodd.	Produkte
qual.	qualitativ(e)
quant.	quantitativ(e)
quart.	quartär(e) (Bindigkeit)
quatern.	quaternär(e)
°R	Grad Reaumur
r	Internationale Röntgeneinheit
rac.	racemisch(e)
rad	Einheit der absorbierten Strahlendosis
°Rank.	Grad Rankine
Red.	Reduktion
Redd.	Reduktionen
red.	reduziert(e)
Ref.	Referat
Reff.	Referate
rem	roentgen-equivalent-men
rep	roentgen-equivalent-physical
R_F	Retentionsfaktor (anteilmäßige Steighöhe)
RhZ.	Rhodanzahl
Rk.	Reaktion
Rkk.	Reaktionen
S	Sedimentationskonstante
s	Sekunde (nur für Dimensionen)
s.	siehe
schm.	schmelzend(e)
sd.	siedend(e)
Sek.	Sekunde(n), allgemein
sek.	sekundär(e)
sog.	sogenannt(e)
spezif. Gew.	Spezifisches Gewicht
Std.	Stunde(n) (allgemein)
std.	stündig(e)
symm.	symmetrisch(e)

Synth.	Synthese(n)
Syst.	System(e)
SZ.	Säurezahl
t	Tonne, metrisch
Temp.	Temperatur(en)
tern.	ternär(e)
tert.	tertiär(e)
u.	und
u.a.	und andere, unter anderem
u.dgl.	und dergleichen
U/min	Umdrehungen pro Minute
ungesätt.	ungesättigt(e)
unlösl.	unlöslich(e)
unsymm.	unsymmetrisch(e)
Unters.	Untersuchung
Unterss.	Untersuchungen
USP.	United States Pharmacopeia
usw.	und so weiter
UV	Ultraviolett
V	Volt
Val	Grammäquivalent
Verb.	Verbindung
Verbb.	Verbindungen
verd.	verdünnt(e)
Verf.	Verfahren (Einzahl)
Verff.	Verfahren (Mehrzahl)
Verh.	Verhalten
Vers.	Versuch
Verss.	Versuche
Verw.	Verwendung(en)
Vf.	Verfasser(in) (Einzahl)
Vff.	Verfasser(innen) (Mehrzahl)
Vgl.	Vergleich(e)
vgl.	vergleiche
Vol.	Volumen, Volumina
Vork.	Vorkommen (Ein- u. Mehrzahl)
vorl. Mitt.	vorläufige Mitteilung(en)
Vorr.	Vorrichtung(en)
vorst.	vorstehend(e)
VZ.	Verseifungszahl
W	Watt
W.	Wasser
Wrkg.	Wirkung(en)
wss.	wässerig(e)
X	X-Einheit
z.B.	zum Beispiel
Zers.	Zersetzung(en)
z.T.	zum Teil
Zus.	Zusammensetzung(en)
♂	männlich (im biolog. Sinne)
♀	weiblich (im biolog. Sinne)
°	Grad Celsius
%ig.	prozentig
‰ig.	promillig
~	angenähert, etwa
	gleich mit, rund
≧	gleich oder größer als
≦	gleich oder kleiner als
>	größer als
<	kleiner als
≙	entspricht
∞	unendlich
Ø	Durchmesser

Griech. Abkürzungen

$[\alpha]_D^{20}$	Opt. Drehung, spezifische (gemessen mit D-Linie bei 20°)
λ	Wellenlänge
λ_{max}	maximale Wellenlänge
λ_{min}	minimale Wellenlänge
μ	Mikrometer (auch Mikron genannt)
μg	Mikrogramm (auch Gamma genannt)
Ω	Ohm

Kurzzeichen der Vorsätze für Einheiten

T	Tera-	10^{12} Einheiten
G	Giga-	10^{9} Einheiten
M	Mega-	10^{6} Einheiten
k	Kilo-	10^{3} Einheiten
h	Hekto-	10^{2} Einheiten
da	Deka-	10^{1} Einheiten
d	Dezi-	10^{-1} Einheiten
c	Zenti-	10^{-2} Einheiten
m	Milli-	10^{-3} Einheiten
μ	Mikro-	10^{-6} Einheiten
n	Nano-	10^{-9} Einheiten
p	Pico-	10^{-12} Einheiten

Patent-Abkürzungen

D.A.S.	Deutsche Auslegeschrift
D.B.P.	Deutsches Bundes-Patent
D.P.[DDR]	Deutsches [DDR] Pat.
A.P.	Amerikanisches Patent
Aust.P.	Australisches Patent
Belg.P.	Belgisches Patent
Can.P.	Canadisches Patent
Dän.P.	Dänisches Patent
E.P.	Englisches Patent
Finn.P.	Finnisches Patent
F.P.	Französisches Patent
Ind.P.	Indisches Patent
Israel.A.S.	Israelische Auslegeschrift
It.P.	Italienisches Patent
Jap.A.S.	Japanische Auslegeschr.
Niederl.P.	Niederländisches Patent
Norw.P.	Norwegisches Patent
Oe.P.	Österreichisches Patent
Port.P.	Portugiesisches Patent
Schwed.P.	Schwedisches Patent
Schwz.P.	Schweizer Patent
Tschech.P.	Tschechoslowakisches Patent
UdSSR.P.	Sowjetisches Patent
Ung.P.	Ungarisches Patent

Für die fachliche Rechtschreibung in den Referaten und Registern des Chemischen Zentralblattes ist die 2. Auflage (Verlag Chemie GmbH Weinheim/Bergstr. u. VDI-Verlag GmbH Düsseldorf; 1959) der „Rechtschreibung der technischen und chemischen Fremdwörter" von Jansen-Mackensen bestimmend.

Dr. Eugen Klever und Prof. Dr.-Ing. Eberhard Leibnitz, Chefredakteure

CHEMISCHES ZENTRALBLATT

BIBLIOGRAPHIEN
Nr. 1 · 1964

Neue Bücher

Geschichte, Unterricht

Walter Theodore Karl Braunholtz, The Institution of Gas Engineers: the first hundred years 1863—1963. London: Institution of Gas Engineers. 1963. (336 S. m. Abb., Taf., Tab. u. Diagr.) 30 s.

Percival Sydney Jewell, Elementary principles of chemistry. 2nd edit. London: University Tutorial P. 1963. (199 S. m. Diagr.) 7 s. 6 d.

John Joseph Gerald McCue, The world of atoms; an introduction to physical science. 2nd edit. New York: Ronald. 1963. (775 S. m. Abb.) $ 8.50.

B. A. Pawlow und **A. P. Terentjew,** Lehrbuch der organischen Chemie (für Chemotechnika). Moskau: Verl. für fremdspr. Lit. 1963. (568 S. m. Abb.) 2 Rbl. 85 Kop. [engl.]

John W. Sulcoski, Basic chemistry problems for high school. Minneapolis: Burgess. 1963. (216 S. m. Abb.) $ 2.75.

Harry Bischoff Weiss, The early breweries of New Jersey. Trenton (N.J.): Agricultural Soc. 1963. (98 S. m. Abb.) $ 2.—.

W. P. Zybassow und **A. I. Krjagowa,** Handbuch der praktischen und Laboratoriumsarbeiten in der allgemeinen Chemie. Leningrad: 1963. (176 S. m. Abb.; 1 Bl. Tab.) 70 Kop. [russ.]

—, Praktische Arbeiten in der physikalischen Chemie. Teil 4: Ergänzungsaufgaben. Moskau: 1962. (358 S. m. Zeichng.) 57 Kop. [russ.]

A. Allgemeine, physikalische und anorganische Chemie

A. I. Akhiezer and **Vladimir Borisovich Berestetskii,** Elements of quantum electrodynamics. 2nd revised edit. London: Oldbourne P. 1963. (301 S. m. Diagr.) 60 s.

Edward S. Deevey and **Richard Foster Flint,** eds., Radiocarbon. Vol. 5. New Haven (Conn.): Yale University. 1963. (349 S. m. 1 Abb. u. 1 Tab.)

Harry L. Morrison, ed., The quantum theory of many-particle systems. New York: Gordon & Breach. 1963. (345 S. m. Abb.) = Intl. sci. review ser. Vol. 2. $ 4.95.

Howard Nechamkin, Problems in inorganic chemistry. Princeton (N.J.), London: Van Nostrand. 1963. (IX + 171 S. m. Diagr.) 30 s.

Heinzwerner Preuss, Quantentheoretische Chemie. 5 Bde. 1. Mannheim: Bibliographisches Institut. 1963. (94 S. m. Abb.) 8^0 = B. I.-Hochschultaschenbücher. Bd. 43. DM 3,80.

I. Prigogine, ed., Advances in chemical physics, vol. 5 New York: Interscience dist. Wiley. 1963. (410 S. m. Diagr.) $ 16.50.

Robert Thomas Sanderson, Principles of chemistry. New York, London: Wiley. 1963. (X + 626 S. m. Abb., Tab. u. Diagr.) 60 s.

Robert L. Sproull, Modern physics; the quantum physics of atoms, solids, and nuclei. 2nd edit. New York: Wiley. 1963. (630 S. m. Abb.) $ 9.75.

Ch. U. Ussmanow, Ch. R. Russtamow und **Ch. R. Rachimow,** Physikalische Chemie. Taschkent: Verl. der Mittel- u. Hochschulen. 1963. (723 S. m. Zeichng.) 1 Rbl. 58 Kop. [russ.]

—, Richtsätze für die Nomenklatur der anorganischen Chemie. Berlin: Akademie-Verl. 1963 (39 S.) 8^0. DM 3,—.

A_1. Kernphysik und Kernchemie

Robert Hofstader, ed., Electron scattering and nuclear and nucleon structure, a collection of reprints with an introduction. New York: Benjamin. 1963. (XIII + 690 S. m. Abb., Tab. u. Diagr.) $ 6.95.

A. A. Kanajew, Atomenergieanlagen. Moskau: Ssudpromgis. 1961. (428 S. m. Abb. u. Zeichng.) 1 Rbl. 55 Kop. [russ.]

H. Kramers and **K. R. Westerterp,** Elements of chemical reactor design and operation. Amsterdam: Nederlandse Universiteitspers. 1963. (XVIII + 246 S.) hfl 30.—.

Ralph Theodore Overman, Basic concepts of nuclear chemistry. New York: Reinhold; London: Chapman & Hall. 1963. (XI + 116 S. m. Abb., Tab. u. Diagr.) 16 s.

—, Inelastic scattering of neutrons in solids and liquids. Proceedings of the symposium on inelastic scattering of neutrons in solids and liquids sponsored by the International Atomic Energy Agency in cooperation with the United Nations Educational, Scientific and Cultural Organization, held at Chalk River, Canada, 10—14 September 1962. Vol. 1. Vienna: International Atomic Energy Agency; München: Oldenbourg. 1963 (469 S. m. Abb.) 8^0 = Scientific technical Information. Publ. 62. DM 31,50.

A_2. Optisches Verhalten der Materie

Sumner P. Davis, The red system of the CN molecule. Berkeley: Univ. of Calif. Pr. 1963. (VIII + 214 S. m. Abb. u. Tab.) $ 9.50.

W. L. Ginsburg und **Ss. I. Ssyrowatski,** Der Ursprung kosmischer Strahlen. Moskau: Verl. der Akad. der Wiss. der UdSSR. 1963. (384 S. m. graph. Darst.; 1 Bl. Abb.) 1 Rbl. 50 Kop. [russ.]

Bela Adalbert Lengyel, Lasers: generation of light by stimulated emission. New York, London: Wiley. 1963. (XI + 125 S. m. Abb., Tab. u. Diagr.) 55 s.

A_3. Elektrizität, Magnetismus, Elektrochemie

J. Smidt, Magnetic and electric resonance and relaxation. Proceedings of the XIth colloque ampère, Eindhoven, July 2—7, 1962. Amsterdam: Noord-Hollandsche U. M. 1963. (XI + 793 S. m. Abb.) hfl 80.—.

—, Berichte der Arbeitsgemeinschaft Ferromagnetismus. Herausgeg. von der Arbeitsgemeinschaft Ferromagnetismus, Gemeinschaftsausschuß der folgenden Gesellschaften: Verein deutscher Eisenhüttenleute, Verband deutscher Elektrotechniker, Deutsche Gesellschaft für Metallkunde, Verband deutscher physikalischer Gesellschaften. Düsseldorf: Verl. Stahleisen. 1963. (85 S. m. Abb.) 4^0. DM 18,—.

A_4. Thermodynamik, Thermochemie

Ralph Raymond Hultgren, Selected values of thermodynamic properties of metals and alloys. New York: Wiley. 1963. (963 S. m. Abb.) $ 12.50.

A_5. Kolloidchemie, Grenzschichtforschung

H. Bloemendal, Zone electrophoresis in blocks and columns. Amsterdam: Elsevier Publishing Cy. 1963. (VIII + 220 S. m. Abb.) = Elsevier monographs. Chemistry section; no 28. hfl 20.—.

Kozo Shinoda and others, Colloidal surfactants: some physiochemical properties. New York, London: Academic P. 1963. (310 S. m. Tab. u. Diagr.) 92 s.

A_6. Strukturforschung

Willi Kleber, Kristallchemie. Leipzig: Teubner. 1963. (128 S. m. 61 Abb.) 8^0 = Mathematisch-naturwissenschaftliche Bibliothek. 36. DM 9,30.

Arpád Nadai, Theory of flow and fracture of solids; v. 2. New York: McGraw-Hill. 1963. (705 S. m. Abb.) $ 25.—.

L. D. Ssokolow, Beständigkeit der Metalle gegen plastische Verformung. Moskau: Metallurgisdat. 1963. (284 S. m. Abb.) 1 Rbl. 3 Kop. [russ.]

A_7. Gleichgewichte, Kinetik

M. Ss. Sacharjewski, Kinetik und Katalyse. Leningrad: Verl. der Leningrader Univ. 1963. (314 S. m. Zeichng.) 69 Kop. [russ.]

H. Stephen and **T. Stephen,** eds., Solubilities of inorganic and organic compounds. Vol. 1: Binary systems. Part 1. Oxford, London: Pergamon. 1963. (960 S. m. Tab.) 10 £.

A_8. Präparative anorganische Chemie. Komplexverbindungen. Metallorganische Verbindungen

Ingvar Lindqvist, Inorganic adduct molecules of oxocompounds. Berlin, Göttingen, Heidelberg: Springer. 1963. (VI + 128 S. m. 18 Abb.) 8° = Anorganische und allgemeine Chemie in Einzeldarstellungen. Bd. 4, DM 20,—.

Paul Pascal, Nouveau traité de chimie minérale. 8. Germanium, étain, plomb. 3e fasc. Paris: Masson et Cie. 1963. (XL + 816 S. m. Abb.) 8°.

A_9. Mineralogische und geologische Chemie

I. M. Alijew, G. A. Arshewski, A. A. Borissow u. a. Tektonik und Erdölgasführung im westlichen Teil Mittelasiens. Moskau: Gosstoptechisdat. 1963. (310 S. m. Zeichng. u. Kart.; 3 Bl. Skizzen u. Kart.) 1 Rbl. 87 Kop. [russ.]

Ilja Issakowitsch Ginsburg (Il'ja Isaakovič Ginzburg), Grundlagen und Verfahren geochemischer Prospektierung von Lagerstätten der Buntmetalle und seltenen Metalle). Übersetzt aus dem Russischen. Berlin: Akademie-Verl. 1963. (XII + 339 S. m. 72 Abb. u. 33 Tab.) 8°. DM 48,—.

N. I. Gorbunow, Hochdisperse Mineralien und ihre Untersuchungsmethoden. Moskau: Verl. der Akad. der Wiss. der UdSSR. 1963. (302 S. m. Abb.; 2 Bl. Abb.) 1 Rbl. 59 Kop. [russ.]

Georges Jurain, Contribution à la connaissance géochimique des familles de l'uranium-radium et du thorium dans les Vosges méridionales, application de certains résultats en prospection des gisements d'uranium. Nancy: Fondation scientifique de la géologie et de ses applications. 1962. (350 S. m. Abb.) 4°.

Will Kleber, Einführung in die Kristallographie. 6. verb. Aufl. Berlin: Verl. Technik. 1963. (366 S. m. 344 Abb. u. 47 Tab.) 8°. DM 21,—.

F. Ju. Lewinsson-Lessing und **E. A. Struwe,** Petrographisches Wörterbuch. Überarb. u. vervollst. durch R. P. Petrowitsch u. a. Moskau: Gossgeoltechisdat. 1963. (447 S.) 2 Rbl. 31 Kop. [russ.]

D. P. Maljuta, Biogeochemische Schürfungsmethode nach Erzlagerstätten (Prinzip und Praxis von Schürfungen). Moskau: Verl. der Akad. der Wiss. der UdSSR. 1963, (264 S. m. Abb. u. Kart.; 2 Bl. Tab. u. Kart.) 1 Rbl. 83 Kop. [russ.]

Jan Petránek, Usazené horniny, jejich vznik, složeni a ložiska. (Sedimentäres Gestein, sein Ursprung, seine Zusammensetzung und Lagerstätten). In tschechisch. Praha: NČSAV. 1963. (704 S. m. 338 Abb.) Kčs 51.—.

D. Makromolekulare Chemie

Erwin Chargaff, Essays on nucleic acids. Amsterdam: Elsevier Publishing Cy. 1963. (XII + 212 S.) hfl 22.50.

E_1. Allgemeine Biologie und Biochemie

Theodor Bersin, Biochemie der Mineral- u. Spurenelemente. Frankfurt/Main: Akademische Verl.-Ges. 1963. (XVI + 695 S. m. 99 Abb. u. Taf.) 8°. DM 68,—.

James Lafayette Fairley and **Gordon Leslie Kilgour,** Essentials of biological chemistry. New York: Reinhold; London: Chapman & Hall. 1963. (XV + 287 S. m. Abb., Tab. u. Diagr.) 60 s.

Wilfred Archibald Sexton, Chemical constitution and biological activity. 3rd. revised and enlarged edit. London: Spon. 1963. (XXVIII + 517 S. m. Tab. u. Diagr.) 6 £. 10 s.

E_3. Mikrobiologie, Bakteriologie, Immunologie

Ronald Hare, An outline of bacteriology and immunity. 2nd. edit. London: Longmans. 1963. (XII + 463 S. m. Abb., Tab. u. Diagr.) 40 s.

E_5. Tierchemie, Tierphysiologie, Tierpathologie

H. U. Anton and others, Biochemical findings in the differential diagnosis of internal diseases; translated from the German von R. Gaddie und E. Anna Illingworth. Amsterdam, Barking (Ex.): Elsevier. 1963. (XVI + 428 S. m. Abb., Tab. u. Diagr.) 5 £. 10 s.

Kurt Kramer, Otto Krayer u. a., Hrsg., Ergebnisse der Physiologie, biologischen Chemie und experimentellen Pharmakologie. Bd. 52. Berlin, Göttingen, Heidelberg: Springer. 1963. (234 S. m. 49 Abb.) 4°. DM 66,—.

A. L. Mjassnikow, Je. I. Tschasow, I. K. Schchwatzabaja und **N. N. Kipschidse,** Experimentelle Nekrose des Myokards. Moskau: Medgis. 1963. (204 S. m. Abb.; 1 Bl. Abb.) 76 Kop. [russ.]

R. Schoen and **H. Südhof,** Biochemical findings in the differential diagnosis of internal diseases. Amsterdam: Elsevier Publishing Cy. 1963. (XVI + 430 S.) hfl 55.—

G. W. Troitzki, Elektrophorese von Eiweiß. Charkow: Verl. der Charkower Univ. 1962. (323 S. m. Abb.) 1 Rbl. 58 Kop. [russ.]

E_6. Pharmakologie, Therapie, Toxikologie, Hygiene

T. Ju. Iljutschenok, N. A. Isskarew, K. Ss. Schadurski und **L. A. Jakimowitsch,** Pharmakologie. Minsk: Verl. der Moskauer Hochschul-, Mittel-, Spezial- u. Berufs-Ausbildung der BelorussSSR. 1963. (346 S. m. Abb.) 1 Rbl. 25 Kop. [russ.]

N. I. Kalandadse, Experimentelle cytotoxische Nephritis und einige bemerkenswerte Wirkungen der Corticosteroide auf sie. Tbilissi: Verl. der Akad. der Wiss. der GrusinSSR. 1963. (291 S.; 16 Bl. Abb.) 1 Rbl. 37 Kop. [grusin.]

Harold Varley and **A. H. Gowenlock,** The clinical chemistry of monoamines. Amsterdam: Elsevier Publishing Cy. 1963. (XVI + 244 S. m. Abb.) hfl. 30.—.

F. Pharmazeutische Chemie, Desinfektion

Jakob Büchi, Grundlagen der Arzneimittelforschung und der synthetischen Arzneimittel. Basel, Stuttgart: Birkhäuser. 1963. (744 S. m. Abb.) 8° = Lehrbücher und Monographien aus dem Gebiete der exakten Wissenschaften. Chemische Reihe. Bd. 15. DM 96,—.

Herbert Wietschoreck, Die pharmazeutisch-chemischen Produkte deutscher Apotheken im Zeitalter der Nachchemiatrie. Braunschweig, Stuttgart: Deutscher Apothekerverl. 1962. (367 S.) 8° = Veröffentlichung aus dem Pharmaziegeschichtlichen Seminar der Technischen Hochschule. Bd. 5. DM 16,—.

G. Analyse, Laboratorium

A. Ch. Batalin, Qualitative chemische Analyse anorganischer Verbindungen. Handbuch. Orenburg. 1963. (294 S. m. Abb.; 2 Bl. Tab.) 1 Rbl. 30 Kop. [russ.]

H. J. M. Bowen and **D. Gibbons,** Radioactivation analysis. Oxford: Clarendon P. 1963. (295 S. m. Taf., Tab. u. Diagr.) 50 s.

Frank Edward Critchfield, Organic functional group analysis. Oxford, London: Pergamon. 1963. (VII + 187 S. m. Tab. u. Diagr.) 42 s.

C. E. H. Knapman, ed., Gas chromatography abstracts. 1961. London: Butterworths Scientific. 1962. (X + 219 S.) 42 s.

Laak Mautrits Kolthoff, Treatise on analytical chemistry. vol. 8, part 2. New York: Interscience dist. Wiley. 1963. (556 S. m. Abb.) $ 20,—.

J. W. L. Ligten, Handleiding voor de kwalitatieve anorganisch-chemische analyse. 's-Gravenhage: W. P. van Stockum & Zoon. 1963. (52 S.) hfl. 3,25.

Eric Minshall, Systematic semi-micro qualitative analysis tables for inorganic substances. 2nd edit. 2 vols. in 1. London: Macdonald & Evans. 1963. (X + 106 S. m. Diagr.) 8 s. 6 d.

William Harrison Nebergall, College chemistry, with qualitative analysis, 2nd edit. Boston: Heath. 1963. (861 S. m. Abb.) $ 9.25.

Robert Milton Silverstein and **Gerald Clayton Bassler,** Spectrometric identification of organic compounds. New York, London: Wiley. 1963. (VIII + 177 S. m. Tab. u. Diagr.) 64 s.

Hermann A. Szymanski, ed., Lectures on gas chromatography, 1962. Based on lectures presented at the Advanced sessions of the 4th annual Gas Chromatography Inst. New York: Plenum. 1963. (282 S. m. Abb. u. Diagr.) = Progress in indus. chromatography, 2. $ 10.—.

Frank J. Welcher, ed., Standard methods of chemical analysis; vol. 2, parts A and B: Industrial and natural products and noninstrumental methods. 6th edit. Princeton (N.J.): Van Nostrand. 1963. 2 vols. (2613 S. m. Abb., Tab. u. Diagr.) set $ 50.—.

Philip W. West, A. M. G. Macdonald and **T. S. West,** Analytical chemistry 1962. The proceedings of the International symposium held at Birmingham university April, 1962. Amsterdam: Elsevier Publishing Cy. 1963. (X + 414 S. m. Abb.) hfl 45.—.

—, Analytical chemistry, v. 3, parts 1—3. New York: Pergamon dist. MacMillan. 1963. (93 S. m. Abb.) = Progress in nuclear energy, ser. 9. $ 4.50.

—, Research on spectroscopy and luminescence. Part 2: On the broadening and shift of spectra lines in the plasma of a gaseous discharge von **M. A. Mazing** (66 S. m. Abb.) $ 15.—. Part 3: On spectral excitation in a spark discharge von **N. K. Sukhodrev** (52 S. m. Abb.) $ 12.50. Part 4: The radioluminescence yield of organic substances von **Z. A. Chizhikova** (50 S. m. Abb.) $ 12.50. Authorized translation from the Russian. Herausgeg. von Akademiia nauk SSSR. Fizicheskii institut. New York.: Consultants. 1962.

H_1. Allgemeine chemische Technologie

Erich Krell, Handbook of laboratory distillation. Amsterdam: Elsevier Publishing Cy. 1963. (X + 562 S. m. Abb.) hfl 50.—.

E. L. Oberg, Ten Bosch' viertalig technisch woordenboek. Nederlands, Engels, Frans, Duits. 6e druk. Deventer: Æ. E. Kluwer. 1963. (704 S.) hfl 27.50.

—, European chemical industry, developments of 1962. Herausgeg. von Noyes Development Corporation. Pearl River (N.Y.) 1963. (148 S.) $ 15.—

H_3. Elektrotechnik

Paul Delahay, Hrsg., Advances in electrochemistry and electrochemical engineering. Vol. 3: Electrochemistry. New York, London: Interscience. 1963. (XI + 397 S. m. Abb., Tab. u. Diagr.) 5 £ 13 s.

H_4. Wasser, Abwasser

Fritz Meinck und **Helmut Möhle,** Wörterbuch für das Wasser- und Abwasserfach in dt., engl., französ. italienisch. München, Wien: Oldenbourg. 1963. (X + 449 S.) 8⁰. DM 64,—.

Carl Franz Seyfried, Beitrag zur Frage der Reinigung des Abwassers der Stärkeindustrie. Hannover: Institut für Siedlungswasserwirtschaft der TH. Hannover. 1962. (VII + 167 S. m. 70 Abb.) 8⁰ = Veröffentlichungen des Instituts für Siedlungswasserwirtschaft der Techn. Hochschule Hannover. Heft 10. DM 20,—.

Rolf Strehl, Beitrag zur Technik der Abwasserreinigung mit belebtem Schlamm. Hannover: Institut für Siedlungswasserwirtschaft der TH. 1962. (170 S.) 8⁰ = Veröffentlichungen des Institutes für Siedlungswasserwirtschaft d. Techn. Hochschule Hannover. Heft 11. DM 20,—.

H_6. Silicatchemie, Baustoffe

W. F. Bradley, ed., National Conference on Clays and Clay Minerals. Clay and clay minerals: proceedings. Oxford, London: Pergamon. 1963. (IX + 368 S.) = International series of monographs on earth sciences. Vol. 13. 5 £ 5 s.

Hermann Harkort, Praktikum für Porzellan und keramische Elektro-Isolierstoffe. Coburg: Sprechsaal-Verl. 1963. (152 S. m. Abb.) 8⁰. DM 14,—.

Wilhelm Hinz, Silikate. Einführung in Theorie u. Praxis. Lfg. 1—5. Berlin: Verl. f. Bauwesen. 1963. (XX + 868 S.) 8⁰, je DM 16,—; Lfg. 5. DM 20,—.

G. I. Matchkovskii, Dictionnaire français-russe de ciment et béton. Moscou: Éditions d'État de la littérature pour la construction, l'architecture et les matériaux de construction. 1962. (311 S.) 11,70. F.

Thomas David Robson, High-alumina cements and concretes. London: Contractors Record; New York: Wiley. 1962. (263 S. m. Abb., Tab. u. Diagr.) 40 s.

H_7. Agrikulturchemie, Schädlingsbekämpfung

Günther Bachthaler, Unkrautbekämpfung auf Acker und Grünland. München, Basel, Wien: BLV-Verl. Ges.; Hiltrup b. Münster: Landwirtschaftsverl. 1963. (107 S. m. Abb.) 8⁰. DM 5,80.

D. N. Prjanischnikow, Ausgewählte Schriften. (In 3 Bänden) Bd. 1. Agrochemie. Moskau: Sselchosisdat. 1963. (735 S.; 1 Bl. Porträt.) 2 Rbl. 7 Kop. [russ.]

Gerhard Schrader, Die Entwicklung neuer insektizider Phosphorsäure-Ester. 3., neubearb. Aufl. Weinheim/Bergstr.: Verl. Chemie. 1963. (VI + 444 S.) 8⁰. DM 44,—.

—, Bodenkunde, Agrochemie und Pflanzenphysiologie. Moskau: 1963. (371 S. m. Abb.) 1 Rbl. 10 Kop. [russ.]

H_8. Metallurgie, Korrosion

P. A. Akolsin und **W. W. Gerassimow,** Korrosion der Konstruktionsmaterialien von Kern- u. Wärmeenergieanlagen. Moskau: Verl. der Hochschule 1963. (376 S. m. Abb.) 1 Rbl. 28 Kop. [russ.]

Dmitrii Vasil'evich Beliaev, A handbook of the metallurgy of tin; translated from the Russian by J. J. Comish. Oxford, London: Pergamon. 1963. (VIII + 122 S. m. Abb., Tab. u. Diagr.) 42 s.

J. A. Belk, Vacuum techniques in metallurgy. Oxford, London: Pergamon; New York: Macmillan. 1963. (XII + 231 S. m. Abb., Taf., Tab. u. Diagr.) 25 s.

M. Je. Blanter, Metallkunde und Wärmebehandlung. Moskau: Maschgis. 1963. (416 S. m. Abb. 2 Bl. Tab.) 1 Rbl. 13 Kop. [russ.]

Alfred R. Globus, Titanium metal powder. New York: Vantage. 1963. (64 S. m. Abb.) $ 2.95.

I. N. Kagan und **Ja. I. Fomin,** Hrsg., Die Anreicherung von Manganerzen aus Fundstätten der UdSSR. Leningrad: 1963. (292 S. m. Abb. u. Kart.) 1 Rbl. 80 Kop. [russ.]

Marshall Edward Parker, Rohrkorrosion und kathodischer Schutz. Ein Handbuch für die Praxis. 2. Aufl. Übers. aus dem Engl. von Alfons Kottmann u. P. Pickelmann. Essen: Vulkan-Verl. 1963. (160 S. m. Abb.) 8⁰. DM 32,—.

W. A. Resnitschenko, M. B. Rapoport und **W. A. Tkatschenko,** Metallurgie des Titans. Untersuchung der Elektroschmelze von Titanschlacken. Moskau: Verl. der Akad. der Wiss. der UdSSR. 1963. (200 S. m. Abb.) 71 Kop. [russ.]

Walter Wendt, Kupfer. Vom Erz zum Reinmetall. Eine Übersicht über das Schrifttum 1953—1961. Als Ms. gedr. Clausthal-Zellerfeld: Gesellschaft deutscher Metallhütten- u. Bergleute. 1963. (VI + 210 S.) 8⁰ = Schriften der Gesellschaft deutscher Metallhütten- u. Bergleute. Heft 12. DM 40,—.

—, Iron and Steel Institute. Clean steel: papers and discussions from technical sessions of the autumn general meeting of the Iron and Steel Institute held at the Federation of British Industries, 28 and 29 November 1962. London: Iron & Steel Institute 1963. (130 S. m. Abb., Tab. u. Diagr.) = Special reports no. 77. 84 s.

H_{10}. Färberei, Organische Farbstoffe

Charles Lawrence Bird, The theory and practice of wool dyeing. 3rd. edit. Bradford (Yorks.): Society of Dyers and Colourists. 1963. (XII + 243 S. m. Taf. u. Diagr.) 35 s.

H_{11b}. Plaste (Kunstharze, Plastische Massen)

Jean Delorme, Dictionnaire des matières plastiques et de leurs applications. 2e édit. Paris: Éditions Amphora. 1963. (XII + 403 S. m. Abb.) 75 F.

G. Ja. Gordon, Stabilisierung synthetischer Polymere. Moskau: Gosschimisdat. 1963. (299 S. m. Zeichng.) 1 Rbl. 18 Kop. [russ.]

A. M. Wittfoht, Hrsg., Plastics lexicon: processing and machinery, in six languages: German-English-French-Spanish-Italian-Dutch. Amsterdam, Barking (Ex.): Elsevier. 1963. (XI + 218 S.) 45 s.

H_{18b}. Textilfasern

Werner von Bergen, Hrsg., Wool handbook: a text and reference book for the entire wool industry; vol. 1, 3rd enlarged edit. Prepared by a staff of specialists. New York, London: Interscience. 1963. (XXII + 800 S. m. Abb., Tab. u. Diagr.) 8 £ 5 s.

Ausgewertete Bibliographie-Fachzeitschriften

Belgien	Bibliographie de Belgique — Belgische Bibliographie
ČSSR	Bibliography of Publications Dealing with the Polarography Method [Praha] Bulletin — Die Neuesten Forschungsergebnisse der Tschechoslowakischen Wissenschaft
	Nové Knihy (Neue Bücher) Novinky (Neuheiten)
Dänemark	Danske Bogmarked
Deutschland	Börsenblatt für den Deutschen Buchhandel — Frankfurter Ausgabe Deutsche Bibliographie. Wöchentliches Verzeichnis. Ausgabe II. [Frankfurt/Main] Deutsche Nationalbibliographie. Reihe A: Neuerscheinungen des Buchhandels [Leipzig]
England	British National Bibliography
Frankreich	Bibliographie de la France
Griechenland	Greek Bibliography [Athen]
Italien	Bibliografia Nazionale Italiana
Niederlande	Nieuwsblad voor de Boekhandel
Österreich	Österreichische Bibliographie
Schweiz	Schweizer Buch. Serie A und Serie B
UdSSR	Bücherverzeichnis des Jahres
	Neue Bücher
USA	Publishers' Weekly

Namenregister

Ein vollständiger oder gekürzter Abdruck der Referate ist ohne Genehmigung der Redaktion und des Verlages verboten!

Patentregister

Amerikanische Patente (A.P.)

Nr.	Referat
2863912	2407
2870163	2380
2878265	2418
2878266	2418
2878281	2410
2880240	2409
2881210	2411
2882268	2403
2882302	2398
2886569	2522
2887490	2423
2890221	2429
2894035	2408
2898272	3055
2906675	2386
2906676	2386
2909540	2391
2913395	3057
2914568	2379
2914576	2376
2915525	2417
2918496	2414
2920087	2367
2921017	3060
2922752	3056
2922765	2372
2922800	3976
2922811	2412
2925335	3062
2925442	2380
2929824	2382
2933518	2397
2937080	3054
2940931	3082
2942004	2419
2943679	3079
2944051	2416
2944065	2400
2944972	3078
2946761	2970
2947645	2904
2947691	3067
2947785	2396
2950326	2374
2951090	2399
2952675*	2688
2952689	2421
2955916	2394
2956018	3081
2956056	2426
2956963	2427
2958589	1909
2961470	2378
2962367	3061
2963352	3053
2963416	3058
2963521	2372
2965567	3080
2966495	2420
2970987*	2646
2971042	1919
2971043	1919
2975920	2375
2979382	2067
2980547	2071
2981699	1904
2982757	1911
2985563	2832
2986522	1912
2988449	2830
2988454	2058
2989421	2078
2989481	1916
2989482	1915
2989485	2329
2992990	1914
2993001	2066
2993011	1905
2993879*	2656
2995461	1928
2996457	1913
2996513	2401
2997393	2831
2998342	2624
2998400	2600
2998675	2062
2999752	2833
2999819	2065
3000784	1628
3002962	2592
3004048	2873
3004863	2063
3005731	1906
3006781	1924
3006913	1587
3008908*	2660
3010836	2064
3010850	1907
3010925	2595
3012045	1614
3012902	2074
3012939	1611
3012941	1613
3013010	1632
3013033	1610
3013362	2060
3014021	2593
3014048	2603
3014874	1922
3014876	1923
3014933	1615
3014934	1612
3014936	1616
3014937	1617
3015593	2326
3015594	2327
3015630	2313
3015663	1595
3016331	1569
3016399	1582
3017259	2002
3017285	2325
3017355	2333
3018211	2314
3019169	1566
3019195	2332
3019197	1989
3019231	2601
3020201	1575
3021217	1621
3021259	1622
3022181	2069
3022282	2597
3024089	2011
3025292	1604
3026251	1570
3026275*	2671
3026306	2598
3026308	2596
3026343	1579
3027236	2331
3027310	2315
3027379	1596
3027404	1577
3027406	1590
3027408	1585
3028215	1998
3028217	2145
3028308	1565
3028350	2569
3028378	1593
3028429	1576
3029559	2072
3030090	2291
3031261	2010
3031411	2336
3031481	1572
3032446	2312
3033647	2000
3033857	1620
3034855	2007
3034856	2009
3034967	1631
3035044	1600
3035894	2008
3035926	2335
3036063	1624
3036073	1602
3036879	2334
3036938	2308
3036951*	2165
3036996	2618
3037008	2589
3037908*	2166
3037972*	2629
3037986	1599
3037994	2599
3038815*	2652
3039864	2304
3040030	1589
3040032*	1680
3040078	2002
3040079	2002
3041161	2292
3041162	2302
3041191	2070
3041291	2605
3042511	2294
3042632	2619
3042666	2610
3042721	1584
3042725	2608
3043802*	2644
3043807	2616
3043858*	2712
3046104*	2163
3046290	2003
3047517	2617
3047584	1594
3049421	2307
3049422	2306
3050485*	2704
3050492*	2711
3052700*	2886
3057821*	2705
3061577*	2702
3061578*	2713

Australische Patente (Aust.P.)

Nr.	Referat
224313	3063
224593	3052
228669	2899
229033	2395
233590*	2695
233874	1920
234739	2884
234907	2602
234977	1629
235181	2298
235197	2566
235198	2566
235375	2057
235384	2622
236095	2594
236141	1903
236156*	2666
236199	1921
236489	2299
236677*	2701
236842*	2835
237237*	2680
237404*	1669
237500*	2888
237632*	2839
238012*	1688
238271*	2762

Belgische Patente (Belg.P.)

Nr.	Referat
565672	2972
570689*	2693
571943*	2694
572631*	2347

Canadische Patente (Can.P.)

Nr.	Referat
559880	2880
563197	2877
563357	2882
569729*	2083
569776*	2084
571014	2878
633860*	2673
633922*	2687
634215*	2674
234219*	2675
634237*	2658
634276*	2700
634365*	2641
634408*	2690
634628*	2685
634631*	2686
634785*	2665
634804*	2677
635194	2828
635271*	2649
635480*	2715
635562*	2653

Dänische Patente (Dän.P.)

Nr.	Referat
89244	3060

Auslegeschriften der Patentanmeldungen des Deutschen Patentamtes München (D.A.S.)

Nr.	Referat
127906	2151
130832	2147
135487	2148
1136994	2761
1137013	2154
1138048	2156
1138049	2155
1141129	2149
1141489	2157
1141634	2153
1142849	1990
1143190	1996
1143372*	2344
1143517	2158
1143797	1997
1144076*	2344
1144357	1918
1144477*	2632
1144875*	2634
1146040	1993
1146696*	2160
1146859	1991
1147036*	2670
1147038*	2637
1147163	2006
1149125*	2635
1150347*	2763
1150348*	2763
1150527*	2626
1150528*	2625

Englische Patente (E.P.)

Nr.	Referat
830011	2971
833666	2388
835566	2961
835755	2383
837084	2407
838142	2387
838361	2373
839408	2428
840319	2903
843909	3068
844085	2908
846847	2369
849061	2368
852949	3077
853623	2380
854140	2401
865850	2376
867206	2068
870416	2076
870945	2560
870978	2061
872139	2561
872945	1926
874936	2059
876511	2075
878669*	2663
880201	1609
881657*	2696
885239	2073
885571	1608
885618	2062
885619	2062
886029*	2684
886635	2615
886967*	2676
886996	1627
887013	1591
887486*	2706
887967	1988
888303	1589
888526	1619
888844	1992
890602	1597
891445	1623
891459	1625
891585	1606
891946*	2655
892557	2611
895421	1633
895625	1586
896137	1583
896600*	2339
896940	1626
897435	2825
897805	1630
898290*	2651
898306*	2643
898674	1568
898724*	2669
898929	2591
899406	2293
899697	2005
899948	2620
900135	1994
900420	1995
900788	2614
901035	2590
901600*	2698
902361	2144
902362	2012
903067	2827
903702	2609
904789*	2672
904874	1567
904936	1927
905364*	2708
905394*	2710
906422	1564
907305	2759
907308	2607
908024	2760
908309*	2682
908331	2004
908512*	2633
908608*	2681
909494*	2692
909604*	2678
911794*	2162
913229	2156
914252*	2642
914462*	2679
916489*	1961

Finnische Patente (Finn.P.)

Nr.	Referat
30509	3051
30573	2907
30695	2392

Französische Patente (F.P.)

Nr.	Referat
73478	2422
73730*	2450
73749*	2483
1155437*	2082
1157938	2874
1181409	2875
1186729*	2081
1193400*	2889
1202333*	2716
1203184	2973
1205696	2965
1206705*	2646
1207810*	2664
1209260	3059
1210101	2900
1211629	2905
1211698	2563
1213777	2963
1215195	2910
1215557	2974
1215591	2525
1220659	2960
1220724	2526
1221411*	2717
1221629	2962
1224438	2901
1226657*	2714
1228487	3072
1228488	3073
1228516*	2707
1231708	2562
1232443	2964
1232489	1999
1233207*	1959
1234373*	2709
1234649*	2446
1234747*	2445
1234869	2958
1235212	2954
1235354	3069
1236232	2955
1236417	2951
1236421	2952
1236692	2957
1236822	2402
1237150	2413
1237412	2370
1237966*	2571
1238810	3071
1239022*	2464
1239120*	2500
1239196*	2459
1239198*	2484
1239210*	2472
1239499*	2435
1239504*	2497
1239917*	1687
1240300*	2448
1240541*	2457
1240653	2968
1240695	2968
1240743*	2482
1240744*	2492
1240762*	2436
1240774*	2481
1240793*	2496
1240901*	2432
1241105*	1682
1241108*	1662
1241124*	1686
1241125*	1648
1241130*	1649
1241399*	2494
1241407*	2491
1241457*	2476
1241690*	2442
1241712	3070
1241725*	2434
1241770*	2437
1242062*	2451
1242393*	2501
1242405*	2490
1242567*	2489
1242801*	1683
1242802*	1641
1242814*	1689
1242824*	1652
1242825*	1636
1242834*	1660
1242902*	2976
1242937*	2443
1242938*	2453
1243590*	2447
1243618*	2502
1243620*	2471
1243624*	2462
1243805*	2456
1244057*	2438
1245457*	2460
1246165*	1645
1246166*	1657
1246167*	1656
1246168*	1655
1246620*	2477
1246708*	1644
1246715*	1640
1246717*	2498
1246723*	1667
1246729*	1659
1246764*	2461
1246777*	2463
1247101*	2473
1247280*	2474
1247320*	1671
1247322*	1666
1247329*	2499
1247332*	1651
1247333*	1673
1247908*	2495
1247910*	1646
1247912*	1647
1247914*	2479
1247915*	1639
1247916*	1658
1247917*	1653
1247918*	1654
1247927*	1661
1247960*	2458
1248129*	1650
1248162*	2480
1248197*	2487
1248252*	2486
1248370*	2449
1248404*	1642
1248405*	1642
1248406*	1679
1248611*	1665
1248736*	2439
1248742*	2488
1248825*	2470
1248871*	2441
1254003*	2699
1255353	2564
1259485	2552
1260161	2556
1260162	2557
1260577	2567
1271407	2296
1272674	2559
1273211	2554
1274670	2565
1275355	2555
1275562	2303
1277177	2553
1289401*	1670
1290113*	1672
1291981	2305
1293928	2295
1294005	1917

Indische Patente (Ind.P.)

Nr.	Referat
64264	2405
64302	2898
64827	2906
64856	2404
64910*	2837
65006	2594
65318	2430
65415	2613
67071*	1690
67072	2606
67092*	2080
67142	2604
67193*	1678
67217*	1685
67229	2604
67369*	2346
67404	2834
67434*	1674
67645	1925
67655	2623
67745	2424
68052	2884
68107*	2893
68693*	2838
68814	1587
68815	1587
68816	1587
68904*	1668
69585*	2747
69729*	1675
69730*	1675
70825*	1684
70910	1908

Israelische Auslegeschriften (Israel.A.S.)

Nr.	Referat
15997	2150
16649	2322

Italienische Patente (It.P.)

Nr.	Referat
550709	2879
550915	2872
551805	2876
554135	2826
554407	2829
555975	2324

Japanische Auslegeschriften (Jap.A.S.)

Nr.	Referat
2196/1961*	2646
5386/1961*	2689
5888/1961	2564
6191/1961	2568
6198/1961	2621
6387/1961	2558
9182/1961*	2836
9449/1961*	2703
10339/1961*	2648
10844/1961*	2667
10845/1961*	2647
10994/1961*	2699
10998/1961*	2978
11143/1961*	2911
11636/1961*	2572
11988/1961*	2574
12295/1961*	2573
13078/1961*	2975
13641/1961*	2570
17837/1960	2959
18386/1960	2969
18583/1960	2909
18584/1960	2902
18587/1960	2967
18588/1960	2966

Niederländische Patente (Niederl.P.)

Nr.	Referat
101390	1618
101990	2146
102215	2077
102381*	2662
102554*	2650
102612*	2342
102615*	2645
102616*	2340
102669*	2640
102671*	2654
102696*	2639
102699*	2636
102783*	2167
102916*	2337
103099*	2657
103232*	2338
103245*	2638
103490*	2440
103495*	2529
103499*	2528
103531*	2469
103568*	2468
103567*	2977
103576*	2452
103577*	2454
103582*	2493
103593*	2475

Österreichische Patente (Oe.P.)

Nr.	Referat
210856	2881
211318*	1664
211326*	2431
211758*	2749
211802*	2433
211804*	2444
211810*	2485
211933	3075
212471	2885
212473	2883
212476	3074
212818*	1677
213365*	2890
213368*	2891
216262	2953
217463*	1663
217989*	2079
217994*	1634
217996*	2465
217997*	1637
217999*	1643
218494*	2455
218512*	1638
220288*	1681
220597	1999
222367*	2683
224037*	2748
224245*	2887
224808*	1676

Schweizer Patente (Schwz.P.)

Nr.	Referat
340434*	2340
342561	2371
343995	2956
345162	1910
345405*	2892
345956	2527
349013	2523
349721	2524
356131*	2688
358433	1580
358436	1592
358437	1592
359124	1573
359698	1607
359703	1598
359714	1581
361161*	2161
361579	1588
361812	1603
361813	1601
362079	1587
362092	1578
362419	1605
362690	1574
363018	1571
363302*	1962
363621*	1960
364117*	2668
364155*	2341
365079	1587
365080	1587
365081	1587
365218*	2659
365876*	2661
365879*	2627
366671*	2630
366690*	2159
366972*	2631
366973*	2628
367514*	2466
367816*	2478
367984*	2697
368011*	2164
368012*	2168
368189*	2467
368306*	2691
368779*	2530

Sowjetische Patente (UdSSR.P.)

Nr.	Referat
124927	2330
124959	2323
125107	2321
125454	2317
125455	2318
126261	2311
128248	2316
128249	2320
130308	2319
130526	2300
130890	2385
130891	2384
130893	2393
131396	2309

Tschechoslowakische Patente (Tschech.P.)

Nr.	Referat
97669	2425
98006	2301
98148	2389
98149	2390
98155	3083
98198	2406
98240	2415
98413	3064
98414	3065
99138	2328
99172	2297
99208	2757
99319	2758

Ungarische Patente (Ung.P.)

Nr.	Referat
150624	2152

CHEMISCHES ZENTRALBLATT

Nr. 4 · 29. Januar 1964
Referat 0001—3083
Seite 1—288

A. Allgemeine, physikalische und anorganische Chemie

0001 **Symmetrieprinzipien und Naturgesetze.** H. Schopper. (Naturwissenschaften **50**, 205—11, 1963; Karlsruhe; dt.) — Vortrag. Behandelt werden das Machsche Prinzip u. die Erhaltungssätze, die Symmetrie gegenüber Spiegelungen, der Sturz der Parität, die Ladungssymmetrie sowie die Zeitspiegelung. Gerhard Schmidt. 10◇

0002 **Läßt sich die Richtung des Zeitflusses bestimmen?** Robert G. Sachs. (Science [Washington] **140**, 1284—90, 1963; Madison, Wis., Univ. of Wisconsin; engl.) — Vers. zur Klärung der Frage des Zeitflusses u. der Zeitumkehr durch die Eigg. der seltsamen Teilchen. Gerhard Schmidt. 10◇

A_1. Kernphysik und Kernchemie

0003 **Elastische μ-Streuung in Kernemulsion.** D. Kotelchuck, J. G. McEwen und J. Orear. (Physic. Rev. [2] **129**, 876—79, 1963; Ithaca, N.Y., Cornell Univ., Labor. of Nucl. Stud.; engl.) — Ein Ilford-G5-Stapel wurde μ^--Mesonen von 52 ± 8 MeV (CERN-Synchrocyclotron) ausgesetzt. Das Myon scheint sich bei der Streuung lediglich wie ein schweres Elektron zu verhalten. Herbert Weber. 90◇

0004 **Winkelverteilung von γ-Quanten beim Einfang polarisierter μ^--Mesonen durch Atomkerne.** F. Janouch und P. Winternitz. (Czechoslov. J. Physics **12**, 331—37, 1962; Řež, Czechoslov. Acad. of Sci., Nucl. Res. Inst.; engl.) — Theoret. Unters. zur Kernanregung u. -abklingung beim Einfang eines polarisierten μ^- aus der K-Bahn eines Mesoatoms. O. Jansen. 90◇

0005 **Über die Theorie des Myoneneinfanges durch komplexe Kerne.** 1. Mitt. J. R. Luyten, H. P. C. Rood und H. A. Tolhoek. (Nuclear Physics [Amsterdam] **44**, 694, 1963; engl.) — Vgl. C. **1963**, 18317. — Fehlerberichtigungen zu der l. c. referierten Arbeit. Gerhard Schmidt. 90◇

0006 **Kernspaltung durch strahlungslose Übergänge in den μ-mesonischen Atomen ^{232}Th, ^{235}U und ^{238}U.** J. A. Diaz, S. N. Kaplan und R. V. Pyle. (Nuclear Physics [Amsterdam] **44**, 694, 1963; engl.) — Vgl. C. **1963**, 11877. — Nachtrag zu l. c. bzgl. eines Hinweises auf die theoret. Arbeit von Wheeler (Rev. mod. Physics **21**, [1949], 133) über die elektromagnet. induzierte Spaltung durch Myonen. Gerhard Schmidt. 90◇

0007 **Messung des Verzweigungsverhältnisses für den Pion-β-Zerfall.** Robert Bacastow, Tom Elioff, Rudolph Larsen, Clyde Wiegand und Thomas Ypsilantis. (Physic. Rev. Letters **9**, 400—02, 1962; Berkeley, Calif., Univ. of California, Lawrence Radiat. Labor.; engl.) — Für den Prozeß $\pi^+ \to \pi^0 + e^+ + \nu$ konnte ein experimentelles Verzweigungsverhältnis von $1{,}1—2{,}0 \cdot 10^{-8}$ (theoret. Wert $1{,}00—1{,}06 \cdot 10^{-8}$) gefunden werden. Die mittlere Lebensdauer des π^+ beträgt 24 ± 10 ns. H. Schroeder. 90◇

0008 **Inverse Photoerzeugungsreaktion $\pi^- + p \to \gamma + n$ im Flug.** G. Gatti, P. Hillman, W. C. Middelkoop, T. Yamagata und E. Zavattini. (Physic. Rev. Letters **6**, 706—08, 1961; Geneva, CERN; engl.) — Messung des abs. Querschnittes für $\pi^- + p \to \gamma + n$ unter einem Schwerpunktswinkel von 90° u. bei einer Pionenenergie von 72 MeV. Herbert Weber. 90◇

0009 **Einige Bemerkungen über die Photoerzeugung von seltsamen Teilchen.** M. Gourdin. (Nuovo Cimento [10] **20**, 1035—37, 1961; Orsay, Fac. des Sci.; Bordeaux, Fac. des Sci.; engl.) — Unters. zu $\gamma + N \to K + Y$, wobei zu den Born-Termen einige Beiträge infolge von Resonanzen addiert werden. Herbert Weber. 90◇

0010 **Assoziierte Erzeugung von seltsamen Teilchen.** M. Gourdin und M. Rimpault. (Nuovo Cimento [10] **20**, 1166—81, 1961; engl.) — Vgl. vorst. Referat. — Behandlung der Rk.-Amplitude als eine Summe von Termen, die einerseits der Born-Approximation, andererseits Resonanzen (πN, πY, πK) entsprechen. Herbert Weber. 90◇

0011 **Vorläufiger Hinweis für gerade $K\Sigma$-Parität aus assoziierter Photoerzeugung.** J. J. Sakurai. (Nuovo Cimento 10] **20**, 1212—16, 1961; Chicago, Ill., Univ. of Chicago, Dep. of Phys., Enrico Fermi Inst. for Nucl. Stud.; engl.) — Eine Unters. der Winkelverteilung von $\gamma + p \to K^+ + \Sigma^0$ liefert Hinweise zugunsten einer geraden $K\Sigma$-Parität. Herbert Weber. 90◇

0012 **Untersuchung der Erzeugungsprozesse von Λ-Hyperonen und K^0-Mesonen bei π^-—p-Wechselwirkungen mit einer Energie von 7—8 GeV.** W. A. Beljakow, Juntschan Wan, W. I. Weksler, N. M. Wirjassow, I. Wrana, Juan-zai Du, Ki m Chi In, Je. N. Kladnitzkaja, A. A. Kusnetzow, E. Michul, Ngujen Din Ty, I. Patera, W. N. Penew, Je. Ss. Ssokolowa, M. I. Ssolowjew, T. Chofmokl, Lin-jan Tschen und A. Michul. (J. exp. theoret. Physik [UdSSR] **44**, 431—43, 1963; Dubna, Vereinigtes Inst. für Kernforsch.; russ., Auszug: engl.) — Vff. bestimmten die Impuls- u. Winkelverteilungen von Λ-Hyperonen, K^0-Mesonen u. der bei der Bldg. von Λ- u. K^0-Teilchen beteiligten π-Mesonen u. vergleichen sie mit den nach einer statist. Theorie u. nach Einmesonendiagrammen berechneten Verteilungen. Die Winkel- u. Impulsverteilungen der bei der Bldg. von ΛK^0- u. $K^0\overline{K}{}^0$-Paaren auftretenden Teilchen wurden mit analogen Verteilungen von solchen Teilchen verglichen, die aus π^-—p-Wechselwrkg. bei einer Energie von 7,6 GeV ohne Bldg. von seltsamen Teilchen hervorgehen. Vff. fanden 2 Typen von mit der Bldg. von seltsamen Teilchen verbundenen π^-—p-Wechselwrkg. („zentral" u. „peripher"). G. Ewald. 90◇

0013 **Leptonischer Zerfall des Ξ^-—Hyperons.** D. Duane Carmony und Gerald M. Pjerrou. (Physic. Rev. Letters **10**, 381—84, 1963; Berkeley, Calif., Univ. of California, Lawrence Radiat. Labor.; engl.) — Bei der Exposition einer H_2-Blasenkammer mit K^- von 1,8 u. 1,95 GeV/c wurden 353 Fälle von Ξ^--Erzeugung beobachtet, u. zwar nach $K^- + p \to \Xi^- + K^+$, $\to \Xi^- + \pi^0 + K^+$ u. $\to \Xi^- + \pi^+ + \overline{K}{}^0$. Es wurde ein Beispiel des Zerfalls $\Xi^- \to \Lambda + e + \bar{\nu}$ gefunden, dessen Daten mitgeteilt werden. M. Wiedemann. 90◇

0014 **Elementarteilchen-Klassifizierung auf der Grundlage eines masselosen Dirac-Feldes.** John C. Fisher. (Physic. Rev. [2] **129**, 1414—19, 1963; Schenectady, N.Y., Gen. Electr. Res. Labor.; engl.) — Elementarteilchen werden als linearisierte Anregungen eines nichtlinearen masselosen Dirac-Feldes angesehen. Nucleonen u. Antinucleonen werden als Einzelteilchen- u. Einzelloch-Anregungen, andere Elementarteilchen als raumsymm. Korrelationen von 2, 3 oder 4 Teilchen u. Löchern behandelt. Hyperonen werden als zusammengesetzt angesehen. Herbert Weber. 90◇

0015 **Teilchenzustände eines quantisierten Mesonenfeldes.** T. H. R. Skyrme. (Proc. Roy Soc. [London], Ser. A **262**, 237—45, 1961; Harwell, A.E.R.E.; engl.) — Betrachtung einer einfachen nichtlinearen Feldtheorie als Modell für eine vorgeschlagene klass. Feldtheorie von Mesonen u. ihre Teilchenquellen. Herbert Weber. 90◇

0016 **Über eine Eigenschaft der β_5-Matrix relativ zur Theorie von Teilchen des Spins 1.** J. Beckers. (Physica [Utrecht] **28**, 1019—22, 1962; Liège, Univ., Dép. de Phys. Math.; franz.) — Nach der Theorie für Teilchen vom Spin 1 von Kemmer [1939] werden die Wellengleichungen mit einer β_5-Matrix erfüllt. β_5 kann in der Hamilton-Form der Theorie als Funktion von 3 α_i-Matrizen dargestellt werden. Eine gleiche Aufteilung ist für die γ_5-Matrix von Teilchen mit dem Spin 1/2 möglich. Herbert Müller. 90◇

0017 **Eine vereinheitlichte dynamische Näherung zu starken Wechselwirkungen hoher und niedriger Energie.** Geoffrey F. Chew. (Rev. mod. Physics **33**, 467—70, 1961; Berkeley, Calif., Univ. of California, Lawrence Radiat. Labor. and Dep. of Phys.; engl.) — Überblick über in Berkeley durchgeführte theoret. Untersuchungen. Herbert Weber. 90◇

0018 **Überlappende Endzustandswechselwirkungen.** Ronald F. Peierls und Jan Tarski. (Physic. Rev. [2] **129**, 981—90, 1963; Princeton, N.J., Inst. for Advanced Study; Madison, Wis., Univ. of Wisconsin, Dep. of Phys.; engl.) — Aufstellung eines einfachen Modells für einen Erzeugungsprozeß mit einem Dreikörper-Endzustand. Zwei Paare von Teilchen im Endzustand werden als in Wechselwrkg. befindlich angenommen. Herbert Weber. 90◇

0019 **Die Definition der elektromagnetischen Strahlung.** F. Rohrlich. (Nuovo Cimento [10] **21**, 811—22, 1961; Iowa City, Iowa, State Univ. of Iowa, Dep. of Phys. and Astronomy; engl.) — Impuls u. Energie der elektromagnet. Strahlung, die von einer Ladung emittiert wird, wird Lorentz-kovariant definiert. Herbert Weber. 90◇

0020 **Die klassische Grenze der Quantentheorie der Strahlungsdämpfung.** Jack E. Chatelain und Peter Havas. (Physic. Rev. [2] **129,** 1459—63, 1963; Bethlehem, Pa., Lehigh Univ., Dep. of Phys.; engl.) — Unters. zu Streu-Verff. unter Einschluß von Photonen u. neutralen oder ladungssymm. Mesonen, die mit Nucleonen in Wechselwrkg. stehen. Herbert Weber. 90◇

0021 **Strahlungskorrekturen zu energiereichen Streuprozessen.** N. Meister und D. R. Yennie. (Physic. Rev. [2] **130,** 1210—29, 1963; Orsay, Labor. de Phys. Théor. et Hautes Énergies; Minneapolis, Minn., Univ. of Minnesota, School of Phys.; engl.) Herbert Weber. 90◇

0022 **Bemerkung über die Phasenverschiebungen für die Schrödinger- und Dirac-Gleichungen.** T. Tietz. (Nuclear Physics [Amsterdam] **44,** 633—36, 1963; Łódź, Univ., Dep. of Theoret. Phys.; engl.) — Entw. einer Meth. zur Auffindung approximierter Streuphasenverschiebungen. Gerhard Schmidt. 90◇

0023 **Quantenmechanische Modellbetrachtungen zur Mehrkanalstreuung in nichtlinearen Feldtheorien.** Harald Stumpf. (Ann. Physik [7] **11,** 138—50, 1963; München, MPI für Phys. u. Astrophys.; dt.) — Das Halbleitermodell wird als ein nichtrelativist. Analogon zur Heisenbergschen nichtlinearen Spinortheorie der Elementarteilchen betrachtet; Streuvorgänge im Rahmen dieses Modells werden mit Hilfe der stationären Lippmann-Schwingerschen Streugleichungen qual. diskutiert. Gerhard Schmidt. 90◇

0024 **Virialtheorem und seine Verallgemeinerungen in der Streutheorie.** Peter D. Robinson und Joseph O. Hirschfelder. (Physic. Rev. [2] **129,** 1391—96, 1963; Madison, Wis., Univ. of Wisconsin, Theoret. Chem. Inst.; engl.) Herbert Weber. 90◇

0025 **Hypervirialtheoreme für Variationswellenfunktionen in der Streutheorie.** Saul T. Epstein und Peter D. Robinson. (Physic. Rev. [2] **129,** 1396—98, 1963; Lincoln, Nebr., Univ. of Nebraska, Dep. of Phys.; Madison, Wis., Univ. of Wisconsin, Theoret. Chem. Inst.; engl.) — Vgl. vorst. Referat. Herbert Weber. 90◇

0026 **Beugungsstreuung in dem multiperipherischen Modell.** D. Amati, C. Cini und A. Stanghellini. (Physics Letters [Amsterdam] **4,** 270—71, 1963; Geneva, CERN; engl.) — Berechnung der vollständigen Beugungsstreuung in der komplexen Drehimpulsterminologie. Gerhard Schmidt. 90◇

0027 **Dispersionsbeziehungen und Beugungsstreuung.** P. T. Matthews und A. Salam. (Nuovo Cimento [10] **21,** 823—28, 1961; London, Imp. Coll., Phys. Dep.; engl.) — Ableitung einer Approximationsformel für energiereiche elast. Streuung aus Dispersionsbeziehungen. Herbert Weber. 90◇

0028 **Dispersionstheoretische Impulsapproximation für Potentialstreuung.** Leonard Rosenberg. (Physic. Rev. [2] **129,** 968—73, 1963; Philadelphia, Pa., Univ. of Pennsylvania, Phys. Dep.; engl.) Herbert Weber. 90◇

0029 **Eine Doppeldispersionsbeziehung für eine Klasse nichtlokaler Potentiale.** J. T. Cushing. (Nuovo Cimento [10] **28,** 818—33, 1963; Iowa City, Iowa, State Univ. of Iowa, Phys. Dep.; engl.) — Die Darst. einer Doppeldispersionsbeziehung für eine nichtlokale Wechselwrkg. wird im Rahmen der Theorie der Potentialstreuung geprüft. Gerhard Schmidt. 90◇

0030 **Deltafunktions-Potential in einem Kasten.** Bruce L. Scott. (Physic. Rev. [2] **129,** 1411—14, 1963; Los Angeles, Calif., Univ. of Southern California; engl.) — Im Hinblick auf die Kernmaterie wird das Problem eines Teilchens, das mit einem Potential von Deltafunktionsform u. mit einer Tensorkomponente in Wechselwrkg. steht, für Kasten-Grenzbedingungen untersucht. Herbert Weber. 90◇

0031 **Zur Theorie des nichtlokalen Potentials.** O. G. Ssitenko und O. W. Drobatschenko. (Ukrain. physik. J. **8,** 5—10, 1963; Charkow, Gorki-Univ.; Luftfahrt-Inst.; ukrain., Auszug: engl.) — Yamaguchis Theorie des nichtlokalisierten Potentials wird auf das Problem der Protonenstreuung an Protonen unter Berücksichtigung der gegenseitigen Coulomb-Anziehung angewandt. Zwischen den Streuparametern u. den Potentialparametern wird eine Beziehung ermittelt u. die numer. Werte der Parameter werden bestimmt. G. M. Neumann. 90◇

0032 **Phasenbeziehung in der Kernstreuung.** D. R. Inglis. (Nuclear Physics [Amsterdam] **44,** 460—71, 1963; Argonne, Ill., Arnonne Nat. Labor.; engl.) — Die Beobachtung der Koinzidenz der Maxima der elast. Streuung von Teilchen, wie z. B. α-Teilchen, an ziemlich schweren Kernen mit den Minima der unelast. Streuung (ohne Paritätswechsel) wird auf elementare Weise in Form einfacher Überlagerung von Wellen ohne Abhängigkeit von speziellen Funktionen erklärt. Gerhard Schmidt. 90◇

0033 **Kollektive Effekte und elastische Streuung an Kernen ungerader Masse.** G. R. Satchler. (Nuclear Physics [Amsterdam] **45,** 197—208, 1963; Oak Ridge, Tenn., Oak Ridge Nat. Labor.; engl.) — Berechnung des Unterschiedes zwischen elast. Streuung an nichtsphär. Kernen gerader u. ungerader Masse. Gerhard Schmidt. 90◇

0034 **Streuung an orientierten deformierten Kernen.** K. T. R. Davies, G. R. Satchler, R. M. Drisko und R. H. Bassel. (Nuclear Physics [Amsterdam] **44,** 607—24, 1963; Oak Ridge, Tenn., Oak Ridge Nat. Labor.; engl.) — Nach dem kollektiven Kernmodell wurde die elast. Streuung von Teilchen an Kernen mit ungerader Masse untersucht; für Streuung von Neutronen (2,5 u. 14 MeV), Protonen (5 u. 14 MeV) u. α-Teilchen (43 MeV) an ^{55}Mn- bzw. ^{165}Ho-Kernen werden numer. Ergebnisse mitgeteilt. Der differentielle Wrkg.-Querschnitt zeigt bei senkrechter Orientierung des Targets zum eingeschossenen Strahl starke azimutale Asymmetrie. H. Schroeder. 90◇

0035 **Analytische Eigenschaften des Wirkungsquerschnittes für die elastische Streuung nuclearer Teilchen.** J. Humblet. (Bull. Soc. roy. Sci. Liège **31,** 74—78, 1962; Liège, Univ.; franz.) — Ausgehend von der Stoßmatrix kann der integrale Wrkg.-Querschnitt der elast. Streuung von Teilchen durch Kerne analyt. dargestellt werden. M. Wiedemann. 90◇

0036 **Wirkungen der Teilchen-Loch-Anregungen bei der Kernstreuung.** R. H. Lemmer. (Physics Letters [Amsterdam] **4,** 205—08, 1963; Cambridge, Mass., MIT, Dep. of Phys. and Labor. for Nucl. Sci.; engl.) — Beschreibung eines einfachen Modells für die Streuung eines Teilchens an einem Kern A, das die Möglichkeit der Bldg. von Compoundzuständen des A + 1-Teilchen-Targetkern-Syst. berücksichtigt. Gerhard Schmidt. 90◇

0037 **Neutrinopaar-Emission durch ein stellares Plasma.** J. Barclay Adams, Malvin A. Ruderman und Ching-Hung Woo. (Physic. Rev. [2] **129,** 1383—90, 1963; Berkeley, Calif., Univ. of California, Dep. of Phys. and Lawrence Radiat. Labor.; engl.) — Die Ausstrahlung von $\nu-\bar{\nu}$-Paaren durch ein heißes, partiell entartetes relativist. Plasma wird für Temp. u. Dichten berechnet, die für Stern-Entw. in Betracht kommen. Neutrinopaar-Emission durch kollektive Elektronenmoden, bes. transversale Plasmaanregungen (Plasmonen), erweist sich als Hauptmechanismus für Neutrinoausstrahlung durch ein dichtes Sternplasma, wenn die Elektron–Positron-Erzeugung klein ist. Herbert Weber. 90◇

0038 **Die Dichte von Neutrinos und Antineutrinos im Universum.** M. Gusakow. (Ann. Physique [13] **7,** 415—22, 1962; Paris, Fac. des Sci., Labor. Joliot-Curie de Phys. Nucl.; franz.) — Behandlung der Rolle des Neutrinos u. Antineutrinos in der Astrophysik. Gerhard Schmidt. 90◇

0039 **Das Elektron als ein fundamentales Elementarteilchen.** 1. Mitt. Usaku Kakinuma. (Sci. Pap. Inst. physic. chem. Res. [Tokyo] **56,** 235—43, 1962; engl.) — Die Betrachtung des Elektrons in einem abs. statist. Zustand führt zu einem revidierten Ausdruck für den elektromagnet. Energietensor innerhalb des Elektrons sowie für die Wellengleichung für das Elektron, die formal der Schrödinger-Gleichung für das H-Atom analog ist. Gerhard Schmidt. 90◇

0040 **Beiträge zum Elektronproblem.** E. Winter. (Československ. Časopis Fysiku **12,** 728—33, 1962; Budapest, Magyar Tudom. Akad., Fiz.-techn. Int.; tschech.) — Übersicht über einige Probleme: Mindestgröße der physikal. Grundmengen; Material-Einfl.; charakterist. Eigg. des Elektrons; Vakuum als physikal. Realität; Bohrsche Energieniveaus des H-Atoms, abgeleitet unter der Voraussetzung der minimalen Bahn (d); das Elektron in der Potentialzelle. Die Wellenlänge des Wellenprozesses ist gegeben durch $\lambda = (d/v)\,c$ (v = Geschw. des Elektrons, c = Lichtgeschw.). Die de Brogliesche Wellenlänge eines Elektrons ergibt für die Comptonsche Wellenlänge $d = h/mc = 2{,}43 \cdot 10^{-10}$ cm. R. K. Müller. 90◇

0041 **Zur Theorie des Elektrons. 6. Mitt. Vierergeschwindigkeit und Selbstbeschleunigung.** Walter Wessel. (Z. Physik **169**, 1—16, 1962; Heidelberg, Univ., Inst. für Theoret. Phys.; dt.) — 5. vgl. C. **1960**, 7064. — Eine Unstimmigkeit im Verh. des l. c. abgeleiteten Massenoperators bei der Rauminversion wird behoben. H. Liepack. 90◇

0042 **Allgemeine relativistische Näherung zu den Poincaré-Kompensations-Spannungen für das klassische Punkt-Elektron.** F. R. Tangherlini. (Nuovo Cimento [10] **26**, 497—523, 1962; Durham, N.C., Duke Univ.; engl.) — Lösungen für den „Poincaré compensating energy-stress tensor" für das klass. Punktelektron werden erhalten. Das Kompensationsmodell des Elektrons würde eher für einen Inertialursprung der Ladung als für einen elektromagnet. Ursprung der Masse sprechen. Herbert Weber. 90◇

0043 **Möglichkeit der Beobachtung der magnetischen Ladung eines Elektrons.** Halstead Harrison, Nicholas A. Krall, O. C. Eldridge, F. Fehsenfeld, Wade L. Fite und Werner B. Teutsch. (Amer. J. Physics **31**, 249—54, 1963; San Diego, Calif., Gen. Atom. Div. of Gen. Dynamics Corp., John Jay Hopkins Labor. for Pure and Appl. Sci.; engl.) — Es wird gezeigt, daß die abs. magnet. Ladung eines Teilchens nicht gemessen werden kann; ein Experiment kann nur die Gültigkeit einer Erweiterung des Lorentz-Kraft-Gesetzes u. der Maxwell-Gleichungen auf magnet. sowie elektr. Ladungen nachprüfen. Die Differenz von magnet. Ladungen (etwa von Proton u. Elektron) kann erhalten werden. M. Wiedemann. 90◇

0044 **Obere Grenze des elektrischen Dipolmoments des Elektrons.** J. Goldemberg und Y. Torizuka. (Physic. Rev. [2] **129**, 2580—81, 1963; Stanford, Calif., Stanford Univ., High Energy Phys. Labor.; engl.) — Aus der Streuung von 41,5-MeV-Elektronen durch ^{4}He unter 180° wurde das elektr. Dipolmoment des Elektrons zu $\lesssim 10^{-15}$ e cm ermittelt, e = Elektronenladung. H. Liepack. 90◇

0045 **Streuung hochenergetischer Elektronen an Elektronen und die Dipolstruktur des Elektrons.** E. M. Epstein. (J. exp. theoret. Physik [UdSSR] **42**, 1103—05, 1962; Akad. der Wiss. der AserbaidshanSSR, Inst. für Phys.; russ.) — Vf. berechnet den differentiellen Querschnitt der Streuung hochenerget. Elektronen durch Elektronen unter Berücksichtigung magnet. u. elektr. Dipolmomente. I. Zoll. 90◇

0046 **Elektronenstreuung in einem äußeren Feld mit großer Impulsübertragung.** Ss. Ja. Lusenko. (J. exp. theoret. Physik [UdSSR] **44**, 1093—98, 1963; UdSSR, Akad. der Wiss. der UkrainSSR, Physikal.-Techn. Inst.; russ., Auszug: engl.) — Ableitung eines asymptot. Ausdruckes für den Streuquerschnitt relativist. Elektronen in einem äußeren Feld. Die Formel wird in der einfach-logarithm. Näherung erhalten unter der Annahme, daß der dem Feld übertragene Impuls groß ist. K. Jaeger. 90◇

0047 **Elektronenbewegung mit Strahlungsdämpfung und Grenzbedingungen.** A. A. Sokolov und B. A. Lysov. (Physic. Rev. [2] **128**, 2422—24, 1962; Moscow, USSR, Moscow State Univ., Dep. of Phys.; engl.) — Unters. der klass. Bewegungsgleichung. Herbert Weber. 90◇

0048 **Die Berechnung von Energieverteilungen relativistischer Elektronen aus ihrer Synchrotronstrahlung. Anwendungen auf den Krebsnebel.** J. Jäger und G. Wallis. (Beitr. Plasmaphysik **1**, 44—63, 1960/61; Berlin-Adlershof, DAW, Forsch.-Gemeinsch. Heinrich-Hertz-Inst.; dt.) — Neben der allg. Formel für die Intensität der Synchrotronstrahlung, die für explizite Berechnungen nicht anwendbar ist, gibt es eine Anzahl von Näherungen für verschiedene Frequenz- u. Energiebereiche. Diese Näherungen werden zusammen mit einer neuen Näherung für relativist. Elektronen diskutiert. Es wird gezeigt, daß sie zur Lösung einer Integralgleichung für die Energieverteilung der strahlenden Elektronen geeignet sind, wenn die Frequenzverteilung ihrer Synchrotronstrahlung gegeben ist. Die erhaltenen Ergebnisse werden auf die opt. u. Radiostrahlung des Krebsnebels angewendet. L. Roth. 90◇

0049 **Bremsstrahlung bei hochenergetischer Elektron-Streuung unter Berücksichtigung einer Struktur der Elektronen.** K. Logar und P. Urban. (Ann. Physik [7] **11**, 101—22, 1963; Graz, Univ., Inst. für Theor. Phys.; dt.) — Der Wrkg.-Querschnitt für die Bremsstrahlung ergibt sich aus dem Wrkg.-Querschnitt für den Compton-Effekt, multipliziert mit der Anzahl der äquivalenten Photonen, wobei über die Energie der einlaufenden Photonen integriert wird. Der Wrkg.-Querschnitt enthält 3 Summanden; der 1. Summand entspricht der Punktladung (das Ergebnis stimmt mit der Bethe-Heitler-Formel überein), der 2. Summand berücksichtigt die Struktur des ruhenden Elektrons u. der 3. Summand entspricht der Struktur des mit hoher Energie einlaufenden Elektrons. Gerhard Schmidt. 90◇

0050 **Elektrische und magnetische Polarisierbarkeiten von Nucleonen und Pionen.** V. S. Barashenkov und H. J. Kaiser. (Fortschr. Physik **10**, 33—64, 1962; Dubna, Verein. Inst. für Kernforsch.; engl.) — Vgl. C. **1962**, 13277. — Übersicht. — 58 Literaturhinweise. M. Wiedemann. 90□

0051 **Renormalisierungsgruppe und Vollständigkeit von Feldtheorien. Nucleon-Pion-Kopplungen.** E. R. Caianiello und M. Marinaro. (Nuovo Cimento [10] **27**, 1185—1207, 1963; Napoli, Univ., Ist. di Fis. Teor., Sottosez. dell' I.N.F.N.; engl.) — Das Problem der mathemat. Folgerichtigkeit einer Feldtheorie, die durch eine vorgegebene lokale Hamilton-Funktion definiert ist, wurde mit dem Propagatorformalismus (Green-Funktion) behandelt. H. Schroeder. 90◇

0052 **Ladungsasymmetrien in der Winkelverteilung von π- und K-Mesonen aus Antiproton-Vernichtungen im Flug.** B. C. Maglić, G. R. Kalbfleisch und M. L. Stevenson. (Physic. Rev. Letters **7**, 137—41, 1961; Berkeley, Calif., Univ. of California, Lawrence Radiat. Labor.; engl.) — Ergebnisse einer Suche nach einer Differenz in den Winkelverteilungen von negativen u. positiven π- u. K-Mesonen, die bei $\bar{p}p$-Vernichtungen bei einem Schwerpunktsimpuls von 657 ± 16 MeV/c in einer H_2-Blasenkammer beobachtet wurden. Herbert Weber. 90◇

0053 **Ein vorgeschlagener experimenteller Test des Argumentes von Day, Snow und Sucher auf der Basis der Antiproton-Vernichtung in Kaonen.** B. d'Espagnat. (Nuovo Cimento [10] **20**, 1217—18, 1961; Geneva, CERN; engl.) — Zur Prüfung der Gültigkeit der Argumente von Day, Snow u. Sucher (Physic. Rev. Letters **3**, [1959], 61) über vorherrschende S-Zustands-Absorption wird die Unters. der Protonium-Vernichtungsarten $\bar{p} + p \rightarrow K_1^0 + K_1^0$; $\rightarrow K_2^0 + K_2^0$; $\rightarrow K_1^0 + K_2^0$ vorgeschlagen. Herbert Weber. 90◇

0054 **Approximationsmethoden für die Bestimmung von halbphänomenologischen Nucleon-Nucleon-Potentialen.** H. Cornille. (Nuovo Cimento [10] **21**, 773—85, 1961; Orsay, Labor. Joliot-Curie de Phys. Nucl.; franz.) Herbert Weber. 90◇

0055 **Einpionaustausch-Modell für hochenergetische Nucleon-Nucleon-Stöße.** P. Smrž und V. Šimák. (Czechoslov. J. Physics **12**, 885—93, 1962; Prague, Czechosl. Acad. Sci., Inst. of Phys.; engl.) — Das Modell wird auf die Unters. der unelast. Proton-Nucleon-Wechselwrkg. bei 8,3 GeV angewendet. Rudolf Wolter. 90◇

0056 **Einpionenaustausch bei p-p-Stößen bei 2 GeV.** W. J. Fickinger, E. Pickup, D. K. Robinson und E. O. Salant. (Physic. Rev. Letters **7**, 196—98, 1961; New Haven, Conn., Yale Univ.; Upton, N.Y., Brookhaven Nat. Labor.; engl.) — Ausführliche Darst. vgl. C. **1963**, 17555. Herbert Weber. 90◇

0057 **Quasielastischer Peak bei energiereicher Nucleon-Nucleon-Streuung.** S. D. Drell und K. Hiida. (Physic. Rev. Letters **7**, 199—202, 1961; Stanford, Calif., Stanford Univ., Dep. of Phys., Inst. of Theoret. Phys.; engl.) — Vgl. Cocconi u. Mitarbeiter, C. **1963**, 19090. — Zur Erklärung von l. c. erhaltenen Ergebnissen wird ein Mechanismus vorgeschlagen: Beugungsstreuung eines Pions des einfallenden Nucleons in der Wolke des Targetnucleons. Herbert Weber. 90◇

0058 **Halbphänomenologisches Modell für Mesonenerzeugung bei energiereichen Nucleon-Nucleon-Stößen.** J. W. Olley und S. T. Butler. (Physic. Rev. [2] **129**, 843—54, 1963; Sydney, N.S.W., Australia, Univ. of Sydney, School of Phys., Daily Telegraph Theoret. Dep.; engl.) — Vorschlag eines „Zweizentren"-Modells, bei dem nur „periphere" Stöße berücksichtigt werden. Herbert Weber. 90◇

0059 **Nucleon-Nucleon-Wechselwirkungen der Energie um 100 GeV.** Shigeo Matsumoto. (J. physic. Soc. Japan **18,** 1—10, 1963; Osaka, Osaka City Univ., Inst. of Polytechn.; engl.) — Analysiert werden 9 Kernwechselwrkg., die in einem Kernemulsionsstapel beobachtet worden sind. Die Winkelverteilung der Sekundärteilchen ist für den ersten Teil der Primärenergie isotrop, sie zeigt eine merkliche Vorwärts-Rückwärts-Bündelung für $E_p \simeq 200$ GeV. Die mittlere Energie eines erzeugten Pions ist 0,48 GeV. Das Energiespektrum kann durch eine Potenzreihe mit dem Exponenten —2 für den mittleren Bereich der Pionenenergie wiedergegeben werden. Gerhard Schmidt. 90◇

0060 **Experimentelle Daten über Nucleon-Nucleon-Wechselwirkungen bei Energien > 100 GeV.** N. A. Dobrotin, V. V. Guseva, K. A. Kotelnikov, A. M. Lebedev, S. V. Ryabikov, S. A. Slavatinsky und N. G. Zelevinskaya. (Nuclear Physics [Amsterdam] **35,** 152—64, 1962; Moscow, Acad. of Sci., P. N. Lebedev Phys. Inst.; engl.) — Messungen einzelner Nucleon-Nucleon-Wechselwrkg. von einigen 100 GeV (Höhenstrahlung) mit einer Meßapp. aus Nebelkammern u. Ionisationskammern. Ein beträchtlicher Teil der erzeugten Schauer ist asymm. im Schwerpunktssystem. Es werden zwei Inelastizitäts-Koeff. für jeden Schauer im Labor.-Syst. u. „Spiegel-Syst." (ankommende Teilchen als in Ruhe betrachtet) bestimmt, die für symmetr. Schauer nahezu gleich u. für asymmetr. Schauer beträchtlich unterschiedlich sind. H. Schroeder. 90□

0061 **Geschwindigkeitsabhängende Wechselwirkungen und Werte der Nucleon-Nucleon-Streuung bei hohen Energien.** E. Werner. (Nuclear Physics [Amsterdam] **35,** 324—41, 1962; Saarbrücken, Univ. des Saarlandes, Inst. für theoret. Phys.; engl.) — Die differentiellen Wrkg.-Querschnitte für elast. Neutron-Proton- u. Proton-Proton-Streuung bei hohen Energien wurden für eine ladungsunabhängige Wechselwrkg., die sich aus geschwindigkeitsabhängigen zentralen Potentialen u. einen stat. Tensorpotential zusammensetzt, für Energien von 100, 160 u. 300 MeV (Labor.-Syst.) berechnet. Die Ergebnisse zeigen befriedigende Übereinstimmung der experimentellen u. berechneten Werte. H. Schroeder. 90□

0062 **Über die Streuung langsamer Neutronen am Spinsystem eines Paramagnetikums.** B. M. Chabibullin. (Festkörperphysik [UdSSR] **4,** 1977—79, 1962; Kasan, Zweigstelle der Akad. der Wiss. der UdSSR; russ.) — Vgl. C. **1961,** 18580 u. C. **1964,** 1-0271. — Beim Zusammenstoß eines Neutrons mit dem Kern eines paramagnet. Atoms tritt bei diesem eine Abweichung von der Gleichgewichtslage ein, wodurch sich das innerkrist. Feld V_{Kr}. ändert u. das Atom in ein anderes Starksches Niveau gerät. Es werden Gleichungen entwickelt, aus denen sich für den Streuungs- bzw. Strahlungsquerschnitt $\sigma_\gamma = 10^{-29}$ bis 10^{-30} cm^2 u. $\sigma_{pp_0} = 10^{-31}$ bis 10^{-32} cm^2 ergibt. R. K. Müller. 90◇

0063 **Räumliche Verteilung der Neutronen-Resonanzabsorption in einem Block.** W. A. Kremnew und A. A. Lukjanow. (Atomenergie [UdSSR] **14,** Nr. 2, 216—17, 1963; russ.) — Die Daten über die räumliche Verteilung in einem zylindr. Block aus UO_2 mit 0,5 cm Radius werden gedeutet; zwischen gemessener u. berechneter Verteilung besteht Übereinstimmung. M. Wiedemann. 90◇

0064 **Über die zeitabhängige Flußverteilung eines thermischen Kernreaktors mit festem Brennstoff.** Paul L. Chambré und Lawrence M. Grossman. (Appl. sci. Res. [The Hague], A **11,** 387—96, 1963; Berkeley, Calif., Univ. of California; engl.) — Wiedergabe einer analyt. Meth. zur Best. der Flußverteilung u. Reaktivität in einem bloßen homogenen Reaktor während des Abbrandes u. Anwendung der Meth. auf einen Reaktor mit ebenen Platten. Gerhard Schmidt. 90◇

0065 **Zweigruppenanalyse der Flußverteilungen in einer unterkritischen Anordnung mit spontaner Spaltungsquelle.** Heikki Koskinen. (Suomalaisen Tiedeakatemian Toimituksia [Ann. Acad. Sci. fenn.], Sarja A VI **1962,** Nr. 91, 1—9; Ontaniemi, Inst. of Technol., Labor. of Techn. Phys.; engl.) — Die langsamen u. schnellen Flüsse in einem subkrist. Syst. mit Reflektor werden in eine Fourier-Reihe entwickelt u. die Koeff. für einen prakt. Fall bestimmt. H. Laue. 90□

0066 **Methoden zur Berechnung heterogener neutronenvervielfachender Medien. — Anwendung auf ein System von 5 Plutonium-Beryllium-Neutronenquellen in einem Graphitmoderator.** Paul Gavin, Charles Mandrin und Bernard Vittoz. (Z. angew. Math. Physik [Basel] **12,** 392—414, 1961; Lausanne, École Polytechn., Labor. de Génie Atom.; franz.) — Vff. vergleichen die heterogene Meth. von Feinberg mit der heterogenen Meth. der Hilfskopplungsquellen. O. Jansen. 90◇

0067 **Approximative Iterationsmethoden, angewendet auf multiplizierende „nichttrennbare" Systeme in Grundsymmetrien.** C. Lo Surdo. (Energia nucleare **9,** 570—74, 1962; Milano, SORIN; ital.) — Matrix-Formulierung (Approximation der Diffusionstheorie). Herbert Weber. 90◇

0068 **Bestimmung des äußeren Blockeffektes in multiplizierenden Systemen mit D_2O-Moderator.** W. F. Belkin, O. W. Schwedow und B. P. Kotschurow. (Atomenergie [UdSSR] **14,** Nr. 3, 281—84, 1963; russ.) — Durch Messung der Dichte der therm. (mit einer Dy-Scheibe) u. der übertherm. (mit einer In-Scheibe) Neutronen in der Gitterzelle wurde der äußere Blockeffekt bestimmt. M. Wiedemann. 90◇

0069 **Greuling-Goertzel-Berechnungen in Schwerem Wasser.** R. J. Mack und P. F. Zweifel. (Nuclear Sci. Engng. **7,** 144—46, 1960; Ann Arbor, Mich., Univ. of Michigan; engl.) — Die Greuling-Goertzel-Näherungs-Meth. wurde zur Berechnung der Neutronenbremsung in Schwerem W. herangezogen. E. Schiewer. 90□

0070 **Der Einfluß der chemischen Bindung auf den Neutronenbremsprozeß in Schwerem Wasser.** Wolfgang Eichelberger. (Nukleonik [Berlin] **4,** 326—31, 1962; Karlsruhe, TH, Phys. Inst.; dt.) — Mit einem 31-MeV-Betatron über (γ, n)-Prozeß in Pb erzeugte energiereiche Neutronen wurden in D_2O moderiert. Bei einer Energie von 1,44 eV konnten sie über den (n,γ)-Resonanzeinfang in In mit einem γ-empfindlichen Detektor nachgewiesen werden. Da die letzten Stöße maßgeblich die gesamte Bremszeit bestimmen, wird die zeitliche Verteilung der nachgewiesenen Neutronen merklich von der chem. Bindung der Moderator-Moll. beeinflußt. Die Deuteronen in Mol-Verband verhalten sich wie Teilchen mit einer effektiven Masse von $3{,}0 \pm 0{,}5$ Protonenmassen. B. Schmitt. 90◇

0071 **Nucleares Vielkörper-Problem mit nichtgleichförmiger Dichte.** 1. Mitt. **Theorie.** D. S. Koltun und L. Wilets. (Physic. Rev. [2] **129,** 880—88, 1963; Rehovoth, Israel, Weizmann Inst. of Sci.; engl.) — Unters. zu einer sich period. im Raum ändernden Dichte des Syst. (Martin-Schwinger-Puff-Methode). Herbert Weber. 95◇

0072 **Berechnung und Anwendung des Dichtepropagators für ein selbstgebundenes Fermionensystem.** 1. Mitt. **Theorie.** A. S. Reiner. (Physic. Rev. [2] **129,** 889—96, 1963; Rehovoth, Israel, Weizmann Inst. of Sci., Phys. Dep.; engl.) — Anwendung der Martin-Schwinger-Puff-Theorie für ein Vielfermionensystem. Vgl. mit einer Berechnung der Polarisationsenergie von Kernmaterie nach Koltun u. Wilets (vgl. vorst. Referat). Herbert Weber. 95◇

0073 **Periodizität und strukturelle Entwicklung in Kernen.** A. K. Dutta, B. Pal, A. Das Gupta und N. Chaudhury. (Indian J. Physics Proc. Indian Assoc. Cultivat. Sci. **36 (45),** 497—506, 1962; Calcutta, Univ., Palit Labor. of Phys.; engl.) — Best. der Abweichungen der Massen stabiler Kerne von der Bethe-Weizsäcker-Relation mit Hilfe sowohl der von Green [1954] angegebenen Konst. als auch einer neuen Reihe von Konstanten. Die Minima der aufgenommenen period. Kurven zeigen eine nahezu konst. Ladungsänderung, eine fl. Kristallstruktur wird für die Kerne angenommen, die aus verschiedenen Untergruppen der elementaren Kerne *Li*, *Be* u. *B* zusammengesetzt sind. Gerhard Schmidt. 95◇

0074 **Kollektive Eigenschaften des Kernmodells des anisotropen harmonischen Oscillators.** B. J. Verhaar. (Nuclear Physics [Amsterdam] **35,** 1—26, 1962; Amsterdam, Univ., Inst. voor Theoret. Phys.; engl.) — Zur Unters. der Natur der kollektiven Bewegungen im deformierten Potentialtopf werden die Schwingung u. Rotation der Nucleonen an einem einfachen Modell untersucht. Dem Potentialtopf wird die Form eines anisotropen harmon. Oscillators zugeschrieben. H. Schroeder. 95□

0075 **Die Stabilität der Hartree-Fock-Lösungen und der kollektiven Bewegung.** Nobuyuki Fukuda. (Nuclear Physics [Amsterdam] **44,** 553—71, 1963; Madras, Inst. of

Math. Sci.; engl.) — Unters. des Hartree-Fock-Grundzustandes gegen jede kleine Deformation.
Gerhard Schmidt. 95◇

0076 **Der Einfluß spinabhängiger Kräfte auf die kollektive Bewegung in Kernen.** Leonhard S. Kisslinger. (Nuclear Physics [Amsterdam] **35,** 114—35, 1962; Cleveland, Ohio, Western Reserve Univ., Dep. of Phys.; engl.) — Vf. untersuchte den Schwingungszustand in geraden Kernen mit abgeschlossener Einzelschale unter Verw. einer Paarungskraft u. dem Teil der Tensorkraft, der zu einem kollektiven 2^+-Zustand in der Näherung eines verd. Quasiteilchen-Syst. führen kann (Sawada-Näherung). Aus den empir. Energien der Schwingungszustände wurde die Stärke dieser spinabhängigen Kraft bestimmt, mit der sowohl B (E2) als auch die Energieniveaus ungerader Kerne berechnet wurden.
H. Schroeder. 95□

0077 **Reduzierte Nucleonbreiten und Ladungsunabhängigkeit.** Albert Altman, William M. MacDonald und Jerry B. Marion. (Nuclear Physics [Amsterdam] **35,** 85 bis 94, 1962; College Park, Md., Univ. of Maryland; engl.) — Vff. führen ein neues Kriterium zum Vgl. red. Nucleonbreiten von T = 1-Niveaus in Isobarentriaden ein („Isobarenspin-Additionsregel"). Mit diesem Kriterium wurden die Spiegelniveaus bei 8,89 MeV von ^{10}B u. 7,37 MeV von ^{10}Be erneut untersucht u. nachgewiesen, daß eine Spin–Paritäts-Zuordnung von 3^-, die eine d-Wellen-Bldg. anzeigt, an Stelle von 3^+ zu sehr befriedigender Übereinstimmung mit den experimentellen Ergebnissen (z. B. $^9Be + n$, $^9Be + p$, $^9Be + n$) führt.
H. Schroeder. 95□

0078 **Einige mögliche Folgerungen aus der Existenz der Zustände ^4H und ^5H.** P. E. Argan und A. Piazzoli. (Physics Letters [Amsterdam] **4,** 350—51, 1963; Napoli, Univ., Ist. di Fis.; Parma, Univ., Ist. di Fis.; engl.) — Es werden Vorschläge für die Zuordnung von Isotopenspins zu den Zuständen ^4H (T = 1, E ≈ 24 MeV) u. ^5H (T = 3/2, E ≈ 19 MeV) gemacht. Dabei wird die Möglichkeit der Existenz weiterer Isotope diskutiert. Rkk. wie $^4He(\gamma, \pi^+)^4H$ usw. werden diskutiert.
M. Wiedemann. 95◇

0079 **Der wiederentdeckte Zustand J = 5/2 des ^7Li.** M. H. Wächter. (Physics Letters [Amsterdam] **4,** 353, 1963; San Jose, Calif., General Electric. Comp., APED; engl.) — Es wird auf eine Arbeit von Erdös u. Mitarbeiter (C. **1956,** 3200) hingewiesen, wonach bei der Rk. $^7Li(\gamma, \alpha)^3H$ mit 31-MeV-Bremsstrahlung ein 5,5-MeV-Zustand des ^7Li auftritt, dem J = 5/2 zugeordnet werden kann. Dieser Zustand wurde von anderer Seite theoret. postuliert.
M. Wiedemann. 95◇

0080 **Lebensdauern von angeregten Kernzuständen bei Verwendung verzögerter γ-Strahlen.** R. W. Bauer, J. D. Anderson und L. J. Christensen. (Physic. Rev. [2] **130,** 312—19, 1963; Livermore, Calif., Univ. of California, Lawrence Radiat. Labor.; engl.) — Unter Verw. des gepulsten Teilchenbündels aus dem Cyclotron variabler Energie werden die verzögerten γ-Strahlen für eine direkte Messung der Lebensdauer angeregter Zustände im ns-Bereich angewandt. Diese Technik erweist sich als bes. brauchbar bei der Unters. von Zuständen, die nicht oder nur schwach durch radioakt. Zerfall besetzt werden. Die mittleren Lebensdauern angeregter Zustände mehrerer Kerne in der $f_{7/2}$-Schale werden gemessen. Unter Verw. der $^{48}Ti(p, n\gamma)$- u. $^{45}Sc(\alpha, n\gamma)$-Rkk. ergibt der 305-keV-Zustand von ^{48}V (10,9 ± 0,4) ns, bei den $^{51}V(p, n\gamma)$- u. $^{48}Ti(\alpha, n\gamma)$-Rkk. ist die Lebensdauer des 750-keV-Zustandes von ^{51}Cr (10,8 ± 0,5) ns.
Gerhard Schmidt. 95◇

0081 **Die Erzeugung und Verwendung von γ-Strahlung hoher Auflösung.** P. Axel. (Physics Letters [Amsterdam] **4,** 320—23, 1963; Urbana, Ill., Univ. of Illinois, Dep. of Phys.; engl.) — Diskussion möglicher Verff. zur Best. der Niveaudichte von Kernen bei mehreren verschiedenen hohen Anregungsenergien. Die Erzeugung von Gammastrahlen variabler Energie (durch Variation von E_n) u. hoher Auflösung durch Einfang langsamer Neutronen, die Wechselwrkg. dieser Photonen mit Kernniveaus u. die Streuung der beim Einfang therm. Neutronen entstehenden Gammastrahlung werden behandelt.
M. Wiedemann. 95◇

0082 **Kernstrahlungsresonanz.** P. R. Brady, P. R. F. Wigley und J. F. Duncan. (Rev. pure appl. Chem. **12,** 165—86, 1962; Melbourne, Univ., Dep. of Inorg. Chem.; New Zealand, Victoria Univ., Dep. of Theoret. and Inorg. Chem.; engl.) — Übersicht über Mössbauer-Effekt, Theorie der rückstoßfreien Resonanzabsorption, experimentelle Meth. u. einige Anwendungen. — 49 Literaturangaben.
P. Golinske. 95◇

0083 **Über den Mössbauer-Effekt.** H. Bittner. (Österr. Chemiker-Ztg. **64,** 137—42, 1963; Wien, Univ., Inst. für Phys. Chem.; dt.) — Übersicht über Grundlagen u. Anwendungen für physikal. Messungen, bes. in der Chemie u. der Festkörperphysik.
A. Blaschette. 95◇

0084 **Der Mössbauer-Effekt an ^{119}Sn-Kernen und ein Versuch, den Effekt an ^{141}Pr nachzuweisen.** W. A. Bukarew. (J. exp. theoret. Physik [UdSSR] **44,** 852—57, 1963; Akad. der Wiss. der UdSSR, Phys. Lebedew-Inst.; russ., Auszug: engl.) — Bei $Na_2SnO_3 \cdot 3H_2O$, $SnBr_4$, $SnSO_4$, SnO_2, $SnCl_2 \cdot 2H_2O$, α-Sn, β-Sn, $SnCl_4 \cdot 5H_2O$ wurden Isomerenverschiebungen der 23,8-keV-γ-Strahlung von ^{119m}Sn festgestellt. Bei einer Reihe von Verbb. (SnO_2, $SnCl_2 \cdot 2H_2O$) wurde eine Quadrupolaufspaltung gefunden. Die untere Grenze der Veränderung des effektiven Ladungsradius des ^{119}Sn-Kerns im angeregten Zustand beträgt $\Delta R/R \geqslant +0{,}8 \cdot 10^{-4}$. Kein Resonanzabsorptionseffekt wurde an ^{141}Pr-Kernen beim 145-keV-γ-Übergang $^7/_2{}^+ \to {}^5/_2{}^+$ im Bereich ± 8 mm/s gefunden.
W. Pump. 95◇

0085 **Die Verdampfung von Neutronen aus mit hochenergetischen Protonen beschossenen Kernen.** D. M. Skyrme. (Nuclear Physics [Amsterdam] **35,** 177—93, 1962; Harwell, AERE; engl.) — Die Winkelverteilungen der beim Beschuß von *Al*, *Ag* u. *W* mit 150-MeV-Protonen auftretenden Neutronen geringer Energie u. die für ihre Bldg. erforderlichen differentiellen Wrkg.-Querschnitte werden gemessen. Die Abhängigkeit des differentiellen Wrkg.-Querschnittes der Neutronenverdampfung aus Cu- u. W-Targets wurde mit Protonen von 42—150 MeV bestimmt. Die Neutronenflüsse wurden mit Photoplatten u. Zählrohren bei 180° zur Richtung des einfallenden Bündels (52,5—177,5° bei W) gemessen. An Hand der Verdampfungstheorie von Le Couteur wurden die Ergebnisse diskutiert. Aus der mittleren kinet. Energie der emittierten Neutronen wurden Kern-Temp. berechnet u. die Anfangsanregungsenergie des Kerns bestimmt. Die Winkelverteilungen der Neutronen u. die Verläufe der Energiespektren stehen nicht in völliger Übereinstimmung mit der Annahme eines reinen Verdampfungsprozesses.
H. Schroeder. 103□

0086 **Spektren von Verdampfungsneutronen.** V. A. Sidorov. (Nuclear Physics [Amsterdam] **35,** 253—59, 1962; Moscow, USSR, Acad. of Sci., I. V. Kurchatov Atom. Energy Inst.; engl.) — Mittels der Flugzeittechnik wurden die Spektren der beim Beschuß von *V*-, *Co*- u. *Ni*-Targets durch α-Teilchen mit E_α = 11—20 MeV auftretenden Neutronen gemessen. Die Abweichungen der beobachteten von den berechneten Werten wird auf die Emission von Neutronen während der Einstellung des therm. Gleichgewichts des Compoundkerns zurückgeführt.
H. Schroeder. 103□

0087 **(p, γ)-Resonanzkurvenverläufe und Messungen der Resonanzenergien mit H_1^+-Bündeln.** R. O. Bondelid und J. W. Butler. (Physic. Rev. [2] **130,** 1078—90, 1963; Washington, D.C., US Naval Res. Labor., Nucl. Div.; engl.) — Wiedergabe der detaillierten Verläufe von (p, γ)-Ausbeutekurven, die durch H_1^+-Bündel induziert worden sind, u. Interpretation dieser Verläufe in Ausdrücken physikal. signifikanter Größen, wie z. B. Resonanzenergie u. Resonanzbreite. Die aus dieser Betrachtung gewonnene Information wird auf Energieeichungen angewandt, woraus sich die genauesten Werte für die nachst. engen (p, γ)-Resonanzen ergeben: $^{27}Al(p, \gamma)^{28}Si$, 991,91 ± 0,30 u. 1317,19 ± 0,40 keV; $^{13}C(p, \gamma)^{14}N$, 1747,06 ± 0,53 keV; $^{58}Ni(p, \gamma)^{59}Cu$, 1423,64 ± 0,43 u. 1843,45 ± 0,56 keV.
Gerhard Schmidt. 103◇

0088 **Protoneneinfang-γ-Strahlen aus ^8Be im Riesenresonanzgebiet.** I. V. Mitchell und R. B. Taylor. (Nuclear Physics [Amsterdam] **44,** 664—69, 1963; Canberra, Austral. Nat. Univ., Res. School of Phys. Sci.; engl.) — Die Anregungsfunktion der Rk. $^7Li(p, \gamma)^8Be$ wird bei 90° für Protonenenergien zwischen 2,5 u. 9 MeV gemessen. Die Übergänge zum Grund- u. ersten angeregten Zustand zeigen breite Resonanzen bei E_p ≈ 5 bzw. 7,3 MeV mit Nachw. eines weiteren Peaks bei E_p ≈ 6 MeV in der γ_1-Ausbeute. Die Winkelverteilungen für beide Komponenten bleiben nahezu konst. über einen 5-MeV-Bereich der Protonenenergie.
Gerhard Schmidt. 103◇

0089 **Die Polarisation der Neutronen aus der Reaktion ^{9}Be(p, n)^{9}B.** C. A. Kelsey. (Nuclear Physics [Amsterdam] **45,** 235—42, 1963; Madison, Wis., Univ. of Wisconsin; engl.) — Für mehrere Energien u. Winkel bei einer Beschußenergie von 3,7—8,5 MeV wird die Polarisation der Neutronen gemessen. Die Ergebnisse zeigen, daß für einen Emissionswinkel von 30° die Polarisation einen Wert von 0,2 bei 3,7 MeV besitzt, ihr Vorzeichen nahe 4,3 MeV ändert u. einen Wert von —0,4 nahe 5 MeV erreicht. Gerhard Schmidt. 103◇

0090 **Neutronen aus der Reaktion ^{9}Be(d, n)^{10}B bei einer Deuteronenenergie von 80 keV.** R. A. Coombe und J. Walker. (Proc. physic. Soc. **80,** 1218—24, 1962; Birmingham, Univ., Phys. Dep.; engl.) — Es ist ein schwaches Anzeichen vorhanden, daß das fragliche 2,9-MeV-Niveau aus zwei Niveaus mit Energien von 2,7 u. 3,1 MeV zusammengesetzt sein könnte. O. Jansen. 103◇

0091 **Die (γ, n)-Winkelkorrelation bei 0,94 und 0,62 MeV für die Reaktion ^{11}B(d, n)^{12}C$^*_{4,43}$.** W. F. Huang und R. C. Ritter. (Physic. Rev. [2] **130,** 2366—72, 1963; Charlottesville, Va., Univ. of Virginia, Dep. of Phys.; engl.) — Die oben angeführten Korrelationen werden mit einem γ-Detektor senkrecht zur Rk.-Ebene u. mit einem Detektor in der Rk.-Ebene gemessen. Letzterer befand sich unter 0, 10, 45, 90, 135 u. 150° zur Richtung der einfallenden Deuteronen. Starke P_4-Terme treten bei den Korrekturen in der Rk.-Ebene auf. Gerhard Schmidt. 103◇

0092 **Niveaus in ^{15}N aus der Reaktion ^{11}B(α, p$_0$)^{14}C.** G. S. Mani, P. D. Forsyth und R. R. Perry. (Nuclear Physics [Amsterdam] **44,** 625—32, 1963; Saclay, Centre d'Étud. Nucl.; Houston, Tex., Rice Univ.; engl.) — Die Winkelverteilungen für die Emission von Protonen aus der Rk. ^{11}B(α, p$_0$)^{14}C werden im α-Energiebereich von 2,5 bis 5,0 MeV gemessen. Die Winkelverteilung im Energiebereich von 3,2—4,5 MeV zeigt eine stark ausgeprägte Struktur, die von einer großen Anzahl konkurrierender Niveaus entgegengesetzter Parität im Compoundkern ^{15}N herrührt. Die Niveaus von ^{15}N im Anregungsbereich von 12,8—14,5 MeV werden erhalten. Gerhard Schmidt. 103◇

0093 **Die Reaktion ^{16}O(γ, p)^{15}N durch polarisierte 20,5-MeV-Bremsstrahlung.** Katsufusa Shoda. (J. physic. Soc. Japan **16**, 1841—48, 1961; Sendai, Tohoku Univ. Dep. of Phys.; engl.) — Mit D_2O, H_2O, getränkte oder ungetränkte Emulsionen wurden gleichzeitig unter dem charakterist. Winkel mit 20,5-MeV-Bremsstrahlung von einem dünnen Al-Target in einem Betatron bestrahlt. Die lineare Polarisation der γ-Strahlen von 4 MeV bis 6 MeV wurde zu 31,7 ± 5,0% (aus der Azimutalverteilung der Photoprotonen aus Deuteronen) geschätzt. Das Protonenenergiespektrum aus ^{16}O(γ, p) hat ein Maximum bei 1,1 MeV Protonenenergie, welches der bekannten Resonanz bei ^{15}N(p, γ)^{16}O mit 1,05 MeV Protonenenergie entspricht. Aus den Winkelverteilungen der Photoprotonen ist ersichtlich, daß eine Resonanz bei einer Photonenenergie von 17,3 MeV ein El-Übergang ist; das entsprechende Energieniveau von ^{16}O hat $I = 1^-$, $T = 1$. O. Jansen. 103◇

0094 **Wechselwirkung schneller Neutronen mit Fluor.** E. Kondaiah, C. Badrinathan und K. V. K. Iyengar. (Nuclear Physics [Amsterdam] **9,** 561—68, 1959; Bombay, Tata Inst. of Fundament. Res.; engl.) — F-Targets wurden mit schnellen Neutronen aus *D*(d. n)-, *Be*(d, n)- u. *T*(d, n)-Rkk. bestrahlt. Bei Verw. von 15-MeV-Neutronen zeigte das Spektrum der geladenen Teilchen ein kleines Maximum bei 10,6 ± 0,8 MeV, welches mit einer 10,5-MeV-α-Gruppe übereinstimmt, die zum Grundzustand von ^{16}N in der ^{19}F(n, α)-Rk. führt. Die γ-Spektren zeigen hauptsächlich γ-Strahlen von 110 ± 8 keV u. 195 ± 10 keV. O. Jansen. 103◇

0095 **n'-γ-Korrelation für ^{24}Mg(n, n'γ) bei 3,25 MeV.** H. R. Brugger, T. Niewodniczański und M. P. Steiger. (Helv. physica Acta **35,** 3—33, 1962; Zürich, ETH, Labor. für Kernphys.; dt.) — Vff. untersuchten die Rk. ^{24}Mg(n,n'γ), die zum ersten angeregten Niveau bei 1,37 MeV führt. Die Anregungsfunktion im Energiebereich $E_n = 2{,}9—3{,}6$ MeV wurde aus Messungen der 1,37-MeV-γ-Ausbeute bei einem mittleren Emissionswinkel von $\Theta_\gamma = 90°$ zum einfallenden Neutronenstrom (Schwerpunkts-Syst.) erhalten. Die n'–ν-Korrelation wurde bei $E_n = 3{,}25$ MeV mit einer Ringgeometrie unter Verw. einer Schnell–langsam-Koinzidenzeinheit (Auflösungsvermögen 2 ns) gemessen. Die Korrelationsfunktion W ($\Theta_{n'}$, Θ_γ) bestimmten Vff. für Streuwinkel $\Theta_{n'}$ zwischen 98 u. 156° bei $\Theta_\gamma = 25, 35$ u. 45°. Die Ergebnisse stehen in Übereinstimmung mit den Voraussagen des statist. Modells, wobei Durchlässigkeits-Koeff. für ein Potential des Woods-Saxon-Typs ohne Spin–Bahn-Kopplung verwendet wurden. H. Schroeder. 103□

0096 **Lebensdauer der ersten angeregten Zustände von ^{25}Mg und ^{25}Al.** C. L. McClelland und J. Lowe. (Physic. Rev. [2] **130,** 1127—30, 1963; Upton, N.Y., Brookhaven Nat. Labor.; engl.) — Mit der gepulsten Van de Graaff-Bündeltechnik werden die mittleren Lebensdauern der ersten angeregten Zustände bei 0,58 bzw. 0,45 MeV zu (4,82 ± 0,10) ns für ^{25}Mg u. zu (3,33 ± 0,07) ns für ^{25}Al bestimmt. Gerhard Schmidt. 103◇

0097 **Tiefliegende Zustände in ^{26}Al.** P. Horvat, P. Kump und B. Povh. (Nuclear Physics [Amsterdam] **45,** 341—51, 1963; Ljubljana, Yugoslavia, Inst. „J. Stefan"; engl.) — Die γ-Kaskaden aus den 7,220-, 7,252- u. 7,539-MeV-Niveaus in ^{26}Al werden über die (p,γ)-Rk. an ^{25}Mg untersucht. Die (p,γ)- u. (p,γγ)-Winkelkorrelationen ergeben Spin- u. Paritätszuordnungen für die 2,07-, 1,85- u. 1,76-MeV-Niveaus in ^{26}Al. Die Konfigurationen der Niveaus unterhalb der 2,5-MeV-Anregung in ^{26}Al werden diskutiert. Gerhard Schmidt. 103◇

0098 **Photozerfall von Calcium.** Sven A. E. Johansson und Bengt Forkman. (Nuclear Physics [Amsterdam] **36,** 141—50, 1962; Lund, Univ., Dep. of Phys.; engl.) — Für den bei den Bremsstrahlungsmaxima von 19,5 u. 20,5 MeV eingeleiteten Photozerfall (γ,p-Rk.) des ^{40}Ca werden beide Protonenspektren ermittelt. Das durch Subtraktion erhaltene Spektrum, das dem der γ-Absorption im Bereich von 20 ± 0,5 MeV entspricht, weist Peaks auf, die den Übergängen in den Grundzustand u. in angeregte Zustände bei 2,9 u. 5,9 MeV von ^{39}K mit den Spin-Werten $d_{3/2}$, $s_{1/2}$ u. $d_{5/2}$ entsprechen. Durch Vgl. der Verzweigungsverhältnisse der einzelnen Übergänge sowie der Winkelverteilungen mit theoret. Werten werden diese Ergebnisse bestätigt. H.-D. Freyer. 103◇

0099 **Zerfall von ^{56}Ni.** D. O. Wells, S. L. Blatt und W. E. Meyerhof. (Physic. Rev. [2] **130,** 1961—70, 1963; Stanford, Calif., Stanford Univ.; engl.) — Der radioakt. Zerfall von ^{56}Ni zu ^{56}Co wird unter Verw. von γ-Scintillationsspektrometern untersucht. Die Spektren zeigen γ-Strahlen von 0,164 ± 0,003 (99,3 ± 6,6 γ-Strahlen pro 100 Zerfälle), 0,272 ± 0,004 (31,5 ± 5,2), 0,484 ± 0,004 (34,6 ± 2,0), 0,755 ± 0,003 (48,0 ± 3,2), 0,820 ± 0,003 (84,9 ± 8,3), 0,982 ± 0,010 (1,2 ± 0,1) u. 1,57 ± 0,01 (14,1 ± 0,9) MeV. Die Daten sind im Einklang mit einer oberen Grenze von 1 pro 100 Zerfälle für die Intensität einer Protonenemission. Koinzidenzspektren, Winkelkorrelations- u. verzögerte Koinzidenzmessungen gestatten die Aufstellung eines Zerfallsschemas mit Energieniveaus bei 0,00 (4^+), 0,164 (3^+), 0,984 (2^+), 1,47 (1^-, $2^\pm$) u. 1,74 (1^+) MeV. Gerhard Schmidt. 103◇

0100 **^{58}Ni(n, p)^{58m,g}Co-Querschnitt und -Isomerenverhältnis von 1,04 bis 2,67 MeV.** J. W. Meadows und J. F. Whalen. (Physic. Rev. [2] **130,** 2022—25, 1963; Argonne, Ill., Argonne Nat. Labor.; engl.) — Die Querschnitte u. Isomerenverhältnisse für obige Rk. werden relativ zur ^{235}U(n,f)-Rk. für Neutronenenergien von 1,04—2,67 MeV gemessen. Die abs. Ausbeute von ^{58}Co wird durch Zählung der Koinzidenzen zwischen dem 0,800-MeV-γ-Strahl u. der Vernichtungsstrahlung der Positronen aus dem Zerfall des ^{58}Co-Grundzustandes bestimmt. Die beobachteten Querschnitte u. Isomerenverhältnisse werden mit berechneten Werten verglichen, die unter Annahme von Compoundkern-Bldg. u. Protonenemmission nur zu den 5^+- u. 2^+-Zuständen von ^{58}Co erhalten werden. Gerhard Schmidt. 103◇

0101 **Messungen der K-Konversionskoeffizienten und der Aktivierungsquerschnitte der isomeren Atomkerne ^{77m}Se, ^{79m}Se, ^{75m}Ge und ^{77m}Ge.** Hermann Weigmann. (Z. Physik **167,** 549—57, 1962; Göttingen, Univ., II. Phys. Inst.; dt.) — Die K-Konversions-Koeff. α_K von ^{77m}Se, ^{79m}Se, ^{75m}Ge u. ^{77m}Ge werden durch Nachw. der K-Röntgen- u. γ-Strahlung von mit Neutronen bestrahlten Se- u. GeO_2-Proben mittels Scintillationszählern gemessen. α_K beträgt 0,79 ± 0,06, 7,4 ± 0,6, 1,44 ± 0,13 bzw. 1,2 ± 0,6. Die Wrkg.-Querschnitte für die durch verlangsamte Neutronen induzierten Aktivitäten sind 22 ± 2; 0,40 ± 0,04; 0,20 ± 0,02 bzw. 0,12 ± 0,03 barn. O. Jansen. 103◇

0102 **Das Resonanzintegral von Niob.** E. Hellstrand und G. Lundgren. (Nukleonik [Berlin] **4**, 323—26, 1962; Tystberga, Schweden, AB Atomenergi, Studsvik; engl.) — Das Resonanzintegral von Nb wurde mittels Pile-Oscillator- u. Aktivierungs-Verff. untersucht. Man erhielt einen Wert von 8,15 ± 0,65 barn für das Integral bei unendlicher Verdünnung. Es wurde die Abhängigkeit des Resonanzintegrals von der Dicke der Metallfolien, die 0,06 mm bis 1,36 mm betrug, gemessen. Die Halbwertszeit $T_{1/2}$ von ^{94}Nb wurde neu bestimmt, sie beträgt $T_{1/2}$ = 6,30 ± 0,03 min. B. Schmitt. 103◇

0103 **Winkelkorrelationen in ^{102}Ru.** P. Born, H. A. J. Van Der Kamp, W. H. Elsenaar und J. Blok. (Physica [Utrecht] **29**, 537—42, 1963; Amsterdam, Nederland, Vrije Univ., Natuurkundig Labor.; engl.) — Aus den gemessenen Winkelkorrelationen der γ-Kaskaden beim Zerfall ^{102}Rh → ^{102}Ru wurden die Spinwerte einiger ^{102}Ru-Niveaus abgeleitet. O. Jansen. 103◇

0104 **Verzweigungsverhältnisse und β^+-Maximalenergie beim Zerfall von ^{108}Ag.** Leberecht Frevert. (Z. Physik **169**, 456—66, 1962; Göttingen, Univ., II. Phys. Inst.; dt.) — Messungen mit Scintillationsspektrometern lieferten einen Beweis für einen schwachen 177-keV-β^--Zweig, welcher zum 1473-keV-Niveau des ^{108}*Cd* führt, u. dem eine γ-γ-Kaskade von (841 + 632) keV folgt. Spin u. Parität 2^+ dieses Niveaus werden durch log ft = 4,7 des β^--Zweiges angedeutet. Das β^+-Spektrum (^{108}Ag → ^{108}*Pd*) hat eine Endpunktsenergie von (880 ± 25) keV in Übereinstimmung mit dem vom K/β^+-Verhältnis abgeleiteten Wert. O. Jansen. 103◇

0105 **Messungen zum Zerfallsschema des ^{131}J.** H. Jungclaussen, J. Schintlmeister und H. Sodan. (Nuclear Physics [Amsterdam] **43**, 650—61, 1963; Dresden, Zentralinst. für Kernphys., Bereich Phys. der Atomkerne; dt.) — Das Zerfallsschema von ^{131}J wird mit verschiedenen Typen von Scintillationsspektrometern u. einem Magnetspektrometer untersucht. Zusätzlich zu den bekannten γ-Übergängen wird ein 644—80-keV-γ-Kaskadenübergang beobachtet. Die Intensität der 644-keV-γ-Strahlung ist 0,22 ± 0,04% relativ zur Intensität der 364-keV-γ-Strahlung. Ferner wird beobachtet, daß die 507-keV-γ-Strahlung in Koinzidenz mit einer β-Komponente auftritt, deren maximale Energie zwischen 246 und 332 keV liegt. Ein neues Zerfallsschema von ^{131}J wird vorgeschlagen. Gerhard Schmidt. 103◇

0106 **β-Zerfall und Spin des ^{144}Pr-Grundzustands.** R. S. Raghavan und R. M. Steffen. (Physics Letters [Amsterdam] **5**, 198—99, 1963; Lafayette, Ind., Purdue Univ., Dep. of Phys.; engl.) — Die Energieabhängigkeit der β-γ-Richtungskorrelation des Zerfalls des ^{144}Pr-Grundzustands wurde gemessen. Demnach ist die Zuordnung 0^- zum ^{144}Pr-Grundzustand wahrscheinlich. M. Wiedemann. 103◇

0107 **Eigenschaften einiger Zustände in ^{160}Dy.** F. Boehm und John Rogers. (Nuclear Physics [Amsterdam] **41**, 553 bis 560; 1963; Pasadena, Calif., California Inst. of Technol.; engl.) — Die beim Zerfall von ^{160}*Tb* auftretenden niederenerget. Niveauübergänge in ^{160}Dy wurden mit einem γ-Spektrometer mit gekrümmtem Kristall untersucht. Ergebnisse: 68,79 ± 0,01 keV, 10,5 (relative γ-Intensität), E2; 93,92 ± 0,01, 0,042, M 1; 197,02 ± 0,05, 4,9, E2; 215,64 ± 0,05, 3,7, E1; 230,66 ± 0,15, 0,1 (E1); 298,53 ± 0,10, 26,5, E1; 309,56 ± 0,10, 0,78, E1; 337,08 ± 0,15, 0,34, (E1) u. 392,43 ± 0,20, 1,25, E1. Die Hinderungsfaktoren für die Übergänge wurden bestimmt u. einige Eigg. der Zustände mit ungerader Parität bei 1264,4, 1286,5, 1358,3 u. 1398,5 keV diskutiert. Zustände mit gerader Parität sollen bei 1155,2 keV u. mit ungerader Parität bei 1385,9 keV existieren. H. Schroeder. 103◇

0108 **γ-Schwingungsniveaus in ^{166}Er.** E. Bożek, H. Niewodniczański, S. Ogaza, S. Szymczyk, T. Walczak und I. A. Yutlandov. (Acta physic. polon **20**, 351—56, 1961; Cracow, Pol. Acad. of Sci., Inst. of Nucl. Phys.; engl.) — Vgl. C. **1962**, 5179. — Durch Winkelkorrelationsmessungen der γ-γ-Kaskade 779,8—80,59 keV in ^{166}Er werden für das Energieniveau bei 860,2 keV der Spin $I = 3$ u. die Quantenzahl $K = 2$ ermittelt. Die Deformation des ^{166}Er-Kerns im Grund- u. γ-Schwingungszustand sowie die Wechselwrkg. der Rotationsschwingungen des Niveaus werden diskutiert. H.-D. Freyer. 103◇

0109 **Eine Messung der Halbwertszeit des ersten angeregten Zustandes von ^{166}Er.** E. Bashandy und M. S. El-Nesr. (Ark. Fysik **22**, 341—48, 1962; Uppsala, Sweden, Univ., Inst. of Phys.; engl.) — Die Messung nach der Meth. der verzögerten Elektron-Elektron-Koinzidenzen ergab $T_{1/2}$ = (1,9 ± 0,1) 10^{-9} s. Die Übergangswahrscheinlichkeit, das Eigenquadrupolmoment Q_0 u. der Deformationsparameter β wurden bestimmt. O. Jansen. 103◇

0110 **Die mit der Umwandlung von Ytterbium-166 in Thulium-166 verbundene γ-Strahlung.** Pierre Paris und François David. (C. R. hebd. Séances Acad. Sci. **257**, 662—63, 1963; Orsay, Labor. Joliot-Curie de Phys. nucl., Centre Nat. de la Rech. Sci. et Centre de Spectrométr. nucl. et de masse; franz.) — Der durch β-Spektroskopie untersuchte einzige Übergang in ^{166}Tm wird als ein reiner Ml-Übergang interpretiert. Gerhard Schmidt. 103◇

0111 **Theorie des α-Zerfalls.** K. C. Kar und A. K. Bhattacharyya. (Indian J. theoret. Physics **8**, 47—83, 1960; Calcutta, Inst. of Theor. Phys.; engl.) — Die K-K-Theorie wird durch die Annahme einer gewissen Bldg.-Wahrscheinlichkeit von α-Teilchen innerhalb des Kerns verfeinert. Die Vorstellung eines äußeren Mesonenfeldes wird beibehalten u. die K-K-Gleichung durch die Verw. einer Näherungs-Lsg. für die Wellengleichung vereinfacht. Die Zerfalls-Konst. für *Po*, *Th* u. *U* werden berechnet. Auch die seltenen Zerfallsmechanismen von ^{212}Po, ^{214}Po u. ^{231}U können erklärt werden. W. Knoch. 103□

0112 **Ein mit α-Reaktionen konsistentes Modell des α-Zerfalls.** J. Osada, D. R. de Oliveira, N. Martins und T. Miyazima. (Nuovo Cimento [10] **20**, 845—56, 1961; São Paulo, Inst. de Fís. Theór.; engl.) — Entw. eines neuen Modells des α-Zerfalls, das mit α-Rkk., wie (p,α), konsistent ist. Es wird angenommen, daß α-Teilchen fortwährend innerhalb der Kernmaterie gebildet werden u. in die Kernoberfläche eintreten, wo die meisten zurückreflektiert oder zerstört werden, während nur einige in den äußeren Raum gelangen. Herbert Weber. 103◇

0113 **Ladungsverteilung bei der Photospaltung von ^{238}U und ^{232}Th.** J. G. Cuninghame, M. P. Edwards, G. P. Kitt und K. H. Lokan. (Nuclear Physics [Amsterdam] **44**, 588—96, 1963; Harwell, A.E.R.E.; engl.) — Die unabhängigen Spaltausbeuten von 4 Spalt-Prodd. der ^{238}U- u. von 3 Spalt-Prodd. der ^{232}Th-Photospaltung durch Dicktarget-Bremsstrahlung von maximal 23 MeV werden gemessen. Die Ergebnisse sind in allg. Übereinstimmung mit dem Vorschlag gleicher Ladungsverschiebung u. im starken Widerspruch mit ungeänderter Ladungsverteilung. Beide Meßpunkte für ^{96}*Nb* sind jedoch um mehr als 2 Größenordnungen zu niedrig. Gerhard Schmidt. 103◇

0114 **Spaltquerschnitt von ^{235}U.** C. D. Bowman, G. F. Auchampaugh und S. C. Fultz. (Physic. Rev. [2] **130**, 1482—91, 1963; Livermore, Calif., Univ. of California, Lawrence Radiat. Labor.; engl.) — Der Spaltquerschnitt wird mit hoher Auflösung zwischen 0,03 u. 60 eV unter Verw. einer Neutronen-Flugzeitanordnung beim Elektronen-Linearbeschleuniger untersucht. Die Normalisierung der relativen Querschnitte im therm. Bereich zeigt an, daß die Spaltquerschnitte im allg. um ca. 20% zu hoch im Bereich von 5—60 eV angenommen werden. Die Spaltbreiten zerfallen in 2 Gruppen, bezogen auf die beiden, bei der Rk. beteiligten totalen Drehimpulse. Gerhard Schmidt. 103◇

0115 **Das γ-Spektrum kurzlebiger Spaltprodukte.** J. R. Keane. (Brit. J. appl. Physics **13**, 131—33, 1962; Harwell, Berks., A.E.R.E., Health Phys. Div.; engl.) — Die Spalt-Prodd. des mit langsamen Neutronen bestrahlten ^{235}U wurden mittels eines Scintillationsspektrometers untersucht. Die Spektren zwischen 40 Min. u. 40 Std. nach Bestrahlung wurden während 30 Sek. registriert. Es wurden zwölf größere Aktivitäten identifiziert: ^{99}*Tc*, ^{131}*Te*, ^{139}*Ba*, ^{101}*Mo*, ^{135}*Xe*, ^{101}*Tc*, ^{146}*Pr*, ^{91}*Y*, ^{133}*J*, ^{97}*Nb*, $^{97(m)}$Nb, ^{134}J, ^{92}*Sr*, ^{138}*Cs*. O. Jansen. 103◇

0116 **Beobachtung von Bahnspuren von Spaltprodukten in gesintertem UO_2.** Takeo Kikuchi und Ken-ichi Shiozawa. (J. physic. Soc. Japan **17**, 586—87, 1962; Tokai, Japan, Atom. Energy Res. Inst., Metallurg. Labor.; engl.) —

Vorläufige elektronenmkr. Unters. der Spaltfragmentspuren von im Kernreaktor bestrahltem UO_2-Körnern, auf deren Oberflächen Löcher u. Furchen gebildet werden.
R. Mattes. 103◇

0117 **Arbeitsweise und Beschaffenheit von Van de Graaff-Beschleunigerröhren in der Form umgekehrter Konusse.** S. E. Hunt, F. C. Cheetham und W. W. Evans. (Nuclear Instruments Methods [Amsterdam] **21**, 101—05, 1963; Aldermaston, Berks., Assoc. Electr. Ind., Res. Labor.; engl.) — Es wurde in Verbindung mit einem Van de Graaff-Generator für 4 MeV eine Beschleunigerröhre entwickelt, bestehend aus Elektroden aus rostfreiem Stahl mit variierendem Durchmesser in einer solchen Form, daß ihre Umhüllung aus Porzellan die Form von umgekehrten Konussen hat.
W. Reusse. 112◇

0118 **Beobachtungen von Quanteneffekten in einem Elektronensynchrotron.** M. Sands. (Nuovo Cimento [10] **15**, 599—605, 1960; Pasadena, Calif., California Inst. of Technol.; engl.) — Die Verlustrate an Elektronen durch Synchronisierung im CalTech-Synchrotron wurde in Abhängigkeit von der Beschleunigungsspannung u. bei Elektronenenergien zwischen 800 u. 1200 MeV ermittelt. Die Ergebnisse stimmen mit Berechnungen der erwarteten Verluste überein, die infolge Quantenanregung durch Phasenschwingungen entstehen.
G. Heinsohn. 112□

0119 **Hochfrequenz-Übertragungssystem an einem 30-MeV-Elektronencyclotron.** M. Innas Ali. (Pakistan J. sci. ind. Res. **1**, 26—36, 1958; Dacca, East Pakistan, Univ., Phys. Dep.; engl.) — Vf. behandelt Aufbau u. Funktionsweise eines Hochfrequenzübertragungs-Syst. zwischen Magnetron u. Hohlraumresonator. H. Schirrwitz. 112◇

0120 **Theoretische Probleme und Modellierung eines ringförmigen Phasotrons mit Spiralfeldverteilung.** Yu. N. Denisov, V. P. Dmitrievsky, V. P. Dzhelepov, A. A. Glasov, V. V. Kolga, A. A. Kropin, M. Kuzmyak, L. M. Onischenko, V. S. Rybalko, L. A. Sarkisyan, E. Shvabe, D. P. Vasilevskaya, B. I. Zamolodchikov und N. L. Zaplatin. (Nuclear Instruments Methods [Amsterdam] **21**, 85—88, 1963; Dubna, Joint Inst. of Nucl. Res.; engl.) — Es werden die theoret. Grundlagen u. experimentelle Unterss. an einem Modell für ein ringförmiges Protonen-Phasotron mit alternierendem Spiralsektormagnetfeld behandelt, bes. die Injektionsbedingungen für den Eingangsstrahl u. in Verbindung damit die optimalen Bedingungen für das Einfangen der Teilchen in den Synchron-Beschleunigungsbereich.
W. Reusse. 112◇

0121 **Meßprobleme der Hochenergiephysik.** Gerhard Horlitz. (Atomwirtschaft **5**, 479—81, 1960; Hamburg, Deutsch. Elektronen-Synchrotron; dt.) — Übersicht über die Meß-Verff. u. -Geräte der Hochenergie-Physik, bes. zur Datenverarbeitung u. -speicherung. W. Wesly. 112◇

0122 **Detektor-Entwicklungen in der Elementarteilchenphysik.** S. Devons. (Sci. Progr. **49**, 273—81, 1961; New York, N.Y., Columbia Univ.; engl.) — Überblick (Blasenkammern, Scintillationsmaterialien, Funkenkammern u. anderes).
Herbert Weber. 112◇

0123 **Entwicklung neuer Gasentladungszähler für Radionuclidgeräte.** A. Tumulkan. (Nachr. Akad. Wiss. LettSSR **1963**, Nr. 4, 90—100; Radioisotopen-Labor. der Akad. der Wiss. der LettSSR; russ.) — Für verschiedene Zählertypen wird die Abhängigkeit der Ausbeute (Empfindlichkeit) gegenüber Röntgen- u. Gammastrahlung von deren Energie behandelt. Die Zähler besitzen eine schraubenförmige W-Kathode u. verschiedene Überzüge. Weiterhin wird die Entw. von Zählern mit mehreren Sektionen, vor allem mit planparalleler Elektrodenanordnung erörtert. Die serienmäßige Herst. kleiner Zähler u. die Erhöhung ihrer Stabilität bzgl. Zähl-Eigg. wird diskutiert. Außerdem wird die Anwendung nichtselbstlöschender Zähler erörtert. M. Wiedemann. 112◇

0124 **Bestimmung der optimalen Arbeitsbedingungen bei Photomultipliern.** G. Bellettini, C. Bemporad, C. Cerri und L. Foà. (Nuclear Instruments Methods [Amsterdam] **21**, 106—12, 1963; Ist. Naz. di Fis. Nucl., Sez. di Pisa u. Sottosez. di Firenze; engl.) — Bei den Philips-Photomultipliern 56 AVP u. 58 AVP erhält man optimale Verstärkung bei konst. Potentialabfall zwischen den Dynoden u. optimale Linearität zwischen Ausgangs- u. Eingangssignal, wenn die Potentialdifferenz von Dynode zu Dynode progressiv zunimmt. Diese vom Hersteller angegebenen Verhältnisse wurden eingehend untersucht, wobei sich ergab, daß mit erheblichen Exemplarstreuungen zu rechnen ist. Es wird ferner an Hand von Meßergebnissen gezeigt, daß es möglich ist, eine bessere Wirkungsweise zu erzielen als die im Datenblatt angegebene, wenn man spezielle Potentialeinstellungen an den Dynoden vornimmt.
W. Reusse. 112◇

0125 **Die Zählratenabhängigkeit des Verstärkungsfaktors und des Auflösungsvermögens bei Photomultipliern vom Typ RCA 6810 A.** W. Michaelis, H. Schmidt und C. Weitkamp. (Nuclear Instruments Methods [Amsterdam] **21**, 65—74, 1963; Karlsruhe, Kernforschungszentrum, Inst. für Neutronenphys. u. Reaktortechnik; dt.) — Messungen der γ-Emission von ^{60}Co, ^{54}Mn, ^{137}Cs u. ^{192}Ir mittels eines NaJ(Tl)-Scintillationskristalles u. des RCA-Multipliers 6810 A zeigten, daß bei beginnender Bestrahlung die Zählrate am Multiplierausgang auf einen Höchstwert ansteigt u. dann langsam auf einen Endwert abfällt. Höhe des Abfalls u. zeitlicher Ablauf hängen vom Strahlungspegel u. der Vorgeschichte des Multipliers ab, die Vorgänge sind reversibel. Sie werden mit der Annahme reversibler Änderungen des Sekundäremissionsfaktors der Dynoden gedeutet. Mit wachsender Strahlungsintensität wird die Auflösung verringert. W. Reusse. 112◇

0126 **Oxalsäure: Das einzige Dosimeter auf wässeriger Grundlage für die Verwendung innerhalb eines Reaktors.** Ivan Draganić. (Nucleonics [New York] **21**, 33—35, 1963; Vincha, Jugoslavia, Boris Kidrich Inst. of Nucl. Sci.; engl.) — Wss. Oxalsäure-Lsg. eignet sich infolge radiolyt. Zers. für die Messung hoher Dosen u. hoher Dosisleistungen, erleidet während der Bestrahlung keine störenden Kern-Rkk. u. ist unempfindlich gegen Verunreinigungen. Der Zusatz des Cu-Salzes des Benzidins zu der bestrahlten Oxalsäure-Lsg. gestattet die spektrophotometr. Dosismessung.
K. D. Asmus. 112◇

0127 **Ein gewebeäquivalentes chemisches Dosimeter mit einer Empfindlichkeit bis 1 rad.** W. A. Armstrong, R. A. Facey, D. W. Grant und W. G. Humphreys. (Canad. J. Chem. **41**, 1575—77, 1963; Ottawa, Canada, Def. Res. Chem. Labor.; engl.) — Röntgen- u. γ-Strahlen erzeugen aus Terephthalsäure (HA) in wss. Medium als einziges Rk.-Prod. Hydroxyterephthalsäure (HTA), die gebildete Menge ist der Dosis proportional u. kann durch Flourescenzmessung bestimmt werden. Auf Grund des Arbeitens in wss. Phase ist die gemessene Dosis der strahlenchem. Wrkg. auf biolog. Gewebe äquivalent. Eine Lsg. von 10^{-4} m HA u. 10^{-4} m NaOH in dreifach dest. W. wurde mit einer ^{60}Co-Quelle (200 c) u. Röntgenstrahlen (125—250 keV) bestrahlt. HTA wurde papierchromatograph. identifiziert u. mit der 420-nm-Fluorescenz (Anregung: 320 nm) quant. bestimmt. Die HTA-Menge wurde aus der Fluorescenzintensität von Probe (F), Blind-Lsg. (B) u. einer Standard-Lsg. von HTA (Fs; Konz. an HTA = S) nach folgender Formel berechnet: $HTA = S \cdot (F-B)/(F_S-B)$. Die Fluorescenzintensität von HTA ist konst. zwischen pH 9 u. 12. Die Konz. an HTA steigt linear mit der Dosis von 1 bis mindestens 1000 rad u. zeigt keine Abhängigkeit von der Dosisrate (0,5—1000 rad/min). G_{HTA} (Mittelwerte) = 0,95 für ^{60}Co-Strahlen, für Röntgenstrahlen = 0,82 (102 keV), = 0,71 (30 keV), = 0,63 (12 keV). Die Dosimeter-Lsg. ist einige Wochen stabil, sollte aber vor Lichteinfall geschützt werden. Die Genauigkeit ist $\pm$ 5% von 1—1000 rad, als Rk.-Mechanismus wird eine Hydroxylierung der TA durch strahlenchem. in H_2O erzeugte OH-Radikale angenommen.
S. H. Eberle. 112◇

0128 **Verwendung einiger Kohlenhydrate zur Dosimetrie von Neutronen, gemischten und γ-Strahlungen.** Ss. W. Starodubzew und W. W. Generalowa. (Nachr. Akad. Wiss. UsbekSSR, Ser. physik.-math. Wiss. **7**, Nr. 1, 46—50, 1963; Inst. für Kernphysik der Akad. der Wiss. der UsbekSSR; russ.) — Lsgg. von Glucose, Saccharose oder Maltose eignen sich zur Dosimetrie von Gamma- u. Neutronenstrahlung. Die opt. Aktivität sowie das Absorptionsmaximum bei 263 mμ ändern sich proportional der Dosis. M. Wiedemann. 112◇

0129 **Berechnung der Dosisleistung innerhalb einer sphärischen Quelle mit Gauß-Verteilung eines γ-Strahlers.** Ju. A. Israel. (Atomenergie [UdSSR] **14**, Nr. 3, 317—18, 1963; russ.) M. Wiedemann. 112◇

0130 **Strahlungsmessungen über simulierten ebenen Quellen.** F. J. Davis und P. W. Reinhardt. (Health Physics

8, 233–43, 1962; Oak Ridge, Tenn., Oak Ridge Nat. Labor., Health Phys. Div.; engl.) — Auslegung flächenhafter Quellen (^{60}Co u. ^{137}Cs) zur besseren Interpretation der Aktivitätsmessungen mittels NaJ(Tl)-Detektoren durch Flugzeuge. Gerhard Schmidt. 112◇

0131 **Streustrahlung aus großen ^{60}Co-Eichquellen.** L. Costrell. (Health Physics 8, 261–72, 1962; Washington, D.C., Nat. Bur. of Stand.; engl.) — Erfassung der Compton-Streuung im Quellenmaterial u. -kollimator mit einem Scintillationsspektrometer. Gerhard Schmidt. 112◇

0132 **γ-Strahlenfeld über dem durch Fallout kontaminierten Erdboden.** R. L. Mather, R. F. Johnson und F. M. Tomnovec. (Health Physics 8, 245–60, 1962; San Francisco, Calif., US Naval Radiolog. Defense Labor.; engl.) — Scintillationsmessungen der Energie- u. Winkelverteilungen der Photonen 106 cm über dem kontaminierten Erdboden 9 Tage nach einer Kernspaltungsexplosion. Gerhard Schmidt. 112◇

0133 **Vorgeschlagener Versuch zur Messung des Einflusses der Rauheit des Bodens auf die Dosisleistung der Fallout-Strahlung.** G. Eisenhauer. (Health Physics 9, 503–06, 1963; Washington, D.C., Nat. Bur. of Stand.; engl.) O. Jansen. 112◇

0134 **Die Anwendung der γ-Spektrometrie zur Analyse des radioaktiven Fallout in Krakau.** Tadeusz Florkowski, Ludwik Górski und Leopold Jurkiewicz. (Nukleonika [Warszawa] 5, 629–34, 1960; Kraków, Akad. Górniczo-Hutnicza, Kat. Fiz. II; pol.) A. Blaschette. 112◇

0135 **Untersuchung der Umgebungsstrahlung mittels Gammaspektrometrie.** Th. Franke, B. Rajewsky und A. Schraub. (Atompraxis 9, 219–21, 1963; Frankfurt/M., MPI für Biophys.; dt.) — Durch Anwendung der γ-Spektrometrie im freien Gelände läßt sich die Höhe der auf dem Erdboden abgelagerten Spaltproduktaktivitäten nachweisen. Gerhard Schmidt. 112◇

0136 **Vergleichsmessung der Meßwagen zur Erfassung der Umgebungsstrahlung.** Th. Franke, H. Gramberg und A. Schraub. (Atompraxis 9, 227–32, 1963; dt.) — Vgl. vorst. Referat. — Der Vgl. wurde einmal mit künstlich radioakt. Präpp., zum anderen unter natürlichen Bedingungen durchgeführt. Als Strahlungsdetektoren dienten Ionisationskammern, Scintillationszähler u. Zählrohre. Gerhard Schmidt. 112◇

A_2. Optisches Verhalten der Materie

0137 **In der Antarktis beobachtetes Nachthimmelspektrum im sichtbaren Bereich.** Jean Dufay und Gilbert Weill. (C. R. hebd. Séances Acad. Sci. 255, 2338–41, 1 Tafel, 1962; Paris, Inst. d'Astrophys., Observ. de Haute Provence; franz.) — Die von Mai bis November 1957 in der Station Dumont d'Urville aufgenommenen Spektren entsprechen den in Frankreich erhaltenen, doch sind die verbotenen Sauerstofflinien erheblich intensiver. Weiterhin werden verstärkte H_α-, [N II]- u. [S II]-Linien sowie ein Kontinuum der Nebel in der Nähe von η Carinae beobachtet. A. Blaschette. 113◇

0138 **Die Energie-Eigenwerte und -Eigenfunktionen in der statistischen Theorie des Atoms.** L. Wojtczak. (Acta physica polon. 23, 205–09, 1963; Łódź, Univ., Dep. of Theoret. Phys.; engl.) — Wiedergabe einer analyt. Formel für die Eigenwerte u. Eigenfunktionen im Falle eines approximierten Thomas-Fermi-Potentials. Gerhard Schmidt. 114◇

0139 **Gaußsche Entwicklung von Wellenfunktionen des Wasserstoffatoms.** Jerry L. Whitten. (J. chem. Physics 39, 349–52, 1963; Atlanta, Ga., Georgia Inst. of Technol., School of Chem.; engl.) — Reihen-Entw. der 1 s-, 2 s-, 2 p- u. der vier äquivalenten 3 d-Wellenfunktionen des H-Atoms als lineare Kombinationen von Funktionen der Form $\exp(-ar^2)$. A. Blaschette. 114◇

0140 **Abschätzung des Δr_e-Wertes eines Elektronenbandensystems — eine neue Methode.** N. R. Tawde und A. P. Walvekar. (Indian J. Physics Proc. Indian Assoc. Cultivat. Sci. 34 (43), 397–401, 1960; Dharmar, Karnatak Univ., Dep. of Phys.; engl.) — Beschreibung einer neuen Meth. zur Ableitung der Morse-Potentialfunktionen eines Elektronenbanden-Syst. ohne Kenntnis der Kernabstände; auf diese Weise ergibt sich ein Richtwert der Differenz Δr_e der Gleichgewichtskernabstände der beiden Zustände. Das Verf. wird geprüft an den Übergängen C_2 ($A^3\pi$–$X^3\pi$; Swan), *AlO* ($A^2\Sigma$–$X^2\Sigma$), *BO-α* ($A^2\pi$–$X^2\Sigma$), *BO-β*($B^2\Sigma$–$X^2\Sigma$), *CN* ($B^2\Sigma^+$–$X^2\Sigma^+$; violett), N_2 ($C^3\pi$–$B^3\pi$), *MgO* ($B^1\Sigma$–$X^1\Sigma$). A. Blaschette. 114◇

0141 **Störung im $B^3\Pi_g$-Zustand des C_2-Moleküls.** D. C. Jain und P. Sah. (Canad. J. Physics 40, 1269–71, 1962; Varanasi, India, Banares Hindu Univ.; engl.) — Berechnung u. Diskussion der wahren u. der Morse-Potentialfunktion von $C_2(B^3\Pi_g)$. A. Blaschette. 114◇

0142 **Franck-Condon-Faktoren für hohe Schwingungsquantenzahlen.** 2. Mitt. **SiO, MgO, SrO, AlO, VO, NO.** R. W. Nicholls. (J. Res. nat. Bur. Standards A 66, 227–31, 1962; London, Ontario, Univ. of Western Ontario, Dep. of Phys.; engl.) — 1. vgl. C. 1963, 17567. — Es werden Franck-Condon-Faktoren für nachst. Übergänge numer. ermittelt: SiO ($A^1\Pi$–$X^1\Sigma^+$; $v' = 0$–10; $v'' = 0$–10); MgO ($A^1\Pi$–$B^1\Sigma$; $v' = 0$–7; $v'' = 0$–7); MgO ($B^1\Sigma$–$X^1\Sigma$; $v' = 0$–7; $v'' = 0$–7); SrO ($A^1\Sigma$–$X^1\Sigma$; $v' = 0$–6; $v'' = 0$–6); AlO ($A^2\Sigma^+$–$X^2\Sigma^+$; $v' = 0$–7; $v'' = 0$–7); VO ($A^2\Delta$–$X^2\Delta$; $v' = 0$–10; $v'' = 0$–10); NO-β ($B^2\Pi$–$X^2\Pi$; $v' = 0$–6; $v'' = 0$–18); NO-γ ($A^2\Sigma^+$–$X^2\Pi$; $v' = 0$–7; $v'' = 0$–18). A. Blaschette. 114◇

0143 **Die Rotationsniveaus eines elektronisch entarteten diedrischen Moleküls.** M. S. Child. (Molecular Physics 5, 391–96, 1962; Cambridge, Univ., Dep. of Theoret. Chem.; engl.) A. Blaschette. 114◇

0144 **Beschleunigung von molekularen Excitonen durch ein elektrisches Feld.** Arthur Bierman. (Physic. Rev. [2] 130, 2266–70, 1963; Burbank, Calif., Lockheed California Comp.; engl.) — Der mittlere Ort des Wellenpakets eines mol. Excitons in einem langen linearen Ketten-Mol., in Ggw. eines elektr. Feldes entlang der Kette wird störungstheoret. untersucht. Unter Vernachlässigung von Endeffekten wird unter Benutzung der Born-Oppenheimer-Näherung gezeigt, daß sich das Exciton wie im elektr. Dipol verhält, infolge des Gradienten des elektr. Feldes erlangt es eine konst. Beschleunigung in Richtung der Kette. H. Liepack. 114◇

0145 **Zur Aufspaltung von Kristalltermen vermöge der Wechselwirkung äquivalenter Gitterteilchen.** Klaus Schulz (Z. Physik 169, 141–50, 1962; München, TH, Inst. für theoret. Phys.; dt.) — Die Wechselwrkg. zwischen äquivalenten Ionen eines Kristalls wird in eine Reihe gekoppelter Multipolübergänge zwischen den Zuständen der Ionen entwickelt; die möglichen Multipolübergänge werden gruppentheoret. in bezug auf die Symmetrie des Kristallfeldes ausgewählt. Damit ergibt sich eine Möglichkeit zur Berechnung der Aufspaltung von Kristalltermen nach Bethe. A. Blaschette. 114◇

0146 **Form des Bremsstrahlungsspektrums in der Nähe der Hochfrequenzgrenze.** B. Ss. Dolbilkin, W. A. Sapewalow, W. I. Korin und F. A. Nikolajew. (J. exp. theoret. Physik [UdSSR] 44, 866–67, 1963; Physikal. Inst. der Akad. der Wiss. der UdSSR; russ., Auszug: engl.) — Untersucht wird die Form eines Bremsstrahlungsspektrums mit einer Endpunktsenergie von 17,15 MeV in der Nähe der Hochfrequenzgrenze. Zur Unters. wird ein magnet. Paarspektrometer mit einer Auflösung von ca. 150 keV benutzt. Es erwies sich, daß die Form des Spektrums im gemessenen Energiebereich zufriedenstellend mit der Schiffschen Gleichung beschrieben werden kann. K. Jaeger. 116◇

0147 **Die Z-Abhängigkeit der Energien und relativen Intensitäten im K-LL-Auger-Spektrum.** Olle Hörnfeldt. (Ark. Fysik 23, 235–45, 1963; Uppsala, Univ., Inst. of Phys.; engl.) — Die nicht relativist. Beziehungen von Asaad u. Burhop zur Berechnung der K-LL-Auger-Energien werden durch Einführung eines neuen Ausdrucks, der die elektrostat. Wechselwrkg.-Energien zwischen 2 Leerstellen im Endzustand des Atoms berücksichtigt, den experimentellen Werten angenähert. Mit Hilfe dieser Gleichungen werden für 81 Elemente zwischen Z = 20 u. 100 die K-LL-Auger-Energien berechnet. In den meisten Fällen ist die Übereinstimmung besser als 0,05% oder innerhalb der Fehlergrenze der Messung. Die aus den experimentellen Werten erhaltenen Linienintensitäten hängen bzgl. des K–L_1L_1 ($^1S_0$)-Übergangs linear von Z oder Z^{-2} ab. Eine Ausnahme bilden die K–L_1L_2-Übergänge. Die empir. Z-Abhängigkeit steht im Gegensatz zu den theoret. Ergebnissen von Asaad u. Burhop u. Callan. H. Pförtner. 116◇

0148 **Untersuchungen über die Breite einiger Röntgen-Emissionslinien.** Gösta Brogren. (Ark. Fysik **23**, 219—28, 1963; Gothenburg, Chalmers Univ. of Technol., Inst. of Phys.; engl.) — Die wahre Breite einer Röntgenemissionslinie kann als Differenz zwischen der beobachteten Linienbreite in der (1 + 1)-Position u. der Breite der Pendelkurve in der (1 — 1)-Position betrachtet werden, wenn das verwendete Kristallgitter vollkommen, die Linie symm. oder nahezu symm. u. der Absorptions-Koeff. des Kristalls vernachlässigbar klein ist. Bei kleiner Asymmetrie u. Absorption liefert eine Korrektur für die Linienbreite Werte, die sehr nahe den wahren Breiten entsprechen. Die Beziehung wird experimentell an einigen K-Emissionslinien u. der L_{α_1}-Linie von W geprüft. Die Korrektur führt zu neuen Werten in der Breite von Röntgenemissionslinien, die beträchtlich niedriger als die bisher angenommenen liegen. Die Verbreiterung infolge unvollkommener Kristallgitter kann nicht berechnet werden. H. Pförtner. 116◇

0149 **Das Röntgen-L-Absorptionsspektrum von ^{46}Pd.** Erik Noreland. (Ark. Fysik **23**, 273—81, 1963; Uppsala, Univ., Dep. of Phys.; engl.) — Die 3 L-Absorptionskanten von ^{46}Pd werden mit einem Beugungskristall-Vakuumspektrometer u. einem Proportionalzähler vermessen. Die Ergebnisse sind in Form von Kurven angegeben, wobei der abs. Wert des Massenabsorptions-Koeff. als Funktion der Wellenlänge aufgetragen ist. Die für die Absorptionsgrenzen gemessenen Wellenlängen u. Energien sind für L_{III} $\lambda = 3899{,}3$ XE, E = 3173,0 eV; für L_{II} $\lambda = 3715{,}0$ XE, E = 3330,3 eV; für L_I $\lambda = 3429{,}9$ XE, E = 3607,2 eV. H. Pförtner. 116◇

0150 **Anregungsprozesse in Helium und Polarisation des durch Protonenstoß (5—35 keV) induzierten Lichts.** J. Van Eck, F. J. De Heer und J. Kistemaker. (Physica [Utrecht] **28**, 1184—90, 1962; Amsterdam, FOM-Labor. voor Massascheid.; engl.) — Durch Messung der $n^1S \rightarrow 2^1P$- u. $n^1D \rightarrow 2^1P$-Übergänge des He I-Spektrums u. der $n^2F \rightarrow 3^2D$-Übergänge des He II-Spektrums wurden die abs. Anregungsquerschnitte bei p-He-Stößen gemessen. Die Ergebnisse sind in Diagrammen dargestellt. Bei $n^1D \rightarrow 2^1D$-He I-Übergängen ist das Licht polarisiert. H. Schroeder. 118◇

0151 **Isotopenverschiebung in der Cd I-Resonanzlinie bei 2288 Å.** F. M. Kelly und E. Tomchuk. (Proc. physic. Soc. **78**, 1304—06, 1961; Winnipeg, Manitoba, Univ. of Manitoba, Dep. of Phys.; engl.) — Vgl. C. **1961**, 3894. — In Atomspektren treten infolge des Massen- oder des Feldeffekts Isotopenverschiebungen auf, wobei der Feldeffekt nur in den schwersten Elementen zu berücksichtigen ist. Der Masseneffekt setzt sich aus dem normalen u. dem spezif. Masseneffekt zusammen, die nur schwer voneinander zu trennen sind. Jedoch erlaubt ein Vgl. der Verschiebungen zweier Linien, den spezif. Effekt experimentell abzuschätzen. Die Singulett- u. die interkombinierte Resonanzlinie bei 2288 bzw. 3261 Å von Cd stellt ein solches Paar mit gemeinsamen Grundzustand dar. Die Singulettresonanzlinie wird durch Elektronenbeschuß eines Atomstrahls angeregt. Durch ein Fabry-Pérot-Interferometer wird eine hohe Auflösung erreicht. Ein Vgl. der Verschiebungen beider Linien zeigt, daß der spezif. Masseneffekt klein ist. Die Ergebnisse werden mit Messungen an Mg, Zn u. Sr verglichen u. diskutiert. H. Pförtner. 118□

0152 **Über die Hyperfeinstruktur der verbotenen Hg II-Linie λ 2815 Å und die Isotopieverschiebungskonstanten des Quecksilbers.** Otto Loebich und Andreas Steudel. (Z. Physik **166**, 56—61, 1962; Heidelberg, Univ., I. Physikal. Inst.; dt.) — Aus der Isotopenverschiebung der Hg II-Linie bei 2815 Å ($5\,d^{10}\,6\,s\;^2S_{1/2} - 5\,d^9\,6\,s^2\;^2S_{5,2}$), deren Hyperfeinstruktur untersucht wurde, ergeben sich durch Kombination mit den Verschiebungen anderer Hg II-Linien nachst. Werte für die experimentelle Verschiebungs-Konst. [$\cdot 10^{-3}$ cm^{-1}] verschiedener Isotopenpaare (Massenzahlen in Klammern): 174 ± 40 (196—198); 212 ± 30 (198—200); 254 ± 42 (199—201); 235 ± 30 (200—202); 235 ± 37 (202 bis 204). A. Blaschette. 118◇

0153 **Hyperfeinstrukturen, Isotopieverschiebungen und Kernmomente von ^{195}Hg, ^{195m}Hg und ^{194}Hg.** Herbert Kleiman und Summer P. Davis. (J. opt. Soc. America **53**, 822—27, 1963; Berkeley, Calif., Univ. of California, Phys. Dep.; engl.) — Durch die Rk. $\alpha(^{194}$Pt, x n) wurden die Radioisotope ^{195}Hg, ^{195m}Hg, ^{194}Hg gewonnen. Es wurden elektrodenlose Entladungslampen hergestellt u. die Hyperfeinstrukturen der Linien 2537, 4047, 4078, 4358 u. 5461 Å mit Spiegelmonochromator u. Fabry-Pérot-Interferometer ermittelt. Aus der Hyperfeinaufspaltung wurden folgende Kernmomente ermittelt: μ (195^m) = — 1,060 ± 0,01, μ (195) = + 0,526 ± 0,005 nm; ferner folgende Isotopieverschiebungen: Δ (195 bis 196) = + 77,2 ± 5 mK, Δ (195^m—196) = + 92,6 ± 5 mK u. Δ (194—196) = + 143 ± 10 mK. M. Wiedemann. 118◇

0154 **Hyperfeinstruktur, Isotopie- und Isomerie-Verschiebungen in ^{193m}Hg, ^{194}Hg, ^{195m}Hg und ^{195}Hg. Bemerkungen zur Arbeit von Kleiman und Davis.** W. J. Tomlinson und H. H. Stroke. (J. opt. Soc. America **53**, 828—30, 1963; engl.) — Vff. vergleichen ihre Ergebnisse mit denen der vorst. referierten Arbeit u. führen die Diskrepanzen auf Verunreinigungen mit ^{197}Hg u. ^{197m}Hg in der letzteren zurück. Sie finden ^{194}Hg–^{196}Hg = 0,146 ± 0,010 cm^{-1} u. als vorläufigen Wert ^{193m}Hg–^{195m}Hg = 0,150 cm^{-1}. Demnach könnten die Verschiebungen durch die gerade–ungerade-Schwankung gedeutet werden. M. Wiedemann. 118◇

0155 **Magnetische Hyperfeinstruktur der 3,2-Linie des Ammoniaks.** Koichi Shimoda und Kunitaka Kondo. (J. physic. Soc. Japan **15**, 1125, 1960; Tokyo, Univ., Fac. of Sci., Dep. of Phys.; engl.) A. Blaschette. 118◇

0156 **Das Vakuum-Ultraviolettspektrum von DCl.** J. G. Stamper. (Canad. J. Physics **40**, 1274—75, 1962; Ottawa, Nat. Res. Council, Div. of Pure Phys.; engl.) A. Blaschette. 118◇

0157 **Rotationsanalyse des sichtbaren Bandensystems des BiF-Moleküls.** T. A. Prasada Rao und P. Tiruvenganna Rao. (Canad. J. Physics **40**, 1077—84, 1 Tafel, 1962; Waltair, Andhra Univ., Dep. of Phys., Spectroscopic Labor.; engl.) — Mit Hilfe hochauflösender photograph. Aufnahmen (1,25 Å/mm) wird eine Rotationsanalyse der Banden (1,0), (0,0), (0,1), (0,2) u. (0,3) des sichtbaren A-Syst. von BiF durchgeführt. Die Banden stammen vom Übergang $O^+(^3\Sigma^-)$–$O^+(^3\Sigma^-)$ (Hundscher Fall c). Die Rotations-Konst. werden für die verschiedenen Zustände des Syst. berechnet. A. Blaschette. 118◇

0158 **Ultraviolettbanden des Quecksilberjodids.** V. G. Krishnamurthi. (Z. Physik **160**, 438—42, 1960; Madurai Centre, Madras Univ.; Bangalore, Indian Inst. of Sci., Dep. of Phys.; engl.) — Die UV-Banden des HgJ im Bereich 2658 bis 2530 Å zerfallen in zwei Gruppen, 2650—2605 u. 2600 bis 2557 Å. Beiden Syst. liegen wahrscheinlich $^2\Pi$–$^2\Sigma$-Übergänge mit einem $^2\Pi$-Intervall von 858,9 cm^{-1} zugrunde. Eine Schwingungsformel für beide Gruppen wird abgeleitet; die Schwingungszahlen der einzelnen Linien sind tabellar. aufgeführt. W. Betcke. 118◇

0159 **Emissionsspektrum des CuSe-Moleküls im sichtbaren Bereich.** K. C. Joshi. (J. molecular Spectroscopy **8**, 79—85, 1962; Allahabad, Univ., Phys. Dep.; engl.) — Das therm. Emissionsspektrum eines Cu–Se-Dampfgemisches (800—2300°) enthält eine große Anzahl von Banden im Bereich 6670—5335 Å, die dem Mol. CuSe zugeschrieben u. durch Formeln als zu zwei Banden-Syst. (A–X u. B–X) gehörig gek. werden. A. Blaschette. 118◇

0160 **Beobachtung des Übergangs ($^3\Pi_u$—$^3\Pi_g$) des N_2-Moleküls bei der Reaktion einiger organischer Verbindungen mit freien Stickstoffatomen. Zuordnung einer neuen Bande des 5,5-Niveaus dieses Übergangs.** Guy Pannetier, Louis Marsigny und Henri Guénebaut. (J. Chim. physique Physico-Chim. biol. **58**, 725—29, 1961; Paris, Fac. des Sci., Labor. de Chim. Gén. du Centre d'Orsay; franz.) — Im Emissionsspektrum der Rk.-Flamme von CCl_4, $(CH_3)_2NH$, $(C_2H_5)_3N$, $(iso\text{-}C_3H_7)_3N$, $(CH_3)_2NNH_2$ mit atomarem N wird in Verbindung mit dem NH ($^3\Pi$–$^3\Sigma$)-Übergang der Übergang $^3\Pi_u$–$^3\Pi_g$ des N_2 beobachtet. Weiterhin werden im Bereich eines Banden-Syst. zwischen 3257 u. 3291 Å die (3,3)- u. die (4,4)-Bande dieses zweiten positiven Stickstoff-Syst. identifiziert. Eine Emissionsbande bei 3259,2 Å wird als (5,5)-Bande des gleichen Syst. angesehen. A. Blaschette. 118◇

0161 **MgH-Banden bei 2172, 2100 und 2088 Å und MgD-Banden bei 2172, 2358 und 2364 Å.** M. Aslam Khan. (Proc. physic. Soc. **80**, 209—21, 1962; Univ. of Karachi, Pakistan, Dep. of Phys.; engl.) — Die genannten MgH-Absorptions- u. MgD-Emissionsbanden wurden nachgewiesen u. analysiert, ihre Rotations-Konst. berechnet u. die mol. Zustände des MgH mit den atomaren Zuständen des Mg korreliert. Die Prädissoziation des MgH wird auf einen $^4\Sigma$-Term zurückgeführt (bisherige Annahme: $^2\Sigma$). A. Blaschette. 118◇

0162 **Die Absorptionsspektren der Moleküle H_2, HD und D_2.** 1. Mitt. **Heterogene Störeffekte zwischen den Zuständen $B^1\Sigma_u^+$ und $C^1\Pi_u$ des H_2-Moleküls.** André Monfils. (Bull. Cl. Sci., Acad. roy. Belgique [5] **47**, 585—97, 1961; Liège, Inst. d'Astrophys.; franz.) — Mit Hilfe der Absorptionsspektren von H_2 im fernen UV werden für die Zustände $B^1\Sigma_u^+$ u. $C^1\Pi_u$ die Niveaus mit hohen Rotationsquantenzahlen ($\nu = 14—35$ bzw. $\nu = 3—13$) analysiert. Die Unters. einer heterogenen Störung zwischen diesen Zuständen ergibt Werte von ca. 9 cm^{-1} für die Konst. $H = W_{12}/\sqrt{I(I+1)}$ für verschiedene Paare von Rotationsniveaus. A. Blaschette. 118◇

0163 **Die Absorptionsspektren der Moleküle H_2, HD und D_2.** 2. Mitt. **Schwingungsanalyse der Zustände $B'^1\Sigma_u^+(3p)$ und $B''^1\Sigma_u^+(4p)$ der Moleküle H_2, HD und D_2.** André Monfils. (Bull. Cl. Sci., Acad. roy. Belgique [5] **47**, 599—606, 1961; franz.) — 1. vgl. vorst. Referat. — Die Schwingungs-Konst. der Übergänge $B'^1\Sigma_u^+$ (3 p) $\leftarrow X^1\Sigma_g^+$ (1 s) u. $B''^1\Sigma_u^+$ (4 p) $\leftarrow X^1\Sigma_g^+$ (1 s) werden berechnet; sie entsprechen den Isotopenregeln. Der neue Zustand $B''^1\Sigma_u^+$ (4 p) gehört mit n = 4 zu einer Rydberg-Reihe, deren niedrigeren Glieder $B^1\Sigma_u^+$ (2 p) u. $B'^1\Sigma_u^+$ (3 p) sind. A. Blaschette. 118◇

0164 **Die Absorptionsspektren der Moleküle H_2, HD und D_2.** 3. Mitt. **Die Zustände $D^1\Pi_u(3p)$ und $D'^1\Pi_u(4p)$ der Moleküle H_2, HD und D_2.** André Monfils. (Bull. Cl. Sci., Acad. roy. Belgique [5] **47**, 816—23, 1961; franz.) — 2. vgl. vorst. Referat. — Die Übergänge $D^1\Pi_u \leftarrow X^1\Sigma_g^+$ u. $D'^1\Pi_u \leftarrow X^1\Sigma_g^+$ der drei Moll. werden analysiert u. die Elektronenterme T_e, die Schwingungs-Konst. u. die Isotopenverhältnisse berechnet. $D'^1\Pi_u$ (4 p) ist ein neuer Zustand. A. Blaschette. 118◇

0165 **Die Absorptionsspektren der Moleküle H_2, HD und D_2.** 4. Mitt. **Vergleichende Untersuchung der heterogenen Störeffekte zwischen den Zuständen $B^1\Sigma_u^+(2p)$ und $C^1\Pi_u(2p)$ der Moleküle H_2, HD und D_2.** André Monfils. (Bull. Cl. Sci., Acad. roy. Belgique [5] **48**, 460—81, 1962; franz.) — 3. vgl. vorst. Referat. — Die heterogenen Störungen zwischen den Niveaus der beiden Zustände werden für HD u. D_2 berechnet u. mit den früher für H_2 (1. Mitt.) erhaltenen verglichen. Der Isotopieeffekt ist in qual. Übereinstimmung mit der Formel von Kronig [1928]. A. Blaschette. 118◇

0166 **Die Absorptionsspektren der Moleküle H_2, HD und D_2.** 5. Mitt. **Isotopieeffekt bei der Λ-Aufspaltung im $C^1\Pi_u(2p)$-Zustand der Moleküle H_2, HD und D_2.** André Monfils. (Bull. Cl. Sci., Acad. roy. Belgique [5] **48**, 482—89, 1962; franz.) — 4. vgl. vorst. Referat. — Die Λ-Aufspaltung wird (nach Entstörung für den Zustand $B^1\Pi_u$) für HD u. D_2 berechnet u. mit der für H_2 (vgl. 1. Mitt.) verglichen. Für die drei Moll. besteht qual. Übereinstimmung mit der theoret. Formel von van Vleck [1929]. A. Blaschette. 118◇

0167 **Absorptionsspektren und Konfiguration der Kupfer(II)-amminkomplexe.** J. Bjerrum. (J. inorg. nuclear Chem. **25**, 315—16, 1963; Copenhagen, Univ., H. C. Ørsted Inst., Dep. I. Inorg. Chem.; engl.) — Vf. korr. Schlüsse, die Grant u. Kollrack (C. **1962**, 15845) aus den Absorptionsspektren der Cu(II)-Amminkomplexe (Mono- bis Tetrammin-) gezogen haben. Die Wellenzahl der Spitze von *trans*-$[Cu(NH_3)_2(H_2O)_2]^{2+}$ (**I**) fällt demnach nicht genau zwischen ν_{max} von $[Cu(H_2O)_4]^{2+}$ u. $[Cu(NH_3)_4]^{2+}$, denn *cis*-$[Cu(NH_3)_2(H_2O)_2]^{2+}$ (**II**) u. nicht **I** hat zwei ident. H_2O–NH_3-Achsen. Die spektrophotometr. ermittelten Ergebnisse von Ballhausen (C. **1956**, 18) werden mitgeteilt; sie beweisen die Ggw. von wenig **I** neben viel **II**. G. Heller. 118◇

0168 **Die optische Absorptionskante von GaS.** J. L. Brebner und G. Fischer. (Canad. J. Physics **41**, 561—63, 1963; Ottawa, Nat. Res. Council, Div. of Pure Phys.; engl.) — Vgl. C. **1963**, 9567. — Das Profil der opt. Absorptionskante von GaS-Einkristallen wird bei 295, 150, 77 u. 4,2° K untersucht. Der Berechnung des Absorptions-Koeff. K wird ein Reflexionsvermögen von 18,9% zugrunde gelegt, ein Wert, der durch direkte Messung bei Raum-Temp. für eine Photonenenergie von 3 eV gefunden wird. Die Absorptionskante erstreckt sich über einen beträchtlichen Energiebereich, was vermutlich auf indirekte Übergänge zurückzuführen ist. Zur Best. der Energielücke wird die Quadratwurzel des Absorptions-Koeff. als Funktion der Energie aufgetragen u. gegen Null extrapoliert. Damit ergeben sich Energielücken von 2,50 eV bei 295° K, 2,58 eV bei 150° K, 2,62 eV bei 77° K u. 2,65 eV bei 4,2° K mit einem wahrscheinlichen Fehler von 0,05 eV. Ca. 0,4 eV oberhalb der Energielücken sind 2 stark von der Temp. abhängige Linien zu beobachten. H. Pförtner. 119◇

0169 **Die im sichtbaren Bereich liegende Absorptionskante von Galliumarsenid.** M. V. Hobden und M. D. Sturge. (Proc. physic. Soc. **78**, 615—16, 1961; Malvern, Worcs., U.K., Royal Radar Establ.; engl.) — Die im sichtbaren Bereich liegende Absorptionskante des GaAs wurde bei 290, 77 u. 20° K gemessen. Bei tieferen Temp. zeigt die Absorption ein ausgeprägtes Maximum, dem ein Gebiet mit langsam anwachsender Absorption folgt. Die Maximumsabsorption wird einer Excitonen-Bldg. zugeschrieben, die im Zentrum der Brillouin-Zone stattfindet. Der anschließende Absorptionsbereich geht auf ungebundene Elektronen–Loch-Paare zurück. Die aus den Meßwerten berechneten Bandabstände betragen $1{,}430 \pm 0{,}002$ eV für 290° K, $1{,}510 \pm 0{,}001$ eV für 77° K u. $1{,}517 \pm 0{,}001$ eV für 20° K. Die Bindungsenergie der Excitonen beträgt $0{,}0025 \pm 0{,}0005$ eV bei 290° K, $0{,}0027 \pm 0{,}0003$ eV bei 77° K u. $0{,}0033 \pm 0{,}0002$ eV bei 20° K. Der abs. Absorptions-Koeff. beträgt ca 9000 cm^{-1}. Eine weitere Messung an einer anderen Probe bei 53° K liefert Werte, die sich den erhaltenen Ergebnissen einfügen. K. Jaeger. 119◇

0170 **Lichtabsorption in Silberhalogeniden.** P. W. Meikljar. (Festkörperphysik [UdSSR] **4**, 148—51, 1962; Kasan, Wiss. Kino-Photo-Unions Forschungsinst.; russ.) — Die Art der Eigenlichtabsorption von *AgCl* u. *AgBr* wird untersucht. Die beobachtete Absorption auf der längeren Wellenlängenseite der Eigenabsorptionskante wird den Elektronen in lokalisierten Zuständen zugeordnet. Der Beitrag der indirekten Übergänge wird diskutiert. K. Huste. 119◇

0171 **Optische Untersuchungen an Selenrubingläsern.** G. Schmidt. (Z. Chem. **2**, 53, 1962; Jena, Friedrich-Schiller-Univ., Inst. für angew. Optik; dt.) — Die Bldg. von CdS–CdSe-Mischkristallen wird theoret. in Abhängigkeit von Anlauftemp. u. -zeit verfolgt, Ausdrücke für die Absorptionskante, für das mittlere Vol. sowie für die Luminescenzintensität von Selenrubingläsern werden abgeleitet. Messungen an vorst. Gläsern bestätigen die Ergebnisse. K. Jaeger. 119◇

0172 **Optische Eigenschaften von Siliciumcarbidkristallen.** I. Ss. Gorban und Ss. N. Rudko. (Festkörperphysik [UdSSR] **5**, 1368—72, 1963; Kiew, Univ.; russ.) — Untersucht werden die Absorptionsspektren in der Nähe der Absorptionskante, die Reflexionsspektren im UV u. die Lumineszenz-Eigg. von natürlichen u. synthet. SiC-Kristallen. Die Struktur der Absorptionskante wird diskutiert im Hinblick auf indirekte Übergänge, an denen drei verschiedene Phononenarten beteiligt sind. Die UV-Spektren deuten darauf hin, daß die Bandstruktur ziemlich verwickelt ist. Gefunden werden ein blaues u. ein orangefarbenes Emissionsband, die verschiedene Temp.-Abhängigkeiten u. Anregungsspektren besitzen. K. Jaeger. 119◇

0173 **Condon-Näherung und optische Eigenschaften von Verunreinigungszentren.** N. N. Krisstofel und G. Ss. Sawt. (Festkörperphysik [UdSSR] **5**, 1279—85, 1963; Tartu, Inst. für Phys. u. Astronom. der Akad. der Wiss. der EstnSSR; russ.) — Es wird gezeigt, daß gewisse opt. Eigg. der Verunreinigungszentren, die experimentell festgestellt wurden, erklärt werden können, wenn man die Condon-Näherung für diese Zentren aufgibt. Untersucht wird die Symmetrie der Gitterschwingungen, auf die die Condon-Näherung nicht anwendbar ist. Nichtadiabat. Übergänge werden erlaubt. Die Ergebnisse werden dazu benutzt, den $^1S_0 \rightarrow {}^3P_1$-Übergang in einem Tl-Zentrum in KCl zu behandeln. Es wird gefunden, daß unter bestimmten Bedingungen die Aufspaltung des adiabat. Potentials auf Grund des Jahn-Teller-Effekts zu einer Aufspaltung der Absorptionsbänder führen kann. K. Jaeger. 119◇

0174 **Strahlungseffekte in Diamanten.** A. A. Schulke. (Nucleonics [New York] **21**, Nr. 2, 68—70, 1963; Argonne, Ill., Argonne Nat. Labor.; engl.) — Es wird die Färbung von Diamanten durch Beschuß mit Deuteronen, Elektronen u. Neutronen beschrieben. Die sich dabei bildenden blaugrünen Farben können beim Erhitzen auf 1600—1900° F in goldgelbe

Farbtöne umgewandelt werden. Im Gegensatz zu den natürlichen blauen Diamanten sind die durch Elektronenbeschuß hergestellten völlig nichtleitend. K. D. Asmus. 119◇

0175 **Feinstruktur der Excitonenabsorptionslinien in Cadmiumsulfideinkristallen.** Je. F. Gross und B. Ss. Rasbirin. (Festkörperphysik [UdSSR] **4,** 207—12, 1962; Leningrad, Phys.-Techn. Joffe-Inst. der Akad. der Wiss. der UdSSR, russ.) — Die Feinstruktur der Excitonenabsorptionslinien wurde mit polarisiertem Licht beobachtet. Die Struktur wird zu der Bldg. von transversalen u. longitudinalen Excitonen in Beziehung gesetzt. K. Huste. 119◇

0176 **Excitonen-Prozesse in Molekülkristallen.** 2. Mitt. **Löschung der Fluorescenz in unreinen Kristallen.** K. Iguchi. (J. Physique **24,** 209—15, 1963; Tokio, Labor. des Telecommunicat.; franz.) — Die Löschung u. die Wellenlängenverschiebung der Fluorescenz in Mischkristallen aus *Polyazinen* wird theoret. behandelt. Die Wahrscheinlichkeit des Energieüberganges vom Exciton zur Störstelle u. die relative Tiefe der Haftstelle werden berechnet. Die berechnete Fluorescenzlöschung stimmt mit den Experimenten überein, ebenso die krit. Konz. der Störstellen, nicht aber die Fluorescenzausbeute, so daß ein temperaturabhängiger Mechanismus angenommen werden muß. M. Wiedemann. 119◇

0177 **Dispersion des Lichtes im Gebiet der Excitonenabsorption.** W. N. Pisskowoi. (Festkörperphysik [UdSSR] **5,** 701—08, 1963; Kiew, Akad. der Wiss. der UdSSR, Halbleiter-Inst.; russ.) — Diskutiert wird die Abhängigkeit des dielektr. Tensors von der Frequenz u. dem Wellenvektor in der Umgebung des Excitonenabsorptionsbandes. Untersucht werden erlaubte u. verbotene Dipolübergänge in Kristallen mit der Symmetrie O_h u. erlaubte Übergänge für die Symmetrie C_{6v}. Die Brechungsindices werden für diese Fälle mitgeteilt. K. Jaeger. 119◇

0178 **Über die Integration der Dispersionsgleichungen.** Josette Vincent-Geisse. (C. R. hebd. Séances Acad. Sci. **255,** 266—68, 1962; franz.) — Ausgehend von der klass. Dispersionstheorie wird das Integral des Absorptions-Koeff. mathemat. exakt berechnet; hieraus ergibt sich eine für beliebige Intensitäten u. Breiten der betrachteten Bande gültige Beziehung zwischen Absorption u. Dispersion. A. Blaschette. 119◇

0179 **Interferenzmethode zur Messung geringer Änderungen des Brechungsindex-Gradienten in Flüssigkeiten.** Jacques Chanu, Lydie Mousselin und François Parra. (Rev. Opt. théor. instrument. **41,** 119—30, 1962; Paris, Museum, Labor. de Phys. Appl.; franz.) — Die auf den Young-Rayleigh-Mustern beruhende Meth. kann zur Unters. der Thermodiffusion u. zur Messung von Temp.-Gradienten herangezogen werden. A. Blaschette. 119◇

0180 **Optische Rotationsdispersion von Übergangsmetall-Komplexen.** N. K. Hamer. (Molecular Physics **5,** 339—41, 1962; Cambridge, Univ., Chem. Labor.; Dep. of Theoret. Chem.; engl.) — Für oktoedr. u. gewisse andere Komplexe hoher Symmetrie wird gezeigt, daß durch eine beliebige Verzerrung kein Beitrag erster Ordnung zur opt. Rotation hervorgerufen werden kann. Die Effekte zweiter Ordnung des Ligandenfeldes mit ungerader Parität werden für $[Co(en)_3]^{3+}$ näher untersucht; sie sind ausreichend zur Deutung des längerwelligen Bereiches der Rotationsdispersionskurve. A. Blaschette. 119◇

0181 **Faraday-Rotation nahe der Bandkante von Silicium.** H. Piller und R. F. Potter. (Physic. Rev. Letters **9,** 203 bis 205, 1962; Eorona, Calif., U.S. Naval Ordonance Labor., Infrared Div.; engl.) — Vff. beobachteten in eigenleitendem Si bei IR-Wellenlängen von 1,05—5 μ Faraday-Rotation (297 u. 77° K). Die Verdet-Koeff. einer n-Si-Probe (30 ω cm) werden für beide Temp. bei einer magnet. Feldstärke von 19,1 kOe mitgeteilt. Die Dispersion, die bei diesen Kurven beobachtet werden kann, soll allein auf dem Mechanismus indirekter Übergänge beruhen. K. Jaeger. 119◇

0182 **Theorie der Infrarotabsorption in Kristallen, die eine Dreiphononenwechselwirkung einschließt.** W. N. Kaschtschejew. (Festkörperphysik [UdSSR] **5,** 1358—67, 1963; Riga, Akad. der Wiss. der LettSSR, Phys. Inst.; russ.) — Abgeleitet wird ein Ausdruck für den Gitterabsorptions-Koeff. $\varkappa$ eines Kristalles mit einer beliebigen Anzahl „opt.-akt." Zweige in seinem Schwingungsspektrum. Diskutiert wird die Frequenzabhängigkeit von $\varkappa$, die auf einer Anharmonie 3. Ordnung beruht. K. Jaeger. 120◇

0183 **Raman-Streuung des Lichtes in Seignettesalz.** A. I. Stechanow und S. A. Gabritschidse. (Festkörperphysik [UdSSR] **5,** 1335—38, 1963; Leningrad, Akad. der Wiss. der UdSSR, Phys.-Techn. Joffe-Inst.; russ.) — Abgeleitet wird aus Messungen des Raman-Effektes das Schwingungsspektrum der O—H-Bindung in Seignettesalz. Am ferroelektr. Umwandlungspunkt tritt in diesem Spektrum eine Verschiebung der Maxima u. eine spektrale Wiederverteilung der Streuintensität ein. Diese Ergebnisse vermögen nicht die bisherigen Vorstellungen über die Ferroelektrizität im Seignettesalz zu bestätigen. K. Jaeger. 120◇

0184 **Infrarot-, Röntgen- und Thermoanalyse einiger Aluminium- und Eisen(III)-phosphate.** E. Z. Arlidge, V. C. Farmer, B. D. Mitchell und W. A. Mitchell. (J. appl. Chem. **13,** 17—27, 1963; Craigiebuckler, Aberdeen, Macaulay Inst. for Soil Res.; engl.) — Vff. bestimmten die IR-Absorptionsspektren, DTA- u. DTG-Kurven u. einige neue Röntgenbeugungsdaten für synthet. oder natürlichen *Variscit, Metavariscit, Strengit, Phosphosiderit, Barrandit, Leukophosphit, Taranakit, Wavellit, synth.* $KAl_2(PO_4)_2(OH)\cdot 2\,H_2O$, $(NH_4,K)H_8Fe_3(PO_4)_6\cdot 6\,H_2O$ u. $CaFe_2H_4(PO_4)_4\cdot 5\,H_2O$. Ferner werden die IR-Spektren von *Berlinit, Phosphotridyelit* u. zwei H_2O-freien Formen des $AmPO_4$ angegeben. Die IR-Sektren deuten beim Variscit u. Metavariscit auf die Struktur $AlPO_4\cdot 2\,H_2O$ u. nicht $Al(OH)_2H_2PO_4$ u. gestatten die Angabe des Al/Fe-Verhältnisses in den *Barranditen,* $(Fe, Al)PO_4\cdot 2\,H_2O$. Es wird gezeigt, daß Leukophosphit, $KFe_2\cdot(PO_4)_2(OH)\cdot 2\,H_2O$, reversibel in Monohydrat u. ins wasserfreie Prod. übergeht u. dabei die Hydroxidgruppe beibehält. R. Uttech. 120◇

0185 **Über die Infrarotspektren von hydratisierten Calciumaluminaten.** Guy Emschwiller, Lucien Henry, Raymond Rabot und Marie-Thérèse Mounier. (J. Chim. physique Physico-Chim. biol **59,** 419—21, April 1962; Paris, École de Phys. et Chim., Labor. de Chim. phys.; Inst. Nat. de Rech. chim. appl.; La Jonchère, S.-et-O., Labor. de Rech. des Ciments Lafarge; franz.) — Folgende Verbb. wurden im Bereich von 4000—1250 cm^{-1} [in $(CF_2CFCl)_n$] IR-spektroskop. untersucht: $CaO\cdot Al_2O_3\cdot 10\,H_2O$ (**I**), $2\,CaO\cdot Al_2O_3\cdot 8\,H_2O$ (**II**), $3\,CaO\cdot Al_2O_3\cdot 6\,H_2O$ (**III**), $4\,CaO\cdot Al_2O_3\cdot 13\,H_2O$ (**IV**) u. $3\,CaO\cdot Al_2O_3\cdot CaCO_3\cdot 11\,H_2O$ (**V**). Über ihre Dehydratation (20°, 1—2 Torr über P_4O_{10}) sowie Rehydratation mit H_2O u. D_2O wird berichtet. **I** gibt nach 3 Monaten alles H_2O bis auf 2,7 H_2O ab, bindet jedoch auch dann noch W. in Form von H_2O. Ein Austausch gegen D_2O ist im Gegensatz zu **III** möglich. **II** läßt sich zum Pentahydrat dehydratisieren, wobei $\delta(H_2O)$ nahezu verschwindet; dementsprechend treten die 5 H_2O als Hydroxidgruppen auf. **III** gibt kein W. mehr ab u. nimmt auch keins auf; 6 H_2O scheinen als OH^- vorzuliegen. **IV** läßt sich zu einem Heptahydrat abbauen, in dem nur noch OH^- vorliegt; die 6 übrigen H_2O sind über H-Brücken fixiert. V weist neben OH^- auch H_2O mit einer Reihe von $\nu(OH)$ nach. Die Stärke der H-Brückenbindungen nimmt mit dem Verhältnis Ca : Al zu. Die in allen Verbb. beobachteten CO_3^{2-}-Banden um 7 μ werden mitgeteilt. H. Bürger. 120◇

0186 **Einflüsse der Chelatbildung auf die Infrarotspektren von Anionen in wässeriger Lösung.** J. D. S. Goulden. (Chem. and Ind. **1960,** 721—22; Reading, Univ., Nat. Inst. for Res. in Dairying; engl.) — Zur Unters. des Effekts der Schwingungskopplung zwischen der OH- u. der CH-Spreizschwingung auf die IR-Spektren sowohl sek. Alkohole als auch des Lactations werden die Spektren des Cu^{2+}-, des Ca^{2+}- u. des Sr^{2+}-Salzes der α-Hydroxyisobuttersäure zwischen 7 u. 10 μ aufgenommen. Das Spektrum des Cu^{2+}-Salzes unterscheidet sich von den anderen durch eine intensive Bande nahe 1370 cm^{-1} gegenüber schwächeren Banden bei 1330 cm^{-1} bei den letzteren. Diese wird entsprechend dem Gang der Stabilitäts-Konst. der Chelationen ($Cu \gg Ca > Sr$) u. in Parallelität mit den bereits untersuchten Verhältnissen bei sek. u. tert. Alkoholen u. bei dem Lactation als Effekt der Chelat-Bldg. aufgefaßt. W. Betcke. 120◇

0187 **Verbreiterung der Rotationslinien von Kohlenmonoxid durch HCl und durch Argon.** R. J. Thibault, J. H. Jaffe und Earle K. Plyler. (J. Res. nat. Bur. Standards, A **67,** 113—14, 1963; engl.) — Die Verbreitungs-Konst. werden aus den Spektren der Mischungen 3 mm CO + 4 atm Ar (A); 20 mm CO + 3 atm Ar (B) sowie 50 mm CO + 2,22 atm HCl (C) berechnet u. tabellar. angegeben. Für A u. B wurde eine Weglänge von 12 m, für C von 1 m eingesetzt. H. Roschkowski. 120◇

0188 **Berechnung der Selbstverbreiterung von Raman-Linien infolge dipolarer und quadrupolarer Kräfte.** J. van Kranendonk. (Canad. J. Physics **41**, 433–49, 1963; Toronto, Ontario, Univ. of Toronto, Dep. of Phys.; engl.) — Die Stoßtheorie der Druckverbreiterung von Raman-Linien infolge anisotroper zwischenmol. Kräfte wird auf die Verbreiterung durch Di- u. Quadrupole ausgedehnt. Als Funktion der Rotationsquantenzahl J werden explizite Ausdrücke für den Phasenverschiebungsanteil bzgl. der Linienbreite isotropen (j = 1) u. anisotropen (j = 2) Raman-Streulichtes abgeleitet. Die Verbreiterung der isotropen Ramanlinien, bei denen bei nicht zu hohen Dichten die Phasenverschiebung keinen Beitrag leistet, ist ausschließlich auf die Unterbrechung des Strahlungsprozesses infolge unelast. Stöße zurückzuführen. Die Breite der Q (J)-Linie ist bei anisotropen zwischenmol. Kräften reziprok gleich der Lebensdauer des Rotationsniveaus J; d. h. bei Kenntnis der Verbreiterung der Q-Linien durch isotrope Komponenten kann direkt die Lebensdauer der Rotationszustände bestimmt werden. Die Theorie wird für H_2 u. N_2 ausgewertet u. die Ergebnisse werden mit den experimentellen Werten verglichen. H. Pförtner. 120◇

0189 **Oberflächeneffekte in der Infrarotoptik.** R. N. Gurshi, M. Ja. Asbel und Chao Bai Lin. (Festkörperphysik [UdSSR] **5**, 759–68, 1963; Charkow, Akad. der Wiss. der UkrainSSR, Phys.-Techn. Inst.; russ.) — Unters. der Oberflächenimpedanz eines Metalles im IR-Spektrum. Das Elektronengas wurde dabei als „Fermi-Fl." mit beliebiger ε (k)-Abhängigkeit behandelt. Es zeigte sich, daß der Imaginärteil der Impedanz für isotrope u. anisotrope ε (k)-Gesetzmäßigkeiten erheblich unterschiedlich ausfällt. K. Jaeger. 120◇

0190 **Zeeman-Aufspaltungsparameter der Kernquadrupolspektren für den Spin 5/2.** Noriyoshi Inoue. (J. Sci. Hiroshima Univ., Ser. A **24**, 7–11, 1960; Hiroshima, Hiroshima Univ., Minami Bunko; engl.) — Mitgeteilt werden numer. Werte der Zeeman-Aufspaltungsparameter A, B u. C ($0{,}01 \leqq \eta \leqq 1{,}00$ mit $\Delta\eta = 0{,}01$) der reinen Quadrupolspektren für den Spin 5/2 (η = Asymmetrieparameter). K. Jaeger. 121◇

0191 **Experimentelle Untersuchung der „Lichtmodulationen" bei der Grundfrequenz in einem Doppelresonanz-Versuch.** J. P. Barrat, D. Lecler und M. Ribault. (J. Physique **24**, 221–22, 1963; Caen, Fac. des Sci., Labor. d'Opt.; franz.) — Bei der Doppelresonanz am Niveau 5 $^3P_1$ des *Cd* wurde bei 455 kHz die Lichtmodulation untersucht. Das modulierte Signal wurde auf einen Photomultiplier gegeben. Amplitude u. Phase der Modulation wurden mit der Theorie verglichen. M. Wiedemann. 121◇

0192 **Untersuchungen am Laser.** 1. Mitt. **Der Rubinlaser.** Susumu Namba und Hyon Pil Kim. (Rep. Inst. physic. chem. Res. [Rikagaku Kenkyusho Hokoku] **39**, 10–16, 1963; jap.) H. Roschkowski. 121◇

0193 **Resonanzstreuung von Licht durch Verunreinigungszentren in Festkörpern.** I. P. Dsjub und A. F. Lubtschenko. (Festkörperphysik [UdSSR] **3**, 3602–13, 1961; Kiew, Phys. Inst. der Akad. der Wiss. der UdSSR; russ.) — Die Resonanzstreuung durch Störzentren wird theoret. untersucht. Berechnet werden das Anregungs- u. Emissionsspektrum der Luminescenz in Abhängigkeit von der Temp. u. anderen, die Eigg. des Gastkristalls charakterisierenden, Parametern u. die Wechselwrkg. der Spektren mit den Zentren. K. Huste. 125◇

0194 **Über die Kinetik innerer Luminescenzzentren in mit Thallium dotierten Alkalihalogenid-Kristallen.** B. Ja. Zunde, I. K. Plavin, M. F. Trinkler und A. K. Zverte. (Czechoslov. J. Physics **13**, 222–25, 1963; Akad. der Wiss. der LettSSR, Phys. Inst.; russ.) — Das Luminescenzabklingen von *CsJ : Tl, KJ : Tl, KBr : Tl* u. *KCl : Tl* wurde experimentell untersucht. Auf Grund der Ergebnisse u. von Literaturdaten wird auf den Mechanismus der Aktivatorluminescenz derartiger Kristalle geschlossen. Die Möglichkeit spontaner Übergänge u. die Energieunterschiede zwischen an der Luminescenz teilnehmenden aktivierten Niveaus werden aus einem Vgl. der experimentellen u. der theoret. Werte bestimmt. H. Roschkowski. 125◇

0195 **Optische und elektrische Erscheinungen in kupferaktivierten Natriumchloridkristallen.** A. Bohun, J. Dolejši, K. Huml, J. Kantůrek, I. Kunzlová, M. Lébl und J. Trnka. (Czechoslov. J. Physics **13**, 211–15, 1 Tafel, 1963; Praha, Ústav fiz. pevných látek ČSAV; dt.) — Vgl. C. **1963**, 13053. — Die Absorption, Luminescenz u. Elektronenemission wurden an einer Reihe von kupferaktivierten NaCl-Kristallen gemessen, die nach unterschiedlichen Meth. (aus NaCl- u. CuCl-Lsg. bzw. aus wss. NaCl + $CuCl_2$-Lsg. bzw. aus der Schmelze) erhalten worden waren u. entweder photochem. oder additiv gefärbt wurden. Die Ergebnisse zeigen je nach Herst.-Bedingung abweichendes Verhalten. Einige Schlüsse auf die jeweiligen Luminescenzzentren werden gezogen. H. Roschkowski. 125◇

0196 **Beweis für den Einfluß von Donatorentermen auf die Elektroluminescenz von Galliumarsenid.** F. L. Galeener, G. B. Wright, W. E. Krag, T. M. Quist und H. J. Zeiger. (Physic. Rev. Letters **10**, 472–74, 1963; Cambridge, Mass., MIT, Nat. Magnet Labor.; Lexington, Mass., Lincoln Labor.; engl.) — Vff. berichten über Beobachtungen über den Einfl. eines starken Magnetfeldes auf die Maseremission von GaAs : Zn-Dioden (n-Störstellen-Konzz. $2-5 \cdot 10^{17}$ cm^{-3}). Die Verschiebung der Emissionsenergie mit dem Magnetfeld kann angenähert durch einen Übergang durch den Grundzustand der Donatoren beschrieben werden. R. Nink. 125◇

0197 **Über die Spektralverteilung der Anregung der Kantenluminescenz von CdS-Kristallen.** Je. F. Gross, B. Ss. Rasbirin und R. L. Schechmametjew. (Festkörperphysik [UdSSR] **4**, 213–16, 1962; Leningrad, Univ.; russ.) — Das Anregungsspektrum der grünen Kantenluminescenz von CdS-Kristallen wurde bei 77° K untersucht. Die untersuchten Proben konnten in zwei Klassen eingeteilt werden, von denen die eine Maxima, die zweite Minima des Anregungsspektrums bei den Wellenlängen der Absorptionslinien zeigt. Die Proben der ersten Art konnten durch Erhitzen in die der zweiten übergeführt werden. Die Ergebnisse zeigten, daß Excitonen an dem Anregungsprozeß teilhaben. K. Huste. 125◇

0198 **Emissionsspektren von (Zn, Cd)S-Phosphoren.** W. Lehmann. (J. electrochem. Soc. **110**, 754–58, 1963; Bloomfield, N.J., Westinghouse Electr. Corp., Res. Dep.; engl.) — Die einzelnen Emissionsbanden von ZnS-Phosphoren (365 nm) werden in Form Gaußscher Kurven dargestellt u. erörtert. Die Breite bei der halben Amplitude des Maximums beträgt bei fast allen ZnS- u. (Zn, Cd)S-Phosphoren, die mit Cu oder Ag aktiviert sind u. verschiedene Koaktivatoren enthalten, 0,36 eV. Die Farben der Einzelbanden u. die Überlagerung der beiden Hauptbanden bei Cu-aktivierten Phosphoren werden in Farbdiagrammen mitgeteilt. Eine Verschiebung der grünen Cu-Emissionsbande von ZnS-Phosphoren mit zunehmender hoher Aktivator- u. Koaktivator-Konz. nach Rot wird auch bei (Zn, Cd)-S-Phosphoren u. mit einer Reihe verschiedener Koaktivatoren beobachtet. Emissionspektren von *(Zn, Cd)S : Ag, Br; ZnS : Cu, Cl; ZnS : Cu, J, (Zn, Cd)S : Cu, J(Br), (Zn, Cd)S : Cu, Ga*, selbstaktiviertem ZnS : Cl, *ZnS : Li, ZnS : Mn, Cu; Cl*; selbstaktiviertem *ZnS : Cu; ZnSe : Cu, Cl; Zn(S, Se) : Cu, Br* werden mitgeteilt. P. Frenzel. 125◇

0199 **(Zn, Cd)S : Cu-Elektroluminescenzphosphore.** W. Lehmann. (J. electrochem. Soc. **110**, 759–66, 1963; engl.) — Vgl. vorst. Referat. — Bekannte Meth. zur Herst. von ZnS : Cu-El-Phosphoren (EL = Elektroluminescenz) werden auf (Zn, Cd)S : Cu angewendet. Als Koaktivatoren dienen Cl, Br, Al, Ga oder In neben J. Variation der Meth., bes. eine Herabsetzung der Glüh-Temp., ermöglicht die Erhaltung der kub. Struktur bis zu 15 Mol-% CdS (I), wobei neben den blauen u. grünen Emissionsfarben auch gelbe u. orangefarbige auftreten. Die EL von hexagonalen (Zn, Cd)S : Cu-Phosphoren mit höherem I-Geh. kann durch eine sulfidierende Behandlung ($N_2 + H_2S$, N_2 + S) bei niedrigen Temp. beträchtlich verbessert werden, wobei rote Banden u. solche im nahen IR auftreten. Die Abhängigkeit der EL-Intensität von der I-Konz. deutet auf einen starken Einfl. tiefliegender Elektronhaftstellen, geringen oder keinen Einfl. der Lage höher liegender Elektronhaftstellen sowie des Abstandes der Aktivatorzentren vom Leitungsband. P. Frenzel. 125 ◇

0200 **Elektroluminescenzlinien von ZnS-Pulverteilchen.** 2. Mitt. **Modelle und Vergleich mit der Erfahrung.** A. G. Fischer. (J. electrochem. Soc. **110**, 733–48, 1963; Princeton, N.J., Radio Corp. of America, RCALabor.; engl.) — 1. vgl. C. **1963**, 8017. — Da bestehende Theorien über die Elektroluminescenz von pulverförmigem ZnS die l. c. beobachteten

Streifungen bzw. Linien nicht befriedigend erklären, wird ein Modell vorgeschlagen, das von der gleichzeitigen bipolaren Feldemission von entgegengesetzten Enden leitender Fehlstellenlinien in den Kristall ausgeht, wobei injizierte Elektronen in Aktivatorzentren eingefangen werden u. bei Feldumkehr Rekombination mit beweglichen Elektronen erfolgt. Eine Unterscheidung zwischen vorst. u. einem neuen Stoßionisationsmodell ist experimentell nicht möglich.
P. Frenzel. 125◇

0201 **Verdichtungseffekt auf die Luminescenz von mit Cu aktiviertem Zinksulfid.** G. C. Kuczynski und H. J. Mc Queen. (J. Amer. ceram. Soc. **45,** 399, 1962; Notre Dame, Ind., Univ. of Notre Dame, Dep. of Metallurg. Engng.; engl.) — Die spektrograph. gemessenen maximalen Strahlungsintensitäten J stehen mit den Verdichtungsdrücken P in einer durch die Gleichung $I = K \cdot P^{-1}$ (K = Konst.) ausdrückbaren Beziehung, wie Verss. an einem mit Cu gedopten u. mit UV-Licht bestrahlten ZnS-Pulver ergaben.
R. G. Kaiser. 125◇

0202 **Untersuchung der Reflexion und Luminescenz von Zinktellurid-Einkristallen.** Je. F. Gross, L. G. Ssusslina und A. I. Liwschitz. (Festkörperphysik [UdSSR] **5,** 801—06, 2 Tafeln, 1963; Leningrad, Akad. der Wiss. der UdSSR, Phys.-Techn. Joffe-Inst.; russ.) — Gemessen wurden Reflexionsspektren von kub. *ZnTe*-Einkristallen. Ein Maximum wird im grünen, zwei werden im UV-Bereich beobachtet. Die Maxima sind Excitonenübergängen an den Punkten Γ(grün) u. L(UV) der Brillouin-Zone zuzuordnen. Die Luminescenzmessungen wurden bei 4,2° K durchgeführt. Nach ihrem Luminescenz-Verh. wurden drei Gruppen von ZnTe-Kristallen unterschieden. Die Unterschiede beruhen auf der Anwesenheit verschiedener Zentren. Folgende Eigg. sind allen drei Gruppen gemeinsam: Eine Emissionslinie bei 5222 Å, die einer Vernichtung der Excitonen entspricht, u. einige Linienserien mit gleichen Energieabständen. Die Energiedifferenz zweier benachbarter Linien beträgt 0,026 eV. Das entspricht ungefähr der Energie eines longitudinalen Phonons.
K. Jaeger. 125◇

0203 **Feldinduzierte Luminescenz pulverförmiger Phosphore.** F. C. Palilla und M. Rinkevics. (J. electrochem. Soc. **110,** 750—53, 1963; Bayside, N.Y., Gen. Telephone & Electronics Labor., Inc.; engl.) — Bei Einw. eines Gleich- oder Wechselstromfeldes auf selbstaktivierte Proben aus *ZnO*, ZrO_2, *Seltenerdmetall* (*R*)-*Granaten* (abgeleitet von $Me_3^{2+}L_2^{3+}X_3^{4+}O_{12}$, wobei Me u. X durch ein 3wertiges Metall L, eines davon durch R ersetzt werden, bes. $Y_3Al_5O_{12}$, aktiviert mit *Cr* bzw. *Eu*) u. -Wolframaten $RR'(WO_4)_3$ (R' gleiches oder verschiedenes R), Cr-, *Mn*- u. R-aktivierte Proben aus Al_2O_3 (R = *Eu*, *Sm*, *Tb*, *Er*, *Yb*, *Pr*, *Dy*, *Ho*, *Lu*, *Gd*, *Tm*, *Nd*, Ce), *R*-*Wolframaten*, Alkalimetall- u. Erdalkalimetallwolframate $M^+_{0,5}R_{0.5}WO_4$ u. $M_x^+M^{2+}_{(1-2x)}R_x^{3+}WO_4$ (M^+ Alkalimetall, M^{2+} Erdalkalimetall) wird Luminescenz beobachtet. Die Proben werden wie Luft >1200° oder in N_2 bzw. Cl_2 >900° getempert. Unterss. bei vermindertem Druck in verschiedenen Atmosphären ($CaCl_2$-trockener Luft, O_2, N_2, Ar, auch in Ggw. von Spuren W.; SF_6) zeigen, daß sich die beobachtete Luminescenz von der Elektroluminescenz von ZnS- u. ZnO-Phosphoren unterscheidet. Ebenso bestehen Unterschiede bei der Frequenzabhängigkeit u. den spektralen Komponenten der Emission. Ein Mechanismus, der die Umgebungs-Einfl. berücksichtigt, wird erörtert.
P. Frenzel. 125◇

0204 **Subsolidusgleichgewichte und Luminescenzdaten über die Phasen im System $MgO-GeO_2-SiO_2-TiO_2$.** J. F. Sarver und F. A. Hummel. (J. electrochem. Soc. **110,** 726—32, 1963; University Park, Pa., Pennsylvania State Univ., Dep. of Ceram. Technol.; engl.) — Unterss. der Syst. *MgO* (**I**)-GeO_2 (**II**)-SiO_2 (**III**; Syst. **A**) u. **I**-**II**-TiO_2 (**IV**; Syst. **B**) u. Vgl. mit Ergebnissen an den Syst. **I**-**II**, **I**-**III**, **I**-**IV** u. **I**-**III**-**IV** (Syst. **C**) sowie mit dem polymorphen Verh. von $MgSiO_3$ (**V**) ergeben, daß die Luminescenz-Eigg. Mn-aktivierter *Mg-Germanate*, *-Silicate* u. *-Titanate* auf das Wirtsgitter zurückzuführen sind, u. daß Mischkristall-Bldg. (MB) einen Einfl. auf die Wellenlänge des Emissionsmaximums u. die Helligkeit dieser rot emittierenden Phosphore bei Anregung mit UV- u. Kathodenstrahlen hat. Im Syst. **A** (900—1350°) ist die Enstatit-Modifikation von $MgGeO_3$ (**VI**) <1555°, die von **V** <1042° stabil. Zwischen beiden tritt bis > ca. 50% **V** vollständige MB nach 24 Std. langer Rk. bei 1300° ein, für 50—100% **V** ist ein Zusatz von 2 Gew.-% *LiF* als Mineralisator notwendig. Hochtemp.-Röntgenbeugungss aufnahmen zeigen, daß die bei hohen Temp. existierenden Mischkristalle (MK) von *Protoenstatit* beim Abschrecken in *Klinoenstatit*-MK übergehen. Das Zustandsdiagramm des Syst. **A** zeigt, daß überschüssiges **I** ein Dreiphasengebiet **I** + Mg_4GeO_6 (**VII**) + *Forsterit*-MK hervorruft. Im Syst. **B** tritt Mg_2GeO_4 (**VIII**) als Spinell <810° auf, MB wird nicht beobachtet. **IV** wirkt als Mineralisator bei der Bldg. von **VII** bei 1100°. Die Luminescenz-Eigg. der Mn-aktivierten bin. u. tern. Verbb. werden erörtert. In den Syst. **B** u. **C** wird zwischen den bin. Verbb. Ti^{4+} nicht durch Ge^{4+} bzw. Li^{4+} ersetzt. Ersatz von Ge^{4+} durch Si^{4+} in den MK zwischen **VIII** u. Mg_2SiO_4, vom Olivintyp sowie ähnliche Substitution im Enstatittyp der MK zwischen **V** u. **VI** bewirkt eine Verschiebung des Maximums der Kathodoluminescenz. In **VII** wird Ge^{4+} nicht durch Si^{4+} ersetzt, so daß ersteres vermutlich oktaedr. koordiniert ist. MgF_2 wirkt als Mineralisator bei der Bldg. von Mn-aktiviertem **VIII**, Fluorogermanat-Bldg. ist nicht zu beobachten.
P. Frenzel. 125◇

A_3. Elektrizität, Magnetismus, Elektrochemie

0205 **Eine neue Ein-Geschwindigkeit-Näherungstheorie für die Behandlung von Problemen der isotropen und anisotropen Mehrfachstreuung.** 1. Mitt. **Unendliche homogene Streumedien.** C. C. Grosjean. (Verh. Kon. vlaamse Acad. Wetensch., Letteren schone Kunsten België, Kl. Wetensch. **1963,** Nr. 70, 3—126; Gent, Rijksuniv., Rekanlabor.; engl.)
H. Liepack. 131◇

0206 **Geometrie der Bewegung geladener Teilchen.** Ju. P. Pytjew. (Nachr. Moskauer Univ., Ser. III **17,** Nr. 3, 30—40, 1962; Lehrst. für Math. der phys. Fak.; russ.) — Aus der Gleichung für die Bewegung geladener Teilchen in einem elektromagnet. Feld werden Gleichungen für die Bahnen u. die zulässigen elektr. u. magnet. Felder entwickelt.
R. K. Müller. 131◇

0207 **Eine Messung des Ionisationsquerschnitts von Ne^+ zu Ne^{2+} durch Elektronenstoß.** K. T. Dolder, M. F. A. Harrison und P. C. Thonemann. (Proc. Roy. Soc. [London], Ser. A **274,** 546—51, 1963; Harwell, Berks., A.E.R.E., Culham Labor.; engl.) — Der Wrkg.-Querschnitt der Rk. $Ne^+ + e \rightarrow Ne^{2+} + 2e$ für Elektronenenergien bis 1000 eV wird gemessen. Als extrapolierter Schwellenwert ergibt sich 45,0 eV. Der Wrkg.-Querschnitt erreicht bei 200 eV ein Maximum von $3{,}13 \cdot 10^{-17}$ cm² u. steigt in Schwellennähe linear. Benutzt wird die Meth. der gekreuzten Strahlen. Der störende Einfl. von Stripping-Stößen von Ne^+ an Gasatomen wird durch Pulsung der Strahlen im Takt bzw. Gegentakt eliminiert.
F. Kitzka. 131◇

0208 **Niederfrequente Wellen in einem unbegrenzten Plasma.** T. E. Stringer. (Plasma Physics-Accelerators-thermonuclear Res. **5,** 89—107, 1963; Abingdon, Berks., U.K.A.E.A. Res. Group, Culham Labor.; engl.) — Vf. behandelt die Ausbreitung niederfrequenter ebener Wellen in einem homogenen Plasma mit kleinem β (Alfvén-Geschw. $\ll$c) in einem Magnetfeld auf Grund der Zwei-Fl.-Gleichungen ohne Stoßterme.
H. Liepack. 131◇

0209 **Elektrostatische Resonanzen von Hohlplasmen.** F. W. Crawford. (Plasma Physics-Accelerators-thermonuclear Res. **5,** 69—72, 1963; Stanford, Calif., Stanford Univ., W. W. Hansen Labor. of Phys.; engl.) — Vf. behandelt das Problem der Best. der Elektronenzahldichte aus den Resonanzen u. zeigt, wie die Schwierigkeiten des unbekannten Potentials durch Anwendung eines Variationsprinzips umgangen werden können, das eine Formulierung der Resonanzfrequenzen unabhängig von der Potentialverteilung erlaubt.
H. Liepack. 131◇

0210 **Methoden der spektrographischen Bestimmung hoher Plasmatemperaturen.** W. Rother. (Technik **15,** 543—48, 1960; Meiningen; dt.) — Übersicht über die theoret. Grundlagen für die Best. stationärer Temp. bis 50000° K; Intensitätsmessung an Spektrallinien oder an Kontinua, Best. des Linienprofils (Doppler- u. Stoß-Verbreiterung). — 38 Literaturzitate.
R. Junge. 131◇

0211 **Intensitätsmodulation des Balmer-Lichts von einer Hochfrequenzentladung.** S. M. Hamberger. (Plasma Physics-Accelerators-thermonuclear Res. **5,** 73—81, 1963; Abingdon, Berks., U.K.A.E.A., Culham Labor.; engl.) — Beschreibung einer einfachen Lichtquelle, die Spektrallinien emittiert, deren Intensitäten bis zu 100% bei Frequenzen in der Größenordnung von 10 MHz moduliert werden können. Die Wellenformen der emittierten Intensität wurden für eine elektrodenlose Wasserstoffentladung im Druckbereich 0,2—4 Torr untersucht. Die Ergebnisse werden durch Schwankungen der mittleren Elektronenenergie gedeutet. H. Liepack. 131◇

0212 **Untersuchung der Entladung durch Induktion in positiven Ionenquellen mit elektrischer Hochfrequenz-Anregung.** André Degeilh. (J. Physique **24**, 187—98, 1963; Toulouse, Labor. d'Opt. Électron., Fac. des Sci., Centre de Phys. Nucl.; franz.) — Für die Parameter, welche für die Induktionsentladung in positiven Ionenquellen mit Radiofrequenzanregung charakterist. sind, werden Gleichungen aufgestellt. Vor allem werden die elektr. u. magnet. Felder mit u. ohne Vernachlässigung des Verschiebungsstroms, die Verteilung der Elektronendichte u. die Leitfähigkeit im ionisierten Gas ermittelt. M. Wiedemann. 131◇

0213 **Eine einfache Theorie der Wandverdampfung in einer Impulsgasentladung.** D. E. T. F. Ashby. (Plasma Physics-Accelerators-thermonuclear Res. **5**, 83—87, 1963; Abingdon, Berks., U.K.A.E.A., Culham Labor.; engl.) — Entw. einer einfachen Theorie für die Verdampfung der Wände, die eine gepulste Entladung umgeben, bei Überschreiten eines krit. Stromes. H. Liepack. 131◇

0214 **Vorläufige spektroskopische Ergebnisse an einem sehr langen, magnetisch begrenzten Starkstrom-Vakuum-Kohlenbogen.** J. R. McNally jun., M. R. Skidmore, J. E. Francis, P. M. Jenkins und D. A. Griffin. (J. opt. Soc. America **53**, 495—90, 1963; Oak Ridge, Tenn., Oak Ridge Nat. Labor.; engl.) — In einem 194 in. langen Bogen zwischen C-Elektroden, der in einem longitudinalen Magnetfeld von 2600—8300 Oe betrieben wurde, werden in einem Abstand von 178 in. von der Anode C-Ionen-Temp. $>4\cdot10^6$ °K festgestellt. Halbwertsbreiten u. Ionen-Temp. für Querschnitte an verschiedenen Stellen des Bogens werden graph. wiedergegeben. H. Roschkowski. 131◇

0215 **Effekte dielektrischer Medien auf lose gebundene Elektronen.** J. Jortner. (Molecular Physics **5**, 257—70, 1962; Jerusalem, Hebrew Univ., Dep. of Phys. Chem.; engl.) — Vf. behandelt die Elektronenbindung in Lsgg. auf der Grundlage eines Kontinuummodells, wonach das polarisierbare Medium durch makroskop. Eigg. wie stat. DK u. opt. DK charakterisiert wird. Die Bewegung eines zusätzlichen Elektrons wird durch seine Wechselwrkg. mit der durch es selber erzeugten Polarisation bestimmt. Das Problem wird sowohl nach einer adiabat. Näherung als auch nach einer Einelektronennäherung. (Hartree-Focksche self-consistent-Behandlung) behandelt. Die Näherung des unabhängigen Teilchens ist offenbar gut geeignet. D. Jörchel. 132◇

0216 **Eine Bemerkung zum dielektrischen Verlustfaktor von luminescierenden AgCl/Tl⁺-Kristallen.** E. Vavřinek. (Dtsch. Akad. wiss. Berlin, Tag. Unterkommiss. Leuchtstoffe Sekt. Physik, Physik Chem. Kristallphosphore **2**, 143—44, 1962; Tschechoslowak. Akad. der Wiss., Inst. für techn. Phys.; dt.) — An AgCl-Kristallen mit TlCl-Zusätzen von 0; 0,1; 0,01 u. 1,0 Mol-% wird die Temp.-Abhängigkeit des dielektr. Verlustfaktors bei konst. Frequenz (1 kHz) von Raum-Temp. bis ca. 120° bestimmt. Aus den Maxima der Kurven werden die Werte n/N (n = Zahl der Dipole pro Vol.-Einheit; N = Summe der Atome pro cm³) für die drei Dotierungen zu 0,036 (%); 0,023 u. 0,018 bestimmt. H. Roschkowski. 132◇

0217 **Dielektrische Verluste und Durchlässigkeit von Sitallen des Cordieritsystems.** M. D. Maschkowitsch. (Festkörperphysik [UdSSR] **5**, 843—50, 1963; Moskau, Wiss. Forsch.-Inst. für Elektrotechn. Glas; russ.) — Gemessen wurden ε u. tgδ im Syst. $MgO-Al_2O_3-SiO_2$ zwischen $4\cdot10^2$ u. $3{,}7\cdot10^{10}$ Hz. Ein Relaxationseffekt wurde beobachtet u. für verschiedene Zus. untersucht. Auch über den Einfl. der chem. Red. wurden Unterss. durchgeführt. K. Jaeger. 132◇

0218 **Wechselstrom- und Gleichstrompolarisationseffekte in einem protonischen Leiter (Borax).** L. K. H. van Beek. (Physica [Utrecht] **29**, 215—24, 1963; Delft, Nederland, Central Labor. T.N.O.; engl.) — Durch DK-Messungen an durch Pressen aus Kristallpulver bis zu einer Dichte von 1,51 bzw. 1,31 g·cm⁻³ erhaltenen Boraxproben bei Frequenzen zwischen 1 Hz u. 300 kHz werden die proton. Wechselstrom-Polarisationseffekte bestimmt. Bei sehr niedrigen Frequenzen wird ein Leitfähigkeitsverlust beobachtet, der einem Widerstand $\varrho = 3{,}8\cdot10^6\ \Omega\cdot$m entspricht. Der Rest der Dispersion kann in zwei sich überlappende Beiträge I u. II aufgelöst werden. Der Verlustmechanismus I wird beweglichen Protonen zugeschrieben. Mit Hilfe der Macdonaldschen Theorie werden die Protonenbeweglichkeit μ u. -Konz. N berechnet. Der Verlustmechanismus II wird Protonenverschiebungen über Mol.-Distanzen zugerechnet. An den gleichen Proben werden bei konst. Feldstärken zwischen 200 u. $8\cdot10^4$ V/m die Gleichstrompolarisationseffekte untersucht. Alle Ströme zeigen eine exponentielle Abnahme mit einer charakterist. Zeit von 300 s unabhängig von der Spannung, worauf ein wesentlich schwächerer Abfall erfolgt. Dieses Verh. wird einer endlichen Protonenentladungs-Geschw. u. einer Raumladungs-Bldg. zugeschrieben. Aus den raumladungsbegrenzten Strömen wird die gleiche Protonenbeweglichkeit wie aus den DK-Messungen erhalten. Die Werte $\mu = 1{,}8\cdot10^4$ m²/V s u. N = 10^{16} m⁻³ stimmen mit allen Beobachtungen überein. H. Roschkowski. 132◇

0219 **Theorie der domänenfreien nichteinheitlichen spontanen Polarisation von ferroelektrischen Blättchen in der Nähe des Curie-Punktes.** L. P. Cholodenko. (Festkörperphysik [UdSSR] **5**, 897—908, 1963; Smolensk, Päd. Karl-Marx-Inst.; russ.) — Diskutiert wird das ferroelektr. Verh. von Kristallplättchen des $BaTiO_3$-Typs, die freie Ladungen enthalten, deren Raumverteilung durch die Ladungsdichte ϱ gegeben ist. Berechnet wird die Verteilung des Potentials, des elektr. Feldes u. der spontanen Polarisation unter der Annahme, daß ϱ mit dem Potential φ nach $\varrho = -\lambda\varphi$ ($\lambda > 0$) verknüpft ist. Zwei Mechanismen werden vorgeschlagen, für die diese Beziehung gilt. Die Curie-Temp. wird als Funktion der Kristalldicke erhalten. Es wird gezeigt, daß unter bestimmten Bedingungen an die Stelle einer scharfen Curie-Temp. ein Umwandlungsbereich treten kann. K. Jaeger. 133◇

0220 **Ein experimentelles Kriterium für die Ferroelektrizität.** Ss. W. Bogdanow. (Festkörperphysik [UdSSR] **5**, 811—18, 1963; Moskau, Akad. der Wiss. der UdSSR, Phys. Lebedew-Inst.; russ.) — Diskutiert werden Ferroelektrika ($BaTiO_3$, $SrTiO_3$), u. zwar sowohl diejenigen mit scharfem als auch mit verschmiertem Phasenübergang. Notwendige u. hinreichende Kriterien werden für das Auftreten der Ferroelektrizität an einem vorgegebenen Stoff abgeleitet. K. Jaeger. 133◇

0221 **Über die Isotopieeffekte im ferroelektrischen Verhalten von Kristallen mit kurzen Wasserstoffbindungen.** R. Blinc. (Physics Chem. Solids **13**, 204—11, 1960; Ljubljana, Yugoslavia, Stefan-Inst.; engl.) — Vgl. C. **1962**, 5927. — Die theoret. Betrachtungen zeigen, daß die Protonen in den Wasserstoffbindungen im Doppelminimum-Potentialfeld offenbar einen Tunneleffekt erfahren; der ferroelektr. Übergang ist das Ergebnis einer Deformation der Protonenverteilung infolge elektrostat. Wechselwirkungen. Eine Erweiterung des Mason-Devonshire-Modells über Fernkräfte erklärt nach demselben Mechanismus die Ergebnisse der IR- u. kernmagnet. Resonanzspektroskopie sowie die Abhängigkeit des Curie-Punktes von der Masse der H-Isotope, den schärferen Anstieg der spontanen Polarisation mit fallender Temp. u. den größeren Wert der spontanen Polarisation bei 0°K für deuterierte als für Wasserstoffverbindungen. Das vorgeschlagene Modell sagt voraus, daß ein ferroelektr. Übergang nur auftritt, wenn die Dipol-Dipol-Wechselwrkg., ausgedrückt in Frequenzen, größer als die Tunnelfrequenz am tiefsten Schwingungsniveau sind. D. Jörchel. 133◇

0222 **Thermoelektrische Eigenschaften von Verbindungen vom Enargittyp.** R. L. Carpenter, John S. Murray und Th. D. Roberts. (U. S. Dep. Interior. Bur. Mines, Rep. Invest. **1963**, Nr. 6200, 1—8, 1963; Albany, Oreg., Bur. of Mines, Albany Metallurg. Res. Center; engl.) — Die Wärmeleitfähigkeit, der elektr. Widerstand u. der Seebeck-Koeff. von Cu_3AsS_4, Cu_3AsSe_4, Cu_3AsTe_4, Cu_3SbS_4 (I), Cu_3SbSe_4 (II), Cu_3SbTe_4, Cu_3BiS_4, Cu_3BiSe_4 u. Cu_3BiTe_4 wurden zur Unters. der Verb. auf ihre Verwendbarkeit als thermoelektr. Generatoren oder Absorber bestimmt. Die Eigg. von II nähern sich denen von BiTe. I u. II wurden versuchsweise auch mit bis zu 4% Te dotiert. Für II + 0,1% Te wurde eine Gütezahl von $2{,}1\cdot10^{-4}\cdot$ Grad⁻¹ erhalten. Röntgenograph. Unterss. zeigten, daß Cu_3AsS_4, Cu_3AsTe_4, I u. Cu_3BiS_4 nicht aus einer einzelnen Phase bestanden, ebenso bestanden die dotierten Proben aus zwei Phasen. H. Roschkowski. 133◇

0223 **Sekundäremission von Wolfram, Tantal und Yttriumoxid in Gegenwart eines Thermoemissionsstroms.** A. R. Schulman, Ju. A. Morosow und I. N. Petrow. (Festkörperphysik [UdSSR] **5**, 839—42, 1963; Leningrad, Polytechn. Kalinin-Inst.; russ.) — Gemessen wurde der Sekundäremissions-Koeff. σ von W, Ta u. Y_2O_3 in Abhängigkeit von der Primärenergie, der Temp. u. der Dauer des Primärimpulses. Es wird festgestellt, daß, im Gegensatz zu BaO, die Form des Sekundärimpulses durch die therm. Emission nicht beeinflußt wird. Für W u. Ta ist σ temperaturunabhängig, für Y_2O_3 wird σ mit wachsenden Temp. kleiner. K. Jaeger. 134◇

0224 **Einige Themen über die Fluktuationen von Photoprozessen in Festkörpern.** R. E. Burgess. (Physics Chem. Solids **22**, 371—77, 1961; Vancouver, Canada, Univ. of Brit. Columbia, Dep. of Phys.; engl.) — Vf. wendet eine allg. Analyse der stationären Mittelwerte u. Varianzen von stochast. Prozessen der Erzeugung, Absorption u. Vervielfachung von Photonen u. Elektronen auf nichtideale Absorber u. Multiplier an. Ferner werden die Fluktuationen der Trägerzahlen in nichtstationären Syst. sowie Vorgänge in Photoleitern behandelt. D. Jörchel. 135◇

0225 **Theorie der Phononenhemmung in Halbleitern mit tetragonaler Symmetrie.** F. M. Gaschimsade. (Festkörperphysik [UdSSR] **5**, 883—85, 1963; Leningrad, Akad. der Wiss., Phys.-Techn. Joffe-Inst.; Baku, Akad. der Wiss. der AserbaidshanSSR, Inst. für Phys.; russ.) — Diskutiert wird der Einfl. einer zufälligen Überschneidung zweier akust. Zweige des Phononenspektrums auf die Temp.-Abhängigkeit des Phononenanteils der Thermo-EMK. K. Jaeger. 135◇

0226 **Eine Theorie der Effekte der Träger–Träger-Streuung auf die Beweglichkeit in Halbleitern.** T. P. McLean und E. G. S. Paige. (Physics Chem. Solids **16**, 220 bis 236, 1960; Malvern, Worcs., Roy. Radar Establ.; engl.) — Die Theorie zeigt, daß Elektronen–Elektronen- u. Löcher–Löcher-Streuung gewöhnlich die Beweglichkeit nur wenig verringern, obwohl sie eine Reduzierung bis ca. 40% bewirken können, wenn die Streuung an ionisierten Verunreinigungen der vollständig vorherrschende Streumechanismus ist. Elektronen–Löcher-Streuung kann stärkere Effekte sowohl auf die Größe als auch auf die Temp.-Abhängigkeit der Beweglichkeit bewirken. Die Ergebnisse stimmen mit Beobachtungen in *Ge* überein. In manchen Fällen, z. B. bei n-leitendem *InSb*, ist der „drag"-Effekt so stark, daß die Minoritätsträger eine negative Beweglichkeit erhalten. D. Jörchel. 135◇

0227 **Eine vereinheitlichte statistische Näherung für das Rekombinations–Erzeugungs-Rauschen in Halbleitern.** P. T. Landsberg und D. A. Evans. (Physics Chem. Solids **22**, 379—83, 1961; Cathays Park, Cardiff, Wales Univ. Coll., Dep. of Appl. Math.; engl.) — Die Theorie schließt außer bekannten Ergebnissen auch bestimmte Auger-Prozesse u. Einelektronenübergänge, die zum Rauschen beitragen, ein u. wird im Rahmen der irreversiblen Thermodynamik unter Verw. von verallgemeinerten Widerstands-, Kapazitäts-, Leitwert- u. Lebensdauermatrizen formuliert. Eine Meth. zur Berechnung der Koeff. u. transienten Lebensdauern in den Ausdrücken für die spektralen Dichten wird angegeben. D. Jörchel. 135◇

0228 **Graphische Darstellung der Beziehung zwischen Hall-Konstante und Temperatur im Bereich gemischter Leitfähigkeit.** Krzysztof Pigoń. (Zeszyty naukowe Politechn. Wroclawskiej, Chemia **1961**, 59—85; Kat. Chim. Fiz. Politechn. Wroclawskiej; pol.) H. Roschkowski 135◇

0229 **Der longitudinale Hall-Effekt.** Ludwig Grabner. (Physic. Rev. [2] **117**, 689—97, 1960; Poughkeepsie, N.Y., IBM Res. Labor.; engl.) — Das „Hall-Feld" besteht aus zwei Komponenten, dem konventionellen quergerichteten Hall-Feld (TH-Feld) in der Richtung $\vec{B} \times \vec{I}$ (B, I = Vektoren des Magnetfelds bzw. der Stromdichte) u. dem longitudinalen Hall-Feld (LH-Feld) in der Richtung $\vec{I} \times (\vec{B} \times \vec{I})$. Im Gegensatz zum TH-Feld verschwindet das LH-Feld 1. im Sättigungsbereich, 2. für kugelförmige Energieoberflächen u. 3. wenn das äußere Magnetfeld parallel zu einer Rotationsachse des Kristalls liegt. Die Abhängigkeit des LH-Feldes von der Ladungsträger-Konz. ist die gleiche wie beim TH-Feld, jedoch wird sein Vorzeichen vom Vorzeichen der Ladungsträger u. der Bandstruktur bestimmt. Die Eigg. des LH-Feldes werden theoret. u. experimentell an n-Ge untersucht. K. Jaeger. 135◇

0230 **Eine neue Vierpunktsonde zur Messung des spezifischen elektrischen Widerstands der epitaktischen Schicht und im Innern von Halbleiterflächen.** P. A. Schumann jun. und J. F. Hallenback jun. (J. electrochem. Soc. **110**, 538 bis 542, 1963; Poughkeepsie, N.Y., Internat. Business Mach. Corp., Components Div.; engl.) — Eine Vierpunktsonde mit entgegengesetzt angeordneten Meßstellen wird beschrieben. Die Messungen werden an epitakt. n/p- oder p/n-Proben durchgeführt. Der Einfl. der Eigg. der Schicht u. des Substrats auf die Potentialverteilung an den Kontaktflächen wird untersucht. Zur Messung an Substraten geringen Widerstands mit Schichten hohen Widerstands eignet sich auch eine Zweipunktsonde. P. Frenzel. 135◇

0231 **Elektronenbeweglichkeit in stark dotiertem Silicium.** E. M. Omeljanowski, W. I. Fisstul und M. G. Milwidski. (Festkörperphysik [UdSSR] **5**, 921—27, 1963; Moskau, Wiss. Forsch.- u. Projektions-Inst. der Ind.; russ.) — In Abhängigkeit von der Temp. (78—300°K) u. der Elektronen-Konz. (10^{17} bis 10^{20} cm^{-3}) wurde die Hall-Beweglichkeit der Elektronen in stark *As*- u. *P*-dotiertem n-Si gemessen. K. Jaeger. 135◇

0232 **Löcher- und Elektronenbeweglichkeiten in dotiertem Silicium aus radiochemischen und Leitfähigkeitsmessungen.** Katherine B. Wolfstirn. (Physics Chem. Solids **16**, 279—84, 1960; Murray Hill, N.J., Bell Telephone Labor., Inc.; engl.) — Die bei 300°K bestimmten Beweglichkeiten beziehen sich auf mit Ga, As u. Sb dotierte p- bzw. n-leitende Si-Proben mit Konz.-Bereichen von 10^{16} bis $2 \cdot 10^{18}$ bzw. von $4 \cdot 10^{15}$ bis $2{,}5 \cdot 10^{19}$ cm^{-3}. D. Jörchel. 135◇

0233 **Antimonniederschläge in stark dotiertem Silicium, identifiziert mit einem Röntgenmikroanalysator.** Hiroshi Kodera. (Jap. J. appl. Physics **2**, 193—94, 1963; Kokubunji, Tokyo, Hitachi Ltd., Central Res. Labor.; engl.) — Vf. identifiziert mit einem Röntgenmikroanalysator Verunreinigungen in einem mit Sb stark dotierten Si-Kristall als Ndd. von metall. Sb. Die kinet. Sb-Konz., bei der die Probe polykristallin wird, beträgt unter den Herst.-Bedingungen (Zieh-Geschw. 0,2—1,0 mm/min, Dreh-Geschw. 5 U/min) $2.9 \cdot 10^{19}$ cm^{-3}. J. Kraetsch. 135◇

0234 **Gettern metallischer Verunreinigungen von planaren Siliciumdioden.** S. W. Ing jun., R. E. Morrison, L. L. Alt und R. W. Aldrich. (J. electrochem. Soc. **110**, 533—37, 1963; Electronics Park, Syracuse, N.Y., Gen. Electr. Co., Semiconductor Dep.; engl.) — Kriechströme an ebenen, durch Diffusion hergestellten Si-Dioden können durch Gettern der metall. Beimischungen bei 800—1000° um einige Größenordnungen herabgesetzt werden. Als Getter dienen anorgan. Oxide bzw. Oxidmischungen, deren FF. unterhalb der Getter-Temp. liegen: B_2O_3, B_2O_3–P_2O_5, P_2O_5, V_2O_5, V_2O_5–BaO, $Pb_2P_2O_7$, PbO; am vorteilhaftesten erweisen sich die B_2O_3–P_2O_5-Mischungen. Werte für die Lebensdauer solcher Dioden nach dem Gettern werden mitgeteilt. Zur Unters. der Verteilung der Beimischungen sowie der Kinetik des Getterns wird ^{64}Cu als Tracer verwendet. P. Frenzel. 135◇

0235 **Gleichrichtungserscheinungen bei Si—SiO$_2$-Metall-Dioden.** Toshiya Hayashi und Shoji Nitta. (Jap. J. appl. Physics **2**, 253—54, 1963; Nagoya, Nagoya Inst. of Technol.; engl.) — Si-SiO_2-Metalldioden wurden durch Oxydation einer Si-Oberfläche u. anschließendem Aufdampfen eines Metalls (Al, Ag) hergestellt. Die Gleichrichter-Eigg. werden bei verschiedenen Temp. untersucht. Auf Grund eines Tunnelungs–Emissions-Modells werden die Ergebnisse qual. erklärt. H. Roschkowski. 135◇

0236 **Die Eigenschaften gereinigter Germaniumoberflächen.** R. Forman. (Physic. Rev. [2] **117**, 698—704, 1960; Cleveland, Ohio, Nat. Carbon Co., Res. Labor.; engl.) — Feldeffekt- u. Leitfähigkeitsmessungen wurden an gereinigten (1 1 1)- u. (1 0 0)- Oberflächen von Ge ausgeführt. Die Oberflächen wurden durch Ar-Beschuß (10 Min.) gereinigt. Die (1 0 0)-Oberflächen zeigten ausgeprägteres p-Verh. als die (1 1 1)-Oberflächen. Dieses Ergebnis wird an Hand eines atomist. Modells gedeutet. K. Jaeger. 135◇

0237 **Die Potentialverteilung an der Grenzfläche Germanium/wässerige Elektrolytlösung.** P. J. Boddy und W. H. Brattain. (J. electrochem. Soc. **110**, 570—76, 1963;

Murray Hill, N.J., Bell Telephone Labor., Inc.; engl.) — Vgl. C. **1963**, 7241. — Messungen der Grenzflächenkapazität von Ge-Elektroden in wss. m/10-K_2SO_4-Lsgg. (pH 4,5—11,5) erlauben die Best. der Potentialdifferenz (PD) am Raumladungsbereich des Halbleiters. PD ist von der Stromdichte u. vom pH-Wert abhängig. Im pH-Zwischenbereich beträgt die Änderung bei konst. Stromdichte 59 mV pro pH-Einheit, was auf die Ggw. einer „Ionisationsdoppelschicht" auf Grund der pH-abhängigen Bldg. ionisierter Oberflächenhydroxylgruppen hinweist. In Lsgg. mit pH $<4,5$ u. >11.5 werden schnelle Oberflächenzustände, auch in Lsgg., die frei von Spuren von Edelmetallionen sind, beobachtet. Es wird angenommen, daß diese Zustände eine typ. Eig. bestimmter Struktureigenheiten der Oberflächen in diesen pH-Bereichen sind.
P. Frenzel. 135◇

0238 **Einfluß eines elektrischen Feldes auf die Diffusion von Thallium in Germaniumkristallen.** N. I. Ibragimow, M. G. Schachmachtinski und A. A. Kulijew. (Festkörperphysik [UdSSR] **5**, 862—64, 1963; Baku, Akad. der Wiss. der AserbaidshanSSR, Inst. für Phys.; russ.) — Transport-Verss. bei 800—910° ergeben die effektive Ladung u. die Beweglichkeit von Tl-Ionen in Ge-Kristallen. Die Ergebnisse deuten darauf hin, daß die Ionendrift hauptsächlich auf einer Impulsübertragung von Leitungselektronen beruht.
K. Jaeger. 135◇

0239 **Theorie der optischen Strahlung aus Durchbruchslawinen in Germanium.** P. A. Wolff. (Physics Chem. Solids **16**, 184—90, 1960; Murray Hill, N.J., Bell Telephone Labor., Inc.; engl.) — Es wird eine Theorie zur Erklärung des beim Durchbruch von Ge-Übergängen emittierten opt. Spektrums in Termen der bekannten Eigg. der Bänderstruktur u. der Durchbruchsprozesse in Ge entwickelt. Das Niederfrequenzmaximum im Spektrum wird inneren Löcherübergängen in einem Band nahe k = 0, das höherfrequente Licht Elektronen–Löcher-Rekombination zugeschrieben. Unter der Annahme einer Träger-Temp. von 0,25 eV u. einer Paarerzeugungsschwelle von 1,5 eV ergibt sich gute Übereinstimmung mit dem Experiment. Die Trägerdichte in den Strahlungsbereichen wird zu 10^{19} cm^{-3} abgeschätzt. D. Jörchel. 135◇

0240 **Photonenemission aus dem Lawinendurchbruch in Germanium-p-n-Übergängen.** A. G. Chynoweth und H. K. Gummel. (Physics Chem. Solids **16**, 191—97, 1960; Murray Hill, N.J., Bell Telephone Labor.; engl.) — Experimentelle Unterss. des sichtbaren u. nahen IR-Spektrums, das beim Durchbruch enger Ge-p–n-Übergänge emittiert wird, zeigten, daß die höchsten mit einem Photomultiplier beobachteten Photonenenergien ca. 2,0 eV betragen, was 3mal — wie im Falle von Si — dem verbotenen Bande entspricht. Die emittierte Intensität steigt stetig mit der Wellenlänge an, zeigt jedoch einen scharfen Anstieg, wenn die Photonenenergie unter ca. 1,2 eV absinkt. Es wird gefolgert, daß die Hochenergiephotonen durch die Rekombination von Elektronen u. Löchern genügend hoher kinet. Energie erzeugt werden, während die erhöhte Emission bei tieferen Energien u. das Spektrum von inneren Löcherübergängen im Valenzband herrühren dürften. D. Jörchel. 135◇

0241 **Strom–Spannungs-Charakteristiken von Germanium Tunneldioden.** Marshall I. Nathan. (J. appl. Physics **33**, 1460—69, 1962; Yorktown Heights, N.Y., IBM Corp., Thomas J. Watson Res. Center; engl.) — Strom–Spannungs-Charakteristiken wurden für Ge-Tunneldioden mit Phononstrombeiträgen bei 297° K gemessen. Aus den Meßwerten wird der Tunnelexponent abgeleitet. Er stimmt mit den Ergebnissen von Hochdruckexperimenten überein. Die Werte des präexponentiellen Faktors liegen jedoch für beide Meth. viel höher, als die theoret. berechneten Werte, Berechnungen des Tunnelstroms werden durchgeführt u. mit dem Experiment verglichen. Außerdem werden Ergebnisse von Strom–Spannungs-Messungen an Ge-Dioden mit geringen Phononbeiträgen mitgeteilt u. diskutiert. K. Jaeger. 135◇

0242 **Ladungsvervielfachung in p–n-Übergängen von GaP.** R. A. Logan und A. G. Chynoweth. (J. appl. Physics **33**, 1649—54, 1962; Murray Hill, N.J., Bell Telephone Labor., Inc.; engl.) — Untersucht wurde die Ladungsvervielfachung durch Ladungsträgereinführung in GaP p–n-Übergänge als Funktion der Vorspannung. Die Ionisations-Geschw. der Ladungsträger in Abhängigkeit vom Feld wurde bestimmt. Qual. u. quant. sind die Verhältnisse denen in *Si* ähnlich. Die freie Weglänge der heißen Ladungsträger beträgt ca. 100 Å. Die vorherrschende Lebensdauer der Ladungsträger beträgt 10^{-10} s. K. Jaeger. 135◇

0243 **Injizierte Elektroluminescenz in Galliumarsenid–Phosphid-Legierungen.** J. W. Allen und M. E. Moncaster. (Physics Letters [Amsterdam] **4**, 27—28, 1963; Baldock, Herts., Serv. Electron. Res. Labor.; engl.) — Die Elektroluminescenz in $GaAs_xP_{1-x}$-Legg., die durch die Rekombination der in die p–n-Schicht injizierten Minoritätsträger hervorgerufen worden ist, wird in Abhängigkeit von x (für x > ½) untersucht. Es werden drei verschiedene Spektren beobachtet: 1. eine einzelne schmale Bande (Rekombination durch ein flaches Störstellenniveau hindurch), 2. eine breitere Bande (Rekombination durch ein wesentlich tieferes Niveau hindurch) u. 3. eine Kombination aus 1. u. 2., eine schmale Bande, der noch ein Schwanz zu längeren Wellenlängen hin folgt. Die Struktur dieser Zusatzbande wird auf das Vorhandensein verschiedener Störstellentypen zurückgeführt. Das Licht, das zur Aufnahme der Spektren verwendet wird, wird aus der Kristallfläche emittiert, auf der die Kontakte angebracht worden sind. Durchläuft das emittierte Licht verschiedene Materialdicken, so kann das Emissionsmaximum um einige 100 Å verschoben werden. H. Schibilla. 135◇

0244 **Nichtlineare akustische Anregung in Galliumarsenid.** R. J. Mahler, H. P. Mahon, S. C. Müller und W. H. Tanttila. (Physic. Rev. Letters **10**, 395—97, 1963; Boulder, Colo., Univ. of Colorado, Phys. Dep.; engl.) — Durch simultane Anwendung von Phononen verschiedener Frequenzen (10, 25 MHz) können Kernspin-Übergänge erzeugt werden, wenn die Frequenzdifferenz gleich der doppelten Larmor-Frequenz ist (7,5 MHz bei ^{75}As). Beschreibung der Meß-App., Diskussion der Ergebnisse. R. Nink. 135◇

0245 **Bestimmung der effektiven Ionenladung von Galliumarsenid aus direkten Messungen der Dielektrizitätskonstante.** K. G. Hambleton, C. Hilsum und B. R. Holeman. (Proc. physic. Soc. **77**, 1147—48, 1961; Baldock, Herts., Serv. Electron. Res. Labor.; engl.) — An GaAs mit einem spezif. Widerstand von 10^9 $\Omega\cdot$cm bei Raum-Temp. werden die stat. u. die opt. DK gemessen: $\varepsilon_0 = 12,5_3$; $\varepsilon_\infty = 10,90$. Hieraus ergibt sich eine effektive Ionenladung von $e_s{}^* = 0,46e$. A. Blaschette. 135◇

0246 **Ladungsträgerkompensation in Germaniumtellurid.** M. S. Lubell und R. Mazelsky. (J. electrochem. Soc. **110**, 520—24, 1963; Pittsburgh, Pa., Westinghouse Electr. Corp., Res. Labor.; engl.) — Änderungen des Seebeck-Koeff. u. der Hall-Konst. werden im Syst. $(1-x)M_{0,024} + (1-x)\cdot Ge_{0,976}Te + x\,Bi_2Te_3$ (M = *Ge, Sn, In, GaTi, Ag*) untersucht. Die Löslichkeit dieser Metalle nimmt mit der Anzahl der kation. „neutralen Fehlstellen" [$V_0 = x/(1+2x)$], die mit Hilfe von Bi-Tellurid eingeführt werden, zu. Zwischen dem Logarithmus der Ladungsträger-Konz. C_T u. V_0 besteht eine lineare Beziehung. Die anfängliche Löslichkeit wird lediglich durch die Ionenladung u. durch den Radius r des gelösten Metalls bestimmt, der anfängliche Wert von C_T ist umgekehrt proportional dem Verhältnis Ladung/r. Eine von Ladung, r, V_0 u. bekannten Konst. abhängige Gleichung genügt ausreichend allen erhaltenen Löslichkeitswerten. Bei Dotierung mit Ag ergeben sich gewisse Widersprüche, die anfängliche Zunahme von C_T wird auf Ag(I), das Ge ersetzt, zurückgeführt. Die anschließende Abnahme bei hohem V_0 wird der erneuten Auflösung von Ge im Gitter zugeschrieben.
P. Frenzel. 135◇

0247 **Messungen einiger elektrischer und thermoelektrischer Eigenschaften von Antimontelluridfilmen.** N. S. Rajagopalan und S. K. Ghosh. (Physica [Utrecht] **29**, 234—42, 1963; Karaikudi-Madras, India, A.C. Coll. of Engng. and Technol., Dep. of Phys.; Kharagpur, Indian Inst. of Technol., Dep. of Phys.; engl.) — An SbTe-Filmen werden bei Raum-Temp. die Hall-Beweglichkeit u. die Leitfähigkeit sowie in Abhängigkeit von der Temp. der Widerstand u. die Thermokraft bestimmt. Die Ergebnisse zeigen die Ggw. interkristallit. Schwellen, deren Höhe durch Wärmebehandlung bis auf ein Zehntel des Ausgangswertes herabgesetzt werden kann. Mit der Stärke der aufgedampften Filme steigt die Hall-Beweglichkeit, in geringerem Maße auch nach der Wärmebehandlung. Während die Leitfähigkeit nach Wärmebehandlung stark zunimmt, fällt die Thermokraft auf ein Drittel ihres Ursprungswertes. H. Roschkowski. 135◇

0248 **Oscillatorische magnetische Widerstandsänderung an Wismuttellurid bei tiefen Temperaturen.** K. Auch und G. Landwehr. (Z. Naturforsch. **18a**, 424—27, 1963; Braunschweig, PTB; TH, Inst. für Techn. Phys.; dt.) — An einkristallinen, mit Te dotierten Bi_2Te_3-Proben mit elektr. Leitfähigkeiten λ von 7050 bzw. 7180 $(\Omega \cdot cm)^{-1}$ bei 77° K werden bei 2,08—77° K die durch gepulste Magnetfelder H von maximal 110 kOe verursachten Änderungen von λ untersucht. Der Anstieg des spezif. elektr. Widerstandes ist zunächst quadrat., dann linear mit H u. wird allmählich feldunabhängig. Bei hohen H-Werten sind Oscillationen schwach angedeutet. Obwohl die Oscillationen stark gedämpft sind, kann die Lage der Extrema relativ gut ermittelt werden. Wird der von Drabble (C. **1959**, 14007) angegebene Massentensor benutzt, so liefert der Quotient aus Fermi-Energie u. Zyklotronfrequenz für aufeinander folgende Minima eine Zahlenfolge (n + 1/2), aus der das Energiebändermodell von p-leitendem Bi_2Te_3 mit 6 Ellipsoiden folgt. Herbert Müller. 135◇

0249 **Heliconwellen bei PbTe.** Yasuo Kanai. (Jap. J. appl. Physics **2**, 137—42, 1963; Yokohama, Sony Corp., Res. Labor.; engl.) — Heliconwellen (niederfrequente Plasmaschwingungen in Halbleitern) wurden bei verschiedenen Werten des stat. Magnetfelds u. 4,2° K in p- u. n-PbTe beobachtet. Ihre Frequenz ist der Stärke des Magnetfelds proportional. H. Roschkowski. 135◇

0250 **Optische und elektrische Eigenschaften von halbleitenden Cadmiumoxidfilmen.** T. K. Lakshmanan. (J. electrochem. Soc. **110**, 548—51, 1963; Newark, N.J., Western Instrum., Div. of Daystrom, Inc.; engl.) — Mit In oder Cu dotierte u. nichtdotierte CdO-Filme auf Glas werden durch „reakt." Zerstäubung hergestellt, wobei Sauerstoff (über den O_2-Partialdruck p des O_2/Ar-Gemisches) u. die Beimischungen (über die entsprechende Cd-Lsg.) gleichzeitig eingeführt werden. Die Konz. der Sauerstoff-Fehlstellen ändert sich mit der Änderung von p in der Zerstäubungskammer. Elektr. Eigg., spektrale Durchlässigkeit u. Hall-Effekt werden gemessen. Spezif. elektr. Leitfähigkeit u. Hall-Konst. variieren monoton mit p. Dotierung mit Cu bewirkt eine Erhöhung der Hall-Konst., Dotierung mit In eine Abnahme. Der Einfl. der Zus. (stöchiometr. Zus. bzw. Abweichung davon) u. von Beimischungen auf die Ladungsträger-Konz. wird erörtert. Durchlässigkeitskurven werden mitgeteilt. Die Absorptionskante undotierter Filme entspricht grob der verbotenen Zone von CdO. Dotierte u. undotierte Filme bilden mit Se Überzüge, die starke Photospannungseffekte zeigen. P. Frenzel. 135◇

0251 **Kinetische Gleichung für die Excitonen in Kupfer(I)-oxid.** O. I. Lwow und P. P. Pawinski. (Nachr. Leningrader Univ. **17**, Nr. 22, Ser. Physik Chem., Nr. 4, 23—28, 1962; UdSSR; russ., Auszug: engl.) — Abgeleitet wird die kinet. Gleichung für die Dichte der Excitonen, die durch Licht-Einw. in Cu_2O entstehen. Die auftretende Nichtlinearität der Abhängigkeit des Photostromes von der Lichtintensität kann durch Wechselwrkg. der Excitonen untereinander erklärt werden. K. Jaeger. 135◇

0252 **Über die Wirkung eines elektrischen Stromes beim Durchfließen einer Eisen(II)-oxid-Schicht.** Philippe Desmarescaux. (C. R. hebd. Séances Acad. Sci. **256**, 5133—36, 1963; Paris, École des Mines, Centre de Rech. métallurg.; franz.) — Elektr. Strom wird bei 850—1000° unter einer Ar-Atmosphäre durch FeO-Schichten von 1 mm Dicke geleitet. Die Stromdichte beträgt zwischen 15 u. 50 A·cm², die Dauer der Verss. 3—12 Stunden. Kathod. Auflösung von Fe scheint von anod. Oxydation begleitet zu sein. M. Engel. 135◇

0253 **Elektrischer Widerstand von Dysprosium-Einkristallen.** P. M. Hall, S. Legvold und F. H. Spedding. (Physic. Rev. [2] **117**, 971—73, 1960; Ames, Iowa, Iowa State Univ., Inst. for Atom. Res. and Dep. of Phys.; engl.) — Vgl. C. **1960**, 10135. — Widerstandsmessungen an zwei Dy-Einkristallen im Temp.-Bereich 1,3—400° K werden mitgeteilt. Die beiden magnet. Umwandlungen (90° K u. 175° K) kommen auch in der Widerstandskurve zum Ausdruck. Nur oberhalb 175° K, im paramagnet. Bereich, wird eine deutliche Anisotropie festgestellt: bei 400° K ist $\varrho_\perp/\varrho_\parallel = 1{,}5$. Die auf diesen Meßwerten basierende Abschätzung des Widerstandes polykristalliner Dy-Proben bei 300° K (93,9 $\mu\Omega\cdot$cm) stimmt gut mit den experimentellen Ergebnissen überein (91,2 $\mu\Omega\cdot$cm). K. Jaeger. 136◇

0254 **Über die Messung des Widerstandes von Metallstäben durch Wirbelstrom-Abfall.** R. Stern, M. Levy, R. Kagiwada und I. Rudnick. (Appl. Physics Letters **2**, 80—81, 1963; Los Angeles 24, Calif., Univ. of Calif., Phys. Dep. engl.) — Im Anschluß an Unterss. von Beau, De Blois u. Nesbitt (C. **1961**, 8403) über Messungen des elektr. Widerstandes durch die Wirbelstrom-Zeitkonst. von Metallen machen Vff. auf Schwierigkeiten bei der Nichtberücksichtigung der Wirbelstrom-Zeitkonst. der Primärspule aufmerksam. Diese Fehlerquelle wird durch die Einführung von Hilfsspulen beseitigt. Außerdem wird eine zweite Meth. beschrieben, die nur den exponentiellen Abfall der Wirbelströme im Metall mißt u. den Anfangsimpuls blockiert. H. Fahlenbrach. 136◇

0255 **Zustandsdichten, Supraleitfähigkeit und lokalisierte Momente bei Übergangsmetallen.** B. R. Coles. (Solid State Commun. **1**, 5—8, 1963; La Jolla, Calif., Univ. of California; engl.) — Beziehungen zwischen den Zustandsdichten, den Sprung-Temp. u. der Tendenz gelöster Fe-Atome, lokalisierte Momente zu tragen, werden für Übergangsmetalle der 2. u. 3. Gruppe theoret. besprochen. Der Einfl. von Änderungen des Charakters der Wellenfunktionen des 3d-Bandes auf diese Beziehungen wird untersucht. H. Roschkowski. 136◇

0256 **Möglichkeit der Messung der Parameter von Lamellen aus leitenden Magnetika nach der Methode von Wirbelströmen.** I. Je. Korobeinikowa und N. M. Rodigin. (Metallphysik u. Metallkunde [UdSSR] **13**, 666—76, 1962; Akad. der Wiss. der UdSSR, Inst. für Metallphys.; russ.) — Vff. betrachten die Gesetzmäßigkeit der Änderung der EMK von Spulen unter dem Einfl. eines longitudinalen magnet. Wechselfeldes im Bereich der linearen Abhängigkeit der magnet. Induktion von der Stärke des Magnetfelds u. geben optimale Meßbedingungen an. H. Roschkowski. 137◇

0257 **Die Wirkung mechanischer Drücke auf stabile Domänenwandorientierungen.** Tsutomu Harada. (J. Sci. Hiroshima Univ., Ser. A **24**, 55—59, 1960; Okayama Prefecture, Japan, Kamogata-cho, Asaguchi-gun, Okayama Women's Junior Coll.; engl.) — In erster Näherung wurden die theoret. Voraussagen von Graham u. Neurath über die Druckabhängigkeit der Orientierung der 180°-Domänenwände an [1 0 0]-Einkristallstreifen von Fe u. Fe mit 1,08% Si experimentell bestätigt. Zugkräfte bis zu 9,5 kg/mm² wurden angewandt. Plast. Verformung der Proben setzte den Verss. Grenzen. K. Jaeger. 137◇

0258 **Magnetische Phasenumwandlung erster Ordnung und Anisotropie bei einkristallinem MnAs.** R. W. de Blois und D. S. Rodbell. (J. appl. Physics **34**, 1101—03, 1963; Schenectady, N.Y., Gen. Electr. Res. Labor.; engl.) — Die experimentellen u. theoret. Wrkg. einer magnetokristallinen Anisotropie auf die magnet. Umwandlung 1. Ordnung bei MnAs werden beschrieben. Bei Feldern von 20 kOe wird ein orientierungsabhängiger Unterschied der Umwandlungs-Temp. von 3° beobachtet. Aus Anisotropie-Messungen nach Schenker u. weiteren Best. des Anisotropiefeldes folgt, daß die Anisotropie drei Konst. zu ihrer Beschreibung erfordert. Theoret. Unterss. mit Hilfe der Clausius-Clapeyron-Gleichung für den Magnetismus ergeben mit dem Experiment gut übereinstimmende Ergebnisse. H. Roschkowski. 137◇

0259 **Einfluß der Oberflächenrauheit auf die magnetischen Eigenschaften von Filmen.** R. J. Prosen, B. E. Gran, J. Kivel, C. W. Searle und A. H. Morrish. (J. appl. Physics **34**, 1147—48, 1963; Hopkins, Minn., Minneapolis Honeywell Res. Center; Minneapolis, Minn., Univ. of Minnesota; engl.) — Die magnet. Eigg. aufgedampfter Permalloyfilme zeigen je nach Vorbehandlung des Glassubstrats durch mehr oder weniger intensives mechan. oder chem. Aufrauhen unterschiedliches Verhalten. Die Oberfläche u. Oberflächenrauheit des Substrats u. des Films wurden durch Adsorption mit Hilfe von Hexadecyltrimethylammoniumbromid (^{14}C) bestimmt. Gemessen wurden die stat. Hysteresekurven, Torsionskurven u. die ferromagnet. Resonanzspektren in Abhängigkeit von der Oberflächenrauheit. Für Filme, die auf in einer Richtung gerauhten Substraten abgeschieden wurden, wurde eine biaxiale Anisotropie beobachtet. H. Roschkowski. 137◇

0260 **Messung der kovalenten Spinverteilung in Mangan(II)-fluorid unter Verwendung polarisierter Neutronen.** R. Nathans, H. A. Alperin, S. J. Pickart und P. J. Brown. (J. appl. Physics **34,** 1182—86, 1963; Upton, N.Y., Brookhaven Nat. Labor.; engl.) — Die Raumverteilung der kovalenten Spindichte von MnF_2 wurde aus einer Messung der „verbotenen" magnet. Streuung bei den Kernreflexen unter Verw. polarisierter Neutronen bestimmt. Ein teilweises Fourier-Diagramm des kovalenten Spins auf die Grundebene wird vorgelegt. Ein die kovalenten Spins durch isolierte sphär. Ladungen beschreibendes Modell läßt erkennen, daß die kovalente Spindichte für eine Einzelbindung beim Entfernen vom Mn^{2+}-Ion in Richtung auf das F^--Ion einer Vorzeichenänderung unterliegt. Der am dichtesten bei den ungepaarten 3d-Elektronen liegende Teil des Spins trägt das gleiche Vorzeichen wie das magnet. Ion.
H. Roschkowski. 137◇

0261 **Temperaturabhängigkeit lokalisierter Momente bei Metallen.** J. A. White und A. M. Clogston. (J. appl. Physics **34,** 1187—88, 1963; Murray Hill, N.J., Bell Telephone Labor., Inc.; engl.) — Die Anderson-Theorie lokalisierter magnet. Zustände in Metallen wird auf endliche Temp. unter Annahme einer der Fermi-Statistik entsprechenden Population der Metall-Verunreinigungs-Zustände erweitert. Ein Verf. zur Best. der Größe des lokalen Moments bei beliebiger Temp. wird angegeben. H. Roschkowski. 137◇

0262 **Atomare magnetische Momente in verdünnten Eisen-Palladium-Legierungen.** J. W. Cable, E. O. Wollan und W. C. Koehler. (J. appl. Physics **34,** 1189—90, 1963; Oak Ridge, Tenn., Oak Ridge Nat. Labor.; engl.) — Neutronenbeugungs u. Magnetisierungs-Unterss. an Fe-Pd Legg. ergeben für $Pd_{0,97}Fe_{0,03}$ 3,0 ± 0,2 Bohrsche Magnetonen (BM) für Fe; 0,15 ± 0,01 für Pd; bei der Leg. $Pd_{0,93}\cdot Fe_{0,07}$ 3,0 ± 0,2 für Fe u 0,27 ± 0,02 BM für Pd.
H. Roschkowski. 137◇

0263 **Atomare Momente und magnetische Kopplung bei kationenüberschüssigen Nickelarseniden.** John B. Goodenough. (J. appl. Physics **34,** 1193—94, 1963; Lexington, Mass., MIT, Lincoln Labor.; engl.) — Das Konzept eines krit. Kationenabstandes R_c, daß 3d-Elektronen gehäuft vorliegen, wenn $R < R_c$ u. lokalisiert, wenn $R > R_c$ u. die Annahme, daß durch R_c keine Diskontinuität in den interatomaren Elektronenbeziehungen verläuft, erlaubt die Erklärung des Vorzeichens der magnet. Kopplung u. der Größe der bei einigen kationenüberschüssigen Nickelarseniden beobachteten magnet. Momente. Auf die Anwendung der Theorie zur Lösung komplexerer Probleme wird hingewiesen.
H. Roschkowski. 137◇

0264 **Magnetoelektrische Effekte bei Cr_2O_3 und $(Cr_2O_3)_{0,8}\cdot(Al_2O_3)_{0,2}$.** Simon Foner und Mitsugu Hanabusa. (J. appl. Physics **34,** 1246—47, 1963; Cambridge, Mass., MIT, Nat. Magnet. Labor.; engl.) — Magnet. induzierte elektr. Effekte (ME) wurden mit Hilfe einer Wechselstrom-Meth. an beiden Verbb. als Funktionen von Temp. u. Magnetfeld H beobachtet. ME parallel zur c-Achse ändert bei tiefen Temp. für beide Stoffe sein Vorzeichen u. ist linear zu H für alle Temp. bis hinauf zum spin-flop-Feld H_c, oberhalb dessen er Null wird. Vollständige Reversibilität von ME wird beobachtet, wenn H_c überschritten u. danach die Feldstärke erniedrigt wird. Die Winkelabhängigkeit von ME wird kurz besprochen. H. Roschkowski. 137◇

0265 **Einkristallines Ferroxdur, $BaFe^{3+}_{12-2x}Ir^{4+}_xZn^{2+}_xO_{19}$ mit starker planarer Anisotropie.** Arthur Tauber, J. A. Kohn und R. O. Savage. (J. appl. Physics **34,** 1265—67, 1963; Fort Monmouth, N.J., U.S. Army Electron. Res. and Dev. Labor.; engl.) — In Ferroxdur ($BaFe_{12}O_{19}$) substituiertes Ir^{4+} koppelt ferrimagnetisch. Ersatz von Fe^{3+} durch (Ir^{4+}, Zn^{2+}) entsprechend obiger Formel red. die axiale Anisotropie. Die Anisotropie bei Raum-Temp. wird bei x = 0,3 bis 0,4 planar u. steigt bei x = 0,6 auf 22000 Oe an. Magnetisierung u. Curie-Temp. nehmen durch die Substitution mit ($Ir^{4+}Zn^{2+}$) ab, die Linienbreite der ferromagnet. Resonanz wird vergrößert. Die nicht axiale Anisotropie soll von Spin-Bahn-Kopplung von Ir^{4+} herrühren. Die zur Unters. verwendeten Einkristalle wurden aus einer Bi_2O_3-Schmelze in Pt-Tiegeln gezogen. Die Proben sind hexoganal tafelförmig. Röntgenaufnahmen zeigen Zunahme von a u. konst. Werte von c mit Erhöhung der Substitution durch ($Ir^{4+}Zn^{2+}$).
H. Roschkowski. 137◇

0266 **Bestrahlung magnetischer Stoffe mit 1,5- und 4-MeV-Protonen.** R. S. Sery und D. I. Gordon. (J. appl. Physics **34,** 1311—12, 1963; Silver Spring, Md., U.S. Nav. Ordnance Labor.; engl.) — Ring- u. plättchenförmige Proben aus *Permalloy* mit 5% Mo (I) bzw. aus 99,98% ig. *Fe* wurden mit 1,5 u. 4 MeV Protonen bei integrierten Gesamteingangsflüssen von 10^{16} u. 10^{17} Protonen/cm^2 bestrahlt. Die Remanenz (B) u. maximale Permeabilität (μ_m) von I nahmen um ca. 35% ab, diese Änderungen entsprechen denen bei Bestrahlung mit ca. 10^{17} Neutronen/cm^2 erzielten. Koerzitivkraft u. Anfangspermeabilität scheinen jedoch durch Protonen- weniger als durch Neutronenbestrahlung geändert zu werden. B u. μ_m ändern sich für Fe um ca. 10—20% bei ca. 10^{16}—10^{17} Protonen/cm^2. H. Roschkowski. 137◇

0267 **Magnetische Strukturuntersuchungen am Kernforschungszentrum.** R. Ballestracci, E. F. Bertaut, J. Coing-Boyat, A. Delapalme, W. James, R. Lemaire, R. Pauthenet und G. Roult. (J. appl. Physics **34,** 1333—34, 1963; Grenoble, France, Labor. d'Electrostat. et de Phys. du Métal; Centre d'Etude Nucl.; engl.) — Die magnet. Strukturen von *UOS* (I), *β-CoSO₄* (II), *YCo₅* (III) u. *HoCo₅* (IV) wurden kurz beschrieben. I ist antiferromagnet., Néel-Temp. 55° K. Die magnet. Struktur wird durch Doppelschichten von U-Spins in der Folge + + — — gebildet. U besitzt ein magnet. Moment von 1,9 ± 0,11 Bohrschen Magnetonen (μ_B). II (Hochtemp.-Modifikation, P b n m) besitzt drei verschiedene antiferromagnet., gegenseitig gekoppelte Spinmoden. Co besitzt ein Moment von ca. 3,84 μ_B bei 4,2° K. III ist bei Raum-Temp. ferromagnet. mit einem Wert für das Moment von Co, der dem in metall. Co entspricht u. einer Momentrichtung entlang c, die bis herab zu 4,2° K konst. bleibt. IV besitzt ein dem der Co-Atome entgegengerichtetes Ho-Moment. Bei Abkühlung auf die Temp. von fl. He wird die Richtung leichter Magnetisierung von ca. ‖c zu einer Richtung in der Hauptebene a verschoben, u. das Moment von Ho steigt von 4 auf ca. 9 μ_B an.
H. Roschkowski. 137◇

0268 **Einige Eigenschaften der magnetischen Struktur von Terbium und von Terbium-Yttrium-Legierungen.** W. C. Koehler, H. R. Child, E. O. Wollan und J. W. Cable. (J. appl. Physics **34,** 1335—36, 1963; Oak Ridge, Tenn., Oak Ridge Nat. Labor.; engl.) — An Tb-Ein- u. Polykristallen wurden Neutronenbeugungs-Unterss. durchgeführt. Im schmalen antiferromagnet. Bereich (220—230° K) liegt eine magnet. Schraubenstruktur vor. Der Drehwinkel zwischen den Schichten verkleinert sich von 20,5° am Néel-Punkt auf 18,5° bei dem niedrigeren Übergang. Bei dieser Temp. geht die Struktur in Abwesenheit äußerer Magnetfelder in eine klass. ferromagnet. über, in der die Momente in oder annähernd in den Ebenen senkrecht zur hexagonalen Achse liegen. Bei sehr tiefen Temp. ist das magnet. Moment pro Atom ca. 0,9 μ_B. Einführung von Y in Tb vermindert die Néel-Temp. u. verbreitert den Existenzbereich der Schraubenstrukturphase. Bei ⩾ 30% Y wird die spontane Umwandlung zum ferromagnet. Zustand ohne angelegtes Feld bis herab zu 4,2° K nicht mehr beobachtet. H. Roschkowski. 137◇

0269 **Einige magnetische Eigenschaften von Gd-Einkristallen.** C. D. Graham jun. (J. appl. Physics **34,** 1341—42, 1963; Schenectady, N.Y., Gen. Electr. Res. Labor.; engl.) — Die magnetokristallinen Anisotropie-Konst. für Gd von 10 bis 350° K wurden gemessen. Das Verh. nahe dem Curie-Punkt ist ungewöhnlich: eine ziemlich starke feldabhängige Anisotropie besteht bis zu Temp. zumindenstens 30° oberhalb der Curie-Temp., zwischen 250 u. 285° nimmt diese Anisotropie mit steigenden Feldern (über 4 kOe) ab. In der Nähe der Curie-Temp. sind die Magnetisierungen in verschiedenen kristallograph. Richtungen kaum unterschiedlich. Niederfeld-Magnetisierungsmessungen bei 77—300° stimmen qual. mit den aus den Anisotropie-Konst. ermittelten Werten überein. H. Roschkowski. 137◇

0270 **Mikrowellenabsorption in Gadolinium-Yttrium-Legierungen.** J. Popplewell und R. S. Tebble. (J. appl. Physics **34,** 1343—44, 1963; Sheffield, Univ.; engl.) — Die paramagnet., antiferromagnet. u. ferromagnet. Zustände von Gd-Y-Legg. (3,7—100% Gd) wurden mit Mikrowellenresonanz-Meth. untersucht. Die paramagnet. g-Werte sind von der Gd-Konz. abhängig. Die Ergebnisse, bes. die g-Verschiebungen werden mit Hilfe der Yosidaschen Erweiterung der Zener-Theorie der Kopplung von d- (oder f-) Spins durch Austauschwechselwrkg. mit polarisierten Leitungselektronen besprochen. H. Roschkowski. 137◇

0271 **Magnetische Eigenschaften einiger Europium(II)-Verbindungen.** T. R. McGuire, B. E. Argyle, M. W. Shafer und J. S. Smart. (J. appl. Physics **34**, 1345–46, 1963; Yorktown Heights, N.Y., IBM Thomas J. Watson Res. Center; engl.) — *EuS* (I) *EuSe* (II) u. *EuTe* (III) wurden durch Rk. von $EuSO_4$ bzw. $EuCl_2$ mit einem großen Überschuß von S, Se bzw. Te dargestellt u. zur Entfernung der überschüssigen Chalkogenide bei Temp. > 1000° geglüht. $EuTiO_3$ u. $EuZrO_3$ wurden durch Feststoff-Rk. zwischen EuO u. amorphem TiO_2 bzw. ZrO_3 erhalten. Beide Verbb. haben kub. Perowskitstruktur mit a = 3,89 bzw. 4,10 Å. EuF_2 wird als weißer Nd. aus $EuCl_2$ u. NH_4F-Lsg. erhalten, es krist. mit Fluoritstruktur, a = 5,80 Å. Untersucht wurde weiterhin $EuCO_3$. **I**, **II** u. **III** haben NaCl-Struktur wie *E*uO, die beiden ersteren werden bei tiefen Temp. ferromagnet., **III** ist bei 4,2° K paramagnet. oder möglicherweise antiferromagnetisch. Die Curie-Temp. für **I** u. **II** betragen ca. 18 bzw. ca. 7° K. Die Sättigungsmomente von **I** u. **II**, extrapoliert auf 0° K entsprechen 6,8 bzw. 6,7 μ_B pro Eu^{2+}-Ion. Keine der weiteren Verbb. war bei Temp. des fl. He ferrimagnet., ihre Θ-Werte liegen nahe 0° K. Die Austauschwechselwrkg. der Verbb. mit NaCl-Struktur werden durch eine Mol.-Feldbetrachtung zu erklären versucht. H. Roschkowski. 137◇

0272 **Magnetische Eigenschaften von Manganverbindungen mit Seltenerdmetallen, die die Struktur der kubischen Laves-Phase besitzen.** E. A. Nesbitt, H. J. Williams, J. H. Wernick und R. C. Sherwood. (J. appl. Physics **34**, 1347–48, 1963; Murray Hill, N.J., Bell Telephone Labor., Inc.; engl.) — Antiferromagnet. Kopplung wird bei $TbMn_2$, $GdMn_2$, $DyMn_2$ u. $HoMn_2$ beobachtet. Bei tiefen Temp. u. geeigneten Feldstärken werden scharfe Maxima der Magnetisierungs-Temp.-Kurven erhalten. Im allg. verschieben sich diese Maxima mit steigender Feldstärke zu tieferen Temperaturen. Bei $TbMn_2$ verbleiben die Maxima bis zu Feldern von 14400 Oe. Die Eigg. von $TbMn_2$ werden durch Kühlung in einem Magnetfeld stark beeinflußt. Unter diesen Bedingungen tritt eine asymm. Hystereseschleife auf. H. Roschkowski. 137◇

0273 **Magnetische Charakteristiken von Praseodym-, Neodym- und Samariumhydriden.** Yoshio Kubota und W. E. Wallace. (J. appl. Physics **34**, 1348–50, 1963; Pittsburgh, Pa., Univ. of Pittsburgh, Dep. of Chem.; engl.) — Magnetisierungswerte in Abhängigkeit von der Temp. werden für die Verbb. $PrH_{2,02}$ bis $PrH_{2,71}$; $NdH_{2,02}$ bis $NdH_{2,75}$, $SmH_{1,99}$ bis $SmH_{2,85}$ u. für die reinen Metalle mitgeteilt. Magnet. Ordnung zeigten $NdH_{2,02}$ u. $NdH_{2,03}$ mit einem Curie-Punkt von 9,5° K. Das Sättigungsmoment betrug 1,51 μ_B bei 0° K. Das Susceptibilitäts-Verh. der Sm-Hydride ist im allg. ähnlich. Sm kann als freies dreiwertiges Ion betrachtet werden. Die Susceptibilität der Nd-Hydride folgt dem Curie-Weiß-Gesetz oberhalb ca. 100° K mit dem erwarteten Anstieg, weicht jedoch bei tieferen Temp. negativ davon ab. Die Abweichungen werden feromagnet. Ordnung oder Kristallfeldeffekten oder einer Kombination beider zugeschrieben. Das Susceptibilitäts-Verh. der Pr-Hydride ist sehr ungewöhnlich. Die höchsten Hydride zeigen oberhalb ca. 80° K Curie-Weiß-Verh., jedoch positive Abweichungen von $1/\chi$ gegen T bei tieferen Temperaturen. $PrH_{2,03}$ u. $PrH_{2,04}$ verhalten sich ident. u. befolgen das Curie-Weiss-Gesetz nicht. Ihre Susceptibilitäten sind bei Raum-Temp. anomal hoch u. übersteigen die Werte für das Element u. das gesätt. Hydrid um einen Faktor von ca. 5. H. Roschkowski. 137◇

0274 **Magnetostriktion und anomale Wärmeausdehnung von Gadoliniumeinkristallen.** R. M. Bozorth und T. Wakiyama. (J. appl. Physics **34**, 1351–52, 1963; Tokyo, Univ. of Tokyo, Inst. for Solid State Phys.; engl.) — Vgl. C. **1963**, 17581. — Die vier Magnetostriktions-Konst. eines hexagonalen Gd-Kristalls wurden unter Verw. von Feldern bis 30 kOe von 4° K bis oberhalb der Curie-Temp. bestimmt. Das Maximum der erzwungenen Magnetostriktion ist groß u. positiv, wenn die Spannung parallel zur c-Achse bzw. klein u. negativ, wenn senkrecht dazu gemessen wird. Dieses Verh. steht in Beziehung zu einer Anomalie des Wärmeausdehungs-Koeff., dieser zeigt ein starkes Maximum bei Messung ||a u. ein Minimum bei Messung ||c. H. Roschkowski. 137◇

0275 **Magnetische und Kristallstruktur von Titansesquioxid.** S. C. Abrahams. (Physic. Rev. [2] **130**, 2230–37, 1963; Murray Hill, N.J., Bell Telephone Labor.; engl.) — Nach bisher unveröffentlichten Daten von Newnham krist. Ti_2O_3 rhomboedr. mit a = 5,433 ± 0,001; α = 56° 34′ ± 1′ (198–1,43° K); D. (röntgenograph.) 4,57; D. (berechnet) 4,61 gcm^{-3}, Z = 2, D_{3d}^6–R $\bar{3}$ c. Nach Neutronenbeugungs-Unterss. bleiben die Gitterdimensionen der magnet. Einheitszelle gegenüber denen der kristallograph. unverändert, jedoch gilt C 2/c bzw. C 2′/c′. Die entsprechenden monoklinen Gitter-Konst. sind a = 9,569; b = 5,149; c = 13,642 Å; α = 161° 54′. Die bereits von Newnham ermittelten Atomparameter bei 298° u. zusätzlich die Atomparameter bei 4,2° werden zusammen mit den magnet. Strukturen bestimmt. Unterhalb einer Néel-Temp. von ca. 660° K verhält sich Ti_2O_3 antiferromagnetisch. Die magnet. Momente der korundähnlichen Struktur haben die gleiche Anordnung wie in α-Haematit zwischen 253 u. 948° K. Gestaffelte Schichten aus Ti^{3+}, die parallel (1 1 1) liegen, sind ferromagnet. mit Momenten, die sich in der normal zur trigonalen Achse liegenden Ebene befinden. Angrenzende Kationenschichten, die durch eine O-Schicht getrennt sind, haben antiparallele Momente. Die Größe des Moments beträgt ca. 0,2 Bohrsche Magnetonen für Ti^{3+}. H. Roschkowski. 137◇

0276 **Magnetische Strukturen von TbD_2 und HoD_2.** D. E. Cox, G. Shirane, W. J. Takei und W. E. Wallace. (J. appl. Physics **34**, 1352–54, 1963; Pittsburgh, Pa., Westinghouse Res. Labor., Univ. of Pittsburgh; engl.) — TbD_2 u. HoD_2 haben CaF_2-Struktur u. werden unterhalb 40 bzw. 8° K antiferromagnetisch. Eine Neutronenbeugungs-Unters. an TbD_2-Pulver bei 4° K zeigt eine sinusförmige Modulation der magnet. Grundordnung 1. Art, bei der ferromagnet. (0 0 1)-Schichten antiparallel an zwei angrenzenden Schichten gekoppelt sind. Das magnet. Moment u. der Wellenvektor verlaufen entlang [0 0 1] mit einer Periodizität von ca. 24 Å. Das Moment von Tb beträgt 7,9 μ_B. Das für HoD_2 beobachtete Neutronenbeugungsbild läßt sich weder mit einer Vervielfachung der Zelldimensionen noch mit einer einfachen Modulation weniger grundlegender antiferromagnet. Strukturen eindeutig erklären. H. Roschkowski. 137◇

0277 **Strukturelle und magnetische Charakteristiken von Dysprosium–Yttrium-Mischkristallen.** S. Weinstein, R. S. Craig und W. E. Wallace. (J. appl. Physics **34**, 1354–55, 1963; Pittsburgh, Pa., Univ. of Pittsburgh, Dep. of Chem.; engl.) — Dy u. Y sind in allen Verhältnissen im festen Zustand mischbar, das Vegardsche Gesetz wird annähernd befolgt. Thermomagnet. Analysen wurden zwischen 4° K u. Raum-Temp. durchgeführt, die Feldabhängigkeiten wurden bei Temp. des fl. He, fl. N_2 u. Raum-Temp. an Legg. mit 10 bis 95 Atom-% Dy gemessen. Legg. mit Dy-Geh. < 90 Atom-% sind bei Raum-Temp. paramagnet. u. antiferromagnet. bei tieferen Temp., Ferromagnetismus kann bis zu Temp. des fl. He herab nicht eindeutig nachgewiesen werden. Der Néel-Punkt nimmt mit fallendem Dy-Geh. ab. Legg. mit 90 u. 95 Atom-% sind bei tiefen Temp. ferromagnetisch. Beim feldfreien Abkühlen der Proben u. Messung der Magnetisierung der in einem Feld wiederaufgeheizten Proben wurde ein anfänglich niedriges Moment beobachtet, wenn die Proben antiferromagnet. (oder mindestens nicht ferromagnet.) waren. Mit steigender Temp. steigt das Moment zu einem breiten Maximum bei ca. 30° K. Danach traten Curie- u. Néel-Punkte auf. Bei Abkühlen der Proben im Feld wird das erniedrigte Moment bei tiefen Temp. nicht beobachtet. H. Roschkowski. 137◇

0278 **Magnetische Charakteristiken von Laves-Phasen, die Seltenerdmetalle in Verbindung mit Nickel enthalten.** E. A. Skrabek und W. E. Wallace. (J. appl. Physics **34**, 1356–57, 1963; engl.) — Vgl. vorst. Referat. — Verbb. der Zus. ANi_2 mit A = Y, Ce, Pr, Nd, Sm, Gd, Tb, Dy, Ho, Er, Tm u. Lu sind isotyp mit $MgCu_2$-Struktur. Während die Y-, Ce- u. Lu-Verbb. bis zu Temp. des fl. He paramagnet. bleiben, zeigen die anderen Verbb. ferro- oder ferrimagnet. Ordnung mit Curie-Temp. von 8° K ($PrNi_2$) bis 90° K ($GdNi_2$). YNi_2 u. $LuNi_2$ zeigen von 4–300° K Paulischen Paramagnetismus, der vermuten läßt, daß Ni eine gefüllte 3d-Schale besitzt u. kein Moment trägt. $CeNi_2$ zeigt ähnliches Verh. so daß Ce^{4+} vorzuliegen scheint. Die magnet. Sättigungsmomente bei 0° K zeigen mit dem bei unmagnet. Ni u. dem das Moment eines freien 3-wertigen Ions tragenden Seltenerdmetall erwarteten Wert nur bei $GdNi_2$ gute Übereinstimmung. Für alle anderen geordneten Verbb. außer $SmNi_2$ ist das beobachtete Moment kleiner. Das Moment von $SmNi_2$ beträgt 6,3 μ_B u. ist damit unerwartet hoch. H. Roschkowski. 137◇

0279 **Magnetische Eigenschaften von Plutoniumhydrid und -deuterid.** C. E. Olsen, T. A. Sandenaw und B. T. Matthias. (J. appl. Physics **34**, 1358—59, 1963; Los Alamos, N.Mex., Univ. of California, Los Alamos Sci. Labor.; engl.) — $PuH_{2,74}$ u. $PuD_{2,74}$ verhalten sich wie die entsprechenden U-Verbb. ferro- oder ferrimagnet. mit übereinstimmenden Curie-Temp. von 107° K. Die magnet. Mol.-Momente sind >0,24 bzw. >0,13 Bohrsche Magnetonen (76° K). Das kub. $PbO_{1,62}$ ist ferro- oder ferrimagnet. mit einem Moment >0,16 μ_B pro Mol Pu (4° K) u. besitzt eine Curie-Temp. von 96,7° K. H. Roschkowski. 137◇

0280 **Magnetocalorische Effekte bei Gadoliniumtrichlorid.** G. Garton, M. J. M. Leask, W. P. Wolf und A. F. G. Wyatt. (J. appl. Physics **34**, 1083—84, 1963; Oxford, Clarendon Labor.; engl.) — Die Ergebnisse von Best. der die isentrop. Magnetisierung von $GdCl_3$ bei Temp. von 1,2—4° K in Feldern zwischen 0,5 u. 8,4 kOe begleitenden Temp.-Änderungen werden zusammengestellt. Bei der Curie-Temp. von 2,20° K werden Temp.-Änderungen von ca. 0,5°/kOe festgestellt. Unter Verw. früherer Messungen der spezif. Wärme im feldfreien Zustand wird ein Entropiediagramm aufgestellt u. aus diesem die Veränderung der spezif. Wärme mit der Temp. in verschiedenen Feldern berechnet. Das allg. Verh. kann mit einer einfachen Mol.-Feldtheorie gut beschrieben werden. H. Roschkowski. 137◇

0281 **Abkühlen eines Antiferromagneten durch adiabatische Magnetisierung.** J. H. Schelleng und S. A. Friedberg. (J. appl. Physics **34**, 1087—89, 1963; Pittsburgh, Pa., Carnegie Inst. of Technol.; engl.) — Die spezif. Wärme von pulverförmigem $MnBr_2 \cdot 4\,H_2O$ wurde zwischen 1,4 u. 20° K in Magnetfeldern bis zu 24 kOe gemessen. Mit steigender Feldstärke wird eine Verschiebung des Néel-Punktes zu tieferen Temp. festgestellt. Eine Reihe von Messungen der adiabat. Magnetisierungen von Anfangs-Temp. unterhalb u. oberhalb des Néel-Punktes im feldlosen Zustand (2,13° K) wurde durchgeführt. Bei Temp. <2,13° K wird der Kühleffekt bei Feldern beobachtet, deren Stärke unterhalb der für die Umwandlung der Verb. in den paramagnet. Zustand erforderlichen liegt. Die adiabat. Daten werden zur Lokalisierung der aus der spezif. Wärme ermittelten Entropie–Temp.-Kurven relativ zur Kurve für $H = 0$ verwendet. H. Roschkowski. 137◇

0282 **Leerstellen und Zwischengitterplätze in Antiferromagneten.** Bernhard Dreyfus. (J. appl. Physics **34**, 1089—93, 1963; Grenoble, Inst. Fourier, Labor. des Basses Temp.; engl.) — Die stat. Eigg. der beiden Punktdefektarten werden theoret. behandelt (Susceptibilität isolierter u. gepaarter Leerstellen, Moment eines magnet. Zwischengitteratoms in einem Antiferromagneten u. Kopplung derartiger Zwischengitteratome). H. Roschkowski. 137◇

0283 **Bestimmung der Entropieänderungen bei ferromagnetisch-antiferromagnetischen Umwandlungen aus magnetischen Messungen.** R. B. Flippen und F. J. Darnell. (J. appl. Physics **34**, 1094—95, 1963; Wilmington, Del., E. I. du Pont de Nemours & Co., Central Res. Dep.; engl.) — Die Thermodynamik magnet. Prozesse bei den Verbb. $Mn_{1,84}Cr_{0,16}Sb$, $FeRh$, $Mn_{1,90}Cr_{0,10}Sb$, $Mn_{1,95}Cr_{0,05}Sb$, Mn_3Ge_2, $CrS_{1,17}$ u. $Mn_{1,97}Cr_{0,03}Sb$, die eine Umwandlung vom ferro- oder ferrimagnet. zum antiferromagnet. Zustand durchgehen, wurde unter Verw. der Werte der Abhängigkeit des krit. Feldes von der Temp. untersucht. Die Entropieänderung beim feldfreien Übergang wird aus der Clapeyron-Magnetgleichung berechnet. Die Ergebnisse werden mit Hilfe der Kittel-Theorie besprochen. Die Austausch-Konst. variiert mit dem Gitterparameter c nur über einen kleinen Bereich u. ist grob proportional der reziproken Subgittermagnetisierung. H. Roschkowski. 137◇

0284 **Susceptibilität ferro- und antiferromagnetischer Ketten.** W. M. Fain. (Metallphysik u. Metallkunde [UdSSR] **13**, 646—52, 1962; Gorki, Radiophysikal. Forsch.-Inst.; russ.) — Vf. betrachtet die magnet. Eigg. linearer Ketten mit gleich- u. ungleichnamigen Austausch-Wechselwrkg. zwischen benachbarten Spins. H. Roschkowski. 137◇

0285 **Magnetische Eigenschaften und Umwandlung der Kristallstruktur der geordneten Legierung (MnRh).** J. S. Kouvel, C. C. Hartelius und L. M. Osika. (J. appl. Physics **34**, 1095—96, 1963; Schenectady, N.Y., Gen. Electr. Res. Labor.; engl.) — Die Magnetisierung u. der elektr. Widerstand der Ordnungs-Leg. MnRh wurden bei cycl. Temp.-Bedingungen zwischen 4,2 u. 700° K untersucht. Bei allen Temp. ist die Magnetisierung dem Feld proportional, die Susceptibilität steigt zwischen 700 u. ca. 170° K entsprechend einem Curie-Weiss-Gesetz an. Der Widerstand nimmt im gleichen Bereich langsam ab u. zeigt einen Spinunordnungsterm von ca. 85 $\mu\Omega \cdot$cm, wenn auf 0° K extrapoliert wird. Dieses Verh. wird der geordneten kub. (CsCl)-Phase der Leg. zugeschrieben. Unterhalb 170° K nehmen Susceptibilität u. Widerstand zunächst sehr stark ab. Mit der Rückkehr zu den Eigg. der Ordnungs-Leg. ist eine starke Hysterese verbunden. Aus Röntgen-Unterss. geht hervor, daß der Übergang mit der Umwandlung in eine geordnete tetragonale (CuAu)-Struktur verbunden ist. Die geringe, von der Temp. unabhängige Susceptibilität u. der geringe Restwiderstand lassen vermuten, daß die tetragonale Form von MnRh stark antiferromagnet. ist. H. Roschkowski. 137◇

0286 **Adiabatische Magnetisierung von Antiferromagneten.** R. J. Joenk. (J. appl. Physics **34**, 1097—98, 1963; Pittsburgh, Pa., Univ. of Pennsylvania, Dep. of Phys.; engl.) — Unter Verw. der Spinwellentheorie wurde die Abhängigkeit der thermodynam. Eigg. kub. oder einachsiger Antiferromagneten bei Temp. unterhalb des Néel-Punktes vom magnet. Feld bestimmt. Sie ergeben sich als exponentiell mit dem Feld ansteigende Funktionen, wobei jedoch die Feldstärke unter dem krit. Spin-flop-Feld liegen muß. Diese Feldabhängigkeit läßt vermuten, daß ein Antiferromagnet durch adiabat. Magnetisierung gekühlt werden kann, wenn Spinwelleneffekte vorherrschen. Die Abhängigkeit der Abkühlung durch adiabat. Magnetisierung von den physikal. Eigg. des Antiferromagneten wird besprochen u. theoret. Temp.-Änderungen für einige einachsige Antiferromagneten (MnF_2, $MnTiO_3$, $MnBr_2 \cdot 4\,H_2O$, W, Cr_2O_3, $[(Cr_2O_3)_{0,9}(Al_2O_3)_{0,1}]$ u. einige hypothet. Antiferromagneten werden tabellar. angegeben. H. Roschkowski. 137◇

0287 **Technische Magnetisierung rahmenförmiger Einkristalle aus Siliciumeisen.** Hitoyasu Kimura und Eiji Tatsumoto. (J. Sci. Hiroshima Univ., Ser. A **24**, 61—72, 1960; Kokura, Japan, Fukuoka Liberal Arts Coll.; Hiroshima, Japan, Hiroshima Univ., Fac. of Sci., Dep. of Phys.; engl.) — Vgl. C. **1962**, 11458. — Gemessen wurden die Gesamtmagnetisierung u. die Magnetostriktion an rahmenförmigen Einkristallproben aus Si–Fe (techn., 1,23% Si) folgender Orientierung: (0 0 1)–[1 0 0], (0 0 1)–[1 1 0] u. (0 1 1)–[1 1 1]. Die experimentellen Ergebnisse stehen nur teilweise mit der Domänentheorie in Einklang, was auf das techn. Ausgangsmaterial zurückgeführt wird. K. Jaeger. 137◇

0288 **Anisotropie von Gadoliniumeisengranat.** B. A. Calhoun und M. J. Freiser. (J. appl. Physics **34**, 1140—45, 1963; Yorktown Heights, N.Y., IBM Res. Center; engl.) — Vgl. C. **1963**, 10739. — Die „Einionentheorie" des Ursprungs der Anisotropie wurde durch Vgl. der experimentellen Werte des Beitrags des Gd zur magnet. Anisotropie von Gd–Fe-Granat bei 0° K mit berechneten Werten untersucht. Kristallfeld-, Dipol- u. gemischte Dipolkristallfeld-Wrkg. werden berücksichtigt. Die Einionentheorie wird durch die Ergebnisse quant. bestätigt. H. Roschkowski. 137◇

0289 **Theorie der Spin–Gitter-Relaxation durch Phononenstreuung in Kristallen, die Ionen im s-Zustand enthalten.** A. M. Leuschin. (Festkörperphysik [UdSSR] **5**, 851—61, 1963; Kasan, Univ.; russ.) — Durchgeführt wird eine Analyse der Spin–Gitter-Relaxation unter Einschluß der Phononabsorption u. -emission in Kristallen, die paramagnet. Ionen im s-Zustand enthalten. Es wird gezeigt, daß die Energieübertragung auf das Gitter sowohl auf Spin–Spin-, als auch auf Spin–Orbital-Wechselwrkg. in diesen Ionen beruht. Die Ergebnisse werden auf Mn^{2+} in SrS angewandt. K. Jaeger. 137◇

0290 **Der Einfluß der Spin–Spin-Wechselwirkung auf die Streuung langsamer Neutronen in Ferriten.** W. N. Kaschtschejew. (Festkörperphysik [UdSSR] **5**, 865—71, 1963; Riga, Akad. der Wiss. der LettSSR, Inst. für Phys.; russ.) — Berechnet werden die Verbreiterung u. Lageveränderung

des Maximums der Energieverteilung gestreuter Neutronen (die auf Spin–Spin-Wechselwrkg. beruhen) in Abhängigkeit von der Temp., der magnet. Feldstärke u. dem Wellenvektor es absorbierten oder emittierten Magnons.
K. Jaeger. 137◇

0291 **Einfluß der Spin–Phonon–Wechselwirkung auf die Einquantenstreuung langsamer Neutronen in Ferriten.** W. N. Kaschtschejew. (Festkörperphysik [UdSSR] **5**, 909 bis 920, 1963; Riga, Akad. der Wiss. der LettSSR, Phys. Inst.; russ.) — Berechnet werden die Verbreiterung u. die Verschiebung der Maxima der Energieverteilung gestreuter Neutronen, die auf Spin–Phonon-Wechselwrkg. beruhen, in isotropen Ferriten. Die Breite u. Lage der Maxima wird erhalten als Funktion der Temp., der magnet. Feldstärke u. des Wellenvektors des emittierten oder absorbierten Magnons oder Phonons. Diskutiert werden transversale u. longitudinale akust. Phononen mit beliebigen Dispersionsgesetzmäßigkeiten.
K. Jaeger. 137◇

0292 **Magnetothermokraft und Magnetostriktion von $FeNi_3$-Einkristallen.** Takeharu Minegishi. (Jap. J. appl. Physics **2**, 151—55, 1963; Yokohama, Yokohama Municipal Univ.; engl.) — Die Änderung der Thermokraft bei der Magnetisierung einer ferromagnet. Verb. u. die lineare Magnetostriktion bei gegebenen Temp. werden an Fe–Ni-Legg. (ca. 24% Fe) bestimmt. Die Thermokraft hängt von der Orientierung der Kristallachsen ab u. ist stets negativ. Die Magnetostriktions-Konst. bei Raum-Temp. betragen $\lambda[1\,0\,0] = 8{,}4 \cdot 10^{-6}$ u. $\lambda[1\,1\,1] = 1{,}3 \cdot 10^{-6}$.
H. Roschkowski. 137◇

0293 **Bericht der CITCE-Kommission „Elektrochemische Nomenklatur und Definitionen" und der IUPAC-Unterkommission „Elektrochemische Symbole und Terminologie".** Pierre van Rysselberghe. (J. electroanalyt. Chem. [Amsterdam] **2**, 265—90, 1961; Stanford, Calif., Univ., Dep. de Chim.; franz.)
A. Blaschette. 138◇

0294 **Thermodynamische Funktionen von Ionen in wässerigen Lösungen.** Pierre van Rysselberghe. (An. Real Soc. españ. Física Quím., Ser. B **56**, 515—20, 1960; engl.) — Vgl. vorst. Referat. — Krit. Diskussion der bestehenden Konventionen zur Definition der Enthalpien, Freien Enthalpien u. Entropien von Ionen in wss. Lsgg. u. ihrer Anwendungen in der Elektrochemie; log. Ableitung eines innerlich konsistenten Syst. von Definitionen unter besonderer Berücksichtigung des Wasserstoffelektrodenpotentials.
A. Blaschette. 138◇

0295 **Über die Ultraschallwirkung auf die elektrische Leitfähigkeit des deionisierten Wassers.** Ivo Hrazdira. (Naturwissenschaften **50**, 398, 1963; Brno, ČSSR, Med. Fak., Inst. für med. Phys.; dt.) — Ultraschall-Einw. erhöht bleibend die Leitfähigkeit deionisierten H_2O. Die Stärke des Effektes ist von der Schallintensität u. der Einw.-Dauer abhängig. Ursache dafür ist die Bldg. von Ionen u. freien Radikalen durch Wrkg. des Ultraschallfeldes.
H. U. Borgstedt. 138◇

0296 **Selbstdiffusion des Hydrogenphosphations im System Wasser–Elektrolyt–Nichtelektrolyt.** P. Ja. Ssiwer. (J. physik. Chem. [UdSSR] **33**, 1065—70, 1959; Tschernowitz, Med. Inst.; russ., Auszug: engl.) — Die Eigendiffusions-Konst. von HPO_4^{2-} u. die Viscosität wurde an den Syst. W.–wss. HPO_4^{2-}-Lsg.–Nichtelektrolyt (Harnstoff, Glucose oder Lactose) in Abhängigkeit von den Konzz. an HPO_4^{2-} u. der Nichtelektrolyten bestimmt. Die Diffusions-Konst. nimmt mit steigenden Konzz. an Nichtelektrolyt oder HPO_4^{2-} ab u. wird von der Viscosität der Lsgg. bestimmt. Für die Berechnung des Diffusions-Koeff. wird eine Gleichung vorgeschlagen.
H. Roschkowski. 138◇

0297 **Die elektrische Leitfähigkeit binärer Salzgemische in geschmolzenem Zustand. Die Systeme $KNO_3 + NaNO_3$; $Ba(NO_3)_2 + KNO_3$; $MnCl_2 + KCl$.** I. G. Murgulescu und Șt. Zuca. (Rev. Chim. [Bucarest] **4**, 227–41, 1959; dt.) — Nach der Meth. von Kohlrausch wurde die molare elektr. Leitfähigkeit λ_m der geschmolzenen Salzgemische $KNO_3 + NaNO_3$, $BaNO_3 + KNO_3$ u. $MnCl_2 + KCl$ bestimmt (Temp. 500—800°). Die experimentellen λ_m-Werte stimmen nicht mit denen nach der Mischungsregel berechneten (λ_c) überein. $\lambda_m - \lambda_c$ ergibt eine negative Abweichung u. läßt sich bei den ersten beiden Syst. durch die Gleichung $\lambda_m - \lambda_c = a \cdot N_1 N_2$(N = Molenbruch) darstellen. Die Abweichung ist nicht auf eine chem. Rk. zurückzuführen, sondern auf interion. Einfl., denn λ_m läßt sich in Abhängigkeit von den Molenbrüchen durch eine Reihen-Entw. nach McLaurin darstellen. Die Abweichung beim Syst. $MnCl_2 + KCl$ wird sowohl durch interion. wie chem. Rk. verursacht. χ_m, λ_m, Dichte u. Aktivierungsenergie sind tabelliert.
W. Pruss. 138◇

0298 **Erfahrungen bei der Untersuchung der Hydratation einiger 3^+- und 3^--Ionen mit Hilfe der Dampfdruckerniedrigung von Elektrolytlösungen.** B. H. van Ruyven. (Chem. Weekbl. **57**, 401—05, 1961; niederl.) — Vgl. C. **1963**, 15306. — Die größte Ähnlichkeit im Verh. besteht zwischen Na_2HPO_4- u. Na_2HAsO_4-Lsgg.; für beide gilt $\alpha = 28$; für HPO_4^{2-} u. $HAsO_4^{2-}$ ist die Hydratationszahl 12. Na_3PO_4-Lsgg. sind stark alkal.; gesätt. Na_3PO_4-Lsgg. kristallisieren mit 12 H_2O. Die nicht ionisierten Teile sind hydratisiert. Es treten verschiedene N_w-Werte mit gleichem K-Wert auf. K- u. Na-Citrat-Lsgg. führen zur Hydratationszahl 18 für das Citrat^{3-}-Ion. Es zeigt sich, daß Citronensäureteilchen in Lsgg. nicht in hydratisierte H^+- u. Citrationen dissoziiert sind, ähnlich wie in H_3PO_4- u. H_3AsO_4-Lösungen. Entsprechend den Ergebnissen über die hydrolyt. Dissoziation können $AlCl_3$- u. $CeCl_3$-Lsgg. bei 100 in üblicher Weise untersucht werden. Die Hydratationszahl von Al^{3+} u. Ce^{3+} beträgt 26, für $H_2PO_4^-$ 0, HPO_4^{2-} 12, PO_4^{3-} 20 u. Citrat^{3-} 18.
W. Wesly. 139□

0299 **Aktivitätsmessungen mit tertiären Elektroden in Wasser und Ton–Wasser-Systemen.** Goro Uehara und M. M. Mortland. (Proc. Soil Sci. Soc. America **24**, 261—64, 1960; East Lansing, Mich., Michigan Agric. Exper. Stat.; engl.) — Zur Messung der Aktivitäten von $CaCl_2$ u. Ca^{2+} wurde eine tert. Amalgamelektrode der Form (Halbzelle) Pb(Hg); PbC_2O_4; CaC_2O_4, Ca^{2+} benutzt. Die gemessenen Aktivitäts-Koeff. stimmten gut mit den in der Literatur angegebenen überein. Der relative Einfl. verschiedener Metallionen auf die $CaCl_2$- u. Ca^{2+}-Aktivität in Kaolinit u. Wyoming-Bentonit folgte der Reihenfolge Rb $\geqslant$ Mg $>$ K $>$ Na $>$ Li. In Bentonit-Kaolinit-Mischungen wichen die $CaCl_2$- u. Ca^{2+}-Aktivitäten von den auf reinen Ton-Syst. basierenden vorausgesagten Werten ab.
G. Jagnow. 139◇

0300 **Überführungszahlen in reinem geschmolzenem Natriumnitrat.** Roger J. Labrie und Vernon A. Lamb. (J. electrochem. Soc. **110**, 810—14, 1963; Washington, D.C., Nat. Bur. of Stand., Metallurg. Div.; engl.) — Vff. beschreiben eine App. zur Messung der Ionenüberführungszahlen t in geschmolzenem $NaNO_3$. Die App. besteht aus senkrecht angeordneten Capillaren, zylindr. Membranen aus Na^+-durchlässigem Porzellan u. porösen Diaphragmen aus Pyrex, Porzellan bzw. Alundum zur Trennung von Anoden- u. Kathodenraum. t(NO^{3-}) erweist sich über einen Temp.-Bereich von 90° als konst. (0,276—0,281).
P. Frenzel. 139◇

0301 **Elektrochemische Aktivität von Wasserstoff und Propan bei ungefähr 200° C.** René Vaucher und Odile Bloch. (C. R. hebd. Séances Acad. Sci. **254**, 3676—78, 1962; Rueil-Malmaison, Seine-et-Oise, Inst. Franç. du Pétrole, Délég. Genérale à la Rech. Sci., Comité de Transform. des Énergies; franz.) — Es wird die Anordnung eines Halbelementes mit H_3PO_4 (**I**) als Elektrolyten für die Best. der Strom–Spannungs-Kurven der Red. von H_2 u. Propan (**II**) an verschiedenen Edelmetallkatalysatoren beschrieben. **I** (D. 1,80) wurde wegen der Möglichkeit der Messung in einem breiteren u. höheren Temp.-Bereich gewählt. Die Elektrode des Halbelementes wird von einem für den Elektrolyten undurchlässigen runden Kohleträger u. einer darauf liegenden dünnen, mit dem Katalysator imprägnierten Kohleelektrode gebildet. Der Katalysator wird auf die Elektrode aufgebracht durch Tränken im Vakuum mit einem oder mehreren Edelmetallchloridkomplexen, Trocknen u. elektrochem. Red. der Chloride zum Metall bei 200° mit H_2 oder **II**. Die entstehende Menge an HCl wird dann gemessen, wobei nach einer gewissen Induktionsperiode (Bldg. des katalysierenden Metalls) die vollständige Red. einsetzt, die je nach der Art des Metalls u. des red. Stoffes unterschiedliche Zeit beansprucht. Für jede so dargestellte Elektrode werden die anod. u. kathod. Strom–Spannungs-Kurven in Ggw. eines Inertgases u. die anod. Kurven in Ggw. von **II** u. anschließend H_2 aufgenommen. Zur Darst. der Elektroden wurden unterschiedlich konz. u. gemischte Lsgg. von Pt, Rh, Pd u. Ir verwendet. Die Kurven für Propan, die eine geringere Intensität als für H_2 zeigen, scheinen für die Oxydation der KW-Stoffe charakterist. zu sein. Es zeigte sich, daß keine Beziehung zwischen der

Aktivität des Katalysators für H_2 u. II besteht. Eine Unters. der Zeit für die vollständige Red. der Chloride bei 200° ergab, daß die Red. durch H_2 eine kürzere Zeit beansprucht als durch II. Außerdem führten die Verss. zur Annahme, daß die Rk. der Red. der Chloride, die durch das freie Metall katalysiert wird, in einem Redoxvorgang besteht, der eine Ionisation des KW-Stoffes einschließt, wie er für die elektrochem. Oxydation von Brennstoffen gilt. H. Fries. 140◇

0302 **Gasdiffusionselektroden aus porösem Kohlenstoff.** R. R. Paxton, J. F. Demendi, G. J. Young und R. B. Rozelle. (J. electrochem. Soc. **110**, 932—38, 1963; St. Marys, Pa., Pure Carbon Co.; Dallas, Pa., Surface Processes Res. and Dev. Corp.; engl.) — Verschiedene poröse C-Sorten (Ölkoks, synthet. Graphit, natürlicher Flockengraphit, Lampenruß, aktivierte Cocosnußkohle) werden hinsichtlich ihrer Eignung als Gasdiffusionselektrode (Brenngase: H_2, C_2H_6, C_3H_8, Isobutan) untersucht, ihre physikal. Eigg. (Porendurchmesser, Mikro-, Makro- u. Gesamtporen-Vol., Porosität, Strömungswiderstand, Oberflächengröße, Dichte, Härte, Festigkeit, elektr. Widerstand) u. spektrograph. Analysenwerte werden mitgeteilt. Graphitisierte Elektroden verhalten sich wie nichtgraphitisierte. Durch Behandlung des C mit einer hydrophoben Verb. oder durch Arbeitsweise bei ausreichend hohen Gasdrücken, die Gasen der Elektrode bewirkt, kann die Leistung von großporigen C-Sorten um mehr als das 10fache gesteigert werden. Die Konz.-Polarisation scheint im wesentlichen durch die Mikroporenstruktur bestimmt zu sein. Die Grenzstromdichten bei Verw. von KW-Stoffen sind niedriger als bei Verw. von H_2. An einigen C-Sorten wird ein chem. Angriff, einschließlich elektrochem. Oxydation, beobachtet, ohne daß es, Röntgenbeugungsaufnahmen zufolge, zu einer Änderung der Kristallitdimensionen kommt. Vermutlich wird der eingebaute Binder (Teerasphalt, Phenolharze) angegriffen. P. Frenzel. 140◇

0303 **Wolfram-, Titan- und Tantalcarbid sowie Titannitride als Elektroden in Redoxsystemen.** F. Mazza und S. Trassati. (J. electrochem. Soc. **110**, 847—49, 1963; Milan, Univ. of Milan, Labor. of Electrochem. and Metallurg.; engl.) — WC u. TaC werden durch direkte Carburierung mit Ruß (zweimaliges 2std. Erhitzen auf 1200° in hochreinem Ar) hergestellt. Bei nur einmaliger Carburierung bilden sich W_2C bzw. Ta_2C. TiC mit Spuren niedriger Carbide wird durch 5 Min. langes Überleiten von CO über Ti bei 900°, TiN durch mindestens 5std. Nitridierung mit 99,999% ig. N_2 bei 1200° hergestellt. Das elektrochem. Verh. von Elektroden vorst. Verbb. wird mit Hilfe von potentiostat. Polarisationskurven in 0,5 m H_2SO_4, 0,5 m Na_2SO_4 + 0,5 m H_3BO_3 bzw. 0,1 m NaOH + 0,5 m H_2SO_4, die O_2 (p = 1 atm), 10^{-2} m H_2O_2, 10^{-1} m $K_3[Fe(CN)_6]$ oder 10^{-1} m $K_4[Fe(CN)_6]$ enthalten, bei 25° untersucht. WC u. TiN sind B_4C als Elektroden zur Unters. von Redoxsyst. gleichwertig, wobei WC am besten für saure, TiN für alkal. Lsgg. geeignet ist. TiC- u. TaC-Elektroden zeigen weniger befriedigende Ergebnisse. P. Frenzel. 140◇

0304 **Stromquelle für Ströme von 200 Mikroampere oder weniger.** Robert D. Wales. (J. electrochem. Soc. **110**, 946, 1963; Palo Alto, Calif., Lockheed Missiles and Space Co., Mater. Sci. Labor.; engl.) — Stromquelle für konst. Ströme zur Verw. bei der anod. Oxydation u. anderen Verff., bestehend aus einem Sekundärelektronenvervielfacher, 15 90 V-Batterien u. einem 470-Kiloohm-Widerstand. P. Frenzel. 140◇

0305 **Konduktometrische und porosimetrische Untersuchung von Metallsinterkörpern.** Georges Feuillade. (J. Chim. physique Physico-Chim. biol. **60**, 613—25, 1963; Puteaux, Seine, Co. gén. de T.S.F., Centre de rech. phys.-chim.; franz.) — Konduktometr. Gleichstrommessungen zeigen, daß in gesinterten Metalldiaphragmen (z. B. bei 3 t/cm² gepreßtem u. bei 550° in H_2 gesintertem Mond-Ni A) der gesamte Strom durch den Elektrolyt in den Poren fließt. Es wird eine statist. Theorie des porösen Verh. derartiger Körper entwickelt u. auf O_2-Elektroden angewendet. A. Blaschette. 141◇

0306 **Radiochemische Untersuchungen von Thioharnstoff beim elektrodenlosen Abscheidungsvorgang.** J. S. Sallo, J. Kivel und F. C. Albers. (J. electrochem. Soc. **110**, 890—94, 1963; Hopkins, Minn., Honeywell Res. Center; engl.) — Der Einfl. von Thioharnstoff (I) auf die elektrodenlose Abscheidung von Ni wird mit Hilfe von ^{35}S- u. ^{14}C-markiertem I untersucht. I wird prim. durch Spaltung verbraucht. In Abhängigkeit von [I] werden zwei Mechanismen angenommen: Bei niedrigem [I] setzt I das Redoxpotential des Syst. herab u. begünstigt die chem. Red. von Ni. Die Spaltung von I erfolgt nach Art einer Katalyse an Raney-Ni, S^{2-} wird durch Hydrolyse von Ni-Sulfid an der Grenzfläche Metall/Lsg. gebildet. Bei höherem [I] wird ein Angriff von $H_2PO_2^-$ auf I, das an der Raney-Ni-ähnlichen Oberfläche adsorbiert ist, angenommen. Daher konkurriert I mit dem Red.-Mittel u. verlangsamt die Geschw. der Ni-Abscheidung. I scheint eher als das gebildete S^{2-} als Stabilisator des Syst. zu wirken. P. Frenzel. 141◇

0307 **Elektrophoretische Abscheidung von Metallen.** F. Pearlstein, R. Wick und A. Gallaccio. (J. electrochem. Soc. **110**, 843—46, 1963; Philadelphia, Pa., Frankford Arsenal Pitman-Dunn-Labor., Res. and Dev. Group; engl.) — Die elektrophoret. Abscheidung von schuppenförmigem Al (< 44 µ), wobei die Schuppen noch teilweise mit Stearinsäure (I) überzogen sind [Rückstände nach wiederholtem Waschen mit Aceton (II)], bei Potentialen von 20, 40, 80, 160 u. 320 V ist aus Suspensionen von aliphat. Alkoholen mit C > 3, aus KW-Stoffen, nicht jedoch aus Ketonen, Estern u. Äthern möglich. Abscheidung erfolgt bereits bei 20 V aus Chlf., sek.-Butylalkohol, Butyraldehyd, tert.-Amylalkohol, n-Hexan, n-Heptan, Cyclohexan, Chlor-, Äthylbenzol, Xylol, Äthylendichlorid (alle kathod.) oder n-Butylamin (III; anod.). Suspensionsmittel mit sehr hoher DK, wie II, Nitrobenzol, CH_3OH u. A., sind nicht geeignet. Schnellste Abscheidung mit am besten haftenden Ndd. ergibt sich bei Verw. von III. Ein Zusatz von 1% III zu II bewirkt größere Stabilität der Suspension u. sehr schnelle Abscheidung, zu Chlf. schnellere Abscheidung, ebenso bei Zusatz zu Methylacetat, verbunden mit großer Streukraft. Ein Zusatz von Äthylcellulose oder Kolophonium als Bindemittel verbessert die Haftung. Elektrophoret. Abscheidung von kugelförmigen Al-Teilchen (< 44 µ Ø) ist nur nach vorheriger 24std. Behandlung des Al-Pulvers mit an I gesätt. II, danach Waschen mit II zur teilweisen Entfernung von I bei 200 V möglich. *W*-Pulver kann anod. bei ca. 400 V aus II, *Ti* aus II–III abgeschieden werden. Vorläufige Schmelz- u. Diffusions-Verss. mit elektrophoret. auf Stahldraht abgeschiedenem Al, Ti u. W werden beschrieben. P. Frenzel. 141◇

0308 **Über die Abscheidung von Nickel-Doppelschichten.** F. Krümmling. (Wiss. Z. Hochschule Elektrotechn. Ilmenau **8**, 337—39, 1962; Inst. für Chem., Elektrochem. u. Galvanotechn.; dt.) — An Duplex-Ni-Schichten, die aus dem Ni-, Ni/Co-Diphosphat-Elektrolyten sowie stromlos aus alkal. u. saurer Lsg. u. einem handelsüblichen Glanznickelbad erhalten wurden, wird das Ruhepotential bestimmt u. die Kontaktkorrosion mit Hilfe der Gew.-Abnahme untersucht. Die Duplexschichten erweisen sich als korrosionsbeständiger als die einfachen Schichten allein. Stromlos abgeschiedene Ni–P-Leg.-Schichten sind mit vorst. Glanznickel sehr widerstandsfähig u. eignen sich bes. zur Vernickelung kompliziert geformter Zn-Druckgußteile (Vorverkupferung). Verss. zur Abscheidung von Duplexschichten aus nur einem Elektrolyten zeigen, daß sich Schichten mit ähnlichen Eigg. ergeben, wenn man zunächst mit wechselstromüberlagertem Gleichstrom abscheidet, nach Erreichen einer bestimmten Schichtdicke die Wechselstromkomponente abschaltet u. plötzlich auf die übliche Arbeitsstromdichte der Hochglanzvernicklung einregelt. Das Verhältnis der Stromkomponenten ist sorgfältig einzuhalten. Stromüberlagerung setzt das Streuvermögen u. die Glanz-Bldg. herab. P. Frenzel. 141◇

0309 **Untersuchung der inneren Spannung, die in Metallen durch Einschluß von Wasserstoff hervorgerufen wird.** A. T. Ssansharowski und O. Ss. Popowa. (J. physik. Chem. [UdSSR] **35**, 2646—48, 1961; Akad. der Wiss. der UdSSR, Inst. für Phys. Chem.; russ., Auszug: engl.) — Meth. zur Berechnung der inneren Spannung in Metallen, die durch Wasserstoff während der kathod. Polarisation entsteht. Die Meth. wird angewandt auf die Polarisation eines *Ni*-Bimetallstreifens, der in eine 10% ig. H_2SO_4-Lsg. mit u. ohne Zusatz von Na_2S eintaucht u. bei einer Stromdichte von 100 mA/cm² polarisiert wird. I. Zoll. 141◇

0310 **Untersuchung der inneren Spannungen von Nickelniederschlägen aus einem Nickelelektrolyten des Watt-Typs.** R. Bilfinger und A. Strauch. (Wiss. Z. Hochschule Elektrotechn. Ilmenau **8**, 327—35, 1962; Leipzig, VEB Galvanotechn., Entw.-Stelle; dt.) — Die Größe der inneren Spannungen ist von [Cl^-] u. von der Art des Kations (Ni^{2+}, Na^+, K^+, Mg^{2+}, NH_4^+) abhängig. Zunehmendes [Na^+] bei gegebenem [Cl^-] ist ohne Einfl., Acetationen bewirken eine starke Herabsetzung der inneren Zugspannung (ZS) ohne Umkehrung der Spannungsrichtung. Fremdmetallverunreinigungen (*Fe, Cu, Zn, Pb*) erhöhen die ZS, Zusätze von *Benzoesäuresulfimid* oder *Na-Naphthalindisulfonat-(2.6)* in geringer Konz. setzen die ZS herab, in etwas größerer Konz. bewirken sie eine Umwandlung der ZS in Druckspannungen. P. Frenzel. 141◇

0311 **Bemerkungen über die Rolle einiger organischer Verbindungen bei der Elektrokristallisation des Nickels.** Constantin Georgoulis, Michel Froment und Israël Epelboin. (C. R. hebd. Séances Acad. Sci. **256**, 5555—57, 1963; Paris, Sorbonne, C.N.R.S., Labor. de Chim. org. I et de Phys.; E.S.P.C.I., Labor. de Chim. phys.; franz.) — Der Einfl. nachst. Verbb. auf die mkr. Glättung eines aus einer Watts-Lsg. abgeschiedenen elektrolyt. Ni-Nd. wird unter dem Gesichtpunkt ihrer Struktur u. ihrer Konz. untersucht: *Propargylalkohol, Butin-(2)-ol-(1), Butin-(2)-diol-(1.4), Dimethyläthinylcarbinol, Butin-(1)-ol-(3), Phenylpropiolalkohol, Phenyläthinyl-, Diphenetinylcarbinol, Allylalkohol, trans-* u. *cis-Buten-(2)-ol-(1), cis-Buten-(2)-diol-(1.4), Methylvinylcarbinol, Dimethylvinylcarbinol, trans-Zimtalkohol, Propanol, Phenylpropanol, n-Butanol, Butandiol-(1.4), Isobutanol, tert.-Amylalkohol, Na-Benzolsulfonat, -m-disulfonat, Na-Toluol-p-sulfonat, Na-Naphthalin-1-sulfonat, -2-sulfonat, -1.5-disulfonat, -2.7-disulfonat, -1.3.6-trisulfonat, Saccharin.* Weiterhin wird die Verschiebung der kathod. Stromspannungskurven in Ggw. dieser Verbb. untersucht. A. Blaschette. 141◇

0312 **Die Wiedergewinnung von α- und β-PbO_2 durch Polarisation im H_2SO_4-Elektrolyten.** Harry B. Mark jun. (J. electrochem. Soc. **110**, 945—46, 1963; Pasadena, Calif., California Inst. of Technol., Div. of Chem. and Chem. Engng.; engl.) — Die Rückbildung von α- (I) u. β-PbO_2 (II) in mit $PbSO_4$ gesätt. 0,1 m H_2SO_4 an der Pt-Elektrode wird erneut mit Hilfe von Potential–Zeit (PZ)-Kurven untersucht. Die PZ-Kurve von **II** zeigt ein deutliches Potentialmaximum, das mit **I** nicht beobachtet wird. Es wird angenommen, daß **I** keiner Gitterausdehnung unterliegt. P. Frenzel. 141◇

0313 **Konzentration von Eisen in der Nähe der Kathode bei der Elektroraffination von Uran in geschmolzenen Salzen.** G. Chauvin, H. Coriou und A. Simenauer. (Electrochim. Acta [London] **8**, 323—32, 1963; Saclay, C.E.N., Dép. de Métallurg.; franz.) — Bei der Elektroraffination von U unter den üblichen Bedingungen (Elektrolyt: 30 Gew.-% UCl_3 in LiCl-KCl-Eutektikum; 450—500°; Ar-Atmosphäre; U-Anode, Mo-Kathode; anod. u. kathod. 10 bis 20 A/dm²) bildet sich in der Nähe der Kathode eine mit Verunreinigungen, bes. Fe, angereicherte Schicht aus. Ihre Dicke wurde zu ca. 100 μ bestimmt; innerhalb der Schicht ist die Fe-Konz. um den Faktor 100 höher als im übrigen Elektrolyten. Die Analyse dieser Erscheinung zeigt, daß sie von allg. Bedeutung bei Schmelzelektrolysen ist. So läßt sich z. B. die häufig beobachtete Tatsache erklären, daß die Reinheit des raffinierten Metalls von der Menge des okkludierten u. des nach dem Abwaschen des Salzmantels zurückbleibenden Restes des Elektrolyts, d. h. von den letzten Phasen des Waschprozesses stark abhängig ist. A. Blaschette. 141◇

0314 **Untersuchung der Zersetzungsspannung von $MnCl_2$.** Michel Bruneaux, Geneviève Darmois und Saül Ziolkiewicz. (C. R. hebd. Séances Acad. Sci. **254**, 3668—70, 1962; engl.) — Vgl. C. **1963**, 24. — Vff. untersuchten die Zers.-Spannung von $MnCl_2$ (I) in Schmelzen von NaCl (II) u. KCl (III) in Abhängigkeit von Temp. u. Geh. an I. In der Vers.-Anordnung wurde eine Pt-Kathode u. eine C-Anode verwendet. Die Messungen wurden bei konst. Intensität nach einer vorherigen Elektrolyse von 90—150 Min. durchgeführt u. zeigten sich vollkommen reproduzierbar. Es erwies sich, daß das Abscheidungspotential unabhängig vom Lsgm. u. der Temp. ist u. mit wachsender Konz. abfällt. Es wurde weiter der Temp.-Einfl. (ca. 400—1000°) auf das Abscheidungspotential eines Gemisches von I, II u. III mit nahe dem tern. Eutektikum liegender Zus. untersucht. Dabei wurde festgestellt, daß die Zers.-Spannung für die Vers.-Anordnung unabhängig vom Lsgm. ist, mit wachsender Temp. fällt u. für reines $MnCl_2$ kleiner ist als in Lsgg. verschiedener Halogenide. H. Fries. 141◇

0315 **Untersuchung günstiger Bedingungen zur elektrolytischen Reduktion von magnetischem Eisenoxid.** Pierre Dugleux und Raymond Gotkovsky. (C. R. hebd. Séances Acad. Sci. **256**, 5359—61, 1963; Paris, École Nat. Sup. des Mines, Labor. de Chim.; franz.) — Durch Fällung hergestelltes Fe_3O_4 ist an einer Pt-Kathode durch Wasserstoff nicht direkt reduzierbar, sondern erst nach Anlassen im Vakuum oberhalb 570° (optimal: 6 Std. bei 600°) oder nach geringer Red. mit H_2 (20 Std. bei 450°). A. Blaschette. 141◇

0316 **Eine Brückenschaltung zur Untersuchung der elektrolytischen Polarisation bei niedriger Frequenz.** J. Fleury. (J. Physique Radium **22**, 845—46, 1961; Bordeaux, Fac. des Sci., Labor. de Phys. S.P.C.N.; franz.) A. Blaschette. 142◇

0317 **Verteilung des elektrochemischen Transports in Leistungselektroden. Theoretische Untersuchung der Potential- und Stromverteilung in einer Kanalelektrode.** Marcel Macaire, Michel Guillou und René Buvet. (J. Chim. physique Physico-Chim. biol. **60**, 775—85, 1963; Clamart, Seine, Direct. des Études et Rech. d'Électricité de France; franz.) A. Blaschette. 142◇

0318 **Elektrostatische Wechselwirkung in der Doppelschicht.** Paul Rüetschi. (J. electrochem. Soc. **110**, 835—43, 1963; Yardley, Pa., Electr. Storage Battery Co., Carl F. Norberg Res. Center; engl.) — Theoret. Erörterung u. Anwendung auf die H_2- u. O_2-Entw. bei elektrochem. Reaktionen. P. Frenzel. 142◇

0319 **Über die Bestimmung des Wertes der Ladung des reagierenden Teilchens und der Konstanten α aus der Abhängigkeit der Geschwindigkeit der Elektroreduktion vom Potential und von der Konzentration der Lösung.** A. N. Frumkin, O. A. Petry und N. V. Nikolaeva-Fedorovich. (Electrochim. Acta [London] **8**, 177—92, 1963; Moscow, Acad. of Sci., Moscow State Univ., Inst. of Electrochem.; engl.) — Unterss. der Elektro-Red. an einer negativ geladenen Elektrodenoberfläche ergeben, daß als einziger Wert die Ladung des gelösten Teilchens, das sich im Gleichgewicht mit dem Übergangszustand der Rk. befindet, aus der Abhängigkeit der Rk.-Geschw. von der Konz. des Leitelektrolyten bestimmt werden kann. Experimentelle Ergebnisse an den Syst. $Na_2S_2O_8$ (I), $K_2S_2O_8$ u. $Cs_2S_2O_8$ mit *NaF, NaCl, KCl* u. *CsCl* sowie I-(*LiCl* + NaCl), $Li_3[Fe(CN)_6]$-LiCl, $K_3[Fe(CN)_6]$-KCl u. $Cs_3[Fe(CN)_6]$-CsCl sowie frühere Unterss. über die Red. von H_3O^+ an *Hg* bestätigen diesen Schluß, der unabhängig von Voraussetzungen über die Struktur der Doppelschicht u. über die Lage der Teilchen im Übergangszustand innerhalb der Doppelschicht ist. Ergebnisse an $PtCl_4^{2-}$/KCl bzw. CsCl passen sich unter der Annahme der Ggw. von $[PtCl_3(H_2O)]^-$ u. möglicherweise von $[PtCl_2(H_2O)_2]$ an. Die Konst. α aus der Gleichung der Geschw.-Konst. für einen Einelektronenprozeß läßt sich nur näherungsweise bestimmen, da diese Voraussetzungen eingehen, wenn ausgeprägte ψ-Effekte (ψ Potential der Lage des Ladungszentrums im Übergangszustand bzw. Potentialdifferenz Metall/Elektrolyt) auftreten. Auf die Lage dieses Ladungsschwerpunktes kann aus einer Zusammenstellung von Polarisationskurven für die Red. von $S_2O_8^{2-}$, $[PtCl_4]^{2-}$ u. $[Fe(CN)_6]^{3-}$ an Tl-Amalgam- u. Hg-Tropfelektroden geschlossen werden. P. Frenzel. 142◇

0320 **Über die Wirkung eines Sinusstroms auf Elektrodenprozesse. 9. Mitt. Modellierung der Verringerung der durch einen Wechselstrom an der Quecksilberelektrode verursachten Wasserstoffüberspannung.** T. Erdey-Grúz, J. Dévay, Gy. Horányi, I. Vajasdy und L. Mészáros. (Acta chim. Acad. Sci. hung. **35**, 265—71, 1963; Budapest, L. Eötvös Univ., Lehrst. für Phys. Chem. u. Radiol.; Ung. Akad. der Wiss., Elektrochem. Forsch.-Gruppe; dt. — C. **1963**, 6480.) P. Frenzel. 142◇

0321 **Die Wasserstoff-Überspannung an Kobalt-Einkristallen.** R. Piontelli, L. Peraldo Bicelli und A. La Vecchia. (Kobalt **1963**, Nr. 18, 26—29; Mailand, Univ., Inst. für Phys. Chem., Elektrochem. u. Metallurg.; dt.) — Die H_2-Überspannung $\Delta\varepsilon$ wird an den (0 0 0 1)-, (1 0 $\bar{1}$ 0)- u. (1 1 $\bar{2}$ 0)-Flächen hexagonaler Co-Einkristalle sowie an vielkristallinen, elektrolyt. abgeschiedenen Co-Proben in 0,01 m- u. 0,1 m $HClO_4$ sowie 0,01 m H_2SO_4 bei 25 u. 55° u. in 0,1 m- u. 1 m NaOH bei 25° gemessen. Außer bei sehr niedrigen Stromdichten (SD) gilt in sauren Lsgg. die Tafel-Gleichung

$|\Delta\varepsilon| = a + b \cdot \log i$, in alkal. Lsgg. ist das Elektrodenpotential E bei niedrigen SD nahezu gleich dem reversiblen Wert für H_2 von 1 atm, bei höheren SD gilt ebenfalls eine Tafel-Beziehung. In 0,01m $HClO_4$ bei 55° sowie in 0,1m $HClO_4$ u. in 0,01m H_2SO_4 bei 25° wird $|\Delta\varepsilon|$ nur wenig durch die kristallograph. Orientierung beeinflußt; in 0,01m $HClO_4$ u. 0,1m NaOH bei 25° nimmt $|\Delta\varepsilon|$ in der Reihenfolge $(1\,1\,\bar{2}\,0)$, Vielkristall $\leqq (0\,0\,0\,1) < (1\,0\,\bar{1}\,0)$ zu. $|\Delta\varepsilon|$ nimmt bei 25° mit steigender Elektrolyt-Konz. ab, ist in 0,01m H_2SO_4 kleiner als in 0,01m $HClO_4$ u. in 0,1m NaOH bei niedrigen SD kleiner, bei hohen SD größer als in 0,1m $HClO_4$; b ist in allen Fällen größer. P. Frenzel. 142◇

0322 **Interferometrische Untersuchung des Systems Zn–$ZnSO_4$–Zn. 1. Mitt. Relative Stellung der Elektroden und Konvektionseffekte.** R. N. O'Brien, W. F. Yakymyshyn und J. Leja. (J. electrochem. Soc. **110**, 820–25, 1963; Edmonton, Alberta, Canada, Univ. of Alberta, Dep. of Chem.; engl.) — Konz.-Gradienten an Zn/$ZnSO_4$-Elektroden werden mit Hilfe von Fizeau-Interferometerdiagrammen untersucht, wobei eine beträchtliche Abhängigkeit von der relativen Lage der Elektroden festgestellt wird. Parallel oder senkrecht zur Elektrodenoberfläche einwirkende Gravitationseffekte verursachen unterschiedliche Konvektionsströme, die die Diagramme beeinflussen. Das Einsetzen der Konvektion wird in Abhängigkeit von der Lage der Elektrode, der Stromdichte u. der Elektrolyt-Konz. untersucht. Unterss. an *$Zn(ClO_4)_2$*-Lsgg. zeigen, daß Ionenassoziation keinen oder nur geringen Einfl. auf den zweiten Bereich der Konz.-Änderung („2. Welle" bzw. nach Ibl „anomales Maximum an der Kathode"). Eine kombinierte App., die gleichzeitig als elektrolyt. Zelle u. als Interferometer wirkt, wird beschrieben. P. Frenzel. 142◇

0323 **Anodisches Filmwachstum durch Abscheidung von Anionen in Aluminat-, Wolframat- und Phosphatlösungen.** William McNeill und Leonard L. Gruss. (J. electrochem. Soc. **110**, 853–55, 1963; Philadelphia, Pa., Frankford Arsenal, Pitman-Dunn Labor.; engl.) — Durch anod. Behandlung von Al, Mg, Ni, Fe, Zn, Bi, Cd, Co u. Cu in 0,1n $NaAlO_2$ (**I**)-Lsg., von Al, Bi, Cd, Cu u. Zn in 0,1n Na_2WO_4 (**II**)-Lsg. werden Filme hergestellt, die chem. analyt. sowie mit Hilfe von Röntgen- u. Elektronenbeugungs-Verff. untersucht wurden. In **I** bzw. **II** entsteht auf Cd ein amorpher Film bzw. *WO_3*, auf Mg *β-$Al_2O_3 \cdot 3\,H_2O$* (**III**) + *MgO*, bzw. —, auf Bi **III** + *γ-Bi_2O_3* bzw. ein kristalliner, nicht identifizierter Nd., auf Cu **III** + *CuO* bzw. *Cu_2O* (als innere Schicht), auf Fe *Θ-Al_2O_3* bzw. —, auf Zn **III** + *ZnO* bzw. *H_2WO_4*, auf Al **III** (nach 24std. Formierung bei 100 V) bzw. δ- oder *Θ-Al_2O_3*, auf Ni u. Co ein amorphes bzw. krist. *Al_2O_3*, das bei 600° in γ-, Θ- oder δ-Al_2O_3 übergeht. Bei den in **II** erhaltenen Überzügen können auch Mischungen von WO_3 mit dem Oxid des Anodenmaterials vorliegen. Bei Formierung von Al in 0,1n Na_2HPO_4-Lsg. wird Einschluß von P-Verbb. festgestellt. Der Mechanismus der Abscheidung der Anionen u. des Filmwachstums wird erörtert. P. Frenzel. 142◇

0324 **Die anodische Bildung von Germaniumoxidfilmen.** Robert D. Wales. (J. electrochem. Soc. **110**, 914–18, 1963; Sunnyvale, Calif., Lockheed Missiles and Space Co., Mater. Sci. Labor., Res. and Engng.; engl.) — Ge wird in Acetanhydrid, das 0,6 mMol $LiNO_3$, 0,105m Essigsäure, 0,278m H_2O u. 0,011 mMol GeO_2 enthält, anod. oxydiert. Röntgen-Unterss. ergeben, das bei Anodisierung unterhalb der Durchschlagsspannung kristallines *GeO_2* vorliegt, IR-Durchlässigkeits-Unterss. deuten auf festgebundenes W. u. auf das Fehlen von Acetationen im amorphen Film. Interferenzfarben der 90–7000 Å dicken Filme werden mitgeteilt. Die differentielle Feldstärke bei der Film-Bldg. beträgt $(2{,}1 \pm 0{,}3) \cdot 10^6$ V/cm, die Stromausbeute 78 ± 7%. Die Durchschlagsspannung bei 250 $\mu A/cm^2$ beträgt ca. 150 V, bei 100 $\mu A/cm^2$ ca. 180 V. Sättigung der Lsg. mit GeO_2 ergibt weiche, nichthaftende Filme. P. Frenzel. 142◇

0325 **Bestimmung von tritiumhaltigem Restwasser in anodisierten Tantalfilmen.** G. M. Krembs. (J. electrochem. Soc. **110**, 938–40, 1963; Blue Bell, Pa., Philco Sci. Labor.; engl.) — T-haltiges W. (1 C/ml) wird zum Nachw. von Wasserstoff auf oder in den Ta-Filmen herangezogen. Restwasserstoff kann in mehreren verschiedenen Formen vorliegen. Der anfängliche Aktivitätsabfall bei therm. Behandlung nach Überleiten von N_2 wird auf die Verdampfung von physisorbiertem W. zurückgeführt, teilweise tritt Austausch zwischen dem H_2O-Geh. der Luft u. chemisorbiertem T-haltigem W. ein. Der Restwasserstoff liegt in einer Konz. vor, die die elektr. Eigg. der dünnen dielektr. Filme beeinflußt. Isotopeneffekte u. der Austausch mit der Lsg. werden erörtert. P. Frenzel. 142◇

0326 **Bildung und Auflösung von Platinoxidfilmen: Mechanismus und Kinetik.** S. W. Feldberg, C. G. Enke und C. R. Bricker. (J. electrochem. Soc. **110**, 826–34, 1963; Princeton, N.J., Frick Chem. Labor.; engl.) — Die Oxidfilm-Bldg. auf einer glatten Pt-Elektrode in $HClO_4$ wird mit Hilfe von Unterss. bei konst. Strom, kontrolliertem Potential u. Stromüberlagerung in Abhängigkeit von Potential, Strom, Zeit u. Elektrodenvorbehandlung untersucht. Die anod. Film-Bldg. besteht aus zwei Einelektronenprozessen: a) ein langsamer, b) ein schneller, reversibler Vorgang. Bei der Red. des Films tritt zuerst b, dann a auf. Bei der Red. bei konst. Strom ist a nicht zu beobachten, der Film wird „zur Hälfte red.": Bldg. von *$Pt(OH)_x$* (Index x bezeichnet auf der Pt-Oberfläche chemisorbiertes OH bzw. O). Zur vollständigen Red. sind mehrere Std. erforderlich. Es lassen sich eindeutig drei Elektrodenzustände unterscheiden: oxydiert, *$Pt(O)_x$*; halbred., $Pt(OH)_x$ sowie red., Pt. Aktivierung der Pt-Elektrode erfolgt durch starke Oxydation u. anschließende Red. zum halbred. Oxid. Letzteres kann den Elektronenübergang bei Redox-Rkk. begünstigen. P. Frenzel. 142◇

0327 **Untersuchung der Kinetik der anodischen Oxydation von Schwefeldioxid an einer polierten Platinelektrode.** Joselin Gonzalez, Carmen Capel-Boute und Claude Decroly. (C. R. hebd. Séances Acad. Sci. **256**, 5548–50, 1963; Bruxelles, Univ. Libre, Fac. des Sci. appl., Labor. d'Électrochim. et de Métallurg.; franz.) — Polarisationskurven einer polierten Pt-Anode in schwefelsaurer $CuSO_4$-Lsg. mit wechselndem SO_2-Geh. zeigen, daß der Stofftransport zur Elektrode auf der Diffusion einer neutralen Species beruht; das Ende des Transitionsvorgangs wird durch eine Inhibition der Elektrode durch chemisorbierten Sauerstoff bewirkt. A. Blaschette. 142◇

0328 **Eine elektrochemische Untersuchung der Reduktion von Nitrat im $NaNO_3$–KNO_3-Eutektikum bei 250°.** H. S. Swofford jun. und H. A. Laitinen. (J. electrochem. Soc. **110**, 814–20, 1963; Urbana, Ill., Univ. of Illinois, Noyes Chem. Labor.; engl.) — Das bei ca. −1,65 V [bzgl. Ag/Ag(I)-Elektrode (0,07 m)] beobachtete Maximum der kathod. Polarisationskurven bei Verw. von festen Mikroelektroden (Pt, Au, Ag, Ni, Cu, auf Au abgeschiedenes Hg, W) u. der Hg-Tropfelektrode wird dem Einsetzen der irreversiblen Red. von NO_3^- nach $NO_3^- + 2\,e^- \rightarrow NO_2^- + O_2^-$ zugeschrieben, die durch die Abscheidung von Na_2O an der Elektrodenoberfläche begrenzt wird. Der Strom nach dem Maximum wird vermutlich durch Auflösungs-Geschw. des Na_2O-Films bestimmt. Depolarisation bei +1,2 V entspricht der NO_2-Entw., bei −2,8 V der Red. des Alkalimetalls. Durch anschließende Rk. des abgeschiedenen Alkalimetalls mit NO_3^- entsteht *N_2* u. O^{2-}. Chronopotentiometr. Unterss. bestätigen die vorst. Ergebnisse. P. Frenzel. 142◇

0329 **Kinetische Elektrodenparameter für die Kupferabscheidung an reinen und verunreinigten Kupferkathoden.** Leonard Karasyk und Henry B. Linford. (J. electrochem. Soc. **110**, 895–904, 1963; New York, N.Y., Columbia Univ., Dep. of Chem. Engng.; engl.) — Eine galvanostat. Meth. zur Messung der Überspannung η u. Best. der Ladekurven für die Cu-Abscheidung (aus dem Sulfatbad an ebenen Cu-Kathoden) wird beschrieben. Beim Arbeiten unter hochreinen Bedingungen wird Übereinstimmung mit Ergebnissen an kugelförmigen Reinkupferelektroden festgestellt. Organ. Verunreinigungen, wie *Stearinsäure* u. *Paraffinöl* in etwa der Monoschicht entsprechender Menge beeinflussen die Messung von η u. die Werte der kinet. Parameter; in Ggw. einer etwa der halben Monoschicht entsprechenden Menge kann dieser Einfl. vernachlässigt werden. In Ggw. einer solchen Monoschicht an Verunreinigungen ist vermutlich nicht die Ionenüberführung, sondern ein Vorgang auf der Elektrodenoberfläche, möglicherweise Oberflächendiffusion, geschwindigkeitsbestimmend. Wahrscheinlich bewirken die Verunreinigungen eine Herabsetzung der Doppelschichtkapazität. P. Frenzel. 142◇

0330 **Potentiokinetische Untersuchung der anodischen Auflösung von Kupfer in Chlorwasserstoffsäure.** Marie-Claude Petit und Christian Faux. (C. R. hebd. Séances Acad. Sci. **256**, 5551–54, 1963; Bordeaux, Fac. des Sci.,

Labor. de Phys. S.P.C.N. et Électrotechn.; franz.) — Für 1—6n HCl besteht der Anodenzweig der Polarisationskurve aus zwei Teilabschnitten, deren Tafel-Neigungen annähernd im Verhältnis 1:2 stehen. Offensichtlich ändert sich der Mechanismus des Ladungsübergangs zur Anode: Cu → Cu^{2+} + 2e (bis 100 mV); Cu → Cu^+ + e (>150 mV); Cu^+ wird durch Cl^- komplexiert. Bei HCl-Konzz. >6 n verschwinden die beiden Teilabschnitte. Die mittlere Oxydationsstufe des Cu beim Gleichgewichtpotential ändert sich mit der HCl-Konz. zwischen 1,5 (1n) u. 1,03 (10n) im ersten Teilabschnitt der Kurve; im zweiten Abschnitt ist dieser Wert im gesamten Konz.-Bereich gleich 1,5. A. Blaschette. 142◇

0331 **Die Anwendung der α-Spektroskopie zur Untersuchung der anodischen Oxydation.** J. A. Davies und B. Domeij. (J. electrochem. Soc. **110,** 849—52, 1963; Stockholm, Nobel Inst. of Phys.; Roy. Inst. of Technol.; engl.) — Ein Al- oder Ta-Target wird mit 2—6-keV-^{222}Ru-Ionen bestrahlt, das Energiespektrum der 5,486-MeV-α-Teilchen gemessen, das Target in 3%ig. wss. NH_4-Dihydrogencitrat-Lsg. mit konst. Potential von 200 V anodisiert, das α-Spektrum erneut gemessen u. die mittlere Eindringtiefe auf Grund der Verschiebung des Maximums im α-Spektrum berechnet. Der beobachtete Einbau von ^{222}Ru-Atomen in die Oxidschicht entspricht früheren Ergebnissen mit ^{125}Xe, nach denen wandernde Sauerstoff- u. Metallionen zum Filmwachstum beitragen. Für Al u. Ta scheint ein gleicher Oxydationsmechanismus vorzuliegen. Abweichungen bei Al nach Anodisierung bei niedrigen Stromdichten (0,1 mA/cm^2) werden durch eine Änderung des Mechanismus in Abhängigkeit von der Stromdichte oder besser durch eine Poren-Bldg. erklärt. P. Frenzel. 142◇

0332 **Allgemeine Untersuchung der theoretischen Form von Polarogrammen.** Robert Pointeau. (J. Chim. physique Physico-Chim. biol. **59,** 815—27, 1962; Bordeaux, Fac. des Sci., Labor. de Chim. Phys.; franz.) — Übersicht. — 40 Literaturangaben. A. Blaschette. 142◇

0333 **Integration einzähniger Oscillopolarogramme. 1. Mitt. Bestimmung der Adsorption der Reaktanten und der Reduktion des Oxidfilms auf Platinelektroden.** R. A. Osteryoung, G. Lauer und F. C. Anson. (J. electrochem. Soc. **110,** 926—32, 1963; Canoga Park, Calif., North Amer. Aviat. Sci. Center; engl.) — Integration der Gleichung für die Strom–Zeit-Abhängigkeit für die Anwendung eines einzelnen Stromimpulses an einer Elektrode führt zu einem Ausdruck für die durchgegangene Strommenge Q. Eine Meth. zur Unterscheidung zwischen den für diffundierende u. nichtdiffundierende Teilchen verbrauchten Q wird mitgeteilt. Das Verf. wird mit Hilfe der Red. von *Fe(III)* an oxydierten *Pt*-Elektroden sowie des Syst. J_2–J^-–J_3^- überprüft. Für letzteres wird angenommen, daß eher Jod als J_3^- adsorbiert wird. P. Frenzel. 142◇

0334 **Eine Untersuchung der Versprödung von hochfestem Stahl durch Wasserstoffisotope. 1. Mitt. Prüfung von ringförmigen Stahlproben, ein Vergleich der Versprödung durch Wasserstoff und Deuterium sowie Durchdringungsuntersuchungen.** Gwendolyn B. Wood. (J. electrochem. Soc. **110,** 867—77, 1963; Washington, D.C., Nat. Bur. of Stand., Metallurg. Div.; engl.) — Die durch elektrolyt. Beladung in H_2O- u. D_2O-Lsgg. hervorgerufene Versprödung von Stahl SAE 4130 wird untersucht. Als Lsgg. dienen H_2O, D_2O, 10%ig. NaOH, NaOX/X_2O (X = H, D), 4%ig. H_2SO_4 + (P in CS_2), cyanid. Cd- u. Cu-Bad, Cr/SO_4^{2-}-Bad, äther. Al-Hydridbad (anod.) bzw. kathod. A., Propylenglykol, Äthylendiamin u. Dimethylformamid (letztere mit LiCl als Leitsalz). H_2 bewirkt unter gegebenen Elektrolysebedingungen eine größere Versprödung. Bei Raum-Temp., diffundiert elektrolyt. eingeführtes (Verf. a) D_2 aus nichtplattiertem in einigen Std. u. langsamer als H_2 nach a, während durch metallurg. Verf. (Verf. b) eingeführtes H_2 über Jahre hinaus oder überhaupt nicht freigesetzt wird. Isotopenaustausch zwischen H_2 nach b u. D_2 nach a ist bei Raum-Temp. nicht zu beobachten. Der H/D-Trennfaktor (beide nach a aus alkal. Lsg.) beträgt 5,9, das Verhältnis H:D bei Durchdringung eines Stahlzylinders >8:1 im Vgl. zu ihrem Verhältnis im alkal. Elektrolyten, das Verhältnis der Diffusions-Koeff. D(H)/D(D) ca. 1,2, das Verhältnis der Durchdringungs-Geschw. P(H)/P(D) nach 4std. Beladung nach a in alkal. Lsg. ca. 2,1. P(H) u. P(D) nehmen mit der Stromdichte, mit der Temp. der Lsg. u. in Ggw. von Na-Arsenit im alkal. Elektrolyten zu. H-Aufnahme erfolgt auch in Ggw. von Ae. an Stelle von H_2O. In vorst. organ. Lsgm. tritt keine Versprödung ein. — Im Anhang werden die Elektrolytzellen, das Hochvakuum-Syst. u. die Verw. der Gasmikrobürette ausführlich beschrieben. P. Frenzel. 143◇

0335 **Eine Untersuchung der Versprödung von hochfestem Stahl durch Wasserstoffisotope. 2. Mitt. Ein Vergleich der Gasgehalte und der Versprödung durch Wasserstoff oder Deuterium, die sich bei galvanischen Abscheidungsverfahren ergibt.** Gwendolyn B. Wood. (J. electrochem. Soc. **110,** 877—85, 1963; engl.) — 1. vgl. vorst. Referat. — Die H- bzw. D-Aufnahme u. Versprödung von cyanid. cadmiertem, cyanid. verkupfertem, verchromtem, vernickeltem sowie im alkal. Bad (57,6 g Na/Liter) behandeltem *Stahl SAE 4130* (Lsgm. H_2O bzw. D_2O) wird untersucht. Galvan. Verff. bewirken stärkere Aufnahme von D_2 aus D_2O-Lsg. als von H_2 aus H_2O, obwohl H_2 stärkere Versprödung als D_2 hervorruft. Die Gase scheinen nicht mol. in Rissen im Innern festgehalten zu werden. Obwohl ein gewisser Zusammenhang zwischen Gas-Geh. u. Versprödungsgrad besteht, sind noch andere Faktoren für die Versprödung maßgebend, ein besonderer Mechanismus kann nicht abgeleitet werden. Beim galvan. Vorgang werden größere Gasmengen eingeführt als bei rein elektrolyt. Beladung in 10%ig. NaOH oder 4%ig. H_2SO_4. Ggw. von CS_2 bewirkt auch bei kurzen Beladungszeiten vergleichbare oder stärkere H-Aufnahme als bei Galvanisierung. P. Frenzel. 143◇

0336 **Eine Methode zur Bestimmung des Wasserstoffversprödungsverhaltens galvanischer Bäder.** M. A. V. Devanathan, Z. Stachurski und W. Beck. (J. electrochem. Soc. **110,** 886—90, 1963; Philadelphia, Pa., Univ. of Pennsylvania, Electrochem. Labor.; Naval Air. Engng. Center. Aeronaut. Mater. Labor.; engl.) — Die während der kathod. Beladung oder Galvanisierung eine palladinierte Membran aus Armcoeisen bzw. hochfestem Stahl AISI 4340 durchdringende H_2-Menge wird mit Hilfe der kathod. Polarisation unter galvanostat. Bedingungen gemessen. Die Prüf-Lsg. befindet sich auf der kathod. Seite der Membran, auf der anod. Seite 0,2n NaOH, das 10^{-5} Mol/Liter Pd-Nitritkomplex enthält. Bei Abscheidung von Cd aus einem Fluoroborat- oder DL-α-Amino-n-butyratbad ist die H_2-Menge gegenüber der Abscheidung aus dem cyanid. Bad gering. Der Diffusions-Koeff. von H_2 für Eisen wird zu $8{,}3\cdot10^{-5}$ cm^2/s, der für Stahl zu $2{,}0\cdot10^{-7}$ cm^2/s bei 25 ± 1^0 bestimmt. Der Zusammenhang zwischen H_2-Durchdringung u. -Versprödung des Eisens bzw. Stahls wird mit Hilfe von Festigkeits-Unterss. aufgezeigt. P. Frenzel. 143◇

0337 **Reibung und anodischer Schutz.** C. Edeleanu und T. Law. (Chem. and Ind. **1961,** 1347—48; Cambridge, Tube Investm. Res. Labor.; engl.) — Zur Klärung des in chem. Anlagen an bewegten Teilen bei der Anbringung eines anod. Passivierungsschutzes stellenweise beobachteten Bruchs, der auf Reibung zurückzuführen ist, wurden Unterss. mit maschinell in 30%ig. H_2SO_4 unter einer Spannung von 0,3 V sich aneinander reibenden Edelstahlteilen durchgeführt. Bei der reibenden Bewegung nimmt die Stromstärke zu, der Strom fließt aber nicht kontinuierlich, sondern in kurzen Impulsen. Jeder Stromstoß entspricht dem Auftreten einer frischen Metalloberfläche, doch geht bei Verw. von H_2SO_4 die Repassivierung sehr schnell vonstatten, so daß in diesem Falle die Korrosion unerheblich bleibt. W. Betcke. 143◇

0338 **Die Korrosion von Reaktorwerkstoffen in wässeriger Lösung.** J. N. Wanklyn und P. J. Jones. (J. nuclear Mater. [Amsterdam] **6,** 291—329, 1962; Harwell, A.E.R.E., U.K.A.E.A., Metallurg. Div.; engl.) — Ausführliche Übersicht: Korrosion von Stählen, Zr- u. Al-Legg., U, Inconel, Ti, Mg, Be, Nb, Hf, Ag-Legg., Cd, Th, Pu; Korrosions-Prodd.; technolog. u. wissenschaftliche Gesichtspunkte. — 393 Literaturangaben. A. Blaschette. 143◇

A$_4$. Thermodynamik, Thermochemie

0339 **Das Kausalgesetz und der zweite Hauptsatz der Thermodynamik.** J. P. Terletsky. (J. Physique Radium **21,** 681—84, 1960; Moscow, Univ.; franz. — C. **1963,** 11537.) A. Blaschette. 146◇

0340 **Alternativableitung einiger thermodynamischer Formeln.** H. L. Armstrong. (Amer. J. Physics **28,** 677—78, 1960; Kingston, Ontario, Canada, Queen's Univ.; engl.) —

Ableitung grundlegender Beziehungen der klass. Thermodynamik, bes. $dQ = T\,ds = C_p\,dT - TV\beta\,dp$.
A. Blaschette. 146◇

0341 **Wärmefluß in einer linearen Kette harmonisch gekoppelter Teilchen.** Ei Teramoto. (Progr. theoret. Physics [Kyoto] **28,** 1059–64, 1962; Kyoto, Kyoto Univ., Phys. Dep.; engl.) — Vf. zeigt, daß der mittlere Wert der kinet. Energie für eine lineare Kette harmon. gekoppelter Teilchen für $N \to \infty$ den Wert $kT/4$ mit $t \to \infty$ erreicht.
G. M. Neumann. 146◇

0342 **Molekulare Zustandssummen als Funktion lokaler Eigenschaften.** Dudley R. Herschbach, Harold S. Johnston und Donald Rapp. (J. chem. Physics **31,** 1652–61, 1959; Cambridge, Mass., Harvard Univ., Dep. of Chem.; Berkeley, Calif., Univ. of California, Dep. of Chem.; engl.) — Vff. leiten die klass. Zustandssumme für ein mehratomiges Mol. in einer Form ab, die für jedes Atom einen Faktor aufweist, welcher der freien Translationsbewegung des Atoms in ein durch die gemittelten Schwingungsamplituden des Atoms u. die geometr. Konfiguration der Nachbaratome definiertes effektives Vol. entspricht. Es wird eine Meth. zur Berechnung der geeigneten Vol.-Elemente bei beliebiger Wahl der inneren Koordinaten angegeben. Die Behandlung umfaßt harmon. Schwingungen, innere Rotationen sowie Rk.-Koordinaten. Durch quantenmechan. Korrekturen schrumpfen die Vol.-Elemente für den Fall von Hochfrequenzschwingungen. Da die Hauptfaktoren der Verteilungsfunktion in dieser Form durch lokale, weitgehend für die Bindungen in der Nachbarschaft jedes Atoms charakterist. Eigg. bestimmt sind, bleiben viele dieser Faktoren prakt. konst. u. können bei Rechnungen fortgelassen werden, die sich auf den Vgl. der reagierenden Komponenten mit den Prodd. oder mit dem aktivierten Komplex beziehen.
D. Jörchel. 146□

0343 **Thermodynamische Funktionen des anharmonischen Oscillators und schwingenden Rotators.** 2. Mitt. **Rotationsverteilungsfunktion zweiatomiger Moleküle in Multiplett-Σ-Elektronenzuständen.** D. Papoušek. (Collect. czechoslov. chem. Commun. **27,** 1–8, 1962; Brno, Purkyně-Univ., Inst. für theoret. u. physikal. Chem.; dt.) — 1. vgl. C. **1963,** 9588. — Die Berechnung der Rotationsverteilungsfunktion 2atomiger Moll. in Multiplett-Σ-Elektronenzuständen wird erörtert. Der Ausdruck für die Rotationsverteilungsfunktion für heteronucleare Moll. kann in der Form $({}^{2S+1}Q_r)_v = (2S+1)\,({}^1Q_r)_v + Q(S)$ geschrieben werden, wo S den resultierenden Elektronspin, $({}^1Q_r)_v$ die Rotationsverteilungsfunktion für den ${}^1\Sigma$-Zustand bedeutet u. Q(S) eine kleine, der Temp. umgekehrt proportionale Korrektur ist, deren Beitrag zu den thermodynam. Funktionen bei Temp. $T > 100°$ K auch bei höherer Multiplizität des Spins vernachlässigt werden kann. Zur Berechnung von $({}^{2S+1}Q_r)_v$ ist die Kenntnis der Wechselwrkg.-Konst. des Spins u. des Rotationsspins meist nicht nötig, so daß die Berechnung der thermodynam. Funktionen grundsätzlich in den Fall der Berechnung der Verteilungsfunktion des anharmon. Oscillators u. schwingenden Rotators für den ${}^1\Sigma$-Zustand übergeht. Die Ausdrücke für Q(S) sind angeführt, die den Fehler infolge der Vernachlässigung der Spaltung der Rotationsniveaus zu berechnen ermöglichen. Die Ergebnisse können auch auf den Fall homonuclearer Moll. erweitert werden. Die thermodynam. Funktionen des idealen Gases beim Druck von 1 atm für *SO*, *SeO* u. *TeO* wurden im Temp.-Bereich 200–3000° K berechnet u. tabelliert.
I. Frič/Prag. 146

0344 **Berechnung der thermodynamischen Funktionen von zweiatomigen idealen Gase, deren Moleküle sich im ${}^3\pi$-Elektronenzustand befinden.** B. I. Brounstein und G. N. Jurkow. (J. physik. Chem. [UdSSR] **33,** 1289–98, 1959; Leningrad, Inst. für angew. Chem.; russ., Auszug: engl.) — Die früher von Gordon vorgeschlagene Meth. zur Berechnung der Freien Energie idealer 2atomiger Gase im inversen ${}^3\pi$-Zustand gibt bei tiefen Temp. ungenaue Ergebnisse. Vff. entwickeln genauere Gleichungen zur Best. der Freien Energie u. der Entropie für den inversen u. den regulären ${}^3\pi$-Zustand im Bindungsniveau nach Hund u. vergleichen die verschiedenen Meth. durch Berechnungen für C_2 u. TiO.
H. Roschkowski. 146◇

0345 **Anomaler Wert der Schwingungstemperatur von HCl in den Versuchen von Cashion und Polanyi.** A. I. Ossipow. (J. physik. Chem. [UdSSR] **36,** 1798, 1962; Moskau, Univ., Phys. Fak., Lehrst. für Mol.-Phys.; russ.) — Vgl. C. **1963,** 16078. — Cashion u. Polanyi (Proc. Roy. Soc. [London], Ser. A **258,** [1960], 529) haben gefunden, daß HCl-Moll. aus der Rk. $H + Cl_2 \to HCl + Cl$ Boltzmannsche Verteilung mit der Schwingungs-Temp. (ST) 2700° K zeigen. Die Verweilzeit der HCl-Moll. im Konus entsprach dabei ca. 10^4 Stößen, davon ca. 10% zwischen HCl-Moll. untereinander. Dieser Wert liegt zwischen $1/Q_{10}$ (Q_{10} = Wahrscheinlichkeit des Übergangs eines Schwingungsquants beim Zusammenstoß von Oscillatoren im ersten angeregten u. Grundzustand) u. $1/P_{10}$ (P_{10} = Wahrscheinlichkeit des Oscillatorübergangs aus dem ersten angeregten in den Grundzustand); das 1. Stadium der Gleichgewichtseinstellung ist also beendet, das 2. Stadium hat noch nicht begonnen. Daraus erklärt sich der anomale Wert von ST: es gibt verschiedene Temp. für die verschiedenen Freiheitsgrade.
R. K. Müller. 146◇

0346 **6. und 7. Virialkoeffizienten für das Modell paralleler Hartwürfel.** William G. Hoover und Andrew G. De Rocco. (J. chem. Physics **36,** 3141–62, 1962; Ann Arbor, Mich., Univ. of Michigan, Dep. of Chem.; engl.) — Vgl. C. **1962,** 2271. — Vff. entwickeln eine Meth. zur Berechnung der Virial-Koeff. für parallele harte Linien, Quadrate u. Würfel u. bestimmen für diese Modelle die 6. u. 7. Virialkoeffizienten. Wesentlich für die Berechnung der Sternintegrale ist die Erkenntnis, daß nur wenige „Unterintegrale" — verglichen mit der Gesamtanzahl der Sternintegrale — zu jedem Virial-Koeff. beitragen. Die 6. u. 7. Virial-Koeff. für harte Würfel sind beide negativ, was vom Standpunkt der Phasenübergänge aus interessant ist. Ferner werden angegeben: Näherungen der Überschußentropie für Quadrate u. Würfel, Näherungsberechnungen der Paarverteilungsfunktion u. des Potentials der mittleren Kraft in 4. Näherung für Linien, Quadrate u. Würfel sowie die topolog. Graphen u. Werte aller erforderlichen Integrale in einer Dimension.
D. Jörchel. 146□

0347 **Lösungen der Percus-Yevick-Gleichung.** A. A. Broyles. (J. chem. Physics **35,** 493–96, 1961; Gainesville, Fla., Univ. of Florida, Dep. of Phys.; engl.) — Vgl. C. **1962,** 7794. — Für eine einfache Fl., deren Moll. nach einem Lennard-Jones-Potential $4\varepsilon[(a/r)^{12} - (a/r)^6]$ wechselwirken, wird die PY-Gleichung für die radiale Verteilungsfunktion mit Hilfe einer IBM 650 numer. gelöst. Die therm., die calor. Zustandsgleichung u. die isotherme Kompressibilität werden im Bereich $kT/\varepsilon = 2{,}74$ bei den Konzz. $na^3 = 2/5$, 5/6, 1, 10/9 ermittelt. Vgl. zu den Rechnungen von Wood u. Parker, die die Monte-Carlo-Meth. benutzten, werden durchgeführt. Die Abweichungen betragen höchstens 3%.
G. Kelbg. 146□

0348 **Eine exakte Entwicklung der reduzierten Verteilungsfunktionen in einer homogenen dichten klassischen Flüssigkeit.** Frank C. Andrews. (Physic. Rev. [2] **125,** 1461–69, 1962; Berkeley, Calif., Univ. of California, Dep. of Chem.; engl.) — Die Liouville-Gleichung wird mit einer funktionentheoret. Meth. untersucht, die der Diagrammtechnik der Brüsseler Schule (Prigogine) äquivalent ist. Im Fall, daß nur Nahordnung vorliegt u. die Anfangskorrelationen abgeklungen sind, wird eine geschlossene Best.-Gleichung für die Impulsverteilungsfunktion aufgefunden. Diese hat Markow-Charakter, wenn die Impulsverteilungsfunktion während der Stoßzeit näherungsweise konst. ist. Die red. s-Teilchen-Verteilungsfunktionen werden als Funktional der Impulsverteilungsfunktion ausgedrückt. W. Ebeling. 146◇

0349 **Die Annäherung an das Gleichgewicht in einer dichten klassischen Flüssigkeit.** Frank C. Andrews. (Physic. Rev. [2] **125,** 1469–72, 1962; engl.) — Vgl. vorst. Referat. — Die Lösung der l. c. erhaltenen Gleichung für die Impulsverteilungsfunktion wird untersucht u. es wird gezeigt, daß sie monoton gegen die kanon. Gleichgewichtsverteilung konvergiert. Analog konvergiert die s-Teilchen-Verteilungsfunktion gegen ihre Gleichgewichtsverteilung.
W. Ebeling. 146◇

0350 **Eine Entwicklung der reduzierten Verteilungsfunktionen für inhomogene dichte klassische Flüssigkeiten.** Frank C. Andrews. (Physic. Rev. [2] **125,** 1473–77, 1962; engl.) — Vgl. vorst. Referate. — Ist die Inhomogenität der Fl. vernachlässigbar im Gebiet einer Stoßregion, werden nach einer l. c. entwickelten Meth. Gleichungen für die 1-Partikel- u. s-Partikel-Verteilungsfunktionen erhalten. Markow-Charakter ergibt sich, wenn die zeitliche Variation in der Stoßzeit klein ist. Physikal. Bedeutung u. Beziehung zur Boltzmann-Gleichung werden diskusiert. W. Ebeling. 146◇

0351 **Anharmonische Beiträge zu den thermodynamischen Schwingungseigenschaften von festen Körpern. 3. Mitt. Grenzfall tiefer Temperaturen.** P. A. Flinn und A. A. Maradudin. (Ann. Physics **22,** 223–38, 1963; Pittsburgh, Pa., Westinghouse Res. Labor.; engl.) — 2. vgl. C. **1963,** 16447. — Die kub. u. quart. anharmon. Anteile der Helmholtzschen Freien Energie eines flächenzentrierten kub. Kristalls, dessen Gitterbausteine mit ihren nächsten Nachbarn über zentrale Kräfte in Wechselwrkg. stehen, werden für den Grenzfall tiefer Temp. berechnet. A. Blaschette. 146◇

0352 **Symmetrie der Konfigurationsentropie in der Gitterstatistik.** W. H. Kleiner. (J. chem. Physics **36,** 76–82, 1962; Lexington, Mass., MIT, Lincoln Labor.; engl.) — Vf. untersucht die allg. Bedingungen, unter denen die Konfigurationsentropie einer bin. festen Lsg. symm. in bezug auf eine Zus. um den 50–50-Zus.-Punkt ist, u. diskutiert Spinkoordinaten- u. Besetzungszahl-Darst. der Konfigurationsenergie. Wenn die Plätze der Platzordnung infolge räumlicher Symmetrie äquivalent sind, ist die Konfigurationsentropie für beliebige Paar-Wechselwrkg.-Modelle symm.; eine Asymmetrie der Konfigurationsentropie erfordert die Ggw. einiger n-Platz-Wechselwrkg. ($n = 3, 5, 7, \cdots$). Anwendungen dieser Ergebnisse auf Ordnungs–Unordnungs-Legg. u. physikal. Adsorptions-Syst. werden behandelt. D. Jörchel. 146□

0353 **Diffusion durch heterogene Systeme.** Prem Behari Mathur. (Bull. Acad. polon. Sci., Sér. Sci. chim. **8,** 429–32, 1960; Allahabad, India, Univ., Dep. of Chem.; engl.) — Theoret. Untersuchung. W. Betcke. 146◇

0354 **Die molalen Partialvolumina der Ionen OCN^-, $SeCN^-$, ReO_4^-, BF_4^-, SO_3F^- und $SO_3NH_2^-$.** J. R. Maurey und J. Wolff. (J. inorg. nuclear Chem. **25,** 312–14, 1963; Bethesda, Md., Nat. Inst. of Health, Nat. Inst. of Arthritis and Metabolic Diseases; engl.) — Die Dichten (g/ml) der wss. Lsgg. nachst. Salze u. die scheinbaren molalen Vol. (ml/Mol) bei 25° werden bestimmt: *KOCN*, 0,2005–4,023 m, 1,00614 bis 1,17026 u. 35,87–38,17; *KSeCN*, 0,1993–3,928 m, 1,01391–1,32412 u. 59,60–60,99; *$NaReO_4$*, 0,06708 bis 0,6836 m, 1,01221–1,15068 u. 47,43–48,71; *NH_4BF_4*, 0,2490 bis 1,683 m, 1,00769–1,06812 u. 62,30–62,82; *NH_4SO_3F* 0,2514–2,947 m, 1,01002–1,14737 u. 65,69–66,30; *$NH_4 \cdot SO_3NH_2$*, 0,2499–4,228 m, 1,01045–1,20512 u. 60,65–65,10. Daraus ergeben sich für die Anionen als molale Partial-Vol. bei unendlicher Verdünnung Φ_0 (ml/Mol) bei 25°: ReO_4^- 48,7; OCN^- 26.7; $SeCN^-$ 50,3; BF_4^- 44,0; SO_3F^- 47,8 u. $SO_3NH_2^-$ 41,4; außerdem wird für J^- 36,8 u. für SCN^- 41,0 gefunden. G. Heller. 148◇

0355 **Gleichung für die Dichte von binären wässerigen Lösungen.** E. A. Gjunner. (J. physik. Chem. [UdSSR] **33,** 683–87, 1959; Ssimferopol, Päd. Frunse-Inst. der Krim; russ., Auszug: engl.) — Vgl. C. **1963,** 19503. — Für die Dichte bin. wss. Lsgg. wird die empir. Gleichung $d = d_0 - \ln[1 - B \cdot (p)p]$ (d_0 = Dichte des Lsgm., p = Gew.-Bruch des gelösten Stoffs) angegeben. Die Funktion B(p) ist bei „Lsgg. 1. Art" linear [empir. ermittelt bei Lsgg. von KCN, $K_2Cr_2O_7$, NaSCN, NaJ, KJ, $Be(NO_3)_2$, KHS, NH_4Cl u. einer größeren Anzahl nicht genannter Salze], bei den anderen Lsgg. „2. Art" eine gebrochene Linie u. sehr selten eine Kurve [von 94 untersuchten Verbb. dieser Art werden Na_2WO_4, $Cr_2(SO_4)_3$, H_2SeO_4, HNO_3, H_3PO_4, KH_2PO_4 u. $ZnCl_2$ genannt]. Das Auftreten von Knicken in der Funktion B(p) wird mit Veränderungen der Hydratation des gelösten Stoffs in Verbindung gebracht. Danach werden die Hydrate $HCl \cdot 18\,H_2O$, $HCl \cdot 6\,H_2O$ u. $K_2CO_3 \cdot 18\,H_2O$ festgestellt. Die Knickpunkte von B(p) für LiCl, NaCl u. $NaNO_3$ verschieben sich mit steigender Temp. zu niederen Konzentrationen.
H. Roschkowski. 148◇

0356 **Konstruktion eines Dilatometers hoher Genauigkeit. Die Ausdehnung des Kupfers.** J. L. Verhaeghe, G. G. Robbrecht und E. van Outryve. (J. Physique Radium, Physique appl. **23,** 109–10, 1962; Gand, Univ., Labor. Verschaffelt; franz.) — Das beschriebene Gerät kann im Bereich −190 bis +700° eingesetzt werden. Die Ausdehnung von *Cu* in diesem Bereich wird graph. mitgeteilt.
A. Blaschette. 148◇

0357 **Über die Vorstellung der expliziten Form der Zustandsgleichung eines realen Gases, ausgedrückt durch die unabhängigen Variablen T und v.** W. A. Sagorutschenko und P. M. Kesselman. (J. physik. Chem. [UdSSR] **33,** 1221–29, 1959; russ., Auszug: engl.) — Auf Grund von Unterss. an W., CH_4, C_2H_6 u. CO_2 wird gezeigt, daß sich die Zustandsgleichung $p = f(T, v)$ in der Virialform mathemat. in die Funktion $v = \varphi(T, p)$ umwandeln läßt, die die Eigg. eines realen Gases im gleichen Temp.-Bereich, jedoch in einem kleineren Dichtebereich wiedergibt. Der Dichtebereich hängt von der Anzahl der bei der Rechnung berücksichtigten Glieder u. von der Temp. ab u. kann mit Hilfe angegebener Kriterien bestimmt werden. H. Roschkowski. 149◇

0358 **Diffusionskoeffizienten der Systeme CO–CO und CO–N_2.** I. Amdur und L. M. Shuler. (J. chem. Physics **38,** 188–92, 1963; Cambridge, Mass., MIT, Dep. of Chem.; engl.) — Für die isosteren Syst. CO–CO u. CO–N_2 werden unter Verw. von ^{14}CO die Koeff. der Selbst- u. der gegenseitigen Diffusion bei Temp. von 195–373° K bestimmt. Die Meß-App. besteht aus einer zweikammerigen Diffusionszelle, die zur einen Hälfte mit ^{14}CO, zur anderen Hälfte mit CO bzw. N_2 gefüllt wird. In jeder Kammer befindet sich eine Elektrode auf dem Potential −165 V; die Ermittlung des Ausdruckes $D \cdot t$ (D = Diffusions-Koeff., t = Zeit) ist in exponentieller Abhängigkeit durch Messung des durch radioakt. Zerfall erzeugten Sättigungsionisationsstromes gegeben. Die Ergebnisse zeigen, daß D für Selbstdiffusion höher als für gegenseitige Diffusion ist; die Temp.-Abhängigkeiten betragen für CO–CO: $\log D = -4{,}7628 + 1{,}6601 \cdot \log T$, für CO–$N_2$: $\log D = -4{,}8606 + 1.6959 \cdot \log T$. Die Differenzen werden erklärt durch unterschiedliche Symmetriepotentiale u. Polarität des isosteren CO u. N_2. H. D. Freyer. 149◇

0359 **Neue, verallgemeinerte Gleichung für den Gasdiffusionskoeffizienten.** Ning Hsing Chen und Donald F. Othmer. (J. chem. Engng. Data **7,** 37–41, 1962; Brooklyn, N.Y., Polytechn. Inst. of Brooklyn; engl.) — Für den Gasdiffusions-Koeff. eines bin. Syst. mit geringem Druck wird eine verallgemeinerte Gleichung abgeleitet. Die Ergebnisse der an zahlreichen bin. Syst. ausgeführten Berechnungen werden mit den Werten, die andere Verff. ergeben, verglichen. — 33 Literaturangaben. W. Wesly. 149◇

0360 **Gestaltfaktoren der Thermodiffusionssäulen für ein aus starren kugelförmigen Molekülen bestehendes Gas.** S. Raman und S. C. Saxena. (J. chem. Physics **36,** 3345 bis 3352, 1962; Trombay, Bombay, India, Atom. Energy Establ., Chem. Engng. Div.; engl.) — Vff. berechnen die Gestaltfaktoren für ein Gas, dessen Moll. als starre Kugeln untereinander in Wechselwrkg. stehen. Die Werte treten an die Stelle früherer, auf unkorrekten theoret. Ausdrücken für die Gestaltfaktoren beruhenden Ergebnisse von Srivastava (C. **1958,** 10568) u. werden mit Literaturwerten von Gestaltfaktoren verglichen die dem Lennard-Jones-(12–6)-Potential u. Maxwellschen Modellen entsprechen. Eine Deutung der experimentellen Daten für *He* u. *Xe* zeigt, daß die mit dem inversen Potenzgesetz berechneten Werte der Trennungsfaktoren für beide Gase mit den experimentellen Daten besser als die mit dem (12–6)-Potential berechneten übereinstimmen, wobei die Verbesserung für Xe bes. ausgeprägt ist. D. Jörchel. 149□

0361 **Neue Messungen des Verhältnisses der Thermodiffusionskonstanten $\alpha\,(HT - H_2)/\alpha\,(HD - H_2)$.** Annick Lemaréchal. (J. Chim. physique Physico-Chim. biol. **59,** 808–10, 1962; Saclay, C.E.N., Serv. des Isotopes Stables; franz.) — In einer Heizdraht-Thermodiffusionssäule wurden die Gleichgewichtstrennfaktoren q_e von H_2–HD u. H_2–HT gleichzeitig als Funktion des Druckes (450–1150 Torr) u. des Temp.-Gradienten (600–1200° K Draht-Temp.) gemessen. Hieraus ergibt sich: $\alpha(HT-H_2) = 0{,}113 \pm 2{,}5\%$; $\alpha(HD-H_2) = 0{,}076 \pm 0{,}003$; Verhältnis $1{,}487 \pm 0{,}020$.
A. Blaschette. 149◇

0362 **Thermische Transpiration in Helium im Druckbereich 10^{-8} bis 20 Torr.** J. P. Hobson, T. Edmonds und R. Verreault. (Canad. J. Physics **41,** 983–85, 1963; Ottawa, Canada, Nat. Res. Council, Radio and Electr. Engng. Div.; engl.) — Über einen weiten Druckbereich wird das Transpirationsverhältnis $R = P_1/P_2 = (T_1/T_2)^{1/2}$ von He-Gas u. zum Vgl. von *Ne* experimentell bestimmt. Die Ergebnisse zeigen, daß die Bedingung $\lambda/d \gg 1$ eine notwendige, jedoch nicht ausreichende Bedingung für das Auftreten des theoret. Grenzwertes von $R = (T_1/T_2)^{1/2}$ ist (λ = mittlere freie Weglänge, d = App.-Konstante). R. Nink. 149◇

0363 **Eine Beziehung zwischen der unelastischen Neutronenstreuung und thermodynamischen Funktionen des flüssigen Heliums.** Michael Cohen. (Physic. Rev. [2] **118**, 27—41, 1960; Philadelphia, Pa., Univ. of Pennsylvania; engl.) — Ein Modell des fl. He wird theoret. analysiert, in dem die fl. Phase als eine Ansammlung von Anregungszuständen („Rotonen" mit einer Energie von nur $\geqq \Delta$) mit beliebiger, paarweiser, jedoch numer. konst. Wechselwrkg. betrachtet wird. Bestimmt werden die Entropie u. die Dichte der Fl. u. die Energieverteilung gestreuter Neutronen als Potenzreihen in der Dichte der Anregungen exp ($-\Delta$/kT). Die Analyse führt u. a. zu einem neuen Ausdruck für den 2. Virialkoeffizienten. K. Jaeger. 149◇

0364 **Wärmeleitung durch flüssiges Helium II in Capillarrohren. 3. Mitt. Gegenseitige Reibung.** D. F. Brewer und D. O. Edwards. (Philos. Mag. [8] **7**, 721—35, 1962; Oxford, Clarendon Labor.; engl.) — 2. vgl. C. **1963**, 6482. — Vff. bestimmten den stabilen superkrit. therm. Widerstand von fl. He II zwischen 1,2 u. 2,0° K in Capillarröhrchen von 52,0, 107,6 u. 366 μ Ø u. geben die Ergebnisse in Termen der Theorie der quantisierten Wirbellinien an. Die Gültigkeitsgrenzen der Theorie von Vinen (Proc. Roy. Soc. [London], Ser. A **243**, [1961], 400 werden diskutiert. D. Jörchel. 149◇

0365 **Die akustische Impedanz von flüssigem ^{3}He und der „Nullschall".** B. E. Keen, P. W. Matthews und J. Wilks. (Physics Letters [Amsterdam] **5**, 5—6, 1963; Oxford, Clarendon Labor.; engl.) — Der Reflexions-Koeff. des Schalles an einer Quarz-^{3}H-Grenzfläche hängt nur von der akust. Impedanz beider Medien ab. Die Schall-Geschw. im ^{3}He nimmt mit sinkender Temp. bei 0,09° K sprunghaft zu, was als Übergang zum „Nullschall" gedeutet werden könnte. H. U. Borgstedt. 149◇

0366 **Bestimmung der Freien Exzeßenergie einer binären Lösung aus der Taukurve. 2. Mitt. Anwendung auf das System Krypton–Methan bei 90,7° K.** A. Bellemans, C. Lefebvre und J.-L. Guisset. (Bull. Soc. chim. belges **69**, 441—48, 1960; Bruxelles, Univ. Libre, Labor. de Chim.-Phys.; franz.) — 1. vgl. C. **1960**, 13277. A. Blaschette. 149◇

0367 **Statistische Mechanik fester und flüssiger Mischungen von ortho- und para-Wasserstoff.** 2. Mitt. Agnessa Babloyantz und A. Bellemans. (Molecular Physics **3**, 313—18, 1960; engl.) — 1. vgl. C. **1960**, 16670; vgl. vorst. Referat. — Die l. c. durchgeführte theoret. Berechnung der Freien Konfigurationsenergie kondensierter Mischungen von p-H_2 u. o-H_2 bzw. p-D_2 u. o-D_2 wird verfeinert (Berücksichtigung der etwas unterschiedlichen Kräfte zwischen p- bzw. o-Moll.; Ersatz des Modells eines starren Gitters durch ein Syst. von Einstein-Oscillatoren). Die Übereinstimmung mit experimentellen Werten ist besser. A. Blaschette. 149◇

0368 **Über die statistische Theorie der Suprafluidität.** P. Résibois und I. Prigogine. (Physica [Utrecht] **28**, 1—14, 1962; Bruxelles, Univ. Libre, Fac. des Sci.; engl.) — Vff. entwickeln eine statist. Theorie der Suprafluidität in einem nichtidealen Bose-Gas u. zeigen, daß die Dichtefluktuationen, welche linear in den Erzeugungs- u. Vernichtungsoperatoren der Anregungen sind, der Suprafluidität entsprechen, während die Fluktuationen, welche quadrat. in diesen Operatoren sind, einer Normal-Fl. entsprechen. Auf diese Weise wird eine direkte Verbindung zwischen dem Zweiflüssigkeitenmodell u. der makroskop. Besetzung des Grundzustandes aufgestellt. Die Untersuchung eröffnet den Weg zur Berechnung der Reibungskraft zwischen normalen u. Supraflüssigkeiten. D. Jörchel. 149□

0369 **Gleichung für die Verdampfungsgeschwindigkeit einer Flüssigkeit unter den Bedingungen einer erzwungenen Konvektion.** I. P. Budarow. (J. physik. Chem. [UdSSR] **33**, 920—21, 1959; russ., Auszug: engl.) — Eine Gleichung wird vorgeschlagen, die die Verdampfungs-Geschw. von Fll. unter erzwungener Konvektion mit der Reynolds- u. Prandtl-Zahl in Beziehung setzt. Sie ist gültig für Re-Werte von $10-2\cdot10^5$. H. Roschkowski. 150◇

0370 **Über den kritischen Zustand bei Flüssigkeit–Gas-Übergängen.** W. Ju. Urbach. (J. physik. Chem. [UdSSR] **33**, 515—22, 1959; Moskau, Lomonossow-Univ.; russ., Auszug: engl.) — Die krit. Erscheinungen in Fl.-Gas-Syst. werden als Ergebnis des Verschwindens der Oberflächenspannung zwischen der Fl. u. ihrem Dampf bei einer bestimmten Temp. gedeutet, was zu einem derart starken Stoffübergang führt, daß die Phasen makroskop. nicht mehr unterscheidbar sind. Jedoch werden die unterschiedlichen Mol.-Zustände auch bei Temp. > T_k (krit. Temp.) beibehalten, wie sich opt. u. röntgenograph. zeigen läßt. Die Lage des krit. Punktes, der die Grenzkurve zwischen Fl. u. Gas in zwei Teile teilt (die sich nur durch die Art der Umwandlung einer Verb. von einem Zustand zum anderen, entweder durch Abtrennung eines neuen Aggregatzustandes als makroskop. Phase oder in feinverteilter Form unterscheiden), kann durch Zusatz oberflächenakt. Verbb. in beliebiger Richtung verschoben werden. Unterss. wurden an W. mit Zusatz von NaOH, H_2MoO_4, $Al(OH)_3$ u. $Fe(OH)_3$ durchgeführt. H. Roschkowski. 150◇

0371 **Polythermische Methode zur Untersuchung der Flüssigkeit-Gas-Gleichgewichte bei hohen Drücken und Temperaturen.** I. R. Kritschewski und G. A. Ssorina. (J. physik. Chem. [UdSSR] **33**, 1151—53, 1959; Moskau, Inst. für Stickstoffind.; russ., Auszug: engl.) H. Roschkowski. 150◇

0372 **Einfluß der elektrostatischen Wechselwirkung von Molekülen auf die thermodynamischen Funktionen einer Lösung.** Yong Ho Kim. (J. physik. Chem. [UdSSR] **33**, 381—88, 1959; Moskau, Lomonossow-Univ.; russ., Auszug: engl.) — Die thermodynam. Exzeßfunktionen von Lsgg. polarer Moll. werden unter Verw. des Prinzips der übereinstimmenden Zustände berechnet. Auf Grund der Ergebnisse wird der Einfl. der elektrostat. Wechselwrkg. der Moll. auf die Funktionen bestimmt. Dieser Einfl. kann gering sein, wenn beide Moll. der Lsg.-Komponenten ähnliche elektr. Eigg. besitzen. Die Freie Exzeßenergie kann in bes. Fällen negative Werte annehmen. Eine Asymmetrie der Kurve der Freien Exzeßenthalpie gegen den Molenbruch der Lsg. wird durch die unterschiedlichen Größen u. elektrostat. Eigg. der Moll. der Lsg. hervorgerufen. Im allg. ist das Maximum der Kurve zur Komponente mit dem kleineren Mol. verschoben. Die experimentellen Unterss. wurden an den Syst. Chlf.–Bzl., Methylalkohol–Bzl., Methylalkohol–Chlf. u. A.–Chlf. durchgeführt. H. Roschkowski. 150◇

0373 **Einfluß von Fluktuationen auf den Aktivitätskoeffizienten binärer Nichtelektrolyte, weit von der kritischen Lösungstemperatur entfernt.** A. N. Kirginzew. (J. physik. Chem. [UdSSR] **33**, 813—21, 1959; Wladiwostok, Fernost-Filiale der Akad. der Wiss. der UdSSR; russ., Auszug: engl.) — Für den Einfl. von Konz.-Fluktuationen auf die Aktivitäts-Koeff. der Komponenten bin. Lsgg. wird eine Gleichung aufgestellt, aus der die empir. Gleichungen von Margules u. Redlich-Kister abgeleitet werden können. Derartige Konz.-Fluktuationen werden als Ursache für das Abweichen der Eigg. realer von denen regulärer Lsgg. angesehen. H. Roschkowski. 150◇

0374 **Abhängigkeit der Aktivitätskoeffizienten von Metallen in binären Lösungen von deren Zusammensetzung.** Władysław Ptak. (Zeszyty naukowe Akad. górniczo-hutniczej [Kraków], Metalurgia Odlewnictwo **1961**, Nr. 7, 59—92; Kat. metalurg. metali nieżelaznych AGH, Zakład. met. metali lekkichy; poln.) — Vf. diskutiert die Anwendung der Gleichungen von Margules, Guggenheim, van Laar, Krupkowski u. Lumsden auf 3 von ihm untersuchte Syst. (*Sn–Zn*, *Cd–Pb*, *Zn–Pb*). Um die relativen Fehler bei der Best. der Aktivitäts-Koeff. niedrig zu halten, wurde in Bereichen gearbeitet, in denen die Abweichungen von den Verhältnissen in einer idealen Lsg. möglichst groß sind. Es wird eine graph. Meth. zur Interpretation der experimentellen Daten beschrieben, die den Anwendungsbereich der obengenannten Gleichungen erweitert. D. Zobel. 150◇

0375 **Weitere Beweise für das Vorhandensein eines Atomradieneffektes in verdünnten binären Lösungen flüssiger Metalle.** S. W. Strauss. (Acta metallurg. [New York] **10**, 171—72, 1962; Washington, D.C., U.S. Naval Res. Labor., Metallurgy Div.; engl.) — Es wurden für gesätt., jedoch relativ verd. Lsgg. fl. Metalle, thermodynam. zu atomaren Konst. in Beziehung gesetzt. Für diese Lsgg. gilt die Gleichung $\log N = A/T + B$, wobei N der Atombruch des gelösten Metalls, T die abs. Temp. u. A, B Konst. sind. B gegen S, dem Verhältnis der Atomradien von lösendem zu gelöstem Metall, aufgetragen, ergibt eine Kurve mit zwei Minima bei S = 1,05 u. S = 1,85. Es wurden die Daten für 11 Syst. mit der Koordinationszahl 6 (*Pb* als Lsgm.: *Cu*, *Ni–C*, *Co–C*,

Fe–C, *Mn*–C, *Bi*–C, Pb–Ni, Pb–Co, *In*–*Be*, *Na*–Ni, Na–Fe) u. für 31 Syst. mit der Koordinationszahl 12 (*Zn* als Lsgm.: Bi, Zn–Pb, *Al*–Pb, Fe–Pb, Zn–*Tl*, Al–Bi, *Mg*–*Zr*, Mg–*U*, *Li*–*Ti*, Li–*Mo*, Li–*Cr*, Li–Fe, Li–Ni, Mg–Fe, Mg–Mn, *Ag*–Ni, Pb–Al, *Ga*–Be, *Sn*–Cr, Pb–Cr, Pb–Mn, Na–Ag, Bi–Cr, Bi–Fe, Pb–*Cu*, Sn–Be, Pb–Ni, Pb–Co, In–Be, Na–Fe, Na–Ni) des gelösten Atoms ausgewertet. D. Rogalla. 150◇

0376 **Der Einfluß der Elektronegativität auf die fest-flüssig-Mischbarkeit.** W. Hume-Rothery. (J. less-common Metals [Amsterdam] **4**, 390—92, 1962; Oxford, Univ., Dep. of Metallurgy; engl.) — Vf. diskutiert an Hand des Gschneidner-Diagramms (C. **1963**, 21091), in dem die Atom-Radien verschiedener Metalle für die Koordinationszahl 12 gegen die Elektronegativität aufgetragen ist, den Einfl. letzterer auf die fest–fl.-Mischbarkeit. G. Talsky. 150◇

0377 **Ordnungseffekt in der Theorie der Lösungen.** A. M. Jewssejew. (J. physik. Chem. [UdSSR] **33**, 112—18, 1959; Moskau, Lomonossow-Univ.; russ., Auszug: engl.) — Vgl. C. **1959**, 4052. — Mit Hilfe der SCF-Meth. wird ein Verf. zur Berücksichtigung des Ordnungseffektes in fl. metall. Syst. entwickelt. Die Gleichungen beschreiben z. T. quant. die Abhängigkeit der thermodynam. Funktionen von der Konz. z. B. in den Syst. Cd–Bi, Cd–Sb, Pb–Bi u. Tl–Pb. H. Roschkowski. 150◇

0378 **Kryoskopie in geschmolzenen Alkalisalzen — Messungen in geschmolzenem Natriumchromat.** Riccardo Riccardi. (Boll. sci. Fac. Chim. ind. Bologna **20**, 92—95, 1962; Pavia, Univ., Ist. di Chim. fis.; ital.) — Kryoskop. Messungen von Lsgg. in geschmolzenem Na_2CrO_4 (I) wurden unter Verw. von *NaCl*, *NaBr*, *NaJ*, *NaF*, $NaPO_3$, Na_3PO_4, $Na_4P_2O_7$ (II), Na_2CO_3, $Na_2Cr_2O_7$ u. *LiF* ausgeführt. Aus den erhaltenen kryoskop. Daten wird für die Schmelzwärme des Lsgm. ein Wert von 5,84 kcal/Mol berechnet. Zudem wurde gefunden, daß in II-Lsgg. in I $P_2O_7^{4-}$ in PO_3^- u. PO_4^{3-} dissoziiert ist, wie es ähnlich für II-Lsgg. in anderen geschmolzenen Phasen schon bekannt ist. — 16 Literaturangaben. G. Platzer. 150◇

0379 **Thermodynamische Eigenschaften einiger gemischter Borhalogenide.** 1. Mitt. G. Nagarajan. (Bull. Soc. chim. belges **71**, 65—72, 1962; Annamalainagar, South India, Annamalai Univ., Dep. of Phys.; engl.) — Aus bekannten IR- u. Raman-Spektren wurden für die in bin. Mischungen der Bortrihalogenide auftretenden Verbb. BF_2Cl, $BFCl_2$, BF_2Br, $BFBr_2$, BCl_2Br u. $BClBr_2$ mit ^{10}B u. ^{11}B (Symmetrie C_{2v}) unter der Annahme eines Modells eines starren Rotators u. harmon. Oscillators die Trägheitsmomente u. für den idealen Gaszustand bei 1 atm Wärmeinhalt, Freie Energie, Entropie u. Molwärme zwischen 100 u. 1700° K berechnet u. tabellar. mitgeteilt. P. Sartori. 151◇

0380 **Thermodynamische Eigenschaften einiger Bortrihalogenide.** 2. Mitt. G. Nagarajan. (Bull. Soc. chim. belges **71**, 73—76, 1962; engl.) — 1. vgl. vorst. Referat. — Für BF_3 u. BCl_3 mit ^{10}B u. ^{11}B (Symmetrie D_{3h}) wurden aus bekannten IR- u. Raman-Frequenzen unter der Annahme eines Modells eines starren Rotators u. harmon. Oscillators die Trägheitsmomente sowie Wärmeinhalt, Freie Energie, Entropie u. Molwärme für den idealen Gaszustand bei 1 atm zwischen 100 u. 1600° K berechnet u. tabellar. mitgeteilt. P. Sartori. 151◇

0381 **Thermodynamische Eigenschaften einiger Metallhexafluoride.** G. Nagarajan. (Bull. Soc. chim. belges **71**, 77—81, 1962; engl.) — Vgl. vorst. Referate. — Für die Moll. MoF_6, WF_6, IrF_6, UF_6, NpF_6 u. PuF_6 (Oktaeder O_h) wurden aus den bekannten Grundschwingungen u. Trägheitsmomenten die thermodynam. Daten für Wärmeinhalt, Freie Energie, Entropie u. Molwärme für den idealen Gaszustand bei 1 atm zwischen 50 u. 1600° K berechnet u. tabellar. mitgeteilt. P. Sartori. 151◇

0382 **Potentialkonstanten von Jodheptafluorid.** G. Nagarajan. (Bull. Soc. chim. belges **71**, 82—99, 1962; engl.) — Vgl. vorst. Referate. — Für JF_7 (pentagonale Bipyramide D_{5h}) wurden aus den nach Wilson berechneten F- u. G-Matrixelementen u. den bekannten Grundschwingungen die Valenzkraft-Konst. berechnet, tabellar. mitgeteilt u. mit den für JF_5 erhaltenen Werten verglichen. P. Sartori. 151◇

0383 **Potentialkonstanten und thermodynamische Eigenschaften einiger Moleküle vom Typ XY_4.** G. Nagarajan. (Bull. Soc. chim. belges **71**, 119—30, 1962; engl.) — Vgl. vorst. Referate. — Für die Verbb. CF_4, PbF_4, $PbCl_4$, $PbBr_4$, PbJ_4, $ZrCl_4$, $ZrBr_4$, ZrJ_4, $HfCl_4$, $HfBr_4$, HfJ_4, $GaCl_4^-$, $GaBr_4^-$, GaJ_4^-, $InBr_4^-$, InJ_4^-, ZnJ_4^{2-}, $TlBr_4^-$, AsO_4^{3-}, TeO_4^{2-}, BF_4^- u. $[B(OH)_4]^-$ der Symmetrie T_d wurden nach Wilson die Grundschwingungen berechnet, mit den experimentellen Werten verglichen u. die Potential- u. Wechselwrkg.-Konst. berechnet u. tabellar. mitgeteilt. Aus den Trägheitsmomenten u. Grundschwingungen wurden für die genannten neutralen Moll. (außer CF_4) die thermodynam. Eigg. (Wärmeinhalt, Freie Energie, Entropie u. Molwärme) zwischen 50 u. 1400° K auf der Basis eines Modells eines starren Rotators u. harmon. Oscillators für den idealen Gaszustand bei 1 atm Druck berechnet u. tabellar. mitgeteilt. P. Sartori. 151◇

0384 **Urey-Bradley-Kraftfeld: Einige Ionen vom Typ XY_4.** M. Radhakrishnan. (Z. physik. Chem. [Frankfurt/M.] [N. F.] **36**, 227—31, 1963; engl.) — Vgl. vorst. Referate. — Für die Ionen $AlCl_4^-$, PCl_4^-, $AsCl_4^-$, $InCl_4^-$, $TlCl_4^-$, $TlBr_4^-$, TlJ_4^-, $^{10}BH_4^-$, $^{10}BD_4^-$, $^{11}BH_4^-$, $^{11}BD_4^-$, ZnJ_4^-, TeO_4^{2-}, AsO_4^{3-} u. $B(OH)_4^-$ (Symmetrie T_d) wurden aus IR-spektroskop. Daten die Urey-Bradley-Potential-Konst. nach Wilson berechnet u. tabellar. mitgeteilt u. ihre Änderungen innerhalb homologer Reihen diskutiert. P. Sartori. 151◇

0385 **Über die gegenseitige Beziehung zwischen den Volumeneigenschaften und den Eigenschaften der spezifischen Wärme wässeriger Elektrolytlösungen.** A. P. Rutzkow. (J. physik. Chem. [UdSSR] **33**, 294—301, 1959; Archangelsk, Techn. Kuibyschew-Inst.; russ., Auszug: engl.) — Die Änderungen des Vol. u. der spezif. Wärme von Elektrolyten (mit Ausnahme von Säuren) folgen in 1. Näherung dem $\sqrt{C}$-Gesetz. Diese Näherung ist exakt jedoch nur für wenige Ionen gültig. Für die Mehrzahl der Elektrolyte, bes. wenn in die Wrkg. elektrostat. ion. Kräfte die Wrkg. „quasimechan." Kräfte einbezogen ist, ändern sich beide Größen nicht in der gleichen Weise. Eingehende Unterss. dazu wurden an wss. Lsgg. von NaCl, NaJ, $NaNO_3$, Na_2SO_4, $MgSO_4$, KCl, KJ, KH_2PO_4, K_2SO_4, LiCl, $MgCl_2$, $CaCl_2$, $BaCl_2$, NaOH, KBr u. CsCl durchgeführt. H. Roschkowski. 151◇

0386 **Bestimmung der Wärmemenge durch Messung des Wärmestromes.** N. D. Kossow und O. W. Riwin. (J. physik. Chem. [UdSSR] **33**, 83—90, 1959; Alma-Ata, Kasach. Univ.; russ., Auszug: engl.) — Beschreibung eines Verf. bes. zur Best. der Wärme solcher chem. Rkk., bei denen die Wärme-Entw. im gegebenen Temp.-Bereich wenig von der Temp. abhängt. Untersucht wurden die Rkk. $C_2H_5OH + H_2O$, $H_2SO_4 + H_2O$, $NaOH + H_2SO_4$ u. $KOH + H_2SO_4$. H. Roschkowski. 156◇

0387 **Über die Berechnung von Nebenprozessen bei calorimetrischen Messungen.** W. P. Kolessow und Ss. M. Skuratow. (J. physik. Chem. [UdSSR] **33**, 32—35, 1959; Moskau, Lomonossow-Univ.; russ., Auszug: engl.) — Es wird eine Meth. zur Ausschaltung des Fehlers vorgeschlagen, der bei calorimetr. Messungen durch eine mit konst. Geschw. während der Haupt- u. Endphase einer Rk. verlaufende Neben-Rk. entsteht. Bei der Best. der Wärme schnell verlaufender Prozesse kann die Korrektur für den Wärmeaustausch nach der Formel von Renault-Pfaundler-Usow zur Eliminierung des Nebenwärmeeffekts verwendet werden. H. Roschkowski. 156◇

0388 **Physikalisch-chemische Untersuchung des Systems H_2O–SO_3.** 2. Mitt. **Reaktionswärmen, die bei der Reaktion der Komponenten mit der flüssigen Phase im System H_2O–SO_3 auftreten.** G. P. Lutschinski. (J. physik. Chem. [UdSSR] **33**, 1275—79, 1959; russ., Auszug: engl.) — 1. vgl. C. **1957**, 7858. — Durch Best. der Temp.-Abhängigkeit des Dampfdrucks im Syst. H_2O–SO_3 werden die differentiellen Verdampfungswärmen von W., H_2SO_4 u. SO_3 aus Mischungen verschiedener Zus. u. die differentiellen Mischungswärmen von W., H_2SO_4 u. SO_3 mit den entsprechenden Lsgg. ermittelt. Die Verdampfungswärme von wasserfreiem H_2SO_4 beträgt 171,5, die Verdampfungswärme von SO_3 128,6 cal/g. Die Mischungswärme von W. mit H_2SO_4 beträgt 630,0, die von SO_3 mit H_2SO_4 104,3 cal/g. Die Bldg.-Wärmen der Verbb. im Syst. H_2O–SO_3 wurden ermittelt, sie betragen für fl. H_2SO_4, fl. $H_2SO_4 \cdot H_2O$ u. $H_2S_2O_7$ bei Bldg. aus fl. W. u. fl. SO_3 19,70, 25,12 u. 20,84 kcal/Mol, aus den Elementen 192,27, 266,06 bzw. 297,61 kcal/Mol. H. Roschkowski. 156◇

0389 **Einfluß der Kristallgröße auf die Wärmeleitfähigkeit von bestrahltem polykristallinem Graphit.** I. B. Mason und R. H. Knibbs. (Nature [London] **198**, 850—51, 1963; Harwell, AERE; engl.) — Die therm. Leitfähigkeit (L) vieler Kohlenstoff- u. Graphitsorten fällt nach Neutronenbestrahlung mit relativ hoher Energie ab. Die elektron. Komponente von L beträgt vor u. nach der Bestrahlung weniger als 1%. Der Abfall von L nach der Bestrahlung wird fast vollständig durch Phononenstreuung an durch die Bestrahlung hervorgerufenen Fehlstellen bewirkt. Diese Defekte können durch ein zusätzliches Glied in der Debye-Gleichung für L beschrieben werden: $1/K_i = (1/A \cdot C \cdot V)\ (1/L_a + 1/L_{th} + 1/L_i)$, wobei K_i = L nach der Bestrahlung, A = Konst., C = spezif. Wärme, V = Schall-Geschw., L_a = mittlere freie Weglänge (MFW) für die Streuung an Grenzflächen, L_{th} = MFW der therm. Bewegung des Gitters, L_i = MFW für die Streuung an Bestrahlungsdefektstellen. Da der Wärmefluß im Graphit entlang den Gitterebenen erfolgt, kann L_a mit dem mittleren Kristalldurchmesser gleichgesetzt werden. Obige Gleichung ist ein Ausdruck für die therm. Widerstandsfähigkeit, sie zeigt bei bestrahltem Graphit ein Ansteigen mit $\Delta\ (1/K_i) = 1/L_i \cdot A \cdot C \cdot V$. Graphitproben mit verschiedenen L_a-Werten wurden im Reaktor mit Neutronen [177 (MWd/t) bei 250° u. 390 bei 275°] bestrahlt. Die Werte des reziproken L gegen $1/L_a$ vor u. nach der Bestrahlung sowie von $\Delta\ (1/K_i)$ für jede Probe gegen $1/L_a$ sind graph. dargestellt. Bei Kristallen von ca. 100 Å Ø verändert sich $\Delta\ (1/K_i)$ linear mit $1/L_a$ u. L_i ist L_a nahezu proportional. Ernst Schulte. 158◇

0390 **Die Wärmeleitfähigkeit von Cadmiumantimonid.** I. M. Pilat, L. I. Anatytschuk und A. W. Ljubtschenko. (Festkörperphysik [UdSSR] **4**, 1649—54, 1962; Tschernowitz, Univ.; russ.) — Wärme- u. elektr. Leitfähigkeit, Thermo-EMK u. Hall-Koeff. von CdSb-Einkristallen sowie von polykristallinen Proben werden in Abhängigkeit von der Temp. (77—420° K) untersucht. Aus der Temp.-Abhängigkeit der Wärmeleitfähigkeit der Kristalle wird geschlossen, daß der Wärmeübergang bei hohen Temp. vorwiegend durch elektromagnet. Strahlung erfolgt. P. Frenzel. 158◇

0391 **Wärmeleitfähigkeit und chemische Bindung in Verbindungen vom Typ ABX_2.** A. W. Petrow und Je. L. Strum. (Festkörperphysik [UdSSR] **4**, 1442—48, 1962; Leningrad, Halbleiterinst. der Akad. der Wiss. der UdSSR; russ.) — Wärmeleitfähigkeit u. -kapazität von $CuGaSe_2$, $CuInTe_2$, $AgGaTe_2$, $AgInTe_2$, $CuSbTe_2$, $AgSbSe_2$, $AgSbTe_2$ u. $AgBiTe_2$ werden gemessen. Die therm. Eigg. der Verbb. sind durch die Konfiguration der Valenzelektronen bestimmt. Die Atome A u. B in Verbb. des Typs $A^IB^VX^{VI}$ unterliegen bei hohen Temp. einer Ordnungs–Fehlordnungs-Umwandlung. Die Temp.-Abhängigkeit der Wärmeleitfähigkeit ändert sich mit der Umwandlungstemperatur. P. Frenzel. 158◇

0392 **Rolle der optischen Zweige des Phononendispersionsdiagramms bei der Wärmeleitfähigkeit des Holmiumäthylsulfats.** Maurice Papoular. (C. R. hebd. Séances Acad. Sci. **255**, 1907—09, 1962; Orsay, Fac. des Sci., Inst. d'Électron.; franz.) A. Blaschette. 158◇

0393 **Ein Verfahren zur Messung der Schallwellenlänge in Gasen.** S. S. Lestz. (Amer. J. Physics **31**, 96—98, 1963; Madison, Wis., Univ. of Wisconsin, Dep. of Mechan. Engng.; engl.) — An einem Ende eines Messingrohres ist ein Lautsprecher fest angebracht, während sich ein Druckmikrophon in dem Rohr verschieben läßt. Mit Hilfe eines Audiooscillators, dessen Ausgang mit einem Oscilloskop verbunden ist, werden Schwingungen erzeugt. Das Mikrophon wird so lange verschoben, bis die Eingangsspannung des Lautsprechers u. die Ausgangsspannung des Mikrophons in Phase sind, was an Hand von Lissajous-Figuren abgelesen wird, u. dann weiter in einer Richtung bis zur nächsten Phasengleichheit verschoben. Die Differenz entspricht der Wellenlänge. Ergebnisse werden für *Luft* u. N_2 mitgeteilt. W. Betcke. 159◇

0394 **Bemerkung zur Schallabsorption in realen Gasen.** M. P. Saksena und S. C. Sexena. (Canad. J. Physics **41**, 990—92, 1963; Jaipur, India, Rajasthan Univ., Dep. of Phys.; engl.) — Es werden 2 Korrekturfaktoren abgeleitet, die Wärmeleitfähigkeit u. Viscosität berücksichtigen. Sie sind stoffabhängig u. werden mit fallender Temp. u. steigendem Druck größer. R. Nink. 159◇

0395 **Ultraschall-Untersuchungen bei hoher Temperatur schmelzbarer Salze.** Madelaine Blanc. (C. R. hebd. Séances Acad. Sci. **255**, 3131—32, 1962; Paris, Fac. des Sci., Labor. de Phys. Enseignement; franz.) — Die Ultraschall-Geschw. u. die adiabat. Kompressibilität von *NaF* bei 1025 bis 1160° u. von *LiF* bei 890—1040° werden ermittelt. W. Wesly. 159◇

A₅. Kolloidchemie, Grenzschichtforschung

0396 **Die Rolle der Teilchenaggregation bei der Alterung von Aluminiumoxidhydraten.** G. C. Bye und J. G. Robinson. (Chem. and Ind. **1963**, 612; Liverpool, Coll. of Technol., Dep. of Chem.; engl.) — Aus einer Benzol-Lsg. von Aluminium-sek.-butylat wird mit W., wss. A. (25, 50 u. 80% A.) sowie mit wss. Glycerin (2 u. 10% Glycerin) zunächst amorphes $Al(OH)_3$ ausgefällt. Der Einfl. des Hydrolysemittels auf die Oberflächengröße u. auf die Pseudoböhmit-Bldg. bei Alterung wird untersucht. In W. u. wss. A. entsteht leicht Pseudoböhmit unter Oberflächenvergrößerung, während schon in der 2%ig. Glycerin-Lsg. die Bldg. dieser Phase verzögert wird. Die Rekristallisation des Pseudoböhmits unter Bayerit-Bldg. wird durch A. u. Glycerin verzögert; so konnte selbst nach 2 Monaten bei einer Glycerin-Konz. von 2% kein Bayerit röntgenograph. nachgewiesen werden. F. Aubke. 162◇

0397 **Ladung und Stabilität von Kolloiden.** 23. Mitt. **Verdrängung von Wasserstoffionen vom Sb_2S_3-Sol bei der Zugabe von Elektrolyten in Gegenwart und Abwesenheit von Nichtelektrolyten.** B. P. Yadava und Mohammad Yaseen. (J. Indian chem. Soc. **38**, 47—52, 1961; Lucknow, Univ., Chem. Dep.; engl.) — Vgl. C. **1963**, 20694. — Die Reihenfolge der Ionen, die eine Abspaltung von H^+ aus Sb_2S_3-Sol bewirken, entspricht der der Burtonschen Regel. Geringe Konzz. an Stärke u. Gelatine wirken sensibilisierend, Agar-Agar stabilisierend. Höhere Konzz. aller drei Nichtelektrolyte wirken stabilisierend auf das Sol. K. Strenge. 162◇

0398 **Stabilität lyophober Sole.** 3. Mitt. **Einfluß der Nichtelektrolyte — Äthylalkohol und Aceton.** G. Prasad und S. Ghosh. (Z. physik. Chem. [Leipzig] **218**, 324—28, 1961; Allahabad, India, Univ., Chem. Labor.; engl.) — 2. vgl. Proc. nat. Acad. Sci., India, Sect. A **29**, [1960], 193. — Ein Geh. von 3% A. oder Aceton verkürzt die Zeit, in der ein negativ geladenes MnO_2-Sol nach Zusatz einiger ml 0,00066n $Ba(NO_3)_2$-Lsg. koaguliert, auf etwa die Hälfte bzw. den 3. Teil. Der Sensibilisierungsgrad nimmt mit abnehmender Partikelgröße zu. Die Wrkg. der organ. Lsgm. wird mit einer Vergrößerung der Adhäsionstendenz u. einer Vermehrung der Anzahl der Zusammenstöße erklärt. Das Stabilitätsverhältnis (Verhältnis der Koagulationszeiten ohne u. in Ggw. von Elektrolytzusätzen) ist in Ggw. der Lsgm. bei gleicher Elektrolyt-Konz. kleiner. W. Betcke. 162◇

0399 **Stabilität lyophober Sole.** 4. Mitt. **Einfluß der Nichtelektrolyte — Glucose, Harnstoff und Gelatine.** G. Prasad und S. Ghosh. (Z. physik. Chem. [Leipzig] **218**, 329—33, 1961; engl.) — 3. vgl. vorst. Referat. — Glucose, Harnstoff u. Gelatine stabilisieren ein negativ geladenes MnO_2-Sol. Wie Messungen der Koagulationszeiten unter dem Einfl. kleiner Mengen $Ba(NO_3)_2$-Lsg. zeigen, nimmt der Stabilisierungsgrad in der Reihenfolge Gelatine > Harnstoff > Glucose u. allg. mit wachsender Partikelgröße ab. Der Effekt wird auf eine Verringerung der Oberflächenadhäsion u. auf die mit dieser verbundenen Verminderung der Anzahl der Zusammenstöße unter der Einw. der Nichtelektrolyte zurückgeführt. Das Stabilitätsverhältnis ist in Ggw. der letzteren größer als in ihrer Abwesenheit. W. Betcke. 162◇

0400 **Stabilität lyophober Sole.** 7. Mitt. **Einfluß der Nichtelektrolyte Äthylalkohol, Aceton und Gelatine auf die Koagulation von Eisen(III)-oxid durch Kaliumsulfat.** Gur Prasad und Satyeshwar Ghosh. (Kolloid-Z. **175**, 134—36, 1961; engl.) — Vgl. C. **1961**, 2897; 4. vgl. vorst. Referat. — Die Koagulation positiv geladener Sole von Fe(III)-Oxid mit verschiedenen mittleren Partikelgrößen durch K^+ als Koagulator wurde in Ggw. von A., Aceton u. Gelatine untersucht. Die Empfindlichkeit der Sole u. der Grad der Sensibilisierung steigt mit der Feinheit der dispergierten Partikel. Es wird geschlossen, daß die Adhäsionstendenz der Oberflächen der dispersen Partikel in Ggw. oben genannter Nichtelektrolyte steigt u. so zu einer Erhöhung der Kollisionsmöglichkeit führt, die die Sensibilisierung zur Folge hat. Das Stabilitätsverhältnis nimmt in Ggw. der zugemischten Nichtelektrolyte für gleiche Beträge des Koagulanten ab. H. Jehne. 162◇

0401 **Stabilität lyophober Sole. 8. Mitt. Einfluß der Nichtelektrolyte Glucose und Harnstoff auf die Koagulation von Eisen(III)-oxid-Sol durch Kaliumsulfat.** Gur Prasad und Satyeshwar Ghosh. (Kolloid-Z. **176,** 29—31, 1961; engl.) — 7. vgl. vorst. Referat. — Die Koagulation positiv geladener Sole von Fe(III)-Oxid verschiedener mittlerer Partikelgrößen mit Kaliumsulfat wird in Ggw. von Glucose u. Harnstoff, die beide das Sol stabilisieren, untersucht. Der Grad der Stabilisierung hängt von der Teilchengröße ab. Es wird geschlossen, daß die Adhäsionstendenz der Oberflächen der dispergierten Partikel in Ggw. beider Nichtelektrolyte abnimmt u. so zur Abnahme der Kollisionshäufigkeit u. damit zur Stabilisierung führt. Das Stabilisierungsverhältnis W wächst in Anwesenheit von Glucose u. Harnstoff für gleiche Beträge des Koagulators. H. Jehne. 162◇

0402 **Stabilität lyophober Sole. 9. Mitt. Der Einfluß von Gelatine auf die Beständigkeit von wasserhaltigem Eisen(III)-oxidsol.** Gur Prasad und Satyeshwar Ghosh. (Kolloid-Z., Z. Polymere **186,** 110—12, 1962; engl.) — 8. vgl. vorst. Referat. — Die Koagulation von wasserhaltigem Fe_2O_3-Sol mit unterschiedlicher Teilchengröße u. $5 \cdot 10^{-4}$n K_2SO_4 als Koagulator wird bei 35—45° u. pH 4—7 der $3 \cdot 10^{-4}$%ig. Gelatine-Lsg. untersucht. Die Oberflächenkräfte werden durch die Gelatine (pH $>4{,}7$) im Sinne einer Sensibilisierung modifiziert. G. Heller. 162◇

0403 **Stabilität lyophober Sole.** 10. Mitt. **Der Einfluß von Nichtelektrolyten auf die Adsorption von Ionen an wasserhaltigem Mangandioxidsol.** Gur Prasad und Satyeshwar Ghosh. (Kolloid-Z., Z. Polymere **186,** 112—13, 1962; engl.) — 9. vgl. vorst. Referat. — Sowohl die Adsorption des koagulierenden Ba^{2+}-Ions am negativ geladenen MnO_2-Sol als auch die Adsorption des stabilisierenden OH^--Ions an einem Nd. von wasserhaltigem MnO_2 nehmen in Ggw. von A. u. Aceton ab, während sie in Ggw. von Glucose, Harnstoff u. Gelatine zunehmen. Daraus wird geschlossen, daß eine Sensibilisierung nicht durch die Adsorption koagulierender oder stabilisierender Ionen zu erklären ist. G. Heller. 162◇

0404 **Stabilität lyophober Sole.** 11. Mitt. **Der Einfluß von Nichtelektrolyten auf die Adsorption von Ionen bei Eisen(III)-oxidhydrat-Sol.** Gur Prasad und Satyeshwar Ghosh. (Kolloid-Z. **177,** 155—57, 1961; engl.) — 10. vgl. vorst. Ref.; 15. vgl. C. **1963,** 19927. — Eine Suspension von Fe_2O_3-Hydrat wird durch Zusatz von 3% A. oder Aceton in ihrer Fähigkeit, stabilisierende H^+-Ionen zu adsorbieren, geschwächt, durch Zusatz von 3% Glucose oder Harnstoff hingegen gestärkt. Die Adsorptionsfähigkeit eines Fe_2O_3-Hydratsols für koagulierende SO_4^{2-}-Ionen wird durch entsprechende Zusätze in der gleichen Weise beeinflußt. Ein Zusatz von 0,0001% Gelatine zu einer Fe_2O_3-Suspension schwächt, ein solcher von 0,001 oder 0,01% verstärkt dagegen die H^+-Adsorption. Die Ergebnisse zeigen, daß Sensibilisierung oder Stabilisierung nicht durch die Abnahme der Ionenadsorption erklärt werden können. W. Betcke. 162◇

0405 **Untersuchungen über einige ungewöhnliche Hexacyanoferrat(II)-Komplexe.** 13. Mitt. **Das kolloidale Verhalten von Molybdän(VI)-hexacyanoferrat(II).** Wahid U. Malik, G. P. Sharma Kaphley und W. Ullah. (Proc. nat. Acad. Sci., India, Sect. A **32,** 129—34, 1962; Aligarh, Muslim Univ., Chem. Labor.; engl.) — 12. vgl. C. **1962,** 13882; 11. vgl. C. **1963,** 13107. — Das negativ geladene Sol von *Mo(VI)-Hexacyanoferrat(II)* (Konz. 1—2 g/Liter) wird durch Mischen von H_2MoO_4 u. $[Fe(CN)_6]^{4-}$ im Mol-Verhältnis 5 : 3 u. das Gel durch Zugabe von überschüssiger, stark konz. Lsg. von $K_4[Fe(CN)_6]$ zu einer konz. Lsg. von H_2MoO_6 (6 : 1) unter 48std. konst. Rühren hergestellt. Während des Sol–Gel-Übergangs wächst die Oberflächentension kontinuierlich u. der pH-Wert wenig (3,7—4,0); nach ca. 90 Std. nimmt jedoch die Oberflächentension ab, wogegen der pH-Wert steigt. Ein ebenfalls anomaler Anstieg der Viscosität nach 60 Std. wird beobachtet. Die geringe Änderung der elektr. Leitfähigkeit während der Sol-Gel-Umwandlung läßt keine Aussagen zu. G. Heller. 162◇

0406 **Über die bevorzugte Mitfällung von Kalium in einem Niederschlag zwischen einem anionischen und einem kationischen Detergens.** Carel Jan van Oss. (C. R. hebd. Séances Acad. Sci. **253,** 2946—47, 1961; Alfort, École Nat. Vétérin., Labor. de Biol. phys.-chim.; franz.) — Bei Fällung von *Na-Dodecylsulfat* mit der äquivalenten Menge *Cetyltrimethylammoniumbromid* enthält der Nd. nach Waschen mit kaltem dest. W. ungefähr gleiche Mengen K u. Na, während das Verhältnis Na : K im Ausgangsgemisch ca. 300 : 1 beträgt (das K ist als Verunreinigung in beiden Detergentien enthalten). A. Blaschette. 164◇

0407 **Die Spannungen isolierter Reinigungsmittelfilme.** R. J. Grabenstetter und J. M. Corkill. (J. Colloid Sci. **18,** 401—08, 1963; Cincinnati, Ohio, Procter & Gamble Co., Miami Valley Labor.; Newcastle-upon-Tyne, Procter & Gamble, Basic Res. Dep.; engl.) — Es wurde der Einfl. von *Dodecanol*-Zusätzen auf die Oberflächenspannungen von Filmen wss. *Na-Dodecylsulfat*-Lsgg. untersucht. Die Ergebnisse zeigen, daß Dodecanol das Verh. der Filmspannungen gegenüber Dehnung u. Zusammenziehung grundlegend ändert. Bei steigender Oberflächen-Konz. an Dodecanol werden die Filme starrer u. erreichen im Verh. den Zustand plast. Feststoffe. D. Noack. 166◇

0408 **Eine neue Grenzflächen-Waage für die Untersuchung auf der Öl–Wasser-Grenzfläche ausgebreiteter Filme.** T. G. Jones, B. A. Pethica und D. A. Walker. (J. Colloid Sci. **18,** 485—88, 1963; Port Sunlight, Cheshire, Unilever Res. Labor.; engl.) — Schwierigkeiten, die sich bei der Anwendung der Langmuir-Adam-Waage auf Öl-H_2O-Grenzflächen ergeben, lassen sich durch Verw. geeigneter Kunststoffe mit den richtigen hydrophoben Eigg. als Kontaktmaterial beseitigen. Es wird über Verss. mit *Teflon, Polyäthylen* u. *Nylon* berichtet. Die beiden ersten Substanzen erweisen sich als zu hydrophob, dagegen konnten mit Nylon π-A-Kurven für *Na-Octadecylsulfat* u. *Octadecyltrimethylammoniumbromid* an der Grenzfläche 0,01 m HCl/PAe. sowie für *Casein* an der Grenzfläche HCl/W. bei Zimmer-Temp. aufgenommen werden. Teilweise wurden Vgl.-Messungen mit einer hydrophoben Wilhelmy-Platte durchgeführt. Die Meßergebnisse stimmen z. T. recht gut mit den Werten anderer Autoren überein. D. Noack. 166◇

0409 **Die Einheitlichkeit der Benetzung und Auflösung von Germanium durch geschmolzenes Indium.** A. A. Bergh und L. H. Holschwandner. (J. electrochem. Soc. **110,** 904—08, 1963; Allentown, Pa., Bell Telephone Labor., Inc.; engl.) — Vgl. C. **1963,** 12696. — Einheitliche Benetzung wird durch getrennte Behandlung von In u. Ge mit H_2 bei hohen Temp. (600°) u. Legieren bei 300—350° in H_2 erreicht. Die Benetzung kann durch in der Grenzfläche In/Ge eingeschlossene Gasblasen u. bes. durch die Ggw. von Oxiden auf der Grenzfläche verhindert werden. Der Einfl. der Benetzung auf die Diodencharakteristik wird gezeigt. P. Frenzel. 166◇

0410 **Die Spreitung von geschmolzenem Indium auf Germanium.** A. A. Bergh. (J. electrochem. Soc. **110,** 908—14, 1963; engl.) — Vgl. vorst. Referat. — Der Einfl. verschiedener Gitterfehler im Ge-Kristall, der Geschw. der Temp.-Erhöhung, der Größe der In-Kugel, der Vorbehandlung des Ge (Ätzen, Sandstrahlen, Elektropolieren), der Umgebung (H_2, N_2, $N_2 + 1\%\ O_2$, Luft) u. der Bldg. von Oxiden der Leg.-Komponenten auf die Spreitung von geschmolzenem In auf Ge wird untersucht. Beste Bedingungen für das Spreiten sind Fehlerfreiheit der Ge-Kristalle, langsamer Temp.-Anstieg, inerte Atmosphäre, Ggw. einer geringen Menge Ge-Oxid u. Verw. von oxidfreiem In. Es wird angenommen, daß die Anisotropie der Auflösung von Ge-Einkristallen in geschmolzenem In u. die Oberflächenrauhigkeit prim. die Geometrie der benetzten Fläche bestimmen. Der wichtigste Faktor, der zur Spreitung beiträgt, ist die Red. von Ge-Oxiden durch In nach $3\ GeO_2 + 4\ In \rightarrow 3\ Ge + 2\ In_2O_3$, die vermutlich durch Ionenwanderung auf der Oberfläche erhöht wird. P. Frenzel. 166◇

0411 **Die elektrische Abstoßung zwischen zwei diffusen Ionenschichten und die Möglichkeit der Existenz von Flüssigkeitsfilmen.** Raymond Defay und Albert Sanfeld. (J. Chim. physique Physico-Chim. biol. **60,** 634—47, 1963; Bruxelles, Univ. Libre; franz.) — Allg. rechner. Behandlung der Druckdiskontinuität an einer zum elektr. Feld senkrechten Grenzfläche u. der zwischen den Phasen durch die Grenzfläche hindurch wirksamen elektr. u. mechan. Kräfte. Die erhaltenen Formeln verzichten auf bisherige Einschränkungen, wie Boltzmann-Verteilung der Ionen, Fehlen von Aktivitäts-Koeff. u. Uniformität der DK; letztere darf vielmehr als Funktion der Ionen-Konzz., der Dipole u. der Feldstärke von Punkt zu Punkt variieren. Der Formalismus bleibt bis auf einige Integrationen verhältnismäßig einfach. Für den Fall der Abstoßung zweier fester dünner Schichten innerhalb

einer Elektrolyt-Lsg. ergeben sich Korrekturfaktoren, die bis zu 7% der bisher berechneten Werte darstellen. Der näher untersuchte Begriff des Gesamtdrucks an einer Grenzfläche erlaubt eine einfache Behandlung der Gestalt eines Fl.-Films in Luft oder in einer anderen Fl.; er führt weiterhin zu einer Anwendung der Laplaceschen Capillarformel auf den Fall von Grenzflächen mit diffusen Ladungsschichten.
A. Blaschette. 167◇

0412 **Berechnung der wahren elektrophoretischen Beweglichkeit proteinumhüllter Glasteilchen auf Grund mikrokataphoretischer Messungen.** Kalidas Chakravarti und B. N. Ghosh. (J. Indian chem. Soc. **40,** 425—28, 1963; Calcutta, Univ., Dep. of Phys. Chem.; engl.) — Mkr. kleine Pyrexglasteilchen verschiedener Größe, die an ihrer Oberfläche einen Film von Rinderserumalbumin adsorbiert haben, werden kataphoret. untersucht. Eine graph. Darst. der reziproken Werte der gemessenen Beweglichkeiten gegen den reziproken Teilchenradius ergibt eine lineare Abhängigkeit, solange der Ausdruck k·r (k = reziproke Debye-Hückel-Entfernung, r = Teilchenradius) hinreichend groß ist. Aus dem Ordinatenabschnitt läßt sich die wahre elektrophoret. Beweglichkeit der Teilchen berechnen, die ihrerseits eine Funktion des pH-Wertes der Lsg. ist. Es wird gezeigt, daß eine Abhängigkeit der Beweglichkeiten proteinumhüllter Glasteilchen von ihrem Radius auf eine merkbare Oberflächenleitfähigkeit hindeutet. J. Simon. 168◇

0413 **Die Retention von Elektrolyten durch Cellophanmembranen in einem Ultrafilter.** Carel Jan van Oss. (J. Chim. physique Physico-Chim. biol. **60,** 648—49, 1963; Alfort, I.N.R.A., École Nat. Vétérin., Labor. de Biol. Phys.-Chim.; franz.) — Die Zurückhaltung von Elektrolyten (z. B. NaCl) durch Cellophanmembranen beruht auf der elektrostat. Abstoßung der Ionen durch die Ladungen auf der Membran; letztere werden durch das Ausflußpotential als Folge des Ultrafiltrationsdrucks erheblich vergrößert.
A. Blaschette. 168◇

0414 **Zur Auswertung von Diffusionsversuchen mit Vier-Schichten-Zellen.** O. Bodmann und C. Witzgall. (Z. physik. Chem. [Frankfurt/M.] [N. F.] **36,** 148—57, 1963; Mainz, Univ., Inst. für physikal. Chem. u. Inst. für angew. Math.; dt.) — Zur Auswertung von Diffusions-Verss. in Schichtenzellen mit Hilfe der Tabellen nach Stefan-Kawalki werden die Tabellenwerte in kürzeren Intervallen neu berechnet u. gleichzeitig um 2 Dezimalen erweitert. Eine Tabelle der Konzz. in den Schichtgrenzen soll Korrekturen erleichtern, die bei nicht exakt gleichen Schichtdicken notwendig sind. Durch die erweiterten Tabellen können höhere Genauigkeitsanforderungen an eine Meth. gestellt werden, die nach v. Euler die Best. von Diffusions-Konst. ungereinigter Enzyme ermöglicht. H. D. Freyer. 171◇

0415 **Das Verhalten einer Bingham-Flüssigkeit im Kegelplattenviscosimeter.** G. Boardman und R. L. Whitmore. (Brit. J. appl. Physics **14,** 391—95, 1963; Nottingham, Univ., Dep. of Mining Engng.; engl.) — Die Scherdruck-Eigg. einer Bingham-Fl. zwischen der Platte u. dem mit konst. Winkel-Geschw. rotierenden Kegel des verwendeten Viscosimeters werden theoret. für den Fall erörtert, daß die zu untersuchende Fl. von der Oberfläche des Gerätes durch eine dünne Schicht einer Newtonschen Fl. getrennt ist. Eine qual. Anwendung auf Tonsuspensionen sowie eine Meth. zur Herleitung der Parameter der Fl. aus der Fließkurve werden angegeben. J. Simon. 172◇

0416 **Einfluß von Natriumsulfat auf die kritischen Erscheinungen im System Triäthylamin–Wasser.** Je. L. Sorina und W. K. Ssementschenko. (J. physik. Chem. [UdSSR] **33,** 961—69, 1959; Moskau, Akad. der Wiss. der UdSSR, Inst. für anorgan. Chem.; russ., Auszug: engl.) — Die Viscosität von Triäthylamin-W.-Gemischen wurde im krit. Temp.- u. Konz.-Bereich in Ggw. geringer Zusätze von Na_2SO_4 (I) bestimmt. I übt den gleichen Einfl. wie Nonylalkohol u. den entgegengesetzten wie Isoamylalkohol aus. Die Abhängigkeit der den krit. Zustand kennzeichnenden Größen von den Konzz. an Triäthylamin u. I wurde untersucht.
H. Roschkowski. 172◇

0417 **Viscosität von Bleisilicat-, Bleiborat- und Bleiphosphatgläsern im Temperaturgebiet der Erweichung und des Anlassens.** B. A. Posspelow. (J. physik. Chem. [UdSSR] **33,** 543—46, 1959; russ., Auszug: engl.) — Vf. berichtet über Viscositäts-Best. an einer Reihe von Bleigläsern mit verschiedenen Glasbildnern sowie an B_2O_3. Die Anlaß-Temp. der Gläser wurden bestimmt, ebenso die Aktivierungsenergien ihres zähen Fließens. H. Roschkowski. 172◇

0418 **Die Zunahme der Geschwindigkeit einer gelösten Substanz beim Fließen von Lösungen durch Capillaren und Poren.** J. Bourdillon. (Experientia [Basel] **18,** 530—34, 1962; Albany, N.Y., New York State Dep. of Health, Div. of Labor. and Res.; engl.) — Die Unters. galt der Klärung der Frage, ob seitliche Verschiebung zu einer Zunahme der mittleren Longitudinal-Geschw. einer gelösten Substanz in bezug auf die mittlere Geschw. des Lsgm. führt. Experimentell erfaßt wurde die Konz. der gelösten Substanz in den Grenzzonen Lsgm./Lösung. Als gelöste Substanzen fungierten hier Erythrocyten, mit Pepsin behandeltes Diphtherie-Antitoxin, hochmol. Tuberculinpolysaccharid, KCNS u. KH_2PO_4. Für die Verss. mit porösem Material wurden als Medien verwendet (Blätter der Fläche 13 cm^2): Cellulosepapiere, Glasfaserpapiere, Nylongewebe u. dickes Glasgewebe. Das Ausmaß der relativen Verschiebung war abhängig von der Art des verwendeten porösen Mediums, sie war am deutlichsten etwa von gleicher Größenordnung in den Whatman-Cellulosepapieren Nr. 4 u. 50, obwohl die Fließ-Geschw. um eine Zehnerpotenz differierte, schwächer in Glasgewebe u. am schwächsten in Glasfaserpapier (Whatman GF-B). Sämtliche gelösten Substanzen bewegten sich erwartungsgemäß schneller als der mittleren Geschw. des Lsgm. entsprach. Die Ergebnisse sind u. a. von großer physiolog. Bedeutung, so für das Fließen von Blut, wo die mittlere Geschw. der Komponenten in der Reihenfolge: Erythrocyten, Proteine, Salze, W. abnehmen.
E. Uhlein. 173◇

0419 **Isotopentrennung bei viscoser Strömung von geschmolzenem Lithium.** A. Klemm. (Z. Naturforsch. **18a,** 775—76, 1963; Mainz, MPI für Chem.; dt.) — Unter Ausnutzung des Isotopieeffektes im Viscositäts-Verh. von geschmolzenem Li wird dieses in ein am Ende zugeschweißtes, mit 58 Vol.% Eisenpulver (Korngröße: 2 μ) gefülltes Stahlrohr (Länge: 110 cm, Innen-Ø: 2 mm) gepreßt. Bei 210° u. einer mittleren Geschw. des Li von 1 mm/s im Trennrohr wird eine Anreicherung des ^{6}Li von 7% erzielt; die Viscosität des ^{7}Li ist bei 210° 1,4mal größer als die des ^{6}Li. H.-D. Freyer. 173◇

0420 **Kinetik der Chemisorption an Halbleitern.** Roland Schuttler und Jean-Marie Thuillier. (C. R. hebd. Séances Acad. Sci. **255,** 877—78, 1962; Paris, E.N.S., Labor. de Phys.; franz.) — Näherungsbeweis der Gültigkeit der Elovich-Gleichung für halbleitende Katalysatoren.
A. Blaschette. 176◇

0421 **Adsorptionserscheinungen im System Wasserstoff–Kohlendioxid–Kohlenmonoxid–Wasserdampf.** 1. Mitt. L. G. Antonowa, F. P. Iwanowski, T. G. Filtschenkowa und A. I. Krassilschtschikow. (J. physik. Chem. [UdSSR] **33,** 416—21, 1959; Moskau, Inst. für Stickstoffind.; russ., Auszug: engl.) — Ergebnisse von Adsorptions-Unterss. von trockenem u. feuchtem H_2 u. CO_2 an Co bzw. Cu bei 250 u. 300° werden angegeben. Die Best. erfolgten durch Messung des Potentials eines porösen Co- oder Cu-Films auf Glas im zu untersuchenden Gasmedium gegen eine Silber–Luft-Bezugselektrode. Die experimentelle Technik wird eingehend beschrieben.
H. Roschkowski. 176◇

0422 **Über die Bestimmung der Acidität eines Montmorillonits.** Jean Lacroix und René Plence. (C. R. hebd. Séances Acad. Sci. **255,** 961—63, 1962; Toulouse, E.N.S.A., Labor. de Chim. du Sol; franz.) — Durch vergleichende Unters. der Einw. von *Butylamin* (I) in wasserfreiem Cyclohexan auf einen Montmorillonit wird gezeigt, daß die übliche Meth. der Aciditäts-Best. mit Hilfe von wss. $Ba(OH)_2$ (Veitch; Clarens [1929/30]) bei sinngemäßer Anwendung korrekte Werte liefert. Eine Bestätigung dieses Befundes ergibt sich bei der Best. der Menge I in Cyclohexan bzw. NaOH in A., die zur Entfärbung von Montmorillonit nach Anfärbung der sauren Zentren mit *p-Dimethylaminoazobenzol* in Cyclohexan (Rotfärbung) bzw. *Bis-[dimethylaminophenyl]-methanol* in Dioxan (Blaufärbung) erforderlich ist. Die vier Meth. liefern innerhalb der Fehlergrenzen ident. Werte.
A. Blaschette. 177◇

0423 **Über Komplexbindungseigenschaften von Ionenaustauschern.** K. Gärtner und H. Wanjek. (Z. physik. Chem. [Leipzig] **221,** 391—98, 1962; Merseburg/Saale, TH für

Chem. Leuna-Merseburg; dt.) — Ein Phenylendiamin–Formaldehyd-Harzgerüst wurde durch Einbau von Essig-, Propion- oder Buttersäure in einen Ionenaustauscher übergeführt, der zur Komplexbldg. befähigte Ankergruppen enthält. Die Aufnahme von Ni^{2+}, Zn^{2+} u. Cu^{2+} ist sehr stark vom pH-Wert der Lsg. abhängig. Aus potentiometr. Titrationskurven werden Dissoziations- u. Stabilitäts-Konst. errechnet u. mit den Konst. der entsprechenden monomeren Verbb. verglichen. Leitfähigkeitsmessungen bestätigen die Bldg. wenig dissoziierter Schwermetallionen-Harz-Komplexe, während Ca^{2+} salzartig gebunden wird. W. Hein. 177◇

A_6. Strukturforschung

0424 **Bildentstehung im Feldionenmikroskop.** D. G. Brandon. (Philos. Mag. [8] **7**, 1003—11, 1962; Cambridge, Univ., Dep. of Metallurg.; engl.) — Die im Feldionenmikroskop stattfindende Feldionisierung von z. B. He nahe einer Metalloberfläche ist theoret. nur unzureichend geklärt. Im Gegensatz zu bisherigen Theorien sollte der Feld-Einfl. auf die elektron. Struktur der Metalloberfläche berücksichtigt werden. Solche Einfl. werden in Zusammenhang mit der Interpretation des Kontrastes in Feldionenbildern diskutiert. M. Drechsler. 181□

0425 **Einflüsse der Bindung auf die durch Elektronenbeugung erhaltenen Bindungslängen bei Beteiligung von Wasserstoffatomen in Festkörpern.** James A. Ibers. (Acta crystallogr. [Copenhagen] **14**, 853—55, 1961; Emeryville, Calif., Shell Dev. Co.; engl.) — Theoret. wird gezeigt, daß die durch Elektronenbeugung bestimmte Bindungslänge, wenn Wasserstoffatome beteiligt sind, etwas größer ausfällt als der Kernabstand. Für typ. Verhältnisse des Datenabbruchs u. der therm. Bewegung wird eine Verlängerung um 0,03 Å vorausgesagt. Die Erklärung der durch Röntgen-Unterss. gefundenen Kontraktion des Schweratom–Wasserstoff-Abstandes durch Wanderung des H–K-Elektrons zum Schweratom wird dadurch nicht aufgehoben. R. Uttech. 181◇

0426 **Fokussierende Geometrie in Röntgenpulverdiffraktometern.** E. R. Pike. (J. sci. Instruments **39**, 222—23, 1962; Cardiff, Univ. Coll., Viriamu Jones Labor.; engl.) — Vf. geht auf die Gestaltung eines Zählrohrdiffraktometers für die fokussierende Kamera von Seeman u. Bohlin ein u. weist ältere Einwände zurück. R. Uttech. 181◇

0427 **Feinwinkeljustierung. Eine neue Verwendung des Weissenberg-Goniometers.** I. Fankuchen. (Acta crystallogr. [Copenhagen] **16**, 930—31, 1963; Brooklyn, N.Y., Polytechn. Inst. of Brooklyn; engl.) — Es wird eine Meth. gezeigt, die mit einem gewöhnlichen Äquiinklinations-Weissenberg-Goniometer (Ablesegenauigkeit der Winkel 5′) die Rocking-Kurven eines Kristalls u. die Kurven der totalen Reflexion bei Glanzeinfall aufzunehmen erlaubt. Die Meth. gestattet ferner, eine Netzebenenschar sehr genau senkrecht zur Drehachse einzustellen. R. Uttech. 181◇

0428 **Größe der Reflexe auf Röntgenogrammen von Einkristallen und ihr Zusammenhang mit der Größe und Umorientierung der Blöcke und Streuung der Werte der Gitterkonstanten.** Ju. A. Bagarjatzki. (Kristallographie [UdSSR] **7**, 886—94, 1 Tafel, 1962; Bardin Zentral-Forsch.-Inst. für Eisenmetalle, Inst. f. Metallkunde u. Metallphys.; russ.) — Untersucht wurde der Einfl. kleiner Mosaikblöcke in Einkristallen auf die photograph. Abb.-Schärfe der Reflexe auf Drehkristall-, Laue- u. diffusen Streuungsaufnahmen. Die abgeleiteten Ergebnisse wurden an einer abgeschreckten u. wieder getemperten *Ti–Cr*-Leg. (7% Cr) geprüft. K. Jaeger. 181◇

0429 **Verzerrung anisotroper Körper durch Versetzungen mit Anwendung auf die Berechnung der Röntgenintensität.** H. Schlangenotto. (Z. Physik **171**, 537—59, 1963; Münster, Univ., Inst. für Theoret. Phys.; dt.) — Es werden elast. Gitterverzerrungen, die Versetzungen hervorrufen, für den Fall eines gleichmäßig anisotropen Zylinders mit in Achsenrichtung nicht veränderten Versetzungen elastizitätstheoret. untersucht. — Aus der allg. Lsg. wird für die 1. u. 2. Randrestaufgabe eine Lsg. für die Halbebene u. die unbegrenzte Ebene mit ellipt. Loch (Zylinderquerschnitte) abgeleitet. Damit können nach der Meth. der sukzessiven Näherung weitere Domänen behandelt werden. Für einen beliebigen Querschnitt ergibt sich ein Syst. von Integralgleichungen. Weitere Lösungen für Versetzungen im Halbraum in einer planparallelen Platte parallel zu den Grenzebenen (Berücksichtigung der Anisotropie des Kristalls) u. im unendlich ausgedehnten Medium bei druckfreier innerer Oberfläche werden erhalten. Aus den Ergebnissen läßt sich eine Beziehung für die Intensitätsverteilung der an den beschriebenen Versetzungen reflektierten Röntgenstrahlen ermitteln. — Vf. führt numer. Rechnungen an zwei Stufenversetzungen (Linienrichtung [1 $\bar{1}$ 0] bzw. [$\bar{1}$ $\bar{1}$ 2]; Burgers-Vektor [110] bzw. [$\bar{1}$ 1 0]) der (1 1 1)-Oberfläche von *Ge* durch (Tabellen). W. Sobieski. 181◇

0430 **Die Berechnung des Absorptionsfaktors für stark absorbierende Kristalle mit rechtwinkligem Querschnitt.** Adolfo Ferrari, Antonio Braibanti und Antonio Tiripicchio. (Acta crystallogr. [Copenhagen] **14**, 1089—90, 1961; Parma, Univ., Ist. di Chim. Gen. e Inorgan.; engl.) — Angabe einer Meth. zur Absorptionskorrektur bei Röntgenstrukturuntersuchungen. R. Uttech. 181◇

0431 **Experimentelle Atomformfaktoren und Korrekturen für die anomale Dispersion für Th, U und Pu.** R. B. Roof jun. (Acta crystallogr. [Copenhagen] **14**, 934—40, 1961; Los Alamos, N.Mex., Univ. of California, Los Alamos Sci. Labor.; engl.) — An ThO_2, UO_2 u. PuO_2 wurden die experimentellen Atomformfaktoren für Th, U u. Pu mit MoK_α, CuK_α, FeK_α u. CrK_α-Röntgenstrahlung bestimmt. Unter Zugrundelegung der theoret. Thomas-Fermi-Dirac-Streukurven wurden die gegenüber den Meßwerten auftretenden Differenzen für eine anomale Dispersionskorrektur benutzt. Die gleichzeitig experimentell bestimmte Streukurve des O stimmt gut mit der theoret. Kurve von McWeeny überein. Die berechneten Werte für $\Delta f'$ u. $\Delta f''$, Real- u. Imaginärteile der anomalen Dispersionskorrektur, werden mit den experimentellen Größen verglichen u. stimmen im Vorzeichen u. in der Größenordnung miteinander überein. R. Uttech. 181◇

0432 **Die Reflexionseigenschaften der (1 0 $\bar{1}$ 0)-Fläche im Quarz.** Gösta Brogren. (Ark. Fysik **22**, 267—76, 1962; Gothenburg, Chalmers Univ. of Technol., Inst. of Phys.; engl.) — Vf. untersucht mit einem Doppelkristall-Vakuumspektrometer die Reflexion (%), die „Rocking"-Kurvenbreite u. den Doppelkristall-Reflexions-Koeff. im Wellenlängenbereich von 708—2285 XE, bes. in dem der krit. K-Absorption von Silicium. Im Gebiet bis zu 3000 XE stimmen die Reflexions-Eigg. gut mit der dynam. Theorie der Röntgenbeugung idealer Kristalle überein. Die Abweichung zwischen Theorie u. Experiment nimmt mit steigender Wellenlänge zu. A. Kumm. 181◇

0433 **Berechnung der Atomstreufaktoren für das Heliumatom mittels der Hylleraas-Wellenfunktion mit sechs Termen.** M. L. Rustgi, M. M. Shukla und A. N. Tripathi. (Acta crystallogr. [Copenhagen] **16**, 926—28, 1963; Varanasi, India, Banaras Hindu Univ., Phys. Dep.; engl.) — Die Streufaktoren wurden im Bereich $0 \leq \sin \Theta/\lambda \leq 1{,}5$ berechnet u. wurden herauf bis $\sin \Theta/\lambda = 0{,}1$ in Abständen von 0,025 u. bis 1,5 in Abständen von 0,1 tabelliert. Die Ergebnisse stimmen mit Berechnungen von Matsen u. Mitarbeitern gut überein. R. Uttech. 181◇

0434 **Untersuchungen über die Radialverteilungsanalyse in den Beugungsmethoden.** 3. Mitt. **Extrapolation der Intensitätswerte auf kleine Streuwinkel.** Tadashi Ino. (J. physic. Soc. Japan **16**, 2239—45, 1961; Osaka, Japan, Osaka City Univ., Fac. of Sci.; engl. — 2. vgl. C. **1959**, 3394. — Vf. gibt eine Extrapolation durch Annäherung in Reihen der Legendre-Polynome an u. diskutiert den Fehler in der Radialverteilungsfunktion, der durch einen Fehler der Extrapolation bedingt wird. Es wird gezeigt, daß die Meth. erfolgreich auf experimentelle Werte angewandt werden kann, ohne daß die Extrapolation vorherige Strukturannahmen enthält. Ein notwendiges u. hinreichendes Kriterium für die Richtigkeit der Extrapolation wird angegeben. R. Uttech. 181◇

0435 **Über Dämpfungsfaktoren und Konvergenz in der Verfeinerung von Atomlageparametern nach der Methode der kleinsten Quadrate.** H. A. Richard Wegener. (Z. Kristallogr., Kristallgeometr., Kristallphysik, Kristallchem. **115**, 185—99, 1961; Bloomfield, N.J., Tung-Sol Electr. Res. Labor.; engl.) — Die unzureichende Konvergenz der Verfeinerung kann neben der gegenseitigen Beeinflussung zweier oder mehrerer Parameter zwei weitere Ursachen haben: Die lineare Approximation der Strukturfaktorfunktion, die in Wirklichkeit eine beträchtliche Krümmung aufweisen kann. Der Fehler läßt sich durch einen aus experimentellen Daten berechenbaren Dämpfungsfaktor eliminieren. Die zweite Ursache hängt mit dem „Bild"-Atom, das in bezug auf das Maximum der Strukturamplitudenfunktion symm. zum wirklichen Atom ist, zusammen u. kann durch eine Auswahl der experimentellen Daten nach einem vom Vf. entwickelten Kriterium eliminiert werden. Das Verf. sollte zu einer raschen Konvergenz innerhalb eines $2\pi h \Delta X_i$-Bereichs führen, der nahezu so groß ist, wie der größtmögliche Bereich, den die Grundannahmen der Meth. zulassen. R. Uttech. 181◇

0436 **Die Berechnung von Grundatomzuständen für molekulare Wellenfunktionen.** David P. Craig und Carlo Zauli. (Gazz. chim. ital. **90**, 1700—11, 1960; London, Univ. Coll., William Ramsay and Ralph Forster Labor.; engl.) A. Blaschette. 182◇

0437 **Das Konzept einer Wellenfunktion für ein ungeordnetes System.** S. F. Edwards. (J. Physique Radium **23**, 627—29, 1962; Manchester, Manchester Univ., Dep. of Theoret. Phys.; engl.) — In einem ungeordneten Syst. hängt die normale Wellenfunktion ψ als komplizierte Größe von der jeweiligen Konfiguration ab. Vor der Mittelung über das gesamte Syst. müssen physikal. Größen berechnet werden. Vf. zeigt die Möglichkeit einer Umkehrung in der Reihenfolge von physikal. Berechnung u. Mittelung; auf diese Weise resultiert eine neue, nichthermitesche Wellenfunktion, die die Gesamtheit charakterisiert u. zu rechner. Zwecken geeignet ist. A. Blaschette. 182◇

0438 **Mehrelektronentheorie der Atome und Moleküle.** 2. Mitt. Oktay Sinanoğlu. (J. chem. Physics **36**, 3198 bis 3208, 1962; New Haven, Conn., Yale Univ., Sterling Chem. Labor.; engl.) — 1. vgl. C. **1963**, 3885; 3. vgl. C. **1963**, 18746. — Vf. entwickelt Meth. zur Best. der l. c. diskutierten Paarkorrelationen, wobei jedes Paar einer Schrödinger-Gleichung genügt, die ähnlich der für He oder H_2 ist. Die entsprechende Gleichung für π-Elektronen ist gerade die „π-Elektronen-Hamilton-Funktion". Um in einem Syst. mit abgeschlossener Schale irgendeine der Paarfunktionen zu erhalten, hat man nur die Energie des betreffenden Paares zu minimieren, selbst, wenn es sich in einer äußeren Schale befindet; Komplikationen durch innere Schalen entfallen. Nach der neuen Meth. lassen sich alle bekannten Zweielektronen-Verff. auf die verschiedenen Hartree-Fock-Paare anwenden: z. B. die Hylleraassche r_{12}-Koordinaten-Meth. u. die Meth. der „verschiedenen Bahnen für verschiedene Spins" auf „tight"-Paare, oder die „Rumpfpolarisation" auf Zwischenschaleneffekte. Diese Theorie der „exakten Paare" führt auf Paare erster Ordnung u. auf eine Bruecknersche Theorie für endliche Systeme. D. Jörchel. 182□

0439 **Die wahren Potentialkurven des $A^1\Sigma^+$-Zustands von $^7Li^2H$, des $B^3\Sigma_u^-$-Zustands von O_2 und des $A^3\Pi_g$-Zustands von C_2.** N. L. Singh und D. C. Jain. (Canad. J. Physics **40**, 520—23, 1962; Varanasi, India, Banares Hindu Univ., Dep. of Spectroscopy; engl.) — Berechnungen mit Hilfe einer Abwandlung der Rydberg-Klein-Rees-Methode. A. Blaschette. 182◇

0440 **Konstanten für ein (6-exp.)-Potential zwischen einfachen Molekülen und Graphit.** A. D. Crowell und Chai Ok Chang. (J. chem. Physics **38**, 2584—86, 1963; Burlington, Vt., Univ., Dep. of Phys.; engl.) — Vff. untersuchen theoret. die Wechselwrkg. von einfachen Gas-Moll. (*Ne*, *Ar*, *Kr*, *Xe*, CH_4) mit dem Graphitgitter mit der Meth. der Gittersummen u. bestimmen die Konst. B u. α aus der Kirkwood-Müller-Formel. A. Kumm. 182◇

0441 **Elektronenstrukturmodell von Metallwolframbronzen.** A. R. Mackintosh. (J. chem. Physics **38**, 1991—98, 1963; Ames, Iowa, Iowa State Univ., Inst. für Atomic Res. and Dep. of Phys.; engl.) — Vf. leitet die Wellenfunktionen der Leitungselektronen von Metallwolframbronzen M_xWO_3 ($x < 1$) für x-Werte nahe 1 aus den p-Funktionen der Metallatome ab. Das Modell wird durch Daten der Transport-Eig., Struktur, magnet. Susceptibilität u. spezif. Wärme derartiger Verbb. aus der Literatur bestätigt. Der Übergang zur metall. Leitfähigkeit bei kleinen x-Werten wird nach der Theorie von Mott diskutiert u. ein Vgl. mit Vanadinbronzen angestellt. A. Kumm. 182◇

0442 **Standardisierung der Beschreibung von Kristallstrukturen.** Dieter Schwarzenbach. (Schweiz. mineralog. petrogr. Mitt. **43**, 41—48, 1963; Zürich, ETH, Inst. für Kristallogr. u. Petrogr.; engl.) — Auf Grund der Symmetrie, der Achsenverhältnisse u. der Atomkoordinaten werden Regeln zur Beschreibung von Kristallstrukturen vorgeschlagen, die zu einer standardisierten Beschreibung des gleichen Strukturtyps führen. Der Strukturtyp wird definiert. Die zu m m m, m m 2, 2 2 2 u. 2/m isomorphen Raumgruppen werden analysiert. Die Regeln werden am Fe_3C u. $NiAl_3$ demonstriert. R. Uttech. 190◇

0443 **Dynamik kubischer Kristalle mit einer lokalen Massenänderung.** G. F. Nardelli und N. Tettamanzi. (Physic. Rev. [2] **126**, 1283—92, 1962; Milano, Comitato Naz. Energ. Nucl., Centro di Ispra and Gruppo Fis. dei Solidi; Milano, Univ., Ist. di Fis.; engl.) — Vff. erörtern die Effekte einer lokalen Massenänderung auf die Gitterschwingungen kub. Syst. für einfache Bravais-Gitter auf der Grundlage der harmon. Theorie der Kristalldynamik u. zeigen, daß die Änderung irgendeiner extensiven Eig. sowie die Werte der diskreten Frequenzen als Funktion einfacher, nur die Verteilungsfunktion G_0 (ω^2) der quadrat. Frequenz des ungestörten Gitters enthaltenden Ausdrücke angegeben werden können. Die theoret. Ausdrücke sind, wenn man die Verteilungsfunktion auf 1 normiert, mit den für lineare Ketten gültigen Ausdrücken äquivalent. Solange der Anteil der Massenänderung $\varepsilon = -(M'-M)/M$ innerhalb des Bereichs von $-\infty$ bis $+1/2$ liegt, konvergiert die Störungs-Entw. der Änderung einer beliebigen extensiven Eig. zum korrekten Wert. Anwendungen betreffen das Auftreten einer diskreten Frequenz für ein kub. flächenzentriertes Gitter mit zentraler Wechselwrkg. nächster Nachbarn für $\varepsilon \geqslant 0{,}215$ sowie die Änderung der Entropie infolge der Verluste an Kopplung um eine Leerstelle; es zeigt sich, daß die Selbstentropie einer Substitutionsverunreinigung (unter Vernachlässigung der elast. Verzerrung) nur mit der Struktur der Verteilungsfunktion in der Hochtemperaturgrenze verknüpft ist. D. Jörchel. 190□

0444 **Korrekte Berechnung der Schwingungsfrequenzen in der Brillouin-Zone.** B. Dayal und S. P. Singh. (Proc. physic. Soc. **76**, 777—79, 1960; Banaras, India, Hindu Univ., Dep. of Phys.; engl.) — Zur Berechnung der Schwingungsfrequenzen nach der Bornschen Meth. wird die Brillouin-Zone in eine Anzahl von Punkten aufgeteilt, doch ist die üblicherweise zur Ermittlung von C_v benutzte Anzahl von Frequenzen nicht gleich der Anzahl von Punkten in der Zone, so daß sich eine nichtgleichförmige Verteilung der Punkte ergibt. Vff. zeigen, daß dadurch ein fehlerhafter C_v-Wert resultiert; so wird z. B. bei einer Neuberechnung der spezif. Wärme von *Si* im Bereich 20—100° K unter Verw. einer geeigneteren Anzahl von Frequenzen eine beträchtliche Abweichung von früheren Werten festgestellt. A. Blaschette. 190◇

0445 **Madelung-Konstanten für C 3- und C 9-Strukturen.** Michael O'Keeffe. (J. chem. Physics **38**, 3035, 1963; Tempe, Ariz., Arizona State Univ., Dep. of Chem.; engl.) — Vf. erhielt nach der Meth. von Bertaut (1952), bezogen auf die Gitter-Konst. a_0 bzw. auf den kürzesten zwischenatomaren Abstand d für C 3: $M(a_0) = 10{,}2595$, $M(d) = 4{,}4425 \pm 0{,}0001$; C 9: $M(a_0) = 20{,}5694$, $M(d) + 4{,}4534 \pm 0{,}0001$. R. Uttech. 190◇

0446 **Berechnung des durch nächste Nachbarn in einer oktaedrischen Anordnung bewirkten Kristallfeldes und Anwendung zur Voraussage der elektrischen Leitfähigkeit der Verbindungen von Übergangselementen mit B 1-, B 8- und B 31-Struktur.** Jacques Suchet. (C. R. hebd. Séances Acad. Sci. **255**, 2080—82, 1962; Bellevue, C.N.R.S., Labor. de Magnétisme et de Phys. du Solide; franz.) A. Blaschette. 190◇

0447 **Die Ionendeformation in Alkalimetallhalogenid-Kristallen. Fall der Hauptschwingungen.** N. Boccara. (J. Physique Radium **23**, 287—90, 1962; Paris, Coll. de France, Labor. de Phys. Théor.; franz.) — Die Abstoßungskräfte zwischen benachbarten Ionen bewirken eine Verzerrung der Elektronenwolken. Zur Beschreibung dieser Deformation für den Fall sehr langwelliger opt. Schwingungen wird eine für ein gegebenes Ion charakterist. u. für verschiedene Ionen additive Größe eingeführt, die zu guter Übereinstimmung mit experimentellen Werten führt (Abweichung ca. 1%). Für *LiCl*, *LiBr*, *LiJ*, *KF* u. *RbF* werden unbekannte IR-Absorptionsfrequenzen berechnet. A. Blaschette. 190◇

0448 **Mögliche Wechselwirkung vollständiger Versetzungen in hexagonal-dichtestgepackten Kristallen.** A. A. Predwoditelew. (Kristallographie [UdSSR] **7**, 938—45, 1962;

Moskau, Lomonossow-Univ.; russ.) — Diskutiert werden mögliche Wechselwrkg. vollständiger Versetzungen in hexagonal-dichtestgepackten Kristallen (*Zn*, *Cd*). Für ein Gleiten der Basis wird durch Überschneidungen von Versetzungen nur geringe Härtung bewirkt. Für den Fall pyramidalen Gleitens zweiter Art werden leicht Konfigurationen gebildet, die Frank-Read-Quellen sein können. K. Jaeger. 190◇

0449 **Untersuchung der Symmetrie von Einlagerungs-mischkristallen auf Zwischengitterplätzen auf der Grundlage nichtlinearer Integralgleichungen.** A. G. Chatschaturjan. (Festkörperphysik [UdSSR] **5,** 750—58, 1963; Moskau, Zentr. Wiss. Forsch.-Inst. für Eisenmetalle, Inst. für Metall-Leitung u. Metallphys.; russ.) — Abgeleitet wird die Gleichgewichts-Verteilung sich gegenseitig beeinflussender Verunreinigungsatome, die oktaedr. Zwischengitterplätze in kub. raum- u. flächenzentrierten Gittern besetzen. Die Verteilung wird durch ein nichtlineares Integral beschrieben, das für verschiedene komplexe Gitter gelöst wird. — Diskutiert werden verschiedene Überstrukturtypen. K. Jaeger. 190◇

0450 **Über die Struktur und die Eigenschaften von festen Lösungen in Verbindung mit dem K-Zustandsproblem.** I. L. Aptekar und Ju. A. Ossipjan. (Ukrain. physik. J. **8,** 390—98, 1963; Moskau, Zentrales wiss. Forsch.-Inst. für Eisenmetallurg.; Inst. für Präzisions-Legg.; russ., Auszug: engl.) — Krit. Überblick über Literaturangaben über den sog. K-Zustand. Das Anwachsen des spezif. Widerstands während des Anlassens, die typ. Erscheinung dieses Zustands, entspricht verschiedenen Strukturzuständen. — 46 Literaturangaben. Ch. Weiske. 190◇

0451 **Theorien der Gittersubstitutionen.** Thelma Isaacs. (Nature [London] **198,** 1160—61, 1963; Sheffield, Univ., Dep. of Geol.; engl.) — Mineralien kommen in der Natur oft diadoch vor bzw. sie stellen nicht die reinen Endglieder einer Reihe dar. Nur bestimmte Elemente vermögen die Atome im Gitter zu ersetzen. Bei der Gittersubstitutionstheorie müssen daher effektive Radien, die Konfiguration der Bindungselektronen (Ligandenfeldaufspaltung) u. die Ladung wie auch abgeleitete Eigg. von Ionisationspotential u. Elektronegativitäten Berücksichtigung finden. Ernst Schulte. 190◇

0452 **Halbempirische Näherung für die Theorie der thermischen Diffusion in Kristallen.** L. A. Girifalco. (Physic. Rev. [2] **130,** 2599, 1963; engl.) — Vgl. C. **1963,** 11148. — Erratum. H. Liepack. 190◇

0453 **Über die Fähigkeit einiger Substanzen, unterkühlten Nebel zum Kristallisieren zu bringen.** W. N. Balabanowa. (Nachr. Akad. Wiss. UdSSR, geophysik. Ser. **1963,** 978—84; russ.) — Eine Reihe pulverförmiger Verbb. bzw. Aerosole (*AgJ*, Ag_2S, PbJ_2, SiO_2, *KJ*, NH_4J, $BaSO_4$, $PbSO_4$, *FeS*, Al_2O_3, Cr_2O_3, $NiSO_4$, *ZnS*, *CdS*, *PbS*, Cu_2S) wurde auf ihre Fähigkeit geprüft, unterkühlten Wasserdampf zur Kristallisation zu bringen. Dabei wurde die Temp. bestimmt, bei der die Kristallisation einsetzte, u. die Zahl der Kristalle je g Substanz. Für die Verbb. sind die Kristallform, Gitterparameter, Kpp., Löslichkeit u. Benetzungswärme zusammengestellt. Bes. geeignet als Kristallisationsmittel sind AgJ- u. Ag_2S-Pulver bzw. Aerosole. M. Wiedemann. 190◇

0454 **Über den Wärmeabgabekoeffizienten von scheibenförmigen Eiskristallen in Wasser.** L. A. Bukina. (Nachr. Akad. Wiss. [UdSSR], geophysik. Ser. **1963,** 1131—39; Moskau, Lomonossow-Univ.; russ.) — Aus einer früher erhaltenen Formel für die Abhängigkeit der Geschw. des Wachstums von scheibenförmigen Kristallen von ihrem Radius wird eine Beziehung abgeleitet, die es erlaubt, den Wärmeabgabe-Koeff. von scheibenförmigen Eiskristallen in leicht unterkühltem W. zu berechnen. M. Wiedemann. 190◇

0455 **Vorrichtung für das Einkristallwachstum aus wässerigen Lösungen.** John L. Torgesen, Avery T. Horton und Charles P. Saylor. (J. Res. nat. Bur. Standards, C **67,** 25—32; 1963; engl.) — Es wird eine App. zur Gewinnung von Einkristallen aus wss. Lsgg. beschrieben. Sie gewährleistet einheitliche Wachstumsbedingungen u. schließt Verunreinigungen aus. Ein neues Rühr-Syst. bewirkt, daß die Kristalle ohne Einschlüsse von Fll. erhalten werden. Ernst Schulte. 190◇

0456 **Eine neue Apparatur zur Züchtung von Einkristallen im Laboratorium.** L. Le Donche und S. Le Montagner. (J. Physique Radium, Physique appl. **23,** 91—94, 1962; Rennes, Fac. des Sci.; franz.) — Beschreibung eines klass. Thermostaten, dessen Wärmeverluste nach außen durch eine zweite Umhüllung gleicher Temp. prakt. verhindert werden; Anwendungsbeispiel: Züchtung in 18 Tagen eines durchsichtigen, fehlerfreien $KAl(SO_4)_2 \cdot 12\ H_2O$-Kristalls von 26 g (Dicke 17 mm; Oberfläche 8,5 cm^2). A. Blaschette. 190◇

0457 **Beziehungen zwischen dem Orientierungsgrad und den Abscheidungsbedingungen von pyrolytischem Graphit.** Tokichi Noda, Michio Inagaki und Hajime Kato. (Bull. chem. Soc. Japan **35,** 1471—74, 1962; Chikusu-ku, Nagoya Univ., Fac. of Engng., Dep. of Appl. Chem.; engl.) — Durch therm. Zers. von Propan bei verschiedenen Temp. u. Gas-Geschw. wurde pyrolyt. Graphit auf Kohlestäben abgeschieden u. die Orientierung der abgeschiedenen Kristallite röntgenograph. untersucht. Der Orientierungsgrad nimmt mit ansteigender Temp. zu u. nimmt mit zunehmender Gas-Geschw. ab. Der oberhalb 2000° abgeschiedene pyrolyt. Graphit ist aus zwei Schichten zusammengesetzt; die innere Schicht weist einen größeren Orientierungsgrad u. einen höheren Graphitisierungsgrad auf als die äußere. Fast alle (00*l*)-Reflexprofile sind asymm. u. bestehen wahrscheinlich aus 2 Reflexen mit den c-Werten 6,72 u. 6,86 (Å). Ernst Schulte. 190◇

0458 **Elektronenmikroskopische Untersuchung der Oxydation dünner Schichten von pyrolytischem Graphit.** Claude Sella, Monique Miloche und Jean-Jacques Trillat. (C. R. hebd. Séances Acad. Sci. **225,** 10—14, 2 Tafeln, 1962; Bellevue, S.-et-O., C.N.R.S., Labor. de Rayons X; franz.) — Durch Spaltung nach (0 0 0 1) erhaltene Graphit-Plättchen wurden in Luft bei 550° oxydiert u. elektronenmkr. untersucht. Die Oxydation beginnt an Kristalldefekten u. schreitet unter Ausbildung hexagonaler Korrosionsmuster fort. A. Blaschette. 190◇

0459 **Optische und interferometrische Untersuchungen an den Spaltflächen von synthetischen Diamanten und ihren Ätzfiguren.** A. R. Patel und K. N. Goswami. (Brit. J. appl. Physics **14,** 284—86, 2 Tafeln, 1963; Vallabh Vidyanagar, India, Sardar Vallabhbhai Vidyapeeth, Phys. Dep.; engl.) — Vff. beschreiben durch 4 Std. langes Ätzen in geschmolzenem KNO_3 bzw. $KClO_3$ bei 600 bzw. 400° an synthet. u. natürlichen Diamanten erhaltene Ätzfiguren. Die Ätzfiguren von synthet. Diamanten sind deutlich von denen der natürlichen unterschieden. Vff. führen das auf die gleichmäßigeren Entstehungsbedingungen der synthet. Diamanten zurück. H. G. Moslé. 190◇

0460 **Röntgenographische Untersuchung einiger Verbindungen des Typs $A^{III}B^{V}$ mit Abweichungen von der Stöchiometrie.** G. W. Osolinsch, G. K. Awerkijewa, A. F. Ijewinsch und N. A. Gorjunowa. (Kristallographie [UdSSR] **7,** 850—53, 1962; Akad. der Wiss. der LettSSR, Chem. Inst. u. Akad. der Wiss., Physikotechn. Inst.; russ.) — Debye-Scherrer-Aufnahmen nach der Straumanis-Meth. wurden von stöchiometr. u. nichtstöchiometr. zusammengesetzten *InAs*- u. *GaAs*-Proben hergestellt. Eine zweite (Ga- bzw. In-) Phase wurde bei einem Überschuß von 1,25 (Atom-%) Ga bzw. 2 In gefunden. Die Änderung der Gitter-Konst. der untersuchten Proben auf Grund der Nicht-Stöchiometrie betrug weniger als 0,0001 Å. K. Jaeger. 190◇

0461 **Ordnung und Fehlordnung in Feldspaten.** Helen D. Megaw. (Norsk geol. Tidsskr. **42,** 104—37, 1962; Cambridge, Cavendish Labor., Crystallograph. Labor.; engl.) — Die Beziehungen zwischen Ordnung u. Fehlordnung in Feldspaten werden auf Grund röntgenograph. Ergebnisse diskutiert; thermodynam. Daten werden, da sie nur Durchschnittsergebnisse über relativ große Vol. liefern, in beschränktem Rahmen in die Unters. einbezogen. Die Verhältnisse werden an Feldspaten der Plagioklas-Serie dargelegt unter Berücksichtigung der Tatsache, daß der Art der Ordnung größere Bedeutung zukommt als dem Ordnungsgrad u. daß geometr. Differenzen in der Konfiguration des Netzwerks nicht vom Ordnungsgrad abhängig sind. Liegen Domänen-Texturen vor, so ist die wichtigste Charakteristik die Strukturbeschaffenheit innerhalb der Domäne; Natur, Frequenz u. Anordnung der Domänengrenzen lassen sich nur in Verbindung mit ihrer Struktur beschreiben. Ernst Schulte. 190◇

0462 **Über den Strukturmechanismus der Phasenänderung in Tektosilicaten: Isotopenaustausch des Sauerstoffs und Rekristallisation der Gläser.** J. Fructus-Ricquebourg,

G. Sabatier und H. Curien. (Bull. Soc. franç. Minéralog. Cristallogr. **86,** 90–91, 1963; Paris, Fac. de Sci., Labor. de Minéral.-Cristallographie; franz.) — Es wird über Autoklaven-Verss. berichtet, bei denen mit ^{18}O angereichertes W. bei Temp. zwischen 500 u. 750° u. Drücken von 530–1500 bar mit *Retinit, Kieselgel* u. *Quarz* reagierte. J. Heinze. 190◇

0463 **Der Einfluß des Wassers auf den Isotopenaustausch von Sauerstoff zwischen Silicaten und Kohlendioxid.** Jeannine Fructus-Ricquebourg. (C. R. hebd. Séances Acad. Sci. **256,** 3677–79, 1963; franz.) — Vgl. vorst. Referat. — Es werden die Austausch-Rk. zwischen ^{18}O-markiertem *Quarz* u. CO_2 in Ggw. variabler H_2O-Mengen bei 550° u. 600 bar untersucht. Der Austausch wird durch H_2O-Zusätze merkbar verstärkt. M. Engel. 190◇

0464 **Nachweis physikalischer Übergänge in Alkalimetallnitraten durch Differentialthermoanalyse.** Eli S. Freeman und David A. Anderson. (Nature [London] **199,** 63–64, 1963; Dover, N.J., Picatinny Arsenal, Pyrotechn. Labor., Basic Chem. Unit; engl.) — Die DTA-Kurven der *Nitrate* von *Li, Na, K, Rb* u. *Cs* wurden erneut aufgenommen. Die Kurven für Li-, Na- u. Cs-Nitrat sind mit früheren Arbeiten in Übereinstimmung. Im Falle des KNO_3 wurde ein kleiner exothermer Peak kurz vor dem F. nicht gefunden. Bei $CsNO_3$ wurde ein bisher nicht festgestellter endothermer Peak bei 302° gefunden. Auch dieser Peak ist einer kristallinen Umwandlung zuzuordnen. Ernst Schulte. 190◇

0465 **Stereochemie von Tellur(IV)-halogenidkomplexen.** E. E. Aynsley und A. C. Hazell. (Chem. and Ind. **1963,** 611–12; Newcastle-upon-Tyne, King's Coll., Dep. of Chem.; engl.) — Mit Hilfe der dreidimensionalen Röntgenstrukturanalyse wird die Struktur des *Uroniumpentachlorotellurat(IV)* $CON_2H_5TeCl_5$ (**I**) u. des *Pyridiniumhexachlorotellurat(IV)* $(C_5H_5NH)_2TeCl_6$ (**II**) bestimmt. **I** ist kub., F m 3 m, a = 10,200 Å, Z = 4; die Cl-Atome sitzen an Oktaederecken u. der Te–Cl-Abstand beträgt 2,53 Å. **II** ist monoklin, C2, a = 12,99, b = 8,56, c = 8,00 Å, β = 95,5°; der Te–Cl-Abstand beträgt 2,56 Å. Die Verb. ist diamagnet., χ_{Te} = $-38{,}4 \cdot 10^{-6}$ bei 25°. Diskutiert wird eine $5p^3 5d^2 6s$-Hybridisierung mit einem Freien Elektronenpaar im 5s-Orbital. Aus der Ähnlichkeit der Te–Cl-Abstände in beiden Verbb. wird geschlossen, daß die Hybridisierung bei **I** ebenfalls das 6s-Orbital mit umfaßt. F. Aubke. 195◇

0466 **Die Kristallstruktur des Trimethyloxosulfoniumtetrafluoroborats.** Irmela C. Zimmermann, Malcolm Barlow und J. D. McCullough. (Acta crystallogr. [Copenhagen] **16,** 883–87, 1963; Los Angeles, Calif., Univ. of California, Dep. of Chem.; engl.) — $[(CH_3)_3SO]BF_4$ krist. orthorhomb. mit (a = 11,49, b = 11,80, c = 11,58) ± 0,01 Å; P b c n; D_{exp} 1,52, D_R 1,523 g·cm^{-3}, Z = 8; Listen der Atomkoordinaten, Bindungslängen u. -winkel nach der Schweratom-Meth. u. Verfeinerung nach der Meth. kleinster Quadrate auf Grund dreidimensionaler, visueller Weissenberg-Daten. $[(CH_3)_3SO]^+$ besitzt weitgehend die Symmetrie 3m, Mittelwerte: S–O 1,45 ± 0,01, S–C 1,78 ± 0,01 Å, C–S–O 112,5 ± 0,5, C–S–C 106,0 ± 0,5°. Die $[BF_4]^-$ erreichen die kristallograph. geforderte Symmetrie 2 durch eine statist. Verteilung über zwei verschiedene Lagen. Die Packung der Ionen ist gleich der in $[(CH_3)_3SO]ClO_4$. R. Uttech. 195◇

0467 **Kohlenstoff: Eine neue kristalline Phase.** R. B. Aust und H. G. Drickamer. (Science [Washington] **140,** 817–19, 1963; Urbana, Ill., Univ. of Illinois, Dep. of Chem. and Chem. Engng. and Materials Res. Labor.; engl.) — Aus einem sehr scharfen Anstieg des elektr. Widerstandes von Graphit-Einkristallen oberhalb 150 kbar wird auf eine Phasenumwandlung erster Ordnung geschlossen. Das Röntgendiagramm ließ sich kub. indizieren mit a = 5,545 Å, D ~ 2,80 g·cm^{-3}. Die Modifikation ist unter Normaldruck metastabil. R. Uttech. 195◇

0468 **Elektronen- und Röntgenbeugung an bromiertem Graphit.** W. T. Eeles und J. A. Turnbull. (Nature [London] **198,** 877–78, 1963; Berkeley, Glos., Central Electr. Generating Board, Berkeley Nucl. Labor.; engl.) — Von gut ausgebildeten Einkristallen natürlichen Graphits wurden nach 2–60std. Einw. von Br_2 Röntgen- u. Elektronenbeugungsdiagramme erhalten, die auf eine zweidimensionale Überstruktur deuten. Br-Schichten mit geordnet zweidimensionaler Kristallstruktur, a = 4,25, b = 17,25 Å, sind in definierter Lage zu benachbarten Graphitschichten angeordnet (Strukturvorschlag auf Grund einiger Intensitätswerte). Bei hohem Br-Geh. folgen regelmäßig auf eine Br-zwei Graphitschichten, c = 10,3 Å. R. Uttech. 195◇

0469 **Zur Kristallstruktur des T-$LiAlO_2$.** H. Hesselbarth und H.-A. Lehmann. (Z. Chem. **1,** 306–07, 1961; Leuna-Merseburg, TH für Chem., Inst. für anorg. Chem.; Dresden, TH, Inst. für anorg. u. anorg.-techn. Chem.; dt.) — Aus Debye-Scherrer-Aufnahmen des T-$LiAlO_2$ (Tief-Temp.-Form) wurden die Gitter-Konst. a = 2,80$_2$ u. c = 14,1$_6$ Å bestimmt. Damit besitzt T-$LiAlO_2$ das gleiche Achsenverhältnis wie $NaInO_2$ (a/c = 0,198). Seine Elementarzelle enthält ebenfalls drei Formeleinheiten; D_R 3,41, pyknometr. gemessen $D.^{25}$ 3,3$_8$. W. Betcke. 195◇

0470 **Zur Molekülstruktur des Tris-[2.2'-dipyridyl]-vanadin(0) sowie der isomorphen Titan(0)- und Chrom(0)-Komplexe.** Günter Albrecht. (Z. Chem. **3,** 182–87, 1963; Jena, Friedrich-Schiller-Univ., Phys.-chem. Inst.; dt.) — $[Ti(Dipy)_3]$ (**I**), $[V(Dipy)_3]$ (**II**) u. $[Cr(Dipy)_3]$ (**III**) sind nach Weissenberg-Aufnahmen isomorph u. krist. hexagonal, p $\bar{3}$ c 1, a_I = 16,95 ± 0,22, c_I = 15,40 ± 0,05; a_{II} = 16,93 ± 0,02, c_{II} = 15,52 ± 0,02; a_{III} = 16,71 ± 0,02, c_{III} = 15,67 ± 0,02 Å. Ihre Verzwillingung wird diskutiert. Die Elementarzelle enthält zu gleichen Teilen spiegelbildisomere Moll., die längs der trigonalen Achse alternierend angeordnet sind. x- u. y-Parameter werden aus Elektronendichte- u. verallgemeinerten Projektionen entnommen. Die z-Koordinaten wurden über die Ligandengeometrie ermittelt. Die Bindungswinkel N–Me–N betragen angenähert 75°. Die Moll. sind in der Folge Cr → V → Ti in zunehmendem Maße trigonal gestaucht. R. Uttech. 195◇

0471 **Kristallographische Daten für $NiSeO_4$ und seine Hydrate.** Hendrik C. Snyman und Carl W. F. T. Pistorius. (Z. anorg. allg. Chem. **324,** 157–61, 1963; Pretoria, South African Council for Sci. and Ind. Res., Nat. Res. Labor.; engl.) — *$NiSeO_4 \cdot H_2O$* krist. monoklin, a = 7,534 ± 0,004, b = 7,951 ± 0,004, c = 6,975 ± 0,0004 Å, β = 116° 48' ± 2'; C_{2h}^6–A 2/a; Z = 4, D_R 3,932 gcm^{-3}. *$NiSeO_4$* krist. orthorhomb. mit a = 5,398 $(1 + 3{,}56 \cdot 10^{-6}\,t + 2 \cdot 10^{-8}\,t^2)$, b = 8,088 $(1 + 5{,}27 \cdot 10^{-6}\,t + 9 \cdot 10^{-9}\,t^2)$, c = 6,374 $(1 + 1{,}39 \cdot 10^{-5}\,t + 2 \cdot 10^{-8}\,t^2)$ Å für Temp. bis 500°; D_{2h}^{17}–Cmcm; Z = 4, D_R 4,808 g·cm^{-3}. Für *$NiSeO_4 \cdot 4\,H_2O$* u. *$NiSeO_4 \cdot 2\,H_2O$* werden die Netzebenenabstände mit den relativen Beugungsintensitäten angegeben. R. Uttech. 195◇

0472 **Struktur des hexagonalen Silberjodids.** G. Burley. (J. chem. Physics **38,** 2807–12, 1963; Washington, D.C., Nat. Bur. of Stand.; engl.) — Nach Präzessions- u. Weissenberg-Aufnahmen gilt die Raumgruppe P 6_3 m c, nach Pulveraufnahmen a = 4,592, c = 7,510. Die Atomparameter entsprechen einer fast idealen Wurtzit-Struktur u. wurden über Fourier-Projektionen u. dreidimensionale Verfeinerungen nach der Meth. der kleinsten Quadrate aus visuellen Präzessions-Daten bestimmt; μ = 0,374$_7$ (Abstand zwischen zwei in c-Richtung verbundenen Atomen bezogen auf c). Für Verbb. dieser Art wird die Beziehung μ = 0,375 + 0,031 [1,633–(c/a)] aufgestellt. R. Uttech. 195◇

0473 **Die Abmessungen der Elementarzelle des Bis-[äthylendiamin]-platin(II)-chlorides.** George W. Watt und Donald S. Klett. (Acta crystallogr. [Copenhagen] **16,** 932, 1963; Austin, Tex., Univ. of Texas, Dep. of Chem.; engl.) — $[Pt(C_2H_8N_2)_2]Cl_2$ krist. triklin, a = 4,937, b = 8,339, c = 6,88 Å, α = 71° 38', β = 100° 4', γ = 82° 00'; P $\bar{1}$; D_{exp} 2,452, D_R 2,477 gcm^{-3}, Z = 1. R. Uttech. 195◇

0474 **Zur Kationenverteilung in Vielkomponentenspinellen.** A. N. Men. (Festkörperphysik [UdSSR] **4,** 14–21, 1962; Swerdlowsk, Metallurg. Inst. UFAN; russ.) — Es wird die Verteilung der Kationen in Vielkomponentenspinellen auf nichtäquivalenten Gitterplätzen als Funktion von Temp. u. Konz. untersucht. Im Falle von 3-Komponentenspinellen wird eine Näherungsgleichung für die Abhängigkeit des Inversionsgrades von der Zus. bei hohen Temp. abgeleitet. Experimentelle Ergebnisse aus der Literatur werden im Rahmen der abgeleiteten Theorie untersucht. — 19 Literaturangaben. K. Huste. 195◇

0475 **Raumladung in wachsenden Oxidfilmen.** 2. Mitt. **Inhomogenes Feld.** A. T. Fromhold jun. (J. chem. Physics **38,** 2041–42, 1963; Albuquerque, N.Mex., Sandia Corp.; engl.) — 1. vgl. C. **1963,** 17609. — Theoret. Untersuchung. H. Roschkowski. 196◇

0476 **Zu Struktureigentümlichkeiten von einkristallinen CdTe-Schichten.** M. A. Rumsch, F. T. Nowik und T. M. Simkina. (Kristallographie [UdSSR] **7**, 873—77, 1962; Leningrad, Univ.; russ.) — Untersucht wurden die besonderen Beugungseffekte, die für einkristalline CdTe-Schichten auf *Glimmer*- oder (1 1 1)-*NaCl*-Substraten beobachtet werden. Es wird gezeigt, daß die zusätzlich auftretenden Reflexe sowie die Kontinua auf das gleichzeitige Auftreten der Wurtzit- u. Sphaleritstruktur des CdTe zurückgehen. Die darauf beruhenden Struktureigentümlichkeiten werden ausführlich diskutiert. K. Jaeger. 196◇

0477 **Pyramidales Gleiten in Cadmium-Kristallen.** N. S. Stoloff und M. Gensamer. (Trans. metallurg. Soc. AIME **224**, 732—37, 1962; Deaborn, Mich., Ford Motor Co.; New York, N.Y., Columbia Univ., School of Mines; engl.) — Pyramidales [1 1 $\bar{2}$ 2]-Gleiten wurde in durch Druck oder Biegung bei Raum-Temp. u. bei —196° verformten Cd-Einkristallen festgestellt. Unter Zug geprüfte Kristalle bildeten ohne erkennbare pyramidale Gleitung Zwillingskristalle. Eine gesetzmäßige Abhängigkeit von der krit. aufgelösten Scherspannung ist für die Ausbreitung von Zwillingskeimen wahrscheinlich. Zwillings-Bldg. u. Niederspannungs-Verwerfen verhindern das Auftreten von pyramidalem Gleiten unter den gewöhnlichen experimentellen Bedingungen. H. Hochstein. 197◇

0478 **Zwillinge in Gallium.** C. G. Wilson und F. J. Spooner. (Nature [London] **198**, 1052—53, 1963; Shrivenham, Swindon, Royal Milit. Coll. of Sci., Phys. Branch; engl.) — Unter Druck wurden in Ga-Einkristallen über einen weiten Temp.-Bereich Zwillinge röntgenograph. festgestellt. Der Mechanismus der Zwillings-Bldg. wird diskutiert. Ernst Schulte. 197◇

0479 **Der Übergang von weißem Zinn in graues als Beispiel für polymorphe Transformationen.** A. I. Bichowski. (Ukrain. physik. J. **8**, 609—23, 1963; Kiew, Ukrain. Landwirtsch.-Akad.; ukrain.) — Übersicht. — 89 Literaturangaben. K. Jaeger. 197◇

0480 **Bestimmung der Mikrocharakteristiken von Blei durch Messung seiner optischen Konstanten und der spezifischen elektrischen Leitfähigkeit.** A. I. Golowaschkin und G. P. Motulewitsch. (J. exp. theoret. Physik [UdSSR] **44**, 398—404, 1963; Akad. der Wiss. der UdSSR, Phys. Inst.; russ., Auszug: engl.) — Gemessen wurden bei Zimmer-Temp. u. der Temp. des fl. H_2 die opt. Konst. von Pb im Bereich 0,7—12 μ, sowie die Leitfähigkeit u. die Dichten der Proben wurden untersucht. Bei der Behandlung der Ergebnisse werden der Skin-Effekt, Quantenkorrekturen für die Kollisionsfrequenz zwischen Elektronen u. Gitter u. auch Kollisionen der Elektronen untereinander berücksichtigt. Bestimmt werden die Leitungselektronen-Konz., Elektronen-Geschw. auf der Fermi-Oberfläche u. Elektronenkollisionsfrequenzen. K. Jaeger. 197◇

0481 **Einwirkung von Antimon- und Bleiverunreinigungen auf die Phasenumwandlungen in Wismut.** N. B. Brandt und N. I. Ginsburg. (J. exp. theoret. Physik [UdSSR] **44**, 848—51, 1963; Moskau, Univ.; russ., Auszug: engl.) — Untersucht wird die Einw. von Sb- (von 0—2,5 Gew.-%) u. Pb-Verunreinigungen (von 0—1,2 Gew.-%) auf die Phasenumwandlungen in Bi unter Druck. Mit zunehmenden Sb-Konzz. wird im Phasendiagramm der Existenzbereich des BiII immer enger u. verschwindet offensichtlich ganz für Sb-Konzz. > 0,8 Gew.-%. Pb-Verunreinigungen verändern das Phasendiagramm kaum. Die Ergebnisse werden auf der Grundlage der Daten über die Beeinflussung des Energiespektrums der Bi-Elektronen durch Sb- u. Pb-Verunreinigungen diskutiert. K. Jaeger. 197◇

0482 **Oscillation der Phasengrenze Fest–Flüssig von Wismut.** G. W. Komarow und A. R. Regel. (Festkörperphysik [UdSSR] **5**, 773—77, 1963; Leningrad, Akad. der Wiss. der UdSSR, Halbleiter-Inst. u. Herzen päd. Inst.; russ.) — Vff. beobachteten Oscillationen der Kristallisationsfront für Temp.-Gradienten > 40—60 Grad/cm. Es wird angenommen, daß dieser Effekt wahrscheinlich auf Konvektionserscheinungen in der Nähe der Kristallisationsfront zurückzuführen ist u. nicht auf Verunreinigungs-Einfl. auf die Kristallisation. K. Jaeger. 197◇

0483 **Zur Bildung einer besonderen Oberflächenstruktur auf Drähten, die durch den Durchgang eines Gleichstroms erhitzt wurden.** D. N. Wassilkowski und E. M. Tadshijewa. (Festkörperphysik [UdSSR] **4**, 90—95, 1962; Taschkent, Lenin-Univ.; russ.) — Die Oberflächenstruktur von *W*-Drähten, die durch den Durchgang eines Gleichstroms erhitzt wurden, hängt von der Richtung des Stromes u. von der kristallograph. Struktur der einzelnen Proben ab. Bei dem Aufheizen werden Kanten von Kristallflächen mit einem niedrigen Index gebildet, was zu einer Erhöhung der Oberflächenenergie führt. Vff. nehmen an, daß dafür eine Abnahme in der Gesamtgröße der Störungen, die durch eine Verschiebung durch das elektr. Feld verursacht werden, eintritt. K. Huste. 197◇

0484 **Untersuchung des Phononspektrums von Nickel.** N. A. Tschernoplekow, M. G. Semljanow, A. G. Tschitscherin und B. G. Ljaschtschenko. (J. exp. theoret. Physik [UdSSR] **44**, 858—60, 1963; UdSSR; russ., Auszug: engl.) — Gemessen wurde die unelast. Streuung kalter Neutronen an einer Probe einer Ni-Isotop-Leg. mit einer mittleren kohärenten Amplitude Null. Zu den Messungen wurde ein Neutronen-Flugzeitspektrometer benutzt. Auf der Grundlage der so erhaltenen Ergebnisse wurde das Phononspektrum von Ni konstruiert. K. Jaeger. 197◇

0485 **Metastabile amorphe Phasen in Legierungen auf Tellurbasis.** H. L. Luo und Pol Duwez. (Appl. Physics Letters **2**, 21, 1963; Pasadena, Calif., California Inst. of Technol., W. M. Keck Labor. of Engng. Materials; engl.) — Durch den Erstarrungsbereich hindurch schnell abgekühlte bin. Te-Legg. mit 10—30 (Atom-%) Ga, 10—30 In u. 10 bis 25 Ge sind nach den Mikrophotometerkurven der Debye-Scherrer-Aufnahmen amorph u. bei Raum-Temp. stabil. R. Uttech. 197◇

0486 **Dichte-Anomalien in binären Aluminium-Mischkristallen.** W. J. Helfrich und R. A. Dodd. (Trans. metallurg. Soc. AIME **224**, 757—62, 1962; Madison, Wis., Univ. of Wisconsin, Dep. of Miner. and Metals Engng.; engl.) — Bin. Al-Mischkristall-Legg. mit unterschiedlichen Geh. an Ag, Mg u. Zn werden durch eine sorgfältige gerichtete Erstarrung hergestellt u. die hydrostat. u. Röntgen-Dichten werden miteinander verglichen. Mit Ausnahme der Al–Ag-Legg. waren die Röntgendichten größer als die hydrostat. Werte in Übereinstimmung mit den früheren Beobachtungen von Ellwood. Im Gegensatz zur Theorie von Ellwood wird dafür eine Erklärung auf Grund des Auftretens von Erstarrungs-Mikroschrumpfung gegeben. Diese Hypothese wurde durch eine Unters. von Al–Zn-Legg. bestätigt, die durch Zn-Dampfdiffusion in Al hergestellt waren. Die hydrostat. u. die Röntgen-Dichten stimmen dabei nahezu überein u. es wird gefolgert, daß die Füllung von Brillouin-Zonen in Al-Mischkristall-Legg. nicht notwendigerweise die Bldg. von Fehlstellenstrukturen mit einem Überschuß von freien Gitterplätzen ergeben muß. H. Hochstein. 197◇

0487 **Binäre Gleichgewichtsdiagramme von Aluminium.** E. H. Wright und L. A. Willey. (Alcoa Res. Lab., techn. Pap. **1960**, Nr. 15, 1—46; Pittsburgh, Pa., Alcoa Res. Labor.; engl.) — Zusammenstellung der Gleichgewichts-Diagramme der Syst. Al–Ag, Al–As, Al–Au, Al–B, Al–Ba, Al–Be, Al–Bi, Al–C, Al–Ca, Al–Cd, Al–Ce, Al–Co, Al–Cr, Al–Cu, Al–Fe, Al–Ga, Al–Ge, Al–Hg, Al–In, Al–K, Al–La, Al–Li, Al–Mg, Al–Mn, Al–Mo, Al–Na, Al–Nb, Al–Nd, Al–Ni, Al–Np, Al–P, Al–Pb, Al–Pd, Al–Pr, Al–Pt, Al–Pu, Al–Rh, Al–S, Al–Sb, Al–Se, Al–Si, Al–Sn, Al–Sr, Al–Ta, Al–Te, Al–Th, Al–Ti, Al–Tl, Al–U, Al–V, Al–W, Al–Zn u. Al–Zr. Tabellar. Zusammenstellung der festen Löslichkeiten der Elemente in Al u. der physikal. Daten der einzelnen intermetall. Verbindungen. H. Hochstein. 197◇

0488 **Binäre Phasendiagramme von Gallium.** E. H. Wright und L. A. Willey. (Alcoa Res. Lab., techn. Pap. **1960**, Nr. 16, 1—10; engl.) — Vgl. vorst. Referat. — Zusammenstellung der Gleichgewichts-Diagramme der Syst.: Ag–Ga, Al–Ga, As–Ga, Au–Ga, Bi–Ga, Cd–Ga, Co–Ga, Cu–Ga, Ga–Ge, Ga–Hg, Ga–In, Ga–Mg, Ga–Na, Ga–Ni, Ga–Pb, Ga–Pr, Ga–Sb, Ga–Si, Ga–Sn, Ga–Te, Ga–Tl u. Ga–Zn. H. Hochstein. 197◇

0489 **Diffusion von Antimon an einer Germaniumoberfläche.** P. W. Pawlow und W. A. Pantelejew. (Festkörperphysik [UdSSR] **5**, 1454—57, 1963; Gorki, Lobatschewski-Univ.; russ.) — Die Diffusions-Koeff. von Sb betragen zwischen 250 u. 650° an geschliffenen Ge-Oberflächen

$6 \cdot 10^{-6} \cdot \exp[-12600/RT]$ cm²/s u. an chem. polierten Ge-Oberflächen $4 \cdot \exp[-38700/RT]$ cm²/s. Für eine oxydierte Oberfläche wird bei 350° der Wert $7 \cdot 10^{-12}$ cm²/s gefunden. Die Dicke der Oberflächenschicht, in die die diffundierenden Atome eindringen, wächst von $3{,}5 \cdot 10^{-9}$ (cm) bei 250° auf $6{,}9 \cdot 10^{-6}$ bei 650° an. K. Jaeger. 197◇

0490 **Die Zusammensetzung der bleireichen und antimonreichen Gebiete des ternären Systems Indium–Antimon–Blei.** D. R. Geis und E. A. Peretti. (J. less-common Metals [Amsterdam] **4**, 523—32, 1962; Notre Dame, Ind., Univ. of Metallurg. Engng. and Materials Sci.; engl.) — Vgl. C. **1963**, 1584. — Mit Hilfe einer Kombination aus therm. Analyse, mkr. u. Röntgen-Unterss. wurde im Pb- u. Sb-reichen Teil des tern. Syst. In–Sb–Pb bei 249° (0,97% In, 87% Pb u. 12,03% Sb) ein tern. Eutektikum lokalisiert. Die Gebiete des Diagrammes, in denen die Abscheidung von InSb, der δ-Phase (Sb-reiche Kristalle) u. der γ-Phase (Pb-reiche Kristalle) als prim. Phasen erfolgt, werden angegeben. Für die Bldg. tern. intermetall. Verbb. wurde kein Anhalt gefunden, u. es wurde nur geringe Mischkristall-Bldg. festgestellt. G. Heller. 197◇

0491 **Messung der Stickstoff-Diffusion in Chrom mit unelastischen Methoden.** M. E. de Morton. (J. appl. Physics **33**, 2768—70, 1962; Maribyrnong, Victoria, Australian Def. Sci. Serv., Dep. of Supply, Def. Stand. Labor.; engl.) — Cr-Draht mit $1{,}8 \cdot 10^{-2}$ (%) O, $5 \cdot 10^{-4}$ N, $1{,}6 \cdot 10^{-3}$ C, $2 \cdot 10^{-4}$ H u. $19{,}5 \cdot 10^{-3}$ metall. Verunreinigungen werden durch Erhitzen in einer H_2–N_2-Mischung mit $2{,}5 \cdot 10^{-3}$ N beladen u. zwischen 20 u. 200° die innere Reibung (R_i) mit Hilfe eines Torsionspendels bei Frequenzen von 0,427—2,018 Hz u. einer Amplitude von $2 \cdot 10^{-5}$ untersucht. R_i weist bei 100° u. 1 Hz ein Maximum auf; unter diesen Bedingungen tritt noch keine partielle Fällung von N auf. Aus den Werten von R_i u. dem elast. Nacheffekt wird nach der Snoekschen Theorie der Diffusions-Koeff. von N in Cr zwischen 55 u. 172° erhalten; die Temp.-Abhängigkeit wird mit $D = 3 \cdot 10^{-4} \cdot \exp(-24300/RT)$ cm²/s beschrieben. Herbert Müller. 197◇

0492 **Dilatometrische Untersuchung einer Titan–Sauerstoff–Wasserstoff-Legierung.** M. T. Hepworth und W. B. Sample jun. (Trans. metallurg. Soc. AIME **224**, 875—76, 1962; Lafayette, Ind., Purdue Univ.; Rocky Flats, Colo., Dow Chem. Co.; engl.) — Die Löslichkeit von H u. die lineare Kontraktion wurden bei konst. Temp. an einer Ti-Leg. mit konst. O/Ti-Mol-Verhältnis, jedoch veränderlichem H-Geh. gemessen. Die Löslichkeitsgrenzen des Zweiphasengebietes $\alpha + \beta$ können durch Unregelmäßigkeiten der dilatometr. Kurven bei 9,1 u. 3,4 Atom-% H bestimmt werden. H. Hochstein. 197◇

0493 **Die Diffusionskoeffizienten von Wasserstoff in β-Zirkonium.** V. L. Gelezunas, P. K. Conn und R. H. Price. (J. electrochem. Soc. **110**, 799—805, 1963; Cincinnati, Ohio, Gen. Electr. Co., Nucl. Mater. and Propuls. Operat., Univ. of Cincinnati, Dep. of Chem.; engl.) — Die Diffusions-Koeff. D von H_2 in β-Zr werden aus den ermittelten isothermen H_2-Sorptionskurven berechnet: D (cm² s⁻¹) $= 5{,}32 \cdot 10^{-3} \exp \cdot (-8320/RT)$ im Temp.-Bereich von 760—1010°. Es wird angenommen, daß die Diffusion im Inneren des Metalls geschwindigkeitsbestimmend ist. D ist unabhängig von [H] (bis zu 41 Atom-% H) u. von [O] (bis zu 4,2 Atom-% O) in β-Zr. Die Sorptions-Geschw. von H_2 in Zr wird durch Mischkristall-Bldg. zwischen O_2 u. Zr sowie durch die Bldg. von Oberflächenfilmen (O_2, N_2, chem. Ätzen) herabgesetzt. Die O/Zr-Mischkristall-Bldg. steht in Beziehung zur $\alpha \rightarrow \beta$-Umwandlung, die Film-Bldg. in Beziehung zur H-Konz. an der Grenzfläche Zr/Film. P. Frenzel. 197◇

0494 **Die Kristallstrukturen von TiCd und Ti_2Cd.** R. V. Schablaske, B. S. Tani und M. G. Chasanov. (Trans. metallurg. Soc. AIME **224**, 867—68, 1962; Argonne, Ill., Argonne Nat. Labor.; engl.) — TiCd (**I**) u. Ti_2Cd (**II**) wurden durch Zusammenschmelzen der stöchiometr. Mengen der Elemente hergestellt. Aus Röntgenpulveraufnahmen ergibt sich für **I** eine tetragonale Zelle, $a = 2{,}904 \pm 0{,}002$; $c = 8{,}954 \pm 0{,}004$ Å; mit $Z = 2$ wird D. (berechnet) $= 7{,}05$ g·cm⁻³; D. (experimentell) 7,07 g·cm⁻³. **I** krist. in C_{4h}^3 — P 4/n oder D_{4h}^7 — P 4/n m m u. besitzt wahrscheinlich TiCu–(B 11)-Struktur. Angabe der Atomparameter. Es liegt eine Schichtstruktur mit alternierenden Ti- u. Cd-Doppelschichten entlang der c-Achse vor. **II** krist. tetragonal, $a = 2{,}865 \pm 0{,}003$; $c = 13{,}42 \pm 0{,}01$ Å, D_{4h}^{17} — I 4/m m m; $Z = 2$ im $MoSi_2$-(C 11)-Typ. D. (berechnet) = D. (experimentell) = 6,28 g/cm³. Angabe der wahrscheinlichen Atomkoordinaten. H. Hochstein. 197◇

0495 **Über die Natur der ω-Phase in abgeschreckten Titanlegierungen.** Ju. A. Bagarjatskij, G. I. Nosova und T. V. Tagunova. (Acta crystallogr. [Copenhagen] **14**, 1087—88, 1961; Moscow, USSR, Central Sci. Res., Inst. for Ferrous Metallurg.; engl.) — Aus einer Analyse der Literatur über die ω-Phase in abgeschreckten Ti-Legg. wird geschlossen, daß die $\beta \rightarrow \omega$-Umwandlung leicht diffusionslos beim Abschrecken durch Verschiebungen erfolgen kann, die kleiner sind als die zwischenatomaren Abstände. Sie wird durch die Unbeständigkeit der Elektronenstruktur der β-Phase unter 450—550° bedingt u. kann bei schnellen Abkühlungs-Geschw. als Umwandlung im Einkomponenten-Syst. betrachtet werden. Auf einem zweiten Weg erfolgt die Umwandlung als diffusionskontrollierter Prozeß beim Tempern. R. Uttech. 197◇

0496 **Das Legierungssystem Tantal–Zirkonium.** D. E. Williams, R. J. Jackson und W. L. Larsen. (Trans. metallurg. Soc. AIME **224**, 751—56, 1962; Ames, Iowa, Iowa State Univ., Inst. for Atomic Res., Dep. of Mech. Engng.; engl.) — Das Zustandsdiagramm des Syst. Ta–Zr wird mit einer Erörterung der bei seiner Best. angewandten Meth. ermittelt. Die Soliduslinie enthält ein Minimum bei 1820° in der Nähe von 20% Ta. Ein Gebiet der vollständigen Mischkristall-Bldg. tritt bei erhöhten Temp. zwischen Ta u. β-Zr auf. Diese feste Lsg. zersetzt sich monotektoid bei 800° u. 12% Ta. Die größte Löslichkeit von Ta in α-Zr beträgt etwas weniger als 2% u. nimmt mit fallender Temp. ab. Die Löslichkeit von Zr in Ta beträgt bei der monotektoiden Temp. 5% u. bei Raum-Temp. 2%. — 14 Literaturangaben. H. Hochstein. 197◇

0497 **Das System Molybdän–Titan–Zirkonium–Sauerstoff bei 1500°.** Michael Hoch und Michel Desjardins. (Trans. metallurg. Soc. AIME **224**, 821—27, Berichtigung: 1282, 1962; Cincinnati, Ohio, Univ. of Cincinnati; engl.) — Der isotherm. Schnitt des Syst. Mo–Ti–Zr–O bei 1500° wurde mit Röntgenbeugungs- u. metallograph. Meth. untersucht. Bis zu 66,7 Atom-% O enthält das Syst. 10 Vierphasengebiete, nämlich 1. β, α, Mo_2Zr, t-ZrO_2; 2. α, β, TiO, ti-ZrO_2; 3. β, TiO, c-ZrO_2, t-ZrO_2; 4. β, TiO, c-ZrO_2, Ti_2O_3; 5. β, Ti_2O_3, Ti_3O_5, c-ZrO_2; 6. β, Ti_2O_3, Ti_5O_9, c-ZrO_2; 7. β, c-ZrO_2, Ti_5O_9, $TiZrO_4$; 8. β, Ti_5O_9, $TiZrO_4$, MoO_2; 9. β, $TiZrO_4$, c-ZrO_2, MoO_2 u. 10. β, c-ZrO_2, t-ZrO, MoO_2. Die chem. Zus. dieser Vierphasengebiete werden mitgeteilt. Die quatern. isobar. isotherm. Isoplethen bei 10, 30, 45, 55 u. 60 Atom-% O werden aufgestellt. H. Hochstein. 197◇

0498 **Darstellung und einige Eigenschaften von im Lichtbogen geschmolzenem Plutoniummonocarbid.** O. L. Kruger. (J. nuclear Mater. [Amsterdam] **7**, 142—50, 1962; Argonne, Ill., Argonne Nat. Labor.; engl.) — Vf. stellt Pu–C-Legg. mit 42—60 Atom-% C durch Zusammenschmelzen der Komponenten im wassergekühlten Cu-Tiegel mit dem Lichtbogen im Vakuum, in He- oder Ar-Atmosphäre her. Durch Verw. verschieden geformter Tiegel konnten kompakte Formkörper für verschiedene Zwecke erhalten werden. Das allg. Erscheinungsbild der Carbide mit verschiedenem C-Geh. wurde nach metallograph. Verff. an Anschliffbildern untersucht. Bei einem Geh. von 42,1 (Atom-% C) treten Dendriten von PuC neben wenig Pu auf, bei 44,4 ist PuC die einzige Phase. Bei 47,1, 50,4 u. 55,7 wurden prim. entstandene Pu_2C_3-Dendriten in PuC-Matrix gefunden. Bei 59,6 liegt Pu_2C_3 als nahezu reine Phase vor. Im Lichtbogen geschmolzenes PuC ist in Luft nicht pyrophor, in trockenem N_2 monatelang haltbar. In feuchter Luft u. feuchtem N_2 zerfällt es rasch. Die Dichte wurde unter CCl_4 im Pyknometer gemessen, im Lichtbogen geschmolzenes Material zeigt 99% der theoret. Dichte. Die beobachteten Dichtewerte variieren von ca. 13,6 gcm⁻³ (42 Atom-% C) bis ca. 12,7 gcm⁻³ (59,6). Die Mikrohärte nach Vickers wurde zu 860 ± 25 DPN gefunden. Die therm. Ausdehnung wurde im Vakuum mit Hilfe eines Quarzstempel-Dilatometers gemessen. Eine Probe mit 44,5 Atom-% C zeigte ein anomales Verh. beim ersten Aufheizen, später traten normale Dilatationskurven mit der üblichen Hysteresiserscheinung auf. Sie zeigen das Auftreten einer Phasenumwandlung im Bereich 425—560° an. Die metallograph. Unters. zeigt das Auftreten von PuC als Matrix mit darin fein verteilter ζ-Phase. Legg. von 46,9 u. 50,4 Atom-% C zeigen normale Dilatationskurven. Die Ergebnisse sind mit dem Pu–C-Zustandsdiagramm von Mulford, Ellinger,

Hendrix u. Albrecht (Plutonium 1960, Cleaver Hume Press Ltd. 1961, S. 301) verträglich. Wegen der starken Dimensionsänderungen im Bereich 425—560° sind Legg. mit <46 Atom-% C für Reaktoranwendungen ungeeignet. Legg. mit >46 Atom-% können nach therm. Vorbehandlung für Reaktorzwecke verwendet werden. Die Herst. von Brennstoffelementen aus PuC bzw. 80 Gew.-% UC + 20 Gew.-% PuC für den Experimental Breeder Reaktor I wird beschrieben. F. Weigel. 197◇

0499 **Untersuchung von Legierungen des ternären Systems Magnesium–Mangan–Calcium.** M. Je. Dritz, M. W. Malzew und L. L. Rochlin (unter Mitarbeit von E. W. Tataurowa). (Nachr. Akad. Wiss. UdSSR, Abt. techn. Wiss., Metallurg. Brennstoffe **1959**, Nr. 3, 142—44; Moskau; russ.) — Vgl. C. **1960**, 12610. — Vff. stellen die Ergebnisse therm. Unterss. des Syst. im Mg-reichen Gebiet in Diagrammen dar. In Abhängigkeit von Temp. u. Zus. bestehen: eine Einphasenstruktur der α-festen Lsg. von Ca u. Mn in Mg, eine Zweiphasenstruktur $\alpha + \beta(Mn) + \alpha + Mg_2Ca$ u. eine Dreiphasenstruktur $\alpha + \beta(Mn) + Mg_2Ca$. Vff. geben die isotherm. u. polytherm. Durchschnitte der Dreikomponentendiagramme. Im Syst. Mg–Mn–Ca besteht eine nonvariante peritekt. Rk. $L + \beta(Mn) \rightleftharpoons \alpha + Mg_2Ca$, die bei 553° verläuft. Bei Temp.-Senkung verengt sich das Gebiet der α-festen Lsg.; das Zweiphasengebiet $\alpha + Mg_2Ca$ u. $\alpha + \beta(Mn)$ wird kleiner, dagegen vergrößert sich das Gebiet des Dreiphasengleichgewichts $\alpha + Mg_2Ca + \beta(Mn)$. A. Babczyński. 197□

0500 **Zustandsdiagramme des Systems Wolfram–Rhenium und die Eigenschaften von Legierungen.** Je. M. Ssawitzki, M. A. Tylkina und L. L. Schischkina. (Nachr. Akad. Wiss. UdSSR, Abt. techn. Wiss., Metallurg. Brennstoffe **1959**, Nr. 3, 99—107; Moskau; russ.) — Mit Hilfe der Mikrostruktur- u. Röntgenstrukturanalyse sowie durch Best. der FF., der Härte u. Mikrohärte der Strukturbestandteile wurde das volle Zustandsdiagramm des Syst. W–Re aufgestellt. In diesem Syst. wurde ein grober, in der Nähe des F. bis zu ca. 45 Gew.-% Re u. bei 1100° bis zu 32 Gew.-% Re sich erstreckender Bereich fester Lsgg. des Re im α-W festgelegt. Im Bereich der festen Lsgg. wächst die Härte entsprechend der Leg. des W mit Re bis zu 420 kg/mm² für die Leg. mit 25% Re. Im Syst. bildet sich bei 2890° die Verb. des σ-Phasentyps gemäß der peritekt. Rk. $sh + \alpha \rightleftharpoons \sigma$ mit einem zusammengesetzten tetragonalen Gitter mit a = 9,53; c = 4,95 Å. Der Bereich der Homogenität der σ-Phase erstreckt sich von 40—66 Gew.-% Re bei 1100° u. verengt sich während der Temp.-Erhöhung von 45—66 Gew.-% bei 2000°. Die σ-Phase ist sehr spröde u. hat eine Härte von ca. 2000 kg/mm². Der Bereich der festen Lsgg. von W in Re erstreckt sich ungefähr bis 15 Gew.-% W bei Temp. nahe dem F. des W u. bis 12% W bei 1100°. Zwischen der festen Lsg. β auf der Re-Grundlage u. der σ-Phase bildet sich ein Eutektikum bei 75 Gew.-% Re u. 2815°, dessen Mikrohärte 800 kg/mm² beträgt. Der Zweiphasenbereich zwischen der σ-Phase u. der festen α-Lsg. ist sehr eng. Im Syst. wurde die Bldg. der χ-Phase (vom Typ α-Mn mit a = 9,57 Å u. engem Homogenitätsbereich) über die peritektoide Rk. zwischen fester β-Lsg. u. σ-Phase: $\sigma + \beta \rightleftharpoons \chi$ festgestellt. Die peritektoide Umwandlung erfolgt im Intervall von 72—82% Re. Die Mikrohärte der χ-Phase beträgt ca. 1500 kg/mm². Die Legg. im Bereich der festen Lsgg. des Re im W mit einem Re-Geh. bis 20% haben hohe Werte für elektr. Widerstand, Festigkeit, Plastizität, die die Werte vom W übertreffen. A. Babczyński. 197□

0501 **Zur Kristallstruktur der höchsten Molybdän-, Wolfram- und Rheniumberyllide.** N. N. Matjuschenko, L. F. Berchorobin, N. Ss. Pugatschew und N. W. Ssiwokon. (Kristallographie [UdSSR] **7**, 862—64, 1962; Akad. der Wiss. der UkrainSSR, Physikotechn. Inst.; russ.) — Den höchsten Berylliden von Mo, W u. Re entspricht die stöchiometr. Formel ABe_{22}. $MoBe_{22}$; $O_h^7 - Fd3m$; a = 11,636 ± 0,002 Å, Z = 8, D^{20} (2,51 ± 0,02) g/cm³. $MoBe_{22}$ ist mit $ZrZn_{22}$ isomorph. K. Jaeger. 197◇

0502 **Genaue Bestimmung der Gitterparameter von α-Messing.** S. Srinivasa Rao und T. R. Anantharaman. (Current Sci. [Bangalore] **32**, 262—63, 1963; Varanasi, Banaras Hindu Univ., Dep. of Metallurg.; engl.) — Vff. bestimmten aus Debye-Scherrer-Aufnahmen nach einem Extrapolations-Verf. von Nelson u. Riley die Gitter-Konst. von Cu u. von α-Messing mit 10—35% Zn. R. Uttech. 197◇

0503 **Einfluß der Härtungstemperatur auf die Kinetik des Ordnungsprozesses in festen Cu–Al-Lösungen.** W. Je. Panin, W. P. Fadin und Je. F. Dudarew. (Metallphysik u. Metallkunde [UdSSR] **13**, 886—93, 1962; Tomsk, Univ., sibir. physikal.-techn. Inst.; russ.) — Die Ordnungskinetik in einer Cu-Leg. mit 14,3 Atom-% Al hängt stark von der Abschreck-Temp. ab. Im Temp.-Bereich von 400—900° hängt die Aktivierungsenergie des Ordnungsprozesses nicht von der Abschreck-Temp. ab; vielmehr werden die Prozesse durch die Härteleerstellen bestimmt. Bei niedrigeren Temp. nimmt die Größe der Aktivierungsenergie zu. Bei sehr hohen Abschreck-Temp. ist der Zustand der Leg. kompliziert u. kann nicht nur mit dem Auftreten eines Ordnungs-Unordnungs-Vorganges verbunden sein. H. Hochstein. 197◇

0504 **Zusammenballung von Gleitlinien in Cu_3Au-Kristallen.** B. H. Kear. (Trans. metallurg. Soc. AIME **224**, 669—73, 1962; Philadelphia, Pa., Franklin Inst. Labor.; engl.) — Zusammenballung von Gleitlinien in verschiedenen Syst. wurde sowohl in geordneten als auch in ungeordneten Cu_3Au-Kristallen, die in der ⟨1 1 0⟩-Orientierung Drücken ausgesetzt waren, beobachtet. Bestimmte Erscheinungen der Gleitlinienbilder werden als Rkk. zwischen Versetzungen mit Burgers-Vektoren bei 120° erklärt; in einigen seltenen Fällen legt das Auftreten von Gleitlinien die Ansicht nahe, daß die Prodd. von solchen Rkk. diffuse verkantete Grenzen zwischen den unterschiedlich einer Gleitung unterworfenen Kristallbereichen bilden, ähnlich dem bekannten Verh. von Ionenkristallen, jedoch nicht annähernd so gut definiert. H. Hochstein. 197◇

0505 **Stapelfehler in Silber–Lithium-Legierungen.** R. C. Sundahl und J. M. Silvertsen. (J. appl. Physics **34**, 994—95, 1963; Minneapolis, Minn., Univ. of Minnesota, Dep. of Metallurg.; engl.) — Weichgeglühte Proben von Ag-Legg. mit 0, 5,8, 17,9 u. 35,4 Atom-% Li wurden durch Abschleifen an der Oberfläche stark verformt u. röntgenograph. untersucht. Es wurden die Gitter-Konst. bestimmt u. die Stapelfehlerwahrscheinlichkeit berechnet. Die Gitter-Konst. fiel linear von 4,086 (0 Atom-% Li) auf 4,042 Å (35,4 Atom-% Li). Die Stapelfehlerwahrscheinlichkeit nimmt im gleichen Konz.-Bereich von 0,0021 auf 0,0288 zu. Dieses Verh. stimmt mit den an Cu-, Ag- u. Au-Legg. mit mehrwertigen Elementen gemachten Beobachtungen überein. D. Rogalla. 197◇

0506 **Zustandsdiagramm des Systems Ruthenium–Rhenium–Osmium.** Je. M. Ssawitzki, M. A. Tylkina und W. P. Poljakowa (unter Mitarbeit von O. Ch. Chamidow). (J. anorg. Chem. [UdSSR] **8**, 146—48, 1963; russ.) — Das Syst. *Ru–Re–Os* wurde therm., mkr. u. röntgenphasenanalyt. untersucht. Folgende Eigg. der Legg. wurden u. a. gefunden (gegebene Zus. in Atom-%; F.; Festigkeit der unbehandelten Leg. in kg/mm²; Festigkeit der wärmebehandelten Leg.; 2 Std. 2000°, 20 Std. 1500°): 80 (Re), 10 (Ru), 10 (Os); 3050°; 330; 280. — 60, 30, 10; 2700°; 460; 360. — 40, 45, 15; 2550°; 490; 450. — 20, 40, 40; 2490°; 580; 590. — 100, 0, 0; 3170°; 200; 200. — 0, 100, 0; 2250°; 250; 250. — 0, 0, 100; 3050°; 400; 400. Die Legg. bilden eine lückenlose Reihe fl. u. fester Lösungen. Die Guß-Legg. zeigen charakterist. Dendritenstruktur. Alle wärmebehandelten Legg. weisen polyedr. Mikrostruktur auf. Maximale Festigkeit (700 kg/mm²) haben Legg. mit 20 (Atom-%) Re u. 60 Os. G. Winkhaus. 197◇

0507 **Die aktivierte Sinterung von Wolfram mit Elementen der VIII. Gruppe.** H. W. Hayden und J. H. Brophy. (J. electrochem. Soc. **110**, 805—10, 1963; Cambridge, Mass., MIT, Dep. of Metallurg.; engl.) — Die Dichte gesinterter Preßlinge aus W-Pulver kann durch geringe Zusätze von Übergangsmetallen der VIII-Gruppe beträchtlich erhöht werden. Am wirksamsten ist *Pd*, es folgen, nach ihrer Wirksamkeit geordnet, *Ni*, *Rh*, *Pt* u. *Ru*. Mit 0,25 Gew.-% Pd werden 93,5 bzw. 99,5% der theoret. Dichte nach 30 Min. langem bzw. 16std. Sintern in H_2 bei 1100° erreicht. Es wird angenommen, daß die Aktivatoren auf den W-Teilchen eine „Trägerphasen"-Schicht ausbilden, in der W bevorzugt an den Berührungspunkten der Teilchen gelöst wird, u. in der Grenzfläche Trägerphase/Teilchen nach außen diffundieren. P. Frenzel. 197◇

0508 **Untersuchung von Legierungen des Systems Palladium–Eisen–Kupfer.** A. T. Grigorjew und G. W. Posharskaja. (J. anorg. Chem. [UdSSR] **8**, 141—45, 1963; Moskau, Lomonossow-Univ.; russ.) — Das Syst. *Pd–Fe–Cu* wurde therm. u. mkr. untersucht. Polytherme Schnitte sind wiedergegeben. Die bei 735 u. 665° beobachteten therm. Effekte beruhen auf $\gamma \to \alpha$- bzw. magnet. Umwandlungen. Die Gebiete fester Lsgg. von Cu in Fe u. von Fe in Cu werden bei Erhöhung der Pd-Konz. bei Raum-Temp. verbreitert. Das Gebiet tern. fester Lsgg. verkleinert sich mit fallender Temperatur. In dem Syst. tritt wahrscheinlich die Verb. Pd_2FeCu in 2 Modifikationen auf. G. Winkhaus. 197◇

0509 **Nichtmischbarkeit im flüssigen Zustand einer Legierung im System Calcium–Silicium–Eisen.** A. K. Golew und G. Ss. Beljajew. (Nachr. Akad. Wiss. UdSSR, Abt. techn. Wiss., Mechan. Maschinenbau **1962,** Nr. 3, 114—15; Tscheljabinsk; russ.) — Experimentell wird das Vorhandensein von im fl. Zustand nichtmischbaren Legg. der beiden Syst. Ca–Si–Fe u. Ca–Si–(Cr, Fe) nachgewiesen. Unter Labor.- u. Betriebsbedingungen wird ein CaSi mit einem Anfangs-Geh. von 23—30% Ca bis auf 67% Ca durch Extraktion von überschüssigem Si durch Fe oder Ferrochrom angereichert. Das Zustandsdiagramm Fe–Si–Ca bei 1600° wird angegeben. H. Hochstein. 197◇

0510 **Einfluß des Kohlenstoffs auf die Änderung der Eigenschaften von Stählen bei der Bestrahlung mit Neutronen.** Sch. Schu. Ibragimow. (Metallphysik u. Metallkunde [UdSSR] **13,** 755, 1962; russ.) — Untersucht wird der Einfl. schneller Neutronen auf einige Eigg. von Fe u. von unlegierten Stählen mit 0,67 u. 1,05% C, legierten Stählen mit 0,18 u. 0,46% C bei ca. 0,25% Cr u. von einem hochlegierten Stahl mit 0,16% C, 1,76% Si, 16,3% Cr u. 1,78% Nb. Bei der Bestrahlung im Temp.-Bereich von 320—380° werden eine Erhöhung der Härte, Koerzitivkraft u. eine Abnahme des elektr. Widerstandes festgestellt, wobei die Größe der Veränderungen dieser Eigg. durch den C-Geh. der Stähle bestimmt wird. Diese Veränderung hängt offensichtlich nicht nur mit der Bldg. von Strahlungsfehlern, sondern auch mit einer Veränderung der Ausgangsstruktur der Proben zusammen. H. Hochstein. 197◇

0511 **Anlassen der bei sehr schneller Einwirkung hoher Temperaturen und Drücke gebildeten Sekundärstrukturen kohlenstoffhaltiger Stähle.** Ss. B. Nishnik. (Metallphysik u. Metallkunde [UdSSR] **13,** 879—85, 1962; Inst. für Mechanik der Akad. der Wiss. der UkrainSSR; russ.) — Bei überschneller Einw. hoher Temp. u. Drücke in den Oberflächenschichten unter- u. übereutektoider Stähle bilden sich besondere Strukturen einer Sekundärhärtung u. eines Übergeschw.–Hochtemp.-Anlassens. Die Phasen-Zus. u. der Gefügeaufbau der Zone der Sekundärhärtung bedingen die erhöhte Mikrohärte u. Temp.-Beständigkeit beim Anlassen. Der Martensit der Sekundärhärtung, der hinsichtlich des C-Geh. ungleichgleichmäßig ist, zerfällt bei höheren Anlaß-Temp. als der Martensit einer üblichen Härtung derselben Stähle. Die Zerfalls-Temp. des Restaustenits der Sekundärhärtung der Stähle 45 u. U 10 u. der üblichen Härtung des Stahls U 10 ist gleich u. beträgt 250°. Die kristalline Feinstruktur der α-Phase u. der Dispersionsgrad des Zementits bei Übergeschw.–Hochtemp.-Anlassen entspricht dem Gefügezustand des Stahls bei einem langandauernden Niedertemp.-Anlassen. Eine Druckverformung des Gitters der α-Phase bei der Übergeschw.–Hochtemp.-Erhitzung wird in Ggw. feindisperser Carbide in der Stahlstruktur beobachtet. Eine Vergrößerung des Ferrit–Kristallgitter-Parameters bis auf seinen normalen Wert hängt mit einer Zusammenballung der Carbidphase beim Anlassen zusammen. H. Hochstein. 197◇

0512 **Quantitative Bestimmung der Carbide kohlenstoffhaltiger Stähle.** Ja. I. Kagan und I. Ja. Ssidorenko. (Metallphysik u. Metallkunde [UdSSR] **13,** 842—49, 1962; Allunions-Forsch.-Inst. für den Elektro-Maschinenbau; russ.) — Durch magnet. Meth. wird die Carbid-Zus. der Stähle U 10 u. U 12 untersucht. Hierbei zeigt sich, daß sich ε-Carbid in der Hauptsache bei niedrigen Temp. bildet u. bis 200° stabil ist; bei höheren Anlaß-Temp. zerfällt es intensiv unter Bldg. von Zementit- u. χ-Carbid. χ-Carbid ist bis 400° stabil u. wird bei höheren Temp. in Zementit umgewandelt. ε- u. χ-Carbide zerfallen während des Anlassens bei 600° prakt. vollkommen. Zementit bildet sich unmittelbar aus Martensit sowie infolge des Zerfalls der ε- u. χ-Carbide. H. Hochstein. 197◇

0513 **Reckalterung von niedriggekohltem Stahl.** Ss. A. Golowin und D. A. Ssarkissjan. (Metallphysik u. Metallkunde [UdSSR] **13,** 924—26, 1962; Forsch.- u. Konstruktions-Inst. für Vers.-Maschinen, Vorr. u. Mittel zur Messung von Massen; russ.) — Eine Desoxydation von niedriggekohltem Stahl erniedrigt in starkem Maße die Neigung des Stahls zur Reckalterung, jedoch wird die Reckalterung nicht vollständig beseitigt. H. Hochstein. 197◇

0514 **Untersuchung des Bildungsprozesses einer kubischen Textur in Transformatorenstählen.** W. P. Warlakow und W. M. Romaschow. (Metallphysik u. Metallkunde [UdSSR] **13,** 671—75, 1962; Werk „Elektrostahl"; russ.) — Beschrieben wird eine Meth. der Herst. einer kub. Textur in einem 0,1 u. 0,05 mm starken Blech aus Transformatorenstahl mit 0,04 (%) C, 0,13 Mn, 3,06 Si, 0,03 Cr, 0,11 Ni, 0,005 S u. 0,012 P. Die Endglühung zur Erzielung der kub. Textur muß in einem Vakuum mit einem Restdruck von 10^{-2} Torr durchgeführt werden. Die kub. Textur entwickelt sich bei der sek. Rekristallisation nach einem 2stufigen Kaltwalzen des Stahls mit Kantentextur. Die Vollendung der sek. Rekristallisation mit Bldg. der kub. Textur im Stahl hängt vom Abnahmegrad beim Kaltwalzen ab. Zur Erreichung der vollständigsten kub. Textur aus der Kantentextur ist bei einem 2stufigen Verf. eine Abnahme nicht unter 70% erforderlich. H. Hochstein. 197◇

0515 **Einfluß der Spannung und Verformung auf die Kinetik der Austenit-Zwischenstufenumwandlung.** B. Ja. Drosdow, L. I. Kogan und R. I. Entin. (Metallphysik u. Metallkunde [UdSSR] **13,** 776—79, 1962; Zentr. wiss. Unters.-Inst. für das Eisenhüttenw., Inst. für Metallkunde u. Metallphysik; russ.) — Die an zwei Stählen mit 0,37 (%) C, 1,25 Si, 0,02 Mn, 1,81 Cr, 4,77 Ni u. 0,81 C, 0,16 Si, 0,28 Mn, 3,86 Cr beobachtete Beschleunigung der isotherm. Austenitumwandlung infolge der Einw. von Spannungen u. einer plast. Verformung wird untersucht. Die Zwischenstufenumwandlung des Austenits besteht aus Prozessen der Diffusionsneuverteilung des C sowie des martensit. $\gamma \to \alpha$-Übergangs in Austenitbereichen mit entsprechend erniedrigtem C-Gehalt. Die obere Grenze der Zwischenstufenumwandlung von Stahl wird durch die Lage des Martensitpunktes einer entsprechend C-freien Leg. bestimmt. Die Austenitverformung (elast. oder plast.) kann zur Erhöhung der äußeren Grenze des Zwischenstufenbereiches beitragen. Infolgedessen kann bei gegebener Temp. des Zwischenstufenbereichs ein martensit. $\gamma \to \alpha$-Übergang in Austeniträumen mit höherem C-Geh. auftreten. Daher ist für die Entw. der Zwischenstufenumwandlung eine wesentlichere C-Neuverteilung notwendig; die Umwandlung kann dann mit größerer Geschw. auftreten. Das Anlegen von Spannungen u. eine plast. Verformung des Austenits können auch die Diffusionsneuverteilung des C u. die Bldg. von Konz.-Ungleichmäßigkeiten im Austenit beschleunigen, wodurch ebenfalls eine Beschleunigung der Zwischenstufenumwandlung hervorgerufen wird. H. Hochstein. 197◇

0516 **Netzsubstruktur von Ferritkörnern und deren Einfluß auf Verformung und Zerstörung von technischem Eisen.** B. Ss. Kassatkin. (Nachr. Akad. Wiss. UdSSR, Abt. techn. Wiss., Metallurgie Brennstoffe **1959,** Nr. 3, 62—69; Kiew; russ.) — Vgl. C. **1961,** 18239. — Die Bldg. des α-Ferritnetzes im techn. Eisen hängt von den Bedingungen der Wärmebehandlung ab. Beim sehr schnellen Kühlen schwindet die Netzsubstruktur. Beim langsamen Kühlen werden die einzelnen Zellen des α-Netzes größer u. die das Netz bildenden Äderchen dicker. Die Hauptursache der Entstehung des α-Netzes ist die plast. Deformation, die bei der $\gamma \to \alpha$-Umwandlung stattfindet. Einen bestimmenden Einfl. auf die Entw. des α-Netzes in Ferritkörnern haben die Polygonisations- u. Diffusionsprozesse von Beimengungen wie C u. N, sowie die Diffusionsrichtung von C u. N im Korninneren bei Temp. von 850—700° u. weniger. Die Netzsubstruktur hat einen bestimmten Einfl. auf den Hergang der plast. Deformation u. die durch Sprödigkeit verursachte Zerstörung. Die Äderchen des α-Netzes bilden ein Hindernis für die Bldg. von Gleitzonen für Zwillinge u. Mikrorisse. In dieser Hinsicht ähneln sie den Korngrenzen, ihr Einfl. auf diese Vorgänge ist jedoch geringer. Bei kleinen Kornausmaßen erniedrigt die Ggw. des α-Netzes etwas die krit. Temp. der Sprödigkeit u. erhöht wesentlich die Schlagbiegefestigkeit im zähen Zustande. Bei sehr groben Körnern beeinflußt das α-Netz die Erniedrigung der krit. Temp. der Sprödigkeit, wobei die Kennziffern der Schlagbiegefestigkeit im zähen Zustande größer werden. A. Babczyński. 197□

0517 **Strukturumwandlungsmechanismus beim Erhitzen von Eisen.** B. A. Leontjew und O. A. Lopatina. (Metallphysik u. Metallkunde [UdSSR] **13,** 920—23, 1962; Metallurg. Shdanow-Inst.; russ.) — Der Bldg.-Mechanismus des austenit. Gefüges bei der Erhitzung des Stahles 16 G N M mit der chem. Zus. (%) 0,16 C, 1,03 Mn, 0,18 Si, 0,24 Cr, 1,19 Ni, 0,44 Mo, 0,021 S u. 0,024 P wird bei verschiedenen Vorbehandlungs-Verf. u. Erhitzungs-Temp. mkr. u. röntgenograph. verfolgt. Bei gleicher Ausgangsstruktur u. bei Diffusions-Bldg. des Austenits bewirkt die Erhöhung der Erhitzungs-Geschw. (30—180 Grad/Std.) eine nichtorientierte Kristallisation der γ-Phase. Es ist kennzeichnend, daß die nichtorientierten Austenitkristalle bei höherer Temp. auftreten als die orientierten, wenn die Atombeweglichkeit erhöht u. die Ordnungsfähigkeit an der Phasentrenngrenze zerstört wird. Eine die Bindungsstärke zwischen den Atomen erhöhende Leg. des Stahles muß das Gebiet der orientierten Kristallisation verbreitern. Die orientierten Austenitgebiete haben eine lamellenartige Form u. besitzen größere Oberflächenenergien als nichtorientierte. Im zwischenkrit. Temp.-Bereich wird ein bevorzugtes Wachsen der nichtorientierten Austenitkörner beobachtet. Diese Körner wachsen in der Hauptsache auf Kosten der α-Phase, wobei auch die orientierten Austenitlamellen eingeschlossen sind. Nach der Vollendung der Phasenumwandlung wird eine Koexistenz von orientiertem u. nichtorientiertem Austenit beobachtet; im Zusammenhang hiermit behält die Struktur das Stahles Spuren der Ausgangsorientierung bei. Im Prozeß der Sammelrekristallisation des Austenits verschwinden die Spuren der Anfangsorientierung, die nach der Phasenumwandlung beibehalten worden war. Auf diese Weise stellt sich der Zwischentyp der Umkristallisation bei der Stahlerwärmung als eine nachfolgende Zerstörung der Innenkorntextur durch die $\alpha \rightarrow \gamma$-Umwandlung u. durch eine Sammelrekristallisation des Austenits vor. H. Hochstein. 197◇

0518 **Einfluß von Bor auf die Kriechfläche in α-Eisen.** W. A. Gladkowski und N. A. Karelin. (Metallphysik u. Metallkunde [UdSSR] **13,** 772—74, 1962; Tscheljabinsk, Forsch.-Inst. für Metallurg. u. Pädagog. Inst.; russ.) — Zusätze von B in α-Fe führen analog der Wrkg. von C u. N zu einer stark ausgeprägten Kriechfläche auf der Spannungs-Dehnungskurve. Im Bereich dieser Kriechfläche nimmt die Größe der untersuchten Thermo-EMK direkt proportional mit dem Verformungsgrad zu. Die Größe der krit. Verformung, bei der ein Knick auf der Kurve Thermo–EMK-Verformung festgestellt wird, hängt von der Länge der Kriechfläche ab. H. Hochstein. 197◇

0519 **Änderung der thermoelektromotorischen Kraft bei plastischer Verformung von Eisen.** N. A. Karelin. (Metallphysik u. Metallkunde [UdSSR] **13,** 763—65, 1962; russ.) — Vgl. vorst. Referat. — Die Fließbereiche eines niedriggekohlten Stahles können nicht nur bei einer Zugbeanspruchung, sondern auch bei Verdrillung u. beim Walzen durch Messung der Änderung der Thermo-EMK festgestellt werden. H. Hochstein. 200

0520 **Zur Messung von Elastizitätsmodul und Dämpfung von Sintereisen.** H. Stöllner. (Planseeber. Pulvermetallurgie **10,** 78—87, 1962; Reutte/Tirol, Österreich, Metallwerk Plansee A.-G.; dt.) — An Sintereisenproben aus Wirbelschlagpulver (Hametag-Pulver) wurden Schall-Geschw.- u. Dämpfungs- (Absorptions-)Messungen in Abhängigkeit von der Korngröße des Ausgangspulvers u. der Sinter-Temp. bei verschiedenen Frequenzen zwischen 20 kHz (Resonanz-Meth.) u. 2—14 MHz (Echo-Meth.) ausgeführt. Mit steigender Sinter-Temp. steigen die Schall-Geschw. u. der Elastizitätsmodul an, die Dämpfung nimmt ab. Mit steigender Prüffrequenz nimmt die Absorption stark zu. Mit abnehmendem Verhältnis Wellenlänge/Korndurchmesser wurde die Schwächung bald so groß, daß keine Messungen mehr ausgeführt werden konnten. K. Jaeger. 200◇

0521 **Einfluß einer Tieftemperaturverformung auf die nachfolgende Alterung von Armco-Eisen.** N. N. Dawidenkow und W. D. Jaroschewitsch. (Festkörperphysik [UdSSR] **4,** 8—13, 1962; Leningrad, Akad. der Wiss. der UdSSR, Phys.-Techn. Joffe-Inst.; russ.) — Der Alterungsprozeß von Armcoeisen, das bei 20, —70 u. —196° verformt wurde, wurde untersucht. Die Spannungs–Druck-Diagramme der gealterten Proben zeigen, daß die Verformung bei —196° nicht zu einer scharfen Streckgrenze führt. K. Huste. 200◇

0522 **Untersuchung des Kriechens und der Dauerfestigkeit von Eisen bei niedrigen Temperaturen.** L. Ss. Moros, Ju. D. Chessin und T. K. Marinetz. (Metallphysik u. Metallkunde [UdSSR] **13,** 912—19, 1962; russ.) — Das Auftreten des Kriechens u. der Zeitabhängigkeit der Festigkeit von Armco-Fe mit 0,1 (%) C, 0,034 N, 0,18 O u. 0,06 Cu werden im Tieftemp.-Gebiet von —40 bis —70° untersucht. Hierbei zeigt sich, daß der Grund für das Fehlen der bei 18° beobachteten Zeiteffekte der Einfl. einer Reckalterung des Fe ist. Die derzeitige Theorie der Zeitabhängigkeit der Metallfestigkeit wird krit. auf Grund der Unters.-Ergebnisse erörtert. — 17 Literaturangaben. H. Hochstein. 200◇

0523 **Untersuchung des Einflusses der Wachstumsgeschwindigkeit von Rissen auf die Bruchstruktur von Transformatorenstählen.** W. M. Finkel und A. M. Ssaweljew. (Metallphysik u. Metallkunde [UdSSR] **13,** 710—17, 1962; Sibir. metallurg. Inst.; russ.) — Durch photograph. Hochgeschw.-Aufnahmen wird die Kinetik der Zerstörung eines grobkörnigen Transformatorenstahls in Form von 10 mm starken Blechproben verfolgt. Mittels einer Röntgenaufnahme wird die Verformung der Bruchstellen untersucht, die sich bei verschiedenen Wachstums-Geschw. von Rissen bilden. Die Besonderheiten der mit dem Zerstörungsvorgang zusammenhängenden Verformung werden behandelt. Hierbei treten drei Arten von plast. Verformung auf, die sich nach ihrer Herkunft als auch nach dem Charakter des Einfl. auf die Zerstörungskinetik voneinander unterscheiden. Die drei Arten sind: 1. Verformung; 2. Begleitverformung u. 3. Verformung der sich öffnenden Rißhohlräume. Die Ursachen u. Auswrkg. dieser drei Verformungsarten werden erörtert. H. Hochstein. 200◇

0524 **Verformung von Stahl durch die Wirkung aufprallender Explosionswellen.** L. W. Altschuler, D. M. Tarassow und M. P. Speranskaja. (Metallphysik u. Metallkunde [UdSSR] **13,** 738—43, 1962; russ.) — Untersucht werden die Veränderungen der Makro- u. Mikrostruktur von Stahl unter der Einw. von Explosionsstoßwellen. An den Auftreffstellen besonders hoher Drücke treten stark begrenzte Bereiche von Explosionsverfestigung auf, die durch eine intensive Zwillings-Bldg. hervorgerufen sind. Ein Ablauf eines Zwillings-Bldg.-Prozesses wird auch bei den auf 700° erwärmten Proben festgestellt. Ein Hochtemp.-Anlassen vermindert die inneren Spannungen in den Zwillings-Bldg.-Zonen. Diese Gebiete besitzen eine niedrigere Rekristallisationstemperatur. Bei schrägem oder frontalem Auftreffen der Stoßwellen entstehen Zonen einer großen dynam. Verfestigung. Bei einer Verminderung der Stoßwellenintensität sowie auch bei einem schnellen Druckabfall werden auf den Makroschliffen weiße Bänder mit einer verminderten Anzahl von Zwillingen beobachtet, welche dunkle Zonen umgeben oder sich völlig verändern. H. Hochstein. 200◇

0525 **Einige Besonderheiten des Mechanismus der plastischen Verformung austenitischer Stähle und Legierungen bei thermomechanischer Hochtemperaturbehandlung.** Je. N. Ssokolkow, M. G. Losinski und N. P. Tschuprakowa. (Nachr. Akad. Wiss. UdSSR, Abt. techn. Wiss., Mechan. Maschinenbau **1962,** Nr. 3, 71—77; Moskau; russ.) — Bei der oberhalb der Rekristallisations-Temp. duchgeführten plast. Verformung mit Walzgeschw. von 3—6 m/min wird eine Versetzungs-Bldg. festgestellt, die offenbar mit einer Abnahme der Regelmäßigkeit des Kristallgitters in den Gleitzonen u. den benachbarten Bereichen verbunden ist. Zusammen mit dem Prozeß der Versetzungs-Bldg. bei einer plast. Hochtemp.-Verformung tritt eine Diffusionsverschiebung der Korngrenzenbereiche auf. Die Bereiche, die infolge einer Erzeugung von Gleitflächen auf der Korngrenze entstanden sind, erfahren eine Diffusionsverschiebung, ähnlich der Korngrenzenwanderung in einem Spannungsfeld. Eine Folge des Prozesses der Versetzungs-Bldg. u. der Diffusionsverschiebung der Grenzbereiche bei der plast. Hochtemp.-Verformung der austenit. Stähle u. Legg. ist die spezielle Verzerrungsfähigkeit der Korngrenzen in Art einer „Verzahnung". Der Grad der Vergröberung dieser „Verzahnung" wird durch die Intensität der Prozesse der Diffusionsverschiebung der Korngrenzbereiche bestimmt. Infolge der Diffusionsneuverteilung der Fehlstellen des Kristallgitters, die bei der plast. Verformung auftritt, erscheint in einigen Fällen eine Substruktur. Die bevorzugte Bldg. der Substruktur an den Korngrenzen zeugt von einer intensiveren plast. Verformung in diesen Bereichen. H. Hochstein. 200◇

0526 **In direkter Scherung geprüftes Aluminium und Kupfer.** W. L. Phillips jun. (Trans. metallurg. Soc. AIME **224**, 845—50, 1962; Wilmington, Del., E. I. du Pont de Nemours & Co.; engl.) — Al- u. Cu-Einkristalle werden durch Scherung verformt, danach entlastet u. um 60, 120 oder 180° gedreht, erneut beansprucht. Die Größe des Bauschinger-Effekts nahm während der leichten Gleitung schnell zu u. wurde konst., als die leichte Gleitgrenze erreicht war. Ein Spannungszuwachs war zur Fortsetzung des Gleitens auf irgendeiner dichtest gepackten Ebene oder in umgekehrter Richtung während des leichten Gleitens nicht erforderlich. Die Erscheinung wird theoret. zu erklären versucht. — 23 Literaturangaben. H. Hochstein. 200◇

0527 **Dehnungsuntersuchung von Whiskern.** W. Ja. Fridman und A. A. Schpunt. (Festkörperphysik [UdSSR] **5**, 783 bis 789, 1963; Nowosibirsk, Akad. der Wiss. der UdSSR, Inst. für Thermo-Phys.; russ.) — Gemessen wurde die Zugfestigkeit σ_k von *LiF*- u. *NaCl*-Whiskern, die durch Spaltung hergestellt worden waren. Für LiF ist σ_k unabhängig von der Whiskerlänge. Für NaCl stimmen die σ_k-Werte mit denen überein, die für gezüchtete Whisker gleicher Größe erhalten werden. In NaCl wurde plast. Deformation beobachtet. K. Jaeger. 200◇

0528 **Festigkeit von Lithiumfluorid-Whiskern.** W. Ja. Fridman und A. A. Schpunt. (Festkörperphysik [UdSSR] **5**, 790—97, 1963; russ.) — Vgl. vorst. Referat. — Die Zugfestigkeit von LiF-Whiskern mit Durchmessern zwischen 0,5 u. 40 μ beträgt ca. 40 kg/mm². Das ist etwa das fünfzigfache der für normale Kristalle gefundenen Werte u. etwa eine Größenordnung kleiner als der theoret. Wert. Die Zugfestigkeit wird durch Oberflächenfehler u. Versetzungen nicht beeinflußt. Es wird angenommen, daß der Bruch von inneren Rissen ausgeht. K. Jaeger. 200◇

0529 **Elastische Eigenschaften von Kristallen der Gruppe der Sulfat-Heptahydrate.** K. Ss. Alexandrow, T. W. Ryshowa und A. I. Rosstunzewa. (Kristallographie [UdSSR] **7**, 930—33, 1962; Akad. der Wiss. der UdSSR, Sibir. Abt., Phys. Inst.; russ.) — Gemessen wurden mit einer Überschallimpuls-Meth. die Wellen-Geschw. u. die Elastizitäts-Konst. für Kristalle von $MeSO_4 \cdot 7\,H_2O$ (Me = *Mg, Zn, Ni, Co, Fe*). Diskutiert werden die Zusammenhänge zwischen den Elastizitäts-Konst. u. der Struktur. K. Jaeger. 200◇

0530 **Beziehungen zwischen elastischen Konstanten und Porosität für polykristallines Thoriumoxid.** S. Spinner, F. P. Knudsen und L. Stone. (J. Res. nat. Bur. Standards, C **67**, 39—46, 1963; engl.) — Für ca. 300 ThO_2-Proben wurden die Beziehungen zwischen elast. Konst. u. der Porosität ermittelt. Mit Hilfe der dynam. Resonanz-Meth. wurden die Young- u. Schermoduln erhalten u. daraus die Poisson-Verhältnisse bestimmt. Das Abnehmen der Werte für die elast. Konst. mit zunehmender Porosität war größer als nach der Theorie erwartet. Ernst Schulte. 200◇

0531 **Metallographische Beobachtung über plastisches Verhalten von Uranoxid beim Eindringhärteversuch.** Charlotte Bückle. (Planseeber. Pulvermetallurgie **10**, 88—92, 1 Tafel, 1962; Paris, Frankreich, ONERA; dt.) — Untersucht wurden Vickers-Eindrücke (P = 0,3; 0,5; 1,0 u. 2,0 kg) u. deren Einfl.-Zonen an gesinterten UO_2-Proben. Eindrücke bis zu einer Diagonallänge von 10—12 μ zeigten völlig plast. Verhalten. Bei Diagonallängen $>15\ \mu$ treten Anrisse u. später auch Nebenrisse auf. Die auftretenden Randwulsthöhen sind denen duktiler Metalle vergleichbar. Die Seitenflächen der Eindruckstellen zeigen geringe Rückfederung, die Diagonalenrückfederung ist unmeßbar klein. Die aus Interferenzbildern errechnete Tiefenrückfederung beträgt auch für die größten Eindrücke nicht über ca. 20%. Die durch die Hauptrisse verursachte vierzählige Symmetrie teilt die Einfl.-Zone in vier Quadranten, deren jeder ausgeprägtes plast. Verh. zeigt. K. Jaeger. 200◇

0532 **Elastizitätsmoduln des polykristallinen Magnesiumoxid-Aluminiumoxid-Spinells.** Rinoud Hanna. (J. Amer. ceram. Soc. **46**, 106, 1963; Rochester, N.Y., Univ., Dep. of Chem. Engng.; engl.) — Die Elastizitätsmoduln E von $MgO \cdot Al_2O_3$ u. dessen fester Lsg. in α-Al_2O_3 werden gemessen. E für einen $MgO \cdot 3\,Al_2O_3$-Spinell liegt zwischen dem von reinem MgO u. reinem Al_2O_3 u. nimmt mit der Abnahme der Porosität des Spinells zu. Für Proben eines $MgO \cdot Al_2O_3$-Spinells beträgt E bei einer D. von 3,59 g/cm³ nach einer nicht reproduzierbaren Messung 3022 kbar. I. Köditz. 200

0533 **Elastische Eigenschaften gesteinsbildender Mineralien. Pyroxene und Amphibole.** K. Ss. Alexandrow und T. W. Ryshowa. (Nachr. Akad. Wiss. UdSSR, geophysik. Ser. **1961**, 1339—44; Akad. der Wiss. der UdSSR, Sibir. Abt., Inst. für Phys.; russ.) — Vgl. C. **1963**, **9614**. — Der Elastizitätsmodul von Aegirin- u. Hornblendeeinkristallen wurde bestimmt. Die beträchtliche Anisotropie in den Elastizitäts-Eigg. wird auf die strukturelle Anisotropie zurückgeführt. Der Ersatz von Kationen in der Struktur ruft eine relativ große Veränderung einiger Elastizitätsmoduln hervor. M. Hähnert. 200◇

0534 **Anelastizität und Viscoelastizität von Glas.** S. Parke. (Brit. J. appl. Physics **14**, 243—48, 1963; Sheffield, Univ., Dep. of Glass Technol.; engl.) — Das Kriechen von Glas unter konst. Spannung u. Belastung im stat. Vers. u. bei sinusartiger Belastung wird diskutiert. Ableitungen der Kriechfunktionen werden mitgeteilt. H. G. Moslé. 200◇

0535 **Reibung und Verschleiß.** Robert Schnurmann. (Wear [Amsterdam] **5**, 31—42, 1962; Abingdon, Berks., Esso Res. Ltd.; engl.) — Übersicht über den Mechanismus von Reibung u. Verschleiß fester Körper. W. Wesly. 200◇

0536 **Symmetriebedingungen für eine durch Springen von Fehlstellen in Kristallen hervorgerufene innere Reibung.** J. B. Wachtman jun. und H. S. Peiser. (Appl. Physics Letters **1**, 20—22, 1962; Washington, D.C., N.B.S.; engl.) — Vff. diskutieren die Symmetriebedingungen u. den Einfl. oscillierender Spannungen in einem Kristall auf das Springen von Fehlstellen. Es werden 2 Regeln aufgestellt, worin einmal die Störung um eine Fehlstelle in einem sonst spannungsfreien Kristall u. die Beeinflussung dieser Störung durch ein äußeres Spannungsfeld u. zum anderen die Einführung einer Fehlstelle in eine bestimmte Lage eines Idealkristalls mit einem homogenen inneren Spannungsfeld berücksichtigt werden. W. Sobieski. 200◇

0537 **Innere Reibung bei hohen Temperaturen und Diffusion von Leerstellen zwischen Versetzungen.** B. Escaig. (Silicates ind. **27**, 337—43, 1962; Orsay, Seine-et-Oise, Fac. des Sci.; franz. — C. **1963**, 17227.) R. Hegenbarth. 200□

0538 **Versetzungsbedingte amplitudenabhängige Relaxationsdämpfung.** Georg Alefeld. (Z. Physik **170**, 249—66, 1962; München, TH, Labor. für techn. Phys.; dt.) — Theoret. Untersuchung. H. Schroeder. 200◇

0539 **Über logarithmische Geschwindigkeitsgesetze.** P. T. Landsberg. (J. appl. Physics **33**, 2251—53, 1962; Cardiff, Great Britain, Univ. Coll., Dep. of Appl. Math.; engl.) — Vf. erweitert die Theorie des Geschw.-Gesetzes $\psi(t) = \beta \ln \cdot (1 + t/\tau)$ für das Kriechen in Festkörpern oder $q(t) = b^{-1} \ln \cdot (1 + t/\tau)$ für die Chemisorption durch Einbeziehung des Gesetzes $\psi(t) = (\beta/\nu)[(1 + t/\tau)^\nu - 1]$, welches für das Kriechen bei neuerdings interessierenden Erscheinungen (in Felsgestein unter lang anhaltendem Druck u. in der Astrophysik) als gültig angenommen wird. D. Jörchel. 200□

A₇. Gleichgewichte, Kinetik

0540 **Die Stabilitäten von Komplexen von Thallium(I) und der Alkalimetalle mit Uramildiessigsäure.** H. Irving und J. J. R. F. Da Silva. (J. chem. Soc. [London] **1963**, 448—57; Univ. of Leeds, Dep. of Inorg. and Structural Chem.; engl.) — Uramildiessigsäure (H_3Ur) bildet bei ihrer Darst. ein stabiles Salz der Zus. $H_3Ur \cdot NaH_2Ur \cdot H_2O$, aus dem die freie Säure bei Verw. eines großen Mineralsäureüberschusses oder nach Umkristallisation aus verd. $HClO_4$ erhalten wird. Die Dissoziations-Konst. von H_3Ur wurden bei 20° u. einer Ionenstärke $\mu = 0{,}1$ {KNO_3 bzw. bei pK_3 [$(CH_3)_4N$]NO_3} zu pK_1 1,7 ± 0,3; pK_2 2,67 ± 0,03 u. pK_3 9,63 ± 0,03 bestimmt. Die Stabilitäts-Konst. der zwischen Ur^{3-} u. Li^+, Na^+, K^+, Tl^+ u. Pb^{2+} gebildeten Komplexe wurden potentiometr. unter Verw. von [$(CH_3)_4N$]OH als Titrationsmittel bei 20°, 27°, 34° u. 39° u. $\mu = 0{,}1$ {[$(CH_3)_4N$]NO_3} ermittelt; bei 20° wurden folgende Werte erhalten: Li^+: (K_{ML} =) 4,90; Na^+ 2,72; K^+ 1,23; Tl^+ 5,99; Pb^{2+} ca. 12. Die Stabilitäten der 1:1-Komplexe nehmen in der Reihenfolge $K^+ < Na^+ < Li^+ < Tl^+ < H^+$ zu. Die Metallkomplexe werden alle auf Grund negativer Enthalpieänderungen stabilisiert, deren Größe mit dem Ionenradius zunimmt; die Entropieänderungen sind negativ u. bei K^+ u. Tl^+ besonders groß. Die Meth. zur Fällung von Pb^{2+} als Jodid nach Maskierung des Tl^+ mit EDTA wurde geprüft; die Verw. von H_3Ur bietet dabei keine Vorteile. Während EDTA mit den meisten zweiwertigen Metallionen stärkere Komplexe bildet als H_3Ur, ist dies bei den Alkalimetallen u. bei Be^{2+} umgekehrt; Be^{2+} bildet mit H_3Ur einen sehr stabilen Komplex (log K_{BeUr} 10,36).

Versuche: $H_3Ur \cdot NaH_2Ur \cdot H_2O$, $C_{16}H_{17}N_6NaO_{14} \cdot H_2O$, durch Zugabe von Na-Chloracetat zu Uramil u. 5 n NaOH, Kochen u. Zugabe von 5 n NaOH bis zur Erreichung von pH 8—10, Abkühlen u. Ansäuern mit konz. HCl; aus W. weißes, an feuchter Luft rotwerdendes Prod.; 70% (Ausbeute). — *Uramildiessigsäure* (H_3Ur), $C_8H_9N_3O_7$, a) analog vorst. Verb. durch Zugabe eines großen Überschusses an Säure; b) nach Aufgeben der wss. Lsg. vorst. Verb. auf einen Kationenaustauscher (H-Form); c) durch Umkristallisation vorst. Verb. aus verd. $HClO_4$. P. Scharner. 223◇

0541 **Die Stabilitäten von Komplexen der Uramildiessigsäure und ihrer Homologen.** H. Irving und J. J. R. F. Da Silva. (J. chem. Soc. [London] **1963**, 458—65; engl.) — Vgl. vorst. Referat. — *1-Methyl-* (**I**) u. *1.3-Dimethyluramil-N.N-diessigsäure* (**II**) werden in alkal. Medium durch Kondens. von Chloressigsäure mit den substituierten Uramilen dargestellt; die letzteren werden durch Red. der aus Diäthylmalonat (**III**) u. N-Methyl- (**IV**) bzw. N.N'-Dimethylharnstoff (**V**) erhaltenen Nitrosobarbiturate gewonnen. Ihre Dissoziations-Konst. sowie die Stabilitäts-Konst. ihrer Metallkomplexe mit Li^+, Na^+, K^+, Tl^+, Be^{2+}, Mg^{2+}, Ca^{2+}, Sr^{2+} u. Ba^{2+} wurden bei 20° u. einer Ionenstärke $\mu = 0,1$ {[$(CH_3)_4$·N]NO_3} bestimmt: **I**: pK_1 1,85 ± 0,05; pK_2 2,67 ± 0,02; pK_3 9,81 ± 0,01; Metallkomplexe von **I**: Li^+ (log K_{ML} =) 4,86 ± 0,01; Na^+ 2,67 ± 0,01; K^+ 1,11 ± 0,02; Tl^+ 5,79 ± 0,01; Be^{2+}: 10,42 ± 0,02; log K_{MHL} 3,32; Mg^{2+} (log K_{ML} =) 8,23 ± 0,01; (log K_{ML_2} =) 3,72 ± 0,06; Ca^{2+} 8,22 ± 0,01; 5,38 ± 0,01; Sr^{2+} 6,83 ± 0,02; 4,19 ± 0,02; Ba^{2+} 6,06 ± 0,01; 3,85 ± 0,05. — **II**: pK_1 2,05 ± 0,05; 2,67 ± 0,02; 10,12 ± 0,01; Metallkomplexe von **II**: (log K_{ML} =) Li^+ 4,91 ± 0,01; Na^+ 2,53 ± 0,01; K^+ 0,94 ± 0,01; Tl^+ 5,73 ± 0,01; Be^{2+} 10,54 ± 0,02; log K_{MHL} 3,54; Mg^{2+} (log K_{ML} =) 8,29 ± 0,01; (log K_{ML_2} =) 3,78 ± 0,02; Ca^{2+} 8,13 ± 0,01; 5,40 ± 0,02; Sr^{2+} 6,82 ± 0,02; 4,27 ± 0,10; Ba^{2+} 6,00 ± 0,01; 3,88 ± 0,10. — *Uramildiessigsäure*-Metallkomplexe: Mg^{2+} (log K_{ML} =) 8,19 ± 0,02; log K_{ML_2} =) 3,62 ± 0,05; Ca^{2+} 8,31 ± 0,01; 5,27 ± 0,02; Sr^{2+} 6,93 ± 0,02; 4,06 ± 0,10; Ba^{2+} 6,13 ± 0,02; 3,68 ± 0,10. — Die Einführung von CH_3-Gruppen, die die Tautomerie verhindert, hat nur geringen Einfl. auf die Stabilität der Metallkomplexe. Die Ergebnisse werden mit den für Uramildiessigsäure u. andere Polyaminocarbonsäuren erhaltenen Werten verglichen u. diskutiert.

Versuche: *1-Methyluramil*, F. 260° (Zers.), durch Behandlung von Na-1-Methylbarbiturat [durch Kondens. von **III** u. **IV** mit $NaOC_2H_5$ in A.; 60% (Ausbeute)] in W. mit konz. H_2SO_4, Zugabe von $NaNO_2$, Red. mit Na-Dithionit in W. u. wss. NH_3 u. 1std. Kochen; 50% (Ausbeute). — *1-Methyluramil-N.N-diessigsäure* (**I**), $C_9H_{11}N_3O_7$, F. 203° (Zers.) aus vorst. Verb. in 5 n NaOH u. Na-Monochloracetat, Zutropfen von 5 n NaOH zur sd. Lsg. bis zur Erweichung von pH 8—10, Abkühlen u. Ansäuern mit konz. HCl; aus W. Pulver; 50%. — *1.3-Dimethyluramil*, F. 200° (Zers.), durch Erhitzen von 1.3-Dimethylbarbitursäure (F. 124°; aus **III** u. **V**) mit $NaNO_2$, danach analog vorvorst. Verb.; Kristalle; 82%. — *1.3-Dimethyluramil-N.N-diessigsäuremonohydrat*, C_{10}·$H_{13}N_3O_7 \cdot H_2O$, F. 198° (Zers.), analog **I** aus vorst. Verb.; aus 3 n $HClO_4$ u. W. Nadeln; 53%. P. Scharner. 223◇

0542 **Die Stabilitätskonstanten der Komplexe Zink–Citrat, Zink–Tartrat, Cadmium–Citrat und Cadmium–Tartrat.** Claudio Furlani und Elena Cervone. (Ann. Chimica **52**, 564—72, 1962; Roma, Univ., Ist. di Chim. gen. e inorgan., Gruppo di Chim. dei Composti di coordinaz. ed Elementi organ. del C.N.R.; ital.) — Die Werte der Stabilitäts-Konst. der sich in den einzelnen Syst. bildenden Komplexe HMeA, $[MeA]^-$ u. $[MeA_2]^{4-}$ (Me = Zn, Cd, A = Citrat, Tartrat) wurden durch potentiometr. Best. des pH bei unterschiedlichem Zusatz von $HClO_4$ bei einer Ionenstärke μ 0,5, Temp. von 25° u. einem pH von 3—6 erhalten. Das Syst. Zn–Citrat liefert pK(HMeA) 2,49, pK(MeA^-) 4,27 u. pK(MeA_2^{4-}) 1,63; das Syst. Zn–Tartrat 1,0, 2,22 u. 2,16; das Syst. Cd–Citrat 1,92, 3,15 u. 1,39. Im Syst. Cd–Tartrat ist wahrscheinlich pK ≦ 1, weil nur eine geringe Neigung zur Komplex-Bldg. besteht. — 13 Literaturangaben. G. Platzer. 223◇

0543 **Über die Struktur der Uranylkomplexe.** J. Szöke. (Acta Univ. Szegediensis, Acta physica chem. **5**, 51—57, 1959; Budapest, Zentralforschungsinst. für Phys.; dt.) — Auf Grund von Literaturangaben u. in Übereinstimmung mit eigenen Unterss. kommt Vf. zu dem Ergebnis, daß die Koordinationszahl des Uranylions 6 ist. Wenn keine ster. Hinderung vorliegt, bildet UO_2^{2+} mit drei negativ einwertigen zweizähnigen Liganden einen anion. Komplex, mit β-Diketonen bildet es einen 1:2-Komplex mit 2 Moll. H_2O, mit zweizähnigen Schiffschen Basen amorphe, wahrscheinlich polymere Komplexe. Als Strukturmodell für das UO_2^{2+}-Ion wird ein unregelmäßiges Oktaeder mit einem Winkel von 65° 30' zwischen Oktaeder- u. Uranylhauptachse diskutiert, als Elektronenstruktur der gesätt. Komplexe eine $5f^46d^27sp^3$-Struktur angenommen. W. Betcke. 223◇

0544 **Eine spektrophotometrische Untersuchung der Bindung von Kobalt an Trägergelatine.** Wahid U. Malik und Salahuddin. (Naturwissenschaften **50**, 401—02, 1963; Aligarh, India, Muslim Univ., Dep. of Chem.; engl.) — Die Erhöhung des Extinktions-Koeff. (λ_{max} 530 nm) bei Zugabe von Gelatine zu einer $CoCl_2$-Lsg. in einem Acetatpuffer beweist eine Co–Protein-Bindung. Ebenfalls wird diese Erhöhung bei Zunahme der Co-Konz. oder des pH-Wertes beobachtet, wobei im letzten Fall das Absorptionsmaximum zu etwas größeren λ verschoben wird. Die pH-Abhängigkeit deutet auf eine Beteiligung der Carboxylgruppen des Proteins bei der Bindung des Kobaltes hin. J. Simon. 223◇

0545 **Chelatbildung zwischen Anthranilsäure und zweiwertigen Kupfer- und Zinkionen.** Paavo Lumme. (Suomen Kemistilehti B **33**, 85—86, 1960; Helsinki, Univ. of Helsinki, Labor. of Propaedeut. Chem.; engl.) — Spektralphotometr. wurde die Chelat-Bldg. zwischen Anthranilsäure (HR) u. Cu^{2+} (pH 2,6—3,3; λ = 265—280 nm) bzw. Zn^{2+} (pH 3,9—5,0; λ = 345—350 nm) untersucht u. die Beständigkeits-Konst. log $k_{1,0}$ bei 25° für CuR^+ zu 4,25 u. für ZnR^+ zu 2,57 bestimmt. Das UV-Spektrum von CuR^+ läßt eine starke Koordination von Cu^{2+} an das N-Atom der Aminogruppe vermuten, während Zn^{2+} an das N-Atom schwach koordiniert ist u. die Bindung zwischen Ligand u. Metallatom vorwiegend ion. Charakter hat. G. Heller. 223◇

0546 **Löslichkeitsprodukte einiger Anthranilate zweiwertiger Metalle in Wasser.** Paavo Lumme. (Suomen Kemistilehti B **33**, 69—71, 1960; engl.) — Vgl. vorst. Referat. — Die thermodynam. Löslichkeits-Prodd. der Anthranilate (HR = Anthranilsäure) bei 25° sind: CuR_2, (pKs_0) 4,29; (pS_0) 14,18; ZnR_2 −0,14; 9,75; CdR_2 −1,50; 8,39; PbR_2 −0,08; 9,81; CoR_2 1,08; 10,97 u. NiR_2 1,83; 11,72. G. Heller. 224◇

0547 **Eine Bemerkung über die Löslichkeit von hydratisiertem Kupferoxid in Salpetersäure.** S. C. Sircar und B. Prasad. (J. Indian chem. Soc. **33**, 361—62, 1956; Cuttack, Ravenshaw Coll., Mayurvanj Chem. Labor.; engl.) — Das Löslichkeits-Prod. von CuO in wss., 0,0201—0,1408 n HNO_3 (pH 5,28—4,74) wird experimentell bestimmt. Der Wert ($a^2_{OH^-}$)($a_{Cu^{2+}}$) nimmt mit steigender Acidität von $1,9 \cdot 10^{-20}$ auf $0,6 \cdot 10^{-20}$ ab. Der mittlere Wert beträgt $1,5 \cdot 10^{-20}$. Der Temp.-Koeff. ist klein. W. Betcke. 224◇

0548 **Gasabsorptionsversuche.** 7. Mitt. **Über die Absorption von Acetylen und Kohlendioxid in Acetaldehyd.** Endre Bodor, Béla Mohai und Gyula Pfeifer. (Veszprémi Vegyipari Egyetem Közleményei [Mitt. Univ. chem. Ind. Veszprém] **3**, 205—10, 1959; Veszprém, Univ. für Chem. Ind., Inst. für allg. u. anorg. Chem.; ung.) — 6. vgl. Veszprémi Vegyipari Egyetem Közleményei [Mitt. Univ. chem. Ind. Veszprém] **1**, [1957], 109. — Es wurde die Absorption von Acetylen zwischen 0 u. −75°, bzw. die von CO_2 zwischen −25 u. −75° in Acetaldehyd untersucht. Die Absorptionsisothermen wurden bis zu 1 atm Gesamtdruck bestimmt. H. Jehne. 224◇

0549 **Gasabsorptionsversuche.** 8. Mitt. **Über die Absorption von Acetylen in Äthanol, Methanol und Diäthyläther bei niedrigen Temperaturen.** Béla Mohai und Marta Szeness Maleczkiné. (Veszprémi Vegyipari Egyetem Közleményei [Mitt. Univ. chem. Ind. Veszprém] **3**, 211—20, 1959; ung.) — 7. vgl. vorst. Referat. — Es wurde während der Gasabsorptions-Verss. die Löslichkeit des Acetylens in A., Methanol u. Diäthyläther untersucht. Die Absorptionsisothermen wurden bei −25, −50 u. −75° bis zu

1 atm Gesamtdruck bestimmt. Die Dampfdrücke p u. die mittleren Verdampfungswärmen T des Äthanols u. Methanols wurden zwischen 15 u. 75°, bzw. zwischen 15 u. 60° bestimmt: lg p (Äthanol) = $-2147/T + 905$, $\bar{L} = 9{,}91$ kcal/Mol; lg p (Methanol) = $-1967/T + 8{,}71$; $\bar{L} = 9{,}14$ kcal.
H. Jehne. 224◇

0550 **Gasabsorptionsversuche.** 9. Mitt. **Dampfdrücke von Ammoniak-Ammoniumnitrat-Lösungen.** Gyula Pfeifer. (Veszprémi Vegyipari Egyetem Közleményei [Mitt. Univ. chem. Ind. Veszprém] **3**, 221–30, 1959; ung.) — 8. vgl. vorst. Referat. — Die Verdampfungswärme der NH_3-NH_4NO_3-Lsgg. ist von der Konz. des NH_4NO_3 unabhängig u. mit der des reinen NH_3 identisch. Bei Kenntnis der Verdampfungswärme u. der Kpp. der NH_4NO_3-Lsgg. verschiedener Konz. kann der Tensionswert einer Lsg. bestimmter Konz. bei gegebener Temp. berechnet werden. H. Jehne. 224◇

0551 **Anwendung des Stoßrohres in der Hochtemperaturchemie.** Tetsuro Asaba. (J. Fuel Soc. Japan **40**, 677–90, 1961; Tokyo, Univ.; jap., Auszug: engl.) — Übersicht über die Anwendungen von Stoßrohr-Unterss. in der Kinetik (Verbrennung; Detonationen; schnelle Rkk.; Dissoziationsenergien; angeregte Zustände; chem. Gleichgewicht). — 110 Literaturangaben. A. Blaschette. 225◇

0552 **Übergangswahrscheinlichkeiten in Systemen mit vielen Niveaus: Berechnungen mit Hilfe zeitabhängiger und stationärer Experimente.** Tucker Carrington. (J. chem. Physics **35**, 807–16, 1961; Washington, D.C., Nat. Bur. of Stand.; engl.) — Vf. untersucht stoßinduzierte Übergänge von Moll. in einem Syst. mit vielen Energieniveaus. Zwei experimentelle Unters.-Möglichkeiten werden betrachtet u. zueinander statist.-mechan. in Beziehung gebracht. Das erste Experiment besteht darin, daß eine Impulsanregung gegeben wird u. eine Schnappschußbeobachtung nach einer bestimmten Verzugszeit durchgeführt wird. Im zweiten Fall werden Moll. eines bestimmten Energieniveaus in das Syst. eingebracht u. die Übergänge auf erreichbare andere Niveaus im Wettbewerb mit spontaner Emission betrachtet. Es werden die Möglichkeiten zur Best. von Übergangswahrscheinlichkeiten aus den beobachtbaren Verteilungen diskutiert.
G. Kelbg. 225□

0553 **Isotopenaustausch von Sauerstoffatomen mit Wasser und Kohlendioxid in Molekularsieb-Adsorbentien.** S. C. Saxena und T. I. Taylor. (J. inorg. nuclear Chem. **25**, 261–70, 1963; New York, N.Y., Columbia Univ., Chem. Dep.; engl.) — Die kontinuierliche Gewinnung von $H_2{}^{18}O$ aus dem Gasstrom in einer Isotopentrennanlage wird bei der Verw. eines Linde-Molekularsiebs (**I**) als Adsorptionsmittel durch den Austausch von Sauerstoffatomen zwischen W. u. **I** erschwert. Es werden ca. 75% der O-Atome innerhalb 2 Std. bei 250° ausgetauscht; bei 20° ist der Austausch sehr gering. Der Isotopenaustausch zwischen CO_2 u. **I** ist etwa gleich hoch wie zwischen W. u. **I**. Bei scharfer Trocknung im Vakuum bei 250° ist der Austausch zwischen CO_2 u. **I** langsamer. Gasförmiges O_2 tauscht weder in Ggw. noch bei Abwesenheit von Wasserdampf mit **I** Sauerstoff aus. B. Schmitt. 225◇

0554 **Die Kinetik der Reaktion zwischen schwefliger Säure und Eisen(III)-Ion.** D. G. Karraker. (J. physic. Chem. **67**, 871–74, 1963; Aiken, S.C., E. I. du Pont de Nemours & Co., Savannah River Labor.; engl.) — Die Rk. von Fe^{3+}-Ionen mit H_2SO_3 wurde in O_2-freier, $NaClO_4$-haltiger 0,25–1,0 m $HClO_4$-Lsg. titrimetr. untersucht u. folgender Rk.-Mechanismus gefunden: 1. $H_2SO_3 \xrightleftharpoons{K_1} H^+ + HSO_3^-$; 2. $Fe^{3+} + HSO_3^- \xrightleftharpoons{K_2} Fe(HSO_3)^{2+}$; 3. $Fe(HSO_3)^{2+} \xrightarrow{k_1} Fe^{2+} + HSO_3$; 4. $HSO_3 + Fe^{2+} \xrightarrow{k_2} Fe^{3+} + HSO_3^-$; 5. $HSO_3 + Fe^{3+} + H_2O \xrightarrow{k_3} Fe^{2+} + SO_4^{2-} + 3\,H^+$. k_1' ergab sich graph. zu 1,35 min^{-1}; $k_2/k_1' \cdot k_3$ zu 16,3 min; $k_2/k_3 = 22$; $k_1' = k_1 \cdot K_1 \cdot K_2$. In Ggw. von O_2 verläuft die Rk. wahrscheilich nach 1. $HSO_3 + O_2 + H_2O \xrightarrow{k_4} SO_4^{2-} + 2\,H^+ + HO_2$; 2. $HO_2 + Fe^{2+} + H_2O \rightarrow Fe(OH)^{2+} + H_2O_2$; 3. $H_2O_2 + Fe^{2+} \rightarrow Fe(OH)^{2+} + OH$; 4. $HSO_3 + OH \rightarrow 2\,H^+ + SO_4^{2-}$, mit k_4/k_3 ca. 30 u. k_2/k_4 ca. 0,7. Es zeigt sich also, daß das O_2 mit dem HSO_3-Radikal wesentlich rascher als Fe^{3+} u. etwa gleich schnell wie Fe^{2+} reagiert. P. Sartori. 225◇

0555 **Anomale Aktivierungsentropie in der Eisen(II)-Mangan(III)-Reaktion.** M. J. Nicol und D. R. Rosseinsky. (Chem. and Ind. **1963**, 1166; Johannesburg, Univ. of Witwatersrand; Exeter, Univ.; engl.) — Mit Hilfe der von Nicol u. Rosseinsky entwickelten polarograph. Meth. wurde die Oxydationskinetik von Fe(II) durch Mn(III) untersucht. Für die Rk.-Geschw.-Konst. der bimol. Rk. wurde der Wert $6{,}92 \cdot 10^3$ Liter·Mol^{-1}·s^{-1} (bei 15° in 1,04 m $HClO_4$) gefunden. Für die Arrhenius-Konst. der hydrolysefreien Rk. $Fe^{2+} + Mn^{3+}$ wurde $E_A = 12{,}1$ kcal·Mol^{-1} bzw. für die Aktivierungsentropie $\Delta S^* = -1{,}3$ Entropieeinheiten ermittelt. Für die (thermodynam.) Entropieänderung ΔS^0 des Syst. kann ein Wert nahe Null erwartet werden. Vergleichbare Elektronenaustauschvorgänge [z. B. Fe(II) → Fe(III)] besitzen jedoch im allg. negativere ΔS^*- u. positive ΔS^0-Werte. Das anomale Verh. wird auf Einfl. der näheren Umgebung der Fe- bzw. Mn-Ionen zurückgeführt.
D. Noack. 225◇

0556 **Polyamin-Metallkomplexe.** 4. Mitt. **Kinetische Untersuchung der Oxydation des Äthylendiamin-Kupfer-Komplexes.** János Nyilasi und Zoltán Boksay. (Magyar Kémiai Folyóirat [Ung. Chem. Z.] **67**, 541–45, 1961; Budapest, L. Eötvös-Univ., Lehrst. für allg. u. anorg. Chem.; ung.) — 3. vgl. Magyar Kémiai Folyóirat [Ung. Chem. Z.] **67**, [1961], 52; 2. vgl. C. **1961**, 14570. — Die Geschw. der oxydativen Desaminierung in Lsgg. von Äthylendiamin (**I**; 0,04 m), NaOH (1 n) u. $CuSO_4$ bei Durchblasen von Luft bei 100° ist der Konz. des Cu-Komplexes sowie des im Komplex nicht gebundenen **I** proportional. Die Rk. ist bzgl. **I** bzw. Cu von 1. Ordnung. Die Oxydation wird durch das gelöste O_2 verursacht u. die Rk.-Geschw. ist im unteren O_2-Bereich (0–20 Vol.-%) der O_2-Konz. proportional. Zwischen 80 u. 100° ist die Geschw.-Konst. von der Temp. unabhängig. Außer der NH_3-Bldg. verlaufen auch Neben-Rkk., z. B. Nitritbildung. P. Tolnay. 225

0557 **Reaktionsordnung der thermischen Zersetzung von Ammoniumnitrat.** K. S. Barclay, J. M. Crewe und E. J. Smith. (Nature [London] **198**, 1054–55, 1963; Ipswich, Fisons Fertilizers Ltd., Levington Res. Station; engl.) — Vff. bestimmen die Zers.-Geschw. von NH_4NO_3 in äquimolaren Schmelzen von KNO_3 u. $NaNO_3$ bei 240° u. finden, daß die Rk. hinsichtlich der NH_4^+-Konz. 1. Ordnung ist.
G. Krien. 225◇

0558 **Reaktionen von Metallcarbonylen.** 2. Mitt. **Über die Kinetik der Reaktionen von Oktacarbonyldikobalt mit einigen Acetylenderivaten.** M. Almasi, L. Szabó, I. Farkas und T. Bota. (Studii Cercetări Chim. [Bucureşti] **8**, 495–508, 1960; Cluj, Univ. Babeş-Bolyai, Labor. de chim. org.; rum.) — Für die Rkk. von $Co_2(CO)_8$ mit Acetylenalkoholen u. -glykolen werden die Geschw.-Konst. bestimmt u. in kinet. Kurven dargestellt. Die danach berechneten Werte von ΔH u. ΔS sind bei der Rk. mit *2-Methylbutin-(3)-ol-(2)* (Kp. 104°) ($\Delta H =$) 13,8, ($\Delta S =$) −2,8; *3-Methylpentin-(1)-ol-(3)* (Kp. 118°) 11,75, −10,2; *1-Äthinylcyclohexanol* (Kp.$_{11}$ 68°) 11, −12,3; *2.5-Dimethylhexin-(3)-diol-(2.5)* (Kp. 206°) 7,58, −24,92; *3.6-Dimethyloctin-(4)-diol-(3.6)* (Kp. 107°) 13,72, −5,46; *1.1'-Dihydroxydicyclohexylacetylen* (Kp. 113°) 18,85, +10,64. Die unterschiedlichen Werte für die einzelnen Rkk. werden auf den nucleophilen Charakter des C_2H_2 u. den Einfl. der Substituenten zurückgeführt. Bei der Erörterung der mit $Co_2(CO)_8$ gebildeten Komplexe wird angenommen, daß die C≡C-Bindung senkrecht zur Co–Co-Bindung steht. R. K. Müller. 225◇

0559 **Reaktionen von Metallcarbonylen.** 3. Mitt. **Über den Mechanismus der Bildung von Acrylestern aus Acetylen, Nickelcarbonyl, Kohlenoxid und Alkoholen.** M. Almasi, L. Szabó, S. Farkas, F. Kacsó, O. Végh und Iudita Mureşan. (Studii Cercetări Chim. [Bucureşti] **8**, 509–17, 1960; rum.) — 2. vgl. vorst. Referat. — Für die „stöchiometr., halbkatalyt." Reppe-Rkk. unter Bldg. von Acrylestern wird ein neuer zweistufiger Mechanismus angenommen, wonach zunächst in einem Prozeß der Säurekatalyse ein Carboniumion $CH_2{=}CH{-}\overset{\oplus}{C}O$ gebildet wird, das dann als elektrophiles Ion mit dem nucleophilen $Ni(CO)_4$ reagiert; in dieser 2. Stufe erfolgt über eine Reihe von $Ni(CO)_x$-C_2H_2-Komplexen eine Übertragung der 4 CO-Gruppen (x = 3, 2, 1, 0). R. K. Müller. 225◇

0560 **Reaktionen von Metallcarbonylen.** 4. Mitt. **Über den Mechanismus der Reaktionen von Metallcarbonylen.** M. Almasi und L. Szabó. (Studii Cercetări Chim. [Bucureşti] **8**, 519–30, 1960; rum.) — 3. vgl. vorst. Referat. — Bei den Rkk. der Metallcarbonyle (**I**) werden 2 Typen unterschieden. Mit elektrophilen Carboniumionen reagieren die **I** nach einer S_E2-Rk. unter Carbonylierung, mit nucleophilen Verbb. nach einer S_N2-Rk. unter Anlagerung oder Substitution; dabei entsteht entweder ein neuer Komplex, z. B. $HC{\equiv}CH \cdot Ni(CO)_3$, oder dieser reagiert wieder mit CO mit Rückbldg. der Ausgangsstoffe. Als Beispiel wird der Mechanismus der Hydroformylierung erörtert, der mit einer Anti-Markownikow-Orientierung erklärt wird. — 30 Literaturangaben. R. K. Müller. 225◇

0561 **Kinetik der Reduktion von ZrJ_4-Dämpfen durch metallisches Zirkonium.** F. I. Bussol. (J. physik. Chem. [UdSSR] **33,** 799—807, 1959; Charkow, Akad. der Wiss. der UdSSR, Phys.-techn. Inst.; russ., Auszug: engl.) — Durch kontinuierliche Best. der Abnahme des Dampfdrucks von ZrJ_4 bei der Red. zu niederen Zr-Jodiden an Zr wird festgestellt, daß bei Temp. des Zr von 300—530° u. ZrJ_4-Drücken von 10—250 Torr ZrJ_4 in der Hauptsache zu ZrJ_3 red. wird. Dabei bildet sich ein starker ZrJ_3-Film auf dem Metall. ZrJ_2 bildet sich nicht. Bei gegebener Temp. folgt die Wachstums-Geschw. der ZrJ_3-Schicht einer parabol. Gleichung, deren Konst. exponentiell von der Temp. abhängt. Die Aktivierungsenergie des geschwindigkeitsbestimmenden Prozesses beträgt ca. 21 kcal/Mol, der Prozeß besteht aus der Diffusion von Zr-Atomen oder Moll. an die Oberfläche der ZrJ_3-Schicht. H. Roschkowski. 225◇

0562 **Beitrag zur Untersuchung der Reduktion von pulverförmigem Wolframsäureanhydrid bei mittlerer Temperatur durch trockenen Wasserstoff.** Louis-Claude Dufour und Pierre Barret. (C. R. hebd. Séances Acad. Sci. **254,** 3682—84, 1962; Dijon, Fac. des Sci., Labor. de Chim. gén.; franz.) — Vff. verfolgten mit Hilfe der Thermogravimetrie, der chem. u. Röntgenanalyse die Red. von pulverförmigem WO_{3-x} (I) durch trockenes H_2 (p_{H_2} = 13 u. 55 Torr) bei 875 u. 665° in Abhängigkeit von der Zeit. Die Gesamtkurve der Red. zeigte, daß bei 350—450° langsam oxydiertes **I** schneller red. wird als durch Verbrennung dargestelltes. Der Verlauf der Red. gestaltete sich wie folgt: Zunächst wird WO_{3-x} vollständig zu $WO_{2,90}$ umgewandelt, aus dem direkt β-W entsteht. Während der zweiten Hälfte der Red. entstehen geringe Mengen an WO_2, u. das instabile β-W wandelt sich dann in α-W um. Die Vers.-Ergebnisse werden graph. dargestellt. H. Fries. 225◇

0563 **Vergleichende Untersuchung der Oxydationskinetik von Magnesium in feuchtem Sauerstoff, feuchtem Stickstoff und feuchter synthetischer Luft bei hohen Temperaturen.** Raymond Darras, Jean Païdassi und Francis Leroy. (C. R. hebd. Séances Acad. Sci. **255,** 903—05, 1962; Saclay, C.E.N., Dép. de Métallurg., Serv. de Chim. des Solides, Sect. d'Étude de la Corrosion par Gaz et Métaux Liquides; franz.) — Vgl. C. **1963,** 432. — Die Kinetik der Oxydation von Mg in einem feuchten Gemisch aus 20 (Vol.-%) O_2 u. 80 N_2 in den Temp.-Bereichen 400—475 bzw. 475—600° ist ident. mit dem entsprechenden Verh. in feuchtem N_2 bzw. feuchtem O_2. Es wird angenommen, daß die Oberflächenschicht, durch welche die reagierenden Ionen diffundieren müssen, bei Temp. $<475°$ zumindest teilweise aus Mg_3N_2, bei Temp. $>475°$ dagegen aus reinem MgO besteht. A. Blaschette. 225◇

0564 **Über die Kinetik der Oxydation von Magnesium durch feuchtes Kohlendioxid bei erhöhten Temperaturen.** Raymond Darras, Jean Païdassi und Francis Leroy. (C. R. hebd. Séances Acad. Sci. **256,** 5126—29, 1963; franz.) — Vgl. vorst. Referat. — Die Kinetik der Oxydation von Mg durch feuchtes CO_2 wird mit der Oxydation durch feuchtes O_2 im Bereich von 500—600° verglichen. Unterhalb 560° ist die Oxydations-Geschw. vergleichsweise gering, da durch bevorzugte Adsorption von CO_2 an Mg die Rk. mit Wasserdampf verhindert wird. Auch über 560° steigt die Geschw. nur langsam an, da die Bldg. von Kohlenstoff durch Red. von CO_2 mit Mg die Oxydation stört. Die Aktivierungsenergie wird zwischen 525 u. 575° mit 114 kcal/Mol angegeben. M. Engel. 225◇

0565 **Oxydation von Borcarbid durch Luft, Wasserdampf und Luft-Wasserdampf-Gemische bei erhöhten Temperaturen.** Lawrence M. Litz und R. A. Mercuri. (J. electrochem. Soc. **110,** 921—25, 1963; Parma, Ohio, Nat. Carbon Co., Div. of Union Carbide Corp., Res. Labor.; engl.) — Thermogravimetr. Unterss. bei 200—750° zeigen, daß pulverförmiges B_4C (**I**) bei 250° mit Wasserdampf (A) nach **I** + 8 H_2O → 2 B_2O_3 (fl.) (**II**) + CO_2 + 8 H_2 u./oder **I** + 6 H_2O → 2 **II** (fl.) + C + 6 H_2 u. bei 450° mit trockener Luft (B) nach **I** + 4 O_2 → 2 **II** (fl.) + CO_2 reagiert. Die Entfernung von **II** durch A nach **II** + H_2O → 2 HBO_2(g) [oder möglicherweise H_3BO_3 (g); g = gasförmig] erfolgt $<$550—600° schneller als die Oxydation von **I**. Ggw. von **II** auf der Oberfläche von **I** inhibiert die Oxydation durch A, nicht jedoch die durch B. Zwischen der Oxydations-Geschw. u. dem Partialdruck p_w von W. sowie dem Oberflächeninhalt von **I** besteht eine lineare Abhängigkeit. Die Oxydation durch B verläuft bis ca. 700° mit geringerer Geschw. als die mit A (bis zu p_w = 235 Torr). Im Syst. Ar/A verbleibt stets ein variierender Anteil von C in der festen Phase. P. Frenzel. 225◇

0566 **Oxydationskinetik des Molybdändisilicids.** P. I. Gluschko, W. I. Dorochow und Je. P. Netschiporenko. (Metallphysik u. Metallkunde [UdSSR] **13,** 923—24, 1962; Physikal.-techn. Inst. der Akad. der Wiss. der UkrainSSR; russ.) — Die Oxydation von $MoSi_2$ an der Luft folgt im Temp.-Bereich von 900—1300° einem Zeitgesetz in der Art von $W = \varkappa \tau^n$, worin W die die Gew.-Veränderung charakterisierende Größe, $\varkappa$ die Konst. der Oxydations-Geschw. u. n der kinet. Parameter bedeuten. Die Aktivierungsenergie des Prozesses beträgt 82 ± 2,5 kcal/Mol. H. Hochstein. 225◇

0567 **Mechanismus und Kinetik des Wüstitzerfalls.** 2. Mitt. O. K. Schabalina und G. I. Tschufarow. (Metallphysik u. Metallkunde [UdSSR] **13,** 766—68, 1962; Uraler polytechn. Kirow-Inst.; Inst. für Metallurg. der Ural-Filiale der Akad. der Wiss. der UdSSR; russ.) — 1. vgl. Metallphysik u. Metallkunde [UdSSR] **12,** [1961], 697. — Eine Unters. des Zerfalls von Wüstit ($Fe_{0,925}O$; a = 4,302 Å) bei 350, 400 u. 500° ergab, daß bei der Temp.-Erhöhung in diesen Grenzen der Charakter des Prozeßmechanismus im allg. einförmig bleibt. Das Maximum der gesamten Zerfalls-Geschw. bei ca. 400° wird durch einen doppelten Einfl. der Temp.-Erhöhung erklärt (Beschleunigung der Elementarprozesse auf der Porenoberfläche u. Beseitigung von Poren im Verlauf der nachfolgenden Rekristallisation). H. Hochstein. 225◇

0568 **Hydrazinbildung bei der Radiolyse von gasförmigem Ammoniak.** F. W. Lampe, E. R. Weiner, W. H. Johnston und W. S. Koski. (Int. J. appl. Radiat. Isotopes **14,** 231—35, 1963; Baltimore, Md., William H. Johnston Labor.; Johns Hopkins Univ.; engl.) — Vff. stellten fest, daß die Sensibilisierung der Deuteronradiolyse von gasförmigem NH_3 durch Edelgase einen auffallenden Einfl. auf die Hydrazinausbeute u. somit auf den Rk.-Ablauf hat. Durch Sensibilisierung mit Kr wird die N_2H_4-Ausbeute vervierfacht, mit Ne sinkt sie jedoch auf ein Drittel. Zur Deutung dieser Ergebnisse schlagen Vff. einen ion. Auslösungsmechanismus durch Ladungsübertragung von dem Edelgas auf das NH_3 vor. Der darauf folgende Zerfall der NH_3-Ionen ist abhängig von der Rekombinationsenergie der Edelgasionen. Die Ergebnisse stimmen ferner mit der Annahme überein, daß die N_2H_4-Ausbeute durch die von den Radiolysebedingungen bestimmte stationäre Konz.-Charakteristik der H-Atome festgelegt ist. D. Noack. 226◇

0569 **Ausheilen von chemischen Strahlenschäden in kristallinem Bariumnitrat.** S. R. Mohanty und S. R. Upadhyay. (J. inorg. nuclear Chem. **25,** 309—10, 1963; Banaras, India, Hindu Univ., Dep. of Chem.; engl.) — $Ba(NO_3)_2$ wird mit 50 Mrad ^{60}Co-γ-Strahlung bestrahlt; dabei bildet sich NO_2^-. Die Abnahme von $[NO_2^-]$ durch isothermes Ausheizen wird bei 200, 250 u. 275° untersucht. Sie beträgt nach 50 Std. bei 275° nur 0,168 (Bruchteil bzgl. $[NO_2^-]_0$). B. Schmitt. 226◇

0570 **Strahlungsinduzierte Effekte in Magnesiumoxid-Katalysatoren.** J. Hoigne und D. Ballantine. (Int. J. appl. Radiat. Isotopes **14,** 221—29, 1963; Upton, N.Y., Brookhaven Nat. Labor.; engl.) — Es wird ein Modell-Syst. für die Unters. von Strahlungseffekten auf heterogene Katalysatoren entwickelt. Vorbestrahlung mit γ-Strahlen einer ^{60}Co-Quelle erhöhen die Konvertierungs-Geschw. von H_2 über MgO-Katalysatoren, bes. dann, wenn das Oxid bei höheren Temp. mit O_2 vorbehandelt wird. Elektronenspinresonanz-Unterss. bei Zimmer-Temp. ergaben keine Anhaltspunkte für einen Zusammenhang zwischen katalyt. Aktivität u. der Bldg. paramagnet. Zentren. Es konnten auch keine durch Bestrahlung hervorgerufene Änderungen der Adsorptions-Eigg. des MgO für H_2 u. CO festgestellt werden. D. Noack. 227◇

0571 **Zur Struktur der Eisen- und Nickelkatalysatoren.** S. Yamaguchi. (Z. anorg. allg. Chem. **324**, 106—11, 1963; Tokio, Inst. für Phys. u. Chem.; dt.) — Mit Hilfe von Elektronenbeugungs-Unterss. wurden die chem. u. kristallograph. Zustände der oxydierten Oberfläche von Fe–Ni-, Fe- u. Ni-Katalysatoren zur NH_3-Synth. bestimmt. Aus den Unterss. geht hervor, daß der red. Fe-Katalysator nur als Schwamm, Ni dagegen nur im feinkörnigen dispersen Zustand wirksam ist. Die schwammartige Struktur von Fe wird durch die Red. der sich bei der Oxydation bildenden FeO–Fe_3O_4–Fe_2O_3-Oxidschicht erhalten. Auf Ni wird nur NiO beobachtet. D. Noack. 227◇

0572 **Mechanismus der Methanverbrennung an Oxidkatalysatoren.** A. Krause. (Bull. Acad. polon. Sci., Sér. Sci. chim. **8**, 437—38, 1960; Poznań, Mickiewicz Univ., Inst. für anorgan. Chem.; dt.) — Diskussion über den Mechanismus der an CuO u. SiO_2 katalysierten CH_4-Verbrennung, die vom Vf. als eine Ketten-Rk. verstanden wird, die durch den Angriff von aktivierten O-Atomen eingeleitet wird. Für die Chemisorption u. Aktivierung der O-Atome sind die nach der Radikaltheorie des Vf. im Katalysator vorhandenen Donatorradikale als verantwortlich anzusehen. W. Betcke. 227◇

0573 **Die katalysierte Reaktion zwischen COS und SO_2.** A. Krause. (Bull. Acad. polon. Sci., Sér. Sci. chim. **8**, 439—40, 1960; dt.) — Vgl. vorst. Referat. — Auf der Grundlage der Radikaltheorie des Vf. für Oxidkatalysatoren wird ein Mechanismus für die zu CO_2 u. S führende Rk. zwischen COS u. SO_2 an Al_2O_3-, Fe_2O_3- oder TiO_2-Katalysatoren entworfen. W. Betcke. 227◇

0574 **Über die katalytische Aktivität seltener Elemente bei der Zersetzung von Wasserstoffperoxid.** 2. Mitt. F. M. Perelman, A. Ja. Sworykin und Ss. K. Schachowa. (J. physik. Chem. [UdSSR] **33**, 452—56, 1959; Moskau, Kurnakow-Inst. für allg. u. anorgan. Chem. der Akad. der Wiss. der UdSSR; russ., Auszug: engl.) — 1. vgl. C. **1959**, 13727. — Die katalyt. Zers. von H_2O_2 im homogenen Medium bei 25° u. pH 8 wurde in Ggw. verschiedener zusammengesetzter Katalysatoren untersucht. Ein Maximum der Zers.-Geschw.-Konst., das höher liegt, als bei additivem Verh. der katalyt. Wrkg. zu erwarten ist, tritt bei bestimmten Zus. der Katalysatoren aus den Syst. $NaGaO_2$–$CuCl_2$, $Th(NO_3)_4$–MnO_2, $Th(NO_3)_4$–$CuCl_2$, $Ti(SO_4)_2$–$CuCl_2$, $Ti(SO_4)_2$–$CoCl_2$ u. $GeCl_4$–$CuCl_2$ auf. Die Salze der seltenen Elemente allein besitzen geringe katalyt. Aktivität. H. Roschkowski. 227◇

A_8. Präparative anorganische Chemie, Komplexverbindungen, Metallorganische Verbindungen

0575 **Xenonoxidfluorid.** D. F. Smith. (Science [Washington] **140**, 899—900, 1963; Oak Ridge, Tenn., Oak Ridge Gaseous Diffusion Plant, Techn. Div.; engl.) — *$XeOF_4$*, klare, farblose Fl., F. —41°, Dampfdruck 7 Torr bei 0°, wurde in ca. 80%ig. Ausbeute durch partielle Hydrolyse von XeF_6 mit feuchter Luft dargestellt. Raman- u. IR-Spektren wurden aufgenommen u. auf der Basis eines Mol. der Symmetrie C_{4v} zugeordnet (quadrat. Pyramide, 4 F in der Grundfläche, Xe dicht über dieser Ebene, O an der Spitze; Kraft-Konst. Xe–F 3,21, Xe–O 7,11 mdyn/Å bei Bindungswinkeln von ca. 90°). $XeOF_4$ kann leicht zum hochexplosiven XeO_3 weiterhydrolysiert werden. P. Sartori. 235◇

0576 **Aminderivate von Selentetrachlorid.** Sarju Prasad und Bishan Lal Khandelwal. (J. Proc. Instn. Chemists [India] **34**, 134—37, 1962; Varanasi, Banaras Hindu Univ., Chem. Labor.; engl.) — Es werden Amin-Derivv. von $SeCl_4$ durch Rk. mit prim., sek. oder tert. Aminen bzw. heterocycl. Basen dargestellt. Die Diäthylanilin- u. Nicotin-Derivv. waren sehr viscos u. konnten nicht isoliert werden. Die Verbb. sind gefärbt, amorph, schwach hygroskop., aber stabil in trockner Atmosphäre, prakt. unlösl. in den gewöhnlichen organ. Lösungsmitteln. Sie hydrolysieren langsam in kaltem W., jedoch augenblicklich beim Erwärmen. Die Diamin-Verbb. sind gegen Hydrolyse beständiger. Alle Verbb. haben keinen scharfen F. u. zersetzen sich bei 110—180°. Beim Erhitzen sublimiert das entsprechende Ammoniumchlorid. Die Stabilität der Komplexe sinkt in der Reihenfolge: prim. > sek. > tert. Aminderivat.

Versuche: Die Amin-Derivv. werden allg. durch langsame Zugabe der alkohol. bzw. äther. [bei Äthyl- (**I**), p-Aminodiäthyl- u. Benzylanilin (**II**) sowie Chinolin (**III**)] Lsg. des Amins zur alkohol. Lsg. von $SeCl_4$ unter Schütteln, erneute Zugabe von überschüssigem Amin u. weiteres ca. 1std. Schütteln hergestellt: $SeCl_4(C_6H_5NH_2)_2$, (aus) Anilin, rötlichbraun; $SeCl_4(CH_3C_6H_4NH_2)_2$, p-Toluidin, grünlichgelb; $SeCl_4 \cdot (CH_3OC_6H_4NH_2)_2$, o- bzw. p-Anisidin, rosa bis weiß bzw. grünlichblau; $[SeCl_4(C_2H_5OC_6H_4NH_2)_2] \cdot C_2H_5OH$, p-Phenetidin, rosa; $SeCl_4(H_2NC_6H_4C_6H_4NH_2)$, Benzidin, rosa; $SeCl_4 \cdot (H_2NC_6H_4NH_2)$, o-Phenylendiamin, ziegelrot; $[SeCl_4(C_6H_5 \cdot NHC_2H_5)_2] \cdot 2\,C_2H_5OH$, **I**, rosa; $SeCl_4[HN(C_6H_5)_2]_2$, Diphenylamin, grün; $[SeCl_4(C_6H_5NHCH_2C_6H_5)_2] \cdot C_2H_5OH$, **II**, hellgrün; $[SeCl_4(C_5H_5N)_2] \cdot 3\,C_2H_5OH$, Pyridin, hellgelb; $[SeCl_4(C_9H_7N)_2] \cdot 2\,C_2H_5OH$, **III**, hellgelb; $[SeCl_4(C_4H_{10}N_2)] \cdot 2\,C_2H_5OH$, Piperazin, gelb; $[SeCl_4(C_5H_6N_2)] \cdot 4\,C_2H_5OH$, 2-Aminopyridin, gelb. B. Parlitz. 254◇

0577 **Die Zersetzung von Bornitrid mit Säure und der Einfluß oxydierender Zusätze.** Sen-ichi Nakamura, Nobuyuki Azuma und Zenzaburo Arai. (Rep. Government ind. Res. Inst., Nagoya **9**, 533—38, 1960; jap., Auszug: engl. — C. **1963**, 6139.) W. Knoch. 258◇

0578 **Neue Darstellungsmethode für Borazan und seine Eigenschaften.** W. P. Ssorokin, B. I. Wessnina und N. Ss. Klimowa. (J. anorg. Chem. [UdSSR] **8**, 66—68, 1963; russ.) — *Borazan*, $NH_3 \cdot BH_3$ (**I**), wurde aus NH_3 u. B_2H_6 bei Raum-Temp. in organ. Lsgm. oder in W. dargestellt. Röntgen-Unterss. ergaben ein orthorhomb. flächenzentriertes Gitter mit a = 7,22, b = 7,38, c = 5,23 Å; $D_{ber.}$ 0,74, $D_{exp.}$ 0,73. Die Löslichkeit von **I** beträgt in W. 33,6 (g/100 ml), A. 6,5, Ae. 0,76, Dioxan 0,5, Bzl. 0,04, Toluol 0,03 u. in CCl_4 0,02. In W. findet teilweise Hydrolyse statt (0,5—0,9% in 2,5%ig. Lsg. in 24 Std. bei Raum-Temp.). Die wss. Lsg. red. Edelmetallionen sowie Fe- u. Ni-Ionen zu den Metallen. **I** ist therm. instabil: Bei 50° werden ca. 1,5% H_2, bei 75° ca. 10—20% H_2 abgespalten, bei 150° 50% (dabei Erstarrung der bei ca. 105° schm. Substanz), bei 300° 60—70%; >500° bildet sich (BN).

Versuche: *Borazan*, $NH_3 \cdot BH_3$ (**I**), durch 3—4std. Durchleiten von NH_3 u. B_2H_6 durch das Lsgm. (Ae., Dioxan, A., W. usw.) bei Raum-Temp., Abfiltrieren des Nd. (Neben-prod.), Abziehen des Lsgm. im Vakuum bei 50—60°; bei Verw. von W. wird ein Gemisch von **I** mit NH_4-Borat erhalten, das durch Umkristallisation aus Ae. gereinigt wird. G. Winkhaus. 258◇

0579 **Über Lösungen der Monokieselsäure $[Si(OH)_4]$.** Herbert Funk. (Kolloid-Z., Z. Polymere **184**, 154, 1962; Berlin, FU, Inst. für anorgan. Chem.; dt.) — Wird Ca_2SiO_4 mit wasserfreiem methanol. HCl umgesetzt, so entstehen Lsgg., in denen neben $CaCl_2$ bis zu 7 g SiO_2/100 ml Methanol lösl. sind. In konz. Lsgg. (>4 g SiO_2/100 ml) führt die Kondens. der Kieselsäure innerhalb weniger Std. zu einem steifen, klaren Gel; bei 1 g SiO_2/100 ml dauert die Kondens. Tage bis Wochen. 1—10mMol HCl in 100 ml Methanol verlangsamen diesen Vorgang erheblich. In DMF erfolgt die Kondens. noch wesentlich langsamer. Auch Aceton, Dioxan u. andere Fll. sind als Lsgm. für niedrigmol. Kieselsäuren geeignet, soweit sie (IR-spektroskop. nachweisbare) H-Bindungen mit den SiOH-Gruppen eingehen; in KW-Stoffen ist $Si(OH)_4$ aus diesem Grund unlöslich. Sind die bei der Darst. entstehenden Chloride im Lsgm. unlösl. (z. B. $BaCl_2$ in Methanol, $CaCl_2$ in Dioxan), dann löst sich auch kaum $Si(OH)_4$. Durch Zugabe von Dioxan zu einer methanol. Lsg. von $Si(OH)_4$ u. $CaCl_2$ u. Abdampfen des Methanols kann das gelöste $CaCl_2$ abgeschieden werden. A. Blaschette. 261◇

0580 **Synthese und optische Kristallographie von Stishovit, der polymorphen Höchstdruckform von SiO_2.** C. B. Sclar, A. P. Young, L. C. Carrison und C. M. Schwartz. (J. geophys. Res. **67**, 4049—54, 1962; Columbus, Ohio, Battelle Mem. Inst.; engl.) — Stishovit mit geringen Mengen von Coesit wurde bei einem Druck von 125 ± 10 kb u. Temp. > 100° aus einem Silicagel mit ca. 7% H_2O in 1 Std. erhalten. Bei geringeren Drücken u. Temp. war Haupt-Rk.-Prod. *Coesit* neben Spuren oder geringen Mengen Stishovit. Das Mineral bildet farblose, nadlige Kristalle, ist einachsig positiv mit ε = 1,845 ± 0,005 u. ω = 1,800 ± 0,005; die opt. Achse ist stark gegen die morpholog. Achse geneigt. C. Gottfried. 261△

0581 **Eine Bemerkung über die Oxydation von rotem Phosphor durch Kaliumchlorat.** G. S. Deshmukh und M. Venugopalan. (J. Indian chem. Soc. **33**, 355—56, 1956; Banaras, Hindu Univ., Chem. Labor.; engl.) — Die für die

Oxydation von rotem P durch $KClO_3$ aufgestellte Rk.-Gleichung $6\,P + 5\,KClO_3 + 9\,H_2O \rightarrow 6\,H_3PO_4 + 5\,KCl$ soll in bezug auf ihr summar. Ergebnis experimentell überprüft werden. Dazu wird P mit überschüssigem $KClO_3$ 6–8 Std. lang in 1n H_2SO_4 gekocht, die Lsg. wird mit überschüssigem $Fe(NH_4)_2(SO_4)_2$ versetzt u. der Überschuß Fe^{2+} gegen $KMnO_4$-Lsg. titriert. Die Abweichungen vom stöchiometr. zu erwartenden Ergebnis betragen −2 bis −10%.

W. Betcke. 264◇

0582 **Fluorphosphorverbindungen.** 5. Mitt. **Weitere Untersuchungen zur alkylierenden Wirkung von Fluorophosphorsäureestern. Darstellung von Oniumsalzen verschiedener Fluoromonophosphorsäuren und der symmetrischen Difluorodiphosphorsäure.** Claus Stölzer und Arthur Simon. (Chem. Ber. **96,** 453–61, 1963; Dresden, Sächs. Akad. der Wiss. zu Leipzig, Forschungsstelle; TH, Inst. für anorgan. u. anorgan.-techn. Chem.; dt.) — 4. vgl. Chem. Ber. **96,** [1963], 288; 3. vgl. C. **1962,** 53. — Durch Rk. von $[(RO)(F)\cdot P(O)]_2O$ [R = CH_3 (**I**), C_2H_5 (**II**), n-C_4H_9 (**III**)], $P(O)(OR)_2F$ [R = CH_3 (**IV**), C_2H_5 (**V**)], $P(O)(OR)F_2$ (**VI**), $P(S)(OR)F_2$ (**VII**) u. $P(S)(OR)_2F$ (**VIII**) (R = C_2H_5) mit Triäthylamin (**IX**), Dimethylanilin (**X**), Pyridin (**XI**) u. Thioharnstoff (**XII**) entstehen Oniumsalze dieser Säuren; auch die Tetraäthyl- (**XIII**) u. Tetraisopropylester (**XIV**) der fluorfreien Diphosphorsäure sind der Rk. zugänglich, letzterer mit geringer Ausbeute. Die Ester der symm. Difluorodiphosphorsäure (**XV**) werden hierbei z. T. nur einfach entalkyliert. Die mit tert. Aminen gewonnenen Oniumsalze der Fluorophosphorsäure sind sehr hygroskop.; die mit **XII** hergestellten Isothiouroniumsalze sind gegenüber Luftfeuchtigkeit beständig u. gut kristallisierbar.

Versuche: Die Darst. erfolgt durch Erhitzen im Bombenrohr, die der S-haltigen Verbb. unter N_2: Salze der *symm. Difluorodiphosphorsäure* (**XV**): *Bis-[S-methylisothiouronium]-*, $[(NH_2)_2CSCH_3]_2F_2O_5P_2$, F. 181^0 (A./Aceton 2 : 1), aus **I** u. **XII** in wasserfreiem Aceton; glänzende Blättchen; 64,0% (Ausbeute). — *Bis-[S-äthylisothiouronium]-*, $[(NH_2)_2CSC_2H_5]_2\cdot F_2O_5P_2$, F. 159^0 (Methanol/Aceton), aus **II** u. **XII**; glänzende Blättchen; 62,5%. — *Bis-[S-n-butylisothiouronium]-*, $[(NH_2)_2\cdot CSC_4H_9]_2F_2O_5P_2$, F. $165{,}5^0$ (Methanol/Aceton/Ae.), aus **III** u. **XII** (5 Min. bei 120^0); stark lichtbrechende Prismen; 69,1%. — *Bis-[dimethyläthylanilinium]-*, $[C_6H_5N(CH_3)_2C_2H_5]_2F_2O_5P_2$, aus **II** u. **X** (7 Std. bei 100^0); hochviscoses, blaugraues Öl. — Gemisch der *Trimethylaniliniumsalze* von **XV** u. *Monomethyl-symm.-difluorodiphosphorsäure*, $[C_6H_5N(CH_3)_3]_2F_2O_5P_2$ u. $[C_6H_5\cdot N(CH_3)_3]CH_3F_2O_5P_2$, aus **I** u. **X**; violettes Öl. — Gemisch der *Dimethyl-n-butylaniliniumsalze* von **XV** u. *Mono-n-butyl-symm.-difluorodiphosphorsäure* (**XVI**), $[C_6H_5N(CH_3)_2C_4H_9]_2\cdot F_2O_5P_2$ u. $[C_6H_5N(CH_3)_2C_4H_9]C_4H_9F_2O_5P_2$, aus **III** u. **X** (15 Std. bei 100^0); viscoses, rotes Öl. — Gemisch der *Tetraäthylammoniumsalze* von **XV** u. *Monoäthyl-symm.-difluorodiphosphorsäure* (**XVII**), $[N(C_2H_5)_4]_2F_2O_5P_2$ u. $[N(C_2H_5)_4]C_2H_5\cdot F_2O_5P_2$, aus **IX** in wasserfreiem Aceton u. **II** (20 Std. bei 100^0); rotes Öl. — Gemisch der *Äthylpyridiniumsalze* von **XV** u. **XVII**, $[C_5H_5NC_2H_5]_2F_2O_5P_2$ u. $[C_5H_5NC_2H_5]C_2H_5F_2O_5P_2$, aus **XI** in Aceton u. **II** (20 Std., 100^0); rotes Öl. Daneben $[C_5H_5\cdot NC_2H_5]_2F_2O_5P_2\cdot {}^2/_3\,C_5H_5N$, F. 212^0, derbe Säulen. — Gemisch der *n-Butylpyridiniumsalze* von **XV** u. **XVI**, $[C_5H_5\cdot NC_4H_9]_2F_2O_5P_2$ u. $[C_5H_5NC_4H_9]C_4H_9F_2O_5P_2$, aus **III** u. **XI** (5 Min. bei 120^0); Öl. — *Difluoromonophosphate: S-Äthylisothiouronium-*, $[(NH_2)_2CSC_2H_5]F_2O_2P$, F. $128{,}5^0$ (Aceton), aus **VI** u. **XII** (5 Min. bei 100^0); lange, dünne, harte Nadeln; 63,1%. — *Dimethyläthylanilinium-*, $[C_6H_5N(CH_3)_2C_2H_5]F_2O_2P$, aus **VI** u. **X** (4 Std. bei 100^0); viscoses, grünlichgelbes Öl. — *Tetraäthylammonium-*, $[N(C_2H_5)_4]F_2O_2P$, aus **VI** u. **IX** (30 Min. bei 100^0); aus Aceton/Ae. glänzende, hygroskop. Blättchen; 42,1%. — *Äthylpyridinium-*, $[C_5H_5NC_2H_5]F_2O_2P$, aus **VI** u. **XI**; rotes Öl. — *S-Methylisothiouroniummonofluoromonomethylmonophosphat*, $[(NH_2)_2CSCH_3]CH_3FO_3P$, F. 94^0 (Aceton), aus **IV** u. **XII** (6 Min.); Blättchen; 84,6%. — *Trimethylaniliniummonofluoromonomethylmonophosphat*, $[C_6H_5N(CH_3)_3]\cdot CH_3FO_3P$, F. 91–$93^0$ (Aceton), aus **IV** u. **X** (15 Min. bei 100^0); stabförmige, hygroskop. Kristalle; 79,7%. — *S-Äthylisothiouroniummonofluoromonoäthylmonophosphat*, $[(NH_2)_2CSC_2H_5]\cdot C_2H_5FO_3P$, F. $98{,}5^0$ (Aceton), aus **V** u. **XII** (14 Std. bei 100^0); Nadeln; 84,0%. — *Dimethyläthylaniliniummonofluoromonoäthylmonophosphat*, $[C_6H_5N(CH_3)_2C_2H_5]C_2H_5FO_3P$, F. 61 bis 65^0 (Aceton/PAe.), aus **V** u. **X** (15 Std., 100^0); hygroskop. Blättchen; 56,3%. — *Tetraäthylammoniummonofluoromonoäthylmonophosphat*, $[N(C_2H_5)_4]C_2H_5FO_3P$, aus **V** u. **IX** (7 Std. bei 100^0); gelbes Öl. — *S-Äthylisothiouroniumdifluorothiomonophosphat*, $[(NH_2)_2CSC_2H_5]F_2OPS$, aus **VII** u. **XII** bei 140^0; dunkles Öl. — *Dimethyläthylaniliniumdifluorothiomonophosphat*, $[C_6H_5N(CH_3)_2C_2H_5]F_2OPS$, aus **VII** u. **X** (15 Std. bei 100^0); bläuliches, dickfl. Öl. — *Tetraäthylammoniumdifluorothiomonophosphat*, $[N(C_2H_5)_4]F_2OPS$, aus **VII** u. **IX** (2 Std. bei 100^0); hygroskop. Prismen; 91,5%. — *Äthylpyridiniumdifluorothiomonophosphat*, $[C_5H_5NC_2H_5]F_2OPS$, aus **VII** u. **XI**; gelbes Öl. — *S-Äthylisothiouroniummonofluoromonoäthylthiomonophosphat*, $[(NH_2)_2CSC_2H_5]C_2H_5FO_2PS$, F. $118{,}5^0$ (Aceton/Ae.), aus **VIII** u. **XII** (8 Std. bei 100^0); Blättchen; 52%. — *Dimethyläthylaniliniummonofluoromonoäthylthiomonophosphat*, $[C_6H_5N(CH_3)_2C_2H_5]C_2H_5FO_2PS$, F. 56–$61^0$, aus **VIII** u. **X** (15 Std. bei 100^0); halbfestes Kristallisat. — *Bis-[S-äthylisothiouronium]-symm.-diäthyldiphosphat*, $[(NH_2)_2CSC_2H_5]_2\cdot C_4H_{10}O_7P_2$, F. 176^0 (Methanol/Ae.), aus **XII** u. **XIII** (10 Min. bei 120^0); Stäbchen; 39,3%. — *Bis-[S-isopropylisothiouronium]-symm.-diisopropyldiphosphat*, $[(NH_2)_2CSC_3H_7]_2C_6H_{14}\cdot O_7P_2$, F. 209^0 (W./Aceton), aus **XII** u. **XIV** (30 Min. bei 130^0); 12,1%.

P. Scharner. 264◇

0583 **Fluorphosphorverbindungen.** 6. Mitt. **Alkylamide von Fluorodiphosphorsäuren.** Claus Stölzer und Arthur Simon. (Chem. Ber. **96,** 881–95, 1963; dt.) — 5. vgl. vorst. Referat. — Verbb. der Zus. $P(Y)(NR_2)(F)Cl$ lassen sich a) mit W. u. tert. Aminen unter Austritt von Aminhydrochlorid oder b) durch Erhitzen mit substituierten Phosphorsäurealkylestern unter Alkylchloridabspaltung zu Fluorodiphosphorsäure-Derivv. der Zus. $X(F)P(Y)O(Y)P(F)X$ [X = $N(C_2H_5)_2$, $NH(C_6H_{11})$; Y = O, S] bzw. $X(F)P(Y)O(O)P(X')X''$ [X = $N(C_2H_5)_2$, OC_2H_5; X′ = $N(C_2H_5)_2$, $N(CH_3)_2$; X″ = $N(C_2H_5)_2$, $N(CH_3)_2$, OC_2H_5; Y = O, S] kondensieren. Bei Verw. von Thionophosphorsäureestern als Ausgangs-Verbb. verlaufen die Rkk. nach Meth. b) langsamer, die Prodd. sind weniger rein. Es findet hierbei erst eine Thiono–Thiolschwefelumlagerung statt; die entstehenden P=O-Gruppen ermöglichen dann die Kondensation. Einige der dargestellten unsymm. substituierten Verbb. neigen beim Erhitzen zur Symmetrisierung. Die P—O—P-Brücke der Fluorodiphosphorsäurealkylamide ist gegenüber nucleophilen Agentien stabiler als die der analogen Ester. Die hydrolyt. P—F-Spaltung verläuft wesentlich langsamer als die P—O—P-Spaltung; die relativen Geschw. der P—O—P- u. P—N-Hydrolyse sind bei den einzelnen Verbb. unterschiedlich.

Versuche: $\{[N(C_2H_5)_2](F)P(O)\}_2O$ (**I**), $C_8H_{20}F_2N_2O_3P_2$, Kp.$_{0{,}001}$ 93–97^0, a) durch rasches Versetzen von $P(O)\cdot[N(C_2H_5)_2](F)Cl$ (**II**) mit einem Pyridin–H_2O-Gemisch (2 : 1) unter Rühren bei 75^0 u. 30 Min. langes Nachheizen; 78,1% (Ausbeute); b) durch Erhitzen von **II** mit $P(O)[N(C_2H_5)_2]\cdot(OC_2H_5)F$ (**III**) auf 160–165^0 bis zum Ende der Gas-Entw.; 73,2%; n_D^{20} 1,4190; D.$_{20}$ 1,1945. — $\{[N(C_2H_5)_2](F)P(S)\}_2O$, $C_8H_{20}F_2N_2OP_2S_2$, Kp.$_{0{,}001}$ 95–100^0, a) analog **I** (Verf. a) aus $P(S)[N(C_2H_5)_2](F)Cl$ (**IV**) bei 130^0 u. Nachheizen bei 120^0; 21,1%; b) analog **I** (Verf. b) aus **IV** u. $P(S)[N(C_2H_5)_2](O\cdot C_2H_5)F$ (**V**) bei 195–200^0; 14,3%; n_D^{20} 1,4817; D.$_{20}$ 1,184 bis 1,2039. — $\{[NH(C_6H_{11})](F)P(O)\}_2O$ (C_6H_{11} = Cyclohexyl), $C_{12}H_{24}F_2N_2O_3P_2$, F. 83–84^0, durch Zutropfen eines homogenen Gemisches von W., $N(C_2H_5)_3$ u. Aceton zu $P(O)\cdot[NH(C_6H_{11})](F)Cl$ (F. 52^0, Kp.$_{0{,}3}$ 98–100^0) in abs. Ae. bei 0^0 unter Rühren; 95,7%. — Die Darst. der folgenden Verbb. erfolgt analog **I**, Verf. b: $[N(C_2H_5)_2](F)P(S){-}O{-}P(O)\cdot[N(C_2H_5)_2](F)$, $C_8H_{20}F_2N_2O_2P_2S$, Kp.$_{0{,}001}$ 95–100^0, a) aus **III** u. **IV** bei 185–190^0; 49,7%; b) aus **II** u. **V** bei 195–200^0; 33,8%; n_D^{20} 1,440; D.$_{20}$ 1,195. — $[N(C_2H_5)_2](F)P(O){-}O{-}P(O)[N(C_2H_5)_2]_2$, $C_{12}H_{30}FN_3O_3P_2$, Kp.$_{0{,}001}$ 133–138^0, aus **II** u. $P(O)[N(C_2H_5)_2]_2(OC_2H_5)$ (**VI**) bei 110–115^0; n_D^{20} 1,4479; D.$_{20}$ 1,1053; 64,9%. — $[N(C_2H_5)_2](F)P(O){-}O{-}P(O)[N\cdot(CH_3)_2]_2$, $C_8H_{22}FN_3O_3P_2$, Kp.$_{0{,}001}$ 108–113^0, aus **II** u. $P(O)\cdot[N(CH_3)_2]_2(OC_2H_5)$ bei 105–115^0; n_D^{20} 1,4415; D.$_{20}$ 1,1687; 55,0%. — $[N(C_2H_5)_2](F)P(S){-}O{-}P(O)[N(C_2H_5)_2]_2$, $C_{12}H_{30}\cdot FN_3O_2P_2S$, Kp.$_{0{,}001}$ 132–136^0, aus **IV** u. **VI** bei 140–145^0; n_D^{20} 1,4736; D.$_{20}$ 1,1142; 52,4%. — $[N(C_2H_5)_2](F)P(O){-}O{-}P(O)[N(C_2H_5)_2](OC_2H_5)$, $C_{10}H_{25}FN_2O_4P_2$, Kp.$_{0{,}001}$ 115–118^0 (Symmetrisierung), aus **II** u. $P(O)[N(C_2H_5)_2](OC_2H_5)_2$ bei 128 bis 130^0; n_D^{20} 1,4325; D.$_{20}$ 1,1453; 74,4%. — $(C_2H_5O)(F)\cdot P(O){-}O{-}P(O)[N(C_2H_5)_2]_2$, $C_{10}H_{25}FN_2O_4P_2$, Kp.$_{0{,}001}$ 100 bis 105^0 (Symmetrisierung), aus **VI** u. $P(O)(OC_2H_5)(F)Cl$ (**VII**) bei 70–80^0; n_D^{20} 1,4378; D.$_{20}$ 1,1240; 76,0%. — $[N(C_2H_5)_2]\cdot(F)P(O){-}O{-}P(O)(OC_2H_5)(F)$ (im Gemisch mit **I** u. symm. Difluorodiphosphorsäurediäthylester durch weitgehende Symmetrisierung), aus **III** u. **VII** bei 135–145^0. — $P(O)[N(C_2H_5)_2]\cdot$

(F)OK $\cdot \frac{1}{2}$ CH_3OH, F. 95° (Aceton/Methanol), durch Zutropfen von I zu KOH in W. unter Rühren bis zu neutraler Rk.; kompakte Kristalle; 69,8%. — $C_8H_{20}F_2N_2O_3P_2 \cdot 2{,}626\ H_2O$, durch mehrtägiges Stehen von I an der Luft; Kristallpulver. — *Chlorofluorophosphorsäurediäthylamid*, $C_4H_{10}ClFNOP$, Kp.$_{12}$ 65 bis 66°, durch 3std. Einleiten von HCl in I bei 120°; n_D^{20} 1,4144; 73,0%. Daneben *Diäthylaminhydrochlorid*, F. 216 bis 217° (Methanol/abs. Ae.). — *S.S-Diäthylester der symm. Difluorodithioldiphosphorsäure*, $C_4H_{10}F_2O_3P_2S_2$, Kp.$_{0,001}$ 80 bis 85°, durch Erhitzen von $P(S)(OC_2H_5)(F)Cl$ u. $P(S)(OC_2H_5)_2F$ unter Rühren u. N_2 auf 185—195°; n_D^{20} 1,478; $D._{20}$ 1,388; Fl.; 51,0%. — $P(O)[N(C_2H_5)_2](SC_2H_5)F$, $C_6H_{15}FNOPS$, Kp.$_{11}$ 102—105°, durch Zutropfen von wasserfreiem Diäthylamin unter Kühlung im Eis/Salz-Bad; n_D^{20} 1,4566; 62,5%. Daneben $H_2N(C_2H_5)_2{}^+P(O)(SC_2H_5)(F)(O)^-$; gelbes Öl; 100%. P. Scharner. 264◇

0584 **Fluorphosphorverbindungen.** 7. Mitt. **Zum Mechanismus der Bildung organischer Diphosphorsäurederivate durch Kondensation unter Alkylhalogenidabspaltung.** Claus Stölzer und Arthur Simon. (Chem. Ber. **96,** 896—901, 1963; dt.) — 6. vgl. vorst. Referat. — Die Leichtigkeit der unter Alkylhalogenidabspaltung zu organ. Diphosphorsäure-Derivv. führenden Kondens. von Phosphorhalogenid-Derivv. mit Phosphorsäureestern ist abhängig von Zahl u. Verteilung der stark elektronegativen Substituenten im Mol., wie an der Darst. von Fluorodiphosphorsäure-Verbb. erneut nachgewiesen wurde. Unter Zuhilfenahme von Elektronegativitätswerten sind die Verhältnisse — in gewissen Grenzen — quant. erfaßbar. Damit wird der für die Rk. vorgeschlagene Mechanismus (vgl. Kosolapoff, Science [New York] **108,** [1948], 485; Baudler u. Giese, Z. anorg. allg. Chem. **290,** [1957], 258) gestützt.

Versuche: *Diäthylphosphinsäureanhydrid*, $C_8H_{20}O_3P_2$, Kp.$_{10}$ 184°, analog der Meth. von Kosolapoff u. Watson (J. Amer. chem. Soc. **73,** [1951], 5466) aus $P(O)(C_2H_5)_2Cl$ u. $P(O)(C_2H_5)_2(OC_2H_5)$ bei 140—145°; n_D^{20} 1,4727; 73,0% Ausbeute. P. Scharner. 264◇

0585 **Fluorphosphorverbindungen.** 8. Mitt. **Über die Phosphorylierung einiger Säureanionen mit Fluorodiphosphorsäurederivaten.** Claus Stölzer und Arthur Simon. (Chem. Ber. **96,** 902—12, 1963; dt.) — 7. vgl. vorst. Referat. — F^--, NO_3^-- u. CH_3COO^--Ionen werden durch den symm. Difluorodiphosphorsäurediäthylester (I), F^--Ionen auch durch symm. Difluorodiphosphorsäure-bis-[diäthylamid] (II) unter Spaltung der P—O—P-Brücke phosphoryliert. Im Falle der F^--Ionenspaltung von I wird das außerdem entstehende Monofluoromonoäthylphosphat in gekoppelter Rk. vom Phosphorylierungs-Prod. $P(O)(OC_2H_5)F_2$ alkyliert. Es wird versucht, die Rkk. theoret. zu deuten.

Versuche: *Difluorophosphorsäureäthylester* (**III**), $C_2H_5 \cdot F_2O_2P$, Kp. 86—89°, a) aus 12,5 g I u. 3,05 g wasserfreiem KF bei 110° neben nachst. Verb.; 0,7 g (Ausbeute); b) durch 3tägiges Stehen von I u. wasserfreiem HF; n_D^{20} 1,3189; daneben $P(O)(OC_2H_5)(F)OH$ (unrein), $C_2H_6FO_3P$. — $P(O) \cdot (OC_2H_5)_2F$, $C_4H_{10}FO_3P$, Kp.$_9$ 49—51°, Kp.$_{10}$ 58—59°, Kp.$_{11}$ 61 bis 63°, a) neben **III**; 4,2 g; b) durch ½std. Kochen nachst. Verb. (**IV**) u. C_2H_5J in abs. Bzl.; 39%; c) durch Zutropfen eines Pyridin–H_2O-Gemisches zu **III** in abs. Ae. bei 0 bis —5° unter Rühren; daneben Gemisch von Pyridiniumdifluorophosphaten: $C_5H_5NHF_2O_2P$, $C_5H_5NHF_2O_2P \cdot HF$ u. $C_5H_5N \cdot HF_2O_2P \cdot 2\,HF$; d) durch 4std. Erhitzen von **III** u. $P(O) \cdot (OC_2H_5)(F)OK$ (**V**) im zugeschmolzenen Glasrohr (Wasserbad); 83,3%; daneben $P(O)(F)_2OK$, KF_2O_2P; 83,7%; e) analog d) aus I u. **V**; n_D^{20} 1,3722; 45,8%; daneben $(KO)(F)P(O)—O—P(O)(OK)(F)$, $K_2F_2O_5P_2$, Kristallpulver. — $P(O)(OC_2H_5) \cdot (F)OAg$ (**IV**), $C_2H_5AgFO_3P$, F. 119° (Aceton), durch Kochen von I mit $AgNO_3$ in wasserfreiem Dioxan; lichtempfindliche Blättchen; 42,2%. — $P(O)[N(C_2H_5)_2]F_2$, $C_4H_{10}F_2NOP$, Kp.$_{11}$ 42 bis 43°, durch 3std. Erhitzen von 6,0 g **II** mit 1,2 g KF (Wasserbad); n_D^{20} 1,3730; 2,0 g. Daneben Salzgemisch von $P(O)[N(C_2H_5)_2](F)OK$ u. KF, $C_4H_{10}FKNO_2P$; 2,5 g. — *Nitrondifluorophosphat*, $C_{20}H_{17}F_2N_4O_2P$, durch 15 Min. langes Erhitzen von $Na_2P_2O_5F_2$ u. KF in W. im sd. Wasserbad, Abkühlen u. Fällen mit Nitronacetat-Lsg.; 27,9%. P. Scharner. 264◇

0586 **Die thermische Reduktion von Magnesiumoxid.** J. M. Toguri. (Tidsskr. Kjemi, Bergves. Metallurgi **20,** 211—14, 1960; Trondheim, TU of Norway, Inst. for Inorg. Chem.; engl.) — Auf Grund eines Vgl. der Rk.-Gleichgewichte u. Mg-Gleichgewichtsdampfdrücke bei der Red. von Dolomit mit CaC_2, Al, Si u. einer Al–Si–Fe-Leg. (20 : 40 : 40) werden die Redd. mit Al u. mit der Al–Si–Fe-Leg. als die wirtschaftlichsten Verff. empfohlen. W. Betcke. 282◇

0587 **Über basische Zinksulfate.** A. K. Kirakossjan und A. A. Jelissejew. (J. anorg. Chem. [UdSSR] **8,** 119—29, 1963; russ.) — Die aus dem Syst. $ZnSO_4$–NH_3–H_2O abtrennbaren bas. Zn-Sulfate der Zus. $ZnSO_4 \cdot x\,Zn(OH)_2 \cdot y\,NH_3 \cdot z\,H_2O$ wurden therm., thermogravimetr. u. röntgenphasenanalyt. untersucht. Eine Tabelle mit 22 verschiedenen Zus. der Salze ist wiedergegeben. Die Prodd. sind einphasig. Die Kristallstruktur ändert sich mit dem OH^-- u. NH_3-Gehalt. 3 Kristallformen treten auf: 1. Salze mit $x \leq 2{,}5$ u. Salze mit $y < 1$, 2. $x = 2{,}5$—$3{,}5$, 3. $y > 1$. In bestimmten Grenzen bewirkt der Ersatz von OH^- durch NH_3 keine Änderung der Kristallstruktur. In den Salzen mit $y < 1$ ist NH_3 als adsorbiertes oder als Kristall-NH_3 gebunden, in den Salzen mit $y > 1$ ist NH_3 an Zn gebunden. Die therm. Unterss. ergaben komplexe Bindung von OH^- u. H_2O u. feste Bindung eines Teils des NH_3. Alle Salze zersetzen sich beim Glühen (960°) zu ZnO; Salze mit $y > 1$ ergeben dabei rosafarbenes ZnO, Salze mit $y < 1$ gelbes ZnO. G. Winkhaus. 288◇

0588 **Hydrolyse von Aluminiumsulfat in Lösung bei erhöhter Temperatur.** W. Kawecki und S. Bretsznajder. (Bull. Acad. polon. Sci., Sér. Sci. chim. **9,** 37—43, 1961; Warsaw, TU, Dep. of Technol. Designing; engl.) — Die Hydrolyse von $Al_2(SO_4)_3$ in Lsgg. der Konzz. 1,7—126,4 g Al_2O_3/Liter u. bei Mol-Verhältnissen $SO_3 : Al_2O_3$ zwischen 2,05 u. 4,06 wird im Schüttelautoklaven bei 234,5°/30 atm untersucht. Die erhaltenen Ndd. von bas. Al-Sulfat weisen alle etwa die gleiche Zus. (38,55—40,85% Al_2O_3, 39,72 bis 42,90% SO_3 u. 16,45—20,76% H_2O) auf u. werden nicht als Gemische, sondern als definierte chem. Verbb. angesehen. Röntgenograph. Unterss. des bas. Sulfats lassen keine Anzeichen für das Vorhandensein von Oxid, Hydroxid oder Sulfat in den Ndd. erkennen. Kristallograph. weist das Hydrolyse-Prod. Verwandtschaft zum Alunit ($K_2O \cdot 3\,Al_2O_3 \cdot 4\,SO_3 \cdot 6\,H_2O$) auf. Thermogravimetr. u. IR-spektroskop. Unterss. des bei 300—700° calcinierten Hydrolyse-Prod. zeigen, daß die Wasserabgabe in 3 Stufen erfolgt. W. Betcke. 294◇

0589 **Darstellung von Bayerit und einer modifizierten Form des Pseudoböhmits.** G. C. Bye und J. G. Robinson. (Chem. and Ind. **1961,** 1363; Liverpool, Coll. of Technol., Dep. of Chem.; engl.) — Beim Mischen einer 5%ig. Lsg. von Al-sek.-Butanolat in Bzl. mit 98%ig. A. entsteht ein durchsichtiges Gel, das sich beim Schütteln in eine trübe Fl. umwandelt, aus der sich beim Stehen zwei Schichten, ein Gel unter einer klaren Lsg., absondern. Das Gel gibt beim Trocknen mit wasserfreiem Aceton ein weißes Pulver der Zus. $Al_2O_3 \cdot 1{,}8\,H_2O$ bis $Al_2O_3 \cdot 1{,}9\,H_2O$ mit einer Oberfläche von 410 ± 35 m²/g. Pulver von Gelen, die >4 Std. unter der Mutterlauge behandelt wurden, geben Röntgenbeugungsdiagramme, die einer modifizierten Pseudoböhmitstruktur entsprechen. Wenn dieser neue Pseudoböhmit 6—8 Wochen lang mit W. behandelt wird, wandelt er sich in Bayerit um. Die Umwandlung geht schneller vonstatten, wenn das Gel mit W. gewaschen u. sofort in reines W. gebracht wird. Nach einer Woche ist reiner Bayerit der Zus. $Al_2O_3 \cdot 3{,}04\,H_2O$ mit einer Oberfläche von 22 m²/g entstanden. W. Betcke. 294◇

0590 **Neue Zirkonium- und Hafniumoxidacetate.** L. N. Komissarowa, M. W. Ssaweljewa und W. Je. Pljuschtschew. (J. anorg. Chem. [UdSSR] **8,** 56—62, 1963; Moskau, Lomonossow-Univ.; Lomonossow-Inst. für Technolog. von Feinchemikalien; russ.) — Die Acetate $M_2O(OH)(Ac)_5 \cdot n\,H_2O$ (M = Zr mit n = 2; M = Hf mit n = 1; Ac = Acetat) wurden dargestellt u. untersucht. $D.^{25}$: 1,963 (Zr) bzw. 2,583 (Hf). n_g: $1{,}567 \pm 0{,}003$ bzw. $1{,}561 \pm 0{,}003$; n_p: $1{,}5460 \pm 0{,}003$ bzw. $1{,}537 \pm 0{,}003$. Die Verbb. sind farblos, kleinkrist., hygroskop. u. schwer lösl. in Bzl., Chlf. u. A. u. unlösl. in Äther. Die Zr-Verb. ist mit W. unbegrenzt mischbar; die Lsg. erstarrt nach einiger Zeit zu einer Masse der Zus. $ZrO(Ac)_2 \cdot 2$—$3\,H_2O$. Die Hf-Verb. ist in W. weniger lösl.; aus der Lsg. fällt bald ein Nd. der Zus. $HfO(Ac)_2 \cdot 2\,H_2O$ aus. Bei Zimmer-Temp. zersetzt sich die Zr-Verb. schnell, während die Hf-Verb. beständig ist. Die Verbb. sind therm. unbeständig u. sind bei 900° vollständig zu den Oxiden MO_2 zersetzt. Als Zwischenprodd. treten auf $Zr_2O_2(Ac)_4 \cdot 2\,H_2O$ (endotherme Bldg. bei

75—155°), $Zr_4O_5(Ac)_6 \cdot 2\,H_2O$ (endotherme Bldg. bei 175—215°) $Zr_2O_3(Ac)_2 \cdot H_2O$ (280—330°; amorph), ZrO_2 (275—375°; amorph), ZrO_2 (monoklin, exotherme Kristallisation bei 430—450°) bzw. $Hf_4O_3(OH)(Ac)_9 \cdot 2\,H_2O$ (endotherme Bldg. bei 60—162°), $Hf_2O_3(Ac)_2 \cdot 0{,}5\,H_2O$ (endothermer Effekt bei 175—190° u. 200—218° u. exothermer Effekt bei 320°), HfO_2 (exotherme Bldg. bei 320—375°; amorph), HfO_2 (exotherme Kristallisation bei 490—510°).

Versuche: $M_2O(OH)(Ac)_5 \cdot n\,H_2O$, durch Lösen von $MOCl_2 \cdot 8\,H_2O$ in überschüssigem sd. 98%ig CH_3COOH, Eindampfen bis zu einer Konz. von 30 g M/Liter, Abkühlen, 12—13std. Stehen, Abfiltrieren der Kristalle u. 1std. Trocknen über H_2SO_4. G. Winkhaus. 323◇

0591 **Triphenylzinnitrat.** Philip J. Shapiro und Ernest I. Becker. (J. org. Chemistry **27**, 4668—69, 1962; Brooklyn, N.Y., Polytechn. Inst. of Brooklyn; engl.) — *Triphenylzinnitrat* (**I**), $C_{18}H_{15}NO_3Sn$, wird aus Triphenylzinnchlorid (**II**) durch Rk. mit $AgNO_3$ in W./Aceton, Lösen des Nd. in verd. NH_4OH u. Versetzen mit verd. HNO_3 synthetisiert (41,2 g aus 0,1 Mol **II**). Bei niedriger Temp. zerfällt **I** in *Nitrobenzol* (**III**) u. *Triphenylzinnoxid* (**IV**), bei höherer Temp. in **III**, **IV**, *Bzl.* u. vermutlich NO_2. E. Schraven. 327◇

0592 **Kondensierte Vanadatphosphate.** Shigeru Ohashi und Tadashi Matsumura. (Bull. chem. Soc. Japan **35**, 501—04, 1962; Fukuoka, Kyushu Univ., Fac. of Sci., Dep. of Chem.; engl.) — Durch Schmelzen von Grahamschem Salz mit V_2O_5 u. Na_2CO_3 (P/V = 1; 2; 3; 4; 7; 10; 50; 100; 200) auf 900° (1 Std.) u. anschließendes Abschrecken wurden *Vanadatphosphat-Gläser* erhalten. *Krist. Vanadatphosphate* (P/V = 7; 10; 50) ließen sich durch 24std. Tempern (ca. 450 bis 500°) entsprechender Schmelzen darstellen. In den Präpp. ist stets ein Anteil an V(IV) enthalten, der mit steigendem P/V anwächst u. bei P/V = 50 einen Grenzwert (ca. 38% des Gesamt-V) erreicht. In den krist. Präpp. ist der V(IV)-Anteil etwas geringer. Quant. papierchromatograph. P-Best. ergaben, daß in den wss. Lsgg. der Gläser bei P/V = 1 der Hauptanteil des P als Monophosphat, bei P/V = 2—4 als Diphosphat u. bei höheren P/V-Werten als höherkondensierte Phosphate vorliegt. Trimetaphosphat (**I**) wurde nicht gefunden. Die krist. Präpp. ergeben beim Lösen hauptsächlich Diphosphat u. **I**, wobei der Anteil an **I** überwiegt u. mit steigendem P/V stark anwächst. Auf Grund dieser beim Lösen unter Spaltung der P—O—V-Bindung gebildeten Phosphate wird angenommen, daß die Gläser Phosphatketten mit eingelagertem V sind, während die Kristalle wie **I** ringförmig gebaut sind. Das V(IV) liegt wahrscheinlich als Kation vor. Das Röntgendiagramm der Kristalle mit hohem P/V ist mit dem von Na-**I** ident., während das der Kristalle mit niedrigerem P/V weder dem des Na-**I**, noch dem des Na-Metavanadats gleicht. W. Feldmann. 330◇

0593 **Beitrag zur Untersuchung der Ionisation von Chromfluorid und verschiedener Oxide in geschmolzenem Lithiumfluorid.** Pierre Mergault und Denise Tanné. (C. R. hebd. Séances Acad. Sci. **256**, 3661—63, 1963; Paris, Sorbonne, Labor. de Phys.-Enseignement; franz.) — Werden schwarzes Kobaltoxid oder „Kobaltsesquioxid" zu einer Lsg. von CrF_3 in LiF gegeben, bildet sich bei CrF_3-Überschuß Cr_2O_3; sind die Kobaltoxide im Überschuß, so entsteht $CoCr_2O_4$ mit CoO. Co_3O_4 bildet ebenfalls $CoCr_2O_4$, überschüssiges Co_3O_4 bleibt erhalten. Zugabe von β-$Al_2O_3 \cdot 3\,H_2O$ führt zur Bldg. von Cr_2O_3 u. Korund. Fe_3O_4 wie auch CaO verursachen Cr_2O_3-Bldg., Fe_2O_3 bildet unter den gleichen Bedingungen eine feste Lsg. ($Cr_2O_3 \cdot x\,Fe_2O_3$). M. Engel. 335◇

0594 **Zur Reduktion der Wolframatokieselsäure.** H. Hahn und W. Becker. (Naturwissenschaften **50**, 402—03, 1963; Würzburg, Univ., Anorg. chem. Inst.; dt.) — Eine Red. des $H_4[SiW_{12}O_{40}] \cdot n\,H_2O$ in neutralem Medium mit Zn oder Cd führt unter Aufnahme von zwei Red.-Äquivalenten zum blauen, nur in Inertgasatmosphäre isolierbarem $H_6[SiW_{12}O_{40}] \cdot n\,H_2O$, für das die Bezeichnung „Silicowolframblau (II)" vorgeschlagen wird. Diese in Wasser u. polaren organ. Lsgm. lösl. Verb. bildet mit Metallammin- bzw. -äthylendiaminkationen sowie mit organ. Basen Salze. Wird die Red. in schwach saurem Medium durchgeführt, so erhält man ein „Silicowolframblau (IV)", das jedoch weder selbst noch in der Form seiner Salze isolierbar ist. Die polarograph. Red. bei pH 2 verläuft über vier Stufen in einem Citronensäure u. NH_4Cl enthaltenden Träger. J. Simon. 337◇

0595 **Bildung einiger Doppelfluoride bei der Reaktion des Uran(IV)-oxids mit Ammoniumhydrogenfluorid.** L. Neumann, M. Matucha und S. Podešva. (Collect. czechoslov. chem. Commun. **27**, 472—76, 1962; Prag, Inst. für Kernbrennstoffe u. Radiochem.; Brno, Zápotocký-Militärakad.; dt.) — Im Gegensatz zu den bisherigen Literaturangaben bilden sich bei der Rk. von UO_2 mit einem Überschuß an NH_4HF_2 bei höheren Temp. neben NH_4UF_5 auch andere, verhältnismäßig beständige Doppelfluoride, von denen $(NH_4)_2UF_6$ u. $NH_4U_2F_9$ durch thermogravimetr. Unters. identifiziert wurden. Aus der thermogravimetr. Aufzeichnung der im stöchiometr. Verhältnis unter allmählicher Temp.-Erhöhung bis 800° durchgeführten Rk. von $2\,UO_2 + 5\,NH_4HF_2$ ist ersichtlich, daß die ersten drei Sprünge der folgenden offensichtlich in zwei Stufen verlaufenden Rk. entsprechen: $2\,UO_2 + 3\,NH_4HF_2 \rightarrow 2\,NH_4 \cdot UOF_3 + 2\,H_2O + NH_3$ u. $NH_4UOF_3 + NH_4HF_2 \rightarrow NH_4UF_5 + H_2O + NH_3$. Der vierte Sprung entspricht der Wärme-Zers. von NH_4UF_5 zu $NH_4U_2F_9$ (bei ca. 320°), der fünfte der Zers. von $NH_4U_2F_9$ zu UF_4 u. der sechste der Hydrolyse u. Oxydation des UF_4 zu U_3O_8. Bei der mit 20% ig. Überschuß an NH_4HF_2 durchgeführten Rk. wurden die einzelnen Abschnitte der thermogravimetr. Kurve gesondert untersucht. Bei 150—170° entspricht das Prod. dem $(NH_4)_2UF_6$ u. bei 225° dem NH_4UF_5, das sich bei 350° zu UF_4 u. NH_4F zersetzt. In diesem Fall gelang es nicht, die Ggw. von $NH_4U_2F_9$ nachzuweisen. J. Vaneček/Prag. 339

0596 **Innere Komplexverbindungen des Mangans mit der Koordinationszahl 8.** Ju. A. Bankowski, A. F. Newinsch, M. R. Buka und E. A. Lukscha. (J. anorg. Chem. [UdSSR] **8**, 110—18, 1963; Inst. für Chem. der Akad. der Wiss. der LettSSR; russ.) — Die innerkomplexen Mn(II)-Verbb. $Mn(Ox)_2 \cdot 2\,OxH$ (**I**; OxH = Hydroxychinolin C_9H_7ON) u. $Mn(Tx)_2 \cdot 2\,TxH$ (**II**; TxH = Thioxin C_9H_7NS) wurden durch eine Extraktions-Meth. [Extraktion einer Mischung aus Mn^{2+} u. überschüssigem OxH (TxH) mit Bzl., Chlf. oder CCl_4] erhalten u. untersucht. In den Verbb. liegt Mn als Mn(II) mit der Koordinationszahl 8 vor, wie durch Zusatz von Red.-Mitteln bzw. spektrophotometr. durch Vgl. mit aus W. isoliertem $Mn(Ox)_2$ bzw. $Mn(Tx)_2$ gezeigt wurde. Aus der Extrahierbarkeit (**I** bei pH 10,9—11,6; **II** bei pH 8,5 bis 11) folgt, daß **II** etwas stabiler als **I** ist. G. Winkhaus. 350◇

0597 **Zur Gewinnung von Sulfiden und Oxidsulfiden aus Rheniumthiochloriden.** I. A. Gluchow, Ss. B. Dawidjanz, N. A. Jelmanowa und M. A. Junussow. (J. anorg. Chem. [UdSSR] **8**, 94—95, 1963; Inst. für Chem. der Akad. der Wiss. der TadshkSSR; russ.) — Durch Umsetzung der Sulfidchloride $Re_2S_3Cl_4$ u. $ReSCl_2$ mit H_2 bzw. mit Wasserdampf wurden die bisher nicht beschriebenen Verbb. ***ReS*** (**I**), ***Re₂S₃*** (**II**), ***Re₂S₃O₂*** (**III**) u. ***ReOS*** (**IV**) erhalten. **I** u. **II** stellen stahlgraue kryptokrist. Pulver dar, die an Luft beständig u. gegen H_2O_2 beständiger als ReS_2 u. Re_2S_7 sind. **III** u. **IV** sind schwarz u. röntgenamorph. — *ReS* (**I**) u. *Re₂S₃* (**II**), durch 1½—2std. Überleiten von H_2 bei 350° über die Sulfidchloride u. anschließendes Erhitzen auf 500° zum Vertreiben von HCl. — *Re₂S₃O₂* (**III**) u. *ReOS* (**IV**); durch 2std. Überleiten von feuchtem CO_2 bei 350° über die Sulfidchloride, anschließendes Erhitzen im feuchten CO_2-Strom auf 500° u. im trokkenen CO_2-Strom auf 150—180°. G. Winkhaus. 352◇

0598 **Titanderivate von Verbindungen mit zweizähnigen Liganden. 5. Mitt. Chloroacetylacetonate von Titan und Eisen.** D. M. Puri und R. C. Mehrotra. (J. less-common Metals [Amsterdam] **5**, 2—6, 1963; Gorakhpur, Univ., Dep. of Chem.; engl.) — 4. vgl. C. **1964**, 2-0599; 6. vgl. C. **1963**, 21472. — Das von Rosenheim [1913] durch Rk. von $FeCl_3$ u. $TiCl_2(acac)_2$ [$H_2(acac)_2$ = Diacetylaceton, H(acac) = Acetylaceton] in Essigsäure (**I**) dargestellte $Ti(acac)_3FeCl_4$ (**II**) kann auch durch Rk. von $Fe(acac)_3$ mit $TiCl_4$, von $FeCl \cdot (acac)_2$ (**III**) mit $TiCl_3(acac)$ sowie von $FeCl_2(acac)$ (**IV**) mit $TiCl_2(acac)_2$ erhalten werden. **II** ist monomer, leitet in Nitrobenzol nur schwach, reagiert mit A. nur unter Bldg. einer schwachen Additions-Verb., kann aus **I** umkrist. werden, zersetzt sich aber beim Kochen mit **I** am Rückfluß. Durch Rk. von $FeCl_3$ mit H(acac) am Rückfluß entsteht **IV**, mit überschüssigem H(acac) **III**. Kocht man **III** länger am Rückfluß mit **I**, so entsteht krist. $FeCl(OOCCH_3)_2$ (**V**), das man auch bei der Rk. von $FeCl_3$ mit überschüssigem **I** erhält. **II** hat vermutlich die Struktur $TiCl_3$(acac)·FeCl(acac)$_2$, bei der Fe u. Ti über Chlorobrücken verbunden sind.

Versuche: *Ti(acac)$_3$FeCl$_4$* (II), a) F. 162—164°, aus 3,14 g $TiCl_2$(acac) u. 1,11 g $FeCl_3$ in 20 ml I, orangefarbene Kristallnadeln; 2,3 g (Ausbeute); b) aus 1,5 g Fe(acac)$_3$ u. 0,81 g $TiCl_4$ in I (½ Std., 120°), rötlichbraune Kristallnadeln; 0,7 g; c) F. 165°, aus 1,16 g III u. 1,17 g $TiCl_3$(acac) in 9,2 g I, braune Kristallnadeln; 2 g; d) aus 0,79 g IV u. 1,03 g $TiCl_2$(acac)$_2$ in 11,9 g I, hellbraune Kristalle; 1,55 g. — *FeCl(acac)$_2$* (III), aus 4,5 g H(acac) u. 3 g $FeCl_3$ in 50 ml Bzl. (40 Std., Rückfluß); roter Festkörper. — *FeCl$_2$(acac)* (IV), aus 2,07 g H(acac) u. 3,22 g $FeCl_3$ in 50 ml Bzl. (24 Std., Rückfluß), dunkelrote Kristalle, 2,4 g. — *FeCl(OOCCH$_3$)$_2$* (V); a) aus 3,33 g $FeCl_3$ u. 25 ml I (8 Std.; 140°, Rückfluß), hellbraune flockige Kristalle; 4,37 g; b) aus 0,26 g III u. 10 ml I (2 Std., Rückfluß), braune Kristalle; 0,15 g. G. Heller. 354◇

0599 **Protonierung von Metall-Olefin-Komplexen; Carboniumkomplexionen mit π-Bindung.** A. Davison, W. McFarlane, L. Pratt und G. Wilkinson. (Chem. and Ind. **1961**, **553**, 1961; London, Imp. Coll., Inorg. Chem. Res. Labor.; engl.) — Vgl. C. **1963**, 20723. — Die KMR-Spektren von *Cycloheptatrientricarbonyleisen* (I) u. *Cyclooctatetraentricarbonyleisen* (II) in konz. H_2SO_4 wurden bestimmt. Es zeigten sich Banden-Syst. bei τ = 3,03, 4,18, 5,15, 7,48 u. 8,3 für I u. τ = 2,24, 4,62, 7,49 u. 8,5 für II. Nach Deuterierung mit D_2SO_4 verschwanden die Banden bei 8,3 bzw. 8,5. Da I als $C_7H_9Fe(CO)_3^+$ vorliegt, wird für II auf $C_8H_9Fe(CO)_3^+$ geschlossen. Von II wurden aus saurer Lsg. sowohl das Hexachloroplatinat(IV) als auch das Tetrafluoroborat gewonnen. Die IR-Spektren dieser Salze zeigten eine Erhöhung der C—O-Valenzfrequenz auf 2063 bzw. 2119 cm^{-1}, was ebenfalls auf ein positiv geladenes Ion hindeutet. K. Huste. 354◇

0600 **Über eine neue Methode der Darstellung von Salzen des zweiwertigen Kobalts mit höheren Fettsäuren.** Jean Amiel und Claude Moreau. (C. R. hebd. Séances Acad. Sci. **242**, 514—16, 1956; franz.) — Durch Hindurchleiten eines getrockneten NH_3-Stromes durch eine sd. Lsg. von $CoCl_2$ u. der entsprechenden Fettsäure (I) in abs. A. gelingt es, reine, von bas. Salzen freie Co-Salze höherer I darzustellen, deren Abtrennung durch die unterschiedliche Löslichkeit in heißem u. kaltem A. möglich ist, allerdings nur bei I mit 12 oder mehr C. Dargestellt wurden z. B. $Co(C_{14}H_{27}O_2)_2$, $Co(C_{16}H_{31}O_2)_2$ u. $Co(C_{18}H_{35}O_2)_2$. W. Niemitz. 355◇

0601 **Einwirkung von festem, wasserfreiem Nickelsulfat auf die Sulfide NiS und Ni_3S_2.** Guy Pannetier und Jean-Louis Abegg. (C. R. hebd. Séances Acad. Sci. **254**, 305—07, 1962; Paris, Fac. des Sci., Labor. de Chim. gén. du Centre d'Orsay; franz.) — Unabhängig von den Mengenverhältnissen der Rk.-Partner verläuft die Umsetzung stets nach (a) $7\,NiSO_4 + Ni_3S_2 \rightarrow 10\,NiO + 9\,SO_2$ bzw. (b) $2\,NiSO_4 + 3\,NiS \rightarrow 2\,NiO + Ni_3S_2 + 3\,SO_2$. Rk. a stimmt überein mit Unterss. von Kushima u. Asano [1957], während l. c. für b folgende Formulierung vorgeschlagen wurde: (c) $NiS + 3\,NiSO_4 \rightarrow 4\,NiO + 4\,SO_2$. Ein $NiSO_4/Ni_3S_2$-Gemisch (Mol-Verhältnis 7:1) reagiert im Vakuum ab 510° unter 43% Gew.-Verlust nach a. Das Rk.-Prod. wurde röntgenograph. als NiO identifiziert. Thermogravimetr. Unterss. zeigen, daß b zwischen 440 u. 500° abläuft. Enthielt das ursprüngliche Rk.-Gemisch einen $NiSO_4$-Überschuß, so reagiert beim Aufheizen über 510° das nach b gebildete Ni_3S_2 weiter nach a. Unter diesen Bedingungen gilt c als Gesamtgleichung für den in zwei Stufen (a u. b) erfolgten Rk.-Verlauf. Die Rk.-Geschw. wird durch die Diffusion innerhalb der Rk.-Masse bestimmt (kinet. Deutung). G. Hédo. 356◇

0602 **Die magnetischen Momente und die Ligandenfeldspektren der Kobalt(II)- und Nickel(II-Chelate einiger 7-substituierter 8-Hydroxychinolin-5-sulfonsäuren.** Teuvo Nortia. (Suomen Kemistilehti B **33**, 21—24, 1960; Helsinki, Inst. of Technol., Dep. of Chem.; engl.) — Vgl. C. **1963**, 17570. — Die Co(II)-Chelate von 8-Hydroxychinolin-5-sulfonsäure (H_2A) sowie ihrer 7-substituierten Jod-, Nitro-, Phenylazo- u. 4-Nitrophenylazo-Derivv. bilden 2 Gruppen; eine hat bei Raum-Temp. μ_{eff} = 4,6 (BM) u. eine Absorptionsbande bei 9000 (cm^{-1}), vermutlich also tetraedr. Struktur, die andere hat μ_{eff} = 4,9—5,0 u. eine Bande bei 8200 bis 8300, typ. für oktaedr. Struktur. Bei den Ni(II)-Chelaten des Typs $[NiA(H_2O)_4]\cdot 2\,H_2O$ u. $Na_2[NiA_2]\cdot n\,H_2O$ mit $n \geqslant 2$ ist μ_{eff} = 3,2; bei n = 0 hängt das magnet. Moment vom Substituenten in 7-Stellung ab; nur die Derivv. mit Nitrogruppen haben μ_{eff} = 3,2, die Chelate der anderen Säuren sind diamagnetisch. Reflexionsspektren der Chelate der 7-nitrosubstituierten Säure mit n = 0 u. 1,5 werden mitgeteilt (500—1100 nm).

Versuche: *5-Sulfo-7-nitro-8-hydroxychinolinatotetraaquokobalt(II)-1,5-Wasser*, $[Co(C_9H_4N_2O_6S)(H_2O)_4]\cdot 1{,}5\ H_2O$, bräunlichgelbe Kristalle oder gelbes Pulver. — *5-Sulfo-7-nitro-8-hydroxychinolinatodiaquokobalt(II)*, $[Co(C_9H_4N_2O_6S)(H_2O)_2]$, durch Dehydratisierung vorst. Verb. u. nachfolgendes Aussetzen der Luftfeuchtigkeit. — Analog: *5-Sulfo-7-phenylazo-8-hydroxychinolinatotetraaquokobalt(II)-1,5-Wasser*, $[Co(C_{15}H_9N_3O_4S)(H_2O)_4]\cdot 1{,}5\ H_2O$, orangefarben; *5-Sulfo-7-phenylazo-8-hydroxychinolinatodiaquonickel(II)-2-Wasser*, $[Ni(C_{15}H_9N_3O_4S)(H_2O)_2]\cdot 2\ H_2O$, gelb; *Dinatrium-bis-[5-sulfo-7-phenylazo-8-hydroxychinolinato]-diaquoniccolat(II)-6-Wasser*, $Na_2[Ni(C_{15}H_9N_3O_4S)_2(H_2O)_2]\cdot 6\ H_2O$ (I), gelb; *5-Sulfo-7-(4-nitrophenylazo)-8-hydroxychinolinatodiaquokobalt(II)-2,5-Wasser*, $[Co(C_{15}H_8N_4O_6S)(H_2O)_2]\cdot 2{,}5\ H_2O$, dunkelrot; *5-Sulfo-7-(4-nitrophenylazo)-8-hydroxychinolinatotetraaquonickel(II)-2-Wasser*, $[Ni(C_{15}H_8N_4O_6S)(H_2O)_4]\cdot 2\ H_2O$, dunkelrot; *Dinatrium-bis-[5-sulfo-7-(4-nitrophenylazo)-8-hydroxychinolinato]-niccolat(II)-2-Wasser*, $Na_2[Ni(C_{15}H_8N_4O_6S)_2]\cdot 2\ H_2O$, dunkelbraun. — *Dinatrium-bis-[5-sulfo-7-(4-nitrophenylazo)-8-hydroxychinolinato]-niccolat(II)*, $Na_2[Ni(C_{15}H_8N_4O_6S)_2]$, durch Dehydratisierung vorst. Verb. bei 200°. — *Dinatrium-bis-[5-sulfo-7-phenylazo-8-hydroxychinolinato]-niccolat(II)*, $Na_2[Ni(C_{15}H_9N_3O_4S)_2]$, analog vorst. Verb. aus I. G. Heller. 356◇

0603 **Über die Bildung ternärer M(II)-Citrat-Imidazol-Komplexe.** P. Tang und N. C. Li. (J. inorg. nuclear Chem. **25**, 720—25, 1963; Pittsburgh, Pa., Duquesne Univ., Dep. of Chem.; engl.) — Vgl. C. **1959**, 5409. — Mit Hilfe des fl. Anionenaustauschers „Aliquat 336" (Cl-Form) u. ^{60}Co wurde in Lsgg., die Imidazol (im, 0,005—0,03m) u. Citrat (cit, 0,001—0,01m) enthielten, die Existenz von *Citratoimidazolkobalt(II)*, [Co cit im]$^-$, u. *Citrato-bis-[imidazol]-kobalt(II)*, [Co cit im$_2$]$^-$, zusammen mit [Co im]$^{2+}$ u. [Co im$_2$]$^{2+}$ festgestellt. Mit Hilfe polarograph. Messungen wurde in Ggw. von $5\cdot 10^{-4}$m $Cd(NO_3)_2$, 0,03m Na-Citrat u. 0,1—0,5m Imidazol die Bldg. von *Citrato-tris-[imidazol]-cadmium*, [Cd cit im$_3$]$^-$ erfaßt u. die Gleichgewichts-Konst. der Rk. Cd cit$^-$ + 3 im ⇌ [Cd cit im$_3$]$^-$ log k$_3$ zu 4,8 berechnet. Durch pH-Titrationen (Zugabe von OH$^-$) wurden die Bldg.-Konst. k$_1$ verschiedener tern. Komplexe mit Imidazol u. Benzimidazol (bim) als Liganden mit den größeren Bldg. Konst. der entsprechenden bin. Komplexe verglichen: (log k$_1$ =) [Cd cit im]$^-$ 2,50; [Ni cit im]$^-$ 3,10; [Co cit im]$^-$ 2,48; [Ni cit bim]$^-$ 2,11 u. [Co cit bim]$^-$ 1,62. G. Heller. 356◇

0604 **Substitution von Liganden in Makrokomplexen.** 3. Mitt. **Hydrate und Wasserstoffperoxid-Additionsverbindungen des Kupfer(II)-oxids.** V. Frei. (Collect. czechoslov. chem. Commun. **27**, 430—38, 1962; Prag, Karlsuniv., Inst. für anorg. Chem.; dt.) — 2. vgl. Collect. czechoslov. chem. Commun. **27**, [1962], 179. — Auf präparativem Wege, durch Substitution des W. mit H_2O_2 sowie durch röntgenograph. u. thermogravimetr. Unterss. wurde bestätigt, daß die Kupfer(II)-oxidhydrate lediglich Chemisorbate von nichtstöchiometr. Zus. sind. Bei Einw. von H_2O_2 tritt unter Bldg. der bisher nicht beschriebenen Kupfer(II)-oxid-Wasserstoffperoxid-Additions-Verbb. Substitution zweier H_2O-Moll. durch ein H_2O_2-Mol. ein. Während auch diese in ihrer Eig. als Chemisorbate das Röntgenogramm von Kupfer(II)-oxid zeigten, wurde unter anderen Bedingungen ebenfalls aus Kupfer(II)-oxidhydraten das bisher lediglich aus Hydroxid hergestellte Peroxid $CuO_2\cdot H_2O$ gewonnen. V. Růžička/Prag. 358

0605 **Kristalline Verbindungen des Tetra-[chlormethyl]-phosphonium-Ions mit Halogenometallat(II)-Komplexionen.** Marian Antocz. (Roczniki Chem. [Ann. Soc. chim. Polonorum] **36**, 979—81, 1962; Gdańsk, Akad. Med., Kat. Chem. ogóln.; pol.) — Tetra-[chlormethyl]-phosphoniumchlorid liefert mit Schwermetallsalzen MeX in wss. oder nichtwss. Lsg. schwerlösl., beständige u. gut krist. Komplexsalze des Typs $[P(CH_2Cl)_4]$ [MeX$_3$]. Die Umsetzung kann durch Mischen der Komponenten oder durch doppelten

Austausch mit $H[Me^{II}X_3]$ bzw. $Na(K)[MeX_3]$ erfolgen. Erhalten wurden $[P(CH_2Cl)_4]\cdot[HgCl_3]\cdot H_2O$, F. 244—245°, aus W. Nadeln; $[P(CH_2Cl)_4]\cdot[ZnCl_3]$, F. 285—286°, aus W. Nadeln; $[P(CH_2Cl)_4]\cdot[CdCl_3]$, F. 277—278°, Nadeln aus Acetonitril; $[P(CH_2Cl)_4]\cdot[CuCl_3\cdot 2\,H_2O]$ (?), F. 212—214°, gelbe Kristalle aus Isopropanol; $[P(CH_2Cl)_4]\cdot[UO_2(NO_3)_2\cdot Cl\cdot H_2O]\cdot n\,H_2O$, F. 275—277°, gelbe Kristalle aus Isopropanol.

F. Urban. 358◇

0606 **Viscosimetrische Untersuchungen über die Bildung von Chlorotelluraten(IV) der Übergangsmetalle in absolutem Alkohol.** Sarju Prasad und Bishan Lal Khandelwal. (J. Proc. Instn. Chemists [India] **34**, 138—41, 1962; Varanasi, Banaras Hindu Univ., Chem. Labor.; engl.) — Die Komplex-Bldg. zwischen $TeCl_4$ u. $MeCl_2$ (Me = Co, Ni, Cu, Zn, Cd, Hg) wird bei starker Variation der Komponentenverhältnisse viscosimetr. an alkohol. Lsgg. der wasserfreien Verbb. untersucht. Viscositätsmaxima werden bei einem Verhältnis $TeCl_4 : MeCl_2 = 1:1$ beobachtet. Die aus diesen Lsgg. isolierten Prodd. sind gefärbt, kristallin, hygroskop., jedoch ziemlich haltbar an trockener Luft. Die Hg- u. Cd-Salze sind relativ stabil u. weniger hygroskopisch. Bei Erwärmen erfolgt allmähliche Abgabe des A. unter Zers. ab 105—120°.

Versuche: Hexachlorotellurate(IV), durch Konz. u. Vakuumkristallisation der Lsg. der wasserfreien Chloride (Ausgangsverhältnis 1:1) in abs. A.: $CoTeCl_6\cdot 4\,C_2H_5OH$, blau; $NiTeCl_6\cdot 5\,C_2H_5OH$, geblichgrün; $CuTeCl_6\cdot 2\,C_2H_5OH$, graublau; $ZnTeCl_6\cdot 2\,C_2H_5OH$, gelblichweiß; $CdTeCl_6\cdot 3\,C_2H_5OH$, gelblichweiß; $HgTeCl_6\cdot C_2H_5OH$, hellgelb.

B. Parlitz. 358◇

0607 **Einige Additionsverbindungen von Bis-[salicylaldehyd]-äthylendiiminatokupfer(II).** 4. Mitt. Tsuguo Tanaka. (Bull. chem. Soc. Japan **33**, 259—61, 1960; Honjo, Saga, Saga Univ., Fac. of Liberal Arts; engl.) — 3. vgl. C. **1959**, 14036; 6. vgl. C. **1963**, 17994. — Der Einfl. der Substituenten CH_3O, J, OH u. Br in 4.4'-Stellung auf die Tendenz des Cu-Chelats von Bis-[salicylaldehyd]-äthylendiimin zur Ausbildung von Additions-Verbb. (AV) mit Propionsäure (**I**), Phenol (**II**), Chlf. u. A. wird untersucht. Mit **II** bilden alle, mit **I** die CH_3O- u. J-, mit Chlf. die J- u. Br-substituierten Komplexe u. mit A. der J-substituierte Komplex purpurfarbene AV. Unter Hinzuziehung älterer Ergebnisse ergibt sich in bezug auf die Tendenz zur Ausbildung der AV folgende Reihenfolge für Substituenten in 4.4'-Stellung: $CH_3 > CH_3O > J > H > OH > Br > NO_2 > Cl$.

Versuche: *Bis-[4-hydroxysalicylaldehyd]-äthylendiimin-Wasser* (**III**), $C_{16}H_{16}N_2O_4\cdot H_2O$, F. 250° (Zers.; aus A.–W.), durch Zugabe von 520 mg en·H_2O (**IV**) in 5 ml A. zu einer Lsg. von 1,6 g 4-Hydroxysalicylaldehyd (**V**) in 41 ml A., gelbe Nadeln; 0,9 g (Ausbeute). — *Polymeres Cu-Komplexsalz* aus **V** u. $Cu(OOCCH_3)_2$ (**VI**), aus **V** u. **VI** in A.; schwarz. — *Bis-[4-methoxysalicylaldehyd]-äthylendiimin* (**VI**), $C_{18}H_{20}N_2O_4$, F. 165°, aus 500 mg 4-Methoxysalicylaldehyd in 20 ml A. u. 100 mg **IV** in 3 ml A., gelbgrün; 700 mg. — *Bis-[4-bromsalicylaldehyd]-äthylendiiminatokupfer(II)* (**VIII**), $C_{16}H_{12}Br_2\cdot Cu_2N_2O_2$ (**V**), durch Behandeln von Bis-[4-bromsalicylaldehydato]-kupfer(II) mit **IV**, Umkristallisation aus Chlf. unter Bldg. der purpurfarbenen AV mit Chlf. u. Stehen an der Luft; grün. — *Bis-[4-jodsalicylaldehyd]-äthylendiiminatokupfer(II)* (**IX**), $C_{16}H_{12}CuJ_2N_2O_2$, durch Zugabe von **IV** zu einer sd. alkohol. Suspension von Bis-[4-jodsalicylaldehydato]-kupfer(II) u. 30 Min. langes Erhitzen der zunächst gebildeten AV von A. auf 110°; dunkelgrün. — *Bis-[4-methoxysalicylaldehyd]-äthylendiiminatokupfer(II)* (**X**), $C_{18}H_{18}CuN_2O_4$, a) wie vorst.; grüne Platten aus Chlf.; λ_{max} (C_5H_5N) 400, 585 nm; b) aus einer Lsg. von **VII** in sd. A. u. der gesätt. wss.Lsg. von **VI** durch 30 Min. langes Erhitzen; c) aus $(CH_3)_2SO_4$ u. nachst. Verb. durch Zugabe von 10%ig. NaOH u. einstd. Rühren. — *Bis-[4-hydroxysalicylaldehyd]-äthylendiiminatokupfer(II)-Wasser* (**XI**), $C_{16}H_{14}CuN_2O_4\cdot H_2O$, durch Zugabe von 0,96 g **VI** in 20 ml W. zur sd. Lsg. von 1,2 g **V** in 215 ml A. u. 20 Min. langes Erhitzen auf dem Wasserbad; blaupurpurfarbene Nadeln oder graugrünes Pulver; 1 g. — Additions-Verbb.: **I** mit **IX**: $C_{16}H_{12}CuJ_2N_2O_2\cdot C_3H_6O_2$; mit **X**: $C_{18}H_{18}CuN_2O_4\cdot C_3H_6O_2$; **II** mit **IX**: $C_{16}H_{12}CuJ_2N_2O_2\cdot C_6H_6O$; mit **X**: $C_{18}H_{18}\cdot CuN_2O_4\cdot C_6H_6O$; mit **VIII**: $C_{16}H_{12}Br_2CuN_2O_2\cdot C_6H_6O$; mit **XI**: $C_{16}H_{14}CuN_2O_4\cdot C_6H_6O$; *Chlf.* mit **VIII**: $C_{16}H_{12}Br_2CuN_2O_2\cdot 0{,}5\,CHCl_3$ (Gew.-Verlust bei 110°); mit **IX**: $C_{16}H_{12}CuJ_2N_2O_2\cdot CHCl_3$; *A.* mit **IX**: $C_{16}H_{12}CuJ_2N_2O_2\cdot C_2H_6O$ (Gew.-Verlust bei 110°).

W. Betcke. 358◇

0608 **Zur Kenntnis einiger ternärer Sulfide und Selenide.** Louis D. C. Bok und Johan H. de Wit. (Z. anorg. allg. Chem. **324**, 162—67, 1963; Bloemfontein, Süd-Afrika, Univ. van die Oranje-Vrystaat, Dep. Chem.; dt.) — Zur Darst. tern. Sulfide u. Selenide wurden innige Mischungen der Metallpulver oder bin. Sulfide mit S bzw. Ge in im Vakuum abgeschmolzenen Pyrex- bzw. Quarzröhrchen erhitzt. Bei 270° nach 3d entstandenes $SrAs_2S_4$ krist. kub., a = 5,404 ± 5 Å, D_{exp} 3,715 g cm^{-3}, im Zinkblendetyp bei statist. Verteilung von 1 Sr + 2 As auf 4 Zn-Plätzen. Analog verhält sich bei 350° in 4 Tagen entstandenes Cu_2SnSe_4, a = 5,690 ± 2 Å, D_{exp} 5,22 g cm^{-3}. Ferner wurden dargestellt $AgAsS_2$, Cu_3AsS_4, $CuSbS_2$, Cu_3SbS_4, $AgSbS_2$, $Pb_7Sb_{12}S_{25}$, $CuBiS_2$, $AgBiS_2$, $PbBi_2S_4$, $Cu_3Bi_5S_9$. Verbb. vom Typ $M_2^IWS_4$ konnten nicht erhalten werden.

R. Üttech. 359◇

0609 **Einige Azoderivate von Tyrosol und ihre Metallkomplexe.** Takahiko Inazu und Tokuichi Tsumaki. (Mem. Fac. Sci., Kyushu Univ., Ser. C **5**, 57—63, 1962; Kyushu Univ., Fac. of Sci., Dep. of Chem.; engl.) — Hydroxyazo-Verbb. von Tyrosol, 2-(4-Hydroxyphenyl)-äthanol (**I**), die mit einer Ausnahme bräunlichgelbe, in W. unlösl. Nadeln bilden, werden isoliert. Durch Zugabe alkohol. Lsgg. von $Cu(OOCCH_3)_2$ oder $PdCl_2$ zu diesen Verbb. werden mit einer Ausnahme schwarzviolette, in W. unlösl. 2- u. 3zähnige Metallkomplexe erhalten. Bei Verw. von Hydroxyazo-Verbb., die keine Carboxylgruppe enthalten, entstehen 2zähnige 1:2-Komplexe (Metall:Ligand), Typ A, im anderen Fall 3zähnige 1:1-Komplexe, Typ C. $PdCl_2$ bildet Chlorokomplexe, in denen die Azoverbb. als 2zähnige Liganden auftreten u. ein weiterer einfacher Ligand (W., A.) koordiniert wird (Typ B; 1:1); in Ggw. von $NaOOCCH_3$ entstehen 1:2-Komplexe vom Typ A.

Versuche: *2-(4-Nitrophenyl)-äthanol*, F. 62° (aus CCl_4), nach Woodburn u. Mitarbeitern (J. Amer. chem. Soc. **72**, [1950], 1361); 67% (Ausbeute). — *2-(4-Aminophenyl)-äthanol*, durch 1std. Red. vorst. Verb. mit $SnCl_2$/HCl bei 70—80° u. Extraktion mit Ae.; 70%. — *2-(4-Hydroxyphenyl)-äthanol* (Tyrosol; **I**), F. 93° (aus Chlf.), aus vorst. Verb. u. $H_2SO_4/NaNO_2$ > −2°; Zugabe zu $CuSO_4\cdot 5\,H_2O$ in W., Rühren bei 80—90°, Zugabe von NaOH; Abfiltrieren, Zugabe von HCl u. Extraktion mit Ae.; 20%. — *2-(3-Phenylazo-4-hydroxyphenyl)-äthanol* (**II**), $C_{14}H_{14}N_2O_2$, F. 99,5° (W./Methanol), durch Kuppeln von 1 g **I** u. 0,67 g Anilin, −2°, 3 Std.; bräunlichgelbe Nadeln; 680 mg. — *2-[3-(β-Naphthylazo)-4-hydroxyphenyl]-äthanol* (**III**), $C_{18}H_{16}N_2O_2$, F. 130 bis 131,5° (W./A.), aus 0,8 g **I** u. 7,15 g β-Naphthylamin. bräunlichgelbe Nadeln; 780 mg. — *2-[3-(p-Nitrophenylazo)-4-hydroxyphenyl]-äthanol* (**IV**), $C_{14}H_{13}N_3O_4$, F. 193—194° (A.), aus 1 g **I** u. 1 g p-Nitroanilin, braune Kristalle; 800 mg. — *2-[3-(2-Carboxyphenylazo)-4-hydroxyphenyl]-äthanol-Wasser* (**V**), $C_{15}H_{14}N_2O_4\cdot H_2O$, F. 152,5° (W./A.), aus 1 g **I** u. 2 g Anthranilsäure; rote Nadeln; 2,3 g. — *2-[3-p-Tolylazo-4-hydroxyphenyl]-äthanol* (**VI**), $C_{15}H_{16}N_2O_2$, F. 115—116° (W./A.), aus 1 g **I** u. 0,775 g p-Toluidin, bräunlichgelbe Nadeln. — *2-[3-(2.4-Dibromphenylazo)-4-hydroxyphenyl]-äthanol* (**VII**), $C_{14}H_{12}Br_2N_2O_2$, F. 143,5—144,5° (W./A.), aus 1 g **I** u. 1,25 g 2.4-Dibromanilin, bräunlichgelbe Nadeln; 700 mg. — *2-[3-(4-o-Tolylazo-o-tolylazo)-4-hydroxyphenyl]-äthanol* (**VIII**), $C_{22}H_{22}N_4O_2$, F. 176—177,5° (Bzl./Methanol), aus **I** u. 4-(o-Tolylazo)-o-toluidin, feine braune Nadeln. — *Bis-[4-(β-hydroxyäthyl)-2-phenylazophenolato]-kupfer(II)-Äthanol*, $C_{28}H_{26}CuN_4\cdot O_4\cdot C_2H_5OH$, Typ A, aus **II** u. $Cu(OOCCH_3)_2\cdot H_2O$ (**IX**) in A., schwarzviolette Plättchen. — *Chloro-[4-(β-hydroxyäthyl)-2-phenylazophenolatoaquo]-palladium(II)*, $C_{14}H_{13}ClN_2O_2Pd\cdot H_2O$, Typ B, aus **II** u. $PdCl_2$ in A., lange schwarzviolette Nadeln. — *Bis-[4-(β-hydroxyäthyl)-2-(β-naphthylazo)-phenolato]-kupfer(II)-0,5-Wasser*, $C_{36}H_{30}CuN_4O_4\cdot 0{,}5\,H_2O$, Typ A, aus **III** u. **IX** in A., schwarzviolette Kristalle. — *Chloro-[4-(β-hydroxyäthyl)-2-(β-naphthylazo)-phenolato]-äthanolpalladium(II)*, $C_{20}\cdot H_{21}ClN_2O_3Pd$, Typ B, aus **III** u. $PdCl_2$ in A., rötlichbraune Nadeln. — *Bis-[4-(β-hydroxyäthyl)-2-(p-nitrophenylazo)-phenolato]-kupfer(II)-Wasser*, $C_{28}H_{24}CuN_6O_8\cdot H_2O$, Typ A, aus **IV** u. **IX** in A., violettschwarze Nadeln. — *Bis-[4-(β-hydroxyäthyl)-2-(p-nitrophenylazo)-phenolato]-palladium(II)-0,5-Wasser-Äthanol*, $C_{28}H_{24}N_6O_8Pd\cdot ½\,H_2O\cdot C_2H_5OH$, Typ A, aus **IV** u. $PdCl_2$ in A., Zugabe von Na-Acetat in A., schwarzviolette Nadeln. — *4-(β-Hydroxyäthyl)-2-(2-carboxylatophenylazo)-phenolatokupfer(II)*, $C_{15}H_{12}CuN_2O_4$, Typ C, aus **V** u. **IX** in A., violettschwarze Nadeln. — *Bis-[4-(β-hydroxyäthyl)-*

2-(p-tolylazo)-phenolato]-kupfer(II)-Wasser, $C_{30}H_{30}CuN_4O_4 \cdot H_2O$, Typ A, aus **VI** u. **IX** in A., schwarzviolette Fällung. — *Bis-[4-(β-hydroxyäthyl)-2-(2.4-dibromphenylazo)-phenolato]-kupfer(II)-0,5-Wasser*, $C_{28}H_{22}Br_4CuN_4O_4 \cdot 0{,}5\ H_2O$, Typ A, aus **VII** u. **IX** in A., schwarzviolette Plättchen.
G. Heller. 365◇

0610 **Protonenaffinitäten einiger Cyano- und aromatischer Diiminkomplexe von Eisen, Ruthenium und Osmium.** Alfred A. Schilt. (J. Amer. chem. Soc. **85**, 904—08, 1963; Ann Arbor, Mich., Univ., Dep. of Chem.; engl.) — Vgl. C. **1961**, 6796. — Die Darst. von *Dicyano-bis-[2.2'-dipyridyl]-ruthenium(II)-trihydraz* (I), $\mu_{eff} = 0{,}58$ (B.M.) bzw. *Dicyano-bis-[2.2'-dipyridyl]-osmium-(II)-dihydrat* (**II**), $\mu_{eff} = 0{,}10$, gelingt aus $K_2[RuCl_5H_2O]$ bzw. $(NH_4)_2[OsCl_6]$ durch Zugabe von 2.2'-Dipyridyl u. NaCN; dagegen konnte Dicyano-bis-[1.10-phenanthrolin]-ruthenium(II) nicht analog isoliert werden. Die gut meßbaren Protonenaffinitäten von **I**, **II** u. Dicyano-bis-[2.2'-dipyridyl]-eisen(II)-trihydrat, $\mu_{eff} = 0{,}61$, bei Zugabe von $HClO_4$ in Eisessig wurden verglichen; es wurde zusammenfassend festgestellt, daß 1. das Zentralatom einen bedeutenden Einfl. auf die Protonenaffinität des Komplexes hat, 2. 1.10-Phenanthrolin die Protonenaffinität etwas stärker als 2.2'-Dipyridyl erhöht, 3. die Fe(III)-Komplexe eine geringere Affinität als die entsprechenden Fe(II)-Komplexe zeigen u. 4. das N-Atom der CN-Gruppe protoniert wird. Je mehr CN-Gruppen im Komplex vorhanden sind, um so mehr protonierte Mol.-Arten sind möglich. Die Tris-[1.10-phenanthrolin]- u. Tris-[2.2'-dipyridyl]-Komplexe von Fe(II), Ru(II) u. Os(II) zeigen keine meßbare Protonenaffinität, wie spektralphotometr. u. potentiometr. festgestellt wurde. Beim Ansäuern mit starken Säuren (H_2SO_4, $HClO_4$, HNO_3) werden Fe(II) u. Os(II) in diesen Komplexen zur 3wertigen Stufe oxydiert.

Versuche: *Dicyano-bis-[2.2'-dipyridyl]-ruthenium(II)-trihydrat*, durch Erhitzen von 2 g $K_2[RuCl_5H_2O]$ u. 2 g 2.2'-Dipyridyl in W. u. Zugabe von 2 g NaCN, 15 Min. langes Erhitzen Zugabevon $NaHSO_3$, Abkühlen u. Filtrieren; orangeroter Nd.; 0,5 g. — *Tris-[2.2'-dipyridyl]-ruthenium(II)-cyanidhexahydrat*, durch Zugabe von 10 g NaCN zum Filtrat des vorst. Vers.; orangerote Kristalle; 1,2 g. — *Dicyano-bis-[2.2'-dipyridyl]-osmium(III)-dihydrat*, durch 1std. Erhitzen einer festen Mischung von 1,3 g $(NH_4)_2[OsCl_6]$ u. 4 g 2.2'-Dipyridyl auf 210—240°, Abkühlen, Extrahieren mit Bzl., Zugabe von 5 g NaCN u. W., 1½std. Kochen am Rückfluß, Eindampfen u. Abkühlen; schwarze glänzende Nädelchen; 0,8 g. — *Tris-[2.2'-dipyridyl]-osmium(II)-jodidtrihydrat*, durch Zugabe von KJ zum Filtrat des vorst. Nd.; schwarze Kriställchen.
G. Heller. 366◇

0611 **Triphenylphosphiniridiumhydride.** 1. Mitt. Maria Angoletta. (Gazz. chim. ital. **92**, 811—17, 1962; Milano, Univ., Ist. di Chim. gen. ed inorg.; ital.) — Die Rk. von $IrBr_3$ mit Triphenylphosphin (**I**) u. überschüssigem $NaBH_4$ in A. führt zu $IrH_3[P(C_6H_5)_3]_3$ (**II**), das als α- u. β-Isomeres auftritt, die beide mit $HClO_4$ in A. das gleiche $IrH_2[P(C_6H_5)_3]_3 \cdot ClO_4$ (**III**) ergeben. **III** läßt sich mit Br^- zu dem bekannten $IrH_2Br[P(C_6H_5)_3]_3$ umsetzen. Mit HCl reagiert **II** zu $IrH_2Cl \cdot [P(C_6H_5)_3]_3$ u. $IrHCl_2[P(C_6H_5)_3]_3$ unter H_2-Austritt. Nach dem IR-Spektrum u. dem elektr. Moment von 2,3 D ist α-**III** die trans-Verbindung. Bei cis-**II** liegen die 3 **I**-Gruppen auf einer Oktaederfläche, trans-**II** ist schwerer lösl. in A. u. Bzl. als cis-**II**.

Versuche: *trans*-$IrH_3[P(C_6H_5)_3]_3$, F. 170—173° (200° im Vakuum), durch Zugabe von **I** zu $IrBr_3$ (durch Fällen von K_2IrBr_6 mit NaOH u. Lösen in HBr) in A. unter Rühren bei 50°, dann Zugabe von $NaBH_4$ bei 50° u. fraktionierte Kristallisation aus Bzl./A.; *cis-*, F. 150° (217° im Vakuum), neben der trans-Verbindung. — $IrH_2[P(C_6H_5)_3]_3ClO_4$ (**III**), F. 140° (Bzl.), durch Suspendieren von **II** in A., Zugabe von 10%ig. alkohol. $HClO_4$ u. Kühlen.
W. Holland. 367◇

0612 **Das gemischte innere Komplexsalz Alaninatovalinatoplatin.** L. M. Wolstein und G. D. Segshda. (J. anorg. Chem. [UdSSR] **8**, 43—46, 1963; Nowosibirsk, Univ.; russ.) — *Alaninatovalinatoplatin(II)* (I) wurde aus $K[PtAnCl_2]$

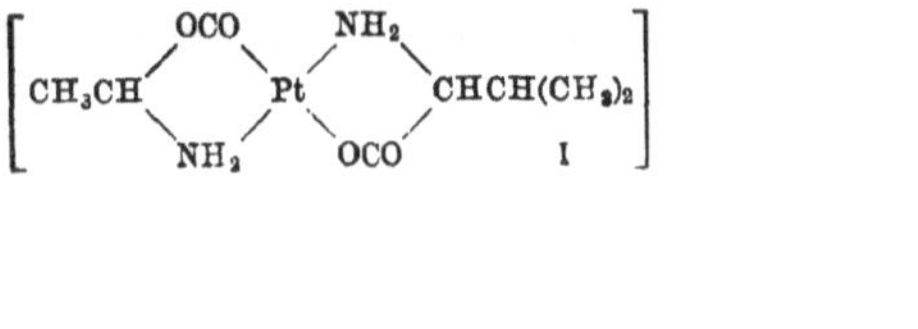

I

(HAn = Alanin) u. Valin (HV) dargestellt u. die trans-Konfiguration wurde durch Umwandlung von **I** in nichtcycl. *trans*-$[PtAnV(HN_3)_2]$ (**II**) bewiesen. Aus **I** wurden ferner die nichtcycl. Verbb. *trans*-$[Pt(HAn)(HV)(Th)_2]Cl_2$ (**III**) (Th = Thioharnstoff) u. *trans*-$[PtAnV(Th)_2]$ (**IV**) erhalten.

Versuche: *Alaninatovalinatoplatin(II)* (**I**), durch Lösen von $K[PtAnCl_2]$ in W. (12 ml W./g Salz) in der Hitze, Zusatz von HV (HV/An = 4:1), 2—3std. Erhitzen auf dem Wasserbad u. Trocknen bei 105°; Ausbeute ca. 46%; Löslichkeit in W. bei 25° 0,076%, gibt mit konz. HCl gelbe Lsg. von $[Pt(HAn) \cdot (HV)Cl_2]$. — *trans*-$PtAnV(NH_3)_2$ (**II**), durch Lösen von **I** in konz. HCl, Zugabe von überschüssigem NH_3, Erhitzen u. Trocknen bei 105°; Ausbeute wächst mit steigendem NH_3-Überschuß; weiß, schwerlösl. in W., A., Ae., lösl. in verd. HNO_3. Gibt mit HCl in der Hitze 90% *trans*-$[Pt(NH_3)_2Cl_2]$. — *trans*-$[Pt(HAn)(HV)(Th)_2]_2$ (**III**); aus 0,6 g **I** in ca. 2 ml konz. HCl u. 0,6 g Th, 20 Sek. Erhitzen, Überschuß konz. HCl, Trocknen bei 70—75°; Ausbeute ca. 90%; lösl. in W. u. A.; titrierbar mit OH- als zweibasige Säure. — *trans*-$[PtAnV \cdot (Th)_2]$ (**IV**); fällt aus neutralisierter Lsg. von **III**; Ausbeute ca. 65%; lösl. in verd. HNO_3; beständig bis 100°.
G. Winkhaus. 368◇

A_9. Mineralogische und geologische Chemie

0613 **Untersuchungen über den Ursprung der Schwefelvorkommen in Sizilien.** Gabor Dessau. (Ric. Sci., Parte I [2] **2**, 13—22, 1962; Pisa, Univ.; ital.) — Zusammenfassender Überblick. — 13 Literaturangaben.
C. Gottfried. 378△

0614 **Bestimmungen des radioaktiven Kohlenstoffs in einem Moorprofil von Lapaneva, Kihniö, West-Finnland.** Martti Salmi. (Bull. Commiss. geol. Finlande **204**, 195 bis 205, 1962; Otaniemi, Geol. Surv. of Finland; engl.) — Drei ^{14}C-Best. ergaben Alterswerte von 9850 ± 320 Jahren (präboreales Betula-Maximum), 8100 ± 200 Jahren (boreales Pinus-Maximum) u. 4100 ± 100 Jahren (allg. Verbreitung von Picea). Mit Ausnahme des letzteren stimmen diese Werte mit denen der anerkannten postglazialen Geochronologie überein.
J. Heinze. 378◇

0615 **Die Isotopenzusammensetzung des organischen Kohlenstoffs rezenter kontinentaler klastischer Sedimente der östlichen Küste des Golfs von Mexiko.** William M. Sackett und Robert R. Thompson. (Bull. Amer. Assoc. Petroleum Geologists **47**, 525—28, 1963; Palisades, N.Y., Columbia Univ., Lamont Geol. Observ.; Tulsa, Okla., Pan Amer. Petroleum Corp.; engl.) — Massenspektrometr. Best. von $\delta(^{13}C/^{12}C)$ verschiedener Diatomeen u. anderen Proben ergaben Werte zwischen −27,3 u. 12,8. Zwischen dem Sedimentationsgebiet u. der Isotopen-Zus. besteht ein Zusammenhang. Die systemat. Änderung der Isotopen-Zus. im Fluß, über Lagunen zum offenen Meer hängt sicher mit einer Vermischung des organ. Materials aus Land- u. Meerespflanzen mit unterschiedlichen Isotopen-Geh. zusammen.
J. Heinze. 378◇

0616 **Mineralogische Zusammensetzung des tiefen Erdmantels.** A. E. Ringwood. (J. geophys. Res. **67**, 4005—10, 1962; Canberra, Australian Nat. Univ., Dep. of Geophys.; engl.) — Vf. untersuchte an Hand neuerer Hochdruck-Verss. von anderen Seiten die Natur der Übergangszone im Erdmantel zwischen ca. 300 u. 900 km Tiefe. Unter den bei ca. 400 km herrschenden P-T-Bedingungen wird der *Pyroxen* in ein dichteres Gemisch von *Olivin* u. *Stishovit* zerfallen. Bei ca. 600 km wandelt sich der Olivin unter weiterer Dichtezunahme in eine *Spinell*-Struktur um. Zwischen 900 u. 1500 km schließlich zerfällt dieser Spinell in dichtere, dicht gepackte Phasen, die bis zur Erdkerngrenze bei 2900 km erhalten bleiben. Es sind 2 Umwandlungen möglich: Spinell → *Periklas* + Stishovit oder wahrscheinlicher Spinell → Periklas + $MgSiO_3$ mit Korundstruktur. Die gesamte durch diese Phasenänderungen zwischen 400 u. 1000 km verursachte Dichtezunahme beträgt, bezogen auf den Druck Null, 0,6 bis 0,7 g/cm³. Die weniger häufigen Komponenten, wie FeO, Al_2O_3, CaO u. Na_2O bilden mit den Hauptphasen feste Lsgg. u. bewirken, daß sich die Hauptphasenübergänge auf einen größeren Tiefenbereich verteilen. Die zwischen 400 u. 900 km auftretende Dichtezunahme ist kontinuierlich.
C. Gottfried. 378△

0617 **Umwelts-Untersuchungen in der Geochemie der Sedimente.** G. D. Nicholls. (Sci. Progr. **51**, 12—31,

1963; Univ. of Manchester; engl.) — Überblick über Meth. zur Best. der physikal.-chem. Umgebungsbedingungen zur Zeit der Sedimentation. — 27 Literaturangaben.
D. Rogalla. 378◇

0618 **Über Metamorphose und Strukturen im Ahlainen-Gebiet, Südwestfinnland.** Juhani Seitsaari. (Bull. Commiss. géol. Finlande **204,** 5—31, 1962; Helsinki, Univ., Inst. of Geol. and Miner.; engl.) — Die Geologie eines hochmetamorphen archäischen Gebietes wird kurz beschrieben. Einige Grundzüge der mineralog. u. chem. Evolution von Adergneis, die Entstehung u. das relative Alter von Quarz-Diorit-Gesteinen u. die Tektonik werden angegeben.
J. Heinze. 378◇

0619 **Verwitterung und Uranspeicherung, im Chinle-Sandstein, Arizona und Utah.** A. M. Abdel-Gawad und Paul F. Kerr. (Bull. geol. Soc. America **74,** 23—46, 1963; Edku, Cairo; New York, N.Y., Columbia Univ., Dep. of Geol.; engl.) — In der Basis der Chinle Formation des Colorado Plateaus werden Sandsteinverkieselung, Bleichung, Verwitterung unter Ton-Bldg. u. Carbonatisierung unter Zufuhr von U-haltigen Lsgg. beobachtet. Die Verwitterung wird auf das Eindringen hydrothermaler Lsgg. gefolgt von einer hypogenen U-Vererzung zurückgeführt. Bei der gleichzeitigen Carbonatisierung entstanden Calcit- u. Dolomit-Knollen u. Gänge im Gestein. Die Verwitterung zu Tonen u. die Verkieselung war von einer sulfid. Vererzung begleitet. F. Ensslin. 378◇

0620 **Analcim in devonischen Gesteinen des Südminusa-Bassins.** N. A. Lisalek. (Geol. u. Geophysik [UdSSR] **1963,** Nr. 3, 142—45; Nowosibirsk, Sibir. wiss. Forsch.-Inst. für Geol., Geophys. u. mineral. Rohstoffe; russ.) — Innerhalb der devon. Sedimente des betrachteten Gebietes ist eine Analcimführung weit verbreitet. Er bildet farblose idiomorphe Kristalle (0,1—0,2 mm) u. ist zu früh- u. epigenet. Bldg. zu rechnen. Spektralanalysen zeigen Geh. an Si, Al, Na, Ca.
M. Hähnert. 380◇

0621 **Strukturdiskontinuität in der Reihe Albit-Anorthit und die petrographische Bedeutung der Plagioklase von verschiedenem Strukturtypus.** E. P. Isoch und Ju. W. Kasitzyn. (Schr. mineralog. Allunions-Ges. [UdSSR] [2] **88,** 247—60, 1959; Leningrad, wiss. Allunions-Forsch.-Inst. für Geol.; russ.) — Folgende Strukturtypen werden unterschieden: 1. Albittyp (von 0 bis 30—35% Anorthit). Von den Bereichen echter Isomorphose werden die Peristerite (5—17% Anorthit) abgegrenzt. 2. Zwischenglieder mit wechselnder Lage der Albit- u. Anorthitstruktur (von 30—35 bis 70% Anorthit). 3. Anorthittyp mit raumzentrierter ($\gtreqless$ 70% Anorthit) u. primitiver $\lesseqgtr$ 100% Anorthit) Elementarzelle.
M. Hähnert. 380◇

0622 **Über Apophyllit aus dem Kedabesker Bezirk.** Ss. A. Machmudow. (Nachr. Akad. Wiss. AserbaidshanSSR, Ser. geol.-geogr. Wiss. **1961,** Nr. 5, 33—39; russ., Auszug: aserbaidshan.) — Wiedergabe der Ergebnisse der mineralog. u. chem. Unterss. von Apophyllit aus Granat-Calcit-Skarnen.
H.-J. Bautsch. 380◇

0623 **Ceralit — ein neues Schlackenmineral der Perowskit-Gruppe.** A. W. Rudnewa und T. Ja. Malyschewa. (Ber. Akad. Wiss. UdSSR **141,** 1423—25, 1 Tafel, 1961; Akad. der Wiss. der UdSSR, Baikow-Inst. für Metallurg.; russ.) — In Schlacken von Schmelzen der Zus. 60 (%) CaF_2, 21 CeO_2, 12 Al_2O_3 u. 7 CaO fand man ein neues Mineral, welches vorwiegend aus CeO_2 u. Al_2O_3 besteht. Mkr. sind farblose bis rosa oder smaragdgrüne idiomorphe Kristalle zu beobachten. Die Komponentenverhältnisse entsprechen dem ABX_3-Typ mit der Formel $(Ca^{2+}, Ce^{4+})Al^{3+}(O^{2-}, F)_3$. Röntgenunterss. bestätigen die Ähnlichkeit des Ceralit mit Mineralen der Perowskit-Gruppe. H. Kelch. 380◇

0624 **Scheibenrelief auf Diamanten und ihr Ursprung.** K. G. Kwokow. (Schr. mineralog. Allunions-Ges. [UdSSR] [2] **88,** 240—46, 1959; russ.) — Bei 3—4% aller Diamanten aus sowjet. Seifen wurden Oberflächenvertiefungen in scheibenartiger Form beobachtet, die auf Korrosionsprozesse zurückgeführt werden. M. Hähnert. 380◇

0625 **Die Strukturen der wichtigsten Feldspate.** W. H. Taylor. (Norks geol. Tidsskr. **42,** 1—24, 1962; Cambridge, Cavendish Labor., Crystallograph. Labor.; engl.) — Für die meisten der „Schlüssel"-Feldspatstrukturen wie *Sanidin, Orthoklas, Mikroklin, Tief-* u. *Hochtemp.-Albit, Celsian* u. *Anorthit* sind mäßig genaue Strukturanalysen aus der Literatur bekannt. Ihre Hauptmerkmale werden beschrieben, diskutiert u. auf die „gemischten" K–Na, K–Ba u. Na–Ca-Feldspate bezogen. Für die wichtigen Glieder der Na–Ca-Reihe, *Oligoklas, Andesin* u. *Bytownit* werden einige Strukturinformationen angegeben. Einige allg. Gesetzmäßigkeiten, die sich aus den Unterss. ergeben, sind zusammengefaßt dargestellt. Ernst Schulte. 380◇

0626 **Ein Überblick über die Feldspat-Verzwillingung.** Conrad Burri. (Norsk geol. Tidsskr. **42,** 193—206, 1962; Zürich, ETH, Inst. für Kristallographie u. Petrographie; engl.) — Die bisher bekannten Zwillingsgesetze von Feldspaten sowie ihre Entdecker werden aufgeführt u. die Zwillingsachsen in stereograph. Projektion dargestellt.
Ernst Schulte. 380◇

0627 **Ein neuer, Seltenerdmetalle führender Fersmit.** B. A. Makarotschkin, Je. M. Jesskowa und W. B. Alexandrow. (Ber. Akad. Wiss. UdSSR **148,** 179—82, 1963; Inst. für Mineral., Geochem. u. Kristallchem. Seltener Elemente der Akad. der Wiss. der UdSSR; russ.) — Das beschriebene Mineral findet sich selten akzessor. in Granitpegmatiten der Ilmensker Berge. Der Einbau der Seltenerdmetalle (SE) in das Fersmit-Gitter erfolgt wahrscheinlich nach dem Schema: (Ca + Nb) → (SE + Ti). Das Mineral weist höhere Geh. an CaO u. Nb_2O_5 u. niedrigere Geh. an SE_2O_3 u. TiO_2 als Euxenit auf. Nach seiner chem. Zus. u. kristallograph. Daten nimmt der SE-Fersmit eine Zwischenstellung zwischen Fersmit u. Euxenit ein: a = 5,657; b = 14,78; c = 5,219 Å; D. 4,88 g/cm³.
M. Hähnert. 380◇

0628 **Über den Hämatit aus den Skarnen der Ssajak-1-Lagerstätte.** W. G. Bogolepow. (Schr. mineralog. Allunions-Ges. [UdSSR] [2] **88,** 343—46, 1959; Alma-Ata, Kasach. Univ.; russ.) — In den Kontaktbereichen viséischer Kalke mit mittelvarisk. Granadioriten treten Granat- u. Pyroxen–Granat-Skarne mit einzelnen Linsen von Magnetit u. Pyroxen- oder Aktinolith-Epidositen auf, die eine sulfid. Vererzung (Chalkopyrit, Bornit) zeigen, auf. Hämatit findet sich in 2 Abarten: kyptokristallin u. grobschuppig bis 2 cm. M. Hähnert. 380◇

0629 **Ein neuer Fund von Ixiolith.** W. A. Chwosstowa und N. W. Maximowa. (Ber. Akad. Wiss. UdSSR **148,** 424—26, 1963; Inst. für Miner., Geochem. u. Kristallchem. der seltenen Elemente; russ.) — Mineralog. Beschreibung von Ixiolith aus Pegmatiten der Kalbinski-Gebirgskette. Nach der chem. Analyse beträgt der SnO_2-Geh. 9,30%, das entspricht einer Formel $(Mn_{0,60}Fe_{0,24})(Ta_{1,24}Nb_{0,40}Ti_{0,13}Sn_{0,28})O_6$.
H.-J. Bautsch. 380◇

0630 **Untersuchung von Kurnakovit-Kristallen.** Sjan-de Sse und Mjan-pin Tschshen. (Scientia sinica **12,** 575—85, 1963; russ.) — Chem. Analysen führen eindeutig zu der Formulierung $2\,MgO \cdot 3\,B_2O_3 \cdot 15\,H_2O$. Die Kurnakovite stellen dicktafelige nach [0 0 1] gestreckte Kristalle dar. Die beobachteten Flächen sind: (1 0 0), (0 1 0), (0 0 1), $(1\,\bar{1}\,0)$, $(\bar{1}\,\bar{1}\,1)$, $(\bar{1}\,\bar{2}\,1)$, $(0\,\bar{1}\,1)$, $(\bar{1}\,0\,1)$, $(\bar{2}\,0\,1)$. Die ermittelten kristallograph. Daten sind: 2 V = 80°; $n_z \measuredangle c$ = 14°, $n_y \measuredangle a$ = 41°, $n_x \measuredangle b$ = 47°; n_z = 1,5245; n_y = 1,5100; n_x = 1,4908. Aus goniometr. Vermessungen ergibt sich ein Achsenverhältnis von a : b : c = 1,3294 : 1 : 0,9514; α = 135° 41′, β = 115° 21′, γ = 84° 17′. Röntgenograph. ergab sich a = 11,66; b = 8,78; c = 8,36 Å; α = 135° 58′; β = 115° 25′; γ = 84° 18′. Angabe der d-Werte. DTA-Aufnahmen des Minerals zeigen endotherme Effekte bei 108—185° u. 937—1027° sowie eine exotherme Rk. im Bereich zwischen 713 u. 770°. Tabellar. Zusammenstellung aller kristallograph. Daten. M. Hähnert. 380◇

0631 **Ein neues Mineral Magnesiumcolumbit.** W. W. Matiass, L. N. Rossowski, A. N. Schosstatzki und N. M. Kumskowa. (Ber. Akad. Wiss. UdSSR **148,** 420—23, 1963; Allunions-Forsch.-Inst. für mineral. Rohstoffe; russ.) — Mineralog. Beschreibung von Magnesiumcolumbit aus Pegmatiten des südwestlichen Pamier, der zur Columbit-Tantalit-Reihe gehört u. nach der chem. Analyse der Formel $MgNb_2O_6$ nahekommt, wobei Nb : Ta ca. 11 : 1 u. Mg : Fe ca. 7 : 1 ist. D. 5,17; opt. negativ, 2 V ca. 80°, N′g = 2,40 ± 0,05; Np = 2,33 ± 0,05. Angabe einer Reihe von Röntgenbeugungsintensitäten. H.-J. Bautsch. 380◇

0632 **Über die Isomorphie von Epidot und Orthit.** W. A. Chwosstowa. (Ber. Akad. Wiss. UdSSR **141,** 1461—64, 1961; Inst. für Miner. Geochem. u. Kristallchem. der seltenen Elemente der Akad. der Wiss. der UdSSR; russ.) — Die isomorphe Reihe von Epidot u. Orthit beruht auf einer allmählichen Zunahme an Seltenerdmetallen (SE) u. Fe^{2+} bei gleichzeitiger Abnahme der Ca- u. Fe^{3+}-Gehalte. Die Orthit-Bldg. erfolgt unter reduzierenden Bedingungen bei gleichzeitigem Einbau der SE. Die Gesetzmäßigkeit dieses Prozesses wird in einem Diagramm dargestellt. Das angeführte Material gestattet, zwischen Epidot u. Orthit eine isomorphe Reihe nach folgendem Schema aufzustellen: Epidot → SE-Epidot → Trinorit → Orthit. H. Kelch. 380◇

0633 **Über die Formel des Pumpellyits.** N. P. Lupanowa und W. T. Kudrjawzew. (Ber. Akad. Wiss. UdSSR **141,** 1457—60, 1961; Inst. für Miner. Geochem. u. Kristallchem. der seltenen Elemente der Akad. der Wiss. der UdSSR; russ.) — Es wird versucht, aus den in der Literatur angegebenen Analysen auf die kristallchem. Formel des Pumpellyits (I) zu schließen. Sie kann wie folgt angegeben werden: $(R^+, Ca)_4(R^{2+}, R^{3+}, Mg)_6Si_6O_{24}(OH_2 \cdot n\,H_2O)$. Es bedeuten: R = Na, K, (H_3O); R^{2+} = Fe, Mn; R^{3+} = Al, Fe, Ti; Si = (Si, Al, Ti); [OH] = [OH), F, Cl]. I ist der Klinozoisit–Edipot-Gruppe ähnlich, hat jedoch kompliziertere Zus., sowie wechselnde H_2O-Mengen. Es lassen sich Na-haltige u. Hydronium-haltige I unterscheiden. OH^- ist stets anwesend (4,16 bis 2,20 Atom-%). H. Kelch. 380◇

0634 **Pyrite aus Gesteinen der Quecksilberlagerstätte von Aktasch.** I. P. Schtscherban. (Geol. u. Geophysik [UdSSR] **1963,** Nr. 3, 145—50; Nowosibirsk, Inst. für Geol. u. Geophys. der Sibir. Abt. der Akad. der Wiss. der UdSSR; russ.) — In hydrothermal veränderten Gesteinen des Gebietes treten 2 genet. Pyrittypen auf: metamorpher u. hydrothermaler (früh- u. späthydrothermale Bldg.) Pyrit. Für jeden Typ sind bestimmte Elementarbeimengungen charakteristisch. Die Hg-Führung steigt in der gleichen Reihenfolge an von nicht nachweisbaren Mengen → 0,001 → 0,001—0,001%. Gleichzeitig wechselt die Morphologie der Kristalle: {1 0 0} → {1 0 0} + {2 1 0} → {1 0 0} + {2 1 0} + {1 1 1}. M. Hähnert. 380◇

0635 **Vorschlag für eine Klassifizierung und Nomenklatur der Tonmineralien.** M. Földvári-Vogl. (Acta geol. Acad. Sci. hung. **6,** 341—44, 1962; Budapest, Inst. Géol. de Horgrie; franz.) — Stellungnahme der Kommission für Geochemie der Ungar. Akademie der Wissenschaften zu den Vorschlägen der Brüsseler Konferenz (1958) der Nomenklaturkommission für Tonmineralien. A. Blaschette. 380◇

0636 **Über das Vorkommen von Kieselsäure bei der Zusammensetzung von Uran-Glimmer.** L. N. Belowa und B. M. Jelojew. (Ber. Akad. Wiss. UdSSR **141,** 1452—53, 1961; russ.) — Der $[SiO_4]^{4-}$-Geh. der U-Glimmer *Metaautunit* (I) u. *Metatorbernit* (II) wird untersucht. Die physikal. Eigg. beider Glimmer weichen etwas voneinander ab; **I**: Ng = 1,608—1,610; Np = 1,598—1,600; **II**: Ng = 1,632; Np = 1,628. Aus der chem. Analyse ergeben sich folgende Formeln: **I**: $Ca(UO_2)_2(P_{1,82}Si_{0,19})_{2,01}[O_{7,86}(OH)_{0,14}]_8 \cdot 6\,H_2O$ u. **II**: $Cu(UO_2)_2(P_{1,51}As_{0,15}Si_{0,37})_{2,03}[O_{7,66}(OH)_{0,34}]_8$. H. Kelch. 380◇

0637 **Vanuralit — ein neues uranhaltiges Mineral.** George Branche, Pierre Bariand, Francis Chantret, Robert Pouget und Alexandre Rimsky. (C. R. hebd. Séances Acad. Sci. **256,** 5374—76, 1963; Paris, Labor. de (Minér. du C.E.A. de la Fac. des Sci.; franz.) — Vanuralit, $UO_2)_2AlOH(VO_4)_2 \cdot 8\,H_2O$, krist. monoklin mit a_0 = 10,44 Å, b_0 = 8,56, c_0 = 20,35, β = 103°; Härte 2; D. 3,62 g/cm³; n_α = 1,65, n_β = 1,85, n_γ = 1,90. DTA-Daten werden angegeben. Das Mineral wurde in Mounana, Gabon, gefunden. J. Heinze. 380◇

0638 **Zirkone in einigen Graniten von Nordwest-Queensland.** Germaine A. Joplin, R. Rudowski und M. Abbott. (J. Proc. Roy. Soc. New South Wales **95,** 9—13, 1962; Canberra, Univ., Geophys. Dep.; Armidale, N.S.W., Univ. of England, Geol. Dep.; engl.) — Einige der in den Graniten von Wonga, Naraku u. Kalkad on gefundenen Zirkone sind sedimentären Ursprungs. Der Wonga-Granit unterscheidet sich von den letzteren durch das Vork. langgestreckter u. einer kleinen Anzahl zonar gebauter Zirkone. F. Ensslin. 380◇

0639 **Über einen Zirkoniumschorlomit.** L. Ss. Borodin und A. W. Bykowa. (Ber. Akad. Wiss. UdSSR **141,** 1454—56, 1961; Inst. für Miner., Geochem. u. Kristallchem. der seltenen Elemente der Akad. der Wiss. der UdSSR; russ.) — Unterss. von Schorlomit aus ultrabas. Alkali-Gesteinen ergaben für die Granatgruppe eine neue isomorphe Reihe: Schorlomit–Zr, Schorlomit (I)–Kimzeyit. **I** enthält bis 11% ZrO_2 u. unterscheidet sich nach den äußeren Merkmalen nicht vom gewöhnlichen Ti-reichen Schorlomit. Wesentliche Unterschiede bestehen in einer Vergrößerung der kub. Gitter-Konst. von ca. 12,15 auf ca. 12,29 Å. Der Vgl. der chem. Zus. von **I** mit der theoret. Zus. des gewöhnlichen Granats zeigt einen Kieselsäureunterschuß. Dies bestätigt einen möglichen SiO_4-Ersatz durch TiO_4. Die Zus. von **I** (Fundort Gulinsk) entspricht $(Ca_{2,91}Mg_{0,09})_3(Fe^{3+}_{1,16} \cdot Zr_{0,44}Fe^{2+}_{0,22}Ti_{0,11}Mg_{0,07})_2(Si_{2,11}Ti_{0,89})_3O_{12}$. Die Anwesenheit von Zr in der Ti-reichen Granatabart ist nicht mit einem isomorphen Ersatz von Ti durch Zr verbunden. H. Kelch. 380◇

0640 **Eisenlagerstätten an der Ungava-Bay, Quebec.** G. A. Gross. (Canada, Dep. Mines techn. Surv., geol. Surv. Canada, Bull. **1962,** Nr. 82, 1—48; Ottawa, Geol. Surv. of Canada, Dep. of Mines and Technical Surv.; engl.) — Einige Fe-Lagerstätten entlang den westlichen u. nordöstlichen Grenzen des Labrador-Geosynklinalgürtels wurden bes. untersucht. Sie kommen in einer Abfolge sedimentärer Gesteine vor, die vom Hangenden aus Glimmerschiefer, Quarzit, der Fe-Formation, schwarzem Tonschiefer, Argillit, Dolomit u. Phyllit bestehen. Zwischenschaltungen von Vulkaniten u. introdierten Diabasen, Gabbros u. ultramaf. Gesteinen wurden im Ostteil beobachtet. Die Fe-Formation selbst enthält Zonen relativ grobkörniger metamorphosierter Hämatit–Magnetit–Quarz- u. Magnetit–Quarz-Erze. Die Fe-Oxide sind als Metataconite bekannt geworden. Die Dicke variiert zwischen 50 u. 200 ft. u. kann durch lokale Faltungen auf ein Vielfaches ansteigen. Im Gebiet südlich der Payne-Bay sind 10^9 t Fe-Erze mit 24,5—35,5% Fe nachgewiesen; weitere Milliarden Tonnen sind durch geolog. u. geophysikal. Unterss. erkundet worden. J. Heinze. 380◇

0641 **Andalusitgesteine des östlichen Exokontakts des Granitmassivs von Tigirek im Altai.** W. P. Kowalew. (Geol. u. Gophysik [UdSSR] **1963,** Nr. 3, 82—94; Nowosibirsk, Inst. für Geol. u. Geophys. der Sibir. Abt. der Akad. der Wiss. der UdSSR; russ., Auszug: engl.) — Beschreibung sek. Quarzite mit Andalusiten innerhalb des Kontaktbereiches des Tigireker Granitmassivs. Sie finden sich inmitten metamorphosierter saurer Effusiva mitteldevon. Alters. Vf. zeigt den eindeutigen Zusammenhang der Quarzite mit der Granitintrusion auf u. weist auf die mögliche industrielle Nutzung hin. M. Hähnert. 385◇

0642 **Das geochemische Verhalten des Wassers. Verallgemeinerung der Theorie von J. Delecourt.** R. Legrand. (Bull. Soc. belge Géol., Paléontol. Hydrol. **71,** 105—30, 1962; Service Géol. de Belgique; franz.) — Ausbau der Theorie zur Einteilung der Grundwässer nach ihrer chem. Zus. auf Grund der Unters. von Wässern des belg. u. Pariser Beckens. Es werden 4 Gruppen unterschieden: salzarme, gemischte Wässer, das Gebiet der harmon. Chlorid- u. das der unharmon. Wässer mit einem Mangel an Chlorid. Diese werden wieder in Klassen eingeteilt. F. Ensslin. 393◇

0643 **Nebenbestandteile von Meerwasser.** A. N. Kappanna, G. T. Gadre, H. M. Bhavnagary und J. M. Joshi. (Current Sci. [Bangalore] **29,** 271—72, 1960; Bhavnagar, Centr. Salt Res. Inst.; engl.) — Ind. Küstengewässer wurden auf ihren Geh. an *Sr, B, F, Si, Rb, Li, Al, Fe* u. *Cu* untersucht. W. Betcke. 393◇

0644 **Die Gefrierpunktserniedrigung von Ostseewasser.** Aarno Voipio. (Suomen Kemistilehti B **33,** 35—37, 1960; Helsinki, Inst. of Marine Res.; engl.) — Zwischen Gefrierpunktserniedrigung δ von Brackwasserproben u. deren Cl^--Geh. (‰) besteht die Beziehung $\delta = 0{,}002 + 0{,}102\,Cl - 0{,}000669\,Cl^2$. G. Heller. 393◇

0645 **Ergebnisse geochemischer Untersuchungen natürlicher Wässer und Gase Westjakutiens.** A. I. Kossolapow. (Geol. u. Geophysik [UdSSR] **1963,** Nr. 3, 55—72; Jakutsk, Jakut. Filiale der Sibir. Abt. der Akad. der Wiss. der UdSSR; russ., Auszug: engl.) — Auf Grund hydrogeolog. u. geochem. Betrachtungen des Ostteiles der Sibir. Plattform werden Erdöl- u. -Gasvorräte von Milliarden Tonnen vorausgesagt. M. Hähnert. 393◇

0646 **Die Stellung des Salzwasserkörpers in der Magothy(?)-Formation in dem Cedarhurst-Woodmere-Gebiet von Südwest Nassau, Long Island, N. Y.** N. J. Lusczynski und W. V. Swarzenski. (Econ. Geol. **55**, 1739—50, 1960; Mineola, N.Y., U.S. Geol. Surv.; engl.) — Unters. eines Grundwasserstroms, der sich auf Tonschichten vom Atlantik landeinwärts nach der Tiefe bewegt u. eine Dicke von ca. 100 m hat. Die aus Bohrungen ermittelten Cl-Geh. des W. betragen 40—16000 ppm. F. Ensslin. 393◇

0647 **Chemische und physikalisch-chemische Analyse des Wassers der Carlina-Quelle in Cannobio (Novara).** Paolo Armandola und Pier Giorgio Barbero. (Boll. Lab. chim. provinc. **13**, 129—33, 1962; Novara, Labor. Chim. Provinc.; ital.) A. Blaschette. 393◇

0648 **Routinemessungen der Grundwassergeschwindigkeit mit ^{35}S.** W. F. Merritt. (Health Physics **8**, 185—89, 2 Tafeln, 1962; Chark River, Ontario, AE of Canada Ltd., Div. of Biol. and Health Phys., Environm. Res. Branch; engl.) — Die Probennahme wird beschrieben u. Vgl. zu den häufig erfolgten Best. mit Tritium oder Fluorescein werden gezogen. Die Vorteile der Verw. von ^{35}S liegen in seiner bequemen analyt. Handhabung sowohl in bezug auf konventionelle chem. als auch Radioaktivitätsmessungen. Die benötigte Radioaktivität liegt weit unterhalb der zulässigen Größe in Trinkwasser. J. Heinze. 393◇

B. Allgemeine und theoretische organische Chemie

0649 **Besonderheiten des Spektrums von Monodeuterobenzol.** W. L. Broude und Ss. M. Kotschubei. (Optik u. Spektroskopie [UdSSR] **13**, 865—67, 1962; russ.) — Bei der Analyse der UV-Absorptionsspektren von *D-Bzl.*-Einkristallen bei 20° K wurden Abweichungen von der D_{6h}-Symmetrie des Bzl.-Mol. beobachtet, wenn ein H- durch ein D-Atom substituiert wird. Die gefundene Feinstruktur des Spektrums erlaubt in diesem Fall die Annahme der C_{2v}-Symmetrie. G. Rudakoff. B 118◇

0650 **Zwischenmolekulare Protonenübertragung im angeregten Wasserstoffbrücken-Komplex in unpolarem Lösungsmittel und durch Wasserstoffbrücken hervorgerufene Fluorescenzlöschung.** Noboru Mataga und Yozo Kaifu. (J. chem. Physics **36**, 2804—05, 1962; Osaka, Osaka City Univ., Fac. of Sci.; engl.) — Im Syst. *β-Naphthol* (I)/*Triäthanolamin* (II) findet infolge H-Brücken-Bldg. eine starke Rotverschiebung der Fluorescenzspektren (Abb.) statt, die in Bzl. ca. 4000, in n-Hexan ca. 2500 cm^{-1} beträgt. Die Breite der Fluorescenzbanden von I in Bzl. bzw. n-Hexan beträgt (in beiden Lsgm.) ca. 6000 cm^{-1} u. erhöht sich nach II-Zusatz auf ca. 6600 bzw. 10^5 cm^{-1}. Vff. deuten die Beobachtungen an Hand eines Ladungsübergangsmodells von H-Brücken. G. Kirsten. B 118◇

0651 **Wechselwirkung von senkrecht zueinander orientierten π-Elektronensystemen.** H. H. Jaffé und O. Chalvet. (J. Amer. chem. Soc. **85**, 1561—64, 1963; Paris, Centre de Mécanique Ondulatoire Appl.; engl.) — Vff. untersuchten theoret. die von Douris (C. **1960**, 2851) aufgenommenen UV-Spektren von *Naphthacen* u. nachst. substituierten Naphthacenen: *5-Phenyl-*, *5.12-*, *5.11-*, *5.6-Diphenyl-*, *1.6.11-*, *5.6.11-Triphenyl-*, *5.6.11.12-* (*Rubren*), *1.4.6.11-Tetraphenyl-*, *3-Chlor-*, *5.12-Dichlor-*, *5.6.11-Trichlor-*, *6-Chlor-5.12-diphenyl-*, *6-Chlor-5.11-diphenyl-*, *10-Chlor-5.6-diphenyl-*, *6.11-Dichlor-5.12-diphenyl-*, *6.12-Dichlor-5.11-diphenyl-* u. *5.6-Dichlor-11.-12-diphenyl-*. Sie nehmen dabei eine Resonanz-Wechselwrkg. zwischen den im wesentlichen senkrecht zueinander angeordneten π-Elektronen-Syst. des Naphthacengerüstes u. der Phenylgruppen (Ebene der Phenylgruppen gegen die Ebene des Naphthacens um 90° verdrillt) an. In der Diskussion werden teilweise als vereinfachte Modellsubstanzen der phenylsubstituierten Naphthacene Naphthalin u. nachst. substituierte Naphthaline benutzt: *1-Vinyl-*, *1.4-*, *1.5-*, *1.8-Divinyl-* u. *1.4.5.8-Tetravinyl-*. Ch. Zechel. B 118◇

0652 **Das Wesen des gefärbten 6.9-Bis-[pyridin]-dekaboranmoleküls $B_{10}H_{12}Py_2$.** Bruce M. Graybill und M. Frederick Hawthorne. (J. Amer. chem. Soc. **83**, 2673 bis 2676, 1961; Huntsville, Ala., Rohm & Haas Co., Redstone Arsenal Res. Div.; engl.) — *6.9-Bis-[diäthylsulfid]-dekaboran* wird durch Rk. von Dekaboran (I) u. Diäthylsulfid (II) dargestellt u. mit Pyridin u. verschiedenen Pyridin-Derivv. zu *6.9-Bis-[pyridin]-dekaboran-Derivv.* umgesetzt. Die Spektren im UV u. Sichtbaren der im Vers.-Teil genannten Dekaborane werden aufgenommen. Die Lage der längstwelligen Absorptionsbande befolgt die Hammettsche Beziehung. Das π-Elektronen-Syst. des Pyridinkerns ist auf den $B_{10}H_{12}$-Teil ausgedehnt. Andererseits zeigen die Ergebnisse, daß der Boranteil im angeregten Zustand als Donator wirkt. Die mögliche Struktur der Verbb. wird diskutiert.

Versuche: *p-Methoxypyridin*, $Kp._{38}$ 98—100°, durch Rk. von Na-Methylat u. p-Chlorpyridin nach Grave [1924]; n_D^{25} 1,5184. — *6.9-Bis-[diäthylsulfid]-dekaboran*, $C_8H_{32}B_{10}S_2$, F. 90—91°, durch ca. 3std. Kochen von I u. II in Bzl. unter N_2; 83% (Ausbeute). — *6.9-Bis-[pyridin]-dekaboran*, F. 247° (Zers.), durch 4std. Rühren vorst. Verb. u. Pyridin in Bzl. unter N_2 bei Zimmer-Temp.; aus Acetonitril (III) gelbe Kristalle; 82%. — 6.9-Bis-[X-pyridin]-dekaborane mit X: *-p-methoxy-*, F. >275° (Zers.); (hellgelbe Kristalle jeweils aus III); 97%. — *p-methyl-*, F. 262° (Zers.); gelb; 91%. — *p-chlor-*, F. >275° (Zers.); gelborange; 97%. — *p-brom-*, F. >275° (Zers.); gelborange; 78%. — *m-chlor-*, F. 233° (Zers.) orange; 86%. — *p-acetyl-*, F. >275° (Zers.); rot; 86%. — *p-cyan-*, F. >275° (Zers.); rot; 85%. — *2.3-benzo-*, F. 243° (Zers.;) rotorange; 92%. J. Ruhnke. B 118□

0653 **Fluorescenz-Polarisationsspektren einiger Farbstoffe in Polymethylmethacrylat.** A. Kawski und P. Polacka. (Z. Naturforsch. **17a**, 1119—20, 1962; Gdańsk, Polen, Wyźsza Szkoła Pedagogiczna, Kat. Fiz.; dt.) — Bei konst. Erregung (530 mμ) wird das Fluorescenzlicht einiger Farbstoffe spektral zerlegt u. sein Polarisationsgrad untersucht. Es wurde so das Fluorescenz-Polarisationsgrad-Spektrum [c in g/cm³] von *Rhodamin B* ($1{,}1 \cdot 10^{-5}$ u. $1{,}4 \cdot 10^{-4}$); *Rhodamin 6 G* ($5 \cdot 10^{-5}$ u. $1{,}5 \cdot 10^{-4}$) u. von gelblichem *Eosin* (I; $2 \cdot 10^{-5}$ u. $4{,}3 \cdot 10^{-4}$) in Polymethylmethacrylat (mit 10% A. Zusatz) aufgenommen. Der Polarisationsgrad ist für kleine Konzz. innerhalb der Fehlergrenzen unabhängig von der Wellenlänge des Fluorescenzlichtes. Bei I beobachtet man dagegen bei $4{,}3 \cdot 10^{-4}$ g/cm³ ab 550—560 mμ ein steiles Abfallen des Polarisationsgrades. Dieser Effekt wird durch Überlagerung von zwei Banden verschiedener Polarisation erklärt. H. Cnobloch. B 118◇

0654 **Optische Eigenschaften dünner adsorbierter Filme auf Metalloberflächen, die auf Zug beansprucht werden.** W. T. Pimbley. (J. opt. Soc. America **52**, 1410—11, 1962; Endicott, N.Y., IBM, Gen. Prod. Div., Dev. Labor.; engl.) — Vff. untersuchten *Stearinsäure* (I)-Filme (bis 75 Å Dicke) auf Ni-Streifen, auf die eine Zugspannung ausgeübt wird, u. messen die linear von der Zugspannung abhängende Elliptizität des reflektierten Lichtes. Die beobachtete Doppelbrechung der I in diesem Zustand ist sehr viel größer als im nichtadsorbierten Material. H. J. Altmann. B 119◇

0655 **Über die Abhängigkeit Brechungsindex-Zusammensetzung für einige binäre Systeme.** Ju. N. Garber und Ss. I. Selenewskaja. (J. physik. Chem. [UdSSR] **35**, 2114—15, 1961; russ.) — Für folgende bin. Gemische werden Gleichungen für die Abhängigkeit des Brechungsindex von der Zus. angegeben: *Paraldehyd–m-Xylol*, *Paraldehyd–p-Xylol*, *1.2-Dibromäthan–m-Xylol*, *1.2-Dibromäthan–p-Xylol*, *n-Hexan–m-Xylol*, *n-Hexan–p-Xylol*, *n-Hexan–Bzl.*, *m-Kresol–Äthylbenzoat.* Ch. Weiske. B 119◇

0656 **Farbe und Absorptionsspektren von Farbstoffen, die an lichtstreuenden Materialien adsorbiert sind.** A. P. Iwanow. (Optik u. Spektroskopie [UdSSR] **13**, 831—34, 1962; russ.) — Es werden theoret. abgeleitete Zusammenhänge angegeben, die den Einfl. von grundlegenden Parametern des UV-Absorptionsspektrums des an einen lichtstreuenden Stoff adsorbierten Farbstoffs auf die Farbe des Materials berücksichtigen. Mit steigender Konz. des Farbstoffes nimmt die Reinheit der Farbe zu, erreicht ein Maximum u. strebt dann schnell gegen Null. G. Rudakoff. B 119◇

0657 **Untersuchung des Absorptionsdichroismus dünner Schichten mit künstlich orientierten Molekülen.** A. Ch. Chalilow und G. A. Ssultanow. (Nachr. Akad. Wiss. AserbaidshanSSR, Ser. physik.-math. techn. Wiss. **1960**, Nr. 1, 35—39; russ., Auszug: aserbaidshan.) — Vff. untersuchten den Dichroismus im Elektronenabsorptionsspektrum dünner orien-

tierter Schichten von *Kristallviolett, Malachitgrün, Auramin* u. *Michlers Keton* auf Polystyrol. Die Werte des Dichroismus für die kurzwelligen u. langwelligen π-Elektronenbanden unterscheiden sich nur wenig. Das verschiedene Vorzeichen des Dichroismus von 2 verschiedenen Banden eines u. desselben Mol. beweist, daß die diesen Banden entsprechenden Elektronenoscillatoren senkrecht zueinander angeordnet sind.
C. Kozák. B 119◇

0658 **Infrarotspektren und Strukturen der kristallinen Phasen von CH_4 und CD_4.** George B. Savitsky und D. F. Hornig. (J. chem. Physics **36**, 2634—39, 1962; Princeton, N.J., Princeton Univ., Frick Chem. Labor.; engl.) — Die IR-Spektren von CH_4 u. CD_4 werden im Gebiet der Grundspreiz- (ν_4) u. -valenzschwingungen (ν_3) in allen kristallinen Phasen bei Temp. von 5—40° K untersucht (Abb.). Einzelheiten der ν_4- u. ν_3-Spektren in der Hochtemperaturphase I u. Niedrigtemperaturphase II von CH_4 u. CD_4 sowie in der Niedrigsttemperaturphase III von CD_4 werden diskutiert. Alle Banden der Phase I verbreitern sich mit zunehmender Temperatur. Es werden ν_4-Spektren 2%ig. fester Lsgg. von CH_4 in CD_4 bzw. CD_4 in CH_4 in den 3 bzw. 2 Phasen des Lsgm. aufgenommen (Abb.) u. die spektralen Eigg. von 1,5- bzw. 5%ig. Lsgg., auch im ν_3-Gebiet, diskutiert. Die Spektren der verd. Lsgg. bestehen für beide Grundfrequenzen aus einzelnen scharfen Linien, was darauf deutet, daß die Mol.-Rotationsschwellen in allen Phasen hoch liegen. Die Intensitäten der verschiedenen Rotationsübergänge von CH_4 werden für 10 u. 30° K berechnet (Tabelle) u. mit den Meßwerten verglichen. Modelle der möglichen tetragonalen Strukturen der Phase II von CH_4 u. CD_4 werden aus den Spektren der reinen Verbb. sowie der verd. Lsgg. abgeleitet (Abb. u. Tabelle). Phase II weist sehr dichte Mol.-Packung auf, Phase I ist wahrscheinlich ungeordnet, während Phase III von CD_4 wahrscheinlich komplex u. von geringer Symmetrie ist. G. Kirsten. B 120◇

0659 **Induktiver Effekt polarer Substituenten auf die Kohlenstoff-Wasserstoff-Valenzschwingung aliphatischer Kohlenwasserstoffe.** Rempei Gotoh und Tohru Takenaka. (Bull. Inst. chem. Res., Kyoto Univ. **39**, 202—14, 1961; engl.) — Vorl. Mitt. vgl. J. chem. Soc. Japan, pure Chem. Sect. [Nippon Kagaku Zassi] **81**, [1960], 1504. — Vff. untersuchen das IR-Spektrum nachst. Verbb. im ν(CH)-Bereich. Alkohole (**A**): *Methanol, A., n-Propanol, -Butanol, -Pentanol, -Hexanol, -Heptanol, -Octanol, -Decanol, -Dodecanol, Propanol-(2), tert.-Butanol, Butanol-(2)* (**I**), *3-Methylbutanol-(2)* u. *-pentanol-(3), 2-Methylpropanol-(1), 2-Methyl-3-äthylpentanol-(2), 4-Methylpentanol-(2), 3-Methylbutanol-(1)*; Carbonsäuren (**B**): *Methan-, Äthan-, n-Propan-, -Butan-, -Pentan-, -Hexan-, -Heptan-, -Octan-, -Nonancarbonsäure*; Alkylbromide (**C**): *Brommethan* u. *-äthan, 1-Brompropan, -butan, -pentan, -hexan-, -heptan, -octan, -decan, -dodecan*; Paraffine (**D**): *Propan, n-Butan, -Pentan, -Hexan, -Octan, -Dodecan, -Tetradecan.* Eine Bande im Bereich 2880 [cm^{-1}] wird der $\nu_{symm.}(CH_3)$, eine bei 2860 der $\nu_{symm.}(CH_2)$ zugeordnet; letztere tritt nur auf, wenn das Verhältnis der Anzahl CH_2/CH_3-Gruppen bei den **A**, **B** u. **C** 4:1 u. bei den **D** 1:1 überschreitet. In allen Fällen, außer bei den **D**, tritt mit Kettenverlängerung Verschiebung der symm. u. asymm. ν(CH) der CH_2- u. CH_3-Gruppe nach niedrigeren Frequenzen ein, lediglich die $\nu_{symm.}(CH_3)$ von drei- oder mehrfach verzweigten **A** zeigt abweichendes Verhalten. Die ν(CH) der **D** sind unabhängig von der Mol.-Länge, ihr Wert stimmt mit demjenigen für langkettige **A**, **B** u. **C** überein. Bei allen untersuchten geradkettigen Verbb. nimmt die Frequenz der $\nu_{asymm.}(CH_3)$ exponentiell mit wachsender Kettenlänge ab u. erreicht bei n ca. 6—7 den Grenzwert 2959. Eine analoge Kurve (n gegen ν) wird für die verzweigten **A** erhalten (ausgenommen **I**), die jedoch unter der für unverzweigte **A** liegt. $\nu_{symm.}(CH_3)$ zeigt ähnliche Abhängigkeit von n wie $\nu_{asymm.}(CH_3)$ mit einem Grenzwert ν^0 von 2873 bei n ca. 6—7. Bei $n > 1$ gilt für beide Schwingungen die Beziehung: $\nu - \nu^0 = A \cdot e^{-Bn}$, wobei A u. B spezif. Konst. für jede Reihe darstellen.
Hubertus Zimmer. B 120◇

0660 **Über einige Monoester der Phenylphosphonigsäure.** Huguette Gonçalves, Ferdinand Mathis und Robert Wolf. (Bull. Soc. chim. France **1961**, 1595—1607; Toulouse, C.N.R.S., Fac. des Sci., Labor. de Chim. Agrégat.; franz.) — Umsetzung von PCl_3 mit Alkoholen in Ggw. von Pyridin liefert Trialkylphosphite, die mit Dichlorphenylphosphin (**I**; D.$_4^{20}$ 1,319, n_D^{20} 1,598) bzw. *Phenylphosphonigsäure* (**II**) zu *Phenylphosphonigsäurealkylestern* umgesetzt werden. Die IR-Spektren von 3—15 μ dieser Ester werden dargestellt. Sie zeigen eine Aufspaltung der ν(P—H)-Bande, deren eine Komponente von der Elektronegativität des Substituenten am P-Atom abhängt.

Versuche: Trialkylphosphite (aus den entsprechenden Alkoholen mit PCl_3 in Ggw. von Pyridin in Bzl., Ae. oder PAe.): *Triäthyl-*, D.$_4^{20}$ 0,960$_0$. — *Tri-n-propyl-*, D.$_4^{20}$ 0,932$_0$. — *Triisopropyl-*, D.$_4^{20}$ 0,914$_0$. — *Tri-n-butyl-*, D.$_4^{20}$ 0,915$_3$. — *Triisobutyl-*, D.$_4^{20}$ 0,904$_0$. — *Phenylphosphonigsäuredi-n-propylester* (**IV**), wie vorst., jedoch mit **I**, D.$_4^{20}$ 1,0039. *Äthylphosphonigsäurediäthylester* (**III**), Kp.$_{16}$ 36°, aus $(C_2H_5O)_2PCl$ [aus PCl_3 u. Triäthylphosphit; D.$_4^{20}$ 1,095] u. Äthyl-MgBr; D.$_4^{20}$ 0,9018; n_D^{20} 1,4239.— *Phenylphosphonigsäure* (**II**), F. 80°, durch Hydrolyse des Äthylesters. *Methylester*, Kp.$_2$ 102°, aus Methanol u. **I** (1½ Std.); D.$_4^{20}$ 1,166$_3$; n_D^{20} 1,534$_0$. *Äthylester*, $C_8H_{11}O_2P$, Kp.$_{0,5}$ 78—80°, a) aus Triäthylphosphit u. **II** bei 100—120° (1 Std.), 50% (Ausbeute); daneben *Verb. Kp.$_{0,5}$ 70—74°* (D.$_4^{20}$ 1,1253; n_D^{20} 1,513) u. *Verb. $C_8H_{11}O_2P$* (Kp.$_{0,5}$ 74—78°, D.$_4^{20}$ 1,1269, n_D^{20} 1,5173); b) aus **II** u. **III** D.$_4^{20}$ 1,1275; n_D^{20} 1,5180; daneben *Äthylphosphonigsäureäthylester* (D.$_4^{20}$ 1,0170; n_D^{20} 1,4268), *n-Propylester*, Kp.$_{0,5}$ 86 bis 100°, a) aus **II** u. Tri-n-propylphosphit; 70%; b) **II** u. **IV**; D.$_4^{20}$ 1,0946—1,0964, n_D^{20} 1,513—1,515. *$D_{(P)}$-Verb.* Kp.$_{0,5}$ 94—95°, aus **IV** u. **I** in Ggw. von D_2O bei 70—80° (1 Std.); D.$_4^{20}$ 1,1044; n_D^{20} 1,5168. *Isopropylester*, Kp. 76—82°, wie vorst. nach a); D.$_4^{20}$ 1,0842—1,0869, n_D^{20} 1,5062—1,5075. *n-Butylester*, Kp.$_{0,5}$ 113—116°, analog; D.$_4^{20}$ 1,0672—1,0676; n_D^{20} 1,5045—1,5075; 25%. *Isobutylester*, Kp.$_{0,5}$ 83—87°, analog, D.$_4^{20}$ 1,0659—1,0673; n_D^{20} 1,5080.
H. Gleinig. B 120□

0661 **Kennzahlen und Infrarotspektren einiger Pivalinsäureester.** Stephan Pawlenko. (Liebigs Ann. Chem. **663**, 8—11, 1963; Bergkamen/Westf., Schering Akt.-Ges., Techn. Forsch.; dt.) — Für eine Reihe von Pivalaten (untersuchte Verb. im Vers.-Teil) wurden folgende Kennzahlen: Kp., n_D^{20}, D.$_4^{20}$, Mol.-Refr., VZ. u. Verbrennungswärme bestimmt. Die IR-Spektren dieser Verbb. zeigen Schwingungen bei **1734**, 1720 (Carbonylbande), 1539, 1480, 1459, 1410, **1377**, 1292, 1190, 1152, 1042, 989, 943, 866, 792 u. 773 cm^{-1} (ohne Lsgm. aufgenommen).

Versuche: Durch Umsetzung der 99,7%ig. Pivalinsäure mit den entsprechenden Alkoholen in Ggw. von p-Toluolsulfonsäure als Katalysator (bei einwertigen Alkoholen 2,5—3 Mol Alkohol auf 1 Mol Säure, bei Polyalkoholen 2facher molarer Säureüberschuß) erhält man folgende Pivalate: *Methyl-*, Kp. 101°; D.$_4^{20}$ 0,8754; n_D^{20} 1,3898. — *Äthyl-*, 118°; 0,8548; 1,3910. — *n-Propyl-*, 141°; 0,8541; 1,3973. — *Isopropyl-*, 127°; 0,8349; 1,3870. — *n-Butyl-*, 163°; 0,8532; 1,4040. — *Isobutyl-*, 157°; 0,8462; 1,4003. — *n-Amyl-*, 184°; 0,8528; 1,4098. — *Neopentyl-*, 168°; 0,8392; 1,4043. — *Triglycerid der Pivalinsäure*, Kp.$_5$ 155°; 0,9848; 1,4292. — *Äthylenglykoldipivalat*, Kp.$_{18}$ 122°; 1,4188. — *Pentaerythrittetrapivalat*, F. 124°. H. Cnobloch. B 120◇

0662 **Über das Infrarotspektrum von cis-Stilben.** K. Lunde und L. Zechmeister. (Naturwissenschaften **48**, 568, 1961; Pasadena, Calif., California Inst. of Technol.; engl.) — Vgl. Acta chem. scand. **8**, [1954], 1421. — Erwiderung auf eine IR-spektroskop. Unters. an *Stilben* von Stegemeyer (vgl. C. **1962**, 5974) u. Zurückweisung einer darin gebrauchten Formulierung bzgl. der in l. c. von Vff. vorgenommenen Zuordnung. Hubertus Zimmer. B 120◇

0663 **Neue charakteristische Absorptionsbanden in den Infrarotspektren der substituierten Purine.** Avraham Friedlander und Joseph DiPietro. (Bull. Res. Council Israel, Sect. A **11 A**, Nr. 2, 140—41, 1962; Philadelphia, Pa., Univ. of Pennsylvania, Dep. of Chem.; engl.) — *Adenin, Guanin, Hypoxanthin* u. *Xanthin* zeigen deutlich ausgeprägte IR-Banden. Banden im Gebiet zwischen 650 u. 800 cm^{-1}, die zur Charakterisierung der Purine in den Nucleinsäuren dienen können. Bei den Aufnahmen wurde KBr-Preßtechnik angewandt. G. Rudakoff. B 120◇

0664 **Optische Eigenschaften und Molekularstruktur der Nucleinsäuren und ihrer Komponenten.** 1. Mitt. **Infrarotspektren und Molekularstruktur von Cytidin und Cytidylsäure in der festen Phase bei verschiedenen pH-Werten.** B. I. Ssuchorukow. (Biophysik [UdSSR] **7**, 664—73, 1962; Moskau, Inst. für Chem. Phys., Akad. der Wiss. der UdSSR; russ.) — Im Gebiet von 4000—600 cm^{-1} werden die IR-Spektren von *Cytidin* (**I**), seinem Hydrochlorid, seinem K-Salz sowie von deuteriertem **I** u. *Cytidylsäure* (**II**) im festen Zustand

bei verschiedenen pH-Werten untersucht. Es wird gezeigt, daß $N_{(1)}$ (sp-Zustand) von I Protonenacceptorzentrum ist; II existiert im Bereich pH 4—2,4 als Zwitterion.
Ch. Zimmer. B 120◇

0665 **Untersuchung des Mikrowellenspektrums des C_2H_5·OH-Moleküls.** L. M. Imanow und Tsch. O. Kadshar. (Nachr. Akad. Wiss. AserbaidshanSSR, Ser. physik.-math. techn. Wiss. **1961,** Nr. 2, 51—53; russ., Auszug: aserbaidshan.) — Das Mikrowellenspektrum (10—35 kMHz) wurde mit Hilfe eines früher beschriebenen u. schemat. dargestellten Radiospektrometers bei Zimmer-Temp. u. bei —30° aufgenommen u. für die trans-Konfiguration des C_2H_5OH-Mol. berechnet. Von allen Linien scheint die stärkste bei 28,006 MHz zu sein. Es kommen auch Dublettlinien vor. C. Kozák. B 121◇

0666 **Einfluß des Lösungsmittels und der Struktur des gelösten Stoffes auf die Pulshöhe von Scintillatoren.** 1. Mitt. **Beziehung zwischen Pulshöhe von ringsubstituierten plastischen Styrol-Scintillatoren und den Hammettschen Substituentenkonstanten.** Stanley R. Sandler und Samuel Loshaek. (J. chem. Physics **34,** 439—44, 1961; Philadelphia, Pa., Borden Chem. Comp., Central Res. Labor.; engl.) — Der Einfl. der Struktur von *Methyl-* (Gemisch), *p-Äthyl-, 2.4-, 3.4-, 3.5-Dimethyl-* (u. ihrer Gemische), *Diäthyl-* (Gemisch), *p-Isopropyl-, p-n-Butyl-, p-sek.-Butyl-, p-tert.-Butyl-, p-Benzyl-, p-Methoxy-, m-* u. *p-Chlor-, p-Dodecyl-, α-Methyl-, α.p-Dimethyl-, α-Methyl-p-isopropyl-* u. unsubstituierten *Styrol*-Polymeren auf die Pulshöhe J bei β- u. γ-Strahlung in Ggw. von 2 oder 3% *p-Terphenyl* als Fluor u. 0,05% *POPOP* als Wellenlängenverschieber wurde bestimmt. Zwischen den relativen J-Werten u. den Hammettschen σ- bzw. Taftschen $σ_I$-Werten besteht eine Beziehung: J steigt mit zunehmender Elektronendonatorfähigkeit (mit zunehmendem negativen Wert der σ-Konst.). Bei Substitution eines α-H-Atoms durch eine CH_3-Gruppe fallen die J-Werte beträchtlich. Danach ist das Vorhandensein eines solchen α-H-Atoms für ein wirksames Plast-Lsgm. erforderlich. G. Pötzscher. B 125◇

0667 **Einfluß des Lösungsmittels und der Struktur des gelösten Stoffes auf die Pulshöhe von Scintillatoren.** 2. Mitt. **Beziehung zwischen der Pulshöhe von organischen aromatischen flüssigen Scintillatoren und den Hammettschen Substituentenkonstanten.** Stanley R. Sandler und Samuel Loshaek. (J. chem. Physics **34,** 445—47, 1961; engl.) — 1. vgl. vorst. Referat. — Zwischen den σ-Konst. der Lsgm. Bzl., Diphenyläther, Cumol, Toluol (To.), Xylol, p-Cymol u. Phenetol u. relativen Grenzpulshöhe J von *Phenyl-α-naphthylamin, α.ω-Diphenylbutadien* u. *-hexatrien, Anthranil-, Methylanthranilsäure, p-Aminobenzoesäuremethylester, Fluoranthen, Anthracen* u. *p-Terphenyl* als Fluor (mit konst. Konz.) bestehen angenähert lineare Beziehungen, u. zwar nimmt J linear mit wachsender Donatorstärke (negativer σ-Wert) des aromat. Lsgm. zu. Es wird deshalb angenommen, daß die Änderung in den relativen Grenz-J-Werten infolge Variation des Lsgm. durch Änderung gestreuter Durchschnittsenergie $ω_0$ beim Absorptionsprozeß hervorgerufen wird. Eine ähnliche Beziehung wird für die σ-Werte einer Reihe von nachst. Fluoren u. J mit To. als Lsgm. gefunden: *2.5-Bis-[p-methoxy-, -[p-methyl-, -[p-fluor-, -[p-chlor-, -[p-bromphenyl]-, -[p-diphenylyl]-1.3.4-oxadiazol* u. *2.5-Diphenyl-1.3.4-oxadiazol* sowie *2.5-Diphenyl-, 5-Phenyl-2-p-chlor-, -2-p-methyl-, -2-p-fluor-, -2-p-brom-, -2-p-jodphenyl-* u. *-2-[3.4-dichlorphenyl]-1.3-oxazol* gefunden. Die J-Werte variieren stärker mit den σ-Konst. des Lsgm. als mit den σ-Konst. des Fluors.
G. Pötzscher. B 125◇

0668 **Aufeinanderfolgende Ionen–Molekül-Reaktionen in Methan.** S. Wexler und N. Jesse. (J. Amer. chem. Soc. **84,** 3425—32, 1962; Argonne, Ill., Argonne Nat. Labor.; engl.) — Vff. untersuchen in einer mit bes. kräftiger Pumpanordnung ausgestatteten App. die Rkk. von positiven Ionen mit CH_4 (I) bei Drücken bis zu 0,4 mm Hg in der Ionenquelle des Massenspektrometers. Die erhaltenen Massenspektren weichen beträchtlich von den bei niedrigen Drücken erhaltenen ab, da in zunehmendem Maße schwerere Ionen in einer Folge von Ketten-Rkk. zwischen Ionen u. I gebildet werden. Das bei 0,2 mm Hg erhaltene Spektrum ist tabellar. wiedergegeben. Die Ionen CH_5^+ (II) u. $C_2H_5^+$ (III) liefern bei höheren I-Konzz. >70% der totalen Ionenintensität. Die Anteile der einzelnen Ionenarten variieren stark mit der I-Konzentration. Aus der exponentiellen Intensitätsabnahme der prim. Ionen werden folgende, mit einem Fehler von ca. 2% behafteten Rk.-Querschnitte für die Rk. dieser Ionen mit I berechnet (in 10^{-16} cm^2/Mol.): I^+ 39, CH_3^+ 27, CH_2^+ 36, CH^+ 45. Entsprechend für die sek. Ionen: II 1,6; $C_2H_6^+$ 6,0; III 0,1; $C_2H_4^+$ 1,9; $C_2H_3^+$ 10; $C_2H_2^+$ 26. Mögliche Rk.-Mechanismen werden diskutiert.
R. Conrad. B 131◇

0669 **Feldionisations-Massenspektren organischer Moleküle.** 1. Mitt. **n-Paraffine von C_1—C_9.** H. D. Beckey. (Z. Naturforsch. **17a,** 1103—11, 1962; Bonn, Univ., Inst. für Physikal. Chem.; dt.) — Vgl. C. **1963,** 7691. — Aus den tabellar. u. graph. wiedergegebenen Feldionisations-Massenspektren der *n-Paraffine* von C_1 bis C_9 werden u. a. folgende Gesetzmäßigkeiten über das Verh. organ. Moll. in elektr. Feldern von der Größenordnung 10^7—10^8 V/cm abgeleitet: Bei „niedrigen" u. „mittleren" Feldstärken (die nach prakt. Gesichtspunkten definiert werden) überwiegt die Dissoziation der C—H-Bindung diejenige der C—C-Bindung um Größenordnungen, u. ab C_3 ist das $C_2H_5^+$-Ion (I) (e/m = 29) um 1—2 Zehnerpotenzen häufiger als alle übrigen Fragmentionen. Bei niedrigen Feldstärken werden überwiegend die Mutter-Moll. feldionisiert, während die Intensität der Fragmentionen sehr klein ist. Bei mittleren Feldstärken werden die Mutterionen stärker gespalten, jedoch ist auch in diesem Feldstärkebereich das Massenspektrum wesentlich einfacher als das Elektronenstoß-Massenspektrum. Die Intensität des CH_3-Ions wächst mit steigender Feldstärke an. Die Ursachen für die Dissoziation organ. Ionen u. für die starke Bevorzugung der I-Fragmentionen-Bldg. werden diskutiert. Unterschiede des Materials der zur Felderzeugung benutzten Spitzen (Pt u. Au) haben keinen wesentlichen Einfl. auf die Intensitätsverteilung der Fragmente von n-Paraffinen. R. Conrad. B 131◇

0670 **Freie Radikale durch Massenspektrometrie.** 17. Mitt. **Ionisationspotential und Bildungswärme des Vinylradikals.** A. G. Harrison und F. P. Lossing. (J. Amer. chem. Soc. **82,** 519—21, 1960; Ottawa, Canada, Nat. Res. Council, Div. of Pure Chem.; engl.) — 16. vgl. Canad. J. Chem. **37,** [1959], 1478; 21. vgl. C. **1962,** 4120; 14. vgl. C. **1959,** 15623. — Zur Aufklärung der Differenzen in den für die Bldg.-Wärme des *Vinyl*-Radikals (I) von verschiedenen Autoren gefundenen Werten untersuchen Vff. massenspektrometr. die Pyrolyse-Prodd. von *Methylvinyl-Hg* (aus Vinyl-MgBr u. Methyl-HgJ in Tetrahydrofuran). Aus den Ionisationsausbeutekurven (im Vgl. mit Kr) wird das Ionisationspotential von I zu 9,45 ± 0,05 V bestimmt. Aus diesem u. dem Wert des Appearancepotentials für I aus Äthylen von 14,0 ± 0,05 eV ergeben sich die Dissoziationsenergie $D(C_2H_3—H)$ 105 ± 3 u. die Bldg.-Wärmen $ΔH_f(C_2H_3)$ 65 ± 3 bzw. $ΔH_f(C_2H_3^+)$ 283 sowie die Dissoziationsenergie $D(C_2H_2—H)$ 413 kcal/Mol.
R. Conrad. B 131□

0671 **Über die bandenspektroskopisch untersuchte Anregungstemperatur eines Funkens unter Glycerin.** N. R. Tawde und K. Gopalakrishnan. (Current Sci. [Bangalore] **31,** 327—28, 1962; Dharwar, Karnatak Univ., Dep. of Phys.; Delhi, Univ. of Delhi, Dep. of Phys.; engl.) — Vf. untersucht die Temp. eines Funkens (T_F) zwischen Kohleelektroden unter *Glycerin* an Hand der Schwingungsintensitätsverteilung der C_2 (Swan)-Bande. Graph. dargestellt werden die Beziehungen T_F gegen Spannung u. T_F gegen Kapazität; T_F nimmt mit beiden Größen zu. Die Ergebnisse scheinen den Schluß zuzulassen, daß die Art der Energiezufuhr zur Erzeugung des Funkens bei der Best. von T_F eine Rolle spielt.
Hubertus Zimmer. B 131◇

0672 **Donatorcharakteristika der Carbonylgruppe.** 2. Mitt. **Der Einfluß von Änderungen des Winkels an der Carbonylgruppe.** Denys Cook. (Canad. J. Chem. **39,** 31—37, 1961; Sarnia, Ontario, Canada, Dow Chem. of Canada Ltd., Exploratory Res. Labor.; engl.) — 1. vgl. C. **1963,** 2023. — Vf. untersucht an Hand von Literaturdaten u. im Zusammenhang mit der l. c. aufgestellten Beziehung zwischen ν(C=O) u. dem Ionisationspotential (IP) den Einfl. der Änderung des ∢ *X*—C—X′(α) in *Carbonyl-Verbb.*, XX′C=O, auf die ν(C=O). Er gelangt zu der Beziehung $ν^{120}$ (C=O) = [96 ($ν_{CO}$—1439)/(216—α)] + 1439 (α in Grad u. ν in cm^{-1}), die unabhängig von Substituenten an der CO-Gruppe ist. Aus dieser Beziehung ergibt sich für die Abhängigkeit der ν(CO) vom IP bei einem ∢ α = 120° im Fall unkonjugierter Moll. $ν^{120}$(CO) = 30,50 IP + 1433, im Fall konjugierter Moll. $ν^{120}$ (CO) = 30,50 IP + 1390. Aldehyde, deren ν(CO)-Werte infolge der Abhängigkeit der ν(CO) von der Masse des Substituenten atyp. werden können, sind von diesen Beziehungen ausgeschlossen. Bei konst. IP beträgt die Differenz zwischen beiden Geraden ca. 43 cm^{-1}, während $\Delta\nu$(CO) zwischen nichtkonjugierten u. konjugierten Moll. ca. 35 cm^{-1} ist. Aus obiger Beziehung ergibt sich andererseits, daß 0,19 eV (ΔIP zwischen nichtkonjugierten u. konjugierten Moll.) 6 cm^{-1} entsprechen, so daß die Differenz von 35 cm^{-1} aus 2 Größen mit entgegengesetztem Vorzeichen bestimmt wird. Am Beispiel von *Benzophenon*, *cis*- u. *trans-Mesityloxid* sowie *Tropon* werden die Beziehungen diskutiert. J. Richter. B 131◇

0673 **Freie Radikale durch Massenspektrometrie.** 18. Mitt. **Die Ionisationspotentiale konjugierter Kohlenwasserstoffradikale und die Resonanzenergien von Radikalen und Carboniumionen.** A. G. Harrison und F. P. Lossing. (J. Amer. chem. Soc. **82**, 1052–54, 1960; engl.) — 17. vgl. C. **1964**, 4-0670. — Für die pyrolyt. erzeugten Radikale *Diphenylmethyl* (aus Benzhydrylamin), *α-Napthylmethyl* (aus α-Naphthylmethylamin) u. *β-Naphthylmethyl* (aus β-Naphthylmethylbromid) wurden die Ionisationspotentiale massenspektrometr. in guter Übereinstimmung mit theoret. berechneten Werten zu 7,32 ± 0,1; 7,35 ± 0,1 u. 7,56 ± 0,05 eV gefunden. Die Resonanzenergien dieser sowie des Allyl- u. Benzylradikals u. der Carboniumionen werden aus den experimentell ermittelten Dissoziationsenergien der Bindungen u. den Ionisationspotentialen abgeschätzt u. mit theoret. Berechnungen verglichen. R. Conrad. B 131□

0674 **Massenspektrometrische Untersuchung von Kohlenwasserstoffen. Methyläther der Monosaccharide.** N. K. Kotschetkow, N. Ss. Wulfsson, O. Ss. Tschischow und B. M. Solotarew. (Ber. Akad. Wiss. UdSSR **147**, 1369–72, 1962; Akad. der Wiss. der UdSSR, Inst. für Chem. der Naturstoffe; russ.) — Es wurden Massenspektren von *2.3.4.6-Tetra-O-methyl-D-glucopyranose*, *2.3.5.6-Tetra-O-methyl-D-glucofuranose*, *2.3.4.6-Tetra-O-methyl-D-galaktopyranose*, *2.3.4-Tri-O-methyl-D-xylopyranose*, *2.3.4-Tri-O-methyl-L-rhamnopyranose* u. *2.3.5-Tri-O-methyl-L-arabofuranose* aufgenommen. Es wurde festgestellt, daß, abgesehen von der äußerlichen Ähnlichkeit, die Massenspektren der untersuchten Stoffe eine Reihe von Einzelheiten enthalten, die es ermöglichen, die Verbb. voneinander zu unterscheiden. C. Kozák. B 131◇

0675 **Dipolmomente von Alkanthiolen.** Simão Mathias und Eurico de Carvalho Filho. (J. physic. Chem. **62**, 1427–30, 1958; São Paulo, Brazil, Univ. de São Paulo, Fac. de Fílos., Ciênc. e Letras, Dep. de Quím.; engl.) — Vff. bestimmen die Dipolmomente μ nachst. Mercaptane [als reine Fl. (nach Debye, Onsager u. Yasumi-Komooka) u. in Benzol-Lsg.]: *Äthanthiol* [$Kp._{704,1}$ 32,9°, μ (in Bzl.) 1,48 D], *Propanthiol-(1)* ($Kp._{701,3}$ 65,3°, 1,51) u. -*(2)* ($Kp._{696,2}$ 49,8°, 1,55), *Butanthiol-(1)* ($Kp._{703,0}$ 95,7°, 1,53), *2-Methylpropanthiol-(1)* ($Kp._{132,2}$ 40,2°, 1,53) u. -*(2)* ($Kp._{699,4}$ 61,6, 1,59), *Butanthiol-(2)* [*1-Methylpropanthiol-(1)*, $Kp._{130,0}$ 35,5°, 1,57], *Pentanthiol-(1)* ($Kp._{697,5}$ 122,9°, —), *Hexanthiol-(1)* ($Kp._{698,6}$ 149,7°, —) u. *Heptanthiol-(1)* ($Kp._{696,2}$ 174,5°, —). Die Ergebnisse zeigen, daß μ, nach Debye berechnet, mit der Kettenlänge bei den n-Thiolen zunimmt, bei Berechnung nach Onsager u. Yasumi-Komooka ist μ bei den n-Thiolen von der Kettenlänge unabhängig. Die nach Onsager berechneten μ zeigen die beste Übereinstimmung mit den in Benzol-Lsg. ermittelten Werten. Hubertus Zimmer. B 132◇

0676 **Experimentelle Untersuchung des Sumoto-Effektes.** William F. Pickard. (J. appl. Physics **32**, 1888–93, 1961; Cambridge, Mass., Harvard Univ., Cruft Labor.; engl.) — Vf. untersuchte systemat. den von Sumoto (vgl. Ôyô Butsuri **25**, [1956], 264) beobachteten Effekt, wonach fl. Dielektrika an in sie getauchten Elektroden hochsteigen, wenn zwischen ihnen eine hohe Potentialdifferenz besteht. Die Verss. wurden zuerst bei Gleichstrom ausgeführt mit *Aceton* (**I**) als Dielektrikum u. Elektroden aus Mo, W, Ta, Nb, Ni, Ag, Cu, Al, Au, Mg, Ti, Pb, Cd, In, mit Mo überzogenes Pt u. rostfreiem Stahl. Die beobachteten Effekte erhöhten sich mit der angelegten Spannung u. nahmen ab mit zunehmendem Durchmesser u. Abstand der Elektroden. Einige Verss. wurden auch mit Wechselstrom (60 Hz) durchgeführt: Mit Mo-Elektroden u. folgenden Fll. *n-Octan*, *Nitrobenzol*, *Chlorbenzol*, *Bzl.*, CCl_4, *Trichloräthylen*, *Ae.*, *Isoamylacetat*, *Methyläthylketon* (**II**), *Toluol*, *Methylalkohol*, *Äthylenglykol*, *Äthylformiat*, *Pentan*, *n-Propylalkohol* u. *Methylacetat*. Den größten Effekt zeigten **I** u. **II**. Verss. mit *Ta*-Elektroden geben ähnliche Ergebnisse. Zur Unters. des Einfl. der chem. Struktur wurden mit Mo-Elektroden u. mit Gleich- u. Wechselstrom die folgenden Ketone untersucht: **I**, **II**, *Methylisopropyl-*, *Diäthyl-*, *Methyl-n-propyl-*, *Methylisobutyl-*, *Butyläthyl-*, *Methylamyl-* u. *Methylhexylketon*. Der Effekt ist bei Wechselstrom ausgeprägter als bei Gleichstrom u. nimmt schnell ab bei den höheren Gliedern einer Verbindungsreihe. Zu Vgl.-Zwecken werden **I** u. der damit isomere *Allylalkohol* sowie die 4 *Butylalkohole* untersucht. Der Effekt mit Allylalkohol war ganz minimal gegenüber **I**. Die Butylalkohole gaben sehr viel kleinere Effekte als **I**, obwohl sie sich voneinander in ihrem Verh. sehr verschieden zeigten. Die Ergebnisse wurden vom theoret. Standpunkt diskutiert. C. Gottfried. B 132

0677 **Eine Erklärung des Gleichstrom-Sumoto-Effektes.** William F. Pickard. (J. appl. Physics **33**, 941–42, 1962; Cambridge, Mass., Harvard Univ., Gordon McKay Labor.; engl.) — Vgl. vorst. Referat. — An Hand neuer Unterss. am Syst. *Aceton-Mo* zeigt Vf., daß sich der Gleichstrom-Sumoto-Effekt durch einen anomalen Potentialabfall nahe einer der Elektroden erklären läßt. C. Gottfried. B 132

0678 **Dielektrizitätskonstante einiger organischer Verbindungen in einem weiten Temperaturgebiet.** A. W. Komandin und W. Ja. Rossolowski. (J. physik. Chem. [UdSSR] **33**, 1283–88, 1959; Moskau, Lomonossow-Univ.; russ., Auszug: engl.) — Die DK von *o-Acetoxybenzoesäuremethyl-* u. *-phenylester*, *Glycerin-α-o-hydroxybenzoat* u. *Glycerin-α.γ-diacetat* im fl. u. unterkühlten Zustand wurden bestimmt u. die Orientierungspolarisation u. der Kirkwood-Koeff. berechnet. DK u. Struktur der Verbb. werden verglichen. Jede Verb. besitzt bei einer bestimmten Temp. ein Maximum der Dielektrizitätskonstanten. H. Roschkowski. B 132◇

0679 **Dipolmomente der Imidazol-Abkömmlinge.** 2. Mitt. O. A. Ossipow, A. M. Ssimonow, W. I. Minkin und A. D. Garnowski. (J. physik. Chem. [UdSSR] **36**, 1466–71, 1962; Rostow/Don, Staatsuniv.; russ., Auszug: engl.) — 1. vgl. Minkin u. Mitarbeiter, J. physik. Chem. [UdSSR] **36**, [1962], 469. — Die Dipolmomente μ von folgenden Imidazol-Derivv. u. von *N.N'-Diphenylformamidin* (**I**) wurden in Dioxan bei 25° gemessen: Imidazole: *Naphtho-[1.2:d]-* (F. 178°, W.), μ = 4,12 (D); *3-Methylnaphtho-[1.2:d]-* (F. 137–138°, wss. A.), 3,86; *1-Äthylnaphtho-[1.2:d]-*, (F.129, A.) 4,04; *N-Äthylphenanthro-[9.10:d]-* (F. 122°, wss. A.), 4,11; Benzimidazole: *2-Methyl-* (F. 174°, W.), 4,65; *5(6)-Nitro-* (F. 203°, W.) 5,95; *2-Methyl-5(6)-nitro-* (F. 220°, W.) 6,57; *2-Methyl-5(6)-methoxy-* (F. 141–142°, PAe.), 4,61; 4.5-Diphenylimidazole: *2-[p-Nitrophenyl]-* (F. 239°, Essigsäure) 5,78; *2-[p-Dimethylaminophenyl]-* (F. 243°, Bzl.), 4,38; **I** (F. 143°, Bzl.) 2,20; Imidazolring: 4. Die ankondensierten carbocycl. Kerne ändern den μ-Wert der Stamm-Verb. nicht wesentlich. C. Kozák. B 132◇

0680 **Über Photodepolarisation einiger Kristalle von aromatischen Kohlenwasserstoffen.** W. M. Fridkin und G. Ss. Belikowa. (Festkörperphysik [UdSSR] **5**, 356–58, 1963; Moskau, Akad. der Wiss. der UdSSR, Inst. für Kristallogr.; russ.) — Die Photo- u. Dunkeldepolarisation von *Anthracen-*, *Phenanthren-*, *Stilben-*, *Tolan-* u. *Naphthalin* (**I**)-Kristallen wurde untersucht, deren Aufladung durch Oberflächenadsorption positiver oder negativer Ionen aus einer Coronaentladung erfolgte. Für alle Kristalle, mit Ausnahme von **I**, fällt bei Belichtung mit Licht der Absorptionsbande die positive Ladung schneller als die negative ab. Die Kristalle besitzen eine bemerkenswerte Photoleitfähigkeit — auch außerhalb der eigenen Absorption — jedoch kann man dabei keine Unipolarität bemerken. Es wird der wahrscheinliche Mechanismus dieser Erscheinung u. seine Rolle bei der Anwendungstechnik der hochohm. Photoleiter aufgestellt. C. Kozák. B 134◇

0681 **Elektrische Eigenschaften von Chlorpromazin.** F. Gutmann und A. Netschey. (J. chem. Physics **36**, 2355–60, 1962; Sydney, Australia, Univ. of New South Wales, Dep. of Phys. Chem.; engl.) — Vgl. C. **1962**, 12232. — Die elektr. Eigg. von aus einer Schmelze erhaltenen Scheiben von *Chlorpromazin* (**I**; *2-Chlor-10-dimethylaminopropylphenothiazin*, F. 56,85°, mehr als 99,9% rein) werden untersucht. Widerstandsmessungen bei wiederholter Erwärmung u. Kühlung

(Kurven) ergeben für I eine Gleichstromleitfähigkeit von 7,5, 14,3, 0,92 bzw. 22,8 $\Omega^{-1}\cdot cm^{-1}\cdot 10^{-12}$ bei 16, 28, 32 bzw. 58° u. eine parallele äquivalente Wechselstromleitfähigkeit von 8,1 bzw. 0,27 $\Omega^{-1}\cdot cm^{-1}\cdot 10^{-9}$ bei 25 bzw. 50°. I weist bei 32° einen kristallinen Umwandlungspunkt auf. Die Halbleiterbeziehung $\sigma = \sigma_0 \exp(-E/2\,kT)$ ergibt für I einen mittleren Wert von E = 2,1 eV zwischen 34 u. 80°. Es läßt sich keinerlei Hysterese nachweisen. Die DK beträgt bei 1592 Hz u. 25 bzw. 40° 13,2 bzw. 6,8 u. bei 1 MHz u. 22 bzw. 44° 5,8 bzw. 11,3. Die Brechungsindices werden im Gebiet von 20—60° bestimmt (Kurve) u. betragen $n_D^{21,5}$ 1,6390 u. n_D^{58} 1,6220. IR-Spektren unter- (25°) u. oberhalb (36 u. 55°) des Umwandlungspunktes werden bestimmt (Abb.), wobei die Spektren bei 36 u. 55° prakt. ident. sind. I ist über den gesamten untersuchten Temp.-Bereich diamagnetisch. Der dielektr. Verlustwinkel tgδ wird zwischen 20 u. 50° gemessen (Kurve). Die Ergebnisse lassen vermuten, daß I unterhalb 32° eine gefaltete, oberhalb 32° eine nahezu planare Struktur aufweist. Vff. diskutieren die Meßergebnisse, vergleichen sie mit den bei amorphem Se gefundenen Werten u. schlagen bzgl. der Anwendung von I als Psychopharmazeutikum vor, die I-Modifikation oberhalb des Umwandlungspunktes zu verabfolgen, da diese enzymat. leichter angreifbar erscheint. G. Kirsten. B 135◇

0682 **Dynamische Kernpolarisation von Protonen in Lösungen von Benzosemichinonen.** R. Battut, G. Berthet und J. P. Imbaud. (Arch. Sci. [Genève] **14 (166),** 490—93, 1961; Clermont-Ferrand, Fac. des Sci., Labor. de Radioélectr.; franz.) — Vff. beobachteten in alkohol. Lsgg. von *Benzosemichinon* u. seinem *Mono-, Di-* u. *Tetrachlor-Deriv.* eine dynam. Polarisation der alkohol. Protonen. Die Zunahme der Polarisation scheint unabhängig von der Art der Derivv. zu sein u. entspricht einem geschätzten Faktor von ca. 30. Im ERP-Spektrum zeigt das Signal bei 330 kHz deutliche Schleifen; die Intensität ändert sich bei Änderung der Amplitude des Hochfrequenzfeldes nicht, d. h. Sättigung ist erreicht. Auch bei Änderung der Radiofrequenz im 15 kHz-Band um ca. 330 Hz ändert sich die Intensität nicht; demnach scheinen die Hyperfeinkomponenten beträchtlich verbreitert, wie es bei Sättigung üblich ist. J. Richter. B 137◇

0683 **Untersuchung der dynamischen Polarisation des Kernspins in freien Radikalen.** A. W. Kessenich. (Hochschulnachr. [Tomsk], Physik **1962,** Nr. 1, 144—50; Moskau, Univ.; russ.) — Die dynam. Polarisation der Protonen in *Diphenylpikrylhydrazyl* wurde im Magnetfeld von 3400 Oe bei Zimmer-Temp. beobachtet. Hierzu wurde der Anstieg des Signals der kernmagnet. Resonanz nach der Sättigung der elektronenparamagnet. Resonanz (Oberhauser-Effekt) auf dem Oscillographenschirm beobachtet. Neben diesem Signal bei 14,1 MHz wurde noch ein zweites Signal der elektronenparamagnet. Resonanz beobachtet (Absorption zweier Quanten). M. Wiedemann. B 137◇

0684 **Paramagnetische Resonanz des Cycloheptatrienyls.** David E. Wood und Harden M. McConnell. (J. chem. Physics **37,** 1150—51, 1962; Pasadena, Calif., California Inst. of Technol., Gates and Crellin Labor. of Chem.; engl.) — Durch Bestrahlung eines *Cycloheptatrien* (C_7H_8) in fester Lsg. u. in niedriger Konz. enthaltenden Naphthalineinkristalls mit 50 kV-Röntgenstrahlung erhielten Vff. *Cycloheptatrienylradikale,* deren ESR-Spektrum bei Zimmer-Temp. sie aufnahmen. Die beobachtete Protonenhyperfeinaufspaltung war nahezu isotrop u. gleich 3,95 ± 0,25 G. Vff. schließen, daß die Radikale eine ebene, regulär heptagonale Struktur besitzen mit einer einheitlichen mittleren zeitlichen Spinverteilung. Die Ergebnisse werden eingehend diskutiert. Ch. Zechel. B 137◇

0685 **Über das Elektronenspinresonanzspektrum des Triphenylmethylradikals.** P. Brovetto und E. Vighetto. (Physics Letters [Amsterdam] **5,** 109—11, 1963; Torino, Italy, Univ., Ist. di Fis.; engl.) — Mittels einer VB-Meth. werden die Spindichten an den p-, m- u. o-C-Atomen des Radikals berechnet. Bei Verw. von Kekulé-Strukturen allein ist der Unterschied zwischen berechneten u. beobachteten Werten (vgl. Chesnut u. Sloan, C. **1961,** 3277) nicht so groß wie nach Jarretschen Berechnungen (Privat-Mitt.). G. Pötzscher. B 137◇

0686 **Das Heptaphenyltropylium (Heptaphenylcycloheptatrienyl)-Radikal in Lösung.** 3. Mitt. **Polyarylcycloheptatriene.** Merle A. Battiste. (J. Amer. chem. Soc. **84.** 3780—82, 1962; Gainesville, Fla., Univ. of Florida, Dep. of Chem.; engl.) — 2. vgl. J. Amer. chem. Soc. **83,** [1961], 4101. — Bei Behandlung einer gerührten Suspension von Heptaphenyltropyliumbromid (I) in Dimethoxyäthan mit Zn-Staub bei Zimmer-Temp. in trockener inerter Atmosphäre verschwindet die rotorange Farbe von I innerhalb von 2 Std. u. die Lsg. nimmt eine tiefbraune Färbung an. Das starke ESR-Singulett u. die beträchtliche Verbreiterung der Lsg.-Linien im NMR-Spektrum deuten auf eine hohe Konz. an *Heptaphenylcycloheptatrienylradikalen* (II) in der braunen Lsg.; aus den ESR-Daten geht hervor, daß die Dichte ungepaarter Spins an einem C-Atom des Siebenrings lokalisiert ist u. daß die Phenylringe vermutlich beträchtlich gegenüber der Ebene des Siebenrings verdrillt sind. Aus der II-Lsg. fällt bei Zugabe von überschüssigem Br_2 ein Tribromid aus, mit J_2 analog ein Trijodid. Mit NO_2 reagiert II zu stark gefärbten isolierbaren Prodd. unbekannter Struktur, durch O_2 geht die braune Farbe wieder in die rotorange über. K red. die II-Lsg. zum tiefpurpurnen K-Salz (vgl. Breslow u. Chang, C. **1962,** 18062) des Heptaphenylcycloheptatrienylanions. Ch. Zechel. B 137◇

0687 1. Mitt. **Anwendung der NMR-Spektroskopie auf einige Probleme der chemischen Struktur (Kohlenwasserstoffe, Aldehyde, Amine, Organophosphorverbindungen).** 2. Mitt. **Intermolekulare Bindungen.** René Freymann, Marie Freymann, Claude Giessner-Prettre, Gabrielle Martin, Maryvonne Martin und Gérard Mavel. (Arch. Sci. [Genève] **14 (166),** 393—402, 1961; Paris, Fac. des Sci., Labor. de Spectroscopie Hertzienne; franz.) — Es wird eine Übersicht über die Anwendung hochaufgelöster NMR-Spektren auf folgende Probleme der Mol.-Struktur u. chem. Analyse gegeben: Vgl. der Lage der Linien der an einem oder mehreren aromat. Kernen substituierten CH_3- u. C_2H_5-Gruppe, analyt. Unterscheidung von Aldehyden durch die CHO-Linie u. Anwendung auf die Identifizierung von Aminoaldehyden u. -ketonen sowie die Unterscheidung von Polymeren (Acetaldehyd), Lage der NH-Linie in N-Verbb., NMR-Unterss. verschiedener Typen von Organophosphorverbindungen. Ferner wird die Meth. erweitert, aus der Verschiebung der Chlf.-Linie auf die Basizität von O u. N zu schließen. J. Richter. B 137◇

0688 **Untersuchung des push-pull-Effektes durch kernmagnetische Resonanz.** S. Kinastowski und Z. Pajak. (Arch. Sci. [Genève] **14 (166),** 403—04, 1961; Paris, Fac. des Sci., Labor. de Spectroscopie Hertzienne; franz.) — Vgl. vorst. Ref.; vgl. auch C. **1962,** 1938. — Der Ionenaustausch zwischen den CH_2-Protonen von *Malonsäurediäthylester* (II) u. dem Proton von *Piperidin* (I) äußert sich in Abhängigkeit von der I-Konz. in einer linearen Zunahme der Linienbreite ΔH im NMR-Spektrum; für 0,05 Mol I ist der Effekt sehr schwach. Bei Zusatz geringer Mengen Piperidiniumbenzoat wird hingegen eine beträchtliche Exaltation beobachtet. Dies wird mit einem Protonenaustausch zwischen I u. seinem Salz über II erklärt. J. Richter. B 137◇

0689 **Säurefunktionen des Systems Diäthyläther-BF_3.** G. B. Maneliss, M. I. Winnik und N. M. Tschirkow. (J. physik. Chem. [UdSSR] **33,** 1030—34, 1959; Moskau, Akad. der Wiss. der UdSSR, Inst. für chem. Phys.; russ., Auszug: engl.) — Die Säurefunktion H_0 des Syst. *Ae.–BF_3* wurde über einen großen Konz.-Bereich bestimmt, $(C_2H_5)_2O:BF_3$ (I) übertrifft mit dem H_0-Wert (— 6,22 für 100%) den H_0-Wert von H_3PO_4. Quant. Daten zur Geschw. der Isobutylenpolymerisation stimmen mit denen der Säurefunktion überein. Eine Gleichung zur Best. der Abhängigkeit von H_0 von der Konz. an I in Ae. wird angegeben. H. Roschkowski. B 139◇

0690 **Die Säurestärke von Buttersäure und o-Toluylsäure.** W. J. Le Noble, James LuValle und Asa Leifer. (J. physic. Chem. **66,** 1188—89, 1962; New York, N.Y., State Univ., Dep. of Chem.; Syosset, N.Y., Fairchild Camera and Instrument Corp., Basic Res. Labor.; engl.) — Es wurde mittels NMR-Spektroskopie untersucht, ob die Dissoziation der auffallend starken *n-Buttersäure* (I) u. *o-Toluylsäure* auf H-Brücken-Bldg. zwischen Methyl-H u. Carbonylgruppe im Anion zurückzuführen ist. Die Stärke der Brückenbindung läßt sich aus der Signalverschiebung δ zu geringen Feldstärken ermitteln, wie Untersuchung von δ in Gemischen von *Chlf.*

mit Pyridin-N-oxid, Nitro- u. Nitrosobenzol zeigten. Gegenüber *Propionsäure* bzw. **II**, *m-* u. *p-Toluylsäure* ist beim Übergang von der Säure zum Anion jedoch keine größere chem. Verschiebung festzustellen, d. h. es liegt im I- u. II-Anion keine innermol. H-Bindung vor.

P. H. Laur. B 139◇

0691 **Übertragung elektronischer Effekte durch den Cyclopropanring. Ionisationskonstanten von m- und p-substituierten β-Phenylpropionsäuren sowie der cis- und trans-2-Phenylcyclopropancarbonsäuren in 50%igem Äthanol.** Richard Fuchs, Charles A. Kaplan, Jordan J. Bloomfield und Lewis F. Hatch. (J. org. Chemistry **27**, 733—36, 1962; Austin, Tex., Univ. of Texas, Dep. of Chem.; engl.) — Es wurden die pK-Werte in 50%ig. wss. A. bei 25° von m- u. p-substituierten β-Phenylpropion-, cis- u. trans-2-Phenylcyclopropancarbonsäuren bestimmt. Die Hammettschen ϱ-Konst. für die unsubstituierten Säuren sind 0,344; 0,436 u. 0,473. Durch Vgl. dieser Werte mit den in W. gemessenen wird geschlossen, daß der Cyclopropanring die elektron. Effekte etwas besser leitet, als die Dimethylengruppe.

Versuche: Die Säuren wurden durch säurekatalysierte Hydrolyse der entsprechenden Ester in wss. A. hergestellt. β-Phenylpropionsäuren: *Unsubstituiert*, F. 47,8—48,6°; pK_a 5,877. — *4-NO_2-*, F. 165,4—166,2°; 5,554. — *3.4-Cl_2-*, F. 95,8—96,8°; 5,690. — *3-Cl-*, F. 71,6—72,5°; 5,772. — *4-Cl-*, F. 120,9—121,9°; 5,781. — *4-CH_3-*, F. 115,8—116,7°; 5,930. — *4-OCH_3-*, F. 103,1—103,8°; 5,911. — cis-2-Phenylcyclopropancarbonsäuren: *Unsubstituiert*, F. 105,0 bis 105,6°; 6,331. — *3-NO_2-*, F. 178,7—179,7°; 5,961. — *3.4-Cl_2-*, F. 179,2—180,2°; 6,123. — *3-Cl-*, F. 113,4—114,4°; 6,215. — *4-Cl-*, F. 128,1—129,1°; 6,222. — *3.4-CH_2O_2-*, F. 145,0—145,6°; 6,358. — *4-CH_3-*, F. 101,3—102,2°; 6,433. — *4-OCH_3-*, F. 100,8—101,0°; 6,405. — trans-2-Phenylcyclopropancarbonsäuren: *Unsubstituiert*, F. 90,8—91,4°; 5,783. — *4-NO_2-*, F. 199,0—200,0°; 5,333. — *3-NO_2-*, F. 154,7—155,6°; 5,415. — *3.4-Cl_2-*, F. 141,7—142,3°; 5,492. — *3-Br-*, F. 117,6 bis 118,0°; 5,614. — *3-Cl-*, F. 108,2—108,6; 5,612. — *4-Br-*, F. 126,0—126,7°; 5,635. — *4-Cl-*, F. 115,8—116,7°; 5,629. — *3.4-CH_2O_2-*, F. 124,0—124,8°; 5,783. — *4-OCH_3-*, F. 113,2 bis 114,2°; 5,849. — *3.4-$(CH_3)_2$-*, F. 99,5—100,0°; 5,888.

H. Cnobloch. B 139◇

0692 **Die relativen Basizitäten von Äthern.** Henry E. Wirth und Paul I. Slick. (J. physic. Chem. **66**, 2277—79, 1962; Syracuse, N.Y., Syracuse Univ., Dep. of Chem.; engl.) — Durch Best. der Gleichgewichts-Konst. für die Verteilung von BF_3 zwischen zwei Äthern in benzol. Lsg. bei 27° wurden die relativen Basizitäten von einigen Äthern u. zwei Alkoholen ermittelt. Zwischen einem Äther (B_1) u. Ae.- bzw. Dimethylätherbortrifluorid (B_2:BF_3) in benzol. Lsg. stellt sich das Gleichgewicht $B_1 + B_2{:}BF_3 \rightleftharpoons B_1{:}BF_3 + B_2$ ein. Die Gleichgewichts-Konz. an B_2:BF_3 läßt sich aus der Intensitätsänderung der IR-Bande der B—F-Valenzschwingung [$(C_2H_5)_2O\cdot BF_3$ bei 763 cm^{-1}, $(CH_3)_2O\cdot BF_3$ bei 816 cm^{-1}] berechnen. Die Basizität nimmt ab in der Reihenfolge der nachst. untersuchten Verbb.: *Tetrahydrofuran, A., Tetrahydropyran, Methanol, Dimethyläther, Äthylmethyläther, Propylenoxid, Ae., Di-n-propyläther, Diisopropyläther, Tetrahydrothiophen, Diäthylsulfid.* Ein Zusammenhang zwischen der Lage der symm. B—F-Valenzschwingung der Äther–BF_3-Komplexe u. der Basenstärke der Äther besteht nicht. Die Abschätzung der $\Delta F_{27°}$-Werte für die Rkk. $B_1 + BF_3 \rightarrow B_1{:}BF_3$ gelang, indem bereits bekannte $\Delta F_{27°}$-Werte zu den ermittelten Gleichgewichts-Konst. in Beziehung gesetzt wurden.

H. U. Kibbel. B 139◇

0693 **Polarographie einiger Derivate von Thioxanthon-S.S-dioxid.** I. A. Korschunow und N. I. Maljugina. (J. allg. Chem. [UdSSR] **29 (91)**, 3463—67, 1959; Gorki, Univ., Chem. Inst.; russ.) — Die polarograph. Red. des *Di-Na-* u. *Di-NH_4-Salzes* der *Thioxanthon-S.S-dioxid-3.6-disulfonsäure* (**I**) u. von *3.6-Dichlorthioxanthon-S.S-dioxid* (**II**) wird in verschiedenen Medien (0,2 n LiCl; 0,2 n KNO_3; 0,2 n Na_2SO_4; 0,2 n HCl; 0,2 n NaOH) untersucht u. der Einfl. des pH-Wertes auf das Halbstufenpotential $E_{1/2}$ bestimmt: Salze von **I**, $E_{1/2}$ —0,71 bis —0,73 V (gegen gesätt. Kalomelelektrode, 0,2 n Salz-Lsg.), —0,37 (0,2 n HCl), —0,70 u. —0,91 (0,2 n NaOH); **II**, $E_{1/2}$ —1,19 (0,2 n Salz-Lsg.), —1,26 (in Puffer-Lsg. mit 60% A.). An der Red. beteiligen sich 2 Elektronen, was dem Übergang der CO- in die CHOH-Gruppe entspricht.

I. Schade. B 142△

0694 **Polarographische Untersuchung von Alkaloiden.** 1. Mitt. B. Lovreček und T. Jukić-Markušić. (Croat. chem. Acta **28**, 255—59, 1956; Zagreb, Sveučilište, Kemijsko-prehrambenorudarski fak.; kroat., Auszug: engl.) — Bei der polarograph. Unters. von *Chinidin* (**I**) wurde der Einfl. von verschiedenen I-Konzz. ($2\cdot10^{-5}$, $3\cdot10^{-5}$, $2\cdot10^{-4}$, $3\cdot10^{-4}$, $4\cdot10^{-4}$ Mol/Liter) auf die H-Abscheidung an der tropfenden Hg-Elektrode in 0,1 n HCl untersucht. Vor der H-Entw. wird eine Vorstufe beobachtet, die durch Adsorption von **I** oder bzw. u. seines Red.-Prod. gedeutet wird. Nach einer Gleichung von Brdička (vgl. Z. Elektrochem. **48**, [1942], 278) wird die Zahl der adsorbierten Mol./cm^2 Oberfläche zu $9{,}3\cdot10^{13}/n$ bestimmt (n = Zahl der Elektronen).

H. Cnobloch. B 142◇

0695 **Dichten und Molvolumina einiger organischer Verbindungen in einem weiten Temperaturgebiet.** A. W. Komandin und W. Ja. Rossolowski. (J. physik. Chem. [UdSSR] **33**, 1280—82, 1959; Moskau, Lomonossow-Univ.; russ., Auszug: engl.) — Vgl. C. **1964**, **4**-0678. — Tabellar. Angaben für den Temp.-Bereich von 60—160° für den fl. u. unterkühlten Zustand von *Äthylenglykol, Glycerin, Glycerin-α.γ-diacetat, -α-o-hydroxybenzoat* u. *o-Acetoxybenzoesäuremethyl-* u. *-phenylester.* Für die lineare Temp.-Abhängigkeit der Dichte u. des Mol.-Vol. werden Gleichungen angegeben.

H. Roschkowski. B 148◇

0696 **Einfluß von Isoamylalkohol auf die kritischen Erscheinungen im System Triäthylamin–Wasser.** Je. L. Sorina und W. K. Ssementschenko. (J. physik. Chem. [UdSSR] **33**, 523—33, 1959; Moskau, Akad. der Wiss. der UdSSR, Inst. für anorgan. Chem.; russ., Auszug: engl.) — Die Viscosität von *Triäthylamin* (**I**)–*W.*-Gemischen in Ggw. kleiner Zusätze von Isoamylalkohol (**II**) wurde mit Hilfe einer Capillarmeth. bestimmt. Dabei werden entgegengesetzte Wrkg. der Zugabe gleicher Mengen **II** bei Mischungen mit I-Geh. oberhalb bzw. unterhalb des krit. Wertes festgestellt. Bei I-Konz. in der Nähe des krit. Wertes ist die Wrkg. von II-Zusätzen am stärksten.

H. Roschkowski. B 150◇

0697 **Über die Eigenschaften von azeotropen Dreikomponentengemischen, die aus Komponenten mit begrenzter gegenseitiger Löslichkeit bestehen.** 2. Mitt. W. B. Kogan und T. Ss. Tolstowa. (J. physik. Chem. [UdSSR] **33**, 276—78, 1959; Leningrad, Inst. für angew. Chem.; russ., Auszug: engl.) — 1. vgl. C. **1957**, 3459. — Die Kpp. u. Zus. der azeotropen Gemische der Syst. *n-Propylalkohol* (**I**)–*W.*; **I**–*Trichloräthylen* (**II**); *Allylalkohol* (**III**)–*Hexan* (**IV**); **I**–*W.*–**II**; **III**–*W.*–**IV** u. *Isopropylalkohol–W.–Nitromethan* u. *Bzl.–Hexylalkohol–W.* wurden bestimmt. Im letzten Syst. existiert kein tern. azeotropes Gemisch. Die Daten für alle tern. Azeotrope u. für das bin. Azeotrop III–IV weichen von früheren Daten ab. Der relative Geh. der Komponenten mit gegenseitiger Löslichkeit ist im tern. höher als im bin. Gemisch.

H. Roschkowski. B 150◇

0698 **Thermische Analyse des ternären Systems Harnstoff–Essigsäure–Trichloressigsäure.** I. M. Bochowkin, Ju. I. Bochowkina und Je. O. Witman. (J. allg. Chem. [UdSSR] **32 (94)**, 2415—18, 1962; Archangelsk, holztechn. Inst.; russ.) — Das Syst. *Harnstoff* (**I**, F. 132°)–*Essigsäure* (**II**, F. 16,6°)–*Trichloressigsäure* (**III**, F. 58°) wurde nach der polytherm. Meth. (durch Best. der Temp., bei welcher die letzten Kristalle verschwinden) untersucht. Im bin. Syst. I–III wurde das Vorhandensein der Verb. **I·III** u. **I·2 III** festgestellt. Im F.-Diagramm des Syst. I–II–III sind 6 Kristallisationsfelder vorhanden: 3 Felder der reinen Komponenten; 2 Felder für die Verbb. aus **I** u. **III** u. 1 Feld für die Verb. aus **I** u. **II**. Die Kristallisation erfolgt von **I** (mit höchstem F.) ausgehend zu **II** (mit niedrigstem F.).

C. Kozák. B 150◇

0699 **Spezifische Wärmen bei tiefen Temperaturen und thermodynamische Funktionen von endo- und exo-2-Cyanbicyclo-[2.2.1]-heptan.** E. A. Sseregin, W. P. Kolessow, N. A. Belikowa, Ss. M. Skuratow und A. F. Plate. (Ber. Akad. Wiss. UdSSR **145**, 580—83, 1962; Moskau, Lomonossow-Univ.; russ.) — Das endo- (**I**) u. exo-Isomere (**II**) wurden im adiabat. Vakuumkalorimeter im Temp.-Bereich von 12° K bis zu 10—20° oberhalb des F. untersucht. Die S_T-, H_T-, H_0-Werte wurden durch Integration von C_p/lnT- u. C_p/T-Kurven erhalten: **I**, F. 331,67 ± 0,02° K, Schmelzenthalpie ΔH_s 707,7 ± 3,2 (cal/Mol), -entropie 2,13 (cal/Grad·Mol); $S_{298,15}$ 53,49 ± 0,25; $H_{298,15}-H_0$ 8000,7 ± 16;

II, F. 300,27 ± 0,04; 703,4 ± 1,8; 2,35; 55,11 ± 0,26; 8873 ± 29. Beide Stoffe erleiden Umwandlungen in fester Phase, I bei 177,37° K (ΔH 500,6 ± 0,3 cal/Mol; ΔS 2,82 cal/Grad·Mol), II bei 237,7° K (1895 ± 11; 7,97). Die Ergebnisse deuten darauf hin, daß die stabile Modifikation von II bei tiefen Temp. ein stabileres Kristallgitter besitzen muß als I.
G. Rudakoff. B 151◇

0700 **Halbempirische Methode zur Berechnung der Bildungswärmen von Peroxidverbindungen.** G. I. Lichtenstein. (J. physik. Chem. [UdSSR] **36,** 1503—07, 1962; Akad. der Wiss. der UdSSR, Inst. für chem. Phys.; russ., Auszug: engl.) — Zur Berechnung der Bldg.-Wärmen ΔH von Alkyl- u. Acylperoxiden aus den Bldg.-Wärmen der entsprechenden Alkohole u. Säuren wird die Gleichung $\Delta H_{ROOR} = 2\Delta H_{ROH} + 66$ kcal abgeleitet. Daraus werden die Dissoziationsenergien der O—O-Bindungen in Alkylhydroperoxiden (*Methyl-, Äthyl-, Propyl-, Butyl-, Pentyl-, Hexyl-, Isopropyl-, Isobutyl-, tert.-Butyl-, tert.-Pentyl-, Cyclohexyl-* u. *-pentyl-, Benzyl-*) u. Dialkylperoxiden (*Dimethyl-, Diäthyl-, Dipropyl-, Diisopropyl-, Dibutyl-, Diisobutyl-, Di-sek.-butyl-, Di-tert.-butyl-, Di-tert.-pentyl-*) wie auch die Bldg.-Wärmen einer Reihe von Acyloxyradikalen u. auch die Energien der O—R-Bindungen in Säuren u. Estern (*Essigsäure, -methyl-, -äthyl-, -propyl-, -isopropyl-, -butyl-, -isobutylester, Propionsäure, -methyl-, -äthylester, Benzoesäure, -methyl-, -äthylester, Acetanhydrid, Peressig-* u. *-benzoesäure*) berechnet.
C. Kozák. B 156◇

0701 **Bestimmung der Bildungswärme des Di-n-butylesters der n-Butylboronsäure.** G. L. Galtschenko, R. M. Baruschtschenko, Ju. N. Budnow und B. M. Michailow. (J. allg. Chem. [UdSSR] **32 (94),** 2405—08, 1962; russ.) — Von *n-Butylboronsäuredi-n-butylester* (Kp.$_7$ 95,5—96,0°; n_D^{20} 1,4158) wurde die Verbrennungswärme zu —1976,7 ± 2,4 kcal/Mol (bei 25° u. 1 At) calorimetr. ermittelt. Auf Grund dieses Wertes u. mit Hilfe anderer bekannter Größen wurde die Standard-Bldg.-Wärme zu $H^0_{Bldg.} = -224,7 \pm 2,4$ kcal/Mol (aus B_{Krist}, H_{2Gas} u. O_{2Gas}) berechnet. C. Kozák. B 156◇

0702 **Einige Gesetzmäßigkeiten in Verbrennungswärmen von Aminosäuren.** W. W. Ponomarew. (J. physik. Chem. [UdSSR] **36,** 1472—76, 1962; Moskau, Lomonossow-Staatsuniv.; russ., Auszug: engl.) — Mittels bekannter Literaturdaten von Verbrennungswärmen $-\Delta H_c$ von folgenden, physiolog. bedeutenden Aminosäuren werden deren genaueste $-\Delta H_c$-Werte abgeleitet: *Glycin,* DL- u. *D-Alanin, Sarkosin, L-Cystein, Serin, Kreatinin, Asparaginsäure, L-Asparagin* (Hydrat u. wasserfrei), *Kreatin* (wasserfrei), *DL-Threonin, DL-Prolin, L-Hydroxyprolin, L-Glutaminsäure, L-Glutamin, L-Valin, L-Methionin, DL-Ornithin, L-Cystin, DL-, D-* u. *L-Leucin, DL-* u. *L-Isoleucin, Norleucin, DL-Lysin, D-Arginin, Hippursäure, L-Phenylalanin, L-Thyrosin* u. *L-Tryptophan.* Es wurden die Inkrementwerte für CH_2- (156,5), NH_2- (—25,6$_2$), OH- (41,5) u. COOH-Gruppen (3,0$_4$) berechnet.
C. Kozák. B 156◇

0703 **Mischungswärme von Flüssigkeiten.** 3. Mitt. **Mischungswärmen für ternäre Systeme. Experimentelle Untersuchung der Mischungswärme im ternären System n-Propylalkohol-n-Propylacetat-Wasser.** W. P. Beloussow, A. G. Moratschewski und A. W. Storonkin. (Nachr. Leningrader Univ. **17,** Nr. 4, Ser. Physik, Chem. Nr. 1, 96—105, 1962; russ., Auszug: engl.) — 2. vgl. C. **1963, 21494.** — Die experimentelle Methodik der calorimetr. Best. von Mischungswärmen H im tern. Syst. *n-Propanol* (Kp. 97,2°)-*n-Propylacetat* (Kp. 101,6°)-*W.* bei 27, 50 u. 75° im gesamten Mischungsbereich (für homogene u. inhomogene Lsgg.) beschrieben. Die H-Werte sind in Tabellen angeführt u. graph. dargestellt. Es werden die experimentellen u. berechneten H-Werte in einer Tabelle verglichen. C. Kozák. B 156◇

0704 **Die Bedeutung von Dissoziationswärmen, die aus Titrations-pK-Werten berechnet wurden.** H. Lindley. (Biochim. biophysica Acta [Amsterdam] **59,** 235—38, 1962; Parkville, Melbourne, C.S.I.R.O., Wool Res. Labor., Div. of Protein Chem.; engl.) — Vff. zeigt am Beispiel der Aminothiole, daß aus Titrationen gewonnene pK-Werte in vielen Fällen keinen physik. Sinn haben, sondern reine Rechengrößen sind. Besonders bei der Unters. von Peptiden u. Enzymen muß das beachtet werden, um Fehlschlüsse zu vermeiden. Als Beispiele werden *Glutathion* u. *L-Cysteinyl-L-asparagin* angeführt. B. Krebs. B 156◇

0705 **Adsorptionsisothermen von Stickstoff-, Benzol- und n-Hexandämpfen und die Adsorptionswärmen von Benzol und n-Hexan an graphitierten Rußen.** 2. Mitt. **Adsorption an graphitierten Kanalrußen.** A. A. Issirikjan und A. W. Kisselew. (J. physik. Chem. [UdSSR] **36,** 1723—30, 1962; Moskau, Lomonossow-Staatsuniv., Chem. Fak.; Akad. der Wiss. der UdSSR, Inst. für phys. Chem.; russ., Auszug: engl.) — 1. vgl. C. **1963, 19557.** — Die Adsorptionsisothermen von N_2-Dämpfen bei —195° u. von *n-Hexan* (**I**) bei 20°, wie auch die differentiellen Adsorptionswärmen von I-Dämpfen an Graphon schwarz wurden bestimmt. Es wurden die Isothermen von *Benzol-* u. I-Dämpfen an graphitierten Kanalrußen mit denen an therm. Rußen verglichen. Die Form der Isothermen u. Adsorptionswärmekurven hängt von der Dispersität, dem Teilchenzustand u. Mosaikstruktur der graphitierten Ruße ab. Am Übergang von therm. zu Kanalrußen ändern die Isothermen der N_2- u. I-Dämpfe am Anfang von konvexer zu konkaver Gestalt bzgl. der Druckachse.
C. Kozák. B 176◇

0706 **Abhängigkeit der Adsorption aus wässerigen Lösungen von der Struktur der gelösten Stoffe.** 2. Mitt. **Die Abnahme der freien Energie bei der Adsorption von Benzolderivaten.** T. M. Rowinskaja und A. M. Koganowski. (Kolloid-J. [UdSSR] **24,** 67—73, 1962; Kiew, Akad. der Wiss. der Ukrain-SSR, Inst. für allg. u. anorg. Chem.; russ., Auszug: engl.) — 1. vgl. Kolloid-J. [UdSSR] **23,** [1961], 739; 3. vgl. C. **1963,** 21446. — Aus den Adsorptionsisothermen der wss. Lsgg. an Aktivkohle KAD, wurden die Konst. K_{Ads} des Adsorptionsgleichgewichtes u. die Standardabnahme der freien Energie ΔF_{Ads} (kcal/Mol) bei der Adsorption berechnet für *Bzl.* (ΔF_{Ads} 5,05), *Nitrobenzol* (5,67), *Anilin* (5,3), *p-Chlor-* (5,63), *p-Nitranilin* (5,91), *Sulfanilsäure* (5,03), *Phenol* (5,07), *p-Chlor-* (5,41), *o-* (6,05), *p-Nitrophenol* (5,71), *Benzoesäure* (5,45), *o-* (5,98), *p-Hydroxy-* (5,45), *o-* (5,7), *p-Amino-* (5,69), *p-Nitrobenzoesäure* (6,05) u. *Benzolsulfonsäure* (4,83). Die Abnahme von ΔF_{Ads} ist eine additive Eig. u. setzt sich nach $\Delta F_{Ads} = \Delta F_a - \Delta F_p - \Delta F_c$ aus der Änderung der freien Energie bei der Adsorption aus dem Vakuum (ΔF_a), bei der Verdrängung der Lsgm.-Moll. vom Adsorbens (ΔF_p) u. bei der Dehydratisierung der Moll. beim Übergang aus der Lsg. zum adsorbierten Zustand zusammen. Die Inkrementwerte von ΔF_{Ads} für Mono- u. p-Disubstitution werden berechnet, p-Substitution bewirkt kein zusätzliches Inkrement. Eine Annäherung der Substituenten bewirkt eine zusätzliche Abnahme von ΔF_{Ads} als Folge der Wechselwrkg. der Substituenten miteinander u. der Schwächung der Wechselwrkg. mit dem Lsgm. durch Bldg. intramol. H-Brücken.
C. Kozák. B 176◇

0707 **Übertragung von Schwingungsenergie angeregter Elektronenzustände durch Zweierstöße.** M. Stockburger. (Z. physik. Chem. [Frankfurt/M.] [N. F.] **35,** 179—91, 1962; Göttingen, Max-Planck-Ges., Forschungsstelle für Spektroskopie; dt.) — Die Übertragung von Schwingungsenergie im ersten angeregten Singulettzustand von *Naphthalin* u. *Bzl.* auf Stoßpartner im Elektronengrundzustand wird in der Gasphase untersucht. Dabei erhalten die Moll. durch Einstrahlung mit der Hg-Linie 2537 Å eine gegenüber der Umgebung überschüssige Schwingungsenergie ΔE_0 im angeregten Singulettzustand. Der Abbau von ΔE_0 durch Stöße mit Teilchen eines Zusatzgases kann an Hand der Intensitätszunahme von Fluorescenzbanden, die vom schwingungslosen angeregten Zustand ausgehen, quant. bestimmt werden. Die Wrkg. der einzelnen Zusatzgase ersieht man am besten aus der Stoßwahrscheinlichkeit: beim Naphthalin für He 0,77, Ar 2,12, H_2 1,51, n-Hexan 30,3, Bzl. 26,3·10^{-3}. Besonders wirksam sind n-Hexan u. Bzl. ,die auf Grund ihrer zahlreichen inneren Freiheitsgrade Schwingungsenergie aller Größen übernehmen können. H. Cnobloch. B 182◇

0708 **Sterische Kräfte in halogensubstituierten Benzolen.** C. A. Coulson und D. Stocker. (Molecular Physics **2,** 397—406, 1959; Oxford, Math. Inst.; engl.) — Für *Hexafluor-, Hexachlor-, Hexabrom-* u. *Hexajodbenzol* werden die Nicht-Bindungs-Rückstoßkräfte (Rückstoßkräfte zwischen den Halogenatomen) theoret. berechnet. Die Ergebnisse werden mit vorhandenen experimentellen Daten verglichen. Mit Ausnahme bei der F-Verb. sind Abstände der Halogenatome geringer als das Doppelte der Van der Waalsschen Radien, so daß ster. Wechselwrkg. anzunehmen ist.
Ch. Zechel. B 182◇

0709 **Zur Kenntnis der Reaktivität polycyclischer Chinone.** H. Hopff und H. R. Schweizer. (Helv. chim. Acta **45**, 312—31, 1962; Zürich, ETH, Techn.-Chem. Labor.; dt.) — 2. vgl. C. **1963**, 15743. — Für eine Reihe von 13 ein- u. mehrkernigen Chinonen wurden zur theoret. Ermittlung ihrer Reaktivität Lokalisierungsenergien (für C-Atome, O-Lokalisierungsenergien u. ortho-Lokalisierungsenergien) berechnet, wobei der Einfl. des CO-Resonanzintegrals u. des Coulomb-Integrals der O-Atome durch entsprechende Korrekturen berücksichtigt wurden. Der Korrekturfaktor $\delta_{\alpha h}$ zur Kompensation des Unterschiedes zwischen den Coulomb-Integralen von O u. C konnte nur ungefähr zu 1,6 β bestimmt werden (für elektrophile u. nukleophile Rkk.). Die berechneten Werte stimmen sehr gut mit dem experimentell ermittelten Verh. der betrachteten Chinone überein. Untersucht wurden: *p-* u. *o-Benzochinon, Diphenochinon-(4.4′), Naphthochinon-(1.2), -(1.4)-* u. *-(2.3), Anthrachinon-(1.2), -(1.4), -(2.3)* u. *-(9.10), Phenanthrenchinon-(9.10)* u. *-(2.7)* u. *Phenalon-(1)*. Die Reaktivität aller Chinone in den verschiedensten Rkk. wird ausführlich diskutiert. B. Krebs. B 182◇

0710 **Beitrag zur Untersuchung aromatischer Aminoxide nach der Methode der Molekülorbitale.** Georges Tsoucaris. (J. Chim. physique Physico-Chim. biol. **58**, 613 —18, 1961; Bellevue, S.-et O., Centre Nat. de la Rech. Sci., Labor. Cristallogr. Appl.; franz.) — Vf. berechnet nach der MO-Meth. die Mol.-Diagramme für *Pyridin-, p-Amino-, p-Nitropyridin-, Chinolin-, Isochinolin-* u. *Acridinoxid.* Die Absolutwerte der Ladungsverteilung u. Bindungsindices besitzen infolge der getroffenen Näherungen keine große Bedeutung, ändern sich bei Variation der Austausch- u. Coulomb-Integrale jedoch nur wenig, so daß ihre relative Ordnung innerhalb einer Verb.-Klasse die Mol.-Verhältnisse anscheinend richtig wiedergibt. Berechnungen der Atomabstände, Dipolmomente, IR-Spektren, pK-Werte u. der chem. Rk.-Fähigkeit zeigen gute Übereinstimmung mit den experimentellen Daten. J. Richter. B 182◇

0711 **Convex-Core-Modell von Molekülen im kristallinen Zustand.** 2. Mitt. Saburo Koba. (J. physic. Soc. Japan **16**, 627—32, 1961; Tokyo, Univ., Fac. of Sci., Dep. of Phys.; engl.) — 1. vgl. C. **1960**, 6759. — Das l. c. entwickelte Modell des konvexen Rumpfes wurde auf Kristalle von *Bzl.* u. *Äthylen* angewandt. Bei Verw. von durch den zweiten Virial-Koeff. bestimmten Modellparameter wurden die Kohäsionsenergien u. die Gitterparameter berechnet. Werden Nullpunktenergien, elektr. Multipol-Wechselwrkg. u. Nichtadditivität von Potentialen vernachlässigt, dann sind für Bzl. die berechnetenKohäsionsenergien nahe den beobachteten Werten, bei Äthylen 16% höher. Die berechneten Gitter-Konst. stimmten bei beiden Verbb. mit den experimentellen Werten überein. Die Stabilität des Benzolkristalls wird diskutiert, aber die gezogenen Schlüsse sind nicht so bestimmt wie für CO_2 (l. c.). C. Gottfried. B 190

0712 **Die Polymorphie des Benzoesäureanhydrids.** Roland Paetzold und Klaus Aurich. (Chem. Ber. **95**, 2645 bis 2651, 1962; Dresden, TU, Inst. für anorg. u. anorg.-techn. Chem.; dt.) — *Benzoesäureanhydrid* (**I**) existiert in zwei polymorphen Modifikationen, die unterschiedliche FF., Debye-Scherrer-Diagramme sowie Raman- u. IR-Spektren haben. Durch Umsetzung von Seleninyldichlorid mit Benzoylchlorid in CCl_4 erhält man die stabile β-Modifikation (F. 43,1°). Wird diese frisch bei 1—2 Torr dest. u. rasch mit festem CO_2 unterkühlt u. anschließend auf 10—15° erwärmt, so erhält man die energiereichere α-Modifikation (F. 22,2°). In der Schmelze, in Lsg. u. in den Kristallen der β-Form besitzen die **I**-Moll. planare Struktur mit paralleler Anordnung der beiden CO-Gruppen. In den Kristallen der α-Form liegt verminderte Konjugation zwischen Benzolringen u. den Carbonylgruppen sowie ein kleineres Gesamtdipolmoment der beiden CO-Gruppen vor. Rotationsisomere lassen sich in der Schmelze nicht nachweisen. H. Cnobloch. B 190◇

0713 **Wirkung des Ultraschalls auf die Formung der Struktur der Anfangskristallisation.** I. G. Polotzki und G. I. Lewin. (Kristallographie [UdSSR] **7**, 645—47, 1962; Akad. der Wiss. der UkrainSSR, Inst. für Metall-Phys.; russ.) — Die Kristallisation aus der Schmelze unter der Einw. von Ultraschall wird an *Salol* u. an dem Eutektikum *Naphthalin–Campher* beobachtet. Die Vers.-Anordnung wird beschrieben. K. Jaeger. B 190◇

0714 **Untersuchung der Änderungen der Gitterparameter von Pentaerythrit unter Einwirkung von Drücken bis zu 10000 kg/cm².** A. P. Frolow, L. F. Wereschtschagin und K. P. Rodionow. (Festkörperphysik [UdSSR] **4**, 1608 bis 1612, 1 Tafel, 1962; Swerdlowsk, Akad. der Wiss. der UdSSR, Inst. für Metallphys.; Moskau, Akad. der Wiss. der UdSSR, Inst. für Hochdruckphys.; russ.) — Die Druckabhängigkeit der Gitterparameter von tetragonalem $C(CH_2 \cdot OH)_4$ wird röntgenograph. für quasihydrostat. Drücke p bis zu 10000 kg/cm² bei Zimmer-Temp. untersucht. Nachst. Werte werden ermittelt: a = 6,10, c = 8,73 Å (ohne Druck); a = 5,99, c = 8,46 Å (9000 kg/cm²). Zwischen 4200 u. 5600 kg/cm² tritt eine Phasenumwandlung ein, die mit einer abrupten Änderung der Gitterparameter (entsprechend einer Vol.-Änderung von 2,6%) verbunden ist. Eine Änderung der Gitterstruktur erfolgt hierbei nicht. Für die Abhängigkeit des Kristall-Vol. von p gelten die empir. Gleichungen $-\Delta V/V_0 = 1{,}584 \cdot 10^{-5}\,p - 2{,}380 \cdot 10^{-9}\,p^2 + 0{,}330 \cdot 10^{-13}\,p^3$ bzw. $\Delta V/V_0 = 2{,}404 \cdot 10^{-5}\,p - 3{,}848 \cdot 10^{-9}\,p^2 + 2{,}202 \cdot 10^{-13}\,p^3$ (unterhalb bzw. oberhalb des Umwandlungspunktes). Die Kompressibilität nimmt oberhalb des Umwandlungspunktes mit zunehmendem p zu. P. Frenzel. B 195◇

0715 **Untersuchung der Tautomerie und der geometrischen Isomerie stickstoffhaltiger Derivate von Carbonylverbindungen.** 2. Mitt. **Polarographische Untersuchung der Umlagerungen der Phenylhydrazone einiger Aldehyde und fettaromatischer Ketone in Methanol.** Ju. P. Kitajew und A. Je. Arbusow. (Nachr. Akad. Wiss. UdSSR, Abt. chem. Wiss. **1960**, 1405—11; Kasan, Filiale der Akad. der Wiss. der UdSSR, Chem. Arbusow-Inst.; russ.) — 1. vgl. C. **1959**, 1065. — Polarograph. wurden die Tautomerie- u. Stereoisomerieumwandlungen der Lsgg. der syn- u. anti-Form von *Acetophenon-* (**I**; F. 104,5°), *p-Chloracetophenon-* (**II**; F. 113—114°), *Benzaldehyd-* (**III**), *Acetaldehyd-* (**IV**; F. 93—95°) u. *Isobutyraldehydphenylhydrazon* (**V**; $Kp._{10}$ 132°; n_D^{20} 1,5684) in Methanol untersucht. **I, II** u. **III** liegen in den frischbereiteten Lsgg. in der Hydrazonstruktur vor. **IV** u. **V** gehen beim Lösen in Methanol in das Enhydrazin über, das mit anderen tautomeren Formen im Gleichgewicht steht. Die Halbstufenpotentiale der Tautomeren u. Stereoisomeren wurden bestimmt u. die Umlagerungsenergien berechnet. Helmut Schäfer. B 221△

0716 **Über die Tautomerie der Benzhydroxamsäure.** K. Bertil Sandell. (Naturwissenschaften **49**, 421, 1962; Lund, Schweden, Lunds Lasarett, Kliniskt Kemiska Centrallabor.; dt.) — Vgl. C. **1959**, 14992. — Zur Klärung der Struktur nach der l. c. (u. früher) beschriebenen Meth. von *Benzhydroxamsäure* (**I**) wird das Verhältnis $k_{Ae.}/k_{Chlf.}$ zwischen den Verteilungs-Koeff. in den Syst. Ae./W. u. Chlf./W., spektrophotometr. ermittelt, es beträgt bei 25° 5,4 $k_{Ae.}$ 0,29, $k_{Chlf.}$ 0,054 bei pH 1—5,5 in der Wasserphase. Durch Vgl. mit den analogen Quotienten für Referenzsubstanzen (hauptsächlich Phenole) ergibt sich, daß **I** die Struktur $C_6H_5C(O)NHOH$ besitzt, die Form $C_6H_5C(OH)NOH$ liegt also in organ. Lsgm. nur in untergeordnetem Maße vor. P. H. Laur. B 221◇

0717 **Kernmagnetische Resonanz (RMN) und Wasserstoffbindung.** B. Lemanceau, C. Lussan und Souty. (Arch. Sci. [Genève] **14 (166)**, 416—26, 1961; Bordeaux, Labor. de Chim. Phys.; franz.) — Vff. nahmen bei 25 MHz u. 6000 Gauß die NMR-Spektren von *tert.-Butanol* (**I**) in CCl_4, Aceton, Cyclopentanon, Cyclohexanon, 3-Methylbutanon-(2), Dioxan, Acetonitril, Isobutyronitril, Chloracetonitril, Nitromethan, Tetramethyläthylendiamin u. Triäthylamin bei 24 ± 1° auf (innerer Standard Cyclohexan) u. bestimmten in Abhängigkeit von der **I**-Konz. die chem. Verschiebung δ des Protons der OH-Gruppe mit dem Ziel, δ für das assoziierte Proton bei unendlicher Verdünnung u. die Neigung der Kurve δ = f (Molenbruch für **I**) am Ursprung zu bestimmen. Theoret. abgeleitet wird der Kurvenverlauf in der Nähe des Ursprungs für folgende Fälle: Autassoziation (A) des Alkohols in inertem Medium, Komplex-Bldg. (KB) eines nicht assoziationsfähigen Alkohols mit einem Acceptor-Lsgm. sowie gleichzeitige A u. KB. Experimentell werden 3 Kurventypen erhalten: 1. solche mit der Neigung gleich oder fast 0 (Ketone, Dioxan), die ein Extrapolieren auf unendliche Verdünnung gestatten, 2. solche mit negativer Steigung (CH_3NO_2, CH_3CN) u. relativ kleiner chem. Verschiebung, deren Form eine noch gültige Extrapolation ermöglicht u. 3. solche mit sehr großer Steigung am Ursprung (tert.-Amine), so daß ein Extrapolieren nicht möglich ist. J. Richter. B 223◇

0718 **Eine neue Methode zur Bestimmung der Selbstassoziations-Konstanten von Carbonsäuren in Lösung.** Sherril D. Christian und M. W. C. Dharmawardhana. (J. physic. Chem. **66**, 1187—88, 1962; Colombo, Ceylon, Univ. of Ceylon, Dep. of Chem.; engl.) — Die Bldg. von lösl. Komplexen des Typs $Cu_2A_4(HA)_2$ (A = Carboxylion) zwischen festem Cu(II)-Carboxylat u. Carbonsäure in organ. Lsgm. wurde zur Messung der Dimerisations-Konst. K ausgenutzt. Die Konz. des gelösten Cu wurde aus der Absorption bei 6800 Å, die Gesamtsäure nebst Cu durch Titration mit NaOH u. die Konst. daraus graph. ermittelt. Für das Syst. *Essigsäure*/wassergesätt. Chlf./Cu(II)-Acetat ergab sich bei 25,4°K 6,9 Liter/Mol. K ist in wasserfreien Syst. größer, was für Hydrat-Bldg. der Säuren spricht. P. H. Laur. B 223◇

0719 **Wasserstoffbindung und physikalische Eigenschaften einiger substituierter Phenole und Anisole.** 5. Mitt. **Spezifische Wärme von Nitrophenolen und Nitroanisolen.** A. Je. Lutzki und A. N. Panowa. (J. physik. Chem. [UdSSR] **33**, 970—75, 1959; Charkow, Polytechn. Lenin-Inst.; russ., Auszug: engl.) — 3. vgl. C. **1957**, 2955; vgl. auch C. **1961**, 11275. — Der Wert des Anteils der spezif. Wärme von Verbb., die im fl. Zustand assoziieren, der mit dem Wärmeverbrauch zur Aufspaltung der Assoziationskomplexe verbunden ist, kann im Fall der Phenole mit guter Näherung durch Vgl. der C_p-Werte isomerer Verbb., von denen die m- u. p-Isomeren Komplexe durch intermol. Wasserstoffbindungen bilden, mit denen des o-Komplexes bestimmt werden. Eine Gleichung dazu wird angegeben. Werte sind für $C_6H_5NO_2$, C_6H_5OH, $C_6H_5OCH_3$, *o-*, *m-* u. *p-*$C_6H_4(OH)NO_2$ u. *o-*, *m-* u. *p-*$C_6H_4(OCH_3)NO_2$ zusammengestellt. H. Roschkowski. B 223◇

0720 **Das Verhältnis zwischen chemischer Zusammensetzung und Elektronen-Eigenschaften des Ladungsübertragungskomplexes p-Chloranil/p-Phenylendiamin.** A. Ottenberg, C. J. Hoffman und Jeanne Osiecki. (J. chem. Physics **38**, 1898—1906, 1963; Palo Alto, Calif., Lockhead Missiles & Space Co., Res. Labor.; engl.) — Der Ladungsübertragungskomplex aus *p-Chloranil* u. *p-Phenylendiamin* wurde a) durch Zusammenreiben der Komponenten b) durch Ausfällung aus Bzl. u. c) durch Ausfällung aus CH_2Cl_2 erhalten. Nach den Analysendaten handelt es sich in allen 3 Fällen um einen 1:1-Komplex, der ggf. noch etwas Lsgm. enthält. Es ließ sich zeigen, daß die Konz. ungepaarter Elektronenspins u. die Leitfähigkeit charakterist. Größen des Komplexes sind u. nicht von der Darst.-Meth. abhängen. Die therm. Aktivierungsenergie der Leitfähigkeit wurde zu 0,43 eV gefunden; die Spin-Konz. liegt bei 0,13 eV. Theoret. Schwierigkeiten bei der Berechnung der Aktivierungsenergien werden erörtert. Ein Mechanismus auf der Grundlage therm. Aktivierungsenergien u. unter Berücksichtigung des Seebeck-Koeff. (+ 1,4 mV/Grad) wird vorgeschlagen. Ch. Zechel. B 223◇

0721 **Assoziation bei Azoverbindungen.** 1. Mitt. **Einfluß von Substituenten auf die Basizität von 4-Dimethylaminoazobenzol-Derivaten.** A. Zenhäusern und Hch. Zollinger. (Helv. chim. Acta **45**, 1882—89, 1962; Zürich, ETH, Techn.-chem. Labor.; dt.) — Trägt man die log der Aciditäts-Konst. der konjugaten Säuren von *4-Dimethylaminoazobenzol*-(I) u. *4-Dimethylamino-3-methylazobenzol*-Derivv. (II) als Funktion der Hammettschen σ_X-Werte auf, so erhält man Geraden, die für I durch $\log K_X = -2{,}24 \pm 0{,}77\,\sigma_X$ (Standardabweichung bei 8 Freiheitsgraden 0,04; $\varrho + 0{,}77 \pm 0{,}04$; Korrelations-Koeff. 0,988) u. für II durch $\log K_X = -3{,}49 + 0{,}46\,\sigma_X$ (Standardabweichung bei 2 Freiheitsgraden 0,03; $\varrho + 0{,}46 \pm 0{,}05$; Korrelations-Koeff. 0,975) beschrieben werden. Auf Geraden liegen die I-Derivv. p'-OCH_3, p'-CH_3, m'-CH_3, p'-C_2H_5, H, p'-$NHCOCH_3$, m'-$COCH_3$, m'-Cl, m'-CF_3, m'-NO_2, starke Abweichungen zeigen p'-F, m'-CN, p'-$COCH_3$, p'-CN u. p'-NO_2; bei II liegen alle Derivv. auf der Geraden (p'-$COCH_3$, H, m'-NO_2, p'-NO_2). Da der σ-Wert positiv ist, müßte die Dissoziation mit steigendem ϱ-Wert zunehmen, die Substituenten in p'-Stellung wirken aber deutlich basifizierend. Bei II findet die Protonierung zu > 99% an der Aminogruppe statt, bei I liegt das Tautomeriegleichgewicht meist auf der Seite der Azoniumsäure (durch spektroskop. Unterss. bewiesen). Die ster. gehinderten II-Derivv., sowohl als Säuren als auch als Basen, befolgen das Lambert-Beersche Gesetz. Bei den I-Verbb. zeigen die p'-substituierten Derivv., bes. als freie Basen, größere Abweichungen als die m'-Derivv., was auf verschieden starke Assoziation schließen läßt. Dies könnte die Ursache für die basifizierende Wrkg. der p'-Substituenten sein.

Versuche: Sämtliche Verbb. wurden durch Azokupplung aus den entsprechenden Diazoniumsalzen u. N.N-Dimethylanilin bzw. N.N-Dimethyl-o-toluidin erhalten u. durch Umkristallisation aus wss. bzw. abs. A. gereinigt. *4-Dimethylaminoazobenzol*, F. 117°. — *3'-Nitro-*, F. 160°. — *4'-Nitro-*, F. 233°. — *3'-Cyano-*, F. 142°. — *4'-Cyano-*, F. 181°. — *4'-Nitro-3-methyl-*, F. 120°. — *3'-Nitro-3-methyl-4-dimethylaminoazobenzol*, F. 71°. H. Cnobloch. B 223◇

0722 **Assoziation bei Azoverbindungen.** 2. Mitt. **Einfluß der Assoziation auf das tautomere Gleichgewicht von 4-Dimethylaminoazobenzol-Derivaten.** A. Zenhäusern und Hch. Zollinger. (Helv. chim. Acta **45**, 1890—98, 1962; dt.) — 1. vgl. vorst. Referat. — In genügend saurer Lsg. besitzt *4-Dimethylaminoazobenzol* u. seine in p'- u. m'-substituierten (selbst untersucht: *3'-* u. *4'-CN* u. *-NO₂*) Derivv. zwei saure Formen [Azonium-(AZF) u. Ammonium-Form (AMF)] die mit der Base u. H^+ im Gleichgewicht stehen. Diese Verbb. liegen in $2{,}5 \cdot 10^{-}$m A./W. 1:1-Lsg. noch assoziiert vor. Das Verhältnis der molaren Extinktion der C-Bande bei 500 nm der AZF zu der der A-Bande bei 320 nm der AMF $C_\varepsilon/A_\varepsilon$ bildet ein relatives Maß für die Größe der Tautomerie-Konst. K_T (abs. Werte konnten spektroskop. nicht bestimmt werden). Die $C_\varepsilon/A_\varepsilon$-Werte sind bei den p-substituierten Verbb. eindeutig von der Konz. abhängig, während die Werte bei den m-substituierten Derivv. konst. bleiben. Diese Werte sind außerdem von der Ionenstärke abhängig, deren Erhöhung das Gleichgewicht zugunsten der AZF verschiebt. Aus den gemessenen Aciditäts-Konst. wurden die pK-Werte für die beiden tautomeren Säuren (pK_{Am} u. pK_{Az}) berechnet. Trägt man die log dieser Konst. in Abhängigkeit zu den σ-Werten auf, so erhält man die Geraden $\log K_{Am(X)} = -1{,}64 \pm 0{,}89\,\sigma_X$ (bei 11 Freiheitsgraden Standardabweichung 0,07, $\varrho + 0{,}89 \pm 0{,}05$, Korrelations-Koeff. 0,984) u. $\log K_{Az(X)} = -2{,}11 \pm 0{,}71\,\sigma_X$ (bei 8 Freiheitsgraden Standardabweichung 0,06; $\varrho + 0{,}71 \pm 0{,}07$; Korrelations-Koeff. 0,985). Die pK-Werte der AMF gehorchen der Hammett-Beziehung, die der AZF weniger gut. Es findet eine mesomere Wechselwrkg. zwischen dem Substituenten in der 4'-Stellung u. der 4-Dimethylaminogruppe, aber nicht mit dem freien Elektronenpaar des N-Atoms der β-Azogruppe statt. H. Cnobloch. B 223◇

0723 **Temperaturabhängigkeit der chemischen Verschiebungen einiger gelöster Stoffe in aromatischen Lösungsmitteln.** R. J. Abraham. (Arch. Sci. [Genève] **14 (166)**, 413—15, 1961; engl.) — Es wird die chem. Verschiebung δ von *Cyclohexan* (I), *CH₃J* u. *CHJ₃* in Toluol (II) in Abhängigkeit von der Temp. zwischen −60 u. + 100° untersucht. Während für I δ konst. bleibt, zeigt es für CH_3J u. CHJ_3 starke Temp.-Abhängigkeit. Es wird die Bldg. von Assoziaten zwischen Gelöstem u. Lsgm. angenommen. Folgende Werte wurden für die Assoziationsenergie ΔH (kcal/Mol) bzw. -entropie ΔS (cal·Grad^{-1}·Mol^{-1}) gefunden: CHJ_3-II 1,6 ± 0,2 bzw. 6,4 ± 0,2 u. CH_3J-II 1,3 ± 0,5 bzw. 4,9 ± 0,4. J. Richter. B 223◇

0724 **Magnetische Kernresonanzuntersuchungen der Wasserstoffbrücken ausgewählter Moleküle unter Berücksichtigung sterischer Behinderung.** H. J. Köhler, M. Pettig und F. Fischer. (Arch. Sci. [Genève] **14 (166)**, 411—12, 1961; Jena, Univ., Inst. für org. Chem. u. Biochem.; dt.) — Die Messungen wurden bei 30 MHz in 2 u. 3 m Lsg. nachst. Substanzen in Chlf. bzw. $HCON(CH_3)_2$ durchgeführt. *trans-Cyclopentandiol-(1.2)* (trans-I) bildet keine intramol. H-Brücken, *cis*-I kann sowohl intra- als auch intermol. H-Brücken bilden, wobei Ausbildung der letzten infolge Blockierung der beteiligten Gruppen durch intramol. Brücken gehindert ist. Daher wird aus der stärkeren Verschiebung der OH-Linie nach niedrigen Feldstärken bei trans-I geschlossen, daß der Anteil der intermol. Brücken an der chem. Verschiebung δ stärker ist als der der intramolekularen. Zwischen rac.- u. Mesoform von *1.2-Dimethyläthylenglykol* ergeben sich auf Grund nur geringer ster. Behinderung der intermol. H-Brücken lediglich kleine Unterschiede in δ der OH-Linie, sie sind dagegen deutlich bei beiden Formen des *1.2-Diphenyläthylenglykols*. *1-Phenyl-2-methyläthylenglykol* nimmt eine Zwischenstellung ein. Bei allen genannten Verbb. zeigt die Meso- bzw. Erythroform die stärkere intermol. Brückenbindung. J. Richter. B 223◇

0725 **Untersuchung der Assoziation von Rhodamin 6 G in Äthanol- und Glycerin-Lösung.** Je. G. Baranowa. (Optik u. Spektroskopie [UdSSR] **13**, 801—08, 1962; russ.) — Lsgg. von *Rhodamin 6 G* (**I**) in Glycerin, A. u. W. bei Konzz. um 10^{-2} Mol/Liter zeigen ähnliche Änderung der Absorptionsspektren mit der Temp. u. der Konz. sowie der Intensität des Leuchtens beim Erwärmen. Das deutet darauf hin, daß alkohol. u. wss. Lsgg. stark assoziiert sind. Die Absorption höherer Assoziate ist in Alkoholen geringer als die von Monomeren u. Dimeren. Die Temp.-Abhängigkeit der Absorptionsspektren in alkohol. (10^{-2} Mol/Liter) u. wss. I-Lsgg. ($2 \cdot 10^{4-}$ Mol/Liter) haben einen vollkommen unterschiedlichen Charakter.
G. Rudakoff. B 223◇

0726 **Der Ladungsübertragungs-Komplex zwischen β-Carotin und Jod. 1. Mitt. Synthese und optisches Spektrum.** J. H. Lupinski und C. M. Huggins. (J. physic. Chem. **66**, 2221—23, 1962; Schenectady, N.Y., Gen. Electr. Res. Labor.; engl.) — Das β-Carotintrijodid (**I**) läßt sich aus $KJ \cdot J_2$ u. *trans-β-Carotin* in wss. Lsg. relativ sauber darstellen. In verd. Lsg. ist I unbeständig. Es scheint sich teilweise in seine Komponenten zu zerstzen. Das Vorliegen eines Dissoziationsgleichgewichtes $C_{40}H_{56} + x\,J_2 \rightleftharpoons C_{40}H_{56} \cdot x\,J_2$, das sich durch Erhöhung der Jod-Konz. nach rechts verschieben läßt, schließt eine Addition des J_2 an die Doppelbindungen aus. Die Chlf.-Lsg. von I zeigt Absorptionsbanden bei 2920 u. 3600 Å sowie die Bande des β-Carotins bei 4600 Å. Die unter unterschiedlichen Bedingungen gemessenen Spektren u. das Fehlen einer C—J-Bande im IR lassen für I den Zustand eines Ladungsübertragungskomplexes vermuten. I reagiert weiter unter Isomerisierung u. Jodierung des β-Carotins. — β-Carotintrijodid (I), $C_{40}H_{56}J_3$, aus 1,5 g trans-β-Carotin in 120 ml Chlf. durch Zugabe unter Rühren bei Raum-Temp. zu einer Lsg. von 2 g KJ u. 0,5 g J_2 in 25 ml Wasser, nach 30 Min. Zusatz von 50 ml W., in Chlf.-Schicht suspendiertes I filtrieren, PAe. waschen, Zers. oberhalb 125°; 0,8 g (Ausbeute). H. U. Kibbel. B 223◇

0727 **Additionsverbindungen von Thiolen und 1-substituierten Nicotinsäureamiden.** D. C. Dittmer und J. M. Kolyer. (J. org. Chemistry **28**, 1720—22, 1963; Philadelphia, Pa., Univ. of Pennsylvania, Dep. of Chem.; engl.) — Vff. erhielten Additions-Verbb. aus *L-Cysteinäthylester* (**I**), *Thioglykolsäureäthylester* u. *n-Propylmercaptan* mit *Nicotinamid-1-[-2.6-dichlorbenzylobromid]* (**II**) durch Zugabe des Mercaptans in wss. alkal. Lsg. zur wss. Lsg. von II u. nahmen die IR-Spektren der farblosen oder fast farblosen Addukte auf. Für das Addukt aus II u. *Benzylmercaptan* (**III**), das in polarem Medium schnell in quatern. Ammoniumion u. negatives Benzylmercaptoanion dissoziiert, wird die Struktur eines 1-[2.6-Dichlorbenzyl]-4-benzylmercapto-1.4-dihydronicotinamids (**IV**) angegeben. Eine entsprechende Struktur wird auch für die anderen Addukte vorgeschlagen, wobei jedoch bei I neben dem Addukt ein Mercaptid (anstatt des Br^--Ions) vorliegen könnte. In Lsg. scheint eine Existenz der Additions-Verbb. als Ladungsübertragungskomplexe möglich zu sein. — Bei der Behandlung von IV mit HCl in Chlf. wird das quatern. Ammoniumchlorid erhalten. Eine verd. Lsg. von Malachitgrünoxalat wird durch IV augenblicklich entfärbt; dabei entsteht anscheinend die Additions-Verb. aus III u. dem Malachitgrünkation.

Versuche: *Nicotinamid-1-[2.6-dichlorbenzylobromid]* (**II**), F. 248—249°, aus Nicotinamid durch 12std. Kochen mit 2.6-Dichlorbenzylbromid (aus 2.6-Dichlortoluol u. N-Bromsuccinimid in (Cl_4) in A.; 48% (Ausbeute). — *Addukt aus* II u. I, $C_{18}H_{21}Cl_2N_3O_3S$, F. 93—102° aus 0,364 g II u. 1,99 g I in 10 ml W. u. Zugabe von 7,6 ml 10%ig. NaOH; 8%. — *Addukt aus* II u. *Thioglykolsäureäthylester*, $C_{17}H_{18}Cl_2N_2O_3S$, F. 131 bis 132°, ähnlich vorst. Verb. aus 2,6 g Ester u. 1,01 g II; 86%. — *Addukt aus* II u. *n-Propylmercaptan*, $C_{16}H_{18}Cl_2N_2OS$, F. 96 bis 98°, wie vorst. Verbindung. — *N-2.6-Dichlorbenzyl-1.6-dihydronicotinamid*, F. 161—163° (Zers.), aus 1 g II durch Red. mit 0,207 g $NaBH_4$ in 15 ml W.; 66%. — *Malachitgrünbenzylsulfid*, $C_{30}H_{32}N_2S$, F. 120—122° (Zers.), a) aus Malachitgrünoxalat u. III in abs. A. durch Zutropfen von 6n NaOH; 50%. b) Aus 0,5 g vorst. Oxalats in 10 ml abs. A. u. IV unter schwachem Erwärmen bis zur Entfärbung, abfiltrieren des 1. Nd. von *Nicotinamid-1-[2.6-dichlorbenzylooxalat]* [$C_{28}H_{22} \cdot Cl_4N_4O_6$, F. 229—230° (Zers.)]. Ch. Zechel. B 224◇

0728 **„Thermische" Umlagerung von Hydrazoverbindungen in verschiedenen Lösungsmitteln.** W. O. Lukaschewitsch und L. G. Krolik. (Ber. Akad. Wiss. UdSSR **147**, 1090—93, 1962; Forschungsinst. für organ. Zwischenprodd. u. Farbstoffe; russ.) — Es wurden Ausbeute u. Zus. der beim Erhitzen von *1.1'*- (**I**), *1.2'*- u. *2.2'-Hydrazonaphthalin* (1½ bis 12 Std. in verschiedenen Lsgm., 100°) entstandenen Umlagerungs-Prodd. untersucht. Die Ausbeuten an o-Diaminen, o- u. p-Semidinen, Naphtyhlamin u. Azonaphthalin sind tabellar. angegeben. Die Umlagerungs-Geschw. u. die Zus. der Umlagerungsprodd. hängen stark vom Lsgm. ab. Als Lsgm. wurden Cyclohexan, Bzl., Toluol, Dioxan, Methanol, A., Pyridin, Äthylglykol, Aceton, Methyläthylketon, Acetonitril u. Formamid verwendet. Aus den Umlagerungs-Prodd. von I wurden isoliert: *4.4'-Diaminodinaphthyl-(1.1')*, (F. 201—202°, aus A. rhomb. Tafeln), *4-Aminodinaphthyl-(1.1')-amin* (*Benzoyl-Deriv.*, F. 228—229°, aus Aceton viereckige Prismen), *1-Aminodinaphthyl-(2.1')-amin* (F. 194—195°, aus A. viereckige Prismen), *1.1'-Diaminodinaphthyl-(2.2')* (F. 280°) u. *1.1'-Iminodinaphthyl-(2.2')* (F. 222—223°, aus A. viereckige Plättchen).
Helmut Schäfer. B 225△

0729 **Der Einfluß des Redoxpotentials auf die Richtung von Reaktionen in Lösungen. 2. Mitt. Untersuchung der stufenweisen Oxydation von Weinsäure bei stabilisiertem Redoxpotential des Reaktionsmediums.** Je. D. Poshidajew und Ss. W. Gorbatschew. (J. physik. Chem. [UdSSR] **36**, 2512—15, 1962; Moskau, Chem.-technolog. Mendelejew-Inst.; russ.) — 1. vgl. J. physik. Chem. [UdSSR] **36**, [1962], 1094. — Vff. untersuchten die Oxydation von *Weinsäure* (**I**) mit H_2O_2 in Ggw. von $FeSO_4$ als Katalysator bei stabilisiertem Redoxpotential (300—650 mV gegen die Standard-H_2-Elektrode). Bei einem Potential <330 mV entsteht Dihydroxymaleinsäure in einer Rk. 1. Ordnung in bezug auf I. Best. der Geschw.-Konst. bei 20, 25, 30, 35 u. 40° ergaben eine Aktivierungsenergie von 7 kcal. Zwischen 330 u. 460 mV tritt ein Verbrauch von 1—2 Mol H_2O_2 pro Mol I ein. Bei 460 mV wurde als Rk.-Prod. der Halbaldehyd der Mesoxalsäure isoliert. Bei 620 mV wird unter Verbrauch von 3 Mol H_2O_2 Mesoxalsäure gebildet.
E. Winkler. B 225◇

0730 **Untersuchung der alkalischen Oxydation von Isopropylbenzol. Mechanismus der alkalischen Initiierung der Reaktion.** W. A. Ssimanow und M. Ss. Nemzow. (J. allg. Chem. [UdSSR] **30** (**92**), 1420—28, 1960; Allunions-Lebedew-Forschungs-Inst. für synthet. Kautschuk; russ.) — Der Einfl. von NaOH, KOH, RbOH u. Na_2CO_3 auf die Geschw. der Oxydation von *Isopropylbenzol* durch O_2 sowie des Zerfalls seines *Hydroperoxids* wurden untersucht. Alkalien beeinflussen die Oxydation nicht nur durch Bindung saurer Nebenprodd., sondern auch durch Initiierung des radikal. Zerfalls des Hydroperoxids. Die Oxydations-Geschw. erhöht sich mit zunehmender Alkali-Konz. u. hängt von der Natur des Alkalis ab. Für die Initiierung wird der Mechanismus angenommen: $ROOH \rightarrow ROOMe \rightarrow [ROOMe \cdot ROOH] \rightarrow ROO\cdot + RO\cdot + MeOH$; $ROO\cdot + RH \rightarrow ROOH + R\cdot$; $RO\cdot + RH \rightarrow R\cdot + ROH$. Helmut Schäfer. B 225△

0731 **Kinetik und Mechanismus der Reaktionen des aktiven Chlors mit organischen Verbindungen. 13. Mitt. Oxydation des Ions von m-Sulfobenzylalkohol.** I. K. Kosinenko und Je. A. Schilow. (Ukrain. chem. J. **26**, 206 bis 217, 1960; Kiew, Polytechn. Inst.; Akad. der Wiss. der UkrainSSR, Inst. für organ. Chem.; russ.) — 12. vgl. Ukrain. chem. J. **25**, [1959], 749. — Die Kinetik der Oxydation des Ions von *m-Sulfobenzylalkohol* (**I**) mit akt. Cl_2 bei pH 1—13 wurde untersucht. Die Oxydations-Geschw. durchläuft mit zunehmendem pH 2 Minima, die dem Übergang von akt. Cl_2 in elementares Cl bzw. der Bldg. u. dem Zerfall des Esters aus I u. HOCl entsprechen. Die Aktivierungsenergie der Gesamt-Rk. in Ggw. von Phosphat beträgt 15,5 kcal/Mol bei 20—30°. In alkal. u. schwachsauren Lsgg. erfolgt die I-Oxydation über intermediäre Bldg. des Esters aus I u. HOCl, in sauren Lsgg. über die Bldg. von Cl_2. In 0,03—0,5m HCl-Lsgg. wird die Rk.-Geschw. durch die Gleichung: $-dC/dt = k \cdot [I] \cdot [Cl_2]$ mit $k = 0{,}19$ Liter·Mol^{-1}·min^{-1} bei 30° beschrieben, bei pH 4 bis 12,9 durch die Gleichung: $-dC/dt = [k^0 + k^{An}[An] + k^{OH} \cdot a_{OH^-}^{0,15}] \cdot [I][HOCl]$ mit $k^0 = 2{,}2 \cdot 10^{-3}$ bei 30°, $k^{An} = 0{,}0234$ für das Acetation, 0,245 für das Hydrophosphation u. $k^{OH} = 1{,}3 \cdot 10^3$ (Liter·Mol^{-1}·min^{-1}). Helmut Schäfer. B 225△

0732 **Mechanismus der Oxydation von aromatischen Aminen und Nitrosoverbindungen durch Carosche Säure.** I. P. Gragerow und A. F. Lewit. (J. allg. Chem. [UdSSR] **30** (**92**), 3726—31, 1960; Akad. der Wiss. der UkrainSSR, Inst. für physik. Chem.; russ.) — Das bei der Oxydation von

Anilin bzw. *o-Anisidin* bzw. *p-Nitroanilin* mit H_2SO_5 in $H_2^{18}O$ entstehende Nitrosobenzol (I; F. 63,5—64,5°) u. Nitrobenzol (II; Kp.$_{40}$ 115—117°; n_D^{20} 1,5513] bzw. o-Nitrosoanisol (III; F. 101—102,5°) u. o-Nitroanisol [Kp.$_{10}$ 130—135°; n_D^{20} 1,5628] bzw. p.p'-Dinitroazoxybenzol (F. 189—190°) u. p-Nitrosonitrobenzol (IV; F. 117—118°) enthält kein ^{18}O aus $H_2^{18}O$. Demnach erfolgt die Oxydation nicht nach einem radikal., sondern einem heterolyt. Mechanismus. I—IV, *p-Nitrosodimethylanilin* u. *Nitromethan* tauschen mit W. in Ggw. von 0,2—0,5n HCl oder NaOH bei 70—150° keine O-Atome aus. *p-Nitrosophenol* u. *α-Nitroso-β-naphthol* tauschen unter diesen Bedingungen lediglich die O-Atome ihrer OH-Gruppe mit W. aus. Helmut Schäfer. B 225△

0733 **Relative Bildungsgeschwindigkeit von Peptiden (Aminolyse von p-Nitrophenylestern).** Ju. I. Churgin und M. G. Dmitrijewa. (Ber. Akad. Wiss. UdSSR **143,** 629 bis 632, 1962; Akad. der Wiss. der UdSSR, Zelinsky-Inst. für organ. Synth.; russ.) — Es wurde die relative Geschw. der Peptid-Bldg. bei der Rk. von p-Nitrophenylestern mit Aminosäureestern in Dioxan bei 37,5° („Aminolyse" unter Abspaltung von p-Nitrophenol) bestimmt. Bei der Rk. von *p-Nitrophenylacetat, Cbo-Glycin-, Cbo-Glycylglycin-* u. *Cbo-Diglycylglycin-p-nitrophenylester* mit *Glycinäthylester* beträgt die relative Geschw. 1; 8,05; 19,1 bzw. 15,9, bei der Rk. mit *Glycylglycinäthylester* 1; 7,32; 19,9 bzw. 17,2, bei der Rk. mit *Diglycylglycinäthylester* 1; 8,65; 18,5 (—). Helmut Schäfer. B 225/\

0734 **Zur Orientierung bei der Substitution in der aromatischen Reihe.** 8. Mitt. **Über den Einfluß der Carboxylgruppe auf die Substitutionsreaktion im Benzolkern.** A. A. Sprysskow und L. N. Golubkin. (J. allg. Chem. [UdSSR] **31 (93),** 901—05, 1961; Iwanowo, Chem.-Technol. Inst.; russ.) — 7. vgl. C. **1962,** 16996. — Es wurde die Konkurrenzkupplung eines Gemisches von Salicylsäure (I) u. Phenol (II) bei verschiedenen pH-Werten mit p- u. m-Nitrophenyldiazoniumsalz spektroskop. durch Best. der gebildeten Farbstoffe untersucht. Das I-Ion kuppelt ca. 6mal schneller als das II-Ion, was durch die aktivierende Wrkg. des als Elektronendonator wirkenden Carboxylations erklärt wird. Das *m-Hydroxybenzoation* kuppelt mit etwa nur der halben Geschw. des II-Ions. Hier wird die aktivierende Wrkg. des Carboxylations durch ster. Hinderung bei der Azokupplung in o-Stellung zum Substituenten (COO^-) überkompensiert. Helmut Schäfer. B 225

0735 **Zur Orientierung bei der Substitution in der aromatischen Reihe.** 9. Mitt. **Über das Gleichgewicht zwischen den Dichlorbenzolisomeren.** Ju. G. Jerykalow und A. A. Sprysskow. (J. allg. Chem. [UdSSR] **31 (93),** 3721—22, 1961; russ.) — 8. vgl. vorst. Referat. — Für die Isomerisierung von *p-* zu *o-* u. *m-Dichlorbenzol* wurden die Rk.-Enthalpie u. die Änderung des isobaren Potentials zwischen 120—200° berechnet. Helmut Schäfer. B 225

0736 **Sulfonierung von Aromaten.** 4. Mitt. **Kinetik und Mechanismus der Sulfonierung von Benzol in wässeriger Schwefelsäure.** A. W. Kaandorp, H. Cerfontain und F. L. J. Sixma. (Recueil Trav. chim. Pays-Bas **81,** 969—92, 1962; Amsterdam, Labor. for Org. Chem.; engl.) — 3. vgl. Cerfontain, Recueil Trav. chim. Pays-Bas **80,** [1961], 296; 2. vgl. C. **1963,** 10814. — Die Kinetik der Sulfonierung von *Bzl.* wurde nach drei Meth. bei 5, 25 u. 50° in wss. H_2SO_4 von 77,6—99,2 Gew.-% bestimmt. Daneben erfolgten Messungen der Sulfonierungs-Geschw. bei 5° in H_2SO_4 von 98,8 Gew.-%, die wechselnde Mengen $NaHSO_4$ enthielt. Es ergab sich eine lineare Abhängigkeit der Geschw.-Konst. von der reziproken HSO_4^--Konzentration. Alle Rkk. erwiesen sich als 1. Ordnung in bezug auf, Bzl. die Geschw.-Konst., die mit einem Fehler von ±0,5% angegeben werden, wachsen mit zunehmender Säure-Konz. u. Temperatur. Die scheinbare Aktivierungsenergie fällt von 25,2 auf 17,8 kcal·Mol^{-1} für H_2SO_4 von 77,6 bzw. 89—97 Gew.-%. Im untersuchten Säurekonzentrationsbereich liegt das Bzl. nicht in protonierter Form vor. Auf der Grundlage der kinet. Daten wird ein Rk.-Mechanismus diskutiert. Als sulfurierendes Reagens wird das SO_3 oder weniger wahrscheinlich das Schwefelsäuresolvat des Schwefeltrioxids $SO_3(H_2SO_4)$ oder die Dischwefelsäure angesehen. Ein Vgl. der Mechanismen der Sulfonierung in wss. u. rauchender Schwefelsäure ergibt einen zusätzlichen Hinweis auf SO_3 als sulfurierendes Reagens. H. U. Kibbel. B 225◇

0737 **Sulfonierung von Aromaten.** 5. Mitt. **Eine kinetische Untersuchung der Sulfonierung von Toluol, Äthylbenzol und Isopropylbenzol in wässeriger Schwefelsäure.** A. W. Kaandorp, H. Cerfontain und F. L. J. Sixma. (Recueil Trav. chim. Pays-Bas **82,** 113—20, 1963; engl.) — 4. vgl. vorst. Referat. — Die Geschw. der Sulfonierung von *Toluol* (I) mit wss. H_2SO_4 von 70—95,9 Gew.-% wurde in homogener Phase bei 5, 25 u. 45° gemessen. In gleicher Weise wurden die Geschw.-Konst. der homogenen Sulfonierung von *Äthyl-* (II) u. *Isopropylbenzol* (III) bei 25° in wss. H_2SO_4 von 72,4—89,1 Gew.-% bestimmt. Alle Rkk. sind in bezug auf die aromat. Verb. 1. Ordnung. Die Geschw.-Konst. wachsen mit der Säurekonzentration. Sie nehmen für eine gegebene Temp. u. Säure-Konz. in der Reihenfolge I, II, III ab, wahrscheinlich auf Grund zunehmender ster. Hinderung der o-Substitution. H. U. Kibbel. B225◇

0738 **Reaktionen zwischen Tritiumatomen und festem Cyclopropan.** H. C. Moser und R. D. Shores. (J. physic. Chem. **66,** 2272—73, 1962; Manhattan, Kans., Kansas State Univ., Dep. of Chem.; engl.) — Die Ausbeute tritiierter Prodd. in Abhängigkeit von der Dicke des ausgefrorenen *Cyclopropan*-Films u. der Temp. des Wolframdrahts zur Erzeugung der T-Atome wurde untersucht. Die beobachteten Prodd. sind: Äthan, Propan, Isobutan, n-Butan, 2-Methylbutan, Pentan u. C_6-Verbindungen. Mechanismen u. energet. Effekte werden besprochen. W. Knoch. B 225◇

0739 **Spaltung der glucosidischen Bindung in Gegenwart von Metall-Ionen.** Eugen Bamann, Heinz Trapmann, Josef Riehl und Sagar Sethi. (Naturwissenschaften **49,** 420, 1962; München, Univ., Inst. für Pharm. u. Lebensmittelchem.; dt.) — Die Verss. wurden bei pH 8,8 u. 3,5, 37° bzw. 70° u. einem Mol-Verhältnis Substrat:Metallsalz 5:1 durchgeführt. Reduzierende Disaccharide (*Turanose, Lactose, Cellobiose, Melibiose*) wurden in saurem Milieu durch Th- u. Zr-Ionen gespalten, in alkal. Milieu gilt für die katalyt. Wirksamkeit der Ionen La > Th > Ce(III) > Zr. *Saccharose, Raffinose* u. *Melezitose* reagieren nur unter Th- u. Zr-Katalyse im Sauren. *Trehalose* ist unter den angegebenen Bedingungen stabil. P. H. Laur. B 225◇

0740 **Die Solvolyse von 4.4-Dimethylcholesteryl-p-toluolsulfonat.** 3. Mitt. **Eine kinetische Untersuchung.** William J. A. Vandenheuvel, Robert M. Moriarty und Everett S. Wallis. (J. org. Chemistry **27,** 725—26, 1962; Princeton, N.J., Univ., Dep. of Chem.; engl.) — 2. vgl. C. **1963,** 10871. — Vff. untersuchen die Geschw. der Hydrolyse von *4.4-Dimethylcholesteryl-p-toluolsulfonat* (I), die unter Ringverengung zu 3-[2-hydroxypropyl-(2)]-A-nor-Δ^5-cholesten unter Teilnahme der $C_{(5)}{=}C_{(6)}$-Doppelbindung verläuft u. vergleichen sie mit derjenigen von *4.4-Dimethylcholestanyl-, Cholesteryl-* u. *Cholestanyl-p-toluolsulfonat.*

Versuche: *Cholesteryl-p-toluolsulfonat,* F. 131,5 bis 133°, aus Cholesterol u. p-Toluolsulfonylchlorid (II) in Pyridin; 69% (Ausbeute). — *4.4-Dimethylcholestanyl-p-toluolsulfonat,* $C_{36}H_{58}O_3S$, F. 108—109°, durch 18std. Stehen bei Raum-Temp. von 4.4-Dimethylcholestanol u. II in Pyridin; 65%. — *Cholestanyl-p-toluolsulfonat,* $C_{34}H_{54}O_3S$, F. 132,5—133,5° (Ae.), aus Cholestanol u. II in Pyridin; 34%. F. Klatt. B 225◇

0741 **Wechselwirkung von Phenylisocyanat und verwandten Verbindungen mit Natriumborhydrid.** S. E. Ellzey jun. und Charles H. Mack. (J. org. Chemistry **28,** 1600—04, 1963; New Orleans, La., Southern Regional Res. Labor.; engl.) — *Phenylisocyanat* (I) trimerisiert sich in Ggw. katalyt. Mengen $NaBH_4$ (II) oder KBH_4 bei schwachem Erwärmen, bei Verw. von $LiAlH_4$ (III) oder Li-tri-tert.-butoxyaluminiumhydrid jedoch schon ohne Erwärmung in exothermer Reaktion. Analog trimerisieren sich I, *p-Tolyl-* u. *p-Methoxyphenylisocyanat-* in Dioxan- (Dx) oder Diäthylenglykoldimethyläther (DGA)-Lsg. exotherm durch Einw. von II oder III. Überschüssiges II reagiert dagegen in sd. DGA mit I, dessen Dimeren u. Trimeren sowie mit *N-Formyl-N.N'-diphenylharnstoff* zu einer Mischung aus Anilin, N-Methylanilin (IV) Tris-[N-methylanilino]-bor u. Formanilid, wobei letzteres unter den Rk.-Bedingungen sich selbst weiter zu den vorst. anderen Rk.-Prod. umsetzt. *Phenylisothiocyanat* liefert bei der entsprechenden Rk. bei niedrigen Temp. Thioformanilid, bei höheren nur IV u. Spuren der Aminoborverbindung. Für die Rk. wird ein Mechanismus vorgeschlagen. — *o-Chlorphenyl-, o-Tolyl-, p-Nitrophenyl-* u. *n-Butylisocyanat* ließen sich unter vorst. Bedingungen in Dx nicht trimerisieren.

Versuche: *Isocyanursäuretriphenylester* (*trimeres Phenylisocyanat*), F. 280—281°, a) aus 6 g I in 20 ml Dx u. 1 ml einer Lsg. von 0,38 g II in 20 ml DGA bei 3—15°;

84% (Ausbeute). b) Aus **I** u. **II** im Mol-Verhältnis 1:0,001 durch Zusammengeben; 78%. c) Aus **I** u. Zugabe eines der anderen vorst. erwähnten komplexen Metallhydride analog Meth. b); 74—89%. — *Trimeres p-Methoxyphenylisocyanat*, F. 263—264°, analog vorst. Verb. aus dem entsprechenden Isocyanat nach Meth. a); 86%. — *Trimeres p-Tolylisocyanat*, F. 268—269°, analog vorst. Verb.; 91%. — *Tris-[N-Methylanilino]-bor*, $C_{21}H_{24}BN_3$, F. 209—213°, aus 11,92 g I in 30 ml DGA durch Zugabe zu 3,78 g **II** in 50 ml DGA u. 1 std. Erhitzen zum Sieden unter Feuchtigkeitsausschluß, Eingießen in Eiswasser, Ansäuern mit Essigsäure u. Abfiltrieren des Prod. nach Stehen im Eisschrank; 40%. Daneben *N-Methylanilin* (identifiziert als p-Toluolsulfonyl-Deriv., F. 94—95°), 26%, *Anilin* (identifiziert als p-Toluolsulfonyl-Deriv., F. 103—104°), 4,8% u. *Formanilid* (gaschromatograph. identifiziert) 3,3%. — *Thioformanilid*, F. 139—140°, aus 6,75 g Phenylisothiocyanat durch Zugabe zu 0,95 g **II** in 15 ml DGA bei 10—15°, Eingießen in Eiswasser u. Ansäuern mit 6nHCl unter kurzem Erwärmen auf 70°; 70% (Rohausbeute). Ch. Zechel. B 225◇

0742 **Über den Mechanismus der Reaktion zwischen Nitrilen, Carbonsäuren und Chlorwasserstoff bei tiefer Temperatur.** Je. N. Silberman. (J. allg. Chem. [UdSSR] **30** (92), 1277—81, 1960; russ.) — Im Syst. Nitril–Carbonsäure–HCl–inertes Lsgm. bei 0° erfolgt prim. Anlagerung von HCl an das Nitril unter Bldg. von Carbonsäureimidchloridhydrochlorid. Dieses reagiert mit der Carbonsäure weiter über ein instabiles Zwischenprod. zum Säureamidhydrochlorid u. Säureanhydrid (bzw. Säurechlorid). Der Mechanismus wird durch Isolierung der Rk.-Prodd. in folgenden Syst. bestätigt: Adiponitril–Essigsäure–HCl–Dioxan → *Adipindiamid* (F. 224°), *δ-Cyanvaleramid* (F. 64°), *Acetylchlorid* [→ *Acetanilid*, F. 114°] u. *Acetanhydrid*. — Acetonitril–Buttersäure–HCl–Bzl. → *Acetamidhydrochlorid* [**I**; C_2H_6ClNO, F. 140—142° (Zers.) → *Acetamid*], *Butyrylchlorid* [→ *Butyranilid*, F. 92° (W.)] u. *Butyranhydrid*. — Butyronitril–Essigsäure–HCl–Bzl. → *Butyramidhydrochlorid* [$C_4H_{10}ClNO$, F. 83—84° (Essigsäure–Ae.); Nadeln. → *Butyramid*, F. 113°]. Acetonitril–Essigsäure–HCl–Toluol → **I** u. *Acetylchlorid*. Helmut Schäfer. B 225△

0743 **Kinetik der reversiblen Hydratation von 2-Hydroxypteridin.** Y. Inoue und D. D. Perrin. (J. physic. Chem. **66**, 1689—93, 1962; Canberra, Australia, Australian Nat. Univ., Inst. of Advanced Studies, Dep. of Med. Chem.; engl.) — Die Kinetik der Hydratisierung von *2-Hydroxypteridin* zu 3.4-Dihydro-2.4-dihydroxypteridin wurde zwischen pH 4,55 u. 12,38 durch Messung der Extinktion u. potentiometr. ermittelt. Geschw.-Konst. für Hin- u. Rück-Rk. sind angegeben. Die Rk. ist 1. Ordnung mit Halbwertszeiten von 0,5—375 Sek. bei 20° im pH-Bereich von 4,55—12,4 u. unterliegt der Säuren-Basen-Katalyse. Der prim. Salzeffekt ist gering. Die Hydratations-Rk. folgt zwischen pH 4,5 u. 8,5 sowie 10,6 u. 12,4 der Gleichung $k_H = 6{,}3 \cdot 10^4 \cdot a_{H^+} + \leqslant 2 \cdot 10^{-4} [H_2O] + \leqslant 1{,}5 \cdot 10^3 \cdot a_{OH^-}$ (für HX) bzw. $k_H = \leqslant 5{,}5 \cdot 10^5 \cdot a_{H^+} + \leqslant 9 \cdot 10^{-6} [H_2O] + 0{,}22 \cdot a_{OH^-}$ (für X^-). Zwischen pH 8,5 u. 10,6 muß die Konz. von H_3BO_3 bzw. HCO_3^- (aus dem Puffer) berücksichtigt werden. Für die Rk. wird ein Mechanismus analog zur Acetaldehydhydratation vorgeschlagen. P. H. Laur. B 225◇

0744 **Untersuchungen des Isotopeneffektes bei Eliminierungsreaktionen.** 3. Mitt. **Stickstoff-Isotopeneffekt bei der E2-Reaktion von Äthyltrimethylammonium- und 2-Phenyläthyltrimethylammoniumionen.** G. Ayrey, A. N. Bourns und V. A. Vyas. (Canad. J. Chem. **41**, 1759—67, 1963; Hamilton, Ontario, McMaster Univ., Hamilton Coll., Dep. of Chem.; engl.) — 2. vgl. C. **1962**, 17364. — Vff. untersuchten den N-Isotopeneffekt bei der Hofmann-Eliminierungs-Rk. von *Äthyltriäthylammoniumjodid* [**I**, F. 336° (Zers.; A.)] u. *2-Phenyläthyltrimethylammoniumbromid* [**II**, F. 251—252° (Zers.; A.)] mit Äthylationen in Äthanol. Sie erhielten für **I** k^{14}/k^{15}-Werte von 1,017 u. 1,015 bei 60 bzw. 90°, für **II** 1,012 u. 1,009 bei 40 bzw. 60°. Die Ergebnisse werden eingehend diskutiert u. mit denen von Saunders jun. u. Ašperger (C. **1957**, 11831) mit dem 2-Phenyläthyldimethylsulfoniumion erhaltenen verglichen. Der beobachtete N-Isotopeneffekt wird ebenso wie der von anderen Autoren beschriebene D-Isotopeneffekt durch das relative Ausmaß der C_α–N- bzw. C_β–H-Bindungsschwächung in den Übergangszuständen der Rkk. erklärt. Ch. Zechel. B 225◇

0745 **Zur Reaktivität von Farbstoffepoxiden.** H. Hopff und P. Lienhard. (Helv. chim. Acta **45**, 1741—49, 1962; Zürich, ETH, Techn.-Chem. Labor.; dt.) — Es wurde die Umsetzung von Alkalijodiden mit Azofarbstoffen, die verschiedene Epoxidreste enthalten, in Dioxan-W. 3 : 1 im pH-Bereich 4—8,5 (durch $HClO_4$) untersucht u. die Ringöffnungsgeschw. bestimmt. Dabei konnte die Gültigkeit der Brønsted-Regeln nachgewiesen werden. Geschw.-Konst. bei 20° der einzelnen Verbb. s. Vers.-Teil.

Versuche: *4-Nitrophenylglycidyläther*, $C_9H_9NO_4$, F. 68 bis 69° (Aceton, gelbe Kristalle), aus 4-[β-Hydroxy-γ-chlorpropoxy]-nitrobenzol (**I**) mit KOH in A., $k_2 \cdot 10^3 = 24{,}3$. — *4-[β-Hydroxy-γ-chlorpropoxy]-anilin* (**II**), durch Red. von **I** mit amalgamierter Al-Folie. — **II** → *β-Naphthol* (**III**), $C_{19}H_{17}ClN_2O_3$, F. 135—136° (A.), durch Diazotierung von **II** u. Kupplung mit **III**; 75% (Ausbeute). — *Glycidyl-[4-aminophenyl]-äther* → **III**, $C_{19}H_{16}N_2O_3$, F. 138—138,5° (orangefarbene faserartige Kristalle), aus dem entsprechenden Chlorhydrin mit KOH; 88%; 10,35. — *4-[β-Hydroxy-γ-chlorpropoxy]-azobenzol*, F. 65—66° (Cyclohexan), durch Red. von **I** mit amalgamiertem Al u. nachfolgender Umsetzung mit Nitrosobenzol; 65%. — *Glycidyl-[4-phenylazophenyl]-äther*, $C_{15}H_{14}N_2O_2$, F. 86,5—87° (Cyclohexan, gelbe Blättchen), aus dem entsprechenden Chlorhydrin mit NaOH; 90%; 12,53. — *Phenylglycidylsulfid*, Kp.$_{0,2}$ 79—82°, durch Umsetzung von Thiophenol mit Epichlorhydrin in 1n KOH; 45%; 8,33. — *4-Methyl-N-acetyl-N-[β-hydroxy-γ-chlorpropyl]-anilin*, F. 80,5° (Ae., rechtwinklige Plättchen), aus 4-Methyl-N-[β-hydroxy-γ-chlorpropyl]-anilin mit Acetanhydrid; 81%. — *4-Methyl-N-acetyl-N-glycidylanilin*, $C_{12}H_{15}NO_2$, F. 42,5—43° (PAe., Würfelchen), aus dem Acetyl-Deriv. mit KOH; 75%; 5,31. — *Dimethylglycidylphenylammoniumjodid*, aus N-Methyl-N-glycidylanilin mit Methyljodid; 63%; 125. — *4-Nitro-N-methyl-N-glycidylanilin*, $C_{10}H_{12}N_2O_3$, F. 81—82° (A., gelbe Plättchen u. Nädelchen), aus 4-Nitro-N-methylanilin u. Epichlorhydrin; 15,0. — *Anilin* → *N-methyl-N-glycidylanilin* (**IV**), $C_{16}H_{17}N_3O$, F. 85—86°; 6,89. — *4-Chloranilin* → **IV**, $C_{16}H_{16}ClN_3O$, F. 85,5—86°; 7,37. — *3-Nitranilin* → **IV**, $C_{16}H_{16}N_4O_3$, F. 127,5 bis 128°; 8,74. — *4-Nitranilin* → **IV**, $C_{16}H_{16}N_4O_3$, F. 131,5 bis 132°; 8,68. — *p-Aminophenacylchlorid* → **III**, $C_{18}H_{13}ClN_2O_2$, F. 210—211° (Isobutanol, orangerote Stäbchen), aus dem Hydrochlorid von p-Aminophenacylchlorid, Diazotierung u. Kupplung mit **III**; 53%. — *Styrolchlorhydrinazo-β-naphthol* (**V**), $C_{18}H_{15}ClN_2O_2$, F. 150—151° (A.; orangefarbene rechteckige Plättchen), Umsetzung des Phenacylfarbstoffs mit Al-isopropylat in Isopropanol; 82%. — *p-Nitrostyrolchlorhydrin* (**VI**), durch Nitrierung von Styrolchlorhydrin u. anschließende Verseifung des p-Nitro-α-chlormethylbenzylnitrats mit HCl. — *p-Aminostyrolchlorhydrin* (**VII**), durch Red. von **VI** mit amalgamierter Al-Folie. — **VII** → **III**, F. 148,5—149,5° (A.); 75%. — *Styroloxidazo-β-naphthol*, $C_{18}H_{14}N_2O_2$, F. 122 bis 122,5° (Bzl./Cyclohexan, orangefarbene viereckige Plättchen), aus **V** mit KOH; 35%. — **VII** → *N.N-Bis-[β-hydroxyäthyl]-anilin* (**VIII**), F. 117—118° (Essigester, dunkelrote Nadeln); 84%; *Epoxid*, $C_{18}H_{21}N_3O_3$, F. 157,5—158° (Essigester), aus **VIII** mit NaOH; 96%; 3,0. — *4-Phenylazostyrolchlorhydrin* (**IX**), F. 95—96° (Cyclohexan), durch Red. von **VI** u. Umsetzung des Amins mit Nitrosobenzol; 48%. — *4-Phenylazostyroloxid*, $C_{14}H_{12}N_2O$, F. 72° (Cyclohexan), aus **IX** mit NaOH; 83%; 2,38. H. Cnobloch. B 225◇

0746 **Die Anwendung einfacher Gleichungen zur Berechnung von Bindungsdissoziations-Energien auf die thermische Zersetzung von fluorierten Kohlenwasserstoffen.** L. A. Errede. (J. org. Chemistry **27**, 3425—30, 1962; St. Paul, Minn., Minnesota Mining and Manufact. Co., Central Res. Labor.; engl.) — Einfache empir., gruppenspezif. charakterist. Bindungs-Koeff. enthaltende Gleichungen werden benutzt, um aus Literaturdaten die Bindungs-Dissoziationsenergien in *fluorierten KW-Stoffen* zu berechnen. Mit den erhaltenen Werten können die Pyrolysen-Prodd. der betreffenden Verbb. sowie die relative Stabilität auch komplizierterer Fluor-KW-Stoffe vorausgesagt werden. Die therm. Zers. von Polytetrafluoräthylen verläuft sehr wahrscheinlich zunächst über CF_2-Bruchstücke, die sich ihrerseits erst zu dem End-prod. C_2F_4 zusammenlagern. B. Krebs. B 225◇

0747 **Zur Kinetik des homogenen Zerfalls von Chlorkohlenwasserstoffen in der Gasphase.** F. Erbe, Th. Grewer und K. Wehage. (Angew. Chem. **74**, 988—93, 1962; Frankfurt/M., Farbwerke Hoechst Akt.-Ges.; dt.) — Die Chlor-KW-Stoffe *1-* u. *4-Chlordodecan*, *6.7-* u. *5.7-Dichlordodecan*, *3-Chlor-3-methylundecan*, *1.10-Dichlordecan*, *1.6-*,

2.5- u. *1.2-Dichlorhexan, 2.2-Dichlorheptan, 2-Chlorhepten-(1), 3-Chlorpentan, 1.4.7-Trichlorheptan, 3-Chlor-3-methylheptan, 4-Chlorhexen-(2), 4-Chlorhepten-(3)* spalten bei höherer Temp. (230—440°) unter Bldg. von Doppelbindungen HCl ab. Die Geschw. dieser Rk. hängt von der Struktur des Chlor-KW-Stoffs ab u. verläuft nach erster Ordnung. Die Zers.-Geschw. steigt mit zunehmender Länge der C-Kette in geringem Maße an. Bei einem zweiten Cl-Atom im Mol. nimmt die Geschw. in der Reihenfolge $-CHCl-CHCl- < CH_2-CHCl- < -CH_2-CCl_2-$ zu. Bei einer Doppelbindung in α- oder β-Stellung zum Cl-Atom wächst sie in der Reihenfolge α-Chlorolefin < Chloralkan < β-Chlorolefin. Für die HCl-Abspaltung wird ein ebener viergliedriger Übergangszustand >C⋯C< (H⋯Cl) diskutiert. Im Abspaltungsprozeß lockert sich zunächst die C—Cl- u. erst als Folge dieses Vorgangs die C—H-Bindung. H. Cnobloch. B 225◇

0748 **Abbruchsprodukte und -prozesse bei Pyrolyse von Dimethyläther.** Kenneth H. Anderson und Sidney W. Benson. (J. chem. Physics **36**, 2320—23, 1962; Los Angeles, Calif., Univ. of Southern California, Dep. of Chem.; engl.) — Vgl. C. **1960**, 10899. — Die Unterss. von Benson u. Jain (vgl. l. c.) über Abbruchsprozesse bei Pyrolyse von $(CH_3)_2O$ (**I**) werden mit einer gas-fl.-chromatograph. Best. der vorausgesagten Spuren-Prodd. fortgesetzt. Bei einer Zers.-Temp. von 800° werden $CH_3OC_2H_5$ (**II**), $(CH_3OCH_2)_2$ (**III**) u. CH_3OH (**IV**) als Abbruchs-Prodd. in Mol-Verhältnissen von **II**/**III** = 1,6—2,1, **III**/**IV** = 1,5—2,0 u. **II**/**I** = $0,14\cdot10^{-2}$ bis $0,20\cdot10^{-2}$ nachgewiesen (Tabelle), womit die postulierte Abbruchs-Rk. $CH_3OCH_2 \rightarrow CH_3 + CH_2O$ als Energieübertragungs-Rk. im Gebiet 2. Ordnung erhärtet wird. Aus den erhaltenen Konzz. der Prodd. **II**—**IV** läßt sich für die Rkk. $CH_3 + I \xrightarrow{k_{(2)}} CH_4 + CH_2OCH_3$ u. $CH_3 + II \xrightarrow{k_{(2')}} CH_4 + R$ ein Verhältnis von $k_{(2')}/k_{(2)} = 4-12$ im stationären Gleichgewichtszustand errechnen, das einem Unterschied in den Aktivierungsenergien $(E_{(2)}-E_{(2')}) = 1,9-4,0$ kcal/Mol entspricht. Das Verhältnis von zersetztem **I** : gebildetem C_2H_6, aus welchem sich Rk.-Kettenlängen λ von ca. 100 ergeben, ist infolge sek. Zers. von C_2H_6 u. des Verschwindens von Radikalen in anderen Abbruchs-Rkk. kein genaues Maß für λ. Genauere Werte für λ lassen sich aus den aufgestellten kinet. Beziehungen errechnen u. betragen λ = 13—49 (802—780°, Tabelle). λ nimmt über das Temp.-Gebiet 750—825° K mit einem Faktor von ca. 5 ab. G. Kirsten. B 225◇

0749 **Thermische Zersetzung von Phenylessigsäuremethylester.** Gerald E. Risinger und Edward E. Mach. (Nature [London] **196**, 1091—92, 1962; Arlington, Tex., Arlington State Coll., Dep. of Chem.; engl.) — Pyrolyse von *Phenylessigsäuremethylester* (**I**) bei 675° nach der Meth. von Hurd u. Blunck [1938] ergibt 21% Toluol, 39% Benzaldehyd u. 40% unzersetztes **I**. Der als Zwischenstufe vermutete unsymmetr. Äther läßt sich in geringer Menge unter milderen Vers.-Bedingungen (210—215°, 96 Std.) nachweisen u. als Benzylmethyläther identifizieren. Vff. vermuten, daß der Zers.-Mechanismus eine bimol. Eliminierung über ein quasi-sechsgliedriges Zwischenprod. einschließt. G. Kirsten. B 225◇

0750 **Reaktion von Acylperoxiden mit Diäthylquecksilber.** G. A. Rasuwajew, Je. W. Mitrofanowa und N. Ss. Wjasankin. (Ber. Akad. Wiss. UdSSR **144**, 132—34, 1962; Gorki, Univ., Chem. Forschungsinst.; russ.) — Beim Erhitzen von *Dibenzoylperoxid* (bzw. *Acetylbenzoylperoxid*) mit *Diäthyl-Hg* (1 : 10 Mol, 70—95°, 10—12 Std.) werden als Rk.-Prodd. erhalten (Ausbeute in Mol pro Mol Peroxid): 0,06 (0,15) CO_2; 0,08 (0,07) Hg; — (0,01) CH_4; 0,67 (0,68) C_2H_6; 0,29 (0,32) C_2H_4; 0,03 (0,07) n-C_4H_{10}; spurenweise Äthylbenzoat- u. -acetat; 1,80 (1,53) Äthyl-Hg-Benzoat, -Acetat u. -o- u. -p-Äthylbenzoat; 1,78 (1,51) Äthyl-HgJ (nach Behandeln mit KJ); 1,59 (0,55) Benzoesäure; 0,24 (0,42) o- u. p-Äthylbenzoesäure sowie — (0,56) Essigsäure. Es wird angenommen, daß keine Ketten-Rkk. freier Radikale auftreten u. daß als Zwischenprod. ein 1 : 1-Komplex aus Peroxid u. Diäthyl-Hg gebildet wird, der auf 2 voneinander unabhängigen Wegen zerfällt. Helmut Schäfer. B 225△

0751 **Bildung von freien Radikalen bei der Umsetzung von Hydroperoxid mit Cyclohexanon.** Je. T. Denissow. (Ber. Akad. Wiss. UdSSR **146**, 394—97, 1962; Akad. der Wiss. der UdSSR, Inst. für chem. Phys.; russ.) — Vf. untersucht den Zerfall von *tert.-Butylhydroperoxid* (ROOH) bei 110—126° in Chlorbenzol (**I**) u. Cyclohexanon (**II**) in Ggw. von α-Naphthylamin (**III**, $1-20\cdot10^{-4}$ Mol/Liter) als Inhibitor durch jodometr. Best. von ROOH u. colorimetr. Best. von **III**. Da sich aus **II** auch in Ggw. von **III** ein α-Ketohydroperoxid (**IV**) (das sehr schnell in freie Radikale zerfällt), bildet, konnte die Bldg.-Geschw. freier Radikale aus ROOH mittels der Bldg. des Azofarbstoffs nur in der Anfangsperiode der Rk. verfolgt werden, wo **IV** nicht in merklicher Menge vorhanden ist. Die Bldg.-Geschw. freier Radikale ist in **I** u. **II** direkt proportional der Konz. an ROOH: $W_i = k_i\cdot[ROOH]$; in **II** zerfällt ROOH 7mal schneller als in **I** (Wechselwrkg. von **II** u. ROOH), u. zwar wächst W_i mit dem **II**-Geh. anfangs linear: Die experimentelle Abhängigkeit stimmt gut mit folgendem Mechanismus überein: $ROOH \xrightarrow{k_1} RO\cdot + \cdot OH$, ROOH + **II** $\overset{K}{\rightleftharpoons}$ 1-Hydroxycyclohexylhydroperoxid (**V**), **V** $\xrightarrow{k_2}$ freie Radikale, [**V**] = K·[ROOH]·[**II**] mit $k_1 = 1,8\cdot10^{12}\cdot e^{-33000/RT}$ (s^{-1}), $k_2 = 1,8\cdot10^{9}\cdot e^{-26000/RT}$ (s^{-1}), $K = 6,9\cdot10^{-7}\cdot e^{11000/RT}$ (Liter/Mol). **V** bildet sich mit $\Delta H = -11$ kcal/Mol u. zerfällt bei 100° 10mal schneller als ROOH in freie Radikale. H.-J. Lunk. B 225◇

0752 **Kinetik und Mechanismus der Reaktionen in Medien konzentrierter starker Säuren.** 5. Mitt. **Kinetik der Decarbonylierung und Sulfonierung von Diphenylessigsäure in Schwefelsäure.** M. I. Winnik und R. Ss. Rjabowa. (J. physik. Chem. [UdSSR] **36**, 2601—08, 1962; Akad. der Wiss. der UdSSR, Inst. für chem. Phys.; russ., Auszug: engl.) — 4. vgl. J. physik. Chem. [UdSSR] **36**, [1962], 942; 3. vgl. C. **1963**, 8105. — In konz. H_2SO_4 wird *Diphenylessigsäure* (**I**) teils zu Diphenylmethanol decarbonyliert, teils an einer Phenylgruppe zu Phenylsulfophenylessigsäure (**III**) sulfoniert. **III** wird durch Lösen von 5 g **I** in 100 ml 92%ig. H_2SO_4, 48std. Stehenlassen bei Zimmer-Temp., Eingießen in Eiswasser (auf 50—55%ig. H_2SO_4-Konz. berechnet) u. Abtrennen des Ba-Salzes (IR-Banden 1015 u. 1125 cm^{-1}) isoliert. Die Geschw.-Konst. der Decarbonylierung (k_d) u. der Sulfonierung (k_s) nehmen mit steigender H_2SO_4-Konz. (88,7 → 99,89%) zu, k_d stärker als k_s. Die kinet. Unterss. führen zu dem Schluß, daß die Ionisation von **I** nach **I** + $H^+ \overset{k_{BOH}}{\rightleftharpoons} (C_6H_5)_2CHCOOH_2^+$ (**II**) $\overset{k_s}{\rightleftharpoons} (C_6H_5)_2CHCO^+ + H_2O$ verläuft. Der geschwindigkeitsbestimmende Schritt der Decarbonylierung ist der Zerfall des Acyliumions $(C_6H_5)_2CHCO^+ \rightarrow (C_6H_5)_2C^+H + CO$. Als Sulfonierungsmittel wirkt im Bereich der H_2SO_4-Konz. 88,7—99,89% das Ion $H_3SO_4^+$. Die Best. der Basizitäts-Konst. von **I** ergibt: $k_{BOH} = a_I\cdot a_{H^+}/a_{II} = (3,7 \pm 0,4)\cdot10^9$. R. K. Müller. B 225◇

0753 **Energieverluste in nicht zu Reaktionen führenden Zusammenstößen von energiehaltigen Rückstoßatomen: Versagen des Modells des elastischen Zusammenstoßes bei Tritium-Reaktionen in CH_4-D_2-Mischungen.** John W. Root und F. S. Rowland. (J. chem. Physics **38**, 2030—32, 1963; Lawrence, Kans., Univ. of Kansas, Dep. of Chem.; engl.) — Vff. untersuchten die Rk. von *Rückstoß-β-T-Atomen* mit Mischungen verschiedener Zus. von CH_4 u. D_2 (96 cm Hg Gesamtdruck) in Ggw. von O_2 (3 cm Hg) zum Abfangen therm. Teilchen. Die entstehende Mischung von DT, HT u. CH_3T wurde gaschromatograph. analysiert; die Ergebnisse zeigen, daß die spezif. Radioaktivität beider Moll. mit zunehmendem Molenbruch von D_2 ansteigt, während das Verhältnis der spezif. Aktivitäten $[(DT/D_2)/(CH_3T/CH_4)]$ ungefähr konst. bleibt. Auch die 3. im Gemisch beobachtete Rk., der Entzug von H aus CH_4, hält ein nahezu konst. Verhältnis zur Substitution von H in CH_4 ein. Demnach hat das reagierende T-Atom oberhalb des therm. Energiebereiches im D_2-Syst. eine größere Wahrscheinlichkeit für die Rk. als in CH_4. Daraus schließen Vff. in der weiteren Diskussion der Ergebnisse, daß für das untersuchte Syst. das Modell elast. Zusammenstöße (Billardkugel-Modell) nicht gültig ist. Ch. Zechel. B 226◇

0754 **Infrarot-Untersuchung der Reaktionen von CH_2 und NH mit C_2H_2 und C_2H_4 in festem Argon.** Marilyn E. Jacox und Dolphus E. Milligan. (J. Amer. chem. Soc. **85**, 278—82, 1963; Pittsburgh, Pa., Mellon Inst.; engl.) — Die Photolyse verd. Lsgg. von C_2H_4 u. HN_3, C_2H_2 u. CH_2N_2, sowie C_2H_2 u. HN_3 bzw. der Lsgg. deuterierter Homologen in Ar bei 4° K wurde IR-spektrophotometr. verfolgt. Die Stabilisierung der durch Photolyse entstehenden Radikale NH bzw. CH_2 erfolgt im Fall der Rk. von C_2H_4 mit HN_3 durch Bldg. des cycl. Äthylenimins. Radikalangriff auf eine Dreifachbindung führt nicht zu stabilen cycl. Produkten. Aus C_2H_2 u. CH_2 entsteht Allen, während C_2H_2 u. NH sich zu Ketenimin umsetzen. Diskutierte Rk.-Mechanismen enthalten die Annahme, daß zumindestens für einen Teil der NH- u. CH_2-Radikale ein Übergang aus dem ursprünglichen angeregten Singulett- in den Grundzustand (Triplett) vor der Rk. mit C_2H_2 erfolgen kann. H. U. Kibbel. B 226◇

0755 **Unimolekulare Zersetzung von schwingungsaktiviertem Äthan und Äthylradikalen.** Carl A. Heller und Alvin S. Gordon. (J. chem. Physics **36,** 2648–53, 1962; China Lake, Calif., U.S. Naval Ordnance Test Station, Chem. Div.; engl.) — Bei Hg-sensibilisierter Photolyse von Gemischen aus H_2 bzw. D_2 u. *Diäthylketon* (I) bzw. $D_{(2.2.4.4)}$-*Pentanon-(3)* (II) entstehen H- bzw. D-Atome u. Äthylradikale, die zu schwingungsaktivierten *Äthan* (III)-Moll. ($C_2H_6^*$) rekombinieren, deren Dissoziations-Geschw. in Methylradikale relativ zur Stabilisierung zu III als Funktion des Ketondrucks untersucht wird. Bei einem H_2 : I-Verhältnis von 8,96 u. I-Drucken von 1,5–16,6 Torr entsprechend 66–777 μMol I/Liter u. 67° beträgt die I-Zers. 1,5–0,37% (berechnet auf gebildetes CO), das Zers./Stabilisierungs-Verhältnis (D/S) der $C_2H_6^*$-Moll. beträgt 2,11–0,16 u. das Disproportionierung/Rekombinations-Verhältnis (D/C) für die Rk. $H + C_2H_3 \rightarrow H_2 + C_2H_4$ schwankt zwischen 0,067 u. 0,012 (Tabelle; Bildungs-Geschw. der Prodd. CO, CH_4, C_2H_4, C_2H_6, C_3H_8 u. n-C_4H_{10} in Nanomol·Liter^{-1}·s^{-1} s. Orig.). Bei D_2 : II-Verhältnissen von 9,0 bzw. 2,7 u. II-Konzz. von 118–558 bzw. 210–625 μMol/Liter u. 67° beträgt die II-Zers. 1,0–0,3 bzw. 2,1–0,6%, D/S 2,75–0,36 bzw. 1,05 bis 0,34 u. D/C für Äthylradikale u. H- oder D-Atome 0,14 ± 0,01 (Tabelle), wobei sich für die Zers.-Rk. $C_2H_6^* \rightarrow 2\,CH_3 \cdot k_1^{26^0} = 1{,}75 \cdot 10^{-8}\,s^{-1}$ ergibt. Ein D_2- oder H_2/C_2H_4-Gemisch von 15 : 1 läßt sich analog photolysieren. Bei 26 bzw. 203° u. 35–544 bzw. 306–633 μMol C_2H_4/Liter reagieren davon 1,9–3,2 bzw. 2,3–1,4% zu gesätt. KW-Stoffen, wobei D/S 0,39–0,052 bzw. 1,11–0,61 u. $k_1^{67^0} = 0{,}043 \cdot 10^{-8}$ bzw. $k_1^{20{,}0^0} = 1{,}29 \cdot 10^{-8}\,s^{-1}$ betragen (Tabelle). Bei 203° enthält das Gemisch der Prodd. neben CH_4, C_2H_6, C_3H_8 u. n-C_4H_{10} auch merkbare Mengen an Pentan u. Hexan. Die Deuterierung der Butanfraktion nach der Rk. $D + C_2H_4 \rightarrow CH_2DCH_2^*\cdot$ wird massenspektrometr. untersucht (Tabelle) u. ergibt $k_1^{26^0} = 14 \pm 3 \cdot 10^{-6}$ bzw. $k_1^{203^0} = 80 \pm 40 \cdot 10^{-6}\,s^{-1}$. Bei 67° zersetzen sich die aus I bzw. II primär neben C_2H_5-Radikalen entstehenden Propionylradikale rasch zu ersteren u. CO; bei höheren Temp. bewirken die Äthylradikale in zunehmendem Maße H-Abspaltung aus I. III-Bldg. erfolgt a) durch Stabilisierung der $C_2H_6^*$-Moll., b) durch Äthyl–Äthyl-Disproportionierung u. c) durch Methyl–Methyl-Rekombination, letztere nach dem Verhältnis $[C_2H_6] = [C_3H_8]^2/(4{,}0 \pm 0{,}2)[C_4H_{10}]$ bei ausreichendem Gesamtdruck. Bei fallendem Druck entstehen in zunehmendem Maße 3- u. 4fach deuterierte Methan-Moll., die maximal 5 bzw. 2% vom Gesamtmethan ausmachen. Für $C_2H_6^*$ läßt sich D/S aus den Bldg.-Geschw. der deaktivierenden Prodd. berechnen (s. Orig.). D/S ist annähernd konzentrationsproportional (Kurven). Aus den Unterss. ergeben sich für folgende akt. Mol-Typen (· = gelöste Bindung, — = gebildete Bindung) die maximalen unimol. Geschw.-Konst. (in Klammern $k_{1max} \cdot 10^6$ in s^{-1}; Temp. in ° K u. photolysierte Ausgangs-Verb.): $CH_3 \cdot CH_2{-}H$ (107; 340; I); $CH_3 \cdot CD_2{-}D$ (173; 340; II); $CH_2D \cdot CH_2{-}D$ (4,3 bzw. 129; 299 bzw. 476; C_2H_4); $H \cdot CH_2CH{-}D$ (14 ± 3 bzw. 20 ± 10; 299 bzw. 340; C_2H_4). Die Rkk. schwingungsaktivierter III-Moll. u. Äthylradikale sowie die Disproportionierung letzterer durch H-Atome werden diskutiert. Die Ergebnisse zeigen, daß zur Überwindung der Schwellenenergie bei Alkylradikaladdition an olefin. Bindungen keine Schwingungsenergie verwandt wird. G. Kirsten. B 226◇

0756 **Chemische Wirkung von ⁸²Br-Rückstoßatomen, die durch (n, γ)-Reaktion auf Halogencarbonsäuren gewonnen wurden.** An. N. Nessmejanow, E. Ss. Filatow und I. G. Gussakowskaja. (Radiochemie [UdSSR] **4,** 462–69, 1962; russ.) — Mittels einer Neutronenquelle mit $4{,}5 \cdot 10^{12}$ Neutronen/cm²s werden die chem. Prozesse untersucht, die als Folge der Kern-Rk. $^{81}Br(n, \gamma)^{82}Br$ in Halogenessigsäuren u. Essigsäure (I) in der festen Phase (I auch in fl. Phase) ablaufen. Nach der Rk. werden als Verbb. mit radioakt. ^{82}Br gefunden: aus *$CH_2BrCOOH$*: $CH_2BrCOOH$, $CHBr_2COOH$, CH_2Br_2, $CHBr_3$, Br; aus *$CHBr_2COOH$*: $CHBr_2COOH$, CH_2·BrCOOH, CBr_3COOH, $CHBr_3$, CH_2Br_2, Br; aus *CBr_3COOH*: CBr_3COOH, $CHBr_3$, CBr_4, Br; aus *$CH_2ClCOOH$*: $CH_2BrCOOH$, CHClBrCOOH, CH_3Br, CH_2ClBr, Br; aus *$CHCl_2COOH$*: CHClBrCOOH, $CBrCl_2COOH$, CH_2ClBr, $CHCl_2Br$, Br; aus *CCl_3COOH*: $CCl_2BrCOOH$, $CHCl_2Br$, CCl_3Br, Br; aus I: CH_3Br, $CH_2BrCOOH$, Br. Analysen nach Extraktion u. 12-Stufen-Dest. ergeben, daß die Art u. Ausbeute der erhaltenen Verbb. von der Art des Halogens abhängt, das in α-Stellung zur COOH-Gruppe steht, außerdem auch von der Phase, in der bestrahlt wurde. Als Mechanismus der Rk. wird die sek. Rk. der ⁸²Br-Rückstoßatome mit Halogenessigsäure eingehend diskutiert u. schemat. dargestellt.
R. Teichmann. B 226◇

0757 **Strahlenchemische Synthese von Organosilicium- und Organofluorsiliciumverbindungen.** A. W. Simin, A. D. Werina, L. P. Ssidorowa und A. W. Gubanowa. (Ber. Akad. Wiss. UdSSR **144,** 576–78, 1962; Physikal.-chem. Karpow-Inst.; russ.) — Durch Bestrahlung von Gemischen aus Olefinen, Fluorolefinen, Bzl. oder Chlorbenzol u. Trichlor-, Dichlor-, Methyldichlor- bzw. Äthyldichlorsilan bei 20 oder 70° mit ⁶⁰Co wurden folgende Silane erhalten: [*Hexafluorpropyl-(1* oder *2)]-trichlor-*, $Kp._{457}$ 84°; D.²⁰ 1,6170; n_D^{20} 1,3610; 95% (Ausbeute, bezogen auf die Ausgangs-Verbb.) bzw. 190 (strahlenchem. Ausbeute, in Mol/100 eV). — *Bis-[hexafluorpropyl-(1-* oder *2)]-dichlor-*, Kp. 160°; D.²⁰ 1,7202; n_D^{20} 1,3413; 80% (bzw. 100). — *Methyl-[hexafluorpropyl-(1-* oder *2)]-dichlor-*, $Kp._{749}$ 94°; D.²⁰ 1,4610; n_D^{20} 1,3338; 85% (225). — *Äthyl-[hexafluorpropyl-(1-* oder *2)]-dichlor-*, $Kp._{752}$ 110–112°; D.²⁰ 1,4342; n_D^{20} 1,3710; 95% (180). — *1.1.2.2-Tetrafluoräthyltrichlor-*, D.²⁰ 1,5138; n_D^{20} 1,3645; 11% (1,6). — *Phenyltrichlor-*; D.²⁰ 1,3210; n_D^{20} 1,5243; 5% (6). — *Phenyldichlor-*, D.²⁰ 1,2176; n_D^{20} 1,5290; 5% (6). — *Propyldichlor-*, $Kp._{753}$ 90–91°; D.^{20,5} 1,0738; $n_D^{20,5}$ 1,4270; 70% (165). — *Dipropyldichlor-*, $Kp._{747}$ 140–146°; D.²⁵ 1,01117; n_D^{25} 1,4390; 70% (160). — *Methylpropyldichlor-*, Kp. 127°; D.²⁰ 1,0509; n_D^{20} 1,4270; 55% (165). — *Propyltrichlor-*, D.²⁰ 1,1972; n_D^{20} 1,4310; 70% (190). — *Äthyldichlor-*, $Kp._{756}$ 73 bis 75°; D.²⁰ 1,1104; n_D^{20} 1,4188. — *Diäthyldichlor-*, $Kp._{752}$ 114 bis 115°; D.²⁵ 1,0513; n_D^{25} 1,4302; 80–85% (210). — *Methyläthyldichlor-*, Kp. 100°; D.²⁰ 1,0742; n_D^{20} 1,4205; 50–60% (200). — *Diamyldichlor-*, D.²⁰ 0,9988; n_D^{20} 1,4613; 38% (10). — *Methylphenyldichlor-*, 3% (4). Helmut Schäfer. B 226△

0758 **Geschwindigkeitskonstanten der Elementarreaktionen der Oxydation von Äthylbenzol mit molekularem Sauerstoff.** W. F. Zepalow und W. Ja. Schljapintoch. (Kinetik u. Katalyse [UdSSR] **3,** 870–76, 1962; Akad. der Wiss. der UdSSR, Inst. für physikal. Chem.; russ.) — Nach der Meth. der diskontinuierlichen Bestrahlung wurden die Geschw.-Konst. der Kettenfortpflanzung [$RO_2\cdot + RH \rightarrow RO_2H + R\cdot$, $k_3 = 9{,}6 \cdot 10^5 \exp(-8500/RT)$ Liter/Mol·s] u. des Kettenabbruches ($2\,RO_2\cdot \rightarrow$ inakt. Prodd., $k_6 = 1{,}9 \cdot 10^7$ Liter/Mol·s) bei der Oxydation von Äthylbenzol (RH) mit mol. O_2 bestimmt. Die Geschw.-Konst. der Rk. des Äthylbenzolperoxydradikals ($RO_2\cdot$) mit α- [$k_7 = 1{,}0 \cdot 10^9 \exp(-6800/RT)$ Liter/Mol·s] u. β-Naphthol [$8{,}7 \cdot 10^8 \exp(-7300/RT)$] wurden berechnet. Helmut Schäfer. B 226△

0759 **Isopropylbenzol-Umwandlung an vorbestrahltem Siliciumdioxid–Aluminiumoxid.** Robert R. Hentz. (J. physic. Chem. **66,** 2714–15, 1962; Princeton, N.J., Socony Mobil Oil Comp., Inc., Res. Dep.; engl.) — Vgl. C. **1963,** 13508. — Unter den l. c. angegebenen Bedingungen wurden 30 g SiO_2–Al_2O_3 (400 m²/g) bei 36° mit γ-Strahlen bis zu einer Dosis von $5{,}3 \cdot 10^{21}$ eV bestrahlt, anschließend unter Variation von Wartezeit u. Temp. jeweils ca. 0,2 g *Isopropylbenzol* (I) eingeführt u. die entstandenen Prodd. analysiert. Durch die Bestrahlung färbten sich die SiO_2–Al_2O_3-Kugeln dunkel u. entfärbten sich wieder bei der Berührung mit I. Bei Elektronenbrüchen F von 0,0067–0,0072 wurden Strahlungsenergieausbeuten G von 0,001–0,01 für das entstandene Gas u. 0,33–0,43 für Bzl. erhalten. Die Ergebnisse zeigen, daß bei Raum-Temp. gewisse Bzl.-erzeugende, durch Bestrahlung hervorgerufene „angeregte Zustände des Festkörpers", die vermutlich in eingefangenen Elektronen u./oder begleitenden positiven Löchern bestehen, sehr lange existenzfähig sind. Sie zeigen ferner, daß bei der Bzl.-Bldg. eine Energieübertragung von den angeregten Zuständen des Festkörpers stattfindet, die hierbei zerstört werden. Die um das ca. 20fache zu geringe Strahlungsenergieausbeute für das gesamte gebildete Gas ist verträglich mit dem l. c. vorgeschlagenen Mechanismus, wonach bei der Bestrahlung gebildete H-Atome in Abwesenheit von adsorbiertem I auf der Festkörperoberfläche eingefangen werden. R. Conrad. B 226◇

0760 **Sensibilisierte Bildung von Ionenradikalen aromatischer Amine bei der Radiolyse von gefrorenen organischen Gläsern.** Ch. Ss. Bagdassarjan und S. A. Ssinitzyna. (Ber. Akad. Wiss. UdSSR **147**, 1396—98, 1962; Karpow-Inst. für phys. Chem.; russ.) — Es wurde die Abhängigkeit der Extinktion E eines bei —196° bestrahlten organ. Glases aus Isopentan-Methylcyclohexan mit einem Geh. von 0,005 Mol/Liter an *Diphenylamin* (I) von der Größe der γ-Strahlungsdosis (Dosisleistung $4,1 \cdot 10^{15}$ eV/g·s) untersucht u. bestimmt. E steigt proportional mit der Dosis bis zur Dosis $7 \cdot 10^{18}$ eV/g u. bleibt dann konstant. Die Bldg. der Kationenradikale erfolgt also nur bis zu einer bestimmten Grenzkonz., die beim *Triphenylamin* (II) ca. $1,5 \cdot 10^{-5}$ Mol/Liter beträgt. Zusätze von CCl_4 erhöhen die Ausbeute an I-Radikalen, auch hier wird eine bestimmte Grenzkonz. an Radikalen bei weiteren CCl_4-Zusätzen nicht überschritten. In Gemischen aus I u. II werden nur I-Radikale gebildet. Bei II allein bewirken CCl_4-Zusätze keine Steigerung der Radikalausbeute. Daraus folgt, daß die Bldg. der Kationradikale nicht infolge einer direkten Strahlungs-Einw. auf die Amine erfolgt, sondern durch Energieübergang vom Substrat zum Amin mit den stärksten Elektronendonator-Eigg., also I. Zusätze von Anisol, Tetrahydrofuran oder Naphthalin zu I zeigen keinen Einfl. auf die Radikalbildung. C. Kozák. B 226◇

0761 **Einfluß der Strahlungsbedingungen auf die Radiolyse von Kohlehydratlösungen.** Ss. W. Starodubzew, W. W. Generalowa und G. W. Poljak. (Nachr. Akad. Wiss. UsbekSSR, Ser. physik.-math. Wiss. **7**, Nr. 1, 39—45, 1963; Akad. der Wiss. der UsbekSSR, Inst. für Kernphys.; russ.) — Bei der Bestrahlung von wss. Lsgg. von Kohlehydraten (*Glucose*, *Saccharose*, *Maltose*) mit ^{60}Co-γ-Strahlen (Dosisleistung 27—600 r/s) bei 0—80° änderte sich die Drehung der Polarisationsebene proportional der Dosis im Bereich bis ca. $450 \cdot 10^6$ r. Die Änderung der spezif. Drehung war um so größer, je kleiner die Konz. war; sie hing nur wenig von der Dosisleistung, der Temp., dem Außendruck, der Reinheit der Lsg. u. der Ggw. von Gasen ab. Ferner stieg das Absorptionsmaximum im Bereich 264—270 mμ linear mit der Dosis an; von den anderen Größen u. O_2 hängt es kaum ab. Die Ausbeute an Dihydroxyaceton erhöhte sich stark mit steigender Temp. der Bestrahlung. Ferner wurde bei hohen Dosen ein polymerer Stoff sauren Charakters mit 1200—4000 Molgew. u. der empir. Formel $(C_6H_{10}O_{6,8})_n$ erhalten. M. Wiedemann. B 226◇

0762 **Zusammensetzung der Dehydrierungsprodukte der n-Alkane C_6—C_9 am Alumochromkalium-Katalysator.** N. I. Schuikin, Je. A. Timofejewa, Ju. N. Plotnikow und N. Ss. Andrejew. (Nachr. Akad. Wiss. UdSSR, Abt. chem. Wiss. **1960**, 2173—77; Akad. der Wiss. der UdSSR, Zelinsky-Inst. für organ. Chem.; russ.) — Die Zus. der bei der Umwandlung von *n-Hexan* (I), *n-Heptan* (II), *n-Octan* (III) u. *n-Nonan* (IV) bei 500° u. der Vol.-Geschw. 0,5 $Std.^{-1}$ am Alumochromkalium-Katalysator erhaltenen Katalysate wurde gaschromatograph. u. Raman-analyt. bestimmt. Die entstandenen Alkene haben hauptsächlich die gleiche Anzahl C-Atome wie die Ausgangsalkane. Die Doppelbindungen verteilen sich vor allem auf die Stellungen 2, 3 u. 4. In geringem Umfang werden Diene gebildet. Die Hauptmasse der Aromaten hat die gleiche Anzahl C-Atome wie die Ausgangsalkane. Die aus den Katalysaten von I—IV erhaltenen Fraktionen werden tabellar. durch Ausbeute, n_D, Dichte, JZ. u. Geh. an Alkenen u. Aromaten charakterisiert: aus I: 3-Methyl-, 2-Methylpentan, Hexen-(2), -(3), n-Pentan, Penten-(2), Hexadien-(2.4) u. Bzl.; aus II: Hepten-(2), Heptadien, Bzl., Toluol (V); aus III: Octen-(4), Octadien-(2.4) (?), Bzl., V, o-, m-, p-Xylol u. Äthylbenzol; aus IV: Nonen-(4), Nonadien, V, Äthyl-, n-Propyl-, Isopropyl-, 1-Methyl-2-äthyl-, 1-Methyl-3-äthylbenzol, o-Xylol u. 1.2.3-Trimethylbenzol. Helmut Schäfer. B 227△

0763 **Untersuchung der katalytischen Oxydation von Propylen.** 5. Mitt. **Oxydation von Propylen zu Acrolein an Kupfer-Katalysatoren auf Aluminiumoxid.** N. I. Popowa, F. A. Milman, R. N. Stukowa und K. P. Shdanowa. (Nachr. sibir. Abt. Akad. Wiss. UdSSR **1960**, Nr. 12, 78—82; Akad. der Wiss. der UdSSR, Sibir. Abt., Ostsibir. Filiale; russ.) — 4. vgl. Nachr. sibir. Abt. Akad. Wiss. UdSSR **1960**, Nr. 11, 89. — Die Oxydation von *Propylen* (I) (I : O_2 4 : 1 Mol, 350°, Vol.-Geschw. 2000) an Korund, Schamotte u. Silit führt bei geringem Umwandlungsgrad von I ausschließlich zu Carbonyl-Verbb., die Oxydation an Al_2O_3 fast ausschließlich zu CO_2 u. Wasser. Lediglich am Al_2O_3-Kontakt mit geringer spezif. Oberfläche beträgt der %-Geh. an Carbonylverbb. in den Oxydations-Prodd. ca. 18%. Die Oxydation von I (I : O_2 5,9 : 1 Mol) läßt sich am 1,5%ig. CuO/Al_2O_3-Kontakt bei einer spezif. Oberfläche des α-Al_2O_3 von 3 m^2/g selektiv unter Bldg. von Acrolein u. anderen Carbonyl-Verbb. gestalten. Der Umwandlungsgrad von I beträgt nur 2,2%. Er läßt sich durch Zugabe von 0,05% ThO_2 oder 0,013% MoO_3 zum CuO/Al_2O_3-Kontakt auf 3,1—3,4% erhöhen, wobei die Selektivität aber von 72 auf ca. 60% abnimmt. Helmut Schäfer. B 227△

0764 **Katalytische Oxydation von Cyclohexylamin mit Wasserstoffperoxid zu Cyclohexanonoxim.** O. L. Lebedew, I. W. Antipina, Ss. N. Kasarnowski und W. W. Lebedewa. (J. allg. Chem. [UdSSR] **29 (91)**, 2534—36, 1959; Gorki, Polytechn. Inst.; russ.) — Die Oxydation von Cyclohexylamin mit H_2O_2 zu *Cyclohexanonoxim* (I, F. 87 bis 88°) wird von NH_4-Wolframat stärker katalysiert als von NH_4-Molybdat. Die Ausbeute an I steigt in Ggw. von NH_4-Wolframat u. unter Zusatz von Trilon B als Stabilisator für das im Überschuß verwendete H_2O_2 bei 30—40° auf 80%. B. Celms. B 227△

0765 **Katalytische Dehydrierung von 2-Äthylthiophen.** A. A. Balandin, G. M. Marukjan, R. G. Sseimowitsch, T. K. Lawrowskaja und I. I. Lewitzki. (J. allg. Chem. [UdSSR] **30 (92)**, 321—24, 1960; Zelinsky-Inst. für organ. Chem.; russ.) — Die Dehydrierung von *2-Äthylthiophen* zu *2-Vinylthiophen* (I) bei 500—600° u. Vol.-Geschw. von 0,15 bis 0,38 $Std.^{-1}$ bei Verdünnung mit Wasser- oder CO_2-Dampf wurde untersucht. Am Cu/Cr-Oxidkontakt beträgt die Ausbeute an Katalysat bei 500—550° 85—95% mit einem Geh. von ca. 40% I (bromometr. bestimmt). Am Cu/Fe-Oxidkontakt beträgt die Ausbeute an Katalysat bei 525—575° ca. 90% mit einem Geh. von 50—60% I. Ungesätt. KW-Stoffe sind in den gasförmigen Prodd. nur zu 1,6—2,8% enthalten. Helmut Schäfer. B 227△

0766 **Katalytische und elektrolytische Hydrierung organischer Verbindungen an Platin.** 3. Mitt. **Ladungskurven von platiniertem Platin in Gegenwart von Propylalkohol.** T. I. Potschekajewa. (J. physik. Chem. [UdSSR] **36**, 2751—54, 1962; Nowotscherkask, Polytechn. Ordshonikidse-Inst.; russ.) — 2. vgl. C. **1963**, 21506. — Die Adsorption des prim. Red.-Prod. von *Allylalkohol* (I) in 0,1n H_2SO_4-Lsg., die (V =) $1,1 \cdot 10^{-4}$—1,3 (Mol/Liter) Propylalkohol (II) enthält, wird auf Grund der Ladungskurve untersucht. II verdrängt an der platinierten Pt-Elektrode adsorbiertes H. Der Verdrängungsgrad nimmt mit V zu. Bis $V = 6,7 \cdot 10^{-2}$ nimmt die Energie der Pt–H-Bindung des verbleibenden H zu. Das wird damit erklärt, daß adsorbiertes II mit den OH-Gruppen nach der Oberfläche orientiert ist, wodurch die Abstoßungskraft zwischen den adsorbierten H-Atomen herabgesetzt wird. Bei V = 1,3 erfolgt vollständige Verdrängung des adsorbierten H. Der geringere Red.-Grad von I in wss. Lsg. wird auf die stärkere Adsorption von II, die Verdrängung von H u. die Blockierung von akt. Zentren der Katalysatoroberfläche zurückgeführt. R. K. Müller. B 227◇

0767 **Katalytische Hydrierung organischer Oxide im Strömungssystem bei erhöhtem Wasserstoffdruck.** N. I. Schuikin, E. Kowatsch, I. F. Belski und M. Bartok. (Ber. Akad. Wiss. UdSSR **136**, 1120—22, 1961; Akad. der Wiss. der UdSSR, Zelinsky-Inst. für org. Chem.; russ.) — Vgl. C. **1963**, 2822. — Bei der Hydrierung von Propylenoxid (I) über Raney-Cu unter H_2-Druck (50 at) entstehen ca. 80% *Propanol-(1)* (II) neben höhersd. Stoffen. α-Methyltrimethylenoxid (III) liefert über Cu bei 230—250° 90—95% *Butanol-(1)* (IV). α-Methyltetrahydrofuran (V) reagiert an Cu selbst bei 300° nur zu ca. 10% u. gibt 30 (%) *n-Pentan*, 35 *Pentanol-(1)* u. 35 *Pentanol-(2)* (VI). An Raney-Ni entstehen aus I bei 200° 45 II u. 55 Propanol-(2), aus III bei 250° 50 IV u. 50 *Butanol-(2)*, aus V bei 250° nur 15 VI, aus α-Propyltetrahydrofuran 60 *Heptanol-(4)*. Über Raney-Ni–Zn bildet III bei 200° nur IV. R. K. Müller. B 227◇

0768 **Untersuchung der Umwandlungen von 2.2.4-Trimethylpentan und n-Octan am Platin-Katalysator.** Ju. N. Ussow und N. I. Kuwschinowa. (Kinetik u. Katalyse [UdSSR] **3**, 931—36, 1962; Saratow, Univ.; russ.) — Es wurden die katalyt. Umwandlungen von *2.2.4-Trimethylpentan* (I; *Isooctan*) u. *n-Octan* (II) an 0,5%ig. Pt/Alumosilicat-Kontakt (I : H_2 1 : 4, 500°, Vol.-Geschw. 1,5 h^{-1};

II: H_2 1 : 3, 480°, Vol.-Geschw. 1,5 h^{-1}) untersucht. Die Umwandlung von I erfolgte zu 62%, die Ausbeute an Rk.-Prodd. betrug 54—55%. Verluste durch Bldg. von Koks u. gasförmigen Rk.-Prodd. [58,5 (%) H_2; 13,4 CH_4; 0,5 C_3H_6; 3,4 C_3H_8; 5,5 iso-C_4H_8; 4,8 n-C_4H_8; 13,9 C_4H_{10}] machten 45—46% aus. Die Rk.-Prodd. bestanden zu 5,2 (%) aus ungesätt., 66,5 gesätt. KW-Stoffen u. 28 Aromaten (Bzl., Toluol, o-, p-Xylol). Aus II wurden bei einem Umwandlungsgrad von 72,3% Rk.-Prodd. in 82—83%ig. Ausbeute erhalten. Letztere bestanden aus 7,5% ungesätt., 38,9 gesätt. KW-Stoffen u. 53,6 Aromaten (Bzl., Toluol, Äthylbenzol, o-, p-Xylol). Helmut Schäfer. B 227△

0769 **Alkylierung von Cyclohexen unter den Bedingungen der destruktiven Hydropolymerisation von Isobutylen.** Ja. T. Eiduss, B. K. Nefedow, I. P. Jakowlew und A. W. Lobsowa. (Ber. Akad. Wiss. UdSSR **135**, 1409—12, 1960; Akad. der Wiss. der UdSSR, Zelinsky-Inst. für organ. Chem.; russ.) — Beim Überleiten von *Cyclohexen* (I) mit H_2 (1 : 2 bis 3,2 Mol) bei 190°/1 at über einen Co/Al_2O_3-Kontakt entsteht als Hauptprod. Cyclohexan (II), daneben werden ca. 4% Methylcyclohexan (III) u. Toluol (4 : 1), CH_4 sowie wenig Bzl. u. C_2—C_4-KW-Stoffe erhalten. Unter analogen Bedingungen werden aus *Isobutylen* (IV) hauptsächlich Isobutan, daneben CH_4, C_2H_6 u. C_3H_8 erhalten. Beim gemeinsamen Überleiten von I u. IV mit H_2 über den Katalysator erhöht sich die Ausbeute an III u. Toluol (4 : 1) auf 8—14%, was durch Alkylierung von II durch die aus IV entstehenden Radikale erklärt wird. Als Hauptprodd. entsteht II, daneben werden Bzl. u die vorst. genannten Verbb. erhalten. Helmut Schäfer. B 227△

0770 **Kontaktumwandlungen von Cyclooctan in Gegenwart eines Nickel-Katalysators.** Ss. I. Chromow, E. A. Schokowa, Ch. Je. Sterin und B. A. Kasanski. (Ber. Akad. Wiss. UdSSR **136**, 1112—15, 1961; Moskau, Lomonossow-Univ.; russ.) — Vgl. C. **1961**, 14242. — Beim Überleiten von *Cyclooctan* über Ni/Kieselgur (1 : 1) in H_2 bei 200° entsteht neben gasförmigen Prodd. (ca. 16%) ein fl. Katalysat, in dem trans-1.2-Dimethylcyclohexan (I) spektroskop. nachgewiesen wird. Das Prod. enthält 15 (%) n-Octan (IV), 6 Cycloheptan, 4 n-Heptan, 5 cis-1.2-Dimethylcyclopentan u. geringe Mengen Cyclohexan (II), Methylcyclohexan (III) u. cis-Pentalan (V). Bei 250° entstehen Bzl., Toluol, II, III, 1.1- u. cis-1.2-I, trans-1-Methyl-2-äthylcyclopentan, IV, V u. 34% Gase. R. K. Müller. B 227◇

C. Präparative organische Chemie, Naturstoffe

0771 **Lithiumaluminiumhydrid-Reaktionen in Pyridinlösung.** 3. Mitt. **Lithiumdihydropyridinoaluminiumhydrid — ein selektives Reduktionsmittel für stark elektrophile Carbonylverbindungen.** Peter T. Lansbury und James O. Peterson. (J. Amer. chem. Soc. **83**, 3537—38, 20/8. 1961; Buffalo, N.Y., Univ., Dep. of Chem.; engl.) — 2. vgl. C. **1963**, 16159. — In Pyridin (Py) gelöste Ketone oder Carbonsäuren werden durch Zugabe von $LiAlH_4$ glatt reduziert (vgl. 1. Mitt., C. **1961**, 17535). Wird $LiAlH_4$ in Py vor der Red. gelöst, bildet sich *Li-[Dihydropyridino-AlH$_3$]* (I), das nur stark elektrophile C=O-Gruppen reduziert. Die Ergebnisse der Red. von Benzophenon (II) mit $LiAlD_4$ in Py zu *Benzhydrol* u. *D-Benzhydrol* weisen etwa darauf hin, daß dem in I durch die Anlagerung von $LiAlH_4$ aufgelockerten 2-H-Atom des Pyridinrestes die Red.-Wrkg. zukommt. Diesem H-Atom ist eine starke Selektivität bei der Red. von C=O-Verbb. zuzuordnen. Während II, 2.4′-Dichlorbenzophenon u. Hexachloraceton von I zu den entsprechenden *Alkoholen* red. werden, bleiben Naphthoesäure-(1) u. deren Methylester unberührt. Die Bedeutung der Meth. wird an Hand der selektiven Red. von o-[α-Naphthoyl]-benzoesäure u. deren Methylester zu *3-α-Naphthylphthalid* (76 bzw. 78% Ausbeute) u. von o-Benzoylbenzoesäure u. deren Methylester zu *3-Phenylphthalid* (93 bei 62%) demonstriert. I kann aus konz. Lsgg. von $LiAlH_4$ in Py als hellgelbes Salz isoliert werden. K. Stühmer. 460□

0772 **Eine einfache Methode zur Darstellung von $^{14}C_{(CO)}$-Diäthylcarbonat aus ^{14}C-Bariumcarbonat.** Takahiko Tsuyuki und Osamu Simamura. (J. org. Chemistry **23**, 1079—80, 1958; Tokyo, Tokyo Univ., Dep. of Chem.; engl.) — Aus $Ba^{14}CO_3$ u. $AgNO_3$ wird $Ag_2{}^{14}CO_3$ erhalten, das mit einem Überschuß an C_2H_5J zu *^{14}C-Diäthylcarbonat* umgesetzt wird.

Versuche: *$Ag_2{}^{14}CO_3$*: Ag_2CO_3 u. 4,3 g $AgNO_3$ werden im Dunkeln mit 2,473 g $Ba^{14}CO_3$ in W. gerührt; gelb; 3,4 g (Ausbeute). — *$^{14}C_{(CO)}$-Diäthylcarbonat*, Kp. 122—126°, durch 50std. Stehen von 5 g C_2H_5J u. 3,4 g $Ag_2{}^{14}CO_3$ in Ae. im Dunkeln, Zugabe von Diäthylcarbonat, Filtrieren u. Dest.; 1,8 g. H. Henze. 480◇

0773 **Weitere Alkylierungsversuche an Benzol mit ^{14}C-markiertem Äthylchlorid.** Royston M. Roberts und Stellakis G. Panayides. (J. org. Chemistry **23**, 1080—82, 1958; Austin, Tex., Univ. of Texas, Dep. of Chem.; engl.) — $^{14}C_{(1)}$-Äthylchlorid (I) wird 6 Min. über $AlCl_3$ aufbewahrt u. dann bei 80° mit Bzl. über frischem $AlCl_3$ umgesetzt. Alle ^{14}C-Atome befinden sich in α-Stellung der Seitenkette. Bei einer Rk.-Temp. von 20° sind 96% der ^{14}C-Atome in α-Stellung. Bei Vergrößerung der $AlCl_3$-Menge werden 8% von der α- in die β-Stellung verschoben.

Versuche: *$^{14}C_{(1)}$-Essigsäure*, durch Rk. von CH_3MgJ mit $Ba^{14}CO_3$ u. Na_2CO_3. — *$^{14}C_{(1)}$-Äthylalkohol*, durch 13std. Rühren vorst. Verb. mit $LiAlH_4$ in Ae. bei Raum-Temp.; 59% (radiochem. Ausbeute, bezogen auf $Ba^{14}CO_3$). — *$^{14}C_{(1)}$-Äthylchlorid* (I), aus vorst. Verb. u. $AlCl_3$. — *^{14}C-Äthylbenzol*, Kp. 133—136°, a) durch 6 Min. langes Stehen von I über festem $AlCl_3$ im Vakuum, Rühren mit trockenem Bzl. über $AlCl_3$ u. Zers. mit Eiswasser; b) durch Rk. von I u. Bzl. bei 30°; daneben *^{14}C-Diäthylbenzol*, Kp. 172—178°; c) durch Rk. von I u. Bzl. mit der 10fachen Menge $AlCl_3$. — *^{14}C-Benzoesäure*, F. 120,5—121°, a) durch Rk. vorst. Verb. nach a) mit $KMnO_4$; b) analog aus vorst. Verb. nach b); 4% Isomerisierung; c) analog aus vorst. Verb. nach c); 8% Isomerisierung. — *^{14}C-Phthalsäure*, analog vorst. Verb. aus Diäthylbenzol; 7,8% Isomerisierung. H. Henze. 480◇

0774 **Untersuchung der Decarboxylierung von aromatischen Carbonsäuren mit Isotopen.** F. B. Fisher und A. N. Bourns. (Canad. J. Chem. **39**, 1736—37, 1961; Hamilton, Ontario, Canada, McMaster Univ., Hamilton Coll., Burke Chem. Labor.; engl.) — Vff. untersuchten die Decarboxylierung von $^{13}C_{(COOH)}$-markierten aromat. Carbonsäuren nach der Hunsdiecker- u. Schmidt-Reaktion. Durch Kochen des Ag-p-Methoxybenzoats in CCl_4 unter N_2, Zutropfen von 10%ig. Br_2 in CCl_4, CO_2-Absorption nach Calvin entstehen 61% *$BaCO_3$*. Analog entstehen aus Benzoesäure, p-Trifluormethylbenzoesäure bzw. m-Nitrobenzoesäure 90, 93 bzw. 98% *$BaCO_3$*. 1½std. Erhitzen von p-Methoxybenzoesäure in Äthylendichlorid mit NaN_3 bei 40°, CO_2-Absorption in NaOH, liefert 95% *$BaCO_3$*. Analog liefern Benzoesäure, p-Trifluormethylbenzoesäure bei 56—60° bzw. m-Nitrobenzoesäure 95, 28 bzw. 9% *$BaCO_3$*. S. Hiller. 480◇

0775 **Chemie einiger α-substituierter Alkadiene-(1.3).** I. I. Gusseinow und G. Ss. Wassiljew. (Fortschr. Chem. [UdSSR] **32**, 40—59, 1963; Zelinsky-Inst. für organ. Chem. der Akad. der Wiss. der UdSSR; russ.) — Allg. Überblick über Darst., Eigg. u. Rkk. von *Butadienen-(1.3)* mit Alkoxyl-, N-, P- oder Si-haltigen Resten. — 121 Literaturangaben. G. Froelich. 520◇

0776 **Über die Acetylierung einiger tertiärer Alkohole aus der Reihe des Linalools.** P. Mesnard und M. Bertucat. (Ind. chim. belge **28**, 146—48, 1963; Bordeaux, Fac. de Méd. et de Pharm., Labor. de Chim.; franz.) — Vff. untersuchen die Acetylierung von tert., mit Linalool [3.7-Dimethyloctadien-(1.6)-ol-(3), I] verwandten, z. T. natürlichen, z. T. synthet. Alkoholen (A) mit Acetanhydrid–Dioxan (1 : 2) in Ggw. von Pyridin (II), von einigen Tropfen H_3PO_4 (III), von einigen Tropfen in CH_3COOH gelöstem BF_3 (IV) oder von p-Toluolsulfonsäure (V). Die Acetylierung erfolgt bei solchen A nur unvollständig, die eine zur tert. OH-Gruppe α-ständige Äthylenbindung aufweisen. Die Acetylierung ist von der Temp. unabhängig. Die Ergebnisse sind nachst. zusammengefaßt [Angaben in % Acetylierung; a) in Ggw. von II; b) in Ggw. von III; c) in Ggw. von IV; d) in Ggw. von V]. Acetylierung von: I: a) 11,8%; b) 67,8%; c) 69,9%; d) 74,2%. — „Äthyllinalool" [3-Äthyl-7-methyloctadien-(1.6)-ol-(3)]: a) 8,9%; b) 66,6%; c) 59,9%; d) 70,0%. — Dihydrolinalool [3.7-Dimethylocten-(1)-ol-(3)]: a) 7,9%; b) 65,8%;

c) 72,6%; d) 78,1%. — Neroldiol [3.7.11-Trimetdyldodecatrien-(1.6.10)-ol-(3)]: a) 13,7%; b) 65,9%; c) 70,0%; d) 70,0%. — Methylbutenol [3-Methylbuten-(1)-ol-(3)]: a) 3,2%; b) 77,9%; c) 75,0%; d) 82,0%. — Isophytol [3.7.11.15-Tetramethylhexadecen-(1)-ol-(3)]: a) 7,4%; b) 63,3%; c) 73,7%; d) 83,1%. — Dehydrolinalool [3.7-Dimethylocten-(6)-in-(1)-ol-(3)]: a) 13,7%; b) 98,9%; c) 100,0%; d) 100,0%. — Dehydronerolidol [3.7.10-Trimethyldodecadien-(6.10)-in-(1)-ol-(3)]: a) 28,6%; b) 100,0%; c) 100,0%; d) 99,9%. — Methylbutinol [3-Methylbutin-(1)-ol-(3)]: a) 15,2%; b) 99,4%; c) 100,0%; d) 100,0%. — Tetrahydrolinalool [3.7-Dimethyloctanol-(3)]: a) 7,9%; b) 99,4%; c) 99,3%; d) 99,5%.

W. A. Schäfer. 560◇

0777 **Reaktion von Acetalen und Orthoestern mit Dekaboran und Diacetonitrildekaboran.** L. I. Sacharkin, W. I. Stanko und Ju. A. Tschapowski. (Nachr. Akad. Wiss. UdSSR, Abt. chem. Wiss. **1962**, 1118—19; Inst. für Element-organ. Verbb. der Akad. der Wiss. der UdSSR; russ.) — Acetale u. Orthoameisensäuretributylester (I) werden durch Dekaboran (II) oder Diacetonitrildekaboran zu den entsprechenden *Äthern* reduziert.

Versuche (alle Verss. unter N_2): *Methylbutyläther*, Kp. 70—71°, a) man gibt in 1 Std. zu 20 g I bei 70—80° eine Lsg. von 2,2 g II in 10 g I u. erwärmt in 3 Std. auf 140°; n_D^{20} 1,3750; 70% (Ausbeute). Daneben 1,3 g *Formaldehyd-dibutylacetal* (Kp.$_4$ 53—54°; n_D^{20} 1,4067; 12%), 9,5 g *Tributylborat* (enthält noch I) u. ein *Polymeres*; b) man erhitzt 3 g II u. 12 g Butyraldehyddimethylacetal (III) in 50 ml Toluol in 30 Min. auf 130°, dest. bis Kp. 105° ab u. wäscht das Destillat mit 0,1n Lauge u. W.; n_D^{20} 1,3758; 45%; c) man erhitzt 8,5 g Diacetonitrildekaboran u. 5 g III in 100 ml Toluol in 2 Std. bis 130° u. filtriert, weiter nach b); n_D^{20} 1,3762; 40%. — *Benzyläthyläther*, $C_9H_{12}O$, Kp.$_{14}$ 71—72°, Kp.$_{27}$ 86—87°, nach a) aus 2 g II u. 12 g Benzaldehyddiäthylacetal (IV) in 50 ml Toluol in 6 Std. bei 120—130° u. Wasserdampf-Dest.; n_D^{20} 1,4955; 36%; b) aus 3,5 g Diacetonitrildekaboran u. 12 g IV in 80 ml Toluol; n_D^{20} 1,4965; 40%.

Renate Richter. 560◇

0778 **Synthese von Äthern und Estern des 1.2-Dihydroxyäthylens und ihre Umwandlungen.** M. F. Schosstakowski, N. W. Kusnetzow und Tschshe-min Jan. (Nachr. Akad. Wiss. UdSSR, Abt. chem. Wiss. **1962**, 710—16, April; Zelinsky-Inst. für organ. Chem. der Akad. der Wiss. der UdSSR; russ.) — *1.2-Dimethoxyäthylen* (I) wird vorteilhaft durch Erhitzen von 1.1.2-Trimethoxyäthan (II) in Ggw. von Chinolin u. H_3PO_4 dargestellt. Mit Alkoholen setzt sich I in Ggw. von Säure zu *Dialkylacetalen* des *Methoxyacetaldehyds* (III) um, die ebenso wie die Acetale des Bromacetaldehyds (IV) mit Vinyl-n-butyläther (V) in Ggw. von $SnCl_4$ keine Kondens., sondern allein Umacetalisierung eingehen. In Ggw. von Azoisobuttersäurenitril liefert I mit CCl_4 *1.1.1.3-Tetrachlor-2.3-dimethoxypropan*, das beim Stehen mit Methanol das 3ständige Cl gegen eine CH_3O-Gruppe austauscht. Orthoameisensäuretriäthylester gibt mit I erwartungsgemäß *1.1.3.3-Tetraäthoxy-2-methoxypropan*. Durch Bromieren von Vinylacetat (VI) u. nachfolgendes Umsetzen mit K-Acetat wird in befriedigender Ausbeute *1.1.2-Triacetoxyäthan* (VII) gewonnen, dessen Pyrolyse in Dibutylphthalat bei 200° in Ggw. von p-Toluolsulfonsäure *Acetoxyacetaldehyd* (VIII), ohne Katalysator daneben in gleicher Menge *1.2-Diacetoxyäthylen* (IX) liefert. Das erhaltene IX stellt nach dem IR-Spektrum ein 1:1-Gemisch aus der cis- u. trans-Form dar; das krist. *trans*-IX ließ sich durch Abkühlen gewinnen.

Versuche: *1.2-Dimethoxyäthylen* (I), Kp. 100—102°, a) durch Erhitzen von II in Ggw. von Chinolin u. H_3PO_4 unter Abdestillieren; n_D^{20} 1,4202; 70,2% (Ausbeute); b) durch 1std. Überleiten von II über $Ba(OH)_2$ auf Silicagel bei 350°; 56,4%. — *Methoxyacetaldehyd* (III), *Methyl-n-butylacetal* (X), $C_8H_{18}O_3$, Kp.$_9$ 54,5—56°, durch Zutropfen von VI zu I in Ggw. von $SnCl_4$ bei 50—55°, 20 Min. langes Rühren bei 55°, 20 Min. bei 20°, Zugeben von K_2CO_3 u. 1std. Rühren; n_D^{20} 1,4070; 36,4%; daneben II. *Dimethylacetal* (II, *1.1.2-Trimethoxyäthan*), $C_5H_{12}O_3$, Kp.$_{10}$ 59—60°, durch 3std. Kochen von I mit Methanol in Ggw. von p-Toluolsulfonsäure oder HCl u. 40std. Stehen; n_D^{20} 1,3920; 65,2%. *Di-n-butylacetal*, $C_{11}H_{24}O_3$, Kp.$_4$ 86—88°, analog II mit n-Butanol; n_D^{20} 1,4150; 53,8%; daneben X. *Äthylenacetal* (*2-Methoxymethyl-1.3-dioxolan*), $C_5H_{10}O_3$, Kp.$_{19}$ 57—58°; n_D^{21} 1,4195; 96,6%. *2.4-Dinitrophenylhydrazon*, F. 124°. — *1.1.3.3-Tetraäthoxy-2-methoxypropan*, $C_{12}H_{26}O_5$, Kp.$_2$ 84—86°, durch Zutropfen von I zu Orthoameisensäuretriäthylester in Ggw. von BF_3-Ätherat bei 45°, 2std. Rühren bei 45°, Zugeben von $NaHCO_3$-Pulver u. 1std. Rühren; n_D^{25} 1,4110; 34,4%. — *1.2-Dimethoxy-1.3.5.5-tetraäthoxypentan*, $C_{15}H_{32}O_6$, Kp.$_{2,5}$ 122—124°, analog vorst. Verb. aus I u. 1.1.3.3-Tetraäthoxypropan; n_D^{20} 1,4260; 47,6%. — *1.1.1.3-Tetrachlor-2.3-dimethoxypropan*, $C_5H_8Cl_4O_2$, Kp.$_6$ 85—87°, durch Zutropfen von I zu sd. CCl_4 in Ggw. von Azoisobuttersäurenitril u. 3std. Kochen; n_D^{18} 1,4860; 43%; liefert in HCl ein *2.4-Dinitrophenylhydrazon* vom F. 145° (Ae.), in Methanol ein *2.4-Dinitrophenylhydrazon*, $C_{10}H_9Cl_3N_4O_5$, F. 175° (Methanol). — *1.1.1-Trichlor-2.3.3-trimethoxypropan*, $C_6H_{11}Cl_3O_3$, Kp.$_6$ 86—87°, durch 5tägiges Stehen vorst. Verb. in Methanol; n_D^{20} 1,4600; 93,8%. — *Bromacetaldehyd* (IV), *Methyl-n-butylacetal*, $C_7H_{15}BrO_2$, Kp.$_5$ 65 bis 68°, analog X aus V u. IV-Dimethylacetal; n_D^{25} 1,4432; 51,1%. *2.4-Dinitrophenylhydrazon*, $C_8H_7BrN_4O_4$, F. 155°. — *1.1.2-Triacetoxyäthan* (VII), F. 51—52° (Ae.-PAe.), durch Zutropfen von Br_2 in Essigsäure zu 86 g VI in Essigsäure bei —5°, Gießen in die Lsg. von K-Acetat in Essigsäure, 5std. Kochen, Gießen in Eiswasser u. Ausziehen mit Bzl.; 38,2%; b) durch Bromieren von VI in CCl_4 bei —5°, Zugeben von K-Acetat in Essigsäureanhydrid u. 3std. Kochen; 9 g; daneben *Essigsäure-α.β-dibromäthylester*, Kp$_4$ 70—73°; n_D^{22} 1,5059, 15 g, u. IV-*Diacetat*, Kp.$_4$ 91—94°; n_D^{23} 1,4551; 32 g. — *Acetoxyacetylacetaldehyd* (VIII), $C_6H_8O_4$, Kp.$_8$ 44—46°, durch 13std. Erhitzen von VII in Dibutylphthalat in Ggw. von p-Toluolsulfonsäure auf 200—240°; n_D^{23} 1,4090; 43,5%. *Semicarbazon*, F. 170° (W.). *p-Nitrophenylhydrazon*, F. 144° (Methanol). *2.4-Dinitrophenylhydrazon*, F. 152° (Methanol). — *1.2-Diacetoxyäthylen* (IX), $C_6H_8O_4$, Kp.$_2$ 58—60°, durch Erhitzen von VII in Dibutylphthalat während 6 Std. auf 190° u. 15 Std. auf 180—200°; n_D^{25} 1,4435; 22% (daneben 25% VIII); durch Abkühlen läßt sich *trans*-IX, $C_6H_8O_4$, F. 40°, gewinnen.

H.-E. Toussaint. 570◇

0779 **Anhydride organischer Phosphorsäuren.** 1. Mitt. **Die Einwirkung von Nitrosylchlorid auf Dialkylphosphite. Eine neue Methode zur Synthese von Tetraalkylpyrophosphaten.** Jan Michalski und Andrzej Zwierzak. (Roczniki Chem. [Ann. Soc. chim. Polonorum] **35**, 619—28, 1961; Łódź, Politechn., Kat. Chem. org.; engl.) — Dialkylphosphit u. NOCl liefern in Ggw. von Pyridin nicht die erwartete P-Nitroso-Verb., sondern *Tetraalkylpyrophosphate* in guter Ausbeute. Bei der Rk. wird N_2O frei. Die Rk. verläuft auch ohne Zusatz von Pyridin oder mit Na-Dialkylphosphit, doch ist die Ausbeute dann geringer. Starke organ. Basen, z. B. Triäthylamin, hemmen die Rk. vollständig.

Versuche: Tetraalkylpyrophosphate wurden durch Eintropfen einer benzol. NOCl-Lsg. in eine mit Ligroin oder Bzl. verd. Lsg. von Dialkylphosphit u. Pyridin bei 25—30° erhalten: *Tetraäthyl-*, $C_8H_{20}O_7P_2$, Kp.$_{0,01}$ 88—89°; n_D^{25} 1,4179; 83% (Ausbeute). — *Tetra-n-propyl-*, $C_{12}H_{28}O_7P_2$, Kp.$_{0,01}$ 109—110°; n_D^{25} 1,4254; 87%. — *Tetraisopropyl-*, $C_{12}H_{28}O_7P_2$, Kp.$_{0,005}$ 91—92°; n_D^{25} 1,4183; 84%. — *Tetra-n-butyl-*, $C_{16}H_{36}O_7P_2$, Kp.$_{0,01}$ 126—127°; n_D^{25} 1,4301; 87%. *Tetrabenzyl-*, $C_{28}H_{28}O_7P_2$, F. 60—61,5°; Nadeln aus Cyclohexan. — *Tetrakis-[p-brombenzyl]-*, $C_{28}H_{24}Br_4O_7P_2$, F. 105 bis 105,5°; Prismen aus A.; 53%. — Dialkylhydrogenphosphate wurden durch Hydrolyse der Tetraalkylpyrophosphate mit W. oder 4%ig. NaOH-Lsg. in der Wärme dargestellt: *Diäthyl-*, Kp.$_{0,01}$ 108—110°; n_D^{25} 1,4149; 90%. *Cyclohexylaminsalz*, $C_{10}H_{24}NO_4P$, F. 82—84°; aus Bzl. Nadeln. — *Bis-[p-brombenzyl]-*, F. 157—158° (A.); 88%.

F. Urban. 590

0780 **Synthese schwefelhaltiger Verbindungen aus Vinyläthern und Acetylen.** 23. Mitt. **Oxydation von Vinylsulfiden und einige Eigenschaften von Vinylsulfoxiden und Sulfonen.** Je. N. Prileshajewa, L. W. Zymbal, O. N. Domanina, T. N. Schkurina und M. F. Schosstakowski. (Nachr. Akad. Wiss. UdSSR, Abt. chem. Wiss. **1960**, 724—33; Zelinsky-Inst. für organ. Chem. der Akad. der Wiss. der UdSSR; russ.) — 22. vgl. C. **1961**, 6469. — Durch Oxydation von Vinylalkyl(phenyl)sulfiden wurden *Vinylalkyl(phenyl)-sulfoxide* u. *-sulfone* dargestellt (Alkyl = *Methyl, Äthyl, n-Propyl, n-Butyl, β-[n-Butoxy]-äthyl* u. *Phenyl*). Die Mol.-Refr. wurden berechnet, die UV- u. Raman-Spektren aufgenommen.

Versuche: Vinylsulfoxide: *Methyl-*, Kp.$_4$ 49 bis 50,5°, Kp.$_6$ 58,5—59°, durch Oxydation von Methylvinylsulfid mit H_2O_2; D.$_4^{20}$ 1,0876; n_D^{20} 1,4951; 70% (Ausbeute). —

Äthyl-, C_4H_8OS, Kp.$_2$ 54,2°, Kp.$_4$ 75—76°, durch Zugabe von 2,7 ml 70%ig. H_2O_2 bei 5° zu 8,8 g Vinyläthylsulfid (I) in 8 ml Aceton, 10std. Rühren bei 0—5°, 35—40std. Stehen bei 20° u. 3std. Erhitzen auf 60—70°; D.$_4^{20}$ 1,0422; n$_D^{20}$ 1,4900; 77,4%. — Analog: *n-Propyl-*, $C_5H_{10}OS$, Kp.$_8$ 83°, aus Vinyl-n-propylsulfid (II); D.$_4^{20}$ 1,0125; n$_D^{20}$ 1,4870; 69,5%. — *n-Butyl-*, $C_6H_{12}OS$, Kp.$_6$ 88—90°, Kp.$_2$ 80—82°, aus Vinyl-n-butylsulfid (III); D.$_4^{20}$ 0,9891; n$_D^{20}$ 1,4840; 65,1%. — *β-[n-Butoxy]-äthyl-*, $C_8H_{16}O_2S$, Kp.$_2$ 113—114° aus Vinyl-β-[n-butoxy]-äthylsulfid; D.$_4^{20}$ 1,0138; n$_D^{20}$ 1,4765; 58,2%. — *Phenyl-*, C_8H_8OS, Kp.$_7$ 132—133°, Kp.$_2$ 104—106°, aus Vinylphenylsulfid (IV); D.$_4^{20}$ 1,1629; n$_D^{20}$ 1,5869; 73,7%. — Vinylsulfone: *Äthyl-*, $C_4H_8O_2S$, Kp.$_1$ 78—79°, Kp.$_2$ 87 bis 88°, Kp.$_4$ 91,5—96°, a) durch Zugabe von 28,5 ml 28%ig. H_2O_2 bei 20—40° zu 8,8 g I u. 0,44 ml Pyridin u. 10std. Erhitzen auf 80°; D.$_4^{20}$ 1,1407; n$_D^{20}$ 1,4628; 21,2%; b) durch Zugabe von 0,12 Mol Perbenzoesäure in 250 ml Chlf. bei —10° zu 5,2 g I in 50 ml Chlf., 1std. Rühren u. 40std. Stehen bei 20°; n$_D^{20}$ 1,4620; 66%; c) durch Zugabe von 12,5 g 67%ig. Peressigsäure bei —20° zu 4,4 g I in 30 ml Ae., ½std. Rühren u. 2std. Stehen bei 20°; n$_D^{20}$ 1,4670; 73%; e) durch tropfenweise Zugabe von 11,5 g 75%ig. H_2O_2 bei 60—65° zu 8,8 g I u. 1,0 g SeO_2 in 50 ml tert.-Butanol u. 4std. Erhitzen auf 65°; n$_D^{20}$ 1,4635; 71%. — *n-Propyl-*, $C_5H_{10}O_2S$, Kp.$_3$ 98—100°, Kp.$_5$ 107—107,5°, durch Oxydation von II mit H_2O_2 in Ggw. von SeO_2; D.$_4^{20}$ 1,1060; n$_D^{20}$ 1,4643; 66%. — *n-Butyl-*, $C_6H_{12}O_2S$, Kp.$_5$ 116—117°, Kp.$_3$ 103—106°, aus III mit H_2O_2 in Ggw. von SeO_2; D.$_4^{20}$ 1,0776; n$_D^{20}$ 1,4635; 54%. — *Phenyl-*, F. 67,5—68° (Bzl.-PAe.), aus IV mit H_2O_2; 55,3%.

Helmut Schäfer. 600△

0781 **Fluorhaltige β-Sultone.** 2. Mitt. **Hydrolyse von Tetrafluoräthan-β-sulton.** M. A. Dmitrijew, G. A. Ssokolski und I. L. Knunjanz. (Nachr. Akad. Wiss. UdSSR, Abt. chem. Wiss. **1960,** 1035—38; russ.) — 1. vgl. C. **1964,** 3-0836. — Durch Hydrolyse von Tetrafluoräthan-β-sulton (I) wurden *Sulfodifluoressigsäure* u. *Fluorsulfonyldifluoressigsäure* (II) dargestellt. II wurde in das *Anhydrid*, *Chlorid*, den *Methyl-*, *Äthyl-* u. *Isopropylester* übergeführt.

Versuche: *Sulfodifluoressigsäure, Di-Na-Salz*, C_2F_2·Na_2O_5S, F. >300° (A.), durch Zugabe von 4,5 g I zu 25 ml W. (Teflon-App.), Eindampfen u. Neutralisieren mit 1n NaOH; Nadeln; 5,3 g (Ausbeute). — *Fluorsulfonyldifluoressigsäure* (II), $C_2HF_3O_4S$, Kp. 153°, Kp.$_{95}$ 103°, durch Zugabe von 1,8 g W. bei 5° zu 18,0 g I u. Erhitzen auf 100°; D.$_4^{20}$ 1,7234; n$_D^{20}$ 1,3602; 96%. *Anhydrid*, $C_4F_6O_7S_2$, Kp. 135—136°, durch ½std. Erhitzen von 17,8 g II mit 10,6 g P_2O_5 auf dem Wasserbad; D.$_4^{20}$ 1,7441; n$_D^{20}$ 1,3530; 95%. *Chlorid*, $C_2ClF_3O_3S$, Kp. 67—68°, durch ½std. Erhitzen von 17,8 g II mit 23,0 g PCl_5 auf dem Wasserbad; D.$_4^{20}$ 1,6419; n$_D^{20}$ 1,3570; 98%. *Methylester*, $C_3H_3F_3O_4S$, Kp. 115°, durch Rk. von 19,7 g II-Chlorid mit 3,2 g Methanol; D.$_4^{20}$ 1,5159; n$_D^{20}$ 1,3510; 99%. — Analog: *Äthylester*, $C_4H_5F_3O_4S$, Kp. 129—130°; D.$_4^{20}$ 1,3965; n$_D^{20}$ 1,3565; 98%. *Isopropylester*, $C_5H_7F_3O_4S$, Kp. 142—143°; D.$_4^{20}$ 1,3478; n$_D^{20}$ 1,3595; 95%. Helmut Schäfer. 600◇

0782 **Fluorhaltige β-Sultone.** 3. Mitt. **Reaktion von fluorhaltigen β-Sultonen mit Alkoholen.** M. A. Dmitrijew, G. A. Ssokolski und I. L. Knunjanz. (Nachr. Akad. Wiss. UdSSR, Abt. chem. Wiss. **1960,** 1227—30; russ.) — 2. vgl. vorst. Referat. — Durch Alkoholyse von Tetrafluoräthan- (I), α-Hydrotrifluoräthan- (II) u. α-Trifluormethyltrifluoräthan-β-sulton (III) wurden die *Methyl-*, *Äthyl-* u. *Isopropylester* der *Fluorsulfonyldifluoressigsäure* (IV), *Fluorsulfonylfluoressigsäure* bzw. *α-Fluorsulfonylperfluorpropionsäure* dargestellt. IV-Äthylester wurde in das *C-Äthylester-S-Na-salz*, *Di-Na-Salz* u. *Dianilid* der *Sulfodifluoressigsäure* übergeführt. Aus I u. Anilin (V) wurde IV-*Anilid* erhalten.

Versuche: *Fluorsulfonyldifluoressigsäure* (IV), *Methylester*, Kp. 115—116°, durch Zugabe von 4,6 g abs. Methanol bei 0—5° zu 18,0 g I, Waschen mit Eiswasser u. Fraktionierung; D.$_4^{20}$ 1,5162; n$_D^{20}$ 1,3504; 95% (Ausbeute). Analog: *Äthylester*, aus I u. A.; 95%. *Isopropylester*, aus I u. Isopropanol; 93%. *Anilid*, $C_8H_6F_3NO_3S$, F. 104—105° (PAe.), aus 4,5 g I u. 2,3 g V in 40 ml abs. Ae.; Nadeln; 4,5 g. — *Sulfodifluoressigsäure, C-Äthylester-S-Na-salz*, $C_4H_5F_2NaO_5S$, F. 191—192° (A.-Ae. 1 : 1), durch Zugabe von Na-Äthylat (0,23 g Na, 10 ml abs. A.) zu 2,06 g IV-Äthylester in 10 ml A. bei 45—50°; Nadeln; 1,6 g. *Di-Na-Salz*, $C_2F_2Na_2O_5S$, F. >300° (A.), durch Neutralisation von 1,1 g vorst. Salzes in 10 ml W. mit 1n NaOH; Nadeln; 0,9 g. *Dianilid*, $C_{14}H_{12}$·$F_2N_2O_3S$, F. 162—163° (W.-A. 1 : 1), durch 2std. Erhitzen von 4,1 g IV-Äthylester mit 5,6 g V auf dem Wasserbad; Prismen; 4,5 g. — *Fluorsulfonylfluoressigsäure, Methylester*, $C_3H_4F_2O_4S$, Kp. 172—173°, aus II u. Methanol; D.$_4^{20}$ 1,5160; n$_D^{20}$ 1,3875; 95%. *Äthylester*, $C_4H_6F_2O_4S$, Kp. 179—180°, aus II u. A.; D.$_4^{20}$ 1,3959; n$_D^{20}$ 1,3880; 94%. — *α-Fluorsulfonylperfluorpropionsäure, Methylester*, $C_4H_3F_5O_4S$, Kp. 118 bis 119°, aus III u. Methanol; D.$_4^{20}$ 1,5600; n$_D^{20}$ 1,3415; 92%.

Helmut Schäfer. 600△

0783 **Fluorhaltige β-Sultone.** 4. Mitt. **Darstellung von Tetrafluoräthan-β-pyrosulton.** G. A. Ssokolski, M. A. Dmitrijew und I. L. Knunjanz. (Nachr. Akad. Wiss. UdSSR, Abt. chem. Wiss. **1960,** 1231—34; russ.) — 3. vgl. vorst. Referat. — Bei der Rk. von Tetrafluoräthylen (I) mit α-SO_3 entstehen neben *Tetrafluoräthan-β-sulton* (II) auch *Tetrafluoräthan-β-pyrosulton* (III; $CF_2—CF_2—SO_2—O—SO_2—O$) u. *dimeres* II. Bei der Rk. von I mit β-SO_3 ist III das Hauptprodukt.

Versuche: *Tetrafluoräthan-β-pyrosulton* (III), C_2F_4·O_6S_2, Kp. 105—106°, durch Rk. von 16,0 g β-SO_3 mit 10,0 g I im Autoklaven (2 Std. bei 0—10°, 2 Std. bei 60°); D.$_4^{20}$ 1,7407; n$_D^{20}$ 1,3470; 80% (Ausbeute); daneben II. — *Dimeres Tetrafluoräthan-β-sulton*, $C_4F_8O_6S_2$, Kp.$_{129}$ 68—70°, durch Fraktionierung von 23,2 g Rückstand der Darst. von II; D.$_4^{20}$ 1,7625; n$_D^{20}$ 1,3460; 2,5 g; daneben 11,0 g III.

Helmut Schäfer. 600△

0784 **Chemie der Acetale.** 1. Mitt. **Eine allgemeine Synthese von Tetraäthylacetalen von β-Dicarbonylverbindungen.** L. A. Janowskaja, Ss. Ss. Jufit und W. F. Kutscherow. (Nachr. Akad. Wiss. UdSSR, Abt. chem. Wiss. **1960,** 1246—53; Zelinsky-Inst. für organ. Chem. der Akad. der Wiss. der UdSSR; russ.) — Durch Rk. von Orthoameisensäuretriäthylester (I) mit Vinyl- (II), Propenyl- (III), [β-Bromvinyl]- (IV), [β-Isopropylvinyl]- (V), [β.β-Dimethylvinyl]- (VI), Isopropenyl- (VII), [α.β-Dimethylvinyl]-äthyläther (VIII) u. 1-Äthoxycyclohexen (IX) wurden die *Tetraäthylacetale* bzw. *-acetalketale* von *Malondialdehyd*, *Methyl-*, *Brom-*, *Isopropyl-*, *Dimethylmalondialdehyd*, *Acetylacetaldehyd*, *α-Methylacetylacetaldehyd* sowie *2-Formylcyclohexanon* dargestellt. Die Rk. von I mit Diketen (X) lieferte *β-Äthoxycrotonsäureäthylester*.

Versuche: *Propenyläthyläther* (III), Kp. 69—72°, durch Kochen von 164 g Propionaldehyddiäthylacetal mit 0,2 g p-Toluolsulfonsäure u. 8 ml Chinolin; n$_D^{18}$ 1,3990; 66% (Ausbeute). — Analog: *Isopropenyläthyläther* (VII), Kp. 62—64°, aus Acetondiäthylketal; n$_D^{24}$ 1,3890; 60%. — *[β.β-Dimethylvinyl]-äthyläther* (VI), Kp. 80—91°, aus Isobutyraldehyddiäthylacetal; n$_D^{17}$ 1,4098; 40%. — *[β-Isopropylvinyl]-äthyläther* (V), $C_7H_{14}O$, Kp. 110—114°, aus Isovaleraldehyddiäthylacetal; n$_D^{20}$ 1,4085; 69%. — *[α.β-Dimethylvinyl]-äthyläther* (VIII), $C_6H_{12}O$, Kp. 89—92°, aus Methyläthylketondiäthylketal; n$_D^{19}$ 1,4060; 70%. — *1-Äthoxycyclohexen* (IX), Kp.$_{16-18}$ 57—59°, aus Cyclohexanondiäthylketal bei 140 bis 160°/180—190 mm; n$_D^{16,5}$ 1,4592; 77%. — *Vinyläthyläther* (II), Kp. 35—36°; n$_D^{20}$ 1,3775. — *[β-Bromvinyl]-äthyläther* (IV), Kp.$_{20}$ 44—46°, durch Abspaltung von HBr aus α.β-Dibromdiäthyläther in Ggw. von Diäthylanilin; n$_D^{20}$ 1,4728. — Malondialdehyddiäthylacetale: *Unsubstituiert*, $C_{11}H_{24}$·O_4, Kp.$_{6-7}$ 90—94°, durch tropfenweise Zugabe von 72 g II zu 148 g I u. 50 ml $ZnCl_2$–Ae. [XI, 95 g $ZnCl_2$ in 165 g Ae.] u. 2std. Erhitzen auf 40—50°; n$_D^{19}$ 1,4070; 76%. — Analog in Ggw. von XI: *Methyl-*, $C_{12}H_{26}O_4$, Kp.$_1$ 65—67°, aus I u. III; n$_D^{18}$ 1,4152; 70% [liefert mit Hydrazin (XII) *4-Methylpyrazol*, Kp.$_2$ 67—68°; n$_D^{16,5}$ 1,4930; 50%; *Pikrat*, $C_{10}H_9N_5O_7$, F. 147 bis 148° (Bzl., W.)]. — *Brom-*, $C_{11}H_{23}BrO_4$, Kp.$_7$ 125—127°, Kp.$_3$ 108—108,5°, aus I u. IV; n$_D^{18}$ 1,4470; 76,6% [liefert bei Verseifung mit verd. HCl *Brommalondialdehyd*, F. 136 bis 138° (W.)]. — *Isopropyl-*, $C_{14}H_{30}O_4$, Kp.$_1$ 81—82,5°, aus I u. V; n$_D^{18}$ 1,4300; 22% [$KMnO_4$-Oxydation → *Isopropylmalonsäure*, F. 87° (Zers.; Bzl.)]. — *Dimethyl-*, $C_{13}H_{28}O_4$, Kp.$_3$ 85°, aus I u. VI; n$_D^{17}$ 1,4210; 36% [$KMnO_4$-Oxydation → *Dimethylmalonsäure*, $C_5H_8O_4$, F. 188,5—189,5° (Bzl.-PAe.)]. — *Acetylacetaldehydtetraäthylacetalketal*, $C_{12}H_{26}O_4$, Kp.$_2$ 73—76°, aus I u. VII; n$_D^{22}$ 1,4170; 48% [mit XII → *3-Methylpyrazol*, Kp.$_1$ 59°; n$_D^{16,5}$ 1,4972; 60%; *$AgNO_3$-Komplex*, F. 120°; *Pikrat*, $C_{10}H_9N_5O_7$, F. 140—141° (Bzl.)]. — *α-Methylacetylacetaldehydtetraäthylacetalketal*, $C_{13}H_{28}O_4$, Kp.$_{10}$ 103—104°, aus I u. VIII; n$_D^{18}$ 1,4230; 44% [mit XII → *4.5-Dimethylpyrazol*, Kp.$_{14}$ 110—111°; *Pikrat*, $C_{11}H_{11}N_5O_7$, F. 150—152° (Bzl.-PAe.)]. — *2-Formylcyclohexanontetraäthylacetalketal*,

Kp.$_7$ 109—113°, aus I u. **IX**; n_D^{20} 1,4527; 30% [mit **XII** → *4.5.6.7-Tetrahydroindazol*, $C_7H_{10}N_2$, Kp.$_{15}$ 152—153°, F. 81 bis 82° (PAe.); 40%; *Pikrat*, $C_{13}H_{13}N_5O_7$, F. 154,5—156° (Bzl.)]. — *β-Äthoxycrotonsäureäthylester*, $C_8H_{14}O_3$, Kp.$_3$ 55 bis 58°, F. 29—30° (PAe.), durch tropfenweise Zugabe von 50 g **X** zu 77,8 g **I** u. 1 ml BF_3-Ätherat bei 5—7°, 12std. Stehen bei 0° u. 4std. Erhitzen auf 40°; 36,8 g [mit 2.4-Dinitrophenylhydrazin → *Acetessigsäureäthylester-2.4-dinitrophenylhydrazon*]. Helmut Schäfer. 650△

0785 **Chemie der Acetale.** 2. Mitt. **Reaktion von Acetaldehyddiäthylacetal mit Diketen und Acetessigester.** Ss. Ss. Jufit und W. F. Kutscherow. (Nachr. Akad. Wiss. UdSSR, Abt. chem. Wiss. **1960**, 1658—63; russ.) — 1. vgl. vorst. Referat. — Die Rk. von Diketen (**I**) mit Acetaldehyddiäthylacetal (**II**) liefert *β-Äthoxybutyraldehyddiäthylacetal* (**III**), *α-[α-Äthoxyäthyl]-acetessigsäureäthylester* (**IV**) u. *α-Acetyl-β.δ-diäthoxycapronsäureäthylester*. **IV** entsteht auch bei der Rk. von **II** mit Acetessigester (**V**). Die Dimerisierung von **II** bzw. Crotonaldehyddiäthylacetal (**VI**) liefert **III** bzw. *2-[α-Äthoxyäthyl]-3-äthoxyhexen-(4)-al-(1)-diäthylacetal*. **I** reagiert mit **III** unter Bldg. von **V** u. *1-Acetyl-4-äthoxypenten-(1)-carbonsäure-(1)-äthylester* (**VI**).

Versuche: *α-[α-Äthoxyäthyl]-acetessigsäureäthylester* (**IV**), $C_{10}H_{18}O_4$, Kp.$_3$ 84—85°, Kp.$_{1,5}$ 70—73°, a) durch 12std. Stehen von 26 g **V** mit 70,8 g **II** u. 5 ml BF_3-Ätherat; n_D^{20} 1,4276; 15,9 g (Ausbeute); b) durch Zugabe von 16,8 g **I** u. 30 g **II** bei 40—50° zu 41 g **II** u. 5 ml BF_3-Ätherat; n_D^{21} 1,4292; 19,7 g [→ *Äthylidenacetessigsäureäthylester-2.4-dinitrophenylhydrazon*, $C_{14}H_{16}N_4O_6$, F. 163—164° (A.)]. Daneben **III** u. *α-Acetyl-β.δ-diäthoxycapronsäureäthylester*, $C_{14}H_{26}O_5$, Kp.$_1$ 80 bis 81°; n_D^{20} 1,4482 [→ **VI**-*2.4-Dinitrophenylhydrazon*, $C_{18}H_{24}N_4O_7$, F. 131—132° (PAe.)]. — *Äthylidenacetessigester*, $C_8H_{12}O_3$, Kp.$_7$ 86—88°, durch 18std. Erhitzen von 16 g **IV** mit 50 ml 2n HCl auf 60°; n_D^{20} 1,4474; 3,1 g [*2.4-Dinitrophenylhydrazon*, F. 161—162° (A.)]. Daneben *Penten-(3)-on-(2)*; 2,5 g [*2.4-Dinitrophenylhydrazon*, $C_{11}H_{12}N_4O_4$, F. 159—160° (Äthylacetat)]. — *β-Äthoxybutyraldehyddiäthylacetal* (**III**), Kp.$_8$ 68—73°, durch 3tägiges Stehen von 35,4 g **II** mit 3 g $ZnCl_2$ u. 3 ml BF_3-Ätherat; n_D^{20} 1,4062; 7,1 g [→ *Crotonaldehyd-2.4-dinitrophenylhydrazon*, F. 186—188°, u. wenig *β-Äthoxybutyraldehyd-2.4-dinitrophenylhydrazon*, $C_{12}H_{16}N_4O_5$, F. 79—80° (W.-A.)]. — *2-[α-Äthoxyäthyl]-3-äthoxyhexen-(4)-al-(1)-diäthylacetal*, $C_{16}H_{32}O_4$, Kp.$_3$ 105—108°, durch langsame Zugabe von 0,5 ml BF_3-Ätherat zu 14,4 g **VI**; n_D^{17} 1,4366; 7,3 g. — *1-Acetyl-4-äthoxypenten-(1)-carbonsäure-(1)-äthylester* (**VI**), $C_{12}H_{20}O_4$, Kp.$_1$ 87 bis 91°, durch Zugabe von 3 ml BF_3-Ätherat bei 30° zu 7,6 g **I** u. 15,5 g **III** u. 2std. Stehen; n_D^{20} 1,4626; ca. 8 g [→ *1-Acetylpentadien-(1.3)-carbonsäure-(1)-äthylester-2.4-dinitrophenylhydrazon*, $C_{16}H_{18}N_4O_6$, F. 185—186° (A.)]. Daneben 3,4 g **V**. Helmut Schäfer. 650△

0786 **Chemie der Acetale.** 3. Mitt. **Reaktion von Malon- und Methylmalondialdehydtetraäthylacetal mit Vinyl- und Propenyläthyläther.** L. A. Janowskaja und W. F. Kutscherow. (Nachr. Akad. Wiss. UdSSR, Abt. chem. Wiss. **1960**, 2184—92; russ.) — 2. vgl. vorst. Referat. — Die Rk. von Malondialdehydtetraäthylacetal (**I**) mit Vinyl- (**II**) oder Propenyläthyläther (**III**) liefert *β-Äthoxyglutardialdehyd* (**IV**)-*tetraäthylacetal*, *3.5-Diäthoxyheptandial-(1.7)* (**V**)- u. *3.5.7-Triäthoxynonandial-(1.9)* (**VI**)-*tetraäthylacetal* bzw. *α-Methyl-β-äthoxyglutardialdehyd* (**VII**)-*tetraäthylacetal*. Bei der Rk. von Methylmalondialdehydtetraäthylacetal (**VIII**) mit **II** oder **III** werden **VII**- bzw. *α.α'-Dimethyl-β-äthoxyglutardialdehyd* (**X**)- u. *3.5-Diäthoxy-2.4.6-trimethylheptandial-(1.7)* (**XI**)-*tetraäthylacetal* erhalten. Die Struktur von **IV**-, **X**- u. **XI**-Tetraäthylacetal sowie **VIII** wurde durch Hydrolyse zu Derivv. des *Glutacon-*, *Glutardialdehyds*, *Heptan-* u. *Nonandials* sowie Ringschluß zu *Pyran-* u. *Pyridin-Derivv.* bewiesen. Durch Rk. von Orthoameisensäuretriäthylester (**XII**) mit α-Phenylvinyl- (**XIII**), α-Butylvinyl- (**XIV**), α-Äthylvinyl- (**XV**), β-Äthylvinyl- (**XVI**) u. β-n-Amylvinyläthyläther (**XVII**) wurden *Benzoyl-*, *n-Valeroyl-*, *Propionylacetaldehydtetraäthylacetalketal*, *Äthyl-* bzw. *n-Amylmalondialdehydtetraäthylacetal* dargestellt, deren Struktur durch Ringschluß zu *Pyrazol-Derivv.* bewiesen wurde.

Versuche: *β-Äthoxyglutardialdehyd* (**IV**), *Tetraäthylacetal*, $C_{15}H_{32}O_5$, Kp.$_3$ 120—122°, durch Zugabe von 43,2 g **II** u. 50 g **I** zu 181 g **I** u. 30 ml gesätt. äther. $ZnCl_2$ (**XVIII**) in 4 Std. bei 55—60° u. 1std. Rühren; n_D^{19} 1,4220; 45,5% (Ausbeute, bezogen auf umgesetztes **I**). — *Glutacondialdehyd, Enol-Na-Salzdihydrat*, durch Erhitzen von **IV**-Tetraäthylacetal mit W. auf dem Wasserbad u. Zugabe von NaOH; goldbraune Nadeln; 68%. *Enolbenzoat*, $C_{12}H_{10}O_3$, F. 119—121° (W.-A.). *Enolacetat*, F. 73,5—75° (PAe.). — *2.4.6-Triäthoxytetrahydropyran*, $C_{11}H_{22}O_4$, Kp.$_1$ 77—77,5°, durch Hydrolyse von 14,6 g **IV**-Tetraäthylacetal neben vorst. Na-Salz; $n_D^{20,5}$ 1,4352; 1,5 g. — *Pyridin*, Kp. 112—114°, durch Vermischen von 5 g des bei der Hydrolyse von **IV**-Tetraäthylacetal erhaltenen Gemisches vom Kp.$_2$ 80—82° mit 3 g $(NH_4)_2CO_3$; n_D^{19} 1,5052; 1,1 g. *Pikrat*, F. 161—163,5°. — *3.5-Diäthoxyheptandial-(1.7)* (**V**), $C_{11}H_{20}O_4$, Kp.$_{0,3-0,5}$ 100,5—102°, durch Hydrolyse von **V**-Tetraäthylacetal; n_D^{20} 1,4462; 60%. *Tetraäthylacetal*, $C_{19}H_{40}O_6$, Kp.$_3$ 145—148°, neben **IV**-Tetraäthylacetal; n_D^{22} 1,4295; 13,5 g. — *3.5.7-Triäthoxynonandial-(1.9)* (**VI**), $C_{15}H_{28}O_5$, Kp.$_{0,5}$ 140—145°, durch Hydrolyse von 10,9 g **VI**-Tetraäthylacetal; $n_D^{20,5}$ 1,4510; ca. 3 g. *Tetraäthylacetal*, $C_{23}H_{48}O_7$, Kp.$_2$ 174—175°, neben **IV**-Tetraäthylacetal; n_D^{22} 1,4350; 12,5 g. — *α-Methyl-β-äthoxyglutardialdehyd* (**VII**), $C_8H_{14}O_3$, Kp.$_2$ 88—90°, durch Erhitzen von **VII**-Tetraäthylacetal mit 1%ig. H_3PO_4; n_D^{19} 1,4395; 62%. *Tetraäthylacetal*, $C_{16}H_{34}O_5$, Kp.$_2$ 112—115°, Kp.$_3$ 124—127°, a) aus **II** u. **III** in Ggw. von **XVIII** [3 Std. bei 20°, 4 Std. bei 50—60°]; n_D^{19} 1,4251; 43%; b) aus **II** u. **VIII** in Ggw. von **XVIII** [2½ Std. bei 28°, 1 Std. bei 50°]; n_D^{20} 1,4260; 46,2%. — *Methylglutacondialdehyd, Enol-Na-Salz*, bei der Hydrolyse von 17,7 g **VII**-Tetraäthylacetal neben **VII**; seidige Nadeln; 0,6 g. *Enolbenzoat*, $C_{13}H_{12}O_3$, F. 110—112° (A.); braune Nadeln. — *β-Picolin*, Kp. 142—145°, durch Vermischen von 5 g **VII** mit 3 g $(NH_4)_2CO_3$; n_D^{15} 1,5085; 1,3 g. *Pikrat*, F. 148—149°. — *α.α'-Dimethyl-β-äthoxyglutardialdehyd* (**X**), $C_9H_{16}O_3$, Kp.$_3$ 101—104°, durch 1std. Erhitzen von **X**-Tetraäthylacetal mit 1%ig. H_3PO_4 auf dem Wasserbad; n_D^{20} 1,4390; ca. 80%. *Tetraäthylacetal*, $C_{17}H_{36}O_5$, Kp.$_2$ 117—120°, Kp.$_4$ 133—136°, aus 17,2 g **II** u. 93,6 g **IX** in Ggw. von 7,5 ml **XVIII** [2 Std. bei 20°, 2 Std. bei 40—60°]; n_D^{20} 1,4298; 42%. — *α.α'-Dimethylglutacondialdehyd, Enol-Na-Salz*, bei der Hydrolyse von 16,5 g **X**-Tetraäthylacetal neben **X**; 0,6 g. *Enolbenzoat*, $C_{14}H_{14}O_3$, F. 113 bis 115,5° (W.). — *3.5-Dimethylpyridin*, aus 2,6 g **X** u. 3 g $(NH_4)_2CO_3$; n_D^{20} 1,5062; 0,5 g. *Pikrat*, $C_{13}H_{12}N_4O_7$, F. 240 bis 242° (W.). — *3.5-Diäthoxy-2.4.6-trimethylheptandial-(1.7)* (**XI**), Kp.$_2$ 112—115°, durch 2½std. Erhitzen von **XI**-Tetraäthylacetal mit 1%ig. H_3PO_4 auf dem sd. Wasserbad; n_D^{18} 1,4580; 2,5 g. *Tetraäthylacetal*, $C_{22}H_{46}O_6$, Kp.$_2$ 146—150°, Kp.$_4$ 162—165°, neben **X**-Tetraäthylacetal; n_D^{19} 1,4405; 9,8 g. — *Benzoylacetaldehydtetraäthylacetalketal*, $C_{17}H_{28}O_4$, Kp.$_8$ 148—150°, aus **XII** u. **XIII** in Ggw. von **XVIII** [1 Std. bei 40—50°]; n_D^{22} 1,4692; 65%. — *3-Phenylpyrazol*, $C_9H_8N_2$, Kp.$_3$ 155—157°, F. 76,5—79° (W.), durch 1std. Erhitzen von 16,3 g vorst. Verb., 3,7 g Hydrazinhydrochlorid (**XIX**) u. 2,5 ml 2n HCl in 10 ml W. auf 45—50° u. ¼std. Erhitzen auf 100°; 69%. *Pikrat*, F. 172—172,5°. — *n-Valeroylacetaldehydtetraäthylacetalketal*, $C_{15}H_{32}O_4$, Kp.$_9$ 120—122°, aus **XII** u. **XIV** in Ggw. von **XVIII**; n_D^{22} 1,4260; 56%. — *3-n-Butylpyrazol*, Kp.$_6$ 115—117°, aus vorst. Verb. u. **XIX**; $n_D^{19,5}$ 1,4830; 50%. *Pikrat*, $C_{13}H_{15}N_5O_7$, F. 110,5—111,5° (Bzl.). — *Propionylacetaldehydtetraäthylacetalketal*, $C_{13}H_{28}O_4$, Kp.$_1$ 71 bis 73°, aus **XII** u. **XV** in Ggw. von **XVIII**; $n_D^{17,5}$ 1,4222; 60%. — *3-Äthylpyrazol*, Kp.$_7$ 95—96°, aus vorst. Verb. u. **XIX**; n_D^{20} 1,4918; 40%. *Pikrat*, F. 129,5—130,5° (Bzl.). — *Äthylmalondialdehydtetraäthylacetal*, $C_{13}H_{28}O_4$, Kp.$_{16}$ 116—118°, aus **XII** u. **XVI** in Ggw. von **XVIII**; n_D^{20} 1,4190; 69%. — *4-Äthylpyrazol*, Kp.$_2$ 87—89°, aus 4,8 g vorst. Verb. u. **XIX**; n_D^{20} 1,4868; 1,5 g. *Pikrat*, $C_{11}H_{11}N_5O_7$, F. 142—145,5° (Bzl.). — *n-Amylmalondialdehydtetraäthylacetal*, $C_{16}H_{34}O_4$, Kp.$_{15}$ 143 bis 146°, aus **XII** u. **XVII** in Ggw. von **XVIII**; n_D^{19} 1,4252; 65%. — *4-n-Amylpyrazol*, Kp.$_2$ 118—120°, aus 14,4 g vorst. Verb. u. **XIX**; $n_D^{16,5}$ 1,4792; 1,4 g. *Pikrat*, $C_{14}H_{17}N_5O_7$, F. 75,5 bis 77,5° (Bzl.). Helmut Schäfer. 650△

0787 **Untersuchungen über Darstellung und Reaktion von Acrolein.** 4. Mitt. **Katalytische Reaktion zwischen Acetaldehyd und Formaldehyd in der Gasphase.** Toshio Ishikawa und Tsukasa Kamio. (Rep. Government chem. ind. Res. Inst., Tokyo **58**, 40—47, 1863; jap., Auszug: engl.) — 2. vgl. C. **1962**, 16129. — Die Dampfphasen-Kondens. zwischen Acetaldehyd (oder Paraldehyd) u. Formaldehyd an einem Li_2CO_3-Silicagel-Katalysator (0,25 g-Atom Li/100 g Katalysator) wird im strömenden Syst. untersucht, u. zwar bei 300 bis 450° u. einer Raum-Geschw. von 3—24 mMol/Std./g Katalysator (bezogen auf CH_2O). Die höchsten Ausbeuten an Acrolein von 52—53% in einem Durchgang werden erhalten bei 350° u. 6 mMol CH_2O/Std./g Katalysator (Acetaldehyd u. Formaldehyd im Mol-Verhältnis 1 : 2). Mit steigender Raum-Geschw. werden Neben-Rkk. unterdrückt. R. Sowada. 670◇

0788 **Die Reaktion von Organolithiumverbindungen mit einigen Halogenketalen.** Gurnos Jones. (J. chem. Soc. [London] **1962**, 1129—30; Keele, Staffordshire, Univ. Coll. of North Staffordshire, Dep. of Chem.; engl.) — Vgl. C. **1960**, 5472. — Die Rk. von 4-Chlor- (**Ia**) bzw. 4-Brombutanon-(2)-äthylenketal (**Ib**) u. von 5-Chlor- (**IIa**) bzw. 5-Brompentanon-(2)-äthylenketal (**IIb**) mit Pyridyl-(2)-methyl-Li (**III**) u. Phenyl-Li (**IV**) oder von **Ia** mit n-Butyl-Li (**V**) ergibt unter LiCl- bzw. LiBr-Abspaltung die entsprechenden Ketale. Bei Anwendung von **III** werden Ausbeuten >70% erhalten, mit **IV** u. **V** sind die Ausbeuten niedriger u. Unterschiede in der Reaktivität zwischen Cl- u. Br-Verbb. zu beobachten. Isopropyl-Li reagiert nicht mit **IIa** oder **IIb**.

Versuche: *6-[Pyridyl-(2)]-hexanon-(2)-äthylenketal*, $C_{13}H_{19}NO_2$, $Kp._{19}$ 171—174°, $Kp._{15}$ 167—173°, $Kp._{0,4}$ 114 bis 115°, a) durch Zutropfen (stark exotherme Rk.) von 0,1 Mol **IIb** zu einer filtrierten Lsg. von **III** aus 0,2 Mol Brombenzol, 0,4 Mol Li u. 0,2 Mol α-Picolin in 200 ml Ae., 4std. Kochen, Stehen über Nacht, Hydrolyse mit verd. NH_4OH/NH_4Cl u. Dest. der vereinigten getrockneten Ae.-Lsg.; 80% (Ausbeute); b) analog aus **IIa**; 76%. — *6-[Pyridyl-(2)]-hexanon-(2)*, $Kp._{17}$ 138—140°, aus 2,7 g vorst. Verb. durch 1std. Kochen mit 25 ml n-HCl, Ae.-Extraktion, Alkalisieren u. Dest. des 2. Ae.-Extraktes; 51%; *Pikrat*, $C_{17}H_{18}N_4O_8$, F. 101°, gelbe Nadeln aus Alkohol. — *5-Phenylpentanon-(2)-äthylenketal*, $Kp._{16}$ 150—152°, $Kp._{15}$ 144—150°, a) aus **IIb** u. **IV**; 58%; b) aus **IIa** u. **IV**; 16%; c) aus **IIa** u. **IV** in sd. Bzl.; 16%. — *5-Phenylpentanon-(2)*, $Kp._{18}$ 128—132°. *Semicarbazon*, F. 127—128°. — *5-[Pyridyl-(2)]-pentanon-(2)-äthylenketal*, $Kp._{18}$ 160—166°, $Kp._{14}$ 157—160°, a) aus **Ib** u. **III**; 78%; b) aus **Ia** u. **III**; 70%. — *5-[Pyridyl-(2)]-pentanon-(2)*, *Pikrat*, $C_{16}H_{16}N_4O_8$, F. 112°. — *4-Phenylbutanon-(2)-äthylenketal*, $Kp._{17}$ 141°, a) aus **Ia** u. **IV**; 41%; b) aus **Ib** u. **IV**; 38%. — *4-Phenylbutanon-(2)*, *2.4-Dinitrophenylhydrazon*, F. 126 bis 127°. — *Octanon-(2)-äthylenketal*, $Kp._{17}$ 90—94°, aus **Ia** u. **V**; 32%. — *Octanon-(2)*, *2.4-Dinitrophenylhydrazon*, F. 58°. *Semicarbazon*, F. 121—122°. G. Fricke. 710◇

0789 **Über die Reaktionsfähigkeit einiger tertiärer Chloride und ihrer Derivate in Grignard-Reaktionen.** A. D. Petrow und Je. P. Sacharow. (Hochschulnachr. [Iwanowo], Chem. u. chem. Technol. **3**, 301—04, 1960; Lehrstuhl für Technolog. erdölchem. Synth.; russ.) — Es wird die Synth. von *2.2.4.4.6-Pentamethylheptanon-(3)* aus α.α.γ-Trimethylvaleriansäure über das Säurechlorid (**II**) durch Rk. mit tert.-Butylchlorid (**I**) in Ggw. von Mg u. die analog verlaufende Synth. von *Hexamethylaceton* aus Trimethylessigsäure beschrieben.

Versuche: *α.α.γ-Trimethylvaleriansäure*, $C_8H_{16}O_2$, $Kp._8$ 101°, zu 40 g Mg in 500 ml abs. Ae. gibt man in 8 Std. die äther. Lsg. (1 : 1) von 136 g 2-Chlor-2.4-dimethylpentan u. leitet dann bei —5° CO_2 ein; $D._4^{20}$ 0,9077; n_D^{20} 1,4254; 42% (Ausbeute). *Amid*, F. 74°. *Chlorid* (**II**), $Kp._{39}$ 78°, mit $SOCl_2$; $D._4^{20}$ 0,9569; n_D^{20} 1,4340; 92%. — *2.2.4.4.6-Pentamethylheptanon-(3)*, $C_{12}H_{24}O$, $Kp._{10}$ 89°, aus 53 g **II** u. 46 g **I** in Ggw. von 17 g Mg u. 1 g Cu_2Cl_2 nach Cook u. Percival [1949]; $D._4^{20}$ 0,8428; n_D^{20} 1,4360; 40%. — *Trimethylessigsäure*, $Kp._{752}$ 161—163°, F. 34°; 48%. *Chlorid*, $Kp._{752}$ 103—105°; n_D^{20} 1,4141; 87%. — *Hexamethylaceton*, $Kp._{749}$ 147—149°; n_D^{20} 1,4191; 46%. Renate Richter. 710◇

0790 **Reaktionen von Nitrilen mit Halogenkohlenwasserstoffen und nucleophilen Reagentien.** Je. N. Silberman. (Fortschr. d. Chem. [UdSSR] **31**, 1309—47, 1962; russ.) — Überblick. — 295 Literaturangaben. G. Froelich. 800◇

0791 **Fortschritte in der organischen Synthese.** 10. Mitt. **Neue Darstellungsmethode für Thioamide.** Jan Kopecký. (Chemie [Praha] **10**, 901—02, 1958; Prag, Forschungsinst. für Pharmakolog. u. Biochem.; tschech.) — 9. vgl. Chemie [Praha] **10**, [1958], 778. — Auf Grund von einigen, im bibliograph. Teil angeführten Arbeiten beschreibt Vf. eine neue, auf der Thiolyse (mit H_2S) von Iminosulfonaten beruhende Darst.-Meth. der pharmakodynam. wirksamen *Thioamide* (**I**). Man geht von *Ketoximen* (bei einer Modifizierung von Carbonsäureamiden) aus, welche durch Einw. von Benzolsulfochlorid in die entsprechenden *Benzolsulfonsäureester* bzw. *Iminosulfonate* u. dann durch Thiolyse in **I** übergeführt werden. C. Kozák. 800◇

0792 **Carbonylierung von Acetylen mit Kohlenmonoxid, Wasserstoff und Isopropanol.** B. F. Crowe. (Chem. and Ind. **1960**, 1506—07; Murray Hill, N.J., Air Reduct. Co., Inc.; engl.) — Durch 5½std. Rk. eines 1 : 2 : 1-Gemisches aus Acetylen, CO u. H_2 mit Isopropanol bei 112—122° u. 1000 bis 1200 lbs./sq.in. in Ggw. von $Co_2(CO)_8$ u. Dest. wird ein Gemisch (G, $Kp._{3,5}$ 40—80°) aus 16,5% *γ.γ-Diisopropoxybuttersäureisopropylester* (**I**), 50% *Bernsteinsäurediisopropylester* (**II**) u. 33,5% *β-Formylpropionsäureisopropylester* (**III**) erhalten. Bei 6½std. Rk.-Dauer besitzt G die Zus. 14,3% **I**, 56% **II** u. 29.7% **III**, bei 9½std. Rk.-Dauer 12,8% **I**, 76% **II** u. 11,6% **III**. Daneben wird in allen Fällen eine *Verb.* $C_{12}H_5 \cdot Co_3O_8$ (F. >300°, dunkelrote Kristalle) gebildet. R. Gnauck. 800△

0793 **Eine günstige Synthese von N.N'-disubstituierten Formamidinen und Acetamidinen.** Edward C. Taylor und Wendell A. Ehrhart. (J. org. Chemistry **28**, 1108—12, 1963; Princeton, N.J., Univ., Frick Chem. Labor.; engl.) — Vgl. C. **1961**, 810. — Die Rk. von Orthoameisensäuretriäthylester (**I**) mit Alkylaminen in Ggw. von Essigsäure (ES) liefert in guter Ausbeute *N.N'-Dialkylformamidine*, wobei folgende Stufen angenommen werden: $\mathbf{I} + R'NH_2 \underset{1r}{\overset{1v}{\rightleftharpoons}} RC(=NR')OC_2H_5 + 2\,C_2H_5OH$, $RC(=NR')OC_2H_5 \underset{2r}{\overset{2v}{\rightleftharpoons}} RC(=NR')NHR' + C_2H_5OH$. Die Rkk. 1 v u. 2 v laufen auch ohne Säure rasch ab, 2 v erfolgt schneller als 1 v. Die Rk. 2 r erfolgt dagegen nur bei Katalyse durch Säure, wodurch das Auftreten von Imidoestern bei der Rk. von aromat. Aminen (1 Val) mit einem Val **I** in Ggw. von Säure zu erklären ist. Bei Anwendung von 2 Val Amin u. 1 Val **I** bildet sich in u. ohne Ggw. von Säure nur das Amidin. Anscheinend ist ohne Säure die Prod.-Bldg. kinet. kontrolliert, in Ggw. von Säure wird sie aber durch die Thermodynamik bestimmt. Bei der Rk. von **I** mit aliphat. Aminen, wie Cyclohexyl- (**II**), Benzyl- (**III**), n-Butyl- (**IV**), n-Propyl- (**V**) u. Methylamin (**VI**), bilden sich aus 2 Mol Amin, 1 Mol **I** u. 1 Mol ES die entsprechenden N.N'-disubstituierten Formamidine in Ausbeuten von 55—85%. Ohne Säure oder bei Anwendung von geringeren Säuremengen sinken die Ausbeuten stark. Unter diesen Bedingnngen können sie durch Abdestillieren des A. aus dem Rk.-Gemisch verbessert werden. Verss. zur Darst. von Formimidestern aus **I** u. aliphat. Aminen schlugen fehl. Ferner wird die Rk. zwischen Orthoessigsäuretriäthylester (**VII**) u. Aminen, wie **II**, **III**, Äthylendiamin (**VIII**), Anilin (**IX**), o-Methoxy- (**X**), o-Methyl- (**XI**), o-Chlor- (**XII**) u. p-Nitranilin (**XIII**), ohne u. in Ggw. von Säure untersucht. In Ggw. von ES verläuft die Amidin-Bldg. rascher u. mit höherer Ausbeute, so daß auch *Acetamidine* von aromat. Aminen mit elektronenanziehenden Substituenten u./oder o-Gruppen dargestellt werden konnten. Ohne ES kommt es bei den aromat. Aminen zur teilweise erheblichen Bldg. von *N-substituierten Acetimidsäureäthylestern*. Zur Darst. von Imidestern aus aromat. Aminen werden am besten äquimol. Gemische mit **VII** in Ggw. von wenig Säure kurzfristig erhitzt; die Amidine lassen sich durch Erhitzen von 2 Mol aromat. Amin u. einem Mol **VII** in Ggw. von Säure gewinnen. Aus aliphat. Aminen konnten mit **VII** keine Imidoester erhalten werden.

Versuche: *N.N'-Dicyclohexylformamidin*, F. 102 bis 104° (PAe.), durch Zutropfen von **II** zu **I** in abs. ES bei 140 bis 150°, ¾std. Kochen, Temp.-Erhöhung auf 155° (Abdestillieren von flüchtigen Anteilen), Abkühlen u. Evakuieren [→ 85% (Ausbeute) *Acetat*, $C_{15}H_{28}N_2O_2$, F. 134—136,5° (Cyclohexan-Bzl. 6 : 4)], Schütteln mit wss. Na_2CO_3-Lsg. u. Ae. Extraktion. *Pikrat*, $C_{19}H_{27}N_5O_7$, F. 225—227,5° (Bzl.). — *N.N'-Dibenzylformamidin*, F. 75,5—77,5° (PAe.), durch 2std. Kochen von **I** mit **III** in abs. ES; 68%. — Analog: *N.N'-Di-n-butylformamidin*, $Kp._{0,09}$ 85—87°, aus **I** u. **IV**; 55%. *Pikrat*, F. 117,5—119° (A.). — *N.N'-Di-n-propylformamidin*, $C_7H_{16}N_2$, $Kp._{0,65}$ 53—55,5°, aus **I** u. **V** über das *Acetat* ($C_9H_{20}N_2O_2$, $Kp._{0,45}$ 93—94°; 62%) u. Verseifung mit Na_2CO_3; 18%. *Pikrat*, $C_{13}H_{19}N_5O_7$, F. 116,5—117° (A.). — *N.N'-Dimethylformamidin*, $Kp._{0,6}$ 82—90° (unrein), aus **I** u. **VI** über das durch Dest. nicht rein darstellbare *Acetat*. *Pikrat*, $C_9H_{11}N_5O_7$, F. 166 bis 167,5°. *Chloroplatinat*, F. 180—182° (Zers.). — *N.N'-Dicyclohexylacetamidin*, *Acetat*, $C_{16}H_{30}N_2O_2$, F. 93—95° (PAe. + 25% Bzl.), durch Zugabe von abs. ES zu **II** unter Kühlung u. Zutropfen von **VII** bei 150°; 91%. *Pikrat*, $C_{20}H_{29}N_5O_7$, F. 169,5—171,5° (Bzl.). — *N.N'-Dibenzylacetamidin*, $C_{16}H_{18}N_2$, $Kp._{0,75}$ 202—211°, durch 1std. Erhitzen von **III** u. **VII** in abs. ES auf 130—140°, Steigerung auf 155° u. Einw. von wss. Na_2CO_3-Lsg.; 73%; auch durch 7std. Erhitzen von **VII** u. **III** ohne Säure auf 130—140°; 41%. *Hydrochlorid*, $C_{16}H_{19}\cdot ClN_2$, F. 182—184,5° (Äthylacetat-A.). — *2-Methyl-Δ^2-imidazolin*, F. 104—105° (Äthylacetat), durch 94std. Erhitzen von **VII** mit **VIII** auf 150°; 67%. *Acetat*, $C_6H_{12}N_2O_2$, F. 94,5 bis 95,5° (Aceton-Chlf.), durch ½std. Erhitzen von **VII** u. **VIII** in ES auf 130—150°; 85%. — *N.N'-Diphenylacetamidin*, F. 134—135° (PAe.-Bzl.), durch 2std. Erhitzen von **VII** u. **IX** in abs. ES auf 130—140°; 76%. — *N-Phenylacetimidsäureäthylester*, $C_{10}H_{13}NO$, Kp. 213—215°, $Kp._{1,75}$ 71,5 bis 73,5°, durch 1½std. Erhitzen von **VII** u. **IX** auf 130—140°; 88%; daneben 5,2% vorst. Amidins. — *N.N'-Bis-[o-methoxyphenyl]-acetamidin*, $C_{16}H_{18}N_2O_2$, F. 96—97° (PAe.), durch 1,3std. Kochen von **VII** u. **X** in abs. ES u. Einw. von wss. Na_2CO_3-Lsg.; 72%. — Analog: *N.N'-Bis-[o-tolyl]-acetamidin*, $C_{16}H_{18}N_2$, F. 69—70,5° (PAe.), aus **VII** u. **XI** in ES; 57%. — *N.N'-Bis-[o-chlorphenyl]-acetamidin*, $C_{14}H_{12}Cl_2N_2$, F. 94,5 bis 95,5° (PAe.), aus **VII** u. **XII** in ES; 30%. — *N.N'-Bis-[p-nitrophenyl]-acetamidin*, $C_{14}H_{12}N_4O_4$, F. 262—264° (A.), aus **VII** u. **XIII** in Pyridin-ES; 25%. B. Gnauck. 810◇

0794 **Reaktionen von Allylderivaten mit Kohlenoxid und Acetylen.** 5. Mitt. **Eine neue Methode zur katalytischen Carboxylierung.** Gian Paolo Chiusoli und Sergio Merzoni. (Chim. e Ind. [Milano] **43,** 259—62, 1961; Novara, Soc. Montecatini, Ist. di Ric. „G. Donegani"; ital.) — 4. vgl. C. **1960,** 15019. — Durch Umsetzung von Allylchlorid, CO, C_2H_2 u. CH_3OH in Ggw. von Ni u. Thioharnstoff (**I**) wird in mäßiger Ausbeute *$\Delta^{2.5}$-Hexadiensäuremethylester* erhalten, der geringe Mengen des *$\Delta^{3.5}$-Isomeren* enthält. Bei Homologen des Allylchlorids betragen die Ausbeuten an Diensäureester bis 70%. Bei Verw. von W./Aceton statt CH_3OH entstehen die freien Säuren. Der Rk.-Mechanismus wird besprochen.

Versuche: *$\Delta^{2.5}$-Hexadiensäuremethylester*, $Kp._{34}$ 63 bis 66°, durch Zutropfen von 40 g Allylchlorid u. 8 g **I** in 100 cm³ CH_3OH zu ca. 27 g Raney-Ni in 400 cm³ CH_3OH bei —10° in 6 Std. unter gleichzeitigem Einleiten von C_2H_2 u. CO (je 3 Liter/h) u. weiteres Einleiten von C_2H_2/CO für ½ Std.; 25 g (Ausbeute). — *5-Methyl-$\Delta^{2.5}$-hexadiensäuremethylester*, $Kp._{18}$ 65—69°, a) durch Zutropfen von 40 g Methallylchlorid (**II**) u. 16 g **I** in 150 cm³ CH_3OH zu ca. 27 g Raney-Ni, 30 g $MgCO_3$ u. 400 cm³ CH_3OH unter Einleiten von C_2H_2/CO bei 20°; 34 g; b) durch Zutropfen von 40 g **II** in 100 cm³ CH_3OH zu 10 g $NiCl_2\cdot 6\,H_2O$, 7 g Fe-Pulver, 4 g **I** u. 15 g bas. Mg-Carbonat in 800 cm³ CH_3OH unter C_2H_2/CO (je 4 Liter/h) bei 30°; 39,2 g; c) durch 6std. Einleiten von C_2H_2/CO in ein Gemisch von 10 g $NiCl_2\cdot 6\,H_2O$, 7 g Fe-Pulver, 4 g **I**, 6,5 g MgO u. 30 g **II** in 800 cm³ CH_3OH bei 30°; 32 g. — *$\Delta^{2.5}$-Heptadiensäuremethylester*, $Kp._{20}$ 72—77°, durch Zutropfen von 40 g Crotylchlorid in 100 cm³ CH_3OH zu 10 g $NiCl_2\cdot 6\,H_2O$, 7 g Fe-Pulver, 21 g bas. Mg-Carbonat u. 4 g **I** in 800 cm³ CH_3OH unter C_2H_2/CO bei 30° in 6 Std.; 43,7 g. — *8.8-Dimethyl-$\Delta^{2.5}$-nonadiensäuremethylester*, $Kp._8$ 97—100°, durch Zutropfen von 13,1 g 1-Chlor-5.5-dimethylhexen-(2) u. 4 g **I** in 100 cm³ CH_3OH zu ca. 7 g Raney-Ni in 100 cm³ CH_3OH unter C_2H_2/CO (je 2 Liter/h) bei 20° in 5 Std.; 10 g. F. Heller. 810◇

0795 **Verwendung von Malonsäuremonoäthylester zur Synthese von Estern und α-Acetoxyestern.** Massoud Rouhi-Laridjani und Michel Vilkas. (C. R. hebd. Séances Acad. Sci. **254,** 1090—92, 5/2. 1962; Paris, École Normale Supér., Labor. de Chim.; franz.) — Durch 4—6std. Rk. des aus *Malonsäuremonoäthylester*, der mit 70%ig. Ausbeute durch partielle Verseifung von Malonsäurediäthylester gewonnen wird, mit 2 Mol $NaNH_2$ erhältlichen *Di-Natriumsalzes* (**I**) mit 1 Mol eines entsprechenden Alkylhalogenids (**B**) in fl. NH_3 bei —40° in Ggw. von wenig $Fe(NO_3)_3$, Zugabe von Ae., Abdunsten des NH_3, Zugabe von verd. HCl, Aufarbeitung der Ae.-Schicht u. Dest. des Ae.-Rückstands bei 0,1—0,2 mm werden folgende Alkylmalonsäuremonoäthylester (**A**) synthetisiert: *Methyl-*; 60% (Ausbeute). — *Äthyl-*; 62%. — *Propyl-*; 66%. — *Butyl-*; 74%. — *Isobutyl-*; 21%. — *Heptyl-*, *Allyl-* u. *Benzylmalonsäuremonoäthylester* zersetzen sich bei der Destillation. Oxydation der rohen **A** mit $Pb(CH_3COO)_4$ (vgl. C. **1962,** 15558) führt unter Abspaltung von CO_2 zu folgenden *α-Acetoxysäureäthylestern*: *α-Acetoxypropionsäureäthylester*; 40%. — *α-Acetoxybuttersäureäthylester*; 49%. — *α-Acetoxyvaleriansäureäthylester*; 43%. — *α-Acetoxycapronsäureäthylester*; 51%. — *α-Acetoxynonansäureäthylester*; 43%. — *α-Acetoxypenten-(4)-säureäthylester*; 33%. — Direkte Pyrolyse der **A** bei 200° u. anschließende Dest. des Rk.-Prod. liefert folgende Äthylester: *Propionsäure-*; 50%. — *Buttersäure-*; 64%. — *Valeriansäure-*; 60%. — *Capronsäure-*; 66%. — *Isocapronsäure-*; 12%. — *Nonansäure-*; 40%. — *Penten-(4)-säure-*; 63%. — *β-Phenylpropionsäure-*; 65%. — Durch Rk. von **I** mit 1 Mol **B** analog **A**, weitere Zugabe von je 1 Mol $NaNH_2$ u. des gleichen oder eines unterschiedlichen **B**, Aufarbeitung analog **A** u. Pyrolyse des Rk.-Prod. gewinnt man: *α-Äthylbuttersäureäthylester*; 55%. — *α-Äthylcapronsäureäthylester*; 58%. — *α-Benzylbuttersäureäthylester*; 56%. — *α-Butylcapronsäureäthylester*; 60%. M. Wolff. 820◇

0796 **Konjugierte Additionen von Grignard-Reagentien an α,β-ungesättigte Ester.** 11. Mitt. **Darstellung von Alkylbernsteinsäure aus Maleinestern.** Viggo Køgs Andersen und Jon Munch-Petersen. (Acta chem. scand. **16,** 947—52, 1962; Copenhagen, Polytekn. Loereanstalt, Organ.-Kem. Labor.; engl.) — 10. vgl. C. **1962,** 11875. — Durch Rk. von Grignard-Verbb. mit Maleinsäurediäthyl- (**I**) bzw. -di-sek.-butylester (**II**) in Ggw. von CuCl werden die entsprechenden *Alkylbernsteinsäurediester* erhalten, die sich zu den *Säuren* verseifen lassen. Daneben entstehen undestillierbare Polymerisate u. die entsprechenden *3.4.4-Trialkyl-4-hydroxybuttersäurelactone*. Die Lacton-Bldg. wird bei Verw. von Grignard-Verbb. mit verzweigten Alkylresten zurückgedrängt. Der Vers., Phenyl-MgBr mit **I** oder **II** umzusetzen, mißlang.

Versuche: Bernsteinsäuredi-sek.-butylester, nach Nielsen u. Mitarbeitern (C. **1961,** 2942) unter gleichzeitiger Zugabe von CuCl u. **II**: *Äthyl-*, $C_{14}H_{26}O_4$, $Kp._{0,5}$ 86 bis 88°, a) aus C_2H_5MgBr bei 0°; n_D^{25} 1,4277; 43% (Ausbeute); daneben 25% *3.4.4-Triäthyl-4-hydroxybuttersäurelacton* (**III**); b) analog a) bei —10°; 57%; daneben 10% **III**. — *Propyl-*, $C_{15}H_{28}O_4$, $Kp._{0,7}$ 102°, aus Propyl-MgBr bei —10°; n_D^{25} 1,4302; 63% (roh). — *Isopropyl-*, $Kp._1$ 103—105°, aus Isopropyl-MgBr bei 0°; n_D^{25} 1,4312; 81%. — *Butyl-* (**V**), $C_{16}H_{30}O_4$, $Kp._{0,6}$ 106—107°, a) aus Butyl-MgBr bei 0°; n_D^{20} 1,4353; 67%; daneben <6% *3.4.4-Tributyl-4-hydroxybuttersäurelacton* (**IV**); b) analog a) bei —10°; 57%; daneben <6% **IV**. — *tert.-Butyl-* (**VI**), $Kp._{0,9}$ 107°, a) aus 2,5 Val tert.-Butyl-MgBr bei 0°; n_D^{25} 1,4350; 78%; b) aus 0,4 Val tert.-Butyl-MgCl bei —10°; 74%. — Analog folgende Bernsteinsäurediäthylester (aus **I** bei —10°): *Isopropyl-*, $Kp._{0,6}$ 71°; n_D^{25} 1,4280; 82,5%. — *tert.-Butyl-*, $Kp._{0,5}$ 75,5 bis 76°; n_D^{25} 1,4321; 70%. — *Butylbernsteinsäure*, F. 81°, durch 6—8std. Kochen von **V** mit KOH in A.; ca. 100%. — *tert.-Butylbernsteinsäure*, $C_8H_{14}O_4$, F. 128° (W.), a) analog vorst. Verb. aus **VI** in 36 Std. durch Filtrieren (→ *Mono-sek.-butylester*, $C_{12}H_{22}O_4$, F. 57—58°) u. Extraktion mit Ae. über Nacht; ca. 100%; b) analog a) aus vorvorst. Verb.; 91%. M. Wolff. 820◇

0797 **Zur Darstellung von Azelainsäure aus Seidenraupen-Chrysalisöl durch Salpetersäureoxydation.** Hanpei Kido, Suzuko Murata und Toshihiko Ohira. (J. sericult. Sci. Japan **28,** 389—94, 1959; Ueda, Shinshu Univ., Fac. Text. and Sericult.; jap., Auszug: engl.) — *Azelainsäure* wird dargestellt, indem Seidenraupen-Chrysalisöl bei 90—95° zu 13n HNO_3 mit NH_4-Vanadat als Katalysator getropft wird. Die Ausbeute beträgt 28%; als Nebenprodd. werden *Oxal-*, *Bernstein-*, *Glutar-*, *Adipin-* u. *Pimelinsäure* papierchromatograph. nachgewiesen. P. Gregorzewski. 820◇

0798 **Eine einfache Methode zur Reinigung von Sebacin- und Acelainsäure.** C. Paquot, R. Perron und J. Petit. (Bull. Soc. chim. France **1959,** 878—79; Bellevue, Seine-et-Oise, Labor. de Lipochim. du CNRS; franz.) — Man löst 45 (150) g *Sebacin-* oder *Acelainsäure* in 1 Liter W., setzt 2 (5) ml Tetrachloräthan zu u. erhitzt 1 Std. im Extraktionsapparat. Die Verunreinigungen lösen sich im Tetrachloräthan. Nach 2maliger Extraktion erhält man die Säuren rein in einer Ausbeute von 82%. U. Baumann. 820

0799 **Studien in der Reihe der Sphingolipoide.** 12. Mitt. **Die Struktur der Cerebrinanhydrobase aus Hefe (C_{20}-Phytosphingosinanhydrobase).** M. Proštenik, B. Majhofer-Oreščanin, M. Munk-Weinert und B. Ries-Lešič. (Croat. chem. Acta **32,** 11—15, 1960; Zagreb, Yugoslavia, Inst. „Ruder Bošković", Dep. of Biochem.; Univ., Med. Fac., Dep. of Chem.; engl.) — 11. vgl. C. **1961,** 11677. — Obwohl die physikal. Eigg. (FF., opt. Drehwerte) der Cerebrinbasen aus Mais- u. Sojabohnenphosphatiden (C_{18}-Struktur) einerseits u. aus Hefe andererseits fast ident. sind, ist ihre

Zus. verschieden. Die von Reindel u. Mitarbeitern [1930] u. [1940] postulierte C_{20}-Struktur der aus Hefe isolierten *Cerebrinanhydrobase* (**I**; *C_{20}-Phytosphingosinanhydrobase*) wurde durch Elementaranalyse des dargestellten *N-Acyl-* u. *N.O-Diacyl-Deriv.* u. des durch Desaminierung von **I** erhaltenen *2-Hexadecyl-3.4-dihydroxytetrahydrofurans* bestätigt. Die analyt. Werte schließen die Ggw. nennenswerter Mengen der C_{18}-Base aus. **I** existiert in 2 *Isomeren*, F. 88—89° (**Ia**) u. F. 105°; **Ia** konnte über das *N.O-Ditosyl-Deriv.* durch Abspaltung bei der Tosylgruppen mit $LiAlH_4$ in das höher schmelzende Isomere umgewandelt werden. Die Ggw. eines Tetrahydrofuranringes wurde IR-spektroskop. erschlossen.

Versuche: *C_{20}-Phytosphingosinanhydrobase* (**Ia**; *2-Hexadecyl-3-hydroxy-4-aminotetrahydrofuran*), F. 88—89°, aus rohem Hefecerebrin nach der 2-Stufen-Meth. von Reindel. *N.O-Ditosyl-Deriv.*, $C_{34}H_{53}NO_6S_2$, F. 79—80° (Methanol), aus 200 mg **Ia**, 512 mg Toluolsulfochlorid u. 1,5 ml Pyridin in 24 Std. bei Raum-Temp. u. Gießen auf Eis; 350 mg; $[\alpha]_D^{18}$ −18,8° (c = 0,8; Methanol). *Isomere C_{20}-Phytosphingosinanhydrobase* (**Ib**), $C_{20}H_{41}NO_2$, F. 105°, durch 5std. Kochen vorst. Ditosyl-Deriv. (400 mg) mit 400 ml $LiAlH_4$ in Ae.; 200 mg; Misch-F. 97° mit **Ia**. *N.O-Diacetyl-Deriv.*, $C_{24}H_{45}NO_4$, F. 76—77° (PAe.), aus **Ia**, Essigsäureanhydrid u. Pyridin in 2 Std. bei 100°; 75,7%. *O-Acetyl-N-benzoyl-Deriv.*, $C_{29}H_{47}NO_4$, F. 89—90° (A.), aus dem nach Reindel dargestellten N-Benzoyl-Deriv. (F. 105°). *N-Phthaloyl-Deriv.*, $C_{28}H_{43}NO_4$, F. 102 bis 103,5° (A.), aus 1,31 g **Ia** u. 592 mg Phthalsäureanhydrid in Toluol durch 2std. Kochen unter ständiger Abtrennung des gebildeten W.; 1,9 g. — *2-Hexadecyl-3.4-dihydroxytetrahydrofuran*, $C_{20}H_{40}O_3$, F. 57—59° (Methanol), aus **Ia** in Eisessig durch Zugabe von $NaNO_2$ u. Stehen über Nacht; 67%.

A. Jungblut. 920◇

0800 **Studien in der Reihe der Sphingolipoide. 13. Mitt. Über die Ceramide und Ceramidester von C_{20}-Phytosphingosin und der C_{20}-Phytosphingosinanhydrobase aus Hefe.** B. Ries-Lešič und M. Proštenik. (Croat. chem. Acta **32**, 17—21, 1960; Zagreb, Yugoslavia, Inst. „Ruder Bosković", Dep. of Biochem.; engl.) — 12. vgl. vorst. Referat. — Weitere N- u. O-Acylierungen der C_{20}-Phytosphingosinanhydrobase (**I**; F. 88—89°) sowie von C_{20}-Anhydrocerebrin (**II**; F. 115,5—116°) u. C_{20}-Cerebrin (**III**; F. 140°) gelangen mit langkettigen Fettsäurechloriden in Ae.-Chinolin oder in Dimethylformamid (**IV**) in Ggw. von Pyridin (**V**). Dargestellt wurden 7 *Mono-* u. *Diacyl-Verbb.* von **I** u. **II** u. 1 *Tetraacyl-Verb.* von **III**.

Versuche: C_{20}-Phytosphingosinanhydrobasen: *N-Stearoyl-*, $C_{38}H_{75}NO_3$, F. 109—110,5°, durch Lösen von 400 mg **I** in 4 ml **IV** u. Zugabe von 0,1 ml **V** u. 333 mg Stearoylchlorid (**VI**) in 1 ml **IV**, 1std. Stehen bei Raum-Temp. u. dann bei 5° über Nacht; aus A. Kristalle; $[\alpha]_D^{25}$ +7,4° (c = 0,35; Chlf.); 300 mg (Ausbeute). — *O-Acetyl-N-stearoyl-*, $C_{40}H_{77}NO_4$, F. 88,5—89,5° (Acetonitril), aus vorst. Verb. in **V** u. Essigsäureanhydrid bei 100° in 1 Std.; $[\alpha]_D^{26}$ −18,04° (c = 0,205; Chlf.). — *N-Palmitoyl-*, $C_{36}H_{71}NO_3$, F. 110—110,5° (A.), aus 400 mg **I** u. 300 mg Palmitoylchlorid in **IV** u. **V**; aus A. Kristalle; $[\alpha]_D^{21}$ +10,2° (c = 0,127; Chlf.); 400 mg. — *N-[2-Hydroxystearoyl]-*, $C_{38}H_{75}NO_4$, F. 106—107° (A.), aus 0,98 g **I** u. 1 g α-Acetoxystearoylchlorid in **IV** u. **V** durch Stehen bei 5° über Nacht, Lösen des filtrierten Nd. in methanol. n-KOH, Stehen bei Raum-Temp., Gießen in kaltes W. u. Extrahieren mit Ae.; $[\alpha]_D^{22}$ +6,06° (c = 0,325; Chlf.); 0,74 g (roh). — C_{20}-Anhydrocerebrine (2-Hexadecyl-3-hydroxy-4-[α-hydroxycerotinamido]-tetrahydrofurane): *O^{α}.N.Distearoyl-*, $C_{82}H_{159}NO_6$, F. 68—68,5° (Ae.-Methanol 2:1), durch Lösen von 4 g **II** in 35 ml warmem, frisch dest. u. mit KOH getrocknetem Chinolin u. Zugabe von 12 ml **VI** in 40 ml Ae. während 45 Min., anschließend 4std. Kochen; $[\alpha]_D^{22}$ +3,36° (c = 0,624; Chlf.); 4,99 g. — *O^{α}-Oleyl-*, $C_{64}H_{123}NO_5$, F. 46—48° (Aceton), aus 2,75 g **II** u. 2,66 g Oleylchlorid wie vorst.; 1,22 g. — *O^{α}-Stearoyl-*, $C_{64}H_{125}NO_5$, F. 64—65° (Aceton), durch Hydrieren von 190 mg vorst. Verb. in A. in Ggw. von 50 mg Adams-Pt-Katalysator bei Raum-Temp. u. 1 atm; 155 mg. — *Tetrastearoylcerebrin*, $C_{118}H_{229}NO_9$, F. 78—79° (Ae.-Methanol 2:1), aus 0,276 mMol **III** in Chinolin u. 5 ml **VI** in Ae.; 0,6 g.

A. Jungblut. 920◇

0801 **Eine neue Umlagerung von Hydrazinderivaten. Darstellung von β-Dialkylaminopropionitrilen aus asymmetrischen Dialkylhydrazinen und Acrolein.** B. W. Ioffe und K. N. Selenin. (Ber. Akad. Wiss. UdSSR **134**, 1094—97, 1960; Leningrad, Univ.; russ.) — Bei der Rk. von Acrolein (**I**) mit N.N-Dimethyl- (**II**) u. N.N-Diäthylhydrazin (**III**) entstehen *β-Dimethylamino-* bzw. *β-Diäthylaminopropionitril*.

Versuche: *β-Dimethylaminopropionitril*, $C_5H_{10}N_2$, Kp.$_{20}$ 71,8—72,0°, Kp. 171—171,5°, durch Zugabe von 56 g **I** in 25 Min. unter Eiskühlung zu 60 g **II** u. 156 g NaH_2PO_4, 20 Min. langes Rühren u. Zugabe von 120 g KOH; $D._4^{20}$ 0,8696; n_D^{20} 1,4269; 68% (Ausbeute). *Hydrochlorid*, F. 197—198°. *Pikrat*, F. 150—151°. *Jodmethylat*, F. 153°. — *β-Dimethylaminopropionsäure, Hydrochlorid*, F. 180—181° (A.), durch 14std. Kochen von 2,5 g vorst. Verb. mit 6,3 ml konz. HCl; 3,7 g. — *β-Diäthylaminopropionitril*, $C_7H_{14}N_2$, Kp.$_9$ 74,5—75,2°, aus **I** u. **III**; $D._4^{20}$ 0,8640; n_D^{20} 1,4359; 56%. *Hydrochlorid*, F. 119—121°. *Pikrat*, F. 84—85°. *Jodmethylat*, F. 155—156°. — *β-Diäthylaminopropionsäure, Hydrochlorid*, F. 135—138° (A.), durch 12std. Kochen von 6,3 g vorst. Verb. mit 11,5 ml konz. HCl; 9,43 g.

Helmut Schäfer. 950△

0802 **Diacetamide. 2. Mitt. Synthesen und Eigenschaften einiger N.N-Diacylaminoester.** A. Kornhauser, D. Keglevič und O. Hadžija. (Croat. chem. Acta **34**, 167—74, 1962; Zagreb, Inst. „Ruder Bošković", Tracer Labor.; engl.) — 1. vgl. C. **1962**, 17715. — Durch Einw. von aliphat. Carbonsäureanhydriden auf β-[3'-Naphthyl-(1)-^{14}C-ureido]-buttersäureäthylester wird über ein unstabiles *Carbaminsäure-carbonsäureanhydrid*, neben einem monoacylierten *Amin*, nach Umlagerung in ein unstabiles *N-Carbonsäureanion* ein diacyliertes *Amin* neben $^{14}CO_2$ (83,8% der Gesamtaktivität) gebildet. *Isocyanate* treten nur in geringer Menge am Anfang der Rk. auf. Werden α-[3'-Naphthyl-(1)-ureido]-propionsäureäthylester (**I**), β-Amino- bzw. β-Isocyanatobuttersäureäthylester mit Propionsäureanhydrid (**II**) umgesetzt, entstehen in allen Fällen *N.N-Dipropionyl-β-amino-* (**IV**) bzw. *β-Propionylaminobuttersäureäthylester*. Bei der Rk. von **I** mit **II** wird außerdem noch *N.N-Dipropionyl-α-naphthylamin* (**III**) gebildet. Die Diacyl-Verbb. verlieren in Ggw. von Essig- bzw. Propionsäure eine Acylgruppe u. wirken als starke Acylierungsmittel.

Versuche: *α-[3'-Naphthyl-(1)-ureido]-propionsäureäthylester* (**I**), $C_{16}H_{18}N_2O_3$, F. 135—137° (Chlf./PAe.), aus DL-Alaninäthylester u. α-Naphthylisocyanat nach Morsch [1934] u. Schlögl (vgl. C. **1961**, 13148); 75,5% (Ausbeute). — *N.N-Diacetyl-α-naphthylamin*, F. 126—128° (Chlf./PAe.), durch 5std. Kochen von **I** mit Acetanhydrid, nach Abdestillieren des Anhydrids Versetzen mit Chlf./PAe. u. Stehen über Nacht bei 0°; 71,9%. — *N.N-Diacetyl-α-aminopropionsäureäthylester*, $C_9H_{15}NO_4$, Kp.$_{0,015}$ 80—82°, aus dem öligen Rückstand vorst. Verb. durch Dest., Chromatographie u. Eluieren mit PAe./Ae.; 28,8%; daneben *N-Acetyl-α-aminopropionsäureäthylester*, $C_7H_{13}NO_3$, Kp.$_{0,2}$ 100—102°; 20,8%. — *N.N-Dipropionyl-α-naphthylamin* (**III**), $C_{16}H_{17}NO_2$, F. 68,5—70° (Ligroin), a) durch 1std. Erhitzen von **II** u. **I** auf 166°, Abdestillieren von **II**, Versetzen mit Ligroin u. 48std. Stehen bei 0°; 48%; b) durch 3std. Stehen von **I** mit **II** bei 140—145° u. Aufarbeiten analog a); 45,6%. — *N.N-Dipropionyl-β-aminobuttersäureäthylester* (**IV**), $C_{12}H_{21}NO_4$, Kp.$_{0,02}$ 92—95°, a) neben **III** nach a) durch Dest. des Rückstandes u. Chromatographie; 12,4%; b) analog neben **III** nach b); 28%; c) durch 5std. Erhitzen von β-Aminobuttersäureäthylester u. **II** auf 166° u. Weiterarbeiten analog **IV** nach a) (Meth. **A**); 7,6%; d) analog bei 140° in 12 Std.; 20,2%; e) analog **A** aus β-Isocyanatobuttersäureäthylester u. **II** in 1½ Std.; 21%; f) analog e) in 4 Std. bei 140°; 45,7%. — *β-Propionylaminobuttersäureäthylester*, $C_9H_{17}NO_3$, Kp.$_{0,02}$ 98—100°, a) neben **IV** nach a); 53%; b) neben **IV** nach b); 45%; c) neben **IV** nach c); 49,5%; d) neben **IV** nach d); 41,2%; e) neben **IV** nach e); 45%; f) neben **IV** nach f); 37,4%; g) durch 1½std. Kochen von **IV** mit **II** u. Chromatographie; 32,2%; h) analog g) mit von Propionsäure freiem **II**; 15,1%. — *Acetanilid*, F. 111 bis 113°, durch 4std. Kochen von Anilin u. N.N-Diacetyl-β-aminobuttersäureäthylester (**V**) in Bzl.; 56%. — *β-Acetylaminobuttersäureäthylester*, Kp.$_{0,02}$ 96—102°, durch 1std. Kochen von **V** u. Essigsäure; 80%; b) durch 3std. Kochen mit Acetanhydrid; 26,6%; c) analog mit gereinigtem Acetanhydrid; 11%. — *3-Diäthylaminobutanol*, $C_8H_{19}NO$, Kp.$_{18}$ 85—90°, durch 2std. Zugabe von **V** in abs. Ae. bei 0° zu einer gerührten Suspension von $LiAlH_4$; 53,5%.

L. Holzhey. 950◇

0803 **Untersuchungen über Dehydroalaninderivate. 4. Mitt. Synthese von N-Phthaloyldehydroalanin durch thermische Zersetzung von Cystein und Serin in Gegenwart**

von Phthalsäureanhydrid. Shumpei Sakakibara. (Bull. chem. Soc. Japan **34**, 171—73, 1961; Kita-ku, Osaka, Univ., Inst. for Protein Res.; engl.) — 3. vgl. C. **1963**, 12442. — Cystein reagiert mit der äquimol. Menge an gelbem HgO u. einem Überschuß an Phthalsäureanhydrid (I) bei 180° unter Bldg. von *HgS* u. *N-Phthaloyldehydroalanin* (II) in ca. 50%ig. Ausbeute. Serin verwandelt sich unter gleichen Rk.-Bedingungen unter Austritt von W. in einen dunkelbraunen Sirup, in dem *Brenztraubensäure* u. nur sehr wenig **II** nachgewiesen wurde, während es in sd. Dioxan, vermutlich über *O.N-Diphthaloylserin*, in 23%ig. Ausbeute **II** bildet. Hydrierung von **II** führt zu *N-Phthaloyl-DL-alanin*, Rk. mit L-Cystein zu *Lanthionin*. Aus Phthalimid u. Brenztraubensäure, analog der Darst. anderer N-Acyldehydroalanin-Verbb. (vgl. Sakakibara, C. **1961**, 2590) konnte **II** nicht dargestellt werden.

Versuche: *N-Phthaloyldehydroalanin* (II), $C_{11}H_7NO_4$, F. 169—171°, a) aus 12 g Cystein u. 37 g **I** durch Erhitzen auf 180° während 20 Min. bis zur Bldg. eines klaren Sirups, Abdestillieren des gebildeten W. im Vakuum, Zugabe von 20 g gelbem HgO u. 22 g **I**, Erhitzen auf 180—190° während 10 bis 15 Min. im Vakuum, Extraktion mit heißem Äthylacetat, Abzentrifugieren des HgS, Eindampfen zur Trockne unter red. Druck, Entfernen des **I**-Überschusses durch Sublimation bei 140°, Lösen in Äthylacetat, Zentrifugieren des durch Ae.-Zusatz gebildeten harzigen Nd., Eindampfen zur Trockne u. Kristallisation aus Toluol u. aus Äthylacetat; Prismen; 60%; Reinigung über den *Dimethylformamid-Komplex*, $C_{11}H_7NO_4 \cdot C_3H_7NO$, F. 84—85°; 50—55% (Gesamtausbeute); b) aus 10,5 g Serin u. 37 g **I** in sd. Dioxan in ca. 5 Std. u. weiter wie vorst.; Prismen; 23%. — *N-Phthaloyl-DL-alanin*, F. 159 bis 161° (W.-A.), durch Hydrierung von **II** in A. in Ggw. von Pd/Seide bei 60 atm während 3 Std. bei 40° u. 3 Std. bei 70°; Prismen; 93%. — *Lanthionin*, $C_6H_{12}N_2O_4S$, durch Lösen von **II** u. L-Cysteinhydrochlorid in wss. n-NaOH, 1std. Erhitzen auf 50° u. 2 Std. auf 80° unter H_2, Zusatz von konz. HCl u. 6std. Kochen; aus 6n HCl u. wss. NH_4OH Kristalle; 86% (bezogen auf Cystein). A. Jungblut. 950◇

0804 **Synthesen von Hydroxyalkyl- und Mercaptoalkylderivaten von schwefelhaltigen Aminosäuren.** A. Zilkha und S. Rappoport. (J. org. Chemistry **28**, 1105—07, 1963; Jerusalem, Hebrew Univ., Dep. of Organ. Chem.; engl.) — Vgl. C. **1964**, 2-0813. — Durch Rk. von Alkylenoxiden oder Alkylencarbonaten mit Aminosäuren, wie L-Cystein (I), DL-Homocystein (II), L-Cystin (III) bzw. DL-Methionin (IV), in alkal. Medium werden *S-* u. *N-Mono-* bzw. *S.N-Bis-[hydroxyalkyl]-Derivv.*, im Falle von **I** mit Alkylensulfiden auch *S-Mercaptoalkyl-Derivv.* dargestellt. Mit einem Val Alkylenoxid entstehen *S-Hydroxyalkyl-Verbb.*, bei Anwendung von 2 oder mehr Val u. längeren Rk.-Zeiten dagegen *S.N-Bis-[hydroxyalkyl]-derivate*. Die Bldg. beider Stoffe läßt sich papierchromatograph. verfolgen, da die S.N-disubstituierten Verbb. höhere R_F-Werte besitzen. Mit Epichlorhydrin (V) kann aus **III** *3.3'-[2-Hydroxypropan-1.3-dithio]-dialanin* (*1.3-Bis-[β-carboxy-β-aminoäthylenmercapto]-2-hydroxypropan*) erhalten werden. Bei Anwendung eines hohen Epoxidüberschusses konnte nur bei der Rk. von Styroloxid (VI) mit **IV** das N.N-disubstituierte Prod. isoliert werden. Schwierigkeiten traten bei der Trennung der dargestellten, in A. u. W. lösl. Derivv. von dem aus dem Triäthylamin (VII)-Katalysator gebildeten **VII**-Hydrochlorid sowie von NaCl (gebildet aus den Aminosäurehydrochloriden bzw. durch Neutralisation) auf. Die Neutralisationen wurden daher teilweise mit HJ durchgeführt, da NaJ in W. u. organ. Lsgm. sehr gut lösl. ist. Alkaliüberschuß wurde mit einem schwach sauren Harz (Amberlite IRC-50) entfernt. Die Anwendung von cycl. Carbonaten erfordert längere Rk.-Zeiten u. schärfere Rk.-Bedingungen, Angriff am N-Atom tritt hierbei nicht auf. In fl. NH_3 erfolgt keine Rk. mit Alkylencarbonaten, vermutlich wegen der tiefen Rk.-Temperatur. N-Hydroxyalkyl-Derivv. von **I** wurden aus S-Benzylcystein (IX) mit folgender Abspaltung der Benzylgruppe erhalten. Die S-Hydroxyalkyl-Derivv. können mit H_2O_2/Essigsäure in Sulfoxide umgewandelt werden, die tiefere FF. u. kleinere R_F-Werte als die Ausgangsstoffe besitzen.

Versuche: *S-[2-Hydroxy-n-butyl]-L-cystein*, $C_7H_{15} \cdot NO_3S$, Zers. bei 214° (wss. Aceton), durch 30std. Einw. von Butylenoxid auf **I**-Hydrochlorid in wss. A. in Ggw. von **VII** bei Raum-Temp.; 44% (Ausbeute). — Analog: *S-[2-Hydroxyäthyl]-L-cystein*, $C_5H_{11}NO_3S$, F. 210° (Zers.; wss. Aceton), mit 1,1 Val Äthylenoxid (VIII), 1 Std. bei —10° u. 3 Std. bei 25°; 59%; auch durch Zugabe von Äthylencarbonat zu **I**-Hydrochlorid in wss. A. in Ggw. von **VII** u. 100std. Schütteln bei 50° unter N_2; 56%. — *S.N-Bis-[2-hydroxyäthyl]-L-cystein*, $C_7H_{15}NO_4S$, F. 203° (abs. A.), mit 3,0 Val **VIII**, 1 Woche bei 25°; 15%. — *S.N-Bis-[2-hydroxy-n-butyl]-L-cystein*, $C_{11}H_{23}NO_4S$, F. 227° (wss. Aceton), in 48 Std. bei 50°; 15%. — *N-[2-Hydroxy-2-phenyläthyl]-DL-methionin*, $C_{13}H_{19}NO_3S$, Zers. bei 212° (heißes W.), durch Zugabe von **VI** zu **IV** in wss.-äthanol. NaOH, 24std. Schütteln bei 50°, Einw. bei Raum-Temp. (1 Woche) u. Ansäuern (pH 6); 59%; daneben *N.N-Bis-[2-hydroxy-2-phenyläthyl]-DL-methionin*, $C_{21} \cdot H_{27}NO_4S$, F. 138—140° (Zers.; heißer A.); 3%. — Analog: *N-[2-Hydroxy-n-butyl]-DL-methionin*, $C_9H_{19}NO_3S$, F. 240° (wss. A.), in 40 Std. bei 50° u. Ansäuern mit HJ; 50%. — *N-[2-Hydroxy-n-propyl]-DL-methionin*, $C_8H_{17}NO_3S$, F. 236° (wss. A.), mit Propylenoxid (XI), 48 Std. bei 25° u. Ansäuern mit HJ; 44%. — *S-Benzyl-N-[2-hydroxy-n-propyl]-L-cystein* (X), $C_{13} \cdot H_{19}NO_3S$, F. 214° (W.), aus **IX**, 48 Std. bei 25°; 50%. — *N.N'-Bis-[2-Hydroxy-n-propyl]-L-cystin*, $C_{12}H_{24}N_2O_6S_2$, F. 247° (W.), aus **III**, 36 Std. bei 25°; 21%. — *S-[2-Hydroxy-2-phenyläthyl]-L-cystein*, $C_{11}H_{15}NO_3S$, F. 197° (wss. Aceton), aus **I** u. **VI**, 36 Std. bei 50° u. Ansäuern mit HJ; 40%. — *S-[2-Hydroxy-n-propyl]-DL-homocystein*, $C_7H_{15}NO_3S$, F. 233° (Zers.; wss. Aceton), durch Zugabe von Na zu **II** in fl. NH_3, Zusatz von NH_4Cl-Pulver, dann von **XI**, Eindampfen u. Filtrieren der wss. Lsg. über Amberlite IRC-50; 33%. — *3.3'-[2-Hydroxypropan-1.3-dithio]-di-L-alanin*, $C_9H_{18}N_2O_5S_2$, Zers. bei 228° (wss. Aceton), analog vorst. Verb. aus **III** u. **V**; 43%. — *S-[2-Hydroxy-n-propyl]-L-cystein-S-oxid*, $C_6H_{13}NO_4S$, Zers. bei 150° (wss. Aceton), durch Zugabe von 30%ig. H_2O_2 zu S-[2-Hydroxy-n-propyl]-L-cystein in Essigsäure bei 10°, 1std. Stehen bei 10° u. Stehen bei Raum-Temp. (1 Nacht); 92%. — *S-[2-Carboxyäthyl]-L-cystein*, $C_6H_{11}NO_4S$, F. 212° (50%ig. A.), durch Zugabe von Propiolacton zu **I**-Hydrochlorid in wss.-äthanol. NaOH unter N_2 u. Stehen bei Raum-Temp. (5 Tage); 73%. — *S-[2-Mercaptoäthyl]-L-cystein*, $C_5H_{11}NO_2S_2$, F. 233° (Zers.; wss. A.), analog vorst. Verb. mit Äthylensulfid bei 0°; 8%. — *S-[2-Mercapto-n-propyl]-L-cystein*, $C_6H_{13}NO_2S_2$, F. 211° (Zers.; wss. Aceton), analog vorst. Verb. mit Propylensulfid bei pH 7 u. Stehen bei Raum-Temp. (2 Tage); 80%. — *N-[2-Hydroxy-n-propyl]-L-cystein*, $C_6H_{13} \cdot NO_3S$, F. 205° (wss. Aceton), durch Zugabe von Na zu **X** in fl. NH_3, Eindunsten u. Ansäuern mit wss. HJ; 55%. — Die R_f-Werte der dargestellten Verbb. sind angegeben. B. Gnauck. 950◇

0805 **Neue Acyloxysilane und ihre Reaktion mit Grignard-Reagentien.** F. C. Lanning und V. K. Emmanuel. (J. chem. Engng. Data **8**, 103—05, 1963; Manhattan, Kans., State Univ., Dep. of Chem.; engl.) — Vgl. Schuyten u. Mitarbeiter, J. Amer. chem. Soc. **69**, [1947], 2110, u. Lanning u. Moore, C. **1959**, 1745. — *Tetrakis-[2.4-dichlorphenoxyacetoxy]-silan* (I), *Tetrakis-[α-naphthylacetoxy]-silan* (II), *Tetrakis-[2.2-dichlorpropionoxy]-silan* (III) werden aus $SiCl_4$ u. den Na-Salzen der entsprechenden Säuren erhalten. Sie reagieren mit W. u. A. u. zersetzen sich beim Erhitzen. Die IR-Spektren von **I**, **II** u. **III** sind abgebildet. **I** reagiert mit C_2H_5MgBr (IV) zu *2.4-Dichlorphenoxymethyläthylketon* (V) (Abb. des IR-Spektrums) u. *Äthylsiliconen* (A). Bei der Rk. von **II** mit **IV** konnte ein Keton nachgewiesen, jedoch nicht isoliert werden; daneben entstehen **A**. **III** reagiert mit **IV** bzw. $C_6H_5 \cdot MgBr$ zu Gemischen von *Ketonen* u. *tert. Alkoholen* u. (im Falle von **IV**) **A**.

Versuche: Silane, durch Zutropfen von $SiCl_4$ in Ae. zum entsprechenden Na-Salz in Ae. bei —12°, 4std. Rühren bei —12°, Filtrieren u. Eindampfen bei 0°: *Tetrakis-[2.4-dichlorphenoxyacetoxy]-* (I); 63,3% (Ausbeute). — *Tetrakis-[α-naphthylacetoxy]-* (II); 55,9%. — *Tetrakis-[2.2-dichlorpropionoxy]-* (III); 92,5%. Darst. von **III** in Chlf., Aceton, Triäthylphosphat oder Tetrahydrofuran gaben etwa gleiche Ausbeuten. — *2.4-Dichlorphenoxymethyläthylketon*, F. 66,5° (A.), aus **I** u. **IV** in Ae. nach Lanning u. Moore (l. c.). H. Seyffert. 980◇

0806 **Tri-n-butylphosphin.** George B. Kauffman und Larry A. Teter. (Inorg. Syntheses **6**, 87—90, 1960; Fresno, Calif., State Coll.; engl.) — Durch 1std. Zutropfen von PCl_3 in abs. Ae. zu n-Butyl-MgBr in Ae. bei 0°, ½std. Kochen, ½std. Stehen bei 0°, Zers. mit kalter NH_4Cl-Lsg., ½std. Stehen, Filtrieren u. Dest. unter CO_2 entsteht *Tri-n-butylphosphin*, $Kp._{50}$ 149—150°; $D._4^{25}$ 0,8118; 57% Ausbeute; gibt mit CS_2 eine tiefrote Additions-Verb. u. mit alkohol. $HgCl_2$-Lsg. eine charakterist. Verb.; durch 40%ig. HNO_3 erfolgt Oxydation zu *Tri-n-butylphosphinoxid*, Kp. 300°. P. Golinske. 980◇

0807 **Methyldijodarsin.** J. T. Millar, H. Heaney, D. M. Heinekey und W. Conard Fernelins. (Inorg. Syntheses **6**, 113—15, 1960; Keele, Staffordshire, Univ. Coll. of North Staffordshire; engl.) — Durch Zugabe von CH_3J u. Methyläthyläther zu As_2O_3 u. NaOH in W. bei Raum-Temp., 20std. Rühren, Eindampfen im Vakuum bei < 50°, Lösen in W., Zutropfen von konz. HCl (pH 3), Zutropfen von NaJ in W. unter Einleiten von SO_2 (1½ Std.), Filtrieren u. Kühlen des schweren Öls entsteht *Methyldijodarsin*, F. 29—30°, $Kp._{16}$ 128°; gelbe Nadeln; 78% Ausbeute. P. Golinske. 980◇

0808 **Dimethyljodarsin.** J. T. Millar, H. Heaney, D. M. Heinekey und W. Conard Fernelius. (Inorg. Syntheses **6**, 116—18, 1960; engl.) — Vgl. vorst. Referat. — Durch Zugabe von wss. NaOH zu Methyldijodarsin in Methyläthyläther, Zugabe von CH_3J, 16std. Rühren, Eindampfen im Vakuum, Lösen in W., Ansäuern mit konz. HCl (pH 3), 1std. Sättigen mit SO_2 u. Dest. des dunkelroten Öls entsteht *Dimethyljodarsin*, F. —35°, Kp. 154—160°; gelbes Öl; 50% Ausbeute. P. Golinske. 980◇

0809 **Darstellung einiger Fluornitro- und Aminofluorbenzoesäuren und von Fluornitrobenzolen, -toluolen und -xylolen.** G. Valkanas und H. Hopff. (J. chem. Soc. [London] **1963**, 1925—27; Zurich, ETH, Labor. of organ. chem. Technol.; engl.) — Durch Erhitzen mit HNO_3 werden einige Fluornitrotoluole, in denen F u. NO_2 in m-Stellung zueinander stehen, zu den entsprechenden *Fluornitrobenzoesäuren* (**A**) oxydiert. Isomere liefern meist Hydroxynitrobenzoesäuren, 3-Fluor-4-nitrotoluol jedoch ein Gemisch von Polynitrokresolen u. -phenolen. Die erhaltenen **A** werden durch Kochen mit $FeSO_4$ in NH_4OH in die entsprechenden *Fluoraminobenzolsäuren* übergeführt. Verss., *Fluornitrotoluole* bzw. *-xylole* durch Zers. der entsprechenden Diazoniumtetrafluoroborate darzustellen, liefern nur durch Erhitzen in einem inerten Lsgm. wie Chlorbenzol höhere Ausbeuten. Die Zers. von 3-Nitrotoluol-4-diazoniumtetrafluoroborat gab nur ein fluorfreies Produkt. 5-Fluor-p-toluidin wird durch Kochen der entsprechenden Nitro-Verb. in NH_4Cl in Ggw. von Fe dargestellt.

Versuche: Benzoesäuren: *4-Fluor-2-nitro-*, $C_7H_4 \cdot FNO_4$, F. 140—141° (50%ig. Methanol), durch 5½std. Erhitzen von 4-Fluor-2-nitrotoluol (**I**) mit 15%ig. HNO_3 im Autoklaven auf 180—190°; 69% (Ausbeute). — *4-Fluor-2-amino-*, $C_7H_6FNO_2$, F. 190—191°, durch 3std. Kochen vorst. Verb. in NH_4OH in Ggw. von $FeSO_4$, Filtrieren der heißen Lsg., Einengen, Zusetzen von W. u. Ansäuern mit Essigsäure; grau; 62%. — *2-Fluor-4-nitro-*, $C_7H_4FNO_4$, F. 166 bis 167° (wss. Methanol), aus 2-Fluor-4-nitrotoluol analog vorvorst. Verb.; 78%. — *2-Fluor-4-amino-*, F. 203—210° (W.), analog vorvorst. Verb.; 63%. — Toluole: *4-Fluor-2-nitro-* (**I**), $C_7H_6FNO_2$, $Kp._{14}$ 89—90°, durch Diazotieren von 3-Nitro-4-methylanilin, Zusetzen von 40%ig. HBF_4, Abfiltrieren (→ *4-Methyl-3-nitrobenzoldiazoniumtetrafluoroborat*, Zers. bei 131—132°; 72%), Zusetzen zu sd. Chlorbenzol, Rühren u. ¼std. Kochen mit Kohle; gelb; 51%. — Analog: *2-Fluor-5-nitro-*, $Kp._{14}$ 103—104°, über *2-Methyl-4-nitrobenzoldiazoniumtetrafluoroborat* (Zers. bei 118—119°; 79%); 68%. — *2-Fluor-4-nitro-*, $Kp._{14}$ 99—100°, über *2-Methyl-5-nitrobenzoldiazoniumtetrafluoroborat* (Zers. bei 128—129°; 81%); 66%. — *5-Fluor-2-nitro-1.3-dimethylbenzol*, F. 51—52°, über *3.5-Dimethyl-4-nitrobenzoldiazoniumtetrafluoroborat* (Zers. bei 121 bis 122°; 74%); 61%. — *5-Fluor-o-toluidin*, C_7H_8FN, $Kp._{14}$ 82—83°, durch 5std. Kochen von **I** in 0,1n NH_4Cl in Ggw. von Fe, Wasserdampf-Dest., Extrahieren des Destillats mit Ae. u. Fraktionieren; 81%. H. Gleinig. 1000◇

0810 **Über die Einwirkung von Bleitetraacetat auf Phenole. 8. Mitt. Über einige neue Reaktionen.** E. Zbiral, F. Wessely und H. Sturm. (Mh. Chem. **93**, 15—25, 1962; Wien, Univ., Org.-Chem. Inst.; dt.) — 7. vgl. C. **1961**, 15731. — Vff. beschreiben die Darst. neuer *o-Benzochinolacetate* aus Phenolen. Durch Oxydation der Phenole entstehen die entsprechenden *Chinolacetate*, die unter Einw. wss. Alkalihydroxyd-Lsg. die Dienon-Phenol-Umlagerung ergeben. Die Rk. mit Cyanidionen wird beschrieben. Durch Oxydation von Phenolen des Typs 2.4-Dimethyl-5-cyanphenol (**XIV**) erhält man *o-Benzochinolacetate* des Typs *2.4-Dimethyl-5-cyan-2-acetoxycyclohexadienon*. Bei Fehlen der Alkylgruppe in 4-Stellung bilden sich höhermol. Produkte. UV-Spektren s. Original.

Versuche: *2.4-Dimethyl-6-cyanphenol* (**I**), aus **IV** über das *Oxim*. — *2.4-Dimethyl-6-acetylphenol* (**II**), nach Auwers, Bundesmann u. Wieners [1926]. — *2.4-Dimethyl-6-carbäthoxyphenol* (**III**), durch Carbonisieren von 2.4-Dimethylphenol nach Nummy u. Tarbell [1951]. — *2.4-Dimethyl-6-formylphenol* (**IV**), durch Formylierung nach Duff [1941]. — *2.4-Dimethyl-6-cyan-2-acetoxycyclohexadienon* (**V**), $C_{11}H_{11}NO_3$, F. 102—104°, aus 4,5 g **I** in 50 ml Eisessig durch 4std. Erwärmen mit 50 g Pb-Tetraacetat (PbTA) in 50 ml Eisessig auf 60—65°; Dest. bei 110—130°/0,1 Torr ergibt orangefarbenes kristallisierendes Öl; blaßgelbe Kristalle aus Ae.; 5% (Ausbeute). — *2.4-Dimethyl-6-acetyl-2-acetoxycyclohexadienon* (**VI**), $C_{12}H_{14}O_4$, F. 78—80° (Ae.), a) aus 4 g **II** in 60 ml Chlf. durch 3½std. Stehen mit 40 g PbTA in 80 ml Chlf., Dest. ergibt bei 115—135°/0,1 Torr sofort kristallisierendes gelbes Öl; 65%; b) analog a) in Eisessig; 10%. — *2.4-Dimethyl-6-carbäthoxy-2-acetoxycyclohexadienon* (**VII**), $C_{13}H_{16}O_5$, F. 113—117° (Ae.), aus 5,2 g **III** in 50 ml Eisessig mit 55 g PbTA in 55 ml Eisessig durch 4std. Erwärmen auf 60—65°, Dest. ergibt bei 120—140°/0,01 Torr sofort kristallisierendes gelbes Öl; 50%. — *2.4-Dimethyl-6-formyl-2-acetoxycyclohexadienon* (**VIII**), F. 110—114° (Ae.), durch Zutropfen von 20 g **IV** in 50 ml Chlf. unter Rühren zu einer Suspension von 120 g PbTA in 120 ml Chlf. bei 20—30°, 90 Min. langes Rühren bei 20—30° u. Zugabe von 200 ml W.; 51%. — *2-Acetyl-4.6-dimethylresorcin*, F. 139—140° (PAe.), aus 213 mg **VI** in 1n NaOH u. Einleiten von CO_2 bis pH 7 (Meth. **A**); Sublimation bei 80—100°/0,01 Torr; gelbe Kristalle; 74%. — *2-Carbäthoxy-4.6-dimethylresorcin* (**XI**), $C_{11}H_{14}O_4$, F. 65—67° (PAe.), aus 100 mg **VII** nach **A**; Dest. bei 70—90°/0,01 Torr ergibt kristallisierndes Öl; 70%. — *2-Formyl-4.6-dimethylresorcin* (**XII**), F. 153—155° (PAe.), aus 0,5 g **VIII** nach **A**; gelbe Kristalle; 42%. — *2-Cyan-4.6-dimethylresorcin* (**IX**), $C_9H_9NO_2$, F. 173—175° (PAe.), a) aus 170 mg **V** nach **A**; Sublimation bei 120—140°/0,1 Torr; Kristalle; 85%; b) durch 48std. Stehen von 130 mg **XII** in A. mit einer konz. Lsg. eines äquimol. Gemisches aus $NH_2OH \cdot HCl$ u. Na_2CO_3 u. Überführung in das Nitril. — *2.6-Dimethoxy-3.5-dimethylbenzonitril* (**X**), $C_{11}H_{13}NO_2$, F. 89—91° (Bzl.), aus **IX** in CH_3OH durch abwechselndes Zutropfen von 10 ml 20%ig. KOH u. 4 ml Dimethylsulfat, Zugabe von 15 ml 20%ig. KOH, 1std. Kochen u. Sublimation bei 60—80°/0,1 Torr; Kristalle. — *2.6-Dimethoxy-3.5-dimethylbenzoesäure*, $C_{11}H_{14}O_4$, F. 77—79° (PAe.), a) analog vorst. Verb. durch Methylierung von 200 mg **XI** u. Dest. bei 90—100°/0,1 Torr; kristallisierendes Öl; b) durch 60std. Kochen von **X** mit 50%ig. KOH, Nachmethylieren mit Dimethylsulfat u. Dest. bei 90—100°/0,1 Torr. — *2.4-Dihydroxy-3.5-dimethylbenzoesäureamid, Diacetat*, $C_{13}H_{15}NO_5$, F. 215—218°, aus 60 mg **V** in 2 ml Acetanhydrid durch Zusatz von 3—4 Tropfen 60%ig. Lsg. von BF_3 in Methyläther, 12std. Stehen, Zugabe von 50 ml W. u. 5—10std. Stehen (Meth. **B**); Kristalle aus A.; 36%; daneben *3.5-Dimethyl-3-acetoxycyclohexadienon-(2)-carbonsäureamid*; ergibt durch alkal. Verseifung, Methylierung u. Kochen mit 30%ig. KOH die entsprechende *Dimethoxysäure*. — *2.4-Dimethyl-6-acetylresorcin, Diacetat* (**XIII**), F. 96—98° (CH_3OH), aus 0,4 g **VI** nach **B**; 60%. — *2.4-Dimethyl-6-acetylresorcin*, F. 179—181°, durch 1std. Kochen von **XIII** mit 10%ig. NaOH. *Dimethyläther*, $C_{11}H_{14}O_4$, F. 112—114°, durch Methylierung mit Dimethylsulfat u. Haloformabbau mit NaJO. — *2.4-Dimethyl-6-carbäthoxyresorcin* (**XV**), *Diacetat*, $C_{15}H_{18}O_6$, F. 79—81° (PAe.), aus 1 g **VII** nach **B** u. Nachacetylierung der Mutterlauge mit Acetanhydrid/Pyridin; 73%. — *2.4-Dimethyl-6-formylresorcin* (**XVI**), F. 183—184° (A./W.), durch 4std. Kochen des Acylals des Diacetats von **XVI** [F. 110—112° (PAe./Ae.); dargestellt durch Dienon-Phenol-Umlagerung von **VIII**; 75%] mit methanol. H_2SO_4. — *2.4-Dihydroxy-3.5-dimethylbenzoesäure*, $C_9H_{10}O_4$, F. 220—224° (Zers.), durch Carboxylierung von 2.4-Dimethylresorcin; Sublimation bei 100—120°/0,01 Torr. — *2.4-Dimethyl-5-cyan-6-acetylphenol* (**XVII**), $C_{11}H_{11}NO_2$, F. 70—72° (PAe.), aus 0,2 g **VI** in 15 ml abs. CH_3OH u. 0,2 g NaCN in 20 ml CH_3OH, 5 Min. langes Stehen bei Raum-Temp. u. Dest. bei 70—80°/0,001 Torr; kristallisierendes Öl; 70%. — *2.4-Dimethyl-5-cyan-6-carbäthoxyphenol*, $C_{12}H_{13}NO_3$, F. 137—139°, aus 0,5 g **VII** analog

XVII; 72%. — *2.4-Dimethyl-5-cyan-6-formylphenol*, F. 92 bis 95° (PAe.), aus 200 mg **VIII** analog **XVII**; 30%. — *2.4-Dimethyl-5-methoxy-6-cyanphenol*, $C_{10}H_{11}NO_2$, F. 136—137° (PAe./Ae.), a) aus 100 mg **V** in abs. CH_3OH u. 0,1—0,2 g NaCN in abs. CH_3OH, 4—10std. Kochen, Zugabe von W. u. Einleiten von CO_2 bis pH 7; Sublimation bei 130—140°/0,2 Torr; 81%; b) durch Rk. einer 1m Na-Methylat-Lsg. mit einer Lsg. von **V** in abs. CH_3OH im Überschuß, Verdünnen mit W. u. Einleiten von CO_2 bis pH 7; 70%. — *2.4-Dimethyl-5.6-dicyanphenol* (**XV**), $C_{10}H_8N_2O$, F. 231—233° (Essigester), durch 5std. Erwärmen von 50 mg **V**, 70 mg NaCN u. 15 ml abs. Dimethylformamid auf 80° u. Sublimation bei 120—140°/0,01 Torr; 53%. — *3-Hydroxy-4.6-dimethylphthalsäure*, F. 165° durch 6std. Kochen von **XV** mit 50%ig. KOH; Erhitzen über den F. ergibt das *Anhydrid*, F. 174—176°. — *2.4-Dimethyl-5-cyanphenol* (**XIV**), durch CN-Addition an 2.4-Dimethyl-o-chinolacetat. — *2.4-Dimethyl-5-cyan-2-acetoxycyclohexadienon*, $C_{11}H_{11}NO_3$, F. 76—77° (Diisopropyläther), durch 2std. Zugabe einer Lsg. von 41 g **XIV** in 410 ml Eisessig zu 220 g PbTA in 70 ml Eisessig unter Rühren bei 18—22°; Dest. bei 90—110°/0,01 Torr ergibt kristallisierendes gelbes Öl; 23%. K. Licht. 1060

0811 **Untersuchungen über die Birnbaum-Simonini-Reaktion einiger Phenoxyessigsäure-Derivate.** 3. Mitt. Z. Eckstein und J. Mikulski. (Bull. Acad. polon. Sci., Sér. Sci. chim. **9**, 785—90, 1961; Kraków, PAN, Zakł. Synt. org.; Inst. Bad. Jądr.; dt.) — 2. vgl. C. **1962**, 14467. — Ag-Salze von Halogenphenoxyessigsäuren wurden mit Br_2 in CCl_4 (1:1) umgesetzt. Dabei entstehen entweder die Simonini-Ester des Typs $ArOCH_2COOCH_2OAr$ (**A**) oder im Ring bromierte *Phenoxyessigsäure*. Rk.-Richtung u. Ausbeute werden durch die Art der Substituenten u. ihre Stellung im Ring beeinflußt: Die Ausbeute an **A** nimmt bei der Substitution mit Halogen in der Reihenfolge Cl > Br > J > F ab. Außerdem ist sie nur bei 2.4-di- sowie 2.4.5- u. 2.4.6-trisubstituierten Phenoxyessigsäuren gut. 2.5-disubstituierte Verbb. werden in der freien p-Stellung u. 3.4.5-trisubstituierte in der freien o-Stellung bromiert. Keine Rk. geben mono-, 3.4-, 2.6-di-, 2.3.4-tri- sowie tetra- u. pentasubstituierte Derivate. Auf Grund der Ergebnisse wird für die Birnbaum-Simonini-Rk. ein ion. Mechanismus diskutiert. Zwischenstufe der Rk. soll die Komplex-Verb. $Ar\cdot OCH_2COOAg\cdot BrOOCCH_2OAr$ sein, die unter AgBr- u. CO_2-Abspaltung **A** liefert.

Versuche: Phenyloxyessigsäurephenoxymethylester (**A**) wurden durch Erwärmen von Ag-Aryloxyacetat (0,1 Mol) in einer Lsg. von Br_2 (0,13 Mol) in abs. CCl_4 dargestellt: *2.4.2'.4'-Tetrachlor-5.5'-dijod-*, $C_{15}H_8Cl_4J_2O_4$, F. 144 bis 145° (CCl_4), aus der 2.4-Dichlor-5-jod-Verb.; 33% (Ausbeute). — *2.5.2'.5'-Tetrachlor-4.4'-dijod-*, $C_{15}H_8Cl_4J_2O_4$, F. 149 bis 151° (CCl_4), aus der 2.5-Dichlor-4-jod-Verb.; 37%. — *2.2'-Dichlor-4.4'-dijod-*, $C_{15}H_{10}Cl_2J_2O_4$, F. 130—132° (CCl_4), aus der 2-Chlor-4-jod-Verb.; 32%. — *2.4.2'.4'-Tetrachlor-5.5'-difluor-*, $C_{15}H_8Cl_4F_2O_4$, F. 124—125° (CCl_4), aus der 2.4-Dichlor-5-fluor-Verb.; 55%. — *2.2'-Difluor-4.4'-dichlor-*, $C_{15}H_{10}Cl_2F_2O_4$, F. 98—99° (CCl_4), aus der 2-Fluor-4-chlor-Verb.; 45%. — *2.2'-Difluor-4.4'-dibrom-*, $C_{15}H_{10}Br_2F_2O_4$, F. 109 bis 110° (CCl_4 + Chlf. 2:1), aus der 2-Fluor-4-brom-Verb.; 47%. — *2.4.5.2'.4'.5'-Hexabrom-*, $C_{15}H_8Br_6O_4$, F. 162—163° (CCl_4), aus der 2.4.5-Tribrom-Verb.; 52%. — *2.5.2'.5'-Tetrabrom-4.4'-dichlor-*, $C_{15}H_8Br_4Cl_2O_4$, F. 150—151° (CCl_4)] aus der 2.5-Dibrom-4-chlor-Verb.; 55%. — *2.2'-Dibrom-4.4'-dichlor-*, $C_{15}H_{10}Br_2Cl_2O_4$, F. 132—133° (CCl_4 + Chlf. 1:1), aus der 2-Brom-4-chlor-Verb.; 61%. — *2.4.2'.4'-Tetrabrom-5.5'-difluor-*, $C_{15}H_8Br_4F_2O_4$, F. 133—134° (CCl_4 + Chlf. 2:1), aus der 2.4-Dibrom-5-fluor-Verb.; 50%. — *2.4.2'.4'-Tetrajod-*, $C_{15}H_{10}J_4O_4$, F. 128—129° (CCl_4), aus der 2.4-Dijod-Verb.; 29%. — *2.4.5-Tribromphenoxyessigsäure*, F. 172—173° (wss. A.), durch analoge Umsetzung von Ag-2.5-Dibromphenoxyacetat mit Br_2 in CCl_4; 60%. — *2-Brom-4-chlor-3.5-dimethylphenoxyessigsäure*, $C_{10}H_{10}BrClO_3$, F. 157—158° (wss. A.), analog aus Ag-3.5-Dimethyl-4-chlorphenoxyacetat; 66,1%. — *2.4-Dibrom-3.5-dimethylphenoxyessigsäure*, $C_{10}H_{10}Br_2O_3$, F. 168—169° (wss. A.), analog aus Ag-3.5-Dimethyl-4-bromphenoxyacetat (81%) oder durch Umsetzung von 3.5-Dimethylphenoxyessigsäure mit HBr u. $NaClO_3$ in Ggw. von Fe in Eisessig; 29,2%. F. Urban. 1060◇

0812 **p-Nitrophenylphosphat: Darstellung und hydrolytischer Abbau.** André Desjobert. (Bull Soc. chim. France **1963**, 683—88; Angers, École Nat. de Med. et de Pharm., Labor. de Pharm. Chim.; Paris, Fac. de Pharm., Labor. de Chim. biol.; franz.) — Vf. beschreibt die Rein-Darst. des *Bariumsalzes* (**I**; $C_6H_4BaNO_6P\cdot 4\,H_2O$) u. des *Dinatriumsalzes* (**II**; $C_6H_4NNa_2O_6P\cdot 6\,H_2O$) des *Phosphorsäure-p-nitrophenylesters* (**III**). **I** wird durch 48std. Erhitzen von p-Nitrophenol (**IV**) mit wasserfreier H_3PO_4 in Ggw. von P_2O_5 auf genau 116°, Verdünnen mit W. bei +2°, Einrühren von $BaCO_3$ in die **III** enthaltende Lsg., Zusetzen von wenig Phenolphthalein, Zugabe von $Ba(OH)_2$ bis zur schwachen Rotfärbung, Einrühren der filtrierten Lsg. in A. bei +2° u. Absaugen gewonnen; 40% (Ausbeute). **I** läßt sich durch Lösen in Essigsäure, Zugabe von Ba-Acetat, Einstellen mit $NaHCO_3$ auf pH 10, Filtrieren der alkal. Lsg. u. Einrühren in A. reinigen. Durch doppelte Umsetzung von **I** mit Na_2SO_4 wird in 85%ig. Ausbeute **II** erhalten, das man durch Lösen in CH_3OH u. Fällen mit Aceton–Ae. reinigt. **I** u. **II** färben sich beim Aufbewahren unter vermindertem Druck allmählich gelb, was Vf. auf eine Veränderung des Kristallwasser-Geh. zurückführt, denn eine Abspaltung von **IV** wird nicht beobachtet. Vf. untersucht den Einfl. der NO_2-Gruppe bei der sauren u. alkal. Hydrolyse von **III**. A. Kumm. 1060◇

0813 **Synthese von gemischten Bis-Derivaten von Aldehyden und Ketonen.** 5. Mitt. **Synthese von Arylidenphenylmercaptoamiden.** Ksenija Sirotanović und Hajrija Eminović. (Ber. chem. Ges. Belgrad **25/26**, 497—507, 1960/1961; Belgrad, mathemat.-naturwissenschaftliche Fakultät, Chem. Inst.; jugosl., Auszug: engl.) — 4. vgl. Ber. chem. Ges. Belgrad **25/26**, [1960/61], 97. — Durch Kondens. von Thiophenol (**I**) mit Acetamid (**II**) u. Benzaldehyd (**III**), o- (**IV**), m-Methoxy-, m-Chlor- u. m-Nitrobenzaldehyd werden die entsprechenden *N-[α-Phenylmercaptobenzyl]-acetamide* dargestellt. Durch Kondens. von **I** mit **III**, **IV**, m-, p-Methoxy- (**V**), o-, m-, p-Chlor- u. o-, m- u. p-Nitrobenzaldehyd u. anschließende Oxydation mit $KMnO_4$ wurden die entsprechenden *α.α-Bis-[phenylsulfonyl]-toluole* erhalten. Die Rk. von **III** oder **V** mit Thioessigsäure (**VI**) lieferte *Phenyl-* bzw. *p-Methoxyphenyl-bis-[acetylmercapto]-methan*.

Versuche: N-[α-Phenylmercaptobenzyl]-acetamide: *unsubstituiert*, $C_{15}H_{15}NOS$, F. 166—167° (A.), durch Rk. von **I** mit **II** u. **III** (1:1:1 Mol); 20% (Ausbeute). — Analog (Substituenten am Benzylrest): *o-Methoxy-*, $C_{16}H_{17}NO_2S$, F. 164° (A.); 8,6%. — *m-Methoxy-*, $C_{16}H_{17}NO_2S$, F. 149° (A.); 26%. — *m-Chlor-*, $C_{15}H_{14}ClNOS$, F. 146° (A.); 15%. — *m-Nitro-*, $C_{15}H_{14}N_2O_3S$, F. 173° (A.); 10%. — Aryl-bis-[phenylsulfonyl]-methane: *Phenyl-*, F. 262°. — *o-Methoxyphenyl-*, $C_{20}H_{18}O_5S_2$, F. 193° (A.), durch Rk. von **I** mit **IV** (2:1 Mol) u. anschließende $KMnO_4$-Oxydation in CCl_4; 50%. — Analog: *m-Methoxyphenyl-*, $C_{20}H_{18}O_5S_2$, F. 162° (A.); 53%. — *p-Methoxyphenyl-*, $C_{20}H_{18}O_5S_2$, F. 178° (A.); 52%. — *o-Chlorphenyl-*, $C_{19}H_{15}ClO_4S_2$, F. 130° (A.); 50,6%. — *m-Chlorphenyl-*, $C_{19}H_{15}ClO_4S_2$, F. 171° (A.); 51,2%. — *p-Chlorphenyl-*, $C_{19}H_{15}ClO_4S_2$, F. 172° (A.); 49,8%. — *o-Nitrophenyl-*, F. 158—160°. — *m-Nitrophenyl-*, F. 176°. — *p-Nitrophenyl-*, F. 210—212°. — Aryl-bis-[acetylmercapto]-methane: *Phenyl-*, F. 148—149°, aus **III** u. **VI** (1:2 Mol) in Ggw. von konz. HCl; 31,6%. — *p-Methoxyphenyl-*, $C_{12}H_{14}O_3S_2$, F. 184° (abs. Aceton), aus **V** u. **VI** (1:2 Mol) in Ggw. von konz. HCl; 22%. Helmut Schäfer. 1090△

0814 **Transsulfonierung bei der Darstellung aromatischer Sulfone.** Harald Drews, Seymour Meyerson und Ellis K. Fields. (J. Amer. chem. Soc. **83**, 3871—74, 20/9. 1961; Whiting, Ind., Amer. Oil Co., Res. and Dev. Dep.; engl.) — Vgl. C. **1960**, 15718. — Die bei der Darst. aromat. Sulfone (**S**) aus Arylsulfonsäuren (**A**) u. aromat. KW-Stoffen (**K**) nach Meyer [1923] stattfindende Bldg. von Transsulfonierungs-Prodd. wird untersucht. Die Identifizierung der Prodd. erfolgt durch Gaschromatographie sowie IR- u. Massenspektrographie. Zum Vgl. werden einige **S** aus Arylsulfonylchloriden u. **K** nach Friedel-Crafts dargestellt. Die normale Sulfonierungs-Rk. beruht wahrscheinlich auf der Bldg. eines Arylsulfoniumions (**B**) aus protoniertem **A** u. seine Einw. auf **K**. Daneben zerfällt protoniertes **A** vermutlich zu **K** u. $^{+}SO_3H$, das mit dem eingesetzten **K** zur entsprechenden **A** reagiert; diese kann ebenfalls mit **K** zu **S** reagieren. Weiter ist die Rk. von **B** mit einem **S**, z. B. von p-Toluolsulfoniumion mit Bis-[p-xylyl]-sulfon (**I**) möglich, die bei der Spaltung des Prod. zu neuem **S** bzw. **B**, z. B. *p-Tolyl-p-xylylsulfon* (**II**) u. *p-Xylylsulfoniumion*, führt; weitere Prodd. entstehen durch Sekundär-Rk. dieses neugebildeten **B** mit **S**. Durch Pyrolyse von **A** entstehen bei der Rk. geringe Mengen **S** u. **K**.

Versuche: *p-Xylolsulfonsäure* (**III**), *Dihydrat*, F. 83° (verd. HCl), durch Sulfonierung von p-Xylol (**IV**). — Diphenylsulfone (FF. aus A. oder CH_3COOH): *2.5.2'.5'-Tetramethyl-* (**I**), F. 138—144°, durch Zutropfen von 0,2 Val 2.5-Dimethylbenzolsulfonylchlorid (**V**) in **IV** zu **IV** u. $AlCl_3$ bei 35°, Zugabe von $AlCl_3$, 2std. Erwärmen auf 65° u. Gießen auf Eis; 45% (Ausbeute). — Analog: *2.4.2'.4'-Tetramethyl-*, F. 122°, aus 2.4-Dimethylbenzolsulfonylchlorid u. m-Xylol (1:5) bei 35—55°; 45%. — *3.4.3'.4'-Tetramethyl-* (**VI**), F. 162°, aus 3.4-Dimethylbenzolsulfonylchlorid u. o-Xylol (**VII**; 1:11) bei 35—65°; 30%. — *2.5.3'.4'-Tetramethyl-* (**VIII**), F. 133°, aus **V** u. **VII** (1:5) bei 45—70°; 59%. — *2.5.4'-Trimethyl-* (**II**), F. 105°, aus **V** u. Toluol (**IX**; 1:6) bei 36—65°; 57%. — *3.4.4'-Trimethyl-* (**X**), F. 130°, aus p-Toluolsulfonylchlorid u. **VII** (1:3) bei 55°; 54%. — *2.5-Dimethyl-* (**XI**), F. 106°, aus **V** u. Bzl. (1:9) bei 35—50°; 40%. — Rk. *von* **III** *u.* **IX**, durch 3std. Einleiten von **IX** in **III** (aus dem Dihydrat durch 6std. Erhitzen auf 100°/ca. 130 Torr) bei 135° unter Trocknen ($CaCl_2$) u. Rückführung des Destillats, 4std. Einleiten bei 175—180°, Kühlen, Waschen mit W. u. Umkristallisieren aus A. → 31% rohes **S**-Gemisch aus **II**, *2.5.2'-Trimethyl-*, *2.4'-Dimethyl-* (**XII**) u. *4.4'-Dimethyldiphenylsulfon* (**XIII**) sowie **I** (45:8:11:7:29). — *von Benzolsulfonsäure u.* **IV** → 37% rohes **S**-Gemisch aus **XI**, **I** u. *Diphenylsulfon* (**XIV**; 98:2:1). — *Von* **III** *u. Bzl.* → **XI**, **I** u. **XIV** (56:15:29). — *Von p-Toluolsulfonsäure* (**XV**) *u.* **VII** → 47% rohes **S**-Gemisch aus **X**, *2.3.4'-Trimethyldiphenylsulfon*, **XIII** u. **VI** (73:7:0,3:20). — *Von* **III** u. **VII** → 47% rohes **S**-Gemisch aus **VIII**, **I** u. **VI** (41:1:38) u. weiteren **S**. — *Von* **XV** u. **I**, durch 5std. Rühren bei 180° unter Dest. [→ **IX** u. **IV** (91,5:8,5)], Waschen mit W., Kristallisation aus A. (→ **I**) u. Eindampfen der Mutterlaugen im Vakuum → **II**, **XIII** u. **XII** (55:34:11). — *Von* **III** *u.* **IX** ohne Entfernung des W., durch 7½std. Erhitzen auf 180° (ohne $CaCl_2$) → **III** u. **XV** (45:55) u. **XIII**, F. 150°. — *Pyrolyse von* **III**, durch Erhitzen auf 180° (4 Std.) u. 210° (2 Std.) → **IV** u. **I**; bei 110° (26 Std.) findet keine Rk. statt. — *Von* **XV** (5 Std. bei 190—220°) → **IX**, **XIII** u. **XII**; bei 110° keine Rk. (26 Std.). H. Pagel. 1090◇

0815 **Chlorsulfonierung der Methyläther von Xylenolen.** V. Baliah und M. Uma. (J. Indian chem. Soc. **40**, 381—83, 1963; Annamalainagar, S.I., Annamalai Univ., Chem. Dep.; engl.) — Durch Behandlung von jeweils 20 g 2.3-, 2.4-, 2.5-, 2.6-, 3.4- u. 3.5-Dimethylanisol mit 100 g Chlorsulfonsäure in 100 ml Chlf. bei 0—5° wurden in 1std. Rk. mit guten Ausbeuten die nachst. substituierten Benzolsulfonylchloride (SC, in der Reihenfolge vorst. Ausgangs-Verbb.) erhalten: *4-Methoxy-2.3-dimethyl-*, F. 76—77°. *Sulfonamid*, F. 180—183°. — *5-Methoxy-2.4-dimethyl-*, Kp.$_{12}$ 154—156°. *Sulfonamid*, F. 193—194°. — *4-Methoxy-2.5-dimethyl-*, F. 98 bis 99°. *Sulfonamid*, F. 214—215°. — *4-Methoxy-3.5-dimethyl-*, Kp.$_{22}$ 136—138°. *Sulfonamid*, F. 108—110°. — *2-Methoxy-4.5-dimethyl-*, F. 113—114°. *Sulfonamid*, F. 178 bis 179°. — *4-Methoxy-2.6-dimethyl-* (**I**), Kp.$_{16}$ 167—170°. *Sulfonamid*, F. 140—141°. — Die Sulfonamide (sämtlich $C_9H_{13}NO_3S$) wurden aus den entsprechenden SC durch kurzes Erwärmen des Chlf.-Lsg. mit konz. NH_4OH-Lsg. auf dem Wassesbad erhalten u. aus verd. A. umkristallisiert. Die Stellung der SO_2Cl-Gruppe wurde durch Friedel-Crafts-Rk. der SC (in vorst. Reihenfolge) mit Bzl. in Ggw. von wasserfreiem $AlCl_3$ unter Entmethylierung zu nachst. Hydroxy-x.y-dimethyldiphenylsulfonen u. Vgl. mit authent. Proben bewiesen: *4-Hydroxy-2.3-dimethyl-*, F. 191 bis 192°. — *5-Hydroxy-2.4-dimethyl-*, F. 166—167°. — *4-Hydroxy-2.5-dimethyl-*, F. 162—163°. — *4-Hydroxy-3.5-dimethyl-*, F. 235—236°. — *2-Hydroxy-4.5-dimethyl-*, F. 150—151°. — **I** lieferte in der Friedel-Crafts-Rk. ein nicht kristallisierbares Prod., wurde daher in das entsprechende Na-Sulfinat umgewandelt u. zu *4-Methoxy-2.6-dimethylphenylmethylsulfon* methyliert. Vf. nimmt in Übereinstimmung mit Kotlan u. Wessely (C. **1959**, 11540) an, daß die Stellung der $SOCl_2$-Gruppe durch die CH_3-Gruppen u. nicht durch die OCH_3-Gruppe bestimmt wird.

Versuche: *4-Methoxy-2.6-dimethylphenylmethylsulfon*, F. 94—95° (verd. A.), aus **I** durch Red. mit Zn-Staub u. W. zur *Sulfinsäure* u. deren Methylierung als Na-Salz mit CH_3J in abs. Äthanol. Ch. Zechel. 1090◇

0816 **Über N-[3-Methyl-4-alkylmercaptobenzyl]-amine, 3-Methyl-4-alkylmercaptobenzylalkyläther und 3-Methyl-4-alkylmercaptobenzylalkylthioäther.** E. Profft und H. Teubner. (J. prakt. Chem. [4] **20**, 294—303, 1963; Wernigerode, Wiss.-Techn. Zentrum Tierarzneimittel; dt.) — Durch Chlormethylierung von o-Tolylalkylfluoäthern nach Profft u. Steinbach (C. **1962**, 14106) erhaltene *3-Methyl-4-alkylmercaptobenzylchloride* (**A**) können mit prim. u. sek. Aminen in 30%ig. NaOH zu *N-[3-Methyl-4-alkylmercaptobenzyl]-aminen* umgesetzt werden. Durch Kondens. so dargestellter sek. Amine mit 2-Vinylpyridin (**III**) werden entsprechende *N-Pyridyläthylamine* erhalten. Rkk. von 3-Methyl-4-n-propylmercaptobenzylchlorid (**I**) u. a. **A** mit Na-Alkoholaten u. Phenolaten ergeben *3-Methyl-4-propylmercaptobenzyläther* u. ihre Analogen. Durch Rk. von 3-Methyl-4-n-butylmercaptobenzylchlorid (**II**) u. a. **A** mit Mercaptiden werden *3-Methyl-4-n-butylmercaptobenzylthioäther* u. analoge Verbb. erhalten. **I** läßt sich mit KCN bzw. KSCN zu *3-Methyl-4-n-propylmercaptobenzylcyanid* (**IV**) bzw. *-rhodanid* umsetzen. Durch Red. mit $LiAlH_4$ wird *3-Methyl-4-n-propylmercapto-β-phenäthylamin* erhalten. Der Vers. der Darst. des entsprechenden Aldehyds aus **IV** mit Li-Triäthoxyalanat schlug fehl. Die Struktur der aus **A** dargestellten sek. Amine wird durch Rk. mit Benzolsulfonylchlorid bewiesen. Verss., **IV** in Ggw. von Raney-Ni bei 150 at u. 125° in NH_3/A. zu hydrieren, führten zu einem viscosen, nicht destillierbaren, unidentifizierten Öl.

Versuche: *3-Methyl-4-methylmercaptobenzylchlorid* (**V**), $C_9H_{11}ClS$, Kp.$_{10}$ 145—147°, durch 12½std. Einleiten von HCl in eine Mischung von o-Tolylmethylthioäther, Paraformaldehyd, $ZnCl_2$ u. konz. HCl bei 50—53° unter Rühren, Waschen der organ. Phase mit W. u. 5%ig. $NaHCO_3$-Lsg. u. Ae.-Extraktion der wss. Phase; 71% (Ausbeute). — *3-Methyl-4-äthylmercaptobenzylchlorid*, $C_{10}H_{13}ClS$, Kp.$_{11}$ 152—155°, analog **V**. — *N-[3-Methyl-4-methylmercaptobenzyl]-n-propylamin* (**VI**), $C_{12}H_{19}NS$, Kp.$_{0,15}$ 117—118°, durch 3—4std. Rühren von **V** u. n-Propylamin in ca. 30%ig. NaOH bei 30—40°, Lösen der organ. Phase in Ae. u. Waschen mit W.; n_D^{20} 1,5593; 73%. — Analog: *N-[3-Methyl-4-äthylmercaptobenzyl]-n-propylamin*, $C_{13}H_{21}NS$, Kp.$_{0,3}$ 119—123°, n_D^{20} 1,5508; 70%. — *N-[3-Methyl-4-n-propylmercaptobenzyl]-n-propylamin*, $C_{14}H_{23}NS$, Kp.$_{10}$ 176—179°, n_D^{20} 1,5427; 74%. — *N-[3-Methyl-4-n-butylmercaptobenzyl]-n-propylamin*, $C_{15}H_{25}NS$, Kp.$_{10}$ 185—188°, n_D^{20} 1,5391; 64%. — *N-[3-Methyl-4-n-propylmercaptobenzyl]-isopropylamin*, $C_{14}H_{23}NS$, Kp.$_{10}$ 173 bis 175°, n_D^{20} 1,5398; 62%. — *N-[3-Methyl-4-n-butylmercaptobenzyl]-isopropylamin*, $C_{15}H_{25}NS$, Kp.$_{10}$ 179—181°, n_D^{20} 1,5357; 70%. — *N-[3-Methyl-4-n-propylmercaptobenzyl]-n-butylamin*, $C_{15}H_{25}NS$, Kp.$_{10}$ 186—188°, n_D^{20} 1,5375; 72%. — *N-[3-Methyl-4-n-butylmercaptobenzyl]-n-butylamin*, $C_{16}H_{27}NS$, Kp.$_{0,3}$ 145—146°, n_D^{20} 1,5339; 78%. — *N-[3-Methyl-4-n-propylmercaptobenzyl]-isobutylamin*, $C_{15}H_{25}NS$, Kp.$_{10}$ 181—183°, n_D^{20} 1,5350; 65%. — *N-[3-Methyl-4-n-butylmercaptobenzyl]-isobutylamin*, $C_{16}H_{27}NS$, Kp.$_{10}$ 191—193°, n_D^{20} 1,5325; 57%. — *N-[3-Methyl-4-n-propylmercaptobenzyl]-dimethylamin*, $C_{13}H_{21}NS$, Kp.$_{10}$ 155—158°, durch 3—4std. Rühren von **I** mit Dimethylamin u. kalter ca. 30%ig. NaOH-Zugabe von W., Ae.-Extraktion u. Waschen mit W., n_D^{20} 1,5455; 73%. — Analog: *N-[3-Methyl-4-n-propylmercaptobenzyl]-diäthylamin*, $C_{15}H_{25}NS$, Kp.$_{10}$ 173—175°, n_D^{20} 1,5378; 75%. — *N-[3-Methyl-4-n-butylmercaptobenzyl]-dimethylamin*, $C_{14}H_{23}NS$, Kp.$_{10}$ 168—170°, n_D^{20} 1,5399; 71%. — *N-[3-Methyl-4-n-butylmercaptobenzyl]-diäthylamin*, $C_{16}H_{27}NS$, Kp.$_{10}$ 184—186°, n_D^{20} 1,528; 77%. — *N-[3-Methyl-4-methylmercaptobenzyl]-piperidin*, $C_{14}H_{21}NS$, Kp.$_{0,4}$ 135—138°, aus **V** u. Piperidin; n_D^{20} 1,5719; 87%. — *N-[3-Methyl-4-methylmercaptobenzyl]-2.6-lupetidin*, $C_{16}H_{25}NS$, Kp.$_{0,1}$ 135—136°, aus **V** mit 2.6-Lupetidin in 5 Std. in sd. A.; n_D^{20} 1,5627; 74%. — Analog folgende N-[3-Methyl-4-methylmercaptobenzyl]-piperidine: *2-Methyl-*, $C_{15}H_{23}NS$, Kp.$_{0,15}$ 128—131°, n_D^{20} 1,5660; 67%. — *3.5-Dimethyl-*, $C_{16}H_{25}NS$, Kp.$_{0,15}$ 140—143°, n_D^{20} 1,5561; 64%. — *2.4.6-Trimethyl-*, $C_{17}H_{27}NS$, Kp.$_{0,20}$ 146—147°; n_D^{20} 1,5586; 68%. — *4-Äthyl-*, $C_{16}H_{25}NS$, Kp.$_{0,70}$ 168—172°, n_D^{20} 1,5583; 62%. — *2.5-Diäthyl-*, $C_{18}H_{29}NS$, Kp.$_{0,15}$ 157 bis 160°, n_D^{20} 1,5539; 56%. — Analog: *N-[3-Methyl-4-methylmercaptobenzyl]-morpholin*, $C_{13}H_{19}NOS$, Kp.$_{0,15}$ 131 bis 133°, n_D^{20} 1,5761; 72%. — *N-[3-Methyl-4-methylmercaptobenzyl]-pyrrolidin*, $C_{13}H_{19}NS$, Kp.$_{0,20}$ 120—123°, n_D^{20} 1,5758; 71%. — *N-[3-Methyl-4-äthylmercaptobenzyl]-piperidin*,

$C_{15}H_{23}NS$, Kp.$_{0,4}$ 137—139°, n_D^{20} 1,5628; 76%. Analog: *2-Methyl-Deriv.*, $C_{16}H_{25}NS$, Kp.$_{0,60}$ 156—160°, n_D^{20} 1,5595; 70%. — *2.6-Dimethyl-Deriv.*, $C_{17}H_{27}NS$, Kp.$_{0,20}$ 155—158°, n_D^{20} 1,5501; 63%. — *3.5-Dimethyl-Deriv.*, $C_{17}H_{27}NS$, Kp.$_{0,10}$ 140—143°, n_D^{20} 1,5490; 61%. — *2.4.6-Trimethyl-Deriv.*, $C_{18}H_{29}NS$, Kp.$_{0,40}$ 152—156°, n_D^{20} 1,5500; 65%. — *4-Äthyl-Deriv.*, $C_{17}H_{27}NS$, Kp.$_{0,30}$ 154—158°, n_D^{20} 1,5512; 57%. — *2.5-Diäthyl-Deriv.*, $C_{19}H_{31}NS$, Kp.$_{0,20}$ 158—162°, n_D^{20} 1,5472; 62%. — N-[β-Pyridyläthyl]-n-propylamine: *N-[3-Methyl-4-methylmercaptobenzyl]-*, $C_{19}H_{26}N_2S$, Kp.$_{0,15}$ 172—174°, n_D^{20} 1,5740, durch 8—10std. Rühren von **VI** u. **III** in Eisessig bei 80—90°; n_D^{20} 1,5740; 65%. — Analog: *N-[3-Methyl-4-äthylmercaptobenzyl]-*, $C_{20}H_{28}N_2S$, Kp.$_{0,15}$ 173—175°, n_D^{20} 1,5671; 60%. — *N-[3-Mehyl-4-n-propylmercaptobenzyl]-*, $C_{21}H_{30}N_2S$, Kp.$_{0,20}$ 184—188°, n_D^{20} 1,5625; 62%. — *N-[3-Methyl-4-n-butylmercaptobenzyl]-*, $C_{22}H_{32}N_2S$, Kp.$_{0,15}$ 185—188°, n_D^{20} 1,5578; 54%. — 3-Methyl-4-n-propylmercaptobenzyläther: *n-Propyl-*, $C_{14}H_{22}OS$, Kp.$_{0,1}$ 128—130°, durch 4—5std. Erhitzen von **I** u. Na in n-Propanol auf 80—83°, Versetzen mit W. u. Aufarbeiten der organ. Phase, n_D^{20} 1,5342; 92%. — Analog: *n-Butyl-*, $C_{15}H_{24}OS$, Kp.$_{0,02}$ 126 bis 127°, n_D^{20} 1,5312; 86%. — *n-Amyl-*, $C_{16}H_{26}OS$, Kp.$_{0,01}$ 131—132°, n_D^{20} 1,5268; 94%. — *n-Hexyl-*, $C_{17}H_{28}OS$, Kp.$_{0,05}$ 143—145°, n_D^{20} 1,5234; 82%. — Analog: *3-Methyl-4-methylmercaptobenzyl-β-aminoäthyläther*, $C_{11}H_{17}NOS$, Kp.$_{0,02}$ 129 bis 132°, n_D^{20} 1,5748; 74%. — *3-Methyl-4-methylmercaptobenzyl-δ-aminobutyläther*, $C_{13}H_{21}NOS$, Kp.$_{0,05}$ 153—154°, n_D^{20} 1,5586; 67%. — *3-Methyl-4-n-butylmercaptobenzyl-δ-aminobutyläther*, $C_{16}H_{27}NOS$, Kp.$_{0,01}$ 198—200°; 58%. — 3-Methyl-4-n-butylmercaptobenzylthioäther: *n-Propyl-*, $C_{15}H_{24}S_2$, Kp.$_{0,03}$ 143—145°, durch ½std. Rühren von n-Propylmercaptan u. 4 g NaOH in 50 ml A., Zugeben von **II**, 4std. Kochen, Versetzen mit W. u. Ae.-Extraktion; n_D^{20} 1,5635; 94%. — Analog: *n-Butyl-*, $C_{16}H_{26}S_2$, Kp.$_{0,03}$ 150 bis 152°, n_D^{20} 1,5578; 91%. — *Isobutyl-*, Kp.$_{0,03}$ 145—147°, n_D^{20} 1,5563; 93%. — *Amyl-*, $C_{17}H_{28}S_2$, Kp.$_{0,03}$ 159—162°, n_D^{20} 1,5537; 90%. — *Phenyl-*, $C_{18}H_{22}S_2$, Kp.$_{0,2}$ 177—180°, n_D^{20} 1,6149; 95%. — *o-Tolyl-*, $C_{19}H_{24}S_2$, Kp.$_{0,15}$ 184—185°, n_D^{20} 1,6112; 89%. — *p-Tolyl-*, Kp.$_{0,15}$ 183—186°, n_D^{20} 1,6089; 96%. — *Benzyl-*, $C_{19}H_{24}S_2$, Kp.$_{0,20}$ 183—185°, n_D^{20} 1,6051; 83%. — Analog: *3-Methyl-4-n-propylmercaptobenzylbenzylthioäther*, $C_{18}H_{22}S_2$, Kp.$_{0,1}$ 183—184°, n_D^{20} 1,6117; 87%. — *[3-Methyl-4-n-propylmercaptobenzyl]-4-propoxybenzylthioäther*, $C_{21}H_{28}OS_2$, Kp.$_{0,02}$ 204—210°. — *3-Methyl-4-n-propylmercaptobenzyl-β-[pyridyl-(2)]-äthylthioäther*, $C_{18}H_{23}S_2N$, Kp.$_{0,15}$ 206 bis 207°, n_D^{20} 1,6029. — *3-Methyl-4-methylmercaptobenzylpentachlorphenyläther*, $C_{15}H_{11}Cl_5OS$, F. 142°, aus **V**, Pentachlorphenol u. NaOH in A., durch 5std. Erhitzen auf 60 bis 70°; aus A. Nadeln; 76%. — Analog: *3-Methyl-4-äthylmercaptobenzylpentachlorphenyläther*, $C_{16}H_{13}Cl_5OS$, F. 91°; 63%. — *3-Methyl-4-n-propylmercaptobenzylpentachlorphenyläther*, $C_{17}H_{15}Cl_5OS$, F. 94°; 75%. — *3-Methyl-4-n-butylmercaptobenzylpentachlorphenyläther*, $C_{18}H_{17}Cl_5OS$, F. 96°; 73%. — Analog, jedoch mit Pentachlorthiophenol in Tetrahydrofuran: *3-Methyl-4-äthylmercaptobenzylpentachlorphenylthioäther*, $C_{16}H_{13}Cl_5S_2$, F. 111°; 57%. — *3-Methyl-4-n-propylmercaptobenzylpentachlorphenylthioäther*, $C_{17}H_{15}Cl_5S_2$, F. 96°; 65%. — *3-Methyl-4-n-butylmercaptobenzylpentachlorphenylthioäther*, $C_{18}H_{17}Cl_5S_2$, F. 80°; 61%. — *3-Methyl-4-n-propylmercaptobenzylrhodanid*, $C_{12}H_{15}NS_2$, Kp.$_{0,2}$ 147,5—151°, durch 3std. Erhitzen von **I** mit KSCN in Aceton, Zugabe von W. u. Ae.-Extraktion, n_D^{20} 1,6063; 91%. — *3-Methyl-4-n-propylmercaptobenzylcyanid* (**IV**), $C_{12}H_{15}NS$, Kp.$_{0,04}$ 137—139°, durch 15std. Kochen von KCN u. NaJ in W. mit **I** in Aceton, Filtrieren, Eindampfen, Lösen in Ae. u. Waschen mit W., n_D^{20} 1,5620; 74%. — *3-Methyl-4-n-propylmercapto-β-phenäthylamin*, $C_{12}H_{19}NS$, Kp.$_{0,01}$ 113—115°, aus **IV** u. $LiAlH_4$ in abs. Ae., n_D^{20} 1,5659; 85%. *Hydrochlorid*, $C_{12}H_{20}ClNS$, F. 74°, Nadeln. F. Bourseaux. 1090◇

0817 **Anlagerung von Mercaptanen an ungesättigte Aldehyde. 1. Mitt. Anlagerung von Thiophenol an ungesättigte aromatische Aldehyde.** Ksenija Sirotanović, Milka Bajlon-Roćen und Dragica Galovič. (Ber. chem. Ges. Belgrad **25/26**, 509—18, 1960/1961; Belgrad, mathemat.-naturwissenschaftliche Fakultät, Chem. Inst.; jugosl., Auszug: engl.) — Die Rk. von Carbaminsäureäthylester (**I**) mit Thiophenol (**II**) u. Zimtaldehyd (**III**), o- (**IV**), m- (**V**), p-Chlor- (**VI**) oder o-Nitrozimtaldehyd (**VII**) liefert *α-Phenyl-* (**VIII**), *α-[o-Chlorphenyl]-*, *α-[m-Chlorphenyl]-*, *α-[p-Chlorphenyl]-* bzw. *α-[o-Nitrophenyl]-γ.γ-bis-[carbäthoxyamino]-propylphenylsulfid*. **VIII** reagiert mit 2.4-Dinitrophenylhydrazin (**IX**) unter Bldg. von *β-Phenylmercaptohydrozimtaldehyd-2.4-dinitrophenylhydrazon*. Durch Rk. von Acrolein (**X**) oder Crotonaldehyd (**XI**) mit **II**, von **X** oder **XI** mit Acetamid (**XII**) + **II** sowie von **X** mit **I** + **II** werden entsprechend *β-Phenylmercaptopropionaldehyd, -butyraldehyd, 1.1-Bis-[acetylamino]-3-phenylmercaptopropan, -butan* bzw. *γ.γ-Bis-[carbäthoxyamino]-propylphenylsulfid* erhalten. Durch Kondens. von o- (**IV**), m- (**V**), p-Chlor- (**VI**) u. o-Nitrozimtaldehyd (**VII**) mit **XII** oder **I** werden die entsprechenden *1.1-Bis-[acetylamino]-* bzw. *1.1-Bis-[carbäthoxyamino]-3-arylpropene-(2)* dargestellt. **VI** u. **VII** werden durch Rk. mit **II** in die *Bis-[phenylthioacetale]* übergeführt. m-Chlorbenzaldehyd (**XVII**) wird mit Acetaldehyd (**XVIII**) zu **XIV** kondensiert.

Versuche: γ.γ-Bis-[carbäthoxyamino]-propylphenylsulfide: *α-Phenyl-* (**VIII**), $C_{21}H_{26}N_2O_4S$, F. 114° (abs. Ae.), durch Erhitzen von **I**, **II** u. **III** (1:1:1 Mol) auf dem Wasserbad bis zur Lsg., Abkühlen, Zugabe von 1 ml konz. HCl u. 14 Tage langes Stehen; 34% (Ausbeute). — Analog durch Rk. von **I** u. **II** mit **IV**—**VII**: *α-[o-Chlorphenyl]-*, $C_{21}H_{25}ClN_2O_4S$, F. 125,5° (Aceton–PAe.); 40%. — *α-[m-Chlorphenyl]-*, $C_{21}H_{25}ClN_2O_4S$, F. 141° (abs. Ae.); 53%. — *α-[p-Chlorphenyl]-*, $C_{21}H_{25}ClN_2O_4S$, F. 113—114° (Ae.–PAe.); 32%. — *α-[o-Nitrophenyl]-*, $C_{21}H_{25}N_3O_6S$. F. 118° (Aceton–PAe.); 49%. — *β-Phenylmercaptohydrozimtaldehyd-2.4-dinitrophenylhydrazon*, $C_{21}H_{18}N_4O_4S$, F. 138,5° (A.), durch 3 Min. langes Erhitzen von 1,3 g **VIII**, 0,66 g **IX** u. 1 ml konz. HCl in 50 ml A. auf dem Wasserbad; 95%. — *β-Phenylmercaptopropionaldehyd*, Kp.$_{18}$ 128—139°, durch 12std. Stehen von je 0,2 Mol **II** u. **X** u. 2 Tropfen Piperidin bei 20°; 49,5%. *2.4-Dinitrophenylhydrazon*, $C_{15}H_{14}N_4O_4S$, F. 126° (A.). — *β-Phenylmercaptobutyraldehyd*, Kp.$_{10}$ 137—139°, durch 3std. Stehen von je ¹/₃ Mol **II** u. **XI** u. einigen Tropfen Piperidin u. 1std. Erhitzen auf dem Wasserbad; 30,5%. *2.4-Dinitrophenylhydrazon*, $C_{16}H_{16}N_4O_4S$, F. 93—94° (A.). — *1.1-Bis-[acetylamino]-3-phenylmercaptopropan*, $C_{13}H_{18}N_2O_2S$, F. 202° (abs. A.), a) durch 5 Tage langes Stehen von je ¹/₂₀ Mol **II**, **X** u. **XII** u. 1 Tropfen konz. HCl; 61%; b) durch 4std. Erhitzen von je ¹/₅₀ Mol vorvorst. Verb. u. **XII** in 5 ml Acetanhydrid auf 100°; 41%. — Analog: *1.1-Bis-[acetylamino]-3-phenylmercaptobutan*, $C_{14}H_{20}N_2O_2S$, F. 128° (Aceton–PAe.), aus **II**, **XI** u. **XII** oder aus vorvorst. Verb. u. **XII**; 39 bzw. 48%. — *γ.γ-Bis-[carbäthoxyamino]-propylphenylsulfid*, $C_{15}H_{22}N_2O_4S$, F. 145° (Aceton), durch 5 Tage langes Stehen von 0,04 (Mol) **X**, 0,08 **I**, 0,04 **II** u. 1 Tropfen konz. HCl bei 20°; 46%. — 1.1-Bis-[acetylamino]-propene-(2): *3-[o-Chlorphenyl]-*, $C_{13}H_{15}ClN_2O_2$, F. 217° (A.), durch 4—5std. Erhitzen von **XII** mit **IV** (4:1 Mol) auf 120—125°; 37%. — Analog aus **XII** mit **V**, **VI** bzw. **VII**: *3-[m-Chlorphenyl]-*, $C_{13}H_{15}ClN_2O_2$, F. 228° (A.); 73%. — *3-[p-Chlorphenyl]-*, $C_{13}H_{15}ClN_2O_2$, F. 249° (A.); 69%. — *3-[o-Nitrophenyl]-*, $C_{13}H_{15}N_3O_4$, F. 211° (A.); 82%. — 1.1-Bis-[carbäthoxyamino]-propene-(2): durch 12std. Stehen von **IV**—**VII** mit **I** (1:2 Mol) in Ggw. konz. HCl bei 20° u. Kristallisation aus A. oder Aceton–PAe.: *3-[o-Chlorphenyl]-*, $C_{15}H_{19}ClN_2O_4$, F. 184°; 60%. — *3-[m-Chlorphenyl]-*, $C_{15}H_{19}ClN_2O_4$, F. 162°; 39%. — *3-[p-Chlorphenyl]-*, $C_{15}H_{19}ClN_2O_4$, F. 182°; 37%. — *3-[o-Nitrophenyl]-*, $C_{15}H_{19}N_3O_6$, F. 178°; 74%. — *p-Chlorzimtaldehyd-bis-[phenylthioacetal]*, $C_{21}H_{17}ClS_2$, F. 123° (A.), durch Rk. von **II** mit **VI** (2:1 Mol) in Ggw. von konz. HCl; 49,5%. — *o-Nitrozimtaldehyd-bis-[phenylthioacetal]*, $C_{21}H_{17}NO_2S$, F. 92—93°, aus **II** u. **VII**; 72,5%. — *m-Chlorzimtaldehyd* (**V**), Kp.$_{0,5}$ 106—120°, F. 39°, durch 4 Tage langes Stehen von 40 g **XVII** u. 20 g **XVIII** in 200 ml A. in Ggw. von 1 ml Diäthylamin; 20,1 g. *2.4-Dinitrophenylhydrazon*, $C_{15}H_{11}ClN_4O_4$, F. 238° (Xylol). Helmut Schäfer. 1120△

0818 **Die Acetylierung einiger Dihalogenbenzole, in denen die Halogenatome verschieden sind.** B. K. Diep, N. P. Buu-Hoï und N. D. Xuong. (J. chem. Soc. [London] **1963**, 2784—87; Gif-sur-Yvette, Seine-et-Oise, C.N.R.S., Inst. de Chim. des Subst. Natur.; engl.) — o-Chlorfluorbenzol (**II**) liefert mit Acetylchlorid (**I**) in Ggw. von $AlCl_3$ in CS_2 *3-Chlor-4-fluoracetophenon* (**III**), dessen Struktur durch Beckmann-Umlagerung des Oxims in *3-Chlor-4-fluoracetanilid* nachgeprüft wird. 4-Chlor-3-fluoracetophenon bildet sich aus **II** höchstens in Spuren. m-Chlorfluorbenzol (**IV**) ergibt analog nur *2-Chlor-4-fluoracetophenon* (**V**). p-Chlorfluorbenzol (**VI**) läßt sich in CS_2 nicht, sondern nur ohne Lsgm. nach Bergmann u. Berkovic (C. **1961**, 12810) unter Bldg. von *2-Chlor-5-fluoracetophenon* umsetzen. o-Bromchlorbenzol (**VII**) ergibt dagegen in CS_2 *4-Chlor-3-bromacetophenon*, während m-Bromchlorbenzol nicht reagiert. Aus 4-Fluorbiphenyl (**VIII**) läßt sich *4-Acetyl-4'-biphenyl* gewinnen. Es sind also bei den Friedel-Crafts-Rkk. große Unterschiede zwschen den p-Dihalogenbenzolen u. ihren o- u. m-Isomeren zu beobachten, die mit der Folge der Elektronegativitäten $F > Cl > Br$ erklärt werden können.

Versuche: *3-Chlor-4-fluoracetophenon* (**III**), C_8H_6ClFO, F. 43°, Kp. 226°, durch 50std. Kochen von **I** u. **II** in Ggw. von $AlCl_3$ in CS_2 u. Zers. mit verd. HCl; ca. 80% (Ausbeute). *2.4-Dinitrophenylhydrazon* (*DNP*), $C_{14}H_{10}ClFN_4O_4$, F. 238° (rote Prismen aus Essigsäure). *Thiosemicarbazon*, $C_9H_9ClFN_3S$, F. 206° (A.). *Oxim*, F. 97° (A.). — *2-Chlor-4-äthyl-1-fluorbenzol*, C_8H_8ClF, Kp. 159°, durch kurzes Kochen von 18 g **III** mit 90%ig. $N_2H_4H_2O$ in Diäthylenglykol, Abkühlen, Zugabe von KOH u. 3std. Kochen; n_D^{20} 1,5022; 11 g. — *3-Chlor-4-fluoracetanilid*, C_8H_7ClFNO, F. 115° (A.), durch kurzes Schütteln von 18,7 g **III**-Oxim in abs. Ae. mit PCl_5-Pulver u. Einw. von Eis; 15 g. — *3-Chlor-4-fluoranilin* (**IX**), F. 44° (Hexan), Kp. 227—228°, durch Hydrolyse vorst. Verb. mit äthanol. HCl. Liefert *Tetrachlor-N-[3-chlor-4-fluorphenyl]-phthalimid*, $C_{14}H_3Cl_5FNO_2$, F. 190° (Essigsäure); *2-Chlor-3-[3-chlor-4-fluoranilino]-naphthochinon-(1.4)*, $C_{16}H_8 \cdot Cl_2FNO$, F. 158° (A.); u. *2.5-Dichlor-3.6-bis-[3-chlor-4-fluoranilino]-benzochinon-(1.4)*, $C_{18}H_8Cl_4F_2N_2O_2$, F. 252° (A.). — *3-Chlor-4-fluorbenzoesäure*, $C_7H_4ClFO_2$, F. 136°, durch 1std. Schütteln von 40 g **III** mit eiskalter wss. NaOBr/NaOH-Lsg., kurzes Erwärmen auf 60° u. Einw. von $NaHSO_3$; 30 g. *Amid*, C_7H_5ClFNO, F. 132° (A.). *Diäthylamid*, $C_{11}H_{13}ClFNO$, Kp.$_{13}$ 160°, n_D^{23} 1,5278 (hellgelbes Öl). Liefert *β-[3-Chlor-4-fluorbenzoylamino]-pyridin*, $C_{12}H_8ClFN_2$, F. 143°; *N-[3-Chlor-4-fluorbenzoyl]-p-anisidin*, $C_{14}H_{11}ClFNO_2$, F. 159°; *N-[3-Chlor-4-fluorbenzoyl]-naphthylamin-(1)*, $C_{17}H_{11}ClFNO$, F. 198°; *N-[3-Chlor-4-fluorbenzoyl]-[3-morpholinopropyl]-amin*, $C_{14}H_{18}ClFNO_2$, F. 21°, Kp.$_{22}$ 267°. — *2-Chlor-4-fluoracetophenon* (**V**), C_8H_6ClFO, Kp.$_{19}$ 110° (hellgelbes Öl), analog **III** aus **IV** (Kp. 196—197°, n_D^{22} 1,4978); 77%. *Semicarbazon*, F. 193° (A.). *DNP*, $C_{14}H_{10} \cdot ClFN_4O_4$, F. 167° (rote Nadeln aus Essigsäure). — *2-Chlor-4-fluoracetanilid*, F. 117° (A.), durch Umlagerung von **V**-Oxim mit PCl_5. — *2-Chlor-4-fluorbenzoesäure*, $C_7H_4ClFO_2$, F. 176° (Bzl.), aus **V** u. NaOBr. — *2-Chlor-5-fluoracetophenon*, aus **VI** nach Bergmann u. Berkovic (l. c.); 67%. *Oxim*, F. 88° (A.). — *2-Chlor-5-fluoracetanilid*, F. 99°, Kp.$_{13}$ 154°, aus vorst. Oxim durch Beckmann-Umlagerung. — *3-Brom-4-chloracetophenon*, C_8H_6BrClO, F. 75° (Hexan), analog **III** aus **VII**; 67%. *Thiosemicarbazon*, $C_9H_9BrClN_3S$, F. 180° (A.). *DNP*, $C_{14}H_{10}BrClN_4O_4$, F. 186° (rote Prismen aus A.). *Oxim*, $C_8H_7BrClNO$, F. 93° (A.). — *3-Brom-4-chloracetanilid*, F. 130°, aus vorst. Oxim mit PCl_5 in Ae.; 85%. — *3-Brom-4-chlorbenzoesäure*, F. 215°, aus vorvorst. Keton mit NaOBr. — *4-Acetyl-4'-fluorbiphenyl*, $C_{14}H_{11}FO$, F. 90° (Hexan), Kp.$_{15}$ 198°, analog **III** aus **VIII** (35 g); 27 g. *Oxim*, $C_{14}H_{12}FNO$, F. 148° (A.). — *4-Acetamido-4'-fluorbiphenyl*, F. 205°, aus vorst. Oxim mit PCl_5; 90%. — *1-[3-Chlor-4-fluorphenyl] 2.5-dimethylpyrrol*, $C_{12}H_{11}ClFN$, Kp.$_{18}$ 137° (hellgelbes Öl), durch $^3/_4$std. Kochen von 2 g **IX** mit 6 g Hexandion-(2.5); n_D^{17} 1,4847; 2 g. — *1-[3-Chlor-4-fluorphenyl]-2-methyl-5-phenylpyrrol*, $C_{17}H_{13}ClFN$, Kp.$_{15}$ 184°, analog vorst. Verb. aus **IX** u. Phenylaceton; n_D^{18} 1,5625. — *2-[3-Chlor-4-fluorphenyl]-indol*, $C_{14}H_9ClFN$, F. 178° (A.), Kp.$_{17}$ 198°, durch Cyclisierung des Phenylhydrazons von **III**. — Nachst. Cinchoninsäuren aus den entsprechenden Ketonen durch Pfitzinger-Rk. u. Kristallisation aus A.: *2-[3-Chlor-4-fluorphenyl]-*, $C_{16}H_9Cl \cdot FNO_2$, F. 220°. — *6-Brom-2-[3-chlor-4-fluorphenyl]-*, $C_{16}H_8Br \cdot ClFNO_2$, F. 194°. — *6-Brom-2-[2-chlor-4-fluorphenyl]-*, $C_{16}H_8 \cdot BrClFNO_2$, F. 197°. — *2-[3-Brom-4-chlorphenyl]-*, $C_{16}H_9BrCl \cdot NO_2$, F. 245°. — *6-Brom-2-[3-brom-4-chlorphenyl]-*, $C_{16}H_8Br \cdot ClNO_2$, F. 254°. — Nachst. Chinoline durch therm. Decarboxylierung vorst. Säuren u. Kristallisation aus A.: *2-[3-Chlor-4-fluorphenyl]-*, $C_{15}H_9ClFN$, F. 108°. — *6-Brom-2-[3-chlor-4-fluorphenyl]-*, $C_{15}H_8BrClFN$, F. 154°. — *2-[2-Chlor-4-fluorphenyl]-*, $C_{15}H_9ClFN$, F. 99°. B. Gnauck. 1160◇

0819 **Über Pyromellitsäure- und Cumidinsäurederivate.** 8. Mitt. H. Hopff und B. K. Manukian. (Helv. chim. Acta **45**, 1799—1803, 1962; Zürich, ETH, Techn.-chem. Labor.; dt.) — 7. vgl. C. **1963**, 18812. — Durch Kondens. von Dichlorpyromellitsäuredianhydrid (**I**) mit o- (**II**), bzw. p-Chlor- (**III**) oder p-Fluoranilin (**IV**) wurden *3.6-Bis-[o-* bzw. *3.6-Bis-[p-chloranilino]-* u. *3.6-Bis-[p-fluoranilino]-pyromellitsäure-bis-[o-* bzw. *-[p-chlor-* u. *-[p-fluorphenylimid]* (**V**) dargestellt. Neben **V** wurde eine rote Zwischenstufe, wahrscheinlich 3-p-Fluoranilino-6-chlorpyromellitsäure-bis-[p-fluorphenylimid] erhalten. Die Rk. von 3.6-Dichlorpyromellitsäuredimethylimid (**VI**) mit $C_2H_5NH_2$ führt zu *Bis-[äthylamino]-pyromellitsäure-bis-[äthylimid]*, das auch aus **I** u. $C_2H_5NH_2$ erhalten wurde.

Versuche: *3.6-Bis-[p-chloranilino]-pyromellitsäure-bis-[p-chlorphenylimid]*, $C_{34}H_{18}Cl_4N_4O_4$, F. >340°, durch 5std. Kochen von **I** mit **III**, Zugabe von Methanol, Kühlen, Abfiltrieren, Waschen mit Methanol u. Trocknen; durch Sublimation bei 315—365°; blau, mikrokrist.; 88,5% (Ausbeute; roh). — *3.6-Bis-[o-chloranilino]-pyromellitsäure-bis-[o-chlorphenylimid]*, F. 330—331° (Sintern ab ca. 322°), durch 5std. Kochen von 1,69 g **I** mit **II**, Wasserdampf-Dest., Abfiltrieren u. Chromatographie an Al_2O_3; 6,55%; daneben 1,617 g eines braunroten Pulvers. — *3.6-Bis-[p-fluoranilino]-pyromellitsäure-bis-[p-fluorphenylimid]* (**V**), $C_{34}H_{18}F_4N_4O_4$, F. 302 bis 303°, a) durch 7std. Kochen von **I** mit **IV**, Kühlen, Versetzen mit warmem Methanol, Rühren, Abfiltrieren, Waschen mit Methanol, Trocknen u. Chromatographie an Al_2O_3; daneben *6-Chlor-3-p-fluoranilino-bis-[p-fluorphenylimid]* (?), $C_{28}H_{13}ClF_3N_3O_4$, F. 306° (Sublimieren bei 272—274°), rot; 16,5%; b) durch 5std. Kochen des Nebenprod. mit **IV** u. Aufarbeiten; 90,8%. — *3.6-Bis-[äthylamino]-pyromellitsäure-bis-äthylimid*, $C_{18}H_{22}N_4O_4$, F. 218—219° (Bzl./CH_2Cl_2 u. Sublimation bei 188—192°), a) durch 8½std. Rk. von **I** mit $C_2H_5 \cdot NH_2$ im Rohr bei ca. 180°, Aufnehmen mit Methanol, Abfiltrieren u. Trocknen bei 120°; 86,1%; b) analog aus **VI** u. $C_2H_5NH_2$ in $7^3/_4$ Std. (Reinigung durch Chromatographie); Abb. des IR-Spektrums; 71,6%. M. Wolff. 1240◇

0820 **Untersuchung von Chemotherapeutica gegen Tuberkulose.** 33. Mitt. **Versuche mit Hydroxamsäuren.** 6. Mitt. **Über die Nitrierung von Salicylhydroxamsäure.** Tadeusz Urbański, Jerzy Falęcki und Jadwiga Nowak. (Roczniki Chem. [Ann. Soc. chim. Polonorum] **31**, 517—23, 1957; Warschau, Tuberkulosen-Inst. u. Technol. Inst.; pol.) — Die Nitrierung der Salicylhydroxamsäure wurde mit HNO_3 (D. 1,5—1,4) in einer H_2SO_4-, Acetanhydrid- oder Äther-Lsg. vorgenommen sowie auch ohne Lsgm. mit rauchender HNO_3. Es entstand *Pikrinsäure* (**I**), die bei Rk.-Temp. über 65° zum Hauptprod. wurde. Die Nitrierung in Ae. bei —15° gibt *Salicylsäure* (**II**), d. h., **II** ist ein Zwischenprod. der Nitrierungsreaktion. **II** reagiert mit HNO_3 zu **I** u. *Nitrosalicylsäuren* verschiedener Zusammensetzung.
A. Brenner. 1250□

0821 **Fortschritte der Chemie auf dem Gebiet der Synthese und Umwandlungen in der Reihe der Diarylharnstoffe.** D. F. Kutepow. (Fortschr. Chem. [UdSSR] **31**, 1348—93, 1962; russ.) — Überblick. — 213 Literaturangaben. G. Froelich. 1280◇

0822 **Einige Ureidoderivate von p-Aminosalicylsäure.** H. Amâl und E. Onat. (Istanbul Üniv. Fen Fak. Mecmuasi [Rev. Fac. Sci. Univ. Istanbul], Ser. C **27**, Nr. 1, 35—40, 1962; Istanbul, Univ., School of Pharmacy, Inst. of Pharmaceut. Chem.; engl.) — *O-Benzoyl-Verbb.* sowie *Methyl-* u. *Äthylester* der *4-Ureido-* (**I**), *4-Phenylureido-* (**II**) u. *4-Phenylthioureidosalicylsäure* (**III**) werden dargestellt. Die Verseifbarkeit der Verbb. wird untersucht.

Versuche: 2-Benzoyloxybenzoesäuren: *4-Ureido-* (**IV**), $C_{15}H_{12}N_2O_5$, F. 190° (wss. Essigsäure, dann wss. Methanol), durch langsame Zugabe von Benzoylchlorid zur Suspension von **I** in Pyridin/Ae. unter Schütteln bis 0°, 10 Min. langes Schütteln, Abtrennen der öligen Phase u. Fällen mit H_2SO_4; 25,8% (Ausbeute); bildet beim Verseifen mit 10%ig. NaOH u. Ansäuern mit 5%ig. H_2SO_4 *Benzoesäure* (**V**). — *4-Phenylureido-*, $C_{21}H_{16}N_2O_5$, F. 214°, analog **IV** aus **II**; 38,4%; wird zu **V** verseift. — *4-Phenylthioureido-*, $C_{21}H_{16}N_2 \cdot O_4S$, F. 160° (wss. Essigsäure), analog **IV** durch Rk. von **III** u. Umfällen aus Chlf./PAe.; 20%; wird zu **V** verseift. — Salicylsäuremethylester: *4-Ureido-*, $C_9H_{10}N_2O_4$, F. 199—200° (wss. Methanol), durch ½std. Rühren von p-Aminosalicylsäuremethylester (**VI**) in Eisessig mit KOCN in W. bis 0°; 34,2%. — *4-Phenylureido-* (**VII**), $C_{15}H_{14}N_2O_4$, F. 220—221° (A., dann wss. Methanol), durch 25 Min. langes Erhitzen von getrocknetem **VI** mit Phenylisocyanat auf 120° u. Waschen mit Bzl.; 41,4%; wird durch heiße H_3PO_4 zu *p-Aminosalicylsäure* (**VIII**) u. *Anilin* (**IX**) verseift. — Salicylsäureäthylester: *4-Ureido-*, $C_{10}H_{12}N_2O_4$, F. 192° (30%ig. A.), durch Rühren von p-Aminosalicylsäureäthylester (**X**) in Eisessig mit KOCN in W.; 26,7%. — *4-Phenylureido-*, $C_{16}H_{16}N_2O_4$, F. 200° (verd. Methanol), analog **VII** aus **X**; 45,8%; wird von H_3PO_4 in 1 Std. zu **VIII** u. **IX** verseift. — *4-Phenylthioureido-*, $C_{16}H_{16}N_2O_3S$, F. 127° (verd. A.), durch 10 Min. langes Kochen von **X** u. Phenylsenföl in A., Anreiben der öligen Schicht u. Fällen; 37,6%; wird von sd. 10%ig. NaOH in 1 Std. zu **VIII**, **IX** u. S^{2-} verseift. G. Fischer. 1280◇

0823 **Über Aminoacylnorephedrine.** Günther Drefahl, Helmut Arold und Günther Burckhardt. (J. prakt. Chem. [4] **21**, 27—31, 1963; Jena, Friedrich-Schiller-Univ., Inst. für Organ. Chem. u. Biochem.; dt.) — Die Synth. von *Aminoacylnorephedrinen*, die weder nach der Meth. der gemischten Anhydride noch nach der Carbodiimid-Meth. zu befriedigenden Ergebnissen führt, verläuft glatt durch Rk. von N-Phthaloylaminosäurechloriden mit Norephedrin (**I**) im Überschuß (zur Vermeidung der O-Acylierung) in Chlf. bei —5 bis 0° in Ggw. von Triäthylamin. Die *N-[N-Phthaloylaminoacyl]-norephedrine* kristallisieren aus Aceton/W. oder A./W. u. verlieren die Phthaloylgruppe durch Hydrazinolyse. Die Verbb. der Phenylalaninreihe krist. je nach Trocknungs-Temp. mit 1, 0,75, 0,5 oder 0 Mol Kristallwasser.

Versuche: *Norephedrin* (**I**), durch Hydrierung von Isonitrosopropiophenon nach Rebstock u. Mitarbeitern (C. **1952**, **4937**) u. Spaltung in die opt. Antipoden über die Bitartrate. — N-Phthaloylaminosäurechloride, durch Lösen der nach Sheehan u. Mitarbeitern (C. **1956**, **10444** u. früher) dargestellten N-Phthaloylaminosäuren in Bzl., 1std. Erwärmen auf 40—45° mit PCl_5, Eindampfen u. Weiterverarbeitung ohne Kristallisation: *-glycin-*. — *-L-alanin-*. — *-DL-alanin-*. — *-D-phenylalanin-* (**II**). — *-DL-phenylalanin-*. — *-L-norvalin-*. — N-[N-Phthaloylaminoacyl]-D-norephedrine: *-D-phenylalanyl-*, $C_{26}H_{24}N_2O_4$ (nach Schmelzen im Vakuum bei 100°), F. 89—91°, durch Zutropfen einer Chlf.-Lsg. von 1,6 mMol **II** zu 2 mMol D-**I** u. 4 mMol Triäthylamin in abs. Chlf. bei —5°, 1std. Stehenlassen bei Raum-Temp., Waschen mit 2n HCl, W., $NaHCO_3$-Lsg. u. W., Eindampfen im Vakuum bei 30°, Lösen in wenig heißem Aceton u. Zusatz von W. bis zum Trübungsbeginn; $[\alpha]_D^{21}$ +99,0° (c = 2,5; alle Drehwerte in Aceton); 74,5% (Ausbeute). — *-glycyl-*, $C_{19}H_{18}N_2O_4$, F. 178—179°, $[\alpha]_D^{21}$ +8,23° (c = 3,4); 73,2%. — *-DL-alanyl-* (**III**), $C_{20}H_{20}N_2O_4$, F. 161—162°; 85%. — *-L-norvalyl-*, $C_{22}H_{24}N_2O_4$, F. 134—135°, $[\alpha]_D^{21}$ +12,2° (c = 3,2); 80,5%. — *-DL-phenylalanyl-*, $C_{26}H_{24}N_2O_4 \cdot 1/2\,H_2O$ (nach Trocknen im Vakuum bei 60°); 77,4%. — N-[N-Phthaloylaminoacyl]-L-norephedrine: *-glycyl-*, $C_{19}H_{18}N_2O_4$, F. 178 bis 179°, $[\alpha]_D^{21}$ —8,3° (c = 3,8); 80,6%. — *-L-alanyl-*, $C_{20}H_{20}N_2O_4$, F. 135—136°, $[\alpha]_D^{21}$ +2,8° (c = 2,0); 74,6%. — *-DL-alanyl-*, $C_{20}H_{20}N_2O_4$, F. 161—162°; 83,8%. — *-D-phenylalanyl-*, $C_{26}H_{24}N_2O_4 \cdot 1/2\,H_2O$ (nach Trocknen im Vakuum bei 60°), F. 91—92°, $[\alpha]_D^{21}$ +81,0° (c = 2,4); 87,5%. — *-DL-phenylalanyl-* (**IV**), $C_{26}H_{24}N_2O_4 \cdot 1/2\,H_2O$ (nach Trocknen im Vakuum bei 60°); 89,4%. — *N-[N-Phthaloylglycyl]-DL-norephedrin*, $C_{19}H_{18}N_2O_4$, F. 105—106°; 77%. — *N-[DL-Phenylalanyl]-L-norephedrinacetat*, $C_{20}H_{26}N_2O_4$, F. 102—103°, durch Kochen von rohem **IV** u. Hydrazinhydrat in A. während 10 Min., nach 16std. Stehen Abnutschen von Phthalsäurehydrazid, Eindampfen im Vakuum, Aufnehmen in W., Extrahieren mit Essigester, Eindampfen, Aufnehmen in W., Ansäuern auf pH 5—6, 2std. Stehen im Eisschrank, Filtrieren, Eindampfen, Lösen in A., Einstellen auf pH 8 mit NH_4OH, Eindampfen u. Aufnehmen in Ae.; Nadeln; 64,5%; *N.O-Dibenzoyl-Deriv.*, $C_{32}H_{30}N_2O_4$, F. 186—187° (A./W.); 58,8%. — *N-[DL-Alanyl]-D-norephedrinacetat*, $C_{14}H_{22}N_2O_4$, F. 125—127°, aus **III** u. Hydrazinhydrat in sd. A. in 10 Min. u. Aufarbeitung wie bei vorst. Acetat; büschelförmige Kristalle; 44%; *N-Benzoyl-Deriv.*, $C_{19}H_{22}N_2O_3$, F. 166—168° (A./W.). A. Jungblut. 1320◇

0824 **Eine Methode zur Darstellung von Hexaphenoxydisiloxan aus Orthokieselsäurephenylesterchloriden durch Hydrolyse mit Na_2SO_4-haltigem Wasser.** Włodzimierz Rodziewicz und Jerzy Prejzner. (Roczniki Chem. [Ann. Soc. chim. Polonorum] **31**, 525—30, 1957; Gdansk, Technol. Inst., Abt. für anorg. Chem.; pol.) — Die unmittelbare Einw. von W. auf die Orthokieselsäurechloridphenylester führt zu deren raschem Zerfall unter Bldg. von Kieselsäure, *Phenol* u. *HCl*. Als mild wirkendes Hydrolysiermittel wurde $Na_2SO_4 \cdot 10H_2O$ angewendet. Die Hydrolyse wurde mit Triphenoxychlorsilan (Kp.$_{14}$ 228—229°) u. mit frisch umkrist. $Na_2SO_4 \cdot 10H_2O$ bei Zimmer-Temp. durchgeführt u. durch Erhitzen auf 250° beendet, wobei *Tetraphenoxysilan* u. *Hexaphenoxysiloxan* (Kp.$_3$ 308—310°) sowie einige höher sd. Prodd. erhalten werden. Der Rk.-Mechanismus wird beschrieben. A. Brenner. 1380□

0825 **Synthese antimonorganischer Verbindungen über Doppelsalze von Antimonpentachlorid mit Diaryljodoniumsalzen.** O. A. Ptitzyna, A. N. Koslowa und O. A. Reutow. (Nachr. Akad. Wiss. UdSSR, Abt. chem. Wiss. **1962**, 634—38, April; Moskau, Lomonossow-Univ.; russ.) — Diaryljodoniumchloride bilden mit $SbCl_5$ beim Zusammengeben der Lsgg. krist. *1:1-Doppelsalze* (**I**), aus denen man beim Behandeln mit Sb-Pulver in Aceton mit befriedigender Ausbeute *Diarylstibinsäuren* (**II**) erhält. Fe-Pulver ist als Katalysator der Zers. der **I** weniger günstig.

Versuche: Diaryljodoniumchlorid-$SbCl_5$-Doppelsalze (**I**), durch Zusammengeben der konz. Lsgg. in konz. HCl (FF. nach Umfällen aus Aceton mit abs. Ae; Ausbeuten 100%): *Diphenyl-*, $C_{12}H_{10}Cl_6JSb$, F. 167—168°. — *Di-[p-tolyl]-*, $C_{14}H_{14}Cl_6JSb$, F. 145—146°. — *Di-[p-chlorphenyl]-*, $C_{12}H_8Cl_8JSb$, F. 186—187°. — *Di-[p-bromphenyl]-*, $C_{12}H_8Br_2Cl_6JSb$, F. 225—226°. — *Di-[p-methoxyphenyl]-*, $C_{14}H_{14}Cl_6JO_2Sb$, F. 137—138°. — Diarylstibinsäuren (**II**), durch 25std. Rühren der **I** mit frisch gefälltem Sb-Pulver in Aceton, Filtrieren, Eindampfen, Lösen in Bzl., Eindampfen, Lösen in A. u. Zusetzen von 5%ig. NH_4OH: *Diphenyl-*, 56%. — *Di-[p-chlorphenyl]-*, 65%. — *Di-[p-bromphenyl]-*, 46%. — *Di-[p-tolyl]-*, 42%. — Diarylantimontrichloride, (zur Identifizierung), aus den **II** durch Kochen mit 5n HCl: *Diphenyl-*, $C_{12}H_{10}Cl_3Sb$, F. 168—169°. — *Di-[p-chlorphenyl]-*, F. 149—150°. — *Di-[p-bromphenyl]-*, $C_{12}H_8Br_2Cl_3Sb$, F. 159 bis 160°. — *Di-[p-tolyl]-*, $C_{11}H_{14}Cl_3Sb$, F. 147°. H.-E. Toussaint. 1380◇

0826 **Synthese wismutorganischer Verbindungen über Diaryljodoniumsalze.** O. A. Ptitzyna, O. A. Reutow und Ju. Ss. Owodow. (Nachr. Akad. Wiss. UdSSR, Abt. chem. Wiss. **1962**, 638—44, April; Moskau, Lomonossow-Univ.; russ.) — Die Zers. von Diaryljodoniumchloriden (**I**) durch Bi-Pulver zu *Wismuttriarylen* (**II**) erfolgt nur in Ggw. von $BiCl_3$; das optimale Molverhältnis **I**:$BiCl_3$ beträgt 2:1. Aceton u. A. sind für die Rk. die günstigsten Lsgm.; bei Raum-Temp. werden erheblich höhere **II**-Ausbeuten erhalten als in der Siedehitze. Diaryljodoniumbromide geben prakt. gleiche, Diaryljodoniumjodide deutlich geringere Ausbeuten an **II**. Als Nebenprodd. fallen stets die Aryljodide an. Unter den untersuchten **I** macht Bis-[m-carbäthoxyphenyl]-jodoniumchlorid (**III**) eine Ausnahme, da man aus ihm kein **II**, sondern *Bis-[m-carbäthoxyphenyl]-BiCl* erhält. Die Bldg. der **II** erfolgt vermutlich über Arylwismutdichloride u. Diarylwismutchloride, die erst beim Aufarbeiten der Rk.-Lsg. mit NH_4OH zu den **II** symmetrisiert werden.

Versuche: Wismuttriaryle (**II**), durch 2std. Rühren der **I** mit Bi-Pulver u. $BiCl_3$ in Aceton, Eingießen in 25%ig. NH_4OH, Stehen über Nacht u. Ausäthern: *-triphenyl*, F. 77° (Chlf.-A.); 65% (Ausbeute); daneben 65% *Jodbenzol*. — *-tri-p-tolyl*, $C_{21}H_{21}Bi$, F. 118,5° (Chlf.); 42%; daneben *p-Jodtoluol*, F. 35°, 68%. — *-tri-p-methoxyphenyl*, $C_{21}H_{21}BiO_3$, F. 185° (A.); 18,5%; daneben *Anisol*, Kp.$_{40}$ 70°, n_D^{20} 1,5180, u. *p-Jodanisol*, F. 51°; 82%. — *-tri-p-chlorphenyl*, $C_{18}H_{12}BiCl_3$, F. 115° (A.); 46%; daneben *p-Chlorjodbenzol*, C_6H_4ClJ, F. 56° (A.), 73%. — *-tri-p-bromphenyl*, $C_{18}H_{12}BiBr_3$, F. 148—149° (A.); 65%; daneben *p-Bromjodbenzol*, F. 91,5—92°, 65%. — *-tri-p-nitrophenyl*, $C_{18}H_{12}BiN_3O_6$, F. 156° (A.); 32%; daneben *p-Nitrojodbenzol*, F. 36° (A.), 43%. — *Bis-[m-carbäthoxyphenyl]-wismutchlorid*, $C_{18}H_{18}BiClO_4$, Zers. bei 130—135°, analog den **II** aus **III**; 36%; daneben *m-Jodbenzoesäureäthylester*, Kp.$_{15}$ 153°, 36%. H.-E. Toussaint. 1380◇

0827 **Struktur und Reaktionsfähigkeit von Cyclopropan und seinen Derivaten.** M. Ju. Lukina. (Fortschr. Chem. [UdSSR] **31**, 901—39, Aug. 1962; Zelinsky-Inst. für org. Chem. der Akad. der Wiss. der UdSSR; russ.) — Überblick über Struktur u. Rk.-Fähigkeit von *Cyclopropan* u. *-derivaten*. — 166 Literaturangaben. G. Froelich. 1810◇

0828 **Acetylderivate von Pentaäthanodiferrocen.** A. N. Nessmejanow, N. Ss. Kotschetkowa und R. B. Materikowa. (Ber. Akad. Wiss. UdSSR **136**, 1096—98, 1961; Akad. der Wiss. der UdSSR, Inst. für metallorgan. Verbb.;

russ.) — Bei der Rk. von Ferrocen (**I**) mit Dichloräthan (**II**) in Ggw. von $AlCl_3$ werden *1.1-* (**III**), *1.2-Diferrocenyläthan* (**IV**) u. *Pentaäthanodiferrocen* (**V**) erhalten. Die Acetylierung von **V** liefert dessen *Acetyl-* u. *Diacetylderivat*. **V** enthält 2 nichtsubstituierte Ringe u. keine Methylgruppen, wie durch Analyse der IR-Spektren des Acetyl- u. Diacetyl-Deriv. von **V** sowie der paramagnet. Elektronenresonanzspektren von **I**, *Äthyl-*, *Tributyl-*, *Diisopropylferrocen*, **V**, **IV** u. **III** bewiesen wird.

Versuche: *1.1-Diferrocenyläthan* (**III**), F. 147—149°, durch Rk. von 40 g **I** mit 200 ml **II** in Ggw. von $AlCl_3$, Extraktion mit Methanol, Umfällen aus Ae.-Methanol u. Bzl.-Methanol u. Chromatographieren der Mutterlaugen an Al_2O_3 mit Bzl.-Heptan (1:1); 1,05 g. Daneben *1.2-Diferrocenyläthan* (**IV**; F. 192—192,5°; 0,1 g), *Polymere* (Molgew. 2300; 1—2 g) u. **V** (1—2 g). — *Pentaäthanodiferrocen* (**V**), *Acetyl-Deriv.*, $C_{32}H_{32}Fe_2O$, F. 105—110° (Zers.; abs. A.), durch $^1/_4$std. Erhitzen von 2,5 g **V** mit 5 g Acetanhydrid u. 0,5 ml 85%ig. H_3PO_4 auf 100—105°; gelb; 2,6 g. *Diacetyl-Deriv.*, $C_{34}H_{34}Fe_2O_2$, Zers. >80° (n-Heptan), durch 5std. Rühren von 2 g **V** mit 0,65 ml Acetylchlorid u. 1,04 g $AlCl_3$ in 40 ml Methylenchlorid bei 20°, 12std. Stehen u. Chromatographieren an Silicagel aus Bzl.; orangefarben; 0,3 g.

Helmut Schäfer. 1810△

0829 **Reaktionen von Enaminen mit elektrophilen Schwefelverbindungen.** Martin E. Kuehne. (J. org. Chemistry **28**, 2124—28, 1963; Burlington, Vt., Univ., Dep. of Chem.; engl.) — Die Rk. von 1-Pyrrolidinocyclohexen (**I**) mit Arylsulfonylchloriden mit nachfolgender Hydrolyse führte zu *2-Arylsulfonylcyclohexanonen*. Mit o- (**II**) oder m-Nitrobenzolsulfenylchlorid (**III**) wurden *2-Mono-* u. *2.6-Bis-[o-* oder *m-nitrophenylsulfenyl]-cyclohexanone* erhalten; als Zwischenprodd. wurden *Bis-[nitrophenylsulfenyl]-enamine* isoliert. Aus **I** u. Bis-[m- bzw. p-nitrophenyl]-disulfid sowie aus 6-Methyl-1-pyrrolidinocyclohexen (**IV**) u. **II** wurden nur Monosubstitutions-Prodd. erhalten. **I** u. Propandithiol-(1.3)-bis-[p-toluolsulfonat] (**V**) lieferten *1.5-Dithiaspiro-[5.5]-undecanon-(1)*.

Versuche: *2-[4-Acetamidobenzolsulfonyl]-cyclohexanon*, $C_{14}H_{17}NO_4S$, F. 184—185° (Essigester), aus **I** u. 38,6 g p-Acetamidobenzolsulfonylchlorid in CH_2Cl_2 in Ggw. von 1 Mol $(C_2H_5)_3N$ unter N_2 (18 Std. bei Raum-Temp.); 36,7% (Ausbeute). Daneben 0,20 g *2-[p-Acetamidobenzolsulfenyl]-cyclohexanon*, $C_{14}H_{17}NO_2S$, F. 122—124° (Bzl. u. Cyclohexan). — *2-[p-Toluolsulfonyl]-cyclohexanon*, F. 76—78° (PAe.), aus **I** u. p-Toluolsulfochlorid wie vorst.; 54% (roh). *2.4-Dinitrophenylhydrazon*, $C_{19}H_{20}N_4O_6S$, F. 204—205° (CH_2Cl_2/A.). In einem Vers. daneben etwas *p-Toluolsulfonsäurepyrrolidid*, F. 120—121°. — Rk. von 22,2 g p-Nitrobenzolsulfonylchlorid [$C_6H_4ClNO_4S$, F. 77—79° (Cyclohexan)] mit **I** in Chlf. in Ggw. von $(C_2H_5)_3N$ unter N_2 (18 Std. bei Raum-Temp.), Entfernen des Lsgm., Aufnehmen des Rückstandes in Bzl., Abfiltrieren von 12 g *$(C_2H_5)_3N \cdot HCl$*, Einengen u. Zugabe von CH_3OH gab 1,2 g *2.6-Bis-[4-nitrobenzolsulfenyl]-1-pyrrolidinocyclohexen* (**VI**), $C_{22}H_{23}N_3O_4S_2$, F. 178—179° (CH_3OH). Aus dem Filtrat nach Zugabe von HCl 0,2 g *2-[4-Nitrobenzolsulfenyl]-cyclohexanon* [**IX**; $C_{12}H_{13}NO_3S$, F. 97—98° (Cyclohexan)], 3,7 g *2-[4-Nitrobenzolsulfonyl]-cyclohexanon* [$C_{12}H_{13}NO_5S$, F. 120—121° (CH_3OH)] u. 2,5 g Gemische. — *2.6-Bis-[4-nitrobenzolsulfenyl]-cyclohexanon*, $C_{18}H_{16}N_2O_5S_2$, F. 180—181° (Dimethylformamid oder Dioxan)] u. 2—12% *trans-2.6-Bis-[2-nitrobenzolsulfenyl]-cyclohexanon* [**VIII**; gelb, F. 153—154° (CH_2Cl_2 u. A.)] sowie 0—12% *2.6-Bis-[2-nitrobenzolsulfenyl]-1-pyrrolidinocyclohexen* [$C_{22}H_{23}N_3O_4S_2$, rot, F. 173—174° (Bzl.)]. — Behandeln vorst. Verb. mit verd. wss.-methanol. HCl gab 83% eines Gemisches aus **VII** u. **VIII**. — Rk. von **I** mit **III** in CH_2Cl_2 in Ggw. von $(C_2H_5)_3N$ (24 Std. bei Raum-Temp.) gab 26% (roh) *2-[3-Nitrobenzolsulfenyl]-cyclohexanon* [**X**; $C_{12}H_{13}NO_3S$, F. 56 bis 57° (Cyclohexan); *2.4-Dinitrophenylhydrazon*, $C_{18}H_{17}N_5 \cdot O_6S$, F. 178—180° (A.)] u. 33% eines Gemisches aus *cis-* ($C_{18}H_{16}N_2O_5S_2$, F. 145—146°) u. *trans-2.6-Bis-[3-nitrobenzolsulfenyl]-cyclohexanon* [F. 143—144°; Trennung durch fraktionierte Kristallisation aus CCl_4, dann Essigester] im Verhältnis 1:2. — *6-Methyl-2-[2-nitrobenzolsulfenyl]-1-pyrrolidinocyclohexen*, $C_{17}H_{22}N_2O_2S$, F. 90—91° (PAe.), aus 8,2 g **IV** u. **II** in CH_2Cl_2 in Ggw. von $(C_2H_5)_3N$; 6,1 g. Daneben 0,2 g *Methylen-bis-[o-nitrophenylsulfid]*, $C_{13}H_{10}N_2O_4S_2$, F. 175 bis 177°. — Rk. von **I** mit 7,7 g Bis-[p-nitrophenyl]-disulfid in CH_2Cl_2 in Ggw. von $(C_2H_5)_3N$ (20 Std. bei Raum-Temp.) gab 1,4 g *Methylen-bis-[p-nitrophenylsulfid]* [$C_{13}H_{10}N_2O_4S_2$, F. 181—182° (Bzl.)] u. 2,1 g **IX**. — Analoge Rk. von **I** mit 7,7 g Bis-[m-nitrophenyl]-disulfid gab 4,3 g *Methylen-bis-[m-nitrophenylsulfid]* u. 5,0 g **X**. — *1.5-Dithiaspiro-[5.5]-undecanon-(7)*, $C_9H_{14}OS_2$, F. 53—54° (PAe.), aus **I** u. **V** in Dioxan in Ggw. von ca. 3,3 Mol $(C_2H_5)_3N$ (3std. Rühren, dann 20std. Kochen unter N_2); 28%. *2.4-Dinitrophenylhydrazon*, $C_{15}H_{18}N_4O_4S_2$, F. 154—155° (A.). *Semicarbazon*, $C_{10}H_{17}N_3OS_2$, F. 235—236° (A.).

J. Rothe. 1890◇

0830 **Substituierte Pseudojononhomologe und verwandte Verbindungen aus substituierten Diketonen.** August Sturzenegger, Joseph Zelauskas und Alfred Ofner. (J. org. Chemistry **28**, 920—22, 1963; Nutley, N.J., Hoffmann-La Roche, Inc., Techn. Dev. Dep.; engl.) — Rk. eines dimeren Ketens (**A**) mit 3.7-Dimethyloctin-(1)-en-(6)-ol-(3) (**I**) bzw. **I**-Derivv. gibt den entsprechenden *2.4-Dialkylacetessigsäureester*, der durch Pyrolyse in das entsprechende *Pseudoiron* (**B**) übergeführt wird. Einw. von H_3PO_4 auf das **B** gibt ein *α-Iron* (**C**). Auf ähnliche Weise werden durch Rk. von **A** mit 2-Methyl- (**II**) oder 2.3-Dimethylbuten-(3)-ol-(2), Pyrolyse des Prod., Äthinylierung des entstandenen *ungesätt. Ketons* (**D**), Überführen des gebildeten *Äthinylcarbinols* (**E**) in den entsprechenden Acetessigsäureester u. Pyrolyse das entsprechende Pseudojonon (**F**) bzw. **B** erhalten, die durch Einw. von H_3PO_4 ein *α-Jonon* bzw. **C** geben. Ferner wurden von **E** die *Acetate* dargestellt u. durch Hydrierung von **E** bzw. ihrer Acetate die entsprechenden *Vinyl-Verbb.* erhalten.

Versuche: Ketene, dimere (**A**), nach Sauer (J. Amer. chem. Soc. **69**, [1947], 2444) u. Wedekind u. Miller [1909]: *Methyl-*, $Kp._{15}$ 50°; n_D^{25} 1,4339; 42% (Ausbeute). — *Äthyl-*, $Kp._{0,1}$ 40°; n_D^{25} 1,4380; 58%. — *n-Hexyl-*, $Kp._{0,008}$ 85°; n_D^{25} 1,4520; 56%. — Acetessigsäure-[2-methylbuten-(3)-yl-(2)]-ester, durch 12std. Rk. von **A** mit **II** in Pyridin/Eisessig bei 30—40°, Zusetzen von Ae., Waschen mit verd. H_2SO_4, Na_2CO_3-Lsg. u. W. u. Dest. im Vakuum: *2.4-Dimethyl-*, $Kp._{0,4}$ 60°; n_D^{25} 1,4345; 82%. — *2.4-Diäthyl-*, $Kp._{0,007}$ 45°; n_D^{25} 1,4378; 77%. — *2.4-Di-n-hexyl-*, n_D^{25} 1,4500; 88% (roh; beim Vers. der Dest. bei 0,007 Torr erfolgte Zers.). — Analog: *2.4-Dimethylacetessigsäure-[2.3-dimethylbuten-(3)-yl-(2)]-ester*, $Kp._{0,007}$ 43°; n_D^{25} 1,4437; 60%. — Analog folgende Acetessigsäure-[1-äthinyl-1.5-dimethylhexen-(4)-yl-(1)]-ester, mit **I** statt **II**: *2.4-Dimethyl-*, $Kp._{0,007}$ 69°; n_D^{25} 1,4615; 60%. — *2.4-Diäthyl-*, $Kp._{0,006}$ 88°; n_D^{25} 1,4612; 61%. — Analog: *2.4-Dimethylacetessigsäure-[1-äthinyl-1.4.5-trimethylhexen-(4)-yl-(1)]-ester*, $Kp._{0,007}$ 84°; n_D^{25} 1,4664; 61%. — *2.4-Diäthylacetessigsäure-[1-äthinyl-1.4.5-trimethylhexen-(4)-yl-(1)]-ester*, 56% (roh; beim Vers. der Dest. bei 0,007 Torr erfolgte Zers.). — Analog weitere Acetessigsäureester: *-[1-äthinyl-1-äthyl-2.5-dimethylhexen-(4)-yl-(1)]-ester*, n_D^{25} 1,4720; 97% (roh; beim Vers. der Dest. bei 0,007 Torr erfolgte Zers.). — *-[1-äthinyl-1-propyl-2-äthyl-5-methylhexen-(4)-yl-(1)]-ester*, n_D^{25} 1,4723; 98% (roh; beim Vers. der Dest. bei 0,007 Torr erfolgte Zers.). — *-[1-äthinyl-1-äthyl-2.4.5-trimethylhexen-(4)-yl-(1)]-ester*, n_D^{25} 1,4754; 97% (roh; beim Vers. der Dest. bei 0,007 Torr erfolgte Zers.). — Ungesätt. Ketone (**D**), durch ca. 3std. Erhitzen des entsprechenden Acetessigsäureesters mit Al-Isopropylat auf 150—160°, Zusetzen von PAe., Waschen mit 15%ig. H_2SO_4, W. u. 5%ig. Na_2CO_3-Lsg. u. Dest.: *4.7-Dimethylocten-(6)-on-(3)*, $Kp._2$ 46°; n_D^{25} 1,4401; 77%. — *5-Äthyl-8-methylnonen-(7)-on-(4)*, $Kp._{1,2}$ 66°; n_D^{25} 1,4421; 62%. — *9-n-Hexyl-12-methyltridecen-(11)-on-(8)*, $Kp._{0,1}$ 121°; n_D^{25} 1,4508; 56%. — *4.6.7-Trimethylocten-(6)-on-(3)*, $Kp._{0,8}$ 51°; n_D^{25} 1,4484; 44%. — Octin-(1)-en-(6)-ole-(3) (**E**), nach Ružička u. Fornasir [1919] durch Einleiten von C_2H_2 in eine Lsg. von Na in fl. NH_3 u. Zusetzen von **D**, Stehen über Nacht, Einengen u. Zers. mit NH_4Cl (Acetate: nach Ofner u. Mitarbeitern (C. R. Congr. intern. chim. ind. 31e Liège **2**, [1958], 644) durch Zutropfen von Acetanhydrid zum **E** in 85%ig. H_3PO_4 bei 25—30° u. 1tägiges Stehen): *3-Äthyl-4.7-dimethyl-*, $Kp._{0,3}$ 65°; n_D^{25} 1,4680; 71%. *Acetat*, $Kp._{0,08}$ 65°; n_D^{25} 1,4592; 90%. — *3-Propyl-4-äthyl-7-methyl-*, $Kp._{0,5}$ 77°; n_D^{25} 1,4672; 81%. *Acetat*, $Kp._{0,5}$ 92°; n_D^{25} 1,4611; 82%. — *3-Äthyl-4.6.7-trimethyl-*, $Kp._{0,1}$ 62°; n_D^{25} 1,4730; 75%. — Octadien-(1.6)-

ole-(3), durch Hydrieren des entsprechenden **E** in Hexan u. Ggw. von Lindlar-Katalysator (Acetate, durch Hydrieren der E-Acetate): *3-Äthyl-4.7-dimethyl-*, Kp.$_{0,5}$ 63°; n_D^2 1,4664; 91%. *Acetat*, Kp.$_{0,09}$ 65°; n_D^{25} 1,4568; 90%. — *3-Propyl-4-äthyl-7-methyl-*, Kp.$_{0,4}$ 75°; n_D^{25} 1,4664; 90%. *Acetat*, Kp.$_{0,3}$ 81°; n_D^{25} 1,4584; 80%. — *3-Äthyl-4.6.7-trimethyl-*, Kp.$_{0,6}$ 60°; n_D^{25} 1,4725; 81%. — Pseudojonone (**F**) bzw. -irone (**B**): durch Pyrolyse der entsprechenden Acetessigester mit Dekalin, Al-Isopropylat u. Propionsäure bei 170 bis 180° analog **D**: *4.7.11-Trimethyldodecatrien-(4.6.10)-on-(3)*, Kp.$_{0,1}$ 100—104°; n_D^{25} 1,4931—1,4956; 55%. — *5-Äthyl-8.12-dimethyltridecatrien-(5.7.11)-on-(4)*, Kp.$_{0,8}$ 131—135°; n_D^{25} 1,4857—1,4876; 39%. — *4.7.10.11-Tetramethyldodecatrien-(4.6.10)-on-(3)*, Kp.$_{0,35}$ 109°; n_D^{25} 1,5120; 45%. — *5-Äthyl-8.11.12-trimethyltridecatrien-(5.7.11)-on-(4)*, Kp.$_{0,5}$ 135°; n_D^{25} 1,5081; 20%. — *6-Äthyl-7.10-dimethylundecatrien-(3.5.9)-on-(2)*, Kp.$_{0,9}$ 94—104°; n_D^{25} 1,5051—1,5194; 54%. — *6-Propyl-7-äthyl-10-methylundecatrien-(3.5.9)-on-(2)*, Kp.$_{0,1}$ 111°; n_D^{25} 1,4960—1,5160; 57%. — *6-Äthyl-7.9.10-trimethylundecatrien-(3.5.9)-on-(2)*, Kp.$_{0,08}$ 100—110°; n_D^{25} 1,5081—1,5212; 51%. — α-Jonone u. α-Irone (**C**), durch Cyclisieren von **B** bzw. **F** nach Royals (Ind. Engng. Chem. **38**, [1946], 546), in 85% ig. H_3PO_4: *1-[2.6.6-Trimethylcyclohexen-(2)-yl]-2-methylpenten-(1)-on-(3)*, Kp.$_{0,09}$ 90°; n_D^{25} 1,4960; 35%. — *1-[2.6.6-Trimethylcyclohexen-(2)-yl]-2-äthylhexen-(1)-on-(3)*, Kp.$_{0,2}$ 99°; n_D^{25} 1,4935; 33%. — *1-[2.5.6.6-Tetramethylcyclohexen-(2)-yl]-2-methylpenten-(1)-on-(3)*, Kp.$_1$ 111°; n_D^{25} 1,4970; 77%. — *1-[2.5.-6.6-Tetramethylcyclohexen-(2)-yl]-2-äthylhexen-(1)-on-(3)*, Kp.$_{0,9}$ 124°; n_D^{25} 1,500; 84% (roh). — Buten-(1)-one-(3): *1-[2-Äthyl-3.6.6-trimethylcyclohexen-(2)-yl]-*, Kp.$_{0,09}$ 83°; n_D^{25} 1,5019; 68%. — *1-[2-Propyl-3-äthyl-6.6-dimethylcyclohexen-(2)-yl]-*, Kp.$_{0,4}$ 109°; n_D^{25} 1,4971; 53%. — *1-[2-Äthyl-3.5.6.6-tetramethylcyclohexen-(2)-yl]-*, Kp.$_{0,2}$ 94°; n_D^{25} 1,5010; 67%.

H. Gleinig. 1960◇

0831 **Zibeton und Dihydrozibeton aus Aleuritinsäure.** S. C. Bhattacharyya und H. H. Mathur. (Chem. and Ind. **1960**, 1087; Poona, India, Nat. Chem. Labor.; engl.) — *16-Bromhexadecen-(9)-säureäthylester* (**I**, Kp.$_{0,08}$ 146°) wird aus 9.10.16-Tribromhexadecansäureäthylester durch Rk. mit Zn-Staub in A. in nahezu quant. Ausbeute synthetisiert. Aus **I** entsteht über das *Nitril Pentadecen-(7)-dicarbonsäure-(1.15)* [F. 94—95°. *Diäthylester* (**II**), Kp.$_{0,03}$ 143—145°]. **II** wird durch Rk. mit Na in heißem Xylol in ein *Acyloingemisch* (Kp.$_{0,15}$ 137—138°) übergeführt. Daraus erhält man über die *Acetoxy-Derivv.* (Kp.$_{0,1}$ 145—146°) durch Rk. mit Ca in fl. NH_3 u. Tetrahydrofuran u. chromatograph. Trennung *Cycloheptadecen* (*Zibeten*; $n_D^{28,5}$ 1,4710), *Isozibeten* (F. 42—43°; *Semicarbazon*, F. 186—186,5°), *Zibeton* (F. 31—32°; *Semicarbazon*, F. 190,5—191°) u. *Isozibetol* (?) (F. 49—51,5°). Hydrierung von **II** ergibt *Pentadecandicarbonsäure-(1.15)-diäthylester* (F. 48—49°), der durch Acyloin-Kondens. u. Red. mit Zn u. HCl in *Cycloheptadecanon* (*Dihydrozibeton*, F. 64°; *Semicarbazon*, F. 191—191,5°) übergeführt wird.

E. Schraven. 1960◇

0832 **Untersuchung der Wege zum Aufbau des Ringsystems der Tetracycline. Synthese von Estern substituierter 2-Ketocyclohexylessigsäuren.** Ju. A. Arbusow, A. A. Kirjuschkin, M. N. Kolossow, Ju. A. Owtschinnikow und M. M. Schemjakin. (Ber. Akad. Wiss. UdSSR **137**, 1106—09, 1961; Akad. der Wiss. der UdSSR, Inst. für Chem. der Naturstoffe; Moskau, Univ.; russ.) — Es wurden Ketoester vom Typ des Cyclohexanon-(2)-yl-(1)-essigsäureesters u. Zwischenstufen dargestellt, die für den Aufbau des bicycl. Syst. BA von Tetracyclinen durch Anlagerungs-Rkk. an die Ketogruppe geeignet sind. — *Cyclohexen-(2)-yl-(1)-essigsäure* (**I**), *Methylester*, Kp.$_{10}$ 80—81°. *Äthylester*, Kp.$_{10}$ 85—86°. — *2.3-α-Oxidocyclohexyl-(1)-essigsäure*, *S-Benzylisothiuroniumsalz*, F. 153—154° (A.). *Äthylester* (**II**), Kp.$_1$ 92—93°, durch Oxydation von **I**-Äthylester mit Perbenzoesäure in Chlf.; 85% (Ausbeute). — *2-Hydroxy-3-benzyloxycyclohexyl-(1)-essigsäuremethylester* (**III**), Kp.$_1$ 165—167°. — *α-[2-Hydroxy-3-methoxycyclohexyl-(1)]-α-acetylaminoessigsäuremethylester* (**IV**), F. 113—114° (Äthylacetat–Ae.), durch Methanolyse von α-[2.3-α-Oxidocyclohexyl-(1)]-α-acetylaminoessigsäuremethylester (**V**); 94%. — *α-[2-Hydroxy-3-benzyloxycyclohexyl-(1)]-α-acetylyminoessigsäuremethylester* (**VI**), F. 41—42° (Äthylacetat–Ae.), durch Rk. von **V** mit Benzylalkohol in Ggw. von BF_3 oder H_2SO_4. — *2-Hydroxy-3-benzyloxycyclohexyl-(1)-essigsäurelacton*, Kp.$_1$ 173—175°. — *α-[2-Hydroxy-3-methoxycyclohexyl-(1)]-α-acetylaminoessigsäurelacton*, F. 147—148° (Äthylacetat–Methanol). — *α-[2-Hydroxy-3-benzyloxycyclohexyl-(1)]-α-acetylaminoessigsäurelacton*, F. 68—69° (Äthylacetat–Ae.). — *trans-2.3-Dihydroxycyclohexyl-(1)-essigsäurelacton* (**VII**), F. 39—40° (Ae.). *3.5-Dinitrobenzoat*, F. 112—113° (A.). — *α-[trans-2.3-Dihydroxycyclohexyl-(1)]-α-acetylaminoessigsäurelacton*, F. 167—168° (Äthylacetat). *3.5-Dinitrobenzoat*, F. 230—231° (A.). — *2-Hydroxy-3-bromcyclohexyl-(1)-essigsäurelacton*, F. 58—59° (Ae.–Hexan), durch Bromierung von **I** in Na_2CO_3-Lösung. — *2.3-β-Oxidocyclohexyl-(1)-essigsäureäthylester*, Kp.$_1$ 87—88°, durch Hydrolyse vorst. Verb. mit 0,5 n alkohol. KOH; ca. 100%. — Durch Oxydation von **III**, **IV** u. **VI** in Pyridin mit CrO_3 in 60—80% ig. Ausbeute: *3-Benzyloxycyclohexanon-(2)-yl-(1)-essigsäuremethylester*, Kp.$_{0,5}$ 148—150°, aus **III**. *Semicarbazon*, F. 139—140° (Methanol). — *α-[3-Methoxycyclohexanon-(2)-yl-(1)]-α-acetylaminoessigsäuremethylester*, F. 71—73° (Äthylacetat–Ae.), aus **IV**. — *α-[3-Benzyloxycyclohexanon-(2)-yl-(1)]-α-acetylaminoessigsäuremethylester*, F. 59—60° (Äthylacetat), aus **VI**. — *2-Hydroxycyclohexanon-(3)-yl-(1)-essigsäuremethylesteräthylenketal*, Kp.$_1$ 135—137°, aus Cyclohexen-(2)-yl-(1)-malonsäurediäthylester über α-[trans-2.3-Dihydroxycyclohexyl-(1)]-α-carbäthoxyessigsäure-2-lacton, **VII** u. 2-Hydroxycyclohexanon-(3)-essigsäurelacton. — *Cyclohexandion-(2.3)-yl-(1)-essigsäuremethylester-3-äthylenketal*, F. 63—64° (Methanol), aus vorst. Verb. durch Oxydation mit Di-tert.-butylchromat; 55%.

Helmut Schäfer. 2070△

0833 **Die Reaktion von Cycloheptatrien mit Azodicarbonsäurediäthylester.** J. Marshall Cinnamon und Karl Weiss. (J. org. Chemistry **26**, 2644—48, 1961; New York, N.Y., Univ., Wm. H. Nichols Chem. Labor.; engl.) — Azodicarbonsäurediäthylester (**VI**) reagiert mit Cycloheptatrien (**VII**) bei Raum-Temp. zu *Cycloheptatrienylbicarbaminsäurediäthylester* (**I**), dessen Konstit. durch das IR- u. UV-Spektrum bestätigt wird. Mit wasserfreiem HBr in Ae. liefert **I** *Tropyliumbromid* (**II**) u. *Hydrazodicarbonsäurediäthylester* (**III**). Die katalyt. Hydrierung von **I** führt zu *Cycloheptylbicarbaminsäurediäthylester* (**IX**), der mit wss.-methanol. NaOH *Cycloheptylhydrazin* (**IV**) ergab. **I** wurde ferner aus **II** u. **III** in Ggw. von Pyridin erhalten. Die katalyt. Hydrierung von Cycloheptylidenhydrazin (**V**) lieferte nur *Bis-[cycloheptyliden]-hydrazin* mit 68% Ausbeute u. kein **IV**, das jedoch mit 8% Ausbeute aus **V** mit Na in A. entstand. Zu 59% wurde das an der Luft zersetzliche **IV** aus Suberon über *3-Cycloheptylidencarbazinsäureäthylester*, dessen Hydrierung an Pt-Kohle zur *Cycloheptyl-Verb.* u. deren anschließende bas. Hydrolyse dargestellt. Die mechanist. Voraussetzungen des Auftretens der bevorzugten additiven Substitution bei der **VI**-**VII**-Rk. werden diskutiert.

Versuche (FF. korr.): *Cycloheptatrienylbicarbaminsäurediäthylester* (**I**), $C_{13}H_{18}N_2O_4$, F. 69—71° (Pentan), a) aus **VI** durch Zugabe von **VII** bei 0°, Stehen über Nacht bei Raum-Temp. u. Dest. bei 75°/10^{-5} mm; b) aus 0,175 g **III** in Tetrahydrofuran u. Pyridin durch Zugabe von **II** u. kurzzeitiges Erhitzen auf dem Wasserbad; 30 mg (Ausbeute); liefert mit wasserfreiem HBr in Ae. **II** [C_7H_7Br, F. 207° (Zers.); 100%] u. **III** [F. 133—134° (A.); 96%]. — *Cycloheptylbicarbaminsäurediäthylester* (**IX**), $C_{13}H_{24}N_2O_4$, Kp.$_{2\cdot10^{-4}}$ 125°, aus **I** durch Hydrierung an Pd-Kohle in Äthylacetat unter Kühlung in 75 Min.; n_D^{24} 1,4730; 47%. — *3-Cycloheptylidencarbazinsäureäthylester*, $C_{10}H_{18}N_2O_2$, F. 79—80° (Ligroin), aus Carbazinsäureäthylester u. Suberon in Bzl.; 100%. — *3-Cycloheptylcarbazinsäure* (**VIII**)-*Äthylester*, $C_{10}H_{20}N_2O_2$, F. 40—41° (Pentan), aus vorst. Verb. in abs. A. durch Hydrierung an 5% ig. Pt-Kohle in 6 Std. u. Dest. bei 87—90°/0,05 mm; n_D^{26} 1,4800; 91%. — *Cycloheptylhydrazin* (**IV**), $C_7H_{16}N_2$, Kp.$_{5,5}$ 88°, a) aus **VIII**-Äthylester durch 2 std. Kochen mit wss.-methanol. KOH unter N_2, Zugabe von konz. HCl zu der erhaltenen, mit W. verd. Suspension des **VIII**-Na-Salzes ($C_8H_{15}NaN_2O_2$), Versetzen mit NaOH u. Ae.-Extraktion; n_D^{26} 1,4922—1,4902; 59%; b) analog a) durch Hydrolyse mit wss. NaOH; 27%; c) aus **IX** u. wss.-methanol. NaOH durch 1 std. Erhitzen auf 100° unter N_2 analog a); d) aus **V** in abs. A. durch Zugabe von Na in 2 Std.; 8%. *Oxalat*, $C_9H_{18}N_2O_4$, F. 207° (Zers.; abs. A.). *Dibenzoyl-Deriv.*, $C_{21}H_{24}N_2O_2$, F. 213,5—214,5° (abs. A.), aus dem Oxalat in Bzl. durch 2 std. Kochen mit Benzoylchlorid u. wasserfreiem Na_2CO_3. — *Cycloheptylidenhydrazin* (**V**), $C_7H_{14}N_2$, Kp.$_{1,5}$ 84—86°, aus Suberon u. N_2H_4; n_D^{23} 1,5151. — *Bis-[cycloheptyliden]-hydrazin*, $C_{14}H_{24}N_2$,

Kp.$_{0,06}$ 112—113°, aus V in abs. A. durch Hydrierung an Adams-Katalysator in 1 Woche; n_D^{26} 1,5209; 68%.
D. Kirstein. 2080◇

0834 **Nitrierungen mit Acetylnitrat. 3. Mitt. Nitrierung mit 1.1-Diarylalkenen.** Frederick G. Bordwell und Edgar W. Garbisch jun. (J. org. Chemistry **27**, 3049—55, 12/9. 1962; Evanston, Ill., Northwestern Univ., Chem. Dep.; engl.) — 2. vgl. J. org. Chemistry **27**, [1962], 2322. — 1.1-Diarylalkene, wie 1-[p-Bromphenyl]-1-phenyl- (**XI**), 1.1-Bis-[p-chlorphenyl]-äthen (**XII**), 1.1-Diphenyl- (**I**), 1.1-Bis-[p-chlorphenyl]- (**XIII**) u. 1.1-Bis-[p-tolyl]-propen (**II**), ergeben mit Acetylnitrat (**IV**) in Ggw. von H_2SO_4 die entsprechenden *1-Acetoxy-2-nitroalkane* (**A**). Bei der Rk. von **II** treten auch aromat. Nitrierungs-Prodd. auf. Bei 1.1-Diphenyl-2-methylpropen-(1) (**III**) u. Triphenyläthen (**XIV**) überwiegen diese Produkte. H_2SO_4 beschleunigt die Rk. u. begünstigt die Bldg. der **A**. Ohne H_2SO_4 entsteht z. B. aus **I** kein **A**, sondern es entstehen 57% *2-Nitro-1.1-diphenylpropyl-(1)-nitrat* u. kernsubstituierte Nitrokörper. **III** liefert ohne H_2SO_4 nur aromat. Nitroverbindungen. Die Wrkg. der H_2SO_4 wird auf eine Erhöhung der Konz. an protoniertem **IV** zurückgeführt. Die cis- u. trans-Form von 1-[p-Chlorphenyl]-1-phenylpropen (**VIII**) führen zum gleichen Gemisch der **A**, aus dem durch Chromatographie 2 rac. **A** in gleichen Teilen isoliert werden. Vff. zeigen, daß die Nitrierungen nicht stereospezif. u. über einen Carboniumionmechanismus verlaufen. In Übereinstimmung hiermit wird 1-Acetoxy-1.1-diphenyl-2-nitropropan (**V**) aus einer 30% H_2SO_4 enthaltenden Essigsäure-Lsg. beim sofortigen Eingießen in W. zurückgewonnen, während bei 5 Min. langer Einw. 61% *1.1-Diphenyl-2-nitropropanol-(1)* (**VI**) entstehen, das sich analog auch aus dem β-Nitromethyläther bzw. auch aus dem β-Nitronitrat bei der Chromatographie an Silicagel bildet. In Trifluoressigsäure-Lsg. wird die Acetoxygruppe von **V** gegen CF_3COO- ausgetauscht. **VI** u. 1.1-Diphenyl-2-methyl-2-nitropropanol-(1) (**VII**) erleiden in Ggw. von 20%ig. Alkali eine rasche Aldolspaltung unter Bldg. von *Benzophenon* u. der konjugierten Basen der entsprechenden Nitroalkane. Bei **VII** erfolgt diese Spaltung auch durch Erhitzen auf 120° ohne Lsgm., vermutlich auf intramol. Wege. Einw. von überschüssigem K-tert.-Butylat/tert.-Butanol (Bu.) auf 1-Acetoxy-1.1-bis-[p-chlorphenyl]-2-nitropropan (**X**) bzw. 1.1-Bis-[p-chlorphenyl]-2-nitropropan bzw. 1.1-Bis-[p-chlorphenyl]-2-nitropropen-(1) bei 50° ergibt *1.1-Bis-[p-chlorphenyl]-allen.* 1.1-Bis-[p-chlorphenyl]-2-brompropen-(1) reagiert nicht analog.

Versuche: *cis-1-[p-Chlorphenyl]-1-phenylpropen-(1)* (*cis*-**VIII**), $C_{15}H_{13}Cl$, F. 33). *trans*-**VIII**, 54°, durch Dehydratisierung von 1-[p-Chlorphenyl]-1-phenylpropanol-(1) nach Allen u. Converse (Org. Syntheses Coll. **1**, [1948], 226) u. Trennung des cis/trans-Gemisches (Kp.$_1$ 121—123°) durch Chromatographie an Al_2O_3 oder Silicagel oder durch Ausfrieren aus CH_3OH. — *1-Acetoxy-1.1-diphenyl-2-nitroäthan* (**XV**), $C_{16}H_{15}NO_4$, F. 107,5—108° (Ae./Hexan), a) durch Einw. von HNO_3/Acetanhydrid auf 1.1-Diphenyläthen in Ggw. von wenig H_2SO_4; 70% (Ausbeute): b) analog ohne H_2SO_4; 33%. — *1.1-Diphenyl-2-nitroäthan*, F. 87° (Hexan), a) neben **XV** nach a); 2%; b) neben **XV** nach b); 14%; c) durch Zugabe von 55%ig. H_2SO_4/Essigsäure (Es.) zu **XV** bei Raum-Temp., Stehen u. Gießen in W.; 85% neben wenig *1.1-Diphenyl-2-nitroäthanol-(1)*, F. 103—104° (Hexan). — *1.1-Diphenyl-1-methoxy-2-nitroäthan*, F. 137,5° (Methanol), durch Zugeben von 50%ig. H_2SO_4 in CH_3OH zu **XV** in sd. CH_3OH, Stehen (10 Min.) bei Raum-Temp. u. Gießen in Eiswasser; 85%. — *1.1-Diphenyl-1-äthoxy-2-nitroäthan*, F. 90—91°, analog unter Anwendung von H_2SO_4/Äthanol. — *1.1-Bis-[p-chlorphenyl]-2-nitroäthen*, F. 122,5—123° (Hexan), durch Zugabe von 55%ig. H_2SO_4/Es. zu 1-Acetoxy-1.1-bis-[p-chlorphenyl]-2-nitroäthan in Es., Stehen (10 Min.) u. Gießen in W.; 84%.— *1.1-Diphenyl-2-nitro-1-acetoxypropan* (**V**), $C_{17}H_{17}NO_4$, F. 121 bis 122° (Ae.-Hexan), aus **I** u. **IV**; 60%; daneben 6% *1.1-Diphenyl-2-nitropropanol-(1)* (**VI**, $C_{15}H_{15}NO_3$, F. 98—99° (Hexan); auch aus **V** u. 50% H_2SO_4/Es. bei Raum-Temp.; 60%. — *1.1-Diphenyl-2-nitropropyl-(1)-nitrat*, $C_{15}H_{14}N_2O_5$, Zers. bei 50°, aus **I** u. **IV** ohne H_2SO_4 bei —15° u. ½std. Einw. bei 0°; 57%. Liefert durch Chromatographie 76% **VI** u. 9% nachst. Verbindung. — *1.1-Diphenyl-2-nitropropen-(1)*, $C_{15}H_{13}NO_2$, F. 49—50° (Hexan), durch Zugabe von 50%ig. H_2SO_4/Es. zu **V** in Es. bei 55°, 10 Min. langes Rühren bei 45—55° u. Gießen in W.; 64%; daneben 28% *Benzophenon* (F. 46—47°, Hexan). — *1-Trifluoracetoxy-1.1-diphenyl-2-nitropropan*, $C_{17}H_{14}F_3NO_4$, F. 112° (Zers.; Hexan), durch Zugabe von CF_3COOH zu **V**-Pulver; 37%. — *1.1 Diphenyl-1-methoxy-2-nitropropan*, $C_{16}H_{17}NO_3$, F. 107° (Hexan), durch Zusatz von 50% H_2SO_4/CH_3OH zu **V** in CH_3OH, ¼std. Erwärmen auf 60° u. Gießen in W.; 85%. — *1-Acetoxy-1-[p-chlorphenyl]-1-phenyl-2-nitropropan* (**IX**; *Isomerengemisch*), $C_{17}H_{16}ClNO_4$, F. 107—110°, aus **VIII** u. **IV**; 66%. Trennung durch Chromatographie in *Racemate vom F. 146—147°* (CH_3OH) u. *F. 125 bis 126°* (CH_3OH). *Isomeres vom F. 142,5—144,5°* (Ae.-Hexan), aus trans-**VIII** u. **IV**; 21,8%; daneben *niedrigschm. Isomeres vom F. 123,5—124,5°*; 21,3%. Analog aus cis-**VIII** ein *1:1-Gemisch.* — *1-[o-Chlorphenyl]-1-phenylallen*, $C_{15}H_{11}Cl$, F. 45,5° (CH_3OH), durch Erwärmen von **IX** in Bu. u. Zugabe von K-tert.-Butylat/Bu. bei 40—50°, Rühren (5 Min. lang) bei Raum-Temp., Zugabe von Hexan u. Gießen in W.; 63%. — *1.1-Bis-[p-chlorphenyl]-2-nitropropen-(1)*, $C_{15}H_{11}Cl_2NO_2$, F. 77—78° (Hexan), analog vorst. Verb. aus **X** bei 60—65°; 90%. — *1.1-Bis-[p-chlorphenyl]-allen*, $C_{15}H_{10}Cl_2$, F. 128° (Zers.; Hexan), analog vorvorst. Verb. aus **X**; 71%. Liefert durch CrO_3/Es.-Oxydation *Bis-[p-chlorphenyl]-keton*, F. 144—145° (CH_3OH), bzw. durch Bromierung u. 48std. Einw. von K-tert.-Butylat/Bu. *1.1-Bis-[p-chlorphenyl]-2-brompropen-(1)*, $C_{15}H_{11}BrCl_2$, F. 75—76°. — *1.1-Diphenyl-2-methyl-2-nitropropanol-(1)* (**VII**), $C_{16}H_{17}NO_3$, F. 121° (CH_3OH), durch Einw. (3 Min. lang) von 30% H_2SO_4/Es. auf 1-Acetoxy-1.1-diphenyl-2-methyl-2-nitropropan in Es. u. Zugabe von W.; 64%. — Durch Nitrierung wie l. c. in Ggw. von H_2SO_4 u. chromatograph. Trennung: *1-Acetoxy-1-[p-bromphenyl]-1-phenyl-2-nitroäthan*, $C_{16}H_{14}BrNO_4$, F. 103,5—104,5°, aus **XI**; 75%. — *1-Acetoxy-1.1-bis-[p-chlorphenyl]-2-nitroäthan*, $C_{16}H_{13}Cl_2NO_4$, F. 101,5—102,5° (CH_3OH) bzw. F. 66—67° (Bzl.-Hexan), nach Erstarren zwischen 70 u. 90° F. 101—102°, aus **XII**; 90%; daneben 3% *1.1-Bis-[p-chlorphenyl]-2-nitroäthen*, $C_{14}H_9Cl_2NO_2$, F. 123—123,5°. — *1-Acetoxy-1.1-bis-[p-chlorphenyl]-2-nitropropan* (**X**), $C_{17}H_{15}Cl_2NO_4$, F. 147—147,5°, aus **XIII**; 81%. — *1.1-Bis-[p-tolyl]-2-nitropropanol-(1)*, $C_{17}H_{19}NO_3$, F. 98—99°, aus **II**; 28%; daneben 17% *1-Acetoxy-1.1-bis-[p-tolyl]-2-nitropropan*, $C_{19}H_{21}NO_4$, F. 131,5—132°. — *1.1.2-Triphenyl-2-nitroäthen*, F. 175°, aus **XIV**; 20%; daneben 18% *1-Acetoxy-1.1.2-triphenyl-2-nitroäthan* ($C_{22}H_{19}NO_4$, F. 164,5—165°) u. 3% *1.1-Diphenyl-2-[p-nitrophenyl]-äthen* (F. 155—156°). — *1-Acetoxy-1.1-diphenyl-2-methyl-2-nitropropan*, $C_{18}H_{19}NO_4$, F. 112,5°, aus **III**; 27%; daneben 14% *1.1-Bis-[p-nitrophenyl]-2-methylpropen-(1)*, $C_{16}H_{14}N_2O_4$, F. 138°.
B. Gnauck. 2270◇

0835 **Stobbe-Reaktionen mit Homophthalsäurediäthylester.** 1. Mitt. J. N. Chatterjea, K. D. Banerji und H. Mukherjee. (J. Indian chem. Soc. **40**, 45—52, 1963; Patna, Bihar, Univ., Chem. Labor.; engl.) — Die Stobbe-Kondens. von o-Äthoxycarbonylphenylessigsäureäthylester (Homophthalsäurediäthylester; **I**) mit Aldehyden u. Ketonen verläuft wahrscheinlich über die Bldg. eines intermediären, nicht isolierten *Lactons* u. dessen irreversible, durch Basen katalysierte Spaltung zum entsprechenden *Halbester*, den man zur *Säure* verseift. So liefert **I** mit Zimtaldehyd (**II**) oder mit Terephthalaldehyd (**III**) in Ggw. von NaH oder $NaOC_2H_5$ u. Verseifung der erhaltenen Halbester *α-Cinnamyliden-o-carboxyphenylessigsäure* bzw. *1.4-Bis-[2-(o-carboxyphenyl)-2-carboxyvinyl]-benzol.* Beide Verbb. lassen sich mit Na-Amalgam reduzieren, wobei *α-[3-Phenylpropyl]-o-carboxyphenylessigsäure* bzw. *1.4-Bis-[2-(o-carboxyphenyl)-2-carboxyäthyl]-benzol* (**IV**) entstehen. **IV** läßt sich mit Polyphosphorsäure zu einer *Verb.* $C_{26}H_{18}O_6$ (**V**) cyclisieren, der die Struktur eines *6'-[β-Carboxy-β-(3-carboxyphenyl)-äthyl]-indeno-[3'.2':3.4]-isocumarins* zugesprochen wird. Acetophenon (**VI**) reagiert mit **I** u. NaH unter Bldg. von *2-[o-Carboxyphenyl]-3-methyl-3-phenylacrylsäureäthylester* (**XV**), der zu *2-[o-Äthoxycarbonylphenyl]-3-methylindenon* cyclisiert wird. Analog **VI** verhalten sich 1-Acetyl- (**VII**) u. 2-Acetylnaphthalin (**VIII**) gegenüber **I**. Rk. von Cyclopentanon (**IX**) mit **I** u. anschließende Verseifung des erhaltenen *α-Cyclopentyliden-o-carboxyphenylessigsäureäthylesters* führen zu einem Gemisch aus *α-Cyclopentyliden-o-carboxyphenylessigsäure* u. ihrem Anhydrid (**XVI**). Cycloheptanon (**X**) setzt sich mit **I** zu *α-Cycloheptyliden-o-carboxyphenylessigsäureäthylester* (**XVII**) um, der sich zu *4-Hydroxy-2.3-cycloheptenonaphthalincarbonsäure-(1)-äthylester* cyclisieren läßt. α-Tetralon (**XI**) reagiert mit **I** unter Bldg. von *α-[3.4-Dihydronaphthyl-(1)]-o-carboxyphenylessigsäureäthylester* (**XII**), der bei der Hydrolyse *α-[3.4-Dihydronaphthyl-(1)]-o-carboxyphenylessigsäure* (**XIII**) liefert. Die Struktur von **XIII** wird durch Auswertung des UV-Spektrums, dessen Maxima angegeben sind, sowie durch den Befund, daß **XIII** bei der Oxydation kein **XI** ergibt, gesichert. Cyclisierung von **XII** mit $ZnCl_2$ führt zu *10-Hydroxy-1.2-benzo-3.4-dihydroanthracencarbonsäure-(9)-äthylester.*

Versuche: *α-Cinnamyliden-o-carboxyphenylessigsäure*, $C_{18}H_{14}O_4$, F. 228—230° (Zers.; Essigsäure; hellgelbe Prismen), durch 24std. Aufbewahren von 1,9 g **I**, 0,72 g **II** u. 0,2 g NaH in Bzl. unter Ausschluß von Feuchtigkeit bei Raum-Temp., Zers. mit W., Hydrolyse des intermediären *α-Cinnamyliden-o-carboxyphenylessigsäureäthylesters* mit sd. 10%ig. NaOH u. Ansäuern; 2,1 g (Ausbeute). — *α-[3-Phenylpropyl]-o-carboxyphenylessigsäure*, $C_{18}H_{18}O_4$, F. 184° (Essigsäure), durch Red. von 1 g vorst. Verb. mit Na-Amalgam in 10%ig. NaOH; 0,8 g; gibt mit konz. H_2SO_4 intensive Rotfärbung. — *1.4-Bis-[2-(o-carboxyphenyl)-2-carboxyvinyl]-benzol*, $C_{26}H_{18}O_8$, F. 239—240° (Essigsäure; gelbliche Platten), durch 8std. Kochen von 0,95 g **I**, 0,53 g **III** u. C_2H_5ONa in A., Zugabe von W., ½std. Kochen der mit Ae. gewaschenen, das *1.4-Bis-[2-(o-carboxyphenyl)-2-äthoxycarbonylvinyl]-benzol* enthaltenden wss. Lsg. mit 10%ig. NaOH, Abkühlen u. Ansäuern mit HCl; 1,6 g. *Anhydrid*, $C_{26}H_{14}O_6$, F. 274—275° (Zers.; orangefarbene Kristalle), durch Rk. vorst. Verb. mit Acetanhydrid (**XIV**). — *1.4-Bis-[2-(o-carboxyphenyl)-2-carboxyäthyl]-benzol* (**IV**), $C_{26}H_{22}O_8$, F. 192—193° (A.; Nadeln), durch Red. von 0,3 g vorst. Säure mit Na-Amalgam in NaOH innerhalb 24 Std. u. Ansäuern; 0,17 g. — *Verb.* $C_{26}H_{18}O_6$ (**V**), F. >310° (Nitrobenzol; braune Nadeln), durch 1½std. Erhitzen von **IV** mit Polyphosphorsäure auf 140°, ½std. Erhitzen auf 175° u. Behandeln mit W.-Eis. — *2-[o-Carboxyphenyl]-3-methyl]-3-phenylacrylsäureäthylester* (**XV**), $C_{19}H_{18}O_4$, F. 150—151° (A.; Platten), durch 24std. Aufbewahren von 3,8 g **I**, 1,3 g **VI** u. 0,04 g NaH in Bzl. bei Raum-Temp., Ansäuern mit verd. Essigsäure, Extraktion der Benzol-Lsg. mit 5%ig. Na_2CO_3-Lsg., Waschen der alkal. Auszüge mit Ae., Ansäuern u. Ae.-Extraktion; 4 g. — *2-[o-Carboxyphenyl]-3-phenylbuttersäure*, $C_{17}H_{16}O_4$, F. 189° (verd. Essigsäure; Platten), durch Red. der aus **XV** mit 10%ig. NaOH freigesetzten *2-[o-Carboxyphenyl]-3-methyl-3-phenylacrylsäure* [$C_{17}H_{14}O_4$, F. 195° (Essigsäure; Prismen); ca. 95%] mit Na-Amalgam. — *2-[o-Äthoxycarbonylphenyl]-3-methylindenon*, $C_{19}H_{16}O_3$, F. 96—97° (Ae.; gelbe Prismen), durch 8std. Kochen von 2,1 g **XV** mit **XIV** u. $ZnCl_2$ in Essigsäure, Zers. mit W., Ae.-Extraktion u. Einengen der Ae.-Lsg.; 0,5 g. *2.4-Dinitrophenylhydrazon* (DNP), F. 185—186° (Essigsäure; gelbe Prismen). — *2-[o-Carboxyphenyl]-3-methyl-3-[naphthyl-(2)]-acrylsäureäthylester*, analog **XV** aus **I**, **VIII** u. NaH in Bzl.; liefert bei der Hydrolyse *2-[o-Carboxyphenyl]-3-methyl-3-[naphthyl-(2)]-acrylsäure*, F. 204—211° (Essigsäure; hellgelbe Prismen). — *2-[o-Äthoxycarbonylphenyl]-3-methyl-6.7-benzoindenon*, durch Cyclisieren vorst. Äthylester mit $ZnCl_2$, **XIV** u. Essigsäure. *DNP*, $C_{29}H_{22}N_4O_6$, F. 252° (Essigsäure; rote Prismen). — *2-[o-Äthoxycarbonylphenyl]-3-methyl-4.5-benzoindenon*, analog vorst. Verb. mit **VII** an Stelle von **VIII**. *DNP*, $C_{29}H_{22}N_4O_6$, F. 235—238°. — *α-Cyclopentyliden-o-carboxyphenylessigsäure*, $C_{14}H_{14}O_4$, F. 212—213° (Essigsäure), a) durch 24std. Aufbewahren von 4,1 g **I**, 1,1 g **IX** u. NaH in Bzl., Isolierung von *α-Cyclopentyliden-o-carboxyphenylessigsäureäthylester* (5,1 g) in der üblichen Weise u. alkal. Hydrolyse von 4g des letzteren; 0,35 g; b) durch Hydrolyse von **XVI**. *Anhydrid* (**XVI**), $C_{14}H_{12}O_3$, F. 124—125° (A.; Platten), a) durch Eindampfen der Mutterlauge der Säure; b) durch Dehydratisierung der Säure mit **XIV**. — *Cyclopentanon* (**IX**), *DNP*, F. 156° (A.; orangerote Prismen), durch 2std. Oxydation von **XVI** mit $KMnO_4$ in wss. Na_2CO_3-Lsg. bei Raum-Temp. u. Dest. in eine Lsg. von 2.4-Dinitrophenylhydrazin (**XVIII**) in konz. HCl. — *α-Cycloheptyliden-o-carboxyphenylessigsäureäthylester* (**XVII**), $C_{18}H_{22}O_4$, F. 117° (Essigsäure; Prismen), durch 24std. Aufbewahren von 3,6 g **I**, 1,2 g **X** u. 0,42 g NaH in Bzl. bei Raum-Temp.; 2,8 g; liefert bei der Hydrolyse *α-Cycloheptyliden-o-carboxyphenylessigsäure*, $C_{16}H_{18}O_4$, F. 227° (Essigsäure). — *Cycloheptanon* (**X**), *DNP*, F. 148°, durch Oxydation vorst. Säure mit $KMnO_4$ in Na_2CO_3-Lsg. u. Einleiten des Rk.-Prod. in salzsaures **XVIII**. — *4-Hydroxy-2.3-cycloheptenonaphthalincarbonsäure-(1)-äthylester*, $C_{18}H_{20}O_3$, F. 135 bis 136° (A.; hellgelbe Prismen), durch 4std. Kochen von 2,2 g **XVII** mit **XIV** u. $ZnCl_2$, Zugabe von W., Aufnehmen des erhaltenen Öls in Ae., Hydrolyse des Ae.-Rückstands mit 10%ig. NaOH u. Einleiten von CO_2 in die filtrierte Lsg.; 0,08 g. — *α-[3.4-Dihydronaphthyl-(1)]-o-carboxyphenylessigsäureäthylester* (**XII**), $C_{21}H_{20}O_4$, F. 135° (verd. Essigsäure; Prismen), aus 8,8 g **I**, 3,9 g **XI** u. 1,1 g NaH in Bzl.; 10 g. — *α-[3.4-Dihydronaphthyl-(1)]-o-carboxyphenylessigsäure* (**XIII**), $C_{19}H_{16}O_4$, F. 145 bis 146° (Platten), durch Hydrolyse von **XII** mit 10%ig. NaOH. — *10-Hydroxy-1.2-benzo-3.4-dihydroanthracencarbonsäure-(9)-äthylester*, $C_{21}H_{18}O_3$, F. 163—164° (Essigsäure; rote Prismen), durch Hydrolyse von 1,0 g nachst. 10-Acetyl-Deriv. mit 10%ig. NaOH u. Fällen durch Einleiten von CO_2; 0,6 g. *10-Acetyl-Deriv.*, $C_{23}H_{20}O_4$, F. 163—164° (A.; gelbe Prismen), durch 5½std. Kochen von 2,5 g **XII** mit $ZnCl_2$ u. **XIV** in Essigsäure u. Zers. mit W.; 2,1 g. — *10-Acetoxy-3.4-dihydronaphtho-[2'.1':1.2]-anthracencarbonsäure-(9)-äthylester*, $C_{27}H_{22}O_4$, F. 160 bis 161° (CH_3OH; gelbe Prismen), durch 16std. Aufbewahren 1,1 g **I**, 0,59 g 1-Oxo-1.2.3.4-tetrahydrophenanthren u. 0,12 g NaH in Bzl. in Ggw. von A. bei Raum-Temp., Ansäuern mit Essigsäure, 2std. Kochen der 0,8 g Rk.-Prod. mit $ZnCl_2$ u. **XIV** in Essigsäure, Zers. mit W. u. Ae.-Extraktion.

H. Gleinig. 2400◇

0836 **Untersuchungen der Synthese und der Eigenschaften von Naphthalindisulfinsäuren.** 5. Mitt. **Naphthalin-1.3-disulfinsäure und ihre Derivate.** Marian Janczewski und Wiesława Nowakowska. (Roczniki Chem. [Ann. Soc. chim. Polonorum] **31**, 717—20, 1957; Lublin, M. Curie-Skłodowska Univ., Lehranst. der org. Chem.) — 2. vgl. C. **1958**, 9761. — Inhaltlich ident. mit der C. **1960**, 10921 referierten Arbeit. A. Brenner. 2700□

0837 **Darstellung von α- und β-Naphthylphenylindonen. Desulfonierung von Indonmonosulfonsäure.** Tsch. P. Iwanow. (Bull. Inst. chim. Acad. bulg. Sci. **3**, 291—309, 1955; russ.) — Die durch Chlorierung von α- oder β-Methylnaphthalin über die Nitrile zugängige α- bzw. *β-Naphthylessigsäure* (α- bzw. β-**I**) enthält auch kernchlorierte **I**. Die direkte Abtrennung der letzteren gelingt erst nach Rk. mit Benzophenon (**II**) zu *α-[α-Napthyl]-* (**III**) bzw. *α-[β-Naphthyl]-β.β-diphenyl-β-hydroxypropionsäure* (**IV**), wonach die kernchlorierten **III** u. **IV** durch Umkristallisieren aus A. abgetrennt werden können. Aus **III** u. **IV** werden mit konz. H_2SO_4 bei gleichzeitiger Dehydratisierung u. Sulfurierung *2-[4(?)-Sulfonaphthyl-(1)]-* (**V**) u. *2-[1(?)-Sulfonaphthyl-(2)]-3-phenylindon* (**VI**) erhalten. Die Rk. von **III** mit $SOCl_2$ liefert *1-[α-Naphthyl]-2.2-diphenyläthylen*, die von **III** u. **IV** mit $POCl_3$ *2-[α-Naphthyl]-* (**VII**) u. *2-[β-Naphthyl]-3-phenylindon* (**VIII**). **V** u. **VI** werden mit 30—40%ig. H_2SO_4 bei 205° unter Druck zu **VII** bzw. **VIII** desulfuriert. Durch Einw. von konz. H_2SO_4 auf die chlorhaltigen **III** u. **IV** lassen sich die entsprechenden chlorsubstituierten **VII** u. **VIII** isolieren, das erste als Isomerengemisch, für das letztere wird die Struktur eines *2-[1-Chlor-4(?)-sulfonaphthyl-(2)]-3-phenylindon* angenommen.

Versuche: β.β-Diphenyl-β-hydroxypropionsäuren: *α-[α-Naphthyl]-* (**III**), F. 177—178° (A.), aus α-**I** u. **II** (50%ig. Überschuß); 65% (Ausbeute). — *α-[β-Naphthyl]-* (**IV**), $C_{25}H_{20}O_3$, F. 188—189° (A.), analog aus β-**I**; 60—65%. *Semialkoholat*, $C_{52}H_{46}O_7$, F. 130°. — 3-Phenylindone: *2-[α-Naphthyl]-* (**VII**), $C_{25}H_{16}O$, F. 162—163° (A.), a) durch Zugabe eines Gemisches von 1 g **III** u. 10 ml konz. H_2SO_4 zu 100 ml W. u. Extrahieren mit Ae.; 0,09 g; b) durch 1std. Stehenlassen von 200 mg **III** mit 2 ml einer Lsg. aus $POCl_3$ u. Bzl. (1:1) bei Zimmer-Temp., 2½std. Erwärmen auf 35°, Gießen in 35 ml W., Stehenlassen über Nacht u. Extrahieren mit Ae.; 56,4%; c) durch 9std. Erhitzen von 0,665 g **V** in 10 ml W., 3 ml konz. H_2SO_4 in 5 ml W. im Autoklaven auf 205°; 73%; d) durch Zugabe von 0,2 g **III** zu 2 ml konz. H_2SO_4, Verdünnen mit 5,52 ml W. nach 5 Min. u. 7std. Erhitzen im Autoklaven auf 205°; 80%. — *2-[4(?)-Sulfonaphthyl-(1)]-* (**V**), *Na-Salz*, $C_{25}H_{15}NaO_4S$, F. 250—252° (A.), aus der wss. Lsg. von a) durch Fällung mit NaCl. — *2-[β-Naphthyl]-* (**VIII**), $C_{25}H_{16}O$, F. 165,5 bis 166,5°, a) analog **VII** nach c) aus **VI** in W. mit konz. H_2SO_4; 88%; c) analog **VII** nach d) aus **IV**, konz. H_2SO_4 u. W.; 63,7%. — *2-[1(?)-Sulfonaphthyl-(2)]-* (**VI**), *Na-Salz*, $C_{25}H_{15}NaO_4S$, F. 264—266° (A.), analog **V** aus 1,2 g **IV**, 12 ml konz. H_2SO_4 u. 120 ml Wasser. — *2-[x-Chlornaphthyl-(1)]-*, $C_{25}H_{15}ClO$, F. 196 bis 200° (A.), durch Zugabe von 15 ml konz. H_2SO_4 zu 1,5 g chloriertem **III**, Gießen in 150 ml W. nach 2 Min. u. Extrahieren mit Ae.; 0,023 g [*Sulfonsäure, Ba-Salz*, $C_{25}H_{14}Ba_{1/2}ClO_4S$, F. 275—277° (Zers.), aus der wss. Lsg. mit $BaCl_2$; 0,125 g]. — *2-[1(?)-Chlornaphthyl-(2)]-*, $C_{25}H_{15}ClO$, F. 227 bis 228° (A.), analog aus 2,6 g chloriertem **IV**, 26 ml konz. H_2SO_4 u. 260 ml W., 0,09 g. *2-[1-Chlor-4(?)-sulfonaphthyl-(2)]-*, *Ba-Salz*, $C_{25}H_{14}Ba_{1/2}ClO_4S$, F. 294—296°; 0,43 g. — *1-[α-Naphthyl]-2.2-diphenyläthylen*, $C_{24}H_{18}$, F. 79—81° (A.), durch 10std.

Kochen von 0,24 g **III** mit 0,7 ml $SOCl_2$ in 2 ml CCl_4, Gießen in W. u. Extrahieren mit Ae.; 0,035 g. I. Schade. 2700△

0838 **Die Addition von Grignard-Reagentien an Acenaphthenon.** S. O'Brien und D. C. C. Smith. (J. chem. Soc. [London] **1963**, 2905—07; Manchester, Univ., Dep. of Chem.; engl.) — Der Rückstand der Dest. des bei der Rk. von Acenaphthenon-(1) (**I**) mit CH_3MgJ (vgl. Brown u. Hammick, J. chem. Soc. [London] **1948**, 1395) neben *1-Methylacenaphthenol-(1)* durch Dehydratisieren des nich krist. Anteils mit Pikrinsäure erhaltenen *1-Methylacenaphthylens* enthält eine Verb., die durch Chromatographie gereinigt u. die als *2-Methyl-1.1'-biacenaphthylenyl* identifiziert wird. Die Prodd. der Rk. von **I** mit C_6H_5MgBr sind *1-Phenylacenaphthenol-(1)* (**II**) u. *2'-Phenyl-1.1'-biacenaphthenyldiol-(1.2')* (**III**). **II** wird in sd. CH_3COOH zu *1-Phenylacenaphthylen* dehydratisiert. Die Struktur von **III** folgt aus der Dehydratation mit sd. CH_3·COOH zu *2-Phenyl-1.1'-biacenaphthylenyl*, das aus 1.1'-Biacenaphthylidenon-(2) (**IV**) u. C_6H_5MgBr synthetisiert wird, u. *1-[8-Benzoylnaphthyl-(1)-methyliden]-acenaphthen.*

Versuche: *1-Methylacenaphthenol-(1)*, $C_{13}H_{12}O$, F. 103 bis 104°, durch 1std. Rühren von 11 g **I** in Bzl. mit CH_3MgJ in Ae., Zers. mit verd. HCl u. Isolieren mit Ae.; aus Bzl. Prismen; 2,64 g (Ausbeute). — *1-Methylacenaphthylen*, Kp.$_{0,1}$ 84—94°, durch Eindampfen der Mutterlaugen u. vorst. Verb., 10 Min. langes Kochen von 9 g des Rückstands mit Pikrinsäure in Methanol, Zers. des Nd. mit Na_2CO_3-Lsg. u. Isolieren mit Bzl.; orangefarbenes Öl; 4,7 g; daneben 0,57 g *2-Methyl-1.1'-biacenaphthylenyl*, $C_{25}H_{16}$, F. 91—97°, durch Extrahieren des Dest.-Rückstands mit Bzl. u. Chromatographie an Al_2O_3; aus Ae.–Pentan rotorangefarbene Prismen. — *2'-Phenyl-1.1'-biacenaphthenyldiol-(1.2')* (**III**), $C_{30}H_{22}O_2$, F. 198—200° (Bzl.), a) durch 2std. Rühren von 5 g **I** mit C_6H_5MgBr in Ae. unter N_2, Gießen in NH_4Cl-Lsg., Isolieren mit Ae., Lösen in Bzl. u. Chromatographie an Al_2O_3; 1,7 g; daneben 5,6 g *1-Phenylacenaphthenol-(1)* (**II**), $C_{18}H_{14}O$, F. 97—99° (Bzl.); b) durch Zutropfen von C_6H_5MgBr in Ae. zu 1 g **I** in sd. Ae., 1½ std. Kochen, Gießen in NH_4Cl-Lsg., Isolieren mit Ae. u. Chromatographie an Al_2O_3; 0,99 g. — *1-Phenylacenaphthylen*, F. 56 bis 58°, durch 1std. Kochen von 0,25 g **II** in Eisessig, Gießen in W., Ausäthern u. Chromatographie der äther. Auszüge an Al_2O_3; aus Methanol orangefarben; 0,22 g. — *2-Phenyl-1.1'-biacenaphthylenyl*, $C_{30}H_{18}$, F. 151—155° (CH_3OH), a) analog vorst. Verb. aus 444 mg **III**; aus Essigester/A. rote Prismen; 167 mg; daneben 219 mg *1-[8-Benzoylnaphthyl-(1)-methyliden]-acenaphthen*, $C_{30}H_{20}O$, F. 135—137° (A.); b) durch Zutropfen von C_6H_5MgBr in Ae. zu 300 mg **IV** in Bzl., 1½ std. Kochen, Gießen in wss. NH_4Cl-Lsg., Chromatographie der organ. Schicht an Al_2O_3 u. Einengen; 20 mg. H. Gleinig. 2750◇

0839 **Die Kondensation von Phenoläthern mit Formaldehyd.** 4. Mitt. **2.3.6.7-Tetramethoxyanthracen und 2.3.6.7-Tetramethoxy-9.10-dihydroanthracen.** Carlo Casinovi und Aleardo Oliverio. (Ann. Chimica **46**, 929—33, 1956; Roma, Ist. super. di Sanità, Labor. di Chim. terap. e Palermo, Univ., Ist. di Chim. organ.; ital.) — 2. vgl. C. **1954**, 5985. — Durch Synth. von *2.3.6.7-Tetramethoxyanthracen* (**I**) u. *2.3.6.7-Tetramethoxy-9.10-dihydroanthracen* (**II**) konnten die früheren Schlußfolgerungen von Bertinotti u. Mitarbeitern [1952] bestätigt werden. Das von Robinson [1915] beschriebene Kondens.-Prod. aus Veratrol u. Formaldehyd ist nicht **II**. Die **I** u. **II** zugeschriebenen Strukturen werden durch deren UV-Absorptionsspektren gestützt; das Spektrum zeigt nach 2jährigem Aufbewahren einer alkohol. Lsg. von **II** einen Geh. von 8—10% Anthracen.

Versuche: *2.3.6.7-Tetramethoxyanthracen* (**I**), $C_{18}H_{18}O_4$, F. 376° (korr.), durch Kochen von 0,5 g 2.3.6.7-Tetramethoxy-9-anthron mit Al-Amalgam in W. u. langsame Zugabe von konz. NH_3 zur sd. Lsg., Filtrieren, Trocknen an der Luft u. Extraktion mit sd. Nitrobenzol; aus Nitrobenzol perlmutterglänzende Schuppen; rotviolette Halochromie; 0,2 g (Ausbeute; Rohprod.); **I** wird mit $Na_2Cr_2O_7$ in sd. Essigsäure leicht zu *2.3.6.7-Tetramethoxyanthrachinon* (**III**) mit quant. Ausbeute oxydiert. — *Additions-Verb. von* **I** *mit Maleinsäureanhydrid*, $C_{22}H_{20}O_7$, F. 330—335° (bei 280° ändert sich die Kristallform), durch ½ std. Erhitzen von 0,5 g **I** mit 0,5 g Maleinsäureanhydrid auf 200—210° u. Ae.-Extraktion. — *2.3.6.7-Tetramethoxy-9.10-di-O-acetylanthrahydrochinon* (**IV**), F. 295° (Zers.), durch Red. von **III** in Essigsäure u. Na-Acetat mit Zn-Staub, 24std. Kochen des Gemisches, heiße Filtration, Waschen des Rückstandes mit sd. Essigsäure u. vorsichtige Zers. mit W.; aus Essigsäure hellgelbe Nadeln; rote Halochromie. — *2.3.6.7-Tetramethoxy-9.10-dihydroanthracen* (**II**), $C_{18}H_{20}O_4$, F. 330°, a) durch Clemmensen-Red. von 1 g **IV** mit Zn-Amalgamstaub in Essigsäure, 12std. Kochen, Filtrieren der heißen Lsg., Gießen des Filtrats in W., Isolierung des Nd. durch Extraktion mit Chlf., Dest., Extrahieren des Rückstandes mit sd. A. u. Konzentrieren des Extraktes; perlmutterglänzende Schuppen; daneben das leichter in Chlf. lösl. **I** u. **IV**; das Ausbeuteverhältnis von **I** u. **IV** variiert; b) durch Amalgamieren von Zn-Staub, 12std. Kochen mit 18 g **III** in Essigsäure, Zugabe von konz. HCl von der 2. bis 7. Std., Filtrieren, Verdünnen des Filtrats mit dem doppelten Vol. warmem W., Chlf., Extraktion des Nd. u. Eindampfen; aus Chlf.–CH_3OH Kristalle vom F. 230—250°, die bei 220° sublimieren; 1,9 g **II**; durch mehrmaliges Umkristallisieren werden tafelförmige, homogene Kristalle erhalten; der F. variiert mit der Geschw. des Erhitzens (Beginn bei 212—213°); längeres Erhitzen wandelt **II** in ein Sublimat von **I** um. Diese Red. von **III** liefert 6 g **I** u. **IV**. G. Platzer. 2800◇

0840 **Darstellung einiger fluorierter α-Aminoanthrachinone. Sulfonierung mit anschließender Reaktion von fluorierten Anthrachinonen.** G. Valkanas und H. Hopff. (J. chem. Soc. [London] **1963**, 1923—25; Zurich, ETH, Labor. of Organ. Chem. Technol.; engl.) — Durch Sulfonieren von 2.6-Difluoranthrachinon (**I**; vgl. C. **1963**, 5827) wird die *1-Sulfonsäure* (**V**) dargestellt. Durch Rk. mit $NaClO_3$ in HCl wird sie in das *1-Chlor-Deriv.* (**VI**) von **I** übergeführt, das durch Rk. mit p-Toluolsulfonamid (**II**) u. Hydrolyse das *1-Amino-Deriv.* von **I** liefert. 1-Chlor-2-fluoranthrachinon (**III**) wird durch Rk. mit **II** u. Hydrolyse analog in *1-Amino-2-fluoranthrachinon* übergeführt. Die Sulfonierung von 2-Fluoranthrachinon (**IV**) liefert nur *5-* oder *8-Sulfonsäure*. Sulfonierung von 1-Fluorbzw. 1.5-Difluoranthrachinon gelang nicht. Verss., 1-Chlorfluoranthrachinone mit NH_3 unter Druck umsetzen, lieferten Prodd., aus denen die reinen Amine nicht isoliert werden konnten.

Versuche: 2.6-Difluoranthrachinone: *1-Sulfo-* (**V**), durch 6std. Erhitzen von **I** in Oleum in Ggw. von Hg-Acetat auf 125—130°, Abkühlen auf 40—50°, Gießen in heißes W. in Ggw. von $NaClO_3$, Kochen, Filtrieren, Zusetzen von Na_2CO_3 u. 40std. Stehen bei Raum-Temp.; 78,5% (Ausbeute). — *1-Chlor-* (**VI**), $C_{14}H_5ClF_2O_2$, F. 237—238°, durch Zusetzen von $NaClO_3$ in W. zum Na-Salz vorst. Verb. in W./konz. HCl bei 90—95°, 1½ std. Erhitzen auf 90—95°, Abfiltrieren u. Waschen mit heißem W.; aus Chlorbenzol gelb; 79,5%. — *1-p-Toluolsulfonamido-*, $C_{21}H_{13}F_2NO_4S$, F. 249—250°, durch 4—5std. Kochen vorst. Verb. mit **II**, Cu-Acetat, K_2CO_3 u. o-Dichlorbenzol, Abfiltrieren u. Waschen mit sd. A. u. W.; aus Anisol grüngelb; 84%. — *1-Amino-*, $C_{14}H_7F_2NO_2$, F. 229 bis 230°, durch 1std. Erhitzen vorst. Verb. in konz. H_2SO_4 auf 60—65° u. Gießen auf Eis; aus Anisol orangefarben; 95,7%. — 2-Fluoranthrachinone: *1-p-Toluolsulfonamido-*, $C_{21}H_{14}$·FNO_4S, F. 262—263° (Anisol), analog vorvorst. Verb. aus **III** in 8 Std.; 81,6%. — *1-Amino-*, $C_{14}H_8FNO_2$, F. 228—229°, analog vorvorst. aus vorst. Verb.; aus Anisol hellrot; 96%. — *Na-6(7)-Fluoranthrachinon-1-sulfonat*, analog **V** aus **IV** u. 48std. Stehen; 85%. — *1-Chlor-6(7)-fluoranthrachinon*, F. 209 bis 210°, analog **VI** aus vorst. Verb.; aus Chlorbenzol hellgelb; 89%. — *1-p-Toluolsulfonamido-6(7)-fluoranthrachinon*, F. 256—260°, aus vorst. Verbindung. — *1-Amino-6(7)-fluoranthrachinon*, $C_{14}H_8FNO_2$, F. 203—204°, durch 1std. Erhitzen vorst. Verb. mit konz. H_2SO_4 u. Gießen auf Eis; aus Chlorbenzol rot; 95%. H. Gleinig. 2800◇

0841 **Kondensation von 2-Methyl-3-vinyl-Δ^2-cyclohexenon und 3-Vinyl-Δ^2-cyclohexenon mit Dihydroresorcin und Methyldihydroresorcin und Cyclisierung der entstehenden Triketone zu Hydrophenanthrenderivaten.** Ss. N. Anantschenko und I. W. Torgow. (Nachr. Akad. Wiss. UdSSR, Abt. chem. Wiss. **1960**, 1649—57; Akad. der Wiss. der UdSSR, Zelinsky-Inst. für organ. Chem.; russ.) — Es wurden *3-Vinyl-* (**I**) u. *2-Methyl-3-vinylcyclohexen-(2)-on-(1)* (**II**) dargestellt. Die Kondens. von **II** mit 2-Methyldihydroresorcin (**III**) lieferte *2-Methyl-3-{β-[1-methylcyclohexandion-(2.6)-yl-(1)]-äthyl}-cyclocexen-(2)-on-(1)* (**IV**), die Cyclisierung von **IV** gab *1.8a-Dimethyl-4b-hydroxy-2.8-diketo-Δ^{10a}-dodekahydrophenanthren* u. *1.8a-Dimethyl-2.8-diketo-$\Delta^{4a,10a}$-dekahydrophenanthren* (**V**). Bei der Kondens. von **II** mit Dihydroresorcin (**VI**) wurden *2-Methyl-3-{β-[cyclohexandion-(2.6)-yl-(1)-*

äthyl}-cyclohexen-(2)-on-(1)- (**VII**) u. *2.2-Bis-{β-[2-methylcyclohexen-(2)-on-(1)-yl-(3)]-äthyl}-cyclohexandion-(2.6)* erhalten. **VII** wurde mit CH_2N_2 zu *2-Methyl-3-{β-[3-methoxycyclohexen-(2)-on-(1)-yl-(2)]-äthyl}-cyclohexen-(2)-on-(1)* methyliert. Bei der Rk. von **I** mit **III** wurde *3-{β-[1-Methylcyclohexandion-(2.6)-yl-(1)]-äthyl}-cyclohexen-(2)-on-(1)* erhalten, das zum *-cyclohexen-(3)-on-(1)* isomerisiert wurde. Aus **I** u. **III** in Ggw. von H_3PO_4 wurde *8a-Methyl-2.8-diketo-$\Delta^{4a.10a}$-dekahydrophenanthren*, in Ggw. von K-tert.-Butylat *8a-Methyl-4b-hydroxy-2.8-diketo-Δ^{10a}-dodekahydrophenanthren* erhalten. **I** u. **VI** reagierten unter Bldg. von *2.3.5.6.7.8-Hexahydrobenzopyranon-(5)-spiro-[2.3]-cyclohexanon*. **V** wurde mit $NaBH_4$ zu *1.8a-Dimethyl-8-hydroxy-2-keto-$\Delta^{4a.10a}$-dekahydrophenanthren* red., dieses in das *Acetat* übergeführt.

Versuche: *2-Methyl-3-vinylcyclohexen-(2)-on-(1)* (**II**), $Kp._2$ 67—68,5°, durch Zugabe von 20 g 3-Isobutoxy- oder 3-Acetoxy-2-methylcyclohexen-(2)-on-(1) in 20 ml Ae. bei —15° zu Vinyl-MgBr [7 g Mg, 31 g Vinylbromid, 170 ml Tetrahydrofuran], 12std. Stehen bei 0° u. ½ std. Erhitzen auf 50—60°; $D._4^{20}$ 0,996; n_D^{20} 1,5512; 65 bzw. 60% (Ausbeute). — *3-Äthoxycyclohexen-(2)-on-(1)*, $Kp._{1,5}$ 85—86°, durch 26std. Kochen von 150 g **VI**, 300 ml A., 1200 ml Bzl. u. 1 g p-Toluolsulfonsäure (**VIII**) unter Abdestillieren von W.; n_D^{20} 1,5050; 84%. — *3-Vinylcyclohexen-(2)-on-(1)* (**I**), $Kp._4$ 82—83°, aus vorst. Verb. u. Vinyl-MgBr in Ae.–Tetrahydrofuran; n_D^{17} 1,5488; 75%. *2.4-Dinitrophenylhydrazon*, $C_{14}H_{14}N_4O_4$, F. 169 bis 170° (A.–Dioxan). — *2-Methyl-3-{β-[1-methylcyclohexandion-(2.6)-yl-(1)]-äthyl}-cyclohexen-(2)-on-(1)* (**IV**), $C_{16}H_{22}O_3$, F. 57—58° (Ae.), a) durch Erhitzen von 17 g **II** mit 17 g **III** u. Triton B (aus 1 g des Hydrochlorids) in 30 ml Xylol unter Abdestillieren von A. im N_2-Strom u. 12std. Erhitzen auf 120°; 70%; b) durch Erhitzen von **II** mit **III** in Ggw. von H_3PO_4-Piperidin (10 Std. bei 100°, 20 Std. bei 120°), Pyridin (90 Std. bei 130—135°), Triäthylamin (in Bzl.–Toluol 8 Std. kochen) oder K-tert.-Butylat (25 Std. bei 120°); 45, 25, 20 bzw. 25%. — *1.8a-Dimethyl-2.8-diketo-$\Delta^{4a.10a}$-dekahydrophenanthren* (**V**), F. 72—73,5° (Ae.), durch 9std. Kochen von 5 g **IV** mit 0,5 g **VIII** in 10 ml Essigsäure u. 30 ml Toluol unter Abdestillieren von W.; 40%. Daneben *1.8a-Dimethyl-4b-hydroxy-2.8-diketo-Δ^{10a}-dodekahydrophenanthren*, F. 166—170° (Bzl.–PAe); 10%. — *2-Methyl-3-{β-[cyclohexandion-(2.6)-yl-(1)]-äthyl}-cyclohexen-(2)-on-(1)* (**VII**), $C_{15}H_{20}O_3$, F. 173—175° (A.), durch 9std. Kochen von 4,1 g **VI** mit 5 g **II** in K-tert.-Butylat (0,3 g K, 15 ml tert.-Butanol) oder durch 18std. Erhitzen von 9,3 g **VI** mit 11,2 g **II** u. 0,75 g KOH in 8 ml W. u. 14 ml Dioxan auf 100°; 65 bzw. 23%. Daneben *1.1-Bis-{β-[2-methylcyclohexen-(2)-on-(1)-yl-(3)]-äthyl}-cyclohexandion-(2.6)*, $C_{24}H_{32}O_4$, F. 149—150° (Äthylacetat); 18 bzw. 25%. — *2-Methyl-3-{β-[3-methoxycyclohexen-(2)-on-(1)-yl-(2)]-äthyl}-cyclohexen-(2)-on-(1)*, $C_{16}H_{22}O_3$, F. 125—126° (Bzl.), aus 5 g **VII** u. CH_2N_2 in Ae. (3Std.); 2,6 g. — *3-{β-[1-Methylcyclohexandion-(2.6)-yl-(1)]-äthyl}-cyclohexen-(2)-on-(1)*, $C_{15}H_{20}O_3$, F. 59—60° (Ae.), durch 12std. Erhitzen von 5 g **III** mit 5 g **I** u. 0,4 g KOH in 3,5 ml W. u. 17 ml Dioxan auf 100°; 45%. — *3-{β-[1-Methylcyclohexandion-(2.6)-yl-(1)]-äthyl}-cyclohexen-(3)-on-(1)*, $C_{15}H_{20}O_3$, F. 107—108°, durch ¼std. Kochen von 4,2 g vorst. Verb. in 9,5 ml Essigsäure u. 28 ml Toluol in Ggw. von 0,5 g **VIII** u. 10 mg Jod; 40%. — *8a-Methyl-2.8-diketo-$\Delta^{4a.10a}$-dekahydrophenanthren*, $C_{15}H_{18}O_2$, F. 67—68° (A.), durch 10std. Erhitzen von 8 g **I**, 8 g **III**, 6 ml Pyridin, 5 ml Xylol, 1,5 ml Piperidin u. 0,7 g Piperidinphosphat auf 110—120°; 26%. — *8a-Methyl-4b-hydroxy-2.8-diketo-Δ^{10a}-dodekahydrophenanthren*, $C_{15}H_{20}O_3$, F. 151—152° (A.), durch 9std. Kochen von 4,1 g **III** mit 4 g **I** in K-tert.-Butylat (0,3 g K, 15 ml tert.-Butanol); 5%. — *2.2-[2-Ketopentamethylen]-2.3.5.6.7.8-hexahydrobenzopyranon-(5)*, $C_{14}H_{18}O_3$, F. 79—81° (A.–Ae.), durch 15std. Kochen von 7,3 g **VI** mit 8 g **I** u. 0,6 g KOH in 6 ml W. u. 15 ml Dioxan; 43%. — *1.8a-Dimethyl-8-hydroxy-2-keto-$\Delta^{4a.10a}$-dekahydrophenanthren*, $C_{16}H_{22}O_2$, F. 131—132° (Ae.), durch 12 Min. langes Stehen von 1 g **V** mit 0,15 g $NaBH_4$ in 15 ml A.; 0,6 g. *2.4-Dinitrophenylhydrazon*, $C_{22}H_{26}N_4O_5$, F. 219—220° (Äthylacetat–Dioxan). *Acetat*, $C_{18}H_{24}O_3$, F. 116—117° (A.), durch 3 Tage langes Stehen von 1,3 g des Ketons in 5 ml Acetanhydrid u. 5 ml Pyridin; 1,1 g. Helmut Schäfer. 2850△

0842 **Synthese von anti-trans-Δ^{10}-Dodekahydrophenanthrentrion-(2.5.8)-äthylenketal-(2).** K. K. Piwnitzki und I. W. Torgow. (Nachr. Akad. Wiss. UdSSR, Abt. chem. Wiss. **1960,** 1902; Akad. der Wiss. der UdSSR, Inst. für Chem. der Naturstoffe; russ.) — Die Rk. von 3-Vinylcyclohexen-(2)-on-(1) mit Methyläthyldioxolan lieferte *3-Vinylcyclohexen-(3)-on-(1)-äthylenketal* [$Kp._{0,5}$ 69—71°; n_D^{20} 1,5162; 53% (Ausbeute)]. Dieses wurde durch Kondens. mit p-Benzochinon in *syn–cis-$\Delta^{6.10}$-dekahydrophenanthrentrion-(2.5.8)-äthylenketal-(2)* [F. 165—166°; 87%] übergeführt. Die katalyt. Hydrierung der letzten Verb. an Ni lieferte *syn–cis-* [155,5—157°; 80%] u. dessen Isomerisierung an alkal. Al_2O_3 *anti-trans-Δ^{10}-Dodekahydrophenanthrentrion-(2.5.8)-äthylenketal-(2)* [F. 154,5 bis 155°; 88%]. Helmut Schäfer. 2850△

0843 **Beiträge zur Kenntnis der Bertram-Walbaum-Reaktion von Bicyclo-[2.2.1]-hepten- und Tricyclo-[2.2.1.0$^{2.6}$]-heptan-Derivaten sowie der endo–exo-Isomerie von Bicyclo-[2.2.1]-heptandiolen.** Hans Krieger. (Suomalaisen Tiedeakatemian Toimituksia [Ann. Acad. Sci. fennicae], Sarja A. II **109,** 1—39, 1961; Helsinki, Univ., Chem. Inst.; dt.) — Vgl. C. **1962,** 15578; C. **1963,** 2463 u. 3963. — Der theoret. denkbare Verlauf der Bertram-Walbaum-Rk. von endo- (**V**) u. exo-Dehydronorbornylacetat (**VI**), Nortricyclylacetat (**VIII**), Dehydronorcampher (**IV**) u. Nortricyclanon (**III**) wurde unter Einbeziehung der nicht klass. Norbornonium- u. Nortricycloniumionen diskutiert. Die Beziehungen zwischen der Konfiguration u. der exo–endo-Isomerie sowie dem Verh. u. den Eigg. der bei den Bertram-Walbaum-Rkk. entstehenden Diacetate u. Ketoacetate u. der aus diesen durch Hydrolyse oder Red. sich bildenden Diole werden besprochen. Die Reindarst. u. die Eigg. von *2.5-Diacetoxy-* u. *2.5-Dihydroxybicyclo-[2.2.1]-heptan* (**VII**) von *5-Acetoxy-* (**I**) u. *6-Acetoxybicyclo-[2.2.1]-heptanon-(2)* (**II**) werden beschrieben. Dabei wird der Trennverlauf durch Dest. oder Säulenchromatographie IR-spektrograph. verfolgt. Werte für die Abnahme von Dichte, Brechung, F. u. Elutions-Geschw. der dargestellten Verbb. sind angegeben. Die Oxydation von exo- u. endo-Norbornylacetat liefert ein Gemisch aus **I** u. **II** im Verhältnis 3:2. Die Bertram-Walbaum-Rk. von **III** führt ausschließlich zu *exo*-**I**, während aus **IV** neben wenig *exo*-**I** u. *exo*-**II** saure Prodd. entstehen. Die Ursache für dieses unterschiedliche Verh. wird auf die starke Schwächung der $C_{(1)}$—$C_{(2)}$-Bindung von **IV** auf Grund der leichten Polarisierbarkeit der Carbonylgruppe u. des Schmidtschen Doppelbindungseffektes der Bicyclo-[2.2.1]-hepten-Doppelbindung zurückgeführt. Die Bertram-Walbaum-Rk. von **V** u. **VI** liefert *endo–exo*-**VII** neben wenig *exo–exo*-**VII**; beide entstehen ferner neben *exo-2-anti-7-Dihydroxybicyclo-[2.2.1]-heptan* aus **VIII**. Die Maxima der IR-Spektren werden diskutiert.

Versuche: *endo-Dehydronorbornylacetat* (**V**), durch 20std. Erhitzen von Cyclopentadien u. Vinylacetat im Autoklaven auf 165—170° nach Alder u. Rickert [1939], daneben **VI**. — *exo-Dehydronorbornylacetat* (**VI**), durch Anlagerung von Essigsäure an Bicyclo-[2.2.1]-heptadien in Ggw. von BF_3 nach Krieger (Suomen Kemistilehti B **33,** [1960], 183); daneben *Nortricyclylacetat* (**VIII**). — *endo-Norbornylacetat*, durch Red. von Norcampher mit $LiAlH_4$ u. Acetylierung des gebildeten *endo-Norborneols*. — *exo-Norbornylacetat*, durch Einw. von Eisessig/H_2SO_4 auf Bicyclo-[2.2.1]-hepten. — *Dehydronorcampher* (**IV**), durch Oppenauer-Oxydation von Dehydronorborneol nach Toivonen u. Kaila (Suomen Kemistilehti B **29,** [1956], 138). — *Nortricyclanon* (**III**), $Kp._6$ 55°, $Kp._{22}$ 75,6°, a) durch Oxydation von Nortricyclanol mit $K_2Cr_2O_7$ in H_2SO_4; n_D^{20} 1,4880, $D._4^{20}$ 1,0865; b) durch 24std. Kochen von exo-5-Brombicyclo-[2.2.1]-heptanon-(2) u. K-Acetat in Essigsäure; 88% (Ausbeute). — *3-Hydroxy-3-methyltricyclo-[2.2.1.0$^{2.6}$]-heptan*, F. 34,5—36°, $Kp._{20}$ 79—79,5°, durch 4std. Kochen von **III** mit Methyl-MgJ in abs. Ae.; Nadeln; 79%. — *m-Xylol*, durch Erhitzen vorst. Verb. mit 85%ig. H_3PO_4 unter Destillation. — *exo-5-Acetoxybicyclo-[2.2.1]-heptanon-(2)* (*exo*-**I**), $Kp._5$ 111°, a) durch 7std. Erhitzen von **III** mit Eisessig/50%ig. H_2SO_4 auf 105°; n_D^{20} 1,4746, $D._4^{20}$ 1,1446, M_D 41,35; 57%. b) Durch 6std. Erhitzen von **IV** mit Essigsäure/50%ig. H_2SO_4 auf 110°, Dest. bei $Kp._{10}$ 127—130° (n_D^{20} 1,4749, $D._4^{20}$ 1,1436, Chromatographie an Silicagel u. Eluieren mit A./PAe. (1:99). *Semicarbazon* (**IX**), $C_{10}H_{15}N_3O_3$, F. 208,5—209° (A.), a) aus exo-**I**; b) neben dem *endo-I-Semicarbazon*. — *exo-5-Hydroxybicyclo-[2.2.1]-heptanon-(2)* (**X**), F. 132—133,5° (Rohr), durch 5std. Erhitzen von exo-**I** mit 15%ig. KOH auf 100°; 78%. — *endo-2-exo-2.5-Dihydroxybicyclo-[2.2.1]-heptan* (*endo–exo*-**VII**), $C_7H_{12}O_2$, F. 191,5—192,5°, a) durch Red. von **X** mit $LiAlH_4$ in abs. Ae., 1std. Kochen, Chromatographie an Al_2O_3 u. Eluieren mit A.; daneben 5—8% *exo–exo*-**VII**; b) durch Verseifen des Diacetats mit 15%ig. KOH; c) F. 169—170° (*Gemisch* mit *exo–exo*-**VII**; 65:35), F. 176,5—177,5° (Acetonitril, Gemisch mit *exo–exo*-**VII**; 40:60), durch 9std. Kochen von **D** mit methanol. KOH; 88%; d) F. 173—174°, Kp.$_{10,5}$ 138,5—139,5° (Gemisch mit **X**; 70:30), durch 20std. Erhitzen von **VI** mit Eisessig/50% ig. H_2SO_4 auf 95° u. Hydrolyse mit 15% ig. methanol. KOH (n_D^{20} 1,4666; 83%); e) F. 183,5—185° (im Gemisch mit wenig **X**), durch Hydrolyse von *exo*-**I** u. Red. mit $LiAlH_4$ in abs. Äther. *Diphenylurethan* (**XII**), $C_{21}H_{22}N_2O_4$, F. 227,5—229° (Acetonitril). *Diacetyl-Deriv.*, Kp.$_{10,5}$ 138°, durch Red. von *exo*-**I** mit $LiAlH_4$ u. Acetylieren; n_D^{20} 1,4670, D_4^{20} 1,1306, M_D 52,09. — *exo-Norborneol*, F. 125—126° (Sublimation im Vakuum), durch Erhitzen von **IX** mit KOH auf 170—230°; 36%. — *Diacetatgemisch* (**D**), Kp.$_{11}$ 140—141°, durch 5std. Erhitzen von **V** mit Eisessig/50% ig. H_2SO_4 auf 59—100°; n_D^{20} 1,4656—1,4661; 88%. — *exo–exo-2.5-Dihydroxybicyclo-[2.2.1]-heptan* (*exo–exo*-**VII**), $C_7H_{12}O_2$, F. 183 bis 184° (Acetonitril), a) durch Kochen von **X** mit Al-Isopropylat in Isopropanol u. Chromatographie; b) durch Verseifen von **XI** mit 15% ig. methanol. KOH; Schuppen. *Diphenylurethan*, $C_{21}H_{22}N_2O_4$, F. 197,5—199,5° (Äthylacetat/Ligroin). *Diacetyl-Deriv.* (**XI**), Kp.$_{10,5}$ 139,5—140°; n_D^{20} 1,4650, D_4^{20} 1,1271. — *endo-5-Acetoxybicyclo-[2.2.1]-heptanon-(2)* (*endo*-**I**) Kp.$_{12,5}$ 132,1 bis 132,4, durch 24std. Oxydation eines Gemisches von **X**/endo–exo-**VII** mit $K_2Cr_2O_7$ in verd. H_2SO_4 bei Temp. < 35°, Extrahieren mit Ae./Dest. bei Kp.$_{0,1}$ 125—130°, Acetylieren u. fraktionierte Destillation; n_D^{20} 1,4753, D_4^{20} 1,1497, M_D 41,21. *Semicarbazon*, $C_{10}H_{15}N_3O_3$, F. 227,5—228° (A.); daneben *exo*-**I**. — *Bicyclo-[2.2.1]-heptandion-(2.5)*, F. 132—134°. *Semicarbazon*, $C_9H_{14}N_6O_2$, F. 260,5—262°. — *endo-2-endo-5-Dihydroxybicyclo-[2.2.1]-heptan*, $C_7H_{12}O_2$, F. 208—209° (Acetonitril), a) durch Red. vorst. Verb. mit $LiAlH_4$; b) durch Hydrolyse von *endo*-**I** mit 15% ig. methanol. KOH, Extrahieren mit Ae., Eindampfen (F. 133—136°) u. Red. mit $LiAlH_4$; Sublimation im Vakuum. *Diacetyl-Deriv.*, Kp.$_{14,5}$ 143—144°; a) durch Red. von Bicyclo-[2.2.1]-heptandion-(2.5) mit $LiAlH_4$ u. Acetylierung; b) durch Red. von *endo*-**I** mit $LiAlH_4$; n_D^{20} 1,4679, D_4^{20} 1,1315, M_D 52,13. — *exo-2-anti-7-Dihydroxybicyclo-[2.2.1]-heptan* (**XIII**), F. 203—204° (Sublimation im Vakuum), durch Verseifen des Diacetyl-Deriv. mit 15% ig. methanol. KOH. *Diphenylurethan*, $C_{21}H_{22}N_2O_4$, a) F. 221,5—222,5° (Acetonitril); b) F. 200—202° (im Gemisch mit Diphenylurethan von endo–exo **VII**); c) F. 216 bis 217° (im Gemisch mit *exo-2-syn-7-Dihydroxybicyclo-[2.2.1]-heptandiphenylurethan* [$C_{21}H_{22}N_2O_4$, F. 222—223°]. *Diacetyl-Deriv.*, Kp.$_{10,5}$ 137,5—138°, a) durch Acetylierung; n_D^{20} 1,4641 D_4^{20} 1,1247; b) durch 20std. Erhitzen von **VIII** mit Eisessig/50% ig. H_2SO_4 auf 95° u. fraktionierte Dest.; daneben **XI**, c) als Nebenprod. bei der Anlagerung von Essigsäure an Bicyclo-[2.2.1]-heptadien. — *Verb.*, F. 42—53°, durch 4std. Oxydation von **XIII** mit $Na_2Cr_2O_7$ in verd. H_2SO_4. — *exo-6-Acetoxybicyclo-[2.2.1]-heptanon-(2)* (*exo*-**II**), durch Erwärmen von 50 g exo-Norbornylacetat mit Acetanhydrid/Essigsäure auf 60°, Zugabe von CrO_3, 2std. Erwärmen auf 80°, fraktionierte Dest. bei Kp.$_{13,5}$ 130—132° (neben 19 g *Norbornylacetat*, Kp.$_{13,5}$ 78—80°), Chromatographie von 3 g an Silicagel u. Eluieren mit A./PAe. (1:99); 0,4 g. *Semicarbazon*, $C_{10}H_{15}N_3O_3$, F. 207—207,5° (A.); daneben *exo*-**I**. — *endo-6-Acetoxybicyclo-[2.2.1]-heptanon-(2)* (*endo*-**II**), Kp.$_{12,5}$ 127,7—128,9°, analog *exo*-**II** u. fraktionierte Dest.; n_D^{20} 1,4748, D_4^{20} 1,1464, M_D 41,30. *Semicarbazon*, $C_{10}H_{15}N_3O_3$, F. 204—205° (A.); daneben *endo*-**I**, *Semicarbazon*, $C_{10}H_{15}N_3O_3$, F. 204—205° (A.). — *endo-2-endo-6-Diacetoxybicyclo-[2.2.1]-heptan*, aus *endo*-**II** analog der Darst. von *endo*-**I**. *Diacetat*, durch Acetylierung bei 20°; n_D^{20} 1,4653, D_4^{20} 1,1263, M_D 52,12. — *endo-2-endo-3-Dihydroxybicyclo-[2.2.1]-heptan*, F. 208—209° (Sublimation im Vakuum), durch Hydrieren u. Verseifen des Addukts von Vinylencarbonat an Cyclopentadien. W. Hampel. 2950◇

0844 **Synthese von trans-1-Hydroxy-1-acetoxyacetyl-6-acetoxy-4'-methoxybenzo-[1'.2':4.5]-hydrindan, eines Analogons der Corticohormone.** G. Ss. Grinenko, W. I. Maximow und W. I. Akssenowa. (Ber. Akad. Wiss. UdSSR **133**, 102—05, 1/7. 1960; Allunions Chem.-Pharmazeut. Ordshonikidse-Forschungsinst.; russ.) — Die Synth. u. einige Umwandlungen von *trans-1-Hydroxy-1-acetoxyacetyl-6-acetoxy-4'-methoxybenzo-[1'.2':4.5]-hydrindan* (**I**) werden beschrieben.

Versuche: *trans-2-Carboxymethyl-3-[p-methoxyphenyl]-cyclopentyliden-(1)-essigsäuremethylester*, $C_{17}H_{20}O_5$, F. 125 bis 126°, durch Kondens. von trans-2-Carboxymethyl-3-[p-methoxyphenyl]-cyclopentanon-(1) mit Bromessigsäuremethylester in Ggw. von Zn u. anschließende Dehydratisierung in Ggw. von NaOH; 35—37% (Ausbeute). — Benzo-[1'.2':4.5]-hydrindane: *trans-1-Carbomethoxymethylen-6-keto-4'-methoxy-*, $C_{17}H_{18}O_4$, F. 168—169°, durch Cyclisierung vorst. Verb. nach Friedel-Crafts; 75—78%. *2.4-Dinitrophenylhydrazon*, $C_{23}H_{22}N_4O_7$, F. 285° (Zers.). — *trans-1-[β-Hydroxyäthyliden]-6-hydroxy-4'-methoxy-* (**II**), $C_{16}H_{20}O_3$, F. 141—141,5°, durch Red. vorst Verb. mit $LiAlH_4$; 78%. *Diacetat*, $C_{20}H_{24}O_5$, F. 67,5—68,5°; 78%. — *1-Keto-6-acetoxy-4'-methoxy-, trans-Form*, $C_{16}H_{18}O_4$, F. 153,5—154,5°, durch Ozonolyse von **II**-Diacetat; 57%. *cis-Form*, F. 80,5—81,5°, durch alkal. Isomerisierung der trans-Form. — *trans-1-Hydroxy-6-acetoxy-1-acetoxyacetyl-4'-methoxy-* (**I**), $C_{20}H_{24}O_7$, F. 120—121°, durch Oxydation von **II**-Diacetat mit N-Methylmorpholinperoxid u. Chromatographieren an Silicagel; 30%. Daneben *trans-1-Hydroxy-1-[α-hydroxy-β-acetoxyäthyl]-6-acetoxy-4'-methoxy-* (**III**); Öl; 30%. — *trans-1.6-Dihydroxy-4'-methoxy-1-carboxy-*, F. 148—150°, durch Oxydation von **I** mit HJO_4. — *trans-1.6-Dihydroxy-1-[β-hydroxyacetyl]-4'-methoxy-*, $C_{16}H_{20}O_5$, F. 194—196°, durch Hydrolyse von **I**. *Triacetat*, $C_{22}H_{26}O_8$, F. 169—169,5°, durch Acetylierung von **I** in Ggw. von p-Toluolsulfonsäure. — *trans-1.6-Dihydroxy-1-[α.β-dihydroxyäthyl]-4'-methoxy-*, $C_{16}H_{22}O_5$, F. 193,5—194,5°, durch Hydroxylierung von **II** mit OsO_4. — *trans-1-Hydroxy-1-[α.β-diacetoxyäthyl]-6-acetoxy-4'-methoxy-*, $C_{22}H_{28}O_8$, F. 121—122°, durch Acetylierung vorst. Verb. oder von **III**. — *trans-2-Hydroxy-2-acetoxymethyl-7-acetoxy-4'-methoxybenzo-[1'.2':5.6]-dekalon-(1)*, $C_{20}H_{24}O_7$, F. 177—178°, durch Oxydation von **II**-Diacetat mit N-Methylmorpholinperoxid u. Ringerweiterung durch Chromatographieren an Al_2O_3; 25%. Helmut Schäfer. 2950△

0845 **Die Bildung aromatischer Kohlenwasserstoffe bei hohen Temperaturen.** 12. Mitt. **Die Pyrolyse von Benzol.** G. M. Badger und J. Novotny. (J. chem. Soc. [London] **1961**, 3400—02; Adelaide, Univ.; engl.) — 11. vgl. C. **1961**, **13869**. — Die Pyrolyse von Bzl. bei 700° in Ggw. von N_2 gibt *Äthylen* u. *Methan* neben einem Teer, der durch Gas–Fl.-Chromatographie, Chromatographie an Al_2O_3, an acetylierter Cellulose u. an acetyliertem Papier sowie spektroskop. analysiert wurde. Folgende Verbb. wurden im Teer identifiziert: *Bzl.* [75,91 (%)], *Biphenyl* (**III**, F. 70°; 20,84), *Fluoren* (**I**; 0,08), *Phenanthren* (**II**; 0,10), *Anthracen* (0,13), *p-Terphenyl* (F. 213 bis 214°; 1,02), *m-Terphenyl* (F. 85—86°; 0,37), *Fluoranthen* (**IV**; 0,06), *o-Terphenyl* (? Spuren), *Triphenylen* (F. 195 bis 197°; 0,67), *Chrysen* (0,13) u. *3.4-Benzofluoranthen* (**V**; 0,05). **I** u. **II** können aus **III** durch Rk. mit einer C_1- bzw. einer C_2-Einheit entstanden sein, die als Spaltprodd. des Bzl. auftreten. Analog wird die Bldg. von **IV** aus **III** u. einer C_4-Einheit mit nachfolgender Cyclodehydrierung erklärt. Die Entstehung von **V** kann durch Phenylierung von **II** erfolgt sein. D. Kirstein. 2950◇

0846 **Die Bildung aromatischer Kohlenwasserstoffe bei hohen Temperaturen.** 13. Mitt. **Die Pyrolyse von 3-Vinylcyclohexen.** G. M. Badger und J. Novotny. (J. chem. Soc. [London] **1961**, 3403—07; engl.) — 12. vgl. vorst. Referat. — Die Pyrolyse von 3-Vinylcyclohexen (**I**) bei 700° in Ggw. von N_2 lieferte gasförmige Prodd., unter denen *Methan* u. *Äthylen* identifiziert wurden u. daneben einen Teer, in dem durch Gas–Fl.-Chromatographie, Chromatographie an Al_2O_3, acetylierter Cellulose u. acetyliertem Papier sowie durch UV- u. Fluorescenzspektroskopie nachgewiesen wurden: *Bzl.* [43,67 (%)], *Toluol* (16,12), *Äthylbenzol* (0,22), *p-Xylol* (1,83), *Styrol* (3,14), *Inden* (0,48), *Naphthalin* (13,16), *1-* u. *2-Methylnaphthalin* (3,67), *Biphenyl* (3,44), *4.4'-Dimethylbiphenyl* (0,06), *Bibenzyl* (0,31), *Stilben* (0,11), *Acenaphthylen* (1,06), *Phenanthren* (F. 96—98°; 1,84), *Fluoren* (1,00), *Anthracen* (0,64), *Pyren* (1,31). *Fluoranthen* (F. 105—107°; 0,34), *2.3-Benzofluoren* (0,70), *1.2-Benzanthracen* (0,34), *2.2'-Binaphthyl* (0,15), *1.2-Benzofluoren* (0,58), *Chrysen* (F. 253—255°; 0,42), *Triphenylen* (0,11), *Perylen* (0,13), *1.2-Benzopyren* (0,31), *1.2;5.6-Dibenzanthracen* (0,13), *10.11-Benzofluoranthen* (0,22), *3.4-Benzopyren* (0,48), *3.4-Benzofluoranthen* (F. 160—164°; 0,27), *4.5-[o-Phenylen]-fluoranthen* (*Indeno-[1.2.3:c.d]-fluoranthen*; 0,18), *11.12-Benzofluoranthen* (0,38), *1.12-Benzoperylen* (0,04), *Anthanthren* (0,15), *2.3-[o-Phenylen]-pyren* (*Indeno-[1.2.3:m.n]-pyren*; 0,38), *3.4;9.10-Dibenzopyren* (*Dibenzo-[a;i]-pyren*; 0,05) u. *3.4-Benzotetraphen* (0,08). Der Bldg.-Mechanismus einiger aus **I** entstehender Verbb. wird diskutiert.

Versuche: *3-Vinylcyclohexen* (I), Kp. 131—132°, durch therm. Dimerisation von Butadien-(1.3); n_D^{14} 1,4672.
D. Kirstein. 2950◇

0847 **Die Bildung aromatischer Kohlenwasserstoffe bei hohen Temperaturen. 14. Mitt. Die Pyrolyse von $^{14}C_{(\alpha)}$-Äthylbenzol.** G. M. Badger und R. W. L. Kimber. (J. chem. Soc. [London] **1961,** 3407—14; engl.) — 13. vgl. vorst. Referat. — Es wurde $^{14}C_{(\alpha)}$-Äthylbenzol (I) aus Bzl. u. Na-$^{14}C_{(COO)}$-Acetat nach Friedel-Crafts mit anschließender katalyt. Hydrierung des erhaltenen *$^{14}C_{(CO)}$-Acetophenons* dargestellt u. der Pyrolyse bei 700° unterworfen (vgl. C. **1961,** 13868). Aus dem dabei erhaltenen Teer wurden folgende Verbb. isoliert u. radiochem. analysiert: *Bzl.* [0,024 (relative mol. Aktivität)], *Toluol* (**II**; 0,74), *Styrol* (**IX**; 1,07), *Naphthalin* (**III**; 2,00), *Biphenyl* (0,045), *Phenanthren* (**IV**); 1,05), *Anthracen* (**V**; 1,03), *Pyren* (**VI**; 2,4, 2,65), *Chrysen* (**VII**; 3,14) u. *3.4-Benzofluoranthen* (**VIII**; 0,19). Daneben entstanden H_2, *Methan* u. *Äthylen* (**X**) im Verhältnis 4:3:1. Die Ergebnisse lassen erkennen, daß das Benzol-Ring-Syst. sehr stabil ist. Für die Bldg. von **III** wird die Rk. eines Phenäthylradikals mit **X** über ein Phenylbutylradikal angenommen. **IV** wird wahrscheinlich durch Rk. eines Phenylradikals mit einer C_6–C_2-Einheit, wie z. B. Äthylbenzol, **IX**, einem Phenäthyl- oder Styrylradikal (u. nicht aus einer C_6–C_1-Einheit) mit nachfolgender Cyclodehydrierung, gebildet, so daß ein **IV** mit einem markierten Atom entsteht. **V** resultiert vermutlich aus der Umlagerung von **IV**. Die Entstehungsweise von **VI** konnte nicht mit Sicherheit festgestellt werden. **VII** kann sowohl aus zwei C_6–C_3-Einheiten als auch aus einer C_6–C_4- u. einer C_6–C_2-Einheit u. aus zwei C_1–C_6–C_2-Einheiten entstanden sein, die alle in Übereinstimmung mit den Vers.-Ergebnissen ein drei markierte Atome enthaltendes **VII** liefern, vorausgesetzt, daß die Kettenverlängerung durch Angriff eines Methylradikals an eine C_6–C_2-Einheit u. nicht durch Rk. eines Äthylradikals mit einer C_6–C_1-Eniteih erfolgt. **VIII** entsteht durch Phenylierung von **IV** u. nachfolgende Cyclodehydrierung des entstehenden *9(1)-Phenylphenanthrens.* **II** entsteht vermutlich sowohl durch Spaltung von **I** u. Hydrierung des entstehenden Benzylradikals als auch durch Rk. eines Methylradikals mit Bzl. oder einem Phenylradikal.

Versuche: *$^{14}C_{(CO)}$-Acetophenon,* aus Na-$^{14}C_{(COO)}$-Acetat u. $AlCl_3$ in Bzl. durch 8std. Kochen; n_D^{15} 1,5353; 85% (Ausbeute). — *$^{14}C_{(\alpha)}$-Äthylbenzol* (I), Kp. 133—134°, aus vorst. Verb. durch 72std. Hydrierung in Essigsäure an Pd-Kohle in Ggw. von 70%ig. $HClO_4$ bei 50 lbs./sg.in; n_D^{14} 1,4983; liefert durch Bromierung, Hydrolyse u. $KMnO_4$-Oxydation *$^{14}C_{(COO)}$-Benzoesäure,* F. 120,5—122°. — *2.2'-Diphensäure,* F. 225—227° (W.), aus **IV** durch Zugabe von Eisessig u. 50%ig. H_2O_2 u. nach 45 Min. $^1/_4$std Kochen; liefert durch 2std. Kochen mit Cu-Bronze in Chinolin *Biphenyl,* F. 69—70° (A.–A.) u. CO_2.
D. Kirstein. 2950◇

0848 **Herstellung und Reaktionen des Cyclooctatriens.** W. Sanne und O. Schlichting. (Angew. Chem. **75,** 156—61, 1963; Ludwigshafen/Rh., BASF, Hauptlabor.; dt.) — Vff. geben einen Überblick über die Chemie des *Cyclooctatriens-(1.3.6)* (I), das durch Red. von Cyclooctatetraen (III) oder durch Diels-Alder-Rk. u. intramol. Wurtz-Fittig-Synth. aus Butadien zugänglich ist. Es werden Rkk. an den beiden aktivierten Methylengruppen, am Doppelbindungs-Syst. (Diels-Alder-Rkk., Epoxydierung, Halogenierung usw.) u. die transanulare Addition von CCl_2 beschrieben. Folgende Ergebnisse sind bisher nicht oder nur mit Patenten veröffentlicht: Die Red. von **III** mit Cu-aktiviertem Zn-Staub führt zu 85—90% **I** neben nur 5—10% des isomeren *Cyclooctatriens-(1.3.5)* (II). I lagert sich therm. oder unter alkohol. Katalyse in **II** um, das über eine intracycl. Dien-Synth. bzw. einen Retrodienzerfall mit *Bicyclo-[4.2.0]-octadien-(2.4)* im Gleichgewicht steht. Bei der Dest. von **I** u. beim Erhitzen von **II** entsteht das tetracycl. *2.7-Endovinylentricyclo-[6.6.0.0$^{3.6}$]-hexadecadien-(9.13)* (**IV**), beim Erhitzen von **I** oder **II** mit Basen das pentacycl. *2.7-Endovinylentetracyclo-[6.6.0.0$^{3.6}$.0$^{9.12}$]-hexadecaen-(13)* (**V**). **IV** u. **V** werden zu den entsprechenden *KW-Stoffen $C_{16}H_{26}$* bzw. *$C_{16}H_{24}$* hydriert. Im Gegensatz zu **III** reagieren **I** u. **II** in der Regel unter Beibehaltung des Achtringes. **I** bildet mit N-Bromsuccinimid in lebhafter Rk. *8-Bromcyclooctatrien-(1.3.5)* u. *5.8-Dibromcyclooctatrien-(1.3.6),* die schon bei Raum-Temp. HBr abspalten u. O_2 aus der Luft aufnehmen. Bei der Aminomethylierung von **I** mit Formaldehyd u. Piperidin entsteht *7-Piperidinomethylcyclooctatrien-(1.3.5).* Bei Dien-Synth. reagieren **I** u. **II** als cycl. Diene in ihrer Bicycloform. Aus **I** oder **II** entsteht mit Maleinsäureanhydrid (**VI**) *3.6-Endovinylen-4.5-cyclobutanohexahydrophthalsäureanhydrid,* das katalyt. zu *3.6-Endoäthylen-4.5-cyclobutanohexahydrophthalid* hydriert wird, u. mit Azodicarbonsäureester *3.6-Endovinylen-4.5-cyclobutanohexahydropyridazin-1.2-dicarbonsäureester* liefert. Dagegen bleibt der Achtring erhalten bei der Rk. von 5-Chlor- (**VII**) oder 5-Bromcyclooctadien-(1.3) (**VIII**) mit **VI**; entgegen der Bredtschen Regel entsteht das Dihydrohalogenierungs-Prod. *Bicyclo-[4.2.2]-decadien-(1.9)-dicarbonsäure-(7.8)-anhydrid* vom F. 304° (aus **VIII**) bzw. 135° (aus **VII**). **I** wird von Hg(II)-Acetat (**IX**) in Eisessig zu *5-Acetoxy-* u. *5.8-Diacetoxycyclooctatrien-(1.3.6),* von **IX** in Methanol zu *6.7-Dimethoxycyclooctadien-(1.3)* u. von CrO_3 in Acetanhydrid zu *6.7-Diacetoxycyclooctadien-(1.3)* oxydiert. Mit SO_3/Dioxan bildet sich eine *bicycl. Sulfonsäure.* Mit überschüssigen hochprozentigen Persäuren liefert **II** *5.6-Epoxycyclooctadien-(1.3),* **I** dagegen *3.4;6.7-Diepoxycycloocten-(1)* u. als Nebenprod. im Falle der Peressigsäure (**XIV**) *3.4-Epoxy-6-hydroxy-7-acetoxycycloocten-(1).* Mit 30%ig. **XIV** oder Perameisensäure entstehen als Hauptprodd. *6-Hydroxy-7-acetoxy-* bzw. *6-Hydroxy-7-formoxycyclooctadien-(1.3).* Bei der Rk. von **VII** mit $Na_2Cr_2O_7$ wird wahrscheinlich *7.8-Epoxycycloocten-(1)-on-(3)* gebildet. Addition von HCl an **I** führt zu *6-Chlorcyclooctadien-(1.3),* das sich in der Hitze rasch in **VII** umlagert, u. *3.8-Dichlorcycloocten-(1),* Addition von HBr dagegen zu **VIII**. Bei der Chlorierung mit Cl_2 oder SO_2Cl_2 erhält man aus **I** oder **II** je nach den Mengenverhältnissen *5.8-Dichlorcyclooctadien-(1.3)* (**X**), *3.4.7.8-* oder *3.4.5.8-Tetrachlorcycloocten-(1)* bzw. *1.2.3.4.5.6-Hexachlorcyclooctan.* **VIII** reagiert mit bas. Agentien unter Substitution des Br-Atoms: Man erhält mit Na-Äthylat *5-Äthoxy-,* mit K-Acetat *5-Acetoxy-,* mit NH_3 *5-Aminocyclooctadien-(1.3),* mit $Na_2 \cdot SO_3$ *Cyclooctadien-(1.3)-sulfonsaures-(5)-Na-Salz.* Als Nebenprod. entsteht stets etwas **II**, das bei der Rk. mit KCN Hauptprod. ist; mit $Cu_2(CN)_2$ bildet sich *5-Cyanocyclooctadien-(2.4).* **VIII** reagiert mit Mg nicht zur Grignard-Verb., sondern zu *Dicyclooctadien-(1.3)-yl-(5.5'),* das wegen seiner hohen Symmetrie 2 Absorptionsmaxima (214 u. 231 mμ) mit gleicher Extinktion aufweist. **VIII** bildet mit Na-Acetessigester *α-[Cyclooctadienyl-(2.4)]-acetessigester,* der durch Ketonspaltung in *Cyclooctadienyl-(2.4)-aceton,* durch Säurespaltung in *Cyclooctadienyl-(2.4)-essigsäure* umgewandelt wird. Letztere erhält man günstiger aus **VIII** durch Kondensation mit Na-Malonester zu *Cyclooctadienyl-(2.4)-malonester* (**XI**), Verseifung zu *Cyclooctadienyl-(2.4)-malonsäure* u. Decarboxylierung. Aus den α-Alkyl-Derivv. von **XI** gewinnt man durch Red. mit $LiAlH_4$ *2-[Cyclooctadienyl-(2.4)]-2-alkylpropandiole-(1.3),* durch Rk. mit Harnstoff *2-[Cyclooctadienyl-(2.4)]-2-alkylbarbitursäuren.* **X** zeigt ähnliche Rkk. wie **VII** u. **VIII**: Mit Na-Methylat bildet sich *5.8-Dimethoxy-,* mit K-Acetat *5.8-Diacetoxycyclooctadien-(1.3).* Mit Piperidin erhält man aus **X** *8-Chlorcyclooctatrien-(1.3.5)* (das sich auch aus **X** u. Li-Phenyl bildet) u. *8-[Piperidyl-(1)]-cyclooctatrien-(1.3.5);* diese Verbb. gehen beim Erhitzen in *7-Chlor-* bzw. *7-[Piperidyl-(1)]-bicyclo-[4.2.0]-octadien-(2.4)* über. **I** lagert Dichlorcarben an unter Bldg. von *9.9-Dichlorbicyclo-[4.2.1]-nonadien-(2.4)* (**XII**). Die Rk. verläuft transannular unter H-Verschiebung (nicht als 1.4-Addition an das konjugierte Doppelbindungs-Syst.), denn Cycloocten (**XIII**) addiert CCl_2 auf gleiche Weise unter Bldg. von *9.9-Dichlorbicyclo-[4.2.1]-nonan* (**XV**); daneben entsteht nach Logan allerdings auch *9.9-Dichlorbicyclo-[6.1.0]-nonan.* **XII** läßt sich zu **XV** bzw. (mit Faney-Ni in Ggw. von KOH) zu *Bicyclo-[4.2.1]-nonan* hydrieren, das auch aus **XV** entsteht. **XII** addiert Cl_2 unter Bldg. von *4.5.9.9-Tetrachlorbicyclo-[4.2.1]-nonen-(2)* oder *2.5.9.9-Tetrachlorbicyclo-[4.2.1]-nonen-(3)* u. von *2.3.4.5.9.9-Hexachlorbicyclo-[4.2.1]-nonan.* **III** addiert CCl_2 im Gegensatz zu **I** u. **XIII** in seiner bicycl. Form in 1.2-Stellung unter Bldg. von *8.8-Dichlortricyclo-[4.3.0.0$^{7.9}$]-nonadien-(2.4).*

Versuche: *Cyclooctatrien-(1.3.6)* (I), $Kp._{58}$ 64—65°, durch Erwärmen von **III** in wss. A. mit Zn-Staub auf 70°, Zutropfen von 40%ig. NaOH in 2 Std. unter Rühren bei <80° u. ½std. Rühren; n_D^{24} 1,5056; 84% (Ausbeute), daneben 8,1% *Cyclooctatrien-(1.3.5)* (II) vom $Kp._{58}$ 71°; n_D^{24} 1,5236. — *5-Bromcyclooctadien-(1.3)* (**VIII**), $Kp._{0,8}$ 56°, durch Einleiten von HBr in die Lsg. von **I** in Eisessig bei 10—20° u. 24std. Stehen; n_D^{23} 1,5488; 88%. — *Dicyclooctadien-(1.3)-yl-(5.5'),* $Kp._{0,4}$ 138—142°, durch Rk. von 37 g **VIII** in abs. Ae. mit durch J_2 aktiviertem Mg bei 20—30°, 20 Min. langes Kochen u. Gießen auf CO_2-Schnee; 10 g. — *9.9-Dichlorbicyclo-[4.2.1]-nona-*

dien-(2.4) (**XII**), $Kp._{0,01}$ 45°, durch Erwärmen von **I** u. Na-Methylat auf 30—35°, Zugabe von Chlf. unter Rühren u. schwacher Kühlung u. 24std. Rühren bei Raum-Temp.; n_D^{25} 1,5337; 62%. — *9.9-Dichlorbicyclo-[4.2.1]-nonan* (**XV**), $Kp._{0,3}$ 62—63°, durch Erwärmen von **XIII** u. Na-Methylat auf 60°, Zugabe von Chlf. in kleinen Portionen bei 70—75° unter Rühren u. ½std. Erwärmen auf 80°; n_D^{25} 1,5058; 45%. G. Fischer. 2950◇

0849 **Beiträge zur Entwicklung psychotroper Stoffe.** 3. Mitt. **Diphenylamin-Derivate mit pyridyl- und guanidyl-substituierten Seitenketten.** M. Thiel und K. Stach. (Mh. Chem. **93**, 1080—89, 1962; Mannheim-Waldhof, C. F. Boehringer u. Söhne G. m. b. H., Chem. Forschungslabor.; dt.) — 2. vgl. C. **1964**, 3-0930. — Im Rahmen der Unters. der pharmazeut. Wrkg. von Carbazol-, Phenthiazin- u. 10.11-Dihydrodibenzo-[b;f]-azepin-Derivv. stellen Vff. eine Reihe von *γ-[Pyridylamino]-propyl-Derivv.* sowie *γ-Guanidino-propyl-Derivv.* (**GD**) dar. Durch Umsetzung von *β*-[Carbazolyl-(9)]-propylchlorid mit Aminopyridinen werden *9-[β-(Pyridylaminocarbonyl)-äthyl]-carbazole* (**B**) erhalten. Die Carbonylgruppe in den **B** läßt sich leicht mit $LiAlH_4$ reduzieren unter Bldg. der entsprechenden *9-[γ-(Pyridylamino)-propyl]-carbazole*, die auch durch Rk. von Chlorpyridinen mit 9-[*γ*-Aminopropyl]-carbazol (**III**) in schlechten Ausbeuten, durch Rk. von 4-Phenoxypyridin u. **III** in guten Ausbeuten u. durch Rk. von Aminopyridinen mit 9-[*γ*-Chlorpropyl]-carbazol (**I**) in Ggw. von $NaNH_2$ in unbefriedigenden Ausbeuten erhalten werden. Bei der Rk. von **I** mit Aminopyridin ohne $NaNH_2$ werden *1-{γ-[Carbazolyl-(9)]-propylamino}-pyridinium-Verbb.* dargestellt. Letztere Rk. verläuft am besten mit 4-Aminopyridin. Bei Anwendung von 2-Aminopyridin muß das Rk.-Gemisch schon auf ca. 120° erwärmt werden, u. 3-Aminopyridin reagiert nicht mehr. Die **GD** werden durch Verschmelzen von **III** mit Guanidinrhodanid, durch Kochen von **III** mit S-Alkylisothioharnstoffen oder durch Behandeln von 1-{*γ*-[Carbazolyl-(9)]-propyl}-S-alkylisothiuroniumsalzen mit NH_3, Aminen oder Hydrazin dargestellt. Analog den Carbazolyl-Derivv. werden die *Phenthiazin-*, *Phenoxazin-* u. *10.11-Dihydrodibenzo-[b;f]-azepin-Derivv.* dargestellt.

Versuche: Propionylchloride: *β-[Carbazolyl-(9)]-*, F. 127—130°, durch 3std. Kochen von *β*-[Carbazolyl-(9)]-propionsäure in Chlf. mit $SOCl_2$; 95% (Ausbeute). — *β-[Phenthiazinyl-(10)]-*, F. 120—122° (A.), durch Zutropfen von Oxalylchlorid in Chlf. zu *β*-[Phenthiazinyl-(10)]-propionsäure in Chlf. u. 3std. Kochen; 99%. — *β-[10.11-Dihydro-5H-dibenzo-[b;f]-azepinyl-(5)]-*, aus der entsprechenden Säure analog vorvorst. Verb.; 97%. — 10-[*β*-Aminocarbonyläthyl]-phenthiazine, durch 1std. Kochen des entsprechenden Aminopyridins mit dem entsprechenden Acylchlorid in Bzl. in Ggw. von Triäthylamin, Verdünnen mit W., Abtrennen der benzol. Phase u. Einengen (Meth. **A**): *10-{β-[Pyridyl-(3)-aminocarbonyl]-äthyl}-*, F. 161—162° (Methanol); 78%. — *10-{β-[Pyridyl-(4)-aminocarbonyl]-äthyl}-*, F. 164 bis 165° (Essigester); 68%. — *10-{β-[Pyridyl-(2)-aminocarbonyl]-äthyl}-*, F. 144° (Bzl./Bzn.); 41%. — 9-[*β*-Aminocarbonyläthyl]-carbazole (**B**), analog **A**: *9-{β-[Pyridyl-(2)-aminocarbonyl]-äthyl}-*, F. 177—178° (Bzl.); 60%. — *9-{β-[Pyridyl-(3)-aminocarbonyl]-äthyl}-*, F. 193—195° (Isopropanol); 69%. — *9-{β-[Pyridyl-(4)-aminocarbonyl]-äthyl}-*, F. 137° (Bzl.); 30%. — *5-{β-[Pyridyl-(2)-aminocarbonyl]-äthyl}-10.11-dihydrodibenzo-[b;f]-azepin*, F. 144—145° (Isopropanol/Bzn.); 45%. — 9-[*γ*-Aminopropyl]-carbazole, a) durch 1std. Kochen des entsprechenden **B** mit $LiAlH_4$ in Tetrahydrofuran u. Zers. mit W. (Meth. **D**); b) durch 3std. Erhitzen des entsprechenden N-[*γ*-Aminopropyl]-heterocyclus mit 4-Phenoxypyridin auf 180—200°, Aufnehmen in W. u. Extrahieren mit CH_2Cl_2 (Meth. **E**): *9-[γ-Pyridyl-(2)-aminopropyl]-*, F. 98—99°, nach **D**; 74%. — *9-[γ-Pyridyl-(3)-aminopropyl]-*, F. 144—145° (Methanol), nach **D**; 74%. — *9-[γ-Pyridyl-(4)-aminopropyl]-*, F. 179—180° (Bzl.), nach **D**; 61%. — 10-[*γ*-Aminopropyl]-phenthiazine: *10-[γ-Pyridyl-(2)-aminopropyl]-*, F. 98—99° (Methanol), a) nach **D**; 88%; b) durch 6std. Kochen von 10-[*γ*-Aminopropyl]-phenthiazin, 2-Chlorpyridin u. wasserfreiem Na_2CO_3, Filtrieren u. Einengen im Vakuum; 33,5%; c) durch 2std. Kochen von $NaNH_2$ u. 2-Aminopyridin in Toluol, Versetzen mit 3-[Phenthiazinyl-(10)]-propylchlorid, 3std. Kochen u. Zers. mit W.; 14,5%. *Hydrochlorid*, F. 172° (Dioxan). — *10-[γ-Pyridyl-(3)-aminopropyl]-*, F. 106—107° (Essigester), nach **D**; 68%. *Hydrochlorid*, F. 155—156° (A./Ae.). — *10-[γ-Pyridyl-(4)-aminopropyl]-*, F. 166—167° (Essigester), a) nach **D**; 60%; b) nach **E**; 65%. *Hydrochlorid*, F. 190° (Dioxan). — *10-{γ-[Pyridyl-(4)-amino]-propyl}-phenoxazin*, nach **E**; 61%. *Hydrochlorid*, F. 231—233° (Isopropanol). — *5-{γ-[Pyridyl-(2)-amino]-propyl}-10.11-dihydrodibenzo-[b;f]-azepin*, F. 74 bis 75° (Bzl./Bzn.), nach **D**; 49%. — *5-{γ-[Pyridyl-(4)-amino]-propyl}-10.11-dihydrodibenzo-[b;f]-azepin*, F. 160—161° (Methanol), nach **E**; 55%. — 2-Aminopyridiniumchloride, durch 3std. Rühren des entsprechenden Propylchlorids mit 2-Aminopyridin bei 120°: *1-[γ-Carbazolyl-(9)-propyl]-*, F. 125—127° (A./Essigester); 41%. — *1-[γ-Phenthiazinyl-(10)-propyl]-*, *Dihydrat*, F. 185—187° (W.); 60%. — *1-[γ-Phenoxazinyl-(10)-propyl]-*, F. 248—250° (Propanol); 22%. — *1-{γ-[10.11-Dihydrodibenzo-[b;f]-azepinyl-(5)]-propyl}-*, F. 178—179° (Methanol/Butanon); 24%. — 4-Aminopyridiniumchloride, durch 16std. Kochen des entsprechenden Propylchlorids u. 4-Aminopyridin in Butanon oder Pentanon-(3) unter Rühren: *1-[γ-Carbazolyl-(9)-propyl]-*, F. 268° (A./Butanon); 53%. — *1-[γ-Phenthiazinyl-(10)-propyl]-*, *Hemihydrat*, F. 197—198° (A./Essigester); 67%. *N.N-Dimethyl-Deriv.*, F. 171—172°, analog aus 4-Dimethylaminopyridin in 24 Std.; 62%. — *1-[γ-Phenoxazinyl-(10)-propyl]-*, F. 228—230° (A./Butanon); 59%. — *1-{γ-[10.11-Dihydrodibenzo-[b;f]-azepinyl-(5)]-propyl}-*, F. 160—161° (Methanol/Essigester); 51%. — *1-{3-[Carbazolyl-(9)]-propyl}-3-äthylthioharnstoff*, F. 82—83°, durch 8std. Kochen von Äthylsenföl u. 9-[3-Aminopropyl]-carbazo (**III**) in Bzl.; 65%. — *S-Äthyl-1-{3-[carbazoyl-(9)]-propyl}-3-äthylisothioharnstoffhydrobromid*, F. 106—108°, durch 2std. Kochen vorst. Verb. mit Äthylbromid; 94%. — *1-{3-[Carbazolyl-(9)]-propyl}-3-butylthioharnstoff*, F. 107—108°, analog vorvorst. Verb. aus Butylsenföl; 97%. — *S-Methyl-1-{3-[carbazolyl-(9)]-propyl}-3-butylisothioharnstoffoxalat* (**II**), F. 155—157° (A.), durch 4std.. Kochen vorst. Verb. mit Dimethylsulfat in Methanol u. Extrahieren mit NaOH u. Chlf.; 85%. — 1-{*γ*-[Carbazolyl-(9)]-propyl}-guanidine, a) durch 2std. Erhitzen des entsprechenden Propylamins mit Guanidinrhodanid auf 170° u. Eingießen in sd. K_2CO_3-Lsg. (Meth. **F**); b) durch Erhitzen des entsprechenden Alkylthioharnstoffchlorids u. einem Propylamin in Methanol bis zum Aufhören der Alkylmercaptanentwicklung (Meth. **G**): *Unsubstituiert*, *Hydrochlorid*, F. 129—131° (A./Essigester), nach **F**; 58%. — *3-Butyl-*, *Hydrochlorid*, F. 156—158° (Isopropanol), durch Verrühren von **II** mit 2n NaOH, Extrahieren mit Chlf., Einengen, Aufnehmen in A., Neutralisieren mit äthanol. HCl, Sättigen mit NH_3, 8std. Erhitzen im Glasautoklaven auf 100°, Eindampfen u. Extrahieren mit Ae. u. W.; 11,5% (Meth. **H**). — *3-Amino-*, *Hydrobromid*, F. 160—161° (Propanol), nach **G**; 52%. — *2-Äthyl-3-amino-*, *Hydrobromid*, F. 160° (Methanol/Essigester), nach **H**; 44%. — *1-{γ-[Phenoxazinyl-(10)]-propyl}-guanidinhydrochlorid*, F. 136—138° (W.), nach **F**; 36%. — 1-{*γ*-[Phenthiazinyl-(10)]-propyl}-guanidine: *Unsubstituiert*, *Hydrochlorid*, F. 156—157° (A./Ae.), a) nach **F**; 62%; b) nach **G**; 52%. *Acetat*, F. 225—260° (Methanol), nach **G**; 72%. — *1-Methyl-*, *Hydrochlorid*, F. 135—137° (A./Essigester), nach **G**; 27%. — *3-Amino-*, *Hydrobromid*, F. 122—124° (Isopropanol), nach **G**; 53%. — *1-{γ-[10.11-Dihydrodibenzo-[b;f]-azepinyl-(5)]-propyl}-guanidinacetat*, F. 133—135° (W.), nach **F**; 72%. — *1-{γ-[10.11-Dihydrodibenzo-[b;f]-azepinyl-(5)]-propyl}-3-aminoguanidinhydrobromid*, F. 163—164° (Propanol), nach **G**; 50%. — *2-{3-[Phenthiazinyl-(10)]-propylamino}-Δ^2-imidazolin*, F. 118 bis 120°, durch 6std. Kochen des entsprechenden Propylamins mit 2-Methylmercapto-Δ^2-imidazolinhydrojodid in abs. A.; 76%. — *10-[3-Methylaminopropyl]-phenthiazin*, $Kp._{0,2}$ 180—185°, durch Sättigen von 10-[3-Chlorpropyl]-phenthiazin in Methanol mit Monomethylamin, 5std. Erhitzen im Glasautoklaven auf 100°, Einengen u. Versetzen mit NaOH; 85%. M. Mirsch. 3000◇

0850 **Beiträge zur Entwicklung psychotroper Stoffe.** 4. Mitt. **Diphenylamin-Derivate mit piperidylsubstituierten Seitenketten.** K. Stach, M. Thiel und F. Bickelhaupt. (Mh. Chem. **93**, 1090—1106, 1962; dt.) — 3. vgl. vorst. Referat. — Vff. stellen eine Reihe von 1-Propylpiperidinen dar, in denen die Propylgruppe in *γ*-Stellung mit Heterocyclen u. der Piperidinkern in 4-Stellung mit einer *β*-Hydroxyäthyl-, Hydroxy-, Alkoxy-, Methyl- bzw. Dimethylamino- u. Ketogruppe substituiert ist, wobei auch eine Reihe von cycl. Ketalen dargestellt werden. Durch Rk. von *γ*-[Carbazolyl-(9)]-propylchlorid mit dem entsprechendem Piperidin in Butanon oder Diäthylketon in Ggw. von Alkalicarbonat u. NaJ (Meth. **A**) oder von Carbazol mit dem entsprechenden γ-Piperidinopropylchlorid in Toluol in Ggw. von $NaNH_2$ oder NaOH (Meth. **C**) werden *1-[γ-Carbazolyl-(9)-propyl]-piperidine* erhalten. *Piperidon-(4)-Derivv.* werden nach **A** oder **C** nur in schlechten Ausbeuten erhalten, sie werden deshalb besser durch Hydrolyse der cycl. Ketale dargestellt. Für die Synth. nach **A** werden die Ketale direkt verwendet, für **C** werden sie durch Rk. mit 3-Hydroxypropylchlorid über *1-[γ-Hydroxypropyl]-piperidon-(4)-ketale* mit $SOCl_2$ in die *γ-Chloride* übergeführt. Die *Piperidinole-(4)* werden nach **A** oder durch Red. der entsprechenden Piperidone-(4) mit Raney-Ni, $LiAlH_4$ oder $NaBH_4$ erhalten. Veräthern der Piperidinole-(4) mit CH_2N_2 in Ggw. Al-Triisopropylat gibt die *4-Alkoxypiperidine*, die auch nach **A** erhalten werden. Die dafür benötigten 4-Alkoxypiperidine werden durch Hydrieren der entsprechenden Pyridine an RuO_2 dargestellt. Die 4-Amino- bzw. Methyl- oder Dimethylaminopiperidine werden durch Red. der Oxime mit $LiAlH_4$ oder Sättigen des Piperidons mit Amin u. Red. an Raney-Ni oder durch Red. der Aminopyridiniumsalze mit $NaBH_4$ erhalten. Analog den Carbazol-Derivv. werden auch die übrigen heterocycl. Derivv. dargestellt, um sie auf ihre pharmakolog. Wrkg. zu prüfen.

Versuche: *Piperidon-(4)-hydroxymethyläthylenketal*, $C_8H_{15}NO_3$, $Kp._{13}$ 175—177°; 58%. — Piperidon-(4)-äthylenketale, durch Kochen eines Piperidon-(4)-hydrochlorids in Bzl. mit einem zweiwertigen Alkohol in Ggw. von p-Toluolsulfonsäure unter Rühren u. Wasserabscheidung, Dekantieren der benzol. Phase, Versetzen mit Chlf., W. u. K_2CO_3 unter Rühren u. Extrahieren mit Chlf.: *unsubstituiert* (**I**), $C_7H_{13}NO_2$, $Kp._{26}$ 108—110°; 80% (Ausbeute). — *2.6-Dimethyl-*, $C_9H_{17}NO_2$, $Kp._{0,2}$ 60—62°; 28%. — *2.2.6.6-Tetramethyl-*, $C_{11}H_{21}NO_2$, $Kp._{0,2}$ 50—52°. — *1-[β-Carbäthoxyäthyl]-*, $C_{12}H_{21}NO_4$, $Kp._{0,2}$ 113—116°, analog **I** in Ggw. von H_2SO_4; 82%. *Hydrochlorid*, F. 159—160° (Ae.). — *1-[γ-Hydroxypropyl]-*, $C_{10}H_{19}NO_3$, F. 86—87°, a) durch 2std. Kochen vorst. Verb. mit $LiAlH_4$ in Ae., Versetzen mit W. u. danach mit 2n NaOH u. 2std. Rühren; 85%; b) durch 10std. Kochen von **I**, Trimethylenchlorhydrin, K_2CO_3, NaJ u. Diäthylketon unter Rühren; 72%. — *1-[γ-Chlorpropyl]-*, *Hydrochlorid*, F. 191 bis 192° (Isopropanol), durch Zutropfen von $SOCl_2$ in Bzl. zu vorst. Verb. in Bzl. u. ½std. Kochen; 97%. *Freie Base*, $C_8H_{14}ClNO$, $Kp._{0,6}$ 121—125°. — *Piperidon-(4)-propylenketal*, $C_8H_{15}NO_2$, $Kp._{20}$ 118—120°, analog **I**; 72%. — 1-[γ-Aminopropyl]-piperidon-(4)-äthylenketale, a) durch 8 bis 10std. Kochen des entsprechenden Propylchlorids mit Piperidon-(4)-äthylenketal in Butanon oder Diäthylketon in Ggw. von Alkalicarbonat u. NaJ mit dem entsprechenden Amin (Meth. **A**): *1-{γ-[Carbazolyl-(9)]-propyl}-*, $C_{22}H_{26}N_2O_2$, F. 100 bis 101° (Ae.); 67%. *Hydrochlorid*, F. 229—231°. — *1-{γ-[Phenthiazinyl-(10)]-propyl}-*, $C_{22}H_{26}N_2O_2S$, F. 116—118° (Methanol), a) nach **A**; 81%; b) durch 4std. Kochen der entsprechenden heterocycl. Verb. in Toluol mit $NaNH_2$ oder NaH, Versetzen, mit 1-[γ-Chlorpropyl]-piperidon-(4)-äthylenketal, 6—8std. Erhitzen u. Zers. mit W. (Meth. **C**); 44%. *Hydrochlorid*, F. 195°. — *2-Methyl-1-{γ-[phenthiazinyl-(10)]-propyl}-*, $C_{23}H_{28}N_2O_2S$, F. 132—133° (Methanol); 74%. *Hydrochlorid*, F. 193—194°. — *2.6-Dimethyl-1-{γ-[phenthiazinyl-(10)]-propyl}-*, $C_{24}H_{30}N_2O_2S$, $Kp._{0,2}$ 278—282°; 27%. *Hydrochlorid*, F. 140—141°. — *1-{γ-[2-Chlorphenthiazinyl-(10)]-propyl}-*, $C_{22}H_{25}ClN_2O_2S$, $Kp._{0,2}$ 280—290°; 83%. *Hydrochlorid*, F. 151—152° (A./Ae.). — *1-{γ-[2-Methoxyphenthiazinyl-(10)]-propyl}-*, $C_{23}H_{28}N_2O_3S$, F. 80—82° (Propanol); 73%. — *1-{γ-[Phenoxazinyl-(10)]-propyl}-*, $C_{22}H_{26}N_2O_3$, F. 103—105°; 81%. *Hydrochlorid*, F. 212—213°. — *1-{γ-[10.11-Dihydrodibenzo-[b;f]-azepinyl-(5)]-propyl}-*, $C_{24}H_{30}N_2O_2$. *Hydrochlorid*, F. 205—206° (Butanol); 70%. — *1-{γ-[Dibenzo-[b;f]-azepinyl-(5)]-propyl}-*, $C_{24}H_{28}N_2O_2$, F. 102—103°; 69%. *Hydrochlorid*, F. 206—208° (Butanol). — *1-{γ-[Carbazolyl-(9)]-propyl}-piperidon-(4)-propylenketal*, $C_{23}H_{28}N_2O_2$, F. 82—84°; 65%. *Hydrochlorid*, F. 154 bis 155° (Aceton). — *1-{γ-[Phenthiazinyl-(10)]-propyl}-piperidon-(4)-hydroxymethyläthylenketal*, $C_{23}H_{28}N_2O_3S$, F. 117 bis 118° (Methanol). — 1-[γ-Aminopropyl]-piperidone-(4), durch 8—12std. Kochen der entsprechenden vorst. Ketale mit 2n HCl, Alkalisieren u. Extrahieren mit Ae.: *1-{γ-[Carbazolyl-(9)]-propyl}-*, $C_{20}H_{22}N_2O$. *Hydrochloridmonohydrat*, F. 169—170°; 78%. — *1-{γ-[Phenthiazinyl-(10)]-propyl}-* (**V**), $C_{20}H_{22}N_2OS$, F. 78—80°; 81%. *Hydrochloridmonohydrat*, F. 88—90°. — *2.6-Dimethyl-1-{γ-[phenthiazinyl-(10)]-propyl}-*, $C_{22}H_{26}N_2OS$. *Hydrochlorid*, F. 152—153°; 92%. — *1-{γ-[2-Chlorphenthiazinyl-(10)]-propyl}-*, $C_{20}H_{21}ClN_2OS$. *Hydrochloridmonohydrat*, F. 102—104°; 85%. — *1-{γ-[2-Methoxyphenthiazinyl-(10)]-propyl}-*, $C_{21}H_{24}N_2O_2S$, F. 93—95°; 67%. *Hydrochloridmonohydrat*, F. 80—90°. — *1-{γ-[Phenoxazinyl-(10)]-propyl}-*, $C_{20}H_{22}N_2O_2$, F. 86°; 58%. *Hydrochlorid*, F. 190 bis 192°. — *1-{γ-[10.11-Dihydrodibenzo-[b;f]-azepinyl-(5)]-propyl}-*, $C_{22}H_{26}N_2O$, $Kp._{0,4}$ 243—248°; 75%. *Dihydrochloridmonohydrat*, F. 191—199°. — *1-{γ-[Dibenzo-[b;f]-azepinyl-(5)]-propyl}-*, $C_{22}H_{24}N_2O$, F. 87—88°; 60%. *Dihydrochloridmonohydrat*, F. 94—96°. — 1-[γ-Aminopropyl]-piperidinole-(4), a) nach **A** aus Piperidinol-(4); b) durch Red. der entsprechenden vorst. Piperidone an Raney-Ni in Methanol oder mit $LiAlH_4$ in Ae. oder mit $NaBH_4$ in Methanol: *1{-γ-[Carbazolyl-(9)]-propyl}-*, $C_{20}H_{24}N_2O$, F. 92—93°, nach b) mit Raney-Ni; 70%. *Hydrochlorid*, F. 233—234° (Butanol). — *1-{γ-[2-Acetylcarbazolyl-(9)]-propyl}-*, $C_{22}H_{26}N_2O_2$. *Hydrochlorid*, F. 192—193° (Butanol), nach a); 55%. — *1-{γ-[Phenthiazinyl-(10)]-propyl}-* (**IV**), $C_{20}H_{24}N_2OS$. *Hydrochlorid*, F. 191 bis 192° (Methanol/Ae.), a) nach a); 82%; b) nach b) mit Raney-Ni; 80%. — *1-{γ-[2-Chlorphenthiazinyl-(10)]-propyl}-*, $C_{20}H_{23}ClN_2OS$, F. 92—93° (Di-n-propyläther), nach a); 70%. — *1-{γ-[2-Methoxyphenthiazinyl-(10)]-propyl}-*, $C_{21}H_{26}N_2O_2S$, F. 93—94° (Ae.), nach a); 66%. — *1-{γ-[Phenoxazinyl-(10)]-propyl}-*, $C_{20}H_{24}N_2O_2$. *Hydrochlorid*, F. 256—258° (Methanol/Ae.), a) nach a); 79%; b) nach b) mit Raney-Ni; 72%. — *1-{γ-[10.11-Dihydrodibenzo-[b;f]-azepinyl-(5)]-propyl}-*, $C_{22}H_{28}N_2O$. *Hydrochlorid*, F. 197—198° (Methanol/Ae.), nach b) mit $NaBH_4$; 73%. — *1-{γ-[Dibenzo-[b;f]-azepinyl-(5)]-propyl}-*, $C_{22}H_{26}N_2O$. *Hydrochlorid*, F. 208—210° (Butanol), nach b) mit $LiAlH_4$; 60%. — *2-Acetyl-10-[3-chlorpropyl]-phenthiazinäthylenketal* (**II**), $C_{19}H_{20}ClNO_2S$, F. 87—89° (Methanol), durch Zugabe von 2-Acetylphenthiazinäthylenketal zu Na in fl. NH_3 u. wenig $FeCl_3 \cdot 6 H_2O$, 1std. Rühren, Versetzen mit 3-Chlor-1-brompropan, 5std. Rühren, Versetzen mit Ae., Abdampfen von NH_3 u. Zers. mit W.; ca. 44—50%. — *2-Acetyl-10-[3-chlorpropyl]-phenoxazinäthylenketal* (**III**), $C_{19}H_{20}ClNO_3$, F. 82—84° (Ligroin/Ae.), durch langsame Zugabe von 2-Acetylphenoxazinäthylenketal in Ae. zu $NaNH_2$ in fl. NH_3, Weiterarbeiten analog **II** u. Aufnehmen in Bzl./Bzn.; 54%; daneben durch ½std. Kochen des Rückstandes der Mutterlauge mit alkohol. HCl ca. 13—20% *2-Acetyl-10-[3-chlorpropyl]-phenoxazin*, $C_{17}H_{16}ClNO_2$, F. 90—93°. — 1-[γ-Aminopropyl]-piperidinole-(4): *1-{γ-[2-Acetylphenthiazinyl-(10)]-propyl}-*, $C_{22}H_{26}N_2O_2S$, nach **A** aus **III** u. Piperidinol-(4) unter N_2. *Hydrochlorid*, F. 159—160° (Isopropanol); 82%. — *1-{γ-[2-(α-Hydroxyäthyl)-phenthiazinyl-(10)]-propyl}-*, $C_{22}H_{28}N_2O_2S$, F. 155 bis 156° (Toluol), durch Red. vorst. Hydrochlorids mit $NaBH_4$; 72%. — *1-{γ-[2-Acetylphenoxazinyl-(10)]-propyl}-, Äthylenketal*, $C_{24}H_{30}N_2O_4$, F. 107—108° (Ae.), nach **A** aus **III** u. Piperidinol-(4); 65%. — *1-{γ-[2-Acetylphenoxazinyl-(10)]-propyl}-*, $C_{22}H_{26}N_2O_3$, F. 164—165°, durch Verseifen vorst. Verb. mit 2n HCl; 75%. *Hydrochlorid*, F. 239—241° (A.). — Piperidine, durch ca. 4std. Hydrieren des entsprechenden Pyridins im Schüttelautoklaven in wss. Methanol in Ggw. von RuO_2 bei 140° u. 150 at: *4-Methoxy-*, Kp. 163—166°; 70—75%. — *4-Äthoxy-*, Kp. 174—176°. — *4-Propoxy-*, Kp. 196—198°. — *4-Isopropoxy-*, Kp. 184—186°. — *4-[β-Hydroxyäthyl]-* (**VI**), $Kp._{0,2}$ 101—111°, analog in 80 Std. bei 160—190 at u. 90°; 94%. — 9-[γ-(4-Alkoxypiperidino)-propyl]-carbazole, nach **A** durch Ersetzen der Piperidon-(4)-ketale durch vorst. Alkoxypiperidine (Meth. **B**): *9-[γ-(4'-Methoxypiperidino)-propyl]-*, $C_{21}H_{26}N_2O$, F. 94—96° (Isopropanol); 70%. — *9-[γ-(4'-Äthoxypiperidino)-propyl]-*, $C_{22}H_{28}N_2O$, F. 66—67° (Isopropanol); 62%. *Hydrochlorid*, F. 180—181°. — *2-Acetyl-9-[γ-(4'-methoxypiperidino)-propyl]-*, $C_{23}H_{28}N_2O_3$. *Hydrochlorid*, F. 100—105° (Isopropanol); 75%. — *2-Acetyl-9-[γ-(4'-äthoxypiperidino)-propyl]-*, $C_{24}H_{30}N_2O_2$. *Hydrochlorid*, F. 195—196° (Isopropanol); 72%. — 10-[γ-(4-Alkoxypiperidino)-propyl]-phenthiazine, nach **B**: *10-[γ-(4'-Methoxypiperidino)-propyl]-*, *Monohydrat*, $C_{21}H_{26}N_2OS \cdot H_2O$. *Hydrochlorid*, F. 156—158° (Isopropanol); 75%. *Oxalat*, F. 185—186° (A.), durch 8std. Zugabe von CH_2N_2 in Ae. zu **IV** u. Al-Isopropylat in Dioxan, mehrstd. Rühren u. Eingießen in 2n HCl; 70%. — *10-[γ-(4'-Äthoxypiperidino)-propyl]-*, $C_{22}H_{28}N_2OS$. *Hydrochlorid*, F. 156—157° (Isopropanol); 68%. — *10-[γ-(4'-Isopropoxypiperidino)-propyl]-*, $C_{23}H_{30}N_2OS$. *Hydrochlorid*, F. 155—157° (Dioxan); 74%. — *10-[γ-(4'-Propoxypiperidino)-propyl]-*, $C_{23}H_{30}N_2OS$. *Hydrochlorid*, F. 156 bis 158° (A.; 50%. — *2-Chlor-10-[γ-(4'-methoxypiperidino)-propyl]-*, $C_{21}H_{25}ClN_2OS$, $Kp._{0,05}$ 230—235°; 75%. — *2-Meth-*

oxy-10-[γ-(4'-methoxypiperidino)-propyl]-, $C_{22}H_{28}N_2O_2S$, $Kp._{0,1}$ 235—240°; 64%. — *2-Acetyl-10-[γ-(4'-methoxypiperidino)-propyl]-*, $C_{23}H_{28}N_2O_2S$. *Hydrochlorid*, F. 130—131° (Isopropanol), über das 2-Äthylenketal; 83%. — *2-[α-Hydroxyäthyl]-10-[γ-(4'-methoxypiperidino)-propyl]-*, $C_{23}H_{30}N_2O_2S$, durch Red. vorst. Verb. mit $NaBH_4$. *Hydrochlorid*, F. 124 bis 126° (Isopropanol); 89%. — *2-Acetyl-10-[γ-(4'-äthoxypiperidino)-propyl]-*, $C_{24}H_{30}N_2O_2S$, $Kp._{0,003}$ 233—240°, über das 2-Äthylenketal; 54%. — 10-[γ-(4-Alkoxypiperidino)-propyl]-phenoxazine, nach **B**: *10-[γ-(4'-Methoxypiperidino)-propyl]-*, $C_{21}H_{26}N_2O_2$, F. 45—47° (Isopropanol); 61%. *Hydrochlorid*, F. 192—193°. — *10-[γ-(4'-Äthoxypiperidino)-propyl]-*, $C_{22}H_{28}N_2O_2$, F. 58—60°; 55%. *Hydrochlorid*, F. 198—200° (Isopropanol). — *2-Acetyl-10-[γ-(4'-methoxypiperidino)-propyl]-*, $C_{23}H_{28}N_2O_3$, über das 2-Äthylenketal. *Hydrochlorid*, F. 177—179° (Isopropanol); 70%. — *2-Acetyl-10-[γ-(4'-äthoxypiperidino)-propyl]-*, $C_{24}H_{30}N_2O_3$, analog. *Hydrochlorid*, F. 198—200° (Isopropanol); 70%. — *5-[γ-(4-Methoxypiperidino)-propyl]-10.11-dihydrodibenzo-[b;f]-azepin*, $C_{23}H_{30}N_2O$, nach **B**. *Hydrochlorid*, F. 172—174° (Isopropanol); 60%. — *5-[γ-(4-Methoxypiperidino)-propyl]-dibenzo-[b;f]-azepin*, $C_{23}H_{28}N_2O$, F. 63°, nach **B**. *Hydrochlorid*, F. 181—182° (Dioxan); 63%. — *2-Acetyl-9-[3-chlorpropyl]-carbazol*, $C_{17}H_{16}ClNO$, F. 99—101°, durch Eintragen von $NaNH_2$ u. danach 2-Acetylcarbazol in Tetrahydrofuran in fl. NH_3, 1std. Rühren, Versetzen mit 3-Chlor-1-brompropan, 6std. Rühren unter Kühlen mit Trockeneis, Abdampfen von NH_3 u. Zers. mit W.; 57%. — 10-[γ-Aminopropyl]-phenthiazine: *10-[γ-(4-Hydroximinopiperidino)-propyl]-*, F. 112—114°, durch Zugabe von **V** in A. zu Hydroxylaminohydrochlorid in Äthanol. *Hydrochlorid*, F. 228—230°; 96%. — *10-[γ-(4-Aminopiperidino)-propyl]-*, $C_{20}H_{25}N_3S$, a) durch Hydrieren vorst. Verb. im mit NH_3 gesätt. A. an Raney-Ni; b) durch 2½std. Erwärmen vorst. Verb. mit $LiAlH_4$ in Tetrahydrofuran auf 60°, Zers. mit W. u. ½std. Rühren; 70%; c) durch Zutropfen von $NaBH_4$ in Methanol zu 1-{3-[Phenthiazinyl-(10)]-propyl}-4-aminopyridiniumchlorid u. NaOH in Methanol bei 0°, 5std. Rühren bei Raum-Temp., 1½std. Kochen, Einengen, Aufnehmen in W. u. Extrahieren mit Ae. (Meth. **C**). *Dihydrochlorid*, F. 266—268°. — *10-[γ-(4-Methylaminopiperidino)-propyl]-*, $C_{21}H_{27}N_3S$, analog vorst. Verb. nach a) aus **V** mit Methylamin. *Dihydrochlorid*, F. 263 bis 264°; 76%. — *10-[γ-(4-Dimethylaminopiperidino)-propyl]-*, $C_{22}H_{29}N_3S$, nach **C** aus 1-{3-[Phenthiazinyl-(10)]-propyl}-4-dimethylaminopyridiniumchlorid. *Dihydrochlorid*, F. 284 bis 286°; 82%. — 1-[γ-Aminopropyl-4-[β-hydroxyäthyl]-piperidine, durch Rk. mit **VI** analog **A**: *1-[γ-Carbazolyl-(9)]-*, $C_{22}H_{28}N_2O$. *Hydrochlorid*, F. 188—189° (Isopropanol); 50%. — *1-{γ-[2-Acetylcarbazolyl-(9)]}-*, *Monohydrat*, $C_{24}H_{30}N_2O_2 \cdot H_2O$. *Hydrochlorid*, F. 100—103°; 63%. — *1-[γ-Phenthiazinyl-(10)]-*, $C_{22}H_{28}N_2OS$. *Hydrochlorid*, F. 182 bis 183° (Isopropanol); 68%. — *1-{γ-[2-Acetylphenthiazinyl-(10)]}-*, $C_{24}H_{30}N_2O_2S$, F. 98—100°, über das 2'-Äthylenketal; 80%. *Hydrochlorid*, F. 100—110° (Essigester). — *1-{γ-[Phenoxazinyl-(10)]}-*, $C_{22}H_{28}N_2O_2$, F. 109—110°; 54%. *Hydrochlorid*, F. 150—152° (Methanol). — *1-{γ-[2-Acetylphenoxazinyl-(10)]}-*, $C_{24}H_{30}N_2O_3$, F. 114—115°, durch Hydrolyse des Äthylenketals; 90%. *Hydrochlorid*, F. 215° (Isopropanol). *Äthylenketal*, $C_{26}H_{34}N_2O_4$, F. 106—107°; 77%. — 1-[γ-Aminopropyl]-piperidinhydrochloride, a) aus Piperidin nach **A**; b) aus 3-Piperidinopropylchlorid nach **C**: *1-{γ-[Carbazolyl-(9)]}-*, $C_{20}H_{24}N_2 \cdot HCl$, F. 221—223°, nach a); 74%. — *1-{γ-[2-Acetylcarbazolyl-(9)]}-*, $C_{22}H_{26}N_2O \cdot HCl$, F. 188—189°, nach a); 78%. — *1-{γ-[Phenthiazinyl-(10)]}-*, $C_{20}H_{24}N_2S \cdot HCl$, F. 176 bis 177°, nach b); 40%. — *1-{γ-[2-Acetylphenthiazinyl-(10)]}-*, $C_{22}H_{26}N_2OS \cdot HCl$, F. 175—176°, nach a); 60%. — *1-{γ-[Phenoxazinyl-(10)]}-*, $C_{20}H_{24}N_2O \cdot HCl$, F. 199—200°, nach a); 70%. — *1-{γ-[2-Acetylphenoxazinyl-(10)]}-*, $C_{22}H_{26}N_2O_2 \cdot HCl$, F. 230—323°, nach a) über das Äthylenketal; 85%.

M. Mirsch. 3000◇

0851 **Bildung, Ringspaltung und Isomerisierung von Äthyleniminearbonsäure-(2)-Derivaten.** Karl-Dietrich Gundermann, Gerhard Holtmann, Hans-Joachim Rose und Helmut Schulze. (Chem. Ber. **93**, 1632—43, 1960; Münster, Univ., Organ. Chem. Inst.; dt.) — Vgl. C. **1958**, 6219. — Die kinet. Verfolgung der HCl-Abspaltung aus α-Chlor-β-amino- (**I**) u. α-Amino-β-chlorpropionsäure (**II**) in Ggw. von NaOH zeigt für beide die Bldg. von *Äthyleniminearbonsäure-(2)* (**III**). Die Hydrolyse von **I** u. **II** bei 100° u. pH 6 führt zu einem Gemisch aus 83% *DL-Serin* u. 17% *DL-Isoserin*, wie durch colorimetr. Best. der Cu-Komplexsalze ermittelt wird. Bei der Ringspaltung von **III** nimmt die Tendenz zur Bldg. β-substituierter α-Aminosäure entsprechend der Reihe $H_2O > Cl^- > Br^- > S_2^{2-}$, RS^-, CH_3COS^- mit wachsender Nucleophilität des ringspaltenden Agens ab. Die Rk. von Benzylamin (**XII**) mit α.β-Dibrompropionitril (**IX**) liefert ein *Prod.* $C_{10}H_{10}N_2$ (**G**). Mit äthanol. KOH erhält man daraus *N-Benzyläthyleniminearbonsäure-(2)-amid*. Hydrolyt. Abbau-Rkk. mit HCl unter verschiedenen Bedingungen geben *Benzaldehyd* (**XI**), *N-Benzyl-DL-serin*, *Alanin* (**X**), *Benzylaminhydrochlorid* u. *α-Benzylamino-β-chlorpropionitrilhydrochlorid*. Demnach ist **G** ein Gemisch aus *N-Benzyläthyleniminearbonsäure-(2)-nitril* (**IV**), *α-Benzyliminopropionitril* (**V**) u. *α-Benzylidenaminopropionitril* (**VI**). **IV** wird therm. leicht in **V** u. **VI** umgewandelt.

Versuche: *α-Chlor-β-phthalimidopropionsäuremethylester*, $C_{12}H_{10}ClNO_4$, F. 125° (Methanol), durch Zugabe von Na-Methylat zu α-Chloracrylsäuremethylester u. Phthalimid in Bzl. (vgl. C. **1958**, 6219) u. ½std. Erhitzen; 72% (Ausbeute). — *α-Chlor-β-aminopropionsäure* (**I**), *Hydrochlorid*, durch 5std. Kochen vorst. Verb. mit 20%ig. HCl; 80%. — *Äthyleniminearbonsäure-(2)* (**III**), *Äthylester* (**VII**), durch 5std. Rühren von **I**-Hydrochlorid mit Triäthanolamin (**XIII**) in abs. A. bei 60—70°, Filtration u. Dest. in eine auf —80° gekühlte Vorlage; 50%. *Amid*, $C_3H_6N_2O$, F. 124° (Essigester–PAe.), durch Versetzen der alkohol. **VII**-Lsg. mit bei 0° mit NH_3 gesätt. Methanol; 44—48%. *Li-Salz* (**VIII**), $C_3H_4LiNO_2$, F. 260—270° (Zers.); durch 24std. Rk. der alkohol. **VII**-Lsg. mit 1n LiOH in der Kälte; R_F 0,73 (Whatman Nr. 1; aufsteigend in Pyridin–W.; 65:35); 30—40%. *Ag-Salz*, $C_3H_4 \cdot AgNO_2$; aus **VIII** mit $AgNO_3$; blaßgelbe Kristalle. — *DL-Serin*; durch Hydrolyse einer wss. Lsg. von **VIII** mit 20%ig. H_2SO bei Raum-Temp., Versetzen mit $BaCl_2$-Lsg. u. Isolierung über Lewatit S 100; 90% (roh); enthält < 8% *Isoserin*. — *S-Benzyl-DL-isocystein*, F. 190—195°; a) durch Versetzen einer wss. Lsg. von **VIII** mit Thioessigsäure (**XIV**) unter Eiskühlung, ½std. Kochen, 8std. Kochen mit überschüssiger 20%ig. HCl, Eindampfen u. Benzylierung in fl. NH_3 mit Na u. Benzylchlorid; 35%; b) aus **VII** in A. u. **XIV** unter Kühlung mit Eis–Kochsalz u. Aufarbeitung wie unter a); daneben Spuren *S-Benzyl-DL-cystein*. — *α-Amino-β-chlorpropionsäure* (**II**), $C_3H_6ClNO_2$, F. 142° (Zers.; wss. A.), durch Neutralisieren von **I**-Hydrochlorid in sd. W. mit 1n NaOH, Einengen im Vakuum, Hydrolyse durch Eintropfen in HCl, 15std. Stehen bei Raum-Temp., Eindampfen im Vakuum u. Neutralisation mit NH_4OH; 10%. — *Gemisch* $C_{10}H_{10}N_2$ (**G**), $Kp._{0,7}$ 117—120°, durch 3std. Kochen von **IX** mit **XII** u. **XIII** u. Fraktionierung (Meth. **A**); n_D^{20} 1,4515; 65—78% (roh). — *N-Benzyl-DL-serin*, $C_{10}H_{13}NO_3$, F. 220° (Zers.), durch Mischen von frisch hergestelltem **G** mit 1n HCl, 12std. Stehen, Ausäthern, Einengen der wss. Lsg. im Vakuum, 5std. Kochen mit konz. HCl, Eindampfen, Aufnahme in W., Filtrieren, Chromatographie des Filtrats an Lewatit S 100, Elution mit 1n NH_4OH, Eindampfen u. Extraktion des Rückstandes mit sd. abs. A.; 10%; daneben 20% des *Hydrochlorids* [$C_{10}H_{13}NO_3 \cdot HCl$, F. 152° (Zers.)], 23—28% *Alanin* (**X**) u. *Benzaldehyd* (**XI**, *Semicarbazon*, F. 220°). — *Alanin* (**X**), durch Hydrolyse von vorher 3 Std. auf 100° erhitztem **G**; 51%; daneben 60% **XI**; *N-Phthalyl-Deriv.*, F. 160°. — *Benzylamin* (**XII**), *Hydrochlorid*, F. 255°; durch mehrstd. Stehen von frisch hergestelltem **G** in 20%ig. wss. HCl; 23—35%; daneben 28% **X**. *3.5-Dinitrobenzoat*, F. 210°. — *α-Benzylamino-β-chlorpropionitrilhydrochlorid*, $C_{10}H_{11}ClN_2 \cdot HCl$, F. 140° (Zers.; abs. A.–Ae.), durch Versetzen von frisch hergestelltem **G** in Aceton mit 2n äther. HCl unter Eiskühlung; 85—90%. — *N-Benzyläthyleniminearbonsäure-(2)-amid*, $C_{10}H_{12}N_2O$, F. 112°, durch 2std. Erwärmen von frisch dargestelltem **G** mit äthanol. KOH auf 50—60°; 57%. — *Gemisch* $C_{11}H_{12}N_2O$, $Kp._{0,05}$ 126—127°, nach **A** aus **IX** u. Anisylamin; n_D^{20} 1,5556; 35%. — *Anisaldehyd*, durch Hydrolyse vorst. Gemisches mit 1n HCl; 69%; daneben 51% **X**; *Semicarbazon*, F. 209—211°. — *N-n-Butyläthyleniminearbonsäure-(2)*, *Nitril*, $C_7H_{12}N_2$, $Kp._{12}$ 85 bis 87°, nach **A** aus **IX** u. n-Butylamin; n_D^{20} 1,4430; 77%. *Amid*, $C_7H_{14}N_2O$, F. 61° (Bzl.–PAe.), durch Verseifen mit äthanol. KOH; 70%. — *N-Neopentyläthyleniminearbonsäure-(2)-nitril*, $C_8H_{14}N_2$, $Kp._{14}$ 83—84°, nach **A** aus **IX** u. Neopentylamin; n_D^{20} 1,4428; 67%. — *N-[p-Chlorbenzyl]-äthyleniminearbonsäure-(2)-nitril*, $C_{10}H_9ClN_2$, F. 69°; analog aus **IX** u. p-Chlorbenzylamin; aus Bzn. Blättchen; 66%. —

Gemisch $C_{11}H_{12}N_2$, Kp.$_{0,2}$ 112—115°, analog aus α.β-Dibrombutyronitril u. **XII**; n_D^{20} 1,5319; 35—36%.
H.-D. Jacobi. 3030△

0852 **Ein Germaniumanalogon der Carbene.** M. Je. Wolpin und D. N. Kurssanow. (Nachr. Akad. Wiss. UdSSR, Abt. chem. Wiss. **1960,** 1903; Akad. der Wiss. der UdSSR, Inst. für metallorgan. Verbb.; russ.) — Beim Erhitzen von GeJ_2 mit Tolan entsteht *1.1-Dijod-2.3-diphenyl-1-germanacyclopropen-(2)*, $C_{14}H_{10}GeJ_2$, F. 300,5—303°. Bei Einw. von OH^- bzw. Äthyl–MgBr werden die Jodatome durch O bzw. C_2H_5 ersetzt. Helmut Schäfer. 3030△

0853 **Über die Photochemie von 2.2′-Binaphthyldichinon-(1.4;1′.4′).** Dietrich Schulte-Frohlinde und Victor Werner. (Chem. Ber. **94,** 2726—30, 1961; Karlsruhe, Kernforschungszentrum, Inst. für Radiochem.; dt.) — Vgl. C. **1962,** 11871 u. 12986. — *Binaphthyl-(2.2′)-dichinon-(1.4;1′.4′)* (**I**) lagert sich beim Bestrahlen mit 365 mμ-Licht in *5-Hydroxydinaphtho-[1.2:b;2′.3′:d]-furanchinon-(7.12)* (**II**) um. Die Umlagerung findet nur in hydroxylhaltigen Lsgm. statt, in OH-freiem Lsgm. ist **I** photostabil. Die Quantenausbeuten der Umlagerung u. der Rk.-Mechanismus werden diskutiert. Absorptionsspektren s. Original.

Versuche: *Binaphthyl-(2.2′)-dichinon-(1.4;1′.4′)* (**I**), $C_{20}H_{10}O_4$, F. 270° (Zers.), a) aus α-Naphthol u. diazotiertem Anilin nach Witt u. Dedichen [1897], Oxydation zum Dimeren mit $FeCl_3$, Red. mit $SnCl_2$ u. Oxydation mit konz. HNO_3; aus Bzl. oder Eisessig gelbe Kristalle; b) durch Oxydation von Bis-[4-methoxynaphthalin-(2)]-indigo mit HNO_3. — *5-Hydroxydinaphtho-[1.2:b;2′.3′:d]-furanchinon-(7.12)* (**II**), $C_{20}H_{10}O_4$, F. 360°, durch mehrstd. Belichten von 250 mg **I** in 2,5 Liter Methanol, A., Tetrahydrofuran/W. oder Eisessig; aus Tetrahydrofuran/W. rote Kristalle; 90—100% (Ausbeute). *5-Acetyl-Deriv.*, $C_{22}H_{12}O_5$, F. 280—281°, durch 3std. Kochen von **II** mit Pyridin/Acetanhydrid/Eisessig u. Chromatographie an Al_2O_3; aus Aceton/Eisessig gelbe Kristalle. — *5.7.12-Triacetoxydinaphtho-[1.2:b;2′.3′:d]-furan*, $C_{26}H_{18}O_7$, F. 295° (A. oder Aceton/Eisessig), durch 1½ std. Kochen von **II** mit Zn in Pyridin/Acetanhydrid/Eisessig; 71%. — *Dinaphtho-[1.2:b;2′.3p:d]-furanchinon-(7.12)*, $C_{20}H_{10}O_3$, F. 227°, durch 1std. Kochen von 2.3-Dichlornaphthochinon-(1.4) mit α-Naphthol in Pyridin. — *Dinaphtho-[1.2:b;2′.3′:d]-furan*, F. 225°, durch 3 Min. langes Erhitzen von **II** u. vorst. Verb. mit Zn-Staub auf 300—400°. — *3.3′-Dimethyl-1.1′-binaphthon-(4.4′)*, F. 250° (Zers.), nach Lesser [1914]; rote, grünschimmernde Kristalle. W. Hampel. 3061

0854 **Synthese von Benzoselenopheno-[2.3:b]-benzoselenophenen aus 1.1-Diaryläthylenen und Selenoxychlorid.** S. Patai, K. A. Muszkat und M. Sokolovsky. (J. chem. Soc. [London] **1962,** 734—39, März; Jerusalem, Israel, Hebrew Univ., Dep. of Organ. Chem.; engl.) — Vorl. Mitt. vgl. C. **1960,** 16742. — Die Rk. von 1.1-Diaryläthylenen mit $SeOCl_2$ in abs. Ae., Pyridin, Dimethylformamid oder Isopropanol führt zu *Benzoselenopheno-[2.3:b]-benzoselenophen* (**I**) u. seinen Derivaten. Die Struktur von **I** wird durch Analyse, Molgew.-Best., Röntgenstrukturanalyse u. IR-Spektrum sowie durch Synth. aus 1.1-Diphenyläthylen (**IV**) u. SeO_2 bzw. aus 3-Hydroxybenzoselenophen (**V**) u. C_6H_5MgBr durch Rk. des Prod. mit $SeOCl_2$ gestützt. Elektronenacceptoren im aromat. Kern hemmen die Reaktion. Bromierung von 3.8-disubstituierten **I**-Derivv. gibt nur 1-Monobrom-Deriv., da die 10-Stellung offenbar durch das Br¹-Atom ster. blockiert wird. Der Ringschluß bleibt aus, wenn der Arylkern in einer o-Stellung einen großen Substituenten trägt; z. B. läßt sich 1.1-Bis-[naphthyl-(1)]-äthylen nicht zum **I**-Deriv. umsetzen. Äthylene mit β-Naphthylrest reagieren in Analogie zu anderen Cyclisierungen, z. B. der Elbs-Rk., wahrscheinlich in α-Stellung. Verss. mit Styrol, α-Methylstyrol, β.β-Diphenylacrylsäureäthylester, 2-Chlor-1.1-diphenyläthylen, 1.1-Diphenylpropen, Stilben, Triphenyläthylen sowie 1.1-Bis-[p-nitrophenyl]- u. 1.1-Bis-[p-dimethylaminophenyl]-äthylen bzw. Dibenzofulven waren erfolglos. Aus 5-Methyl-3-phenylthionaphthen entsteht *2-Methylbenzoseleno-[2.3:b]-benzthiophen*. **I** ist stabil gegen $KMnO_4$-Oxydation u. Raney-Ni, u. es bildet farbige Verbb. mit Pikrinsäure, Trinitrobenzol u. Styphninsäure. Die Lagen der Banden in den IR-Spektren einiger Verbb. sind tabelliert.

Versuche: Benzoselenopheno-[2.3:b]-benzoselenophene, a) durch Zugabe von 3 Val $SeOCl_2$ zum Äthylen-Deriv. in abs. Ae. u. Stehen bei Raum-Temp. bis zur vollständigen Kristallisation oder ¼—½std. Kochen (Meth. **A**); b) durch ½—4std. Kochen des Äthylens mit $SeOCl_2$ in Pyridin, Gießen in W. u. Abfiltrieren oder Extrahieren mit Chlf., Waschen mit verd. HCl, Einengen u. Fällen mit A. oder PAe. (Meth. **B**); c) wie b), aber in Dimethylformamid (Meth. **C**); d) wie b), aber durch Isolieren des Öls mit Trinitrobenzol (TNB), Zers. mit Sn/sd. HCl, Extrahieren mit Chlf. u. Fällen mit A. oder PAe. (Meth. **D**); e) wie a), aber in Isopropanol (Meth. **E**): *Unsubstituiert* (**I**), $C_{14}H_8Se_2$, F. 190 bis 191° (Butanol), a) aus 1.1-Diphenyläthylen (**IV**) u. $SeOCl_2$ nach **A** oder **E** bei Raum-Temp.; 33% (Ausbeute); b) durch 1std. Erhitzen von **IV** u. $SeOCl_2$ auf 240—250°, Benzolextraktion u. Überführen in das *Pikrat*, $C_{20}H_{11}N_3O_7Se_2$, F. 166° (Bzl.); 8%; c) durch Zugabe von Phenyl-MgBr zu 1,05 g **V** in sd. Tetrahydrofuran (THF), Rk. des Prod. (Kp.$_{0,02}$ 110°) mit $SeOCl_2$ nach **A** u. Überführen in das Pikrat (ca. 30 mg). *TNB-Komplex*, $C_{20}H_{11}N_3O_6Se_2$, F. 192—193° (Bzl.). — *3.8-Dinitro-*, $C_{14}H_6N_2O_4Se_2$, F. 340° (Nitrobenzol), aus **I** u. sd. konz. HNO_3. — *3.8-Dimethyl-* (**II**), $C_{16}H_{12}Se_2$, F. 156—157° (Butanol), nach **A** bei Raum-Temp.; 29%. *Pikrat*, $C_{22}H_{15}N_3O_7Se_2$, F. 126° (Bzl.). *TNB-Komplex*, $C_{22}H_{15}\cdot N_3O_6Se_2$, F. 223—224° (Bzl.). — *3.8-Dibrom-*, $C_{14}H_6Br_2Se_2$, F. 306° (THF), a) nach **A** durch Kochen; 30%; b) durch Bromierung von **I**. — *3.8-Dichlor-*, $C_{14}H_6Cl_2Se_2$, F. 280—281° (THF), a) nach **A** bei Raum-Temp.; 31%; b) durch Chlorierung von **I**; 45%; c) durch Chlorierung von **III** in Essigsäure. — *3.8-Dimethoxy-*, $C_{16}H_{12}O_2Se_2$, F. 159—160° (Butanol), nach **A** durch Kochen; 24%. — *3-Methoxy-*, $C_{15}H_{10}OSe_2$, F. 143 bis 144° (Butanol oder Chlf.), durch Kochen nach **A**, **B** bzw. **C**; 27, 13 bzw. 3%. *Pikrat*, $C_{21}H_{13}N_3O_8Se_2$, F. 148° (Chlf.). *TNB-Komplex*, $C_{21}H_{13}N_3O_7Se_2$, F. 152° (Chlf.). — *3-Chlor-* (**III**), $C_{14}H_7ClSe_2$, F. 200° (Bzl. oder Chlf./Hexan), a) nach **A** bei Raum-Temp.; 30%; b) nach **B** bei Siedetemp.; 21%. — *1-Methyl-*, $C_{15}H_{10}Se_2$, F. 99—101° (A.), nach **D** bei Siedetemp.; 1%. *TNB-Komplex*, $C_{21}H_{13}N_3O_6Se_2$, F. 163° (A./Chlf.). — *3.8-Di-tert.-butyl-*, $C_{22}H_{24}Se_2$, F. 172,5° (A./Chlf.), bei Siedetemp. nach **B** bzw. **C**; 15 bzw. 30% [daneben *Bis-[2-chlor-2.2-bis-(p-tert.-butylphenyl)-äthyl]-selenid*, $C_{44}H_{56}Cl_2Se$, F. 87° (Chlf./A.)]. *Pikrat*, $C_{28}H_{27}N_3O_7Se_2$, F. 207—218° (A./Chlf.). *TNB-Komplex*, $C_{28}H_{27}N_3O_6Se_2$, F. 220—230° (A./Chlf.). — *1-Brom-3.8-di-tert.-butyl-*, $C_{22}H_{23}BrSe_2$, F. 137—141° (A./Chlf.), aus vorst. Verb. durch Bromieren. — *1-Brom-3.8-dimethyl-*, $C_{16}H_{11}BrSe_2$, F. 208—210° (A./Chlf.), durch Bromieren von **II**; 30%. — *3-Cyclohexyl-*, $C_{20}H_{18}Se_2$, F. 144° (A./Chlf.), nach **D** bei Siedetemp.; 13%. *TNB-Komplex*, $C_{26}H_{21}N_3O_6Se_2$, F. 170° (Chlf.). — *Benzo-[d]-naphtho-[1′.2′:4.5]-selenopheno-[2.3:b]-selenophen*, $C_{18}H_{10}Se_2$, F. 154° (Chlf./A.), nach **D** bei Siedetemp.; 5%. *TNB-Komplex*, $C_{24}H_{13}N_3O_6Se_2$, F. 158°. — *Benzo-[d]-naphtho-[2′.1′(2′.3′):4.5]-selenopheno-[2.3:b]-selenophen*, $C_{18}H_{10}Se_2$, F. 219—221° (Chlf./A.), bei Siedetemp. nach **A** bzw. **B**; 3 bzw. 25%. *Dipikrat*, $C_{30}H_{16}N_6O_{14}Se_2$, F. 158° (Chlf.). *TNB-Komplex*, $C_{24}H_{13}N_3O_6Se_2$, F. 184° (Chlf.). — *Dinaphtho-[1′.2′:5.4;2″.1″:d]-selenopheno-[2.3:b]-selenophen*, $C_{22}H_{12}Se_2$, F. 346° (Pyridin), nach **B** bei Siedetemp.; 39% [daneben wenig *1.1-Bis-[β-naphthyl]-vinylchlorid*, $C_{22}H_{15}Cl$, F. 150—153° (Chlf./A.)]. *Tripikrat*, $C_{40}H_{21}N_9O_{21}Se_2$, F. 250° (Dekalin). — *Dinaphtho-[1′.2′:5.4;1″.2″:d]-selenopheno-[2.3:b]-selenophen*, $C_{22}H_{12}Se_2$, F. 337° (Pyridin), nach **B** bei Siedetemp.; 11,5%. *Tripikrat*, $C_{40}H_{21}N_9O_{21}Se_2$, F. 252 bis 255° (Dekalin). *Bis-TNB-Komplex*, $C_{34}H_{18}N_6O_{12}Se_2$, F. 200° (Zers.; Dekalin). — *2-Methylbenzoselenopheno-[2.3:b]-benzthiophen*, $C_{15}H_{10}SSe$, F. 122° (Bzl./A.), nach **B** bei Siedetemp.; 66%. *TNB-Komplex*, $C_{21}H_{13}N_3O_6SSe$, F. 193° (Chlf.). *Pikrat*, $C_{21}H_{13}N_3O_7SSe$, F. 165° (Chlf.). Hanfried Arnold. 3071◇

0855 **Über die Konstitution des Echinulins. Synthese von 2-tert.-Amyl-5.7-diisoamyltryptophan.** Giuseppe Casnati, Franco Piozzi, Adolfo Quilico und Aldo Ricca. (Chim. e Ind. [Milano] **43,** 412—13, 1961; Milano, Politecnico, Ist. di Chim. gen.; Centro per la Chim. ind. del C.N.R.; ital.) — Bei der Oxydation von Hydroechinin (**I**) mit kalter Peressigsäure wird neben *N-[α.α-Dimethylbutyryl]-3.5-diisoamylanthranilsäure* (F. 126—127°) eine *Ketosäure* $C_{25-26}H_{35-37}NO_3$ (F. 134°) erhalten, die beim Erhitzen leicht zu einem *Keton* $C_{24-25}H_{35-37}NO$ (F. 31°) decarboxyliert wird. Für beide Verbb. wird auf Grund des Verh. bei der Red. mit $LiAlH_4$ u. $NaBH_4$ sowie der Unters. der UV- u. IR-Spektren eine Chinolinstruktur u. damit für **I** die Konstit. als Tryptophan-Deriv. wahrscheinlich gemacht. Zur Synth. von **I** wird

2-tert.-Amyl-5.7-diisoamylindol mit $POCl_3$/Dimethylformamid zum *3-Formyl-Deriv.* (**II**, F. 136⁰) umgesetzt u. dieses mit Hippursäure kondensiert. Ringöffnung des *Azlactons*, Hydrierung u. Hydrolyse liefert *2-tert.-Amyl-5.7-diisoamyltryptophan*, das mit natürlichem **I** ident. ist. Zum Vgl. wird auch aus **II** *2-tert.-Amyl-5.7-diisoamylindolyl-(3)-glycin* dargestellt. Für Echinulin ergibt sich die Konstit. als *3-[2-(1.1-Dimethylallyl)-5.7-bis-(3-methyl-Δ^2-butenyl)-indolyl-(3)-methyl]-6-methyl-2.5-diketopiperazin* u. damit eine biogenet. Beziehung zu Indol-Derivv. vom Lysergsäuretyp. F. Heller. 3081◇

0856 **Thermische Reaktionen substituierter Arylazide. Die Natur der Azenzwischenprodukte.** Gerald Smolinsky. (J. Amer. chem. Soc. **83**, 2489—93, 1961; Murray Hill, N.J., Bell Telephone Labor.; engl.) — *Arylazide* werden dargestellt u. ihre therm. Zers. untersucht. o-Azidocumol (**I**) u. o-Azidophenylcyclohexan (**II**) ergeben als Pyrolyse-Prodd. *2.3-Dihydroskatol* bzw. *1.2.3.4.4a.9a-Hexahydrocarbazol.* Ein Rk.-Mechanismus, der über *Azen-Zwischenprodd.* führt, wird diskutiert.

Versuche: *2-Jod-3-methylanisol* (**III**), F. 45⁰, $Kp._{1,5}$ 93 bis 98⁰, durch Red. von 2-Nitro-3-methylanisol mit H_2 in Ggw. von Pd/Kohle (Meth. **A**), Diazotieren u. Umsetzen mit KJ; 82% (Ausbeute). — *o-Aminophenylcyclohexan*, durch Nitrieren von Phenylcyclohexan nach Mayes u. Turner [1929] u. Red. nach **A**. — *o-Aminocumol* (**IV**), durch Nitrieren von Cumol nach Brown u. Bonner (J. Amer. chem. Soc. **76**, [1957], 605), Dest. u. Red. mit H_2 in Ggw. von Pd/Kohle. — 2-Nitrobiphenyle: *2'-Methyl-6'-methoxy-*, $C_{14}H_{13}NO_3$, F. 91⁰ (A.), $Kp._{0,3}$ 140—155⁰, durch Zugabe von Cu-Pulver zu einem Gemisch aus **III** u. o-Bromnitrobenzol bei 180—185⁰ unter N_2 u. Extrahieren mit Bzl.; 81%. — *2'-Methoxy-*, F. 83⁰ (A.), $Kp._{1,5}$ 150—170⁰; 58%. — *2'-Hydroxy-* (**X**), F. 139⁰ (Bzl.), durch Hydrolyse vorst. Verb. mit HBr/Eisessig nach Colbert u. Mitarbeitern (C. **1954**, 3219); 100%. — *2'.4'.6'-Trimethoxy-*, $C_{15}H_{15}NO_5$, F. 147⁰ (Bzl./Hexan), $Kp._{0,1}$ 156—159⁰; 30%; daneben *2.4.6.2'.4'.6'-Hexamethoxybiphenyl.* — 2-Aminobiphenyle: *2'-Methyl-6'-methoxy-* (**VIII**), $C_{14}H_{15}NO$, F. 88⁰ (Cyclohexan), aus der Nitro-Verb. nach **A**; 72%. — *2'-Methoxy-*, F. 80⁰ (Cyclohexan); 70%. — *2'-Hydroxy-*, $C_{12}H_{11}NO$, F. 94⁰ (Bzl./Cyclohexan, Sublimation bei 100⁰/0,1 Torr), a) aus **X** nach **A**; 73%; b) durch Zugabe von **VI** zu Tetralin bei 160⁰; 32%; c) durch Zugabe von Butyl-Li in Pentan zu **VI** in Diphenyläther, ½ std. Erwärmen auf 125—130⁰ unter N_2, Zugabe von W. u. Extrahieren mit Bzl.; 10%. — *2'.4'.6'-Trimethoxy-* (**IX**), $C_{15}H_{17}NO_3$, F. 160⁰ (Bzl.); 72%. — 2-Azidobiphenyle: *2'-Methyl-6'-methoxy-* (**VII**), $C_{14}H_{13}N_3O$, F. 43⁰, aus **VIII** nach Smith u. Brown [1951]; 82%. — *2'-Methoxy-* (**V**), $C_{13}H_{11}N_3O$, F. 48⁰; 87%. — *2'-Hydroxy-* (**VI**), $C_{12}H_9N_3O$; Öl; 89%. — *2'.4'.6'-Trimethoxy-*, $C_{15}H_{15}N_3O_3$, F. 117⁰, gibt beim Erhitzen in Diphenyläther auf 190—200⁰ unter N_2 3% **IX**; 84%. — *o-Azidocumol* (**I**), $C_9H_{11}N_3$, aus **IV** u. $NaNO_2$; 68%. — *o-Azidophenylcyclohexan* (**II**), $C_{12}H_{15}N_3$, analog vorst. Verb.; 78%. — *4-Methoxycarbazol*, F. 135—136⁰ (Bzl./Hexan), durch Zugabe von **V** zu Hexadecan bei 220⁰ unter N_2; 94%. — *10-Methoxyphenanthridin*, $C_{14}H_{11}NO$, F. 104—105⁰ (Bzl./Hexan), durch Zugabe von **VII** zu Hexadecan bei 190—200⁰ unter N_2, Chromatographie an Al_2O_3 u. Eluieren mit Bzl./PAe. (1:9); 16%; neben 29% **VIII**. — *2.3-Dihydroskatol*, durch Zugabe von **I** zu Diphenyläther bei 200⁰ unter N_2 neben **IV**. *Pikrat*, $C_{15}H_{16}N_4O_7$, F. 147—148⁰. — *trans-1.2.3.4.4a.9a-Hexahydrocarbazol*, F. 126 bis 128⁰, analog aus 3,43 g **II**, Chromatographie an Al_2O_3 u. Eluieren mit Isopropanol/Bzl.; gelbe Kristalle; 217 mg; daneben 115 mg *cis-Form*, F. 97—98⁰ (A.). — *Carbazol*, F. 246—247⁰ (A.), durch 17std. Erhitzen von 100 mg Hexahydrocarbazol in Diphenyläther in Ggw. von Pd-Kohle auf 200⁰ unter N_2, Chromatographie an Al_2O_3 u. Eluieren mit PAe.; 65 mg. W. Hampel. 3081□

0857 **Reaktionen von 1.3-Dioxolanen mit α,β-ungesättigten Äthern.** B. M. Michailow und L. Ss. Powarow. (Nachr. Akad. Wiss. UdSSR, Abt. chem. Wiss. **1960**, 1903—04; Zelinsky-Inst. für organ. Chem. der Akad. der Wiss. der UdSSR; russ.) — Die Rk. von 2-Phenyl-1.3-dioxolan mit Vinyläthyläther (**I**) in Ggw. von Katalysatoren des BF_3-Typs liefert ein Gemisch aus *1.5-Dioxa-2-äthoxy-4-phenylcycloheptan* u. *2-[β-Äthoxy-β-phenyläthyl]-1.3-dioxolan*, $Kp._{1,5}$ 83—88⁰; 36% (Ausbeute)]. Bei der Hydrolyse des Gemisches werden *3-[β-Hydroxyäthoxy]-3-phenylpropanal-(1)*, F. 71⁰, u. *3-Äthoxy-3-phenylpropanal-(1)* [*2.4-Dinitrophenylhydrazon*, F. 112⁰] erhalten. Bei der Rk. von 2-Methyl-1.3-dioxolan mit **I** oder Vinyl-n-butyläther sowie von 2.2-Dimethyl- u. 2-[2.6-Dimethylheptadien-(1.5)-yl-(1)]-1.3-dioxolan werden die entsprechenden Gemische $C_8H_{16}O_3$ [$Kp._{72}$ 112—116⁰; 56,8%], $C_{10}H_{20}O_3$ [$Kp._9$ 95—97⁰; 50,5%], $C_9H_{18}O_3$ [$Kp._{75}$ 118—123⁰; 25%] bzw. $C_{16}H_{28}O_3$ [$Kp._{1,5}$ 114—118⁰; 18%] erhalten. Helmut Schäfer. 3102△

0858 **Über die Umsetzung von 2.5-Dibrom-4-nitroimidazol mit Thiophenolen.** F. Koehler. (J. prakt. Chem. [4] **21**, 50—52, 1963; Magdeburg, VEB Fahlberg-List, Forschungsabt.; dt.) — Bei der Rk. von Thiophenol oder dessen p-substituierten Derivv. mit dem durch Bromierung von 4(5)-Nitroimidazol (**I**) dargestellten *2.5(4)-Dibrom-4(5)-nitroimidazol* erfolgt die Substitution von Brom durch den Thiophenolrest nur in 5-Stellung. Die erhaltenen *Thioäther*, die keinen scharfen F. aufweisen, sondern beim Erhitzen allmählich schwarz werden, wurden durch Oxydation mit H_2O_2 in Eisessig in die entsprechenden *Sulfone* übergeführt.

Versuche: *2.5(4)-Dibrom-4(5)-nitroimidazol*, durch Zutropfenlassen der berechneten Menge Br_2 zu in verd. NaOH gelöstem **I** bei 50⁰, Filtrieren u. Kristallisation aus W.; 75% (Ausbeute). — 4(5)-Nitroimidazolyl-(5[4])-phenylsulfide: *2-Brom-4'-chlor-*, $C_9H_5BrClN_3O_2S$, F. 171—175⁰ (Zers.), durch 3std. Kochen äquimol. Mengen vorst. Verb. u. p-Chlorthiophenol in alkohol. Na-Äthylat-Lsg. oder in Dimethylformamid-Lsg., Einengen im Vakuum u. Kristallisation aus A.; 75%. — *2-Brom-*, F. 173⁰ (Zers.); 41%. — *2-Brom-4'-nitro-*, F. 180—185⁰ (Zers.); 58%. — *2-Brom-4'-methyl-*, F. 165—166⁰ (Zers.); 43%. — *4'-Chlor-*, F. 230—232⁰; 54%. — 4(5)-Nitroimidazolyl-(5[4])-phenylsulfone, nach Bennett u. Baker (C. **1958**, 3589): *2-Brom-*, F. 258 bis 260⁰; 77%. — *2-Brom-4'-chlor-*, $C_9H_5BrClN_3O_4S$, F. 240⁰; 46%. — *2-Brom-4'-nitro-*; 80% (roh). — *2-Brom-4'-methyl-*; 89% (roh). — *4'-Chlor-*, $C_9H_6ClN_3O_4S$, F. 278⁰ (Zers.); 83%. A. Jungblut. 3122◇

0859 **Einige 1- und 2-Halogenbenzimidazole.** D. Harrison, J. T. Ralph und A. C. B. Smith. (J. chem. Soc. [London] **1963**, 2930—37; Nottingham, Nottingham & Distr. Techn. Coll., Sci. Dep.; engl.) — Vgl. C. **1963**, 16936. — *2-Chlorbenzimidazol* (**I**) läßt sich am besten durch 3std. Einleiten von abs. HCl-Gas in eine sd. Lsg. von Benzimidazolinon-(2) (**II**) in $POCl_3$ unter Wasserausschluß darstellen, wobei die Ausbeuten 80—90% betragen u. nur wenig polymeres Material gebildet wird. Die Meth. von Manuelli u. Recchi [1900] liefert nur dunkle Prodd., auch die Darst. von **I** nach Efross, Porai-Koschitz u. Farbenstein (C. **1955**, 2669) ergibt weniger befriedigende Resultate. Temp.-Erhöhung durch Zusatz von Nitrobenzol oder Zugabe von Dimethyl- oder Diäthylanilin bzw. Pyridin führen zu Aufarbeitungsschwierigkeiten bzw. Prod.-Verminderung. Wenn die Darst. von **I** nach 15 Min. unterbrochen wird, läßt sich durch rasches Abkühlen ein instabiler weißer Festkörper der Zus. $C_7H_5 \cdot Cl_2N_2O_2P$ als Zwischenstufe isolieren, dessen Struktur diskutiert wird. **I** ist in verd. wss. NaOH lösl., liefert mit sd. Anilin (**III**) *2-Anilinobenzimidazol* bzw. mit Acetylchlorid (**IV**) ein *Monoacetyl-Deriv.* u. mit Dimethylsulfat (**V**) ein *Monomethylderivat.* Durch Eisessig bzw. Acetanhydrid (**X**) wird **I** in **II** bzw. *1.3-Diacetylbenzimidazolinon-(2)* umgewandelt. Analog **I** wurden *2-Chlor-5-methyl-* (**VI**) u. *2-Chlor-5-nitrobenzimidazol* (**VII**) dargestellt. Erhitzen von **I** etwas über den Erweichungspunkt scheint zur Bldg. von Kondens.-Polymeren zu führen. Auch bei der Darst. von **VII** treten Polymere auf. Die von Pauly u. Gundermann [1908] als 2-Jodbenzimidazol bezeichnete Verb. ist offenbar *1-Jodbenzimidazol.* Die UV-Maxima sind für **I**, **II**, **VI**, **VII**, *5-Methyl-* (**VIII**) u. *5-Nitrobenzimidazolinon-(2)* (**IX**) angegeben, ferner die IR-Hauptbanden von **I**, **VI** u. **VII**.

Versuche: *1-Jodbenzimidazol*, F. 173—176⁰ (Zers.; gelbes Pulver), nach Pauly u. Gundermann (l. c.); 88% (Ausbeute). Liefert mit **III** in A. *p-Jodanilin* (F. 62—65⁰; *p-Jodacetanilid*, F. 183—186⁰) u. *Benzimidazol* (F. 169—172⁰). — *1-Jod-2-methylbenzimidazol*, $C_8H_7JN_2$, F. 153—156⁰ (gelb), durch 1std. Rühren von 1,12 g 2-Methylbenzimidazol in wss. NaOH unter Zugabe von J_2 in wss. 10%ig. KJ-Lsg. bei Zimmer-Temp.; 2,05 g. — *1.3-Diacetyl-5-methylbenzimidazolinon-(2)*, $C_{12}H_{12}N_2O_3$, F. 174—175⁰ (A.), aus dem o-Diamin u. Harnstoff u. 3std. Kochen mit **X**. — *1.3-Diacetyl-5-nitrobenzimidazolinon-(2)*, $C_{11}H_9N_3O_5$, F. 127—128⁰ (A.), durch Nitrieren von **II** u. 3std. Kochen mit **X**. — *2-Chlorbenzimidazol* (**I**), $C_7H_5ClN_2$, F. 180° (Erweichung unter Blasen-Bldg. u. Verfestigung; wss. A.), durch 3½std. Kochen von 15 g **II** mit $POCl_3$ unter Einleiten von abs. HCl-Gas; 15,6 g. — *2-Chlor-5-methylbenzimidazol* (**VI**), $C_8H_7ClN_2$, F. 176—178° (Erweichung, Blasen-Bldg. u. Verfestigung; wss. A.), analog **I** aus **VIII**; 70%. — *2-Chlor-5-nitrobenzimidazol* (**VII**), $C_7H_4 \cdot ClN_3O_2$, F. 222—223° (Erweichung, Blasen-Bldg. u. Verfestigung; wss. A.), durch 1½std. Kochen von 8 g **IX** mit $POCl_3$, 4½std. Einleiten von abs. HCl-Gas in die sd. Lsg., Zugabe von W. u. NH_4OH zum Rückstand (pH ca. 6), Abkühlen, Rühren mit konz. HCl, Abtrennen von unlösl. Prodd., Zugabe von konz. NH_4OH bis zur Bldg. eines gelben Nd. [→ *5-Nitrobenzimidazolinon-(2)*], Fällen des Filtrats mit NH_4OH u. chromatograph. Reinigung; 3,5 g. — *2-Chlor-1-methylbenzimidazol*, $C_8H_7ClN_2$, F. 114—116° (PAe.), durch 1std. Rühren von 5 g **I** u. **V** in wss. NaOH u. 1std. Stehen; 4,5 g. — *1-Acetyl-2-chlorbenzimidazol*, $C_9H_7ClN_2O$, F. 86—88° (PAe.), durch Zugabe von 3 g **IV** zu **I** in abs. Pyridin unter Eiswasserkühlung, ½ std. Stehen u. Gießen in W.; 2,68 g. — *2-Anilinobenzimidazol*, F. 188—192° (wss. A.), durch 1½std. Kochen von 0,98 g **I** mit **III**; 0,71 g. — *Benzimidazolinon-(2)* (**II**), F. 314—316° (A.), durch 3std. Kochen von 0,34 g **I** mit Eisessig u. Eindampfen; 0,29 g. — *1.3-Diacetylbenzimidazolinon-(2)*, F. 149—150°, durch Kochen (20 Min.) von 0,37 g **I** mit **X**; 0,32 g. B. Gnauck. 3122◇

0860 **Einige potentielle cytotoxische Methylnitrosamine.** F. Bergel, Stanley S. Brown, C. L. Leese, G. M. Timmis und Roy Wade. (J. chem. Soc. [London] **1963**, 846—53; London, Roy. Cancer Hosp., Inst. of Cancer Res., Chester Beatty Res. Inst.; engl.) — Zur Prüfung auf pharmakolog. Wrkg. stellen Vff. eine Anzahl von Verbb. her, die durch die Methylnitrosamingruppe substituiert sind. So werden *α.ω-Bis-[methylnitrosamino]-alkane* erhalten, indem man die durch $LiAlH_4$-Red. entsprechender N.N'-Dimethyldicarbonsäurediamide (**A**) zugänglichen α.ω-Bis-[methylamino]-alkane (**B**) in Form ihrer Hydrochloride mit $NaNO_2$ umsetzt. *1.4-Bis-[methylnitrosamino]-1.4-didesoxyerythrit* entsteht aus 1.4-Dibrom-1.4-didesoxyerythrit (**I**) u. CH_3NH_2 u. nachfolgende Nitrosierung. Auf dem gleichen Wege gewinnt man aus 1.6-Bis-[O-methansulfonyl]-D-mannit (**II**) *1.6-Bis-[methylnitrosamino]-1.6-didesoxy-D-mannit*. Die Nitrosierung von α-Methylaminosäuren führt zu *α-Methylnitrosaminosäuren*, von denen auch die *Äthylester* beschrieben werden. Das aus N-Benzyloxycarbonylsarkosin (**III**) u. Isovalerylchlorid (**IV**) zugängliche, nicht isolierte gemischte Anhydrid, liefert bei der Umsetzung mit N-Benzyloxycarbonyl-DL-serin (**V**) *O-[N-Benzyloxycarbonylsarkosyl]-N-benzyloxycarbonyl-DL-serin*, das durch Hydrierung an Pd/Kohle in *O-Sarkosyl-DL-serin* übergeführt wird. Dieses läßt sich zu *O-[N-Nitrososarkosyl]-DL-serin* selektiv nitrosieren. 2-Methylaminomethyl- (**VI**), 3-Methylaminomethyl- (**VII**) u. 4-Methylaminomethylpyridin (**VIII**) liefern bei der Nitrosierung *2-, 3-* bzw. *4-Methylnitrosaminomethylpyridin*. Umsetzung von Nicotinsäureamid (**IX**) mit 2-Methylnitrosaminoäthylchlorid (**X**) führt zu *3-Carbamoyl-1-[2-methylnitrosaminoäthyl]-pyridiniumchlorid*. Rk. von 5-Chlormethyluracil (**XI**) mit CH_3NH_2 u. nachfolgende Nitrosierung ergibt *5-Methylnitrosaminomethyluracil*. Die aus 4-Hydroxy-6-methyl-2-piperidinopyrimidinaldehyd-(5) (**XII**; vgl. Hull, C. **1958**, 9213) u. CH_3NH_2 erhaltene Schiff-Base, das *4-Hydroxy-6-methyl-2-piperidino-5-methyliminomethylpyrimidin* (**XIII**), läßt sich nach der Hydrierung an PtO_2 zu *4-Hydroxy-6-methyl-2-piperidino-5-methylnitrosaminomethylpyrimidin* nitrosieren. **XIII** geht durch Hydrierung an Raney-Ni in *4-Hydroxy-6-methyl-2-piperidinopyrimidin* über. Vff. synthetisieren eine Reihe von *Methylnitrosamino-Derivv.* des *Benzimidazols*.

Versuche: *α.ω-Bis-[methylnitrosamino]-alkane*, durch 24std. Kochen der entsprechenden **A** mit $LiAlH_4$ in Ae., Zers. mit wss. NaOH, Lösen der durch Abdestillieren des Ae. erhaltenen **B** [50—60% (Ausbeute)] in HCl von 0°, Zugabe von $NaNO_2$ in geringem Überschuß, Absaugen u. Umkristallisieren aus Essigester–Hexan: *1.3-Bis-[methylnitrosamino]-propan*, $C_5H_{12}N_4O_2$, F. 66—67° (Prismen). — *1.4-Bis-[methylnitrosamino]-butan*, $C_6H_{14}N_4O_2$, F. 71—72° (Prismen). — *1.5-Bis-[methylnitrosamino]-pentan*, $C_7H_{16}N_4O_2$, F. 45—46° (Nadeln). — *1.6-Bis-[methylnitrosamino]-hexan*, $C_8H_{18}N_4O_2$, F. 59—60° (Rhomben). — *1.10-Bis-[methylnitrosamino]-decan*, $C_{12}H_{26}N_4O_2$, F. 63—65°. — *1.4-Bis-[methylamino]-1.4-didesoxyerythrit* (**XIV**), $C_6H_{16}N_2O_2$, F. 169—171° (Methanol–Ae.; Nadeln), durch Zugabe von 24 g **I** zu 10n CH_3NH_2 in Dioxan bei 0°, 15std. Rühren bei Raum-Temp. im geschlossenen Gefäß u. Abtrennen der öligen Phase; 2,7 g. *Dihydrobromid*, $C_6H_{18} \cdot Br_2N_2O_2$, F. 188—189° (Methanol–Ae.; Prismen), wie vorst., jedoch Eindampfen des Rk.-Gemisches. *Bis-[methansulfonat]*, $C_8H_{24}N_2O_8S_2$, F. 168—170° (Nadeln), wie vorst. aus 1.4-Bis-[O-methansulfonyl]-erythrit. — *1.4-Bis-[methylnitrosamino]-1.4-didesoxyerythrit*, $C_6H_{14}N_4O_4$, F. 150—151° (A.; Platten), durch Behandeln von 2,7 g in 2n HCl von 0° gelöstem **XIV** mit $NaNO_2$, ½ std. Aufbewahren, Einstellen mit HCl auf pH 4, Eindampfen u. Extraktion mit sd. A.; 1,5 g. — *1.6-Bis-[methylamino]-1.6-didesoxy-D-mannit*, $C_8H_{20}N_2O_4$, F. 187—188° (Nadeln), analog **XIV** aus 1.6-Bis-[O-benzolsulfonyl]-D-mannit oder **II**; $[\alpha]_D^{22}$ +11° (c = 2; W.); 20—30%. — *1.6-Bis-[methylnitrosamino]-1.6-didesoxy-D-mannit*, $C_8H_{18}N_4O_6$, F. 162 bis 163° (Platten), durch Nitrosierung vorst. Verb.; $[\alpha]_D^{21}$ +26° (c = 2; W.). — *α-Methylnitrosaminosäuren*, durch Eintropfen von wss. $NaNO_2$-Lsg. zu der entsprechenden, in konz. HCl gelösten α-Methylaminosäure bei ca. 80—90°, 1std. Erwärmen auf dem Wasserbad, Extraktion mit Essigester oder Ae., Eindampfen im Vakuum u. Umkristallisieren aus Essigester–Ligroin; 50—60%: *Methylnitrosaminoessigsäure*, $C_3H_6 \cdot N_2O_3$, F. 75—77°. *Äthylester* (**XV**), $C_5H_{10}N_2O_3$, Kp.$_{0,5}$ 81—85°, durch Lösen von Methylaminoessigsäureäthylesterhydrochlorid in W., Zugabe von wenig konz. HCl u. Nitrosierung wie vorst.; n_D^{22} 1,4500; 65%. — *α-Methylnitrosaminopropionsäure*, $C_4H_8 \cdot N_2O_3$, F. 95—96°. *Äthylester*, $C_6H_{12}N_2O_3$, Kp.$_{0,1}$ 57—59°, analog **XV** aus α-Methylaminopropionsäureäthylesterhydrochlorid; n_D^{22} 1,4485; 30%. — *α-Methylnitrosaminoisovaleriansäure*, $C_6H_{12}N_2O_3$. *Äthylester*, $C_8H_{16}N_2O_3$, Kp.$_{0,05}$ 54—56°, analog **XV** aus α-Methylaminoisovaleriansäureäthylesterhydrochlorid; n_D^{22} 1,4486; 25%. — *α-Methylnitrosaminoisocapronsäure*, $C_7H_{14}N_2O_3$, F. 68—69° (Bzl.–Ligroin). *Äthylester*, $C_9H_{18}N_2O_3$, Kp.$_{0,2}$ 89—90°, analog **XV** aus *α-Methylaminoisocapronsäureäthylesterhydrochlorid* [$C_9H_{20}ClNO_2$, F. 127 bis 128° (Aceton–Ae.); 95%]; n_D^{22} 1,4480; 62%. — *α-Methylnitrosaminocapronsäure*, $C_7H_{14}N_2O_3$. *Äthylester*, $C_9H_{18}N_2O_3$, Kp.$_{0,2}$ 100—101°, analog **XV** aus *α-Methylaminocapronsäureäthylesterhydrochlorid* [$C_9H_{20}ClNO_2$, F. 97—98° (Aceton–Ae.); 80%]; n_D^{22} 1,4449; 60%. — *α-Methylnitrosamino-β-methylvaleriansäure*, $C_7H_{14}N_2O_3$. *Äthylester*, $C_9H_{18}N_2O_3$, Kp.$_{0,2}$ 86 bis 87°, analog **XV** aus α-Methylamino-β-methylvaleriansäureäthylesterhydrochlorid; n_D^{22} 1,4509; 40%. — *α-Methylnitrosamino-β-phenylpropionsäureäthylester*, $C_{12}H_{16}N_2O_3$, Kp.$_{0,1}$ 126 bis 128°, analog **XV** aus *α-Methylamino-β-phenylpropionsäureäthylesterhydrochlorid* [$C_{12}H_{18}ClNO_2$, F. 159—160° (A.–Ae.); 75%]; n_D^{22} 1,5170; 58%. — *O-[N-Benzyloxycarbonylsarkosyl]-N-benzyloxycarbonyl-DL-serin*, durch Einrühren von 21 g in CH_2Cl_2 gelöstem **IV** bei 0° innerhalb ½ Std. in die Lsg. von 36 g **III** u. 18 g $(C_2H_5)_3N$ in CH_2Cl_2, Zugabe von 43 g **V** u. 18 g $(C_2H_5)_3N$ in CH_2Cl_2 nach ½ std. Aufbewahren bei 0°, Zugabe von weiteren 18 g $(C_2H_5)_3N$ nach 18std. Aufbewahren bei 5°, Eindampfen der mit W. gewaschenen CH_2Cl_2-Lsg., Lösen des öligen Rückstandes in Essigester, Extraktion mit W., Rühren der wss. Phase bei 3° mit Essigester, Ansäuern mit 10n HCl, Abtrennen der ausgeschiedenen organ. Phase, weitere Extraktion der wss. Lsg. mit Essigester u. Einengen der vereinigten organ. Lsgg.; 51 g. — *O-Sarkosyl-DL-serin, Hydrochlorid*, $C_6H_{13}ClN_2O_4$, F. 173—175° (Zers.; wss. A.; Platten), durch Hydrierung vorst. Verb. an Pd-Kohle in 1n HCl enthaltendem A. u. Einengen der filtrierten Lsg.; 7 g. — *O-[N-Nitrososarkosyl]-DL-serin*, $C_6H_{11}N_3O_5$, F. 138—139° (Platten), durch Versetzen von 1,1 g vorst., in W. gelöster Verb. mit $NaNO_2$ bei 0°, Adsorption an einer mit „Hyflo" gefüllten Säule nach 1 Std. u. Elution mit wss. Aceton; 0,46 g. — *2-Methylnitrosaminoäthanol*, $C_3H_8N_2O_2$, Kp.$_{0,2}$ 90—93°, durch Einrühren von 5n HCl zu 25 g 2-Methylaminoäthanol u. $NaNO_2$ in W., ½ std. Rühren bei 45°, 12std. Extraktion mit Ae. u. Einengen der Ae.-Lsg.; gelbes Öl; n_D^{25} 1,4578; 14 g. *Phenylurethan*, $C_{10}H_{13}N_3O_3$, F. 77—78° (Bzl.; Nadeln), aus 3,1 g vorst. Verb. u. Phenylisocyanat; 3 g. — Pyridine: *2-Methylnitrosaminomethyl-*, $C_7H_9N_3O$, Kp.$_{0,2}$ 100—101°, durch ½ std. Rk. von 12,2 g **VI** mit wss. $NaNO_2$ u. 5n HCl, Extraktion der mit NaCl gesätt. Lsg. mit Essigester, Einengen u. Dest.; gelbes Öl; n_D^{25} 1,5439; 10 g. — *3-Methylnitrosaminomethyl-*, $C_7H_9N_3O$, Kp.$_{0,2}$ 115—116°, wie vorst. aus 12,2 g **VII**; gelbes Öl; n_D^{25} 1,5450; 10,8 g. *Methojodid*, $C_8H_{12} \cdot JN_3O$, F. 129° (A.; Prismen). — *4-Methylnitrosaminomethyl-*, Kp.$_{0,2}$ 114—115°, wie vorst. aus 12,2 g **VIII**; gelbes Öl; n_D^{25} 1,5440; 7 g. — *2-Methyl-6-methylnitrosaminomethyl-*, $C_8H_{11} \cdot$

N_3O, F. 48—49°, Kp.$_{0,1}$ 99—100°, wie vorst. aus 16,5 g 6-Methyl-2-methylaminomethylpyridin; 9,9 g. — *3-Carbamoyl-1-[2-methylnitrosaminoäthyl]-pyridiniumchlorid*, $C_9H_{13}\cdot ClN_4O_2$, F. 170—171° (Methanol), durch 1 std. Kochen von 2 g **IX** mit 2 g **X** in A.; 3,3 g. — *5-Methylnitrosaminomethyluracil*, $C_6H_8N_4O_3$, F. 237—238° (Zers.; wss. A.; Rhomben), durch 18 std. Rühren von 2 g **XI** mit 10nCH_3NH_2 in Dioxan im Rohr, Zusetzen von A., Einengen der filtrierten Lsg., Lösen des Rückstandes in 2n HCl u. Umsetzung mit wss. $NaNO_2$; 0,4 g. — *4-Hydroxy-6-methyl-2-piperidino-5-methyliminomethylpyrimidin* (**XIII**), $C_{12}H_{18}N_4O$, F. 197—199° (Zers.; Dioxan), durch Rühren von 16 g **XII** mit CH_3NH_2 in Dioxan bei 100° bis zur Lsg. u. Abkühlen; 12 g. — *4-Hydroxy-6-methyl-2-piperidinopyrimidin*, $C_{10}H_{15}N_3O$, durch Hydrieren von **XIII** in A. an Raney-Ni bei 40 at; aus A. Nadeln; 51%. — *4-Hydroxy-6-methyl-2-piperidino-5-methylnitrosaminomethylpyrimidin*, $C_{12}H_{19}N_5O_2$, F. 209—210° (Zers.; A.; Nadeln), durch Hydrierung von 3,7 g **XIII** an PtO_2 in Essigsäure, Eindampfen der filtrierten Lsg., Lösen des öligen Rückstandes in W. u. Behandeln mit $NaNO_2$ in W.; 2,5 g. — Benzimidazole: *2-Chlormethyl-, Hydrochlorid*, F. 150—151° (Dioxan), durch 1 std. Kochen von 50 g o-Phenylendiamin mit 65 g Chloressigsäure in 4n HCl; 42 g. — *2-Methylnitrosaminomethyl-*, $C_9H_{10}N_4O$, F. 179—180° (Aceton–Hexan; Rhomben), durch Behandeln vorst. Verb. mit CH_3NH_2 in Dioxan u. anschließende Nitrosierung mit $NaNO_2$; 36%. — *5.6-Dichlor-2-chlormethyl-, Hydrochlorid*, $C_8H_6Cl_4N_2$, F. ca. 215° (A.; Nadeln), aus 4.5-Dichlor-o-phenylendiamin u. Chloressigsäure; 95%. — *5.6-Dichlor-2-methylnitrosaminomethyl-*, $C_9H_8Cl_2N_4O$, F. 185—187° (Essigester–Hexan; Platten), aus vorst. Verb. durch Rk. mit CH_3NH_2 in Dioxan u. anschließende Nitrosierung; 56%. — *1-Methylnitrosaminomethyl-*, $C_9H_{10}N_4O$, F. 94—95° (Essigester), durch Hydroxymethylierung von Benzimidazol nach Bachman u. Heisey (vgl. J. Amer. chem. Soc. **68**, [1946], 2496), Umwandlung des erhaltenen *1-Hydroxymethylbenzimidazols* mit $SOCl_2$ in *1-Chlormethylbenzimidazolhydrochlorid*, Rk. des letzteren mit CH_3NH_2 in Dioxan u. anschließende Nitrosierung; 38%. — *5.6-Dichlor-1-hydroxymethyl-*, $C_8H_6Cl_2N_2O$, F. 205—207°, durch Hydroxymethylierung von 5.6-Dichlorbenzimidazol; 95%. — *5.6-Dichlor-1-chlormethyl-, Hydrochlorid*, $C_8H_6Cl_4N_2$, F. 196—199° (Zers.; A.; Nadeln), aus vorst. Verb. mit $SOCl_2$; 79%. — *5.6-Dichlor-1-methylnitrosaminomethyl-*, $C_9H_8Cl_2N_4O$, F. 164—165° (Essigester; Rhomben), durch Rk. vorst. Verb. mit CH_3NH_2 u. anschließende Nitrosierung; 23%. — *2-[3-Methylnitrosaminopropyl]-*, $C_{11}H_{14}N_4O$, F. 130—132° (Essigester–Hexan; Platten), durch Erhitzen von 3-[Benzimidazolyl-(2)]-propionsäuremethylester mit CH_3NH_2 in Dioxan auf 100°, 40 std. Kochen des erhaltenen *3-[Benzimidazolyl-(2)]-propionsäuremethylamids* [$C_{11}H_{13}N_3O$, F. 239—245° (Aceton–Methanol; Nadeln); 65%] mit $LiAlH_4$ in Ae., Zers. mit 2n NaOH, Lösen des Nd. in 2n HCl, Zugabe von $NaNO_2$ in W., Einstellen mit NH_4OH auf pH 7,5 u. Extraktion mit $CHCl_3$; 53%. — *5.6-Dichlor-2-[3-methylnitrosaminopropyl]-*, $C_{11}H_{12}Cl_2N_4O$, F. 141—142° (Essigester–Hexan), analog vorst. Verb. aus *3-[5.6-Dichlorbenzimidazolyl-(2)]-propionsäuremethylester* ($C_{11}H_{10}Cl_2N_2O_2$), Umwandlung mit CH_3NH_2 in das *Methylamid* [$C_{11}H_{11}Cl_2N_3O$, F. 243—245° (Essigester–A.; Prismen); 71%], Red. des letzteren mit $LiAlH_4$ in Ae. u. Nitrosierung in der üblichen Weise; 38%. — *N-Methyl-N'-[o-aminophenyl]-bernsteinsäurediamid*, $C_{11}H_{15}N_3O_2$, F. 195—196° (A.; Nadeln), durch 16 std. Kochen von 25 g Bernsteinsäuremono-[o-nitrophenylamid] mit $SOCl_2$ u. Pyridin, Umsetzen des Säurechlorids (F. 160 bis 162°) mit CH_3NH_2 in Dioxan, Verdünnen mit Ae. nach 1 Std., Absaugen des *N-Methyl-N'-[o-nitrophenyl]-bernsteinsäurediamids* [$C_{11}H_{13}N_3O_4$, F. 149—150° (A.; Nadeln); 20 g] u. Hydrierung des letzteren an Pd-Kohle in A.; 16 g. — *N-Methyl-N'-[o-aminophenyl]-tetramethylendiamin*, $C_{11}H_{19}N_3$, Kp.$_{0,09}$ 144—146°, durch 12 std. Kochen von 6,3 g vorst. Verb. mit $LiAlH_4$ in Ae., Zers. mit 2n NaOH, Ae.-Extraktion u. Dest.; gelbes Öl; n_D^{25} 1,5735; 4 g. — *1-[4-Methylnitrosaminobutyl]-benzimidazol*, $C_{12}H_{16}N_4O$, F. 91—93° (Essigester–Hexan; Platten), durch 2½ std. Kochen von 3,1 g vorst. Verb. mit Formamidinacetat in A., Eindampfen u. Nitrosierung des als Öl zurückbleibenden *1-[4-Aminobutyl]-benzimidazols* [*Dipikrat*, $C_{23}H_{31}N_9O_{14}$, F. 191—193° (A.; Rhomben)] in der üblichen Weise; 1,8 g. *Pikrat*, $C_{18}H_{19}N_7O_8$, F. 142—143° (A.–2-Methoxyäthanol; Platten). H. Gleinig. 3122◇

0861 **Reaktion von trans-2-Aminocyclohexanol und Formaldehyd.** Elbert W. Crandall und William R. Van Hoozer. (J. org. Chemistry **27**, 2965—66, 1962; Pittsburg, Kans., Kansas State Coll., Dep. of Physic. Sci.; engl.) — Unterschiedliche Auffassungen in der Literatur (vgl. Bláha u. Kovář, Chem. Listy **52**, [1958], 77, sowie Gil-Av, C. **1960**, 810) über die Struktur des Rk.-Prod. aus trans-2-Aminocyclohexanol (I) u. Formaldehyd (II) veranlaßten Vff., diese Umsetzung erneut durchzuführen. Bei Einw. von 37%ig. wss. **II** auf **I** bei 25° ist die Rk. nach ½ Std. vollständig abgelaufen, u. man erhält eine krist. Substanz $C_{15}H_{26}N_2O_2$ (**III**, F. 157—158°). Durch Aufnahme des NMR-Spektrums kommen Vff. zu der Ansicht, daß die von Blaha u. Kovar (l. c.) vorgeschlagene Struktur eines *Bis-[4.5-tetramethylenoxazolidinyl-(3)]-methans* für **III** zutreffend ist. Durch Einw. von C_6H_5MgBr auf **III** wird *N.N-Dibenzyl-2-aminocyclohexanol-(1)* in 86%ig. Ausbeute erhalten.

Versuche: *Bis-[4.5-tetramethylenoxazolidinyl-(3)]-methan* (**III**), $C_{15}H_{26}N_2O_2$, F. 157—158° (A.), durch ½ std. Rühren einer Lsg. von 21,4 g **I** in W. mit 22,6 ml 37%ig. wss. **II**-Lsg. bei Raum-Temp.; 25,8 g (Ausbeute). — *N.N-Dibenzyl-2-aminocyclohexanol-(1)*, $C_{20}H_{25}NO$, F. 90—91° (A.), durch Zugeben einer Lsg. von C_6H_5MgBr in Ae. zu einer äther. Lsg. von 3,1 g **III** innerhalb von 10 Min. u. ½ std. Rühren; 3 g. D. Holzner. 3132◇

0862 **Cycloserin und verwandte Verbindungen.** 11. Mitt. **4-Hydroxyisoxazolidon-(3) und einige seiner Derivate.** R. M. Chomutow, M. Ja. Karpeisski, Tschshi-pin Tschshan und N. K. Kotschetkow. (J. allg. Chem. [UdSSR] **30** (**92**), 3057—60, 1960; Inst. für Pharmakolog. u. Chemotherap. der Akad. der Med. Wiss. der UdSSR; russ.) — 9. vgl. C. **1961**, 2614. — Es wurden *Isoxazolidon-(3)*, *4-Hydroxy-* (**I**), *4-Methoxy-*, *4-Äthoxy-* u. *4-Acetoxyisoxazolidon-(3)* dargestellt. Die Hydrierung von **I** oder HCl-Hydrolyse mit anschließender Methanol–NH_3-Behandlung lieferte *Glycerinsäureamid*.

Versuche: Isoxazolidone-(3): *Unsubstituiert*, F. 69 bis 70° (Methanol–Ae.), *Na-Salz, Hydrat*, F. 61—62° (Zers.; Methanol–Ae.), *Semihydrat*, Zers. bei 68°, durch Zugabe von 6,1 g β-Chlorpropionsäuremethylester unter Kühlung zu 6,8 g NaOH in 10 ml W. u. 6,1 g Hydroxylaminsulfat u. je 2 std. Rühren bei —5 u. +20°; Nadeln. — Analog: *4-Hydroxy-* (**I**), F. 77°. *Na-Salz, Hydrat*, $C_3H_4NNaO_3\cdot H_2O$, F. 60—64° (Zers.). — *4-Methoxy-*, $C_4H_7NO_3$, F. 78—79° (Zers.). *Na-Salz*, $C_4H_6NNaO_3$, F. 65—68° (Zers.). — *4-Äthoxy-*, *Na-Salz*, $C_5H_8NNaO_3$, F. 68° (Zers.). — *4-Acetoxy-*, $C_5H_7NO_4$, F. 91 bis 92° (Zers.). — *Glycerinsäureamid*, F. 91°, durch Hydrierung von **I** in Methanol an Pt oder durch Sättigen von **I** mit HCl in Methanol u. Behandeln mit NH_3. Helmut Schäfer. 3132△

0863 **Sulfurierung von Sydnonen.** W. F. Wassiljewa und W. G. Jaschunski. (Chem. Wiss. Ind. [UdSSR] **3**, 282—83, 1958; Allunions Chem.-pharmazeut. Ordshonikidse-Inst.; russ.) — Einige *Sydnone* werden durch Rk. von Acetanhydrid mit den entsprechenden N-substituierten Nitrosoglycinen dargestellt u. durch Sulfurierung mit Dioxan–SO_3 in Dichloräthan bei 20—40° in die entsprechenden *Sydnon-4-sulfonsäuren* übergeführt, die als Ba-Salze isoliert u. als S-Benzylisothiuroniumsalze charakterisiert werden.

Versuche: Sydnone: *3-[p-Äthoxyphenyl]-*, $C_{10}H_{10}\cdot N_2O_3$, F. 127—128° (Zers.). — *3-[m-Chlorphenyl]-*, $C_8H_5ClN_2O_2$, F. 144—145° (Zers.). — *3-Äthyl-*, $C_4H_6N_2O_2$, Kp.$_{0,5}$ 137,5 bis 138°. — Sydnon-4-sulfonsäuren, S-Benzylisothiuroniumsalze: *3-Phenyl-*, $C_{16}H_{16}N_4O_5S_2$, F. 167—168° (Zers.). — *3-[p-Methoxyphenyl]-*, $C_{17}H_{18}N_4O_6S_2$, F. 131,5 bis 133° (Zers.). — *3-[p-Äthoxyphenyl]-*, $C_{18}H_{20}N_4O_6S_2$, F. 132 bis 134° (Zers.). — *3-[m-Chlorphenyl]-*, $C_{16}H_{15}ClN_4O_5S_2$, F. 161 bis 162° (Zers.). — *3-Äthyl-*, $C_{12}H_{16}N_4O_5S_2$, F. 137—138° (Zers.). I. Schade. 3163△

0864 **Untersuchungen an Pyronderivaten. 9. Mitt. Über die Reaktion von Dehydracetsäure mit primären Aminen und Ammoniak.** Sadao Iguchi, Atsuko Inoue und Chieko Kurahashi. (Chem. pharmac. Bull. [Tokyo] **11**, 385—90, 1963; Kyushu Univ., Fac. of Med., Inst. of Pharmaceut. Sci.; engl.) — 8. vgl. Chem. pharmac. Bull. [Tokyo] **10**, [1962], 1070; 6. vgl. C. **1963**, 9379. — Mit Hilfe der Papierchromatographie [Butanol/Eisessig/W. (4 : 1 : 5); Reagens nach Dragendorff] wurde gefunden, daß Dehydracetsäure (DHA) sich bereits bei 37° mit NH_3, NH_4Cl, Methylamin, Äthanolamin oder Anilin über Schiffsche Basen zu den entsprechenden *Pyridonen* umsetzt. *3-α-Iminoäthyl-4-hydroxy-6-methylpyron-(2)*, welches gleich nach Zugabe von DHA zu NH_3 in Nadeln abgeschieden werden kann, setzt sich in Lsg. zu *Lutidon* (I) u. zu *Lutidoncarbonsäure* um, wobei zuerst zurückgebildete DHA gefunden wurde. Die Umsetzungen mit substituiertem NH_3 verlaufen schneller als mit NH_3. Hierbei fand man keine N-substituierten Lutidoncarbonsäuren. Die erhaltenen Prodd. wirken im Gegensatz zu DHA weder bakteriostat. noch fungicid.

Versuche: *Lutidon* [I, *2.6-Dimethylpyridon-(4)*], F. 224 bis 225° [Methanol/Acetessigester (1 : 1)], durch 10std. Kochen von 2.6-Dimethylpyron-(4) in 28%ig. NH_3 unter Rückfluß; 1,5 g (Ausbeute). — *Lutidon-3-carbonsäuremonohydrat*, F. 257 bis 258° (Zers.; A.), durch 15std. Kochen von 15 g DHA u. 28%ig. NH_3 unter Rückfluß u. nach dem Waschen des Rückstandes mit Bzl. Aufnehmen von I (7,5 g) in A. bei 70°; 5,2 g. — *N-Methyllutidon* [*1.2.6-Trimethylpyridon-(4)*], F. 245°, durch 6std. Erhitzen von 5,6 g DHA u. 25%ig. Methylamin-Lsg. im Bombenrohr auf 100—110°; aus W. Nadeln; 4,6 g. — *N-Hydroxyäthyllutidon* [*1-Hydroxyäthyl-2.6-dimethylpyridon-(4)*], $C_9H_{13}NO_2$, F. 224—225°, durch 10std. Erwärmen von 3 g DHA u. Äthanolamin in W. auf dem Dampfbad u. Ausschütteln des Ausgangsmaterials mit Ae.; aus A. Prismen; 2 g. — *3-[1-(2-Hydroxyäthylimino)-äthyl]-4-hydroxy-6-methylpyron-(2)*, $C_{10}H_{13}NO_4$, durch ½std. Erhitzen von 3 g DHA u. Äthanolamin in A. unter Rückfluß; aus A. Platten; 2,5 g. — *N-Phenyllutidon* [*1-Phenyl-2.6-dimethylpyridon-(4)*], F. 196 bis 197°, durch 2std. Kochen von 3,4 g DHA, Anilin u. konz. HCl unter Rückfluß; aus Bzl. Prismen; 5,4 g.

H.-J. Haase. 3211◇

0865 **Die Chemie des Ferulins, des Grundlactons der indischen Arzneipflanze Ferula alliacea Boiss.** A. Chatterjee, P. K. Bose und S. K. Saha. (Arch. Pharmaz. Ber. dtsch. pharmaz. Ges. **295/67**, 248—55, 1962; Calcutta, Univ. Coll. of Sci., Dep. of Chem.; dt.) — Das aus den Früchten von *Ferula alliacea* Boiss isolierte *Ferulin* (I; vgl. Bose u. Choudhury, Ann. biol. exp. Med. **6**, [1946], Nr. 1, 1) konnte säulenchromatograph. in *Phellopterin* (II) u. *Byakangelicol* (III) getrennt werden. Alkal. Hydrolyse von III führt zu *Isobyakangelicolsäure* (IV), saure Hydrolyse zum *5-Methoxy-8-hydroxypsoralen* (V), das zum *Isopimpinellin* methyliert werden kann. Mit Oxalsäure gibt III *Byakangelicin*, während Sublimation im Hochvakuum, wie auch Rk. mit $NaBH_4$ bei erhöhter Temp., zu V führt. Chromsäureoxydation von III gibt *Bergaptenchinon* u. *Aceton*. Bei der Behandlung von I mit Monoperphthalsäure entsteht nur III, durch Verseifung u. nachfolgendes Ansäuern von I werden II u. IV gewonnen. III läßt sich auch aus Bergapten über 8-Aminobergapten u. V, Kondens. mit 3.3-Dimethylallylbromid (VI) zu II u. dessen Behandlung mit Monoperphthalsäure synthetisieren. IR- u. UV-Banden von III s. Original.

Versuche: *Ferulin* [I; *Gemisch aus Phellopterin* (II) *u. Byakangelicol* (III)], $C_{17}H_{16}O_6$, F. 86—87°, aus dem benzollösl. Teil von „*Ferulalacton*" [aus den Früchten von *Ferula alliacea* Boiss durch PAe.-Extraktion; 1,1% (Ausbeute)] durch fraktionierte Kristallisation mit Methanol. — *Phellopterin* (II), $C_{17}H_{16}O_5$, F. 102°, a) aus 100 mg I durch Chromatographie an Florisil u. Eluieren mit PAe. u. PAe./Ae. (1:1); 50 mg; b) aus 150 mg I durch Chromatographie an mit methanol. Formamid-Lsg. imprägniertem Cellulosepulver u. Eluieren mit Cyclohexan; 72 mg; daneben durch Eluieren mit Bzl. 73 mg *Byakangelicol* [III; $C_{17}H_{16}O_6$, F. 103°, auch aus II durch 3tägiges Stehen mit äther. Monoperphthalsäure bei Raum-Temp. u. 10std. Kochen; aus Aceton/PAe. schwachgelbe Plättchen; $[\alpha]_D^{23}$ +34,8° (Pyridin)]; c) aus V durch 18std. Kochen mit VI in Aceton in Ggw. von K_2CO_3; aus PAe. Nadeln. — *Isobyakangelicolsäure* (IV), $C_{17}H_{18}O_7$, F. 220°, aus III in A. durch 1std. Stehen mit wss. KOH u. Ansäuern mit HCl; aus verd. A. Rhomben. *Dihydro-Verb.*, $C_{17}H_{20}O_7$, F. 152°; aus verd. A. Nadeln. *Acetyl-Deriv.*, $C_{19}H_{20}O_8$, F. 220°; aus verd. A. Plättchen. — *5-Methoxy-8-hydroxypsoralen* (V), $C_{12}H_8O_5$, F. 223°, a) aus III durch ½std. Kochen in Eisessig mit wenig H_2SO_4; b) durch Sublimation von III bei 175 bis 186° u. 0,1 Torr; c) durch ¼std. Rk. von III in Methanol mit $NaBH_4$ bei 100° u. 48std. Stehen nach Ansäuern mit Eisessig; aus Aceton/PAe. gelbe Nadeln. — *Isopimpinellin*, $C_{13}H_{10}O_5$, F. 148°, aus V durch 10std. Kochen mit Methyljodid u. Na_2CO_3 in Aceton; aus verd. A. schwachgelbe Nadeln. — *Byakangelicin*, $C_{17}H_{18}O_7$, F. 118—120°, durch 6std. Kochen einer äthanol. Lsg. von III mit wss. Oxalsäure; aus verd. A gelbe Kristalle. *Diacetyl-Deriv.*, $C_{21}H_{22}O_9$, F. 112—113°; aus verd. Methanol Nadeln. — *Bergaptenchinon*, $C_{11}H_4O_5$, F. 250 bis 252° (Zers.), durch Erwärmen von III mit CrO_3 in Eisessig u. 3tägiges Stehen; durch Sublimation bei 175—185° u. 0,5 Torr orangerote Kristalle; daneben *Dibenzalaceton*, F. 109—110°, aus dem Filtrat vorst. Verb. durch Zugabe von Benzaldehyd u. etwas wss. NaOH u. 8tägiges Stehen; aus verd. A. schwachgelbe Kristalle.

R. Becker. 3211△

0866 **Synthesen und Konfigurationsermittlung in der Rotenoid-Reihe.** 19. Mitt. **Die Totalsynthese des natürlichen Rotenons.** Masateru Miyano, Akio Kobayashi und Masanao Matsui. (Agric. biol. Chem. [Tokyo] **25**, 673—77, 1961; Tokyo, Univ., Fac. of Agriculture, Dep. of Agricultural Chem.; engl.) — 18. vgl. Bull agric. chem. Soc. Japan **24**, [1960], 540; 15. vgl. C. **1963**, 13537. — Durch Kondens. von dl-Hydroxydihydrotubanol (I) mit Derrsäuremethylesternitril (II) nach Houben-Hoesch wurde als Hauptprod. *dl-Hydroxydihydroderrissäure* (III) neben *dl-Chlordihydroderrissäure* erhalten. Aus dem III-Methylester wurde durch Behandeln mit PBr_3 in Pyridin u. Hydrolyse *dl-Derrissäure* (*dl*-IV) erhalten. Die Möglichkeit der Aufspaltung von dl-IV wird an der Bldg. des *l-α-Phenyläthylamin* (*l*-V)-*Salzes* von *l*-IV aus natürlicher *l*-IV u. dl-V aufgezeigt. IV stellt die letzte Stufe der Synth. zum *Rotenon* dar.

Versuche: *dl-Hydroxydihydroderrissäure* (III), durch 50—70std. Rühren eines mit HCl gesätt. Gemisches aus 5 g I, 8 g II u. $ZnCl_2$ in Ae. bei 2—3°, Verdünnen mit Eiswasser, mehrstd. Stehen bei 0°, Erwärmen auf 50°, Extraktion mit Äthylacetat, Eindampfen im Vakuum, 2std. Kochen des Rückstandes mit 3%ig. alkohol. KOH, Verdünnen mit W., Abdampfen des A. im Vakuum, Waschen mit Ae., Ansäuern mit HCl, Extraktion mit Äthylacetat, Ausschütteln mit $NaHCO_3$, Einengen im Vakuum (→ I, F. 150°), Ansäuern der $NaHCO_3$-Lsg. mit HCl, Extraktion mit Äthylacetat, Eindampfen im Vakuum (→ *Derrsäuremononitril*, F. 168°), Verestern des sauren Rückstandes in Äthylacetat mit CH_2N_2 in Ae., Extraktion mit $NaHCO_3$ [→ mit III isomere Säure *2-[1-Methyl-1-hydroxyäthyl]-4-hydroxy-7-[3.4-dimethoxy-6-carboxymethoxyphenylacetyl]-cumaran*, *Methanolsolvat*, $C_{23}H_{26}O_9 \cdot CH_3OH$, F. 153—155° ($CH_3OH$)], Chromatographie des im Vakuum eingeengten öligen Rückstandes an Al_2O_3 u. Eluieren mit Chlf. [→ *dl-Chlordihydroderrissäure* neben Derrsäuremethylesternitril (II)] u. Chlf./Methanol (4:1); 0,9% (Ausbeute). — *dl-Derrissäuremethylester*, durch Zugabe von PBr_3 zu 0,9 g III in abs. Pyridin, 5tägiges Stehen bei 0°, Zers. mit W., Zugabe von verd. HCl, Extraktion mit Äthylacetat, 1½std. Kochen des erhaltenen Rückstandes in 3%ig. wss.-alkohol. KOH, Verdünnen mit W., Waschen mit Ae., Ansäuern mit HCl, Extraktion mit Äthylacetat, 4std. Kochen des erhaltenen Rückstandes mit Methanol u. H_2SO_4, Chromatographie an Al_2O_3 u. Eluieren mit Chlf.; farbloses Öl; 70 mg. *Freie dl-Säure* (*dl*-IV), *Äthanolsolvat*, $C_{23}H_{24}O_8 \cdot C_2H_5OH$, F. 158—160° (A.), durch 1½std. Kochen von 70 mg des Esters mit 10%ig. äthanol. KOH, Verdünnen mit W., Äthylacetatextraktion, Chromatographie an SiO_2 u. Eluieren mit Bzl./Äthylacetat (10:1); 3 mg. *l*-IV, *l-α-Phenyläthylaminsalz*, $C_{31}H_{35}NO_8$, F. 162—163° (A.), a) durch mehrst. Stehen von natürlicher *l*-IV mit dl-V in A. bei 0°; b) analog aus *l*-V; $[\alpha]_D^{22}$ —49,0° (c = 2,72; Chlf.). *l*-IV, *Methanolsolvat*, $C_{23}H_{24}O_8 \cdot CH_3OH$, F. 151° (Methanol), aus dem *ll*-Salz durch ½std. Rk. mit verd. HCl bei Raumtemperatur.

P.-G. Dietrich. 3211△

0867 **Einwirkung der Nitroxylgruppe HNO auf Ketone.** 1. Mitt. **Cyclische Ketone.** Luigi Panizzi, Giorgio di Maio, Paolo A. Tardella und Libera d'Abbiero. (Ric. sci., Parte II, Sez. A [2] **1**, 312—18, 1961; Roma, Univ., Ist. di Chim. organ.; ital.) — Der aus Benzolsulfhydroxamsäure (I) durch Alkali freigesetzte HNO-Rest liefert mit Cyclopentanon (II), Cyclohexanon (III), 2-Methylcyclopentanon (IV) u. 3-Methylcyclopentanon (V) unter Ringerweiterung *N-Hydroxylactame* (*cycl. Hydroxamsäuren*; **A**). Bei der Rk. von V mit I u. Alkali entsteht ein nicht trennbares *Gemisch* (IX) aus *N-Hydroxy-4-methylpiperidon-(2)* u. *N-Hydroxy-5-methylpiperidon-(2)*. Durch Hydrierung der **A** an Pd-Kohle erfolgt Red. der OH-Gruppe. IX geht dabei in ein Gemisch aus *4-Methyl-* u. *5-Methylpiperidon-(2)* (X) über.

X wird zum Vgl. ausgehend von 4-Methyl-5-acetylvaleriansäure (XI) über *4-Methyl-5-aminovaleriansäuremethylester* gewonnen.

Versuche: *N-Hydroxypiperidon-(2)* (VI), $C_5H_9NO_2$, F. 55—57° (Sublimation bei 95—100°/25 mm), durch Lösen von 1 Mol II in 3 Mol 2n NaOH unter Zusatz von wenig A., Einrühren von 1 Mol I bei 0°, Abdestillieren des A. bei 40—50° nach 24std. Aufbewahren bei 0°, Einstellen der mit Ae. gewaschenen Lsg. mit 2n HCl auf pH 5—6, Chlf.-Extraktion u. Einengen der Chlf.-Lsg.; 22% (Ausbeute). — *N-Hydroxycaprolactam* (VII), $C_6H_{11}NO_2$, F. 80—81° (Sublimation bei 70—80°/0,4 mm), analog VI aus III; 1—2%. — *N-Hydroxy-6-methylpiperidon-(2)* (VIII), $C_6H_{11}NO_2$, Kp.$_{0,4}$ 70—80°, analog VI aus IV; hygroskop. Öl; 7—8%. — *N-Hydroxy-4-methylpiperidon-(2)-N-Hydroxy-5-methylpiperidon-(2)-Gemisch* (IX), $C_6H_{11}NO_2$, Kp.$_{0,4}$ 70—80°, analog VI aus V; hygroskop. Öl; 25%. — *Piperidon-(2)*, F. 38—39° (Sublimation bei 130 bis 140°/14 mm), Kp.$_{0,4}$ 75—80°, durch 4std. Hydrierung von 0,3 g VI in CH_3OH an Pd-Kohle bei 165° u. 75 at; 0,16 g. *Pikrat*, $C_{11}H_{12}N_4O_8$, F. 88—90°. — *Caprolactam*, $C_6H_{11}NO$, F. 64—66°, analog vorst. Verb. aus VII. — *6-Methylpiperidon-(2)*, $C_6H_{11}NO$, F. 79—80°, wie vorst. aus VIII. — *4-Methylpiperidon-(2)-5-Methylpiperidon-(2)* (X)*-Gemisch*, $C_6H_{11}NO$, F. 45—60°, wie vorst. aus IX. — *4-Methyl-5-aminovaleriansäuremethylester*, durch Einrühren von 3 ml H_2SO_4 u. 0,5 g NaN_3 innerhalb 1½ Std. in die Lsg. von 1 g XI in Chlf. bei 0°, Neutralisation der mit Eis versetzten Lsg. mit $NaHCO_3$, Extraktion mit Essigester, 5std. Kochen des Essigesterrückstands (0,8 g) mit 6n HCl, Eindampfen, Aufnehmen in $CH_3 \cdot OH$, Sättigen mit HCl, Eindampfen nach 24std. Aufbewahren, Zusatz von Eis, Alkalisieren der mit Ae. gewaschenen Lsg. mit NH_4OH, Chlf.-Extraktion u. Eindampfen der Chlf.-Schicht; 0,25 g; liefert bei der Dest. bei 70°/0,6 mm X, F. 49—51°. G. Platzer. 3231◇

0868 **Synthese des 2-Methyl- und 5-Methylesters der Isocinchomeronsäure.** Živorad D. Tadić und Milan D. Muškatriović. (Ber. chem. Ges. Belgrad **25/26**, 491 bis 495, 1960/1961; Belgrad, Inst. für organ. Chem., Technol. Fakultät; serb., Auszug: engl.) — Pyridin-2.5-dicarbonsäure (I)-Dimethylester wurde partiell zum *I-5-Methylester* verseift, aus dem über *I-5-Amid-* u. *I-5-Amid-2-methylester* *I-2-Methylester* dargestellt wurde.

Versuche: *Pyridin-2.5-dicarbonsäure* (I), *5-Methylester*, $C_8H_7NO_4$, F. 183—185° (A.-W. 1:1), durch langsame Zugabe von 0,1n alkohol. KOH (1 Äquivalent) zu 12 g I-Dimethylester in 80 ml abs. Methanol; 8,2 g (Ausbeute; Decarboxylierung bei 205° → *Nicotinsäuremethylester*, F. 37 bis 39°). *5-Amid*, $C_7H_6N_2O_3$, F. 294°, durch 24std. Stehen von 2 g I-5-Methylester in 40 ml konz. NH_4OH; 1,5 g (Decarboxylierung u. Dehydratisierung → *Nicotinsäurenitril*, F. 46—47°). *5-Amid-2-methylester*, $C_8H_8N_2O_3$, F. 236—238° (Methanol), durch Veresterung von 5,5 g I-5-Amid in 150 ml abs. Methanol mit 6 g CH_2N_2 in Ae.; 3,2 g. *2-Methylester*, $C_8H_7NO_4$, F. 226—228° (abs. Methanol), durch Rk. von 1 g I-5-Amid-2-methylester mit $NaNO_2$ in verd. HCl unter Kühlung; 0,55 g. Helmut Schäfer. 3231△

0869 **Die direkte oxydative Umwandlung von 2-Methyltryptophan zu 4-Acetylchinolin.** E. E. van Tamelen und V. B. Haarstad. (Tetrahedron Letters [London] **1961**, Nr. 12, 390—93; Madison, Wis., Univ. of Wisconsin, Dep. of Chem.; engl.) — Beim Erwärmen von 2-Methyltryptophan mit 2 Äquivalenten alkal. Hypochlorit-Lsg. auf 50° entsteht in 20%ig. Ausbeute *4-Acetylchinolin*. Es werden mindestens 7 Zwischenstufen vorgeschlagen. Vff. festigen damit die vielfach geäußerte Meinung der biolog. Umwandlung von Cinchonamin zu Cinchonin u. diskutieren einen Umwandlungsmechanismus. J. Gloede. 3231△

0870 **β-Phenyläthanolamine.** 2. Mitt. **Untersuchungen über die Cyclodehydratisierung einiger Acylaminoalkohole.** N. Adityachaudhury, S. K. Srimany und A. Chatterjee. (J. Indian chem. Soc. **38**, 15—18, Jan. 1961; Calcutta, Univ. Coll. of Sci. and Techn., Dep. of Chem.; engl.) — 1. vgl. C. **1962**, 7903. — Durch Cyclodehydratisierung von N-[β-Hydroxy-β-(3.4-methylendioxyphenyl)-äthyl]-zimtsäureamid (I) bzw. -dihydrozimtsäureamid (II) werden *1-Styryl-6.7-methylendioxy-* u. *1-[β-Phenyläthyl]-6.7-methylendioxyisochinolin* dargestellt, während N-[β-Hydroxy-β-(p-methoxyphenyl)-äthyl]-zimtsäure- (III; Aegelin) oder -dihydrozimtsäureamid (Dihydroaegelin) nach Bischler-Napieralski nicht cyclisiert werden. III wird zu *trans-Zimtsäureamid* u. einem *Styrolpolymerem* abgebaut. Die UV-Maxima sind angegeben.

Versuche: *N-[β-Hydroxy-β-(3.4-methylendioxyphenyl)-äthyl]-zimtsäureamid* (I), $C_{18}H_{17}NO_4$, F. 176—177°, durch Zutropfen von 3 g Zimtsäurechlorid in Ae. zu 3 g β-Hydroxy-β-[3.4-methylendioxyphenyl]-äthylamin unter Schütteln u. Zugabe von 10%ig. NaOH; aus Aceton Nädelchen; 3,2 g (Ausbeute). — *N-[β-Hydroxy-β-(3.4-methylendioxyphenyl)-äthyl]-dihydrozimtsäureamid* (II), $C_{18}H_{19}NO_4$, F. 134—136°, durch 2std. Hydrieren von 2 g vorst. Verb. in A. in Ggw. von Adams-Katalysator; aus Aceton glänzende Nadeln; 1,75 g. — *Dihydroaegelin*, $C_{18}H_{21}NO_3$, F. 140°, durch 2std. Hydrieren von 2 g III in A. in Ggw. von Adams-Katalysator; aus A./Essigester Platten; 1,8 g. — *1-Styryl-6.7-methylendioxyisochinolin*, durch 2std. Kochen von 1,5 g I in abs. Toluol mit $POCl_3$, Gießen auf Eis, Extrahieren der Toluol-Lsg. mit 4n HCl, Alkalisieren der sauren Lsg. mit verd. NH_4OH u. Ausäthern (Meth. A); hellgelbes Öl; 0,51 g. *Pikrat*, $C_{24}H_{16}N_4O_9$, F. 230—231° (Zers.); aus Methanol glänzende Nädelchen. — *1-[β-Phenyläthyl]-6.7-methylendioxyisochinolin*, $C_{18}H_{15}NO_2$, F. 83—85°, aus 1,0 g II nach A (1 Std.) u. Reinigung der festen Base (0,65 g) durch Chromatographie in Bzl. an Al_2O_3; aus Bzl. Säulen. *Hydrobromid*, $C_{18}H_{15}NO_2 \cdot HBr$, F. 252—253° (Zers.); aus Methanol glänzende Nadeln. — *trans-Zimtsäureamid*, C_9H_9NO, F. 140—141°, aus 1,0 g III nach A (10 Min.) durch Neutralisieren der sauren Lsg. mit $NaHCO_3$, Ausäthern u. Chromatographie in Bzl. an Al_2O_3; aus Bzl. Nadeln; 0,12 g (roh). Klaus Lange. 3231△

0871 **Die Decarboxylierung von β-Ketosäuren. Eine Untersuchung der Decarboxylierung von 1-Carboxybicyclo-[3.3.1]-nonanderivaten.** James P. Ferris und Nathan C. Miller. (J. Amer. chem. Soc. **85**, 1325—28, 1963; Tallahassee, Fla., State Univ., Dep. of Chem.; engl.) — Aus 1-Formyl-5.5-dicarbäthoxycyclohexen-(1) (I) wird durch reduktive Aminierung mit Äthylamin (II) über *N-[3.3-Dicarbäthoxycyclohexylmethyl]-N-äthylamin* (III), Hydrolyse u. Cyclisierung mit $SOCl_2$ *1-Carboxy-2-oxo-3-äthyl-3-azabicyclo-[3.3.1]-nonan* (IV) dargestellt. IV kann in höherer Ausbeute auch durch Cyclisieren von III bei 200—225° zu *1-Carbäthoxy-2-oxo-3-äthyl-3-azabicyclo-[3.3.1]-nonan* u. folgende Verseifung gewonnen werden. Ferner wird aus I durch Kondens. mit Triphenylcarbäthoxymethylenphosphoran (V) *3-[3.3-Dicarbäthoxycyclohexen-(6)-yl]-propen-(2)-säureäthylester* dargestellt, der durch Hydrierung, Dieckmann-Cyclisierung mit NaH u. Hydrolyse mit $Ba(OH)_2$ *1-Carboxy-2-oxobicyclo-[3.3.1]-nonan* (VI) liefert. Die Decarboxylierung von IV u. VI wurde durch Best. der Halbwertzeit bei 200—230° (IV) bzw. 120—140° (VI) auf IR-spektroskop. Wege verfolgt. Aus den Daten ergibt sich, daß zur vollständigen Decarboxylierung innerhalb 30 Min. für IV die Temp. von 245°, für VI nur 145° erforderlich ist. Zur Deutung des Reaktivitätsunterschieds wird angenommen, daß sich die durch den Verlust an CO_2 gebildeten Carboniumionen im Stabilisierungsgrad unterscheiden. Die leicht eintretende Decarboxylierung von Lycoctonamidsäure u. die Beständigkeit der Carboxylgruppe von 1-Carboxy-9-oxobicyclo-[3.3.1]-nonan u. dessen Derivv. kann ebenso erklärt werden.

Versuche: *1-Formyl-5.5-dicarbäthoxycyclohexen-(1)* (I), Kp.$_2$ ca. 200°, durch Zutropfen von Acrolein zu β.β-Dicarbäthoxybutyraldehyd in $NaOC_2H_5$/A. u. Bzl. bei 0°, Zugabe von weiterem $NaOC_2H_5$/A., 2std. Rühren bei 0° u. Ansäuern mit Essigsäure; 31,9% (Ausbeute). *2.4-Dinitrophenylhydrazon*, F. 161—163° (Äthylacetat). — *N-[3.3-Dicarbäthoxycyclohexylmethyl]-N-äthylamin* (III), $C_{15}H_{27}NO_4$, Kp.$_{0,1}$ 105—108°, durch 24std. Hydrieren von I in 33%ig. wss. II u. A. in Ggw. von PtO_2 bei 4 at; 66%. — *1-Carbäthoxy-2-oxo-3-äthyl-3-azabicyclo-[3.3.1]-nonan*, $C_{13}H_{21}NO_3$, Kp.$_{0,1}$ 116—118°, durch 20std. Erhitzen von III auf 135—140° bei 0,25—0,05 mm Druck, weiteres 2std. Erhitzen des niedrigsd. Anteils auf 200° bei 1 mm u. Vereinigen mit dem zuerst gewonnenen höher sd. Anteil; 24%. — *1-Carboxy-2-oxo-3-äthyl-3-azabicyclo-[3.3.1]-nonan* (IV), $C_{11}H_{17}NO_3$, F. 116—117° (rasch bei 225°/0,05 mm dest.) bzw. F. 113,5—116° (krist.), a) durch 6std. Kochen vorst. Verb. mit KOH in A.-W. (10:35); 81%; b) durch Zugabe von III zu KOH in A.-W. (4:1), 5std. Kochen (Dampfbad), Ansäuern (pH 3/HCl), Extraktion mit CH_3OH (Abtrennen der Salze) u. 2std. Kochen des Rück-

[8 tands mit $SOCl_2$; 0,41%. — *2-Oxo-3-äthyl-3-azabicyclo-[3.3.1]-nonan*, $C_{10}H_{17}NO$, Kp.$_{0,05}$ 62°, a) durch 1½std. Erhitzen von 200 mg **IV** auf 225—230°; 97 mg; b) durch Zugabe von Essigsäure zu 3-Äthyl-3-azabicyclo-[3.3.1]-nonan in Aceton, Zugabe von $KMnO_4$-Pulver bei 0° (5 Std.) u. Abzentrifugieren des MnO_2; 35,4%; besteht nach dem Dampfphasenchromatogramm anscheinend aus 2 Isomeren. — *3-[3.3-Dicarbäthoxycyclohexen-(6)-yl]-propen-(2)-säureäthylester*, $C_{17}H_{24}O_6$, Kp.$_{0,02}$ 120°, durch Zugabe von 25,5 g **I** in Bzl. zu **V** in Bzl., Stehen (4 Tage) bei Raum-Temp. unter N_2, Eindampfen im Vakuum u. Filtrieren der Bzl.-Lsg. über neutrales Al_2O_3; 28,1 g. — *3-[3.3-Dicarbäthoxycyclohexyl]-propionsäureäthylester*, $C_{17}H_{28}O_6$, Kp.$_{0,1}$ 139—140°, durch Hydrieren von 28,1 g vorst. Verb. in abs. A. in Ggw. von PtO_2 bei 70 lbs.; 23,4 g. — *1.3-Dicarbäthoxy-2-oxobicyclo-[3.3.1]-nonan*, Kp.$_{0,5}$ 140°, durch Zugabe von 42,8 g vorst. Verb. in Toluol zu NaH (53%ig. Dispersion in Mineralöl) in Toluol u. 7std. Erhitzen unter N_2; 7,77 g. — *1-Carboxy-2-oxobicyclo-[3.3.1]-nonan* (**VI**), $C_{10}H_{14}O_3$, F. 104—106° (sublimiert bei 90°/0,02 mm), durch 20std. Kochen von 2,5 g vorst. Verb. mit $Ba(OH)_2$ in CH_3OH; 0,65 g. — *2-Oxobicyclo-[3.3.1]-nonan*, $C_9H_{14}O$, F. 135—137° (sublimiert bei 40°/0,02 mm), durch ½std. Erhitzen von **VI** auf 150°. *Semicarbazon*, F. 179—180° (A.). — Die IR-Hauptbanden sind für die Verbb. angegeben. B. Gnauck. 3231◇

0872 **Eine neue Synthese von 5-Benzylpyrimidinen.** Paul Stenbuck, Richard Baltzly und Harold Malcolm Hood. (J. org. Chemistry **28**, 1983—88, 1963; Tuckahoe, N.Y., Burroughs Wellcome and Co., Inc., Wellcome Res. Labor.; Dartford, Kent, Wellcome Chem. Developm. Labor.; engl.) — Aromat. Aldehyde kondensieren sich unter bas. Katalyse mit Propionitrilen, welche elektronenanziehende Substituenten in β-Stellung besitzen. Es entstehen Isomerengemische. Die Kondens.-Prodd. reagieren mit Guanidin (I) zu *2.4-Diamino-5-benzylpyrimidinen*, die in mäßigen bis guten Ausbeuten erhalten werden. Modell-Rkk. zeigen, daß als Neben-Rk. in erster Linie ein nucleophiler Angriff der Base in p-Stellung des Arylidenpropionitrils erfolgt, wenn diese Stellung durch eine Alkoxygruppe substituiert ist.

Versuche: Propionitrile (die fl. Verbb. liegen mindestens teilweise als Isomerengemische mit den entsprechenden β-substituierten α-Benzylacrylonitrilen vor): *β-Äthoxy-α-[3.4-dimethoxybenzyliden]-*, $C_{14}H_{17}NO_3$, F. 57,5—58° (A., CH_3OH oder Ae./Hexan), Kp.$_{0,45}$ 155—175°, aus Veratrumaldehyd (**II**) u. $C_2H_5OCH_2CH_2CN$ (**III**) in sd. abs. A. in Ggw. von CH_3ONa (2 Std.); 76% (Ausbeute; weitere Verss. mit geringeren Ausbeuten vgl. Original). — *β-Äthoxy-α-[3.4.5-trimethoxybenzyliden]-*, $C_{15}H_{19}NO_4$, F. 79—80° (CH_3OH), aus 3.4.5-Trimethoxybenzaldehyd u. **III** in sd. A. in Ggw. von C_2H_5ONa (3 Std.); 87%. — *β-Methoxy-α-[3.4-dimethoxybenzyliden]-* (**IV**), $C_{13}H_{15}NO_3$, F. 73,5—74° (CH_3OH), Kp.$_{0,1}$ 125—130°, a) aus vorvorst. Verb. u. CH_3ONa in sd. CH_3OH (4 Std.); b) durch Zugeben von $CH_2 = CHCN$ zu einer Lsg. von CH_3ONa u. $(CH_3O)_2Mg$ in CH_3OH, 15 Min. langes Rühren, Zugeben von **II**, Einengen, 6std. Kochen u. Stehen über Nacht; 80%. — *β-Methoxy-α-[3.4.5-trimethoxybenzyliden]-*, $C_{14}H_{17}NO_4$, F. 85—85,5° (CH_3OH), aus 3,5 g vorvorst. Verb. u. CH_3ONa in sd. CH_3OH (4 Std.); 1,5 g. — *β-Methoxy-α-piperonyliden-*, $C_{12}H_{11}NO_3$, F. 50—51° (CH_3OH), Kp.$_1$ 135—180°, aus $CH_2 = CHCN$ u. Piperonal in CH_3OH in Ggw. von CH_3ONa u. $(CH_3O)_2Mg$ (7std. Kochen); 75%. — *β-Brom-α-veratryliden-*, Kp.$_1$ 170—180°, aus $BrCH_2CH_2CN$ u. **II** in sd. A. in Ggw. von C_2H_5ONa (3 Std.); 49%. — *β-Dimethylamino-α-[3.4-dimethoxybenzyliden]-* (unrein), Kp.$_{0,7}$ 150 bis 175°, aus $(CH_3)_2NCH_2CH_2CN$ u. **II** (6 Std.); 32%. — *β-[n-Propylmercapto]-α-[3.4-dimethoxybenzyliden]-* (unrein), aus $n-C_3H_7SCH_2CH_2CN$ u. **II** (4 Std.); 73%. — *β-Äthoxy-α-benzyliden-*, Kp.$_5$ 160—180°, aus **III** u. C_6H_5CHO (3 Std.); 49%. — *β-Äthoxy-α-[4-chlorbenzyliden]-*, aus **III** u. 4-Chlorbenzaldehyd (4 Std.); 75%. — *β-Äthoxy-α-[4-dimethylaminobenzyliden]-*, Kp.$_{0,5}$ 170—190°, aus **III** u. 4-Dimethylaminobenzaldehyd (3 Std.); 24%. — *β-Äthoxy-α-[3-äthoxybenzyliden]-*, Kp.$_1$ 140 bis 165°, aus **III** u. 3-Äthoxybenzaldehyd (8 Std.); 50%. — *β-Äthoxy-α-[2-methoxybenzyliden]-*, Kp.$_{1,5}$ 148—154°, aus **III** u. 2-Methoxybenzaldehyd (2 Std.); 31%. — *β-Äthoxy-α-[4-butoxy-3-methoxybenzyliden]-*, aus **III** u. 4-Butoxy-3-methoxybenzaldehyd (3 Std.); 67%. — *β-Äthoxy-α-[5-brom-4-butoxy-3-methoxybenzyliden]-*, aus **III** u. 5-Brom-4-butoxy-3-methoxybenzaldehyd (3 Std.); 80%. — *β-Äthoxy-α-[4-sek.-butoxy-3-methoxybenzyliden]-*, aus **III** u. 4-sek.-Butoxy-3-methoxybenzaldehyd (6 Std.); 80%. — *β-Äthoxy-α-[3-methoxy-4-n-octyloxybenzyliden]-*, aus **III** u. 3-Methoxy-4-n-octyloxybenzaldehyd [$C_{16}H_{24}O_3$, F. 40—42° (Pentan), Kp.$_1$ 165—167°, erhalten aus Vanillin u. Octyljodid in A. in Ggw. von Alkali; 6 Std.]; 70%. — *β-Methoxy-α-[naphthyl-(1)-methylen]-*, Kp.$_{1\mu}$ 90 bis 100° (Bad-Temp.), aus $CH_2{=}CHCN$ u. Naphthaldehyd-(1) in CH_3OH in Ggw. von CH_3ONa u. $(CH_3O)_2Mg$. — 2.4-Diaminopyrimidine: *5-[3'.4'-Dimethoxybenzyl]-* (**V**), durch Zugabe von **I**·HCl in CH_3OH zu methanol. CH_3ONa, Entfernen des NaCl, Zugabe von **IV** u. 26std. Erhitzen auf 56° unter N_2; 44%. — *5-[Naphthyl-(1)-methyl]-*, $C_{15}H_{14}N_4$, F. 240 bis 241° (80%ig. A.), analog aus vorvorst. Verb. (22std. Kochen); 80%; pK$_a$ ca. 7. *Hydrochlorid*, $C_{15}H_{14}N_4 \cdot HCl$. — *5-[3-Äthoxybenzyl]-*, $C_{13}H_{16}N_4O$, F. 173,5—174° (CH_3OH), aus dem entsprechenden Nitril (20 Std.); 75%. — *5-[2-Methoxybenzyl]-*, $C_{12}H_{14}N_4O$, F. 154°; 25%. — *5-[4-Äthoxy-3-methoxybenzyl]-*, $C_{14}H_{18}N_4O_2$, F. 188—190°; 30%. — *5-[3.4-Methylendioxybenzyl]-*, $C_{12}H_{12}N_4O_2$, F. 255—256°; 35%. — *5-[4-sek.-Butoxy-3-methoxybenzyl]-*, $C_{16}H_{22}N_4O_2$, F. 181—181,5°; 20%. — *5-[3-Methoxy-4-octyloxybenzyl]-*, $C_{20}H_{30}N_4O_2$, F. 155,5 bis 156°; 30%. — Nach 23std. Erhitzen von **V** mit $^{14}CH_3OH$-haltigem CH_3OH waren 2,3% ^{14}C in der 4-CH_3O-Gruppe eingebaut. — Rk. von 0,2 Mol **I** mit 0,3 Mol 2.4-Dichlorbenzylchlorid (**VI**) in CH_3OH (8 Tage bei Raum-Temp.) gab 2,5 g *2.4-Dichlorbenzylguanidinhydrochlorid* [**VII**; $C_8H_9Cl_2N_3 \cdot HCl$, F. 146—147°; *Sulfat*, $C_8H_9Cl_2N_3 \cdot 5\ H_2SO_4$, F. 219° (W.)] u. 1,5 g in W. unlösl. Basenhydrochloride; daraus 100 mg *N.N'-Bis-[2.4-dichlorbenzyl]-guanidinhydrochlorid* [?; $C_{15}H_{13}Cl_4N_3 \cdot HCl$, F. 180—181° (W.)]. — Rk. von 0,2 Mol **VI** mit 1,5 Mol NH_3 in CH_3OH (21 Tage Stehen) gab 5,2 g *Bis-[2.4-dichlorbenzyl]-aminhydrochlorid* ($C_{14}H_{11}Cl_4N \cdot HCl$, F. 212 bis 215°) u. 6,5 g *2.4-Dichlorbenzylamin·HCl*. — 0,5 Mol **I** u. 0,255 Mol **VI** in sd. CH_3OH (16 Std.) gaben 0,04 Mol **VII**. — 0,5 Mol **I** u. 0,25 Mol **VI** in $(CH_3)_2SO$ (exotherme Rk., Kühlung) gaben ein Gemisch von Basen, darunter *Tris-[2.4-dichlorbenzyl]-guanidinhydrochlorid*, $C_{22}H_{17}Cl_6N_3 \cdot HCl$, F. 279—280° [Zers.; $(CH_3)_2SO$]; ca. 12 g. — Rk. von **I** mit p-Methoxyzimtsäurenitril in sd. CH_3OH (30 Std.) gab gelbes amorphes Material sowie etwas *p-Guanidinozimtsäureamid* [?; *Hydrochlorid*, $C_{10}H_{12}N_4O \cdot HCl$, gelb, F. 286—288° ($CH_3OH$)] u. etwas *$N^1$-{$N^1$-[p-(β-Methoxycarbonylvinyl)-phenyl]-guanyl}-p-methoxyzimtsäureamidin* [$C_{21}H_{22}N_4O_3$, Nadeln (CH_3OH); *Hydrochlorid*, $C_{21}H_{22}N_4O_3 \cdot HCl \cdot CH_4O$, gelbe Nadeln ($CH_3OH$)]. J. Rothe. 3272◇

0873 **Einige 5-Aryl-6-arylmethyl-2.4-diaminopyrimidine.** Bernard E. Rosenkrantz, Louis Citarel, George E. Heinsohn und Ernest I. Becker. (J. chem. Engng. Data **8**, 237—238, 1963; Brooklyn, N.Y., Polytechn. Inst. of Brooklyn; engl.) — Durch Rk. von in den Arylringen durch Cl-, F- u. CF_3-Gruppen substituierten α.γ-Diaryl-β-oxobutyronitrilen mit Diazomethan (**III**) u. Kondens. der entstandenen *Enoläther* mit Guanidin (**IV**) werden die entsprechenden *5-Aryl-6-arylmethyl-2.4-diaminopyrimidine* dargestellt. Die Darst. von *m-* (**I**) u. *p-Trifluormethylphenylacetonitril* sowie der entsprechenden *m-* (**II**) u. *p-Trifluormethylphenylessigsäureäthylester* gelang auf üblichem Wege. **I** wird mit **II** zu *α.γ-Bis-[m-trifluormethylphenyl]-β-oxobutyronitril* kondensiert. Dagegen gelang die Darst. von α.γ-Bis-[p-trifluormethylphenyl]-β-oxobutyronitril nicht, da die Fluoratome in der p-CF_3-Gruppe gegenüber der m-CF_3-Gruppe hydrolytisch instabil sind u. somit bei der Rk. Fluoridionen auftreten.

Versuche: *p-Trifluormethylphenylacetonitril*, $C_9H_6F_3N$, F. 40—41°, Kp.$_7$ 98—100°, durch mehrstd. Rühren von 0,031 Mol. p-Trifluormethylbenzylbromid in A. u. 0,63 Mol. KCN in W. bei Raum-Temp.; 66% (Ausbeute). — *m-Trifluormethylphenylacetonitril* (**I**), $C_9H_6F_3N$, Kp.$_4$ 92—93°, durch Kochen von 0,40 Mol. m-Trifluormethylbenzylbromid mit 0,50 Mol. KCN in A.; n_D^{21} 1,4582; 82%. — *m-Trifluormethylphenylessigsäureäthylester* (**II**), $C_{11}H_{11}F_3O_2$, Kp.$_4$ 87—88°, durch 10std. Kochen von 0,10 Mol. **I** mit A./H_2SO_4, Gießen in W. u. Ausäthern; n_D^{21} 1,4770; 80%. — *p-Trifluormethylphenylessigsäureäthylester*, $C_{11}H_{11}F_3O_2$, F. 34—35°, Kp.$_7$ 104 bis 105°; 80%. — *α.γ-Bis-[m-trifluormethylphenyl]-β-oxobutyronitril*, $C_{18}H_{11}F_6NO$, F. 68,4—69,2° (Hexan/Bzl., 2:1), durch ½std. Zugabe von 0,025 Mol. **I** u. 0,025 Mol. **II** zu Na-Äthylat, 12std. Kochen, Gießen in Eiswasser, Extrahieren mit Bzl., Ansäuern der alkal. Schicht, Ausäthern u. Eindampfen der Ae.-Lsg.; 52%. — 2.4-Diaminopyrimidine: *5-Phenyl-6-benzyl-*, $C_{17}H_{16}N_4$, F. 217,5—218,0°, durch Zugabe von **III** in Ae. zu 0,01 Mol. α.γ-Diphenyl-β-oxobutyronitril bis zur

Gelbfärbung, Eindampfen, Zugabe von **IV** in Methanol, Eindampfen u. Fällen aus 30%ig. Essigsäure mit 25%ig. KOH; aus 50%ig. A. Nadeln; 73%. — *5-[p-Tolyl]-6-benzyl-*, $C_{18}H_{18}N_4$, F. 190,5—191,5°; 67%. — *5-Phenyl-6-[p-chlorbenzyl]-*, $C_{17}H_{15}$·ClN_4, F. 234,5—235,0°; 62%. — *5-Phenyl-6-[p-fluorbenzyl]-*, $C_{17}H_{15}FN_4$, F. 208,5—209,3°; 74%. — *5-[p-Fluorphenyl]-6-[p-fluorbenzyl]-*, $C_{17}H_{14}F_2N_4$, F. 214,5—215,2°; 32%. — *5-[m-Trifluormethylphenyl]-6-[m-trifluormethylbenzyl]-*, $C_{19}H_{14}$·F_6N_4, F. 143,0—144,0°; 56%. W. Kuhn. 3272△

0874 **Strukturen einiger angeblicher Diels-Alder-Addukte aus 2.3-Dimethylchinoxalin.** Edward C. Taylor und E. Smakula Hand. (J. Amer. chem. Soc. **85**, 770—76, 1963; Princeton, N.J., Princeton Univ., Frick Chem. Labor.; engl.) — Bei der Rk. von 2.3-Dimethylchinoxalin (I) mit Maleinsäureanhydrid (II) u. N-Phenylmaleinsäureamid (III) entstehen keine Diels-Alder-Produkte. Die Struktur des aus **I** u. **II** entstehenden *4-Methyl-2-carboxymethyl-1-oxo-1.5-dihydropyrrolo-[1.2:a]-chinoxalins* (**IV**) wird durch UV- u. kernmagnet. Resonanzspektren, chem. u. physikal. Eigg., oxydativen Abbau u. Synth. einer Modell-Verb. bewiesen. Aus **I** u. **III** entsteht durch Michael-Addition *N-Phenyl-α-[3-methylchinoxalyl-(2)-methyl]-bernsteinsäureimid*. Die Rk. von 2-Methylchinoxalinen mit **II** oder Maleinsäure (**V**) u. die dehydrierende Cyclisierung der erhaltenen *β-[Chinoxalyl-(2)]-propionsäuren* sind ein neuer u. einfacher Weg zum *Dihydropyrrolo-[1.2:a]-chinoxalinsystem*. UV- u. IR-Maxima s. Original.

Versuche: *N-Phenyl-α-[3-methylchinoxalyl-(2)-methyl]-bernsteinsäureimid*, $C_{20}H_{17}N_3O_2$, F. 185,5—186,5° (Bzl.), nach Mustata u. Kamel (vgl. C. **1959**, 2448) bei 3facher Kochzeit; 27% (Ausbeute). — *4-Methyl-2-carboxymethyl-1-oxo-1.5-dihydropyrrolo-[1.2:a]-chinoxalin* (**IV**), $C_{14}H_{12}N_2O_3$, F. 300°, a) durch 3std. Kochen von 15 g **I** mit **II** in wss. Essigsäure, 3std. Stehen u. Filtrieren; 12 g; b) durch 7std. Kochen von **I** u. **II** in Toluol; c) durch 20 Min. langes Kochen von **I** u. **V** in Toluol; d) durch 10 Min. langes Erhitzen nachst. Verb. auf 130—140°; aus Essigsäure mattgelbe Nadeln. *Methylester*, $C_{15}H_{14}N_2O_3$, Zers. bei 250°, aus **IV** in A. mit äther. Diazomethan; aus A. glänzende, gelbe Nadeln. — *2.3-Dimethylchinoxalin–Maleinsäure-Komplex*, $C_{14}H_{14}N_2O_4$, F. 123—124° (rote Schmelze; bei 120° gelb), durch Mischen von **I** mit **V** in Ae. u. Einengen; Nadeln; 100%. — *4.2-Dimethyl-1-oxo-1.5-dihydropyrrolo-[1.2:a]-chinoxalin*, $C_{13}H_{12}$·N_2O, F. > 300°, durch 6std. Erhitzen von **IV** auf 240 bis 270°/0,5 Torr; sublimiert; aus Essigsäure glänzende, orangegelbe Nadeln; 43%. — *2-Carboxymethyl-1-oxo-1.5-dihydropyrrolo-[1.2:a]-chinoxalin* (**VI**), $C_{13}H_{10}N_2O_3$, F. 229° (Zers.; Schwärzung bei > 200°), durch 5std. Kochen von 2-Methylchinoxalin mit **II** in Essigsäure, mehrstd. Kühlen, Filtrieren u. Umfällen aus 10%ig. KOH mit Essigsäure; aus Essigsäure gelbe Nadeln. *Methylester*, $C_{14}H_{12}N_2O_3$, dunkelt bei 230°, bei 240° schwarz; aus A. glänzende, gelbe Nadeln. — *2-Methyl-1-oxo-1.5-dihydropyrrolo-[1.2:a]-chinoxalin*, $C_{12}H_{10}N_2O$, dunkelt über 235°, bei 250° schwarz, durch Sublimation von **VI** bei 240°/0,2 Torr; aus A. gelbe Nadeln. — *α-Hydroxy-α-[3-methylchinoxalyl-(2)-methyl]-bernsteinsäure* (**VII**), $C_{14}H_{14}N_2O_5$, F. 143° (Zers.; wss. A.), durch Oxydation von **IV** in 15%ig. KOH mit wss. konz. $K_3[Fe(CN)_6]$ unter Rühren, 10 Min. langes Stehen, Filtrieren durch Celite, Ansäuern mit verd. H_2SO_4 bis pH 4, Filtrieren, Ansäuern des Filtrates bis pH 1 u. 20 Min. langes Stehen; 35%. — *α-[3-Methylchinoxalyl-(2)-methyliden]-bernsteinsäuredimethylester*, C_{16}·$H_{16}N_2O_4$, durch Rk. von **VII** mit äther. Diazomethan in Ggw. von Methanol, Chromatographie in Bzl. an Al_2O_3 u. Mol.-Dest. des ersten Eluates; viscose, schwachgelbe Fl.; 22%; daneben durch Elution mit Ae.–Bzl. *3-Methoxycarbonylmethyl-4-[3-methylchinoxalyl-(2)]-Δ^1-pyrazolincarbonsäure-(3)-methylester* [$C_{17}H_{18}N_4O_4$, F. 128,5—129° (Ae.); 10%]. — *α-[3-Methylchinoxalyl-(2)-methyliden]-propionsäure*, $C_{13}H_{12}$·N_2O_2, F. 185—186° (Zers.), a) durch Sublimation von **VII** bei 150—170°/0,5 Torr; aus wss. A. gelbe Nädelchen; wenig; b) durch ¼std. Erhitzen von **VII** in Xylol auf 145°; 69%. — *α-[3-Methylchinoxalyl-(2)-methyl]-propionsäure*, $C_{13}H_{14}N_2O_2$, F. 136—137° (Ae.), durch Hydrierung vorst. Verb. in Essigsäureäthylester in Ggw. von Pd/Kohle; 50%. — *β-[3-Methylchinoxalyl-(2)]-brenztraubensäureäthylester* (**VIII**), F. 127—129°, durch Zugabe von 15,8 g **I** in A. zu Oxalsäurediäthylester u. Na-Alkoholat in A., mehrstd. Stehen, Filtrieren, Behandeln des Nd. mit 2n H_2SO_4 u. Chlf. u. Chlf.-Extraktion; aus abs. A. feine, gelbe Nadeln; 17 g. — *β-[3-Methylchinoxalyl-(2)]-milchsäureäthylester* (**IX**), $C_{14}H_{16}N_2O_3$, F. 77,5—78° (CCl_4), durch Red. von 0,62 g **VIII** mit $NaBH_4$ in wss. A. u. Ansäuern mit wenig Essigsäure; gelbliche Kristalle; 0,62 g; daneben nachst. Verbindung. — *2-[2.3-Dihydroxypropyl]-3-methylchinoxalin*, $C_{12}H_{14}N_2O_2$, F. 123—124,5° (Essigsäureäthylester), durch kurzes Kochen von **VIII** mit $NaBH_4$ in A. u. Zers. mit Essigsäure; 92%. — *β-[3-Methylchinoxalyl-(2)]-acrylsäure* (**X**), $C_{12}H_{10}N_2O_2$, F. 213° (Zers.; wss. Essigsäure), a) durch 25 Min. langes Erhitzen von **IX** mit konz. H_2SO_4 auf 100°, Gießen auf Eis, Alkalisieren mit 15%ig. KOH, Chlf.-Extraktion u. Ansäuern der wss. Lsg. mit 2n H_2SO_4; 20%; b) durch 15std. Erhitzen von **IX** mit Acetanhydrid auf 100° u. Basehydrolyse; daneben nachst. Verb.; c) durch langsame Zugabe von wss. NaOH zur sd. Lsg. von 3,4 g **XI** (s. nach nachst. Verb.) in A., Ansäuern mit verd. H_2SO_4 bis pH 3 u. Filtrieren; 1,7 g. — *β-[3-Methylchinoxalyl-(2)]-milchsäure*, $C_{12}H_{12}N_2O_3$, F. 171 bis 173° (A.), durch 1std. Rk. von **IX** mit konz. H_2SO_4 bei Raum-Temp. u. Chlf.-Extraktion; 50%. — *2-[3.3.3-Trichlor-2-hydroxypropyl]-3-methylchinoxalin* (**XI**), $C_{12}H_{11}Cl_3N_2O$, F. 147,5 bis 148° (CCl_4), durch Erhitzen von **I** in Pyridin auf 60° u. Zutropfen von Chloral unter Rühren u. 50 Min. langes Erhitzen; 32%. — *2.3-Bis-[3.3.3-trichlor-2-hydroxypropyl]-chinoxalin*, $C_{14}H_{12}Cl_6N_2O_2$, F. 175—179° (Zers.; Bzl. u. Bzl.–Pentan), a) analog **XI** aus **I** mit überschüssigem Chloral u. wenig Pyridin u. fraktionierte Kristallisation; daneben **XI**; b) aus **XI** mit Chloral in Pyridin. — *β-[3-Methylchinoxalyl-(2)]-propionsäure*, $C_{12}H_{12}N_2O_2$, F. 167—168° (Sublimation), durch Hydrieren von **X** in Essigsäureäthylester unter Rühren in Ggw. von Pd/Kohle, Filtrieren, Einengen u. Sublimation des *Äthylacetatsolvats* ($C_{12}H_{12}N_2O_2$·¼ $C_4H_8O_2$). *Methylester*, $C_{13}H_{14}$·N_2O_2, F. 97—98° (Sublimation bei 80—90°/0,04 Torr); Nadeln. — *4-Methyl-1-oxo-1.5-dihydropyrrolo-[1.2:a]-chinoxalin*, $C_{12}H_{10}N_2O$, F. > 340° (dunkelt bei 190°), durch 20 Min. langes Erhitzen von 0,5 g vorst. Säure in Essigsäureanhydrid mit wenig H_2SO_4 auf 100°, Einengen, Zugabe von W. u. Einstellen mit 10%ig. KOH auf pH 5; aus Essigsäure orangegelbe Nadeln; 0,47 g (roh). D. Jahnke. 3272△

0875 **5.5-Disubstituierte Dihydro-1.3-oxazindione-(2.4). Auf das Zentralnervensystem wirkende Substanzen.** 12. Mitt. Emilio Testa, Luigi Fontanella, Gianfranco Cristiani und Giangualberto Gallo. (J. org. Chemistry **24**, 1928—36, 1959; Mailand, Lepetit S.P.A., Labor.; engl.) — 11. vgl. Liebigs Ann. Chem. **626**, [1959] 114; 10. vgl. C. **1961**, 1547. — Red. von α.α-Dialkylmalonsäurediäthylestern mit $LiAlH_4$ zu *2.2-Dialkylpropandiolen-(1.3)* u. deren partielle Oxydation mit $KMnO_4$ führt zu *α.α-Dialkyl-β-hydroxypropionsäuren* (**E**). *α-Alkyltropasäuren* (**F**) werden nach Testa u. Mitarbeitern (C. **1959**, 15012) dargestellt. Aus den **E** u. **F** werden mit NaOCN u. HCl in trockenem Chlf. die entsprechenden *α.α-Dialkyl(aryl)-β-carbamoyloxypropionsäuren* (**G**) erhalten. Die **G** werden mit $SOCl_2$ über die nicht isolierten *Säurechloride* mit wasserfreiem Pyridin zu *5.5-Dialkyl(aryl)-tetrahydro-1.3-oxazindionen-(2.4)* (**H**) cyclisiert. Die **H** werden am N-Atom methyliert unter Bldg. von *N-Methyl-5.5-dialkyl(aryl)-tetrahydro-1.3-oxazindionen-(2.4)* (**J**). Die **H** u. **J** reagieren mit P_2S_5 zu den entsprechenden *Tetrahydro-1.3-oxazindithionen-(2.4)*, die mit H_2O_2 die **H** u. **J** zurückliefern. Alkal. Hydrolyse von 5-Phenyl-5-äthyltetrahydro-1.3-oxazindion-(2.4) (**II**) führt zu *α-Äthyltropasäure*, die Red. von **II** mit $LiAlH_4$ zu *2-Methylaminomethyl-2-phenylbutanol-(1)* (**III**). **III** läßt sich auch aus β-Amino-α-äthyl-α-phenylpropionsäureäthylester (**IV**) über *β-Carbäthoxyamino-α-äthyl-α-phenylpropionsäureäthylester* u. nachfolgende Red. mit $LiAlH_4$ darstellen. Analog wird aus dem II-N-Methyl-Deriv. mit $LiAlH_4$ *2-Dimethylaminomethyl-2-phenylbutanol-(1)* erhalten, das zum Vgl. aus α-Carbäthoxy-α-phenylbutyrylchlorid (**V**) über *N.N-Dimethyl-α-carbäthoxy-α-phenylbutyramid* u. Red. mit $LiAlH_4$ dargestellt wird. IR-Frequenzen s. Original. Die **E** u. **J** sind überwiegend Sedativa.

Versuche: *2.2-Dimethylpropandiol-(1.3)*, F. 125 bis 127°, aus 150 g Dimethylmalonsäurediäthylester durch Zutropfen zu einer Suspension von 42,5 g $LiAlH_4$ u. 400 ml wasserfreiem Ae., 3std. Kochen, Kühlen auf 0° u. Zers. mit HCl/W.; 46 g (Ausbeute). — α.α-Dialkyl-β-hydroxypropionsäuren (**E**): *α.α-Dimethyl-* (**I**), $C_5H_{10}O_3$, F. 125 bis 127° (Ligroin), durch 2std. Zugabe von wss. $KMnO_4$ bei Zimmer-Temp. zu vorst. Verb. in wss. NaOH u. Erhitzen auf dem Wasserbad bis zur Entfärbung; 67%. — *α-Methyl-α-äthyl-*, $C_6H_{12}O_3$, Kp.₁ 110°, analog **I**; 73%. — *α-Methyl-α-n-propyl-*, $C_7H_{14}O_3$, F. 49—51°, analog; 66%. — *α.α-Diäthyl-*,

$C_7H_{14}O_3$, F. 60—62°; 55%. — *α.α-Di-n-propyl-*, $C_9H_{18}O_3$, Kp.$_{0,6}$ 100—115°, F. 93—95°; 51%. — *α.α-Di-n-butyl-*, $C_{11}H_{22}O_3$, Kp.$_{0,8}$ 150—155°; 30%. — *α.α-Tetramethylen-*, $C_7H_{12}O_3$, F. 94—95° (Bzl.); 82%. — *β-Amino-α-benzyl-α-phenylpropionsäure*, F. 278—280°, durch 2std. Rühren von 70 g des Hydrochlorids mit der äquivalenten Menge 50%ig. NaOH; 58 g. *Hydrochlorid*, $C_{16}H_{17}NO_2 \cdot HCl$, F. 263—265° (Zers.), durch 4std. Erhitzen von 60 g 3-Benzyl-3-phenylazetidinon-(2) mit konz. HCl u. Stehen über Nacht; 74,5 g. — β-Hydroxy-α-phenylpropionsäuren (Tropasäuren, **F**), durch Hydrolyse der entsprechenden Äthylester mit konz. HCl (Meth. **A**): *α-Methyl-*, $C_{10}H_{12}O_3$, F. 86—87°; 52%. — *α-Äthyl-*, $C_{11}H_{14}O_3$, F. 96—98°, a) nach **A**; 74%; b) durch alkal. Hydrolyse von **II**. — *α-n-Propyl-*, $C_{12}H_{16}O_3$, F. 104 bis 107°; 68,7%. — *α-Isopropyl-*, $C_{12}H_{16}O_3$, F. 138 bis 140°, nach Testa (l. c.) (Meth. **B**); 50%. — *α-n-Butyl-*, $C_{13}H_{18}O_3$, F. 91—92°, nach **B**; 57%. — *α-Benzyl-*, $C_{16}H_{16}O_3$, F. 191—193°, nach **B**; 44%. — *α-Cyclohexyl-*, $C_{15}H_{20}O_3$, F. 146—148°, nach **B**; 43,5%. — *α-Phenyl-*, $C_{15}H_{14}O_3$, F. 161 bis 163°, nach **A**; 12%. — *α-Cyclohexyl-α-phenylpropionsäure-β-lacton*, $C_{15}H_{18}O_2$, F. 97—98° (PAe.), nach Testa (l. c.) aus β-Amino-α-cyclohexyl-α-phenylpropionsäure. — α.α-Dialkyl(aryl)-β-carbamoyloxypropionsäuren (**G**), durch Zugabe von NaOCN zu den entsprechenden **E** oder **F** in Chlf. u. 2std. Einleiten von HCl bei 0 bis + 5° unter Rühren, Zugabe von weiterem NaOCN, 2std. Einleiten von HCl bei 0 bis + 5° u. ½std. Stehen bei 0°: *α.α-Dimethyl-*, $C_6H_{11}NO_4$, F. 173—174° (W.); 27,5%. — *α-Methyl-α-äthyl-*, $C_7H_{13}NO_4$, F. 139—140°; 62%. — *α-Methyl-α-n-propyl-*, $C_8H_{15}NO_4$, F. 138—140°; 37%. — *α.α-Diäthyl-*, $C_8H_{15}NO_4$, F. 128—129°; 49,5%. — *α.α-Di-n-propyl-*, $C_{10}H_{19}NO_4$, F. 184—185°; 83%. — *α.α-Di-n-butyl-*, $C_{12}H_{23}NO_4$, F. 169—171°; 69,2%. — *α.α-Tetramethylen-*, $C_8H_{13}NO_4$, F. 186—187°; 27%. — *α-Methyl-α-phenyl-*, $C_{11}H_{13}NO_4$, F. 136—137°; 70%. — *α-Äthyl-α-phenyl-*, $C_{12}H_{15}NO_4$, F. 169—170°; 85,8%. — *α-n-Propyl-α-phenyl-*, $C_{13}H_{17}NO_4$, F. 157—159°; 79,5%. — *α-Isopropyl-α-phenyl-*, $C_{13}H_{17}NO_4$, F. 146—148°; 91%. — *α-n-Butyl-α-phenyl-*, $C_{14}H_{19}NO_4$, F. 167—168°; 91%. — *α-Benzyl-α-phenyl-*, $C_{17}H_{17}NO_4$, F. 178—180°; 96%. — *α-Cyclohexyl-α-phenyl-*, $C_{16}H_{21}NO_4$, F. 175—180°; 85%. — *α.α-Diphenyl-*, $C_{16}H_{15}NO_4$, F. 193—195°; 97%. — 5.5-Dialkyl(aryl)-tetrahydro-1.3-oxazindione-(2.4) (**H**), a) durch 1std. Kochen von **G** mit $SOCl_2$, Abdampfen von $SOCl_2$ im Vakuum, Extrahieren mit Bzl., Einengen zur Trockne, Versetzen mit Pyridin (Temp. $<$ 35—40°) u. 1std. Stehen bei Raum-Temp. (Meth. **C**); b) durch Zugabe von abs. Pyridin zu **G** in $SOCl_2$ (Temp. $<$ 25°) unter Rühren u. 1std. Kochen (Meth. **D**): *5-Methyl-5-äthyl-*, $C_7H_{11}NO_3$, F. 83—85° (Ligroin), nach **D**; 42,7%. — *5.5-Dimethyl-*, $C_6H_9NO_3$, F. 125—127° (Ligroin), nach **C**; 45,7%. — *5-Methyl-5-n-propyl-*, $C_8H_{13}NO_3$, F. 60—62° (Essigsäure/PAe.), a) nach **C**; 41%; b) durch Zugabe von H_2O_2 zu 600 mg 5-Methyl-5-n-propyltetrahydro-1.3-oxazindithion-(2.4) in wss. NaOH unter Kühlung u. Erhitzen auf dem Wasserbad bis zur Entfärbung; 350 mg. — *5.5-Diäthyl-*, $C_8H_{13}NO_3$, F. 97—98° (Ae.), nach **C**; 56,2%. — *5.5-Di-n-propyl-*, $C_{10}H_{17}NO_3$, F. 95—97° (Ligroin), nach **C**; 71,6%. — *5.5-Di-n-butyl-*, $C_{12}H_{21}NO_3$, F. 92—95° (Ligroin), nach **D**; 81%. — *5.5-Tetramethylen-*, $C_8H_{11}NO_3$, F. 105° (aus Bzl./PAe.), nach **C**; 35,7%. — *5-Methyl-5-phenyl-*, $C_{11}H_{11}NO_3$, F. 134 bis 135° (A.), nach **C**; 78%. — *5-Äthyl-5-phenyl-* (**II**), $C_{12}H_{13}NO_3$, F. 130—132° (A.), nach **C**; 69,3%. — *5-n-Propyl-5-phenyl-*, $C_{13}H_{15}NO_3$, F. 118—120° (A.), nach **D**; 65%. — *5-Isopropyl-5-phenyl-*, $C_{13}H_{15}NO_3$, F. 174—175° (A.), nach **D**; 66%. — *5-n-Butyl-5-phenyl-*, $C_{14}H_{17}NO_3$, Kp.$_{0,2}$ 175—180°, nach **D**; 80,5%. — *5-Benzyl-5-phenyl-*, $C_{17}H_{15}NO_3$, F. 141 bis 145° (A.), nach **D**; 53,2%. — *5-Cyclohexyl-5-phenyl-*, $C_{16}H_{19}NO_3$, F. 164—165° (A.), nach **D**; 50,5%. — *5.5-Diphenyl-*, $C_{16}H_{13}NO_3$, F. 220—221° (Essigester), nach **C**; 91%. — 5.5-Diaryl(alkyl)-3-methyltetrahydro-1.3-oxazindione-(2.4) (**J**), durch 10std. Kochen der **H** mit wasserfreiem K_2CO_3 u. Methyljodid in abs. Aceton: *5-Äthyl-5-phenyl-*, $C_{13}H_{15}NO_3$, F. 73—76° (Petroleum); 47%. — *5.5-Dimethyl-*, $C_7H_{11}NO_3$, Kp.$_{0,4}$ 75—80°; 71,5%. — *5-Methyl-5-äthyl-*, $C_8H_{13}NO_3$, Kp.$_1$ 125—130°; 82,5%. — *5-Methyl-5-n-propyl-*, $C_9H_{15}NO_3$, Kp.$_{0,6}$ 106—107°; 53,5%. — *5.5-Diäthyl-*, $C_9H_{15}NO_3$, Kp.$_{0,4}$ 90—95°; 33,1%. — *5.5-Di-n-propyl-*, $C_{11}H_{19}NO_3$, Kp.$_{0,4}$ 85—90°; 68,5%. — *5.5-Di-n-butyl-*, $C_{13}H_{23}NO_3$, Kp.$_{0,6}$ 115—125°; 71,5%. — *5.5-Tetramethylen-*, $C_9H_{13}NO_3$, Kp.$_{0,5}$ 140—145°, F. 43—44°; 70,5%. — *5-Methyl-5-phenyl-*, $C_{12}H_{13}NO_3$, F. 90—92° (Ligroin); 68%. — *5-n-Propyl-5-phenyl-*, $C_{14}H_{17}NO_3$, F. 65—66° (Ligroin); 73,5%. — *5-Isopropyl-5-phenyl-*, $C_{14}H_{17}NO_3$, F. 94—96° (Ligroin); 94%. — *5-n-Butyl-5-phenyl-*, $C_{15}H_{19}NO_3$, F. 82—84° (Ligroin); 79,5%. — *5-Benzyl-5-phenyl-*, $C_{18}H_{17}NO_3$, F. 102—105° (Ligroin); 84%. — *5-Cyclohexyl-5-phenyl-*, $C_{17}H_{21}NO_3$, F. 133—135° (Ligroin); 74,3%. — *5.5-Diphenyl-*, $C_{17}H_{15}NO_3$, F. 123—124° (Ligroin); 70,5%. — 5.5-Dialkyl(aryl)-tetrahydro-1.3-oxazindithione-(2.4), durch 1¼std. Erhitzen der **H** bzw. **J** mit P_2S_5 auf 165—170°: *5-Methyl-5-n-propyl-*, $C_8H_{13}NOS_2$, F. 51—55° (Ligroin); 60,5%. — *5.5-Diäthyl-*, $C_8H_{13}NOS_2$, F. 80—82° (Ligroin); 57%. — *5.5-Di-n-propyl-*, $C_{10}H_{17}NOS_2$, F. 74—76° (Ligroin); 51,5%. — *5-Methyl-5-phenyl-*, $C_{11}H_{11}NOS_2$, F. 136—138° (Bzl.); 24,5%. — *5-Äthyl-5-phenyl-3-methyl-*, $C_{13}H_{15}NOS_2$, F. 83—84° (Methanol), in 6 Std.; 64%. — *β-Carbäthoxyamino-α-äthyl-α-phenylpropionsäureäthylester*, $C_{16}H_{23}NO_4$, Kp.$_{0,4}$ 150°, durch Zugabe von 20 g Chlorameisenäthylester unter Rühren zu 20 g **IV** in 100 ml Pyridin bei 0° u. 1std. Rühren bei 0°; 23,1 g. — *2-Methylaminomethyl-2-phenylbutanol-(1)* (**III**), $C_{12}H_{19}NO$, Kp.$_{0,4}$ 102°, F. 41—42,5°, a) durch Zugabe von 10 g vorst. Verb. in abs. Ae. zu $LiAlH_4$ in abs. Ae. unter Kühlung, 3std. Kochen, Stehen über Nacht u. Zugabe von 10%ig. wss. NH_4Cl; 2,77 g; b) analog aus 7,5 g **II** u. 4std. Kochen; 3,1 g. — *N.N-Dimethyl-α-carbäthoxy-α-phenylbutyramid*, F. 52—55° (Ligroin), durch ¼std. Zugabe von 17,5%ig. benzol. Dimethylamin-Lsg. zu 30 g **V**; 28 g. — *2-Dimethylaminomethyl-2-phenylbutanol-(1)*, $C_{13}H_{21}NO$, Kp.$_{0,4}$ 95—96°, F. 68,5—69°, a) durch Red. von 15 g vorst. Verb. in abs. Ae. mit $LiAlH_4$ (Temp. $<$ 25—27°) u. 1½std. Kochen; 9 g; b) aus 20 g **II**-N-Methyl-Deriv. u. 4std. Kochen; 12,55 g. G. Kowollik. 3282□

0876 **Substituierte 3-Phenyl-3.4-dihydro-1.3-benzoxazindione-(2.4) und ihre bakteriostatische Wirkung.** Raymond E. Stenseth, Joseph W. Baker und Daniel P. Roman. (J. med. Chem. **6**, 212—13, 1963; St. Louis, Mo., Monsanto Chem. Co., Res. Dep. of Organ. Chem. Div.; engl.) — Die Einw. von Chlorameisensäureäthylester (**I**) auf Halogen- u. Nitrosalicylanilide in Pyridin–Acetonitril bei 120—125° führt in guten Ausbeuten zu *3-Phenyl-3.4-dihydro-1.3-benzoxazindionen-(2.4)*, deren Struktur IR-spektroskop. sichergestellt wurde. Ihre bakteriostat. Wrkg. gegen *Staphylococcus aureus* in vitro entspricht mit wenigen Ausnahmen derjenigen der zugehörigen Salicylanilide.

Versuche (FF. korr.): *2'.3'-Dichlorsalicylanilid*, F. 222 bis 224° (Chlorbenzol), aus Phenylsalicylat u. 2.3-Dichloranilin; 76% (Ausbeute). — *2'.4'.5'-Trichlorsalicylanilid*, F. 280—281° (Dimethylformamid–A.); 63%. — 3.4-Dihydro-1.3-benzoxazindione-(2.4), durch tropfenweise Zugabe von **I** zu einer Lsg. oder Suspension des Salicylanilids in Pyridin–Acetonitril bei 2—5°, Temp.-Steigerung auf 120 bis 125° während 1—2 Std., Abkühlen, Zusatz von verd. HCl unter Rühren u. Kühlen, Waschen des Rohprod. mit W., Trocknen u. Entfärben mit Kohle: *3-Phenyl-*, $C_{14}H_9NO_3$, F. 254—255° (Aceton); 47%. — *3-[4-Chlorphenyl]-*, $C_{14}H_8ClNO_3$, F. 245—246° (Toluol); 69%. — *3-[4-Bromphenyl]-*, $C_{14}H_8BrNO_3$, F. 251—252° (Toluol); 69%. — *3-Phenyl-6-chlor-*, $C_{14}H_8ClNO_3$, F. 285—286° (Dimethylformamid); 61%. — *3-[2.3-Dichlorphenyl]-*, $C_{14}H_7Cl_2NO_3$, F. 195—197° (Toluol); 67%. — *3-[2.4-Dichlorphenyl]-*, F. 166—167° (Toluol–Methylcyclohexan); 70%. — *3-[2.5-Dichlorphenyl]-*, F. 176—177° (Toluol); 37%. — *3-[3.4-Dichlorphenyl]-*, F. 193—195° (Toluol); 77%. — *3-[3.5-Dichlorphenyl]-*, F. 183—184° (Toluol); 83%. — *3-Phenyl-6.8-dichlor-*, $C_{14}H_7Cl_2NO_3$, F. 234—235° (Toluol); 73%. — *3-[4-Chlorphenyl]-6-chlor-*, $C_{14}H_7Cl_2NO_3$, F. 221 bis 222° (Äthylacetat); 30%. — *3-[4-Chlorphenyl]-6-brom-*, $C_{14}H_7BrClNO_3$, F. 217—218° (Toluol); 73%. — *3-[2.4.5-Trichlorphenyl]-*, $C_{14}H_6Cl_3NO_3$, F. 185—186° (Toluol–Methylcyclohexan); 70%. — *3-[3.4-Dichlorphenyl]-6-chlor-*, $C_{14}H_6Cl_3NO_3$, F. 219—220° (Chlorbenzol); 80%. — *3-[4-Bromphenyl]-6.8-dibrom-*, $C_{14}H_6Br_3NO_3$, F. 300—301° (Toluol); 79%. — *3-[3.4-Dichlorphenyl]-6.8-dichlor-*, $C_{14}H_5Cl_4NO_3$, F. 261—262° (Toluol); 69%. — *3-[3.4-Dichlorphenyl]-6-nitro-*, $C_{14}H_6Cl_2N_2O_5$, F. 234—235° (Dimethylformamid–W.); 79%. — *3-[3.4-Dichlorphenyl]-8-nitro-*, F. 166—168° (Toluol); 47%. A. Jungblut. 3282◇

0877 **Substituierte Thiomorpholinone-(3).** H. Lehr, S. Karlan und M. W. Goldberg. (J. med. Chem. **6**, 136 bis 141, 1963; Nutley, N.J., Hoffmann-La Roche Inc., Res. Labor.; engl.) — Die Synth. von 2-, 4-, 5- u. 6-substituierten *Thiomorpholinonen-(3)* nach 3 verschiedenen Meth. wird beschrieben. Nach Meth. **A** werden acetylierte, durch Kondens. von Aldehyden mit Nitroalkanen erhaltene Nitroalkohole mit Äthylthioglykolat (**I**) in Methanol in Ggw. von Na-Methylat in 70—85%ig. Ausbeute zu *β-Nitroalkylmercaptoessigsäureäthylestern* umgesetzt, die durch Einw. von Fe-Spänen in verd. Essigsäure reduktivem Ringschluß unterworfen werden. Aus **I**-Derivv. mit 1 oder 2 Alkylgruppen in α-Stellung wurden zwar die Mercaptoester erhalten, der Ringschluß mißlang jedoch mit Ausnahme der Darst. von *2-Äthyl-6-methylthiomorpholinon-(3)* aus Äthyl-α-mercaptobutyrat (**VII**) u. 1-Nitro-2-acetoxypropan in sehr geringer Ausbeute. Die Meth. **B** besteht in der Kondens. von **I** oder anderen α-Mercaptoestern mit Äthylenimin (**II**) oder seinen Homologen über die intermediären, in einigen Fällen isolierbaren *Aminoalkylmercaptoester*, durch mehrstd. Erhitzen auf 150—180° oder in sd. A. in Ggw. von Na-Äthylat. Die Meth. **C**, Kondens. von aus **II** oder seinen Homologen u. H_2S erhältlichen β-Mercaptoalkylaminen mit α-halogenierten Säureestern, wurde angewandt, wenn α-Mercaptoester schwer erhältlich waren. Bei C-substituierten **II**-Homologen trat die Ringöffnung stets zwischen dem N-Atom u. der unsubstituierten Methylgruppe ein (**B** u. **C**). Nach **A** wurden in 36—51%ig. Ausbeute *6-* oder *5.6-*, nach **B** in 62—70%ig. Ausbeute *2-*, *4-* oder *5-* u. nach **C** in 22—62%ig. Ausbeute *2-substituierte Thiomorpholinone-(3)* erhalten. Deren Oxydation in Essigsäure u. Essiganhydrid führte mit 1 Mol H_2O_2 bei —5 bis + 5° zu *Sulfoxiden*, mit 2 Mol H_2O_2 bei 25—30° zu *Sulfonen* mit reaktiver Methylengruppe in 2-Stellung. Nach den pharmakolog. Unterss. weisen nur 2-substituierte (bes. 2.2-Diäthyl-) Thiomorpholinone-(3) hypnot. Wrkg. an Mäusen u. Kaninchen auf; die Sulfoxide u. Sulfone sind prakt. inaktiv.

Versuche (FF. korr.): Mercaptoessigsäureäthylester: *1-Äthyl-2-nitropropyl-* (**III**), $C_9H_{17}NO_4S$, $Kp._1$ 132°, durch langsame Zugabe von methanol. **I**-Lsg. u. anschließend von methanol. 2-Nitro-3-acetoxypentan-Lsg. zu Na-Methylat-Lsg. unter Kühlung, Rühren während 1 Std. bei —10° u. während 18 Std. bei Raum-Temp.; 83,5% (Ausbeute). — *1-Methyl-2-nitroäthyl-*, $C_7H_{13}NO_4S$, $Kp._{0,5}$ 114—115°. — *1-Methyl-2-nitropropyl-*, $C_8H_{15}NO_4S$, $Kp._1$ 127—130°. — *1-Methyl-2-nitrobutyl-*, $C_9H_{17}NO_4S$, $Kp._1$ 133—135°. — *1-Äthyl-2-nitroäthyl-*, $C_8H_{15}NO_4S$, $Kp._{0,8}$ 125—127°. — *1-Äthyl-2-nitrobutyl-*, $C_{10}H_{19}NO_4S$, $Kp._{1,5}$ 148—151°. — *1-Propyl-2-nitroäthyl-*, $C_9H_{17}NO_4S$, $Kp._{0,8}$ 136—137°. — *1-Isopropyl-2-nitroäthyl-*, $Kp._1$ 126—128°. — *1-Isopropyl-2-nitropropyl-*, $C_{10}H_{19}NO_4S$, $Kp._1$ 135—137°. — *1-Isopropyl-2-nitrobutyl-*, $C_{11}H_{21}NO_4S$, $Kp._1$ 142—145°. — *1-Trichlormethyl-2-nitroäthyl-*, $C_7H_{10}Cl_3NO_4S$, $Kp._{0,8}$ 162—163°. — *α-[1-Methyl-2-nitroäthylmercapto]-buttersäureäthylester*, $C_9H_{17}NO_4S$, $Kp._{0,8}$ 127 bis 129°, aus **VII**. — *α-Äthyl-α-[1-methyl-2-nitroäthylmercapto]-buttersäureäthylester*, $C_{11}H_{21}NO_4S$, $Kp._{0,7}$ 134—136°, aus Äthyl-α-mercapto-α.α-diäthylacetat. — *[1-Methyl-2-nitropropylmercapto]-bernsteinsäurediäthylester*, $C_{12}H_{21}NO_6S$, $Kp._1$ 182—183°. — *α-Mercaptovaleriansäure*, $Kp._{10}$ 115—116°, aus α-Bromvaleriansäure u. K-Äthylxanthogenat in wss. K_2CO_3-Lsg. in 3 Tagen bei Raum-Temp., Ansäuern mit konz. HCl, Extrahieren mit Ae., Versetzen des öligen Eindampf-Rückstands mit konz. NH_4OH u. A. u. 5tägiges Stehen bei Raum-Temp.; 62%. *Äthylester*, $C_7H_{14}O_2S$, $Kp._{15}$ 82°; 58%. — *α-[Äthoxythiocarbonylmercapto]-α.α-diäthylessigsäure*, F. 115 bis 116° (verd. A.), aus α-Brom-α.α-diäthylessigsäure u. Na-Äthylat in A. durch Zugabe von K-Äthylxanthogenat u. 16std. Rühren bei Raum-Temp.; 68%. — *α-Mercapto-α.α-diäthylessigsäure*, $Kp._{13}$ 128—130°, F. 35—37°, aus vorst. Verb. u. konz. NH_4OH durch 3tägiges Stehen bei Raum-Temp. u. Extrahieren mit Ae.; Nadeln; 84%. *Äthylester*, $C_8H_{16}O_2S$, $Kp._{15}$ 85—88°; 82%. — *α-[β-Aminoäthylmercapto]-α.α-diäthylessigsäureäthylester* (**IV**), $C_{10}H_{21}NO_2S$, $Kp._1$ 123°, durch Mischen des vorst. Esters mit **II** unter Kühlung, 3std. Stehen bei 60°, 3tägiges Stehen bei Raum-Temp. u. fraktionierte Dest. im Vakuum; 87%. *Hydrochlorid*, $C_{10}H_{22}ClNO_2S$, F. 73—75° (Ae.-PAe.). — *α-Brom-α-phenylbuttersäureäthylester* (**V**), $Kp._{20}$ 149—151°, aus α-Phenylbuttersäureäthylester u. N-Bromsuccinimid in Ggw. von Benzoylperoxid in CCl_4-Lsg. durch 2std. Kochen; 61%. — Thiomorpholinone-(3): *5-Methyl-6-äthyl-*, $C_7H_{13}NOS$, F. 85—86° (Äthylacetat–PAe.), durch Zugabe von **III** in A. zu sd., verd., mit Fe-Spänen versetzter Essigsäure während 1 Std., weiteres 16std. Kochen, Abkühlen, Zusatz von Na_2CO_3, Filtrieren, Einengen im Vakuum u. Extrahieren mit Äthylacetat oder Aceton (Meth. **A**); 36,5%. — Analog: *6-Methyl-*, C_5H_9NOS, F. 58—50°. — *6-Äthyl-*, $C_6H_{11}NOS$, F. 40—42°. — *6-Propyl-*, $C_7H_{13}NOS$, F. 43—45°. — *6-Isopropyl-*, F. 99—100°. — *5.6-Dimethyl-*, $C_6H_{11}NOS$, F. 118—120°. — *5-Methyl-6-isopropyl-*, $C_8H_{15}NOS$, F. 87—89°. — *5-Äthyl-6-methyl-*, $C_7H_{13}NOS$, F. 110—112°. — *5.6-Diäthyl-*, $C_8H_{15}NOS$, F. 123—124°. — *5-Äthyl-6-isopropyl-*, $C_9H_{17}NOS$, F. 141—143°. — *2-Äthyl-6-methyl-*, $C_7H_{13}NOS$, F. 73—74°. — *2.2-Diäthyl-* (**VI**), $C_8H_{15}NOS$, F. 55—57°, nach Meth. **B**: a) durch 6std. Erhitzen von **IV** auf 150—180°, fraktionierte Dest. u. 2malige Wiederholung des Erhitzens mit dem nicht umgesetzten **IV**; aus Pentan Nadeln; 42,6%; b) aus **IV** u. Na-Äthylat in sd. A. in 30 Min., Ansäuern mit HCl u. Extrahieren mit Ae.; 62%. — Analog: *2-Methyl-*, C_5H_9NOS, F. 75—76° (Bzl..PAe.), aus Äthyl-α-mercaptopropionat u. **II** durch Mischen unter Kühlung, 2std. Stehen bei 60° u. 3tägiges Stehen bei Raum-Temp.; 65%. — *Unsubstituiert*, C_4H_7NOS, F. 90—91°. — *4-Methyl-*, C_5H_9NOS, $Kp._{0,7}$ 110°. — *5-Methyl-*, C_5H_9NOS, F. 128—130°. — *2-Äthyl-*, $C_6H_{11}NOS$, F. 59—61°. — *4-Äthyl-*, $Kp._{0,5}$ 104°. — *5-Äthyl-*, F. 108—110°. — *2-Propyl-*, $C_7H_{13}NOS$, F. 50—52°. — *2.2-Dimethyl-*, $C_6H_{11}NOS$, F. 107—108°. — *2.5-Dimethyl-*, $C_6H_{11}NOS$, F. 93—95°. — *5.5-Dimethyl-*, F. 152—153°. — *2.5-Diäthyl-*, $C_8H_{15}NOS$, F. 83—84°. — *2-Methyl-5-äthyl-*, $C_7H_{13}NOS$, F. 92—94°. — *2-Äthyl-5-methyl-*, F. 82—84°. — *2-Propyl-5-methyl-*, $C_8H_{15}NOS$, F. 73—75°. — *2-Propyl-5-äthyl-*, $C_9H_{17}NOS$, F. 51—53°. — *2.2.5-Trimethyl-*, $C_7H_{13}NOS$, F. 127 bis 128°. — *2.5.5-Trimethyl-*, F. 137—139°. — *2.2-Dimethyl-5-äthyl-*, $C_8H_{15}NOS$, F. 102—103°. — *2-Äthyl-5.5-dimethyl-*, F. 114—116°. — *2.2-Diäthyl-5-methyl-*, $C_9H_{17}NOS$, F. 53—55°. — *2.2.5-Triäthyl-*, $C_{10}H_{19}NOS$, F. 47—48°. — *2-Propyl-5.5-dimethyl-*, $C_9H_{17}NOS$, F. 91—93°. — *2.2.5.5-Tetramethyl-*, $C_8H_{15}NOS$, F. 172—174°. — *2.2-Diäthyl-5.5-dimethyl-*, $C_{10}H_{19}NOS$, F. 73—75°. — *2-Carboxymethyl-*, *Na-Salz*, $C_6H_8NNaO_3S$, F. ca. 260° (Zers.). — *2-Äthyl-2-phenyl-*, $C_{12}H_{15}NOS$, F. 164 bis 166° (Bzl.–PAe.), durch 16std. Kochen von β-Mercaptoäthylamin u. Na in Toluol unter N_2, Zusatz von **V** u. weiteres 18std. Kochen (Meth. **C**); 22%. — Analog: *2-Isopropyl-*, $C_7H_{13}NOS$, F. 48—50°. — *2-Phenyl-*, $C_{10}H_{11}NOS$, F. 160 bis 162°. — Thiomorpholinon-(3)-oxide-(1): *2.2-Diäthyl-*, $C_8H_{15}NO_2S$, F. 136—137° (Aceton), durch Lösen von 3 g **VI** in 9 ml Eisessig u. 2 ml Acetanhydrid, Kühlen auf —5°, sehr langsame Zugabe von 1,8 ml 30%ig. H_2O_2 u. 7tägiges Stehen im Eisschrank; 60%. — *Unsubstituiert*, $C_4H_7NO_2S$, F. 141—143°. — *5.6-Dimethyl-*, $C_6H_{11}NO_2S$, F. 149—152°. — *5-Methyl-6-äthyl-*, $C_7H_{13}NO_2S$, F. 180—182°. — *6-Isopropyl-*, $C_7H_{13}NO_2S$. — *5-Methyl-6-isopropyl-*, $C_8H_{15}NO_2S$, F. 146—150°. — Thiomorpholinon-(3)-dioxide-(1.1): *2.2-Diäthyl-*, $C_8H_{15}NO_3S$, F. 149—150°, durch Lösen von 7 g **VI** in 20 ml Eisessig u. 5 ml Acetanhydrid, langsame Zugabe von 10 ml 30%ig. H_2O_2 bei 0°, 5std. Stehen im Kühlbad u. 5tägiges Stehen bei Raum-Temp.; aus A. Nadeln; 80,7%. — *Unsubstituiert* (**VIII**), $C_4H_7NO_3S$, F. 171—173°. — *5.6-Dimethyl-*, $C_6H_{11}NO_3S$, F. 167—170°. — *6-Äthyl-*, $C_6H_{11}NO_3S$, F. 148—149°. — *6-Isopropyl-*, $C_7H_{13}NO_3S$, F. 195—197°. — *5-Methyl-6-äthyl-*, $C_7H_{13}NO_3S$, F. 132—134°. — *6-Methyl-*, $C_5H_9NO_3S$, F. 112—114°. — *5-Äthyl-6-methyl-*, $C_7H_{13}NO_3S$, F. 196—199°. — *5-Methyl-*, $C_5H_9NO_3S$, F. 157—159°. — *5-Äthyl-*, $C_6H_{11}NO_3S$, F. 162—164°. — *5.5-Dimethyl-*, $C_6H_{11}NO_3S$, F. 225—227°. — *5-Äthyl-6-isopropyl-*, $C_9H_{17}NO_3S$, F. 220—222°. — *4-Methyl-*, $C_5H_9NO_3S$, F. 156—158°. — *5.6-Diäthyl-*, $C_8H_{15}NO_3S$, F. 144—146°. — *5-Methyl-6-isopropyl-*, $C_8H_{15}NO_3S$, F. 142—144°. — *4-Äthyl-*, $C_6H_{11}NO_3S$, F. 86—88°. — *6-Propyl-*, $C_7H_{13}NO_3S$, F. 160—161°. — *2-Methyl-*, $C_5H_9NO_3S$, F. 133—135°. — *2-Äthyl-*, $C_6H_{11}NO_3S$, F. 142—144°. — *2-Propyl-*, $C_7H_{13}NO_3S$, F. 102—104°. — *2-Isopropyl-*, F. 146—147°. — *2-Phenyl-*, $C_{10}H_{11}NO_3S$, F. 190 bis 192°. — *2.2-Dimethyl-*, $C_6H_{11}NO_3S$, F. 169—171°. — *2-Äthyl-2-phenyl-*, $C_{12}H_{15}NO_3S$, F. 180—181°. — *2.5-Dimethyl-*, $C_6H_{11}NO_3S$, F. 168—171°. — *2-Methyl-5-äthyl-*, $C_7H_{13}NO_3S$, F. 143—145°. — *2.5.5-Trimethyl-*, $C_7H_{13}NO_3S$, F. 215—216°. — *2-Äthyl-5-methyl-*, $C_7H_{13}NO_3S$, F. 185—187°. — *2-Äthyl-5.5-dimethyl-*, $C_8H_{15}NO_3S$, F. 177—179°. — *2.2.5-Triäthyl-*, $C_{10}H_{19}NO_3S$, F. 121—122°. — *2-Cyclohexyliden-*, $C_{10}H_{15}NO_3S$, F. 215—217°, durch 7std. Kochen von **VIII** u. Cyclohexanon in Ggw. von Piperidin; aus A. Nadeln. — *2-Benzyliden-*, $C_{11}H_{11}NO_3S$, F. 199—201° (A.), durch 7std. Kochen von **VIII** u. Benzaldehyd in Pyridin in Ggw. von Piperidin.

A. Jungblut. 3292◇

0878 **Reaktionen von N-Alkylazomethinen und Enaminen mit Isocyanaten und Isothiocyanaten.** David H. Clemens und William D. Emmons. (J. org. Chemistry **26**, 767—69,

März 1961; Philadeplphia, Pa., Rohm and Haas Co.; engl.) — N-Methylazomethin reagiert [in Form von 1.3.5-Trimethylhexahydro-1.3.5-triazin (**I**)] mit HOCN unter Bldg. von *1.5-Dimethyl-2-oxohexahydro-1.3.5-triazin*. Analog geben N-Alkylazomethine u. Isocyanate bzw. Isothiocyanate die entsprechenden *2-Oxo-* bzw. *2-Thionohexahydro-1.3.5-triazine*, von denen einige auch auf anderem Wege synthetisiert werden. 1-Pyrrolidinocyclohexen (**II**) reagiert mit C_2H_5NCO bzw. n-Butylisocyanat (**III**) bzw. C_2H_5NCS zu *N-[2-Pyrrolidino-3.4.5.6-tetrahydrobenzoyl]-N.N'-diäthyl-* bzw. *-N.N'-di-n-butylharnstoff* bzw. *N-[2-Pyrolidino-3.4.5.6-tetrahydrothiobenzoyl]-N.N'-diäthylthioharnstoff*, deren Strukturen durch Hydrolyse der Enamingruppierung zu den entsprechenden *Cyclohexanon-Derivv.* u. deren drast. Hydrolyse zu *Cyclohexanon* (**IV**) gestützt wird. 1-Pyrrolidinocyclopenten (**V**) reagiert analog mit **III**. Der mögliche Verlauf der Rk. zu den zuletzt erwähnten Verbb. wird erörtert.

Versuche: Hexahydro-1.3.5-triazine: *1.5-Dimethyl-2-oxo-*[„*1.5-Dimethyltriazon-(2)*"], $C_5H_{11}N_3O$, F. 113 bis 116° (Bzl.), durch Zugabe von **I** zu KOCN in W., Zutropfen von konz. HCl unter Rühren u. Eiskühlung, 3std. Rühren u. Extraktion mit CH_2Cl_2; 47% (Ausbeute). — *1.3.5-Tri-n-butyl-2-oxo-* (**VI**), $C_{15}H_{31}N_3O$, Kp.$_{0,3}$ 136—140°, a) durch langsame Zugabe von **III** zu 1.3.5-Tri-n-butylhexahydro-1.3.5-triazin (= 2 Val N-n-Butylazomethin) u. $ZnCl_2$ bei 20—25° u. 3std. Erhitzen auf dem Dampfbad; n_D^{25} 1,4691; 98%; b) durch Erhitzen von N.N'-Di-n-butylharnstoff, 1 Val n-Butylamin u. 2 Val 36%ig. CH_2O-Lsg. über Nacht auf dem Dampfbad unter Rühren u. Extraktion mit CH_2Cl_2; 56,5%. — *1.3.5-Triäthyl-2-thiono-*, $C_9H_{19}N_3S$, F. 57—59° (CH_3OH), a) analog **VI** nach a) aus 1.3.5-Triäthylhexahydro-1.3.5-triazin u. C_2H_5NCS; 86%; b) analog **VI** nach b) aus N.N'-Diäthylthioharnstoff u. $C_2H_5NH_2$; 60%. — *1.3.5-Triäthyl-2-oxo-*, $C_9H_{19}N_3O$, Kp.$_{0,6}$ 107—110°, analog **VI** nach a) n_D^{25} 1,4765; 49%. — *3-n-Butyl-1.5-dimethyl-2-oxo-*, $C_9H_{19}N_3O$, Kp.$_{0,1}$ 111—113°, analog **VI** nach a); n_D^{25} 1,4787; 43%. — *1.5-Di-tert.-butyl-3-äthyl-2-oxo-*, $C_{13}H_{27}N_3O$, Kp.$_{0,25}$ 116—118, analog **VI** nach a); n_D^{25} 1,4749; 26%. — *3-n-Butyl-1.5-di-tert.-butyl-2-oxo-*, $C_{15}H_{31}N_3O$, Kp.$_{0,25}$ 118—120°, analog **VI** nach a); n_D^{25} 1,4741; 76%. — *1.5-Di-n-butyl-3-phenyl-2-oxo-*, $C_{17}H_{27}N_3O$, Kp.$_{0,1}$ 240°, analog **VI** nach a); n_D^{25} 1,534; 50%. — *3-Äthyl-1.5-dimethyl-2-thiono-*, $C_7H_{15}N_3S$, F. 80—82° (Bzl./Isooctan), analog **VI** nach a); 100%. — Harnstoffe: *N-[2-Pyrolidino-3.4.5.6-tetrahydrobenzoyl]-N.N'-diäthyl-*, $C_{16}H_{27}N_3O_2$, F. 162—164°, durch Zugabe von **II** zu C_2H_5NCO in Chlf., 3std. Rühren bei Raum-Temp. u. Zusetzen von Isooctan bis zur beginnenden Trübung. — *N-[2-Oxohexahydrobenzoyl]-N.N'-diäthyl-*, $C_{12}H_{20}N_2O_3$, F. 203—205° (CH_3OH), durch Einw. von überschüssiger verd. HCl auf vorst. Verb.; 57% (wird durch 8std. Kochen in 50%ig. H_2SO_4 zu **IV** [als *2.4-Dinitrophenylhydrazon*, F. 157—159° (A./Essigester)] gespalten). *2.4-Dinitrophenylhydrazon*, $C_{18}H_{24}N_6O_6$, F. 193 bis 195° (CH_3OH). — *N-[2-Oxohexahydrobenzoyl]-N.N'-di-n-butyl-*, $C_{16}H_{28}N_2O_3$, F. 206—208° (A.), durch Zutropfen von **II** zu **III** in Isooctan, 1std. Stehen u. mehrere Min. langes Rühren mit überschüssiger 1n HCl; 77%. — *N-[2-Oxocyclopentylcarbonyl]-N.N'-di-n-butyl-*, $C_{15}H_{26}N_2O_3$, F. 130—132° (Essigester), durch 3std. Rühren von **V**, **III** u. Isooctan, Zusatz von überschüssiger 1n HCl u. Stehen der wss. Phase über Nacht; 69%. *2.4-Dinitrophenylhydrazon*, $C_{21}H_{30}N_6O_6$ Zers. bei 200° (CH_3OH). — *N-[2-Pyrrolidino-3.4.5.6-tetrahydrothiobenzoyl]-N.N'-diäthylthio-*, $C_{16}H_{27}N_3S_2$, F. 124—126° (Essigester), durch 4std. Rk. von C_2H_5NCS u. 15,1 g **II** in Isooctan bei Raum-Temp.; 11,3 g. — *N-[2-Oxohexahydrothiobenzoyl]-N.N'-diäthylthio-*, $C_{12}H_{20}N_2OS_2$, F. 118—121° (Essigester), durch 1std. Erhitzen von 5 g vorst. Verb. mit verd. HCl auf dem Dampfbad u. Chromatographie des Nd. an SiO_2; 0,9 g. H. Pagel. 3313◇

0879 **Synthese und Reaktionen einiger Pyrimido-[4.5:e]-1.2.4-thiadiazin-1.1-dioxide.** H. M. Gilow und John Jacobus. (J. org. Chemistry **28**, 1994—98, 1963; Memphis, Tenn., Southwestern at Memphis, Chem. Dep.; engl.) — Cyclisierung der entsprechenden 4-Aminopyrimidinsulfonamide-(5) mit Orthoameisensäuretriäthylester (**I**) führte zu *7.5-Dimethyl-5.6.7.8-tetrahydro-6.8-diketopyrimido-[4.5:e]-1.2.4-thiadiazin-1.1-dioxid* (**II**) u. *8-Amino-6-methylmercaptopyrimido-[4.5:e]-1.2.4-thiadiazin-1.1-dioxid* (**XI**). Die Doppelbindung im Thiadiazinring von **II** befindet sich wahrscheinlich in 3.4-Stellung, denn bei Cyclisierungen unter drast. Bedingungen wurden 2-Alkyl-Derivv. von **II** erhalten. Redd. u. hydrolyt. Ringspaltungen der Dioxide sowie Darst. u. Rkk. einiger *Pyrimidinsulfonsäuren-(5)* u. ihrer Derivv. sind beschrieben.

Versuche: *6-Amino-1.3-dimethyluracilsulfonylchlorid-(5)* (**III**), aus 6-Amino-1.3-dimethyluracil (**IV**) u. $ClSO_3H$ $< 20°$, dann 2 Std. bei 100° oder 1std. Kochen u. Gießen auf Eis. — Analog aus den entsprechenden Pyrimidinen u. $ClSO_3H$ folgende Pyrimidinsulfonsäuren-(5): *4.6-Diamino-2-methylmercapto-* (**VII**), *Monohydrat*, $C_5H_{10}N_4O_4S_2$, F. 265 bis 267° (W.); 33% (Ausbeute). — *4.6-Diamino-2-hydroxy-*, $C_4H_6N_4O_4S$, F. $>$ 330° (umgefällt mit 5%ig. NaOH u. $CH_3 \cdot COOH$); 23%. — *2.4-Diamino-6-hydroxy-*, *Ammoniumsalz*, $C_4H_9N_5O_4S$, F. $>$ 330° (W.); 34%. — *4-Amino-6-hydroxy-2-methyl-*, $C_5H_7N_3O_4S$, F. 305—306° (W.); 43%. — *2.4-Diamino-6-chlor-*, $C_4H_5ClN_4O_3S$, F. $>$ 330° (W.); 31%. — *2.4.6-Triamino-*, $C_4H_7N_5O_3S$, F. $>$ 310° (W.), aus vorst. Säure u. alkohol. NH_3 bei 150°; 82%. — *6-Amino-1.3-dimethyluracilsulfonamid-(5)* (**V**), $C_6H_{10}N_4O_4S$, F. 218—220°, *Monohydrat*, F. 117—119°, Nadeln (W.), aus **III** u. wasserfreiem NH_3; 31% (bezogen auf **IV**). — *6-Amino-1.3-dimethyluracilsulfonsäure-(5)-methylamid* (**VI**), $C_7H_{12}N_4O_4S$, F. 203—204° (W.), aus **III** u. wasserfreiem CH_3NH_2; 25%. — *6-Amino-1.3-dimethyluracilsulfonsäure-(5)-äthylamid*, $C_8H_{14}N_4O_4S$, F. 260 bis 263°, aus **III** u. wasserfreiem $C_2H_5NH_2$; 26%. — *6-Amino-1.3-dimethyluracilsulfonsäure-(5)-methylester*, $C_7H_{11}N_3O_5S$, F. 206—208° (sintert ab 193°; CH_3OH), aus **III** u. CH_3OH (Rühren über Nacht); 46%. — *5.7-Dimethyl-5.6.7.8-tetrahydro-6.8-diketopyrimido-[4.5:e]-1.2.4-thiadiazin-1.1-dioxid* (**II**), $C_7H_8 \cdot N_4O_4S$, F. 274—275° (Dimethylformamid/CH_3OH), aus **I** u. **V** (2std. Rühren bei 120—130°); 67%. — *2-Äthyl-5.7-dimethyl-5.6.7.8-tetrahydro-6.8-diketopyrimido-[4.5:e]-1.2.4-thiadiazin-1.1-dioxid*, $C_9H_{12}N_4O_4S$, F. 182—183° (Nadeln aus **I**), aus **I** u. **V** (3 Std. bei 150°); 74%. — *5-Äthylaminosulfonyl-6-formamido-1.3-dimethyluracil*, $C_9H_{14}N_4O_5S$, F. 181—182°, durch Lösen vorst. Verb. in wenig heißem W.; 96%. — *2.5.7-Trimethyl-5.6.7.8-tetrahydro-6.8-diketopyrimido-[4.5:e]-1.2.4-thiadiazin-1.1-dioxid*, $C_8H_{10}N_4O_4S$, F. 243—244° (aus **I**), a) aus **VI** u. **I** (6std. Rühren bei 120—130°; 78%); b) aus **V** u. Orthoameisensäuretrimethyelster (**Ia**; 6 Std. bei 150° in der Druckflasche; 76%; daneben 15% **II**). — *6-Formamido-1.3-dimethyl-5-methylaminosulfonyluracil*, $C_8H_{12}N_4O_5S$, F. 238—239°, durch Lösen vorst. Verb. in wenig heißem W.; 88%. — *3.4.5.6.7.8-Hexahydro-5.7-dimethyl-6.8-diketopyrimido-[4.5:e]-1.2.4-thiadiazin-1.1-dioxid*, $C_7H_{10}N_4O_4S$, F. 298—299° (W.), aus **II** u. $NaBH_4$ in W. (2 Std.); 37%. — *4.6-Diamino-2-methylmercaptopyrimidinsulfonamid-(5)* (**IX**), $C_5H_9N_5O_2S_2$, F. 198 bis 199°, Nadeln (W.), aus **VII**·3 H_2O u. sd. $POCl_3$ (1 Std.); 59%. — *4.6-Diaminopyrimidinsulfonamid-(5)* (**X**), $C_4H_7 \cdot N_5O_2S$, F. 221—222° (W.), aus **IX** u. Raney-Ni in sd. W. (3std. Rühren); 31%. — *4.6-Diamino-2-methylsulfonylpyrimidinsulfonamid-(5)*, $C_5H_9N_5O_4S_2$, F. 249—250° (Zers.; gelb bei 235°; W.), aus **IX** u. a) Cl_2 in W. bei 0° (einige Min. bis zur Lsg.; 70%) oder b) 30%ig. H_2O_2 in CH_3COOH/Acetonhydrid (79%). — *8-Amino-6-methylmercaptopyrimido-[4.5:e]-1.2.4-thiadiazin-1.1-dioxid* (**XI**), $C_6H_7N_5O_2S_2$, F. 321—322° (Zers.; Dimethylformamid/W.), aus **IX** u. **I** (2 Std. bei 120 bis 130°; 86%) oder aus **IX** u. sd. **Ia** (62%). — *8-Amino-pyrimido-[4.5:e]-1.2.4-thiadiazin-1.1-dioxid*, $C_5H_5N_5O_2S$, F. 308—309° (Dimethylformamid/W.), aus **X** u. **I**; 97%. — *8-Amino-3-methyl-6-methylmercaptopyrimido-[4.5:e]-1.2.4-thiadiazin-1.1-dioxid*, $C_7H_9N_5O_2S_2$, F. 314—315°, aus **IX** u. Orthoessigsäuretriäthylester (1std. Rühren bei 120—130°); 54%. — *8-Amino-3.4-dihydro-6-methylmercaptopyrimido-[4.5:e]-1.2.4-thiadiazin-1.1-dioxid*, $C_6H_9N_5O_2S_2$, F. 261—262° (W.), aus **XI** u. $NaBH_4$ in W. (3 Std.); 81%. J. Rothe. 3333◇

0880 **Thiocarbonyle.** 8. Mitt. **Das Problem der gem.-Dithiolbildung in Aralkylketonen.** E. Campaigne und Ben E. Edwards. (J. org. Chemistry **27**, 3760—64, 1962; Bloomington, Ind., Indiana Univ., Chem. Labor.; engl.) — 7. vgl. C. **1961**, 1930. — Durch Einw. von H_2S u. HCl in Methanol oder A. auf 1.3-Bis-[p-chlorphenyl]- (**I**) bzw. 1.3-Bis-[p-methoxyphenyl]-propanon-(2) (**II**) bei 0—5° werden *1.3-Bis-[p-chlorphenyl]*-bzw. *1.3-Bis-[p-methoxyphenyl]-propandithiol-(2.2)*. dargestellt. 1.3-Bis-[p-nitrophenyl]-propanon reagiert unter diesen Bedingungen nicht. Analog werden aus 1-Phenylpropanon-(2) (**XI**), 1.5-Diphenylpentanon-(3) (**VI**), Cycloheptanon bzw. Indanon-(2) (**VII**) *2.4.6-Tribenzyl-2.4.6-trimethyl-*, *2.2.4.4.6.6-Hexakis-[β-phenäthyl]-1.3.5-trithian*, *Tris-thiocyclohep-*

tanon bzw. *Tris-thioindanon-(2)* u. aus 1.1-Diphenylpropanon-(2) (III), Tetralon-(2) (IX) bzw. 2-Phenylcyclohexanon (X) *Bis-[1.1-diphenylpropen-(1)-yl-(2)]-*, *Bis-[3.4-dihydronaphthyl-(2)]-* bzw. *Bis-[2-phenylcyclohexen-(1)-yl]-sulfid* u. aus 1.1.3-Triphenylpropanon-(2) (IV) bzw. 1-Phenylindanon-(2) (VIII) *1.1.3-Triphenylpropen-(1)-thiol-(2)* bzw. *1-Phenylindenthiol-(2)* dargestellt. UV-, IR- u. NMR-Spektren s. Original.

Versuche: *1.3-Bis-[p-chlorphenyl]-propandithiol-(2.2)*, $C_{15}H_{14}Cl_2S_2$, F. 121—124° (Hexan/Bzl.), durch Zutropfen von I in abs. Methanol in mit H_2S u. HCl gesätt. Methanol bei 0° unter Rühren u. Einleiten von H_2S u. HCl u. 4½std. Stehen (Meth. A); Nadeln; 95% (Ausbeute). — *1.3-Bis-[p-methoxyphenyl]-propandithiol-(2.2)*, $C_{17}H_{20}O_2S_2$, F. 65—66° (Pentan), nach A aus II; 62%. — *2.4.6-Tribenzyl-2.4.6-trimethyl-1.3.5-trithian*, $(C_9H_{10}S)_3$, F. 89—90° (Eisessig u. A.), nach A aus XI in 95%ig. A. u. 6std. Rühren; 82%. — *Bis-[1.1-diphenylpropen-(1)-yl-(2)]-sulfid*, $C_{30}H_{26}S$, F. 132—133° (Cyclohexan/Hexan), nach A aus 5 g III; 3,5 g. — *1.1.3-Triphenylpropen-(1)-thiol-(2)*, $C_{21}H_{18}S$, F. 90—91° (Hexan), nach A aus IV; 90%. — *Bis-[1.1.3-triphenylpropen-(1)-yl-(2)]-disulfid*, $C_{42}H_{34}S_2$, F. 214—214,5° (A./Bzl.), durch Rk. vorst. Verb. in Äthylacetat mit Pb(II)-Acetat in A. u. Oxydation von 0,08 g des *Pb-Salzes* (F. 75—80°, gelb) mit J_2 in Essigsäureäthylester. — *1.3.3-Triphenyl-2-[2.4-dinitrophenylmercapto]-propen-(1)*, $C_{27}H_{20}N_2O_4S$, F. 204—205° (Chlf./Methanol), durch Zugabe von 2.4-Dinitrochlorbenzol u. KOH in abs. A. zu vorvorst. Verb. u. 10 Min. langes Kochen; gelb, körnig; 86%. — *2.2.4.4.6.6-Hexakis-[β-phenäthyl]-1.3.5-trithian*, $(C_{17}H_{18}S)_3$, F. 160—160,5°, nach A aus 2,4 g VI; aus Hexan feine Nadeln; 0,2 g. — *Tris-thioindanon-(2)*, $(C_9H_8S)_3$, F. 206,5—208° (Cyclohexan), nach A aus 3,67 g VII; 4,10 g. — *1-Phenylindenthiol-(2)*, $C_{15}H_{12}S$, Kp.$_{0,5}$ —150°, aus 4,08 g VIII nach A; gelb, gummiartig, Verfärbung bei der Dest.; 1,54 g. *Pb-Salz*, F. 130 bis 140°, orangefarben. — *3-Phenyl-2-[2.4-dinitrophenylmercapto]-inden*, $C_{21}H_{14}N_2O_4S$, F. 178—179° (Hexan/Bzl.), durch ½std. Erhitzen von 0,99 g vorst. Verb. mit 2.4-Dinitrofluorbenzol u. KF, Bzl.-Extraktion u. Chromatographie; gelbes Pulver; 64 mg. — *Bis-[3.4-dihydronaphthyl-(2)]-sulfid*, $C_{20}H_{18}S$, F. 141—142° (Methanol), aus IX nach A; 79%. — *Bis-[naphthyl-(2)]-sulfid*, F. 149—150°, durch 8std. Kochen von 1,45 g vorst. Verb. mit Chloranil in Toluol unter N_2, Kühlen, Eingießen in Hexan u. Chromatographieren an Al_2O_3; 0,5 g. — *Bis-[2-phenylcyclohexen-(1)-yl]-sulfid*, $C_{24}H_{26}S$, F. 91—92° (Cyclohexan/5% Ae.), aus X nach A; 61%. — *Tris-thiocycloheptanon*, $(C_7H_{12}S)_3$, F. 75—76° (Hexan), aus Cycloheptanon nach A; 94%. — *1.3-Bis-[p-nitrophenyl]-propanon-(2)*, $C_{15}H_{12}N_2O_5$, F. 140—141° (A.), durch Nitrierung von 1.3-Diphenylpropanon-(2) nach Manchot u. Zahn [1906] u. Chromatographie an Al_2O_3. *Oxim*, $C_{15}H_{13}N_3O_5$, F. 155—156°.

H. Henze. 3354◇

0881 **Über die Umlagerungsprodukte von N-Glykosiden und iso-Glykosylaminen.** Jerzy Sykulski. (Wiadomości chem. 16, 227—48, 1962; Łódź, Akad. Med., Kat. Chem. organ.; pol.) — Übersicht über die Amadori-Umlagerung. — 42 Literaturangaben. F. Urban. 3400◇

0882 **Eine neue Synthese von 1.6-Anhydro-β-D-glucopyranose (Lävoglucosan).** Masuo Akagi, Setsuzo Tejima und Masanobu Haga. (Chem. pharmac. Bull. [Tokyo] 10, 905—09, 1962; Sapporo, Hokkaido Univ., School of Med., Fac. of Pharmaceut. Sci.; engl.) — *1.6-Anhydro-β-D-glucopyranose* wird aus 6-O-p-Toluolsulfonyl-1.2.3.4-tetra-O-acetyl-D-glucopyranose (I) durch Rk. mit Na-Methylat synthetisiert. Analog wird *3.6-Anhydro-D-glucose* aus 6-Desoxy-6-jod-1.2.3.4-tetra-O-acetyl-α-D-glucopyranose (II) dargestellt.

Versuche: *1.6-Anhydro-2.3.4-tri-O-acetyl-β-D-glucopyranose*, $C_{12}H_{16}O_8$, F. 109—110° (Ae.), durch Zugeben von I zu Na-Methylat in abs. Methanol bei 5—10°, 12std. Stehen im Eisschrank, Neutralisieren mit CH_3COOH, Eindampfen u. Acetylieren mit Acetanhydrid in Pyridin; $[\alpha]_D^{20}$ —46° (c = 2,5; A.); 70% (Ausbeute). — *1.6-Anhydro-2.3.4-tri-O-benzoyl-β-D-glucopyranose*, $C_{27}H_{22}O_8$, F. 201—202° (Chlf./A.), analog vorst. Verb. u. Acylieren mit Benzoylchlorid in Pyridin; $[\alpha]_D^{20}$ —35,6° (c = 0,92; Chlf.); 60%. — *1.6-Anhydro-β-D-glucopyranose*, $C_6H_{10}O_5$, F. 178° (Essigester), durch 12std. Rk. von 5,6 g vorvorst. Verb. mit 0,01n methanol. Na-Methylat im Eisschrank; $[\alpha]_D^{20}$ —66° (c = 0,9; W.); 2,8 g. — *3.6-Anhydro-D-glucosephenylosazon*, $C_{18}H_{20}N_4O_3$, F. 190° (Zers.), durch 12std. Rk. von 10 g II mit 0,01n methanol. Na-Methylat im Eisschrank, Neutralisieren mit CH_3COOH, Eindampfen, Lösen in W., Reinigen an Amberlite IR-120 (H^+) u. IR-45 (OH^-), Behandeln mit Kohle, Eindampfen (→ 3 g) u. ½std. Rk. von 1 g Sirup mit Phenylhydrazin in 50%ig. CH_3COOH/W. bei 100°; gelbe Nadeln aus A.; $[\alpha]^{20}$ —84,4° → —37,5° (nach 24xStd.; c = 1,28; Pyridin). E. Schraven. 3400◇

0883 **Solanumalkaloide.** 16. Mitt. **Der Zuckerteil des Solasonins.** Lindsay H. Briggs, R. C. Cambie und J. L. Hoare. (J. chem. Soc. [London] 1963, 2848—53, Mai; Auckland, New Zealand, Univ., Dep. of Chem.; engl.) — 15. vgl. C. 1963, 8944. — Es gelang, die Anordnung der Zucker im glykosid. Teil des *Solasonins* (I) als *Solatriose* (II; *O-α-L-Rhamnopyranosyl-<1'' → 2>-O-β-D-glucopyranosyl-<1' → 3>-β-D-galaktopyranose*) zu ermitteln. Die Hydrolyse mit verd. H_2SO_4 ergibt neben *Glucose*, *Rhamnose* u. *Galaktose* die 3 *Oligosaccharide A* (II), *B* (*Solabiose*, *3-O-β-D-Glucopyranosyl-D-galaktopyranose*) u. *C* (*2-O-α-L-Rhamnopyranosyl-D-galaktopyranose*). Nach Methylierung von I mit Ag_2O u. Methyljodid u. anschließender Hydrolyse erhält man *2.3.4.6-Tetra-O-methyl-α-D-glucose*, *2.3.4-Tri-O-methyl-L-rhamnose* u. *4.6-Di-O-methyl-α-D-galaktose*. *Solamargin* soll *Solanidindirhamnosylglucosid* sein.

Versuche: *Oligosaccharid A* (II; *Solatriose*), durch 40minütige Hydrolyse von I bei 100° u. chromatograph. Trennung; brauner hygroskop. Gummi. — *Oligosaccharid B* (*Solabiose*), durch wiederholte papierchromatograph. Reinigung der Hydrolyse-Prodd. von I; $[\alpha]_D^{20}$ +35° (c = 0,2; W.). *Osazon*, F. 216—218° (Zers.; geschlossenes Röhrchen); gelbe Nadeln. — *Oligosaccharid C*, durch chromatograph. Reinigung von Hydrolyse-Prodd. von I. — *Permethylsolasonin*, *Methojodid*, $C_{56}H_{96}JNO_{16}$, durch Rk. von 7 g I mit Methyljodid u. Ag_2O in Dimethylformamid bei 0—5° unter N_2 u. 70std. Schütteln unter N_2 unter zeitweisem Kühlen mit Eis, Filtrieren, Waschen mit Dimethylformamid u. Chlf. (ein entstehender Nd. wird durch wss. KCN-Lsg. wieder aufgelöst), Abtrennen der Chlf.-Schicht u. Eindampfen; braunes Harz; 9,85 g. — „*Permethylsolasonin*“, durch Enthalogenieren von 9,5 g vorst. Verb. mit Ag_2CO_3; blaßbraunes Harz; 7,8 g. — *2.3.4-Tri-O-methyl-L-rhamnose*, durch 6std. Kochen von 7,5 g vorst. Verb. mit 5%ig. methanol. HCl, Abkühlen, Zufügen von W. u. Abfiltrieren des Nd., 2½std. Kochen der eingeengten Lsg. mit konz. HCl, Zugabe von Chlf. u. Extrahieren der wss. Schicht (B) mit Chlf., Einengen der Chlf.-Auszüge, Chromatographie an Holzkohle–Celite (1:1) u. Eluieren mit 2,5% W./Methyläthylketon, von Fraktion 22 an mit 5% W./Methyläthylketon/+ 5% W./A. (1:1) u. Einengen der Fraktionen 11—24; $[\alpha]_D^{22}$ +24° (c = 2,1; W.); blaßbraunes viscoses Öl; 207 mg. *Anilid*, F. 120 bis 124° (Sublimation bei 200—210°/0,01 mm); Flocken. — *2.3.4.6-Tetra-O-methyl-α-D-glucose*, $C_{10}H_{20}O_6$, F. 90—96°, durch Aufarbeiten der Fraktion von 26 an aufwärts; $[\alpha]_D^{22}$ +91,5° (c = 1,0; W.) → $[\alpha]_D^{22}$ +84° (24 Std.); Nadeln aus Ligroin/Hexan; 370 mg. *Anilid*, F. 136° (Sublimation bei 200—230°/0,01 mm); $[\alpha]_D^{23}$ +230°. — *4.6-Di-O-methyl-α-D-galaktose*, $C_8H_{16}O_6$, F. 140,5°, durch Neutralisieren der Schicht B mit Ag_2CO_3, Entfernen der Ag-Salze, Einengen, Chromatographie an Cellulose u. Eluieren mit feuchtem Butan-ol(1); $[\alpha]_D^{20}$ +135° (c = 0,5; W.) → $[\alpha]_D^{20}$ +76° (16 Std.); Nadeln aus Aceton/Äthylacetat–Methanol. *Osazon*, F. 160—161°; $[\alpha]_D^{20}$ +50° (c = 0,5; Chlf.) → $[\alpha]_D^{20}$ +20° (24 Std.).

K. Gröbe. 3400◇

0884 **Untersuchungen über die Inhaltsstoffe von Digitalis purpurea L.** 17. Mitt. **Isolierung einiger neuer Glykoside aus der Fraktion PGB von Digitalis-Samen.** Kazuhiko Hoji, Tosaku Miki, Akio Sakashita, Atsuji Okano und Kazuo Miyatake. (Chem. pharmac. Bull. [Tokyo] 9, 276—88, 1961; Hirakawabashi, Sumida-ku, Tokyo, Daiichi Seiyaku Co., Research Labor.; engl.) — 16. vgl. Miyatake, Chem. pharmac. Bull. [Tokyo] 8, [1960], 945. — Durch Papierchromatographie mit 6 verschiedenen Lsgm.-Gemischen u. Säulenchromatographie mit 6 verschiedenen Lsgm.-Gemischen werden aus der Purpurea–Glykosid-B-Fraktion (vgl. 2. Mitt.) 4 kristalline (*B-I''*, *A-III'*, *C-O* u. X_2), 5 pulverförmige (*PGA*, *A-II'*, *B-I'*, *PGB* u. *A-III*) u. 2 sirupöse (*B-O* u. *A-II*) Glykoside isoliert u. gereinigt. Prod. *A-II'* konnte nur mit Hemicellulase von *B-I'* u. *A-II* getrennt werden. Mit Hilfe von typ. Glykosid-Rkk. werden die Prodd. näher charakterisiert. Die Prodd. *B-O*, *PGA*, *B-I'* u. *C-O* sind Digitoxigeninglykoside, die Prodd. *A-II'*, *A-II*, *PGB*, *A-III* u. *A-III'* sind Gitoxigeninglykoside, die Prodd. *B-O*, *PGB*, *A-II'*, *A-II*, *B-I'*, *B-I''*,

PGB u. *A-III* enthalten 2.6-Didesoxyzucker u. die Prodd. *B-O*, *A-II'*, *A-II* u. *A-III'* sind Acylglykoside. Die Gitaloxigeninglykoside sind, da während der Isolierung mit $Pb(OH)_2$ gearbeitet wird, bei den Gitoxigeninglykosiden zu finden. Das Isolierungsschema, die Chromatogramme u. die UV-Maxima sind angegeben.

Versuche: *B-O*, Sirup; 0,004‰(Ausbeute). — *PGA*, F. 248—254° (A./Ae.); 0,0018%. — *A-II'*, F. 199—205° [Aceton (Ac.)/Ae./PAe.]; 0,001%. — *A-II*, Sirup; 0,008%. — *B-I'*, FF. 184/215—219° [Methanol (Me.)/Ac./Ae.]; 0,0027%. *B-I''*, F. 260—267°, aus Ac./W. Nadeln; 0,0008%. — *PGB* F. 228—233° (Pyridin/A.); 0,012%. — *A-III*, F. 222—225° (Me./Ac./Ae.); 0,0013%. — *A-III'*, F. 248—250°, aus Me./W. Nadeln; 0,00013%. — *C-O*, F. 240—242°, aus Me./Ae./W. Prismen; 0,0024%. — X_2, F. 172—177°, aus Ac./W. Platten; 0,00015%. — *Digitalinum verum*, F. 231—234°, Nadeln; 0,15%. — *Glucodigifucosid*, F. 194—197°, Nadeln; 0,038%.
J. Gloede. 3450△

0885 **Untersuchungen über die Inhaltsstoffe von Digitalis purpurea L.** 18. Mitt. **Odorobiosid G aus Digitalissamen.** Kazuhiko Hoji. (Chem. pharmac. Bull. [Tokyo] **9**, 289 bis 291, 1961; engl.) — 17. vgl. vorst. Referat. — Die Substanz *C-O* (I) (vgl. l. c.) ist ident. mit *Odorobiosid G*. Durch saure Hydrolyse von **I** lassen sich papierchromatograph. *Glucose* u. *Digitalose* nachweisen, durch Mannich-Hydrolyse wird *Digitoxigenin* erhalten. Die Acetylierung von **I** gibt ein *Pentaacetat* (**II**), dessen Entacetylierung ein *Monoacetat* liefert, beide Acetate sind ident. mit Odorobiosid-G-acetaten. Durch enzymat. Hydrolyse von **I** wird *Odorosid H*, ein Digitoxigenin–Digitalosid, papierchromatograph. nachgewiesen. UV-Maxima s. Original.

Versuche: *Odorobiosid G* (**I**), $C_{36}H_{56}O_{13}$, F. 240—242°; aus Methanol/Aceton/W. Prismen; $[\alpha]_D^{18}$ —8,1° (c = 1,04; Methanol). *Pentaacetat* (**II**), $C_{46}H_{66}O_{18}$, F. 167—169/220—223/238—242°, durch Rk. von **I** mit Acetanhydrid in Pyridin; $[\alpha]_D^{18}$ —12,6° (c = 1,11; Chlf.); aus Aceton/Ae. Prismen. *Monoacetat*, $C_{38}H_{58}O_{14}$, F. 274—277°, durch Zugabe von $KHCO_3$ in W. zu **II** in Methanol u. 12tägiges Stehen; $[\alpha]_D^{18}$ —8,3° [c = 1,48; Chlf./Methanol (1:1)]; aus Methanol Nadeln. — *Digitoxigenin*, $C_{23}H_{34}O_4$, F. 247—252°, durch Zugabe von konz. HCl zu **I** in Aceton u. 30tägiges Stehen bei 5°; aus Aceton/Ae. Prismen. — *Odorosid H*, durch Hydrolyse von **I** in W. mit Schneckenenzym bei 32°; R_σ 0,28 [Toluol/Methyläthylketon (1:1) gesätt. mit Formamid]. J. Gloede. 3450△

0886 **Untersuchungen über die Inhaltsstoffe von Digitalis purpurea L.** 19. Mitt. **Neue cardiotonische Glykoside, Purlanosid A und Purlanosid B aus Digitalissamen.** Kazuhiko Hoji. (Chem. pharmac. Bull. [Tokyo] **9**, 291—95, 1961; engl.) — 18. vgl. vorst. Referat. — *Purlanosid A* (**I**), Substanz B–O (vgl. vorvorst. Ref.), ist monoacetyliertes Purpurea-Glykosid A (**VI**), da papierchromatograph. eine Acetylgruppe nachweisbar ist, seine Acetylierung **VI**-*Acetat*, seine Entacetylierung **VI** liefert u. seine enzymat. Hydrolyse *Digitoxin* gibt. Von seinem Isomeren, Lanatosid A, unterscheidet sich **I** durch die Stellung der Acetylgruppe; die milde Hydrolyse gibt *Digitoxigenin*, *Digilanidobiose* (**II**), *Digitoxose* (**III**) u. *3-Acetyldigitoxose* (**IV**), somit muß sich die Acetylgruppe von **I** am 1. oder 2. Digitoxoserest befinden. Nach analogen Unterss. ist *Purlanosid B* (**V**; Substanz A-II; vgl. vorvorst. Ref.) ein monoacetyliertes Purpurea-Glykosid B u. ein Isomeres von Lanatosid B. Die UV-Maxima u. Chromatogramme sind angegeben.

Versuche: *Purlanosid A* (**I**), $C_{49}H_{76}O_{19}$; Sirup; $[\alpha]_D^{21}$ +22,0° (c = 1,55; 75%ig. A.); $[\alpha]_D^{21}$ +24,6° [c = 1,37; Methanol (M)]. — *Purlanosid B* (**V**), $C_{49}H_{76}O_{20}$; Sirup; $[\alpha]_D^{21}$ +27,8° (c = 1,17; A.). — *Purpurea-Glykosid-A-Acetat*, F. 146—152°, durch Acetylierung von 100 mg **I** durch 5tägiges Stehen mit Acetanhydrid/Pyridin; aus M Nadeln; 0,55 mg. — *Purpurea-Glykosid-B-Acetat*, $C_{63}H_{90}O_{27}$, FF. 149—153°/228—235°, aus 150 mg **V**; aus A. Nadeln; $[\alpha]_D^{20}$ +35,8° (c = 1,23; Chlf.); 80 mg. — *Purpurea-Glykosid A* (**VI**), durch 14-tägiges Stehen von **I** in M mit $KHCO_3$ in W. — *Purpurea-Glykosid B*, analog **VI** aus **V**. — *Digitoxigenin*, durch ½std. Kochen von **I** in M mit 0,1n H_2SO_4; daneben *Digilanidobiose* (**II**), *Digitoxose* (**III**) u. *3-Acetyldigitoxose* (**IV**) durch Reinigen. — *Gitoxigenin*, wie vorst. aus **V**; daneben **II**, **III** u. **IV**. — *Digitoxin*, durch Hydrolyse von **I** in W. mit Schneckenenzym bei 32°. — *Gitoxin*, wie vorst. Verb. aus **V**. J. Gloede. 3450△

0887 **Untersuchungen über die Inhaltsstoffe von Digitalis purpurea L.** 20. Mitt. **Neue cardiotonische Glykoside, Acetyldigitoxin-γ und Acetylgitoxin-γ.** Kazuhiko Hoji. (Chem. pharmac. Bull. [Tokyo] **9**, 296—99, 1961; engl.) — 19. vgl. vorst. Referat. — Die Hydrolyse von Purlanosid A mit Hemicellulase führt unter Freisetzung von *Glucose* zu *Acetyldigitoxin-γ* (**I**). **I** gibt einen positiven Hydroxamsäuretest u. durch Hydrolyse mit Schneckenenzym *Digitoxin*. Von den Isomeren, Acetyldigitoxin-α u. -β, unterscheidet sich **I** durch seine physikal. Konstanten. Purlanosid B wird mit Hemicellulase in *Acetylgitoxin-γ* (**II**) übergeführt, dessen Hydrolyse mit Schneckenenzym *Gitoxin* gibt u. dessen Konst. sich ebenfalls von den Isomeren, Acetylgitoxin-α u. -β, unterscheiden. Die UV-Maxima u. Chromatogramme sind angegeben.

Versuche: *Acetyldigitoxin-γ* (**I**), $C_{43}H_{66}O_{14}$, F. 135 bis 142°, durch Lösen von 2 g Purlanosid A in Methanol (M), Zugabe von 1,5 ml W., Abdestillieren von M im Vakuum, Puffern mit 0,2n Essigsäure/0,2n Na-Acetat-Lsg., Zugabe von 1,2 g Hemicellulase u. Toluol, 5tägiges Stehen bei 32°, Eindampfen im Vakuum, Extrahieren mit M/Chlf. (1:1), Chromatographie in Formamid/W. (2:1) an Celite 535, Eluieren mit Bzl., Chromatographie an Al_2O_3 u. Eluieren mit 1%ig. methanol. Chlf.; $[\alpha]_D^{21}$ + 32,4° (c = 1,37; M); R_F 0,75; aus M Nadeln; 330 mg. — *Acetylgitoxin-γ, Dihydrat* (**II**), $C_{43}H_{66}O_{15} \cdot 2\,H_2O$, F. 164—167°, aus 2 g Purlanosid B analog **I**; $[\alpha]_D^{21}$ +35,7° (c = 1,19; M); R_F 0,44; aus M Prismen; 720 mg. — *Digitoxin*, F. 243—247°, durch Hydrolyse von **I** in 2%ig. alkohol. W. mit Schneckenenzympulver u. einer Spur Toluol bei 32°; aus Aceton/A. Prismen. — *Gitoxin*, F. 269—271° (Pyridin/M), analog vorst. Verb. aus **II**. J. Gloede. 3450△

0888 **Untersuchungen über die Inhaltsstoffe von Digitalis purpurea L.** 22. Mitt. **Alloneogitostin, ein neues Glykosid aus Digitalissamen.** Kazuo Miyatake, Atsuji Okano, Kazuhiko Hoji, Tōsaku Miki und Akio Sakashita. (Chem. pharmac. Bull. [Tokyo] **9**, 519—23, 1961; Hirakawabashi, Sumida-ku, Tokyo, Daiichi Seiyaku Co., Ltd., Res. Labor.; engl.) — 21. vgl. C. **1963**, 19701; 20. vgl. vorst. Referat. — *16ξ.17α-Gitoxigenin-β-gentiobiosido-β-D-digitalosid*, genannt *Alloneogitostin* (**I**), wurde bereits in der 2. Mitt. (C. **1962**, 18119) als *Substanz A–x* erwähnt. Es kann durch fraktionierte Säulenchromatographie aus dem Rückstand des wss. Digitalissamenextraktes erhalten werden. Durch verd. HCl wird **I** in *Dianhydrogitoxigenin*, *Digitalose* u. *Glucose* hydrolysiert. Die Acetylierung von **I** mittels Essigsäureanhydrids führt zum *Nonaacetat* (**II**), das mit $KHCO_3$ zum *Monoacetat* (**III**) verseift wird. Mit Schneckenenzym wird **III** unter Abspaltung von 1 Mol *Glucose* zum *Allodigitalinum-verum-monoacetat* (**IV**) hydrolisiert. Nach der Acetolyse von **II** wird aus dem Rk.-Gemisch *Oktaacetyl-α-gentiobiose* isoliert; der Zuckerrest von **I** besteht somit aus *Gentiobiose* u. *Digitalose*. Die UV-Maxima der Verbb. sind angegeben.

Versuche: *16ξ.17α-Gitoxigenin-β-gentiobiosido-β-D-digitalosid* (**I**), durch dreimalige fraktionierte Chromatographie des Rückstandes aus dem wss. Digitalissamenextrakt an Celite/W. (1:1) mit wss. Methyläthylketon, wss. Isoamylalkohol/Methyläthylketon (3:1) u. Butanol/Chlf. (4:1); hygroskop. Pulver. *Nonaacetat* (**II**), $C_{60}H_{84}O_{28}$, F. 170—175°, durch Acetylierung von 340 mg **I** mit Essigsäureanhydrid in Pyridin; aus Methanol/Ae./PAe. Nadeln; $[\alpha]_D^{28}$ —10,8° (c = 0,93; Chlf.); 370 mg (Ausbeute). *Monoacetat* (**III**), $C_{44}H_{68}O_{20}$, F. 194 bis 198°, durch Verseifung von 220 mg **II** in wss. Methanol bei Raum-Temp. u. Chromatographie an Celite/W. mit wss. Essigester, aus wss. Isopropanol/Ae. Nadeln; $[\alpha]_D^{17}$ +4,5° (c = 1,33; Methanol); 100 mg. — *Allodigitalinum verum, Monoacetat* (**IV**), F. 192—197°, aus 120 mg **III** durch 2std. Zers. mit Schneckenenzym in W./Toluol bei 32°, Einengen im Vakuum u. Zugabe von A., aus W./Methanol u. wss. A./Ae. Nadeln; $[\alpha]_D^{17}$ + 19,5° (c = 1,23; Methanol); 55 mg. *Hexaacetat*, FF. 147—149 u. 230 bis 233°, durch Acetylierung mit Essigsäureanhydrid in Pyridin; aus wss. A. Nadeln; $[\alpha]_D^{14}$ + 18,9° (c = 1,32; Chlf.). — *Dianhydrogitoxigenin*, durch 6std. Erhitzen von **I** mit 3,5%ig. methanol. HCl, Neutralisation mit Amberlite IR-4 B, Extraktion mit Chlf. u. Papierchromatographie. — *Digitalose*, neben vorst. Verb. aus dem wss. Auszug; daneben *Glucose*. — *α-Gentiobioseoktaacetat*, F. 186—188°, aus 90 mg **II** durch ½std. Erwärmen mit Essigsäureanhydrid u. $ZnCl_2$ auf 100°, Gießen in Eiswasser, 15std. Stehen, Extrahieren mit Chlf. u. Chromatographie an Florisil/Celite (5:1) mittels Bzl./A. (99:1); aus wss. A. Nadeln; +48,7° (c = 1,40; Chlf.); 25 mg.
G. Engler. 3450△

0889 **Untersuchungen über die Inhaltsstoffe von Digitalis purpurea L. 23. Mitt. Über das 16-Formylderivat von Digitalinum verum.** Kazuo Miyatake, Atsuji Okano, Kazuhiko Hoji, Tōsaku Miki und Akio Sakashita. (Chem. pharmac. Bull. [Tokyo] **9**, 524—28, 1961; engl.) — 22. vgl. vorst. Referat. — *16-Formyldigitalinum verum* (**I**) wird analog dem 16-Acetyl-Deriv. (**IX**) (vgl. Chem. pharmac. Bull. [Tokyo] **7**, [1959], 634) synthetisiert, während *Digitalinum-verum-hexaformiat* (**II**) aus Digitalinum verum (**III**) mit 95%ig. Ameisensäure in Ggw. von Essigsäureanhydrid (**VIII**) erhalten werden kann. Da die Formylgruppe sich leichter als die Acetylgruppe abspalten läßt, genügt Raum-Temp. in Ggw. von Amberlite IR-4 B, um **II** zu *16-Formyldigitalinum-verum-monoformiat* (**IV**) zu verseifen. **IV** enthält die Formylgruppe am $C_{(2)}$ der Digitalose. Mit Schnekenenzym wird **II** hauptsächlich zu **I** abgebaut. Durch saure Hydrolyse nach der Mannich-Meth. wird *Gitoxigenin* (**V**) erhalten. Acetyliert man **I** zum *16-Formyldigitalinum-verum-pentaacetat* (**VII**), so kann durch 4std. Verseifung in Ggw. von Amberlite IR-4 B unter Erhaltung des vollständig acetylierten Zuckerteils *Digitalinum-verum-pentaacetat* (**VI**) gewonnen werden. An Al_2O_3 wird aus **VI** kein 16-Anhydro-Deriv. gebildet. Die DL von **I** (0,192 mg/kg; Katze) wird mit der von **IX**, 16-Propionyldigitalinum verum u. **III** verglichen. Die UV-Maxima der Verbb. sind angegeben.

Versuche: *Digitalinum verum, Hexaformiat* (**II**), $C_{42}H_{56}O_{20}$, FF. 145—150°, 248—255°, durch Zugabe von 9 g **III** in Pyridin zu 95—100%ig. Ameisensäure/**VIII** bei 0°, 24std. Stehen u. Gießen in Eiswasser; aus Aceton/Ae. Nadeln; $[\alpha]_D^{28}$ —10,0° (c = 1,23; 95%ig. Dioxan); 9,5 g (Ausbeute). *Monoformiat*, $C_{37}H_{56}O_{15}$, F. 234—243° (Zers.; Chlf./Methanol/Ae.) bei der Verseifung von **II** zu **IV**; $[\alpha]_D^{27}$ —1,2° (c = 1,31; Pyridin); 0,95 g. *Pentaacetat* (**VI**), $C_{46}H_{66}O_{19}$, F. 247—251°, durch 4std. Verseifung von 110 mg **VII** in Methanol in Ggw. von Amberlite IR-4 B; aus wss. Methanol Nadeln; $[\alpha]_D^{23}$ + 0,8° (c = 1,21; Chlf.); 80 mg. — *16-Formyldigitalinum verum* (**I**), $C_{37}H_{56}O_{15}$, durch 6tägige Rk. von 2,4 g **IV** mit Schneckenenzym in W./Toluol bei 32°, Einengen im Vakuum bei 50°, Zugabe von Dioxan, Konzentrieren, Chromatographie an Celite in wss. Essigester/Isobutylmethylketon (1:1); amorph; $[\alpha]_D^{28}$ —12,4° (c = 1,31; Methanol); 1,04 g. *Monoformiat* (**IV**), $C_{38}H_{56}O_{16}$, F. 178—181°, durch 3std. Verseifung von 9,5 g **II** in wss. Methanol in Ggw. von Amberlite IR-4 B bei Raum-Temp., Einengen im Vakuum u. Chromatographie an Celit in wss. Isobutylmethylketon; aus wss. Dioxan Platten; $[\alpha]_D^{26}$ —13,2° (c = 1,15; Methanol); 1,9 g. *Pentaacetat* (**VII**), $C_{47}H_{66}O_{20}$, FF. 151—156°, 232—238°, durch 2½std. Acetylierung von 150 mg **I** in Pyridin mit **VIII** bei Raum-Temp. u. Gießen in Eiswasser; aus Aceton/Ae. Nadeln; $[\alpha]_D^{25}$ —12,3° (c = 1,22; Chlf.); 110 mg. — *Gitoxigenin* (**V**), durch 9tägiges Stehen von **I** in Aceton/konz. HCl bei 5°. G. Engler. 3450△

0890 **Untersuchungen über die Inhaltstoffe von Digitalis purpurea L. 24. Mitt. Über die Strukturen von Purlanosid A und B.** Kazuhiko Hoji. (Chem. pharmac. Bull. [Tokyo] **9**, 566—71, 1961; engl.) — 23. vgl. vorst. Referat. — Purlanosid A u. B sind Isomere von Lanatosid A u. B (19. vgl. C. **1964**, 4-0886). Purlanosid A gibt durch saure Hydrolyse *Substanz A 1, A 2* u. *A 3*. Die Substanz A 1 erweist sich als *Monoacetyldigitoxigeninmonodigitoxosid* (**I**), das durch $KHCO_3$-Lsg. desacetyliert werden kann. Durch milde Hydrolyse wird **I** in *Digitoxigenin* (**II**) u. *Acetyldigitoxose* (**III**) gespalten. Die Substanz A 2 wird als *Digitoxigenindigitoxosidoacetyldigitoxosid* (**IV**) u. Substanz A 3 als **II** identifiziert. Dadurch erweist sich Purlanosid A als *Digitoxigeninglucosido-bis-[digitoxosido]-acetyldigitoxosid*. Purlanosid B wird durch saure Hydrolyse in die *Substanz B 1* (*Monoacetylgitorosid*; **V**), *B 2* (*Monoacetylgitoxigenin-bis-digitoxosid*; **VI**) u. *B 3* (*Gitoxigenin*; **VII**) zerlegt. **V** wird durch $KHCO_3$-Lsg. desacetyliert u. erleidet durch milde Hydrolyse wie **VI** einen Zerfall in **VII** u. **III**. Purlanosid B kann damit als *Gitoxigeninglucosido-bis-[digitoxosido]-acetyldigitoxosid* angesprochen werden. Purlanosid A u. B sowie Acetyldigitoxin tragen die Acetylgruppe in der 1. Digitoxoseeinheit. Die UV-Maxima der Verbb. sind angegeben.

Versuche: *Monoacetyldigitoxigeninmonodigitoxosid* (**I**), $C_{31}H_{46}O_8$, F. 115—120°, durch 2½std. Hydrolyse von 500 mg Purlanosid A in Methanol/0,05n H_2SO_4, Zugabe von W. u. Extraktion mit Chlf. u. Chromatographie an Celite in Formamid/W. (4:1); aus wss. Methanol Nadeln; $[\alpha]^{25}$ + 30,2° (c = 0,83; Methanol); 75 mg (Ausbeute); daneben *Digitoxigenindigitoxosidoacetyldigitoxosid* (**IV**), in der mittleren Fraktion. — *Digitoxigenin* (**II**), a) neben **I** u. **IV**; b) durch ³/₄std. Hydrolyse von **I** in Methanol/0,1n H_2SO_4 bei 100°; daneben **III**. — *Acetyldigitoxose* (**III**), a) durch saure Hydrolyse aus **V**; b) analog aus **VI**. — *Digitoxigeninmonodigitoxosid*, durch 14tägiges Stehen von **I** mit $KHCO_3$ in wss. Methanol. — *Gitorosid*, durch Desacetylierung von **V**. *Monoacetat* (**V**), $C_{31}H_{46}O_9$, F. 184—189° (Methyläthylketon/PAe.), durch 2½std. Hydrolyse von 800 mg Purlanosid B in Methanol/0,05n H_2SO_4 analog **I**; $[\alpha]_D^{25}$ + 14,8° (c = 1,19; Methanol); 140 mg; daneben *Monoacetylgitoxigenin-bis-digitoxosid* (**VI**, $C_{37}H_{56}O_{12}$, F. 171—173°, aus wss. Methanol amorphes Pulver; 35 mg). — *Gitoxigenin* (**VII**), F. 220—227°, a) neben **V** u. **VI** aus Aceton/PAe. Platten; 40 mg; b) durch saure Hydrolyse von **V**; c) analog aus **VI**. G. Engler. 3450△

0891 **Untersuchungen über die Inhaltsstoffe von Digitalis purpurea L. 25. Mitt. Ein neues cardiotonisches Glykosid, Acetylglucogitorosid und Digitalinum-verum-monoacetat aus Digitalissamen.** Kazuhiko Hoji. (Chem. pharmac. Bull. [Tokyo] **9**, 571—75, 1961; engl.) — 24. vgl. vorst. Referat. — Aus Digitalissamen konnten u. a. die 2 Verbb., bezeichnet als *Substanz A II'* u. *A III'* (vgl. C. **1964**, 4-0884) isoliert werden. Durch milde Hydrolyse wird A II' in *Acetyldigilanidobiose* (**I**) u. in *Gitoxigenin* (**II**), durch $KHCO_3$ in *Glucogitorosid* (**III**) u. *Essigsäure* gespalten u. als *Acetylglucogitorosid* (**IV**) identifiziert. In Ggw. von Schneckenenzym wird **IV** unter Abspaltung von *Glucose* u. der *Acetylgruppe* in *Gitorosid* (**V**) umgewandelt, während in Ggw. von Strophanthobiase *Monoacetylgitorosid* (**VI**) entsteht. Die Substanz A III' gibt durch energ. Hydrolyse *Dianhydrogitoxigenin* (**VII**) sowie *Digitalose* (**VIII**) u. *Glucose*, durch Mannich-Hydrolyse **II** u. stellt somit *Digitalinum-verum-monoacetat* (**IX**) dar. Die Acetylierung von **IX** führt zum *Hexaacetat*, aus dem durch Desacetylierung mit $KHCO_3$ ein *Monoacetat* erhalten werden kann, das mit **IX** nicht ident. ist. Die Best. des Acetylgruppen-Geh. der Verbb. erfolgt durch Papierchromatographie (Toyo Roshi Nr. 50) nach Umwandlung in die entsprechenden *Hydroxamsäuren*. UV-Maxima der Verbb. sind angegeben.

Versuche: *Glucogitorosid* (**III**), aus **IV** durch 15tägiges Stehen in wss. Methanol in Ggw. von $KHCO_3$, Zugabe von W., Einengen, Extraktion mit Chlf./Butanol (1:1) u. Einengen; R_F 0,46 [Butanol/Bzl. (1:2) gesätt. mit Formamid]. *Monoacetat, Sesquihydrat* (**IV**), $C_{37}H_{56}O_{14} \cdot 1\frac{1}{2} H_2O$, F. 199 bis 205° (Aceton/Ae./PAe.), aus Digitalissamen; $[\alpha]_D^{21}$ + 5,9 (c = 1,32; Methanol). — *Gitoxigenin* (**II**), $C_{23}H_{34}O_5$, F. 216 bis 221°, a) durch ³/₄std. Hydrolyse von 70 mg **IV** in sd. Methanol/0,1 n H_2SO_4; aus wss. Methanol Platten; 20 mg (Ausbeute); b) durch 15tägiges Stehen von **IX** in Aceton/konz. HCl bei Raumtemperatur. — *Acetyldigilanidobiose* (**I**), neben **II** nach a); 40 mg. — *Gitorosid* (**V**), aus **IV** durch Lösen in W./Methanol (10:1), Abdampfen des Methanols u. 24std. Stehen bei 32° mit Schneckenenzym nach Zugabe von W. u. Toluol; R_F 0,35 [Xylol/Essigester (1:1) gesätt. mit Formamid]. *Monoacetat* (**VI**), aus **IV** in W./Toluol mit Strophanthobiase durch 2tägiges Stehen bei 32°; R_F 0,60. — *Digitalinum verum, Monoacetat* (**IX**), $C_{38}H_{58}O_{15}$, F. 248—250°, aus wss. Methanol Nadeln; $[\alpha]_D^{21}$ — 2,6° (c = 1,11; Methanol). *Hexaacetat*, $C_{48}H_{68}O_{20}$, FF. 179—184° u. 228—234°, aus 10 mg **IX** durch Acetylierung mit Essigsäureanhydrid in Pyridin; aus Aceton/Ae. Nadeln; 10 mg. — *Dianhydrogitoxigenin* (**VII**), durch 6std. Hydrolyse von **IX** in sd. Methanol/7%ig. HCl unter CO_2; R_F 0,58 [Cyclohexan/Essigsäure/Chlf. (10:3:3)]. *Digitalose* (**VIII**), neben **VII**; R_F 0,39 [Butanol/Essigsäure/W. (4:1:5)]. G. Engler. 3450△

0892 **Untersuchungen über die Inhaltsstoffe von Digitalis purpurea L. 26. Mitt. Purpureaglykosid A und Purpureaglykosid B aus Digitalissamen.** Kazuhiko Hoji. (Chem. pharmac. Bull. [Tokyo] **9**, 576—78, 1961; engl.) — 25. vgl. vorst. Referat. — Die als Substanzen PGA u. PGB (vgl. C. **1964**, 4-0884) bezeichneten Verbb., Purpureaglykosid A (**I**) u. Purpureaglykosid B (**II**), enthalten im Zuckerteil einen *2.6-Didesoxyzucker*. Durch milde Hydrolyse wird **I** in *Digitoxigenin* (**III**), *Digitoxose* (**IV**) sowie *Digilanidobiose* (**V**) u. **II** in *Gitoxigenin* (**VI**), **IV** sowie **V** gespalten. Die enzymat. Hydrolyse von **I** ergibt *Digitoxin* (**VII**), die von **II** *Gitoxin* (**VIII**). Die UV-Maxima der Verbb. sind angegeben.

Versuche: *Purpureaglykosid A* (**I**), $C_{47}H_{74}O_{18}$, F. 248 bis 254° (A./Ae.); $[\alpha]_D^{21}$ —5,2° (c = 1,88; Pyridin); $[\alpha]_D^{21}$ + 7,7° (c = 0,41; 75%ig. A.). *Acetat*, F. 141—148°, durch

5tägiges Stehen von 70 mg **I** in Pyridin/Essigsäureanhydrid bei Raum-Temp.; aus wss. Methanol Nadeln; $[\alpha]_D^{21}$ + 44,0° (c = 1,19; Chlf.); 50 mg (Ausbeute). — *Digitoxigenin* (**III**), durch ½std. Hydrolyse von **I** in sd. methanol. 0,1 n H_2SO_4. — *Digitoxose* (**IV**), a) neben **III**; b) bei der Hydrolyse von **II** mit Schneckenenzym. — *Digilanidobiose* (**V**), a) neben **III**; b) analog **IV** nach b). — *Digitoxin* (**VII**), F. 242—244°, durch 5tägige Hydrolyse von 200 mg **I** mittels Schneckenenzyms bei 32°; aus Methanol/Ae. Nadeln; 90 mg. — *Purpureaglykosid B* (**II**), $C_{47}H_{74}O_{19}$, F. 224—230°; aus Pyridin/A. Nadeln. *Acetat*, FF. 151—154° u. 223—227°, durch Acetylierung von 120 mg **II** mit Essigsäureanhydrid/Pyridin bei Raum-Temp.; aus A. Nadeln; $[\alpha]_D^{22}$ + 34,5° (c = 1,02; Chlf.); 100 mg. — *Gitoxin* (**VIII**), F. 269—272°, durch Hydrolyse von 200 mg **II** mit Schneckenenzym; aus Pyridin/Methanol Prismen; 100 mg. G. Engler. 3450△

0893 **Untersuchungen über argentinische Pflanzen.** 18. Mitt. **Multiflorin, ein Alkaloid von Lupinus multifloris Lam.** J. Comin und V. Deulofeu. (Austral. J. Chem. **12,** 468—73, Aug. 1959; Buenos Aires, Fac. de Cienc. Exact., Labor. de Quim. Organ.; engl.) — 17. vgl. C. **1963,** 10476. — Das durch Methanolextraktion aus Samen von *Lupinus multiflorus* Lam. isolierte *Multiflorin* (**I**) ist ident. mit der von Crow u. Riggs (C. **1960,** 8876) aus Samen von *Lupinus digitatus* Forsk. isolierten Base LV-1. Die einsäurige Base **I** wird katalyt. in n-HCl zu (—)-*Spartein* (**III**) u. *Hydroxyspartein* (**II**) u. in A. nur zu **II** hydriert. Durch gesteuerte Oxydation von **I** mir Cr_2O_3 bildet sich die *zweisäurige Base* $C_{13}H_{22}N_2O_2 \cdot 2\ HCl \cdot H_2O$, durch Oxydation unter drastischeren Bedingungen entstehen *Bernsteinsäure, Glycin, β-Alanin* u. *γ-Aminobuttersäure*. Vff. nehmen auf Grund dieser Rkk. u. des IR-Spektrums als Strukturformel für **I** *Δ^2-Dehydro-4-oxospartein* an.

Versuche: *Multiflorin* (**I**), $C_{15}H_{22}N_2O$, F. 107—108°, aus 5 kg Samen von *Lupinus multiflorus* Lam. durch 12std. Extraktion mit zweimal 15 Liter Methanol, Einengen, Lösen in W.-HCl (pH 3), Extraktion mit Ae., Zufügen von NaOH bis zur alkal. Rk. u. Extraktion mit Chlf.; aus Cyclohexan Prismen; $[\alpha]_D^{22}$ —317° (c = 0,4; Methanol); 49 g (Ausbeute). *Pikrolonat*, $C_{25}H_{30}N_6O_6$, F. 204°; aus A. gelbe Tafeln. *Methojodidhydrat*, $C_{16}H_{25}JN_2O \cdot H_2O$, F. 230° (Zers., langsames Erhitzen) u. 247° (schnelles Erhitzen). — (—)-*Spartein* (**III**), Kp.$_{0,15}$ 130—135°, aus **I** in n-HCl durch 10std. Hydrieren in Ggw. von PtO_2, anschließende Extraktion der mit NaOH versetzten Rk.-Lsg. mit Ae.; erster Ae.-Extrakt **III**, 2. Extrakt **II**; $[\alpha]_D^{27}$ —15,3° (A.). *Pikrat*, F. 206—208°. *Perchlorat*, F. 169—170°. *Methojodid*, F. 240—242°. — *17-Oxospartein*, F. 84—86°. — *Hydroxyspartein* (**II**), $C_{15}H_{26}N_2O$, Kp.$_{0,1}$ 120°, aus **I** in A. durch 90 Min. langes Hydrieren in Ggw. von PtO_2, Einengen, Aufnehmen in HCl u. Extraktion der mit NaOH versetzten Lsg. mit Ae.; $[\alpha]_D^{29}$ —32,5 (c = 0,3; A.). *Methojodid*, $C_{16}H_{29}JN_2O$, F. 258—260° (Methanol/Aceton). — *Base* $C_{13}H_{22}N_2O_2 \cdot 2\ HCl \cdot H_2O$, F. 270—272° (A.), aus **I** in 2 n H_2SO_4 durch langsames Zufügen von Cr_2O_3, 3std. Stehen bei Raum-Temp., Red. von Cr_2O_3 mit SO_2, Zugeben von $Ba(OH)_2$, Filtrieren, Fällen des $Ba(OH)_2$ mit CO_2, Filtrieren, Einengen bis zur Trockne, Aufnehmen mit A., Fällen des restlichen $Ba(OH)_2$ mit CO_2 u. Ansäuern mit HCl; 1 g **I** in 30 ml W. u. 8 ml H_2SO_4 gibt durch 48std. Kochen mit 8 g Cr_2O_3, anschließende Red. von Cr_2O_3 mit SO_2: im Ae.-Extrakt: *Bernsteinsäure*; in der wss. Phase: *Glycin, β-Alanin* u. *γ-Aminobuttersäure*. W. Clauss. 3500◇

0894 **Eine neue Methode zur Isolierung von reinem Gossypol und eine Untersuchung seiner Derivate.** Kailash Chander und T. R. Seshadri. (J. sci. ind. Res. [New Delhi], Sect. B **17,** 279—80, 1958; Delhi, Univ., Dep. of Chem.; engl.) — Durch Ausschütteln der Ae.-Extrakte von Baumwollsamen mit wss. Borax-Lsg. wird *Gossypol* {*Bis-[3-methyl-5-isopopyl-8-formyl-1.6.7-trihydroxynaphthyl-(2)]* (**I**)} quant. in einen in W. lösl. Boratkomplex übergeführt; aus der wss. Lsg. kann **I** mit Säuren regeneriert werden.

Versuche: *Gossypol* (**I**), F. 184—185° (Ae. + PAe.). *Hexaacetat*, F. 278—279° (Bzl. + Ligroin); Tafeln. *Hexamethyläther*, $C_{36}H_{42}O_8$, F. 211—212° (wss. Aceton); gelbe Prismen, aus **I** mit Dimethylsulfat u. K_2CO_3 in sd. Aceton. *6.6'-Dimethyläther*, $C_{32}H_{34}O_8$, F. 191—192° (Zers., Ae. + PAe.); gelbe Nadeln, analog dem Hexamethyläther u. Extrahieren aus dem Verdampfungsrückstand der aceton. Lsg. mit Äther. H. Gold. 3550◇

0895 **Untersuchungen über Naphthochinonderivate.** 14. Mitt. **Die Pigmente von Seeigeln.** 9. Mitt. Chika Kuroda und Masaye Okajima. (Proc. Jap. Acad. **34,** 616—18, 1958; Ochanomizu, Univ., Fac. of Sci., Chem. Labor.; engl.) — 13. bzw. 8. vgl. C. **1959,** 12860. — Von *Spinochrom* M_1{*3.5.6* (oder *7*).*8-Tetrahydroxy-2-[α-hydroxy-γ-carboxyallyl]-naphthochinon-(1.4)*} (**I**) u. *Spinochrom* M_2 {*2.3.5.7-Tetrahydroxynaphthochinon-(1.4)*} (**II**), das mit Spinochrom B_1 aus *Strongylocentrotus purcherrmus* (Bafununi) ident. ist, werden *O-Methyl-* u. *O-Acetyl-Derivv.* dargestellt.

Versuche: *Hexa-O-methylspinochrom* M_1, $C_{20}H_{22}O_9$, F. 123—124,5°, aus **I** in abs. Aceton mit Dimethylsulfat u. K_2CO_3; gelbe Nadeln; liefert bei der Oxydation mit 30%ig. H_2O_2 in Eisessig *3.4.6-Trimethoxyphthalsäure*, F. 183—184,5°; Tafeln. — *Tetra-O-acetylspinochrom* M_2, $C_{18}H_{14}O_{10}$, F. 132 bis 132,5°; gelbe Nadeln. — *2.3.6.8-Tetramethoxynaphthochinon-(1.4)*, $C_{14}H_{14}O_6$ [IR-Spektren im Original]; liefert bei der Oxydation *3.5-Dimethoxyphthalsäure*, F. 158°; Tafeln. H. Gold. 3550◇

0896 **Neueste Fortschritte auf dem Gebiet der Sesquiterpene.** M. Suchý, V. Herout und F. Šorm. (Fortschr. d. Chem. [UdSSR **31,** 1004—23, Aug. 1962; Inst. für org. Chem. u. Biochem. der Tschechoslowak. Akad. der Wiss.; russ.) — Übersicht. — 94 Literaturangaben. G. Froelich. 3600◇

0897 **Terpenoidchemie.** 2. Mitt. **Dysoxylonen und δ-Cadinen.** R. P. Hildebrand und M. D. Sutherland. (Austral. J. Chem. **12,** 678—93, 1959; Brisbane, Univ. of Queensland, Chem. Dep.; engl.) — 1. vgl. C. **1963,** 20420; vgl. auch Herout u. Šantavý, C. **1950/54,** 3934 S. — Aus dem Holzöl (H) von *Dysoxylon frazeranum* Benth. wird das Sesquiterpen *Dysoxylonin* (**I**) isoliert u. als *rac.-δ-Cadinen* (*$\Delta^{4.10,1}$-Cadinadien* oder *rac.-7-Isopropyl-4.10-dimethylbicyclo-[4.4.0]-decadien-(4.10)*) identifiziert. **I** wird als *Diepoxid* (**II**) charakterisiert. Bei der Ozonolyse von **I** konnte *Formaldehyd* als 2.4-Dinitrophenylhydrazon nachgewiesen werden. **II** liefert durch Einw. von Methyl-MgJ eine gummiartige *Verb.* $C_{16}H_{30}O_3$ mit starker OH- u. negativer CO-Absorption im IR u. mit positivem Perjodattest. Dehydrierung von **II** liefert *Cadalin* (**IV**), *5-Hydroxycadalin* (**V**) u. ein *Epoxydiol*, das auch aus **II** durch Hydratisierung entsteht. UV-Spektren von **IV** u. **V** s. Original. Hydrierung von **II** in Ggw. von Raney-Ni gibt *4.5-Dihydrodysoxylonen* (**VI**), dessen Ozonolyse zu *2-[1-Isopropyl-4-ketopentyl]-4-methylcyclohexanon* (**VII**) führt. **VII** wird mit $LiAlH_4$ in *2-[1-Isopropyl-4-hydroxypentyl]-4-methylcyclohexanol* (**VIII**) übergeführt u. anschließend katalyt. zu *3-[1-Isopropyl-4-hydroxypentyl]-toluol* dehydriert u. dehydratisiert. $KMnO_4$-Oxydation von vorst. Verb. liefert *Isophthalsäure*.

Versuche: *Dysoxylonen* (**I**), Kp.$_{10}$ 129,5—133°, durch Wasserdampf-Dest. von H u. fraktionierte Dest. des erhaltenen *Öls* [$D._4^{25}$ 0,9333; n_D^{25} 1,5100; 2,8 Liter = 2,2% (Ausbeute)]; n_D^{25} 1,5091—1,5114; $D._4^{25}$ 0,9169—0,9176; 185 ml. *Dihydrochlorid*, F. 105—106°, aus Essigester Nadeln; $[\alpha]_D^{25}$ ± 0° (Chlf.). *Dihydrobromid*, $C_{15}H_{26}Br_2$, F. 125°, aus 2 g **I** u. HBr in Ae. ; aus Essigester Nadeln; $[\alpha]_D^{25}$ ±0° (c = 2,2; Chlf.); 1,4 g. *Diepoxid* (**II**), $C_{15}H_{24}O_2$, F. 86—87°, durch 100std. Rk. von 5,5 ml **I** in Ae. mit überschüssiger Monoperphthalsäure (**III**) bei 0° u. Stehen des erhaltenen Öls (5,56 g); aus PAe. Nadeln; $[\alpha]_D^{25}$ ±0° (c = 6; PAe.); 1 g. — *Epoxydiol* $C_{15}H_{26}O_3$, F. 186,5—187°, a) durch 64std. Kochen von 1 g **II** u. 1 g p-Toluolsulfonsäure in A. unter N_2, Einengen, Zugabe von W. u. Isooctan u. Extraktion der wss.-alkohol. Phase mit Ae.; Prismen aus Bzl./Cyclohexan (2:1); 0,49 g; b) durch 1std. Erhitzen von 1 g **II** mit 10%ig. Pd-Kohle auf 265° unter N_2, Zugabe von PAe., Filtrieren u. mehrstd. Stehen; 101 mg (roh); daneben *Cadalin* (**IV**; *Pikrat*, F. 115°) u. *5-Hydroxycadalin* [**V**; *Pikrat*, F. 119—126°, aus A. purpurfarbene Nadeln. *Trinitrobenzolat*, F. 132° (A.)]. — *Dysoxylonenmonoepoxid*, $C_{15}H_{24}O$, Kp.$_5$ 123—124°, durch 48std. Rk. von **I** in Ae. mit **III**; n_D^{25} 1,4986; liefert durch 1std. Erhitzen mit 10%ig. Pd-Kohle auf 265° **IV**. — *4.5-Dihydrodysoxylonen* (**VI**; *1-Isopropyl-4.7-dimethyl-$\Delta^{4,4a}$-oktalin*), $C_{15}H_{26}$, Kp.$_{10}$ 119 bis 127,5°, a) durch Hydrieren von **I** an Adams Katalysator in Eisessig; b) analog an 10%ig. Pd-Kohle; c) aus 32 g **I** u. Raney-Ni in A.; $D._4^{25}$ 0,8855—0,8953; n_D^{25} 1,4841—1,4909; $[\alpha]_D^{25}$ + 2,4 bis + 1,1°; 32 g. — *2-[1-Isopropyl-4-ketopentyl]-4-methylcyclohexanon* (**VII**), $C_{15}H_{26}O_2$, a) durch Einleiten von O_3 in die Suspension von 1 g **VI** in Eisessig, Zugabe von

30% ig. H_2O_2, mehrstd. Stehen, Eintropfen in sd. W., ½ std. Kochen, Extraktion mit Ae., Chromatographie des erhaltenen Öls (0,88 g) an Al_2O_3, Eluieren mit PAe. u. Bzl. u. Eindampfen des Benzoleluats; 0,58 g; b) analog aus 23,5 g **VI**; 23,8 g. *Bis-[2.4-dinitrophenylhydrazon]*, $C_{27}H_{34}N_8O_8$, F. 79—85°, aus A. gelbes Pulver. — *2-[1-Isopropyl-4-hydroxypentyl]-4-methylcyclohexanol* (**VIII**), $C_{15}H_{30}O_2$, durch 2 std. Kochen von 23,8 g **VII** in Ae. mit $LiAlH_4$; 19,1 g. — *3-[1-Isopropyl-4-hydroxypentyl]-toluol*, $C_{15}H_{24}O$, Kp.$_3$ 128°, durch Erhitzen von 16 g **VIII** mit 10% ig. Pd-Kohle, Wasserdampf-Dest., Extraktion des Öls (10 ml) mit Alkali u. fraktionierte Dest.; n_D^{25} 1,4964; 1,07 g; daneben **IV**. — *Isophthalsäure*, F. 334 bis 337°, durch Kochen von 5,14 mg vorst. Verb. mit alkal. $KMnO_4$, Ansäuern, ½ std. Kochen, Einleiten von SO_2, Extraktion mit Ae., Eindampfen u. 18 std. Erhitzen des Rückstandes (110 mg) mit 25% ig. HNO_3 auf 180° im Rohr; aus W. Nadeln; 18 mg. *Dimethylester*, F. 67—68°. L. Lamza. 3600△

0898 **Untersuchungen über die Bestandteile des Reiskleie-Öls.** 3. Mitt. **Die Struktur des Oryzanols C.** Genkichi Ohta. (Chem. pharmac. Bull. [Tokyo] **8**, 5—9, 1960; Tokyo, Daiichi Seiyaku Co., Res. Labor.; engl.) — 2. vgl. Chem. pharmac. Bull. [Tokyo] **5**, [1957], 40. — Die aus rohem, in Dichloräthan gelöstem Reiskleieöl mit KOH u. CH_3OH abgetrennte phenol. Komponente, *Oryzanol C* (**I**), gibt gelbrote Liebermann-Burchard-Rk. u. zeigt im UV bei 328 mμ ein Maximum. Bei Verseifung gibt **I** *Ferulasäure* u. *Alkohol C* (**II**; vgl. nachst. Ref.). Verseifung von **I**-Methyläther gibt *3.4-Dimethoxyzimtsäure* u. **II**. Die alkohol. Gruppe wurde durch Bldg. der *Acetyl-* u. *Benzoyl-Verb.* u. durch Oppenauer-Oxydation zum Keton nachgewiesen. Titration von **II**-Acetat mit Perbenzoesäure zeigt eine Doppelbindung an, katalyt. Hydrierung von **II** oder **II**-*Acetat* in Ggw. von Pt liefert die *Dihydroverbindungen*. **II**-*Acetat* wurde zum *Dibromid* bromiert. Das UV-Spektrum von **II**-Acetat deutete auf disubstituierte Doppelbindung u. das IR-Spektrum auf eine Vinylidengruppe u. auf einen Cyclopropanring hin. Die IR-Spektren von Cycloartenol (**III**) u. **II** sind ähnlich, u. Dihydro-**II**, **II**-Acetatdibromid u. **II**-Acetatepoxid geben mit Tetranitromethan positive Rk. auf den Cyclopropanring. **II** wird als *24-Methylencycloartanol* erkannt u. ist nicht ident. mit Cyclolaudenol.

Versuche: *Oryzanol C* (**I**), $C_{41}H_{60}O_4$, F. 162—164° u. 193—194°, a) aus dem Acetat; b) aus **IV** durch Hydrolyse mit 0,1 n methanol. KOH; Plättchen aus Chlf./CH_3OH, $[\alpha]_D$ + 36° (c = 2,71; Chlf.). *Acetat*, $C_{43}H_{62}O_5$, F. 216—218°, aus Reiskleieöl durch Lösen in Dichloräthan, Neutralisieren mit Soda-Lsg., Extrahieren mit KOH, Neutralisieren, Behandeln mit CH_3OH, Lösen des Rückstandes in Chlf., Adsorbieren an Silicagel u. Eluieren mit a) CH_3OH u. CH_3OH/Essigester (1:1), b) A. u. A./Aceton (1:1) u. Aceton, Acetylierung des Eluats b) u. fraktionierte Kristallisation; $[\alpha]_D$ + 39° (c = 2,71; Chlf.), aus Essigester/Bzl. Blättchen; daneben aus der Fraktion vom F. 187—206° *Oryzanol-B-acetat*; u. aus der Fraktion vom F. 175—185° nach Verseifung *Oryzanol A*, F. 120—150° (A./Bzl.), $[\alpha]_D$ + 40° (c = 1; Chlf.); *Acetat*, F. 186—187°, $[\alpha]_D$ + 40° (c = 2,98; Chlf.). *Methyläther*, $C_{42}H_{62}O_4$, F. 156—157°, Blättchen aus Chlf./CH_3OH, $[\alpha]_D$ + 38,5° (c = 2,26; Chlf.). — *Alkohol C* (*24-Methylencycloartanol*; **II**), $C_{31}H_{52}O$, F. 121—122°, a) durch 6 std. Kochen von 9,8 g **I** in 10% ig. alkohol. KOH; daneben *Ferulasäure*, $C_{10}H_{10}O_4$, F. 171° (A.); b) durch Verseifung von **I**-*Methyläther*; daneben *3.4-Dimethoxyzimtsäure*, $C_{11}H_{12}O_4$, F. 181 bis 182°; Blättchen aus A./CH_3OH, $[\alpha]_D$ + 43° (c = 1,97; Chlf.). *Acetat*, $C_{33}H_{54}O_2$, F. 116—117°, Blättchen aus Chlf./CH_3OH, $[\alpha]_D$ + 54° (c = 2,75; Chlf.); *Acetatdibromid*, $C_{33}H_{54}Br_2O_2$, F. 185—186° (Zers.), $[\alpha]_D$ + 37° (c = 2,78; Chlf.), aus Chlf./CH_3OH Platten; *Acetatepoxid*, $C_{33}H_{54}O_3$, F. 133—135°, $[\alpha]_D$ + 55° (c = 1,55; Chlf.), aus Chlf./CH_3OH Nadeln. *Benzoat*, $C_{38}H_{56}O_2$, F. 156—157°, prismat. Nadeln aus Chlf./CH_3OH, $[\alpha]_D$ + 62° (c = 2,16; Chlf.). *p-Nitrobenzoat*, $C_{38}H_{55}NO_4$, F. 234 bis 235°, aus Chlf./CH_3OH Blättchen. *Äthoxycarbonylferulat* (**IV**), $C_{44}H_{64}O_6$, F. 149—150°, aus **II** u. Äthoxycarbonylferulylchlorid in Pyridin bei 100° in 1 Std.; Nadeln aus CH_3OH. *Dihydro-Deriv.*, $C_{31}H_{54}O$, F. 135,5—136,5°, $[\alpha]_D$ + 46,5° (c = 1,25; Chlf.) aus Chlf./Chlf./CH_3OH Platten; *Acetat des Dihydro-Deriv.*, $C_{33}H_{56}O_2$, F. 123—124°, $[\alpha]_D$ + 55° (c = 1,58; Chlf.). — *24-Methylencycloartanon*, $C_{31}H_{50}O$, F. 111—112°, aus **II** in Cyclohexanon u. Toluol mit Al-tert.-Butylat durch 6 std. Kochen; $[\alpha]_D$ + 20° (c = 1,29; Chlf.), aus Chlf./CH_3OH Blättchen. *Oxim*, $C_{31}H_{51}NO$, F. 189—190°, Nadeln aus Chlf./CH_3OH. P. Pfaender. 3600□

0899 **Untersuchungen über die Bestandteile des Reiskleie-Öls. 4.** Mitt. **Die Struktur des Oryzanols C.** Genkichi Ohta. (Chem. pharmac. Bull. [Toyko] **8**, 9—13, Jan. 1960; engl.) — 3. vgl. vorst. Referat. — *Alkohol C* (vgl. vorst. Ref.) wird durch folgende Abbau-Rkk. u. Vgl. der IR-Spektren der Abbau-Prodd. mit denen authent. Substanzen als *24-Methylencycloartanol* identifiziert. Ozonolyse des Alkohol-C-acetats (**I**) führt zu *Desmethylenoxo*-**I** u. CH_2O, dessen Red. nach Wolff-Kishner *Desmethylen*-**I** ergibt, das mit Cycloartanylacetat ident. ist. Die Lage der Doppelbindung ergab sich wie folgt: *Desmethylenoxo*-**I** wurde mit $NaBH_4$ zu *Desmethylenhydroxy*-**I** (Epimerengemisch) red., das durch Bayer-Villinger-Oxydation in *3β-Hydroxy-25.26.27-trisnorcycloartan-24-säure* (**II**) übergeführt wurde. *Desmethylenhydroxy*-**I** ergab außerdem durch Dehydratisierung *Cycloartenylacetat*, das ebenfalls in **II** übergeführt werden konnte.

Versuche: *Desmethylenoxoalkohol-C*, $C_{30}H_{50}O_2$, F. 92 bis 94°, Plättchen (CH_3OH), $[\alpha]_D$ +44,5°, aus dem Acetat. *Acetat*, $C_{32}H_{52}O_3$, F. 121—123°, durch Ozonolyse von **I** in Chlf. bei —50°, Behandeln mit Zn u. Essigsäure, Waschen mit W. u. Chromatographie; $[\alpha]_D$ + 52° (c = 1,82; Chlf.), Blättchen aus Chlf./CH_3OH. *Oxim*, $C_{32}H_{53}NO_3$, F. 193—194°, Nadeln aus Ae./PAe., $[\alpha]_D$ + 50° (c = 1,08; Chlf.). — *Cycloartanol, Hemimethanolat*, $C_{30}H_{52}O \cdot ½ CH_3OH$, F. 100—106°, aus dem Acetat; Blättchen aus CH_3OH, $[\alpha]_D$ + 46° (c = 0,76; Chlf.). *Acetat* (*Desmethylenalkohol-C-acetat*), $C_{32}H_{54}O_2$, F. 132 bis 133°, aus Desmethylenoxo-**I** durch Wolff-Kishner-Red. u. anschließende Acetylierung; $[\alpha]_D$ + 59,5° (c = 1,2; Chlf.). — *Desmethylenhydroxyalkohol-C-acetat*, $C_{32}H_{54}O_3$, F. 128 bis 132°, aus Desmethylenoxo-**I** durch Red. mit $NaBH_4$ in CH_3OH bei Raum-Temp. in 3 Std.; Nadeln aus CH_3OH, $[\alpha]_D$ + 27° (c = 1,97; Chlf.). — *Cycloartenylacetat*, $C_{32}H_{52}O_2$, F. 121,5—123°, aus vorst. Verb. durch Rk. mit $POCl_3$ in Pyridin bei 100° in 1 Std., Gießen in Eiswasser. u. Extrahieren mit Ae.; Plättchen aus Chlf./CH_3OH; $[\alpha]_D$ + 25° (c = 0,94; Chlf.). — *3β-Hydroxy-25.26.27-trisnorcycloartansäure-(24)* (**II**), $C_{27}H_{44}O_3$, F. 220—222°, a) aus Desmethylenoxo-**I** durch Bayer-Villinger-Oxydation mit p-Toluolsulfonsäure u. Peressigsäure bei 40—50° in 8 Std.; Plättchen aus Aceton; $[\alpha]_D$ + 49° (c = 0,74; Pyridin), $[\alpha]_D$ + 59° (c = 1,2; Chlf.); b) durch Ozonisieren von Cycloartenylacetat bei —50° in Chlf., Aufarbeiten wie bei Desmethylenoxo-**I**, Lösen des Rückstandes in Essigsäure/CrO_3 u. Stehenlassen bei Raumtemperatur. *Methylester*, $C_{28}H_{46}O_3$, F. 131—132°, Blättchen aus Chlf./CH_3OH, $[\alpha]_D$ + 42° (c = 0,78; Chlf.); *Methylesteracetat*, $C_{30}H_{48}O_4$, F. 121—123°, Nadeln aus Chlf./CH_3OH, $[\alpha]_D$ + 54° (c = 1,18; Chlf.). P. Pfaender. 3600□

0900 **Die Konstitution der Maslinsäure.** L. Caglioti, G. Cainelli und F. Minutilli. (Chim. e Ind. [Milano] **43**, 278, 1961; Milano, Centro di Chim. ind. del C.N.R.; Politecnico, Ist. di Chim. gen.; Roma, Univ., Ist. di Chim. gen.; ital.) — Für *Maslinsäure* (**I**) wird auf Grund von Abbau-Verss. die Konstit. als *2ξ.3ξ-Dihydroxy-Δ¹²-oleanen-28-säure* festgestellt. Der **I**-Methylester (**Ia**) reagiert mit HJO_4, bei schonender Acetylierung wird neben dem **Ia**-*Diacetyl-Deriv.* vorwiegend *2ξ-Acetoxy-3ξ-hydroxy-Δ¹²-oleanen-28-säuremethylester* {**Ib**; $C_{33}H_{52}O_5$, F. 204—205°; $[\alpha]_D^{20}$ + 28° (Chlf.)} neben wenig isomeren *3ξ-Acetoxy-Deriv.* gebildet. Mit CrO_3 liefert **Ib** *2ξ-Acetoxy-3-keto-Δ¹²-oleanen-28-säuremethylester* (**II**), der bei der Verseifung wahrscheinlich durch Luftoxydation in ein *Diosphenol*-Deriv. übergeht. Durch Red. von **II** mit Ca in fl. NH_3 wird *3-Keto-Δ¹²-oleanen-28-säuremethylester* erhalten. Oxydation von **Ia** mit CrO_3 in Bzl./Eisessig, Red. nach Huang-Minlon u. Verestern liefert *Δ¹²-Oleanen-28-säuremethylester*, der ebenso wie der 3-Ketoester durch Vgl. mit authent. Präpp. identifiziert wird. F. Heller. 3600◇

0901 **Steroide.** 187. Mitt. **Transanulare Reaktionen an gesättigten Kohlenstoffatomen.** 2. Mitt. **$C_{(19)}$-Oxydation.** A. Bowers, E. Denot, L. Cuéllar Ibánez, Elena Cabezas und H. J. Ringold. (J. org. Chemistry **27**, 1862—67, Mai 1962; Mexico, D.F., Syntex, S.A., Res. Labor.; engl.) — 181. vgl. C. **1963**, 8951. — Androstan-3β.6β.17β-triol-3.17-diacetat (**IV**) bildet bei der Behandlung mit Pb-Tetraacetat in Bzl. leicht das entsprechende *6β.19-Oxid* (**V**) u. dieses bei der Oxydation mit CrO_3 *Androstan-3β.6β.17β-triol-3.17-diacetat-19-carbonsäurelacton-(19 → 6β)* (**VIII**). Spaltung des 6β.19-Oxidoandrostan-3β.17β-dioldiacetates (**V**) mit Acetanhydrid u.

BF_3 liefert Androstan-3β.6β.17β.19-tetroltetraacetat. Analoge Behandlung von 6β-Hydroxytigogenin (**XIV**) liefert 6β.19-Oxidotigogeninacetat (**XVI**), das in einige Derivv. von 6β.19-Oxidoallopregnan umgewandelt wird.

Versuche ($[\alpha]_D$ in 96%ig. A.): *5α-Bromandrostan-3β.6β.17β-triol-3.17-diacetat* (**I**), F. 174—175° (CH_2Cl_2–Methanol), durch portionsweises Zugeben von 8,65 g N-Bromacetamid zu einer Lsg. aus Δ^5-Androsten-3β.17β-dioldiacetat, Dioxan u. wss. Perchlorsäure bei Raum-Temp., Zugeben von 10 ml 1%ig. Thiosulfat-Lsg. nach 30 Min.; $[\alpha]_D$ —88°; 9,22 g (Ausbeute). — *5α-Bromandrostan-3β.17β-diol-6-ondiacetat* (**II**), $C_{23}H_{33}BrO_5$, F. 188—191°, durch Behandeln von 18,5 g **I** in Aceton mit 8 n Chromsäure bei 10°; $[\alpha]_D$ —160°; 16,7 g. — *Androstan-3β.17β-diol-6-ondiacetat* (**III**), F. 173—176° (Aceton–Hexan), durch 1std. Erhitzen von 50 g **II** in Eisessig mit Zn-Staub auf 90°, Reinigung an Al_2O_3; $[\alpha]_D$ —37°; 21,7 g. *Oxim*, $C_{23}H_{35}NO_5$, F. 250—251° (Methanol), durch 18std. Kochen des Ketons in Pyridin u. W. mit $NH_2OH \cdot HCl$; $[\alpha]_D$ —68°. — *Androstan-3β.6β.17β-triol-3.17-diacetat* (**IV**), F. 130—132° (Aceton–Hexan), durch 48std. Hydrierung von 30 g **III** in Essigsäure u. A. an Pt-Oxid bei 40—50 lbs./sq.in.; $[\alpha]_D$ —30°; 20,4 g. — *6β.19-Oxidoandrostan-3β.17β-dioldiacetat* (**V**), $C_{23}H_{34}O_5$, F. 136—137° (Hexan), durch 18std. Kochen einer Lsg. von 9,5 g **IV** in Bzl. mit Pb-Tetraacetat; $[\alpha]_D$ —14°; 6,44 g; daneben 760 mg **III**. — *6β.19-Oxidoandrostan-3β.17β-diol* (**VI**), $C_{19}H_{30}O_3 \cdot (CH_3)_2CO$, F. 184—186° (Aceton–Hexan), durch 1std. Kochen von 2 g **V** in Methanol mit KOH, Neutralisieren mit Essigsäure; $[\alpha]_D$ —2°; 1,12 g. — *6β.19-Oxidoandrostan-3.17-dion* (**VII**), $C_{19}H_{26}O_3$, F. 165—167° (Aceton–Hexan), durch Behandeln einer **VI**-Lsg. in Aceton mit 8 n Chromsäure; $[\alpha]_D$ +130°. — *Androstan-3β.6β.17β-triol-3.17-diacetat-19-carbonsäurelacton-(19 → 6β)* (**VIII**), $C_{23}H_{32}O_6$, F. 212—214° (Aceton/Hexan), aus **V** u. CrO_3 in W. u. Essigsäure durch 1½std. Erhitzen auf 90—95°; $[\alpha]_D$ +8°. — *Androstan-3β.6β.17β-triol-19-carbonsäurelacton-(19 → 6β)*, $C_{19}H_{28}O_4$, F. 187—189° (Aceton–Hexan), durch 1std. Kochen von **VIII** in CH_3OH–KOH, Ansäuern u. ¼std. Kochen; $[\alpha]_D$ ±0°. — *Androstan-6β-ol-3.17-dion-19-carbonsäurelacton-(19→6β)*, $C_{19}H_{24}O_4$, F. 194—196° (Aceton–Hexan), durch Behandeln vorst. Verb. in Aceton mit einem Überschuß von 8 n Chromsäure bei 0°; $[\alpha]_D$ +71°. — *Androstan-3β.6β.17β.19-tetroltetraacetat*, $C_{27}H_{40}O_8$, F. 155—157° (Aceton–Hexan), durch 1std. Stehen von **V** u. BF_3-Ätherat in Acetanhydrid; $[\alpha]_D$ + 37°. — *6α-Methylandrostan-3β.6β.17β-triol-3.17-diacetat*, $C_{24}H_{38}O_5$, F. 158—160° (Aceton–Hexan), durch Eintropfen von **III** in Tetrahydrofuran zu einer Mischung aus 3 n Methylmagnesiumbromid u. Tetrahydrofuran unter N_2, 8std. Kochen u. Zugeben einer gesätt. NH_4Cl-Lsg.; $[\alpha]_D$ —15°. — *5α-Brom-6β-hydroxytigogeninacetat* (**IX**), $C_{29}H_{45}BrO_5$, F. 220—222° (Methylendichlorid–Methanol), durch Eintropfen von N-Bromacetamid zu Diosgeninacetat in Dioxan u. wss. $HClO_4$; $[\alpha]_D$ —100°. — *5α-Brom-6-ketotigogeninacetat* (**X**), F. 230—233° (Methanol), durch Eintropfen von **IX** in Pyridin in eine Mischung aus Pyridin u. CrO_3; $[\alpha]_D$ —145°. — *6-Ketotigogeninacetat* (**XIII**), F. 222—224° (CH_2Cl_2–CHOH), durch ¾std. Behandeln von **X** in Eisessig mit Zn-Staub bei 90°; $[\alpha]_D$ —86°. — *6α-Hydroxytigogenin* (**XI**, *Chlorogenin*), F. 281 bis 283°, durch Behandeln einer Mischung von Diosgenin u. $NaBH_4$ in Tetrahydrofuran mit BF_3-Ätherat bei Zimmer-Temp., 24std. Rühren, Fällen mit Eiswasser, Lösen in A.–KOH u. Behandeln mit H_2O_2; $[\alpha]_D$ —42°. — *6-Ketotigogenon* (**XII**), F. 233—235° (Aceton–Hexan), durch Behandeln von **XI** in Aceton mit 8 n Chromsäure bei 10°; $[\alpha]_D$ —84°. — *6β-Hydroxytigogenin* (**XIV**), F. 245—247° (Aceton), durch Behandeln von **XII** in Tetrahydrofuran mit $LiAlH(OC_4H_9)_3$; $[\alpha]_D$ —72°. — *6β-Hydroxytigogeninacetat* (**XV**), $C_{29}H_{46}O_5$, F. 236 bis 239° (CH_2Cl_2–Hexan), a) durch Behandeln von **XIII** in Tetrahydrofuran mit $LiAlH(OC_4H_9)_3$ u. 60std. Stehen; b) durch Lösen von **XIV** in Pyridin + Acetanhydrid u. 48std. Stehen bei 0°; $[\alpha]_D$ —95°. — *6β.19-Oxidotigogeninacetat* (**XVI**), $C_{29}H_{44}O_5$, F. 197—199° (Methanol–W.), durch 18std. Kochen von **XV** mit Pb-Tetraacetat in Bzl.; $[\alpha]_D$ — 65,5°. — *6β.19-Oxido-Δ^{16}-allopregnen-3β-ol-20-onacetat*, $C_{23}H_{32}O_4$, F. 238—239° (CH_2Cl_2–Hexan), durch 3std. Erhitzen von **XVI** u. Acetanhydrid im Rohr auf 200°, Oxydation mit CrO_3 in Eisessig; $[\alpha]_D$ +19°. — *6β.19-Oxidoallopregnan-3β-ol-20-onacetat*, $C_{23}H_{34}O_4$, F. 141—142° (Methanol–W.), durch Hydrierung vorst. Verb. in Äthylacetat mit H_2 an Pd-Kohle; $[\alpha]_D$ + 66°. — *6β.19-Oxidoallopregnan-3.20-dion*, $C_{21}H_{30}O_3$, F. 216 bis 218° (CH_2Cl_2–Hexan), durch 1std. Erhitzen vorst. Verb. in Methanol/KOH u. Behandeln mit Chromsäure in Aceton; $[\alpha]_D$ +121°. P. Gregorzewski. 3700□

0902 **Steroidepoxide.** P. F. Beal und J. E. Pike. (Chem. and Ind. **1960,** 1505—06; Kalamazoo, Mich., Upjon Co., Dep. of Chem.; engl.) — Durch Rk. von 3α.20β-Dihydroxy-5β-pregnan-11-on-3-acetat mit Pb-Tetraacetat (**I**) entsteht *18.20β-Epoxy-3α-hydroxy-5β-pregnan-11-on-3-acetat* ($C_{23}H_{34}O_4$, F. 166 bis 168°), dessen Red. mit $LiAlH_4$ u. Reacetylierung *18.20β-Epoxy-5β-pregnan-3α.11β-diol-3-acetat* (**II**; $C_{23}H_{36}O_4$, F. 169 bis 172°) liefert. **II** erleidet durch Einw. von **I** Ringschluß unter Bldg. von *11β.18;18.20β-Diepoxy-5β-pregnan-3-ol-acetat* ($C_{23}H_{34}O_4$, F. 176—178°), das durch Hydrolyse u. Oxydation mit $Na_2Cr_2O_7$ in Essigsäure in *11β.18;18.20β-Diepoxy-5β-pregnan-3-on* (**III**; $C_{21}H_{30}O_3$, F. 179—183°) übergeführt wird. Durch Chlorierung von **III** mit tert.-Butylhypochlorit u. Dehydrohalogenierung mit Semicarbazidhydrochlorid/Brenztraubensäure entsteht *11β.18;18.20β-Diepoxy-Δ^4-pregnen-3-on* (**IV**; $C_{21}H_{28}O_3$, F. 201—203°). Analog wird durch Oxydation von 3.3-Äthylendioxy-20β-hydroxy-Δ^5-pregnen-11-on mit **I** u. anschließende Red. mit $LiAlH_4$ *18.20β-Epoxy-3.3-äthylendioxy-Δ^5-pregnen-11β-ol* ($C_{23}H_{34}O_4$, F. 232—236°) erhalten, das mit **I** *11β.18;18.20β-Diepoxy-3.3-äthylendioxy-Δ^5-pregnen* ($C_{23}H_{32}O_4$, F. 232—234°) liefert. Durch saure Hydrolyse entsteht daraus **IV**. R. Gnauck. 3700△

0903 **Baeyer-Villiger-Reaktion von 3-Oxosteroiden.** S. Hara, N. Matsumoto und M. Takeuchi. (Chem. and Ind. **1962,** 2086—87; Tokyo, Sakuragi-cho, Ueno, Daito-Ku, Tokyo Coll. of Pharmacy, Women's Dep.; engl.) — Während nach Burckhaldt u. Reichstein (vgl. Helv. chim. Acta **25,** [1942], 821 u. 1434) bei der Rk. von 3-Oxosteroiden mit Benzopersäure (**I**) in Chlf. nur 3-Oxo-4-oxa-A-homo-Verbb. entstehen, erhalten Vff. durch Oxydation von 5α- u. 5β-Cholestan-3-on, 5α- u. 5β-Androstan-3-on-17β-olacetat bzw. 3-Oxocholansäuremethylester mit **I** jeweils Gemische aus *3-Oxa-4-oxo-* (**I**) u. *3-Oxo-4-oxa-A-homo-α-cholestan* (**II**), *3-Oxa-4-oxo-* (**III**) u. *3-Oxo-4-oxa-A-homo-β-cholestan* (**IV**), *3-Oxa-4-oxo-* (**V**) u. *3-Oxo-4-oxa-A-homo-5α-androstan-17β-olacetat* (**VI**), *3-Oxa-4-oxo-* (**VII**) u. *3-Oxo-4-oxa-A-homo-5β-androstan-17β-olacetat* (**VIII**) bzw. *3-Oxa-4-oxo-* u. *3-Oxo-4-oxa-A-homocholansäuremethylester*. Durch Hydrolyse der Lactongemische, Veresterung mit 2%ig. methanol. HCl bei Raum-Temp. u. Oxydation mit CrO_3 entstehen aus **I** u. **III** die Diester (**A**) *2.3-Seco-5α-* bzw. *-5β-cholestan-2.3-disäuredimethylester* u. aus **V** u. **VII** die Diester (**A**) *2.3-Seco-5α-* bzw. *-5β-androstan-17-on-2.3-disäuredimethylester*, während unter den gleichen Bedingungen **II, IV, VI** u. **VIII** infolge der am $C_{(5)}$ gebundenen inakt. COOH-Gruppe nur die Monoester (**B**) *3.4-Seco-5α-*, *-5β-cholestan-3.4-disäure-3-methylester* bzw. *3.4-Seco-5α-* bzw. *-5β-androstan-17-on-3.4-disäure-3-methylester* bilden. Die **A** können von den **B** durch Extraktion mit Na_2CO_3 getrennt u. die **B** durch Veresterung mit CH_2N_2 in die entsprechenden *Diester* (**C**) übergeführt werden. Die Diester **C** u. **A** entstehen im Verhältnis 1 : 1 bis 3 : 1. Die Ausbeute der Diester **C** ist in der α-Reihe größer als in der β-Reihe. K. Zieloff. 3700△

0904 **Über Digitanol-Glykoside.** 7. Mitt. **Die Konstitution des Digipurpurogenins.** Rudolf Tschesche, Gerd Brügmann, Hans-Wilhelm Marquardt und Hans Machleidt. (Liebigs Ann. Chem. **648,** 185—195, 1961; Hamburg, Univ., Org.-Chem. Inst., Biochem. Abt.; Bonn, Univ., Org.-Chem. Inst.; dt.) — 6. vgl. C. **1963,** 21952. — Die Isolierung von *Digipurpurogenin-I* (**D-I**) u. seinem Isomeren *Digipurpurogenin-II* (**D-II**) erfolgt aus dem Handelspräp. „Verodigen Em 1 Dt", das aus den Blättern von *Digitalis purpurea* L. gewonnen wird. **D-I** hat die Konstit. des 3β.12α.14α-Trihydroxy-Δ^5-pregnen-20-ons, während **D-II** sich von ihm durch die 12β-OH-Gruppe unterscheidet. Zur Konstit.-Ermittlung wurden folgende Verss. durchgeführt: **D-I** u. **D-II** ergeben bei der Oxydation nach Oppenhauer u. bei Oxydation mit CrO_3 *14-Hydroxy-Δ^4-pregnen-3.12.20-trion.* Von den drei OH-Gruppen sind nur die sek. acetylierbar. **D-I** läßt sich mit Alkali zu *Isodigipurpurogenin-I*, dem *Halbacetal*, isomerisieren. Das dargestellte *Isodigipurpurogenin-I-3-acetat* gibt mit Methanol in Ggw. von H^+-Ionen *3-O-Acetyl-20-O-methyl-isodigipurpurogenin-I*. Die tert. OH-Gruppe am $C_{(14)}$ des **D-I**- bzw. **D-II**-Diacetats wird mit $SOCl_2$ in Pyridin zu *Anhydrodigipurpurogenin-I-* (**II**) bzw. *-II-3.12-diacetat* (**III**) umgesetzt. Die Hydrierung der Anhydro-Verbb. liefert *Tetrahydroanhydrodigipurpurogenin-I-* u. *-II-3.12-diacetat*, die mit dem aus Hecogenin synthetisierten *3β.12α-Diacetoxy-5α-pregnan-20-on* u. *3β.12β-Diacetoxy-5α-pregnan-20-on* übereinstimmen. Aus den Tetrahydroanhydrogeninen wird durch Hydrolyse u. Oxydation *Tetrahydroanhydrodigipurpurogenon* dargestellt, das in seinen Eigg. mit 5α-Pregnan-3.12.20-trion befriedigend übereinstimmt. IR- u. UV-Spektren s. Original.

Versuche: *Digipurpurogenin-I* (**D-I**), *Acetonsolvat*, $C_{24}H_{38}O_5$, F. 167—175° (Aceton), durch Extraktion von 906 g *Digitalis purpurea* mit Essigester u. Glykosidspaltung mit 0,2n HCl unter Rühren in Methanol bei 80°; $[\alpha]_D^{21}$ + 51 ± 2° (c = 1,27; Chlf.); 630 mg (Ausbeute); daneben 1,15 g *Digipurpurogenin-II* (**D-II**), F. 222—232° (Aceton); $[\alpha]_D^{21}$ +25 ± 4° (c = 1,0; Methanol) [*Diacetat*, $C_{25}H_{36}O_6$, F. 169—171° (A.), durch $1^1/_2$std. Rk. von 190 mg **D-II** mit Acetanhydrid in Pyridin bei 70° u. 2tägigem Stehen bei Raum-Temp. (Meth. **A**); $[\alpha]_D^{20}$ 26° (c = 1; Methanol); 170 mg]. *Diacetat*, $C_{25}H_{36}O_6$, F. 187—188° (A.), aus 140 mg **D-I** nach **A**; $[\alpha]_D^{19}$ + 91° (c = 1,33; Chlf.); 93 mg. — *14-Hydroxy-Δ^4-pregnen-3.12.20-trion*, $C_{21}H_{28}O_4$, FF. 175—180°, 217—222° (Nadeln; Aceton/PAe.), a) durch Oxydation von 200 mg vorst. Verb. nach Oppenauer in Cyclohexanon u. Chromatographieren; 70 mg; daneben ein *Diketon* (**I**), F. 215—220°; Nadeln aus Aceton/PAe.; b) durch Oxydation von 630 mg **D-II** mit CrO_3 in wss. H_2SO_4 in Aceton unter Rühren bei 0°; 125 mg; daneben 84 mg **I**. — *Isodigipurpurogenin-I*, $C_{21}H_{32}O_4$, FF. 95°, 190—195° (Chlf.), durch 24std. Stehen von 500 mg **D-I** u. 5%ig. methanol. KOH bei Raum-Temp. in Chlf./Methanol; $[\alpha]_D^{22}$ —29° (c = 1,25; Methanol); 103 mg. — *3-O-Acetylisodigipurpurogenin-I*, F. 167 bis 172° (Aceton/PAe.), durch 2std. Rk. von 100 mg vorst. Verb. mit Acetanhydrid bei Raum-Temp. in Pyridin; $[\alpha]_D^{18}$ —55° (c = 1,3°; Chlf.); 50 mg. *20-Methyläther*, $C_{24}H_{36}O_5$, F. 145—150° (Aceton/PAe.), aus den Mutterlaugen vorst. Verb. durch mehrtägiges Stehen in Methanol/Chlf. in Ggw. von wenig HCl; 15 mg. — *Anhydrodigipurpurogenin-I, 3.12-Diacetat* (**II**), $C_{25}H_{34}O_5$, F. 176—185° (Methanol), durch Rk. von 91 mg **D-I**-Diacetat mit $SOCl_2$ in Pyridin bei 0°; $[\alpha]_D^{18}$ 40° (c = 1,0, Chlf.); 61 mg. — *Anhydrodigipurpurogenin-II, 3.12-Diacetat* (**III**), $C_{25}H_{34}O_5$, F. 113—115° (Methanol/W.), wie vorst. aus 170 mg **D-II**-Diacetat; $[\alpha]_D^{22}$ —5° (c = 0,8; Chlf.); 70 mg. — *Tetrahydroanhydrodigipurpurogenin-I, 3.12-Diacetat* (*3β.12α-Diacetoxy-5α-pregnan-20-on*), $C_{25}H_{38}O_5$, F. 175—177° (Methanol/W.), durch Red. von 58 mg **II** in Eisessig in Ggw. von PtO_2 u. 1std. Stehen mit 1%ig. CrO_3-Lsg. in 80%ig. Essigsäure; $[\alpha]_D^{25}$ + 107° (c = 0,4; Chlf.); 6,4 mg. — *Tetrahydroanhydrodigipurpurogenin-II, 3.12-Diacetat* [*3β.12β-Diacetoxy-5α-pregnan-20-on*], $C_{25}H_{38}O_5$, F. 107 bis 108° (Methanol), wie vorst. aus 74 mg **III**; $[\alpha]_D^{23}$ + 50° (c = 0,4—1; Chlf.); 8 mg. — *Tetrahydroanhydrodigipurpurogenon* (*5α-Pregnan-3.12.20-trion*), F. 215,5—218° (Cyclohexan/Aceton), durch Hydrolyse von vorst. Verb. mit KOH in Methanol u. Oxydation mit CrO_3 in wss. H_2SO_4 in Aceton; $[\alpha]_D^{23}$ + 186° (c = 0,4; Chlf.). — *Rockogenin* (*12β-Hydroxytigogenin*), F. 207—210° (Methanol), durch Rk. von 4,6 g Hecogeninacetat mit $LiAlH_4$ in Tetrahydrofuran u. Essigester; $[\alpha]_D^{24}$ —61° (c = 1; Aceton); 2,9 g; daneben *12-Epirockogenin* (*12α-Hydroxytigogenin*), F. 217,5° (Ae./Cyclohexan); $[\alpha]_D^{24}$ —30° (c = 1; Aceton); 1 g [*Diacetat* (**IV**), FF. 110°, 151—154° (Methanol), durch Rk. mit Acetanhydrid in Pyridin; $[\alpha]_D^{23}$ —20° (c = 1; Aceton)]. *Diacetat* (**V**), F. 203—210° (Methanol/Aceton); $[\alpha]_D^{23}$ —67° (c = 1; Aceton); 0,72 g. — *3β.12α-Diacetoxy-5α-Δ^{16}-pregnen-20-on* (**VI**), F. 144—152° (Methanol/W.), durch $9^1/_2$std. Rk. von 133 mg **IV** mit Acetanhydrid im Bombenrohr bei 190°, Oxydation mit CrO_3 in 90%ig. Essigsäure, 40 Min. langes Kochen des Oxydations-Prod. in tert.-Butanol mit 10%ig. K_2CO_3-Lsg. unter Rühren, Filtrieren u. 1std. Erhitzen auf 80° in Acetanhydrid/Pyridin (1:1); 27 mg. *12β-Isomeres*, F. 134—137° (Methanol/W.), wie vorst. aus 111 mg **V**; $[\alpha]_D^{22}$ + 19° (c = 0,6, Chlf.); 30 mg. — *3β.12β-Diacetoxy-5α-pregnan-(20)-on*, F. 107—109° (Methanol/W.), durch Hydrieren von 18 mg vorst. Verb. an Pd/Kohle in Essigester; $[\alpha]_D^{23}$ + 50° (c = 0,4—1; Chlf.); 4,5 mg. *12α-Isomeres*, F. 173—176° (Methanol/W.), wie vorst. aus 20 mg **VI**; $[\alpha]_D^{25}$ + 109° (c = 0,4—0,9; Chlf.); 2,6 mg.

H. Rochow. 3700◇

0905 **Vergleichende Untersuchung von „Gallensalzen". 15. Mitt. Natürliches Vorkommen und Darstellung von Allocholsäure.** I. G. Anderson und G. A. D. Haslewood. (Biochem. J. **85**, 236—42, 1962; London, Guy's Hosp. Med. School; engl.) — 14. vgl. Biochem. J. **82**, [1962], 285. — Ausgehend von 3α.6α.12α-Triacetoxy-7-oxocholansäuremethylester wird *Allocholsäure* (**I**) dargestellt; ein Gemisch von **I**, *Cholsäure* (**II**) u. *3α.7β.12α-Trihydroxyallocholansäure* (**III**) wird auch durch Hydrierung u. Verseifung von 3α.12α-Diacetoxy-7-oxo-Δ^5-cholensäuremethylester erhalten. Die von Ohta [1939] beschriebene angebliche Tetrahydroxynorsterocholansäure wird durch direkten Vgl. des Methyl- bzw. Äthylesters mit den Estern von **I** u. **II** als 2:1-Gemisch von **I**- u. **II**-Methyl- bzw. Äthylester erkannt, das chromatograph. nicht trennbar ist. Für die aus 3α.6α-Dihydroxy-7-oxocholansäure durch Rk. mit heißem wss.-alkohol. Alkali erhaltene „Säure A" (vgl. Haslewood, Biochem. J. **70**, [1958], 551) wird die Konstit. *3α.7β-Dihydroxy-6-oxoallocholansäure* (**V**) durch Vgl. mit synthet. **V** bewiesen. Das *Äthylendithioketal* (**IV**) des **V**-*Methylesters* gibt mit Raney-Ni *3α-Hydroxyallocholansäuremethylester* neben nicht identifizierten *Dihydroxysäuren*. — Die IR-Spektren sind angegeben.

Versuche: *3α.12α-Diacetoxy-6α-brom-7-oxocholansäuremethylester*, F. ca. 165° (Ae.), durch Zugeben von Br_2 zu 3α.12α-Diacetoxy-7-oxocholansäuremethylester in Eisessig, 4std. Stehen u. Gießen in W.; 7,5 g (Ausbeute). — *3α.12α-Diacetoxy-7-oxo-Δ^5-cholensäuremethylester*, F. 214—218° (Zers.), durch Zugeben von 3 g vorst. Verb. zu $AgNO_3$ in Pyridin u. $8^1/_2$std. Kochen unter N_2; aus W./CH_3OH Nadeln; 1 g. — *3α.7β-Dihydroxy-6-oxoallocholansäure* (**V**), F. 232—234° (Zers.), durch Rk. von 4 g 3α-Hydroxy-6-oxocholansäureäthylester mit $HClO_4$/Acetanhydrid, 16std. Stehen des Acetyl-Deriv. mit Br_2 in Eisessig, Gießen in W. u. Kochen des Brom-Deriv. mit Dioxan/W./5n KOH (40:40:8) (75 Min.); aus verd. A. Nadeln; 1,05 g. *Äthylendithioketal, Methylester* (**IV**), $C_{27}H_{44}O_4S_2$, F. 181—183°, durch Verestern von 0,5 g **V** mit CH_2N_2 in Ae. u. 70std. Stehen des Methylesters mit Äthandithiol/BF_3-Ätherat; $[\alpha]_D^{23}$ + 48 ± 1° (c = 1,5; A.), aus Aceton Prismen; 475 mg. — *3α-Hydroxyallocholansäuremethylester*, $C_{25}H_{42}O_3$, F. 161—164° (CH_3OH), durch Verseifen von 0,1 g **IV** mit alkohol. KOH, Wiederverestern der Säure u. 19std. Kochen mit Raney-Ni in A.; 20 mg. — *Dihydroxysäuren $C_{24}H_{40}O_4$*, F. 240—241°, durch 17std. Kochen von 475 mg rohem **IV** in A. mit Raney-Ni, Chromatographie aus Bzl. an Al_2O_3, Eluieren mit Ae. u. Verseifen mit alkohol. NaOH; $[\alpha]_D^{22}$ + 60 ± 1° (c = 1,28; A.), aus Äthylacetat Nadeln; 85 mg; der Äthylester zeigt im Papierchromatogramm 2 Flecken. — *3α.7β-Dihydroxycholansäuremethylester* (?), $C_{25}H_{42}O_4$, F. 156 bis 158°, neben vorst. Verbb. durch Eluieren des Al_2O_3 mit Äthylacetat, Verseifen u. Verestern der gelartigen Säure; $[\alpha]_D^{24}$ + 58 ± 1° (c = 0,72; A.), aus verd. CH_3OH Nadeln; 12 mg. — *3α.7β.12α-Trihydroxy-6-oxoallocholansäure*, $C_{24}H_{38}O_6$, F. 218—220° (Zers.; verd. A.), durch 1std. Kochen von 3 g 3α.12α-Diacetoxy-6α-brom-7-oxocholansäureäthylester mit Dioxan/1n NaOH (1:1), Einengen im Vakuum u. Ansäuern mit HCl; $[\alpha]_D^{21}$ + 50 ± 2° (c = 1,5; A.); 0,66 g. *Äthylendithioketal, Methylester*, $C_{27}H_{44}O_5S_2$, F. 228—229° (Aceton), analog **IV**; $[\alpha]_D^{24}$ + 63 ± 2°. — *3α.7β.12α-Trihydroxyallocholansäure* (**III**), $C_{24}H_{40}O_5$, F. 259—261° (Äthylacetat), aus vorst. Dithioketal u. Raney-Ni in sd. A. in 16 Std. u. Verseifen mit alkohol. KOH; $[\alpha]_D^{22}$ + 61 ± 1° (c = 1,2; A.). *Äthylester*, $C_{26}H_{44}O_5$, F. 157—161°, aus Ae./PAe. Nadeln. — *3.7.12-Trioxoallocholansäure, Hydrat*, $C_{24}H_{34}O_5 \cdot H_2O$, F. 229—232° (Zers.), aus 50 mg **III** u. CrO_3 in Eisessig bei 20° in 10 Min.; $[\alpha]_D^{22}$ + 28 ± 1° (c = 1,5; A.); aus verd. A. Nadeln; 44 mg. *Äthylester*, $C_{26}H_{38}O_5$, F. 164—165°, aus Bzl./PAe. Prismen. — *3α.7β-Dihydroxy-12-oxoallocholansäure*, $C_{24}H_{38}O_5$, F. 247—248°, durch 24std. Stehen von 50 mg **III**, K_2CrO_4 u. Na-Acetat in verd. Essigsäure; $[\alpha]_D^{23}$ + 94 ± 1° (c = 0,70; A.), aus verd. A. Nadeln. — *3α.7α.12α-Trihydroxyallocholansäure* (**I**; *Allocholsäure*), *Acetonsolvat*, $C_{24}H_{40}O_5 \cdot C_3H_6O$, F. 239—241°, durch 17std. Stehen von **III**-Äthylester (aus 100 mg **III**) mit N-Bromsuccinimid in CH_3OH, Zugeben von W., Eindampfen im Vakuum, Extrahieren mit Ae., Hydrieren über Adams-Pt in CH_3OH, Chromatographie an Celite, Verseifen u. Kristallisation aus Aceton; $[\alpha]_D^{22}$ + 23 ± 1° (c = 1,2; A.), Prismen; 50 mg. *Methylester*, $C_{25}H_{42}O_5$, F. ca. 225°, Nadeln.

F. Heller. 3700◇

0906 **Die Bromierung phenolischer Steroide. 1. Mitt. Substitutionen im A-Ring von Östron und 17β-Östradiol.** H. R. Slaunwhite jun. und Lavalle Neely. (J. org. Chemistry **27**, 1749—52, 1962; Buffalo, N. Y., Roswell Park Memorial-Inst.; engl.) — Die Bromierung von Östron (**I**) u. 17β-Östradiol (**II**) ergibt *2.* bzw. *4-Monobrom-* u. *2.4-Dibrom-*

Derivv., deren UV- u. IR-Spektren diskutiert werden. *2-Brom-Derivv.* lassen sich durch Bromierung in Eisessig unter Zusatz von Fe-Pulver darstellen. In 80%ig. Essigsäure verläuft die Rk. bei I so, daß neben *2-Brom-* (**III**) auch das *4-Bromöstron* (**IV**) entsteht. Daß die 4-Stellung in Eisessig nicht zu bromieren ist, wird durch die Block-Wrkg. des Fe erklärt. Nähere Unterss. stehen noch aus. Die Darst. der *4-Brom-Derivv.* erfolgt mit N-Bromsuccinimid (NBS) in CCl_4. Mit NBS in Chlf. oder abs. A. sind auch die *2.4-Dibrom-Derivv.* darstellbar. Besser ist die Bromierung mit elementarem Brom in Eisessig, da sie so schnell wie eine Titration verläuft. Die Stellung der Bromgruppe läßt sich nachweisen, z. B. kann **III** auch aus dem 2-Nitroöstron durch Red., Diazotierung u. Austausch der Diazoniumgruppe mit Br_2 nach Sandmeyer dargestellt werden. Alle bromierten Östron-Verbb. können mit $NaBH_4$ zu den entsprechenden *17β-Östradiol-Derivv.* reduziert werden.

Versuche: *2-Bromöstron* (**III**), $C_{18}H_{21}BrO_2$, F. 193 bis 194° (A., Chlf., PAe.), a) durch Bromierung von I in Eisessig in Ggw. von Fe-Pulver bei beginnender Einfrierung mit Br_2 in Eisessig u. Gießen in Eiswasser (Meth. **A**); 85% (Ausbeute); b) aus 2-Nitroöstron durch Red., Diazotierung u. Austausch mit Br_2 nach Sandmeyer; 45—50%. *Acetat*, $C_{20}H_{23}BrO_3$, F. 146—147°. *2.4-Dinitrophenylhydrazon*, $C_{24}H_{25}BrN_4O_5$, F. 270° (Zers.). — *2-Brom-17β-östradiol*, $C_{18}H_{23}BrO_2$, F. 156—157° (A., Chlf., PAe.), a) nach **A** aus **II**; 75%; b) durch Red. von **III** in 95%ig. A. mit $NaBH_4$. *3.17-Diacetat*, $C_{22}H_{27}BrO_4$, F. 162—163°. — *2.4-Dibromöstron*, $C_{18}H_{20}Br_2O_2$, F. 225—226°, a) durch Bromieren von I in Eisessig bei 17°; 90%; b) durch 1std. Kochen von I mit NBS in Chlf.; 90%; c) durch 18std. Rk. von I mit NBS in A. bei 25°; 78%. *Acetat*, $C_{20}H_{22}Br_2O_3$, F. 184—185°. *2.4-Dinitrophenylhydrazon*, $C_{24}H_{24}Br_2N_4O_5$, F. 280° (Zers.). — *2.4-Dibrom-17β-östradiol*, $C_{18}H_{22}Br_2O_2$, F. 218 bis 219°, a) wie vorst. analog a) aus **II**; 90%; b) durch Red. von 2.4-Dibromöstron in 95%ig. A. mit $NaBH_4$; c) durch 1std. Kochen von **II** mit NBS in Chlf.; 84%; d) durch 18std. Rk. von **II** mit NBS in A. bei 25°; 78%. *3.17-Diacetat*, $C_{22}H_{26}Br_2O_4$, F. 167—168°. — *4-Bromöstron* (**IV**), $C_{18}H_{21}BrO_2$, F. 264 bis 265°, a) durch Bromierung von I in 80%ig. Essigsäure in Ggw. von Fe-Pulver bei 20°; daneben **III**; 90%; b) durch 1std. Kochen von I mit NBS in CCl_4; 87%. *Acetat*, $C_{20}H_{23}BrO_3$, F. 204—205°. *2.4-Dinitrophenylhydrazon*, $C_{24}H_{25}BrN_4O_5$, F. 288° (Zers.). — *4-Brom-17β-östradiol*, $C_{18}H_{23}BrO_2$, F. 207—208°, a) wie vorst. unter b) aus **II**; 85%; b) durch Red. von **IV** in 95%ig. A. mit $NaBH_4$. *3.17Diacetat*, $C_{22}H_{27}BrO_4$, F. 143 bis 144°. H. Rochow. 3750◇

0907 **Synthese einiger D-Homosteroide.** W. M. Rsheschnikow, Ss. N. Anantschenko und I. W. Torgow. (Nachr. Akad. Wiss. UdSSR, Abt. techn. Wiss. **1962**, 465—70, März; Allunions-Inst. für exp. Endokrinol.; Inst. für die Chem. der Naturstoffe der Akad. der Wiss. der UdSSR; russ.) — Die Red. von 3-Methoxy-D-homo-$\Delta^{1.3.5,10.8.14}$-östrapentaen-17a-on (I) mit $LiAlH_4$ liefert stereospezif. das *17aβ-ol* (**II**), das an $Pd/CaCO_3$ zu *3-Methoxy-D-homo-$\Delta^{1.3.5,10.8}$-östratetraen-17aβ-ol* (**III**) hydriert wird. **III** wird ebenfalls erhalten, indem man I zunächst katalyt. zu *3-Methoxy-D-homo-$\Delta^{1.3.5,10.8}$-östratetraen-17a-on* (**IV**) hydriert u. dieses mit $LiAlH_4$ umsetzt. **III** oder (weniger günstig) **IV** lassen sich mit K, Li u. A. in fl. NH_3 zu *3-Methoxy-D-homo-$\Delta^{2.5,10}$-östradien-17aβ-ol* red., das durch Säure zu *dl-19-nor-D-Homotestosteron* (**V**) hydrolysiert wird. **V**, sein Propionat u. β-Phenylpropionat besitzen anabol. u. schwache androgene Wirksamkeit.

Versuche: *3-Methoxy-D-homo-$\Delta^{1.3.5,10.8.14}$-östrapentaen-17aβ-ol* (**II**), $C_{20}H_{24}O_2$, F. 115—117°, a) durch 1std. Rühren von I mit $LiAlH_4$ in Tetrahydrofuran, Zers. mit Essigester, dann W. u. konz. HCl u. Ausäthern; 88% (Ausbeute); b) durch 12std. Stehen von 0,5 g I mit $NaBH_4$ in Methanol; 0,12 g. *Acetat*, $C_{22}H_{26}O_3$, F. 172—174° (Essigester). — *3-Methoxy-D-homo-$\Delta^{1.3.5,10.8}$-östratetraen-17aβ-ol* (**III**), $C_{20}H_{26}O_2$, F. 116 bis 117°, a) durch Hydrieren von **II** in Tetrahydrofuran an $Pd/CaCO_3$; 88%; b) aus 0,25 g **IV** mit $LiAlH_4$ in Tetrahydrofuran; 0,1 g. *Acetat*, $C_{22}H_{28}O_3$, F. 154—155° (A.). — *3-Methoxy-D-homo-$\Delta^{2.5,10}$-östradien-17aβ-ol*, $C_{20}H_{30}O_2$, F. 141 bis 142° (A.), a) durch Zugeben von Li zu 1,5 g **III** in fl. NH_3/Tetrahydrofuran/Ae. bei —40°, Zutropfen von A. bis zur Entfärbung der blauen Lsg., Abdunsten des NH_3, Zers. mit W. u. Ausäthern; 0,8 g; b) durch Zugeben von K zu **III** in fl. NH_3/Tetrahydrofuran/Ae. bei —40°, Entfärben mit A., Zugeben von weiterem NH_3 u. dann Li u. Aufarbeiten wie vorst.; 69%; c) analog b) aus **IV**; 49%. *Propionat*, $C_{23}H_{34}O_3$, F. 123—124° (A.). —*dl-19-nor-D-Homotestosteron* (**V**), $C_{19}H_{28}O_2$, F. 140—141° (Bzl.-PAe.), durch 1/4std. Kochen von 4,34 g vorst. Verb. in HCl/Tetrahydrofuran; 3,64 g. *Propionat*, $C_{22}H_{32}O_3$, F. 111—112° (Bzl.-PAe.). *β-Phenylpropionat*, $C_{28}H_{36}O_3$, F. 141—143° (Bzl.-PAe.).

H.-E. Toussaint. 3750◇

0908 **Eine neue Synthese von 19-Nor-11-desoxycorticosteronacetat.** M. B. Gorowitz und N. K. Abubakirow. (Ber. Akad. Wiss. UdSSR **136**, 1082—85, 1961; Akad. der Wiss. der UsbekSSR, Inst. für Chem. der Pflanzenstoffe; russ.) — Die Synth. von *19-Nor-11-desoxycorticosteronacetat* aus Strophantidin (I) wird beschrieben.

Versuche: *14-Isopregnan-3β.5.14.21-tetraol-20-on-19-carbonsäure* (**II**), F. 216—217°, $C_{21}H_{32}O_7$, durch Ozonisierung von I in Aceton bei —72° bis zur Blaufärbung, Eindampfen bei 20°, Lösen in A.-W. u. Eindampfen in 2—3 Tagen bei 36—37°; $[\alpha]_D^{21}$ +64,8±1° (c = 2,59% in Methanol), 68 bis 70% (Ausbeute). *3β.21-Diacetat*, F. 208—209°, aus **II** u. Acetanhydrid in Pyridin; $[\alpha]_D^{22}$ +40,2±0,5° (c = 1,66% in Methanol). — *Δ^{14}-Pregnen-3β.5.21-triol-20-on-19-carbonsäure* (**III**), durch Erhitzen von **II** in 1%ig. methanol. HCl; amorph [daneben *14-Pregnan-3β.5.8.21-tetraol-20-on-19-carbonsäure-19.8-lacton*, $C_{21}H_{30}O_6$, F. 265—268°; $[\alpha]_D^{28}$ +164,5 ±2,5° (c = 1,48% in Pyridin); 1—1,5%]. *21-Acetat*, durch Acetylierung von **III** mit Acetanhydrid (1:1,25 Mol); amorph. *3β.21-Diacetat*, durch Acetylierung von **III** mit überschüssigem Acetanhydrid; amorph. — *Pregnan-3β.5.20β(?).21-tetraol-19-carbonsäure*, $C_{21}H_{34}O_6$, F. 235—237°, durch Hydrierung von **III** in Essigsäure an Pt; $[\alpha]_D^{18}$ 50,0±1,5° (c = 1,40% in Methanol). *3β.20β(?).21-Triacetat*, $C_{27}H_{40}O_9$, F. 171—172°, aus dem Tetraol u. Acetanhydrid; $[\alpha]_D^{18}$ +60,9±2,5° (c = 1,51% in Methanol). — *Pregnan-3β.5.20α(?).21-tetraol-19-carbonsäure, 21-Acetat* (**IV**), $C_{23}H_{36}O_7$, F. 198—200°, durch Hydrierung von **III**-21-Acetat in Essigsäure an Pt; $[\alpha]_D^{28}$ +129,1±2° (c = 1,27% in Methanol); 12%. *3β.20α(?).21-Triacetat*, $C_{27}H_{40}O_9$, F. 209—210°, durch Acetylierung von **IV**; $[\alpha]_D^{28}$ 106,9±2,5° (c = 1,44% in Methanol). — *19-Nor-11-desoxycorticosteronacetat*, $C_{22}H_{30}O_4$, F. 172—173°, durch Oxydation von **IV** mit CrO_3 u. Erhitzen in Eisessig; $[\alpha]_D^{27}$ +144,7±1,5° (c = 1,19% in Chlf.); 68%.

Helmut Schäfer. 3750△

0909 **Erleichterte alkalische Hydrolyse von Diolmonoestern.** Howard J. Ringold, Sumner H. Burstein und Marcel Gut. (J. org. Chemistry **28**, 575—76, 1963; Shrewsbury, Mass., Worcester Foundation for Experimental Biology; engl.) — Bei der Hydrolyse von Cortison-17.21-diacetat (I) mit $KHCO_3$ in wss. Methanol bei 25° wurden 30% *Cortison-21-monoacetat* u. 5% *Cortison* gefunden. Die hierbei aufgetretene intramol. Umesterung wird durch die alkal. Verseifung des 17-Acetat-21-propionats (**II**) von Δ^4-Pregnen-17α.21-diol-3.20-dion (Substanz **S**, **III**) bewiesen. Neben 27% Ausgangsmaterial wurden 16% *21-Monoacetat* u. 37% **III** erhalten; 17-Acetat-21-ol oder 21-Propionat-17-ol (**IV**) wurden nicht beobachtet. Die Verseifung von **II** erfolgt danach in 21-Stellung mit anschließender Wanderung des Acetatrestes von $C_{(17)}$ nach $C_{(21)}$. Die IR-Maxima von **IV** u. **II** sind angegeben.

Versuche: *Δ^4-Pregnen-17α.21-diol-3.20-dion* (**III**), F. 209—212°, durch 16std. Rühren von **II** mit $KHCO_3$ in wss. Methanol unter N_2, Zusetzen von 0,2%ig. Essigsäure, Extraktion mit Äthylacetat u. Dünnschichtchromatographie an SiO_2 mit 30% Äthylacetat/70% Bzl.; 37% (Ausbeute); daneben 27% **II**. *21-Acetat*, F. 240—242°, neben **III**; 16%. *21-Propionat* (**IV**), $C_{24}H_{34}O_5$, F. 247—249° (Aceton/Hexan), durch 1std. Erhitzen von 2,2 g **III** mit Propionsäureanhydrid in Pyridin auf 100°; 2 g. *17-Acetat-21-propionat* (**II**), $C_{26}H_{36}O_6$, F. 214—216° (Aceton/Hexan), durch 15std. Kochen von 1,9 g **IV** mit Acetanhydrid u. Einengen im Vakuum; 0,75 g. — *Cortison*, F. 219—223°, durch 16std. Schütteln von I u. $KHCO_3$ in mit N_2 gespültem Methanol, Neutralisation mit wenig Eisessig, Einengen im Vakuum u. Chromatographie an SiO_2; 5%; daneben das *21-Acetat* (F. 231—240°; 30%).

P.-G. Dietrich. 3750∧

0910 **Umformungen von α-Tocopherol.** P. Schudel, H. Mayer R. Rüegg und O. Isler. (Chimia [Aarau, Schweiz] **16**, 368—69, 1962; Basel, F. Hoffmann-La Roche & Co. Akt.-Ges., Chem. Forschungsabt.; dt.) — Vff. berichten über die Umwandlung von natürlichem d-α-Tocopherol [**II**, (+)-$C_{(2)}$;

$K_3[Fe(CN)_6]$-Oxydations-Prod., $[\alpha]_D^{25}$ +26°; Isooctan) in *l-α-Tocopherol* [I, (—)-$C_{(2)}$; $[\alpha]_D^{25}$ +19° (A.); $K_3[Fe(CN)_6]$-Oxydations-Prod., $[\alpha]_D^{25}$ —25,8°; Isooctan] durch Oxydation mit wss. $FeCl_3$-Lsg. über *α-Tocopherylchinon*. Nachfolgende katalyt. Hydrierung u. Behandlung mit $ZnCl_2$ ergibt ein *α-Tocopherol-Epimeren-Gemisch*, das in ein Gemisch der *p-Phenylazobenzoate* übergeführt wird; letztere werden fraktioniert umkrist. u. mit $LiAlH_4$ reduzierend verseift. Um die Struktur des Oxydations-Prod. von I zu beweisen, wird 2.2.5.7.8-Pentamethyl-6-hydroxychroman unter den gleichen Bedingungen wie II zu *2'.2'.2''.2''.7.8.7'.8'-Oktamethyl-6'-oxo-3''.4''-dihydropyrano-[5''.6'':5.6]-chroman-[2-spiro-5']-5'.6'-dihydrochroman* [$C_{28}H_{36}O_4$, gelbes, kristallines Prod.; 72% (Ausbeute)] oxydiert, das durch katalyt. Hydrierung in *1.2-Bis-[2.2.7.8-tetramethyl-6-hydroxychromanyl-(5)]-äthan* übergeführt wird. Durch Dehydrierung dieser Verb. mit überschüssigem Dichlordicyanbenzochinon, Ozonisierung u. Behandlung mit wss. $NaHSO_3$-Lsg. wird*1.2-Bis-[3.4-dimethyl-5-hydroxy-2-acetoxy-6-formylphenyl]-äthan* erhalten. H. Henze. 3800◇

0911 **Tocopherole.** 8. Mitt. **Strukturelle und synthetische Untersuchungen von ε-Tocopherol.** D. McHale, J. Green, S. Marcinkiewicz, J. Feeney und L. H. Sutcliffe. (J. chem. Soc. [London] **1963**, 784—91; Tadworth, Surrey, Vitamins Ltd., Walton Oaks Exp. Stat.; Liverpool, Univ., Dep. of Inorg. and Phys. Chem.; engl.) — 7. vgl. C. **1960**, 15420. — Durch Chromatographie an Al_2O_3 wird *ε-Tocopherol* [I, *2.5.8-Trimethyl-2-[4.8.12-trimethyltridecatrien-(3.7.11)-yl]-chromanol-(6)*] von den im unverseifbaren Anteil von Weizenkleieöl enthaltenen anderen Tocopherolen abgetrennt u. über das *4-Phenylazobenzoat* (*PAB*) gereinigt. Die Struktur von I ergibt sich aus der Hydrierung [Bldg. von *β-Tocopherol* (II, *5.8-Dimethyltocol*)], Ozonolyse des I-Acetats u. reduktiven Spaltung (Bldg. von *Aceton* u. *Lävulinaldehyd*). Ferner werden die NMR-Spektren von I, I-*PAB*, II, II-*PAB* u. *Ubichinon* aufgenommen. Bei der Kondens. von Nerolidol (III, als Modellsubstanz für Geranyllinalool, IV) mit 2.5-Dimethylhydrochinon (V) in Ggw. von BF_3–Ae.-Komplex entsteht *3-Farnesyl-2.5-dimethylhydrochinon*, analog aus III u. 2.3-Dimethylhydrochinon *5-Farnesyl-2.3-dimethylhydrochinon*. Bei beiden Rkk. tritt noch je ein weiteres Prod. auf, die mit diazotiertem o-Dianisidin (VI) braune Kupplungs-Lsgg. ergeben. Diese Nebenprodd. bilden sich vermutlich infolge von Seitenkettencyclisierung. Die Prod.-Gemische sowie das Prod. der Rk. von III mit 2.3.6-Trimethylhydrochinon sowie mit 2.6-Dimethylhydrochinon wurden mit HF cyclisiert (72std. Einw. in Ae.). Die auf diese Weise erhaltenen Chromanolgemische bestehen aus Verbb. mit cyclisierter Seitenkette. Das Prod. aus V enthält jedoch nur geringe Mengen solcher cyclisierter Stoffe. Beim Ersatz des BF_3-Ätherats durch HF entstehen disubstituierte Prodd., die mit VI nicht reagieren. Bei der Kondens. von V mit all-trans-IV in Ggw. von BF_3/Ae. u. nachfolgende Cyclisierung des nicht isolierten 3-Geranylgeranyl-2.5-dimethylhydrochinons mit abs. HF u. chromatograph. Reinigung an Al_2O_3 erhält man eine 41% I enthaltende Fraktion, die ziemlich frei von Chromanolen mit cyclisierten Seitenketten ist. Das über das PAB gereinigte synthet. I enthält nach dem IR-, UV- u. NMR-Spektrum im Vgl. zu natürlichem I nur geringe Verunreinigungen. Durch Kondens. von 2.3.5-Trimethylhydrochinon mit IV entsteht ein komplexes Gemisch, in dem nach der gaschromatograph. Analyse etwas *ζ_1-Tocopherol* [*2.5.7.8-Tetramethyl-2-[4.8.12-trimethyltridecatrien-(3.7.11)-yl]-chromanol-(6)*] enthalten ist. Sowohl die I- als auch die α-Tocopherolfraktion des Weizenkleieöls enthalten weitere red. Stoffe, deren papierchromatograph. Verh. beschrieben wird. Aus der α-Tocopherolfraktion wird ferner ein *Alkohol* der empir. Formel *$C_{16}H_{32}O$* mit einem Molgew. von ca. 300 isoliert. Die R_F-Werte für die dargestellten bzw. isolierten Verbb. sowie die IR- u. KMR-Daten sind angegeben.

Versuche: *ε-Tocopherol* (I), $C_{28}H_{42}O_2$, hellgelbes Öl, $Kp._{5 \cdot 10^{-3}}$ 130° (Bad-Temp., Kurzweg-Dest.), a) durch PAe.-Extraktion von 4 cwt. Weizenkleie, Chromatographie des Ölrückstandes an Al_2O_3, Eluieren mit PAe., dann mit CH_3OH, erneute Chromatographie des CH_3OH-Eluatrückstandes, Eluieren mit PAe., A.–PAe. bzw. CH_3OH, chromatograph. Aufarbeitung der PAe.-Eluate u. Vereinigung mit dem Rückstand des A.–PAe.-Eluats, $^1/_4$std. Kochen des Rückstandes mit Pyrogallol in 95%ig. A./32%ig. wss. KOH, Extraktion des Ae.-Extraktrückstandes mit CH_3OH, weitere chromatograph. Aufarbeitung, 8std. Kochen des I-Konzentrats (8,3 g) mit 4-Phenylazobenzoylchlorid u. Pyridin in Äthylendichlorid, Gießen in 2n wss. HCl, Chromatographie des Rückstandes in PAe. an Al_2O_3 (→ 1,4 g I-*PAB*, $C_{41}H_{50}N_2O_3$, F. 70—71°, orangefarbene Kristalle aus Isopropanol; daneben *Verb. vom F. 155°*, rosafarben), Kochen (20 Min.) von 1,1 g PAB mit KOH in A.–Isopropanol (1:1) u. Zugabe von 2n HCl; 0,65 g (Ausbeute); b) durch Zutropfen von 2,0 g IV in abs. Ae. zu V u. BF_3-Ätherat in abs. Ae. bei Raum-Temp., 48std. Stehen, Zugabe von HF in Ae., 72std. Einw., chromatograph. Aufarbeitung u. Reinigung über das *PAB* ($Kp._{10^{-3}}$ 230°, Bad-Temp., Kurzweg-Dest.); 0,18 g. Liefert durch Hydrierung in Ggw. von vorred. PtO_2 in Essigsäure *5.8-Dimethyltocol* (II), $C_{28}H_{48}O_2$, $Kp._{10^{-3}}$ 140°. B. Gnauck. 3800◇

0912 **Synthetische Annäherung an Chinoxalinantibioticis. Synthese von Bis-chinoxaloyl-Derivaten.** Henry C. Koppel, Irwin L. Honigberg, Robert H. Springer und C. C. Cheng. (J. org. Chemistry **28**, 1119—22, **1963**; Kansas, Kans., Midwest Res. Inst.; engl.) — Die Rk. des aus 2-Methylchinoxalin über *Chinoxalin-2-carbonsäure* (I) dargestellten *Chlorids* (II) mit ½ Val eines Diamins in Ggw. von $(C_2H_5)_3N$ liefert *N.N'-Polymethylen-bis-[chinoxalin-2-carbonsäureamide]*. Durch Rk. von N-Carbobenzoxy (Cbo)-glycin (III) mit $(C_2H_5)_3N$ u. Chlorameisensäureäthylester (IV) in Toluol u. Zusetzen eines Diamins erhaltene *$N^1.N^{1'}$-Polymethylen-bis-[N^α-cbo-glycinamide]* werden hydrogenolyt. zu *$N^1.N^{1'}$-Polymethylen-bis-[glycinamiden]* gespalten, die mit 2 Val II *$N^1.N^{1'}$-Polymethylen-bis-[N^α-(chinoxalyl-(2)-carbonyl)-glycinamide]* geben. Analoge dieser Verbb. werden durch Verw. anderer N-Cbo-aminosäuren statt III dargestellt. Verss. zur Darst. solcher Verbb. aus α.ω-Diaminoalkanen u. N-[Chinoxalyl-(2)-carbonyl]-glycin (V)-Äthylester, V-Chlorid oder V-Azid mißlangen; die Rkk. von V bzw. N [Chinoxalyl-(2)-carbonyl]-dl-serin mit 1 Val 1.3-Diaminopropan in Ggw. von 2 Val N.N'-Dicyclohexylcarbodiimid (VI) führten zu *N.N'-Dicyclohexyl-N-[N-(chinoxalyl-(2)-carbonyl)-glycyl]-* bzw. *-seryl]-harnstoff*.

Versuche: *Chinoxalincarbonsäure-(2)* (I), *Chlorid* III), $C_9H_5ClN_2O$, F. 112—113°, durch 40 Min. langes Kochen von I in $SOCl_2$, Eindampfen im Vakuum, Lösen in heißem Toluol, Einengen u. Kühlen; aus PAe. Nadeln; 79% (Ausbeute). — Bis-[chinoxalin-2-carbonsäureamide], durch Zutropfen von $(C_2H_5)_3N$ u. des entsprechenden Diamins zu II in sd. Tetrahydrofuran (THF) u. $^1/_4$std. Kochen: *N.N'-Trimethylen-*, $C_{21}H_{18}N_6O_2$, F. 225—227° [Dimethylformamid (DMF)/W.]; 40%. — *N.N'-Pentamethylen-*, $C_{23}H_{22}N_6O_2$, F. 186—187° (Essigester); 49%. — *N.N'-Hexamethylen-*, $C_{24}H_{24}N_6O_2$, F. 153 bis 154° (A./W.); 59%. — *N.N'-Dekamethylen-*, $C_{28}H_{32}N_6O_2$, Zers. bei 109°; 50%. — *N.N'-Bis-[chinoxalyl-(2)-carbonyl]-piperazin*, $C_{22}H_{18}N_6O_2$, Zers. >250° (DMF/W.); 60%. — *N-[Chinoxalyl-(2)-carbonyl]-glycin* (V), $C_{11}H_9N_3O_3$, Zers. bei 226° (Sublimation bei 215°), durch gleichzeitiges Zutropfen von II in Aceton u. NaOH zu Glycin in NaOH/Aceton bei 10°, Einstellen auf pH 9 mit verd. NaOH, 1std. Rühren bei Raum-Temp., Einstellen auf pH 6 mit verd. HCl, Eindampfen im Vakuum u. Ansäuern auf pH 1 mit konz. HCl; aus W. Nadeln; 56%. *Äthylester*, $C_{13}H_{13}N_3O_3$, F. 89—91°, durch gleichzeitiges Zutropfen von II in CH_2Cl_2 u. Zusetzen von MgO zu Glycinäthylesterhydrochlorid in W./CH_2Cl_2 bei 10°, ½std. Rühren, Zusetzen von Pyridin, kurzes Rühren, Ansäuern auf pH 4 mit verd. HCl, Waschen der CH_2Cl_2-Schicht mit verd. HCl, W., verd. Na_2CO_3-Lsg. u. W. u. Eindampfen im Vakuum; aus Bzl. u. Heptan hellrosafarbene Nadeln; 87%. *Hydrazid*, $C_{11}H_{11}N_5O_2$, Zers. bei 215° (A.), durch 1std. Rühren von V-Äthylester mit N_2H_4 in A. bei 70°, Abfiltrieren u. Waschen mit A. u. Ae.; 90%. — *N-[Chinoxalyl-(2)-carbonyl]-dl-serin*, $C_{12}H_{11}N_3O_4$, F. 224° (Zers.), analog V mit dl-Serin; aus DMF/W. Nadeln; 59%. — *N.N'-Dicyclohexyl-N-[N-(chinoxalyl-(2)-carbonyl)-dl-seryl]-harnstoff*, $C_{25}H_{33}N_5O_4$, F. 169 bis 171° (Methanol), durch 4std. Rühren von vorst. Verb., 1.3-Diaminopropan, VI u. DMF, Filtrieren u. Zusetzen zu W.; 30%. — Bis-[N^α-cbo-glycinamide], durch Zusetzen von IV in Toluol zu III u. $(C_2H_5)_3N$ in Toluol bei —5°, ½std. Stehen bei —5°, Zusetzen des entsprechenden Diamins in Toluol, Stehen bei Raum-Temp. über Nacht, Einengen im Vakuum u. Waschen mit W., verd. HCl, W., verd. Na_2CO_3-Lsg. u. W.: *$N^1.N^{1'}$-Trimethylen-*, $C_{23}H_{28}N_4O_6$, F. 177—178° (95%ig. A.); 62%. — *$N^1.N^{1'}$-Pentamethylen-*, $C_{25}H_{32}N_4O_6$, F. 174—175° (95%ig. A./CH_3OH); 51%. — *$N^1.N^{1'}$-Hexa-*

methylen-, $C_{26}H_{34}N_4O_6$, F. 170—171° (A./W.); 50%. — *N¹.N¹'-Dekamethylen-*, $C_{30}H_{42}N_4O_6$, F. 171—172° (DMF/95% ig. A.); 44%. — Analog folgende Bis-[Nα-cbo-valinamide]: *N¹.N¹'-Trimethylen-*, $C_{29}H_{40}N_4O_6$, Zers. >175° (95% ig. A.); 49%. — *N¹.N¹'-Hexamethylen-*, $C_{32}H_{46}N_4O_6$, F. 194—196° (DMF/Methanol); 60%. — Analog: *N¹.N¹'-Pentamethylen-bis-[Nα-cbo-phenylalaninamid]*, $C_{39}H_{44}N_4O_6$, Zers. bei 170° (DMF/W.); 54%. — Bis-[Nα-(chinoxalyl-(2)-carbonyl)-glycinamide], durch Hydrieren der entsprechenden vorst. Verbb. in 95% ig. A. in Ggw. von Eisessig u. 10% ig. Pd/Kohle bei 70° u. 70 lbs./sq.in., Einengen des Filtrats im Vakuum, Lösen in 95% ig. A., Zusetzen von $(C_2H_5)_3N$, Zutropfen zu **II** in sd. THF u. ¼std. Kochen: *N¹.N¹'-Trimethylen-*, $C_{25}H_{24}N_8O_4$, Zers. >200° (p-Dioxan); 37%. — *N¹.N¹'-Pentamethylen-*, $C_{27}H_{28}N_8O_4$, Zers. >240° (DMF/W.); 10%. — *N¹.N¹'-Hexamethylen-*, $C_{28}H_{30}N_8O_4$, Zers. bei 257° (DMF/W.); 11%. — *N¹.N¹'-Dekamethylen-*, $C_{32}H_{38}N_8O_4$, F. 228—229° (DMF/W.); 8%. — Analog: *N¹.N¹'-Pentamethylen-bis-[Nα-(chinoxalyl-(2)-carbonyl)-phenylalaninamid]*, $C_{41}H_{40}N_8O_4$, Zers. >170°; 12%.

H. Gleinig. 3900◇

0913 **Penicillinsulfone.** D. A. Johnson, C. A. Panetta und D. E. Cooper. (J. org. Chemistry **28,** 1927—28, 1963; Syracuse, N.Y., Bristol-Myers Co., Res. and Chem. Dev. Div.; engl.) — Eine verbesserte Meth. zur Darst. von *Penicillin-S.S-dioxiden* („*Penicillinsulfonen*") durch Oxydation der entsprechenden Penicilline (**A**) bzw. ihrer Salze mit $KMnO_4$ in neutraler wss. Lsg. wird beschrieben. Ampicillin wird in Form des N-Carbobenzyloxy-Deriv. oxydiert.

Versuche: Penicillinsulfone, durch langsame Zugabe von $KMnO_4$ in verd. H_3PO_4 zu **A** oder dessen Salz in W. <10° bei pH 6,0—7,5, Red. des überschüssigen $KMnO_4$ mit $NaHSO_3$, Filtrieren u. Ansäuern mit 10% ig. H_3PO_4 auf pH 2,0—2,3: *Benzyl-*, $C_{16}H_{18}N_2O_6S$, F. 123—124° (Zers.; Essigester/PAe.); 84—87% (Ausbeute). — *2.6-Dimethoxyphenyl-*, $C_{17}H_{20}N_2O_8S$, F. 174,5—174,8° (Zers.; Essigester/PAe.); 55—70%. — *[5-Methyl-3-phenylisoxazolyl-(4)]-*, $C_{19}H_{19}N_3O_7S$, F. 132—134° (Zers.; W.); 35—61%. — *D(—)-α-N-Carbobenzyloxyaminobenzyl-*, *Hemihydrat*, $(C_{24}H_{25}N_3O_8S)_2 \cdot H_2O$, F. 115—116.5° (Zers.; Essigester/PAe.); 30—42%. — *D(—)-α-Aminobenzyl-*, $C_{16}H_{19}N_3O_6S$, F. 228,6—229,4° (Zers.; Aerosol OT/Methylisobutylketon), durch Lösen vorst. Verb. in W., Einstellen auf pH 6,5 mit 10% ig. NaOH, Hydrieren in Ggw. von 30% ig. Pd/Kieselgur bei 48 lbs./sq.in., Zugabe von Methylisobutylketon, Einstellen des pH auf 2,0, Filtrieren, Extrahieren bei 0—5° mit Aerosol OT in Methylisobutylketon, Filtrieren u. Einstellen des pH mit Triäthylamin auf 5,8; 30%. — *dl-α-Phenoxyäthyl-*, *symm.-Dibenzyläthylendiaminsalz*, $C_{50}H_{60}N_6O_{14}S_2$, F. 118—118,3° (Zers.; Methylisobutylketon), durch Aufarbeiten durch Zugabe von Methylisobutylketon nach Abfiltrieren des MnO_2, Einstellen des pH mit 10% ig. H_3PO_4 auf 2, Trocknen der organ. Phase über Na_2SO_4 u. Fällen mit symm.-Dibenzyläthylendiamin; 60%.

Hanfried Arnold. 3900◇

0914 **Eine Darstellung und einige Reaktionen von Diels-Alder-Addukten von Lävopimarsäure und Acrylonitril.** Noah J. Halbrook, John A. Wells und Ray V. Lawrence. (J. org. Chemistry **26,** 2641—43, 1961; Olustee, Fla., Naval Stores Res. Stat.; engl.) — Vff. erhielten durch 3std. Kochen von Acrylonitril (**I**) mit Lävopimarsäure (**II**) ein Adduktgemisch, aus dem durch Trennung mittels Verteilungschromatographie sowie durch fraktionierte Kristallisation zwei der vier möglichen *1.4a-Dimethyl-7-isopropyl-6.8a-cyanäthano-Δ⁷-dodekahydrophenanthrencarbonsäuren-(1)* mit $[\alpha]_D^{25}$ +88,8° (**III**) u. $[\alpha]_D^{25}$ 0° (**IV**) isoliert wurden, die sich wahrscheinlich durch die Stellung der Nitrilgruppe unterscheiden. **III** u. **IV** wurden mit $LiAlH_4$ zu den *Aminoalkoholen* reduziert. Bei der 2std. katalyt. Hydrierung von **IV** in Essigsäure wird die entsprechende *Aminosäure* erhalten, während bei 80std. Hydrierung unter NH_3-Eliminierung das *gesätt. sek. Amin* entsteht. Gummiharz liefert bei der Einw. von **I** bei 225° neben **III** u. **IV** ein Prod., das die Hälfte der in **III** u. **IV** befindlichen CN-Gruppen enthält.

Versuche (opt. Drehungen in 2% ig. Lsg. in A.): *1.4a-Dimethyl-7-isopropyl-6.8a-cyanäthano-Δ⁷-dodekahydrophenanthrencarbonsäure-(1)*, *Isomeres vom* $[\alpha]_D^{25}$ *+88,8°* (**III**), $C_{23}H_{33}NO_2$, F. 191,5—192,0° (A.–W.), aus **II** durch 3std. Erhitzen mit **I** auf 110° im Ölbad unter N_2, nach Aufarbeitung Chromatographie des erhaltenen Rohprod. (98%) an Kieselsäure–2-Aminopyridin–Monoacetin u. Elution mit Isooctan–Bzl., das mit 2-Aminopyridin–Monoacetin gesätt. war, oder durch fraktionierte Kristallisation aus Isooctan–Bzl. (1:1) u. Reinigung über das Cyclohexylaminsalz; $[\alpha]_D^{25}$ +93,7° c = 1,1; Chlf.); 89% (Ausbeute). *Cyclohexylaminsalz*, $C_{29}H_{46}N_2O_2$, F. 207—208,5° (A.–W.); $[\alpha]_D^{25}$ +68,5°. *Isomeres vom* $[\alpha]_D^{25}$ *0°* (**IV**), F. 181,5—182,5°, neben **III**; 78%. *Cyclohexylaminsalz*, $C_{29}H_{46}N_2O_2$, F. 190,5—191,5°. — *1.4a-Dimethyl-7-isopropyl-1-hydroxymethyl-6.8a-[aminomethyläthano]-Δ⁷-dodekahydrophenanthren*, *Isomeres vom* $[\alpha]_D^{25}$ *+88,7°*, aus **III** u. $LiAlH_4$ in Ae. durch 4std. Kochen unter N_2 als semikrist. Prod.; *Hydrochlorid*, $C_{23}H_{40}ClNO$, F. 317—318° (Zers.), aus der Base u. 6n HCl; 87%. *Isomeres von* $[\alpha]_D^{25}$ 0°, $C_{23}H_{39}NO$, F. 117—117,5° (Ae.), analog aus **IV**; 76%. — *1.4a-Dimethyl-7-isopropyl-6.8a-[aminomethyläthano]-Δ⁷-dodekahydrophenanthrencarbonsäure-(1)-hydrochlorid*, $C_{23}H_{38}ClNO_2$, *Isomeres vom* $[\alpha]_D^{25}$ *0°*, F. 318—319° (Zers.), aus **IV** in Eisessig durch 2¼std. Hydrierung an Pd-Kohle bei Raum-Temp. u. nachfolgendes Kochen des erhaltenen Prod. in wss. HCl–A. (3:7); 56%. — *sek.-Aminhydrochlorid* $C_{46}H_{76}ClNO_4$, F. 316 bis 318° (Zers.), aus **IV** analog vorst. Verb. in 80 Std.; $[\alpha]_D^{25}$ —5,10°; 85%.

D. Kirstein. 3950◇

0915 **Synthese von Aminosäure-Derivaten der Adenosin-2'-phosphorsäure-Reihe.** Ju. P. Schwatschkin, L. A. Ssyrzowa und M. A. Prokofjew. (J. allg. Chem. [UdSSR] **30** (92), 2462—66, 1960; Moskau, Univ.; russ.) — Durch Rk. von 3'.5'-Diacetyladenosin-2'-benzylphosphit (**I**) mit Glycinäthylester (**II**), Valin- (**III**), Phenylalanin- (**IV**) u. Phenylalanylglycinmethylester (**V**) in CCl_4 wurden *N-[3'.5'-Diacetyladenosin-O-benzylphosphoryl]-glycinäthylester, -valin-, -phenylalanin-* u. *-phenylalanylglycinmethylester* dargestellt. Die Verbb. werden durch Säuren langsam, durch Alkali sehr schnell hydrolysiert. Ihre Struktur wurde IR- u. UV-analyt. bewiesen.

Versuche: *3'.5'-Diacetyladenosin-2'-benzylphosphit* (**I**), durch Phosphorylierung von 3'.5'-Diacetyladenosin mit dem Anhydrid aus Diphenylphosphat u. Benzylphosphit. — N-[3'.5'-Diacetyladenosin-O-benzylphosphoryl]-aminosäureester: *-glycinäthylester*, $C_{25}H_{31}N_6O_{10}O$, F. 35° (Chlf.–PAe.), durch Zugabe von 0,5 mMol **II** in 1 ml CCl_4 zu 0,14 mMol **I** in 1 ml Acetonitril u. 5 ml CCl_4 u. 12sd. Stehen bei 20°; 49% (Ausbeute). — Analog: *-valinmethylester*, $C_{27}H_{35}N_6O_{10}P$, F. 77°, aus **I** u. **III**; 38%. — *-phenylalaninmethylester*, $C_{31}H_{35}N_6O_{10}P$, F. 73°, aus **I** u. **IV**; 85%. — *-phenylalanylglycinmethylester*, *Hydrat*, $C_{33}H_{38}N_7O_{11}P \cdot H_2O$, F. 108°, aus **I** u. **V**; 71%.

Helmut Schäfer. 3950△

0916 **Nucleotide.** 2. Mitt. **Eine neue Methode zur Überführung von Ribonucleosiden in 2'.3'-O-Isopropylidenderivate.** Alexander Hampton. (J. Amer. chem. Soc. **83,** 3640—45, 1961; New York, N.Y., Cornell Univ., Med. Coll., Sloan-Kettering Div.; Sloan-Kettering Inst. for Cancer Res., Div. of Nucleoprotein Chem; engl.) — 1. vgl. C. **1962,** 1623. — Purin- (**A**) bzw. Pyrimidinribonucleoside (**B**) werden in Ggw. von Bis-[p-nitrophenyl]-phosphat (**I**) statt p-Toluolsulfonsäure (**II**) u. 2.2-Dimethoxypropan (**III**) mit Aceton (**IV**) fast quant. in die *2'.3'-O-Isopropyliden-Derivv.* (**C**) übergeführt. **I** bewirkt die Bldg. von **A**- bzw. **B**-Salzen mit guter Löslichkeit in **IV**; **III** bindet das entstehende W. unter Hydrolyse zu **IV** u. CH_3OH u. beeinflußt damit das Bldg.-Gleichgewicht günstig. Zur besseren Isolierung der **C** wird das Rk.-Gemisch in überschüssige wss.-methanol. NH_4HCO_3-Lsg. gegossen u. an einem Anionenaustauscher getrennt. **C** können ohne Isolierung durch Einw. von Tetrakis-[p-nitrophenyl]-pyrophosphat (**V**) in Dioxan auf das Gemisch u. Hydrolyse in die *5'-Phosphate* übergeführt werden. Verss., *Cytidin-5'-phosphat* durch Einw. von H_3PO_4/P_2O_5 auf das durch Rk. von Cytidin (**VI**), **I**, **III** u. **IV** u. Eindampfen erhaltene Gemisch darzustellen, gaben eine Ausbeute von nur 45%; daneben werden *Cytidin-2'-* u. *-3'-phosphat* gebildet. Zur Phosphorylierung von **C** eignet sich auch **V** in Ggw. von **I**. Die Bldg. der **C** wird durch papierchromatograph. oder elektrophoret. Trennung der Rk.-Gemische u. spektrophotometr. Analyse verfolgt. R_F-Werte der **A** bzw. **B** u. der **C** sowie von **I** für die Syst. A./W. (7:3), Isopropanol/W./NH_4OH (70:25:5), n-Butanol/CH_3COOH/W. (5:2:3) u. Isopropanol/W. (7:3) sind tabellar. wiedergegeben. Die **C** werden auf dem Papierchromatogramm zweckmäßig durch ¼std. Erhitzen mit 2% ig. Trichloressigsäure auf 90° u. ¼std. Einw. von Dampf zu den **A** bzw. **B** hydrolysiert u. diese dann mit NH_3/Perjodat sichtbar gemacht.

Versuche: *2.3'-O-Isopropylidenadenosin*, F. 216 bis 217°, a) durch Zugabe von 10 Val II-Monohydrat zu Adenosin (VII) in abs. IV unter Rühren u. Feuchtigkeitsausschluß, 1std. Rk. bei 25°, Zugabe zu $NaHCO_3$ in Eiswasser, Eindampfen bei 10 Torr u. 50°, Extraktion mit IV im Soxhlet-App., Eindampfen im Vakuum, Lösen in heißem W., Einengen u. 2std. Stehen bei 2°; aus W. rahmfarbene Nadeln; 90% (Ausbeute); b) durch Zugabe von 1,2 Val III (Kp. 78 bis 79°) zu VII in abs. IV, Zugeben von I, Rühren bis zur Lsg., 5std. Rk., Gießen in 0,1m $NaHCO_3$-Lsg., Einengen im Vakuum u. Extraktion mit Chlf.; 87%. — *2'.3'-O-Isopropylideninosin*, F. 266°, a) analog vorst. Verb. nach a) in 3 Std. bei 25° (Aufarbeiten durch Ansäuern der $NaHCO_3$-Lsg. mit 1n HCl auf pH 6 u. weiter wie bei vorst. Verb.); aus W. Nadeln; 60%; b) analog VIII mit 2,1 Val I in 3 Std.; 91%. — *2'.3'-O-Isopropyliden-8-azaguanosin* (VIII), $C_{12}H_{16}N_6O_5$, F. 228° (Zers.), durch 4—5std. Rühren von 8-Azaguanosin, IV, III u. 1,45 Val I, Gießen in eine 0,25m Lsg. von NH_4HCO_3 in CH_3OH/W. (1 : 1) (durch Sättigen von methanol. NH_4OH mit CO_2 bei 2°) bei 2°, Perkolieren durch eine Dowex-1 (HCO_3^--Form)-Säule mit methanol. NH_4OH-Lsg., Eindampfen bei 10 Torr u. 15°, Lösen in warmem W., Einengen im Vakuum, Erwärmen bis zur Lsg., Zugabe von 1n CH_3COOH bis pH 5—6 u. 2tägiges Stehen bei 0°; Nadeln; 90%. — *2'.3'-O-Isopropylidenguanosin* (IX), F. 292° (Zers.), a) analog VIII aus Guanosin (X), IV, III u. 1,2 Val I in 3½—5 Std.; aus verd. NH_4OH Nadeln; 92%; b) analog a) durch Zugabe von Tri-n-butylamin nach der Rk., kurzes Kochen, Eindampfen im Vakuum, Zusatz von Bzl., 15std. Stehen, Abfiltrieren, Waschen mit Bzl. u. Fällen aus NH_4OH; 75%. — *2'.3'-O-Isopropyliden-6-thioguanosin*, $C_{13}H_{17}N_5O_4S$, F. 250° (Zers.), a) analog VIII aus 6-Thioguanosin mit 2 Val I; aus verd. NH_4OH rahmfarben; 88%; b) analog vorst. Verb. nach b); 60%. — *2'.3'-O-Isopropylidencytidin*, analog VIII aus VI mit 1,15 Val I unter Verw. wss. statt wss.-methanol. Lsgg. u. Trocknen des Prod. durch mehrmaliges Eindampfen mit abs. A.; Glas; 96%. — *2'.3'-O-Isopropylidenuridin*, F. 163—164°, a) analog VIII aus Uridin (XI) mit 0,1 Val I; 97%; b) durch Zugeben von 0,1 Val I zu XI in Aceton/W. u. 2std. Stehen; ca. 10% Umsatz; c) analog b) in Ggw. von III in 25 Min.; ca. 100% Umsatz. — *2'.3'-O-Isopropyliden-6-thioinosin*, F. 235°, analog VIII aus 6-Thioinosin mit 2 Val I (Aufarbeiten durch Zugeben des Rk.-Gemisches zu 1n NH_4OH in Eiswasser unter Rühren, Einengen im Vakuum, Zusetzen von 1n HCl bis pH 5, Stehen über Nacht bei 3°, Abfiltrieren, Waschen mit W., Lösen in W./1n NH_4OH, Einengen im Vakuum, Zugabe von 1n HCl bis pH 5, 1std. Stehen bei 25° u. Filtrieren); flockige Nadeln; 80%. — *2'.3'-O-Isopropylidenguanosin-5'-[O.O-bis-p-nitrophenylphosphat]*, a) durch Rk. von X, IV, III u. I, Eindampfen des Gemisches im Vakuum bei ca. 20°, Lösen in abs. Dioxan, Eindampfen im Vakuum, Zusatz von V in Dioxan [aus I u. Bis-p-tolylcarbodiimid in Dioxan], ¼std. Rk. bei 25°, Aufarbeiten nach Chambers u. Mitarbeitern (C. **1959**, 131), Lösen in wenig Chlf., Filtrieren, Eindampfen im Vakuum u. 2tägiges Trocknen im Hochvakuum; 93%; b) aus I, V u. IX; 95%. — *Cytidin-5'-phosphat*, durch Eindampfen der bei der Rk. von VI mit I, III u. IV erhaltenen Lsg. im Vakuum, Zugeben von P_2O_5/85%ig. H_3PO_4 (1 : 1,3), 2std. Rühren bei 60 bis 62° unter Ausschluß von Feuchtigkeit, ½std. Erhitzen mit W. auf dem Dampfbad, Kühlen u. Hydrolyse nach Chambers u. Mitarbeitern (C. **1962**, 17418); daneben *Cytidin-2'(3')-phosphat*, *p-Nitrophenol* u. I. H. Pagel. 3950◇

0917 **Über den Abbau von Fichtenlignin unter den Bedingungen der Thioligninbildung.** Theodore Ashorn. (Soc. Sci. fenn., Comment. physico-math. **25**, Nr. 8. 1—59, 1961; Helsinki, Univ., Inst. of Chem.; engl.) — Der Aufschluß von Fichtenholz bei 100° u. pH 8,5 mit KHS liefert 10% des darin enthaltenen Lignins in Form niedermol., ätherlösl. Produkte. Beim entsprechenden Aufschluß mit einer S-freien Puffer-Lsg. erfolgt nur der Aufschluß von 1,7% des Lignins. Beim KHS-Abbau bei 110° wurden 6,3% *Acetovanillon* (II) u. 1,3% *Propiovanillon* (III) gefunden. Keines der Ketone wird jedoch beim entsprechenden S-freien Abbau erhalten. Im ersten Falle ist die Menge des erhaltenen *Coniferylaldehyds* größer. Die Ergebnisse beim Abbau von Guajacylglycerin-β-guajacyläther (I) gleichen denen, die mit Holz erzielt wurden, so daß die Bldg. von Carbonyl-Verbb. mehr oder weniger der Ggw. von I-Strukturen im Lignin zuzuschreiben ist u. für die, unter den Bedingungen des KHS-Abbaus, die Bldg. von Ketonen spezif. ist. Durch einen Vgl. der Ausbeuten an II aus Holz u. aus I wurde festgestellt, daß näherungsweise jede vierte Phenylpropaneinheit des Lignins ein nichtkondensiertes *Guajacylglycerin-Deriv.* ist. ω-Hydroxypropiovanillon ergibt bei der Behandlung mit KHS *2.2'-Divanilloyldiäthylsulfid*, II u. III. Die Bldg. der *Thiolignine* ist durch eine Reihe von Komplexumlagerungen in der Ligninstruktur gekennzeichnet, die die Aufnahme von S zur Folge haben.

Wolfgang Werner/Berlin. 3950◇

D. Makromolekulare Chemie

0918 **Spektrale Eigenschaften. (Ungelöste Probleme der Polymerwissenschaft.)** Richard S. Stein. (Nat. Acad. Sci. — Nat. Res. Council, Publ. Nr. **995**, 176—81, 1962; Amherst, Mass., Univ. of Massachusetts; engl.) — Vf. behandelt folgende Probleme: Genauere Unters. der Additivität der Mol-Refr. von Polymeren in der Nähe der Glasumwandlung u. von kristallinen Polymeren, z. T. in Kombination mit Messungen an niedermol. Verbb.; Zusammenhang zwischen der Doppelbrechung von gedehnten Proben, der statist. Segmentanisotropie u. mol. Eigg.; Größe der Doppelbrechung amorpher Bereiche u. der Sphärolithe; Deutung der gemessenen Doppelbrechung bei Wechselbeanspruchung; Zusammenhang zwischen Absorptions-Verh. (Sichtbar, IR u. UV) u. Struktur; Verbesserung der Meth. zur Messung des IR-Dichroismus zwecks genauerer Best. der Kettenstruktur; Unters. der selektiven Adsorption von Lsgm. an Polymerketten in Lsgm.-Gemischen u. Unters. von inhomogenen Lsgg. durch Lichtstreuung; Verbesserung der Auswertungs-Verf. der Lichtstreuungsdaten, speziell bei Vorliegen von orientierten Strukturen. O. Fuchs. 4000◇

0919 **Dielektrische Eigenschaften (ausschließlich verdünnte Lösungen). (Ungelöste Probleme der Polymerwissenschaft.)** L. de Brouckère. (Nat. Acad. Sci. — Nat. Res. Council, Publ. Nr. **995**, 172—75, 1962; Bruxelles, Univ., Fac. des Sci.; engl.) — Zur Deutung der mol. Bewegungen im Glaszustand u. der Kopplung der für die verschiedenen dielektr. Absorptionsbanden maßgebenden Rotationsvorgänge sind weitere Unterss. notwendig; solche Messungen sind über einen größeren Frequenz- u. Temp.-Bereich als bisher auszudehnen. Messungen an Polymeren, deren Dipole in der Hauptkette liegen (z. B. *Polyäthylenglykol*), sind zur Deutung der α-Dispersion interessant. Über den Einfl. einer Vernetzung, der Kristallinität, der Stereospezifität u. des Rotationszustandes der Seitengruppen auf die dielektr. Eigg. ist zu wenig bekannt; dasselbe gilt für die Temp.-Abhängigkeit der DK-Differenz $\varepsilon_0 - \varepsilon_\infty$ für Syst. mit H-Brücken u. für Polymere mit konjugierten Ketten. O. Fuchs. 4000◇

0920 **Elektronische Eigenschaften von festen Polymeren. (Ungelöste Probleme der Polymerwissenschaft.)** Herbert A. Pohl und Maurice L. Huggins. (Nat. Acad. Sci. — Nat. Res. Council, Publ. Nr. **995**, 182—87, 1962; Princeton, N.J., Univ. Plastics Labor.; Menlo Park, Calif., Stanford Res. Inst.; engl.) — Die relativ gute elektr. Leitfähigkeit σ von *Graphit* u. von organ. Pyrolysepolymeren beruht auf der Wanderung der Elektronen in den konjugierten Syst.; gewünscht werden bessere Meth. zur Charakterisierung der beweglichen Elektronen, ferner der Dimensionen, der Nettoladungen u. der Struktur der konjugierten Syst. u. der Energieschranken zwischen benachbarten konjugierten Systemen. Wie hängt σ in solchen Halbleitern vom Molgew., von Verzweigungen u. von der chem. Struktur ab? Bei organ. Halbleitern, die Metalle enthalten, ist der Einfl. des organ. Bestandteiles u. der der Zahl u. Valenz der Metallionen auf σ zu klären. Bei *Proteinen* u. a. hängt σ auch von der Ggw. von H-Brücken-Syst. ab; weitere Arbeit an Hand von Modellsubstanzen ist hier notwendig. Die Theorie der organ. Halbleiter ist gegenüber der der anorgan. Halbleiter in verschiedener Hinsicht zur Deutung der experimentellen Daten abzuändern. Weiter werden Stoffe gewünscht, die für Photo-Synth., als Ionenaustauscher u. Elektronenaustauscher geeignet sind; der Einfl. von nur spurenweise zugesetzten anderen Verbb. ist zu klären; Anwendung zur Deutung biolog. Vorgänge.

O. Fuchs. 4000◇

0921 **Elektronenspinresonanz in Verkohlungsprodukten einiger einfacher kohlenstoffhaltiger Stoffe.** S. Mrozowski und D. Wobschall. (J. Chim. physique Physico-Chim. biol. **57,** 915—25, 1960; Buffalo, N.Y., Univ., Carbon Res. Labor.; engl.) — Vff. untersuchten die elektronenparamagnet. Resonanz der Verkohlungs-Prodd. folgender Substanzen: *polymerisiertes* C_3O_2 (I) bei 175⁰, *polymerisiertes* C_3S_2, eine durch Erhitzen von *Hexamethylentetramin* auf 400⁰ erhaltene Kohle, *Celluloseacetat*, ein bei ca. 100⁰ in Ggw. von Phosphorsäure erhaltenes *Phenol–Benzaldehydharz, Polyacrylonitril, Rohrzucker, Violanthren* ($C_{34}H_{18}$) u. *Violanthron* ($C_{34}H_{16}O_2$). Ausführlich werden die Unterss. an den Verkohlungs-Prodd. von I beschrieben. Verkohlungs-Prodd. von I zeigten bei Erhitzungs-Temp. >400⁰ eine Resonanzabsorption, die sehr schnell an Intensität bei Erhöhung der Temp. auf 700⁰ zunimmt. Beim Erhitzen auf 1100⁰ oder noch höhere Temp. verschwindet die Absorption. In dem Erhitzungsbereich von 700—750⁰ tritt die Resonanzlinie besonders scharf auf. Weitere Unterss. zeigten, daß die Verkohlungs-Prodd. von I eine Resonanz zeigen, die im Typ denen von Verkohlungs-Prodd. von H enthaltenden organ. Substanzen ähnlich sind. Weiter konnte festgestellt werden, daß die Einw. von Luft oder Feuchtigkeit vor der Wärmebehandlung das Verh. der Resonanz nicht ändert. Weitere Verss. wurden außer im Vakuum in He-, N_2- u. H_2-Atmosphäre durchgeführt. Alle erhaltenen Intensitätskurven sind prakt. ident., nur bei den Verss. unter H_2 wurde festgestellt, daß die Intensität bei höheren Wärmebehandlungen weniger schnell abfällt als die bei den anderen Proben. Die Spinzentren-Konz. beträgt am Maximum $2\cdot10^{20}$, in einigen wenigen Fällen bis zu $5\cdot10^{20}$ Spin/g. Die Linienbreite scheint von der umgebenden Atmosphäre in der folgenden Reihenfolge abzuhängen: Vakuum, He u. N_2. In H_2-Atmosphäre werden die Linien bei allen Erhitzungs-Temp. verbreitert. Keine Änderung in der Linienbreite konnte festgestellt werden, wenn Wasserdampf in das Röhrchen eingeführt wurde oder W. auf der Probe kondensiert wurde. Weitere Verss. an in der Luft verkohlten Prodd. u. an Proben, die an der Luft oxydiert waren. Kurzes Oxydieren an der Luft bei 300⁰ führte zu keiner Änderung des g-Wertes. Oxydation bei 350⁰ führte zur allmählichen Entw. einer Schulter an der Seite mit hohem g der Linie, die auf Kosten der Hauptlinie an Intensität zunimmt, hierauf zuerst eine doppelte Linie bildend, worauf Verschiebung der Linie mit einem neuen g-Wert auftritt. Alle anderen untersuchten Stoffe, mit Ausnahme des polymeren C_3S_2 verhielten sich wie die Verkohlungs-Prodd. von I. Da die Verss. zeigen, daß das einzigste Element, das für die paramagnet. Resonanz notwendig ist, das C-Atom ist, wird angenommen, daß die in Frage kommenden Spinzentren aufgesprengte σ-Bindungen der C-Atome sind. C. Gottfried. 4000

0922 **Mechanochemie. (Ungelöste Probleme der Polymerwissenschaft.)** A. Wassermann. (Nat. Acad. Sci. — Nat. Res. Council, Publ. Nr. **995,** 168—71, 1962; London; Univ. Coll.; engl.) — Mechanochem. Syst. stellen vernetzte faserförmige Gele, die sich bei Stattfinden von chem. Rkk. deformieren, dar; die Unters. solcher Syst. ist für die Physiologie, Biophysik u. Polymerchemie gleich wichtig. Folgende Syst. werden kurz besprochen (mit Literaturangaben): Vernetzte *Alginate* in Ggw. polyvalenter Gegenionen, mit *Polyvinylalkohol* oder *Divinylbenzol* vernetzte *Polyacrylsäuren, Copolymere* aus *Vinylalkohol* u. *Allylalloxan*, vernetzt mit *Polyvinylalkohol*. Zu prüfen sind hier: Einfl. der Quellung u. Entquellung auf die Gestalt der Netzwerksegmente (Messung der Kleinwinkelröntgenstreuung, der Lichtstreuung u. der Elastizität vor u. nach der Deformation); Messen der isothermen Kontraktion in verschiedenen Lsgm.; Darst. neuer Syst. aus Polybasen u. Polyampholyten; Unters. des Einfl. der Natur der Coanionen. O. Fuchs. 4000◇

0923 **Über den monomeren Reibungskoeffizient von Poly-n-butylmethacrylat in Diäthylphthalat.** Hiroshi Fujita und Akira Kishimoto. (Bull. chem. Soc. Japan **33,** 274—76, 1960; Maizuru, Japan, Kyoto Univ., Dep. of Fisheries, Physic. Chem. Labor.; engl.) — Der Reibungs-Koeff. ζ_0 kann mittels der freien Vol.-Theorie von Fujita u. Kishimoto (vgl. C. **1960,** 155) interpretiert werden, wenn statt des Vol. des Verdünnungsmittels v die Konz. C des Verdünnungsmittels in die Ausgangsgleichung eingesetzt wird. In 1. Näherung ist $\beta'(T)$ der Verdünnungsmittel am Glasphasenumwandlungspunkt (T_g) für die entsprechenden Polymeren charakteristisch. G. Vetter. 4000◇

0924 **Schweißen von harten thermoplastischen Polymeren. 1. Mitt. Einwirkung der Schweißbedingungen.** N. A. Grischin und Ss. Ss. Wojutzki. (Hochmolekulare Verbind. **1,** 1778—87, 1959; russ., Auszug: engl.) — Die Festigkeit einer Verschweißung von *Polymethylmethacrylat* (I) u. *Polyvinylchlorid* erhöht sich mit zunehmendem Druck u. Dauer der Verschweißung bis zu einem bestimmten Wert, bei dem ein vollständiger Kontakt der zu verschweißenden Oberflächen u. das Diffusionsgleichgewicht erreicht sind. Bei I erhöht sich die Festigkeit der Verschweißung im allg. mit der Schweißtemp. bis in die Nähe des zähfl. Zustandes, wobei die Festigkeit der Verschweißung die der Kohäsionsfestigkeit von I fast erreicht. Eine therm. Nachbehandlung bei höherer als der Schweißtemp. kann die Festigkeit der Schweißnaht erhöhen, mitunter aber infolge von Restspannungen vermindern oder zum Bruch führen. Der Mechanismus des Schweißens harter, thermoplast. Polymerer besteht vor allem in der Diffusion von Molekülketten aus einer Oberfläche in die andere. Helmut Schäfer. 4000△

0925 **Schweißen von harten thermoplastischen Polymeren.** 2. Mitt. **Einfluß der Eigenschaften der Polymeren.** N. A. Grischin und Ss. Ss. Wojutzki. (Hochmolekulare Verbind. **1,** 1788—94, 1959; russ., Auszug: engl.) — 1. vgl. vorst. Referat. — Unter sonst gleichen Bedingungen vermindert sich die Festigkeit der Verschweißung eines Thermoplastes mit seiner zunehmenden Polarität, was durch verminderte Biegsamkeit u. Eigendiffusion der Makromoll. erklärt wird. Die Festigkeit der Verschweißung eines polaren Thermoplastes erhöht sich im allg. mit steigender Konz. an Plastifikator. Die Festigkeit einer Schweißnaht ist am größten, wenn die Orientierung der Makromoll. mit den Ebenen der Schweißnaht parallel läuft. Bei der Verschweißung von Thermoplasten unterschiedlicher Natur ist die gegenseitige Verträglichkeit von großem Einfluß. Die beim Verschweißen verschieden polarer, plastifizierter u. orientierter Thermoplaste gemachten Erfahrungen werden befriedigend durch die Diffusionstheorie der Autohäsion u. Adhäsion erklärt. Helmut Schäfer. 4000△

0926 **Brucheigenschaften. (Ungelöste Probleme der Polymerwissenschaft).** Thor L. Smith. (Nat. Acad. Sci. — Nat. Res. Council, Publ. Nr. **995,** 157—63, 1962; Menlo Park, Calif., Stanford Res. Inst.; engl.) — Von den rheolog. Eigg. sind die mit einem Bruch verbundenen am wenigsten zu verstehen u. am schwierigsten phänomenolog. zu beschreiben. Vf. hält es für dringend notwendig, für verschiedene Polymere u. unter Variation der Vers.-Bedingungen die Grenzfläche F des Brucheintritts (F aus der graph. Darst. der 3 Spannungskomponenten in kartes. Koordinaten) zu bestimmen. Wie hängen die Spannung u. Dehnung am Bruch von der Verformungs-Geschw. u. von der Temp. ab? Weiter sind zu untersuchen: Vgl. zwischen Riß-Bldg. u. Bruchvorgang; Einfl. von Inhomogenitäten, die von vornherein vorhanden sind (z. B. Vorliegen von amorphen u. krist. Bereichen, Ggw. von Füllmitteln) oder die bei der Verformung erst entstehen (z. B. Kristallisation oder Übergang vom isotropen in den anisotropen Zustand bei der Dehnung); mangelnde Reproduzierbarkeit von Bruchdaten (Verbesserung der Meßbedingungen, Art des Prüfkörpers, Vorliegen von Inhomogenitäten, Einfl. des umgebenden Mediums). Schließlich wird noch kurz auf die Gültigkeitsgrenzen der verschiedenen Bruchtheorien eingegangen. O. Fuchs. 4000◇

0927 **Polymere an Oberflächen. (Ungelöste Probleme der Polymerwissenschaft).** Robert Ullman. (Nat. Acad. Sci. — Nat. Res. Council, Publ. Nr. **995,** 188—92, 1962; Strasbourg, France, Centre de Recherches sur les Macromol.; engl.) — Eine Unters. desselben Polymeren in Lsg. (z. B. mit Lichtstreuung) u. an einer Oberfläche (z. B. durch Messen der Oberflächenspannung) gibt Aufschluß über die verschiedenen Wechselwrkg. in beiden Zuständen (auch Einfl. des Molgew.). Aus der Messung des Oberflächenpotentials erhält man Aussagen über die Orientierung der Dipole an der Kette in der Oberfläche. Die von einer Monomereinheit in der Oberfläche eingenommene Fläche sollte interferometr. bestimmbar sein. Weitere offene Fragen sind: Adsorptions-Verh. von Polymeren an festen Oberflächen (Einfl. von Struktur u. Lsgm., Dicke der Adsorptionsschicht, irreversible Adsorptionsvorgänge); biolog. Rkk. an polymeren Grenzflächen; Klebeeigg. (Verbesserung der Meßmeth., Einfl. der Struktur). O. Fuchs. 4000◇

0928 **Permeabilität und Diffusion in kondensierten Systemen. (Ungelöste Probleme der Polymerwissenschaft).** Hiroshi Fujita. (Nat. Acad. Sci. — Nat. Res. Council, Publ. Nr. **995,** 193—97, 1962; Nakanoshima, Osaka, Japan, Univ., Dep. of Polymer Sci.; engl.) — Über die Sorption von organ. Dämpfen in festen Polymeren oberhalb der Glas-Temp. u. über das nicht-Ficksche Sorptions-Verh. liegen nur wenige experimentelle Daten vor. In theoret. Hinsicht ist besonders die Theorie der nicht-Fickschen Vorgänge zu verbessern. Wie hängt der aus Sorptionsmessungen berechnete Diffusions-Koeff. D bei der Konz. Null der diffundierenden Substanz von deren Mol.-Vol. u. Gestalt, von der thermodynam. Wechselwrkg. zwischen beiden Partnern u. von der Struktur des Polymeren ab? Auch D von organ. Verbb. in krist. Polymeren ist näher zu untersuchen. Für die Permeation von organ. Verbb. in Polymeren fehlen experimentelle Ergebnisse. Worauf sind die Unterschiede zwischen den durch Sorption u. durch Permeation gemessenen D-Werte zurückzuführen? Wie sind anomale Permeationskurven zu deuten? Zur Beantwortung solcher Fragen sind umfangreichere Meßreihen an verschiedenen Polymeren auszuführen (auch Unters. des Einfl. von Temp. u. äußerem Druck).
O. Fuchs. 4000◇

0929 **Viscosität und Diffusion in Substanz und in konzentrierter Lösung. (Ungelöste Probleme der Polymerwissenschaft).** T. G. Fox. (Nat. Acad. Sci. — Nat. Res. Council, Publ. Nr. **995,** 145—48, 1962; Pittsburgh, Pa., Mellon Inst.; engl.) — Die experimentell gefundenen Gesetzmäßigkeiten über die Abhängigkeit des Fließverh. von polymeren Syst. von Molgew. u. Temp. bedürfen noch der theoret. Deutung; hierher gehören auch: Genauere Beschreibung des Vorbeigleitens eines Segmentes an den Nachbarsegmenten u. Berechnung des Reibungsfaktors f aus Fließdaten, ferner auf der experimentellen Seite die Best. der Abhängigkeit von f von der chem. Struktur, des Grades der Behinderung der Segmentbeweglichkeit durch intramol. Rotationsschranken, des Einfl. der zwischenmol. Kräfte u. der stereochem. Struktur. Besonders lückenhaft ist unser Wissen über die Natur u. den Einfl. von Kettenverschlingungen (auch Abhängigkeit des Verschlingungsgrades von der Konz., Kettenlänge, Temp., stereochem. Struktur u. Verzweigung); dieser Erscheinung der Verschlingungen wird zentrale Bedeutung für die Polymerphysik zugeschrieben. Weitere offene Probleme sind: Einfl. der Molgew.-Verteilung auf die Viscosität η; Abhängigkeit von η vom Molgew. bei verschiedener Schubspannung; Diffusion von niedermol. Fll. in Polymeren u. von Makromoll. selbst. O. Fuchs. 4000◇

0930 **Beziehung zwischen Viscosität bei stationärem Fließen und dynamischer Viscosität.** S. Strella. (J. Polymer Sci. **60,** S 9—S 11, 1962; Springfield, Mass., Monsanto Chem. Co., Plast. Div.; engl.) — Durch Einführung eines Kelvin-Elementes in Gleichungen für den dynam. Modul u. die Viscosität bei stationärem Fließen wird eine Beziehung zwischen den Komponenten des dynam. Moduls oder der dynam. Viscosität u. der Viscosität bei stationärem Fließen abgeleitet, die für $\alpha = 1$ ($t = \alpha/D$) mit der empir. Beziehung von Merz u. Cox, $\eta_a = \eta_c + 6'/\omega$, für $D = \omega$ übereinstimmt (η_a = Viscosität bei bestimmtem Geschw.-Gefälle = apparent viscosity, η_c = Konsistenz; G' = dynam. Elastizitätsmodul bei der Frequenz ω; D = Schergeschw.).
U. Stürzer. 4000◇

0931 **Linearviscoelastische Erscheinungen. (Ungelöste Probleme der Polymerwissenschaft).** John D. Ferry. (Nat. Acad. Sci. — Nat. Res. Council, Publ. Nr. **995,** 149—52, 1962; Madison, Wis., Univ. of Wisconsin; engl.) — Zur genaueren Deutung des viscoelast. Verh. sind Messungen an verd. Lsgg. von Makromoll. verschiedener Steifheit u. in verschiedenen Lsgm. (Einfl. der Kräfte zwischen Lsgm. u. Polymeren u. Einfl. der Lsgm.-Viscosität) notwendig; auch der Einfl. der Molgew.-Verteilung, der Konz. u. von sehr hohen Frequenzen sind hier zu nennen. Bei festen Polymeren fehlt eine unabhängige Meth. zur Messung des Reibungs-Koeff. f; die Temp.-Abhängigkeit von f läßt sich zwar durch das „freie Vol." beschreiben, doch ist eine genauere Definition dieses Vol. erforderlich. In vernetzten Syst. ist zur Deutung der Frequenzabhängigkeit der elast. Verluste noch experimentelle u. theoret. Arbeit zu leisten; dasselbe gilt für das viscoelast. Verh. von Gläsern. Bei krist. Prodd. wird die Beschreibung der viscoelast. Eigg. durch die Komplexität der Kristallmorphologie erschwert. Schließlich werden noch kurz diskutiert: Einfl. von Verdünnungsmitteln; Verh. von Polymermischungen u. von Copolymeren; Messungen in der Umgebung der Glastemperatur.
O. Fuchs. 4000◇

0932 **Rheologie fester Polymerer.** F. R. Schwarzl. (Nederl. Tijdschr. Natuurkunde **28,** 409—29, 1962; Delft, T. N. O., Centr. Labor.; niederl.) — Übersicht über die Theorien der mechan. Relaxation fester Polymerer, die Meßverff. u. einige Beispiele der mechan. Relaxation von Polymeren. — 20 Literaturangaben. W. Wesly. 4000◇

0933 **Elastizität von vernetzten amorphen Polymeren im Quellungsgleichgewicht mit Verdünnungsmitteln.** C. A. J. Hoeve und P. J. Flory. (J. Polymer Sci. **60,** 155—64, 1962; Pittsburgh, Pa., Mellon Inst.; engl.) — Bei konst. Druck ausgeführte thermoelast. Messungen an Syst. bestimmter Zus. müssen auf konst. Vol. umgerechnet werden, um die gewünschte Auflösung der Spannung in ihre energet. u. entrop. Komponente zu erreichen. Im Falle einer einfachen Elongation benötigt man zur Ermittlung der energet. Komponente $f_e = (\delta E/\delta L)_{TV} = [\delta(f/T)/\delta(1/T)]_{LV}$ (E = innere Energie) der Spannung f aus Messungen bei konst. Druck die Kenntnis der Zustandsgleichung p(TLV) oder eine äquivalente Information. Zusätzliche Komplikationen können sich aus Änderungen der Zus. mit der Deformation u./oder der Temp. für ein in einem Verdünnungsmittel oder Verdünnungsmittelgemisch gequollenes polymeres Netzwerk ergeben, das sich mit der umgebenden Fl.-Phase im Gleichgewicht befindet. Wenn das Fl.-Gemisch so gewählt wird, daß das Gleichgewichtsquellungs-Vol. temperaturabhängig wird, können Umrechnungen vermieden werden. Vff. setzten den direkt zu messenden Faktor f_e dann dem Koeff. $[\delta(f/T)/\delta(1/T)]_{L,p,eq}$ gleich. Es ergibt sich die Möglichkeit, die Änderung der inneren Energie bei Störungen eines Polymernetzwerkes u. der Orientierung der das Netzwerk aufbauenden Ketten zu ermitteln. Auf Unstimmigkeiten neuerer Arbeiten über die Auswertung thermoelast. Daten für Netzwerke im Quellungsgleichgewicht wird hingewiesen. U. Stürzer. 4000◇

0934 **Bemerkungen zu „Elastizität von vernetzten amorphen Polymeren im Quellungsgleichgewicht mit Verdünnungsmitteln" von C. A. J. Hoeve und P. J. Flory.** W. Prins. (J. Polymer Sci. **60,** S 65—67, 1962; Delft, TH, Labor. for Phys. Chem.; engl.) — Vgl. vorst. Referat. — Die Verw. der l. c. als unzulässig bezeichneten Näherung $(\delta f/\delta T)_{LVN} = (\delta f/\delta T)_{pN\alpha}$ (f = rückziehende Kraft, L = Länge, N = Lsgm.-Geh., $\alpha = L/L_0$) zur Umwandlung des für konst. Druck ermittelten Spannungs-Koeff. in den Spannungs-Koeff. für konst. Vol. wird u. a. durch ein an gequollenen *Cellulose*-Fasern berechnetes Beispiel gerechtfertigt. Die Gültigkeit einer Annahme von Hoeve u. Flory bei ihrer Analyse des thermoelast. Verh. von gequollenen amorphen Polymeren über die Unabhängigkeit von $\langle r_0\rangle^2$ von der Zus. wird in Zweifel gezogen. U. Stürzer. 4000

0935 **Begrenzung der Anwendung der thermoelastischen Beziehungen für hochelastische Materialien auf halbkristalline Fasern: Eine Entgegnung an W. Prins.** C. A J. Hoeve und P. J. Flory. (J. Polymer Sci. **60,** S 67—S 68, 1962; Pittsburgh, Pa., Mellon Inst.; engl.) — Vgl. vorst. Referat. — Die Rechtfertigung von Prins (l. c.) für die von ihm verwendete Beziehung zur Umrechnung von unter konst. Druck erhaltenen thermoelast. Meßwerten auf Werte für konst. Vol. sowie Zweifel von Prins über eine Annahme der Vff. bei der Analyse des thermoelast. Verh. von vernetzten amorphen Polymeren im Quellungsgleichgewicht mit Verdünnungsmitteln (vgl. l. c.) werden zurückgewiesen.
U. Stürzer. 4000

0936 **Untersuchung der Spektren der paramagnetischen Elektronenresonanz einiger bestrahlter Polymerer.** Ju. D. Zwetkow, Ju. N. Molin und W. W. Wojewodski. (Hochmolekulare Verbind. **1,** 1805—11, 1959; Akad. der Wiss. der UdSSR, sibir. Abt., Inst. für chem. Kinetik u. Verbrennung; russ., Auszug: engl.) — Die Spektren der paramagnet. Elektronenresonanz wurden von mit schnellen Elektronen bestrahltem *Polydimethylsiloxan, Polystyrol, Polyformaldehyd, Polyisobutylen, Polypropylen* u. *Teflon* bei —195 bis —5° aufgenommen. Aus der Änderung der Spektren mit Temp.-Erhöhung wurden Aussagen über die chem. Umwandlungen der entstandenen Radikale gemacht. In

Ggw. von O_2 gehen bei einigen der Polymeren die prim. gebildeten Radikale in solche vom Peroxidtyp über.
Helmut Schäfer. 4000△

0937 **Kristallisation und Schmelzen von Copolymeren mit Polymethylen.** M. J. Richardson, P. J. Flory und J. B. Jackson. (Polymer [London] 4, 221—35, 1963; Stanford, Calif., Stanford Univ., Dep. of Chem.; engl.) — Die Abhängigkeit des Kristallinitätsgrades (KG) in den Copolymeren von der Temp. u. dem Anteil an statist. verteilten Co-Einheiten wird untersucht u. ein Beitrag zur Morphologie halbkristalliner Copolymerer geliefert. *Diazomethan* wird mit *Diazoalkanen* mit n-Propyl-, Äthyl- oder Methylgruppe in Ae.-Lsg. bei 0° während 24 Std. unter Verw. von Trimethylborat als Katalysator copolymerisiert. Die unlösl. gewordenen *Copolymerisate* mit 1,8—7,7 Mol-% an —CH·R— werden durch Waschen mit Ae. gereinigt; die Zus. der Copolymeren wird IR-spektroskop. ermittelt. Die Verteilung der Co-Einheiten ist statistisch. Die Änderungen der KG durch Abkühlen u. Schmelzen in sehr kleinen Temp.-Stufen von 1—2tägiger Dauer werden dilatometr. verfolgt. Die aus dem spezit. Vol. bei jeder Temp. berechneten KG der Copolymeren sowie ihre Schmelzbereiche werden im Rahmen der Gleichgewichtstheorie der Kristallisation von Copolymeren erörtert. Es wird für Copolymere mit niedrigen Anteilen an Co-Einheiten die Bldg. einer kristallinen Phase angenommen, die sich bei $-CH(CH_3)-$-Copolymeren als feste Lsg. von $-CH(CH_3)-$-Einheiten in $-CH_2-$-Einheiten darstellt, während bei den $-CH(C_2H_5)-$ u. $-CH(C_3H_7)-$ Co-Einheiten die Bldg. einer reinen Phase angedeutet ist. Für die aus der 1 1 0-Fläche hervorgehenden Ketten ist die freie Grenzflächenenergie $\simeq$ 4600 cal·Mol^{-1} oder $\simeq$ 170 erg·cm^{-2}.
M. Hagedorn. 4010◇

0938 **Die elektrische Untersuchung von oxydiertem Polyäthylen.** Shogo Saito und Tatsuji Makajima. (J. Polymer Sci. 36, 533—36, 1959; Tokyo, Japan, Agency of Ind. Sci. and Technol., Electrotechn. Labor.; engl.) — *Polyäthylene* der D_{17} 0,921 (**A**) u. 0,964 (**B**) werden bis zu 205 Std. mit UV-Licht bei 60° bestrahlt. An den oxydierten Polymeren wird tg δ im Bereich von —65 bis +105° u. 0,1—10^6 Hz gemessen. tg δ weist eine Temp.-Frequenzabhängigkeit auf. Im Raum- u. Trockeneis-Temp.-Bereich bilden sich (entsprechend den β- u. γ-Spitzen bei den dynam. mechan. Eigg. tg δ-Spitzen aus: die β-Spitze bei Raum-Temp., die γ-Spitze bei tiefen Temp. u. hohen Frequenzen. Die β-Spitze von **B** ist niedriger als die von **A** u. nach viel niedrigeren Frequenzen verschoben. Lage u. Temp.-Abhängigkeit der β-Spitze von **B** sind von der Bestrahlungszeit unabhängig; die β-Spitze von **A** wandert mit steigender Bestrahlungsdauer zu niedrigeren Frequenzen hin u. wird temperaturabhängiger. Für **A** liegt die Aktivierungsenergie ΔH des β-Verlustes je nach Belichtungsdauer bei 32—45 kcal/Mol, für **B** konst. bei 25 kcal/Mol; für den γ-Verlust ist ΔH für **A** u. für **B** 10 kcal/Mol. Die dielektr. Dispergierungen für β- u. γ-Verluste sind bei **A** viel größer als bei **B**; es wird daher vorgeschlagen, β- u. γ-Verlust als von mol. Bewegungen im amorphen Bereich bedingt anzusehen. Bei einer IR-Unters. der Proben ist die Absorption der 1720 cm^{-1} (CO)-Bande bei **A** erheblich stärker als bei **B**.
M. Hagedorn. 4010◇

0939 **Thermodynamische Eigenschaften von Polyäthylen.** R. W. Warfield und M. C. Petree. (Makromolekulare Chem. 51, 113—22, 1962; White Oak, Silver Spring, Md., Naval Ordnance Labor., Chem. Res. Dep.; engl.) — Aus den bekannten Werten für die spezif. Wärme werden für *Hochdruckpolyäthylen* die Werte für Entropie, Enthalpie u. Gibbssche freie Energie im Bereich von 17—320° K berechnet. Für die Ermittlung der spezif. Wärme zwischen 0 u. 265° K wird die Tarassov-Funktion zugrunde gelegt u. ihre Brauchbarkeit in Beziehung zum Schwingungsspektrum linearer Polymerer untersucht. Die ermittelte Funktion C_pT gegen T weist bei 60° K infolge Wechselwrkg. zwischen den Ketten einen Zuwachs auf. Die Zahl der klass. Schwingungseinheiten je wiederkehrender CH_2-Gruppe wird zu 1,23 (bei 273° K) abgeschätzt u. der Wert für C_p-C_v zu 0,0082 cal/Grad·g (bei 273° K) berechnet.
M. Hagedorn. 4010◇

0940 **Eine diagrammetrische Methode zur Auswertung viscometrischer Werte.** C. Mussa und V. Tablino. (Polymer [London] 1, 266—70, 1960; Torino, Italy, Univ., Ist. Chim.; Montecatini S.p.A.; engl.) — Korrekturen an Geschw.-Gradienten lassen sich durch doppelte Extrapolation der Konz.-Skala u. der Geschw.-Gradientenskala durchführen. Man erhält Punkte P_{ik} mit der Abszisse ($c_i + \varkappa g_{ik}$) u. der Ordinate y_{ik} (y_{ik} = spezif. Viscosität, gemessen bei der Konz. c_i u. den Geschw.-Gradienten g_{ik} u. dividiert durch c_i, $\varkappa$ ist das die Konz. u. die Geschw.-Gradienten ausdrückende Skalenverhältnis). Der Schnittpunkt der die verschiedenen Punkte P_{ik} verbindenden Gerade (g = 0) mit der Ordinate ergibt die korr. Werte der grundmolaren Viscositätszahl (GV) u. der Hugginsschen Konst. k'. Diese Meth. ist auch anwendbar, wenn die Abhängigkeit y von g nicht linear ist, d. h. wenn g den vorgegebenen, endlichen Wert g_0 hat — man erhält dann Grenzlinie u. GV für $g = g_0$ statt für g = 0. Die Anwendung dieser Meth. wird an einem unfraktionierten *Niederdruckpolyäthylen* demonstriert: die Korrektur von GV beträgt ca. 1%; die Grenzlinie für c = 0, Ordinate u. Grenzlinie für g = 1/t = 0 schneiden sich in einem Punkt (t = Ausflußzeit).
G. Vetter. 4010◇

0941 **Beobachtung von Kettenfaltung in kristallinem Polyäthylen.** B. G. Rånby und H. Brumberger. (Polymer [London] 1, 399—402, 1960; Syracuse, N.Y., State Coll. of Forestry; Syracuse Univ., Dep. of Chem.; engl.) — An zu Schuppen gepreßten, bei T_K^0 50° aus Tetrachloräthylen, 78° (**a**) aus p-Xylol, 110° (**b**) aus n-Butylacetat u. 120° (**c**) aus Diphenyläther krist. u. an bei T_T^0 getemperten (**a** 20 Std. bei 90° u. 16 Std. bei 100°, **b** 4 Wochen bei 94°, **c** 72 Std. bei 110°) *Polyäthylen*-Proben (*Marlex 50*) wurden Faltung u. Temp.-Abhängigkeit der Faltungslänge d* der Polymerketten untersucht. d* als Funktion der T_K ergibt eine Kurve; die d* von getemperten Proben sind größer. Die Theorie von Peterlin wurde bestätigt: Die freie Energiedichte von Kristallamellen ist für begrenzte d* bei jeder Temp. ein Minimum; das Größerwerden von d* bei $T_T > T_K$ erfordert größere ΔF als bei $T_K > T_T$.
G. Vetter. 4010◇

0942 **Kinetik der isothermen Kristallisation von Polyäthylen. 3. Mitt. Einfluß der Vorbereitung der Probe.** J. Rabesiaka und A. J. Kovacs. (J. appl. Physics 32, 2314 bis 2320, 1961; Strasbourg, Centre de Rech. sur les Macromol; Madison, Wis., Univ. of Wisconsin, Dep. of Chem.; engl.) — An Präpp. aus 2 verschiedenen linearen *Polyäthylenen* (**I**; *Marlex 50* u. *Manolene*) von ähnlichen mol. Eigg. (Molgew. ca. 10^5) wurde die isotherme Kristallisation aus unterkühlter Schmelze dilatometr. verfolgt. Dabei ergaben sich stark unterschiedliche semikristalline Strukturen, je nach der Art der ursprünglichen Formung der Proben, sei es, daß die Pulver orientiert geschmolzen oder nach Fällung aus verd. Xylol-Lsg. zusammengesintert wurden. Die Unterschiede in der Kinetik der Kristallisation verschwanden manchmal selbst nicht nach längerem Erhitzen der Schmelze vor der Kristallisation. Zur Analyse der Meßdaten wurde ein empir. Ausdruck verwendet, in den die Keim-Bldg. u. der Wachstumsprozeß entsprechend der theoret. Näherung von Avrami eingehen. Die Ergebnisse lassen vermuten, daß sich geschmolzenes **I** im allg. nicht in einem wahren thermodynam. Gleichgewichtszustand befindet, sondern einige „quasi-unzerstörbare“ Agglomerate enthält, die beim Kristallisationsprozeß als heterogene Keime wirken. Art u. Menge dieser Keime sind durch Formung, Schmelzen u. mechan. Vorgeschichte der Proben bestimmt, so daß das semikristalline Material sehr unterschiedliche Strukturen ausbilden kann.
E. Ühlein. 4010◇

0943 **Über den Mechanismus der Bildung von kurzen Seitenketten bei der Hochdruckpolymerisation von Äthylen.** William T. Wickham. (J. Polymer Sci. 60, S68—S69, 1962; Freeport, Tex., Dow Chemical Co.; engl.) — Auf Grund der Tatsache, daß neben n-Butyl- u. Äthyl-Seitenketten keine nennenswerten Mengen an Propyl- u. Methyl- sowie Amylgruppen in normalem *Hochdruckpolyäthylen* gefunden wurden, erklärt Vf. die Theorie der intramol. Wasserstoffabspaltung unter Ring-Bldg. von Roedel (C. 1956, 139) für unkorrekt.
U. Stürzer. 4010

0944 **Kristallinität, „Kristallitgröße“ und Schmelzpunkt von Polypropylen.** G. Farrow. (Polymer [London] 4, 191—97, 1963; Harrogate, Yorkshire, J.C.I., Fibres Div., Res. Dep.; engl.) — Zusatzfreies *Polypropylen* (**I**) wird im evakuierten Einschlußrohr bis zu 70 Tage auf 160 ± 2° erwärmt. Die Änderung der Kristallinität u. der Größe der Kristallite (Krt.) wird durch Röntgenstreuung festgestellt.

Durch das Langzeittempern steigen die Krt.-Größe schnell (auf > 1000 Å), der Kristallinitätsgrad langsamer (auf 65 bi 70%). F. steigt auf 187—189°; auch die Dichte wird größer. Es wird angenommen, daß die Erhöhung von F. eher auf eine Vergrößerung der Krt. als der Kristallinität beruht. Die Verss. lassen. wie schon frühere Verss., auf einen Geh. von ca. 15% an atakt. Polymeren in diesem **I** schließen. Auch wird vermutet, daß ein von atakt. Bereichen annähernd freies isotakt. **I** nach geeignetem Tempern F. von ca. 200° haben müßte. M. Hagedorn. 4010◇

0945 **Ein Modell für das viscoelastische Verhalten von gummiartigen Polymeren einschließlich Verwicklungseffekten.** Robert S. Marvin und Hansjörg Oser. (J. Res. nat. Bur. Standards, B **66,** 171—80, 1962; engl.) — Es wird ein Modell abgeleitet, das das mechan. Verh. von gummiartigen hochpolymeren Substanzen, z. B. *Polyisobutylen,* beschreibt. Stationäres wie vorübergehendes Verh. auf Belastung werden ermittelt. Verwicklungen zwischen den Ketten werden berücksichtigt, unabhängig von ihrer Natur sind sie verantwortlich für die Abhängigkeit der Viscosität vom Molgew. nach $M^{3,4}$, für das stationäre elast. Nachgeben u. für das Pseudogleichgewichtsnachgeben bei mittleren Zeiten oder Frequenzen. M. Wiedemann. 4010◇

0946 **Viscometrische Untersuchungen an Polyisobuten-Lösungen.** P. H. Plesch und P. P. Rutherford. (Polymer [London] **1,** 271—73, 1960; Keele, Staffordshire, Univ. Coll. of North Staffordshire; Ashford, Kent, Wye Coll.; engl.) — Aus Viscositätsmessungen an 130 in Diisobuten gelösten *Polyisobuten*-Proben verschiedener Vorgeschichte u. verschiedener Molgew. wurde der k'-Wert der Hugginsschen Gleichung ($\eta_{sp}/c = [\eta] + k'[\eta]^2 c$) mit $0{,}40 \pm 0{,}03$ ermittelt. k' ist unabhängig von Vorgeschichte, Molgew., Monomer-Konz., Temp. u. η. k' erlaubt die Best. der grundmolaren Viscositätszahl aus der Messung einer einzigen, beliebigen Konzentration. G. Vetter. 4010◇

0947 **Die Kristallstruktur von isotaktischem trans-1.4-Poly-1-äthylbutadien.** G. Perego und I. W. Bassi. (Makromolekulare Chem. **61,** 198—206, 1963; Milano, Soc. Montecatini, Ist. de chim. Industr. del Politecnico, Labor. Ricerche Settore Idrocarburi; engl.) — Die Röntgenaufnahmen an *isotakt. trans-1.4-Poly-1-äthylbutadien* (**I**) werden an einem extrudierten u. anschließend bei Raum-Temp. gestreckten dünnen (parakristallinen) Zylinder aus **I** u. an einem bei 90° unter Spannung 5 Std. lang getemperten (kristallinen) **I** gemacht. Auflösung der Struktur erfolgte im „trial and error"-Verfahren. Die rhomb. Symmetriezelle hat die Konst. $a = 14{,}02 \pm 0{,}10$ Å; $b = 8{,}02 \pm 0{,}05$ Å; $c = 4{,}85 \pm 0{,}05$ Å (Faserachse); Z = 4. Die Raumgruppe ist $P\,2_1 2_1 2_1$ u. erfordert isomorphe Makromoll. im Kristall. Die Übereinstimmung zwischen den berechneten u. beobachteten Strukturfaktoren ist befriedigend. **I** ist der erste in seiner Struktur vollständig beschriebene Vertreter eines ditakt. Polymeren mit regelmäßiger Aufeinanderfolge der Konfiguration der Doppelbindungen (cis, trans) u. der asymmetr. C-Atome (l, d) entlang der Polymerenachse. M. Hagedorn. 4010◇

0948 **ESR-Spektren von bei 77° K bestrahltem Polytetrafluoräthylen.** N. Tamura. (J. Polymer Sci. **60,** S 5—7, 1962; Tokio, Japan, Jap. Assoc. for Radiation Res. on Polymers.; engl.) — Vgl. C. **1963,** 19254. — *Polytetrafluoräthylen* (ca. 80% kristalliner Anteil), 10 Min. auf 350° erhitzt u. mit einer Geschw. von 0,5°/min auf Zimmer-Temp. abgekühlt, wurde bei 77° K mit $4 \cdot 10^7$ rad bestrahlt. Bei dieser Temp. sowie nach Erhöhung der Temp. auf 273° K u. 293° K wurden die Elektronenspinresonanz-Spektren aufgenommen u. die Änderung der Intensität mit der Temp. ermittelt (100° K: 100% u. 530° K ca. 10% relative Intensität). Im Bereich von 280—350° K zeigte sich ein Plateaubereich, in dem die freien Radikale anscheinend nicht verschwinden. Es wird angenommen, daß durch die Bestrahlung $-CF_2-CF_2-$ als Primärradikal erzeugt wird. U. Stürzer. 4010◇

0949 **Schmelzviscosität und Elastizitätsmodul von gammabestrahlten Polytetrafluoräthylenharzen.** Kazuyoshi Matsumae, Muneo Watanabe, Atsuo Nishioka und Torao Ichimiya. (Chem. High Polymers [Tokyo] **15,** 475 bis 481, 1958; Tokyo, Electrical Commun. Lab.; jap., Auszug: engl.) — Der Einfl. der Gammabestrahlung wurde oberhalb des F. (327°) untersucht. Im Bereich 330—390° beträgt die Schmelzviscosität ca. 10^{11}—10^{12} Poise, das Polymere besitzt Kautschukelastizität. Beim Bestrahlen mit den Gammastrahlen einer ^{60}Co-Quelle (Dosis > 10^4 Röntgen) fällt die Viscosität stark ab u. auch die Kautschukelastizität wird geringer. Bei Bestrahlung mit 10^6 Röntgen fällt die Viscosität bei 376° auf 10^7 Poise ab. Man muß daher bei der Bestrahlung Kettenbrüche u. Absinken des Durchschnitts-Molgew. annehmen. K. Gröbe. 4010◇

0950 **Die Änderung der inneren Reibung in Polychlortrifluoräthylen mit Dichte und Temperatur.** N. G. McCrum. (J. Polymer Sci. **60,** S 3—S 5, 1962; Wilmington, Del., E. I. du Pont de Nemours & Co., Polychem. Dep.; engl.) — Die innere Reibung u. der Torsionsmodul von drei *Polychlortrifluoräthylen*-Präpp. (**I**: $D._{23}$ 2,102; kristalliner Anteil 27%; **II**: $D._{23}$ 2,119, kristalliner Anteil 42%; **III**: D. 2,136, kristalliner Anteil 57%) wurden von —180° bis wenig unterhalb des F. gemessen. Die innere Reibung hatte zwei ausgeprägte Maxima bei —40 (**III**) bzw. —10° (**I** u. **II**) u. bei ca. 90—100° (mit steigender Dichte fallende Magnitude). Die Torsionsmoduln verringern sich bei niedrigen Temp. mit steigender Dichte u. steigen bei hohen Temp. mit steigender Dichte (Bereich ca. $2 \cdot 10^7$—$1{,}5 \cdot 10^{10}$ dyn/cm²). U. Stürzer. 4010◇

0951 **Niedrige Scherschmelzviscosität von Polystyrol.** J. F. Rudd. (J. Polymer Sci. **60,** S 7—S 9, 1962; Midland, Mich., The Dow Chemical Co., Physical Res. Labor.; engl.)— Bei Scherspannungen von 1400—1000000 dyn/cm² (Scherspannungen von 120000—1400000 dyn/cm² vgl. Rudd, C. **1961,** 148) wurde der Einfl. der Molgew.-Verteilung auf das Fließverh. von *Polystyrol* untersucht. Die Fließkurven zeigen bei höheren Scherspannungen ein um so ausgeprägteres Nicht-Newtonsches Verh. je höher das Molgew. ist, u. bei niedrigen Scherspannungen ein Newtonsches Verhalten. Enge Molgew.-Verteilung ergibt gegenüber breiter Molgew.-Verteilung eine kleinere Verringerung der Tendenz, vom Nicht-Newtonschen Verh. abzuweichen. U. Stürzer. 4010◇

0952 **Kristalldehnung in orientiertem, kristallinem Polystyrol.** Seymour Newman und R. L. Miller. (J. Polymer Sci. **60,** S14—S18, 1962; Springfield, Mass., Monsanto Chem. Co.; engl.) — Von kristallinen *Polystyrol*-Proben, bei 118° um ca. 500% gezogen u. unter Spannung bei 175° nachgetempert, in eine Streckvorrichtung straff eingespannt, wurde die Röntgenstrahlreflektion bei verschiedenen Dehnungsebenen der Probe u. verschiedener Probendehnung bestimmt. Bruch tratt im allg. bei 4—5% Ausdehnung ein, entsprechend ca. 0,6—0,9% Kristallgitterdehnung. Die Ergebnisse können durch $Y_c = 1{,}3 \cdot 10^6$ lbs./sq.in. $= Y/[(\Delta l_c/l_c)/(\Delta l_0/l_0)]$ für den Initialmodul des Kristalls längs der Faserachse wiedergegeben werden ($\Delta l_0/l_0$ = Gitterdehnung: $\Delta l_c/l_c$ = Probendehnung). Der Initialmodul für den amorphen Anteil Y_a beträgt 0,6 —0,7 lbs./sq.in. Der Rotationswinkel Θ variiert mit der Streckung ε der Faseridentitätsperiode wie $d\Theta/d\varepsilon = 3{,}0 \cdot 10^2$ Grade. U. Stürzer. 4010◇

0953 **Die Viscosität des dynamischen Volumens von Polystyrol und Polymethylmethacrylat.** Ryusuke Kono. (J. physic. Soc. Japan **15,** 718—25, 1960; Yokosuka, Japan, Defence Acad. Dep. of appl. Phys.; engl.) — Die Geschw. u. Absorption der Longitudinal- u. Transversalwellen in 0,05 bis 4 cm dicken Proben von *Polystyrol* (**I**) u. *Polymethylmethacrylat* (**II**) wurden bei Frequenzen von 0,5, 1 u. 2,25 Mc im Temp.-Bereich 20—190° gemessen (Kurven). Die Geschw. in dickeren Proben ist größer als die in dünneren [eine Tabelle zeigt die Abhängigkeit von d/2 u. v (m/s) von der Probendicke d (cm) bei Mc 0,5, 1 u. 2,25 für **II**]; sie wird im Gummi- u. Glasbereich mit wachsender Frequenz größer u. zeigt im Phasenumwandlungsbereich (T_P) eine größere Streuung. Die Absorptionskurven der Longitudinalwellen zeigen im T_P für **I** u. **II** ein Maximum; die der Transversalwellen für **I** u. **II** steigen in diesem Bereich an. Reale (K_r) u. imaginäre (K_i) Vol.-Moduln (K) u. reale (G_r) u. imaginäre (G_i) Schermoduln (G) sind in Kurven wiedergegeben: Für **I** u. **II** ist G_i etwas kleiner als K_i, K_r ist für **II** temperaturabhängiger als für **I**, G_r u. K_r sind im Glasbereich für **II** bedeutend größer als für **I**, G_r wächst für **I** mit steigender Frequenz schneller als K_r. Für **I** im Temp.-Bereich 120—140° beträgt die Aktivierungsenergie Q (verbunden mit einer Vol.-Deformation) 106 Kcal/Mol (Q_K) u. Q (verbunden mit einer Scherdeformation) 62 kcal/Mol (Q_G), für **II** Q_G = 58 kcal/Mol, Q_K konnte nicht bestimmt werden. Die Differenz zwischen Q_K u. Q_G beweist den unterschiedlichen mol. Mechanismus beider Arten von Deformation. G. Vetter. 4010◇

0954 **Abbruch durch Primärradikale bei Vinylpolymerisationen.** 1. Mitt. G. S. Misra, A. Hafeez und K. S. Sharma. (Makromolekulare Chem. **51**, 123—29, 1962; Lucknow, India, Lucknow Univ., Dep. of Chem.; engl.) — *Styrol* wird mit verschiedenen Mengen von Phenylazotriphenylmethan (I) als Katalysator bei 50 u. 60° polymerisiert; die Polymerisations-Geschw. (PG) wird gemessen. Im Rahmen des üblichen Schemas der Rk.-Kinetik treten erhebliche Abweichungen von der Proportionalität zwischen PG u. der Quadratwurzel aus der Konz. von I auf. Es wird die Annahme vorgeschlagen, daß ein Abbruch der Polymerisation durch Rk. von Primär- mit Makroradikalen u. durch Rk. der Primärradikale untereinander erfolgt. M. Hagedorn. 4010◇

0955 **Konstitution und Lösungseigenschaften von Makromolekülen.** 3. Mitt. **Zur Bestimmung des Molekulargewichtes aus Staudinger-Index und Konstitution.** Hans-Georg Elias. (Makromolekulare Chem. **54**, 78—94, 1962; Zürich, Eidgenöss. TH, Labor. für Organ. chem. Technol.; 2. vgl. Kunststoffe — Plastics [Solothurn] **8**, [1961], **441**; 1. vgl. C. **1962**, 17051. — Um das Molgew. aus η berechnen zu können, setzen die üblichen viscosimetr. Molgew.-Best. Eichungen nach einer Absolut-Meth. voraus. Für Routine-Best. ohne höchste Genauigkeitsanforderungen werden Eichbeziehungen für ein Verf. entwickelt, das Molgew. allein aus Viscositätsdaten zu ermitteln gestattet. Für 19 Polymere vom Typ $-CH_2-CX\cdot Y-$ wird die Beziehung festgestellt: $M_{visc.} = (m_0^{0,813}[\eta]_\Theta/1{,}545)^2$, wobei m_0 das mittlere Molgew. der Kettenglieder, $[\eta]_\Theta$ der Staudinger-Index im Θ-Punkt u. $M_{visc.}$ das Molgew. der Polymeren sind. Θ-Zustand (statist. Knäuel mit gegenseitig auskompensierten Effekten) u. Θ-Lsgm. können leicht nach der Meth. des 1. Trübungspunkts ermittelt werden. Bei *Polystyrolen* u. *Polyvinyltriazolen* ergeben sich Abweichungen von +20 bis 30% vom Gewichts-Mittel des Molgew., bei *Polyvinylpyrrolidon* solche bis 50%. Bei *Polymethylmethacrylaten* wird ein Einfl. des Lsgm. auf das Θ-Verh. festgestellt. Die Wrkg. von Assoziation, Rotationsbehinderung durch das Lsgm. u. Helix-Bldg. werden erörtert u. die Meßergebnisse mit denen nach anderen Meth. verglichen. Im Anhang wird die Berechnung von K_Θ für *Polyallylacetat, Poly-p-chlorstyrol, Polyacrylonitril* u. *Polyvinylalkohol* nach einem indirekten Verf. durchgeführt. M. Hagedorn. 4010◇

0956 **Wirkung von Ammoniak auf die durch Strahlung induzierte Polymerisation von Cyclopentadien bei —78°.** M. A. Bonin, W. R. Busler und Francon Williams. (J. Amer. chem. Soc. **84**, 4355—56, 1962; Knoxville, Tenn., Univ. of Tennessee, Dep. of Chem.; engl.) — Bei der wie früher (vgl. Best u. Mitarbeiter, J. chem. Soc. [London] **1962**, 1531) beschriebenen Polymerisation von *Cyclopentadien* (I) durch Bestrahlung mit ^{60}Co-γ-Strahlen bei —78° bildet sich bei Strahlungsdosen von weniger als $6{,}0\cdot 10^{17}$ eV/g (2%ig. Umsatz) ein Gel. Die Polymerausbeute wächst mit der Dosis bis zu ca. 20%ig. Umsatz, die Quantenausbeute $G(C_5H_6)$ beträgt 25000. Bei höheren Dosen als $5{,}0\cdot 10^{19}$ entsteht ein fester, gegenüber Lsgm. undurchlässiger Gummi. Bei Polymerisation von I in Ggw. von NH_3 wird die Rk. weitgehend unterdrückt. Auf Grund der Eigg. von NH_3 (Protonenaffinität, Dipolmoment, Ionisationspotential, $H-NH_2$-Bindungsstärke) wird geschlossen, daß NH_3 als Ionenfänger wirkt, die Polymerisation von I also ion. abläuft. NH_3 fängt entweder H^+ ab oder leitet eine Ammonolyse gemäß $R^+ + 2NH_3 \rightarrow RNH_2 + NH_4^+$ ein. Anscheinend läßt sich NH_3 als Ionenfänger in der Strahlungschemie von KW-Stoffgasen u. -Fll. anwenden. B. Gnauck. 4010◇

0957 **Über die Verzweigung des Polyvinylacetats.** 1. Mitt. **Die Bestimmung der Übertragungskonstante des Polymeren nach der Methode der „α-Polymeren".** G. V. Schulz und D. J. Stein. (Makromolekulare Chem. **52**, 1—22, 1962; Mainz, Univ., Inst. für phys. Chem.; dt.) — Die kinet. Übertragungs-Konst. c_p von polymerisiertem *Vinylacetat* (I) wird nach der α-Polymeren-Meth. bestimmt. I von höchster Reinheit wird mit Azodiisobutyronitril zu relativ niedrigen α-Polymeren polymerisiert, die durch Umfällen (Bzl./Bzn.) gereinigt werden. I wird sodann in ihrer Ggw. polymerisiert; die Herabsetzung des Polymerisationsgrads $\overline{P}_n$ der sich bildenden β-Polymeren, die auf die Bldg. von (bei der Verseifung nichtabspaltbaren) Seitenzweigen zurückzuführen ist, wird in Abhängigkeit von Menge (u. $\overline{P}_n$) der α-Polymeren gemessen. Daraus wird c_p nach der Reglergleichung berechnet. Alle Reinigungs- u. Polymerisations-Verss. werden unter O_2-Ausschluß durchgeführt. Die Rk.-Geschw. der Polymerisation von I in Ggw. von α-Polymeren bei 60° wird dilatometr., $\overline{P}_n$ viscosimetr. in Methyläthylketon gemessen. Aus dem Wert für das Verhältnis K_{ab}/K_w^2 der Abbruch- u. Wachstums-Konst. folgt, daß die Einzelwerte für K_{ab} u. K_w erheblich höher als bisher angenommen liegen. Für c_p ergibt sich $(2{,}5 \pm 0{,}5)\cdot 10^{-4}$, übereinstimmend mit Meßergebnissen $[(2{,}0 \pm 0{,}5)\cdot 10^{-4}]$ an niedermol. Modellsubstanzen. Im Anhang wird die hemmende Wrkg. von Doppelbindungen in der Hauptkette der α-Polymeren besprochen. M. Hagedorn. 4010◇

0958 **Über die Verzweigung des Polyvinylacetats.** 2. Mitt. **Berechnung der Übertragungskonstante am Polymeren aus dem bei der Verseifung erfolgenden Abbau.** D. J. Stein und G. V. Schulz. (Makromolekulare Chem. **52**, 249—52, 1962; dt.) — 1. vgl. vorst. Referat. — Aus den Meßergebnissen der Arbeit von Matsumoto u. Ohyanagi wird c_p am Polymeren aus der bei der Verseifung festgestellten Herabsetzung des Polymerisationsgrads (infolge von Verzweigung) berechnet. Der Wert für c_p liegt danach mit ca. $(3{,}5 \pm 1)\cdot 10^{-4}$ in Übereinstimmung mit l. c. mitgeteilten Werten. Wahrscheinlich ist, daß die Verzweigung zur Hauptsache durch Übertragung an den H-Atomen der Acetylgruppe erfolgt. M. Hagedorn. 4010◇

0959 **Die Polymerisation von Vinylacetat unter verschiedenen Initiierungsbedingungen.** Seizo Okamura und Takuhiko Motoyama. (Chem. High Polymers [Tokyo] **15**, 487—90, 1958; Kyoto, Univ., Fac. of Engng., Dep. of Textile Chem.; jap., Auszug: engl.) — *Vinylacetat* wird bei 40° durch therm., Licht- u. Strahlen-Einw. in Substanz polymerisiert. Bei der therm. Initiierung wird *α.α'-Azo-bis-isobutyronitril* (I) als Initiator benutzt, bei der Initiierung durch Licht **I**, *Benzoin* (**II**) u. *Benzil* (**III**) als Sensibilisatoren. Wenn man den Übergang auf den Initiator vernachlässigt, ist die Beziehung zwischen Polymerisations-Geschw. u. Polymerisationsgrad unabhängig vom Initiierungs-Mechanismus. Es wird beobachtet, daß das Vinylacetatradikal auf **II** u. **III** übergeht. K. Gröbe. 4010◇

0960 **Synthese von nichtstatistischen Copolymeren durch γ-Bestrahlung von Emulsionssystemen.** 2. Mitt. P. Hayden und R. Roberts. (Int. J. appl. Radiat. Isotopes **7**, 317—22, Harwell, England, Atom. Energy Res. Establishm., Isotope Res. Div., Technol. Irradiation Group; engl.) — 1. vgl. C. **1963**, 16968. — Vinylmonomere reagieren mit Polymeren in wss. Emulsion unter Diffusion des Monomeren in den Latex. Untersucht werden die Syst. *Polyvinylacetat–Acrylonitril* (**I**), *Polymethylmethacrylat* (**II**)-**I**, *Polyäthylacrylat–Methylmethacrylat* (**V**) sowie **II** u. *Äthylacrylat* (**III**). Die Trennung der Copolymeren von den Homopolymeren erfolgt durch fraktioniertes Fällen oder Lösen. Ausführlicher werden die Syst. *Polytetrafluoräthylen* (**IV**) u. **V** oder *Butylmethacrylat* oder **III** oder *Vinylacetat* oder *Styrol* beschrieben. Die Unlöslichkeit von **IV** erleichtert die Isolierung der Komponenten; die **IV**-Copolymeren werden IR-spektrograph. charakterisiert. Die relative Ausbeute an C_2F_4-Copolymeren im Verhältnis zum Homopolymeren ist deutlich von der Rk.-Temp. abhängig u. steigt mit dieser. Copolymere bilden sich nur bei γ-Bestrahlung. M. Hagedorn. 4010◇

0961 **Über das anomale mechanische Verhalten von Polyvinylacetat/CCl_4-Gelen.** Kazuyoshi Ogino. (Bull. chem. Soc. Japan **33**, 127—30, 1060; Hongo, Tokyo, Japan, Univ. of Tokyo, Fac. of Sci. Dep. of Chem.; engl.) — Von in Chlf., Bzl., Toluol, CCl_4 oder CH_3OH gequollenem *Polyvinylacetat* (I), *Polymethylacrylat, Polymethylmethacrylat* oder *Polystyrol* zeigt nur das in CCl_4 gequollene I (mit Dibenzoylperoxid als Initiator polymerisiert u. mit *Diallyladipinat* schwach vernetzt) bei konst. Dehnung oberhalb 50° ein zeitabhängiges, kontinuierliches Anwachsen der Spannung. Dieser Effekt wird mit Telomerisation (bei der Lsgm.-Polymerisation verbindet sich jedes Polymer-Mol. mit Lsgm.-Moll. bzw. Lsgm.-Fragmenten, bes. bei CCl_4, CBr_4, Chlf., SCl_2 u. Mercaptan als Lsgm.) interpretiert u. ist bei endständigen Vinylgruppen bes. begünstigt, eine weitere Voraussetzung sind vorhandene Benzoyloxy-Radikale. Werden die Vinylgruppen von I mit Br_2 abgesätt. (5% Br_2 in CCl_4-Lsg.), so fehlt dieser Effekt. Das Fehlen des Effekts bei I in Chlf. wird mit den guten Lsgm.-Eigg. von Chlf. für **I** u. dem hohen Quellungsgrad (damit verbunden ein großer Abstand der Ketten-Moll.) erklärt. G. Vetter. 4010◇

0962 **IR-spektroskopische Untersuchungen des oxydativen Abbaus von Phenol-Formaldehyd-Polykondensaten.** Robert T. Conley und Joseph F. Bieron. (J. appl. Polymer Sci. **7**, 103—117, 1963; South Orange, N.J., Seton Hall Univ., Dep. of Chem.; Buffalo, N.Y., Canisius Coll.; engl.) — Ein typ. sirupöses *Resol* [aus 47 g *Phenol* (**I**), 80 ml 37%ig. wss. *Formaldehyd* (**II**) u. 100 ml 4n NaOH durch 16std. Stehen bei Raum-Temp.] nach Härtung u. ein pulverförmiges, typ. *Novolak* (aus 188 g **I**, 2 ml konz. H_2SO_4 u. 138 ml **II** bei 80° u. 1½std. Kochen) wurden in Ggw. von Luft als Filme verschieden lange auf 100, 150 u. 200° erhitzt u. diese Proben IR-spektroskop. untersucht. Unterschiedlich gehärtete Resole (in 3 Std. bei 120° unter N_2 durch Vakuum-Dest. bei 0,05 mm Hg u. 150° als weiße, feste Substanz vom F. 82 bis 83°; als *o-Methylolphenol* (**III**) identifiziert) u. Novolake zeigen gleiches Verh.: bei 100, 150 u. 200° nehmen die OH- (**a**), CH-Gruppen (**b**) u. der 1.2.4-trisubstituierte Ring (**c**) ab, die COOH(OH)- (**d**), COOH- (**e**) u. C=O-Gruppen (**f**), zu (Tabellen); um ident. Zu- bzw. Abnahmen zu erhalten, muß man 1300 Std. bei 100°, 250 Std. bei 150° oder 8 Std. bei 200° erhitzen. Bei 200° tritt die Abnahme von **a** u. **c** in der 18. Std., von **b** in der 1. Std. u. die Zunahme von **d**, **e** u. **f** in der 4. Std. ein. Die bei 1650 cm^{-1} neu aufgefundene Bande zeigt dihydroxysubstituierte *Benzophenone* in einem **I**-**II**-*Copolymerisat* an, wie an einem *4.4'*- (**IV**) bzw. *2.2'-Dihydroxybenzophenon*-**I**-**II**-*Copolymerisat* (**V**) gezeigt wird. Die Oxydation von Phenolharzen ist ein stufenweiser Abbau: eine doppelt aktivierte Methylengruppe >CH_2 wird zur instabilen >CHOOH-Gruppe oxydiert, die dann unter Bldg. eines substituierten Dihydroxybenzophenon-Syst. (>C=O) zerfällt. Letzteres zerfällt dann bei weiterer Oxydation über chinoide Zwischenstrukturen in Chinon u. Säurefragment. — *Copolymerisat* **IV**, 0,5 g 4.4'-Dihydroxybenzophenon (**IV**), 1 g **III**, 2 ml **II** u. 50 ml 10%ig. wss. H_2SO_4 werden 15 Min. auf dem Dampfbad erhitzt; rote, feste Substanz. — *Copolymerisat* **V**, 0,5 g 2.2'-Dihydroxybenzophenon u. 1 g **III** werden 4 Std. auf dem Dampfbad erhitzt; viscose, in W. unlösl. Flüssigkeit. G. Vetter. 4010◇

0963 **Über Polyanethole.** Mario Secci und Fortunato Zurrida. (Rend. Seminario Fac. Sci. Univ. Cagliari **30**, 122—33, 1960; Cagliari, Univ.; ital.) — Die Polymeren von Anethol (**I**) werden unter Verw. von BF_3 u. $TiCl_4$ als Katalysatoren erhalten, besitzen keine Doppelbindung, enthalten in ihrem Mol. C—CH_3-Gruppen u. werden durch ihre IR-Absorptionsspektren identifiziert. Die Unters. der Röntgendifraktionsspektren zeigt, daß die ster. Konfiguration in den 2 Isomeren unterschiedlich, die Kettenbindung aber die gleiche ist.

Versuche: Man versetzt tropfenweise 20 g **I** in 80 ml abs. Ae. bei —80° mit BF_3 (aus 10 g KBF_4, 0,9 g B_2O_3 u. H_2SO_4) in 250 ml abs. Ae., rührt 1 Std. bei —80°, läßt 2 Std. bei —80° stehen, verdampft das Lsgm., löst den Rückstand in wenig Bzl., fällt mit PAe. u. extrahiert den Nd. nacheinander im Soxhlet-App. mit PAe., CH_3OH, CCl_4 u. Bzl.; der eingedampfte PAe.-Extrakt liefert ein dunkelgelbes, gummiartiges Harz; der CH_3OH-Extrakt gibt eine dunkelgrüne, gummiartige Masse von Polymeren von niedrigem Molgew.; der portionsweise in ein großes Vol. PAe. eingeführte CCl_4-Extrakt liefert ein elfenbeinweißes Prod. u. der analog behandelte Bzl.-Extrakt ein weißes, pulveriges *Polyanethol* (**II**). — Man behandelt 10 g **I** in 10 ml Bzl. mit 1, 0,7, 0,5 u. 0,3 ml $TiCl_4$ u. 5 g **I** in 10 ml Bzl. mit 1 ml $TiCl_4$ u. erhält ein stark dunkelrotbraunes Prod., dessen Dichte größer ist, je größer die verwendete Menge $TiCl_4$; man löst in 20 ml Bzl., wäscht mit 10%ig. HCl, 5%ig. Na_2CO_3 u. mehrmals mit W., verdampft das Lsgm. auf dem Wasserbad, verrührt den Harzrückstand aus allen 5 Verss. mehrmals mit CH_3OH, wobei ein elfenbeinweißes Polymeres (**III**) von **I**, F. 105°, verbleibt. Die Molgew. von **II** u. **III** sind 1150 bzw. 650 u. die spezif. Viscosität [η] in Bzl. 0,175 bzw. $< 0,1$. G. Platzer. 4010□

0964 **Über die Reaktion von p.p'-Dihydroxydiphenyldimethylmethan mit Thionylchlorid.** Wl. Kabaiwanow und M. Natow. (Annu. Inst. chim.-technol. [Sofia] **6**, Nr. 1, 37—43, 1959; herausgeg. 1960; bulg., Auszug: dt.) — Durch Rk. des in Bzl. suspendierten Di-Na-Salzes von 2.2-Bis-[p-hydroxyphenyl]-propan mit $SOCl_2$ bei 50—60° wird ein Polymeres der Struktur $[O-C_6H_4-C(CH_3)_2-C_6H_4-O-SO]_n$ erhalten. Das Polymere ist hell- bis dunkelbraun, hat einen Tropfpunkt von 20—60°, härtet beim Stehen, wobei Zers.-Vorgänge stattfinden, u. ist in Bzl., Bzn., Toluol, Xylol u. anderen Lsgm. löslich. Helmut Schäfer. 4010△

0965 **Untersuchung der Alterung von Polyvinyläthylal mit Hilfe der Infrarotspektroskopie.** Je. W. Schuwalowa. (Hochmolekulare Verbind. **1**, 1749—53, 1959; Leningrad, Forschungsinst. für Polymerisations-Plastmassen; russ., Auszug: engl.) — Die Alterung von *Polyvinyläthylal*-Filmen bei Einw. von UV-Strahlen oder beim Erhitzen auf 150° in Ggw. von Luft wurde durch Aufnahme der Absorptionsspektren bei 2—15 μ u. 220—600 mμ untersucht. In einer 1. Periode nimmt die Anzahl der CH-, OH- u. C—O-Gruppen ab, die von C=O u. =C—O— zu. In einer 2. Periode stabilisieren sich bei der Thermoalterung alle Prozesse der 1. Periode, bei der Photoalterung erfolgt dagegen Zersetzung. Die Bldg. von C=O-Gruppen bei der Photoalterung erfolgt in der 1. Periode im gesamten Film, ihr Zerfall in der 2. Periode nur an der Oberfläche. Bei der Thermoalterung bilden sich ferner C=C-Bindungen, wobei die Filme gelb werden. Helmut Schäfer. 4010△

0966 **Die physikochemische Synthese von Block-Copolymeren.** R. J. Ceresa. (Polymer [London] **1**, 397—99, 1960; London, Nat. Coll. of Rubber Technol.; engl.) — Die Polymerisation in Substanz von *Methylmethacrylat* (**I**), *Styrol* (**II**) u. *Vinylacetat* (**III**) in Ggw. von O_2 führt zur Bldg. von Peroxygruppen u. damit zu Peroxyverkettungen in den Hauptketten. Bei der Copolymerisation in Substanz solcher Polymerer mit einem multifunktionellen, vernetzenden 2. Monomeren (MVM) in geeigneter Konz. erhält man *Copolymere*, die in Ggw. von Dämpfen eines weiteren Monomeren (MD) quellen: mindestens einer der Rk.-Partner muß ein Vinylmonomeres sein; von der MVM-Konz. abhängig sind Verzweigungs- u. Vernetzungsgrad, MD muß ein Lsgm. für das unvernetzte prim. Homopolymere sein; die Geschw. der Quellung ist abhängig von der Rk.-Temp.; bei **I** erübrigt sich die Zugabe von MVM infolge intermol. Pseudovernetzungen. Ist die nötige Menge MD absorbiert, werden die Peroxidgruppen therm. zersetzt u. die Blockcopolymerisation (BC) eingeleitet: mit einigen Monomer-Polymer-Syst. [z. B. *Acrylonitril* (**IV**)] kann die Rk.-Temp. so gelenkt werden, daß Quellung u. BC nebeneinander verlaufen. Reste von Monomeren können nach vollendeter BC vakuumtechn. entfernt werden. Der MD-Geh. im Endprod. ist abhängig vom Vernetzungsgrad u. Umfang der Peroxydation. Blockpolymere (BP) von **I** sind in den Monomeren (infolge Verschwindens der Pseudovernetzungen in Lsg.) völlig löslich. Dargestellt wurden aus **I** mit MD **II** ein BP mit 23,1% **II**, mit MD **IV** ein BP mit 25,4% **IV**, mit MD *Vinylidenchlorid* (**V**) ein BP mit 29,6% **V**, mit MD **III** ein BP mit 35,6% **III**; aus einem *Copolymeren* von **II** u. 0,01% *Divinylbenzol* (**VI**) mit **I** als MD ein BP mit 32,2% **I**, aus einem *Copolymeren* von **II** u. 0,05% **VI** mit **IV** als MD ein BP mit 19,9% **IV** u. aus einem *Copolymeren* von **III** u. 0,005% *Äthylendimethacrylat* mit **II** als MD ein BP mit 22,2% **II**. G. Vetter. 4010◇

0967 **Über die Copolymerisation unter Beteiligung von bifunktionellen Monomeren.** L. B. Ssokolow und A. D. Abkin. (Hochmolekulare Verbind. **1**, 1024—26, 1959; Physikal.-chem. Karpow-Inst.; russ., Auszug: engl.) — Bei der Copolymerisation von *Äthylenglykol-bis-α-chloracrylat* (**I**) mit *Methylacrylat*, *-methacrylat* u. *Styrol* bilden sich bis zu einer Konz. von ca. 20 Mol-% **I** im Ausgangsgemisch gesätt. verzweigte Copolymere. Bei höherer **I**-Konz. entstehen Netzcopolymere, die aus der Lsg. ausfallen. Der Beginn der Ausfällung ist von der Polymerisationstiefe abhängig. Helmut Schäfer. 4010△

0968 **Untersuchungen über die elektrochemischen Eigenschaften von Maleinsäure-Copolymeren.** 1. Mitt. **Potentiometrische Titration bei kleinen Ionenstärken.** Kazuo Monobe. (Rev. Physic. Chem. Japan **30**, 138—44, 1960; Fukui, Fukui Univ., Fac. of Technol., Dep. of Fiber and Dyestuffs; engl.) — Die bas. Eigg. von *Maleinsäure-Copolymeren* mit *Vinylacetat* bzw. *Styrol* bei niedrigen Ionenstärken werden mit Hilfe potentiometr. Titrationen (0,5n NaOH) untersucht, empir. Gleichungen zur Best. der mittleren Dissoziations-Konst. pK_I sowie die pK_I mitgeteilt. Die pK_1-Werte beider Copolymeren sind annähernd gleich, ihre prim. Carboxylgruppen zeigen relativ stark saures Verh., die sek. Carboxylgruppen sind schwach sauer. Der Einfl. elektrostat. Wechselwrkg. zwischen nächstbenachbarten ionisierten Gruppen wird erörtert. P. Frenzel. 4010◇

0969 **Untersuchungen über die elektrochemischen Eigenschaften von Maleinsäure-Copolymeren. 2. Mitt. Potentiometrische Titration bei hoher Ionenstärke.** Kazuo Monobe (Rev. physic. Chem. Japan **30,** 145—54, 1960; engl.) — 1. vgl. vorst. Referat. — Die ermittelten Dissoziations-Konst. pK_i^0 von *Vinylacetat–Maleinsäure-* u. *Styrol–Maleinsäure-Copolymeren* bei hohen Ionenstärken werden mit den entsprechenden Werten α.β-disubstituierter Bernsteinsäuren (**A**) unter der Annahme, daß die Wechselwrkg. zwischen nächstbenachbarten Gruppen unabhängig von der Ionenstärke ist, verglichen. Die Differenz ΔpK zwischen pK_2^0 u. pK_1^0 des *Vinylacetat-Copolymeren* deutet auf eine lokalisierte elektrostat. Wechselwrkg., der höhere ΔpK-Wert des *Styrol-Copolymeren* auf eine weniger lokalisierte. Für folgende **A** sind die pK_1- u. pK_2-Werte angegeben: *Bernsteinsäure, α-Äthyl-, α.α'-Diäthyl-, α.α'-Dimethyl-, α-Phenyl-, α.α'-Diphenyl-, α-Benzyl-, α-Methyl-α'-phenyl-, α-Methyl-α'-benzyl-, α-Äthyl-α'-benzylbernsteinsäure* u. *Propan-1.2.3-tricarbonsäure-1-methylester.* P. Frenzel. 4010◇

0970 **Untersuchungen über die elektrochemischen Eigenschaften von Maleinsäure-Copolymeren. 3. Mitt. Über das unterschiedliche Titrationsverhalten, das auf comonomere Teilchen zurückzuführen ist.** Kazuo Monobe. (Rev. physic. Chem. Japan **30,** 155—61, 1960; engl.) — 2. vgl. vorst. Referat. — Das unterschiedliche Titrations-Verh. von *Maleinsäure–Vinylacetat-* u. *-Styrol-Copolymeren* wird mit Hilfe des Kirkwoodschen Modells für organ. Ionen erörtert. Weiterhin wird das elektrostat. Potential des Polyions, das mit der Knäuel-Bldg. in Beziehung steht, aus potentiometr. Werten bei kleinen Ionenstärken ermittelt u. für beide Copolymere verglichen. Während der Dissoziation der prim. Carboxylgruppe unterscheiden sich die Potentialkurven in Abhängigkeit vom Dissoziationsgrad beträchtlich, wobei das anomale Verh. des Styrolcopolymeren auf dessen dichtere Verknäuelung zurückgeführt wird. Die Titrationskurven sind vom Polymerisationsgrad unabhängig. P. Frenzel. 4010◇

0971 **Untersuchungen über die elektrochemischen Eigenschaften von Maleinsäure-Copolymeren. 4. Mitt. Vergleich der Chelatbildungskonstanten.** Kazuo Monobe. (Rev. physic. Chem. Japan **30** 162—68, 1960; engl.) — 3. vgl. vorst. Referat. — Die Chelat-Bldg.-Konst. K_f von *Maleinsäure–Vinylacetat-* (**A**) u. *-Styrol-Copolymeren* (**B**) mit Ca_2^+ u. Ba^{2+} in 1m NaOH-Lsg. bei 20° werden mit Hilfe potentiometr. Titration mit NaOH in Ggw. u. ohne $Ba(NO_3)_2$ bzw. $Ca(NO_3)_2$ bestimmt. Bei niedrigen Ladungsdichten pro Carboxylpaar ist K_f von **B** kleiner als K_f von **A**, bei hohen Ladungsdichten ist es umgekehrt. Die Ergebnisse werden unter Berücksichtigung des Einfl. nächstbenachbarter ionisierter Gruppen u. des Feldeffektes des Polyions erörtert. P. Frenzel. 4010◇

0972 **Untersuchungen über die elektrochemischen Eigenschaften von Maleinsäure-Copolymeren. 5. Mitt. Viscosimetrisches Verhalten.** Kazuo Monobe. (Rev. physic. Chem. Japan **31,** 50—60, 1961; engl.) — 4. vgl. vorst. Referat. — Die Viscosität η von *Maleinsäurecopolymeren* mit *Vinylacetat* u. *Styrol* wird in wss. Lsg. u. in 1 : 1-Gemischen von W. u. Aceton untersucht. Die Änderung von η, die auf eine Änderung des Neutralisationsgrades α bei gegebener Konz. zurückzuführen ist, charakterisiert die bas. Eigg. der Polymeren. Die Viscosität η' als Funktion der Konz. C bei gegebenem α wird bei 25° bestimmt, die Werte entsprechen teilweise der Fuosschen Gleichung für starke Polyelektrolyte. Für die nicht dieser Gleichung gehorchenden Werte wird die allg. empir. Gleichung $\eta'/C = (A/1 + BC^n) + D$ (A, B, D Konst.) vorgeschlagen. n ist bei gegebenem α u. Polymerem konst. u. beträgt 0,5—1. Die physikal. Bedeutung von n, A u. D wird erörtert. P. Frenzel. 4010◇

0973 **Untersuchungen über die elektrochemischen Eigenschaften von Maleinsäure-Copolymeren. 6. Mitt. Konduktometrisches Verhalten.** Kazuo Monobe. (Rev. physic. Chem. Japan **31,** 61—66, 1961; engl.) — 5. vgl. vorst. Referat. — Das konduktometr. Verh. von *Maleinsäure-Copolymeren* mit *Vinylacetat* bzw. *Styrol* sowie von *Maleinsäure* wird untersucht u. bzgl. analyt. Gesichtspunkte erörtert. Weiterhin wird die Äquivalentleitfähigkeit in Abhängigkeit von der Konz. bei gegebenem Neutralisationsgrad ermittelt. P. Frenzel. 4010◇

0974 **Thermodynamische Untersuchung der Lösungen von Copolymeren aus Äthylenglykol, Terephthal- und Sebacinsäure.** P. W. Koslow, M. M. Iowlewa und L. L. Schirjajewa. (Hochmolekulare Verbind. **1,** 1106—11, 1959; Moskau, Univ.; russ., Auszug: engl.) — Die krit. Lösungs-Temp. von *Copolymeren* aus *Äthylenterephthalat* u. *-sebacinat* in Furfurylalkohol (**I**) wurde unter Variation des Geh. an der Terephthalsäurekomponente von 0—100% untersucht. Die Copolymeren verhalten sich, ob kristallin oder amorph, als einphasiges Einkomponentensystem. Die Lösungswärmen der Copolymeren in **I** u. m-Kresol bei 45° wurden bestimmt. Die krit. Temp. u. Lösungswärmen durchlaufen bei einem Komponentenverhältnis von ca. 1 : 1 in den Copolymeren ein Minimum. Das Verhältnis 1 : 1 entspricht der maximalen Löslichkeit. Helmut Schäfer. 4010△

0975 **Plastifizierung kristalliner Polymerer. 1. Mitt. Plastifizierung von isotaktischem Polystyrol und Polyäthylenterephthalat.** W. A. Kargin, T. I. Ssogolowa und G. Sch. Talipow. (Hochmolekulare Verbind. **1,** 1670—77, 1959; Physikal.-chem. Karpow-Inst.; russ., Auszug: engl.) — Die Plastifizierung von kristallinem u. amorphem isotakt. *Polystyrol* u. *Polyäthylenterephthalat* durch *Dimethylphthalat, Dibutylsebacinat, Cetylchlorid, Dekalin* u. *Kresol* wurde untersucht. Die Zusätze bewirken bei den kristallinen u. amorphen Polymeren eine Erniedrigung der Glas-Temp. T_G, bei den kristallinen Polymeren eine relativ geringe Erniedrigung auch der Schmelztemp. T_F. Die Plastifizierung der kristallinen Polymeren führt somit zu einer Vergrößerung, nicht zu einer Verschiebung des Intervalls T_G–T_F. Die Erniedrigung von T_G ist der Vol.-Konz. des Plastifikators proportional. Helmut Schäfer. 4010△

0976 **Erhöhung der Thermostabilität von Polymeren durch Cyclisierung in den Makromolekülketten unter teilweisem Abbau.** Ss. Je. Bressler, M. M. Koton, A. T. Ossminskaja, A. G. Popow und M. N. Ssawitzkaja. (Hochmolekulare Verbind. **1,** 1070—73, 1959; Akad. der Wiss. der UdSSR, Inst. für hochmol. Verbb.; russ., Auszug: engl.) — Die therm. Zers. von *Poly-N-methylmethacrylamid* (**I**) u. *Polymethacrylsäure* (**II**) durch Erhitzen auf 290—390° führt zur Abspaltung von Methylamin (**III**) bzw. W. unter Cyclisierung u. Bldg. von *Poly-N-methyldimethacrylamid* (**IV**) bzw. *Polymethacrylsäureanhydrid* (**V**). **IV** u. **V** sind gegenüber **I** u. **II** therm. wesentlich beständiger u. erweichen bei 220 bzw. 200°. Die Abspaltung von **III** aus **I** tritt auch beim Erhitzen von **I** in W. in Ggw. von HBr auf 140° ein. **V** wird auch durch Polymerisation von Methacrylsäureanhydrid erhalten. Helmut Schäfer. 4010△

0977 **Oberflächenspannungsmessungen. 9. Mitt. Die Oberflächenspannungen der Lösungen von Polyamiden in konzentrierter Schwefelsäure.** M. Lohmüller und F. Sauerwald. (Kolloid-Z., Z. Polymere **184,** 28—29, 1962; Halle, Univ., Inst. für phys. Chem.; dt.) — 8. vgl. Z. physik. Chem. **216,** [1961], 42. — Das *Polyamid* wurde durch Polymerisation von *ε-Aminocaprolactam* u. 5% *adipinsaurem Hexamethylendiamin* bei 250 ± 0,5° unter Stickstoff hergestellt, versponnen, getrocknet u. in Schwefelsäure (D. 1,6989) gelöst. Bei Erhöhung der Konz. der Lsg. von 0,25 g/50 ml auf 6 g/50 ml stieg deren Oberflächenspannung von ca. 58 dyn/cm auf ca. 61 dyn/cm an, eine Abhängigkeit der Oberflächenspannung vom Polymerisationsgrad war nicht festzustellen. Die Temp.-Koeff. betragen: 6 g/50 ml = 0,139; 4 g/50 ml = 0,072; 2 g/50 ml = 0,031; 0 g/50 ml = 0,015. U. Stürzer. 4010◇

0978 **Spektren von bestrahlten Polyamiden.** Joseph Zimmerman. (J. appl. Polymer Sci. **2,** 181—85, 1959; Wilmington, Del., E. I. du Pont de Nemours & Co., Textile Fibers Dep.; engl.) — Vff. bestrahlen verschiedene Polyamide sowie monomere Amide mit Elektronenstrahlen von 2 MeV Energie aus einem Van-de-Graaf-Generator u. untersuchen die Elektronenspektren der bestrahlten Substanzen. Die Proben lagen als Filme von 0,05—0,2 mm Dicke vor, die während der Bestrahlung auf Trockeneis aufgebracht waren. *Nylon 6.6* (**I**) u. *Nylon 6.10* bilden bei der Bestrahlung eine UV-Absorptionsbande mit λ_{max} = 355 mμ, die in das sichtbare Gebiet des Spektrums ausläuft u. Gelbfärbung der Prodd. bewirkt. Die Intensität der Bande nimmt bei fortschreitender Bestrahlung wieder ab, während sich gleichzeitig eine Bande bei 287 mμ ausbildet. Auch *Polyamid* aus *Hexahydro-p-xylylendiamin* u. *Adipinsäure* bildet bei Bestrahlung unter Gelbfärbung eine Bande bei 355 mμ aus, während das *Polykondensat* aus *p-Xylylendiamin* u. *Azelainsäure* durch drei Banden bei 443, 467 u. 483 mμ u. das *Polykondensat* aus *1.4-Bis-[2-aminoäthyl]-benzol* u. *Azelainsäure* durch Banden bei 305, 315 u. 328 mμ Gelbfärbung annehmen. *Polyamid* aus *2-Methylhexamethylendiamin* u. *Terephthalsäure* entwickelt bei Bestrahlung blaue Farbe u. zeigt Banden bei 365 u. 560 mμ, solches aus *2-Methylhexamethylendiamin* u. *Oxalsäure* rote Farbe mit nur einem Bandenmaximum bei 508 mμ. Niedermol. Amide, von denen *Capronsäureamid* (**II**), *N-Amylcapronsäureamid*, *N.N'-Dimethyladipinsäurediamid* u. *ε-Caprolactam* untersucht werden, bilden bei Bestrahlung eine Bande mit λ_{max} zwischen 230 u. 240 mμ, die jedoch bei dem prim. Amid **II** nur schwach ausgeprägt ist. Die Färbung der niedermol. Prodd. verschwindet sofort beim Auflösen in Cyclohexan; sie wird der Gruppierung —CON=CH— zugeschrieben, im Falle von **II** —C=C—CONH$_2$. Die Polykondensate verlieren ihre Färbung beim Stehen mit diffusionsbedingter Geschw., die am niedrigsten bei hochkristallinen Prodd., am höchsten bei wenig kristallinen Substanzen, wie bei einem Gemisch von 75% *Nylon 6.6* u. 25% *Nylon 6.10*. Die intermediäre Färbung wird auf freie Radikale zurückgeführt. Die Radikal-Konz. in bestrahltem **I** wird durch Verbrauch von beigemischtem J_2 infolge Rk. desselben mit den Radikalen spektrophotometr. bestimmt. Daraus ergibt sich für die Radikal-Produktion in **I** ein G-Wert von 5,8. Der molare Extinktions-Koeff. des freien Radikals bei 355 mμ beträgt ca. 690. Der Charakter des Spektrums läßt schließen, daß das freie Radikal wahrscheinlich am C-Atom in α-Stellung zum Amid-N sitzt. J. Voigt. 4010◇

0979 **Molekularbewegung in Polyamiden.** W. P. Slichter. (J. Polymer Sci. **35**, 77—92, 1959; Murray Hill, N.J., Bell Telephone Labor.; engl.) — Vf. untersuchte die Röntgenbeugung folgender Polyamidfasern: *Nylon 6.10*; *5.7*; *6.6*; *10.18*; *10.10*; *9.9* u. *6.9* von Zimmer-Temp. an bis kurz vor die Schmelz-Temp., die bei geradzahligen Polyamiden höher liegen als bei den ungeradzahligen sowie die Breite der Linie der protonenmagnet. Resonanz von Nylon 5.7 u. Nylon 6.6 zwischen 80 u. 400° K. Bei den geradzahligen Polyamiden nehmen die bei Raum-Temp. auftretenden triklinen Strukturen mit steigender Temp. eine höhere Symmetrie ein, in der die Ketten in hexagonaler Packung vorliegen, welche bei den ungeradzahligen Polymeren schon bei Zimmer-Temp. auftritt. In den letzteren liegen die Schichten der polaren Gruppen senkrecht zu den Kettenachsen, während sie bei den geradzahligen zur Kettenachse geneigt sind u. diese Neigung bei höheren Temp. beibehalten, selbst wenn die Packung die gleiche wird wie bei den ungeradzahligen Polymeren. Die Abstände zwischen polaren Gruppen längs der Kette nehmen mit steigender Temp. bei den ungeradzahligen Polymeren stärker ab als bei den geradzahligen u. bei den polaren Verbb. stärker als bei den paraffinähnlichen. Diese Veränderungen werden in Übereinstimmung mit den Messungen der protonenmagnet. Resonanz den Torsions- u. Rotationsbewegungen der Kettensegmente in den Kristalliten zugeschrieben. Mittels einer Annahme über die Potentialschwellen der Rotation der polaren Gruppe wird das Schmelz-Verh. der untersuchten Polyamide gedeutet. W. Walter. 4010◇

0980 **Polymerisation von Oktamethylcyclotetrasiloxan, katalysiert durch Alkalimetallhydroxide.** M. Kutschera. (Chem. prakt. Anwend. siliciumorg. Verbind., Konferenzber. [Leningrad] **1958**, Nr. 2, 71; russ.) — Die Unters. der durch KOH u. andere Alkalimetallhydroxide katalysierten Polymerisation von Oktamethylcyclotetrasiloxan zu *Polydimethylsiloxan* mittels eines Dilatometers zeigt, daß die von Grubb abgeleitete Gleichung für die Geschw. dieser Rk. nicht allg. gültig ist. Das akt. Zentrum wird von der Gruppe $O^{(-)}—M^{(+)}$ (M = Kation des Katalysators) gebildet, die in Abhängigkeit von der DK des Mediums verschieden stark ionisiert sein kann. Das Molgew. des Polymeren ist von der Polymerisations-Temp. unabhängig u. ist in einem theoret. reinen Syst. nur eine Funktion der Katalysatorkonzentration. G. Froelich. 4010◇

0981 **Synthese von Polymethylsiloxanen mit Hydroxylgruppen im organischen Rest.** Ja. I. Mindlin, N. Ss. Lesnow und K. A. Andrianow. (Chem. prakt. Anwend. siliciumorg. Verbind., Konferenzber. [Leningrad] **1958**, Nr. 2, 127 bis 130; russ.) — Aus Chlormethylmethyldichlorsilan wird durch Rk. mit Acetanhydrid *Chlormethylmethyldiacetoxysilan* (85% Ausbeute) erhalten, das durch 16std. Erhitzen mit K-Acetat in Xylol in *Acetoxymethylmethyldiacetoxysilan* (86%) übergeführt wird. Bei Hydrolyse des letzteren mit W. entsteht *Polyacetoxymethylmethylsiloxan* (n_D^{20} 1,4419; $D._4^{20}$ 1,1859), das bei weiterer Hydrolyse mit methanol. HCl in 90—95%ig. Ausbeute *Polyhydroxymethylmethylsiloxan* (**I**; [$-Si(CH_3)\cdot CH_2OH)O-]_n$) liefert. **I** ist eine stark viscose Fl., lösl. in Methanol u. Aceton, unlösl. in W., CCl$_4$, Bzl. u. Toluol. Es ist instabil u. geht bei längerem Stehen unter Wasserabspaltung in ein Gel über, dessen Bldg. durch Erwärmen noch beschleunigt wird. G. Froelich. 4010◇

0982 **Über einige Polyamide siliciumorganischer Dicarbonsäuren.** W. W. Korschak, T. M. Frunse, E. W. Kucharskaja und D. N. Andrejew. (Chem. prakt. Anwend. siliciumorg. Verbind., Konferenzber. [Leningrad] **1958**, Nr. 2, 105—12; russ.) — Aus *4.4.6.6-Tetramethyl-* (**I**), *4.4.6.6-Tetraäthyl-* (**II**) u. *4.6-Dimethyl-4.6-diäthyl-4.6-disila-5-oxanonandisäure-(1.9)* (**III**) werden durch Rk. mit *Äthylendiamin*, *Tetra-*, *Hexa-*, *Okta-*, *Nona-*, *Dekamethylendiamin* sowie mit *o-*, *m-*, *p-Phenylendiamin*, *2.4-Toluylendiamin*, *Benzidin*, *o-Tolidin* u. *p.p'-Diaminodiphenylmethan* die entsprechenden *Si-haltigen Polyamide* dargestellt. **I** wurde in Form der Salze mit den entsprechenden Aminen, **II** u. **III** wurden in Form der freien Säuren eingesetzt. Die aus **I—III** u. den aliphat. Diaminen erhaltenen Polyamide sind hellgelb u. gummiähnlich, haben niedrige **FF.**, sind unlösl. u. nicht quellbar in W., A. u. Glycerin, sind aber gut lösl. in Kresol u. Säuren. Die aus den aromat. Diaminen erhaltenen Polyamide haben höhere **FF.**, sind schlechter lösl. als die aus aliphat. Diaminen erhaltenen Polyamide u. weniger elastisch. Bes. hohe FF. weisen die aus p-Phenylendiamin, Benzidin u. o-Tolidin erhaltenen Polymeren auf. — Die Eigg. der erhaltenen Polyamide, ihre Fließ- u. Erweichungs-Temp. sowie die Viscosität werden tabellar. angegeben. G. Froelich. 4010◇

0983 **Kautschukähnliche Elastizität. (Ungelöste Probleme der Polymerwissenschaft).** P. J. Flory. (Nat. Acad. Sci. — Nat. Res. Council, Publ. Nr. **995**, 142—44, 1962; Stanford, Calif., Stanford Univ., Dep. of Chem.; engl.) — In der Theorie der *Kautschukelastizität* wird angenommen, daß die Wechselwrkg. zwischen den Ketten unabhängig von der Deformation ist; die Gültigkeit dieses Postulates ist durch weitere Meßreihen zu prüfen. Ferner sind zur Prüfung der Theorie noch folgende Verss. notwendig: Temp.-Koeff. der Dehnung; Messungen in der Nähe des Gleichgewichtes des elast. Zustandes; Zug-Dehnungs-Kurven für größere Dehnungen; Darst. von Netzwerken genau bekannter Struktur; Einfl. der Orientierung u. der Verdünnung von Netzwerken auf deren Eigg.; Best. der Zahl der Vernetzungsstellen. In theoret. Hinsicht ist der Einfl. der Verschlingungen der Ketten im Netzwerk auf die Eigg. zu berechnen. O. Fuchs. 4030◇

0984 **Reaktion von Formaldehyd mit basischen Aminosäuren.** L. A. Moreira Carneiro, Riva Roitman und J. C. Perrone. (Rev. brasil. Quím. **45**, 468, 1958; port. — Vgl. C. **1955**, 6277; C. **1959**, 762 u. C. **1961**, 16075.) H.-J. Weigmann. 4070△

0985 **Komplexe Rotationsdispersion von Proteinen im nahen UV.** B. Jirgensons. (Arch. Biochem. Biophysics **93**, 172—77, 1961; Houston, Tex., Univ. of Texas, M. D. Anderson Hosp., Dep. of Biochem.; engl.) — Die opt. Rotationsdispersion von *Serumalbumin* (**I**), *Ovalbumin* (**II**), *α-Amylase* (**V**), *β-Amylase* (**III**), *β-Lactoglobulin*, *Lysozym*, *Prolactin*, *Carboxypeptidase* (**IV**), *Milchsäuredehydrogenase*, *α-Chymotrypsin*, *α-Chymotrypsinogen*, *Trypsin* (**VI**), *Pepsin* u. *Ribonuclease* wurden im sichtbaren u. ultravioletten Licht bis 296,7 mμ bestimmt. Alle Proteine mit einer Dispersions-Konst. $\lambda_c \leq 240$ mμ zeigen in diesem Spektralbereich einfache Dispersion, solche mit $\lambda_c > 250$ mμ komplexe Dispersion im Bereich 296—365 mμ. Daraus ergibt sich, daß z. B. **I**, **II**, **III** u. **IV** in einer α-Helix-Konformation vorliegen, nicht dagegen z. B. **V**, α-Lactoglobulin, **VI** u. Chymotrypsin. Die RD-Kurven für **I** wurden bei verschiedenen pH-Werten gemessen. Die im pH-Bereich 2,7—11,6 komplexe Kurve geht bei pH 1,9 in eine einfache über. Die Abhängigkeit der Konformation des I vom pH-Wert u. ihre Reversibilität werden diskutiert. K. Heyns. 4070◇

0986 **Chemische Untersuchungen über das Gift der Formosa-Cobra. 4. Mitt. Endständige Aminosäurereste, Molekulargewicht und Aminosäurezusammensetzung der gereinigten Lecithinase.** Toyosaku Sasaki. (J. pharmac. Soc. Japan [Yakugakuzasshi] **78**, 516—20, 1958; Sasayama, Hyogo-ken, Hyogo Univ. of Agric., Labor. of Organ. Chem.; jap., Auszug: engl.) — Die aus der Formosa-Kobra gewonnene *Lecithinase* (I) wird durch fraktioniertes Fällen mit Aceton, $(NH_4)_2SO_4$ u. A. gereinigt u. wirkt dann 16mal stärker als das Rohprodukt. Durch Best. des osmot. Druckes wird das Molgew. von I zu 28500 berechnet. Als N-endständige Aminosäure wurde *Asparaginsäure*, als C-endständige Aminosäuren *Glutaminsäure* u. *Glycin* bestimmt. Die Aminosäurekomposition der Peptidkette von I wird untersucht, wobei folgende Aminosäuren gefunden wurden: *Glycin, Threonin, Serin, Cystin, Asparaginsäure, Glutaminsäure, Tyrosin, Leucin, Valin, Phenylalanin, Alanin, Lysin, Arginin, Histidin, Prolin* u. *Tryptophan*. Vergleichende Unterss. mit dem aus *Crotalus terrificus* isolierten Gift, dem *Crotoxin*, werden angestellt. W. Hampel. 4070△

0987 **Lebende Moleküle.** J. N. Davidson. (Roy. Inst. Chem., Lecture Ser. **1963**, Nr. 1, 3—17; engl.) — Übersicht über die Struktur u. den Code der *Nucleinsäuren DNS* u. *RNS*. H. Czech. 4090◇

0988 **Zur Kenntnis der Huminsäuren. 6. Mitt. Studien zur Beschleunigung von Dehydrierungsreaktionen durch Modellsubstanzen von Huminsäurenvorstufen bzw. -abbauprodukten.** W. Flaig und K. Reinemund. (Z. Pflanzenernähr., Düng., Bodenkunde **68** (**113**), 255—68, 1955; Braunschweig-Völkenrode, Inst. für Biochem. des Bodens; dt.) — 5. vgl. Z. Pflanzenernähr., Düng., Bodenkunde **57**, [1952], 42. A. Jacob. 4090

0989 **Zur Kenntnis der Huminsäuren. 7. Mitt. Chinone als Zwischenkatalysatoren bei Redoxsubstanzen von biologischer Bedeutung und bei Fermentsystemen.** K. Reinemund und W. Flaig. (Z. Pflanzenernähr., Düng., Bodenkunde **68** (**113**), 269—74, 1955; dt.) — 6. vgl. vorst. Referat. A. Jacob. 4090

0990 **Zur Kenntnis der Huminsäuren. 8. Mitt. Zur Charakterisierung der Huminsäuren des Bodens.** W. Flaig, F. Scheffer und B. Klamroth. (Z. Pflanzenernähr., Düng., Bodenkunde **71** (**116**), 33—35, 1955; Göttingen, Agrikulturchem. u. bodenkundl. Inst.; Braunschweig-Völkenrode, Inst. für Biochem. des Bodens; dt.) — 7. vgl. vorst. Referat. A. Jacob. 4090

0991 **Zur Kenntnis der Huminsäuren. 9. Mitt. Der Gehalt an Aminosäuren in Streptomyceten-Huminsäuren.** J. M. Bremner, W. Flaig und E. Küster. (Z. Pflanzenernähr., Düng., Bodenkunde **71** (**116**), 58—63, 1955; dt.) — 8. vgl. vorst. Referat. A. Jacob. 4090

0992 **Zur Kenntnis der Huminsäuren. 10. Mitt. Über den Einfluß des Thymohydrochinons als Modellsubstanz von Vorstufen bzw. Abbauprodukten von Huminsäuren auf das Wurzelwachstum von Sommerweizen.** W. Flaig und E. Saalbach. (Z. Pflanzenernähr., Düng., Bodenkunde **71** (**116**), 208—15, 1955; dt.) — 9. vgl. vorst. Referat. A. Jacob. 4090

0993 **Zur Kenntnis der Huminsäuren. 11. Mitt. Die Beeinflußung der Keimung von Getreide durch Thymohydrochinon als Modellsubstanz von Vorstufen bzw. Abbauprodukten von Huminsäuren.** W. Flaig und E. Saalbach. (Z. Pflanzenernähr., Düng., Bodenkunde **71** (**116**), 215—24, 1955; dt.) — 10. vgl. vorst. Referat. A. Jacob. 4090

0994 **Zur Kenntnis der Huminsäuren. 12. Mitt. Untersuchungen über den Einfluß von Thymohydrochinon als Modellsubstanz von Vorstufen bzw. Abbauprodukten von Huminsäuren auf die Atmung von Getreide.** W. Flaig und E. Saalbach. (Z. Pflanzenernähr., Düng., Bodenkunde **72** (**117**), 1—7, 1956; dt.) — 11. vgl. vorst. Referat. A. Jacob. 4090

0995 **Zur Kenntnis der Huminsäuren. 13. Mitt. Untersuchungen über die Beeinflussung der Anfangsentwicklung von Getreide in Neubauerschalen durch Thymohydrochinon als Modellsubstanz von Vorstufen bzw. Abbauprodukten von Huminsäuren.** W. Flaig und E. Saalbach. (Z. Pflanzenernähr., Düng., Bodenkunde **72** (**117**), 7—15, 1956; dt.) — 12. vgl. vorst. Referat. A. Jacob. 4090

0996 **Zur Kenntnis der Huminsäuren. 14. Mitt. Einfluß von Modellsubstanzen von Humusstoffen auf den Stoffwechsel von Getreide.** E. Saalbach. (Landwirtsch. Forsch., Sonderh. Nr. **9**, 95—100, 1957; dt.) — 13. vgl. vorst. Referat. A. Jacob. 4090

E. Biologische Chemie, Physiologie, Medizin

E_1. Allgemeine Biologie und Biochemie

0997 **Über Isomorphie-Erscheinungen in lebenden Systemen und die Beeinflussung von Stoffwechselvorgängen durch Isomorphie-Beziehungen.** Werner Lüdke. (Tschermaks mineralog. petrogr. Mitt. [3] **8**, 82—95, 1962; Jena; dt.) — Vgl. C. **1963**, 3635. — Vf. weist auf die Bedeutung der Isomorphie für lebende Syst. u. Stoffwechselvorgänge hin. Er schlägt die Anwendung kristallograph. Meth. zur Vervollständigung des Tatsachenmaterials vor, um komplizierte physiolog. u. biolog. Probleme zu lösen. H. Moenke. 4100□

0998 **Axiome und Theoreme in der Biologie.** H. Kalmus. (Nature [London] **198**, 240—43, 1963; London, Univ. Coll., Galton Labor.; engl.) — Betrachtungen über allg. u. qual. plausible Lehrsätze (Axiome) sowie spezif. detaillierte Ableitungen von diesen Axiomen (Theoreme), den Ursprung des Lebens, Evolution u. Selektion sowie ausgeglichenen Polymorphismus betreffend. Besprechung neuer biolog. Prinzipien u. Forschungsprinzipien. U. Tausendfreund. 4100◇

0999 **Einfluß der Alkaloide auf die Meiosis und Befruchtung der Zuckerrübe und Wirksamkeit dieser Einwirkungen zwecks Erzielung von Polyploiden.** N. E. Saikowskaja. (J. allg. Biol. [UdSSR] **24**, 74—79, 1963; Kiew, Allunions Forschungs-Inst. für Zuckerrübe; russ., Auszug: engl.) — Bei der Einw. von *Colchicin* (I) oder *Acenaphthen* (II) auf die Zuckerrübenblüte während der Red.-Teilung wird die Meiose um so stärker gestört, je früher die Einw. erfolgt. Es gelingt hierdurch nicht, Tetraploide zu erhalten. Bei der Einw. von I oder II erhält man eine sehr hohe Zahl degenerierender u. weniger normale Staubkörner. Werden 4330 befruchtete Samenkapseln mit II behandelt, so erhält man 17,1% Tetraploide. O. Lebtag. 4130△

1000 **Wirkung von Colchicin auf das Wachstum und die Sporulation von Alternaria tenuis Nees ex. Pers.** J. N. Rai und A. K. Sinha. (Current Sci. [Bangalore] **32**, 135—36, **1963**; Lucknow, Lucknow Univ., Bot. Dep., Microbiol. Labor.; engl.) — Vff. inkubieren *Alternaria tenuis* auf Agar, der 0,01 bis 0,5% *Colchicin* enthält, bei 25°. Die Myceltrockengew. u. die Koloniedurchmesser zeigen ein Maximum bei 0,1%. Auch die Sporulation steigt bis zu Konzz. von 0,1% an, danach erfolgt ein scharfer Abfall, u. bei 0,5% unterbleibt sie ganz. Die größten Sporen werden bei 0,25% gebildet. Die Sporenkeimung nimmt mit steigender Colchicin-Konz. ab. W. Hiller. 4130◇

1001 **Alkoholisches Salzsäure-Karmin als Färbung für Chromosomen in breiigen Präparaten.** Richard Snow. (Stain Technol. **38**, 9—13, 1963; Davis, Calif., Univ. of California, Dep. of Genet.; engl.) — Es wird eine Färbemeth. für Chromosomen in breiigen Präpp. mit alkohol. *HCl-Karmin*-Lsg. beschrieben, diese ergibt eine intensive Färbung der Chromosomen, während das Cytoplasma nur schwach gefärbt ist. Ihre Anwendung ist einfach u. liefert einheitliche Resultate. K. Zingraf. 4130◇

1002 **Eine Gen-kontrollierte Induzierbarkeit der Galaktosestoffwechsel-Enzyme bei Saccharomyces.** H. C. Douglas und Gretchen Pelroy. (Biochim. biophysica Acta [Amsterdam] **68**, 155—56, 1963; Seattle, Wash., Univ., School of Med., Dep. of Microbiol.; engl.) — Bei dem haploiden Stamm von Saccharomyces bewirken die Gene Ga_1, Ga_7 u. Ga_{10}, welche an das Chromosom II gebunden sind, die Synth. der Enzyme *Galaktokinase*, *Gal-1-P-Uridyltransferase* u. *Uridyldi-*

phosphat–Galaktose-Epimerase des Galaktosestoffwechsels. In Ggw. des rezessiven Gens Ga_3, welches im Chromosom IV lokalisiert ist, kann nun eine Mutante erhalten werden, welche die oben beschriebenen Enzyme synthetisiert. Es werden die genet. Eigg. u. die Darst. der Mutante näher beschrieben.
H. Struck. 4130◇

1003 **Allgemeine Natur des genetischen Code für Proteine.** F. H. C. Crick, Leslie Barnett, S. Brenner und R. J. Watts-Tobin. (Nature [London] **192,** 1227–32, 1961; Cambridge, Cavendish Labor., Med. Res. Counc. Unit for Molecul. Biol.; engl.) — Vff. berichten zusammenfassend über eigene u. andere genet. Verss., die erkennen lassen, daß die Aminosäuresequenz entlang einer Polypeptidkette eines *Proteins* durch die Reihenfolge der Basen entlang eines Teilstücks einer Nucleinsäure des genet. Materials determiniert ist. Der genet. Code zeichnet sich durch vier Hauptmerkmale aus: 1. Eine Gruppe von drei Basen (oder, weniger wahrscheinlich, ein Mehrfaches von drei Basen) determiniert eine Aminosäure. 2. Der Code ist nicht überlappend. 3. Die Basensequenz wird von einem fixen Startpunkt aus gelesen. Wird der Startpunkt um eine Base verschoben, verschieben sich auch die Tripletts, u. der Code verliert seinen Sinn. Der Code ist weiterhin „kommafrei", d. h. ohne Fehlstellen. 4. Möglicherweise ist der Code „degeneriert", d. h. eine bestimmte Aminosäure kann durch verschiedene Basentripletts determiniert sein.
H. Nürnberger. 4150◇

1004 **Zum Problem des biochemischen Code.** M. D. Frank-Kamenetzki. (Biochemie [UdSSR] **28,** 361–65, 1963; Moskau, Kurtschatow-Inst. für Atomenergie; russ., Auszug: engl.) — Auf Grund der krit. Erörterung der neueren Literatur kommt Vf. zu der Schlußfolgerung, daß alle ein u. derselben Aminosäure entsprechenden Tripletts der Nucleinsäuren das gleiche Basenpaar enthalten. Nimmt man an, daß auch die Reihenfolge dieser Basen die gleiche ist, so stehen nur 6 Varianten des Quasidublettcode für 11 Aminosäuren im Einklang mit dem Versuchsmaterial. — 17 Literaturangaben.
O. Lebtag. 4150△

1005 **Erhaltung eines Virus-Ribonucleinsäure-Genoms während der Replikation und Translation.** R. H. Doi und S. Spiegelman. (Proc. nat. Acad. Sci. USA **49,** 353–60, 1963; Urbana, Ill., Univ. of Illinois, Dep. of Microbiol.; engl.) — Durch Wachstum im entsprechenden Milieu wurde die *Ribonucleinsäure* (RNS) des Bakteriophagen MS 2 mit ^{15}N u. ^{32}P markiert. Nach der Lyse wurde die RNS im Cs_2SO_4-Dichtegradienten zentrifugiert u. die beiden Isotopen in denselben RNS-Strängen gefunden. Hieraus wird geschlossen, daß der Ausgangs- (Eltern) RNS-Strang während der Replikation u. der Translation (Übersetzung des Codes in das Protein), die zur Bldg. reifer Virusteilchen notwendig sind, erhalten bleibt. Die RNS selbst dürfte die genet. Botschaft enthalten.
M. Wiedemann. 4150◇

1006 **Neoguanylsäure, ein neues Nucleotid aus Ribonucleinsäure.** W. F. Hemmens. (Biochim. biophysica Acta [Amsterdam] **68,** 284–92, 1963; Dublin, Ireland, Arthur Guiness Son & Co.; engl.) — Vf. isolierte *1-Ribosylguanin-(2')-3'-phosphat* (**I**; „*Neoguanylsäure*") aus Alkalihydrolysaten von Ribonucleinsäure aus *Saccharomyces cerevisiae* u. aus normaler Guanylsäure. **I** zeigt pK'-Werte von 3,1, 9,9 u. 12,5 u. eine andere Ionisation in konz. Säuren (pK' <0). Das UV-Spektrum von **I** bei verschiedenen pH-Werten, die R_F-Werte in verschiedenen Lsgm.-Syst. u. die elektrophoret. Beweglichkeit in verschiedenen Puffermedien werden angegeben. **I** wird nicht von Klapperschlangengift, jedoch von alkal. Phosphatase dephosphoryliert, es reagiert mit Paulys u. mit Folins Reagens sowie mit Orcin.

Versuche: *1-Ribosylguanin-(2')3'-phosphat* (**I**), $C_{10}\cdot H_{14}N_5O_8P\cdot 2\,H_2O$, aus einer Lsg. von 5 g Guanylsäure in 200 ml W. durch Einstellen von pH 8, Filtrieren, Aufbringen auf Dowex-1 X 2 (Cl^--Form), Eluieren mit 0,01n HCl, Auffangen der nach Durchgeben von ca. 2 Liter Säure erscheinenden Fraktion, Rechromatographie unter Verw. von 0,006n HCl als Eluent, Auffangen des 2'- u. 3'-Isomeren von **I**, Konzentrieren der Lsg. durch Einfrieren u. Zugeben von Aceton.
G. Seltmann. 4150◇

1007 **Isolierung der Ribonucleinsäure aus dem Pankreas nach der Methode von Kemp und Allen und Versuche zur Fraktionierung der Säure mit verschiedenen $MgCl_2$-Konzentrationen.** Zofia Walter. (Zeszyty naukowe Uniw. Łódzkiego, Ser. II, **1962,** Nr. 12, 51–56, Łódź, Uniw., Kat. Biochem.; pol.) — Nach der Meth. von Kemp u. Allen [1958] wurden, unter Eliminierung der Wrkg. der Ribonuclease, Ribonucleinsäuren (RNS) aus dem Kälberpankreas isoliert. Die isolierten RNS haben einen hohen Geh. an *Guanin* (**I**) u. *Cytosin.* Durch Behandlung mit Protaminsulfat wird eine weitere Anreicherung der Präpp. an **I** erzielt. Bei der Fraktionierung der RNS mit $MgCl_2$ wurden 3 Fraktionen erhalten: 1. mit 0,010 mMgCl₂ 38% (Ausbeute). 2. mit 0,013 mMgCl₂ 35%. 3. mit 0,032 mMgCl₂ 8%. Im Rückstand verbleiben 19% mit A. fällbarer RNS. Die Zus. der Fraktionen ist ähnlich, alle enthalten viel **I**.
F. Urban. 4150◇

1008 **Charakterisierung der unter den Bedingungen der gelösten Aminosäure-Kontrolle gebildeten Ribonucleinsäure in Escherichia coli.** Frederick C. Neidhardt und Lia Eidlic. (Biochim. biophysica Acta [Amsterdam] **68,** 380–88, 1963; Lafayette, Ind., Purdue Univ., Dep. of Biol. Sci.; engl.) — Bei *Escherichia coli*-Stämmen ohne Aminosäurekontrolle, d. h. die auch bei Aminosäuremangel einen *Ribonucleinsäure* (RNS)-Überschuß synthetisieren, wurde mittels ^{32}P-Markierung u. Zentrifugierung im Zucker–Dichte-Gradienten diese RNS untersucht. Sie enthielt Komponenten mit 23 S, 16 S u. 4–8 S. In Abwesenheit von Protein-Synth. waren die 23 u. 16 S als abnorme Ribosomen vorhanden, ein Teil der Transfer (s)-RNS besaß die Fähigkeit der Aminosäureaufnahme. Bei vorhandener Protein-Synth. hatte die RNS die normalen 50 S, 30 S u. Transfer-RNS-Komponenten. Der erste Fall entspricht der Chloramphenicol-, der zweite der Adenosineinwirkung.
M. Wiedemann. 4150◇

1009 **Nucleinsäurebestimmung in Speichergeweben höherer Pflanzen.** Joe H. Cherry. (Plant. Physiol. **37,** 670–78, 1962; New Orleans, La.; U. S. Dep. of Agricult., Agricult. Res. Serv., Southern Utilization Res. and Development Div., Seed Protein Pioneering Res. Labor.; engl.) — Die Best. der Ribonucleinsäuren nach der Meth. von Cherry u. Hageman (Plant Physiol. **35,** [1960], 343) gibt bei Maissämlingen befriedigende Ergebnisse, nicht jedoch bei Erdnußcotyledonen. Vf. vergleicht die angeführte Meth. mit der in geringem Maße modifizierten Meth. von Smileie u. Krotkow (Can. J. Botany **38,** [1960], 31). Die letzte Meth. gibt die besseren Ergebnisse bei der Extraktion u. Best. der Nucleinsäure im Speichergewebe von Mais-, Erdnuß- u. Erbsensämlingen. Die 3 untersuchten Arten unterscheiden sich stark im Verhältnis von Ribonucleinsäure zu Desoxyribonucleinsäure in den Speichergeweben.
W. Hiller. 4150◇

1010 **Ribonucleinsäurepolyphosphat von Algen.** 1. Mitt. **Isolierung und Physiologie.** David L. Correll und N. E. Tolbert. (Plant Physiol. **37,** 627–36, 1962; East Lansing, Mich., Michigan State Univ., Dep. of Biochem.; engl.) — Vff. untersuchten die *Ribonucleinsäure* (RNS)–*Polyphosphat* (**I**)-Fraktion in Kulturen von *Anabaena* u. *Chlorella.* In schnellwachsenden *Anabaena*-Kulturen sind 40–50% des Gesamtphosphats **I.** Das in der RNS-**I**-Fraktion enthaltene **I** beträgt ca. 30% vom Gesamtphosphat. Die durch Chromatographie der RNS-**I**-Fraktion erhaltenen Subfraktionen enthalten alle RNS u. **I.** Sowohl bei *Anabaena* als auch bei *Chlorella* kommen im Stadium des schnellen Wachstums 7 **I** auf 1 Nucleotid. Das Verhältnis ändert sich jedoch mit dem Kulturzustand. Bei Kulturbeginn tritt in den ersten 9 Std. eine rasche RNS-**I**-Synth. ein in den 3 Fraktionen, die mit den höchsten Salz-Konzz. aus der Säule eluiert werden. In den folgenden 3 Std. tritt eine Abnahme ein, die Zellen bereiten in dieser Zeit die Kernteilung vor. Zugabe von *Chloramphenicol* verhindert die Abnahme.
W. Hiller. 4150◇

1011 **Untersuchungen zur Frage der Elimination von Kern-Ribonucleinsäure in das Cytoplasma bei Gasteria verrucosa und anderen Zellen.** Günther Werz. (Planta **59,** 338–45, 1963; Wilhelmshaven, Max-Planck-Inst. für Meeresbiologie; dt.) — Mittels kombinierter cytochem. u. UV-fernsehmkr.-Meth. konnte bei in vitro gehaltenen Zellen von *Gasteria verrucosa* eine Transferierung der *Ribonucleinsäure* aus dem Kern in das Cytoplasma nachgewiesen werden. Inwieweit es sich hierbei um einen normalen physiolog. Vorgang handelt, konnte nicht bewiesen werden.
H. Ackermann. 4150◇

1012 **Eine ungewöhnliche Desoxyribonucleinsäure aus Phagen-infizierten Bakterien.** Fred R. Frankel. (Proc. nat. Acad. Sci. USA **49,** 366–72, 1963; Cold Spring Harbor, N.Y., Genetics Res. Unit, Carnegie Inst. of Washington; engl.) — Aus Bakterien, welche mit dem Bakteriophagen T_2

infiziert waren, wurde vor den letzten Stadien des Phagenwachstums, die mittels Chloramphenicol oder 5-Methyltryptophan unterbunden wurden, mittels Phenol eine *Desoxyribonucleinsäure* (DNS) extrahiert, die nach Nucleotid-Zus., Zerbrechlichkeit je Längeneinheit u. Empfänglichkeit für therm. Denaturierung der üblichen Phagen-DNS ähnelt, sich aber durch starke Bindung an bas. Protein, raschere Sedimentation u. größere Zerbrechlichkeit bei hydrodynam. Belastung davon unterscheidet. Sie dürfte höher molekular sein, physikal. inhomogen u. nur eine unvollständige Doppelhelixstruktur aufweisen. M. Wiedemann. 4150◇

1013 **Die Viscosität der Desoxyribonucleinsäure des bestrahlten Bakteriophagen T-2.** Ju. P. Winetzki. (Biochemie [UdSSR] **28,** 467—74, 1963; russ., Auszug: engl.) — Durch Messung der Viscosität der *Desoxyribonucleinsäure* (I) wird festgestellt, daß bei Bestrahlung der Suspensionen von Bakteriophagen T-2 mit UV, γ-Strahlen (^{60}Co) u. weichen Röntgenstrahlen eine verschiedene Depolymerisation der I eintritt: die Depolymerisation nimmt in der Reihenfolge Röntgenstrahlen–γ-Strahlen–UV ab. Die Strahlenempfindlichkeit des Phagenteilchens gegenüber der Injektion von I ist bei der Inaktivierung durch Röntgenstrahlen 1,2 mal geringer als die der Reproduktionsfunktion, bei der Inaktivierung durch γ-Strahlen 2,5 mal geringer. Die Intensität des Eindringens der I in die Phagenzelle ist abhängig vom Polymerisationsgrad der I. O. Lebtag. 4150△

1014 **Die Stabilität von Desoxyribonucleinsäure in Glykollösung.** R. Eliasson, E. Hammarsten, T. Lindahl, I. Björk und T. C. Laurent. (Biochim. biophysica Acta [Amsterdam] **68,** 234—39, 1963; Stockholm, Karolinska Inst., Dep. of Bacteriol.; Uppsala, Sweden, Univ., Dep. of Med. Chem.; engl.) — In einer wss., salzhaltigen (NaCl, Na-Citrat) *Glykol* (I)-Lsg. zeigen 5 *Desoxyribonucleinsäuren* (DNS) verschiedener Herkunft (tier. u. bakteriell) eine reversible Steigerung der Extinktion u. einen reversiblen Abfall der Viscosität (im Bereich von 20—99% I) gegenüber der wss. Lsg.; Erhitzen der Lsg. $>25^0$ führt zu einer weiteren, irreversiblen Extinktionssteigerung u. einem weiteren, irreversiblen Viscositätsabfall. Durch Lichtzerstreuungsmessungen wurde gefunden, daß die DNS in dieser Lsg. ein höheres Partikel-Gew. u. einen negativen 2. Virial-Koeff. besitzt. Die Transformationsaktivität der DNS gegenüber Bakterien zeigte zu der in wss. Lsg. keinen Unterschied, nahm aber bei Temp. $>34^0$ ca. 10% des Ausgangswertes an u. war bei Temp. $>80^0$ verschwunden. In salzfreier I-Lsg. war auch bei normalen Temp. ein Verlust der Transformationsaktivität zu beobachten. — Vff. schließen hieraus, daß eine Änderung der Sekundärstruktur der DNS in wss., salzhaltiger I-Lsg. erst oberhalb 25°, nicht aber unterhalb erfolgt; hingegen dürfte in dieser Lsg. eine Aggregation der DNS-Moll. erfolgen. G. Seltmann. 4150◇

1015 **Desoxyribonucleinsäure-Synthese in Kernen, die aus regenerierender Rattenleber nach Ganzkörperbestrahlung gewonnen wurden.** S. M. Lehnert und S. Okada. (Int. J. Radiat. Biol. **5,** 323—29, 1962; Rochester, N.Y., Univ., School of Med. and Dent., Dep. of Exp. Radiol.; engl.) — Partiell hepatektomierte Ratten wurden röntgentotalbestrahlt. Bestrahlungsbedingungen: 250 kV, Filter 1 mm Al + 0,5 mm Cu, Dosisleistung 18,5 r/min, FHA 25 mm, Gesamtdosis 800 r. Zu verschiedenen Zeiten nach der Bestrahlung wurde den getöteten Tieren die Leber entnommen, die Zellkerne isoliert, suspendiert u. die Suspension mit T-haltigem *Thymidin* (I) in Ggw. eines Enzyms aus der Leber, das die Synthetisierung der *Desoxyribonucleinsäure* (II) bewirkt, versetzt. Es zeigte sich, daß die II-Synth. in bestrahlten Zellen gleichen Gang zeigt wie in unbestrahlten. Der I-Einbau nimmt mit wachsendem Zeitabstand nach der Bestrahlung ab, ist indessen unabhängig von der Dosis. Bei nichthepatektomierten Ratten trat die Hemmung des I-Einbaus nicht ein. W. Reusse. 4150◇

1016 **Der Einfluß von Sauerstoff auf Säugetierzellen nach Strahlensensibilisierung durch Inkorporierung von 5-Bromdesoxyuridin in die Desoxyribonucleinsäure.** R. M. Humphrey, W. C. Dewey und A. Cork. (Nature [London] **198,** 268—69, 1963; Houston, Tex., Univ., Dep. of Phys., Texas Med. Center, M. D. Anderson Hosp. and Tumor Inst.; engl.) — Mäuse-Fibroblasten-Kulturen wurden mit Lsgg. von *5-Bromdeoxyuridin* (I) behandelt u. anschließend als aufbereitete Suspension in Ggw. von O_2 oder N_2 röntgenbestrahlt. Bestrahlungsdaten: 220 kV, Filter 0,5 mm Cu + 1 mm Al, HWS 1,4 mm Cu, Dosisleistung 480 rad/min. Beobachtung der Überlebensrate der Zellen ergab, daß die für eine Überlebensrate von 50% erforderliche Dosis (300 r) nach I-Anwendung um den Faktor 2 kleiner ist (150 r). Dieser Dosisreduktionsfaktor nimmt mit abnehmender Überlebensrate (wachsender Dosis) ab (1,43 bei Überlebensrate 0,1%). Dies gilt bei Ggw. von O_2; in N_2-Atmosphäre ist der durch I bedingte Dosisreduktionsfaktor unabhängig von der Überlebensrate (Dosis) etwa gleich 1,44. W. Reusse. 4150◇

1017 **Veränderungen in der Ribonucleinsäure und Desoxyribonucleinsäure in sich entwickelnden Orangeblättern.** S. P. Monselise, A. Cohen und B. Kessler. (Plant Physiol. **37,** 572—78, 1962; Rehovot, Israel, Nat. and Univ. Inst. of Agricult.; engl.) — *Desoxyribonucleinsäure* (DNA) erreicht einen konst. Wert nach der anfänglichen Wachstumsperiode. *Ribonucleinsäure* (RNA) u. *Protein* (I) reichern sich im Blatt während der gesamten Wachstumsperiode an. Zwischen dem 3. u. 7. Monat steigt die RNA-Konz. um 54,5% u. die I-Konz. um 52%, während das Blattwachstum nur um 23% steigt. Besprühen der Pflanzen mit 150 ppm *Adenin* senkt den RNA-Spiegel u. fördert die DNA-Akkumulation. Besprühen mit *Coffein, Uracil* u. *Xanthin* senkt den DNA-Spiegel u. fördert die RNA-Akkumulation. Die Wrkg. sind nicht über die ganze Vegetationsperiode uniform, sie sind am Ende der Vegetationsperiode schwächer ausgeprägt. W. Hiller. 4150◇

1018 **Protein, Nucleotide und Ribonucleinsäurestoffwechsel bei Mais während der Keimung unter Wasserbelastung.** S. H. West. (Plant Physiol. **37,** 565—71, 1962; Gainesville, Fla., Florida Agricult. Exp. Stat., Dep. of Agronom. u. U. S. Dep. of Agricult., Agricult. Res. Serv., Crops Res. Div.; engl.) — Vf. kultiviert Mais in Nährlsgg. bei osmot. Drucken von 0,02; 4,9; 9,8 u. 14,7 atm (durch verschiedene *Mannit*-Konzz. hervorgerufen). Mit höherem osmot. Druck nehmen das Frisch-Gew., Trocken-Gew., der *Protein*-Geh. u. der *Nucleotid*-Geh. ab, der Geh. an *Ribonucleinsäure* hingegen nimmt zu. Die Ribonucleinsäure von bei höheren osmot. Werten gewachsenen Maissämlingen zeigt ein höheres Verhältnis von *Guanosinmonophosphat* u. *Uridinmonophosphat* zu *Cytidinmonophosphat* u. *Adenosinmonophosphat.* W. Hiller. 4150◇

1019 **Wirkungen von Metallionen und reduzierenden Agentien auf die Inkorporierung von Aminosäuren in lösliche Ribonucleinsäure und mikrosomales Protein.** Anima Devi und Nirmal Sarkar. (Biochim. biophysica Acta [Amsterdam] **68,** 254—62, 1963; Quebec, Canada, Laval Univ., Fac. of Med., Dep. of Biochem.; engl.) — Lsgg., die durch Homogenisieren von frischer Rattenleber, Walker-Tumoren oder Sarkom 180 u. Auszentrifugieren hochmolekularer Bestandteile bei 105000·*g* gewonnen wurden, wurden mit *^{14}C-Leucin* (I), Adenosin-5′-triphosphat u. Co^{2+} in Trispuffer inkubiert. Mit Trichloressigsäure wurde die Inkubation abgestoppt, ausgefällt u. dann die eingebaute Menge ^{14}C gemessen. Co^{2+} steigert den Einbau auf das 3—4fache gegenüber Mg^{2+} allein, dabei gehen 90—95% des I an die *lösl. Ribonucleinsäure* (*l*-RNS); die Wrkg. wird durch *Äthylendiamintetraessigsäure* aufgehoben. Mn^{2+}, Zn^{2+} u. Ca^{2+} zeigen bes. in höheren Konzz. geringe, Cu^{2+}, Fe^{2+} u. Ni^{2+} starke Inhibitorwirkung. Reduzierende Substanzen, wie *Cystein, Glutathion* u. *Ascorbinsäure*, nicht aber Methionin u. Cystin, hemmen ebenfalls den I-Einbau in die *l*-RNS. Die Wrkg. des Co^{2+} kann noch gesteigert werden, wenn der Zentrifugationsüberstand 36 Std. gegen 0,005 m Trispuffer (pH 8,5) bei 2—4° dialysiert wird. Wurde der Überstand des Ultrazentrifugats (s. oben) durch *l*-RNS aus Hefe ersetzt, so erfolgte kein Einbau des I. Als erste Stufe des I-Einbaus wurde die Bldg. von Hydroxamsäure beobachtet. — Durch intraperitoneale Injektion von I bzw. I u. Co^{2+} bei Ratten, Töten der Tiere nach 3 Std., Zentrifugation der Leberhomogenate u. Unters. wie oben konnte gezeigt werden, daß Co^{2+} auch in vivo den I-Einbau in Protein beschleunigt. Vff. vermuten, daß sich das zugesetzte Metallion mit dem Substrat (dem I) zu einem Metall–Substrat-Komplex vereinigt u. daß dieser Komplex enzymat. weiterverwandelt wird. Der Hemmeffekt der reduzierenden Substanzen soll auf deren Chelat-Bldg. mit dem Co^{2+} zurückzuführen sein; dadurch wird das Co^{2+} aus dem Rk.-Gemisch entfernt. G. Seltmann. 4150◇

1020 **Die restaurierende Wirkung von Hefe-Ribonucleinsäure und ihrer gemischten Nucleotide auf den bei Ratten durch Myleran induzierten Knochenmarktod.** J. Maisin,

A. Dunjic und P. Dumont. (Int. J. Radiat. Biol. **5**, 291 bis 300, 1962; Louvain, Belgien, Univ., Cancer Inst., Dep. of Radiobiol.; engl.) — Durch Magensonde erhielten ♂ Albinoratten eine halbletale Dosis von 1 ml einer Lsg. von *Myleran* (*1.4-Dimethansulfonoxybutan*; **I**), 30 Min. später eine Injektion von 500 mg Hefe-*Ribonucleinsäure* (**II**)/kg. Die durch die **I**-Gaben bewirkte Sterblichkeit wird durch **II** gemindert, wobei die Wirksamkeit in logarithm. Beziehung zur **I**-Dosis steht. Mit einem Gemisch der 4 gereinigten Ribonucleotide *Adenosin, Guanosin, Cytidin* u. *Uridin* erhält man eine ähnliche, wenn auch geringere antitox. Wirkung. Die Analogie zwischen der **II**-Wrkg. als Strahlenschutzmittel gegen Röntgenstrahlung u. als Antitoxicum gegen **I** wird erörtert. W. Reusse. 4150◇

1021 **Die Wechselwirkung von Ribonucleotiden und Polyribonucleotiden mit Kernribosomen.** R. H. Burdon. (Biochem. J. **87**, Nr. 2, Proc. biochem. Soc. 27 P, 1963; Glasgow, Univ., Dep. of Biochem.; engl.) — Kernribosomen (R) aus Landschutz-Ascitestumorzellen bauen *Adenosintriphosphat* (ATP) oder *Uridintriphosphat* (UTP) in ihre *Ribonucleinsäure* (RNS)-Komponente ein, wobei *Pyrophosphat* (**I**) abgespalten wird. Der Einbau erfolgt nur in Ggw. von 2 Mol $MgCl_2$ pro Mol Ribotid u. wird durch Ribonuclease nicht gehemmt. Zugabe von „Primer"-RNS ist ohne Wirkung. Werden R durch Ultraschallbehandlung homogenisiert, so vermindert sich die Einbau-Geschw. der Nucleosidtriphosphate. Sie kann jedoch durch Zusatz von *Polyadenylsäure* (**II**) oder *Polyuridylsäure* (**III**) wieder erhöht werden, wobei jeweils der ATP- bzw. UTP-Einbau normalisiert wird. Der Einbau von UTP ist in Ggw. von ATP vermindert. Durch alkal. Abbau der ribosomalen RNS nach Einbau von UTP wird bewiesen, daß UTP (oder auch ATP) an den Enden der einzelnen RNS-Ketten gebunden wird. Behandelt man R mit einsträngiger **III** u. mit **I**, so wird bei nachfolgender Inkubation mit ATP dessen Einbau gehemmt. Die gleiche Beobachtung gilt auch für die Anwendung von doppelsträngigem **II**/**III**-Komplex statt **III** allein. Andererseits hemmen **II** u. **I** den Einbau von UTP in R; werden R mit *Desoxyribonucleinsäure* (DNS) aus Ascitestumorzellen inkubiert, so führt das zur verstärkten Pyrophosphorolyse einsträngiger Polyribonucleotide, während hierdurch die Spaltung doppelsträngiger Polyribonucleotide vermindert wird. Vf. vermutet, daß die DNS durch Ausbldg. eines spezif. Komplexes mit R den Abbau von Polyribotiden steuert.
L. Träger. 4150◇

1022 **Aufnahme von mit basischem Protein verbundenen Nucleinsäuren durch Säugetierzellen.** C. Cocito, A. Prinzie und P. De Somer. (Experientia [Basel] **18**, 218—20, 1962; Louvain, Belgien, Rega Inst., Labor. of Virology; engl.) — Werden proteinfreie ^{32}P-Nucleinsäuren auf Supercel, das *methyliertes Serumalbumin* (**I**) enthält, mit einem NaCl-Gradienten von 0,3—1,5 m NaCl (enthaltend 0,05 m Phosphatpuffer, pH 6,8) chromatographiert, so werden zwischen den Nucleinsäuren u. **I** stabile Komplexe gebildet, die je nach dem Salz-Geh. des Lsgm. wieder reversibel spaltbar sind. Man erhält in nacheinanderfolgenden Fraktionen: 1. Nucleotide, freie Basen, anorgan. Phosphat u. ^{32}P-markierte UV-absorbierende unbekannte Verbb., 2. *Ribonucleinsäure* (RNS) mit niederem Molgew., 4 S (Sedimentations-Koeff.), 3. *Desoxyribonucleinsäure* (DNS), 38 S, 4. 2 Typen RNS mit hohem Molgew. u. 16 S bzw. 27 S. Wird proteinfreie RNS oder DNS mit **I** in vitro kombiniert, so werden die Nucleinsäuren vor der Einw. von krist. Nucleasen weitgehend geschützt. Tatsächlich nehmen auch HeLa-Zellen mehr **I**-gebundene Nucleinsäuren auf als freie RNS oder DNS. Innerhalb von 2 Generationswechseln wird die so geschützte DNS nicht abgebaut. Wird RNS vom Poliovirus mit **I** kombiniert, so ist sie nicht mehr infektiös. Verss., nach Eintritt freier, infektiöser RNS in die Säugetierzelle die Infektiosität durch Komplex-Bldg. mit **I** aufzuheben, scheiterten wegen der hohen Toxizität von **I**.
L. Träger. 4150◇

1023 **Methode, um tritiiertes Thymidin in das Gewebe von Hydra einzuführen.** Allison L. Burnett, Ronald Baird und Frederick Diehl. (Science [Washington] **138**, 825—26, 1962; Cleveland, Ohio, Western Res. Univ., Dev. Biol. Center; engl.) — *Hydra pseudoligactis* nimmt unter normalen Bedingungen keine höhermol. freien exogenen Verbb. auf. Lediglich ^{14}*C-Glycin* oder $^{14}CO_2$ werden von dem Tier aufgenommen. Um auch größere Moll., wie z. B. ^{3}*H-Thymidin* (**I**), aufzunehmen, werden die Tiere entweder durch die mittlere Magenregion oder kurz unter der *Spaltöffnung* geschnitten. Kommen die Tiere jetzt in Versene-Puffer in Ggw. von 10 μc ^{3}H-**I**/ml, so lassen sich bereits nach 10 Min. Inkubation durch Autoradiographie im Zwischengewebe u. im Magengebiet Radioaktivitäten nachweisen. Werden die Tiere 6 bis 12 Std. in dem ^{3}H-**I**-haltigen Puffer belassen, so wird Radioaktivität nicht nur entlang der Wunde, sondern im gesamten gastr. Bezirk gefunden. In jedem Fall befindet sich **I** nur im Zwischengewebe, in der Epithelmuskulatur u. den Verdauungszellen der Magenwand. Mit der gleichen Meth. wurde auch ^{3}*H-Uridin* in *Hydra* eingebaut. L. Träger. 4150◇

1024 **Biochemie der Zellatmung.** Ryô Satô. (Kagaku [Science] **33**, 161—66 u. 268—73, April u. Mai 1963; Ôsaka, Univ., Inst. für Eiweißstofforschung; jap.) — Vorlesung.
E. Maekawa. 4150◇

1025 **Verteilung von ^{3}H-β-3-Thienyl-L-alanin in den Geweben der erwachsenen männlichen Ratte mit Murphy-Sturm-Lymphosarkom.** B. A. Samal, L. E. Frazier, G. Monto, A. Slesers, Z. Hruban und R. W. Wissler. (Proc. Soc. exp. Biol. Med. **112**, 442—45, 1963; Chicago, Ill., Univ. of Chicago, Dep. of Pathol.; engl.) — Als Beitrag zur Prüfung der oncostat. Wrkg. von *β-3-Thienylalanin* (**I**) wurde ^{3}H-L-**I** an ♂ Ratten mit Murphy-Sturm-Lymphosarkom verfüttert, nachdem vorher eine Phenylalanin-arme Kost mit **I**-Geh. verfüttert worden war. Nach 29 Std. fand sich der höchste ^{3}H-Geh. in Nieren, Leber, Jejunumschleimhaut u. Pankreas (stoffwechselmäßig u. mitot. stark akt. Gewebe); mehr als 50% der Gesamtdosis erschienen innerhalb von 29 Std. als ^3H_2O. Die Tumoraufnahme war gering, vermutlich da durch die vorherige Fütterung das Tumorwachstum bereits gehemmt worden war; trotzdem dürfte vollständige Wachstumshemmung von **I** allein kaum zu erwarten sein.
U. Tausendfreund. 4160◇

1026 **Röntgenstrahlung und Diphosphopyridinnucleotid-Gehalt in Ascites-Tumorzellen und Leber bei der Maus.** M. Schneider F. O'Bourke und H. M. Redetzki. (Int. J. Radiat. Biol. **5**, 183—89, 1962; Galveston, Tex., Univ., Med. School, Dep. of Radiol, Pharmacol., Toxicol.; engl.) — Mäusen wurde eine Ascitestumorzellensuspension intraperitoneal injiziert u. wurden nach 8—12 Tagen bestrahlt. Mit 5000 r bestrahlte u. bei nach 2 bzw. 12 Std. getöteten Tieren entnommene Leber- u. Tumorzellen wurden auf ihren Geh. an *Diphosphopyridinnucleotid* (**I**) untersucht, u. zwar enzymat. mit Hefe-Alkoholdehydrogenase. Zwei Std. nach Bestrahlung mit 5000 r ist der Geh. der Leberzellen um 7%, der der Tumorzellen um 5% verringert, nach 12 Std. in beiden Fällen um 12%. Erhalten die Tiere vor der Bestrahlung i. m. *Nicotinamid*, dann wird der Geh. weiter vermindert (27 bzw. 22 bzw. 17 bzw. 16%). Es wird angenommen, daß die Bestrahlung die **I**-Synth. hemmt oder die Hydrolyse von **I** aktiviert. W. Reusse. 4160◇

1027 **Dünnschichtchromatographische Trennungen von Substanzen des Brenzcatechinamin- und Serotoninstoffwechsels.** E. Schmid, L. Zicha, J. Krautheim und J. Blumberg. (Med. exp. [Basel] **7**, 8—14. 1962; Erlangen-Nürnberg, Friedrich-Alexander-Univ., Med. Klin.; dt.) — Es werden dünnschichtchromatograph. Trennungs-Verff. für *biogene Amine* u. ihre Stoffwechsel-Prodd. beschrieben u. auf ihre Brauchbarkeit als orientierende Schnelltests für die Diagnostik des Phaeochromocytoms u. des metastasierenden Carcinoids geprüft. P. Gregorzewski. 4160◇

1028 **Autoradiographische Untersuchungen zum Eiweiß- und Melanin-Stoffwechsel der verschiedenen Zellarten des Melanoms der Maus (Typ Harding Passey).** Klaus Hempel und Walter Erb. (Z. Zellforsch. mikroskop. Anatom. **58**, 125—40, 1962; Köln, Univ., Inst. für Med. Isotopenforsch.; dt.) — Bei Mäusen mit transplantierbarem Melanom (Typ Harding-Passey) werden injiziertes ^{3}*H-DL-β-[3.4-Dihydroxyphenyl]-alanin* (*DOPA*)-*α.β-T_2* u. ^{3}*H-DL-DOPA-2'.5'.6'-T_3* selektiv in *Melanin* (**I**) eingebaut (1½ bis 24 Std. nach DOPA findet sich ^{3}H-**I** in Bindung an feine **I**-Granula im Cytoplasma **I**-armer Melanocyten; Makrophagen enthalten zu dieser Zeit kaum ^{3}H-**I**, während es nach 5 Tagen fast nur in Makrophagen vorhanden ist). Die nach Injektion von ^{3}*H-DL-Prolin-2-T* u. ^{3}*H-L-Tyrosin-3'-T* nachweisbare Eiweißneubildung in Melanoblasten u. Melanocyten liegt in der Größenordnung von Leberparenchymzellen; in **I**-Speicherzellen ist sie 10mal geringer; nach 7 Tagen ist das ^{3}H-Eiweiß aller Zellen zu 70—90% wieder abgebaut, bei Makrophagen steigt der Geh. auf das Doppelte (Phagocytose).
U. Tausendfreund. 4160◇

1029 **Über die Umwandlung der Leberparenchymzelle in eine Krebszelle (Die Cancerisierung als progressive Transformation der Desoxyribonucleinsäure).** W. Oehlert und J. Hartje. (Naturwissenschaften **50,** 358—59, 1963; Freiburg i. Br., Univ., Pathol. Inst., Ludwig-Aschoff-Haus; dt.) — Verss. mit ^{3}*H-Cytidin*, ^{3}*H-Thymidin* u. ^{3}*H-Leucin* während der Verfütterung von *Diäthylnitrosamin* an Ratten zeigten, daß trotz gesteigerter *Ribonucleinsäure* (RNS)-Synth. eine Verarmung des Cytoplasmas an Nucleoproteiden eintritt u. dem Abbau cytoplasmat. Strukturen während der Cancerisierung das Einsetzen der *Desoxyribonucleinsäure* (DNS)-Synth. parallel läuft. Für den Mechanismus der Cancerisierung wird daher angenommen, daß durch die Alkylierung des Guanins in der cytoplasmat. RNS eine Verminderung der Protein-Synth. u. damit ein Verlust an Strukturproteinen eintritt, was die Aufhebung der Hemmung der DNS-Synth. zur Folge hat. Die gesteigerte DNS-Bldg. greift auf Nucleotide der veränderten cytoplasmat. RNS zurück unter Bldg. einer veränderten DNS. Da diese DNS die Synth. cytoplasmat. fehlerhafter RNS vermittelt, entsteht ein Kreislauf zwischen atyp. Nucleotiden u. deren Einbau in die DNS u. eine progressive Transformation der chromosomalen DNS. Die Umwandlung der normalen Parenchymzelle in eine Krebszelle ist die Folge. Der vorgeschlagene Mechanismus macht die Zeitabhängigkeit einer cancerogenen Wrkg. (Verstärker-Wrkg.) verständlich.
W. Damerau. 4160◇

1030 **Gewebekulturuntersuchungen über die Hormonabhängigkeit experimenteller Ovartumoren der Ratte.** Stig Kullander und Bengt Källén. (Acta endocrinol. [Copenhagen] **39,** 294—307, Febr. 1962; Lund, Univ., Dep. of Gyn., Dep. of Embryol.; engl.) — In vivo konnte in Verss. mit Isotransplantaten experimentell induzierter Ovarialtumoren des homozygoten R-Rattenstammes ein besseres Wachstum in Ggw. von *Östrogenen* (**I**) u. *Progesteron* beobachtet werden. Während des Wachstums als subkutanes Implantat kann es zu einer Veränderung des Verh. in vitro kommen (Änderungen der Tumorzell-Rk. während der Evolution): der primäre Tumor reagiert in vitro nicht auf *Androsteron,* sondern erst nach Wachstum bei normalen oder **I**-behandelten ♀ Tieren (Wachstumssteigerung) oder bei ovarektomierten Tieren (Hemmung); der primäre Tumor reagiert in vitro mit leichter Hemmung auf **I,** nach Wachstum bei ovarektomierten **I**-behandelten Tieren mit Wachstumssteigerung.
U. Tausendfreund. 4160◇

1031 **Wirkung der Hypophysektomie auf die 17-Ketosteroidkomponenten bei Patienten mit Brustkrebs.** S. Pesonen u. O. Laitinen. (Acta endocrinol. [Copenhagen] **39,** 234 bis 244, Febr. 1962; Helsinki, Maisterklin., Yliopistollinen Keskussairaala; engl.) — Bei 10 Patientinnen mit Brustkrebs konnte nach Hypophysektomie eine Verminderung der Ausscheidung von *Androsteron* (**I**) u. *Androstanolon* (**II**) beobachtet werden, wobei allerdings die **I**-Ausscheidung im Verhältnis zur **II**-Ausscheidung geringer war (als Folge von Cortisonbehandlung möglich). Die *Dehydroepiandrosteron* u. *Epiandrosteron* enthaltende Fraktion war teilweise größer als vor der Hypophysektomie. U. Tausendfreund. 4160◇

1032 **Wirkung eines β-Glucuronidasehemmstoffes und von Methylcholanthren auf die Hervorrufung von Blasentumoren bei Ratten.** H. J. Bradley. (J. Urology **88,** 626—28, 1962; Baltimore, Md., Johns Hopkins Hosp., James Buchanan Brady Urol. Inst.; engl.) — Durch die Zufügung von *Glucosaccharo-1.4-lacton* als β-Glucuronidasehemmstoff (5 mg des Ammoniumsalzes/ml Trinkwasser) oder *3-Methylcholanthren* (1 Tropfen einer 7,5 mg/ml Sesamöl-Lsg.) konnte bei Ratten (Fischer Line 344) keine Veränderung der Entstehung von Blasentumoren unter einer Kost mit 0,06% *2-Acetylaminofluoren* u. 1,4% *dl-Tryptophan* herbeigeführt werden. U. Tausendfreund. 4160◇

1033 **Untersuchung in vivo über das Histamin in den Nerven.** C. Champy und Simone Hatem. (Chimia [Schweiz] **13,** 160—61, 1959; Paris, l'École de Méd., Labor. du C.N.R.S.; franz.) — Wenn man ein nervenreiches Gewebe mit krebserregenden Substanzen in Berührung bringt, versagt die histolog. Rk. auf Histamin, welche sonst eine gute u. scharfe Anfärbung der Nervenfasern gestattet. Vielleicht ist daher das Fehlen des Histamins eine Ursache für die Krebsbildung. K. Heyns. 4160◇

1034 **Histamin und Krebsbildung durch organisch-chemische Substanzen.** Simone Hatem. (Chimia [Schweiz] **13,** 158—60, 1959; Paris, l'École de Méd., Labor. du C.N.R.S.; franz.) — Offenbar spielt *Histamin* in den Nerven eine wichtige Rolle bei der Differenzierung der Zellen. Nach der vorliegenden, zusammenfassenden Arbeit scheint es, daß krebserregende Substanzen dieses Histamin auf den Enden der Nervenfasern fixieren u. daß auf diese Weise das ungeordnete Wachstum der Zellen hervorgerufen wird. Es wurden eine Reihe von krebserregenden Substanzen in vitro untersucht, indem man sie in eine wss., genügend konz. Lsg. von Histamin brachte. Es zeigte sich, daß diese Substanzen mit Histamin wasserlösl. Komplexe bildeten, während dies bei ähnlich gebauten, nicht krebserregenden Substanzen nicht der Fall war. K. Heyns. 4160◇

1035 **Versuche zur Krebserzeugung mit Diäthylnitrosamin bei Mäusen.** D. Schmähl, C. Thomas und K. König. (Naturwissenschaften **50,** 407, 1963; Bonn/Rh., Univ., Patholog. Inst.; dt.) — Subkutane Injektion von *Diäthylnitrosamin* (**I**) ergab bei Mäusen (DBA, ♀, ♂) eine DL_{50} von 180 mg **I**/kg (Todesursache Leberparenchymnekrosen u. -blutungen). Verabreichung von 13 mg **I**/kg täglich führte zu Lebertumoren (mittlere Induktionszeit 180 ± 28 Tage, mittlere aufgenommene Gesamtdosis 2343 ± 360 mg **I**/kg). Die Tumoren waren im wesentlichen Hämangiosarkome mit gelegentlichen Lungenmetastasen. Cirrhosen traten nicht auf. W. Damerau. 4160◇

1036 **Die Reaktion des carcinogenen N-Methyl-N-nitrosourethans mit Cystein in vitro.** Regina Schoental und D. J. Rive. (Biochem. J. **87,** Nr. 2, Proc. biochem. Soc. 22P, 1963; Carshalton, Surrey, England, Med. Res. Council Labor., Toxicol. Res. Unit; engl.) — Das an Vers.-Tieren Magen-, Ösophagus- u. Lungentumoren erzeugende *N-Methyl-N-nitrosourethan* reagiert in vitro unter physiolog. Bedingungen schnell mit *Cystein.* Papierchromatograph. konnten folgende Rk.-Prodd. nachgewiesen werden: *S-Methylcystein, S-Äthoxycarbonylcystein* (**I**) u. dessen *Methylester, N-Äthoxycarbonylcystein* (**II**) u. wahrscheinlich dessen *Methylester, N.S-Bis-[äthoxycarbonyl]-cystein* u. *N-Äthoxycarbonyl-S-methylcystein.* Wahrscheinlich ist im Rk.-Ansatz auch *S-Methylcysteinmethylester* enthalten. **I** ist bei pH 7 instabil u. lagert sich leicht in **II** um. Durch Methylierung dieser Prodd. entstehen die gefundenen Verbindungen. R. Preußmann. 4160◇

1037 **Die Wirkung von 1,2,5,6-Dibenzanthracen (DBA) auf den Stoffwechsel von β-Naphthylamin in der Ratte.** F. Dewhurst. (Naturwissenschaften **50,** 404—05, 1963; Northwood, Middlesex, Mount Vernon Hosp., Dep. of Cancer Res.; engl.) — Nach intraperitonealer Injektion von *β-Naphthylaminhydrochlorid* (**I**) in Ratten (Wistar) wurde die Ausscheidung von *2-Aminonaphthol-(1)* (**II**) im Harn bestimmt. Durch intraperitoneale Injektion von *1,2,5,6-Dibenzanthracen* (**III**) 24 Std. vor der **I**-Verabreichung wurde die **II**-Ausscheidung erhöht, u. zwar bei jungen Tieren mehr als bei erwachsenen u. bei ♀ mehr als bei ♂. Die **III**-Wrkg. wird auf die Stimulierung des für die Rk. **I** → **II** verantwortlichen Enzym-Syst. zurückgeführt. W. Damerau. 4160◇

1038 **Einfluß von Colchicin auf den Leukämie erzeugenden Effekt von Röntgenstrahlen, Methylcholanthren und Urethan bei der Maus.** Sadahisa Kawamoto, A. Kirschbaum, J. J. Trentin und H. G. Taylor. (Cancer Res. **21,** Nr. 3 [Part I] 309—13, 1961; Houston, Tex., Univ., of Texas, Anderson Hosp. and Tumor Inst.; Baylor Univ. Coll. of Med.; engl.) — *Colchicin* erzeugte keine Leukämie an 4 Mäusestämmen mit geringer Spontanleukämierate, ebensowenig verstärkte es das spontane Auftreten von Leukämie bei einem Stamm mit hoher (wahrscheinlich viral bedingter) Leukämierate. Subkutan in 0,02%ig. wss. Lsg. u. der Dosierung von 1 μg/g Maus jeden 4. Tag, 11mal verabreicht, setzt es die Leukämie erzeugende Wrkg. von Röntgenstrahlen (90 r auf den ganzen Körper, 4-Tage-Intervalle), von *Östrogen* (25 μg in Erdnußöl, 1mal wöchentlich, 40 Wochen lang kastrierten männlichen Mäusen i.m.), *Methylcholanthren* (0,25%ig. Lsg. in Bzl., auf die Haut gestrichen, 3mal wöchentlich, 9mal) oder *Urethan* (1 mg/g Körper-Gew. jeden 4. Tag, 11mal) allein oder kombiniert wesentlich herunter. Lag die zur Kontrolle provozierte Leukämierate unter 40%, so war die Colchicin-Wrkg. gering, lag sie bei 59% (Östrogen + Urethan) oder bei 100% (Östrogen + Röntgen), so war sie hoch signifikant.
W. Biehler. 4160◇

1039 **Vergleichende Versuche über die Strahlenempfindlichkeit von Tumorzellen mit unterschiedlichem Katalase-Gehalt.** F. Hölzel. (Int. J. Radiat. Biol. **5,** 405, 1962;

Hamburg-Eppendorf, Univ., Frauenklinik, Strahlenbiolog. Abt.; dt.) — Ascitestumorzellen zeigen in vitro 50%ig. Glykolysehemmung nach Röntgenbestrahlung mit 20—25 kr. Die Transplantierbarkeit der Zellen wird jedoch bereits mit einer 2-kr-Bestrahlung gehemmt. Umgekehrt verhalten sich die Tumorzellen gegenüber einer Behandlung mit H_2O_2, indem die 50%ig. Glykolysehemmung bei geringerer H_2O_2-Konz. eintritt als die Hemmung der Transplantierbarkeit. Vorbehandlung mit H_2O_2 führt zu einer vorübergehend gesteigerten (mehr als 4fach) *Katalase* (I)-Aktivität von Ehrlich-Asciteszellen während einiger Transplantationspassagen. Bei diesen Zellen mit erhöhter I-Aktivität ist die Glykolyse weniger stark hemmbar als bei den Zellen mit normalem I-Gehalt. W. Reusse. 4160

1040 **Der Einfluß verschiedener Strahlenschutzmittel auf die Strahlenempfindlichkeit von Tumoren.** R. Koch. (Int. J. Radiat. Biol. **5**, 404, 1962; Freiburg/Br., Univ., Radiolog. Inst.; engl.) — Die Strahlenempfindlichkeit einiger Tumorzellen der Maus (Ehrlich-Ascites, festes Ehrlich-Carcinom, Crocker-Sarkom 180) wurde in vitro u. in vivo in Ggw. folgender Stoffe geprüft: *Cysteamin* (I), *Serotonin*(II), *Nicotinamid* (III), *Thioharnstoff* (IV), *d-Penicillamin* (V) u. *5-Mercaptopyridoxin* (VI). Strahlenschutz bei Ehrlich-Asciteszellen wurde mit I, II u. III, bei dem Ehrlich-Carcinom (in vivo bestrahlt) mit I, II, V u. VI gefunden. Bei dem Crocker-Sarkom zeigte sich mit keinem der Stoffe I—VI ein Strahlenschutzeffekt. W. Reusse. 4160◇

1041 **Wirkung einer neuen Antikrebssubstanz, 3.6-Dimethyl-3.6-diphenyl-3.4.5.6-tetrahydrotetrazin, auf ein transplantierbares Mammaadenocarcinom (72J) und spontane Mäusemammatumoren.** Adolph W. Vogel, Adolph E. Sloboda, Andrew S. Tomcufcik und Ralph G. Child. (Nature [London] **197**, 85—86, 5/1. 1963; Pearl River, N.Y., Amer. Cyanamid Co., Lederle Labor.; Dep. of Metabol. Chemother. and Chemother.; engl.) — *3.6-Dimethyl-3.6-diphenyl-3.4.5.6-tetrahydrotetrazin*(I) hemmt das Wachstum transplantierter 72j-Mammaadenocarcinome bei der C 3 H-Maus. Durch 2—50 mg I/kg/Tag subkutan oder intraperitoneal wird die Überlebenszeit von 30 auf 60 Tage verlängert (Behandlungsbeginn 17 Tage nach Transplantation). 0,8—2 mg *Thio-TEPA*/kg/Tag verlängern dagegen die Überlebenszeit maximal nur bis 50 Tage. Verfüttertes I (500—2000 mg/kg/Tag) verlängert die Überlebenszeit sogar bis 100 Tage (längste jemals mit Antitumorstoff erzielte Überlebenszeit bei diesem Tumor). I verlängert auch die Überlebenszeit von C 3 H-Mäusen mit spontanen Mammatumoren (von 35 auf 68 Tage durch 6—20 mg/kg/Tag subkutan, auf 70—80 Tage durch 500—2000 mg/kg/Tag peroral, intraperitoneal weniger wirksam); Thio-TEPA ist dagegen bei diesem Tumor nicht wirksam. Eine Knochenmarksdepression wurde bei der Tumorhemmung durch I nicht beobachtet. I ist kein alkylierender Stoff. I ist unwirksam gegen das 6 C 3 HED-Lymphosarkom u. das Sarkom 180. Eine Tumorgewebezerstörung wurde bei den wirksamen Verss. nicht beobachtet, das Wachstum der Tumoren wurde jeweils in den vom Wirtsorganismus tolerierten Grenzen gehalten. U. Tausendfreund. 4160◇

1042 **Prophylaktische Anwendung von Chlorochin zur Verhütung von Hautkrebs.** John M. Knox und Robert G. Freeman. (Arch. Dermatology **87**, 315—22, 1963; Houston, Tex., Baylor Univ., Coll. of Med., Dep. of Dermatol. and Pathol.; engl.) — In Doppelblindverss. bewies *Chlorochin*, 250 mg/Tag, bei zu Hauttumor-Bldg. neigenden Patienten nach 6—17 Monaten eine mäßige Hemmwrkg. auf die Carcinogenese von Basalzellepitheliomen u. Schuppenzellcarcinome der Haut. U. Tausendfreund. 4160◇

1043 **Einfluß des Novocains auf die Antigeschwulstaktivität des Actinoxanthins und des Aurantins.** J. A. Romanenko und W. G. Masajewa. (Antibiotika [UdSSR] **7**, 612—17, 1962; Inst. für exp. u. klin. Onkolog. der Akad. der Med. Wiss. der UdSSR, Labor. für exp. Biotherap.; russ.) — Wird die 1%ig. Lsg. von *Novocain* (I) in der Dosis 0,1 ml 15 Min. vor der Zufuhr von 125 oder 250γ *Actinoxanthin* (II)/kg subkutan (6—7 Injektionen in Abständen von 48 Std.) Mäusen mit Ehrlich-Carcinom (EC) intraperitoneal zugeführt, so wird das Geschwulstwachstum um 57,1% gehemmt gegenüber 35—36% durch II allein. Bei Sarkom 37 bietet die Anwendung von I + II keine Vorteile gegenüber II allein. Die Kombination von 150γ *Aurantin* (III)/kg u. I hemmt das Wachstum von Rattensarkom 45 um 42,5% gegenüber 34,6% durch III allein. Das Wachstum von EC wird durch I + III um 50,0% gehemmt, durch III allein um 41,1%. Bei Sarkom 37 beträgt die Wachstumshemmung durch I + III 30,0%, durch III allein 20,0%. O. Lebtag. 4170△

1044 **Untersuchungen über Antibiotica vom Typ des Actinomycins. 1. Mitt. Untersuchung über AcM-Antibiotica erzeugende Stämme.** Ken Katagiri, Saburo Okamoto, Kosaburo Sato und Katsuya Tawara. (Annu. Rep. Shionogi Res. Lab. [Amagasaki, Japan] **1957**, Nr. 7, 485—90; Div. of Bacteriol.; jap., Auszug: engl.) — Von 1023 untersuchten *Streptomyces*-Stämmen gehören 9 zur Gruppe der *Actinomycin ähnliche Prodd.* (*AcM*) erzeugenden Organismen. Stämme, die *Actinoleukin* u. nahe verwandte Antibiotica erzeugen, sind relativ häufig im Boden verbreitet. *Actinoflocin* u. andere, nicht identifizierte Verbb. mit spezif. biolog. Wrkg., gehören mit zu den AcM. H.-J. Weigmann. 4160△

1045 **Untersuchungen über Antibiotica vom Typ des Actinomycins. 2. Mitt. Screening-Test über die Antitumor-Aktivität.** Ken Katagiri, Saburo Okamoto, Kosaburo Sato, Noboru Shimaoka, Katsuya Tawara und Kuniko Sasaki. (Annu. Rep. Shionogi Res. Lab. [Amagasaki, Japan] **1957**, Nr. 7, 491—97; Div. of Bacteriol.; jap., Auszug: engl.) — 1. vgl. vorst. Referat. — Die Antitumor-Wrkg. von Kulturfiltraten (F) verschiedener AcM-Antibiotica erzeugender *Streptomyces*-Stämme wird am Ehrlich-Ascitestumor (T) untersucht. Die Inhibitor-Wrkg. auf das Wachstum von einzelligen Organismen u. der sog. in vitro-Kontakttest mit T (TTC-Färbung) lassen keine Beziehung zu den Ergebnissen der in vivo-Verss. erkennen. Die Mehrheit der AcM-Antibiotica enthaltenden F besitzt hohe Toxizität gegenüber Mäusen; bes. *Actinomycine* u. Stamm 1752 bewirken Abnahme des Milzgewichts. Bei in vivo-Kontakttests (Transplantation von F u. T in Mäuse) u. intraperitonealer Injektion von T bzw. festen Tumoren zeigen alle Actinomycine Wrkg., Stamm 801 ist schwach aktiv. Die Resultate der subkutanen Injektion von T weichen von den eben erwähnten ab, nur die Stämme 2120 u. 1752 bewirken eine geringe Verlängerung der Lebensspanne. F von 1752 ist in jedem in vivo-Test wirksam. Es wird gefolgert, daß die Mehrzahl der AcM-Antibiotica Antitumoraktivität besitzt. H.-J. Weigmann. 4160△

1046 **Beziehung zwischen tumoricider und Prophageninduzierender Wirkung.** Hideyy Endo, Minoru Ishizawa, Tomoya Kamiya und Shunro Sonoda. (Nature [London] **198**, 258—60, 1963; Fukuoka, Kyushu Univ., Inst. for Cancer Res., Div. of Chem.; engl.) — Es wird gezeigt, daß Substanzen mit carcinostat. Aktivität gleichzeitig eine Fähigkeit zur Induzierung der Phagen-Entw. in lysogenen Bakterien-Syst. aufweisen, während beim Fehlen carcinostat. Aktivität in der Regel auch die Fähigkeit zur Induzierung der Phagen-Entw. fehlt; es gibt allerdings auch einzelne Fälle, in denen nur eine der beiden Aktivitäten nachweisbar ist. Mit Hilfe der „Plaque„-Zählungs-Meth. konnten beide Aktivitäten z B. für *Mitomycin C*, *N-Methylmitomycin*, *N-Äthylmitomycin*, *N-Propylmitomycin*, *N-Butylmitomycin*, *Acetylmitomycin* nachgewiesen werden; Induzierungsfähigkeit zeigte sich für *Propionylmitomycin*, *Butyrylmitomycin* u. *Isovalerylmitomycin*, deren carcinostat. Aktivität bisher noch nicht geprüft wurde; beide Aktivitäten fehlten bei *Acetylisomitomycin* u. *Mitomycinon*. Je größer die Kettenlänge bei den Mitomycinen, desto geringer die Induzierungsfähigkeit. Von 12 *N-Lost*-Derivv. zeigten 4 beide Aktivitäten, bei 3 fehlten beide Aktivitäten, bei 2 Derivv. mit carcinostat. Aktivität war die Induzierungsfähigkeit fraglich; *Cyclophosphoramid* u. *N-Lost-N-oxid* zeigten trotz carcinostat. Aktivität keine Induzierungsfähigkeit (sog. „masking compound" besitzt demnach keine Induzierungsfähigkeit). Um den Zeitbedarf für die Unters. abzukürzen, kann auch die turbidimetr. Meth. verwendet werden: der Rückgang der opt. Dichte (660 mμ) zeigt rasche Zellysis u. Freigabe der Phagen an. Dabei zeigten außer obigen Verbb. Induzierungsfähigkeit (die durch die „Plaque"-Zählungs-Meth. bestätigt wurde): *Carcinophilin* u. *3-Amino-6-[2-(5-nitrofuryl-(2))-vinyl]-1.2.4-triazinhydrochlorid*. Keine Induzierungsfähigkeit konnte (mit beiden Meth.) bei *Chloramphenicol*, *Chromomycin* A_3, *Carcinostatin*, *Vincaleucoblastin*, *Lampterol*, *Fulammulin*, *Aminopterin*, *6-Mercaptopurin*, *8-Azaguanin*, *6-Azauracil*, *5-Bromdesoxyuridin*, *5-Fluoruracil*, *Thio-TEPA*, *Myleran*, *RC-4*, *E-39* nachgewiesen werden. Die Verw.

des Phänomens der Induzierung der Phagen-Entw. kann zur vorläufigen Testung von neuen Antitumorsubstanzen herangezogen werden. Antimetaboliten lassen sich damit in ihrer carcinostat. Aktivität nicht erkennen, jedoch ist die Aufdeckung der Wrkg. von Antitumorantibioticis möglich.
U. Tausendfreund. 4160◇

1047 **Ein carcinostatischer Leber-Faktor.** Waro Nakahara, Fumiko Fukuoka, Takashi Sugimura und Motoo Hozumi. (Naturwissenschaften **50,** 406—07, 1963; Tokyo, Nat. Cancer Res. Inst.; dt.) — Nach Inkubation (37°, 1 Std.) von Mäusetumorascites (Ehrlich-Carcinom u. Sarkom 180) mit einer aus der Leber von Ratte, Maus, Kaninchen oder Rind isolierten *Substanz* („*carcinostat. Leberfaktor*"; I) wurde die Transplantierbarkeit der Tumorzellen gegenüber Mäusen stark reduziert. Die Tumorzellen waren nach Einw. von I morpholog. intakt. — Bei in vivo-Verss. an Mäusen wurde das Wachstum von NF-Sarkomtransplantaten durch tägliche intraperitoneale Gaben von 50 mg I (gereinigtes Prod.) unterdrückt. Durch intraperitoneale Injektion von 150 mg I in 24 Std. nach Impfung mit Ehrlich-Ascitestumor wurde die Lebensdauer von 13,2 Tagen (Kontrollen) auf 23,6 Tage verlängert. Größere Dosen waren toxisch. Zur Isolierung des Leberfaktors wurden 100 g Leber (Rind) u. 1 Liter W. homogenisiert u. zentrifugiert. Der Überstand wurde autoklaviert (10 Min., 120°, 7 at), danach zentrifugiert, konz., mit A. versetzt, vom entstandenen Nd. zentrifugiert, danach wieder konz. u. dialysiert. Das Dialysat wurde am Ionenaustauscher (IR-120) gereinigt u. lyophilisiert. Das gereinigte Prod. ist leicht gelblich gefärbt, hygroskop., sehr hitzebeständig u. von geringer Mol.-Größe. Ausbeute ca. 1 g I aus 50 g frischer Leber. W. Damerau. 4160◇

1048 **Zur Beeinflussung der Serumantikörperbildung durch Cytostatica.** W. Frenger, S. Witte und S. Stafilidis. (Med. exp. [Basel] **7,** 45—50, 1962; Erlangen, Medizin. Univ.-Klinik; dt.) — Bei gleichzeitiger Injektion menschlicher Erythrocyten u. *Trenimon* (*Tris-[äthylenimino]-benzochinon*) oder *Vincaleukoblastine* in Kaninchen wird keine Beeinflussung der Antikörper-Bldg. durch diese Cytostatica festgestellt.
P. Gregorzewski. 4160◇

E_2. Enzymologie, Gärung

1049 **Dreidimensionale Enzymologie.** H. Veldstra. (Chem. Weekbl. **58,** 621—28, 1962; Leiden, Rijksuniv., Biochem. Labor.; niederl.) — Übersicht; prim., sek., tert. u. quart. Struktur. — 65 Literaturangaben.
P. Gregorzewski. 4210◇

1050 **Eine Nomenklatur für die Quartärstruktur eines Enzymmoleküls.** Harvey F. Fisher. (Nature [London] **198,** 665—67, 1963; Detroit, Mich., Henry Ford Hosp., Edsel B. Ford Inst. for Med. Res.; engl.) — Am Beispiel von *L-Glutaminsäuredehydrogenase* (I) wird eine auch auf andere Proteine anwendbare Nomenklatur für die Quartärstruktur diskutiert. Proteineinheiten annähernd gleichen Molgew. werden mit griech. Buchstaben bezeichnet (Unterteilung des Mol. möglichst in alphabet. Folge): native I (5 mg/ml, neutraler pH): α-I; durch Verdünnung reversibel gespaltene I: β-I; durch red. Triphosphopyridinnucleotid > pH8 gespaltene I: γ-I; Angabe von Konformationsänderung durch einen Index: γ_2; durch extreme pH-Werte, Harnstoff oder Na-Dodecylsulfat erhaltene einzelne Peptidketten: δ-I (δ_1 gefaltet, δ_2 auseinandergefaltet); aggregierte Untereinheiten: z. B. β', wobei β die Einheit mit nächstgelegenem Molgew. bedeutet. Eine etwaige Heterogenität von Peptidketten kann z. B. durch δ^a, äquivalente Untereinheiten aus verschiedenen Species können z. B. durch $^z\delta$, Geschw.-Konst. (z. B. $\beta \rightarrow 3\gamma$) durch $k_{\beta\gamma}$, Gleichgewichts-Konst. durch $K_{\alpha\beta}$ ausgedrückt werden. K. Maier. 4210◇

1051 **Die Messung der elektrischen Leitfähigkeit zum Nachweis von Fermentreaktionen.** 3. Mitt. **Die Abderhaldensche Reaktion in der Geburtshilfe und Gynäkologie.** K.-H. Seidel. (Pharmazie **17,** 746—50, 1962; Karl-Marx-Stadt, Frauenklinik, Forschungsstelle; dt.) — 2. vgl. Nahrung **6,** [1962], 531. — Der Nachw. der Abderhaldenschen Abwehrferment-Rk. erfolgt durch Messung der elektr. Leitfähigkeit. Das verwendete Substrat (Placentasubstrat, Ovarialcarcinomgewebe u. Substrat aus Corpus uteri-Carcinom) wird aus möglichst frischem Material durch Wegpräparieren allen unspezif. Gewebes, Waschen mit W. u. Ringer-Lsg. bzw. 0,9%ig. NaCl-Lsg. bis zur Blutfreiheit, Waschen mit Aceton u. Ae., Trocknung u. Zerkleinerung gewonnen. Zur Messung wird zu untersuchendes Blut zentrifugiert, steril in das Leitfähigkeitsgefäß gebracht u. bei genau 20 oder 25° nach Zusatz von Substrat in beiden Hälsen der Meßzelle der Widerstand der Fl. gemessen. Nach 18std. Stehen der Meßzelle bei genau 40° wird erneut bei 20—25° gemessen. Positive Rk. ergibt Widerstandsabnahmen von −10 bis −87 Ω.
G. Zessin. 4210◇

1052 **Das Elektronenüberträgersystem von braunem Fettgewebe.** Cliffe D. Joel und Eric G. Ball. (Biochemistry [Washington] **1,** 281—87, März 1962; Boston, Mass., Harvard Med. School, Dep. of Biol. Chem.; engl.) — Partikeln des interscapularen braunen Fettgewebes von ♂ Ratten sind reich an *Cytochrom a* + a_3, *b*, *c* u. c_1 u. besitzen einen *Ubichinon* (*Coenzym Q*; I)-Geh., der 6 Mol I pro Mol Cytochrom c entspricht. Bei I handelt es sich vorwiegend um die Form, die eine Seitenkette mit 45 C-Atomen besitzt (Coenzym Q_9).
K. Zingraf. 4210◇

1053 **Der Extinktionskoeffizient von Cytochrom c.** B. F. Van Gelder und E. C. Slater. (Biochim. biophysica Acta [Amsterdam] **58,** 593—95, 23/4. 1962; Amsterdam, Univ., Labor. of Physiol. Chem.; engl.) — Bei Vgl. verschiedener Meth. zur Ermittlung des Extinktions-Koeff. von *Cytochrom c* zeigte sich, daß bei Berechnung vom Fe-Geh. her der Koeff. zu niedrig ausfällt u. daß die Titrations-Meth. (nach Massey, C. **1960,** 12371) bzw. hier mit *red. Nicotinamidadenindinucleotid* die günstigste Meth. ist. U. Tausendfreund. 4210◇

1054 **Rasche Bestimmung der Blutkatalaseaktivität.** Vorl. Mitt. Francis Vella. (Lancet **1962 (II),** 758—59, 13/10.; Khartoum, Univ., Dep. of Biochem.; engl.) — Beschreibung einer Modifikation der Meth. von Landahl, C. **1954,** 9538) u. Blackwell u. Fosdick (C. **1957,** 2642) zur Best. der *Katalase*-Aktivität im Blut, wobei nur 0,02 ml Blut erforderlich sind. Das Rk.-Gemisch besteht aus dem Blut, 2 ml W., 1 Tropfen Caprylalkohol u. 0,5 ml 30%ig. H_2O_2; die Rk. beruht auf $2\,H_2O_2 \rightarrow 2\,H_2O + O_2$.
U. Tausendfreund. 4210◇

1055 **Katalase- und Peroxydaseaktivität der gegenüber Lävomycetin empfindlichen und resistenten Bauchtyphusbakterien.** G. M. Schub und B. A. Schenderow. (Antibiotika [UdSSR] **8,** 69—71, 1963; Saratow, Medizin. Inst., Lehrstuhl für Mikrobiolog.; russ., Auszug: engl.) — Bei der Anpassung der Bauchtyphusbakterien an *Lävomycetin* (I) wird die Aktivität der *Katalase* (II) 3,5fach vermindert, die Aktivität der *Peroxydase* (III) auf das 6,4fache erhöht. Diese Inaktivierung von II u. III erfolgt nur in den Anfangsstadien der Anpassung. Durch die Anpassung an I wird die Endphase der Oxydation (Spaltung des H_2O_2) dahin geändert, daß die H_2O_2-Zers. statt durch II durch III erfolgt. Die Aktivitäten von II u. III können als zusätzliche Merkmale der Adaption dienen. O. Lebtag. 4210△

1056 **Der Mechanismus der Metmyoglobinoxydation.** N. Kelso King und M. E. Winfield. (J. biol. Chemistry **238,** 1520—28, 1963; Melbourne, Australia, Div. Physic. Chem.; engl.) — Um das Verh. der Aminosäureseitenketten in Umgebung der prosthet. Gruppe bei Rk. mit H_2O_2 als Modell für Peroxydase u. Katalase zu studieren, wurde *Metmyoglobin* [Mb(3); enthält die gleiche prosthet. Gruppe wie die beiden Enzyme u. reagiert mit H_2O_2] im pH-Bereich von 6,0—8,0 bei Temp. von 0—1,0° nach Oxydation mit H_2O_2 untersucht. Bei pH um 6,0 bilden sich 36 Sek. nach Zugabe von H_2O_2 zu Mb(3) freie Radikale aus, die Fe in der 4wertigen Form enthalten. Das erste Rk.-Prod. hat demnach eine 2-Elektronen-Oxydation durchlaufen, wobei Fe u. ein C-Atom oxydiert wurden. Die Halbwertszeit der Rk. $Fe^{4+} \rightarrow Fe^{3+}$ beträgt bei pH 6,0 110 Minuten. Bei pH 8,0 erfolgt die Rk. wesentlich langsamer. Nach 8maliger Oxydation verliert Mb(3) seine Reaktivität gegenüber H_2O_2. Durch 1 oder 2 Oxydations-Red.-Cyclen modifiziertes Mb(3) reagiert langsamer mit H_2O_2 u. schneller zu Fe^{3+} als nicht vorbehandeltes. Während der Oxydation werden 40% weniger H_2O_2 als erwartet freigesetzt. Diese Differenz wird durch Oxydation von Aminosäuren erklärt. Aus den Befunden schließen Vff., daß bei Katalase u. Peroxydase die Aminosäuren in Nähe des Fe oxydiert worden sind u. möglicherweise eine akt. $>C{=}C<$-Gruppierung enthalten, die den Ort für die Enzym-Rk. mit H_2O_2 darstellen könnte. K. Ruckpaul. 4210◇

1057 **Wirkungen der Lipoxydase und der Katalase auf die Nebennierenfunktion.** A. Oriol-Bosch und P. Puig Muset. (Acta endocrinol. [Copenhagen], Suppl. Nr. **51**, 457—58, 1960; Barcelona, Dep. de Investigción del Labor. Pevya; span.) H. Herper. 4210□

1058 **L-Glutamatdehydrogenase-Isoenzyme.** H. J. van der Helm. (Nature [London] **194**, 773, 26/5. 1962; Near Santport, Niederlande, Prov. Ziekenhuis; engl.) — Durch Agar-Gel-Mikroelektrophorese u. Nachw. durch Formazan-Bldg. gelingt es, in menschlichen Gewebeextrakten aus der Leber 6 u. aus Herz, Niere u. Milz 5 Isoenzyme für die *L-Glutamatdehydrogenase* nachzuweisen. H. D. Faulhaber. 4210◇

1059 **Glutaminsäuredehydrogenase. 4. Mitt. Untersuchungen über die Enzyminaktivierung und Coenzymbindung.** Carl Frieden. (J. biol. Chemistry **238**, 146—54, 1963; St. Louis, Mo., Washington Univ., School of Med., Dep. of Biol. Chem.; engl.) — 3. vgl. C. **1961**, 18358. — Eine Reihe von Nucleotiden wurde auf ihre inaktivierende Wrkg. auf krist. Ochsenleber-*Glutaminsäuredehydrogenase* (I) bei 25° u. pH 8 in 0,01m Trispuffer untersucht. Die Wrkg. zunehmender Konz. an red. Triphosphopyridinnucleotid (TPNH) auf die Inaktivierung des Enzyms erwies sich als komplex, so daß am Enzym-Mol. 2 Bindungsstellen an TPNH zu vermuten sind, die sich bzgl. der Affinität zu TPNH um das 50fache unterscheiden (pK aus der Inaktivierung berechnet, $0{,}5 \cdot 10^{-6}$ bzw. $25 \cdot 10^{-6}$m). Die maximale Inaktivierung erfolgte bei $2-3 \cdot 10^{-6}$m TPNH. Kinet. wurde kein Anzeichen für 2 verschiedene Bindungsstellen am TPNH entdeckt. Hauptprod. bei der Inaktivierung war ein Stoff mit niedrigem Molgew., der durch Aggregat-Bldg. unlösl. wurde, während TPNH dabei sichtlich nicht verändert wurde. Zunehmende Konzz. von TPN (pK $2 \cdot 10^{-4}$m) erhöhten die Stabilität des Enzyms. TPN wird scheinbar nicht an der Stelle gebunden, an der TPNH fester gebunden wird. Das Auslöschen der Proteinfluorescenz durch das red. Coenzym wurde zum Messen des Enzym-TPNH-pK benutzt u. dabei die Wrkg. von TPN u. Adenosindiphosphat (ADP) auf das Auslöschen der Fluorescenz durch TPNH gemessen. Aus den Beziehungen zwischen den kinet., aus der Inaktivierung bzw. fluorometr. berechneten pK-Werten wurde geschlossen, daß bei den zur Aktivitätsmessung benutzten Enzym-Konzz. nur Bindungen mit einem TPNH-pK von $25 \cdot 10^{-6}$m nicht aber $0{,}5 \cdot 10^{-6}$m kinet. wirksam sind. Alle untersuchten Nucleotide erhöhten die Stabilität des Enzyms, am meisten ADP (in Abwesenheit von TPNH). G. Vogel. 4210◇

1060 **Oxydation von Menadiol durch von nicht photosynthetisch tätigen Pflanzengeweben isolierten Fraktionen.** D. P. Hackett und T. E. Ragland. (Plant Physiol. **37**, 656—62, 1962; Berkeley, Calif., Univ. of California, Dep. of Biochem.; engl.) — Vff. verwenden eine Mikrosomen- u. Mitochondrienfraktion aus Batatenwurzeln u. mehrere Fraktionen aus etiolierten Erbsensämlingen nach der Meth. von Ragland u. Hackett (C. **1963**, 2876). Die *Menadioloxydase* (I) findet sich in allen Fraktionen. Sie wird gehemmt durch *KCN*, *Antimycin*, *2-Heptyl-4-hydroxychinolin-N-oxid* u. *Diäthyldithiocarbamat*, wenn sie aus den Mitochondrien u. Mikrosomen der Batatenwurzel stammt. I aus Erbsenstengeln wird in allen Fraktionen durch $17 \cdot 10^{-3}$m KCN zu 100% gehemmt. Antimycin hemmt nur I aus den Fraktionen I—III. W. Hiller. 4210◇

1061 **Die Verunreinigung von Glucoseoxydase-Handelspräparaten mit β-Fructofuranosidase.** G. Scharlach, J. Robbins und J. Wolff. (Nature [London] **194**, 1249—50, 30/6. 1962; Bethesda, Md., Nat. Inst. of Arthritis and Metabolic Diseases; engl.) — Mehrere Handels-Präpp. von *Glucoseoxydase* (I) waren mit *β-Fructofuranosidase* u. wahrscheinlich auch mit anderen Oligosaccharasen verunreinigt. Derartige Verunreinigungen sind zu beachten, wenn I als H_2O_2 erzeugendes Syst. zusammen mit Zellfraktionen, die mittels Saccharose-Lsgg. hergestellt worden sind, verwendet wird. K. Maier. 4210◇

1062 **Mikrobiologische Epoxydierung von Steroiden.** Charles J. Sih. (J. Bacteriol. **84**, 382, 1962; Madison, Wis., Univ. of Wisconsin, School of Pharm.; engl.) — Zur Prüfung der Theorie von Bloom (Experientia [Basel] **12**, [1956], 27), daß ein Mikroorganismus, der in der Lage ist, eine axiale Hydroxylgruppe bei C_{11} eines gesätt. Steroids einzuführen, auch fähig ist, bei der entsprechenden ungesätt. Verb. eine Oxidogruppe einzuführen, wird *Nocardia sp. ATTCC 13934* mit *$\Delta^{9,11}$-Dehydroandrostendion* (I) u. *$\Delta^{9,11}$-Dehydrocortexolon* (II) 72 Std. bei 25° inhibiert u. mit Chlf. extrahiert. I wird in *9α.11α-Oxidoandrostendion*, $C_{19}H_{24}O_3$, F. 273—275°, u. II in *9α.11α-Oxidocortexolon*, $C_{21}H_{28}O_5$, F. 213—215°, umgewandelt. Es wird angenommen, daß das gleiche Enzym-Syst. für die Hydroxylierung u. Epoxydierung verantwortlich ist. P. Gregorzewski. 4210◇

1063 **Gluconat-Stoffwechsel von Pasteurella pestis.** Robert P. Mortlock. (J. Bacteriol. **84**, 53—59, 1962; Frederick, Md., Fort Detrick, U. S. Army Chem. Corps; engl.) — In zellfreiem Extrakt werden *Gluconokinase*, *6-Phosphogluconatdehydrogenase* (I), *Transketolase* (II) u. *2-Keto-3-desoxy-6-phosphogluconatdehydrase* nachgewiesen. *6-Phosphogluconat* wird sowohl über den I-II-Weg als auch über den Entner-Doudoroff-Weg abgebaut. Akt. Glucose-6-phosphatdehydrogenase wird nicht aufgefunden. P. Gregorzewski. 4210◇

1064 **Coenzymähnliche Verbindungen. 1. Mitt. Herstellung und Eigenschaften des Thionicotinamidmethojodids.** Sidney Shifrin. (Biochim. biophysica Acta [Amsterdam] **69**, 1—8, 1963; Bethesda, Md., Nat. Inst. of Health, Nat. Cancer Inst.; engl.)

Versuche: *Nicotinamidmethojodid*, $C_7H_9N_2S$, F. 198,5 bis 199,5°, aus Nicotinamid u. Methyljodid; gelbe Nadeln; 35% (Ausbeute). — *1-Methyl-1.4-dihydrothionicotinamid*, $C_7H_{10}N_2S$, F. 109—110,5°, aus Nicotinamidmethojodid u. $NaHCO_3 + Na_2S_2O_3$ unter Helium bei 4°; gelbe Kristalle; 50%. — In Methanol bei 415 mμ mit Methylenchlorid Fluorescenz. Mit Schwermetall, z. B. Ag, bildet es Photoprodukte. S. Paprotny. 4210◇

1065 **Coenzymähnliche Verbindungen. 2. Mitt. Inaktivierung des reduzierten Thionicotinamidadenindinucleotids.** Sidney Shifrin. (Biochim. biophysica Acta [Amsterdam] **69**, 9—17, 1963; Bethesda, Md. (USA), Nat. Inst. of Health, Nat. Cancer Inst.; engl.) — 1. vgl. vorst. Referat. — *Thionicotinamidadenindinucleotid* wird bei pH 9,5 mit *Dehydrogenase* zu *red. Thionicotinamidadenindinucleotid* (I) reduziert. Unter Sonnenlicht 300 mμ entsteht aus I ein *Photoprod.* (II). II verhält sich bei Elektrophorese wie I. I ist in der enzymat. katalysierten Oxydation u. Red. akt., dagegen II inaktiv. Die photochem. Bldg. von II geht in 2 Stufen vor sich. Für die Rk. mit Ag-Ionen ist bei II die Thiocarbonylgruppe nicht erforderlich. S. Paprotny. 4210◇

1066 **Eine Celloidin-Infiltrationsgefrierschnittfolge zur besseren Konservierung von Phosphatasen im Knochen.** Alice Sams. (Stain Technol. **38**, 1—8, 1963; London, Westminster Hosp., Phys. Dep.; engl.) — In Tibiaknochen von Mäusen ging nach Imprägnierung mit *Celloidin* (I) weniger *Phosphatase* (II) verloren als nach Einbettung mit Paraffinwachs. Bei Gelatineeinbettung wurde die saure II gleich gut erhalten, aber zum Nachw. der alkal. Phosphatase war die I-Meth. überlegen. K. Zingraf. 4210◇

1067 **Aktivitätsänderungen der Phosphatasen in der Haut haarloser Mäusemutanten während der Entwicklung.** Kazuo Moriwaki. (Physiol. Zoöl. **35**, 193—200, 1962; Misima, Nat. Inst. of Genet.; engl.) — In den Hauthomogenaten verschiedener haarloser Mäusemutanten werden die *saure Phosphatase* (I), *anorgan. Pyrophosphatase* (II) u. die *Apyrase* (III) bestimmt. In allen Stämmen ist die homozygote Depilation mit einem I-Anstieg in der Haut verbunden, nach der Haarregeneration bei homozygoter Alopecia erreicht I wieder Normalwerte. II ist bei haarlosen Tieren ebenfalls erhöht, III aber unverändert. P. Gregorzewski. 4210◇

1068 **Wirkung der Östrogene auf den Krebszellenstamm HeLa.** C. Bimes, H. Planel und J. F. David. (C. R. Séances Soc. Biol. Filiales **153**, 1072—74, 1959; franz.) — In Konzz. von 0,2—20 μg/cm³ hemmte *Östradiol* das Wachstum von HeLa-Krebszellen, hatte aber keinen Einfl. auf ihre *Diastase*- oder *alkal. Phosphatase*-Aktivität. K. Zingraf. 4210◇

1069 **Untersuchung des Systems der das Kreatin in den Muskeln phosphorylierenden Fermente.** W. A. Rogoskin. (Ukrain. biochem. J. **35**, 35—42, 1963; Leningrad, Forschungsinst. für Körperkultur, Sektor Biochem.; russ., Auszug: engl.) — In der durch 0,5—0,7 gesätt. $(NH_4)_2SO_4$-Lsg. ausgefällten Fraktion der in W. lösl. Muskelproteine kommt ein Syst. von Fermenten vor, welches die Phosphorylierung des *Kreatins* (I) in Ggw. von 3-Phosphoglycerinsäure u. Diphosphopyridinnucleotid bewirkt. Elektrophoret. läßt sich diese Proteinfraktion an Stärke in 3, an Agargel in 5 Fraktionen zerlegen, durch Chromatographie mit DEAE-Sephadex in 4, an CM-Sephadex u. SE-Sephadex in je 3 Fraktionen. Die das I phosphorylierenden Fermente sind Globulinproteine. Durch Filtration durch Gel unter Anwendung von Sephadex G-25 oder G-50 lassen sich die Fermente von den Salzen u. niedermol. organ. Verbb. trennen. O. Lebtag. 4210△

1070 **Einbau von anorganischem ^{32}P in Phospholipide von Hirnschnitten. Wirkung einiger Tranquillizer.** W. L. Magee und R. J. Rossiter. (Canad. J. Biochem. Physiol. **41**, 1155—62, 1963; London, Ontario, Univ. of Western Ontario, Dep. of Biochem.; engl.) — Durch *Chlorpromazin, Promazin, Promethazin* (I), *Tetrameprazin* u. *10-[3-Dimethylaminopropyl]-2-acetophenothiazin* (*WY 1172*) in einer Konz. von 0,1 mm wurde der Einbau von *anorgan.* ^{32}*P* in *Phospholipide* (II) von atmenden Hirnschnitten des Meerschweinchens gesteigert. In höheren Konzz. (1,0 mm) hemmten alle Verbb. die Markierung von II; ähnlich verhielten sich *Azacyclonol, Pipradrol* u. *Mepazin.* I (1,0 mm) verringerte den O_2-Verbrauch u. die Phosphokreatin-Konz. u. steigerte die aerobe Glykolyse. Methylenblau, Piperidin, Benzhydrol, Meprobamat u. Phenaglycodol waren prakt. wirkungslos oder zeigten nur ganz schwache Wirkung. K. Zingraf. 4210◇

1071 **Der Effekt von Diphtherie-Toxin auf den Einbau von ^{32}P-Phosphat in die säurelöslichen Adenosinnucleotide der Leber des Meerschweinchens.** C. Cessi, L. Montanaro und Franca Serafini-Cessi. (Biochem. J. **87**, Nr. 3, 35P bis 36P, 1963; Bologna, Italy, Univ., Inst. di Patologia generale; engl.) — 24 Std. nach Applikation des *Diphtherietoxins* (1 DL_{50}/250 g Körper-Gew.) wurden den Meerschweinchen 0,2 mc ^{32}P-Phosphat i.v. als „Tracer" injiziert u. die Leber 10 Min. später entfernt. Nach Extraktion mit 0,6n $HClO_4$ u. Fraktionierung der Extrakte am Amberliteaustauscher IRA 400 zeigten sich folgende relative spezif. Aktivitäten der Phosphate (Kontrollwerte unbehandelter Tiere in Klammern): anorgan. Phosphat 100 (100); ADP 55,7 (85,6); ATP 62,8 (87,8). K. Grade. 4210◇

1072 **Aminosäureaktivierende Enzyme und Pyrophosphatase der Frosch- und Kaulquappenleber.** Nathan Degroot und Philip P. Cohen. (Biochim. biophysica Acta [Amsterdam] **59**, 595—604, 4/6. 1962; Madison, Wis., Univ. of Wisconsin, Dep. of Physiol. Chem.; engl.) — Vff. untersuchten aminosäureaktivierende Enzyme in der lösl. Fraktion (a), den isolierten Kernen u. einer partikulären Fraktion (b) der Frosch- u. Kaulquappenleber unter Verw. der Adenosintriphosphat (ATP)/^{32}P-Pyrophosphat (anorgan.)-Austauschmethode Die a wies die höchste spezif. Aktivität auf. Davon waren in Frosch- u. Kaulquappenlebern *lysin-, leucin-* u. *valin*-aktivierende Syst. am aktivsten. In der a wurde ein *Glutaminsäure* aktivierendes Enzym mit einem pH-Optimum von 5.2 nachgewiesen. Mg^{2+} u. in stärkerem Maße Mg^{2+} zusammen mit ATP steigern die Hitzestabilität einiger Systeme. Einige Syst. wurden in a u. b während der thyroxininduzierten Metamorphose bestimmt. Eine Änderung der Aktivität war nicht nachzuweisen. In der a der Froschleber betrug die Pyrophosphataseaktivität das 2—2,5-fache des Wertes der a aus Kaulquappenleber.
Hans H. Thiele. 4210◇

1073 **Untersuchung der Adenosintriphosphataseaktivität der isolierten Wimpern der Infusorien Tetrahymena pyriformis und Isolierung ihrer Adenosintriphosphatase.** Ss. A. Burnaschewa, M. W. Jefremenko und M. N. Ljubimowa. (Biochemie [UdSSR] **28**, 547—51, 1963; Moskau, Bach-Inst. für Biochemie der Akad. der Wiss. der UdSSR; russ., Auszug: engl.) — Die Unters. der *Adenosintriphosphatase* (I)-Aktivität der nach einem modifizierten Verf. isolierten Wimpern von *Tetrahymena pyriformis* ergab, daß die I-Aktivität durch Ca^{2+} stark, durch Mg^{2+} weniger erhöht wird. Die volle I-Aktivität der Wimpern zeigt sich nur in Ggw. von Desoxycholsäure oder nach ihrer Behandlung mit Salz-Lsgg. hoher Ionenstärke. I zersetzt auch Adenosindiphosphorsäure etwas, nicht jedoch die Adenosinmonophosphorsäure.
O. Lebtag. 4210△

1074 **Über die Eigenschaften der Adenosintriphosphatase in verschiedenen Fraktionen des Fischrogens.** N. M. Abrossimowa und R. I. Tatarskaja. (Biochemie [UdSSR] **28**, 486—96, 1963; Moskau, Inst. für physikal. Chem. u. Radiochemie der Akad. der Wiss. der UdSSR; russ., Auszug: engl.) — In Ggw. von $1 \cdot 10^{-3}$m Äthylendiamintetraacetat (I) verstärken die Ionen von Mg, Mn, Ca, Ba u. Sr die Aktivität der *Adenosintriphosphatase* (II) des Fischrogens. In Ggw. von I allein wird die Aktivität der II sehr stark herabgesetzt. Für alle untersuchten Kationen ist die Konz. $1 \cdot 10^{-3}$m optimal. Nach Entfernung der Metallionen aus II durch Behandlung mit $(NH_4)_2SO_4$ u. anschließende Hydrolyse wird die II-Aktivität durch Mg^{2+} u. Mn^{2+} stark, durch Ca^{2+} wenig, durch Sr^{2+} u. Ba^{2+} nicht erhöht. Durch Fraktionierung des Fischrogens nach verschiedenen Meth. wird keine Fraktion erhalten, in welcher die II-Aktivität durch Ca^{2+} stärker erhöht wird als durch Mg^{2+}. Die Annahme, daß die unbedingte Ggw. des Ca bei der Befruchtung vor allem auf der Aktivierung der II beruht, wird nicht bestätigt. Da die Pyrophosphatase des Fischrogens durch Mg^{2+}, nicht jedoch durch Mn^{2+} aktiviert wird, nehmen Vff. an, daß unter der Einw. von II von der Adenosintriphosphorsäure (III) Orthophosphat u. nicht Pyrophosphat abgespalten wird. Die bekannte Phosphatabspaltung von Adenosindiphosphat beweist, daß die II des Rogens von III nur ein endständiges Phosphat abspaltet. O. Lebtag. 4210△

1075 **Mitochondrien- und Extramitochondrien-Adenosintriphosphatase im Hirngewebe.** 2. Mitt. **Einige Eigenschaften der extramitochondrialen Adenosintriphosphatase.** J. Somogyi und I. Vincze. (Acta physiol. Acad. Sci. hung. **21**, 29—41, 1962; Budapest, Med. Univ., Exper. Res. Labor.; engl.) — 1. vgl. C. **1962**, 18503. — Die aus Rattenhirnhomogenat von den Mitochondrien abtrennbare *Adenosintriphosphatase* scheint von den Zellfragmenten herzurühren. In Ggw. von Mg^{2+} weist sie ein einzelnes pH-Optimum bei 7,4 auf. Sie spaltet Inosin-5'-triphosphat u. Uridin-5'-triphosphat in der gleichen Geschw. wie Adenosintriphosphat; anorgan. Pyrophosphat u. Adenosindiphosphat werden leicht, Adenosinmonophosphat u. β-Glycerophosphat werden nicht gespalten. Ihre Aktivität kann durch NaF u. Äthylendiamintetraessigsäure (in Abhängigkeit von deren Konz.) gehemmt werden. Sie ist wenig empfindlich gegenüber SH-Inhibitoren u. wird durch 1 mm p-Chlormercuribenzoat zu ca. 50% gehemmt. Durch Präinkubation bei 37°, mechan. Zerstörung oder Behandlung mit Desoxycholat oder Triton X-100 (Endkonz. 0,1%) wird die, in Ggw. von Mg^{2+} bestimmte Aktivität um 30—40% vermindert; bei Präinkubation in Ggw. von 0,005 mm Mg^{2+} ist der Aktivitätsverlust um 30% geringer. Die in Ggw. von Mg^{2+} bestimmte Aktivität kann durch 100 mm Na^+ um 25% gesteigert werden; in Abhängigkeit von seiner Konz. kann K^+ die aktivierende Wrkg. von Na^+ steigern oder vermindern. U. Tausendfreund. 4210◇

1076 **Hemmung der Myofibrillen-Adenosintriphosphatase-aktivität durch Adenosinmonophosphat.** N. A. Biró, A. Mühlrad, Vera Göbel und Susanne Jáky. (Acta physiol. Acad. Sci. hung. **21**, 1—8, 1962; Budapest, Eötvös Loránd Univ., Inst. of Phylogen. and Gen., Biochem. Group; engl.) — Es wird gezeigt, daß *Adenosinmonophosphat* die *Adenosintriphosphatase*-Aktivität von Muskelfasern (des Kaninchens) oder von Myosin-B (nach Aktivierung durch Mg^{2+}) hemmt. Diese Hemmung wird durch Dissoziation des *Actomyosins* herbeigeführt.
U. Tausendfreund. 4210◇

1077 **Über den Mechanismus der Substrathemmung der Myofibrillen-Adenosintriphosphatase.** N. A. Biró, A. Mühlrad, Vera Göbel und Susanne Jáky. (Acta physiol. Acad. Sci. hung. **21**, 9—13, 1962; Budapest, Eötvös Loránd Univ., Inst. of Phylogen. and Gen., Biochem. Group; engl.) — Die Unters. der Substrathemmung der Muskelfaser-*Adenosintriphosphatase* (I) zeigt, daß es sich dabei um eine kompetitive Beeinflussung zwischen *Adenosintriphosphat* (*ATP*) u. *Mg-ATP* bzgl. des Angriffes am akt. Zentrum handelt, wobei die Bindung von ATP mit teilweiser Dissoziation des Actomyosins u. mit einer langsameren Spaltung einhergeht. Der einzige Unterschied zwischen der Substrathemmung u. der Hemmung von I durch Adenosinmonophosphat besteht darin, daß letztere durch kleine Ca^{2+}-Mengen nicht ausgelöscht werden kann.
U. Tausendfreund. 4210◇

1078 **Hydrolyse verschiedener synthetischer Adenosintriphosphat-Analoga durch Myosin.** Naomi Azuma, Morio Ikehara, Eiko Ohtsuka und Yuji Tonomura. (Biochim. biophysica Acta [Amsterdam] **60**, 104—11, 1962; Sapporo, Hokkaido Univ., School of Med., Fac. of Pharmaceut. Sci., Res. Inst. for Catalysis; engl.) — Die Hydrolyse verschiedener Analoga von *Adenosintriphosphat* (*ATP*) durch *Myosin A* (in den meisten Fällen in 0,5m KCl mit 0,005m $CaCl_2$ bei pH 7,0 u. 20°) wurde untersucht: Wenn man die Abhängigkeit der Hydrolysen-Geschw. von *9-[4'-Hydroxybutyl]-6-aminopurin-4'-triphosphat* (I), *anorgan. Tripolyphosphat* (II) u. *ATP* von der Ggw. 2wertiger Kationen (Mg^{2+}, Mn^{2+}, Ca^{2+}, Sr^{2+}, Ba^{2+}) untersucht, findet man für alle 3 Substrate für die Abhängigkeit der Hydrolysen-Geschw. vom Ionenradius der zugesetzten Kationen Glockenkurven mit Maximum bei r = 0,95 Å. Die Michaelis-Konst. sind bei der Hydrolyse von: *Inosintriphosphat* (*ITP*) 3, II 2,5, I 2,5, *Ribose-5-triphosphat* (III) 1,7, *6-Dimethylamino-9-β-D-ribofuranosylpurin-5'-triphosphat* (IV; „Dimethyl-ATP") 1,4 u. ATP 0,2 mm. Folgende Verhältnisse der maximalen Hydrolysen-Geschw. zu derjenigen von ATP wurden gefunden: *ITP* 7, I 3, IV, 1,3, II $13,5^{-1}$, III 20^{-1}. Michaelis-Konst. u. maximale Hydrolysen-Geschw. der Hydrolyse von II nehmen mit fallendem pH-Wert beträchtlich zu, die Hydrolyse von III hängt dagegen wenig vom pH ab. Die Hydrolysen-Geschw. von I hat zwischen pH 7 u. 8 ein schwaches Minimum, die Michaelis-Konst. dieser Rk. ist pH-unabhängig. *p-Chlormercuribenzoat* u. *Äthylendiamintetraacetat* hemmten — trotz Aktivierung von Adenosintriphosphatase — die Hydrolyse von II, III, ITP, IV u. I.

Versuche: *Li-Ribose-5-triphosphat*, $C_5H_9Li_4O_{14}P_3$, Lsg. von 1 g Na-Ribose-5-monophosphat in 20 ml W. an Dowex-50 gegen H^+ ausgetauscht, 2,5 mMol Tri-n-butylamin zugegeben, nach Eindampfen in Pyridin gelöst, zu Lsg. von 25 mMol H_3PO_4 u. 16 mMol Tri-n-butylamin in 50 ml Pyridin gegeben, nach Zugabe von 0,1 Mol Dicyclohexylcarbodiimid 24 Std. unter Wasserausschluß stehengelassen, nach Aufarbeitung u. Chromatographie an Dowex 1-X 8 0,28 mMol Ausbeute, Reinheit mindestens 72%, Nebenprodd.: 0,02 mMol *Ribosemonophosphat*, 0,045 mMol *Ribose-5-diphosphat*, *anorgan. Phosphat* u. *Polyphosphat* sowie Spuren von *P^1P^2-Diribofuranose-5-pyrophosphat*.
S. Dittmann-Mitzscherlich. 4210◇

1079 **Molekulare Veränderungen des Myosins nach Behandlung mit Methylmercurihydroxid.** David R. Kominz. (Biochim. biophysica Acta [Amsterdam] **51**, 456—63, 1961; Bethesda, Md., Nat. Inst. of Arthritis and Metabolic Diseases; engl.) — Die Unters. von mit *Methylmercurihydroxid* (I)-behandeltem *Myosin* (II) in der Ultrazentrifuge ergab eine Umwandlung in ein schneller sedimentierendes Prod. bei I-Titration der SH-Gruppen, u. zwar im gleichen Titrationsbereich, in dem die Ca-aktivierte *Adenosintriphosphatase* (III)-Aktivität gehemmt wird. Zwischen dem Verlust von III-Aktivität u. dem Verlust von II infolge des Umwandlungsprozesses besteht Parallelität. Vollständige I-Titration der SH-Gruppen von II spaltet eine kleine Untereinheit (IV) mit der Sedimentations-Konst. 1,6 S bei 25°, nicht aber bei 15° ab. Anscheinend sind die SH-Gruppen, deren Titration Inaktivierung der III-Aktivität bedingt, für die intakte Konfiguration des aktiven Zentrums verantwortlich, während die IV-Abspaltung nicht zur Titration dieser SH-Gruppen in Beziehung steht. K. Maier. 4210◇

1080 **Die Wirkung von Adenosintriphosphat auf die Aktivität der Phosphoglucomutase.** G. Bot und E. F. Kovács. (Acta physiol. Acad. Sci. hung. **21**, 43—53, 1962; Debrecen, Med. Univ., Inst. of Med. Chem.; engl.) — Die durch *Adenosintriphosphat* (*ATP*) auf *Phosphoglucomutase* (I) ausgeübte Hemmwrkg. kommt durch eine Bindung von Mg^{2+}, welches für die I-Aktivität wesentlich ist, zustande; Mg^{2+}-Überschuß kann die Hemmung rückgängig machen. Die durch *Adenosinmonophosphat*, *Adenosindiphosphat* u. *anorgan. Pyrophosphat* ausgeübte I-Hemmung wird durch Mg^{2+}-Überschuß nicht verhindert. Ebenso reagiert die durch *Glucose-1-phosphat* (II; selbst in nur $5 \cdot 10^{-3}$ m Konz.) ausgeübte I-Hemmung nicht auf Mg^{2+}; die Substrathemmung wird mit steigender II-Konz. stärker u. hängt vom II/I-Quotienten ab. *MgATP* hebt die Substrathemmung auf u. steigert die I-Aktivität; MgATP steigert auch die durch II gehemmte Aktivität krist. I, so daß die Wrkg. nicht der II-Kinase zugeschrieben werden kann.
U. Tausendfreund. 4210◇

1081 **Die Fermenteigenschaften der an die Desoxyribonucleinsäure gebundenen Aldolase und Ribonuclease.** I. A. Chodossowa. (Biochemie [UdSSR] **28**, 558—64, 1963; Leningrad, Inst. für Cytol. der Akad. der Wiss. der UdSSR; russ., Auszug: engl.) — Die spezif. Aktivität (SA) der an *Desoxyribonucleinsäure* (I) gebundenen *Aldolase* (II) ist geringer als bei der freien II. Die freie I beeinflußt die SA der II nicht. Zwischen der SA des Komplexes I–II u. dem Eiweiß-Geh. besteht keine Beziehung. Die SA der an I gebundenen *Ribonuclease* (III) ist geringer als bei der freien III u. abhängig vom Eiweiß-Geh. des Komplexes. Aus den kinet. Eigg. folgt, daß bei der Komplex-Bldg. zwischen I u. II das akt. Zentrum von II verändert wird. Die Wiederherst. der SA u. des Sedimentations-Koeff. der II nach der Dissoziation des Komplexes beweist, daß die bei der Rk. zwischen I u. II möglichen Strukturänderungen umkehrbar sind. Die Zers. durch Trypsin ist bei der freien u. gebundenen II nicht sehr verschieden. Hieraus ist zu schließen, daß bei der II-Bindung an I keine starken Strukturänderungen eintreten. O. Lebtag. 4210△

1082 **Untersuchung der extracellulären Desoxyribonuclease-Aktivität in Pseudomonas.** Murray M. Streitfeld, Edward M. Hoffmann und Herbert M. Janklow. (J. Bacteriol. **84**, 77—80, 1962; Coral Gables, Fla., Univ. of Miami School of Med., Dep. of Microbiol.; Miami, Fla., Variety Children's Res. Found.; engl.) — Mit einem Toluidinblau-Plattentest wird bei 22 von 23 *Pseudomonas aeruginosa*-Stämmen extracelluläre *Desoxyribonuclease*-Aktivität nachgewiesen. P. Gregorzewski. 4210◇

1083 **Oxydativer Stoffwechsel und Glyoxylat-Cyclus bei Pseudomonas indigofera.** Bruce A. McFadden und William V. Howes. (J. Bacteriol. **84**, 72—76, 1962; Pullman, Wash., Washington State Univ., Dep. of Chem.; engl.) — Intakte Zellen oxydieren eine Reihe von Substraten, die die Vermutung nahelegen, daß die Oxydation über den Tricarbonsäurecyclus verläuft. Außerdem wird festgestellt, daß bei Kultur auf Butyrat die *Isocitratlyase*-Aktivität etwa den gleichen Wert u. die *Malatsynthetase*-Aktivität ca. 60% von dem erreicht, der bei Acetatkulturen gefunden wird.
P. Gregorzewski. 4210◇

1084 **Untersuchungen über das Gleichgewichtssystem der Fumarase.** 1. Mitt. Kurt Jacobsohn und M. Deodata Azevedo. (Rev. Fac. Ci. Lisboa, 2. a Sér., Secc. B **7**, 5—14, 1960; Lissabon, Inst. Rocha Cabral; franz.) — Bei der Unters. des durch *Fumarase* (aus Schweineherzextrakt) im Rk.-Syst. *l*-Äpfelsäure ⇌ Fumarsäure + H_2O eingestellten Gleichgewichts, ausgedrückt durch die Konst. K_T (T = Temp.), wurde gefunden, daß K_T unabhängig von der Konz. des Substrats u. des Enzyms ist u. in Ggw. von Koll., Glycerin, Glykol u. Glucose, vermutlich durch die Bindung von W. durch diese Stoffe, nach der Fumarsäureseite verschoben wurde. Durch Chromatographie, Reinigung der rohen Fumarase (durch Fällung mit Aceton), Dialyse bzw. durch Erhitzen der Enzym-Lsg. auf die für Fumarase unschädliche Temp. von 52° (30—40 Min., um ggf. fremde Enzyme zu inaktivieren) bzw. durch Zusatz von NaF oder Na-Monojodacetat wurde K_T nicht verändert, wenn die auf 52° erhitzte Lsg. bei 37° zur Bldg. des Gleichgewichts eingestellt wurde. Dagegen wurde nach der Gleichgewichtseinstellung bei 4° ein niedrigerer polarimetr. Wert erhalten. Diese Änderung des K_T scheint auf einer kinet. Einw. im Fumarase-Syst. zu beruhen. G. Vogel. 4210◇

1085 **Untersuchungen über das Gleichgewichtssystem der Fumarase.** 2. Mitt. Kurt Jacobsohn und M. Deodata Azevedo. (Rev. Fac. Ci. Lisboa, 2. a Sér., Secc. B **7**, 15—18, 1960; Lissabon, Inst. Rocha Cabral; franz.) — 1. vgl. vorst. Referat. — Ein wss. (1:5) *Fumarase*-Extrakt (aus Schweineherz) wurde mit Phosphatpuffer (pH 6,9) u. einer molaren Na-Fumarat-Lsg. auf 5 ml aufgefüllt, eine Verb. mit hohem Energiepotential (6 mg Adenosintriphosphat, 0,5—1 ml einer Lsg. von 12,2 mg Coenzym A in 100 ml W., 200 mg 2.4-Dinitrophenol oder 100 mg Aureomycin) zugesetzt, erst bei 37°, dann bei 4° (s. 1. Mitt.) eingestellt u. K_T in Ggw. von NH_4-Molybdat polarimetr. bestimmt. Die Resultate ($[\alpha]_D^{37}$ 15,30 $\pm$0,1° (d = 2), entsprechend K_{37} = 3,3 bzw. $[\alpha]_D^4$ 17,60 $\pm$ 0,1° (d = 2), entsprechend K_4 = 7,8) stimmten mit den Blindwerten im Rahmen der Fehlergrenzen überein. G. Vogel. 4210◇

1086 **Untersuchungen über das Gleichgewichtssystem der Fumarase.** 3. Mitt. Kurt Jacobsohn und M. Deodata

Azevedo. (Rev. Fac. Ci. Lisboa, 2. a Sér., Secc. B **7**, 19—24, 1960; Lissabon, Inst. Rocha Cabral; franz.) — 2. vgl. vorst. Referat. — Bei den Verss. über das Gleichgewichts-Syst. der *Fumarase* bei 4 u. 37° (vgl. 1. u. 2. Mitt.) wurde, um den Einfl. von Polyhydroxy-Verbb. (vgl. 1. Mitt.) auf den Wasser-Geh. des Syst. u. damit auf das K_T auszuschalten, statt W. schweres W. (99,6% D_2O) verwendet. 20 (ml) eines wss. Schweineleberextrakts wurden mit 400 Aceton gefällt, gewaschen, getrocknet, ferner 3 einer wss. Fumarat-Lsg. eingetrocknet, der Rückstand in 1,5 schwerem W. gelöst, die Lsg. mit dem Enzympulver bei 37 u. 4° ins Gleichgewicht gebracht, 1,5 der Probe mit 0,15 Eisessig (Gärungshemmung) u. 0,19 g NH_4-Molybdat gemischt u. mit schwerem W. auf 3 aufgefüllt. Die Probe lieferte bei der polarimetr. Best. nur um + 0,20° höhere Werte gegenüber dem Blind-Vers. mit W., die prakt. bedeutungslos sind. Es wurden gefunden (Blindwerte in Klammern): $[\alpha]_D^{37}$ 15,25° (15,40°); $[\alpha]_D^{4}$ 16,30° (17,35°); K_{37} 3,2 (3,4) u. K_4 4,4 (6,2). G. Vogel. 4210◇

1087 **Untersuchungen über den „Pentose-Phosphat-Stoffwechselweg" bei Mäusen mit erblicher Muskeldystrophie.** N. Canal und L. Frattola. (Med. exp. [Basel] **7**, 27—31, 1962; Milan, Univ., Clin. of Nervous and Mental Diseases; engl.) — In homogenisierten Muskeln sind der Abbau von *Ribose-5-phosphat* u. die Synth. von *Heptose* u. *Glucose-6-phosphat* erhöht. Die Aktivität der *6-Phosphogluconat-dehydrogenase* ist verstärkt, die *Pentoseisomerase*-Aktivität verringert. P. Gregorzewski. 4210◇

1088 **α-Hydroxyglutarsäure-Synthetase.** Henry C. Reeves und Samuel J. Ajl. (J. Bacteriol. **84**, 186—87, 1962; Philadelphia, Pa., Albert Einstein Med. Center, Dep. of Biochem., Res. Labor.; engl.) — Wenn *Escherichia coli* E-26 48 Std. bei 37° auf einem gut belüfteten Mineralsalzmedium mit 0,2% Na-Propionat als einziger C-Quelle inkubiert wird, kann im Überstand des bei 15000·*g* zentrifugierten Schallhomogenats eine *α-Hydroxyglutarsäuresynthetase* nachgewiesen werden, die *α-Hydroxyglutarsäure* aus *Propionyl-CoA* u. *Glyoxalat* synthetisiert. P. Gregorzewski. 4210◇

1089 **Aktivierung und Lokalisation bestimmter β-Glucosidasen der Pansenflora in der Zelloberfläche.** Kendall W. King. (J. Dairy Sci. **42**, 1848—56, 1959; Blacksburg, Va., Virginia Polytechn. Inst., Dep. of Biochem. and Nutr. and of Biol.) — An der enzymat. Hydrolyse von Cellulose im Pansen sind Sulfhydrylgruppen u. mehrwertige Metallionen beteiligt. Bei Zusatz von $FeCl_3$ zum Substrat u. Hydrolyse mit Desoxycholsäure wurde ermittelt, daß mindestens 5% der cellulolyt. Aktivität in der Zelloberfläche der Pansenbakterien lokalisiert sind; es gibt jedoch Anzeichen dafür, daß der wirkliche Anteil der Zelloberfläche wesentlich größer ist. K. Zingraf. 4210◇

1090 **Stoffwechselregulierung der β-Glucosidase-Synthese in Hefe.** Anthony M. MacQuillan und Harlyn O. Halvorson. (J. Bacteriol. **84**, 23—30, 1962; Madison, Wis., Univ. of Wisconsin, Dep. of Bact.; engl.) — Die Hybride *Saccharomyces fragilis* + *S. dobzhanskii* bildet auf Succinatmedium eine konstitutive *β-Glucosidase* (I). Zusatz von *β-Glucosiden*, *Thio-β-glucosiden* oder niedrige Konz. von *Glucose* induzieren eine weitere I-Bildung. Hohe Glucose-Konzz. unterdrücken die I-Bildung. Es wird gefolgert, daß die I-Bldg. in Hefe an zwei verschiedenen Stellen kontrolliert wird. P. Gregorzewski. 4210◇

1091 **Glucokinaseaktivität der Skelettmuskeln des Hühnerembryos.** M. N. Perzewa. (Ukrain. biochem. J. **35**, 92—98, 1963; Leningrad, Ssetschenow-Inst. für Evol.-Physiol. der Akad. der Wiss. der UdSSR; russ., Auszug: engl.) — In den Skelettmuskeln des Hühnerembryos läßt sich eine *Glucokinase* (I)-Aktivität schon am 8. Tag der Inkubation beobachten. Sie erreicht am 15. Tag ein Maximum (um 75% höher als am 13. Tag). Am 16.—17. Tag nimmt die I-Aktivität bis zum Ausgangswert ab. Nach dem Schlüpfen nimmt die I-Aktivität allmählich weiter ab u. erreicht nach 2—16 Tagen den Wert des erwachsenen Vogels. O. Lebtag. 4210△

1092 **Aktivität der Hexokinase der Zellfraktionen der Leber von normalen Kaninchen und solchen mit Alloxandiabetes.** M. P. Fomina. (Biochem. [UdSSR] **28**, 232 bis 237, 1963; Leningrad, Inst. für experim. Med. der Akad. der med. Wiss. der UdSSR, Abt. Biochemie; russ., Auszug: engl.) — In den isolierten Mitochondrien der normalen Kaninchenleber sind 10—15% der *Hexokinase* (I) gebunden, der Rest im Hyaloplasma. Das Verhältnis I-Aktivität/Eiweiß-Geh. ist in den Mitochondrien jedoch ca. 1,5mal geringer als in der Fraktion Hyaloplasma + Mikrosomen. Bei Diabetes ist die I-Aktivität im Leberextrakt stark vermindert, vor allem im Hyaloplasma. 1½—2 Std. nach Insulinzufuhr ist die I-Aktivität im Hyaloplasma nur wenig erhöht, in den Mitochondrien dagegen völlig normalisiert. O. Lebtag. 4210△

1093 **Glykolytische Enzyme in Zymomonas mobilis.** Shirley Raps und R. D. DeMoss. (J. Bacteriol. **84**, 115—18, 1962; Urbana, Ill., Univ. of Illinois, Dep. of Microbiol.; engl.) — Zellfreier Preßsaft ist in der Lage, Glucose-6-phosphat fermentativ in *A.* u. CO_2 umzuwandeln. Im Extrakt werden *Phosphohexoisomerase*, *Aldolase* u. *Glyceraldehyd-6-phosphat-dehydrogenase*, aber keine Phosphohexokinase nachgewiesen. P. Gregorzewski. 4210◇

1094 **α-Amylase-Nachweis auf dem Papierchromatogramm.** H. F. Linskens und J. A. M. Schrauwen. (Naturwissenschaften **50**, 333, 1963; Nijmwegen, Niederl., Univ., Botan. Inst.; dt.) — Unter Verw. von Maltotriose als Substrat wurde, aufbauend auf der Vorschrift von Jansen u. Wydeveld eine spezif. Nachw.-Rk. für *α-Amylase* (*α-1.4-Glucan-4-glucanohydrolase*) auf Papier entwickelt. Nach Trennung der Amylasen mit dem Laufmittel Aceton–W. (1:1) u. Abtrocknen des Trennmittels wird das Papier mit einer 1%ig. Lsg. von α-[p-Nitrophenyl]-maltosid in $^1/_{15}$m Phosphatpuffer-Lsg., pH 6,5 besprüht, der Bogen 2 Std. bei 65° oder 16 Std. bei 37° feucht inkubiert u. mit 0,3n NaOH besprüht. An den Orten der α-Amylaseaktivität entstehen gelbe Flecken von p-Nitrophenol, das durch enzymat. Hydrolyse des Substrats freigesetzt wurde. Die Flecken sind im Gegensatz zur Jod-Rk. mehr als 24 Std. lang haltbar. Ein quant. Vgl. ist durch photometr. Direktmessung der Flecken auf dem Papier bei 410 mμ möglich. G. Vogel. 4210◇

1095 **Transaminase und D-Aminosäureoxydase von Trigonopsis variabilis.** S. Sentheshanmuganathan und W. J. Nickerson. (J. gen. Microbiol. **27**, 465—71, März 1962; New Brunswick, N.J., State Univ., Rutgers, Inst. of Microbiol.; engl.) — Die Hefe *Trigonopsis variabilis* kann viele einzelne Aminosäuren als alleinige N-Quelle nutzen. Von diesen Aminosäuren wurden die D-Isomeren oxydativ desaminiert, während die L-Isomeren mit *α-Ketoglutarat* oder *Pyruvat* transaminiert wurden. Wenn dieser Organismus auf *DL-Methionin* als einziger N-Quelle gewachsen war, war die D-Aminosäureaktivität die höchste bis jetzt beschriebene u. kann für die Darst. von Ketosäuren empfohlen werden. H. Aman. 4210◇

1096 **Entmethylierungsuntersuchungen. 3. Mitt. Die Entmethylierung von Dialkylmethylaminen in vitro.** Robert E. McMahon und Nelson R. Easton. (J. med. pharmac. Chem. **4**, 437—45, 1961; Indianapolis, Ind., Lilly Res. Labor.; engl.) — 2. vgl. C. **1962**, 17794. — Eine Anzahl *Dialkylmethylamine*, von denen einige neu hergestellt wurden, werden der Entmethylierung mit einem Präp. aus Lebermikrosomen von Ratten unterworfen. Je größer das Mol. u. je geringer damit die Basizität, desto besser wird auch die Lipidlöslichkeit, die eine Voraussetzung für das Wirksamwerden des entmethylierenden Enzyms ist. Bei Isomeren ist das symmetrischere das bessere Substrat. Verzweigung der Alkylgruppen senkt die Rk.-Geschw. der Entmethylierung gegenüber der unverzweigten Verbindung. Die Entmethylierung wird quant. verfolgt, indem der gebildete Formaldehyd als Semicarbazon abgefangen, mit 2.4-Diketopentan umgesetzt u. spektrophotometr. gemessen wird.

Versuche: Dialkylmethylaminhydrochloride: *Di-n-propyl-*, $C_7H_{18}ClN$, F. 172—175°. — *Di-n-butyl-*, C_9H_{22}·ClN, F. 122—124°. — *Diisobutyl-*, $C_9H_{22}ClN$, F. 126—128°. — *Di-n-amyl-*, $C_{11}H_{26}ClN$, F. 123—124°. — *n-Propyl-n-amyl-*, $C_9H_{22}ClN$, F. 122—124°. — *n-Butyl-n-amyl-*, $C_{10}H_{24}ClN$, F. 118—119°. — *2-Hydroxy-1.1-dimethylpropylisopropyl-*, $C_9H_{22}ClNO$, F. 136—138°. — *Isopropyl-2-acetylisopropyl-*, $C_9H_{20}ClNO$, F. 167—168°. — 1.1-Dimethylpropargylmethylaminhydrochloride: *Äthyl-*, $C_8H_{16}ClN$, F. 185 bis 186°. — *n-Propyl-*, $C_9H_{18}ClN$, F. 145—147°. — *n-Butyl-*, $C_{10}H_{20}ClN$, F. 150—152°. — *sek.-Butyl-*, $C_{10}H_{20}ClN$, F. 135 bis 137°. — *Benzyl-*, $C_{13}H_{18}ClN$, F. 186—188°. — *Bis-sek.-butylmethylaminhydrobromid*, $C_9H_{22}BrN$, F. 115—117°. W. Holland. 4210◇

1097 **Mikromethode zur Bestimmung der Ornithin-Carbamoyl-Transferase in Serum und Liquor.** H. Weber. (Klin. Wschr. **41,** 37—40, 1/1. 1963; Bern, Univ., Med.-Chem. Inst.; dt.) — Die *Ornithin-Carbamoyl-Transferase* (OCT) ist mit höchster Aktivität in der Leber lokalisiert u. eignet sich daher gut zur enzymat. Leberdiagnostik. Das Ferment katalysiert im Organismus die Rk. *Ornithin* + *Carbamylphosphat* → *Citrullin* + *Phosphat*. Zur Aktivitäts-Best. wird folgende Rk. ausgenutzt: *Citrullin* + *Arsenat* → *Ornithin* + *Carbamylarsenat*. Letztes zerfällt spontan in NH_3, CO_2 u. Arsenat. Das entstehende NH_3 wird nach der Mikrodiffusions-Meth. bestimmt. Es sind 0,1 ml Serum notwendig, die 24 Std. bei 37° mit einer Citrullin-Arsenat-Lsg. inkubiert werden. Für Serum werden als normaler Mittelwert 0,38 IE, als Normalbereich 0,12—0,64 IE gefunden (patholog. Werte bis ca. 10 IE). Im Liquor: Mittelwerte 0,31 IE, Normalbereich 0,05—0,57 IE. K. Thielmann. 4210◇

1098 **Die Wirkung der Trächtigkeit auf die Aktivität der Histidindecarboxylase des Rattenmagens.** C. F. Code und G. A. Hallenbeck. (J. Physiology **159,** 66P—67P, 1961; Rochester, Minn., Mayo Clin. and Mayo Found.; engl.) — Vff. untersuchen die Aktivität der *Histidindecarboxylase* (I) in Homogenaten von Drüsengeweben des Magens bei mit Ae. anästhetisierten Ratten. Gegenüber Normaltieren zeigen Tiere zwischen dem 17. u. 21. Tage der Trächtigkeit eine 4mal höhere I-Aktivität. Aus den Mägen der trächtigen Tiere kann mehr *Histamin* extrahiert werden im Vgl. zu Normaltieren. I wird nicht entdeckt in der fötalen Placenta u. der mütterlichen Leber, es findet sich jedoch in der fötalen Leber u. erreicht hier die höchste Aktivität von allen untersuchten Organen im letzten Drittel der Trächtigkeit. W. Hiller. 4210◇

1099 **Lokalisation der Leucinaminopeptidase-Aktivität im Serum mit der Papierelektrophorese.** Edgar E. Smith, Esteban P. Pineda und Alexander M. Rutenburg. (Proc. Soc. exp. Biol. Med. **110,** 683—87, Aug./Sept. 1962; Boston, Mass., Beth Israel Hosp., Yamins Res. Labor., Surg. Res. Labor., Dep. of Surg., Harvard Med. School; engl.) — In normalem menschlichem Serum wanderte die *Leucinaminopeptidase* (I) bei der Papierelektrophorese als Einzelkomponente in der α_1-Globulinfraktion. Bei Patienten mit erhöhter I-Aktivität infolge von Leber-, Gallen- oder Pankreaserkrankungen waren Maxima auch in der β- u./oder α_2-Globulinfraktion nachweisbar. K. Zingraf. 4210◇

1100 **Mikrobiologischer Abbau von Pektinsubstanzen.** 1. Mitt. **Die Rolle von Boden-Streptomyceten in dem Prozeß.** M. H. Bilimoria und J. V. Bhat. (J. Indian Inst. Sci. **43,** 16—25, 1961; Bangalore, Indian Inst. of Sci., Fermentation Technology Labor.; engl.) — Vff. testen 150 Kulturen von *Streptomyces* auf ihre pektolyt. Aktivität. Bis auf 5 Kulturen besitzen alle eine pektolyt. Aktivität. Sie besteht entweder in einer Demethylierung oder in einer Hydrolyse des Glykosids. Viele Typen zeigen auch beides. Der Pektinabbau wird in einem 1% $CaCO_3$ enthaltenden Medium auf das 1½- bis 20fache gesteigert bzw. überhaupt erst ermöglicht. Vff. isolieren aus *S. viridichromogenes Pektinglykosidase* (I) als Acetonpulver. Im Gegensatz zum käuflichen Präp., das optimale Aktivität bei pH 4,5 zeigt, ist I bei pH 4,5 inakt. u. zeigt bei pH 7,5 Aktivität. W. Hiller. 4210◇

1101 **Mikrobiologischer Abbau von Pektinsubstanzen.** 2. Mitt. **Die Rolle von Hefen in dem Prozeß mit besonderer Berücksichtigung eines Polygalakturonase produzierenden Cryptococcus laurentii.** M. H. Bilimoria u. J. V. Bhat. (J. Indian Inst. Sci. **44,** 15—26, 1962; Bangalore, Indian Inst. of Sci., Fermentation Technology Labor.; engl.) — 1. vgl. vorst. Referat. — Vff. prüften 149 Hefekulturen (12 Genera, 35 Species, viele Mutanten) auf ihre pektolyt. Eigenschaften. Ein *Cryptococcus albidus*-Stamm, eine Kultur von *C. laurentii* u. *Pullularia pullulans* u. 2 nicht identifizierte Hefekulturen zeigten eine bei pH 4,5 akt. exocelluläre *Polygalakturonase* (I). Die Fähigkeit, Pektin abzubauen, ohne daß I nachgewiesen wurde, zeigten 37 getestete Organismen. W. Hiller. 4210◇

1102 **Untersuchungen über Fermente des menschlichen Blutes.** 4. Mitt. **Definition einer Lipase im menschlichen Serum, ihre Beziehung zum Klärfaktor (Lipoproteidlipase) und Methode zu ihrer routinemäßigen Bestimmung.** H. Hörlein und W. Pilz. (Hoppe-Seyler's Z. Physiol. Chem. **327,** 256—73, 1962; Leverkusen, Bayerwerk; dt.) — 3. vgl. C. **1962,** 892. — Im normalen menschlichen Serum wird ein Ferment (*Clearing Enzym*, CE) nachgewiesen, welches die Ester höherer Fettsäuren hydrolysiert (Tween 60 u. 80). Es zeigt gleiches pH-Optimum u. analoge Rk.-Kinetik wie der im Postheparinplasma auftretende *Klärfaktor* (CF). *Heparin* u. *Gummi arabicum* bewirken dosisabhängig eine starke Aktivitätssteigerung des CE. Es wird auf Grund des Verh. auch gegenüber anderen Substanzen angenommen, daß CE u. CF ident. sind. CE wird in Organen z. T. in hoher Aktivität gefunden (Herz, Lunge, Leber, Niere u. Pankreas). *Heparin*- oder *Gummi arabicum*-Zusatz erhöhen die Fermentausbeute. Der Ölsäureester (Tween 80) wird durch Serum stärker gespalten als der Stearinsäureester (Tween 60). Der Zusammenhang zwischen Atherosklerose u. CE-Serumspiegel wird diskutiert. H. Struck. 4210◇

1103 **Verlust des 4β-Wasserstoffs bei der Umwandlung von $^3H_{(4\beta)}$-Cholesterin in Cortisol durch Homogenat der Meerschweinchennebenniere.** H. Werbin und I. L. Chaikoff. (Biochim. biophysica Acta [Amsterdam] **71,** 471—74, 1963; Berkeley, Calif., Univ. of California, Dep. of Physiol.; engl.) — Am intakten Meerschweinchen wurde der Mechanismus der *Δ^5-3-Ketosteroidisomerisation* nach Verfüttern von *$^{14}C_{(4)}$-Cholesterin* u. *$^3H_{(4\beta)}$-Cholesterin* über 10 Tage untersucht u. festgestellt, daß *$^{14}C_{(4)}$-Cortisol* u. *$^{14}C_{(4)}$-6β-Hydroxycortisol* mit einem verschwindend geringen *^3H*-Geh. ausgeschieden wurden. Um die Möglichkeit von Verlusten durch die alkal. Extraktion auszuschließen, wurden die Verss. mit Nebennierenhomogenat von Meerschweinchen in neutralem Milieu wiederholt. Die Ergebnisse entsprachen den in vivo-Verss., die Konstanz der spezif. Werte für die ^{14}C-Aktivität des isolierten Cortisols ist als Beweis für die radiochem. Homogenität anzusehen. Für den Verlust des 4β-Wasserstoffs dürfte das Enzym *Steroid-Δ-isomerase* verantwortlich sein, doch wird die Möglichkeit diskussionsmäßig angedeutet, daß eine noch unbekannte Enzym-Rk. stattfindet. Wolfgang Albrecht. 4210◇

1104 **Photoelektrocolorimetrische Bestimmung der Cholinesteraseaktivität.** G. A. Panossjan. (Nachr. Akad. Wiss. ArmenSSR, biol. landwirtsch. Wiss. **11,** Nr. 6, 21—27, 1958; Inst. für organ. Chemie der Akad. der Wiss. der ArmenSSR; russ., Auszug: armen.) — Die photoelektrocolorimetr. Best. der *Cholinesterase* (I)-Aktivität, die eingehend beschrieben wird, beruht auf der Farbänderung des Indicators als Folge der pH-Änderung bei der Spaltung des Acetylcholins. Als Indicator dienen Kresolrot u. Phenolrot. Die Brauchbarkeit der Meth. wird an der Best. der I-Aktivität des Blutserums u. des Hirnhomogenates gezeigt. O. Lebtag. 4210△

1105 **Die auf der phosphatinduzierten Dissoziation des Actomyosindesaminasekomplexes der Ratte beruhende Darstellung der 5'-Adenylsäuredesaminase.** R. D. Currie und H. L. Webster. (Biochim. biophysica Acta [Amsterdam] **64,** 30—40, 1962; Sydney, Univ. of Sydney, Dep. of Biochem.; engl.) — *5'-Adenylsäuredesaminase* (I)-Aktivität verbunden mit Präpp. von *Actomyosin* (II) des Rattenmuskels wurde in hoher Ausbeute u. mit 15fachem Anstieg der spezif. Aktivität in 4 Stufen abgetrennt (Darst. eines rohen *Actomyosindesaminase*-Komplexes, Abtrennung des Enzyms von II durch Phosphat, *Ribonuclease*-Behandlung u. *$(NH_4)_2SO_4$*-Fällung, Trennung mittels DEAE-Cellulose). Diese Trennungs-Meth. ist viel wirkungsvoller als frühere Trennungen durch Hitzekoagulation. I besitzt eine K_m von $1,41 \cdot 10^{-3}$m, eine Sedimentations-Konst. von 12,61 u. ein Verhältnis der Absorptionswerte (280 mμ/260 mμ) gleich 1,86. H. Aman. 4210◇

1106 **Zur Funktion der Mikrosomen.** K. Leybold und Hj. Staudinger. (Dtsch. med. Wschr. **87,** 1989—95, 5/10. 1962; Gießen, Justus-Liebig-Univ., Physiol.-Chem. Inst.; dt.) — Übersicht mit krit. Sichtung der Befunde über die Mikrosomen, welche neuerdings nicht als individualisierte Zellorganellen, sondern als Trümmer des elektronenopt. sichtbaren, endoplasmat. Reticulums aufzufassen sind; die Enzyme für die charakterist. Leistungen eines Organs sind vorzugsweise in den Mikrosomen (bzw. besser der Mikrosomenfraktion) seiner Zellen lokalisiert. Besprechung von *Hydroxylasen*, *Hydrolasen*, Biosynth. der *Ascorbinsäure*, *Uridindiphosphat-Glucuronyl-Transferase*, *Steroidreduktasen*, mikrosomaler *Cytochrome*, elektronentransportierender Enzyme, Trennung mikrosomaler Enzyme. — 199 Literaturangaben. U. Tausendfreund. 4210◇

1107 **Lokalisation von Enzymen in Mycel und Mikroconidien von Fusarium oxysporum.** Yoshiharu Maruyama und Martin Alexander. (J. Bacteriol. **84**, 307—12, 1962; Ithaca, N.Y., Cornell Univ., Dep. of Agronomy, Labor. of Soil Microbiol.; engl.) — Extrakte von Mycel u. Conidien werden fraktioniert u. in den verschiedenen Fraktionen Enzyme bestimmt. In den Partikelfraktionen der Hyphen werden *Bernsteinsäuredehydrogenase, red. Diphosphopyridinnucleotid* (DPNH)-*Cytochrom c-Reduktase* u. *Cytochromoxydase, Fumarase* u. *DPNH-Oxydase* nachgewiesen. In der lösl. Fraktion sind *Aldolase, Aconitase, Glucose-6-phosphatase* u. *Uricase* enthalten. In den Conidien wird ein ähnliches Enzymmuster gefunden. P. Gregorzewski. 4210◇

1108 **Enzymverteilung in Membran, Cytoplasma und Kernfraktionen von Pseudomonas fluorescens.** S. E. Burrous und W. A. Wood. (J. Bacteriol. **84**, 364—69, 1962; Urbana, Ill., Univ. of Illinois, Dep. of Dairy Sci., Labor. of Bact.; engl.) — *Pseudomonas fluorescens* A 3.12 wird durch Zentrifugieren in 3 Fraktionen, Cytoplasma (a), Membran (b) u. Desoxyribonucleinsäuren (c) geteilt u. die Enzymverteilung untersucht. C enthält nur geringe Enzymaktivitäten; *red. Diphosphopyridinnucleotidoxydase* ist nur in b, *Phosphohexoisomerase, Transketolase* u. *Glucose-6-phosphatdehydrogenase* ausschließlich in a enthalten. Sowohl in a als auch in b finden sich *Glyceraldehyd-3-phosphatdehydrogenase* (6,4 in a u. 77% in b), *Gluconsäuredehydrogenase* (48 u. 40%), *Phosphopentoisomerase* (12 u. 77%), *D-Ribulose-5-phosphat-3-epimerase* (27 u. 67%) u. *2-Keto-3-desoxy-6-phosphogluconataldolase* (79 u. 12%). P. Gregorzewski. 4210◇

1109 **Untersuchungen über Faktoren, welche den Gehalt an Enzymen des Harnstoffcyclus in Rattenleber beeinflussen.** Robert T. Schimke. (J. biol. Chemistry **238**, 1012—18, 1963; Bethesda, Md., U.S. Publ. Health Serv., Nat. Inst. of Health, Nat. Inst. of Arthritis and Metabol. Diseases; engl.) — Vgl. C. **1963**, 11693 u. 13233. — Bei Unterss. der Faktoren, welche den Geh. der an der *Harnstoff* (I)-Synth. beteiligten Enzyme [II, nämlich *Carbamylphosphatsynthetase, Ornithintranscarbamylase* (IIA), *Argininobernsteinsäuresynthetase, Argininosuccinase, Arginase* (IIB)] beeinflussen, führten sämtliche den Proteinabbau u. eine erhöhte I-Ausscheidung bewirkenden Einfl. (wie proteinreiche Nahrung; Fasten; Verabreichen von Corticosteroiden) zur Zunahme der genannten II, u. zwar proportional zur Erhöhung der Synth. von I. Bei der durch verstärkte Proteinernährung bedingten Erhöhung der II war eine Unversehrtheit der Nebennieren nicht erforderlich. Keine der Aminosäuren (III), die als Nahrung oder als spezif. Substrat des I-Cyclus parenteral verabreicht wurden [d. h. *Ornithin, Citrullin, Arginin* (IIIA)] bewirkte eine Änderung im Geh. an II. Die freien intracellulären Konzz. der III im Fließgleichgewicht erwiesen sich als bemerkenswert konst. unter verschiedenen Bedingungen, die zu Änderungen der I-Ausscheidung u. des II-Geh. führen. Unter folgenden Bedingungen ändert sich der IIB-Geh. in anderer Weise als der Geh. an den übrigen II: Adrenalektomie führt zu 70—80% Abfall an IIB, dagegen zu nur 30%ig. Abfall an den übrigen II; beim Füttern der Ratten mit einer IIIA-freien Ernährung werden die spezif. Aktivitäten der 4 an der IIIA-Synth. beteiligten II auf das Doppelte des Geh. erhöht, der auf Grund der I-Ausscheidung vorausgesagt werden kann; die IIB-Aktivität bleibt dabei unverändert. Das gleichzeitige Verabreichen von *L-Äthionin* verhindert die sonst durch Verabreichen von Cortisonacetat bewirkte Erhöhung des Geh. an IIA u. IIB. A. Hesse. 4210◇

E3. Mikrobiologie, Bakteriologie, Immunologie

1110 **Stimulierung der Fortbewegung von Zellen und der Bildung von Pseudopodien durch Heparin.** L. G. E. Bell und K. W. Jeon. (Nature [London] **195**, 400—01, 1962; Strand, Univ. of London, King's Coll.; engl.) — Bei sich vorwärts bewegenden Amöben ist der vordere Teil depolarisiert, auf welcher Tatsache Blingley u. Thompson (J. theoret. Biol. **2**, [1962], 16) eine Theorie der Amöbenbewegung aufbauen. Vff. zeigen, daß auch *Heparin* (I) u. andere natürliche Mucopolysaccharide eine Depolarisierung der Membran bei *Amoeba proteus* hervorrufen. Wahrscheinlich beruht hierauf die bekannte Stimulierung der Pseudopodien durch I. A. Hesse. 4300◇

1111 **Die Keimung und das Auswaschen von Bacillus popilliae-Sporen beeinflussenden Faktoren.** 1. Mitt. **Einfluß von Kaliumionen.** D. F. Splittstoesser und Keith H. Steinkraus. (J. Bacteriol. **84**, 278—82, 1962; Geneva, N.Y., Cornell Univ., New York State Agric. Exp. Station; engl.) — Die normalerweise eintretende Hitzeaktivierung der Sporen (10 Min., 80°) wird durch K^+ antagonisiert. P. Gregorzewski. 4310◇

1112 **Einige Faktoren, die das Wachstum von Phytophthora infestans de Bary auf künstlichen Nährböden stimulieren.** Wiesława Gromska. (Zeszyty naukowe Uniw. Łódź-kiego, Ser. II, **1962**, Nr. 12, 27—35; Łódź, Uniw., Kat. Fizjol. Roślin; pol.) — Agar-Kartoffel-Nährböden mit Zusatz von 0,3 ml 5%ig. $FeCl_3$- u. 7,5 ml 5%ig. $Ca(NO_3)_2$-Lsg./Liter sind nach Unterss. der Vff. zur Züchtung von *Phytophthora infestans* de Bary bes. geeignet. F. Urban. 4310◇

1113 **Nährstoffbedarf von Agra-Stämmen von Streptomyces griseus für die Gewinnung einer fungistatischen Substanz.** 2. Mitt. **Stickstoffquellen.** K. C. Basu Chaudhary. (Agra Univ. J. Res. **11**, 183—86, 1962: Agra, Agra Coll. Botany Dep.; engl.) — 1. vgl. Proc. Nat. Acad. Sci., India B **31**, [1961], 268. — Auf das Wachstum von Agra-Stämmen von *Streptomyces griseus* u. der erzeugten fungistat. Substanz wirken N-enthaltende Verbb. in der nachst. Rangordnung: *Alanin, Glycin, Glutaminsäure* > *Pepton, Asparagin* > *Harnstoff, Acetamid* > NH_4NO_3, $(NH_4)_2SO_4$, NH_4Cl, $NaNO_3$ > $NaNO_2$. W. Wesly. 4310◇

1114 **Sporulation von Clostridium botulinum.** 1. Mitt. **Auswahl eines einfachen Sporulationsmediums.** Kiyoshi Tsuji und William E. Perkins. (J. Bacteriol. **84**, 81—85, 1962; Berkely, Calif., Nat. Canners Association Res. Labor.; engl.) P. Gregorzewski. 4310◇

1115 **Sporulation von Clostridium botulinum.** 2. Mitt. **Der Einfluß von Arginin und seiner Abbauprodukte auf die Sporulation in einem synthetischen Medium.** William E. Perkins und Kiyoshi Tsuji. (J. Bacteriol. **84**, 86—94, 1962; engl.) — 1. vgl. vorst. Referat. — *Arginin* (I) spielt eine ausschlaggebende Rolle für die Sporulation. Maximale Sporulation wird bei einem I-Geh. von 67 μMol I/ml erreicht. Der Zeitpunkt der Sporen-Bldg. fällt mit dem Ende des rapiden I-Verbrauchs zusammen. Als Stoffwechsel-Prodd. von I treten als Zwischenprod. *Citrullin* u. als Endprod. *Ornithin* auf. P. Gregorzewski. 4310◇

1116 **Die Verwendung eines selektiven Anreicherungsmediums zur Isolierung von Pseudomonas aeruginosa aus Faeces.** Arturo A. Solari, Alfredo Actis Dato, Mario M. Herrero, Maria S. D. de Cremaschi, Mabel I. de Reid, Lidia P. Salgado und Maria T. Painceira. (J. Bacteriol. **84**, 190, 1962; La Plata, Argentina, Univ. Nac. de La Plata, Fac. de Quím. y Farm., Cátedra de Hig. y Microbiol. Gen.; engl.) — Das selektive Medium enthält K_2HPO_4, $NH_4H_2PO_4$, $MgSO_4$, NaCl, KNO_3 u. neutrales fl. *Petrolatum* (U.S. Pharmacopoeia). Die selektive Anreicherung basiert auf der Fähigkeit von *Pseudomonas aeruginosa*, Vaseline als C-Quelle zu nutzen. P. Gregorzewski. 4310◇

1117 **Verwendung von modifiziertem MacConkey-Agarmedium zu selektivem Wachstum und zur Auszählung von Enterobacteriaceen.** D. A. A. Mossel, W. H. J. Mengerink und H. H. Scholts. (J. Bacteriol. **84**, 381, 1962; Utrecht, Central Inst. for Nutrit. and Food Res. TNO; engl.) — Das Mac-Conkey-Medium wird abgewandelt, in dem Lactose durch 1% *Glucose* ersetzt wird. P. Gregorzewski. 4310◇

1118 **Einfluß der Glucosekonzentration im Wachstumsmedium auf einige Stoffwechselaktivitäten von Listeria monocytogenes.** Mischa E. Friedman und Warren L. Alm. (J. Bacteriol. **84**, 375—76, 1962; Frederick, Md., Fort Detrick, U.S. Army Chem. Corps.; engl.) — Wenn *Listeria monocytogenes* auf Medien unterschiedlichen *Glucose* (I) Geh. (0,2—1,0%) kultiviert wird, so sinkt der O_2-Verbrauch mit steigendem I-Gehalt. Gleichzeitig nimmt die Bldg. von Pyruvat, Lactat u. Acetoin zu; mit steigender I-Konz. verringern sich außerdem Katalase-Aktivität u. Virulenz gegenüber Mäusen. P. Gregorzewski. 4310◇

1119 **Nahrungsbedürfnisse für das vegetative Wachstum von Myxococcus xanthus.** Martin Dworkin. (J. Bacteriol. **84**, 250—57, 1962; Indianapolis, Ind., Indiana Univ. Med. Center, Dep. of Microbiol.; engl.) — Es werden 17 Aminosäuren u. Salze benötigt, aber keine exogenen Vitamine Außer durch *Glykogen* wird das Wachstum von organ. Material nicht stimuliert. P. Gregorzewski. 4310◇

1120 **Der Einfluß von Sorbose auf die Ausnutzung verschiedener Monosaccharide durch verschiedene Blattflecke**

hervorrufende Pilze. Sudhir Chandra und R. N. Tandon. (Phytopathol. Z. **45**, 130—37, 1962; Univ. of Allahabad, Bot. Dep.; engl.) — Es wird die Verwertbarkeit verschiedener Monosaccharide durch *Cercosporina ricinella* (a), *Colletotrichum gloeosporioides* (b) u. *Curvularia penniseti* (c) untersucht. *Glucose* bewirkte maximales Wachstum, *Fructose* u. *Galaktose* sind ebenfalls ausreichende C-Quellen. Auf *Sorbose* (I) wachsen a u. b gut, auf *Mannose* nur c. *Xylose* u. *Arabinose* werden von allen Pilzen schlecht verwertet, *Rhamnose* nur von c. Durch I-Zusatz wurde das Wachstum von c auf anderen Monosacchariden verschlechtert. P. Gregorzewski. 4310◇

1121 **Die Kultivierung eines einzelnen Stammes von Actinomyces israelii in einem vereinfachten und chemisch definierten Medium.** A. O. Christie und J. W. Porteous. (J. gen. Microbiol. **28,** 443—54, 1962; Aberdeen, Univ., Marischal Coll., Dep. of Biol. Chem.; engl.) — Die Verss. führten zu einer schrittweisen Vereinfachung des Mediums von Howell u. Pine u. in der Auffindung eines vollständig definierten Mediums mit einem Geh. von 335 µg Gesamt-N/ml anstatt 947 µg Gesamt-N/ml im Originalmedium. Die Ausbeute an Organismen stieg gleichzeitig an von 55 µg Gesamt-N/ml des Mediums auf 80 µg. Dieses vereinfachte Medium enthält kein Ammoniumsulfat, Purin oder Pyrimidinbasen, aber 20 Aminosäuren von denen *L-Cystein* u. *L-Tryptophan* essentiell waren u. 16 Wachstumsfaktoren. H. Aman. 4310◇

1122 **Der Bedarf an Wachstumsfaktoren des Wills-Stammes von Actinomyces israelii beim Wachstum in einem chemisch definierten Medium.** A. O. Christie und J. W. Porteous. (J. gen. Microbiol. **28**, 455—60, 1962; Aberdeen, Univ., Marischal Coll., Dep. of Biol. Chem.; engl.) — Ein von Vff. zur Kultivierung eines einzelnen Stammes (Wills) von *Actinomyces israelii* benutztes, definiertes Medium HP6/B enthält 16 Wachstumsfaktoren. Bei quant. Inoculationstechnik von Christie u. Porteous [1960] u. einer halbquant. Meth. zur Wachstums-Best. wurde gefunden, daß der Wills-Stamm in Ggw. von nur 5 der 16 Wachstumsfaktoren wachsen kann. Diese waren: *Biotin, Inosit, Nicotinsäure, Pyridoxal* u. *Riboflavin.* H. Aman. 4310◇

1123 **Trennung des Bacillus cereus-Toxins in zwei Komponenten und Nichtidentität des Toxins mit Phospholipase.** Dorothy M. Molnar. (J. Bacteriol. **84**, 147—53, 1962; Trederich, Md., Fort Detrick, U.S. Army Chem. Corps; engl.) — Durch Säulenchromatographie an Ca-Phosphatgel wird das von *Bacillus cereus* auf Casamino-Medium produzierte Toxin durch Elution mit Phosphatpuffer (pH 7,5) in 2 Komponenten getrennt, die einzeln wenig tox. sind. *Phospholipase* ist weder mit der 1. noch mit der 2. Fraktion identisch. P. Gregorzewski. 4315◇

1124 **Extraktion und vorläufige Charakterisierung einer hepatotoxischen Substanz aus Kulturen von Penicillium rubrum.** Benjamin J. Wilson und Christina H. Wilson. (J. Bacteriol. **84**, 283—90, 1962; Nashville, Tenn., David Lipscomb Coll., Microbiol. Res. Labor.; engl.) — Aus dem Medium von auf Mais-Saccharose gewachsenen *Penicillium rubrum* P-13 wird ein *Toxin* isoliert. Es handelt sich wahrscheinlich um eine organ. Säure, deren Toxizität durch 4tägiges Erhitzen auf 90° nicht beeinträchtigt wird. Im Tier-Vers. wirkt es hepatotox. u. verursacht ein hämorrhag. Syndrom. P. Gregorzewski. 4315◇

1125 **Anwendung von stickstoffhaltigen Verbindungen für die Biosynthese von Protein in sekundären Reaktionen.** George B. Morgan. (Sewage ind. Wastes **31**, 1275—80, 1959; Gainesville, Fla., Univ. of Florida, The Earle B. Phelps Labor. for Sanitary Engineering Res.) — Bei der Behandlung von aktiviertem Schlamm auf Sandfiltern mit Kloakenwasser zeigte sich, daß Harnstoff ein besserer NH_2-Donator ist als selbst die einfachsten Aminosäuren. Zur Aktivierung wurden folgende Aminosäuren verwendet: *^{14}C-Alanin, ^{14}C-Harnstoff, ^{14}C-L-Valin, ^{14}C-L-Serin, ^{14}C-Serin, ^{14}C-L-Threonin* u. *$^{14}C_{(1)}$-, $^{14}C_{(2)}$-* u. *$^{14}C_{(3)}$-Brenztraubensäure.* Vf. änderte die Unters.-Bedingungen in 5 verschiedenen näher beschriebenen Phasen u. stellte die Ergebnisse an ^{14}C-Aktvitität im Sandfilter u. aktiviertem Kloakenschlamm in 4 Tabellen zusammen. Die aus den Sandfiltern erhaltenen rohen synthet. Proteine wurden gereinigt, dialysiert, mit Phosphorwolframsäure niedergeschlagen, durch Zentrifugieren konzentriert, hydrolysiert u. die Aminosäuren papierchromatograph. isoliert u. eluiert. Die meisten hinzugegebenen Aminosäuren wurden im Citronensäurecyclus oxydiert, einige Stoffe dieses Cyclus wurden zunächst zur Bldg. anderer Aminosäuren umgesetzt u. schließlich in die Protein-Synth. eingebaut. P. Nachtwey. 4320◇

1126 **Bildung des Ribonucleosids des 5-Azauracils durch Escherichia coli und Isolierung des Ribosyl-Biurets als Hauptspaltprodukt des 5-Azauridins.** Vorl. Mitt. J. Škoda, J. Kára, A. Čihák und F. Šorm. (Collect. czechoslov. chem. Comm. **27**, 1692—94, 1962; Prague, Czechoslov. Acad. of Science, Inst. of Organ. Chem. and Biochem.; engl.) — Aus der in Ggw. von *5-Azauracil* (I) wachsenden Kultur von *E. coli* wurden *5-Azauridin* (II) u. zwei weitere seiner Metaboliten isoliert, die auf Grund der analyt. Zus. u. des elektrophoret. u. chromatograph. Verh. als *N-Ribosyl-Biuret* (III) u. wahrscheinlich als *N-Ribosyl-Harnstoff* (IV) identifiziert wurden. II wird nicht nur während des Isolierungs-Verf., sondern auch während der bakteriellen Fermentierung (ein synthet., anorgan. Salze u. Glucose enthaltendes Medium, Endkonz. von I 7,5·10^{-4}; 37°) zu IV über III zersetzt. J. Vaněček/Prag. 4320△

1127 **Vorkommen von Nucleotiden in Kulturflüssigkeiten von Mikroorganismen.** 3. Mitt. **Nucleotidausscheidung durch Brevibacterium liquefaciens n. sp. unter besonderer Berücksichtigung von Uridindiphospho-N-acetylglucosaminverbindungen.** Tadasjhi Okabayashi. (J. Bacteriol. **84**, 1—8, 1962; Osaka, Fukushimaku, Shinogi Res. Labor.; engl.) — 2. Vgl. C. **1963**, 12063. — In der Kultur-Fl. wurden papierchromatograph. u. elektrophoret. *Uridindiphospho-N-acetylglucosamin* (20—22 µMol/Liter) u. die Park*schen Verbb. 1, 2* u. *3* [Vgl. C. **1952**, 5111] (1, 10 bzw. 12—15 µMol/Liter) nachgewiesen. P. Gregorzewski. 4320◇

1128 **Eine L-Arabinose-sensitive, L-Ribulose-5-phosphat-4-epimerase-defiziente Mutante von Escherichia coli.** E. Englesberg, R. L. Anderson, R. Weinberg, N. Lee, P. Hoffee, G. Huttenhauer und H. Boyer. (J. Bacteriol. **84**, 137—46, 1962; Pittsburgh, Pa., Univ. of Pittsburgh, Dep. of Biol. Sci., East Lansing, Mich., Michigan State Univ., Dep. of Biochem.; engl.) — Es werden zwei Mutanten (ara-53 u. ara-139) isoliert, die *L-Arabinose* (I) nicht verwerten u. keine *L-Ribulose-5-phosphat-4-epimerase*-Aktivität besitzen, deren Wachstum in Abwesenheit von Glucose durch I gehemmt wird. An Hand dieser Ergebnisse werden genet. Zusammenhänge zwischen dem Fehlen bzw. Vorhandensein verschiedener am I-Stoffwechsel beteiligter Enzyme diskutiert. P. Gregorzewski. 4320◇

1129 **Lysis von Escherichia coli durch Sulfhydryl-bindende Reagentien.** M. Schaechter und Katherine A. Santomassino. (J. Bacteriol. **84**, 318—25, 1962; Gainesville, Fla., Univ. of Florida, Coll. of Med., Dep. of Microbiol.; engl.) — Gewaschene Suspensionen verschiedener gramnegativer Bakterien werden durch Zusatz geringer Konz. (10^{-2}—10^{-5}m) von *p-Chlormercuribenzoat, Phenylmercuriacetat, Merthiolate, $HgCl_2$, N-Äthylmaleimid, Jodosobenzoesäure, Phenylhydrazin, NH_2OH, Perjodsäure, $KMnO_4$, NaClO* u. *J_2* lyt. zerstört. Unwirksam sind dagegen Jodessigsäure, $NaAsO_2$, $ZnSO_4$, $HClO_4$, Trichloressigsäure, HNO_3, NaHS, KBH_4, $NaHSO_3$, NaCN u. H_2S. P. Gregorzewski. 4320◇

1130 **Extracelluläre Stoffwechselprodukte von Streptomycinmutanten von Escherichia coli.** P. D. Bragg und W. J. Polglase. (J. Bacteriol. **84**, 370—74, 1962; Vancouver, British Columbia, Univ. of British Columbia, Fac. of Med., Dep. of Biochem.; engl.) — Streptomycin bedürftige *Escherichia coli*-Mutanten bilden als Glucosestoffwechsel-Prod. während des aeroben Wachstums extracellulares *L-Valin,* die gleichen Mutanten bilden unter N_2 *Milchsäure.* P. Gregorzewski. 4320◇

1131 **Die Umwandlung von Shikimisäure in aromatische Verbindungen.** Pauline N. Morgan, Margaret I. Gibson und F. Gibson. (Nature [London] **194**, 1239—41, 30/6. 1962; Melbourne, Univ., Bacteriol. School.; engl.) — Zellfreie Extrakte verschiedener *Aerobacter aerogenes-* u. *Escherichia coli*-Stämme, die in Indol-Minimalmedium gezüchtet worden waren, bildeten bei Inkubation eines Substratgemisches aus *Shikimisäure* (I), *Adenosintriphosphat, Diphosphopyridinnucleotid* (IV), *$MgCl_2$, Ribose-5-phosphat* u. *L-Glutamin* (II) *Anthranilsäure* (III). Ohne II ging die III-Bldg. stark zurück u. andere Verbb. wurden gebildet. Im Äthylacetatextrakt solcher Ansätze waren papierchromatograph. *Phenylbrenztraubensäure,*

4-Hydroxyphenylbrenztraubensäure, *4-Hydroxybenzoesäure* u. andere phenol. Verbb. nachweisbar. Verss. mit partiell gereinigten Extrakten zeigten, daß die Umwandlung von I-5-Phosphat in III u. *Phenylbrenztraubensäuren* (V) red. IV benötigt u. von Phosphoenolpyruvat aktiviert wird. *Tryptophan* hemmt die I → III-Umwandlung durch zellfreie Extrakte, wobei gleichzeitig V entstehen. K. Maier. 4320◇

1132 **Wirkung des Penicillins auf die Zellwand von Escherichia coli.** Edward B. Wylie und Marvin J. Johnson. (Biochim. biophysica Acta [Amsterdam] **59**, 450—57, 21/5. 1962; Madison, Wis., Univ. of Wisconsin, Dep. of Biochem.; engl.) — *Penicillin* (I) inhibiert in der wachsenden Zelle von *Escherichia coli* die Ausbildung der Basalstruktur der Zellwand. Die Zellwände enthalten nach Einw. von I weniger *Glucosamin*, *Muramsäure* u. *Diaminopimelinsäure*. H.-P. Pietzsch. 4320◇

1133 **Wirkung des Penicillins auf die Zellwand von Bacillus subtilis.** Joseph Roberts und Marvin J. Johnson. (Biochim. biophysica Acta [Amsterdam] **59**, 458—66, 21/5. 1962; Madison, Wis., Univ. of Wisconsin, Dep. of Biochem.; engl.) — Vgl. vorst. Referat. — Unterss. über den Einbau von ^{14}C-Zuckern in Zellen von Bacillus subtilus bei Einw. von *Penicillin* zeigen, daß der Einbau in die Gesamtzelle zu 20% u. in die Zellwand zu 88% inhibiert wird. Insbesondere wird der Einbau von *Muram-* u. *Diaminopimelinsäure* in die Zellwand gehemmt. H.-P. Pietzsch. 4320◇

1134 **Akkumulation von Cystathionin in einer Homocystein-bedürftigen Mutante von Aerobacter aerogenes.** F. M. Harold. (J. Bacteriol. **84**, 382—83, 1962; Denver, Colo., Nat. Jewish Hosp.; engl.) — Durch UV-Bestrahlung von *Aerobacter aerogenes* wird eine Homocystein-bedürftige Mutante 24 erhalten, die auf Methionin-haltigem Medium (30 μg/ml) zwei S-haltige Verbb. synthetisiert, von denen eine papierchromatograph. u. analyt. als *Cystathionin* identifiziert wird. P. Gregorzewski. 4320◇

1135 **Permeabilität und Stoffwechsel von Lactose in Neurospora crassa.** G. Lester, D. Azzena und O. Hechter. (J. Bacteriol. **84**, 217—27, 1962; Shrewsbury, Mass., Worcester Found. for Exp. Biol.; engl.) — Conidien von *Neurospora crassa* akkumulieren in einem *Lactose* (I)-Medium I mit Hilfe eines spezif. Transport-Syst. auch gegen ein beträchtliches Konzentrationsgefälle. Sowohl die I-Aufnahme als auch die I-Abgabe sind von der Stoffwechselenergie abhängig, da Azid u. niedrige Temp. diese Vorgänge hemmen. Deutlich findet auch ein I-Stoffwechsel statt. *11-Desoxycorticosteron* hemmt die I-Akkumulation. P. Gregorzewski. 4320◇

1136 **Der Einfluß von Aminosäuren auf die Aufnahme und Nutzung von Tryptophan und anderen Vorläufern der Nicotinsäure durch Neurospora crassa.** Radha K. Panicker, E. R. B. Shanmugasundaram und U. S. Acharya. (J. gen. Microbiol. **28**, 409—16, 1962; Madras, India, Univ. Biochem. Labor.; engl.) — Es wurde der Einfl. von Caseinhydrolysat u. bestimmter Aminosäuren auf die Aufnahme u. Nutzung von *Tryptophan* (I) u. anderer Vorläufer der Biosynth. von *Nicotinsäure* (II) untersucht an einer Mutante von *Neurospora crassa*, welche auf I oder II wachsen kann. Während Caseinhydrolysat u. bestimmte Aminosäuren das Wachstum hemmen, wenn I, *Kynurenin* oder *3-Hydroxykynurenin* im Medium anwesend sind, haben sie keine Wrkg. in Ggw. anderer Vorläufer, z. B. *3-Hydroxyanthranilsäure* oder II. H. Aman. 4320◇

1137 **Nitratverwertung durch pathogene und saprophytische Mycobakterien.** L. W. Hedgecock und R. L. Costello. (J. Bacteriol. **84**, 195—205, 1962; Kansas City, Mo., Veterans Admin. Hosp.; Kansas City, Kans., Univ. of Kansas Med. Center, Med. Microbiol.; engl.) — *Mycobacterium butyricum* u. *M. smegmatis* verwerten Nitrat-N, *M. tuberculosis H37Rv* außerdem Nitrit-N, wenn es als einzige N-Quelle dient. Saprophyt. u. resistente Stämme dagegen verwerten nach wiederholter Kultur u. Lagerung auf Kirchner-Medium kein Nitrat, solange kein *Mo* zugesetzt wird. Die *Nitratreduktase* (I) von *M. tuberculosis* wird durch Wolframat inhibiert, diese Hemmung aber durch einen Molybdat-Zusatz (1 : 10000) wieder aufgehoben. Optimale Nitrat-Red. in Schallextrakten wird in Ggw. von red. Diphosphopyridinnucleotid erreicht; durch *Isoniazid* nicht aber durch p-Aminosalicylsäure oder Streptomycin wird I gehemmt. P. Gregorzewski. 4320◇

1138 **Unbewegliche Pseudomonas aeruginosa-Varietäten, die ein Melamin-ähnliches Pigment produzieren.** Pighui V. Liu. (J. Bacteriol. **84**, 378, 1962; Louisville, Ky., Univ. of Louisville, School of Med., Dep. of Microbiol.; engl.) — Aus dem Urin eines Patienten mit chron. Pyelonephritis wird eine Varietät isoliert, die auf Nährmedium, nicht aber auf Gelatinemedium, ein Pigment bildet. Chlf.-Extraktion ergibt *Pyocyanin*. P. Gregorzewski. 4320◇

1139 **Die Wirkung von β-Ionon auf die Carotinoidsynthese in Rhodotorula rubra.** Hartmut Uehleke und Karl Decker. (Hoppe-Seyler's Z. Physiol. Chem. **327**, 225—33 1962; München, Univ., Inst. für Biochem., Chem. Labor.; dt.) — *β-Jonon* (I) stimuliert bei Phycomyceten die *Carotinoid* (II)-Synth., obwohl es selbst keine Vorstufe der II darstellt. Vff. stellten bei *Rhodotorula rubra* jedoch einen inversen Effekt fest. In Konzz. von 250 mg/Liter Kultur-Lsg. verhindert I die Pigmentierung u. bringt sogar in bereits voll pigmentierten Zellen die II irreversibel zum Verschwinden. Dieser Effekt wird durch Licht u. O_2-Zufuhr stark erhöht. Dem I ähnlich gebaute Verbb., wie α-Jonon, Pseudojonon, 2-Methylhepten-(2)-on-(6), Citral, β-Iron u. 2.7-Dimethyloctatrien-(2.4.6)-dial-(1.8) zeigen in vergleichbaren Konzz. keine Wirkung. Neben dieser spezif. Wrkg. auf die II verursacht I, ähnlich wie vom Diphenylamin bekannt ist, eine Wachstums- u. Atmungshemmung der Zellen, wie auch an *Saccharomyces cerevisiae* gezeigt wurde. Eine Erklärung dieser merkwürdigen Befunde steht noch aus. Winfried Krüger. 4300◇

1140 **Wirkung der γ-Strahlen von ^{60}Co auf die Überlebensrate der Milchsäurebakterien.** A. G. Grinewitsch. (Usbek. biol. J. **1962**, Nr. 1, 27—34, Inst. für Botanik der Akad. der Wiss. der UsbekSSR; russ., Auszug: usbek.) — Die Überlebensrate der Kulturen von *Lactobacillus plantarum* (Stämme Leningrad u. AH 11/6), *Lact. breve C-C-7* u. *Lact. buchneri B_1* zeigte eine exponentielle Abhängigkeit von der Dosis der γ-Bestrahlung (^{60}Co). Die wahrscheinliche DL_{50} für L. buchneri beträgt $50 \cdot 10^3$ rep, für die übrigen Kulturen $15 \cdot 10^3$ rep. O. Lebtag. 4330△

1141 **Umkehr der D-Cycloserin-Hemmung des Bakterienwachstums durch Alanin.** Walter A. Zygmunt. (J. Bacteriol. **84**, 154—56, 1962; Evansville, Ind., Mead Johnson and Co.; engl.) — Bei dem *Alanin* (I)-bedürftigen Organismus *Pediococcus cerovisiae* hebt *DL*-I die *D-Cycloserin*(II)-Hemmung am wirksamsten auf, bei I-synthetisierenden *Escherichia coli* u. *Staphylococcus aureus* ist *D*-I ein wirkungsvoller II-Antagonist. P. Gregorzewski. 4330◇

1142 **Die Wirkung einer Stickoxid- und N-Äthylmaleinimidvorbehandlung auf den Gehalt an Sulfhydrylverbindungen von Bakterien und deren Empfindlichkeit gegen Röntgenbestrahlung unter Anoxie.** John P. Lynch und P. Howard-Flanders. (Nature [London] **194**, 1247—49, 30/6. 1962; New Haven, Conn., Yale Univ., School. of Med., Dep. of Radiol.; engl.) — *Shigella sonnei*-Zellen sind nach Behandlung mit *N-Äthylmaleinimid* (I) oder *NO* durch Anoxie weniger gegen Röntgenbestrahlung geschützt (gemessen an der Koloniebildungsfähigkeit). Cysteinzusatz vor der Bestrahlung steigert bei derart vorbehandelten Zellen den durch Anoxie bewirkten Schutz über den bei unbehandelten Kontrollzellen beobachteten. Als beteiligter empfindlicher Ort in Bakterien ist wahrscheinlich *Desoxyribonucleinsäure* (II) anzunehmen. Nach der Gleichung II-Radikal + —SH → II (biolog. akt.) + —S·, wird der Anoxieschutz durch Rk. von O_2 oder NO mit dem II-Radikal oder durch Verbrauch von —SH durch Rk. mit NO oder I aufgehoben. K. Maier. 4330◇

1143 **N-Phenylmaleinimide und verwandte Verbindungen als Bodenfungicide.** D. C. Torgeson, W. H. Hensley und J. A. Lambrech. (Contr. Boyce Thompson Inst. **22**, 67—70, 1963; New York, Boyce Thompson Inst. for Plant Res., Inc.; engl.) — Vff. untersuchen *N-Phenylmaleinimide*, *-chlormaleinimide* u. *-succinimide* auf ihre Wrkg. gegen *Phythium* an Erbsen. Die Verbb. hatten folgende Wrkg.: N-substituierte Maleinimide: *2-Methylphenyl-* 90 (% der im infizierten Boden stehengebliebenen Erbsen [Kontrolle 95—100 = nicht infiziertes steriles Substrat] nach Anwendung von 37,5 lbs./A.), *Unsubstituiert* 60, *3-Methylphenyl-* 54, *4-Methylphenyl-* 72, *2-Äthylphenyl-* 81, *2-Äthoxyphenyl-* 83, *3-Äthoxyphenyl-* 60, *4-Äthoxyphenyl-* 71, *2.4-Dimethylphenyl-*90, *2.5-Dimethylphenyl-* 78, *2.6-Dimethylphenyl-*99, *2.5-Dimethoxyphenyl-* 72, *4-Methyl-2-nitrophenyl-* 49, *3-Chlor-2-methylphenyl-* 81, *3-Chlor-4-methylphenyl-* 32, *5-Chlor-2-methylphenyl-* 64, *4-Methoxy-2-nitrophenyl-* 50, *5-Chlor-2-methoxyphenyl-* 34,

4-Nitrophenyl-, *2-Nitrophenyl-* 46, *4-Chlorphenyl-* 52, *2-Bromphenyl-* 59, *3-Bromphenyl-* 28, *4-Chlor-2-nitrophenyl-* 9. N-substituierte Chlormaleinimide: *2-Methylphenyl-* 24, *3-Methylphenyl-* 35, *4-Methylphenyl-* 38, *2.4-Dimethylphenyl-* 43, *2.6-Dimethylphenyl-* 20, *2-Äthylphenyl-* 35 (75 lbs./A.), *2-Äthoxyphenyl-* 12 (75 lbs./A.), *N-(2-Methylphenyl)-succinimid* 12 (75 lbs./A.) u. *N-(2-Äthylphenyl)-succinimid* 12 (75 lbs./A.). W. Hiller. 4330◇

1144 **Ein möglicher Wirkungsmechanismus einiger antifungaler und antibakterieller Chelatbildner.** M. B. Lowe und J. N. Phillips. (Nature [London] **194**, 1058–59, 16/6. 1962; Canberra, Commonwealth Scientific and Industrial Res. Organization, Div. of Plant Ind.; engl.) — Der Einbau von Cu^{2+}-Ionen in *Mesoporphyrindimethylester* (I) in 2,5%ig. wss. Na-Dodecylsulfat-Lsg. (pH 7,0, 20°) wird durch die Ggw. bestimmter Chelatbildner (II; äquimol. Konzz. von Cu^{2+} u. II) katalysiert, wobei die aktivsten II einer Gruppe antifungal u. antibakteriell wirksamer Verbb. angehören, deren Wrkg. sich nur in Ggw. gewisser Metallionen, bes. von Cu^{2+}, entfaltet. Die prim. akt. Form ist das 1:1-Metall-Chelat (MKe^+), dessen Rk. mit I (PH_2) bimol. verläuft: $MKe^+ + PH_2 \rightarrow MP + H_2Ke^+$. Gemessene Geschw.-Konst. k 2. Ordnung der Bldg. des Porphyrin-Cu-Komplexes ($5 \cdot 10^{-5}$ m $CuSO_4$, $5 \cdot 10^{-5}$ m II, $6 \cdot 10^{-6}$ m I): *Na-Diäthyldithiocarbamat*, 3300; *K-Äthylxanthat*, 1100, *2-Hydroxypyridin-N-oxid*, 1000, *8-Hydroxychinolin*, 350, *Kojisäure*, 550, *Salicylaldehyd*, 110, Kontrolle, 20, *Salicylsäure*, 10, Glycin, 10, *Terramycin*, 10, *Nitrilotriessigsäure*, 10, *o-Phenanthrolin*, 5, *2.2'-Dipyridyl*, 5, *Histidin*, *Äthylendiamintetraessigsäure*, 2 ($k \cdot 10^{-1}$ Liter/Mol/min). Der biolog. Wrkg.-Mechanismus der Verbb. hängt möglicherweise mit dem Einbau von Cu in eine Porphyrinvorstufe eines lebenswichtigen Farbstoffs des Hämtyps zusammen. K. Maier. 4330◇

1145 **Über die Möglichkeit einer Beeinflussung der keimhemmenden Wirkung fungicider Chinone gegenüber Pilzsporen durch Schwermetallsalze und Kaliumpermanganat.** W. Braune. (Phytopathol. Z. **47**, 215–38, 1963; Jena, Friedrich-Schiller-Univ., Inst. für Allg. Bot.; dt.) — Vf. prüft die Wrkg. an Konidien von *Fusarium decemcellulare*. Die Kombinations-Verss. von Chinonen mit Schwermetallsalzen führen sowohl zu synergist. als auch zu antagonist. Wrkg.; es gelang nicht, Regeln für das Eintreten dieser Erscheinungen aufzustellen. Untersucht wurden *Cu*, *Cd*, *Pb*, *Zn*, *Mn*, *p-Benzochinon* (I), *Tetrachlor-p-benzochinon* (II) u. *2.3-Dichlor-1.4-naphthochinon*. $KMnO_4$ vermindert die keimhemmende Wrkg. von I u. II in starkem Maße. *Aceton* u. *A*. wirken in stärkerem Maße synergist. auf eine Kombination von Schwermetallsalzen + Chinon als auf beide Komponenten allein. Synergist. wirkt auch eine Mischung I + *Chloranil* u. bes. I + S. I + Dichlone zeigt dagegen keinen Synergismus. W. Hiller. 4330◇

1146 **Suche nach Substanzen, die die Hitzeresistenz von Bakteriensporen herabsetzen.** H. D. Michener, P. A. Thompson und J. C. Lewis. (Appl. Microbiol. **7**, 166–73, 1959; Albany, Calif., West. Regional Res. Labor.) — Folgende Verbb. erniedrigen den D-Wert (Zeit, die zur Abtötung von 90% der Sporen nötig ist) der Sporen von *Clostridium* (Stamm PA 3679) um 20–45%: *2-Aminothiophenol* (I), *p-Aminophenol*, *Ascorbylpalmitat*, *Ascoridol*, *Aureolsäure*, *Benzoylperoxid*, *Benzyltrimethylammoniumchlorid*, *Bithionol*, *Butylenoxid*, *Butylhydroperoxid*, *Catenulin*, *Zimtaldehyd*, *Diäthyldisulfid*, *Dithiocarbaminsäure*, *cis-9.10-Epoxystearinsäure*, *trans-9.10-Epoxystearinsäure*, *Äthylisothiocyanat*, *Gentianaviolett*, *Glycerin-α-monochlorhydrin*, *Hydrozimtaldehyd*, *Hydrochinon*, *Illudin S*, *Laurinsäure*, *Methylenblau*, *N-Methyldithiocarbamatdihydrat*, *Myristinsäure*, *N-Nitrosodiphenylamin*, *Palmitinsäure*, *n-Propyldisulfid*, *Natriumnitrit*, *Stearinsäure*, *Tannin*, *Ninhydrin*, Gemisch zweibas. gesätt. Säuren C_{20}, Gemisch zweibas. ungesätt. Säuren C_{20}. Folgende Verbb. setzten den D-Wert um 45–85% herab: I, *Allylisothiocyanat*. *Bradosol* (*Phenoxyäthyldimethyldodecylammoniumbromid*), *n-Butylthiosulfinat*, *Cetyltrimethylammoniumbromid*, *Chloraceton*, *Diepoxybutan*, *Diäthyldithiocarbamat*, *Dodecylguanidin*, *Äthylenoxid*, *Formaldehyd*, *Knoblauchöl*, *Hexylresorcin*, H_2O_2, *2-Methyl-1.4-naphthochinon*, *Nisin*, *Nordihydroguajaretsäure*, *Phenylisothiocyanat*, *β-Propiolacton*, *Propylenoxid*, *Pyridin-3-thiol*, *Silbernitrat*, *Subtilin*, *Subtilin A*, *Subtilin B*, *Subtilinmethylester 21*, *Subtilinmethylester 36*, *Tetrachlorhydrochinon*. M. Lorenz. 4330◇

1147 **Einfluß von Azofarbstoffen auf Wachstum und Stoffwechsel von Neurospora crassa. 1. Mitt. Relative Resistenz von Neurospora-Stämmen gegenüber Azofarbstoffhemmung.** Dolores Bobb, Dorothy Liebes und David A. Salzberg. (J. Bacteriol. **84**, 242–49, 1962; Palo Alto, Calif., Palo Alto Med. Res. Found.; engl.) — *3'-Methyl-4-aminoazobenzol* inhibiert das Wachstum von 6 *Neurospora*-Stämmen (Verlängerung der Lag-Phase). Am empfindlichsten ist der Riboflavinmangelstamm 5/602, am widerstandsfähigsten ein Leucin-bedürftiger Wildstamm. P. Gregorzewski. 4330◇

1148 **Resistenz von Rhizobia gegen antimikrobielle Agentien.** R. J. Davis. (J. Bacteriol. **84**, 187–88, 1962; Beltsville, Md., U. S. Dep. of Agricult., Agricult. Res. Serv., Soil and Water Conservation Res. Div., Soils Labor.; engl.) — 21 Rhizobien verschiedener Herkunft werden gegenüber 34 Substanzen auf ihre Resistenz getestet. Sämtliche Stämme sind gegenüber *Sulfamethoxypyridazin* (300 μg), *Sulfisomidine* (300), *Sulfadiazine* (300), *Sulfamerazine* (300), *Sulfathiazol* (300), *Sulfamethylthiadiazol* (300), *Nystatin* (100 E), *Penicillin* (100 E) u. *Isoniazid* (25) resistent. Alle sind dagegen empfindlich gegen *Neomycin*. Auf die anderen Substanzen sind die Rkk. unterschiedlich. P. Gregorzewski. 4330◇

1149 **Die Wirkung bestimmter Steroide auf das Wachstum von Trichophyton rubrum.** F. W. Chattaway, J. D. Townsley und A. J. E. Barlow. (J. gen. Microbiol. **28**, 437–41, 1962; Leeds, Univ., Dep. of Biochem. and Hudders Field, Yorkshire, Royal Inf., Dep. of Dermatol.; engl.) — Es wird über die Wrkg. von 37 verschiedenen *Steroiden* auf das Wachstum von *Trichophyton rubrum* berichtet. Diese schwankt von völliger Hemmung des Wachstums bis zur Stimulierung. Zu den stark hemmenden Verbb. gehören *Androstan-3.17-dion*, *Testosteron*, *11-Desoxycorticosteron*, *Progesteron* u. *7-Dehydrocholesterin*. *17α-Hydroxypregnenolon* stimulierte, aber alle anderen Verbb. mit der *17α-Hydroxyl*-Gruppe waren inaktiv. Die zur Aktivität notwendigen strukturellen Bedingungen wurden besprochen. H. Aman. 4330◇

1150 **Der Einfluß von *6*-Azauracil auf Chloramphenicol-gehemmte Mikroorganismen.** Vlastimil Habermann. (Biochim. biophysica Acta [Amsterdam] **49**, 204–11, 1961; Plzeň, Charles Univ. Med. Fac., Inst. of Med. Chem.; engl.) — Durch gleichzeitige Behandlung von *Escherichia coli B*- u. *Bacillus cereus*-Kulturen mit *Chloramphenicol* (I) u. *6-Azauracil* (II) wird sowohl das Wachstum als auch die Biosynth. von *Protein* u. *Ribonucleinsäure* (RNS) vollständig gehemmt. Es wird keine „preformed" RNS gebildet. Im Gegensatz zur I-Hemmung, bei der nach Übertragung der Zellen in ein I-freies Medium, vor Beginn des Zellwachstums die „preformed" RNS abgebaut wird, erfolgt bei Kulturen, die aus einem I- u. II-haltigem Medium stammen, kein DNS-Abbau u. das Wachstum setzt sehr bald wieder ein. P. Gregorzewski. 4330◇

1151 **Isolierung, Reinigung und wichtigste Eigenschaften der Antibiotica des Stammes Nr. 2911 von Actinomyces globisporus var. roseus.** A. B. Ssilajew, N. Ss. Agre, G. I. El-Regisstan, R. A. Weiss und M. N. Ssemenow. (Antibiotika [UdSSR] **6**, 871–78, 1961; Moskau, Lomonossow-Univ.; russ., Auszug: engl.) — Aus der mycelfreien Kultur von Actinomyces globisporus roseus Nr. 2911 wird durch Adsorption an Infusorienerde oder Extraktion das *Antibioticum Nr. 2911/1* gewonnen, das eine Aktivität von 2000 bis 6000 E/mg besitzt u. bei der Aufbewahrung inaktiviert wird (in 24–48 Std. zu 50%). Aus dem Mycelium wird das krist. *Antibioticum Nr. 2911/2* gewonnen, das eine Aktivität von 800 E/mg besitzt u. bei der Aufbewahrung nicht inaktiviert wird. Nr. 2911/2 unterdrückt in vitro das Wachstum von Diphtheriebakterien u. Staphylokokken; es ist in vivo unwirksam. Die Toxizität im Mäuse-Vers. beträgt 750 mg/kg. Aus dem Vgl. mit den übrigen Antibioticis aus Act. globisporus ist zu schließen, daß Nr. 2911/2 ein bisher nicht beschriebenes Antibioticum ist. Die chem. Zus. entspricht etwa $C_{29}H_{46}O_9$. Elektrophoret. läßt sich ein saurer Charakter des Nr. 2911/2 nachweisen, der wahrscheinlich nicht mit der Ggw. einer Carboxylgruppe zusammenhängt. O. Lebtag. 4340△

1152 **Untersuchung einiger Actinomyceten, die verwandte Antibiotica bilden.** W. A. Ssemenowa, Ss. A. Iljinskaja M. M. Taig, A. A. Melnikowa, A. N. Schnejersson, I. Ss. Bujanowskaja und N. M. Wesselow. (Antibiotika [UdSSR] **8**, 12–18, 1963; Allunions Forschungs-Inst. für Antibiotica;

russ., Auszug: engl.) — Die aus den Böden von China, Togo u. Sowjetunion isolierten 14 *Actinomyces*-Stämme gehören zur Gruppe Act. coeruleorubidus oder zur Gruppe Act. griseovariabilis Krassilnikov. Die taxonometr. Stellung der 2 Stämme der 3. Gruppe bleibt noch unsicher. Nach der antibakteriellen Wrkg. u. den chromatograph. Kennzahlen sind die von den untersuchten Stämmen produzierten Antibiotica einander sehr ähnlich. Nach den vorläufigen Unters.-Ergebnissen gehören sie wahrscheinlich zur gleichen Klasse von Verbindungen. O. Lebtag. 4340△

1153 **Zur Wirkungsweise von Actinomycinen.** 2. Mitt. **Bildung überschüssiger Desoxyribonucleinsäure in Bacillus subtilis.** Walter Kersten und Helga Kersten. (Hoppe-Seyler's Z. Physiol. Chem. **327,** 234—42, 1962; Münster, Westf., Univ., Physiolog.-Chem. Inst.; dt.) — 1. vgl. C. **1963,** 9757. — *Actinomycin C* (I, Farbenfabriken Bayer, Gemisch der Actinomycine C_1, C_2 u. C_3) hemmt in einer Konz. ab 25 μg/Liter Kultur-Lsg. das Wachstum von *Bacillus subtilis* AT C 6051, indem das Stadium des Streckungswachstums verlängert wird. Der *Desoxyribonucleinsäure* (DNS)-Geh. steigt um 100%, *Protein-* u. *Ribonucleinsäure* (RNS)-Synth. gehen zurück. Vff. vermuten, daß I mit DNS einen Komplex bildet, der nicht mehr als Matrize für die RNS-Synth. fungieren kann. 16 Mikrophotos zeigen die morpholog. Veränderungen. Winfried Krüger. 4340◇

1154 **Ascomycin, ein antifungales Antibioticum.** Tadashi Arai, Yasumasa Koyama, Toshiko Suenaga und Hiroshi Honda. (J. Antibiotics [Tokyo], Ser. A **15,** 231—32, 1962; Narashino, Inst. of Food Microbiology, Labor. of Antibiotics; Okubo, Chiba Ken, Chiba University; engl.) — *Ascomycin* (I) wurde aus dem Streptomycetenstamm KK 317 (*Streptomyces hygroscopicus* nahestehend) durch Acetonextraktion isoliert. Die Reinigung erfolgte über Kohle-Celite, Silicagel u. durch Fällung mit n-Hexan. — Weißes, amorphes Pulver. UV-Spektrum: Nur Endabsorption (in A.). I ist lösl. in typ. organ. Lsgm., unlösl. in n-Hexan, PAe. u. W.; I gibt positive Rkk. mit $KMnO_4$ u. Fe-Hydroxamat, negative Rkk. mit Ninhydrin, Biuret, Molisch, Fehling, $FeCl_3$ u. 2.4-Dinitrophenylhydrazin. Thermostabil im sauren u. neutralen Bereich, instabil im alkal. Medium. I hemmt *Mycobacterium 607* (ab 50 mcg/ml), *Rhizopus nigricans, Aspergillus orizae* u. *Penicillium chrysogenum* (ab 1 mcg/ml). *Trichophyton interdigitale* u. *Trichophyton mentagrophytes* werden von I unvollständig ab 1 mcg/ml gehemmt. I zeigt keine Wirksamkeit gegen grampositive u. gramnegative Bakterien. Mäuse vertragen pro kg 100 mg I intraperitoneal. K. Zepf. 4340◇

1155 **Einfluß des Valins auf die Biosynthese von Aurantin.** M. W. Nefelowa. (Antibiotika [UdSSR] **7,** 617—22, 1962; Moskau, Lomonossow-Univ., Labor. für Antibiotika; russ.) — Die Kulturen von Actinomyces aurantiacus, des Produzenten von *Aurantin* (I) zeigen auf synthet. Nährboden mit *dl-Valin* (II) als einziger N-Quelle gutes Wachstum, ohne II zu produzieren. Die Bldg. erfolgt nur in Ggw. von HNO_3. In Ggw. von HNO_3 u. II werden beide verbraucht. Durch Veränderung des Verhältnisses HNO_3/II werden Menge u. Zus. des I verändert. Bei Zunahme der II-Konz. nimmt die I-Aktivität ab. Die Fraktionen AU_2 u. AU_3, die je 1 Mol. II u. Isovalin bzw. 2 Moll. II enthalten, nehmen zu. Am stärksten ist der Einfl. des II auf die I-Struktur bei Einbringung in der 1. Phase der Actinomycesentwicklung. O. Lebtag. 4340△

1156 **Mechanismus der antibakteriellen Wirkung von Bacitracin.** J. L. Smith und E. D. Weinberg. (J. gen. Microbiol. **28,** 559—69, 1962; Bloomington, Ind., Ind. Univ., Dep. of Bact.; engl.) — In minimalen bakteriostat. Konzz. hat *Bacitracin* (I) auf *Staphylococcus aureus* vier verschiedene Wrkg.: a) Verhinderung des Wachstums; b) Induktion von Lyse; c) Unterdrückung induzierter Enzym-Synth.; d) Stimulierung der Red. von *2.3.5-Triphenyltetrazoliumchlorid.* Im Gegensatz dazu besitzen *Penicillin* u. *Cycloserin* die Aktivitäten a) u. b), nicht jedoch c) noch d); *Chloramphenicol* besitzt die Aktivitäten a) u. c), nicht aber b) noch d). Bei I wurden die Eigg. a) u. b), nicht jedoch c) noch d) durch Zn^{2+} erhöht; andere Metallionen waren inaktiv. Das bakteriostat. Vermögen von I war sehr labil, während die anderen 3 Aktivitäten mehr Hitzeresistenz zeigten. Obgleich einige verschiedene Mechanismen aufgezeigt wurden, wodurch I Bakterienzellen beschädigen kann, ist aus den Ergebnissen nicht zu ersehen, welcher von ihnen an dem biochem. Primärschaden beteiligt ist, welcher die Wachstumshemmung zur Folge hat. H. Aman. 4340◇

1157 **Einfluß von Chloramphenicol auf die Protein- und Nucleinsäuresynthese bei Shigella flexneri.** R. B. Yee, Sylvia Pan und H. M. Gezon. (J. gen. Microbiol. **27,** 521—27, März 1962; Pittsburgh, Pa., Univ., Grad. School of Public Health; engl.) — Ruhezellen von *Shigella flexneri 3* können Protein u. Nucleinsäuren in einem chem. definierten Medium synthetisieren. Die Protein-Synth. war durch niedrige Konzz. von *Chloramphenicol* (I) deutlich gehemmt, während die Synth. von *Ribonucleinsäure* (II) stimuliert wurde; die Synth. von *Desoxyribonucleinsäure* war leicht gehemmt. Weder *Glycin, L-Phenylalanin* noch *L-Tyrosin* heben die Wrkg. von I auf. Hemmung der Protein-Synth. u. Stimulierung der II-Synth. in Ruhezellen der I-resistenten Mutante von *S. flexneri 3* wurde nur in Ggw. hoher Konzz. von I beobachtet. Die Resultate zeigen, daß I das Wachstum von *S. flexneri 3* unterdrückt, indem es auf die Protein-Synth. einwirkt. Die Stimulierung der II-Synth. läßt vermuten, daß I seine Hemmwrkg. dadurch ausübt, daß es die Bldg. von II mit veränderter biolog. Aktivität fördert. H. Aman. 4340◇

1158 **Zur Charakteristik der von Actinomyces levoris gebildeten Antibiotica.** W. A. Zyganow, P. N. Goljakow, M. A. Malyschkina, M. W. Furssenko und A. I. Filippowa. (Antibiotika [UdSSR] **8,** 29—33, 1963; Leningrad, Inst. für Antibiotica; russ., Auszug: engl.) — Aus der Kultur von Actinomyces levoris werden 2 Antibiotica isoliert: *Levorin* (I; auch Antibioticum 26/1 genannt), eine Polyen-Verb. vom Heptaentyp mit Spektralmaxima bei 361, 380 u. 404 mμ; *Levoristatin* (II; Nichtpolyen-Verb.). II ist leicht lösl. in Chlf., Bzl., Methanol u. Dimethylformamid, schwer lösl. in W. u. unlösl. in Petroläther. II steht dem Actidion u. den Streptovitacinen nahe, ist weniger akt. als I u. besitzt im Gegensatz zu I bakteriostat. Wrkg., die nach 48 Std. nachläßt. O. Lebtag. 4340△

1159 **Bestimmung des Oleandomycins in Blutserum, Geweben und Flüssigkeiten des Organismus durch Diffusion in Agar.** N. A. Wakulenko. (Antibiotika [UdSSR] **8,** 90—94, 1963; Allunions Forschungs-Inst. für Antibiotica; russ., Auszug: engl.) — Für die Best. des *Oleandomycin* (I)-Geh. in Blutserum, Körper-Fll. u. Gewebeextrakten wird ein Nährboden aus 1,5%ig. Agar auf trypt. Fleischhydrolysat mit 125 mg% NH_2–N vom pH 7,8—8,0, als Testobjekt Bac. subtilis (10—20 Millionen je 1 ml Agar) angewandt. Die minimale, noch bestimmbare I-Konz. beträgt 0,2—0,3 E/ml. Die Genauigkeit der I-Best. beträgt $\pm$10%. O. Lebtag. 4340△

1160 **Aminodiphenylpenicillin in Penicillinfermentationen.** M. Cole und F. R. Batchelor. (Nature [London] **198,** 383 bis 384, 1963; Betchworth, Surrey, Brockham Park, Res. Div., Beecham Res. Labor.; engl.) — In Kulturbrühen von *Penicillium chrysogenum* finden sich *6-Aminopenicillansäure,* die *Penicilline X, G, F, Dihydro-F, K, Methylpenicillin* u. eine achte antibiot. wirksame *Substanz* (I, *Penicillin M*). I ist in Acetonextrakten des Mycels angereichert. Es unterscheidet sich papierchromatograph. nicht von *Cephalosporin N* (II) u. ergibt ident. Hydrolyseprodukte. Da I gegen *Salmonella typhimurium* weniger wirksam ist als II, muß die *α-Aminoadipinsäure* der Seitenkette nicht wie in II D- sondern L-Konfiguration haben. I ist ident. mit *Isopenicillin N* u. *Penicillin W.* K. W. Glombitza. 4340◇

1161 **Untersuchung der Bedingungen für den Ersatz der Kohlenhydrate durch Stärke und Kartoffel in Nährböden für die Gewinnung von Penicillin ohne Senkung der Antibioticumausbeute.** E. B. Petrowa, W. A. Podmosstkowa und P. A. Jakimow. (Antibiotika [UdSSR] **6,** 492—96, 1961; Leningrad, Chem.-Pharm.-Inst., Lehrstuhl für Technol. der Antibiotica; russ., Auszug: engl.) — Im Labor.-Vers. ist es gelungen, 50—67% der *Lactose* (I) im Maisnährboden durch *Stärke* (II) zu ersetzen, ohne daß die Produktion von *Penicillin* (III) herabgesetzt wird. Als optimal erwies sich die Variante mit 4% II u. 1% I. Bei halbperiod. Fermentation konnten 100% I durch II ersetzt werden, ohne daß die III-Ausbeute abnahm. Es zeigte sich, daß als Kohlenhydratquelle gestampfte rohe oder gekochte Kartoffel angewendet werden kann. O. Lebtag. 4340△

1162 **Papierchromatographie einiger Abkömmlinge von Benzyl- und Phenoxymethylpenicillin.** A. Ss. Chochlow und I. N. Blinowa. (Antibiotika [UdSSR] **8,** 35—39, 1963; Inst. für Chemie der natürlichen Verbb. der Akad. der Wiss. der UdSSR; russ., Auszug: engl.) — Die eingehend beschriebene chromatograph. Meth. zum Nachw. u. zur Trennung der Methylester von *Benzylpenicillin* u. *Phenoxybenzylpenicillin* (I) ermöglicht die Verfolgung der Isomerisierung von I u. den Nachw. von Umwandlungs-Prodd. des I, die durch Penicillinase nicht gespalten werden. O. Lebtag. 4340△

1163 **Charakteristik der biologischen Besonderheiten des Produzenten von Polymyxin M und Bestimmung seiner taxonometrischen Stellung.** N. K. Ssolowjewa und Ss. A. Iljinskaja. (Antibiotika [UdSSR] **8**, 3—7, 1963; Allunions Forschungs-Inst. für Antibiotica; russ., Auszug: engl.) — Die aus dem Boden bei Moskau isolierte sporentragende Bakterie, welche *Polymyxin M* produziert, unterscheidet sich nach den serolog. u. antibakteriellen Eigg. sowie nach der Natur des produzierten Antibioticums von Bac. aerosporus, Bac. circulans, Bac. mycoides u. Bac. subtilis u. ist als *Bac. polymyxa Prazmowski var. Rossovskaja, Solowiewa et Ilyinskaya* zu bezeichnen. O. Lebtag. 4340△

1164 **Untersuchung der Inaktivierung von Polymyxin M.** A. B. Ssilajew, W. M. Stepanow, Je. P. Julikowa, I. Ju. Michailowa und T. P. Udalowa. (Antibiotika [UdSSR] **7**, 638—42, 1962; Moskau, Lomonossow-Univ., Chem. Fak., Labor. für Eiweißchem. u. Antibiotica; russ., Auszug: engl.) — Zwecks Klärung der Frage, welche Aminogruppen bei der Inaktivierung von *Polymyxin M* (I) frei werden, wird I mit Dinitrofluorbenzol behandelt u. danach beim pH 1—10 hydrolysiert. Bei der Einw. von 0,1 n NH_3 wird I innerhalb 3,5—4 Tagen fast völlig hydrolysiert. Elektrophoret. u. chromatograph. unterscheidet sich das inaktivierte I nicht vom akt. I. Während der Inaktivierung des I tritt eine freie α-NH_2-Gruppe auf. Vff. nehmen an, daß dies dadurch bedingt ist, daß bei der Inaktivierung eine Acylgruppe vom α-NH_2 auf das γ-NH_2 der Diaminobuttersäure übertragen wird. O. Lebtag. 4340△

1165 **Aufnahme von ^{14}C-Streptomycin durch einige Mikroorganismen und ihre Beziehung zu deren Streptomycin-Empfindlichkeit.** R. Hancock. (J. gen. Microbiol. **28**, 493—501, 1962; Manchester, Univ., Dep. of Bact.; engl.) — Die Aufnahme von Radioaktivität aus *^{14}C-Streptomycin* (I) in einer Form, welche vom Organismus nicht ersetzt werden kann, durch unmarkiertes I, wurde an einigen Bakterienarten u. einer Hefe untersucht. Die Aufnahme zeigte eine gute Korrelation zur Empfindlichkeit der Organismen gegen I u. betrug in resistenten Organismen 1% von der Aufnahme in einem hochempfindlichen Organismus, *Bacillus megaterium*. Die nach dem Wachstumsstillstand ermittelte intracelluläre Konz. von I ist 10—50mal höher als die im Wachstumsmedium. Umweltsfaktoren, wie Anaerobiose oder Ggw. von *CO*, welche die Resistenz von *Staphylococcus aureus* gegen I erhöhen, hatten auch abnehmende Geschw. der Aufnahme von I zur Folge. Wenn *Bacillus subtilis* in einem Medium wächst, welches den I-Antagonisten *2-n-Heptyl-4-hydroxychinolin-N-oxid* enthält, wurde die Geschw. der Aufnahme an Radioaktivität auf ca. 30% red.; die Geschw., mit welcher geerntete Organismen *Succinat* u. *Malat* oxydieren, wurde in gleichem Ausmaß vermindert. H. Aman. 4340◇

1166 **Aufnahme von ^{14}C-Streptomycin durch Bacillus megaterium.** R. Hancock. (J. gen. Microbiol. **28**, 503—16, 1962; Manchester, Univ., Dep. of Bact.; engl.) — Mehr als 90% der von *Bacillus megaterium* beim Wachstum in einem Medium mit hemmenden Konzz. von *^{14}C-Streptomycin* (I) aufgenommenen Radioaktivität scheint mit I ident. zu sein. I ließ sich aus den Organismen durch Waschen in Wachstumsmedium mit oder ohne Zusatz von unmarkiertem I oder in dest. W. nicht entfernen. Es konnte mit anorgan. Säuren u. Trichloressigsäure, aber nicht durch einige andere gewöhnlich angewandte Extraktionsmittel extrahiert werden. Wenn die Organismen in Protoplasten verwandelt u. diese lysiert u. fraktioniert wurden, wurden bis zu 99% des I in den Organismen wieder aufgefunden im Sediment der Protoplasmafraktion bei Zentrifugierung bei 105000 g. Diese Verteilung bedeutet aber kein sicheres Anzeichen für die Lokalisierung von I vor der Fraktionierung, da die gleiche Verteilung aufgefunden wurde, wenn I zu lysierten Protoplasten unmittelbar vor der Fraktionierung hinzugegeben wurde. Die Aufnahme von I nahm ab bei pH-Werten unter 7. Die Aufnahme ist abhängig von der fortdauernden Synth. von Zellmaterial u. äußerer Umstände, welche Wachstum u. bakterieide Wrkg. verhindern, setzen auch die Aufnahme von I beträchtlich herab. Die Menge des schließlich aufgenommenen I war proportional der Konz. von I im Wachstumsmedium u. betrug bei den niedrigsten, das Wachstum hemmenden Konzz. ca. $5 \cdot 10^4$ Moll. I pro Bacterium. H. Aman. 4340◇

1167 **Der Einfluß verschiedener Fraktionen des Sojamehls auf die Biosynthese des Streptomycins durch die Kultur von Actinomyces streptomycini.** N. Ss. Jegorow und T. P. Udalowa. (Nachr. Moskauer Univ., Ser. VI **17**, Nr. 3, 56—59, Mai/Juni 1962; russ.) — Durch Unterss. über den Einfl. der Sojamehlfraktionen auf das Wachstum von *Actinomyces streptomycini* (Stamm LS-1) u. auf die Biosynth. von *Streptomycin* (I) wird festgestellt, daß die einzelnen Fraktionen allein oder in Kombination mit anderen die I-Bldg. weniger begünstigen als das Sojamehl selbst. Von besonderer Bedeutung für die I-Bldg. sind das Sojaöl u. die Asche des Sojamehls. Auf entfettetem Sojamehl ist die I-Bldg. stark gehemmt. Eiweiß u. Säurehydrolysat des Sojamehls sind schlechte Substrate für die Bldg. von I. Die Fraktion der bas. Aminosäuren fördert die I-Bldg. stärker als die Aminosäurefraktion des Hydrolysates. O. Lebtag. 4340△

1168 **Anwendung von Kartoffeln in Nährböden für die Fermentation von Tetracyclin.** P. A. Jakimow und Je. W. Neschatajewa. (Antibiotika [UdSSR] **6**, 891—94, 1961; Leningrad, Chem. Pharmaz. Inst.; russ., Auszug: engl.) — In den Nährboden für die Biosynth. von *Tetracyclin* (I) kann die Stärke durch geriebene rohe Kartoffel in der äquivalenten Menge ersetzt werden. Dies ist sowohl beim Baumwollkuchenextrakt- wie beim Maisextraktnährboden möglich. Beim Maisextraktnährboden muß hierbei die Extraktmenge auf 0,1% vermindert werden. Die I-Fermentation ist auf Nährboden mit Zusatz von gekochter Kartoffel möglich. Hierbei ersetzt die Kartoffel die Stärke u. auch den Maisextrakt. Die mittlere I-Aktivität ist hierbei höher als bei Anwendung von roher Kartoffel u. beträgt 2373 E/ml. O. Lebtag. 4340△

1169 **Untersuchungen über Vancomycin. 3. Mitt. Über die biologische Prüfmethode.** Haruo Nishimura, Masafumi Shimohira und Jun Isono. (Annu. Rep. Shionogi Res. Labor. [Amagasaki, Japan] **1957**, Nr. 7, 479—83; Div. of Bacteriol.; jap., Auszug: engl.) — 2. vgl. C. **1964**, 4-1472. — Die Wirksamkeit von *Vancomycin* (I) wurde in Schalenkulturen von *B. subtilis*, PC 219 als Testorganismus untersucht; *S. lutea*, *Staphylococcus aureus* Terashima u. Stamm 209 P weisen geringere Inbitionszonen (Z) auf. Die pH-Werte von Impf-Fl. u. Lsg. von I haben keinen Einfl. auf die Ausdehnung der Z. Für *B. subtilis* PC 219 gilt die Beziehung $d = \alpha \log C + \beta$ (d = Durchmesser; C = Konz.; α, β = Konst.) im Bereich von 3,9—125 E/ml, während durch Überlagerungs-Meth. I bis zu 0,2 E./ml mit diesem Stamm bestimmt werden kann. I besitzt im Bereich von pH 4—5 seine größte Stabilität; alkal. Lsgg. sind instabiler. P. Golinske. 4340∠

1170 **Untersuchung der Reaktion der Antibiotica mit den Blutproteinen mittels der Elektrophorese.** L. M. Gubernijewa und A. B. Ssilajew. (Biochemie [UdSSR] **28**, 572—74, 1963; Moskau, Lomonossow-Univ.; russ., Auszug: engl.) — Die Unterss. über die Möglichkeiten der Komplex-Bldg. zwischen *Polymyxin M* (**I**; Sulfat), *Neomycin* (**II**), *Monomycin* (**III**), *Streptomycin* (**IV**), *Dihydrostreptomycin* (**V**), *Oxytetracyclin* (**VI**), *Lävomycetin* (**VII**) u. *Albomycin* (**VIII**) einerseits u. Blutserum von Mensch u. Kaninchen, Blutplasma der Ratte, elektrodialysiertem Serumalbumin u. *γ-Globulin* (**IX**) des Pferdes andererseits ergaben, daß **I**, **II** u. **VIII** mit *Albumin* (**X**) u. γ-**IX** Komplexe bilden, **IV**, **V** **VI** u. **VII** mit **X** sowie α- u. β-**IX**, **VI** außerdem mit γ-**IX**, **III** mit **X**. O. Lebtag. 4340△

1171 **Über die Beziehungen zwischen der Beständigkeit der pathogenen Staphylokokken gegenüber Antibioticis, ihrer Verulenz und dem Phagentyp.** G. N. Tschisstowitsch. (Antibiotika [UdSSR] **8**, 64—67, 1963; Leningrad, Med. Sanit.-Hygien. Inst., Lehrstuhl für Mikrobiol.; russ., Auszug: engl.) — Durch Unterss. an 169 Stämmen von *Staphylokokken* wird gezeigt, daß das Auftreten einer Resistenz gegenüber *Lävomycetin*, *Streptomycin* u. *Penicillin* unabhängig von der Zugehörigkeit zu einem bestimmten Phagentyp ist u. durchaus nicht mit einem Verlust an Virulenz zusammenhängt. O. Lebtag. 4350△

1172 **Kultureigenschaften von Streptococcus pluton und deren Differenzierung von begleitenden Enterokokken.**

L. Bailey und A. J. Gibbs. (J. gen. Microbiol. **28,** 385—91, 1962; Harpenden, Hertfordshire, Rothamsted Exp. Stat.; engl.) — *Streptococcus pluton* konnte befriedigend isoliert werden nur in einem Hefe + Glucose + Kaliumphosphat + Stärke-Medium, anaerob mit CO_2 inkubiert. Er wächst nicht in einem gewöhnlichen, bakteriolog. Medium, wurde aber zum Wachstum adaptiert auf einem speziellen Agar an der Luft + CO_2 (5% Luft + 85% H_2 + 10% CO_2). Adaptierte Stämme wuchsen in einem begrenztem Vol. Luft u. bildeten CO_2 (bis zu 90% Luft + 10% CO_2). H. Aman. 4350◇

1173 **Untersuchung der Physiologie und Biochemie einiger Parasitenpilze (zur Evolution des Parasitismus der Pilze).** M. W. Gorlenko, L. M. Lewkina, G. D. Usspenskaja und Je. A. Tschinnow. (Nachr. Moskauer Univ., Ser. VI **17,** Nr. 3, 49—55, Mai/Juni 1962; russ.) — Vortrag. Behandelt werden: Abhängigkeit des Geh. an Amino-N von den parasit. Eigg. einiger Pilzarten; die Amino-N-Menge in *Alternaria, Cladosporium, Helminthosporium, Fusarium* u. *Stemphylium* beim Wachstum auf peptonhaltigem Nährboden; die Fermentaktivität verschiedener *Cladosporium*-Arten; der Geh. an Amino-N in den aus verschiedenen Substraten isolierten Stämmen von *A. tenuis* u. *St. ilicis.* O. Lebtag. 4350△

1174 **Methode zur Zellfärbung von kleinen Inokulationen.** Richard W. Traxler und J. Lincoln Arceneaux. (J. Bacteriol. **84,** 380, 1962; Lafayette, La., Univ. of Southwestern Louisiana, Dep. of Bact.; engl.) — Es wird eine Meth. zur Entnahme kleiner Zellmengen während der lag-Phase beschrieben. Es gelingt mit dieser sehr schnellen Meth. (10 Min.) Differenzen in der Zellgröße u. der Gramfärbungs-Rk. während der lag-Phase nachzuweisen.
P. Gregorzewski. 4350◇

1175 **Mikrobiologische Thyminbestimmung unter Verwendung einer Streptococcus faecalis-Mutante.** V. M. Doctor. (J. Bacteriol. **84,** 17—22, 1962; Houston, Tex., Univ. of Texas, Dep. of Physiol. and Biochem., Dent. Branch; Dep. of Med.; M. D. Anderson Hosp. and Tumor Inst.; engl.) — Es wird eine *Thymin* (I)-Best. beschrieben, bei der *Streptococcus faecalis* Akt, ein I u. Folsäure-bedürftiger Mikroorganismus verwendet wird. In Test-Verss. werden 84 bis 103% I wiedergefunden. Der Geh. in verschiedenen Rattengeweben wird bestimmt: Leber (9 μg/g), Dünndarm (11), Thymus (16), Prostata dorsal (7), ventral (13) u. Milz (12).
P. Gregorzewski. 4360◇

1176 **Colimycinresistente Formen der Brucellen vom Melitensis-Typ.** W. Ss. Uralewa. (Antibiotika [UdSSR] **8,** 49—53, 1963; Rostow a. Don, Forschungs-Inst. für Pestbekämpfung; russ., Auszug: engl.) — Die Empfindlichkeit der *Brucella*-Stämme gegenüber *Colimycin* (I) beträgt in Bouillon 1—5, auf Agar 10—25 γ/ml. Bei Passagen auf Nährböden mit steigender I-Konz. lassen sich leicht hochresistente Stämme erhalten. In allen Fällen beobachtet man eine stabile Resistenz gegenüber Streptomycin, bei einigen I-resistenten Stämmen auch eine geringe, nur vorübergehende Resistenz gegenüber Tetracyclin u. Lävomycetin. Die I-resistenten Stämme verlieren die Virulenz u. das Agglutinationsvermögen gegenüber dem spezif. Serum. Gleichzeitig erwerben sie die Fähigkeit, beim Erwärmen u. in der Lsg. von Trypaflavin die Flockungs-Rk. zu zeigen. Die Ureaseaktivität wird erhöht. Die Anwendung von I zur Gewinnung von Vaccinestämmen von Brucellen ist wenig erfolgversprechend.
O. Lebtag. 4370△

1177 **Untersuchung der Rolle verschiedener Peptidketten des Antikörpers bei der Reaktion Antigen–Antikörper.** F. Franěk und R. Ss. Neslin. (Biochemie [UdSSR] **28,** 193—203, 1963; Moskau, Inst. für physikal.-chem. u. Radiochemie der Akad. der Wiss. der UdSSR; Prag, Mikrobiol. Inst. der Akad. der Wiss. ČSR; russ., Auszug: engl.) — Die Zerstörung der reaktionsfähigsten Disulfidbindungen in den Moll. von *Dyphtherie-* u. *Tetanusantitoxin* des Pferdes durch Behandlung mit Na_2SO_3 in Ggw. von Cu^{2+} führt zu *S-Sulfoantitoxinen* (I), deren Aktivität 50% der Ausgangsaktivität beträgt. Nach der Behandlung mit einer Lsg., die 6 m Harnstoff u. 0,05 m Ameisensäure enthält, sinkt die mit dem fixierten Antitoxin reagierende Eiweißmenge auf 3—5% des Gesamteiweißes. Hierbei zerfallen die I in schwerere H-Ketten u. leichtere L-Ketten, die in der Sephadexsäule vollständig voneinander getrennt werden können. Die H- u. L-Ketten selbst reagieren nicht mit dem fixierten Antitoxin. Durch Vermischen der H- u. L-Ketten in der sauren oder neutralen Lsg. wird die Aktivität wiederhergestellt, auch beim Vermischen der aus Antitoxinen verschiedener Spezifität erhaltenen Ketten. Die „Hybriden"-Komplexe reagieren nur mit jenem fixierten Antitoxin, dessen Spezifität der H-Kette entspricht. Aus den Ergebnissen wird gefolgert, daß die spezif. Determinante der Antitoxine wahrscheinlich in der H-Kette vorliegt, daß aber für die Rk.-Fähigkeit ein Komplex aus H- u. L-Kette erforderlich ist.
O. Lebtag. 4370△

1178 **Die Untersuchung eiweißgebundener Polysaccharide in papierelektrophoretisch getrennten Serumfraktionen.** 2. Mitt. **Untersuchung von Tetanus-Immunseren.** Margarete Surján. (Z. Immunitätsforsch. exp. Therap. **122,** 8—14, 1961; Budapest, Staatl. Inst. für Hygiene; dt.) — 1. vgl. Z. Immunitätsforsch. exp. Therap. **120,** [1960], 32. — Papierelektrophoret. Unterss. der Eiweißfraktionen (EF) u. eiweißgebundenen Polysaccharide von 20 Pferdenormalseren (a) u. 40 Tetanushyperimmunseren (b) ergeben in allen Fraktionen die Anwesenheit von *Glykoproteiden* (I). Unter den EF der b sind die Albumin- u. α_1-Werte niedriger u. bei unverändertem α_2-Wert die β_1- u. β_2-Fraktionen erhöht, während der γ-Globulinwert gleichfalls niedriger ist im Vgl. zu den a. Der Geh. an I zeigt bei a u. b gleiche Veränderungen. Die an Albumin gebundenen Polysaccharide sind von 20,5 auf 12,2% zurückgegangen. Klaus Schmidt. 4370◇

1179 **Antigene von Bordetella pertussis.** 2. Mitt. **Reinigung von hitzelabilem Toxin.** A. Banerjea und J. Munoz. (J. Bacteriol. **84,** 269—74, 1962; Hamilton, Mont., U. S. Public Health Serv., Nat. Inst. of Allergy and Infectious Diseases, Rocky Mountain Labor.; engl.) — 1. vgl. J. Immunol. **83,** [1959], 496. — Die Zellen werden zertrümmert, 1 Std. bei 29000·g zentrifugiert, der Überstand enthält das *Toxin* (I). Durch Säulenchromatographie an Diäthylaminoäthylcellulose u. NaCl-Gradientenelution wird I gereinigt, es besteht hauptsächlich aus Protein, seine Toxizität wird durch *Trypsin,* nicht aber durch Ribonuclease oder Desoxyribonuclease zerstört. P. Gregorzewski. 4370◇

1180 **Versagen von Schlangengift als Schutz gegen Endotoxin bei Mäusen.** Wesley W. Spink und Chancy K. Su. (Nature [London] **197,** 88—89, 5/1. 1963; Minneapolis, Minn., Univ. of Minnesota, Med. School, Dep. of Med.; engl.) — Im Gegensatz zu dem Schutz, den subletale Dosen von *Escherichia coli-, Salmonella typhi-* oder *Brucella*-Endotoxin bei Mäusen gegenüber letalen Dosen von Crotalus- u. Bothrops-Schlangengiften ausüben, konnte durch *Klapperschlangengift* (*Bothrops jacara*) bei Mäusen keine Schutz-Wrkg. gegenüber *Escherichia coli-Endotoxin* erzielt werden. Lediglich gegenüber *Staphylokokkentoxin* erwies sich 30 Min. vorher erfolgte Schlangengiftinjektion oder die Herst. eines Gemisches aus Schlangengift u. Staphylokokkentoxin als wirksam. Vorläufige Unterss. mit verschiedenen bakteriellen Exotoxinen u. mit Endotoxin zeigen, daß *ungesätt. Fettsäuren* eine Schutz-Wrkg. gegenüber Exotoxinen, nicht jedoch gegen Endotoxine, entfalten. U. Tausendfreund. 4370◇

1181 **Biogenese des Diphtherietoxins ohne Zellen.** Iwao Kato, Susumu Yamamoto, Reiko Homma und Masami Kurokawa. (Kagaku [Science] **33,** 278—79, Mai 1963; Tôkyô, Univ., Densenbyô-Kenkyûzyo; jap.) — *Diphtherietoxin* wird aus den L-Aminosäuren aus Albumin, Adenosin-3-phosphorsäure, Kreatinphosphorsäure u. Guanosin-3-phosphorsäure, Kreatinkinase durch Einw. des Ribosoms aus den Diphtheriebacillen dargestellt (Einzelheiten nicht beschrieben). E. Maekawa. 4370◇

1182 **Kinetik der Bildung von Diphtherietoxin.** A. M. Pappenheimer jun., Pauline A. Miller und Masahiko Yoneda. (J. gen. Microbiol. **28,** 531—39, 1962; Cambridge, Mass., Harvard Univ., Biol. Labor.; engl.) — Unterss. der Kinetik der Bldg. von *Diphtherietoxin* in eisenfreien Kulturmedien durch Varianten des Stammes *PW Nr. 8* von *Corynebacterium diphtheriae,* markiert mit *^{14}C-Phenylalanin* oder *^{35}S-Methionin* zeigten, daß das Toxinprotein de novo durch die wachsenden Organismen aus Aminosäuren synthetisiert wurde. Freisetzung von Toxin in das extracelluläre Medium trat ein unter Lyse von nur einem kleinen Teil der Bakterienmenge. H. Aman. 4370◇

1183 **Qualitative und quantitative Interpretation der doppelten Diffusion.** C. J. van Oss und Yvonne S. L. Heck. (Z. Immunitätsforsch. exp. Therap. **122,** 44—57, 1961; Alfort, Ecole Nat. Vet., Labor. of Physic. Biochem.; engl.) — Anwendungen einer quant. Titrations-Meth. auf der Grundlage von Doppeldiffusions-Präcipitattests.
Klaus Schmidt. 4370◇

1184 **Die Untersuchung des Glykoproteidgehalts von Immunsera mit der Anthron-Reaktion.** Margarete Surján. (Z. Immunitätsforsch. exp. Therap. **122,** 1—7, 1961; Budapest, Staatl. Inst. für Hygiene; dt.)
Klaus Schmidt. 4370◇

1185 **Versuch einer Darstellung der Wirkungsweise des Freundschen Adjuvans.** Horst Finger. (Z. Immunitätsforsch. exp. Therap. **122,** 15—34, 1961; Frankfurt/Main, Paul-Ehrlich-Inst. u. Ferdinand-Blum-Inst. für experim. Biol.; dt.) — Ausführliche Übersicht zur Charakteristik des Freundschen Adjuvans (Zus.: 1,5 ml *Arlacel A*, 8,5 ml *Bayol F* u. 5 mg *Mykobact. butyricum* (getrocknet). — 88 Literaturhinweise. Klaus Schmidt. 4370◇

1186 **Interferon und Pflanzenvirosen.** D. Atanasoff. (Phytopathol. Z. **47,** 207—14, 1963; Sofia, Plant Protection Inst.; engl.) — Vf. klärt den Begriff *Interferon.* Hierunter wird eine Substanz (Protein, Molgew. ca. 63000) verstanden, die durch virusinfizierte Zellen gebildet wird u. den Zellen gegen diese Virusart oder gegen andere Virusarten Resistenz verleiht (vgl. Isaacs, Sci. amer. **204,** [1961], 51). Vf. bringt das Interferonphänomen mit den bei Pflanzen bekannten Erscheinungen wie „erworbene Immunität" bzw. „erworbene Toleranz" bzw. „maskierte Symptome" in Beziehung.
W. Hiller. 4374◇

1187 **Faktoren in Beziehung zum Psittacosisvirus (Stamm 6 BC)-Wachstum.** 5. Mitt. **Folsäure-ähnlicher Faktor in infizierten Zellen.** Ole A. Holtermann, Stephan E. Mergenhagen und Herbert R. Morgan. (Proc. Soc. exp. Biol. Med. **100,** 370—72, 1959; Rochester, N.Y., Univ. of Rochester, School of Med. and Dent., Dep. of Bact., Virus Labor.) — Mit *Psittacosisvirus* infizierte Mäusefibroblastenzellen enthalten über doppelt so viel *Folsäure* (I) wie nichtinfizierte Kulturen. Es wird angenommen, daß durch das Virus ein Enzym-Syst. eingeführt oder induziert wird, das die infizierte Zelle zur I-Synth. befähigt.
P. Gregorzewski. 4374◇

E$_4$. Pflanzenchemie, Pflanzenphysiologie, Pflanzenpathologie

1188 **Neue Aminosäuren in höheren Pflanzen.** B. Tschiersch. (Pharmazie **17,** 721—30, 1962; dt.) — Übersicht über Vork. u. Biochemie neu aufgefundener Aminosäuren. — 170 Literaturangaben. M. Luckner. 4420◇

1189 **Über die Pigmentabsorption bei 750 mμ in einigen blaugrünen Algen.** Edward B. Gassner. (Plant Physiol. **37,** 637—39, 1962; Baltimore, Md., RIAS; engl.) — Vf. untersucht das bei 750 mμ absorbierende Pigment aus *Synechococcus cedrosum.* Bei Extraktion des Pigments mit organ. Lsgm. wandert das Absorptionsmaximum von 750 nach 730 mμ. Die endgültige Lage des Maximums hängt von der Art des Lsgm. ab (733—748 mμ). Zusatz von *Chinon, Cersulfat, Phenylhydrazin, Benzylviologen, Ascorbinsäure* u. *Kaliumferricyanid* verändert nicht die 750 u. 730 mμ-Formen des Pigments. W. Hiller. 4420◇

1190 **Chemische Untersuchung indischer Flechten.** 25. Mitt. **Chemische Bestandteile einiger seltener Himalaya-Flechten.** K. Aghoramurthy, K. G. Sarma und T. R. Seshadri. (J. sci. ind. Res. [New Delhi], Sect. B **20,** 166—68, 1961; Delhi, Univ., Dep. of Chem.; engl.) — 24. vgl. C. **1962,** 2007. — Durch aufeinander folgende Extraktion mit PAe., Ae. u. Aceton wurden die Inhaltsstoffe verschiedener Flechten isoliert u. identifiziert. Aus 50 g *Stereocaulon myriocarpum* wurden durch PAe.-Extraktion 0,25 g *Atranorin* (I), F. 196°, Prismen aus Aceton, erhalten. Der Ae.-Auszug gab neben 0,1 g I 0,1 g einer unbekannten Verb., F. 255—268° (Zers.), für die der Name *Myriocarpinsäure* vorgeschlagen wird. Aus dem Acetonextrakt wurden 0,2 g *D-Arabit* (II) isoliert. Eine andere Varietät von *St. myriocarpum* enthielt neben I u. II noch *Stictinsäure* (III), F. 264—265° (Zers.) u. *Ventosinsäure,* F. 180—183°. Aus *St. foliotosum* wurden **I, II** u. **III** sowie eine nicht identifizierte *Verb.,* F. 180—183°, isoliert, bei der es sich nach Ansicht der Vff. um einen aliphat. KW-Stoff handelt. Aus *Thamnolia vermicularis* wurden **II** u. *Thamnolinsäure,* F. 211—213° (Zers.), gelbe Platten aus Dioxan, gewonnen. (+)-*Usninsäure* (**IV**), F. 202°, $[\alpha]_D^{26}$ + 507,7° (c = 0,6; Chlf.), goldgelbe Nadeln aus Bzl., u. *Barbatinsäure,* F. 186°, rhomboedr. Platten aus Aceton, wurden aus *Usnea pectinata* isoliert. Des relativ hohen Geh. (4,7%) an **IV** in dieser Flechte wegen empfehlen die Vff. sie als Rohmaterial zur Gewinnung reiner **IV**. Die UV- u. IR-Spektren einiger Verbb. sind angegeben.
H. Nürnberger. 4420◇

1191 **Chemische Bestandteile von Argemone mexicana Linn.** P. S. Misra, D. S. Bhakuni, V. N. Sharma und K. N. Kaul. (J. sci. ind. Res. [New Delhi], Sect. B **20,** 186, 1961; Lucknow, Nat. Botanic Gardens; engl.) — Bereits kleine Mengen (0,5%) eines luftgetrockneten Pflanzenpulvers von *A. mexicana* senken den pH-Wert alkal. Böden von 10,1 auf 8,2. Als Ergebnis chem. Unterss. konnten folgende Verbb. isoliert bzw. identifiziert werden: *Protopinnitrat* (0,03%, Ausbeute bezogen auf Trocken-Gew.), *Berberinnitrat* (0,05%), *Cerylalkohol* (0,6%), *β-Sitosterin* (0,04%) u. ein *Alkohol* $C_{20}H_{42}O$, F. 73° (0,06%). *Bernsteinsäure, Citronensäure, Weinsäure* u. *Äpfelsäure* wurden zu insgesamt 4,2% (berechnet als Essigsäure) bestimmt. *Arginin, Leucin, Alanin* u. *Tyrosin* kommen als freie Aminosäuren, *Glykokoll, Valin, Phenylalanin, Threonin, Serin, Lysin, Asparagin* u. *Glutaminsäure* in gebundener Form vor. Weiterhin enthalten die Pflanzen *Glucose* u. *Fructose* (9,8 u. 13,2% vor bzw. nach Hydrolyse, berechnet als Glucose). An anorgan. Salzen wurden KNO_3 (1,9%), $Ca_3(PO_4)_2$ (0,3%) u. $CaSO_4$ (0,4%) gefunden.
H. Nürnberger. 4420◇

1192 **Histochemische und biochemische Unterschiede zwischen ligninähnlichem Material bei Phleum pratense L.** Helen A. Stafford. (Plant Physiol. **37,** 643—49, 1962; Portland, Oreg., Reed Coll., Biol. Dep.; engl.) — Vf. findet bei *Phleum pratense* 3 Typen von *ligninartigen Substanzen.* Diese Typen unterscheiden sich im Zeitpunkt der Differenzierung (Rk. gegen Phloroglucin u. Cl_2—Na_2SO_3, Rk. der freien phenol. Gruppen mit Benzochinonimin, Menge der in Ae. lösl. Verbb.). Die wichtigsten Verbb. der Ae.-lösl. Fraktion sind: *p-Hydroxyzimtsäure, Ferulasäure, p-Hydroxybenzaldehyd, Vanillin* u. *Syringaldehyd.* W. Hiller. 4420◇

1193 **Beiträge zur Kenntnis der Biogenese sekundärer Pflanzenstoffe von Dictamnus albus L.** W. Renner. (Pharmazie **17,** 763—76, 1962; Bot. Inst. TH Karlsruhe; dt.) — Aus *Dictamnus albus L.* wurden einige pharmakolog. interessante Inhaltsstoffe isoliert, identifiziert u. im Hinblick auf ihre Biogenese untersucht. An Anthocyanen wurden *Cyanidinrhamnoglykosid* und *Delphinidinrhamnoglykosid* (I) papierchromatograph. u. spektrophotometr. identifiziert. In den Laubblättern u. Früchten ist I nicht enthalten. An Flavonolglykosiden wurden *Rutin* (II; F. 188—190°, *Aglykon,* F. 306—308°, *Pentaacetat,* F. 198°), *Isoquercitrin* (III; F. 218 bis 222°, *Aglykon* F. 306—308°, *Pentaacetat* F. 197—198°) sowie *Myricetin-3-rhamnoglykosid* (IV; nur papierchromatograph.) identifiziert. IV kommt nur in den Blüten u. Früchten des weißblühenden Diptams in nennenswerter Menge vor. Während der Vegetationsperiode fällt der II-Geh. langsam ab, während der III-Geh. eine Zunahme zeigt. Der Gesamtflavonol-Geh. bleibt dabei weitgehend konstant. — Leukoanthocyane u. Gerbstoffe konnten in den Pflanzen nicht nachgewiesen werden. — Das äther. Öl der Blüten u. Früchte besteht zu 98% aus *Terpenen.* Gaschromatograph. konnten (+)-*Limonen* (V), *p-Cymol, Myrcen, 1.8-Cineol* (VI) als Einzelkomponenten identifiziert werden. Daneben kommt *Estragol* (VII) vor. Das äther. Öl der Blätter besteht zu etwa gleichen Teilen aus Terpenen (V u. VI) u. aus VII. Im Verlauf der Vegetationsperiode treten keine wesentlichen Veränderungen in der Zus. der äther. Öle auf. — Neben dem Hauptalkaloid *Dictamnin* (VIII; F. 132°, *Goldchloriddoppelsalz* F. 152°) wurden in der Wurzel 4 weitere Dragendorff-positive Verbb. gefunden. Aus den VIII-freien Blättern wurde *Skimmianin* (F. 176,5°) als Hauptalkaloid isoliert. Daneben wurden 4 weitere Dragendorff-positive Substanzen nachgewiesen. In den Samen ist nur VIII enthalten. Das Maximum der in Wurzeln u. Blättern enthaltenen Alkaloide fällt zeitlich mit dem höchsten Geh. der anderen geprüften Inhaltsstoffe zusammen. Nach Ansicht des Vf. kann dieses Zusammentreffen im Sinne eines „Overflow metabolism" gedeutet werden.
B. Tschiersch. 4420◇

1194 **Isolierung der Alkaloide aus Senecio viscosus L. und S. rivularis D. C.** F. Šantavý, B. Šula und V. Maniš. (Collect. czechoslov. chem. Commun. **27**, 1666–72, 1962; Olomouc, Palacký-Univ., Chem. Inst. der Med. Fak.; dt.) — Aus *Senecio viscosus L.* wurden außer *Squalidin* (I) u. *Senecionin* noch zwei weitere *Alkaloide* (eine Verb. vom F. 90 bis 92° u. ein als *SF* bezeichnetes *Alkaloid*) isoliert. Der Papierchromatographie nach enthält die Pflanze noch weitere 3 *Alkaloide*. I ist mit *Integerrimin* u. mit dem früher aus *S. erraticus* Ssp. *barbareifolius Krock* isolierten *Alkaloid SD* (vgl. Schröter u. Šantavý, Collect. czechoslov. chem. Commun. **25**, [1960], 472) identisch. Aus *S. rivularis* D.C. wurde *Rivularin* (II; *O⁷-Angeloylheliotridin*) isoliert u. papierchromatograph. wurden 3 weitere *Alkaloide* nachgewiesen. Versuche: (FF. im Kofler-Block; Papierchromatographie aufsteigend auf Whatman-Papier Nr. 1 in Butanol–5%ig. CH_3COOH, 1 : 1). Zur Isolierung der nachst. Alkaloide vgl. Schröter u. Šantavý l. c. Trockne *Senecio viscosus* L. enthält 0,03% freie *Alkaloide* (**A**) u. 0,04% *Alkaloide* (**B**), die ursprünglich in der Pflanze als N-Oxide vorlagen. Aus 2,2 g der **B**-*Rohalkaloide* an Al_2O_3 mit Ae. u. Ae.–Chlf. (9 : 1 bis 2 : 1) 250 mg *Squalidin* (I), $C_{18}H_{25}NO_5$, F. 168–170° (Aceton–Ae.; Essigester–Ae.), $[\alpha]_D^{22}$ −29° (c = 1,105; Chlf.) bzw. +4° (c = 0,731; CH_3OH), R$_F$ 0,62; *Pikrat*, F. 215–217° oder 204–206° (je nach dem Erhitzen); *Methojodid*, $C_{19}H_{28}$·JNO_5, F. 256–258° (Zers.), $[\alpha]_D^{22}$ −23° (c = 1,478; CH_3OH). — Aus der Mutterlauge (Essigester–Ae.) nach I eine *Verb.* vom F. 90–92° u. R$_F$ 0,62 (*Campestrin?*). Aus der Mutterlauge (Ae.–Chlf.) nach I 30 mg *Senecionin*, F. 218–220°, $[\alpha]_D^{20}$ −56° (c = 0,71; Chlf.), R$_F$ 0,56. Aus der Al_2O_3-Säule mit Chlf.–CH_3OH (99 : 1) 15 mg des *Alkaloids SF*, $C_{15}H_{21}NO_3$ (Aceton–Ae.; Essigester–A.), F. 228–230° (Zers.), $[\alpha]_D^{22}$ −148° (c = 0,573; Chlf.), IR-Spektrum, R$_F$ 0,85. — Trockene *Senecio rivularis* D.C. enthält 0,16% **A**-*Alkaloide* u. 0,04% **B**-*Alkaloide*. Aus 11 g rohen **A**-*Alkaloiden* an Al_2O_3 mit Ae.–Chlf. (9 : 1 bis 1 : 1) 3,62 g *Rivularin* (II), $C_{13}H_{19}NO_3$, F. 115–117° (Ae.–Essigester), $[\alpha]_D^{22}$ −19° (c = 1,384; Chlf.) bzw. +17° (c = 0,781; A.), IR-Spektrum, R$_F$ 0,60; *Pikrat*, F. 164–166°; *Methojodid*, $C_{14}H_{22}JNO_3$, F. 139–141° (Ae.–Essigester), $[\alpha]_D^{22}$ +5° (c = 0,55; CH_3OH). — Aus den rohen **B**-*Alkaloiden* von *S. rivularis* D.C. kein II. Mit CH_3OH–Chlf. (2 : 98) 18 mg einer Dragendorff-negativen *Substanz* vom F. 202–204°, $[\alpha]_D^{20}$ −24° (c = 0,76; Chlf.), R$_F$ 0,82 (im UV-Licht). — Aus 0,5 g II in A. an PtO_2 nach der Aufnahme von 2,2 Val H_2 ein *Prod.*, das in 8 mg eines *sauren* u. 0,49 g eines fl. *bas. Anteiles* vom Kp.$_8$ 123–125°, $[\alpha]_D^{23}$ −21° (c = 1,60; Chlf.) bzw. +4° (c = 2,2; A.), R$_F$ 0,68, getrennt wurde; *Pikrat* der Base, F. 165–166°. — Aus 1,17 g II durch 4std. Kochen mit 1,08 g $Ba(OH)_2$ in 20 ml W., Entfernung des Ba als Carbonat, Ansäuern u. Ausziehen in Ae. 520 mg *Angelicasäure*, $C_5H_8O_2$, F. 45–46°. — Aus der wss. Schicht des vorst. Vers. *Heliotridinhydrochlorid*, F. 122–125°, $[\alpha]_D^{24}$ −7° (c = 1,194; A.). A. Emr/Prag. 4420△

1195 **Zur Biogenese der Mohnalkaloide und deren Ausnutzung für die Systematik der Pflanzen der Gattung Papaver.** F. Šantavý. (Collect. czechoslov. chem. Commun. **27**, 1717–20, 1962; Olomouc, Chem. Inst. der med. Fak. der Palacký-Univ.; dt.) — Aus experimentellen Ergebnissen des Vf. geht hervor, daß in der Gattung *Papaver* als Hauptalkaloide solche mit 17 C-Atomen vorkommen, während diejenigen mit 16 C-Atomen nur als Nebenalkaloide vorliegen oder überhaupt fehlen. Dies trifft auch für die ganze Familie der *Papaveraceae* u. ferner für die Gattung *Sinomenium* (Familie *Menispermaceae*), *Berberis* (Familie *Berberidaceae*) u. *Hydrastis* (Familie *Ranunculaceae*) zu. Außer der Gattung *Sinomenium* u. *Hydrastis* enthalten alle vorst. Gattungen *Protopin* oder ihm nahestehende Alkaloide. Da in den phylogenet. älteren Pflanzen der Gattung *Fumaria*, *Adlumia* u. in der Sektion *Orthorhoeades* (Gattung *Papaver*) nur Alkaloide mit 17 C-Atomen vorkommen, dürfte man annehmen, daß sie auch biogenet. älter sind u. daß die Biogenese eher auf dem Wege der Umwandlung der *Phthalid-* u. *Phthalanisochinolinalkaloide* in *Benzylisochinolin-*, *Aporphin-* u. *Morphinalkaloide* als in umgekehrter Richtung vor sich gegangen ist. Auf Grund der qual. Vertretung der Alkaloide mit 16 oder 17 C-Atomen in den Gattungen oder Sektionen der *Papaveraceae* werden einige Umstellungen in der Systematik der *Papaveraceae* vorgeschlagen. A. Emr/Prag. 4420△

1196 **Untersuchungen über den Stoffwechsel der Wurzeln von Flachlandreis. 3. Mitt. Die jahreszeitlichen Veränderungen im Gehalt an Zellwandsubstanzen und eine Übersicht über die Zusammensetzung des Trockenmaterials.** Takehiko Yoshida und Jisuke Takahashi. (Soil Sci. Plant Nutrit. [Tokyo] **8**, 122–26, Mai 1962; Nat. Inst. of Agric. Sci.; engl.) — Keimlinge sowie Wurzel, Sproß u. Blütenstand von Reispflanzen werden auf ihren Geh. an Zellwandsubstanzen, Hemicellulosen, Cellulosen, Lignin, Rohprotein, stoffwechselakt. Kohlenhydrate u. W. untersucht. Die jahreszeitlichen Veränderungen sind tabellar. u. graph. wiedergegeben. D. Groß. 4420△

1197 **Beitrag zur chemischen Untersuchung von Pennisetum- und Sorghumhirsen. Untersuchung des Einflusses der Sorte und ökologischer Faktoren auf die Aminosäurezusammensetzung der Pennisetum- und Sorghumhirsen.** F. Busson, P. Lunven, M. Lanza, R. Aquaron, A. Gayte-Sorbier und M. Bono. (Agronom. tropicale **17**, 752–64, 1962; Marseille, Labor. de Rech. Biochim. du Serv. de Santé des Troupes de Marine et Bambey (Sénégal), Inst. de Rech. Agr. Trop. et des Cultures Vivrières.; franz.) — Die Verss. wurden durchgeführt, um den Einfl. der Umwelt auf diese Pflanzen zu bestimmen. Sowohl bei *Pennisetum*, als auch bei *Sorghum* zeigen die botan. Typen Unterschiede in der Aminosäure-Zus. der Körner. Die natürlichen ökolog. Faktoren haben keinen Einfluß. H. Aman. 4420◇

1198 **Isolierung und Identifizierung von angereichertem Glycinamidribonucleotid in Erbsensämlingen, die sich in einem Folsäuremangelzustand befinden.** Kazuo Iwai, Susumu Nakagawa und Osamu Okinaka. (Biochim. biophysica Acta [Amsterdam] **68**, 152–54, 1963; Kyoto, Japan, Univ., Res. Inst. for Food Sci.; engl.) — In früheren Verss. (C. **1963**, 22782) konnte gezeigt werden, daß *Sulfonamide* das Wachstum von keimenden Samen u. die Biosynth. von *Folsäure* hemmen. In der vorliegenden Arbeit werden keimende Erbsensämlinge mit *5-Methyl-3-sulfanilamidisoazol* behandelt. Anschließend kann durch Extraktion u. Chromatographie an Dowex 1-X 2 eine Substanz isoliert werden, welche von den vorbehandelten Sämlingen akkumuliert wird. Sie wird als *N-Glycyl-5-phosphoribosylamin* (I), Ba-Salz, $C_7H_{13}BaN_2O_8P$, F. 112–114°, eine weißgraue Substanz, R$_F$ 0,16 (Butanol : Essigsäure : W., 2 : 1 : 1), identifiziert. I ist als Intermediär-Prod. bei der Synth. von Purinnucleotiden bei Tieren u. Mikroorganismen bekannt. H. Struck. 4420△

1199 **Neue Beobachtungen über Phaseolotoxin.** Werner G. Jaffé. (Rev. brasil. Quim. **53** (27), 617–19, Juni 1962; Caracas, Venezuela, Inst. Nac. de Nutr.; port.) — *Phaseolotoxin*, welches aus schwarzen Bohnen isoliert wurde, bewirkte Agglutination der Erythrocyten sowie Wachstumshemmung, schlechtere Ausnützung von Casein im Futter, Verringerung der Glucoseresorption aus der isolierten Darmschlinge der Ratte. 1 g Toxin entsprach der 18fachen DL_{50}/kg Maus. K. Zingraf. 4420◇

1200 **Beweise des Vorkommens von γ-Glutamyl-S-[propenyl-(1)]-sulfoxid und Cycloalliin als natürliche Verbindungen der Zwiebel (Allium cepa).** Artturi I. Virtanen und E. J. Matikkala. (Suomen Kemistilehti B **34**, 114, 1961; Helsinki, Biochem. Inst., Labor. of the Found. for Chem. Res.; engl.) — Bei der enzymat. Hydrolyse des γ-Glutamylpeptids 4 wurde eine krist., S-haltige Aminosäure erhalten u. durch IR-Spektrum u. opt. Drehung ($[\alpha]_D^{25}$ +74,5°, W.) als (+)-*S*-*[Propenyl-(1)]-cysteinsulfoxid* (I) identifiziert. Auf Grund der opt. Drehung liegt I somit auch im Peptidverband als Sulfoxid vor, da die Bldg. des Sulfoxides aus einem Thioäther zu einer rac. Verb. geführt hätte. Weiter konnte bewiesen werden, daß *Cycloalliin* z. T. bei der alkal. Elution der Aminosäuren von der Amberlite-Säule aus I entsteht, zum anderen als natürliche Verb. in der Zwiebel vorkommt. H. Nürnberger. 4420◇

1201 **Toxische Bestandteile des Rhizinussamens.** Alsoph H. Corwin. (J. med. pharmac. Chem. **4**, 483–96, 1961; Baltimore, Md., Johns Hopkins Univ., Dep. of Chem.; engl.) — *Ricin* (I) ist ein normales Protein, das evtl. einen kleinen Kohlenhydratrest trägt. Bei subletalen Dosen erzeugt es Immunität durch Bldg. eines Antitoxins. Die Geh.-Best. von rohem I erfolgt durch die Ermittlung der Überlebenszeit. Das begleitende *Allergen* kann durch wiederholtes Umkristallisieren nicht von I getrennt werden, wohl aber durch Dialyse u. Elektrophorese, die zu reinem Allergen führt.

Krist. I ist eine Mol.-Verb. von Toxin u. Allergen. Die Agglutination geht nicht mit der Toxizität von I parallel. Die tox. Wrkg. hängt von den Aminogruppen, die agglutinierende Wrkg. von den Guanidingruppen in I ab. Der Mechanismus der Agglutinierung wird diskutiert. Die Bldg. eines Toxoids aus I durch Rk. mit Formaldehyd wird beschrieben. Einige Verbb. werden auf antagonist. Wrkg. geprüft, Glutathion wirkt am stärksten. W. Holland. 4420◇

1202 **Über die wasserlöslichen Substanzen mit Vitamin-A-Aktivität.** Otoharu Ishizaka. (Boll. chim. farmac. **101**, 657–65, 1962; Nagoya, Japan, Nagoya City Univ., Pharm. Fac.; engl.) — Übersicht über die physikochem. u. biochem. Eigg. sowie über die Klassifizierung von *Augenin* (in *Daucus carota* L. 1946 entdeckt u. 1950/51 vom Vf. u. Mitarbeitern isoliert (wasserlösl. Vitamin A_{10}; ein Dibrenzcatechin-KW-Stoff u. seine Oxychinone u. Hydroxypyranformen). — 8 Literaturangaben. K. Zingraf. 4425◇

1203 **Die enzymatische Phytinhydrolyse in vitro und im keimenden Samen.** A. M. Ssobolew. (Pflanzenphysiol. **9**, 334–41, 1962; Moskau, Timirjasew-Inst. für Pflanzenphysiol. der Akad. der Wiss. der UdSSR; russ., Auszug: engl.) — Bei der enzymat. Hydrolyse des *Phytins* (**I**) in vitro entstehen die nachstehenden *Inositphosphate*: *Penta-* (**II**, *Tetra-* (**III**), *Tri-* (**IV**), *Di-* (**V**) u. *Monophosphat* (**VI**). Die I-Hydrolyse verläuft in den ersten 24 Std. sehr intensiv, dann langsamer u. nach 4 Tagen sehr langsam. Die sehr starke Abnahme der I-Hydrolyse nach 4 Tagen erklärt sich weniger aus der Inaktivierung der Phytase (**VII**) als daraus, daß nach dem Verschwinden von **I**, **II** u. **III** die Spaltung von **IV**, **V** u. **VI** sehr langsam verläuft. Im keimenden Samen von Weizen u. Sonnenblume werden die Prodd. der starken I-Spaltung nicht angereichert, sondern nur **III** bzw. **IV**. In der 1. Phase der I-Spaltung im keimenden Samen ist die **VII** unter Bldg. von **IV** u. **V** wirksam. Die weitere Dephosphorylierung erfolgt durch die Einw. anderer Phosphatasen. O. Lebtag. 4425△

1204 **Über die Beziehung des Chlorophyllgehaltes zu den Etappen der Organogenese von Mais.** I. A. Schulgin, F. M. Kuperman und I. P. Schtscherbina. (Pflanzenphysiol. [UdSSR] **9**, 347–52, 1962; Moskau, Timirjasew-Inst. für Pflanzenphysiol. der Akad. der Wiss. der UdSSR; Univ., Labor. für Biol. der Pflanzenentw.; russ., Auszug: engl.) — In Verss. an Maispflanzen wird eine Beziehung zwischen dem *Chlorophyll* (**I**)-Geh. der Blätter u. der Kolben-Bldg. festgestellt. Bei optimalen Wachstumsbedingungen beobachtet man einen maximalen I-Geh. an jenen Blättern, an deren Blattwinkel der höchstentwickelte Kolben sitzt. Das Maximum des I-Geh. im Kolben tritt beim Übergang des oberen Kolbens zur 7. Entw-Stufe ein. Hieraus erklärt sich der gegenüber der Photosynth., der Aufnahme der Strahlenenergie u. der Phytochemie überschüssige I-Gehalt. O. Lebtag. 4450△

1205 **Aufnahme durch die Wurzel und nachfolgende Verteilung innerhalb der Kartoffelpflanze von aus den Blättern auslaugbarem ^{89}Sr.** R. A. Mecklenburg und H. B. Tukey jun. (Nature [London] **198**, 562–63, 1963; Ithaca, N.Y., Cornell Univ., Dep. of Floricult. and Ornamental Horticult.; engl.) — Bei ^{89}*Sr*, das über die Blätter von Kartoffeln aus dem Regen aufgenommen wird, erfolgt nur in geringem Maße ein Transport innerhalb der Pflanze in die Knollen. Eine viel stärkere Verseuchung der Knollen erfolgt durch Wiederauslaugen der Blätter durch Regen u. Wiederaufnahme des ^{89}Sr über den Boden. W. Hiller. 4450◇

1206 **Die Bedeutung von Inhibitor β für die korrelative Hemmung und für die Winterruhe der Knospen von Acer pseudoplatanus.** K. Dörffling. (Planta **59**, 346–50, 1963; Hamburg, Staatsinst. für Allg. Bot.; dt.) — Mit Hilfe papierchromatograph. Unterss. mit Extrakten von Terminalknospen (TK) u. Blättern während der Entw. von TK u. Seitenknospen (SK) vor u. nach Abschluß des Jahrestriebes sowie von SK entblätterter u. decapitierter junger Triebe konnte Vf. die Bedeutung des „*Inhibitor β*" für die korrelative Hemmung der Knospen nachweisen. Seine Menge steht in direkter Beziehung zum Grad der Hemmung u. zur Tiefe der Ruhe. H. Ackermann. 4450◇

1207 **Die Oxygenierung des Leghämoglobins in Sojabohnenwurzelknöllchen in Beziehung zur äußeren Sauerstofftension.** F. J. Bergersen. (Nature [London] **194**, 1059 bis 1061, 16/6. 1962; Canberra, Commonwealth Sci. and Ind. Res. Organization, Div. of Plant Ind.; engl.) — Akt. N_2-bindende Wurzelknöllchen von Leguminosen zeigten erst ab 40–50% O_2-Tension merkliche Oxygenierung des *Leghämoglobins* (**I**), des charakterist. roten Farbstoffs von Leguminosenwurzelknöllchen. Bei höheren O_2-Spannungen stieg die Oxygenierung rasch bis zu den Maximalwerten an. Bei alternden oder degenerierenden Knöllchen begann die Oxygenierung bereits bei niedrigeren O_2-Tensionen. Anscheinend enthalten die Knöllchen eine O_2-Schranke, die erst ab bestimmten O_2-Tensionen überwunden wird. K. Maier. 4450◇

1208 **Die Exosmose der Stoffe aus dem Baumwollsamen während seiner Anfeuchtung.** M. Ch. Ibragimow. (Usbek. biol. J. **1962**, Nr. 1, 21–26; Taschkent, Lenin-Univ.; russ., Auszug: usbek.) — Werden 100 Baumwollsamen im Gew. von 1,444 g 4 Tage lang in 100 ml W. gelegt, so erfolgt eine Exosmose sowohl der organ. wie der anorgan. Stoffe, die 1,2% des Samen-Gew. nicht übersteigt. Die Ausscheidung von *N* u. *P* ist abhängig von der Lebenstätigkeit des Samens: im toten Samen ist sie höher. Die Exosmose des P hängt mit dem pH der Lsg. u. mit dem Redoxpotential zusammen. Sie ist am höchsten beim pH 4. Die Hemmung der Keimfähigkeit u. der Wachstumsprozesse durch den langen Aufenthalt des Samens in W. ist durch die Redoxverhältnisse u. nicht durch den Substanzverlust bedingt. O. Lebtag. 4455△

1209 **Hydroxyzimtsäuren und ihre Glucoseester in Hybriden von Lilienspecies und ihre Beziehung zur Keimung.** S. Asen und S. L. Emsweller. (Phytochemistry **1**, 169–74, 1962; Beltsville, Md., U.S. Dep. of Agric., Agric. Res. Serv., Crops Res. Div.; engl.) — Samen u. Pericarp der interspezif. Hybride *Lilium speciosum* ‚Album' × *L. auratum* enthalten *p-Cumarsäure*, *Sinapinsäure* u. *Ferulasäure* (**I**) u. Glucoseester dieser Säuren. Die I-Konz. beträgt 11 μg/g Frischgewicht. Die Samen dieser interspezif. Hybride keimen kaum aus u. es werden Tumoren induziert. Der I-Geh. der intraspezif. Hybride *Lilium speciosum* ‚Album' × *L. speciosum* ‚Rubrum' beträgt dagegen nur 1 μg; die Samen keimen hier schnell aus u. es bilden sich keine Tumoren. Die Verhältnisse beim I-Glucoseester sind gerade umgekehrt. Der Geh. an I-Glucoseester (bezogen auf freie I) beträgt bei der interspezif. Hybride 18 μg/g Frischgewicht. Im Pericarp beider Hybriden ist in erster Linie I-Glucoseester anwesend, I findet sich nur in Spuren. W. Hiller. 4455◇

1210 **Quantitative Untersuchungen über die extracelluläre Hydrolyse von Kohlenhydraten durch Juniperus communis-Gewebekulturen.** Friedrich Constabel. (Planta **59**, 330–37, 1963; Bonn, Univ., Pharmakognost. Inst.; dt.) — Vf. wies in Gewebestrukutren von *Juniperus communis* eine extracelluläre Hydrolyse von *Stärke*, *Saccharose* (**I**), *Maltose* u. *Raffinose* nach. Im Hydrolysat von I liegen *Glucose* u. *Fructose* im Verhältnis 1 : 1 vor. Eine deutliche Erhöhung der Hydrolyse wird durch Schnittverletzung der Gewebe vor der Beimpfung erreicht. H. Ackermann. 4460◇

1211 **Kohlenhydratabbau in mit Ceratocystis fimbriata infizierten Batatenwurzeln.** T. Akazawa und I. Uritani. (Plant Physiol. **37**, 662–70, 1962; Anjo, Aichi, Nagoya Univ., Fac. of Agric., Labor. of Biochem.; engl.) — Die infizierten Gewebe zeigen 24 Std. nach Inokulation eine um 50% u. nach 48 Std. eine um 100–150% gesteigerte Atmung. Die verstärkte Atmung dauert 120 Stunden. Der *Glucose*-Abbau ist im infizierten Gewebe stark erhöht. Das $C_{(6)}/C_{(1)}$-Verhältnis im ausgeschiedenen CO_2(aus dem Glucoseabbau stammend) ist im infizierten Gewebe höher. Zusatz von *2.4-Dinitrophenol* steigert die Atmung im gesunden Gewebe stärker als im infizierten. Durch den Zusatz wird das $C_{(6)}/C_{(1)}$-Verhältnis im infizierten Gewebe erhöht. *Ipomeamaron* verursacht ähnliche Wrkg. wie 2.4-Dinitrophenol. Der *Acetat*-Stoffwechsel ist im infizierten Gewebe verändert, das $C_{(2)}/C_{(1)}$-Verhältnis ist hier erhöht. W. Hiller. 4460◇

1212 **Proteinumsatzgeschwindigkeit in Bohnenblattstücken.** David Racusen und Murray Foote. (Plant Physiol. **37**, 640–42, 1962; Burlington, Univ. of Vermont, Dep. of Agric. Biochem.; engl.) — Bohnenblattstücke werden 7 Tage lang bei Belichtung inkubiert. Während dieser Zeit nimmt der Geh. an *Protein* u. *Chlorophyll* kaum ab, der Geh. an Aminosäuren in den ersten 3 Tagen auf das 3fache zu.

Das $^{14}CO_2$ fand sich nach 10 u. 40 Min. zu 70% im *Glycin + Serin*. Aus den erhaltenen Werten ermitteln Vff. eine Proteinsynth. von 0,72% für Glycin u. 1,1% für Serin. Die Geh. der anderen Proteine sind zu gering, so daß eine Best. nicht möglich ist. Die Proteinsynth. wurde bestimmt aus der Zunahme der Radioaktivität der proteingebundenen Aminosäure geteilt durch die spezif. Aktivität der entsprechenden freien Aminosäure. Die Werte sind auf 1 Std. bezogen, vgl. Racusen u. Foote (C. **1962, 3147**). W. Hiller. 4460◇

1213 **Wirkung von Kinetin auf den Protein- und Nucleinsäurestoffwechsel in Xanthium im Altersstadium.** Daphne J. Osborne. (Plant Physiol. **37**, 595—602, 1962; Pasadena, Calif., California Inst. of Technol., Div. of Biol.; engl.) — Mit zunehmendem Alter fällt in Blättern von *Xanthium pennsylvanicum* der Geh. an *Protein, Ribonucleinsäure* (RNS), *Desoxyribonucleinsäure* u. Chlorophyll. Zugabe von *Kinetin* (I) zu abgeschnittenen Blättern u. Blatteilen stoppt diese Abnahme. I stimuliert den Einbau von ^{14}*C-Leucin* in Protein u. von ^{14}*C-Orotsäure* in RNS. W. Hiller. 4460◇

1214 **Die Wirkung von Malformin auf die Atmung und den Stoffwechsel von Phaseolus vulgaris L. und Zea mays L.** Roy W. Curtis und O. Kandler. (Plant Physiol. **37**, 691 bis 695, 1962; Lafayette, Ind., Purdue Univ., Dep. of Bot. and Plant Pathol.; Freising-Weihenstephan, TH München, Bakteriolog. Inst.; engl.) — Das in den Verss. verwendete *Malformin* wurde aus Kulturfiltraten von *Aspergillus niger* isoliert. Das Wachstum von Maiswurzeln wird in steriler Kultur durch 0,1 u. 1,0 ppm Malformin stark gehemmt. Die O_2-Aufnahme von Maiswurzeln u. Bohneninternodien ist vermindert u. der Respirationsquotient stark erhöht, nicht jedoch bei erhöhtem O_2-Druck u. wenn die Teile in dünne Scheiben zerschnitten werden. Die *Glucose*-Ausnutzung wird nicht beeinflußt. Die Verteilung von ^{14}C aus Gluose in den Verbb. des A. lösl. Auszuges (*Saccharose, Glucose, Fructose, Serin, Zuckerphosphat, Citronensäure, Äpfelsäure, Asparaginsäure, Glutaminsäure, Alanin* u. *Valin*) wird im ersten Internodium der Bohnenpflanzen durch Malformin nicht beeinflußt. W. Hiller. 4460◇

1215 **Zur Analyse der Kinetik des Gasumsatzes von Pflanzen bei Belichtung (Theorie der Frage).** O. D. Bykow. (Pflanzenphysiol. [UdSSR] **9**, 325—33, 1962; Leningrad, Univ., Biolog. Inst.; russ., Auszug: engl.) — Bei der mathemat. Beschreibung des „idealisierten" Gasumsatzes in der Pflanze bedient sich Vf. des Begriffs „Funktion des Gasumsatzes" φ als Geschw. des scheinbaren Gasumsatzes. Die Abhänggigkeit der CO_2-Konz. u. der Funktion φ von der Dauer u. Geschw. des Gasstroms ist allg. nichtlinear. Nur bei hoher CO_2-Konz., wo die Photosynth. mit Sicherheit konst. ist, ist die Best. der „mittleren" CO_2-Konz. als arithmet. Mittel aus Ausgangs- u. Endwert zulässig. O. Lebtag. 4460△

1216 **Die Besonderheiten der Photosynthese bei ölarmen und ölreichen Sorten der Sonnenblume.** B. F. Shirnow. (Pflanzenphysiol. [UdSSR] **9**, 318—24, 1962; Krasnodar, Allunions-Forschungs-Inst. für Ölpflanzen; russ., Auszug: engl.) — 15 Tage vor der Blüte ist bei den mittelschnellreifenden Sonnenblumensorten die Intensität der Photosynth. bei der ölreichen Sorte höher als bei der ölarmen. Bei den schnellreifenden Sorten ist dies 7 Tage vor der Blüte der Fall. Die Intensitätsunterschiede der Photosynth. sind in den frühen Nachmittsgs- u. in den späten Vormittagsstunden bes. hoch. Die Ölhaltigkeit läßt sich durch verstärkten Assimilateintritt in den Samen nicht verstärken. Die höhere Assimilatmenge in der ölreichen Sorte ist nicht die Hauptursache für den höheren Ölgehalt. O. Lebtag. 4460△

1217 **Einfluß der Wasserverhältnisse und der mineralischen Ernährung auf die Photosynthese der Pflanze im Zusammenhang mit der Produktivität.** N. Ss. Petinow und Schan Lun. (Pflanzenphysiol. [UdSSR] **9**, 309—17, 1962; russ., Auszug: engl.) — Die Unterss. über die Photosynth. in der Sommerweizenpflanze bei verschiedener Wasserversorgung u. verschiedener Düngung ergaben, daß von allen Kennzahlen der Photosynth. die Blattoberfläche u. die reine Produktivität der Photosynth. die wichtigsten sind. Entscheidend für die Höhe des Ertrages von Sommerweizen ist die Versorgung mit W. u. Nährstoffen zwischen Korn-Bldg. u. Milchreife. O. Lebtag. 4460△

1218 **Eisen, Porphyrine und Chlorophyll.** E. F. Karali und C. A. Price. (Nature [London] **198**, 708, 1963; New Brunswick., N.J., Rutgers, State Univ., Dep. of Plant Physiol.; engl.) — *Euglena gracilis* bilden beim Schütteln in 10^{-3}m K-Phosphatpuffer, pH 6,8, bei hoher Lichtintensität kräftig *Chlorophyll* (I) ohne Proteinnettosynth., d. h. I-Synth. u. Wachstum sind voneinander trennbar. Beide benötigen *Fe*. Bei den niedrigsten Fe-Konzz. war das Wachstum gehemmt. In einem gewissen Bereich des normalen Wachstums ist die Fähigkeit der I-Bldg. vermindert. Bei Inkubation von Euglena mit verschiedenen Fe-Geh. mit Porphobilinogen in 0,06m K-Phosphat, pH 6,8, ergab sich bei keinem Fe-Spiegel eine anomale Anreicherung von *Koproporphyrinogen*. Dessen Bldg. nahm sogar mit sinkendem Zell-Fe geringfügig ab. Gleichzeitig bildeten Fe-Mangelzellen, die kein I synthetisieren konnten, ebensoviel oder mehr *Protoporphyrin* als Kontrollen mit ausreichendem Fe-Gehalt. K. Maier. 4460◇

1219 **Quantitative Messung der Blattchlorophylle durch Spektrophotometrie ihrer Phäophytine in wässerigen alkoholischen Extrakten.** J. L. Wickliff und S. Aronoff. (Plant Physiol. **37**, 584—89, 1962; Ames, Iowa State Univ., Inst. for Atomic Res. and Dep. of Biochem. and Biophysics; engl.) — Von den untersuchten Meth. gab folgende die besseren Ergebnisse: Frieren in fl. N_2, 3mal Extrahieren mit kochendem, wss. A., Waschen (Rohchlorophyll), Ansäuern mit HCl (Rohphäophytin), spektrophotometr. oder colorimetr. Messung. Durch die Meth. können Unterschiede im Chlorophyll-Geh. bis herab zu 1% gemessen werden. W. Hiller. 4460◇

1220 **Stoffwechsel von Harnstoff und Intermediärprodukten des Ornithincyclus in Stickstoffmangelzellen von Chlorella vulgaris.** James E. Baker und John F. Thompson. (Plant Physiol. **37**, 618—24, 1962; Ithaca, N.Y., U.S. Dep. of Agric., Agric. Res. Serv., Soil and Water Conservation Res. Div., U.S. Plant Soil and Nutrition Labor.; engl.) — Werden die Mangelzellen für 15 Min. 10^{-2}m NH_4Cl-Lsg. ausgesetzt, so steigt der Geh. an *Alanin* (I) auf das 3fache u. der von *Glutamin* (II) auf das 3—5fache an, der Geh. an *Glutaminsäure* (III) verändert sich nicht. Bei Zusatz von 10^{-2}m *Harnstoff* steigt III stark an, I u II steigen nur in geringem Maße an. Zusatz von 10^{-2}m *Ornithin* läßt den I- u. III-Geh. stark, den *Arginin*-Geh. mäßig stark u. den II- u. *Citrullin*-Geh. kaum ansteigen. Bei Zusatz von Citrullin erhöhen sich in erster Linie die Geh. von I u. III. Zusatz von Arginin bewirkt starken Anstieg von I, II, III, Citrullin u. *Prolin*. Vff. schließen, daß in *Chlorella* die bekannten in Tieren u. Mikroorganismen vorkommenden Stoffwechselwege vorherrschen. W. Hiller. 4460◇

1221 **Photosynthese in den Farbstoffen von Algen.** Yoshihiko Fujita. (Kagaku [Science] **33**, 248—55, Mai 1963; Tôkyô, Univ., Oyô-Biseibutu-Kenkyûzyo; jap.) — Übersicht. — 4 Literaturangaben. E. Maekawa. 4460◇

1222 **Einfluß einiger Stickstofformen auf die Produktivität von Scenedesmus quadricauda (Turp.) Bréb.** L. G. Litwinenko und O. G. Wolowik. (Ukrain. bot. J. **19**, Nr. 3, 28—33, 1962; Botan. Inst. der Akad. der Wiss. der UkrainSSR, Abt. für Biol. der Pflanzen; ukrain., Auszug: engl.) — Geringe Konzz. (0,01; 0,02; 0,03; 0,25%) von *Glykol* (I) beschleunigen bei *Scenedesmus quadricauda* (*Turp.*) *Bréb* die Zellteilung. 0,004, 0,008, 0,12, 0,1 u. 0,3%ig. $Ca(NO_3)_2$ (II) stimuliert das Wachstum; *Harnstoff* (III) nimmt eine Zwischenstellung ein. Die Produktion an Trockensubstanz in 1 Liter Suspension ist bei geringen N-Mengen (18,66—56,0 mg/Liter) unabhängig von der N-Form. Bei 466 mg/Liter N ist sie mit I am höchsten, bei 1400 mg/Liter mit II. Der Geh. an organ. C (abs. u. in % der Trockensubstanz) ist mit I am höchsten, mit II am geringsten. Mit I sind die Suspensionen stark grün gefärbt, mit II u. III gelblich. O. Lebtag. 4470△

1223 **Bedeutung des Bors für den Nucleinumsatz.** M. Ja. Schkolnik und A. N. Majewskaja. (Pflanzenphysiol. **9**, 270—78, 1962; Leningrad, Botan. Komarow-Inst. der Akad. der Wiss. der UdSSR; russ., Auszug: engl.) — Beim Wachstum von Bohne u. Sonnenblume in der Knoopschen Nährlsg. ohne *B* (in der Kontrolle Zusatz von 0,5 mg B/Liter als H_3BO_3) ist der *Ribonucleinsäure* (I)-Geh. in der Wurzel u. in der Stengelspitze im Vgl. zur Norm stark vermindert: 35 bzw. 90% der Norm bei Bohne u. 65 bzw. 23% bei Sonnenblume. Der Geh. an *Desoxyribonucleinsäure* (II) ist bei B-Mangel im Blatt u. Stengel der Bohne gegenüber der Norm erhöht, in der Wurzel wenig gesenkt (92% der Norm). Bei Sonnenblume sinkt der II-Geh. bei B-Mangel (mit Ausnahme des Stengels) in allen Organen sehr stark. Die Ergebnisse widerlegen die These von

Gauch u. Dugger, wonach das Absterben des Wachstumsscheitels bei B-Mangel auf einem Kohlenhydratmangel beruhen soll u. die Rolle des B darin besteht, den Transport der Zucker zu fördern. Vff. nehmen an, daß die Ursache für diese Erscheinung in der Störung des I- u. II-Umsatzes zu sehen ist. O. Lebtag. 4470△

1224 **Die Bedeutung des Molybdäns für das Wachstum der isolierten Luzernewurzeln in Abhängigkeit von der Acidität des Bodens und von dessen Aluminiumgehalt.** Je. I. Ratner, A. M. Smirnow und Chun-Schu Chuan. (Pflanzenphysiol. [UdSSR] **9**, 279—88, 1962; Moskau, Timirjasew-Inst. für Pflanzenphysiol. der Akad. der Wiss. der UdSSR; russ., Auszug: engl.) — In Verss. mit Wurzeln der Luzerne, die 183 Wochen in der sterilen Lsg. gewachsen war, bewirkt Zusatz von $Na_2MoO_4 \cdot 2\,H_2O$ (I) einen Schutz gegenüber der tox. Wrkg. von $Al_2(SO_4)_3 \cdot 18\,H_2O$ (II) in der sauren Lsg. u. gegenüber der schädlichen pH-Wirkung. Hieraus erklärt sich zum Teil die bei der I-Düngung eintretende höhere Wirksamkeit auf sauren Böden mit merklichem Geh. an beweglichem Al. Die Schutz-Wrkg. des I zeigt sich bes. stark bei mittleren II-Konzentrationen (1—3 mg/Liter). Bei hoher II-Konz. (4,8 mg/Liter) zeigt I selbst bei hoher Konz. keine Schutzwirkung. Der negative Einfl. der sauren Boden-Rk., des II-Mangels sowie des Mangels oder des Überschusses an I zeigt sich am stärksten bei der Entw. der Nebenwurzeln. I zeigt eine Nachwrkg., ausreichend für die Verminderung des schädlichen Einfl. der sauren Boden-Rk. (pH 3,8), jedoch nicht ausreichend für die Herabsetzung der tox. Wrkg. von II. O. Lebtag. 4470△

1225 **Ionenhemmung bei der Manganaufnahme durch Gerstenpflanzen.** J. Vlamis und D. E. Williams. (Plant Physiol. **37**, 650—55, 1962; Univ. of California, Dep. of Soils and Plant Nutrit.; engl.) — Der Geh. an *Mn* steigt in den Blättern mit steigender Mn-Konz. der Nährlsg. (0—0,10 ppm) fast linear an. Der Mn-Geh. ist bei Hoaglandscher Nährlsg. bei einer Konz. von $^1/_5$ bedeutend höher als bei normaler Konzentration. Der optimale Ertrag liegt bei beiden Nährlsg.-Konzz. bei 0,02 ppm Mn. Der Ertrag ist bei normaler Konz. höher als bei einer Konz. von $^1/_5$. Die Mn-Aufnahme wird in erster Linie durch Ca^{2+}, Mg^{2+} u. NH_4^+ gehemmt, K^+ u. Mg^{2+} haben keinen Einfluß. Sehr starke Hemmer der Mn-Aufnahme sind Fe^{2+} u. H^+. W. Hiller. 4470◇

1226 **Einfluß der Nicotinsäure auf den Phosphoreintritt in die Baumwollpflanze.** A. A. Borodulina und K. Je. Owtscharow. (Pflanzenphysiol. [UdSSR] **9**, 265—69, 1962; russ., Auszug: engl.) — Beim Einbringen in den Boden verstärkt *Nicotinsäure* (I) die P-Aufnahme durch die Baumwollpflanze aus *Superphosphat* (II) u. KH_2PO_4 (III). Noch stärker ist die I-Wrkg. bei Blattdüngung mit I u. II. Die P-Aufnahme aus III ist stärker als aus II. Blattdüngung mit I u. II während der Vollblüte beschleunigt die Reifung, erhöht das Gewicht der Kapseln u. des Samens, den P-Geh. des Samens u. den Ertrag an Rohbaumwolle. O. Lebtag. 4470△

1227 **Wirkung von Thermalquellen auf Wachstum und Stoffwechsel von Pflanzen.** Miklós Frank. (Hidrol. Közlöny [Z. Hydrol.] **43**, 177—83, April 1963; Budapest, Landesinst. Rheuma u. Bäderangelegenheit; ung.) — In Fl.-Kulturen förderten die Entw. von *Phaseolus vulgaris* die natürlichen Mineralquellen am besten, das Wasserleitungswasser weniger, noch weniger dest. W. u. am wenigsten die künstlichen Mineralwasser. G. Csájaghy. 4470△

1228 **Die Wirkung von Peroxyacetylnitrat auf Wachstum und Zellwandstoffwechsel von Haferkoleoptilenschnitten.** Lawrence Ordin. (Plant Physiol. **37**, 603—08, 1962; Riverside, Univ. of California, Dep. of Biochem.; engl.) — Werden Haferkoleoptilenschnitte mit 2,4 ppm *Peroxyacetylnitrat* (I) vorbehandelt für 6 Std. bei pH 4, so wird das durch *β-Indolylessigsäure* hervorgerufene Wachstum um 84% gehemmt. Auch die CO_2-Bldg. aus Glucose wird um 75% gehemmt, die O_2-Aufnahme bleibt dagegen unbeeinflußt. Der Einbau von ^{14}C aus ^{14}C-Glucose in Cellulose u. die säurelösl. Zellwandfraktion wird fast völlig gehemmt. Erfolgt die Vorbehandlung bei pH 6 mit 2 ppm I, so sind die Wrkg. sehr abgeschwächt. Durch die I-Behandlung ändern sich die relativen Einbauraten von ^{14}C in die Zucker. W. Hiller. 4480◇

1229 **Beteiligung des Heteroauxins am Zuckertransport der Pflanze.** K. L. Powolotzkaja, Ju. W. Rakitin und I. W. Chowanskaja. (Pflanzenphysiol. [UdSSR] **9**, 303 bis 308, 1962; Moskau, Timirjasew-Inst. für Pflanzenphysiol. der Akad. der Wiss. der UdSSR; russ., Auszug: engl.) — Wird bei Tabak-, Baumwoll- u. Sonnenblumenpflanzen nach Dekapitierung auf den oberen Stengelteil *Heteroauxin* (I) in Lanolin aufgetragen, so bleiben im Stengel Atmung u. Zuckertransport normal. Bei der Kontrolle (Dekapitierung u Auftragen von Lanolin) ist die Verteilung der Zucker eine andere als bei dekapitierten Pflanzen nach Auftragung von Lanolin u. I. Bei den normalen Pflanzen ist der I-Geh. am höchsten in den oberen Stengelteilen, bei den dekapitierten Pflanzen ist er in den unteren Teilen des Stengels. Werden Blattstiele des Rhabarbers in I-Lsg., sodann in Glucose-Lsg. getaucht, so wird die Glucoseanreicherung in den Leitgefäßen intensiviert. Sowohl das in der Pflanze gebildete wie das zugeführte I ist am Zuckertransport innerhalb der Pflanze beteiligt. O. Lebtag. 4485△

1230 **Verteilung und Dynamik der Wuchsstoffe bei jungen Tomatenpflanzen.** O. B. Boitschuk. (Ukrain. bot. J. **19**, Nr. 3, 34—45, 1962; Botan. Inst. der Akad. der Wiss. der UkrainSSR, Abt. Physiol.; ukrain., Auszug: engl.) — Die Unterss. an nichtblühenden Tomatenpflanzen im Stadium des 2., 4., 6. u. 8. Blattes ergaben, daß der Geh. an *Wuchsstoffen* (I) u. *Inhibitoren* (II) in der Wurzel u. im oberird. Teil mit dem Alter abnimmt (die Unterschiede des I- u. II-Geh. in den einzelnen Geweben werden erörtert). Nach den Histogrammen enthalten die Tomatenpflanzen 3—4 verschiedene I u. 3 verschiedene II, darunter *β-Indolylessigsäure*, *β-Indolylacetonitril* u. *β-Inhibitor*. O. Lebtag. 4485△

1231 **Physiologische Untersuchungen über Salztoleranzen von Nutzpflanzen.** 5. Mitt. **Verwendung von β-Indolylessigsäure zur Bekämpfung der Wachstum und Reife von Weizen vermindernden Wirkung von Natriumsulfat.** M. N. Sarin. (Agra Univ. J. Res. **11**, 187—96, 1962; New Delhi, Indian Agric. Res. Inst.; engl.) — In β-Indolylessigsäure (I)-Lsg. eingeweichte Weizenkörner werden in natürlichen u. mit Na_2SO_4 versetzten Boden gesät. Ein Zusatz von 0,1% Na_2SO_4 zu I-freien Proben vermindert Schößlingsgewicht u. Körnerertrag nicht; 0,15% Na_2SO_4 vermindern das Schößlingsgewicht um 12, den Körnerertrag um 16%. Diese Werte werden bei mit I behandelten Körnern in Na_2SO_4 enthaltenden Böden im Vgl. mit normalen Böden um 50 bzw. 31% gesteigert. W. Wesly. 4485◇

1232 **Die Wirkung von Gibberellin auf einen nichtblühenden Genotyp des Wiesenklees.** J. L. Stoddart. (Nature [London] **194**, 1063—64, 16/6. 1962; Aberystwyth, Welsh Plant Breeding Station; engl.) — Papierchromatograph. Vgl. der *Gibberellin*-ähnlichen Aktivität von früh-, spät- u. nichtblühenden Genotypen von *Trifolium pratense L.* zeigten, daß das fehlende Blühen vermutlich auf einer verminderten Fähigkeit zur Synth. von endogenem *Gibberellin* A_3 beruht. Gibberellinsäure-Sprays förderten unter induzierenden Tageslängebedingungen bei nichtblühenden Genotypen das Internodienwachstum erheblich u. lösten Blüten-Bldg. aus. K. Maier. 4485◇

1233 **Physiologische Wirkungen von Gibberellsäure.** 4. Mitt. **Über Gerstenkörner mit normalen, röntgenbestrahlten und herauspräparierten Embryonen.** L. G. Paleg, D. H. B. Sparrow und A. Jennings. (Plant Physiol. **37**, 579—83, 1962; Adelaide, Univ. of Adelaide, Waite Agric. Res. Inst., Dep. of Agronomy, Plant Physiol. u. Agricult. Chem.; engl.) — 3. vgl. C. **1962**, 10153. — Vff. bestimmen die *amylolyt. Aktivität*, den Geh. an *reduzierenden Zuckern* u. den Geh. an lösl. *N*. Die röntgenbestrahlten u. embryolosen Körner zeigen verminderte amylolyt. Aktivität u. verminderten Geh. an reduzierenden Zuckern u. N im Vgl. zu den Normalkörnern bzw. der Anstieg war verzögert. Die Ergebnisse zeigen, daß der Embryo zur Einleitung der Mobilisierung im Endosperm notwendig ist. Konzz. von $2{,}9 \cdot 10^{-8}$ m *Gibberellsäure* sind in der Lage, die Wrkg. des fehlenden Embryos zu ersetzen. W. Hiller. 4485◇

1234 **Physiologisch-biochemische Veränderungen im Winterraps beim Übergang zur Reproduktionsphase unter dem Einfluß von Gibberellsäure.** F. L. Kalinin und W. M. Sheljuk. (Ukrain. bot. J. **20**, Nr. 2, 14—20, 1963; Ukrain. Forschungs-Inst. für Physiol. der Pflanzen; ukrain., Auszug: engl.) — Werden auf den Wachstumspunkt von Winterrapspflanzen im Stadium des 3.—4. Blattes 45 Tage lang täglich je 20 γ *Gibberellsäure* (I) aufgetragen, so geht die Pflanze von der Reproduktions-Entw. zum vegetativen Wachstum über. Unter dem Einfl. von I werden die Gewebe wasserreicher; I vermindert das Redoxpotential, verschiebt die aktuelle Acidität nach der alkal. Seite, erhöht den Heteroauxin-Geh., erhöht die Atmungsenergie u. erhöht den Geh. an Nucleinsäuren u. ionisiertem Kalium. O. Lebtag. 4485△

1235 **Durch Kaliumgibberellat beeinflußtes Wiederergrünen von Valenciaorangen.** C. W. Coggins jun. und L. N. Lewis. (Plant Physiol. **37**, 625—27, 1962; Riverside, Univ. of California, Dep. of Horticult. Sci.; engl.) — Valenciaorangenfrüchte ergrünen unter bestimmten Umweltbedingungen. Vff. untersuchen den Einfl. von *K-Gibberellat* (I) auf das Ergrünen der Früchte. Zu diesem Zweck werden die Früchte in eine wss. 0,013%ig. I-Lsg. für 30 Sek. getaucht. Durch die I-Behandlung weisen die Rinden der Früchte nach 19 Wochen einen geringen Geh. an *Carotinoid*-Pigmenten u. höheren Geh. an Chlorophyllpigmenten auf. I scheint die Synth. von Protochlorophyll zu beschleunigen, was zu einer verstärkten Ergrünung führt. W. Hiller. 4485◇

1236 **Wirkungen von hoher Feuchtigkeit auf den Transport von über das Blatt verabreichten Verbindungen in Pflanzen.** 1. Mitt. M. A. Clor. A. S. Crafts und S. Yamaguchi. (Plant Physiol. **37**, 609—17, 1962; Davis, Univ. of California, Dep. of Bot.; engl.) — Vff. verabreichen *2.4-Dichlorphenoxyessigsäure* (I) u. *Saccharose* (II) auf Baumwollblätter. I u. II wandern aus den behandelten Blättern aus in die Sproßspitzen u. Wurzeln. Der Transport wird durch hohe Feuchtigkeits-Geh. stark beschleunigt. Der Transport wird dann nicht nur vom Phloem, sondern auch vom Xylem durchgeführt. Im Phloem erfolgt in erster Linie ein basipetaler u. im Xylem bevorzugt ein acropetaler Transport. W. Hiller. 4485◇

1237 **Chemische Bekämpfungsversuche mit Puccinia penniseti Zimm.** G. G. Dalela. (Proc. nat. Acad. Sci. India, Sec. B **32**, 115—17, 1962; Agra, Agra Coll., Bot. Dep.; engl.) — Unter Labor.-Bedingungen wurde die fungicide Wrkg. verschiedener Substanzen auf die Entw. von *Puccinia penniseti* Zimm. auf Keimlingen von *Pennisetum typhoides* untersucht. Besprühen mit 10 ppm *2.4-Dichlorphenoxyessigsäure* (I), 100 ppm *Sulphadiazin* (II) oder 1000 ppm *Streptomycin* sind je nach dem Zeitpunkt der Applikation wirksam. 1000 ppm *Coppesan* sind unwirksam. In den Boden gegeben haben I u. II keine Wirkung. K. Thielmann. 4490◇

1238 **Über die Teilnahme der Dehydrogenasen an den Schutzreaktionen der Kohlpflanze gegenüber Botrytis cinerea.** T. M. Iwanowa und B. A. Rubin. (Biochemie [UdSSR] **28**, 288—94, 1963; Moskau, Bach-Inst. für Biochemie der Akad. der Wiss. der UdSSR; russ., Auszug: engl.) — Das Gewebe der gegenüber Botrytis cinerea resistenten Weißkohlsorte (a) besitzt eine höhere *Dehydrogenase* (I)-Aktivität als die empfindliche Sorte (b). Bei a sind bes. akt.: *Alkoholdehydrogenase, Äpfelsäurehydrogenase* (I) u. *Glucodehydrogenase*. Bei b ist I bes. aktiv. Die Aktivität von *Bernsteinsäurehydrogenase* (II) ist bei a u. b nur gering. Durch Infektion wird bei a die I-Aktivität vermindert, bei b erhöht. Dies zeigt sich sowohl bei der I-Gesamtaktivität wie bei den Aktivitäten der einzelnen I im Acetonpräparat. Die Rk. des Gewebes auf die Infektion hängt mit der Bldg. von Oxydations-Prodd. der Phenole zusammen. Bei a bewirkt die Infektion eine völlige Inaktivierung der II u. der Isocitricodehydrogenase, wodurch die Atmung gestört wird. Dies ist eine der Schutz-Rkk. gegenüber B. cinerea. O. Lebtag. 4490△

1239 **Die Rolle der Pektingalakturonase bei der Ausprägung der Krankheitssymptome der Korkfäule.** B. G. Tweedy und Dwight Powell. (Contr. Boyce Thompson Inst. **22**, 9—16, 1963; New York, Boyce Thompson Inst. for Plant Res., Inc.; engl.) — Vff. finden in einem pathogenen Stamm von *Alternaria mali* (verursacht die Korkfäule bei Äpfeln) eine exogene *Pektingalakturonase* (I). I hat ein Temp.-Optimum zwischen 50 u. 55° u. ein pH-Optimum von 3,4. Werden Äpfel mit einer teilgereinigten I inkubiert, so werden durch das Enzym allein die Krankheitssymptome ausgebildet. Die Ausbldg. erfolgt wesentlich schneller als bei einer Inokulation mit einer Sporensuspension. W. Hiller. 4490◇

1240 **Der Kohlenhydratgehalt von mit Rost befallenen Maisblättern.** Riksh Syamananda und Richard C. Staples. (Contr. Boyce Thompson Inst. **22**, 1—8, 1963; New York, Boyce Thompson Inst. for Plant Res., Inc.; engl.) — Nach Injektion von Maisblättern mit *Puccinia sorghi* Schw. ändern sich deren Zuckergehalte. Vff. finden in normalen Pflanzen *Saccharose, Glucose, Fructose, Ribose, Mannose* u. 2 nichtidentifizierte Zucker. 2 Tage nach der Injektion treten qual. u. quant. Veränderungen ein. Saccharose u. Glucose nehmen ab, Mannose verschwindet u. *Raffinose* wird akkumuliert. Bei in Glucose-Lsg. gehaltenen abgeschnittenen infizierten Blättern nimmt Saccharose ab, Glucose u. Fructose im Vgl. zu gesunden Blättern dagegen zu. W. Hiller. 4490◇

1241 **Einfluß der Spurenelemente auf die Aktivität der Actinomyceten und die Resistenz der Baumwollpflanze gegenüber der Welkekrankheit.** Ss. A. Asskarowa und R. Ja. Ioffe. (Usbek. biol. J. **1962**, Nr. 1, 5—9; Inst. für Botanik der Akad. der Wiss. der UsbekSSR; russ., Auszug: usbek.) — Im Topf- u. Feld-Vers. mit Baumwollpflanzen wurde der höchste Ertrag bei Düngung mit *Mo, Cu, Zn* oder *Mn* erzielt, der niedrigste Ertrag mit *Co*. Bei Einbringen der Spurenelemente in den Boden erhöhte sich der Gesamtertrag an Baumwolle um 16% gegenüber der Kontrolle. Bei gleichzeitiger Einbringung von *Actinomyceten* u. Spurenelement war Mn am wirksamsten. Mit Ausnahme von Co erhöhten die Spurenelemente bei gleichzeitiger Einbringung mit den Actinomyceten die Resistenz gegenüber *Verticillium dahliae*. Bei Zugabe von Co wurde die Anfälligkeit erhöht. O. Lebtag. 4490△

E₅. Tierchemie, Tierphysiologie, Tierpathologie

1242 **Anwendung eines Analogrechners zur Messung der Darmresorptionsgeschwindigkeit mit radioakt. Markierungssubstanzen.** M. Silverman und A. S. V. Burgen. (J. appl. Physiol. **16**, 911—13, 1961; Montreal, Quebec, Montreal General Hosp., McGill Univ. Med. Clin.; engl.) — Wenn eine mit einem Isotop markierte Substanz oral u. i.v. verabreicht wird, so kann durch Integration der Konz.-Kurven im Plasma die Resorptions-Geschw. im Darm ermittelt werden. Es wird eine Meth. beschrieben, nach der die notwendigen Integrationen von einem Analogrechner durchgeführt werden können. K. Zingraf. 4500◇

1243 **Biochemie der Adenylsäuren.** D. L. Ferdman. (Ukrain. biochem. J. **35**, 129—52, 1963; russ.) — Übersicht. Behandelt werden: Biosynth. der Adenylsäure; Prodd. der Phosphorylierung der Adenylsäure; Adenosin-3'- u. Adenosin-2'-phosphorsäure; die cycl. Adenosinmonophosphorsäuren; die cycl. 3'.5'-Adenylsäure in den tier. Geweben; über die physiolog. Rolle der 3'.5'-Adenylsäure. — 47 Literaturangaben. O. Lebtag. 4500△

1244 **Eine schnelle säulenchromatographische Trennung von säurelöslichen Nucleotiden.** Philip H. Plaisted und Robert B. Reggio. (Contr. Boyce Thompson Inst. **22**, 71—80, 1963; New York, Boyce Thompson Inst. for Plant Res., Inc.; engl.) — Durch die von den Vff. angegebene Meth. können 29—30 mg von gemischten *Purin-* u. *Pyrimidinmono-di-* u. *-triphosphaten* in einer 15 cm-Säule mit Dowex 1 (Formiat) bei 37° mit 300 ml Elutions-Fl. in 17 Std. getrennt werden. Das Herauslösen der Mono-, Di- u. Triphosphate von *Adenosin, Cytidin, Guanosin* u. *Uridin* erfolgt mit steigenden Konzz. von Ameisensäure–Natriumformiatpuffer. Eine Veränderung im Verhältnis Ameisensäure : Na-Formiat verändert das Retentions-Vol. eines jeden Nucleotids. Eine Erhöhung der Temp. verstärkt die Schärfe der Elutionsmaxima. Die optimale Partikelgröße liegt bei 20—34 μ. Die Partikelgröße beeinflußt die Trennung selektiv. W. Hiller. 4500◇

1245 **Radium-226 in Knochen und Weichgewebe beim Menschen.** John B. Hursh und Arvin Lovaas. (Nature [London] **198**, 265—68, 1963; Rochester, N.Y., Univ. School of Med. and Dent.; engl.) — Verschiedene menschliche Gewebeproben (Vertebrae, Clavicula, Skelettmuskel, Leber, Nieren, Milz, Herz) wurden nach entsprechender Aufbereitung auf ihren ^{226}*Ra*-Geh. untersucht. Es werden als Mittelwert ca. 10^{-14} g ^{226}Ra/g Asche gefunden. Im weichen Gewebe beträgt der Geh. ca. 7% (Leber, Intestinum) bis 1,5% (Muskel) des Geh. in der Clavicula. W. Reusse. 4510◇

1246 **Der Kupfergehalt in den Organen von Meerschweinchen bei experimenteller Tuberkulose.** Ch. K. Karimdshanowa. (Med. J. Usbek. **1962**, Nr. 4, 38—40, Usbek. Tuberkulose-Forschungs-Inst.; russ.) — Die Unters. des *Cu*-Geh. in Leber, Milz, Niere, Lunge, Herz u. Blutserum von gesunden (a) u. tuberkulösen (vor u. nach der Behandlung mit *Phthivazid*; b u. c) Meerschweinchen zeigen, daß der Cu-Geh. in der Leber am höchsten, in der Niere am geringsten ist. Er beträgt in der Leber (in γ/100 g):2990 bei a, 1740 bei b u. 2815 bei c. Die Niere enthält 600, 1700 bzw. 402. Nach der Behandlung ist der Cu-Geh. in der Leber, Milz u. Lunge gegenüber b erhöht, in der Niere u. im Blutserum erhöht. O. Lebtag. 4510△

1247 **Veränderlichkeit der relativen Organkonzentration von Spurenelementen in menschlichem Gewebe.** W. S. Snyder und M. J. Cook. (Health Physics **9**, 57—62, 1963; Oak Ridge, Tenn., Oak Ridge Nat. Labor., Health Phys. Div.; engl.) — Bei Erwachsenen wurde der Geh. von *Cd, Cu, Zn* u. *Al* in Niere, Leber u. Lunge in Abhängigkeit vom Alter untersucht. Es ergaben sich folgende mittlere Konzz. (in μg/g) für die Niere Al 0,40 (0,06—2,09); Cu 3,01 (1,00—8,99); Zn 54,67 (16,00—139,20); Cd ca. 24—44; für die Leber: Al ca. 0,55—1,1; Cu ca. 8—10; Zn ca. 45—57; Cd. ca. 2—3; für die Lunge: Al ca. 19—28; Cu < 2; Zn ca. 12—15; Cd < 2. K. Zingraf. 4510◇

1248 **Identifizierung eines organspezifischen Lipidhaptens im Gehirn.** Seymour Joffe, Maurice M. Rapport und Liselotte Graf. (Nature [London] **197**, 60—62, 5/1. 1963; New York, N.Y., Yeshiva Univ., Albert Einstein Coll. of Med., Dep. of Biochem.; Sloan-Kettering Inst. for Cancer Res., Div. of Exp. Pathol.; engl.) — Es wurde nachgewiesen, daß *Galaktocerebrosid* eines der organspezif. Lipidhaptene des Gehirns ist. U. Tausendfreund. 4520◇

1249 **Extrahierbares Lipid, Wasser und Rückstand von Rattennebenhodenfettkörpern.** C. R. Boshart, L. Will und A. Pirré. (Proc. Soc. exp. Biol. Med. **110**. 661—67, Aug./Sept. 1962; Pearl River, N.Y., Amer. Cyanamid Co., Lederle Labor., Exp. Therap. Res.; engl.) — Der *Lipid*-Geh. im Nebenhodenfettgewebe (Gew. $>$ 0,5—1,0 g) von Albinoratten betrug 80—85% u. war in einem weiten Gewichtsbereich relativ konstant. K. Zingraf. 4520◇

1250 **Weitere Reinigung einer aktiven Lipidsäure aus Kaninchenhirn.** N. Ambache und Margaret Reynolds. (J. Physiology **159**, 63P—64P, 1961; London, Royal Coll. of Surgeons of England, Dep. of Physiol., Med. Res. Council; engl.) — Wss. Extrakte von perfundiertem Kaninchenhirn enthalten eine *spasmogene ungesätt. Hydroxysäure* (I). Ihre Reinigung erfolgt auf folgende Weise: Verteilung bei pH 7,5 mit Ae. durch Passage auf Woelm-Alumina (neutral), Redest., wiederholte Verteilung bei pH 3 wieder mit Ae., Chromatographie auf Silicasäulen, Eluierung mit 100% Ae., 95, 90, 85, 80, 75 u. 70% Ae. mit Methanol. I zeigt eine Polarität, die ähnlich oder geringer als die von *Irin* u. größer als die von *Ricinoleinsäure* ist. W. Hiller. 4520◇

1251 **Einige chemische und physikalische Eigenschaften der lähmenden Schellfischgifte im Verhältnis zu ihrer Giftigkeit.** Edward J. Schantz. (J. med. pharmac. Chem. **4**, 459—68, 1961; Frederick, Md., Fort Detrick, US-Army Chem. Corps.; engl.) — Übersicht über die bisherigen Resultate über die beiden Gifte aus den Muscheln *Gonyaulax catenella* u. *tamarensis*, die für den Menschen auf dem Wege über den Schellfisch gefährlich sind. — 24 Literaturangaben. W. Holland. 4520◇

1252 **Sammlung und biologische Untersuchung einer Ips confusus (Lec.) (Coleoptera: Scolytidae) anziehenden flüchtigen Fraktion.** J. P. Vité, R. I. Gara und R. A. Kliefoth. (Contr. Boyce Thompson Inst. **22**, 39—50, 1963; New York, Boyce Thompson Inst. for Res., Inc.; engl.) — Vff. erhalten aus reifen Käfern von *Ips confusus* eine flüchtige Verb., die für die Massenanziehung der Käfer verantwortlich ist. Diese Verb. kann mit PAe. extrahiert werden. W. Hiller. 4520◇

1253 **Während der Muskelkontraktion möglicherweise erzeugter, die Glucose-Durchlässigkeit beeinflussender Faktor.** R. R-Candela und J. L. R-Candela. (Proc. Soc. exp. Biol. Med. **110**, 803—04, Aug.—Sept. 1962; Madrid, Inst. G. Marañón; engl.) — Puffer, welcher vorher zur Inkubation von kontrahierendem Uterus verwandt worden war, erhöhte die Durchlässigkeit von Zwerchfell, Nebenhodenfettgewebe u. Niere für *Glucose* (I). Fettgewebe u. Nierengewebe waren gegenüber diesem wahrscheinlich *humoralen Faktor* 10mal stärker empfindlich, als das Gewebe des quergestreiften Muskels (Zwerchfell). Die I-Aufnahme durch das Hirn wurde nicht beeinflußt, obwohl sein O_2-Verbrauch zunahm. K. Zingraf. 4520◇

1254 **Bildung und Struktur der Kollagenfibrille.** R. C. Curban und A. E. Clark. (Nature [London] **198**, 798—99, 1963; London, St. Thomas's Hosp. Med. School, Dep. of Pathology; engl.) — Gegenüber der allg. Auffassung, daß *Kollagen*-Fibrillen durch Anlagerung einer großen Anzahl extrem dünner Teilchen von Tropokollagen gebildet werden, wird gezeigt, daß sich Kollagenfibrillen offensichtlich als Röhrenstruktur entwickeln. Zuerst erscheinen Fasern, dünner als 50 Å, in Nachbarschaft zu jedem Fibroplasten, die sich an dazu gehörende verlängerte Stäbe anlagern u. von Durchmessern von 300—400 Å auf Durchmesser von 800—900 Å anwachsen, mit einer Periodizität von 600—650 Å. Jede Fibrille behält ihren elektronendurchlässigen Kern von 300 bis 400 Å, so daß im Querschnitt bienenwabenartige Aufsichten entstehen. K. Dorfner. 4520◇

1255 **Tuberkulin-Überempfindlichkeit: Untersuchungen mit radioaktivem Antigen und mononuclearen Zellen.** Kenneth Kay und William O. Rieke. (Science [Washington] **139**, 487—89, 1963; Seattle, Univ. of Wash., Dep. of Anatomy; engl.) — Vff. beschreiben autoradiograph. Unterss. mit einem ^{125}J-markierten, gereinigten Proteinabkömmling u. in vivo mit ^{3}H-Thymidin markierten Lymphocyten, die den Vers.-Tieren injiziert wurden. Die Haut-Rkk. wurden durch das Verh. der radioakt. Zellen sofort u. 24 Std. nach der Übertragung bei Tuberkulin-empfindlichen u. -nichtempfindlichen Tieren überprüft. Dabei wurden keine großen Rk.-Unterschiede gefunden. U. Drehmann. 4551◇

1256 **Strukturelle Veränderungen in Antikörper- und normalen γ-Globulinen.** 3. Mitt. **Jodierung von Kaninchen-γ-Globulin.** Harold Edelhoch und Sheldon Schlaff. (J. biol. Chemistry **238**, 244—50, 1963; Bethesda, Md., Nat. Inst. of Arthr. and Metabol. Dis., Clin. Endocrinol. Branch; engl.) — 1. vgl. J. Amer. chem. Soc. **84**, [1962], 2133. — Bei Jodierung von *Kaninchen-γ-Globulin* in W., 8,5m Harnstoff oder 5,3m Guanidin mit weniger als 50 Mol *J* können keine oder nur geringe Veränderungen der Sedimentationsviscosität u. opt. Drehung nachgewiesen werden; bei höheren J-Werten kommt es zur Denaturierung. Bereits bei geringer Jodierung werden die Fälleigg. von Kaninchen-Antithyreoglobulin-Antikörpern deutlich gehemmt. Im einzelnen wurde die Verteilung von Tyrosin, Monojodtyrosin, Dijodtyrosin u. Thyroxin im jodierten γ-Globulin spektrophotometr. bestimmt. U. Tausendfreund. 4551◇

1257 **Die Aufnahme von Triglyceridfettsäuren der Chylomikronen und Lipoproteide niederer Dichte aus dem Blut durch das Ziegeneuter.** D. S. Robinson, J. M. Barry, W. Bartley und J. L. Linzell. (Biochem. J. **87**, Nr. 2, Proc. biochem. Soc. 23P—24P, 1963; Oxford, Sir William Dunn School of Path., Dep. of Agric. and Dep. of Biochem., Babraham, Cambridge, Inst. of Animal Physiol., Agric. Res. Council; engl.) — Bei lactierenden Ziegen (a) wurden arteriovenöse Messungen in den Milchdrüsen durchgeführt, um zu untersuchen, welchen Plasmalipidfraktionen die *Fettsäuren* entstammen, die an der Bldg. der Milch-*Triglyceride* teilnehmen. In den Triglyceridfraktionen der vereinigten Chylomikronen u. der Lipoproteidfraktion niederer Dichte (d $<$ 1,019) fanden die Autoren merkliche arteriovenöse Differenzen. Die mittlere arterielle bzw. venöse Konz. der *veresterten Fettsäuren* lag bei 22 mg/100 ml Plasma bzw. bei 8 mg/100 ml Plasma; das ergibt eine ateriovenöse Differenz von 14 mg/100 ml Plasma; das ergibt eine arteriovenöse Differenz von 14 m g/100 ml Plasma. Bei nichtlactierenden Ziegen wurden keine Unterschiede bei diesen Fraktionen gefunden. Die freien Fettsäuren des Plasmas u. die veresterten Fettsäuren der Plasmalipoproteide hoher Dichte (d $>$ 1,019) zeigten keine arteriovenösen Differenzen. — Vff. berechneten, daß 5 g Triglyceride aus den Chylomikronen u. den Lipoproteiden niederer Dichte an der Bldg. von jeweils 100 ml Milch teilnehmen. — Die Aktivität der Klärfaktorlipase lag im venösen Blut von a dreimal so hoch wie im arteriellen. Während bei der D-β-Hydroxybuttersäure von a mit Sicherheit eine arteriovenöse Differenz nachgewiesen wurde, war es bei der Acetessigsäure u. der freien Glycerinfraktion des Blutes nicht

möglich. Diese Glycerinfraktion kann somit keinen bedeutenden Anteil zum Milchfettglycerin liefern.
H. Zöllner. 4555◇

1258 **Thyroxin und der oxydierte Geschmack in Milch.** Harald Astrup. (Nature [London] **198,** 192—93, 1963; Vollebekk, Agric. Coll. of Norway; engl.) — Milchproben von 12 Kühen aus verschiedenen Lactationsperioden, die oral 99 g *Thyroxin* erhielten, wurden auf *Thyroxin* (I)-Geh. u. Einfl. des I auf die Entstehung des oxydierten Geschmackes der Milch getestet. Der oxydierte Geschmack in Milch entstand immer bei Milchproben, die bei 5° 48 Std. aufbewahrt wurden. I, Geschlechtshormone u. Adrenalin haben einen starken Einfl. auf die Entstehung des oxydierten Geschmackes in Milch. S. Paprotny. 4555◇

1259 **Die Phosphorverbindungen der Milchdrüse der Kuh.** Ss. I. Kussen und M. D. Kotzjuba. (Ukrain. biochem. J. **35,** 72—83, 1963; Lwow, Ukrain. Forschungs-Inst. für Physiol. u. Biochemie der Haustiere; ukrain., Auszug: engl.) — Bei Jungrindern u. lactierenden u. nichtlactierenden Kühen wird der Geh. des Milchdrüsengewebes an folgenden P-Verbb. untersucht: *anorgan. P, Kreatinphosphat, Adenosintriphosphorsäure, Adenosindiphosphorsäure, Glucose-1-phosphat, Glucose-* u. *Fructose-6-phosphat, Fructose-1.6-diphosphat, Phosphotriosen, Phosphobrenztraubensäure, Phospholipide, Ribo-* u. *Desoxyribonucleinsäure, Phosphoproteine, Gesamt-P* u. *säurelösl. P.* Die Ergebnisse bestätigen die Richtigkeit der These, daß in der Milchdrüse der laktierenden Tiere die Spaltung der Kohlenhydrate vorwiegend auf dem Pentoseweg erfolgt, bei den nichtlaktierenden Tieren durch Glykolyse.
O. Lebtag. 4555△

1260 **Regelung der intracellulären Reaktionen durch Hormone.** Yôichi Kondô. (Kagaku [Science] **33,** 242—48, Mai 1963; Gunma-Daigaku, Naibunpi-Kenkyûzyo; jap.) — Übersicht. — 17 Literaturangaben. E. Maekawa. 4558◇

1261 **Der Einfluß der Konzentration von Natrium und Kalium in der Cerebrospinalflüssigkeit auf die Sekretion von Steroiden, einschließlich Aldosteron, aus der Nebennierenrinde.** Nils Norman. (Acta endocrinol. [Copenhagen], Suppl. Nr. **51,** 71, 1960; Cleveland, Ohio, West. Reserve Univ., Dep. of Physiol.; engl.) H. Herper. 4558□

1262 **Ein Beitrag zur analytischen Bestimmung der Östrogene im Harn.** K.-H. Seidel und H. Heppner. (Pharmazie **17,** 745—46, 1962; Karl-Marx-Stadt, Forschungsstelle der Frauenklinik; dt.) — Die Meth. erlaubt die postoperative Ausscheidung der Östrogene (*Östron, 17β-Östradiol* u. *Östriol*) mit einer Schwankungsbreite von $\pm$ 6—7% zu bestimmen. Urin wird im sauren Milieu hydrolysiert u. mit einem Bzl.-PAe.-Gemisch extrahiert u. mit 1n NaOH reextrahiert. Nach Neutralisation mit HCl u. Pufferung mit $NaHCO_3$ wird mit 100 ml Ae. 30 Min. lang perforiert. Der Ae.-Extrakt wird durch 10n Na_2CO_3 u. 8%ig. $NaHCO_3$-Lsg. gereinigt. Nach Verdunsten des Lsgm. werden die Östrogene auf der Al_2O_3-Säule getrennt. Mit den Säuleneluaten wird die Kober-Farbrk. durchgeführt, die nach Selektivextraktion des Farbkomplexes nach Ittrich die Messung der Östrogene im Zeissschen Universal-Spektralphotometer erlaubt. H. Kala. 4559◇

1263 **Die Wirkungen synthetischer Östrogene auf Hühner.** 1. Mitt. **Der Einfluß von Diäthylstilböstrolinjektionen auf das Wachstum und die Fettverteilung bei Hühnern.** Masahuto Wada. (Sci. Bull. Fac. Agric., Kyushu Univ. **19,** 279 bis 298, 1962; jap., Auszug: engl.) — 60 Tage alte Hühner werden 20 u. 60 Tage lang u. 90 Tage alte 30 Tage lang mit 0,1, 0,5 u. 1,0 ml *Diäthylstilböstrol* behandelt (Injektionen in den Brustmuskel). Je nach Alter u. Behandlungsdauer kommt es zu unterschiedlichen Wachstumsreaktionen und zu unterschiedlicher Fettbildung u. Fettverteilung. Hohe Gaben oder lange Behandlung verursachen Lebervergrößerung.
P. Gregorzewski. 4559◇

1264 **Die Wirkungen synthetischer Östrogene auf Hühner.** 2. Mitt. **Der Einfluß von Diäthylstilböstrolinjektionen auf Enzymaktivitäten, proteingebundenes Jod im Serum, Blutzucker, Acetonkörper und Vitamingehalt in Hühnern.** Masahuto Wada. (Sci. Bull. Fac. Agric., Kyushu Univ. **19,** 299—307, 1962; jap., Auszug: engl.) — 1. vgl. vorst. Referat. — 20—140tägige Behandlung mit *Diäthylstilböstrol* bewirkt einen leichten Abfall der *alkal. Phosphatase*-Aktivität in der Leber, die anderen Leber- u. Blutenzyme bleiben unbeeinflußt (Bernsteinsäureoxydase, Bernsteinsäuredehydrogenase, Tyraminoxydase, Cholinoxydase u. Cholinesterase der Leber u. Phosphatase des Blutes). Proteingebundenes Jod u. Blutglucose bleiben ebenfalls unverändert. Die Acetonkörper des Serums werden leicht verändert u. Vitamin A u. B_2 in Geweben leicht erhöht. P. Gregorzewski. 4559◇

1265 **Die Wirkungen synthetischer Östrogene auf Hühner.** 3. Mitt. **Der Einfluß von Diäthylstilböstrolinjektionen in Kombination mit Thiouracil und Thyroprotein bei Hühnern.** Masahuto Wada. (Sci. Bull. Fac. Agric., Kyushu Univ. **19,** 309—17, 1962; jap., Auszug: engl.) — 2. vgl. vorst. Referat. — Wenn *Diäthylstilböstrol* (I) injiziert u. gleichzeitig *Thiouracil* oder *Thyroprotein* verfüttert werden, kommt es in den meisten Rkk. zu einer Abschwächung der I-Wirkung.
P. Gregorzewski. 4559◇

1266 **Die Wirkung von Östriol sowie weiterer 16,17-substituierter Östrogene auf Uterus und Vagina.** A. Puck und H. Breuer. (Acta endocrinol. [Copenhagen], Suppl. Nr. **51,** 883, 1960; Bonn, Univ.-Frauenklin.; Bonn, Chirurg. Univ.-Klinik; dt.) H. Herper. 4559□

1267 **Biogenese von 17-Epiöstriol und 16.17-Epiöstriol beim Menschen.** W. Nocke und H. Breuer. (Acta endocrinol. [Copenhagen], Suppl. Nr. **51,** 695, 1960; Bonn-Venusberg, Chirurgische Univ.-Klinik, Chem. Abtlg.; dt.)
H. Herper. 4559□

1268 **Wirkung von Diäthylstilböstrol im Futter auf biochemische Faktoren im Panseninhalt.** C. B. Browning, F. C. Fountaine und E. E. Bartley. (J. Dairy Sci. **42,** 1857 bis 1866. 1959, Manhattan, Kansas, Kansas Agr. Experim. Stat., Dep. of Dairy Husbandry; engl.) — Die Verfütterung von *Diäthylstilböstrol* (10 mg/1000 lb Körper-Gew. täglich) hatte prakt. keinen Einfl. auf die Tätigkeit der Bakterien im Pansen von Kühen. K. Zingraf. 4559◇

1269 **Die Wirkung von Diäthylstilböstroldiphosphat auf die Hämatopoese.** Peter Pots. (Acta endocrinol. [Copenhagen], Suppl. Nr. **51,** 885, 1960; Berlin, Univ.-Frauenklin.; dt.) H. Herper. 4559□

1270 **Isotopenuntersuchungen der Östrogen-beschleunigten Ribonucleinsäure- und Proteinsynthese.** Terrell H. Hamilton. (Proc. nat. Acad. Sci. USA **49,** 373—79, 1963; engl.) — An Ratten wurde mittels ^{14}C- u. ^{32}P-Markierung festgestellt, daß *Puromycin* die *Protein*-Synth. im Uterus hemmt, aber nicht die *Ribonucleinsäure* (RNS)-Synthese. Die Östrogene *17β-Östradiol, Östriol* u. *Östron* bewirkten bei Dosen nahe dem Minimum niemals eine Beschleunigung der Protein-Synth. ohne gleichzeitige Beschleunigung der RNS-Synthese. Es wird angenommen, daß intranucleare Rk. u. RNS-Synth. der Beschleunigung der Protein-Synth. bei der Hormon-Wrkg. vorangehen. M. Wiedemann. 4559◇

1271 **Umbildung von Androgenen in Östrogene im menschlichen Organismus.** A. Netter, R. Henry, P. Lumbroso und M. Thevenet. (Acta endocrinol. [Copenhagen], Suppl. Nr. **51,** 721, 1960; Paris, Hopital Necker; franz.)
H. Herper. 4559□

1272 **Klinische Beobachtungen nach der intravenösen Injektion von Östronsulfat.** V. Probst und F. K. Beller. (Acta endocrinol. [Copenhagen], Suppl. Nr. **51,** 589, 1960; Tübingen, Univ., Frauenklinik; dt.) H. Herper. 4559□

1273 **Einige Gewebeveränderungen beim Hund nach Stilböstrolverabreichung.** Anne G. Jabara. (Austral. J. exp. Biol. med. Sci. **40,** 293—307, Aug. 1962; Melbourne, Univ., Dep. of Pathol.; engl.) — Bei Hunden kommt es innerhalb 11 Monaten bei subkutanen Injektionen von 30—75 mg *Diäthylstilböstrol,* alle 4—6 Wochen, zur Enthaarung außer an Kopf u. den Pfoten, die Haarfollikel atrophieren; 3—7 Monate nach Beendigung wachsen die Haare wieder, die Histologie ist nach ca. 11 Monaten wieder normal. Hoden atrophieren ebenfalls, es kommt häufig zu Leistenhernien, die Endometriumhyperplasie geht bis zur Cysten-Bldg.; in der Hypophyse nehmen die acidophilen Zellen zu, die basophilen u. chromophoben nehmen ab; im Pankreas kann es zu generalisierter oder fokaler Atrophie kommen. U. Tausendfreund. 4559◇

1274 **Über die Stoffwechselwirkung von Testosteron und verwandten Verbindungen.** 5. Mitt. **Die Wirkung von Testosteron auf die Nucleinsäurezusammensetzung von Samenbläschen und Nieren der Maus.** A. Kassenaar, A. Kouwenhoven und A. Querido. (Acta endocrinol. [Copenhagen] **39,** 223—33, Febr. 1962; Leiden, Univ. Hosp., Dep. of Clin. Endocrinol. and Div. of Metabol.; engl.) — Es wird gezeigt, daß die Vergrößerung der Samenbläschen bei der kastrierten Maus durch *Testosteron* (I)-Behandlung eine Folge von Hyperplasie u. Hypertrophie ist, während die Vergrößerung des Nieren-Gew. nur durch Hypertrophie zustande kommt. So konnten die Veränderungen der *Desoxyribonucleinsäure* (DNS) u. *Ribonucleinsäure* (RNS) in den Samenbläschen (Rückgang des DNS- u. RNS-Geh., Anstieg der DNS-Konz., Verminderung der RNS-Konz.) durch I-Behandlung aufgehoben werden; der Anstieg des RNS-Geh. ging dem des DNS-Geh. dabei voraus. Im Gegensatz dazu änderte sich der DNS-Geh. der Niere nach Kastration oder I nicht; der RNS-Geh. veränderte sich gleichlaufend mit den Gew.-Veränderungen. U. Tausendfreund. 4559◇

1275 **Der Einfluß weiblicher Sexualhormone auf die Melaninpigmentierung der Haut.** R. S. Snell. (J. Physiology **159**, 79 P—80 P, 1961; Newcastle-upon-Tyne, Univ. of Durham, Kings Coll., Med. School, Dep. of Anatomy; engl.) — Vf. untersucht histochem. das Erscheinen von Melanocyten in der Haut von rein roten u. rein schwarzen ♀ Meerschweinchen nach Ovarektomie u. Verabreichung von *Östrogen* oder *Progesteron*. Ovarektomie verringert den Geh. an Melanocyten u. verkleinert die einzelnen Melanocyten. Erhalten die ovarektomierten Tiere i. m. 0,1 mg *Östradiolmonobenzoat* pro Tag für 5 Tage je Woche 4 Wochen lang, so erhöht sich der Geh. an *Melanin* innerhalb u. außerhalb der Melanocyten in allen Hautregionen. Verabreichung von Progesteron an ovarektomierte Tiere zeigt die gleiche Wrkg., jedoch in nicht so starkem Ausmaß. W. Hiller. 4559◇

1276 **Bestimmung von Progesteron im menschlichen Plasma.** Ian F. Sommerville, Mary T. Pickett, William P. Collins und Diane C. Denver. (Lancet **1962** (**II**), 785, 13/10.; London, Chelsea Hosp. for Women, Endocrine Unit; Inst. of Obstet. and Gyn.; engl.) — Die von Sommerville u. Pickett (Lancet **1962** (I), 53) ausgearbeitete Modifikation der Meth. von Sommerville u. Deshpande (C. **1960**, 11707) zur Best. des *Progesteron* (I)-Geh. im Plasma wird als relativ einfache u. empfindliche Meth. mit geringem Blutbedarf empfohlen. Während der Corpus luteum-Phase u. in den ersten 6 Monaten einer Gravidität sind 10 ml Blut, in den letzten Schwangerschaftsmonaten 5 ml Blut erforderlich. Die Spezifität der Meth. hängt von der vorhergehenden Reinigung (Silicagelchromatographie) u. Abtrennung des I (Papierchromatographie) ab. Die Empfindlichkeitsgrenze liegt bei 0,1 μg I. U. Tausendfreund. 4559◇

1277 **Steroiduntersuchungen in einem Fall von Stein-Leventhal-Syndrom mit Hirsutismus.** E.-E. Baulieu, P. Mauvais-Jarvis und C. Corpéchot. (J. clin. Endocrinol. Metabolism **23**, 374—82, 1963; Paris, Fac. de Méd., Chim. Méd., Labor. d'Endocrinol.; engl.) — Es wird gezeigt, daß bei Stein-Leventhal-Syndrom die Ovarien eine Androgenquelle bilden. So konnten in Keilexzisionsproben des Ovars *Androstendion* u. freies *Dehydroisoandrosteron* (I) nachgewiesen werden. Nach Keilexzision kam es in einem Fall mit Hirsutismus zu einer Erhöhung der *17-Hydroxycorticosteroide* u. *11-Hydroxy-17-ketosteroide* im Harn. Der Geh. von I im Harn war erhöht. Die Erhöhung von *Androsteron* (II) u. *Äthiocholanin* (III; bes. der Sulfate) war beträchtlich. Nach *Dexamethason* blieben die II- u. III-Werte im Harn höher als bei Kontrollen; durch gleichzeitige Verabreichung von *Choriongonadotropin* wurde der Geh. von II- u. III-Sulfat im Harn erhöht; dabei war deren Blutspiegelwert höher als der von I-Sulfat. U. Tausendfreund. 4559◇

1278 **Einige biologische Charakteristica von Δ^1-3-Ketosteroiden der Androstanreihe.** P. Ofner, Jenneth Sasse, P. L. Munson und K. J. Ryan. (Acta endocrinol. [Copenhagen], Suppl. Nr. **51**, 849—50, 1960; Boston, Mass., Lemuel Shattuck Hosp.; Harvard School of Dental Med., Biol. Res. Labor.; Harvard Med. School, Dep. of Obstetrics and Gynecol., Fearing Res. Labor.; engl.) H. Herper. 4559□

1279 **Die therapeutische Anwendung von Pregnandiol.** Nobuo Ojima. (Acta endocrinol. [Copenhagen], Suppl. Nr. **51**, 629—30, 1960; Tokyo, Keio Univ., School of Med., Dep. of Obstetrics & Gynecol.; engl.) H. Herper. 4559□

1280 **Wirkung kleiner Östradiolbenzoatdosen auf die Bildung und Freisetzung von Luteinisierungshormon aus der Hypophyse bei kastrierten männlichen und weiblichen Ratten.** E. Gans und G. P. van Rees. (Acta endocrinol. [Copenhagen] **39**, 245—52, Febr. 1962; Leiden, Univ., Pharmacol. Dep.; engl.) — Bei ♀ kastrierten Mäusen kann nach 0,1—0,2 μg *Östradiolbenzoat* (I)/Tag eine Steigerung des Geh. der Hypophyse an *Luteinisierungshormon* (II) beobachtet werden; der Geh. des Serums an II geht eher leicht zurück. 0,5 bis 2 μg I/Tag rufen auch bei ♂ kastrierten Mäusen II-Veränderungen hervor: es kommt bei beiden Geschlechtern zu einer Verminderung des II-Geh. in Hypophyse u. Serum. Vermutlich hemmt Östrogen die II-Bldg. u. die II-Freisetzung; bei ♀ Tieren dürfte die Schwelle für die Hemmung der Freisetzung niedriger liegen, bei ♂ Tieren die Schwelle für die Hemmung der II-Bildung. U. Tausendfreund. 4560◇

1281 **Die Ausscheidung von menschlichem Choriongonadotropin im Urin bei normaler Schwangerschaft.** D. V. I. Fairweather und J. A. Loraine. (J. Physiology **159**, 76 P bis 71 P, 1961; Newcastle-upon-Tyne, Univ. of Durham, King's Coll., Dep. of Midwifery and Gynaecol. and Univ. of Edinburgh, MRC Clin. Endocrinol. Res. Unit; engl.) — Die Ausscheidung von *Choriongonadotropin* (I) durch den Urin nimmt im Verlauf der Schwangerschaft (7. bis 10., bis 16. bis 20. Woche) auf ca. $^1/_5$ ab. In den Verss. zeigen die Personen aus Newcastle eine signifikant höhere I-Ausscheidung als die aus Edinburgh. Vff. führen dies darauf zurück, daß es sich bei den Frauen in Newcastle in erster Linie um junge Frauen in der ersten Schwangerschaft handelt, im Gegensatz zu denen aus Edinburgh. W. Hiller. 4560◇

1282 **Die Wirkung von Testosteronpropionat und Östradiolgaben getrennt und in Kombination auf die reproduktiven Organe und der Gonadotropingehalt der Hypophyse bei der Ratte.** Dolores J. Pantanelli und Warren O. Nelson. (Acta endocrinol. [Copenhagen], Suppl. Nr. **51**, 529—30, 1960; New York, N.Y., Rockefeller Inst., Population Council Labor.; engl.) H. Herper. 4560□

1283 **Der Einfluß des fötalen Genotyps auf Serum-Gonadotropin bei der trächtigen Stute.** Halina Pigoń, Charles B. Howard, M. T. Clegg und H. H. Cole. (Acta endocrinol. [Copenhagen], Suppl. Nr. **51**, 865, 1960; Davis, Calif., Univ. of California, Dep. of Animal Husbandry; engl.) H. Herper. 4560□

1284 **Hemmende Wirkung von Steroiden auf die Gonadotropinausscheidung bei der männlichen Ratte.** Warren O. Nelson und Dolores J. Patanelli. (Acta endocrinol. [Copenhagen], Suppl. Nr. **51**, 905, 1960; New York, N.Y., Rockefeller Inst., Population Council Labor.; engl.) H. Herper. 4560□

1285 **Elektrophorese von menschlichen Hypophysenvorderlappenextrakten in Stärkegel mit biologischer Prüfung von Gonadotropin.** H. M. Lloyd und J. D. Meares. (Acta endocrinol. [Copenhagen] **39**, 163—74, Febr. 1962; Brisbane, Australia, Brisbane Hosp., Med. Prof. Unit (Univ. of Queensland); engl.) — Bei präparativer Elektrophorese in Stärkegel (einer Meth., die Auftrennung von Serumproteinen in 14 Zonen erlaubt) zeigt der partikelfreie Überstand von Homogenaten menschlicher Hypophysenvorderlappen 3 Hauptzonen, von denen eine sich als *Hämoglobin* erweist, sowie eine Reihe von kleineren Zonen. Bei Unters. auf *Gonadotropin*-Aktivität (am Mäuseuterustest) wurde diese in der langsameren Fraktion gefunden u. konnte keiner der durch Nigrosin färbbaren Proteinzonen zugeordnet werden. U. Tausendfreund. 4560◇

1286 **Untersuchungen über die Hemmungen der Corticotropin- und Thyreotropinfreisetzung durch Mikroinjektionen in die Hypophyse.** John W. Kendall jun. (Endocrinology **71**, 452—55, Sept. 1962; Portland, Oreg., Univ. of Oregon. Med. School, Dep. of Med., Div. of Endocrinol.; engl.) — Die Hemmwrkg. von *Dexamethason-21-phosphat* (I) auf die *Corticotropin*-Ausschüttung durch die Hypophyse war nach Injektion von 10—400 μg I/kg in die Hypophyse nicht größer als nach subkutaner Verabreichung der gleichen Dosis, auch nicht bei Tieren, bei denen intrahypophysäre Anwendung einer parenteral unwirksamen Thyroxindosis die ^{131}J-Freisetzung durch die Schilddrüse gehemmt hatte. K. Zingraf. 4560◇

1287 **Über die Wirkung des proteolytischen Plasmafermentsystems auf die Aktivität des Thyreotrophormons.** J. Földes, I. Krasznai und O. Koref. (Acta med. Acad. Sci. hung. **18**, 65—68, 1962; Budapest, Med. Univ., I. Med. Klin.; dt.) — Es wird untersucht, wieweit die im menschlichen Plasma nachweisbare Hemmung der *Thyreotropin* (I)-Aktivität auch auf unspezif. Rkk. zurückzuführen ist. Dabei zeigt sich, daß das im Blut enthaltene *proteolyt. Ferment-Syst.* die

I-Wrkg. herabzusetzen vermag; durch Zugabe von *Streptokinase*, welches die Plasminogen–Plasminum-Bldg. fördert, läßt sich dieses Ferment-Syst. in seiner I-Hemmung noch aktivieren. Bei mitunter mit dem klin. Bild nicht übereinstimmenden I-Titrierungsergebnissen muß die Möglichkeit derartiger Hemmwrkg. berücksichtigt werden.
U. Tausendfreund. 4560◇

1288 **Die Wirkung von Hypophysenhinterlappenhormonen auf die Funktion des Hypophysenvorderlappen-Schilddrüsen-Systems in vitro.** S. Kovács und M. Vértes. (Acta physiol. Acad. Sci. hung. **21**, 69–72, 1962; Pécs, Med. Univ., Inst. of Physiol.; engl.) — Durch die Hypophysenhinterlappenhormon-Präpp. *Piton* (Organon), *Glanduitrin* (Richter) u. synthet. *Oxytocin* (Richter) kommt es zu einer Steigerung der ^{131}J-Aufnahme durch Schnitt-Präpp. von Hundeschilddrüsen; *Pitressin* (Parke Davis & Co.) u. *Syntocinon* (I; Sandoz) üben keine derartige direkte Wrkg. aus. Nach Inkubation mit I erweist sich die Freisetzung von *Thyreotropin* aus dem Hypophysenvorderlappen der Ratte als erhöht.
U. Tausendfreund. 4560◇

1289 **Stimulierung der Purinsynthese in vitro in der Kalbsschilddrüse durch das schilddrüsenstimulierende Hormon.** Reginald Hall. (J. biol. Chemistry **238**, 306–10, 1963; Boston, Mass., Harvard Med. School, Dep. of Med.; Massachusetts Gen. Hosp.; Newcastle/Tyne, England, Univ. of Durham, King's Coll., Med. School, Dep. of Med.; engl.) — Ein Ansatz von Schilddrüsenschnitten vom Kalb, 0,9%ig. NaCl, mit Krebs-Ringer-Phosphat auf pH 7,4 gepuffert, wurde aerob 3–6 Std. lang bei 37° mit 5 µMol ^{14}C-HCOONa inkubiert. Bei Verss. mit $^{14}C_{(8)}$-Adenin wurden noch 1,5 Mol der Base zugesetzt. Aus der Masse wurden Nucleinsäuren, Basen, säurelösl. Purine u. Ribonucleinsäure aus Zellkern u. Cytoplasma getrennt. Ein *schilddrüsenstimulierendes Hormon* (SSH), z. B. mit 6–8 Einheiten/mg, erhöhte den Einbau von ^{14}C-Formiat in Purin bei Kalbsschilddrüsen in vitro. Diese Wrkg. erscheint spezif., da die Purin-Synth. in der Leber u. Niere durch SSH nicht stimuliert wurde. Die Purinvorstufe *5-Amino-4-imidazolcarboxamid* (I) erzeugte eine 8fache, Glucose u. SSH zusammen in Ggw. von I eine 16fache, d. h. eine ähnliche Zunahme der Purin-Bldg. wie durch I-Ribonucleosid. Wahrscheinlich wird die SSH-Wrkg. auf die Purin-Bldg. durch Stimulierung der Glucoseoxydation auf dem Wege über Hexosemonophosphat bewirkt, wodurch der Vorrat an verwertbarer Ribose erhöht wird.
G. Vogel. 4560◇

1290 **Regulierung der Thyrotropinsekretion durch das Zentralnervensystem.** Shigeo Okinaka, Kazuo Shizume und Kunio Matsuda. (Acta endocrinol. [Copenhagen], Suppl. Nr. **51**, 85, 1960; Tokyo, Univ. of Tokyo, School of Med., Okinaka's Med. Clin.; engl.) H. Herper. 4560□

1291 **Über die Funktion des Hypophyse-Adrenal-Systems bei älteren Menschen.** W. P. Eres. (Ukrain. biochem. J. **35**, 58–63, 1963; Moskau, Forschungs-Inst. für Körperkultur; russ., Auszug: engl.) — Die Unterss. an 52 Männern u. 36 Frauen im Alter von 54–75 Jahren sowie an 12 Männern im Alter von 19–23 Jahren ergaben, daß mit zunehmendem Alter die Ausscheidung von *17-Hydroxycorticosteroiden* (I) im Zustand der Ruhe merklich abnimmt. Auf die Injektion von ACTH im Laufe von 2 Tagen reagiert die Nebennierenrinde in Abhängigkeit vom Lebensalter. Die abs. Zunahme der I-Ausscheidung mit dem Harn nach 40 E. ACTH beträgt bei alten Leuten im Mittel des 1. Tages 8,95, bei jungen Leuten 14,99 mg. Die Zunahme der I-Ausscheidung in % ist mit 305 bzw. 341,5% (jung) prakt. gleich. Die Nebennierenrindenprobe ist nicht nach der prozentualen, sondern nach der abs. Zunahme der I-Ausscheidung zu bewerten. O. Lebtag. 4560△

1292 **Ein Vergleich von synthetischem und natürlichem Oxytocin durch Bestimmung des intraamniotischen Flüssigkeitsdruckes.** John Danezis, Jacques Cohen und Michael S. Burnhill. (Amer. J. Obstetr. Gynecol. **83**, 770–73, 1962; New York, N.Y., Mount Sinai Hosp.; engl.) — Bei gleichzeitiger Verw. von verschiedenen synthet. Oxytocin-Präpp. u. natürlichem Oxytocin bei 21 Patientinnen werden ident. uterotone Aktivitäten beobachtet.
P. Gregorzewski. 4560◇

1293 **Ein klinischer Vergleich neuerer antiinflammatorischer Corticosteroide.** Edward W. Boland. (Ann. rheumatic Diseases **21**, 176–87, 1962; Los Angeles, Calif., Univ. of Southern California, School of Med., Dep. of Med.; St. Vincent's Hosp.; engl.) — Übersicht. Entw. chem. modifizierter *Corticosteroid*-Verbb., *Prednison* und *Prednisolon, Methylprednisolon, Triamcinolone, Dexamethasone, Betamethason, Fluprednisolone, Paramethasone.* — 43 Literaturangaben.
P. Gregorzewski. 4561◇

1294 **Die Art der Prednisolonverabreichung und die Verminderung der Steroidproduktion.** P. Vécsei und V. Kemény. (Acta physiol. Acad. Sci. hung. **21**, 73–76, 1962; Budapest, State Inst. of Rheumatol. and Balneol.; engl.) — Es wird gezeigt, daß sich das Hypophysen–Nebennierenrinden-Syst. nicht nur an Reize anpassen kann, welche eine Überproduktion verursachen, sondern offenbar auch an Reize, welche seine Funktion dämpfen. So führt eine nur 20tägige Behandlung mit *Prednisolon* bei der Ratte zu einer stärkeren Verminderung des *Corticosteron*-Geh. im venösen Nebennierenblut als eine über 20 Tage hinaus andauernde Behandlung. Bei gleich hoher Gesamtsteroiddosis wird die endogene Steroidproduktion übrigens durch ununterbrochene Behandlung oder durch intermittierende Behandlung gleichermaßen vermindert.
U. Tausendfreund. 4561◇

1295 **Die Stoffwechselwirkungen der Steroidhormone: Wirkungen auf die Nierenausscheidung von Natrium + Kalium.** Maurice M. Pechet. (Acta endocrinol. [Copenhagen], Suppl. Nr. **51**, 811, 1960; Boston, Mass., Med. Serv. of Massachusetts, Gen. Hosp. and Cambridge, Mass., Res. Inst. for Med. and Chem.; engl.) H. Herper. 4561□

1296 **Die Wirkung des 11β-Hydroxylasehemmstoffes SU-4885 auf die Ausscheidung von 17-Hydroxycorticosteroiden und Melanocytotropin-artiger Aktivität mit dem Harn.** T. Akinci, M. Apostolakis und J. Tamm. (Acta endocrinol. [Copenhagen] **39**, 253–61, Febr. 1962; Hamburg, Univ., 2. Med. Clin.; engl.) — Bei 10 gesunden Männern kam es nach 3–16 g des 11β-Hydroxylasehemmstoffes *SU-4885* {*2-Methyl-1.2-bis-[pyridyl-(3)]-propanon-(1)*}, peroral, zu einer Vermehrung der Ausscheidung freier u. konjugierter *17-Hydroxycorticosteroide* (I) niedriger Polarität mit dem Harn; die I höherer Polarität blieben prakt. unverändert. Da es nur in 2 Fällen zu einem eindeutigen Anstieg der *melanocytenstimulierenden Hormon* (II)-artigen Aktivität im Harn kam u. eine zweifelhafte Veränderung in 3 Fällen beobachtet wurde, wird gefolgert, daß keine genaue Parallelität zwischen der Rk. von *adrenocorticotropem Hormon* u. II gegenüber einer Hemmung der Cortisol-Biosynth. in der Nebennierenrinde besteht.
U. Tausendfreund. 4561◇

1297 **Steroidstoffwechsel bei der Katze. 2. Mitt. Ausscheidung von $^{14}C_{(4)}$-Corticosteronstoffwechselprodukten über Galle und Harn.** W. Taylor und T. Scratcherd. (Biochem. J. **86**, 114–19, Jan. 1963; Newcastle upon Tyne, Univ. of Durham, King's Coll., Med. School, Dep. of Physiol.; engl.) — 1. vgl. C. **1962**, 4216. — Innerhalb von 4–5 Std. nach einer Injektion oder Infusion von $^{14}C_{(4)}$-*Corticosteron* (I) wurden bei ♂ Katzen 84,2–92,3% von I wieder ausgeschieden; der größte Anteil der Radioaktivität erschien in der Gallen-Fl., nur 0,1–1,1% im Harn. Die ausgeschiedenen Stoffwechsel-Prodd. ließen sich in freies Material, Glucuronide u. in durch kalte bzw. heiße Säurehydrolyse spaltbare Substanzen unterteilen; der Hauptanteil der Radioaktivität lag in Form von Substanzen vor, welche nach allen Hydrolyseformen wasserlösl. blieben. Bei Auffangen der Gallen-Fl. über ca. 1 Std. wurde eine Verminderung der Glucuronidanteile u. eine Vermehrung der wasserlösl. Stoffwechsel-Prodd. beobachtet; die hydrolysierbaren Substanzen blieben weitgehend unverändert.
U. Tausendfreund. 4561◇

1298 **Stoffwechselprodukte der Galle und des Urins von $^{14}C_{(4)}$-Corticosteron bei der Katze.** T. Scratcherd und W. Taylor. (J. Physiology **159**, 83 P–84 P, 1961; Newcastle upon Tyne, Univ. of Durham, King's Coll., Med. School, Dep. of Physiol.; engl.) — Die Tiere erhalten $^{14}C_{(4)}$-*Corticosteron* (I) verabreicht, u. anschließend wird Galle u. Urin für 4 Std. gesammelt. Mit der Galle werden größere Mengen der Aktivität ausgeschieden (86–91%) als mit dem Urin (0,9–1,1%). Über die Hälfte der Aktivität wird in der ersten Std. durch die Galle ausgeschieden. Die Menge der I-Infusion (0,11 mg u. 1,4 mg) u. die Dauer der Infusion (10 Sek. u. 45 Min.) ändern an dem grundsätzlichen Ergebnis nichts. In der Galle finden sich keine ungebundenen Metabolite, das Verhältnis der Glucuronide sinkt mit der Zeit nach der Injektion, die in W. lösl. Metabolite nehmen zu u. die in kalter Säure hydrolysierbaren bleiben konstant. W. Hiller. 4561◇

1299 **Der Einfluß von Hydrocortison, Corticosteron und Cortison auf die Fettdepots der Mäuse bei beschränkter Ernährung.** Levon G. Babikian. (Physiol. Zoöl. **35**, 187 bis 192, 1962; Univ. of Wisconsin, Dep. of Zool.; engl.) — Bei 12tägiger Verabreichung von täglich 0,14 bzw. 0,21 mg *Hydrocortison, Corticosteron* oder *Cortison* subkutan sind die Fettdepots bei beschränkt ernährten Mäusen höher als bei den Kontrollen. Als Ursachen für diese Wrkg. der Glucocorticoide werden bessere Nahrungsverwertung u. wirtschaftlicherer Energieverbrauch angenommen. P. Gregorzewski. 4561◇

1300 **Gehalt an Natrium, Kalium und Wasser im Blutserum und Muskelgewebe bei Epinephrektomie und anschließender Hormontherapie.** W. I. Ssokolowa. (Ukrain. biochem. J. **35**, 113—19, 1963; Kiew, Med. Inst., Lehrstuhl für Biochemie; ukrain., Auszug: engl.) — Im Ratten-Vers. wird durch Epinephrektomie das Verhältnis *K/Na* im Blutserum, in der Muskelzelle u. im Zellwasser verändert: Abnahme von Na u. Zunahme von K. Diese Veränderung ist im Blutserum für K stärker, für Na schwächer als im Muskelgewebe. Der Geh. an Cl u. W. nimmt im Blutserum ab, im Gewebe zu. Durch Verabreichung von *Desoxycorticosteron* wird der Blutserum-Geh. an K, Na, Cl^- u. W. normalisiert, der Geh. an Na, Cl u. W. im Gewebe erhöht. Injektion von *Cortison* erhöht etwas den Geh. des Blutserums an Na u. vermindert den Geh. an K u. Cl u. beeinflußt den Na-Geh. nicht. O. Lebtag. 4561△

1301 **Eine direkt hemmende Wirkung von Corticosteron auf die Biosynthese in der Nebennierenrinde.** F. G. Péron, F. Moncloa und R. I. Dorfman. (Acta endocrinol. [Copenhagen], Suppl. Nr. **51**, 707—08, 1960; Shrewsbury, Mass., Worcester Found. for Exp. Biol.; engl.) H. Herper. 4561□

1302 **Vorkommen und Bedeutung von Δ^5-Hydroxysteroiden im Nebennieren- und Testiculargewebe.** R. Neher und A. Wettstein. (Acta endocrinol. [Copenhagen], Suppl. Nr. **51**, 693, 1960; Basle, Ciba Ltd., Pharmaceutical Res. Labor.; engl.) H. Herper. 4561□

1303 **Eine Untersuchung der Wirkungen von Aldosteron auf durchströmte Katzennieren durch Ureter-Stop-Flow-Analyse.** T. de Lima und Mary F. Lockett. (Arch. int. Physiol. Biochim. **71**, 83—92, 1963; London, Chelsea Coll. of Sci. and Technol.; engl.) — Die übernormale Ausscheidung von NaCl u. W., wenn Katzennieren mit dem Blut von kopflosen oder hypophysektomierten Spendertieren durchströmt werden, rührt von einer Verringerung der proximalen, an W. gebundenen Rückresorption von NaCl her. Die distale Rückresorption von Na^+ verläuft normal. *Aldosteron* (I) im Blut von kopflosen Tieren hemmt die proximale Rückresorption von W. u. NaCl noch weiter (Steigerung der Wasser- u. Na-Diurese). I im Blut von intakten Tieren steigert die distale Rückresorption von Na^+ u. die proximale, an W. gebundene Rückresorption von W. u. NaCl. Oxytocin verstärkt die Wrkg. von I im Blut von intakten Tieren u. wandelt im Blut von kopflosen Tieren die diuret. Wrkg. von I in eine antidiuret., Na-retinierende Wrkg. um. K. Zingraf. 4561◇

1304 **Die Bestimmung des schwach gebundenen Aldosterons im Plasma Gesunder und Kranker.** H. P. Wolff und M. M. Torbica. (Klin. Wschr. **41**, 40—42, 1/1. 1963; Homburg/Saar, Medizin. Univ.-Poliklinik; dt.) — Die Aktivität des *Aldosterons* (I) im Organismus wurde in bisherigen klin. Unterss. gewöhnlich durch Messung der Ausscheidung von freiem I, seine 3-Oxokonjugat oder an Glucuronsäure gebundenem Tetrahydroaldosteron bzw. durch Messung der Sekretionsrate nach Injektion von ^{3}H-d-Aldosteron aus der spezif. Aktivität eines im Harn ausgeschiedenen I-Metaboliten bestimmt. Beide Meth. liefern keine zuverlässigen Aussagen über die biolog. Aktivität des Hormons. I ist im Plasma an Albumin u. zum geringen Teil auch an Globuline gebunden. Eine von Vff. früher beschriebene Meth. (Verh. VIII. Symp. Dtsch. Ges. Endokrin. **1961**, 321) ermöglicht die Best. dieses I. Das Verf. arbeitet als Doppelisotopentechnik mit Messung der ^{3}H- u. ^{14}C-Aktivität des acetylierten Steroids in der Gasphase. Die untere Nachw.-Grenze liegt bei <1 mμg Steroid. Die benötigte Plasmamenge beträgt beim Gesunden 25 bis 30 ml. Mit dieser Meth. wurde bei gesunden u. kranken Vers.-Personen das schwach gebundene Plasma-I bestimmt. Als Normalwert werden, in guter Übereinstimmung mit den in der Literatur aus der Sekretionsrate errechneten Werten, 30 mμg/100 ml angegeben. Bei akt. retinierenden hydrop. Leber-, Nieren- u. Herzkrankheiten u. bei schwerer Hypertonie ist — ebenso wie Sekretionsrate u. Ausscheidung von I — das Plasma-I bis zum 4fachen der Norm erhöht. K. Thielmann. 4561◇

1305 **Vergleichende Untersuchung über die Wirkung von Epinephrin und Norepinephrin auf das Herzkreislaufsystem von Schildkröte, Alligator, Huhn und Opossum.** Thomas K. Akers und Clarence N. Peiss. (Proc. Soc. exp. Biol. Med. **112**, 396—99, 1963; Chicago, Ill., Stritch School of Med., Dep. of Physiol.; Loyola Univ., Graduate School; engl.) — *Epinephrin* (I) wirkt bei i.v. Injektion bei Schildkröte (*Graptymys geographica*), *Alligator mississipiensis*, Opossum (*Didelphis virginianis*) u. Huhn als Vasoconstrictor, bes. beim Alligator. *Norepinephrin* (II) wirkt außer beim Alligator vasoconstrictorisch. I steigert die Herz-Geschw. bei Schildkröte u. Opossum stärker als II. Beim Alligator wirken I u. II herzbeschleunigend, die Schwelle für I ist jedoch niedriger. Beim Huhn geht die Herz-Geschw. unter I-Einfl. zurück (Vagusreflexaktivierung). I wirkt auf das Myocard aller Tiere stärker als II. Die lange Wrkg.-Dauer von I u. II bei Schildkröte u. Alligator weist auf das Bestehen nur eines unspezif. Abbaumechanismus. Opossum besitzt ein Abbau-Syst., das für I spezifischer ist; hier dürfte I der Neurotransmitter sein. Beim Huhn besitzt das Abbau-Syst. eine größere Spezifität für II; der Transmitter ist hier II. U. Tausendfreund. 4561◇

1306 **Deshydroxylierung des Norepinephrins.** Alfred A. Smith. (Biochim. biophysica Acta [Amsterdam] **69**, 203—04, 1963; New York, N.Y., Univ. Med. Center, Dep. of Psychiatry and Neurol.; engl.) — Meerschweinchen, i.v. mit Tolbutamid behandelt, bilden aus $^3H_{(?)}$-*DL-Norepinephrin Phenolsäuren*. Durch chromatograph. Analyse wurden folgende Phenolsäuren identifiziert: *3-Methoxy-4-hydroxymandelsäure, 3-Methoxy-4-hydroxyphenyläthylglykol* u. *3-Methoxy-4-hydroxyphenylessigsäure*. Aus Norepinephrin entsteht unter Wrkg. von Brenzcatechin u. O-Methyltransferase Normetanephrin, das durch Monoaminooxydase in 3-Methyl-4-hydroxymandelsäure oder durch Deshydroxylierungsenzym in 3-Methyl-4-hydroxyphenylessigsäure umgewandelt wird. Enzymat. Deshydroxylierung des Norepinephrins führt über Phenylnorepinephrin zu Hydroxyphenylessigsäure. S. Paprotny. 4561◇

1307 **Dynamik der Brenzcatechinamine in den Kaninchengeweben bei verschiedenen Formen der experimentellen Hypertonie.** Ss. M. Rukawischnikowa. (Ukrain. biochem. J. **35**, 48—57, 1963; Charkow, Medizin. Inst., Lehrstuhl für Biochem.; ukrain., Auszug: engl.) — Bei Kaninchen mit experimenteller Hypertonie der Niere (a) bzw. des Zentralnerven-Syst. (b) ist der *Adrenalin* (I)-Geh. der Nebenniere normal. Der Geh. an *Noradrenalin* (II) in Herz u. Niere ist bei a vermindert; der II-Geh. in Milz, Leber u. Gehirn ist unverändert. Bei b ist der II-Geh. im Herzen unverändert, in Niere u. Milz vermindert, in der Leber u. im Gehirn unverändert. Der Geh. an Oxydations-Prodd. von I u. II ist in der Leber stark vermindert. Diese Prodd. lassen sich bei a u. b in der Niere u. Milz häufiger nachweisen als bei intakten Tieren. O. Lebtag. 4561△

1308 **Brenzcatechinaminwirkung auf die Adenosintriphosphatumsetzung in Blutkörperchen von Katzen und Hunden.** L. Stjärne. (Ark. Kemi **18**, Nr. 28, 473—77, 1962; Stockholm Karolinska Inst., Dep. of Physiol.; engl.) — Elektr. Reizung der Splanchnicusnerven bei Katze u. Hund bewirkte eine Zunahme des *Adenosintriphosphat* (I)-Geh. der Zellfraktion des venösen Nebennierenblutes im Vgl. zum Ruhezustand; dabei erschienen keine meßbaren Nucleotidmengen im Plasma. Die Zunahme des I-Geh. war nicht auf das venöse Blut der Nebennieren beschränkt. Die gleichen Wrkg. konnten durch i.v. Injektion von *Adrenalin* oder *Noradrenalin* hervorgerufen werden. K. Zingraf. 4561◇

1309 **Metanephrin und Normetanephrin im menschlichen Harn: Methode und Ergebnisse.** Elizabeth R. B. Smith und H. Weil-Malherbe. (J. Lab. clin. Med. **60**, 212—23, Aug. 1962; Washington, D.C., St. Elizabeth's Hosp., Nat. Inst. of Mental Health, Clin. Neuropharmacol. Res. Center; engl.) — Beschreibung einer fluorometr. Meth. zur Best. von *Metanephrin* (I) u. *Normetanephrin* (II) nach Entsalzen, Behandlung mit Sulfatase u. Adsorption an Amberlite CG-50. Empfindlichkeit: 0,02 μg I u. 0,2 μg II. Die Ausscheidung von I im Harn innerhalb von 24 Std. beträgt im Durchschnitt ca. 80 μg, die von II ca. 160 μg. K. Zingraf. 4561◇

1310 **Reaktionsfähigkeit der Nebennieren nach verschiedenen lang dauernden Einflüssen. 1. Mitt. Untersuchungen nach der Sayers-Methode.** G. Fekete. (Acta physiol. Acad. Sci. hung. **21,** 77—82, 1962; Budapest, Chem. Works of Gedeon Richter Ltd., Dep. of Pharmacol.; engl.) — Im Verlauf der Suche nach einer einfachen Routine-Meth. zur quant. Best. der durch synthet. Steroide herbeigeführten Nebennierendämpfung konnten folgende Befunde erhoben werden: Bei nach 6tägiger *Cortison* (I)-Behandlung hypophysektomierten Ratten ist die Verarmung der Nebenniere an *Ascorbinsäure* (II) nach *adrenocorticotropem Hormon* (*ACTH*) geringer als bei Kontrollen. Behandlung mit ACTH über die Dauer von 6 Tagen führt zu einer verminderten Rk.-Fähigkeit, falls der II-Geh. in mg/100 g Nebennierengewebe bestimmt wird; die Rk.-Fähigkeit bleibt jedoch unverändert, wenn die abs. II-Werte zugrunde gelegt werden. Bei Kalkulation auf prozentualer Basis scheint eine gleichzeitige ACTH-Behandlung keinen Einfl. auf die durch I bewirkte Funktionsverminderung auszuüben, während nach den abs. II-Werten die Nebennieren-Rk. auf kombinierte Behandlung mit ACTH u. I derjenigen unbehandelter Kontrollen gleicht. *Adrenalin* übt (gemessen an der Thymusinvolution) ACTH-ähnliche Wrkg. aus, die jedoch ohne prakt. Wert sind.
U. Tausendfreund. 4561◇

1311 **Dünnschichtchromatographische Untersuchungen über den Stoffwechsel des Prednisolon- und 6-α-Methylprednisolon-Na-hemisuccinats.** F.-W. Funck und L. Zicha. (Med. exp. [Basel] **7,** 1—7, 1962; Erlangen, Medizin. Univ.-Klinik; dt.) — Nach i.v. Verabreichung von *Prednisolon-* (I) u. *6α-Methylprednisolon-Na-hemisuccinat* (II) an Lebergesunde (a) u. Patienten mit akutem u. chron. Leberparenchymschaden (b) wurde der Duodenalsaft dünnschichtchromatograph. untersucht. Während bei a nur Spuren der ungespaltenen Ester in den ersten 10—20 Min. ausgeschieden werden, kommt es bei b zu einer verfrühten Exkretion. Bei a treten als Stoffwechsel-Prodd. von I *Prednisolon* u. *Prednisolonacetat* (III), als Stoffwechsel-Prodd. von II *6α-Methylprednisolon,* I u. III auf. Bei b fehlt III oder ist deutlich reduziert.
P. Gregorzewski. 4561◇

1312 **Eine neue Färbetechnik für Ketosteroidchromatogramme.** E. Epstein und B. Zak. (J. clin. Endocrinol. Metabolism **23,** 355—57, 1963; Pontiac, Mich., St. Joseph Mercy Hosp., Dep. of Clin. Pathol.; Detroit, Mich., Wayne State Univ., Coll. of Med., Dep. of Pathol.; engl.) — Bei 30 Min. dauernder Immersion von Papierchromatogrammen mit einem Färbereagens aus 1 Teil 8n *KOH* u. 2 Teilen 2,5%ig. wss. *Hyamin 1622* ([*P-2.4.4-trimethylpentan-2-phenoxy*]*-äthoxyäthyldimethylbenzylammoniumchlorid*), gesätt. mit *m-Dinitrobenzol,* kommt es zu einer vollständigen Färbe-Rk. mit *17-Ketosteroiden*; Hintergrundreagens wird durch Waschen entfernt. Zur quant. Best. wird Elution der Zimmermann-reaktiven Chromogene mit Dimethylsulfoxid empfohlen, anschließend spektrophotometr. Bestimmung.
U. Tausendfreund. 4561◇

1313 **Die Bestimmung schwacher ^{131}Jod-Spiegel beim Menschen.** Gerard R. Laurer und Merril Eisenbud. (Health Physics **9,** 401—05, 1963; New York, N.Y., Univ. Med. Center, Environmental Radiat. Labor.; engl.) — Die beschriebene Meßanordnung besteht aus 2 NaJ-Scintillationskristallen, die beiderseits des Halses des Patienten befestigt werden u. elektr. parallelgeschaltet sind. Schilddrüsen-Geh. von 20 pc ^{131}J können innerhalb 30 Min. mit 90% Sicherheit bestimmt werden.
W. Reusse. 4562◇

1314 **Schilddrüsenfunktion bei chronischem Alkoholismus.** Marshall Goldberg. (Lancet **1962 (II),** 746—49, 13/10.; Worcester, Mass., St. Vincent's Hosp., Alcoholism Clin.; engl.) — Bei 45 von 100 Alkoholikern konnte eine Schilddrüsenunterfunktion festgestellt werden. Durch entsprechende Behandlung kann zwar diese Unterfunktion korr. werden, eine Besserung der Alkoholsucht ist jedoch nicht zu erwarten.
U. Tausendfreund. 4562◇

1315 **Charakteristisches Verhalten des Serumcalciumspiegels bei relativer Nebenschilddrüseninsuffizienz und bei Substitutionstherapie durch Calcinosefaktor im Äthylendiamintetraacetat-Belastungstest.** W. Ponsold und W. Kaiser. (Acta endocrinol. [Copenhagen], Suppl. Nr. **51,** 477, 1960; Halle/Saale, Univ., II. Medizin. Klinik, Pharmakolog. Inst.; dt.)
H. Herper. 4563□

1316 **Erhöhung der proteolytischen Aktivität im Pankreas hypophysektomierter Ratten durch Hormontherapie.** B. L. Baker, H. W. Clapp, O. R. Annable und M. M. Dewey. (Proc. Soc. exp. Biol. Med. **108,** 238—42, 1961; Ann Arbor, Mich., Univ. of Michigan, Med. School, Dep. of Anat.; engl.) — Durch Hypophysektomie wird die *proteolyt. Aktivität* (I) des Pankreas, bezogen auf das Pankreas-Naßgew. nicht verringert, in bezug auf den N-Geh. pro g Pankreas jedoch erhöht. Behandlungen mit *Somatotropin, Corticosteron* u. *l-Thyroxin* erhöhen das Körper- u. Pankreas-Gew. u. die Gesamt-I, aber nur durch *Insulin* erreicht I den Kontrollwert.
P. Gregorzewski. 4564◇

1317 **Saure Phosphataseaktivität in den Pankreasinseln von Ratten verschiedenen Alters.** Claes Hellerström, Sven Brolin, Stig Larsson und Bo Hellman. (Acta endocrinol. [Copenhagen] **40,** 604—12, 1962; Uppsala, Univ., Histol. Dep.; Stockholm, Royal Vet. School, Dep. of Physiol. and Clin. Biochem.; engl.) — Vff. können in den Langerhansschen Inseln des Pankreas keine spezif. *Glucose-6-phosphatase* (I)-Aktivität nachweisen, weil beim pH-Optimum von I sowohl *Glucose-6-phosphat* als auch *Na-β-Glycerophosphat* hydrolysiert werden. Der Foetus zeigt eine starke *saure Phosphatase*-Aktivität, diese hält bis 10 Tage nach der Geburt an u. sinkt dann ab.
W. Hiller. 4564◇

1318 **Über Struktur und hormonale Aktivität des Insulins nach Einwirkung von Ultraschallwellen.** I. Je. Elpiner und L. I. Stekolnikow. (Biochemie [UdSSR] **28,** 501—09, 1963; Moskau, Inst. für biolog. Phys. der Akad. der Wiss. der UdSSR; russ., Auszug: engl.) — Nach der Meth. von Sanger wird festgestellt, daß bei der Ultrabeschallung mit 800 kHz in Ggw. von O_2 die Sprengung des *Insulin* (I)-Mol. an einer bestimmten Stelle der B-Kette (N-endständiges Phenylalanin u. Alanin) erfolgt, in Ggw. von Ar in der A-Kette (endständiges Glycin). Mit Hilfe der Carboxypeptidase-Meth. läßt sich nachweisen, daß vom C-Ende der A-Kette *Asparagin* (II) abgespaltet wird, das unter Bldg. von Asparaginsäure desamidiert wird. Diese Rk. erfolgt unabhängig von der Natur des Gases (H_2, O_2, Ar). Die in Ggw. von O_2 ultrabeschallte I-Lsg. verliert fast völlig ihre hypoglykäm. Aktivität bei Kaninchen u. ihre Fähigkeit, bei Mäusen Konvulsionen hervorzurufen. Bei Ultrabeschallung in Ggw. von H_2 zeigt die I-Lsg. eine Tendenz zur Erhöhung der hormonalen Aktivität. Hierbei wird vom C-Ende der A-Kette II abgespaltet. Bei Ultrabeschallung der I-Lsg. in Ggw. von O_2 wird im Kaninchen-Vers. ein hyperglykäm. Effekt beobachtet. Bei Ultrabeschallung der mit H_2 gesätt. I-Lsg. wird kein hyperglykäm. oder glykogenolyt. Effekt beobachtet.
O. Lebtag. 4564△

1319 **Beeinflussung der Insulinempfindlichkeit der eviscerierten Ratte durch Nebennierenexstirpation, Nebennierenhormone und Glukagon.** Werner Creutzfeldt und Ursula Deuticke. (Acta endocrinol. [Copenhagen] **39,** 262—84, Febr. 1962; Freiburg/Br., Univ., Medizin. Klinik; dt.) — Durch Adrenalektomie wird die Empfindlichkeit eviscerierter Ratten gegenüber i.v. *Insulin* (I) erhöht; diese Steigerung der I-Empfindlichkeit reagiert nicht sicher auf *Desoxycorticosteron* u. läßt sich durch sehr hohe *Prednisolon*-Dosen abschwächen; für direkten peripheren Antagonismus zwischen I u. Nebennierenrindenhormonen ergibt sich jedoch kein sicherer Anhalt. *Adrenalin* kann die gesteigerte I-Empfindlichkeit völlig aufheben (peripherer Stoffwechseleffekt an der Muskulatur; Aktivierung des Phosphorylase-Syst., Hemmung der Hexokinase). *Glukagon* hat bei der eviscerierten, adrenalektomierten Ratte eine periphere I-antagonist. Wrkg., deren Mechanismus ungeklärt ist.
U. Tausendfreund. 4564◇

1320 **Intravenöse Belastungen mit Glucose, Insulin und Tolbutamid bei Gesunden, Diabetikern, Lebercirrhotikern und Insulomträgern.** W. Creutzfeldt, K. Wille und H. Kaup. (Dtsch. med. Wschr. **87,** 2189—95, 26/10. 1962; Freiburg/Br., Univ., Medizin. Klinik; dt.) — Da die Differenzierung einer vorwiegend oder rein hepat. *Glucose* (I)-Toleranzstörung von einer echten insulären auch von prakt. Bedeutung ist, wurden vergleichende Belastungsproben durchgeführt. Bei leichtem insulärem Diabetes ist der relative Blutzuckerabfall nach 0,1 E. *Insulin* (II)/kg herabgesetzt, der abs. gesteigert, der Wiederanstieg bleibt aus. Nach 1—2 g *Tolbutamid* (III) i.v. fällt selbst bei lantentem Diabetes mit normalem Blutzucker der Blutzucker nur langsam u. kontinuierlich ab, so daß der i.v. III-Test zur Erkennung auch latenter Diabetesfälle geeignet ist. Bei Lebercirrhose ist ein gegenüber Gesunden

verminderter **I**-Assimilations-Koeff. (nach 0,33 g **I**/kg) zu beobachten sowie eine herabgesetzte **II**-Empfindlichkeit; im **III**-Test kommt eine normale Rk. zustande, so daß der **III**-Test zur Differenzierung einer hepat. von einer insulären Kohlenhydratstoffwechselstörung geeignet ist. — Bei Inzelladenom kommt es übrigens nach 1 g **III** zu einem schweren hypoglykäm. Schock, was zusätzlich zu anderen Kriterien als beweisend für ein Adenom angesehen wird.
U. Tausendfreund. 4564◇

1321 **Anomaler Kohlenhydratstoffwechsel bei Nierenerkrankung. Reaktionsunfähigkeit des Blutzuckers auf Hypoglykämie, Epinephrin und Glukagon.** Burton D. Cohen. (Ann. intern. Med. **57**, 204—13, Aug. 1962; New York, N..Y., Vet. Admin. Hosp., Med. Res. Serv.; Cornell Univ., Med. Coll., Dep. of Med.; engl.) — Die Unters. der bei Nierenerkrankungen vorkommenden Kohlenhydratstoffwechselstörung (gek. durch Nüchternhyperglykämie u. diabet. Form der Glucosetoleranz) zeigt eine Rk.-Unfähigkeit gegenüber durch *Insulin* induzierte Hypoglykämie (mangelnde Wiederherstellung des normalen Blutzuckerspiegels), gegenüber *Epinephrin* u. gegenüber *Glukagon.* Es wird deshalb ein Leberdefekt der *Glykogen* (**I**)-Lagerung oder Freisetzung vermutet, welcher die Folge einer Blockierung der **I**-Bldg. ist. Es bestehen möglicherweise Beziehungen zur Veränderung im Insulinbedarf bei durch Niereninsuffizienz kompliziertem Diabetes mellitus. U. Tausendfreund. 4564◇

1322 **Die direkte Leberwirkung peroraler hypoglykämischer Substanzen.** A. Káldor und G. Pogátsa. (Acta med. Acad. Sci. hung. **18**, 69—72, 1962; Budapest, Univ., Med. School, 2. Dep. of Med.; engl.) — Es wird gezeigt, daß die hypoglykäm. wirkenden Sulfonylharnstoffe eine direkte Wrkg. auf die Leber ausüben. So wurde bei der isoliert durchströmten Leber durch 100 mg *Carbutamid, Tolbutamid* oder *Chlorpropamid* die *Glucose*-Bldg. vermindert; *Phenäthylbiguanid* zeigte allerdings keine Leberwirkung.
U. Tausendfreund. 4564◇

1323 **Arzneimittelinduzierter Diabetes.** C. T. Dollery, B. L. Pentecost und N. A. Samaan. (Lancet **1962** (**II**), 735—37, 13/10.; London, Hammersmith Hosp., Postgraduate Med. School, Dep. of Med.; engl.) — Unter einer Therapie mit 400 mg *Diazoxid* (*3-Methyl-7-chlor-1.2.4-benzothiadiazin-1.1-dioxid*, Allen & Hanburys Ltd.)/Tag in Kombination mit 50—100 mg *Hydrochlorothiazid*/Tag als Hypertensionsbehandlung kam es in 2 Fällen neben einer zufriedenstellenden Blutdrucksenkung zur Entw. eines Diabetes mellitus. Die Unters. der Plasma-*Insulin*-Aktivität weist auf eine direkte Hemmwrkg. gegenüber den Inselzellen des Pankreas. Nach Absetzen der Arzneimittel kam es zur prompten Normalisierung. U. Tausendfreund. 4564◇

1324 **Thymus-Lymphknoten-Beziehungen nach Injektion von Freundschem Adjuvans.** George J. Svet-Moldavsky und L. I. Raffkina. (Nature [London] **197**, 52—53, 5/1. 1963; Moscow, L. A. Tarasevich State Control Inst. of Sera and Vaccines, Inst. for Poliomyelitis Res.; engl.) — Aus den Ergebnissen von Verss. mit Injektionen von Freundschem Adjuvans bei Ratten, welche zu Vergrößerungen der Thymusdrüse (u. deren Lymphfollikeln, Epitheldrüsenstrukturen u. Plasmazellen) mit nachfolgender intensiver Plasmazell-Bldg. in vielen Lymphknoten führten, wird gefolgert, daß im Thymus-Lymphknoten-Syst. mannigfaltige hormonale Wechselbeziehungen bestehen. Unter anderem arbeitet in der Thymusdrüse eine der Informationstransmissionen von epithelialen Strukturen zum Mesenchym, welche zu dessen Reifung führt. U. Tausendfreund. 4566◇

1325 **Einige Wirkungen von Histamin und zwei Histaminmetaboliten auf das Katzenhirn.** T White. (J. Physiology **159**, 198—202, 1961; Lund, Univ., Inst. of Physiol.; engl.) — Erhalten Katzen intraventriculäre Injektionen von *Methylimidazolylessigsäure* (**I**), *Methylhistamin* (**II**) u. *Histamin* (**III**), so zeigen **I** u. **II** keine Wrkg. auf das Verh. der Tiere. **III** erhöht die Respirationsgeschwindigkeit. Bei intraventriculären Injektionen von 100 µg **III** an anästhesierten Katzen wird der Blutdruck um 60 mm Hg erhöht. **I** u. **II** sind hier inaktiv.
W. Hiller. 4569◇

1326 **Der Histamingehalt des Magensaftes während der Gastrinstimulation.** Brahmadutt, A. P. Douglas und H. J. Lake. (J. Physiology **159**, 71P—72P, 1961; Newcastle-upon-Tyne, Univ. of Durham, King's Coll., Med. School, Dep. of Physiol.; engl.) — Die Verss. erfolgen an Katzen mit durchschnittenem Vagus u. Splanchnicus, mit über den Ösophagus intubiertem Magen u. ausgeschlossenem Pylorus. In den Magen kommt eine isosmol. HCl-Lsg. (pH 2,3). *Gastrin* wird i.v. gegeben in Dosen von 3—5 mg in 45 Minuten. Durch die Gastrinstimulation findet keine signifikante Mehrausscheidung von *Histamin* statt. Auch zwischen der Säuresekretion des Magens u. der Histaminfreisetzung besteht keine Korrelation. W. Hiller. 4569◇

1327 **Hemmung der Histaminmethylierung im Katzenhirn.** T. White. (J. Physiology **159**, 191—97, 1961; Lund, Univ., Inst. of Physiol.; engl.) — Erhalten Katzen ^{14}*C-Histamin* infundiert, so finden sich im Hirn 8,5—9,7% als Methyl-Derivv. (*Methylhistamin, Methylimidazolylessigsäure*). Erhalten die Tiere $CuCl_2$ (10^{-2} bis 10^{-3}m) i.v. oder intraventriculär infundiert, so fällt der Geh. an Methyl-Derivv. auf 1,8—4,7% bei intraventriculärer u. auf 5,7—6,0% bei i.v. Infusion. *Chlorpromazin* vermindert auch den Geh. an Methyl-Derivv., es ist jedoch nicht so wirksam wie $CuCl_2$. Bei Chlorpromazin ist nur eine i.m. Injektion wirksam, nicht jedoch eine intraventriculäre. W. Hiller. 4569◇

1328 **Methylierung von ^{14}C-Histamin durch Rattenniere in vitro.** H. Westling und H. Wetterqvist. (Med. exp. [Basel] **7**, 51—55, 1962; Univ. of Göteborg, Dep. of Clin. Physiol.; engl.) — Nierenhomogenate ♂ Ratten methylieren ^{14}*C-Histamin* in einem stärkeren Ausmaß als Nieren ♀ Ratten.
P. Gregorzewski. 4569◇

1329 **Über die bronchoconstrictorische Wirkung von Serotonin. Bronchographische Untersuchungen an Kaninchen und Meerschweinchen.** E. O. Jänkälä und P. Virtama. (J. Physiology **159**, 381—83, 1961; Helsinki, Univ. of Helsinki, Dep. of Anat.; Univ. Central Hosp., 2. Med. Clin.; engl.) — Mit Ae. anästhesierte Meerschweinchen u. mit Urethan anästhesierte Kaninchen unterscheiden sich in ihrem Verh. gegenüber *Serotonin* (**I**). **I** verursacht bei Meerschweinchen Bronchoconstriction bei i.v. oder endobronchialer Gabe. **I** zeigt bei Kaninchen keine derartige Wrkg., auch nicht nach Vorbehandlung mit Reserpin. W. Hiller. 4569◇

1330 **Physiologische und pharmakologische Bedeutung des Serotonins.** Hubert Giertz. (Dtsch. med. J. **12**, 303—06, 1961; Freiburg/Br., Univ., Pharmakolog. Inst.; dt.) — Kurze Übersichtsarbeit über die physiolog. u. pathophysiolog. Bedeutung des *Serotonins* unter besonderer Berücksichtigung des Carcinoidsyndroms. Joachim Schmidt/Magdeburg. 4569◇

1331 **Über die Freisetzung von Serotonin durch Lobelin.** H. Schievelbein und E. Werle. (Dtsch. med. Wschr. **87**, 2023—26, 5/10. 1962; München, Univ., Chirurg. Klinik, Klin.-chem. Inst.; dt.) — Wegen der gekreuzten Tachyphylaxie zwischen *Nicotin* (**I**) u. *Lobelin* (**II**), deren biochem. Ursache nicht bekannt ist, wurde geprüft, ob **II** auch befähigt ist, *Serotonin* (**III**) freizusetzen. Dabei zeigte sich, daß **II** aus Thrombocyten u. Darmwand **III** freisetzen kann; bei der Entspeicherung aus Thrombocyten ist **II** in äquimol. Mengen wirksamer als **I**; bei peroraler oder i.v. Anwendung ist **II** im Gegensatz zu **I** nicht oder nur wenig fähig, **III** aus dem Gehirn freizusetzen. Die **III**-Entspeicherung kann beim Menschen an erhöhter Ausscheidung von 5-Hydroxyindolylessigsäure erkannt werden. — **II** hemmt den enzymat. Abbau von **I** durch die Leber. U. Tausendfreund. 4569◇

1332 **Renin-Angiotensin-Mechanismen und renoprive Hypertension.** Paul H. Barnett, Alexander Schirger und Sheldon G. Sheps. (Proc. Staff Meetings Mayo Clin. **37**, 418—26, 1/8. 1962; Rochester, Minn., Mayo Foundat., Mayo Clin., Sect. of Med.; engl.) — Übersicht über die Rolle der Niere in der Ätiologie der Hypertension. Besprechung der Isolierung von *Angiotensin* u. des Wrkg.-Mechanismus, der Bldg., Lagerung u. Freisetzung von *Renin*, der betreffenden Blutspiegel sowie der Rolle der Niere beim Schutz gegen Hypertension. — 54 Literaturangaben.
U. Tausendfreund. 4569◇

1333 **Die Charakterisierung der blutdruckerhöhenden Polypeptidsubstanz A.** E. J. Walaszek, R. D. Buñag und C. G. Huggins. (J. Pharmacol. exp. Therapeut. **138**, 139—44, Nov. 1962; Kansas City, Kans., Kansas Univ., Med. Center, Dep. of Pharmacol.; engl.) — Die blutdruckerhöhende *Polypeptidsubstanz A* (**I**) ist den bekannten *Oktapeptiden* (**II**) Valyl^5-Angiotensin II u. Isoleucyl^5-Angiotensin II nahe verwandt u. mit keinem der bekannten *Dekapeptid* (**III**)-Präpp. identisch. α-Amylase kann **III** in die entsprechenden **II** umwandeln. Es wird angenommen, daß **I** das menschliche Angiotensin ist. K. Zingraf. 4569◇

1334 **Die antidiuretische Wirkung des subcommissuralen Organs.** M. Palkovits und I. P. Foldvari. (Acta endocrinol. [Copenhagen], Suppl. Nr. **51**, 117, 1960; Budapest, Anatom. Inst.; Staatl. Inst. für Gesundheitswesen; dt.)
H. Herper. 4569□

1335 **Anwendung der reversiblen Agglomeration zur Entfernung von Dimethylsulfoxid aus großen Mengen eingefrorenen Bluts.** Charles E. Huggins. (Science [Washington] **139**, 504—05, 1963; Boston, Mass., Harvard Med. School; Massachusetts Gen. Hosp.; engl.) — In einer Reihe von Verss. beweist Vf. die Richtigkeit der von ihm aufgestellten Hypothese, daß die reversible Agglomeration menschlicher Erythrocyten ebenso wie die reversible Komplex-Bldg. von γ-Globulinen mit den β-Lipoproteinen der Zellwand pH-abhängig ist. Größere Mengen (500 ± 100 ml) Spenderblut, das mit *Dimethylsulfoxid* konserviert war u. nach Einfrieren wieder aufgetaut wurde, konnten durch mehrfache Agglomeration der Erythrocyten mit 10%ig. Glucose-Lsg., Abgießen des Überstandes u. Wiedersuspendierung der Zellen im Originalspenderplasma auf einfachem u. billigem Wege weitgehend (Rest $< 0,2$%) vom Konservierungsmittel befreit werden.
U. Drehmann. 4572◇

1336 **Hämoglobin-Lepore Hollandia.** J. Barnabas und C. J. Muller. (Nature [London] **194**, 931—32, 9/6. 1962; Groningen, Univ., Dep. of Paediatr.; engl.) — Die Unterschiede im Aminosäureaufbau von *Hämoglobin-Lepore* Holl. (I) (Vork. bei einer Papuafamilie) u. normalem Hämoglobin treten in den Nicht-α-Ketten auf, unabhängig davon, ob der Vgl. mit β-, γ- oder δ-Ketten erfolgt. In jedem Fall unterscheiden sich mehr als eine Aminosäure. Die Aminosäurenanalyse der Peptide 25, 26 u. 12 zeigt, daß die Nicht-α-Ketten von I Eigg. der β- u. δ-Ketten aufweisen können, während die Ggw. von Isoleucin in den Nicht-α-Ketten eine gewisse Verwandtschaft mit den γ-Ketten fötalen Hämoglobins vermuten lassen.
K. Maier. 4572◇

1337 **Darstellung von reinen Hämoglobinpräparaten aus menschlichem Blut.** Wanda Leyko, Antoni Dmochowski, Lidia Buczek und Roman Gondko. (Zeszyty naukowe Uniw. Łódźkiego, Ser. II, **1962**, Nr. 12, 37—49; Łódź, Uniw., Kat. Biochem.; pol.) — Nach den Meth. von Drabkin [1946] u. Rossi-Flanelli u. Antonini [1955] wurden *Hämoglobin* (I)-Präpp. aus menschlichem Blut erhalten u. auf ihren Geh. an Purinen untersucht. Der *Adenin* (II)-Geh. frischer Präpp. beträgt 31 mg% (1 Mol II/6,4 Mol I), nach 24 Std. ist er auf 2,4—6,0 mg% abgesunken. II-Derivv. sind an I stark gebunden, sie werden durch 72std. Dialyse nicht vollständig isoliert. Papierchromatograph. wurden in den Präpp. 2 Flecken: Adenosinmonophosphat + Inosinmonophosphat u. Adenosin + Inosin gefunden. Die II-Derivv. befinden sich quant. in der lösl. Erythrocytenfraktion.
F. Urban. 4572◇

1338 **Reaktionsgeschwindigkeiten des nativen menschlichen Globins mit Häm.** Quentin H. Gibson und Eraldo Antonini. (J. biol. Chemistry **238**, 1384—88, 1963; Sheffield, Univ., Dep. of Biochem.; engl.) — Die Rk.-Geschw. von nativem menschlichen Globin mit der CO-Verb. verschiedener *Häme* nimmt in der Reihenfolge *Proto-* $>$ *Meso-* $>$ *Deutero-* $\gg$ *Hämatohäm* ab. Der Dimethylester von Deuterohämdisulfonat reagiert überhaupt nicht. Diese Befunde werden zu den Struktur-Unterss. von Perutz in Beziehung gesetzt. Danach liegen die Vinylgruppen des Protohäms in hydrophoben Mol.-Bereichen. Substitution der Vinylgruppen durch Äthylgruppen im Mesohäm, ihre Entfernung im Deuterohäm u. die Einführung von Hydroxyäthylgruppen im Hämatohäm verringert den hydrophoben Charakter der prosthet. Gruppe. Da hierdurch nach Ansicht der Vff. die Bindungsaffinität bestimmt wird, nimmt in gleichem Maße die Rk.-Geschw. ab.
K. Ruckpaul. 4572◇

1339 **Eine neue Variante von menschlichem Transferrin bei einer venezolanischen Familie.** Tulio Arends, M. L. Gallango, W. Carey Parker und Alexander G. Bearn. (Nature [London] **196**, 477—78, 1962; Caracas, Inst. Venezolano Invest. Cientificas; New York, N.Y., Rockefeller Inst.; engl.) — Auf Grund ihrer unterschiedlichen Wanderungs-Geschw. zur Anode konnten bisher 13 verschiedene *Transferrine* (I) nachgewiesen werden. Normale I werden mit C, schneller wandernde mit B u. langsamer wandernde mit D bezeichnet. In einer venezolan. Familie konnte in vertikaler Stärkegelelektrophorese in Boratpuffer (20 V/cm; 4°; 6 Std.) ein neues I nachgewiesen werden, das auf Grund seiner zwischen B_1 u. B_2 liegenden Wanderungs-Geschw. mit B_{1-2} bezeichnet wurde. Abbau dieser Variante mit Neuraminidase ergab 4 zusätzliche Komponenten in der Elektrophorese als Hinweis auf 4 für das Enzym zugängliche Sialsäurereste im Molekül.
K. Ruckpaul. 4572◇

1340 **Aggregation von Blutplättchen durch Adenosindiphosphat und deren Umkehr.** G. V. R. Born. (Nature [London] **194**, 927—29, 9/6. 1962; London, Royal Coll. of Surg. of England, Dep. of Pharmacol.; engl.) — Von 22 geprüften Nucleotiden brachten nur *Adenosindiphosphat* (I) u. *Desoxyadenosindiphosphat* im Plasma die Blutplättchen zur Aggregation, die durch Adenosinmonophosphat, schwächer durch Adenosintriphosphat (ATP), aufhebbar ist. Plättchen u. I reagieren anscheinend stöchiometr., wobei Ca oder Mg notwendig sind. Im patholog. Geschehen (Gefäßschädigung, Hämostasis, Thrombose) wird vermutlich beim Abbau von ATP in geschädigten Zellen oder Blut I frei, das dann die Aggregation hervorruft.
K. Maier. 4573◇

1341 **Die Aufrechterhaltung der radioaktiven Markierung von Albuminen, γ-Globulinen und Globulinen mittlerer Beweglichkeit im Blut.** 8. Mitt. **Aufnahme von ^{35}S in die Gesamtproteine des Serums, in die Albumine und die γ-Globuline nach oraler Anwendung von markiertem Methionin während des ersten Lebensjahres.** David Bronsky, Alvin Dubin, Joseph Greengard, Alfredo P. Lopez und Edgardo O. Watson. (J. Lab. clin. Med. **60**, 274—83, Aug. 1962; Chicago, Ill., Hektoen Inst. for Med. Res.; Cook County Hosp., Dep. of Med. and Pediatr.; Univ. of Illinois, Coll. of Med., Dep. of Med. and Pediatr.; engl.) — 7. vgl. C. **1961**, 8370. — Die Geschw. der Synth. von *γ-Globulinen* (I) durch Kinder kann auch in Ggw. von zirkulierenden I, die die Placenta passiert haben, bestimmt werden, indem die Aufnahme von oral zugeführtem ^{35}S-Methionin gemessen wird, da ^{35}S nur in neugebildete *Proteine* (II) eingebaut wird. In den ersten 3 Lebenswochen wird wenig I gebildet. Eine deutliche Zunahme erfolgt im 2. u. 3. Monat; im 8. Monat werden schon $^3/_5$ so viel I gebildet wie bei älteren Kindern u. Erwachsenen. Die Synth. von *Albuminen* (III) schwankt während des 1. Jahres nur wenig; zu Ende des 1. Jahres ist die Synth. der gesamten II u. III im Vgl. zu Erwachsenen gering, dagegen erfolgt ihre Umsetzung langsamer.
K. Zingraf. 4574◇

1342 **Abnormale Human-Hämoglobine.** 8. Mitt. **Chemische Untersuchungen an Hämoglobin D.** Corrado Baglioni. (Biochim. biophysica Acta [Amsterdam] **59**, 437—49, 21/5. 1962; Cambridge, Mass., Massachusetts Inst. of Technol., Div. of Biochem., Dep. of Biol.; engl.) — 5 Proben von *Hämoglobin D* (Hb-D) nicht verwandter Individuen aus mehreren Ländern wurden isoliert u. nach der Fingerprint-Meth. untersucht. Die Isolierung des Hb-D aus dem Gemisch mit Hb-A erfolgte chromatograph. an Carboxymethylcellulose. Nach trypt. Abbau der Hb-D wurden die Spaltprodd. nach der Fingerprint-Meth. identifiziert. Bei allen untersuchten Hb-D stellte Vf. ident. Peptide fest. Die Unterss. der Aminosäuresubstitution zeigten, daß ein *Glutamin*-Rest in den Hb-D den in der Stellung 121 der β-Kette des Hb-A befindlichen *Glutaminsäure*-Rest substituiert. Die Aminosäuresequenzanalyse einzelner Peptide wird beschrieben.
H.-P. Pietzsch. 4574◇

1343 **Mikrobestimmung der Antithrombinwirkung des Hirudins.** Marian Jutisz, Geneviève Martinoli und Colette Tertrin. (Bull. Soc. Chim. biol. **44**, 461—69, 1962; Paris, Coll. de France, Labor. de Morphol. Exp. et Endocrin.; franz.) — Es wird eine Mikrometh. zur Best. der Antithrombin-Wrkg. des *Hirudins* beschrieben, die auf einer Messung der Gerinnungszeitverzögerung im Fibrinogen–Thrombin-Syst. in Anwesenheit des Hemmstoffs beruht. Die Meth. gestattet die Best. von 0,04—0,15 Antithrombineinheiten Hirudin mit einer Genauigkeit von 1,5%.
H. Landmann. 4574◇

1344 **Untersuchungen über die Struktur von Heparin.** G. J. Durant, H. R. Hendrickson und Rex Montgomery. (Arch. Biochem. Biophysics **99**, 418—25, 1962; Iowa City, Iowa, State Univ. of Iowa, Dep. of Biochem.; engl.) — Für natives *Heparin* wurde eine Struktur mit 1 → 4-gebundenem Sulfamidhexosamin (I)- u. Hexuronsäure (II)-Resten, die beide O-Sulfatgruppen enthalten, ermittelt. Etwa eine von 8 I-Einheiten besitzt freie Aminogruppen u. der gleiche Anteil von II-Einheiten besitzt keine O-Sulfatgruppen.
K. Zingraf. 4574◇

1345 **Hydrolytische Sensitivität der Sulfoaminogruppe im Heparin und in Modellverbindungen.** R. A. Gibbons und M. L. Wolfrom. (Arch. Biochem. Biophysics **98**, 374—78, 1962; Columbus, Ohio, State Univ., Dep. of Chem.; engl.) — Vff. untersuchten die Hydrolyse von *Heparin* (I), krist. *Methyl-2-desoxy-2-sulfoamino-α-D-glucopyranosid* (II), amorphen Präpp. von *Methyl-3.4.6-tri-O-methyl-2-desoxy-2-sulfoamino-α-D-glucopyranosid* (III) u. *2-Desoxy-2-sulfoamino-D-glucose* (IV) in 0,1n HCl bei 99,5°. Die hydrolyt. Konst. der Sulfoaminogruppe waren für I 0,062 (min^{-1}), II 0,0565, III 0,056 u. IV 0,068. Es wurden die Grade der Freisetzung von Sulfat in 0,1n HCl bei 99,5° von I, Chondroitinsulfat u. II mit denen der Desaminierung von I u. II mit HNO_3 bei 27° verglichen. Es zeigte sich, daß aller Wahrscheinlichkeit nach der gesamte N in I in der Sulfoaminogruppe im Hexosaminteil gebunden ist. Vff. beschreiben eine Meth. zur Best. von SO_4^{2-} in Ggw. von labil gebundenem Sulfat u. von Sulfomucopolysaccharid. G. Bratfisch. 4574◇

1346 **Die Aktivierung von gereinigtem menschlichen Plasminogen in Lösungen von Äthylenglykolen.** Phyllis S. Roberts. (Canad. J. Biochem. Physiol. **41**, 889—95, 1963; Richmond, Va., Med. Coll. of Virginia; engl.) — *Äthylenglykole* (I) aktivierten gereinigte Präpp. von menschlichem *Plasminogen*. Als Substrat zur Best. des gebildeten *Plasmins* (II) wurde p-Toluolsulfonyl-L-argininmethylester verwendet. II wurde in 50%ig. *Diäthylenglykol* (III) u. *Triäthylenglykol* (IV) bei pH 7,6 u. 30° rascher gebildet als in Glycerin, konnte jedoch in III nicht nachgewiesen werden. Bei niederer I-Konz. u. kurzer Inkubationsdauer wurde II gefunden. Bei 50% hemmte IV die Geschw. der spontanen Aktivierung teilweise, stabilisierte aber das gebildete II. Bei pH 7,6 u. 30° bildete sich kein II, wenn Plasminogen mit 50%ig. Propylenglykol, verschiedenen Äthern der I, Polymeren verschiedener Glykole u. Dioxan inkubiert wurde. K. Zingraf. 4574◇

1347 **Kinetische Untersuchungen über den Mechanismus thrombinkatalysierter Reaktionen.** D. T. Elmore und E. F. Curragh. (Biochem. J. **86**, 9 P—10 P, 1963; Belfast, N. Irland Queen's Univ., Dep. Biochem.; engl.) — *Thrombin* (I) u. *Trypsin* (II) ähneln sich in Spezifität u. im akt. Zentrum sehr. Für die Hydrolyse der Substrate durch I wird ähnlich wie für II ein 3-Stufen-Mechanismus angenommen (1. Bldg. eines Michaelis-Komplexes I-Substrat. 2. Acylierung des akt. Zentrums durch das Substrat unter Freisetzung eines Prod. (a). 3. Desacylierung des Acyl-I unter Bldg. des freien I u. eines zweiten Prod. (b)]. Die empfindlichsten Substrate für I sind *α-N-p-Toluolsulfonyl-L-argininmethylester* (III) u. *α-N-p-Toluolsulfonyl-L-lysinmethylester*. Die entsprechende Ornithin-Verb. ist weniger als Substrat geeignet u. die entsprechende Verb. des Homoarginins wird nicht gespalten. Der Methylester u. der *Äthylester* (IV) des *Benzoylarginins* werden durch I mit der gleichen Geschw. wie durch II hydrolysiert. Vff. nehmen an, daß nur eine Imidazolgruppe die Hydrolyse bewirkt u. vermuten im I das Vorhandensein mehrerer Esteraseaktivitäten. Zusätze von gallensauren Salzen u. nichtion. Detergentien (Tween 20, 40, 80) beschleunigen die Hydrolyse von III u. anderer Substrate, hemmen aber die Spaltung von IV. Die Spaltungs-Geschw. von III ist abhängig von der Salz-Konz., die IV-Rk. ist unabhängig von der Ionenstärke. P. Walsmann. 4574◇

1348 **Untersuchungen über die Lipämie des Kaninchens und die sie bedingenden Faktoren. Variation der verschiedenen Bestandteile beim gleichen Tier und von Tier zu Tier. Einfluß des Geschlechtes.** Théophile Cahn und Jacques Houget. (C. R. hebd. Séances Acad. Sci. **249**, 2848—50, 1959; Paris, Inst. de Biol.-phys.-chim., Labor. de Physiol.; franz.) — Vgl. C. **1963**, 16252. — Bei gleichem Ernährungszustand ist bei Kaninchen eine deutliche individuelle Variationsbreite der *Glyceride*, *Phospholipide* (I) u. *Cholesterinester* (II) u. eine weniger deutliche Variationsbreite des *Lipid-P* u. des freien *Cholesterins* im Blut zu beobachten. Die Schwankungen von einem Tier zum anderen sind größer. ♀ Tiere zeigen einen höheren Geh. an I u. II als ♂. K. Zingraf. 4574◇

1349 **Identifizierung einer Proteinfraktion mit hoher thyreotroper Aktivität mittels elektrophoretischer Trennung im Plasma von Personen mit endokrinen Störungen.** G. Persani, G. Faglia und M. Lampertico. (Acta endocrinol. [Copenhagen], Suppl. Nr. **51**, 275—76, 1960; Milano, Univ. de Milano, Inst. di Clin. Med. e di Terapia Med.; engl.) H. Herper. 4574□

1350 **Fibrinogenfraktionen.** T. W. Waretzka. (Ukrain. biochem. J. **35**, 104—12, 1963; Kiew, Inst. für Biochemie der Akad. der Wiss. der UkrainSSR; ukrain., Auszug: engl.) — Das hochgereinigte *Fibrinogen* (I) des Stieres mit 96—98% Eiweiß, das durch Thrombin zur Gerinnung gebracht wird, wird mit Hilfe des Phosphatpuffers vom pH 6,5 in 2 Fraktionen zerlegt. Die α-Fraktion zeigt eine höhere Löslichkeit u. eine geringere Gerinnbarkeit durch Thrombin als die β-Fraktion. Bei getrennter Aussalzung von α-I u. β-I erhält man verschiedene Kurven. Die Aussalzungskurve des Gemisches von α-I u. β-I liegt zwischen den Einzelkurven. Das Vorhandensein einer Vielzahl von I-Formen wird angezweifelt. Bei Anlagerung von 2 Hg-Ionen ($HgCl_2$) an α-I nehmen Aussalzbarkeit u. Geschw. der Gerinnung durch Thrombin zu. α-I wird fähig, beim Erkalten der Lsg. auszufallen u. beim Erwärmen wieder in die Lsg. zu gehen. Dies ist vielleicht als Übergang des α-I in β-I zu bewerten. O. Lebtag. 4574△

1351 **Pathologische Ausscheidung von 2.5-Dihydroxyphenylbrenztraubensäure im Harn.** J. C. Legrand, P. Gonnard und C. Grupper. (Clin. chim. Acta [Amsterdam] **8**, 26—32, 1963; Paris, Univ., Fac. de Méd.; franz.) — Beschreibung einer chromatograph. Meth. zum Nachw. von *2.5-Dihydroxyphenylbrenztraubensäure* (I) in Lactonform im Harn. I trat bei 46 von 56 Patienten mit Kollagenkrankheiten, nicht jedoch bei Gesunden im Harn auf. Bei Phenylalanin-armer Ernährung verschwand I im Harn. K. Zingraf. 4577◇

1352 **Beitrag zur Bestimmung von N-Methylpyridon-(2)-5-carbonsäureamid im Harn der Patienten mit maligner Erkrankung.** M. Arient, H. Kovaříková und A. Čihák. (Collect. czechoslov. chem. Commun. **27**, 1711—14, 1962; Prague Central Military Hosp. Dep. of Clin. Labor.; Central. Ac. Sci., Inst. of Organ. Chem. and Biochem.; engl.) — Vff. untersuchten den Einfl. verschiedener maligner Blut-Bldg.-Krankheiten (z. B. akute myelo- u. paramyeloblast. Leukämie, chron. myelo. u. lymphat. Leukämie, Lympho- bzw. Osteosarkom u. a.) auf den Geh. von *N-Methylpyridon-(2)-5-carbonsäureamid* (I) als einem der Prodd. des Metabolismus von *Nicotinsäure*. Die im Harn eines bestimmten Patienten gefundenen Mengen von I schwankten bei wiederholten Analysen mehrerer Harnproben nur wenig (±6—8%); hingegen bei verschiedenen Patienten waren die Resultate sehr unterschiedlich u. betrugen in 12 untersuchten Fällen 5,5—157,0 mg I/24 Std.; dasselbe wurde bei gesunden Personen (8 Fälle) wahrgenommen (3,7—154,0 mg I/24 Std.). Die Mehrzahl der gefundenen I-Mengen lag innerhalb der Grenzen von 3 bis 20 mg/24 Stunden. Diese Befunde deuten darauf hin, daß die Menge des im Harn vorkommenden I keine charakterist. Merkmale für die angeführten Krankheiten bietet, soweit alle maßgebenden Faktoren nicht bekannt sind. K. Kámen/Prag. 4577△

1353 **Vergleich zweier Methoden für die Aldosteronbestimmung im Harn.** J. A. Pittman, B. H. Williams, W. R. Starnes, W. E. Martindale und S. R. Hill jun. (Acta endocrinol. [Copenhagen], Suppl. Nr. **51**, 1059, 1960; Birmingham, Ala., Univ. of Alabama, Med. Coll. and Vet. Adm. Hosp., Radioisotope Serv.; engl.) H. Herper. 4577□

1354 **Harnausscheidung von 17-Ketosteroiden und 17-Hydroxycorticosteroiden bei verschiedenen Hautkrankheiten, besonders Acne vulgaris.** Aimo Pekkarinen und C. E. Sonck. (Acta endocrinol. [Copenhagen], Suppl. Nr. **51**, 415, 1960; Turku, Finland, Univ., Dep. of Pharmacol and. Dermatol.; engl.) H. Herper. 4577□

1355 **Ultrazentrifugenuntersuchungen der Prostataflüssigkeit des Menschen und des Hundes.** S. Shulman, P. Bronson, M. J. Gonder und W. A. Soanes., (Nature [London] **197**, 58—60, 5/1. 1963; Buffalo, N.Y. Univ. of Buffalo, School of Med.; Vet. Admin. Hosp.; Millard Fillmore Hosp., Res. Inst.; engl.) — In menschlicher Prostata-Fl. konnte durch Ultrazentrifugen-Unterss. nach Dialyse gegen 0,15 m NaCl ein Schlierenmuster mit Sed.-Koeff. von 3,78 u. 15,6 S erzielt werden; im nichtdialysierten Material ergibt sich ein Wert von 3,28 S für die langsame Komponente. Hundeprostata-Fl. weist ein ähnliches Muster auf, es fehlt allerdings die langsamere Komponente; Sed.-Koeff. in der nichtdialysierten Fl. 3,12 S; in der dialysierten Fl. sind die Werte von der Protein-Konz. abhängig. U. Tausendfreund. 4578◇

1356 **Spektralphotometrischer Nachweis von Pentaensäuren in Ameisenfetten (Ins. Hym.) und ihre quantitativen Veränderungen während der Metamorphose.** Gerhard H. Schmidt. (Naturwissenschaften **50**, 375—76, 1963; Würzburg, Univ., Inst. für angewandte Zool.; dt.) — Ausgehend vom Schrifttum über die Verbreitung von *Polyenfettsäuren* in den Insektenfetten, erfolgt eine spektrophotometr. Unters. (Alkaliisomerisierung) der nach der üblichen Arbeitsweise dargestellten Fette aus verschiedenen Lebensphasen (Larven- u. Puppenmaterial) der Roten Waldameise (*Formica polyctena* Foerst). Neben *Dien-*, *Trien-* u. *Tetraensäure* ist *Pentaensäure* (I) in allen Metamorphosestadien (Männchen, Weibchen, Arbeiterinnen) in unterschiedlicher Menge vorhanden; in der Kokonphase steigt der Geh. an I an, was damit erklärt wird, daß die I, im Gegensatz zu den gesätt. u. Monoenfettsäuren, nicht zur Energiebereitstellung verbraucht wird; vor allem zu Beginn der Puppenphase erfolgt generell eine Zunahme des Geh. an I, was auf verstärkte Biosynth. zurückgeführt wird. K. Täufel. 4583◇

1357 **Zur Ernährung der Laboratoriumstiere.** 2. Mitt. **Altromin Ms und Altromin K-Standarddiäten für Meerschweinchen und Kaninchen.** Norbert Brock und Werner Wilk. (Arzneimittel-Forsch. **12**, 64—79, 1962; Brackwede/Westf., Chem. Fabrik, Asta Werke; dt.) — 1. vgl. Arzneim.-Forsch. **11**, [1961], 1071. — Vff. führen in Tabellen die Zus. verschiedener Standarddiäten für Meerschweinchen u. Kaninchen an. Anschließend wird über die Entw. der Standarddiäten *Altromin K* u. *Altromin Ms* (für Kaninchen u. Meerschweinchen) u. deren Prüfung berichtet. W. Hiller. 4585◇

1358 **Eine vereinfachte fluorimetrische Methode zur Thiamin- und Thiaminsulfidbestimmung im Blut.** G. Rindi und V. Perri. (Int. Z. Vitaminforsch. **32**, 398—405, 1962; Pavia, Italy, Univ. of Pavia, Inst. of Hum. Physiol.; engl.) — Die Best. des *Thiamins* (I) u. der *Thiaminsulfide* (II) erfolgt fluorimetr.; Ausgangsmenge 1 ml Blut. Die gefundenen Werte entsprechen denen nach der Thiochrom- u. mikrobiolog. Meth. ermittelten. Nach Verabreichung von II wird im allg. nur I gefunden. Lediglich bei oraler Verabreichung von I-*Propyldisulfid* konnten Spuren des Sulfids im Blut festgestellt werden. H. Ackermann. 4587◇

1359 **Über die Antagonisten der Folsäure und ihrer Bestandteile.** M. M. Turkewitsch. (Pharmaz. J. [UdSSR] **18**, Nr. 1, 3—9, 1963; Lwow, Med. Inst., Lehrstuhl für pharm. Chemie; ukrain., Auszug: russ.) — Behandelt werden die Antagonisten der Pterine, p-Aminobenzoesäure u. Glutaminsäure. O. Lebtag. 4587△

1360 **Beziehungen zwischen Penicillamin und Vitamin B$_6$ bei der Ratte.** J. G. Heddle, E. W. McHenry und G. H. Beaton. (Canad. J. Biochem. Physiol. **41**, 1215—22, 1963; Toronto, Ontario, Univ. of Toronto, School of Hyg., Dep. of Nutr.; engl.) — 0,25% DL-*Penicillamin* (I) im Futter von Ratten verringerte den Futterverbrauch u. das Körper-Gew. der Ratten deutlich. I wirkte antagonist. gegen *Vitamin B$_6$* (II; Veränderungen der Transaminasenaktivität). Die Wrkg. von I wurde durch 800 μg *Pyridoxinhydrochlorid*/10 g Futter teilweise u. durch 2000 μg II/10 g Futter nicht vollständig verhütet. K. Zingraf. 4587◇

1361 **Das Vitamin B$_6$ im Eiweiß- und Mineralstoffwechsel.** M. Kirchgeßner. (Int. Z. Vitaminforsch. **32**, 415—28, 1962; Weihenstephan, TH München, Inst. für Tierernährung; dt.) — Vf. gibt einen Überblick über die Bedeutung des *Vitamins B$_6$* (I) in der Tierernährung. Er beschreibt die allg. I-Mangelsymptome u. geht auf die Frage der suboptimalen I-Versorgung mit ihrer Auswirkung auf den *N-Umsatz*, die *Xanthurensäureausscheidung*, die Beeinflussung des *Glutamat-Oxalacetat-* u. *Glutamat-Pyruvat-Transaminasespiegels* sowie die Ca-, P-, K-, Na- u. Zn-Retention ein. H. Ackermann. 4587◇

1362 **Der Gehalt an Vitamin B$_{12}$ im Blutserum von Tuberkulosekranken in Abhängigkeit von der Jahreszeit.** W. R. Pulatow. (Med. J. Usbek. **1961**, Nr. 12, 48; Namangan, Zweigstelle des Usbek. Tuberkulose-Forschungs-Inst.; russ.) — Die Unterss. an 33 Tuberkulosekranken ergaben, daß bei infiltrativer u. Herdtuberkulose der Lunge der Blut-Geh. an *Vitamin B$_{12}$* stark vermindert ist, bes. in den Herbstmonaten. O. Lebtag. 4587△

1363 **Die Wirkung von Vitamin B$_{12}$ auf die Histamin- und Acetylcholinempfindlichkeit des Meerschweinchendarms, auf die Bewegungen des Kaninchendarms, auf den anaphylaktischen Schock und die Antikörperbildung.** Cs. Hadnagy, I. Szabó, D. Szilágyi, O. Metz, E. Szentkiralyi und Z. Dézsi. (Int. Z. Vitaminforsch. **35**, 392—98, 1962; Tg. Mures-Marosvásárhely, II. Med. Klin. und Physiol. Inst.; dt.) — Die in der Literatur vielfach beschriebene Antihistamin-Wrkg. des *Vitamins B$_{12}$* (I) konnte nicht bestätigt werden. Vff. bestimmten den Einfl. von I auf die Histamin- u. Acetylcholindarmkontraktionen am isolierten Meerschweinchendarm, im Schulze-Dale-Vers. die Darmkontraktion sowie in vivo die Rk. beim anaphylakt. Schock nach Antigenzugabe. Auch die Bewegungen des isolierten Kaninchendarms, die Antikörper-Bldg. bei Ratten, Meerschweinchen u. Kaninchen werden nicht oder nur gering beeinflußt. H. Ackermann. 4587◇

1364 **Zur Wechselwirkung zwischen Cortison und Vitamin B$_{12}$.** K. H. Chemnitius. (Int. Z. Vitaminforsch. **32**, 386—91, 1962; Jena, Univ., Inst. für Pharmakol.; VEB Jenapharm, Wissensch. Labor.; dt.) — Die akute Toxizität des *Cortison* (I)-*acetats* wird durch hohe *Vitamin-B$_{12}$* (II)-Gaben ($>$100 mcg) verringert. Dies ist auf eine Aktivierung des Abbaus durch ein die Red. von I zum Tetrahydro-I katalysierenden Ferment-Syst. zurückzuführen. Nach mehrmaliger prophylakt. Applikation von II war bei Ratten eine Verminderung der Läsionsstärke durch I-*Acetat* provozierter Ulcera zu beobachten. H. Ackermann. 4587◇

1365 **Nahrungsmittelantioxydantien. Biochemie der Erythorbinsäure. Blutspiegel beim Menschen und Exkretion von Ascorbinsäure und Erythorbinsäure im Urin.** Harold Kadin und Modest Osadca. (J. agric. Food Chem. **7**, 358—60, 1959; Nutley, N.J., Hoffmann-La Roche Inc., Nutrition Labor.) — Nach oraler Gabe von 300 mg *Erythorbinsäure* (I), einem als Antioxydans benutzten Stereoisomeren der L-*Ascorbinsäure* (II), erfolgt beim Menschen keine signifikante Beeinflussung des II-Blutspiegels u. der II-Exkretion im Urin. Die quant. Mikro-Best. von I u. II geschieht kolorimetr. mit 2.6-Dichlorphenolindophenol nach papierchromatograph. Auftrennung auf mit 2%ig. Metaphosphorsäure imprägniertem Papier Whatman Nr. 1 im Syst. Acetonitril–Aceton–W.–Eisessig 80:5:15:1,2, 3 Std. aufsteigend. K. Grade. 4587◇

1366 **Kohlenhydrat-Phosphorumsatz der Skelettmuskeln von adrenalektomierten Tieren bei der Behandlung mit Vitamin C und Vitamin P.** O. M. Iwanjuta. (Ukrain. biochem. J. **35**, 30—34, 1963; Kiew, Med. Inst., Lehrstuhl für Biochemie; ukrain., Auszug: engl.) — Bei weißen Ratten ist der Muskel-Geh. an *Adenosintriphosphorsäure* (I) 6 bis 7 Tage nach der Adrenalektomie auf 152,7% der Norm erhöht. Durch Zufuhr von *Cortison* (II) allein oder in Kombination mit *Vitamin C* (III) oder *Vitamin P* (IV) wird der I-Geh. normalisiert. Der Geh. an anorgan. P wird durch II oder II + III bzw. IV von 161,8% der Norm bis fast zur Norm gesenkt. Die Aktivität der *Adenosintriphosphatase* (V) in den Muskeln ist 6—7 Tage nach Entfernung der Nebenniere um 81% gegenüber der Norm gesenkt. Durch II wird sie erhöht, jedoch nicht normalisiert. Zufuhr von II + III oder II + IV normalisiert die V-Aktivität. Die Aktivität der *Phosphorylase* (Glykogenspaltung) ist bei Adrenalektomie erhöht u. wird durch II, noch mehr durch II + III u. II + IV, gesenkt. Injektionen von III oder IV bzw. III + IV sind ohne Einfl. auf den Kohlenhydrat–P-Umsatz der Muskeln der adrenalektomierten Tiere. O. Lebtag. 4587△

1367 **Biosynthese der Acsorbinsäure bei Ratten nach tyrosinreicher Kost unter toxischen Bedingungen und nach Adaption.** Sumitra Ghosh und B. C. Guha. (Biochim. biophysica Acta [Amsterdam] **69**, 440—42, 1963; Calcutta, Univ. Coll. of Sci. and Technol., Dep. of Applied Chem.; engl.) — Da bisher wenig über den Mechanismus der Adaption von Ratten gegenüber der tox. Wrkg. eines hohen *Tyrosin* (I)-Geh. der Kost bekannt ist, andererseits *Ascorbinsäure* (II) eine Rolle beim I-Stoffwechsel spielt, wurde geprüft, ob die Biosynth. von II durch Rattenleber bei I-Verfütterung beeinträchtigt wird: Bei Ratten, die nach 5% I-Verfütterung tox. Symptome zeigten, kam es zu einer deutlichen Verminderung der II-Synth. durch Lebergewebe; bei Ratten, die sich der I-Verfütterung innerhalb 9—10 Wochen angepaßt hatten, entsprach die II-Synth. bereits wieder derjenigen von Kontrolltieren (keine Geschlechtsunterschiede). Damit wird zwar die Beziehung zwischen tox. I-Wrkg. u. verminderter II-Synth. aufgezeigt, der Mechanismus der II-Hemmung ist jedoch noch unbekannt. U. Tausendfreund. 4587◇

1368 **Der Einfluß von Ascorbinsäure auf die Corticosteroidregulierung der Mitosegeschwindigkeit in regenerierender Leber.** J. T. Hemingway und A. N. Howard. (J. Physiology **159,** 58 P—59 P, 1961; Cambridge, Dunne Nutrit. Labor. and Dundee, Queen's Coll., Dep. of Physiol.; engl.) — Vgl. C. **1962,** 16384. — Vff. prüfen die früher erhaltenen Ergebnisse, nach denen skorbut. Tiere eine größere Mitose-Geschw. in der regenerierenden Leber zeigen, an einem größeren Material. 24 normale Meerschweinchen zeigten eine Mitose-Geschw. von 23 Mitosen per 1000 Zellen. Von 48 skorbut. Tieren überlebten 18 Tiere, diese zeigten eine Mitoserate von 51 Mitosen per 1000 Zellen. Das Fehlen von *red. Ascorbinsäure* im Plasma kann die Hemmwrkg. der *Corticosteroide* auf die Mitoserate in der regenerierenden Leber verhüten. W. Hiller. 4587◇

1369 **Einfluß des Mangels an Vitamin A auf die oxydative Phosphorylierung in den Mitochondrien der Leber weißer Ratten.** Je. M. Ljubowitsch und G. I. Grimaljuk. (Ukrain. biochem. J. **35,** 25—29, 1963; Tschernowitz, Univ., Lehrstuhl für Biochemie; ukrain., Auszug: engl.) — Im Ratten-Vers. wird die oxydative Phosphorylierung in den Mitochondrien der Leber bei Anwendung von α-Ketoglutarsäure als Substrat durch Mangel an *Vitamin A* in der Nahrung im Vgl. zur Norm etwas intensiviert. Bei Anwendung von Glutaminsäure als Substrat tritt keine Veränderung gegenüber der Norm ein. O. Lebtag. 4587△

1370 **Der Einfluß von Vitamin A auf den Gehalt an Pyridinnucleotiden, Brenztraubensäure und Milchsäure und auf die anaerobe Phosphorylierung in tierischen Geweben.** K. M. Leutski und W. O. Liwke. (Ukrain. biochem. J. **35,** 19—24, 1963; Tschernowitz, Univ., Lehrstuhl für Biochemie; ukrain., Auszug: engl.) — Durch Unters. des Geh. an *Pyridinnucleotiden* (I) u. red. I (I-H) in Leber, Niere, Gehirn u. Herz der Tiere in Abhängigkeit vom Geh. an *Vitamin A* (II) in der Nahrung wird festgestellt, daß bei II-Mangel der Geh. an I + I-H in den untersuchten Organen, bes. im Gehirn, deutlich zunimmt. Die Zunahme erklärt sich aus der vorherrschenden Zunahme von I-H. Der I-Geh. zeigt eine Tendenz zur Zunahme; nur im Herzgewebe nimmt I ab. Die aerobe Bldg. von Milchsäure (III) in Leber, Muskel u. Gehirn nimmt bei II-Mangel um 30—50% zu. Gleichzeitig wird die anaerobe Phosphorylierung verstärkt. Der III-Geh. nimmt bei II-Mangel im Mittel um 50—60% zu. Der Geh. an Brenztraubensäure wird hierbei mehr als verdoppelt. O. Lebtag. 4587△

1371 **Vitamin-A-Speicherung in der Hühnerleber nach einmaliger und geteilter Dosierung bei oraler Verabreichung.** Olaf R. Braekkan. (Int. Z. Vitaminforsch. **32,** 369—80, 1962; Bergen, Norway, Norwegian Fisheries Res. Inst., Governmental Vitamin Labor.; engl.) — Leberspeicherungs-Verss. an *Vitamin-A* (I)-Mangelküken ergaben eine gesteigerte I-Speicherung in der Leber bei geteilter Dosierung von insgesamt 10000 I.E. Werden nur 5000 I.E. verabreicht, liegt nur die Gruppe mit einmaliger Gabe signifikant niedriger. Bei Verabreichung von täglich 5000 I.E. bis zu einer Gesamtdosis von 45000 I.E. zeigt die Leberspeicherung einen linearen Anstieg. Vf. schließt daraus, daß für Leberspeicherungs-Verss. eine Verteilung der Gesamtdosis auf 8 Tage vorgenommen werden sollte. H. Ackermann. 4587◇

1372 **Über den Einfluß von Vitamin D$_2$ auf die Sexualfunktion des Menschen.** L. I. Gokinajewa. (Geburtshilfe u. Gynäkol. [UdSSR] **39,** Nr. 2, 18—20, 1963; Leningrad, 1. Med. Pawlow-Inst., Lehrstuhl für Hautkrankheiten; russ., Auszug: engl.) — Die Behandlung von 31 Frauen mit Hauttuberkulose mit *Vitamin D$_2$* (I) führte schon nach einigen Monaten zur Aufhebung der Störungen der Menstruation u. zur Wiederherst. der generativen Funktion. Während bei Frauen durch die I-Behandlung der Geschlechtstrieb verstärkt wurde, trat bei Männern nach der I-Behandlung häufig ein Nachlassen ein. O. Lebtag. 4587△

1373 **Die biologische Rolle von Vitamin E.** A. I. Rodina. (Fragen d. Ernähr. [UdSSR] **21,** Nr. 4, 74—80, 1962; Moskau, Forschungs-Inst. für Vitaminkunde des Gesundheitsminist. der UdSSR; russ., Auszug: engl.) — Kurze Übersicht an Hand der Literatur. — 74 Literaturangaben. O. Lebtag. 4587△

1374 **Vitamin E im menschlichen Samen.** Georg Silló-Seidl. (Int. Z. Vitaminforsch. **32,** 381—85, 1962; dt.) — Im Ejakulat von 25 Probanden wurde ein Spermiogramm aufgenommen u. der *Gesamttocopherol-Geh.* nach Emmerie u. Engel bestimmt. Die gefundenen Werte lassen einen Zusammenhang zwischen beiden erkennen. Der mittlere *Vitamin-E-Geh.* (9,8 mcg/g) des menschlichen Samens entspricht annähernd dem des Blutes. H. Ackermann. 4587◇

1375 **Anwendung von Vitamin E bei der Behandlung von Lupus erythematosus.** G. E. Schinski, K. A. Telegina und W. N. Schechowzowa. (Nachr. Dermatol. Venerol. [UdSSR] **36,** Nr. 7, 64—66, Juli 1962; Ufa, Hautvenerolog. Inst. des Gesundheitsmin. der RSFSR; russ.) — Bei der Behandlung von 24 Kranken mit Lupus erythematosus mit *Vitamin E* (I) wurden Verlauf der Hautprozesse u. Gesamtbefinden der Patienten positiv beeinflußt. Die normale Funktion der Leber u. Niere wurde durch I in der Regel nicht gestört. Von 9 beobachteten Patienten zeigten 4 nach der Behandlung mit I nach 11 Monaten eine Verschlimmerung, 5 Patienten nach 10 Monaten keine Verschlechterung. O. Lebtag. 4587△

1376 **Bestimmung der tatsächlichen Assimilation des Futtercalciums durch Karakulschafe mit Hilfe von ^{45}Ca.** A. A. Ptaschkin, W. Je. Starkowa und A. B. Li. (Usbek. biol. J. **1962,** Nr. 1, 57—61; Allunions-Forschungs-Inst. für Karakulzucht; russ., Auszug: usbek.) — Die Best. der Radioaktivität u. des *Ca*-Geh. im Blutserum u. Kot von Schafen, denen 10 Tage lang je 450—950 mc ^{45}Ca in Form von *^{45}Ca-Acetat* mit 7,0 mg Ca als Träger subkutan injiziert wurden, ergab, daß während der gesamten Beobachtungszeit der Geh. an ^{45}Ca im Blutserum u. Kot zunimmt u. daß der Geh. an Ca im Blutserum prakt. unverändert bleibt, im Kot stark verändert wird. Die spezif. Aktivität bleibt in den ersten 5 Tagen konst. u. nimmt danach zu. Bei der Best. des endogenen fäkalen Ca darf man mit der Analyse frühestens 5 Tage nach der ^{45}C-Injektion beginnen. Nur 9—13% des ausgeschiedenen fäkalen Ca sind endogener Natur. Die nach den üblichen Meth. bestimmte Menge des assimilierbaren Ca beträgt 11—26%. Wird die tatsächlich assimilierte Menge unter Berücksichtigung des ausgeschiedenen endogenen Ca ermittelt, so erhält man Werte von 20—35%. O. Lebtag. 4594△

1377 **Gallensäureabsonderung und Lipidstoffwechsel.** David M. Tennent, Sami A. Hashim und Theodore B. van Itallie. (Federat. Proc. **21,** Nr. 4, [Part II Suppl. Nr. 2] 77—80, 1962; Ashland, Ohio, Hess u. Clark, Div. of Richardson-Merrell Inc.; New York City, St. Luke's Hosp.; engl.) — Übersicht. — 29 Literaturangaben. P. Gregorzewski. 4594◇

1378 **Stoffwechsel der Gallensäuren.** Sune Bergström. (Federat. Proc. **21,** Nr. 4, [Part II Suppl. Nr. 2] 28—32, 1962; Stockholm, Karolinska Inst.; engl.) — Übersicht. — 13 Literaturangaben. P. Gregorzewski. 4594◇

1379 **Lipide der Galle und Triglyceridsynthese im Intestinum.** David Alan Turner. (Federat. Proc. **21,** Nr. 4 [Part II Suppl. Nr. 2] 25—27, 1962; Baltimore, Md., Sinai Hosp. of Baltimore; engl.) — Vf. bestimmt die neutralen Lipide u. Phospholipide der menschlichen Galle, deren Fettsäure-Zus. u. die Zus. der Glyceride der Intestinalmucosa. P. Gregorzewski. 4594◇

1380 **Eine Wirkung von Taurocholat auf die Aminosäureproduktion durch den Dünndarm in vitro.** A. M. Dawson und D. M. Matthews. (J. Physiology **159,** 57 P—58 P, 1961; London, Royal Free Hosp., Dep. of Med. and Dep. of Pathol.; engl.) — Werden Streifen oder Säcke von Dünndarm von Ratten in Krebs-Ringer-Phosphat-Lsg. inkubiert, so erscheinen in der Lsg. Aminosäuren, bes. *Alanin, Leucin, Valin, Glycin, Glutaminsäure* u. *Histidin.* Zugabe von 5 mm *Na-Taurocholat* (I) verursacht eine stärkere Konz. dieser Aminosäuren in der Flüssigkeit. Zugabe von I zu zellfreien Homogenaten der Darmschleimhaut zeigt diese Wrkg. nicht. *Tween 80* hat keine Wrkg. auf die Aminosäureproduktion durch den isolierten Darm. *Na-Desoxycholat* verursacht eine geringe Zunahme der Aminosäuren. W. Hiller. 4594◇

1381 **Markierung von intestinalem und Lymphcholesterin nach Verabreichung von „Tracer"-Dosen von $^{14}C_{(4)}$-Cholesterin.** Leon Swell, E. C. Trout jun., Henry Field jun. und C. R. Treadwell. (Proc. Soc. exp. Biol. Med. **101,** 519—21, 1959; Martinsburg, W.Va., Vet. Admin. Center; Washington, D.C., George Washington Univ., School of Med., Dep. of Biochem.) — Geringe Gaben (3,27 mg) von $^{14}C_{(4)}$-*Cholesterin* an Ratten mit der Magensonde bewirken eine Markierung der *Cholesterin* (I)-Fraktion in Mucosa u. Lymphe, ohne den Spiegel oder die Umwandlungs-Geschw. des freien I-„Pool" der Mucosa oder den I-Geh. der Lymphe zu erhöhen. Gleichzeitige Verabreichung von $^{14}C_{(4)}$-I mit Taurocholat u. Ölsäure verursacht dagegen einen stärkeren I-Übertritt in die Lymphe u. eine signifikante Erhöhung des I-Spiegels in der Lymphe. P. Gregorzewski. 4594◇

1382 **Vergleich der Wirkungen von Gallensäuren auf die intestinale Resorption von Cholesterin.** George V. Vahouny, H. M. Gregorian und C. R. Treadwell. (Proc. Soc. exp. Biol. Med. **101,** 538—40, Juli 1959; Washington, D.C., George Washington Univ., School of Med., Dep. of Biochem.) — Vgl. auch vorst. Referat. — An Ratten wird mit der Magensonde eine Emulsion verabreicht, die unter anderem *Cholesterin* (I) u. verschiedene Gallensäuren im Mol-Verhältnis 1:4 enthält u. 24 Std. lang aus einer Brustmilchgangfistel Lymphe gesammelt. Wirksam wird die intestinale I-Resorption durch *Cholsäure-* u. *Taurocholat* erhöht. Unwirksam sind *Cholan-*, *Lithochol-*, *Desoxy-* u. *Dehydrocholsäure.* P. Gregorzewski. 4594

1383 **Die Exkretion des Scorpions Palamnaeus bengalensis C. Koch.** M. S. Kanungo, S. C. Bohidar und B. K. Patnaik. (Physiol. Zoöl. **35,** 201—03, 1962; Cuttack, Ravenshaw Coll., Dep. of Zool.; engl.) — In den Exkrementen werden *Adenin, Hypoxanthin* u. *Harnsäure* nachgewiesen. P. Gregorzewski. 4594◇

1384 **Radioautographische Untersuchungen mit ^3H-Methionin und ^3H-Cytidin bei proteingefütterten, proteinverarmten und hungernden Ratten.** Unne Stenram. (Z. Zellforsch. mikroskop. Anatom. **58,** 107—24, 1962; Lund, Univ., Dep. of Pathol.; engl.) — Radioautograph. Organ-Unterss. an Ratten unter proteinreicher Kost, proteinfreier Kost u. im Hungerzustand nach Injektion von ^{3}*H-Cytidin* oder ^{3}*H-Methionin* zeigen, daß bei Proteinentzug u. beim Fasten offenbar eine Verschiebung der *Nucleinsäure-* u. *Protein*-Synth. von weniger wichtigen Organen zu den essentiellen Organen stattfindet. U. Tausendfreund. 4595◇

1385 **Resorption von Caesium-137 vom Gastrointestinaltrakt der Ratte.** W. Moore jun. und C. L. Comar. (Int. J. Radiat. Biol. **5,** 247—54, 1962; Ithaca, N.Y., Cornell Univ., State Vet. Coll.; engl.) — Mittels einer Magensonde bei Ratten zugeführte ^{137}*Cs*-Lsg. wird schnell vom Magen–Darm-Kanal resorbiert, bes. im Dünndarm, weniger in Magen u. Blinddarm. Innerhalb einer Std. werden 98,2% der Anfangsdosis resorbiert. Diese Unterss. wurden 5 Min. bis 24 Std. nach der ^{137}Cs-Applikation an getöteten Tieren durchgeführt. Mittels eines Scintillationszählers wurde die Aktivität der einzelnen Abschnitte des Gastrointestinums u. der Faeces bestimmt. W. Reusse. 4596◇

1386 **Aufnahme von Radiosulfat durch Mucopolysaccharide der Aorta bei Cholesterin gefütterten Hähnen.** K. Kowalewski. (Proc. Soc. exp. Biol. Med. **101,** 536—38, 1959; Edmonton, Univ. of Alberta, McEachern Cancer Res. Labor. and Dep. of Surgery.) — Hühnerküken werden 8 Wochen mit einer Nahrung gefüttert, die 2% *Cholesterin* u. 5% Baumwollsaatöl enthält. 24 Std. vor dem Töten wird den Tieren ^{35}S-H_2SO_4 subkutan injiziert u. der ^{35}S-Geh. der Aorta untersucht. Es wird eine signifikante Erhöhung der ^{35}S-Aufnahme durch die *Mucopolysaccharide* der Aorta sowie eine Erhöhung der Serum- u. Leber-*Lipide* festgestellt. P. Gregorzewski. 4596◇

1387 **Calciumstoffwechsel beim Menschen mit ^{45}Ca: Mangelresorptionssyndrom und exsudative Enteropathie.** G. Milhaud und P. Vesin. (Nature [London] **191,** 872—74, 1961; Paris, Inst. Pasteur, Labor. des Isotopes; Hôp. Saint Antoine, Serv. de Méd.; engl.) — Kasuistik. O. Jansen. 4596◇

1388 **Aufnahme und Retention von Strontium 90 im Gewebe der Maus nach Untersuchungen durch Ganzkörper-Autoradiographie und Impulszählung.** 1. Mitt. A. Nilsson und S. Ullberg. (Acta radiol. [Stockholm] **58,** 81—98, 1962; Sundbyberg, Res. Inst. of Nat. Defense, Stockholm Royal Veter. Coll.; engl.) — Mäuse wurden intraperitoneal mit einer ^{90}Sr-Lsg. von 0,67 μc/g Körper-Gew. injiziert. Bei den nach 5 Min. bis zu einigen Monaten nach der Injektion getöteten Tieren wurde das Knochengewebe verascht u. mittels eines Endfensterzählers die ^{90}Sr-Aktivität bestimmt. Ein anderer Teil der Vers.-Tiere wurde nach Tötung eingefroren, in sagittale Schnitte zerlegt u. diese autoradiographiert. Es wird festgestellt, daß im Verlauf von 4 Std. das zunächst gleichmäßig verteilte ^{90}Sr sich vorwiegend im Knochengewebe sammelt, speziell in den Wachstumszonen. Von den weichen Geweben zeigen bevorzugte ^{90}Sr-Speicherung die Blutgefäße, Cornea, Sclera u. Haarfollikel. Die Verteilung des ^{90}Sr in den verschiedenen Knochenpartien ist unterschiedlich, sie wird im einzelnen beschrieben. W. Reusse. 4596◇

1389 **Das Verhalten des ^{85}Sr beim normalen Menschen nach Einzelverabreichung — Resorption und Ausscheidung.** M. Fujita, A. Yabe, K. Ueno, M. Oshino und N. Okuyama. (Health Physics **9,** 407—15, 1963; Tokai, Ibaraki, Japan Atom. Energy Res. Inst., Health Phys. Div.; engl.) — Unters. der ^{85}*Sr*-Retention während 162 Tagen bei einer ♂ Vers.-Person, die oral 4,96 μc einer trägerfreien ^{85}SrCl-Lsg. erhalten hatte, ergab, daß in einer ersten Phase von 3 Tagen ca. 85% durch die Faeces ausgeschieden werden. Es folgt dann eine Periode schwacher Ausscheidung u. schließlich die Phase der chron. Retention. Die Urinausscheidung von ^{85}Sr steht in Korrelation zur Ca-Ausscheidung u. der Plasma-Konz. an ^{85}Sr. W. Reusse. 4596◇,

1390 **Vergleichende Untersuchung zum Cer-144-Stoffwechsel in Abhängigkeit von seinem physikochemischen Zustand bei der Ratte.** A. Aeberhardt, P. Nizza, J. Remy und Y. Boilleau. (Int. J. Radiat. Biol. **5,** 217—46, 1962; Saclay, C.E.A., Dép. of Biol., Labor. de Radiol. Animale; franz.) — Ratten wurden mit 0,5 ml einer Lsg. von entweder koll. oder krist. 3wert. Cer (^{144}Ce/^{144}Pr) i.v. injiziert, die Aktivität lag bei 5 μc/ml. In nachfolgenden Zeiträumen bis zu 275 Tagen wurde bei den Tieren der Geh. des Blutes an ^{144}*Ce*, nach Tötung der Tiere der Geh. von Knochen, Leber, Milz, Lunge, Nieren, Muskelgewebe u. Zähnen bestimmt, außerdem die fäkale Ausscheidung. In Ionen-Lsg. zugeführtes Ce wird zunächst in der Leber gebunden u. dann über die Galle ausgeschieden, koll. Ce wird dagegen im retikulo-endothelialen Syst. festgehalten, dann sek. im Knochengewebe gebunden u. in die Leber übergeführt. Der Mechanismus des unterschiedlichen Stoffwechsels wird diskutiert. W. Reusse. 4596◇

1391 **Cer-144-Ausscheidung durch die Galle nach intravenöser Injektion bei der Ratte.** N. Castellino, P. Nizza und A. Aeberhardt. (Int. J. Radiat. Biol. **5,** 379—99, 1962; Sacley, C.E.A., Dép. de Biol., Labor. de Radiobiol. Animale; franz.) — Ratten erhielten i.v. Injektionen mit 8 μc (0,5 ml) einer $^{144}CeCl_3$-Lösung. Durch Katheterisierung entnommene Proben des Galleninhaltes u. Messung ihrer Aktivität wird festgestellt, daß während ca. 40 Std. nach der Injektion der Geh. des Gallensekretes an ^{144}Ce konst. ist u. dann abfällt. Ca. 3 Std. nach der Injektion tritt ein schwaches Ausscheidungsmaximum ein. Die Einführung des Katheters ruft kurzzeitig Schwankungen hervor. Während ca. 15 Std. werden 40—45% der applizierten Dosis über die Galle ausgeschieden. Die Ausscheidung durch die Faeces erfolgt ebenfalls über den Gallenweg, eine Resorption durch die Darmwandung erfolgt nicht. In der Zelle ist das Ce wahrscheinlich proteingebunden. *Hebucol* (*1-Hydroxycyclohexylbuttersäure*)-Gaben bewirken keine Änderung der Ce-Ausscheidung durch den Gallenweg. W. Reusse. 4596◇

1392 **Die Verteilung von Radioruthenium bei Mäusen.** Arne Nelson, Sven Ullberg, Harry Kristoffersson und Curt Rönnbäck. (Acta radiol. [Stockholm] **58,** 353—60, 1962; Sundbyberg, Res. Inst. of Nat. Defence; Stockholm, Royal Veter. Coll., Dep. of Pharmacol.; engl.) — Bei 8 ♂ u. 8 ♀ schwangeren Mäusen wurden in die Schwanzvene 0,3 ml (9 μc) ^{103}*Ru* i.v. injiziert u. bei den nach 5 Min. bis 32 Tagen getöteten Tieren der Verbleib des ^{103}Ru autoradiograph. bestimmt. Es zeigte sich, daß das ^{103}Ru Affinität zum Bindegewebe zeigt, während im Foetus u. im Zentralnerven-Syst. kein ^{103}Ru gespeichert wird. Ausscheidung erfolgt durch die Nieren. W. Reusse. 4596◇

1393 **Der Ketonkörperstoffwechsel.** K. Decker. (Dtsch. med. Wschr. **87,** 2254—58, 1962; Freiburg/Br., Univ., Phy-

siol.-chem. Inst.; dt.) — Übersicht; enzymat. Bldg. der Acetessigsäure, Aceton u. Hydroxybuttersäure, Verbrennung der Acetessigsäure, Bedeutung des Acetessigsäurestoffwechsels für den Säugetierorganismus. — 46 Literaturangaben.
P. Gregorzewski. 4596◇

1394 **Exkretion von 3-Methoxy-4-hydroxymandelsäure bei Personen mit bestimmten Verhaltensweisen in Zusammenhang mit starker Wirkung von Coronararterien-Erkrankung.** S. O. Byers, M. Friedman, R. H. Rosenman und S. Charles Freed. (Federat. Proc. **21**, Nr. 4, [Part II Suppl. Nr. 2], 99—101, 1962; San Francisco, Calif., Mount Zion Hosp. and Med. Center; engl.)
P. Gregorzewski. 4596◇

1395 **Der Einfluß von Glucose auf den in vitro-Acetatstoffwechsel in Nebenhodenfettgewebe von fettsüchtigen hyperglykämischen Mäusen.** B. Hellman, S. Larsson und Sighild Westman. (Med. exp. [Basel] **7**, 39—44, 1962; Uppsala, Univ. of Uppsala, Histolog. Dep.; Stockholm, Royal Veter. School, Dep. of Physiol. and Clin. Biochem.; engl.) — In Ggw. von *Glucose* (I) ist die Geschw. der in vitro-Acetatoxydation verringert. Während der Acetateinbau in das Neutralfett erhöht war, wurde keine gesteigerte Umwandlung in Fettsäuren beobachtet. Bei fettsüchtigen hyperglykäm. Tieren hatte I einen geringeren Einfl. auf den Acetateinbau in Neutralfett als bei Normaltieren. P. Gregorzewski. 4596◇

1396 **Über die Denaturierung und Fragmentierung der Desoxyribonucleinsäure in den Zellen des tierischen Organismus.** B. I. Goldstein und W. W. Gerassimowa. (Ukrain. biochem. J. **35**, 3—18, 1963; Kiew, Inst. für Gerontol. u. exp. Pathol. der Akad. der med. Wiss. der UdSSR; ukrain., Auszug: engl.) — In Verss. an Homogenaten der Dünndarmschleimhaut u. der Leber der weißen Ratte wird gezeigt, daß die *Desoxyribonucleinsäure* (I) durch $Na_4P_2O_7$ (II) bei 1std. Erhitzen auf 90° beim pH 7 u. höher extrahiert wird. Zusatz von Fe^{3+} zum Homogenat verstärkt diese Wrkg. des **II**. Der Anteil der durch **II** extrahierbaren **I** beträgt beim 1 Monat alten Tier 15—20%, beim Tier von 30—36 Monaten 50—60%. Die bei 0° aus dem Homogenat des alten Tieres extrahierte I ist denaturiert. Durch 1std. Behandlung des Schleimhauthomogenats mit Ascorbinsäure (**III**) wird denaturierte **I** extrahiert. Cystein hat diese Wrkg. nicht. Aus den Ergebnissen wird gefolgert, daß **II** mit dem in **I** enthaltenen Fe^{3+} reagiert, wodurch die lange Polynucleotidkette aus 2 Spiralen in Bruchstücke mit veränderten physikal.-chem. Eigg. zerfällt. **III** bewirkt bei der Rk. mit Fe^{3+} u. **I** eine Enspiralisierung ohne Verminderung der Kettenlänge. Die Regulierung des Zerfalls u. der Reduplikation der Polynucleotidkette der **I** erfolgt im tier. Organismus wahrscheinlich durch Fe^{3+} u. **III**. Fe^{3+} verstärkt die Bindungen zwischen 2 Spiralen der **I**. O. Lebtag. 4596△

1397 **Der Stoffwechsel der Phospholipoide des Blutes.** 4. Mitt. **Einbau von ^{32}P in die Phospholipoide der menschlichen Blutplättchen in vitro.** Marthe Paysant, Claude Bursztein, Bernard Maupin und Jacques Polonovski. (Bull. Soc. Chim. biol. **44**, 477—88, 1962; Paris, Fac. de Méd., Labor. de Chim. Biol. et Clamast, Seine, C.T.R.A. „Jean Julliard"; franz.) — Mit ^{32}P inkubierte menschliche Blutplättchen wurden mit Methanol/Chloroform (2:1) extrahiert. Durch Chromatographie der Extrakte an Kieselsäuresäulen, Elution der Säulen mit verschiedenen Chlf./Methanol-Gemischen u. papierchromatograph. Auftrennung der Eluate wurden folgende Phospholipoidfraktionen gewonnen: *Phosphatidsäuren* (1%), *Phosphatidyläthanolamine* (24—28%) u. *-serine* (4—8%), *Phosphatidylinosite* (5—6%), *Lecithine* (42—45%) u. *Sphingomyeline* (15—18% des Gesamtlipoidphosphors). Die Radioaktivität findet sich bes. in den Inositphosphatiden, Lecithinen u. Phosphatidsäuren. Cephaline u. Sphingomyeline sind prakt. unmarkiert. Der ^{32}P-Einbau hängt von den Inkubationsbedingungen ab; er ist in Ggw. von Blutplasma, Plasmaproteinen oder Citrat wesentlich höher als in physiolog. NaCl-Lösung.
H. Landmann. 4596◇

1398 **Der Stoffwechsel der Phospholipoide des Blutes.** 5. Mitt. **Einbau von ^{32}P-Phosphat in die Phospholipoide der Leukocyten des menschlichen Blutes in vitro.** Marthe Paysant, Claude Bursztein, Bernard Maupin und Jacques Polonovski. (Bull. Soc. Chim. biol. **44**, 489—500, 1962; franz.) — 4. vgl. vorst. Referat. — Mit ^{32}P inkubierte menschliche Leukocyten wurden mit Methanol/Chlf. (2:1) extrahiert. Aufarbeitung der Extrakte vgl. vorst. Referat. Der Einbau von ^{32}P in die Leukocyten-Phospholipoide ist von den Inkubationsbedingungen abhängig. Er ist in Ggw. von Blutplasma, Plasmaproteinen oder Citrat wesentlich höher als in physiolog. NaCl-Lösung. In Anwesenheit der genannten Agentien im Inkubationsmedium wird ^{32}P vor allem in die *Lecithine* u. in geringerem Umfang in die *Phosphatidylinosite* eingebaut, während in NaCl-Lsg. die Phosphatidylinosite u. *Phosphatidsäuren* stärker markiert werden als die Lecithine. Der Einbau von ^{32}P unterscheidet sich bei den einzelnen Leukocytentypen. Phagocytierende Leukocyten (Anwesenheit von Kartoffelstärke im Inkubationsmedium) haben einen höheren Phosphatumsatz.
H. Landmann. 4596◇

1399 **Mechanismus der Serumcholesterinerniedrigung durch verschiedene pharmakologische Agentien.** Grace A. Goldsmith. (Federat. Proc. **21**, Nr. 4, [Part II Suppl. Nr. 2] 81—85, 1962; New Orleans, La., Tulane Univ., School of Med., Dep. of Med.; engl.) — Übersicht. — 19 Literaturangaben. P. Gregorzewski. 4596◇

1400 **Der Einfluß von Fettsäuren auf Serumcholesterin.** Oswald A. Roels und Sami A. Hashim. (Federat. Proc. **21**, Nr. 4, [Part II Suppl. Nr. 2] 71—76, 1962; New York City, Columbia Univ., Inst. of Nutrit Sci.; St. Luke's Hosp.; engl.) — Übersicht. — 28 Literaturangaben.
P. Gregorzewski. 4596◇

1401 **Der Einfluß von Linolsäureester und Östrogen auf den Cholesterinstoffwechsel.** G. S. Boyd. (Federat. Proc. **21**, Nr. 4, [Part II Suppl. Nr. 2] 86—92, 1962; Edinburgh, Univ. of Edinburgh, Dep. of Biochem.; engl.) — Übersicht. — 49 Literaturangaben. P. Gregorzewski. 4596◇

1402 **Chemische Veränderungen in der Arterienwand bei Atherosklerose.** C. J. F. Böttcher und F. P. Woodford. (Federat. Proc. **21**, Nr. 4, [Part II Suppl. Nr. 2] 15—19, 1962; Univ. of Leiden, Dep. of Physical Chem.; engl.)
P. Gregorzewski. 4596◇

1403 **Extrazelluläre in vivo-Kollagenfaserentstehung.** Russell Ross und Earl P. Benditt. (Nature [London] **197**, 395—96, 26/1. 1963; Seattle, Wash., Univ. of Washington, School of Med., Dep. of Pathol.; engl.) — An skorbut. Meerschweinchen, welche auf *Ascorbinsäure*-haltige Kost umgestellt wurden, konnte erstmals Beweis für eine extracelluläre in vivo-Bldg. von *Kollagenfasern* im Bereich artifizeller Wunden gewonnen werden. Dabei wurde die Umwandlung des bei Skorbut vorhandenen, extracellulären, nichtkollagenösen Fasermaterials in Kollagenfasern beobachtet.
U. Tausendfreund. 4596◇

1404 **Die Fettsäuren in den Flugmuskeln von Locusta migratoria.** A. M. Th. Beenakkers. (Naturwissenschaften **50**, 361, 1963; Nijmegen, Niederlande, Univ., Zool. Inst.; dt.) — Die Fette der Flugmuskeln von *Locusta migratoria* (wandernde Phase) wurden nach Gefriertrocknung des biolog. Materials extrahiert u. papierchromatograph. getrennt. Vf. gibt den Geh. in Ruhe u. nach einem Flug von 6½ Std. für die *Gesamtfette*, *Stearin-*, *Palmitin-*, *Myristin-*, *Öl-*, *Linol-* u. *Linolensäure* an. Während des Fluges erfolgt eine Zunahme der Fettsäuren um ca. 30%; die einzelnen Fraktionen reagieren dabei unterschiedlich. Wahrscheinlich erfolgt diese Zufuhr vorwiegend aus dem Fettkörper über die Hämolymphe.
H. Zöllner. 4597◇

1405 **Bindung von Ca und Mg durch funktionelle Strukturproteine des Muskels.** A. Mühlrad, N. A. Biró und K. Vértes. (Acta physiol. Acad. Sci. hung. **21**, 15—28, 1962; Budapest, Eötvös Loránd Univ., Inst. of Phylogen. and Gen., Biochem. Group; engl.) — Bei der Herst. einer Bindung zwischen *Myosin*, *Myosin-B* bzw. den Muskelfasern u. dem *dissoziierbaren* (durch Äthylendiamintetraessigsäure eliminierbaren bzw. durch ^{45}Ca austauschbaren) *Ca* spielen 2 Arten von Bindungsorten eine Rolle, welche beide ein Teil der Myosinkomponente sind. Die Affinität der starken Bindungsorte besitzt die Konst. 18000, die Affinität der schwachen Bindungsorte die Konst. 100. Die starken Bindungsorte haben eine größere Affinität zu Ca als zu *Mg* (mit der Konst. 1000). U. Tausendfreund. 4597◇

1406 **Die Intensität der Erneuerung des Amidstickstoffs von Glutamin und Proteinen im Herzmuskel von Tieren verschiedenen Alters.** D. L. Ferdman, A. I. Ssilakowa und G. P. Trusch. (Biochemie [UdSSR] **28**, 445—50, 1963; Kiew, Biochem. Inst. der Akad. der Wiss. der UdSSR; russ., Auszug: engl.) — In Verss. mit Kaninchen, denen intraperitoneal 2—6 mg/kg N in Form von $^{15}NH_4NO_3$ zugeführt wurde, zeigte sich im Herzmuskel der erwachsenen Tiere eine intensivere Erneuerung des Amid-N von *Glutamin* (I) u. des Amid-N der *Proteine* (II) als im Skelettmuskel. Beim jungen Tier sind beide Prozesse im Herz- u. Skelettmuskel intensiver als beim alten Tier. Im Herzmuskel des jungen Tieres verläuft die I-Erneuerung viel intensiver als im Skelettmuskel. Die II-Erneuerung ist beim jungen Tier im Herzmuskel fast doppelt so stark wie im Skelettmuskel. O. Lebtag. 4597△

1407 **Glucose- und Kaliumtransport im isolierten Herzen von Venus mercenaria.** D'Amico und P. P. Foà. (Experientia [Basel] **15**, 145, 1959; Chicago, Ill., Chicago Med. School, Dep. of Physiol. and Pharmacol.; engl.) — Das isolierte Herz von *Venus mercenaria* verbraucht bei Inkubation in künstlichem Meerwasser *Glucose* (I). Die Aufnahme von I ist von einem Eintritt von *K* in das Herz begleitet. Mit *Ouabain* vorbehandelte Herzen geben K an das Inkubationsmedium ab. *Insulin* verändert den Transport von I oder K nicht. K. Zingraf. 4597◇

1408 **Aminosäurentransport durch die Leberzelle bei trüber Schwellung.** Guido Guidotti und Maria Luisa Melli. (Proc. Soc. exp. Biol. Med. **110**, 719—22, Aug./Sept. 1962; Milano, Univ., Ist. di Patol. Generale; engl.) — Der Transport von *α-Aminoisobuttersäure* durch die Leberzellenmembran der Ratte wurde durch trübe Schwellung infolge Injektion von Salmonella-typhimurium-Toxin beschleunigt u. der Wert seiner Endverteilung im intracellulären W. verdoppelt. K. Zingraf. 4597◇

1409 **Zur Erforschung der Eiweißstoffe des Nervensystems.** A. B. Palladin und N. M. Poljakowa. (Bull. Acad. polon. Sci., Ser. Sci. biol. **7**, 47—52, 1959; Kiew, Inst. für Biochemie der Akad. der Wiss. der UkrainSSR; russ., Auszug: franz.) — Die papierelektrophoret. Unters. der lösl. *Proteine* (I) verschiedener Bereiche des Zentralnerven-Syst. (ZNS) ergab: die lösl. I des ZNS sind durch *Globuline* (II; richtiger I, die elektrophoret. die Beweglichkeit von II aufweisen) vertreten; die peripheren Nerven enthalten neben II große Mengen *Albumin* (III) u. zur Kathode wandernde I, wodurch sich die lösl. I von den übrigen Abschnitten des ZNS unterscheiden; die Rückenmarkswurzeln enthalten III u. zur Kathode wandernde I; die markfreien Nerven u. die Bereiche des vegetativen Nerven-Syst. enthalten nur III; das in den peripheren Nerven vorkommende III kommt nur in den Nervenfasern selbst vor; während der embryonalen Entw. wird die Zus. der I im ZNS u. in den peripheren Nerven komplizierter. O. Lebtag. 4598△

1410 **Die Wirkung von Calcium und Magnesium auf die spontane Freisetzung von Überträgern von Endungen motorischer Säugetiernerven.** J. I. Hubbard. (J. Physiology **159**, 507—17, 1961; Canberra, Australian Nat. Univ., Dep. of Physiol.; engl.) — Vf. führt die Verss. am Phrenicus-Präp. des Rattenzwerchfells durch. Die Frequenz des Endplattenpotentials wird beschleunigt durch *Ca* u. unterdrückt durch *Mg*. Die Wrkg. scheint an der Oberfläche der präsynapt. Membran stattzufinden. Vf. nimmt den gleichen Mechanismus der Überträgerfreisetzung durch Ca u. Mg an, wie er durch Nervenimpulse bewirkt wird. W. Hiller. 4598◇

1411 **Die Anionenpermeabilität der synaptischen und nichtsynaptischen Motoneuronenmembran.** T. Araki, M. Ito und O. Oscarsson. (J. Physiology **159**, 410—35, 1961; Canberra, Australien, Nat. Univ., Dep. of Physiol.; engl.) — Vgl. C. **1961**, 15826. — Zur Durchführung der Verss. werden Mikroelektroden mit Lsgg. verschiedener Anionen gefüllt u. in die niederen Lumbalsegmente der Katzenmotoneuronen eingesenkt. Die Elektronen dienen zur Injektion der Anionen u. zu deren intracellulärer Messung. Die Wrkg. der Injektionen wurde an Hand der Veränderungen des postsynapt. Hemmpotentials gemessen. Die Ergebnisse zeigen, daß die Membran der postsynapt. Hemmung permeabel ist für J^-, NO_2^-, BF_4^-, ClO_3^-, ClO_4^-, HCO_2^-, N_3^-, Cl^-, Br^-, SCN^- u. NO_3^-. Sie ist nicht permeabel für BrO_3^-, HSO_3^-, $C_2O_4^{2-}$, Propionat- u. Butyratanionen, $Fe(CN)_6^{3-}$, $Fe(CN)_6^{4-}$ u. SO_4^{2-}. Die Durchdringungs-Geschw. der Zellmembran zeigt die Reihenfolge: $Br^- = SCN^- > Cl^- > NO_2^- > BF_4^- > J^- > NO_3^- > ClO_3 > HCO_2$. W. Hiller. 4598◇

1412 **Durch peripheres Nervengewebe freigesetzte Substanzen.** L. Korányi und K. Lissák. (Acta physiol. Acad. Sci. hung. **21**, 65—67, 1962; Pécs, Med. Univ., Inst. of Physiol.; engl.) — Die von peripheren Froschnerven freigesetzten, UV-absorbierenden Substanzen gehören wahrscheinlich zu den *Peptiden*; um Abbau-Prodd. von Nucleinsäureketten handelt es sich nicht. Hochgereinigte *Ribonuclease* beeinflußt die Diffusion nicht. U. Tausendfreund. 4598◇

1413 **Fraktionierung der Phospholipide des Rattenhirns durch Chromatographie in der Silicagelsäule.** W. Ja. Dworkin, D. A. Tschetwerikow und A. A. Schmelew. (Biochemie [UdSSR] **28**, 475—81, 1963; Leningrad, Pawlow-Inst. für Physiol. der Akad. der Wiss. der UdSSR; russ., Auszug: engl.) — Durch Chromatographie an der Silicagelsäule können die *Phospholipide* des Rattenhirns in folgende 4 Fraktionen zerlegt werden: *Phosphatidinsäuren* + *Polyglycerophosphatide* (a); Gemisch von *Äthanolamino-* u. *Serinphosphatiden* (b); *Inositphosphatide* (c); *cholinhaltige Phospholipide* (d). Fraktion a wird durch Chlf. + Methanol (9:1) eluiert u. enthält im Mittel 3,66% des gesamten eluierten P, b mit 4:1 45,36%, c mit 3:2 8,9%, d mit 1:4 39,48%. Durch alkal. Hydrolyse läßt sich d in Lecithine u. Sphingomyeline (33,12 bzw. 6,36%) trennen. O. Lebtag. 4598△

1414 **Erregung und Hemmung von Hirnstammneuronen durch Noradrenalin und Acetylcholin.** P. B. Bradley und J. H. Wolstencroft. (Nature [London] **196**, 840 u. 873, 1/12. 1962; Birmingham, Med. School, Med. Res. Council, Neuropharmacol. Res. Unit.; engl.) — Es wird über die Rk. von Neuronen des Hirnstamms der decerebrierten Katze auf die lokale Applikation der als periphere Überträgersubstanzen bekannten Stoffe *Noradrenalin* (I) u. *Acetylcholin* (II) berichtet. 46% (von 95 getesteten Neuronen) reagierten auf I, 31% wurden erregt, 15% gehemmt. 27% (von 111 getesteten Neuronen) reagierten auf II, 22% wurden erregt, 5% gehemmt. Die Rk. auf II setzte schneller als die auf I ein, hielt jedoch kaum länger als 10 Sek. an (die Rk. auf I kann bis zu 3 Min. anhalten). Bei Applikation von I u. II gemeinsam reagierten 24% (von 93 getesteten Neuronen), 14% wurden durch I u. II erregt, 19% wurden durch eine der Substanzen erregt u. durch die andere gehemmt; wiederholte Anwendung führte zu immer gleichen Ergebnissen. U. Tausendfreund. 4598◇

E_6. Pharmakologie, Therapie, Toxikologie, Hygiene

1415 **Die Erforschung des erhöhten Irrgartens als neuropharmakologischer Test.** Mladen Blozovski. (C. R. hebd. Séances Acad. Sci. **249**, 2868—70, 1959; franz.) — In einem Test mit einem erhöhten Irrgarten können neuropharmakolog. wirksame Mittel in 2 Gruppen geteilt werden: a) Mittel, die die Erforschung des Irrgartens u. die Motilität hemmen: Chlorpromazin, Serotonin, Dibenamin (100 mg/kg), Reserpin; b) Mittel, die die Erforschung hemmen, während die Motilität erhalten bleibt: Morphin, *l*-Amphetamin, Atropin u. Scopolamin. A. bewirkt atakt. Gang u. hemmt die Erforschung. Coffein löst abwechselnd Schübe erhöhter Motilität u. Immobilität aus. Lysergsäurediäthylamid bewirkt lebhafte Erforschung. Novocain u. Iproniazid verändern das Verh. der Mäuse nicht. K. Zingraf. 4600◇

1416 **Symposium über die Chemie toxischer Substanzen.** 1. Mitt. **Einführung in das Symposium.** Vernon H. Cheldelin. (J. med. pharmac. Chem. **4**, 457—58, 1961; Corvallis, Oreg., State Univ.; engl.) — Über den Stand der Kenntnisse von Stoffwechselgiften. W. Holland. 4600◇

1417 **Die peripheren Wirkungen von Hemicholiniumverbindungen.** J. P. Long. (J. med. pharmac. Chem. **4**, 505—10, 1961; Iowa City, Iowa, Univ., Coll. of Med., Dep. of Pharmacology; engl.) — Zusammenfassung der bisherigen Ergebnisse über *Hemicholinium*, die Toxizität, Pharmakologie u. über Analoge. — 13 Literaturangaben. W. Holland. 4600◇

1418 **Arzneimittel und Mißbildungen.** J. W. Keyser. (Lancet **1962** (II), 785—86, 13/10.; Cardiff, Royal Infirm., Inst. of Pathol.; engl.) — Es wird zu bedenken gegeben, daß bei Verw. örtlich anwendbarer chem. Substanzen als *spermizider Konzeptionsverhütungsmittel* (welche ja bekanntlich als alleinige Konzeptionsverhüter nicht geeignet sind) die Alternative immobilisierter Spermatozoen gegenüber völlig unbeeinträchtigt bleibenden Spermien ungerechtfertigt ist. Vielmehr muß damit gerechnet werden, daß ein Spermatozoon nur geschädigt u. nicht immobilisiert wird (subletale Konz. infolge Verdünnungsvorgängen) u. somit zu Miß-

Bldg. des Fötus Anlaß geben kann. Ferner ist auch an die Verschleppung geringer Mengen des spermiziden Mittels bis zur Eizelle zu denken. U. Tausendfreund. 4600◇

1419 **Tierexperimentelle Untersuchungen zur Frage der Thalidomid-Embryopathie.** Hans-Jörg Mauss und Klaus Stumpe. (Klin. Wschr. **41**, 21—25, 1/1. 1963; Hamburg-Eppendorf, Univ.-Frauenklinik; dt.) — Ein gehäuftes Auftreten von Dysmelie-Miß-Bldg. ist bei Kindern beobachtet worden, deren Mütter zwischen dem 27. u. 40. Tag nach der Konzeption *Thalidomid* (I) eingenommen hatten. Die Vff. können aus ihrer klin. Erfahrung diese Beobachtung bestätigen. Es gelang jedoch nicht, durch I im Tier-Vers. Miß-Bldg. zu erzeugen: Mäuseweibchen erhielten vor oder nach der Paarung unterschiedliche Dosen I (bis zu 5 g/kg Körper-Gew.). Von 1162 von diesen Weibchen geworfenen Jungtieren zeigte keines eine Mißbildung. Als Ursache für das Ausbleiben von Miß-Bldg. im Tier-Vers. werden diskutiert: biochem. Rkk. von I mit genomspezif. prim. Gen-Prodd., zeitliche Unterschiede in der Entw. des Extremitätenskeletts u. die unterschiedliche Placentation bei Mensch u. Maus. Die Ergebnisse zeigen den begrenzten Wert von Tier-Verss. für die Arzneimittelprüfung. K. Thielmann. 4600◇

1420 **Pharmakologie und Biochemie des Arzneimittelstoffwechsels.** William F. Bousquet. (J. Pharmac. Sci. **51**, 297—309, 1962; Lafayette, Ind., Purdue Univ., School of Pharm., Dep. of Bionucleonics and Pharmacol.; engl.) — Übersicht. Biochem. Rkk., denen Arzneimittel (Arz.) unterliegen) Oxydation, Red., Konjugation, Hydrolyse, Austausch), Veränderungen der pharmakolog. Eigg. durch den Stoffwechsel, Leberenzyme, die am Arz.-Stoffwechsel beteiligt sind, Species-, Geschlechts- u. Altersunterschiede des Arz.-Stoffwechsels, physiolog. u. biochem. Kontrolle der am Arz.-Stoffwechsel beteiligten Enzyme, Inhibitoren u. Stimulatoren des Arz.-Stoffwechsels; Mechanismen der spezif. Stoffwechsel-Rkk., Glucosiduronid-Bldg., Sulfatkonjugation, Desalkylierung, aromat. Hydroxylierung, Bldg. akt. Stoffwechselprodukte. — 135 Literaturangaben.
P. Gregorzewski. 4600◇

1421 **Messung des natürlichen Gehaltes des menschlichen Knochens an RaD (^{210}Pb) und RaF (^{210}Po), Abschätzung der Gesamtkörperbelastung.** R. B. Holtzman. (Health Physics **9**, 385—400, 1963; Argonne, Ill., Argonne Nat. Labor., Radiol. Phys. Div.; engl.) — Veraschte menschliche Knochenproben wurden mit einem α-Proportionalzähler untersucht. Die mittlere Konz. an *RaD* im Gleichgewicht mit *RaF* im Skelett ist bei ♂ 0,161, bei ♀ 0,119 pc/g Asche, der ^{226}*Ra*-Geh. liegt bei $0{,}037 \pm 0{,}007$ pc/g Asche. Eine Korrelation zwischen den beiden Geh. ist nicht erkennbar. Betrachtungen in Verbindung mit dem Geh. der Biosphäre führen zu dem Schluß, daß Nahrung u. Atemluft den Geh. an RaD im Organismus verursachen. W. Reusse. 4601◇

1422 **Bestrahlungswirkungen auf die mediterrane Mehlmotte Ephestia kuehniella Zeller nach Fütterung mit ^{89}Sr-haltigem Futter.** Howard E. Erdman. (Int. J. Radiat. Biol. **5**, 331—38, 1962; Richland, Wash., G.E.C., Hanford Labor., Biol. Labor.; engl.) — Füttert man die oben genannte Mehlmotte mit Maismehl, das zwischen 0,1 u. 5,0 μc/g ^{89}Sr enthält, dann beobachtet man mit wachsendem ^{89}Sr-Geh. abnehmende Nachkommenschaft. Nach dem Schlüpfen ist zunächst der Geh. der ♂ u. ♀ an ^{89}Sr etwa gleich, später sinkt der der ♀ auf etwa die Hälfte desjenigen der ♂ ab. Die Lebensdauer der Tiere blieb von dem ^{89}Sr-Geh. weitgehend unbeeinflußt, die Entw. wurde jedoch gehemmt.
W. Reusse. 4601◇

1423 **Der Einfluß der Sauerstoffkonzentration auf Bestrahlung von Pseudomonas aeruginosa.** A. A. van Soestbergen. (Int. J. Radiat. Biol. **5**, 567—77, 1962; Med. Biol. Lab. Nat. Def. Res. Organ. T.N.O., Rijswijk, Z.H., Netherlands; engl.) — Bakterienaufschwemmungen unter verschiedenen Sauerstoff-Konzz. wurden 6mal mit steigenden Dosen (bis $12 \cdot 1084^{-1}$ rad) bestrahlt. Die Sauerstoff-Konz., bei der eine bestimmte Rk. auftritt, nimmt exponentiell mit der Bestrahlungsdosis ab. Die Radiosensitivität der Bakterien als Funktion der Sauerstoff-Konz. nimmt exponentiell mit der Bestrahlung zu. Beschreibung der Beziehung zwischen dem log der Sauerstoff-Konz. u. der Überlebensquote eines bestimmten Bestrahlungswertes durch Transformation einer normalen Verteilungsfunktion. H. Hüller. 4601◇

1424 **Die Brenzcatechinaminausscheidung der Ratte nach Röntgenbestrahlung.** H. Braun und H. J. Kuschke (Fortschr. Gebiete Röntgenstrahlen Nuklearmed. **94**, 827—29, Juni 1961; Würzburg, Med. Univ.-Klinik; dt.) — Ratten wurden mit 300, 600 oder 900 r ganzkörperbestrahlt u. im 24-Std.-Urin fluorometr. *Noradrenalin* (I) u. *Adrenalin* (II) bestimmt. 300 r hatten keinen Einfl. auf die Brenzcatechinaminausscheidung. 600 r steigerten die I-Ausscheidung bis zum Doppelten des Ausgangswertes, die II-Ausscheidung stieg nur geringfügig an. 900 r steigerten die Ausscheidung von I u. II schneller u. bis zum 4fachen der Ausgangswerte. Die Befunde zeigen, daß es bei einer schweren Strahlenkrankheit zu einer Mitreaktion des sympath. Nerven-Syst. u. des Nebennierenmarkes kommt.
Klaus Thielmann. 4601◇

1425 **Der scheinbare Peroxidgehalt bestrahlter und beunruhigter Mäuse.** V. J. Horgan und J. St. L. Philpot. (Int. J. Radiat. Biol. **5**, 167—81, 1962. Harwell, Berks., Med. Res. Council Radiat. Biol. Res. Unit; engl.) — Vgl. C. **1962**, 7959. — Mit bis 6000 r einer 250 kV-Röntgenstrahlung bestrahlte Mäuse wurden nach Tötung auf ihren Geh. an *Peroxid* untersucht. Die Ausbeute an scheinbarem Peroxid beträgt bei 6000 r 28 Moll./Ionenpaar. Bei unbestrahlten Tieren wird die Peroxid-Bldg. durch normale peroxidhaltige Nahrung sowie bei Erregung von Furcht ebenfalls angeregt. *S-Aminoäthylisothiuroniumbromid* wirkt nicht hemmend auf die Peroxid-Bildung.
W. Reusse. 4601◇

1426 **Die Lipoproteide des Hyaloplasmas der Leberzellen bei akuter Strahlenkrankheit.** W. D. Blochina und Je. M. Boljajowa. (Biochemie [UdSSR] **26**, 272—76, 1963; russ.) — Durch Fraktionierung des Hyaloplasmas der Leberzellen von Kaninchen werden 6 Fraktionen erhalten, von denen 3 (Nd. 1 u. 2, überstehende Fl.) als *Lipoproteide* (I) anzusprechen sind. Nd. 1 entspricht den α-I des Blutserums u. ist reich an fest gebundenen u. arm an locker gebundenen Lipiden. Die Fl. entspricht den β-I des Blutserums u. zeigt geringere Unterschiede im Geh. an fest u. locker gebundenen Lipiden. Die Lipid-Zus. von Nd. 2 nähert sich den cytoplasmat. Mikrostrukturen. Bei Strahlenkrankheit nimmt der Geh. an Fettsäuren in den Ndd. 1 u. 2 schon nach 2 u. 6 Std. zu. Im Nd. 2 nehmen außerdem die locker gebundenen Lipide zu. Danach tritt Lipämie ein. O. Lebtag. 4601△

1427 **Röntgenstrahlwirkungen auf die Rattenleber. Das Verhalten der Adeninnucleotide, des Wassers und der gesamten Lipoide.** C. Agostini und Angela Sessa. (Int. J. Radiat. Biol. **5**, 155—66, 1962; Milano, Univ., Ist. di Patol. Gen., Comitato Naz. per l'Energia Nucl.; engl.) — Ein bei Ratten aus dem Intestinum herausgeführter Leberlappen wurde mit 1400 r einer 220 kV-Röntgenstrahlung bestrahlt u. die Wrkg. bei den nach 3—12 Std. getöteten Tieren untersucht. Es ergab sich, daß der Wassergeh. gegenüber dem unbestrahlten Leberteil unverändert ist u. daß der Lipoid-Geh. 12 Std. nach der Bestrahlung einen signifikant überhöhten Wert zeigt. Durch intraperitoneale ^{32}P-Gaben vor der Bestrahlung kann gezeigt werden, daß der ^{32}P-Einbau in die Adeninnucleotide durch die Bestrahlung nicht beeinflußt wird.
W. Reusse. 4601◇

1428 **Zur Frage der Dosisabhängigkeit der strahleninduzierten Nucleoproteinverminderung im Zellkern von Leber, Milz und Thymus.** Hanna Ernst. (Naturwissenschaften **50**, 333, 1963; Heiligenberg/Baden, Heiligenberg-Inst., Biophysikal. Abt.; dt.) — Nach Ganzkörperbestrahlung von ♂ Ratten mit 50, 200 oder 1000 r ließ sich für die *Nucleoprotein* (I)-Verminderung (Albumine/Globuline u. Histone) in den Leberzellkernen keine Dosisabhängigkeit nachweisen. Die Dosisabhängigkeit der I-Konz. in Thymus u. Milz war geringfügig. Die I-Verminderung ist demnach in den ersten 4 Std. nach Bestrahlung gewebe- u. dosisunspezifisch.
W. Damerau. 4601◇

1429 **Der Wirkungsgrad der Radikalbildung durch Röntgenstrahlen in trockenen Proteinen und Nucleinsäuren.** Adolf Müller. (Int. J. Radiat. Biol. **5**, 199—200, 1962; Karlsruhe, Kernforsch.-Zentr., Inst. f. Strahlenbiol.; engl.) — Unter Vakuum (10^{-5} mm Hg) wurden Gelatine, Pepsin, Ei-Albumin, Hefe-Ribonucleinsäure, Kalbsthymus-Desoxyribonucleinsäure, Thiogel B, menschliches Serumalbumin u. Hämoglobin röntgenbestrahlt. Durch Best. der paramagnet. Absorption wurde der Geh. an freien Radikalen bestimmt.

Er steigt mit wachsender Dosis zunächst steil, oberhalb ca. 3 Mrad flach an. Die Erzeugung von Radikalen wird als Bestandteil des Mechanismus der Strahlenschädigung diskutiert. W. Reusse. 4601◇

1430 **Einfluß des Natriumgallates auf den Nucleinsäuregehalt in den Organen von gesunden und bestrahlten Ratten.** W. A. Baraboi und Ss. P. Matzui. (Ukrain. biochem. J. 35, 84—91, 1963; Kiew, Bogomoletz-Inst. für Physiol. der Akad. der Wiss. der Ukrain. SSR, Labor. für Biophysik; ukrain., Auszug: engl.) — Durch Zufuhr von 60 mg/kg *Na-Gallat* (I) wird bei gesunden Ratten nach 2 Tagen der Geh. an *Ribo* (II)- u. *Desoxyribonucleinsäure* (III) in Leber, Dünndarmschleimhaut u. Hoden um 19—30% vermindert. Die Abnahme von II ist stärker als die von III. Danach nehmen II u. III bis über die Norm zu. Die Normalisierung des II- u. III-Geh. erfolgt nach I rascher als nach Propylgallat (IV). Die prophylakt. I-Zufuhr vor der Bestrahlung mit 750 r verursacht in der Leber u. im Hoden nach 2 Tagen eine stärkere Abnahme von II u. III als die Bestrahlung allein. 7—13 Tage nach der I-Zufuhr u. Bestrahlung wird der Geh. an II u. III allmählich normalisiert. Diese Normalisierung erfolgt rascher als bei der prophylakt. Anwendung von IV. Diese Normalisierung des II- u. III-Geh. durch I ist von Wichtigkeit für die Strahlenschutz-Wrkg. des I. O. Lebtag. 4601△

1431 **Einfluß der Totalbestrahlung auf den Plasmalogengehalt des Gehirns.** M. N. Baryschnikowa. (Ukrain. biochem. J. 35, 99—103, 1963; Gorki, Med. Kirow-Inst., Lehrstuhl für biol. Chemie; russ., Auszug: engl.) — Nach der Röntgenbestrahlung weißer Ratten mit 1000 r ist der Geh. des Gehirns an *Plasmalogenen* (I; Acetalphosphatide) um 20—30% erhöht. In Verss. an bestrahlten u. nichtbestrahlten Ratten zeigt sich eine Abhängigkeit des I-Geh. von der Jahreszeit: im Frühjahr u. Sommer ist der I-Geh. höher als im Herbst u. Winter. Die jahreszeitliche Abhängigkeit des I-Geh. zeigt sich auch nach der Bestrahlung. O. Lebtag. 4601△

1432 **Die Wirkung von Methysergid und Röntgenstrahlen auf die Barbiturat-Schlafzeit von Ratten.** V. Varagić, S. Stepanović und S. Hajduković. (Int. J. Radiat. Biol. 5, 559—565, 1962; Belgrade, Yugoslavia, Med. Fac., Inst. for Nuclear Sci. „Borish Kidrich" at Vincha and Dep. of Pharmacol.; engl.) — *Methysergide* (1-Methyl-D-lysergsäurebutanolamiddimaleat, Deseril), ein spezif. Serotonin-Hemmstoff, antagonisiert die durch Röntgenbestrahlung verlängerte Barbituratnarkose von Ratten (Ganzkörperbestrahlung 600 u. 800 r, Applikation von 1 mg/kg Methysergid intraperitoneal 30 Min. vor u. 1—8 Tage nach Bestrahlung). Lysergsäureamid hatte keine signifikante Wirkung. Serotoningabe (10—20 mg/kg) vor der Bestrahlung verkürzt die Barbituratnarkose nicht, Applikation 4 Tage nach der Bestrahlung verlängert die Narkosedauer signifikant. *Cysteamin* (100 mg/kg vor der Bestrahlung verminderte die Verlängerung der Narkose durch Röntgenbestrahlung, nach der Bestrahlung gegeben, verlängert es die Narkosedauer. Die Wirkungsdiskrepanz der beiden Serotoninantagonisten wird hinsichtlich des durch Bestrahlung veränderten Serotoninstoffwechsels diskutiert. H. Hüller. 4601◇

1433 **Chemischer Schutz gegen α-Partikelbestrahlung.** Tikvah Alper, D. K. Bewley und J. F. Fowler. (Nature [London] 194, 1245—47, 30/6. 1962; London, Hammersmith Hosp., Med. Res. Council, Exp. Radiopathol., Res. Unit and Cyclotron Unit.; engl.) — *Glycerin* (I) (in Agargel) schützte *E. coli B/r*-Zellen gegen 8 MeV-Elektronen u. 5,2 MeV-α-Partikel annähernd gleich stark. *Cystein* (II) schützte bis zu Dosen von 24 Krad etwa gleich stark gegen 8 MeV-Elektronen sowie 5,2 u. 27 MeV-α-Partikel. I u. II geben unter aeroben Bedingungen einen viel wirksameren Strahlenschutz als unter anaeroben. Der chem. Schutz-Wrkg. von I u. II liegt wahrscheinlich ein gemeinsamer Mechanismus zugrunde, der sich von den bisher diskutierten unterscheidet. K. Maier. 4601◇

1434 **Einfluß von β-Mercaptoäthylamin und Entfernung von Sauerstoff auf die Empfindlichkeit von vier Stämmen von Escherichia coli gegen Röntgenstrahlen.** H. L. Cromroy und H. I. Adler. (J. gen. Microbiol. 28, 431—35, 1962; Oak Ridge, Tenn., Nat. Labor., Biol. Div.; engl.) — Bei vier Stämmen von *Escherichia coli* übertraf der Schutz durch *β-Mercaptoäthylamin* (I) den bei Verdrängung von O_2 durch N_2 beobachteten. Es wird vermutet, daß mindestens 2 Mechanismen beim Schutz durch I beteiligt sind, wovon einer äquivalent ist dem durch Verdrängung von O_2 erreichten. H. Aman. 4601◇

1435 **Die Strahlenschutzwirkung von Guanylthioharnstoff und verwandten Verbindungen.** Kathleen Stratton und Elizabeth M. Davis. (Int. J. Radiat. Biol. 5, 105—21, 1962; London, Roy. Free Hosp. School of Med., Dep. of Med. Phys.; engl.) — Mäuse erhielten Ganzkörperbestrahlungen mit 900 r einer 230 kV-Röntgenstrahlung. Vor der Bestrahlung wurden die Tiere alternativ mit folgenden Stoffen intraperitoneal injiziert: *Guanylthioharnstoff* (I), *Guanylthioharnstofftoluol-p-sulfonat* (II), *Methylguanylthioharnstofftoluol-p-sulfonat, S-Äthylguanylisothioharnstoff, Guanylharnstofftoluol-p-sulfonat, 1-Guanyl-4-methyl-3-thiosemicarbazidhydrochlorid, 1-Guanyl-4-phenyl-3-thiosemicarbazidtoluol-p-sulfonat, Thiobenzamidoguanidin, Thiobiuret, Dithiobiuret, Bithioharnstoff, 3.5-Diamino-1.2.4-thiadiazoltoluol-p-sulfonat* (III), *3-Toluol-p-sulfonamid-5-amino-1.2.4-thiadiazol, 3-Amino-5-methylamino-1.2.4-thiadiazoltoluol-p-sulfonat, 3-Amino-5-anilino-1.2.4-thiadiazol, 2.5-Diamino-1.3.4-thiadiazolhydrochlorid, 2-Amino-5-mercapto-1.2.4-triazol, Sulfanilylthioharnstoff* (IV), *Sulfanilylguanidin, Dithiobenzoesäure, Thiobenzoylmercaptoessigsäure, S-2-Aminoäthylthiuroniumbromid-HBr* (V), *2-Mercaptoäthylguanidin.* Beobachtung des Körpergewichtes u. der Überlebensrate der Tiere ergab, daß I, II, III, IV u. V eindeutige Strahlenschutz-Wrkg. ausüben. Bei den übrigen Stoffen zeigt sich geringfügige oder gar keine Wirkung. Die Schutz-Wrkg. erstreckt sich vorwiegend auf das Rückenmark u. ist abhängig von dem zeitlichen Abstand zwischen Injektion u. Bestrahlung. W. Reusse. 4601◇

1436 **Schutz vor strahlenbedingten Chromosomenveränderungen der Heuschrecke unter aeroben und anaeroben Bedingungen durch Cysteamin.** S. P. Ray-Chaudhuri, J. P. Chaudhuri und S. Chatterjee. (Int. J. Radiat. Biol. 5, 591—95, 1962; Varanasi, India, Banaras Hindu Univ., Department Zool., Cytogenetics Labor.; engl.) — Erwachsene ♂ Heuschrecken (*Gesonula punctifrons*) erhielten 0,05 ml $2{,}5 \cdot 10^{-2}$ m *Cysteaminhydrochlorid* 30 Min. vor der Bestrahlung mit 120 r. Gemessen an der Anzahl der Chromosomenabweichungen in der meiot. Anaphase der ersten Teilung stimmte die Schutz-Wrkg. von Cysteamin unter aeroben u. anaeroben Bedingungen annähernd überein. H. Hüller. 4601◇

1437 **Strahlenschutzwirkung von Äthylstearat.** Kurt Flemming. (Naturwissenschaften 50, 332—33, 1963; Heiligenberg/Baden, Heiligenberg-Inst., Biophysikal. Abt., u. Freiburg, Univ., Radiol. Inst.; dt.) — Mäuse (♂, ♀) wurden 48 Std. nach i.v. Verabreichung von 20 mg *Äthylstearat* (I) mit 500, 650 u. 750 r total bestrahlt. Nach 30 Tagen lebten von den Kontrolltieren noch 23%, von den I-behandelten Tieren noch 68%. Bei 750 r war keine signifikante Schutz-Wrkg. mehr zu beobachten. Die I-Wrkg. wird vorwiegend auf die Herabsetzung der Aktivität des reticuloendothelialen Syst. zurückgeführt. W. Damerau. 4601◇

1438 **Untersuchungen über die Schutzwirkung von Serotonin gegenüber Gesamtkörper-Röntgenbestrahlung von Mäusen mit Hilfe von Chrom-51.** P. V. Vittorio, E. W. Wight und B. E. Sinnott. (Canad. J. Biochem. Physiol. 41, 347—60, 1963; Kingston, Def. Res. Board, Radiobiol. Lab.; engl.) — Die Aufnahme von ^{51}Cr in den einzelnen Organen kann als Maß für die Strahlenschäden durch Röntgenstrahlen gesehen werden. Die Bestrahlung führt zur Steigerung der Aufnahme von ^{51}Cr in den Organen. Diese Erhöhung der Aufnahme wird mit der Stoffwechselsteigerung bestrahlter Zellen in Verbindung gebracht. *Serotonin*, als Strahlenschutzstoff, vermag die Erhöhung der ^{51}Cr-Aufnahme zu verhindern. Joachim Schmidt/Magdeburg. 4601◇

1439 **Die Wirkung von Reserpin und Iproniazid auf den Elektroschockanfall nach Röntgenbestrahlung bei Ratten.** Fred Rosenthal und Paola S. Timiras. (Int. J. Radiat. Biol. 5, 273—82, 1962; Berkeley, Calif., Univ., Dep. of Physiol.; engl.) — Mit 500 r röntgenbestrahlte Ratten erhielten subkutan 2 mg/kg *Reserpin* (I) oder 100 mg/kg *Iproniazid* (II). Elektroschock-Verss. an den Tieren ergaben, daß die Röntgenbestrahlung den Schwellenwert für den Eintritt der Schock-Wrkg. herabsetzt, daß I synergist. auf die Herabsetzung dieses Wertes, antagonist. bzgl. der Dauer der Convulsionen wirkt u. daß die synergist. Wrkg. von II geringer als die von I ist, die antagonist. entfällt bei II. Die gefundenen Effekte werden als Wrkg. auf die Serotonin-abhängigen Gehirnfunktionen gedeutet. W. Reusse. 4601◇

1440 **Verlängerte Überlebensdauer durch Gemische von Strahlenschutzstoffen.** R. I. H. Wang und J. G. Kereiakes. (Acta radiol. [Stockholm] **58**, 99–104, 1962; Fort Knox, Ky., U.S. Army Med. Res. Labor., Radiobiol. Dep.; engl.) — ♀ Mäuse wurden mit 250 kV Röntgenstrahlen totalbestrahlt. Bestrahlungsdaten: Filter: 0,5 mm Cu + 1 mm Al + 4,75 mm Be, FHA 44 cm, Dosisleistung 175 r/min., Gesamtdosis 800–1100 r. Die Letalität der mit 800 r bestrahlten Tiere wurde um 50–65% verringert, wenn sie vorher intraperitoneal mit 10 μMol *Serotonin* (I), 20 μMol *S-[β-Aminoäthyl]-isothiuronium*-Verb. (II) oder 30 μMol *β-Mercaptoäthylamin* (III) injiziert wurden. Nach 1100 r Bestrahlungsdosis zeigte keiner der Stoffe Strahlenschutzwirkung. Dagegen wurde mit Gemischen von 5 μMol I + 10 μMol II oder 5 μMol I + 30 μMol III 100%ig. Strahlenschutzeffekt bei mit 800, 70–80% bei mit 1100 r bestrahlten Tieren erzielt.
W. Reusse. 4601◇

1441 **Isolierung eines die Bestrahlungsmortalität senkenden Faktors aus der Milz.** Sam Katz und F. Ellinger. (Nature [London] **197**, 397–99, 26/1. 1963; Bethesda, Md., Nat. Naval Med. Center, Naval Med. Res. Inst.; engl.) — Zur Isolierung des die *Bestrahlungsmortalität senkenden Faktors* wird gefrorene Hundemilz in 0,9% NaCl gewässert; die Bioaktivität des Überstandes findet sich in der nichtdialysierbaren Fraktion; Sephadex-Chromatographie ergibt 4 akt. Fraktionen. Ammonsulfatextrakte sind wegen bleibender Verunreinigung weniger geeignet; A.-Fraktionierung ergibt 2 akt. u. 2 inakt. Fraktionen. *Hämoglobin* ist nicht ident. mit dem akt. Prinzip. Vermutlich ist das Prinzip mit einem *Polypeptid* oder *Protein* vergesellschaftet bzw. ist selbst ein Polypeptid oder Protein.
U. Tausendfreund. 4601◇

1442 **Einfluß des Lithiumchlorids auf einige Kennzahlen des Stickstoffumsatzes in den Skelettmuskeln.** G. Ja. Kremnjowa. (Ukrain. biochem. J. **35**, 43–47, 1963; ukrain., Auszug: engl.) — Durch intraperitoneale Zufuhr von 100 mg/kg *LiCl* wird der NH_3-Geh. des Kaninchenmuskels von 10,36 auf 4,19 mg-% N gesenkt. Der Geh. an *Glutamin*-N u. *Proteinamid*-N nimmt von 14,94 auf 10,53 bzw. 475,82 auf 474,84 mg-% ab. Bei gleichzeitiger Abbindung von Arterie u. Vene wird der Geh. an NH_3-N von 4,81 auf 2,41 mg-% gesenkt, der Geh. an Glutamin u. Amid-N durch LiCl nicht verändert.
O. Lebtag. 4606△

1443 **Die kastrierende Wirkung von Cadmium bei männlichen Tieren.** J. Pařizek. (Acta endocrinol. [Copenhagen], Suppl. Nr. **51**, 533, 1960; Prague, Acad. of Sci., Labor. of Physiol. and Pathophysiol.; engl.) H. Herper. 4606□

1444 **Vergleichsuntersuchung der calciphylaktischen Erregerwirkstärke verschiedener Eisenverbindungen.** Ralph Strebel, Jaromir Vašků und Hans Selyr. (J. Pharmacy Pharmacol. **14**, 658–63, Okt. 1962; Montreal, Canada, Univ. de Montréal, Inst. de Méd. et de Chir.; engl.) — Bei Ratten, die durch Vorbehandlung mit Dihydrotachysterin für die Entw. einer Verkalkung von weichem Gewebe nach Anwendung einer Erregersubstanz sensibilisiert wurden, wurde beobachtet, daß die selektive Lokalisation der Calcinose bei Verw. von Fe-Verbb. als Erreger von der Art der Trägersubstanz abhängt. Es können daher durch gleiche Fe-Mengen ganz verschiedene Calciphylaxie-Syndrome ausgelöst werden.
K. Zingraf. 4606◇

1445 **^{59}Fe-Eisen–Sorbit–Citronensäure-Komplex bei Eisenmangelanämie.** A. Pringle, A. Goldberg, E. Macdonald und S. Johnston. (Lancet **1962 (II)**, 749–52, 13/10; Glasgow, Univ., Dep. of Med., Gardiner Inst., Western Infirm.; engl.) — *^{59}Fe-Jectofer* (I; Astra, *Fe-Sorbit–Citronensäure*-Komplex) besitzt, als bei Tieren nicht carcinogen wirkendes Mittel, klin. entschiedene Vorteile. Beim Vgl. von I mit *Imferon* (II; *Fe-Dextran*-Verb.) bleibt nach i.m. Injektion von I nach 10 Std. kein ^{59}Fe an der Injektionsstelle, während nach II bis zu 20 Tage lang noch 17–45% ^{59}Fe nachweisbar sind. Die durchschnittliche Ausscheidung von I mit dem Harn beträgt 33%, während nach II kein Fe im Harn gefunden wird. Die durchschnittliche Verwertung von I beträgt 37,5% der injizierten Menge.
U. Tausendfreund. 4606◇

1446 **Anwendung des neuen Insekticides Trichlormetaphos-3 zur Bekämpfung der Fliegenlarven in den Städten Taschkent und Jangijul.** I. W. Gwosdewa. (Med. J. Usbek. **1962**, Nr. 1, 79–80; Zentr. Forschungs-Inst. für Desinfektion des Gesundheitsminist. der UdSSR; russ.) — *Trichlormetaphos-3* (I; O-Methyl-O-äthyl-O-2.4.5-trichlorphenylthiophosphat) eignet sich für die Bekämpfung von *Musca domestica* L in Müllkästen. Hierzu sind 25–50 mg/kg I erforderlich. Selbst unter den Bedingungen Mittelasiens genügt die I-Behandlung in Abständen von 7–8 Tagen, um die Larven abzutöten. I ist wirksamer als Chlorophos.
O. Lebtag. 4607△

1447 **Untersuchungen über die synergistische Wirkung von Piperonylbutoxid und -sulphoxid mit Pyrethrum.** S. C. Saxena. (Proc. nat. Acad. Sci., India, Sect. B **32**, 129–34, 1962; Gorakhpur, Univ., Dep. of Zool.; engl.) — An 2 Insektenarten (*Calandra granaria* u. *Calandra oryzae L.*) wurde die tox. Wrkg. von *Pyrethrum* (I) u. seiner Synergisten *Piperonylbutoxid* (II) u. *-sulphoxid* (III) untersucht. Beide Synergisten steigern die Toxizität von I. Dieser Effekt ist gleichstark, wenn II oder III allein oder beide im Gemisch zu I zugegeben werden.
K. Thielmann. 4607◇

1448 **Entgiftungsmechanismen in der Zecke Boophilus decoloratus.** Margaret Hitchcock und J. N. Smith. (Biochem. J. **87**, Nr. 3, 34P–35P, 1963; London, St. Mary's Hosp. Med. School, Dep. of Biochem.; engl.) — 48 Std. nach Injektion von 20 μg *m-Aminophenol*, *Umbelliferon* bzw. *8-Hydroxychinolin* wurden im Aceton- u. W.-Extrakt von Zecken papierchromatograph., spektralphotometr. u. ionophoret. die Schwefelsäureester der Phenole nachgewiesen. Injiziertes *Dinitrochlorbenzol* u. *p-Nitrobenzylchlorid* werden mit Glutathion konjugiert, *Benzoesäure*, *p-Aminobenzoesäure* oder *Nitrobenzoesäure* mit Arginin u. Glutaminsäure. Injiziert man Aroylarginin-Derivv., so werden die entsprechenden Glutaminsäure-Derivv. im Extrakt nachgewiesen.
K. Grade. 4607◇

1449 **Wirkung von Glutarsäureimiden (Bemegridum, Glutethimid) auf das Blutorgan von Hühnchen.** Fritz Kemper und Hermann Berger. (Klin. Wschr. **41**, 43–44, 1/1. 1963; Münster/W., Pharmakol. Inst. der Univ.; dt.) — *Thalidomid* (I) verursacht im Blut-Syst. von Hühnern hochgradige Veränderungen; Körperwachstum u. Entw. der Geschlechtsmerkmale bleiben zurück. Die Vff. untersuchten Arzneimittel, die Imide der Glutarsäure darstellen auf derartige Wirkungen. Beide untersuchten Substanzen: *Bemegridum* (*Eukraton*, *β-Äthyl-β-methylglutarsäureimid*) u. *Glutethimid* (*Doriden*, *α-Phenyl-α-äthylglutarsäureimid*) hatten im Gegensatz zu I keinen Einfl. auf Körper-Gew., Blutbild, Knochenmarkausstrich, Gew. u. Feinstruktur von Leber u. Milz.
K. Thielmann. 4607◇

1450 **Vergleich zwischen einem Placebo, N-Dimethyltryptamin und 6-Hydroxy-N-dimethyltryptamin beim Menschen.** D. E. Rosenberg, Harris Isbell und E. J. Miner. (Psychopharmacologia [Berlin] **4**, 39–42, 1963; Lexington, Ky., Nat. Inst. of Mental Health, Addiction Res. Center, PHS Hosp.; engl.) — *N-Dimethyltryptamin*, 5 Personen in einwöchigen Abständen i.m. in Dosen von 0,75–1 mg/kg verabreicht, löste Angstzustände, Halluzinationen, Perceptionsstörungen, Mydriasis, Blutdruckerhöhung u. eine Herabsetzung der Schwelle des Kniescheibenreflexes aus; dagegen zeigte *6-Hydroxy-N-dimethyltryptamin* die gleiche Wrkg. wie ein Placebo.
K. Zingraf. 4607◇

1451 **Die kompetitive Hemmung der N-Demethylierung von Butynamine durch 2.4-Dichlor-6-phenylphenoxyäthylamin.** Robert E. McMahon. (J. Pharmacol. exp. Therapeut. **138**, 382–86, 1962; Indianapolis, Ind., Lilly Res. Labor.; engl.) — *2.4-Dichlor-6-phenylphenoxyäthylamin* (I) hemmt die *Desmethylase* (II) aus Rattenlebermikrosomen kompetitiv in Ggw. von *Butyramine* (III) als Substrat. Auch die 4 anderen lipidlösl. Amine *SKF 525A*, *5-[α-Aminopropyliden]-dibenzo-[a.d]-cycloheptadien*, *Lilly 18947* u. *Demethylmeperidin* hemmen die Demethylierung von III ebenfalls kompetitiv. Präinkubation von II mit I verändert nicht die Wirksamkeit von I. Die Demethylierung von *Meperidin* wird durch I auch gehemmt (Hemmkonst. $2,6 \cdot 10^{-6}$ m). Gering ist der I-Einfl. auf die Demethylierung von *Methoxybutamoxane*, *Methylanilin* u. *2.4-Dichlor-6-phenylphenoxyäthylmethylamin.* I erweist sich auch in vivo bei der Ratte als wirksamer Hemmer der N-Demethylierung von $^{14}C_{(N\text{-}CH_3)}$-III. Die Hemmung des III-Stoffwechsels beruht auf einer schnellen Ausscheidung des unveränderten III durch den Urin.
W. Hiller. 4607◇

1452 **Antifertilitätswirkungen von Biguaniden.** Windsor Cutting. (Antibiotics and Chemotherapy **12**, 671–75, 1962; Stanford, Calif., Stanford Univ., Labor. of Exp. Therapeutics.; engl.) — Verabreichung von *Chlorguanidhydrochlorid* (*Paludrine*) in der Diät in Konzz. von 0,005—0,25% an Mäuse vermindert in allen Fällen die Fertilität der Tiere. Die Verminderung nimmt mit steigender Konz. zu. Die behandelten ♀ Tiere weisen erhöhten Geh. an corpora lutea auf. *N^1-β-Phenyläthylbiguanid* (*Phenylformin*) in Dosen von 0,01 u. 0,05% in der Diät u. *4-Morpholinocarboximidoylguanidin* (*Abitylguanide*) in Konz. von 0,3% ruft bei Mäusen keine Antifertilitätserscheinungen hervor. W. Hiller. 4607◇

1453 **Einige Reaktionen auf die intravenöse Injektion von o-Chlorbenzalmalononitril bei Katzen und Hunden.** T. J. Biscoe und R. J. Shephard. (Arch. int. Pharmacodynam. Thérap. **138**, 389—99, Aug. 1962; Porton Down, Salisbury, Wilts., War Dep., Chem. Def. Experim. Establ.; engl.) — Bei Katzen bewirkte die Injektion von *o-Chlorbenzalmalononitril* (I) einen Blutdruckanstieg u. Hyperpnoe nach einer kurzen Hypopnoe. Die Blutdruck-Wrkg. wurde durch Bretyliumtosylat blockiert. Beim Hund trat nach Injektion von I in die Hohlvene Blutdruckabfall, nach Injektion in den Aortenbogen u. in die Arteria carotis zunächst ein Blutdruckanstieg mit darauffolgendem Absinken ein. Durchschneidung des Sinusnervs bewirkte eine Verringerung, Vagotomie eine Zunahme der Blutdruck-Rk. u. eine Verringerung der Wrkg. auf die Atmung. K. Zingraf. 4607◇

1454 **Erfahrungen bei der Anwendung von Methylimidazol bei der Behandlung der Basedow-Krankheit.** I. A. Danilow. (Med. J. Usbek. **1962**, Nr. 4, 73—76; russ.) — Die Behandlung von 102 Patienten mit Thyreotoxikose mit *Methylimidazol* (I; 20—25 mg täglich; Gesamtdosis 1000—2000 mg) erweist sich in den meisten Fällen als erfolgreich. I verursacht keine Komplikationen u. ist leicht verträglich. Bei einzelnen Patienten verursacht I Leukopenie, Granulocytopenie u. Thrombocytopenie. Die Nebenerscheinungen nach I verschwinden rasch nach Herabsetzung der Dosis oder Beendigung der Kur. O. Lebtag. 4607△

1455 **Nicotinsäure und Äthylnicotinat in exzidierter menschlicher Haut. Percutane Resorption.** Etain Cronin und Richard B. Stoughton. (Arch. Dermatology **87**, 445—49, 1963; Cleveland, Ohio, Western Res. Univ., Dermatol. Dep.; engl.) — Bei Best. der percutanen Resorption von $^{14}C_{(COOH)}$-*Nicotinsäure* (I) u. *^{14}C-Äthylnicotinat* (II) durch exzidierte menschliche Haut ergaben sich sehr große Unterschiede. Die durchschnittliche Penetration von I beträgt nur 0,001% der applizierten Mengen, während für II eine Penetration von durchschnittlich 37% der aufgetragenen Menge nachweisbar ist. Durch Hydratation kann die Resorption von II noch weiter gesteigert werden. Der Unterschied der Resorptionsgrößen läßt sich zum Teil durch physikal. Unterschiede von I u. II erklären. U. Tausendfreund. 4607◇

1456 **Wirkungen der Kombination von Chlordiazepoxid mit Alkohol beim Menschen.** A. I. Miller, A. D'Agostino und R. Minsky. (Quart. J. Stud. Alcohol **24**, 9—13, 1963; Washington, D.C., Georgtown Univ., Hosp., Dep. of Psychiat.; engl.) — *Chlordiazepoxidhydrochlorid* (*Methaminodiazepoxid*; *Librium*, 7-Chlor-2-methylamino-5-phenyl-3H-1.4-benzdiazepin-4-oxid, Hoffmann-La Roche; 4mal 10 mg/Tag) übte keinen Einfl. auf das durch *A.* (4 oz. 94-proof-Whisky, nüchtern) hervorgerufene soziale Verhalten auf Blutdruck, Puls, Temp. oder den Wechsler-Finger-Symbol-Test aus. Es werden Hinweise für zukünftige Handhabung derartiger Verss. gegeben. U. Tausendfreund. 4607◇

1457 **Prüfung von vier Mitteln gegen Depression.** A. Leitch und C. P. Seager. (Psychopharmacologia [Berlin] **4**, 72—77, 1963; Barrow Gurney near Bristol, Barrow Hosp.; engl.) — Im Doppelblindvers. besaß *Imipramin* eine signifikant stärkere Wrkg. gegen Depressionen als *Pheniprazin*, nicht jedoch als *Phenelzin* oder *Phaceteperan*. Alle 4 Präpp. waren weniger wirksam als in der Literatur angegeben. K. Zingraf. 4607◇

1458 **Die Phosphorylierung von antiadrenergischen, mit Cholin verwandten quaternären Ammioniumsalzen.** F. C. Copp, T. S. G. Jones und A. McCoubrey. (J. Pharmacy Pharmacol. **14**, 641—46, 1962; Beckenham, Kent, Wellcome Res. Labor.; engl.) — Mit Cholin verwandte quart. Ammoniumsalze mit antiadrenerg. Eigg. wurden phosphoryliert. Von den entstehenden Betainen, von denen eines auch in das α-Glycerophosphat umgewandelt wurde, wurde eine bessere Resorption bei oraler Zufuhr erwartet. K. Zingraf. 4607◇

1459 **Die Resorption von Bretylium und verwandten quaternären Ammoniumsalzen aus dem Verdauungstrakt.** A. L. A. Boura und A. McCoubrey. (J. Pharmacy Pharmacol. **14**, 647—57, Okt. 1962; Beckenham, Kent, Wellcome Res. Labor.; engl.) — In das Lumen des Verdauungstraktes der Katze injiziertes $^{14}C_{(N-CH_3)}$-*Bretylium* (I) wurde vom Magen gar nicht u. aus dem Duodenum in den ersten 1½—2 Std. nach Injektion in geringen Mengen resorbiert. In vitro durchquerte I die Wand des Rattenduodenums von der Mucosa zur Serosa u. umgekehrt langsam, aber in gleicher Geschw.; diese wurde durch Faktoren, die den Kohlenhydratstoffwechsel verändern, nicht beeinflußt. Ein Analogon von I mit einem Cholinrest, welches zu einem Phosphorsäureesterbetain phosphoryliert wurde, war bei der Katze nach oraler Verabreichung doppelt so wirksam wie I, als welches es im Harn ausgeschieden wurde. K. Zingraf. 4607◇

1460 **Die peripheren Wirkungen von Oxotremorin, einem Stoffwechselprodukt von Tremorin.** A. K. Cho, W. L. Haslett und D. J. Jenden. (J. Pharmacol. exp. Therapeut. **138**, 249—57, Nov. 1962; Los Angeles, Calif., UCLA Med. Center, Dep. of Pharmacol.; engl.) — *1-[2-Oxopyrrolidino]-4-pyrrolidinobutin-(2)* (*Oxotremorin*) ist eine Substanz mit Muscarin-Wrkg. von ähnlicher Wirkstärke wie Acetylcholin, besitzt jedoch keinerlei Nicotin-Wirkung. Es übt seine Wrkg. lediglich durch Erregung der postganglionären cholinerg. Receptoren aus. K. Zingraf. 4607◇

1461 **Zur analgetischen Wirkung des 2-Äthylamino-3-phenylnorcamphans und anderer zentraler Stimulantien.** H.-G. Kraft, S. Sommer und R. Hotovy. (Arzneimittel-Forsch. **12**, 469—72, Mai 1962; Darmstadt, E. Merck Akt.-Ges.; dt.) — Das zentral stimulierend wirkende *2-Äthylamino-3-phenylnorcamphanhydrochlorid* (*H 610*; Wirkstoff des *Reactivan*; I) besitzt eine gute analget., oberflächenanästhet. u. leitungsanästhet. Wirkung. I erweist sich im Zentralanalgesietest (Kaninchencornea) als gleich stark analget. wie *Morphinhydrochlorid* (II) u. stärker wirksam als Aminophenazon (III). Im Schleiftest an Mäusen (writhing-Test) war I stärker analget. wirksam als III u. schwächer als II. An der Kaninchencornea u. bei der Leitungsanästhesie an Ratten wirkte I stärker lokalanästhet. als *Procainhydrochlorid*. Es wurden außerdem die relativen analget. Wrkg.-Stärken von I im Vgl. mit *DL-Amphetaminsulfat*, *L(+)-Methamphetaminhydrochlorid*, *Phenylpyrrolidinopentanhydrochlorid*, *Diäthylaminopropiophenonhydrochlorid*, *Phenmetrazinhydrochlorid* u. *Coffein-Base* bzw. *-Na-benzoat* ermittelt.
U. Tausendfreund. 4607◇

1462 **Der Einfluß von 2-Äthyamino-3-phenylnorcamphan auf die muskuläre Leistung von Ratten.** Siegmund Sommer und Rudolf Hotovy. (Arzneimittel-Forsch. **12**, 472 bis 474, Mai 1962; Darmstadt, E. Merck Akt.-Ges.; dt.) — Vgl. vorst. Referat. — Es wird gezeigt, daß *2-Äthylamino-3-phenylnorcamphanhydrochlorid* (*H 610*; I) bei Ratten nicht nur zu einer Zunahme der spontanen, zielgerichteten Laufleistung führt, sondern daß durch 10 mg I/kg/Tag bei Ratten, die wiederholt bis zur Erschöpfung in rotierenden Trommeln laufen mußten, auch die zwangsweise abverlangte Muskelleistung gesteigert wird. Auf die Größe von Herz, Leber, Milz u. Nebennieren sowie auf den Feuchtigkeits-Geh. dieser Organe hat I keinen Einfluß. Nebenbefund: Ratten, die nicht zum Lauftraining kamen, nahmen unter I weniger an Gew. zu als die ebenfalls nichttrainierten Tiere ohne I. Die Steigerung der effektiven Laufleistung durch I beruht möglicherweise auf einer Verbesserung der Muskelkoordination als Folge einer zentralen Stimulierung.
U. Tausendfreund. 4607◇

1463 **Wechselwirkung von Substanz P und anderen Stimulantien der glatten Muskulatur mit Lysergsäurediäthylamid am Meerschweinchenileum.** Carroll M. Smith und Edward J. Walaszek. (Arch. int. Pharmacodynam. Thérap. **138**, 429—36, Aug. 1962; Kansas City, Kans., Kansas Univ., Med. Center, Dep. of Pharmacol.; engl.) — *Lysergsäurediäthylamid* (*LSD-25*, I) verstärkte am isolierten Meerschweinchendarm die Wrkg. von *Substanz P* (II), *Substanz A*, *Bradykinin* u. *Acetylcholin*, nicht jedoch von Histamin. Mit I vorbehandelte Kaninchen zeigten keine Veränderung des Geh. von II im Hypothalamus oder Nucleus caudatus. I hemmt Enzyme, welche II des Darmes zerstören, nicht. K. Zingraf. 4607◇

1464 **Untersuchungen über die Blasenbildung.** 3. Mitt. **Chemische Erzeugung von subepidermalen Blasen.** J. P. E. Burbach. (Dermatologica [Basel] **122**, 120—36, Febr. 1961;

Amsterdam, Univ., Dep. of Dermatol.; engl.) — 2. vgl. C. **1961**, 4066. — Folgende Chemikalien wurden an der frisch isolierten menschlichen Haut u. an der Meerschweinchenhaut auf blasenbildende Wrkg. untersucht: *Allylglycidyläther, Allylisothiocyanat* (**I**), *Alloxan, p-Benzochinon, Bornylchlorid, Brombenzol, Campher, Chloralhydrat, α-Chloracetophenon* (**II**), *Chloroform, Paludrin, β-Chlovinyldichlorarsin* (**III**), $Cr_2(SO_4)_3$, *Crotonaldehyd* (**IV**), *Crotonsäure, Bis-[Chloräthyl]-methylammoniumchlorid, Dichlordiäthylsulfid, Dinitrochlorbenzol, Dinitrophenol* (**V**), *α.α'-Dipyridyl* (**VI**), *Äthylurethan* (**VII**), *Eucalyptol, Fluoressigsäure* (**VIII**), *Jodacetamid* (**IX**), *Milchsäure*, $HgCl_2$, *Neoarsphenamine, Marphaside, o-Phenanthrolin* (**X**), *Phenylmercuriacetat* (**XI**), *Phlorrhizin* (**XII**), *Brenztraubensäure, Na-Arsenit, Na-p-Chlormercuribenzoat, NaF, Na-Lactat, Tetraäthylthiuramdisulfid.* Als Vesikantien wirken 5%ig. **III** u. **VI**, 10%ig. **I, X** u. **XI** u. 5—10%ig. **II, IV, V, VII, VIII, IX** u. **XII**. *Cantharidin* bewirkte Akantholyse. Alle chem. Stoffe, die subepidermale Blasen bewirken, stören den Energieverbrauch der Zellen, wodurch die Adenosintriphosphat-Synth. verändert wird. G. Kimmerle. 4607△

1465 **Ekzembehandlung durch paratracheale Zufuhr von Novocain, Dimedrol und Penicillin.** U. M. Mirachmedow und A. Ss. Umarow. (Med. J. Usbek. **1962**, Nr. 4, 79—80; russ.) — Aus den Beobachtungen an 50 Patienten wird geschlossen, daß durch paratracheale Injektion von *Novocain, Dimedrol* oder *Penicillin* die Behandlung von Ekzemen, die durch Bronchialasthma kompliziert sind, beide Erkrankungen zurückgehen. Die Mittel sind auch wirksam, wenn die Ekzeme durch Pyodermie u. Furunkulose kompliziert sind. O. Lebtag. 4607△

1466 **Einfluß des Lolindihydrochlorids und seines Abkömmlings auf das Zentralnervensystems.** W. A. Karimow. (Med. J. Usbek. **1962**, Nr. 4, 66—68; Inst. für Chemie der Pflanzenstoffe; russ.) — In Verss. an 520 weißen Mäusen bewirkt die intraperitoneale Zufuhr von *Lolindihydrochlorid* (**I**) 15 Min. vor der Zufuhr von *Barbamyl* (**II**) oder *Chloralhydrat* (**III**) sowohl eine Verlängerung wie eine Verstärkung der hypnot. Wrkg. von **II** u. **III**. *N-Benzoyllolinjodmethylat* (**IV**) verstärkt die hypnot. u. tox. Wrkg. von **II** u. **III**, verlängert sie jedoch nicht. Die durch *Coffein* im Ratten-Vers. verursachte Erregung wird durch 50, 100 u. 200 mg **I**/kg aufgehoben, durch **IV** nur in der Dosis 100 mg/kg abgeschwächt. Die *Corazol*-Krämpfe werden durch 100 u. 200 mg **I**/kg stark oder völlig unterdrückt, durch 100 mg **IV**/kg verstärkt u. verlängert. Die *Nicotin*-Krämpfe werden durch 100, 200 u. 300 mg **I**/kg abgeschwächt, durch 100—200 mg **IV**/kg verstärkt u. verlängert. Auf den *Arecolin*-Tremor sind **I** u. **IV** in den Dosen 100—200 mg/kg ohne merklichen Einfluß. Die unterschiedlichen Wrkg. von **I** u. **IV** werden an Hand der Strukturunterschiede erörtert. O. Lebtag. 4608△

1467 **Die Wirkung von Atropin auf die gastrinstimulierte Säuresekretion des Magens.** E. L. Blair, A. A. Harper, H. J. Lake und J. D. Reed. (J. Physiology **159**, 72P—73P, 1961; Newcastle-upon-Tyne, Univ. of Durham, Kings Coll., Med. School, Dep. of Physiol.; engl.) — Anästhesierte Katzen mit durchschnittenem Vagus- u. Splanchnicus erhalten mit Magensonde, i.v. oder subkutan *Gastrin* verabreicht. *Atropinsulfat* bis zu i.v. Gaben von 1 mg/kg Körper-Gew. beeinflußt nicht signifikant die intermittierende oder kontinuierliche Säuresekretion bei 20 Katzen. Die Säuresekretion schwankt von 0,02—1,2 mVal/15 Minuten. Bei Verabreichung hoher Gastringaben kann die Säuresekretion des Magens verdoppelt werden. Die Ergebnisse stehen im Gegensatz zu denen anderer Autoren. W. Hiller. 4608◇

1468 **Einige pharmakologische Wirkungen des Giftes des Steinfisches Synanceja horrida.** L. Austin, K. D. Cairncross und I. A. N. McCallum. (Arch. int. Pharmacodynam. Thérap. **131**, 339—47, 1961; Maribyrnong, Victoria, Australien, Def. Sci. Serv., Dep. of Supply, Def. Standards Labor.; engl.) — Nach i.v. Injektion des *Giftes* von *Synanceja horrida* treten bei Kaninchen Blutdruckabfall, Atemstörungen u. Muskellähmungen auf; gelähmt werden Herzmuskel, Skelettmuskel u. unwillkürliche Muskulatur, dabei tritt ein Überleitungsblock im Muskel ein. Der Tod wird durch Zwerchfelllähmung bewirkt. K. Zingraf. 4609◇

1469 **Untersuchungen über Tuberkulostatica bei experimentell mit einem am Menschen wirksamen Stamm (Kurono) infizierten Mäusen und einem Standardtest.** Haruo Nishimura und Kiyoshi Nakajima. (Annu. Rep. Shionogi Res. Lab. [Amagasaki, Japan] **1957**, Nr. 7, 441—52; Div. of Bacteriol.; jap., Auszug: engl.) — Für die Unters. der Antituberkuloseaktivität von *Isoniazid, Streptomycin, p-Aminosalicylsäure* u. *Cycloserin* gegenüber *Kurono* (als Testorganismus) wird ein Standardtest beschrieben. *Kurono* zeigt gegenüber Mäusen hohe Virulenz bei früher Sterblichkeit der Tiere. H. J. Weigmann. 4610△

1470 **Untersuchungen über die therapeutische Wirkung von Antimalariamedikamenten auf Kollagenkrankheiten.** Hirosato Koyama. (Jap. Arch. intern. Med. **8**, 198—217, 1961; Kobe, Japan, Kobe Med. Coll., Dep. of Intern. Med.; jap., Auszug: engl.) — Auf die durch Histamin, Acetylcholin oder $BaCl_2$ verursachte Kontraktion des isolierten Meerschweinchendarms wirken *Atebrin* (**I**) u. *Chloroquine* (**II**) hemmend. Nach Auswaschen von **I** u. **II** aus den Präpp. wird die Kontraktionsfähigkeit wieder hergestellt. *Cortison* (**III**) hat nicht die inhibitor. Wrkg. von **I** u. **II**. Auch die anaphylakt. Kontraktion des Darm-Präp. aus sensibilisierten Tieren wird durch **I** u. **II** gehemmt. Diese Hemmung läßt sich auch nachweisen, wenn **II** nicht dem Darm-Präp., sondern zuvor dem sensibilisierten Tier 10 Tage lang in einer Dosis von täglich 50 mg/kg zugeführt wird. Die Kongorotpermeabilität der Histaminblase wird durch **I** u. **II** vermindert. Auf die experimentelle Granulom-Bldg. wirkt **II** schwächer als **III** u. *Prednisolon* (**IV**) u. erst ab Dosen von 50 mg/kg hemmend. Bei lokaler Vorbehandlung sind **II** u. **III** gegen Granulome vollkommen wirkungslos, während **IV** hier einen starken Effekt zeigt. F. Krusen. 4610◇

1471 **Untersuchungen über Vancomycin.** 1. Mitt. **Physikalische und chemische Eigenschaften und Untersuchungen der antibakteriellen Wirkung in vitro und in vivo.** Haruo Nishimura, Saburo Okamoto, Kiyoshi Nakajima, Masafumi Shimohira und Noboru Shimaoka. (Annu. Res. Sionogi Res. Lab. [Amagasaki, Japan] **1957**, Nr. 7, 465 bis 471; Div. of Bacteriol.; jap., Auszug: engl.) — *Vancomycinhydrochlorid* enthält 6,37% N, keinen P oder S. Die Eigg. von *Vancomycin* (**I**) u. von *säurehydrolysiertem Vancomycin* (**II**) werden im folgenden in der Reihenfolge **I, II** angegeben: Biuret-Rk.: +, —; Xanthoprotein-Rk.: +, —; Ninhydrin-Rk.: —, +; Sakaguchi-Rk.: —, —; Elson-Morgan-Test: —, —; Molisch-Rk.: +, +; Fehling-Rk.: —, +; Benedict-Rk.: —, +; Orcin-HCl-Rk.: —, +; Tollens-Phloroglucin-Rk.: —, +; Seliwanoff-Rk.: +, +; Tollens-Naphthoresorcin-Rk.: —, —; Lieberman-Rk.: —, —; $FeCl_3$-Rk.: ? (grünlichbraun), —; Ehrlich-Aldehyd-Rk.: —, —. **I** enthält Kohlenhydrat (Glucose, Pentose, Ketose), Amido- u. Aminogruppe sowie einen Benzolkern. Das antibakterielle Spektrum von **I** ist in vitro vergleichbar dem von *Penicillin* (**III**) u. *Erythromycin* (**IV**); **I** benötigt jedoch zur Inhibierung des Wachstums von Testorganismen eine höhere Konzentration. Bei subkutaner Applikation erweist sich **I** stärker wirksam als **III** gegenüber Infektionen mit *Diplococcus pneumoniae*, die Wrkg. bei oraler Zuführung ist in vivo jedoch schwächer als die von **IV**. Akute Toxizität (i.v.) bei Mäusen: DL_{50} 700 γ/g. H.-J. Weigmann. 4611△

1472 **Untersuchungen über Vancomycin.** 2. Mitt. **Über Resorption, Exkretion und Verteilung im Gastrointestinaltrakt.** Haruo Nishimura und Masafumi Shimohira. (Annu. Rep. Shionogi Res. Lab. [Amagasaki, Japan] **1957**, Nr. 7, 473—77; Div. of Bacteriol.; jap., Auszug: engl.) — 1. vgl. vorst. Ref., 3. vgl. C. **1964**, 4-1169. — Unterss. von Resorption u. Ausscheidung von *Vancomycin* (**I**) nach parenteraler (i.v., i.m. u. subkutan) u. oraler Applikation bei Kaninchen sowie der Verteilung von **I** im Magen–Darm-Trakt nach oraler Aufnahme durch Mäuse ergaben folgendes: 1. **I** ist in allen Fällen parenteraler Zuführung im Harn u. im Blutserum in für therapeut. Zwecke ausreichender Konz. vorhanden, nicht aber bei oraler Aufnahme; 2. ca. 66% des oral gegebenen **I** werden nach 9 Std. im Darm von Mäusen gefunden, während nach 10 Std. kein **I** im Blut bestimmt wurde; **I** wird also bei oraler Applikation nicht vom Magen–Darm-Trakt resorbiert; 3. **I** ist zur oralen Gabe ungeeignet. H.-J. Weigmann. 4611△

1473 **Behandlung des nasalen Trägers von Staphylococcus aureus mit Oxacillin (5-Methyl-3-phenyl-4-isoxazolylpenicillin).** Lawrence S. Cohen, F. Robert Fekety und Leighton E. Cluff. (Bull. Johns Hopkins Hosp. **111**, 315—20, Dez. 1962; Baltimore, Md., Johns Hopkins Univ., School of Med. and Hosp., Dep. of Med., Div. of Allergy and Infect. Diseases; engl.) — Patienten mit rekurrierender

Furunkulose sind häufig nasale Träger von *Staphylococcus aureus*. 11 solche Patienten wurden über 8—21 Tage mit *Oxacillin* (3 g/Tag auf 4 Dosen verteilt) behandelt. 1 Woche nach Absetzen der Therapie war bei 10 Patienten der ursprüngliche *Staphylococcus aureus*-Stamm wieder nachweisbar, nur in einem Fall konnte eine Heilung erreicht werden. Eine wirksame Therapie scheint nicht allein mit Antibioticis möglich zu sein. K. Thielmann. 4611◇

1474 **Über die Resistenzverzögerung durch die Kombination Erythromycin-Chlortetracyclin in vitro.** Haruo Nishimura und Masafumi Shimohira. (Annu. Rep. Shionogi Res. Lab. [Amagasaki, Japan] **1957**, Nr. 7, 453—64; Div. of Bacteriol.; jap., Auszug: engl.) — Neun untersuchte Stämme von *Staphylococcus aureus*, frisch aus Patienten isoliert, zeigen Verzögerung der Resistenz gegenüber *Erythromycin* (I) u. *Chlortetracyclin* (II) in vitro bei kombinierter Anwendung von **I** u. **II**. Nur 3 Stämme wurden gegenüber **I** resistent, vermutlich wegen schnellerer Erlangung der Resistenz gegenüber **I** als bei anderen Stämmen. H.-J. Weigmann. 4611△

1475 **Einfluß der Daueranwendung von Streptomycin und Phthivazid auf den Thiamingehalt in den Geweben des Kaninchens und auf dessen Ausscheidung mit dem Harn.** W. Ss. Pugatschow. (Ukrain. biochem. J. **35**, 64—71, 1963; Kiew, Ukrain. Janowski-Inst. für Tuberkulose u. Thoraxchirurgie; ukrain., Auszug: engl.) — Nach Zufuhr von je 25 mg/kg *Phthivazid* (I) im Lauf von 2—6 Monaten ist im 24-Std.-Harn des Kaninchens der Geh. an *Thiamin* (II) im Vgl. zur Kontrolle erhöht: nach 6 Monaten 366,6 bzw. 93,0 γ. Der Geh. an Gesamt-**II** u. freiem **II** in Leber, Lunge, Muskel u. Gehirn nimmt nach **I** ab. Der Geh. an Brenztraubensäure im 24-Std.-Harn nimmt nach **I** zu: nach 6 Monaten 5,72 bzw. 2,47 mg. 2 Monate lange Zufuhr von je 15000 E./kg *Streptomycin* vermindert den **II**-Geh. des 24-Std.-Harns u. auch den Geh. an freiem u. Gesamt-**II** in den Geweben. Im Hirngewebe ist die Veränderung des **II**-Geh. nach Zufuhr von **I** oder Streptomycin geringer als in den übrigen Geweben. O. Lebtag. 4611△

1476 **Einfluß des Cortisons auf die therapeutische Wirkung von Lävomycetin in verschiedenen Stadien der experimentellen Infektion im Zusammenhang mit einer Hormoneinwirkung auf die Phagocytose.** W. A. Ljaschenko. (Antibiotika [UdSSR] **6**, 504—07, 1961; Inst. für Auffindung neuer Antibiotica der Akad. der med. Wiss. der UdSSR; russ., Auszug: engl.) — In Verss. mit weißen Mäusen wurde intraperitoneal Bact. dysenteriae Flexneri in einer subletalen Dosis zugeführt u. 1 Std. subkutan *Lävomycetin* (I) in der Dosis 0,2 mg. 1 u. 24 Std. vor, 24 u. 48 Std. nach der Infektion oder 5 Tage lang nach der Infektion wurden je 300 mg/kg *Cortison* (II) zugeführt. Es zeigte sich, daß die Wrkg. des **II** auf den Verlauf der akuten Infektion u. auf die therapeut. Wrkg. von **I** vom Stadium der Infektion abhängig ist. Bei 6maliger Zufuhr von 300 mg **II**/kg ist die hemmende Wrkg. auf die Phagocytose stärker als bei 2maliger Zufuhr dieser Dosis. Die 2malige Zufuhr von 300 mg **II**/kg vermindert die Letalität der nach der Infektion eine schwere Schädigung durch Endotoxin aufweisenden Tiere u. erhöht die heilende Wrkg. von **I**. Die Zufuhr dieser **II**-Dosis während der subakuten sept. Periode der Infektion erhöht die Letalität u. vermindert den Heileffekt von **I**. O. Lebtag. 4611△

1477 **Colistinmethansulfonat bei kindlichen Infektionen.** H. B. Marsden und W. A. Hyde. (Lancet **1962** (II), 740—42, 13/10.; Pendlebury, Lancs, Royal Manchester Children's Hosp.; engl.) — *Colistinmethansulfonat* (*Colomycin*, Pharmax Ltd.) kann als nützliches neues Antibioticum betrachtet werden. So erwiesen sich 63 bei Routine-Unterss. im Kinderkrankenhaus isolierte gramnegative Mikroorganismenstämme (*Shigella sonnei, Escherichia coli, Pseudomonas pyocyanea, Aerobacter aerogenes, Klebsiella pneumoniae, Paracolobactrum coliforme* u. *aerogenoides*) als empfindlich. In 27 von 29 derartigen Infektionen konnten die Mikroorganismen ohne tox. Nebenwrkg. eliminiert werden. Dosierung je nach Alter 250000—1,5 Millionen Einheiten i.m. oder 750000—4,5 Millionen Einheiten peroral. U. Tausendfreund. 4611◇

1478 **Mit Colistinmethansulfonat behandelte Pseudomonas pyocyanea-Infektion.** Mary McMillan, T. M. L. Price, D. M. MacLaren und G. W. Scott. (Lancet **1962** (II), 737—39, 13/10.; London, Lewisham Hosp., Guy's Hosp.; engl.) — In 40 Fällen erwies sich *Colistinmethansulfonat* (*Colomycin*, Pharmax Ltd.) in Dosen von 1,5 Millionen Einheiten alle 8 Std. i.m. (in einigen Fällen war die doppelte Dosis notwendig) als wirksam gegenüber Infektionen mit *Pseudomonas pyocyanea*. Es kam bei den genannten Dosen zu keinen ernsten tox. Nebenwirkungen. U. Tausendfreund. 4611◇

1479 **Prüfung von Colistinmethansulfonat bei Harnwegeinfektion mit Pseudomonas pyocyanea.** W. M. Edgar und K. M. Dickinson. (Lancet **1962** (II), 739—40, 13/10.; London, Westminster Med. School; Westminster Hosp., Dep. of Urol.; engl.) — In 10 Fällen mit gegenüber Antibioticumbehandlung resistenten *Pseudomonas pyocyanea*-Harnwegeinfektionen (mit gleichzeitig geschädigten Harnwegen) bewährte sich *Colistinmethansulfonat* (*Colomycin*, Pharmax Ltd.) in Dosen von 1,5 Millionen Einheiten (120 mg) i.m. alle 8 Std.; 5mal konnte mehrmonatige Sterilität des Harnes erzielt werden; in 1 Falle war dazu allerdings die doppelte Dosis notwendig. Die Injektionen waren schmerzfrei, es kam zu keinen Nebenwrkg. u. keiner Nierenschädigung. U. Tausendfreund. 4611◇

1480 **Bradykininantagonismus nach peroraler Proteasentherapie.** Irving Innerfield, Roy E. Bundy und Richard Hochberg. (Proc. Soc. exp. Biol. Med. **112**, 295—97, 1963; Teaneck, N.J., Fairleigh Dickinson Univ., Dep. of Biochem. and Physiol.; engl.) — Peroral verabreichte proteolyt. Enzyme (*Papain, Aspergillus oryzae, Streptokinase, Trypsin*) beeinflussen (beim Hund) offenbar 3 physiolog. Wrkg. von *Bradykinin* antagonist.: Hypotension, Kontraktion glatter Muskulatur u. gesteigerte Capillarpermeabilität. Ob diese antagonist. Wrkg. mit der entzündungshemmenden Wrkg. proteolyt. Enzyme zusammenhängt, ist noch nicht geklärt. U. Tausendfreund. 4614◇

1481 **Über den Mechanismus der Hypophysen-Nebennierenstimulierung durch Reserpin.** E. O. Westermann, R. P. Maickel und B. D. Brodie. (J. Pharmacol. exp. Therapeut. **138**, 208—17, Nov. 1962; Bethesda, Md., Nat. Inst. of Health, Nat. Heart Inst., Labor. of Chem. Pharmacol.; engl.) — Bei der Ratte wird eine Hypersekretion von *adrenocorticotropem Hormon* (I) durch Dosen von *Reserpin* (II), *Syrosingopin* oder *2-Hydroxy-2-äthyl-3-isobutyl-9.10-dimethoxy-1.2.3.-4.6.7-hexahydrobenzo-[a]-chinolizin* (*Ro 4—1284*) ausgelöst, welche die Konzz. von *Norepinephrin* (III) u. *Serotonin* (IV) im Hirn auf die Hälfte verringern. Verringerung der **III**-Konz. im Hirn durch *α-Methyl-m-tyrosin* (V) bewirkt keine Hypersekretion von **I**. Anwendung von **II** nach **V**-Vorbehandlung bewirkt eine Nebennierenrindenaktivierung wie bei den Kontrolltieren, die in enger Beziehung zur Verringerung der **IV**-Konz. im Hirn steht. K. Zingraf. 4620◇

1482 **Verminderte Lernfähigkeit der Jungtiere nach Verabreichung von tranquillierenden Stoffen an die Muttertiere.** J. Werboff und R. Kesner. (Nature [London] **197**, 106—07, 5/1. 1963; Detroit, Mich., Lafayette Clin. Animal Behavior Labor.; Wayne State Univ.; engl.) — Tranquillierend wirkende Substanzen, die einen Einfl. auf die Großhirnrinde ausüben, wie *Meprobamat* (I), können spezif. Wrkg. auf das sich entwickelnde Gehirn ausüben. So wurde durch die Verabreichung von 60 mg **I**/kg/Tag an trächtige Ratten (5.—8., 11.—14. oder 17.—20. Tag) die Lernfähigkeit der Abkömmlinge vermindert. *Reserpin* (0,1 mg/kg/Tag) u. *Chlorpromazin* (6 mg/kg/Tag) beeinträchtigten die Lernfähigkeit der Jungtiere nicht. U. Tausendfreund. 4620◇

1483 **Wirkung adrenergisch blockierender Substanzen auf die tyramininduzierte Freisetzung von Brenzcatechinaminen aus dem Katzenherzen.** Charles R. Swaine. (Proc. Soc. exp. Biol. Med. **112**, 388—90, 1963; Philadelphia, Pa., Women's Med. Coll. of Pennsylvania, Dep. of Pharmacol.; engl.) — Die durch 50 μg *Tyramin* (I)/ml aus dem isolierten, durchströmten Katzenherzen bewirkte Freisetzung von *Brenzcatechinaminen* (II) kann durch *Phenoxybenzamin* (5 mg/Liter) oder *GD-131* (*N-[2-Chloräthyl]-N-äthylcyclohexanmethylamin*; 5 mg) gehemmt werden. *Phentolamin* (15 mg) oder *Dihydroergotamin* (5 mg) hemmen die **I**-Wrkg. nicht. Hemmung der Freisetzung von **II** wird von einer Verminderung der positiv inotropen Wrkg. von **I** begleitet. U. Tausendfreund. 4620◇

1484 **1-Methyl-2-phenylcyclopropylamin.** Alfred Burger, Charles S. Davis, Harry Green, David H. Tedeschi und Charles L. Zirkle. (J. med. pharmac. Chem. **4**, 571—74, 1961; Philadelphia, Pa., Smith Kline & French Labor.; engl.) — *1-Methyl-2-phenylcyclopropylamin* wird dargestellt. Es zeigt Hemm-Wrkg. auf Monaminoxydase.

Versuche: *1-Methyl-2-phenylcyclopropancarbonsäure* (I), F. 80—82° (PAe.), durch Hydrolyse des Methylesters mit alkohol. KOH; 80%. *Methylester*, $Kp._{1,3}$ 88—94°, durch Zugabe von Methacrylsäuremethylester in Ae. zu Phenyldiazomethan in Ae. bei 0—5° in Ggw. von Hydrochinon, Abdestillieren des Ae. u. 1½std. Erhitzen auf 120—135° bei 15 mm; 68%. — *1-Methyl-2-phenylcyclopropylamin*, $Kp._{1,5}$ 60—61°, durch Zugabe von Triäthylamin in Aceton (II), dann von Chlorkohlensäureester in II bei —5° zu I in II u. W., nach ½ Std. Zugabe von NaN_3 in W. u. 2std. Rühren, Gießen auf Eis, Extrahieren mit Ae. u. Kochen des Abdampfrückstandes in Toluol, Einengen u. 20 Std. langes Kochen mit 18%ig. HCl; 44%. *Sulfat*, $C_{10}H_{13}N \cdot ½ H_2SO_4 \cdot H_2O$, F. 183 bis 184°. W. Holland. 4620◇

1485 **Beziehung zwischen der Cholinesterasehemmung und der Förderung der neuromuskulären Übertragung bei Säugetieren durch Arzneimittel.** Albert S. Kuperman, Edward W. Gill und Walter F. Riker. (J. Pharmacol. exp. Therapeut. **132**, 65—73, 1961; New York, N.Y., New York Univ., School of Med., Dep. of Pharmacol.; Cornell Univ., Med. Coll., Dep. of Pharmacol.; engl.) — Von quart. Ammonium-Verbb. mit Cholinesterase-Hemmwrkg. zeigte *3-[N.N-Dimethylcarbamyl]-phenyldiäthylmethylammonium*, *3-Hydroxyphenyldiäthylmethylammonium*, *3-Hydroxyphenyltrimethylammonium*, *3-Hydroxyphenyltriäthylammonium*, *4-Hydroxyphenyldiäthylmethylammonium* u. *4-Hydroxyphenyltriäthylammonium* eine Korrelation zwischen dieser Wrkg. u. der fördernden Wrkg. auf die neuromuskuläre Überleitung. Bei *2-Hydroxymethylphenyltrimethylammonium*, *Phenyldiäthylmethylammonium*, *Phenyltriäthylammonium*, *2-Methoxyphenyltrimethylammonium*, *2-Methylphenyltrimethylammonium*, *Methyltriäthylammonium* u. *Tetraäthylammonium* fehlte eine solche Korrelation u. die Wrkg. dieser Verbb. auf die neuromuskuläre Übertragung war schwach. K. Zingraf. 4620◇

1486 **TM 10-Aktivität bei cholinergischen Verbindungen.** M. S. Comer und J. R. di Palma. (Arch. int. Pharmacodynam. Thérap. **131**, 368—78, 1961; Philadelphia, Pa., Hahnemann Med. Coll., Dep. of Pharmacol.; engl.) — Die Wrkg. einer Reizung des postganglionären Sympathicusnervs, der die Nickhaut der Katze versorgt, wird durch *Cholin-2.6-xylylätherbromid* (*TM 10*), *Edrophonium* u. *Furmethide*, nicht jedoch durch Acetylcholin, Methacholin, Phosphocholin der Tetramethylammonium blockiert. K. Zingraf. 4620◇

1487 **Experimentelle Untersuchungen über den Einfluß von Chlorpromazin, Isomytal und Meprobamat auf den Kohlenhydrat-Stoffwechsel isolierter Gewebe unter besonderer Berücksichtigung von Hirnschnitten.** Hiroshi Koizumi. (Jap. Arch. intern. Med. **8**, 167—83, 1961; Kobe, Japan, Kobe Med. Coll., Dep. of Intern. Med.; jap., Auszug: engl.) — Die einmalige Zufuhr von *Chlorpromazin* (I) an Ratten führt zu geringfügiger Zunahme der *Glucose* (II)-Verwertung, jedoch zur Abnahme der *Glykogen* (III)-Synth. im Diaphragma. In Leberschnitten solcher Tiere sind II-Aufnahme u. -Verarbeitung vermindert. Wiederholte I-Applikation verursacht leichten Anstieg des III-Abbaues in beiden Geweben. Einmalige oder wiederholte Zufuhr von *Isomytal* (IV) hemmt in Diaphragma- u. Leberschnitten II-Verarbeitung u. III-Synthese. Einzeldosen von *Meprobamat* (V) hatten bei diesen Verss. keine Effekte. In Hirnschnitten beschleunigt I die III-Synth. unter Verminderung der Lactat- u. Pyruvatbildung. IV vermindert in Hirnschnitten II-Verwertung u. beschleunigt den III-Abbau. V hat dagegen einen nur geringfügigen Einfl. auf den Kohlenhydratstoffwechsel in Hirnschnitten. F. Krusen. 4620◇

1488 **Einige Daten über den Einfluß des Aminazins auf die bedingtreflektorische Tätigkeit der Tiere bei direkter Zufuhr in die verschiedenen Hirnbereiche.** W. D. Wolkowa und M. M. Chananaschwili. (Bull. exp. Biol. Med. **54** (27), Nr. 9, 65—68, 1962; Leningrad, Akad. der med. Wiss. der UdSSR, Inst. für experiment. Med.; russ., Auszug: engl.) — Bei Katzen mit chron. Kanülen ist die minimale Dosis von *Aminazin* (I), die eine Änderung der bedingten Nahrungsreflexe hervorruft, von der Art der Zufuhr abhängig: 0,47 bis 0,63 (mg/kg) bei Zufuhr in die Großhirnrinde, 0,03—0,16 subcortical, 1,25—3,57 subkutan. Auch die Geschw. der I-Wrkg. ist von der Art der Zufuhr abhängig: sofortige Wrkg. bei subcorticaler I-Zufuhr; 1—10 Min. Latenzzeit cortical; 15—30 Latenzzeit subkutan. Das Reticulargewebe ist am empfindlichsten gegenüber I. O. Lebtag. 4620△

1489 **Eine vergleichende Prüfung von Thioridazin und Carphenazin unter Verwendung der Sequenzanalyse.** Titus P. Bellville, Gordon T. Heistad und Burtrum C. Schiele. (Psychopharmacologia [Berlin] **4**, 53—65, 1963; Minneapolis, Minn., Univ. of Minnesota Hosp.; engl.) — Eine klin. Prüfung unter Verw. der Sequenzanalyse ergab keine qual. Unterschiede in der Wrkg. von *Thioridazin* (*Mellaril*; Sandoz) u. *Carphenazin* (*Proketazine*; Wyeth; I), jedoch waren bei I die Nebenwrkg. etwas geringer. K. Zingraf. 4620◇

1490 **Einflüsse von Hexamethonium und einigen Ernährungsfaktoren auf die menschliche Pankreas- und Gallensekretion.** S. S. Hong, D. S. Chin und K. B. Hur. (J. appl. Physiol. **16**, 810—14, 1961; Seoul, Korea, Yonsei Univ., Med. School, Dep. of Pharmacol. and Surg.; engl.) — Milch u. 1%ig. *dl-Methionin*, durch Magensonde verabreicht, oder oral verabreichtes Bier vergrößerten beim Menschen das Vol. der Pankreassaft- u. Gallensekretion u. erhöhten die Konz. von *Amylase* u. *Lipase* bzw. von *Cholsäure*. Die Veränderungen der Pankreassekretion, nicht jedoch die der Gallensekretion wurde durch *Hexamethonium* unterbunden. Eine wss. Abkochung von Reis steigerte nur die Pankreassekretion, *Glucose* (I) hemmte sie, W. beeinflußte sie nicht. Die Gallensekretion wurde durch I oder W. gesteigert. K. Zingraf. 4620◇

1491 **Der Einfluß einiger Antidepressiva vom Hydrazintyp auf den Glucosestoffwechsel bei Patienten mit Depressionen.** H. M. Van Praag und B. Leijnse. (Clin. chim. Acta [Amsterdam] **8**, 466—75, 1963; Rotterdam, Dijkzigt Hosp., Dep. of Psychiatry; Dep. of Biochem.; engl.) — Bei 35 von 59 Patienten mit Depressionen war der *Glucose* (I)-Toleranztest in der Weise gestört, daß die Periode der Hyperglykämie verlängert war. Bei den Patienten, bei denen die Depression durch *Marsilid* (I) oder *Marphan* (II) gebessert wurde, war auch eine Normalisierung der Periode u. eine Verringerung der Intensität der Hyperglykämie nach oraler Gabe von I zu beobachten. Diese Wrkg. von I u. II stand nicht mit einer erhöhten Produktion von *Insulin* (III) oder mit einer Zunahme der Empfindlichkeit gegen III im Zusammenhang. K. Zingraf. 4620◇

1492 **Der Einfluß von 2-Hydroxybenzochinolizinen auf das cerebrale 5-Hydroxytryptamin, die spontane locomotorische Aktivität und die Äthanolhypnose bei Mäusen.** A. Pletscher, H. Besendorf, F. A. Steiner und K. F. Gey. (Med. exp. [Basel] **7**, 15—20, 1962; Basel, F. Hoffmann-La Roche & Co. Ltd.; engl.) — Es werden *2-Hydroxy-3-äthyl-9.10-methylendioxy-11bH-1.2.3.4.6.7-hexahydrobenzo-[a]-chinolizin* u. folgende 2-Hydroxy-9.10-dimethoxy-11bH-1.2.3.4.6.7-hexahydrobenzo-[a]-chinolizine untersucht: *2-Isobutyl-3-äthyl-*, *2-Propen-(2)-yl-3-isobutyl-* (I), *2-[γ-Methoxybutyl]-3-isobutyl-* (II), *2-Äthinyl-3-äthyl-*, *2-Äthyl-3-butyl-* (III) u. *2-Äthyl-3-isobutyl-* (IV) untersucht. Alle Verbb. dämpfen die motor. Aktivität u. erhöhen die A.-Wrkg.; aber nur I, II, III u. IV verringern den *5-Hydroxytryptamin*-Spiegel im Gehirn, die anderen Verbb. sind ohne Einfluß. P. Gregorzewski. 4620◇

1493 **Die die trophischen Prozesse im Organismus verstärkenden Aminoketone.** A. N. Kudrin, A. N. Kosst und W. W. Jerschow. (Nachr. Moskauer Univ., Ser. VI **17**, Nr. 3, 26—32, Mai/Juni 1962; Rjasan, Med. Pawlow-Inst.; Moskau, Lomonossow-Univ., Lehrstuhl für organ. Chemie; russ.) — Untersucht wurden: *p-Methyl-β-* u. *p-Methoxy-β-dimethylaminopropiophenonhydrochlorid*, *p-Methyl-α-dimethylaminobutyrophenonhydrochlorid*, *5-Dimethylamino-* u. *5-Diäthylamino-2.2-dimethylpentanon-(3)-hydrochlorid*, *6-Diäthylamino-* u. *6-Dimethylamino-2-methylhexanon-(4)-hydrochlorid*, *1-Dimethylamino-2-methylpentanon-(3)-hydrochlorid*, *1-Dimethylamino-2-methylpentanon-(3)-methojodid*, *5-Dimethylamino-2.2-dimethylpentanon-(3)-methojodid*, *6-Dimethylamino-2-methylhexanon-(4)-methojodid* u. *2-Dimethylaminomethylcyclohexanon-(1)-methojodid*. Bei subkutaner Zufuhr der genannten Verbb. im Hunde-Vers. u. i.v. Zufuhr im Kaninchen-Vers. in Dosen von 2—60 mg/kg wird die Empfindlichkeit des Herzens gegenüber Adrenalin erhöht. Es tritt eine Verminderung der Aminazintoxizität u. eine Erhöhung der Körper-Temp. ein. Die biolog. Aktivität der Verbb. wird durch Verzweigung der Seitenkette an der Carboxylgruppe stark verändert. O. Lebtag. 4620△

1494 **Neue psychotrope Agentien. 2. Mitt. Derivate von 5.6-Dihydrodibenz-[b.e]-azepin (5.6-Dihydromorphan-**

thridin). Stanley O. Winthrop, M. A. Davis, F. Herr, J. Stewart und Roger Gaudry. (J. med. pharmac. Chem. **5**, 1199—1206, 1962; Montreal, Ayerst Res. Labor.; engl.) — 1. vgl. C. **1963**, **7739**. — Aus *6.11-Diketo-5.6-dihydrodibenz-[b.e]-azepin* (**I**) bildet sich mit $LiAlH_4$ *5.6-Dihydrodibenz-[b.e]-azepin* (**II**), mit $NaBH_4$ *11-Hydroxy-6-keto-5.6-dihydrodibenz-[b.e]-azepin* (**III**). Auch die Alkylierung von **I** mit 3-Dimethylaminopropylmagnesiumchlorid führt zu einem 11-Hydroxy-Deriv., *11-[3-Dimethylaminopropyl]-11-hydroxy-6-keto-5.6-dihydrodibenz-[b.e]-azepin* (**IV**). Durch Behandlung von **IV** mit HJ u. Phosphor erhält man *11-[3-Dimethylaminopropyl]-6-keto-5.6-dihydrodibenz-[b.e]-azepin* (**V**). **IV** u. **V** geben mit $LiAlH_4$ u. $HgCl_2$ *11-[3-Dimethylaminopropyl]-5.6-dihydrodibenz-[b.e]-azepin* (**VI**). Aus **IV** läßt sich durch Kochen mit Essigsäureanhydrid *11-[3-Dimethylaminopropyl]-6.11-diacetoxydibenz-[b.e]-azepin* (**VII**) u. *3-[3-Dimethylaminopropyl]-3-[o-acetamidophenyl]-phthalid* (**VIII**) gewinnen. Die pharmakolog. Wirksamkeit von einigen dieser Verbb. wurde kurz diskutiert u. tabellar. angegeben.

Versuche: *5.6-Dihydrodibenz-[b.e]-azepin* (**II**), $C_{14}H_{13}N$, F. 130—132° (Methanol), durch portionsweise Zugaben von $LiAlH_4$ u. He zu **I** u. 4std. Kochen; 43% (Ausbeute). — *11-Hydroxy-6-keto-5.6-dihydrodibenz-[b.e]-azepin* (**III**), $C_{14}H_{11}NO_2$, F. 245—248° (Zers.), zu **I** in Methanol-Lsg. wird eine Lsg. von $NaBH_4$ u. NaOH in W. zugetropft, 2$^1/_2$ Std. lang bei 20° gerührt u. dann 1$^1/_2$ Std. lang bei 20° gerührt u. dann 1$^1/_2$ Std. lang auf 60° erhitzt, beim Abkühlen scheidet sich die Verb. ab, Umkristallisieren aus Dioxan u. Methylisobutylketon–Dimethylformamid gibt 27%. — *11-[3-Dimethylaminopropyl]-11-hydroxy-6-keto-5.6-dihydrodibenz-[b.e]-azepin* (**IV**), $C_{19}H_{22}N_2O_2$, F. 188 bis 189° (Aceton), durch Zutropfen von Dimethylaminopropylmagnesiumchlorid in Tetrahydrofuran zu einer siedenden Lsg. von **I** in Toluol u. anschließendem 18std. Kochen, Schütteln mit NH_4Cl-Lsg. u. Extraktion mit Ae.; 42%. — *11-[3-Dimethylaminopropyl]-6-keto-5.6-dihydrodibenz-[b.e]-azepin* (**V**), $C_{19}H_{22}N_2O$, F. 131—133° (Aceton–Ae.), aus **IV**, HJ u. rotem Phosphor in Eisessig durch 20std. Erhitzen unter Rühren, nach Filtrieren, Eindampfen, Aufnehmen in Äthylendichlorid u. Waschen mit NaOH wird bis zum Abscheiden der Verb. eingeengt; *Hydrochlorid*, $C_{19}H_{23}ClN_2O$, F. 220—222° (Acetonitril); 40%; *Hydrojodid*, $C_{19}H_{23}JN_2O$, F. 232—234° (Aceton–Methanol). — *11-[3-Dimethylaminopropyl]-5.6-dihydrodibenz-[b.e]-azepin* (**VI**)*-maleat*, $C_{23}H_{28}N_2O_4$, F. 146—148° (Isopropanol), a) durch 16std. Erhitzen u. Rühren von **IV**, $LiAlH_4$ u. $HgCl_2$ in Tetrahydrofuran, Zugabe von W., Filtrieren u. Eindampfen, Lsg. in Ae. wird mit HCl extrahiert u. nach Alkalischmachen wird wieder mit Ae. extrahiert; 40%; b) aus **V** wie vorst.; 52%. — *11-[3-Dimethylaminopropyl]-6.11-diacetoxydibenz-[b.e]-azepin* (**VII**), *Hydrochlorid*, $C_{23}H_{27}ClN_2O_4$, F. 228 bis 232° (Isopropanol–Ae.), aus **IV** durch 20std. Erhitzen mit Essigsäureanhydrid, Eindampfen, Behandeln mit 1n NaOH u. Extrahieren mit Ae., in die äther. Lsg. wird HCl eingeleitet; 23%. — *3-[3-Dimethylaminopropyl]-3-[o-acetamidophenyl]-phthalid* (**VIII**), *Hydrochlorid*, $C_{21}H_{25}ClN_2O_3$, F. 210—212°. (Isopropanol–Methanol), aus der wss. Phase der Ae.-Extraktion der vorst. Rk. durch Neutralisation u. erneuter Ae.-Extraktion; 60%. — *11-[3-Dimethylaminopropyl]-5-acetyl-5.6-dihydrodibenz-[b.e]-azepin, Hydrochlorid* (**IX**), $C_{21}H_{27}ClN_2O$, F. 235—238° (Isopropanol), durch NaOH-Zugabe zum Maleat von **VI** u. Extraktion mit Ae., Eindampfen u. 2std. Kochen mit Essigsäureanhydrid, nach dem Eindampfen wird NaOH-Lsg. zugesetzt u. mit Ae. extrahiert; 22%. Die pharmakolog. Daten dieser Verbb. sind folgende: **IV**, 250—300 (DL_{50} in mg/kg, Maus, intraperitonal), > 70 (DE_{50}, mg/kg, intraperitoneal Maus, die Schutz gegen Elektroschockanfälle gewährt), +4,8 (durch $^1/_4$ DL_{50} verursachte Mydriasis, +40 = maximale Dilatation), 0,2—0,5 (Konz., die das normale Verhalten gegen 0,1 µg Acetylcholin/ml hemmt), 0,1 bis 0,5 (desgl. gegen Histamin); **V**, 175—200, > 45, +40, 0,011, 0,026; **VI**, 120—130, > 35, +34, 0,15, 0,0056; **IX**, 100—120, > 30, +1,8, 0,12, 1,1; **VIII**, 360—400, > 90, 0, > 20, > 20; *Amitryptilin*, 83, 10, +19, 0,038, 0,004.

A. Zschunke. 4620◇

1495 **Neue psychotrope Agentien.** 3. Mitt. **Derivate von 6.11-Dihydrodibenz-[b.e]-oxepin und 6.11-Dihydrodibenzo-[b.e.]-thiepin.** Stanley O. Winthrop, M. A. Davis, F. Herr, J. Stewart und Roger Gaudry. (J. med. pharmac. Chem. **5**, 1207—15, 1962; Montreal, Ayerst Res. Labor.; engl.) — 2. vgl. vorst. Referat. — Zur Darst. 11-substituierter 6.11-Dihydrodibenz-[b.e]-oxepin- u. 6.11-Dihydrodibenzo-[b.e]-thiepin-Derivv. wurden *2-Carboxybenzylphenyläther* (**I**), *2-Carboxybenzyl-4-chlorphenyläther* (**II**) u. *2-Carboxybenzylphenylthioäther* (**III**) aus o-Cyanobenzylbromid u. den entsprechenden Phenolen in Ggw. von Natriummethylat u. durch alkal. Verseifung der Nitrile gewonnen. Cyclokondens. von **I**, **II** u. **III** mit P_2O_5 ergab *11-Keto-6.11-dihydrodibenz-[b.e]-oxepin* (**IV**), *2-Chlor-11-keto-6.11-dihydrodibenz-[b.e]-oxepin* (**V**) u. *11-Keto-6.11-dihydrodibenzo-[b.e]-thiepin* (**VI**). Alkylierung mit *3-Dimethylaminopropylmagnesiumchlorid* (**VII**) ergab die etwas instabilen 11-[3-Dimethylaminopropyl]-11-hydroxy-Verbb., die unter Dehydrationsbedingungen zu anthracenähnlichen Verbb. umgelagert werden. Nur *11-[3-Dimethylaminopropyl]-11-hydroxy-6.11-dihydrodibenzo-[b.e]-thiepin-5.5-dioxid* (**VIII**) konnte in das erwartete Olefin, *11-[3-Dimethylaminopropyliden]-6.11-dihydrodibenzo-[b.e]-thiepin-5.5-dioxid* (**IX**) übergeführt werden.

Versuche: *2-Cyanobenzyl-4-chlorphenyläther*, $C_{14}H_{10}ClNO$, F. 72—73° (Isopropanol), durch Addition von 2-Cyanobenzylbromid zu p-Chlorphenol u. Natriummethylat u. 3std. Kochen, Filtrieren u. Eindampfen; 73% (Ausbeute). — *2-Cyanobenzylphenylthioäther*, $C_{14}H_{11}NS$, $Kp._{0,35}$ 148—150°, aus Thiophenol nach vorst. Rk.; 75%; n_D^{25} 1,6195. — *2-Carboxybenzyl-4-chlorphenyläther* (**I**), $C_{14}H_{11}ClO_3$, F. 167—168° (Isopropanol), durch 24std. Kochen von 2-Cyanobenzyl-4-chlorphenyläther mit NaOH in A. u. W. u. nach Kühlung Waschen mit Ae., beim Neutralisieren scheidet sich die Verb. ab; 92%. — *2-Carboxybenzylphenylthioäther* (**III**), F. 109 bis 111° (Ae.), durch Erhitzen von 2-Cyanobenzylphenylthioäther mit KOH-Lsg. in Glykol u. W. u. nachfolgende Neutralisation 75%. — *11-Keto-6.11-dihydrodibenzo-[b.e]-thiepin* (**VI**), F. 89—90° (Hexan), durch 16std. Kochen von **III** mit P_2O_5 u. Celite in Xylol 61%. — *11-Keto-6.11-dihydrodibenzo-[b.e]-thiepin-5.5-dioxid* (**X**), F. 122—124° (Ae.), durch Zutropfen von H_2O_2 (30%ig) zur Lsg. von **VI** in Eisessig u. Essigsäureanhydrid bei ca. 4° u. 72 Std. bei 20° Stehen, 66%. — *11-Hydroxy-6.11-dihydrodibenz-[b.e.]-oxepin*, F. 88—89° (Hexan), aus **IV** durch Zutropfen von $LiAlH_4$ in abs. Ae. u. 3std. Kochen bis zur grünen Färbung, Zugabe einer NaOH-Lsg., weiße Nadeln; 70%. — *11-Hydroxy-6.11-dihydrodibenzo-[b.e]-thiepin-5.5-dioxid*, F. 159° (Isopropanol), durch Zutropfen von $NaBH_4$ in NaOH-Lsg. zu **X** in Methanol, 6std. Rühren u. Eindampfen; 36%. — *11-Hydroxy-11-[3-dimethylaminopropyl]-6.11-dihydrodibenz-[b.e]-oxepin* (**XI**), $C_{19}H_{23}NO_2$, F. 219—220° (Aceton–Methanol), aus **IV** durch Zugabe von **VII** in Tetrahydrofuran u. 16std. Kochen, Hydrolyse mit NH_4Cl-Lsg.; 89%. — *11-Hydroxy-11-[3-dimethylaminopropyl]-6.11-dihydrodibenzo-[b.e]-thiepin-5.5-dioxid* (**VIII**), $C_{19}H_{23}NO_3S$, F. 142—144°, aus **X** in Tetrahydrofuran durch Zugabe von **VII** bei ca. 5°, 16std. Rühren bei 20°, Hydrolyse mit NH_4Cl-Lsg. u. Extraktion mit Chlf.; 33%. — *11-[3-Dimethylaminopropyliden]-6.11-dihydrodibenzo-[b.e]-thiepin-5.5-dioxid* (**IX**), *Hydrochlorid*, $C_{19}H_{22}ClNO_2S$, F. 249—252°, durch 3std. Kochen von **VIII** in konz. HCl u. Eisessig, Filtration, Neutralisieren u. Extraktion mit Ae., in den Extrakt wird HCl eingeleitet. Die pharmakolog. Daten der Verbb. **IX** u. **XI** sind folgende (vgl. vorst. Ref.): **IX**, 210—230, > 55, +10, 0,078, 0,02; **XI**, 300—350, > 100, 0, > 2, 0,1—0,2; Amitryptilin, 83, 10, +19, 0,038, 0,004.

A. Zschunke. 4620◇

1496 **Die Synthese einiger saurer Aminosäuren mit neuropharmakologischer Wirksamkeit.** J. C. Watkins. (J. med. pharmac. Chem. **5**, 1187—99, 1962; Canberra, Austr. Nat. Univ., J. Curtin School of Med. Res., Dep. of Physiol.; engl.) — Eine Reihe neuer saurer Aminosäuren wurden synthetisiert u. auf ihre neuropharmakolog. Wrkg. untersucht. Um eine stereospezif. Wrkg. zu finden, wurden die einzelnen Enantiomere hergestellt. *D- u. L-N-Methylasparaginsäure* (**Ib** u. **Ic**) u. *D- u. L-N-Methylglutaminsäure* (**IVb** u. **IVc**) erhält man aus den käuflichen unsubstituierten Verbb. durch N-Tosylierung, anschließende Methylierung mit Dimethylsulfat u. Abspaltung der Tosylgruppe durch Säurehydrolyse. *D-Cysteinsäure* (**VII**), *D- u. L-Homocysteinsäure* (**VIIIa** u. **VIIIb**) u. *DL-2-Amino-5-sulfovaleriansäure* (**IX**) konnten durch Oxydation mit Br_2-W. aus den entsprechenden Formen von *Cystin, Homocystin* u. *5.5'-Dithio-bis-[2-aminovaleriansäure]* gewonnen werden. *N-Methyl-* u. *N-Äthyl-D-asparaginsäure* u. *D-Homocysteinsäure* haben stark reizende Wrkg. auf die Neuronen von Säugetieren u. Amphibien.

Versuche: *N-Methyl-DL-asparaginsäure* (**Ia**), $C_5H_9NO_4 \cdot H_2O$, F. 133° (W.), durch 18std. Erhitzen von Brombernsteinsäure u. 25—30%ig. wss. Methylamin-Lsg. im Einschlußrohr auf 110°. Eindampfen u. Reinigung über Ionenaustauscher, 67% (Ausbeute). — *N-Methyl-D-asparaginsäure* (**Ib**) u. *N-Methyl-L-asparaginsäure* (**Ic**), $C_5H_9NO_4 \cdot H_2O$, F. 190° (wss. A.), a) durch Schütteln der entsprechenden Asparaginsäure mit p-Toluolsulfonylchlorid u. 8%ig. NaOH-Lsg. bei 20° bis zur Lsg., Ansäuern u. 5mal mit Äthylacetat extrahieren, nach dem Eindampfen wird die getrocknete N-Tosylasparaginsäure in NaOH-Lsg. gelöst u. unter Rühren tropfenweise mit Dimethylsulfat versetzt, Eindampfen des Äthylacetatextraktes u. mit konz. HCl 2 Std. lang im Einschlußrohr erhitzt, dann Reinigung durch Ionenaustauscher Dowex-50-W, 46%; b) durch Behandeln des N-Methyl-N-tosyl-Deriv. mit fl. NH_3 u. Na u. mehrfaches Reinigen über Ionenaustauscher, 22%; c) aus D-Asparaginsäure, Natriumcarbonat u. Methyljodid durch 9tägiges Rühren bei 20° in wss. Lsg. u. Reinigung über Ionenaustauscher, 15%. — *N-Methyl-DL-glutaminsäure* (**IVa**), $C_6H_{11}NO_4$, F. 157° (W.–A.–Ae.), aus α-Ketoglutarsäure u. Methylamin-Lsg. durch 12std. Hydrieren bei 75 at u. 80° an Raney-Ni, 3std. Erhitzen mit konz. HCl im Einschlußrohr auf 110°, Eindampfen u. Reinigung über Ionenaustauscher, 40%. — *DL-1-Methyl-2-pyrrolidon-5-carbonsäure*, $C_6H_9NO_3$, F. 157°, durch Erhitzen von **IVa** im Vakuum. — *N-Methyl-D-glutaminsäure* (**IVb**) u. *N-Methyl-L-glutaminsäure* (**IVc**), $C_6H_{11}NO_4$, F. 147° u. 146° (W.–A.–Ae.), aus Glutaminsäure wie **Ib** u. **Ic**. — *N-Äthyl-DL-asparaginsäure* (**Va**), $C_6H_{11}NO_4$, F. 180°, aus Brombernsteinsäure u. 30%ig. wss. Äthylamin-Lsg., 54%. — *N-Äthyl-D-asparaginsäure* (**Vb**) u. *N-Äthyl-L-asparaginsäure* (**Vc**), $C_6H_{11}NO_4 \cdot H_2O$, F. 181° (W.–A.–Ae.), aus der entsprechenden Asparaginsäure u. NaOH-Lsg. durch Schütteln mit H_2 an Platinoxid unter Zugabe von Acetaldehyd, Reinigung durch Ionenaustauscher, 37%. — *N-n-Propyl-D-asparaginsäure* (**VIa**) u. *N-n-Propyl-L-asparaginsäure* (**VIb**), $C_7H_{13}NO_4$, F. 172° (W.–A.–Ae.), aus Asparaginsäure u. Propionaldehyd wie **Vb** u. **Vc**, 49%. — *N.N-Dimethyl-DL-asparaginsäure* (**IIa**) u. *N.N-Dimethyl-D-asparaginsäure* (**IIb**), $C_6H_{11}NO_4$, F. von **IIa** 188°, von **IIb** 182° (W.–A.–Ae.), durch Hydrieren der entsprechenden Asparaginsäure in NaOH- u. Formaldehyd-Lsg. an Palladiumkohle u. Reinigung durch Ionenaustauscher. — *D-Cysteinsäure* (**VII**), $C_3H_7NO_5S \cdot H_2O$, F. 245° (Zers.), durch Zutropfen von Br_2 zu einer wss. D-Cystin-Lsg., Umkristallisieren aus W.–A.–Diäthyläther. — *D-* u. *L-Homocysteinsäure* (**VIIIa** u. **VIIIb**), $C_4H_9NO_5S$, F. von **VIIIa** 267° (Zers.), von **VIIIb** 261° (Zers.), nach vorst. Methode. — *DL-2-Amino-5-sulfovaleriansäure* (**IX**), $C_5H_{11}NO_5S$, F. 274° (Zers.), aus *5.5'-Dithio-bis-[2-aminovaleriansäure]* wie **VII**, 90%. — *(±)-Tetrahydro-1.3-thiazin-4-carbonsäure* (**XVIII**), $C_5H_9NO_2S \cdot H_2O$, F. 208—209°, aus DL- u. meso-Homocystin, HCl u. Zinn bei 20°, nach Einleiten von H_2S, Abfiltrieren des SnS u. nach Eindampfen der Lsg. wird Formaldehyd-Lsg. zugegeben, nach 12 Std. wird Pyridin zugesetzt, filtriert u. A. zur Lsg. zugesetzt, dabei fällt **XVIII** aus. — *N-Methyl-DL-homocysteinsäure* (**XI**), $C_5H_{11}NO_5S$, F. 265° (Zers.), durch Red. von **XVIII** mit Na in fl. NH_3, Abdampfen des NH_3, Ansäuern u. Eindampfen, Oxydation mit Br_2–W., Reinigung über Ionenaustauscher u. Umkristallisieren aus W.–A.–Diäthyläther. *N-Methyl-DL-* u. *N-Methyl-L-cysteinsäure* (**Xa** u. **Xb**), $C_4H_9NO_5S \cdot H_2O$, F. von **Xa** 233° (Zers.), von **Xb** 235° (Zers.), durch Behandeln des entsprechenden *4-Thiazolidincarbonsäuremonohydrats* mit Na in fl. NH_3, nach dem Ansäuern, Filtrieren u. Eindampfen wird in A. gelöst u. mit Br_2 behandelt, dann über Ionenaustauscher gereinigt u. aus W.–A.–Ae. umkristallisiert. — *DL-2-Amino-4-sulfinobuttersäure* (**XII**), $C_4H_9NO_4S$, F. 178° (Zers.), aus DL- u. meso-Homocystin u. Acetonitril durch Zugabe von 62%ig. Perchlorsäure bei 0°, dann eine Lsg. von Essigsäureanhydrid in Acetonitril, nach dem Filtrieren wird Benzoepersäure in Chlf. u. Acetonitril zugefügt u. 1 Std. bei 20° aufbewahrt, Extraktion mit n-HCl u. Waschen mit Chlf., nach Stehen bei 0°, NH_3-Zugabe, Rk. u. Eindampfen wird über Ionenaustauscher gereinigt u. gibt nach Umkristallisation aus W.–A.–Ae. farblose Nadeln. Die Verbb. zeigen folgendes Reizvermögen auf Neuronen innerhalb des Zentralnerven-Syst. der Katze (L-Glutaminsäure = 10): **Ia** 40; **Ib** 70; **Ic** 7; **IIa** 5; **IIb II**; **IVa** 10; **IVb** 10; **IVc** 10; **Va** 15; **Vb** 23; **Vc** 2; **VIa** 10; **VIb** <1; **VII** 7; L-Cysteinsäure 10; DL-Homocysteinsäure 30; **VIIIa** 50; **VIIIb** 10; **IX** 5; L-Cysteinsulfinsäure 10; **Xa** 5; **Xb** 2; **XI** 5; **XII** 15.

A. Zschunke. 4620◇

1497 **Neue Wege zur Untersuchung der Wirkungsweise von Giften für das Zentralnervensystem.** 3. Mitt. L. G. Abood. (J. mec. pharmac. Chem. **4**, 469—81, 1961; Chicago, Ill., Univ. of Illinois Coll. of Med., Dep. of Psychiatry and Biochem.; engl.) — 2. vgl. C. **1964**, 4-1251. — Im Vgl. einiger Ester von tert. Aminoalkoholen zeigt sich, daß mit längerer aliphat. Kette die cholinerg. Wrkg. abfällt, mit der Länge des Säureesters die anticholinerg. Wrkg. steigt, dies besonders, wenn Benzolringe im Säurerest sitzen. So ist. *N-Methyl-piperidyl-(3)-benzilat* (**I**) ein starkes anticholinerg. u. psychomimet. Mittel. Alkylsubstitution im heterocycl. Ring von **I** schwächt diese Wrkg. ab. Die wirksamen Dosen einiger N-Methylpiperidylglykolate werden gegenübergestellt. Unterss. mit *³H-N-Äthylpiperidyl-(3)-benzilat* (**II**) zeigen, daß **II** in den Mitochondrien (M) des Cytoplasmas des Zentralnerven-Syst. (ZNS) lokalisiert wird. Der Phospholipidumsatz bei Verw. von ^{32}P wird durch **II** gesteigert. Die Bindung von **II** an die M wird durch neuropharmakolog. Mittel verhindert. Antihistaminica mit Benzhydryl- oder Diphenylamingruppen hemmen die oxydative Phosphorylierung; eine Estergruppe zwischen Amin- u. Phenylrest verhindert diese Wirkung. Bei allen untersuchten Verbb. besteht ein Zusammenhang zwischen depressiver Wrkg. auf das ZNS u. Stoffwechselhemmung. Die Anticholinergica ohne hemmende Eigg. sind dagegen Stimulantien des ZNS. Die möglichen Wrkg.-Mechanismen werden diskutiert. W. Holland. 4620◇

1498 **Einige pharmakologische Wirkungen von Evolvinhydrochlorid.** T. R. Krishnamurthy. (Current Sci. **28**, 64—65, 1959; Madras, Stanley Med. Coll., Pharmacol. Labor.; engl.) — *Evolvinhydrochlorid*, $C_{12}H_{17}NO_2 \cdot HCl$, F. 216°, aus *Evolvulus aslsinoides* (vgl. C. **1957**, 5922) zeigt nach i.v. Injektion bei Katzen sympathomimet. Wrkg., jedoch hält die Blutdruckerhöhung länger als nach Adrenalingaben an. Oberhalb 2 mg/kg wird keine Wrkg.-Erhöhung erzielt.

P. Gregorzewski. 4620◇

1499 **Über die Kompensation von Alkoholwirkungen durch Coffein und Pervitin bei einer psychomotorischen Leistung.** Joseph Rutenfranz und Gerd Jansen. (Int. Z. angew. Physiol. einschl. Arbeitsphysiol. **18**, 62—81, 1959; Dortmund, Max-Planck-Inst. f. Arbeitsphysiol.; dt.) — Unterss. an 2 Vers.-Personen mit dem Grafschen Fahrgerät ergaben, daß die durch 0,5 g *A.* (je kg Körper-Gew.) verursachte Verschlechterung der psychomotor. Leistung durch 9 mg *Pervitin* (**I**) voll kompensiert wird. 200 mg *Coffein* (**II**) sind dagegen nur teilweise wirksam. Bei A.-Gaben von 1,0 g werden die Schäden der psychomotor. Leistung durch 9 mg **I** nur noch teilweise vermindert. Durch **I** u. **II** werden jedoch weder die *A.*-Abbau-Geschw. noch die sonstigen durch *A.* verursachten Funktionsstörungen (Gleichgewicht, charakterliches Verh., Selbstkritik) beseitigt, worauf Vff. besonders nachdrücklich hinweisen. F. Krusen. 4620◇

1500 **Untersuchungen über den Wirkungsmechanismus der Antihistaminica.** Béla Gözsy und László Kátó (Indian J. med. Res. **49**, 595—604, 1961; Montreal, Univ. of Montreal, Inst. of Microbiol. and Hyg.; engl.) — 500 µg *5-Hydroxytryptamin* (**I**)/100 g hoben bei Ratten die Rk. der Haut auf *Compound 48/80* (**II**) u. die Ödem-Bldg. nach Injektion von *Dextran* (**III**) auf u. bewirkten eine Retention von i.v. injizierter Tusche im Blut. Die Zunahme der Capillarpermeabilität u. die Ausbildung des **III**-Ödems bei Tieren, deren **I**- u. *Histamin* (**IV**)-Geh. im Blut durch Behandlung mit **II** herabgesetzt war, wurde durch *Promethazin* u. *Levomepromazin* (**V**) gehemmt. Die Ödem-Bldg. wurde durch **V** nur gehemmt, wenn **V** vor ihrem Beginn injiziert wurde. **V** hemmte auch die Haut-Rk. nach **IV**, wenn **IV** vor der i.v. Injektion von **III** intrakutan injiziert wurde. Die Rk. der Haut auf **II** wurde durch **V** nicht gehemmt, wenn **II** zugleich mit **III** injiziert wurde. Die Antihistaminica reagieren im Blut quant. mit **III** u. verhüten die Entzündungs-Rk. eher auf diese Weise als durch Hemmung der Wrkg. von freigesetztem **I** oder **IV** oder durch direkten Einfl. auf die Capillaren.

K. Zingraf. 4625◇

1501 **Potenzierung der äthanolinduzierten Depression beim Hund durch repräsentative ataraktische und analgetische Arzneimittel.** Robert B. Forney, Francis W. Hughes und Harold R. Hulpieu. (Quart. J. Stud. Alcohol **24**, 1—8, 1963; Indianapolis, Ind., Indiana Univ., School of Med., Dep. of Pharmacol.; engl.) — Durch Kombination von 1 g A./kg, wodurch bei Hunden noch keine Symptome ausgelöst werden, mit atarakt. oder analget. wirkenden Stoffen kann deren Wrkg. potenziert werden; es kommt bereits bei niedrigeren Dosen der Substanzen zu typ. Erscheinungen (die sich in einer besonderen Tremorart der Hinterextremitäten bzw. in allg. Inkoordination manifestieren). Die Reihenfolge beträgt dabei *Reserpin* (Potenzierungsindex: Minimaldosis, die zu Symptomen führt/Minimaldosis, die zu Symptomen führt + 1 g A./kg = 7,8) — *Chlorpromazin* (Index = 6,0) — *d-Propoxyphen* (Index = 4,0) — *Morphin* (Index = 4,0; Symptom hierbei ein besonderer Startreflex) — *Meprobamat* (Index = 2,0) — *Phenaglykodol* (Index = 2,0). Die Wrkg. von *Kodein* wird durch A. nicht potenziert. Die Wrkg. von *Hydroxyzine* (Krampferscheinungen) wird durch A. abgeschwächt (Index = 0,6). U. Tausendfreund. 4627◇

1502 **Einfluß der Narkose mit Stickoxydul auf den Verlauf des experimentellen Schockes.** K. I. Smolinski. (Grekow-Nachr. Chirurgie **88,** Nr. 2, 105—11, Febr. 1962; Dshalenidse-Inst. für erste Hilfe; Leningrad, Station für erste Hilfe; russ., Auszug: engl.) — In Verss. an Katzen mit experimentellem Schock wird nachgewiesen, daß nach Narkose mit N_2O im Gemisch mit viel O_2 der Arteriendruck u. die Überlebensrate höher sind als in der Kontrolle. Die Einatmung eines Gemisches mit 20% O_2 u. weniger vermindert den Blutdruck u. verschlechtert den Allgemeinzustand. In allen Fällen geht den hämodynam. Störungen eine Atmungsstörung voraus. Es wird empfohlen, bei experimentellem Schock die Narkose mit dem N_2O–O_2-Gemisch 1:1 zu beginnen, notfalls bis zum Verhältnis 1:3 heruntcrzugehen. O. Lebtag. 4627△

1503 **Hyperglykämie infolge von Morphin bei der Katze.** H. L. Borison, B. R. Fishburn, N. K. Bhide und L. E. McCarthy. (J. Pharmacol. exp. Therapeut. **138,** 229—35, 1962; Salt Lake City, Utah, Univ. of Utah, Coll. of Med., Dep. of Pharmacol.; engl.) — Nach intraventriculärer oder i.v. Injektion von *Morphin*, nicht jedoch nach intracisternaler Injektion, trat bei Katzen Hyperglykämie auf; bei intraventriculärer Injektion waren viel geringere Dosen ($^1/_{25}$—$^1/_{50}$) erforderlich. Die Wrkg. der i.v. Injektion wurde durch kleine i.v. unwirksame Mengen Nalorphin, intraventriculär verabreicht, blockiert. Intraventriculäre Injektion von Epinephrin hatte keine Wrkg. auf den Blutzucker, aber intrathekale Injektion erhöhte ihn stärker als intravenöse. K. Zingraf. 4627◇

1504 **Verstärkung einer Wirkung von Morphin bei der Ratte durch Seren von Morphin-gewöhnten und abstinenten Hunden und Affen.** Conan Kornetsky und Glenn F. Kiplinger. (Psychopharmacologia [Berlin] **4,** 66—71, 1963; Boston, Mass., Boston Univ. School of Med., Dep. of Pharmacol. and Exper. Therap.; engl.) — Im Vgl. zu Seren von Kontrolltieren verstärkte Serum von Affen u. Hunden mit *Morphin* (**I**)-Gewöhnung die Wrkg. von 48 Std. später injiziertem **I**-Sulfat auf das motor. Verh. der Ratte. K. Zingraf. 4627◇

1505 **Zentral vermittelte Hemmung der gastrointestinalen Peristaltik durch Morphin über einen nichtneuralen Weg.** S. Margolin. (Proc. Soc. exp. Biol. Med. **112,** 311—15, 1963; Broomfield, N.J., Schering Corp.; engl.) — Durch intracerebrale Injektion geringer Mengen *Morphin* (**I**; 0,4 bis 4 µg **I**-Sulfat) kommt es bei nichtnarkotisierten Mäusen (auch Ratten u. Meerschweinchen) zu einer Hemmung der Magendarmperistaltik. Da durch Substanzen mit autonom. blockierender Wrkg. oder zentralnervöser Dämpfung sowie durch Sympathicus- u. Parasympathicusdurchschneidung diese **I**-Wrkg. nicht beeinträchtigt werden kann, wird an die Freisetzung einer neurohumoralen Substanz durch **I** u. Abgabe an den Kreislauf gedacht, welche die Peristaltikhemmung hervorruft. U. Tausendfreund. 4627◇

1506 **Pharmakologische Studien über N-Allylnormorphinan.** H. Bräunlich und H. Hofmann. (Arzneimittel-Forsch. **12,** 174—78, 1962; Jena, Friedrich-Schiller-Univ., Inst. f. Pharmakol.; dt.) — An Ratten in Äthylurethannarkose (1,0 g/kg intraperitoneal) wurde der Antagonismus von *N-Allylnormorphinan* (**I**) gegen die Wrkg. von *Kodein* (**II**) u. *Morphin* (**III**) untersucht. **I** hat in hohen Dosen eine dem **III** bzw. **II** ähnliche depressive Wrkg. auf Atmung u. Kreislauf. Gegen 50 mg/kg **III** wirkt **I** bei prophylakt. wie therapeut. Gaben antagonist. gegen die Verminderung des Vol. u. der Frequenz der Atmung. Die hypotensive Wrkg. auf den Blutdruck konnte nie vollständig kompensiert werden. Die letale Wrkg. von 50 mg/kg **III** konnte aber immer verhütet werden, wenn **I** genügend oft injiziert wurde. **I** hebt auch die depressive Wrkg. von **II** auf die Atmung auf. Bei prophylakt. Anwendung erfolgt meist nur eine Abschwächung des Effektes. Durch **I** wird auch die hypotensive Wrkg. von **II** aufgehoben. Die analget. Wrkg. von 15 mg **III**/kg, intraperitoneal injiziert, wird durch 1 mg **I**/kg aufgehoben. Hohe Dosen von **I** (50—100 mg/kg intraperitoneal) besitzen eine eigene analget. Wirkung. I. Böhm. 4627◇

1507 **Wirkung von Cocain, Denervierung und Dezentralisation auf die Reaktion der Nickhaut auf verschiedene Sympathicomimetica.** U. Trendelenburg, A. Muskus, W. W. Fleming und B. Gomez Alonso de la Sierra. (J. Pharmacol. exp. Therapeut. **138,** 181—93, Nov. 1962; Boston, Mass., Harvard Med. School, Dep. of Pharmacol.; engl.) — An der Nickhaut der Spinalkatze wirkte *Cocain* (**I**) allen indirekten Wrkg. von Tyramin- u. Ephedrin-ähnlichen *Sympathicomimeticis* (**II**) entgegen. Eine sensibilisierende Wrkg. von **I** war bei allen **II** mit einer phenol. OH-Gruppe in m-Stellung deutlich. p-OH-Analoge u. entsprechende verwandte Verbb. ohne phenol. OH-Gruppe wurden in ihrer Wrkg. durch **I** nur sehr wenig oder gar nicht verstärkt, selbst wenn sie direkte Wrkg. besaßen. Denervierung wirkte ähnlich wie **I**. Dezentralisierung bewirkte Überempfindlichkeit der Nickhaut gegen alle **II**. K. Zingraf. 4627◇

1508 **Einige Cocain-ähnliche Wirkungen von 3-Phenoxypropylguanidin.** A. L. Bartlet. (Brit. J. Pharmacol. Chemotherapy **18,** 475—89, 1962; Hounslow, Middlesex, Dep. of Pharmacological Res., Parke, Davis & Company; engl.) — *3-Phenoxypropylguanidin* (**I**) potenziert die Wrkg. von *Adrenalin* u. *Noradrenalin* an der isolierten Samenblase der Ratte, des durchströmten Kaninchenohrs, dem Blutdruck u. der Nickhaut der Katze. Es bewirkt einen Anstieg der Glucose-Konz. beim Kaninchen u. verringert den Appetit bei Katzen. **I** hemmt die Wrkg. von *Tyramin* (**II**) auf das cardiovasculäre Syst., hebt aber die stimulierende Wrkg. von **II** auf die Nickhaut der Katze nicht auf. Bei Meerschweinchen bewirkt **I** eine lang anhaltende Anästhesie der Haut, es wirkt aber nicht an der Cornea des Kaninchens. An Spinalpräpp. von Katzen fehlt gewöhnlich der initiale Blutdruckabfall. Durch Phenoxybenzamin u. durch vorherige Reserpinbehandlung wurden die Pressor-Wrkg. u. die Kontraktion der Nickhaut gehemmt, sie werden aber durch Adrenalektomie u. Bretylium nicht aufgehoben. Die Rkk. des präganglionären sympath. Halsnervs der Katze u. des großen Ohrnervs des Kaninchens auf Stimulation wurden durch **I** nicht aufgehoben. **I** hebt auch nicht die nicotinartige Wrkg. des Acetylcholins bei atropinisierten Katzen auf. Kontraktionen des Rattenfundus auf *Tryptamin* u. *5-Hydroxytryptamin* wurden durch **I** antagonisiert, sie wurden durch *Cocain* im Gegensatz dazu potenziert. K. Böhm. 4627◇

1509 **Eine klinische Untersuchung von Mepivacaine zur Retrobulbär-Anästhesie.** E. Kenneth Vey, James Finlay und William G. Everett. (Amer. J. Ophthalmol. [3] **53,** 827—32, 1962; Pittsburgh, Pa., Univ. of Pittsburgh, School of Med., Dep. of Ophtalmol.; Pittsburgh Eye and Ear Hosp.; engl.) — *Mepivacaine* (*Carbocaine, d-N-Methyl-pipecolinsäure-2.6-dimethylanilidhydrochlorid*) verursacht in 25 Fällen einen intrabulbären Druckabfall von 6,66 mm Hg. Die anästhet. Wrkg.-Dauer ist doppelt so groß wie die von Monocaine. P. Gregorzewski. 4627◇

1510 **Pharmakologische Prüfung eines neuen Tranquillizers Dixyrazin oder U.C.B. 3412.** S. Levis, S. Preat, J. Dauby und J. Beersaerts. (Arch. int. Pharmacodanym. Thérap. **131,** 262—82, 1961; Union Clinique Belge, Labor. de Pharmacol., Div. Pharm.; franz.) — *10-[2-Methyl-3-(1-hydroxyäthoxyäthylpiperazinyl-(4))-propyl]-phenothiazin* (*Dixyrazin, U.C.B. 3412*; **I**) war bei der pharmakolog. Prüfung der Wrkg. von *Chlorpromazin* in folgenden Testen überlegen: bedingte Reflexe, Motilität, Muskeltonus, Apomorphin-, Tremorin-, Strychnin-, Nicotin- u. Elektroschockantagonismus; geringer war die hypnot. Wrkg. von **I** u. die antagonist. Wrkg. gegen Dexedrin, Morphin u. Metrazol. **I** besitzt eine ebenso starke Antihistamin-Wrkg. wie Hydroxyzin, seine blutdrucksenkende Wrkg. ist flüchtig. K. Zingraf. 4627◇

1511 **Schwach basische Analoge von starken Analgeticis.** A. H. Beckett und J. V. Greenhill. (J. emd. pharmac. Chem. **4,** 423—36, 1961; London, Chelsea Coll. of Sci. and Technol., School of Pharmacy; engl.) — Eine Reihe *N-Di-*

methylamino-4-arylpiperidinole-(4) u. deren Ester werden im Vgl. zu den entsprechenden N-Isopropylpiperidinen hergestellt. Ihre Basizitäten werden verglichen u. die pK_a-Werte angegeben. Keine der Verbb. zeigt analget., mydriat. oder zentrale Wirkung.

Versuche: N^2-Dimethylhydrazine: *N^1-Bis-(β-äthoxycarbonyläthyl)*-(I), $C_{12}H_{24}N_2O_4$, Kp.$_1$ 138—142°, a) durch Rückflußkochen von 100 g 1.1-Dimethylhydrazin (II) u. 420 g Acrylsäure(III)-äthylester; n_D^{19} 1,4771; 93% (Ausbeute); b) durch 6wöchiges Stehen von II u. III-Äthylester; 74%. *Pikrat*, $C_{18}H_{27}N_5O_{11}$, F. 114,5°. — *N^1-β-Äthoxycarbonyläthyl-*, $C_7H_{16}N_2O_2$, Kp.$_{0,5}$ 60°, neben I nach a) 5 g; nach b) 23 g. *Pikrat*, $C_{13}H_{19}N_5O_9$, F. 71—71,5°. — *N^1-β-Methoxycarbonylpropyl-* (IV), $C_7H_{16}N_2O_2$, Kp.$_{10}$ 70°, aus II u. Methacrylsäuremethylester, n_D^{20} 1,4410; 43%. *Pikrat*, $C_{13}H_{19}N_5O_9$, F. 94,5°. — *N^1-β-Methoxycarbonylpropyl-N^1-β-methoxycarbonyläthyl-*, $C_{11}H_{22}N_2O_4$, Kp.$_{0,5}$ 109—111°, analog aus IV u. III-Methylester nach a), n_D^{20} 1,4477; 89%. *Pikrat*, $C_{17}H_{25}N_5O_{11}$, F. 76,5 bis 77,5° (A.). — *N-Dimethylamino-4-piperidon* (V), $C_7H_{14}N_2O$, Kp.$_1$ 58—60°, durch Zugabe von 50 g I zu NaH in Xylol, Erwärmen auf 80°, weitere Zugabe von 450 g I, 1std. Rückflußkochen u. Hydrolyse mit HCl, n_D^{20} 1,4771; 51%. *Hydrojodid*, $C_7H_{14}N_2O \cdot HJ$, F. 167,5—168°, gelbe Prismen aus Chloroform. — *N-Dimethylamino-3-methyl-4-piperidon* (VI), $C_8H_{16}N_2O$, Kp.$_{0,3}$ 59°, analog vorst. Verb., n_D^{19} 1,4733; 60%. *Hydrojodid*, $C_8H_{16}N_2O \cdot HJ$, F. 163,5—164,5°, gelbe Prismen aus Chlf./Diäthyläther. — N-Dimethylamino-4-piperidinole: Durch tropfenweise Zugabe von V oder VI zu einer gekühlten Lsg. der entsprechenden Aryl-Li-Verb. in Ae. u. 1std. Rückflußkochen. Umkristallisieren aus Bzl. oder Bzl./Petroläther. *4-Phenyl-* (VII), F. 137—138°. *Hydrochlorid*, F. 211°. — *Acetyl-, Hydrochlorid* (VIII), F. 179°, durch Zugabe von VII in äther. Suspension zu Phenyl-Li in Ae., Versetzen mit Essigsäureanhydrid (IX) in Ae. in der Kälte u. 8std. Rückflußkochen, Überführung in das Hydrochlorid. — *4-(2-Methylphenyl)-*, F. 177,5—178,5°. — *4-(2.6-Dimethylphenyl)-, Hydrochlorid*, F. 194°. — *3-Methyl-4-phenyl-, Isomeres A*, F. 147,8—148°. *Hydrochlorid*, F. 186°. *Isomeres B*, F. 106 bis 107°. *Hydrochlorid*, F. 195—195,5°. — *4-Thenyl-(2)-*, F. 135°. — *4-Furyl-(2)-*, F. 92—93°. — *4-Pyridyl-(2)-, Halbhydrat*, F. 210°. *Acetyl-, Dihydrochloridhydrat*, F. 176—177° (Zers.), analog VIII. — *4-Thenyl-(2)-3-methyl-, Isomeres A*, F. 117 bis 117,5°. *Isomeres B*, F. 126,5—127°. — *4-Furyl-(2)-3-methyl-*, F. 80°. *Hydrochlorid*, F. 168,5—169°. — *4-Phenyläthinyl-*, F. 111,5°, aus 24 g Phenylacetylen u. Na in fl. NH_3 u. V; 14 g. *Hydrochlorid*, F. 194—195°. *Acetyl-, Hydrochloridhydrat*, F. 109°. — *4-Cyan-, Hydrochlorid*, $C_8H_{15}N_3O \cdot HCl$, F. 176 bis 177° (A.), durch Zugabe einer gesätt. wss. Lsg. von NaCN zu V in 15%ig. HCl, Absaugen u. Behandeln mit alkohol. HCl; 38,5%. *4-Acetoxy-4-cyan-N-dimethylamino-piperidin Hydrochlorid*, $C_{10}H_{17}N_3O_2 \cdot HCl$, F. 240—240,5° (A./Ae.), mit IX in Pyridin; 83%. — *N-Nitroso-4-phenyl-piperidinol-(4)*, $C_{11}H_{14}N_2O_2$, F. 161,5—162° (A.), durch Zugabe von $NaNO_2$ in W. zu 4-Phenylpiperidinol in verd. HCl; 92%. — *N-Amino-4-phenylpiperidinol-(4)*, $C_{11}H_{16}N_2O$, F. 188°, durch Zugabe von 50%ig. Essigsäure zu einer gekühlten Suspension von Zn-Wolle u. vorst. Verb. in 90%ig. A., 1std. Erwärmen auf 50°; farblose Nadeln aus Bzl.; 32%. W. Holland. 4627◇

1512 **Intravenöse Thiopentalnatriumnarkose bei künstlichem Abort.** M. M. Mossitschuk. (Pädiatrie, Geburtshilfe Gynäkol. [Kiew] **1961**, Nr. 6, 50—51; ukrain.) — Die Anwendung von *Thiopentalnatrium* (I; 1,0 g i.v. in 20 ml physiolog. NaCl-Lsg.) bei 225 künstlichen Aborten bei Schwangerschaften bis zu 12 Wochen ergab bei 134 Frauen eine Blutdrucksenkung um 10—25 mm Hg, wodurch die Thrombose der Gebärmuttergefäße begünstigt wurde. Kontraindiziert ist I bei Erkrankungen der Leber, Niere, Lunge, Dekompensation der Herzwand u. Hypotonie. O. Lebtag. 4627△

1513 **Die Hemmwirkung von Acetoacetat auf die Herzmuskelkontraktion.** — Vorl. Mitt. A. N. E. Zimmerman, F. L. Meijler und W. C. Hülsmann. (Lancet **1962(II)**, 757 bis 758, 13/10.; Amsterdam, Wilhelmina Gasthuis, Univ. Dep. of Cardiol. and Clin. Physiol; Univ., Labor. of Physiol. Chem.; engl.) — Es wird gezeigt, daß hohe Konz. von Acetoacetat (2,5 ml 0,16 m *Na-Acetoacetat*) am isolierten Rattenherzen zu einer raschen Verminderung der Kontraktionen (innerhalb von 10 Sek.) mit anschließendem vollständigen Herzstillstand führt. Der Stillstand geschieht in der Diastole u. hält wenigstens 15 Sek. an, wonach die mechan. Tätigkeit wieder aufgenommen wird. Während des Stillstandes bleibt die elektr. Aktivität des Herzens fast unverändert erhalten. Am Hundeherzen in situ konnten gleiche Veränderungen mit 50 ml 0,5 m Lsg. erzielt werden. U. Tausendfreund. 4628◇

1514 **Pharmakologische Untersuchungen über 1-[p-Äthoxyphenyl]-1-diäthylamino-3-methyl-3-phenylpropanhydrochlorid, ein muskulotropes Spasmolyticum.** Robert Engelhorn und Rudolf Kadatz. (Arzneimittel-Forsch. **12**, 178—83, 1962; Biberach a. d. Riß, Karl Thomae GmbH., Pharmakol. Inst.; dt.) — *1-[p-Äthoxyphenyl]-1-diäthylamino-3-methyl-3-phenylpropanhydrochlorid*(I) besitzt am isolierten Meerschweinchencolon papaverinartige spasmolyt. Wirkungen. Das Wrkg.-Verhältnis von I zu *Papaverin* beträgt 1,37:1. Der spasmolyt. Effekt konnte auch am Meerschweinchendarm in situ, am Rattenuterus in situ, an Gefäß-Präpp. (isoliertes Kaninchenohr, Durchblutung peripherer Gefäße, Coronardurchblutung) nachgewiesen werden. An Hunden, Katzen u. Ratten bewirkte I eine Blutdrucksenkung, der eine Atemanregung u. Steigerung der Herzfrequenz parallel geht. I besitzt am Kaninchenauge eine stärker lokalanästhet. Wrkg. als *Procain*. Bei hoher Dosierung kommt es nach I-Gaben zu einer Abnahme des Magensaftes u. seiner Acidität. Die akute Toxizität an Mäusen u. Ratten beträgt: DL_{50} intraperitoneal 90 mg/kg bzw. 185 mg/kg; subkutan 643 mg/kg bzw. 2358 mg/kg; oral 583 mg/kg bzw. 1887 mg/kg. Langdauernde (6 Monate) Verfütterung an Ratten von 10 mg bzw. 100 mg/kg/Tag verursachten keine histolog. Veränderungen. K. Böhm. 4628◇

1515 **Hemicholinium, ein neues Prinzip zur Blockade cholinerger Synapsen.** G. Schmidt. (Dtsch. med. Wschr. **87**, 2540—43, 1962; Göttingen, Univ., Pharmakol. Inst.; dt.) — Übersicht; Toxizität u. Antidot-Wrkg., Wrkg.-Mechanismus, neuromuskuläre Übertragung, parasympath., sympath. u. Zentralnerven-Syst., Triäthylcholin. — 40 Literaturangaben. P. Gregorzewski. 4628◇

1516 **Neue antispasmodische Aminoester.** Ph. Gold-Aubert, A.-M. Locher und Y. Schmidt-Ginzkey. (Arch. des Sci. **12 (164)**, 101—06, 1959; Genève, Univ., Inst. de Thérapeutique; franz.) — Eine Reihe Ester aus substituierten Phenylessigsäuren mit Diäthanol- bzw. Diisopropanolpiperazin wird dargestellt. Sie erweisen sich alle als krampfhemmend, bes. I u. II. Die Verbb. werden entweder aus den Säurechloriden mit Diäthanolpiperazin oder aus der Säure mit Bischloralkylpiperazin oder aus den Chloralkylestern mit Piperazin erhalten. Hergestellt werden folgende Bis-phenylessigsäure-1.4-diäthanolpiperazinesterdihydrochloride: *Unsubstituiert*, F. 228—230°. — *p-Methoxy-*, F. 210°. — *α-Methyl-*, F. 210°. — *α-Äthyl-* (I), F. 223°. — *α-Äthyl-p-chlor-* (II), F. 218°. — *α-n-Propyl-*, F. 216°. — *α-Isopropyl-*, F. 220°. — *α-n-Butyl-*, F. 205°. — *α-Isobutyl-*, F. 228°. — *α-Isoamyl-*, F. 220°. — *α-Acetyl-*, F. 228° (Zers.). — *α-Benzyl-*, F. 257—259°. — *α-Phenyl-*, F. 250°. — Ferner: *Bis-phenyläthylessigsäure-1.4-bis-[1-hydroxypropyl-(2)]-piperazinesterdihydrochlorid*, F. 210° (Zers.). — 1.4-Diäthanolpiperazinester: *4-Chlorbenzoesäure-*, F. 210° (Zers.). — *2.4-Dichlorbenzoesäure-*, F. 230° (Zers.). — *4-Methoxybenzoesäure-*, F. 251° (Zers.). W. Holland. 4628◇

1517 **Rolle von Tris-[hydroxymethyl]-aminomethan beim Schutz von Mäusen gegen durch Sauerstoff unter hohem Druck verursachte Krampfanfälle.** Sheldon F. Gottlieb und R. V. Jagodzinski (Proc. Soc. exp. Biol. Med. **112**, 427—30, 1963; Tonawanda, N.Y., Linde Co., Div. of Union Carbide Corp., Res. Labor.; engl.) — 0,3 m *Tris-[hydroxymethyl]-aminomethan* (I) übt bei Mäusen eine Schutz-Wrkg. gegenüber den durch 4 atm O_2-Atmung ausgelösten Zentralnerven-Syst.-Symptomen aus; die Krämpfe setzen erst später ein. Gegen 6 atm O_2 wirkt die obige I-Konz. nicht. Die Wrkg. von I wird durch 0,01 m *NaCl* oder *KCl* rückgängig gemacht. 0,6 m I + 0,15 m KCl wirkt bei Mäusen letal. U. Tausendfreund. 4628◇

1518 **Beziehungen zwischen chemischer Struktur und pharmakologischer Wirkung einer Reihe substituierter 1.3-Oxazindione-(2.4) und 1.3-Oxazindithione-(2.4).** G. Maffii und B. Silvestrini. (Farmaco [Pavia], Ediz. Sci. **16**, 39—57, 1961; Milano, Labor. Ric. della Lepetit S.P.A., Sett. Farmacologico; ital.) — Einige in 3- u. in 5.5-Stellung substituierte 1.3-Oxazindione- bzw. -dithione-(2.4) werden an der Maus auf Toxizität, krampferzeugende u. krampfhemmende Wrkg., auf analget. Wrkg. u. am isolierten Darm geprüft. Krampferzeugend wirken: *5.5-Diäthyl-*, *5-Methyl-5-äthyl-*, *5.5-Tetramethylen-* u. *5.5-Dimethyloxazindion* sowie *5-Methyl-5-propyl-* u. *5.5-Diäthyloxazindithion*. Krampfhemmend wirken: *5-Isopropyl-5-phenyl-*, *5-Propyl-5-phenyl-*, *5-Äthyl-5-phenyl-3-methyl-*, *5.5-Dipropyl-*, *5-Äthyl-5-phenyl-* u. *5-Methyl-5-phenyloxazindion*. *5.5-Diäthyl-3-methyl-* u. *5-Methyl-5-propyloxazindion* sind Antagonisten des Pentamethylentetrazols. Gegen den psychomotor. Schock sind *3.5-Dimethyl-5-äthyl-*, *5-Propyl-5-phenyl-3-methyl-*, *5.5-Diphenyl-3-methyloxazindion* u. *5-Methyl-5-phenyloxazindithion* wirksam, *3.5-Dimethyl-5-propyl-*, *3.5-Dimethyl-5-phenyl-*, *5.5-Dipropyl-3-methyl-* u. *5-Isopropyl-5-phenyl-3-methyloxazindion* in entgegengesetztem Sinne, *5.5-Dipropyl-* u. *5-Äthyl-5-phenyl-3-methyloxazindithion* in beiden Richtungen.

W. Holland. 4628◇

1519 **Nitrite.** 17. Mitt. **Tetrahydroxyäthyläthylendiamintetranitrat als ein Coronararterien-Dilatator.** Raymond M. Burgison, Johnson S. L. Ling, Frieda Rudo und John C. Krantz jun. (Toxicol. appl. Pharmacol. **4**, 116—22, 1962; Baltimore, Md., Univ. of Maryland, Dep. of Pharmacol. School of Med.; engl.) — Die Wrkg. von *Tetrahydroxyäthyläthylendiamintetranitrat* (**I**) u. *Glycerinnitrat* (**II**) wurden miteinander verglichen. Am Langendorff-Kaninchenherz wirkt **I** etwas länger als **II**. 0,5 mg **I**/kg i.v. bewirken bei Hunden u. 20 mg **I**/kg oral bei Hunden u. Affen Blutdruckabfall, der nach **II** deutlicher, doch auch von kürzerer Dauer ist. Am EKG sind nach i.v. Injektion die Veränderungen nicht bezeichnend, die Wrkg. nach oralen Gaben deuten aber auf eine gute Resorption von **I** aus dem Gastrointestinaltrakt vom Hund und Affe hin. In der Peripherie besitzt **I** eine gute gefäßerweiternde Wrkg. vergleichbar der von **II**. Auch steigert **I** genau so wie **II** das Herzminutenvolumen. Die akute 24 Std. orale DL_{50} bei Mäusen beträgt 638 mg/kg. Chron. Verabreichung von 0,5 bzw. 1 mg **I** je Ratte 5 Monate lang verursachte keine Schädigungen. Auch Hunde u. Affen vertrugen 0,5 mg **I**/kg 5 Wochen lang ohne jede Schädigung.

K. Böhm. 4630◇

1520 **Über die hypertensive Wirkung von Tolazolin und Hydergin.** B. G. Benfey und D. R. Varma. (Canad. J. Biochem. Physiol. **41**, 941—46, 1963; Montreal, Quebec, McGill Univ., Dep. of Pharmacol.; engl.) — Bei narkotisierten Hunden (Pentobarbiton) bewirkte *Tolazolin* (*Priscolinhydrochlorid*, Ciba; **I**; 0,5 mg/kg) nur in 2 von 4 Fällen eine Blutdruckerhöhung; nach *Reserpin* (*Serpasil*, Ciba; **II**; 0,5 mg/kg) führte **I** jedoch in allen Fällen (8) zu starkem Blutdruckanstieg; der Druckanstieg war mit positiv inotroper u. negativ chronotroper Wrkg. verbunden; *Phenoxybenzamin* (*Dibenzylenhydrochlorid*, Smith Kline & French; **III**; 10 mg/kg) löschte diese Wrkg. von **I** aus; die Wrkg. von **I** dürfte auf adrenerg. Vasoconstriction beruhen. *Hydergin* (Sandoz; **IV**; 0,1 mg/kg) hatte beim Fehlen von **II** Blutdruckerhöhung u. negativ chronotrope Wrkg. zur Folge, nach **II**-Zugabe positiv inotrope Wrkg.; durch **III** wurde diese Wrkg. vermindert; die Wrkg. von **IV** ist demnach nur teilweise als adrenerg. aufzufassen.

U. Tausendfreund. 4630◇

1521 **Ausscheidungsmengen und -geschwindigkeiten des Rauwolfia-Alkaloids Ajmalin nach verschiedenen Applikationsformen.** H. Kleinsorge und P. Gaida. (Arzneimittel-Forsch. **11**, 1100—02, 1961; Jena, Med. Univ.-Poliklin. f. innere u. Nervenkrankh.; dt.) — Es wurde eine Meth. zur Best. von γ-Mengen *Ajmalin* (**I**) in Körper-Fll. entwickelt, die auf der Bldg. eines Azofarbstoffs von Indicatorcharakter mit diazotierter Sulfanilsäure beruht. Die nachweisbare ausgeschiedene **I**-Menge nimmt in der Reihenfolge i.m. 4%, i.v. 3,88%, undragierte **I**-Kerne 1,84%, Suppositorien 1,02 bis 0,975%, Dragées mit magensaftresistenter Schicht 0,144% ab. Eine ähnliche Folge ergab sich bei den Maxima der Ausscheidungsgeschwindigkeiten. K. Maier. 4630◇

1522 **Eine neue Klasse von hypocholesterinämischen Mitteln Arylalkylhydrogensuccinate und -glutarate.** G. Palazzo, M. Tavella und G. Strani. (J. med. pharmac. Chem. **4**, 447—56, 1961; Rom, Angelini Francesco, Labor. Ric.; engl.) — 26 Succinate, Glutarate u. Maleinate von Alkylarylcarbinolen werden auf ihre Wrkg. gegen Triton-induzierte Hypercholesterinämie an der Ratte untersucht. Einige der benötigten Alkohole werden durch Grignard-Rk. oder durch Red. aus Ketonen dargestellt. Die Glutarsäureester sind im allg. wirksamer als die Bernsteinsäureester. In der Länge des Alkylrestes liegt ein Wrkg.-Maximum bei der Propyl- u. Butylgruppe. Alicycl. Gruppen ergeben bessere Wrkg., steht statt Alkyl H oder Phenyl, verschwindet sie. Die Substituenten im Benzolring haben kaum Einfl., J u. CH_3 verringern die Wrkg., Phenyl erhöht sie. Eine Wrkg.-Abhängigkeit von der Dosis ist meist nicht vorhanden. Brauchbare Wrkg. mit ca. 5 mg/kg sind bei **I**, **II** u. **III** festzustellen. Die Ester werden aus den Alkoholen mit den entsprechenden Säureanhydriden in Pyridin oder Xylol dargestellt.

Versuche: *1-Phenylpentylsuccinat*, $C_{15}H_{20}O_4$, F. 54° (PAe.); 81% (Ausbeute), *Maleinat*, $C_{15}H_{18}O_4$, n_D^{20} 1,5242. — *Glutarat*, $C_{16}H_{22}O_4$, n_D^{20} 1,4961. — *Phenylcyclopropylmethylsuccinat*, $C_{14}H_{16}O_4$, n_D^{20} 1,5340. — *1-p-Fluorphenylpropanol*, $C_9H_{11}FO$, $Kp._{0,1}$ 65°, aus p-Fluorphenyl-Mg-bromid u. Propionaldehyd in Diäthyläther. *Succinat*, $C_{13}H_{15}FO_4$, F. 54°. — *1-p-Fluorphenylpentanol*, $C_{11}H_{15}FO$, $Kp._{16}$ 130°. — *1-p-Fluorphenyl-2-methylpropanol*, $C_{10}H_{13}FO$, $Kp._{28}$ 121°. — *1-p-Chlorphenyl-2-methylpropanol*, $C_{10}H_{13}ClO$, $Kp._{25}$ 147°. *Succinat*, $C_{14}H_{17}ClO_4$, F. 97°; 56%. *Maleinat*, $C_{14}H_{15}ClO_4$, F. 75° (Hexan); 53%. *Glutarat* (**I**), $C_{15}H_{19}ClO_4$, n_D^{20} 1,5101. — *4-Chlorbenzylsuccinat*, $C_{11}H_{11}ClO_4$, F. 79°. — *1-p-Chlorphenylproyplglutarat*, $C_{14}H_{17}ClO_4$, n_D^{20} 1,5113. — *Succinat*, $C_{13}H_{15}ClO_4$, F. 71°. — *p-Chlorphenylcyclopropylmethylglutarat*, $C_{15}H_{17}ClO_4$, n_D^{20} 1,5212. — *1-p-Chlorphenylpentanol*, $C_{11}H_{15}ClO$, $Kp._{27}$ 164°; 81%. *Succinat*, $C_{15}H_{19}ClO_4$, F. 38°; 80%. — *p-Chlorphenylcyclopentanol*, $C_{12}H_{15}ClO$, $Kp._{2,5}$ 142°. *Succinat* (**II**), $C_{16}H_{19} \cdot ClO_4$, F. 95°. — *1-p-Chlorphenylhexanol*, $C_{12}H_{17}ClO$, $Kp._{0,5}$ 130°. *Succinat*, $C_{16}H_{21}ClO_4$, n_D^{20} 1,5071. — *4-Chlorphenylcyclohexylmethylsuccinat*, $C_{17}H_{21}ClO_4$, F. 136°. — *1-p-Chlorphenylisohexanol*, $C_{12}H_{17}ClO$, $Kp._{0,2}$ 107°. *Succinat*, $C_{16}H_{21} \cdot ClO_4$, F. 36°. — *p-Chlordiphenylmethylsuccinat*, $C_{17}H_{15}ClO_4$, F. 85°. — *1-p-Bromphenylpentylsuccinat*, $C_{15}H_{19}BrO_4$, F. 53°. — *1-p-Jodphenylpropanol*, $C_9H_{11}JO$, F. 56—57° (PAe.), aus 4-Jodpropiophenon u. Al-Isopropoxid in Isopropanol; 95%. *Succinat*, $C_{13}H_{15}JO_4$, F. 76°. — *1-p-Jodphenylpentanol*, $C_{11}H_{15} \cdot JO$, F. 51°. *Succinat*, $C_{15}H_{19}JO_4$, F. 88°. — *1-p-Methylphenylpentanol*, $C_{12}H_{18}O$, $Kp._3$ 118°. *Succinat*, $C_{16}H_{22}O_4$, n_D^{20} 1,4989. — *1-p-Methoxyphenylpentylsuccinat*, $C_{16}H_{22}O_5$, n_D^{20} 1,5070. — *1-Biphenylylpropanol*, $C_{15}H_{16}O$, F. 58°. *Succinat*, $C_{19}H_{20}O_4$, F. 66°. *Glutarat*, $C_{20}H_{22}O_4$, F. 62°. — *1-Biphenylylpentylsuccinat* (**III**), $C_{21}H_{24}O_4$, F. 80°. — *1-[Pyridyl-(2)]-pentanol*, $C_{10}H_{15}NO$, $Kp._{0,5}$ 95°, aus Pyridin-2-aldehyd u. Butyl-MgBr in Ae.; 46%. *Succinat*, $C_{14}H_{19}NO_4$, F. 95°; 67%. — *1-[Pyridyl-(2)]-propylsuccinat*, $C_{12}H_{15}NO_4$, F. 95° (Ae.); 60%. — *1-[Pyridyl-(3)]-propylsuccinat*, $C_{12}H_{15}NO_4$, F. 103° (PAe./Bzl.); 50%.

W. Holland. 4630◇

1523 **Weitere Beweise für die Resistenz der Ratte gegenüber Warfarin.** J. H. Cuthbert. (Nature [London] **198**, 807—08, 1963; Edinburgh, Padent Control, Dep. of Agric. and Fisheries for Scotland; engl.) — Fütterungs-Verss. an 91 Ratten zeigten, daß 5 Tiere 36 Tage eine Diät, die 0,005% *Warfarin* enthielt, überlebten. K. Grade. 4633◇

1524 **Pharmakologische Prüfung eines neuen Choleretícums, eines Derivates der α-Cyclohexylbuttersäure.** M. Carissimi, F. Ravenna, E. Milla und E. Grumelli. (Experientia [Basel] **15**, 262—64, 1959; Milano, Labor. Ric. Maggioni & Co.; ital.) — *α-[1-Hydroxy-4-phenylcyclohexyl]-buttersäure* (*M. G. 4833*; **I**) u. *α-[1-Hydroxy-3-phenylcyclohexyl]-buttersäure* (*M. G. 4834*; **II**) besitzen eine choleret. Wrkg.; **I** ist stärker wirksam als **II** u. ist *Natriumdehydrocholat* in der Wirkstärke u. in der Wrkg.-Dauer bei Ratten, Kaninchen u. Hunden überlegen. K. Zingraf. 4640◇

1525 **N-[2'-Chlor-4'-nitrophenyl]-5-chlorsalicylamid in der Behandlung von Taenia saginata- und Hymenolepis nana-Infektionen.** A. Z. Shafei und H. H. Abaza. (Z. Tropenmed. Parasitol. **13**, 194—98, 1962; Alexandria, Univ. of Alexandria, Fac. of Med., Dep. of Tropical Med.; engl.) — *N-[2'-Chlor-4'-nitrophenyl]-5-chlorsalicylamid* („*Yomesan*") erweist sich in einer Dosis von 2 g als sehr wirksames Mittel bei Taenienbefall bzw. Hymenolepisinfektion, dagegen konnte eine Wrkg. auf Ascaris, Enterobius, Trichuris u. Strongyloides nicht festgestellt werden. Klaus Schmidt. 4649◇

1526 **Wirkung von oberflächlich verabfolgtem Povidone-Iodine (Betadine) auf das serumproteingebundene Jod.** Joseph M. Quagliana. (J. clin. Endocrinol. Metabolism **23**, 395—97, 1963; Buffalo, N.Y., Buffalo Gen. Hosp., Dep.

of Med.; engl.) — *Betadine* (Tailby-Nason Comp.; *Povidone-Iodine*; *Polyvinylpyrrolidon* nach Rk. mit J, mit geringen Mengen anorgan. J) kann nach örtlicher Verabreichung als Oberflächenantisepticum zu einer Erhöhung des *proteingebundenen J* im Serum führen. Es ist noch nicht bekannt, ob diese Erhöhung durch Resorption von anorgan. J oder des gesamten, organ. J enthaltenden Komplexes zustande kommt. U. Tausendfreund. 4660◇

1527 **Vergleich der therapeutischen Wirksamkeit von Nitrofungin, Mykoseptin und Undecinsalbe bei der Behandlung der Epidermophytie der Ferse.** N. T. Turssunow, I. N. Dmitrijewa, U. K. Belucha und A. Ss. Lukjanowa. (Med. J. Usbek. **1962,** Nr. 4, 76—78; russ.) — Für die Behandlung der Epidermophytie der Ferse werden *Nitrofungin* (**I**; 1 g 2-Chlor-4-nitrophenol, 10 g Triäthylenglykol, 100 ml 50%ig. A.), *Mykoseptin* (**II**; Salbe mit 5% Undecylensäure u. 20% Zn-Salz dieser Säure) u. *Undecin* (**III**; Salbe mit 8% Undecylensäure, 8% Cu-Salz dieser Säure, 4% Glycerin-p-chlorphenyläther u. 80% Salbengrundlage) empfohlen. Die Wirksamkeit nimmt in der Reihenfolge **II**-**III**-**I** ab. **I** ist nach Abflauen der akuten Entzündungsprozesse anzuwenden. Bei allerg. Anfälligkeit sind **I**, **II** u. **III** mit desensibilisierenden Mitteln zu kombinieren. O. Lebtag. 4661△

1528 **Vergleichende Schutzwirkung ungesättigter Fettsäuren gegen Exotoxin, Endotoxin und Schlangengift für Mäuse.** Wesley W. Spink und Chancy K. Su. (Proc. Soc. exp. Biol. Med. **112,** 463—66, 1963; Minneapolis, Minn., Univ. of Minnesota, School of Med., Dep. of Med.; engl.) — Werden die *Exotoxine* von Staphylokokken *Clostridium perfringens* u. *Clostridium tetani* (jeweils 0,5 ml einer 1:10- oder 0,25 ml einer 1:20 Verdünnung) mit *Ölsäure* (I) oder *Linolensäure* (0,25 ml einer 0,01%ig. Lsg. in 0,01 n NaOH) vor einer i.v. Injektion vermischt, so kommt es bei (Swiss-Webster-)Mäusen nicht zu den erwarteten letalen Auswirkungen. Eine Schutz-Wrkg. kommt auch bei getrennter Injektion der Exotoxine u. der ungesätt. Fettsäuren zustande. **I** übt auch Schutz-Wrkg. gegen das Gift von *Crotalus terrificus* aus. Der Wrkg.-Mechanismus der ungesätt. Fettsäuren ist noch unklar. Gegen *Escherichia coli*- oder *Brucella melitensis-Endotoxine* wird jedenfalls keine Schutz-Wrkg. ausgeübt. U. Tausendfreund. 4675◇

1529 **Allgemeine pharmakologische Wirksamkeit und antitoxische Eigenschaften der Dimercaptobernsteinsäuren.** 1. Mitt. **meso-2.3-Dimercaptobernsteinsäure.** A. Cannavà und F. Cugurra. (Arch. int. Pharmacodynam. Thérap. **131,** 283—300, 1961; Sassari, Univ., Ist. di Farmacol.; ital.) — Die *meso-2.3-Dimercaptobernsteinsäure* (*Ro 1-7977*) besitzt bei geringer Toxizität (DL_{50} Maus subkutan 1725 mg/kg) eine Schutz-Wrkg. gegen Vergiftungen durch *As*, *Hg* u. *Pb* u. hemmt die Methämoglobinbildung. K. Zingraf. 4675◇

1530 **Über die Rolle der Chromverbindungen im Zement bei der Entstehung und Entwicklung von Berufsdermatitiden und Ekzemen.** W. M. Retnew. (Nachr. Dermatol. Venerol. [UdSSR] **36,** Nr. 7, 46—50, 1962; Leningrad, Forschungs-Inst. für Hyg. der Arbeit u. Berufskrankheiten; russ.) — Übersicht an Hand der Literatur nach 1954. — 33 Literaturangaben. O. Lebtag. 4681△

F. Pharmazeutische Chemie, Desinfektion

1531 **Verzögerte Wirkstoffabgabe durch Ionenaustauscherharze.** Leonard Saunders. (J. mond. Pharmac. [La Haye] **4,** 36—55, 1961; London, Univ., Coll. of Pharm., Dep. of Pharm. Chem.; engl.) — Die Vorteile der Depot-Präpp. auf der Basis von Ionenaustauschern werden erläutert. Werden die Resinate bei der in vitro-Prüfung mit einer Eluier-Fl. geschüttelt, so wird die Wirksubstanz nur unvollständig eluiert. Kontinuierliche Erneuerung der Eluier-Fl. ermöglicht eine vollständigere Elution u. kommt den in vivo-Bedingungen näher. Die Elutions-Geschw. ist abhängig von der Ionenstärke der Eluier-Fl., weniger aber von ihrem pH. Eine brauchbare Verzögerung der Wirkstoffabgabe in der Initialphase konnte z. B. bei Ephedrin durch nur teilweise Sättigung des Harzes erreicht werden. Eine kontinuierliche u. eine diskontinuierliche Meth. der Elution werden beschrieben. Die Notwendigkeit für die Schaffung standardisierter in vitro-Meth. für die Testung von Depot-Präpp. wird betont. — Diskussion Prof. Büchi zu vorst. Vortrag: Zahlreiche Probleme entstehen bei der Herst. der Depot-Präpp., wie Korngröße, Reinheit, optimale Beladung, Restwasser, Stabilität, Wahl der Arzneiform. Ein Vorschlag zur Prüfung von Depot-Präpp. auf der Basis von Ionenaustauschern wird unterbreitet. Bes. Beachtung wird der pharmakolog. u. klin. Prüfung der Depot-Präpp. geschenkt. Bei fast allen klin. geprüften Ionenaustauscher-Präpp. traten 20—30% Versager auf, bedingt durch Abnormitäten des Magen–Darm-Kanals der Patienten. S. Erbe. 4766◇

1532 **Verzögerte Wirkstoffabgabe durch verlangsamte Diffusion.** Jack Cooper. (J. mond. Pharmac. [La Haye] **4,** 24—35, 1961; Summit, N.J., Ciba Pharm. Prod., Inc., Pharm. Res. & Developm. Div.; engl.) — Besprechung der wichtigsten amerikan. Präpp. (Abb.) mit verzögerter Wirkstoffabgabe u. ihre Einteilung in 3 Gruppen: völlig in definierte Partikel zerfallende, aber in ihrer Form noch erkennbare u. trotz Wirkstoffabgabe ihre ursprüngliche Form u. Größe bewahrende Tabletten. — J. Sjögren diskutiert anschließend ausführlich das Problem der „Matrix"-Tabletten oder „Duretter", bei denen der Wirkstoff aus einem porösen Kunststoffskelett herausgelöst wird. S. Erbe. 4766◇

1533 **Depotzubereitungen mit Überzügen, die Magen- und Darmsaft langsam permeieren lassen.** David Jack. (J. mond. Pharmac. [La Haye] **4,** 10—18, 1961; England, Smith Kline & French Labor. Ltd.; engl.) — Einführung in die Problematik der Depot-Präpp. u. ihre mathemat. Formulierung mit Hilfe der biolog. Halbwertszeit (*half-life*) sowie kurze Beschreibung der Herst. von Depot-Präpp. (Tabletten, Kapseln, Fll.) mit Hilfe von Überzügen. Magensaft u. darmsaftlösl. Überzüge sind wesentlich ungeeigneter als solche, die die Fll. des Intestinaltraktes langsam permeieren lassen. S. Erbe. 4766◇

1534 **Pharmakognostische Untersuchung der Früchte von Emblica officinalis Gaertn.** S. M. J. S. Qadry, S. S. Banga und C. K. Atal. (Indian J. Pharmacy **24,** 2—6, 1952; Chandigarh, Indien, Panjab Univ., Pharm. Dep.; Delhi, Hamdard Waqf Labor., Res. Div., Pharmacogn. Labor.; engl.) — Aus getrockneter *Amla*, den Früchten von *Emblica officinalis Gaertn.*, wurden die Arten *Desi amla* u. *Banarsi amla* isoliert. Papierchromatograph. wurde in beiden Ascorbinsäure nachgewiesen. Der Geh. beträgt 2,86 bzw. 5,34 mg/g getrockneter Droge. U. Gollnisch. 4782◇

1535 **Über die Inhaltsstoffe von Cordyceps capitata (Holmsk.) LK.** Ch. Tamm. (Planta med. [Stuttgart] **10,** 134—37, 1962; Basel, Univ., Inst. Organ. Chem. Sandoz AG., Pharm.-chem. Labor.; dt.) — Vf. isolierte 6,1% *D-Mannit* (I) aus getrockneten Fruchtkörpern von *Cordyceps capitata* (Holmsk.) Lk., eines aus Mexico stammenden Ascomyceten, der nahe verwandt ist mit dem Mutterkornpilz (Cloviceps).

Versuche: Die Pilze werden zerkleinert u. mit PAe. entfettet. Das entfettete Pulver wurde mit W. extrahiert. Nach Reinigung des wss. Extraktes u. Fällung mit Methanol wurde I, $C_6H_{14}O_6$, erhalten; F. 165—165,5°, aus W./Methanol/Ae. u. Methanol, $[\alpha]_D^{22}$ —0,4 bis $-1 \pm 2°$ (c = 1,010 bis 1,040 in W.). — *Hexa-O-acetyl-D-mannit*, $C_{18}H_{26}O_{12}$, F. 122—123°, aus A./W.; durch 3std. Erhitzen von **I** mit Acetanhydrid, $[\alpha]_D^{22}$ $+26 \pm 1°$ (c = 1,995 in Chlf.). J. Roehr. 4782◇

1536 **Herzwirksame Glykoside.** 6. Mitt. **Moraceae: Die Gattung Antiaris Lesch.** N. G. Bisset. (Planta med. [Stuttgart] **10,** 143—51, 1962; Bogor, Indonesia, Kabun Raya, Treub Labor.; engl.) — 5. vgl. Ann. bogor. (Indonesia) **4,** 153—61 [1961]. — Lebende u. Herbar-Exemplare von *Antiaris toxicaria* (I), *A. welwitschii* u. *A. africana* (Moraceae) wurden papierchromatograph. auf herzwirksame Glykoside untersucht. Ergebnisse sind tabellar. angegeben. An allen 3 Arten werden *α*- u. *β-Antiarin*, *Antioxid* u. eine Substanz A nachgewiesen. *Bogorosid* wurde nicht gefunden. Frische Samen von **I** enthalten im Gegensatz zu Latex, Stamm u. Wurzeln viel Polyglykoside. — 19 Literaturangaben. J. Roehr. 4782◇

1537 **Isolierung und Konstitution eines neuen Anthoxanthin-Glykosids, Vogelosid, aus dem Samen von Tephrosia**

vogelii Hook. K. Sambamurthy, S. Rangaswami und P. Veeraswamy. (Planta med. [Stuttgart] **10,** 173—78, 1962; Waltair, Indien, Andhra Univ., Dep. of Pharm.; engl.) — Aus den Samen von *Tephrosia vogelii Hook.* wurde *Vogelosid* (I), ein Glykosid des Anthoxanthins *Vogeletin* (II) isoliert. Einer der Zucker ist L-Arabinose, der andere wahrscheinlich L-Rhamnose. Die beiden Zucker liegen als Biose-Einheit vor u. sind an das 3-Hydroxyl von II gebunden. II konnte aus I durch Hydrolyse mit Säure erhalten werden. Durch Methylierung von I mit Diazomethan wurde der *Methyläther* von I (III) dargestellt, der durch saure Hydrolyse in ein *Tetramethoxymonohydroxyflavon* (IV) übergeführt wurde.

Versuche: *Vogelosid* (I), $C_{27}H_{30}O_{15}$, F. 183—185°, gelbe Knötchen aus Methanol; nach Entfettung u. Extraktion der Samen durch säulenchromatograph. Trennung des Amylalkoholextraktes an Celite; $[\alpha]_D^{26}$ $-96,3 \pm 5°$ (c = 0,9654 in Methanol). — *Vogeletin* (II), $C_{16}H_{12}O_7$, F. 284—286°, gelbe Nadeln aus Chlf./Aceton; durch Erhitzen von I zum Rückfluß in 50%ig. A. mit 4%ig. H_2SO_4. — I-*Methyläther* (III), $C_{30}H_{36}O_{15}$, F. 186—187°, schwachgelbe Nadeln aus verd. Methanol; aus I in Methanol u. äther. Diazomethanlösung. — *Tetramethoxymonohydroxyflavon* (IV), $C_{19}H_{18}O_7$, F. 120—122°, schwach gelbe Nadeln aus verd. Methanol; analog II aus III. J. Roehr. 4782◇

1538 **Über Acetylandromedol (Andromedotoxin) in verschiedenen Ericaceen, insbesondere in Rhododendron, und seine annähernde Bestimmung.** H. Schindler. (Planta med. [Stuttgart] **10,** 232—37, 1962; Karlsruhe, Fa. Dr. Willmar Schwabe, wiss. Abt.; dt.) — *Acetylandromedol* (I) wurde zuerst in *Andromeda japonica* aufgefunden u. kommt nur innerhalb der Ericaceen in folgenden Gattungen vor: *Andromeda, Kalmia, Leucothoe, Lyconia, Pernettya* u. *Rhododendron.* Die in verschiedenen Ericaceen gefundenen Stoffe „Rhodotoxin" u. „Grayanotoxin I" sind mit I ident. I besitzt neben deutlicher Herz-Wrkg. u. blutdrucksenkendem Effekt haut- u. schleimhautreizende Wirkung. Es ist Hauptwirkstoff der homöopath. Tinkturen von *Kalmia latifolia* (II) u. *Rhododendron chrysanthum* (III), außerdem ist es in *Rauwoplant* (Schwabe) enthalten. In angepflanzter II mitteleuropäischer Herkunft konnte kein I gefunden werden. Eine Meth. zur annähernd quant. papierchromatograph. Best. von I arbeitet mit Chlf./Methanol/W. (7:1:2) als Lsgm.-Gemisch u. $SbCl_3$ gesätt. in Chlf. als Sprühmittel (R_F 0,5—0,7 für I, 0,03 für Andromedol). Für HAB. 3 werden als Stammpflanzen für das Mittel „Rhododendron" die beiden Arten III u. *Rhododendron campylocarpum* vorgeschlagen. Die Tinktur soll mindestens 4 mg% an I enthalten. J. Roehr. 4782◇

1539 **Intermediärer Stoffwechsel des Mutterkorns.** 2. Mitt. **Radiochemische Untersuchungen.** Gunnar Gjerstad. (Planta med. [Stuttgart] **10,** 221—25, 1962; Austin, Tex., Univ. of Texas, Coll. of Pharm.; engl.) — 1. vgl. C. **1961,** 16192. — 2 Stämme des Mutterkorns (American Rye Ergot u. Stamm 47-A) wurden auf synthet. Nähr-Lsg. (1% Glucose, 1% Hefeextrakt, pH 5,4—5,6) 15—30 Tage bei Zimmer-Temp. in Ggw. von $^{14}C_{(2)}$-Bernsteinsäure gezüchtet, ohne daß diese beim Stoffwechsel des Mycels verarbeitet worden wäre. W. Schönborn. 4782◇

1540 **Saponine.** 1. Mitt. **Eigenschaften, Nachweis und Bestimmung.** J. Hubík. (Českoslov. Farmac. **12,** 316—29, 1963; Praha, Státni úst. pro kontrolu léč.; tschech.) — Übersicht über Klassifizierung, Eigg. u. Best. von *Saponinen* in Arzneipflanzen. — 288 Literaturangaben. I. Eichhorn. 4782◇

1541 **Diffusion der Arzneistoffe in Salbengrundlagen.** 1. Mitt. **Ungehinderte Diffusion, Jodsalbe.** Rafael Cadorniga Carro und José Luis Vila Jato. (An. Real Acad. Farmac. **27,** 141—48, 1961; span.) B. Göber. 4792◇

1542 **Zimtsäurederivate als antibakteriell wirksame Mittel.** K. N. Gaind und B. D. Gupta. (Indian J. Pharmacy **24,** 6—9, 1962; Chandigarh, Indien, Panjab Univ., Dep. of Pharm.; engl.) — Aus Zimtsäure wurden 22 *β-Phenyl-α-brom-* bzw. *-chlorhydracylsäure-Derivv.* hergestellt u. auf ihre antibakterielle Wirksamkeit geprüft. Neben nichtsäurebeständigen Bakterien wurde das säurebeständige *Mycobacterium tuberculosis H37RV* getestet. Auf dieses wirkt *β-Phenyl-α-bromhydracrylsäurehydrazid* noch in einer Konz. 1:200000.

Versuche: *β-Phenyl-α-bromhydracrylsäure* (I) nach der Meth. von Read-Williams [1917]; *Ester* nach der Meth. von Gaind [1938]. — *Cetylester*, $C_{25}H_{41}BrO_3$, viscoses Öl. — *Ammoniumsalz*, $C_9H_{12}BrNO_3$, aus I u. NH_3. — *Piperidinsalz*, $C_{14}H_{20}BrNO_3$, F. 108° (aus Bzl.), aus I u. Piperidin in äther. Lösung. — *Hydrazid*, $C_9H_{11}BrN_2O_2$, F. 189° (aus W.), aus Methylester von I u. Hydrazinhydrat in abs. A. durch 4std. Kochen. — *α-Brom-β-chlor-β-phenylpropionamid*, $C_9H_9BrCl\cdot NO$, F. 201° (aus wss. A.), durch Einw. von PCl_5 auf I u. Behandeln des Rk.-Gemisches mit $(NH_4)_2CO_3$. U. Gollnisch. 4832◇

1543 **Brucin als cerimetrischer Indicator bei der Gehaltsbestimmung von Eisen(II)-haltigen Zubereitungen.** Angéla Szepesy und Éva Bloch. (Gyógyszerészet Pharmazie **6,** 421—22, 1962; Budapest, Med. Univ., Pharmaz. Inst.; ung.) — Bei der cerimetr. Best. von $FeSO_4$ erfolgt der Umschlag von Brucin als Indicator langsamer als derjenige von Ferroin; der Endpunkt ist durch eine 30 Sek. anhaltende rote Färbung gekennzeichnet. Al^{3+}, Cu^{2+}, K^+, Mn^{2+}, Mg^{2+}, Hg^+, Hg^{2+}, Zn^{2+}, Cl^- in 10fachen, Na^+, SO_4^{2-}, Acetat in 20fachen Mengen stören nicht. Genauigkeit ± 0,5%. G. Ligeti. 4880△

1544 **Polarographisches Verfahren zur Bestimmung zweier Nitroimidazolderivate mit Antiprotozoenwirkung in Materialien biologischer und nichtbiologischer Herkunft.** P. O. Kane. (J. polarogr. Soc. **8,** 58—62, 1961; Dagenham, Essex, May & Baker Ltd., Res. Labor.; engl.) — Es wird die Anreicherung u. anschließende polarograph. Best. von *1-Hydroxyäthyl-2-methyl-5-nitroimidazol* (I; Metronidazol) u. *1.2-Dimethyl-5-nitroimidazol* (II; Dimetridazol) aus Urin, Speichel, Milch, Serum, Geflügelfutter u. Eiern beschrieben. Beide Verbb. geben eine Stufe, deren Höhe proportional der Konz. u. pH-unabhängig ist. Die Halbstufenpotentiale sind pH-abhängig u. liegen bei 0,02—0,065·pH (I) bzw. 0,04—0,066·pH (II) V gegen gesätt. Kalomelelektrode. E. Moisar. 4880◇

1545 **Anwendung der Dünnschichtchromatographie in der Analytik der Sulfonamide.** N. Karpitschka. (Mikrochim. Acta [Wien] **1963,** 157—64; Innsbruck, Univ., Inst. für org. u. pharmazeut. Chem.; dt.) — An Kieselgel G werden Sulfonamide in dem Laufmittel Chlf./n-Butanol/PAe. (Kp. 60—80°) (1:1:1) bei Kammerübersättigung getrennt. Um das Durchhängen der Lsgm.-Front zu verhindern, werden keilförmige Streifen der Sorptionsschicht an den Plattenrändern entfernt. Die Platten werden bei 105° getrocknet. Als Sprühreagens dient 1%ig. p-Dimethylaminobenzaldehyd-Lsg. in 5%ig. HCl. Aus den Handels-Präpp. werden die Sulfonamide mit heißem W., A. oder Aceton extrahiert u. in Aceton gelöst aufgetragen. Die R_F-Werte von 26 Sulfonamiden sind in einer Tabelle angegeben. H. J. Altmann. 4880◇

1546 **Colorimetrische Bestimmung organischer Basen mit Sulfophthalein-Farbstoffen.** Masayoshi Horioka. 1. Mitt. (J. pharmac. Soc. Japan [Yakugakuzasshi] **77,** 200—06, 1957; Tokyo, Univ., Med. Fac., Hospit. Pharm.; jap., Auszug: engl.) — *Sulfophthaleinfarbstoffe* reagieren mit organ. Basen unter Bldg. von Additions-Verbb., die in organ. Lsgm. lösl. sind. Die Best. dieser Verbb. gelingt auf colorimetr. Wege. 78 verschiedene Basen werden untersucht u. die Absorptionsmaxima angegeben. 14 verschiedene Sulfophthaleinfarbstoffe werden benutzt. Kurven u. gemessene Werte vgl. Original. W. Hampel. 4880△

1547 **Colorimetrische Bestimmung organischer Basen, mit Sulfophthalein-Farbstoffen.** 2. Mitt. **Bestimmung von symmetrischen Aminen in pharmazeutischen Zubereitungen.** Masayoshi Horioka. (J. pharmac. Soc. Japan [Yakugakuzasshi] **77,** 206—09, 1957; jap., Auszug: engl.) — 1. vgl. vorst. Referat. — Bei der colorimetr. Best. organ. Basen mit Sulfophthaleinfarbstoffen, speziell angewandt auf *Ephedrin* u. *dl-Methylephedrinhydrochlorid* mittels Bromkresolgrün werden gute Ergebnisse erzielt. Die Unterss. bestätigten frühere Messungen über das Verhältnis von chem. Struktur u. opt. Durchlässigkeit. 18 Amine bzw. deren Salze wurden bestimmt. W. Hampel. 4880△

1548 **Radiometrische Titrationen in der Arzneimittelanalyse.** 1. Mitt. **Bestimmung einiger anorganischer Arzneimittel in Mischungen und in galenischen Präparaten durch Titration mit 0,1 n $AgNO_3$-Lösung (^{110}Ag).** J. Tölgyessy und M. Šaršúnová. (Z. analyt. Chem. **195,** 429—32, 1963; Bratislava, TH, Chem. Fak., Lehrstuhl Radiochem. u. Kreisgesundheits-Inst., Kontrollabor.; dt.) — Zur radiometr. Best. von Halogeniden, Phosphaten, Thiocyanaten u. Thiosulfaten in Arzneimitteln fällt man mit ^{110}Ag-markierter 0,1 n $AgNO_3$-Lsg. u. bestimmt die Aktivität der Lsg. nach Abzentrifugieren des Niederschlages. Für den Äquivalenzpunkt gilt die Gleichung

$V_E = \{V_2(I_3-F)-V_3(I_2-F)\}/I_3-I_2$, wobei V_E das Vol. der Maß-Lsg. am Äquivalenzpunkt, V_2 u. V_3 bestimmte Vol. der Maß-Lsg., I_3 u. I_2 die Aktivitäten der Lsg. nach Zugabe von V_2 bzw. V_3 ml u. F die Nullrate bedeuten. Auf diese Weise läßt sich der Äquivalenzpunkt aus zwei Messungen berechnen.
U. Wenzel. 4880◇

1549 **Radiometrische Titrationen in der Arzneimittelanalyse. 2. Mitt. Titration einiger offizineller Purine und Barbiturate mit 0,1n $AgNO_3$-Lösungen (^{110}Ag).** M. Šaršúnová und J. Tölgyessy. (Z. analyt. Chem. **196,** 107 bis 112, 1963; dt.) — 1. vgl. vorst. Referat. — Es wurden Theobromin, Theophyllin, Aminophyllin, Barbital, Allobarbital, Phenobarbital u. seine Na-Salze sowie Thiopental mit ^{110}Ag-markierter 0,1n $AgNO_3$-Lsg. durch radiometr. Fällungstitration bestimmt. U. Wenzel. 4880◇

1550 **Anwendung der Titration in nichtwässeriger Lösung.** 1. Mitt. **Bestimmung von 5-Acetamidomethyl-4-amino-2-methylpyrimidin.** Satoshi Mizukami und Eizo Hirai. (J. pharmac. Soc. Japan [Yakugakuzasshi] **77,** 165—67, 1957; Imafuku, Amagasaki, Hyogo-ken, Shionogi & Co. Ltd., Res. Labor.; jap., Auszug: engl.) — Die Titration von *5-Acetamidomethyl-4-amino-2-methylpyrimidin* in Eisessig mit 0,1n $HClO_4$ in Ggw. eines Gemisches von Methylviolett u. Bromphenolblau als Indicator wird beschrieben. Der Umschlag erfolgt von rötlichbernsteinfarben nach blau. — Kurven vgl. Original.
W. Hampel. 4880△

1551 **Beitrag zum Problem der Auswertung von Digitalis.** Riko Repič. (Planta med. [Stuttgart] **10,** 160—72, 1962; Ljubljana, Jugoslaw., Univ., Fak. Naturwiss. u. Technol.; dt.) — Nur eine chem. oder nur eine biolog. Digitalisanalyse genügt nicht, um eine in Zus. der Aktivstoffe unbekannte galen. Zubereitung zu charakterisieren. Vf. schlägt daher 4 Kennzahlen vor, nach denen diese ausgewertet u. klin. Verw.-Möglichkeiten beurteilt werden können. Nach Reinigung der Tinktur werden die Gesamtglykoside nach der Genin-Meth. von Rowson [1952] sowie der Quotient aus Genin- u. Zucker-Best. ermittelt. Der Toxizitätswert des Glykosidkomplexes wird aus Geninwert u. der i. v. biolog. Titration an der Taube berechnet. Bes. Bedeutung kommt bei digitoxinreichen Zubereitungen dem Resorptionsfaktor zu, der durch intestinale Applikation an der Taube ermittelt wird. J. Roehr. 4880◇

1552 **Eine chromatographische Untersuchung der alkaloidhaltigen Fraktion von Amanita pantherina.** L. R. Brady und V. E. Tyler jun. (J. Amer. pharmac. Assoc., sci. Edit. **48,** 417—19, 1959; Seattle, Wash., Drug Plant Labor.; engl.) — Bei der papierchromatograph. Unters. der Extrakte aus *Amanita pantherina* wurden 2 Verbb., die typ. Alkaloid-Rkk. gaben, u. eine weitere, die ein Indol-Deriv. zu sein scheint, nachgewiesen. Der Vgl. der R_F-Werte u. Farb-Rkk. dieser Verbb. mit bekannten Alkaloiden ergab, daß weder *Bufotenin* u. *Hyoscyanin,* noch ein anderes Alkaloid mit positiver Vitali-Morin-Rk. anwesend waren. Es wurde aufsteigend chromatographiert mit dem Syst. n-Butanol/Eisessig/W. (4:1:5), 18 bis 20 Std. lang; zur Trennung der Indole wurde das Syst. n-Propanol/1n-NH_4OH verwendet. R_F-Werte u. Farb-Rkk. sind in einer Tabelle zusammengefaßt. B. Göber. 4880◇

1553 **Indirekte photometrische Bestimmung von Alkaloiden nach vorangehender chromatographischer Verteilung.** 1. Mitt. **Fällung der Alkaloide mit Hilfe von Thalliumkomplexen.** P. Horák und J. Zýka. (Československ. Farmac. **12,** 286—89, 1963; Praha, Výzk. úst. přírodn. léč.; Praha, Karlový univ., kat. anal. chem.; tschech.) — Thallium bildet mit Jod u. KJ ein komplexes Anion, das mit Verbb., die tert. Aminostickstoff enthalten, kristallin ausfällt. Dieses Fällungsmittel [1 (Teil) 0,1n Tl-Sulfat-Lsg., 3 0,1n Jod- in 0,15m KJ-Lsg.] verwenden Vff. zur indirekten Best. von kleinen Mengen *Tropanalkaloiden.* Die Fällung ist pH-abhängig; am günstigsten verläuft sie im neutralen Medium, wobei erhöhte Temp. u. Reagensüberschuß auf die Fällung keinen qual. Einfl. ausüben. Die Zus. der kristallinen Ndd. entspricht der allg. Formel Alkaloid·$HTlJ_4$, wobei Tl einwertig ist u. 1 Mol elementares Jod vorhanden ist. Tl kann photometr. im Nd. bestimmt u. daraus die Alkaloidmenge errechnet werden.
I. Eichhorn. 4880◇

1554 **Indirekte photometrische Bestimmung von Alkaloiden nach vorangehender chromatographischer Verteilung.** 2. Mitt. **Photometrische Bestimmung von Thallium mit Kristallviolett.** P. Horák und J. Zýka. (Československ. Farmac. **12,** 289—93, 1963; tschech.) — 1. vgl. vorst. Referat. — Bei der photometr. Best. von *Thallium* im *Alkaloid*-Nd. erwies sich von den untersuchten Triphenylmethanfarbstoffen *Kristallviolett* (I) als am besten geeignet wegen hoher Farbintensität u. guter Haltbarkeit der Färbungen (2 Std. lang) in neutralen oder sauren Lösungen. Die Tetrabromthallium-Verb. von **I** (Oxydation von einwertigem Tl des Alkaloid-Nd. zu 3wertigem Tl vor Zugabe der I-Lsg.), bei der **I** das Kation bildet, hat ein Absorptionsmaximum bei 550 mμ, das unabhängig von der Konz. ist. Zum Ausschütteln der Verb. aus saurem Milieu sind die Lsgm.-Gemische Toluol/Bzn./Butylacetat/Chlf. (48:30:12:10) oder Bzn./Butylacetat/Chlf. (5:3:2) am besten geeignet. — 37 Literaturangaben.
I. Eichhorn. 4880◇

1555 **Die Anwendung der Gaschromatographie zur Analyse des ätherischen Öls von Mentha piperita.** F. W. Hefendehl. (Planta med. [Stuttgart] **10,** 179—207, 1962; Freiburg i. Br., Univ., Pharmakognost. Inst.; dt.) — Vf. diskutiert theoret. u. prakt. Voraussetzungen der Gaschromatographie äther. Öle, bes. von *Oleum menthae piperitae* (**I**). Nach Beschreibung der möglichen Meth. zur Identifizierung der einzelnen Peaks eines Diagramms werden die auf Siliconhochvakuumfett- bzw. Polyglykolsäulen gewonnenen Fraktogramme von **I** interpretiert, Rückhaltewerte der Einzelsubstanzen ermittelt, spezielle Säulen-Eigg. besprochen u. verschiedene Einzel-Unterss. (Differenzanalysen, Vgl. einzelner Fraktionen auf verschiedenen Säulen, IR-spektroskop. Unterss. usw.) mitgeteilt. Vf. erläutert ferner Grundlagen präparativer gaschromatograph. Bearbeitung äther. Öle u. diskutiert die möglichen Umwandlungen empfindlicher Ölkomponenten durch Temp.-Einfl., Trägermaterial u. -gas, die quant. Auswertung der Öldiagramme sowie Eignung der Gaschromatographie für biogenet. Unters. äther. Öle. Nach vorliegenden Verss. ist das gaschromatograph. Verf. zur Analyse geringster Mengen äther. Öle geeignet. J. Roehr. 4880◇

1556 **Polarographische Untersuchungen von Pharmazeutica.** 5. Mitt. **Polarographie von Campherderivaten.** 1. Mitt. **3-Oxocampher, 5-Oxocampher, Halogencampher und andere.** Yutaka Asahi. (J. pharmac. Soc. Japan [Yakugakuzasshi] **77,** 128—32, 1957; Ōsaka, Takeda Pharmaceut. Ind. Ltd., Res. Labor.; jap., Auszug: engl.) — 4. vgl. J. pharmac. Soc. Japan [Yakugakuzasshi] **76,** [1956], 378. — Die polarograph. Unterss. von Halogencampher-Derivv. ergaben nur für 3-Halogen-Verbb. Red.-Potentiale. *8-Brom-dl-*, *6-Brom-8-chlor-l-* u. *10-Brom-d-campher* ergaben keine Potentialstufen. Während *3-Oxocampher* eine starke Red.-Stufe ergibt, wird *5-Oxocampher* nicht reduziert. Verss. mit *Isoketopin-* u. *Ketopinsäure* werden beschrieben. Die pH-Werte der Unterss. werden angegeben. Physikal. Werte vgl. Original.
W. Hampel. 4880△

1557 **Polarographische Untersuchungen von Pharmazeutica.** 6. Mitt. **Polarographie von Campherderivaten.** 2. Mitt. **8-Oxocampher.** Yutaka Asahi. (J. pharmac. Soc. Japan [Yakugakuzasshi] **77,** 132—35, 1957; jap., Auszug: engl.) — 5. vgl. vorst. Referat. — *8-Oxocampher* wird bei der Polarographie zu 8-Hydroxycampher reduziert. Das Halbstufenpotential wird bestimmt. Maximale Stufen werden in Ggw. von $CoCl_2$, $[Co(NH_3)_6]Cl$, NH_4Cl oder Gelatine erzielt. Einfl. von Konz. u. Temp. vgl. Original. W. Hampel. 4880△

1558 **Polarographische Untersuchungen von Pharmazeutica.** 7. Mitt. **Polarographie von Campherderivaten.** 3. Mitt. **Aldehydderivate von Campher.** Yutaka Asahi. (J. pharmac. Soc. Japan [Yakugakuzasshi] **77,** 136—40, 1957; jap., Auszug: engl.) — 6. vgl. vorst. Referat. — Die Halbstufenpotentiale von *10-Oxo-* (**I**), *3-Brom-8-oxo-* (**II**) u. *3-Chlor-8-oxocampher* (**III**) werden bestimmt. **I** wird durch die Cannizzaro-Rk. im alkal. Medium inaktiviert. **II** u. **III** weisen 2 Halbstufenpotentiale auf. — Werte u. Kurven vgl. Original.
W. Hampel. 4880△

1559 **Polarographische Untersuchungen von Pharmazeutica.** 8. Mitt. **Polarographie von Campherderivaten.** 4. Mitt. **Kinetische Untersuchungen über die Zersetzung von 6-Oxocampher.** Yutaka Asahi. (J. pharmac. Soc. Japan [Yakugakuzasshi] **77,** 140—44, 1957; jap., Auszug: engl.) — 7. vgl. vorst. Referat. — Die Red. von *6-Oxocampher* zu 6-Hydroxy-dl-campher bzw. seine Hydrolyse zu rac.-3-Carboxymethyl-4.4.5-trimethylcyclopentanon wird polarograph. untersucht. Der Hydrolyseverlauf wird diskutiert. — Kurven vgl. Original. W. Hampel. 4880△

1560 **Polarographische Untersuchungen von Pharmazeutica.** 9. Mitt. **Polarographie von Campherderivaten.** 5. Mitt. **Der Zusammenhang zwischen Reduktionspotential, chemischer Struktur und analytischer Verwendung.** Yutaka Asahi. (J. pharmac. Soc. Japan [Yakugakuzasshi] **77,** 145—47, 1957; jap., Auszug: engl.) — 8. vgl. vorst. Referat. — Die polarograph. Unterss. von *3-*, *6-*, *8-* u. *10-Oxocampher*, *3-Brom-*, *3-Brom-8-oxo-* u. *3-Chlor-8-oxocampher* werden in Hinblick auf die chem. Struktur diskutiert. W. Hampel. 4880△

1561 **Polarographische Untersuchungen von Pharmazeutica.** 10. Mitt. **Polarographie einiger verwandter Verbindungen des Thiamins.** I. Mitt. Yutaka Asahi. (J. pharmac. Soc. Japan [Yakugakuzasshi] **77,** 148—52, 1957; jap., Auszug: engl.) — 9. vgl. vorst. Referat. — Die polarograph. Unterss. von *Essigsäure-[3-acetyl-3-mercaptopropyl]-ester*, *Bis-[1-acetyl-3-acetoxypropyl]-disulfid*, *Thiochrom*, *B_1-Thiothiazolon* u. *B_1-Thiazolon* werden beschrieben. Physikal. Werte u. Kurven sowie Abhängigkeit von Temp. u. pH vgl. Original. W. Hampel. 4880△

1562 **Anwendung von anionenaktiven Farbstoffen zum Nachweis von polymeren Antibioticis, Alkaloiden und anderen kationaktiven Verbindungen unter Anwendung der Papierchromatographie.** Chanan Singh. (Českoslov. Farmac. **12,** 294—97, 1963; Lucknow, India, Central Drug Res. Inst.; tschech.) — Vf. beschreibt die Verw. von 14 anionakt. Farbstoffen bei der papierchromatograph. Identifizierung von Antibioticis (Neomycin, Polymyxin, Bacitracin, Tyrothricin, Gramicidin, Carbomycin) u. Alkaloiden (Strychnin, Codein, Berberin, Yohimbin) unter genauer Angabe der Meth. (Verw. verschiedener Lsgm.-Gemische). I. Eichhorn. 4880◇

1563 **Anwendung einer mechanischen Siebeinrichtung zur Bestimmung des Zerkleinerungsgrades von Vegetabilien.** M. Karmazín und V. Šuk. (Českoslov. Farmac. **12,** 297 bis 301, 1963; Zbraslav n. Vlt., Léč. rostliny n.p.; tschech.) — Die beschriebene mechan. Siebeinrichtung AP-2 kann vorteilhaft zur quant. Best. einzelner Anteile von geschnittenen u. gepulverten Drogen verwendet werden. I. Eichhorn. 4880◇

1564 Wellcome Foundation Ltd., London, England (Erfinder: Douglas Stephenson), **Arzneimitteltablette mit verlängerter stetiger Wirkstoffabgabe.** Sie enthält ein homogenes Gemisch aus Arzneimittel, Casein (I) u. ein schwach wasserlösl. verdaubares Lipoid (II), z. B. hydriertes Ricinusöl oder Bienenwachs, wobei 20—60 (%) I u. 10—50 II im Gemisch vorhanden sind. Das den Wirkstoff langsam abgebende Gemisch kann die Hüllschicht eines zentralen Kerns bilden, auf die eine das Arzneimittel schnell abgebende zweite Schicht aufgebracht ist oder aber das Gemisch kann mit Teilchen, die den Wirkstoff schnell abgeben, vermischt u. dann zu Tabletten verpreßt werden, worauf auf die Tabletten in beiden Fällen eine Zucker- oder Enteralschicht als äußere Schicht aufgebracht wird. — 3 Zeichnungen. (**E. P. 906 422** vom 2/5. 1958, ausg. 19/9. 1962.) K. Wolk. 4767

1565 Merck & Co., Inc., Rahway, N.J., übert. von: Arthur J. Zambito, Rahway, N. J., und Thomas J. Macek, Glenside, Pa., V.St.A., **Arzneimittelträger zur oralen Anwendung,** besonders Tabletten, der den in ihm verteilten Wirkstoff langsam abgibt. Er besteht aus einem Copolymer aus hydrolysierter Gelatine (I) u. 2,5—7 Gew.-%, bes. 4—5 Gew.-%, Glyoxal (II) (bezogen auf I). Zur Herst. des Trägers wird eine schwach saure wss. Lsg. von I bei 95—125° bis zu einer Viscosität von 10—14 cP bei 50° hydrolysiert, das Hydrolysat neutralisiert, auf 40—50° abgekühlt u. mit 2,5—7% II versetzt. Nach einer Polymerisationsdauer von 10—60 Min. wird das erhaltene Copolymer getrocknet u. gemahlen. (**A. P. 3 028 308** vom 1/10. 1959, ausg. 3/4. 1962.) K. Wolk. 4767

1566 Sterling Drug, Inc., New York, übert. von: Theodore G. Klumpp, Port Washington, J. Edward Wolff, South Schodack, und Leonard L. Kaplan, Albany, N.Y., V.St.A., **Antirheumatabletten.** Sie bestehen aus einem als Antimalariamittel bekannten 4-Aminochinolin, z. B. 7-Chlor-4-diäthylamino-1-methylbutylaminochinolindiphosphat u. Füllstoffe (Phosphate, Stärke, Talkum) enthaltenden Kern u. einer Salicylate sowie Füllstoffe enthaltenden Hüllschicht. Der Kern wie auch die Hüllschicht werden durch trocknes Verpressen der gemischten u. granulierten Ausgangsstoffe für Kern u. Hüllschicht hergestellt. (**A. P. 3 019 169** vom 23/6. 1958, ausg. 30/1. 1962.) K. Wolk. 4767

1567 Central Pharmacal Co., Seymour, Ind., V.St.A., **Herstellung von protrahiert wirkenden Arzneimitteln,** dad. gek., daß man das Arzneimittel mit einem *Carboxyalkylbenzyldextran* als protrahierendes Mittel versetzt, welches man z. B. erhält, wenn in üblicher Weise auf biochem. Wege erhaltenes Dextran mit einem Molgew. von 5000—100000 carboxymethyliert wird u. das erhaltene Na-Carboxymethyldextran mit Benzylchlorid umgesetzt wird. (**E. P. 904 874** vom 20/5. 1960, ausg. 5/9. 1962. A. Prior. 21/8. 1959.) W. Heyer. 4787

1568 Philippe Luc Barral, Lyon, Frankreich, **Gewinnung der Euglobulin-Fraktion** *aus Serum oder Plasma,* dad. gek., daß man das Ausgangs-Prod. mit einem wasserlösl. Salz oder Deriv. des Phthalocyanins, bes. dem Alkalimetallsalz des sulfonierten Phthalocyanins, versetzt u. das Euglobulin ausfällt, indem man das Serum oder Blutplasma mit dest. W. verdünnt. — Arzneimittel. (**E. P. 898 674** vom 1/8. 1958, ausg. 14/6. 1962. F. Prior. 1/8. 1957.) W. Heyer. 4791

1569 Ormonoterapia Richter S. p. A., übert. von: Nazzareno Toccaceli, Mailand, Italien, **Gewinnung von gereinigtem Heparin,** dad. gek., daß man eine Suspension eines animal. Gewebes in wss. Medium autolysiert, das Autolysat mit einem proteolyt. Enzym bei pH 7,8—8,5 digeriert, mit einer Mineralsäure auf pH ca. 7,5 einstellt, auf 70—80° erhitzt, dann kühlt, den Nd. (inakt. Stoffe) entfernt, die klare gefärbte Fl. bei pH 2—2,5 mit einem darin lösl. Protein (Casein, Lactalbumin) fällt u. das Heparinkonzentrat abtrennt. — Man autolysiert z. B. 50 kg gemahlene Ochseneingeweide 20—24 Std. bei 37—40° mit 20—25 Litern W. in Ggw. von 500 ml Toluol, erhitzt zum Kp., kocht die Masse 30 Min., entfernt bei ca. 20° das Fett, digeriert die Suspension 24 Std. bei 37—40° mit Pankreatin (100 g in 2 Portionen zugesetzt), setzt 500 ml Toluol zu, hält durch NaOH-Zusätze das pH auf 8—8,5, erhitzt 30 Min. auf 90—95°, setzt Filtermasse zu, filtriert den Nd. heiß, stellt im Filtrat pH 7,5 ein, setzt 1,2 kg Filtermasse zu, erhitzt auf 70—80°, kühlt auf 18—20°, filtriert, setzt dem Filtrat 50 g Serumalbumin in 1 Liter W. u. 150 g Filtermasse zu, stellt mit konz. HCl pH 2,5—2 ein, läßt über Nacht stehen, filtriert, wäscht den Nd. mit wenig Aceton, trocknet im Vakuum, extrahiert das Heparin aus dem Nd. mit 1,5 Litern 1%ig. wss. NaCl bei pH 8,5 (nach NaOH-Zusatz), erhitzt die Lsg. auf 60°, kühlt, filtriert, wäscht, zentrifugiert u. trocknet den Nd. → 45,5 g Heparin, Aktivität 22 Einheiten/mg (= 20000 Einheiten/kg Rohstoff). — Mengenbeispiel für Ochsenlunge. (**A. P. 3 016 331** vom 9/5. 1960, ausg. 9/1. 1962. It. Prior. 28/1. 1960.) G. Vogel. 4791

1570 Research Corp., New York, N.Y., übert. von: Stewart G. Wolf jun., Ranwel Caputto und Raul E. Trucco, Oklahoma, Okla., V.St.A., **Gewinnung von Gastricsin und eines die Magensäureabscheidung hemmenden Stoffes** tier. oder menschlicher Herkunft, dad. gek., daß man die wasserlösl. nichtdialysierbaren Komponenten des speichelfreien Magensaftes an ein Kationenaustauschharz in der COOH-Form bei pH 3,0 adsorbiert, das Harz nacheinander mit 0,2 m Citratpuffer-Lsg. mit pH 3,0, 3,8, 4,2 u. 4,6, dann mit 1 m Phosphat-Lsgg. mit pH 5,3, 6,2, 7,0 u. 8,5 jeweils so lange eluiert, bis der Abfluß den pH-Wert der Puffer-Lsg. zeigt, das Eluat mit pH ca. 4,4 u. das Eluat mit pH 6,15 bis ca. 8,5 getrennt auffängt, aus der Fraktion mit pH 4,4 das Gastricsin u. aus der Fraktion mit pH 6,15—8,5 die die Magensaftabscheidung hemmenden Stoffe in 5facher Konz. (gegenüber getrocknetem Magensaft) gewinnt. — Man dialysiert Magensaft von mit Insulin usw. behandelten Patienten gegen W. in Ggw. von (antisept.) Chlf., lyophilisiert die Fl. u. lagert das trockne Pulver bei 4°, löst 3 g davon in 120 ml 0,2 m Citratpuffer-Lsg. mit pH 3,0, gibt die Lsg. auf die vorbereitete Harzsäule, eluiert diese, wie vorst. mit Citrat- u. Phosphatpuffer-Lsgg., gewinnt aus der pH-4,4-Fraktion durch Reinigen mit $(NH_4)_2SO_4$ krist. *Gastricsin* (20% Ausbeute auf chromatograph. reines Prod. bezogen), nachdem man das Pepsin bei pH 3,8—4,4 abgetrennt hat, u. aus der Fraktion mit pH 6,15—8,5 den Hemmstoff für Magensaftabscheidung als *Mittel gegen pept. Geschwüre u. Hypersekretion von Magen-*

saft. Beschrieben sind ferner die Herst. des Austauschers u. der Puffer-Lsgg., die Reinigung der Prodd. u. ihre Wrkg. bei Mensch u. Tier (i.v.), z. T. in Tabellenform. (**A. P. 3 026 251** vom 3/2. 1959, ausg. 20/3. 1962.) G. Vogel. 4791

1571 A/S Dumex, Kopenhagen (Erfinder: Jørgen Erik Tind Christensen, Hellerup), Dänemark, **Herstellung von 2-Methyl-2-hydroxy-4-[2'.2'.2'-trichlor-l'-hydroxyäthoxy]-pentan,** dad. gek., daß Chloral, Chloralhydrat oder ein Chloralalkoholat mit 2-Methyl-2.4-pentandiol umgesetzt wird. Die Rk.-Temp. kann von normaler Temp. bis 80° erhöht werden. — Farb- u. geruchlose Kristalle, leicht lösl. in Chlf. u. A., mäßig lösl. in Ae., schwer lösl. in W. u. CCl_4, F. 102—104°. — *Schlafmittel*. (**Schwz. P. 363 018** vom 2/12. 1957, ausg. 31/8. 1962. Dän. Prior. 8/12. 1956.) G. König. 4807

1572 Merck & Co., Inc., Rahway, N.J., übert. von: William A. Bolhofer, Frederick, Pa., V St.A., **Herstellung von 3-Hydroxy-3-(n-butyl)-7.11-dimethyldodecansäure (I),** $(CH_3)_2CH-(CH_2)_3-CH(CH_3)-(CH_2)_3-C(C_4H_9)-OH-CH_2-COOH$, $C_{18}H_{36}O_3$, Kp.$_{0,1}$ 170—175°; n_D^{25} 1,4573. — Zu 49 (g) Zn u. einer Spur J_2 wird eine Lsg. von 5 ml $CH_3Br-COOC_2H_5$ (**II**) in 20 ml Bzl. gegeben u. bis Rk.-Beginn erwärmt, worauf Zugabe einer Lsg. von 116 Allylpseudojonon u. 104 **II** in 350 abs. Ae. beginnt; nach 45 Min. langer exotherm. Rk. wird noch 2 Std. unter Rückfluß erwärmt, auf Raum-Temp. gekühlt, in eine Lsg. von 50 ml abs. CH_3COOH in 300 ml W. von 0° gegossen, die Ae.-Schicht mit gesätt. $NaHCO_3$-Lsg. u. W. gewaschen u. dest., wobei *3-Hydroxy-3-(3-butenyl)-7.11-dimethyldodecatrien-(4.6.10)-säureäthylester* als viscose, orangegelbe Fl. anfällt. 32 dieser Verb. werden in 200 ml abs. A. bei 2 at in Ggw. von 5 10%ig. Pd-Kohle zum **I**-*Äthylester* ($C_{20}H_{40}O_3$, Kp.$_{0,2}$ 136—140°; n_D^{25} 1,4465) red., der mit alkohol. KOH zu **I** verseift wird. — **I**, seine Erdalkali- u. Alkalisalze dienen zur *Behandlung von Arteriosklerose*. (**A. P. 3 031 481** vom 18/1. 1960, ausg. 24/4. 1962.) O. Müller-Meiningen. 4807

1573 Cilag-Chemie Akt.-Ges. (Erfinder: Ernst Habicht), Schaffhausen, Schweiz, **Herstellung von als Spasmolytica und Hustenmittel dienenden Estern** der allg. Formel $C_6H_5-CH[CH(CH_3)(C_2H_5)]-CO-(O-CH_2-CH_2)_n-OR$ (R = H oder niedermol. Alkyl, bes. CH_3; n = 2—12). Man erwärmt z. B. ein Gemisch aus 75 (g) Polyäthylenglykolmonomethyläther (Molgew. 350), 31,5 3-Methyl-2-phenylpentansäurechlorid u. 150 cm³ Pyridin 1 Std. lang auf 100°, läßt einige Std. bei 20° stehen, gießt dann auf 300 Eis u. 170 cm³ konz. HCl, nimmt in 500 cm³ Bzl. auf u. erhält durch mol. Dest. 53 des entsprechenden, in kaltem W. gut, in heißem W. weniger gut lösl. Esters. (**Schwz. P. 359 124** vom 17/5. 1957, ausg. 15/2. 1962.) O. Müller-Meiningen. 4807

1574 Sava Sarov, Wien, Österreich, **Ein taurinähnlich wirkender Stoff** wird in Form seiner wss. Lsg. hergestellt, indem man 2 (Raumteile) einer 12—25%ig. wss. NH_3-Lsg. mit 1 96%ig. A. mischt u. zu dieser Mischung langsam 1 konz. H_2SO_4 (spezif. Gew. 1,84) gibt. — *Regulierungs-* u. *Vorbeugungsmittel* gegen *Lebererkrankungen, asthmat. Leiden* u. *Tumore*. (**Schwz. P. 362 690** vom 6/1. 1958, ausg. 15/8. 1962. Oe. Prior. 10/1. 1957.) A. Debo. 4807

1575 Abbott Laboratories, North Chicago, übert. von: Arnold E. Osterberg, Waukegan, Ill., V.St.A., **Arzneimittel.** Zur Behandlung des von NH_3-Vergiftung herrührenden Leberkomas infundiert man innerhalb von 8 Std. i.v. 25—50 mg *1-Arginin-1-glutamat*. (**A. P. 3 020 201** vom 28/11. 1958, ausg. 6/2. 1962.) K. Koebke. 4807

1576 Nepera Chemical Co., Inc., Harriman, übert. von: Godfrey Wilbert, Carmel, N.Y., und Paul Sosis, East Paterson, N.J., V.St.A., **Herstellung von 2-Amino-1-phenylpropenol-(1)-hydrochlorid** durch Hydrierung von Isonitrosopropiophenon in A. oder Methanol in Ggw. von HCl u. einem Katalysator, bestehend aus 30—70 Gew.-% Pt u. 70—30 Gew.-% Pd auf einem inerten Träger. Der durch Filtration abgetrennte Katalysator kann für 4 weitere Ansätze verwendet werden. Das Filtrat wird auf 20—40% seines Ausgangs-Vol. eingeengt u. mit der 2—5fachen Menge eines Alkohols mit 3—4 C-Atomen versetzt. Nach Einengen auf 40—60% des Vol. krist. das Phenylpropanolaminhydrochlorid aus; Ausbeute 85% der Theorie. — *Mittel zur Bronchialerweiterung* u. zur *Abschwellung der Nasenschleimhaut*. (**A. P. 3 028 429** vom 24/9. 1959, ausg. 3/4. 1962.) R. Bauereis. 4807

1577 E. I. du Pont de Nemours & Co., Wilmington, übert. von: Edward C. Hermann, Newark, Del., V.St.A., **DL-threo-2-[2.2-Dichloracetamido]-1-[p-sulfamoylphenyl]-propandiol-(1.3)-ester** werden durch Veresterung der entsprechenden Diole in Dimethylformamid bei 30—35° mit Acylierungsmitteln gewonnen. — Beispiele: DL-threo-2-(2.2-Dichloracetamido)-1-(p-sulfamoylphenyl)-propandiol-(1.3)-3-propionat, F. 149—150°. — 3-Acetat, F. 120—121,5°, D(—)-threo-2-(2.2-Dichloracetamido)-1-(p-sulfamoylphenyl)-propandiol-(1.3)-3-propionat, F. 163—163,5°. — *Heilmittel* bei *Bakterien-* u. *Rikettsieninfektionen*. (**A. P. 3 027 404** vom 2/3. 1960, ausg. 27/3. 1962.) R. Bauereis. 4807

1578 Farbenfabriken Bayer Akt.-Ges., Leverkusen (Erfinder: Rudolf Hiltmann, Wolfgang Wirth und Fritz Mietzsch, Wuppertal), **Herstellung von γ-Dimethylaminopropyloxybenzolen** die in 2-Stellung des Benzolringes eine Alkoxy- oder Aralkoxygruppe u. in 4-, 5- oder 6-Stellung einen ungesätt., ggf. halogenierten, Alkylrest enthalten, dad. gek., daß man einen γ-Dimethylaminopropylkohlensäureester eines entsprechend substituierten Oxybenzols erhitzt. — Beispiel: Zu einer Lsg. von 15 g Phosgen in 150 ml Bzl. tropft man unter Kühlung 15 g Dimethylanilin u. eine Lsg. von 20 g 5-Propenylguajakol in 100 ml Benzol. Nach 3 std. Rühren wird das Bzl. abgetrennt u. mit verd. Salzsäure u. W. gewaschen u. das Bzl. abgetrieben. Der Rückstand im Vakuum dest. ergibt 2-Methoxy-5-propenyl-1-phenolkohlensäurechlorid, Kp.$_3$ 130—134°. 24 g dieses Prod. werden mit 12 g Dimethylaminopropanol in 100 ml Toluol 2 Std. lang unter Rückfluß gekocht. Das Toluol wird mit verd. Natronlauge u. W. gewaschen u. das Toluol vertrieben. Der 2-Methoxy-5-propenyl-1-phenolkohlensäure-γ-dimethylaminopropylester wird 30 Min. unter Rückfluß gekocht u. im Vakuum dest.: *1-(γ-Dimethylaminopropyloxy)-2-methoxy-5-propenylbenzol*, Kp.$_3$ 160—165°, Hydrochlorid, F. 165—166°. — *Zentral dämpfende Mittel*. (**Schwz. P. 362 092** vom 11/6. 1957, ausg. 14/7. 1962.) R. Bauereis. 4807

1579 Monsanto Canada Ltd., La Salle, übert. von: David L. Garmaise, Montreal, und Arthur F. McKay, Beaconsfield, Quebec, Canada, **Herstellung von 3.4-Dichloraminoalkoylamiden** der allg. Formel $RNH-(CH_2)_n-CONHR'$ [R u. R' = 3.4-Dichlorbenzyl (**I**) oder 3.4-Dichlorphenyl (**II**); n = 2—10]. Es wird z. B. eine Lsg. von 13 (Teilen) β-Chlorpropionylchlorid in 90 Bzl. tropfenweise zur Lsg. von 32,5 3.4-Dichloranilin (**III**) in 120 Bzl. bei 20—30° gegeben, 19 **III**-Hydrochlorid abfiltriert, Filtrat zur Trockne gedampft u. aus PAe. 22 (87%) *N-**II**-β-Chlorpropionamid*, $C_9H_8Cl_3NO$, F. 110—111° (verd. A.), erhalten. 12,7 dieser Verb. werden 30 Min. mit 16,2 **III** auf 180° erhitzt, das Rk.-Gemisch nach Abkühlen mit je 500 5%ig. wss. Na_2CO_3-Lsg. u. Ae. behandelt, Ae. abgedampft, Rückstand mit Wasserdampf von **III** befreit, in 300 Ae. aufgenommen u. aus PAe. 13,5 (71,4%) *N.N'-Di-**II**-3-aminopropionamid*, $C_{15}H_{12}Cl_4N_2O$, F. 114,5—115,5°, erhalten. — *N-**I**-3-Chlorpropionamid*, $C_{10}H_{10}Cl_3NO$, F. 108—110°. — *N.N'-Di-**I**-3-amino*-Verb. (*Hydrochlorid*), $C_{17}H_{17}Cl_5N_2O$, F. 252—253° (A.). — *N-**II**-6-Bromcapronamid*, F. 65—66° (Ae.-PAe.). — *N.N'-Di-**II**-6-amino-Verb.* (*Hydrochlorid*), $C_{18}H_{19}Cl_4N_2O$, F. 131—132° (Bzl.). — *6-(**I**-Amino)-N-**II**-capronamidhydrochlorid*, $C_{19}H_{21}\cdot Cl_5N_2O$, F. 216,5—218° (A.). — *N-Di-**I**-6-bromcapronamid* [F. 75—76° (PAe.)] → *N.N'-Di-**I**-6-amino-Verb.* (*Hydrochlorid*), $C_{20}H_{23}Cl_5N_2O$, F. 214—215°. — *N-**II**-11-Bromundecanamid* (F. 83—84°) → *N.N'-Di-**II**-11-amino-Verb.* (*Hydrochlorid*), $C_{23}H_{29}Cl_5N_2O$, F. 129—130°. — *11-**I**-Amino-N-**II**-undecanamidhydrochlorid*, $C_{24}H_{31}Cl_5N_2O$, F. 184—185°. — *Bakteriostatica*. (**A. P. 3 026 343** vom 5/10. 1960, ausg. 20/3. 1962. E. Prior. 3/12. 1959.) O. Müller-Meiningen. 4807

1580 Mundipharma Akt.-Ges., Rheinfelden, Schweiz (Erfinder: Robert Henry Brohkahn, Hastings-on-Hudson, N.Y., Ernest Jackson Sasmor, New York, N.Y., und Thomas Francis Cleary, Summit, N.J., V.St.A.), **Herstellung von Cholinsalicylat.** Ein Cholinsäuresalz wird in einem Medium, in dem Cholinsalicylat lösl. ist, bes. in einem Alkohol, mit einem Salicylat umgesetzt, bes. mit Na-, K-, Ca-, Mg- oder Al-Salicylat. Die Rk. wird durch Kochen unter Rückfluß durchgeführt, das ausgefallene Metallsalz abfiltriert u. das Lsgm. verdampft. Der Rückstand wird aus Ae. + Aceton umkrist., F. 49,5—50,5°, lösl. in W., A., Aceton u. Glycerin, unlösl. in Ae., PAe. u. aromat. KW-

Stoffen. — *Antirheumaticum.* (**Schwz. P. 358 433** vom 7/1. 1959, ausg. 15/1. 1962. A. Prior. 3/3. 1958.) A. Kalix. 4807

1581 Mundipharma Akt.-Ges., Rheinfelden, Schweiz (Erfinder: Robert Henry Brohkahn, Hastings-on-Hudson, N.Y., Ernest Jackson Sasmor, New York, N.Y., und Thomas Francis Cleary, Summit, N.J., V.St.A.), **Herstellung von Cholinsalicylat.** Salicylsäure u. Cholin werden in äquimol. Mengen in einem Lsgm. erwärmt, in dem auch das entstehende Salz lösl. ist, z. B. in Isopropylalkohol (I) 2 Std. lang auf 70°. Dann wird I abgedampft, bis ein Kristallbrei entsteht, u. mit einem Gemisch aus Aceton + Ae. (ca. 1 : 2) extrahiert u. aus diesem unter Eiskühlung Cholinsalicylat auskrist., F. 49,5—50,5°. An Stelle von I sind noch andere aliphat. Alkohole mit 2—6 C-Atomen verwendbar. Verw.: *pharmakolog.* an Stelle Na-Salicylat. (**Schwz. P. 359 714** vom 26/8. 1959, ausg. 15/3. 1962.) A. Kalix. 4807

1582 Soc. Française de Recherches Biochimiques H. Besson & Cie., übert. von: André Debay, Paris, Frankreich, **Cholinphosphate** der allg. Formel $[(CH_3)_3\overset{+}{N}-CH_2-CH_2-O-PO_3^{--}]_nX$, worin X ein Kation u. n die Wertigkeit des Kations bedeutet, können erhalten werden durch vorsichtige Zugabe eines entsprechenden Hydroxids zur konz. Lsg. der Cholinphosphorsäure in Wasser. — Beispiele. — Bes. das Mg-Salz ist therapeut. wertvoll. (**A. P. 3016 399** vom 27/5. 1959, ausg. 9/1. 1962.) R. Bauereis. 4807

1583 British Drug Houses Ltd., London, England (Erfinder: Vladimir Petrow, Oliver Stephenson und Anthony Musgrave Wild), **4-Chlor-3-amidosulfonylbenzoesäure** (I) u. ihre Alkalisalze werden hergestellt durch Rk. von 4-Chlor-3-chlorsulfonylbenzoesäure (**II**) mit NH_3 oder seinen chem. Äquivalenten u. ggf. anschließende Rk. mit Alkalihydroxiden oder -carbonaten. — 78,3 (g) 4-Chlorbenzoesäure, 102 Pentachloräthan u. 233 $ClSO_3H$ kocht man 6 Std. unter Rückfluß. Man kühlt, gießt auf Eis u. trennt **II** (F. 168 bis 170°) ab. 76 **II** gibt man unter Rühren zu 700 ml fl. NH_3. Das überschüssige NH_3 dampft man ab, löst den Rückstand in heißem W., entfärbt mit Aktivkohle u. gibt konz. HCl zu → I, F. 260,5—262° (korr.). — I auch aus **II** mit konz. wss. NH_3 oder mit $NaNH_2$. — I-*Monokaliumsalz*; I-*Mononatriumsalz*; I-*Dinatriumsalz*. — *Orale Diuretica*, pharmazeut. Zubereitungen sind angegeben. (**E. P. 896 137** vom 16/2. 1960, ausg. 9/5. 1962.) A. Debo. 4807

1584 Hoffmann-La Roche, Inc., Roche Park, Nutley, übert. von: Thomas Samuel Gardner, Rutherford, John Lee, Essex Fells, Jacob Finkelstein, West Englewood, und Edward Wenis, Leonia, N.J., V.St.A., **Herstellung von Dialkylaminophenylalkylenhydrazinen.** Es werden z. B. 300 (g) 4-Dimethylaminobenzaldehyd zur Lsg. von 240 85%ig. $N_2H_4 \cdot H_2O$ in 2400 Isopropanol gegeben u. in Ggw. von 25 10%ig. Pd-Kohle bei 500 lbs./sq.in. H_2-Druck u. 30—40° zu *4-Dimethylaminobenzylhydrazin* (I) red., $Kp._{2-3}$ 140—143°, F. ca. 10°; n_D^{25} 1,5888; *Hydrochlorid* (*Mono*), F. 149—151°. — *Dihydrochlorid*, F. 165—168°. — *Phosphat*, F. 164—166°. — *p-Toluolsulfonat*, F. 169—170°. — *Tartrat*, F. 125°. — *Citrat*, amorph. — *Sulfat*, amorph. — *dl-Maleat*, F. 138—140°. — *dl-Mandelat*, F. 148—149°. — *Malonat*, F. 136—138°. — *Adipat*, F. 103—104°. — *Succinat*, F. 139 bis 141°. — *Fumarat*, F. 159—160°. — *Stearat*, F. 159—160°. — *Maleinat*, F. 140—142°. — *4-Diäthyl*-I, $Kp._2$ 163—164°; n_D^{25} 1,5710. — Malonsäurediäthylester (**II**) + p-Nitrophenylacetylchlorid → p-Nitrophenacyl-**II** $\xrightarrow{-CO_2}$ *1-(p-Nitrophenyl)-2-propanon* (F. 59—61°) + H_2 (Raney-Ni u. CH_2O) → *1-(p-Dimethylaminophenyl)-Verb.* ($Kp._{2-3}$ 120—125°) + $CH_3 \cdot CO-NH-NH_2$ → *1-(α-Methyl-4-dimethylaminophenetyliden)-2-acetylhydrazin* (F. 152—154°) + H_2 (Pt-Oxid) → *Phenetyl-Verb.*, F. 82—84°. — *Dihydrochlorid*, F. 179—180° (A.). — *Psychotherapeutica.* (**A. P. 3 042 721** vom 12/5. 1959, ausg. 3/7. 1962.) O. Müller-Meiningen. 4807

1585 Upjohn Co., übert. von: Jacob Smuszkovicz, Portage Township, Kalamazoo County, Mich., V.St.A., **Herstellung von 2-(benzylcarbamyl)-äthylsubstituierten Oxalsäure (I)-hydraziden** der allg. Formel $R-NH-NH-CO-CO-NH-NH-CH_2-CH_2-CO-NH-CH_2-C_6H_5$ (R = H oder 2-(Benzylcarbamyl)-äthylrest]. — 8,1 (g) N-Benzylacrylamid werden innerhalb 10 Min. zur Lsg. von 7,5 $N_2H_4 \cdot H_2O$ in 25 ml abs. A. bei 20—25° gegeben, nach 2 Std. Rühren erfolgt Zugabe einer Lsg. von 11 I-Diäthylester in 75 ml abs. A. innerhalb 10 Min. bei 20—25°, bei dieser Temp. wird 2 Std. lang weiter gerührt, 30 Min. zum Sieden erhitzt, auf 25° gekühlt, der Nd. (10,9) mit abs. A. gewaschen, mit 1 Liter abs. A. gekocht, heiß filtriert, das Filtrat auf 300 ml konz. u. durch Abkühlen auf 25° 4,9 Rohprod. erhalten, das nach 2maligem Umkristallisieren aus 1050 u. 1100 ml W. 1,5 I-*Bis-{2-[2-(Benzylcarbamyl)-äthyl]-hydrazid}* ergab, $C_{22}H_{28}N_6O_4$, F. 216,5—218°. — Bei Verw. von I-Monomethylesterhydrazid wird erhalten: I-*Hydrazid-2-[2-(benzylcarbamyl)-äthyl]-hydrazid*, $C_{12}H_{17}N_5O_3$, F. 175—178°. — *Psychotherapeutica.* (**A. P. 3 027 408** vom 18/3. 1960, ausg. 27/3. 1962.) O. Müller-Meiningen. 4807

1586 Farbwerke Hoechst Akt.-Ges. vormals Meister Lucius & Brüning, Frankfurt/M., **Neue N-Benzolsulfonyl-N'-benzylharnstoffe.** Zu D. A. S. 1 076 664; C. **1960,** 11032 ist nachzutragen: Es werden ferner folgende Harnstoffe (I) hergestellt: *N-(4-Methylbenzolsulfonyl)-N_1-(α-phenyläthyl)*-I, F. 125—127° (A. u. W.); *N-(4-Methoxybenzolsulfonyl)-N_1-(α-phenyläthyl)*-I, F. 156—157°; *N-(4-Methylbenzolsulfonyl)-N_1-(4-methylbenzyl)*-I, F. 198—200°; *N-Benzolsulfonyl-N_1-(4-methylbenzyl)*-I, F. 168—170°; *N-(4-Methoxybenzolsulfonyl)-N_1-(4-methylbenzyl)*-I, F. 177—179° (A. u. W.); *N-(4-Methylbenzolsulfonyl)-N_1-(α-phenylpropyl)*-I, F. 170 bis 172°; *N-(4-Methoxybenzolsulfonyl)-N_1-(α-phenylpropyl)*-I, F. 156—158°; *N-(4-Methylbenzolsulfonyl)-N_1-[α-(4-methylphenyl)-äthyl]*-I, F. 170—172° (A. u. W.); *N-(4-Methoxybenzolsulfonyl)-N_1-(4-methylphenyläthyl)*-I, F. 144—146°; *N-(4-Methylbenzolsulfonyl)-N_1-[α-(4¹-methoxyphenyl)-äthyl]*-I, F. 152—154° (CH_3OH), u. *N-(4-Methoxybenzolsulfonyl)-N_1-[α-(4¹-methoxyphenyl)-äthyl]*-I, F. 145—147° (2mal CH_3OH). — *Arzneimittel mit blutdrucksenkender Wrkg.* für orale Applikation. (**E. P. 895 625** vom 29/12. 1958, ausg. 2/5. 1962. D. Prior. 27/12. 1957 u. 22/11. 1958.) G. König. 4807

1587 Ciba Pharmaceutical Products, Inc., Summit, N.J., V.St.A., bzw. Ciba Akt.-Ges., Basel, Schweiz (Erfinder: Robert Paul Mull, Florham Park, N.J., V.St.A.), **Herstellung von Alkyleniminoniederalkylguanidinen.** N-(2-Heptamethyleniminoäthyl)-N-cyanharnstoff (I) u. 6n H_2SO_4 werden 3 Std. auf 50—80° erhitzt. Nach dem Abkühlen krist. *2-Heptamethyleniminoäthylguanidinsulfat* (**III**), F. 276—281° (alle FF. mit Zers.), aus. — Analog folgende *Äthylguanidinsulfate*: *2-Piperidino-*, F. 203—207°, *2-Dekamethylenimino-*, F. 260—273°, *2-Hexamethylenimino-*, F. 233 bis 236°, *2-Oktamethylenimino-*, F. 272—275°, u. *3-Heptamethyleniminopropylguanidinsulfat*, F. 248—252°. — I ist erhältlich aus 2-Heptamethyleniminoäthylamin (**II**) u. BrCN, Behandeln des gebildeten Hydrobromids mit Lauge u. Rk. der freien Base mit KNCO zu I, das mit $AgNO_3$ als Ag-Salz ausgefällt u. mit HCl wieder in I übergeführt wird. — Aus **II** mit NaCNS → 2-Heptamethyleniminoäthylthioharnstoff, mit wss. NH_4OH u. $HgCl$ → **III**. — 16,6 (g) β-(Oxohexylenimino)-propionitril, gelöst in abs. A., werden in Ggw. von 2 Raney-Ni unter Druck bei 125° hydriert u. nach dem Abkühlen filtriert. Das Filtrat wird mit 13,9 S-Methylisothioharnstoffsulfat versetzt u. bis zur Beendigung der Methylmercaptan-Entw. unter Rückfluß gekocht. Nach dem Einengen unter Vakuum wird der Rückstand in W. aufgenommen, mit NaOH alkal. gemacht u. mit Ae. extrahiert. Die erhaltene äther. Lsg. von 3-(2-Oxohexylimino)-propylguanidin wird zu einer Mischung von 5 $AlLiH_4$ u. 500 cm³ Ae. gegeben, über Nacht unter Rückfluß gekocht, nach Zerstören des überschüssigen $AlLiH_4$ mit W. u. NaOH filtriert, konz. u. der Rückstand mit verd. H_2SO_4 behandelt. *3-Hexamethyleniminopropylguanidinsulfat*, F. 248—252°. — Analog: *3-Heptamethyleniminopropylguanidinsulfat*, F. 248—252°. — **III** ist auch erhältlich aus Heptamethylenimin u. 2-Guanidoäthylchloridhydrochlorid durch Kochen der alkohol. Lsg., Einengen des Rk.-Gemisches, Lösen des Rückstandes in W., Abscheiden der Base mit NaOH u. Behandeln mit H_2SO_4. — *Pharmazeutica.* (**Ind. PP. 68 814, 68 815** u. **68 816** vom 20/8. 1959. **A. P. 3 006 913** vom 10/6. 1959, ausg. 31/10. 1961. **Schwz. PP. 362 079** vom 17/5. 1960, ausg. 14/7. 1962, **365 079, 365 080** u. **365 081** vom 17/5. 1960, ausg. 15/12. 1962. Alle A. Prior. 10/6. 1959.) C. Lüttgen. 4807

1588 Jure Holding Co., Panama City, Fla., V.St.A. (Erfinder: Joseph Gedeon und Karl Bolz, Konstanz), **Herstellung eines gerbend und therapeutisch wirkenden kristallinen wasserlöslichen Kondensationsproduktes,** dad. gek., daß 1 Mol 3-Oxytoluol-6-sulfonsäure mit bis zu 1 Mol CH_2O < 45° umgesetzt u. das Rk.-Prod., das nur halb so viel SO_3H-Gruppen wie aromat. Ringe enthält, mit konz. HCl gefällt, anschließend mit einem Chlor-KW-Stoff gewaschen u. im Luftstrom gereinigt wird. — Hilfsgerbstoff u. *Heilmittel* bei mikrobiell bedingten Haut- u. Schleimhauterkrankungen. (**Schwz. P. 361 579** vom 9/9. 1957, ausg. 31/8. 1962. D. Prior. 22/2. 1957.) O. Müller-Meiningen. 4807

1589 Ciba Corp., übert. von: Adrian Marxer, Muttenz, Schweiz, **Herstellung neuer Chinonderivate** durch Rk. von 2.5-Dihalogen-3.6-bis-acylamino-p-benzochinon, in dem sich der Acylrest von einer cycloaliphat. Carbonsäure ableitet, mit einem ggf. C-alkylierten Äthylenimin. — 30,5 g 2.5-Dichlor-3.6-bis-cyclohexylcarbonylaminobenzochinon (II), F. 261 bis 263°, werden in 250 (cm^3) Dioxan (I) suspendiert u. 11 Äthylenimin u. 20 g Triäthylamin in 50 I zugetropft. Das Gemisch wird 7 Std. bei 45° gerührt, der krist. Nd. abgetrennt u. gereinigt. *2.5-Bis-äthylenimino-3.6-bis-cyclohexylcarbonylaminobenzochinon*, F. 213—216°. II ist erhältlich durch 18std. Erwärmen von 2.5-Dichlor-3.6-diaminobenzochinon mit Cyclohexancarbonsäureanhydrid in Ggw. von konz. H_2SO_4. — *Bakterieides Mittel* zur Behandlung von Krebs u. Amöbenruhr. (**A. P. 3 040 030** vom 30/6. 1960, ausg. 19/6. 1962. **E. P. 888 303** vom 18/7. 1960, ausg. 31/1. 1962. Beide Schwz. Prior. 17/7. 1959.) C. Lüttgen. 4807

1590 Merck & Co., Inc., Rahway, N.J., übert. von: William A. Bolhofer, Frederick, Pa., V.St.A., **Herstellung von 3-Hydroxy-3-biphenylylheptansäure** (I). Es werden 24,5 (g) mit J_2 aktiviertes Zn mit 5 ml C_2H_5Br in 20 ml Bzl. erwärmt u. nach Einsetzen der Rk. 59,6 p-Phenylvalerophenon u. 66,2 $CH_2Br—COOC_2H_5$ in 250 ml Bzl. derart zugegeben, daß das Rk.-Gemisch ohne Wärmezufuhr siedet. Nach Beendigung der Rk. (30 Min.) wird 2 Std. unter Rückfluß weitererhitzt, anschließend das Gemisch in 200 ml 10%ig. H_2SO_4 u. 250 Eis eingetragen, die Benzolschicht mit gesätt. $NaHCO_3$-Lsg. u. W. gewaschen, im Vakuum bei 50° eingedampft u. durch Kühlen I-*Äthylester* erhalten, $C_{21}H_{26}O_3$, F. 59,5—60,5° (90%ig. A.). — Durch Hydrolyse mit alkohol. KOH erhält man über das K-Salz **I**, $C_{19}H_{22}O_3$, F. 156° (50%ig. A.). — **I** u. ihre Salze dienen zur Bekämpfung der *Arteriosklerose*. (**A. P. 3 027 406** vom 18/1. 1960, ausg. 27/3. 1962.) O. Müller-Meiningen. 4807

1591 Vereinigte Papierwerke Schickedanz & Co., Nürnberg, **Herstellung von Benzilsäurebenzylester** erfolgt durch Rk. von benzilsaurem Na mit einem Benzylhalogenid in Ggw. eines wasserlösl. Alkohols u. Fällung des Esters durch Wasserzusatz. — *Spasmolyticum*. (**E. P. 887 013** vom 28/9. 1960, ausg. 10/1. 1962. D. Prior. 12/10. 1959.) O. Müller-Meiningen. 4807

1592 Richardson-Merrell, Inc., New York, N.Y. (Erfinder: Robert Edward Allen, Wyoming, Frank Patrick Palopoli, Edward Lewis Schumann, Cincinnati, Ohio, und Marcus George van Campen jun., Berkeley, Calif.), V.St.A., **Herstellung von substituierten Triphenyläthanolen.** Prim. oder sek. Alkylamine (I) mit 1—4 C-Atomen werden mit Triphenyläthanolen (II) vom Typus **A** zu **II**-Derivv. vom Typus **B** umgesetzt. Hierbei ist X ein Alkyl- oder Dialkylaminorest mit je 1—4 C-Atomen,

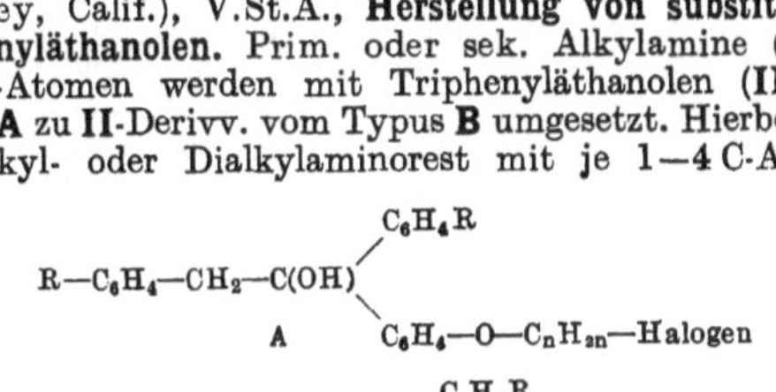

einer der beiden R-Reste ist ein Halogen- u. der andere ein H-Atom, eine CH_3- oder OCH_3-Gruppe, oder beide R-Reste sind CH_3- oder OCH_3-Gruppen; der $—O—C_nH_{2n}—X$-Rest befindet sich in m- oder p-Stellung am Benzolkern, u. n = 2 bis 4. — Beispiel: 1-[p-(β-Methylaminoäthoxy)-phenyl]-1-phenyl-2-(p-methoxyphenyl)-äthanol, F. 156°. — Die gleichen Derivv. erhält man, wenn die **II** statt mit **I** mit Li-Dialkylamiden umgesetzt werden. — Beispiel: 1-[p-(δ-Diäthylaminobutoxy)-phenyl]-1-phenyl-2-(p-methoxyphenyl)-äthanol, Dihydrogencitrat, F. 87—89°. Die **II**-Derivv. werden durch starke Säuren leicht dehydratisiert u. können dann als Basen verwendet werden, von Magensäure werden sie jedoch nicht verändert. Verw. zur *Herst. von pharmazeut. Präpp.* mit antiöstrogener Wrkg. u. als Mittel gegen Arthritis, Rheumatismus u. Entzündungen. (**Schwz. PP. 358 436** u. **358 437** vom 23/7. 1957, ausg. 15/1. 1962. Beide A. Prior. 23/7. 1956.) A. Kalix. 4807

1593 Lepetit S. p. A., Mailand, Italien, übert. von: Emilio Testa, Ticino, Schweiz, Luigi Fontanella und Giulio Maffii, Mailand, Italien, **Herstellung von 1-Hydroxyalkyl-3-substituierten Azetidinen.** Zu einer Lsg. von 30 (g) Äthylenoxid in 250 ml wasserfreiem A. (I) gibt man langsam eine Lsg. von 100 3-Phenyl-3-äthyl-azetidin in 50 ml **I** u. dest. nach 3 Tagen den A. ab. Ausbeute 90 *3-Phenyl-3-äthyl-1-(β-hydroxyäthyl)-azetidin* (II), $Kp._{0,04}$ 100—105°. — Analog: *3.3-Diäthyl-*, $Kp._{0,6-0,8}$ 73—75°, *3-Phenyl-3-methyl-*, $Kp._{0,1}$ 107 bis 110°, *3-Phenyl-3-isopropyl-*, $Kp._{0,2-0,4}$ 110—120°, *3-Phenyl-3-n-propyl-*, $Kp._{0,2}$ 110—120°, *3.3-Dimethyl-*, $Kp._{22-24}$ 80 bis 83°, *3-Phenyl-3-n-butyl-*, $Kp._{0,3-0,5}$ 125—130°, u. *3-Phenyl-1-(β-hydroxyäthyl)-azetidin*, $Kp._{0,8}$ 105—110°. Aus **II** mit Benzoylchlorid *3-Phenyl-3-äthyl-1-(β-benzoyloxymethyl)-azetidin*, $Kp._{0,3}$ 160—170°. — *Pharmazeutica*. (**A. P. 3 028 378** vom 18/12. 1959. ausg. 3/4. 1962. E. Prior. 23/12. 1958. **E. P. 872 450** vom 23/12. 1958, ausg. 12/7. 1961.) C. Lüttgen. 4807

1594 Samuel Elkin, Philadelphia, Pa., und Francis Marion Miller, Baltimore, Md., V.St.A., **Herstellung von Indolcarbonsäuredialkylaminoalkylestern** durch Umsetzen von Indolcarbonsäure in einem inerten Lsgm., wie CH_3OH, A., Propanol, bes. Isopropanol, mit einem Dialkylaminoalkylhalogenid am Rückfluß, ggf. in Ggw. von Alkalialkoholat. — *Indol-3-carbonsäure-2-diäthylaminoäthylesterhydrochlorid*, F. 174—175°; das entsprechende *-3-diäthylaminopropylesterhydrochlorid*, F. 165—167°; *6-Nitroindol-3-carbonsäure-3-diäthylaminopropylesterhydrochlorid*, F. 208—210°; *Indol-2-carbonsäure-2-diäthylaminoäthylesterhydrochlorid*, F. 178—180°; *Indol-2-carbonsäure-3-diäthylaminopropylesterhydrochlorid*, F. 170—171°. — *Lokalanästhetica*. (**A. P. 3 047 584** vom 27/4. 1960, ausg. 31/7. 1962.) W. Heyer. 4807

1595 G. D. Searle & Co., Chicago, Ill., V.St.A., übert. von: Markus Zimmermann, Riehen, Schweiz, **Herstellung von Cyclohexandion-(1.3)-bis-[N-(pyridincarboxy)-hydrazon]**, dad. gek., daß man z. B. 13,8 (Teile) Nicotinsäurehydrazid mit 5,6 Cyclohexandion-(1.3) (I) in 50 A. unter Zusatz von 4 Eisessig am Rückfluß erhitzt: I-*Bis-[nicotinoylhydrazon]*; *Trihydrochlorid*, F. 240—243° (Zers.). — Analog: I-*Bis-[isonicotinoylhydrazon]-dihydrochlorid*, F. 192—203°. — *Transquilizer*. (**A. P. 3 015 663** vom 29/9. 1959, ausg. 2/1. 1962.) W. Heyer. 4807

1596 Chas. Pfizer & Co., Inc., New York, N.Y., übert. von: Lloyd H. Conover, Quaker Hill, Conn., V.St.A., **Herstellung von 2-[2-Furfurylmercapto]-pyridin-1-oxiden,** dad. gek., daß man Furfurylbromid oder -jodid mit äquimol. Mengen 2-Mercaptopyridin-1-oxid (I) in CH_3OH oder Di-n-butylketon bei ca. 50° im N-Strom umsetzt → *2-(2-Furfurylmercapto)-pyridin-1-oxid*, F. 147—148°; analog aus 5-Nitrofurfurylfluorid u. I → *2-(5-Nitro-2-furfurylmercapto)-pyridin-1-oxid*, F. 175° (Zers.). — *Antipathogene Mittel*. (**A. P. 3 027 379** vom 17/5. 1960, ausg. 27/3. 1962.) W. Heyer. 4807

1597 Ciba Ltd., Basel, Schweiz, **Herstellung von Pyridyl-(2)-alkylguanidinen,** dad. gek., daß man z. B. 2-β-Aminoäthylpyridin in wss. Lsg. mit S-Methylisothioharnstoff am Rückfluß umsetzt → *2-Pyridyl-(2)-äthylguanidin*, *-sulfat*, F. 147—150° (Zers.); analog *3-Pyridyl-(2)-propylguanidin*. — *Blutdrucksenkendes Mittel*. (**E. P. 890 602** vom 13/5. 1960, ausg. 7/3. 1962. A. Prior. 15/5. 1959.) W. Heyer. 4807

1598 Cilag-Chemie Akt.-Ges. (Erfinder: Ernst Habicht und Georg Feth), Schaffhausen, Schweiz, **Herstellung von 2.3-Diarylpiperidinen,** dad. gek., daß man entsprechende 4.5-Diaryl-5-oxopentansäurenitrile, bes. in A., katalyt. in Ggw. von z. B. Raney-Ni, Cu- oder Co-Katalysatoren mit H_2 reduziert. — Aus 4.5-Diphenyl-5-oxopentansäure-(1)-nitril → *2.3-Diphenylpiperidin*, $Kp._{0,03}$ 120 bis 127°, *-Hydrochlorid*, F. 218°, *-Methansulfonat*. Aus 4-Phenyl-5-(3'.4'-dimethoxyphenyl)-5-oxo-pentansäurenitril, hergestellt aus 1-Phenyl-2-(3'.4'-dimethoxyphenyl)-2-oxo-äthan durch Umsetzen mit Acrylsäurenitril in Dioxan u. in Ggw. von $Na-OCH_3$, → *2-(3'.4'-Dimethoxyphenyl)-3-phenylpiperidin*, $Kp._{0,08}$ 170—173°. Aus dem beschriebenen 2.3-Diphenylpiperidin kann man durch Rk. mit Allylbromid das *1-Allyl-*

2.3-diphenylpiperidin erhalten, Kp.$_{0,03}$ 120—125°, *-Hydrochlorid,* F. 171—173°. Weitere Verbb. werden formelmäßig angegeben. — *Analgetica* u. *Sedativa.* (**Schwz. P. 359 703** vom 6/9. 1957, ausg. 15/3. 1962.) W. Heyer. 4807

1599 American Home Products Corp., New York, N.Y., V.St.A., übert. von: André L. Langis, St. Laurent, Quebec, Canada, **Herstellung von 2-[p-Methoxy-α-hydroxybenzyl]-1-[phenylalkyl]-piperidinhydrobromid,** dad. gek., daß man p-Methoxyphenyl-2-pyridylmethanol (F. 133—134°, -Hydrochlorid, F. 154—155°), hergestellt durch Rk. von 2-Pyridincarboxyaldehyd u. p-Methoxyphenyl-MgBr nach Grignard mit z. B. (2-Bromäthyl)-benzol in Nitromethan am Rückfluß zum *2-(p-Methoxy-α-hydroxybenzyl)-1-(phenäthyl)-pyridiniumbromid* (F. 193—194°) umsetzt u. daraus durch katalyt. Red. in Ggw. von Pt-Oxid das *2-(p-Methoxy-α-hydroxybenzyl)-1-(phenäthyl)-piperidinhydrobromid* herstellt, F. 227 bis 228°; analog: *2-(p-Methoxy-α-hydroxybenzyl)-1-(3-phenylpropyl)-piperidinhydrobromid,* F. 171—173°. — *Peripher wirksame Vasodilatoren.* (**A. P. 3 037 986** vom 6/5. 1959, ausg. 5/6. 1962.) W. Heyer. 4807

1600 Olin Mathieson Chemical Corp., New York, N.Y., übert. von: Harry Louis Yale und Jack Bernstein, New Brunswick, N.J., V.St.A., **Herstellung von von Streptomycin-Isonicotinoylhydrazon,** *Hydrochlorid* F. 202—204° (Zers.), dad. gek., daß man Isonicotinsäurehydrazid mit Streptomycintrihydrochlorid bei Raum-Temp. in wss. Lsg. ca. 12—16 Std. einwirken läßt. Durch Behandeln mit Ag_2O erhält man die freie Base Streptomycinisonicotinoylhydrazon. — *Antituberkulose Mittel.* (**A. P. 3 035 044** vom 4/5. 1956, ausg. 15/5. 1962.) W. Heyer. 4807

1601 Ciba Akt.-Ges., Basel (Erfinder: Jean Druey, Konrad Meier, Riehen, und Alexander Staehelin, Basel), Schweiz, **1-Aryl-3.6-dioxo-1.2.3.6-tetrahydropyridazine** (I), die in 2-Stellung einen niedermol. aliphat. KW-Stoffrest, in 4- oder 5-Stellung eine niedrigaliphat. verätherte Mercaptogruppe u. ggf. noch in 5- bzw. 4-Stellung einen weiteren Substituenten tragen, werden hergestellt durch Rk. eines in 2-Stellung nicht substituierten, in 4- oder 5-Stellung eine niedrigaliphat. verätherte Mercaptogruppe u. ggf. in 5- bzw. 4-Stellung einen weiteren Substituenten aufweisenden I mit einem den niedermol. aliphat. KW-Stoffrest abgebenden Mittel, z. B, mit entsprechenden Schwefelsäurediestern. — 5 g 1-Phenyl-4-äthylmercapto-3.6-dioxo-1.2.3.6-tetrahydropyridazin (II) werden mit 10 cm³ Dimethylsulfat ½ Std. auf 145—155° erhitzt. Man gießt in gesätt. Na_2CO_3-Lsg., rührt 2 Std., schüttelt mit $CHCl_3$ aus, dampft ein u. kocht mit PAe. aus. Nach Umkristallisieren des unlösl. Anteils → *2-Methyl-*II, F. 133—135°. — *Heilmittel* u. *Zwischenprodd. zur Herst. von Heilmitteln.* (**Schwz. P. 361 813** vom 14/4. 1958, ausg. 30/6. 1962.) M. Schaber. 4807

1602 Imperial Chemical Industries Ltd., Millbank, London, übert. von: Roy Hull, Macclesfield, und Geoffrey Swain, Manchester, England, **Tetrahydropyrimidine.** Zu D. A. S. 1 132 139; C. **1963**, 10192 ist nachzutragen: (4-[5-nitrofuryl]-1.2.3.4-tetrahydropyrimidin-2-on = I); *5-Acetyl-6-methyl-*I, F. (aus W./A.) 252—254° (Zers.), hergestellt aus 5-Nitro-2-furaldehyddiureid [F. 178—179° (Zers.)], HCl u. Acetylaceton bei 90—100°. — *5-Äthoxycarbonyl-6-brommethyl-*I (II), F. (aus A.) 154° (Zers.), durch Bromieren der 6-Methylverbindung. — *5-Äthoxycarbonyl-6-morpholinomethyl-*I, F. 132—140° (aus PAe.), hergestellt aus II. — *5-N-Phenylcarbamoyl-6-methyl-*I, F. (aus A.) 224° (Zers.), hergestellt aus Acetoacetanilid, HCl-Lsg., Harnstoff u. 5-Nitrofuraldehyd. — *Heilmittel.* (**A. P. 3 036 073** vom 2/11. 1959, ausg. 22/5. 1962. E. Prior. 5/12. 1958.) F. Hirsch. 4807

1603 Ciba Akt.-Ges., Basel (Erfinder: Jean Druey, Riehen, und Adrian Marxer, Muttenz), Schweiz, **1-Hydrazino-4-[pyridylmethyl]-phthalazine,** deren Benzolkern eine NH_2-Gruppe u. ggf. noch weitere Substituenten aufweist, ihre Salze u. quatern. Ammonium-Verbb. werden hergestellt durch Rk. z. B. eines 1-Chlor-4-(pyridylmethyl)-7-acylaminophthalazins (an Stelle von Chlor auch eine freie oder verätherte Mercaptogruppe, reaktionsfähig veresterte oder verätherte Oxygruppe oder Aminogruppe) oder dessen quatern. Ammonium-Verb. mit Hydrazin u. Hydrolyse der Acylaminogruppe. — 16,5 g 1-Oxo-4-[pyridyl-(4')-methyl]-7-acetamido-1.2-dihydrophthalazinhydrochlorid erhitzt man mit 100 cm³ $POCl_3$ 3 Std., gießt auf Eis u. in ammoniakal. W. → 1-Chlor-4-[pyridyl-(4')-methyl]-7-acetamidophthalazin. Nach Kochen in einer Lsg. von Hydrazinhydrat in CH_3OH u. Aufarbeiten → 1-Hydrazino-4-[pyridyl-(4')-methyl]-7-acetamidophthalazin, F. 143—145° (Zers.), gelbliche Kristalle; Dihydrochlorid, F. 264—267°. Nach Hydrolyse → *1-Hydrazino-4-[pyridyl-(4')-methyl]-7-aminophthalazintrihydrochlorid,* F. 285°. — *Arzneimittel.* (**Schwz. P. 361 812** vom 7/3. 1958, ausg. 30/6. 1962. **Zusatz zu Schwz. P. 357 403; C. 1962, 12397.**) M. Schaber. 4807

1604 Merck & Co., Inc., Rahway, übert. von: William H. Jones, Metuchen, N.J., und Frederick C. Novello, Lansdale, Pa., V.St.A., **Herstellung von 3.4-Dihydro-1.2.4-benzothiadiazin-1.1-dioxiden,** dad. gek., daß man 1.2.4-Benzothiadiazin-1.1-dioxid katalyt. in Ggw. von Ru bei ca. 50° u. 1—100 at reduziert. — Aus 6-Chlor-7-sulfamyl-1.2.4-benzothiadiazin-1.1-dioxid → *6-Chlor-7-sulfamyl-3.4-dihydro-1.2.4-benzothiadiazin-1.1-dioxid,* F. 268,5—270°. — *Diuretica, Saluretica* usw. (**A. P. 3 025 292** vom 26/11. 1958, ausg. 13/3. 1962.) W. Heyer. 4807

1605 Sandoz Akt.-Ges., Basel (Erfinder: Jürg Rutschmann, Oberwil), Schweiz, **Herstellung von neuartigen Amiden** der Formel $R—NH_2$, worin R den Säurerest $C_{22}H_{23}O_8$ der Podophyll- oder Pikropodophyllsäure bedeutet, dad. gek., daß man die entsprechenden Säurehydrazide der Formel $R—NH—NH_2$ mit als Hydrierungskatalysatoren dienenden Metallen behandelt. — Zwischenprodd., *Arzneimittel* mit antimitot. Wrkg., tumorhemmende Verbindungen. Vgl. F. P. 1 198 268; C. **1961**, 16572. (**Schwz. P. 362 419** vom 20/6. 1957, ausg. 31/7. 1962.) G. König. 4807

1606 International Hormones, Inc., Hicksville, N.Y., V.St.A., **Herstellung eines stabilen Adrenochrom-derivates,** dessen Salz leicht in W. lösl. ist, dad. gek., daß man Aminohydroxyessigsäurehydrochlorid in 50% ig. CH_3OH mit Adenochrom umsetzt. Das *Adrenochromaminohydroxyessigsäure-Deriv.* hat einen F. 123—127° (Zers.). — *Arzneimittel.* (**E. P. 891 585** vom 25/10. 1960, ausg. 14/3. 1962. A. Prior. 4/5. 1960.) W. Heyer. 4807

1607 Dr. A. Wander Akt.-Ges., Bern, Schweiz (Erfinder: Otto Westphal, Freiburg/Br., und Erwin Rüde, New York, N.Y., V.St.A.), **Verfahren zur Herstellung von 3.6-Didesoxyhexosen,** dad. gek., daß man 2.5-Didesoxypentosen mit HCN behandelt u. die erhaltenen Cyanhydrine in saurem Milieu katalyt. hydriert u. zugleich hydrolysiert. Die Rk. kann in Ggw. eines Verdünnungsmittels, z. B. abs. Pyridin, ausgeführt werden. — 2.5-Didesoxy-DL-threopentose in abs. Pyridin wird mit fl. HCN 11 Tage bei ca. +10° im verschlossenen Kolben gehalten, überschüssiges Pyridin u. HCN abdest., der verbleibende Sirup mit A. aufgenommen, mit PdO_2 auf $BaSO_4$ im dest. W. suspendiert u. während drei Std. vorhydriert. Man setzt der Rk.-Mischung dest. W. zu, filtriert, setzt 2n HCl zu u. hydriert mit H_2. Die Lsg. wird filtriert u. zur Entfernung von aminartigen Nebenprodd. wird das Filtrat durch eine Säule von saurem Amberlite IR 120 geschickt. Man eluiert mit W. u. setzt C zu, welche wieder entfernt wird. Die Lsg. wird mit $Ba(OH)_2$ auf pH 6—7 eingestellt. Man dampft bei 40° bis zur Sirupkonsistenz ein, löst in A., filtriert $Ba(OH)_2$ ab u. dampft erneut ein. Man löst mehrmals u. verdampft. Man erhält *3.6-Didesoxy-DL-xylo-* u. *-lyxohexose.* Die Trennung der beiden Epimeren erfolgt z. B. mittels Chromatographie. Geeignet zur Herst. künstlicher Antigene. (**Schwz. P. 359 693** vom 24/11. 1960, ausg. 15/3. 1962.) G. König. 4807

1608 American Cyanamid Co., New York, N.Y., V.St.A., **6α-Methylsteroide der Pregnanreihe.** Man setzt z. B. 16α.21-Diacetoxy-11β.17α-dihydroxy-6α-methyl-$\Delta^{1.4}$-pregnadien-3.20-dion mit $SOCl_2$ in Ggw. von Pyridin um → *16α.21-Diacetoxy-17α-hydroxy-6α-methyl-$\Delta^{1.4.9,11}$-pregnatrien-3.20.dion,* F. 224—225°; daraus durch Rk. mit N-Bromacetamid in Dioxan u. in Ggw. von $HClO_4$ → *16α.21-Diacetoxy-9α-brom-11β.17α-dihydroxy-6α-methyl-$\Delta^{1.4}$-pregnadien-3.20-dion,* F. 178—179°; welches sich zum 9β.11β-Epoxid dehydrobromieren u. anschließend mit HF in Dichlormethan spalten läßt → *16α.21-Diacetoxy-9α-fluor-11β.17α-dihydroxy-6α-methyl-$\Delta^{1.4}$-pregnadien-3.20-dion*; daraus durch Hydrolyse mit methanol. K_2CO_3 → *9α-Fluor-6α-methyl-11β.16α.17α.21-tetrahydroxy-$\Delta^{1.4}$-pregnadien-3.20-dion,* F. 243—244°; *16.17-Acetonid,* F. 259 bis 260°. — *Heilmittel.* (**E. P. 885 571** vom 29/1. 1960, ausg. 28/12. 1961. A. Prior. 4/2. 1959.) U. Sievers. 4809

6109 American Cyanamid Co., New York, N.Y., V.St.A., **16α.17α-Dihydroxysteroide der Pregnanreihe beziehungsweise deren 16-Acylate** erhält man durch Hydrolyse der entsprechenden 16α.17α-Isoalkylidendioxy-Verbb. u. ggf. anschließende Veresterung der 16α-ständigen Hydroxygruppe. — Man setzt z. B. 9α-Fluor-11β-hydroxy-16α.17α-isopropylidendioxy-$\Delta^{1.4}$-pregnadien-3.20-dion in Methanol mit wss. HCl unter Rückfluß um u. arbeitet chromatograph. auf → *9α-Fluor-11β.16α.17α-trihydroxy-$\Delta^{1.4}$-pregnadien-3.20-dion*, F. 290 bis 291°; $[\alpha]_D^{25}$ 53,3°. — Analog: *9α-Chlor-11β.16α.17α-trihydroxy-$\Delta^{1.4}$-pregnadien-3.20-dion*, F. 242—243°; $[\alpha]_D^{25}$ 73°. — *16α-Acetoxy-17α-hydroxy-$\Delta^{1.4.9,11}$-pregnatrien-3.20-dion*, F. 175—177°, welches sich durch Rk. mit N-Bromacetamid in Dioxan u. in Ggw. von $HClO_4$ überführen läßt → *16α-Acetoxy-9α-brom-11β.17α-dihydroxy-$\Delta^{1.4}$-pregnadien-3.20-dion*, F. 230 bis 234° (Zers.). — *Heilmittel.* (**E. P. 880 201** vom 26/6. 1959, ausg. 18/10. 1961. A. Prior. 9/7. 1958.) U. Sievers. 4809

1610 Schering Corp., Bloomfield, übert. von: Alexander L. Nussbaum, Leonia, und Eugene P. Oliveto, Bloomfield, N.J., V.St.A., **16-Alkyl-$\Delta^{1.5}$-pregnadien-3-one** erhält man durch Rk. einer entsprechenden 3-Oxo-$\Delta^{1.4}$-pregnadien-6-halogen-Verb. mit Zn in A. oder Mg in Ae. oder Tetrahydrofuran. — Man setzt z. B. 6β-Brom-9α-fluor-16α-methyl-11β.17α-trihydroxy-$\Delta^{1.4}$-pregnadien-3.20-dion-21-acetat mit Zn-Staub in A. um → *9α-Fluor-16α-methyl-11β.17α.21-trihydroxy-$\Delta^{1.5}$-pregnadien-3.20-dion-21-acetat*, welches sich durch Bebrütung mit einer Kultur von *Flavobacterium dehydrogenans* verseifen läßt zum *freien Alkohol*. — *Heilmittel.* (**A. P. 3 013 033** vom 29/10. 1958, ausg. 12/12. 1961.) U. Sievers. 4809

1611 Ciba Pharmaceutical Products, Inc., Summit, N.J., V.St.A., übert. von: Albert Wettstein, Riehen, Georg Anner und Ludwig Ehmann, Basel, Schweiz, **9.11-Dihalogen-3-hydroxyverbindungen der Androstanreihe** erhält man durch Red. der entsprechenden 3-Ketone mit einem Leichtmetallhydrid. — Man setzt z. B. 9α-Chlor-11β-fluor-17α-methyltestosteron in Methanol mit $NaBH_4$ um → *9α-Chlor-11β-fluor-3β.17β-dihydroxy-17α-methyl-Δ^4-androsten*, welches sich nach üblichen Meth. in seine Ester mit organ. Säuren überführen läßt. — *Heilmittel* (**A. P. 3 012 939** vom 8/7. 1960, ausg. 12/12. 1961. Schwz. Prior. 9/7. 1959.) U. Sievers. 4809

1612 Syntex Soc. An., übert. von: Albert Bowers und Howard J. Ringold, Mexico, Mexico **6-Cyanverbindungen der Androstanreihe.** Man setzt z. B. das 3-Äthylenketal des Testosterons mit Monoperphthalsäure um → *3-Äthylendioxy-5α.6α-(bzw. 5β.6β)-oxidoandrostan-17β-ol*, spaltet das 5α.6α-Epoxid mit KCN in Äthylenglykol u. behandelt mit methanol. H_2SO_4 → *6-Cyantestosteron*. — Die Herst. 17-substituierter 6-Cyantestosterone sowie die von entsprechenden 1- u. 6-Dehydro-Verbb., ferner die von 9α-Halo-Verbb. u. von Verbb. der 19-Norreihe auf analogem Wege wird, jedoch ohne Angabe physikal. Kennzahlen, beschrieben. — *Heilmittel.* (**A. P. 3 014 934** vom 5/11. 1959, ausg. 26/12. 1961. Mexican. Prior. 6/11. 1958.) U. Sievers. 4809

1613 Ciba Pharmaceutical Products, Inc., Summit, N.J., V.St.A., übert. von: Albert Wettstein, Georg Anner und Ludwig Ehmann, Basel, Schweiz, **Δ^4-9α-Halogen-3β.11β.17β-trihydroxy-11α-methylandrostene und deren Ester** erhält man durch Red. eines entsprechenden 3-Ketons mit einem Leichtmetallhydrid u. anschließende Veresterung. — Man red. z. B. 9α-Fluor-11β-hydroxy-17α-methyltestosteron in Methanol mit $NaBH_4$ → *Δ^4-9α-Fluor-3β.11β.17β-trihydroxy-17α-methylandrosten*, F. 206—207°. — Die Überführung in die Ester wird, jedoch ohne Angabe physikal. Daten, beschrieben. — *Heilmittel.* (**A. P. 3 012 941** vom 23/6. 1959, ausg. 12/12. 1961. Schwz. Prior. 25/6. 1958.) U. Sievers. 4809

1614 G. D. Searle & Co., übert. von: Frank B. Colton, Chicago, und Norman W. Atwater, Arlington Heights, Ill., V.St.A., **17α-Alkenylderivate des 6α-Methyl-17β-hydroxy-19-nor-Δ^4-androsten-3-ons.** Man setzt z. B. 3β-Methoxy-19-nor-$\Delta^{2.5,10}$-androstadien-17β-ol (I) in Bzl. u. in Ggw. von p-Toluolsulfonsäure-Monohydrat mit Äthylenglykol um → *3-Äthylendioxy-19-nor-Δ^5-androsten-17β-ol*, F. 137,5—139°; *17-Acetat*, F. 173—175,5°, welches sich durch Epoxydation mit Perbenzoesäure in Bzl. überführen läßt → *3-Äthylendioxy-5α.6α-epoxy-17β-acetoxy-19-norandrostan*, F. 170—171°; daraus durch Spaltung mit CH_3MgBr → *6β-Methyl-3-äthylendioxy-19-norandrostan-5α.17β-diol*, F. 111—112,5° u. 140°, welches sich nach Oppenauer oxydieren läßt → *6β-Methyl-3-äthylendioxy-5α-hydroxy-19-norandrostan-17-on*, F. 163 bis 165°. Hieraus erhält man durch Grignardierung mit 2-Methallylmagnesiumchlorid → *3-Äthylendioxy-6β-methyl-17α-(2-methallyl)-19-norandrostan-5α.17β-diol*, F. 153—154° u. 167 bis 167,5°, welches sich mit Essigsäure spalten läßt → *5α.17β-Dihydroxy-6β-methyl-17α-(2-methallyl)-19-norandrostan-3-on*, F. 174—175,5°; daraus durch gleichzeitige Isomerisierung u. Dehydratisierung mit NaOH → *6α-Methyl-17β-hydroxy-17α-(2-methallyl)-19-nor-Δ^4-androsten-3-on*. — Analog: *3-Äthylendioxy-6β-methyl-17α-allyl-19-norandrosten-5α,17β-diol*, F. 160,5 bis 164°. — *5α.17β-Dihydroxy-6β-methyl-17α-allyl-19-norandrostan-3-on* F. 191—193°. — *6-Methyl-3-äthylendioxy-17α-äthinyl-19-norandrosten-5α,17β-diol*, F. 183—184°. — *5α.17β-Dihydroxy-6β-methyl-17α-äthinyl-19-norandrostan-3-on*, F. 208—211°. — *Heilmittel.* (**A. P. 3 012 045** vom 8/6. 1959, ausg. 5/12. 1961. E. Prior. 22/1. 1959.) U. Sievers. 4809

1615 Pemmaraju Narasimha Rao, San Antonio, Tex., V.St.A., **19-Nortestosteron-17-propionat (Ia)**, F. 52 bis 55°; $[\alpha]_D^{26.7}$ 43,7°, erhält man durch Rk. von 19-Nortestosteron (I) mit Äthylenglykol in Ggw. von p-Toluolsulfonsäure → I-*3-Äthylenketal*, welches sich durch Rk. mit Propionsäureanhydrid in Ggw. von Pyridin überführen läßt → *3-Äthylendioxy-19-nortestosteron-17-propionat*; daraus durch Abspaltung der Ketalgruppe mit p-Toluolsulfonsäure in Aceton → **Ia.** — *Heilmittel.* (**A. P. 3 014 933** vom 22/3. 1961, ausg. 26/12. 1961.) U. Sievers. 4809

1616 Syntex Soc. An., übert. von: Octavio Mancera, Howard J. Ringold und Carl Djerassi, Mexico, Mexico, **15-Dehydrocorticohormone.** Man setzt z. B. 16-Methyl-15-dehydrocortison-21-acetat (I) mit Äthylorthoformiat in Dioxan u. in Ggw. von p-Toluolsulfonsäure um → I-*3-Äthylenoläther*, welcher sich durch Rk. mit N-Chlorsuccinimid in Aceton u. in Ggw. von Na-Acetat überführen läßt → *16-Methyl-6β-chlor-15-dehydrocortison-21-acetat*; daraus durch Umlagerung mit HCl-Gas u. anschließende Verseifung mit methanol. NaOH → *16-Methyl-6α-chlor-15-dehydrocortison*. — Die Herst. entsprechender 1- u. 6-Dehydro- sowie 9α-Fluor-Verbb. wird, jedoch ohne Angabe physikal. Daten, beschrieben. — *Heilmittel.* (**A. P. 3 014 936** vom 11/2. 1960, ausg. 26/12. 1961. Mexican. Prior. 9/5. 1959.) U. Sievers. 4809

1617 Syntex Soc. An., übert. von: Howard J. Ringold und Fred A. Kincl, Mexico, Mexico, **4.9-Dihalogenverbindungen der Androstanreihe.** Man setzt z. B. 17α-Methyl-$\Delta^{4.9,11}$-androstadien-17β-ol-3-on mit H_2O_2 in Ggw. von NaOH um → *17α-Methyl-4β.5β-oxydo-$\Delta^{9,11}$-androsten-17β-ol-3-on*, welches sich durch Spaltung mit konz. HCl in Aceton überführen läßt → *17α-Methyl-4-chlor-$\Delta^{4.9,11}$-androstadien-17β-ol-3-on*; daraus durch Rk. mit N-Bromacetamid in Dioxan u. anschließende CrO_3-Oxydation der erhaltenen 9α-Brom-11β-hydroxy-Verb. → *17α-Methyl-4-chlor-9α-brom-Δ^4-androsten-17β-ol-3.11-dion*. — Die Herst. der entsprechenden 9α-Fluor-Verb. sowie der 4-Brom-9α-fluor- u. 4-Brom-9α-chlor-Verb. wird, jedoch ohne Angabe physikal. Daten, beschrieben. — *Heilmittel.* (**A. P. 3 014 937** vom 29/12. 1958, ausg. 26/12. 1961. Mexican. Prior. 13/1. 1958.) U. Sievers. 4809

1618 N. V. Organon, Oss, Niederlande, **Herstellung gereinigter ACTH-Präparate.** Bei der Durchführung des im Niederl. P. 88 560 beschriebenen Verf. führt man zur Erhöhung der Reinheit des Endprod. die Elution stufenweise mit verschiedenen Fll. durch, bes. mit Pyridin–Essigsäure-Puffer-Lsgg., mit einem pH-Wert von 5,2, die das 1. Mal 0,2, das 2. Mal 0,5 Mol/Liter Essigsäure enthalten, wonach das hochakt. ACTH sich in der letzteren befindet. (**Niederl. P. 101 390** vom 9/12. 1958, ausg. 15/5. 1962. **Zusatz zu Niederl. P. 88 560; C. 1959, 11010.**) F. Böhm. 4809

1619 G. D. Searle & Co., Chicago, Ill., V.St.A., übert. von: Luis Ernesto Miramontes Cardenas, Mexico, Mexico, **Abtrennung von Hecogenin aus Sapogeningemischen,** bes. aus solchen die keine Oxogruppen enthaltenden Sapogenine enthalten. — Man setzt z. B. das aus Agave fourcroydes gewonnene Sapogeningemisch mit Hydrazinhydrat (I) in A. 24 Std. unter Rückfluß um, läßt zur Kristallisation abkühlen u. trennt das krist. *Tigogenin*, F. 194—198°; $[\alpha]_D$ —47,5°, ab.

Aus dem Filtrat, welches das *Hecogenin-Hydrazin-Deriv.* enthält, erhält man durch Rk. mit HCl bei pH 1 → *Hecogenin* (**II**), F. 240—245°. — Alternativ kann man die Hydrazon-Bldg. z. B. in Äthylenglykolmonomethyläther durchführen. Das harzige *Hecogenin-Hydrazon* (**III**) zeigt einen F. 90—150°; $[\alpha]_D$ —40°, u. geht bei längerem Erhitzen auf 200° oder durch Erhitzen in A.-Pyridin-Hydrochlorid in das *Azin-Deriv. des* **II**, F. 329—331°; $[\alpha]_D$ 61°, über. Auch dieses läßt sich durch saure Spaltung in **II** überführen. — **III** läßt sich durch Erhitzen mit Aceton überführen → *Aceton-hecogeninazin*, F. 206—208°. — Alternativ kann man **I** durch Thiosemicarbazid ersetzen. (**A. P. 3 013 010** vom 25/2. 1957, ausg. 12/12. 1961.)
U. Sievers. 4809

1620 G. D. Searle & Co., Chicago, Ill., V.St.A., übert. von: Luis E. Miramontes, Mexico, Mexico, **Herstellung von Hecogeninazin und Alkylidenazinotigogeninen.** Inhaltlich im wesentlichen ident. mit A. P. 3 013 010; s. vorst. Referat. Zu ergänzen ist, daß Hecogeninhydrazon durch Rk. mit Carbonyl-Verbb., bes. Methyläthylketon, Diäthylketon oder Methylpropylketon, in die entsprechenden 12-Alkylidenazindigogenine überführbar ist. (**A. P. 3 033 857** vom 7/5. 1959, ausg. 8/5. 1962. Mexican. Prior. 9/3. 1956.)
U. Sievers. 4809

1621 Grain Processing Corp., übert. von: Ralph Allan Zorn, Muscatine, Iowa, V.St.A., **Gewinnung von lagerfähigem Bacitrazin** aus mit Bacillus subtilis vergorenen Nähr-Lsgg., dad. gek., daß man der vergorenen Maische ein wasserlösl. Co-Salz zusetzt, die wss. Masse eindampft u. auf Trommeln trocknet. Man vergärt z. B. ein 7,5 (%) Sojamehl, 2 Maisstärke, 1 $CaCO_3$ u. 0,33 $MgSO_4$ wss. Medium 30 Std. aerob bei 30° u. End-pH ca. 8,1, setzt der Maische 1% $CoSO_4$ zu usw. Man kann das pulverige Prod. auch mit Mais- oder Sojamehl zu einem Prod. mit 10 g Bacitracin/lb. mischen. — Geflügelfutter usw . (**A. P. 3 021 217** vom 13/6. 1958, ausg. 13/2.1962.)
G. Vogel. 4811

1622 Chas. Pfizer & Co., Inc., Brooklyn, übert. von: Walter D. Celmer, Garden City, Kotaro Murai, Hicksville, N.Y., John B. Routien, Tenafly, N.J., und Ben A. Sobin, Manhasset, N.Y., V.St.A., **Erzeugung der Antibiotica PA 1033 A und PA 1033 B durch Gärung,** dad. gek., daß man Streptomyces griseofaciens ATCC 13180 submers u. aerob bei 26—30° u. pH ca. 6—7 in einer wss. Nähr-Lsg. gären läßt. — Beispiel: *PA 1033A*, $C_{25}H_{43}NO_6$, Molgew. 465, F. 87,2—88°, $[\alpha]_D^{25}$ +39,6° (c = 0,5 in CH_3OH); UV-Absorption $E_{1cm}^{1\%}$ 183 (226 mμ) u. 9,0 (275 mμ) in Chlf.; Absorption der Chlf.-Lsg. im IR-Bereich: 3401, 2933, 2899, 2833, 2755, 1742, 1706, 1689, 1664, 1623, 1468, 1389, 1362, 1333, 1163, 1112, 1095, 1072, 1045, 985, 930, 890, 862 u. 835 (1/cm); Neutralisationszahl 465 (in 50%ig. A.). — *PA 1033B*, $C_{25}H_{45}NO_{10}$, F. 99,8—101°, $[\alpha]_D^{25}$ +22,5° (c = 0,5 in CH_3OH); UV-Absorptionsmaxima: $E_{1cm}^{1\%}$ 223 mμ (in Chlf.); Absorption der Chlf.-Lsg. im IR-Bereich: 3426, 2907, 2857, 2778, 1739, 1695, 1642, 1629, 1605, 1468, 1389, 1364, 1342, 1279, 1163, 1143, 1115, 1096, 1075, 1046, 1031, 981, 955, 889, 835 u. 865 (1/cm). Aus den Prodd. erhält man z. B. aus Ae.-Lsg. durch Fällen mit alkohol. HCl → *Hydrochloride*, ferner *Salze* der H_3PO_4, HNO_3, H_2SO_4, Wein-, Glykol-, Citronen-, Glucon-, Äpfel-, Malein-, Bernstein, Glutar-, Essig- oder Benzoesäure. — *Bekämpfung von* an Wurzeln u. Früchten Wucherungen erzeugenden *Bakterien*, bes. Phtyomonas tumefaciens bzw. des gegen viele Antibiotica resistenten Micrococcus pyogenes var. aureus usw.; in der Humantherapie noch nicht erprobt. — Wachstumstabelle, Kurven für IR-Absorptionsspektren. (**A. P. 3 021 259** vom 19/6. 1958, ausg. 13/2. 1962.)
G. Vogel. 4811

1623 Frank W. Horner Ltd., Montreal, Quebec, Canada, **Mittel gegen Hautkrankheiten** bes. *Pustular acne.* Es enthält als Wirkstoff in einer Dosis von 250—1000 mg *2-p-Methoxybenzolsulfonamid-5-isobutyl-1.3.4-thiadiazol* oder *2-p-Methoxybenzolsulfonamid-5-tert.-butyl-1.3.4-thiadiazol.* (**E. P. 891 445** vom 15/7. 1960, ausg. 14/3. 1962. A. Prior. 6/11. 1959.)
W. Heyer. 4815

1624 Ciba Ltd., Basel, Schweiz, **Arzneimittel zur Anregung des Zentralnervensystems.** Es enthält als Wirkstoff in einem zur enteralen oder parenteralen Applikation geeigneten Träger *2-Phenoxyäthylhydrazin* oder ein Säureadditions-Salz dieser Verbindung. (**E. P. 888 526** vom 1/12. 1959, ausg. 31/1. 1962. Schwz. Prior. 1/12. 1958 u. 13/10. 1959.)
K. Koebke. 4815

1625 Joseph Wladyslaw Blaszczak, New York, N.Y., V.St.A., **Herstellung eines Arzneimittels** zur Behandlung von Krebs, Virusinfektionen, bes. Poliomyelitis. Man löst 4 (g) festes Phenol u. 2 $FeSO_4$ in 60 CH_3O (40% ig), erhitzt die Lsg. auf ca. 100° u. versetzt mit 5 Riboflavin, 2,5 Ascorbinsäure, 2 Nicotinsäureamid, 1,5 Thiamin u. 1 Pyridoxin, füllt mit W. auf 100 cm³ auf, filtriert u. erhitzt erneut auf ca. 100°. Die Lsg. ist mehrere Jahre haltbar u. kann ggf. auch zur Trockne eingedampft werden. Das Pulver bleibt in W. löslich u. ist wärme- u. lichtbeständig. (**E. P. 891 459** vom **19/3.** 1957, ausg. 14/3. 1962.)
W. Heyer. 4815

1626 Chas. Pfizer & Co., Inc., Brooklyn, N.Y., V.St.A., **Wundheilmittel,** enthaltend als Wirkstoff in isoton. NaCl-Lsg. 2—20%, bes. 3—10, *Glucosamin, Glucosaminphosphat, -hydrochlorid, -citrat* oder *-gluconat*, oder das *N-Acetylglucosamin.* (**E. P. 896 940** vom 15/2. 1960, ausg. 23/5. 1962. A. Prior. 26/2. u. 24/8. 1959.)
W. Heyer. 4815

1627 Ciba Ltd., Basel, Schweiz, **Arzneimittel.** Haltbare wss. Injektions-Lsgg. von *Rauwolfia-Alkaloiden* enthalten neben 1—10 mg des Alkaloids pro cm³ Lsg. 5—30 (%) eines Amids, welches am N einen oder mehrere, ggf. eine OH-Gruppe oder ein Halogenatom tragende Alkyl-, Aryl- oder Aralkyl-Substituenten enthalten (N.N-Dimethylacetamid, $N.N.N_1.N_1$-Tetramethylharnstoff) u. 0,5—2,0 einer physiolog. verträglichen organ. Carbonsäure mit einem pK_a-Wert von 3—5 (Adipin-, Malon-, Wein-, Mandel-, Milch-, Essig-, Hippur-, Propionsäure) u. ggf. ein Polyäthylenglykol mit einem Molgew. von 100—20000. (**E. P. 886 996** vom 15/7. 1960, ausg. 10/1. 1962. A. Prior. 15/7. 1959.)
K. Koebke. 4815

1628 Wisconsin Alumni Research Foundation, Madison, übert. von: Artie C. Todd, Shorewood Hills, Wis., V.St.A., **Tierarzneimittel** zur Bekämpfung von Eingeweidewürmern mit *Phenothiazin* (**I**) als Wirkstoff. Um die Ablehnung des **I** wegen seines unangenehmen Geschmacks zu überwinden, mischt man **I** mit Weizenschrot (**II**) mittlerer Korngröße im Verhältnis 1 : 0,35—0,65. Dem **II** kann Melasse im Verhältnis 1 : 0,5—1,5 zugegeben werden. Man kann weiter 1 : 5—15 NaCl bezogen auf **I** beimischen. (**A. P. 3 000 784** vom 22/11. 1957, ausg. 19/9. 1961.)
K. Koebke. 4817

1629 Boots Pure Drug Co. Ltd. (Erfinder: John Stuart Nicholson, Maurice William Baker, Stewart Sanders Admas, Henry Roland Lewis, Hugh Colin Richards und John Rosindale Honsely), **Arzneimittel für die Human- und Veterinärmedizin** zur Behandlung von Entzündungen, gek. durch einen Geh. an *3-Phenylphenoxyessigsäure, α-(4-C_3—C_5-Alkylphenoxy)-α-(2.4- oder 3.4-Dialkylphenoxy)-, α-(3-Phenylphenoxy)-, α-(2-Jod-4-phenylphenoxy)-propionsäure* oder ähnlich konstituierten Verbb., die tabellenmäßig aufgeführt sind. — 42 Beispiele. (**Aust. P. 234 977** vom 22/12. 1959, ausg. 7/9. 1961. E. Prior. 7/1. u. 16/9. 1959.)
C. Lüttgen. 4817

1630 Chas. Pfizer & Co., Inc. (Erfinder: Robert Eugene Kent), Brooklyn, N.Y., V.St.A., **Wurmmittel,** bes. zur Bekämpfung von *Nematoden der Familie Ancyclostonidae, Strongylidae* u. *Trichostrongyliae*, enthält als Wirkstoff in einem pharmazeut. Träger oder in tier. Futter 0,1 bis 5 Gew.-% *2-Thienylmethyl-2-imidazolinylsulfid*, bzw. ein Säureadditionssalz dieser Verbindung. (**E. P. 897 805** vom 6/12. 1960, ausg. 30/5. 1962.)
W. Heyer. 4817

1631 Colgate-Palmolive Co., New York, N.Y., übert. von: Lester Donald Apperson, Madison, und Alexander Wayne Bouchal, Fair Lawn, N.J., V.St.A.. **Fluorhaltige Zahnpflegemittel** mit Geh. an unlösl. Na-Metaphosphat (**I**) als Poliermittel, gek. durch den Zusatz einer kleinen Menge einer Al-Verb., z. B. $AlPO_4$ (**II**, zur Verhinderung des Anlösens des Zahnschmelzes durch das **I**). — Beispiel: 82,95 (%) **I**, 10,4 **II**, 4 Na-N-Lauroylsarcosid, 0,15 lösl. Saccharin, 2,5 Geschmackstoffe. (**A. P. 3 034 967** vom 29/5. 1956, ausg. 15/5. 1962. Can. Prior. 8/8. 1955.) C. Lüttgen. 4823

1632 Mallinckrodt Chemical Works, St. Louis, Mo., übert. von: George B. De La Mater, St. Johns, und Philip E. Wiegert, St. Louis County, Mo., V.St.A., **Herstellung von Alkylsulfonamidobenzoesäuren.** Ein Gemisch aus 50 (g) 3-Amino-5-nitrobenzoesäure, 300 ml Dioxan, 15 ml Pyridin (**I**) u. 103 Methansulfonylchlorid wird $1\frac{1}{2}$ Std.

gekocht, nach Zugabe von 10 ml **I** 2½ Std. weitererhitzt, nach Abkühlen in ein Gemisch aus 250 ml 27% ig. NH_3 u. 750 ml W. gegossen, mit HCl angesäuert, mit NaOH schwach alkal. gemacht u. mit CH_3COOH auf pH 6 gebracht. Der Nd. (Methansulfonamid) wird abfiltriert u. verworfen, das Filtrat mit A-Kohle behandelt, filtriert, angesäuert, abgekühlt, das ausgeschiedene Prod. am Wasserbad 2½ Std. mit 30 ml 50% ig. NaOH u. 500 ml W. erwärmt, auf pH 5 angesäuert, mit A-Kohle behandelt, filtriert, Filtrat stark angesäuert u. gekühlt. Ausbeute 34 (47,7%) *3-Methylsulfonamido-5-nitrobenzoesäure* nach Trockenen bei 110°, F. 217,5—219,5°; NZ. 259 gefunden, 260 berechnet. Red. mit H_2 in Ggw. von Pd-Kohle → *3-Amino-5-methylsulfonamido* (**II**)*-benzoesäure* + JCl in konst. HCl → **II**-*2.4.6-Trijodbenzoesäure* (NZ. 610 gefunden, 608 berechnet) + $(CH_3CO)_2O$ → *3-Acetamino-Verb.*, $C_{10}H_9J_3N_2O_5S$; NZ. 652 gefunden, 650 berechnet. — *Na-Salz.* — *N-Methylglucamin-Salz.* — *3-Äthylsulfonamido-5-nitrobenzoesäure,* NZ. 280 gefunden, 274 berechnet. — *3-Amino-5-äthylsulfonamido* (**III**)*-Verb.* — **III**-*2.4.6-Trijodbenzoesäure,* NZ. 619 gefunden, 622 berechnet. — *3-Acetamido-Verb.·0,5 H_2O,* NZ. 672 gefunden, 673 berechnet. — *Na-Salz.* — *N-Methylglucamin-Salz.* — *Röntgenkontrastmittel.* (**A. P. 3 036 063** vom 2/7. 1958, ausg. 22/5. 1962.)

O. Müller-Meiningen. 4825

1633 Charles George Shaw, Omemee, Ontario, Canada, **Fungicides Mittel zur äußeren Anwendung,** enthaltend in alkohol. Lsg., einer Lsg. von Polyäthylenglykol (4000—6000) u. Na-Laurylsulfat in W. oder in einer Salbengrundlage auf Basis Lanolin als Wirkstoff ein tri-, tetra- u./oder pentahalogeniertes Phenol in einer Menge von 0,01—1% sowie 0,1—2,5% Phthalsäure. (**E. P. 895 421** vom 22/8. 1958, ausg. 2/5. 1962. A. Prior. 27/8. 1957.) W. Heyer. 4833

1634 **National Research Development Corp.,** London, England, *Herstellung von Derivaten von Polyhydroxyalkoholen.* (**Oe. P. 217 994** vom 24/4. 1959, ausg. 10/11. 1961. E. Prior. 24/4. u. 24/10. 1958. — C. **1963,** 10189 [D. A. S. 1 128 852].)

1635 **Farbenfabriken Bayer Akt.-Ges.** (Erfinder: **Walter Gauss, Siegfried Petersen** und **Gerhard Domagk**), Deutschland, *Herstellung von Chinonderivaten.* (**F. P. 1 247 911** vom 14/11. 1956, ausg. 1/3. 1961. D. Prior. 19/11. 1955. — C. **1960,** 9984 [Oe. P. 196 389].)

1636 **Ciba Soc. An.,** Schweiz, *Herstellung von 2.5-Bis-*[*äthylenimino*]*-3.6-dihydroxy-p-benzochinonen.* (**F. P. 1 242 825** vom 25/11. 1957, ausg. 9/1. 1961. Schwz. Prior. 21/12. 1956. — C. **1962,** 3549 [Schwz. P. 349 601].)

1637 **Italseber S. p. A.,** Mailand, Italien, *Herstellung von Diisopropylaminsalzen aliphatischer Chlorcarbonsäuren.* (**Oe. P. 217 997** vom 3/8. 1959, ausg. 10/11. 1961. Schwz. Prior. 4/8. 1958. It. Prior. 24/12. 1958. — C. **1963,** 6327 [E. P. 862 248].)

1638 **Norwich Pharmacal Co.,** Norwich, N.Y., V.St.A., *Herstellung von o-Aminophenylacetamiden.* (**Oe. P. 218 512** vom 23/9. 1959, ausg. 11/12. 1961. A. Prior. 23/9. 1958. — C. **1963,** 613 [E. P. 873 301].)

1639 **Aktiebolaget Bofors** (Erfinder: **Bo Thuresson af Ekenstam, Bror Gösta Pettersson** und **Fritz Henn**), Schweden, *Herstellung von Alkylsulfamidobenzoesäureestern.* (**F. P. 1 247 915** vom 14/1. 1957, ausg. 1/3. 1961. Schwed. Prior. 18/1. 1956. — C. **1960,** 3312 [Oe. P. 197 364].)

1640 **Ciba Soc. An.,** Schweiz, *Herstellung von Sulfonamiden.* (**F. P. 1 246 715** vom 22/7. 1957, ausg. 10/2. 1961. Schwz. Prior. 27/7. u. 22/11. 1956 u. 29/5. 1957. — C. **1963,** 6132 [E. PP. 866 785 u. 866 786].)

1641 **Nepera Chemical Co., Inc.** (Erfinder: **Theodore I. Fand**), V.St.A., *Herstellung von quartären Ammoniumsalzen.* (**F. P. 1 242 802** vom 12/3. 1953, ausg. 9/1. 1961. A. Prior. 14/3. 1952. — C. **1958,** 10450 [D. A. S. 1 005 068].)

1642 **N. V. Nederlandsche Cocainefabriek,** Niederlande, *Herstellung von Aniliden.* (**F. P. 1 248 404** vom 3/5. 1956, ausg. 9/3. 1961. Niederl. Prior. 4/5. 1955 u. 12/1. 1956. — C. **1960,** 3960 [E. P. 792 791].)

1643 **Charles E. Frosst & Co.,** Montreal, Canada, *Herstellung von N-Dichloracetylserin.* (**Oe. P. 217 999** vom 15/9. 1960, ausg. 10/11. 1961. A. Prior. 12/10. 1959. — C. **1963,** 10189 [D. A. S. 1 125 440].)

1644 **Asta-Werke Akt.-Ges., Chemische Fabrik,** Deutschland, *Herstellung von N-substituierten cyclischen Estern der Aminophosphorsäure.* (**F. P. 1 246 708** vom 4/2. 1957, ausg. 10/2. 1961. D. Prior. 10/2. 1956. — C. **1961,** 17303 [D. P. [DDR] 15 790].)

1645 **Ciba Soc. An.,** Schweiz, *11-Oxodibenzo-*[*b:f*]*-1-thia-4-azacycloheptadiene-*(*2.6*). (**F. P. 1 246 165** vom 13/3. 1958, ausg. 3/2. 1961. Schwz. Prior. 14/3. 1957. — C. **1960,** 4286 [D. A. S. 1 062 246].)

1646 **N. V. Nederlandsche Combinatie voor Chemische Industrie,** Niederlande, und **Laboratoria Pharmaceutica Dr. C. Janssen N. V.,** Belgien, *Herstellung von 1.1-Diphenyl-3-*[*diisopropylamino*]*-propan und seinen Salzen.* (**F. P. 1 247 910** vom 8/11. 1956, ausg. 1/3. 1961. Niederl. Prior. 15/11. 1955. — C. **1959,** 11663 [Niederl. P. 87 517].)

1647 **N. V. Nederlandsche Combinatie voor Chemische Industrie,** Niederlande, und **Laboratoria Pharmaceutica Dr. C. Janssen N. V.,** Belgien, *Herstellung von substituierten α.α-Diphenyl-γ-aminobuttersäureamiden.* (**F. P. 1 247 912** vom 26/11. 1956, ausg. 1/3. 1961. Niederl. Prior. 9/2. 1956. — C. **1960,** 12773 [Oe. P. 198 258].)

1648 **F. Hoffmann-La Roche & Cie. Soc. An.,** Schweiz, *Herstellung von Tetrahydrofurfurylammoniumderivaten.* (**F. P. 1 241 125** vom 20/2. 1958, ausg. 20/12. 1960. Schwz. Prior. 5/3. 1957. — C. **1961,** 1294 [Oe. P. 203 490].)

1649 **A. H. Robins Co., Inc.** (Erfinder: **Carl Dalton Lunsford**), V.St.A., *Herstellung von Estern des N-Cycloalkylpyrrolidinols-*(*3*). (**F. P. 1 241 130** vom 16/4. 1958, ausg. 20/12. 1960. A. Prior. 16/4. 1957. — C. **1962,** 13494 [A. P. 2 882 276].)

1650 **Mead Johnson & Co.** (Erfinder: **Yao Hua Wu, Rolland Frederick Feldkamp** und **Walter Gust Lobeck jun.**), V.St.A., *Herstellung von 1-Acyl- und 1-Carbalkoxypyrrolidinolen-*(*3*). (**F. P. 1 248 129** vom 18/11. 1959, ausg. 1/3. 1961. A. Prior. 12/2. 1959. — C. **1962,** 16773 [D. A. S. 1 125 429].)

1651 **Ciba Soc. An.,** Schweiz (Erfinder: **Renat Herbert Mizzoni**), *Herstellung von Thioparabansäuren.* (**F. P. 1 247 332** vom 13/2. 1959, ausg. 21/2. 1961. A. Prior. 13/2. u. 28/11. 1958. — C. **1961,** 2370 [D. A. S. 1 088 501].)

1652 **Ciba Soc. An.,** Schweiz (Erfinder: **Nathan Grossowicz** und **Shabbetai Ratner**), *Herstellung von Formosulfathiazolmetallsalzen.* (**F. P. 1 242 824** vom 21/11. 1957, ausg. 9/1. 1961. Israel. Prior. 6/12. 1956. — C. **1960,** 13120 [D. A. S. 1 075 618].)

1653 **Aktiebolaget Bofors** (Erfinder: **Bo Thuresson af Ekenstam** und **Bror Gösta Pettersson**), Schweden, *Herstellung von N-Alkylpyrrolidin- und -piperidin-α-carbonsäureamiden.* (**F. P. 1 247 917** vom 14/1. 1957, ausg. 1/3. 1961. Schwed. Prior. 23/1. 1956. — C. **1960,** 6591 [Oe. P. 196 410].)

1654 **Aktiebolaget Bofors** (Erfinder: **Bo Thuresson af Ekenstam** und **Bror Gösta Pettersson**), Schweden, *Herstellung von N-Alkylpiperidin- und -pyrrolidin-α-carbonsäureamiden.* (**F. P. 1 247 918** vom 14/1. 1957, ausg. 1/3. 1961. Schwed. Prior. 23/1. 1956. — C. **1960,** 6590 [Oe. P. 196 409].)

1655 **Ciba Soc. An.,** Schweiz, *Halogenalkylpiperidine.* (**F. P. 1 246 168** vom 20/3. 1958, ausg. 3/2. 1961. Schwz. Prior. 22/3. 1957. — C. **1962,** 6510 [Oe. P. 204 037].)

1656 **Ciba Soc. An.,** Schweiz, *Hydroxyalkylpiperidine.* (**F. P. 1 246 167** vom 20/3. 1958, ausg. 3/2. 1961. Schwz. Prior. 22/3. 1957. — C. **1963,** 221 [Schwz. P. 357 723].)

1657 **Ciba Soc. An.,** Schweiz, *Acylpiperidine.* (**F. P. 1 246 166** vom 19/3. 1958, ausg. 3/2. 1961. Schwz. Prior. 19/3. 1957. — C. **1962,** 5393 [A. P. 2 957 881].)

1658 **Aktiebolaget Bofors** (Erfinder: **Bo Thuresson af Ekenstam, Börje Per Harald Egnér** und **Bror Gösta Petersson**), Schweden, *Herstellung von N-Alkyltetrahydrochinaldinsäureamiden.* (**F. P. 1 247 916** vom 14/1. 1957, ausg. 1/3. 1961. Schwed. Prior. 18/1. 1956. — C. **1959,** 11006 [Oe. PP. 195 929 u. 195 930].)

1659 **Ciba Soc. An.,** Schweiz, *Herstellung von quaternären Heterocyclen.* (**F. P. 1 246 729** vom 7/1. 1958, ausg. 10/2. 1961. Schwz. Prior. 10/1. u. 3/6. 1957. — C. **1961,** 11432 [D. A. S. 1 056 614].)

1660 **Wellcome Foundation Ltd.,** England, *Herstellung von 2.4-Diamino-5-benzylpyrimidinderivaten.* (**F. P. 1 242 834** vom 21/2. 1958, ausg. 9/1. 1961. E. Prior. 21/2. 1957. — C. **1961,** 12932 [D. A. S. 1 103 931].)

1661 **Nordmark-Werke G. m. b. H.,** Deutschland, *Herstellung von Piperazinderivaten.* (**F. P. 1 247 927** vom 23/7. 1957, ausg. 1/3. 1961. D. Prior. 26/7. 1956. — C. **1960,** 6926 [D. A. S. 1 041 501].)

1662 **Abbott Laboratories,** V. St. A. (Erfinder: **George Hall Donnison**), *Herstellung von Barbitursäuren.* (**F. P. 1 241 108** vom 15/6. 1956, ausg. 20/12. 1960. E. Prior. 15/6. 1955. — C. **1960,** 5579 [D. A. S. 1 038 048].)

1663 **Norwich Pharmacal Co.,** Norwich, N.Y., V.St.A., *Herstellung von 6-*[*5'-Nitrofuryl-*(*2'*)]*-azauracil.* (**Oe. P. 217 463** vom 9/1. 1961, ausg. 10/10. 1961. A. Prior. 23/2. 1960. — C. **1963,** 11752 [D. A. S. 1 137 739].)

1664 **Dr. Karl Thomae G. m. b. H.,** Biberach/Riss, *Herstellung von 2.4-Dioxodihydro-5.6-benzo-1.3-thiazinen.* (**Oe. P. 211 318** vom 10/10. 1958, ausg. 10/10. 1960. D. Prior. 23/6. u. 11/8. 1958. — C. **1961,** 15843 [D. A. S. 1 096 361] u. C. **1962, 4644** [D. A. SS. 1 100 636 u. 1 105 874].)

1665 **Miroslav Semonský** und **Antonin Cerný,** Tschechoslowakei, *Herstellung von l-Isolyserg- und l-Lysergsäure aus ihren substituierten Amiden.* (**F. P. 1 248 611** vom 22/5. 1957, ausg. 9/3. 1961. Tschech. Prior. 22/5. 1956. — C. **1961,** 8397 [D. A. S. 1 092 923].)

1666 **Laboratoires Français de Chimiothérapie,** Frankreich (Erfinder: **Léon Velluz** und **Georges Muller**), *Herstellung eines Reserpinderivates.* (**F. P. 1 247 322** vom 20/2. 1958, ausg. 21/2. 1961. — C. **1963,** 5566 [D. A. S. 1 122 956].)

1667 **Ciba Soc. An.,** Schweiz (Erfinder: **Charles Ferdinand Huebner** und **Daniel Frederick Dickel**), *Herstellung von Δ^{16}-16-Carbalkoxy-3-epialloyohimbenen.* (**F. P. 1 246 723** vom 8/11. 1957, ausg. 10/2. 1961. A. Prior. 13/11. 1956. — C. **1962,** 9445 [Aust. P. 222 545] u. C. **1962,** 12769 [Aust. P. 222 546].)

1668 **Organon Laboratories Ltd.,** London, England, *6-Methylnorsteroide.* (**Ind. P. 68 904** vom 29/8. 1959, ausg. 21/12. 1961. — C. **1961,** 9133 [Niederl. P. 94 386].)

1669 **Schering Akt.-Ges.** (Erfinder: **Otto Engelfried** und **Martin Schenck**), *Alkyläther tertiärer Steroidalkohole.* (**Aust. P. 237 404** vom 10/3. 1959, ausg. 1/3. 1962. D. Prior. 11/3. 1958. — C. **1960,** 5582 [D. A. S. 1 062 698].)

1670 **Merck & Co., Inc.,** V.St.A. (Erfinder: **Robert Rudolf Deckwitz**), *Stabilisieren öllöslicher Vitaminlösungen.* (**F. P. 1 289 401** vom 7/3. 1953, ausg. 20/8. 1962. A. Prior. 8/3. 1952. — C. **1957,** 209 [E. P. 744 376].)

1671 **Takeda Pharmaceutical Industries Ltd.,** Japan, *Herstellung von Vitamin-A-Aldehydderivaten.* (**F. P. 1 247 320** vom 19/7. 1957, ausg. 21/2. 1961. Jap. Prior. 20/7. 1956. — C. **1960,** 12778 [D. A. S. 1 062 242].)

1672 **Armour & Co.,** V.St.A. (Erfinder: **Robert Edward Thompson**), *Herstellung einer wasserunlöslichen Vitamin-B_{12}-Komplexverbindung.* (**F. P. 1 290 113** vom 26/8. 1958, ausg. 30/8. 1962. A. Prior. 27/8. 1957. — C. **1961,** 2718 [D. A. S. 1 086 012].)

1673 **F. Hoffmann-La Roche & Cie. Soc. An.,** Schweiz, übert. von: **Aschaffenburger Zellstoffwerke Akt.-Ges.,** Deutschland, *Herstellung von 5.6-Dimethylbenzimidazolcobalamin.* (**F. P. 1 247 333** vom 23/2. 1959, ausg. 21/2. 1961. D. Prior. 28/2. 1958. — C. **1962,** 16064 [D. P. [DDR] 21 462].)

1674 **Ormonoterapia Richter S.p.A.**, Mailand, Italien, *17α-Hydroxyprogesteron und dessen Ester*. (**Ind. P. 67 434** vom 21/4. 1959, ausg. 11/12. 1961. — C. **1961,** 9901 [A. P. 2 924 597].)

1675 **Knud Abildgaard**, Ballerup, Dänemark, *Chloralhalbacetalderivate des Testosterons*. (**Ind. PP. 69 729** vom 17/11. 1959, ausg. 18/12. 1961. E. Prior. 19/11. 1958 u. **69 730** vom 17/11. 1959, ausg. 9/12. 1961. — C. **1962,** 10198 [D. A. S. 1 114 488].)

1676 **Ciba Akt.-Ges.**, Basel, Schweiz, *Herstellung von Wuchsstoffen*. (**Oe. P. 224 808** vom 23/9. 1960, ausg. 10/12. 1962. Schwz. Prior. 25/9. 1959 u. 18/3. 1960. — C. **1963,** 8655 [D. A. S. 1 123 436].)

1677 **Chinoin Gyógyszer és Vegyészeti Termékek Gyára R.T.**, Budapest (Erfinder: **Oszkár Fuchs**, Dunakeszi, und **Andor Hajós**, Budapest), Ungarn, *Herstellung von 1-[p-Nitrophenyl]-2-dihalogenacetamido-1.3-dihydroxypropanen*. (**Oe. P. 212 818** vom 14/9. 1959, ausg. 10/1. 1961. Ung. Prior. 23/1. 1959. Zusatz zu Oe. P. 194 843; C. 1959, 17317. — C. **1963,** 10964 [D. A. S. 1 137 446].)

1678 **Chinoin Gyógyszer és Vegyészeti Termékek Gyára R. T.**, Budapest, Ungarn, *Zerlegen von racemischem threo-1-[p-Nitrophenyl]-2-aminopropan-1.3-diol*. (**Ind. P. 67 193** vom 28/3. 1959, ausg. 21/12. 1961. — C. **1960,** 7942 [D. A. S. 1 061 329].)

1679 **Knud Abildgaard**, Dänemark, *Herstellung von Phenoxymethylpenicillinsalzen*. (**F. P. 1 248 406** vom 6/10. 1956, ausg. 9/3. 1961. E. Prior. 19/10., 30/11. u. 30/12. 1955. — C. **1961,** 5946 [A. P. 2 974 136].)

1680 **Chas. Pfizer & Co., Inc.**, Brooklyn (Erfinder: **Walter Daniel Celmer**, Gardenlity), N. Y., V.St.A., *Herstellung von Estern des Oleandermycins*. (**D. A. S. 1154488** Kl. 12 q, vom 6/6. 1958, ausg. 19/9. 1963. A. Prior. 7/6. 1957 u. 7/3. 1958. — **C. 1962,** 2095 [D. P. [D.D.R.] 20429].)

1681 **Abbott Laboratories**, North Chicago, Ill., V.St.A., *Herstellung von Estern des Erythromycins*. (**Oe. P. 220 288** vom 29/10. 1957, ausg. 12/3. 1962. A. Prior. 29/10. 1956. — C. **1961,** 16207 [E. P. 830 846].)

1682 **Lepetit S.p.A.**, Italien, *Herstellung von Desdimethylaminotetracyclinen*. (**F. P. 1 241 105** vom 24/1. 1956, ausg. 20/12. 1960. It. Prior. 26/1. 1955. — C. **1960,** 3319 [E. P. 787 882].)

1683 **Distillers Co. Ltd.** (Erfinder: **Philip Dalton Coppock** und **John Francis Short**), England, *Behandlung von Streptomycinlösungen*. (**F. P. 1 242 801** vom 25/9. 1947, ausg. 9/1. 1961. E. Prior. 25/9. 1946. — C. **1952,** I, 1704 [Schwz. P. 272 421].)

1684 **Glaxo Laboratories Ltd.**, Greenford, England, *Herstellung von Griseofulvin*. (**Ind. P. 70 825** vom 19/2. 1960. E. Prior. 2/3. 1959. — C. **1962,** 13873 [D. A. S. 1 109 834].)

1685 **American Cyanamid Co.**, New York, N.Y., V.St.A., *Herstellung von N-substituierten Trihalogenacetylpiperazinen*. (**Ind. P. 67 217** vom 31/3. 1959, ausg. 15/11. 1961. Can. Prior. 17/2. 1959. — C. **1962,** 18939 [Oe. P. 211 835].)

1686 **Farbenfabriken Bayer Akt.-Ges.**, Deutschland (Erfinder: **Rudolf Hiltmann**, **Fritz Mietzsch** und **Kurt Kaemmerer**), *Herstellung von basischen Alkyläthern von o-Kresotinsäureestern*. (**F. P. 1 241 124** vom 19/2. 1958, ausg. 20/12. 1960. D. Prior. 21/2. 1957. — C. **1960,** 14120 [Oe. P. 203 001].)

1687 **Farbwerke Hoechst Akt.-Ges. vormals Meister Lucius & Brüning**, Deutschland, *Sulfonylurethane*. (**F. P. 1 239 917** vom 9/7. 1958, ausg. 14/12. 1960. D. Prior. 9/7. 1957 u. 26/6. 1958. — C. **1959,** 14825 [D. A. S. 1 048 907] u. C. **1963,** 2555 [Oe. P. 208 875].)

1688 **Fujisawa Pharmaceutical Co. Ltd.** (Erfinder: **Kanjiro Kobayashi** und **Hideo Suzuki**), *Alkyl-Quecksilber-ω-mercapto-Fettsäuren*. (**Aust. P. 238 012** vom 21/1. 1959, ausg. 12/4. 1962. Jap. Prior. 7/2. 1958. — C. **1962,** 10573 [D. A. S. 1 108 688].)

1689 **Farbenfabriken Bayer Akt.-Ges.**, Deutschland (Erfinder: **Eberhard Brüning**, **Gerhard Domagk** und **Fritz Mietzsch**), *N-[Anthrachinonyl-(1')]-2-aminoimidazolin*. (**F. P. 1 242 814** vom 16/8. 1957, ausg. 9/1. 1961. D. Prior. 16/8., 4/9. u. 7/11. 1956. — C. **1958,** 12825 [D. A. S. 1 029 828], C. **1959,** 2233 [D. A. S. 1 033 858] u. C. **1960,** 17283 [D. A. S. 1 082 916].)

1690 **F. Hoffmann-La Roche & Co. Akt.-Ges.**, Basel, Schweiz, *N_1-Glykoside des 5-Fluorcytosins*. (**Ind. P. 67 071** vom 17/3. 1959, ausg. 6/12. 1961. — C. **1963,** 8659 [D. A. S. 1 101 427].)

G. Analyse, Laboratorium

1691 **Ein fahrbares spektroskopisches Laboratorium zur Erkundung und Prospektierung.** E. C. Pattee und R. D. Weldin. (U.S. Dep. Interior., Bur. Mines, Rep. Invest. **1963,** Nr. 6208, 1—22; Spokane, Wash., Bur. of Mines, Doff. of Miner. Resources; engl.) W. Wesly. 5010◇

1692 **Grundzüge eines Gerätes.** J. F. Marten. (Lab. Pract. **12,** 134—38, 1963; Chertsey, Surrey, Technicon Instruments Co. Ltd.; engl.) — Beschreibung eines selbsttätigen Analysengerätes, das abmißt, mischt, erhitzt u. filtriert sowie der automat. Aminosäurespektrographie, Säure-Zers. u. Flammenphotometrie. W. Wesly. 5010◇

1693 **Gerät zur Arbeit mit hygroskopischen und an der Luft unbeständigen Stoffen.** W. A. Oglodkow und Ss. L. Sseliwanowa. (Betriebs-Lab. [UdSSR] **29,** 510, 1963; Akad. der Wiss. der UkrainSSR, Inst. für allg. u. anorg. Chem.; russ.) — Beschreibung einer mit Inertgas durchspülten Retorte. Ch. Weiske. 5010◇

1694 **Ein verbessertes Vibrations-Capillargerät zur Erzeugung gleichförmiger Wassertropfen von 15—500 μm Radius.** B. J. Mason, O. W. Jayaratne und J. D. Woods. (J. sci. Instruments **40,** 247—49, 1963; London, Imp. Coll., Phys. Dep.; engl.) — Ein Vibrationscapillargerät bestehend aus einer bei ihrer Resonanzfrequenz vibrierenden Nadel (unter Verw. eines elektromagnet. angetriebenen Diaphragmas) dient zur Erzeugung von Wassertropfen mit Radien bis 15 μm. W. Wesly. 5010◇

1695 **Oberflächenspannungs-Meßgeräte zur Messung von niedrigen kurzzeitigen Drücken.** J. C. Muirhead und W. M. McMurtry. (Rev. sci. Instruments **33,** 1473—74, 1962; Ralston, Alberta, Canada, Suffield Exp. Stat., Phys. and Meteor. Sect.; engl.) — Ein Gefäß mit Düsen unter der Fl.-Oberfläche kann zur Messung von kurzzeitigen (bis 3 ms) Drücken von 0,015—0,15 lbs/sq.in. verwandt werden. Die durch die Oberflächenspannung gehaltene Fl. (z. B. W.) wird durch den Druckstoß durch die Düse getrieben u. dann nachgewiesen. G. Krien. 5016◇

1696 **Ein Omegatron zur quantitativen Messung von Partialdrücken unterhalb 10^{-6} Torr.** R. W. Lawson. (J. sci. Instruments **39,** 281—86, 1962; London, Dollis Hill, Post Office Res. Stat.; engl.) — Konstruktionsbeschreibung. Bis zum Molgew. 30 werden Massenunterschiede von 1 aufgelöst. Eine Beeinträchtigung der Funktion bringen Ndd. auf den Elektroden, wie Pumpenöl, die durch Aufladung das Elektrodenpotential ändern. Der kleinste meßbare Partialdruck beträgt $5 \cdot 10^{-12}$ Torr. Helmut Seifert. 5016◇.

1697 **Die Festlegung einer praktischen Temperaturskala für den Bereich von 10—90° K.** C. R. Barber. (Brit. J. appl. Physics **13,** 235—41, 1962; Teddington, Middlesex, Nat. Phys. Labor., Dep. of Sci. and Ind. Res.; engl.) — Vf. beschreibt eine Meth. zur Feststellung einer Temp.Skala im Bereich von 10—90° K, die genau in Termen der thermodynam. Skala festgelegt ist. In einem He-Gasthermometer ist der Gasthermometerkolben vom Quecksilbermanometer durch ein Metalldiaphragma getrennt. Dies erlaubt, den toten Raum mit großer Genauigkeit zu bestimmen. Der Kp. von O_2 mit einem Wert von 90, 18° K wurde als Bezugs-Temp. benutzt, unter Verw. von $T_0 = 273$, 15° K wird dafür der abs. Wert 90, 177 ± 0,006° K erhalten. Ein Vgl. mit drei anderen Temp.-Skalen in USA, der UdSSR u. der allg. üblichen Anordnung einer thermodynam. Skala (auf der Basis des Tripelpunktes des W. = 273·16° K) ergab Übereinstimmung innerhalb von 0,02° C, wenn alle diese Vgl.-Skalen auf denselben Wert des Kp. von O_2 bezogen wurden. P. Nachtwey. 5016□

1698 **Anwendung einer großen Verbindungsstelle eines Thermoelementes zur Ortung von Temperaturstörungen.** Philip L. Jackson. (Rev. sci. Instruments **33,** 334—37, 1962; Ann Arbor, Mich., Univ. of Michigan, Inst. of Sci. and Technol., Acoustics and Seismics Labor.; engl.) — Temp.-Störungen an großen Verbindungsstellen in einem Thermoelement verursachen Spannungen, die mit der Entfernung von der Störstelle abfallen. Durch Abtasten des Spannungsabfalls lassen sich Ort u. Ausmaß der Temp.-Störungsstellen bestimmen. K. Jaeger. 5016◇

1699 **Bildwandler für Wärmestrahlen.** M. Garbuny, T. P. Vogl und J. R. Hansen. (J. opt. Soc. America **51,** 261—73, 1961; Pittsburgh, Pa., Westinghouse Res. Labor.; engl.) — Theorie, Aufbau u. prakt. Anwendungen des „phothermion." Bildwandlers werden beschrieben, der Bilder auf Grund von Unterschieden ihrer Wärmestrahlung durch Projektion des „Temp.-Bildes" auf einen mehrschichtigen, ca. 0,05 μ dicken Film mit therm. empfindlicher Photofläche u. Bildwandlung mittels eines die Temp.-Verteilung abtastenden Lichtstrahls sowie eines synchron vom therm. modulierten Photostrom gespeisten Monitors reproduziert. Das entwickelte Gerät mißt Temp.-Differenzen zwischen 10 u. 50° u. hat eine Fernsehbandbreite. D. Jörchel. 5016◇

1700 **Ein Schwarzer Strahler für hohe Temperaturen.** Henry P. Beerman. (Amer. ceram. Soc. Bull. **40,** 308—09, 1961; Chigaco, Ill., Radiation Electronics Co., Div. of Comptometer Corp.; engl.) — Eine isotherm. Strahlungsquelle aus einem Al_2O_3-Rohr mit Widerstandsheizung für Temp. bis 1650° wird beschrieben. Dieses Gerät kann zum Eichen von Pyrometern benutzt werden. Durch die Wahl einer kon. Aushöhlung des Rohres wird eine effektive Gesamtemission von besser als 0,99 erhalten. Mit einigen kleinen Veränderungen kann das Instrument für Temp. bis ca. 1850° benutzt werden. J. Heinze. 5016◇

1701 **Detektor für schwarze Strahlung.** W. L. Eisenman, R. L. Bates und J. D. Merriam. (J. opt. Soc. America **53,** 729—34, 1963; Corona, Calif., U.S. Ordnance Labor., IR-Div.; engl.) — Ein Calorimeter in Form eines Kegels mit einem Öffnungswinkel von 15° wurde konstruiert u. als Detektor für „schwarze" Strahlung verwendet. Die innere Oberfläche des Kegels wurde zur Erhöhung des Absorptionsvermögens mit koll. Graphit bedeckt. Aus Messungen des spektralen Emissionsvermögens u. des Reflexionsvermögens des Schwärzungsmaterials wurde das effektive Absorptionsvermögen des Detektors bestimmt. Der Detektor wurde in Verbindung mit einem Wechselstromverstärker bei einer Frequenz von 1 Hz betrieben. Die spektrale Anzeige von drei handelsüblichen Thermoelementen wird mit der des Detektors verglichen. Gerhard Schulze. 5016◇

1702 **Entgasen von Materialien unter Vakuum bei Raumtemperatur.** R. Barré, R. Geller und G. Mongodin. (Le Vide **12,** 195—201, 1957; Saclay, Centre d'Études Nucl.; franz./engl.) — Es werden Entgasungskurven von verschiedenen gummielast. Dichtungsmitteln, Metallen u. Aralditen die in Vakuumanlagen verwendet werden, aufgenommen. der Entgasungsvorgang wird als Mol.-Fluß nach Knudsen betrachtet. Unter der vereinfachenden Annahme, daß die Materialien nur Luft abgeben, u. daß die meisten Metalle sich ähnlich wie Stahl verhalten, läßt sich das Entgasungs-Verh. einer normalen Vakuumanlage berechnen. K. Roß. 5026◇

1703 **Billiges Ganzmetall-Vakuumventil.** Frederick D. Sinclair. (Rev. sci. Instruments **34,** 437—38, 1963; Dallas, Tex., Texas Instruments, Inc.; engl.) — Es wird eine Anleitung zum Umbau billiger Messingventile in In-Ventile gegeben. Verss. zeigen, daß derartige umgebaute Ventile gleich gute Eigg. wie fertig käufliche, aber teure In-Ventile aufweisen. K. Scheffler. 5026◇

1704 **Lösungsmittelfeste Dichtung für Rotationsverdampfer.** R. J. Philippe und C. J. Walker. (Chemist-Analyst **50,** 52, 1961; Durham, N.C., Liggett & Myers Tobacco Co., Res. Dep.; engl.) — Als billige, vakuumdichte, schmiermittelfreie Dichtung zwischen rotierendem Kolben u. Vakuumanschluß wird eine handelsübliche Dichtung der Air Union, Glenville, Ill., empfohlen. F. Huber. 5026◇

1705 **Weite Rotations-Vakuumdichtung.** D. E. Armstrong und Normand Blais. (Rev. sci. Instruments **34,** 440—541, 1963; Los Alamos, N.Mex., Univ. of California, Los Alamos Sci. Labor.; engl.) — Vff. beschreiben eine neue Dichtung mit dem Handelsnamen „Tec-Ring", die im wesentlichen aus einem Teflon O-Ring mit Gummieinsatz besteht. Der Vorteil dieser Dichtung gegenüber bisher bekannten besteht darin, daß große Deckel u. ä. bis zu 2 ft. Ø an hochevakuierten Räumen mit geringer Kraft u. ohne zusätzliche Schmiermittel in rotierende Bewegung versetzt werden können. K. Scheffler. 5026◇

1706 **Rotameter für aggressive Flüssigkeiten.** A. M. Resnik, Ss. Ss. Korowin und I. A. Aprakssin. (Hochschulnachr. [Iwanow], Chem. u. chem. Technol. **5,** 176, 1962; Moskau, Lomonossow-Inst. für Feinchemie-Technol.; russ.) — Beschreibung eines Rotameters für HCl, $HCl-HNO_3$, organ. Lsgm. usw. aus Fluorplast-4. Ch. Weiske. 5036◇

1707 **Ein Schliffapparat zur Abtrennung von flüchtigen Stoffen mittels Wasserdampfdestillation.** E. Bohm. (Dtsch. Lebensmittel-Rdsch. **59,** 132—33, 1963; Gießen, Staatl. Chem. Unters.-Amt; dt.) — Der beschriebene App. hat den Vorzug, daß Dampfentwickler u. Dest.-Gefäß raumsparend in einem Gerät zusammengefaßt sind. Selbst bei kräftiger Dest. wird die Probe nur wenig verdünnt. Es sind auch Dest. mit Dämpfen anderer Lsgm. möglich. K. Scheffler. 5038◇

1708 **Eine neue fraktionierende Molekulardestillationsapparatur.** Huo-Ping Pan. (Chem. and Ind. **1963,** 1029; Gainesville, Fla., Univ. of Florida, Dep. of Food Techn. and Nutr.; engl.) — App.-Beschreibung. H. Schroth. 5038◇

1709 **„Applejack"-Methode: Neue Anwendung eines alten Weges zur Lösungskonzentration.** Helen M. Habermann. (Science [Washington] **140,** 292, 1963; Towson, Baltimore, Md., Goucher Coll., Dep. of Biol. Sci.; engl.) — Einfrieren u. langsames Auftauen ist ein einfaches u. billiges Mittel zur Herst. konz. Lsgg. aus großen Vol. von wasserlösl. Verbindungen. Die Meth. ist bes. geeignet für gefärbte Verbb.; sie kann leicht für farblose Lsgg., für die quant. Best.-Meth. verfügbar sind, abgeändert werden. Ernst Schulte. 5038◇

1710 **Ganzglasperfusionsapparatur mit einer Gaspumpe.** Ricardo Wade, Charles H. Mack und Austin Mason. (Chemist-Analyst **50,** 52, 1961; New Orleans, La., U.S. Dep. of Agric., Southern Regional Res. Labor.; engl.) — In einem senkrechten Durchlaufbehälter A beliebiger Größe kann eine stationäre, feste Phase mit einer Fl. behandelt werden, die in einer mit 2 Kugelschliffen an A angeschlossenen Gaspumpe, einem senkrechten Rohr, durch Erhitzen der Fl. oder mit N_2 umgepumpt wird. Die maximale Temp. ist durch den Kp. der Fl. gegeben. F. Huber. 5048◇

1711 **Ein einfacher Flammenschmelzapparat.** Michael Kestigian. (Nature [London] **197,** 1006—07, 1963; Princeton, N.J., Radio Corp. of Amer. Labor.; engl.) — Zur Herst. großer Einkristalle von hochschm. Oxiden wird die Konstruktion einer transportablen Schmelz-App. angegeben, die in den meisten Labor. selbst gebaut werden kann. Der App. besteht aus der Beschickungs- u. Brennereinrichtung, dem Gas-Syst. u. einem Mechanismus zur Regelung der Zieh-Geschw. des Einkristalls. Ernst Schulte. 5048◇

1712 **Legierungen für Hochtemperatur-Spannungsmesser.** K. E. Easterling. (Brit. J. appl. Physics **14,** 225, 1963; Leatherhead, Surrey, Central Electr. Res. Labor.; engl.) — Die Legg. Pd/Ag(35%)/W(3%) (A) u. Pt/Cu(5%)/W(5%) (B) werden in Form von 0,003 in. dicken, entsprechend gewundenen Drähten auf ihre Eignung als Material für Zugspannungsmesser bei Temp. bis $> 600^0$ geprüft. B weist gegenüber der gebräuchlichen Leg. Pt/8% W einen verbesserten Temp.-Koeff. des Widerstandes auf, hat aber einen schlechteren *Meßfaktor*, der scheinbare Temp.-Koeff. der Spannung beträgt $50{,}2 \cdot 10^{-6}$ in. pro in./°C) gegenüber $48{,}2 \cdot 10^{-6}$ bei Pt/W. A zeigt einen überraschend hohen Temp.-Koeff. der Spannung. W. Betcke. 5048◇

1713 **Gesteuerter Starkstrom-Rheostat, der zur Bogenplasmaerzeugung geeignet ist.** Keith E. Starner. (Rev. sci. Instruments **34,** 111—12, 1963; El Segundo, Calif., Aerodynam. and Propul. Res. Labor.; engl.) — Vf. beschreibt einen Starkstromrheostaten, der dad. gek. ist, daß wassergekühlte Bleirohrbogen durch eine Hg-Wanne gedreht werden u. so die akt. Rohrlänge verkürzt u. der Widerstand variiert werden kann. G. Krien. 5048◇

1714 **Die statistische Kontrolle in der analytischen Chemie.** Y. Lacroix und N. Bugat. (Chim. analytique [4] **39,** 180 bis 183, 1957; franz.) — Es werden am Beispiel der N-Best. in *Nitrocellulose* (**I**) (Verseifung, Red. mit Dewarda-Leg.) durch Reihen-Verss. die Fehlergrenzen bei der Einstellung von Maß-Lsgg. u. bei der Titration selbst bestimmt. Neben sehr guter Übereinstimmung der einzelnen Verss.-Ergebnisse liegen die Fehlergrenzen der Best. bei ± 0,030%. Längere Lagerung der **I** bedingt geringen N-Verlust. G. Piekarski. 5050◇

1715 **Farben der Elemente in Aufschlußschmelzen.** Laurence R. Pittwell. (Chemist-Analyst **51,** 94—96, 1962; Addis Abeba, Haileselassie-I-Univ., Coll. of Addis Abeba; engl.) — Tabellar. Zusammenstellung der möglichen Farben kalter Schmelzen anorgan. Verbb. oder der Elemente unter Berücksichtigung evtl. auftretender anormaler Mischfarbeneffekte. W. Hein. 5050◇

1716 **Ausführung von Kolben zur Untersuchung heterogener Reaktionen.** I. Štěpánek und M. Červinka. (Chem. Listy **56,** 695—97, 1962; Pardubice-Rybitví, Výzkum. ústav organ. syntéz.; tschech.) — Vff. schlagen vor, gewöhnliche kugelförmige Glaskolben mit vier nach innen gerichteten Einbuchtungen zu versehen, die eine erhöhte Turbulenz beim mechan. Rühren von Fll. u. heterogenen Gemischen gewährleisten. Die Zweckmäßigkeit dieser Anordnung wird durch Wärmeübertragungsmessungen bewiesen. M. Ryba/Prag. 5052

1717 **Über eine Methode zur Untersuchung von Systemen an massiven Proben wechselnder Zusammensetzung.** W. I. Scheljubski. (Ber. Akad. Wiss. UdSSR **145,** 1098—1101, 1962; Forsch.-Inst. für elektrotechn. Glas u. technol. Ausrüstung; russ.) — Die Komponenten eines Pulvergemisches werden in wechselnder Zus. dosiert u. der Zonenschmelze unterworfen, anschließend werden in einem Ofen die therm. Spannungen beseitigt. In Diagrammen wird die Änderung von tg δ, DK, Brechungsindex n, Mikrohärte H u. chem.

Zus. beim Ersatz von Na_2O durch K_2O in einem Glas mit 20 (%) Na_2O, 10 CaO u. 70 SiO_2 u. der opt. Dichte bei Einführung von 0,01—0,1 % CoO in dieses Glas dargestellt. Bei tg δ wird ein Minimum für ein Glas mit 12 Na_2O + 8 K_2O gefunden, auch die Kurven für DK u. n zeigen bei dieser Zus. Knickpunkte, die übrigen Kurven verlaufen linear. Die Anwendungsmöglichkeiten der Meth. werden besprochen.
R. K. Müller. 5052◇

1718 **Auf der Messung der Neutralisationswärme basierendes Analysengerät.** Zeno Kapišinský. (Chem. Průmysl **12** (**37**), 195—97, 1962; Bratislava, Slovnaft, n. p.; tschech.) — Beschreibung eines universalen Analysengerätes für die Best. von HCl, HF, HBr, HNO_3, $HClO_3$, H_2SO_4, NaOH, KOH u. Ammoniak. J. Schneider. 5052□

1719 **Dekameter als modernes Hilfsmittel für Forschung, Laboratorium und Betrieb.** Anonym. (Chem. Rdsch. [Solothurn] **16**, 329, 1963; dt.) — Theorie u. Anwendung der DK-Messung, DK-Meßgeräte sowie komplexe DK-Messungen im Dispersions- bzw. Absorptionsgebiet u. Dipol-Best. werden beschrieben. Gerhard Schulze. 5052◇

1720 **Ein neuer Kompensationsschreiber mit eingebautem Umschalter zur Messung von Strom-, Spannungs- und Widerstandswerten.** K. Misteli. (Chem. Rdsch. [Solothurn] **16**, 327, 1963; Zürich, Bachofen & Co.; dt.) — Der Universalkompensationsschreiber mißt u. registriert Strom-, Spannungs- u. Widerstandswerte ohne externe Zusätze. Der 18stufige Schalter umfaßt 6 Spannungsmeßbereiche von 10 mV bis 500 V Gleichspannung, 5 Strommeßbereiche von 10 μA bis 100 mA Gleichstrom sowie 6 Widerstandsmeßbereiche von 1 bis 100 kΩ. Die zur Widerstandsmessung notwendige Stromversorgung liefert ein eingebauter Zenerdiodengleichrichter. Mit Hilfe des „Zero-Set"-Potentiometers kann der Nullpunkt an jede beliebige Stelle der Skala gelegt werden. Infolge der hohen Eingangsimpedanz von > 10 MΩ kann das Gerät auch als Röhrenvoltmeter verwendet werden. Das Instrument besitzt bei Vollausschlag eine Ansprechempfindlichkeit von ca. 0,75 Sek. u. eine Genauigkeit von ± 05,%. Der Schreiber weist 5 Papiervorschub-Geschw. von 2,5—1000 in./Std. auf.
J. Peters. 5052◇

1721 **Kleinste distanzkonstante Punktkontakte zur exakten Widerstandsmessung von Halbleitern.** C. L. Paulnack und N. J. Chaplin. (Rev. sci. Instruments **33**, 873—75, 1962; Allentown, Pa., Bell Telephone Labor., Inc.; engl.) — Mitgeteilt wird die Konstruktion eines App. zur präzisen Widerstandsmessung von Halbleitern (deren Probenflächen nicht planparallel zu sein brauchen) auf der Grundlage von vier Punktkontakten. Exakte Abstandskonstanz u. geringer Verschleiß der Punktkontakte ermöglicht verläßliche Serienuntersuchungen. K. Jaeger. 5052◇

1722 **Messung des Seebeck-Koeffizienten mit kleinen Temperaturdifferenzen.** L. R. Testardi und G. K. McConnell. (Rev. sci. Instruments **32**, 1067—68, 1961; Philadelphia, Pa., Franklin Inst. Labor.; engl.) — Vff. geben eine Brückenschaltung an, mit der der Seebeck-Koeff. bei Temp.-Differenzen von $^1/_2$—1^0 erheblich einfacher u. auch verläßlicher u. genauer bestimmt werden kann. K. Jaeger. 5052◇

1723 **Einige Beispiele zur Lösung analytischer Probleme mit Hilfe radioaktiver Isotope.** S. Spauszus, H. J. Weigel und G. Lanz. (Kohászati Lapok [Ung. Z. Hüttenwes.] **95**, 506—08. 1962; Magdeburg, Material- u. Warenprüfungsstand; ung.) — Vff. beschreiben einige Aktivierungs-Best.-Meth. (P u. W in Stählen, Sn in SnO_2) u. empfehlen diese statt der umständlichen Analysenmethoden. L. Zombory. 5052△

1724 **Entwicklung der β-Rückstreu-Schnellanalyse im metallurgischen Laboratorium.** R. Jirkovský. (Kohászati Lapok [Ung. Z. Hüttenwes.] **95**, 513—17, 1962; Ostrau, Hochsch. Bergbau u. Hüttenwes.; ung.) — Beschreibung der Grundprinzipien, Anwendungsmöglichkeiten des Verf. u. neuere Gebiete: Best. des Aschen-Geh. in Kohlen, des Metall-Geh. von Erzen. L. Zombory. 5052△

1725 **Einige Anwendungen der Nutzbarmachung von Radioelementen in der Metallanalyse.** A. Kohn. (Chim. analytique [4] **44**, 425—32, 1962; Inst. de Rech. de la Siderurgie (IRSID); franz.) — Vff. behandelt die Anwendung bekannter radioakt. Analysen-Verff. auf spezielle Probleme der Eisenindustrie, z. B. aktivierungsanalyt. Best. von Ta in Niobiten u. anderen Nb-Mineralien, Best. von La, Ce u. As in Stählen, Best. von Spurenverunreinigungen (Cu, As, Mn u. Ni) in Reinstählen, As-Anreicherung an der Metalloberfläche bei der Oxydation von Fe, Anreicherung von Cr in nichtrostenden Stählen. Außerdem werden Tracer-Meth. zur Kontrolle chem. Trennungen beschrieben, z. B. Extraktion von Mo durch Butylacetat u. die elektrolyt. Abscheidung von FeO in Eisen.
U. Drehmann. 5052◇

1726 **Statistische Aspekte der Flüssigkeits-Scintillationszählung durch die Methode des inneren Standards. Einzelne Isotope.** R. J. Herberg. (Analytic. Chem. **35**, 786—91, 1963; Indianapolis, Ind., Lilly Res. Labor.; engl.) — Es werden Gleichungen angegeben, mit denen der prozentuale Fehler der im Hinblick auf die Zählausbeute korr. Zerfallsrate berechnet werden kann, u. auf die Fl.-Scintillationszählung bei ^{3}T u. ^{14}C angewendet. U. Wenzel. 5052◇

1727 **Anwendung der kernmagnetischen Resonanzspektroskopie mittlerer Auflösung auf einige Aufgaben der chemischen und Strukturanalyse.** P. M. Borodin und F. I. Skripow. (Betriebs-Labor. [UdSSR] **29**, 164—67, 1963; Leningrad, Shdanow-Univ., Phys. Forsch.-Inst.; russ.) — Die Best. von H in verschiedenen biolog. u. chem. Prodd. wird beschrieben. In Fluorchloralkanen konnten noch 0,01 Gew.-% H mit einem relativen Fehler von 10—20% erfaßt werden. Die Einsatzmöglichkeit zur Strukturaufklärung speziell von Fluorkohlenstoff-Verbb. wird besprochen.
R. Gerbatsch. 5052◇

1728 **Präparation von Niob-Zinn-Drähten für mikroskopische Untersuchungen.** T. B. Turnbull und H. H. Ehlers. (Rev. sci. Instruments **33**, 876—77, 1962; Lexington, Mass., MIT, Lincoln Labor.; engl.) — Vff. erhielten durch Einbetten in Quarzröhrchen, Anschleifen u. Ätzen (HF : HNO_3 : H_2O = 1 : 1 : 1) gute mkr. Bilder (240fach) von Nb-Sn-Drahtquerschnitten (Ø 0,007 in.). K. Jaeger. 5056◇

1729 **Präparation sehr dichter Aluminiumoxidproben zur mikroskopischen Untersuchung.** G. W. Robinson jun. und R. E. Gardner. (J. Amer. ceram. Soc. **44**, 418, 1961; Wilmington, Mass., Arco Corp., Res. and Advanc. Dev. Div., Metallograph. and Petrograph. Sect.; engl.) — Al_2O_3-Proben wurden unter genau mitgeteilten Bedingungen gepreßt, poliert u. dann bei 218^0 20—30 Min. lang mit $KHSO_4$ geätzt. Klare Ätzbilder bei 500facher Vergrößerung.
K. Jaeger. 5056◇

1730 **Kohlenstoffblock als Mikroskop-Heiztisch.** Peter F. Lott. (Chemist-Analyst **49**, 112, 1960; St. Marys, Pa. Pure Carbon Co., Inc.; engl.) — Vf. beschreibt die Herst. einer Heizplatte aus reinem C für kleinste Probemenge, die durch ein metallurg., stereoskop. oder ein gewöhnliches Mikroskop beobachtet werden können. Die Temp.-Erzeugung erfolgt durch Widerstandsheizung. Es lassen sich mit dieser Heizplatte FF.-Werte bei extrem hohen Temp. bestimmen.
D. Heinrich. 5056◇

1731 **Ein Ultraviolettmikroskop für hohe Temperaturen.** R. F. Deacon und D. Barella. (J. sci. Instruments **39**, 521—23, 1962; London, Morganite Red. and Dev., Ltd.; engl.)
H. Roschkowski. 5056◇

1732 **Erhitzungsmikroskop auf optischer Bank.** Manfred Neupert. (Jenaer Rdsch. **8**, 99—104; 1963; Jena, VEB C. Zeiss; dt.) — Gerät, mit dem Schmelz-, Sinter- u. ä. Vorgänge im Temp.-Bereich von Zimmer-Temp. bis 1600^0 in Vergrößerung von 4 : 1 bis 8 : 1 photographiert bzw. 12,5 : 1 bis 25 : 1 beobachtet werden können. Die Einsatzmöglichkeiten werden an Unterss. über das Hitze-Verh. von Braunkohleaschen u. das Schmelz-Verh. von BaF_2 demonstriert.
R. Gerbatsch. 5056◇

1733 **Anoptrale Mikroskopie.** J. Staněk. (Jemná Mechan. Optika **5**, 361, 1960; Přerov, n. p. Meopta; tschech.) — Darst. der elementaren Theorie der anoptralen Meth. mit Hinweisen auf die konstruktive Ausführung der Apparatur. Die Meth., die dem gleichen Zweck wie die Phasenkontrast-Meth. dient, kann diese nur in Fällen von sehr dünnen Präpp. u. sehr kleinen Teilchen ersetzen. Beim Beobachten ist bei der anoptralen Mikroskopie der Hintergrund goldbraun, u. mit steigender Präp.-Dichte wird die Färbung heller bis weiß.
J. Staněk. 5056◇

1734 **Ein neues Röntgenemissionsmikroskop.** Y. Yoneda. (Rev. sci. Instruments **33**, 529—32, 1962; Fukuoka, Japan,

Kyushu Univ., Dep. of Appl. Phys.; engl.) — Beschreibung eines neuen Röntgenmikroskops. Die relativ einfach gebaute Anlage erreicht eine Auflösung von 0,45 μ. K. Jaeger. 5056◇

1735 **Die Anwendung der registrierenden Röntgen-Mikroanalyse auf einige metallurgische Probleme.** D. A. Melford und P. Duncumb. (Metallurgia [Manchester] **61**, 205—12, 1960; Hinxton Hall, Cambridge, Tube Invest. Res. Labor.; engl.) — Vgl. C. **1960**, **5916**. — An einigen Anwendungsbeispielen wird der Wert des registrierenden Verf. der Röntgen-Mikroanalyse für die Unters. der Verteilung von gewissen Zusätzen oder Verunreinigungen in Metallen gezeigt. Als Unters.-Beispiele werden angeführt die Einschlußanalyse, der Einfl. der Oberflächenausscheidung auf die Temp.-Beständigkeit von Flußstahl, die Segregation in Schneidstählen, die Phasenanalyse in einer Dreiphasen-Leg. u. die Analyse von Bruchflächen. Eine Betrachtung der Probleme, die eine Ausdehnung der Mikroanalyse auf Elemente der Atomnummern unterhalb 12 mit sich bringt wird abschließend angestellt. H. Fries. 5063◇

1736 **Mikroanalyse durch Röntgenemission.** Raymond Castaing. (Z. analyt. Chem. **192**, 51—64, 1962; Paris, Fac. des Sci.; franz.) — Die Analysen-Meth. mit Hilfe der Elektronensonde wird erörtert, ein Analysengerät beschrieben u. die Anwendbarkeit an Hand von Beispielen erläutert. D. Heinrich. 5063◇

1737 **Neue Hilfsmittel für den Analytiker.** D. M. Dessoutter. (Chem. Rdsch. [Solothurn] **16**, 326—27, 1963; London; dt.) — Vf. beschreibt das Röntgenbeugungsspektrometer Wooster, Baumuster Mark VII der Firma Crystal Structures Ltd., das Röntgenfluorescenzspektrometer Fluorovac von Hilger & Watts Ltd., das Gerät Analox Mk II von Plessey Nucleonics Ltd. zur neutronenaktivierungsanalyt. Best. des O-Geh. in Fe, Stahl u. anderen Metallen, die Best. sehr kleiner O-Geh. nach dem elektrochem. Verf. mit Hilfe der Hersch-Zelle sowie die Herst. von H_2 höchster Reinheit mit Hilfe von Diffusionszellen der Firma Johnson, Matthley & Co. Ltd. Gerhard Schulze. 5063◇

1738 **Anwendung der röntgenographischen Phasenanalyse in der chemischen Technologie.** G. A. Golder, G. Ss. Shdanow, W. M. Lewina, G. N. Nowosselskaja und Je. A. Schugam. (Betriebs-Lab. [UdSSR] **25**, 181—82, 1959; Physikal.-Chem. Karpow-Forsch.-Inst.; russ.) — Die Unterss. über die Anwendung der Röntgen-Meth. für die Analyse mehrphasiger Syst. werden an TiO_2 (Rutil, Anatas), PbO (tetragonale u. rhomb. Form), MnO_2 (Prüfung der depolarisierenden Eig.), γ-Fe_2O_3 (α-Fe_2O_3 u. metall. Fe), Thioharnstoff (mit 25—60% Dicyandiamid) u. Luminophoren (Bldg. mehrphasiger Syst. während des Glühprozesses) durchgeführt. Wegen der geringen Empfindlichkeit kann die Meth. nicht bei kleinen andersphasigen Mengen angewendet werden. J. Lehmberg. 5063

1739 **Nichtdispersive röntgenspektrochemische Analyse unter Verwendung einer nuclearen Beta-Strahlenquelle.** Shigemasa Enomoto und Chizuo Mori. (Jap. J. appl. Physics **2**, 274—80, 1963; Nagoya, Gov. Ind. Res. Inst.; engl.) — Vff. berechnen die Intensitäten der charakterist. Röntgenstrahlung u. der Bremsstrahlung von reinen Elementen sowie von homogenen Proben mit mehr als zwei Elementen u. von jedem in einer Probe vorhandenem Element einzeln unter der Voraussetzung, daß schwache β-Strahler zur Erzeugung der Röntgenstrahlen verwendet werden. Ein auf diesen Berechnungen basierendes Analysen-Verf. unter Verw. von ^{147}Pm u. eines NaJ-Scintillationszählers zur Best. von Leg.-Bestandteilen wird beschrieben u. durch Analysen von Cu/Zn- u. Cu/Sn-Legg. belegt. J. Kraetsch. 5063◇

1740 **Versuche mit Röntgenfluorescenzstrahlen im Wellenbereich 10—50 Å.** L. G. Dowell und O. E. Berwaldt. (Rev. sci. Instruments **33**, 340—41, 1962; Tonawanda, N.Y., Linde Co., Res. Labor., Div. of Union Carbide Corp.; engl.) — Vff. beschreiben einen App. zur Erzeugung, Dispersion u. zum Nachw. weicher Röntgenfluorescenzstrahlung (10 bis 50 Å). K. Jaeger. 5063◇

1741 **Zum Einfluß der Teilchengröße von Pulverproben auf die Intensität der analytischen Linien bei der Röntgenfluorescenz-Spektralanalyse.** N. F. Lossew, A. N. Glotowa und W. P. Afonin. (Betriebs-Lab. [UdSSR] **29**, 421—26, 1963; Irkutsk, Wiss. Forsch.-Inst. für Seltene Metalle; russ.) — Der Teilchengrößen-Einfl. auf die Intensität des Röntgenfluorescenzspektrums wird theoret. betrachtet. Empfehlungen über die Vorbereitung von Pulverproben zur Vermeidung systemat. Fehler werden gegeben. R. Gerbatsch. 5063◇

1742 **Die Messung von Röntgen-Absorptionskurven mit einer Doppelstrahlmethode.** G. Fieedler und W. Waidelich. (J. sci. Instruments **40**, 194—95, 1963; München, TH, Physikal. Inst.; engl.) — Die mit Hilfe eines Doppelkristallspektrometers monochromatisierten Röntgenstrahlen werden von 2 Zählwerken registriert. Ein Zähler mißt die Intensität des Primärstrahls, der andere die des Strahls nach Durchgang durch einen Absorber. Da die Anordnung vollautomat. arbeitet, braucht die Röntgenröhre nicht stabilisiert zu werden. Außerdem lassen sich zur Vermeidung statist. Fehler lange Zählzeiten verwenden. H. Pförtner. 5063◇

1743 **Modellwerkstoffe für die räumliche Spannungsoptik.** E. Kučera. (Abh. dtsch. Akad. Wiss. Berlin, Kl. Math., Physik Techn. **1962**, Nr. 4, 87—95; Prag, Tschechoslow. Akad. der Wiss., Inst. für theoret. u. angew. Mech.; dt.) — Beschreibung der Eigg. der für die räumliche Spannungsoptik verwendbaren Epoxid- u. Polyesterharze u. der Härtungsmittel. W. Wesly. 5063◇

1744 **Messung des Formunterschieds der beiden Wellenfronten eines Michelson-Interferometers.** Jean Terrien und Jean Hamon. (Rev. Opt. théor. instrument. **41**, 131—35, 1962; franz.) A. Blaschette. 5063◇

1745 **Adapter mit abwechselnder und paralleler Säulenanordnung für das Perkin-Elmer-Gasfraktometer 154 C.** H. E. Christensen und E. L. Schloegel. (J. sci. Instruments **39**, 91, 1962; Washington, D.C., Armed Forces Inst. Pathol.; engl.) — Beschreibung des App., der zwei innerhalb des Ofens angeordnete parallele Säulen enthält, mit denen es möglich ist, ohne Öffnung des Ofens die Säulen entweder getrennt oder parallel zu verwenden. C. Gottfried. 5063△

1746 **Untersuchung über die Messung der Phasendifferenz doppelbrechender Platten mit dem Soleil-Babinet-Kompensator.** Rainer Bünnagel (unter Mitarbeit von Rudolf Segeletz). (Z. Instrumentenkunde **69**, 79—83, 1961; Braunschweig, P.T.B.; dt.) — Es werden die Unregelmäßigkeiten untersucht, die bei Messungen an Phasenplatten ohne ablenkungsfreie Keile auftreten. Prakt. u. theoret. wird gezeigt, daß sie von zusätzlichen Phasenänderungen herrühren, die durch Zwischenreflexion in den doppelbrechenden Platten entstehen. Die Phasenwerte als Funktion der Wellenlänge stellen eine oscillierende Kurve dar, deren Maxima u. Minima um etwa gleiche Beträge von der schwach gekrümmten Kurve der Meßwerte mit Keilen abweichen. Die Abweichungen sind für die Gangunterschie de $(2N-1)\lambda/4$ am größten u. verschwinden für $2N\cdot\lambda/4$, N ganzzahlig. Der Abstand zweier benachbarter Extrema nimmt mit kleiner werdender Wellenlänge u. zunehmender Plattendicke ab. Er beträgt z. B. im sichtbaren Spektralbereich für eine 0,02 mm dicke Glimmerplatte 30—40 Å. Infolge der schnellen Änderung der Werte ist zur exakten Best. der Phasendifferenz für eine vorgeschriebene Wellenlänge monochromat. Licht erforderlich. I. Zoll. 5063◇

1747 **Über die Bestimmung kleinster Konzentrationen mit Präzisionspolarimetern.** Johannes Flügge. (Zeiss-Mitt. [Stuttgart] **3**, 52—56, 1963; Göttingen; dt.) — Nomogramme (polarimetr. Meßbarkeit kleiner Konzz.; Meßgenauigkeiten; instrumentelle Erfordernisse). H. Jehne. 5063◇

1748 **Zur Rolle der natürlichen Alterung der Probe eines flußmittelhaltigen Eisencalciumagglomerats bei der Spektralanalyse.** I. K. Maiboroda. (Betriebs-Lab. [UdSSR] **29**, 557—58, 1963; Ukrain. Projekt.-Inst. der Buntmetallurg.; russ.) — Eichkurvenveränderungen beim längeren Aufbewahren der gepulverten Proben wurden beobachtet. Sie werden auf Auflockerungen des Gefüges infolge innerer Spannungen zurückgeführt. R. Gerbatsch. 5063◇

1749 **Vorteile für die spektrometrische Analyse kleiner Proben.** George S. Stanford. (J. opt Soc. America **51**, 773—75, 1961; Norwalk, Conn., Perkin-Elmer Corp.; engl.) — Um zwischen verschiedenen Zellen zur Aufnahme geringer Proben für die spektrometr. IR-Absorptionsanalyse eine Entscheidung zu treffen, schlägt Vf. die Größe LT/V vor, wobei L die Länge des Lichtweges in der Probe, V das Vol.

der Probe u. T den Bruchteil der Strahlenenergie bedeutet, der durch die Zelle geht, wenn keine Probe in ihr enthalten ist. Es wird gezeigt, daß LT/V umgekehrt proportional der Menge der Probe ist, die zur Analyse notwendig ist.
C. Gottfried. 5063△

1750 **Beträchtliche Zeitverkürzung bei spektrographischen Schnellanalysen.** Wojcieh Klimecki. (Magyar Kémiai Folyóirat [Ung. Z. Chem.] **68**, 538—42, 1962; Gliwice, Eisenforsch.-Inst.; ung.) — Da bei Spektralanalysen Auswaschen u. Trocknen der Photoplatten das Ausmessen verzögert, kann die Arbeit dadurch beschleunigt werden, daß die entwickelte u. ganz oder halb fixierte Platte in W. oder Fixier-Lsg. liegend photometriert wird. Zu diesem Zweck wird die Platte in eine flache Schale mit durchsichtigem Boden aus dünnem Glas mit W. oder Fixier-Lsg. bedeckt unter das Photometer gestellt, dessen Objektiv mittels eines Deckglases gegen die Fl. geschützt eingetaucht wird. Reihen-Verss. ergaben, daß sich hierdurch die Steilheit der Schwärzungskurve um ca. 0,15 in γ-Werten vermindert. Die Standardabweichung erhöht sich beim Messen der eingetauchten Platten höchstens um etwa die Hälfte. Bei leitprobenfreier Analyse können die früher benützten Haupteichkurven angewandt werden. J. Plank. 5063△

1751 **Kinetische Spektroskopie mit hoher Auflösung mit Hilfe einer Mehrfachblitzmethode.** Henry H. Kramer, Maurice H. Hanes und Edward J. Bair. (J. opt. Soc. America **51**, 775—79, 1961; Bloomington, Ind., Univ., Chem. Dep.; engl.) — Vff. berichten über Doppelstrahl-Absorptionsmessungen mit einer Auflösung $<0{,}05$ Å im Sichtbaren u. nahen UV bei einer genauen zeitlichen Aufeinanderfolge von Lichtimpulsen bis zu 200 μs. Die Anordnung besteht aus einem Monochromator mit hohem Auflösungsvermögen, einem Dualphotomultiplierdetektor u. einer stroboskop. Xe-Blitzquelle. Eine quant. Prüfung der Anordnung wurde durch Beobachtung der *Jodrekombinations-Rk.* durchgeführt, die der Blitzphotolyse folgte. Die Verw. der Meth. zum Messen der Geschw. von Rkk. freier Radikale wurde an Hand von Beobachtungen von NH_2-Radikalen beschrieben.
C. Gottfried. 5063△

1752 **Neue Anordnungen für Spektroskopie mit großer Helligkeit.** A. Girard. (Optica Acta [London] **7**, 81—97, 1960; Chatillon s/Bagneux, Office Nat. d'Ét. et Rech. Aéronaut.; franz.) — Vf. beschreibt 3 Anordnungen, mit denen sich eine Spektralanalyse mit einer solchen Helligkeit durchführen läßt, die derjenigen eines Spaltspektrometers weit überlegen ist, wenn der Untergrund nicht zu sehr hervortritt.
C. Gottfried. 5063△

1753 **Überblick über neuere Fortschritte auf dem Gebiet der Emissionsspektroskopie.** A. H. Gillieson. (Chem. in Canada **14**, Nr. 11, 24—26, 1963; Ottawa, Ontario, Canada, Dep. of Mines and Techn. Surveys, Mines Branch; engl.) — Kurze Übersicht über die Entw. der Anregung durch Funken u. Bogen, über flammenphotometr. Meth., Anregungsquellen u. Geräte unter Berücksichtigung der Literatur bis zum Jahre 1962. — 44 Literaturangaben. Gerhard Schulze. 5063◇

1754 **Spektrographische Methode mit kontrollierter Emissionsenergie für die Analyse anorganischer Substanzen.** P. Herman und Z. Hainski. (Rev. univ. Mines, Métallurg., Mécan., Trav. publ., Sci. Arts appl. Ind. [9] **15 (102)**, 378—83, 1959; Tervuren, Ministère des Colonies, Labor. de Rech. Chim.; Bruxelles, S.E.R.A.I., Labor. de la Soc. d'Études, de Recherches et d'Applications pour l'Ind.; franz.) — Beschreibung der Methode. Als Anwendungsbeispiel wird zunächst die Analyse von *Kalksteinen* beschrieben. Das Ausgangsgestein (I) hatte die Zus. SiO_2 14,11 (%); Fe_2O_3 1,63; Al_2O_3 4,16; TiO_2 0,16; P_2O_5 0,15; MnO 0,038; CaO 41,32; SrO 0,12; MgO 2,19; Na_2O 0,39; K_2O 0,71; S 0,25; SO_3 0,04; C 0,01; CO_2 33,5 (Glühverlust 34,55). Es werden 3 Gemische dargestellt: 1 (Teil) I + 3 SrO; 1 I + 2 Quarz + 9 SrO u. 1 I + 8 Quarz + 27 SrO. Die Vers.-Ergebnisse sind tabellar. wiedergegeben. Als weiteres Anwendungsbeispiel wird die Analyse von *Pflanzenaschen* beschrieben. Zu diesem Zweck werden 3 verschiedene Gemische von P_2O_5, $CaCO_3$, MgO u. K_2CO_3 verwendet. C. Gottfried. 5063△

1755 **Streulicht in einem Monochromator (Analyse und Voraussage auf Grund von Messungen mit Hilfe von Entladungslampen und Filtern).** H. D. Einhorn und D. E. H. Naudé. (J. opt. Soc. America **53**, 721—28, 1963; Rondebosch, South Africa, Univ. of Cape Town, Dep. of Electrical Engng.; engl.) — Vff. untersuchten das in einem Monochromator auftretende Streulicht, das zu merklichen Fehlern bei spektrophotometr. Messungen führen kann. Dabei wurden Streu-Koeff. definiert, die die Abschätzung, Voraussage u. Korrektur der durch das Streulicht hervorgerufenen Fehler gestatten. Eine neue Meth. zur Messung der Streu-Koeff. mit Hilfe einer Entladungslampe u. von Filtern wird beschrieben. Der Einfl. von Spaltbreite u. -höhe wird erörtert.
Gerhard Schulze. 5063◇

1756 **Methode der Registrierung der Spektren einer Impulsentladungsstrahlung mit einer Zeitauflösung von 10^{-8} s.** Ss. I. Andrejew, M. P. Wanjukow und Je. W. Daniel. (Optik u. Spektroskopie [UdSSR] **13**, 863—65, 1962; russ.) — Vgl. C. **1963**, 18720. — Es wird eine einfache Anordnung zur photograph. Registrierung von Zeitspektren mit einer Auflösung von mindestens 20 ns unter Verw. eines Kerr-Verschlusses beschrieben. Oszillogramme von Lichtimpulsen aus einer Funkenentladung u. Strahlungsspektren einer Funkenentladung mit 20 ns Belichtung u. Haltepunkten von 10—60 ns nach Beginn der Entladung werden mitgeteilt.
R. K. Müller. 5063◇

1757 **Ein empfindlicher Zerstäuberbrenner mit Sauerstoff-Acetylen-Vorvermischung für die Flammenemissions- und -adsorptionsspektrometrie.** Richard N. Kniseley, Arthur P. D'Silva und Velmhr A. Fassel. (Analytic. Chem. **35**, 910—11, 1963; Ames, Iowa, Iowa State Univ., Inst. for Atomic Res. and Dep. of Chem.; engl.) — Es wird ein Aufsatz (Cu-Röhre mit Graphiteinsatz mit enger Bohrung) zum Beckman-Brenner 4030 beschrieben, der eine gute Vorvermischung von O_2 u. C_2H_2 nach dem Zerstäuben der Probe bewirkt. Durch die damit erzielte Verringerung der Untergrundstrahlung wird die Anzeigeempfindlichkeit um eine Größenordnung verbessert. J. Peters. 5063◇

1758 **Ein automatischer Probenwechsler für die Flammenspektrometrie.** Otto Osterried und Ekkehard Preuss. (Z. Instrumentenkunde **71**, 77—78, **1963**; Regensburg, TH München, Staatl. Forsch.-Inst. für angewandte Miner.; dt.) — Es wird ein einfacher Probenwechsler für die Flammenspektrometrie mit Spektralphotometern u. Schreibern beschrieben, durch den automat. Meßserien ermöglicht werden.
H. Jehne. 5063◇

1759 **Über die Bedeutung von Luminescenzerscheinungen in der modernen Analyse.** H. Chomse, I. Arend und H. Schulte. (Mh. Veterinärmed., Sonderh. **15**, Nr. 2, 4—9, 1960; Berlin, Humboldt-Univ., Inst. für Veterinär-Chem.; dt.) — Bericht über die Bedeutung u. Anwendung der Luminescenzerscheinung in der organ. u. medizin. Analyse. Es wird festgestellt, daß aliphat. Verbb. nur selten Fluorescenz zeigen. Oft lassen sich aber Verbb. durch chem. Rkk. in luminescenzfähige Stoffe umwandeln. — 21 Literaturstellen.
W. Untze. 5063□

1760 **Quantitative Deutung der Farbauslöschung bei Flüssigkeitsscintillationssystemen.** Harley H. Ross und Roger E. Yerick. (Analytic. Chem. **35**, 794—97, 1963; Oak Ridge, Tenn., Oak Ridge Inst. of Nucl. Studies; engl.) — Vff. setzten die Farbauslöschung in Beziehung zur Konz. u. zur Wellenlänge des Absorptionsmaximums des absorbierenden Stoffes für ein spezielles Fl.-Scintillationssystem.
U. Wenzel. 5063◇

1761 **Breitband-Ultraviolettfilter.** Charles B. Childs. (J. opt. Soc. America **51**, 895—97, 1961; Greenbelt, Md., Nat. Aeronautics and Space Administration, Goddard Space Flight Center; engl.) — Beschrieben werden drei Breitband-UV-Filter mit den effektiven Wellenlängen 2680, 2600 u. 2210 Å. Die Durchlässigkeit bei diesen Wellenlänge beträgt 0,16, 0,23 u. 0,10 mit den Bandbreiten 320, 200 u. 330 Å. Die Bestandteile der beschriebenen Filter sind: Interferenzfilter, $NiSO_4 \cdot 6\,H_2O$-Kristalle, KCl:KBr:Pb-Kristalle, Corning-Filter 9—54 (96% SiO_2) u. 7—54 (rot-purpur Corex A) u. Kation-X (2.7-Dimethyl-3.6-diazacyclohepta-1.6-dienjodid in Polyvinylalkoholfilmen). K. Jaeger. 5063◇

1762 **Bemerkungen zur Wahl von Lichtquellen für das Vakuumultraviolett.** Th. Tuchscheerer und W. Müller. (Exp. Techn. Physik **8**, 263—68, 1960; Jena; dt.) — Der Vakuumgleitfunke u. der Füllgasfunke wurden im Hinblick auf die Verw. als Lichtquelle für das Vakuum-UV untersucht. Als Hochspannungsquelle diente ein Funkenerzeuger FF 20. Hierbei erwies sich der Vakuumgleitfunke infolge seiner

Lichtschwachheit u. zu geringen Brenndauer als wenig geeignet. Wesentlich günstigere Verhältnisse lagen beim Füllgasfunken vor. Als Füllgas wurde N_2 bzw. Ar verwendet, wobei N_2 eindeutig bessere Brennverhältnisse lieferte.
H. Kuchenbecker. 5063◇

1763 **Über einen Zeit-auflösenden normal wirkenden Vakuumultraviolett-Spektrographen.** A. H. Gabriel und W. A. Waller. (J. sci. Instruments **40,** 10—13, 1963; Aldermaston, Berks., Atomic Weapons Res. Establ.; engl.) — Die App. soll ein zeitlich gerastertes Spektrum im UV-Bereich photographieren. Es durchläuft jeden 1000-Å-Bereich zwischen 500 u. 2500 Å mit einer Streuung von 8·3 Å mm^{-1}. Die zeitliche Auflösung wird durch Reflexion auf einem rotierenden Spiegel erreicht u. hat einen Maximalwert von 3·1 mm μs^{-1}. H. Schroth. 5063◇

1764 **Ultraviolett-Absorptionsspektrum von Wasser nach Aufbewahrung in Polyäthylenflaschen.** Robert Delhez. (Chemist-Analyst **49,** 20—21, 1960; Liège, Belgique, Univ., Inst. de Chim.; engl.) — W., das einige Tage in Polyäthylenflaschen (die jahrelang nur dest. W. enthielten) aufbewahrt wurde, zeigte eine ausgeprägte Absorption bei 270 nm, während in Glasflaschen aufbewahrtes W. diese nicht zeigt. Spuren H_2O_2 bringen die Absorption zum Verschwinden.
W. Betcke. 5063◇

1765 **Anwendung von IKSs-11 zur Aufnahme von Ramanspektren.** D. Ss. Gorbenko-Germanow, R. A. Senkowa und W. Je. Tschebotarew. (Versuchsgeräte u. Versuchstechn. [UdSSR] **7,** 130—31, 1962; russ.) — Monochromator u. Selbstschreiber UF 302 des Spektrometers IKS-11 lassen sich zur Aufzeichnung von Raman-Spektren verwenden. Die Raman-Spektren von *Bzl.* u. *CCl_4* sind als Beispiele wiedergegeben. M. Wiedemann. 5063◇

1766 **Mikrowellen-Verstärker und Oscillator unter Verwendung eines ferromagnetischen Werkstoffs.** Toshio Makimoto und N. S. Chang. (Mem. Inst. sci. ind. Res., Osaka Univ. **18,** 47, 1961; engl.) — Das kurz beschriebene Gerät verwendet als akt. Element zwei Einkristallscheiben (0,7 mm Dicke, 4 mm Ø) aus Y-Fe-Granat. Bei 0,01 mW Eingangssignalstärke wurden 19 db Verstärkungsfaktor (Bandbreite 1 MHz bei 1,9 kW Pumpleistung) gemessen.
K. Reichel. 5063◇

1767 **Ein Stark-Effekt-Mikrowellenspektrograph mit hohem Auflösungsvermögen.** Heinz Dieter Rudolph. (Z. angew. Physik **13,** 401—09, 1961; Freiburg, Univ., Phys.-Chem. Inst.; dt.) — Zur Erhöhung des Auflösungsvermögens von Stark-Effekt-Mikrowellenspektrometern dient eine niedrigere Stark-Modulationsfrequenz u. eine Frequenzstabilisierung der Strahlungsquelle. Ausführlich erwähnt werden Carcinotrons als Strahlungsquellen sowie ein Regelkreis zu deren Frequenzstabilisierung. Die Konstruktionsdaten eines Mikrowellenspektrographen mit 30-kHz-Stark-Effekt-Modulation, sehr gutem Auflösungsvermögen (halbe Halbwertsbreite minimal 40 kHz) u. ausreichender Empfindlichkeit ($\alpha = 10^{-9}$ cm^{-1} noch nachweisbar) werden angegeben. Spektralaufnahmen demonstrieren die Leistungsfähigkeit des Geräts. H. Laue. 5063□

1768 **Ein wohlfeiler Spannungsstabilisator für photometrisches Arbeiten.** J. W. Peppitt. (J. sci. Instruments **40,** 50, 1963; Wembley, Middlesex; engl.) — Beschreibung eines Spannungsstabilisatorkreises mit einer Blitzlichtbirne, die eine starke Spannungsabhängigkeit des Widerstandes aufweist. W. Betcke. 5064◇

1769 **Die volumetrische Colorimetrie und ihre Anwendungen in der analytischen Chemie.** Al. Ionesco-Matiu. (Chim. analytique [4] **39,** 175—79, 1957; Bucarest, Fac. de Pharm.; franz.) — Übersichtliche Beschreibung der Anwendungsmöglichkeiten u. Vorteile der volumetr. Colorimetrie. Folgende Best. werden bes. erwähnt: *Harnsäure, P* u. *Cholesterin* im Blut, *Glutathion, Sulfide* u. *Polysulfide, reduzierende Zucker, Alkaloide, Morphin* u. *Apomorphin, Sulfonamide, Tannine* u. *Phenole.* G. Piekarski. 5065◇

1770 **Charakterisierung der Farbintensität von farbigen Lösungen.** László Auber. (Magyar Kémiai Folyóirat [Ung. Z. Chem.] **67,** 545—52, 1961; Budapest, Med. Univ., Pharm.-chem. Inst.; ung.) — Die Farbintensität von Lsgg. kann durch Anwendung von leicht herstellbaren anorgan. Farbmaß-Lsgg. charakterisiert werden, indem man die Lsg. durch Verdünnung auf die halbe Konz. so oft verd., bis ihre Farbe eben noch zu sehen ist u. die Farbintensität der Farbmaß-Lsg. dem Farbgrad (Nr.) 1 entspricht. Die Anzahl der Verdünnungen auf die halbe Konz., $2^n \cdot 10^2$, wird als Konvention der Charakterisierung der von der Farbenabstufung unabhängigen Farbintensität empfohlen. Es wird die Farbenzahl mehrerer anorgan. u. organ. farbiger Lsgg. angegeben. Der Verlauf der Extinktionskurven kann durch die durch die Farbfilter des Pulfrich-Photometers entsprechenden 12 Wellenlängen gemessenen Werte charakterisiert werden. Teilt man diese Daten in 4 Gruppen mit je 3 Gliedern, so kann man die 3 relativen Maxima bzw. Minima der Kurve auswählen u. die Kurve dadurch charakterisieren. Aus diesen Daten hat. Vf. ein empir. Korrektur-Syst. ausgearbeitet.
I. Náray-Szabó. 5065

1771 **Die rationellen Grundlagen der volumetrischen Analyse.** André Graire. (Chim. analytique **43,** 53—67, 114 bis 126, 1961; franz.) — Überblick. — 70 Literaturangaben.
C. Gottfried. 5066△

1772 **Über die Grundprinzipien der Bromatometrie.** Elemér Schulek, Kálmán Burger und József Laszlovsky. (Magyar Kémiai Folyóirat [Ung. Z. Chem.] **67,** 410—13, 1961; Budapest, L. Eötvös-Univ., Lehrst. für anorg. u. analyt. Chem.; ung.) — Bei den Rkk. mit BrO_3^- in Ggw. von Cl^- oder Br^- ist das oxydierende Agens Br_2, BrCl oder evtl. Cl_2. Unmittelbar oxydiert BrO_3^- nur in Cl^-- u. Br^--freier Lsg., d. h. in Ggw. von Hg(II)-Ionen, welche die bei der Rk. gebildeten Cl^-- bzw. Br^--Ionen in wenig dissoziierenden Verbb. ($HgCl_2$, $HgBr_2$) binden. Dies bestätigt die Anwendbarkeit von BrCl-Maßlösungen.
J. Plank. 5066

1773 **Anwendung von Methylglucamin-Maßlösung bei Säurebestimmungen mit Hochfrequenz-Endpunktanzeige.** Balázs Lóránt und Ernő Pungor. (Magyar Kémiai Folyóirat [Ung. Z. Chem.] **67,** 395—97, 1961; Budapest, L. Eötvös-Univ., Lehrst. für anorg. u. analyt. Chem.; ung.) — Vff. empfehlen als schwach bas. Maß-Lsg. *Methylglucamin (1-Desoxy-1-methylaminosorbit)* statt NH_3-Lösung. Vorzüge dieser Maß-Lsg. sind: einfache Bereitung durch direkte Einwaage der nichthygroskop. Substanz, hohes Äquivalent-Gew. (195,2), gute Löslichkeit in W. (500 g/Liter) u. Titerbeständigkeit. Die Dissoziations-Konst. ist $1{,}5 \cdot 10^{-5}$. Bei Hochfrequenz-Endpunkt-Best. sind die Säuretitrationen sehr genau. J. Plank. 5070

1774 **Chromatographische reine Fluorescein- und Tetramethylrhodaminisothiocyanate.** Lloyd C. Felton und C. Robert McMillion. (Analyt. Biochem. [New York] **2,** 178 bis 180, 1961; Baltimore, Md., Hyuson, Westcolt and Dunning, Inc.; engl.) — Tetramethylrhodamin-Isothiocyanat wurde durch Verschmelzen von 4-Nitrophthalsäureanhydrid u. m-Dimethylaminophenol im Verhältnis 1:1 bei 180—190° (1 Std.) dargestellt. Die erhaltenen isomeren *Nitrotetramethylrhodamine „R" u. „G"* werden chromatograph. an einer Cellulosesäule mit 50%ig. CH_3OH getrennt. Die Nitro-Verbb. wurden danach red. u. mit Thiophosgen zu den gewünschten Isothiocyanaten umgesetzt. A. Gabert. 5072◇

1775 **Bestimmung von Kristallwasser an Hand der Spektren im nahen Infrarot.** 1. Mitt. **Bestimmung des gesamten Wassers in gewöhnlichen Salzen.** Sojira Oka und Masato Mamiya. (Japan Analyst **10,** 1092—97, 1961; Governm. Chem. Ind. Res. Inst.; jap., Auszug: engl.) — Durch IR-Messungen bei 1,45 u. 1,92 μ läßt sich W. in Alkali- u. Erdalkalisalzen in festen Proben u. in organ. Lsgg. bestimmen, Schwermetallsalze absorbieren dagegen in diesem Bereich selbst zu stark. Die Genauigkeit ist bei der Best. von W. in Alkalisalzen unbefriedigend, kann aber durch Verw. von D_2O_2 als Lsgm. gesteigert werden. W. Betcke. 5074◇

1776 **Neue Methoden zur Bestimmung des Gasgehaltes in Salzen.** 2. Mitt. **Verfahren zur Isolierung der Salzgase für die gaschromatographische Bestimmung.** R. Schrader, G. Ackermann und H. Grund. (Acta chim. Acad. Sci. hung. **33,** 31—38, 1962; Freiberg, Bergakad., Inst. für anorgan. Chem.; dt.) — 1. vgl. C. **1962,** 4657. — Es wird eine App. beschrieben, mit der die in Kali- u. Steinsalzen eingeschlossenen Gase unter Luftausschluß isoliert, über eine Gasdosierschleife in einem Gaschromatographen überführt u. dort mit einer 1 m langen Molekularsieb-A5-Säule, Wärmeleitfähigkeitszelle u. H_2 als Trägergas analysiert werden.
W. Luchsinger. 5086◇

1777 **Bestimmung des Stickstoffgehaltes in Krypton durch Ausfrieren.** B. O. Walters. (Betriebs-Lab. [UdSSR] **29**, 541—42, 1963; Riga, Glühlampenwerk; russ.) — Formeln zur Berechnung des N_2-Geh. unter Berücksichtigung des Kr-Restgasdruckes nach dem Ausfrieren mit fl. N_2 u. der inhomogenen Temp.-Verteilung im Ausfrier-Syst. werden angegeben. R. Gerbatsch. 5086◇

1778 **Bestimmung von Kohlendioxid mittels Schnelldestillation und Titration.** László Maros, Elemér Schulek, Ibolya Perl-Molnár und Margit Szakácz-Pintér. (Magyar Kémiai Folyóirat [Ung. Z. Chem.] **67**, 501—05, 1961; Budapest, L. Eötvös Univ., Lehrstuhl für anorgan. u. analyt. Chem.; ung.) — Vgl. C. **1962**, 5784. J. Plank. 5086

1779 **Nachweis von Schwefelwasserstoff in Hochdruck-Gasquellen.** F. G. Rowe, A. W. Bartunek, R. L. McGlasson, F. H. Meyer und R. A. Royer. (Chem. and Ind. **1960**, 712—13; Ponca City, Okla., Continental Oil Co., Res. and Dev. Dep.; engl.) — In Hochdruckgasquellen, die als H_2S-frei („süß") gelten, ließ sich elektronenmkr. u. mit Hilfe von Röntgenbeugungsmessungen auf Grund von Korrosionsmerkmalen an in das Gas eingebrachten Cu-Coupons mit präparierter Oberfläche H_2S in Spuren nachweisen u. so ein Beitrag zur Erklärung für den Korrosions-Bruch der Auskleidungen derartiger industriell genutzter Quellen geben. W. Betcke. 5086◇

1780 **Die Bestimmung von Argon in der Luft durch Gas-Adsorptions-Chromatographie.** Takao Kwan. (J. Res. Inst. Catalysis, Hokkaido Univ. **8**, 14—17, 1960; Sapporo, Japan, Hokkaido Univ., Res. Inst. for Catalysis and Chem. Dep.; engl.) — Ar, O_2 u. N_2 können in einer 10 m × 4 mm Cu-Säule an Linde-Molekularsieb 13X bei 0° innerhalb von 30 Min. getrennt werden. Verwendet wurde ein Shimadzu-Gaschromatograph GC-1A mit Wärmeleitzelle als Detektor u. H_2 als Trägergas. G. Bock. 5088◇

1781 **Stabilisierte Diazoniumsalze als analytische Reagenzien zur Bestimmung von Phenolen und Aminen in der Luft.** G. A. Lugg. (Analytic. Chem. **35**, 899—904, 1963; Maribyrnong, Victoria, Australian Defence Sci. Serv., Dep. of Supply, Defence Standards Labor.; engl.) — Vf. untersucht die optimalen Bedingungen zur Best. von Phenol, o- u. m-Kresol, Guajakol, Resorcin, Brenzcatechin, Pyrogallol, Gallussäure, α- u. β-Naphthol, o-Chlorphenol, 1-Chlor-2-naphthol, Dimethylanilin, o- u. m-Toluidin, Tolyl-2.4-diamin, Diphenylamin, m-Phenylendiamin, α-Naphthylamin o- (**I**) u. m-Chloranilin, Sulfanilsäure, Metol u. Tannin mit den stabilisierten Diazoniumsalzen von 2-Amino-3-nitroanisol, m-Chloranilinhydrochlorid, 2.5-Dichloranilin, 4-Amino-2'.3-dimethylazobenzol, 4-Nitro-o-anisidin, o- u. m-Nitranilin, 4-Amino-3-nitrotoluol, 4-Chlor-2-nitroanilin, 5-Chlor-o-anisidinhydrochlorid, 2-Amino-5-chlortol, 2-Amino-4-nitroanisol, 4'-Amino-2'.5'-diäthoxybenzanilid, 5-Chlor-o-toluidinhydrochlorid, 5-Chlor-2-(p-chlorphenoxy)-anilinhydrochlorid, 2-Amino-3-nitrotoluol, 4-Amino-4'-methoxydiphenylamin, α-Aminoanthrachinon, p-Nitroanilin, 4-Amino-2.5-dimethoxy-4'-nitroazobenzol, 4-Amino-2.5-dimethyl-5-methoxy-2'-nitroazobenzol, 4'-Aminomethyl-m-benzanisidhydrochlorid, N'.N'-Diäthyl-4-methoxymetanilamid, I u. o-Dianisidin. Tabellar. werden die Absorptionsmaxima, der zur Kupplung erforderliche pH-Wert, der molare Extinktions-Koeff., die Stabilität u. Art der Farbe, der Konz.-Bereich u. die Blindextinktion wiedergegeben. Störungen ergeben sich hauptsächlich durch begleitende Nitroverbindungen. J. Weiner. 5088◇

1782 **Bestimmung von Gemischen toxischer organischer Verbindungen in der Atmosphäre mit Hilfe der Gaschromatographie.** F. R. Cropper und Simon Kaminsky. (Analytic. Chem. **35**, 735—43, 1963; Manchester, Imp. Chem. Ind. Ltd. Dyestuffs Div.; engl.) — Vff. beschreiben eine App. u. ein Verf. zur Best. organ. Verbb. in der Atmosphäre, bei der die Verbb. bei Raum-Temp. an einem Feststoff adsorbiert u. mit einem Flammenionisationsdetektor gaschromatograph. nach therm. Resorption nachgewiesen werden. Die Dauer für die Unters. einer Probe beträgt 10—15 Minuten. Tabellar. werden die experimentellen Bedingungen folgender Verbb. angegeben: für Bzl. (Kp. 80°; Nachw.-Grenze 25 ppm), Toluol (Kp. 110°; 200 ppm), p-Xylol (Kp. 138°; 200 ppm), Benzaldehyd (Kp. 179°; —), Benzyl- (Kp. 179°; 1 ppm), Benzoyl- (Kp. 197°; —), Benzal- (Kp. 207°; —) u. Benzotrichlorid (Kp. 214°; —), Nitrobenzol (Kp. 210°; 1 ppm), Anilin (Kp. 184; 5 ppm), Cyclohexan (Kp. 81°; 400 ppm), Pyridin-Basen (—; 10 ppm), Cyclohexanon (Kp. 155°; 50 ppm), Cyclohexanol (Kp. 162°; 50 ppm), o- (—; 50 ppm) u. p-Dichlorbenzol (—; 75 ppm), Pyridin (Kp. 115°; 5 ppm), n-Butanol (Kp. 118°; 100 ppm), HCN (Kp. 26°; 10 ppm), Butylamin (Kp. 77°; 15 mg/m³), CCl_2F_2 (Kp. —30°; 4950 mg/m³), Perchlormethylmercaptan (Kp. 159°; 0,8 mg/m³), Methylmercaptan (Kp. 8°; 100 mg/m³), Äthylenoxid (Kp. 11°; 90 mg/m³), Allylalkohol (Kp. 96°; 5 mg/m³), $CBrF_3$ (Kp. —58°; 6100 mg/m³), Äthylamin (Kp. 17°; 45 mg/m³), CH_3Cl (Kp. —24°; 210 mg/m³), Allylchlorid (Kp. 45°; 15 mg/m³), CH_3Br (Kp. 4°; 80 mg/m³), Äthylenimin (Kp. 56°; 9 mg/m³), $C(NO_2)_4$ (Kp. 126°; 8 mg/m³), Chloracetaldehyd (Kp. 85°; 3 mg/m³), Isopropylamin (Kp. 34°; 12 mg/m³, Chlorpikrin (Kp. 110°; 0,7 mg/m³), Dimethylhydrazin (Kp. 62°; 1 mg/m³), Acrolein (Kp. 52°; 1,2 mg/m³), Formaldehyd (Kp. —21°; 6 mg/m³), Keten (Kp. —50°; 0,9 mg/m³), CCl_3F (Kp. 24°; 5600 mg/m³), Äthylchlorid (Kp. 13°; 2600 mg/m³), $CHCl_2F$ (Kp. 9°; 4200 mg/m³), Dichlortetrafluoräthan (Kp. —2°; 7000 mg/m³), Butadien (Kp. —3°; 2200 mg/m³), Vinylchlorid (Kp. —14°; 1300 mg/m³) u. Methylacetylen (Kp. —23°; 1650 mg/m³). Die Ergebnisse werden ausführlich diskutiert. J. Weiner. 5088◇

a) Elemente und anorganische Verbindungen

1783 **Die Benutzung monomolekularer Filme bei einer modifizierten Tüpfeltestmethode für Metallionen.** F. H. C. Stewart. (Chem. and Ind. **1961**, 1064—65; Melbourne, Commonw. Sci. and Ind. Res. Organig., Chem. Res. Labor.; engl.) — Die Empfindlichkeit von Tüpfelproben auf Metallionen läßt sich durch Ausnutzung der Adsorptionsfähigkeit von monomol. Oberflächenschichten langkettiger Säure-Moll. um ca. 2 Größenordnungen steigern. Der Oberflächenfilm wird auf der Test-Lsg. mit Hilfe 0,1%ig. Myristinsäure-Lsg. erzeugt. Nach dem Abpressen der Hauptmenge des Lsgm. in einer bes. Vorr. wird der Film mit Filtrierpapier abgezogen. Die Ionen werden mit den gebräuchlichen organ. Farbreagentien nachgewiesen. Die Erfassungsgrenzen sind für Bi^{3+}, Cd^{2+}, Co^{2+}, Cu^{2+}, Fe^{3+}, Fe^{2+}, Mn^{2+}, Hg^{2+}, Ni^{2+} u. Sn^{2+} angegeben. W. Betcke. 5106◇

1784 **Neue Versuche mit Grieß-Romijn-Reagens.** Ken Hagino. (Japan Analyst **11**, 237—40, 1962; Tokyo Inst. of Technol, Labor. of Analyt. Chem. and Geochem.; jap., Auszug: engl.) — Die Best.-Grenze für NO_2^- mit Grieß-Romijn-Reagens wird durch Zusatz von A. sowie von Butanol–Cyclohexanol (7 : 3) in Ggw. von HCl erweitert, wobei der Farbstoff durch das Lsgm.-Gemisch extrahiert u. die Färbung gemessen wird. Auf diese Weise lassen sich noch 0,002 bis 0,07 ppm NO_2^-–N bestimmen. In Alkali gelöst, gibt der Farbstoff eine orangegelbe Färbung, deren Extinktion bei 480 nm die Best. von 0,05—1,0 ppm NO_2^-–N gestattet. W. Wesly. G 243◇

1785 **Bestimmung von Chlorid in konzentrierten Säuren durch inverse Polarographie am hängenden Quecksilbertropfen.** H. Specker und G. Schiewe. (Z. analyt. Chem. **196**, 1—5, 1963; Dortmund, Inst. für Spektrochem. u. angew. Spektroskopie; dt.) — Mit Hilfe der inversen Polarographie am hängenden Hg-Tropfen wird Cl im ppm-Bereich in konz. H_3PO_4, H_2SO_4 u. $HClO_4$ quant. nachgewiesen. Das Elektrolysepotential beträgt +0,3 V (Ag/AgCl-Bezugselektode). Eine O-Entfernung ist nicht erforderlich. Die relative Standardabweichung ist bei 0,5, 2 u. 5 μg Cl^-/ml 2%. Unter den Vers.-Bedingungen ist die Erfassungsgrenze 0,1 g/ml. Br^- u. J^- stören. E. Beyerle. G 247◇

1786 **Bestimmung von Chlorwasserstoff in Chlorsilanen nach den Infrarotabsorptionsspektren.** N. A. Rakow. (Betriebs-Lab. [UdSSR] **29**, 437—38, 1963; russ.) — Die Absorption der HCl-Schwingungsbande bei 2821.49 cm^{-1} wurde mit dem Einstrahl-IR-Spektrophotometer IKSS-12 mit LiF-Prisma gemessen. Im Bereich von 0,3—7% HCl im Gasgemisch gehorcht sie dem Lambert-Beerschen Gesetz. Die Genauigkeit beträgt 3—5% relativ, eine Best. dauert 15 Minuten. R. Gerbatsch. G 247◇

1787 **Analyse von Schwefelverbindungen mit Chlor.** W. Ss. Kublanowski. (Betriebs-Lab. [UdSSR] **29**, 548—49, 1963; Kiew, Inst. für allg. u. anorgan. Chem. der Akad. der Wiss. der UkrainSSR; russ.) — S_2Cl_2 wird in Ggw. eines 1,5fachen

$AgNO_3$-Überschusses mit einem eisgekühlten Gemisch aus 3 Teilen 30%ig. H_2O_2, 1 Teil HNO_3 (1,4) u. 8 Teilen W. zersetzt (zuletzt unter Erwärmen). AgCl wird abfiltriert, SO_4^{2-} bleibt in Lösung. SO_4^{2-}-Best. auf übliche Weise. R. Gerbatsch. G 253◇

1788 **Bestimmung des Gesamtschwefels in Silicatgesteinen durch nasse Oxydation.** A. D. Wilson, G A. Sergeant und L. J. Lionnel. (Analyst **88**, 138—40, 1963; London, Labor. of the Gov. Chem., Dep. of Sci. and Ind. Res.; engl.) — Zur S-Best. in Gesteinen, die neben schwer aufschließbaren Sulfiden noch Silicate u. organ. Bestandteile aufweisen, wird ein Lsg.-Oxydationsgemisch aus 15 ml konz. HNO_3, 2 ml konz. HCl u. 10 ml H_2F_2 für eine 1 g-Probe vorgeschlagen. Der Aufschluß wird in einer Schale aus Polytetrafluoräthylen vorgenommen. Ist ein mindestens 2facher Überschuß an Ca vorhanden, wird selbst nach 3maligem Eindampfen mit $HClO_4$ kein Verlust an SO_4^{2-} beobachtet. Bis zu 0,2% Ba bei einem S-Geh. von 0,2% stören nicht. J. Peters. G 253◇

1789 **Bestimmung von Sulfat.** Vladimir Palatý. (Chem. and Ind. **1960**, 176; Prague, Inst. of Chem. Technol,. Dep. of Power Engng.; engl.) — 0,5—100 ppm SO_4^{2-} werden mit $Th(NO_3)_4$ oder $Zr(NO_3)_4$ u. einem der folgenden Indicatoren bestimmt: Brenzkatechinviolett, SPADNS, Eriochromcyanin R oder Alizarinrot S, indem SO_4^{2-} eine äquivalente Menge Farbstoff aus seinem Komplex mit Th^{4+} oder Zr^{4+} in Freiheit setzt, der dann colorimetr. erfaßt werden kann. Farbige Kationen werden vorher durch einen Ionenaustauscher entfernt, PO_4^{3-} u. F^- durch Fällen mit La^{3+}-Salzen. K. Huste. G 253◇

1790 **Jod-Natriumthiosulfat-Titration.** 11. Mitt. **Auswahl von Bimetall-Elektroden bei der potentiometrischen Titration.** Kozo Ueno und Tetsuhei Tachikawa. (Japan Analyst **11**, 277—82, 1962; Muroran, Inst. of Technol, Chem. Sect.; jap., Auszug: engl.) — 10. vgl. Japan Analyst **8**, [1959], 575. — $Na_2S_2O_3$-Lsgg. werden mit J_2-Lsgg. u. J_2-Lsgg. mit $Na_2S_2O_3$-Lsgg. unter Verw. von Pt–W-, Pt–Mo-, Pt–Ag-, Pt–Ta-, Pt–Ni- u. Pt–Pd-Elektroden potentiometr. titriert. Der Verlauf der Titrationskurven wird wiedergegeben. Bei Verw. von Pt–Ta- u. Pt–Pd-Elektroden erfolgt bei der Jodometrie im Endpunkt eine plötzliche Potentialverminderung, bei den anderen Elektroden ein Potentialanstieg. Bei der umgekehrten Titration gibt die Pt–Pd-Elektrode im Endpunkt eine plötzliche Potentialverminderung; die anderen Elektroden führen zu Potentialanstiegen. Durch Steigerung des KJ-Zusatzes verflachen sich die Potentialsprünge. W. Wesly. G 253◇

1791 **Bestimmung von Sulfid und Thiosulfat nebeneinander durch die dead-stop-Endpunktanzeige.** Sándor A. Kiss. (Magyar Kémikusok Lapja [Z. Ver. ung. Chemiker] **18**, 145, 1963; Kazinsbarcika, Chem. Komb.; ung.) — S^{2-}-Ionen sind mit 0,1n Cd-Acetat-Lsg. in acetathaltiger Lsg. bei pH <7 unmittelbar neben $S_2O_3^{2-}$ titrierbar. $S_2O_3^{2-}$ wird in borsäurehaltiger Lsg. — nach Auskochen des S^{2-} — mit 0,01n $HgCl_2$-Lsg. titriert. Genauigkeit $\pm 0,2\%$. J. Kis. G 253△

1792 **Spektrophotometrische Bestimmung von Selen in Gegenwart von Tellur.** N. Leontovitch. (Chim. analytique **42**, 549—51, 1960; St.-Germain-en-Laye, Inst. de Rech. de la Siderurgie; franz.) — Te übt einen Einfl. auf die spektrophotometr. Best. von Se aus; u. zwar bildet sich bei Ggw. von Te in Se-Lsgg. eine Verb. $TeSe_{12}$, die systemat. die Empfindlichk. der Best., d. h., die Extinktion der kolloidalen Rk.-Lsg. erhöht, wenn das vom Vf. beschriebene Best.-Verf. für Se angewendet wird (vgl. C. **1963**, 6350). Deshalb muß bei Ggw. von Te dafür gesorgt werden, daß das Verhältnis Te : Se in der Rk.-Lsg. $>0,135$ ist. Es ergeben sich damit leicht verschobene Eichkurven. H. Fries. G 254◇

1793 **Bestimmung von Selen in elementarem Tellur.** W. W. Malachow. (Betriebs-Lab. [UdSSR] **29**, 419, 1963; Alma Ata, Kasach. Univ.; russ.) — 0,5 g Te werden in 10 ml H_2SO_4 (1,84) unter Zugabe von 1—2 ml HNO_3 (1,4) gelöst u. 2mal mit 15—20 ml W. bis zum Auftreten von SO_3 eingedampft. Dann werden 75 ml W., 25 ml HCl (1,19), 1—2 g $NH_2OH \cdot HCl$ u. ca. 300 mg Asbest zugegeben, u. es wird bis zur vollständigen Red. des Se gekocht. Das Se wird abfiltriert u. polarograph. bestimmt. R. Gerbatsch. G 254◇

1794 **Abtrennung von Tellur mit einem Ionenaustauscherharz.** Yasumitsu Uzumasa, Seiichiro Hikime, Kenjiro Hayashi und Hitoshi Yoshida. (Japan Analyst **11**, 78—82, 1962; Hokkaido Univ., Fac. of Sci.; jap., Auszug: engl.) — Te(IV) wird in saurer Lsg. mit $Cr_2O_7^{2-}$ zu Te(VI) oxydiert u. Te(VI) mit H_2O_2 zu Te(IV) reduziert. Das durch Oxydation mit $Cr_2O_7^{2-}$ gewonnene Te(VI) wird leichter als Te(VI) im K_2TeO_4 mit $SnCl_2$ reduziert. Te(IV) u. Te(VI) werden in <1n HCl-Lsg. durch einen Anionenaustauscher nicht, in $<0,3$ n HCl dagegen wird Te(IV) im Gegensatz zu Te(VI) gebunden. Beim Durchgang einer $Te^{6+}Cu^{2+}$, Fe^{3+}, Bi^{3+} u. $Cr_2O_7^{2-}$ enthaltenden HCl-Lsg. (pH 0,4—0,5) durch einen sauren Katoinenaustauscher gehen Te^{6+} u. $Cr_2O_7^{2-}$ in das Eluat; die anderen Kationen werden ausgetauscht. Zur Trennung von Te^{6+} u. $Cr_2O_7^{2-}$ dient ein Anionenaustauscher in Cl^--Form. Die Trennung von Te von Spaltprodd. wird durch ein Schema wiedergegeben. W. Wesly. G 255◇

1795 **Chemische Analyse von Tellur.** 1. Mitt. **Bestimmung von Kupfer in Tellur hoher Reinheit.** Nobuhisa Matano und Akira Kawase. (Japan Analyst **11**, 346—51, 1962; Nat. Res. Inst. for Metals; jap., Auszug: engl.) — Man löst die Probe in Königwasser, versetzt die Lsg. mit NH_4-Citrat, stellt mit NH_3 auf pH 6 ein, versetzt mit $NH_2OH \cdot HCl$ u. Bathocuproin, extrahiert die Lsg. mit Chlf. u. ermittelt die Extinktion bei 477 nm. Te mit 99,99% Reinheit enthält 2,9 ppm Cu. Te höherer Reinheit löst, man in HNO_3, entfernt den größten Teil des Te als H_2TeO_3 u. bestimmt Cu wie oben angegeben. In Te mit 99,999% Reinheit wurden 0,11 ppm Cu gefunden. W. Wesly. G 255◇

1796 **Chemische Analyse von Tellur.** 2. Mitt. **Bestimmung von Blei in Tellur hoher Reinheit.** Akira Kawase. (Japan Analyst **11**, 1162—68, 1962; Nat. Res. Inst. for Metals; jap., Auszug: engl.) — 1. vgl. Japan Analyst **11**, [1962], 346. Zur Best. von $>0,1$ ppm Pb in Te hoher Reinheit löst man die Probe in HNO_3–HCl, versetzt mit NH_4-Citrat, stellt das pH auf ca. 10 ein, extrahiert das Pb mit Dithizon (I), Bzl., nimmt mit HNO_3 auf u. ermittelt das Pb polarograph. mit NaOH–NaCl–Na_2SO_3 als Trägerelektrolyt oder durch I-Spektrophotometrie. Bei extrem geringen Pb-Geh. beseitigt man die größte Te-Menge vor der Extraktion als TeO. In Te mit 99,97 bzw. 99,999% Reinheit wurden 17 bzw. 0,2 ppm Pb ermittelt. W. Wesly. G 255◇

1797 **Titrimetrische Bestimmung von Kohlenstoff in wässerigen Lösungen und in organischen Verbindungen.** D. C. White. (Talanta [London] **10**, 727—36, 1963; Great Burgh, Epsom, Surrey, Distillers Co. Ltd., Dev. Div., Res. Dep.; engl.) — Zur Best. von Sub-mg-Mengen C in wss. Lsgg. wird eine Probe $\leqslant 100$ ml in einem Ofen nach Belcher-Ingram mit offenem Rohr verbrannt, das CO_2 in Aceton absorbiert u. fortlaufend mit 0,005m NaOH-Lsg. in Methanol/Pyridin (5 : 95) oder Methanol/Methylisobutylketon (5 : 95) gegen Thymolblau titriert. Bei C-Mengen zwischen 0 u. 100 μg beträgt die Genauigkeit $\pm 2\,\mu$g, so daß der C-Geh. einer wss. Lsg. von 100 ml auf 0,002% abs. bestimmt werden kann. Die Meth. eignet sich ebenfalls für Lsgg. mit organ. u. Carbonat-C sowie zur C-Best. in mg-Proben organ. Verbindungen. Durch Elektrolyse einer KJ-Lsg. in trockenem Aceton kann der Titrant coulometr. in der Absorptions-Fl. erzeugt werden. J. Peters. G 260◇

1798 **Die Zählung von ^{14}C durch flüssige Scintillatoren. Die Verwendung von Äthanolaminoäthylenglykol-Monomethyläther-Toluol.** Henry Jeffay und Julian Alvarez. (Analytic. Chem. **33**, 612—15, 1961; engl.) — Zur scintillometr. Best. von ^{14}C, wenn es in einer unlösl. chem. Verb. vorliegt, wird diese Verb. zu $^{14}CO_2$ oxydiert u. dieses in Äthanolamincarbonat übergeführt, das in Äthylenglykolmonomethyläther gelöst wird. Die dazu auszuführenden chem. Prozesse werden erläutert. Eine bestimmte Menge der Lsg. wird dem fl. Scintillator, der seinerseits in Toluol gelöst ist, zugefügt u. photoelektron. bestimmt. Es wird über Messungen zur optimalen Scintillatorspannung, die günstigste Konz. des Scintillators (2.5-Diphenyloxazol), die Linearität der Zählergebnisse u. ihre Reproduzierbarkeit sowie den Wrkg.-Grad der gesamten Meth. berichtet, der mit 50% angegeben wird. Die Ergebnisse werden diskutiert. W. Reusse. G 260◇

1799 **Die absorptiometrische Bestimmung von Silicium in Wasser.** 1. Mitt. **Bildung, Stabilität und Reduktion von α- und β-Molybdatokieselsäuren.** I. R. Morrison und A. L. Wilson. (Analyst **88**, 88—99, 1963; Leatherhead, Surrey, Central Electricity Res. Labor.; engl.) — Vff. untersuchen den Einfl. von pH-Wert, Erwärmungszeit, Weinsäure-, Oxalsäure-, HCl- u. PO_4^{3-}-Konz. auf die Bldg., Stabilität u Red. der α-(I) u. β-Molybdatokieselsäuren (II). Sowohl die durch Sn(II) red. Form von I, als auch die durch 1-Amino-2-naphthol-4-sulfonsäure red. Form von II eignen sich zur Best. des „reaktiven“ Si-Geh. von W., d. h. der Si-Verbb. (vor allem monomere u. dimere Kieselsäure), die unter den Vers.-Bedingungen innerhalb von 10 Min. mit Ammoniummolybdat zu Molybdatokieselsäure reagieren. Bei der spektralphotometr. Best. von Si über die red. Formen von I bzw. II beträgt die Empfindlichkeit (nach Sandell) 0,0030 μg Silicat/cm² bei 742 nm bzw. 0,0026 μg Silicat/cm² bei 810 nm. J. Peters. G 261◇

1800 **Die absorptiometrische Bestimmung von Silicium in Wasser.** 2. Mitt. **Eine Methode zur Bestimmung des „reaktiven“ Siliciums in Kraftwerkwässern.** I. R. Morrison und A. L. Wilson. (Analyst **88,** 100—04, 1963; engl.) — 1. vgl. vorst. Referat. — Die spektralphotometr. Best. des reaktiven Si-Geh. von W. (vgl. vorst. Ref.) erfolgt über die red. Form der β-Molybdatokieselsäure. Man verd. die Probe auf 80 ± 5 ml, fügt 2,5 ml Molybdat-Lsg. [89 g $(NH_4)_6Mo_7O_{24} \cdot 4\,H_2O$ u. 62 ml 98%ig. H_2SO_4 pro Liter] sowie nach 10 ± 3 Min. 2,5 ml 28%ig. Weinsäure-Lsg. u. nach 5 ± 1 Min. 2 ml Red.-Lsg. (2,4 g $Na_2SO_3 \cdot 7\,H_2O$, 0,2 g 1-Amino-2-naphthol-4-sulfonsäure u. 14 g $K_2S_2O_5$ in 100 ml wss. Lsg.) hinzu u. füllt auf 100 ml auf. Nach 15 Min. bis 24 Std. (1 Std. bei PO_4^{3-}-haltiger Probe) wird die opt. Durchlässigkeit gegen eine Blindprobe bei 810 nm ermittelt. Die Erfassungsgrenze liegt bei 0,001 ppm Silicat. J. Peters. G 261◇

1801 **Die absorptiometrische Bestimmung von Silicium in Wasser.** 3. Mitt **Eine Methode zur Bestimmung des gesamten Siliciumgehaltes.** I. R. Morrison und A. L. Wilson. (Analyst **88,** 446—55, 1963; engl.) — 2. vgl. vorst. Referat. — Zur Best. des gesamten Si-Geh. im W. wird die Probe eingedampft u. der Rückstand mit Na_2CO_3 geschmolzen. Das gebildete Na-Silicat wird photometr. als red. α-Molybdatokieselsäure bestimmt. Bei Proben von 2—20 ml beträgt die Standardabweichung ± 0,3 μg Silicat im Bereich von 0—60 μg. PO_4^{3-}-Geh. > 0,05—0,1 ppm der End-Lsg. stören. Die Meth. eignet sich bes. zur Analyse von Frisch- u. Speisewasser u. kondensiertem Dampf (0,002—0,2 ppm Silicat) sowie von Rohwasser (bis 20 oder 30 ppm Silicat) von Kraftwerken. J. Peters. G 261◇

1802 **Quantitative Bestimmung von Kieselsäure in Gläsern mit Chinolin.** O. Ss. Maximowa und G. D. Jansson. (Betriebs-Lab. [UdSSR] **29,** 540, 1963; Riga, Polytechn. Inst.; russ.) — Der Molybdatosilicatkomplex gibt mit Chinolin einen schwerlöslichen Nd., der zur gravimetr. SiO_2-Best. eingesetzt werden kann. R. Gerbatsch. G 261◇

1803 **Gravimetrische Bestimmung von Siliciumdioxid als Chinoliniummolybdatosilicat in Phosphatgesteinen.** J. A. Brabson, R. D. Duncan und Inez J. Murphy. (Analytic. Chem. **35,** 1102—03, 1963; Wilson Dam, Ala., Tennessee Valley Authority, Div. of Chem. Dev.; engl.) — Die von Vff. früher beschriebene Meth. (Analytic. Chem. **20,** [1948], 504) wird dahingehend abgewandt, daß 8-Hydroxychinolin (I) durch Chinolin (II) ersetzt wird. Phosphat u. Silicat werden in Ggw. von Molybdat aus saurer Lsg. gemeinsam gefällt. Da der schneller ausfallende Phosphatkomplex leicht Molybdatokieselsäure einschließt, die dann nicht mit II reagieren kann, digeriert man 1 Std. lang auf dem Wasserbad, wäscht mit einer sauren gesätt. Silicat-Lsg. u. trocknet bei 160°. In einer weiteren Probe wird Phosphat allein bestimmt u. aus der Differenz beider Auswaagen der SiO_2-Geh. berechnet. Durch den Ersatz von I durch II wird bei gleichen Proben die Standardabweichung von ± 0,18 bis ± 0,26 auf ± 0,08 bis ± 0,12 verringert. J. Peters. G 261◇

1804 **Bestimmung von Sauerstoff in Lithium.** R. J. Jaworowski, J. R. Potts und E. W. Hobart. (Analytic Chem. **35,** 1275—79, 1963; Middletown, Conn., Pratt & Whitney Aircraft-CANEL; engl.) — Beim Lösen von Alkalimetallen in fl. NH_3 fallen die Oxide des Li sowie der übrigen Alkalimetalle quant. aus. Der in geschlossener App. unter Inertgasatmosphäre abfiltrierte Nd. wird getrocknet. Nach Lösen des Nd. in H_2O lassen sich die Oxide durch coulometr. Titration nach Zusatz von 0,1 m Na_2SO_4-Lsg. bestimmen. Die Brauchbarkeit der Meth. wird durch Vgl. der Messungen an Alkalimetallen mit bekanntem Oxidzusatz u. durch Vgl. mit den Ergebnissen der Amalgam-Meth. nachgewiesen. Der zu bestimmende Oxid-Geh. der Alkalimetalle liegt bei einigen 100 ppm. K. Scheffler. G 273◇

1805 **Bestimmung des Natriumcyclopentadienylgehalts in Reaktionsgemischen durch Hochfrequenztitration.** L. M. Stifman, W. W. Lasstowitsch und L. G. Kurjakowa. (Betriebs-Lab. [UdSSR] **29,** 546, 1963; russ.) — Eine Titration gefärbter Lsgg. mit 0,5n HCl ist mit Hochfrequenzendpunktsanzeige an Stelle der sonst üblichen Indicatoren möglich. R. Gerbatsch. G 274

1806 **Untersuchung über Sauerstoffbestimmungsverfahren in metallischem Magnesium.** 1. Mitt. **Bestimmung von Magnesiumoxid.** Kurze Mitt. Nakaaki Oda und Shigeji Sawabe. (J. chem. Soc. Japan, ind. Chem. Sect. [Kogyo Kagaku Zassi] **59,** 1445—46, 1956; Takaoka, Soda K. K.; jap.) — *Mg*-Proben (5 g) mit O-Geh. von 0,009—0,097% in Form von MgO werden in einem mit einem inerten Gas gefüllten völlig trocknen Kolben mit einer Mischung von 3 (Vol) Ae. + 1 C_2H_5Br behandelt u. das zurückbleibende *MgO* mit gesätt. wss. H_3BO_3-Lsg. u. W. gewaschen, um aus MgC_2H_5Br durch evl. Hydrolyse gebildetes Mg(OH)Br zu entfernen, u. dann der unlösl. Rest in HCl gelöst u. das Mg nach dem Oxin-Verf. bestimmt u. der O-Geh. im Mg berechnet. L. Schuler. G 282□

1807 **Spektralanalyse von Magnesiumlegierungen.** A. Ss. Demjantschuk und A. A. Jakowenko. (Betriebs-Lab. [UdSSR] **28,** 565—66, 1962; Akad. Wiss. UkrainSSR, Paton-Inst. Elektroschweißen; russ.) — Aufnahme des im Gerät ISP-28 erzeugten Funkenspektrums u. dessen Auswertung mit Hilfe von Standardproben. R. Wittwer. G 282◇

1808 **Spektralanalyse der Magnesiumlegierung ML-11.** I. A. Woroneshskaja, O. I. Mladenzewa, A. W. Aksssenow und R. A. Gradobojewa. (Betriebs-Lab. [UdSSR] **28,** 557—58, 1962; russ.) — Beschrieben wird die Best. von Ce, Nd, Pr, La, Zn u. Zr in der Leg. ML-11 mit Hilfe des Spektrographen ISP-28. Der relative Fehler der Analyse beträgt ± 3 bis ± 5%. R. Wittwer. G 282◇

1809 **Trennung und Bestimmung von Zink in Aluminium-Legierungen mit flüssigen Anionenaustauschern.** Masaru Ishibashi und Hitoshi Komaki. (Japan Analyst **11,** 43 bis 47, 1962; Mitsubishi Electr. Mgf. Co., Ltd.; jap., Auszug: engl.) — Nach Extraktion von Fe mit Methylisobutylketon wird Zn mit EDTA u. Erichromschwarz als Indicator bei pH 9—10 titriert. Man extrahiert Zn in der wss. Schicht mit einer 15 Vol.-%ig. Kerosin-Lsg. von Amberlite LA-1 oder LA-2 u. einer Acidität von 3n HCl; die organ. Schicht wird mit 0,3n HNO_3-Lsg. gerührt. Spuren Al, Cu u. Zn werden in der organ. Schicht in Ggw. von Triäthanolamin u. 5%ig. KCN-Lsg. gehalten; nur Zn wird aus der organ. Schicht mit 4%ig. Formaldehyd-Lsg. frei gemacht. W. Wesly. G 288◇

1810 **Verfahren zur Spektralanalyse von Aluminiumlegierungen.** Zofia Czajka. (Magyar Kémiai Folyóirat [Ung. Z. Chem.] **68,** 519—23, 1962; Krakau, Metallurg. Inst.; ung.) — Zur Best. von Si, Mn, Mg, Fe u. Cu werden die Proben mit dem Feussner-Funkenerzeuger angeregt u. unter Verw. der angegebenen Linienpaare eine Genauigkeit von ± 3—6% erreicht. Da zur Best. von Zn mit Funkenanregung keine entsprechenden Linienpaare gefunden wurden, geschah diese Best. mit Abreißbogen. Um den meist geringen P-Geh. zu erfassen, wurden 5 g der Probe in HCl gelöst, die entstehenden Gase in Br absorbiert, SiO_2 u. überschüssiges Br entfernt u. der Eindampfrückstand mit Graphitpulver gemischt zur Analyse verwendet. Erfassungsgrenze 10^{-4}%. Der Na-Geh. der Legg. wird aus der HCl-Lsg. flammenphotometr. bestimmt. J. Plank. G 294△

1811 **Untersuchung der Aluminium-β-resorcylate.** I. Cădariu, L. Oniciu und Je. Schmidt. (J. anorg. Chem. [UdSSR] **8,** 28—33, 1963; Cluj, Rumänien, Babesch-Bojai-Univ., Lehrstuhl physikal. Chem.; russ.) — Die Rk. von wss. Al^{3+} mit

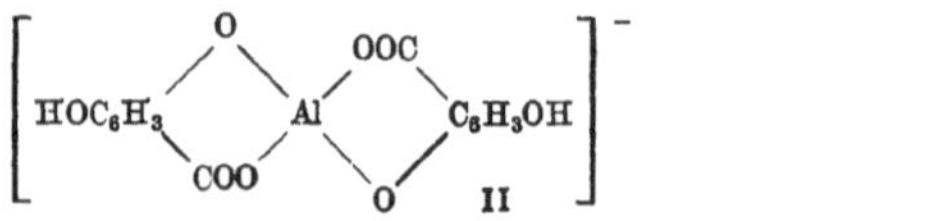

II

Na-β-Resorcylat ($C_6H_3(OH)_2COO^-$) (I) wurde unter Verw. potentiometr. u. extraktiver Meth. untersucht. Die Rk. verläuft analog der von Al^{3+} mit Salicylat oder Tartrat. Bei einem Mol-Verhältnis I/Al > 4 wird mit NaOH aus einer Al^{3+}-

Lsg. kein Hydroxid gefällt, da Al als lösl. Komplex (II) gebunden wird, wobei gleichzeitig 2 Mol β-Resorcylsäure (III) frei werden. III ist mit Ae. mit einem Verteilungs-Koeff. $c_{W.}/c_{Ae.} = 3 \cdot 10^{-2}$ ($\mu = 1$) extrahierbar. Die Säuredissoziations-Konst. von III haben bei 20° u. $\mu = 1$ ($NaNO_3$) die Werte $K_1 = 9{,}43 \cdot 10^{-4}$ u. $K_{2(o-OH)} = 1{,}45 \cdot 10^{-9}$. Die Ausbeute an II steigt mit der Gesamtkonz. an Al^{3+} u. I sowie mit dem Verhältnis I/Al u. beträgt bei $c_I = 2 \cdot 10^{-1}$ u. I/Al = 4—10 84,5 bis 97,5%. II ist bis pH 8 beständig. Weitere pH-Erhöhung führt zur Trennung der Al-Carboxyl-Bindung u. zur Bldg. von $Al(OR)_4^-$ ($R = C_6H_3OHCOO^-$) u. $[Al(OH)_4]^-$. Al^{3+} läßt sich in Ggw. von überschüssigem I mit NaOH gegen Nilblau titrieren. G. Winkhaus. G 294◇

1812 **Spektralphotometrische Studie der Reaktion von Gd^{3+}, Sm^{3+}, Dy^{3+} und Yb^{3+} mit Xylenolorange.** B. Buděšínský und A. Bezděková. (Z. analyt. Chem. **196,** 172 bis 177, 1963; Rez bei Praha, Tschechosl. Akad. der Wiss., Inst. für Kernforsch.; dt.) — Vff. untersuchten die Komplex-Bldg. von Gd^{3+}, Sm^{3+}, Dy^{3+} u. Yb^{3+} mit Xylenolorange im pH-Bereich von 1,18—6,57 im sichtbaren Gebiet. Alle 4 Ionen bilden 2 : 2-Komplexe, deren Bldg.- u. Stabilitäts-Konst. bei verschiedenen pH-Werten tabellar. angegeben werden. Es wird ein Verf. zur Best. der Summe der Seltenerdmetalle in kleinsten Mengen, wie sie in Kernbrennstoffen vorkommen, bei pH 5,8 u. 570 nm angegeben. P. Kurzmann. G 316◇

1813 **Die Trennung von Lu/Yb/Tm mit einem Kationenaustauscher und α-IHBA.** D. L. Massart und J. Hoste. (Analytica chim. Acta [Amsterdam] **28,** 378—82, 1963; Gand, Univ., Labor. de Chim. Analyt.; franz.) — Es wird die Trennung von Lu/Yb/Tm mit einem Kationenaustauscher u. 0,1m α-Hydroxyisobuttersäure-Lsg. als Elutionsmittel untersucht. Man beobachtet beim Eluieren von ca. 1 mg der Seltenerdmetalle, daß sich die asymm. Elutionskurven u. die Verteilungs-Konst. verändern. Eine quant. Trennung bei Zimmer-Temp. u. pH 3,83 dauert 23 Std., bei einem pH-Gefälle nur 13 Stunden. D. Heinrich. G 317◇

1814 **Einfluß des Actinons und Radons auf die Bestimmung des Thorons nach der Emanationsmethode.** P. I. Tschaikin und N. W. Golubew. (Radiochemie [UdSSR] **4,** 742—44, 1962; russ.) — Mit Vergrößerung der ^{226}Ra-Konz. in den Ausgangs-Lsgg. von $2 \cdot 10^{-9}$ auf $40 \cdot 10^{-9}$ g/Liter steigt die Aktivität in der Ionisationskammer proportional an. Vff. untersuchten die Aktivität in der Ionisationskammer in Abhängigkeit von der Schleppgas-Geschw. von 0,35—1,10 Liter/min beim Durchblasen durch eine $4-10^{-8}$ g/Liter ^{226}Ra bzw. $3{,}5-10^{-3}$ g/Liter ^{232}Th enthaltende Lösung. Die Geschw. hat keinen Einfl. auf die Best. von Thoron u. einen großen Einfl. auf die in der Kammer gemessene Acitinon/Radon-Aktivität. Vff. weisen nach, daß der Einfl. von ^{226}Ra u. AcX auch von der zu messenden Thoronmenge abhängt. G. Ewald. G 324◇

1815 **Anwendung der Elektrolyse bei kontrolliertem Potential zur Analyse von Blei- und Zinnlegierungen.** 2. Mitt. **Zinnlegierungen.** B. Alfonsi. (Analytica chim. Acta [Amsterdam] **25,** 374—78, 1961; Turin, Auto-Avio, Fiat, Res. and Control Labor.; engl.) — 1. vgl. C. **1963,** 12539. — Vf. beschreibt ein Verf. zur Best. von Sb, Cu u. Pb in Sn-Legg. (Pb-Geh. ≧ 1%) durch sukzessive Elektrolyse bei kontrolliertem Potential. Die Abscheidungspotentiale sind für Cu —0,30 bis —0,40 V (gemessen gegen die Standardkalomelelektrode) u. für Pb —0,60 bis —0,65 V. Bi u. Ag werden mit Cu abgeschieden. Die Best. des Sn wird gesondert nach einem modifizierten Verf. bei —0,65 V durchgeführt. Die maximale Abweichung beträgt dabei ± 0,1%. J. Kraetsch. G 327◇

1816 **Chromatographische Bestimmung von Uran.** 1. Mitt. **Die papierchromatographische Methode.** T. Palágyi. (Acta chim. Acad. Sci. hung. **22,** 131—38, 1960; Budapest, Acad. of Sci., Central Res. Inst. for Chem.; engl.) — Nach 75 Min. langer aufsteigender Entw. mit Methyläthylketon oder Butylacetat, das 15% HNO_3 enthält, sind U-Mengen von 0,5 bis 200 μg mit 10%ig. Genauigkeit bestimmbar. Die quant. Best. erfolgt visuell nach Anfärbung mit $K_4[Fe(CN)_6]$ unter Zuhilfenahme gleichzeitig entwickelter Vgl.-Proben. Für U-Mengen < 5 μg benutzt Vf. sich nach oben verjüngende Chromatogramme. Das Verf. wird durch Ag, Tl, Pb, Hg, Cd, Mn, Al, Cr, Zn, Th, Ca, Ba, Mg, Na, K u. NH_4^+ nicht gestört. F. M. Friedrich-Anderseck. G 339◇

1817 **Chromatographische Bestimmung von Uran.** 2. Mitt. **Bestimmung mit Hilfe der Säulenchromatographie.** T. Palágyi. (Acta chim. Acad. Sci. hung. **22,** 239—45, 1960; engl.) — 1. vgl. vorst. Referat. — Mit Hilfe der weiterentwickelten Meth. von Burstall u. Arden (Analyst. **76,** [1951], **396**) wird über eine mit aktivierter Cellulose gefüllte Säule (10 cm lang, 2 cm ∅) U^{6+} von V^{5+}, Fe^{3+}, Co^{2+} u. Ni^{2+} durch Elution mit Methylisobutylketon bzw. Isobutylacetat u. konz. HNO_3 (98 : 2) getrennt. Die Best. erfolgt nach Zusatz von $K_4[Fe(CN)_6]$ photometr.; der Fehler des Verf. beträgt bei U-Mengen von 0,5—5 mg ca. 5%. F. M. Friedrich-Anderseck. G 339◇

1818 **Spektrophotometrische Bestimmung von Molybdän in Uran mit 8-Chinolinol.** Kenji Motojima, Hiroshi Hashitani, Kimie Izawa und Hideyo Yoshida. (Japan Analyst **11,** 47—51, 1962; Japan Atom. Energy Res. Inst.; jap., Auszug: engl.) — Ein Verf. zur spektrophotometr. Schnellbest. von Mo in U beruht auf der Extraktion mit Chlf. als 8-Chinolinat bei pH 3,0—3,5, wobei die Extraktion von U durch Maskierung mit F^- verhindert wird. Die üblichen Verunreinigungen stören in normaler Konz. nicht. Zur Eliminierung von Mo begleitenden Metallen dient eine Waschung des Extraktes mit 0,1m Oxalsäurelösung. Das rasch ausführbare, genaue Verf. gestattet die Best. bis 0,5 ppm Mo. W. Wesly. G 339◇

1819 **Bestimmung von Kobalt in metallischem Uran.** Yoshio Morimoto, Takashi Ashizawa und Teruko Takenouchi. (Japan Analyst **11,** 167—70, 1962; Atomic Fuel Corp., Tokai Refinery Inst. of Atomic Fuel; jap., Auszug: engl.) — Man löst die Probe in HCl + H_2O_2, dampft die Lsg. zur Trockne ein, nimmt den Rückstand mit W. auf, versetzt mit NH_4-Citrat-Lsg., stellt mit NH_3 auf pH 8,5 ein, extrahiert mit Dithizon (I)–CCl_4, wäscht die organ. Schicht mit 4n HCl, gibt sie auf eine Al_2O_3-Säule (Adsorption der I-Komplex-Verbb.), eluiert den Co-Komplex mit Chlf. u. bestimmt seine Extinktion bei 550 nm. Auf diese Weise läßt sich > 0,1 ppm Co mit 10% Schwankung bestimmen. W. Wesly. G 339◇

1820 **Analytische Methoden zur Bestimmung von Spurensubstanzen im metallischen Uran.** 4. Mitt. **Bestimmung von Zink in metallischem Uran.** Yoshio Morimoto, Takashi Ashizawa und Satoru Takani. (Japan Analyst **11,** 56—61, 1962; Atomic Fuel Corp., Tokai Reginery, Inst. for Atomic Fuel; jap., Auszug: engl.) — 3. vgl. C. **1963,** 5961. — Man löst die Probe in HCl + H_2O_2, versetzt den Abdampfrückstand mit NH_4-Citrat (Komplexbindung von U), stellt mit NH_3 auf pH 8,5 ± 0,3 ein, extrahiert Zn als Dithizon-Komplex mit Dithizon-CCl_4, gibt den Extrakt auf eine Al_2O_3-Säule, wäscht mit Chlf. (Beseitigung von Ni- u. Co-Dithizon-Verbb.) aus, macht Zn mit Chlf.-Methanol frei u. ermittelt die Extinktion bei 480 nm. Auf diese Weise werden 0,2—8 μg Zn in 5 ml Lsg. bestimmt. W. Wesly. G 339◇

1821 **Analytische Methoden zur Bestimmung von Spurensubstanzen in metallischem Uran.** 5. Mitt. **Bestimmung von Kupfer in metallischem Uran.** Yoshio Morimoto, Takashi Ashizawa und Kenji Miyahara. (Japan Analyst **11,** 61 bis 65, 1962; jap., Auszug: engl.) — 4. vgl. vorst. Referat. — Die Probe wird in HCl + H_2O_2 gelöst, zur Trockne verdampft, die Rückstands-Lsg. mit NH_3 auf pH 1,8—2,2 eingestellt, Cu mit Dithizon-CCl_4 extrahiert u. die Extinktion bei 531,5 nm ermittelt. Auf diese Weise werden 0,3—15 μg Cu in 5 ml Lsg. ermittelt. Ag stört bis 10 μg nicht. W. Wesly. G 339◇

1822 **Analytische Methode zur Bestimmung von Spurensubstanzen in metallischem Uran.** 6. Mitt. **Bestimmung von Wasserstoff und Sauerstoff in metallischem Uran.** Yoshio Morimoto und Akio Hirayama. (Japan Anlayst **11,** 163—66, 1962; jap., Auszug: engl.) — 5. vgl. vorst. Referat. — Durch 20 Min. lange Vakuum-Extraktion von U bei 900° lassen sich 0,2—0,4 ppm H_2 bestimmen. Die O_2-Best. ist möglich durch Schmelzextraktion bei 1850° unter Verw. eines Pt-Bades. Zur Erzielung höherer Genauigkeit empfiehlt sich eine mechan. Reinigung der Metalloberfläche. W. Wesly. G 339◇

1823 **Bestimmung von Spurenverunreinigungen in metallischem Uran.** 21. Mitt. **Bestimmung von Cadmiumspuren in metallischem Uran durch Extraktion des Jodkomplexes mit Methylisobutylketon und das photometrische Dithizon-Verfahren.** Daido Ishii und Tsugio Takeuchi. (Japan Analyst **11,** 52—55, 1962; Nagoya Univ., Fac. of Engng., Inst. of Techn.-Analyt. Chem.; jap., Auszug: engl.) — Vgl. C. **1963,** 1792. — Die in HCl u. H_2O_2 gelöste, mit $NH_2OH \cdot HCl$, KJ, Na-Citrat, $Na_2S_2O_3$ u. NH_3 versetzte Probe wird zur Trennung von Cd mit Methylisobutylketon extrahiert, der Extrakt mit W. aufgenommen, mit $NH_2OH \cdot HCl$, Na-Citrat u. NH_3 versetzt u. mit Dithizon-CCl_4 zur Abtrennung von Cd-Dithizonat (I) extrahiert. Dieses wird in verd. HCl übergeführt, die Lsg. alkal. gemacht u. das gereinigte I mit Dithizon-CCl_4 extrahiert, dessen Extinktion bei 520 nm ermittelt wird. Best.-Grenze 0,02 ppm Cd bei Anwendung von 5 g Substanz. W. Wesly. G 339◇

1824 **Bestimmung von Spurenverunreinigungen in metallischem Uran.** 23. Mitt. **Bestimmung von Spuren Chlor in metallischem Uran durch Wechselstrom-Polarographie.** Daido Ishii und Tsugio Takeuchi. (Japan Analyst **11,** 171—74, 1962; jap., Auszug: engl.) — 22. vgl. Japan Analyst **11,** [1962] 118; 21. vgl. vorst. Referat. — Man löst die Probe in H_2SO_4 u. H_2O_2, zersetzt den H_2O_2-Überschuß durch Erhitzen, stellt die H_2SO_4-Konz. auf 9n ein u. ermittelt das Wechselstrom-Polarogramm von Cl_2 unter Verw. der Hg-Tropfelektrode. Die Cl_2-Menge wird aus der Stufenhöhe (E_p = —0,15 V gegen Hg) bei der Elektroden-Rk. $2\,Hg + 2\,Cl \rightleftharpoons Hg_2Cl_2 + 2\,e$ berechnet. Andere Halogene u. Verunreinigungen von metall. U stören nicht. Auf diese Weise werden 1—70 ppm Cl bei Anwendung von 1 g in 10 ml Endlsg. bestimmt. W. Wesly. G 339◇

1825 **Bestimmung von Spurenverunreinigungen in metallischem Uran.** 24. Mitt. **Photometrische Bestimmung von Spuren Silber in metallischem Uran.** Daido Ishii und Tsugio Takeuchi. (Japan Analyst **11,** 174—78, 1962; jap., Auszug: engl.) — 23. vgl. vorst. Referat. — Man versetzt die in HNO_3 u. H_2SO_4 gelöste Probe mit Tl_2SO_4 u. KJ, löst das mit TlJ zusammengefällte AgJ in H_2SO_4 u. H_2O_2, dampft die Lsg. zur Trockne ein, behandelt den Rückstand mit 60 Vol.-%ig. Essigsäure u. p-Dimethylaminobenzylidenrhodanin (0,004%ig) u. bestimmt die der Ag-Menge entsprechende Extinktion bei 580 nm. Auf diese Weise werden 0,4—4 ppm Ag in U bei Anwendung von 5 g Substanz u. 5 ml Endlsg. bestimmt. W. Wesly. G 339◇

1826 **Bestimmung von Spurenverunreinigungen in metallischem Uran.** 25. Mitt. **Photometrische Bestimmung von Spuren Zirkonium in metallischem Uran.** Daido Ishii und Tsugio Takeuchi. (Japan Analyst **11,** 267—71, 1962; jap., Auszug. engl.) — 24. vgl. vorst. Referat. — Zur Best. von Zr-Spuren in U löst man die Probe mit HCl unter Zusatz von H_2O_2, $HClO_4$ u. HF, dampft die Lsg. zur Trockne, löst den Rückstand in 4,5n HCl, beseitigt U, Fe usw. durch Extraktion mit TBP, stellt die wss. Lsg. auf 8n mit HCl ein, extrahiert Zr mit TBP, zieht den Extrakt mit W. aus, erhitzt die Lsg. mit $HClO_4$ bis zum Auftreten weißer Dämpfe, verd. mit W. auf 0,3—1,0n HCl-Konz., kocht mit Na-Alizarinsulfonat u. ermittelt die Extinktion der Lsg. bei 523 nm. Auf diese Weise werden 5—100 ppm Zr in 1 g Substanz bei 10 ml Endlsg. bestimmt. W. Wesly. G 339◇

1827 **Bestimmung von Spurenverunreinigungen in metallischem Uran.** 26. Mitt. **Bestimmung von Spuren Cu, Pb, Cd, Zn, Ni, Co, Fe und Mn durch Extraktion mit TBP und Wechselstrom-Polarographie.** Daido Ishii und Tsugio Takeuchi. (Japan Analyst **11,** 272—77, 1962; jap., Auszug: engl.) — 25. vgl. vorst. Referat. — Man löst die U-Probe in HNO_3, beseitigt U durch Extraktion mit TBP-CCl_4, dampft die wss. Lsg. mit $HClO_4$ zu Trockne, löst den Rückstand in einem Gemisch von $HClO_4$, HCl u. Weinsäure bestimmter Konz. u. ermittelt das Polarogramm bei —0,05 bis —1,30 V. Die Wellenhöhen dienen zur Best. von Cu bei —0,18 (V), Pb bei —0,60, Cd bei —0,80 u. Zn bei —1,18. Nach Behandlung der Lsg. mit NH_3 wird das Polarogramm bei —0,50 bis —1,70 V ermittelt. Die Stufenhöhen dienen zur Best. von Cd bei —0,70 (V), Ni bei —1,01, Co bei —1,18, Zn bei —1,25, Fe bei —1,40 u. Mn bei —1,57. Die genannten Metallionen können bei Konzz. von 10^{-1} bis 10^{-2} ppm gleichzeitig bestimmt werden. W. Wesly. G 339◇

1828 **Bestimmung von Phosphor im ppm-Bereich in reinen Uranverbindungen nach der Methode der Isotopenverdünnung.** Fausto W. Lima und Laura Tognoli Atalla. (An. Acad. brasil. Ci. **33,** 149—60, 1961; São Paulo, Inst. de Energia atómica; port.) — Vorgereinigtes U_3O_8 (3—4 g) wird in 25 ml HNO_3 (1 : 4) gelöst, der Lsg. werden 10 ml einer Lsg. von $Na_2H^{32}PO_4$ (ca. 5 μc/ml, ca. 0,5 mg P/Liter) u. bei 30—35° 5 ml $(NH_4)_2MoO_4$-Lsg. u. 2—4 ml NH_4NO_3-Lsg. zugesetzt, der Nd. auf dem Filter 3mal mit 10 ml HNO_3 (1: 20) gewaschen, in NH_4OH (1: 10) gelöst, filtriert, mit HNO_3 (1:4) angesäuert, der wieder ausgefällte Nd. 4mal unter Zentrifugieren mit W. gewaschen, mit 2—3 Tropfen W. nochmals zentrifugiert, von der Lsg. getrennt, 2 Std. lang bei 110° getrocknet, im Exsiccator abgekühlt u. gewogen. Die Aktivität wird nach Lösen in NH_4OH (1:10), Verdünnen auf 25 ml u. Aufbringen von 0,1 ml auf eine Filterpapierscheibe bestimmt. R. K. Müller. G 339◇

1829 **Probenahme.** Mihály Gál. (Magyar Kémiai Folyóirat [Ung. Z. Chem.] **68,** 533—35, 1962; Miskolc, Lenin Metallurg. Werke; ung.) — Nach einer krit. Übersicht der Probenahmearten empfiehlt Vf. schnelles Abkühlen durch Erhöhen der Wärmeaufnahmefähigkeit der Kokillen. J. Plank. G 354△

1830 **Magnetabscheidung von elektrolytisch isolierten Phasen.** Jaroslav Tykva und Jaroslav Ježek. (Hutnické Listy **16,** 53—57, 1961; Praha, Státn. výzk. úst. mat. a technol.; tschech.) — Es wird eine Einrichtung zur magnet. Abscheidung elektrolyt. isolierter Phasen aus Stahl beschrieben. Ihre Anwendung zeigte, daß nach Standard-Verff. erhaltene isolierte Phasen durch Ausgangsmaterial verunreinigt waren, wodurch unrichtige Struktur- u. chem. Analysenergebnisse erhalten wurden. Gottfried Lange. G 354◇

1831 **Spektralanalyse von Transformatorenstahlblechen.** I. W. Matjugina. (Betriebs-Lab. [UdSSR] **29,** 567, 1963; Werch-Issetsker Metallurg. Betrieb; russ.) — 30 Blechstreifen werden als Packen eingespannt, an den Längsseiten angeschliffen u. im Wechselstrombogen 10 A mit Cu-Gegenelektrode 20 s lang angeregt. R. Gerbatsch. G 354◇

1832 **Spektralanalytische Bestimmung von Wasserstoff in Stählen.** Ss. B. Schubina, A. B. Schajewitsch und W. G. Dementjewa. (Betriebs-Lab. [UdSSR] **29,** 552—55, 1963; Swerdlowsk, Uraler Wiss. Forsch.-Inst. für Schwarzmetalle; russ.) — Der H_2-Geh. in Stählen ist zeitveränderlich. Es wurden deshalb Eichproben auf Ti-Grundlage nach der Meth. der „äquivalenten Konzz." (Swentitzki u. Taganow, Materialien der X. Allunionstagung für Spektroskopie, Lwow 1958, Bd. II, S. 209) hergestellt, deren Eignung nachgewiesen wurde. Analysenbedingungen. Einzelne Niederspannungs-Impulsentladung (C = 1200 μF, L = 100 μH), W- oder Cu-Spitze gegen Probenfläche, Elektrodenabstand 0,5 mm. Aufnahme mit Dreiprismenspektrograph ISsP-51. Wichtig ist eine einwandfreie (ohne Überhitzung) angeschliffene saubere Probenoberfläche. Luftfeuchtigkeit über 70—80% stört. Bis zu $1 \cdot 10^{-4}$% H_2 in Stahl können bestimmt werden. R. Gerbatsch. G 354◇

1833 **Bestimmung von Kohlenstoff in Stahl nach der Staloskopmethode.** Józef Szoplik. (Prace Inst. Mechan. precyzyjnej **9,** Nr. 33, 34—39, 1961; pol.) — Zur Best. des C-Geh. in Stahl u. Gußeisen kann der Stahl-Spektrograph SP-2 verwendet werden. Um die Anregung der Linien C 6578,03 u. 6582,85 Å zu erreichen, ist der Lichtbogengenerator des Geräts durch Autotransformation zu modifizieren. Als Standard dient die Linie N 6644 Å. Die Erfassungsgrenze ist 0,1% C. F Urban. G 354◇

1834 **Einfluß thermischer Behandlung von Stählen auf das Ergebnis der spektralanalytischen Kohlenstoffbestimmung.** I. M. Minz. (Betriebs-Lab. [UdSSR] **29,** 555—56, 1963; Allunions Wiss. Forsch.-Instrumentalinst.; russ.) — Bei C-Best. im kondensierten Funken (C = 0,02 μF, L = 0, Elektrodenabstand 1,1 mm) u. im Hochfrequenzfunken nach dem Linienpaar C III 2296,89/Fe III 2295,86 Å treten nach verschiedener Wärmevorbehandlung der Proben Parallelverschiebungen der Eichkurve ein, deren Natur näher untersucht wird. Für Hochfrequenzfunken ist der Effekt geringer. R. Gerbatsch. G 354◇

1835 **Spektrographische Bestimmung von Ferrolegierungen.** 2. Mitt. **Bestimmung von Mikromengen Blei, Kupfer und Zink in Ferromangan.** Yu Yokoyama. (Sci. Rep. Res. Inst. Tohoku Univ., Ser. A, **12,** 423—29, 1960; Res. Inst. for Iron, Steel and Other Metals; engl.) — Vgl. C. **1961,** 12947. W. Wesly. G 354◇

1836 **Spektrographische Bestimmung von Ferrolegierungen.** 3. Mitt. **Bestimmung von Verunreinigungen in Ferrochrom.** Yu Yokoyama. (Sci. Rep. Res. Inst. Tohoku Univ., Ser. A **12,** 430—36; J. chem. Soc. Japan, pure Chem. Sect. [Nippon Kagaku Zasshi] **81,** 1411—14, 1960; Res. Inst. for Iron. Steel and other Metals; engl.) — 2. vgl. vorst.

Referat. — Zur gleichzeitigen spektrograph. Best. von Mikromengen Si, Mn, Ti, u. Cu in Ferrochrom dienen die Linienpaare Cr I 2504,31/Si I 2506,90, Cr 2798,67/Mn 2798,27, Cr II 3295,43/Cu I 3273,96, Cr II 3295,43/Ti II 3372,80 u. Cr II 3295,43/Fe I 3265,62 Å. W. Wesly. G 354◇

1837 **Lösungsspektroskopische Schnellanalyse von Hütten- und Martin-Schlacken.** Ernö Gegus. (Magyar Kémiai Folyóirat [Ung. Z. Chem.] **67**, 402—06, 1961; Budapest, Eisenforsch.-Inst.; ung.) — Zur Analyse wird 0,1 g Schlacke mit 3 g NaOH (evtl. Zugabe von Na_2O_2) in einer Ag-Schale aufgeschlossen, die gelöste Schmelze mit 30 ml konz. HCl angesäuert u. auf 100 ml ergänzt. Zu 5 ml dieser Lsg. gibt man als Bezugselemente Cu oder Co (0,4 ml 5% ig. Lsg.) u. benützt das Zerstäubungs-Verf. mit durchbohrter Elektrode (C. **1957**, 8018). Aus einer Aufnahme können Si (5—45%), FeO (1—30), Cr_2O_3 (1—5), MgO (3—35), MnO (1—11), Al_2O_3 (2—25) u. CaO (10—50) innerhalb 40 Min. mit einer Genauigkeit von ± 5% relativ bestimmt werden. J. Plank. 5280

1838 **Halbmikrobestimmung von Eisensulfiden in Schiefern.** S. Neglia und L. Favretto. (Clay Minerals Bull. **5**, 37—40, 1962; Mailand, Agip Mineraria Servizio Geochim.; engl.) — Durch verd. HCl unter Vakuum freigemachtes H_2S wird in KOH absorbiert u. mit $KMnO_4$ titriert. Die Probenmenge beträgt 50—150 mg. W. Franke. 5290◇

1839 **Einfluß von Methoden zur Entfernung des Eisens und zur Dispergierung auf die Identifizierung von Tonmineralien durch Röntgenbeugung.** M. E. Harward, A. A. Theisen und D. D. Evans. (Proc. Soil Sci. Soc. America **26**, 535—41, 1962; Corvallis, Oreg., Oregon State Univ., Dep. of Soils; engl.) — Die Einfl. verschiedener Dispergierungs-Meth. (Behandeln mit W., Na_2CO_3, Calgon, NaOH) u. verschiedener Meth. zur Entfernung von Fe (Dithionit; Dithionit-Citrat-Puffer) auf die Struktur von Tonmineralien aus unterschiedlichen Bodenproben werden mit Hilfe von Röntgenbeugungsaufnahmen untersucht. Die röntgenograph. Identifizierung kann durch Veränderung der Tonminerale bei der Vorbehandlung erschwert werden. O. Bär. 5292◇

b) Organische Verbindungen

1840 **Sichere Behandlung und Aufbewahrung organischer Peroxide im Laboratorium.** David C. Noller und Douglas J. Bolton. (Analytic. Chem. **35**, 887—93, 1963; Buffalo, N.Y., Wallace & Tiernan, Inc., Lucidol Div.; engl.) — Vff. erörtern sichere Meth. zur Behandlung, Aufbewahrung u. Verarbeitung organ. Peroxide in Labor.-Mengen. Es werden bes. Meth. zur Best. der Brenngeschw., des Verh. beim schnellen Erhitzen, des Entflammungspunktes u. der Stoßempfindlichkeit von *Benzoylperoxid* (fest, mit 25% W. u. mit 50% Trikresylphosphat als Paste), *2.4-Dichlorbenzoylperoxid* [mit 50% Dibutylphthalat (I)], *Lauroyl-*, *Decanoyl-*, *Bis-[1-hydroxycyclohexyl]-*, *Cyclohexanon-* (85% ig mit **I**) u. *Bernsteinsäureperoxid*, *2.5-Dimethylhexyl-2.5-di-(peroxobenzoat)*, *Acetylperoxid* [25% ig in Dimethylphthalat (**II**)], *tert. Butylperoxopivalat* (75% ig in Ligroin), *tert. Butylperoxoacetat* (75% ig in Bzl.), *tert. Butylperoxoisobutyrat* (75% ig in Bzl.), *tert.-Butylperoxobenzoat*, *Di-tert-butyl-* u. *tert. Butylhydroperoxid* (70- u. 90% ig), *2.5-Dimethyl-2.5-di-(tert.-butylperoxy)-hexan* u. *Methyläthylketonperoxide* (60% ig in **II**), wie Lupersol DDM, Lupersol Delta u. Lupersol Delta-X, beschrieben. Meth. zum Nachw., zur Reinigung u. zur Beseitigung der Peroxide werden zusammengefaßt. Über einige physiolog. Aspekte wird kurz diskutiert. J. Weiner. 5350◇

1841 **Über quantitative organische Analyse.** 34. Mitt. **Beitrag zum Studium der Methode zur Bestimmung von Sauerstoff in organischen Substanzen.** M. Večeřa, J. Lakomý und L. Lehar. (Talanta [London] **10**, 801—04, 1963; Pardubice-Rybitvi, ČSSR, Forschungsinst. für organ. Synth., Mikroanalyt. Labor.; dt.) — 33. vgl. C. **1963**, 9435. — Der Konversionsgrad von CO_2 zu CO beim Durchgang durch eine kurze Schicht von Aktivkohle in Abhängigkeit von der Temp. wird ermittelt. Darauf aufbauend wird eine Schnellmeth. zur O-Best. ausgearbeitet. 5—20 mg Substanz werden wie üblich verbrannt u. die Verbrennunsgase unter Umkehrspülung über einen C-Katalysator bei 1120° geleitet. Die Leitfähigkeitsänderung einer NaOH-Lsg. nach Absorption des entwickelten CO_2 ist bei Konzz. von 1,0—3,5 mg O_2 direkt proportional dem O_2-Geh. mit einer Standardabweichung von ± 0,11% O_2. J. Peters. 5352◇

1842 **Untersuchungen über die unterschiedliche Reaktionsgeschwindigkeit bei der Mikro-Dumas-Methode zur Stickstoff-Bestimmung.** Jacob Block, Evan Morgan und Sidney Siggia. (Analytic. Chem. **35**, 573—75, 1963; New Haven, Conn., Olin Mathieson Chem. Corp., Res. Center; engl.) — Bei Ggw. von genügend CuO ist die N_2-Bldg. aus organ. Verbb. nach der Dumas-Meth. eine Rk. 1. Ordnung. Die Gas-Entw. findet je nach Bindungsart des N verschieden schnell statt; sie ist über die Zers.-Temp. zu beeinflussen. Bei graph. Darstellung des Rk.-Ablaufes, der gasvol. verfolgt wird, ergeben sich Geraden mit von Verb. zu Verb. wechselnder Steigerung. Aus ihren Schnittpunkten können die den einzelnen Verbb. zuzuordnenden N-Geh. entnommen werden. Günstige Zers.-Bedingungen von *8-Hydroxychinolin* (**I**), *Acetanilid* (**II**), *Acetoacetanilid* (**III**), *Sulfaminsäure* (**IV**), *N-Acetylanthranilsäure* (**V**) wurden ermittelt u. Gemische aus **I** u. **II**, **II** u. **III**, **II** u. **IV**, **III** u. **V**, **II** u. *Acrylamid*, *Adipin-* u. *Bernsteinsäureamid* wurden analysiert. Die mittleren Fehler liegen zwischen 0,5 u. 12%. W. Kupfer. 5352◇

1843 **Der Aluminium-Alizarin-Komplex als ein Maß der Friedel-Crafts-Katalysatoren in Paraffin-Kohlenwasserstoff-Systemen.** Harvey Pobiner. (Analytic. Chem. **33**, 790 bis 794, N.J., Esso Res. and Engng. Co., Analyt. Res. Div.; engl.) — Meth. zur Best. des Al-Halogenidverbrauchs bei Friedel-Crafts-Rkk. durch Überführung des AlX_3 mit Methanol in das Al-Methylat, 10 Min. Erhitzen auf 135° in Ggw. von Puffer mit 1.2-Dihydroxyanthrachinon (Alizarin) u. Best. der Extinktion des gebildeten Farbkomplexes bei 508 nm. Die Erfassungsgrenze liegt bei 10 μg Al, der Fehler im 0,1%-Bereich bei ca. ± 5%. Die sehr krit. Probennahme- u. Analysebedingungen werden beschrieben. U. Uhlich. 5364◇

1844 **Tüpfeltest-Nachweis der Ester von Nichtcarboxylsäuren.** Fritz Feigl und Vinzenz Anger. (Chemist-Analyst **49**, 13—14, 1960; Rio de Janeiro, Minist. da Agric., Labor. da Prod. Mineral; Wien, Lobachemie, Forschungslabor.; engl.) — Die Alkylester einer Reihe von Säuren reagieren mit $Na_2S_2O_3$ unter Bldg. von Sulfat u. SO_2, das mit Kongopapier nachgewiesen werden kann (diese Rk. war für Alkylhalogenide bekannt). Zur Ausführung der Tüpfelprobe wird etwas feste Substanz (bzw. Lsg.-Rückstand) im Röhrchen mit $Na_2S_2O_3 \cdot 5\,H_2O$ auf einem vorgewärmten Glycerinbad langsam auf 180° erwärmt. Blaufärbung bei der Prüfung mit Kongopapier, das mit 3% ig. H_2O_2 angefeuchtet wurde, zeigt einen Ester an. Eine positive Rk. gaben. *K-Äthylsulfat*, *Diäthylsulfat*, *Na-Lauryl-*, *Na-Cetyl-*, *Na-Octadecyl-*, *Na-Tetradecyl-* u. *Na-2-Methyloctadecylsulfat*, *O.O-Diäthyl-O-(p-nitrophenyl)-thiophosphat* (*Parathion*), *O.O-Dimethyl-O-(p-nitrophenyl)-*, *O.O-Dimethyl-O-(3-chlor-4-nitrophenyl)-*, *O.O-Diäthyl-O-(2-isopropyl-6-methyl-4-pyrimidinyl)-*, *O.O-Dimethyl-S-[1.2-bis-(äthoxycarbonyl)-äthyl]-* u. *O.O-Dimethyl-2.2.2-trichlor-1-hydroxyäthylthiophosphat*. Darüber hinaus reagieren noch viele andere Ester, wie z. B. *Trimethylborat*, *Methylbenzolsulfonat* u. *p-Toluolsulfonsäureäthylester*, positiv. W. Betcke. G 590◇

1845 **Höhere aliphatische Persäuren.** 3. Mitt. **Versuch der potentiometrischen Bestimmung.** Daniel Lefort und Janine Sorba. (Oléagineux **16**, 13—14, 1961; Bellevue, France, Labor. de Lipochimie du C.N.R.S.; franz.) — 2. vgl. C. **1962**, 11156. — Mit der Meth. von Moss, Elliot u. Hall (Analytic. Chem. **20**, [1948] 748) zur potentiometr. Best. von schwach sauren Substanzen in wasserfreiem Äthylendiamin (I) versuchten Vff. Laurinpersäure (II) in Ggw. von Laurinsäure (III) u. Laurylperoxid zu bestimmen. Die Meth. erweist sich dafür unbrauchbar, weil **II** bei Zugabe zu **I** sofort in **III** übergeht, das in der Kälte als difunktionelles **I**-Salz isoliert wurde (F. 88—93°, aus A.). W. Kirschenlohr. G 810◇

1846 **Die Jod-Azid-Reaktion und ihre Anwendung in der quantitativen Mikroanalyse.** 2. Mitt. **Einfluß des pH-Wertes auf die Jod-Azid-Reaktion von Thioharnstoff und seinen Derivaten.** Shin Suzuki. (Japan Analyst **11**, 299—306, 1962; Tokyo, Univ., Fac. of Engng., Dep. of Appl. Chem.; jap., Auszug: engl.) — 1. vgl. Japan Analyst **1**, [1952], 87. — Die J-Azid-Rk. ist anwendbar auf Thioharnstoff (**I**), 1-Methyl-**I** (**II**), 1.1'-Dimethyl-**I** (**III**), 1.1'.3-Trimethyl-**I** (**IV**), 1.1'.3.3'-Tetramethyl-**I** (**V**) in saurer, nicht aber bei pH < 5 u. in alkal. Lösung. Der Einfl. der H-Substitution wird durch die nachst. Rangordnung der Rk.-Fähigkeit ausgedrückt bei pH 5:

I < II > III > IV > V, bei pH 6: I < II ≈ III > IV > V, bei pH 7: I < II < III > IV > V. W. Wesly. G 880◇

1847 **Bestimmung von Thiuramdisulfiden durch amperometrische Titration.** Pronoy K. Chatterjee, D. Banerjee und Anil K. Sircar. (J. sci. ind. Res. [New Delhi], Sect. B **19**, 118—19, 1960; Calcutta, Ind. Assoc. for the Cultiv. of Sci.; engl.) — Auf Grund der Rk. von Tetramethylthiuramdisulfid (I) mit KCN zu KSCN u. dem entsprechenden Monosulfid läßt sich I bestimmen. Gebildetes KSCN läßt sich amperometr. mit $AgNO_3$ bestimmen. Dieses Verf. ist günstiger als konduktometr. Methoden. W. Fester. G 890◇

1848 **Papierchromatographie einiger 2.4-Dinitrophenyl-S-alkyl-(L)-cysteine und der entsprechenden Sulfoxide.** Francis F. Wong und John F. Carson. (J. Chromatogr. [Amsterdam] **10**, 242—45, 1963; Albany, Calif., USDA, Western Regional Res. Labor.; engl.) — Vff. untersuchen die Trenneigg. von Äthylacetat, das mit 0,25 m Phosphatpuffer (pH 6,18) (**A**) bzw. mit 0,2m Phthalatpuffer (pH 4,6) (**B**) gesätt. wurde, von Collidin–Isoamylalkohol–wss. NH_3-Lsg. (6 : 14 : 20) (**C**) u. von n-Heptan-n-Propanol–0,25m Phosphatpuffer (60 : 40 : 5) (**D**) für die 2.4-Dinitrophenyl-Verbb. von S-Methyl- (I), S-Allyl- (II), S-n-Propyl-(L)-cystein (III), Prolin (IV), Pipecolinsäure (V), Methionin (VI) u. I-, II-, III-Sulfoxid, Asparagin, Glutamin nach der Durchlaufmethode. In den Syst. **A**, **B** u. **D** wandern I—VI bes. schnell u. sind auf diese Weise von den übrigen Verbb. zu trennen. Für eine Gesamttrennung erweist sich **D** in Verb. mit Whatman Nr. 1 bzw. **C** mit Schleicher & Schüll Nr. 589 am geeignetsten. F. M. Friedrich-Anderseck. G 950◇

1849 **Faktis-Chromatographie: Ein automatisch kontrolliertes Flüssigkeits–Gel-System für die Trennung unpolarer Lipide.** Jules Hirsch. (J. Lipid Res. **4**, 1—10, 1963; New York, N.Y., Rockefeller Inst.; engl.) — Cholesterin, Cholesterinester, Tri-, Di- u. Monoglyceride lassen sich an einer mit Faktis gefüllten Säule mit wss. Aceton als Elutionsmittel trennen. Cholesterinester mit Fettsäuren, deren Kettenlänge zwischen 2 u. 18 C-Atomen beträgt, erscheinen als individuelle Banden im Chromatogramm des Eluats. Glyceride u. Methylester der Fettsäuren werden ähnlich getrennt. Die Anzeige der eluierten Verbb. erfolgt automat. mit einem Differentialrefraktometer. Leinöl u. menschliches Blutplasma werden analysiert. H. J. Altmann. G 3700◇

1850 **Über Phosphorimetrie als quantitative Mikroanalyse mit Anwendung auf einige Substanzen von biochemischer Bedeutung.** Simon Freed und Mary H. Vise. (Analyt. Biochem. [New York] **5**, 338—44, 1963; Upton, N.Y., Brookhaven Nat. Labor., Chem. Dep.; engl.) — Zur quant. Analyse von *α-Chymotrypsin* u. *N-Acetyl-l-tyrosinäthylester* wird die Spektrophosphorimetrie angewandt. Diese multipolaren Verbb. werden bei der Temp. des fl. N_2 in einem Gemisch von W., Methanol u. A. (25 : 55 : 20) gehalten, wobei sich ein Glas bildet. Mit Hilfe von Schnitzeln geschmolzenen SiO_2 u. einem inneren Standard (Benzylalkohol) wird eine Genauigkeit von 5—10% erreicht. W. Wesly. G 3850◇

1851 **Eine Schnellmethode zur Bestimmung des Carboxymethylierungsgrades von teilweise carboxymethylierter Cellulose.** K. G. Ghosh, M. R. Raman, A. N. Dey und K. J. Balakrishna. (J. sci. ind. Res. [New Delhi], Sect. B **19**, 323—24, 1960; Kanpur, Defence Res. Labor.; engl.) — Eine von Nabar, Padmanabhan (Proc. Indian Acad. Sci. Sect. A **31**, [1950] 371) entwickelte Meth. zur jodometr. Best. von Carboxylgruppen (**A**) in Hydroxycellulose wird modifiziert zur Best. von **A** in Carboxymethylcellulose (I) angewandt. Aus dem in W. gequollenen Na-Salz setzt man durch Zugabe von 10%ig. HCl I frei, wäscht mit dest. W. bis das Waschwasser frei von Mineralsäure ist, trocknet u. setzt mit J_2-Maßlsg. um. Aus dem J_2-Verbrauch wird der Substitutionsgrad (D) berechnet. Bei hohem D ist I in W. lösl.; nur dann können Waschverluste auftreten. Durch Vgl. mit Ergebnissen der üblichen Cu-Salz-Meth. wird die Zuverlässigkeit des Verf. belegt. W. Kupfer. G 4050◇

d) Medizinische und toxikologische Analyse

1852 **Vergleichende röntgenhistoradiographische und interferenzmikroskopische Trockengewichtsbestimmungen.** W. Sandritter und D. Müller. (Experientia [Basel] **15**, 158 bis 159, 1959; Frankfurt/M., Univ., Senckenberg, Patholog. Inst.; dt.) — Die quant. Trockengewicht-Best. kleinster biolog. Objekte (u. a. Bullenspermien, Bullenthymuslymphozyten) erfolgt ohne Referenz-System. Die Ergebnisse stimmen mit den aus interferenzmkr. Messungen erhaltenen gut überein u. zeigen gleichzeitig die Fehlerbreite beider Methoden. K. Scheffler. 5725◇

1853 **Auswahl einer numerischen Technik zur Analyse experimenteller Daten des Zerfallstyps mit besonderer Beziehung zu dem Gebrauch von Tracern in biologischen Systemen.** Beatrice H. Worsley und Louis C. Lax. (Biochim. biophysica Acta [Amsterdam] **59**, 1—24, 1962; Toronto, Canada, Univ.; engl.) — Erweiterung der numer. Technik der Anwendung von Exponentialwerten u. dem Prinzip der kleinsten Quadrate auf die Auswertung von Verss. an Menschen u. Tieren. Vff. geben ausgedehnte theoret. Ableitungen u. beschreiben die Auswertung von Verss. mit ^{131}J-Thyroxin. U. Drehmann. 5725◇

1854 **Die quantitative Darstellung von Fettsäuremethylestern für die Gas-Chromatographie.** Charles W. Gehrke und Donald F. Goerlitz. (Analytic. Chem. **35**, 76—80, 1963; Columbia, Mo., Univ. of Missouri, Dep. of Agric. Chem.; engl.) — Zur quant. *Carbonsäure*-Best. in biolog. Material (Milchfett, Lipoidfraktionen aus Rindersamen, menschliches Blutserum) über die entsprechenden Ester auf gaschromatograph. Wege werden die Ag-Salze mit Jodmethan nahezu quant. zu Estern umgesetzt u. so eine routinemäßig ausführbare Meth. großer Einfachheit, Sicherheit u. Genauigkeit entwickelt. R. Tannenberger. 5727◇

1855 **Bestimmung von ^{14}C und ^{3}H in biologischen Proben durch Schöninger-Verbrennung und Flüssig-Scintillationsmethoden.** R. G. Kelly, E. A. Peets, S. Gordon und D. A. Buyske. (Analyt. Biochem. [New York] **2**, 267—73, 1961; Pearl River, N.Y., Lederle Labor., Exp. Therapeutics Res., Dep. of Pharmacol. Res.; engl.) — Biolog. Material (Urin, Leber, Blut, Fäces) wurden in einem Verbrennungsprobenhalter, der aus Dialysierschlauch gefertigt ist, kräftig vorgetrocknet. Die getrockneten Proben werden in einem modifizierten Schöninger-Kolben verbrannt. CO_2 wird an Hyaminhydroxid-Lsg. absorbiert, $^{3}H_2O$-haltiges H_2O wird als Eis gesammelt. Die Isotope werden dann in einem Flüssigscintillationsspektrometer bestimmt. Es werden 96 ± 5% der zu den Proben gegebenen ^{14}C u. ^{3}H wiedergefunden. A. Gerber. 5734◇

1856 **Bestimmung von Zuckern in biologischen Medien mit Thymol in Schwefelsäure.** W. K. L. Gröger. (Clin. chim. Acta [Amsterdam] **6**, 866—73, 1961; Dundee, Queen's Coll., Dep. of Pharmacol. and Therapeut.; engl.) — Die rote Farb-Rk. von Zuckern mit Thymol–H_2SO_4 wurde zu einer einfachen, genauen u. reproduzierbrren Meth. zur colorimetr. Best. von Zuckern (Glucose u. Fructose) in biolog. Medien (Blut, Lebergewebe) ausgearbeitet. Als Reagens dient eine Lsg. von 250 mg Thymol in 100 ml konz. H_2SO_4. Optimale Bedingungen: 10 Min. Erhitzen der wss. Probe-Lsg. mit dem Reagens auf 100°; H_2SO_4-Konz.: 60%; Messung der Extinktion bei 5090 Å. Von den überprüften Meth. zu Deproteinisierung erwies sich die $ZnSO_4$–NaOH-Fällung nach Somogyi (1930) als am besten geeignet. Eine zur Best. von *Glucose* (I) in biolog. Medien geeignete Ausführung der Analyse ist beschrieben. Die Meth. kann auch zur Best. von *Fructose* (II) in Ggw. von I dienen, wenn die I zunächst durch ein Enzym-Syst. (F-7784, Ames Co.), das die I oxydiert u. die gebildete Glucuronsäure zerstört, entfernt wird; nach Ausfällung der Proteine kann die II bestimmt werden. K. F. Müller. 5750◇

1857 **Colorimetrische Bestimmung von Silber in biologischen Materialien.** Monique Castagna. (Rev. franç. Études clin. biol. **6**, 795—97, 1961; Villejuif/Seine, Centre de Rech. sur la Cellule Normale et Cancéreuse; franz.) — Vf. beschreibt eine colorimetr. Meth. zur Best. von Ag in ammoniakal. Lsg. bzw. des lösl. $[Ag(NH_3)_2]^+$ in biolog. Materialien (z. B. in den Küpffer-Zellen der *Rattenleber* nach i. v. Injektion von koll. Ag) mit p-Dimethylaminobenzylidenrhodanin nach Mineralisierung bzw. Sulfonitrierung. Chloride stören die Best. nicht. Die Genauigkeit des bei 535 nm photometr. ermittelten Ag-Geh. beträgt 0,25 μg (Fehlergrenze 2%). B. Görlich. 5750□

1858 **Die Schnellbestimmung von aus Samen stammenden Insekticidrückständen in Tierleichen.** A. Taylor. (Analyst **87**, 824—26, 1962; Tolwarth, Surrey, Ministry of Agric., Fish. and Food, Infestation Control Labor.; engl.) — Der steigende

Einsatz von mit Insekticiden behandelten Samen in der Landwirtschaft führte dazu, daß neben Insekten auch eine Reihe anderer Tiere verstarben. Vf. analysierte Brustmuskel u. Leber von verschiedenen Tieren (Waldtaube, Fasan, Rebhuhn, Ratte, Kiebitz u. Möwe) mit Hilfe der Verteilungs-Gaschromatographie auf *Dieldrin* u. *Heptachlorepoxid*. In der Mehrzahl der Fälle wurden diese Stoffe bei den toten Tieren gefunden.
H. Zöllner. 5764◇

H. Angewandte Chemie

H_1. Allgemeine chemische Technologie

1859 **Entwicklung der Theorie der Rezirkulationsprozesse in der chemischen Technologie.** M. F. Nagijew, P. W. Karamsin und T. G. Stefanskaja. (Ber. Akad. Wiss. AserbaidshanSSR **17**, 471—78, 1961; Inst. für petrolchem. Prozesse; russ., Auszug: aserbaidshan.) — Mathemat. Betrachtung. Vff. geben eine Lösung für sämtliche möglichen Arten komplexer u. mehrstufiger rezirkulärer technolog. Prozesse.
H. Jäger. 5800□

1860 **Taylor-Diffusion in Röhrenreaktoren.** Joseph Coste, Dale Rudd und Neal R. Amundson. (Canad. J. chem. Engng. **39**, 149—51, 1961; Minneapolis, Minn., Univ. of Minnesota; engl.) — Eine inkompressible Fl. strömt mit Geschw. V durch einen Röhrenreaktor mit exothermer irreversibler Rk. 1. Ordnung. Gesucht wird der Verlauf der Temp. T u. der Konz. c in Abhängigkeit von durchströmter Reaktorlänge x bzw. entsprechend durchlaufener Zeit v = x/V. Die auf Grund des Ansatzes von Taylor (Zusammenfassung von Einfl. des Geschw.-Profils u. radialer Vermischung zu einer quasilongitudinalen Taylorschen Diffusions-Konst. D*) erhaltenen Differentialgleichungen für T(v), c(v) sind wegen starker Abhängigkeit des Lösungsverlaufes von den unbekannten Anfangsbedingungen nicht integrierbar. Ein Zellenmodell (Unterteilung des Reaktors in Zellen der Länge Δx mit je vollständiger Vermischung) läßt sich bei geeigneter Wahl von Δx dem Taylorschen Modell gut anpassen u. liefert eine Näherung für T(v), c(v). Die von den damit erhaltenen Endwerten aus möglichen Rückwärtsintegrationen der Differentialgleichung des Taylorschen Modells stimmen mit den Ergebnissen des Zellenmodells fast genau überein. Die ebenfalls angegebenen Lösungen für Propfen- (d. h. von Durchmischung in axialer Richtung freier) Strömung ergeben ähnliche Verläufe von T(v), c(v), jedoch mit höherem Temp.-Maximum u. schnellerer Umsetzung.
W.-G. Ackermann. 5800◇

1861 **Verhalten der Grenzschicht auf kontinuierlichen festen Oberflächen.** 3. Mitt. **Die Grenzschicht auf einer kontinuierlichen zylinderförmigen Oberfläche.** B. C. Sakiadis. (A.I.Ch.E. Journal **7**, 467—72, 1961; Wilmington, Del., E. I. du Pont de Nemours & Co., Inc.; engl.) — 2. vgl. Sakiadis, A.I.Ch.E. Journal **7**, [1961] 221. — Vf. untersucht das Verh. von laminaren u. turbulenten Grenzschichten (GS) auf einer bewegten kontinuierlichen zylinderförmigen Oberfläche mit Hilfe der Integral-Meth., die aus angenommenen Geschw.-Profilen abgeleitet wird. Gleichungen für die charakterist. GS-Parameter werden mitgeteilt u. Vgl. mit dem GS-Verh. auf einer zylinderförmigen Oberfläche von endlicher Länge angestellt. Während die Analyse für laminare GS mit einem logarithm. Geschw.-Profil zu befriedigenden Ergebnissen führt, kann das Verh. von turbulenten GS auf kontinuierlichen zylinderförmigen Oberflächen u. zylinderförmigen Oberflächen von begrenzter Länge am besten experimentell bestimmt werden.
G. Gattow. 5800□

1862 **Berechnung minimaler Kosten einer mehrstufigen Wirbelschichtanlage.** Günter Biess, Klaus Rose und Sieglinde Schmidt. (Chem. Techn. **15**, 271—75, 1963; Leipzig, VEB KIB Chemie; dt.) — Als Hilfsmittel für den Entwurf mehrstufiger Wirbelschichtanlagen wurden mit einem Rechenautomaten Tabellen errechnet, die ein schnelles Auffinden der Abmessungen, des Gasverbrauches, des Druckverlustes u. der App.-Kosten in Abhängigkeit von verschiedenen Einfl. gestatten. — Tabellen für Varianten-Vgl. sind vorhanden.
H. Hoffmann. 5802◇

1863 **Die Suche nach rationellen Richtlinien für die Projektierung von Reaktoren für die Ammoniaksynthese.** W. Hennel. (Chem. Techn. **15**, 239—42, 1963; Kedzierzyn, VR Polen, Stickstoffwerke; dt.) — Diese Arbeit ist ein Vers. zur Verallgemeinerung der erhaltenen Ergebnisse u. ausgearbeiteter Ansichten. Hiermit sollen gewisse Entw.-Tendenzen der neuzeitlichen Projektierung von Reaktoren für die NH_3-Synth. u. für andere Synth. unter hohem Druck angeregt werden. Vers.-Ergebnisse mit dem neuen Reaktortyp werden mitgeteilt.
H. Hoffmann. 5802◇

1864 **Die bei tiefen Temperaturen korrosionsfesten Werkstoffe.** Yoland Mayor. (Ind. Pétrole **29**, Nr. 8, 61—63, 1961; franz.) — Übersicht über die Anwendung tiefer Temp. in der Industrie u. die bei diesen Temp. korrosionsfesten Werkstoffe, bes. *Stähle* (Einfl. der Leg.-Elemente), *Cu*, *Al* u. deren Legg. u. thermoplast. Massen, wie *Polyäthylen*, *Teflon* u. (Silicon)-*Kautschuk*.
W. Wesly. 5804◇

1865 **Das technische Porzellan KER 110 im chemischen Apparatebau.** H. Reinisch. (Hermsdorfer techn. Mitt. **3**, 157—60, 1962; dt.) — Überblick über die Herst., Eigg. u. Einsatzgebiet.
I. Köditz. 5804

1866 **Drehrohröfen. Der Drehrohrofen als Reaktor für Wärmebehandlung von Schüttgütern.** Harro Taubmann (Teknillisen Kem. Aikakauslehti [Z. techn. Chem.] **20**, 286—97, 1963; Wiesbaden; dt.) — Es wird auf Grund einer Schwingungshypothese die Bewegung der Schüttgüter im Drehrohrofen theoret. analysiert u. eine neue Formel für die Berechnung der Durchlaufzeit vorgeschlagen, welche den ermittelten Meßwerten genauer entspricht, als die mit den bisher üblichen Meth. ermittelten. Außerdem wird auf die konstruktive Gestaltung von Drehrohröfen, den Leistungsbedarf für den Ofenantrieb u. wärmesparende Einrichtungen eingegangen.
R. v. Samson-Himmelstjerna. 5812◇

1867 **Temperaturprofile bei turbulenter Strömung von Luft in Röhren.** 1. Mitt. **Die vollentwickelte Wärmeübertragungszone.** R. E. Johnk und T. J. Hanratty. (Chem. Engng. Sci. **17**, 867—79, 1962; Urbana. Ill., Univ. of Illinois, Dep. of Chem. and Chem. Engng.; engl.) — Die radialen Temp.-Profile bei vollkommen turbulenter Luftströmung durch elektr. erhitzte Rohre werden in der vollentwickelten Wärmeübertragungszone bei Re = 18000, 25000, 35000, 50000 u. 71000 gemessen. Durch Einhalten von gleichmäßigem Wärmefluß in der Wand u. geringen Temp.-Unterschieden zwischen Wand u. Fl. werden angenähert konst. Fließbedingungen geschaffen. Es werden Gleichungen entwickelt, die das Temp.-Feld von der Röhrenmitte bis fast zur Wand beschreiben. Durch die Annahme einer konst. Mischdiffusion für die Wärme wird eine vereinfachte „Temperatur-deficiensy"-Beziehung abgeleitet, die es ermöglicht, das Temp.-Feld über die zentralen 85% des Rohrdurchmessers zu bestimmen; die theoret. erhaltenen Werte stimmen mit den experimentell erhaltenen gut überein. Die Mischdiffusions-Koeff. dieser Gleichung sind größer als die nach Flint aus Diffusionsmessungen an einzelnen Punkten des Rohrzentrums bestimmten. Die Gründe für diese Abweichungen werden diskutiert.
I. Koschitzki. 5816

1868 **Temperaturprofile bei turbulenter Luftströmung in Rohren.** 2. Mitt. **Die thermische Anfangszone.** R. E. Johnk und T. J. Hanratty. (Chem. Engng. Sci. **17**, 881—92, 1962; Urbana, Ill., Univ. of Illinois, Dep. of Chem. and Chem. Engng; engl.) — 1. vgl vorst. Referat. — Die Temp.-Profile bei turbulenter Luftströmung durch elektr. erhitzte Rohre werden in verschiedenen Entfernungen vom Beginn der Wärmeübergangszone (0—11,5 ft.) bei Re = 18000, 25000, 35000, 50000 u. 71000 gemessen. Durch eine spezielle mechanisierte Probeentnahme an genau definierten radialen u. longitudinalen Orten in dem Rohr werden im Vgl. zu anderen zuverlässigere Meßwerte erhalten. Die theoret. Voraussetzungen von Deissler u. Sparrow werden sowohl mit experimentell erhaltenen Werten als auch mit berechneten Werten für ein homogenes Feld, in dem die Zeitabhängigkeit des Diffusionsprozesses berücksichtigt wird, verglichen. Es wird eine Exponentialgleichung entwickelt, die das voll entwickelte Temp.-Feld von der Rohrmitte bis fast zur Wand beschreibt. Die Messungen u. Berechnungen bestätigen die Annahmen von Sparrow für alle Entfernungen, die größer als der dreifache Rohrdurchmesser vom Beginn der Anfangszone sind. Die Genauigkeit der

Messungen in Wandnähe reicht nicht aus, um zuverlässige Voraussagen über die Temp.-Profile für geringere Entfernungen zu machen. I. Koschitzki. 5816

1869 **Analytische Untersuchung der Wärmeübergangsgeschwindigkeiten für parallele Strömung von flüssigen Metallen durch Röhrenbündel.** 2. Mitt. Aaron J. Friedland und Charles F. Bonilla. (A.I.Ch.E. Journal **7,** 107—12. 1961; Upton, N.Y., Brookhaven National Labor.; engl.) — 1. vgl. Dwyer, C. **1962,** 15352. — Bei theoret. Betrachtung des Wärmeüberganges an strömende Metalle wird für eine unendliche Zahl von Rohren des Durchmessers D bei gleichförmiger Anordnung mit axialem Abstand P unter der Annahme turbulenter Strömung u. konst. Wärmeflusses durch die Rohrwand die Beziehung $N_{Nu} = 7{,}0 + 3{,}8\ (P/D)^{1,52} + 0{,}027\ (P/D)^{0,27}(\psi N_{Pe})^{0,8}$ aufgestellt. Es ergaben sich im Bereich $1{,}375 < P/D < 10$, $10^4 < N_{Re} < 10^6$, $O < N_{Pr} < 0{,}1$ u. $O < N_{Pe} < 10^5$ (mit $\psi = 1$) maximale Abweichungen von 10% gegenüber gemessenen Werten. Analoge Beziehungen für Laminarität u. Kriechströmung werden abschließend erötert. W. Herfurt. 5816□

1870 **Kinetik der Hartzerkleinerung. Die Kinematik der Mahlvorgänge in der Fallkugelmühle.** Horst Langemann. (Chemie-Ing.-Techn. **34,** 615—27, 1962; München, TH, Inst. für Chem. Technol.; Berlin, TU, Inst. für techn. Chemie; dt.) — 2. vgl. C. **1963,** 18597. — Es werden die Gesetzmäßigkeiten für die Bewegungen eines einzelnen Mahlkörpers u. eines Mahlkörperhaufwerkes in einer Fallkugelmühle angegeben. Ausgehend von Theorien u. Ansätzen anderer Autoren werden Gleichungen für mehrere Verhaltenswerte aufgestellt u. daraus Werte der maximalen Mühlenfüllung, der Mühlenleistung u. der Leistungsdichte berechnet. G. Günther. 5820◇

1871 **Injektionsmischung gasförmiger Reaktionsteilnehmer.** D. R. Miller. (Chem. Engng. Progr. **58,** 77—84, 1962; St. Louis, Mo., Monsanto Chem. Co.; engl.) — Vf. untersucht experimentell die Bedingungen für die prakt. homogene isotherme Mischung eines Gasstrahls mit einer Querströmung von Luft auf einer minimalen Länge des Rk.-Gefäßes u. die Eindringtiefe des Gasstrahls in Abhängigkeit vom verwendeten Gas u. der Form der Gasdüse. Es wird eine Gleichung abgeleitet, die adäquat alle experimentellen Ergebnisse für alle Gase u. untersuchten Düsenformen unter den gegebenen Unters.-Bedingungen beschreibt. I. Köditz. 5822

1872 **Grundzüge der Hydrocyclone.** E. O. Lilge. (Bull. Instn. Mining Metallurgy Nr. **670,** Trans. **71,** 523—46, 725—34, 1962; engl.) — Diskussion zu der C. **1962,** 14972 referierten Arbeit. M. Gehlen-Keller. 5828◇

1873 **Ultra-Hochvakuum- und Diffusionspumpen. (Erzeugung von Drücken von $4 \cdot 10^{-10}$ Torr in der Industrie.)** J. Amoignon und J. Moreau. (Le Vide **14,** 344—47, 1959; Labor. des Basses Pressions; franz., Auszug: engl.) — Einige in industriellen Anlagen benutzte Hochvakuumpumpen werden kurz charakterisiert. A. Müller. 5842◇

1874 **Festbett-Adsorption.** 2. Mitt. **Verfahren, Einrichtungen und wirtschaftliche Aussichten.** H. M. Barry. (Quím. e Ind. [Bilbao] **9,** 161—66, 1962; New York, N.Y., Union Carbide Corp.; span.) — 1. vgl. Quím. e Ind. [Bilbao] **9,** 161—66, [1962], 123. — Vgl. C. **1962,** 10954. F. Zeidler. 5848◇

1875 **Stand und apparative Grenzen der technischen Feinstaubabscheidung.** Karl Rudolf Schmidt. (Staub **23,** 181—95, 1963; Erlangen; dt.) — Vf. behandelt Korngrößenmessungen u. deren Auswertung durch Rückstandssummenkurven u. Häufigkeitsverteilung, ferner den Fraktionsentstaubungsgrad (bes. seine schrittweise u. differentielle Angabe), die Behandlung des Feinstaubbereiches, die Abhängigkeit von der Korngrößenverteilung u. die Abhängigkeit von der Dichte u. der Kornform. Den vergleichenden Betrachtungen der wichtigsten Entstaubungs-Verff. u. -arten liegt als Vgl.-Basis eine primäre Staubbeladung von 11 g/cm³ u. ein Teststaub von 2,70 g/cm³ mit definiertem Kornspektrum zugrunde. Mechan. Entstauber, bes. Zyklone, Vielzellenentstauber u. Van-Tongeren-Entstauber, weiterhin Stoffilter, Elektrofilter u. Naßabscheider werden bzgl. Wirkungsweise u. Reinigungsgradgrenze charakterisiert u. untereinander verglichen. Vf. nennt weitere Aufgaben dieses Gebietes. H. Thieme-Schneider. 5850◇

1876 **Die katalytische Entfernung von CO_2.** A. G. Eickmeyer. (Chem. Engng. Progr. **58,** 89—91, 1962; Prairie Village, Kansas; engl.) — Mit einem nicht näher beschriebenen Katalysator „Catacarb" läßt sich die Wirksamkeit der für die Entfernung von CO_2 aus H_2 u. Erdgas verwendeten Kaliumcarbonat-Lsg. wesentlich verbessern. I. Köditz. 5850

1877 **Stoffübergang mit und ohne chemische Reaktion.** J. Marangozis und A. I. Johnson. (Canad. J. chem. Engng. **39,** 152—58, 1961; Toronto, Ontario, Canada, Univ., Dep. of chem. Engng.; engl.) — Die verschiedenen Theorien über die Stoffübergangszahl bei der Auflösung von Feststoffen in Fl. wurden an Syst. von Benzoesäure–W. bzw. W.–Glycerin-Gemisch u. a. in einem Rührbehälter quant. geprüft. Die Verss. ergaben für die Sherwood-Zahl Sh (= Stoffübergangszahl k^0 durch Prod. aus Gefäßdurchmesser l u. Diffusions-Konst. D) in Abhängigkeit von Schmidt-Zahl Sc u. Reynolds-Zahl Re: $Sh = 0{,}402\ Sc^{1/3}Re^{0,65}$. Dabei stimmt die Abhängigkeit von Sc mit der theoret. Ableitung $Sh = 0{,}332\ Sc^{1/2}Re^{1/3}$ unter der Annahme einer laminaren Grenzschicht zwischen Feststoff u. Lsgm. genau überein; nicht aber die Abhängigkeit von Re, deren Exponent 0,65 jedoch mit dem Modell einer turbulenten Grenzschicht erklärt werden könnte. Für chem. reagierende Syst., z. B. Benzoesäure-, NaOH- oder KOH-Lsgg. hängt der Rk.-Faktor k_L/k_L^0 (k_L = Stoffübergangszahl mit, k_L^0 = Stoffübergangszahl ohne chem. Rk.) vom Verhältnis der Diffusions-Konst. u. der Konzz. beider reagierender Partner ab in quant. guter Übereinstimmung mit der Grenzschichtvorstellung unter Berücksichtigung der Ionendiffusion nach Sherwood u. Wei. Auch bei Verss. an einem durch eine Zwischenwand unterteilten Diffusionsgefäß mit magnet. Rührer stimmen die gemessenen Ergebnisse gut mit der Vorstellung der Ionendiffusion überein. W.-G. Ackermann. 5860◇

1878 **Der Stoffübergang von flüssigen und festen kugelförmigen Körpern bei kleinen Reynoldsschen Zahlen.** 2. Mitt. D. M. Ward, O. Trass und A. I. Johnson. (Canad. J. chem. Engng. **40,** 164—68, 1962; Rochester, N.Y., USA., Kodak Co.; Univ. of Toronto, Dep. of Chem. Engng.; McMaster Univ., Dep. of Chem. Engng.; engl.) — 1. vgl. C. **1962, 8739.** — Mit einem Modell für den Stoffübergang von fl. u. massiven kugelförmigen Körpern, das auf den Lösungen von Stokes u. Hadamard für die linearen Navier-Stokesschen Gleichungen für nichtrotierende u. rotierende kugelförmige Körper beruht, wird der Einfl. der Rotation auf den Stoffübergang in die äußere Fl. untersucht. Es werden die Geschw. des Stoffübergangs von Wassertropfen in Cyclohexanol u. von Cyclohexanol-, Isobutanol- u. o-Toluidintropfen in W. gemessen. Die Viscositäts- u. Dichtewerte für die Berechnung der Reynoldsschen, Schmidtschen u. Grashofschen Zahlen der kontinuierlichen Phase sind die arithmet. Mittelwerte aus der gesätt. Lsg. in dem reinen Lösungsmittel. In die Auswertung der erhaltenen experimentellen Werte werden bereits veröffentlichte Unters.-Ergebnisse einbezogen, um einen Überblick über den Stoffübergang für Reynoldssche Zahlen kleiner als 10, für Pecletsche Zahlen zwischen 0,01 u. 5000000 für nichtrotierende u. zwischen 700 u. 24000000 für rotierende kugelförmige Körper zu gewinnen. Für die Sherwoodschen Zahlen in einigen Peclet-Gebieten werden analyt. Gleichungen für die Übergangs-Geschw. angeführt. Für gleiche Peclet-Zahlen ist die Stoffübergangs-Geschw. bei innerer Rotation größer als die für nicht rotierende kugelförmige Körper. I. Koschitzki. 5860

1879 **Stabilisierungsmethode des Stoffübergangskoeffizienten bei bedeutender Änderung der Strömungsintensität.** Tadeusz Hobler. (Przemysł chem. **41,** 590—91, 1962; Gliwice, PAN, Zakl. Inżyinerii Chem. i konstrukcji Aparatury; pol.) — Stabilisierungs-Meth. des Stoffübergangs-Koeff. bei bedeutender Änderung der Geschw. der Gas- u. Fl.-Strömung in einem Absorber. I. Kalzendorf. 5860◇

1880 **Kriteriumgleichung eines Extraktionsprozesses.** 1. Mitt. **Untersuchung der Extraktion in Zerstäuberkolonnen.** A. K. Lilejewa und N. I. Smirnow. (J. angew. Chem. [UdSSR] **34,** 1158—62, 1961; Leningrad, Technolog. Inst. „Lensowjet"; russ.) — Der Prozeß des Stoffaustausches in *Zerstäuberkolonnen* wird theoret. untersucht u. ein Syst. von Differentialgleichungen, Anfangs- u. Endbedingungen aufgestellt, das den Extraktionsprozeß aus einem Einzeltropfen in einer Zerstäuberkolonne beschreibt. Das Gleichungs-Syst. wurde in allg. Form gelöst. Die gefundene kriteriale Abhängigkeit wurde so umgeformt, daß sie den Einfl. der Strömungs-Geschw. der kompakten u. dispersen Phase zu bewerten gestattet. Armin Hermann. 5862◇

1881 **Bedingungen der thermodynamischen Invarianz von Rektifikationsprozessen.** Je. Ja. Ssussanow (J. physik. Chem. [UdSSR] **35**, 999—1002, 1961; russ., Auszug: engl.) — Der Begriff von Koeff. für den Ordnungsgrad des Gleichgew. eines Syst. wird eingeführt. Diese lassen sich aus Abweichungen vom thermodynam. Gleichgewicht messen. Es wurde gefunden, daß solche Koeff. das Verhältnis der kontaktierenden Phasen darstellen. Für Phasengrenzen u. Prozesse der Massenbewegung werden getrennte Gleichungen gegeben. Sie gelten für den Fall der Trennung von Vielkomponentensystemen. R. Teichmann. 5864◇

1882 **Dimensionierung von Rektifikationskolonnen auf der Grundlage von Stoffaustauschbetrachtungen und Vergleichsrechnungen verschiedener Kolonnentypen für binäre Gemische.** Heinz Menzel und Karl-Heinz Redlich. (Chem. Techn. **15**, 266—71, 1963; Leipzig u. Berlin, Mitt. aus Hochschule für Chem. Maschinenbau, Moskau, Inst. für Prozesse u. App.; dt.) — Die modernen Stoffaustauschbetrachtungen, Berechnungs-Meth. für die Rektifikation von Kolonnentypen werden mitgeteilt. Auf die Ermittlung der treibenden Kraft, Best. der Stoffübergangszahl, Gleichungen für den Stoffübergang, Best. der kinet. Kurve, der effektiven Bodenzahl u. des optimalen Rücklaufverhältnisses wird eingegangen. H. Hoffmann. 5864◇

1883 **Einflüsse von überhitztem Dampf und nichtkondensierbaren Gasen auf die laminare Filmkondensation.** E. M. Sparrow und E. R. G. Eckert. (A.I.Ch.E. Journal **7**, 473—77, 1961; Minneapolis, Minn., Univ. of Minnesota; engl.) — Theoret. Grenzschichtanalyse der laminaren Film-Kondens. auf einer senkrecht stehenden Platte zwecks Unters. der Einfl. von überhitztem Dampf u. nichtkondensierbaren Gasen. Die Ergebnisse sind z. T. für die Prandtl-Zahlen 0,003, 0,008, 0,03, 1,0, 10 u. 100 graph. wiedergegeben. G. Gattow. 5866□

1884 **Durchflußmessung mit dem hydrometrischen Flügel.** Martin Neumüller. (Arch. techn. Messen ind. Meßtechn. **1963**, 97—98, 121—24; Töging am Inn; dt.) — Überblick über die wichtigsten Meth. u. deren Auswertung. — 12 Literaturhinweise. F. Rosendahl. 5888△

1885 **Weniger bekannte Uranverbindungen als mögliche Kernbrennstoffe.** F. Thümmler. (Ber. dtsch. keram. Ges. e. V. **40**, 159—72, 1963; Stuttgart. Max-Planck-Inst. für Metallforsch.; dt.) — Übersicht über weitere U-Verbb. als potentielle Kernbrennstoffe. Es werden Verbb. des U mit N, Si, S, B, Al, Be, P, Se u. Te, ihre Eigg. u. Darst. behandelt. — 150 Literaturstellen, Diskussion. J. Noack. 5894◇

1886 **Die Herstellung von graphitüberzogenen Kernbrennstoffteilchen nach dem Wirbelbettverfahren.** F. Benesovsky und E. Rudy. (Metall **16**, 957—61, Okt. 1962; Reutte, Tirol, Metallwerk Plansee A.G.; dt.) — Vgl. C. **1963**, 10661. — Beschrieben wird eine Wirbelbett-App. aus Graphit, in der UH_2- u. Mo_2C-Teilchen im Modell-Vers. in einer C_2H_2- oder CH_4-Atmosphäre im Unterdruck bei 1100—2200° graphitiert werden. Die Aufheizung der Teilchen wird durch Hochfrequenz vorgenommen. Wie die Abb. zeigen, werden sehr gleichmäßige Graphitüberzüge erhalten. — 30 Literaturangaben. F. Vier. 5894◇

1887 **Pulvermetallurgische Untersuchungen bei Verwendung von Plutonium.** M. J. F. Notley, J. M. North, P. G. Mardon und M. B. Waldron. (4. Planseeseminar „De Re metallica", Pulvermetallurgie in der Atomkerntechn. **1962**, 44—55; Harwell, England, U.K. Atomic Energy, Res. Establ.; engl.) — Es wird die Herst. von Pu-Pulver nach dem Hydrid-Verf. beschrieben, bei dem alle Arbeitsgänge unter gereinigtem Ar durchgeführt werden, um O-Aufnahmen zu vermeiden. Die Heißpreßtechnik war dem Kaltpressen mit anschließendem Sintern bes. dann überlegen, wenn der Preßdruck beim Abkühlen in δ-Gebiet aufrechtgehalten wird. Dabei werden Dichten von 19,2 (g/cm³) gegenüber 19,3—19,5 g für gegossenes Pu erhalten., die durch Unterschiede im Dichte- u. Plastizitäts-Verh. zwischen γ- u. δ-Phase erklärt werden. Ferner wird die Herst. von kleinen PuO_2-UO_2Mischkristallen als Dispersionen in *nichtrostenden Stählen* über ein Kaltpressen mit anschließender Sinterung beschrieben. Dabei wurde der Einfl. von Preßdruck, Sinterzeit, Sinter-Temp. (1300—1400°) u. von Nachverdichtungen untersucht. Hohe Dichten wurden durch ein Heißpressen bei 950° erhalten. Diese Cermets werden für schnelle Reaktoren verwendet. — Diskussion. H. Fahlenbrach. 5894◇

1888 **Elektrostahl für die Anwendung in der Kerntechnik.** C. Jamieson und J. Mowat. (Nuclear Engng. **5**, 207—11, 1960; Wm. Beardmore and Co. Ltd.; engl.) — Der bisher verwendete Elektrostahl für Drucktanks ist mit Si entoxydierter C/Mn-Stahl mit Al-Zusatz zur Kontrolle der Korngröße u. zur Stabilisierung des N_2-Gehalts. Typ. Zus. u. mechan. Eigg. verschiedener Typen von Schmiedestücken werden angegeben. Bemerkenswert ist der geringe P- u. S-Geh., ein hoher Grad der Duktilität u. gute Charpysche Pendelschlagwerte. W. Knoch. 5894◇

1889 **Gründe für die Wahl der Mg–Zr-Legierung als Hülsenwerkstoff für Brennelemente.** R. Caillat, J. Hérenguel, M. Salesse und J. Stohr. (J. nuclear Mater. [Amsterdam] **8**, 1—2, 1963; Saclay, Gif-sur-Yvette, Seine-et-Oise, France Commissariat à l'Énergie Atom.; franz.) — Die Mg–Zr-Leg. wird in Frankreich für die Hülsen der Brennelemente verwendet, weil sie unter den Betiebsbedingungen korrosionsbeständig ist, brauchbare mechan. Eigg. selbst nach Langzeitbeanspruchungen bei 400—450° hat u. weil bei langsamen Deformationen an den Korngrenzen keine lästige Kavitation auftritt. M. Hagedorn. 5894◇

1890 **Elektroballistische Untersuchungen an einem Bestandteil des Katalysators für die Methanolsynthese.** Z. Sokalski und Z. Dziewiecki. (Chem. Techn. **15**, 209—11, 1963; Gliwice, Glasker Polytechn., Lehrstuhl für physikal. Chem.; dt.) — Elektroballist. Messungen wurden bisher nur mit verd. wss. Lsgg. durchgeführt. Die von Vff. verwendete Meßapp. ermöglicht es, das Laden eines elektr. Kondensators in Abhängigkeit von der Zeit u. dem Strom fester Teilchen, der beim Zerstäuben des Pulvers entsteht, zu messen. Die charakterist. Ladekurven entstehen durch den auftretenden Helmholtzschen Verschiebungsstrom. Diese Kurven lassen sich nach folgender Gleichung beschreiben: $V_i = V_{max}1 \cdot e^{-(kt-a)}$. Herbert Hoffmann. 5904◇

1891 **Entwurf von katalytischen Festbettreaktoren auf der Grundlage von „effektiven" Transportmodellen.** G. F. Froment. (Chem. Engng. Sci. **17**, 849—59, 1962; Gent, Belgium, Rijksuniv., Labor. voor Organ. Techn. Chem.; engl.) — Für die bei Entwurf von chem. Reaktoren mit axialen u. radialen Temp.- [t (x, z)] u. Umsetzungsprofilen [f (x, z)] auftretenden partiellen Differentialgleichungen 2. Ordnung wird eine semianalyt. Lsg. für den Fall vorgeschlagen, daß sich die Gleichung der Geschw.-Konst. angenähert durch die lineare Gleichung $r_A = P(z)[A + B f(x, z) + C t(x, z)]$, hierin sind A, B, C Konst., wiedergeben läßt. Diese Beziehung wurde durch Linearisierung der Kontinuum- u. Energiegleichung entwickelt u. besitzt allg. Gültigkeit. Temp. u. Umsetzung an einem beliebigen Punkt (x, z) werden als Funktionen von Dini-Reihen beschrieben, deren Koeff. mit einem Digitalrechner berechnet wurden. Das Lösungs-Verf. wird verwendet, um die Bedeutung der radialen Gradienten schnell abschätzen zu können. Zur numer. Lösung des Syst. der nichtlinearen Differentialgleichungen 2. Ordnung dient die von Crank u. Nicolson entwickelte Methode. Die Ergebnisse der Unters. zeigen, daß die in Festbettreaktoren unter Umständen auftretenden steilen radialen Gradienten die Berechnung der mittleren Temp. u. Umsetzung mit Hilfe des alten einfachen Modells für die Entwurfsberechnungen nicht genügen. Vf. empfiehlt daher, für alle derartigen Berechnungen das seinen Überlegungen zugrunde gelegte Modell zu verwenden. I. Koschitzki. 5904

H_2. Betriebsschutz, Feuerschutz

1892 **Gesundheitsschäden in Gießereien.** Judith Kárpát. (Kohászati Lapok [Ung. Z. Hüttenwes.] **96**, Nr. 4, Öntöde **14**, 82—87, April; Budapest, Inst. für Arbeitshyg.; ung.) — Vf. erörtert die in Gießereien vorkommenden Gesundheitsschäden, unter welchen die Silicose als der schwerste ausführlich behandelt wird. Die diagnost. Meth. sowie die gefährlichsten Gießarbeiten werden besprochen. L. Zombory. 5940△

1893 **Die Verschmutzung der Luft und die Gerüche — Analysentechnik und Bekämpfungsmittel.** Guy Halleux. (Tribune du Cebedeau **16**, 222—36, 1963; Liège, Belg., Univ.; franz.) — Ausführliche Übersicht über die Luftverunreinigung durch Gerüche, Definition des Begriffs Geruch, Eigg., charakterist. Merkmale der Geruchsträger, Meth. zur Vernichtung, Maskierung u. Modifikation des Geruchs u. der Geruchseigenschaften. Für die analyt. Best. kommen neben den klass. Meth., Verbrennung u. katalyt. Oxydation, die Chromatographie u. IR-Analyse in Frage. Zur Bekämpfung u. Beseitigung der Gerüche eignen sich Kondens.-, Absorptions-, Adsorptions-, Verdünnungs- u. Verbrennungsmethoden. R. Truckseß. 5942◇

1894 **Gesichtspunkte des Toxikologen in den Untersuchungen über die Luftverunreinigung.** D. Rondia. (Tribune du Cebedeau **16**, 164–67, 1963; Liège, Belg., Univ., Med. Fak., Labor. für Toxikolog. u. Hyg.; franz.) — Betrachtungen über die Zusammenhänge zwischen Luftverunreinigung u. Gesundheitsschäden durch giftige Gase u. Aerosole. Durch moderne Unters.-Meth. ist die Mengen-Best. u. Identifizierung der Giftstoffe trotz niedrigster Konzz. möglich geworden. Schwieriger ist die Best. der Art u. Weise der Wrkg. der Gifte, da es sich meist um verschiedene aggressive Substanzen in äußerster Verdünnung u. mit schwacher Rk. auf den Organismus handelt. R. Truckseß. 5942◇

1895 **Stadtplanung und Reinhaltung der Luft.** Erich Kühn. (Staub **23**, 214–17, 1963; Aachen; dt.) H. Thieme-Schneider. 5942◇

1896 **Maßnahmen zur Luftreinhaltung bei Haus- und Kleingewerbefeuerungen.** Josef Krämer und Helmut Kettner. (Staub **23**, 196–203, 1963; Düsseldorf; dt.) — Als wirksame Maßnahmen gegen Verschmutzung durch unvollständige Verbrennung u. Verw. ungeeigneter Brennstoffe sieht Vf. u. a. techn. Verbesserung u. Überwachung der Verbrennungsanlagen. H. Thieme-Schneider. 5942◇

1897 **Planung von Beseitigungs- und Verwertungsanlagen für Müll im Ruhrgebiet im Hinblick auf die Reinhaltung der Luft.** Walter Hanstedt. (Staub **23**, 218–25, 1963; Essen; dt.) — Vf. behandelt Verff. zur Kompostierung von Müll u. Veraschungs-Verss. mit u. ohne Wärmeausnutzung. H. Thieme-Schneider. 5942◇

1898 **Neue Methoden zur Analyse der Stäube.** N. Dotreppe-Grisard und E. Leclerc. (Tribune du Cebedeau **16**, 168–71, 1963; Liège, Belg., Univ.; franz.) — Zur Anwendung kommt das opt. Mikroskop mit reflektiertem natürlichem u. polarisiertem Licht, das Elektronenmikroskop u. die Elektronensonde in Verbindung mit einem opt. Mikroskop. Das polarisierte Licht erlaubt eine qual. Analyse der mineral. Bestandteile in der Größe von $>10\,\mu m$ u. durch Auszählung u. statist. Auswertung eine befriedigende quant. Best. (auf einige %). Das Elektronenstrahlenbündel der Sonde kann auf eine Oberfläche von $1\,\mu m^2$ konzentriert werden. R. Truckseß. 5942

1899 **Der Einfluß der Konzentration des Alkohols auf die Wirkung von Proteinschäumen beim Löschen von brennenden Benzin/Alkohol-Gemischen.** D. W. Fittes und D. D. Richardson. (J. Inst. Petroleum **49**, 150–52, 1963; Boreham Wood, Hertfordshire, Fire Res. Stat.; engl.) — Das Löschen von Bzn.–A.-Gemischen (bis zu 20% A.) kann mit normalem Proteinschaum (P) unter Kontrolle genommen werden. Wenn P vorsichtig zum Feuer gegeben wird, so stört ein A.-Geh. von 1% nicht, bei steigendem A.-Geh. kann leicht ein Zusammenbrechen von P eintreten. Erreicht die Konz. des A. 20%, so muß 3mal so viel P aufgewendet werden, als wenn alkoholfreies Bzn. gelöscht wird, der Faktor steigt auf 8, wenn P unmittelbar in die Flamme geschleudert wird. Beim Löschen von Bzn./A.-Gemischen muß P so vorsichtig wie möglich auf die Oberfläche der brennenden Fl. gebracht werden. Eine Erhöhung der Steifigkeit von P steigert seine Widerstandsfähigkeit. F. Rosendahl. 5944△

H_3. Elektrotechnik

1900 **Die Elektreteigenschaften des Systems (Ba, Pb, Ca)-TiO_3.** H. Dressel und H. Benz. (Hermsdorfer techn. Mitt. **3**, 161–67, 1962; Halbleiterlabor.; dt.) — Im untersuchten Dreistoff-Syst. $BaTiO_3$ (I)–$PbTiO_3$ (II)–$CaTiO_3$ (III) werden die Komponenten um 2,5 u. 5 Mol-% bis zu einem Anteil von maximal 20 Mol-% **II** bzw. **III** variiert. — Die größte Oberflächenladung u. zeitliche Konstanz weisen Elektrete mit 20 Mol-% **III** auf. Die Dichte der Oberflächenladung nimmt mit steigendem **II**-Geh. ab. Bei guter zeitlicher Konstanz der Ladung u. größerer Ladungsdichte ist der Sprung der therm. Aktivierungsenergie in der Nähe des Curie-Punktes sehr klein oder Null. I. Köditz. 5952

1901 **Brennstoffelemente als moderne Energiequellen.** Kurt Schwabe, Ralf Köpsel, Klaus Wiesener und Eberhard Winkler. (Chem. Techn. **15**, 257–65, 1963; Dresden, TU, Inst. für Elektrochem. u. physikal. Chem.; Rossendorf, Zentralinst. für Kernphys., Bereich Radiochem.; dt.) — Nach einer Übersicht über die Geschichte u. die theoret. Grundlagen der Energieerzeugung auf Basis Brennstoffelemente werden verschiedene Hochtemp.-Elemente beschrieben, die mit festen u. gasförmigen Brennstoffen betrieben werden. Auf entstehende Korrosions- u. Materialprobleme wird eingegangen. — 36 Literaturangaben. H. Hoffmann. 5970◇

1902 **Herstellung von Transformatorenblechen mit partieller kristallographischer Orientierung.** J. Groyecki, M. Markuszewicz und A. Zawada. (Prace Inst. Hutniczych **13**, 131–45, 1961; Inst. Metal. Żelaza; pol.) — Heißgewalzte Bleche aus reinem *Si-Stahl* (bis 3% Si), die bei der Endverarbeitung durch Kaltwalzen von 0,65 auf 0,35 mm Stärke gebracht u. dann bei 1100–1150° in H_2-Atmosphäre ausgeglüht werden, haben einen magnet. Verlust von >1 W/kg u. die magnet. Induktion von 15500–16000 Gauß/Oe bei der Feldstärke 10 A/cm. Die Bleche zeigen Anisotropie, die durch eine partielle kristallograph. Orientierung beim Kaltwalzen verursacht wird. F. Urban. 5980◇

1903 Standard Telephones and Cables Pty. Ltd. (Erfinder: Henley Frank Sterling und Frederick John Raymond), **Herstellung von reinem Halbleitermaterial.** Man erhitzt in einem elektr. beheizten hohlwandigen Gefäß aus Ag das Material, bes. Si, bis zum Schmelzen u. leitet über die Oberfläche der Schmelze ein Hydrid des Materials, bes. Si-Hydrid, wobei sich dieses zersetzt u. auf der Oberfläche der Schmelze das Halbleitermaterial sich niederschlägt. (**Aust. P. 236141** vom 18/12. 1958, ausg. 23/11. 1961. E. Prior. 6/1. 1958.) K. Demmler. 5953

1904 Westinghouse Electric Corp., East Pittsburgh, übert. von: Yoshio Ichikawa, Turtle Creek, Pa., V.St.A., **Kaltleiter.** Eine Mischung von TiO_2, ZrO_2, BaO u. geringe Mengen Y- oder Ce-Oxid gemäß der Formel $M_xBa_{1-x}Zr_yTi_{1-y}O_3$, in der M für Y oder Ce steht u. x Werte von 0,003–0,03 u. y Werte von 0,01–0,25 annehmen kann, wird mit 0,1–1 Gew.-% PbO versetzt, bei 1000° 2 Std. lang in Luft calciniert, gemahlen u. zu Scheiben verpreßt. Die Scheiben werden dann in Ar 2 Std. bei 1350° gesintert u. anschließend 1 Std. in Luft geglüht. Der elektr. Widerstand der fertigen Scheiben zeigt ein eigentümliches Verh. u. steigt zwischen 20 u. 60° kaum an, nimmt jedoch zwischen 60 u. 210° um das 1500fache zu u. fällt bei Temp. über 210° wieder ab. Scheiben mit 0,375 in. Ø u. 0,062 in. Dicke haben bei Raum-Temp. einen Widerstand von ca. 50 Ω. (**A. P. 2981699** vom 28/12. 1959, ausg. 25/4. 1961.) H. Widmann. 5953

1905 Westinghouse Electric Corp., East Pittsburgh, übert. von: William D. Johnston, East McKeesport, und Robert R. Heikes, Pa., V.St.A., **Herstellung von Heißleitern aus Metalloxiden der Übergangsmetalle, die teilweise durch Lithium substituiert sind.** Zur Herst. von Widerständen, Heißleitern, IR-Detektoren u. Bauelementen zur Temp.-Kompensation in elektr. Schaltkreisen verwendet man eine Mischung gemäß der Formel $Li_xM_{1-x}O$ bei Werten für x bis 0,35. M steht für Cr, Mn, Fe, Ni, Co u. Cu. Das Li wird dabei als Peroxid in die Mischung eingeführt. Die Mischung wird zu Scheiben verpreßt u. in einem abgeschlossenen Behälter aus Pt bei 600–1200° gesintert. Je nach Mischungsverhältnis kann der Kaltwiderstand der Scheiben zwischen 1 u. $10^{12}\ \Omega \cdot cm$ eingestellt werden. (**A. P. 2993011** vom 26/4. 1956, ausg. 18/7. 1961.) H. Widmann. 5953

1906 Philco Corp., Philadelphia, übert. von: Paul D. Payne jun., Chalfont, Pa., V.St.A., **Herstellung elektrisch leitender Überzüge auf Glasoberflächen.** Auf die Glasoberfläche wird ein Überzug aus einer Lsg. von $SnCl_2$ in Glycerin, Äthylenglykol, Triäthylenglykol, n-Propylacetat oder n-Butylacetat aufgebracht, worauf das Ganze auf mindestens 250° erhitzt wird. — Arbeitsschema. (**A. P. 3005731** vom 11/2. 1958, ausg. 24/10. 1961.) Hans Hoffmann. 5953

1907 Libbey-Owens-Ford Glass Co., Toledo, Ohio, übert. von: William H. Colbert, Ligonier, Pa., Willard L. Morgan, Newark, Ohio, und Arthur R. Weinrich, Greensboro, N.C., V.St.A., **Elektrisch leitende Überzüge**

auf Glas oder Keramik. Das Verf. gemäß A. P. 2 852 415; C. **1960,** 1644 wird in der Weise abgeändert, daß der dünne Überzug aus einem Gemisch eines Metalls der bereits genannten Art in Verbindung mit Anionen, wie Br, Cl, F oder J, besteht. — Abbildungen. (**A. P. 3 010 850** vom 29/10. 1952, ausg. 28/11. 1961.) Hans Hoffmann. 5953

1908 Imperial Chemical Industries Ltd., London, England, **Elektrode** für elektrolyt. Verff., bestehend aus einem Kern, der mit einer Ti- oder Zr-Schicht versehen ist, die ganz oder teilweise einen Überzug aus Pt oder Pd trägt, der wiederum einen Überzug auf Pt-Mohr aufweist. (**Ind. P. 70 910** vom 14/7. 1958, ausg. 19/1. 1961. E. Prior. 14/2. 1958.) C. Lüttgen. 5953

1909 International Nickel Co., Inc., New York, N.Y., V.St.A., übert. von: Reginald Douglas Mogford, Moseley, England, **Zündkerzenelektroden** bestehen aus 18—22 (%) *Cr*, bis 2 *Fe*, 1—9 *W*, bis 0,8 *C*, Rest *Ni*, wobei die Mengen an W u. C so aufeinander abgestimmt sind, daß bei einem Geh. von 8—9 W der Geh. an C 0,2—0,4 beträgt. Die Elektroden sind gut kalt u. warm bearbeitbar, oxydations- u. korrosionsfest. (**A. P. 2 958 598** vom 20/1. 1958, ausg. 1/11. 1960. E. Prior. 18/1. 1957.) C. Götze. 5953

1910 Western Electric Co., Inc., New York, N.Y. (Erfinder: William Gardner Pfann, Basking Ridge, N.J.), V.St.A., **Behandlung von frei schwebend gehaltenem flüssigem Material,** das eine feste Fläche benetzt u. unter dem Einfl. einer Kraft steht, die bestrebt ist, den fl. Abschnitt zu verlagern, dad. gek., daß mindestens durch einen Teil des fl. Abschnitts ein Stromfluß erzeugt u. wenigstens dieser Teil dem Einfl. eines Magnetfeldes ausgesetzt wird, wobei in einer zur Verlagerungskraft senkrechten Ebene sowohl eine Feldkomponente als auch eine zu dieser senkrechte Stromkomponente erzeugt wird, derart, daß die hierdurch erzeugte Kraft der Verlagerungskraft entgegengerichtet ist. — Zeichnungen. Das Verf. ist z. B. anwendbar für *Zonenschmelzprozesse* zur Behandlung von Halbleitermaterialien, wie *Ge* u. *Si* sowie für Metalle, wie *Ti, Zr, Fe, Ta* u. *Be*, oder geschmolzene Salze u. Elektrolyte. (**Schwz. P. 345 162** vom 9/5. 1956, ausg. 29/4. 1960. A. Prior. 17/6. 1955.) G. Apel. 5953

1911 Westinghouse Electric Corp., übert. von: Daniel W. Lewis, Pittsburgh, Pa., V.St.A., **Styrylsilane und deren Polymere.** Styrylsilane der allg. Formel I (R = gesätt. einwertiger KW-Stoff-Rest, X = einwertige hydrolysierbare Gruppe, n = 1 oder 2) werden hergestellt, dann hydrolysiert u. kondensiert zu Polymeren der allg. Formel **II** (R' = R oder Vinylphenyl, m > 1) oder Mischpolymeren der Formel **III**. — Eine Äther-Lsg. von p-Äthylphenylmagnesiumbromid — hergestellt durch Rk. von 8 Mol (1483 g) p-Äthylbrombenzol u. 200 g Mg — wird unter Kühlung u.

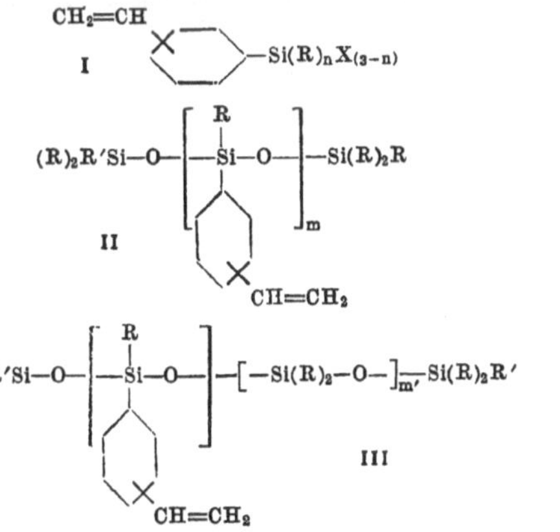

I, II, III

Rühren zu 11 Mol (37% Überschuß) $SiCl_4$ in 4 Liter trocknem Bzl. gegeben. Die Temp. wird unter 10° gehalten. Man gewinnt durch Vakuum-Dest. in 60%ig. Ausbeute *Trichlor-p-(äthyl)-phenylsilan* ($Kp._{0,8}$ 75—76°). 4 Mol dieses Silans werden bei UV-Licht chloriert. Man erhält 3 Mol *Trichlor-p-(chloräthyl)-phenylsilan* ($Kp._{0,4}$ 87—88°). 755 g desselben (2,75 Mol) werden tropfenweise in einen Kurzweg-Dest.-Kolben gegeben, der auf 500—550° erhitzt ist. Gleichzeitig wird N_2 durchgeleitet. Es wird HCl abgespalten. Man erhält 551 g (85% Ausbeute) *Trichlor-p-styrylsilan,* $Kp._{0,6}$ 60°. Dieses wird, in dem gleichen Vol. Bzl. gelöst, in 1,5 Liter CH_3OH gegeben u. mit trocknem NH_3 gesättigt. Man erhält *Trimethoxy-p-styrylsilan* ($Kp._{0,1}$ 66,5°). Das Monomere kann allein oder in Mischung mit anderen Silanen der Hydrolyse u. Kondens. zu Homo- (II) oder Mischorganopolysilxanen (III) unterworfen werden. — Herst. von *elektr. Isoliermaterial.* — Vgl. D. A. S. 1 079 322; C. **1961,** 3505. (**A. P. 2 982 757** vom 20/10. 1955, ausg. 2/5. 1961.) A. Dandl. 5957

1912 International Business Machines Corp., New York, übert. von: James M. Brownlow, Fishkill, N.Y., V.St.A., **Ferromagnetisches Material mit kleiner Kraftflußdichte.** Eine Mischung von feinverteiltem Cr-, Mn-, Ni- u. Fe-Oxid mit einer Zus. gemäß der Formel $Cr_wMn_xNi_yFe_zO_4$, wobei w Werte von 0,4—1,2, x Werte von 0,7—1,6, y Werte von 0,1—0,4 u. z Werte von 0,6—1,3 annehmen kann, wird bei ca. 900° calciniert, zu Ringen verpreßt u. in Luft ca. 2 Std. bei 1400° gesintert. Ggf. können die Ringe bei einer niedrigeren Temp. zwischen 1000 u. 1200° in Luft nachgesintert werden. Die fertigen *Ferrite,* welche ein Rechteckverhältnis bis 0,95, eine Koerzitivkraft von ca. 2 Oe, eine Kraftflußdichte von weniger als 400 u. eine Schaltzeit-Konst. von ca. 0,2 Oe/μs aufweisen, eignen sich bes. für extrem schnelle Schaltvorgänge in Rechenmaschinen u. dgl. u. für sehr schnelle Speicheroperationen. (**A. P. 2 986 522** vom 27/5. 1960, ausg. 30/5. 1961.) H. Widmann. 5959

1913 E. I. du Pont de Nemours & Co., übert. von: Thomas J. Swoboda, Wilmington, Del., V.St.A., **Kobalt-Nickel-Manganit mit Ilmenitstruktur.** Die Herst. der Manganite erfolgt in einem verschließbaren Behälter aus korrosionsfestem Material, z. B. Platin. Die Ausgangsstoffe Mangandioxid, Kobaltoxid (Co_3O_4) u. Nickeloxid werden in feinverteiltem Zustand in den Behälter eingebracht u. ca. 5%ig. Schwefelsäure zugegeben. Der Behälter wird dann verschlossen, in eine Stahlbombe eingebracht u. bei einem Druck von mindestens 500 atü in Ggw. von Wasserdampf auf 700° gebracht u. 3 Std. so belassen. Dabei bildet sich ein komplexes Oxid des Mn mit Ni u. Co, das Ilmenitstruktur aufweist u. eine Koerzitivkraft von mindestens 1700 Oe besitzt. (**A. P. 2 996 457** vom 15/6. 1956, ausg. 15/8. 1961.) H. Widmann. 5959

1914 Richard G. Parker, Wallkill, N.Y., V.St.A., **Weichmagnetisches Material.** Mangan-Zink-Ferrite mit einer Zus. von ca. 54 (Mol-%) Fe_2O_3, 12—18 ZnO, ca. 1 SiO u. ca. 1 $MgSiO_3$ u. 26—32 MnO_2 werden aus Manganerzen bzw. Zinkerzen hergestellt, welche die erforderliche Menge an Kieselsäure schon enthalten. Die Sinterung der Ferrite erfolgt in Luft bei 2160—2240° F. Nach der Sinterung werden die Ferrite rasch abgekühlt. Die fertigen Ferrite zeichnen sich durch geringen Temp.-Koeff. u. durch hohe Dichte aus. Ihre Anfangspermeabilität liegt bei 300 u. die Curie-Temp. bei 200°. (**A. P. 2 992 990** vom 5/1. 1956, ausg. 18/7. 1961.) H. Widmann. 5959

1915 American Bosch Arma Corp., New York, übert. von: Walter S. Miller, Elmont, N.Y., V.St.A., **Titanate mit piezoelektrischen Eigenschaften.** Die Herst. einer grobkörnigen Titanatkeramik erfolgt aus einer Mischung von mindestens 60% ungebrannter Metalltitanate aus der Gruppe der Erdalkalititanate, Zr-Pb-Titanate u. von 1—40% anorgan. Li-Verbb., wie LiOH, Li_2S oder $LiTiO_3$. Der Mischung können noch geringe Mengen an H_2SeO_3, ZnO, TiO_2, CuCl oder CuO zugesetzt werden. Die Mischung wird mit Hilfe von Polyalkylenglykol zu einem dicken Schlicker angemacht, anschließend partiell red. u. schließlich bei 2500—3000° F gebrannt. Die fertigen Titanate sind selbst polarisiert u. bedürfen bei der Verw. als *piezoelektr. Wandler* keiner zusätzlichen Gleichstrompolarisierung. (**A. P. 2 989 482** vom 4/11. 1958, ausg. 20/6. 1961.) H. Widmann. 5961

1916 American Bosch Arma Corp., New York, übert. von: Walter S. Miller, Elmont, N.Y., V.St.A., **Plastische piezoelektrische Titanatwerkstoffe.** Die Herst. der plast. Titanatmasse mit *piezoelektr. Eigg.* erfolgt mit einer Mischung von mindestens 60% piezoelektr. Metalltitanate (Erdalkali-, Zr-, Pb-Titanate) u. von 1—40% anorgan. Li-Verbb., wie LiOH, LiBr, Li_2S, LiCl, die exotherm reagieren. Die Mischung wird mit Polyalkylenglykol zu einem steifen Schlicker angemacht u. erwärmt sich infolge der exothermen Rk. der Li-Verbb. auf 140—230° F. Die fertige Mischung braucht nicht gebrannt zu werden u. besitzt bereits piezoelektr. Eigenschaften. (**A. P. 2 989 481** vom 4/11. 1958, ausg. 20/6. 1961.) H. Widmann. 5961

1917 Stolberger Zink Akt.-Ges. für Bergbau und Hüttenbetrieb (Erfinder: Erich Hoehne, Karl Lambert und Erich Pelzel), **Ternäre Bleilegierung,** bestehend aus ca. 0,5—6,5 (%), bes. 1—3 *Sb*, ca. 0,3—2,5, bes. 0,3—1, *As*, Rest *Pb*, dad. gek., daß Arsenidbildner, wie *Cu*, *Sn*, *Fe*, *Se* u./oder *S*, insgesamt in einer Menge von nicht mehr als ca. 0,01 u. dabei Sn, Se u./oder S in Geh. von nicht mehr als je 0,001, abnehmend mit zunehmendem As-Geh., in der Leg. enthalten sind. Sie zeichnet sich durch eine befriedigende Festigkeit u. hervorragende gießtechn. Verarbeitungsmöglichkeit einerseits u. durch vollkommen krätzefreien Fluß u. hohe Beständigkeit bei anod. Polarisation in H_2SO_4 andererseits aus. Durch Glühen der gegossenen Leg. bei 150—250° gefolgt von einer Warmaushärtung bei 50—100° kann eine Sammelkristallisation des Gußgefüges herbeigeführt werden, was sich elektrochem. günstig auswirkt u. eine Verbesserung der mechan. Eigg. zur Folge hat. Die Leg. wird zur Herst. von *Anoden* in Bleiakkumulatoren verwendet. (**F. P. 1 294 005** vom 4/7. 1961, ausg. 19/10. 1962. D. Prior. 5/7. 1960.) C. F. Gross. 5971

1918 Aktiebolaget Tudor, Stockholm (Erfinder: Erik G. Sundberg, Nol, Osbaken), Schweden, **Herstellung von Separatoren für elektrische Akkumulatoren** durch Sintern, Zusammenpressen u. Abkühlen eines Gemisches aus Pulver eines nichtpolaren Polymeren, z. B. Polyäthylen, -butylen, propylen oder anderen Polyolefinen, u. aus herauslösbaren anorgan. Salzen u. quellbaren organ. Stoffen, dad. gek., daß man organ. quellbare Stoffe u. anorgan. Salze dem Polymeren in einem solchen Verhältnis zumischt, daß der Anteil des anorgan. Salzes wesentlich größer ist als der des organ. quellbaren Stoffes. (**D. A. S. 1 144 357** Kl. 21b vom 19/12. 1959, ausg. 28/2. 1963. Schwed. Prior. 20/12. 1958.) F. Laaß. 5971

1919 General Motors Corp., Detroit, Mich., übert. von: Don G. Townsend, Anderson, Ind., V.St.A., **Reifen der Platten von Blei-Akkumulatoren nach dem Pastieren.** Es wird zeitlich wesentlich abgekürzt, wenn die Platten in eine CO_2-haltige Atmosphäre zur Bldg. einer $PbCO_3$-Schicht auf ihren Oberflächen gebracht werden. — Zum Beispiel werden negative Platten, deren Paste aus verd. H_2SO_4, gelbem u. rotem Pb-Oxid u. bis zu 15% freiem Pb hergestellt ist, ca. 10 Min. in 196° F heißer Luft, die z. B. 12,5% CO_2 enthält, erhitzt, dann ca. 15 Min. mit Wasserdampf von ca. 230° F unter einem Druck von 15 lbs./sq.in. zum Oxydieren des freien Pb behandelt u. anschließend mit Luft von ca. 150° F getrocknet. — Positive Platten, deren Paste aus verd. H_2SO_4, ca. 37,5 (%) rotem u. ca. 37,5 gelbem PbO u. 25 freiem Pb gemischt ist, werden zunächst ca. 15 Min. lang mit auf ca. 230° F erhitztem Wasserdampf unter solchem Druck behandelt, daß ein Kochen der Platten nicht eintritt, u. dann erst werden die Platten in die CO_2-haltige Luft gebracht. (**A. PP. 2 971 042** u. **2 971 043** vom 25/7. 1958, ausg. 7/2. 1961.) F. Laaß. 5971

1920 Union Carbide Corp. (Erfinder: Karl Kordesch, John Frederick Yeager und Romeo Richard Witherspoon), **Brennstoffelement,** in dem durch die chem. Vereinigung von O_2 u. H_2 Elektrizität erzeugt wird. Die Elektroden bestehen aus hohlen porösen Kohlenstoffröhrchen mit einer Porosität von 30—35%, die mit einem porösen Oberflächenfilm, z. B. aus Polyvinylalkohol oder Acetylcellulose, überzogen sind. Die Anode weist auf ihrer Oberfläche einen H_2-Dissoziationskatalysator auf, z. B. Pt, Rh, Pd, Ir, Ru oder Os, u. die Kathode einen Schwermetalloxidkatalysator, z. B. Pyrolyse-Prodd. von $Co(NO_3)_2$ u. $Al(NO_3)_3$. Als Elektrolyt dient eine KOH-Lsg., der ein Peroxid-Zers.-Katalysator aus K_2OsO_4 zugefügt ist. — Zeichnungen. (**Aust. P. 233 847** vom 11/9. 1959, ausg. 8/6. 1961. A. Prior. 30/9. 1958.) F. Laaß. 5971

1921 Thorn Electrical Industries Ltd. (Erfinder: Hanley Thomas Henderson und David Richard Palowkar), **Leuchtstoffgemisch** für elektr. Entladungsröhren, bestehend z. B. aus 63,4 (Gew.-%) Ca-Halophosphatleuchtstoff, 27,1 mit Ce u. Mn aktiviertem Mg-Borat, 9,05 Ba-Ti-Phosphatleuchtstoff u. 0,45 ,,Cadmiumgoldpigment" (gelbes CdS + $BaSO_4$) als nichtluminescierendem Bestandteil. (**Aust. P. 236 199** vom 18/8. 1959, ausg. 23/11. 1961. E. Prior. 19/8. 1958.) K. Demmler. 5975

1922 Thorn Electrical Industries Ltd., übert. von: Peter Whitten Ranby, London, England, **Herstellung von Erdalkalihalogenphosphatleuchtstoffen** mit einem Geh. von 13—50 (%) CaO, 36—44 P_2O_5 u. 11—47 Ca-Halogenid, indem man ein solches Erdalkalihalogenphosphat oder dessen Bldg.-Gemische mit Ce oder Ce–Mn als Aktivator auf 900—1200° erhitzt. Der Leuchtstoff muß die Kristallstruktur des Apatits aufweisen, in die der Aktivator eingebaut ist. — *Luminescierendes Material für Fluorescenzlampen, Kathodenröhren, Röntgenröhren.* (**A. P. 3 014 874** vom 20/7. 1956, ausg. 26/12. 1961.) R. Zimmermann. 5975

1923 Sylvania Electric Products, Inc., übert. von: Richard W. Mooney, Towanda, Pa., V.St.A., **Leuchtstoffe für Fluorescenzlampen,** bestehend aus krist. β-Ca-Silicaten, die mit Verbb. von Ge, Sb oder As in niedrigen Wertigkeitsstufen aktiviert sind. (**A. P. 3 014 876** vom 4/5. 1959, ausg. 26/12. 1961.) R. Zimmermann. 5975

1924 General Electric Co., übert. von: William C. Martyny, Lyndhurst, Ohio, V.St.A., **Herstellung luminescierender Überzüge auf Glaslampenumhüllungen.** Sie werden mit der ammoniakal. Lsg. eines Bindemittels (I) überzogen, in dem der luminescierende Stoff (II) suspendiert ist. I besteht aus einem Mischpolymer von Methylvinyläther mit Maleinsäureanhydrid u. Polyacrylsäure, die 25—90% von I ausmachen soll, während die Feststoffe von I 0,3—0,8 Gew.-% von II betragen. — Abbildungen. (**A. P. 3 006 781** vom 7/3. 1960, ausg. 31/10. 1961.) Hans Hoffmann. 5975

1925 N. V. Philips' Gloeilampenfabrieken, Eindhoven, Niederlande, **Entladungsröhren, insbesondere Kathodenröhren,** deren Wandungen mit einem graphithaltigen leitenden Überzug (I) versehen sind, dad. gek., daß der I eine voluminöse Kristallstruktur u. das Bindemittel (II) ein hohes Molgew. aufweist. Als Füllstoff kommen bes. Al_2O_3, MgO, TiO_2 u. ZnO, als **II** K-Silicat (**IV**), Phosphate u. Borate in Frage. Der Graphit (**III**) soll eine Partikelgröße von 10—30 μ haben. Ein Gemisch aus 250 (g) **III**, 25 ZnO, 350 **IV** u. 2,5 Dextrin wird 20—30 Std. lang in der Kugelmühle gemahlen u. mit 372,5 entionisiertem W. in eine auftragsfähige Suspension gebracht. (**Ind. P. 67 645** vom 11/5. 1959, ausg. 28/7. 1961.) C. Lüttgen. 5975

1926 CKD, Modrany, Tschechoslowakei, **Se-Photoelement.** Bei der Herst. wird eine auf eine Trägerplatte aufgebrachte Se-Schicht 15 Min. bis 24 Std. in Pyridin, alkohol. Hydrochinon-Lsg. oder Anilin getaucht, dann mit W. oder A. gespült u. in Luft getrocknet. (**E. P. 872 945** vom 31/10. 1957, ausg. 12/7. 1961. Tschech. Prior. 14/11. 1956.) H. Kessel. 5977

1927 E. I. du Pont de Nemours & Co., Wilmington, Del., V.St.A., **Emailversatz zur Herstellung elektrisch leitender Widerstandsschichten auf keramischen Körpern.** Der Versatz besteht aus einem gemeinsam vermahlenen, feinverteilten Gemisch aus 8—90 (Gew.-%), bes. 8—27, PdO oder RhO u. 92—10, bes. 92—73, einer Pb–Borosilicat-Fritte, z. B. von der Zus. 65 PbO, 10 B_2O_3 u. 25 SiO_2. Hilfsstoffe, wie Ag, Au oder Pt, sowie Oxide, wie solche des Zr, Al, Sr, Ca, Sn, Mg, Zn, oder der Seltenen Erdmetalle, können dem Gemisch vor dem Vermahlen zugesetzt werden, welches nach Zusatz eines organ. Bindemittels verarbeitet wird. (**E. P. 904 936** vom 27/2. 1961, ausg. 5/9. 1962. A. Prior. 2/3. 1960.) Hans Hoffmann. 5983

1928 Libbey-Owens-Ford Glass Co., übert. von: James L. Boicey und Charles M. Browne, Toledo, Ohio, V.St.A., **Abdeckmasse für die Herstellung maskenartiger, elektrisch leitender Metallüberzüge.** Die abzudeckenden Teile der mit einem Metallfilm zu überziehenden Unterlage, z. B. einer Glasscheibe, werden mit einem wärmebeständigen, wasserlösl. Material bedeckt, das dann später mit dem darauf haftenden Metallfilm durch Abwaschen entfernt wird. Als Abdeckmasse kann ein Gemisch aus 12,5 (Gew.-Teilen) einer 10%ig. Nitrocellulose-Lsg. in n-Butylacetat u. 10 feingemahlenem Na_2SO_4 verwendet werden. (**A. P. 2 995 461** vom 2/4. 1956, ausg. 8/8. 1961.) Hans Hoffmann. 5983

H_4. Wasser, Abwasser

1929 **Planen und Betreiben von Vollentsalzungsanlagen mittlerer Größe.** F. Spillner. (Mitt. Vereinig. Großkesselbesitzer **1963,** 137—45; Duisburg; dt.) — Normalanlagen mittlerer Leistung (20—100 m³/Std.) sind zumeist 5stufige Anordnungen mit den Einheiten. stark, schwach sauer, schwach bas., CO_2-Riesler u. stark basisch. Bei hohen Ansprüchen ist noch ein Mischbettfilter nachgeschaltet. Probleme der Regeneration, optimale Ausnutzung der Filtereinheiten, Lohnkosten u. Bedienung werden diskutiert. Die Forderung nach Leitfähigkeitsmeßgeräten mit HCl-festen Elektroden in techn. Ausführung, die 5 Zehnerpotenzen (1 μS/cm bis 1 S/cm) überbrücken, besteht. W. Melloh. 6014◇

1930 **Zur Dampfversorgung chemischer und erdölverarbeitender Betriebe.** P. P. Ssimonow und M. M. Mamedow. (Hochschulnachr. [Baku], Erdöl Gas **5**, Nr. 5, 85—88, 1962; Aserbaidshansker Asisbekow-Inst. für Erdöl u. Chem.; russ.) — Verss. mit vertikalen Verdampfungsanlagen für die Enthärtung von W. des Kasp. Meeres zeigen, daß bei einem Salz-Geh. des Konzentrates von 150000—200000 mg/Liter der Salz-Geh. des Dampfes 2—3 mg/Liter nicht übersteigt. Das Fehlen von Ablagerungen in der Verdampfungsanlage zeugt von der hohen Löslichkeit von $CaSO_4$ in der Salzlösung. J. Lehmberg. 6030△

1931 **Verfahrenstechnik der Kondensataufbereitung.** R. Kretzer. (Mitt. Vereinig. Großkesselbesitzer **1963**, 146—53; Frimmersdorf; dt.) — In modernen Kondens.-Kraftwerken mit Kondensatrückführung ist der Zusatzwasserbedarf häufig kleiner als 1%. Die Qualität des Speisewassers ist also weitgehend abhängig von der Qualität des Kondensats. Fe spielt dabei eine wichtige Rolle. Es ist zu unterscheiden zwischen gelöstem u. kolloiddispersem Fe. Zur Entfernung von letzterem ist ein vor die Ionenaustauscher geschaltetes mechan. Filter erforderlich. Ausführliche Diskussion der Planung, Bedienung u. Überwachung von Kondensataufbereitungsanlagen. W. Melloh. 6030◇

1932 **Die chemische Reinigung von wasserführenden Betriebsanlagen.** Dieter Mättig. (Wasser, Luft Betr. **7**, 261—63, 1963; Oberhausen; dt.) — Für die erfolgreiche Entfernung von Wasserstein- bzw. Kesselsteinablagerungen ist es unerläßlich, von Fall zu Fall zu wissen, welche Zus. die Inkrustierungen haben, mit welchen Metallen das Reinigungsmittel in Berührung kommt u. wie die zu reinigenden Anlageteile beschaffen sind. Daraus ergibt sich die Wahl des Mittels, der geeigneten inhibierten Lösungssäure u. der Methode. Die chem. Reinigung ist der mechan. überlegen. Sie arbeitet ohne Beschädigung der Anlage u. mit geringerem Zeitaufwand. Selbst bei höherem apparativem Aufwand ist sie betriebswirtschaftlich rentabel. M. Bittmann. 6030◇

1933 **Neue Additive für Brennstoffe zur Verhinderung von Verschmutzungen und Korrosionen.** K. Wickert. (Mitt. Vereinig. Großkesselbesitzer **1963**, 160—64, Berlin; dt.) — Die Hauptbestandteile, die zur Korrosion u. Verschmutzung im Feuerraum führen, sind bei Ölfeuerung V_2O_5, Alkalisulfate, SO_2 u. O_2; bei Kohlenfeuerung Fe_2O_3, Alkalisulfate, SO_2 u. O_2. V_2O_5 u. Alkalisulfate ergeben die Korrosion katalysierende Teilschmelzen. Sie in feste Substanzen mit hohem F. zu überführen, ist Aufgabe der Additive. Die Eigg. von bas. $MgCO_3$ u. hochdispersem SiO_2 werden untersucht. W. Melloh. 6030◇

1934 **Korrosionsmessung in Theorie und Praxis.** Gerhard E. Kurzmann. (Wasser, Luft Betr. **7**, 276—81, 1963; Schriesheim; dt.) — Die Hauptschwierigkeit bei der Korrosionsprüfung mittels galvan. Elemente im durchströmten Syst. bereitet der Zeitfaktor. Als Gerät mit breiter Anwendungsbasis, das sowohl in Kurzzeit- als auch in Langzeitmessungen reproduzierbare Resultate liefert, wurde der „*Testomat CM 63*" eine Meßanordnung mit „Zeitraffer-Meth." zur Best. der Wasserleitungskorrosion entwickelt. Die Meßzelle ist so konstruiert, daß durch einen Schnellverschluß in wenigen Min. der Elektrodenkopf auszutauschen ist u. in kurzen Zeitabständen verschiedene Werkstoffe in ihrem Korrosions-Verh. gegenüber fl. Medien getestet werden können. Ein Überbrückungsschalter gestattet den Anschluß der Meßzelle an ein Schreibgerät zur Aufzeichnung des Korrosionsverlaufes. — 8 Abb., 3 Tabellen. M. Bittmann. 6030◇

1935 **Verfahren zur Untersuchung der Diatomeenbesiedelung.** Ruth Patrick und Dennis Strawbridge. (J. Water Pollut. Control Federat. **35**, 151—57, 1963; Philadelphia, Pa.; East Lansing, Mich.; engl.) — Die Beurteilung von Verunreinigungen des W. aus der Diatomeenbesiedelung ist noch sehr problemat., weil die Vielzahl der das Algen-Vork. beeinflussenden Faktoren sich der exakten Best. entzieht. Vff. haben versucht, Änderungen der Schmutzbelastung in Beziehung zu setzen zu Veränderungen der Struktur der Algenflora, z. B. in Anzahl u. Häufigkeit, im prozentualen Anteil der vorherrschenden Arten u. des Gesamtwachstums; sie beschreiben eine mathemat. Meth. zur Erfassung der natürlichen Variation der Diatomeenbesiedelung in Flüssen mit hartem, weichem oder brackigem W. ohne Schmutzbelastung. Merkliche Abweichungen von den natürlichen Verhältnissen zeigen Verunreinigungen an. Aussagen über Art u. Umfang der Verschmutzung sind noch nicht möglich. M. Bittmann. 6036◇

1936 **Möglichkeiten in Mischwasserkanalisationssystemen.** Clyde L. Palmer. (J. Water Pollut. Control Federat. **35**, 162—67, 1963; Detroit, Mich.; engl.) — An Verhältnissen in Detroit zeigt Vf., welche Vorteile Mischwasserkanalisations-Syst., die gleichzeitig der Regenentwässerung dienen, gegenüber getrennten Syst. haben. Die Anlagekosten für Mischkanalisationen betragen nur die Hälfte derjenigen für getrennte Systeme. Die nachträgliche Einrichtung von Regenentwässerungen ist noch teurer. In ausreichend bemessenen Mischkanalisationen wurde ein Wirkungsgrad von 98—99,6% ermittelt. Der Wirkungsgrad von getrennten Syst. war wesentlich geringer. M. Bittmann. 6040◇

1937 **Sicherheit in Kanalisationen und Kläranlagen.** Uhl T. Mann. (J. Water Pollut. Control Federat. **35**, 222—26, 1963; Baldwinsville, N.Y.; engl.) — An Unfallziffern verschiedenster Betriebszweige erörtert Vf. den Zusammenhang zwischen Unfallhäufigkeit u. Sicherheitsvorkehrungen. M. Bittmann. 6040◇

1938 **Nylon zur Filtration.** A. D. Turnball. (Corrosion Prevent. Control **9**, Nr. 7, 40—52, 1962; Brit. Nylon Spinners Ltd.; engl.) — Beschreibung der Eigg. u. Verw. von Nylon als Filterwerkstoff für Abwässer. W. Wesly. 6040◇

1939 **Probleme in Chlordosierungsanlagen.** Ariel A. Thomas. (J. Water Pollut. Control Federat. **35**, 260—62, 1963; Boston, Mass.; engl.) — Vf. berichtet über Unzulänglichkeiten und Störanfälligkeiten von Chlorungsanlagen für die Abwasserbehandlung. M. Bittmann. 6042◇

1940 **Das Launderette-Abwasserbehandlungssystem.** John M. Flynn. (Water Sewage Works **110**, 83—84, 1963; Long Island, N.Y., Assoc. Public Health Engng.; engl.) — Beschreibung der Arbeitsweise dieses Syst. (Anwendung von Al-Flockungsmittel u. zusätzliches Anlegen von Vakuumfilter aus Diatomeenerde). H. Schroeder. 6042◇

1941 **Vielseitige Probleme bei der Abwasserentgiftung.** J. H. Krumb. (Wasser, Luft Betr. **7**, 282—83, 1963; Oberursel/Taunus; dt.) — Vf. erörtert ganz allg. Überlegungen zu industriellen Abwasserfragen. M. Bittmann. 6042◇

1942 **Entgiftung cyanidischer Abwässer.** W. Weber. (Wasser, Luft Betr. **7**, 84—86, 1963; Solingen; dt.) — Die oxydative Entgiftung cyanid. Abwässer kann mit Chlor, mit Ozon oder elektrolyt. erreicht werden. Die Ozonbehandlung erfordert fast doppelt so hohen Kostenaufwand wird die Chlorung, sie ist für die Praxis bisher indiskutabel. Die anod. Oxydation liegt kostenmäßig günstiger. Bes. wirksam ist die Kombination von alkal. Chlorung mit elektrolyt. Oxydation. Beim *Cynox*-Verf., einer Tauchentgiftung, wie die Entgiftungs-Fl., die ca. 30 g/Liter NaCl enthält, im Umlauf in einer Elektrolysezelle ständig oxydiert. Aus dem einmalig vorgegebenen NaCl erfolgt laufend eine anod. Oxydation bzw. Hypochloritbildung. M. Bittmann. 6042◇

1943 **Die Entfernung von ABS aus stark verunreinigtem Wasser.** Charles E. Renn und Mary F. Barada. (J. Amer. Water Works Assoc. **53**, 129—34, Baltimore, Md., Johns Hopkins Univ., Dep. of San. Eng. and Water Resowces; engl.) — Überblick über die Entfernung von ABS (Alkylbenzolsulfonat) aus Abwässern mit Hilfe von A-Kohle u. den Einfl. von Phenol, organ. Stoffen, dem pH-Wert, der Alaunbehandlung des W. auf die absorbierende Wrkg. von A-Kohle. I. Köditz. 6042

1944 **Verunreinigung von Wasser mit Pesticiden: Untersuchungen der Verunreinigungen durch Pesticide in den Südostamerikanischen Staaten.** H. Page Nicholson. (Nat. Acad. Sci. — Nat. Res. Council, Publ. Nr. **1082**, 65—71, 1962; Atlante, Ga., U.S. Dep. of Health, Educat., Pesticide Pollut. Stud., Public Health Serv.; engl.) G. Grundmann. 6042◇

1945 **Abwasser von Faserplatten-Fabriken.** Bertil Groth (Paperi ja Puu **45**, 359—64, 1963; Stockholm; schwed.) — Nach einer kurzen Einleitung über die Menge, Zus. u. Charakteristika der Abwässer von nach dem Naß-Syst. arbeitenden Faserplatten-Fabriken werden die Möglichkeiten erörtert, den Abfall in relativ hoher Konz. zu gewinnen. Das kann durch teilweise Rezirkulation des „Weißwassers" unter Abschließung des Rückwasser-Syst. geschehen. Es ist jedoch zweckmäßiger, Pressen u. Abschluß zu kombinieren, wobei z. B. ein Defibrator mit einer doppeltkon. Scheibenpresse verwendet wird. Die Behandlung des Abwassers mittels üblicher biochem. Oxydation wird ausführlicher behandelt, Installations- u. laufende Kosten werden mit 7—8 SKr/t Faserplatten angegeben. Die Möglichkeiten, das Abwasser zur Herst. von Torula-Hefe u. Furfurol zu verwerten, werden unter Angabe von Kostenzahlen behandelt. F. Zeidler. 6044◇

1946 **Der Einfluß von Kupfer auf die aerobe biologische Abwasserbehandlung.** Gerald N. McDermott, W. Allen Moore, Mildred A. Post und M. B. Ettinger. (J. Water Pollut. Control Federat. **35**, 227—41, 1963; Cincinnati, Ohio, R. A. Taft San. Engng. Center; engl.) — Als Kriterien des Einfl. von Cu auf Belebtschlammanlagen dienten a) der biochem. Sauerstoffbedarf, b) der chem. Sauerstoffbedarf, c) die Cu-Konz. u. d) die CN-Konzentration. Ständige Cu-Konzz. zwischen 0,4 u. 25 mg⁻Liter Rohabwasser am Einlauf einer Belebtschlamm-Vers.-Anlage setzten die BSB-Verminderung auf 0—7% herab, nach Gewöhnung an das Cu war die Verminderung der Cu-Konz. etwa proportional, Cu als Sulfat u. als Cyanidkomplex hatten gleiche Wirkung. 50—79% des vorhandenen Cu wurden entfernt, 25—75% blieben gelöst im Ablauf. — Bei 4std. Zufuhr von $CuSO_4$ in Konz. von 50 mg/Liter erlitt das nicht akklimatisierte Syst. schweren Schaden, es arbeitete erst nach 24 Std. wieder normal. Cu als Cyanidkomplex schädigte noch mehr, doch arbeitete auch hier das Syst. nach 24 Std. wieder normal. Cu als Sulfat wird vom Belebtschlamm weitgehend adsorbiert u. nur langsam wieder abgegeben, während es als Cyanidkomplex innerhalb normaler Verweilzeiten den Schlamm passiert. Ohne Beeinträchtigung des Wirkungsgrades der Anlage können maximal 1 mg/Liter Cu verarbeitet werden. Stoßweise, selbst wenige Std. dauernde Cu-Zufuhr bis zu 50 mg/Liter als Sulfat oder 10 mg/Liter als Cyanidkomplex beeinflussen den Wirkungsgrad bereits merklich. — 11 Abb., 9 Tabellen.
M. Bittmann. 6044◇

1947 **Biochemische und physikalische Ursachen beim Versagen der Schlammfaulung.** James C. Buzzell jun. und Clair N. Sawyer. (J. Water Pollut. Control Federat. **35**, 205—21, 1963; Boston, Mass.; engl.) — Die Schlammfaulung besteht aus dem durch *saprophyt.* Bakterien bewirkten Abbau organ. Substanz in kurzkettige flüchtige Fettsäuren u. deren vollständige Umwandlung in gasförmige Endprodd. durch *Methanbakterien.* Störungen des Faulbetriebes entstehen dadurch, daß die Geschw. der ersten Abbauphase größer wird als die der Endphase. Durch zunehmende Säure-Konz. sinkt der pH-Wert in einen Bereich ab, in dem keine biolog. Tätigkeit mehr stattfinden kann. Vff. nahmen an, daß als Ursache der Störungen nicht eine Überfunktion der *Saprophyten,* sondern eine Inhibierung der Methanbakterien angesehen werden muß. Sie stellten fest, daß die anaerob entstehenden Amine nicht inhibierend wirken. Die nach der Direkttitrations-Meth. für flüchtige Säuren nach DiLallo-Robertson erhalten Werte sind höher als die tatsäch vorhandenen Säuregehalte. Die Viscosität von faulendem Schlamm hängt sowohl von der Feststoff-Konz. als auch vom Geh. an flüchtigen Säuren ab. Die Bedeutung des flüchtigen Anteils nimmt jedoch mit wachsendem Feststoff-Geh. zu. Da die Viscosität des ausgefaulten Schlammes die Mischbarkeit von Roh- u. Faulschlamm begrenzt, empfehlen Vff. den Rohschlamm kontinuierlich, nicht chargenweise, einzuspeisen u. die Schlammkonsistenz durch Viscositätsmessungen zu überwachen. — 10 Abb., 1 Tabelle.
M. Bittmann. 6048◇

1948 **Verfahren der Abwasserschlammbehandlung und ihre Anwendungsmöglichkeiten in der Mineralölindustrie.** Herbert Schuster. (Chem. Techn. **15**, 407—16, 1963; dt.) — Übersicht u. krit. Einschätzung der aufgestellten Systematik für die bei der Abwasseraufbereitung der Mineralölindustrie anfallenden Schlämme. Folgende Operationen werden kurz beschrieben. Schlammflockung u. Sedimentation, Entfernung des W. aus dem Belebtschlamm, Flotation, Elektrophorese, Vakuum- u. Druckfiltration, Separieren, Zentrifugieren u. Siebung des Schlammes sowie seine Verbrennung in Drehrohr- u. Wirbelschichtöfen u. Vergasung zu Schwachgas.
H. Hoffmann. 6048◇

1949 **Der Transport radioaktiver Verunreinigungen durch Wasser über große Entfernungen.** A. Van de Vloed. (Techn. Sci. munic. **58**, 55—68, 1963; Labor. de la Comp. intercommunale des Eaux d'Anvers/Belgique; franz.) — Umfassender Bericht über die Auswirkungen der französ. Atombomben-Verss. im Febr. 1960 u. Sept. 1961 auf die radioakt. Verseuchung belg. Gewässer u. Vorschläge zur ausreichenden Reinigung von Gewässern vor der Weiterführung über lange Strecken. Außerdem werden die Transportnormen von Harwell mit den von Euratom vorgeschlagenen verglichen unter Berücksichtigung der natürlichen Radioaktivität, ihrer natürlichen Konzentrierung, der physikal., chem. u. biolog. Eliminierungsfaktoren. U. Drehmann. 6050◇

1950 **Untersuchung zur Überwachung radioaktiver Verunreinigungen.** E. C. Tsivoglou. (J. Water Pollut. Control Federat. **35**, 242—59, 1963; Cincinnati, Ohio, R. A. Taft San. Engng. Center; engl.) — Von Industrie u. Aufsichtsbehörden gemeinsam bearbeitete Unterss. galten den Ursachen radioakt. Verunreinigungen im W., ihrer Ausschaltung u. Kontrolle. Als Hauptquelle der Kontamination mit ^{226}Ra erwiesen sich Abfall-Prodd. der Uranhütten, die teils gelöst, teils suspendiert in Oberflächenwasser gelangten. Durch den Bau von Reinigungsanlagen (Auffang-, Rückhalte- u. Absitzbehälter) in den Hüttenwerken konnte die Kontaminationsgefahr unterbunden werden. Es konnte die ^{226}Ra-Konz. gesenkt werden, z. B. im W. des Colorado von 88 $\mu\mu$c/Liter auf 3,0 $\mu\mu$c/Liter, im Flußsediment von 2100 $\mu\mu$c/g auf weniger als 2,0 $\mu\mu$c/g, im Animas-Wasser von 12,6 $\mu\mu$c/Liter auf 0,4 $\mu\mu$c/Liter, im Animas-Sediment von 800 $\mu\mu$c/g auf 2,0 $\mu\mu$c/g. Das durch den hohen Geh. an radioakt. Substanz größtenteils vernichtete Pflanzen- u. Tierleben der Gewässer hat sich nach Beseitigung der Verunreinigungen wieder völlig normal entwickelt. — 9 Abb., 1 Tabelle. M. Bittmann. 6050◇

1951 **Beseitigung flüssiger radioaktiver Abfälle in USA.** Walter G. Belter und Harold Bernard. (J. Water Pollut. Control Federat. **35**, 168—85, 1963; Washington, D.C., San. Engng. Branch, Div. of Reactor Dev., U.S. Atomic Energy Comm.; engl.) — Überblick über die z. Zt. bei dem Betrieb amerikan. Kernreaktoren möglichen radioakt. Abfälle u. Abwässer, die Behandlung von Reaktorbrennstoffen, die Unschädlichmachung u. Beseitigung von Abwässern mit hoher, mittlerer u. niedriger Radioaktivität. — 9 Abb., 3 Tabellen.
M. Bittmann. 6050◇

1952 **Wasserprüfer mit versenkbarem Anzeiger für die Messung von gelöstem Sauerstoff, Leitfähigkeit, Temperatur und Redox-Potential.** 1. Mitt. P. Kivalo, K. L. Fagerstolt, R. Lehti und E. Kaila. (Paperi ja Puu **45**, 365—67, 1963; Helsinki, Inst. of Technol.; engl.) — Der App. zur Messung des im W. gelösten O_2 beruht auf Grundlagen der Polarographie, seine wesentlichen Verbesserungen sind Verw. von Gummi u. plast. Membranen zur Trennung des Hg-Reservoirs vom W., Transistor-Verstärker u. Vibrator für Messungen der Leitfähigkeit u. des Redox-Potentials. Angabe über die Eichung der Instrumente u. einige Vers.-Resultate sind angeschlossen. F. Zeidler. 6056◇

1953 **Verfahren zur kontinuierlichen elektrochemischen Sauerstoffmessung in verunreinigten Gewässern.** Fritz Tödt. (Wasser, Luft Betr. **7**, 258—60, 1963; Berlin; dt.) — In dem als Tauchelektrode ausgebildeten Sauerstofflot sind eine Goldamalgamkathode u. eine Zinkanode an einer gegenüber dem Ein- u. Austritt des W. auf etwa ein Fünftel verengten Stelle angebracht. Die Stromlieferung des Elementes ist der O_2-Konz. proportional. Störungen auf Grund von Kalkablagerungen auf den Elektroden werden unterbunden, indem durch kontinuierliche Säuredosierung der pH-Wert konst. gehalten wird. — 6 Abb., 1 Tabelle. M. Bittmann. 6056◇

1954 **Über Fortschritte in der Kieselsäure-Spurenmessung in Kesselspeisewasser, Dampf und Kondensat mit automatisch kompensierenden Analysengeräten.** H. Fuhrmann. (Mitt. Vereinig. Großkesselbesitzer **1963**, 153—59, Hamburg; dt.) — Neben Neutralsalzen u. Schwermetallen, wie z. B. Fe oder Cu, sind es vor allem Kieselsäure u. deren Verbb., die den Turbinenantrieb durch Bldg. von Ablagerungen auf den Schaufeln erheblich stören können. Es wird ein selbstkompensierendes Kieselsäure-Spurenmeßgerät mit hoher Empfindlichkeit u. Genauigkeit beschrieben, das über lange Zeiträume fast wartungsfrei arbeitet.
W. Melloh. 6056◇

1955 **Diagramme von Stabilitätsfeldern als Hilfsmittel für Untersuchungen auf dem Gebiet der Eisenchemie.** John D. Hem. (J. Amer. Water Works Assoc. **53,** 211—28, 1961; Denver, Colo., USGS, Water Resources Div.; engl.) — Die Löslichkeit von Fe in natürlichen Wässern hängt vom Redox-Potential, dem pH-Wert sowie von dem Geh. an CO_3^{2-} u. verschiedenen S-Anionen ab. Die Wrkg. dieser Faktoren läßt sich in Diagrammen von Stabilitätsfeldern, in denen der pH-Wert die Abszisse u. das Redox-Potential die Ordinate darstellt, zusammenfassen. Aus diesen Diagrammen läßt sich die Löslichkeit der verschiedenen Fe-Ionen entnehmen.
I. Köditz. 6060

1956 **Die Bestimmung von Nitraten durch Ultraviolettabsorption.** Eugene Goldman und Richard Jacobs. (J. Amer. Water Works Assoc. **53,** 187—91, 1961; Los Angeles, Calif., Dep. of Water and Power; engl.) — Vff. beschreiben eine Modifikation der von Hoather u. Rackman (Analyst **84,** [1959], 549) empfohlenen Meth. für die Best. von Stickoxiden. Ihre Meth. beruht auf der Absorption von UV-Licht durch NO^{3-}, die dem Beer-Lambertschen Absorptionsgesetz genügt. Gelöste organ. Stoffe, Nitrit u. Cr(VI), sowie hohe Konzz. von OH^- u. CO_3^{2-} stören. Die Ausschaltung dieser Fehlerquellen wird angegeben.
I. Köditz. 6060

1957 **Über die Bestimmung der aromatischen Kohlenwasserstoffe im Wasser.** M. T. Golubewa. (Laboratoriumswesen [UdSSR] **7,** Nr. 8, 25—28, 1961; Moskau, Erissman-Forsch.-Inst. für Sanitätswes. u. Hyg.; russ.) — Benzolhaltiges W. wird mit 2 ml Nitriermischung versetzt u. bei 90° unter Durchsaugen eines Luftstromes in einem beschriebenen App. 30 Min. lang erhitzt. Bzl. wird in nachgeschalteten Vorlagen aufgefangen; dieser Inhalt wird nach Überführung in einen kleinen Kolben neutralisiert u. mehrmals mit Ae. extrahiert. Die Extrakte werden gesammelt u. mit Aceton versetzt. Es bildet sich eine violette Färbung, deren Intensität colorimetr. bestimmt u. mit einer Standard-Lsg., nach der gleichen Meth., bereitet, verglichen wird. Analog können *Toluol, Äthylbenzol* u. *Naphthalin* bestimmt werden. Eine ausführliche Arbeitsvorschrift wird gegeben.
Herbert Hoffmann. 6060◇

1958 **Bestimmung der Gesamthärte des Wassers nach der konduktometrischen Methode.** G. B. Passowskaja. (Laboratoriumswesen [UdSSR] **7,** Nr. 8, 18—20, 1961; Aschabad, Turkmen. med. Inst.; russ.) — Eine konduktometr. Best.-Meth. der *Wasserhärte* nach dem Prinzip von Toropow mit pneumat. Reagenszugabe wird beschrieben. Eine ausführliche Arbeitsvorschrift wird angegeben. Die erhaltenen Werte stimmen gut mit den komplexometr. überein.
Herbert Hoffmann. 6062◇

1959 **Permutit Co. Ltd.,** England, *Ionenaustauschverfahren.* (**F. P. 1 233 207** vom 8/7. 1959, ausg. 12/10. 1960. E. Prior. 9/7. 1958. — **C. 1963,** 11001 [E. P. 860 695].)

1960 **Joh. A. Benckiser G. m. b. H., Chemische Fabrik,** Ludwigshafen/Rh., *Maskierung von Metallen in wässerigen Medien.* (**Schwz. P. 363 621** vom 2/8. 1957, ausg. 14/9. 1962. D. Prior. 9/8. 1956. — **C. 1961,** 17330 [Oe. P. 208 786].)

1961 **Farbenfabriken Bayer Akt.-Ges.,** Leverkusen, *Wurzelabweisende Dichtungen und Vorgußmassen für Wasser-, besonders Abwasserleitungen.* (**E. P. 916 489** vom 28/7. 1959, ausg. 23/1. 1963. D. Prior. 5/8. 1958. — **C. 1961,** 617 [D. A. S. 1 089 103].)

1962 **Passavant-Werke,** Michelbacher Hütte bei Michelbach, Nassau (Erfinder: **Heinrich Lüssem,** Michelbach), *Reinigung Natriumsulfid oder Schwefelwasserstoff und Eiweiß enthaltender Abwässer.* (**Schwz. P. 363 302** vom 15/3. 1957, ausg. 31/8. 1962. D. Prior. 15/3. 1956. — **C. 1961,** 11473 [F. P. 1 169 470].)

H_5. Anorganische Industrie

1963 **Über eine einfache kinetische Gleichung für die Ammoniaksynthese.** E. Blasiak. (Chem. Techn. **15,** 237 bis 239, 1963; Tarnow, VR Polen, Inst. für Kunstdüngemittel; dt.) — Ableitung einer Gleichung für die Berechnung von k-Werten für das NH_3-Bldg.-Gleichgewicht: $K = V \cdot x^2/x_r - x$. Die nach dieser Gleichung errechneten Werte werden mit denen anderer Autoren verglichen.
Herbert Hoffmann. H 243◇

1964 **Einsatz stabiler und radioaktiver Isotope für die Aufklärung der Vorgänge bei der technischen Ammoniaksynthese.** H. Franke und M. Wahren. (Chem. Techn. **15,** 242—44, 1963; Leipzig, Inst. für physikal. Stofftrennung der Dt. Akad. der Wiss.; dt.) — Über Arbeiten mit D_2, ^{15}N u. ^{14}C bzgl. Kontakt-Unters. wird berichtet. Der Vgl. der Geschw. des Austausches zwischen NH_3, D_2 u. der NH_3-Synth. zeigt, daß die Synth. einen langsameren Schritt als die geschwindigkeitsbestimmende Stufe der Austausch-Rkk. einschließt, u. zwar die aktivierte Adsorption des N_2-Moleküls. Dies wird durch den Isotopenaustausch sichergestellt. Die Frage, ob N_2 atomar oder in prädissoziierter Form adsorbiert wird, kann nicht eindeutig beantwortet werden.
H. Hoffmann. H 243◇

1965 **Aktivität und physikalische Eigenschaften eines durch Pulversinterung hergestellten Katalysators für die Ammoniaksynthese.** I. V. Nicolescu, M. Spinzi und A. Suceveanu. (Chem. Techn. **15,** 226—28, 1963; Bukarest, Rumän. VR, Zentralinst. für chem. Unterss. der Akad.; dt.) — Der durch Pulversinterung von Kallamine, einem Abfall-Prod. beim Stahlwalzen, hergestellte unreduzierte Kontakt hat folgende Zus. in Gew.-%: 28,38 Fe_2O_3, 67,15 FeO, 2,0 Al_2O_3, 1,5 K_2O u. 0,28 SiO_2. Dieser Kontakt wird mit den Eigg. verschiedener Schmelzkatalysatoren verglichen. Einen Zusammenhang zwischen Aktivierungsenergie der Leitfähigkeit u. der Katalysatoraktivität erlaubt die Gleichung $\delta = \delta_0 \exp(-E/2kt)$. Die elektr. Leitfähigkeits-Unters. sowie ihre Auswertung werden ausführlich beschrieben.
H. Hoffmann. H 243◇

1966 **Vorreduktion und Passivierung von Ammoniakkatalysatoren bei atmosphärischem Druck.** L. Saleta. (Chem. Techn. **15,** 218—22, 1963; Záluži bei Most, ČSSR, Chem. Werke der Tschechoslowak.-Sowjet. Freundschaft; dt.) — Die Red. wurde unter Normaldruck mit speziell gereinigtem H_2 u. Synth.-Gas vorgenommen, die Passivierung erfolgte mit reinem N_2 unter O_2-Zusatz. Die Aktivität dieses so hergestellten Katalysators wurde bei Normaldruck u. bei 300 at bestimmt. Die verwendeten App. werden ausführlich beschrieben u. die Ergebnisse diskutiert.
H. Hoffmann. H 243◇

1967 **Einfluß von Promotoren auf die Aktivität der Katalysatoren für die Ammoniaksynthese.** L. Sokol. (Chem. Techn. **15,** 214—18, 1963; Záluži bei Most, ČSSR, Chem. Werke der Tschechoslowak.-Sowjet. Freundschaft; dt.) — Der Einfl. von Al_2O_3, K_2O, SiO_2, CaO u. MgO auf die Aktivität wird bei 3- bis 4fach promotierten Katalysatoren untersucht. Die Thermostabilität wird hauptsächlich von CaO beeinflußt. Die Test-Verss. werden statist. (regressive Analyse der Ergebnisse) ausgewertet. Die Kontakte wurden bei 300 at mit einem Synth.-Gas, das höchstens 10^{-3}Vol.-% O_2-haltiges Kontaktgift enthielt, getestet. H. Hoffmann. H 243◇

1968 **Die Wirkung von Promotoren und Giften auf Ammoniakkatalysatoren.** A. W. Krylowa und E. Ch. Jenikejew. (Chem. Techn. **15,** 231—33, 1963; Moskau, Inst. für chem. Physik der Akad. der Wiss. der UdSSR; dt.) — Die Änderung der Elektronenaustrittsarbeit von Fe-Katalysatoren für die NH_3-Synth. (300 at u. 400°) bei Dotierung verschiedener Zusätze wird bestimmt. Al_2O_3 ändert die Austrittsarbeit (A) kaum, bei K_2O tritt eine Abnahme ein. Die Adsorption der Gifte, wie O_2, CO, CO_2, H_2O u. H_2S, erhöht A. Eine Beziehung zwischen der Aktivität promotierter Fe-Kontakte u. A wird angegeben. Die verwendete App. wird beschrieben. H. Hoffmann. H 243◇

1969 **Über die optimale chemische Zusammensetzung eines vierfach promotierten Katalysators für die Ammoniaksynthese.** L. D. Kuznecov. (Chem. Techn. **15,** 211—14, 1963; Moskau, Staatl. Forsch.- u. Projektierungs-Inst. für Stickstoff-Ind. u. Prodd. der organ. Synth.; dt.) — Der Einfl. verschiedener Promotoren, wie K_2O, Al_2O_3, CaO u. SiO_2, auf die Aktivität des NH_3-Katalysators wird unter Vers.- u. großtechn. Bedingungen untersucht. Es zeigt sich, daß unter bestimmten Bedingungen der Herst. die optimale Aktivität bei folgender Zus. erreicht wird (in Gew.-%): K_2O 0,8—0,12; Al_2O_3 2,5—5,0; CaO 2,0—3,0 u. SiO_2 bis 1,2. Die Raum-Geschw. u. die Red.-Bedingungen werden mitgeteilt. H. Hoffmann. H 243◇

1970 **Über die Desaktivierung eines Eisenkatalysators für die Ammoniaksynthese unter technischen Bedingungen.** S. S. Lačinov. (Chem. Techn. **15,** 233—36, 1963; Moskau, Staatl. Forsch.- u. Projektierungs-Inst. für Stickstoff-Ind. u. Prodd. der organ. Synth.; dt.) — Die Aktivität (gebrauchter u. ungebrauchter Kontakt in verschiedenen Schichten des Ofens), die mechan. Festigkeit, die Widerstandsfähigkeit bei unterschiedlichen Temp. u. die freie u. alkal. Oberfläche von Katalysatoren wird bestimmt. Die Verss. u. die Ergebnisse werden beschrieben. H. Hoffmann. H 243◇

1971 **Der Ammoniakkatalysator und die Wilchinsky-Analyse (morphologische Analyse von Katalysatorproben für die Ammoniaksynthese und Reinigung von Magnetit als Rohmaterial für den Ammoniakkatalysator).** J. Valcha. (Chem. Techn. **15**, 222—25, 1963; Pardubice-Rybitvi, ČSSR, Forschungsinst. für organ. Synth.; dt.) — Die Konz.-Abhängigkeit der einzelnen Komponenten zur Korngröße im gemahlenen oder gebrochenen Material wird verfolgt. Nach der Gestalt der entsprechenden Kurven kann die Verteilung der Phasen dahingehend beurteilt werden, ob eine Oberflächenschicht vorhanden ist. Bei nichtreduzierten Kontakten konnte eine Anhäufung von K_2O in einer bes. Schicht festgestellt werden, bei Anwesenheit von SiO_2 wird eine gemeinsame Phase gebildet. Die erhaltenen Resultate werden diskutiert. H. Hoffmann. H 243◇

1972 **Betriebserfahrungen der Stickstoffwerke Tarnów bei Verwendung eines Katalysators polnischer Erzeugung für die Ammoniaksynthese.** Z. Wojnarski. (Chem. Techn. **15**, 236—37, 1963; Tarnów, VR Polen, Stickstoffwerke; dt.) — Nach einer kurzen Übersicht über die Entw. des Werkes wird auf den poln. Kontakt ZA eingegangen. Er wird mit engl. u. dän. Prodd. verglichen u. die Ergebnisse diskutiert. H. Hoffmann. H 243◇

1973 **Kreislauf der Salzlösung und des Chlors in einer Chlor-Natriumhydroxid-Elektrolyseanlage (Quecksilberkathode).** Angel González Martínez. (Ion [Madrid] **22**, 430—38, 488—94, 1962; Jaen, Jefatura Agronomica; span.) — Es werden zwei Elektrolyseanlagen zur Gewinnung von 100 t Cl_2/d beschrieben (mehrere Skizzen). K. Huste. H 247◇

1974 **Schwefelsäure aus Schwefeldioxid durch Autoxydation in mechanischen Zellen.** Carl Rampacek und J. B. Clemmer. (U.S. Dep. Interior, Bur. Mines, Rep. Invest. **1963**, Nr. 6236, 1—24; Tuscaloosa, Ala., Bur. of Mines; engl.) — Durch Rösten von Pyrit im Wirbelschichtbett gewonnenes SO_2 wird in mechan. Zellen autoxydiert. Die Ausbeuten sind bei Verw. von $MnSO_4$ als Katalysator, allein oder gemischt mit $FeSO_4$, besser als bei Verw. von $FeSO_4$. W. Wesly. H 253◇

1975 **Ein neues Verfahren zur Gewinnung von flüssiger Kohlensäure durch Komprimierung.** N. Je. Kulikow. (Hochschulnachr., Chem. u. chem. Technol. [UdSSR] **2**, 399—405, 1959; Gorki, Polytechn. Shdanow-Inst.; russ.) — Beschreibung eines Verf. zur direkten Gewinnung von fl. *CO_2* aus den Gasgemischen von Kalköfen (20% CO_2) durch Drucksteigerung u. Senkung der Kondens.-Temperatur. J. Lehmberg. H 260△

1976 **Herstellung von reinem Silicium nach dem Jodid-Verfahren.** 2. Mitt. **Die Reinigung von SiJ_4 durch Rekristallisations- und Destillations-Verfahren.** Toshio Kurosawa, Toshihide Ishikawa und Tetsuo Yagihashi. (Nippon Kinzoku Gakkai-Si [Japan Inst. Metals] **26**, 274—77, 1962; Tokyo, Nat. Res. Inst. for Metals; jap., Auszug: engl.) — 1. vgl. C. **1963**, 21102. — Unterss. über die Reinigung von SiJ_4 durch Rekristallisation u. Dest. zeigen, daß bei Verw. von Quarzgeräten u. Toluol, n-Heptan u. Bzl. zur Rekristallisation *Ti*, *Al* u. *Cu* durch wenige Wiederholungen beseitigt werden. Die Dest. in Quarzkolonne mit 13 Böden (Fenske-Ringe) eliminiert *Cu*, *Mg*, *Mn* usw.; die meisten Verunreinigungen bleiben jedoch im Dest.-Rückstand. W. Wesly. H 261◇

1977 **Herstellung von reinem Silicium nach dem Jodid-Verfahren.** 3. Mitt. **Die Reduktion von SiJ_4 mit Wasserstoff.** Toshio Kurosawa, Toshihide Ishikawa und Tetsuo Yagihashi. (Nippon Kinzoku Gakkai-Si [Japan Inst. Metals] **26**, 314—17, 1962; Toyko, Nat. Res. Inst. for Metals; jap., Auszug: engl.) — 2. vgl. vorst. Referat. — Die Red. von SiJ_4 mit H_2 im Quarzrohr gibt bei 800—1200° Si-Ausbeuten >90%. Mit steigendem H_2: SiO_2-Mol-Verhältnis steigt die Ausbeute. Zwischen den gefundenen u. thermodynam. berechneten Ergebnissen bei 800° besteht gute Übereinstimmung. W. Wesly. H 261◇

1978 **Synthese von faserigem Siliciumcarbid durch thermische Reduktion von Silicaten und Siliciumverbindungen.** John K. Alley, Robert C. Johnson, Charles Huggins und H. R. Shell. (U.S. Dep. Interior, Bur. Mines, Rep. Invest. **1963**, Nr. 2620, 1—19; Washington, D.C., Bur. of Mines; engl.) — Faseriges SiC (hauptsächlich β-Modifikation) wird durch therm. Zers. von Silicaten im induktionserwärmten Graphittiegel gewonnen. Weiße Fasern (1,5 [mm] lang, 0,002 breit) entstehen bei 1365—1634 ± 50°, grüne (1,2 lang, 0,0035 breit) bei 1650—1672 ± 50°. Bei Temp. >500° oxydieren sich SiC-Fasern an der Luft. Die Dichte beträgt 0,217 g/cm³. W. Wesly. H 261◇

1979 **Gewinnung von metallischem Natrium und Kalium durch Reduktion von Soda und Pottasche mit Kohlenstoff im Vakuum.** A. Ss. Mikulinski und G. N. Koshewnikow. (Ber. Akad. Wiss. UdSSR **131**, 894—97, 1/4. 1960; Metallurg. Inst. der Filiale der Akad. der Wiss. der UdSSR im Ural.; russ.) — In Labor.-Verss. wird der Einfl. von Temp., Restdruck, Art u. Teilchengröße der Kohle auf die Ausbeute an *Na* u. *K* bei der Red. von *Soda* bzw. *Pottasche* untersucht. Bei Temp. >900° reagieren feingepulverte Mischungen der genannten Stoffe zu CO u. Metalldämpfen, wenn die gasförmigen Prodd. abgesaugt werden. Bei 2std. Erhitzen von 50 g Rk.-Gemisch mit 50%ig. Kohleüberschuß unter 2—3 mm Hg Restdruck wird K bei 1000° in 90%, Na bei 1100° in ca. 93% Ausbeute erhalten. Die Metalle lassen sich gut kondensieren u. sind nur durch geringe Mengen feiner Kohleteilchen verunreinigt. Die Teilchengröße der Carbonate ist ohne Einfl., da die Red. oberhalb der FF. erfolgt. Mit steigender Teilchengröße der Kohlen fällt die Ausbeute, bei Verw. sehr feiner Kohlen (<0,25 mm) nimmt die Verunreinigung der Metalle durch Kohleteilchen rasch zu. Je geringer der Asche-Geh. der Kohle- oder Kokssorte, desto größer ist die Ausbeute an Na oder K u. um so geringer ist der Rückstand. J. Langer. H 272□

1980 **Theorie und Praxis der kontinuierlichen Chromatographie.** Ss. Je. Bressler, A. I. Jegorow und B. P. Konstantinow. (Nachr. Akad. Wiss. UdSSR, Abt. chem. Wiss. **1960**, 1938—47; Leningrad, Polytechn. Kalinin-Inst. u. Akad. der Wiss. der UdSSR, Phys.-techn. Inst.; russ.) — Vff. leiteten eine Differentialgleichung ab, die die Verteilung der Komponenten eines Gemisches auf die Zonen bei der kontinuierlichen Verdrängungschromatographie beschreibt. Im Labormaßstab konnte die kontinuierliche Trennung von Paaren von Alkalimetallen(K^+–Na^+; Na^+–Li^+) durchgeführt werden. Die Meth. ist zur Gewinnung von sehr reinen Salzen der *Alkalimetalle* geeignet. R. Wittwer. H 272□

1981 **Einfluß von Spurenverunreinigungen bei der Alkalichloridelektrolyse mit Quecksilberkathode.** A. Czernotzky. (Acta chim. Acad. Sci. hung. **18**, 167—71, 1959; Nünchritz, VEB Chemiewerk Nünchritz; dt.) — Messungen der Mg-, Ca- u. Fe-Konz. in NaCl-Sole, die während des Anfahrens einer nach dem Amalgam-Verf. arbeitenden Elektrolyseanlage vorgenommen wurden, führen zu dem Schluß, daß die H_2-Bldg. in der Cl_2-Zelle hauptsächlich auf die Ggw. von Fe zurückzuführen ist. Bei einem H_2-Geh. von 0,3% im Cl_2, einer Stromdichte von 4000 A/m² u. einer Sole-Temp. von 80° betragen die zulässigen Konzz. schätzungsweise: 10^{-1} (g/Liter) Ca, 10^{-3} Mg, $3 \cdot 10^{-4}$ Fe, ca. 10^{-4} Ti, 10^{-5} bis 10^{-6} Mo, Cr, V. R. Junge. H 272◇

1982 **Das Problem der Verringerung des NH_3-Verlustes in Carbonisierungskolonnen beim Soda-Prozeß.** 1. Mitt. **Möglichkeiten zur Wiedergewinnung von NH_3 aus Abgasen.** Henryk Koneczny. (Przemysl chem. **41**, 558—60, 1962; Torunin, Univ. M. Kopernika, Kat. Chem. Technol.; pol.) — Die Möglichkeit der NH_3-Wiedergewinnung, das aus den Carbonisierungskolonnen beim Sodaprozeß entweicht, wird diskutiert. Diese Rückgewinnung besteht in der Kristallisation des NH_4HCO_3, das durch Zugabe von zusätzlichem CO_2 u. Wasserdampf bei 50—60° u. anschließendes Abkühlen entsteht. Vf. stellte fest, daß die Rückgewinnung des NH_3 40—60% des entweichenden beträgt, wenn eine Temp. von 35° angewendet wird. I. Kalzendorf. H 274◇

1983 **Das Problem der Verringerung des NH_3-Verlustes in den Carbonisierungskolonnen beim Soda-Prozeß.** 2. Mitt. **Druckmessung im System $H_2O/CO_2/NH_3$ unter Verwendung einer Glasmembran.** Henryk Koneczny. (Przemysl chem. **41**, 643—46, 1962; pol.) — Die bisher übliche Meth. der Druckmessung des Syst. $NH_3/CO_2/H_2O$ u. die Gründe des Verlassens dieser Meth. werden angegeben. Eine neue Meßmeth. wird beschrieben, bei der eine Glasmembran u. elektr. Kontrolle angewendet werden. Durch diese Meth. kann die Unters. in einem Thermostaten durchgeführt werden,

wodurch die Möglichkeit einer Hg-Rk. ausgeschaltet wird. Die Genauigkeit der Meth. wird durch die Genauigkeit des Anzeigens des Hg-Manometers bestimmt u. beträgt 0,1 mm Hg, wenn ein Kathetometer verwendet wird.
I. Kalzendorf. H 274◇

1984 **Flotationsanreicherung eines komplexen Baryt-Flußspat-Erzes.** P. A. Bloom, W. A. McKinney und L. G. Evans. (U. S. Dep. Interior, Bur. Mines, Rep. Invest. **1963**, Nr. 6213, 1—16; Tucson, Ariz., Bur. of Mines; engl.) — Komplexe Erze mit 24,8(%) CaF_2 u. 24,3 $BaSO_4$ werden durch Aufbereitung mit einem Gemisch von NaF–Ligninsulfonat–Fettsäure getrennt, wobei ein Prod. mit 97 CaF_2 (82% Ausbeute) anfällt. Die Aufbereitung des Rückstandes mit Na-Cetylsulfat als Sammler liefert ein Prod. mit 94% $BaSO_4$ (71% Ausbeute). W. Wesly. H 283◇

1985 **Probleme der Verwertung der bei der Titanweißproduktion anfallenden schwefelsauren Lösungen.** Erhard Junger. (Chem. Techn. **15**, 280—84, 1963; Gera, Mitt. aus VEB Chem. Fabrik, Heinrichshall, Wiss.-techn. Zentrum für Schwefelsäure u. Phosphatdüngemittel; dt.) — Nach einem Überblick über Meth. zur Titanweißgewinnung aus verschiedenen Rohstoffen, wird auf die Rückgewinnung der Aufschluß-H_2SO_4 eingegangen. Pro t TiO_2 werden 4,5 t H_2SO_4 verbraucht. Die Abfallsäure wurde bisher in die Flußläufe geleitet. Für die Aufarbeitung der Hydrolysiersäuren wird Eindampfen u. anschließende Abtrennung der ausfallenden Salze vorgeschlagen. Die theoret. Grundlagen u. die verwendete Anlage werden ausführlich beschrieben.
H. Hoffmann. H 321◇

1986 **Anreicherung von feinem Glimmer.** James S. Browning und Thomas L. McVay. (U. S. Dep. Interior, Bur. Mines, Rep. Invest. **1963**, Nr. 6223, 1—7; Tuscaloosa, Ala., Bur. of Mines; engl.) — Die Anreicherung von feinem Glimmer (I) durch Naß- u. Agglomerierungs-Verff. ergibt Konzentrate mit ca. 95(%) I (bei 17 I im Ausgangs-Prod.). Durch Flotation mit H_2SO_4, Kerosin u. einem Gemisch von Dodecyl- u. Tetradecylaminacetat werden Prodd. mit 98% **I**, entsprechend 86% Ausbeute, gewonnen. W. Wesly. 6148◇

1987 **Untersuchungen über die Eigenschaften und die Synthese des Celsians ($BaO \cdot Al_2O_3 \cdot 2\,SiO_2$).** M. Starczewski. (Prace Inst. Hutniczych **13**, 185—92, 1961; Gliwice, Politechn. Śląska, Inst. Mater. ogniotrw.; pol.) — Um hexagonalen Celsian $BaO \cdot Al_2O_3 \cdot 2\,SiO_2$ (I) zu erhalten, müssen reakt. Ausgangsstoffe verwendet werden. So gelingt z. B. die Synth. nur mit γ-Al_2O_3, nicht mit α-Al_2O_3. $BaCO_3$, SiO_2 u. γ-Al_2O_3 werden 4 Std. bei 1200° calciniert, das Prod. wird auf 0,06 mm Korngröße zerkleinert, gepreßt u. dann 4 Std. bei 1550° gebrannt. So erhaltenes I ist mikrokristallin u. hat die Dichte 3,41, eine Druckfestigkeit von 1410 kg/cm², die relative Porosität 13,7% u. einen Schwund von 9,3% beim Brennen. F. Urban. 6150◇

1988 L'Air Liquide Soc. An. pour l'Étude et l'Exploitation des Procédés Georges Claude, Paris, Frankreich, **Herstellung von stabilen Ozonlösungen.** Man löst O_3 bei $< -95°$ in einem fl. fluorierten KW-Stoff wie $CHClF_2$ oder $CClF_3$. (**E. P. 887 967** vom 26/9. 1960, ausg. 24/1. 1962. F. Prior. 6/10. 1959.) K. Demmler. H 239

1989 Charles E. Saunders, Washington, D.C., V.St.A., **Herstellen eines Katalysators zur Zersetzung von Wasserstoffperoxid.** Ein Sieb aus Stahldraht wird elektrolyt. mit einer porösen Ag-Schicht überzogen. Diese wird mit einer Schicht einer $KMnO_4$-Lsg. versehen u. das Ganze bei 100 bis 110° in einem Ofen getrocknet. Bei Verw. eines so behandelten Siebes setzt die Zers. gut ein, u. es bildet sich auf der Ag-Schicht Ag_2O u. MnO_2, die weiter katalyt. zersetzend wirken. — Abbildungen. (**A. P. 3 019 197** vom 7/10. 1949, ausg. 30/1. 1962.) F. Markhoff. H 241

1990 E. I. du Pont de Nemours & Co. (Erfinder: John Thomas Maynard), Wilmington, Del., V.St.A., **Katalytische Ammoniak-Gewinnung** aus N_2 u. H_2 unter Normaldruck oder erhöhtem Druck u. bei Temp. bis 600° unter Verw. von Katalysatoren, die aus einem ein Alkalimetall enthaltenden Oxid eines Übergangsmetalls der Ordnungszahlen 21—28, 39—46, 57 oder 74—78, bes. des Mo, V, Cr, Co u. Te, bestehen, wobei die Oxide auf einem Träger, bes. Al_2O_3, aufgebracht sein können. (**D. A. S. 1 142 849** Kl. 12k vom 22/10. 1957, ausg. 31/1. 1963. A. Prior. 1/11. 1956.) H. Roos. H 243

1991 Imperial Chemical Industries Ltd., London, England (Erfinder: Diarmid John Montgomery O'Sullivan, Johannesburg, Südafrika, und Barrie Bernett Pearce, Norton-on-Tees, England), **Herstellung von Ammoniumsulfat** durch Rk. von NH_3, CO_2 u. $CaSO_4$, Abtrennen des Nd. u. Eindampfen der $(NH_4)_2SO_4$-Lsg., dad. gek., daß nach Abtrennen eines wesentlichen Teiles des $CaCO_3$-Nd. der schwach sauer bis schwach alkal., bes. schwach alkal. gehaltenen Suspension aus $(NH_4)_2SO_4$-Lsg., restlichem $CaCO_3$ u. unlösl. Fremdstoffen eine Carbonsäure oder Sulfonsäure mit einer aliphat. KW-Stoff-Kette mit mindestens 8 C-Atomen oder ein Salz dieser Säuren, wie ein Salz der Öl- oder Ricinolsäure, die mit wenigen Mol. Äthylenoxid kondensiert sein kann, ein Salz der Alkylarylsulfonsäure oder eines Acyltaurins, oder das Na-Salz der Dodecylbenzolsulfonsäure, in Mengen von bis zu 250 ppm, bes. von 2—25 ppm, zugesetzt wird. (**D. A. S. 1 146 859** Kl. 12k vom 16/8. 1960, ausg. 11/4. 1963. E. Prior. 19/8. 1959 u. 13/7. 1960.)
H. Roos. H 243

1992 Paul August Franz Bäumert, Walsum, **Gewinnung von gasförmigen Fluorprodukten aus Erdalkalifluoriden,** bes. aus Fluorit. Man schmilzt das Rohmaterial in einem elektr. Ofen unter Zusatz von C-haltigem Material, bes. aschearmer Kohle sowie von Si-haltigem Material, bes. Quarzit, in solchen Mengen, daß das F des Rohmaterials zu SiF_4 u. ggf. CF_4 u. das Erdalkalimetall zu einer wenigstens ein Teil des Erdalkalimetalls als Carbid enthaltenden Schlacke, die fl. aus dem Ofen abgezogen wird, umgesetzt wird. SiF_4 wird z. B. mit Dampf zu HF u. akt. SiO_2 umgesetzt. — Zeichnungen. (**E. P. 888 844** vom 20/2. 1958, ausg. 7/2. 1962. D. Prior. 28/8. 1957.) K. Demmler. H 246

1993 Deutsche Solvay-Werke G. m. b. H., Solingen (Erfinder: Martin Schultze und Hans Severin, Rheinberg), **Verhinderung des Zusammenbackens von Ammoniumchlorid** durch Zugabe der Komplex-Verb. $[Co(NH_3)_6] \cdot [Cr(CN)_6]$ oder bes. deren Komponenten in einer Menge, daß auf 1 t NH_4Cl ca. 20—100 g Co kommen. (**D. A. S. 1 146 040** Kl. 12k vom 27/3. 1961, ausg. 28/3. 1963. Schwz. Prior. 5/4. 1960.) H. Roos. H 247

1994 United States Borax & Chemical Corp., Los Angeles, Calif., V.St.A., **1.2-Bis-borylalkylverbindungen** der allg. Formel $X_2BCH(R^2)CH(R^3)BX_2$ (X = NR'R¹, OH; R = Alkyl mit 1—4 C-Atomen; R¹ = H, Alkyl mit 1—4 C-Atomen; R², R³ = H, Alkyl mit 1—4 C-Atomen; R² u. R³ = Alkylen mit 3—6 C-Atomen, ggf. substituiert durch Phenyl oder Alkyl mit 1—4 C-Atomen) werden hergestellt durch Rk. von $B_2 \cdot (NRR^1)_4$ mit $R^2CH{:}CHR^3$ in Ggw. eines Bortrihalogenids u. ggf. anschließende Hydrolyse, auch indirekt über eine Alkoholyse. — 9,5 g Tetrakisdimethylaminodibor (I) in 10(ml) Cyclohexan gibt man bei $-80°$ unter N_2 zu 25 BCl_3 in 20 Cyclohexan. Unter Rühren läßt man erwärmen, rührt bei Raum-Temp. bis das Öl gelöst ist, engt im Vakuum ein → *1.2-Bis-[bis-dimethylaminoboryl]-cyclohexan*, gelbes Öl, hieraus mit 20 abs. CH_3OH, Hydrolyse mit W. u. Extraktion mit Ae. → 6,5 g *1.2-Bis-(dihydroxyboryl)-cyclohexan*. Aus der vorst. Verb. beim Erhitzen → cis-1.2-Dihydroxycyclohexan. — Analog aus **I**, BCl_3 u. C_2H_4 → *1.2-Bis-(dihydroxyboryl)-äthan*. — Zahlreiche andere mögliche Verbb. sind angegeben. — *Zwischenprodd.* für B-haltige Polymere, *Fungicide*. (**E. P. 900 135** vom 3/1. 1961, ausg. 4/7. 1962. A. Prior. 4/4. 1960.)
A. Debo. H 258

1995 Phillips Petroleum Co., Bartlesville, Okla., V.St.A. (Erfinder: Robert Wilson Leslie und George Peter Jennings), **Herstellen von Ruß durch Pyrolyse** eines KW-Stoffes in Ggw. eines heißen Verbrennungsgases in einem Rußerzeugungsofen, wobei der aus diesem austretende, den Ruß im Verbrennungsgas suspendiert enthaltende Gasstrom auf eine unter der Pyrolyse-Temp. liegende Temp., z. B. auf 1800° F, durch indirekten Wärmeaustausch mit einer Fl. im Gegenstrom vorgekühlt u. anschließend in einer oder mehreren indirekten Kühlzonen unter zusätzlichem Einsprühen von W. vollständig gekühlt wird. (**E. P. 900 420** vom 14/11. 1958, ausg. 4/7. 1962.) K. Demmler. H 260

1996 Hiroshi Ishizuka, Ashiya-shi, Japan, **Herstellung von reinem Monosilan.** Man vermischt zunächst pulverförmiges Mg-Silicid mit einem Ammoniumhalogenid bes. Ammoniumchlorid, u. läßt anschließend in Ggw. von ca. 10 Vol.-Teilen fl. Ammoniak pro 1 Gew.-Teil Mg-Silicid reagieren u. dest. das gebildete Silangas ab. — Vorr., 6 Zeichnungen. (**D. A. S. 1 143 190** Kl. 12i vom 26/4. 1960, ausg. 7/2. 1963. Jap. Prior. 27/4., 4/5., 27/11. 1959, 6/2. u. 26/2. 1960.) R. Zimmermann. H 261

1997 Pechiney Comp. de Produits Chimiques et Électrométallurgiques, Paris (Erfinder: Pierre Chassaing und Félix Collomb, Ribecourt, Oise), Frankreich, **Herstellung von Trichlorsilan,** indem man Si mit Chlorwasserstoff in einer Wirbelschicht kontinuierlich umsetzt, wobei zum Aufbau der Wirbelschicht pulverförmiges Si mit 3—6% Cu verwendet wird u. nach Erreichen einer stabilen Wirbelschicht unlegiertes Si sowie zum Ausgleichen der Kupferverluste in der Wirbelschicht Cu in Form von Kupferpulver, Si–Cu-Leg. oder Kupferchlorid zugesetzt wird. (**D. A. S. 1 143 797** Kl. 12i vom 24/6. 1960, ausg. 21/2. 1963. F. Prior. 24/6. 1959.) R. Zimmermann. H 261

1998 FMC Corp., übert. von: William Ramon Frint, Green River, Wyo., V.St.A., **Gewinnung von Natriumcarbonat aus mit organischen Substanzen verunreinigter Trona.** Rohe Trona wird in einer aus einer nachfolgenden Kristallisationsstufe erhaltenen Na_2CO_3–$NaHCO_3$-Lauge gelöst, aus der Lsg. nach Abtrennung der Hauptverunreinigungen $Na_2CO_3 \cdot NaHCO_3 \cdot H_2O$ (I) auskrist., letzteres von der Ausgangslöselauge bildenden Mutterlauge abgetrennt, das noch organ. Substanzen enthaltende I wird bei 400—800° so lange calciniert, bis sich die organ. Verunreinigungen verflüchtigt haben bzw. verkohlt sind. Das erhaltene Na_2CO_3 besitzt eine hohe Dichte u. ergibt bei der Umsetzung mit H_3PO_4, wobei nur eine geringe Rauch-Entw. eintritt, ein *Na-Tripolyphosphat* hohen Reflexionsvermögens. — Verf.-Schema, 2 Diagramme. (**A. P. 3 028 215** vom 2/12. 1959, ausg. 3/4. 1962.) K. Wolk. H 264

1999 Pechiney Comp. de Produits Chimiques et Électrométallurgiques, Paris (Erfinder: René Antoine Paris, Lyon), Frankreich, **Herstellung von Metallhalogeniden.** KW-Stoffe mit $\leqq 4$ C-Atomen werden $> 900°$ mit Metalloxid (I)-Teilchen in Berührung gebracht, gespalten u. die mit C-Ablagerungen auf ihrer Oberfläche versehenen I mit Halogen $< 1400°$, bes. $< 1100°$, zu den Halogeniden umgesetzt. Das bei der Spaltung freigewordene H_2-haltige Gas wird nach Vermischen mit O_2-haltigem Gas verbrannt u. dient zum Aufheizen von I. Für I kommen die Oxide des Mg, V, Ta, Al, Zr, Nb oder Be in Betracht. Halogene sind Cl_2, Br_2 oder J_2. Als KW-Stoff ist z. B. Methan genannt. Die 3 Verf.-Gänge (Verbrennung, Spaltung, Halogenierung) werden getrennt nacheinander in wandernder Schicht oder Wirbelschicht durchgeführt. — 3 Anlageschemata. (**Oe. P. 220 597** vom 21/4. 1960, ausg. 10/4. 1962. F. Prior. 23/4. 1959 u. 19/2. 1960. **F. P. 1 232 489** vom 23/4. 1959, ausg. 10/10. 1960.) W. Wittholz. H 270

2000 Jumei Yamazaki, Tsukiyashiki, Kochi City, Japan, **Aufschluß von Spodumen, Lithium-Glimmer, Amblygonit, Petalit, Feldspat und Liparit,** um aus ihnen die Alkalianteile zu gewinnen, erfolgt kontinuierlich dadurch, daß die Mineralien mit Erdalkalihydroxiden u. W. als Paste durch einen Reaktor geführt werden, in dessen mittleren Teil eine Temp. von $> 350°$ bei einem Druck von 200 kg/cm² aufrechterhalten wird. — Zeichnung. (**A. P. 3 033 647** vom 29/12. 1954, ausg. 8/5. 1962.) K. Wolk. H 272

2001 Texaco, Inc., übert. von: Du Bois Eastman, Whittier, Calif., V.St.A., **Herstellung von Calciumcarbid.** Kohle u. Kalk — letzterer bes. aus der CaC_2-Naßvergasung — werden zusammen mit Wasserdampf unter Zusatz von O_2 nach dem sauerstofftherm. Verf. in einem Reaktor bei 3000—5000° F zu einem CaC_2 u. als Synth.-Gas zu verwendenden CO u. H_2 enthaltenem Gasstrom umgesetzt, aus dem unter Kühlen auf 800° F mit KW-Stoff-Ölen CaC_2 als CaC_2–Öl-Suspension abgetrennt wird. Die $CaCl_2$–Öl-Suspension wird bei $< 300°$ F mit W. unter Freisetzung von C_2H_2 behandelt, das Öl von der $Ca(OH)_2$–Öl–W.-Suspension abgetrennt. $Ca(OH)_2$ an den Verf.-Ausgang zurückgeführt u. das Öl nach seiner Verw. als Wasch-Fl. für die Synth.-Gase als Kühlmittel für die Abkühlung des CaC_2 benutzt. — Verf.-Schema. (**A. P. 3 017 259** vom 24/6. 1958, ausg. 16/1. 1962.) K. Wolk. H 283

2002 Roussel-Uclaf Soc. An., Paris, übert. von: Robert Joly, Montmorency, und Robert Bucourt, Villiers-Le-Bel, Frankreich, **Lösungen Zink-organischer Verbindungen.** Zu D. A. S. 1 119 269; C. **1962,** 12795 sind folgende Lsgg. nachzutragen: *CH_3ZnBr* in *Dimethylformamid* (DMF)-*$(CH_3)_2Zn$* in DMF-*$(C_2H_5)_2Zn$* in *Dimethylacetamid.* — *CH_3ZnJ* in DMF-*Methylzinkmethosulfat* in DMF-*C_2H_5ZnBr*, *iso-C_3H_7ZnBr*, *C_4H_9ZnBr* u. *iso-$C_5H_{11}ZnBr$* in DMF. (**A. PP. 3 040 078** u. **3 040 079** vom 26/2. 1960, ausg. 19/6. 1962. Beide F. Prior. 5/6. 1959.) A. Debo. H 288

2003 Ethyl Corp., New York, N.Y., übert. von: Harold E. Podall, Baton Rouge, La., V.St.A., **Dialkylaluminiumhydride** werden hergestellt durch Rk. von Al-Trialkylen mit H_2 bei 500—5000 lbs./sq.in. u. 100—200° in Ggw. von 0,1—2 Gew.-% feinzerteiltem Mg. — Die Herst. folgender *Aluminiumhydride* (I) ist beschrieben. *Dimethyl*-**I**, *Diäthyl*-**I**, *Di-n-propyl*-**I**, *Diisobutyl*-**I**, *Di-n-hexyl*-**I**, *Di-n-octyl*-**I**, *Di-n-dodecyl*-**I**. — *Red.-Mittel, Katalysatoren.* (**A. P. 3 046 290** vom 22/8. 1960, ausg. 24/7. 1962.) A. Debo. H 294

2004 Deutsche Advance Produktion G. m. b. H., Lautern/Odenwald, **Tetraorganozinnverbindungen** werden hergestellt durch Rk. von Verbb. der allg. Formeln R_ySnX_z u. RX(R = KW-Stoff-Rest; X = Cl, Br, J; y = 1, 2, 3; z = 4—y) mit Na einer Teilchengröße von 1—100, bes. 1—25 μ in einem inerten Verdünnungsmittel, bes. R_4Sn, unter einem Schutzgas. — Zu 138 (g) Na, dispergiert in 400 $Sn(C_4H_9)_4$, gibt man 456 $(C_4H_9)_2SnCl_2$, rührt 2 Std. nach, gibt 1 Liter W. zu, trennt die organ. Schicht ab u. dest. → 905 *Tetra-n-butyl-Sn*, 97,5% (Ausbeute). 347 der vorst. Verb. u. 260 $SnCl_4$ → 583 $(C_4H_9)_2SnCl_2$, F. 38—40°. — Analog erhält man: *Tetra-n-octyl-Sn*, 98%; Di-n-octyl-$SnCl_2$, F. 39—43°; 95,1%. — *Tetra-(2-äthylhexyl)-Sn*, 93,6%; Di-(2-äthylhexyl)-$SnCl_2$, 92,8%. — *Tetrabenzyl-Sn.* — Bernsteinfarbenes wachsartiges *Tetraoleyl-Sn.* — *Tetracyclohexyl-Sn.* — *Tetramethyl-Sn.* — *Tetraoctadecyl-Sn.* (**E. P. 908 331** vom 21/2. 1961, ausg. 17/10. 1962. A. Prior. 23/2. 1960.) A. Debo. H 327

2005 C. I. P. Compagnia Italiana Petrolio S. p. A., Fidenza, Italien, **Alkyl- und Arylbleiverbindungen** erhält man durch Rk. einer Pb–Na-Leg. (I) mit einem Alkyl- oder Arylhalogenid in Ggw. von 0,02—2 Gew.-%, berechnet auf **I**, Furan, α-Methylfuran, α.α'-Dimethylfuran, Tetrahydrofuran, Cumaron, Cumaran oder Dibenzofuran. Die Rk.-Zeit kann so vermindert u. die Ausbeute infolge leichterer Abtrennung der Pb-Verb. erhöht werden. (**E. P. 899 697** vom 5/12. 1960, ausg. 27/6. 1962. It. Prior. 11/12. 1959.) J. Mühleisen. H 328

2006 United Kingdom Atomic Energy Authority, London (Erfinder: Lewis Eric Russell, John David Lawrence Harrison und Norman Harry Brett, London), England, **Herstellung von gesintertem Urandioxid.** Ein Gemisch mit 10—30 Gew.-% PuO_2 u. 70—90 Gew.-% UO_2 wird in einer Porzellankugeln enthaltenden Polyäthylenflasche 16 Std. lang fein gemahlen, mit einer Polybutylmethacrylat-Lsg. als Bindemittel versetzt, granuliert, zu Formkörpern verpreßt u. bei 1300—1550° in einem Gasgemisch von Kohlenmonoxid u. Kohlendioxid im Verhältnis von 1:20 bis 1:1 4 Std. gesintert u. dann in derselben Atmosphäre oder in Wasserstoff, der mit Wasserdampf gesätt. ist, abgekühlt. Die fertigen Prodd. erreichen eine Dichte von 96,5% des theoret. Höchstwertes. (**D. A. S. 1 147 163** Kl. 80b vom 28/4. 1961, ausg. 11/4. 1963. E. Prior. 29/4. 1960.) H. Widmann. H 339

2007 E. I. du Pont de Nemours & Co., Wilmington, übert. von: William A. Jenkins, Wilmington, und John H. Kennedy, Claymont, Del., V.St.A., **Gewinnung von Urantrifluorid.** Man red. eine salzsaure Lsg. einer U-Verb. mit Zn-Amalgam u. trennt die Lsg. anschließend ab. Dabei soll die H-Ionen-Konz. wenigstens 0,5 m u. die U-Ionen-Konz. $< 0,2$ m liegen. Die red. U-Lsg. fügt man dann bei normaler Temp. unter O_2-Aufschluß, d. h. unter N_2-Atmosphäre, in eine schwach angesäuerte Lsg. eines Fluorids, z. B. NaF oder NH_4F. Es fällt ein Nd. aus *UF_3*, den man nach dem Filtrieren mit O_2-freiem Aceton wäscht. (**A. P. 3 034 855** vom 28/4. 1958, ausg. 15/5. 1962.) H. Nebelsiek. H 339

2008 United States Atomic Energy Commission, übert. von: Willard E. Hobbs, Oak Ridge, Tenn., V.St.A., **Herstellung von Uranpentafluorid.** Unter wasserfreien Bedingungen werden in der Gasphase UF_6 mit HBr (Mol-Verhältnis $> 1,7$) bei $< 250°$ (bes. 75—150°) umgesetzt. Unter 125° bildet sich β-UF_5, bei 150—250° α-UF_5. (**A. P. 3 035 894** vom 7/7. 1960, ausg. 22/5. 1962.) E. Miessgang. H 339

2009 Phillips Petroleum Co., übert. von: Robert E. Reusser, Bartlesville, Okla., V.St.A., **Reinigen von Natriumdiuranat,** das man durch Carbonatlaugen U-haltigen Materials erhalten hat. Man behandelt den dabei erhaltenen gelben Nd. von Na-Diuranat bei 20—100° mit wss., 0,5—25 Gew.-%ig. Sulfaminsäure, trennt die Lsg. ab, neutralisiert u. fällt mit NaOH einen reinen, gelben Nd. aus $Na_2U_2O_7$. (**A. P. 3 034 856** vom 31/12. 1959, ausg. 15/5. 1962.) H. Nebelsiek. H 339

2010 United States Atomic Energy Commission, übert. von: Richard C. Vogel, Hinsdale, und Walton A. Rodger, Naperville, Ill., V.St.A., **Rückgewinnung von Uranverbindungen** aus einem Salzgemisch aus UF_4, NaF u. ZrF_4. Man erhitzt das Gemisch größer als den F., versprüht das geschmolzene Gemisch mit Hilfe von N_2 in Tröpfchen einer maximalen Größe von 100 μ bei ca. 200° u. Überdruck in einen mit 0,01—10 Sek. Geschw. eingeblasenen F_2-Gasstrom, wobei man die Begrenzungswände auf einer Temp. hält, die kleiner als der F. des Salzgemisches liegt. Na- u. Zr-Verbb. scheiden sich dabei in fester Form ab, während UF_4 in Form von UF_6 verflüchtigt u. durch Kondens. gewonnen wird. (**A. P. 3 031 261** vom 29/9. 1959, ausg. 24/4. 1962.) H. Nebelsiek. H 339

2011 Cabot Corp., Boston, übert. von: Walter B. Spencer, Newton Highlands, Walter R. Smith, Harvard, und Alfred F. Cosman, Everett, Mass., V.St.A., **Herstellung feinteiliger Metalloxide,** die bei der Verbrennungs-Temp. von Ruß beständig sind, indem man eine hydrolisierbare Verb. dieser Metalle an Ruß absorbiert, die absorbierte Verb. mit W. hydrolysiert u. anschließend dieses Prod. in oxydierender Atmosphäre erhitzt, so daß der Ruß oxydiert u. das feinteilige Metalloxid zurückbleibt. Als hydrolysierbare Verbb. werden $SiCl_4$, $TiCl_4$, $AlCl_3$, $FeCl_3$ sowie organ. Verbb. dieser Elemente eingesetzt. — *Verstärkerfüllstoffe, Verdickungsmittel, Adsorbentien, Katalysatoren* u. *Katalysatorträger.* (**A. P. 3 024 089** vom 10/5. 1957, ausg. 6/3. 1962.) R. Zimmermann. H 354

2012 Falconbridge Nickel Mines Ltd., Toronto, Ontario, Canada, **Gewinnung von Nickel- und gegebenenfalls Kobaltsulfid aus Nickelsulfatlösungen** durch gemeinsame Einw. von elementarem S u. metall. Fe. Man überzieht die S-Teilchen durch Behandlung mit einer wss. Alkalisulfid-Lsg. mit einer Oberflächenschicht von Alkalisulfid u. bringt die überzogenen S-Teilchen zusammen mit dem metall. Fe mit der Ni-Lsg. in Kontakt, wobei das Alkalisulfid in NiS umgesetzt u. so eine direkte Rk. zwischen S-Teilchen u. metall. Fe zu FeS verhindert wird. (**E. P. 902 362** vom 20/1. 1961, ausg. 1/8. 1962. A. Prior. 25/2. 1960.) K. Demmler. H 356

H₆. Silicatchemie, Baustoffe

2013 **Über die Vereinbarkeit von Substanzen innerhalb glasbildender Systeme.** E. Kojonen. (Glastekn. Tidskr. **16,** 117—21, 131, 1961; Finland, Kartula Glasbruk.; schwed.) — Der Begriff „Vereinbarkeit" wird nach Weyl u. Marboe definiert u. es wird gezeigt, daß er sowohl durch die Gleichgewichte, als auch durch die kinet. Komponenten des Syst. beeinflußt wird. Die Vereinbarkeit von Metalloxiden mit Silicaten, das Verbleiben von Halogeniden u. Sulfiden im Glas u. die Korrosion feuerfester Materialien werden als Beispiele aus der Praxis für den Einfl. der Koordination, des Abschirmungsverlangens der Kationen u. ihrer Polarisation herangezogen. L. Kühnert. 6168◇

2014 **Probleme der Probenahme für Siebproben.** Paul Close. (Glass Ind. **43,** 655—59, 696—97, 1962; **44,** 32—34, 43, 46, 1963; Owens-Illinois, Analyt. Labor.; engl.) — Mit Zeichungen u. Photos werden die Meth. der Probenahme von Sanden u. anderen körnigen Glasrohstoffen beschrieben u. die Möglichkeiten der Auswertung besprochen. L. Kühnert. 6170◇

2015 **Hafenschäden und deren Vermeidung.** Harald A. Klamt. (Glastekn. Tidskr. **16,** 109—16, 1961; München, Hafenfabrik Lindner; schwed. u. dt.) — An zerstörten Häfen wird gezeigt, daß durch Fehler in der Schmelzführung ein gegenüber dem Ausgangsglas mit Pb angereichertes Glas in den Hafenboden Vertiefungen einschmilzt u. ihn dadurch zerstört. Weiter erfolgt über die Bldg. von SiO eine Anreicherung von SiO_2 u. dadurch Kavernenbildung. Red., die zur Zerstörung führt, erfolgt durch C aus Ruß-Einw. in der Aufheizperiode während der Temperung der Häfen. L. Kühnert. 6172◇

2016 **Die Reinigung des Glases und ihr Einfluß auf die Adhäsion dünner Schichten.** Vladimír Bičište. (Sklář a Keramik **11,** 11—12, 1961; Jablonec nad Nisou, Výzk. úst. užitk. skla a bižuterie; tschech.) — Für die Adhäsion von im Vakuum aufgedampften dünnen Schichten spielt die Reinigung der Glasoberfläche eine wesentliche Rolle. In Mikroaufnahmen wird gezeigt, daß die Entalkalisierung der Oberfläche zu einer gleichmäßigeren Verteilung der aufgetragenen Schicht führt. Die Oberflächenreinigung kann elektron. bei 5000—10000 V, 50—200 mA u. 0,1—0,05 Torr durchgeführt werden. R. K. Müller. 6176◇

2017 **Verwendungsmöglichkeit des Siebdruckes beim Mattieren des Glases.** Josef Hrubý. (Sklář a Keramik **11,** 14, 1961; Dolní Polubný, Jablonecké sklárny, n. p.; tschech.) — Für das Mattieren von Glas werden 2 Ausführungsformen des Siebdrucks beschrieben: Aufstäuben einer Stärkemasse (oder von Glycerin) u. Auftragen von $NH_4F \cdot HF$. Das Verf. eignet sich bes. für Dekorationszwecke. R. K. Müller. 6188◇

2018 **Chemische Politur von Bleikristallglas.** Milan Vacek. (Sklář a Keramik **11,** 3—5, 15, 1961; Poděbrady, Poděbradské sklárny, n. p.; tschech.) — Die aus Bleikristallglas mit HF in Lsg. gebrachten Oxide Na_2O, K_2O, PbO, CaO u. SiO_2 werden durch H_2SO_4 in die Sulfate u. SiO_2 übergeführt. Die günstigsten Konzz. sind 48—55 (Gew.-%) H_2SO_4 u. 12—14% HF im Gemisch, die günstigste Temp. 40—60°. Für das Polieren genügen 20—40 Sek., bei genügendem Rühren ist ein Nachspülen mit W. nicht erforderlich. R. K. Müller. 6188◇

2019 **Die wissenschaftlichen Kenntnisse über den glasartigen Zustand und die Aussichten, die sie der Glasindustrie eröffnen.** Ivan Peychès. (Ind. nationale **1962,** 109—26; Co. de Saint-Gobain, Sect. des Rech.; franz.) — Übersicht über neue Erkenntnisse über die Eigg. von Glas. — 16 Literaturangaben. W. Wesly. 6200◇

2020 **Die Eigenschaften und Struktur der Gläser.** R. W. Douglas. (Progr. Ceram. Sci. **1,** 200—23, 1961; Sheffield, Univ., Dep. of Glass Technol.; engl.) — Literaturübersicht, 51 Zitate. J. Heinze. 6200◇

2021 **Eine Literaturübersicht zur Glasfestigkeit.** R. J. Charles. (Progr. Ceram. Sci. **1,** 1—38, 1961; Schenectady, N.Y., Gen. Electr. Res. Labor.; engl.) — 100 Literaturstellen. J. Heinze. 6200◇

2022 **Viscosität des Glases.** Jorma Jaatinen. (Teknillisen Kem. Aikakauslehti [Z. techn. Chem.] **20,** 298—300, 1963; Riihimäki; finn.) — Nach Beurteilung der verschiedenen Meth. der Viscositäts-Best. des Glases bespricht Vf. die Umstände, welche die Viscosität beeinflussen können u. macht darauf aufmerksam, daß außer der Zus. die Wärmeleitfähigkeit u. die Veränderung der spezif. Wärme mitwirken, u. daß Fehlschätzungen leicht durch die Verschiedenheit der IR-Absorption farbiger Gläser verursacht werden. Die Viscosität der Quarzschmelze fällt meistens bei Zugabe fremder Atome, während das Al als Netzbildner in Mischsilicatgläsern eine unerwartete Viscositätssteigerung bewirken kann. Durch B-Zugabe erhält man mit den Zus. $Na_2O \cdot 3\,B_2O_3$ u. $Na_2O \cdot 4\,B_2O_3$ zwei voneinander unterschiedlichen Viscositätsmaxima (bin. Gläser). Hieraus erklärt sich auch die in der Praxis häufig auftretende Unkonsequenz: bei Zugabe von B steigt die Viscosität, fällt jedoch bei weiterer Zugabe bis zu einem bestimmten Wert. Wenn man das SiO_2 in Na-Kalkgläsern bei 1200—1400° durch 1- u. 2wertige Metalloxide ersetzt, steigt die Viscosität mit dem Ionenradius u. bei 3- u. 4wertigen steigt sie, wenn die Bindung zwischen ihnen u. dem O^{2-} stärker ist als $=SiO_2-O$. R. v. Samson-Himmlstjerna. 6200◇

2023 **Sicherheitsglas für Auto und Flugzeug.** E. Umblia. (Glastekn. Tidskr. **17,** 151—56, 1962; schwed.) — Herst. u. Verf. zum Biegen von Mehrscheiben-Sicherheitsglas sowie die dafür verwendeten Zwischenlagen aus organ. Glas (Celluloid, Celluloseacetat, Polyvinylacetat, Polyacrylat u. Polyvinylbutyral) werden ebenso wie die anzuwendenden opt. Prüf-Meth. der fertigen Scheiben behandelt. L. Kühnert. 6200◇

2024 **Forschungsarbeiten auf dem Gebiet der Technologie der Herstellung von Keramik-Glas-Komplexen.** Janina Karwowska-Nowakowska. (Szklo i Ceram. **13,** 166—71,

1962; pol.) — Das Syst. $CaO(MgO)-SiO_2-Al_2O_3-Na_2O(K_2O)$ läßt sich unterhalb des Erweichungspunktes nicht kristallisieren. Aus dem Syst. $SiO_2-Al_2O_3-Li_2O-Na_2O(K_2O)$ lassen sich krist. Gläser herstellen, deren Härte größer ist als die von Acetat u. deren Erweichungspunkt 400° über dem des nichtkrist. Glases liegt. I. Köditz. 6200

2025 **Der Einfluß der Struktur und der Konsistenz von Ton auf die Qualität von Keramikerzeugnissen.** Kyszard Wyrwicki. (Szkło i Ceram. **13,** 140—43, 1962; pol.) — Schädliche Strukturen in Keramikerzeugnissen sind nicht immer auf Mängel der Gießmaschine zurückzuführen. Magere Ausgangsstoffe u. das Gefüge des verwendeten Tons können ebenfalls derartige Strukturen verursachen. I. Köditz. 6216

2026 **Über die Zusammensetzung und Struktur der Spinellide in thermobeständigen feuerfesten Chromomagnesitwerkstoffen.** Ss. M. Subakow. (Nachr. Akad. Wiss. Kasach-SSR **17,** Nr. 10, 16—22, 1961; russ., Auszug: kasach.) — Sek. Spinell-Bldg. beim Brennen von Chrommagnesiterzen hängen von der Brenn-Temp. ab. Bei 1700° sind bei Erzen verschiedener Provenienz derartige Rkk. noch nicht abgeschlossen. Es entstehen reine Magnesiumferrite oder komplex zusammengesetzte Spinelle mit Mg, Fe(II), Fe(III), Cr, Al. Die Gitterparameter liegen dann nahe denen des Chrompicotits. M. Hähnert. 6218◇

2027 **Herstellung von Schmelztonerdesteinen im Lichtbogenofen.** Karl H. Sandmeyer und William A. Miller. (Electr. Furnace Conf. Iron Steel Divis., metallurg. Soc. Amer. Inst. Mining, metallurg., Petroleum Engr., Proc. **17,** 257—67, 1959; New York, N.Y., Carborundum Co., Falconer; engl.) — Überblick über die Rohmaterialien, das Zumessen, die Gütekontrolle, das Formen, Schmelzen, Gießen, Glühen, Reinigen u. Fertigbearbeiten sowie über die Inspektion, Lagerung u. Verschiffung von im Lichtbogenofen hergestellten Schmelztonerdesteinen. — Diskussion. H. Hochstein. 6218◇

2028 **Phosphatgebundene feuerfeste Stoffe für besondere Anwendungsbereiche.** G. J. Grott. (Electr. Furnace Conf. Iron Steel Divis., metallurg. Soc. Amer. Inst. Mining, metallurg., Petroleum Engr., Proc. **17,** 391—95, 1959; Dearborn, Mich., Waimet Alloys Co.; engl.) — Phosphatgebundene feuerfeste Stoffe werden mit besonderem Vorteil bei den Ausgüssen von 150-kg-Pfannen verwendet, an denen sich Stahlansätze bilden, bei deren Entfernung die feuerfeste Masse ausbricht. Die phosphatgebundenen Stoffe besitzen dabei den Vorteil einer niedrigen Trocken-Temp., hoher Warmfestigkeit u. Widerstandsfähigkeit gegen Temp.-Wechsel. Sie bestehen aus 6 (Gew.-Teilen) grobgemahlener u. 2,8 feingemahlener Tonerde, ferner aus 0,2 Ca-Tonerdezement zur Steigerung der Warmfestigkeit bis über 1100° sowie 1,0 einer 85%ig. H_3PO_4; zu dieser Mischung kommen ca. 9% W., wenn man eine gießbare Masse erhalten, oder ca. 7% W., wenn man stampfen will. Die Stücke werden nach 10—12 Std. aus der Form entfernt, bei ca. 120° getrocknet u. 4 Std. auf 400° erwärmt u. dann in die Pfanne eingebaut. An Stelle von Tonerde kann man in vielen Fällen ZrO_2-Sand verwenden, der mit H_3PO_4 u. Ca-Aluminat abgebunden wird. Eine solche Zus. ist: 8—9 (Teile) Zirkonsand, 1,5—0,75 Ca-Tonerdezement, 0,5—0,25 85%ig. H_3PO_4; hierzu 4—12% W. des Gesamtgewichtes. — Diskussion. H. Hochstein. 6218◇

2029 **Korrosion von feuerfestem Material in Glasschmelzöfen.** Eduard Steinhoff. (Glastekn. Tidskr. **16,** 5—18, 1961; Wiesbaden, Didier-Werke, Forsch.-Labor.; schwed.) — Vgl. C. **1961,** 8800. — Zur Feststellung der Korrosionsschäden in einem Büttenofen wurde die Ausmauerung der Bütte in 4 Zonen verschiedener Abstände von der gasbeeinflußten Oberfläche eingehend untersucht. Die Kieselsäure wandert in Form von gasförmigem SiO von den heißen nach den kälteren Zonen u. schlägt sich dort nieder. Steine aus SiO_2 u. Al_2O_3 werden durch die Bldg. von Feldspat zerstört. Durch Verss. wird die Korrosion an den Kontaktstellen der Steine untersucht u. in einem Schema die Rk. der verschiedenen Materialien miteinander angegeben. Quarzgut u. Zirkonoxid werden bes. behandelt. L. Kühnert. 6218◇

2030 **Verdampfung von Oxiden.** R. J. Ackermann und R. J. Thorn. (Progr. Ceram. Sci. **1,** 39—88, 1961; Lemont, Ill., Argonne Nat. Labor.; engl.) — An Hand von 151 Literaturstellen werden die freien Energien der Verdampfung u. der Bldg. von gasförmigen Oxiden für Li, Be, Ca, Sr, Ba, B, Al, Y, La, Si, Ti, Zr, Hf, Th, V, Ta, Mo, W u. U berechnet sowie ihre Thermodynamik besprochen. J. Heinze. 6220◇

2031 **Die Chemie der Zementhydratation.** H. F. W. Taylor. (Progr. Ceram. Sci. **1,** 89—145, 1961; Aberdeen, Univ., Dep. of Chem.; engl.) — Literaturübersicht, 200 Zitate. J. Heinze. 6222◇

2032 **Schmelzen selbstzerfallender Aluminiumoxid-haltiger Schlacken in einem Schachtofen mit Wassermantel.** Karol Akerman, Bronisław Żmudziński und Stanisław Żurakowski. (Arch. Hutnictwa **7,** 47—8, 2 Tafeln, 1962; pol.) — In NaOH schwerlösl., SiO_2-reiche Al_2O_3-Vork. (Bauxit, Argillit) können durch Schmelzen mit Anhydrit (I) oder $CaCO_3$ u. I in Ggw. von Koks im Schachtofen mit Wassermantelkühlung in selbstzerfallende, leichtlösl. Ca-Aluminatschlacke übergeführt werden. Der nach dem Laugen mit NaOH zurückbleibende Schlamm ist für die Zement-Herst. geeignet. Das beim Aufschluß entweichende Gas enthält CO, CO_2, S u. S-Verbindungen. Der Einsatz muß so zusammengesetzt werden, daß die Schlacke 12—17 (%) SiO_2, 20—28 Al_2O_3 u. ein Verhältnis CaO/Al_2O_3 1,8—2,2 hat. Der P_2O_5-Geh. soll 1% nicht übersteigen, damit die Schlacke leicht zerfällt. Verwendet man $CaCO_3$ allein, also ohne Zusatz von **I,** so wird ein Teil des Fe_2O_3 über FeO zu Fe red. u. die Schmelze wird zähfl., da sie keinen Fajalit bilden kann. — 52 Literaturangaben. F. Urban. 6222◇

2033 **Die Hydratation von Kalk im Lichte des technischen Fortschritts.** Teodor Karaim. (Cement-Wapno-Gips **17 (27),** 312—17, 1962; Piechcin; pol.) — Eine Betrachtung über das Auftreten des freien u. akt. CaO in gebranntem Kalk u. dessen Einfl. auf den Prozeß des Kalklöschens. Gegenüberstellung der neuesten Trockenlösch-Verff. von Brandkalk u. gebranntem Dolomit. K. Pluta. 6226◇

2034 **Struktur des gebrannten Kalkes.** Rune Hedin. (Tekn. Tidskr. **92,** 101—06; 1962; schwed.) — Es werden die Zusammenhänge zwischen Vol.-Verringerung u. Änderung der Dichte durch das Brennen u. den Gasdruck des CO_2 untersucht, bes. die Geschw. dieser Vorgänge, die auch die Porosität des gebrannten Kalkes mitbedingen. Der Brennprozeß geht danach in 2 Phasen vor sich, wobei zunächst Ca u. O getrennt eine Schicht an der Oberfläche bilden u. sich erst nach u. nach zu CaO u. CO_2 verbinden. Die Theorie dieses Prozesses u. seine Einw. auf die Qualität des gebrannten Kalkes werden ausführlich behandelt. L. Kühnert. 6226◇

2035 **Betriebsüberwachung in Ziegelwerken.** Ernst Ross. (Ziegelindustrie **15,** 828—30, 1962; dt.) — Es werden Vorschläge für die Betriebsüberwachung eines mittleren Betriebes ohne schreibende Meßgeräte gemacht u. Beispiele gegeben für Dampfanlage, Krafterzeugung, Pressenanlage u. Trocknerei. Hinweise auf die prakt. Durchführung sind auch auf Einzelheiten ausgedehnt. L. Kühnert. 6228◇

2036 **Neue Fortschritte beim Isolieren von Bauten und bei Isolationen in der Industrie durch Verwendung einer neuartigen Glasfaser.** C. Jumentier. (Chim. et Ind. **88,** 375—80, 1962; Comp. de Saint Gobain, Div. Glaces, Serv. des Rech. Techn. et Dév.; franz.) — Nach Besprechung der physikal. Grundlagen der Wärme- u. Schallisolation, bes. durch faserige Isolierstoffe, wird die Herst. einer Glasfaser durch Austritt der Glasschmelze durch die perforierten Wände einer Schleuder in einen heißen Gasstrom, der die Fäden zerbläst, geschildert. Die Isolier-Eigg. der Fasern, hergestellt nach dem Saint Gobain-Verf., u. die mit ihnen erzielbaren Fortschritte werden beschrieben. M. Hagedorn. 6228◇

2037 **Neues Bindemittel zur chemischen Bodenverfestigung erleichtert Erdarbeiten.** G. W. Bardelang. (Strassen- u. Tiefbau **16,** 1128, 1962; London; dt.) — Durch Verw. des neuartigen Bodenverfestigungsmittels *TDM* kann man bei schwierigen Bodenverhältnissen auf kostspielige Schutzkonstruktionen verzichten. Das Mittel ist eine Mischung von drei verschiedenen Chemikalien, die bei der Rk. ein Gel bilden. Es handelt sich um bestimmte Chromsalze im Verein mit Lignin, einem Abfall-Prod. der Papierindustrie. N. Peters. 6232◇

2038 **Untergrunddichtungen in Schotterböden.** Werner Gutmann. (Straßen- u. Tiefbau **16, 1129, 1962;** dt.) — Es wird eine Meth. zur Dichtung von Schotterböden empfohlen, die auf der Verw. einer Suspension von W. mit Flugaschen beruht. N. Peters. 6232◇

2039 **Abbindevorgänge bei der Herstellung von Magnesit-Schleifscheiben.** Alfred Pontoni. (Adhäsion **4,** 133—35, 1960; Leoben; dt.) — Die Abbindevorgänge bei Herst. von Magnesit-Schleifscheiben werden beschrieben. Zur Erhärtung des Mg-Mörtels führen die Hydratation von MgO u. die Bldg. von $MgO \cdot MgCl_2$-Verbindungen. W. Wesly. 6238◇

2040 **Die gegenseitigen Beziehungen zwischen den Methoden der Dispersionsmessungen.** Leon Winogradow und Jacek Kordek. (Szkło i Ceram. **13,** 179—85, 1962; pol.) — Die Arbeit beschäftigt sich mit Korngrößen-Syst. über 500 mμ, die in der keram. Industrie verwendet werden. Die Korngröße wird von Sand, therm. behandeltem u. gemahlenem Al_2O_3 u. gewaschenem Kaolin gemessen. Die Sedimentations-Meth. mit der Andreasen-Pipette wird diskutiert. I. Köditz. 6240

2041 **Aktivitäten von Ionen in Silicatschmelzen.** G. W. Toop und C. S. Samis. (Trans. metallurg. Soc. AIME **224,** 878—87, 1962; London, Imp. Coll; Vancouver, Canada, Univ. of B.C.; engl.) — Das Problem der Best. des Polymerisationsgrades von Silicat-Anionen sowohl in sauren als auch in bas. Silicatschmelzen wird untersucht unter Anwendung der Ionentheorie auf bin. u. tern. Silicatschlacken. Bei einer Prüfung der Struktur u. der Gleichgewichte in Silicatschmelzen wird festgestellt, daß eine Polymerisation in sauren u. bas. Schlacken durch eine Gleichgewichts-Konst. ausgedrückt werden kann, welche einzelgebundene, doppeltgebundene u. freie O-Ionen in der Schmelze erfaßt. Bei der Ermittlung von Werten einer solchen Gleichgewichts-Konst. wurde gefunden, daß die gesamte molare freie Energie von Mischungskurven nahe bei oder gleich denen von verschiedenen bin. Silicatschmelzen liegt. Dies zeigt an, daß die ganze freie Mischungsenergie einer bin. Silicatschmelze allein aus der Wechselwrkg. von O-Ionen u. SiO_2 entstehen kann. Diese Beobachtung wurde mathemat. durch die Anwendung von Ionenformen der Gibbs-Duhem-Gleichung auf Silicat-Syst. unterstützt. Die Gibbs-Duhem-Ionengleichungen wurden zur Berechnung der kation. u. anion. freien Mischungsenergie u. der Aktivitäten von Fe^{2+}, Ca^{2+}- u. O^{2-}-Ionen im Syst. CaO–FeO–SiO_2 bei 1600° benutzt. Es wurde eine Meth. zur Best. der mutmaßlichsten, in sauren u. bas. Silicatschmelzen vorhandenen Silicat-Anionen entwickelt. — 15 Literaturangaben. H. Hochstein. 6240◇

2042 **Beständigkeit von Calciumhydrosilicaten in Sulfat- und Chloridlösungen.** J. M. Butt und K. Kuatbajew. (Silikattechnik [UdSSR] **14,** 33—38, 1963; Moskau u. Alma-Ata; dt.) — Der Einfl. von NaCl (**I**)-, Na_2SO_4 (**II**)-, $MgCl_2$ (**III**)- u. $MgSO_4$ (**IV**)-Lsgg. auf die Korrosionsbeständigkeit von vier synthet. gewonnenen Calciumhydrosilicaten — CSH(B), Xonotlit, $C_2SH(A)$ u. $C_2SH(C)$ — wird untersucht. Aus den Ergebnissen der Festigkeits-, röntgenograph., DTA- u. analyt. Unterss. geht hervor, daß die Beständigkeit von Kalksandsteinen, die Lsgg. von **I** u. **II** ausgesetzt sind, durch Zusätze von Sand zur Kalk–Sand-Mischung erhöht werden kann, während die Haltbarkeit von Kalksandsteinen, die mit Lsgg. von **III** u. **IV** in Berührung kommen, durch die Erhöhung des Kalkanteils im Kalk–Sand-Gemisch verbessert wird. I. Köditz. 6240

2043 **Immersionsmethode zur Bestimmung des Brechungsvermögens von Gläsern mit Hilfe eines Standards.** Florian Ratajczyk. (Szkło i Ceram. **13,** 138—40, 1962; pol.) — Vf. beschreibt eine Meth. zur Best. des Brechungsvermögens von Gläsern mit Hilfe eines Standards, ohne Standardproben dieser Gläser herstellen zu müssen, wie bei der von Obreimow u. Zacharriewskij entwickelten Methode. Der Meßfehler ist kleiner als 0,0001. I. Köditz. 6242

2044 **Inhomogenitäten im Glas und Methoden für die Feststellung ihrer chemischen Zusammensetzung.** J. Löffler. (Glastekn. Tidskr. **16,** 137—47, 1961; Witten, Deutsche Tafelglas AG.; schwed.) — Inhomogenitäten, im wesentlichen Schlieren, werden kurz charakterisiert. Mit Photos u. Schemata wird das Aussehen verschiedener Schlieren aufgezeigt u. Erscheinungen beim Ätzen u. nachfolgender Interferenz-Unters. werden behandelt. Die Beispiele sind der Fensterglas-Herst. entnommen. L. Kühnert. 6242◇

2045 **Die Bestimmung der chemischen Beständigkeit von Gläsern im Licht der Arbeiten der ISO.** Miloš B. Volf. (Sklář a Keramik **11,** 16—19, 1961; Sázava nad Sázavou, Techn. sklo, n. p.; tschech.) — Übersicht über die bei der Tagung der International Standard Organisation (ISO) in London 1959 erörterten Vorschläge. R. K. Müller. 6242◇

2046 **Chemische Oberflächenresistenz von Behälterglas.** R. Persson. (Glastekn. Tidskr. **17,** 91—98, 1962; Surte Glasbruk, A/B Plåmanufactur.; schwed.) — Gläser der Zus. SiO_2 69—75 (%), Al_2O_3 1—4; CuO 5—13; MgO 0—5; BaO 0—1; Na_2O 11—16, K_2O 0—2 u. „höchstresistentes" Pyrexglas aus SiO_2 81 (%); Al_2O_3 2,0; B_2O_3 12,0; Na_2O 4,5; K_2O 0,5 werden nach den schwed. Prüfvorschriften auf ihre Oberflächenresistenz u. mit dem Elektronenmikroskop untersucht. Es wird dabei Blasen-Blg. festgestellt, die den Angriff chem. Agentien verstärkt u. die Zerstörung beschleunigt. Behandlung mit sauren Gasen u. Entalkalisierung ergeben längere Lebensdauer. Für eine Qualitätsbewertung von Glas-Prodd. sollte man die Unters. nach der Pulver-Meth. u. die Autoklavenprüfung heranziehen. L. Kühnert. 6242◇

2047 **Kationenaustauschkapazitäten gewisser indischer Chinatone.** Arvind S. Ghag. (J. sci. ind. Res. [New Delhi], Sect. B **19,** 513—14, 1960; Poona, Nat. Chem. Labor., Indian Rubber Manufacturers' Res. Assoc.; engl.) — Vf. berechnete die Kationenaustauschkapazitäten von ind. Chinatonen aus den Palyangadi- (**I**), Kannapuram- (**II**) u. Thirthahalli-Gruben (**III**) aus den potentiometr. Titrationskurven der wss. Tonsuspensionen verschiedener Konzz. mit 0,01n NaOH, wobei die Austauschkapazitäten bei der Neutralität bestimmt werden. Folgende Basenaustauschkapazitäten in Milli-äquivalenten NaOH werden bestimmt: **I** (erste Probe) 2,8—3,0; **I** (zweite Probe) 3,5—3,9; **II** 2,0 u. **III** 1,2—1,5. An **II** durchgeführte elektronenmkr. u. röntgenograph. Beobachtungen sowie DTA ergaben, daß es sich um einen neuen Kaolinton handelt, während die beiden anderen Tone mit Halloysiten verunreinigt sind. C. Gottfried. 6248△

2048 **Dynamische Prüfung zur Beurteilung der Beständigkeit feuerfester Materialien gegen Korrosion durch geschmolzenes Glas.** C. F. Griffith und E. Vago. (Glastekn. Tidskr. **17,** 123—36, 1962; Lathom, Pilkington Brothers Ltd.; schwed.) — Es wird eine geeignete Form von Probekörpern für die Korrosions-Unters. besprochen (Stäbe, Tiegel mit konst. u. mit kontinuierlich nachgefülltem Inhalt, Vers.-Wannen mit rotierenden Prüfkörpern). Letztere Form ist bes. geeignet u. in einer Skizze mit der notwendigen App. dargestellt. Prakt. Beispiele werden zum Vgl. mit den angegebenen Vers.-Ergebnissen herangezogen. Die Reproduzierbarkeit u. damit die Eignung für Forschung u. Praxis wird festgestellt. L. Kühnert. 6248◇

2049 **Bestimmung des elementaren Schwefels in Destillationsrückständen, die bei der Produktion von Zement und Kalk verwendet werden.** Eliza Duczymińska und Karol Kunz. (Cement-Wapno-Gips **17** (27), 310—12, 1962; Krakow; poln.) — Eine modifizierte Meth. zur S-Best. wird eingehend erläutert. Die Meth. beruht auf der Rk. zwischen Sulfit u. dem elementaren Schwefel zum Thiosulfat $SO_3^{2-} + S = S_2O_3^{2-}$. Der Überschuß an zugegebenem Sulfit wird mit Formalin gebunden. Das entstehende Thiosulfat wird in schwach saurer Lsg. mit Jod titriert. K. Pluta. 6252◇

2050 **Untersuchungen über die Kinetik der Hydratisierung von Mineralien des Portland-Zementklinkers bei hydrothermaler Bearbeitung.** P. P. Budnikow, S. M. Rojak, J. S. Malinin und M. M. Majanc. (Cement-Wapno-Gips **17** (27), 307—10, 1962; Moskau; pol.) — Die Möglichkeiten zur quant. Erfassung der Hydratationskinetik der wichtigsten Zementklinkermineralien $3\,CaO \cdot SiO_2$, $2\,CaO \cdot SiO_2$, $3\,CaO \cdot Al_2O_3$, $4\,CaO \cdot Al_2O_3 \cdot Fe_2O_3$ werden auf Grund von Unterss. dargelegt. K. Pluta. 6252◇

2051 **Experimentelle Auslaugung von wasserhaltigen und gehärteten Hüttenzementen.** Fernando Parissi, Pia Barone und Raffaelo Marotta. (Cement-Wapno-Gips **17** (27), 325—31, 1962; pol.) — Durch Best. der auslaugbaren Mengen an CaO u. Alkalioxiden aus Probekörpern (aus verschiedenen Bindemitteln hergestellt) konnte bewiesen werden, daß die Zemente, die Hochofenschlacke enthalten, eine bes. große Auslaugungsbeständigkeit aufweisen. Die Beständigkeit nimmt mit steigendem Schlacke-Geh. zu. K. Pluta. 6252◇

2052 **Thermische Ausdehnung von Konstruktionsbetonen aus den Füllstoffen „Knurow" im Bereich —15° bis +200°.** Witold Gaca. (Cement-Wapno-Gips **17** (27), 331—35, 1962; Gdansk; pol.) — Die therm. Ausdehnung von Betonen mit den Füllstoffen „Knurow" ist im Temp.-Bereich —15 bis + 20° der von Kieselbetonen vergleichbar. Zwischen + 70 u. + 200° bestehen andere Gesetzmäßigkeiten. K. Pluta. 6252◇

2053 **An Beton verursachte Schäden durch die Gegenwart von Sulfidmineralien im Kieszuschlag.** Heino Roosaar und Erik Vessby. (Nordisk Betong **6**, 247—60, 1962; Stockholm, Hagconsult A/B.; schwed.) — Es wurden 1954 5 Serien Probestäbe (80×15×10 cm) aus Zement mit einem groben Zuschlag von gebrochenen, magnetkieshaltigen (4—21%) Steinen hergestellt, im Labor. u. in W. (20 u. 75°) behandelt, nach 9 Monaten auf Ausdehnung bzw. Schwund, Druckfestigkeit u. anderem gemessen u. dann im Freien bis zu 7 Jahren gelagert, dabei mehrmals untersucht, gemessen u. photographiert. Nach der langen Zeit ergaben die Proben mit 14—21% Magnetkies ($Fe_{n-1}S_n$) starke Zerstörung. In der Nähe der pyrrhotinhaltigen Steine fand sich weißer Staub aus Ettringit (etwa $3\,CaO \cdot Al_2O_3 \cdot 3\,CaSO_4 \cdot 32\,H_2O$). Proben mit S-armem Zuschlag waren bedeutend weniger korrodiert. L. Kühnert. 6252◇

2054 **Eignung der Hydratationsthermokurven zur Beurteilung von Halbhydratplastern.** Karl Wilhelm Fischer. (Silikatechnik **14**, 26—33, 1963; Weimar, Hochschule für Architektur u. Bauwesen, Inst. für Chem. u. Mineral.; dt.) — In gewissen Grenzen lassen sich auf Grund von Mineralbestand u. Körnung Hydratationskurven von Halbhydratplastern deuten sowie auch aus Verlauf u. Form der Thermokurven Aussagen über die einzelnen Hydratstufen u. techn. Eigg. von Plastern gemacht werden können. Die aus Thermokurven gezogenen Rückschlüsse bieten in Verbindung mit anderen Prüfdaten, wie z. B. Versteifungszeiten u. Siebrückstand, Einstreuung u. Festigkeit, eine zusätzliche Möglichkeit einer einfachen u. schnellen Qualitätskontrolle. I. Köditz. 6254

2055 **Schnellmethode zur Bestimmung von CO_2 im Kalk.** I. Odler und J. Gebauer. (Stavivo **39**, 284, 1961; Bratislava, TSÚS; slowak.) — Die Best. des CO_2-Geh. in Kalk aus der bei Zusatz von verd. HCl entwickelten Gasmenge liefert Werte, die den bei der gravimetr. Meth. erhaltenen entsprechen. R. K. Müller. 6254◇

2056 **Untersuchungen über die Sinterung von Ziegelrohstoffen in oxydierender und reduzierender Atmosphäre.** Gerhard Piltz. (Ziegelindustrie **15**, 823—27, 1962; Essen, Inst. für Ziegelforsch.; dt.) — Es wurden 165 grobkeram. Rohstoffproben verschiedener Zon-Zus. durch Brennen bei Temp. von 960—1200° unter angegebenen Vers.-Bedingungen auf die Beziehung zwischen Plastizität sowie Trockenschwindmaß einerseits u. der Temp.-Lage des stärksten Sinterungsfortschrittes, der Neigung zu Red.-Kern-Bldg. sowie zu Aufblähungen andererseits untersucht. Dabei sind der Kalk-Geh., die mineralog.-chem. Zus., Kornaufbau, Zerkleinerungsgrad u. Formgebungsdruck wesentlich. Durch reduzierendes Brennen läßt sich eine Steigerung der Druckfestigkeit der Steine um ca. 40% erreichen. L. Kühnert. 6256◇

2057 Solvay & Cie. (Erfinder: Léon Maris und Louis Malarme), **Herstellung von Ansätzen für die Glasherstellung.** Auf 1 metr. t eines z. B. aus 570 (kg) Sand, 185 Na_2CO_3, 35 Na_2SO_4, 140 Dolomit, 35 Kalkstein, 35 Feldspat bestehenden Ansatzes setzt man 0,5—5,5 NaCl u. eine größere Menge W. zu, als zur Umwandlung des Na_2CO_3 in $Na_2CO_3 \cdot H_2O$ erforderlich ist, wodurch die Lagerungs- u. Handhabungs-Eigg. auch $>$ 26° verbessert werden. (**Aust. P. 235 375** vom 16/3. 1960, ausg. 5/10. 1961. Belg. Prior. 2/4. 1959.) K. Demmler. 6171

2058 Surface Chemical Development Corp., übert. von: David C. Aberegg, Columbus, Ohio, V.St.A., **Formschmiere.** Zum Schutz der bei der Verarbeitung von fl. Glas bei Temp. zwischen 575 u. 1150° F benutzten Formen werden diese mit einer Schmiere ausgekleidet, die aus der wss. Lsg. eines Alkalisilicates [$SiO_2 : R_2O$ (R = Alkalimetall) = 1 : 4 bis 1 : 20] besteht, in der krist. Harnstoff u. koll. Graphit dispergiert sind. Auf 10—18 (Gew.-Teile) W. sollen 1 Feststoffe entfallen. (**A. P. 2 988 454** vom 1/8. 1957, ausg. 13/6. 1961.) Hans Hoffmann. 6181

2059 Corning Glass Works, Corning, N.Y., V.St.A., **Dekorieren halbkristalliner Körper.** Auf bei einer therm. Nachbehandlung rekristallisierende Glaskörper werden färbende Metall-Verbb., bes. solche des Fe, Co oder Ni, aufgebracht, worauf die Körper mehrere Std. auf 900—1175° erhitzt werden. (**E. P. 874 936** vom 5/5. 1960, ausg. 16/8. 1961. A. Prior. 15/5. 1959.) Hans Hoffmann. 6189

2060 Corning Glass Works, übert. von: Faye A. Calkins und Joseph W. Morrissey, Corning, N.Y., V.St.A., **Herstellung halbkristalliner, alkalibeständiger Körper, wie Kochgeschirr.** Ein Glasgegenstand, der im wesentlichen aus 55—75 (%) SiO_2, 3—7 TiO_2, 2—15 Li_2O u. 12—16 Al_2O_3, bes. 70 SiO_2, 2,5 Li_2O, 18 Al_2O_3, 4,5 TiO_2, 3 MgO u. 1 ZnO besteht, wird zur Erhöhung der Alkalibeständigkeit nach der therm. Entglasung in reduzierender Atmosphäre mit 1—10 verbrennbarem Überschuß auf 100—1000° erhitzt. (**A. P. 3 013 362** vom 7/3. 1960, ausg. 19/12. 1961.) Hans Hoffmann. 6201

2061 Pittsburgh Plate Glass Co., Pittsburgh, Pa., V.St.A., **Alkalikalksilicatglas mit geringer Wärmeausdehnung.** Es besteht im wesentlichen aus 43—49 (Gew.-%) SiO_2, 7—12 Ca, 5—8 MgO, 19—26 Al_2O_3, 4—10 B_2O_3, 6—12 BaO u. 0,1—2 Na_2O. — Beispiel für eine Glas-Zus.: 47,9 SiO_2, 20,9 Al_2O_3, 9,2 CaO, 6,5 MgO, 5,3 B_2O_3, 7,5 BaO, 1,1 As_2O_5, 1,1 Cl_2 u. 1,0 Na_2O; therm. Ausdehnungs-Koeff. $4{,}9 \cdot 10^{-6}$ pro °C; Erweichungspunkt 1613°. (**E. P. 870 978** vom 28/12. 1959, ausg. 21/6. 1961. A. Prior. 2/1. 1959.) Hans Hoffmann. 6201

2062 Corning Glass Works, Corning, übert. von: Joseph S. Olcott, Painted Port, und Stanley D. Stookey, Corning, N.Y., V.St.A., **Bruchfestes Glas.** Dieses besteht aus 65—72, evtl. auch aus 52—65 (Gew.-Teilen) SiO_2, $\geqq$ 4 Li_2O, 22,5—30 Al_2O_3, wobei das Verhältnis $Li_2O : Al_2O_3$ $<$ 0,3 : 1 u. $SiO_2 + Li_2O + Al_2O_3 \geqq 100$ sein soll, sowie aus Kristallisationskatalysatoren, wie 0,1—3,5 TiO_2, 0,1—5 B_2O_3, 0,4—2 NaO u. 0,5—10 PbO. Das verformte Glas wird längere Zeit auf so hohe Temp. erhitzt, daß sich an der Oberfläche eine aus submikroskop. Kristallen bestehende Schicht bildet. Diese teilweise Entglasung wird durch Waschen des Glases mit Säuren vor der Warmbehandlung unterstützt. (**A. P. 2 998 675** vom 1/7. 1959, ausg. 5/9. 1961. **E.PP. 885 618** u. **885 619** vom 21/6. 1960, ausg. 28/12. 1961. Beide A. Prior. 1/7. 1959.) Hans Hoffmann. 6201

2063 E. I. du Pont de Nemours & Co., Wilmington, übert. von: Charles Louis Gray jun., Wilmington, und Robert Harold Dettre, Brandywine Hundred, Del., V.St.A., **Erhöhung der Kratzfestigkeit von Glasgegenständen.** Die Gegenstände, z. B. Glasflaschen, werden mit der sauren wss. Lsg. eines Ti-Esters der Formel $(RO)_yTi(O-C(CH_3)=CH-CO-R')_{4-y}$ benetzt, in der R einen Alkylrest mit 2—4 C-Atomen, y einen Wert zwischen 1 u. 2 u. R' eine Methyl-, Äthyl-, Methoxy- oder Äthoxy-Gruppe darstellen, während der pH-Wert der Lsg. zwischen 2 u. 5 liegt. Der Überzug wird an der Luft getrocknet. Ein geeigneter Ester hat die Formel $(C_3H_7O)_2Ti(O \cdot C(CH_3) : CH \cdot CO \cdot CH_3)_2$. (**A. P. 3 004 863** vom 4/10. 1960, ausg. 17/10. 1961.) Hans Hoffmann. 6201

2064 American Optical Co., Southbridge, Mass., übert. von: Lee O. Upton, Sturbridge, Mass., und Robert W. Young, Woodstock, Conn., V.St.A., **Optische Gläser zum Sonnenschutz** enthalten 52—62 (Gew.-%) SiO_2, 10—15 K_2O, 15—20 B_2O_3, 1—9 ZnO, 1—4 FeO, eingeführt als Oxalat, 0—3 Al_2O_3, 0—7 ZrO_2, 0—1 Mg O, 0—8 Na_2O u. 0—4 Li_2O. — Beispiel für eine Glas-Zus.: 56,8 LiO_2, 11,7 K_2O, 17,4 B_2O_3, 8,1 ZnO, 5,0 ZrO_2 u. 1,0 FeO. — Diagramm. (**A. P. 3 010 836** vom 8/6. 1959, ausg. 28/11. 1961.) Hans Hoffmann. 6201

2065 Bausch & Lomb, Inc., übert. von: Gerald E. Blair, Pittsford, N.Y., V.St.A., **Phosphatglas für Dosimeter für energiereiche Strahlungen.** Es wird erschmolzen aus Metaphosphaten des Al (50 Gew.-Teile), Mg (25), Li (25) u. Ag (8) bei Temp. von 1250°. (**A. P. 2 999 819** vom 23/11. 1959, ausg. 12/9. 1961.) Hans Hoffmann. 6201

2066 General Electric Co., New York, N. Y., übert. von: Francis J. Shonebarger, Wickliffe, Ohio, V.St.A., **Einbettglas für elektrolumineszierende Schichten.** Zum Einbetten von auf einer Unterlage filmartig ausgebreiteten Schichten aus Elektroluminescenzleuchtstoffen, bes. von ZnS-Phosphoren, wird ein Weichglas von folgender Zus. benutzt: 28—45 (Gew.-%) B_2O_3, 10—25 SiO_2, 10—20 ZnO, 9—15 Alkalioxiden u./oder Halogeniden, 10—25 Sb_2O_3, 0—5 Al_2O_3 u. 0—4 TiO_2. — Beispiel für eine derartige Glas-Zus.: 23,2 B_2O_3, 20,0 Sb_2O_3, 20,0 SiO_2, 17,0 ZnO, 5,0 Na_2O, 7,8 NaF u. 2,0 Al_2O_3. — Abb. für den Schichtenaufbau des Luminescenzüberzuges. (**A. P. 2 993 001** vom 30/10. 1956, ausg. 18/7. 1961.) Hans Hoffmann. 6201

2067 Research Corp., New York, N.Y., übert. von: Rudolf Frerichs, Evanston, Ill., V.St.A., **Herstellung infrarotdurchlässiger Gegenstände aus glasigem Arsentrisulfid.** As_2S_3 wird im H_2S-Strom dest. u. nach dem Auskochen des überschüssigen H_2S bei Temp. von 120—150° in Formen gegossen. (**A. P. 2 979 382** vom 10/5. 1951, ausg. 11/4. 1961.) Hans Hoffmann. 6201

2068 Owens-Corning Fiberglas Corp., Toledo, Ohio, V.St.A., **Herstellung dünnschichtiger lichtpolarisierender Elemente.** In ein Kunstharz, z. B. Polyvinylacetat, werden Glasflocken oder -plättchen von der Dicke 0,0002—0,0003 in. u. der Größe eines 200 Maschensiebes eingebettet. Die Berechnungsindices der beiden verschiedenartigen Stoffe sollen um mindestens 0,2 voneinander abweichen. (**E. P. 867 206** vom 1/7. 1957, ausg. 3/5. 1961. A. Prior. 9/7. 1956.) Hans Hoffmann. 6201

2069 Corning Glass Works, Corning, übert. von: John H. Connelly, Horseheads, N.Y., V.St.A., **Farbfilter für Spektrophotometer.** Das Filter besteht aus einem gefärbten Glas mit der Zus.: 50—65 (Gew.-%) SiO_2, 2—6 Al_2O_3, 4—10 Na_2O, 4—10 K_2O, wobei $Na_2O + K_2O = 13$ bis 15 sein soll, weiterhin 10—15 BaO u. 3—15 Ho_2O_3. Beispiel für eine Glas-Zus.: 63,8 SiO_2, 4,7 Al_2O_3, 7,0 Na_2O, 0,6 Li_2O, 7,0 K_2O, 11,8 BaO, 5,1 Ho_2O_3 u. 1,4 F_2. — Filterdiagramme. (**A. P. 3 022 181** vom 1/2. 1961, ausg. 20/2. 1962.) Hans Hoffmann. 6201

2070 Flex-O-Lite Mfg. Corp., St. Louis, übert. von: Vincent L. Duval d'Adrian, Shrewsbury, Mo., V.St.A., **Großperlen aus stark brechendem Glas.** Die Perlen, welche im wesentlichen zur Herst. von *Verkehrszeichen* auf Autobahnen benutzt werden, bestehen aus 49—65 (Gew.-%) BaO, 20—40 TiO_2, 6—15 B_2O_3 u. 1—11 Al_2O_3, z. B. aus 52,5 BaO, 33,2 TiO_2, 10,6 B_2O_3 u. 3,7 Al_2O_3. (**A. P. 3 041 191** vom 15/3. 1961, ausg. 26/6. 1962.) Hans Hoffmann. 6201

2071 Flex-O-Lite Mfg. Corp., St. Louis, übert. von: Vincent L. Duval d'Adrian, Shrewsbury, Mo., V.St.A., **Perlen mit hoher Lichtbrechung für Straßen-Verkehrszeichen.** Zur Herst. der Perlen wird ein Glas verwendet, welches aus 54—58 (Gew.-%) BaO, 10—12 B_2O_3 u. 31—34 TiO_2 besteht. Das Glas wird bes. aus einem Versatz aus 55,4 $BaCO_3$, 16,6 B_2O_3, 25,8 TiO_2 u. 2,2 BaO_2 erschmolzen. (**A. P. 2 980 547** vom 3/5. 1957, ausg. 18/4. 1961.) Hans Hoffmann. 6201

2072 Bell Telephone Laboratories, Inc., New York, N.Y., übert. von: Arnold W. Treptow, Fanwood, N.J., V.St.A., **Metall-Glas-Verschmelzung.** Auf die mit Glas zu verschmelzende Metallunterlage wird in reduzierender, z. B. aus 50 (%) N_2 u. 50 H_2 bestehender Atmosphäre ein feinverteiltes Metallpulver von 1—44 μ Korngröße aufgesintert u. hierauf mit einem geschmolzenen Glas bedeckt. — Zum Beispiel wird auf eine aus 54 Fe, 18 Co, u. 28 Ni bestehende Metall-Leg. feinverteiltes Ni-Pulver aufgesintert. Als Aufschmelzglas kommt ein solches aus 14 B_2O_3, 80 SiO_2, 4 Na_2O u. 2 Al_2O_3 in Frage. — Abbildung. (**A. P. 3 029 559** vom 25/7. 1956, ausg. 17/4. 1962.) Hans Hoffmann. 6203

2073 Welwyn Electric Ltd., Bedlington, und Jack Dearden, Monkseaton, Northumberland, England, **Metallisieren glasiger Stoffe.** Ein Glaskörper, dessen Oberfläche mit SnO_2 aktiviert ist, wird in eine Lsg. getaucht, welche aus 100 cm³ dest. W., 2,8 (g) $NiSO_4 \cdot 7\,H_2O$, 1,7 NaH_2PO_2 u. 1,3 Na-Citrat besteht u. die nach Zusatz von 10 Vol.-% konz. NH_3 30 Min. gekocht ist. Es scheidet sich ein glänzender Überzug aus metall. Ni ab. (**E. P. 885 239** vom 8/5. 1959, ausg. 20/12. 1961.) Hans Hoffmann. 6203

2074 Owens-Illinois Glass Co., Ohio, V.St.A., übert. von: Gerhard Bayer, Hinteregg, Zürich, Schweiz, **Metallisieren von Glasoberflächen.** Um die Lichtdurchlässigkeit von Gläsern zu verändern, werden diese bei 500—650° mit Dämpfen der Elemente Al, Se, Te, Pb, Sb, Bi, Li, Cs, Rb oder U in einer Atmosphäre von H_2, Ar, He, Ne oder N_2 behandelt. — Vorrichtung. (**A. P. 3 012 902** vom 8/12. 1959, ausg. 12/12. 1961.) Hans Hoffmann. 6203

2075 Pittsburgh Plate Glass Co., Pittsburgh, Pa., V.St.A., **Herstellung metallhaltiger Überzüge auf Glasgegenständen.** Zwecks Herst. dünner CoO-haltiger Filme mit geringer Wärme- u. Lichtdurchlässigkeit auf Glasgegenständen werden die nach dem Erhitzen mit der Lsg. eines Co-Salzes einer höheren organ. Säure mit mindestens 3 C-Atomen im Mol. in einem organ. Lsgm. besprüht. In Frage kommt z. B. die Lsg. von Co-Octoat in Xylol. Organ. Salze des Fe, Ni u. Sn können der Lsg. zugesetzt werden. (**E. P. 876 511** vom 14/12. 1959, ausg. 6/9. 1961. A. Prior. 24/12. 1958 u. 12/11. 1959.) Hans Hoffmann. 6203

2076 Bruno Friedrich Schweig, London, England, **Herstellung von Metallüberzügen auf Glas.** Auf von ihrer Erzeugung her nach heiße Glasgegenstände werden therm. zersetzbare Metall-Verbb. aufgesprüht. (**E. P. 870 416** vom 4/6. 1959, ausg. 14/6. 1961.) Hans Hoffmann. 6203

2077 Comp. de Saint-Gobain Soc. An., Neuilly-sur-Seine, Frankreich, **Erzeugung von Überzügen auf Glasplatten.** Auf in an sich bekannter Weise (z. B. durch Besprühen des rotglühenden Glases mit einer $FeCl_3$-Lsg.) mit einer Metalloxidschicht versehene Glasplatten bringt man zur Erzielung bes. Effekte eine Al-Schicht auf, zweckmäßig durch Besprühen der 235—450°, bes. ca. 265° heißen Oberfläche mit geschmolzenem Al. (**Niederl. P. 102 215** vom 15/7. 1958, ausg. 15/8. 1962. A. Prior. 15/7. 1957.) F. Böhm. 6203

2078 Union Carbide Corp., New York, N.Y., übert. von: Leo J. Novak, Dayton, Ohio, V.St.A., **Überziehen von Quarztiegeln oder -rohren mit inerten Stoffen, wie Al_2O_3.** Die Dämpfe organ. Al-Verbb. (I) werden in einem N_2-Strom an bzw. durch die zu überziehenden auf 900°F erhitzten Quarzgegenstände geleitet. Als I kommen bes. Al-Trialkoholate der allg. Formel $Al(OR)_3$ in Frage, in der R eine Alkyl- oder Aralkylgruppe darstellt. Bei der therm. Zers. dieser Verbb. bildet sich Al_2O_3. Eine App. zur Durchführung des Verf. wird beschrieben. — Abbildungen. (**A. P. 2 989 421** vom 18/6. 1957, ausg. 20/6. 1961.) Hans Hoffmann. 6205

2079 **Pechiney Comp. de Produits Chimiques et Électrométallurgiques,** Paris (Erfinder: **André Galy**, Grenoble), Frankreich, *Herstellung von Kohlenstoffprodukten.* (**Oe. P. 217 989** vom 17/7. 1959, ausg. 10/11. 1961. F. Prior. 18/7. 1958. — C. **1962,** 18241 [D. A. S. 1 116 135].)

2080 **Bataafse Petroleum Mij. N. V.,** Den Haag, Niederlande, *Bitumenmischungen zur Herstellung von Formkörpern.* (**Ind. P. 67 092** vom 19/3. 1959, ausg. 4/12. 1961. — C. **1962,** 16810 [E. P. 865 669].)

2081 **Deutsche Erdöl Akt.-Ges.,** Deutschland (Erfinder: **Christoph Schmid** und **Rudolf Gedenk**), *Bodenverfestigung und -verstärkung für Bauzwecke.* (**F. P. 1 186 729** vom 25/11. 1957, ausg. 31/8. 1959. D. Prior. 28/11. 1956. — C. **1962,** 1375 [Niederl. P. 96 403].)

2082 **Dortmund-Hörder Hüttenunion Akt.-Ges.,** Deutschland, *Herstellung von Schlackenwolle.* (**F. P. 1 155 437** vom 8/8. 1956, ausg. 28/4. 1958. D. Prior. 13/8. u. 29/11. 1955. — C. **1959,** 9018 [E. P. 799 594].)

2083 **Aktiebolaget Statens Skogsindustrier,** übert. von: **Anders L. F. Hyden,** Stockholm, und **Gustav A. Larsson,** Valleras, Schweden, *Behandlung von Körpern aus Mineralwolle.* (**Can. P. 569 729** vom 29/9. 1955, ausg. 27/1. 1959. Schwed. Prior. 30/9. 1954. — C. **1958,** 2847 [D. B. P. 962 684].)

2084 **Dow Corning Corp.,** übert. von: **Henry J. Baecker,** Midland, Mich., V.St.A., *Organosiloxanpoliermittel.* (**Can. P. 569 776** vom 7/6. 1956, ausg. 27/1. 1959. A. Prior. 6/9. 1955. — C. **1959,** 3268 [D. A. S. 1 027 825].)

H$_7$. Agrikulturchemie, Schädlingsbekämpfung

2085 **Böden von Virginia.** Glenn H. Robinson, R. E. Devereux und S. S. Obenshain. (Soil Sci. **92,** 129—42, 1961; Virginia Agric. Exp. Stat.; engl.) — Vff. vermitteln einen Überblick über die Genese sowie die chem. u. physikal. Eigg. der wichtigsten Bodengruppen in Virginia. — 16 Literaturangaben. M. Winiker. 6304◇

2086 **Böden und Landwirtschaft des alten und des rezenten Schwemmlandes in der Gegend von Lillebonne (Tal der Unteren Seine).** E. Jouis und Marie-Thérèse Lecacheux. (Ann. Inst. nat. Rech. agronom., Ser. A **12,** 513—47, 1961; Rouen, Stat. agron.; franz.) M. Winiker. 6304◇

2087 **Untersuchung der Böden der Niederung zwischen Orain und Grozonne (Jura).** J. Dejou und Suzanne Meriaux. (Ann. Inst. nat. Rech. agronom., Sér. A **12,** 489 bis 511, 1961; Dijon, Centre de Rech. agron. du Centre-Est, Stat. d'agron.; franz.) — Beschreibung der physikal. u. chem. Eigg. der Böden der Niederung zwischen Orain u. Grozonne nebst Hinweisen zu ihrer landwirtschaftlichen Nutzung. M. Winiker. 6304◇

2088 **Untersuchungen über einige Kaliumformen im Boden, unter besonderer Berücksichtigung von austauschbarem Kalium, fixiertem Kalium und fixierbarem Kalium.** A. Malquori und L. Radaelli. (Agrochimica [Pisa] **4,** 25 bis 48, 1959; Firenze, Univ., Ist. di Chimica Forestale; ital.) — Im Hinblick auf die Möglichkeiten ihrer landwirtschaftlichen Nutzung wurden verschiedene ital. Böden auf ihren K-Zustand

untersucht. Die hierbei erzielten Ergebnisse (Tabellen) werden eingehend diskutiert. — 14 Literaturangaben.
M. Winiker. 6304◇

2089 **Untersuchungen über den Gehalt an löslichem Bor in den typischen Böden der Lubliner Hochebene.** Anna Myszka. (Ann. Univ. Mariae Curie-Skłodowska, Sect. E **15**, 99—131, 1960, herausgeg. 1962; Lublin, WSR, Kat. Chem. poln.; pol.) — Die mit heißem W. aus dem Boden extrahierbare B-Menge (B_W) wird entscheidend vom Humus-Geh. des Bodens bestimmt. Die in einer NH_4-Acetat-Puffer-Lsg. (pH 3,8) lösl. B-Menge (B_P) ist hauptsächlich vom pH des Bodens abhängig. B_W u. B_P sind bei sauren u. schwach sauren Böden etwa gleich groß, in neutralen u. alkal. Böden ist $B_P > B_W$. In den Böden der Lubliner Hochebene beträgt B_W 0,07 bis 2,17 (mg B/kg), im Unterboden 0,03—2,11. B-Mangel beim Zuckerrübenanbau tritt hauptsächlich in neutralen u. alkal. Böden (Braunerden) auf, da diese Böden B-Verbb. stark adsorbieren. Der B-Geh. in den Pflanzen ist nur dann ein Maß für den Geh. an lösl. B im Boden, wenn dieser Geh. den oberen oder unteren Grenzwert erreicht. F. Urban. 6304◇

2090 **Der Molybdän-Gehalt der Böden von Bihar.** R. K. Ghosh, A. K. Mukherji und K. N. Choudhary. (J. Proc. Instn. Chemists (India) **33**, 180—83, 1961; Patna, Bihar, Dep. of Agric., Field Exp. Serv. Labor.; engl.) — Der Geh. der Böden des Gebietes von Bihar an *Gesamt-Mo* erwies sich als sehr unterschiedlich. Den niedrigsten Geh. an Gesamt-Mo (1,4 ppm) wies ein Boden von Saharsa, den höchsten (8,0 ppm) ein Boden von Saran auf. M. Winiker. 6304◇

2091 **Rekultivierung von Lößböden im Rheinischen Braunkohlengebiet. 1. Mitt. Zusammenfassende Darstellung der bisherigen Versuchsergebnisse und der Erfahrungen bei der Umlagerung und Bewirtschaftung von Löß-Rohböden.** E. Schulze und H. Engels. (Z. Acker- u. Pflanzenbau **115**, 115—43, 1962; Bonn, Univ., Inst. für Pflanzenbau; dt.) —
M. Winiker. 6304◇

2092 **Beitrag zur chromatographischen Untersuchung von Bodenextrakten.** Fernand Jacquin. (C. R. hebd. Séances Acad. Sci. **248**, 3019—20, 1959; Nancy, École forestière; franz.) — Der A_0- u. der B_2-Horizont eines Podsols sowie der A_1-Horizont einer Mullbraunerde wurden einmal mit 0,5n H_2SO_4 extrahiert, zum anderen mittels 6n HCl hydrolysiert. Die papierchromatograph. Unters. der Extrakte u. Hydrolysate ergab, daß der A_1-Horizont des Mullbodens u. der B_2-Horizont des Podsols hinsichtlich der Bestandteile ihrer Humus-Verbb. (Aminosäuren, Polyphenole, Polysaccharide, organ. Säuren) einander stark ähnelten. M. Winiker. 6304◇

2093 **Die Rolle der Polysaccharide bei der Stabilisierung von natürlichen Bodenaggregaten.** D. J. Greenland, G. R. Lindstrom und J. P. Quirk. (Nature [London] **191**, 1283—84, 1961; Adelaide, Univ., Waite Agric. Res. Inst., Dep. of Agric. Chem.; engl.) — Vff. untersuchten die Permeabilität verschiedener Bodenproben gegenüber NaCl-Lsgg. ohne u. mit Perjodatbehandlung (vgl. hierzu Mehta u. Mitarbeiter, C. **1963**, 8317). Bei den Böden handelte es sich um Weideböden verschiedenen Alters sowie um Böden mit Weizenfruchtfolge. Es wurde gefunden, daß nur Aggregate von alten Weideböden, die reich an organ. Substanz sind, stabil gegen Perjodatbehandlung waren. Die Böden, die zuerst kultiviert u. hierauf 2 oder 4 Jahre als Weide genutzt worden waren, zeigten ein beträchtliches Absinken der Permeabilität nach der Perjodatbehandlung. Die von diesen Aggregaten durch Auslaugen erhaltene Fl. enthielt einen beträchtlich höheren Geh. von peptisierter organ. Substanz u. Ton. Es wird aus den Verss. geschlossen, daß bei der Stabilisierung von Aggregaten in Böden von jungen Weiden Moll. beteiligt sind, die cis-Hydroxyle enthalten. Es ist möglich, daß es sich bei den perjodatresistenten Stoffen in alten Weideböden um Pilze (Hyphae u. Mycelia) handelt. C. Gottfried. 6304

2094 **Über die Diffusion von Phosphat-Ionen in die Bodenteilchen, untersucht mit Hilfe von ^{32}P.** Claude Tendille und Italo Eynard. (C. R. hebd. Séances Acad. Sci. **248**, 2638—40, 1959; franz.) — Es wurde festgestellt, daß nach Zugabe von gelöstem Phosphat zum Boden ein Teil desselben fixiert wird, während gleichzeitig ein Teil des ursprünglich im Boden vorhandenen Phosphats freigesetzt wird.
M. Winiker. 6304◇

2095 **Versuche mit organischen Düngemitteln in Kombination mit Superphosphat und Kaliumsulfat bei Banattabak.** C. Dănău und M. Angheluţă. (Lucrările Inst. Cercetări aliment. [Arb. Nahrungsforsch.-Inst.] **4**, 347—54, 1961; rum.) — Die Düngung von Banattabak mit *Stalldünger* (I) zusammen mit *Superphosphat* (II) u. K_2SO_4 ist in trockenen Jahren wirksamer als in Regenjahren, in denen auch ohne Düngung ein guter Ertrag erzielt wird. Für diese Tabaksorte ist eine Düngung mit 30 t **I** + 300 kg **II** + 120 kg K_2SO_4 je ha zu empfehlen. Damit wird eine Steigerung des Ertrages um 14,9% u. der Qualität um 3,8% erreicht.
R. K. Müller. 6304◇

2096 **Die Wirkung von Düngemitteln auf Rohproteingehalt und Schmackhaftigkeit des sägeblättrigen Tussock [Narsella trichotoma (Nees.) Hack].** M. H. Campbell und B. Barkus. (Austral. J. exp. Agric. animal Husbandry **1**, 92—94, 1961; Bathurst, N.S.W., Exp. Farm, Dep. of Agric.; Rydalmere, N.S.W., Div. of Sci. Service; engl.) — Eine Weidefläche mit Tussockbestandteilen wurde unmittelbar nach dem Abbrennen bzw. nach dem Schneiden des Tussock bzw. ohne Vorbehandlung im Frühjahr (November) mit Mengen von 0 bzw. 6 cwt/acre Superphosphat u./oder 0—10 cwt/acre $(NH_4)_2SO_4$ gedüngt. 6 Wochen später enthielt der Tussock ohne Düngung im Mittel 27,8% W., auf der Parzelle mit 10 cwt. N-Dünger 41,3%. Der Rohprotein-Geh. stieg durch Abbrennen bzw. Schneiden auf den doppelten Wert u. erreichte bei 6 u. 10 cwt. N- + 6 cwt. P-Dünger mit 20% den Höchstwert. Weidende Rinder fraßen den Tussock gut auf den N + P-Parzellen, weniger gut auf den N- u. nur teilweise auf den zwar gedüngten aber weder gebrannten noch geschnittenen Parzellen.
Wilfried Werner. 6304◇

2097 **Wirkung langdauernder Behandlung auf den Mineralstickstoffgehalt und den mineralisierbaren Stickstoff von Boden(proben) ausgewählter Parzellen des Broadbalk-Versuchs nach kontinuierlicher Weizenbepflanzung in Rothamsted.** J. K. R. Gasser. (Plant and Soil [The Hague] **17**, 209—20, 1962; Harpenden, Herts., Rothamsted Exp. Stat.; engl.) — In Bodenproben (Broadbalk Field, Rothamsted) von unbebautem Brachland u. Äckern nach dem 1. u. 3. Anbau von Winterweizen, die mit Wirtschaftsdünger (**a**), Volldünger (P, K, Na, Mg) oder Volldünger + Stickstoffdünger gedüngt waren, wurden *Ammonium-N* u. *Nitrat-N* bestimmt. Auf Brachland mit **a** wurde am meisten Mineral-N gefunden; mit Weizen bepflanzter Boden enthielt nach **a**-Düngung mehr Mineral-N als anderer Boden. Stickstoffdünger im zeitigen Frühjahr erhöhte den Mineral-N-Geh., wurde aber rasch durch die Anbaupflanzen entfernt. $(NH_4)_2SO_4$ im Herbst verschwand aus der oberen Bodenschicht durch Nitrifikation u. Auswaschen. Bei Inkubation von mit **a** gedüngtem Boden wurde doppelt soviel Mineral-N gebildet wie bei anderen Böden. In der Brachzeit gebildetes Nitrat wurde im Herbst u. Winter in tiefere Bodenschichten gewaschen u. durch den Weizen während des Frühjahres u. im Sommer aufgenommen.
H. Goebel. 6304◇

2098 **Änderung der chemischen Bodeneigenschaften nach unterschiedlicher Düngung von urbar gemachten Böden. Veränderung des Humustyps.** Tomizo Imai, Tatsuo Kishida und Hajime Yokoi. (Bull. Tokai-Kinki nat. agric. Exp. Stat., second Agronomy Divis. Nr. **3**, 1—23, 1962; jap., Auszug: engl.) — Vff. berichten über die Wrkg. von Kalkzusatz, Phosphat- u. Kompostdüngung auf saure, frisch urbar gemachte Böden in Japan. Saure Mineralböden lassen sich durch Kalk-, Phosphat- u. Kompostdüngung erheblich rascher verbessern als saure organ. Böden. H. Goebel. 6304◇

2099 **Ergebnisse von Versuchen zur mineralischen Düngung zweier Zichorien-Varietäten.** Jerzy Łachowski. (Roczniki Nauk rolniczych, Ser. A **86**, 145—62, 1962; Bydgoszcz, Zakład Buraka IHAR; pol.) — Bericht über Erfahrungen, die in der Volksrepublik Polen bei der *NPK*-Düngung von Zichorien gemacht wurden.
M. Winiker. 6304◇

2100 **Die Sorption und Auswaschung von Nährstoffionen in gärtnerischen Erden. 1. Mitt. NH_4- und NO_3-Ionen.** J. Soukup. (Z. Pflanzenernähr., Düng., Bodenkunde **96 (141)**, 139—43, 1962; Průhonice bei Prag, Tschechoslowak. Akad. der Landwirtschaftswiss., Inst. für Zierpflanzenbau; dt.) — Vf. untersuchte die Auswaschbarkeit von NH_4NO_3 mit W. aus Säulen von *Bentonit* (**I**), *Weißtorf* (**II**) u. deren Mischungen. Es wurde festgestellt, daß mit steigendem **I**-Anteil der insgesamt u. der im oberen Teil der Säulen festgehaltene NH_4-Menge anstieg. Bei reinem **II** wurden ca. 70% des NH_4 ausgewaschen, bei reinem **I** hingegen nur ca. 2%. Das NO_3 wurde aus allen Substraten sehr stark eluiert. M. Winiker. 6304◇

2101 **Die Sorption und Auswaschung von Nährstoffen in gärtnerischen Erden. 2. Mitt. K-Ionen.** J. Soukup. (Z. Pflanzenernähr., Düng., Bodenkunde **98 (143)**, 55—57, 1962; dt.) — 1. vgl. vorst. Referat. — Die Unters. der Auswaschbarkeit von *K* mit W. aus Säulen von *Bentonit* (I)–*Weißtorf* (II)-Mischungen sowie aus reinem I u. II ergab: Mit zunehmendem I-Anteil stieg die insgesamt u. die im oberen Teil der Säulen festgehaltene K-Menge an. Aus reinem II wurden ca. 50% K eluiert, aus reinem I jedoch nur ca. 2%. Bei dem I u. bei den I–II-Mischungen wurde ein großer Teil K in austauschbarer Form gebunden. M. Winiker. 6304◇

2102 **Nitrifikation und Nitratdissimilation im Boden. 2. Mitt. Einfluß der Sauerstoffkonzentration.** D. J. Greenwood. (Plant and Soil [The Hague] **17**, 378—91, 1962; engl.) — 1. vgl. Plant and Soil [The Hague] **17**, [1962], 365. — Vf. untersuchte den Einfl. der O_2-Konz. auf die Respiration von durch aerobe Perkolation mit $(NH_4)_2SO_4$ stimulierten Böden (manometr. u. polarograph. Meth.). Bei allen stimulierten Böden wurde die Respiration durch Erniedrigung der O_2-Konz. nicht gehemmt, bis niedrige Werte erreicht werden. Bei 2—5 μmol O_2-Konz. ist die Respirationsrate ca. ½ der bei O_2-Überschuß. Aus den Ergebnissen wird geschlossen, daß bei O_2-Konzz. von 2—5 μmol die halbe Nitratdissimilation abläuft, die in N_2-Atmosphäre ablaufen würde u. ebenso ½ der Nitrifizierung, wie wenn keine O_2-Begrenzung vorhanden wäre. H. Goebel. 6304◇

2103 **Zur Frage der Maskierung der Blattroll-Symptome durch Düngung.** Hans Wenzl und Theodor Reichard. (Pflanzenschutzberichte [Wien] **27**, 51—65, 1961; Wien, Bundesanst. für Pflanzenschutz u. Landw.-chem. Bundesversuchsanstalt; dt.) — Bei einem Düngungs-Vers. auf einem N-armen Boden zu Kartoffeln (Sorte Maritta) wurde durch 75 kg N/ha keine nennenswerte Maskierung blattrollkranker Stauden bewirkt. Selbst bei Anwendung von 150 kg N/ha waren nur 15% der blattrollkranken Stauden nicht erkennbar. Die N-Düngung bewirkte jedoch eine wesentliche Verzögerung der Symptomausbildung. M. Winiker. 6304◇

2104 **Untersuchungen über Kalkstickstoff.** 3. Mitt. **Einige Einflüsse auf das Pflanzenmaterial.** Odd-Hroar Killingmo. (Kungl. Lantbrukshögskolans Ann. **27**, 81—91, 1961; engl.) — 2. vgl. C. **1961**, 13690. — Im Gefäß-Vers. (4,8 kg sandiger Lehm/Gefäß) wurden *Kalkstickstoff* (I) u. $(NH_4)_2SO_4$ (II) hinsichtlich ihres Einfl. auf Wachstum, Mineralstoffaufnahme u. Eiweiß-Bldg. von Hafer verglichen. Eine Gabe von mehr als 0,8 g N/Gefäß als I, unmittelbar vor der Saat, hatte sinkende Erträge zur Folge; eine Totalschädigung trat bei 1,6 g N als I ein. Mit steigender N-Düngung erhöhten sich die Geh. des Hafers an Roh- u. Reineiweiß sowie N-haltigen Nichteiweißstoffen ohne Unterschied zwischen I u. II. Charakterist. Unterschiede in der Wrkg. von I u. II wurden ferner weder in Art u. Menge der Aminosäuren noch in der Zus. der aufgenommenen Mineralstoffe gefunden. Wilfried Werner. 6304◇

2105 **Änderung der chemischen Zusammensetzung von Tabakblättern der Sorte Bărăgan 230 mit der Ansatzhöhe unter dem Einfluß des Bodenstickstoffs.** N. Aniţia, C. Ille und M. Voiculescu. (Lucrările Inst. Cercetări aliment. [Arb. Nahrungsforsch.-Inst.] **5**, 331—46, 1961; rum.) — In Gefäß-Verss. wird die Zus. von Tabakblättern verschiedener Ansatzhöhe bei Düngung mit 0,1—10 g N/Gefäß untersucht. Bei kleiner N-Dosis ist der *Nicotin* (I)-Geh. in den unteren Blättern höher u. nimmt nach oben ab, bei hohen N-Gaben umgekehrt, ebenso verhalten sich Gesamt-N u. die Albumine. Unabhängig von der N-Dosis enthalten die oberen Blätter mehr lösl. Kohlenhydrate als die unteren, auch der Smuk-Koeff. nimmt von oben nach unten ab. Bei beschränkter Wasserzufuhr nehmen Gesamt-N u. Albumine in den Blättern zu, lösl. Kohlenhydrate u. Schmucksche Zahl ab. Mit steigender N-Gabe nimmt der I-Geh. bis zu mittleren Gaben zu, bei höheren ab. R. K. Müller. 6304◇

2106 **Zersetzung von Pflanzenbestandteilen und Gasbildung in überfluteten Böden.** Ichiro Yamane und Kazuo Sato. (J. Sci. Soil Manure, Japan [Nippon Dozyô-Hiryô-Gaku Zasshi] **32**, 364—66, 1961; Sendai, Tohoku Univ.; jap.) — Bestimmt wird der bei der Zers. von überfluteten Böden auftretende NH_4-N sowie die Gase u. das pH mit u. ohne Zusatz weiterer organ. Stoffe. Nach Zugabe von *Saccharose* (I) wird *H* innerhalb eines Tages abgegeben, nicht aber nach Zusatz anderer organ. Stoffe wie *Lignin* (II) u. *Gelatine* (III). *Methan* wird nach allen zugesetzten Stoffen, ausgenommen II, entwickelt. Die Zunahme des pH u. das Freiwerden von NH_4-N wird durch I, *Stärke*, *Cellulose*, *Pektin*, nicht aber durch II u. III stark herabgesetzt. L. Schuler. 6304◇

2107 **Bemerkungen über die Kalidüngung von Knaulgras.** P. Gouny, S. Mériaux und R. Grosman. (C. R. hebd. Séances Acad. Agric. France **47**, 622—28, 1961; Dijon, I.N.R.A., Stat. d'Agron.; franz.) — An Hand der Ergebnisse eigener Verss. demonstrisren Vff. die Notwendigkeit einer *K*-Düngung zu Knaulgras, bss. auf granit. Böden. M. Winiker. 6304◇

2108 **Der Einfluß von organischen und Mineraldüngern auf den Ertrag und den Pflanzwert von Kartoffeln, die auf einem alluvialen und auf einem braunen podsolierten Waldboden 1956—1960 angebaut wurden.** I. Bretan. (Studii Cercetări Agronom. [Cluj] **12**, 99—119, 1961; Bucuresti; rum.) — 1956—60 wurden auf einem alten alluvialen u. einem braunen podsolierten Waldboden untersucht: 1. der Einfl. einer im Frühjahr u. im Herbst vorgenommenen Stalldüngung von Kartoffeln, 2. das Verh. einiger Leguminosen als Gründünger beim Kartoffelanbau, 3. die Wrkg. von mineral. Düngern allein oder gleichzeitig mit Stalldünger, 4. der Einfl. der Düngung auf den biolog. Wert der Knollen. Es wird festgestellt, daß bei der Stalldüngung sowohl im Frühjahr als auch im Herbst bei alluvialen Böden 20 t/ha, bei podsolierten Böden von geringer Fruchtbarkeit 30 t/ha ausreichend sind. Durch Verw. von Gründüngern (Meliotus albus Medik., Vicia sativa L., Vicia faba L. u. Lupinus albus L.) konnte bei beiden Bodenarten keine Ertragssteigerung erzielt werden. R. Grundmann. 6304◇

2109 **Über die Ursachen des Einflusses einer Stallmistdüngung auf die Magnesiumversorgung von Mais.** E. Saalbach und G. K. Judel. (Z. Pflanzenernähr., Düng., Bodenkunde **95 (140)**, 23—29, 1961; Dülmen/Westf., Landw. Forschung; dt.) — In Feld-Verss. war festgestellt worden, daß *Mg*-Mangel bei Mais durch Stallmistgaben behoben werden kann. Gefäß- u. Bebrütungs-Verss. ergaben, daß dieser Effekt in erster Linie auf den Mg-Geh. des Stallmistes zurückzuführen ist. Darüber hinaus kommt aber auch der im Stallmist enthaltenen mineralstofffreien organ. Substanz eine gewisse Bedeutung zu. Es wird angenommen, daß es sich um eine indirekte Wrkg. handelt, indem durch die organ. Substanz die Entw. der Mikroorganismen im Boden gefördert wird u. durch die hierdurch in größerem Maße auftretenden Stoffwechselprodd. im Boden vorhandenes, nicht pflanzenverfügbares Mg in verstärktem Umfang in eine für die Pflanzen aufnehmbare Form gebracht wird. M. Winiker. 6304◇

2110 **Weiterer Beweis für den Einfluß des Boden-pH auf den Kobaltgehalt von Gräsern.** Momcilo Mokragnatz und Zagorka Filipovic. (Soil Sci. **92**, 127—28, 1961; Belgrad, Pharmaz. Fak., Inst. für Chem.; engl.) — Vff. bestimmten bei 8 Weiden den *Co*-Geh. der Gräser u. des Bodens. Eine direkte Beziehung zwischen diesen Geh. wurde nicht festgestellt, wohl aber ein enger Zusammenhang zwischen dem Co-Geh. der Gräser u. dem Boden-pH. M. Winiker. 6304◇

2111 **Einfluß von Kupfersulfat im Berieselungswasser auf den Kupfergehalt ägyptischer Böden.** 2. Mitt. **Freies und komplex gebundenes Kupfer.** S. K. Tobia und A. S. Hanna. (Soil Sci. **92**, 123—26, 1961; engl.) — 1. vgl. C. **1961**, 9566. — Proben eines Tonbodens (pH 9,4) wurden (ohne u. mit Zusatz von 5, 10, 15 u. 20% Stalldung) in Steinguttöpfe gegeben u. während eines Monats von Zeit zu Zeit mit Nilwasser gegossen, dem 20 ppm $CuSO_4$ beigegeben worden waren. Sodann wurde von jeder Probe mit Hilfe der A.-Verdrängungs-Meth. eine Boden-Lsg. gewonnen. Weiter wurde jede Probe mit dem Morgan-Reagens (Natriumacetat–Essigsäure-Puffer, pH 4) extrahiert. In jedem Falle war das Verhältnis Boden : Lsgm. = 1 : 5; die Dauer des Schüttelns betrug 10 Minuten. Die Boden-Lsgg. u. die Morgan-Extrakte wurden auf ihren Geh. an organ. C, freiem Cu (Cu^{2+}-Ionen) u. komplex gebundenem Cu untersucht. Zwischen dem Geh. der Boden-Lsgg. an komplex gebundenem Cu u. ihrem Geh. an organ. C bestand keine direkte Beziehung, hingegen wurde bei den Morgan-Extrakten eine direkte Beziehung gefunden. Da Fulvosäure den Teil der organ. Substanz des Bodens darstellt, der sowohl in alkal. (Boden-Lsgg.) als auch in saurem Medium (Morgan-Extrakte) lösl. ist, wird angenommen, daß das Cu vor allem durch Fulvosäure komplex gebunden wurde. M. Winiker. 6304◇

2112 **Untersuchungen zur Wirkung des Kohlendioxid-Angebots auf den Ertrag von Treibgemüsen unter besonderer Berücksichtigung der Hydrokultur.** 2. Mitt. **Versuche zur CO_2-Versorgung bei Hydrokultur. Gurkenversuche.** Hans-Jürgen Daunicht. (Gartenbauwissenschaft **26** (8), 109—32, 1961; dt.) — 1. vgl. C. **1962, 3236.** — In 3 Verss. wurden Wachstum u. Ertrag von Gurken in Treibhaus-Hydrokultur bei steigenden CO_2-Begasungsmengen gemessen. Gegenüber „unbegast" konnte der Fruchtertrag in den Verss., deren Ertragsniveau infolge Fe-Mangels bzw. Mn-Überschusses unterschiedlich war, bis auf das 8,7- bzw. 3,3- bzw. 2,3fache gesteigert werden. Die höchsten Erträge wurden bei einer Zufuhr von 44 g CO_2/Tag/1,2 m² Treibhausfläche erzielt. Der durchschnittliche CO_2-Geh. betrug dabei ca. 0,1%. Die CO_2-Verluste lagen zwischen $^1/_3$ u. 86%. Der Fruchtzuwachs durch Begasung überstieg den an Grünmasse. Die Zahl der männlichen, stärker noch die der weiblichen Blüten nahmen zu. Die CO_2-Zufuhr kürzte die Zeit bis zum Fruchtertrag merklich ab. Wilfried Werner. 6304◇

2113 **Untersuchungen zur Wirkung des Kohlendioxid-Angebots auf den Ertrag von Treibgemüsen unter besonderer Berücksichtigung der Hydrokultur.** 3. Mitt. **Versuche zur CO_2-Versorgung von Hydrokultur. Kohlrabiversuche.** Hans-Jürgen Daunicht. (Gartenbauwissenschaft **26** (8), 133—49, 1961; dt.) — 2. vgl. vorst. Referat. — Durch Zufuhr von bis zu 1,3 kg/Tag/1,2 m² Treibhaus CO_2 ließen sich in mehreren Vers. die Knollen-Gew. von Kohlrabi um 44—151% steigern. Die Laub-Gew. wurden um 6—45% erhöht. Mit wachsendem CO_2-Angebot stieg der Knollendurchmesser an, während der Trockensubstanz-Geh. von Vers. zu Vers. schwankte. Eine 17—30% kürzere Zeitspanne war erforderlich bis zum Erreichen eines mittleren Knollendurchmessers von 4 cm. Bei gleicher Begasungsmenge zeigten Dauer- u. Stoßbegasung keine gesicherten Unterschiede. Wilfried Werner. 6304◇

2114 **Zugänglichmachung des Phosphors für Pflanzen aus seinen organischen Verbindungen durch Bodenmikroorganismen.** 1. Mitt. **Auftreten der Fähigkeit zur Mineralisierung organischer Phosphorverbindungen bei Bodenmikroorganismen.** Adam Szember. (Ann. Univ. Mariae Curie-Skłodowska, Sect. E **15**, 133—43, 1960, herausgeg. 1962; Lublin, WSR, Kat. Mikrobiol.; pol.) — Mikroorganismen, die aus verschiedenen Böden (z. T. aus der Rhizosphäre der Pflanzen) isoliert worden waren, zeigten meist die Fähigkeit, Ca-Glycerinphosphat, weniger gut Phytin u. Lecithin zu mineralisieren. Das Auftreten der Bakterien ist nicht an den Bodentyp gebunden. Dagegen sind Unterschiede im Auftreten in der Rhizosphäre u. außerhalb des Wurzelbereiches der Pflanzen festzustellen. F. Urban. 6306◇

2115 **Vergleichende mikrobiologische Untersuchungen an rieselmüden und gesunden Böden der Berliner Rieselfelder.** 3. Mitt. **Die Wirkung der veränderten Mikroflora auf die höhere Pflanze.** Wolfgang Hirte. (Zbl. Bakteriol., Parasitenkunde Infektionskrankh. Hyg., II. Abt. **115**, 606—15, 1962; Berlin, Humboldt-Univ., Inst. für Mikrobiologie; dt.) — 2. vgl. Zbl. Bakteriol., Parasitenkunde Infektionskrankh. Hyg., II. Abt. **114**, [1961], 490. M. Winiker. 6306

2116 **Untersuchungen über die Schädigung von Obstbäumen durch salz(wasser)haltige Luft.** 2. Mitt. **Schädigung von Citrusfrüchten durch Meerwasser- und Salzwasser-Sprays.** Tadayoshi Miwa, Kiyosi Gomi und Sueyuki Yamamoto. (Bull. Fac. Agric., Univ. Miyazaki **3**, 100—09, 1958; jap., Auszug: engl.) — 1. vgl. Bull. Fac. Agric., Univ. Miyazaki **2**, [1957], 96. — Es wurde festgestellt, daß durch Meerwasser- oder Salzwassersprays bei Citrusbäumen vorzeitiger Fruchtabfall bewirkt wird. Dies konnte verhindert werden, wenn die Bäume innerhalb von 5 Std. nach der Salzwasser-Einw. mit 0,5—1%ig. *$KHSO_4$*- oder *K_2SO_4*-Sprays oder mit *2.4.5-T*- oder *NAA*-Sprays (10—50 ppm) behandelt wurden. M. Winiker. 6312◇

2117 **Chemische Bekämpfung von Bossiaea foliosa A. Cunn.** J. A. Robertson. (J. Austral. Inst. agric. Sci. **27**, 245—48, 1961; Canberra, C.S.I.R.O., Div. of Plant Ind.; engl.) — Bei Verss. zur Verringerung der Bestandesdichte von Bossiaea foliosa A. Cunn. war *2.4.5-T-Butoxyäthylester* (**I**) wirksamer als ein Gemisch von **I** mit *2.4-D-Butoxyäthylester* (im Verhältnis 1 : 2) u. *AMS* (*Ammoniumsulfamat*). M. Winiker. 6312◇

2118 **Die Wirksamkeit und Brauchbarkeit verschiedener Arten von Paraformaldehyd-Pellets bei der Bekämpfung des Mikrobenwachstums in Zapflöchern von Ahornbäumen.** R. N. Costilow, P. W. Robbins und R. J. Simmons. (Michigan State Univ., agric. Exp. Stat., quart. Bull. **44**, 559—79, 1962; Michigan State Univ., Dep. of Microbiol. and Publ. Health and Forestry; Philadelphia, Pa., USDA, Eastern Utilization Res. and Develop. Div.; engl.) — Zur Verhinderung des Wachstums von Mikroben in Zapflöchern von Ahornbäumen erwiesen sich Pellets mit 0,1—0,5 g *Paraformaldehyd* (**I**) als geeignet. Ihre Wrkg. hing stark von der Witterung ab. Im relativ kalten Sommer 1959 (in Michigan) erhöhten **I**-Pellets die Saftausbeute nur um 17,4%, im warmen Sommer 1961 hingegen in einem Fall um 46 u. in einem weiteren Fall um 77%. Der Saft von 902 mit **I**-Pellets behandelten Zapflöchern enthielt in 72% der Fälle $<$ 1 ppm Formaldehyd (**II**) u. nur in 1,2% der Fälle $>$ 10 **II**. Der aus dem Saft gewonnene Sirup wies $\leqq$ 1,6 **II** auf. Die günstigste Wrkg. hatten Pellets mit 0,25 g **I**. W. Wesly. 6312□

2119 **Jod-Tauchlösung zur Bekämpfung von Xiphinema an Erdbeeren.** L. N. Staniland. (Plant Pathol. **12**, 91, 1963; Bristol, Nat. Agricult. Advisory Serv.; engl.) — Eine erfolgreiche Bekämpfung von Xiphinema spp. an Erdbeerausläufern wurde durch kurzes Eintauchen (meist 1 Min.) derselben in sehr verd. Jod-Lsgg. (Konzz.: 1 : 2000, 1 : 4000 u. 1 : 8000) erzielt. M. Winiker. 6312

2120 **Peronospora tabacina — Blauschimmel am Tabak, eine neue Krankheit des Tabaks in Deutschland.** H. Goeldner. (Pflanzenschutz-Nachr. „Bayer" **16**, 49—80, 1963; Leverkusen; dt.) — Ausführlicher Bericht über erfolgreiche Verss. zur Blauschimmelbekämpfung mit *Maneb-Spritzpulver Bayer*, *Lonacol* (enthaltend 76% *Zineb*-Wirkstoff) u. *Antracol* (enthaltend 70% *Zn-Thiocarbamat*). M. Winiker. 6312◇

2121 **Ergebnisse von 1960 mit Fungiciden zur Bekämpfung von Schorf bei Pecannußbäumen der Sorten Moore und Moneymaker in Nord-Florida durchgeführten Versuchen.** J. R. Large. (Proc. annu. Convent. Southeastern Pecan Growers' Assoc. **1961**, 89—90. 92—95; Monticello, Fla., Florida Agric. Exp. Stat.; engl.) — Bei Verss. zur Schorfbekämpfung bei Pecannüssen waren *Dodine* (**I**), **I** + *Captan*, *Laurylguanidinborat* sowie *Laurylguanidinphthalat* wirksamer als *Bordeauxbrühe*. M. Winiker. 6312◇

2122 **Bekämpfung des Wurzelkropfs bei Kohlarten.** J. Colhoun. (Plant Pathol. **12**, 65—68, 1963; Belfast, Univ., Ministry of Agricult., Plant Pathol. Div.; engl.) — In Gefäß-Verss. mit verschiedenen Kohlarten konnte das Auftreten von Wurzelkropf durch *Manzate* (**I**) u. *Thiram* (**II**) ebenso wirksam bekämpft werden wie durch *$HgCl_2$*. In Feld-Verss. mit Blumenkohl war *Kalomel* wirksamer als $HgCl_2$, **I** u. **II**. M. Winiker. 6312◇

2123 **Rückstände von Phenylmercurisalicylat auf erwerbsmäßig angebauten Gewächshaustomaten.** Marjorie A. Bland und H. Egan. (Plant Pathol. **12**, 59—62, 1963; London, Labor. of the Government Chemist; engl.) — Wurden Tomaten im Gewächshaus 7—8mal (in Abständen von nicht weniger als 10 Tagen) mit einem *Phenylmercurisalicylat* (**I**)-Aerosol praxisüblicher Konz. behandelt, so betrug der *Hg*-Rückstand in den Früchten maximal 0,11 ppm. Dieser maximale Hg-Rückstand blieb 2—3 Wochen bestehen u. nahm dann um ca. 0,01 ppm pro Woche ab, auch wenn weiter **I** appliziert wurde (bis zu insgesamt 12 Anwendungen). M. Winiker. 6312◇

2124 **Faktoren, die die Phytotoxizität von Natrium-Metham für Tomaten beeinflussen.** D. Hunnam und P. Waddington. (Plant Pathol. **10**, 118—21, 1961; Wheathampstead, Murphy Chemical Co. Ltd.; engl.) — Bodenproben aus Gewächshäusern, die mit *Natrium-Metham* (**I**) behandelt worden waren, wurden auf ihre Phytotoxizität für Tomaten geprüft. Die Proben erwiesen sich $2^1/_2$ Wochen nach der **I**-Behandlung als stark phytotox., während sie nach 8 Wochen meist nur noch geringe Blattschäden bewirkten. Böden mit hohem Ton-Geh. halten **I** bes. lange fest. M. Winiker. 6312◇

2125 **Bekämpfung des Kartoffelnematoden in einem Gewächshausboden mit einem Methylisothiocyanat-Präparat.** J. E. Peachey, C. A. Collingwood. und G. N. Rao. (Plant Pathol. **12**, 84—87, 1963; Harpenden, Herts., Rothamsted Exp. Stat.; Bristol, Nat. Agric. Advisory Serv.; Coimbatore,

Sugarcane Breeding Inst.; engl.) — Bericht über mit *Trapex* (20%ig. Lsg. von *Methylisothiocyanat* in Xylol) bei der Bekämpfung von Heterodera rostochiensis Woll. erzielte Erfolge.
M. Winiker. 6312◇

2126 **Auswirkung der Temperatur bei der Begasung von Luzernesamen mit Methylbromid zur Bekämpfung der Stengelälchen.** K. G. Gostick. (Plant Pathol. **12**, 62—64. 1963; Harpenden, Herts., Plant Pathol. Labor.; engl.) — Auf Grund der Ergebnisse eigener Verss. empfiehlt Vf., bei der Bekämpfung von Stengelälchen (Ditylenchus dipsaci) an Luzernesamen mit *Methylbromid* (I) folgende Konz.-Zeit-Prodd. (mg I h/Liter) einzuhalten, da sonst die Gefahr einer Beeinträchtigung der Keimfähigkeit der Samen besteht: 1200 bei Temp. bis 20°, 1000 bei 25° u. 750 bei 30°. Diese Richtwerte gelten für Luzernesamen mit 12,8% Feuchtigkeit.
M. Winiker. 6312◇

2127 **Bodensterilisation mit Methylbromid zur Bekämpfung von Bodennematoden.** N. G. Hague und Usha Sood. (Plant Pathol. **12**, 88—90, 1963; Ascot, Berks., Sunninghill, Imp. Coll. Field Stat.; engl.) — Bei Gefäß-Verss. mit *Methylbromid* (I) erwies sich ein Konz.-Zeit-Prod. von 250 mg I h/Liter als zur Abtötung von Bodennematoden ausreichend.
M. Winiker. 6312◇

2128 **Der Dimethylacrylsäureester des 4.6-Dinitro-2-sek.-butylphenols, ein neues Acaricid.** Jean Lhoste und Jean Lambert. (C. R. hebd. Séances Acad. Agric. France **47**, 48 bis 55, 1961; franz.) — Bericht über erfolgreiche Verss. zur Bekämpfung von Tetranychus viennensis Zacher, T. cinnabarinus Boisduval u. T. atlanticus McGregor im Freiland.
M. Winiker. 6312◇

2129 **Zur Kenntnis der Bienentoxizität von 1-Naphthyl-N-methylcarbamat (Sevin).** Ferdinand Beran. (Pflanzenschutzberichte [Wien] **29**, 169—77, 1963; Wien, Bundesanst. für Pflanzenschutz; dt.) — Gewächshaus- u. Freiland-Verss. erwiesen die hohe Bienengefährlichkeit von *Sevin*.
M. Winiker. 6312◇

2130 **Chemikalien und Methoden zur wirksamen Bekämpfung von Grapholitha molesta (Busck), Argyrotaenia velutinana (Walcker) und Milben.** D. W. Hamilton. (Ann. Rep. Secretary State horticult. Soc. Michigan **1961**, 100—08, Vincennes, Ind., USDA, ARS, Entomol. Res. Div.; engl.) — Zur Bekämpfung von Grapholitha molesta (Busck) erwiesen sich *DDT*, *Parathion*, *Guthion* (I) u. *Sevin* (II) als geeignet. Argyrotaenia velutinana (Walcker) konnte mit **I**, **II**, *Endrin*, *TDE* u. *Phosdrin* wirksam bekämpft werden, Auch *Bayer-37344* u. *Zectran* erscheinen aussichtsreich. Hingegen befriedigten *Pb-Arsenat* u. *Phosphamidon* nicht immer, während *Dieldrin* unwirksam war. Bei der Bekämpfung von Milben [Panonychus ulmi (Koch) u. Tetranychus telarius (L.)] wurden bes. mit *Mitox*, *Tedion* u. *Ovex* gute Erfolge erzielt.
M. Winiker. 6312◇

2131 **Beurteilung der Wirksamkeit einiger Insekticide zur Bekämpfung des Wickenrüßlers.** N. M. Randolph. (J. econ. Entomol. **55**, 802—03, 1962; College Station, Tex., Texas A. & M. Coll., Dep. of Entomol.; engl.) — Nach Besprühen von Vicia villosa Roth gegen Befall mit Bruchus brachialis Fahraeus mit *Sevin* (I), *Methylparathion* oder *Dibrom* [**II**; 1 (lb./acre)] war die Keimfähigkeit der Samen wesentlich höher als bei unbehandelt; **II** (0,5), *Malathion* (**III**), *Phosdrin* (**IV**) u. *Methoxychlor* waren nur von geringer Wirkung. — Die Anzahl der Eier war bei **II** wesentlich geringer als bei unbehandelt. Die Samen waren nach Behandlung mit **I** oder **III** deutlich weniger geschädigt als mit **IV** oder unbehandelt.
Fritz Müller/Ludwigshafen. 6312◇

2132 **Untersuchungen von Rückständen einiger organischer Phosphorsäureverbindungen auf Kopfsalat.** H. Stobwasser. (Z. Pflanzenkrankh. (Pflanzenpathol.) Pflanzenschutz **68**, 620—26, 1961; Stuttgart-Hohenheim, Landw. Hochschule, Inst. für Pflanzenschutz; dt.) — Vf. untersuchte in mehrjährigen Verss. die Rückstände von *Parathion*, *Malathion* u. *Diazinon* auf Freilandsalat vom Tage der Behandlung ab. Er stellte hierbei fest, daß bei Verw. der praxisüblichen Aufwandmengen die Rückstandswerte schon wenige Tage nach der Behandlung unter den amerikan. Toleranzwerten lagen.
M. Winiker. 6312◇

2133 **Vergleich einiger systemischer Insekticide bei der Saatgutbehandlung gegen Blattläuse.** R. Bardner. (Plant Pathol. **12**, 72—79, 1963; Harpenden, Herts., Rothamsted Exp. Stat.; engl.) — In Gewächshaus-Verss. wurde Saatgut von Weizen, Kohl u. Zuckerrüben mit *Am. Cyanamid-18133* (**I**), *Bayer-4536* (**II**), *Demeton* (**III**), *Methyldemeton*, *Disyston* ([**V**), *Dimethoate* (**V**), *Isolan*, *Menazon*, *Morphothion*, *Phorate* (**VI**), *Phosphamidon*, *Schradan* (**VII**) u. *Trithion* (**VIII**) behandelt. Das Auflaufen der Kohlsamen wurde durch keines dieser Mittel beeinflußt, während das der Weizensamen durch **I**, **II**, **V** u. **VI** verzögert u. das der Zuckerrübensamen durch **I**, **II**, **IV**, **V** u. **VI** stimuliert wurde. Die größte Toxizität für Blattläuse hatte **V**, gefolgt von **III**, **IV** u. **VI**. Unwirksam waren **VII** u. **VIII**. Die anderen Insekticide nahmen eine Mittelstellung ein.
M. Winiker. 6312◇

2134 **Eine neue Betrachtung der Öl-Sprays.** C. R. Cutright. (Proc. annu. Meeting Ohio State horticult. Soc. **1961**, 39—44; Wooster, Ohio, Ohio Agricult. Exp. Stat.; engl.) — Bericht über mit *Öl*-Sprays (*Superior Oil*) bei der Bekämpfung von Metatetranychus ulmi gemachte Erfahrungen.
M. Winiker. 6312◇

2135 **Schutzbehandlung gegen Capnodis tenebrionis L.** José del Cañizo. (Agricultura [Madrid] **30**, 328—30, 1961; span.) — Die Bekämpfung des Obstschädlings Capnodis tenebrionis L. kann durch *HCH*, *Lindan*, *p-Dichlorbenzol* oder *Dichloräthylen* erfolgen. Je nach dem Entw.-Stadium der befallenen Obstbäume oder des Insekts werden die Mittel entweder zum Boden gegeben oder als Spray angewandt.
R. K. Müller. 6312◇

2136 **Die Raupe Amsacta albigistriga W. und ihre Bekämpfung im Freiland-Maßstab.** K. R. Nagarajan, K. Perumal und N. Shanmugam. (Madras agric. J. **44**, 150 bis 153, 1957; engl.) — Zur Bekämpfung des Schädlings erwies sich 10%ig. *BHC*-Staub als geeignet.
M. Winiker. 6312◇

2137 **Die Schadinsekten von Nairobi und die Verwendung von Pyrethrum.** J. Morrill. (Pyrethrum Post [Nakuru, Kenya] **7**, Nr. 1, 19—21, 48, 1963; engl.) — Durch *Pyrethrine* + *Piperonylbutoxid* enthaltende Sprays konnten Fliegen, Schaben, Flöhe, Moskitos u. Wanzen erfolgreich bekämpft werden.
M. Winiker. 6312◇

2138 **Die Verwendung von Pyrethrum-Tauchlösungen zum Schutz von Trockenfisch in Uganda.** R. H. McLellan. (Pyrethrum Post [Nakuru, Kenya] **7**, Nr. 1, 8—10, 1963; Nakuru, Kenya, Pyrethrum Bureau; engl.) — *Pyrethrum*-Extrakt + *Piperonylbutoxid* enthaltende Tauch-Lsgg. schützten Trockenfisch gegen Befall durch Larven von Chrysomyia marginalis Wied.
M. Winiker. 6312◇

2139 **Die Verwendung von Pyrethrum-Synergisten.** P. R. Chadwick. (Pyrethrum Post [Nakuru, Kenya] **7**, Nr. 1, 25—32, 1963; engl.) — Allg. Ausführungen mit Rahmenrezepten. — 33 Literaturangaben.
M. Winiker. 6312◇

2140 **Der Einfluß von Safroxan auf das knock-down und die 24-Stunden-Giftigkeit von handelsüblichem Pyrethrum-Extrakt bei Stubenfliegen (Musca domestica L.).** R. M. Sawicki. (Pyrethrum Post **6**, Nr. 2, 38—42, Okt. 1961; Harpenden, Herts., England, Rothamsted Exp. Stat.; engl.) — Unterss. über den Einfl. von *Safroxan* (**I**) auf knock-down u. 24-Std.-Giftigkeit von *Pyrethrum* (**II**)-Extrakt bei Stubenfliegen im Vgl. mit der Wrkg. eines Gemisches von **II**-Extrakt u. *Piperonylbutoxid* (**III**) zeigen, daß **I** in den ersten 15 Min. die Wirksamkeit von **II** nicht, aber nach 24 Std. auf das ca. 3,5fache erhöht. Unter gleichen Bedingungen beträgt der synergist. Faktor von **III** nach 15 Min. 1,9 u. nach 24 Std. 9,6.
W. Wesly. 6312□

2141 **Ein Vergleich von MGK-264 und Piperonylbutoxid als Pyrethrum-Synergisten.** P. R. Chadwick. (Pyrethrum Post [Nakuru, Kenya] **7**, Nr. 1, 11—15, 48, 1963; Nakuru, Kenya, Pyrethrum Board of Kenya, Res. Lab.; engl.) — In Labor.-Verss. mit Hausfliegen war ein *Pyrethrine* (**I**) + *Piperonylbutoxid* (**II**) im Verhältnis 1 : 5 enthaltender Spray wirksamer als ein **I**-*MGK 264* (**III**)-Spray (Verhältnis **I** : **III** ebenfalls 1 : 5). Ein **I**-**II**-**III**-Spray (Verhältnis 1 : 2,5 : 2,5) war ebenfalls weniger wirksam als der **I**-**II**-Spray.
M. Winiker. 6312◇

2142 **Das „Zwei-Synergisten-System" mit Piperonylbutoxid und MGK-264.** G. J. Baker. (Pyrethrum Post [Nakuru, Kenya] **7**, Nr. 1, 16—18, 1963; Mineapolis, Minn., MacLaughlin Gormley King Co.; engl.) — Bei Verss. zur Bekämpfung von Schaben u. Stubenfliegen erwies sich ein *Pyrethrine* (**I**)-*Piperonylbutoxid* (**II**)-*MGK-264*-Spray (Verhältnis **1** : **2** : **3**,3) als ebenso wirksam wie ein **I**-**II**-Spray (Verhältnis 1 : 5).
M. Winiker. 6312◇

2143 **Die Analyse der Rückstände von Schädlingsbekämpfungsmitteln.** H. Egan. (Rep. Progr. appl. Chem. **46**, 426—41, 1961; engl.) — Fortschrittsbericht. — 140 Literaturangaben. M. Winiker. 6328◇

2144 Smith-Douglass Co., Inc., Norfolk, Va., V.St.A. (Erfinder: Clinton Allen Hollingsworth), **Entfluorierung von Phosphaterz.** Das Erz wird mit Na_2CO_3, $NaHCO_3$, NaOH, NaCl oder Na-Phosphaten unter Zusatz von H_3PO_4 oder sauren Na-Phosphaten in Ggw. von Wasserdampf auf Temp. von 2200—2700° F erhitzt, wobei das Mol-Verhältnis des Rk.-Gemisches ($CaO + Na_2O - 3\,P_2O_5$)/SiO_2 nicht 1,1 übersteigen soll. Die Erhitzung, bei der kein Schmelzen des Rk.-Gemisches eintreten darf, wird so lange durchgeführt, bis das Phosphat $<$ 1 Teil F auf 100 Teile P enthält. — *Düngemittel.* (**E. P. 902 361** vom 9/12. 1960, ausg. 1/8. 1962.) R. Zimmermann. 6283

2145 Tennessee Valley Authority, übert. von: Earl H. Brown, Sheffield, Ala., V.St.A., **Herstellung von Tricalciumdiammoniumpyrophosphat** (I) der Formel $Ca_3 \cdot (NH_4)_2(P_2O_7)_2 \cdot 6\,H_2O$, indem man feinteiliges Calciummetaphosphatglas mit W. anteigt, so daß sich 2 Phasen bilden. Die überstehende fl. Phase wird kontinuierlich abgezogen u. die schwerere in W. unlösl. viscose Phase läßt man kristallisieren. Aus dem krist. Prod. wäscht man das Orthophosphat aus u. behandelt das verbleibende krist. Tricalciumdihydrogenpyrophosphat mit einem Überschuß an konz. Ammoniumhydroxid, wobei sich das **I** bildet. — *Düngemittel.* (**A. P. 3 028 217** vom 3/6. 1959, ausg. 3/4. 1962.) R. Zimmermann. 6283

2146 Stamicarbon N. V., Heerlen, Niederlande, **Herstellung eines Stickstoff, Kalk und Phosphat enthaltenden Kunstdüngers,** dessen Phosphat nahezu ganz in Ammoniumcitrat u. zum großen Teil in W. lösl. ist. Man stellt in einer salpetersauren Lsg. eines rohen Phosphats das Mol-Verhältnis CaO : P_2O_5 auf $<$ 2 ein, versetzt mit NH_3 bis zu einem pH-Wert von ca. 2,5 u. dann mit 0,3—2,4 Äquivalenten pro 3 Mol vorhandenem P_2O_5 einer starken Säure, bes. HNO_3. Anschließend wird eingedampft, der Rückstand gekörnt u. getrocknet. (**Niederl. P. 101 990** vom 1/6. 1960, ausg. 16/7. 1962.) F. Böhm. 6291

2147 Badische Anilin- & Soda-Fabrik Akt.-Ges., Ludwigshafen/Rh. (Erfinder: Karl Opp, Heidelberg, Siegfried Mohr, Ludwigshafen/Rh., und Herbert Roos, München), **Herstellung festhaftender Puderschichten auf granulierten Mineraldüngemitteln** aus Inertstoffen, wie Kalksteinmehl, Kieselgur, Fullererde u. dgl. unter Zusatz organ. Substanzen, dad. gek., daß als organ. Substanz den Puderstoffen $CO(NH_2)_2$ oder Formamid einzeln oder im Gemisch einverleibt werden u. daß den Düngemitteln 0,3 bis 6 Gew.-% des Pudermittelgemisches zugesetzt werden, wobei die organ. Zusätze an $CO(NH_2)_2$ oder Formamid 0,4 Gew.-%, bezogen auf das Düngemittel, nicht übersteigen. Die Zusatzstoffe werden dem Pudermittel in Form von wss. Lsgg. zugesetzt. Lästige Staub-Entw. wird vermieden u. eine Verminderung der Auflöse-Geschw. der Düngemittel im Boden u. eine nur langsam einsetzende Wirksamkeit wurden nicht beobachtet. (**D. A. S. 1 130 832** Kl. 16 vom 14/9. 1960, ausg. 7/6. 1962.) H. Karst. 6291

2148 Olin Mathieson Chemical Corp., New York, N.Y. (Erfinder: Max M. Boudaklan, Niagara Falls, N.Y., Robert J. Ebert, Philadelphia, Pa., William E. Kuehlewind jun., Sandborn, N.Y., und Richard E. McArthur, Niagara Falls, N.Y.), V.St.A., **p-Fluorphenol** (I), *Zwischenprod.* für die Herst. des *fungicid* wirksamen 2.2'-Dihydroxy-5.5'-difluorbiphenylsulfids, erhält man durch Rk. von 1 Mol p-Bromfluorbenzol (**II**) mit 0,5—0,8 Mol NaOH oder $NaHCO_3$ oder mit 0,25—4 Mol $Ca(OH)_2$, Na_2CO_3, $CaCO_3$ oder $Ca(HCO_3)_2$ u. mit der 2—99fachen Gew.-Menge W., bezogen auf die bas. Verb., in fl. Zustand unter Druck bei 175—350°, ggf. in Ggw. von 0,1—10 Gew.-%, bezogen auf **II**, Cu, eines Cu- oder Co-Salzes oder von Cu(II)- oder Cu(I)-Oxid oder -Hydroxid, Überführung des entstandenen p-Fluorphenolats, z. B. durch Behandeln mit einer Mineralsäure, in **I** u. Reinigen von **I** durch Destillation. (**D. A. S. 1 135 487** Kl. 12q vom 2/12. 1958, ausg. 30/8. 1962.) A. Mohr. 6313

2149 Farbenfabriken Bayer Akt.-Ges., Leverkusen (Erfinder: Rudolf Heusch, Köln, und Bernhard Homeyer, Opladen), **Nematocide Mittel** mit gleichzeitiger *bodenentseuchender Wirkung* enthalten *N-Methyldithiocarbaminsäureameisensäureester* der Formel $CH_3 \cdot NH \cdot CS \cdot S \cdot CO \cdot OR$ (R = bevorzugt niederer, ggf. substituierter Alkylrest). (**D. A. S. 1 141 129** Kl. 45l vom 9/1. 1960, ausg. 13/12. 1962.) K. Koebke. 6313

2150 Dow Chemical Co., Midland, Mich. (Erfinder: Alexander Theodore Shulgin, Alameda, Calif.), V.St.A., **Schiffsche Basen von Carbamaten** der Formel *Ar—N=CH—Ar'*, in welcher Ar u. Ar' = substituierte Phenylreste, von denen mindestens einer durch $OCONHCH_3$ substituiert ist u. die anderen Substituenten Cl, Br, F, NO_2, niedrige Alkyl-, Alkoxy- oder Dialkylamingruppen, welche 1—4 C-Atome enthalten, sein können, sind wertvolle *Pesticide* u. *Parasiticide.* Darst.: Ein entsprechender Benzaldehyd wird mit einem entsprechenden Aminophenol oder ein Hydroxybenzaldehyd mit einem Anilin-Deriv., bes. in einem Lsgm. bei 15—100°, 5 Min. bis 24 Std. zu einer phenol. Schiffschen Base umgesetzt. Diese Verb. wird mit CH_3NCO in Ggw. eines bas. Katalysators, bes. in einem Lsgm. bei 0 bis 40°, 1—48 Std. umgesetzt. — So werden 2,12 (g) Benzaldehyd zu 3,3 4-Amino-3-[tert.-butyl]-phenol in n-HCl gegeben, die Mischung wird geschüttelt u. mit 2,92 CH_3COONa in 20 W. versetzt. Die Öl-Phase ergibt *4-Benzylidenamino-3-[tert.-butyl]-phenol*, F. 121—122°. Zu 3 g dieser Verb. werden in 10 ml CH_3Cl u. 30 ml Hexan 0,68 CH_3NCO u. 3 Tropfen $N(C_2H_5)_3$ gegeben. Nach Stehenlassen erhält man 3,1 *4-Benzylidenamino-3-[tert.-butylphenyl]-methylcarbamat*, F. 109,5 bis 111°. — Ähnlich werden dargestellt: *α-[4-Dimethylaminophenylimino]-o-kresol*, F. 135—136,5°; *α-[4-Dimethylaminophenylimino]-o-tolylmethylcarbamat*, F. 150—151°. — Methylcarbamate: *4-Benzylidenaminophenyl-*, F. 113—115°. — *4-[2.4-Dichlorbenzylidenamino]-3.5-xylyl-*, F. 136—138°. — *4-[4-Chlorbenzylidenamino]-3-[tert.-butyl]-phenyl-*, F. 148 bis 150°. — *4-[2.4-Dichlorbenzylidenamino]-3-[tert.-butyl]-phenyl-*, F. 124—125°. — *4-Benzylidenamino-3.5-xylyl-*, F. 111—113°. — *4-[4-Chlorbenzylidenamino]-3.5-xylyl-*, F. 188—195°. — *4-[4-Dimethylaminobenzylidenamino]-3.5-xylyl-*, F. 156°. — *2-Benzylidenaminophenyl-*, F. 126—127°. — *2-[4-Chlorbenzylidenamino]-phenyl-*, F. 149—156°. — *2-[2.4-Dichlorbenzylidenamino]-phenyl-*, F. 121—126°. — *2-[4-Dimethylaminobenzylidenamino]-phenyl-*, F. 157—159°. — *2-[4-Brombenzylidenamino]-phenyl-*, F. 166—167°. — *2-[3-Fluorbenzylidenamino]-phenyl-*, F. 118,5—120°. — *2-[4-Nitrobenzylidenamino]-4-nitrophenyl-*, F. 215°. — *2-[2-Nitrobenzylidenamino]-phenyl-*, F. 148—149°. — *2-Benzylidenamino-4-nitrophenyl-*, F. 233°. — *2-[4-Chlorbenzylidenamino]-4-nitrophenyl-*, F. 143—144°. — *2-[4-Dimethylaminobenzylidenamino]-4-nitrophenyl-*, F. 227 bis 227,5°. — *2-[4-Brombenzylidenamino]-4-nitrophenyl-*, F. 163 bis 163,5°. — *3-[3-Nitrobenzylidenamino]-phenyl-*, F. 240° (Zers.). — *3-Benzylidenaminophenyl-*, F. 240° (Zers.). — *3-[2.4-Dichlorbenzylidenamino]-phenyl-*, F. 137° (Zers.). — *3-[3.4-Diäthoxybenzylidenamino]-phenyl-*, Öl. — *α-[4-Chlorphenylimino]-o-tolyl-*, F. 185—188°. — *α-Phenylimino-o-tolyl-*, F. 89—93°. — *α-[2-Chlorphenylimino]-o-tolyl-*, F. 165—167°. — *α-[3-Chlorphenylimino]-o-tolyl-*, F. 113—116°. — *α-[2.4-Dichlorphenylimino]-o-tolyl-*, F. 125—126°. — *α-[2.5-Dichlorphenylimino]-o-tolyl-*, F. 162—166°. — *α-[3.4-Dichlorphenylimino]-o-tolyl-*, F. 140—143°. — *α-[4-Tolylimino]-o-tolyl-*, F. 130—133°. — *α-[2.5-Dimethoxyphenylimino]-m-tolyl-*, F. 100 bis 120°. — *α-Phenylimino-m-tolyl-*, F. 65—66°. — *α-[3-Chlorphenylimino]-p-tolyl-*, F. 134—135°. — *α-Phenylimino-p-tolyl-*, F. 103—104°. — *α-[4-Chlorphenylimino]-p-tolyl-*, F. 166 bis 168°. — *3-[4.5-Dimethoxy-2-nitrobenzylidenamino]-phenyl-*, Öl. (**Israel. A. S. 15 997** vom 7/9. 1961, ausg. 21/3. 1963.) Y. Hess. 6313

2151 Farbenfabriken Bayer Akt.-Ges. (Erfinder: Hugo Malz, Otto Bayer, Leverkusen, Helmut Freytag und Engelbert Kühle, Köln), **Herstellung organischer Phosphorverbindungen,** dad. gek., daß man α.α'-Dihalogenazoalkane der allg. Formel RR'C(X)—N=N—C(X)·R'R (R u. R' = KW-Stoffreste oder auch gemeinsam Glieder eines cycloaliphat. Restes; = X Halogen) mit Thiolgruppen enthaltenden P-Verbb. bzw. deren Salzen zu Prodd. der allg. Formel RR'C(X)—N=N—CR(R')—S—P (O oder S) $(R'')_2$ [R'' = ggf. über O, S oder N an P gebundener aliphat. oder aromat. Rest; X = Halogen oder tribas. $(R'')_2P(O)$ oder (S)—S-Rest] umsetzt. — Beispiele: 50 (g) O.O-diäthylthiolthionophosphorsaures K in 150 ml W. + 18,8 2.2'-Dichlor-2.2'-azopropan in 50 ml $(CH_3)_2CO$ → Verb.

$C_{14}H_{32}N_2O_4P_2S_4$, F. 33—35° (A.). — Unter Verw. von 3.3'-Dichlor-3.3'-azopentan → gelbe Kristalle, F. 41°. Weitere Beispiele. — *Zwischenprodd.* u. *Pflanzenschutzmittel.* **(D. A. S. 1 127 906** Kl. 12g vom 15/10. 1960, ausg. 19/4. 1962.) O. Müller-Meiningen. 6313

2152 Montecatini Soc. Gen. per l'Industria Mineraria e Chimica (Erfinder: Giorgio Losco, Giorgio Rossi und Giannantonio Michieli), Mailand, Italien, **Schädlingsbekämpfungsmittel** enthalten Phosphorsäureester der allg. Formel $(R'O)(R''O)P(:X)-S-CH_2CONH-CH_2OR_1$ [R', R'' = gleiche oder verschiedene niedermol. Alkylreste (CH_3, Äthyl); X = O, S; R_1 = gerade oder verzweigte, gesätt. oder ungesätt. Alkyl-, Halogenalkyl-, Oxyalkyl-, Mercaptoalkylgruppe]. (**Ung. P. 150 624** vom 6/4. 1961, ausg. 20/2. 1963.) F. Landsberger. 6313

2153 Farbenfabriken Bayer Akt.-Ges., Leverkusen (Erfinder: Gerhard Schrader, Wuppertal), **Dithiolphosphorsäureester.** Das bekannte Verf. zur Herst. von Dithiolphosphorsäureestern der allg. Formel $R_1O(R_2S)\cdot P(:O)\cdot S\cdot$Alkylen$\cdot CO\cdot N(R_4)R_5$ (R_1, R_2, R_4 u. R_5 = niedrigmol. Alkyl; R_4 u. R_5 auch H) durch Rk. von O.S-dialkyldithiolphosphorsauren Salzen (I) mit Halogenalkylcarbonsäureamiden bzw. -alkylamiden nach D. A. S. 1 100 019 wird dadurch verbessert, daß man solche I verwendet, die durch Verseifung von O.O.S-Trialkylthionothiolphosphorsäureestern mit Alkalixanthogenaten erhalten wurden. So entsteht der schwachgelbe, wasserlösl. ölige Ester $H_3CO(H_3CS)\cdot P(:O)\cdot S\cdot CH_2\cdot CO\cdot NH\cdot CH_3$ bei der Rk. der Verb. $H_3CO(H_3CS)\cdot P\cdot(:S)\cdot OK$ [aus $H_3CO(H_3CS)\cdot P(:S)\cdot OCH_3$ u. $KS\cdot CS\cdot OC_2H_5$] mit $Br\cdot CH_2\cdot CO\cdot NH\cdot CH_3$ (II); u. der gelbe wasserlösl. ölige Ester $H_5C_2O(H_5C_2S)\cdot P(:O)\cdot S\cdot CH_2\cdot CO\cdot NH\cdot CH_3$ durch Rk. der Verb. $H_5C_2O(H_5C_2S)\cdot P\cdot(:S)\cdot OK$ mit II. — *Insekticide* mit ausgezeichneter system. Wirksamkeit. **(D. A. S. 1 141 634** Kl. 12o vom 9/12. 1960, ausg. 27/12. 1962. **Zusatz zu D. A. S. 1 100019; C. 1961, 10725.**) A. Mohr. 6313

2154 Farbenfabriken Bayer Akt.-Ges., Leverkusen (Erfinder: Reiner Cölln, Walter Lorenz und Hanshelmut Schlör, Wuppertal), **Dithiophosphonsäureester** der allg. Formel $R_1-P(:S)(OR_2)[S-CH(R_3)-CO-N(R_4)(R_5)]$ erhält man durch Rk. von alkyl-O-alkylthionothiolphosphonsauren Salzen der allg. Formel $R_1-P(:S)(OR_2)-(SMe)$ mit α-Halogenalkancarbonsäureamiden der allg. Formel $Hal-CH\cdot(R_3)-CO-N(R_4)(R_5)$ (R_1 = niederer Alkrest; R_2 = Alkylrest mit 1—8 C-Atomen, R_3 = H, C_2H_5, C_3H_7; R_4 u. R_5 = H oder Alkyl; Hal = Halogen; Me = Alkalimetall, NH_4). — 30 g Bromessigsäuremonomethylamid u. 36 g Methylthionophosphon-O-äthylesterthiolsäure in 70 ml W. werden 1 Std. auf 50° erhitzt u. nach dem Aufarbeiten 31 g $CH_3-P(:S)\cdot(OC_2H_5)(S-CH_2-CO-NHCH_3$ erhalten, F. 65° (Bzl.–PAe.). Analog: $C_2H_5-P(:S)(OC_2H_5)(S-CH_2CO-NHCH_3)$, hellgelbes Öl; $CH_3-P(:S)(OCH_3)(S-CH_2-CO-NH_2)$, farbloses Öl; $CH_3-P(:S)(OCH_3)(S-CH_2-CO-NHCH_3)$, gelbliches, viscoses Öl; $CH_3-P(:S)(OC_2H_5)[S-CH(CH_3)-CO-NHCH_3]$, F. 62°. — *Insekticide.* **(D. A. S. 1 137 013** Kl. 12o vom 30/6. 1960, ausg. 27/9. 1962.) A. Jahn. 6313

2155 Farbenfabriken Bayer Akt.-Ges., Leverkusen (Erfinder: Gerhard Schrader, Wuppertal), **Dithiophosphonsäureester** der allg. Formel $R-P(:S)(OR_1)(SR_2)$ erhält man durch Rk. von Thionophosphonsäure-O-alkylesterhalogeniden der allg. Formel $R-P(:S)(OR_1)$-Halogen mit Mercaptanen der allg. Formel R_2-SH in Ggw. säurebindender Mittel, bes. Alkalialkoholate. — Zu 28 g Thiophenol in 50 ml Methanol gibt man methanol. Na-Methylat-Lsg., die 0,25 Mol Na gelöst enthält, erwärmt die Mischung kurz auf 60° u. gibt nach dem Abkühlen auf 30° 37 g Methylthionophosphonsäure-O-methylesterchlorid, $Kp._{12}$ 50° zu. Nach dem Aufarbeiten erhält man in 59% ig. Ausbeute *Methylthionophosphonsäure* (**I**)-*O-methyl-S-phenylester*, $Kp._{0,01}$ 92°. Analog erhält man: **I**-*O-methyl-S-p-chlorphenylester*, $Kp._{0,01}$ 106°. **I**-*O-methyl-S-3.4-dichlorphenylester.* **I**-*O-methyl-S-p-tolylester*, $Kp._{0,01}$ 98°. **I**-*O-äthyl-S-phenylester*, $Kp._{0,01}$ 93°. **I**-*O-äthyl-S-p-chlorphenylester*, $Kp._{0,01}$ 104°. **I**-*O-äthyl-S-p-tolylester*, $Kp._{0,01}$ 108°. **I**-*O-äthyl-S-o-chlorphenylester*, $Kp._{0,01}$ 89°. *Äthylthionophosphonsäure*-(**II**)-*O-methyl-S-phenylester*, $Kp._{0,01}$ 93°. **II**-*O-methyl-S-p-chlorphenylester*, F. 76°. **II**-*O-methyl-S-p-tolylester*, $Kp._{0,01}$ 103°. **II**-*O-äthyl-S-phenylester*, $Kp._{0,01}$ 92°, **II**-*O-äthyl-S-p-chlorphenylester*, $Kp._{0,01}$ 102°, **II**-*O-äthyl-S-p-tolylester*, $Kp._{0,01}$ 116°. *Chlormethylthionophosphonsäure*-(**III**)-*O-methyl-S-phenylester*, $Kp._{0,01}$ 94°. **III**-*O-äthyl-S-p-chlorphenylester. Cyclohexylthionophosphonsäure-O-äthyl*-(**IV**)-*S-phenylester.* **IV**-*S-p-chlorphenylester. Isobutenylthionophosphonsäure-O-äthyl*-(**V**)-*S-p-chlorphenylester.* **V**-*S-cyclohexylester*, $Kp._{0,01}$ 99°. **V**-*S-phenylester*, $Kp._{0,01}$ 118°. **V**-*3.4-dichlorphenylester.* **V**-*S-p-tolylester.* **V**-*S-hexylester*, $Kp._{0,01}$ 87°. *Styrylthionophosphonsäure-O-äthyl*-(**VI**)-*S-hexylester*, $Kp._{0,01}$ 134°. **VI**-*S-cyclohexylester.* **VI**-*S-phenylester.* **VI**-*S-p-chlorphenylester.* **VI**-*S-3.4-dichlorphenylester.* **VI**-*S-p-tolylester. Isooctenylthionophosphonsäure-O-äthyl*-(**VII**)-*S-phenylester* der Formel $(CH_3)_2C{=}C[C(CH_3)_3]-P(:S)(OC_2H_5)\cdot(SC_6H_5)$, **VII**-*S-p-chlorphenylester*, **VII**-*S-cyclohexylester*, $Kp._{0,01}$ 120°, **VII**-*S-3.4-dichlorphenylester*, **VII**-*S-hexylester*, $Kp._{0,01}$ 110°. **II**-*O-äthyl-S-o-chlorphenylester*, $Kp._{0,01}$ 94°. — *Insekticide.* **(D. A. S. 1 138 049** Kl. 12o vom 13/2. 1960, ausg. 18/10. 1962.) A. Jahn. 6313

2156 Farbenfabriken Bayer Akt.-Ges., Leverkusen (Erfinder: Gerhard Schrader und Hanshelmut Schlör, Wuppertal), **(Thiono-) Phosphon- beziehungsweise (Thiono-) Phosphinsäureester der α- und β-Naphthole** der allg. Formel $R_1(R_2)P(:O, S)(OR_3)$ erhält man durch Rk. von (Thiono-) Phosphon-(in)-säurehalogeniden der allg. Formel $R_1(R_2)P(:O, S)$-Halogen mit α- oder β-Naphtholen, die ggf. durch 1 Cl- oder Br-Atom substituiert sind (R_1 u. R_2 = Alkyl, Phenyl, Chlorphenyl; R_2 kann darüberhinaus auch ein Alkoxyrest sein; R_3 = α- oder β-Naphthylrest, der ggf. durch 1 Cl- oder Br-Atom substituiert ist). Die Veresterung wird durch geringe Mengen Cu-Pulver beschleunigt. Zu 42 g β-Naphthol-Na in 200 ml Methyläthylketon gibt man bei 30—40° 40 g Methylthionophosphonsäure-O-äthylesterchlorid, $Kp._{12}$ 60°, hält das Rk.-Gemisch 1 Std. bei 40°, gibt es in Eiswasser u. erhält nach dem Aufarbeiten in 56% ig. Ausbeute *Methylthionophosphonsäure-O-äthyl-O-β-naphthylester*, $Kp._{0,01}$ 123°. Analog erhält man die *β-Naphthylester* von: *Methylphosphonsäure-O-äthylester*, $Kp._{0,01}$ 115°. *Äthylthionophosphonsäure-O-äthylester*, $Kp._{0,01}$ 128°. *Phenylthionophosphonsäure-O-äthylester, Dimethylthionophosphinsäure*, F. 88—89° (Essigester–Ligroin). *p-Chlorphenylthionophosphonsäure-O-äthylester, Diphenylthionophosphinsäure*, F. 118° (Essigester–Ligroin). *Methylphenylthionophosphinsäure. Phenylthionophosphonsäure-O-methylester, Bis-(p-chlorphenyl)-thionophosphinsäure, tert.-Butylphosphonsäure-O-äthylester*, $Kp._{0,01}$ 119°. *sek.-Butylthionophosphonsäure-O-äthylester.* — *α-Naphthylester* von: *Methylthionophosphonsäure-O-äthylester*, $Kp._{0,01}$ 119°. *Äthylthionophosphonsäure-O-äthylester*, $Kp._{0,01}$ 120°. *Methylphosphonsäure-O-äthylester*, $Kp._{0,01}$ 114°. *Phenylthionophosphonsäure-O-äthylester, Phenylthionophosphonsäure-O-methylester, Dimethylthionophosphinsäure*, F. 111° (Essigester–Ligroin), *tert.-Butylphosphonsäure-O-äthylester*, $Kp._{0,01}$ 120°. *sek.-Butylthionophosphonsäure-O-äthylester.* — *α-Chlor-β-naphthylester* der: *Phenylthionophosphonsäure-O-äthylester* u. *Äthylthionophosphonsäure-O-äthylester.* — *α-Brom-β-naphthylester* von: *Isopropylthionophosphonsäure-O-äthylester, Phenylthionophosphonsäure-O-äthylester, Diäthylthionophosphinsäure*, F. 38—41° (Cyclohexan). *Methylthionophosphonsäure-O-äthylester.* — *6-Brom-2-naphthylester* von: *Phenylthionophosphonsäure-O-äthylester* u. *Äthylthionophosphonsäure-O-äthylester.* — *Insekticide.* **(D. A. S. 1 138 048** Kl. 12o vom 31/12. 1959, ausg. 18/10. 1962. **E. P. 913 229** vom 2/1. 1961, ausg. 19/12. 1962. D. Prior. 31/12. 1959.) A. Jahn. 6313

2157 Farbenfabriken Bayer Akt.-Ges., Leverkusen (Erfinder: Walter Lorenz und Gerhard Schrader, Wuppertal), **Schädlingsbekämpfungsmittel** mit *insekticider u. acaricider Wrkg.* enthalten *Dialkylmonothionopyrophosphorsäuredialkylester* der allg. Formel $(R_1O)P(:S)(R)-O-P(:O)\cdot(R)(OR_1)$ (R = substituierte oder ungesätt. niedere Alkylreste; R_1 = niedere Alkylreste), die hergestellt werden durch Einw. von H_2S auf entsprechend substituierte bzw. ungesätt. Dialkylphosphonsäurechloride oder durch deren Kondens. mit den entsprechenden Thiophosphonsäuren. **(D. A. S. 1 141 489** Kl. 451 vom 17/8. 1959, ausg. 20/12. 1962. **Zusatz zu D. A. S. 1 105 656; C. 1961, 14432.**) W. Heyer. 6313

2158 Hooker Chemical Corp., Niagara Falls (Erfinder: Emil John Geering, Grand Island), N.Y., V.St.A., **Herstellung von Tetrachlorthiophen** durch Umsetzung von S mit halogeniertem Butadien, dad. gek., daß man eine Lsg. von S in Hexachlorbutadien im Mol-Verhältnis von nicht weniger als 3:1 mindestens 5 Std. bei einer Temp. von 205—240° unter Rückfluß erhitzt, das sich bildende S_2Cl_2 laufend abdest. u. das erhaltene Rk.-Prod. durch Dest. reinigt. — *Ungeziefervertilgungsmittel.* **(D. A. S. 1 143 517** Kl. 12q vom 31/3. 1959, ausg. 14/2. 1963.) R. Bauereis. 6313

2159 **Farbenfabriken Bayer Akt.-Ges.**, Leverkusen (Erfinder: **Engelbert Kühle, Werner Schäfer, Ludwig Eue**, Köln, und **Richard Wegler**, Leverkusen), *Mittel zur Unkrautbekämpfung und Beeinflussung des Pflanzenwachstums.* (**Schwz. P. 366 690** vom 13/1. 1958, ausg. 28/2. 1963. D. Prior. 21/1. 1957. — C. **1958**, 10485 [D. A. S. 1 024 746].)

2160 **United States Borax & Chemical Corp.**, Los Angeles, Calif., V.St.A., *Herstellung von Mitteln zur Regelung des Pflanzenwachstums, insbesondere von herbiciden Mitteln.* (**D. A. S. 1 146 696** Kl. 451 vom 12/1. 1959, ausg. 4/4. 1963. A. Prior. 28/5. 1958. — C. **1963**, 4872 [E. P. 851250].)

2161 **N. V. Philips' Gloeilampenfabrieken**, Eindhoven (Erfinder: **Harmannus Koopman** und **Jasper Daams**, Weesp), Niederlande, *Herbicid und Herstellung desselben.* (**Schwz. P. 361 161** vom 2/4. 1958, ausg. 15/5. 1962. Niederl. Prior. 5/4. 1957. — C. **1963**, 11406 [Aust. P. 230 920].)

2162 **Montecatini Soc. Gen. per l'Industria Mineraria e Chimica**, Mailand, Italien, *Herbicide Mittel.* (**E. P. 911 794** vom 28/4. 1959, ausg. 28/11. 1962. It. Prior. 14/6. 1958. — C. **1962**, 6938 [F. P. 1 221 520].)

2163 **Max Ehlers, Gerhard Liedtke** und **Horst Hilgert**, Berlin, *Unkrautvernichtungsmittel.* (**A. P. 3 046 104** vom 15/3. 1960, ausg. 24/7. 1962. D. Prior. 11/4. 1959. — C. **1962**, 280 [D. A. S. 1 107 999].)

2164 **N. V. Aagrunol Chemische Fabriek** (Erfinder: **Jan Bel**), Groningen, Niederlande, *Fungicid.* (**Schwz. P. 368 011** vom 29/11. 1957, ausg. 30/4. 1963. Niederl. Prior. 12/12. 1956. — C. **1959**, 8692 [Niederl. P. 89 347].)

2165 **Farbenfabriken Bayer Akt.-Ges.**, Leverkusen, übert. von: **Hans Disselnkötter** und **Bernhard Homeyer**, Köln, *Vernichtung von Nematoden.* (**A. P. 3 036 951** vom 7/7. 1959, ausg. 29/5. 1962. D. Prior. 22/7. 1958. — C. **1960**, 10376 [D. A. S. 1 076 436].)

2166 **J. R. Geigy Akt.-Ges.**, übert. von: **Alfred Margot**, Basel, Schweiz, *Mittel für landwirtschaftliche Zwecke und Bekämpfung pflanzenschädigender Nematoden.* (**A. P. 3 037 908** vom 23/9. 1960, ausg. 5/6. 1962. Schwz. Prior. 24/9. 1959. — C. **1962**, 14998 [D.P. [DDR] 22 390].)

2167 **Farbenfabriken Bayer Akt.-Ges.**, Leverkusen (Erfinder: **Hans-helmut Schlör** und **Gerhard Schrader**, Wuppertal), *Herstellung von Thiophosphorsäureestern.* (**Niederl. P. 102 783** vom 5/6. 1958, ausg. 15/10. 1962. D. Prior. 5/6. 1957. — C. **1960**, 17587 [D. A. S. 1 083 808].)

2168 **Rhône-Poulenc Soc. An.**, Paris (Erfinder: **Jean Metivier**, Arpajon), Frankreich, *2-Methyl-O,O-diäthylthionophosphoryl-5-pyron-(4) als Schädlingsbekämpfungsmittel.* (**Schwz. P. 368 012** vom 3/3. 1958, ausg. 30/4. 1963. F. Prior. 4/3. 1957. — C. **1960**, 13499 [A. P. 2 905 700].)

H_8. Metallurgie, Korrosion

2169 **Neue Eisen- und Manganerzvorkommen in West- und Zentralafrika.** Rolf Thienhaus. (Stahl u. Eisen **83**, 1089—98, 1963; Düsseldorf; dt.) — Geolog., mineralog. u. chem. Beschaffenheit der Erzlagerstätten u. wirtschaftliche Auswirkungen des afrikan. Erzbergbaues auf die Erzversorgung der Welt. M. Gehlen-Keller. 6354◇

2170 **Goldseifen in Arizona.** Eldred D. Wilson. (Univ. Arizona, Bur. Mines, Bull. Nr. 168, **1961**, 11—86; Tucson, Ariz., Univ. of Arizona, Arizona Bur. of Mines; engl.) — Nach einer Beschreibung der Geologie u. der Geschichte des Abbaus der Goldseifen Arizonas folgen detailierte Beschreibungen der einzelnen regionalen Vorkommen. J. Heinze. 6354◇

2171 **Der Klein-Abbau von Goldseifen.** George R. Fansett. (Univ. Arizona, Bur. Mines, Bull. **1961**, 87—117; Tucson, Ariz., Univ. of Arizona, Arizona Bur. of Mines; engl.) — Enthält Hinweise für Laienprospektoren auf das Vork., die physikal. Eigg. u. die Prospektion von *Au*, zusammen mit einer Beschreibung der wichtigsten Ausrüstung u. der Verff. zur Gewinnung des Au aus Seifen. J. Heinze. 6354◇

2172 **Über die chemische Prospektierung auf Uran-Lagerstätten.** Shuji Ohashi. (J. Mining metallurg. Inst. Japan **76**, 368—74, 1960; jap., Auszug: engl.) — Es wird gezeigt, daß die chem. U-Prospektierung (fluorimetr. oder papierchromatograph. Best. oder Best. der anderen Elemente) der radiometr. Prospektierung überlegen ist. — 36 Literaturangaben. W. Wesly. 6354◇

2173 **Die Automation in der Bergbau-Industrie.** Leo Walter. (Canad. Mining J. **82**, Nr. 11, 70—73, Nr. 12, 47 bis 49, 1961; Painswick, England; engl.) — Übersicht. W. Wesly. 6360◇

2174 **Autoklaven-Extraktion von Wolframerz. Einwirkungen der Beschaffenheit des Extraktionsreagens.** Juji Nasu. (J. Mining metallurg. Inst. Japan **78**, 745—50, 1962; jap., Auszug: engl.) — Beim Extrahieren von Scheelit mit Na_2CO_3 (I)-Lsg. wird die WO_3-Extraktion durch Steigerung des I-Äquivalentes (um 5—7% je 0,1 I-Äquivalent) erhöht. Die Steigerung der I-Konz. um 10 g/Liter vermindert die WO_3-Extraktion um ca. 3%. Bei 197° beträgt der I-Bedarf 2,7 Äquivalent bei einer Konz. von 30—50 g/Liter. Zusätze kleiner Mengen *NaOH*, $NaHCO_3$ oder K_2CO_3 zu I fördern die WO_3-Extraktion, K_2CO_3 wirkt außerdem noch zusätzlich als Extraktionsmittel. W. Wesly. 6360◇

2175 **Über die Auflösung sulfidischer Mineralien in wässerigen Lösungen.** Shoichi Kunori und Fujio Ishii. (J. Mining metallurg. Inst. Japan **78**, 717—22, 1962; jap., Auszug: engl.) — Unterss. über die Auflösung sulfid. Mineralien (*Pyrit, Pyrrhotin, Zinkblende, Bleiglanz*) in wss. (bei der geochem. Prospektierung verfügbaren) Lsgg. zeigen, daß der Eh-Wert u. die Auflösung der Proben mit fallendem pH bei Verminderung des S : Metall-Verhältnisses der verbleibenden, festen Phase zunehmen. Der Eh-Wert steht in Wechselbeziehung mit der Konz. der Metallionen; der relative Koeff. beträgt 0,94 für Pyrit u. 0,92 für Zinkblende. Für Pyrit gilt die Gleichung Eh = 0,701—0,036 pH V. W. Wesly. 6360◇

2176 **Oxydierende Auslaugung von Kupfersulfiden in sauren Aufschlämmungen bei erhöhten Temperaturen und Drücken.** Martin H. Stanczyk und Carl Rampacek. (U. S. Dep. Interior, Bur. Mines, Rep. Invest. **1963**, Nr. 6193, 1—15; Tuscaloosa, Ala., Bur. of Mines, Metallurgy Res. Center; engl.) — Beim 30—60 Min. langen Auslaugen von Kupfersulfidmineralien, Flotations-Konz. u. Zementkupfer-Ndd. bei 200°, unter oxydierenden Bedingungen wird Cu zu 97—99% extrahiert. Ähnliche Ausbeuten erhält man bei *Bornit, Chalcocit* u. *Zementkupfer* nach Zusatz von H_2SO_4 oder *Pyrit* im Autoklaven. Beim Auslaugen von verschiedenen Cu-Mineralien gehen diese zunächst in *Covellit* über. W. Wesly. 6360◇

2177 **Der Einfluß der Wärmebehandlung auf die chemischen Eigenschaften eines Chromiterzes.** Eiji Anbo. (J. ceram. Assoc. Japan [Yogyo Kyokai Shi] **71**, 95—102, **1963**; Kiriu, Gunma Univ., Fac. of Technol.; jap., Auszug: engl.) — Unterss. über den Einfl. der Wärmebehandlung von Chromiterz bei Temp. $<1300°$ auf das Verh. gegen Gemische von 99(%) *CO* u. 1 CO_2 bzw. 40 CO u. 60 CO_2 zeigen, daß CO katalyt. zu C gespalten wird, wenn das Erz auf 700° an der Luft erwärmt worden ist. Die katalyt. Wrkg. geht bei Temp. $>700°$ zurück. Auf $<900°$ erhitzte Proben werden leicht, auf $>1100°$ erhitzte Erze nur zögernd reduziert. Aus Proben, die auf 700° erhitzt worden sind, läßt sich mit heißer 6n *HCl* das meiste *Fe* extrahieren. Die Ergebnisse werden erläutert. W. Wesly. 6360◇

2178 **Anreicherung von Zink-Blei-Erzen in schweren Suspensionen.** M. Ślusarek und J. Białas. (Prace Inst. Hutniczych **13**, 259—68, **1961**; Inst. Metal. nieżelazn.; pol.) — Minderwertige Zn-Pb-Erze aus dem Gebiet um Beuthen/Oberschlesien wurden mit Hilfe einer Fl. der D. 2,79—2,84 (wss. Ferrosiliciumsuspension) angereichert. 40% der Gangart konnten ohne nennenswerten Verlust an Zn u. Pb entfernt werden. F. Urban. 6360◇

2179 **Kollektive Flotation von Zink-Blei-Erzen.** A. Molicka-Haniawetz und H. Ogaza. (Prace Inst. hutniczych **13**, 269—75, 1961; Inst. Metal. nieżelazn.; pol.) — Sulfid. Zn-Pb-Erze mit geringem Geh. können kollektiv angereichert werden, wobei das Erz nicht so fein gemahlen werden muß, wie es beim selektiven Flotieren Voraussetzung ist. Das kollektive Konzentrat wird zunächst durch Na_2S von anhaftenden Resten des Sammlers befreit, filtriert, gewaschen u. nach weiterem Zerkleinern selektiv flotiert. Die kollektive Flotation als Voranreicherung verkürzt die gesamte Aufbereitungszeit um 40%. F. Urban. 6362◇

2180 **Flotationsreagentien auf der Basis Tallöl.** K. Żmudziński. (Prace Inst. Hutniczych **13**, 276—80, 1961; Inst. Metal. nieżelazn.; pol.) — Rohes oder dest. Tallöl wird bei 15—25° in Bzn. oder Essigsäure sulfoniert. Die K- oder Na-Salze der erhaltenen Sulfonsäuren bilden gut schäumende wss. Emulsionen. Sie können zur Flotation von *siderit*-haltigen Erzen verwendet werden. F. Urban. 6362◇

2181 **Eine Untersuchung von basischen Mauersteinen aus verschiedenen Kupferschmelzöfen.** G. R. Rigby. (Trans. metallurg. Soc. AIME **224**, 887—92, 1962; Montreal, Canada, Canadian Refractoires Ltd.; engl.) — Aus Cu-Anodenschmelzöfen, aus Gewölben von Flammöfen sowie aus Cu-Konvertern entnommene gebrauchte bas. Mauersteine werden durch chem. Analyse, petrograph. Prüfung u. Röntgenbeugungs-Meth. untersucht. In einem Anodenofengewölbe absorbieren die bas. Steine *Cu* u. *Cu-Oxide*, während im Mauerwerk des Flammengewölbes *Fe-Oxid* mit kleineren Mengen an Al_2O_3 u. SiO_2 absorbiert werden. Chem. Rkk. im Cu-Konverter sind bes. stark komplex, da die Steine sowohl eine Cu-Ca-Oxid-Schlacke als auch eine Fayalit-Magnetit-Schlacke absorbieren. H. Hochstein. 6370◇

2182 **Verwendung einer Elektronenstrahlschmelzeinrichtung.** Steven D. Hurwitt und Malcolm A. Adams. (Metal Progr. **83**, Nr. 2, 101—03, 122, 124, 126. **1963**; Orangeburg, N.Y., Materials Res. Corp.; engl.) — Eine Elektronenstrahl-App. zum Zonenschmelzen, Schmelzen von Metallen mit hohem Gas-Geh., Herst. kugelförmiger u. stabförmiger Kristalle mit bestimmter Orientierung, Hartlöten, Schweißen, Abscheiden aus der Dampfphase, zur Herst. von Legg. u. zur Wärmebehandlung wird beschrieben. F. Vier. 6370◇

2183 **Problem des Ausbringens von Kupolöfen im Lichte der Vorgänge der Koksverbrennung und Metallschmelze.** Czesław Podrzucki. (Zeszyty naukowe Akad. górniczo-hutniczej [Krakow], Metalurgia Oldewnictwo **1963**, Nr. 10, 83—112; Kat. Odlewnictwa, AGH; pol.) — Erörterung der Beziehungen zwischen dem Ausbringen von Kupolöfen u. Koksverbrennung bzw. Schmelzen des Metalls. — 38 Literaturangaben. W. Wesly. 6380◇

2184 **Der Einfluß von Wasserstoff-Zusätzen zu Kohlenoxid auf die Reduktion von Agglomeraten mit verschiedener physikalischer Struktur.** K. K. Schkodin. (Stahl [UdSSR] **23**, 97—104, 1963; Leningrad, Polytechn. Inst.; russ.) — Die Erhöhung der H_2-Konz. in einem H_2–CO-Gasgemisch im Hochofen erhöht die Red.-Fähigkeit des Gases in bezug auf Agglomerate mit großer Porenoberfläche, die bei 850° u. normalem Druck bei einem Porenradius von 150 Å einer reduzierenden Einw. von CO allein nicht unterliegen. Für solche Agglomerate sind schon geringe H_2-Zusätze unter 1% wirksam. Für Agglomerate mit größeren Poren zeigt H_2 eine nur unbedeutend beschleunigende Red.-Wrkg., die der H_2-Konz. proportional ist. Der Hauptgrund für die Abnahme des Grades der direkten Red. von Agglomeraten dieser Art beim Einblasen von *Erdgas* ist die Erhöhung der spezif. Menge des Red.-Mittels auf je 1 kg Agglomerat. H. Hochstein. 6380◇

2185 **Einige Probleme der Kinetik des Ausströmens von Desoxydationsprodukten.** Kazimierz Mamro. (Zeszyty naukowe Akad. górniczo-hutniczej [Kraków], Metalurgia Odlewnictwo **1963**, Nr. 9, 31—35; Kat. Metalurgii Stali AGH; pol.) — Auf der Grundlage des Stokesschen Gesetzes wird eine analyt. Beziehung für die Schwankungen der Mengen nichtmetall. Einschlüsse bei verschiedenen Tiefen des Metallbades aufgestellt. Die abgeleiteten Gleichungen geben den Einfl. der Teilchengröße der nichtmetall. Einfl. u. der Haltezeit der Schmelze auf den Abstand der Einschlüsse in der fl. Schmelze wieder. W. Wesly. 6380◇

2186 **Theoretische Analyse des Einflusses der Grenzfläche auf die Kohäsion von grünem Formsand.** Lech Lewandowski. (Zeszyty naukowe Akad. górniczo-hutniczej [Krakow], Metalurgia Odlewnictwo **1963**, Nr. 10, 15—38; Kat. Technol. Formy AGH; pol.) — Auf Grund von theoret. Erwägungen über den Einfl. der Grenzfläche auf die Kohäsion von grünem Formsand werden Gleichungen abgeleitet. Unter der Annahme, daß die Zugfestigkeit der Grenzfläche der Sandkörner u. der Kohäsionskraft des Bindemittels proportional ist, wird die Schwankung der Festigkeit eines idealen Formsandes theoret. analysiert. Für die Dicke des Bindemittelfilmes auf den Sandkörnern wird eine Gleichung abgeleitet. W. Wesly. 6382◇

2187 **Mechanische und thermische Eigenschaften getrockneter Formsande, ihre Gesetzmäßigkeiten und Beziehungen zu Sandausdehnungsfehlern.** Wilhelm Patterson, Dietmar Boenisch und Karl Gabler. (Giesserei, techn.-wiss. Beih. **15**, 25—44, 1963; Aachen, TH, Gießerei-Inst.; dt.) — Theoret. u. prakt. Unters. über die Zusammenhänge, Messung der Druckspannungen u. Trockenfestigkeiten mit neuen Geräten u. Verff. des Einfl. von Formsandzusätzen, Gießtemp. u. Formfüllungszeit. — 23 Literaturangaben. H. Hochstein. 6382◇

2188 **Einfluß von physikalischen Erscheinungen und technologischen Faktoren auf den Mechanismus der Formfüllung.** Andrzej Bydałek. (Przegląd Odlewnictwa **13**, 135—42, 1963; pol.) — Ein Verf. zur Registrierung der Füllströmung bei einer Formfüllung in Abhängigkeit von der Geschw. des Metallspiegelanstieges wird beschrieben. Das Füllen verläuft sprungweise. Die Größe u. Entfernung der Haltepunkte hängt von den Eigg. der Oxidschichtoberfläche ab, wie Unterss. an *Al-*, *Sn-*, *Zn-* u. *Hg*-Legg. zeigen. Der zum Ausgleich der Oberflächenspannung u. Zerreißen der Oxidhaut zu Beginn des Eingusses erforderliche Druck wird berechnet. Die beim Abkühlen des Metalls eintretenden Änderungen der Oberflächenspannung beeinflussen die Formfüllung unwesentlich; dagegen üben die Unterschiede in der Kristallisation von Al u. den *Al–Si-* bzw. *Al–Cu*-Legg., die Geh. an nichtmetall. Einschlüssen der Schmelze u. die erhöhte Geschw. der Wärmeableitung durch den Werkstoff der Form einen großen Einfl. auf die Formfüllung aus. Die Benetzungswinkel für Hg, Sn, Zn, Al u. Legg. werden bestimmt. W. Wesly. 6382◇

2189 **Das Spritzguß- oder Schleudergußverfahren im Kleinbetrieb** Gerd Müller. (Dtsch. Goldschmiede-Ztg. **59**, 15—18; dt.) — Überblick über das Spritzgieß-Verf. unter besonderer Berücksichtigung der Belange des Kleinbetriebes. Die Herst. einer 3teiligen Gummiform für ein Ringmodell wird ausführlich beschrieben. K. Hillinger. 6382□

2190 **Überblick über die Eisen- und Stahlliteratur für 1962.** Esther Chesire. (Blast Furnace Steel Plant **51**, 680—81, 706, 794—95, 815, 994—95, 1019, 1963; Carnegie Library of Pittsburgh; engl.) — Vgl. C. **1963**, 6773. — 156 Literaturangaben. M. Gehlen-Keller. 6390◇

2191 **Über die untere Schmelzzonengrenze im Kupolofen.** A. W. Kaibitschew und W. P. Tschernobrowkin. (Gießerei-Betr. [UdSSR] **1963**, Nr. 2, 17; russ.) — Im Gegensatz zur herrschenden Ansicht, nach der die untere Grenze der Schmelzzone im Kupolofen 600—900 mm über der Windformebene angenommen worden ist, wird diese Grenze auf Grund experimenteller Unterss. bei einer Höhe von 300 bis 400 mm oberhalb der Formenebene ermittelt. H. Hochstein. 6390◇

2192 **Untersuchungen über die Anwendung von Eintauchpyrometern zur Messung der Temperatur von Eisen- und Stahlschmelzen.** Janina Nowak. (Prace Inst. Odlewnictwa **11**, 289—307, 1961; herausgeg. 1962; Zakl. Fizyki Met.; pol.) — Erörterung der Temp. Best. von Fe- u. Stahlschmelzen mit Eintauchpyrometern, der thermometr. Eigg. mehrerer Thermoelemente u. Vorschlag eines Eintauchpyrometers mit Schutzhülle der Meßlötstelle. W. Wesly. 6390◇

2193 **Die Reduktion von Eisen aus Erzen in der suspendierten Schicht.** N. Ss. Wawilow, L. M. Zylew und Tschun-Tschshi Tschshao. (Nachr. Akad. Wiss. UdSSR, Abt. techn. Wiss., Metallurgie Brennstoffe **1962**, 46—53; russ.) — Untersucht wird die Red. von *Fe* aus einem Erz-Brennstoffgranulat (10% Torf- oder Steinkohlenkoks) mit H_2 im Wirbelschicht-Verf. zur Erzeugung von *Eisenschwamm.* Die Red. im H_2-Strom erreicht bei Temp. > 700° u. einer Rk.-Dauer von 1 Min. 93—95%. Bei Verw. von Mischgas [58,0 (%) CH_4, 33,6 H_2, 6,0 CO, 0,8 CO_2 u. 1,6 O_2] ist die Red. bei Temp. > 800° am intensivsten. Aus dem Fe-Schwamm wird je nach der Zus. des Erzes *Fe-Pulver* mit 86,8 (%) Fe u. 8,7 SiO_2 bzw. 95 Fe u. 5 SiO_2 gewonnen. J. Lehmberg. 6392△

2194 **Einfluß der Einsatzstoffe, der Schmelzführung im Induktionsofen und der Impfbehandlung auf das Gefüge und die mechanischen Eigenschaften von Gußeisen mit Lamellengraphit.** Wilhelm Patterson und Wolfgang Standke. (Giesserei, techn.-wiss. Beih. **15**, 1—24, 1963; Aachen, TH, Gießerei-Inst. u. Düsseldorf; dt.) — Zu Unterss. über die „Vererblichkeit" (spezif. Wrkg. bestimmter Roheisensorten) wurden 30 Schmelzen mit einem Sättigungsgrad von ca. 0,9 aus insgesamt 8 Roheisensorten sowie Gußbruch u. Stahl hergestellt. Jede Schmelze enthielt nur ein Roheisen, meist als Zusatz zu einer gleichbleibenden Basisschmelze. Die Auswertung ließ deutliche Unterschiede im Verh. einzelner Einsatzstoffe erkennen. So wies der Härtegrad von Gattierung zu Gattierung Unterschiede bis 15% auf. Die Graphitausbildung, bes. die Zahl eutekt. Zellen, hängt dagegen bes. vom Herst.-Gang der Schmelzen ab. Die Zugfestigkeit war bei gleicher Grundzus. des Eisens um so höher, je höher die Härte u. die Zellenzahl lagen. Die wirkungsvollste Verbesserung der Zugfestigkeit bei gleichbleibender Härte konnte durch Erhöhen der Zellenzahl erreicht werden. Die Schlagzähigkeit stieg um ca. 50%, wenn der mittlere Durchmesser der eutekt. Zellen auf etwa die Hälfte verringert wurde. Eine starke Erniedrigung der Zugfestigkeit wurde bei Proben festgestellt, deren Primäraustenit nicht in Form von Dendriten normaler Länge (3 bis 6 mm), sondern viel geringerer Länge oder sehr kleinen globulit. Körnern vorlag. — 73 Literaturangaben. H. Hochstein. 6402◇

2195 **Theoretische Betrachtungen über den Einfluß des Kupfers im Grauguß.** Albert De Sy. (Fonderia ital. **12**, 47—52, 1963; Gent, Univ.; ital.) — Da *Cu* beim Erstarren des Gußeisens graphitisierend wirkt, kann seine Ggw. in vielen Fällen das Auftreten von *Ledeburit-Carbiden* verhindern, wenn es erwünscht ist, den *Si*-Geh. zu begrenzen. Während der Umformungen im festen Zustand ist Cu bes. wirksam gegen *Ferrit*-Bldg., fördert die Bldg. von *Perlit* u. ermöglicht es, rein perlit. Formen zu erhalten. Bei der eutektoiden Umwandlung zeigt Cu ein dem Si entgegengesetztes Verhalten. Cu fördert ferner die Bldg. der γ-Phase unter leichter Senkung der austenit.-perlit. Umwandlungs-Temp. u. bestimmt so die Affinierung des Perlits. Bei Cu-Geh. > 0,5% handelt es sich auch um eine von der Abkühlungs-Geschw. des Gusses abhängige strukturelle Härtung. Der durch Cu erhöhte Widerstand gegen plast. Verformungen wird in der Praxis durch Messung der Brinell-Härte bestimmt. A. Sander. 6404◇

2196 **Nichtmagnetisierbare Gußeisenwerkstoffe und ihre Prüfung.** 1. Mitt. **Austenitische Gußeisenwerkstoffe mit Lamellengraphit.** Hermann Dietrich. (Giesserei, techn.-wiss. Beih. **15**, 45—58, 1963; Krefeld, Deutsche Edelstahlwerke Akt.-Ges.; dt.) — Mit empfindlichen Meßgeräten läßt sich an austenit. Gußeisenwerkstoffen ein gewisser ferromagnet. Anteil nachweisen. Die hierzu verwendbaren Meßvorr. werden beschrieben u. miteinander verglichen. Die austenit. Gußeisenwerkstoffe haben eine weitgehend hysteresefreie Magnetisierungskurve, die aber merklich steiler als ihre Neukurve ist. Die Permeabilität ist dementsprechend von der Art der Magnetisierung abhängig. Normalerweise liegt die relative Permeabilität dieser Legg. mit Lamellengraphit im Gußzustand bei 100 Oe Meßfeldstärke zwischen 1,02 u. 1,04. Ihre ideale Permeabilität kann dagegen bis auf mehr als 1,1 ansteigen. Die geringste Permeabilität hat die Ni–Mn-Leg. *Nomay*. Die Koerzitivfeldstärke liegt bei allen Gußeisenwerkstoffen im Gußzustand zwischen ca. 50 u. 150 Oe. Durch eine Glühung bei 1000° fällt sie auf 10—40 Oe ab. Das austenit. Gefüge der *Nomay*-Leg. ist in allen untersuchten Wärmebehandlungszuständen bis auf —196° stabil. Im Gegensatz hierzu ist das austenit. Gefüge von *Ni-Resist 1* u. *2* nur nach einer Wasserabschreckung von 1000° bis zu —196° stabil. Nach Ofenabkühlung von 1000° wandelt es sich unterhalb —50° teilweise in Martensit um. Dies ist mit einer starken Erhöhung der Sättigungsmagnetisierung u. der Permeabilität bei Raum-Temp. verbunden. Die Koerzitivfeldstärke bleibt hierbei unverändert. — 20 Literaturangaben. H. Hochstein. 6404◇

2197 **Stahlguß mit besonderen magnetischen Eigenschaften.** H. Lüling und K. Gut. (Giessereipraxis **1963**, 39—45; dt.) — An größeren Erstarrungsquerschnitten wurde festgestellt, daß Stahlformguß mit bes. günstiger magnet. Permeabilität hergestellt werden kann, wobei neben der Gleich- u. Regelmäßigkeit der mechan. Werte auch die magnet. Eigg. innerhalb des ganzen Gußstückes konst. gehalten werden. Für Magnetkörper mit bes. hohen Anforderungen an die magnet. Sättigungsinduktion eignet sich ein Stahl mit sehr tiefem C-Gehalt. Wird neben gewissen Anforderungen an die Induktion auch eine Mindeststreckgrenze verlangt, so genügen für bescheidene Anforderungen reine C-Stähle. Bei Zusatz von *Mn*, *Cr* u. *Mo* als Leg.-Elemente wird die magnet. Induktion bei gleichem Streckgrenzengewinn stärker als bei unlegierten Stählen reduziert. Bei einer Aufhärtung der ferrit. Grundmasse auf *Ni*- oder *Mo-B*-Basis ergeben sich bei mäßig hoher Streckgrenze sehr gute Werte der magnet. Induktion. Bei Anforderung einer hohen Induktion mit außergewöhnlich hohen Streckgrenzen wird ein aushärtender Stahl, z. B. mit 0,8% Mo u. 0,3% *V*, empfohlen. H. Hochstein. 6408◇

2198 **Seigerung von Elementen in Blöcken aus beruhigtem Stahl.** Władysław Hansel und Zygmunt Osika. (Zeszyty naukowe Akad. górniczo-hutniczej [Kraków], Metalurgia Odlewnictwo **1963**, Nr. 9, 37—56, 1 Tafel; Kat. Metalurgii Stali, AGH; pol.) — Die Ergebnisse von Unterss. über die Seigerung von Elementen in Blöcken aus beruhigtem Stahl werden graph. wiedergegeben. W. Wesly. 6408◇

2199 **Die Verbesserung der Tiefziehbarkeit von nichtalterndem Blechstahl 08Ju.** B. Ss. Natapow, L. N. Ssoroko, W. K. Barsi, W. A. Filonow, G. L. Gurksi, M. M. Ioffe, N. I. Lettschford und Ss. S. Judowitsch. (Stahl [UdSSR] **23**, 84—86, 1963; Saporoshje, Maschinenbau-Inst., Werk Saporoshstalj u. Gorki, Automobilwerk; russ.) — Zur Erzielung einer optimalen Struktur u. günstiger Festigkeits-Eigg. des mit Al desoxydierten alterungsfreien Stahles *08Ju* mit ca. 0,06—0,08 (%) C, 0,25—0,40 Mn, bis ca. 0,1 Cu, 0,1 Ni, 0,01—0,1 Al muß der Stahl erschmolzen werden mit einer erhöhten Neigung zur Gefügeanormalität sowie mit geringstem Geh. an solchen Elementen (C, N, Si, Cu u. dgl.), welche die Härte erhöhen. Eine erhöhte Gefügeanormalität (Körnungskennwert 3—5) wird bei einem Mn-Geh. im Stahl unter 0,30% u. einem Rest-Al-Geh. von 0,04—0,09% erhalten. H. Hochstein. 6408◇

2200 **Über den Prozeß des Schmelzens im basischen Siemens-Martin-Ofen unter Verwertung armer manganhaltiger Erze.** Je. I. Arsamasszew und P. W. Umrichin. (Hochschulnachr. [Moskau], Eisenmetallurgie **6**, 58 bis 67, 1963; Uraler Polytechn. Inst.; russ.) — Durch Labor.- u. Betriebs-Verss. wird die Mitwrkg. der durch arme Mn-Erze eingebrachten Mn-Oxide im Prozeß der CaO-Assimilation geklärt u. im Zusammenhang damit werden Richtlinien für eine rationelle Schmelztechnologie im bas. Siemens-Martin-Ofen (**bSMO**) bei Verw. Mn-armer Erze gegeben. Zwecks Verringerung des Ferromanganverbrauchs beim Erschmelzen von Stahl ist es notwendig, im Verlauf der Schmelzführung einen optimalen MnO-Geh. in der Schlacke von 8—9% zu haben. Es wird ferner die Zweckmäßigkeit der Verw. Mn-armer Erze als Flußmittel im **bSMO**-Verf. nachgewiesen, wodurch der Ferromanganverbrauch um 3,5—4,5 kg/t ohne Beeinträchtigung der übrigen technolog. Kennwerte verringert wird. H. Hochstein. 6410◇

2201 **Die Technologie der Herstellung von nichtrostenden Chromnickelstählen mit Kohlenstoffgehalten bis zu 0,03%.** G. M. Borodulin, W. F. Smoljakow, Je. I. Moschkewitsch und Ju. P. Schamil. (Stahl [UdSSR] **23**, 27—29, 1963; Ukrain, Forsch.-Inst. Spezstalj u. Werk „Dnjeprospezstalj"; russ.) — Die Grundelemente der neuen Technologie der Herst. nichtrostender Cr–Ni-Stähle mit bis zu 0,03% C sind die Oxydation des Ni- u. C-haltigen geschmolzenen Einsatzes durch O_2 bis auf 0,02% C, eine anschließende Entschlackung u. ausfällende Desoxydation des Bades, Zusatz von *Ferrochrom*, das nicht über 0,03% C enthält, Erneuerung der Schlacke u. Desoxydation mit pulverförmigem 75%ig. *Ferrosilicium*, *Silicocalcium* u. *Al*. H. Hochstein. 6410◇

2202 **Die Reduktionsperiode der Elektroschmelze von nichtrostendem Stahl.** Je. I. Kadinow und Ss. I. Chitrik. (Hochschulnachr. [Moskau], Eisenmetallurgie **6**, 68—76, 1963; Dnjepropetrowsk, metallurg. Inst.; russ.) — Eine theoret. Behandlung des Prozesses der Red. von *Cr* unter den normalen Schmelzbedingungen nichtrostender Stähle im Elektroofen zeigte, daß der Restgeh. an Cr in der Schlacke am Ende der Red.-Periode durch die Schlackenbasizität bestimmt wird u. um so geringer ist, je vollständiger die Desoxydation verläuft. Um eine ausreichend vollständige Cr-Red. aus der Schlacke nach dem Durchblasen zu sichern, muß man die Schlackenbasizität erhöhen, eine energ. Vordesoxydation des Bades durchführen, sowie den Gesamtverbrauch an Si-haltigen Desoxydationsmitteln u. bes. ihrer Pulver für die Diffusionsdesoxydation der Schlacke wesentlich steigern. Hierdurch wird ohne wesentliche Änderung der übrigen Schmelzbedingungen die Ausbeute an Cr von 82,3 auf 95,0% erhöht u. der Cr-Abbrand wesentlich verringert. H. Hochstein. 6410◇

2203 **Die Verbesserung der Makrostruktur eines im Vakuum-Lichtbogenofen erschmolzenen Stahles SchCh15.** G. N. Okorokow, W. Ja. Bojarschinow, Ju. P. Schamil, Ss. A. Leibenson, A. I. Pachomow und A. I. Poljakow. (Stahl [UdSSR] **23**, 30—34, 1963; Werk Dnjeprospezstalj u. Zentr. Forsch.-Inst. für das Eisenhüttenw.; russ.) — Die Bldg. einer gefleckten Ausseigerung in Blöcken hochgekohlter Stähle, die im Vakuum-Lichtbogenofen erschmolzen sind, hängt mit der Wrkg. unkompensierter magnet. Fremdfelder auf die Schmelze sowie mit einer Verzerrung des Magnetfeldes des Arbeitsstromes unter dem Einfl. dichtgelagerter magnet. Massen zusammen. Die hierbei auftretenden Verschiebungen in der fl.-festen Zone verändern den Kristallisationscharakter. Wirksame Vervollkommnungen der Art der Stromzuführung des Vakuum-Lichtbogenofens sichert die Erschmelzung des Stahles *SchCh15* mit einer hochwertigen Makrostruktur. H. Hochstein. 6410◇

2204 **Die Seigerung von Gasen bei der Kristallisation von niedriggekohltem siliciumhaltigem Stahl.** Je. I. Moschkewitsch. (Stahl [UdSSR] **23**, 34—37, 1963; Werk Dnjeprospezstalj; russ.) — Zur Erzielung einer dichten Oberflächenzone n einem schweren Block aus *Transformatorenstahl* bis auf eine Tiefe von 10 cm ist es erforderlich, daß der anfängliche H-Geh. im Stahl 4,0–4,5 (cm^3/100 g) nicht übersteigt, wenn der N-Geh. 6–4 beträgt. H. Hochstein. 6410◇

2205 **Problem des Einflusses der Erstarrungsgeschwindigkeit auf die Zugfestigkeitseigenschaften von Zinklegierungen.** Zygmunt Falecki. (Zeszyty naukowe Akad. górniczo-hutniczej [Kraków], Metalurgia Odlewnictwa **1963**, Nr. 10, 39–59, 2 Tafeln; Kat. Odlewnictwa AGH; pol.) — Unterss. über den Einfl. der Erstarrungs-Geschw. (EG) auf die Zugfestigkeits-Eigg. (ZE) von *Zn-* u. anderen *Nichteisen-*Legg. zeigen, daß Zugfestigkeit u. Härte mit der EG bei gleichzeitiger Verminderung oder Dehnung steigen. Die Änderungen der ZE sind den Änderungen der EG nicht proportional. Bis zu einer bestimmten EG einer Leg. sind die Änderungen der Eigg. intensiv; bei weiterem Anstieg der EG nimmt die Intensität dieser Änderungen ab. W. Wesly. 6426◇

2206 **Neue Antifriktions-Zinklegierungen.** Czesław Adamski und Adam Zimnielski. (Przegląd Odlewnictwa **13**, 105–11, 1963; pol.) — Eine Steigerung des *Al*-Geh. von *Zn*-Legg. erhöht deren Zerreißfestigkeit, Dehnung u. Härte. *Cu*-Zusätze zu Al–Zn-Legg. steigern Zerreißfestigkeit, Härte u. Antifriktions-Eigg. u. senken die Dehnung. Hohe Antifriktions-Eigg., zeigen Zn-Legg. mit 15 (%) Al, 3 Cu, mit 22 Al, 5 Cu u. mit 28 Al, 4 Cu, die als Ersatz für Messing u. Bronze verwendet werden. W. Wesly. 6426◇

2207 **Ohne Flußmittel durchgeführte Bleischmelzen.** Werner Schwartz und Wolfgang Haase. (Trans. metallurg. Soc. AIME **224**, 939–44, 1962; Frankfurt/M., Lurgi Ges. für Chemie u. Hüttenw., m. b. H.; engl.) — *PbS*-Konzentrate, die andere *Pb*-Konzentrate enthalten können, werden in einer Sintermaschine ohne Zusatz irgendeines Verdünnungs- oder Flußmittels gesintert. Anschließend werden sie in einem öl- oder gasgefeuerten Drehofen geschmolzen. Die Sinterungs- u. Schmelzprozesse basieren auf folgenden Röst-Rkk.: $PbS + 2\,PbO = 3\,Pb + SO_2$, $PbS + PbSO_4 = 2\,Pb + 2\,SO_2$. Zur Erzielung eines S-freien Pb-Rohmetalls wird der Sinterungsprozeß derart durchgeführt, daß das Sinterprod. eine geringe Menge von überschüssigem O enthält, die größer ist als die, die zur Rk. mit den Sulfiden ausreicht. Am Ende des Schmelzprozesses, wenn die Rkk. beendet sind, wird der restliche geringe Geh. an Oxidrückständen mit Kohle, der ein bestimmter %-Geh. an kalzinierter Soda zugesetzt ist, reduziert. Für den Pb-Schmelzprozeß wird weder Koks noch ein Flußmittel mit Ausnahme der kalzinierten Soda verwendet. Es werden Leistungsangaben von den nach diesem Verf. betriebenen Anlagen gemacht. H. Hochstein. 6430◇

2208 **Elektrolytische Gewinnung von Kupfer aus reichen oxidischen Erzen.** V. Aravamuthan und R. Srinivasan. (J. sci. ind. Res. [New Delhi], Sect. D **21**, 381–83, 1962; Karaikudi, Central Electrochem. Res. Inst.; engl.) — Erz mit 30 (%) *Cu*, 12 $BaSO_4$, 5 *Fe* u. 6 CO_2 wurde bei 35° mit 5–10%ig. H_2SO_4 oder HCl gelaugt. Die Ausbeute konnte durch eine der Laugung vorangehende Röstung für beide Säuren auf 96–98% gesteigert werden. Die schwefelsaure Lsg. wurde nach einer Reinigung der Elektrolyse, die mit Cu-Kathoden oder anod. oxydierten Kathoden aus nichtrostendem Stahl arbeitete, zugeführt. Bei einer Stromdichte von 1 A/dm^2, einem Spannungsabfall von 2 V pro Zelle u. einem Elektrodenabstand von 2 inch wurden Stromausbeuten von 95% erreicht. Der Energieverbrauch betrug 1 kWh/lb erzeugtem Cu. Die Elektrolyse der Chlorid-Lsgg. wurde sowohl mit einwertigem als auch zweiwertigem Cu, mit u. ohne Diaphragma durchgeführt. Im günstigsten Falle erhielt man eine grobkörnige spröde Abscheidung. D. Rogalla. 6432◇

2209 **Physikalische und mechanische Eigenschaften von Tellurkupfer.** Z. Misiołek. (Prace Inst. Minist. Hutnictwa **9**, Nr. 5, 181–89, 1957; Inst. Met. Niezelazu; pol., Auszug: engl. u. russ.) — Die Bedingungen zur Herst. der Leg. *CuTe 50*, zum Schmelzen, Gießen u. Bearbeiten der Leg. *CuTe 1* u. zur Härtung gezogener Drähte werden ermittelt. Die mechan. Eigg. u. die Mikrostruktur in übersättigtem u. gealtertem Zustand zeigen, daß Dispersionshärtung stattgefunden hat. Die übersättigte u. gealterte Leg. mit der Härte H_B = 69,5 kg/mm^2 zeigt bei 2std. Erhitzen auf 400° keine Verminderung der Härte. Die Härte von TeCu (H_B = 108 kg/mm^2) ist nach Wärmebehandlung, 50% Dickenabnahme u. Übersättigung bei 400° instabil. Übersättigte, gealterte Gußproben haben einen Schneidwiderstand, der 30% des Wertes von *M1-Kupfer* u. 70% von Messing beträgt. W. Wesly. 6432◇

2210 **Trennung und Gewinnung von Kobalt und Nickel durch Flüssig-Extraktion und elektrolytische Reinigung.** P. T. Brooks und J. B. Rosenbaum. (U.S. Dep. Interior, Bur. Mines, Rep. Invest. **1963**, Nr. 6159, 1–30, Salt Lake City, Utah, Salt Lake City metallurgy, Res. Center; engl.) — Ausgegangen wurde von einem Ni-Oxid mit 76 (%) Ni, 0,8 Co, 0,5 Mg, 0,2 Fe u. kleinen Mengen Cu, Zn u. anderer Metalle. Dieses wurde mit C reduzierend geschmolzen u. zu Anoden gegossen, die in Diaphragmazellen elektrolyt. gelöst wurden. Aus den Anolyten wurden *Fe* u. *Al* durch Zusatz von $Ni(OH)_3$ bei pH 2,3–4,5 als *Hydroxide* entfernt. Nach Ansäuern mit *HCl* auf pH 2 wurde die Lsg. in Klärmischern im Gegenstrom mit 0,6m *Triisooctylamin* in Xylol behandelt, das Co u. die kleinen Mengen *Cu*, Fe u. *Zn* aufnahm. Nach Abstreifen mit W. enthielt die Chlorid-Lsg. 60 g/Liter Ni. Dieses wurde aus ihr kathod. niedergeschlagen mit 30 A/sq.ft. Stromdichte u. 1,3 V Spannung bei 55–70°. Es enthielt $<$ 1 ppm Co u. nur $\sim$ 70 ppm metall. Verunreinigungen im ganzen. Aus der Co-Lsg. wurde zunächst Cu durch Zementieren mit Co entfernt, dann bei 55° mit 10 A/sq.ft. u. 1,4 V das Co kathod. niedergeschlagen. Es enthielt 100 (ppm) Cu, 29 Ni, 20 Zn u. 18 Fe. Der Energieverbrauch war in beiden Fällen 0,6 kWh/pound Ni bzw. Co. F. Hochstetter. 6434◇

2211 **Permalloy mit 50% Nickel als magnetostriktives Material.** J. Tabin. (Prace Inst. Hutniczych **13**, 249–57, 1961; Inst. Metal Żelaza; pol.) — *Permalloy* mit Fe : Ni = 1 : 1, das 3 Std. bei 1050° in H_2-Atmosphäre geglüht u. dann so gekühlt worden ist, daß es maximale Permeabilität hat, ist als magnetostriktives Material so gut wie *Reinnickel*. F. Urban. 6434◇

2212 **Untersuchung über die thermische Gewinnung von Magnesium. Das Verhalten von Verunreinigungen im Metall.** Ryozō Komatsu und Osamu Senda. (J. Mining metallurg. Inst. Japan **77**, 1004–10, 1961; jap., Auszug: engl.) — Bei der Red. im Verlaufe der silicotherm. *Mg*-Gewinnung entstehen Mg-Ablagerungen, die *Fe*, *Si*, *Mn* u. *Zn* als Verunreinigungen enthalten. Ein Teil des Mn u. Zn dest. ab; jedoch verbleiben in den Ablagerungen ca. 2% des Mn u. 70% des Zn-Gehaltes. Beim Schmelzen im Fe-Tiegel wird das Mg nicht verunreinigt. Bei der Dest. durch Drahtnetzfilter am heißen Kühlerende erhält man Mg mit $>$ 99,98% Reinheit. W. Wesly. 6444◇

2213 **Technologische Bedingungen für die Herstellung und Verarbeitung der Magnesium–Zirkonium-Legierungen und ihre metallurgischen Eigenschaften.** J. Hérenguel. (J. nuclear Mater. [Amsterdam] **8**, 12–22, 1963; Antony, Frankreich, Soc. Tréfimétaux.; franz.) — Forschungs- u. Entw.-Ergebnisse, welche in Frankreich zur Einführung der *Mg–Zr*-Leg. als Hülsenwerkstoff für Brennelemente geführt haben, werden besprochen: die Herst. der Leg. über die Schmelze, Einführen von Zr in die Mg-Schmelze, Einfl. von H_2 auf die fl. Leg., Verträglichkeit von Zr mit *Fe*, *Al*, *Si* u. *Mn*; Eigg., Einfl. des Geh. an Zr (Kornveränderungen, mechan. Eigg.) u. Mn; Einfl. von Luft, CO_2 u. H_2 beim Erhitzen. Dauerbetrieb ist mit den Mg-Zr-Leg.-Hülsen bis 500° möglich. Auf tern. Legg. mit 50–200 ppm Mn mit höherer Wärmestabilität sowie mit 0,10–0,20% Mn oder mit H_2 (Aufnahme im festen Zustand) mit besserem KriechVerh. wird verwiesen. M. Hagedorn. 6444◇

2214 **Die Rolle des Eisens in Gießlegierungen des Aluminiums mit Zink und Magnesium.** Zdzisław Poniewierski. (Arch. Hutnictwa **7**, 215–30, 3 Tafeln, 1962; Warszawa, Politechn., Kat. Materiałozn.; Kraków, PAN, Inst. Podst. Probl. Techn., Zakł. Metali; pol.) — Im Gegensatz zu bisherigen Anschauungen wird gezeigt, daß *Fe* in *Al–Zn–Mg*-Legg. ein wichtiger Bestandteil u. keine Verunreinigung ist. In Ggw. von Zn u. Mg wird die Festigkeit der Al-Leg. durch 1,5% Fe wesentlich erhöht. Fe vermindert die Zahl der Gießfehler, da durch Bldg. des doppelten Eutektikums $\alpha(Al–Al_3Fe)$ ein feinkörniges Gefüge entsteht. Fe tritt nur als Al_3Fe auf u. ändert nicht die Phasen-Zus. der Legg. Al–Zn–Mg. Durch Fe wird die Neigung der Leg. zum Warmbruch verringert. F. Urban. 6446◇

2215 **Untersuchungen über die Modifizierung von hypereutektischen Silumin-Legierungen.** Zdzisław Poniewierski. (Przeglad Odlewnictwa **13**, 129–35, 1963; pol.) — Unterss. über Al-Legg. mit ca. 20 (%) Si (mit u. ohne Zusatz von 0,15 *Ti*) führen zur 2stufigen Modifizierung mit Na_2CO_3 u. *P*, wobei optimale Festigkeits-Eigg. u. eine maximale Verkleinerung der prim. Si-Kristalle erzielt werden. Bei der Rk. zwischen Na_2CO_3 u. Al u. Si werden *Na* u. *CO* ausgeschieden. W. Wesly. 6446◇

2216 **Flüssig-Extraktion in der südafrikanischen Uran-Industrie.** P. J. Lloyd. (J. South African Inst. Mining Metallurgy **63,** 187—90, 1962; engl.) — Diskussion zu der C. **1963,** 14481 referierten Arbeit. F. Hochstetter. 6448◇

2217 **Versuchsfertigung von Uran als Pulver.** E. Le Boulbin und P. Jabot. (4. Planseeseminar „De Re metallica", Pulvermetallurgie in der Atomkerntechn. **1962,** 32—43; Grenoble, Frankreich, Commisariat à l'Énergie Atomique, Centre d'Études Nucl.; franz.) — Das Herst.-Verf. mit einer Kapazität von 10 kg/Tag benutzt die Gleichung: UO_2 + 2 Ca → U + 2 CaO mit einer Wärmetönung von ΔH = —47 kcal bei 298° K. Diese Rk. erfolgt bei 740° spontan. Die freiwerdende Wärme bringt das U über den F. Überschüssiges Ca u. CaO wird durch Säureangriff bei 20° entfernt. Bei dem Verf. wird kugeliges U-Pulver mit einer Ausbeute von 95% erhalten. Bei einer Korngröße von 20 μ ist das Pulver pyrophor u. wird durch leichte Oxydation (5% UO_2-Geh.) geschützt. Das Pulver enthält etwa die gleichen metall. Verunreinigungen wie das Ausgangs-UO_2, daneben aber noch 0,5—1% *O*, 0,5% *N* u. 1—3% *H*. Die Reindichte ist 18,3 bis 18,8 (g/cm³), die Fülldichte 9 u. die Klopfdichte 12. Das hergestellte U-Pulver ist mit Erfolg als Ausgangs-Prod. für die Herst. von Brennstoffen (Carbide, Silicide, Nitride u. Cermets) nach pulvermetallurg. Meth. eingesetzt worden. Diskussion. H. Fahlenbrach. 6474◇

2218 **Einfluß von Sauerstoff auf das Sintern von Oxiden.** G. C. Kuczynski. (4. Planseeseminar „De Re metallica", Pulvermetallurgie in der Atomtechn. **1962,** 166—180; Notre Dame, Ind., USA, Univ. of Notre Dame; engl.) — Sinterverss. von Al_2O_3, Fe_2O_3 u. *ZnO* in Atmosphären mit verschiedenem O_2-Geh. zeigen, daß bei O_2-Geh. eine deutliche Erhöhung der scheinbaren Diffusion in den Oxiden auftritt. Damit ist eine Erhöhung der Sinter-Geschw. verbunden, die mit einem Ansteigen der Gitterfehlstellen-Konz. in der Oberflächenschicht durch O_2-Adsorption in Zusammenhang gebracht wird. Durch den dabei entstehenden Fehlstellen-Gradienten in den Brücken zwischen den Teilchen u. in der Umgebung kleiner Poren sollen die Diffusions-Koeff. erhöht werden. Diskussion. H. Fahlenbrach. 6474◇

2219 **Neue Entwicklungen über die Technologie von Uranoxid.** R. Hauser. (4. Planseeseminar „De Re metallica", Pulvermetallurgie in der Atomkerntechn. **1962,** 519 bis 528; Corbeville par Orsay, Frankreich, Comp. Industrielle des Combustibles Atomiques Frittés, engl.) — Mit UO_2-Pulvern großer spezif. Oberflächen von 7—8 m²/g u. verschiedenen Bindemitteln, insbesondere *Polyvinylalkohol* werden durch Strangpressen bei 20° u. Sintern bei 1600—1650° Stäbe (15 mm Ø, 260 mm lang) u. Rohre mit Dichten von 10,25 g/cm³ hergestellt. Dieses Herst.-Verf. ist bei etwas kleinen Dichten (10,3—10,4 g/cm³ nach dem Heißpressen) besonders wirtschaftlich. Ferner wurden Mischungen aus UO_2 u. ThO_2 an Luft gesintert, wobei Dichten über 97% der theoret. Dichte erreicht wurden. Zur Erhöhung der Wärmeleitfähigkeit von UO_2 wurden Verss. mit Oxidzusätzen anderer Metalle durchgeführt. H. Fahlenbrach. 6474◇

2220 **Neue Herstellungsverfahren von Uranoxiden.** R. Delmas. (4. Planseeseminar „De Re metallica", Pulvermetallurgie in der Atomkerntechn. **1962,** 63—82; Grenoble, Frankreich, Commisariat à l'Énergie Atomique Centre d'Études Nucl.; franz.) — UO_3, durch Kalzination aus *Ammoniumuranat* bei 380° erhalten, wurde in einem Drehrohr-Ofen bei 680° unter Bldg. einer großen Menge von gespaltenem NH_3 red. u. dabei ein UO_2-Pulver mit einer Oberfläche von 3—4 m²/g erhalten, das sich sehr zum Sintern in reduzierender Atmosphäre eignet. Im gleichen Ofen wird ein noch aktiveres UO_2-Pulver mit einer Oberfläche von 10 m²/g hergestellt, dessen Pyrophorität durch Schutzbehandlung in der Dampfphase verhindert wird. Durch „Wärmeschocksinterungen" werden bei kurzer Sinterzeit hohe Dichten erreicht. Diskussion. H. Fahlenbrach. 6474◇

2221 **Über keramisches und schmiedbares UO_2.** H. Doi, A. Takashima, Y. Suehiro und T. Ito. (4. Planseeseminar „De Re metallica", Pulvermetallurgie in der Atomkerntechn. **1962,** 83—132; Omiya, Japan, Mitsubishi Metal Mining Co., Ltd.; engl.) — An UO_2-Pulvern, die nach der ADU-Meth. hergestellt wurden, wurde festgestellt, daß die spezif. Oberfläche u. das Oxydations-Verh. nicht nur von der Kalzinations-Temp., sondern wesentlich mehr von der Red.-Temp. (< 900°) abhängen. Das Reaktionsvermögen von UO_2-Pulvern bei der Oxydation hängt nicht nur von der spezif. Oberfläche, sondern auch vom Oberflächenzustand ab. Die Korngröße u. Kornform von UO_2-Pulvern wird von der Red.-Temp. u. den Abmessungen der Ausgangsoxide (z. B. U_3O_8) bestimmt. Durch bes. Wahl der Herst.-Bedingungen können sowohl UO_2-Pulver mit hohen Sinterdichten (97% der theoret. Dichte) wie mit geringem Sinterschwund (< 12%) hergestellt werden. Schmiedbares UO_2-Pulver mit einer Klopfdichte größer als 75% wird durch Hochtemp.-Red. (≦ 1500°) von UO_3 erhalten. — 59 Literaturangaben. Diskussion. H. Fahlenbrach. 6474◇

2222 **Der Einfluß der Pulvereigenschaften und der Ofenatmosphäre auf das Sinterverhalten von UO_2.** V. K. Moorthy und S. V. K. Rao. (4. Planseeseminar „De Re metallica", Pulvermetallurgie in der Atomkerntechn. **1962,** 181—97; Trombay, Atomic Energy Establ., Metallurgy Div.; engl.) — Die Herst. von UO_2 durch Zers. u. Red. *organ. U-Verb.* bietet größere Möglichkeiten, die Pulver-Eigg. zu beeinflussen. Je niedriger der U-Geh. dieser Verb. ist, um so kleiner ist die Kristallitgröße des hergestellten UO_2. Mit abnehmender Kristallitgröße ist bei gleicher Pulverkorngröße eine Erniedrigung der optimalen Sinter-Temp. vorhanden. Die Sinteratmosphäre hat einen großen Einfl. auf die Dichte, das Kornwachstum u. die Textur. H begünstigt dabei im Vgl. zu Ar die Feinkörnigkeit des Sintergefüges, zeigt aber weniger geschlossene Poren. UO_2 aus *Uranyltannat* besitzt nach einer 6 Std.-Sinterung bei 1100° eine Dichte von 98% der theoret. Dichte. H. Fahlenbrach. 6474◇

2223 **Herstellung und Eigenschaften von dispersionsgehärtetem Uran–Uranoxid.** W. Arbiter und G. Stern. (4. Planseeseminar „De Re metallica", Pulvermetallurgie in der Atomkerntechn. **1962,** 467—82; White Plains, N.Y., USA, Nuclear Development Corp. of America; engl.) — Vgl. C. **1962,** 8771. — U-Pulver mit UO_2-Überzügen werden durch Oxydation hergestellt. Anschließend erfolgt im Vakuum ein Heißpressen u. ein Strangpressen, so daß ein dichter, dispersionsgehärteter Werkstoff zur Verfügung steht, an dem die Warmhärte u. die Warmbiegefestigkeit gemessen wird. Untersucht wird ferner auch die α–β-Umwandlung. Alle Eigg. sprechen für einen Einsatz im *Reaktor.* Diskussion. H. Fahlenbrach. 6474◇

2224 **Das Sinterverhalten von gemischten UO_2- und PuO_2-Pulvern.** J. D. L. Harrison, E. Foster und L. E. Russel. (4. Planseeseminar „De Re metallica", Pulvermetallurgie in der Atomkerntechn. **1962,** 140—65; Harwell, England, U.K. Atomic Energy Res. Establ.; engl.) — An mechan. Gemischen der genannten Pulver mit PuO_2-Geh. bis zu 25% wurden die Dichte, das O-Metall-Verhältnis u. die Mischkristall-Bldg. in Abhängigkeit vom Pu/U-Verhältnis, von Sinteratmosphäre, Sinterzeit, Sintertemp., Preßdruck, Bindemittel-Geh., Herst.-Art des PuO_2 u. von der Mahlung der Gemische in Kugelmühlen untersucht. Beim Sintern in neutralen u. oxydierenden Atmosphären verhalten sich Legg. u. Gemische aus den beiden Oxiden in ihren Eigg. wie eine Mittelbldg. aus den beiden reinen Oxiden. Diskussion. H. Fahlenbrach. 6474◇

2225 **Gesinterte Eisen-Kobalt-Molybdän-Legierungen.** N. C. Kothari. (Powder Metallurgy Nr. **11,** 73—92, 1963; Ahmedabad, Indien, Kothari & Co.; engl.) — Die Verw. gesinterter Metallpulver bei der Herst. von *Dauermagneten* hat erhebliche Vorteile gegenüber Gußstücken, bes. bei kleinen Körpern. Die Korngröße der verwendeten Pulver lag etwa zwischen 20 u. 100 μ. Bei Geh. von 17 bzw. 20% Mo ergaben die günstigsten magnet. Eigg. ein Preßdruck von 35—50 t/in², eine Sinterzeit von 3 Std. bei 1350° u. eine Alterungszeit von 1½ Std. bei 675°. Reines Mo-Pulver kann ohne Nachteil durch das billigere *Ferromolybdän*-Pulver ersetzt werden. Zum Abschrecken eignet sich W. bei Raum-Temp. am besten. — 14 Literaturangaben. F. Hochstetter. 6474◇

2226 **Untersuchung von Nickelpulvern zur Herstellung reiner Nickelbänder.** C. Deibel und F. Emley. (Planseeber. Pulvermetallurgie **10,** 3—14, 1962; East Pittsburgh, Pa., Westinghouse Materials Res. Lab.; engl.) — Durch kontinuierliches Verdichten verschiedener Ausgangspulver u.

anschließendes Sintern u. Kaltwalzen wurden dichte Ni-Bänder (99,4—99,9% ig) hergestellt. Vier von den fünf untersuchten Ni-Pulvern ergaben Ni-Bänder mit niedrigerer Streckgrenze, höherer Zugfestigkeit u. höherer Dehnung als den amerikan. Normwerten für Ni-Blech entspricht. K. Jaeger. 6474◇

2227 **Darstellung, Gefüge und Eigenschaften von Legierungen, in denen nichtmetallische Phasen dispergiert sind.** G. C. Smith. (Powder Metallurgy Nr. **11**, 102—32, 1963; University of Cambridge, Dep. of Metallurgy; engl.) — Als nichtmetall. Körper kommen bes. *Oxide*, dagegen kaum *Carbide* u. *Nitride* in Betracht. Die unmittelbare Einverleibung von Pulvern in fl. Metall ist schwierig. Besser ist die innere Oxydation bzw. Reduktion. Erstere Möglichkeit bietet sich, wenn 2 Metalle Oxide verschiedener Energiestufen bilden. Man bläst dann in die fl. Leg. O_2 ein, worauf das betreffende Oxid mit gleichmäßiger Verteilung ausfällt. Dies läßt sich z. B. anwenden bei *Ag*, *Cu* u. *Ni* als Leg.-Metallen u. *Si*, *Al*, *Mg*, *Ti* als Oxidbildnern. Im 2. Fall werden zwei Oxide hoch erhitzt u. dann red., worauf das edlere Metall die fl. Phase bildet. Diese bis jetzt noch wenig erforschte Möglichkeit kann z. B. zur Herst. von $Cr-Al_2O_3$-Legg. angewandt werden. Ferner kann man Metall- u. Oxidpulver mischen oder beide zusammen aus wss. Lsg. fällen u. dann das eine reduzieren. Schwierig ist stets, eine gleichmäßige Verteilung des Oxids im Metall zu erzielen; doch scheint die innere Oxydation die besten Werte bzgl. der mechan. Beanspruchung zu ergeben. Ein besonderer Fall ist das gesinterte *Al*-Pulver, bei dem sich die Al-Körnchen mit einem Oxidfilm umgeben. Am Beispiel $Ni-Al_2O_3$ wird gezeigt, wie bei Raum-Temp. mit zunehmendem Oxid-Geh. Einschnürung u. Längsstreckung ab-, Zerreißfestigkeit u. Spannung an der Streckgrenze zunehmen. Bei höheren Temp. wird vor allem die Dauerstandfestigkeit günstig beeinflußt. Wird der F. des Metalls überschritten, so bleibt in O_2-Atmosphäre noch eine gewisse Festigkeit, nicht aber in Ar- oder N_2-Atmosphäre. — 42 Literaturangaben. F. Hochstetter. 6474◇

2228 **Größenempfindlichkeit des Zweipartikel-Sinterungsmodells.** R. T. de Hoff, D. H. Baldwin und F. N. Rhines. (Planseeber. Pulvermetallurgie **10**, 24—31, 1962; Gainesville, Florida, Univ. of Florida; engl.) — Zwei sich berührende Cu-Drähte bei 930—1030° wurden unter H_2 gesintert u. die Stärke der Schweißstelle (A), der Drahtdurchmesser (B) u. der Schwund der beiden Drähte in Richtung des gemeinsamen Durchmessers (C) gemessen. Es ist ln(A/B) eine lineare Funktion von ln t (t = Zeit). Dünne Drähte schrumpfen stark (C nimmt ab), während starke Drähte dies nicht tun (C konst.). Dieser Befund entspricht nicht der Forderung nach geometr. Gleichheit in der Theorie von Herring. Es wird geschlossen, daß der Exponent der Berührungsgröße vom Durchmesser abhängig ist u. demnach nicht den Transportmechanismus beim Sintern charakterisieren kann. K. Jaeger. 6474◇

2229 **Die Wirkung der Schmierung auf das Pressen von Metallpulver-Festkörpern.** D. Yarnton und T. J. Davies. (Powder Metallurgy Nr. **11**, 1—22, 1963; Rotherham, Yorks., Coll. of Technol.; engl.) — Die Verss. wurden ausgeführt mit Elektrolyt-*Cu*-Pulver von ca. 8,5 μ u. mit *Fe*-Pulver (—100 mesh). Als Schmiermittel diente *Stearinsäure*, gelöst in Ae., der nachher wieder verdampft wurde. Die Preßdrucke gingen bis 54 t/inch². Die Beimischung des Schmiermittels kann die Verdichtung begünstigen oder verschlechtern je nach Druck- u. Schmiermittelgehalt. Statt das Schmiermittel beizumischen, kann auch die Wand der Preßform eingeschmiert werden, u. dies ist wirksamer als die Zumischung. Beides zugleich hat keinen Wert. F. Hochstetter. 6474◇

2230 **Heißpressen von Bleikugeln.** R. G. Carlson und F. E. Westermann. (Planseeber. Pulvermetallurgie **10**, 15—23, 1962; Cincinnati, Ohio, General Electric, Flight Propulsion Div. u. Univ. of Cincinnati; engl.) — Untersucht wurden die Vorgänge in den Anfangsstadien des Heißpressens (bevor Porenschluß eintritt). Mit *Sb* legierte Pb-Kugeln (Schrot) wurden bei 300, 330, 350 u. 400° F mit einem konst. Druck von 700 lbs. heissgepresst bzw. Drücke von 400; 700; 1000 u. 1500 lbs. bei 400° angewendet. Die Oberflächenbeschaffenheit der Kugeln hatte keinen Einfl. auf die Verdichtbarkeit. Zwischen der Porosität, 1—D (D = relative Dichte), u. der Zeit besteht ein log-log-Zusammenhang im Gegensatz zu der von Murray, Livey u. Williams vorgeschlagenen halblogarithm. Beziehung. Dagegen besteht eine halblogarithm. Beziehung zwischen 1—D u. dem Preßdurck p, die zeit- u. temperaturabhängig ist. Empir. Gleichungen wurden auf Grund dieser Ergebnisse aufgestellt. K. Jaeger. 6474◇

2231 **Brikettieren von Graphit.** R. H. De Vere, V. Fidleris, G. M. Jenkins und J. W. Phillips. (Powder Metallurgy Nr. **11**, 23—41, 1963; engl.) — Die Festigkeit von Formkörpern aus Naturgraphit- (—300 B.S. mesh) — bzw. Kunstgraphit (12 μ Ø) — Pulvern sollte verbessert werden. Es wird das „Shape"-Verf. beschrieben. Im allg. steigt die Dichtigkeit mit höherem Druck; jedoch über 30 t/in.² kaum mehr. Die Verdichtung hängt sehr von der Korngröße u. der Kornverteilung im Untersiebbereich ab. Die Festigkeit steigt mit abnehmender Korngröße. Bei Kunstgraphitpulvern, die bei 20 t/in.² verdichtet wurden, ergab sich die empir. Beziehung: $S = K\,A^{5/2}$, wo S die Festigkeit in lbs./in.² u. A die spezif. Oberfläche in m²/g ist. Glühen der Preßlinge bei 800° vermindert ihre Dichte um 1—2%, erhöht jedoch ihre Festigkeit um ca. 30%. Die Preßkörper neigen stark zur Anisotropie, da die Grundflächen der Teilchen sich senkrecht zum Druck einstellen. — 17 Literaturangaben. F. Hochstetter. 6474◇

2232 **Festes Titannitrid und andere hochschmelzende Verbindungen, hergestellt durch unmittelbare Gas/Metall-Reaktion.** R. W. Gooding und N. J. Parratt. (Powder Metallurgy Nr. **11**, 42—58, 1963; Waltham Abbey, Essex, Ministry of Aviat., Explosives Res. and Dev. Establ.; engl.) — Es wurde versucht, Al_2O_3, Cr_2O_3, *MgO*, *ZnO*, *AlN*, Si_3N_4, Cr_2N u. *TiN* dadurch herzustellen, daß man die betreffenden, zu Formkörpern gepreßten Metallpulver mit den entsprechenden Gasen behandelte. Korngröße, Porosität u. Rk.-Temp. beeinflußten in jedem einzelnen Fall das Ergebnis. Günstig sind niedriger Dampfdruck des Metalls bei der Rk.-Temp. u. geringer Unterschied im Mol-Vol. zwischen Metall u. Verbindung. Bei den Nitriden war das Ergebnis besser als bei den Oxiden, am besten bei TiN. Hier wurden Festkörper mit einem Young-Modul von 40·10⁶ lbs./in.², einer Biegefestigkeit von 30000 lbs./in.², einer Dichte von 87% der theoret. u. einer annähernd der Formel TiN entsprechenden Zus. (F. 2950°) erhalten. Die Hauptvorteile dieses Verf. (auch für die Nitride von *Zr*, *Th* u. *Hf*) sind niedere Arbeits-Temp. u. leichte Herst. schwieriger Formkörper. — 21 Literaturangaben. F. Hochstetter. 6476◇

2233 **Eine heizbare Laboratoriumsvakuumpresse für 2500°.** E. G. Wolff. (Powder Metallurgy Nr. **11**, 93—101, 1963; Leatherhead, Surrey, Central Electricity Res. Labor.; engl.) — Manche hochhitzebeständigen Verbb. werden besser im Vakuum gewonnen als unter inertem Gas. Es wird eine dafür geeignete Presse mit Hochfrequenzheizung beschrieben, bei der Temp. bis 2500° u. Vakua $< 3\,\mu$ Hg erreicht werden können. ZrB_2 mit ca. 95% der theoret. Dichte u. 0,01% O wurde hergestellt. — 18 Literaturangaben. F. Hochstetter. 6476◇

2234 **Öfen, Halterungen und Atmosphäre zur Sinterung einiger Boride, Nitride und Silicide.** A. Blum. (Planseeber. Pulvermetallurgie **10**, 72—77, 1962; Pittsburgh, Pa., Borolite Corp.; dt.) — Beispiele für die Sinterbedingungen von TiB_2, ZrB_2, *TiN*, *ZrN*, $MoSi_2$ u. WSi_2. K. Jaeger 6476◇

2235 **Die Zerreißfestigkeit eines verstärkten Metall/Metallfaser-Systems beeinflussende Faktoren.** D. Cratchley. (Powder Metallurgy Nr. **11**, 59—72, 1963; Derby, Rolls-Royce Ltd., Advanced Res. Group; engl.) — Fasern aus *rostfreiem Stahl* wurden in Mengen von 5—20% bei 500° in *Al* eingepreßt, um deren Einfl. auf die Zerreißfestigkeit zu prüfen. Dabei ergab sich, daß Menge u. Orientierung der Drähte mehr von Wrkg. sind als der Durchmesser oder das Verhältnis von Länge : Durchmesser. Die Drähte hatten 0,005 bzw. 0,002 in. Ø bei 1/4, 1/2, 1 u. 2 in. Länge. F. Hochstetter. 6480◇

2236 **Beziehungen zwischen Charpy-Stoß-Energie, Bruchaussehen und Prüftemperatur von legierten Stählen.** D. L. Newhouse. (Welding J. **42**, Nr. 3, Suppl.: Welding Res. 105s—114s, 1963; Schenectady, N.Y., Gen. Electric Co., Large Steam Turbine Generator Dep.; engl.) — An mehreren legierten geschmiedeten Stählen ausgeführte Unterss. über die Charpy-Stoßwerte zeigen, daß die Stoßenergie im Temp.-Bereich, in dem ein Übergang von sprödem zu duktilem Bruch erfolgt, zu dem Betrag der Faserigkeit u. der zur Erzielung von 100% Faserigkeit erforderlichen Energie in linearer Beziehung steht. — Diskussion. W. Wesly. 6480◇

2237 **Theorie der Ausbreitung von Ermüdungsrissen in plattenförmigen Proben.** W. Weibull. (Acta metallurg. [New York] **11**, 745—52, 1963; La Rosias bei Lausanne,

Schweiz; engl.) — Durch die Einführung eines neuen Parameters, der unteren Ermüdungsgrenze σ_e, wird der Gültigkeitsbereich der Theorie über die Ermüdungsrißausbreitung erweitert. Die Grundformel erhält danach die Form $d\,x/d\,N = k\,(\sigma - \sigma_e)^\beta$, wobei x die Rißlänge, N die Lastwechselzahl u. σ die Spannung ist. Bei konst. Spannung ist die Rißlänge eine lineare Funktion der Lastwechselzahl, wie durch Verss. bestätigt wurde. Bei konst. Last hängt die Lastwechselzahl mit einer Größe y zusammen, die eine Funktion von x mit β u. σ als Parameter ist. Eine allmähliche Zunahme der Spannungsamplitude führt zu plötzlichen Änderungen der Art des Bruches, wie man an gebrochenen Proben beobachten kann. Wie an einem Diagramm gezeigt wird, hat die Höhe der Spannung einen entscheidenden Einfl. auf die relative Länge der verschiedenen Stufen der Rißausbreitung. Die Ergebnisse der Verss. führen zu einer Aufteilung der Rißausbreitung in 3 Stufen. In jeder von ihnen ist die Größe y eine lineare Funktion von N, wenn die geeigneten Werte für die Parameter eingesetzt werden. F. Vier. 6480◇

2238 **Der Einfluß des Restaustenits auf die Ermüdungsfestigkeit von Stahl bei sehr hoher Druckbeanspruchung.** Edward Żmihorski. (Arch. Hutnictwa **7**, 177—95, 1962; pol.) — Der Restaustenit (I) hat eine günstige Wrkg. auf die Ermüdungsfestigkeit gegen Druckbeanspruchung bei Werkzeug, das bei hoher dynam. Spannung arbeitet. Die therm. Vergütung des Materials (W-Stahl *SW9*, Cr-W-Stahl *NWC*) muß so erfolgen, daß $10 \pm 5\%$ I u. 90% hexagonaler Martensit + Carbide entstehen. Die Härte HRC soll 62—63 betragen. Die Abriebfestigkeit nimmt mit der Anlaßtemp. etwas, die Ermüdungsfestigkeit gegen Druck sogar stark ab. F. Urban. 6480◇

2239 **Einfluß der Probengröße auf die Zugfestigkeit bei Stahl mit niedrigem Kohlenstoffgehalt.** Michał Edward Niezgodziński. (Arch. Hutnictwa **7**, 197—214, 1962; pol.) — Die Prüfung der Zugfestigkeit bei Stahl mit niedrigem C-Geh. ist von der Größe der Probe unabhängig. An Stelle von 2 Normalproben können auch 4 Mikroproben untersucht werden, die Ergebnisse sind gleich. F. Urban. 6480◇

2240 **Über den richtigen Meßwert für die latente Plastizität von Metallen.** W. Truszkowski und W. Kapera. (Arch. Hutnictwa, **7**, 119—36, 1962; Kraków, PAN; Foundry-Inst.; engl.) — Der Grenzwert der proportionalen Dehnung eines Metalls, der bei vollständiger Homogenität der Probe erreicht wird, ist der Plastizitäts-Koeff. w, der durch Best. der Härte (Kugeldruckhärte nach Mayer) u. aus der Zugfestigkeit ermittelt wird. Die abgeleitete Beziehung für w konnte bei therm. vergüteten *Messing*- u. *Bronze*-Proben bestätigt werden. F. Urban. 6480◇

2241 **Problem der Streuung der Ergebnisse von Dauerfestigkeitsuntersuchungen an Grauguß.** L. Jamróz. (Inst. Mechan. precyzyjnej i Inst. Lotnictwa, Konf., Warszawa **1960**, 150—54, 1961; Inst. Odlewn.; pol.) — Die starke Streuung der Meßergebnisse der Dauerfestigkeit von Gußstücken macht die Prüfung vieler Proben notwendig. Vf. zeigt, daß durch Auswahl der Proben nach ihren mechan. Eigg. (Zug-, Druck-, Biegefestigkeit) die Zahl der notwendigen Proben ohne Einbuße an Aussagekraft verkleinert werden kann. F. Urban. 6480◇

2242 **Einfluß von nichtmetallischen Einschlüssen auf die Dauerfestigkeit von Baustählen.** J. Chodorowski und A. Buch. (Inst. Mechan. precyjzynej i Inst. Lotnictwa, Konf., Warszawa **1960**, 9—26, 1961; Inst. Lotnictwa; pol.) — Untersucht wurde die Dauerfestigkeit von Baustahl *40HNMA* u. *25HNWA* in Abhängigkeit von der Größe u. Verteilung haarförmiger nichtmetall. Einschlüsse. Die Dauerfestigkeit wird durch die Ggw. von Einschlüssen prakt. nicht verändert, doch bringt eine plast. Nachbehandlung eine geringe Erhöhung der Ermüdungsfestigkeit. F. Urban. 6480◇

2243 **Einfluß der Oberflächenbearbeitung und der Eigenspannungen auf die Dauerfestigkeit.** V. Linhart. (Inst. Mechan. precyzyjnej i Inst. Lotnictwa, Konf., Warszawa **1960**, 31—38, 1961; Praha; pol.) — Untersucht wurde der Einfl. des Härtens, Carburierens u. Nitrierens der Oberfläche auf die Dauerfestigkeit von Stahl. Die dabei auftretenden Druckspannungen in der Oberfläche liegen bei nitrierten Proben bei 100, bei carburierten u. oberflächlich gehärteten bei 50—70 kg/mm². Durch die Nitrierung wird die Dauerfestigkeit bis um 100, durch die anderen Meth. nur bis um 50% verbessert. F. Urban. 6480◇

2244 **Einfluß galvanischer Überzüge auf die Stahlfestigkeit** H. Tauscher. (Inst. Mechan. precyzyjnej i Inst. Lotnictwa, Konf., Warszawa **1960, 44**, 1961; Pirna bei Dresden; pol.) — Durch Auftragen galvan. Schichten auf Stahl (*K30SiMnCr4*) tritt eine bedeutende Verschlechterung der Dauerfestigkeit ein. Durch *Verchromen* wird bes. wärmevergüteter Stahl verschlechtert. Beim *Verzinken* u. *Cadmieren* kann aber bei entsprechender Wahl der Arbeitsbedingungen der Abfall gemäßigt werden. Die Entfernung des H_2 aus dem verchromten Stahl durch Erhitzen auf 200° verschlechtert noch mehr die Dauerfestigkeit. Erst beim Erhitzen auf 400° wird eine Besserung der mechan. Eigg. beobachtet. F. Urban. 6480◇

2245 **Dauerfestigkeit von mit Kathodenwasserstoff gesättigten Proben aus unlegiertem Baustahl.** S. Kocańda. (Inst. Mechan. precyzyjnej i Inst. Lotnictwa, Konf., Warszawa **1960**, 39—43, 1961; Wojsk. Akad. Techn.; pol.) — Baustahl mit 0,45% C wurde in einem Elektrolyt aus H_2SO_4 u. As_2O_3 bei 20° kathod. mit H_2 gesättigt. Die Dauerfestigkeit der Proben nimmt mit der Sättigungszeit bis 2 Std. nicht ab, von der 3. bis zur 5. Std. geht sie um 8% zurück. Die Bruchstellen sind nicht immer in einem Querschnitt der Probe lokalisiert. Das Eindringen von H in die Oberflächenschicht, z. B. beim Verchromen, kann, wie die Verss. zeigen, nicht ausschließlich Ursache der Verschlechterung der Dauerfestigkeit verchromter Stähle sein. F. Urban. 6480◇

2246 **Vergleich der Dauerfestigkeit von Halbfabrikaten aus den Aluminiumlegierungen AlZnMgCu und AlCuMg.** J. Weller. (Inst. Mechan. precyzyjnej i Inst. Lotnictwa, Konf., Warszawa **1960**, 54—55, 1961; Pirna/Dresden; pol.) — Untersucht wurde der Kerb-Einfl. auf die Dauerfestigkeit bei Wechselbeanspruchung der Legg. *AlZnMgCu* (I) u. *AlCuMg* (II). Die Dauerfestigkeit von I ist bei Vorhandensein von Kerben oft kleiner als die von II, bes. bei niedriger Lastwechselzahl, wie sie bei Flugzeugkonstruktionen vorkommt. F. Urban. 6480◇

2247 **Beziehungen zwischen der Dauerfestigkeit und der Zerreißfestigkeit.** A. Buch. (Inst. Mechan. precyzyjnej i Inst. Lotnictwa, Konf., Warszawa **1960**, 121—35, 1961; Inst. Lotn.; pol.) — Die Ermüdungsgrenze Z zeigt eine bessere Korrelation mit der Zerreißfestigkeit R_r als mit der Plastizitätsgrenze beim Verdrillen oder Ziehen. Die Abhängigkeit ist im Bereich 4,2—293° K linear. Der Koeff. Z/R_r ändert sich bei höheren Temp., er nimmt mit der Temp. des Anlassens zu. F. Urban. 6480◇

2248 **Anwendung kleiner Proben zu Stoßprüfungen von Metallen.** Aleksander Krupkowski und Zdzisław Poniewierski. (Arch. Hutnictwa **8**, 3—20, 1963; Krakow, Warszawa; pol.) — Zur Ausführung von Stoßprüfungen an Metallen wird vorgeschlagen, einen kleinen Pendelhammer (maximale Energie 40 kg/cm, Geschw. bei der Kollision 2,9 m/s) u. eine kleine runde Probe mit Ringkerbe zu verwenden. Durchmesser der Probe 5 (mm), der Kerbe 2,5, Länge 44, Radius der Kerbe 0,5. Die mit den kleinen Proben ermittelten Stoßwerte liegen 1,6—2,8mal tiefer als die mit Standardproben gefundenen Werte; sie sind reproduzierbar u. genau. Die statist. Analyse ergibt, daß für die Prüfung 4 kleine Proben verwendet werden sollen. W. Wesly. 6480◇

2249 **Bestimmung des Elastizitätsmoduls von Werkstoffen durch Resonanz.** T. W. Gibbs und C. L. Theberge. (Metal Progr. **83**, Nr. 2, 97—100, 1963; Wilmington, Mass., Avco Corp.; engl.) — Unter Verw. dynam. Resonanzstrahltechnik gelingt es, die Elastizitätsmoduln von Metallen, Keramik u. plast. Massen bis zu 1800° F zu bestimmen. Eine entsprechende Vorr. wird beschrieben. F. Vier. 6480◇

2250 **Die elektronische Mikrosondentechnik. Anwendung in der Metallurgie.** V. Leroy und L. Habraken. (Rev. univ. Mines, Métallurgie, Mécan., Trav. publ., Sci. Arts appl. Ind. [9] **14 (106)**, 45—62, 1963; C.N.R.M.; franz.) — Wirkungsweise u. Anwendung der Elektronenmikrosonden-Meth. bei der geolog. u. metallograph. Unters. von Mineralien, Einschlüssen in Legg., Erstarrungsseigerungen, Diffusionen in Metallen, Grenzschichten-Rkk. u. Korrosionserscheinungen. — 19 Literaturangaben. H. Hochstein. 6482◇

2251 **Prüfung von Einschlüssen in unberuhigtem Stahl mit der Mikrosonde.** V. Leroy und P. Nilles. (Rev. univ. Mines, Métallurgie, Mécan., Trav. publ., Sci. Arts appl. Ind. [9] **14 (106)**, 63—74, 1963; franz.) — Die Anwendung des Mikrosonde-Verf. von Castaing auf die Prüfung von Einschlüssen in einem unberuhigten Stahl (bes. der in ihm eingeschlossenen Desoxydations-Prodd.) wird beschrieben. H. Hochstein. 6482◇

2252 **Über die richtige Herstellung von metallographischen Schliffen.** Kazimierz Sękowski. (Przegląd Odlewnictwa **13,** 117—21, 1963; pol.) — Beschreibung der bei Herst. metallograph. Schliffe häufig auftretenden Fehler u. deren Beseitigung. W. Wesly. 6482◇

2253 **Beurteilung der Brauchbarkeit des Postschen Analysenverfahrens zur Bestimmung idealer Polfiguren von Blechen.** Jan Karp und Antoni Woźniacki. (Arch. Hutnictwa **8,** 37—52, 1 Tafel, 1963; pol.) — Das Postsche Analysen-Verf. wird zur Best. idealer Polfiguren in kalt gewalzten Streifen aus *Al* (99,99% Reinheit) mit 94% Spannung angewandt. Die Polfiguren werden beschrieben. Ein Vgl. der idealen mit den erhaltenen Polfiguren zeigt eine gute Übereinstimmung u. beweist, daß das analyt. Verf. die Best. der Textur mit weniger Hilfsmitteln u. in viel kürzerer Zeit auszuführen gestattet. W. Wesly. 6482◇

2254 **Röntgenverfahren zur Bestimmung von Spannungen in Metallen.** Z. Ziołowski. (Prace Inst. Ministerstwa Hutnictwa **9,** Nr. 5, 203—25, 1957; Inst. Metalurgii Żelaza; pol., Auszug: engl. u. russ.) — Die verschiedenen Röntgen-Verff. zur Best. von Spannungen in Metallen zeigen keine hohe Genauigkeit. Ein für industrielle Anwendungen ausreichendes photograph. Schnellverf. („oblique screened photographs") wird beschrieben, das Vorzeichen u. Größe der Spannungskomponenten aus dem Röntgendiagramm zu berechnen gestattet. — 88 Literaturangaben. W. Wesly. 6484◇

2255 **Warmstrangpressen.** R. Cox. (Product. Engr. **40,** 401—14, 1961; Low Moor Fine Steels Ltd.; engl.) — Übersicht über das Warmstrangpressen von *Stahl, Ti-, Zr-* u. *Co*-Legierungen. W. Wesly. 6490◇

2256 **Neuere Ergebnisse über das Verformungsverhalten der Metalle Niob, Tantal, Molybdän und Wolfram bei niedrigen und gemäßigten Temperaturen.** 2. Mitt. F. Ostermann. (Metall **16,** 979—84, Okt. 1962; dt.) — 1. vgl. C. **1963,** 13346. — An Hand des angelsächs. Schrifttums wird der Einfl. der Dehnungs-Geschw., die Wrkg. des Spannungszustandes u. von Verunreinigungen auf das Verformungs-Verh. von Nb, Ta, Mo u. W behandelt. Verzögertes Fließen u. Mikrokriechen, Reckalterungserscheinungen u. Struktur-Einfl. werden erörtert. — 36 Literaturangaben. F. Vier. 6490◇

2257 **Qualifizierung der zum Walzen von Aluminiumfolien verwendeten Schmiermittel.** Pál Csokán und Ferenc Magyari. (Kohászati Lapok [Ung. Z. Hüttenwes.] **96,** 199—205, Mai, 270—76, Juni 1963; Budapest, Forschungsinst. für Nichteisenmetalle; ung.) — Vff. untersuchten die Eignung als Schmiermittel von 34 verschiedenen Pflanzenölen, Mineralölen u. organ. Verbindungen. Die Druckproben u. die dabei verlaufende Verformung zeigten, daß die Schmierfähigkeit der Pflanzenöle vom *Glycerid*-Typ im allg. etwas besser ist als die der Mineralöle. Mit *Palmöl* kann die größte Red. erreicht werden. Zur Feststellung der Ursache der Weiß- u. Braunfleckigkeit bei der Wärmebehandlung wurden zwei Meth. ausgearbeitet, die Dosenprobe u. die Sandwichprobe. Über die Oxydierbarkeit (Alterung) der Schmiermittel gibt der Anstieg der SZ. Aufschluß. L. Zombory. 6490△

2258 **Rekristallisation und Kugelbildung des Zementits von Stahl Marke 35 nach Dickenverminderung.** S. Orzechowski. (Prace Inst. Ministerstwa Hutnictwa **9,** Nr. 5, 191—202, 1957; Inst. Metalurgii Żelaza; pol., Auszug: engl. u. russ.) — Beim Anlassen von kalt gewalzten Blechen aus Stahl mit 0,30—0,39 (%) C, 0,64—0,69 Mn, 0,28—0,32 Si, 0,06—0,10 Cr, 0,08—0,19 Ni, 0,023—0,025 P, 0,010—0,020 S hat die Erwärmungs-Geschw. einen entscheidenden Einfl. auf die Rekristallisation u. Eigg. der Bleche. Die Beziehungen zwischen den verschiedenen Anlaßbedingungen u. bes. zwischen Temp. u. Geschw. des Anlassens einerseits u. der Kugel-Bldg. des Zementits andererseits werden untersucht. Die Bedingungen zur Erzielung der geforderten Struktur u. Eigg. der Bleche werden ermittelt. W. Wesly. 6492◇

2259 **Die Kerbschlagzähigkeit und die Struktur des Stahles 30ChGSNA nach niedrigem Anlassen.** Ja. I. Spektor und R. I. Entin. (Stahl [UdSSR] **23,** 87—88, 1963; Werk Dnjeprospezstalj; Zentr. Forschungsinst. für das Eisenhüttenwes.; russ.) — Die bei einem Stahl mit ca. 0,30 (%) C, 1,1—1,2 Mn, 1,0 Si, 1 Cr, 1,5 Ni, 0,015 P, 0,015 S nach Abschrecken von 900° u. Anlassen bei 200° erhaltenen niedrigen Kerbschlagzähigkeitswerte bei Auftreten von Ausscheidungen an den Austenitkorngrenzen werden mitgeteilt. H. Hochstein. 6492◇

2260 **Erhöhung der Dauerfestigkeit von Konstruktionselementen aus Stahl durch Badnitrieren.** H. Priegnitz. (Inst. Mechan. precyzyjnej i Inst. Lotnictwa, Konf., Warszawa **1960,** 27—30, 1961; Inst. Mechan. Precyz.; pol.) — Durch Badnitrieren wird die Dauerfestigkeit von Konstruktionselementen aus Stahl, die bes. auf Biegen u. Torsion beansprucht werden, bedeutend verbessert. F. Urban. 6492◇

2261 **Kombinierte chemisch-thermische Behandlung von Stahl.** Ju. W. Grdina und A. F. Ssofroschenko. (Hochschulnachr. [Moskau], Eisenmetallurgie **6,** 115—19, 1963; Sibir. metallurg. Inst.; russ.) — Labor.-Unterss. ergaben, daß eine kombinierte chem.-therm. Behandlung von Stahl die Erzielung einer Oberflächenschicht ermöglicht, die hinsichtlich ihrer Eigg. einem nitrierten Stahl *32ChMJuA* nicht nachsteht, ihn aber in einigen Fällen an Härte noch übertrifft. Eine Nitrierung bei erhöhter Temp. verringert die Härte einer silicierten Oberflächenschicht. Die Härte der an *B* u. *Ti* angereicherten Schicht ist nicht niedriger als die der nitrierten Schichten auf Sonderstählen. Die kombinierte Behandlung einer Stahloberfläche gibt in einer Reihe von Fällen die Möglichkeit, auf einen legierten Stahl zu verzichten. H. Hochstein. 6492◇

2262 **Sparbrennschnitte, Stand der Entwicklung und Anwendung.** Gerhard Kürschner. (Schweißtechnik [Berlin] **13,** 121—22, 1963; Halle/Saale, ZIS; dt.) M. Gehlen-Keller. 6502◇

2263 **Schweißen von Kugelgraphitguß.** Heinz Jahre. (Schweisstechnik [Berlin] **13,** 61—69, 1963; Halle/Saale, Zentralinst. für Schweißtechn.; dt.) — Die Vor- u. Nachteile der Verff. zum Schweißen von Kugelgraphitguß, die Zusatzwerkstoffe u. Wärmebehandlungen u. die Eigg. der geschweißten Werkstücke werden beschrieben. W. Wesly. 6506◇

2264 **Einige experimentelle Angaben über den Werkstoffübergang durch Kurzschlüsse (beim Lichtbogenschweißen mit nacktem u. schwachumhülltem Stahldraht).** J. Pintard. (Soudage Techn. connexes **17,** 108—27, 1963; franz.) — Je nach der Polarität des Sthldrahtes schmilzt der Draht im Lichtbogen verschieden ab. Bei bestimmten Lichtbogenlängen geht der Tropfen vom Draht direkt in die Schmelze durch Kurzschluß über. Der Vorgang ist derselbe, wenn der Oberfläche des Drahtes oder der des Grundmetalls Elemente zugesetzt werden, die sich durch ihr Ionisationspotential im atomaren Zustand unterscheiden. Der Einfl. der Stromcharakteristiken u. von auf den Draht aufgetragenem SiO_2, TiO_2, $CaCO_3$ u. $BaCO_3$ auf Tropfen-Temp., Lichtbogenstabilität u. Energieverteilung wird untersucht. F. Vier. 6506◇

2265 **Die Wahl der Elektroden zum Verschweißen von ungleichen Rohren.** R. K. Lee. (Welding Engr. **48,** Nr. 3, 39—41, 1963; Chemetron Corp., Alloy Rods Co.; engl.) — Beim Verschweißen von Stahlrohren gleicher metallurg. Art, aber verschiedener chem. Zus. wird die Verw. von Elektroden empfohlen, deren Zus. u. Eigg. dem einfacheren Stahl entsprechen. Für Stähle, deren Zus. u. metallurg. Struktur verschieden sind, wählt man Elektroden, die feste, zähe, rißfeste Schweißen gewährleisten. W. Wesly. 6506◇

2266 **Schweißverfahren für Beryllium-Kupfer-Legierungen.** E. E. Weismantel, C. F. Cole und J. A. Bitler. (Welding J. **42,** 207—12, 1963; Reading, Pa., Beryllium Corp.; engl.) — Das Gas-W-Lichtbogen-Verf. erweist sich als das beste für Wurzelschichtschweißen; für Füllräume eignet sich außer diesem das Gas-Metallichtbogen-Verfahren. Bleche von <0,015 in. Dicke schweißt man mit dem Elektronenstrahlverfahren. W. Wesly. 6506◇

2267 **Dampf, seine Erzeugung, Überwachung und Anwendung zur Metallzurichtung.** George Saxby. (Electroplating Metal Finishing **13,** 337—42, 365—70, 1960; engl.) — Übersicht. W. Wesly. 6508◇

2268 **Ausrüstung zum Metallabstrahlen, ihre Auswahl und Anwendung.** W. R. Macmillan. (Corrosion Prevent. Control **10,** 37—40, 1963; Tilghman's Ltd.; engl.) — Übersicht über die Grundlagen der Metallabstrahlung u. die dazu dienenden, durch Preßluftdüsen gek. Geräte. W. Wesly. 6510◇

2269 **Profilätzen.** 4. Mitt. **Ätzen von Aluminium.** 4. Teil. **Anwendung der elektrochemischen Auflösung.** Toshikazu Sato, Akira Hamabuchi und Shohachi Funahashi.

(Rep. Government ind. Res. Inst., Nagoya **8**, 819—28, 1959; jap., Auszug: engl.) — 3. vgl. C. **1963**, **14488**. — Unterss. über das Profilätzen von Al-Blechen durch elektrolyt. Auflösung unter Verw. wss. *NaOH-*, *HCl-* u. *NaCl*-Lsgg. zeigen, daß die Verunreinigungen des Werkstoffs die Ätzgeschw. u. die elektr. Spannung nur beeinflussen, wenn die Lsg. nicht bewegt wird. Bei konst. Stromstärke steigt die Ätzgeschw. in der Reihenfolge: NaOH-, NaCl-, HCl-Lösung. Die Stromausbeute bei NaOH-Lsg. beträgt ca. 100%, bei HCl- u. NaCl-Lsg. >100%. Die Ätzgeschw. steigt linear mit der Stromstärke, hängt nicht von Konz. u. Temp. der NaOH-Lsg. ab, steigt mit der Temp. der HCl- u. NaCl-Lsg. u. fällt in der Reihenfolge: obere, seitliche, untere Oberfläche in unbewegter Lsg., aber nicht, wenn die Lsg. bewegt wird.
W. Wesly. 6512◇

2270 **Neues elektrolytisches Verfahren zum Schneiden und Formen von Metallproben.** A. Fourdeux und A. Wronski. (Brit. J. appl. Physics **14**, 218—20, 1963; Brüssel, Union Carbide Europ. Res. Assoc.; engl.) — Es wird ein Verf. zur Herst. von Proben geeigneter Form für metallurg. Unterss. durch elektrolyt. Bearbeitung der Grenzflächen beschrieben. Das Probestück wird in einem zwischen zwei isolierenden Fl.-Schichten (einer spezif. schwereren u. einer leichteren) befindlichen Elektrolyten langsam so bewegt, daß es von den Fl.-Grenzschichten her elektrolyt. angegriffen wird. Auf diese Weise können zylindr. u. scheibenförmige (bis 0,5 mm ∅) Proben hergestellt u. Oberflächen poliert werden. So läßt sich z. B. *W* mit 12% ig. *NaOH* als Elektrolyt-Lsg., CCl_4 als unterer u. *Ae.* als oberer Schicht bearbeiten.
W. Betcke. 6514◇

2271 **Probeversuche des elektrochemischen Putzens von Gußstücken.** Reinhold Konsek. (Przegląd Odlewnictwa **13**, 112—17, 1963; pol.) — Übersicht über die theoret. Grundlagen des elektrochem. Putzens von Gußstücken u. Erörterung der Möglichkeit, ein neues Verf. einzuführen.
W. Wesly. 6514◇

2272 **Fluoborate zur Galvanisierung.** F. Wild. (Electroplating Metal Finishing **13**, 331—35, 373—77, 1960; R. Cruickshank Ltd.; engl.) — Übersicht über Eigg. u. Verw. von HBF_4, $Cd(BF_4)_2$, $Cu(BF_4)_2$, $In(BF_4)_3$, $Fe(BF_4)_2$, $Pb(BF_4)_2$, $Sn(BF_4)_2$, $Ni(BF_4)_2$ u. $Zn(BF_4)_2$ zum Galvanisieren.
W. Wesly. 6514◇

2273 **Das Haften galvanischer Überzüge an elektronegativen Unterlagen.** N. A. Martschenko, I. N. Gladki und S. Ss. Raiber. (J. angew. Chem. [UdSSR] **35**, 2445—49, 1962; Charkow, Polytechn. Lenin-Inst.; russ.) — Beim Auftragen von galvan. Überzügen auf *Fe*, *Ti*, *Al* u. ihre Legg. ist eine Aktivierung der Oberfläche angebracht. In diesem Fall verzichtet man zur Vermeidung der Passivierung auf ein Waschen vor dem Auftragen des Überzugs. Es sind die Bedingungen der Auftragung von *Au-* u. *Cr*-Überzügen auf Ti u. Al angegeben; zur Erreichung eines hohen Haftvermögens der Überzüge an der Grundlage wird vorgeschlagen, einen Stromstoß anzuwenden. H. Will. 6514△

2274 **Möglichkeiten der zerstörungsfreien Prüfung von Metallspritzschichten.** Kurt Höhne. (Schweisstechnik [Berlin] **13**, 55—61, 1963; Dresden, Hochsch. für Verkehrswesen; dt.) — Krit. Übersicht über die Verff. u. Verss. zur zerstörungsfreien Prüfung von Metallspritzschichten, bes. die Ultraschallprüfung, die eine qual. Beurteilung der Spritzschichten gestattet. W. Wesly. 6516◇

2275 **Stromlose Herstellung von Metallüberzügen heute.** 2. Mitt. Edward B. Saubestre. (Metal Finishing **60**, Nr. 7, 49—53, 1962; New Haven, Conn., Enthone, Inc.; engl.) — 1. vgl. C. **1963**, 10660. — Besprochen wird das stromlose Abscheiden von *As-*, *Cd-*, *Cr-*, *Co-* u. *Cu*-Überzügen.
F. Vier. 6516◇

2276 **Kontrollierte Abscheidungen von Hartchrom.** J. D. Greenwood. (Electroplating Metal Finishing **13**, 322—26, 1960; Atlas Plating Works Ltd.; engl.) — Beschreibung der Maßnahmen zur Abscheidung von Hart-Cr (Verminderung von Ausblühungen usw. u. Berücksichtigung der Ziehmaße) mit mehreren prakt. Beispielen (Herst. von Zylindern, Bohrungen, Platten). W. Wesly. 6518◇

2277 **Die Vernickelung mit Sulfamatlösungen.** R. A. F. Hammond. (Nickel [Milano] **1962**, Nr. 99, 1—15, Nr. 100, 16—23; ital.) — Überblick. — 76 Literaturangaben.
M. Gehlen-Keller. 6520◇

2278 **Untersuchungen über das Verhalten der im Elektrolyten schwebenden Teilchen während der elektrolytischen Zinkabscheidung.** 2. Mitt. **Über die Eigenschaften in Zinkelektrolyten suspendierter Bleiverbindungen und Mangandioxidteilchen.** Takeshi Tsuruoka. (J. Mining metallurg. Inst. Japan **77**, 995—1003, 1961; jap., Auszug: engl.) — 1. vgl. C. **1961**, 11883. — Unterss. über das Verh. im *Zn*-Elektrolyten suspendierter PbO_2-Teilchen zeigen, daß diese schädlich auf die Zn-Abscheidung wirken u. durch Absorption von H^+ positiv geladen sind. Sie scheiden sich durch Elektrophorese mit Zn ab, wobei H^+ durch die Ggw. von MnO_2-Teilchen ausgetauscht u. die kathod. Abscheidung von PbO_2 verhindert wird. W. Wesly. 6522◇

2279 **Neueste Arbeitsweisen der technischen elektrolytischen Goldniederschläge.** W. T. Lee. (Corrosion Technol. [London] **10**, 59—63, 1963; Silvercrown Ltd.; engl.) — Fortschrittsbericht. — 12 Literaturangaben. W. Wesly. 6526◇

2280 **Oxydation von hitzbeständigen Metallen in Abhängigkeit von Druck, Temperatur und Zeit: Tantal in Sauerstoff.** J. N. Ong jun. (Trans. metallurg. Soc. AIME **224**, 991—98, 1962; Newport Beach, Calif., Ford Motor Co.; engl.) — Die Oxydation von Ta tritt vermutlich durch vier gleichzeitige Ketten-Rkk. 1. Ordnung auf: die Lsg. von O im Metall; die Keim-Bldg. u. das Wachsen einer *Suboxid*-Phase an der Metalloberfläche u. zwei Phasengrenzprozesse, welche zwei verschiedenen Modifikationen von Ta_2O_5 hervorrufen. Geschw.-Gleichungen werden für über u. unter 700° formuliert, welche für alle wesentlichen Einzelheiten des Oxydations-Verh. gelten u. die die Oxydations-Geschw. in Abhängigkeit von Druck, Temp. u. Zeit zum Ausdruck bringen. — 31 Literaturangaben. H. Hochstein. 6530◇

2281 **Aus der Praxis der hitzebeständigen Stähle.** G. Wellensiech. (Gaswärme **12**, 141—43, 1963; Düsseldorf; dt.) — Die Zundergrenze, definiert als die Temp., bei der die Verzunderungs-Geschw. 1 g/m²h u. bei einer um 50° höheren Temp. nicht mehr als 2 g/m²h beträgt, ist im wesentlichen vom *Cr*-Geh. des Stahles u. der Zus. des korrodierenden Gases abhängig. Die Zunderbeständigkeit steigt mit wachsendem Cr-Gehalt. H_2S kann die Zundergrenze gegenüber Luft um 300° senken. Auch mitgerissene Festkörper können durch Erosion u. chem. Einw. schädigend wirken. So bildet z. B. das in den Abgasen der Heizölverbrennung enthaltene V_2O_5 niedrigschm. Eutektika mit den schützenden Deckschichten. Bei Zunderungs-Verss. von Schweißnähten hitzebeständiger Stähle zeigte sich, daß rechts u. links der Naht in einem Abstand der etwa das Doppelte der Blechdicke betrug, eine Zone verstärkter Oxydation, deren Breite gleich dem 1,5fachen der Blechdicke war, existierte.
D. Rogalla. 6530◇

2282 **Die Geschwindigkeit und der Mechanismus der Oxydation von Chrom-Molybdän-Stahl 2¼Cr-1Mo (10H2M) in Wasserdampf.** E. Gąsior. (Prace Inst. Hutniczych **13**, 239—48, 1961; Inst. Metal. Żelaza; pol.) — Stahl *10H2M* mit 0,10(%) C, 0,44 Mn, 0,35 Si, 0,019 P, 0,021 S, 2,27 Cr, 0,03 Ni u. 0,87 Mo wurde der Einw. von Wasserdampf bei 500—700° ausgesetzt. In den ersten 20 Std. hat die Zunder-Bldg. verschiedene Rk.-Geschw.-Konst.: bei 500—550° ist das kub. Gesetz, bei 650—700° das lineare u. nur bei 600° das parabol. Gesetz gültig. Nach 20 Std. gilt im ganzen Temp.-Bereich das parabol. Zeitgesetz. Bis 600° besteht die Zunderschicht aus Fe_3O_4, bei >600° nimmt der Geh. der Schicht an *FeO* schnell zu. *10H2M* ist somit gegen Oxydation mit Wasserdampf bis 650° beständig. F. Urban. 6530◇

2283 **Die relative Wirksamkeit von provisorischen Korrosionsschutzmitteln unter verschiedenen Einwirkungsbedingungen.** S. K. Sanyal, A. R. Aiyar, R. S. Saxena und B. Sanyal. (J. sci. ind. Res. [New Delhi], Sect. D **21**, 365—69, 1962; Kanpur, Defence Res. Labor.; engl.) — Es wurde mit den verschiedensten provisor. Mitteln bedeckter Flußstahl 3 Monate bis 3 Jahre korrodierenden Einw., wie feuchter SO_2-haltiger Atmosphäre, Salzwasserbesprühung, trop. Atmosphäre u. dgl. ausgesetzt. Als günstigste korrosionsschützende Mittel erwiesen sich Fett, Mineralfett + Bienenwachs (90:10), Lanolinharz u. Mineralfett.
D. Rogalla. 6538◇

2284 **Untersuchung des Beständigkeitsverhaltens von Metallklebverbindungen gegenüber verschiedenen Umwelteinflüssen.** H. Winter und H. Meckelburg. (Metall **16**, 962—74, Okt. 1962; Braunschweig, Deutsche Forsch.-Anst.

für Luft- u. Raumfahrt e.V.; dt.) — Die Unterss. zeigen, daß vor jeder Anwendung des Metall-Klebverf. durch Verss. festgestellt werden muß, ob die Klebverbindung den an sie gestellten Anforderungen an die Korrosionsbeständigkeit genügt. — 34 Literaturangaben. F. Vier. 6538◇

2285 **Interkristalline Schwefelkorrosion in den Nickelrohren von Raketen-Schub-Kammern.** Bernard Steverding. (Corrosion [Houston] 18, 433t—436t, 1962; Redstone Arsenal, Alabama, U. S. Army Ordnance Missile Command; engl.) — Zur Ermittlung der Bedingungen, unter denen interkristalline Korrosion in Raketen-Schubkammer-*Ni*-Rohren auftritt, wurden im Labor. Verss. angestellt. Der schnelle interkristalline Korrosionsangriff durch den geringen S-Geh. des Brennstoffs ist nur bei Temp. über 550° möglich. Die chem. Oberflächen-Rkk. zwischen Ni u. dem H_2S des Brennstoffs beginnt bei beträchtlich niedrigen Temp., aber die Korngrenzendiffusion des S ist der die Geschw. der Rk. bestimmende Prozeß. Eine Vakuumerhitzung gibt korrodierten Proben ihre ursprüngliche Bildsamkeit wieder zurück Da die so behandelten Proben eine bessere Beständigkeit gegen Korrosion zeigen als die ursprünglichen, nicht vakuumgeglühten Proben, kann eine Vakuumglühung für eine korrosionsverhütende Maßnahme gehalten werden. H. Hochstein. 6538◇

2286 **Erfahrungen mit Korrosionen in Alkalikochern und ihr Schutz durch Auftragungen von rostfreiem Stahl.** M. F. Frombach. (Pulp Paper Mag. Canada **64**, Nr. 3, techn. Sect. T-175—T-184. 1963; Marathon Corp. of Canada Ltd.; engl.) — Wanddickemessungen von Kochern während 11 Jahren ergeben durchschnittliche Metallverluste von 19 mils/a, während der ersten 5 Jahre, 50 mils/a im Verlauf der nächsten 3 Jahre u. 25 mils/a in den folgenden 3 Jahren. Diese Verluste lassen einen Ersatz der Kocher nach 13 Jahren Betriebsdauer voraussehen. Die Korrosion scheint mit dem SiO_2 der Kocherbleche zusammenzuhängen; sie ist am ausgeprägtesten in der Laugenspritzzone u. unterhalb der Siebe. In dem Maße, wie die Dicke der Kocherbleche sich krit. Grenzen näherte, wurden einerseits Schutzauftragungen aus *Flußstahl*, *Inconel*, plattierten Stahlplatten, andererseits anod. Schutz u. Auftragungen von *rostfreiem Stahl* versucht u. schließlich die letztere Meth. angewendet. Die Betriebsdauer von 7 Kochern wird verlängert, durch eine Aufschweißung mit Stahl *310*, wobei unter Schutzgas von Hand u. automat. wie auch mit verdeckter Bogenschweißung gearbeitet wird. Die aufgeschweißten Stellen sind nach 5jähriger Betriebsdauer in gutem Zustand; schadhafte Stellen werden von Hand oder automat. neu überschweißt. Aufschweißung ist ein wirtschaftliches Verf., um die Betriebsdauer von Kochern zu verlängern, bes. mit den verbesserten heute zur Verfügung stehenden Verfahren. F. Zeidler. 6538◇

2287 **Zur Kenntnis der Korrosionserscheinungen von austenitischen und austenit-ferritischen rostfreien Stählen.** 2. Mitt. **Chemische Methoden.** Lamberto A. Rubio Felipe und Miguel Angel Guillén Rodrigo. (Inst. Hierro Acero **13**, 610—16, 1960; span.) — 1. vgl. C. **1963**, 18248. — An Proben von *austenit. 18-8-2-* (**I**) u. *austenit.-ferrit. 20-8-2,5-*Stahl (**II**) wird die Korrosionsfestigkeit (KF) in sd. 65%ig. HNO_3, H_2SO_4 + $CuSO_4$ bei 104° u. bei verschiedenen Konzz. u. Temp. in H_2SO_4, ferner das Korrosions-Verh. unter Spannung in sd. 60%ig. $MgCl_2$-Lsg. untersucht. Die KF hängt von der Konz. der passivierenden Elemente ab. **II** ist bei Spannungskorrosion gut beständig, bei **I** tritt transkrist. Korrosion ein. Das Vorhandensein von Ferrit hemmt bei **II** das Fortschreiten von Rissen. Auch nach Erhitzen auf 800° u. Kühlen im Ofen ist **II** noch korrosionsfester, obwohl Ferrit in Austenit u. σ-Phase umgewandelt ist. **I** ist unempfindlicher. Die Unterschiede im Verh. von **I** u. **II** werden auf ungleiche C-Verteilung, lineare Phasenstruktur u. leichtere Diffusion bei Ferrit zurückgeführt. R. K. Müller. 6540□

2288 **Untersuchung der Spannungskorrosionsrißbildung von nichtrostendem Stahl durch Potentialmessungen.** Bengt Andersson. (Corrosion [Houston] **18**, 425t—432t, 1962; Nybybruk, Schweden, Nyby Bruks Aktiebolag; engl.) — Die Spannungskorrosionsriß-Bldg. von nichtrostendem Stahl in einer 40%ig. $CaCl_2$-Lsg. wird durch Messung des Potentials gemäß der Kompensations-Meth. verfolgt. Die Neigung zu einer solchen Riß-Bldg. wird als das „Ruhepotential" bei 15° während der Orientierungspolarisation angegeben, welche bei der Abkühlung des Elektrolyten auftritt. Die Orientierungspolarisation rührt von dem dipolarem Charakter des Elektrolyten her. Die Empfindlichkeit einiger Stahlsorten gegenüber der Spannungskorrosionsriß-Bldg. in einer 40%ig. $CaCl_2$-Lsg. wird untersucht, wobei die Einfl. des pH-Wertes, der Elektrolyt-Temp. u. verschiedener mechan. Spannungen ermittelt werden. H. Hochstein. 6540◇

2289 **Die Anwendung selbsttätig registrierter Kurven der Gesamtpolarisation zur Messung der Korrosionsgeschwindigkeit von Stahl.** Antoni Piotrowski. (Zeszyty naukowe Akad. górniczo-hutniczej [Kraków], Metallurgia Odlewnictwo **1963**, Nr. 9, 57—79, 1 Tafel; Kat. Chem. Ogólnej., AGH.; pol.) — Bei Verw. von „idealen" u. „realen" Polarisationskurven für 2 korrodierende, kathod. bzw. anod. polarisierte Elektroden ist bei niedrigen Stromdichten der Verlauf der Spannung–Stromstärke-Kurven dem Korrosionsstrom umgekehrt proportional. An 4 Stählen, in 3%ig. *NaCl-* u. 3%ig. NaCl- + 0,05%ig. H_2O_2-Lsg. ausgeführte Unterss. zeigen in 3 Fällen (C-Stahl) eine umgekehrte Proportionalität zwischen dem Kurvenmittelwert u. dem Index der Korrosionsgeschwindigkeit. Bei Cr-Stahl ist ein Vgl. mit den anderen Proben auf der Basis von Polarisationsmessungen nicht möglich. Die Beziehungen zwischen Spannung u. Stromstärke werden selbsttätig registriert. W. Wesly. 6540◇

2290 **Kegelverfahren zur Messung der Korrosion von Werkstoffen.** Stefan Balicki. (Arch. Hutnictwa **8**, 53 bis 58, 1963; pol.) — Zur Messung der Korrosion von Werkstoffen wird die Verw. kegelförmiger Proben mit zylindr. Grundfläche vorgeschlagen. Die Korrosion wird bei bestimmter Temp. u. während einer bestimmten Zeit durch Messung der Dicke der korrodierten Schicht an einem senkrechten Querschnitt des Kegels bestimmt, wobei sich ergibt, von wo an die Dicke der korrodierten Schicht unveränderlich ist. Daraus ergibt sich der isotherme Verlauf der Korrosion. Das spezif. Verhältnis Oberfläche:Vol. der Probe wird aus dem Verhältnis Oberfläche:Vol. eines im Kegel liegenden Kreises u. der Tangente der Horizontalen bestimmt, die eine konst. Korrosionsschichtdicke aufweist. W. Wesly. 6540◇

2291 Carolina Tuff-Lite Corp., übert. von: Allen S. Johnson jun., Salisbury, N.C., V.St.A., **Wärmebehandlung von Erzen.** Die stückigen Erze werden im Gegenstrom durch heiße Gase bis nahe an ihren Erweichungspunkt vorgewärmt, anschließend auf einen Wanderrost ausgebreitet u. in einem Tunnelofen so hoch weitererhitzt, bis sie eine breiige Beschaffenheit u. eine blasige Struktur annehmen. — Abbildung. (**A. P. 3 030 090** vom 26/2. 1959, ausg. 17/4. 1962.) M. Neckermann. 6361

2292 Shell Oil Co., übert. von: Walter E. Heinz, Roxana, und Ralph E. Dodd, Bethalto, Ill., V.St.A., **Pelletisierung von Erzen,** z. B. oxid. u. sulfid. Erzen des *Fe*, *Al*, *Cu*, *Zn* u. *Sn*. Die Erze werden mit einer bituminösen Öl-in-Wasser-Emulsion, die aus *Asphalt* als Bindemittel, W. u. dem Emulgator besteht, zwecks Pellet-Bldg. bei ca. 50° F unter dem Erweichungspunkt des Asphalts gemischt u. die Pellets bei 400—650° F getrocknet. (**A. P. 3 041 161** vom 1/6. 1959, ausg. 26/6. 1962.) M. Neckermann. 6377

2293 United Kingdom Atomic Energy Authority, London, England (Erfinder: John Syme Nairn und Roland Taylor), **Herstellung von Metallen,** bes. *U* u. *Pu*, durch Red. der *Metallhalogenide* mit *Alkalimetallen* in einem organ. Lsgm., in dem sowohl die Metallhalogenide als auch die Alkalimetalle lösl. sind. Das organ. Lsgm. ist *Tetrahydrofuran* mit 2—3% *Diphenyl*. (**E. P. 899 406** vom 15/1. 1959, ausg. 20/6. 1962.) M. Neckermann. 6381

2294 Dow Chemical Co., übert. von: John N. Reding jun., Midland, Mich., V.St.A., **Kondensation von Metalldämpfen** zu submkr. Teilchen. Der Metalldampf wird von einem Dest.-Ofen durch eine Abzugsleitung in eine erweiterte Abschreckzone geleitet, in der eine Fl. versprüht wird. Zur Verhinderung der Verfestigung u. Abscheidung des Metalls an den Wänden des Abschreckraumes wird der Dampf zunächst von oben nach unten durch eine Zwischenzone geleitet, deren Wände von einer nach unten strömenden Fl. filmartig bedeckt ist. — Beispiel: Kondensation von *Mg*-Dampf. — Abbildung. (**A. P. 3 042 511** vom 9/2. 1959, ausg. 3/7. 1962.) M. Neckermann. 6381

2295 Metallurgical Processes Ltd. und National Smelting Co. Ltd. (Erfinder: Philip M. J. Gray), **Behandlung von arsenhaltigem zinkischem Gekrätz,** mit Geh. an chloridhaltigem Flußmittel. Das Gekrätz wird im *Pb*-Bad bei 550—650° 5—30 Min. lang extrahiert. Die so behandelte Krätze wird mit 2—10% W. 20—60 Min. lang gemischt, ohne daß die Gefahr einer AsH_3-Entw. besteht. Die vom Pb-Bad aufgenommenen Metalle werden daraus gewonnen. (**F. P. 1 293 928** vom 30/6. 1961, ausg. 19/10. 1962. E. Prior. 6/7. 1960 u. 8/6. 1961.) M. Neckermann. 6381

2296 Berk Exothermics Ltd., England, **Herstellung von Formen für den Metallguß.** Verwendet wird eine Pulvermischung aus 20 Teilen *Torf* u. 80 Teilen eines exotherm. Materials aus 27,79(%) Al_2O_3, 7,1 *C*, 0,12 $CaCO_3$, 0,12 $MgCO_3$, 0,63 *AlN*, 1,29 Al_4C_3, 2,85 $KClO_3$, 0,12 K_2CO_3, 1 wasserhaltiges $MgSiO_3$, 2,85 KNO_3, 5,54 $NaNO_3$, 5,19 Fe_2O_3, 0,33 Na_2O, 10,7 CaF_2, 0,41 TiO_2, 0,41 SiO_2, 28,98 metall. *Al*, 4,57 metall. *Mg* u. einer kleinen Menge Bindemittel in Form von *Kunstharz.* (**F. P. 1 271 407** vom 19/10. 1960, ausg. 17/1. 1962. E. Prior. 2/11. 1959.) H. Baur. 6383

2297 Československá Socialistická Republika (Erfinder: Leo Rotter, Brünn), Tschechoslowakei, **Farbstoff zum Anstrich der Gußformen** enthält neben Füllstoffen [1—1,5(%) *Dextrin*, 2 *Bentonit*, 2—3 *Kitt* u. *Magnesit-* oder *Korundmehl*] als Bindemittel 2—3 *Phenolresolharz*, berechnet auf die Menge des zu verwendenden Farbstoffes. Der Anstrich (Dichte 1,6—1,8) wird in Trockenkammern bei 400—500° an den Formen getrocknet. (**Tschech. P. 99 172** vom 30/10. 1959, ausg. 15/4. 1961.) L. Macher. 6383

2298 Inca Steel Co. Ltd. (Erfinder: William Kelsey), **Herstellung von Metallbarren, Metallgußteilen und dergleichen mit gleichachsiger Kristallstruktur** durch Gießen des geschmolzenen Metalls in Formen, die innen mit einer exothermen Masse ausgekleidet sind, die in Kontakt mit der Metallschmelze genügend Wärme erzeugen, um das Abkühlen der Schmelze zu verzögern, wobei die exotherme Schicht z. B. aus 23 (Gew.-Teilen) *Al*, 5 Fe_2O_3, 10 $NaNO_3$, 3,5 *Fluoriden*, 2 Bindemittel, 56,5 feuerfester Füllstoff zusammengesetzt ist. — Vgl. E. P. 879 670; C. **1963**, 6787. (**Aust. P. 235 181** vom 29/9. 1959, ausg. 21/9. 1961. E. Prior. 2/10. 1958.) K. Demmler. 6383

2299 George Hahn und Syed Ishtiaq Ali, **Gewinnung von metallischem Eisen aus eisenarmem Ton,** der in natürlichem Zustand schwer reduzierbare Fe-Verbb. enthält. Man röstet den Ton mit überschüssigem O_2 enthaltendem Gas bei 900—1000° u. red. das nun reduzierbar gewordene Röstprod. mit Naturgas, H_2, CO oder Gemischen davon zu elementarem Fe, wobei beide Verf.-Stufen besonders im Schwebezustand erfolgen. (**Aust. P. 236 489** vom 3/11. 1959, ausg. 14/12. 1961.) K. Demmler. 6401

2300 L. F. Kossoi, Ss. G. Woinow, Ja. M. Bokschitzki, A. I. Markelow und A. G. Schalimow, **Ausschmelzen Ti-haltger Stähle und Legierungen,** wobei man als Zusatzschlacke die bei der aluminotherm. Darst. von Ferrotitan anfallende Schlacke aus je ca. 75(%) Al_2O_3, 15 TiO_2, 5 *CeO*, 4—5 *MgO* sowie Spuren von SiO_2 u. 1—2 *Fe-Oxiden* in einer Menge von 1,2 Gew.-% der Ofenbeschikkung verwendet. (**UdSSR. P. 130 526** vom 26/1. 1960. **Zusatz zu UdSSR. P. 127 274; C. 1963, 15219.**) B. Pankow. 6411

2301 Československá Socialistická Republika (Erfinder: Bohuslav Dobiáš, Jiří Spurný und Jan Kašpar, Prag), Tschechoslowakei, **Selektive Flotation von Zinnwaldit** (I) aus Erzen, die neben **I** noch Quarz, *Silicate* u. in geringer Menge *Wolframit* oder *Cassiterit* enthalten, wobei zur Abscheidung des **I** von den anderen Mineralien eine Lsg. von *Octadecylaminacetat, Pineölaroma* u. *oxydiertes Petroleum* unter Zusatz von *Wasserglas* verwendet wird, um so die Flotation des Quarzes u. der Silicate zu unterdrücken. Ein *Kalk*-Zusatz regelt die Alkaliverhältnisse der Flotationsflüssigkeit. (**Tschech. P. 98 006** vom 30/10. 1959, ausg. 15/1. 1961.) L. Macher. 6429

2302 Eugene H. Euster, Longport, N.J., V.St.A., **Raffination von Blei** mit *Zn, Cu, Sn* u. *Sb* als Verunreinigungen. Zunächst werden Zn, Cu u. Sn entfernt u. dann auf dem Pb-Bad bei ca. 1275—1285° F durch Hinzusetzen von im wesentlichen aus Pb bestehendem Material eine Pb-Glätte gebildet, die beim Durchblasen von O_2 durch das Pb-Bad mit Sb angereichert wird. Zur Glätte-Bldg. eignet sich bes. Pb-Schachtofenflugstaub. (**A. P. 3 041 162** vom 14/1. 1960, ausg. 26/6. 1962.) M. Neckermann. 6431

2303 Mond Nickel Co. Ltd., England, **Warmfeste Legierung** aus 3—7(%) *Co*, 13—17 *Cr*, 3—7 *Mo*, 0,1—0,2 *C*, 0—0,5 *Si*, 0—0,5 *Mn*, 0—1 *Fe*, *Ti* u. *Al* im Verhältnis 0,1 bis 3 zueinander u. insgesamt (Ti + Al) zwischen 7 + $^2/_3$(Ti/Al) u. 6 + $^2/_3$(Ti/Al) u. ggf. *B* u./oder *Zr* in Mengen bis zu 0,05 B u. 0,2 Zr, Rest *Ni*, die Verunreinigungen unberücksichtigt. Die Leg. wird mindestens 5 Min. bei 1400—1600° unter einem Druck von $1 \cdot 10^{-6}$ mm fl. gehalten. (**F. P. 1 275 562** vom 2/11. 1960, ausg. 5/3. 1962. E. Prior. 4/11. 1959.) H. Baur. 6435

2304 Aluminum Co. of America, Pittsburgh, übert. von: Paul D. Hess, Arnold, Kenneth J. Brondyke, Oakmont, und Noel Jarrett, Lower Burrell Township, Pa., V.St.A., **Entfernung von Gasen und feinverteilten festen Verunreinigungen aus geschmolzenen Leichtmetallen.** Man läßt die Metallschmelze durch einen mit keram. Filtersteinen von ca. $^1/_4$—$^3/_4$ in. oder mehr besetzten Behälter von oben nach unten strömen, wobei die Filtermasse vom Metall ganz bedeckt bleibt. Gleichzeitig wird von unten ein inertes Gas eingeleitet. — Abbildung. (**A. P. 3 039 864** vom 21/11. 1958, ausg. 19/6. 1962.) M. Neckermann. 6443

2305 Brush Beryllium Co., V.St.A., **Fluorierung und selektive Extraktion von Beryllium aus Erzen.** Das feingemahlene Erz wird mit einem *Ammoniumdoppelfluorid* gemischt u. die Mischung bei mindestens 14 kg/cm² Druck u. mindestens 200° zur Rk. gebracht. Die Fluoridmenge wird so gewählt, daß das Be in $(NH_4)_2BeF_4$ übergeführt wird, welches mit *W.* aus der Rk.-Masse ausgelaugt werden kann. (**F. P. 1 291 981** vom 9/6. 1961, ausg. 24/9. 1962. A. Prior. 9/6. 1960.) M. Neckermann. 6443

2306 Edson R. Wolcott, Los Angeles, Calif., V.St.A., **Gewinnung von Metallen,** wie *Au, Pt,* aus armen Erzen durch Behandlung der fein aufgemahlenen Erze mit einer Gasmischung aus *NOCl*, Cl_2 u. *W.*, die durch Kochen von Königswasser hergestellt wird. Au u. Pt bilden hierbei flüchtige Verbb., während *Fe* im Rückstand verbleibt. — Abbildung. (**A. P. 3 049 422** vom 8/12. 1959, ausg. 14/8. 1962.) M. Neckermann. 6459

2307 National Research Corp., Cambridge. übert. von: Lloyd R. Allen, Belmont, Charles A. Baer, Needham, und Philipp I. Clough, Reding, Mass., V.St.A., **Herstellung von pulverförmigen Metallen hoher Reinheit,** wie *Al, Mn, Ag, Cr, Be, Cu, B, Si, Fe, Ni, Zn, Mg, Ti, Zr* u. *Th.* Die Mtalle werden bei einem Druck von weniger als ca. 500 μ Hg abs. verdampft u. die Metalldämpfe im freien Raum, der ebenfalls weniger als ca. 500 μ Druck aufweist, kondensiert. Das hierbei anfallende kugelige Pulver mit weniger als 0,1 μ Durchmesser wird in Ggw. eines inerten Mediums gesammelt. — Abbildung. (**A. P. 3 049 421** vom 27/8. 1958, ausg. 14/8. 1962.) M. Neckermann. 6475

2308 Percy W. Hudson, Old Saybrook, Conn., V.St.A., **Reinigen und Kugelformung von Kupferpulver.** Das mit *Cu-Chlorid* verunreinigte *Cu*-Pulver wird auf ca. 1500° F in einer inerten Atmosphäre erhitzt, um Cu-Chlorid zu verdampfen u. in eine schwammige Masse überzuführen. Anschließend wird gekühlt u. die schwammige Masse zu Teilchen zerstoßen, deren Größe für pulvermetallurg. Zwecke geeignet ist. Die Teilchen werden schließlich noch in einer Hammermühle behandelt, wodurch sie eine glatte Oberfläche bei schwammigem Kern erhalten. Nach einem abgeänderten Verf. wird dem feuchten Cu-Pulver metall. *Al* zugesetzt, welches sich mit dem Cu-Chlorid zu Cu-Metall u. $AlCl_3$ umsetzt, welch letzteres beim Erhitzen verdampft wird. (**A. P. 3 036 938** vom 10/6. 1958, ausg. 29/5. 1962.) M. Neckermann. 6475

2309 A. A. Gorschkow und R. A. Ssidorenko, **Herstellung von Schmiedeeisen** mit beim Härten abgeschiedenem kugelförmig-kompaktem Graphit. Dies ist nicht nur vom S- u. Mn-Geh. abhängig, sondern auch von ihrem Verhältnis zueinander, so daß man bei S-Unterschuß eine Graphitfeinverteilung beim Härten erreicht (C-Härtung). Zur kugelförmigen C-Ausscheidung verwendet man ein Roheisen mit höchstens 0,07(%) Mn u. einem doppelt so hohen S-Gehalt. Optimaler Geh.: 0—0,07 Mn, 0,05—0,15 S, 2,2—3 C u. 0,9 bis 1,6 Si. (**UdSSR. P. 131 369** vom 14/8. 1959.) B. Pankow. 6493

2310 G. Ss. Petrow, G. Ss. Brodski, W. A. Sweschnikow, L. D. Radtschik, F. I. Klibanowa, W. I. Fedotow und I. N. Rjabinin, **Glätten von Metalloberflächen** an Karosserien durch Auftragen eines pulverförmigen Gemischs von 70 (Gew.-Teilen) *Polyvinylbutyral* (oder *-formal, äthylal* u. andere *Acetale*), 30 *Novolak* u. 5 *Hexamethylentetramin* u. ggf. Füllstoffen, wie Metallpulver, Graphit, Kaolin, auf die erwärmte Metalloberfläche. (**UdSSR. P. 105 656** vom 23/10. 1952.) L. Großner. 6509

2311 G. Ss. Brodski, L. D. Radtschik, R. A. Schewelewa, N. W. Kotowa, Ja. I. Swirbljanski, N. A. Kotschetkow, D. W. Gorjatschi und D. L. Perssow, **Glätten von Schweißnähten** an Karosserien unter Verw. der Harzkomposition nach UdSSR. P. 105 656, der zur Erhöhung der Thermostabilität auf 170—190° *Polyäthylen, Polypropylen* oder *Polyamide* oder mit *Kautschuk* verschnittene *Novolake* zugesetzt werden; z. B. 40—60(%) Polyvinylbutyral, 15—20 Phenol-CH_2O-Novolak mit 10—15 Hexamethylentetramin, 10—30 Polyäthylen u. 10—15 Graphit. (**UdSSR. P. 126 261** vom 30/6. 1959. **Zusatz zu UdSSR. P. 105656; s. vorst. Ref.**) L. Großner. 6509

2312 Phillips Petroleum Co., übert. von: Howard W. Schutz und Dixie Edwina Gilbert, Bartlesville, Okla., V.St.A., **Beseitigung anorganischer Ablagerungen,** die $BaSO_4$, $SrSO_4$, $CaSO_4 \cdot 2\,H_2O$ u./oder Fe_2O_3 enthalten, von metall. Oberflächen von Anlagen, welche der Ölgewinnung dienen oder mit W. in Berührung kommen, durch Behandlung mit H_2SO_4 (90—100 gewichtsprozentig). (**A. P. 3 032 446** vom 17/4. 1958, ausg. 1/5. 1962.) H. Baur. 6513

2313 General Electric Co., übert. von: Robert E. Thompson, Mason, und Charles R. Allison, St. Bernard, Ohio, V.St.A., **Beseitigung von Nickelplattierungen von metallischen Werkstücken** aus Cu, Ag oder Stahl oder solchen, die aus diesen Metallen u. Hartlot zusammengesetzt sind, wie Bauteile für Wärmeaustauscher, mittels wss. Lsgg., die im wesentlichen aus 20—70 (Gew.-%) HNO_3, mindestens 1 H_2SO_4, mindestens 0,5 Metallnitrat (der Metalle Ag, Mg, Co, Al, Ni) als Inhibitor, Rest W. bestehen. — Beispiel: 38,5(%) HNO_3, 19,8 H_2SO_4, 2,4 *$AgNO_3$*, Rest Wasser. (**A. P. 3 015 630** vom 24/8. 1959, ausg. 2/1. 1962.) H. Baur. 6513

2314 Purex Corp. Ltd., übert. von: Edward M. Duke jun., Richland, Wash., V.St.A., **Glänzen von Aluminium und seinen Legierungen** mittels einer sauren wss. Lsg., die im wesentlichen aus ca. 0,6—2,0 (Mol/Liter) H-Ionen, ca. 0,6—3,0 *Nitrat-* u. *Chromat*-Ionen in einer Menge, die ca. 0,05—0,4 sechswertigem Cr äquivalent ist, ca. 0,01—0,1 komplexe *Fluorid*-Ionen (SiF_6-, TiF_6-, ZrF_6-, BF_4 u. AlF_4-Ionen) u. ca. 0,02—0,2 *Al*-Kationen enthält u. einen pH-Wert besitzt, der nicht größer als ca. 0,5 ist. (**A. P. 3 018 211** vom 26/1. 1959, ausg. 23/1. 1962.) H. Baur. 6513

2315 Harry L. Lane, Fairmont, W.Va., V.St.A., **Elektrochemisches Reinigen beziehungsweise Entzundern metallischer Streifen** (Band, Draht), bes. aus Fe bzw. Stahl, im kontinuierlichen Verfahren. Die Streifen werden nacheinander durch 2 Bäder geführt, deren jedes eine Alaklischmelze [ca. 82(%) *NaOH*, ca. 13 *NaCl* u. ca. 5 Na_2CO_3 bzw. Na_2SO_4 bei 900° F) enthält. Im ersten Bad ist der Streifen als Kathode, im zweiten als Anode eines elektr. Kreises geschaltet, zwischen beiden wirkt er als Stromleiter. Nach Verlassen eines jeden Bades werden die am Streifen anhängenden Badreste abgestreift. — Figur. (**A. P. 3 027 310** vom 2/10. 1959, ausg. 27/3. 1962.) H. Baur. 6515

2316 I. N. Gladki, **Elektrolyt zur Verkupferung von Stahl** enthält an Stelle von Cyaniden 15 (g/Liter) $CuCO_3$, 40 Na_2SO_4 u. 30 *Äthylendiamintetra-Na-acetat*. (**UdSSR. P. 128 248** vom 1/7. 1959.) L. Großner. 6517

2317 N. W. Ossetrowa, **Elektrolyt für cyanidfreies Verkupfern,** bes. für direktes *Verkupfern von Stahl*, aus 82 (g/Liter) $CuSO_4 \cdot 5\,H_2O$, 150 *Äthylendiamin*, 0,1—0,2 *Pb* (als PbO) u. H_2SO_4 bis zur Erreichung von pH 7,3—7,8. Gearbeitet wird bei Zimmer-Temp. mit 2—4 A/dm². Durch den Zusatz von Pb werden Cl^--Verunreinigungen gebunden; die pH-Einstellung verhindert eine die Verkupferung hemmende $[Cu(en)_2]SO_4$-Adsorptionsschicht auf Fe. (**UdSSR. P. 125 454** vom 12/3. 1959.) L. Großner. 6517

2318 Ju. P. Dawydow und G. A. Pokrowski, **Plattieren von Halbfabrikaten aus Mo** u. dessen Legg. zum Schutz gegen Oxydation bei ≧550—600° durch Auftragen einer hitzefesten Leg., z. B. *EI 435*, unter Vakuum. (**UdSSR. P. 125 455** vom 29/5. 1959.) L. Großner. 6517

2319 N. W. Korowin und M. N. Ronshin, **Elektrolyt zur Herstellung von Überzügen aus Re/Ni-Legierung,** wobei man zur Erhöhung der Stromausbeute als Puffersubstanz 25—50 (g/Liter) $(NH_4)_2SO_4$ neben 5—40 $NiSO_4$ u. 10—15 K_2ReO_4 zusetzt. Man arbeitet bei 50—80° u. pH 3—5 mit einer Kathodenstromdichte von 2—4 A/dm². (**UdSSR. P. 130 308** vom 30/9. 1959.) B. Pankow. 6517

2320 M. P. Melkow, **Elektrolytische Abscheidung von Fe-Ni-Legierungen** aus Bädern mit 200 (g/Liter) $FeCl_2 \cdot 4\,H_2O$, 5—200 $NiCl_2 \cdot 6\,H_2O$ u. 0,8—1 *HCl* bei 20—100° u. 5—140 A/dm² unter Verw. lösl., C-armer Stahlanoden. (**UdSSR. P. 128 249** vom 23/1. 1959.) L. Großner. 6517

2321 M. P. Melkow, **Elektrolytisches Überziehen abgenutzter Einzelteile mit Fe** in einer Dicke von 0,6—0,8 mm bei 20—35° u. einer Stromdichte von 20—40 A/dm². Der Elektrolyt besteht aus 350—500 (g/Liter) $FeCl_3$ u. 3,5—5 freier *HCl*. Einen stärkeren Überzug gleicher Festigkeit erhält man durch Zugabe von 50—100 *Mn-Chlorid*. (**UdSSR. P. 125 107** vom 16/5. 1959.) B. Pankow. 6517

2322 Interlicense Soc. An., Genf, Schweiz (Erfinder: Tibor Kenderi, Budapest, Ungarn), **Mit Al überzogene Eisenoberflächen** vehüten Korrosion. Solche Überzüge werden gebildet, indem man Al aufträgt, bes. durch Versprühen bis zu einer Dicke von 0,1—0,4 mm, u. die Oberfläche 3—8 Min. einer Hitzebehandlung zwischen 690 u. 800°, bes. 720—740°, in oxydierender Atmosphäre unterwirft. Will man die Korrosionsfestigkeit noch verstärken, kühlt man auf 200—400° u. taucht in Paraffinwachs ein. (**Israel. A. S. 16 649** vom 22/1. 1962, ausg. 23/5. 1963.) Y. Hess. 6517

2323 P. W. Piwowarow und F. M. Russinow, **Erhöhung der Verschleißfestigkeit metallischer Erzeugnisse** durch Oberflächenbehandlung mit MoS_2, das man als Pulvergemisch aus 3—5 (%) MoS_2, 45 *Zn*, 25 *Al*, 5—7 *Cu* u. 20 *Kunstharz* in Lsgm. suspendiert aufsprüht oder als Tauchbad anwendet. (**UdSSR. P. 124 959** vom 30/12. 1958.) B. Pankow. 6529

2324 Adolfo Del Porto, Parma, Italien, **Herstellung von lichtreflektierenden Überzügen auf Metalloberflächen.** Die Oberfläche wird entfettet u. warm phosphatiert, mit einer Schicht von 40(%) *Harnstoffharz* (**I**), 20 *Weichmacher* (**II**; Trikresylphosphat), 20 *Aceton* u. 20 *Pigment* überzogen, getrocknet u. ggf. nach Auftragen einer Zeichnung mit einer Schicht von 50 **I**, 25 **II** u. 25 Toluol überzogen u. auf 100° erhitzt. Das Verf. ist besonders geeignet zur Herst. von Verkehrsschildern. (**It. P. 555 975** vom 20/7. 1956.) K. Koebke. 6529

2325 Horizons, Inc., Cleveland, übert. von: Eugene Wainer, Cleveland Heights, Ohio, V.St.A., **Herstellung von Kennzeichen und ähnlichen Gegenständen aus Aluminium.** Die zunächst gedichteten Poren der auf der Al-Oberfläche anod. erzeugten Oxidschicht werden mittels einer starken Alkali-Lsg. (Alkali- oder organ. Ammoniumhydroxide) geöffnet u. mit einem starken Red.-Mittel (Hydrochinon oder $AgNO_3$), in W. oder A. gelöst, imprägniert. Sodann werden die entsprechenden Flächenteile mit einer Tinte eingefärbt, die ein leicht reduzierbares Metall gelöst enthält. (**A. P. 3 017 285** vom 29/5. 1959, ausg. 16/1. 1962.) H. Baur. 6531

2326 John Phillip Jayne, Concord, Ohio, V.St.A., **Phosphatieren von Zink** mittels einer Lsg., die aus 5,0 (Gew.-%) $Ca(NO_3)_2$, 1,0 NaH_2PO_4, 0,2 H_3PO_4, 1,0 $NaNO_3$ (bzw. 0,1 $NaNO_2$), 92,8 (bzw. 93,7) *W.* besteht, bei 50—105°. Zur Herst. der Lsg. dient ein Konzentrat, das im wesentlichen aus 20—45 (Gew.-%) $Ca(NO_3)_2$, 3—10 NaH_2PO_4, 4—9 H_3PO_4 (75%ig.), 0,1—10 Alkalinitrat als Beschleuniger u. Rest W. besteht, von welchem 1 (Vol.-Teil) in 9 W. gelöst werden. (**A. P. 3 015 593** vom 4/10. 1960, ausg. 2/1. 1962.) H. Baur. 6533

2327 Parker Rust Proof Co., übert. von: William S. Russell, Royal Oak, Mich., V.St.A., **Regenerieren einer schichtbildenden Phosphatierungslösung** mit Hilfe eines Ionenaustauschers. Die wss. saure Lsg. wird ununterbrochen durch einen Ionenaustauscher geleitet, in welchem alle Kationen, ausgenommen die schichtbildenden, entfernt u. durch weitere schichtbildende Kationen ersetzt werden. Zuvor wurden die entsprechenden Metallionen (z. B. Zn) mittels einer entsprechenden Sulfat-Lsg. in dem sauren Ionenaustauscherharz bis zur Sättigung gespeichert. (**A. P. 3 015 594** vom 23/10. 1959, ausg. 2/1. 1962.) H. Baur. 6533

2328 Československá Socialistická Republika (Erfinder: Boleslav Bieber, Jiří Klaban, Jiří Václavínek und Zdeněk Večera, Brünn), Tschechoslowakei, **Schutzschicht für geschmolzene Eisenlegierungen gegen Oxydation** durch einen fl. Überzug leichtschm. B- oder P-Verbb. oder ihrer Gemische, wobei ein Teil dieser wirksamen Stoffe ggf. durch leichtschm. chem. neutral reagierenden Stoffen (*NaCl*, *$CaCl_2$*) ersetzt werden kann. *Borax* oder ein Gemisch von 20% B_2O_3 + 80% NaCl ($CaCl_2$) gibt man zur Metallschmelze in die Gießpfanne, worauf die geschmolzene Schutzschicht an der Oberfläche der Schmelze schwimmt. (**Tschech. P. 99 138** vom 19/7. 1959, ausg. 15/3. 1961.) L. Macher. 6539

2329 Dow Chemical Co., Midland, Mich., übert. von: Louis H. Eilers, Tulsa, Okla., V.St.A., **Verhinderung der Korrosion von Metallen** durch *HNO_3* durch Zusatz (0,125—1,0 Vol.-%) einer S enthaltenden Verb., u. zwar *1.2-Äthandithiol*, *1.3-Propandithiol*, *Furfurylthiol*, *2.3-Dimercaptopropanol*. (**A. P. 2 989 485** vom 21/5. 1958, ausg. 20/6. 1961.) H. Baur. 6539

2330 O. I. Goljanizki, **Flüchtiger Inhibitor gegen atmosphärische Korrosion von Eisen- oder Buntmetallerzeugnissen,** sofern die relative Luftfeuchtigkeit $\leqq$80% beträgt. Man besprüht die Metallteile mit *Dibutylphthalat* oder umhüllt sie mit so durchtränktem Papier. Ggf. kann der Inhibitor auch in nichtkorrodierenden Lsgm. verwendet werden. (**UdSSR. P. 124 927** vom 18/4. 1957.) B. Pankow. 6539

2331 American Cyanamid Co., New York, N.Y., übert. von: Harry Francis Cosway, Stamford, und Darwin Fiske De Lapp, New Canaan, Conn., V.St.A., **Verhinderung der Korrosion von Flußstahlbehältern durch Phosphorsäure,** indem man Naßverf.-Phosphorsäure, die $<$58% P_2O_5 u. $>$12,5% W. enthält, auf einen Geh. an P_2O_5 zwischen 58 u. 69% u. einen Geh. an W. zwischen 1,7 u. 12,5% konz. u. dann diese konz. Säure in die Flußstrahlbehälter einfüllt. Die Korrosion beträgt dann $<$0,05 in. pro Jahr, so daß die Verunreinigung der Säure gering ist. (**A. P. 3 027 236** vom 3/8. 1959, ausg. 27/3. 1962.) R. Zimmermann. 6539

2332 Dearborn Chemical Co., Chicago, übert. von: Wayne L. Denman, Oak Park, und Herman Kerst, Des Plaines, Ill., V.St.A., **Behandlung von Kühlwasser** zur Verhinderung der Bldg. von Ablagerungen, Rost oder Bewuchs auf metall. Oberflächen von Kondensatoren, Wärmeaustauschern, Kompressoren oder Dieselmotoren. Der wss. Fl. wird soviel wie nötig, mindestens aber 5 (‰), *Polyphosphat* zugesetzt, außerdem *Polyvinylalkohol*, bei dem Hydrolyse u. Viscosität in einem bestimmten, aus einer beigegebenen Figur ersichtlichen Verhältnis stehen, in Mengen von mindestens 0,1 ppm. (**A. P. 3 019 195** vom 1/5. 1959, ausg. 30/1. 1962.) H. Baur. 6539

2333 Dow Chemical Co., Midland, Mich., übert. von: Billy D. Oakes, Tulsa, Okla.. V.St.A., **Inhibitor** zur Verhinderung der Korrosion metall. Oberflächen in sauren Lsgg. besteht aus einer Mischung aus 10—90 (Vol.-%) *Propargylsulfid* u. 90—10 eines Amins (*Alkylamin* mit 2—18 C-Atomen) oder Alkylpyridins, die ggf. noch 10—50 eines im sauren Medium stabilen oberflächenakt. Mittels (Isopropylbenzolsulfonat, Alkylsulfosuccinat, Tetraalkoholammoniumhalogenid) enthält. Beispiel: der sauren wss. Lsg. wird als Inhibitor 0,05—1,0 Vol.-% einer Mischung zugegeben aus 9—1 (Vol.-Teilen) Propargylsulfid, 1—9 Alkylamin mit 2 bis 18 C-Atomen. (**A. P. 3 017 355** vom 18/4. 1958, ausg. 16/1. 1962.) H. Baur. 6539

2334 General Mills, Inc., übert. von: Robert W. Chang, St. Paul, Minn., V.St.A., **Verhinderung der Korrosion von Lebensmittel enthaltenden metallischen Behältern** durch Zugabe von *Argininacetat* oder *Diargininfumarat* zu dem korrodierenden Stoff. (**A. P. 3 036 879** vom 14/5. 1959, ausg. 29/5. 1962.) H. Baur. 6539

2335 Morris P. Kirk & Son, Inc., Los Angeles, übert. von: Leslie J. Larrieu, San Marino, Calif., V.St.A., **Verhinderung der Korrosion von Metallen durch Feuchtigkeit mittels eines Schutzüberzuges** aus einer Masse, die im wesentlichen aus 35—85 (Gew.-%) öligen Materials (*sulfoniertes Öl*, *Petrolatum*, *Schmalzöl*, *Leinöl*, *Holzöl*, *Sojabohnenöl* oder Mischungen derselben), 5—40 eines festen, absorbierenden, feinverteilten Materials (*Diatomeenerde*, *Fullererde*, *akt. Kohle* u. *akt. Ton*), 5—2,5 Korrosionsinhibitor (*Alkalichromat* oder *-dichromat*) u. genügend W., um den Inhibitor aufzulösen u. das feinverteilte Material damit zu imprägnieren. (**A. P. 3 035 926** vom 4/1. 1960, ausg. 22/5. 1962.) H. Baur. 6539

2336 Detrex Chemical Industries, Inc., übert. von: Wilbur H. Petering und William A. Callahan, Detroit, Mich., V.St.A., **Verhinderung der Korrosion von Eisen durch aminstabilisierte ungesättigte Chlorkohlenwasserstoffe.** Lsgm. aus flüchtigen, niedrigsd., ungesätt. Chlorkohlenwasserstoffen mit niederen Molgew., die gegen die Zers. durch Metalle u. O durch den Zusatz eines organ. Amins (*Pyridin*, *Diisopropylamin*, *Triäthylamin*) in Mengen von ca. 0,01—1 (Gew.-%) stabilisiert sind u. Fe korrodieren, wird als Inhibitor ein Oxim (*Dimethylglyoxim*, *Formaldoxim*) mit 1—2 =N—OH-Gruppen u. 1—4 C-Atomen in Mengen von ca. 0,01—5 zugesetzt. (**A. P. 3 031 411** vom 10/6. 1958, ausg. 24/4. 1962.) H. Baur. 6539

2337 **Commissariat à l'Énergie Atomique,** Paris (Erfinder: **Jean Herenguel,** Versailles), Frankreich, *Verdichten von Aluminiumpulver.* (**Niederl. P. 102 916** vom 17/1. 1957, ausg. 15/10. 1962. F. Prior. 18/1. 1956. — C. **1962,** 6573 [Schwz. P. 349 417].)

2338 **Union Carbide Corp.,** New York, N.Y., V.St.A., *Schweißmittel.* (**Niederl. P. 103 232** vom 9/9. 1954, ausg. 17/12. 1962. A. Prior. 15/9. 1953. — C. **1960,** 14858 [A. P. 2 759 084].)

2339 **Deutsche Gold- und Silber-Scheideanstalt vormals Roessler,** Frankfurt/M., *Herstellung von Metallüberzügen auf feinverteilten Stoffen.* (**E. P. 896 600** vom 3/7. 1958, ausg. 16/5. 1962. D. Prior. 4/7. 1957. — C. **1962,** 4331 [Oe. P. 209 665].)

2340 **Union Carbide Corp.,** New York, N.Y., V.St.A., *Schweißen von Kohlenstoffstahl.* (**Niederl. P. 102 616** vom 15/6. 1954, ausg. 15/10. 1962. A. Prior. 16/6. 1953. — C. **1959,** 2609 [E. P. 762 848].)

2341 **Deutsche Gold- und Silber-Scheideanstalt vormals Roessler,** Frankfurt/M. (Erfinder: **Friedrich Endter,** Konstanz, und **Ernst Wagner,** Rheinfelden), *Bildung einer gleichmäßigen Metallschicht auf der Innen- oder Außenseite von Rohren.* (**Schwz. P. 364 155** vom 12/1. 1957, ausg. 15/10. 1962. D. Prior. 11/2. 1956. — C. **1960,** 3691 [F. P. 1 164 992].)

2342 **Autoyre Co.,** Oakville, Conn., V.St.A., *Erhöhung der Korrosionsbeständigkeit von mit Chrom plattiertem Stahl.* (**Niederl. P. 102 612** vom 23/4. 1954, ausg. 15/10. 1962. — C. **1957,** 1795 [A. P. 2 746 915].)

2343 **Eric Zetterström,** Stuvsta, Schweden, *Vorbehandeln von metallischen und nichtmetallischen Oberflächen vor dem galvanischen Aufbringen von Metallüberzügen.* (**Schwz. P. 340 434** vom 13/4. 1955, ausg. 30/9. 1959. — C. **1960,** 15903 [Belg. P. 537 558].)

2344 **Sherritt Gordon Mines Ltd.** (Erfinder: **Vladimir Nicolaus Mackiw, Vasyl Kunda** und **John Bryan Haworth**), Toronto, Ontario, Canada, *Stromlose Metallisierung von pulverförmigen Metalloxiden, Metallsulfiden oder deren Gemischen.* (**D. A. S. 1 143 372** Kl. 48b vom 27/2. 1957, ausg. 7/2. 1963. Can. Prior. 10/4. 1956. — C. **1961,** 18120 [E. P. 827 016].)

2345 **Tainton Co.** (Erfinder: **Erith Tainton Clayton,** Baltimore, und **Rolfe Pottberg,** Loch Raven), Md., V.St.A., *Herstellen von metallischen Überzügen.* (**D. A. S. 1 144 076** Kl. 48b vom 5/4. 1958, ausg. 21/2. 1963. E. Prior. 4/4. 1957. — C. **1962,** 4332 [E. P. 833 037].)

2346 **Rohm & Haas Co.,** Philadelphia, Pa., V.St.A., *Wärmehärtbarer Überzug.* (**Ind. P. 67 369** vom 16/4. 1959, ausg. 22/7. 1961. — C. **1963,** 282 [Jap. A. S. 7567/1960].)

2347 **N. V. Philips' Gloeilampenfabrieken,** Eindhoven, Niederlande, *Überziehen von Gegenständen mit Metalloxiden.* (**Belg. P. 572 631** vom 3/11. 1958, ausg. 27/7. 1962. Niederl. Prior. 4/11. 1957. — C. **1962,** 3257 [F. P. 1 207 231].)

H_9. Organische Industrie

2348 **Organische Schwerchemikalien.** D. F. Lyle. (Rep. Progr. appl. Chem. **45,** 135—41, 1960; Esso Petroleum Co. Ltd.; engl.) — Verff. zur Herst. organ. Chemikalien im großtechn. Maßstab werden kurz besprochen u. unter Nennung der ausführenden Firmen u. der Kapazitäten bes. solche Verff. berücksichtigt, die zu in größeren Mengen hergestellten Verbb. führen. Folgende Chemikalien werden genannt: *C_2H_2*, *Pimelinsäure* u. *-ester*, aromat. *Dicarbonsäuren*, *Pyromellitsäure*, *Phthalsäureanhydrid*, *Fumarsäure*, *CH_3COOH*, *CH_3CO_2OH*, *Sorbinsäure*, aliphat. *Polyfluoralkohole* mit 3—11 C-Atomen, aliphat. prim. *n-Alkohole*, *Butandiol-(1.3)*, *HCHO*, *Methylisopentylketon*, *Bzl.*, *Toluol*, *Xylole*, *Äthylbenzol*, *Naphthalin*, *Hexachlorbenzol*, *Tri-* u. *Tetrachloräthylen*, *CCl_4*, *Glutaminsäure*, *Caprolactam*, *CH_2=CHCN*, *Isopren*, *Butadien*, *Butylen*, *Isopenten*, *C_2H_4*, *Propylen* u. *Phenol.* G. Randau. 6550◇

2349 **Die Diffusionskoeffizienten binärer Gemische von Dämpfen einiger Kohlenwasserstoffe mit Luft.** Ju. D. Wassilewskaja. (Hochschulnachr. [Baku], Erdöl, Gas **5,** 59—64, 1962; Moskau, Ordshonikidse-Aviations-Inst.; russ.) — Die Diffusions-Koeff. bin. Gemische von Dämpfen von Paraffinen C_6—C_{10} sowie von Bzl., Cyclohexan u. Tetralin mit Luft im Temp.-Bereich 0—350° (Temp.-Intervall = 25°) werden ermittelt. S. Baryschnikow. 6550△

2350 **Partielle katalytische Oxydation von Kohlenwasserstoffen bei hoher Temperatur.** Suehiko Yoshitomi, Yoshiro Morita und Ken-ichi Yamamoto. (Bull. Japan Petroleum Inst. **4,** 15—27, 1962; Shinjuku-ku, Tokyo, Waseda Univ., Graduale School of Sci. and Engng., Dep. of Appl. Chem.; engl.) — Die Rk. von KW-Stoffen mit Wasserdampf oder Luft in Ggw. von NiO-Katalysatoren bei 750 bis 1000° wird untersucht. Es werden bes. n-Hexan, Cyclohexan, u. Bzl. sowie n-Heptan, Isooctan, Cetan, Methylcyclohexan, Dekalin, Toluol, Xylol, Äthylbenzol, Isopropylbenzol u. Dodecylbenzol eingesetzt. Als Katalysator wird 5% NiO auf Al_2O_3-Träger (**A**) oder Dolomit/Al_2O_3-Träger (**B**) verwendet. Als Rk.-Prodd. werden die Mengen CO_2, CO, H_2, CH_4 u. andere KW-Stoffe (als Summe) bestimmt u. die Wirksamkeit der Katalysatoren verglichen. **A** ist aktiver u. fördert stärker die Spaltung von C—H-Bindungen als **B.** Die C—C-Spaltung wird stärker von **B** bewirkt. Die Reaktivität aliphat. KW-Stoffe nimmt im Kontakt mit **A** bei steigender C-Zahl ab, mit **B** zu; die Reaktivität aromat. KW-Stoffe nimmt mit **A** u. **B** bei steigender C-Zahl in der Seitenkette zu. G. Randau. 6582◇

2351 **Untersuchung der Vergiftung des Platinkatalysators mit Thiophen unter den Bedingungen des Reformierens.** 2. Mitt. **Verwendung von Thiophen mit aktivem ^{35}S.** Ch. M. Minatschew, G. W. Issaguljanz und D. A. Kondratjew. (Nachr. Akad. Wiss. UdSSR, Abt. chem. Wiss. **1960,** 902—06; Zelinsky-Inst. für organ. Chem. der Akad. der Wiss. der UdSSR; russ.) — 1. vgl. C. **1963,** 5043. — Die Vergiftung des platinierten (5% Pt enthaltenden) Al_2O_3-Katalysators (KT) durch das mit ^{35}S markierte *Thiophen* (**I**) bei der Dehydrierung von *Cyclohexan* bei 450° u. 20 atm wurde untersucht. Die allg. Gesetzmäßigkeiten der Vergiftung des KT mit 5 bzw. mit 1% Pt sind analog. Der S-Geh. des KT (0,063—0,14% S) ist vom **I**-Geh. des behandelten Prod. abhängig u. befindet sich in linearer Abhängigkeit von seiner Aktivität. Die volle Regenerierung des KT durch Entfernung von S ist erfolgt, wenn der KT <40% vom ursprünglichen (vor dem Regenerieren vorhandenen) S-Geh. enthält. S. Baryschnikow. 6582

2352 **Untersuchung der Vergiftung des Platinkatalysators durch Thiophen beim Reformieren.** 3. Mitt. **Einwirkung der Temperatur und des Wasserstoffdruckes.** Ch. M. Minatschew, D. A. Kondratjew und O. K. Schtschukina. (Nachr. Akad. Wiss. UdSSR, Abt. chem. Wiss. **1960,** 1263 bis 1266; Zelinsky-Inst. für organ. Chem. der Akad. der Wiss. der UdSSR; russ.) — 2. vgl. vorst. Referat. — Die Entaktivierung des 1% Pt–Al_2O_3-Katalysators (KT) bei konst. Druck (20 atm) wurde in Abhängigkeit von der Temp. (425 bis 500° bzw. 450—475°) u. vom H_2-Druck (10—40 atm) bei der Dehydrierung eines 2,65% *Thiophen* enthaltenden *Cyclohexans* (**I**) untersucht. Der Dehydrierungsgrad von **I** bei 20 bis 40 atm u. 425—500° stabilisiert sich nach 1—2 Std.; bei 10 atm u. 450—475° wurde dagegen eine allmähliche Erniedrigung der Aktivität des KT im Verlauf von 20 Std. festgestellt. Der stabilisierte Dehydrierungsgrad von **I** erhöht sich mit steigender Temp. (425—500°) u. erniedrigt sich bei der Erhöhung des Druckes (20—40 atm). Die spezif. Oberfläche des entaktivierten KT erniedrigt sich bei der Erhöhung der Temp., wird aber durch die Veränderung des Druckes prakt. nicht beeinflußt. S. Baryschnikow. 6582

2353 **Untersuchung der Umwandlung einiger Kohlenwasserstoffe in Gegenwart von Aluminiumchlorid.** M. G. Mamedli und M. S. Alijew. (Hochschulnachr. (Baku), Erdöl Gas **5,** Nr. 5, 75—78, 1962; Aserbaidshaner Asisbekow-Inst. für Erdöl u. Chem.; russ.) — Die Unterss. werden mit *Cetan* (**I**), tetramerem *Propylen* (**II**) u. *Dodecylbenzol* (**III**) in Ggw. von 2% $AlCl_3$ bei 220° während 30 Min. durchgeführt. Die Fraktionen 150—280° aus den Rk.-Prodd. unterscheiden sich in ihren physikal.-chem. Eigg. wesentlich von den Ausgangsstoffen. Bei der Rk. mit **I** geht als Folge der Umverteilung von H ein Spaltungs- u. Polymerisationsprozeß vor sich. Bei der Rk. mit **II** beweisen die vorhandenen Naphthen-, Paraffin- u. aromat. KW-Stoffe, daß die ungesätt. Verbb. polymerisieren, isomerisieren u. cyclisieren. Bei Verw. von **III** senken sich durch die H-Umverteilung die Werte für F., das spezif. Gew. u. den Brechungsindex. Die Umwandlung von **III** beschränkt sich daher auf die Spaltung der Seitenkette durch Bldg. niedermol. aromat. substituierter Paraffine u. ungesätt. KW-Stoffe. J. Lehmberg. H 460△

2354 **Das ternäre System Methanol–Wasser–1.2-Dichloräthan.** Marta Sivoková und Alois Matějíček. (Chem. Průmysl **12(37),** 544—46, 1962; Pardubice, Výzkumný ústav synt. pryskyřic a laků; tschech.) — Das tern. Syst. CH_3OH/W./1.2-Dichloräthan wird bei 20, 22, 30 u. 40° untersucht. J. Schneider. H 490

2355 **Dampf-Flüssigkeit-Gleichgewichte: Das System Aceton–Methanol–Äthylenglykol.** V. V. Chandramouli und G. S. Laddha. (J. sci. ind. Res. [New Delhi], Sect. D **21,** 269—74, 1962; Madras, Univ. of Madras, Alagappa Chettiar Coll. of Technol., Dep. of Chem. Engng.; engl.) — Für das Syst. Aceton (**I**)/CH_3OH (**II**) werden bei Atmosphärendruck die Dampf/Fl.-Gleichgewichtsdaten in Ggw. von 30, 50, 70 u. 80 Mol-% Äthylenglykol (**III**) in der fl. Phase bestimmt. Bei steigendem **III**-Geh. in der fl. Phase nimmt die relative Flüchtigkeit von **I** zu. Ein Geh. von 50 Mol-% **III** in der fl. Phase ist ausreichend zur Trennung von **I** u. **II** durch Extraktions-Dest.-Technik. G. Randau. H 490◇

2356 **Wirtschaftliche Betrachtungen über die Trennung der Butane durch Extraktivdestillation.** R. Passino und A. R. Giona. (Riv. Combustibili **16,** 546—51, 1962; Roma, Facoltà Ingng., Ist. Chim. appl.; ital.) — Eine Kostenaufstellung für die wirtschaftlich günstigste Lsg. der Dest. der *Butane* in Ggw. von Aceton u.W. wird gegeben. W. Holland. H 510◇

2357 **Darstellungen und Eigenschaften von neuen Polymeren des Acetylens und seinen Derivaten.** A. Korn-Girard und P. Teyssié. (Rev. Inst. franç. Pétrole Ann. Combustibles liquides **17,** 1214—31, 1962; Inst. Français du Pétrole; franz.) — C_2H_2 u. seine Derivv., die heute aus Erdöl-Prodd. gewonnen werden, lassen sich mit metallorgan. Verbb. (Triphenyl-Fe, Ziegler-Natta-Katalysatoren (**A**), mit $NaBH_4$ red. Trialkylphosphor-Ni- bzw. -Co-Halogeniden u. anderen anion. Katalysatoren) oder über Radikale polymerisieren. Mit **A** lassen sich gezielte Oligomere (*Bzl., Cyclooctatetraen, Vinylacetylen, Cupren*) gewinnen. Mit Cu-Salzen lassen sich Polykondens. durchführen. Thermostabilität, Halbleiter- u. magnet. Eigg. verschiedener Polymeren werden aufgeführt. — 41 Literaturangaben. W. Holland. H 530◇

2358 **Die Verwertung von Pyrolysenteer, eines Nebenproduktes der Erzeugung von synthetischem Alkohol.** R. I. Schimanskaja, W. G. Pljussnin und N. Ss. Waissberg. (Chem. Technol. Brennstoffe Öle [UdSSR] **7,** Nr. 9, 34—37, 1962; Ural-Filiale der Akad. der Wiss. der UdSSR; russ.) — An Stelle der bisher üblichen Verw. (Verbrennung, Einsatz in Rohöl bzw. Verarbeitung von 25% auf Aromaten) des *Pyrolysenteers* (**I**) wird zur wirtschaftlicheren Verwertung der im **I** enthaltenen chem. Grundstoffe die Aufarbeitung durch Polymerisation mit HF empfohlen. Dabei werden ca. 40 (%) von **I** als Polymerteer (Ausgangsstoff für verschiedene Kunststoffe), 34 als Bzl., 5 als Toluol u. 1 als aromat. Lsgm. gewonnen. Das Prinzipschema des Verf. ist angegeben. Bei der Tendenz der Pyrolyse auch der niedrigoktanigen straight-run-Benzine zur Gewinnung von *Äthylen* u. *Butylen* gewinnt das vorgeschlagene Verf. bes. Bedeutung. H. V. Adolphi. H 550◇

2359 **Ternäre Flüssigkeitsgleichgewichte: Die Systeme Amylacetat–Fettsäure–Wasser.** R. Krishnamurti, G. Jayarama Rao und C. Venkata Rao. (J. sci. ind. Res. [New Delhi], Sect. D **21,** 282—84, 1962; Waltair, Andhra Univ., Dep. of Chem. Technol.; engl.) — Die Mischbarkeiten u. Verteilungsgleichgewichte von HCOOH, CH_3COOH, C_2H_5COOH u. Buttersäure in Amylacetat/W. bei 28° werden angegeben (5 Tabellen, 3 Diagramme). G. Randau. H 810◇

2360 **Die Herstellung von synthetischen Amylacetaten.** Josif Drimuş, Marcel Klang und Claudiu Matasă. (Bul. Inst. politehn. Bucureşti **22,** Nr. 2, 123—33, 1960; Bucureşti, Inst. Politehn., Labor. de Tehnol. Org. Gen.; franz.) — Beim Vgl. zweier Vff. zur Herst. von Amylacetaten wird die Hydrolyse von Chlorpentan u. nachfolgende Veresterung mit CH_3COOH gegenüber der direkten Veresterung eines Gemisches von isomeren Pentylchloriden mit wasserfreiem CH_3COONa trotz der etwas geringeren Ausbeute (61 : 63%) als die wirtschaftlichere Meth. angesehen. J. Lehmberg. H 810◇

2361 **Alkenylsilane.** 1. Mitt. **Synthese.** Tadeusz Wojnarowski. (Polimery — Tworzywa wielkoczasteczkowe **7,** 81—84, 1962; Warszawa, Wydzial Chemiczny Pol.,

Zakład Technologii Organicznej; pol.) — Überblick über die Synth.-Meth. für Alkenylsilane. Die direkte Snyth. sowie die Hochtemp.-Synth. werden wegen ihrer techn. Bedeutung ausführlich behandelt. I. Köditz. H 980

2362 **Über die Kinetik der Alkylierung von Toluol mit Propylen über einem Aluminiumsilicatkatalysator.** I. M. Kolessnikow, G. M. Pantschenkow und A. A. Orlowa. (Chem. Technol. Brennstoffe Öle [UdSSR] **7**, Nr. 9, 1—8, 1962; Moskau, Gubkin-Inst. für Erdölchem. u. Gasind.; russ.) — Die Rk. wurde zwischen 180 u. 260°, bei einem Mol-Verhältnis Toluol zu Propylen 3 : 1 u. bei Kontaktbelastungen von $0{,}4 - 10^{-2}$ bis $1{,}8 \cdot 10^{-3}$ Mol Toluol/cm^3 Katalysator u. Std. untersucht. Auf Grund der beobachteten Umsätze (Vers.-Ergebnisse sind angegeben) werden die Konst. der Rk.-Geschw. für beide Rk.-Stufen (Umsetzung zum Cymol u. zum Diisopropyltoluol) berechnet. Grundlage für die Ableitung der kinet. Gleichungen ist die Adsorptionstheorie von Langmuir. Bis 240° ist die Rk. nicht umkehrbar. Die Rk.-Kinetik kann durch die Gleichung für nichtumkehrbare parallel nachfolgende Rkk. zweiter Ordnung im Gasstrom beschrieben werden. H. V. Adolphi. H 1010◇

2363 **Katalytische Isomerisierung der Xylole.** Tōzō Amemiya, Eiichi Tsunetomi, Etsurō Nakamura und Takao Nakazawa. (Bull. Japan Petroleum Inst. **3**, 14—26, 1961; Kawaguchi, Saitama, Japan, Resources Res. Inst.; engl.) — Die Isomerisierung von o- (**V**), m -(**VI**) u. p-Xylol (**VII**) u. Äthylbenzol (**I**) am SiO_2/Al_2O_3-Katalysator bei 500° u. 1 atm im Gemisch mit verschiedenen Mengen Wasserdampf wird untersucht. Aus den Vers.-Ergebnissen werden die Geschw.-Konst. für die Isomerisierung der einzelnen Xylole (**A**), für die Disproportionierung von **A** zu Toluol (**IV**) u. Trimethylbenzol sowie für das Cracken von **I** zu Bzl. (**II**) u. C_2H_4 (**III**) berechnet. Bei 500, 515 u. 530° werden Gemische von **A** mit **I** isomerisiert u. die erhaltenen Mengen **A, I, II, IV,** *Methyläthylbenzol, 1.3.5-, 1.2.4-* u. *1.2.3-Trimethylbenzol,* **III,** CH_4 u. H_2 gaschromatograph. bestimmt. Bei 515° ist mit dem Verhältnis **VII** : **VI** : **V** = 22,1 : 52,7 : 25,2 das Isomerengleichgewicht erreicht. G. Randau. H 1010◇

2364 **Aromatische Perfluorverbindungen.** G. de Gaudemaris und C. Cohen. (Rev. Inst. franç. Pétrole Ann. Combustibles liquides **17**, 1281—96, 1962; Inst. Français du Pétrole; franz.) — Da die C—F-Bindung energiereicher ist als die C—H-Bindung, sind F-Verbb. thermostabiler als die entsprechenden KW-Stoffe. Verw., Darst., Eigg. u. Verh. fluorierter Verbb., bes. aromat., werden besprochen. W. Holland. H 1010◇

2365 **Verarbeitung des bei der Herstellung von Phenol nach der Cumolmethode erhaltenen Harzes.** A. B. Wol-Epstein, M. N. Sharowa und W. W. Ssurowzewa. (Chem. Ind. [UdSSR] **1962**, 88—93; Akad. der Wiss. der UdSSR, Inst. für fossile Brennstoffe; russ.) — Vgl. C. **1962**, 11153. — Das bei der Gewinnung von Phenol (**I**) nach der Cumol (**II**)-Meth. in einer Menge von 23% des **I** erhaltene Harz besteht in der Hauptsache aus *2-Phenyl-2-(4-hydroxyphenyl)-propan* (**III**), dem Dimeren von α-Methylstyrol *2.4-Diphenyl-4-methylpenten-(2)* (**IV**) u. *Acetophenon* (**V**). Durch Hydrierung wird, abgesehen von Nebenrkk., **III** in **I** u. **II, IV** in **II** u. **V** in Äthylbenzol übergeführt. Aus dem Harz werden zunächst die Salze (Na_2SO_4, Na-Phenolat) mit 10%ig. H_2SO_4 entfernt. Nach Abtrennung der wss. Schicht erfolgt die Hydrierung, für die sich als Katalysator Al_2O_3-CoO-MoO_3 besser als WS_2-NiS-Al_2O_3 eignet, mit H_2 oder CH_4-H_2-Gemisch bei 350° u. 50 at. Der Katalysator muß frühestens nach 600 Std. regeneriert werden. Die **I**-Ausbeute wird durch die Harzaufarbeitung ohne zusätzlichen **II**-Verbrauch um 12% erhöht. Ein technolog. Schema wird ausgearbeitet. R. K. Müller. H 2200◇

2366 **Thermisch-hydrogenolytische Demethylierung von Methylnaphthalinen.** Haruhiko Morii, Akira Hashimoto, Hiroo Tominaga und Kazuo Ueno. (Bull. Japan Petroleum Inst. **4**, 28—34, 1962; Mitsubishi Oil Co., Res. Labor.; engl.) — Die therm. Demethylierung eines techn. Gemisches von 53,0 (Mol-%) α-Methylnaphthalin (α-**I**), 41,9 β-**I**, 1,3 Naphthalin (**II**) u. 3,8 anderen Verbb. bei 580—680° u. 6—60 atm in Ggw. von 1—10 Mol H_2 (**III**)/Mol **I** wird untersucht. Die Verweilzeiten im Cr/Ni-Stahlreaktor betragen 5 bis 30 Sekunden. Die Rk.-Prodd. werden gaschromatograph. analysiert. Bei **III**-Überschuß erreicht die Ausbeute an **II** 94—96% des umgesetzten **I.** Außerdem werden hauptsächlich CH_4, daneben C_2H_6 u. Spuren *Propylen* u. C_3H_8 sowie (zusammen 0,5—3 Mol-%) *Bzl., Toluol* u. *Xylole* gebildet. α-**I** wird ca. 2mal schneller demethyliert als β-**I**. G. Randau. H 2700◇

2367 General Electric Co., übert. von: Allan S. Hay, Watervliet, N.Y., V.St.A., **Oxydation von Alkanen, Cycloalkanen, deren Säuren, Estern, Ketonen** erfolgt im fl. Zustand mit O_2 bei 80—200, bes. 100—175°, in Ggw. einer Co-Verb., Br u. einer Carbonsäure als Katalysator, wobei das Atomverhältnis von Br : Co = 0,008—1,9 : 1 beträgt. Die Oxydation springt sofort an. Als Co-Verb. dienen: $CoBr_2$, Co-Acetat, -Propionat, -Butyrat, -Benzoat, -Toluat, -Terephthalat, -Naphthenat (Co-Sulfat, -Nitrat, -Jodid, -Chlorat, -Jodat machen den Katalysator unwirksam); als Br-Verbb. sind geeignet: Bromessig-, -propion-, -butter-, -cyclohexancarbonsäure, Br_2, $CHBr_3$, HBr u. $CoBr_2$. Das bei der Oxydation entstehende W. muß sofort entfernt werden, da ein Wasser-Geh. > 0,02% die Rk. zum Stillstand bringt. — Aus 350 (Teilen) n-Octan u. 100 Benzoesäure in Ggw. von Co(II)-Acetattetrahydrat u. $CoBr_2 \cdot 6\,H_2O$ (in 0,15 molarer Lsg. vorhanden) bei 118° unter Einleiten von 84 O_2 je Std. → *Octanone, Octandione, Octansäuren* u. andere Carbonylverbindungen. — n-Dekan → *Decanone, Decandione* u. *Decansäuren.* — Capronsäure → *Ketocapron-, Oxal-* u. *Adipinsäure.* — Stearinsäure → *Ketostearinsäuren* u. *Dicarbonsäuren.* — Ferner können oxydiert werden: Methan, Äthan, Propan, Hexan, Heptan, Octan, Nonan, Undecan, Octadecan, Kerosin, Essig-, Propion-, Butter-, Capryl-, Decan-, Hexadecan-, Octadecansäure u. deren Ester, Propan-, Butan-, Pentan-, Octan-, Decan-, Dodecan-, Octadecanon, Cyclopropan, Cyclobutan, Cyclopentan, Cyclohexan, Cycloheptan. — *Zwischenprodd.* zur Herst. von *Weichmachern, Überzugsmassen, Riechstoffen, Lsgm.* für *Lacke* u. *Harze.* — Diagramm. (**A. P. 2 920 087** vom 25/2. 1957, ausg. 5/1. 1960.) G. Krauß. 6583

2368 Minnesota Mining and Mfg. Co., St. Paul, Minn., V.St.A., **Fluorverbindungen** der allg. Formel $R{-}(\overset{|}{\underset{|}{C}}H{-}\overset{|}{\underset{|}{C}})_n{-}X$, bes. $R{-}CH_2{-}CH(R'){-}X$ (R = Fluorkohlenstoffrest; R′ = Alkyl, Halogenalkyl, Hydroxyalkyl, Carboxyalkyl, Acyloxyalkyl, Acylaminoalkyl, Ketoalkyl, Acyloxy, Alkoxyalkyl; X = Cl, Br; n = ganze Zahl bis 50; die freien Valenzen sind durch Atome oder Reste abgesättigt, die Hammett-Parameterwerte haben, deren algebraische Summe höchstens + 0,4 beträgt; vgl. Jaffe, Chem. Reviews **53,** [1953], 219—233) erhält man durch Rk. eines Fluorkohlenstoffsulfonylchlorids oder -bromids mit einem mit anderen Olefinen mischpolymerisierbaren Olefin, das am doppelt gebundenen C-Atom wenigstens 1 H-Atom enthält, in Ggw. von freie Radikale bildenden Stoffen, wie Peroxide, UV-Licht, unter Abspaltung von SO_2. — Aus 3 g 1-Octen u. 6,2 g Perfluor-4-äthylcyclohexansulfonylchlorid unter 15std. Bestrahlen mit einer Hg-Dampflampe → *4-$C_2F_5C_6F_{10}CH_2 \cdot CHClC_6H_{13}$*, $Kp._{25}$ 154°; n_D^{25} 1,3731; 80% (Ausbeute). — 10-Hendecensäure u. Perfluoroctansulfonylchlorid in Ggw. von Di-tert.-butylperoxid bei 130—145° → *$C_8F_{17}CH_2CHCl(CH_2)_8 \cdot COOH$*, $Kp._{0,5}$ 190—204°; aus Ae. F. 82—83°; 79%. — Cyclohexen + Perfluoroctansulfonylchlorid → *$C_{14}H_{10}ClF_{17}$*, $Kp._{60}$ 166°. — Allylchlorid + Perfluormethansulfonylchlorid → *$CF_3CH_2 \cdot CHClCH_2Cl$*, $Kp._{60}$ 49°, + CF_3 -[- $CH_2{-}CH(CH_2Cl)$ -]$_2$-Cl, $Kp._{60}$ 141°. — $CF_3SO_2Cl + CH_2{=}CHC_6H_{13}$ → *$CF_3CH_2CHCl \cdot C_6H_{13}$*, $Kp._{60}$ 103°. — $C_8F_{17}SO_2Cl + CH_2{=}CHCH_2Cl$ → *$C_8F_{17} \cdot CH_2CHClCH_2Cl$*, $Kp._{60}$ 143°. — 4-$C_2F_5C_6F_{10}SO_2Cl + CH_2{=}CHCH_2Cl$ → *$C_2F_5C_6F_{10}CH_2CHClCH_2Cl$*, $Kp._{60}$ 139°. — $C_8F_{17}SO_2Cl + CH_2{=}CHCH_2OH$ → *$C_8F_{17}CH_2CHClCH_2OH$*, $Kp._{20}$ 126°, + C_8F_{17} -[- $CH_2CH(CH_2OH)$ -]$_2$-Cl. — $C_8F_{17}SO_2Cl$ + $CH_2{=}CHCH_2NHCOCF_3$ → *$C_8F_{17}CH_2CHClCH_2NHCOCF_3$*, F. 68°. — $CF_3SO_2Cl + CH_2{=}CHCH_2OOCCH_3$ → *$CF_3CH_2 \cdot CHClCH_2OOCCH_3$*, $Kp._{60}$ 96°. — $C_8F_{17}SO_2Cl + CH_3CH{=}CH \cdot COOH$ → *$C_8F_{17}CH(CH_3)CHClCOOH$*. — CF_3SO_2Cl + Cyclohexen → *$CF_3C_6H_{10}Cl$*, $Kp._{60}$ 83—85°. — 4-$C_2F_5C_6F_{10}SO_2Cl$ + Cyclohexen → *$C_2F_5C_6F_{10}C_6H_{10}Cl$*, $Kp._{25}$ 139°. — Als Olefine sind noch verwendbar: $CH_2{=}CHCH_2CH_2COOH$, $CH_2{=}CH \cdot CH_2CH_2COCH_3$, $CH_2{=}CHCH_2OC_2H_5$, $CH_2{=}CHCH_2NHCO \cdot CH_3$, $CH_2{=}CHCH_2COOH$, $CH_3CH{=}CClCH_3$, $CH_2{=}C(C_2H_5) \cdot C_4H_9$, Cyclopentadien, Cyclobutensulfon u. Cyclohexendicarbonsäureanhydrid. — *Überzugsmassen, Lsgm.* u. *hydraul. Flüssigkeiten.* (**E. P. 849 061** vom 6/9. 1956, ausg. 21/9. 1960. A. Prior. 6/9. 1955.) G. Krauß. H 460

2369 Institut Français du Pétrole, des Carburants et Lubrifiants, Paris, Frankreich, **Diolefine mit konjugierten Doppelbindungen.** Olefine mit wenigstens 4 C-Atomen werden mit O_2 oder diesen enthaltenden Gasen bei <150, bes. 50—125°, bes. in Ggw. eines Lsgm. (Bzl., dessen Cl-Derivv., ggf. unter Zusatz von 2—10% Nitrobenzol als Polymerisationsverzögerer) u. eines Hydroperoxids als Anspringmittel in das *Olefinhydroperoxid* übergeführt; daraus erhält man durch Behandeln bei 0—80, bes. 30—80°, in Ggw. von reduzierenden Mitteln (KJ, NaJ, Na- u. K-Sulfit, -Sulfhydrat, $Fe(SCN)_2$, $TiSO_4$, Mischungen aus $SnCl_2$ u. $TiCl_2$, Arsenite, Salze von Pb, Fe, Hg, Cu, Mn, Co mit niederwertigem Metall, Cd-, Pb-, Sn-, Bi-, Ag-, Cu-Pulver, Alkali- u. Erdalkalihydroxide, Amine, Alkylamine, Aktivkohle) oder durch therm. Spaltung bei 60—150° das entsprechende *α-Hydroxyolefin*, aus dem dann im gasförmigen oder fl. Zustand bei 100 bis 375°, bes. 100—200°, in Ggw. eines wasserabspaltenden Mittels (Oxide von Al, Th, Cr, W; Tone, Kaolin, Alaun, Na-Phosphate, H_3PO_4, H_2SO_4, HCl, HBr, HJ, $ZnCl_2$, K- u. Na-Sulfat, -Phosphat, Anilinhydrobromid, J_2) W. abgespalten wird. — Aus 3-Hepten in Ggw. von Heptenylhydroperoxid unter Einleiten von O_2 bei 75° → Heptenylhydroperoxid bis der Peroxid-Geh. 6% beträgt. Die Lsg. wird dann im Vakuum konz., das 30%ig. Peroxid mit 30%ig. wss. Na_2SO_3 bei 40° behandelt u. die Heptenole abdest., (Ausbeute) 95%. Daraus erhält man bei 330° im Dampfzustand in Ggw. von Th-Oxid eine Mischung aus *1.3-* u. *2.4-Heptadien*, 100%; Gesamtausbeute 95%. — 2-Dodecen → Dodecenylhydroperoxid → Dodecenole → Mischung aus *2.4-* u. *3.5-Dodecadien*, 78,5%. — 2-Methyl-2-penten → Hydroperoxid → 2-Methylpentenole → Mischung aus *2-Methyl-2.4-* u. *-1.3-pentadien*, 78%. — 4-Methyl-3-hepten → 4-Methylheptenylhydroperoxid → 4-Methylheptenole → Mischung aus *4-Methyl-2.4-* u. *-3.5-heptadien*. — 3-Methyl-1-buten → Hydroperoxid → 3-Methylbutenole → *Isopren*. — Cyclohexen → Hydroperoxid → Cyclo-1-hexen-3-ol → *Cyclohexa-1.3-dien*, 85%. — 1-Methyl-2-cyclohexen → Hydroperoxid → 1-Methylcyclohexenole → *Methylcyclohexadiene*, 90%. (**E. P. 846 847** vom 3/3. 1959, ausg. 31/8. 1960. F. Prior. 3/3. 1958.) G. Krauß. H 520

2370 Engelhard Industries, Inc., V.St.A. (Erfinder: Alfred J. Haley jun. und Helger C. Andersen), **Reinigung von Propylen** und von Gemischen, die neben Propylen bes. Methylacetylen u./oder Propadien enthalten, durch selektive Hydrierung in Ggw. eines Katalysators, der 0,001—1,0% Pd u. Rh oder Pt enthält. Das Gasgemisch wird in einem Verhältnis u. mit einer Geschw. von 400—10000 Vol.-Teilen Gas je Vol.-Teil Katalysator u. Std. über den Katalysator geleitet. (**F. P. 1 237 412** vom 2/10. 1959, ausg. 25/11. 1960. A. Prior. 10/10. 1958.) Eberhard Riedel. H 520

2371 Hans Kroepelin, Braunschweig (Erfinder: Hans Kroepelin, Braunschweig, und Paul Klencz, Huerth bei Köln), **Gasförmige Kohlenwasserstoffe, besonders Acetylen, und Wasserstoff** erhält man durch Spaltung von KW-Stoffen in fl. Zustand unter vermindertem Druck, wie <250, bes. <100 mm, mit Hilfe einer Vielzahl von Lichtbogen, die zwischen mit der Stromquelle verbundenen Elektroden u. durch die entwickelten Gase bewegten Hilfselektroden intermittierend in der Fl. brennen, wodurch die Bldg. von Ruß unterdrückt wird. Die Hilfselektroden sind stabförmige Körper von beliebigem Querschnitt, deren Dicke größer ist als der Abstand von 2 Hauptelektroden, oder gekörnte Stoffe mit einer Teilchengröße von bes. 14—15 mm∅, wobei der größte ∅ den Abstand von 2 Hauptelektroden übersteigen soll. Die Bewegung der Hilfselektroden wird durch ein Sieb oder Netz nach oben begrenzt. — Aus Kogasin, Kp. 180—320°, erhält man bei 50 mm 33 (%) C_2H_2, 4,3 C_2H_4 u. 59,5 H_2 neben 3,2 niedrigmol. KW-Stoffen. — Vorr., Zeichnungen. (**Schwz. P. 342 561** vom 14/9. 1955, ausg. 15/1. 1960. D. Prior. 13/10. 1954.) G. Krauß. H 530

2372 John Happel, Yonkers, und Charles J. Marsel, New York, N.Y., V.St.A., **2-Alkyl-1.5-hexadien-3-ine** (Alkyl mit 1—5 C-Atomen) erhält man durch Rk. von Acetylen, Methyl- oder Vinylacetylen mit einem aliphat. Aldehyd oder Keton in Ggw. einer beständigen Aufschlämmung von KOH in einem hochsd. KW-Stoff (Xylol), die aus 1 (Teil) festem KOH in 2—1 hochsd. Lsgm. unter Zusatz von 0,5 bis 5% Ölsäure u. Erhitzen über den F. der KOH auf 140° u. Abkühlen bis höchstens 5° erhalten wurde. Aus dem entstandenen Acetylenalkohol wird dann in Ggw. von verd. Säure W. abgespalten. — 80 KOH werden in 160 Xylol auf 140° erhitzt u. dann 2 Ölsäure zugesetzt; die Mischung wird unter Rühren auf 25° abgekühlt, wodurch eine Aufschlämmung von festem KOH, die bei Raum-Temp. beständig ist, entstanden ist. Durch Zusatz einer Mischung aus je 0,855 Mol Vinylacetylen u. Aceton bei 35—40° u. anschließende Hydrolyse mit 75 konz. H_2SO_4 wird 2-Methyl-5-hexen-3-in-2-ol erhalten, Ausbeute 74%. Daraus entsteht mit 30%ig. H_2SO_4 *2-Methyl-1.5-hexadien-3-in*. — Acetylen + Butyraldehyd → *1-Hexin-3-ol*. — Vorr., Zeichnungen. (**A. PP. 2 922 765** vom 11/8. 1955, ausg. 26/1. 1960 u. **2 963 521** vom 11/8. 1955, ausg. 6/12. 1960.) G. Krauß. H 530

2373 Hercules Powder Co., Wilmington, Del., V.St.A., **Aufbau organischer Verbindungen aus niedermolekularen Verbindungen mit kernspaltbaren anorganischen Verbindungen.** Das Verf. nach E. P. 770 594 wird im Dampfzustand bei 150—250° durchgeführt. — Aus Methanol in Ggw. von $UO_2(NO_3)_2 \cdot 6\,H_2O$ (^{235}U-Geh. 20%) bei 150° in einem Al-Druckgefäß → *Äthylenglykol* neben wenig CO, Methan, HCHO u. H_2. (**E. P. 838 361** vom 10/12. 1958, ausg. 22/6. 1960. A. Prior. 17/12. 1957. **Zusatz zu E. P. 770594; C. 1959, 12377.**) G. Krauß. H 570

2374 General Aniline & Film Corp., New York, N.Y., übert. von: Eugene V. Hort, Westfield, N.J., V.St.A., **1.4-Butandiol**, Ep. 20,9°; n_D^{25} 1,4446, erhält man durch Hydrierung von 20—80, bes. 35—40%ig. 1.4-Butindiol mit H_2 bei 15—120, bes. 30—60°, 0—30, bes. 1—10 at u. pH 7,5 bis 12 (eingestellt durch Zusatz von Alkalimetallen, Alkali- u. Erdalkalioxiden, Hydroxiden, quatern. Ammoniumhydroxiden) in Ggw. von 0,1—10, bes. 0,5—3%, eines Ni-Katalysators (Raney-Ni), der noch 3—25% Cu, das der Lsg. als Cu, CuO, Chlorid, Nitrat, Cyanid, Formiat, Acetat oder Carbonat zugegeben wird, enthalten kann; beste genannte Ausbeute 89%. (**A. P. 2 950 326** vom 31/12. 1957, ausg. 23/8. 1960.) G. Krauß. H 570

2375 Pennsalt Chemicals Corp., übert. von: Bernard Loev, Philadelphia, und John T. Massengale, West Chester, Pa., V.St.A., **Mercaptane** werden hergestellt durch Rk. von H_2S mit Dialkyläthern in Ggw. von Sauerstoff-Verbb. von Al, B, Si, S u. P als Katalysator unter Druck bei erhöhter Temperatur. — Ein Gemisch von H_2S u. Diisopropyläther mit Mol-Verhältnis 10:1 wird bei 275° unter einem Druck von 135 lbs./sq. in. über einen Katalysator von H_3PO_4 auf SiO_2 geleitet → *Isopropylmercaptan* (41% Umwandlung bei 61 cm³/Std.). — Analog aus Cyclohexyläthyläther → *Cyclohexylmercaptan* u. *Äthylmercaptan*. — (**A. P. 2 957 920** vom 10/4. 1958, ausg. 25/10. 1960.) A. Debo. H 600

2376 Pennsalt Chemicals Corp., Philadelphia, Pa., V.St.A., **Mercaptane.** Zu A. P. 2 957 920; s. vorst. Ref. ist nachzutragen: Auch prim. oder sek. Alkohole können mit H_2S in Ggw. eines sauren Katalysators bei Drucken über 50 lbs./sq.in. u. Temp. von 100—500° in Mercaptane übergeführt werden. — H_2S u. n-Propanol im Mol-Verhältnis 6:1 werden bei 275° u. 125—140 lbs./sq.in. mit einer Geschw. von 127 cm³/cm³/h (bezogen auf Propanol) über H_3PO_4 auf SiO_2 geleitet → *Isopropylmercaptan* (41% Umwandlung), Kp. 48 bis 55°; dagegen bei Verw. eines Thoriumkatalysators → n-Propylmercaptan, Kp. 65,5—68,5°. — Analog aus sek.-Butanol → *sek.-Butylmercaptan* (63%). — Aus sek.-Amylalkohol → *sek.-Amylmercaptan*. (**E. P. 865 850** vom 1/4. 1959 ausg. 19/4. 1961. A. Prior. 10/4. 1958.) A. Debo. H 600

2377 Crown Zellerbach Corp., San Francisco, Calif., übert. von: David W. Goheen und William M. Hearon, Camas, Wash. V.St.A., **Methylmercaptan** erhält man durch Erhitzen von Sulfitablaugen mit 30—60% Feststoff-Geh., deren Geh. an reduzierenden Stoffen auf <7 erniedrigt wurde, mit 3—10% S, wasserlösl. anorgan. Sulfiden, Thiosulfaten, Polysulfiden u. Hydrosulfiden auf 180—500, bes. 200—300°, bei pH >7, bes. 11—14. Die reduzierenden Stoffe sind durch bakterielle Gärung, Ionenaustausch, Dialyse oder durch Oxydation mit O_2 enthaltenden Gasen in Ggw. von Alkali entfernt worden. Die vorhandenen Ligninsulfonsäuren können vorher mit Kalk ausgefällt werden. — Ausbeutediagramm. (**A. P. 2 914 567** vom 6/12. 1957, ausg. 24/11. 1959.) G. Krauß. H 600

2378 E. I. du Pont de Nemours & Co., übert. von: William A. Sheppard, Wilmington, Del., V.St.A., **Polyfluoralkylmercaptane** werden erhalten durch Rk. einer

Fluoralkylmono- oder -dicarbonsäure oder deren Chlorid mit H_2S bei 150—300° unter autogenem Druck. Bei Drucken unter 1000 at muß ein Katalysator (Sulfide von Cr, Co, Cu, Fe, Pb, Mo, Ni, Sn, W, V oder Ag) zugesetzt werden. — 23,2 (Teile) Perfluorbutyrylchlorid u. 68 fl. H_2S werden bei —80° in einen Autoklav gefüllt. Dieser wird 2 Std. auf 150°, 2 Std. auf 170° u. noch 6 Std. lang auf 190° erhitzt, wobei der Druck durch Einspritzung von weiterem fl. H_2S auf 3000 at gehalten wird. Man nimmt in Ae. auf, filtriert, dest. → 7,3 *1.1-Dihydroperfluorbutylmercaptan* (**I**), $C_4H_3F_7S$, 39% (Ausbeute), $Kp._{760}$ 75—76°, neben 5 Perfluorbuttersäure, $Kp._{760}$ 114—119°. Na-Salz von **I** u. 2.4-Dinitrochlorbenzol → 1.1-Dihydroperfluorbutyl-2.4-dinitrophenylsulfid, $C_{10}H_5F_7N_2O_4S$, F. 77—77,5° (aus A.). — Analog werden erhalten: Aus ω-Hydroperfluorvalerylchlorid u. H_2S bei 3000 at u. 200° → *1.1.5-Trihydroperfluorpentylmercaptan* (**II**), $C_5H_4F_8S$, 21%, $Kp._{760}$ 127°, n_D^{26} 1,3430; neben ω-Hydroperfluorvaleriansäure u. Bis-(1.1.5-trihydroperfluorpentyl)-disulfid, $C_{10}H_6F_{16}S_2$, $Kp._1$ 93°; **II** u. 2.4-Dinitrobenzolsulfenylchlorid → 1.1.5-Trihydroperfluorpentyl-(2.4-dinitrophenyl)-disulfid, $C_{11}H_6F_8N_2O_4S_2$, F. 55,5—56,5°; **II** u. Cl_2 → 1.1.5-Trihydroperfluorpentansulfonsäure, $C_5H_4F_8O_3S$, $Kp._1$ 138 bis 139°, Ba-Salz hieraus mit $BaCl_2$. — Aus Perfluorglutarylchlorid u. H_2S bei 250° u. 3000 at → *1.5-Dimercapto-1.1.5.5-tetrahydroperfluorpentan*, $C_5H_6F_6S_2$, 18,5%, $Kp._{25}$ 92—93,5°, n_D^{25} 1,4215. — *Metalldesaktivatoren* in Treibstoffen, *Korrosionsinhibitoren*, *Stabilisatoren* für Fluorolefine, *Vernetzungsmittel* u. *Mittel zur Viscositätsverminderung* bei Vinylpolymerisationen, *Zwischen-Prodd.*, mit Olefinen gebildete Sulfide sind Wärmeüberträger, die Sulfonsäuren sind oberflächenaktiv. (**A. P. 2 961 470** vom 4/3. 1959, ausg. 22/11. 1960.)

A. Debo. H 600

2379 Crown Zellerbach Corp., San Francisco, Calif., übert. von: David W. Goheen, William M. Hearon, Merle E. Cisney und James D. Wethern, Camas, Wash., V.St.A., **Dimethylsulfid** erhält man durch Erhitzen von Sulfitablauge, aus der die reduzierenden Stoffe, wie Zucker, auf < 10% entfernt worden sind u. die 30—60% Feststoffe enthält, auf 180—500, bes. 200—300°, mit 1—15% S oder anorgan., wasserlösl. S-Verbb., wie Sulfiden, Thiosulfaten, Polysulfiden u. Hydrosulfiden bei pH > 7, bes. 11—14. Die Entfernung der reduzierenden Stoffe erfolgt bes. durch Gärung, z. B. mit Pseudomonas. — Ausbeutediagramm. (**A. P. 2 914 568** vom 6/12. 1957, ausg. 24/11. 1959.)

G. Krauß. H 600

2380 Crown Zellerbach Corp., San Francisco, Calif., übert. von: David W. Goheen, William M. Hearon, Camas, Wash., und Jonas Kamlet, New York, N.Y., V.St.A., **Organische Sulfoxide und Sulfone** erhält man durch Oxydation von Dialkyl-, Alkylaryl-, Diaryl-, Alkylaralkyl-, Alkylalkaryl-, Diaralkylsulfiden, homo- u. heterocycl. u. wenigstens zwei Thioäthergruppen im Mol enthaltenden Sulfiden mit einer Lsg. von N_2O_4 in einem inerten Lsgm. (PAe., Ligroin, Skellysolve, hydriertes Gasolin, Kerosin, Mineralöl, Naphtha, Halogen-KW-Stoffe, Bzl., Toluol, Xylol, deren Br- u. Cl-Derivv.) bei —30° bis zum Kp. des Lsgm., bes. 10—30°. Für je 1 Äquivalent S wird 1 Mol N_2O_4 benötigt. Das entstandene N_2O_3 wird mit dem Lsgm. abdest. u. mit O_2 oder Luft wieder zu N_2O_4 oxydiert. — Aus 0,2 Mol Dimethylsulfid in 20 cm³ Chlf. u. 0,25 Mol N_2O_4 in 60 cm³ Chlf. bei 20° → *Dimethylsulfoxid*, $Kp._{14}$ 74—76°; (Ausbeute) 82,5%, u. 8% *Dimethylsulfon*. — Methyloctylsulfid → *Methyloctylsulfoxid*, $Kp._2$ 130—134°; 80%, u. *Methyloctylsulfon*; 14%. — Methyldodecylsulfid (aus Methylmercaptan u. tetramerem Propylen in Ggw. von Azobis-isobutyronitril nach A. P. 2 787 595; C. **1958, 9646**) → *Methyldodecylsulfoxid*, F. 50—54°; 92,4%. — 3-n-Decyl-2.5-dithiahexan (aus 1-Dodecen u. Dimethylsulfid in Ggw. von Äthansulfonsäure nach A. P. 2 658 038; C. **1955**, 1838) → *3-n-Decyl-2.5-dithiahexan-bis-2.5-sulfoxid*, F. 25—28°; 88%. — *Methyläthylsulfoxid*; 82,4%; *Methyl-n-propyl-*, 84,2%; *Diäthyl-*, 79,6%; *Methylbenzyl-*, 68,8%; *Dibenzyl-*, 72,2%; *Methylphenylsulfoxid*; 74%. (**A. P. 2 925 442** vom 16/7. 1958, ausg. 16/2. 1960.)

G. Krauß. K 600

2381 M. W. Kellogg Co., Jersey City, übert. von: Horace R. Davis, Cedar Grove, und David P. Sorensen, Bloomfield, N.J., V.St.A., **Organische Sulfone** erhält man durch Oxydation von organ. Sulfiden, die die Gruppe

$$-\overset{|}{\underset{|}{C}}-S-\overset{|}{\underset{|}{C}}-$$

enthalten, bes. der allg. Formeln $(R-S-R')_n$ u. $[R-S-(R')_n-S-R'']_m$ (n u. m = 1—100 u. größer; n bes. 1—10, m bes. 1—20 R. R' u. R'' = gleiches oder verschiedenes Alkyl, Alkenyl, Cycloalkyl, Cycloalkenyl, Phenyl, Naphthyl, Anthracenyl, Pyrrolidyl, Thiophenyl, Indolyl, Carbazolyl, Pyridinyl, Acridinyl, die noch Halogen, CO, NO_2, COOH, COOR, SO, Alkyl, Halogenalkyl u. Alkenyl enthalten können) mit HNO_3, NO, NO_2, N_2O_3, N_2O_4 u. N_2O_5 in Ggw. von OsO_4 u. W. bei 65—180°, bes. 80—150°, oder in Abwesenheit von W., bes. in Ggw. von Chlf., Bzl., Nitrobenzol, Toluol, Xylol, Essigsäure u. Cyclohexan bei 18—200, bes. 50—120°. Das Verhältnis von OsO_4 zu Sulfid beträgt $1:10^{-7}$ bis $10^{-4}:1$. — Aus 20 g Dimethylsulfid, 5 g 6n HNO_3, 10 g W. u. 0,1 g OsO_4 im Druckrohr unter 500 lbs./sq. in. O_2 bei 120—125° → *Dimethylsulfon*, (Ausbeute) 91,6%. — Methylphenylsulfid → *Methylphenylsulfon*. — Diphenylsulfid → *Diphenylsulfon*. — Thioxan → *Thioxansulfon*. — Diäthylsulfid → *Diäthylsulfon*. — 3.3-Bis-(äthylthio)-pentan → *Tetronal*; 90%. — Äthylpropylsulfid → *Äthylpropylsulfon*. — Methyloctylsulfid → *Methyloctylsulfon*. — Methyläthylsulfid → *Methyläthylsulfon*. — Methylbutylsulfid → *Methylbutylsulfon*. — 2.2-Bis-(äthylthio)-propan → *Sulfonal*. R u. R' der vorst. allg. Formel kann noch sein: Cyclobutan, -buten, Cyclopentan, -hexan, -hexen, -hexadien, Cyclopentadien, Cyclooctatetraen, Äthylphenyl, Trichlormethylphenyl, Tolyl, Butenyl, Butadienyl. — *Lsgm.*, bes. für *Polyacrylnitril*; *Extraktionsmittel* für *aromat. KW-Stoffe* aus aliphat. KW-Stoffen; *Wärmeübertragungsmittel*; *Zwischenprodd.* zur Herst. von *Azofarbstoffen*; *Heilmittel*; *Imprägnierungsmittel für Papier*. — Nach dem anderen Verf. werden Sulfoxide der allg. Formel R—SO—R' u. R—SO—R''—SO—R' mit O_2 in Ggw. von OsO_4 u. W. bei 25—200, bes. 50—150°, u. in Abwesenheit von W., ggf. in Ggw. eines organ. Lsgm. bei 25 bis 300, bes. 75—200°, zu den entsprechenden *Sulfonen* oxydiert. — Aus Dimethyl-, Methylphenyl-, Methyloctyl-, Thiodiglykol-, Diphenyl-, Thioxansulfoxid → Sulfon. (**A. P. 2870163** vom 12/12. 1956, ausg. 20/1. 1959. **E. P. 853623** vom 13/2. 1957, ausg. 9/11. 1960. A. Prior. 21/2. 1956.) G. Krauß. H 600

2382 Stauffer Chemical Co., übert. von: Norman Kharasch, Culver City, und Robert B Langford, Los Angeles, Calif. V.St.A., **Sulfensäureester** (**I**) erhält man durch Rk. eines 1.2-Epoxids (**II**) mit einem Sulfenyl-Deriv. der allg. Formel **III** in Ggw. eines tert. Amins nach dem Rk.-Schema: R—SX (**III**) + $H_2C\text{—}CH\text{—}R'$ (mit O-Brücke zwischen H_2C und CH) (**II**) → $CH_2(OSR)$—CH(X)(R') (**I**; R = Trichlormethyl, Nitrophenyl, Nitrochlorphenyl; X = Cl, Br, Thiocyanat, $OCOCH_3$; R' = H, Alkyl, Phenyl); an Stelle von **II** kann man auch Epichlorhydrin, cycloaliphat. Epoxide, deren Epichlorhydrine u. Butadiendiepoxid verwenden. — Aus 0,002 Mol 2.4-Dinitrobenzolsulfenylchlorid in 5 cm³ trockenem Äthylenchlorid u. 0,025 Mol Äthylenoxid oder 2-Chloräthanol (Äthylenchlorhydrin) → *$ClCH_2CH_2OS$*—**Z** (**Z** = 2.4-Dinitrophenyl), aus Methylenchlorid–PAe., F. 120—121°; (Ausbeute) 50 bzw. 80%; Cyclohexenoxid → *$C_6H_{10}ClOS$***Z**, F. 140—145°; 78%. — Propylenoxid bzw. 1-Chlor-2-propanol → *$CH_3(ClCH_2)CHOS$***Z**, F. 106 bis 107°; 30 bzw. 55%. — 2-Chlor-2-phenyläthanol → gelbes Öl. — Styroloxid → gelbes Öl. — 2-Chlor-1-phenyläthanol → *$C_6H_5CH(OS$***Z***$)CH_2Cl$*, F. 121—122°; 30%. — Die vorst. Oxide können auch mit 2-Nitro-4-chlorbenzol- oder 2-Nitrobenzolsulfenylchlorid oder 2.4-Dinitrobenzolsulfenylthiocyanat oder -acetat umgesetzt werden. — Cl_3CSCl + Epichlorhydrin in Ggw. von Pyridin, Triäthylamin oder 2-Methyl-5-äthylpyridin → *$(ClCH_2)_2CHOSCCl_3$*, $Kp._{0,2}$ 75—76°; 76%. — Äthylenoxid → *$ClCH_2CH_2OSCCl_3$*, $Kp._{0,15}$ 45—46°; 85%. — Propylenoxid → *$CH_3(ClCH_2)CHOSCCl_3$*, $Kp._{0,15}$ 49,5—50,5°; 81%. — Butenoxide → *$ClC_4H_8OSCCl_3$*, $Kp._{0,15}$ 51—52°; 85%. — Styroloxid → *$C_5H_5CH(CH_2Cl)OSCCl_3$*, $Kp._{0,012}$ 119—121°; 74%. — 2.4-Dinitrobenzolsulfenylchlorid + Butadiendiepoxid → *$ClCH_2—CH(OSC_6H_3[NO_2]_2)—CH(CH_2Cl)—O—S—C_6H_3(NO_2)_2$*, F. 167—168° (Zers.); 4,2%, + *$(O_2N)_2C_6H_3—S—O—CH\cdot(CH_2Cl)—CH—CH_2$* (mit O-Brücke zwischen CH und CH_2), F. 130—131° (Zers.); 27,2%. — 4-Chlor-2-nitrobenzolsulfenylchlorid + Äthylenoxid → *$C_8H_7Cl_2NO_3S$*, F. 99—100°. — Die Verbb. lassen sich zu den entsprechenden *Sulfinsäure-* u. *Sulfonsäureestern* oxydieren. — *Zwischen-Prodd.*; *Fungicide*, bes. gegen *Aspergillus niger* u. *stemphylium*, *Mehltau* u. *Tribolium confusum*; die entsprechenden Thioperoxide sind *Polymerisationsverzögerer* u. *freie Radikale* liefernde Stoffe, die das Wachstum der Polymeren beeinflussen; *Schmierölzusatzmittel*; *Vulkanisationsmittel* für *Kautschuk*. (**A. P. 2 929 824** vom 13/12. 1956, ausg. 22/3. 1960.)

G. Krauß. H 600

2383 May & Baker Ltd., Dagenham, Essex, England (Erfinder: Arthur Adams und Ronald Slack), **β-Iminothioamide** der allg. Formel R—C(=NH)—CH(R')—C(=S)—NH_2 (R u. R' = Alkyl mit 1—4 C-Atomen; R' = auch H) erhält man durch Rk. eines β-Iminonitrils der allg. Formel R—C(=NH)—CH(R')—CN mit H_2S in Ggw. eines Lsgm. (A., Ae.) u. einer N-haltigen Base (Triäthylamin, NH_3 in A.). — Aus 17,1 g β-Imino-n-butyronitril in 250 cm^3 wasserfreiem Pyridin unter Sättigen mit wasserfreiem H_2S bei 0°, nach 24 Std. nochmals sättigen mit wasserfreiem H_2S, nach weiteren 24 Std. Abdest. des Pyridins im Vakuum → 15,5 g *β-Iminothio-n-butyramid*, aus Bzl. gelbe Nadeln, F. 140 bis 141°. — β-Imino-α-methyl-n-butyramid, → β-Imino-α-methylthio-n-butyramid, aus Chlf. gelbe Nadeln, F. 131 bis 133°. — *Zwischen-Prodd.*, bes. zur Herst. von *5-Amino-isothiazolen* nach E. P. 835 754; C. **1961, 6248.** (**E. P. 835 755** vom 26/10. 1956, ausg. 25/5. 1960.) G. Krauß. H 600

2384 D. M. Rudkowski, A. G. Trifel, K. D. Alexejewa, N. Ss. Imjanitow und W. Ju. Gankin, **Regenerierung des Co-Naphthenat-Katalysators bei der Oxosynthese** durch Behandeln der Rk.-Masse mit einer auf den Co-Geh. bezogenen Menge H_2SO_4 in Ggw. von Oxydationsmitteln, wie H_2O_2, u. Abtrennung des $CoSO_4$ bei 60—70°. Die verbliebene Masse wird mit Alkali zur Abtrennung der Naphthensäuren in Form ihrer Salze behandelt, u. diese werden mit $CoSO_4$ wieder zu Co-Naphthenat umgesetzt. — Verf.-Schema. (**UdSSR. P. 130 891** vom 6/2. 1960.) B. Pankow. H 660

2385 D. M. Rudkowski, W. Ju. Gankin und N. Ss. Imjanitow, **Gewinnung von Aldehyden aus ihren Bisulfitverbindungen** durch Einblasen von Wasserdampf statt durch Zugabe von Soda. — Bei der Oxo-Synth. entstandene Aldehydgemische mit z. B. 6—8 C-Atomen werden anfangs in der Wärme, dann einige Male wiederholt bei normaler Temp. mit überschüssiger Bisulfit-Lsg. versetzt. Die entstandenen Bisulfit-Verbb. werden durch Wasserdampf zersetzt u. destilliert. (**UdSSR. P. 130 890** vom 4/2. 1960.) B. Pankow. H 660

2386 Hercules Powder Co., Wilmington, Del., V.St.A., übert. von: Thomas Bewley, Maurice Dudley Cooke, Epsom, England, Ronald H. Hall, Mount Royal, Quebec, Canada, und Ernest Turk, Newark, Del., V.St.A., **Reinigung von rohem Aceton,** das Aldehyde, Ester, Acetale, Mesityloxid u. S-Verbb. enthält u. das durch Zers. von Cumolhydroperoxid gewonnen wurde. Man führt etwa in die Mitte einer Dest.-Kolonne 5—10 (Teile) rohes Aceton (I) je Min. u. gleichzeitig an einer darüberliegenden Stelle 5 einer 5% ig. bzw. 1 einer 25% ig. wss. Alkalihydroxid-Lsg. (NaOH, KOH) ein u. dest. am Kopf der Kolonne reines **I**, das $<0,4\%$ W. enthält, ab. An einer etwas darunter gelegenen Stelle kann eine **I**-Fraktion mit 0,5—5% W. abgezogen werden, die in die Zers.-Vorr. zurückgeführt wird. — Nach dem anderen Verf. erfolgt die Reinigung zweistufig; in der 1. Kolonne werden wie vorst. die gleichen Mengen rohes **I** etwa in den mittleren Teil der Kolonne, die gleiche Menge Alkali-Lsg. jedoch gleichzeitig an einer darunter liegenden Stelle eingeleitet, am Kopf die niedrigsd. Verunreinigungen abgenommen u. am Boden wird eine Mischung aus rohem **I** u. wss. Alkali-Lsg. entfernt, die dann in den mittleren Teil einer 2. Kolonne eingeführt wird, wodurch am Kopf reines **I** u. am Boden die höhersd. Verunreinigungen abgezogen werden. — Fließbilder. (**A. PP. 2 906 675** vom 27/1. 1956, ausg. 29/9. 1959 u. **2 906 676** vom 23/1. 1957, ausg. 29/9. 1959. E. Prior. 21/12. 1956.) G. Krauß. H 710

2387 Courtaulds Ltd., London, England (Erfinder: Charles Osburne Haughton), **Abtrennen von Acetylaceton** (I) aus seiner Mischung mit Essigsäure u. Essigsäureanhydrid. Die z. B. durch Erhitzen u. Umlagerung von Isopropenylacetat nach E. P. 615 523; erhaltene Mischung wird, bes. nach vorherigem Abdestillieren der flüchtigen Prodd., nach dem Verdünnen mit W. dest., wodurch eine azeotrope Mischung aus **I** u. 38,5% W. mit Kp. 95° erhalten wird. Nach der Schichtentrennung wird das **I** nochmals dest. u. wasserfrei erhalten. — Vorr., Zeichnung. (**E. P. 838 142** vom 10/10. 1957, ausg. 22/6. 1960.) G. Krauß. H 720

2388 Celanese Corp. of America, New York, N.Y., V.St.A., **Aldole oder aldolartige Kondensationsprodukte** erhält man durch Kondens. von HCHO mit Ketonen oder anderen Aldehyden oder Verbb. mit einem akt. H-Atom, wie Nitroparaffinen, oder durch Selbst-Kondens. eines Aldehyds, der wenigstens 2 C-Atome hat in Ggw. eines tert.-Amins oder eines bas. Anionenaustauschers oder deren Mischungen als Katalysator u. von wenigstens 19% W. bei 80—90° unter Druck. — Aus Acetaldehyd in Ggw. von Trimethylamin bei 89° u. 20 lbs./sq. in. → *Acetaldol*, daraus durch Wasserabspaltung in Ggw. von 5% H_3PO_4 → *Crotonaldehyd* (Gesamtausbeute) 94%. — Butyraldehyd → *2-Äthyl-3-hydroxyhexanal* → *2-Äthyl-2-hexenal*; 92%. — HCHO + Methyläthylketon → *4-Hydroxy-3-methylbutanon* → *Methylisopropenylketon*; 86,6%. — HCHO + Aceton → *4-Hydroxybutan-2-on* → *Methylvinylketon*. HCHO kann noch kondensiert werden mit: Methylpropyl-, Methylbutyl-, Äthylpropyl-, Methylisopropenylketon, Acet-, Butyr-, Isobutyr-, Propionaldehyd, Nitromethan, -propan, 1- u. 2-Nitrobutan. Mit sich selbst sind kondensierbar: Propion- u. Valeraldehyd. Aus den Hydroxy-Verbb. entstehen durch Wasserabspaltung in Ggw. von J_2, $ZnCl_2$, Oxalsäure, $KHSO_4$, H_2SO_4, HCl oder p-Toluolsulfonsäure die entsprechenden ungesätt. Verbindungen. — *Zwischenprodukte*. (**E. P. 833 666** vom 22/6. 1956, ausg. 27/4. 1960. A. Prior. 23/6. 1955. **Zusatz zu E. P. 783 458; C. 1961, 9202.**) G. Krauß. H 740

2389 Československá Socialistická Republika, Tschechoslowakei (Erfinder: John Mervyn Osbond und Peter George Philpott, Welwyn Garden City, Herts., England). **Herstellung ungesättigter aliphatischer Verbindungen** der allg. Formel $CH_3-(CH_2)_4-(C{\equiv}C-CH_2)_m-C{\equiv}C-CH_2-(CH_2)_n-Z$, worin m = 1—4, n = 0—8, Z = OH oder COOH u. wobei die Verbb. mit dreifacher Bindung zu Doppelbindungen hydriert werden können, erhält man aus Halogen-Verbb. der Formel $CH_3-(CH_2)_4-(C{\equiv}C-CH_2)_m-X$ (I; X = Halogen) in Ggw. von Cu-Salzen u. Alkoholen der Formel $HC{\equiv}C-CH_2-(CH_2)_n-OH$ (n = 0—8) durch Grignard-Rk., worauf das Rk.-Prod. an der dreifachen Bindung teilweise hydriert wird; die Doppelbindung wird dann mit einem Chlorid, Bromid oder Jodid des P halogeniert u. anschließend carboxyliert. Als Halogenid läßt sich 1-Bromtetradekatriin-(2.5.8) u. als Alkohol Pentin-(4)-ol-(1) verwenden. Zwecks Kondens. bereitet man zunächst das Halogen-Mg-Deriv. des Alkohols u. läßt dieses Deriv. mit der Halogen-Verb. bei Ggw. von Cu-Salz [$CuCl_2$ oder $Cu(CN)_2$] reagieren. Das Halogen-Mg-Deriv. kann in Tetrahydrofuran als Lsgm. bei 0° bereitet werden. (**Tschech. P. 98 148** vom 4/7. 1959, ausg. 15/1. 1961. E. Prior. 5/7. 1958, 6/1. u. 17/1. 1959.) L. Macher. H 810

2390 Československá Socialistická Republika, Tschechoslowakei (Erfinder: John Mervyn Osbond, Peter George Philpott, Welwyn Garden City, Herts., und James Charles Wickens, St. Albans, Herts., England), **Herstellung ungesättigter aliphatischer Verbindungen** der Formel $CH_3-(CH_2)_4-(C{\equiv}C-CH_2)_a-(CH_2)_b-Z$ (I), worin a = 2—5, b = 0—8, Z eine Carboxyl-, Carbalkoxy- oder Hydroxymethylengruppe bedeuten. Halogen-Verbb. der Formel $CH_3-(CH_2)_4-(C{\equiv}C-CH_2)_s-X$ (**II**) u. Verbb. der Formel $CH{\equiv}C-CH_2-(C{\equiv}C-CH_2)_t-(CH_2)_b-Y$ (s oder t = Zahlen von 0—4, X = Halogen, Y = COOH oder eine ster. geschützte o-Estergruppe) werden in Ggw. von Cu-Salzen durch Grignard-Rk. zu Verbb. der Formel **I** kondensiert, wobei die dreifache Bindung je nach Bedarf zur Doppelbindung red. wird; statt der Cu-Salze [$CuCl_2$ oder $Cu(CN)_2$] kann auch Cu-Pulver, als Halogen Br u. als Lsgm. Tetrahydrofuran verwendet werden. Verbb. der Formel **II** können auch mit Verbb. der Formel $CH{\equiv}C-CH_2-(C{\equiv}C-CH_2)_{t1}-(CH_2)_{b1}-COOH$ oder der Formel $CH{\equiv}C-CH_2-(C{\equiv}C-CH_2)_s-(CH_2)_{b1}-Y_1$ kondensiert werden, wobei Y_1 eine ster. geschützte o-Estergruppe darstellen kann. (**Tschech. P. 98 149,** vom 4/7. 1959, ausg. 15/1. 1961. E. Prior. 5/7. u. 11/12. 1958 u. 17/1. 1959.) L. Macher. H 810

2391 Atlas Powder Co., übert. von: George E. Woods, Wilmington, Del., V.St.A., **Herstellung von Fettsäuremonoglyceriden** erfolgt durch Rk. von Fetten mit 1,3—3,0 Mol Glycerin (I) je Mol Gesamtfettsäuren bei 225—275°, bes. 240 bis 260°, unter einem Druck, der **I** im Rk.-Gemisch zurückhält, worauf der Druck soweit erniedrigt wird, daß **I** unter Rückfluß siedet, wobei durch das rückfließende **I** die Temp. des Rk.-Gemisches auf 215—235° erniedrigt u. anschließend **I** bei 190—205° abdest. wird. — *Emulgatoren*. (**A. P. 2 909 540** vom 8/3. 1956, ausg. 20/10. 1959.) O. Müller-Meiningen. H 810

2392 Äänekoski Oy., Äänekoski, Finnland (Erfinder: Bengt Hedenström), **Herstellung von Natriummono-**

chloracetat. Eine Mischung von geschmolzener Monochloressigsäure u. konz. NaOH oder Soda-Lsg. wird sprühgetrocknet. (**Finn. P. 30 695** vom 8/11. 1955, ausg. 14/5.1960.) K. H. Kähler. H 810

2393 A. Je. Schnol, N. P. Schtyrowa und W. N. Melnikowa, **Extraktion von N-Bromacetamid** aus der Rk.-Lsg. von Acetamid, Brom u. Alkali durch Versetzen mit 1.2-Dichloräthan statt Bzl. oder Chlf.: Ausbeuteerhöhung. (**UdSSR. P. 130 893** vom 3/1. 1960.) B. Pankow. H 810

2394 Lonza Electric and Chemical Works Ltd., Basel, übert. von: August Guyer, Zürich, Ernst Hess, Neuewelt, Fritz Marti, Basel, Ernst Peterhans und Werner Zollinger, Visp, Schweiz, **Gewinnung von NH_3 und CO_2 aus Zwischenprodukten der Harnstoffsynthese** durch Dissoziation der Zwischen-Prodd. zu NH_3 u. CO_2 u. Abdampfen der Gase mit etwas W. ohne Biuret-Bldg., dad. gek., daß man die Harnstoff-Lsg. bei erhöhtem Druck tangential von oben in eine nach unten konvergierende Entgasungszone einführt, darin die durch Expansion, z. B. auf 10 at, u. teilweise Verdampfung, z. B. von 200 auf 120°, gekühlte Lsg. spiralenförmig an den Wänden als Film nach unten führt u. indirekt, z. B. auf 100—180°, bes. 130—150°, erhitzt, um die Zwischen-Prodd. teilweise zu dissoziieren, die Fl. dann durch eine darunter angeordnete Zers.-Zone leitet, um die restlichen Zwischen-Prodd., z. B. bei 130—150°, zu dissoziieren, fortlaufend oben die Gase abzieht u. von Fl. befreit u. unten die entgaste Lsg. abzieht. — Zeichnung. (**A. P. 2 955 916** vom 19/11. 1956, ausg. 11/10. 1960. Schwz. Prior. 21/11. 1955.) G. Vogel. H 880

2395 Carlo Erba S.p.A. (Erfinder: Willy Logemann und Domenico Artini), **Herstellung substituierter Carbamide** der allg. Formel $R-SO_2-NH-CO-NH-R'$ durch Rk. von Isocyanaten der allg. Formel $R-SO_2-N=CO$ mit substituierten Formamiden in Ggw. von Lsgm. u. verseifen des Rk.-Produktes. In den Formeln bedeutet R einen evtl. substituierten aromat. Rest u. R' einen aliphat., aromat., aliphat.-aromat., hydroaromat. oder heterocycl. Rest. — Man löst 12,7 (g) Cyclohexylformamid in 50 wasserfreiem Toluol (I), gibt unter Kühlen 19,7 p-Toluolsulfoisocyanat in **I** zu u. filtriert den Nd. ab, der aus A. umkrist. wird. F. 124—126° unter Gasentwicklung. 3 dieses Prod. werden 2 Std. lang mit alkohol. Soda-Lsg. gekocht, worauf man die Lsg. mit W. verd. u. ansäuert, den Nd. abfiltriert u. aus Methanol umkrist. → *N'-p-Toluolsulfonyl-N''-cyclohexylharnstoff*, F. 171—173°. Wird die Rk. ohne Lsgm. durchgeführt, so erhält man *N'-p-Toluolsulfonyl-N''-cyclohexylformamidin*, F. 172—174°. (**Aust. P. 229 033** vom 19/12. 1957, ausg. 28/7. 1960. It. Prior. 18/1. 1957.) C. Lüttgen. H 880

2396 Commercial Solvents Corp., übert. von: John B. Tindall, Terre Haute, Ind., V.St.A., **Niedere Nitrosodialkylamine** erhält man kontinuierlich durch Herst. eines niederen (gasförmigen) Alkylnitrits aus HNO_2 u. einem niederen einwertigen Alkohol u. Rk. des Alkylnitrits mit einem niederen Dialkylamin bei 0—100° u. atmosphär. Druck in Abwesenheit von Wasser. — Man setzt z. B. einer Anfangscharge aus 70 g $NaNO_2$, 45 (ml) CH_3OH u. 45 W. stündlich 70 g $NaNO_2$, 45 CH_3OH u. 110 45% ig. H_2SO_4 zu, leitet das abziehende Gas (CH_3NO_2) bei 17—24° am Boden einer Flasche ein, die 245 einer 3,4n-Lsg. von Dimethylamin in W. enthält, ergänzt die Fl. mit einer gleichen Menge, so daß stets 245 dieser Lsg. anwesend sind, zieht oberschichtig ein Gemisch aus Dimethylamin, CH_3OH u. *Nitrosodimethylamin* (I) ab, führt Dimethylamin zum Vorratsgefäß, CH_3OH zum CH_3NO_2-Generator u. stündlich 62,3 g **I** als Prod. ab, Reinheitsgrad 99%, Ausbeute 99,4% als **I**. — Analog erhält man *Nitrosodiäthylamin*, Kp.$_{20}$ 70—72°, 97,5% Ausbeute, bzw. *Nitroso-N-methylisopropylamin*, Kp.$_{20}$ 73°, Ausbeute 91,5%. Ferner sind *Nitrosomethyläthyl-* u. *Nitrosodibutylamin* genannt. (**A. P. 2 947 785** vom 4/12. 1957, ausg. 2/8. 1960.) G. Vogel. H 910

2397 Aerojet-General Corp., Azusa, übert. von: Milton B. Frankel, Pasadena, und Karl Klager, Monrovia, Calif., V.St.A., **Nitraminonitrile** der allg. Formel $R-N(NO_2)-A-CN$ (I) erhält man durch Rk. eines Aminonitrils mit HNO_3 u. Dehydratisierung des gebildeten Nitrats nach dem Schema: $R-NH-A-CN \xrightarrow{+HNO_3} R-NH-A-CN \cdot HNO_3$ → **I** (R = Alkyl; A = Alkylen) bei 0—40°, ggf. ohne Isolierung des Zwischenprodukts. — Man tropft z. B. 15 (Mol) 4-Azavaleronitril unter starkem Rühren in 16,5 (1485 g) 70% ig. HNO_3 von 0—5°, hält diese Temp., filtriert den viscosen Schlamm durch gesintertes Glas, wäscht mit Ae. u. trocknet → 1200 g 4-Nitrazavaleronitril (-Nitrat) (**II**), F. 70—71°. Zu 840 ml Essigsäureanhydrid gibt man nacheinander bei 15—20° 13,8 ml konz. Salzsäure, 42 ml techn. 100% ig. HNO_3 u. bei 20—25° während ca. 30 Min. 5 **II**, läßt die Temp. auf 30° steigen, rührt die homogene Lsg. noch 2 Std. lang, kühlt auf 2°, verd. mit 2 Liter Eiswasser, trennt die ölige Schicht ab, extrahiert die Wasserschicht mit CH_2Cl_2, wäscht die vereinigten Öl- u. CH_2Cl_2-Extrakte mit 300 ml W., trocknet u. saugt das Lsgm. zuletzt bei Kp.$_{1-2}$ ab → 600 g *4-Nitrazavaleronitril*, $C_4H_7N_3O_2$, Kp.$_{40\mu}$ 60—70°, n_D^{25} 1,4863, fl., hellgelb. — Analog erhält man z. B. *4-Nitrazacapronitril* u. *3-Nitrazabutyronitril*. — *Weichmacher* für plast. Nitropolymere (Nitrourethane), Nitrocellulose u. Explosivstoffe. Zwischen-Prodd. bei der Herst. von *Nitrazasäuren*. (**A. P. 2 933 518** vom 9/6. 1955, ausg. 19/4. 1960.) G. Vogel. H 950

2398 International Minerals & Chemical Corp., New York, N.Y., übert. von: Harold L. Fike, Chicago, Ill., V.St.A., **Trennung der optisch aktiven Isomere von Glutaminsäure,** dad. gek., daß man den Rohstoff mit soviel W. digeriert, daß die Fl. mit dem im Überschuß vorhandenen opt. Isomer gesätt. ist u. die Masse darüber hinaus noch mindestens ca. 80% dieses Isomers enthält, die gebildeten Mononatrium-D.L-glutaminat (I)-Kristalle filtriert u. das im Überschuß vorhandene Isomer aus dem Filtrat gewinnt. Das Verf. beruht auf der Unlöslichkeit des **I** (Racemat) in Lsgg., die mit Mononatrium-L-glutaminat (**II**) oder Mononatrium-D-glutaminat (**III**) gesätt. sind. — Man läßt z. B. eine Lsg. von 63,6 (Teilen) **II** u. 5,8 **III** in W. bei 25° über Nacht stehen, entfernt die **I**-Kristalle u. gewinnt aus dem Filtrat **II**-Monohydrat, 99,7% (reines Prod.); analog erhält man aus 63,6 **III** u. 5,8 **II** in 98,6 W. **I**-Kristalle u. aus dem Filtrat 63 **III**-Monohydrat, 99,6% ig. Man stellt eine wss. Mischung aus 88 L-Glutaminsäure (**IV**) u. 44 D-Glutaminsäure (**V**) mit NaOH auf pH 7 ein, setzt W. zu, bis die Masse 70 W. enthält, läßt 72 Std. bei Raum-Temp. stehen, entfernt die gebildeten **I**-Dihydratkristalle (Racemat) u. gewinnt aus der Rest-Fl. 34 **II**-Monohydrat, 99,1% ig. Man stellt eine wss. Lsg. aus D.L-Glutaminsäure (**VI**)-hydrochlorid mit pH $<0,6$ her, die bei 15—40° ca. 5—50 **VI**-Hydrochlorid u. ca. 0—30 HCl enthält u. 10 bis 100% ig übersätt. ist, setzt **IV**-Hydrochloridkristalle zu, krist. **IV**-Hydrochlorid, krist. aus der übersätt. Mutterlauge **V**-Hydrochlorid, das man racemisiert u. mit der konz. restlichen Mutterlauge, die **VI**-Hydrochlorid enthält, in die 1. Verf.-Stufe zurückführt. Die **IV**-Hydrochloridkristalle (1—10% D-Isomer enthaltend) setzt man mit NaOH bei pH 3,2 zu **IV** um, die man aus der Lsg. krist., in W. aufschlämmt, mit NaOH bei pH 7 (s. oben) zu **II** umsetzt. Ähnlich wird eine übersätt. Monoammonium-D.L-glutaminat (**VII**)-Lsg. aufgearbeitet, wobei man die Monoammonium-L-glutaminatkristalle in W. dispergiert u. das NH_3 mit NaOH austreibt, so daß **II** erhalten wird. — Zusätze zu Lebens- u. Arzneimitteln, Tabellen für pH, Löslichkeit, Temp., Übersättigungsgrade, Verhältnis von D:L-Mengen, Fließschemata für die Aufarbeitung von **VI**-Hydrochlorid, -hydrobromid oder -hydrojodid u. **VII** zu den physiolog. akt. L-Formen. (**A. P. 2 882 302** vom 29/4. 1957, ausg. 14/4. 1959.) G. Vogel. H 950

2399 Ogilvie Flour Mills Co. Ltd., übert. von: Ludwik Ujejski, Montreal, und Kenneth M. Gaver, Preville, Montreal, Quebec, Canada, **dl-Glutamin** erhält man durch Kondens. eines Gemisches aus Glutaminsäure mit Phthalsäureanhydrid, Mischen der Phthaloylglutaminsäure mit Essigsäureanhydrid (I), Rk. des Phthaloyl-d.l-glutaminsäureanhydrids (II) mit NH_3 in wss. Lsg. u. Rk. des Phthaloyl-d.l-glutamins (III) mit Phenylhydrazin u. Tri-[n-butyl]-amin. — Mittel gegen Epilepsie, Mentalretardation, Zusatz zu Nahrungsmitteln, Zwischen-Prod. für andere Therapeutica, Hilfsmittel bei der Herst. der Salk-Vaccine gegen Polio. (**A. P. 2 951 090** vom 17/4. 1958, ausg. 30/8. 1960.) G. Vogel. H 950

2400 Recherches et Propagande Scientifiques S.à r.l., Paris, übert. von: Maurice Jouille, Saint-Germain-en-Laye, Michel Laurre, Gabriel Maillard und Pierre Muller, Paris, Frankreich, **Derivate von Bis-[aminoäthyl]-disulfid** der allg. Formel $R_3(R_2)N-C([COOR_1]_2)-CH_2-S-S-CH_2-C([COOR_1]_2)-N(R_2)R_3$ erhält man durch Kondens. einer Verb. der allg. Formel: $R_3(R_2)N-C([COOR_1]_2)-X$ mit einer Verb. der allg. Formel: $Y-CH_2$-

S—S—CH_2—Y (R_1 = niedrigmol. Alkyl; R_2 = H oder Acyl; R_3 = H oder mit R_2 zusammen = Phthaloylgruppe; X = Alkalimetall; Y = Halogen) in einem wasserfreien organ. Lsgm. (Bzl., A., Toluol usw.). — Man erhält z. B. aus Na-Acetamidomalonsäurediäthylester u. Bis-[chlormethyl]-disulfid in Bzl. → *Bis-[β-acetamido-β.β-dicarbäthoxyäthyl]-disulfid*, F. 181,5—182,5° (A.) nach Thiele; vgl. F. P. 1 186 138; C. **1961**, 18872. — Gleiches Prod. mit Xylol als Lsgm., F. 125 bis 125,5° (Cyclohexan–Xylol) bzw. mit A., F. 125,5°, (Ausbeute) 50—55%. — Analog erhält man folgende *Disulfide*: *Bis-[β-formamido-β.β-dicarbäthoxyäthyl]-*, F. 107° (Xylol–Bzl.) 50—60% bei Verw. von Xylol; gleiches Prod. mit A., F. 107° (Isopropyläther–Bzl.), 75—80%. — *Bis-[β-phthalimido-β.β-dicarboxyäthyl]-*, F. 113,5—114° (CH_3OH) bei Verw. von Xylol; gleiches Prod. mit A., F. 118—119° (CH_3OH). — *Bis-[β-benzamido-β.β-dicarbäthoxyäthyl]-*, F. 88—89,5° (Isopropyläther), 55% bei Verw. von Alkohol. — *Bis-[β-amino-β.β-dicarbäthoxyäthyl]-*, Öl (bei Verw. von A.), nicht kristallisier- u. destillierbar, identifiziert als Acetamid-Deriv. (s. oben) nach Rk. mit Essigsäureanhydrid; 40%. — *Zwischen-Prodd.* bei der Herst. von *Cystin*. (**A. P. 2 944 065** vom 28/11. 1956, ausg. 5/7. 1960. F. Prior. 30/11. 1955.) G. Vogel. H 950

2401 Courtaulds Ltd., London (Erfinder Denis George Harold Ballard, Holyport), England, **Reinigung von N-Carboxy-α-aminosäureanhydriden** von beigemengten Säurechloriden erfolgt durch Umkristallisieren aus einem organ. Lsgm., wie Chlf., CH_2Cl_2, Bzl. oder $CH_3COOC_2H_5$, das 5—20 Vol.-% eines Säureamids der allg. Zus. R—$CONR^1R^2$ (R = H oder CH_3; R^1 = H oder KW-Stoffrest; R^2 = KW-Stoffrest), z. B. Dimethylformamid, enthält. — Vgl. F. P. 1 219 851; C. **1962**, 9516. (**E. P. 854 140** vom 8/7. 1958, ausg. 16/11. 1960. **A. P. 2 996 513** vom 9/4. 1959, ausg. 15/8. 1961. E. Prior. 8/7. 1958.) O. Müller-Meiningen. H 950

2402 Tanabe Seiyaku Co. Ltd., Japan, **Herstellung von Bis-[acetaldehyd]-bis-[threoninato]-Cu,** $C_{12}H_{24}CuN_2O_8$, aus Cu-bis-glycinat durch Rk. mit Acetaldehyd in W., CH_3OH oder A. in Ggw. eines alkal. Katalysators, bes. eines Alkalihydroxids oder -carbonats. Das Prod. dient zur Gewinnung von an Allothreonin freiem *DL-Threonin*. (**F. P. 1 236 822** vom 28/9. 1959, ausg. 21/11. 1960. Jap. Prior. 1/10. 1958.) Eberhard Riedel. H 950

2403 E. I. du Pont de Nemours & Co., übert. von: James C. Kauer, Wilmington, Del., V.St.A., **Metallkomplexe von Azodiameisensäureestern** der allg. Formel I

$$\left[\begin{array}{l} N—C(=O)—O—R \\ \| \\ N—C(=O)—O—R' \end{array}\right]_{3-2n} M_{2-n}—X_n$$

I

(R u. R′ gleich oder verschieden oder aneinandergebunden = einwertige organ. Reste mit höchstens 12 C-Atomen, bes. Alkylreste; X = einwertiger Rest, wie H, Halogen, —CN, —NO; M = Element der VIII. Gruppe des Period. Syst., bes. Fe, Co oder Ni; n = 0 oder 1, bes. 0) erhält man durch Rk. eines Azodiameisensäureesters mit einem Metallcarbonyl, -hydrid, -halogenid, -cyanid oder -nitrosyl. Geeignet sind Ester aus Azodiameisensäure u. aliphat., cycloaliphat. oder aromat. KW-Stoffen bzw. den entsprechenden halogen- oder nitrosubstituierten Alkoholen oder Phenolen. — Man rührt z. B. in eine Lsg. von 17,4 (Teilen) Diäthylazodiformiat (**II**) in ca. 40 Cyclohexan langsam 19,6 $Fe(CO)_5$ (ca. 1 : 1 Mol) ein, rührt 20 Std. unter Gas-Entw., filtriert den Nd., wäscht ihn mit Cyclohexan u. PAe. u. trocknet unter N_2 → 20 *Fe_2·Tris-(diäthylazodiformiat)* (**III**), $C_{18}H_{30}Fe_2N_6O_{12}$, dunkelblaue Partikel mit 1—3 μ Ø. Die Rk. erfolgt auch mit anderen Lsgm., wie Bzl., CCl_4, Ae., Aceton usw., oder ohne Lsgm.; mit HCl Zers. des Prod. zu $FeCl_3$ u. Diäthylhydrazodiformiat. Analog erhält man *Ni_2·Tris-(diäthylazodiformiat)*, $C_{18}H_{30}N_6 \cdot Ni_2O_{12}$, schwarzer Nd., durch Pyrolyse bei ca. 500° zu einem dunklen Pulver mit magnet. Ni zersetzbar; aus 2,26 $Co(CO)_8$ u. 10 **II** → 4,72 *Co_2·Tris-(diäthylazodiformiat)*, $C_{18}H_{30}Co_2 \cdot N_6O_{12}$, schwarz, amorph; aus Eisencarbonylmonojodid u. **II** → *FeJ·Diäthylazodiformiat*, $C_6H_{10}FeJN_2O_4$; 69% Ausbeute; aus $Fe(CO)_5$ u. Di-2-äthylhexylazodiformiat → *Fe_2·Tris-(di-2-äthylhexylazodiformiat)*, $C_{54}H_{102}Fe_2N_6O_{12}$, dunkelblau, amorph. Ferner sind folgende Prodd. erhältlich: aus Dimethylazodiformiat u. $Fe_2(CO)_9$ → *Fe_2·Tris-(dimethylazodiformiat)*; aus Dipropylazodiformiat u. $Fe_3(CO)_{12}$ → *Fe_2·Tris-(dipropylazodiformiat)*; aus Dioctylazodiformiat u. $Co_4(CO)_{12}$ → *Co_2·Tris-(dioctylazodiformiat)*; aus Methyläthylazodiformiat u. $Fe(CO)_3Br_2$ → *FeBr·Äthylmethylazodiformiat*; aus Butyläthylazodiformiat u. Cobaltcarbonylcyanid → *Co(CN)·Butyläthylazodiformiat*; aus Didodecylazodiformiat u. Cobaltcarbonylnitrosyl → *Co(NO)·Didodecylazodiformiat*; aus Dicyclohexylazodiformiat u. Cobaltcarbonylhydrid → *CoH·Dicyclohexylazodiformiat* u. aus Diphenylazodiformiat u. Eisencarbonylchlorid → *FeCl·Diphenylazodiformiat*. Die Prodd. dienen zur Herst. schwer zugänglicher Verbb., wie Diacyldicarbamatdiester. Man setzt z. B. einer Suspension aus 17 **III** in ca. 35 Bzl., 13,3 Acetylchlorid zu, läßt das Gemisch sieden, wäscht nach der Rk. mit 150 W. u. fraktioniert die abgetrennte organ. Schicht → 7 *Diäthyl-N.N′-diacetyldicarbamat*, $C_{10}H_{16}N_2O_6$, F. 29—30°, $Kp._{0,4}$ 96°. Durch Pyrolyse bei ca. 250—350 oder 450—550° (s. oben) erhält man aus den Komplexen Metallkatalysatoren für Synth. mit CO bzw. magnet. Preßkörper für elektr. App. u. Pulver mit hoher Koerzivität (meist > 600 Oe) u. hohem Remanenzverhältnis (ca. 0,40); ferner Zwischenprodd. für Farbstoffe u. Pigmente. (**A. P. 2 882 268** vom 1/11. 1956, ausg. 14/4. 1959.) G. Vogel. H 950

2404 Imperial Chemical Industries Ltd., London, England, **Herstellung von Trialkylboranen** mit C_1—C_3-Alkylgruppen durch Erhitzen von B_2O_3 oder Metallboraten mit Methylaluminiumsesquichlorid oder -bromid oder Äthyl- oder n-Propylaluminiumsesquichlorid u. Kondens. der entstehenden Dämpfe. (**Ind. P. 64 856** vom 5/8. 1958, ausg. 3/6. 1960. E. Prior. 30/8. 1957.) C. Lüttgen. H 980

2405 Merck & Co., Inc., Rahway, N.J., V.St.A., **Gewinnung von aromatischen Kohlenwasserstoffen** aus Gemischen mit aliphat. u. naphthen. KW-Stoffen, dad. gek., daß man sie mit ggf. 0,5—10% W. enthaltendem 2.5-Dihydroxymethyltetrahydrofuran extrahiert. — Schema u. Lösungsdreieck. (**Ind. P. 64 264** vom 3/6. 1958, ausg. 22/11. 1960. Can. Prior. 26/6. 1957.) C. Lüttgen. H 1010

2406 Československá Socialistická Republika (Erfinder: Jozef Kováč, Sv. Jur, Pavel Rapoš, Jozef Kozáček und Dionys Vrzgula, Preßburg), Tschechoslowakei, **Herstellung von Derivaten der Phenoxyessigsäuren** durch Kondens. von Na-Monochloracetat mit o-Kresol oder 4-Chlor-o-kresol in zwei Stufen. In der ersten Stufe gibt man zu einem 5—20% molaren Überschuß von Na-Kresolat 65—90% der gesamten Menge an Na-Chloracetat, worauf man, sobald sich die Rk. beruhigt, in der zweiten Stufe eine dem Kresol (das in der ersten Stufe aus Na-Kresolat frei wurde) äquivalente Laugenmenge u. 10—35% der Gesamtmenge an Na-Chloracetat zusetzt. (**Tschech. P. 98 198** vom 22/10. 1959, ausg. 15/1. 1961.) L. Macher. H 1060

2407 Continental Oil Co., übert. von: John H. Smith, Ponca City, Okla., V.St.A., **Sulfonierung von Alkylarylkohlenwasserstoffen** erfolgt in mehreren Stufen u. Rk.-Gefäßen bei 30—100°, bes. 50—60°, in Ggw. von SO_2 als Lsgm. mit einer Lsg. von bes. 10—90% SO_3 in SO_2 (= Sulfan). In der 1., 2. u. 3. Stufe reicht das in SO_2 gelöste SO_3 nicht zur vollständigen Sulfonierung, die erst in der letzten Stufe mit der dazu erforderlichen Menge SO_3 in SO_2 durchgeführt wird. Die entstandene Sulfonsäure kann anschließend neutralisiert werden. Es sind sulfonierbar: die durch Alkylierung von Bzl., Toluol, Xylolen, Cumol, Naphthalin, Alkylnaphthalin, Diphenyl, Alkyldiphenyl, Chlorbenzol, Chlortoluol u. Chlornaphthalin mit Tri-, Tetra- oder Pentapropylen erhaltenen Verbb., bes. Dodecylbenzol (= Neolene 400). — *Dodecylbenzolsulfonsäure*. — Vorr., Zeichnung. (**A. P. 2 863 912** vom 10/10. 1956, ausg. 9/12. 1958. **E. P. 837 084** vom 12/8. 1958, ausg. 9/6. 1960.) G. Krauß. H 1090

2408 Food Machinery and Chemical Corp., New York, N.Y., übert. von: Harold K. Latourette, South Charleston, W.Va., Oscar H. Johnson, New Canaan, Conn., und John W. Getz, St. Albans, W.Va., V.St.A., **m-Chloranilin** (**I**) erhält man in verhältnismäßig reinem Zustand aus in Form eines Isomerengemisches vorliegendem m-Chlornitrobenzol (**II**) durch Red., wenn man **II** mit einer wss. NaHS-Lsg. bis zur Beendigung der Red. erhitzt, nach Schichtentrennung die organ. Fl.-Schicht abzieht u. durch Dest. reines **I** abtreibt. Man red. zweckmäßig mit ca. 20%ig. NaHS-Lsg. bei Siedetemp. u. einem NaHS : **II**-Mol-Verhältnis von ca. 3,2 : 2. — So erhält man durch Zutropfen von 552 g geschmolzenem 92,2%ig. **II** (das 1,5% Nitrobenzol, 3,5% o-Chlornitrobenzol u. 3,3% p-Chlornitrobenzol enthält) in

1570 g sd., gerührte 20%ig. wss. NaHS-Lsg. innerhalb 32 Min., 4std. Weitererhitzen des Gemisches unter Rückfluß u. Rühren, Abtrennen der leichteren Aminschicht u. Dest. dieser Schicht in einer Podbielniak-Kolonne bei 50,5 mm I als Fraktion vom $Kp._{50,5}$ 138—138,5° in einem Gesamtumwandlungsgrad von 91,9%. (**A. P. 2 894 035** vom 27/7. 1953, ausg. 7/7. 1959.) A. Mohr. H 1310

2409 Monsanto Chemical Co., St. Louis, Mo., übert. von: John J. D'Amico und Ching C. Tung, Nitro, W.Va., V.St.A., **Herstellung von N.p-Dinitroso-sek.-anilinen** aus C-Nitroso-sek.-anilinen durch Rk. mit einem Nitrit u. HCl in einem wasserhaltigen Medium, dad. gek., daß die HCl-Menge so bemessen wird, daß die Mischung am Ende der Rk. einen HCl-Überschuß von 0—0,3 Mol pro Mol Base aufweist. — Man leitet z. B. in 140 (Teile) wasserfreies Methanol bei 0—10° HCl-Gas ein, bis die HCl-Konz. 40—42% beträgt, setzt der ständig gerührten Lsg. bei 5° während ½—1 Std. 68,5 N-Methylanilin zu, hält die Temp. dabei bei 5—15°, kühlt auf 5°, setzt während 15—30 Min. 51,2 $NaNO_2$ (97% ig) zu, läßt die Temp. auf 25° steigen, rührt bei 25—30° bis zum Ende der Rk. (volle Löslichkeit von 5 ml der Rk.-Mischung in 25 ml 5%ig. NaOH), setzt dem gebildeten Schlamm (p-Nitroso-N-methylanilin) ohne dessen Isolierung bei 30° 269 W. zu, kühlt auf 10°, setzt während 15 Min. bei 10—15° 163,2 NaOH (25%ig) zu, kühlt auf 5°, setzt bei 5—10° während 1 Std. 51,2 $NaNO_2$ (97%ig) u. 204,8 W. zu, hält diese Temp. noch 1 Std., neutralisiert die Mischung mit 25%ig. NaOH bis pH 7, filtriert den Nd., wäscht ihn mit W. chlorfrei u. trocknet bei $<50°$ → *N.4-Dinitroso-N-methylanilin*, F. 93—94°; 90% Ausbeute. Als Rohstoffe sind noch *N-Äthyl-*, *N-Propyl-*, *N-Isopropyl-*, *N-Butyl-*, *N-Isobutyl-*, *N-Cyclohexyl-* u. *N-2-Chlorallylanilin* genannt. — Tabelle für HCl-Überschüsse mit Ausbeuten. (**A. P. 2 880 240** vom 4/6. 1956, ausg. 31/3. 1959.) G. Vogel. H 1310

2410 California Research Corp., San Francisco, übert. von: William G. Toland und Charles D. Heaton, San Rafael, Calif., V.St.A., **Aminobenzoesäuren** erhält man durch Rk. einer Mischung aus einer Phthalsäure, deren Mono- u. Diamid mit einer wss. Mischung aus einem Alkali u. einem Hypochlorit, rasche Erhöhung der Temp. von 95 auf 212° F, Ansäuern des Rk.-Prod., Filtrieren des Nd. aus Isophthalsäure (**I**) oder Terephthalsäure (**II**) u. Gewinnung der Aminobenzoesäure aus dem Filtrat durch fraktionierte Kristallisation, Extraktion oder Aussalzen usw. u. Kristallisieren aus Wasser. — Man erhitzt z. B. 800 ml eines durch Oxydation von p-Xylol mit $(NH_4)_2SO_4$, H_2S u. W. bei 550° F bis zur krit. Temp. des W. bei dem betreffenden Druck erhaltenen heißen wss. Prod. 4 Std. unter Rühren, um CO_2, H_2S u. NH_3 abzutreiben, hält das Vol. durch Wasserzusatz konst., filtriert festen S_2 ab, entfärbt 20 Min. bei 180° F mit 12 g Aktivkohle, filtriert durch Diatomeenerde, säuert das blaßgelbe Filtrat mit H_2SO_4 auf pH ≤ 3 an, wäscht den Nd. (49 g einer Mischung aus **II** u. deren Amiden) bei 200° F mit W., löst ihn in 200 ml W., das 28,6 g NaOH enthält, setzt dieser Lsg. bei $<55°$ F langsam 190 ml einer kalten Lsg. zu, die aus 50 g NaOH in 375 ml W. u. 27,5 g Cl_2 hergestellt u. mit W. auf 500 ml aufgefüllt ist, rührt die Mischung 15 Min., erhitzt 1 Std. bei 200° F, setzt 2 g $Na_2S_2O_3$ zu, säuert auf pH ≤ 3 an, filtriert heiß, suspendiert den Filterkuchen (ca. 26,9 g **II**) in 300 ml verd. H_2SO_4 (pH ca. 2, 200° F), filtriert heiß, extrahiert die vereinigten Filtrate kalt mit 3 Teilen von je 200 ml Ae., stellt mit NaOH pH 3,5 ein, extrahiert mit 3 Teilen von je 200 ml Ae., dampft den Ae.-Extrakt ein, suspendiert den Rückstand in heißem Bzl., kühlt, filtriert Benzoesäure, Toluylsäuren u. lösl. Verunreinigungen ab u. krist. aus 200 ml W. → 14,5 g *p-Aminobenzoesäure* (**III**), hellbraune Nadeln, SZ. 411. Analog erhält man aus 250 ml eines Oxydations-Prod. aus m-Xylol 21,3 g **I**, SZ. 677, u. 17,8 g *m-Aminobenzoesäure*, nach Kristallisieren aus Chlf. oder Bzl. F. 175—177° (aus A.), Sintern bei 171°. Außer **I** u. **II** sind Alkyl-Derivv. von **I** u. **II**, wie 5-tert.-Butylisophthalsäure (mit den Amiden gemischt) als Ausgangsstoffe geeignet. Herst. von Therapeutica, Farbstoffen; **III** = Vitamin des B-Komplexes. — Fließschema. (**A. P. 2 878 281** vom 29/9. 1955, ausg. 17/3. 1959.) G. Vogel. H 1350

2411 Abbott Laboratories, North Chicago, übert. von: Harold E. Zaugg, Lake Forest, und Bruce W. Horrom, Waukegan, Ill., V.St.A., **Derivate der p-Aminomethylphenylessigsäure** (**I**) der allg. Formel p—X—N—CH_2—C_6H_4—CH_2—COOR (X—N = Amino-, Diäthylaminoacetylamino-, Phthalimido- oder Chloracetylaminorest; R = H oder niedrigmol. Alkylrest) oder deren Salze erhält man durch Rk. von Phenylessigsäure (**II**) mit den entsprechenden N-Hydroxymethylamino-Verbb., wie N-Hydroxymethylchloracetamid (**III**) oder N-Hydroxymethylphthalimid (**IV**) usw. in kalter konz. H_2SO_4 oder wasserfreiem fl. HF bei hoher Ausbeute an N-substituierten Prodd. (mit wenig Isomeren), aus denen man durch Hydrolyse **I** bzw. deren Ester erhält. — Man rührt z. B. eine pulverige Mischung aus 0,75 (Mol) **II** u. 0,5 **IV** während 30 Min. in 180 ml konz. H_2SO_4 auf dem Eisbad ein, hält die Temp. unterhalb 20°, rührt über Nacht bei Raum-Temp., läßt die Lsg. 1 Woche stehen, gießt sie auf Eis, rührt mehrere Std., läßt über Nacht in W. stehen, entfernt u. trocknet den Nd., läßt ihn über Nacht in Ae. stehen, filtriert u. trocknet → *p-(N-Phthalimidomethyl)-phenylessigsäure* (**V**), $C_{17}H_{13}NO_4$, F. 195—197° (95%ig. A., dann Bzl.). Analog erhält man aus 0,75 **II** u. 0,5 **III** → *p-Chloracetylaminomethylphenylessigsäure* (**VI**), $C_{11}H_{12}ClNO_3$, F. 152 bis 153° (95%ig. A.). Man erhitzt eine Lsg. aus 0,0454 **V** u. 0,0454 95%ig. Hydrazin in 150 ml 95%ig. A. 6 Std. unter Rückfluß, filtriert den Nd., konz. das Filtrat zur Trockne, erwärmt die vereinigten Rückstände mehrere Min. auf 55° mit einer Lsg. von 20 ml konz. HCl in 100 ml W., kühlt auf Raum-Temp., filtriert unlösl. Phthalsäurehydrazid, konz. das Filtrat zur Trockne, wäscht den Rückstand mit Ae. u. trocknet → 8,4 g **I**-*Hydrochlorid*, F. 232—233° (Eisessig); analog gleiches Prod. aus **VI** oder direkt aus **III** ohne Isolierung des **VI** durch Waschen des rohen **VI** mit W. (statt mit Ae., s. oben) u. Hydrolyse mit 500 ml konz. HCl. — Aus 0,1 **I**-Hydrochlorid in 250 ml trocknem, während 90 Min. mit HCl gesätt. Methanol durch Erhitzen (90 Min.) unter Rückfluß u. Kühlen über Nacht → 16 g *Methyl-p-aminomethylphenylacetathydrochlorid*, $C_{10}H_{14}ClNO_2$, F. 215—217°, schmale Blätter. *Lokalanästheticum*. — Aus 0,0415 **VI**, 0,15 trocknem A., 15 ml $ClCH_2$—CH_2Cl u. 0,05 ml Äthansulfonsäure (Katalysator) → *Äthyl-p-chloracetylaminomethylphenylacetat*, $C_{13}H_{16}ClNO_3$, F. 81—82° (wss. A.), lange Nadeln; davon 0,03 mit 0,06 Diäthylamin u. 50 ml trocknem Bzl. 7 Std. auf 100° erhitzt, durch Kühlen, Entfernen des Nd., Konzentrieren des Filtrats im Vakuum zur Trockne, Aufnehmen des Rückstandes (Öl) in Ae., Waschen mit W., Trocknen über $MgSO_4$ u. Verdampfen des Ae. im Vakuum → 8,3 g Öl, *Äthyl-p-diäthylaminoacetylaminomethylphenylacetat*, $C_{17}H_{26}N_2O_3$, $Kp._{0,3}$ 183—185°, *Lokalanästheticum*. Prodd. mit X—N = NH_2 u. R = H oder CH_3 bilden beim Erhitzen Polymerisate vom Polyamidtyp. Herst. von *Fäden* u. *Garnen*. (**A. P. 2 881 210** vom 13/8. 1956, ausg. 7/4. 1959.) G. Vogel. H 1350

2412 Dow Chemical Co., übert. von: Edgar C. Britton und Etcyl H. Blair, Midland, Mich., V.St.A., **O-Chlorphenyl-O.O-dialkylthionophosphorsäureester** der allg. Formel $(XO)_2 \cdot PS \cdot OR$ (X = niedermol. Alkyl; R = Chlorphenyl), verwendbar als *Parasiticide* zur Bekämpfung von Bakterien, Schimmelpilzen, Milben, Insekten, Fliegen usw. sowie als *Konservierungsmittel* für Papier, Anstrichfarben u. Holz, erhält man durch Rk. einer Verb. der Formel $RO(Z) \cdot PS \cdot Cl$ (Z = Cl oder OCH_3 bzw. OC_2H_5) mit einem niedermol. Alkanol bei —15 bis +15° in Ggw. eines Alkalihydroxids nach $RO \cdot PS \cdot Cl_2 + 2\,XOH + 2\,NaOH \rightarrow (XO)_2 \cdot PS \cdot OR + 2\,NaCl + 2\,H_2O$ bzw. $XO(RO) \cdot PS \cdot Cl + XOH + NaOH \rightarrow (XO)_2PS \cdot OR + NaCl + H_2O$. — So erhält man durch Zutropfen von 300 ml Methanol, die 20 g NaOH enthalten, zu einer Lsg. von 163 g des Esters der Formel (2.4.5-$Cl_3 \cdot C_6H_2 \cdot O)(H_3CO) \cdot PS \cdot Cl$ in 800 ml Methanol bei —4 bis 0° innerhalb 80 Min. unter Rühren u. Aufarbeiten des Rk.-Gemisches durch fraktionierte Dest. als Rückstand *Thionophosphorsäure-O-(2.4.5-trichlorphenyl)-O.O-dimethylester*, F. 40 bis 42°. — Analog wird *Thionophosphorsäure-O-(3.4-dichlorphenyl)-O.O-dimethylester*, viscose Fl.; $D._4^{25}$ 1,418; n_D^{25} 1,5547, aus O-(3.4-Dichlorphenyl)-thionophosphorsäureesterdichlorid, $Kp._{3,5}$ 140—150°, u. Methanol hergestellt. (**A. P. 2 922 811** vom 5/3. 1956, ausg. 26/1. 1960.) A. Mohr. H 1380

2413 Pechiney Comp. de Produits Chimiques et Électrométallurgiques, Frankreich (Erfinder: Denise Girard und Georges Lévy), **Herstellung von 1-Vinyl-2.4.5-trichlorbenzol** (**I**), F. 39—40° (A.), aus 1.2.4-Trichlorbenzol durch 8std. Rk. mit Äthylbromid in Ggw. von $AlCl_3$ bei 50—80° oder durch Rk. mit Äthylen in Ggw. von $AlCl_3$

u. HCl bei 80° zu *1-Äthyl-2.4.5-trichlorbenzol* (**II**) u. daraus durch Dehydrierung in Ggw. von Wasserdampf u. N_2 u. eines Katalysators der Zus. Ca 1,11 (%), Mg 29,23, Fe 9,52, Cu 2,15, Al 0,52, S 2,33, Na 0,15, K 2,87, SiO_2 1,30 bei 500 bis 650° oder aus **II** durch Chlorierung bei 35—40° unter UV-Bestrahlung zu *1-[α-Chloräthyl]-2.4.5-trichlorbenzol*, das durch 15std. Kochen mit Acetanhydrid/K-Acetat übergeführt wird in *1-[α-Acetoxyäthyl]-2.4.5-trichlorbenzol*, F. 78—79°, welches bei 500—520° pyrolysiert wird unter Bldg. von reinem **I**. (**F. P. 1 237 150** vom 6/5. 1959, ausg. 23/11. 1960.)
Eberhard Riedel. H 1410

2414 Glidden Co., Cleveland, Ohio, übert. von: Albert B. Booth, Houston, Tex., V.St.A., **Nopaldehyd und Hydronopaldehyd** erhält man durch Isomerisieren von Nopol (**III**) oder Hydronopol (**IV**) in fl. oder dampfförmigem Zustand in

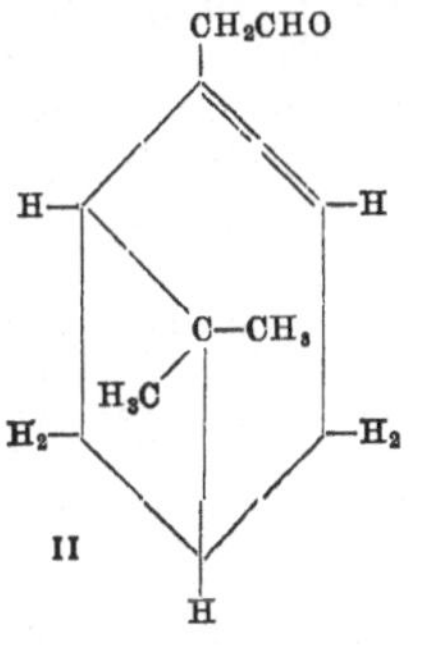

II

Ggw. eines Hydrierungskatalysators mit dem Atomgew. 58 bis 64 (Cu-Chromit, Ni, Raney-Ni, $CuCO_3$ oder gemeinsam gefällte Hydroxide von Cu, Ni u. Mn) bei 100—400°. — Aus 500 g **IV** u. 25 g Cu-Chromit unter Rückfluß bei 100 mm Hg u. nach Erreichen von 161—165° Dest. des *Hydronopaldehyds* (**I**), Kp.$_{10}$ 101°; n_D^{25} 1,4785; $[\alpha]_D^{25}$ —15,1°; 95% Ausbeute; daraus durch Oxydation mit O_2 bei 50° → *Hydronopsäure* (*Fungicid* u. *Lsgm.* für Alkohole, wie Menthol, oder Amine). Als Nebenprod. entsteht *Nopaldehyd* (**II**), Kp.$_{10}$ 94°; n_D^{25} 1,482; $[\alpha]_D^{25}$ —11°; auch erhältlich aus **III** im Dampfzustand oder aus **IV** in Ggw. größerer Mengen Katalysator. **I** u. **II** bilden Bisulfitaddukte. **II** kann durch Hydrieren in **I** übergeführt werden; gibt mit Aceton ein Keton, das als Riechstoff dient. Die polymeren **II** dienen als Weichmacher. — Zwischenprodukte. (**A. P. 2 918 496** vom 15/7. 1957, ausg. 22/12. 1959.)
G. Krauß. H 1920

2415 Československá Socialistická Republika (Erfinder: Ludvík Beránek und Vladimír Bažant, Prag), Tschechoslowakei, **Herstellung von Olefinen durch Dehydratation von Alkoholen** an festen Katalysatoren wie Al_2O_3, SiO_2, TiO_2 oder ihren Gemischen (Al-Silicate), indem man den über dem Katalysator hinströmenden Alkoholdämpfen eine bas. Substanz (Pyridin, Chinolin) in einer Menge von $1 \cdot 10^{-8}$ bis zu 50% zusetzt. Der Partialdruck der Dämpfe der bas. Stoffe kann durch Verdünnen mit einem inerten Gas oder durch die Verminderung des Gesamtdrucks mittels Vakuum bis auf $1 \cdot 10^{-10}$ at verringert werden. — Beispiel: 91,5 (g) eines Gasgemisches aus 4-Methylcyclohexanol u. N_2 im Verhältnis von 1 : 10, das 0,1 Mol-% Pyridin enthält, wird bei 235° mit einer Geschw. von 3,66 Mol/Std./Liter über 50 ml aktiviertes Al_2O_3 geleitet, das zuvor selektiv durch Überleiten von 3320 Litern N_2, der 1,37 g Pyridin enthält, 41 Std. lang inaktiviert wurde. Die gewonnene Fl. enthält 218,4 *4-Methylcyclohexen* (98% der Theorie), das gaschromatograph. geprüft, keine Isomeren enthält. (**Tschech. P. 98 240** vom 11/11. 1959, ausg. 15/1. 1961.)
L. Macher. H 1960

2416 Aerojet-General Corp., Azusa, übert. von: Allen F. Graefe, Pomona, Calif., V.St.A., **Herstellung von N-halogenierten Äthyleniminen** durch Rk. von Äthylenimin (**I**) mit Alkali- oder Erdalkalihypochlorit, -bromit oder -jodit bei —10 bis +10°. *N-Chlor-I*, Kp. 70—70,5°; n_D^{20} 1,4433. — *Zwischenprodd.* zur Herst. von N-Aminoäthylenimin. (**A. P. 2 944 051** vom 3/1. 1955, ausg. 5/7. 1960.)
C. Lüttgen. H 3030

2417 Monsanto Chemical Co., St. Louis, Mo., übert. von: Fred Applegath und Raymond A. Franz, El Dorado, Ark., V.St.A., **2-Hydroxybenzoxazole und 2-Hydroxybenzthiazole und deren Derivate** erhält man durch Rk. von COS mit einem 2-hydroxysubstituierten bzw. 2-thiolsubstituierten monoprim. Arylamin bei 60—200°, bes. 70 bis 150° u. 25 bis ca. 250 lbs./sq.in. in Ggw. eines alkal. Katalysators mit einer Dissoziations-Konst. $> 1 \cdot 10^{-10}$, z. B. quatern. Ammoniumhydroxide, Alkali- u. Erdalkalihydroxide, alkal. Erdalkalimetallsalze, wie Na-Oleat, N.N-Dimethylbenzylamin, N.N-Diäthyl-p-toluidin, Tri-n-hexylamin, Triäthanolamin, N.N-Dioctadecylamin. — o-Aminothiophenol → *2-Hydroxybenzthiazol*. — o-Aminophenol → *2-Hydroxybenzoxazol*. — β-Mercapto-α-naphthylamin → *2-Hydroxy-β-naphthothiazol*. — β-Hydroxy-α-naphthylamin → *2-Hydroxy-β-naphthoxazol*. — α-Hydroxy-β-naphthylamin → *2-Hydroxy-α-naphthoxazol*. **A. P. 2 915 525** vom 18/3. 1957, ausg. 1/12. 1959.)
A. Jahn. H 3100

2418 Food Machinery and Chemical Corp., New York, N.Y., übert. von: Herman Wachs, Baltimore, Md., und Sylvan E. Forman, Trenton, N.J., V.St.A., **Chlormethyldihydrosafrol** erhält man bei der Rk. von Dihydrosafrol im wss. Medium mit einem Überschuß an CH_2O oder polymerem CH_2O u. HCl bei 60—90°, wobei am Ende der Rk. die mol. Konz. an HCl des wss. Mediums zwischen 7,5—9,5 liegen soll; Verhältnis CH_2O : Dihydrosafrol bes. 1,1—1,4 : 1. Die Rk. kann auch unter Zusatz von $CaCl_2$ u. an Stelle des Dihydrosafrols mit hydriertem Sassafrasöl durchgeführt werden. — Vgl. Aust. P. 227 102; C. **1962**, 6184. (**A. PP. 2 878 265** vom 10/9. 1956 u. **2 878 266** vom 21/3. 1957, beide ausg. 17/3. 1959.)
G. König. H 3102

2419 Monsanto Chemical Co., St. Louis, Mo., übert. von: William T. Cave, Dayton, Ohio, V.St.A., **Trennen der optischen Isomere aus einem 5.5-Phenyläthylhydantoin (I)-Racemat**, dad. gek., daß man das Racemat in einem Lsgm., das wenig **I** löst, unter Erwärmen löst, die Lsg. durch Kühlen übersätt., mit Kristallen der *l*- oder d-Form impft u. das krist. Isomer abtrennt. Man impft mit dem Isomer, das in der Lsg. jeweils überwiegt u. gelangt dadurch durch wenige Kristallisationen zur Trennung, wobei die Lsg. durch ständigen Racematzusatz übersätt. zu halten ist. Maximale Übersättigung erhält man z. B. für 0,8 g **I**-Racemat in 10 ml CH_3OH (von 55 auf 20° gekühlt) nach 30 Minuten. Lsgm. sind niedrigmol. Alkohole, deren Gemische mit W. oder Äther. — Mengenbeispiele. — Herst. von *Fäden* u. *Filmen* mit verbesserten Eigg. aus den opt.-akt. Formen von **I** u. α-Amino-α-phenylbuttersäure bzw. Verw. für biolog. Produkte. (**A. P. 2 942 004** vom 9/5. 1956, ausg. 21/6. 1960.)
G. Vogel. H 3122

2420 American Cyanamid Co., New York, N.Y., übert. von: John Song, North Plainfield, und Gilmer Trower Fitchett, Plainfield, N.J., V.St.A., **2-Amino-5-mercapto-1.3.4-thiadiazol** (**I**) erhält man in hoher Ausbeute u. Reinheit durch Erhitzen von 1 (Mol) mit Alkalihydroxid teilweise neutralisiertem Hydrazinsulfat mit 2 eines Alkali- oder NH_4-Thiocyanats auf 90° bis zum Kp. des Rk.-Gemisches, Kühlen, Ansäuern, bes. mit H_3PO_2, nochmaliges Erhitzen des Rk.-Gemisches u. Erhitzen des gebildeten *N.N'-Bis-[thiocarbamyl]-hydrazins* (**II**) mit einer Halogenwasserstoff- bes. Salzsäure. — Man rührt z. B. ein kaltes Gemisch aus 27 (Teilen) 50%ig. NaOH u. 125 W., setzt 154 Hydrazinsulfat, dann 2,5 einer 50%ig. H_3PO_2 zu, erhitzt auf 100°, setzt 208 NH_4CNS zu, kühlt, setzt 50 konz. H_2SO_4 zu, erhitzt auf Rückfluß-Temp., rührt 3½ Std., gießt in kaltes W., filtriert u. wäscht den Nd. mit W. u. trocknet bei 50° → 142,5 **II**, 99,2%ig. Reinheit gemäß UV-Spektrum, F. ca. 203°; 80,1% Ausbeute. — Zwischenprod. zur Herst. von harntreibenden Verbb. u. Mitteln gegen Star u. Epilepsie (Sulfonamide). (**A. P. 2 966 495** vom 27/10. 1955, ausg. 27/12. 1960.)
G. Vogel. H 3173

2421 Farbenfabriken Bayer Akt.-Ges., übert. von: Edgar Enders und Adam Müller, Leverkusen, **Derivate des 4-Hydroxycumarins** (**I**). Nach dem Verf. des D. A. S. 1 005 527; C. **1958**, 11955 werden noch folgende Derivv. des **I** hergestellt: *3-(α-Tetrahydronaphthyl)-*, F. 186—187° (A.); *7-Chlor-3-(α-tetrahydronaphthyl)-*, F. 190—191°; *7-Methyl-3-(ac-α-tetrahydronaphthyl)-*, F. 186—187°; *6-Methyl-3-(ac-α-tetrahydronaphthyl)-*, F. 207—208,5°; *7-Methoxy-3-(ac-α-tetrahydronaphthyl)-*, F. 190—192°; *3-(α-Indanyl)-*, *4-hydroxycumarin*, F. 196—198°. — *Hemmende Wrkg.* auf die *Blutgerinnung*, *Heilmittel*, *Schädlingsbekämpfungsmittel*. (**A. P. 2 952 689** vom 17/4. 1957, ausg. 13/9. 1960. D. Prior. 25/4. 1956.)
G. König. H 3211

2422 Claude Hennart, Frankreich, **Herstellung von gegebenenfalls substituierten Chromon-2-carbonsäureestern** durch Rk. von Alkyl-o-hydroxyarylketonen mit Alkoxydihalogenessigsäurealkylestern, deren Alkylreste u. Halogenatome (Cl, Br oder J) gleich oder verschieden sein können. (**F. P. 73 478** vom 16/4. 1958, ausg. 2/12. 1960. **Zusatz zu F. P. 1 193 052; C. 1961, 14834.**) Eberhard Riedel. H 3211

2423 Phillips Petroleum Co., übert. von: Mack F. Potts, Warren L. Smith, Bartlesville, Okla., und Paul S. Hudson, Iowa City, Iowa, V.St.A., **Stabilisierung von Vinyl-substituierten Pyridinen,** wie 2-, 3- oder 4-Vinylpyridin, 2.5-Divinylpyridin, 2-Methyl-5-vinylpyridin, 3.4.5.6-Tetramethyl-2-vinylpyridin, 2.4-Dimethyl-5.6-dipentyl-3-vinylpyridin, 2-Vinylchinolin, 5-Methyl-1-isopropenylisochinolin, ferner auch N-Vinylpyrrolidone, N-Vinylpyrrolidine, 5-Vinylcarbazole u. ähnliche Verbb. *gegen Verfärbungen*, dad. gek., daß man den polymerisierbaren Prodd. als Inhibitor eine kleine Menge (ca. 0,005—5 Gew.-%) Hydroxylamin oder ein N-alkyl- bzw. N-arylsubstituiertes Hydroxylamin zusetzt. (**A. P. 2 887 490** vom 5/8. 1952, ausg. 19/5. 1959.) W. Heyer. H 3231

2424 Chemische Fabrik Promonta G.m.b.H., Hamburg, **Herstellung von Phenthiazinverbindungen.** 12,5 g Na-Salz des Methyliminodiessigsäureimids, 22 g 10-(α-Brompropyl)-phenthiazin u. 50 (cm³) Dimethylformamid werden schnell auf 100° erhitzt. Nach ½ Std. trennt man das ausgefallene NaBr ab, kühlt, gibt 300 Ae. zu, filtriert, gibt zum Filtrat 100 Bzl., schüttelt mit W. aus u. konz. im Vakuum. 5 g *N-Methyl-N'-[α-(10-phenthiazinyl)-propyl]-iminodiessigsäureimid*, F. 116—117°. Analog: *N-Methyl-N'-[α-(2-chlor-*, F. 116—117°, u. *N-Methyl-N'-[α-(2-methyl-10-phenthiazinyl)-propyl]-iminodiessigsäureimid*, F. 100—101°. — *Zwischenprodukte.* (**Ind. P. 67 745** vom 20/5. 1959, ausg. 25/7. 1960.) C. Lüttgen. H 3292

2425 Československá Socialistická Republika, Tschechoslowakei (Erfinder: Lajos Toldy, Budapest, Ungarn), **Herstellung von reinem kristallisierten 3-Chlor-10-(3'-dimethylaminopropyl)-phenthiazin (I)** durch Rk. der Ester aliphat. Sulfonsäuren, bes. des Esters der Methansulfonsäure, des 3-Chlor-10-(3'-hydroxypropyl)-phenthiazins (**II**) mit Dimethylamin in einem Lsgm. (aliphat. Alkohol oder aromat. KW-Stoffe) in Ggw. von säurebindenden Mitteln. — Beispiel: **II** wird in 3-Chlor-10-(3'-methansulfonoxypropyl)-phenthiazin (F. 80—90°) übergeführt, eine 45%ig. alkohol. Lsg. von Dimethylamin zugesetzt u. 14 Tage stehengelassen. A. wird abdest. u. der Rückstand in verd. HCl gelöst, mit Ae. extrahiert, mit 50%ig. KOH alkalisiert u. in Ae. aufgenommen. Man erhält **I** in theoret. Ausbeute, F. 57—58°. (**Tschech. P. 97 669** vom 25/2. 1957, ausg. 15/12. 1960.) L. Macher. 3292

2426 W. R. Grace & Co., New York, N.Y., übert. von: John D. Christian, Memphis, Tenn., V.St.A., **Herstellung von Trichlorcyanursäure (I)** aus Alkalicyanuraten mit Cl_2, dad. gek., daß man die Lsg. des Salzes einer kalten Cl_2-Lsg. mit einem stöchiometr. Cl_2-Überschuß, bes. einer mit Cl_2 übersätt. Lsg., zusetzt. — Beispiele. — Bleich- u. Desinfektionsmittel, Chlorierung von Allylverbindungen. (**A. P. 2 956 056** vom 14/2. 1958, ausg. 11/10. 1960.) G. Vogel. H 3313

2427 National Sugar Refining Co., New York, N.Y., übert. von: Ronald J. Baird, Philadelphia, Pa., V.St.A., **Methanollösliche cyclische Acetale der Saccharide** erhält man bei der Rk. von niedrigmol., aliphat. Monohydroxyaldehyden von 4—7 C-Atomen, bes. Aldol, mit Mono- oder Disacchariden, niedrigmol. Alkyl-, Aralkylglucosiden, oder mit Alkyliden-, Aralkylidenderiv. oder cycl. Acetalen der Mono- oder Disaccharide, oder den Glucosiden in Ggw. eines sauren Kondens.-Katalysators, wie Naphthalinsulfonsäure, $(NH_4)_2SO_4$, HCl bei Zimmer-Temp. bis zur Dehydratisierung des eingesetzten Hydroxyaldehyds, ggf. in Ggw. eines inerten, nicht bas. organ. Lsgm., wie Ae., Dioxan, Tetrahydrofuran. Auf jede Saccharideinheit gelangen 2 Einheiten des Hydroxyaldehyds zur Einwirkung. Die mit dem Aldehyd in Rk. tretende Polyhydroxy-Verb. soll mindestens 2 freie Hydroxylgruppen, die durch 2 oder 3 C-Atome voneinander getrennt sind, aufweisen. — Weichmacher für Harze, Polyvinylalkohol, Methyl- u. Äthylcellulose, Verbesserung der Abriebfestigkeit u. Ziehfestigkeit von Textilien, zur Herst. von Filmen, Bindemitteln, Druckfarben, Überzugsmassen. (**A. P. 2 956 963** vom 2/8. 1954, ausg. 18/10. 1960.) G. König. H 3400

2428 Whiffen & Sons Ltd., London, England (Erfinder: Phyllis Regina Elsa Lewkowitsch und Peter Francis Pascoe), **Extraktion von Alkaloiden,** wie *Emetin, Cephaelin,* aus den Wurzeln von Ipecacuanha, bes. Cephaelis ipecacuanha oder C. acuminata, mit wss., höchstens 10%ig. Mineralsäuren (H_2SO_4, HCl, H_3PO_4) oder Puffer-Lsgg. mit pH <6; der saure Extrakt wird mit eiweißverdauenden Enzymen (Papain), deren Wrkg. durch Zusatz einer geringen Menge einer S-Verb. (Cystein, Na-Dithionit) erhöht wird, bei 10—70°, bes. 30—60°, u. pH 4—8, bes. 5,5—6,5, behandelt, wodurch die Emulsions-Bldg. beim anschließenden Extrahieren der Lsg. durch das darin vorhandene Protein verhindert wird. Hierauf wird die Lsg. mit MgO oder NaOH, bes. bis pH 8,7—10, alkal. gemacht u. dann mit Ae., Methylisobutylketon oder Trichloräthylen extrahiert. — Vgl. Ind. P. 52 297; C. **1957**, 7116. (**E. P. 839 403** vom 2/10. 1957, ausg. 29/6. 1960.) G. Krauß. H 3500

2429 United States Atomic Energy Commission, übert. von: Henry Rapoport, Berkeley, und Melvin Look, San Francisco, Calif., V.St.A., **Normorphin.** Morphin wird zuerst mit Carbonsäurechloriden, deren Anhydriden oder Ketenen in Diacylmorphin übergeführt, dieses gibt mit einem Halogencyan in einem Lsgm. Cyandiacylnormorphin, das dann zuerst mit konz. Mineralsäure (HCl, H_2SO_4, H_3PO_4, Trifluoressigsäure) kurzzeitig in der Wärme verseift u. anschließend durch Zusatz von W. mit der entstandenen 5—10%ig. Säure weiter erhitzt wird, bis die CO_2-Abspaltung beendet ist. — Aus 23,1 g Morphinhydrat (1 H_2O) u. 100 cm³ Essigsäureanhydrid unter Rückfluß → Diacetylmorphin (= Heroin); daraus mit CNBr in alkoholfreiem Chlf. zuerst unter Eiskühlung, dann bei Raum-Temp. u. weiterem 3std. rückfließendem Erhitzen → Cyannorheroin, aus Methanol, F. 232—235°; 83% (Ausbeute); aus 5 g davon in 24 cm³ 36%ig. HCl nach 5 Min. langem Erwärmen auf dem Dampfbad, Zusatz von 190 cm³ W. (HCl-Konz. dann 5%) u. 8std. Erhitzen auf dem Dampfbad → *Normorphin* (**I**)-*hydrochlorid,* daraus mit 27%ig. wss. NH_3 → **I**-*Hydrat* (1½ H_2O), F. 285° (Zers.); 91%; Gesamtausbeute 65%. — *Zwischenprod.*, bes. zur Herst. von *N-Allylnormorphin.* (**A. P. 2 890 221** vom 24/7. 1957, ausg. 9/6. 1959.) G. Krauß. H 3500

2430 Whiffen & Sons Ltd., London, England, **Gewinnung von Alkaloiden aus Ipecacuanha** durch Extraktion mit wss. Mineralsäure, bes. 1%ig. H_2SO_4, bei Zimmer-Temp., Behandeln des Extrakts mit einem Eiweiß abbauenden Ferment, bes. Papain, in Ggw. einer S-haltigen Verb., bes. Cystein oder $Na_2S_2O_4$, bei 10—70°, bes. 30°, Alkalisieren, bes. mit Magnesia (pH 8,5), u. Extrahieren der Alkaloide mit Methylisobutylketon. (**Ind. P. 65 318** vom 20/9. 1958, ausg. 21/9. 1960. E. Prior. 2/10. 1957.) C. Lüttgen. H 3500

2431 **Universal Oil Products Co.**, Des Plaines (Erfinder: **Herman Samuel Bloch**, Skokie), Ill., V.St.A., *Lösungsmittelextraktion.* (**Oe. P. 211 326** vom 12/5. 1958, ausg. 10/10. 1960. — C. **1961**, 15565 [E. P. 821 998].)

2432 **Bergwerksverband G. m. b. H.**, Deutschland, *Veresterung von Carbonsäuren oder partiell veresterten Carbonsäuren.* (**F. P. 1 240 901** vom 17/11. 1959, ausg. 20/12. 1960. D. Prior. 17/11. 1958, 7/3. u. 3/6. 1959. — C. **1961**, 11141 [D. A. S. 1 088 474], C. **1962**, 299 [D. A. S. 1 103 334] u. C. **1962**, 14317 [D. A. S. 1 109 171].)

2433 **Solvay & Cie.**, Brüssel, Belgien, *Herstellung von chlorierten Kohlenwasserstoffen.* (**Oe. P. 211 802** vom 31/12. 1958, ausg. 10/11. 1960. Belg. Prior. 31/12. 1957. — C. **1962**, 15020 [F. P. 1 226 442].)

2434 **Columbia-Southern Chemical Corp.** (Erfinder: **Douglas Henry Eisenlohr**), V.St.A., *Herstellung von 1.1-Dichloräthan.* (**F. P. 1 241 725** vom 7/7. 1959, ausg. 28/12. 1960. A. Prior. 28/10. 1958. — C. **1961**, 8113 [A. P. 2 945 897].)

2435 **Badische Anilin- & Soda-Fabrik Akt.-Ges.**, Deutschland (Erfinder: **Ferdinand Markert, Helmut Nonnenmacher, Willibald Funk** und **Hermann Bieber**), *Cracken von Kohlenwasserstoffen.* (**F. P. 1 239 499** vom 24/9. 1959, ausg. 7/12. 1960. D. Prior. 25/9. 1958. — C. **1960**, 17613 [D. A. S. 1 078 564].)

2436 **E. I. du Pont de Nemours & Co.** (Erfinder: **Mark Wendell Farlow**), V.St.A., *Herstellung von Tetrafluoräthylen.* (**F. P. 1 240 762** vom 2/10. 1959, ausg. 20/12. 1960. A. Prior. 6/10. 1958. — C. **1962**, 650 [D. A. S. 1 100 018].)

2437 **Farbwerke Hoechst Akt.-Ges. vormals Meister Lucius & Brüning**, Deutschland, *Herstellung von Tetrafluoräthylen.* (**F. P. 1 241 770** vom 29/7. 1959, ausg. 28/12. 1960. D. Prior. 29/7. 1958. — C. **1960**, 8344 [D. A. S. 1 073 475].)

2438 **Farbenfabriken Bayer Akt.-Ges.**, Deutschland (Erfinder: **Josef Nogradi**), *Reinigung von konjugierten Diolefinen.*) **F. P. 1 244 057** vom 23/12. 1959, ausg. 20/1. 1961. D. Prior. 24/12. 1958. — C. **1961**, 8470 [D. A. S. 1 094 731].)

2439 **Knapsack-Griesheim Akt.-Ges.**, Deutschland, *Stabilisation von Chloropren.* (**F. P. 1 248 736** vom 28/1. 1960, ausg. 10/3. 1961. D. Prior. 31/1. 1959. — C. **1963**, 12208 [E. P. 878 118].)

2440 **Hydrocarbon Research, Inc.**, New York, N.Y., V.St.A., *Herstellung von Acetylen.* (**Niederl. P. 103 490** vom 9/2. 1954, ausg. 15/1. 1963. A. Prior. 10/2. 1953. — C. **1959,** 12999 [A. P. 2 765 359].)

2441 **Badische Anilin- & Soda-Fabrik Akt.-Ges.** (Erfinder: **Hubert Kindler** und **Hans Georg Trieschmann**), Deutschland, *Trennung von einen nicht flüchtigen Katalysator enthaltenden Gemischen.* (**F. P. 1 248 871** vom 18/2. 1960, ausg. 13/3. 1961. D. Prior. 18/2. 1959. — C. **1961,** 7028 [D. A. S. 1 088 038].)

2442 **Continental Oil Co.** (Erfinder: **Donald Manley Coyne, Paul Allan Lobo** und **Billy John Williams**), V.St.A., *Herstellung von primären Alkoholen.* (**F. P. 1 241 690** vom 3/12. 1959, ausg. 28/12. 1960. A. Prior. 8/12. 1958. — C. **1962,** 10999 [D. A. S. 1 119 839].)

2443 **Badische Anilin- & Soda-Fabrik Akt.-Ges.**, Deutschland (Erfinder: **Franz Reicheneder, Hans Joachim Nebel** und **Heinz Willersinn**), *Rektifikation von Hydroxyacetylenen.* (**F. P. 1 242 937** vom 20/8. 1959, ausg. 11/1. 1961. D. Prior. 21/8. 1958. — C. **1962,** 4719 [D. A. S. 1 104 944].)

2444 **Ente Nazionale Idrocarburi — E. N. I.**, Rom, Italien, *Herstellung von Alkinolen.* (**Oe. P. 211 804** vom 19/5. 1959, ausg. 10/11. 1960. It. Prior. 19/5. 1958. — C. **1962,** 17923 [F. P. 1 230 067].)

2445 **Union Chimique Belge Soc. An.**, Belgien, *Extraktion von Ameisensäure aus wässerigen Lösungen von Pentaerythrit.* (**F. P. 1 234 747** vom 29/12. 1959, ausg. 18/1. 1961. E. Prior. 13/2. 1959. — C. **1962,** 6962 [D. A. S. 1 117 557].)

2446 **Standard Oil Co.**, V.St.A. (Erfinder: **Robert W. Foreman, Lorraine S. Szabo** und **Franklin Veatch**), *Herstellung von Halogenhydrinen.* (**F. P. 1 234 649** vom 21/12. 1959, ausg. 16/1. 1961. A. Prior. 29/12. 1958. — C. **1962,** 2902 [D. A. S. 1 109 158].)

2447 **Shell Internationale Research Mij. N. V.**, Niederlande (Erfinder: **Simon Zevin**), *Herstellung von Thiophosphorsäurederivaten.* (**F. P. 1 243 590** vom 2/12. 1959, ausg. 16/1. 1961. A. Prior. 2/12. 1958. — C. **1963,** 10643 [E. P. 887 689].)

2448 **Borden Co.**, V.St.A., *Herstellung von konzentrierten HCHO-Lösungen.* (**F. P. 1 240 300** vom 10/11. 1959, ausg. 20/12. 1960. — C. **1962,** 16840 [E. P. 863 687].)

2449 **Distillers Co. Ltd.** (Erfinder: **John Lynn Barclay, James Robert Bethell, John Bernard Bream, David James Hadley, Rowland Harris Jenkins, David Gordon Stewart** und **Barrie Wood**), England, *Herstellung von Acrolein und Methacrolein.* (**F. P. 1 248 370** vom 16/2. 1960, ausg. 3/3. 1961. E. Prior. 17/2., 12/3., 2/4., 18/4., 5/6. u. 9/10. 1959. — C. **1962,** 15023 [E. P. 864 666].)

2450 **Centre National de la Recherche Scientifique**, Frankreich (Erfinder: **J. Wiemann** und **R. Jon**), *Octandion-(2.7)- und Divinyldimethylglykol.* (**F. P. 73 730** vom 13/6. 1958, ausg. 13/1. 1961. Zusatz zu F. P. 1 177 602; C. 1961, 7394. — C. **1962,** 15024 [D. A. S. 1 104 946].)

2451 **Ruhrchemie Akt.-Ges.**, Deutschland (Erfinder: **Karl Büchner** und **Hans Tummes**), *Herstellung von aliphatischen Carbonsäuregemischen.* (**F. P. 1 242 062** vom 2/12. 1959, ausg. 30/12. 1960. D. Prior. 22/12. 1958. — C. **1961,** 299 [D. A. S. 1 083 800].)

2452 **General Aniline & Film Corp.**, New York, N.Y., V.St.A., *Herstellung fester Ester.* (**Niederl. P. 103 576** vom 2/11. 1957, ausg. 15/1. 1963. A. Prior. 8/11. 1956. — C. **1961,** 17750 [A. P. 2 920 088].)

2453 **Badische Anilin- & Soda-Fabrik Akt.-Ges.** (Erfinder: **Heinz Hohenschutz**), Deutschland, *Herstellung von Essigsäure oder ihrer Gemische mit Essigsäuremethylester.* (**F. P. 1 242 938** vom 20/8. 1959, ausg. 11/1. 1961. D. Prior. 22/8. 1958. — C. **1960,** 16936 [D. A. S. 1 083 801].)

2454 **Knapsack-Griesheim Akt.-Ges.**, Knapsack, *Herstellung von Trichloressigsäure.* (**Niederl. P. 103 577** vom 7/11. 1957, ausg. 15/1. 1963. — C. **1962,** 5846 [Aust. P. 228 057].)

2455 **Badische Anilin- & Soda-Fabrik Akt.-Ges.**, Ludwigshafen/Rh. (Erfinder: **Adolf Hrubesch**, Ludwigshafen, und **Herbert Friederich**, Worms), *Herstellung von Polychlorpropionsäurechloriden.* (**Oe. P. 218 494** vom 19/10. 1960, ausg. 11/12. 1961. D. Prior. 20/10. 1959. — C. **1963,** 9876 [D. A. S. 1 135 443].)

2456 **Escambia Chemical Corp.**, V.St.A., *Isolierung von Acrylnitril aus wässerigen Lösungen.* (**F. P. 1 243 805** vom 10/12. 1956, ausg. 18/1. 1961. — C. **1962,** 2169 [E. P. 802 114].)

2457 **Soc. des Usines Chimiques Rhône-Poulenc**, Frankreich (Erfinder: **Georges Bichet, Jean Beraudiat, Jacques Dallemagne** und **Jean Damay**), *Herstellung von Adipinsäurenitril.* (**F. P. 1 240 541** vom 10/7. 1959, ausg. 20/12. 1960. — C. **1963,** 2620 [E. P. 877 664].)

2458 **Badische Anilin- & Soda-Fabrik Akt.-Ges.** (Erfinder: **Friedrich Becke, Kurt Wick** und **Hans Haas**), Deutschland, *Herstellung von 6-Cyancapronsäureestern.* (**F. P. 1 247 960** vom 10/10. 1959, ausg. 27/2. 1961. D. Prior. 6/10. 1958. — C. **1960,** 13844 [D. A. S. 1 073 470].)

2459 **Lonza Usines Électriques et Chimiques Soc. An.**, Schweiz, *Acetylessigsäureamid.* (**F. P. 1 239 196** vom 29/10. 1959, ausg. 7/12. 1960. Schwz. Prior. 30/10. 1958. — C. **1962,** 7325 [D. A. S. 1 112 510].)

2460 **Röhm & Haas G. m. b. H.**, Deutschland, *Herstellung von Dicyan.* (**F. P. 1 245 457** vom 21/1. 1960, ausg. 1/2. 1961. D. Prior. 24/1. 1959. — C. **1960,** 17616 [D. A. SS. 1 079 611 u. 1 079 612].)

2461 **Unilever N. V.**, Niederlande (Erfinder: **Denis Szabo**), *Herstellung von primären Aminen.* (**F. P. 1 246 764** vom 15/7. 1959, ausg. 10/2. 1961. E. Prior. 15/7. 1958. — C. **1962,** 12097 [E. P. 855 027].)

2462 **Commercial Solvents Corp.**, V.St.A. (Erfinder: **Leonard A. Stengel**), *Herstellung von Methylaminnitrat.* (**F. P. 1 243 624** vom 18/12. 1959, ausg. 16/1. 1961. A. Prior. 19/12. 1958. — C. **1963,** 684 [E. P. 870 435].)

2463 **National Distillers and Chemical Corp.** (Erfinder: **Irving Lester Mador** und **Louis Joseph Rekers**), V.St.A., *Herstellung von Diaminoderivaten dimerer Diolefine.* (**F. P. 1 246 777** vom 3/9. 1959, ausg. 10/2. 1961. A. Prior. 4/9. 1958. — C. **1963,** 4140 [D. A. S. 1 132 122].)

2464 **Badische Anilin- & Soda-Fabrik Akt.-Ges.**, Deutschland, *Wiedergewinnung von Monomeren aus Polyamiden.* (**F. P. 1 239 022** vom 14/10. 1959, ausg. 7/12. 1960. D. Prior. 15/10. 1958. — C. **1961,** 9620 [D. A. S. 1 088 063].)

2465 **Farbenfabriken Bayer Akt.-Ges.**, Leverkusen (Erfinder: **Günter Henrich**, Opladen), *Gewinnung von organisch substituierten Hydrazinen.* (**Oe. P. 217 996** vom 27/7. 1959, ausg. 10/11. 1961. D. Prior. 4/9. 1958. — C. **1963,** 1068 [E. P. 873 447].)

2466 **Ajinomoto Co., Inc.**, Tokio (Erfinder: **Takashi Miyamae, Fujisawa-shi**, und **Masao Shimokoshi**, Tokio), Japan, *Reinigen von Threonin.* (**Schwz. P. 367 514** vom 29/9. 1959, ausg. 11/4. 1963. Jap. Prior. 9/10. 1958. — C. **1962,** 13946 [E. P. 863 248].)

2467 **Ajinomoto Co., Inc.**, Tokio (Erfinder: **Shinichi Motozaki, Mei Ohno**, Tokio, und **Kotaro Fujiwara**, Kamakurashi), Japan, *Gewinnung von Glutaminsäure aus Gärungsmaischen.* (**Schwz. P. 368 189** vom 26/9. 1959, ausg. 15/5. 1963. Jap. Prior. 18/3. 1959. — C. **1962,** 16843 [E. P. 869 948].)

2468 **Imperial Chemical Industries Ltd.**, London, England, *Aminocarbonsäureester.* (**Niederl. P. 103 568** vom 2/10. 1957, ausg. 15/1. 1963. E. Prior. 3/10. 1956 u. 20/9. 1957. — C. **1962,** 5099 [Aust. P. 223 278].)

2469 **Roussel-Uclaf Soc. An.**, Paris, Frankreich, *Herstellung von α-Glutamylpeptiden.* (**Niederl. P. 103 531** vom 19/7. 1956, ausg. 15/1. 1963. F. Prior. 29/7. 1955. — C. **1959,** 625 [F. P. 1 129 627].)

2470 **Farbwerke Hoechst Akt.-Ges., vormals Meister Lucius & Brüning**, Deutschland, *N-Trifluoracetylierung von Aminosäuren und Peptiden.* (**F. P. 1 248 825** vom 17/2. 1960, ausg. 13/3. 1961. D. Prior. 17/2. 1959. — C. **1962,** 7697 [D. A. S. 1 080 564].)

2471 **Comp. Française Thomson-Houston**, Seine, Frankreich (Erfinder: **Ben Alfred Bluestein**), *Herstellung von α-Cyanäthylmethyldichlorsilan.* (**F. P. 1 243 620** vom 17/12. 1959, ausg. 16/1. 1961. A. Prior. 29/12. 1958. — C. **1961,** 13000 [D. A. S. 1 092 917].)

2472 **Shell Internationale Research Mij. N. V.**, Niederlande, übert. von: **N. V. de Bataafsche Petroleum Mij.**, *Desalkylierung aromatischer Verbindungen.* (**F. P. 1 239 210** vom 29/10. 1959, ausg. 7/12. 1960. Niederl. Prior. 31/10. 1958. — C. **1962,** 16486 [E. P. 859 079].)

2473 **British Petroleum Co. Ltd.**, England (Erfinder: **Alan Arthur Yeo** und **Alan John Maurice Wenham**), *Herstellung von Hexaäthylbenzol.* (**F. P. 1 247 101** vom 28/1. 1960, ausg. 17/2. 1961. E. Prior. 16/2. 1959. — C. **1962,** 12835 [E. P. 863 148].)

2474 **Phenolchemie G. m. b. H.**, Deutschland, *Herstellung von reinem Phenol.* (**F. P. 1 247 280** vom 8/2. 1960, ausg. 20/2. 1961. D. Prior. 11/2. 1959. — C. **1963,** 5236 [D. A. S. 1 126 887].)

2475 **Progil-Électrochimie Soc. An.**, Paris, Frankreich, *Reinigung von Phenol.* (**Niederl. P. 103 593** vom 30/1. 1958, ausg. 15/1. 1963. F. Prior. 2/4. 1957. — C. **1963,** 7168 [E. P. 824 595].)

2476 **Farbenfabriken Bayer Akt.-Ges.**, Deutschland (Erfinder: **Karl Heinrich Meyer** und **Hermann Schnell**), *Spaltung von Kondensationsprodukten aus aromatischen Hydroxy- und Oxoverbindungen.* (**F. P. 1 241 457** vom 21/11. 1959, ausg. 23/12. 1960. D. Prior. 31/12. 1958. — C. **1961,** 8117 [D. A. S. 1 094 759].)

2477 **Badische Anilin- & Soda-Fabrik Akt.-Ges.**, Deutschland (Erfinder: **Guenther Hamprecht, Matthias Schwarzmann** und **Manfred Tittel**), *Herstellung von Alkoxy- und Aryloxyaluminiumhydriden und deren Natriumhydridkomplexen.* (**F. P. 1 246 620** vom 1/2. 1960, ausg. 10/2. 1961. D. Prior. 3/2. 1959. — C. **1961,** 6678 [D. A. S. 1 085 515].)

2478 **Mid-Century Corp.**, Chicago, Ill. (Erfinder: **Robert Samuel Barker**, Port Washington, und **Alfred Saffer**, Bayside, N.Y.), V.St.A., *Herstellung von aromatischen Monocarbonsäuren.* (**Schwz. P. 367 816** vom 17/3. 1956 ausg. 30/4. 1963. A. Prior. 18/3. u. 24/8. 1955. — C. **1961,** 16658 [Oe. P. 204 544].)

2479 **Chemon Corp.**, V.St.A. (Erfinder: **Robert W. Harris**), *Herstellung von Benzoesäure.* (**F. P. 1 247 914** vom 22/12. 1956, ausg. 1/3. 1961. — C. **1960,** 1674 [E. P. 802 117].)

2480 **Badische Anilin- & Soda-Fabrik Akt.-Ges.** (Erfinder: **Friedrich Becke** und **Herbert Bittermann**), Deutschland, *Herstellung von 4-Isopropylbenzoesäure.* (**F. P. 1 248 162** vom 17/12. 1959, ausg. 1/3. 1961. D. Prior. 19/12. 1958. — C. **1961,** 5615 [D. A. S. 1 088 043].)

2481 **Shell Internationale Research Mij. N. V.**, übert. von: **N. V. de Bataafsche Petroleum Mij.**, Niederlande, *Herstellung der Dimethylester der Terephthal- und Isophthalsäure.* (**F. P. 1 240 774** vom 19/10. 1959, ausg. 20/12. 1960. Niederl. Prior. 20/10. 1958. — C. **1963,** 689 [E. P. 872 188].)

2482 **Callery Chemical Co.** (Erfinder: **James W. Shepherd**), V.St.A., *Herstellung von organischen Carbonaten.* (**F. P. 1 240 743** vom 25/9. 1959, ausg. 20/12. 1960. A. Prior. 10/11. 1958. — C. **1963,** 1071 [A. P. 2 983 749].)

2483 **Farbenfabriken Bayer Akt.-Ges.**, Deutschland (Erfinder: **Helmut Dierichs**), *Toluylendiamin.* (**F. P. 73 749** vom 18/6. 1958, ausg. 13/1. 1961. D. Prior. 27/6. 1957. Zusatz zu F. P. 1 112 653; C. 1958, 5806. — C. **1959,** 7636 [D. A. S. 1044 099].)

2484 **Farbenfabriken Bayer Akt.-Ges.**, Deutschland (Erfinder: **Hans Holtschmidt** und **Otto Bayer**), *Isocyanate und Isothiocyanate.* (**F. P. 1 239 198** vom 29/10. 1959, ausg. 7/12. 1960. D. Prior. 31/10. 1958. — C. **1960,** 4690 [D. A. S. 1 066 582].)

2485 **Studiengesellschaft Kohle m. b. H.**, Mülheim/Ruhr, *Herstellung von Cyclododecatrienen-(1.5.9).* (**Oe. P. 211 810** vom 30/6. 1959, ausg. 10/11. 1960. D. Prior. 6/8. 1958. — C. **1962,** 19012 [D. A. S. 1 085 523].)

2486 **Badische Anilin- & Soda-Fabrik Akt.-Ges.** (Erfinder: **Otto von Schickh** und **Horst Metzger**), Deutschland, *Herstellung von Cyclododecanonoxim.* (**F. P. 1 248 252** vom 4/2. 1960, ausg. 2/3. 1961. D. Prior. 13/2. 1959. — C. **1961,** 677 [D. A. S. 1 081 884].)

2487 **Dragoco Spezialfabrik Konz. Riech- und Aromastoffe, Gerberding & Co. G. m. b. H.**, Deutschland, *Herstellung von α,β-ungesättigten Ketonen.* (**F. P. 1 248 197** vom 12/1. 1960, ausg. 1/3. 1961. D. Prior. 12/2. 1959. — C. **1961,** 8473 [D. A. S. 1 088 949].)

2488 **Knapsack-Griesheim Akt.-Ges.**, Deutschland, *Herstellung von 1.2-disubstituierten Cyclobutanen.* (**F. P. 1 248 742** vom 1/2. 1960, ausg. 10/3. 1961. D. Prior. 6/2. u. 24/10. 1959. — C. **1961,** 5616 [D. A. SS. 1 081 008 u. 1 089 754].)

2489 **Gulf Research & Development Co.** (Erfinder: **Johann Gustav David Schulz**), V.St.A., *Herstellung von Diarylparaffinen.* (**F. P. 1 242 567** vom 7/12. 1959, ausg. 6/1. 1961. A. Prior. 17/12. 1958. — C. **1963,** 10279 [A. P. 3 002 034].)

2490 **Badische Anilin- & Soda-Fabrik Akt.-Ges.** (Erfinder: **Walter Stilz** und **Horst Pommer**), Deutschland, *Herstellung von symmetrisch substituierten, konjugierten Hexatrienen.* (**F. P. 1 242 405** vom 2/10. 1959, ausg. 4/1. 1961. D. Prior. 2/10. 1958. — C. **1961,** 8836 [D. A. S. 1 092 472].)

2491 **Inventa Akt.-Ges. für Forschung und Patentverwertung,** Schweiz, *Herstellung von Bivanillyl.* (**F. P. 1 241 407** vom 17/11. 1959, ausg. 21/12. 1960. Schwz. Prior. 2/12. 1958. — C. **1963,** 1072 [E. P. 877 882].)

2492 **Farbenfabriken Bayer Akt.-Ges.,** Deutschland (Erfinder: **Christian Wegner, Kurt Hess** und **Hans Haberland**), *Herstellung von Propylenoxid.* (**F. P. 1 240 744** vom 26/9. 1959, ausg. 20/12. 1960. D. Prior. 29/9. 1958. — C. **1960,** 16939 [D. A. S. 1 082 247].)

2493 **Merck & Co., Inc.,** Rahway, N.J., V.St.A., *Herstellung von 5-Hydroxymethylfurfural.* (**Niederl. P. 103 582** vom 26/11. 1957, ausg. 15/1. 1963. A. Prior. 26/11. 1956. — C. **1962,** 9151 [Aust. P. 227 514].)

2494 **DEHYDAG Deutsche Hydrierwerke G. m. b. H.,** Deutschland, *Herstellung von N-substituierten Tetrahydrofurfurylaminen.* (**F. P. 1 241 399** vom 17/11. 1959, ausg. 21/12. 1960. D. Prior. 21/11. 1958. — C. **1962,** 13951 [D. A. S. 1 121 062].)

2495 **Ruhrchemie Akt.-Ges.,** Deutschland, *Herstellung von 4.5.6.7.10.10 Hexachlor-4.7-endomethylen-4.7.8.9-tetrahydrophthalanäthern, -thioäthern und -estern.* (**F. P. 1 247 908** vom 24/10. 1956, ausg. 1/3. 1961. D. Prior. 5/11. 1955. — C. **1957,** 11436 [D. A. S. 1 006 431].)

2496 **Farbwerke Hoechst Akt.-Ges. vormals Meister Lucius & Brüning,** Deutschland, *Herstellung von Thiophenmonosulfochloriden.* (**F. P. 1 240 793** vom 21/10. 1959, ausg. 20/12. 1960. D. Prior. 22/10. 1958. — C. **1961,** 3816 [D. A. S. 1 088 509].)

2497 **Badische Anilin- & Soda-Fabrik Akt.-Ges.,** Deutschland (Erfinder: **Matthias Seefelder** und **Herbert Maisack**), *Herstellung von Carbazol.* (**F. P. 1 239 504** vom 2/10. 1959, ausg. 7/12. 1960. D. Prior. 2/10. 1958. — C. **1962,** 12102 [E. P. 862 606].)

2498 **Food Machinery and Chemical Corp.** (Erfinder: **Hermann Wachs** und **Sylvan Ellis Forman**), V.St.A., *Herstellung von Dihydrosafrolderivaten.* (**F. P. 1 246 717** vom 10/9. 1957, ausg. 10/2. 1961. A. Prior. 10/9. 1956 u. 21/3. 1957. — C. **1963,** 7929 [D. A. S. 1 105 879].)

2499 **J. R. Geigy Soc. An.,** Schweiz, übert. von: **Byk-Gulden Lomberg, Chemische Fabrik G. m. b. H.,** *Herstellung von Dioxopyrazolidinen.* (**F. P. 1 247 329** vom 10/2. 1959, ausg. 21/2. 1961. D. Prior. 11/2. 1958. — C. **1962,** 16847 [Oe. P. 209 335].)

2500 **Badische Anilin- & Soda-Fabrik Akt.-Ges.,** Deutschland (Erfinder: **Herbert Maisack, Dietrich Peukert** und **Willibald Schoenleben**), *Verbindungen der Pyrimindinreihe.* (**F. P. 1 239 120** vom 26/10. 1959, ausg. 7/12. 1960. D. Prior. 25/10. 1958. — C. **1962,** 16848 [D. A. S. 1 117 587].)

2501 **Farbwerke Hoechst Akt.-Ges. vormals Meister Lucius & Brüning,** Deutschland, *Herstellung von α-halogenierten Aminen.* (**F. P. 1 242 393** vom 28/8. 1959, ausg. 4/1. 1961. D. Prior. 28/8. 1958. — C. **1962,** 8067 [Oe. P. 211 291].)

2502 **Badische Anilin- & Soda-Fabrik Akt.-Ges.** (Erfinder: **Karl Merkel, Heinz Ulrich Werner** und **Albert Palm**), *Herstellung von chlorierter Isocyanursäure.* (**F. P. 1 243 613** vom 16/12. 1959, ausg. 16/1. 1961. D. Prior. 16/12. 1958. — C. **1961,** 1735 [D. A. S. 1 089 764].)

H_{10}. Färberei, Organische Farbstoffe

2503 **Der Mechanismus des Färbens mit Procionfarbstoffen.** J. R. Aspland, A. Johnson und R. H. Peters. (J. Soc. Dyers Colourists **78,** 453—54, 1962; Manchester, Coll. of Sci. and Technol., Dep. of Text. Chem.; engl.) — Zur Arbeit von Ingamells u. Mitarbeitern (C. **1963,** 10672) wird Stellung genommen u. gezeigt, daß beim Übergang einer Verb. **A** in eine Verb. **B** mit geringerer Reaktivität die Rk.-Geschw. $K = K_1 + K_2$ vom Dissoziationsgrad von **B** in der Weise abhängt, daß bei 99%ig. Dissoziation $K = K_2 (10^{x-2} + 1)$ ist. Vff. sehen einen Widerspruch zwischen der Größe des theoret. zu erwartenden u. des von Ingamells u. Mitarbeitern (l. c.) gefundenen Effekts der Abnahme der Rk.-Geschw. beim Übergang von Procionfarbstoffen in eine dissoziierte Form bei höheren pH-Werten. R. Bamberger. 7002◇

2504 **Probleme des Abbaus von Viscosefasern durch Färbeprozesse.** Lars Biedermann. (Przegląd włókienniczy **16,** 564—68, 1962; Inst. Włókien Szlucznychi Synt.; pol.) — Unterss. zeigen, daß Direkt- u. Küpenfarbstoffe auf ähnliche Weise Viscosefasern abbauen. Eine negative Beeinflussung der Faser-Eigg. wird bei vergrößertem Zusatz von NaCl, zum Zweck einer besseren Badausnutzung im Falle der Direktfarbstoffe, nicht festgestellt. Bei Reaktivfarbstoffen führt eine Erhöhung der Temp. beim Färben zur Verschlechterung der Farbtiefe. Die Farbprozesse verursachen keine merkliche Veränderung des mittleren Polymerisationsgrades, so daß die erhaltenen Meßwerte nicht als Maß des Abbaus der Viscosefasern dienen können. K. Pluta. 7002◇

2505 **Untersuchungen über das Anfärbbarkeitsverhalten von Vinylon.** 4. Mitt. **Die Wirkungen der Fasereigenschaften auf die Farbtiefe und den Farbton der Färbungen.** Akifumi Nasuno und Kenichi Tanabe. (J. Soc. Textile Cellulose Ind. Japan [Seni-i Gakkaishi] **18,** 1005—11, 1962; Kurashiki City, Japan, Kurashiki Rayon Ltd., Res. Labor.; jap., Auszug: engl. S. 1004.) — 3. vgl. C. **1962, 8071.** — Die Verss. betreffen die Wrkg. von Denier, Festigkeit, Querschnitt, Kräuselung, Glanz. Abnahme des Denier bei gleicher Festigkeit beeinträchtigt Farbton u. -tiefe, anscheinend hauptsächlich auf Grund der geringeren Oberfläche des Einheits-Vol. der Färbungen, wodurch das Verhältnis von Absorptions-Koeff. u. Diffusions-Koeff. kleiner wird. Mit abnehmender Festigkeit bei gleichem Denier werden Farbtiefe u. -ton besser. Eine poröse Struktur im Querschnitt beeinträchtigt Farbtiefe u. -ton. Das beruht hauptsächlich auf Vergrößerung der inneren Oberfläche zur Zerstreuung des einfallenden Lichtes. L. Jentgen. 7002◇

2506 **Untersuchungen über das Anfärbbarkeitsverhalten von Vinylon.** 5. Mitt. **Die Wirkungen von Heißbehandlung von Vinylon auf die Farbtiefe und den Farbton der Färbungen.** Akifumi Nasuno und Kenichi Tanabe. (J. Soc. Textile Cellulose Ind. Japan [Sen-i Gakkaishi] **18,** 1011—19, 1962; jap., Auszug: engl. S. 1004.) — 4. vgl. vorst. Referat. — Farbtiefe u. -ton der Färbungen werden bei zunehmender Heißverstreckung beeinträchtigt, wahrscheinlich, weil mit zunehmender Orientierung der Moll. die gleichmäßige Verteilung der farbstoffaffinen Zweige innerhalb der Fasern zerstört wird. Der Einfl. der Dauer der Heißbehandlung ist gering. Bei nicht heißverstreckten Fasern werden Farbtiefe u. -ton mit Erhöhung der Temp. der Heißbehandlung beeinträchtigt; bei Temp. höher als 200° nehmen sie wieder zu. Der Einfl. der Temp. auf heiß verstreckte Fasern ist gering. Die Zunahme von Farbtiefe u. -ton der nicht heißverstreckten Fasern bei Temp. von $>200°$ beruht wahrscheinlich hauptsächlich auf einer Abnahme der Orientierung der Moll., die der Änderung der physikal. Eigg. der Faser entspricht. L. Jentgen. 7002◇

2507 **Naphthole heute.** H. E. Schneider und F. C. Schneider. (Amer. Dyestuff Reporter **51,** P1037—P1048, 1962; Carbic-Hoechst Corp.; engl.) — Zu den wichtigsten neueren Prodd., die heute dem Färber zur Verfügung stehen, gehören die leicht lösl. Naphthol LL Marken, „instant naphthols" genannt, ganz neue Diazoamino-Verbb., die Azo-Amino-Entwickler, die Oliv-, Braun-, Blau- u. Schwarztöne liefern, u. als letzte Entw. die Verbb. der Azo-Naphtholchemie mit der der Metallkomplexfarbstoffe, die echte Grün-, Braun- u. Grautöne liefern. Der Hauptteil der Arbeit beschäftigt sich mit der Pack- u. Continue-Naphtholfärberei. Übermäßiger Schaum, der den Durchfluß behindert, kann durch geeignete Vorwäsche u. Verw. der Naphthol LL Marken bekämpft werden. Die Beziehung zwischen Erschöpfung u. Egalisierung u. der optimalen Anwendung von Temp., Alkali u. Salz sowie das Kupplungsbad u. der Einfl. der Nachbehandlung werden untersucht. L. Jentgen. 7006◇

2508 **Betanal P beim Färben mit Küpenfarbstoffen.** W. A. Blinow, Je. N. Anischtschuk und Ju. F. Komarowa. (Textil-Ind. [UdSSR] **22,** Nr. 12, 57—59, 1962; Forschungsinst. für organ. Zwischenprodd. u. Farbstoffe; russ.) — Die Verw. von *Betanal P* (Kondens.-Prod. einer organ. Base mit $CH_2ClCOOH$) verbessert die Gleichmäßigkeit der Färbung, erhöht die Reinheit der Tönungen u. verringert den Verbrauch an Küpenfarbstoffen um 20—50%. Das beste Ergebnis bzgl. Gleichmäßigkeit der Färbung erzielt man beim Färben nach dem leukosauren Verfahren. Nach dem Alkali-Hydrosulfit-Verf. wird eine gute Verwertung des Farbstoffs u. eine Verbesserung der Leuchtkraft der Färbungen erreicht. Sehr wirksam ist auch die Verw. von Betanal P beim Suspensionsfärben von Garn in Bobinen mit akt. Netzmitteln. P. Scheer. 7006◇

2509 **Egalisierungsprobleme in der Indanthrenfärberei.** C. Klopfstock. (Z. ges. Textilind. **64,** 777—81, 1962; dt.) — Über die Eigg. der Indanthrenfarbstoffe, bes. über das Ausgleichvermögen u. die Aufziehgeschw., wird berichtet. Die Spezial-Färbeverff., Pigment-Färbeverff., Pigment-Temp.-Stufen-Verff., Stückfärberei u. Kontinuefärberei u. ihre Anwendung werden beschrieben. Wege u. Möglichkeiten werden aufgezeigt, um die Egalitätsschwierigkeiten auf ein Mindestmaß zu verringern. I. Beßer. 7020◇

2510 **Neuerungen auf dem Gebiet der Wollfärberei.** C. Soiron. (Z. ges. Textilind. **64,** 781—84, 1962; Basel, I. R. Geigy Akt.-Ges., Col. Dep.; dt.) — Über das Färbereihilfsmittel *Irgasol SW* sowie dessen Haupteinsatzgebiete in der Applikation der 1 : 2-Metall-Komplexfarbstoffe u. der schwach sauren Wollfarbstoffe vom Typ der Irgasol-S- u. der Polar-Farbstoffe wird berichtet. Die Verw. von normalen Färbeverff., das Heißfärbeverf. u. das Irgasolvent-Verf. werden beschrieben. I. Beßer. 7020◇

2511 **Neue Erkenntnisse bei Kontinuefärbungen von Geweben aus synthetischen Fasern.** W. Beckmann und R. Kuth. (Z. ges. Textilind. **64,** 772—77, 1962; dt.) — Die Prinzipien des Thermosol-Färbeverf. werden kurz erläutert;

Einzelheiten, die beim Klotzen, Trocknen u. Thermosolieren zu beachten sind, werden besprochen. Die Bedeutung geeigneter Thermosolierhilfsmittel u. die Färbemöglichkeiten für Fasern aus Polyamid, Polyester u. Polyacrylonitril sowie Mischungen mit nativen Fasern wird besprochen. Maschinentechn. Hinweise werden gegeben. I. Beßer. 7020◇

2512 **Der Einsatz der Baumfärbeapparate in der Veredlung der Polyamidfaserstoffe.** H. Stern. (Z. ges. Textilind. **64**, 766—70, 1962; Basel, Ciba Akt.-Ges.; dt.) — Das Prinzip, die Beschickung u. die Musterungs-Vorr. der Baum-Färbeapp. sowie ihre Vor- u. Nachteile werden erläutert. Der Veredlungsgang für Polyamidtrikot, Polyamidcharmeuse, Sportstoffe aus Nylon–Helanca-Wolle u. Polyamid–Filament-Gewebe wird ausführlich besprochen. I. Beßer. 7020◇

2513 **Probleme beim Färben von Polyesterfasern.** J. Monheim. (Z. ges. Textilind. **64**, 785—86, 1962; dt.) — Die apparativen Voraussetzungen u. Vor- u. Nachteile des Thermosol-Verf. werden erörtert. Die Möglichkeiten u. Grenzen des Färbens auf HT-Stückfärbemaschinen werden behandelt, ebenfalls das Färben von Kettbäumen. Das gleichzeitige Färben u. Ausrüsten von Polyestergardinen wird behandelt. I. Beßer. 7020◇

2514 **Ein Überblick über die Geschichte und Entwicklung des „Flash-Ageing".** R. J. Hannay. (J. Soc. Dyers Colourists **78**, 593—97, 1962; Leeds, Assoc. Chem. Co. [Sales] Ltd.; engl.) — Ein Überblick über die Forschungsarbeiten wird gegeben, die sich mit der Entw. u. Anwendung von Na_2SO_3 u. den von ihm abgeleiteten verschiedenen Sulfoxylaten im Textildruck beschäftigen u. die zu dem heutigen Zweistufen-„Flash-Ageing"-Verf. geführt haben. Die hauptsächlichen Vorteile bestehen in der möglichen Anwendung einer größeren Reihe von Küpenfarbstoffen beim Druck u. einer besseren Erschöpfung der Farbstoffe als bei den üblichen Einstufenverfahren. L. Jentgen. 7022◇

2515 **Erfolge auf dem Gebiet der Anwendung von Küpenfarbstoffen beim Färben und Bedrucken von Geweben.** L. M. Golomb. (Chem. Wiss. Ind. [UdSSR] **3**, 225—31, 1958.) — Übersicht. — 93 Literaturangaben. I. Schade. 7022△

2516 **Bedrucken von Polyamid- und Polyesterfasern.** Roland Ruf. (Amer. Dyestuff Reporter **51**, 885—88, 1962; Villers St. Paul, France, CFMC, Applicat. Labor. SAV; engl.) — Der Direkt- u. Ätzdruck mit *Amichrome*-Farbstoffen auf Polyamidgeweben wird beschrieben. 3 Meth. zum Direktdruck auf Polyesterfasergeweben werden angeführt: Dämpfen ohne Druck mit einem Carrier, anwendbar nur für ausgewählte Dispersionsfarbstoffe, Dämpfen unter Druck, Thermofixierung oder Fixierung durch trockne Hitze. Näher eingegangen wird auf den Druck mit *Esterophile*-Farbstoffen, auch auf Mischgewebe mit Wolle oder Baumwolle. Sie müssen durch Dampf unter Druck oder Thermofixierung fixiert werden. L. Jentgen. 7022◇

2517 **Phthalocyaninfarbstoffe für Textilmaterialien.** L. G. Krolik. (Chem. Wiss. Ind. [UdSSR] **3**, 212—19, 1958; russ.) — Übersicht über Darst.-Meth. u. Eigg. von *Phthalocyaninfarbstoffen*. — 19 Literaturangaben. I. Schade. 7072△

2518 **Über die Farbmessung, Farbtoleranzbewertung und Weißgradmessung.** A. Kling und J. Kurz. (SVF Fachorg. Textilveredl. **17**, 891—910, 1962; Schloß Hohenstein, Hohensteiner Inst.; dt.) — Ausführungen über die spektrale Energieverteilung des auftreffenden Lichtes, die remittierenden Eigg. des Körpers u. die Empfindlichkeit des menschlichen Auges werden gemacht. Die Best. der Farbvalenz, die Wechselwrkg. zwischen bestrahlendem Licht u. remittierendem Körper sowie zwischen remittiertem Licht u. Auge werden besprochen. Die Farbmessung nach dem Spektral- u. Helligkeits-Verf. wird beschrieben. Farb-Syst. u. die Darst. der Farbwerte sowie die Bewertung von Farbdifferenzen werden erläutert. Die Weißgraderhöhung durch physikal. u. chem. Prozesse u. durch subtraktive u. additive Farbmischung sowie die Best. des Weißgrades werden ausführlich dargestellt. I. Beßer. 7086◇

2519 **Das Prüfen der Veränderung der Konzentration von Farbstoffen in Farbstoffbädern mittels Meßvorrichtungen.** István Molnár und György L. Bercsényi. (Przeglad Włókienniczy **16**, 395—401, 1962; pol.) — Die Verw. eines Meßapp. mit 2 Filtern erweist sich als genügend, wenn bei Anlagen zum kontinuierlichen Färben größere Partien laut Rezeptur nur aus einem Farbstoff bestehen. Unabhängig davon wird festgestellt, daß das Prüfen von Farbstoff-Lsgg. mittels Spektrophotometer vom Standpunkt der Qualität wie auch der Quantität zufriedenstellende Ergebnisse zeigt. R. Grundmann. 7086◇

2520 **Zur Papierchromatographie der Beizenfarbstoffe.** J. Kolšek, F. Mlakar und M. Perpar. (Chemiker-Ztg./Chem. Apparatur **86**, 883—87, 1962; Ljubljana, Jugoslawien, Univ., Inst. für organ. Chem.; dt.) — Beizenfarbstoffe bekannter Konstit. u. Handelsfarbstoffe werden in ihrem Verh. gegen neutrale, saure u. bas. Fließmittel auf nichtimprägniertem u. acetyliertem Papier untersucht. Beispiele zeigen, daß ein Fließmittelgemisch Essigester (I)/CH_3OH/W. (1 : 1 : 1) eine gute Auftrennung ergibt, wenn auch in einigen Fällen Schwanz-Bldg. auftritt. I/Eisessig/W. (1 : 1 : 1) bietet bei einzelnen Farbstoffen bessere Auftrennung u. gibt auf dem Chromatogramm schärfer begrenzte u. gedrungene Farbflecke. H.-H. Michel. 7086◇

2521 **Wechselstrom-polarographische Bestimmung von freiem Schwefel in Schwefelfarbstoffen.** Takeshi Ishii. (Japan Analyst **11**, 1252—54, 1962; Ritsumeikan Univ., Dep. of Chem.; jap., Auszug: engl.) — S wird aus der Probe 90 Min. lang mit Bzl. im Soxhlet-Gerät extrahiert, der Extrakt mit Bzl. verd. u. die Lsg. in mehrere Meßkolben verteilt. Die einzelnen Proben werden mit 0—1 ml 10^{-3}m S-Standard-Lsg. in einem aus 63 (Vol.-%) CH_3OH, 27 Bzl., 8,5 Pyridin u. 1,5 konz. HCl bestehenden Elektrolyten versetzt u. die Wechselstrompolarogramme bei 0,0—0,9 V gegen eine Hg-Anode ermittelt. W. Wesly. 7086◇

2522 Houdry Process Corp., übert. von: William E. Erner, Wilmington, Del., V.St.A., **Herstellung von Pyrrocolinen,** dad. gek., daß man o-Alkylpyridine oder -piperidine in Dampfform u. mit H_2 gemischt bei 750—900° über einen Pt–Tonerde-Katalysator mit 0,1—3% Pt leitet. *2.3-Benzpyrrocolin*, F. 179—180°, aus 2-Benzylpyridin, u. *3-Äthylpyrrocolin* aus 2-n-Amylpyridin. — *Zwischenprodd.* zur Herst. von Farbstoffen. (**A. P. 2 886 569** vom 6/8. 1956, ausg. 12/5. 1959.) C. Lüttgen. 7049

2523 Ciba Akt.-Ges., Basel (Erfinder: Alfred Fasciati, Bottmingen), Schweiz, **Herstellung von Monoazofarbstoffen.** Ein Monoazofarbstoff, der mindestens ein an N gebundenes reaktionsfähiges H enthält, wird im Verhältnis 1 : 1 mit einem Dihalogen-1.3.5-triazin umgesetzt, dessen drittes C-Atom einen Alkyl-, Alkenyl-, Cycloalkyl-, Aralkyl- oder Arylrest gebunden enthält. Die Farbstoffe eignen sich zum Färben u. Bedrucken von Seide, Leder u. bes. Wolle (I) sowie Polyamiden u. -urethanen. Die Färbungen sind besonders rein, gut licht- u. hervorragend wasch- u. walkecht. — 43,8 (Teile) *1.3-Diaminobenzol-6-sulfonsäure* $\xrightarrow{\text{sauer}}$ *2-Amino-8-hydroxynaphthalin-6-sulfonsäure* in 500 W. werden bei einem pH-Wert von 7 mit 22,6 2.4-Dichlor-6-phenyl-1.3.5-triazin in 200 Eiswasser kondensiert. Der isolierte Farbstoff färbt I rot. (**Schwz. P. 349 013** vom 11/4. 1956, ausg. 15/11. 1960.) F. Rath. 7053

2524 Ciba Akt.-Ges., Basel (Erfinder: Gustav Widmer, Basel, Alfred Fasciati, Bottmingen, und Rudolf Aenishänslin, Reinach), Schweiz, **Herstellung von N-Alkylolgruppen enthaltenden, wasserlöslichen Farbstoffen.** Organ. wasserlösl. Farbstoffe, die mindestens 1 amidartig gebundene, reaktionsfähige, prim. oder sek. Aminogruppe enthalten, werden mit niedrigmol. aliphat. Aldehyden oder solche abgebenden Mittel behandelt. Die Farbstoffe eignen sich zum Färben u. Bedrucken von cellulosehaltigen Materialien. Das prim. Kondens.-Prod. aus Cyanurchlorid u. 1.3-Diaminobenzol-4-sulfonsäure wird diazotiert u. mit 1-Phenyl-3-methyl-5-pyrazolon-4'-sulfonsäure gekuppelt. Durch Umsetzung mit NH_4OH erhält man das tert. Kondens.-Produkt. Dieses wird mit H_2CO (20 vol.-%ig), u. zwar 2,5 Mol H_2CO pro 1 NH_2-Gruppe bei pH 9 20 Min. unter Rückfluß gekocht. Beim Abkühlen fällt der Farbstoff aus. Filtriert u. bei 50° im Vakuum getrocknet, färbt er Baumwolle gelb. (**Schwz. P. 349 721** vom 19/11. 1956, ausg. 15/12. 1960.) F. Rath. 7053

2525 Badische Anilin- & Soda-Fabrik Akt.-Ges., Deutschland (Erfinder: Curt Schuster, Guenter Lange, Julius Eisele und Wilhelm Federkiel), **Herstellung von wasserunlöslichen Azofarbstoffen** der allg. Formel I (R = Rest eines diazotierbaren aromat. oder heterocycl. Amins; ar = 2wertiger Rest einer Azokomponente; X = eine Alkylgruppe ein- oder mehrmals substituiert durch -o-en-CN, en = 2wertiger KW-Stoffrest u. Y = X oder

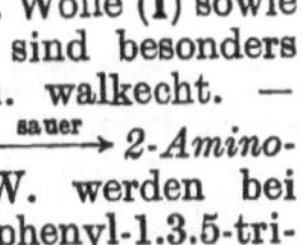

H oder KW-Stoffrest). Die Farbstoffe eignen sich zum Färben von Celluloseäthern u. -estern, Acetatseide, Polyamiden, Polyestern u. Polyacrylnitril. — *1-Amino-4-nitrobenzol* → *N.N'-Dimethyl-β-cyanäthylätheraminobenzol.* Der isolierte Farbstoff färbt Acetatseide scharlachrot. Die Färbungen sind gut wasch- u. lichtecht u. außerordentlich abgasecht. (**F. P. 1 215 591** vom 13/6. 1958, ausg. 19/4. 1960. D. Prior. 13/6. u. 24/8. 1957.) F. Rath. 7053

2526 Ciba Soc. An., Schweiz, **Metallhaltige Azofarbstoffe.** Die 1:1-Metallkomplex-Verb. eines Monoazofarbstoffs wird mit einem metallfreien, jedoch metallisierbaren Monoazofarbstoff umgesetzt. Die Farbstoffe eignen sich zum Färben von Seide, Leder u. z. T. von Wolle sowie zum Färben u. Bedrucken von Polyamiden u. -urethanen. — Die 1 : 1-Cr-Komplex-Verb. von *1-Amino-2-hydroxy-6-nitronaphthalin-4-sulfonsäure* → *2-Hydroxynaphthalin* wird mit *2-Amino-1-hydroxy-4-chlorbenzol-6-sulfonsäure* → *1-Hydroxy-5.8-dichlornaphthalin* im Verhältnis 1 : 1 umgesetzt. Die erhaltene 1 : 2-Misch-Cr-Komplex-Verb. färbt Wolle blaugrau. (**F. P. 1 220 724** vom 21/4. 1959, ausg. 27/5. 1960. Schwz. Prior. 30/4. 1958.) F. Rath. 7053

2527 Ciba Akt.-Ges., Basel (Erfinder: Jakob Brassel, Basel, Alfred Fasciati, Bottmingen, Raymond Gunst, Binningen, und Walter von Krannichfeldt, Arlesheim), Schweiz, **Herstellung von Farbstoffen,** die gleichzeitig Azo- u. Anthrachinonchromophore enthalten. Eine heterocycl. Verb. mit reaktionsfähigen Halogenatomen wird einerseits mit einem SO_3H-haltigen Anthrachinonfarbstoff über eine Aminogruppe u. andererseits mit einem Aminoazofarbstoff, der die NH_2-Gruppe im Benzolrest eines Bzl.–Azo-Pyrazolonfarbstoffs enthält, umgesetzt. Die Farbstoffe eignen sich zum Färben u. Bedrucken von polyhydroxylierten Materialien, Seide, Leder u. bes. Wolle (I) sowie von Polyamiden u. -urethanen. — Cyanurchlorid wird mit *1.3-Diaminobenzol-4-sulfonsäure* → *3-Methyl-5-pyrazolon* u. 1-Amino-4-(4'-aminophenylamino)-anthrachinon-2-sulfonsäure kondensiert. Der wie üblich isolierte Farbstoff löst sich in W. mit grüner Farbe u. färbt I in klaren grünen Tönen. (**Schwz. P. 345 956** vom 27/1. 1956, ausg. 15/6. 1960.) F. Rath. 7059

2528 **Farbenfabriken Bayer Akt.-Ges.** (Erfinder: **Kurt Breig,** Köln, und **Eugen Glietenberg**), Leverkusen, *Erzeugung von Eisfarben im Textildruck.* (**Niederl. P. 103 499** vom 9/2. 1955, ausg. 15/1. 1963. D. Prior. 12/3. 1954. — C. **1957,** 8365 [D. B. P. 957 386].)

2529 **Ciba Ltd.,** Basel, Schweiz, *Färben und Bedrucken von Fasern aus Polyacrylnitril.* (**Niederl. P. 103 495** vom 17/12. 1954, ausg. 15/1. 1963. Schwz. Prior. 18/12. 1953. — C. **1957,** 6598 [D. B. P. 953 965].)

2530 **Farbwerke Hoechst Akt.-Ges., vormals Meister Lucius & Brüning,** Frankfurt/M. (Erfinder: **Helmut Gies,** Hofheim), *Färben von Leder.* (**Schwz. P. 368 779** vom 19/2. 1958, ausg. 15/6. 1963. D. Prior. 1/3. 1957. — C. **1959,** 10402 [D. A. S. 1 042 523].)

H_{IIa}. Farben, Anstriche, Lacke, Naturharze

2531 **Forschung und Fortschritt in der Welt.** G. Génin. (Peintures, Pigments, Vernis **39,** 177—79, 1963; franz.) — Vgl. C. **1963,** 12220. — An Hand von 31 Literaturhinweisen (1961/1962) wird kurz über die Vorbehandlung von Oberflächen, über Lackrohstoffe, Anwendungs- u. Verarbeitungs-Meth., Fehlerursachen u. Eingangskontrollen berichtet. H.-G. Moslé. 7090◇

2532 **Neuere Ergebnisse aus Arbeiten über die Benetzung von Pigmenten.** G. Taschen. (Plaste u. Kautschuk **9,** 97—99, 1962; Magdeburg, Zentr. Forsch.-Stelle für Lacke u. Farben; dt.) — Überblick über Arbeits-Meth. u. Ergebnisse von Unterss. der Grenzflächenprobleme, die 1960 von der Arbeitsgruppe der Zentralen Forschungsstelle für Lacke u. Farben, Magdeburg, durchgeführt wurden. Auf die prakt. Anwendungsmöglichkeit der in den Experimenten erhaltenen Ergebnisse über die Anreibung eines Pigment–Bindemittel-Gemisches zur Erzielung inniger Benetzungen u. feiner Dispersionen wird hingewiesen. I. Köditz. 7092

2533 **Über Phthalocyaninfarbstoffe.** W. F. Borodkin. (Hochschulnachr. [Iwanowo] Chem. chem. Technol. **2,** 424—29, 1959; Iwanowo, Chem.-technolog. Inst.; Lehrstuhl für Technol. der Farbstoffe u. Halbprodd.; russ.) — Zwei neue Phthalocyaninfarbstoffe, *Cu-Cyclo-bis-[diphthalidimin]* ($C_{32}H_{16}CuN_6$) u. *Tetra-Li-Cyclotetraisoindolenin* ($C_{32}H_{16}Li_4N_8$), werden beschrieben; die Absorptionsspektren dieser Verbb. wurden bestimmt. Es wird gezeigt, daß die Sprengung bzw. Verengung des Konjugations-Syst. des Tetrazaporphin-Kerns die Verschiebung des Absorptionsmaximums in den Bereich kürzerer Wellenlängen zur Folge hat. S. Baryschnikow. 7092△

2534 **Kalkulationsfaktoren für Alkydkarz.** David W. Glaser. (Off. Digest Federat. Soc. Paint Technol. **33,** 642—51, 1961; Minneapolis, Minn., Gen. Mills, Inc.; engl.) — Zusammenstellung von Faktoren zur Vereinfachung u. Abkürzung der Berechnung für die Herst. fast aller Typen von Phthalat-Alkydharzen. L. Kempf. 7096◇

2535 **Peroxide der ungesättigten Fettsäureester.** V. J. Karnojitzky. (Peintures, Pigments, Vernis **39,** 144—52, 1963; l'Onera; franz.) — Vf. berichtet an Hand von 35 Literaturhinweisen über die Herst. u. Eig. der Hydroperoxide des *Oleinsäuremethylester, Linolsäuremethylester, Linolensäuremethylester, Eläostearinsäuremethylester.* Die Strukturen der Peroxide werden beschrieben u. der Oxydationsmechanismus diskutiert. Vf. nimmt an, daß die Bldg. der Peroxide nicht intermediär, sondern parallel zur Vernetzung u. dem Abbau der beschriebenen Verbb. verläuft. H. G. Moslé. 7096◇

2536 **Alkydharzlacke.** K. Weigel. (Seifen-Öle-Fette-Wachse **88,** 823—30, 859—62, 926—32, 1962; **89,** 14—18, 1963; Barcelona; dt.) — Es wird ein Überblick über die verschiedenen Alkydharze, ihre Herst., Eigg. u. Verw. sowie Verarbeitungsgeräte gegeben. I. Beßer. 7106◇

2537 **Steigendes Interesse an Siliconharzen für Industrielacke.** Harold L. Cahn. (Off. Digest Federat. Soc. Paint Technol. **33,** 607—21, 1961; Waterford, N.Y., Silicone Products Dep., Gen. Electr. Comp.; engl.) — Bericht über die steigende Verw. von Siliconharzen für hochtemperaturbeständige Industrielacke, die in beliebigem Farbton u. auf verschiedener Bindemittelbasis hergestellt, vielseitig eine gesetzt werden können. L. Kempf. 7106◇

2538 **Elektrostatische Spritzlackierung.** Federico Arborio Mella. (Pitture e Vernici **39,** 14—18, 1963; Milano, Azienda Tranviaria Municipale, Labor. Fisico-Chim.; ital.) — Behandelt werden elektrostat. Handspritzpistolen (Statisspray MKII) u. deren Anwendung im Hand- u. automat. Verfahren. B. Scheifele. 7106◇

2539 **Anstrich zur Erhaltung von Stahlkonstruktionen in Flußwasser.** Fletcher W. Shanks. (Off. Digest Federat. Soc. Paint Technol. **32,** 1627—35, 1960; Rock Island, Ill., U.S. Army Engng. District; engl.) — Bericht über Unterss. an 7 verschiedenen Lackkompositionen bzgl. ihrer Tauglichkeit als Schutzanstrich für Stahlkonstruktionen in Flußwasser, wobei Überzüge auf Basis von Vinylcopolymeren empfohlen werden. L. Kempf. 7106◇

2540 **Anstrich zur Erhaltung von Baustahl.** S. C. Frye. (Off. Digest Federat. Soc. Paint Technol. **32,** 1642—45, 1960; Bethlehem, Pa., Bethlehem Steel Comp.; engl.) — Allg. Betrachtung des Korrosionsschutzproblems bei Stahlkonstruktionen. L. Kempf. 7106◇

2541 **Schutzanstrich für Überseeschiffe.** R. P. Devolux. (Off. Digest Federat. Soc. Paint Technol. **32,** 1636—41, 1960; New York, N.Y., Glidden Co.; engl.) — Diskussion der Anstrichprobleme bei Seeschiffen. L. Kempf. 7106◇

2542 **Anstrichschäden durch Schimmelpilze und ihre Verhütung.** Horst Hirschfeld. (Farbe u. Lack **69,** 174—81, 1963; Seelze, Hannover, Riedel-de Haën A.G.; dt.) — Es werden besprochen: Schäden bei Außen- u. Innenanstrichen, ihre Ursachen u. Verhütung; „Bläuepilze"; Gefährdung von Speziallacken u. Dispersionsfarben; Aufbau fungicider Anstrichmittel; Labor.-Kurzprüfungen; Vorbereitung u. Durchführung des Anstrichs. M. Hagedorn. 7106◇

2543 **Physikalische Chemie der Grenzschichten im Hinblick auf organische Überzüge.** William C. Prentiss. (Off. Digest Federat. Soc. Paint Technol. **32,** 1611—17, 1960; Philadelphia, Pa., Rohm & Haas Comp.; engl.) — Terminologie u. kolloidchem. Betrachtungen im Zusammenhang mit der Anstrichtechnik. L. Kempf. 7106◇

2544 **Über die Herstellung von Polymeren mit Furfurylalkohol.** Ozias Solomon, Ion Ciuta und Irina Sirbu. (Bul. Inst. politehn. București **21,** Nr. 4, 87—100, 1959; Bucuresti, Inst. Politehn., Labor. de chim. compusilor macromol.; rum.) — Beschreibung des Herst.-Verf. von Polymeren mit Furfurylalkohol (I) in Ggw. von H_3PO_4 u. Unters. des Einfl.

verschiedener Reinheitsgrade von I auf die Polymerisation. Der erhaltene Kitt widersteht der Einw. konz. NaOH u. stellt ein gutes Mittel gegen Korrosion dar. J. Lehmberg. 7106◇

2545 **Adhäsion von Anstrichfilmen.** T. R. Bullett. (J. Oil Colour Chemists' Assoc. **46**, 441—59, 1963; Teddington, Middlesex, Paint Res. Stat.; engl.) — Diskussion über Kräfte die die Adhäsion von Farbfilmen beeinflussen u. ihre Messung. Die „Pull-off"-Meth. der Paint Research Station u. Meßergebnisse unter verschiedenen Bedingungen werden besprochen. R. Zeisberger. 7158◇

2546 **Messungen der Adhäsion mit der Ultrazentrifuge.** J. R. Huntsberger. (Off. Digest Federat. Soc. Paint Technol. **33**, 635—41, 1961; Wilmington, Del., E. I. du Pont de Nemours & Comp., Inc.; engl.) — Bericht über die Grenzen der Adhäsionsmessungen mit der Ultrazentrifuge an Hand von Unterss. an Polyvinylacetatfolien mit dem Ergebnis, daß u. a. die Filmdicke die Messung beeinflußt. L. Kempf. 7158◇

2547 **Das C.I.E.-System zur Farbtonmessung.** Paul J. Secrest. (Off. Digest Federat. Soc. Paint Technol. **33**, 583—96, 1961; Chigaco, Ill., Sherwin-Williams Comp.; engl.) — Grundlagen der trichromat. Colorimetrie u. des C.I.E.-Systems. L. Kempf. 7158◇

2548 **Der Stand der Farbton- und Glanzmessungen in der Industrie.** Mark P. Morse. (Off. Digest Federat. Soc. Paint Technol. **32**, 1618—26, 1960; Philadelphia, Pa., E. I. du Pont de Nemours & Comp., Inc.; engl.) — Überblick über Verff. u. Geräte hinsichtlich Farbton- u. Glanzmessung sowie Diskussion. L. Kempf. 7158◇

2549 **Mindestdicke des Anstrichfilms zum ausreichenden Korrosionsschutz von warmgewalztem Stahl.** Wouter Bosch. (Off. Digest Federat. Soc. Paint Technol. **32**, 1602—10, 1960; Rolla, Miss., School of Mines & Metallurgy; engl.) — Bericht über eine noch nicht abgeschlossene Unters. zur Erfassung der Mindestschichtdicke von korrosionsschützenden Überzügen auf warm gewalztem Stahl, wobei 1992 Prüfteile mit 4 verschiedenen Lack-Syst. bei je 6 verschiedenen Gesamtschichtdicken von ca. 50—200μm an 3 verschieden gelegenen Bewitterungsprüfständen ausgelegt worden sind. L. Kempf. 7158◇

2550 **Mindestdicke des Anstrichfilms zum ausreichenden Korrosionsschutz von warmgewalztem Stahl.** Wouter Bosch. (Off. Digest Federat. Soc. Paint Technol. **34**, 1355—62, 1962; engl.) — Vgl. vorst. Referat. — Teil eines Fortschrittberichtes über den Einfl. der Oberflächenvorbereitung, der Dicke des trocknen Anstrichfilms verschiedener Syst. u. zusätzlicher Anstriche auf das Korrosions-Verh. von Stahlblech u. Rein-Zn-Proben im Seeküstenklima. — 10 Literaturhinweise. A. Sander. 7158◇

2551 **Eine kritische Untersuchung betreffs Anwendung der Gaschromatographie für die qualitative Bestimmung des Öls in organischen Überzügen.** Walter L. Zielinski jun., William V. Moseley jun. und Richard C. Bricker. (Off. Digest Federat. Soc. Paint Technol. **33**, 622—34, 1961; Richmond, Va., Dep. of Agricult.; engl.) — Bericht über gaschromat. Unterss. von nicht modifizierten sowie modifizierten Ölen u. Ölgemischen, die in der Anstrichtechnik angewandt werden, im Hinblick auf die qual. Best. des Öls in organ. Überzügen. — 17 Literaturangaben. L. Kempf. 7158◇

2552 Robert Théodore Paris, Frankreich, **TiO_2-Pasten,** welche 55—75% des Pigmentes enthalten, für die Herst. von *Farben, Druckfarben* u. *plast. Massen.* Man geht aus von einer wss. TiO_2-Aufschlämmung, wie sie bei der Herst. des Pigments gewonnen wird, u. behandelt diese mit einem Bindemittel nach dem Flushing-Verf. in Ggw. eines oberflächenakt. Prod., z. B. der lösl. Salze von aliphat. oder prim. cycl. Aminen der allg. Formel $R-NH_2$, worin R = aliphat. Kette mit 8—22 C-Atomen oder cycl. Rest mit 6—12 C-Atomen, oder von tert. oxäthylierten aliphat. Aminen der allg. Formel $R[N-(CH_2\cdot O-CH_2)_n-CH_2\cdot CH_2\cdot OH]_2$, worin R = aliphat. Kette mit 8—22 C-Atomen. Als oberflächenakt. anion. Verbb. kommen bes. die Na-Salze von Dialkylsulfosuccinaten in Betracht (Alkylreste mit 6—12 C-Atomen). (**F. P. 1 259 485** vom 16/3. 1960, ausg. 9/8. 1961.) M. F. Müller. 7093

2553 Imperial Chemical Industries Ltd., England, **Herstellung von in nichtwässerigem Medium leicht dispergierbaren Pigmenten** für die Herst. von *Farbanstrich-* u. *Überzugsmitteln* durch einfaches Verrühren. Die Pigmente werden in wss. Dispersion in Ggw. eines Latex von synthet. Polymeren kräftig gerührt. Der Latex wird erhalten durch Emulsionspolymerisation eines oder mehrerer monomerer Vinylalkylbenzole, Alkylmethacrylate oder Dialkylfumarate, z. B. n-Butylmethacrylat oder Dibutylfumarat, in Ggw. eines kettenbindenden Mittels, z. B. eines Alkylmercaptans, wie tert.-Amyl- oder tert.-Dodecylmercaptan. Als Pigmente kommen mineral. u. organ. Pigmente in Betracht, wie TiO_2, ZnO, CdS, Ruß, Fe_2O_3, Kobaltblau, Preußischblau, Pb-Chromat, Cr_2O_3, ferner Azopigmente, Küpenfarbstoff-, Phthalocyanin-, Chinaacridonpigmente, z. B. Cu-Phthalocyanin u. seine Chlorierungs-Prodd., Tetraphenyl- oder Oktaphenyl-Cu-Phthalocyanine. — Zur Herst. eines Latex werden 25 (Teile) Stearinsäure, 350 Vinyltoluol (enthaltend 64,6% m-Vinyltoluol u. 35,4% p-Vinyltoluol), 150 n-Butylmethacrylat u. 1860 W. verrührt u. 94 einer 9,2%ig. K_2CO_3-Lsg., 5 K_2SO_4 u. 21,1 tert.-Dodecylmercaptan zugegeben. Nach dem Durchleiten von N_2 wird die Temp. auf 70° gebracht, worauf die Rk. einsetzt u. die Temp. auf 88° steigt. Danach wird 30 Min. lang auf 90—95° erhitzt. Der entstandene Latex wird durch ein Sieb gegossen u. von koagulierten Teilchen befreit. — 100 einer 20%ig. wss. Paste von Cu-Chlorphthalocyanin (3,3% Cl-Geh.) werden mit 4 wss. 50%ig. Türkischrotöl 24 Std. in einer Kugelmühle gemahlen, mit 50 Latex gemischt u. in 1000 2n-HCl eingerührt Std. lang wird nachgerührt. Das abgeschiedene flock. Prod. wird abgetrennt, gewaschen u. getrocknet. Das gewonnene trockne Pulver ist leicht dispergierbar in einem Gemisch aus einem mit Leinöl modifizierten Alkydharz in Benzin. (**F. P. 1 277 177** vom 4/1. 1961, ausg. 23/3. 1962. E. Prior. 4/1. u. 19/12. 1960.) M. F. Müller. 7093

2554 Associated Lead Manufacturers Ltd. (Erfinder: Douglas Walter Marsh), England, **Herstellung von Öl- und Lackfarben** unter Verw. eines leicht verseifbaren Esters als Stabilisierungsmittel. Solche Ester sind leichtverseifbare Ester eines niedermol. aliphat. Alkohols mit $\leqq$8 C-Atomen oder einer aromat. Hydroxy-Verb. mit $\leqq$8 C-Atomen mit einer gesätt. oder ungesätt. aliphat. Mono-, Di- oder Tricarbonsäure mit $\leqq$8 C-Atomen oder mit einer Säure des Si oder Ti, z. B. Chlorameisensäureäthyl-, Citronensäuretriäthyl-, Fumar- oder Maleinsäuretriäthyl-, Oxalsäurediäthyl- oder -diphenylester, Dibenzyl- oder Ditolyloxalat, Tetraäthylsilicat, Isopropyl-, n-Butyl- oder Isooctyltitanat, Methyldiäthoxysilan. Farbpigmente sind z. B. Mennige u. Ca-Plumbat (I). — Eine Farbe enthält z. B. 47,6 (Gew.-%) I, 8 Talk, 8,9 $BaSO_4$, 5,1 Al-Stearat (6%), 12,5 Leinölstandöl (20 Poises), 9,5 gekochtes Leinöl, 6,5 Lackbenzin, 1,6 Sikkativ. (**F. P. 1 273 211** vom 9/11. 1960, ausg. 2/2. 1962. E. Prior. 11/11. 1959.) M. F. Müller. 7107

2555 Dow Corning Corp. (Erfinder: Leslie J. Tyler), V.St.A., **Herstellung von Silicon-Alkyd-Harzen für Farben und Lacke** aus 20—60% einer Organosilicium-Verb. der allg. Formel $R_nSi(OCH_3)_mO_{4-n-m/2}$, worin R = CH_3 u. C_6H_5 mit $\geqq$50% C_6H_5, n = 1—1,75, m = 0,5—2, m + n $\leqq$3, u. 40—80% des Ester-Rk.-Prod. aus Trimethyloläthan oder -propan u. Isophthalsäure. Die Rk. findet in Ggw. von 0,001—0,15% Ti in Form von Alkyltitanat statt, z. B. von Tetraäthyl-, -octyl- oder -octadecyltitanat. — Ein Gemisch aus 82 (Teilen) Trimethylolpropan, 261 Trimethyloläthan u. 293 Isophthalsäure wird innerhalb 80 Min. auf 170—250° unter Abdestillieren von W. erhitzt. Nach dem Abkühlen auf 150° wird eine Lsg. von 3 Isopropyltitanat u. 675 eines partiell hydrolysierten Gemisches von Phenylmethyldimethoxysilan u. Phenyltrimethoxysilan in 800 Cellosolveacetat zugegeben. Die Temp. steigt beim Erwärmen auf 120°. Dauer der Rk. 35 Minuten. Die erhaltene Lsg. wird mit 300 Xylol u. 100 Cellosolveacetat verd., u. durch Zusatz von TiO_2 erhält man eine *Anstrichfarbe,* die nach dem Auftragen, z. B. auf Stahlplatten, vulkanisiert wird. (**F. P. 1 275 355** vom 1/12. 1960, ausg. 2/3. 1962. A. Prior. 11/1. 1960.) M. F. Müller. 7107

2556 Résines et Vernis Artificiels (Erfinder: René Jacquier und Pierre Meunier), Frankreich, **Herstellung von thixotropen gelierten Harzen** für Farbanstriche u. Überzüge aus einem Gemisch von Acrylsäure oder eines Acrylsäureesters mit einem trocknenden oder halbtrocknenden Fettsäureester durch 10—30 Std. langes Erhitzen auf 250—280°. — 220 (Teile) Acrylsäure werden mit einem Gemisch aus 1000 Leinölfettsäure u. 100 Glycerin $2^1/_2$ Std. auf 260° erhitzt, worauf 1000 des Gemisches nach Zusatz von 250 Xylol u. 2 H_3PO_4 innerhalb $1^3/_4$ Std. auf 174° erhitzt u. $20^1/_2$ Std. bei dieser Temp. gehalten werden. 3 $CaCO_3$ werden zugegeben u. die Temp. wird auf 270° gesteigert. Dabei werden 220 Xylol abdestilliert. Die Temp. von 270° wird 12 Std. gehalten. Nach dem Abkühlen wird durch Zusatz von Bzn. das thixotrope Harzgel ausgeschieden. — 500 (Teile) Leinölstandöl u. 500 Laurylacrylat werden 26 Std. lang auf 260° erhitzt. Das gebildete Gel wird durch Abkühlen u. Verdünnen mit Bzn. abgeschieden. 300 des erhaltenen Gels werden mit 340 TiO_2-Rutil, 280 $CaCO_3$, 2 Pb-Naphthenat, 2 Co-Naphthenat, 0,9 Antihautmittel u. 60 Bzn. verrührt. Man erhält eine matte *Anstrichfarbe.* (**F. P. 1 260 161** vom 24/3. 1960, ausg. 22/8. 1961.) M. F. Müller. 7107

2557 Résines et Vernis Artificiels (Erfinder: René Jacquier und Pierre Meunier), Frankreich, **Herstellung von thixotropen Harzgelen** durch Erhitzen eines Gemisches aus einem mono- oder polymeren Vinylester mit einer trocknenden oder halbtrocknenden Fettsäure oder einem Ester davon auf >220° bis zur Bldg. eines reversiblen Gels. Ausgangsstoffe sind z. B. mono- oder polymeres Vinylacetat, Leinölfettsäuren, dehydratisiertes Ricinusöl, Standöle, styrolisierte oder oxydierte Öle, sowie die Ester aus trocknenden oder halbtrocknenden Fettsäuren u. mehrwertigen Alkoholen. — In einem Autoklaven werden 1600 (Teile) Leinöl u. 400 Vinylacetat 12 Std. unter Druck auf 260° erhitzt, danach ohne Druck $21^1/_2$ Std. auf 270°. Dabei bildet sich ein Harzgel, welches nach dem Abkühlen mit Bzn. ausgefällt wird. 150 Teile des thixotropen Harzgels werden mit 340 TiO_2-Rutil u. 280 $CaCO_3$ gemahlen, wobei 2 Pb-Naphthenat, 2 Co-Naphthenat, 0,9 Antihautbildner u. 60 Bzn. zugegeben werden. Man erhält eine matte *Anstrichfarbe.* (**F. P. 1 260 162** vom 24/3. 1960, ausg. 22/8. 1961.) M. F. Müller. 7107

2558 Daitô Chemicals Kabushiki Kaisha, Tôkyô (Erfinder: Seiichi Kayano, Tôkyô, Kôsaku Sumida, Yokohama, und Kaneo Ôno, Chiba), Japan, **Vermiculit enthaltende Asphaltanstriche.** Man mischt Vermiculit (z. B. 30 Teile) in Asphalt (100 Teile; bei 200°, ca. 20 Min.) u. gibt danach trocknende Öle, Lsgm. usw. zu, z. B. mischt man noch 20 Leinöl bei 200—230° ein u. gibt nach Abkühlen 40 Solventnaphtha, 100 Mineralterpentin u. 20 Firnis zu. (**Jap. A.S. 6 387/1961** vom 11/9. 1958, ausg. 31/5. 1961.) M. Pankow. 7107

2559 Stamicarbon N. V., Niederlande, **Auftragen einer kontinuierlichen Schicht aus polymeren und nichtpolymeren Monoolefinen,** z. B. von Polyäthylenen, in Form einer Suspension. Die überzogene Oberfläche wird zunächst auf 120° u. danach auf 140—200° erhitzt. Man verwendet z. B. eine Suspension von Polyäthylenpulver in einem Gemisch aus 20 (%) A., 20 Hexylenglykol, 20 Cyclohexanon u. 40 Wasser. (**F. P. 1 272 674** vom 14/10. 1960, ausg. 2/2. 1962. Niederl. Prior. 16/10. 1959.) M. F. Müller. 7107

2560 E. I. du Pont de Nemours & Co., Wilmington, Del., V.St.A., **Herstellung wässeriger Mischpolymerisatdispersionen** aus a) 1—15(%) wenigstens einer monoäthylen. ungesätt. Monocarbonsäure (I), b) 15—65 wenigstens eines Esters aus einem gesätt. einwertigen u. einer I mit endständiger, α-gebundener Methylengruppe (II) u. c) 30 bis 80 wenigstens eines Nitrils einer I mit II, wobei die Mengen auf das Gesamt-Gew. von a + b + c bezogen sind. Die Mischpolymerisation erfolgt in Ggw. eines Vinylpolymerisationskatalysators, z. B. eines Peroxids oder eines wasserlösl. Redoxsyst. aus Persulfat u. Bisulfit, u. in Ggw. eines alkalistabilisierten SiO_2-Auquasols. Anschließend wird durch Neutralisation mit NH_4OH auf pH ca. 8 eingestellt u. durch Erhitzen der wss. Dispersion auf 45—95 °u. Abkühlen auf Raum-Temp. stabilisiert. In Abänderung des Verf. kann die wss. Dispersion der Mischpolymerisat-Ammonsalze mit 1 bis 40 Gew.-% wenigstens eines wasserlösl. Kondensats (III) versetzt werden. Als III ist bes. ein Phenol–CH_2O-Kondensat angeführt. Eine beispielsweise Monomeren-Zus. besteht aus 2—10 (Gew.-%) Methacrylsäure, 23—45 Butylacrylat u. 45—75 Acrylnitril, die zu einer 25—45 Gew.-%ig. Dispersion homogenisiert werden. Andere Monomere sind Äthylacrylat, Styrol u. Glycidylmethacrylat (Tabelle). Die erhaltenen Dispersionen bestehen bes. aus 32,5 (%) eines Gemisches aus 95 Mischpolymerisat u. 5 Phenolharz. Statt letzteres kann auch ein Polytetrafluoräthylenharz verwendet werden. — *Hitzehärtbare Metallüberzüge.* (**E. P. 870 945** vom 16/9. 1958, ausg. 21/6. 1961. A. Prior. 4/10. 1957.) H. Schindler. 7107

2561 E. I. du Pont de Nemours & Co., Wilmington, Del., V.St.A., **Herstellung von Mischpolymerisaten** aus Styrol, Äthylacrylat u. Maleinsäureanhydrid im Mol.-Verhältnis 30—80 (%), 15—65 u. 5—25, bes. 51,3, 35,6 u. 13,1, erfolgt in Ggw. von z. B. Di-tert.-butylperoxid oder Cumolhydroperoxid u. 25—400, bes. 33—100 Gew.-%, bezogen auf das Monomeren-Gew., z. B. Xylol, bei 130—170°. Anschließend wird das Mischpolymerisat mit einem prim. oder sek. einwertigen Alkohol oder einem Phenol, die bis zu 18 C-Atome im Mol. enthalten, z. B. 2-Äthylhexanol, zum Halbester der Maleinsäure verestert. Das Endprod. wird dann mit 5—70% eines Harnstoff- oder Melamin–CH_2O-einwertigen Alkohol-Kondensats, oder mit einem Epoxidharz oder mit einem epoxydierten Pflanzenöl in einem flüchtigen organ. Lsgm., ggf. unter Zusatz von Pigmenten, zu einem *filmbildenden Überzugsmittel* vereinigt. — Mengenbeispiele u. Tabellen. — Bes. geeignet als *wärmehärtbare Lacke* mit chemikalienresistenten Eigg. bei gleichzeitiger Härte, Biegsamkeit, Haftfestigkeit u. Glanz. (**E. P. 872 139** vom 11/8. 1959, ausg. 5/7. 1961. A. Prior. 25/8. 1958.) H. Schindler. 7107

2562 American-Marietta Co., Stoner-Mudge Co. Division, V.St.A. (Erfinder: Henry Joseph Bach und Edward J. Esswein jun.), **Überzugsmischung aus Vinylchlorid–Vinylidenchlorid-Mischpolymerisaten,** bestehend aus Lsgg. von Mischungen aus Vinylchlorid–Vinylidenchlorid (30—75 : 70—25%)-Mischpolymeren u. 3—25% teilweise verseiften Vinylhalogenid–Vinylester-Mischpolymerisaten (I) mit 2—10 Gew.-% Vinylalkohol u. mit wenigstens 1 Doppelbindung pro Mol Mischpolymerem in organ. Lsgm., denen man zweckmäßig geringe Mengen eines verätherten Aminharzes, wie butyliertes Trimethylolmelamin, zur Wärmestabilisierung u. Verbesserung der Haftfähigkeit zusetzt. Ferner kann man Polyepoxide zusetzen. I wird zweckmäßig durch alkal. Verseifen der Mischpolymeren in Pastenform erhalten. Als Grundierung können Anstriche aus ölmodifiziertem Kolophonium, ölmodifizierten Phenolaldehydharz, Epoxyharze oder Amylharze dienen. — Wärmestabile *Überzüge* für Behälter. (**F. P. 1 231 708** vom 10/3. 1959, ausg. 3/10. 1960. A. Prior. 10/3. 1958.) M. Pankow. 7107

2563 Farbwerke Hoechst Akt.-Ges., vormals Meister Lucius & Brüning, Deutschland, **Herstellung von Polyvinylchloridüberzügen im Wirbelsinterverfahren.** Die in Aust. P. 231 588; C. **1963,** 4539, angegebene Mischung enthält noch zusätzlich 0,1—5 W. u. 0,1—2 eines Sn- u. S-enthaltenden Stabilisators. Zur Herst. der Überzüge taucht man z. B. 200—300° heiße Metallgegenstände in das Bad. (**F. P. 1 211 698** vom 29/9. 1958, ausg. 17/3. 1960. D. Prior. 28/9. 1957.) M. Pankow. 7107

2564 E. I. du Pont de Nemours & Co., Wilmington, Del., V.St.A. (Erfinder: Edwards Royals Covington und John Warren Meier), **Überziehen biegsamer Trägerfolien mit Vinylidenchloridmischpolymeren,** die wenigstens 92,5 Mol-% Vinylidenchlorid enthalten. Eine wss. Dispersion des Polymeren, die so lange gealtert war, daß im IR-Spektrophotometer Perkins-Elmer Modell 21 ein dünner Film aus der Emulsion, auf AgCl ausgetrichen, in 6—35 Min. eine Absorptionsbande von 13,3 μ erscheinen läßt, wird auf den Träger (Regeneratcellulosefilm u. a.) aufgebracht, erwärmt u. bis zu höchstens 14 Gew.-% Feuchtigkeit getrocknet, worauf die Trägerfolie sofort auf $\leqq 25°$ abgekühlt wird. Nichtklebender *Überzug.* (**F. P. 1 255 353** vom 23/10. 1959, ausg. 12/6. 1961. **Jap. A.S. 5 888/1961** vom 27/10. 1959, ausg. 26/5. 1961. Beide A. Prior. 22/12. 1958.) M. Pankow. 7107

2565 American Cyanamid Co. (Erfinder: Ralph Earl Layman jun.), V.St.A., **Herstellung von harzartigen filmbildenden gemischten Äthern von Hexamethylolmelamin** mit 6 Äthergruppen, von denen 1—5 CH_3O-Gruppen u. 5—1 Alkoxygruppen mit 2—21 C-Atomen u. 1—5 Hydroxylgruppen sind, z. B. 2.3-Dihydroxypropoxy-, 2-Hydroxyäthoxy-, 2.6-Dihydroxyhexoxy-, ferner 2-[4-Hydroxyäthoxyphenyl]-propoxy- u. 2-[4-Äthoxyphenyl]-propoxy. — 25 (Teile) 80%ig. Lsg. von Hexakismethoxymethylmelamin in Xylol, 5 Glycerin u. 1 p-Toluolsulfonsäure werden 30 Min. bei 55 bis 60° erhitzt. Das erhaltene Prod. wird auf eine Glasplatte aufgetragen u. erzeugt durch Erhitzen (10 Min. bei 150°) einen harten, durchsichtigen u. farblosen *Film*. (**F. P. 1 274 670** vom 20/9. 1960, ausg. 21/2. 1962. A. Prior. 25/9. 1959.) M. F. Müller. 7107

2566 Commonwealth Scientific and Industrial Research Organization (Erfinder: Harold Edward Vivian und John Archer Roberts), **Herstellung von verstärkten Metallteilen** durch Überziehen der Teile mit einem an der Luft oder in der Wärme härtenden Harzmaterial, bes. mit einem Epoxyharz, u. Zufügen von körnigem Material wie Sand, Zement oder dgl., bevor das Harz erhärtet ist. (**Aust. PP. 235 197** u. **235 198** vom 28/8. 1958, ausg. 28/9. 1961.) K. Demmler. 7107

2567 Robert Tibor Sillinger, Frankreich, **Verhinderung der Bildung und Abscheidung von Trübungsmitteln** auf durchsichtigen Formstücken aus geschmolzenem Glas oder glasähnlichen Kunststoffen durch Auftragen eines Gemisches aus (50 g) 65% ig. A., 46 Glycerin u. 4 NH_3, oder aus 15 Hexylenglykol, 5 A., 1 NH_3, 5 Isopropylamin u. 74 Wasser. — Ein anderes Auftragsmittel besteht aus 2 (kg) Glycerin, 1 vegetabil. Goudron, 1 Juniperusöl u. 1 Siliconöl. (**F. P. 1 260 577** vom 13/12. 1957, ausg. 29/8. 1961.) F. M. Müller. 7107

2568 Dainippon Celluloid Kabushiki Kaisha, Sakai (Erfinder: Yoshirô Matsuda und Yoshirô Nakahara, Ôsaka, Yoshiteru Tanaka, Himeji, Ryûtarô Kitamura, Ôsaka, und Masaru Higuchi, Sakai), Japan, **Wasser- und feuchtigkeitsfestes Cellophan** durch Überziehen mit einer Lsg. aus Polyvinylchlorid, -vinylidenchlorid oder Nitrocellulose, die ein Additions-Prod. aus Diisocyanat u. 2wertigem Alkohol mit noch freien Isocyanatgruppen enthält. (**Jap. A. S. 6191/1961** vom 18/7. 1958, ausg. 29/5. 1961.) M. Pankow. 7107

2569 Standard Oil Co., Chicago, Ill., übert. von: Arthur G. Hirsch, Dyer, Ind., V.St.A., **In Form einer Emulsion in Wasser vorliegendes Poliermittel.** Es enthält ein Wachs sowie ein Harz (I) in einem Gew.-Verhältnis von 90 : 10 bis 20 : 80. Bei I handelt es sich um ein Kondens.-Prod. aus Trimelithsäureanhydrid u. einem Alkylenoxid mit 2—4 C-Atomen, wobei das Harz eine SZ. von 30—170 aufweist. Der pH-Wert des Poliermittels wird auf mindestens 7 eingestellt. (**A. P. 3 028 350** vom 18/11. 1959, ausg. 3/4. 1962.) P. Krug. 7119

2570 **Rohm & Haas Co.**, Philadelphia (Erfinder: **Samuel Gusman**, Wyncote), Pa., V.St.A., *Überzugspräparat*. (**Jap. A. S. 13 641/1961** vom 28/8. 1958, ausg. 17/8. 1961. A. Prior. 28/8. 1957. — C. **1961**, 10765 [A. P. 2 940 950].)

2571 **E. I. du Pont de Nemours & Co.**, V.St.A. (Erfinder: **Joseph Anthony Vasta**), *Überzugsmasse*. (**F. P. 1 237 966** vom 11/8. 1959, ausg. 28/11.1960. A. Prior. 25/8. 1958. — C. **1963**, 9130 [A. P. 2 967 162].)

2572 **Farbenfabriken Bayer Akt.-Ges.**, Leverkusen, *Verbesserung der Haftung von Polyurethanschaum an Oberflächen*. (**Jap. A. S. 11 636/1961** vom 27/7. 1954, ausg. 26/7. 1961. D. Prior. 19/8. 1953. — C. **1957**, 3402 [F. P. 1 106 526].)

2573 **Farbenfabriken Bayer Akt.-Ges.** (Erfinder: **Wilhelm Bunge** und **Otto Bayer**), Leverkusen, *Herstellung von Kondensationsprodukten*. (**Jap. A. S. 12 295/1961** vom 4/8. 1959, ausg. 1/8. 1961. D. Prior. 4/8. 1958. — C. **1961**, 18142 [D. A. S. 1 096 031].)

2574 **Union Carbide Corp.**, New York, N.Y., V.St.A. (Erfinder: **Enrico James Pepe**), *Herstellung von Cyanophenylsiloxan*. (**Jap. A. S. 11 988/1961** vom 14/11. 1959, ausg. 29/7. 1961. A. Prior. 17/11. 1958. — C. **1963**, 14874 [D. A. S. 1 115 463].)

H_{IIb}. Plaste (Kunstharze, Plastische Massen)

2575 **Harze und Härter.** Karl Fabel. (Kunststoff-Rdsch. **10**, 226—27, 1963; München; dt.) — Vf. setzt sich an Hand des Chemie-Lexikons von Römpp (5. Aufl. 1962) u. des Kunststoff-Lexikons von Stoeckhert (3. Aufl. 1961) mit dem sich in der Praxis einschließlich dem patentrechtlichen Schrifttum eingebürgerten Begriffen Harze, natürliche Harze, künstliche Harze, Kunstharze, Gießharze, Härtung, Vernetzung, Härtungsmittel u. Vernetzungsmittel auseinander. Nagel. 7170◇

2576 **Polyäthylenmischungen. Eigenschaften, Verarbeitung und Anwendung.** 1. Mitt. Jerzy Bojarski und Andrzej Płochocki. (Tworzywa wielkoczasteczkowe **6**, 188—91, 1961; Warszawa, Inst. Tworzyw sztuczn.; pol.) — Übersicht über Eigg. von linearem u. verzweigtem Polyäthylen u. ihrer Mischungen. F. Urban. 7172◇

2577 **Polyäthylenblasfolie von hoher Durchsichtigkeit.** J. Pilaro und R. Kremer. (Materie plast. **27**, 270—77, 1961; ital. — C. **1962**, 8803.) G. Piekarski. 7172◇

2578 **Einwirkung von Elektronenstrahlen auf die Oberflächenstruktur und Lichtdurchlässigkeit von Kunststoffverpackungsfolien,** W. Schmidt-Lorenz und Th. Grünewald. (Kunststoffe **53**, 281—89, 1963; Karlsruhe, Bundesforsch.-Anstalt für Lebensmittelfrischhaltung; dt.) — Bei den für die Lebensmittelfrischhaltung erforderlichen Bestrahlungsdosen in Höhe von 0,5—5 Mrad ist die Strahlen-Einw. auf Kunststoffolien relativ gering u. mit üblichen Prüfmeth. kaum zu erfassen. Dagegen ergaben sich schon bei niedrigen Bestrahlungsdosen charakterist. elektronenopt. nachweisbare Veränderungen der submikroskop. Oberflächenfeinstruktur sowie der Lichtabsorption. An Hoch- u. Niederdruckpolyäthylenfolien ergibt sich bei Bestrahlung mit 1-MeV-Elektronenstrahlen ein vorwiegend oxydativer Abbau. Dieser Abbau ist bei Dosen bis zu 5 Mrad so gering, daß ins Gew. fallende Veränderungen der verpackungstechn. Folien-Eigg. nicht zu erwarten sind. Die Veränderung der Oberflächenstruktur u. des IR-Spektrums sind aber eindeutig genug, um bei Dosen oberhalb von 1 Mrad die Bestrahlung sicher nachzuweisen. K. Gröbe. 7172◇

2579 **Probleme der Nachschwindung von Polypropylenspritzgußkörpern.** F. Schülde. (Kunststoffe **53**, 227—32, 1963; Frankfurt/M.-Höchst, Farbwerke Hoechst Akt.-Ges., vorm. Meister Lucius & Brüning; dt.) — Vf. fand, daß Spritzgußteile aus Polypropylen bei höheren Temp., nicht aber bei Raum-Temp. nachschwinden. Ursachen der Nachschwindung sind im wesentlichen Erhöhung der Kristallinität u. Verminderung der inneren Spannungen. K. Gröbe. 7172◇

2580 **Kompressibilität und Volumenausdehnung von PVC-Lösungsmittel-Gemischen in Gegenwart von Stickstoff. Kennwerte für die Herstellung von PVC-Schaumstoffen nach dem Hochdruckverfahren.** H. Breuer und R. Kosfeld. (Kunststoffe **53**, 289—92, 1963; Aachen, Rhein.-Westfal. TH, Inst. für Physikal. Chem.; dt.) — Kompressibilität, Vol.-Ausdehnung u. Schließdruck werden für eine Mischung aus Polyvinylchlorid, Lsgm. u. N_2, der im untersuchten Temp.- u. Druckbereich in der gelartigen Substanz gelöst ist, gemessen. Kompressibilität u. Vol.-Ausdehnung zeigen lineare Temp.-Abhängigkeit, was voraussetzt, daß sich das Syst. im inneren Gleichgewicht befindet. Der Schließdruck wurde für verschiedene Temp. in Abhängigkeit vom spezif. Vol. u. vom Füllfaktor ermittelt. K. Gröbe. 7172◇

2581 **Die Emulsionspolymerisation von Vinylacetat.** G. Müller. (Österr. Chemiker-Ztg. **64**, 33—35, 1963; Melle, Hann.; dt.) — Übersicht über die Meth. der Emulsionspolymerisation von Vinylacetat, der Teilchengröße, Mischpolymerisation u. Weichmachung, der Konservierung sowie der Anwendungsgebiete. I. Köditz. 7172

2582 **Polystyrol heute. Verarbeitung und Anwendungsmöglichkeiten.** E. E. Merril und G. B. Thayer. (Kunststoff-Rdsch. **10**, 228—33, 1963; dt.) — Es werden die Verarbeitungs-Verff. Spritzguß, Pressen, Strangpressen oder Extrudieren, Vakuumverformung, Druckverformung oder Kontaktpressen u. die dafür verwendbaren Polystyroltypen beschrieben. Die Einsatzgebiete des Polystyrols werden stichwortartig angegeben. Für das heute noch führende Verarbeitungs-Verf. des Spritzgusses werden die zur Zeit wichtigsten Probleme höherer Spritzgeschw., verbesserte Formfestigkeit sowie die Einfl. des Verarbeitungs-Verf. auf die Kunststoff-Eigg. erläutert. Einige Regeln für die Konstruktion von Polystyrolteilen werden an Hand von Beispielen gegeben. Nagel. 7172◇

2583 **Itaconsäure als Rohstoff auf dem Polymergebiet.** Dietrich Braun. (Gummi-Asbest-Kunststoffe **16**, 336, 41—45, 1963; Darmstadt, Dt. Kunststoff-Inst.; dt.) — Überblick über die Darst.-Rkk., bes. der Polymerisations- u. Mischpolymerisations-Rkk. u. der Eigg. der aus Itaconsäure gewonnenen Homo- u. Mischpolymeren. I. Köditz. 7172

2584 **Verarbeitung von Preßmassen zu Formpreßteilen.** Fritz Weber. (Gummi-Asbest-Kunststoffe **16**, 332—35, 1963; dt.) — Überblick über die Verarbeitungsmöglichkeit durch Pressen (Kompressions-Verf.) bzw. durch Spritzpressen (Transfer-Verf.), den Vor- u. Nachteilen sowie den Verarbeitungsbedingungen beider Verfahren. I. Köditz. 7204

2585 **Das Auftragen von Kunststoffschichten durch Wirbelsintern. Weiterentwicklungen und heutiger Stand.** Hans H. Reinsch. (Kunststoff-Rdsch. **10**, 239—40, 1963; Berlin; dt.) — Vf. erläutert die Verf.-Verbesserungen beim Wirbelsintern von Kunststoffteilchen. Speziell werden die Verarbeitung von PVC- u. Celluloseester-Pulver, die Möglichkeit der Automatisierung des Verf., die Bedeutung der Sinterdiagramme u. die „Schock"-Erwärmung der zu besinternden Teile beschrieben. Nagel. 7204◇

2586 **Verschleißvorgänge bei Kunststoffen.** A. Herz. (Gummi-Asbest-Kunststoffe **16**, 318—20, 322, 324, 326, 328, 330, 331, 1963; Troisdorf, Dynamit Nobel Akt.-Ges, Anw.-Techn. Abt.; dt.) — Überblick über Ursachen u. Folgen der verschiedenen Verschleißvorgänge, z. B. Flächengleitverschleiß, Reibvorgänge, Prüf-Verff. für Flächengleitverschleiß sowie Korngleitverschleiß. Abschließend werden Hilfsmittel gegen Verschleiß von Kunststoffen behandelt. I. Köditz. 7210

2587 **Über das Fließverhalten von Polyäthylenschmelzen.** G. Döring und H. J. Leugering. (Kunststoffe **53**, 11—18, 1963; Frankfurt/M.-Höchst; dt.) — Die Flißkurve thermoplast. Polymerer hängt von der mol. Struktur, dem Molgew. u. der Molgew.-Verteilung ab. Die theoret. u. experimentellen Voraussetzungen zur Best. der Fließkurve Nicht-Newtonscher Schmelzen werden behandelt u. ein für Absolutmessungen geeignetes, einfaches Hochdruckkapillarviskosimeter beschrieben. Einfl. von Homogenität, Molgew. u. Molgew.-Verteilung werden an homogenisierten *Polyäthylen*-Mischungen gezeigt. Verhältnismäßig geringe Unterschiede in der Molgew.-Verteilung beeinflussen schon stark das Fließverh. bei hoher Schergeschwindigkeit. K. Gröbe. 7210△

2588 **Druckprüfung an glasfaserverstärkten Kunststoffen.** Günter Niederstadt. (Kunststoffe **53**, 217—19, 1963; Braunschweig, Dt. Forsch.-Anstalt für Luft- u. Raumfahrt; dt.) — Probenform u. Belastungsart ergeben bei verschiedenen Prüfmeth. meist unterschiedliche Ergebnisse. Die Probenform-Einfl. werden durch Vgl.-Verss. ermittelt, die daraus ermittelten Erfahrungen werden zu einem Prüfvorschlag verarbeitet. Die Unterss. ergaben, daß dünne Laminate nicht zu Würfeln oder Prismen verklebt werden sollten, sondern mit Stützung im Gesenk geprüft werden müssen. Der Einfl. einer zusätzlichen Klebschicht ist größer als der der Reibung. Bei gestützten Laminatproben hat die Probenform keinen Einfl. auf die Best. des Elastizitätsmoduls. Bei Festigkeitsmessungen, bes. an Laminaten mit kettstarkem Gewebe, ergaben parallele Proben, infolge Krafteinleitungsbrüchen, geringere Festigkeitswerte als verjüngte Proben. Die Brüche der verjüngten Proben lagen immer im Meßquerschnitt, dabei waren die Absolutwerte höher u. die Streuungen etwas geringer. K. Gröbe. 7210◇

2589 Standard Oil Co., Chicago, Ill., übert. von: Paul K. Garetson, Tulsa, Okla., und William A. Jones, Baytown, Tex., V.St.A., **Polymerisation von 2—4 C-Atome aufweisenden, monoolefinischen Kohlenwasserstoffen** in einem KW-Stoffmedium. Als Katalysator dient ein auf einem Träger niedergeschlagenes Oxid von V, Nb, Ta, Cr, Mo oder W zusammen mit einer Verb. der allg. Formel AlR_3 oder AlR_2X (R = KW-Stoff-, bes. niedermol. Alkylreste, X = Halogen, bes. Cl oder Br) u. einer geringen Menge metall. Hg. — In einen Autoklav gibt man 100 ml PAe., 3 (g) eines Katalysators, der 9,8% Cr_2O_3 auf SiO_2 enthält, u. 0,6 Triisobutyl-Al. Nach Erhitzen auf 125° setzt man 0,1 Hg zu u. leitet ein Gemisch von C_2H_4 u. 1-Buten bis zu einem Druck von 1200 lbs.sq./in. u. hält das Gemisch 3 Std. auf Reaktionstemperatur. Bei der Aufarbeitung erhält man 24 festes Copolymerisat mit einer Intrinsicviscosität von 0,9, gemessen in Xylol bei 130°. — *Pressmassen, Filme* u. *Gußmassen.* (**A. P. 3 037 008** vom 6/4. 1960, ausg. 29/5. 1962.) J. Mühleisen. 7173

2590 Montecatini Soc. Gen. per l'Industria Mineraria e Chimica, Mailand, Italien, **Polymerisationskatalysatoren** erhält man durch Rk. einer organometall. Verb. eines Metalls der I.—III. Gruppe des Period. Syst. mit einem krist. Übergangsmetallhalogenid, das in einer niedrigeren als der maximalen Valenz vorliegt u. das durch therm. Zers. des aus dem Übergangsmetallhalogenid u. einer organ. heterocycl., N enthaltenden Base gebildeten Komplexes bei 200—400° hergestellt wurde. — Beispiel eines solchen Komplexes: $TiCl_3 \cdot 3$ Pyridin. — Erhöhte Aktivität bei der *stereospezif. Polymerisation von α-Olefinen.* (**E. P. 901 035** vom 8/5. 1961, ausg. 11/7. 1962. It. Prior. 13/5. 1960.) L. Stadelmann. 7173

2591 Montecatini Soc. Gen. per l'Industria Mineraria e Chimica, Mailand, Italien, **Reinigung von Polymeren,** die durch Polymerisation von Olefinen mit stereospezif. Katalysatoren, wie mit Gemischen aus Organometall-Verbb. (Gruppe I oder II des Period. Syst.), festen, krist. Übergangsmetallhalogeniden u. Aktivatoren, in Ggw. von Lsgm. erhalten wurden. Die Aufschlämmung der Polymeren wird mit einem Lacton, wie γ-Butyro-, γ- oder δ-Valerolacton, behandelt, das in einem inerten Lsgm. dispergiert oder gelöst ist. — Die Prodd. haben einen sehr geringen Asche-Geh. u. eignen sich bes. für Herst. von *Fasern* u. *Filmen.* (**E. P. 898 929** vom 6/4. 1961, ausg. 14/6. 1962. It. Prior. 11/4. 1960.) J. Mühleisen. 7173

2592 Esso Research and Engineering Co., Del., übert. von: Earl Boue Claiborne, Baton Rouge, La., und Ralph H. Schatz, Westfield, N.J., V.St.A., **Wiedergewinnung von Lösungsmitteln aus der α-Olefinniederdruckpolymerisation,** bes. von *Propylen.* Während das Polymerisat mit einem C_{1-3}-Alkanol, bes. Methanol, gefällt wird, wird der Katalysator mit Acetylaceton (I) komplex gebunden. Das vom Polymeren abgetrennte Gemisch aus Lsgm., bes. Xylol, CH_3OH u. **I** wird dest. u. das Destillat aus CH_3OH, Xylol, lösl. Polymeren u. **I** mit verd. Alkali gewaschen u. in eine xylolreiche organ. u. CH_3OH u. **I** enthaltende wss. Schicht getrennt. Durch Dest. der organ. Phase erhält man das wiederverwendbare Lsgm., aus der wss. Phase das **I**-freie CH_3OH. Dieses dient zum Nachwaschen des gefällten Polymerisats. Beispiel u. Beschreibung des Arbeitsganges. — Zeichnung. (**A. P. 3 002 962** vom 28/10. 1959, ausg. 3/10. 1961.) H. Schindler. 7173

2593 W. R. Grace & Co., New York, N.Y., übert. von: Gaetano F. D'Alelio, South Bend, Ind., V.St.A., **Herstellung von Polyäthylen.** Man polymerisiert Äthylen in einem inerten KW-Stoff bei erhöhtem Druck u. 20—250° in Ggw. eines Katalysators, der durch Erhitzen von metall. Hg mit $TiCl_4$ auf 130—350° u. nachfolgendes Entfernen von nicht umgesetztem $TiCl_4$ u. von $HgCl_2$ erhalten wurde. Enthält der Katalysator noch $TiCl_4$, so erhält man fl. Polyäthylene. (**A. P. 3 014 021** vom 30/10. 1957, ausg. 19/12. 1961.) L. Stadelmann. 7173

2594 Établissement Pacor (Erfinder: Hermann Francis Mark), Vaduz, Liechtenstein, **Herstellung von Polyacrylaten** mit einem Molgew. von > 20000, kristalliner Struktur (Röntgendiagramm) u. einem F. von > 120° durch Polymerisieren von Acrylsäure oder deren Derivv., bes. Methylmethacrylat, in Lsg. bei —100 bis + 40° in Abwesenheit von O_2 u. W. unter Verw. einer ion. akt. Katalysators, bes. Alkyl- oder Acyl-Derivv. von Metallen der 1., 2. u. 3. Reihe des Period. Syst., z. B. Triphenyl-Li oder -Na, Benzophenoyl-Li oder -Na, Phenyl-Mg-Bromidätherate u. Tetramethyl-NH_4-Flourenyl. (**Ind. P. 65 006** vom 20/8. 1958, ausg. 6/10. 1961. **Aust. P. 236 095** vom 20/8. 1958, ausg. 23/11. 1961. Beide E. Prior. 21/8. 1957.) C. Lüttgen. 7173

2595 Union Carbide Corp., übert. von: John W. Lynn, Charleston, W.Va., V.St.A., **Acrylsäureester von Ricinusöl** (= Ricinusöltriacrylate) der allg. Formel **I** (R = H, Methyl) erhält man durch Rk. von Ricinusöl mit Acryl- oder Methacrylsäurechlorid in Ggw. eines HCl-bin-

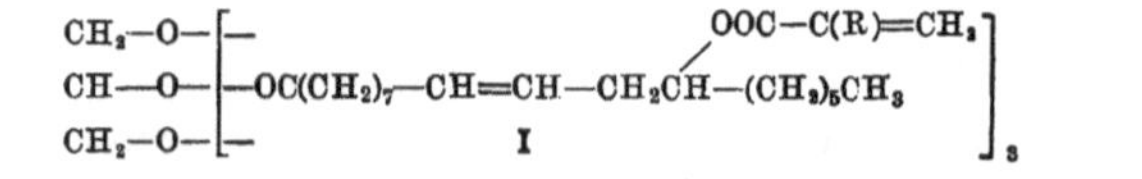

I

denden Mittels (tert.-Amine) oder mit den entsprechenden Säureanhydriden bei bes. 20—80°, ggf. in Ggw. von 0,01—1% eines Katalysators (H_2SO_4, HCl, p-Toluolsulfonsäure, Äthansulfonsäure) u. eines Lsgm. (Bzl., Toluol, Xylol) bei normalem, erhöhtem oder vermindertem Druck. Die Reinigung kann durch Behandeln des **I** mit Na oder Na-Acrylat oder durch Dest. in Ggw. von Cu, Hydrochinon oder Chinon als Polymerisationsverzögerer erfolgen. — Aus 0,1 Mol Ricinusöl in 93 g Bzl. u. 0,3 Mol Methacrylsäureanhydrid in Ggw. von 0,2 g H_2SO_4 u. 0,2 g Hydrochinon bei 80° → *Ester*, $C_{69}H_{116}O_{12}$, gelbes Öl, Ausbeute quant.; n_D^{30} 1,4696. — *Polymerisierbarer Weichmacher* zur *Herst.* von *Organosolen* u. *Plastisolen*, bes. aus Vinylharzen, wie Polyvinylbutyral, Polyvinylchlorid, Vinylacetat, -propionat, Acryl- u. Methacrylsäuremethyl- u. -butylester, Acrylnitril, Vinylidenchlorid, Maleinsäuredibutylester u. den entsprechenden Mischpolymeren. (**A. P. 3 010 925** vom 17/9. 1959, ausg. 28/11. 1961.) G. Krauß. 7173

2596 Diamond Alkali Co., Cleveland, übert. von: James J. Kearney, North Madison, Ohio, V.St.A., **Suspensionspolymerisation von Vinylchlorid.** Man polymerisiert im wss. Medium, das 0,1—0,45% Gelatine als Suspendiermittel u. 0,1—0,5% eines aliphat. organ. Phosphonats, Phosphits oder Phosphinsäure enthält, z. B. Di-2-äthylhexylhydrophosphit oder Bis-(2-äthylhexyl)-2-äthylhexylphosphonat. — Fischaugenfreie *Formartikel.* (**A. P. 3 026 308** vom 23/9. 1957, ausg. 20/3. 1962.)
L. Stadelmann. 7173

2597 United States Rubber Co., New York, N.Y., übert. von: Leonard F. Marous, Painesville, Ohio, und Charles D. McCleary, Naugatuck, Conn., V.St.A., **Körniges Polyvinylchlorid** erhält man durch Polymerisation einer Suspension von 100 (Teilen) Vinylchlorid in 100—400 eines wss. Mediums, das einen Stabilisator, bes. Methylcellulose, u. 0,005—0,1 Dialkylperoxydicarbonat als Katalysator enthält, unter Rühren bei 100—160°F. (**A. P. 3 022 282** vom 25/8. 1959, ausg. 20/2. 1962.)
L. Stadelmann. 7173

2598 Lonza Elektrizitätswerke und Chemische Fabriken Akt.-Ges., Basel, übert. von: Paul Halbig, Freiburg, Schweiz, **Herstellung eines Polyvinylchloridlatex.** Man polymerisiert Vinylchlorid in wss. Phase, die ein Persulfat als Katalysator u. 0,1—1 (Teil) Fettsäureseife auf 100 Vinylchlorid als Emulgator enthält, in Ggw. von 1—5% (bezogen auf Vinylchlorid) Paraffinöl, Bzn., Äther oder Phthalsäureester, welche die wss. Phase während der Polymerisation in dünner Schicht bedecken u. nach der Polymerisation abgezogen werden. Man erhält einen Polyvinylchloridlatex einer Teilchengröße von mindestens 0,3 μ. (**A. P. 3 026 306** vom 6/11. 1956, ausg. 20/3. 1962.)
L. Stadelmann. 7173

2599 Union Carbide Corp., New York, N.Y., übert. von: Erich Marcus und John T. Fitzpatrick, Charleston, W.Va., V.St.A., **Trihalogentetrahydropyrane** der allg. Formel **I**, worin R = H oder eine Alkylgruppe mit 1—8°C-

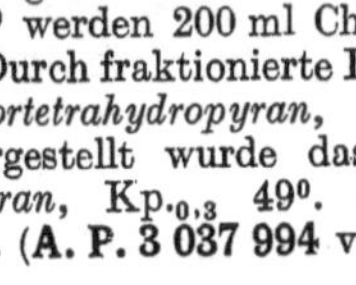

I

Atomen u X u. Y Halogen bedeuten, können durch Rk.von halogenaliphat. konjugierten Dienen mit entsprechenden aliphat. Äthern bei 10—100° in Ggw. von Friedel-Krafts-Katalysatoren erhalten werden. — Beispiel: 408 (g) Bis-(brommethyl)-äther, 8 $ZnBr_2$ u. 1 Hydrochinon werden auf 50° erhitzt. Nach Zugabe von 177 Chloropren u. 1std. Erhitzen auf 55 u. 60° werden 200 ml Chlf. zugegeben u. wird mit W. gewaschen. Durch fraktionierte Dest. wird das *4-Brom-3-(brommethyl)-4-chlortetrahydropyran*, $Kp._{0,6}$ 82—83°, erhalten. Ebenso hergestellt wurde das *4.4-Dichlor-3-(chlormethyl)-tetrahydropyran*, $Kp._{0,3}$ 49°. — *Weichmacher für Vinylhalogenidharze.* (**A. P. 3 037 994** vom 16/12. 1959, ausg. 5/6. 1962.)
R. Bauereis. 7173

2600 Wyandotte Chemicals Corp., übert. von: David M. French, Wyandotte, Mich., V.St.A., **Flockenfreie Polyvinylacetatemulsionen** erhält man durch Polymerisation des Monomeren in Ggw. eines freie Radikale bildenden Katalysators u. eines Mischpolymerisats aus Vinylmethyläther u. Maleinsäureanhydrid bzw. dessen Rk.-Prod. mit NH_3 als Schutz-Koll. in wss. Emulsion bei pH 3—7 u. 60—82 (72)°. Bis zu 30% kann das Vinylacetat durch Alkylacrylate, -maleate, Vinylbenzoat, -crotonat, -stearat oder Dibutylfumarat ersetzt sein. Dem Polymerisationsansatz sollen ferner 60—300 (Teile) W., 2—7 anion. u./oder nichtion. Emulgiermittel, z. B. Alkylarylpolyäthersulfonate oder -alkohole, Blockmischpolymere aus Äthylen- u. Propylenoxid u. ggf. 0,25—3 Puffersubstanz, z. B. $NaHCO_3$ zugesetzt werden. Als Katalysator werden z. B. 0,05—0,5 Persulfate, H_2O_2, organ. Peroxide oder Azodiisobutyronitril eingesetzt. Das Verf. kann absatzweise oder kontinuierlich, bes. unter Rühren, durchgeführt werden. Die stabile Polyvinylacetatemulsion dient zur Herst. von Kleb-, Überzugsstoffen u. Schichtkörpern in der Textil-, Leder-, Holz- u. Papierindustrie. — Mengenbeispiele, Tabellen, Diagramm. (**A. P. 2 998 400** vom 15/5. 1958, ausg. 29/8. 1961.)
H. Schindler. 7173

2601 Jefferson Chemical Co., Inc., Houston, übert. von: William J. Peppel und Joel D. Watkins, Austin, Tex., V.St.A., **Umvinylierung** von Verbb. der Formel **I** (R u. u. R' = gleich oder verschieden, H, Alkyl mit 1 bis 18 C-Atomen, Cycloalkyl mit 5—18 C-Atomen, Aryl mit 6—10 C-Atomen, Alkaryl mit 7—12 C-Atomen, Aralkyl mit 7—12 C-Atomen) mit einem Vinyläther der allg. Formel R''—OCH=CH_2 (R'' = Alkyl-, Aryl- oder Methoxyalkylrest mit 1—18 C-Atomen) bei 0—100° in Ggw. eines Hg-Salzes einer starken Mineralsäure. — Zu einer Lsg. aus 5 g Hg(II)-Acetat in 400 g Isobutylvinyläther gibt man 5-Methyl-2-oxazolidon, dann 3 Tropfen 98%ig. H_2SO_4 u. erhitzt die Mischung 2 Std. zum Rückfluß. Nach dem Aufarbeiten erhält man in 86%ig. Ausbeute *3-Vinyl-5-methyl-2-oxazolidon*, F. 105—108°. Analog: *3-Vinyl-2-oxazolidon*, $Kp._{0,5}$ 76,5—78°, n_D^{20} 1,4956. Methylvinyläther + N-Methyläthylurethan → *N-Vinyl-N-methyläthylurethan*, $Kp._{4,5}$ 35—36°, n_D^{20} 1,4501. *Ausgangs-Prodd.* für *Polymere* u. *Mischpolymere.* (**A. P. 3 019 231** vom 11/5. 1959, ausg. 30/1. 1962.)
A. Jahn. 7173

I 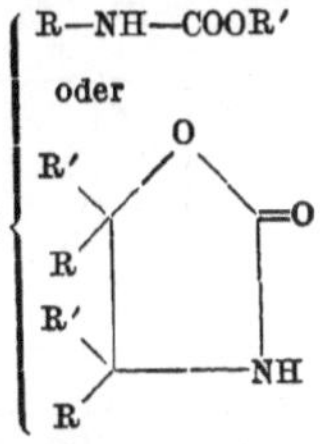

2602 Imperial Chemical Industries Ltd. (Erfinder: James Walter Stimpson), **Herstellung von Polyestern und Polythioestern** durch Rk. von Isocinchomeronyldihalogenid mit 2wertigen Phenolen (I), Dithiolen oder deren funktionellen Derivv., dad. gek., daß die Rk. mit den Lsgg. der beiden Rk.-Komponenten in nicht miteinander mischbaren Lsgm., bes. wss. NaOH u. Bzl. durchgeführt wird. — Man mischt z. B. eine Lsg. von 0,01 (Mol) Isocinchomeronylchlorid in Bzl. unter N_2 mit einer Lsg. von 0,01 I in n-NaOH, rührt die Mischung 1/2 Std. u. trennt den entstandenen Polyester ab. (**Aust. P. 234 907** vom 5/5. 1959, ausg. 31/8. 1961. E. Prior. 12/5. 1958.)
C. Lüttgen. 7177

2603 Union Carbide Corp., New York, N.Y., übert. von: Samuel W. Tinsley, South Charleston, und Paul S. Starcher, Charleston, W.Va., V.St.A., **Epoxypolyester** der allg. Formel I (R_1 u. R_2 = H oder Alkylgruppen, R = Rest einer

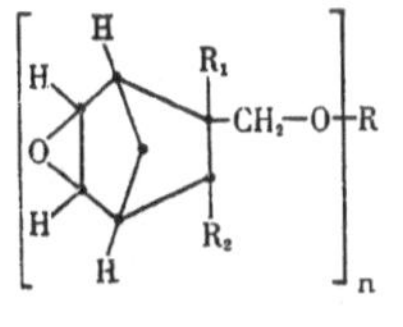

I

Polycarbonsäure, n = ganze Zahl von 2—12) erhält man bei der Epoxydation der olefin. Bindung des Bicyclo-[2.2.1]-5-heptenringes des Polyesters mittels Peroxid-Verbb., wie Peressig-, -phthal- oder -Benzoesäure bei —25 bis + 125° in einer Rk.-Zeit von 1—10 Stunden. — 272 g Triäthylester der Butan-1.2.4-tricarbonsäure, 306 g Bicyclo-[2.2.1]-5-hepten-2-methanol, 170 g Toluol u. 1 g Octylenglykoltitanat werden unter Rückfluß (150—170°) erhitzt u. dabei das azeotrope Gemisch von Toluol–A. entfernt. Das Rk.-Gemisch wird mit W. gewaschen u. bei 175° u. 2 mm Hg die flüchtigen Stoffe entfernt. Es verbleibt als Rückstand eine Mischung von *Äthyl-bis-(bicyclo-[2.2.1]-5-hepten-2-methyl-* u. *Äthyl-tris-(bicyclo-[2.2.1]-5-hepten-2-methyl)-butan-1.2.4-tricarbonsäureester*, n_D^{30} 1,4997. — Auf analoge Weise erhält man eine Mischung 1 : 1 von *Äthyl-bis-(3-oxotricyclo-[3.2.1$0^{2.4}$]-octan-6-methyl)-* u. *Äthyl-tris-(3-oxatricyclo-[3.2.1.$0^{2.4}$]-octan-6-methyl)-butan-1.2.4-tricarbonsäureester*; *Bis-(bicyclo-[2.2.1]-5-heptan-2-methyl)-maleinsäureester*, n_D^{30} 1,5162, $C_{20}H_{24}O_4$; *Bis-(3-oxatricyclo-[3.2.1.$0^{2.4}$]-octan-6-methyl)-maleinsäureester.* Die neuen Verbb. haben lösende Eigg. für Vinylchlorid oder Vinylidenchlorid-Harze, sie sind *Plastifikatoren* für diese u. andere Harze, auch in Mischung mit anderen gebräuchlichen Plastifikatoren, *Stabilisatoren* für Chlor enthaltende Harze, Verw. zur Herst. von *synthet. Schmiermitteln, gerbenden Stoffen* u. *biolog. Präparaten.* (**A.P. 3 014 048** vom 16/4. 1959, ausg. 19/12. 1961.)
G. König. 7177

2604 Ciba Ltd., Basel, Schweiz, **Epoxyharze** können durch cycl. Äther oder Thioäther der allg. Formel **I** u. **II** in Ggw. von Friedel-Crafts-Katalysatoren, Metallfluorboraten oder BF_3 gehärtet werden. In den Formeln bedeuten R_1, R_2, R_3, R_4, R_5 u. R_6 H oder einen aliphat., cycloaliphat., araliphat.

oder aromat. Rest, wobei zwei benachbarte R einen Ring bilden können, A_1 u. A_2 2 H-Atome, 2 einwertige Reste oder eine C- zu C-Bindung, Z O oder S. — 100 g fl. Expoxyharz (Epoxy-Äquivalenz pro 1 kg 5,2), hergestellt durch alkal.

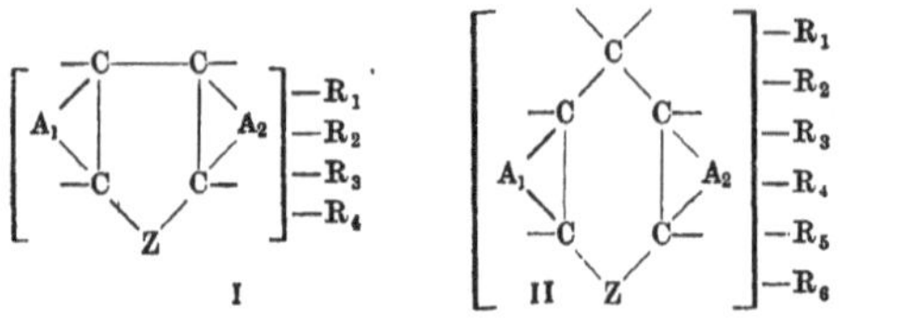

I II

Kondens. von 4.4'-Dihydroxydiphenyldimethylmethan mit Epichlorhydrin, werden mit einer Lsg. von 1 BF_3-Dihydrat in 26 Tetrahydrofurfurylalkohol gemischt. Das Gemisch erhärtet in 2 Min. unter Wärmeentwicklung. (**Ind. PP. 67 142** vom 23/3. 1959, ausg. 17/7. 1961 u. **67 229** vom 31/3. 1959, ausg. 17/8. 1961.) C. Lüttgen. 7177

2605 Union Carbide Corp., übert. von: Frederick E. Bailey jun., Charleston, und Fred N. Hill, South Charleston, W.Va., V.St.A., **Copolymere von Epoxiden.** Ein Alkylenoxid der Formel $R_1-CH-CH-R_1-O$ (R_1 = H, KW-Stoff-Rest frei von ungesätt. C—C-Bindungen; die beiden R_1 können auch zu einem gesätt. cycloaliphat. Kern vereinigt sein) wird mit 3.4-Epoxycyclohexancarbonitril (I) in Ggw. geringer Mengen eines zweiwertigen Metallcarbonats, bes. eines solchen von Ca, Sr, Ba, Mg, Zn ,Cd u. Mn, als Katalysator polymerisiert. — 27 g Äthylenoxid, 3 g I u. 0,9 g $SrCO_3$, das 0,5 Gew.-% sorbiertes W. enthält, werden 40 Std. in einem zugeschmolzenen Glasrohr auf 90° erhitzt. Man erhält ein hartes, zähes, in W. lösl. Polymerisat mit einer red. Viscosität von 1,0 in Acetonitril. — Filme u. Formmassen. (**A. P. 3 041 291** vom 23/9. 1959, ausg. 26/6. 1962.) J. Mühleisen. 7177

2606 Ciba Ltd., Basel, Schweiz, **Härten von Epoxyverbindungen** durch Zusatz eines Gemisches aus Tetrahydrofuran (I), BF_3 (II) u. 0,2—3 Teilen (auf 1 II) W. u./oder einer N-haltigen Base. — 67,8 (g) II werden unter Eiskühlung in 36 W. gegeben u. 15,3 des gebildeten II-Dihydrats mit 100 cm^3 I gemischt. Die erhaltene Lsg. ist wasserklar u. begrenzt stabil, es tritt keine Polymerisation des I ein. Mischt man 5 dieser Lsg. u. 15 I mit 100 fl. Epoxidharz, das pro kg 5,2 Expoxyäquivalente aufweist, so tritt bei 20° innerhalb von 3 Min. unter Wärme-Entw. die Härtung ein, wobei eine homogen durchgehärtete Masse entsteht. (**Ind. P. 67 072** vom 17/3. 1959, ausg. 31/8. 1961.) C. Lüttgen. 7177

2607 Ciba (à r.l.) Ltd., Duxford, Cambridge, England (Erfinder: Graham Winfield und Frank Cecil Smith), **Härtungsmittel (I) für Epoxyharze (II)** sind die Rk.-Prodd. eines Ketons mit Komplex-Verbb. aus $CaCl_2$ oder $MgCl_2$ u. NH_3. Zu deren Herst. leitet man NH_3-Gas in ein Gemisch eines Ketons, bes. Aceton (III), mit wasserfreiem, festem $CaCl_2$ oder $MgCl_2$ bis Verflüssigung eingetreten ist, läßt das Gemisch stehen, trennt die obere Schicht ab u. entfernt an dieser überschüssiges III. Die I ergeben mit II Mischungen niederer Viscosität u. langer Haltbarkeit, die bei erhöhter Temp. schnell härten. (**E. P. 907 308** vom 4/2. 1960, ausg. 3/10. 1962.) J. Mühleisen. 7177

2608 Clare A. Carter, South Charleston, Louis F. Theiling jun., Charleston, und Robert J. Knopf, St. Albans, W.Va., V.St.A., **Ungesättigte Alkylenoxidaddukte** der allg. Formel $CH_2=CH-(CH_2)_m-C(R_{3-n})\{CH_2O-[CH(R')-CH_2O]_x-\}-H$ (R = einwertiger aliphat. KW-Stoffrest mit 1 bis 10 C-Atomen; R' = H, Alkylreste mit 1—6 C-Atomen; m = 0—10; n = 2 oder 3, x = eine solche Zahl, daß das Addukt ein Molgew. von 750—1400 aufweist) erhält man durch Rk. von ungesätt. Polyolen (I) der allg. Formel $CH_2=CH(CH_2)_m-C(R_{3-n})(CH_2OH)_n$ mit Alkylenoxiden der allg. Formel $O-CH_2-CH-R'$, worin R' die obige Bedeutung hat. I sind bes. 2-Hydroxymethyl-2-methyl-4-pentenol u. 2.2-Bis-(hydroxymethyl)-4-pentenol. Ausgangsstoffe für die Herst. von vulkanisierbaren Polyurethanen. (**A. P. 3 042 725** vom 6/3. 1959, ausg. 3/7. 1962.) J. Mühleisen. 7177

2609 Union Carbide Corp., New York, N.Y., V.St.A. (Erfinder: Haywood Gordon France und Frederick Eugene Bailey jun.), **Polyäther** erhält man durch Polymerisation von Epoxyalkyläthern der allg. Formel $O-CH_2-CH-R-OR'$ (R = 2wertiger aliphat. KW-Stoffrest, R' = KW-Stoffrest ohne ungesätt. Bindungen oder Halogenarylrest) mit einem Katalysator der allg. Formel R_2-Me-R_3 (Me = Metall der Gruppe II des Period. Syst., R_2 = KW-Stoffrest ohne olefin. oder acetylen. Bindungen, R_3 = R_2 oder Halogen) bes. bei 75—110°. Man erhält harte, zähe Prodd., die bei Zimmer-Temp. in W. u. in organ. Lsgm. unlösl. sind. — 10 g Phenylglycidyläther u. 0,17 g Dibutylzink werden 24 Std. auf 90° erhitzt u. das Prod. wird mit Heptan gewaschen; man erhält 9 g Polymerisat, unlösl. bei 24° in W., Acetonitril Methanol, Cyclohexan, Bzl., Aceton u. Dimethylformamid (I), z. T. lösl. in heißem I. — *Preßmassen* u. *Filme*. (**E. P. 903 702** vom 24/3. 1960, ausg. 15/8. 1962. A. Prior. 13/4. 1959.) J. Mühleisen. 7177

2610 Imperial Chemical Industries Ltd., London, übert. von: Robert Paul Gentles, Manchester, England, **Polyäther aus Polyhydroxylverbindungen.** Trimethyloläthan, Pentaerythrit (I), Tetramethylolcyclohexan, Saccharose α-Methylglucosid, Mannit, Inosit, Quebrachit oder Polyvinylalkohol, der in Dimethylsulfoxid (II) lösl. ist u. nicht unter 120° ohne Zers. schmilzt, wird mit einem Alkylenoxid u./oder Epihalogenhydrin bzw. mit deren Gemischen mit Polyepoxiden in II bei 50—150° in Ggw. von alkal. Katalysatoren umgesetzt. — Ein Gemisch von 136 (Teilen) I, 250 II u. 9KOH wird während 4 Std. bei 100—110° mit 1410 Propylenoxid umgesetzt. Bei 150° u. 30 mm Hg wird II entfernt u. zur Neutralisation des Katalysators werden 9 g Adipinsäure zugegeben, worauf zur Aufhellung 0,5% 100%ig. H_2O_2 allmählich zugesetzt werden. Nach Entfernen von W. mit einem inerten Gas bei 100° u. 30 mm Hg u. Filtrieren erhält man 1400 Teile einer klaren viscosen Fl. mit einem OH-Geh. von 5,4% u. einer Viscosität von 290 cSt bei 25°. *Ausgangsstoffe für Polyurethane.* (**A. P. 3 042 666** vom 24/2. 1959, ausg. 3/7. 1962. E. Prior. 26/2. 1958.) J. Mühleisen. 7177

2611 Imperial Chemical Industries Ltd., London, England (Erfinder: Robert Paul Gentles, Arthur Ibbotson und Harry James Twitchett), **Reinigung von Polyäthern,** bes. von Polyalkylenoxidpolymeren, die bas. Katalysatoren enthalten, erfolgt durch Behandlung mit Säuren der allg. Formel H_xMF_y (M = Element der Gruppe III oder IV des Period. Syst., x = 1—3, y = 4—6), wie H_2SiF_6 oder HBF_4. — 100 (Teile) eines durch Rk. von 1340 Trimethylolpropan mit 1650 Propylenoxid in Ggw. von 10 KOH erhaltenen Polyäthers mit einem Hydroxylwert von 538,7 mg KOH/g werden mit einer Lsg. von 4 $TiCl_4$ in 6 HF 30 Min. unter Schütteln auf 100° erhitzt; nach Zusatz von 20 $CaCO_3$ u. 30 Min. Erhitzen auf 100° wird filtriert. Das Prod. enthält 130 ppm K. — *Ausgangsstoffe für Polyurethane.* (**E. P. 892 557** vom 31/12. 1959, ausg. 28/3. 1962.) J. Mühleisen. 7177

2612 Devoe & Raynolds Co., Inc., übert. von: Herbert P. Price und William J. Belanger, Louisville, Ky., V.St.A., **Hochmolekulare Harze.** Monochlorhydrinäther von hydroxyaliphat. Äthern eines zweiwertigen Phenols, welche der allg. Formel $HO-R-O-R'-OCH_2CH\cdot(OH)CH_2Cl$ entsprechen (R = Rest eines zweiwertigen Phenols, R' = zweiwertiger Rest eines ggf. durch OH- oder Äther- bzw. durch hydroxylierte Äthergruppen substituierten aliphat. KW-Stoff-Rests), werden zusammen mit einem zweiwertigen Phenol (I) mittels Alkalien dehydrochloriert, wobei man hochmol. zweiwertige Phenole (II) der allg. Formel $HO-[R-O-R'-OCH_2CH(OH)CH_2-O]_x-R^2OH$ (R u. R' wie oben, R^2 = Rest von I) erhält. Die Rk. kann auch in Ggw. von Epichlorhydrin (III) erfolgen, wobei Epoxyharze entstehen. Weiter können auch die II mit III zu Epoxidharzen umgesetzt werden. Die Ausgangs-Monochlorhydrinäther entstehen durch Rk. von 1 (Mol) des Hydroxyalkyläthers eines zweiwertigen Phenols mit 1 III in Ggw. eines Kondens.-Katalysators wie bes. BF_3. — Zu einer Lsg. von 0,5 (Mol) Resorcin u. 0,6 NaOH in 300 cm^3 W. gibt man 0,5 des Monochlorhydrinäthers von Monohydroxyäthyläther-bis-phenol u. erhitzt 30 Min. auf 100°. Nach Abkühlen setzt man 0,8 (Mol) NaOH u. 0,67 III zu u. erhitzt wieder 30 Min. auf 100°, wobei man in 92%ig. Ausbeute ein Harz mit einem Epoxyäquivalentgewicht von 18000, Gesamt-Cl-Geh. 2,7% u. akt. Cl-Geh. von 0,5 erhält. Die hochmol. zweiwertigen Phenole sind Ausgangsstoffe für die Herst. von Epoxyharzen u. Polyurethanen. Die

Epoxyharze dienen als Filmbildner u. Überzugsmassen. (**A. P. 3 033 819** vom 24/10. 1958, ausg. 8/5. 1962.) J. Mühleisen. 7177

2613 E. I. du Pont de Nemours & Co., Wilmington, Del., V.St.A., **Herstellung stickstoffhaltiger Elastomerer** durch Rk. von ggf. substituiertem Hydrazin (**II**) mit einem Polymerisat das mindestens zweimal die Struktur $>C=O$ aufweist, einen F. von $< 60^0$ u. ein Molgew. von 700—8000 aufweist, z. B. Polyäther, -ester, -alkylenglykole, -urethane, -harnstoffe oder -siloxane. — 10 (g) eines aus 3 (Mol) Poly-(tetramethylenoxid)-glykol (Molgew. 1000) u. 2 4-Methyl-m-phenylendiisocyanat hergestellten Trimeren werden mit 1,68 Methylen-bis-(4-phenylisocyanat) (I) durch 1std. Erhitzen auf dem Dampfbad umgesetzt u. mit 1,39 g **I** in 150 ml CH_2Cl_2 gelöst. Zu dieser Lsg. werden 0,29 g **II** in 50 ml CH_2Cl_2 gegeben, worauf das Polymerisat ausfällt. Die Prodd. können „vulkanisiert" werden, u. zeigen gute mechan. Eigenschaften. Sie sind bes. stabil gegen Einfl. von UV-Licht. (**Ind. P. 65 415** vom 1/10. 1958, ausg. 10/5. 1961.) C. Lüttgen. 7181

2614 Toyo Koatsu Industries, Inc., Tokio, Japan, **Polyharnstoffe** erhält man durch Rk. von wenigstens einem Diamin (**I**) mit 2 prim. NH_2-Endgruppen, mit einer aliphat., alkylsubstituierten KW-Stoffkette von 4—11 C-Atomen, oder deren Carbonaten mit (Thio)-Harnstoff, Methylendiharnstoff, Äthylendiharnstoff oder deren Thio-Verbb. durch Kondens.-Rk. in Ggw. von Viscositätsstabilisatoren (aliphat. Monocarbonsäuren, Alkylmonoamiden, Alkylmonoaminen oder N-Acetylalkylendiaminen.) Die Diamine haben die allg. Formel I ($R_1, R_2 \cdots R_{2n} = C_mH_{2m+1}, m = 0—3$, jedoch mindestens

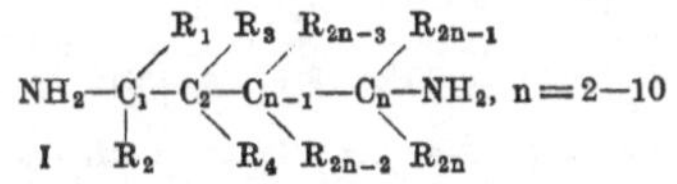

einmal ein Alkylrest innerhalb der Kette). — Beispiel: Ein Gemisch von 176 (Teilen) 1.8-Diamino-2-äthyloctan, 60 Harnstoff u. 2,5 Palmitinsäure (Mol-Verhältnis 102/100/1) werden in ein Rk.-Gefäß mit Gasventil eingebracht, unter N_2-Schutz u. 1½ std. Erhitzen auf 110^0. Wenn das Gemisch geschmolzen ist, wird das Erhitzen fortgesetzt, wobei bei $170—180^0$ eine heftige Rk. einsetzt u. NH_3 entweicht. Während der Gas-Entw. wird die Temp. vorübergehend konst. gehalten. Wenn die Gas-Entw. nachläßt, wird das Gemisch auf 245^0 erhitzt. Die Rk. wird bei einem Druck von 1 mm/Hg 4 Std. fortgesetzt, wobei eine farblose, transparente Schmelze erhalten wird. Nach Abkühlen auf Raum-Temp. bleibt das Rk.-Prod. transparent u. farblos u. hat F. $195—200^0$; D. 1,0164. Herst. von *Fäden* (tief anfärbbar). (**E. P. 900 788** vom 14/6. 1960, ausg. 11/7. 1962. Jap. Prior. 24/6. 1959.) E. Dörfel. 7181

2615 British Nylon Spinners Ltd., Pontypool, Monmouthshire, England (Erfinder: Philip Francis Clemo, James Anthony Briggs und William Wilson), **Polyamid-Herstellung.** *Hochmol. Polyamide* werden durch Kondens.-Polymerisation von Polymethylen–Diammonium-Salzen von aliphat. $\alpha.\omega$-Dicarbonsäuren, wobei die Salze 8—24 C-Atome enthalten, dadurch hergestellt, daß man eine heiße, 45—70%ig. wss. Lsg. des Salzes bei zur Polyamid-Bldg. erforderlichen Temp. unter einem Druck, der so hoch ist, daß die Dampf-Bldg. verhindert wird, so lange durch ein Druckrohr gepumpt, bis ein Polymerisationsgrad von 1,15 bis 1,37 erreicht ist. Dann wird unter Druckentlastung auf Normaldruck das entstandene Vorpolymerisat in einen Behälter von Normaldruck geleitet, so daß die Expansion etwa adiabat. ist, worauf unter Erhitzen die Polymerisation bei normalem oder erhöhtem Druck beendet u. das Rk.-W. als Dampf entfernt wird. (**E. P. 886 635** vom 6/6. 1959, ausg. 10/1. 1962.) W. Overbeck. 7181

2616 Goodyear Tire & Rubber Co., Akron, übert. von: Carl E. Snyder, Cuyahoga Falls, Nelson V. Seeger, Painesville, Ernest E. Fauser, Cuyahoga Falls, und Anthony F. Finelli und John A. Lovell, Akron, Ohio, V.St.A., **Polyurethanelastomere** erhält man durch Rk. von äquimol. Mengen an Diisocyanaten ohne äthylen. Doppelbindungen u. Polyestern, aus gesätt. Dicarbonsäuren u. wenigstens difunktionellen Verbb., wie Glykolen oder Dithiolen mit SZ. < 5, Molgew. 900—5000 u. Verbb. der Formel X—R—Y (mit Z an R), worin R = organ. inerter Rest, X, Y = OH, COOH oder SH, Z = aliphat. ungesätt. Rest, wie $—CH=CH_2$, $—(CH_2)_n—CH=CH_2$, n = 1—10, in solchen Mengen, daß auf 6000 Molgew.-Einheiten mindestens ein solcher ungesätt. Rest kommt. — Beispiel: Ein Polyester wird hergestellt aus 3212 (Teilen) Adipinsäure, 1480 Äthylenglykol, 348 Glycerin-α-allyläther. Der Polyester wurde mit 20% Glykolüberschuß hergestellt u. weist eine SZ. von 0,9 u. eine OH-Zahl von 58,5, sowie ein Molgew. von 1890 auf. 1700 (Teile) Polyester werden mit 238,5 4.4'-Tolidindiisocyanat (100%ig.) vermischt. Nach Erhitzen auf 100^0 für 20 Min. werden 8,5 Phenyl-β-naphthylamin zugefügt. Danach wird im Ofen 1¼ Std. bei 110^0 gehärtet. — Olsen-Fließwert 352. — 100 dieses Prod. werden auf einer Mühle mit 4 Mercaptobenzothiazyldisulfid, 1 Mercaptobenzthiazol, 2 S u. 20 Ruß vermischt. Daraus hergestellte Felle werden 90 Min. bei 290^0 gehärtet. (**A. P. 3 043 807** vom 27/1. 1958, ausg. 10/7. 1962.) E. Dörfel. 7181

2617 B. F. Goodrich Co., New York, N.Y., übert. von: Fred J. Wherley, Cleveland, Ohio, V.St.A., **Polyurethanschaumstoffe** erhält man durch Rk. von ggf. verzweigten Polyäthern (aus alkoxylierten Glykolen oder Triolen mit 3—6 C-Atomen), Polyestern (aus Glykolüberschüssen u. Dicarbonsäuren) vom Molgew. 500—10000 u. 0,5% W. mit 2—3 Äquivalenten Diisocyanat (I) pro OH-Gruppe bei 30^0 bis 90^0 u. weiterem Diisocyanat (**II**), um Vorpolymere mit 10—17% freien NCO-Geh. zu erzielen, unter Zusatz von Schaumstabilisatoren u. 90—130% W., das zum vollen Umsatz der freien NCO-Gruppe erforderlich ist, u. Katalysatoren (Triäthylamin, N-Methylmorpholin, N.N.N'.N'-Tetramethyl-1.4-butandiamin, alkoxyliertes Laurylamin, Triäthylendiamin, N.N'-Dihydroxypropyl-2-methylpiperazin, Dibutylzinndilaurat oder K-Ricinoleat. **I** sind: 20—100% 2.6-Toluylendiisocyanat, m-Phenylendiisocyanat, p,p'-Diisocyanatodiphenylamin oder p-Phenylendiisocyanat. — **II** sind: 80—100% **2.4**-Cumoldiisocyanat. — Beispiel: Aus 754 g alkoxyliertem Glycerin (Molgew. 3000), enthaltend 0,6 g W. u. 179 g eines Gemisches aus 32,9% 2.6- u. 67,1% 2.4-Toluylendiisocyanat wird ein Vorpolymeres gebildet (während 2 Std. bei 25 bis 77^0; 5,54% NCO-Geh., Viscosität 6,300 cP/25^0). 50 dieses Vorpolymeren werden mit einem Gemisch aus 14,3 g Gemisch aus 97% 2.4- u. 3% 2.6-Toluylendiisocyanat umgesetzt, zu einem Vorpolymeren mit 15% freiem NCO-Gehalt. Dazu werden 0,3 cm^3 Siliconöl (Viscosität 50 cSt), ein Gemisch aus 2,28 cm^3 W., 0,8 cm^3 N-Methylmorpholin u. 0,2 cm^3 Triäthylamin gegeben. 3 Min. nach Katalysatorzusatz u. gutem Mischen ist in den Formen ein Schaumstoff entstanden. (**A. P. 3 047 517** vom 15/5. 1959, ausg. 31/7. 1962.) E. Dörfel. 7181

2618 E. I. du Pont de Nemours & Co., übert von: Irving C. Kogon, Wilmington, Del., V.St.A., **Gegebenenfalls verschäumte Polyurethane** erhält man durch Rk. von Polyäthern (**I**), Molgew. 500—10000, Polyisocyanaten (**II**), 1.4-Di-(β-hydroxyäthylmercapto)-2.3.5.6-tetrachlorbenzol, Arylendiaminen (**III**), W.- u./oder anderen Treibmitteln sowie Katalysatoren (**IV**). Als **I** sind auch verzweigte Polyäther u. Pentite u. Hexite sowie verschiedene Zuckerarten geeignet. **II** enthalten 0,95—1,1 NCO-Gruppen/OH-Gruppe u. 0,5—1,0 NCO-Gruppen/NH_2-Gruppe. **III** weisen ein Mol-Verhältnis von Tetrachlorbenzol/Arylendiamin zwischen 0,3 : 1 u. 5 : 1 auf. **IV** sind tert. Amine organ. Metallsalze oder Metallkomplexe. — 30—80% des Polyurethans sind vom Polyäther; 2—20% sind vom Tetrachlorbenzol abgeleitet. — Ein Gemisch aus 50 g des Prod. von 1,6 (Mol) Toluylendiisocyanat u. 1 Polytetramethylenätherglykol (Molgew. 1000), 4,6 g 1.4-Di-(β-hydroxyäthylmercapto)-2.3.5.6-tetrachlorbenzol u. 3,55 g 4.4'-Methylen-bis-(2-chloranilin) werden auf 125^0 erhitzt u. entlüftet, bis eine klare Lsg. erhalten wird, wonach in eine offene Form gegossen u. bei 105^0 20 Std. ausgehärtet wird. — Herst. von Reifen, Formkörpern, Bodenbelägen, Schuhwaren, Absätzen, Folien, Beschichtungen oder Schaumstoffen. (**A. P. 3 036 996** vom 1/2. 1961, ausg. 29/5. 1962.) E. Dörfel. 7181

2619 Air Products and Chemicals, Inc., übert. von: William E. Erner, Wilmington, Del., V.St.A., **Katalysator für die Polyurethanschaumstoffherstellung.** Aus wss. Polyglykol-Lsgg. (Äquivalent-Gew./freie OH-Gruppe ca. 1000), die 0,5—2 molar an Triäthylendiamin sind u. 20 bis 60%, bezogen auf die molare Konz. des Triäthylendiamins, Tetraalkylammoniumhydroxids mit einer Ionisations-Konst. von $> 0,01$ (in molarer Konz. enthalten, werden durch

Mischen von 15—60 (Teilen) Diisocyanat mit 100 obiger Lsg. u. Treibmitteln Schaumstoffe erhalten. — Beispiel: 50 g Pluronic L-61, 50 g Tetronic 701, 0,7 cm^3 Siliconöl u. 5 g Monohydroxyäthyltrihydroxyisopropyläthylendiamin (Visco) werden gemischt. Eine Katalysator-Lsg. aus 0,3 g Triäthylendiamin u. 0,04 g NaOH u. 2,3 cm^3 W. wird mit 105 g obiger Polyäther-Mischung vermischt, bis eine cremige Masse erhalten wird. Dazu werden 33 cm^3 80% 2.4- u. 20% 2.6-Toluylendiisocyanat gegeben; es wird weitergerührt, bis weniger als 1 Min. vor dem Eingießen in geeignete Formen (Schaumstoffe der Dichte von 2,8 Pfund/ft^3). Die Katalysatorkombination zeigt synergist. Wirkung. (**A. P. 3 042 632** vom 5/6. 1958, ausg. 3/7. 1962.) E. Dörfel. 7181

2620 Imperial Chemical Industries Ltd., London, England (Erfinder: Rae Hulse und Harry James Twitchett), **Herstellung organischer Zinnverbindungen** der allg. Formel $R_1R_2SnX_1X_2$ (R_1 u. R_2 = Alkyl-, Cycloalkyl- oder Aralkylreste, X_1 u. X_2 = über O oder N mit Sn verbundene Reste, von denen mindestens einer ein tert. N-Atom enthält), durch Rk. von Verbb. der allg. Formel $R_1R_2Sn\cdot(OR_1)OR_2$ mit einer Verb., die mindestens ein austauschbares H-Atom in einer OH- oder prim. Amidogruppe aufweist, oder durch Rk. von R_1R_2SnO mit einer Verb., die mindestens eine tert. Aminogruppe u. mindestens ein austauschbares H-Atom in einer OH- oder prim. Amidogruppe aufweist. — 10 (Teile) Di-n-butylzinnoxid werden in 250 Toluol (I) suspendiert, mit 19 N-Phenyldiäthylaminoäthylcarbamat vermischt, 1 Std. gekocht u. filtriert. Nach Abdest. der Hälfte des I scheidet sich eine Verb. der Formel $[CH_3(CH_2)_3]_2Sn\cdot[N(C_6H_5)-COOCH_2N(C_2H_5)_2]_2$ ab. Weitere Beispiele. — *Katalysatoren* zur Herst. von *Polyurethanen* aus organ. Isocyanaten u. OH-Gruppen-haltigen Verbindungen. (**E. P. 899 948** vom 12/10. 1959, ausg. 27/6. 1962.) C. Lüttgen. 7181

2621 United States Rubber Co., New York, N.Y., V.St.A., **Herstellung von Polyurethankörpern.** Man suspendiert feste Teilchen aus prim. Diamin in einem viscosen Medium aus Ricinusöl oder Polyäthern oder -estern mit einem Molgew. von 500—5000 u. endständigen OH-Gruppen u. mischt diese Suspension mit fl. ungehärteten Polyurethanvorolymeren mit entständigen Isocyanatgruppen, wobei eine 2-Phasenmischung entsteht, die bei < F. des prim. Diamins genügend haltbar ist, gibt die Mischung in eine Form u. läßt, ggf. unter Erwärmen auf oder über den F. des prim. Diamins, zu einer gummiartigen Masse härten. — Aus 11 (Mol) Propylenglykol, 4,25 Äthylenglykol u. 11,25 Adipinsäure stellt man bei 220—230° einen Polyester mit Molgew. 2000, OH-Zahl 52 u. SZ. 1,5 her u. läßt 1 des Polyesters mit 2 Methylenbis-p-phenylenisocyanat 1½ Std. bei 90° zu einem endständige Isocyanatgruppen enthaltenden härtbaren Prod. (I) reagieren. Ferner mischt man 100 (Teile) 3.3'-Dichlor-4.4'-diaminodiphenylmethan u. 100 Polypropylenglykol (Molgew. 2000) zu einer homogenen Paste u. 10 der Paste mit 100 I bei 70°, gießt die Mischung in eine Form u. härtet 1 Std. bei 300°. F. (**Jap. A. S. 6198/1961** vom 14/8. 1959, ausg. 29/5. 1961. A. Prior. 19/8. 1958.) M. Pankow. 7181

2622 General Tire & Rubber Co. (Erfinder: Charles Coale Price), **Herstellung von Polyäther-Urethan-Kautschuk** durch Rk. eines äquivalenten Gew.-Teiles eines Polyalkylenätherpolyols mit einem Molgew. von wenigstens 600 mit 1—12 äquivalenten Gew.-Teilen eines organ. Polyisocyanats mit 2—3 funktionellen Isocyanatresten, z. B. eines Gemisches von 2.4- u. 2.6-Tolylendiisocyanat, wobei das Polyol das Kondens.-Prod. eines 2—4 C-Atome aufweisenden Alkylenoxids u. eines weniger als 7 C-Atome u. 3—6 Hydroxylreste aufweisenden polyhydr. Alkohols ist; als polyhydr. Alkohol, der in Mengen von 0,1—5 Mol.-%, bezogen auf Alkylenoxid, angewendet wird, sind genannt: Glycerol, Trimethylolpropan, Pentaerythritol, Hexantriol-(1.2.6). (**Aust. P. 235 384** vom 8/8. 1958, ausg. 12/10. 1961.) K. Demmler. 7181

2623 National Lead Co., New York, N.Y., V.St.A., **Herstellung von Polymerisaten,** die einen C-haltigen Füllstoff (I) enthalten, dad. gek., daß man die Polymerisation in Ggw. des I vornimmt. Der I kann ggf. mit einem entsprechenden Katalysator imprägniert sein. Man dispergiert 45 g Ruß (II) in 1400 ml Toluol, gibt unter N_2 0,02 (Mol) $TiCl_4$ u. nach ½ Std. Rühren 0,045 CH_3MgBr zu, worauf unter Erwärmen auf 50° insgesamt 45 g Äthylen in die Lsg. geleitet werden. Das entstandene Polymerisat enthält 50% **II**. Weitere Beispiele für Polypropylen, Polybutadien, Polystyrol u. Polyisopren. (**Ind. P. 67 655** vom 12/5. 1959, ausg. 20/11. 1961.) C. Lüttgen. 7205

2624 Englander Co., Inc., übert. von: Robert E. Waugh und Osborne L. Rider, Baltimore, Md., V.St.A., **Herstellung gleichmäßig durchscheinender, wabenartiger Verbundplatten.** Ein Glasfasergewebe wird nach Behandlung mit Chromylchlorid (CrO_2Cl_2) mit einem Polyesterharz getränkt, welches die gleiche opt. Brechung wie das Faserglas aufweist. Die so hergestellten Platten werden als Abdeckungsmaterial für wabenartige Verbundschichten benutzt, deren scharfe Kanten gleichmäßig mit einer Epoxyharzschicht bedeckt sind. Nach Zwischenlegen einer weichen Polsterschicht werden die oben beschriebenen Deckschichten mit dem wabenförmigen Metallkörper verpreßt. — Abbildungen. (**A. P. 2 998 342** vom 7/6. 1956, ausg. 29/8. 1961.) Hans Hoffmann. 7205

2625 **Montecatini Soc. Gen. per l'Industria Mineraria e Chimica,** Mailand, Italien, und **Karl Ziegler,** Mülheim/Ruhr (Erfinder: **Giulio Natta, Dario Sianesi** und **Paolo Corradini,** Mailand, Italien), *Hochkristalline Copolymere.* (**D. A. S. 1 150 528** Kl. 39c vom 7/7. 1960, ausg. 20/6. 1963. It. Prior. 10/7. 1959. — C. **1963,** 7541 [F. P. 1 262 258].)

2626 **Dow Chemical Co.,** Midland, Mich. (Erfinder: **Ralph McConnell Wiley,** Midland, Mich.), V.St.A., *Perlpolymerisate.* (**D. A. S. 1 150 527** Kl. 39c vom 30/10. 1959, ausg. 20/6. 1963. A. Prior. 6/11. 1958. — C. **1963,** 5275 [E. P. 874 576].)

2627 **Montecatini Soc. Gen. per l'Industria Mineraria e Chimica Anonima,** Mailand, und **Karl Ziegler,** Mülheim/Ruhr (Erfinder: **Giulio Natta, Piero Pino** und **Giorgio Mazzanti,** Mailand), *Polymerisation olefinisch ungesättigter Kohlenwasserstoffe.* (**Schwz. P. 365 879** vom 19/11. 1955, ausg. 15/1. 1963.) It. Prior. 3/12. u. 16/12. 1954. — C. **1962,** 13221 [It. P. 526 101].

2628 **Montecatini Soc. Gen. per l'Industria Mineraria e Chimica** (Erfinder: **Alberto Bonvicini** und **Renzo Postal**), Mailand, Italien, *Verbessern der Farbstoffaffinität von linearen Polyolefinen.* (**Schwz. P. 366 973** vom 8/1. 1959, ausg. 15/3. 1963. It. Prior. 10/1. 1958. — C. **1962,** 18283 [Oe. P. 208 083].)

2629 **Karl Ziegler,** Mülheim/Ruhr, übert. von: **Giulio Natta, Piero Pino** und **Giorgio Mazzanti,** Mailand, Italien, *Hochmolekulares Polyäthylen.* (**A. P. 3 037 972** vom 7/11. 1955, ausg. 5/6. 1962. It. Prior. 15/11. 1954. — C. **1959,** 11744 [Oe. P. 193 601].)

2630 **Rhône-Poulenc Soc. An.,** Paris (Erfinder: **Gilbert Bo, Edouard Fichet, André Perrot,** Lyon, und **Philippe Perras,** Collonges au Mont d'Or), Frankreich, *Polymerisation von Äthylen.* (**Schwz. P. 366 671** vom 27/5. 1958, ausg. 28/2. 1963. F. Prior. 29/5. 1957. — C. **1960,** 9740 [F. P. 1 167 337].)

2631 **Farbwerke Hoechst Akt.-Ges., vormals Meister Lucius & Brüning** (Erfinder: **Roderich Graf**), Frankfurt/M., *Herstellung von Polyäthylen.* (**Schwz. P. 366 972** vom 4/10. 1956, ausg. 15/3. 1963. D. Prior. 6/10. 1955. — C. **1960,** 2362 [F. P. 1 160 008].)

2632 **Farbenfabriken Bayer Akt.-Ges.,** Leverkusen (Erfinder: **Ernst Roos,** Köln, **Martin Burgdorf,** Essen, und **Friedrich Lober,** Leverkusen), *Stabilisatoren für Polyvinylchlorid oder vinylchloridhaltige Mischpolymerisate.* (**D. A. S. 1 144 477** Kl. 39b vom 28/11. 1957, ausg. 28/2. 1963. — C. **1963,** 7188 [A. P. 2 985 619].)

2633 **Chemische Werke Albert,** Wiesbaden, *Herstellung von Acrolein- und/oder Methacroleinharzen.* (**E. P. 908 512** vom 11/3. 1960, ausg. 17/10. 1962. D. Prior. 28/3. 1959. — C. **1962,** 14698 [D. A. S. 1 112 628].)

2634 **American Cyanamid Co.,** New York, N.Y. (Erfinder: **Percival William Gummings jun.,** Cos Cob, und **Allan Olaf Mogensen,** Stamford, Conn.), V.St.A., *Zurückgewinnung von Acrylnitrilpolymeren aus Abfallspinnlösung.* (**D. A. S. 1 144 875** Kl. 29b vom 6/9. 1956, ausg. 7/3. 1963. A. Prior. 11/10. 1955. — C. **1961,** 17406 [F. P. 1 154 203].)

2635 **Esso Research and Engineering Co.,** Elizabeth, N.J., V.St.A., *Schmiermittelgemisch.* (**D. A. S. 1 149 125** Kl. 23c vom 13/2. 1957, ausg. 22/5. 1963. A. Prior. 23/2. 1956. — C. **1961,** 17025 [E. P. 825 855].)

2636 **B. F. Goodrich Co.,** New York, N.Y., V.St.A., *Herstellung plastischer Polymerer.* (**Niederl. P. 102 699** vom 9/1. 1957, ausg. 15/10. 1962. A. Prior. 9/1. 1956. — C. **1961,** 7772 [F. P. 1 171 387].)

2637 **Commonwealth Engineering Co. of Ohio,** Dayton, Ohio (Erfinder: **Elwood P. Wenzelberger,** Newburgh, N.Y.), V.St.A., *Herstellung von höhermolekularen Mischkondensaten.* (**D. A. S. 1 147 038** Kl. 39c vom 7/10. 1957, ausg. 11/4. 1963. — C. **1962,** 18660 [E. PP. 850 534 u. 852 308].)

2638 **Walker Extract & Chemical Co. Ltd.,** Bolton, England, *Herstellung unschmelzbarer Harze.* (**Niederl. P. 103 245** vom 2/5. 1955, ausg. 17/12. 1962. E. Prior. 1/5. u. 14/7. 1954. — C. **1959,** 13651 [F. P. 1 147 413].)

2639 **British Industrial Plastics Ltd.,** London, England, *Herstellung hitzehärtbarer Harze.* (**Niederl. P. 102 696** vom 13/12. 1956, ausg. 15/10. 1962. E. Prior. 15/12. 1955. — C. **1962,** 323 [D. A. S. 1 098 712].)

2640 **S. C. Johnson & Son, Inc.,** Racine, Wis., V.St.A., *Herstellung harzartiger Ester.* (**Niederl. P. 102 669** vom 8/6. 1956, ausg. 15/10. 1962. A. Prior. 9/6. 1955. — C. **1961,** 1030 [A. P. 2 907 743].)

2641 **Westinghouse Electric Corp.,** East Pittsburgh, übert. von: **Ralph S. Ludington** und **William W. Young,** Pittsburgh, Pa., V.St.A., *Feuerfestes Polyesterharz.* (**Can. P. 634 365** vom 5/6. 1959, ausg. 9/1. 1962. A. Prior. 5/6. 1958. — C. **1963,** 13385 [D. A. S. 1 115 464].)

2642 **B. F. Goodrich Co.,** New York, N.Y., V.St.A., *Copolymerisate aus ungesättigten Polyestern und ungesättigten Monomeren.* (**E. P. 914 252** vom 23/12. 1958, ausg. 2/1. 1963. A. Prior. 8/1. 1958. — C. **1962,** 5116 [A. P. 2 945 012].)

2643 **Hercules Powder Co.**, Wilmington, Del., V.St.A., *Polymerisation von Epoxiden.* (**E. P. 898 306** vom 29/5. 1959, ausg. 6/6. 1962. A. Prior. 11/5. 1959. — C. **1963**, 5669 [F. P. 1 229 090].)

2644 **Farbenfabriken Bayer Akt.-Ges.**, Leverkusen, übert. von: **Wilhelm Thoma**, Leichlingen, und **Heinrich Rinke**, Leverkusen, *Lichtempfindliche Polycarbonate.* (**A. P. 3 043 802** vom 17/8. 1959, ausg. 10/7. 1962. D. Prior. 18/7. 1958. — C. **1962**, 12856 [D. A. S. 1 099 732].)

2645 **E. I. du Pont de Nemours & Co.**, Wilmington, Del., V.St.A., *Herstellung von linearen Kondensationspolymeren.* (**Niederl. P. 102 615** vom 5/6. 1954, ausg. 15/10. 1962. A. Prior. 5/6., 30/9., 30/10. 1953 u. 26/2. 1954. — C. **1959**, 8339 [E. P. 785 214].)

2646 **E. I. du Pont de Nemours & Co.**, Wilmington, Del. (Erfinder: **Emerson L. Wittbecker**, West Chester, Pa.), V.St.A., *Herstellung von Mischpolymerisaten.* (**F. P. 1 206 705** vom 3/5. 1958, ausg. 11/2. 1960. **Jap. A. S. 2196/1961** vom 8/5. 1958, ausg. 28/3. 1961. Beide A. Prior. 8/5. 1957. **A. P. 2 970 987** vom 8/5. 1957, ausg. 7/2. 1961. — C. **1963**, 7555 [D. A. S. 1 125 173].)

2647 **Farbenfabriken Bayer Akt.-Ges.**, Leverkusen (Erfinder: **Hans Holtschmidt**, Köln, und **Günther Braun**, Leverkusen), *Herstellung von vernetzten Kunstharzen.* (**Jap. A. S. 10 845/1961** vom 23/3. 1959, ausg. 17/7. 1961. D. Prior. 22/3. 1958. — C. **1961**, 14850 [D. A. S. 1 092 190].)

2648 **Liselotte Sauer**, Bad Hersfeld, *Herstellung von schwammartigem Isoliermaterial.* (**Jap. A. S. 10 339/1961** vom 15/4. 1955, ausg. 12/7. 1961. D. Prior. 20/4. 1954. — C. **1957**, 11735 [D. A. S. 1 002 124].)

2649 **Chemstrand Corp.**, übert. von: **Paul R. Cox jun.**, Decatur, Ala., V.St.A., *Lösungsmittel für Polymere.* (**Can. P. 635 271** vom 22/9. 1959, ausg. 23/1. 1962. A. Prior. 25/9. 1958. — C. **1961**, 18526 [D. A. S. 1 103 018].)

2650 **Nederlandse Organisatie voor Toegepast-Natuurwetenschappelijk Onderzoek ten Behoeve van Nijvenheid, Handel en Verkeer**, Den Haag, Niederlande, *Herstellung linearer Polyharnstoffe.* (**Niederl. P. 102 554** vom 11/5. 1959, ausg. 17/9. 1962. — C. **1963**, 712 [F. P. 1 256 499].)

2651 **Henkel & Cie. G. m. b. H.**, Düsseldorf, *Melaminharz.* (**E. P. 898 290** vom 13/10. 1960, ausg. 6/6. 1962. D. Prior. 23/10. 1959, 12/2. u. 2/4. 1960. — C. **1961**, 16300 [D. A. S. 1 103 582].)

2652 **Farbwerke Hoechst Akt.-Ges., vormals Meister Lucius & Brüning**, Frankfurt/M., übert. von: **Josef Kaupp, Walter Brotz** und **Oswald Metz**, Gersthofen, *Amidierungsprodukte von rohen Paraffinoxydationsprodukten.* (**A. P. 3 038 815** vom 14/10. 1958, ausg. 12/6. 1962. D. Prior. 17/10. 1957. — C. **1962**, 2193 [D. A. S. 1 096 603].)

2653 **Union Carbide Corp.**, übert. von: **Christian F. Horn**, New York, N.Y., V.St.A., *Polyamide.* (**Can. P. 635 562** vom 4/9. 1958, ausg. 30/1. 1962. A. Prior. 6/9. 1957. — C. **1962**, 17586 [F. P. 1 210 182].)

2654 **Vereinigte Glanzstoff-Fabriken Akt.-Ges.**, Wuppertal, *Herstellung von Polyamiden.* (**Niederl. P. 102 671** vom 11/6. 1956, ausg. 15/10. 1962. D. Prior. 23/7. 1955. — C. **1959**, 4644 [Oe. P. 198 520].)

2655 **Inventa Akt.-Ges. für Forschung und Patentverwertung**, Luzern, Schweiz, *Herstellung von Polyamiden.* (**E. P. 891 946** vom 18/11. 1959, ausg. 21/3. 1962. Schwz. Prior. 20/11. 1958. — C. **1963**, 711 [Oe. P. 217 710].)

2656 **Inventa Akt.-Ges. für Forschung und Patentverwertung**, Luzern, übert. von: **Rudolf Gabler**, Tamins, **Johann Giesen**, Haldenstein bei Chur, und **Walter Zehnder**, Chur, Schweiz, *Polyamide.* (**A. P. 2 993 879** vom 2/10. 1956, ausg. 25/7. 1961. Schwz. Prior. 8/10. 1955. — C. **1963**, 6806 [Schwz. P. 359 286].)

2657 **Inventa Akt.-Ges. für Forschung und Patentverwertung**, Luzern, Schweiz, *Herstellung eines synthetischen Polyamids.* (**Niederl. P. 103 099** vom 10/4. 1958, ausg. 15/11. 1962. Schwz. Prior. 11/4. 1957. — C. **1960**, 3058 [D. A. S. 1 060 135].)

2658 **Imperial Chemical Industries Ltd.**, London, übert. von: **Brian E. Jennings**, Welwyn Garden City, County of Hertford, England, *Synthetische lineare Polyamide.* (**Can. P. 634 237** vom 15/7. 1958, ausg. 9/1. 1962. E. Prior. 26/7. 1957. — C. **1961**, 8136 [E. P. 830 676].)

2659 **Badische Anilin- & Soda-Fabrik Akt.-Ges.** (Erfinder: **Björn Olsen, Franz Förster, Alfred Müller** und **Hans Wolz**), Ludwigshafen/Rh., *Polyamide mit gleichmäßig feinkristallinem Gefüge.* (**Schwz. P. 365 218** vom 4/7. 1957, ausg. 15/12. 1962. D. Prior. 7/7. 1956. — C. **1959**, 15854 [D. A. S. 1 052 679].)

2660 **N. V. Onderzoekingsinstituut Research**, übert. von: **Jan Lodewijk Voigt**, Arnheim, Niederlande, *Herstellung von Polyamiden mit Palmitinsäurehexadecylester als Gleitmittel.* (**A. P. 3 008 908** vom 23/9. 1957, ausg. 14/11. 1961. Niederl. Prior. 24/9. 1956. — C. **1959**, 10743 [E. P. 824 455].)

2661 **Vereinigte Glanzstoff-Fabriken Akt.-Ges.**, Wuppertal (Erfinder: **Horst Taul**, Obernburg/M., und **Fritz Wiloth**, Klingenberg/M.), *Verfahren und Vorrichtung zur kontinuierlichen Herstellung von Polyamiden aus Dicarbonsäuren und Diaminen.* (**Schwz. P. 365 876** vom 31/1. 1958, ausg. 15/1. 1963. D. Prior. 6/4. 1957. — C. **1961**, 5982 [D. A. S. 1 093 087].)

2662 **Chemstrand Corp.**, Decatur, Ala., V.St.A., *Herstellung von Mischpolyamiden.* (**Niederl. P. 102 381** vom 21/3. 1956, ausg. 17/9. 1962. A. Prior. 23/3. 1955. — C. **1959**, 14270 [E. P. 789 491].)

2663 **Ciba Ltd.**, Basel, Schweiz, *Optische Aufheller für Polyamide.* (**E. P. 878 669** vom 11/2. 1960, ausg. 4/10. 1961. Schwz. Prior. 13/2. 1959. — C. **1962**, 16867 [F. P. 1 250 824].)

2664 **E. I. du Pont de Nemours & Co.**, V.St.A. (Erfinder: **Alfred Joseph Cocci**), *Verformung von Polyamiden.* (**F. P. 1 207 810** vom 15/7. 1958, ausg. 18/2. 1960. A. Prior. 31/7. 1957. — C. **1960**, 8363 [D. A. S. 1 066 736].)

2665 **Vereinigte Glanzstoff-Fabriken Akt.-Ges.**, Wuppertal-Elberfeld, übert. von: **Jürgen Brandes** und **Rudolf Gewehr**, Obernburg/M., *Stabilisierte Polyamide.* (**Can. P. 634 785** vom 20/3. 1959, ausg. 16/1. 1962. D. Prior. 25/4. 1958. — C. **1960**, 9397 [D. A. S. 1 063 378].)

2666 **Continental Can Co., Inc.** (Erfinder: **Robert Benjamin Mesrobian** und **Clayton John Ammondson**), *Polyamid-Polyäthylen-Massen.* (**Aust. P. 236 156** vom 19/2. 1959, ausg. 23/11. 1961. A. Prior. 28/8. 1958. — C. **1962**, 19033 [F. P. 1 224 392].)

2667 **Badische Anilin- & Soda-Fabrik Akt.-Ges.**, Ludwigshafen/Rh., *Herstellung von am Stickstoffatom substituierten Polyamiden.* (**Jap. A. S. 10 844/1961** vom 1/7. 1959, ausg. 17/7. 1961. D. Prior. 5/7. 1958. — C. **1962**, 7719 [E. P. 869 079].)

2668 **Ciba Akt.-Ges.**, Basel (Erfinder: **Robert Hiltpold**, Basel, **Willy Fisch**, Binningen bei Basel, und **Peter Speiser**, Forch), Schweiz, *Herstellung von neuen Additionsprodukten aus Epoxidverbindungen und Monoaminen.* (**Schwz. P. 364 117** vom 28/8. 1957, ausg. 15/10. 1962. — C. **1960**, 10428 [Oe. PP. 205 747 u. 205 748].)

2669 **Union Carbide Corp.**, New York, N.Y., V.St.A., *Katalysierte Isocyanatreaktionen.* (**E. P. 898 724** vom 20/11. 1959, ausg. 14/6. 1962. A. Prior. 21/11. 1958. — C. **1962**, 3649 [F. P. 1 242 464].)

2670 **Union Carbide Corp.**, New York, N.Y. (Erfinder: **Fritz Hostettler**, Charleston, und **Robert McLaughlin**, Belle, W.Va.), V.St.A., *Herstellung von Polyurethanschaumstoffen.* (**D. A. S. 1 147 036** Kl. 39b vom 17/4. 1958, ausg. 11/4. 1963. A. Prior. 18/4. 1957. — C. **1962**, 15791 [A. P. 2 962 455].)

2671 **Farbenfabriken Bayer Akt.-Ges.**, Leverkusen, und **Mobay Chemical Co.**, Pittsburgh, Pa., V.St.A., übert. von: **Karl Erwin Müller**, Leverkusen, **Hans Holtschmidt**, Köln, **Heinrich Morschel** und **Günther Braun**, Leverkusen, *Herstellung von Polyurethanschaumstoffen.* (**A. P. 3 026 275** vom 6/6. 1956, ausg. 20/3. 1962. D. Prior. 11/6. 1955. — C. **1959**, 1957 [E. P. 795 276].)

2672 **Farbenfabriken Bayer Akt.-Ges.**, Leverkusen, *Hochporöse, harte Polyurethanschaumstoffe.* (**E. P. 904 789** vom 17/5. 1960, ausg. 29/8. 1962. D. Prior. 23/5. 1959. — C. **1961**, 13740 [D. A. S. 1 097 671].)

2673 **Farbenfabriken Bayer Akt.-Ges.**, Leverkusen-Bayerwerk, übert. von: **Erwin Müller, Günther Braun**, Leverkusen, **Hans Holtschmidt**, Köln-Stammheim, und **Mobay Chemical Co.**, Pittsburgh, Pa., V.St.A., *Polyurethanplaste.* (**Can. P. 633 860** vom 4/3. 1958, ausg. 2/1. 1962. D. Prior. 19/3. 1957. — C. **1960**, 1693 [D. A. S. 1 045 095].)

2674 **E. I. du Pont de Nemours & Co.**, übert. von: **Clifton L. Kehr**, Wilmington, Del., V.St.A., *Härten von Polyalkylenäther-Polyurethan-Elastomeren.* (**Can. P. 634 215** vom 24/4. 1958, ausg. 9/1. 1962. A. Prior. 2/7. 1957. — C. **1961**, 11167 [A. P. 2 921 926].)

2675 **E. I. du Pont de Nemours & Co.**, übert. von: **Ernest Csendes**, Wilmington, Del., V.St.A., *Härten von Polyalkylenäther-Polyurethan-Elastomeren.* (**Can. P. 634 219** vom 1/5. 1958, ausg. 9/1. 1962. A. Prior. 26/7. 1957. — C. **1961**, 11167 [A. P. 2 921 927].)

2676 **Ciba Ltd.**, Basel, Schweiz, *Herstellung gefärbter Polyurethanschaumstoffe.* (**E. P. 886 967** vom 18/3. 1959, ausg. 10/1. 1962. Schwz. Prior. 18/3. 1958 u. 22/1. 1959. — C. **1961**, 14850 [Oe. P. 208 079].)

2677 **General Motors Corp.**, Detroit, Mich., übert. von: **Edward P. Harris** und **James R. Wall**, Dayton, Ohio, V.St.A., *Herstellung von Polyurethanplasten.* (**Can. P. 634 804** vom 20/5. 1959, ausg. 16/1. 1962. A. Prior. 23/7. 1958. — C. **1962**, 1435 [F. P. 1 230 938].)

2678 **Farbenfabriken Bayer Akt.-Ges.**, Leverkusen, *Herstellung von Polyurethanen.* (**E. P. 909 604** vom 28/11. 1960, ausg. 31/10. 1962. D. Prior. 27/11. 1959 u. 30/1. 1960. — C. **1962**, 12856 [D. A. S. 1 114 028] u. C. **1962**, 17587 [D. A. S. 1 119 504].)

2679 **Hooker Chemical Corp.**, Niagara Falls, N.Y., V.St.A., *Herstellung gegebenenfalls verschäumter, flammfester Polyurethane.* (**E. P. 914 462** vom 29/9. 1959, ausg. 2/1. 1963. A. Prior. 2/10. 1958. — C. **1962**, 7721 [F. P. 1 237 410].)

2680 **Imperial Chemical Industries Ltd.** (Erfinder: **John Frederick Chapman, John Henry Cundall, Robert Paul Genties, Philip Cowey Johnson** und **Kenneth Stephenson**), *Polyurethanschaumstoffe.* (**Aust. P. 237 237** vom 21/7. 1959, ausg. 15/2. 1962. E. Prior. 15/8. 1958. — C. **1962**, 5497 [F. P. 1 233 854].)

2681 **Farbenfabriken Bayer Akt.-Ges.**, Leverkusen, *Herstellung von Polyurethanschaumstoffen.* (**E. P. 908 608** vom 6/9. 1960, ausg. 24/10. 1962. D. Prior. 10/9. 1959. — C. **1962**, 14699 [D. A. S. 1 106 953].)

2682 **Farbenfabriken Bayer Akt.-Ges.**, Leverkusen, *Polyurethangießmassen.* (**E. P. 908 309** vom 26/8. 1960, ausg. 17/10. 1962. D. Prior. 4/9. 1959. — C. **1961**, 13381 [D. A. S. 1 096 032].)

2683 **General Tire & Rubber Co.**, Akron, Ohio, V.St.A., *Herstellung von Polyurethanverbindungen.* (**Oe. P. 222 367** vom 8/10. 1958, ausg. 25/7. 1962. A. Prior. 24/10. 1957. — C. **1961**, 14850 [F. P. 1 216 336].)

2684 **Imperial Chemical Industries Ltd.**, London (Erfinder: **Derrick Michael O'Mant, Harry James Twitchett** und **James Harry Wild**), England, *Polyurethankatalysatoren.* (**E. P. 886 029** vom 27/2. 1959, ausg. 3/1. 1962. — C. **1962**, 7721 [F. P. 1 250 865].)

2685 **Pittsburgh Plate Glass Co.**, Pittsburgh, Pa., übert. von: **David C. Bush**, Boise, Idaho, und **Earl E. Parker**, Allison Park, Pa., V.St.A., *Katalysator zur Herstellung von Polyurethanharzen.* (**Can. P. 634 628** vom 30/4. 1956, ausg. 16/1. 1962. A. Prior. 3/8. 1955. — C. **1962**, 1435 [A. P. 2 950 262].)

2686 **Pittsburgh Plate Glass Co.**, Pittsburgh, übert. von: **Earl E. Parker**, Allison Park, Pa., V.St.A., *Katalysator zur Herstellung von Polyurethanharzen.* (**Can. P. 634 631** vom 29/5. 1956, ausg. 16/1. 1962. A. Prior. 3/10. 1955. — C. **1962**, 15790 [A. P. 2 957 831].)

2687 **General Tire & Rubber Co.**, übert. von: **Otto C. Elmer**, Akron, Ohio, V.St.A., *Polyäther-Urethan-Kautschuke.* (**Can. P. 633 922** vom 7/10. 1958, ausg. 2/1. 1962. A. Prior. 24/10. 1957. — C. **1961**, 14850 [F. P. 1 216 336].)

2688 **Inventa Akt.-Ges. für Forschung und Patentverwertung**, Luzern übert. von: **Charles Bolle**, Domat-Ems, Schweiz, *Wiedergewinnung von ε-Caprolactam aus dessen Polymerisat.* (**Schwz. P. 356 131** vom 16/7. 1957, ausg. 29/9. 1961. **A. P. 2 952 675** vom 1/7. 1958, ausg. 13/9. 1960. — C. **1961**, 6328 [E. P. 827 703].)

2689 **Chemstrand Corp.** (Erfinder: **Paul Reed Cox jun.**), Decatur, Ala., V.St.A., *Lösen von Polypyrrolidon.* (**Jap. A. S. 5386/1961** vom 25/9. 1959, ausg. 23/5. 1961. A. Prior. 25/9. 1958. — C. **1962**, 8813 [F. P. 1 244 472].)

2690 **Chemstrand Corp.**, übert. von: **Paul R. Cox jun.**, Decatur, Ala., V.St.A., *Polypyrrolidinlösung.* (**Can. P. 634 408** vom 22/9. 1959, ausg. 9/1. 1962. A. Prior. 25/9. 1958. — C. **1962**, 8813 [F. P. 1 244 472].)

2691 **General Aniline & Film Corp.**, New York, N.Y. (Erfinder: **William Austin Hosmer**, Pittsfield, Mass.), V.St.A., *Halogenadditionsprodukte von Polyvinylpyrrolidon.* (**Schwz. P. 368 306** vom 5/7. 1956, ausg. 15/5. 1963. — C. **1960**, 9047 [Aust. P. 213 272].)

2692 **General Mills, Inc.**, Minneapolis, Minn., V.St.A. (Erfinder: **David Aelony** und **Harold Wittcoff**), *Wässerige Epoxyharz-Polyamid-Emulsionen.* (**E. P. 909 494** vom 15/6. 1959, ausg. 31/10. 1962. — C. **1962**, 3283 [D. A. S. 1 106 495].)

2693 **Ciba Soc. An.**, Basel, Schweiz, *Härten von Epoxyharzen.* (**Belg. P. 570 689** vom 27/8. 1958, ausg. 20/10. 1961. Schwz. Prior. 28/8. 1957. — C. **1960**, 10428 [Oe. P. 205 747].)

2694 **Ciba Soc. An.**, Basel, Schweiz, *Härten von Epoxyharzen.* (**Belg. P. 571 943** vom 10/10. 1958, ausg. 20/4. 1962. Schwz. Prior. 11/10. 1957. — C. **1960**, 14535 [Oe. P. 207 120].)

2695 **Farbenfabriken Bayer Akt.-Ges.** (Erfinder: **Hans Holtschmidt** und **Gunther Braun**), *Herstellung von vernetzten phosphorhaltigen Kunststoffen.* (**Aust. P. 233 590** vom 17/3. 1959, ausg. 25/5. 1961. D. Prior. 22/3. 1958. — C. **1961**, 14850 [D. A. S. 1 092 190].)

2696 **Farbwerke Hoechst Akt.-Ges., vormals Meister Lucius & Brüning**, Frankfurt/M., *Herstellung nicht brennbarer phosphorhaltiger Kondensationsharze.* (**E. P. 881 657** vom 16/2. 1959, ausg. 8/11. 1961. D. Prior. 14/2. 1958. — C. **1960**, 17633 [D. A. S. 1 061 513].)

2697 **Farbenfabriken Bayer Akt.-Ges.**, Leverkusen (Erfinder: **Hans Holtschmidt**, Köln, **Erwin Müller**, **Otto Bayer** und **Günther Nischk**, Leverkusen), *Herstellung von Polyäthern.* (**Schwz. P. 367 984** vom 22/12. 1956, ausg. 30/4. 1963. D. Prior. 26/1. u. 8/2. 1956. — C. **1957**, 12025 [D. A.S. 1 005 275] u. C. **1959**, 10412 [D. A. S. 1 026 072].)

2698 **Metallgesellschaft Akt.-Ges.**, Frankfurt/M., *Härtbare Polysulfide.* (**E. P. 901 600** vom 3/6. 1960, ausg. 18/7. 1962. D. Prior. 28/7. 1959. — C. **1962**, 8087 [D. A. S. 1 113 561].)

2699 **Farbenfabriken Bayer Akt.-Ges.** (Erfinder: **Heinz Gröne** und **Carlhans Süling**), Leverkusen, *Polymerisieren von ungesättigten Disulfonimiden.* (**F. P. 1 254 003** vom 17/2. 1960, ausg. 24/5. 1961. **Jap. A. S. 10994/1961** vom 17/2. 1960, ausg. 19/7. 1961. Beide D. Prior. 18/2. 1959. — C. **1961**, 16675 [D. A. S. 1 089 548].)

2700 **Farbenfabriken Bayer Akt.-Ges.**, Leverkusen-Bayerwerk, und **Mobay Chemical Co.**, Pittsburgh, Pa., V.St.A., übert. von: **Hans Holtschmidt**, Köln-Stammheim, *Herstellung von Polythioäthern.* (**Can. P. 634 276** vom 30/10. 1958, ausg. 9/1. 1962. D. Prior. 8/11. 1957. — C. **1959**, 16176 [D. A. S. 1 054 717].)

2701 **Montecatini Soc. Gen. per l'Industria Mineraria e Chimica** (Erfinder: **Giulio Natta, Giorgio Mazzanti, Paolo Longi** und **Francesco Bernardini**), *Herstellung von linearen, hochmolekularen Polymeren und Mischpolymeren metallorganischer Vinylverbindungen.* (**Aust. P. 236 677** vom 18/12. 1958, ausg. 11/1. 1962. It. Prior. 23/12. 1957 u. 3/4. 1958. — C. **1961**, 8500 [F. P. 1 217 343].)

2702 **E. I. du Pont de Nemours & Co.**, Wilmington, Del., übert. von: **Richard Dale Pruett**, Eggertsville, N.Y., V.St.A., *Thermoplastisches siliciumdioxidhaltiges Polymerisat.* (**A. P. 3 061 577** vom 6/8. 1956, ausg. 30/10. 1962. — C. **1961**, 4904 [E. P. 835 074].)

2703 **Dow Corning Corp.** (Erfinder: **Melvin Jasper Hunter** und **Lawrence Allen Rauner**), Midland, Mich., V.St.A., *Herstellung von Organosiliconmischpolymeren.* (**Jap. A. S. 9449/1961** vom 5/9. 1950, ausg. 3/7. 1961. A. Prior. 10/11. 1948. — C. **1954**, 1370 [F. P. 1 001 741].)

2704 **Wacker-Chemie G.m.b.H.**, München, übert. von: **Siegfried Nitzsche** und **Manfred Wick**, Burghausen, *Härtung von Organopolysiloxanen mit durch nascierenden Wasserstoff reduzierbaren Schwefelverbindungen.* (**A. P. 3 050 485** vom 16/7. 1958, ausg. 21/8. 1962. D. Prior. 27/7. 1957. — C. **1961**, 4907 [F. P. 1 200 680].)

2705 **General Electric Co.**, New York, übert. von: **Reginald J. Boot**, Schenectady, N.Y., V.St.A., *Mit Ammoniumhalogeniden stabilisierte Organopolysiloxane.* (**A. P. 3 057 821** vom 26/8. 1958, ausg. 9/10. 1962. — C. **1963**, 7560 [E. P. 875 728].)

2706 **Wacker-Chemie G.m.b.H.**, München, *Formstabilitätserhöhende Mittel in Organopolysiloxanen.* (**E. P. 887 486** vom 28/2. 1958, ausg. 17/1. 1962. D. Prior. 28/2. 1957. — C. **1960**, 10083 [D. A. S. 1 069 381].)

2707 **Dow Corning Corp.**, V.St.A. (Erfinder: **Harold A. Clark**), *Bei Raumtemperatur vulkanisierendes Siliconharz.* (**F. P. 1 228 516** vom 11/5. 1959, ausg. 31/8. 1960. A. Prior. 27/6. 1958. — C. **1961**, 8857 [A. P. 2 934 519].)

2708 **Wacker-Chemie G.m.b.H.**, München, *Kaltvulkanisierbare Polysiloxane.* (**E. P. 905 364** vom 15/2. 1960, ausg. 5/9. 1962. D. Prior. 20/2. 1959. — C. **1962**, 16867 [D. A. S. 1 120 690].)

2709 **Comp. Française Thomson-Houston**, Seine, Frankreich (Erfinder: **Eugène Paul Goldberg**), *Siloxygruppen enthaltende Polycarbonate.* (**F. P. 1 234 373** vom 28/12. 1959, ausg. 13/1. 1961. A. Prior. 2/1. 1959. — C. **1963**, 11056 [A. P. 2 999 835].)

2710 **Wacker-Chemie G.m.b.H.**, München, *Siliconkautschuk.* (**E. P. 905 394** vom 11/2. 1960, ausg. 5/9. 1962. D. Prior. 20/2. 1959. — C. **1962**, 16868 [D. A. S. 1 120 689].)

2711 **Dow Corning Corp.**, Midland, übert. von: **Keith E. Polmanteer** und **Eric D. Brown**, Midland, Mich., V.St.A., *Bei extrem niedrigen Temperaturen biegsame fluorierte Siliconkautschuke.* (**A. P. 3 050 492** vom 29/12. 1958, ausg. 21/8. 1962. — C. **1963**, 5672 [D. A. S. 1 128 651].)

2712 **Dow Corning Corp.**, Midland, Mich., übert. von: **Robert L. Merker**, Pittsburgh, Pa., V.St.A., *Silylalkylzinnverbindungen.* (**A. P. 3 043 858** vom 28/8. 1958, ausg. 10/7. 1962. — C. **1962**, 18298 [D. A. S. 1 115 928].)

2713 **Wacker-Chemie G.m.b.H.**, München, übert. von: **Siegfried Nitzsche** und **Manfred Wick**, Burghausen, *Zu Siliconelastomeren härtbare Massen.* (**A. P. 3 061 578** vom 26/10. 1959, ausg. 30/10. 1962. D. Prior. 21/11. 1958. — C. **1963**, 6807 [D. A. S. 1 128 655].)

2714 **Soc. des Usines Chimiques Rhône-Poulenc**, Seine, Frankreich, *Pfropfpolymerisieren auf Celluloseacetat.* (**F. P. 1 226 657** vom 26/2. 1959, ausg. 15/7. 1960. — C. **1963**, 11853 [E. P. 865 263].)

2715 **Union Carbide Corp.**, New York, N.Y., übert. von: **Richard S. Brissette**, Emerson, N.J., V.St.A., *Verstärktes Schichtmaterial.* (**Can. P. 635 480** vom 10/1. 1958, ausg. 30/1. 1962. A. Prior. 1/2. 1957. — **C. 1963**, 17898 [F. P. 1 198 503].)

2716 **E. I. du Pont de Nemours & Co.**, V.St.A. (Erfinder: **Philip Dawson Brossman** und **Edward Hector Price**), *Preßmasse aus Thermoplasten.* (**F. P. 1 202 333** vom 18/3. 1958, ausg. 8/1. 1960. A. Prior. 29/3. 1957. — C. **1962**, 4739 [E. P. 835 363].)

2717 **E. I. du Pont de Nemours & Co.**, V.St.A. (Erfinder: **Warren Froemming Busse, George Henry Bowers** und **John Brian Armitage**), *Überzugsmaterial.* (**F. P. 1 221 411** vom 26/3. 1959, ausg. 1/6. 1960. A. Prior. 14/4. 1958. — C. **1962**, 16869 [E. P. 863 769].)

H_{12}. Kautschuk

2718 **Einige Betrachtungen zur Physik der Elastomeren.** Charles Sadron. (Rev. gén. Caoutchouc **39**, 1925—39, 1962; Strasbourg, Centre Rech. sur les Macromol.; engl. u. franz.) — Die wesentlichen Fortschritte der Kautschukphysik werden zusammenfassend erörtert. R. Schäff. 7220◇

2719 **Blätteranalyse als Orientierungsmittel über den Ernährungszustand der Hevea Brasiliensis.** 5. Mitt. **Verfahren zur Blätterprobenahme bei reifen Bäumen.** V. M. Shorrocks. (J. Rubber Res. Inst. Malaya **17**, 167—90, 1962; Kuala Lumpur, Malaya, Rubber Res. Inst., Soils Div.; engl.) — 4. vgl. C. **1963**, **14130**. — Der Einfl. verschiedener Düngemittel auf die Zus. der Blätter (im Schatten bzw. Sonnenlicht) wurde untersucht. Es wird gefolgert, daß das Sammeln von schattigen Blättern von den unteren Ästen zweckmäßig ist. R. Schäff. 7222◇

2720 **Eine neue Gruppe von synthetischen Elastomeren. Additionsverbindungen aliphatischer Mercaptane und polymerisierter Diene.** J. Remond. (Rev. Produits chim. **60**, 533—39, 541, 1957; **61**, 9—10, 1958; franz.) — C. **1958**, 5231. W. Wesly. 7224◇

2721 **Untersuchung der Struktur von Rußen bei der Kautschukverstärkung.** 1. Mitt. **Einfluß auf Naturkautschukmischungen.** O. Akiyoshi, T. Shima, M. Maruoka und K. Nakamura. (J. Soc. Rubber Ind., Japan **35**, 499—506, 1962; Mitsubishi Chem. Ind. Ltd., Kurosaki Fact.; jap., Auszug: engl. S. 506). — Zum Studium der Öltröpfchen-Theorie von Sweitzer u. des Einfl. der Rußstruktur auf Kautschukmischungen wurden Unterss. mit 6 Rußarten mit verschiedener Struktur, aber mit etwa gleicher Teilchengröße u. Oberflächenchemie durchgeführt. Es wurde gefunden, daß eine Zunahme des Strukturniveaus zu folgenden Eig.-Änderungen führt: der Modul, die Viscosität u. die Härte werden höher, die Rückprallelastizität, die Zugfestigkeit u. die Dehnung niedriger, die Scorch-Zeit kürzer u. die Extrusions-Eigg. verbessert. R. Schäff. 7226◇

2722 **Infrarotuntersuchungen von Kautschuk–Füllstoff-Systemen.** 1. Mitt. **Infrarotabsorptionsssspektren von anorganischen Füllstoffen.** Eiji Suito und Masafumi Arakawa. (Bull. Inst. chem. Res., Kyoto Univ. **40**, 291—99, 1962; Suito Lab.; engl.) — Vff. untersuchen mit der KBr-Meth. die Spektren verschiedener techn. anorgan. Füllstoffe für Kautschuk (verschiedene *Ruß*-Arten, mehrere *Silicagele*, *Calciumcarbonate*, *Calciumsilicate*, CaF_2, bas. *Magnesiumcarbonate* u. verschiedene *Tone*). Die Spektren sind angegeben. Charakterist. Frequenzen werden diskutiert. D. Hoene. 7226◇

2723 **Untersuchungen an Kautschuk–Füllstoff-Systemen.** 2. Mitt. **Identifizierung des mit Füllstoffen verbundenen Kautschuks durch Infrarotadsorptionsspektren.** Eiji Suito und Masafumi Arakawa. (Bull. Inst. chem. Res., Kyoto Univ. **40**, 300, 1962; engl.) — 1. vgl. vorst. Referat. — Vff. fertigen von tiefgekühlten Proben vulkanisierten natürlichen u. synthet. Kautschuks mit u. ohne die l. c. angegebenen Zusätze Dünnschnitte, deren IR-Spektren (2—15 μ) aufgenommen werden. Diese Spektren können zur Identifizierung der Zusätze dienen. Elektromkr. wird der Verteilungs-Zustand der Füllstoffe untersucht. D. Hoene. 7226◇

2724 **Adsorption von Jod an Ruß.** 1. Mitt. M. Mizutori, S. Hagiwara, Y. Fukuda und K. Kawazohe. (J. Soc. Rubber Ind., Japan **35**, 507—12, 1962; Mitsubishi Chem. Ltd. u. Tokyo, Univ., Inst. Ind. Sci.; jap., Auszug: engl. S. 512.) — Die J_2-Adsorption an verschiedene Ruße aus wss. J_2–KJ-Lsgg. wurde untersucht (Dauer bis zum Adsorptionsgleichgewicht ca. 15 Min.). Aus der Adsorptionsisotherme wurde gefunden, daß sich zuerst eine monomol. Schicht u. anschließend eine multimol. Schicht bildet. Diese Isotherme entspricht der Brunauer-Emmett-Teller-Gleichung, nicht der Langmuir-Gleichung. Die J-Ion-Konz. ändert sich während des Vorgangs; ihre Zu- bzw. Abnahme hängt mit der Adsorption des Ions bzw. mit der Red. von J_2 zusammen u. ist vom Rußtyp abhängig. Da die Hysterese zwischen Adsorption u. Desorption kaum zu beobachten ist, ist die J_2-Adsorption physikal. Natur. R. Schäff. 7226◇

2725 **Adsorption von Jod an Ruß.** 2. Mitt. M. Mizutori, S. Hagiwara, Y. Fukuda und K. Kawazohe. (J. Soc. Rubber Ind., Japan **35**, 578—82, 1962; jap., Auszug: engl. S. 582.) — 1. vgl. vorst. Referat. — Eine weitere Unters. über die J_2-Adsorption an verschiedenen Rußtypen wurde durchgeführt. Durch Vgl. der J_2-Menge, die zur Bldg. einer monomol. Schicht erforderlich ist, mittels eines Elektronenmikroskops u. der N_2-Adsorptionsoberfläche wurde ermittelt, daß die durch ein J_2-Mol. bedeckte Fläche ca. 40 Å^2 ist. Daher steht die aus der J_2-Adsorption abgeleitete Oberfläche nur zur äußeren Oberfläche in Beziehung u. hat nichts mit der sog. inneren Oberfläche zu tun. Nach Entfernung der teerigen Bestandteile vom Ruß durch Bzl.-Extraktion ändern sich die adsorbierte J_2-Menge u. die Adsorptionswärme. Diese Änderungen hängen von der Qualität des Rohmaterials ab, aus dem der Ruß hergestellt wird. Eine einfache Meth. zur Prozeßkontrolle, deren wichtigster Faktor das J_2/KJ-Verhältnis ist, wurde entwickelt. R. Schäff. 7226◇

2726 **Grundlegende Untersuchung des Kautschukalterungsproblems.** M. E. Cain und J. I. Cunneen. (Rev. gén. Caoutchouc **39**, 1940—50, 1962; Nat. Rubber Prod. Res. Assoc.; engl. u. franz.) — Zusammenfassende Übersicht über die Unterss. u. Ergebnisse an Modellsystemen. Bestimmte Sulfide zeigen deutliche Alterungsschutz-Wrkg., die bzgl. der Struktur der Sulfide krit. untersucht wurde. Es sind die Monooxydations-Prodd. der akt. Sulfide, die für den Schutzeffekt verantwortlich sind, u. nicht die Sulfide selbst. Der Wrkg.-Mechanismus wird erörtert. Die Netzwerkänderungen infolge Alterung von Vulkanisaten (Spannungsrelaxations-Meth.) werden eingehend betrachtet. — Diskussionsbemerkungen. R. Schäff. 7226◇

2727 **Identifizierung von Alterungsschutzmitteln.** 1. Mitt. **Identifizierung von Aminalterungsschutzmitteln durch Spektralphotometrie nach Farbreaktion mit 3-Methyl-2-benzothiazolonhydrazonhydrochlorid.** T. Kubota, S. Kuribayashi und T. Furuhama. (J. Soc. Rubber Ind., Japan **35**, 662—68, 1962; Yokohama Rubber Co. Ltd.; jap., Auszug: engl. S. 668.) — Die colorimetr. Identifizierungs-Meth. für Aminschutzmittel mittels 3-Methyl-2-benzothiazolonhydrazonhydrochlorid (I) als Farbreagens wurde untersucht. Die Absorptionsspektren von 23 Alterungsschutzmitteltypen wurden bestimmt, nachdem deren äthanol. Lsgg. durch Zugabe wss. Lsgg. von I u. $FeCl_3$ gefärbt worden waren. Aus der Form des Spektrums u. den Wellenlängenmaxima konnten die meisten Alterungsschutzmittel identifiziert werden. Eine Trennung u. Identifizierung einer Mischung aus N.N'-Diphenyl-p-phenylendiamin u. Phenyl-β-naphthylamin wurden untersucht. Eine Trennung ist nicht möglich; eine quant. Analyse der Mischung ist aber erfolgreich, wenn die Komponenten qual. bekannt sind. Kalibrierungskurven für mehrere Aminalterungsschutzmittel wurden bestimmt. Einige sind linear, eine zeigt einen Knickpunkt auf der Geraden u. eine andere ist eine Kurve. R. Schäff. 7226◇

2728 **Identifizierung von Alterungsschutzmitteln.** 2. Mitt. **Identifizierung von Aminschutzmitteln durch Papierchromatographie nach Farbreaktion mit 3-Methyl-2-benzothiazolonhydrazonhydrochlorid.** T. Kubota, S. Kuribayashi und T. Furuhama. (J. Soc. Rubber Ind., Japan **35**, 669—73, 1962; jap., Auszug: engl. S. 673.) — 1. vgl. vorst. Referat. — Die Identifizierung von 21 Schutzmitteltypen wurde papierchromatograph. nach Farb-Rk. mit 3-Methyl-2-benzothiazolonhydrazonhydrochlorid durchgeführt. Die Rk.-Prodd. wurden auf dem Filtrierpapier mittels einer Mischung aus Eisessig, W. u. Aceton (3:6:1 Vol.) entwickelt. Aus der Farbe u. dem R_F-Wert konnte das Schutzmittel bestimmt werden. Auch bei Mischungen aus 2 oder 3 Schutzmittelarten war es verhältnismäßig leicht, eine Trennung u. Identifizierung durchzuführen. In den Fällen, wo die R_F-Werte fast gleich u. die Farben des Chromatogramms sehr ähnlich sind, versagt die Methode. R. Schäff. 7226◇

H_{14}. Zucker, Kohlenhydrate, Stärke

2729 **Über die Wege der Automatisierung der Zuckerindustrie.** A. I. Wosstokow und I. P. Lepeschkin. (Zucker-Ind. [UdSSR] **36**, Nr. 4, 31—35, 1962; russ.) — Zusammenfassung der Probleme, die bei der Automatisierung der Zuckerfabrikation, sowohl der einzelnen technolog. Vorgänge als auch der komplexen Automatisierung, bestehen. E. Hollstein. 7400◇

2730 **Zusammenhänge zwischen der Trockensubstanz und der Digestion des Rübenbreies.** Luboš Schmidt und Karel Šandera. (Listy Cukrovarnické **75**, 80—81, 1959; tschech.) — Umfangreiche Vers.-Reihen bestätigten die durch eine Gleichung ausgedrückte Beziehung zwischen der Zuckerdigestion (Dg) u. der Trockensubstanz (Tr) des Rübenbreies. Die charakterist. Qualitätsfaktoren (Sorte, Boden, Klima) der Zuckerrübe müssen bei der Berechnung berücksichtigt werden. Die Gültigkeit der Beziehung Dg = 0,9 Tr — 4 wurde bestätigt u. eignet sich zur laufenden Kontrolle. O. Jansen. 7412◇

2731 **Die Berechnung des Verbrauches des bei der 2. Saturation hinzugegebenen Kalkes.** W. Ss. Wassilega. (Zucker-Ind. [UdSSR] **36**, Nr. 3, 21—22, 1962; Woronesh, Technol. Inst.; russ.) — Für die Berechnung des Kalkzusatzes in % der eingesetzten Rüben bei der 2. Saturation wurde die Meth. für die Berechnung des Kalkverbrauchs zur Defäkation nach einer angeführten Formel von Skorbilin angewandt. E. Hollstein. 7412◇

2732 **Textur des Saturationsschlammes als Kriterium der Filtrationsfähigkeit des ersten (trüben) saturierten Saftes.** Rudolf Osvald. (Listy Cukrovarnické **79**, 97 bis 102, 1963; tschech.) — Die Porosität des Saturationsschlammes ist für die Filtrationsfähigkeit des 1. trüben saturierten Saftes nicht maßgebend, ein besseres Kriterium ist die Gesamtoberfläche. Es besteht eine Beziehung zwischen der Textur, der chem. Struktur u. der Kompressibilität des Saturationsschlammes. O. Jansen. 7412◇

2733 **Auflösung von Nachprodukten.** Luboš Schmidt, F. Šmejkal und Karel Šandera. (Listy Cukrovarnické **75**, 81—82, 1959; tschech.) — Technolog. ist es vorteilhafter, Nachprodd. mit hohem Rendement (Rdt) u. hellerer Färbung im Dünnsaft aufzulösen. Nachprodd. des üblichen Rdt u. dunklerer Färbung (mit einem Melasse-Geh. von 8—15%) lösen sich im Diffusionssaft besser, wobei auch ein Teil der Nichtzuckerstoffe entfernt wird. O. Jansen. 7412◇

2734 **Die Sulfitierung unter Vakuum.** G. I. Stassejew. (Zucker-Ind. [UdSSR] **36**, Nr. 3, 24—25, 1962; Ramoner Zuckerfabr.; russ.) — Die Sulfitierungsanlage für Saft u. Sirup arbeitet nach dem Berieselungs-Verf. mit 5 Etagengittern im Gegenstrom. Das Vakuum von 3—4 cm Wassersäule wird mittels einer Luftstrahlpumpe erzeugt. E. Hollstein. 7412◇

2735 **Methode zur schnellen Berechnung der Verdampfstation.** E. Manzke. (Zuckererzeugung **7**, 158—59, 1963; Berlin; dt.) — Vf. beschreibt eine Meth. zur schnellen Berechnung u. Kontrolle der Verdampf-App., bei welcher die Abhängigkeit von der Siede-Temp. korr. u. danach die Wasserverdampfung berechnet wird. O. Jansen. 7414◇

2736 **Untersuchung des Verlaufs der Zuckerkristallisation.** Alois Vecheta. (Listy Cukrovarnické **75**, 84—88, 1959; Kanton, ČLR, Projek . úst. průmyslu cukrovarnick.; tschech.) — Vf. stellt eine Gleichung u. graph. Darst. für den Kristallisationsvorgang auf, durch welche die kinet. Unters. ermöglicht u. erleichtert wird. In der 2. Mitt. stellt Vf. eine Gleichung für den zeitlichen Verlauf der Kristallisation auf. O. Jansen. 7416◇

2737 **Eine neue Methode der Kristallisation der Füllmasse des letzten Produktes.** I. N. Akindinow. (Zucker-Ind. [UdSSR] **36**, Nr. 6, 25—28, 1962; Krasnodar, Forsch.-Inst. für Nahrungsmittelind.; russ.) — Der Geh. an Trockensubstanz Tr_{iM} in der interkristallinen Melasse (iM), der einer bestimmten Menge an Zuckerkristallen in der Füllmasse entspricht u. den Beginn der Abscheidung anzeigt, wird aus der Formel $Tr_D = Tr_{iM}(100 - K) - 100(K_D - K)/100 - K$ berechnet. Es bedeuten: Tr_D = zulässiger Geh. an Trockensubstanz in % bei Abscheidungsbeginn; K = Kristall-Geh. (%) der aus dem Vakuum-App. abgelassenen Füllmasse; K_D = zulässige Kristallmenge in der Füllmasse für die gegebene Konstruktion des Rührwerkes. Damit kann die gesamte Kristalloberfläche in der Anfangsperiode der Kristallisation ausgenutzt werden. Die Menge der Füllmasse ergibt sich aus einer angeführten Formel. Maximal zulässige Kristallmengen, auf deren Oberfläche sich der Zucker der iM absetzt, bleiben so in der Füllmasse. Zur besseren Erschöpfung der Melasse wird die Füllmasse so über die Rührwerke verteilt, daß nach der Abscheidung die iM in das entsprechende Rührwerk zurückkehrt. Erschwert sich die Abscheidung durch hohe Zähigkeit, dann erwärmt man mit Dampf oder fügt wenig kochendes W. zu. Mit der Abscheidung der Füllmasse beginnt man, wenn Tr_{iM} gleich oder kleiner als Tr_D ist. Die Zuckerverluste in der Melasse betragen 0,59% des Rohstoffgewichtes. E. Hollstein. 7416◇

2738 **Die gemeinsame Verarbeitung von Rohzucker und Rüben.** Ju. M. Poljakow. (Zucker-Ind. [UdSSR] **36**, Nr. 4, 27—28, 1962; russ.) — Der zerkleinerte Rohzucker wird auf 75° erwärmt u. im Affinationsmischer dem Abfluß des 1. Prod. zugesetzt. Die weitere Verarbeitung erfolgt in nachst. App.: Zentrifuge, dampfbeheiztes Klärrührwerk, Sulfitator, Filter u. Vakuumverdampfer. Die Klär-Temp. liegt zwischen 75 bis 80°. Die Raffinade enthält vor der Filtration 55—60% Trockensubstanz. Den Rüben kann ca. 50% Rohzucker zugesetzt werden. E. Hollstein. 7416◇

2739 **Die Berechnung der Produkte bei der gemeinsamen Verarbeitung von Zuckerrüben und Zuckerrohrrohzucker.** G. N. Michatowa. (Zucker-Ind. [UdSSR] **36**, Nr. 4, 45—48, 1962; Allunions-Inst. für Fernstudium der Lebensmittelind.; russ.) — Beispiel der Berechnung. E. Hollstein. 7416◇

2740 **Möglichkeiten zur Verbesserung der Qualität und Bewertungsmethodik von Rübenrohzucker.** M. Riedel und H. Brose. (Zuckererzeugung **7**, 142—51, 1963; Halle-Trotha, Inst. für Zucker- u. Stärkeind.; dt.) — Die Umarbeitung des Rohzuckers erfolgt nach dem Verf. der einfachen Affination, oder der Rohzucker wird affiniert, aufgelöst u. das Lösegut nach erfolgter Reinigung zu Weißzuckerfüllmasse verkocht; letzterem Verf. ist der Vorzug zu geben. O. Jansen. 7416◇

2741 **Lactoseraffination bei niedrigen Temperaturen.** Miloš Malík. (Prûmysl Potravin **12**, 105—06, 1961; Ostrava, Urxovy záv., n.p.; slowak.) — Kurze Beschreibung der Gewinnung von *α-Lactose* durch Ausfrieren aus den Lsgg. unter Zugabe von Na_2CO_3, wobei mit 75%ig. Ausbeute ein Prod. von 98—99% Reinheit erhalten wird. Die Mutterlaugen besitzen eine Konz. von 7—8,5%. E. Rotter. 7444◇

2742 **Hydrozyklone in der Kartoffelstärkeindustrie.** 1. Mitt. **Theoretische Grundlagen.** S. Bednarski. (Stärke **15**, 18—25, 1963; Poznan; dt.) — Übersicht. — 30 Literaturangaben. M. Ulmann. 7448◇

2743 **Vergleichende Hydrolysegeschwindigkeiten der reduzierenden Disaccharide von d-Glucopyranose.** M. L. Wolfrom, A. Thompson und C. E. Timberlake. (Cereal Chem. **40**, 82—86, 1963; engl.) — Von 8 reduzierenden d-Glucopyranosedisacchariden (Lage der Glucosidbindung in Klammern): α-d-Kojibiose- (1 → 2), β-d-Sophorose- (1 → 2), α-d-Nigerose- (1 → 3), β-d-Laminaribiose- (1 → 3), α-d-Maltose- (1 → 4), β-d-Cellobiose- (1 → 4), α-d-Isomaltose- (1 → 6) u. β-d-Gentiobiose- (1 → 6) wurde die Hydrolyse-Geschw. bei 80° u. 99,5° ± 0,1° in 0,1n HCl gemessen, die opt. Drehung in den Prodd. aus Maltose, Cellobiose, Isomaltose u. Gentiobiose in 2%ig. Konz. bzw. bei den anderen Prodd. die Red. zu Cu nach Somogyi [1945] in 0,1—0,2%ig. Zucker-Konz. gemessen u. aus den erhaltenen Daten die molare Aktivierungs-Konst. E (Arrhenius-Energie) berechnet (Diagramme, Tabelle u. mathemat. Formeln im Original). G. Vogel. 7460◇

2744 **Struktur von koagulierten Kolloiden von Zuckerrübensaft.** 1. Mitt. **Volumen und Gestalt von hydratisierten Schlammpartikeln von progressiv vorgeschiedenem Saft.** Rudolf Kohn und Zora Kohnová. (Int. Sugar J. **63**, 79—81, 106—12, 1961; Bratislava, Czechoslovak. Acad. of Sci., Chem. Inst. u. Slovak Acad. of Sci.; engl.) — Die Unterss. wurden mit einem progressiv bei 80—85° in 10 Min. vorgeschiedenen Diffusionssaft unter Verw. von Ca-Saccharat (15 g Saccharose u. 2,2—2,5 g CaO/100 ml) als koagulierendem Agens vorgenommen, wobei kein ungelöstes $Ca(OH)_2$ störte. Zur Best. des Vol. der Teilchen u. des für ihre Gestalt charakterist. Faktors X (nach Fricke) wurden die Indicator-Meth. (mit Cl-Ionen) u. die konduktometr. Meth. herangezogen. Aus dem Wert von X (0,73 ± 0,03) geht hervor, daß die Schlammpartikel anisometr. sind, doch ließ sich die geometr. Form nicht bestimmen. Sedimentations-Verss. wiesen ebenfalls auf eine langgestreckte Form hin. Die Vol.-Konz. der Schlammteilchen im vorgeschiedenen Saft beträgt 0,3 bis 0,4 Vol.-% u. hängt vom Koll.-Geh. des Diffusionssaftes ab. Die Schlammteilchen bilden bei der Sedimentation eine lockere Raumstruktur von 1,1—1,4 Vol.-%, die auch beim Zentrifugieren erhalten bleibt. W. Willenberg. 7474◇

2745 **Standardfarbgläser und eine Einheitsfarbenskala für Zuckerprodukte.** Brooks A. Brice. (J. opt. Soc. America **50**, 49—56, 1960; Philadelphia, Pa., Eastern Reg. Res. Labor.; engl.) — Zur Beurteilung von Ahornsirup, Honigextrakt, Rohrzuckersirup u. Rohrzuckermelasse wird ein Verf. zur Abschätzung der Farbe vorgeschlagen. Die Probe wird in einer vorgeschriebenen Küvette u. in bestimmter Schichtdicke neben standardisierte Glasfilter in ein Gehäuse eingebracht u. von hinten beleuchtet. Die Einordnung der Proben erfolgt durch visuellen Farbvergleich. Andere Meth. benutzen einparametrige Farbskalen. Eine verwendet die NBS-Einheit, d. h. die kleinste noch wahrnehmbare Abweichung einer gegebenen Zucker-Lsg. von einer „farblosen" Vergleichlösung. Die Anzahl der NBS-Einheiten kann aus Verdünnungsmessungen berechnet werden. Ein anderer Ansatz von MacAdam benutzt eine graph. Interpolation entlang einer Kurve konst. Wellenlänge. Die dabei gewonnenen Werte werden in ein Diagramm eingetragen, aus dem man den Unterschied zweier Farbwerte bestimmt. Dieser Unterschied ΔS kann auch durch visuellen Vgl. unter Verw. von Standardfarbgläsern ermittelt werden. Ein 3. Weg zur Best. von ΔS führt über die Messung der Absorption bei ausgewählten Wellenlängen. M. Walther. 7476◇

2746 **Bestimmung der Farbe und Trübung der Raffinadelösungen.** Josef Bureš und Miroslav Friml. (Listy Cukrovarnické **79**, 85—93, 1963; tschech.) — Zur Best. der Farbe u. Trübung der Raffinade wurde der Atenuationsindex bei zwei Wellenlängen herangezogen. Raffinade-Lsgg. absorbieren das Licht im ganzen Bereich des sichtbaren Spektrums. Es wird die Messung des Atenuationsindexes bei 420 u. 720 mμ vorgeschlagen. O. Jansen. 7488◇

2747 **American Sugar Refining Co.**, New York, N.Y., V.St.A., *Herstellung von nicht backendem braunem Zucker in freifließender granulierter Form.* (**Ind. P. 69 585** vom 4/11. 1959. — **C. 1960**, 14544 [A. P. 2 910 387].)

2748 **Molkerei J. A. Meggle**, Wasserburg a. I., *Gewinnung von Milchzucker.* (**Oe. P. 224 037** vom 18/6. 1960, ausg. 25/10. 1962. — **C. 1961**, 3841 [D. A. S. 1 089 700].)

2749 **Stamicarbon N. V.**, Heerlen, Niederlande, *Aufbereiten von Stärkemilch.* (**Oe. P. 211 758** vom 16/4. 1959, ausg. 10/11. 1960. Niederl. Prior. 23/4. 1958. — **C. 1961**, 329 [D. A. S. 1 084 660].)

H_{15}. Gärungsindustrie

2750 **Untersuchung einiger Faktoren, die den Beginn der Gärung von mit SO_2 behandeltem Most charakterisieren.** St. Teodorescu, Georgeta Septilici, Henriette Ciobanu und Maria Gherman. (Comun. Acad. Republ. Populare romîne [Bucuresti] **11**, 1097—1103, 1961; rum.) — Der Beginn einer Gärung von durch Hitze sterilisiertem u. mit SO_2 behandeltem Most ist durch eine Mikroorganismendichte von 7100—7800 Hefezellen/mm^3 u. einen niedrigen Geh. an freiem SO_2 von 7—15 mg/Liter charakterisiert. R. Grundmann. 7552◇

2751 **Beschleunigung des Reifevorganges von Weinen und Branntweinen.** L. Rakcsányi. (Acta chim. Acad. Sci. hung. **23**, 419—23, 1960; Budapest, Forsch.-Inst. für Ampelo; dt.) — Nach Ultraschallbehandlung (600—5000 kHz) von Wein trat rasch ein Gleichgewichtszustand zwischen Bukett- u. Aromastoffen ein; während der weiteren Lagerung erhöhte sich der Ester- u. Acetal-Geh. des beschallten Weines in einigen Monaten im Vgl. zur Kontrolle beträchtlich. K. Zingraf. 7554◇

2752 **Auftreten von Maltulose und Nigerose im Bier.** I. C. MacWilliam und A. W. Phillips. (Chem. and Ind. **1959**, 364; Nutfield, Surrey, Brewing Ind. Res. Found.; engl.) — Durch Eindickung u. Entionisation von Bier u. nachfolgende, chromatograph. Trennung der Restzucker auf einer Cellulosesäule u. dann auf Papier unter Verw. von Isopropanol/n-Butanol/W. (7:1:2) bzw. n-Propanol/Äthylacetat/W. (7:1:2) als Eluiermittel erhält man *Maltulose* bzw. *Nigerose* in Form von Osazonen. W. Wesly. 7600◇

2753 **Beiträge zur Weinanalytik.** 2. Mitt. **Bestimmung des Eiweißgehaltes.** W. Diemair und G. Maier. (Z. Lebensmittel-Unters. u. -Forsch. **118**, 148—52, 1962; Frankfurt/M., Univ.-Inst. für Lebensmittelchemie; dt.) — 1. vgl. C. **1963**, 14883. — Vff. entwickelten eine Schnell-Meth. zur Best. des Eiweiß-Geh. in Weinen, die annähernd genaue Werte liefert. Die Meth. wurde hauptsächlich an eiweißreichen Weißweinen erprobt: Wein wird mit einem Phosphormolybdänsäure-reagens versetzt. Der Nd. wird abzentrifugiert, mit A. gewaschen, in 3%ig. NaOH gelöst, mit 20%ig. $CuSO_4$-Lsg. u. 3%ig. NaOH versetzt, geschüttelt u. nach 1—2 Std. erneut zentrifugiert. Nach Filtration wird die Extinktion der durch die Biuret-Rk. entstandenen Färbung des Filtrates colorimetr. bei 530 mμ gemessen. Die Eiweiß-Geh. werden an Hand von Eichkurven bestimmt. Zu ihrer Herst. wurde der Eiweiß-Geh. im Nd. nach Kjeldahl u. Parnas-Wagner bestimmt. H. J. Pieper. 7606◇

2754 **Beiträge zur Weinanalytik.** 3. Mitt. **Zur Ermittlung der Weinsteinlöslichkeit in Weinen.** W. Diemair und G. Maier. (Z. Lebensmittel-Unters. u. -Forsch. **118**, 398 bis 413, 1962; dt.) — 2. vgl. vorst. Referat. — Zur Beschleunigung des Weinsteinausfalls werden Weine mit Quarzpulver bei —4° behandelt. Täglich wurde einmal geschüttelt. Nach der Filtration des Nd. wurde der Weinsteinausfall an Hand der Kaliumabnahme im Filtrat flammenphotometr. bestimmt. Trotz des Schüttelns benötigt man zum Ausfall ca. 25—30 Tage. Der Einfl. verschiedener Weinbestandteile auf den Weinsteinausfall u. die Weinsteinlöslichkeit wurde an Weinen bzw. Modellweinen überprüft. Bernstein-, Äpfel-, Phosphor-, Citronen- u. Mesoweinsäure beeinflussen den Weinsteinausfall nicht wesentlich. Durch Mg^{2+}, Gelatine (**I**), Globulin (**II**) u. Ovalbumin (**III**) wurden jedoch Verzögerungen festgestellt. Es wurde eine Abhängigkeit des Weinstein-Löslichkeitsprod. vom Eiweiß-Geh. u. vom Gesamt-N festgestellt. Löslichkeitserhöhend wirkten bes. Arginin, **I**, **II** u. **III**. Durch Zusatz von Ca^{2+} zu **I** u. **III** wird der Effekt noch verstärkt. Allg. Voraussagen über die Größe des Löslichkeits-Prod. sind nicht möglich, da in jedem Wein eine andere Ionenstärke u. Aminosäuren-Zus. herrscht. H. J. Pieper. 7606◇

2755 **Nachweis und Bestimmung von Benzoesäurederivaten im Wein.** A. Maurel und S. Touyé. (C. R. hebd. Séances Acad. Agric. France **49**, 150—57, 1963; Paris, Ministère de l'Agric., Labor. Central de Rech. et d'Analyses; franz.) — Zum Nachw. u. zur Best. von (verbotenen) Zusätzen von Benzoesäure (**I**) u. deren Derivv. wurde der Wein unter Verw. eines Isoamylalkohol/A./1,5n NH_3 (6:3:2)-Gemisches (Lsgm. A) u. eines Propanol-(1)/Äthylacetat/NH_4OH (22° Be)/W. (3:1:1:1)-Gemisches (Lsgm. B) bei pH >11 (wegen der geringen Löslichkeit der Säuren in W. u. zu hoher Wanderungs-Geschw. bei niedrigeren pH-Werten) auf Papier (absteigend auf Whatman-Nr. 2-Papier) chromatographiert, die Flecke mit angesäuertem A. (HCl bis pH ca. 4) eluiert, die Eluate im UV-Licht (λ 2537 Å) untersucht u. die einzelnen Absorptionsmaxima bestimmt. Durch die Kombination: R_F-Wert in den Lsgm. A u. B, Farbe im UV-Licht u. Absorptionskurve wurden die einzelnen **I**-Verbb. unterschieden. Empfindlichkeit der Meth.: einige mg **I**-Deriv./Liter, Fehlergrenze bis 10%. Die R_F-Werte, Färbung im UV-Licht u. Absorptionsmaxima mit den zugehörigen pH-Werten sind für folgende **I**-Verbb. u. z. T. deren *Na-Salze* in Tabellen (im Original) zusammengefaßt: **I**, Derivv. von **I**, *o-* u. *p-Hydroxy-*, *o-*, *m-* u. *p-Chlor-*, *o-*, *m-* u. *p-Brom-*, *o-*, *m-* u. *p-Jod-*, *p-Aminobenzoesäure* sowie *p-Hydroxybenzoesäure-methyl-* bzw. *-äthyl-* bzw. *-propylester* u. zum Vgl. die (zugelassene) Sorbinsäure. G. Vogel. 7606◇

2756 **Erste Beobachtungen bei der Untersuchung der Bouquetstoffe des Weines.** A. D. Webb, P. Ribéreau-Gayon und J. N. Boidron. (C. R. hebd. Séances Acad. Agric. France **49**, 115—23, 1963; Bordeaux, Fac. des Sci., Labor. d'Œnolog. et Chim. agric.; franz.) — Von 8 roten Bordeauxweinen wurden je 1,5 Liter während 30 Std. mit Pentan unter N_2 kontinuierlich extrahiert, Pentan fraktioniert dest., dadurch ca. 0,2 ml Bouquetstoffe gewonnen u. davon je 2 μLiter im App. von Perkin-Elmer 116 E chromatograph. untersucht. Das Chromatogramm (Abb. im Original mit Retentionszeiten) zeigte 20 Maxima, geordnet nach der Zeit, für folgende Stoffe an: 1. Pentan, 2. A., 3. Äthylacetat, 5. n-Propylalkohol, 6. Isobutylalkohol, 8. Isoamyl- u. akt. Amylalkohol, 9. Äthyllactat, 10. n-Hexylalkohol, 15. Lactate von Isoamyl- u. akt. Amylalkohol, 16. γ-Butyrolacton, 17. Diäthylsuccinat u. 20. 2-Phenyläthylalkohol. Die nicht genannten Zahlen zwischen 1 u. 20 beziehen sich auf Verbb., deren Natur nicht geklärt wurde, die aber an der Bouquet-Bldg. beteiligt sind. Niedrigere Konzz. an Amylalkoholen u. höhere Konzz. an Äthyllactat u. γ-Butyrolacton liefen bei jungen Jahrgängen parallel mit der Qualität aber auch mit dem Alter des Weines. G. Vogel. 7606◇

2757 Československá Socialistická Republika (Erfinder: Josef Tomíšek, Kolin), Tschechoslowakei, **Kontinuierliche Herstellung von Hefewürzen** aus Melasse dad. gek., daß man zum Ansäuern, Klären u. als Nährstoff für die Gärung nur die berechnete Menge H_3PO_4 u. als N-Quelle Ammoniakwasser verwendet. Durch Gegenstromkühler wird die Sterilisationswärme der Hefemaische ausgenützt. (**Tschech. P. 99 208** vom 23/12. 1959, ausg. 15/4. 1961.) L. Macher. 7507

2758 Československá Socialistická Republika (Erfinder: Olga Bendová, Prag), Tschechoslowakei, **Amylolytische Enzyme aus Bakterienkulturen,** die Amylase bilden u. durch Ca-Salze stabilisiert sind, dad. gek., daß man als Nährboden Malzextrakt in 0,5—1,0%ig. Konz. verwendet, dem 5—8% Bierhefeautolysat mit einem Durchschnitts-Geh. an Gesamtstickstoff von 1200—1400 mg/100 ml zugefügt wird. Die Kultivation von *Bac. subtilis* dauert 20—24 Std., worauf die Gär-Fl. von der Biomasse abfiltriert, konz. u. durch Zusatz von Ca-Salz u. Sojaschrot bei 40° getrocknet wird. (**Tschech. P. 99 319** vom 15/3. 1960, ausg. 15/4. 1961.) L. Macher. 7509

2759 Dixon Malt Co. Ltd. und Enzymic Malt Co. Ltd., London, England (Erfinder: Thomas Robert Dixon), **Mälzen von Gerste oder anderen Cerealien,** dad. gek., daß man das Getreide z. B. 24 Std. bei 27° weicht, das Weichwasser entfernt u. anschließend (bis zum Darren) die Atmung des Korns durch Einführung des Keimgutes u. eines inerten Gases, bes. CO_2, in einen geschlossenen Keimkasten unterbindet. Durch gelegentliche Zufuhr von Luft kann die Mälzung stimuliert u. der Vorgang beliebig geregelt werden. Das Verf. stört die Stärkeauflösung im Korn nicht, verhindert aber die Wurzel-Bldg., so daß der Mälzungsverlust entsprechend herabgesetzt, das „Greifen" des Malzes vermieden wird u. der für die Hefe wichtige N-Geh. des Malzes erhalten bleibt. (**E. P. 907 305** vom 24/7. 1957, ausg. 3/10. 1962.) G. Vogel. 7541

2760 Miles Laboratories, Inc., Elkhart, Ind., V.St.A., **Erzeugung von Citronensäure (I) durch Submersgärung,** dad. gek., daß man der kohlenhydrathaltigen Nähr-Lsg. erst nach der Entw. des Pilzes eine NH_3-liefernde N-Verb. zusetzt. — Man stellt z. B. eine 22050 (lbs.) Zucker, 0,40 ppm Fe, 18,75 KH_2PO_4, 133 $MgSO_4$ (= 996 ppm), 12 $CaCl_2$ (= 87 ppm), 48 g $CuSO_4 \cdot 5 H_2O$ u. 34 g $ZnSO_4$ in 16500 US-Gallonen (Gesamt-Vol.) enthaltende Nähr-Fl. (pH 1,4—1,6) auf pH 2,5 bis 2,8 ein, stellt mit dem Aspergillus niger-Stamm Nr. 139 an, gärt 5 Tage, setzt am 5. Tag 110 NH_3 (= 800 ppm) zu u. erhält nach 12 Tagen eine **I**-Ausbeute von 85,2% (bisher 65—75%). — Beispiele für NH_3- u. $(NH_4)_2CO_3$-Zusätze mit Tabellen für den **I**-Geh. der Würze an den einzelnen Tagen. (**E. P. 908 024** vom 29/3. 1961, ausg. 10/10. 1962. A. Prior. 4/4. 1960.) G. Vogel. 7579

2761 Farbwerke Hoechst Akt.-Ges., vormals Meister Lucius & Brüning, Frankfurt/M. (Erfinder: Heinz Öppinger, Adolf Oppermann, Hofheim, und Georg Nesemann, Frankfurt/M.), **Herstellung von Dihydroxyaceton aus Glycerin** auf mikrobiolog. Wege mit Hilfe von Enzymen von Acetobacter suboxydans, dad. gek., daß man die Umwandlung in einem Nährmedium durchführt, das neben Glycerin nur Cornsteep liquor u. Harnstoff enthält. Man verwendet vorteilhaft einen Stamm von Acetobacter suboxydans, der vorher stufenweise an hohe Glycerin-Konzz. adaptiert wurde. (**D. A. S. 1 136 994** Kl. 12o vom 27/10. 1960, ausg. 27/9. 1962.) G. König. 7579

2762 **Brewing Patents Ltd.** (Erfinder: **Ronald David Hall** und **Graham Harris**), *Verhüten von Kälte- und Oxydationstrub in Gärungsgetränken.* (**Aust. P. 238 271** vom 10/11. 1959, ausg. 5/3. 1962. — C. **1963**, 1110 [E. P. 867 613].)

2763 **Imperial Chemical Industries Ltd.**, London (Erfinder: **Antony Borrow, Edward Garstang Jefferys** und **Ian Stewart Nixon**, Welwyn, Hertfordshire), England, *Herstellung von Gibberellinsäure.* (**D. A. SS. 1 150 347** Kl. 6b vom 6/2. 1958, ausg. 20/6. 1963. E. Prior. 6/2. 1957 u. **1 150 348** Kl. 6b vom 12/2. 1958, ausg. 20/6. 1963. E. Prior. 13/2. 1957. — C. **1961**, 691 [A. PP. 2 906 673 u. 2 906 671].)

H_{16}. Nahrungs-, Genuß- und Futtermittel

2764 **Versuche über die konservierende Wirkung des Pyrokohlensäurediäthylesters.** Antonino Porretta und Antonio Casolari. (Ind. Conserve **36**, 280—83, 1962; Parma, Staz. sperim. per l'Ind. delle Conserve alimentari; ital.) — Die Wrkg. von *Pyrokohlensäurediäthylester* (I) auf den Verderb in sauren Nahrungsmitteln verursachende Mikroorganismen [Schimmel (a), Hefen (b) u. Milchsäurebakterien (c)] wird unter Verw. von synthet. u. natürlichen Nährböden (Säfte u. Serum von Obstsäften) als Substrate untersucht. Die Empfindlichkeit dieser Organismen nimmt in der Reihenfolge a, c u. b zu, wobei b beträchtlich vom benutzten Substrat abhängt. G. Platzer. 7634◇

2765 **Vorkommen von Bacillus cereus in Nahrungsmitteln.** István Nikodémusz, Mária Boján, Róbertné Hoch, Melinda Kiss und Piroska Kiss. (Élelmiszervizsgálati Közlemények [Lebensmittelanalyt. Mitt.] **9**, 86—90, 1963; Budapest, Verpfleg. u. Ernähr. Wiss. Inst.; ung.) — Vff. wiesen in ca. 27000 untersuchten Lebensmittelproben in 6% *B. cereus* (I) nach. Die I-Zahl lag in der größeren Hälfte unter 10^3/g. Am häufigsten enthalten Milch u. Milch-Prodd., bes. Speiseeis u. Crémeschnitte, I, die Lebensmittelvergiftungen verursachen können. In den Rohmaterialien (Fleisch, Grünzeug, Gewürz) verursacht I nur dann Vergiftungen, wenn die Nahrungsmittel nicht binnen der vorgeschriebenen Zeit verzehrt werden. K. Gärtner. 7680△

2766 **Die Beeinflussung stärkeabbauender Enzyme des Roggens und Weizens durch Chlorideinwirkung.** A. Schulz. (Brot u. Gebäck **16**, 141—43, 1962; Detmold, Bundesforschungsanstalt für Getreideverarbeitung; dt.) — Während HCl u. auch organ. Säuren bei ungesäuerten Teigen u. in Sauerteigen innerhalb eines optimalen pH-Bereichs die Amylaseaktivität erhöhen, wird diese durch verschiedene Chloride, mit größtem Effekt jedoch durch NaCl, gehemmt. Diese Hemmung wirkt sich in der Kombination organ. Säure/NaCl in einer Abschwächung des fördernden Effektes der Säure aus. Bei Weizenmehl steht die aktivitätsfördernde Wrkg. der Säure in Korrelation zur diastat. Kraft, die im Maltose-Geh. zum Ausdruck kommt. Der hemmende Effekt von NaCl auf die Weizenamylase äußert sich in gleicher Weise. G. Heder. 7674◇

2767 **Die Säuregradbestimmung im wässerigen Milieu. Möglichkeiten der Standardisierung bei Teig und Brot.** E. Drews, G. Spicher und H. Bolling. (Brot u. Gebäck **16**, 144—53, 1962; Detmold, Bundesforschungsanstalt für Getreideverarbeitung; dt.) — Für die Standardisierungsbestrebungen sind für Mehl u. Teig sowie für Brot potentiometr. Best.-Meth. des Säuregrades geeigneter als solche, bei denen der Titrationsendpunkt durch Farbindicatoren erkannt wird. Das empfohlene Best.-Verf. beruht im wesentlichen darauf, daß die Suspension des Unters.-Materials so lange mit der Lauge titriert wird, als sich der Äquivalenz-pH-Wert im Verlauf einer Min. noch um mehr als 0,1 pH-Einheiten erniedrigt. Bei Broten aus mehlartigen Rohstoffen wird die geforderte Konstanz des pH-Wertes nach 6—8 Min., bei Broten aus Getreideschroten nach ca. 11 Min. erreicht. Neue Grenzzahlen zur Beurteilung der Brote nach der Höhe des Säuregrades werden in Vorschlag gebracht. G. Heder. 7674◇

2768 **Rationelle Rohstoffvormischungen für Hefeteige.** S. Spägele und H. Schauz. (Brot u. Gebäck **15**, 223—27, 1961; Stuttgart, Bäckerfachschule; dt.) — Vorgemischte Hefeteigmehle erreichen schon nach einigen Std. Lagerung ihre volle Backfähigkeit u. die daraus erbackenen Prodd. stehen denen, die nach üblichen Verff. gebacken werden, nicht nach. Derartige Rohstoffvormischungen sind für 3 Monate lagerfähig u.. erfahren während der Lagerung — je nach Rohstoff-Zus. — noch gewisse Verbesserungen im Hinblick auf die Backfähigkeit. G. Heder. 7674◇

2769 **Einfluß der Lagerungsbedingungen auf die Schnittfähigkeit des Roggenmischbrotes und die Haltbarkeit der Schnittbrotpäckchen.** H. Stephan. (Brot u. Gebäck **15**, 227—31, 1961; Detmold, Bundesforschungsanstalt für Getreideverarbeitung; dt.) — Die Schnittfähigkeit von Brot wird in erster Linie durch die Anreicherung von W. in der Kruste, d. h. durch Verschiebung des W. aus der Krume, bestimmt. Im allg. besteht beste Schnittfähigkeit nach 20 std. Ablagerung der Brote, obwohl eine gewisse Abhängigkeit zur Dicke der Kruste besteht. Die Lagerungsbedingungen, wie relative Luftfeuchtigkeit u. Temp., sind der Krustenstärke anzupassen. Ausreichende Lagerung vor dem Schnitt hat einen geringeren nachträglichen Keimbefall zur Folge. Die höhere relative Luftfeuchtigkeit bei der Lagerung zur Erreichung eines optimalen Wasser-Geh. der Kruste tritt als begünstigender Faktor des Schimmelbefalls neben der Gefahr der Luftinfektion zurück. G. Heder. 7674◇

2770 **Über die Triebwirkung des Gluconsäure-δ-lactons, einer neuartigen Backpulversäure.** A. Rotsch. (Brot u. Gebäck **15**, 217—20, 1961; Detmold, Bundesforschungsanstalt für Getreideforschung; dt.) — *Gluconsäure-δ-lacton* (I) bewährt sich als Backpulversäure besonders bei Feinbackwaren, wo die durch Hefegärung entstehenden Aromastoffe nicht eine so ausgeprägte Rolle spielen. I setzt sich in W. bei Raum-Temp. mit Bicarbonat nur sehr zögernd um, entfaltet dagegen in Teigen, offenbar als Folge katalyt. wirkender Adsorptionsvorgänge, eine gleichmäßige CO_2-Bildung. Für die Best. der Triebkraft von *Backpulvern* nach herkömmlichen Meth. ist dieses Verh. zu berücksichtigen. G. Heder. 7674◇

2771 **Texturqualität von Kartoffeln.** 1. Mitt. **Vergleich von 3 organoleptischen Verfahren.** Mary V. Zaehringer und Duane Le Tourneau. (Food Technol. **16**, Nr. 10, 131 bis 134, 1962; Moscow, Idaho, Univ. of Idaho, Agric. Exper. Station; engl.) W. Wesly. 7678◇

2772 **Texturqualität von Kartoffeln.** 2. Mitt. **Ein objektives Verfahren zur Beurteilung des Textur.** Duane Le Tourneau, Mary V. Zaehringer und A. L. Potter. (Food Technol. **16**, Nr. 10, 135—38, 1962; engl.) — 1. vgl. vorst. Referat. — Zur objektiven Beurteilung der Textur von Kartoffeln dient ein Schnellkoch-Verf., das auf der Ermittlung der Menge der Schalen von mechan. beim Kochen bewegten Kartoffelstücken beruht. Die ermittelten Werte haben eine gute Wechselbeziehung zu subjektiven Best. der Textur. W. Wesly. 7678◇

2773 **Einfluß von Nährstoffspuren auf Ertrag, Knollenansatz und spezifisches Gewicht von Kartoffeln aus Nord-Dakota.** C. Cotrufo, D. C. Nelson und E. P. Lana. (Amer. Potato J. **40**, 88—95, 1963; Macon, Ga., USDA, Forest Serv., Southeast. Exper. Station; engl.) — An Kartoffeln in Nord-Dakota ausgeführte Unterss. zeigen, daß Gaben von Spuren Fe, Mn, Cu, Zn, B, Mo u. S in organ. Bindung (Chelate) keinen Einfl. auf Ertrag, Knollenansatz oder spezif. Gew. ausüben. W. Wesly. 7678◇

2774 **Einfluß von Mangan und Kupfer auf das Wachstum von Streptomyces scabies und das Auftreten von Kartoffelschorf.** J. J. Mortvedt, K. C. Berger und H. M. Darling. (Amer. Potato J. **40**, 96—102, 1963; Madison, Univ. of Wisconsin, Coll. of Agric.; engl.) — Die Anwendung von 150 u. 450 (lbs./acre) $MnSO_4$ u. 20 u. 50 $CuSO_4$ vermindert das Auftreten von Kartoffelschorf. Mn wirkt dabei direkt auf den den Kartoffelschorf verursachenden Organismus, *Streptomyces scabies*; Cu beeinflußt diesen nicht, sondern die physiolog. Entw. der Pflanze. W. Wesly. 7678◇

2775 **Untersuchungen von Faktoren, welche die Kochqualität von gelben Erbsen betreffen.** A. Chernick und B. A. Chernick. (Canad. J. Plant Sci. **43**, 174—83, 1963; Winnipeg, Univ. of Manitoba; engl.) — Für die Herst. von Suppen sind die größten *Erbsen* von gut ausgereiften Pflanzen u. Schoten am besten geeignet, die bei einem pH-Wert von 6—7 im Boden wachsen. Zur Erlangung hochwertiger Prodd. wird weiterhin die Aufmerksamkeit auf die pH-Verhältnisse im Zusammenhang mit der künstlichen Düngung sowie auf die Zucht weichkochender Erbsen, bzw. solcher Sorten, die sich durch gleichmäßiges Reifen aller Schoten auszeichnen, gelenkt. G. Heder. 7684◇

2776 **Betrachtungen über das Blanchierverfahren bei der Herstellung von Erbsenkonserven in Dosen.** Rodolfo Andreotti. (Ind. Conserve **36**, 275—79, 1962; Parma, Staz. sperim. per l'Ind. delle Conserve alimentari; ital.) — Erbsen verschiedener Sorten u. unterschiedlichen Reifungsgrades werden teils nach dem üblichen Blanchieren in sd. W., teils nach Entlüftung in kaltem W. in Dosen abgefüllt. Mit frischen, blanchierten u. eingedosten Erbsen werden Analysen u. organolept. Bewertungen ausgeführt. Nach Entlüftung eingedoste Erbsen zeigen immer eine bessere Konservierung der lösl. Substanzen (Zucker, N-Verbb., Vitamin C); auch die organolept. Eigg. der Konserven sind besser als nach dem Blanchieren. G. Platzer. 7684◇

2777 **Untersuchungen über die Bildung von Hydroxymethylfurfurol in Obstkonserven.** Emerico Trifirò und Sante Landi. (Ind. Conserve **36**, 260—69, 1962; Parma, Staz. sperim. per l'Ind. delle Conserve alimentari; ital.) — Unterss. über die Bldg. von *Hydroxymethylfurfurol* (I) wurden auf Obstnektar, Sauerkirschen- u. Brombeersäfte, Marmelade u. Konfitüren ausgedehnt. Die Bldg. von I in Obstsäften u. -nektar hängt von der Konz. der Prodd., der Obstart, dem Säure- u. Zucker-Geh. ab. Die Best. von I ist besonders zur Feststellung einwandfreier Herst.- u. Lagerungsbedingungen geeignet. Als Qualitätskriterium für Marmelade u. Konfitüren ist sie unzureichend, wenn das Herst.-Verf. unbekannt ist; deshalb könnte sie in den Betriebs-Labor. eine begrenzte Anwendung zur Herst.-Kontrolle oder zum Vgl. mit verschiedenen Verarbeitungsprozessen finden. G. Platzer. 7688◇

2778 **Bestimmung von 1.2-Dibromäthan in der Luft und als Rückstand in Früchten.** Theodore Dumas. (J. agric. Food Chem. **10**, 476—77, 1962; London, Canada, Canada Dep. of Agric.; engl.) — Zur Best. von *1.2-Dibromäthan* (I) in Luft wird I von einer Lsg. von NaOH in Methanol absorbiert u. durch Kochen am Rückflußkühler in NaBr umgewandelt, das coulometr. titriert wird. Aus Früchten wird I mit alkohol. NaOH-Lsg. extrahiert u. mit dem Verf. von Kennett u. Hurlin (C. **1958**, 6698) in NaBr übergeführt. Bei Luft-Geh. von 0,75—30 mg I werden 99,6—101% I wiedergefunden. Beleganalysen zeigen die Genauigkeit des rasch ausführbaren Verfahrens. W. Wesly. 7688◇

2779 **Mitteilung über die Saftzusammensetzung von Cider-Apfelsorten.** L. F. Burroughs. (Annu. Rep. agric. horticult. Res. Stat., Long Ashton, Bristol **1961**, 173—75, 1962; engl.) — Die Werte von Dichte, Säure-Geh. u. Tannin-Geh. wurden von 1953 an statist. ausgewertet u. die Anzahl der für die Variations-Koeff. von ± 5; $\pm 7,5$; ± 10 u. $\pm 20\%$ erforderlichen Stichproben für eine Reihe von Apfelsorten ermittelt. Frank Günther. 7688◇

2780 **Bemerkung über den Einfluß von CO_2 und O_2-Mischungen auf das Wachstum von Apfelschorfkulturen.** J. B. Julien und W. R. Phillips. (Canad. J. Plant Sci. **43**, 227, 1963; Ottawa, Ontario, Genetics and Plants Breeding Res. Inst.; engl.) — Ein abfallender O_2-Geh. bei gleichzeitig erhöhtem Geh. an CO_2 im Gasgemisch haben eine Verzögerung in Wachstum u. Entw. des schorferzeugenden Pilzes *Venturia inaequalis* zur Folge. G. Heder. 7688◇

2781 **Zeit-Temperatur-Toleranz gefrorener Lebensmittel.** 24. Mitt. **Qualitätsveränderungen von Blumenkohl.** W. C. Dietrich, M. D. F. Nutting, M. M. Boggs und N. E. Weinstein. (Food Technol. **16**, Nr. 10, 123—28, 1962; Albany, Calif., USDA, Agric. Res. Serv., Western Utilizat. Res. and Developm. Div.; engl.) — 23. vgl. C. **1961**, 15232. — Unterss. über Qualitätsveränderungen von gefrorenem Blumenkohl als Funktion von Zeit u. Temp. (—10 bis 40° F) zeigen (auf Grund der opt. Dichte von Acetonextrakten, der Reflexion der Oberfläche, des Geh. an *Ascorbinsäure* u. organolept. Beurteilung), daß eine Temp.-Steigerung um je 10° F im Bereich 0—25° F eine ca. 4fache Verschlechterung bewirkt. Bei 10° F 3—6 Monate oder bei 20° F 5—11 Wochen gelagerte Proben waren von annehmbarer, aber nicht guter Qualität. W. Wesly. 7690◇

2782 **Mehrmalige mit Tomatensorten ausgeführte Versuche in der Provinz Parma.** Gerardo Perlasca. (Ind. Conserve **36**, 290—93, 1962; Campbell's Soups S. p. A., Rep. Ric. agric.; ital.) — Verss. mit 15 Tomatensorten werden mitgeteilt, wobei zur Auswertung folgende Kriterien verwendet wurden: Früh- u. Gesamtertrag, Farbe, Säure- u. Trockensubstanz-Geh., Fruchtgröße u. mangelfreie Früchte. Die untersuchten Sorten zeigten einige günstige Eigg., keine aber hatte die für die industrielle Verarbeitung erwünschte Brauchbarkeit. Im allg. war der höchste Ertrag an einen niedrigen oder mittleren Geh. an Trockensubstanz gebunden. G. Platzer. 7690◇

2783 **Ascorbinsäure in Tomaten.** 1. Mitt. **Verteilung und Bestimmungsmethode.** G. M. Ward. (Canad. J. Plant Sci. **43**, 206—13, 1963; Harrow, Ontario, Canad. Dep. of Agriculture; engl.) — Mit Hilfe der Best.-Meth. mittels *2.6-Dichlorphenolindophenol* wird der Geh. der *Ascorbinsäure* (I) verschiedener Tomatensorten in unterschiedlichen Reifestadien u. der Geh. an I in einzelnen Fruchtbezirken untersucht. Im allg. ist der Geh. an I bei den im Gewächshaus kultivierten Pflanzen geringer als bei den im Freien wachsenden. Eine weitere Korrelation deutet sich zwischen Geh. an I u. der Licht-Einw. an. In einem Fruchtbrei, in dem Enzyme in Freiheit gesetzt sind, wird der Geh. an I sowohl bei Raum-Temp. als auch bei 5° rasch erniedrigt, während diesbzgl. *Oxalsäure* stabilisierend wirkt. Bei Lagerung der intakten Frucht für 1 Woche bei 5° wird kein nennenswerter Verlust an I festgestellt. G. Heder. 7690◇

2784 **Über die Fettwanderung in gefüllten Schokoladen.** H. Woidich, H. Gnauer und O. Riedl. (Z. Lebensmittel-Unters. u. -Forsch. **117**, 478—83, 1962; Wien, Forsch.-Inst. der Ernährungswirtsch.; dt.) — Der Nachw. von anderen Fetten als Kakaobutter oder Milchfett in Schokoladen hat lebensmittelrechtliche Bedeutung. Vff. konnten gaschromatograph. schon vor der Veränderung der Fettkennzahlen den Nachw. für eine Wanderung des Kakaofettes aus dem Überzug in die Füllmasse oder umgekehrt die Wanderung von „Fremdfett" aus der Füllung in die Hülle der Schokoladenwaren erbringen. Der Effekt ist allerdings stark von den Bedingungen der Herst. u. Lagerung abhängig. Winfried Krüger. 7726◇

2785 **Artbedingte Unterschiede im Calciumgehalt der Blätter von gebeiztem Tabak.** E. T. McEvoy. (Canad. J. Plant Sci. **43**, 141—45, 1963; Ottawa, Ontario, Canad. Dep. of Agric.; engl.) — Die Aufnahme von Ca durch Pflanzen verschiedener Tabakarten zeigt eine deutliche Sortenabhängigkeit, die sich zwar graduell unterschiedlich, jedoch in der Tendenz gleichartig bei Ca-Absorptions-Verss. für 6 Tage in Nährlsgg. u. bei Verss. für 7 Wochen bei Kultivierung der Pflanzen im Boden ausprägt. Direkte Messungen der Radioaktivität von eingesetztem ^{45}Ca zeigen gleiche Tendenzen wie die Ergebnisse chem. Best.-Methoden. G. Heder. 7734◇

2786 **Untersuchung von getrockneten Lebensmitteln (Suppenerzeugnisse).** György Horváth, Péterné Pauli und Erosébet Rontó. (Élelmiszervizsgálati Közlemények [Lebensmittelanalyt. Mitt.] **9**, 91—98, 1963; Kecskemét, Qualitätsunters. Inst.; ung.) — Es wurden die qual. Kennzeichen u. die chem. Zus. der aus Suppengrün u. anderen Zusätzen hergestellten ungar. *Suppenerzeugnisse* bestimmt u. mit den entsprechenden ausländ. Prodd. verglichen. Die ungar. Prodd. erwiesen sich in organolept. u. biolog. Hinsicht als gleichwertig. K. Gärtner. 7740△

2787 **Nähreigenschaften ungekühlter, tierischer Produkte.** Doris Howes Calloway. (Food Technol. **16**, Nr. 10, 102—06, 1962; Menlo Park, Calif., Stanford Res. Inst.; engl.) — Unterss. über die Lagerungsbeständigkeit der Nährstoffe im Fleisch von Rindern, Hühnern, Schweinen u. Garnelen (roh, entwässert, vorgekocht, bestrahlt u. enzyminaktiviert, bestrahlt u. vorgekocht, eingedost) zeigen, daß durch *Pepsin*-Hydrolyse in vitro in mehr oder minder starkem Maße *Lysin*, *Methionin* u. *Phenylalanin* gebildet werden. Durch mehrmonatige Lagerung von Militärrationen bei ca. 38° nimmt die Eiweißverdaulichkeit ab. Durch die genannten Konservierungs-Verff. fällt der Geh. an mehrfach ungesätt. Fettsäuren in Hühner- u. Garnelenfleisch. Alle bei hoher Temp. ausgeführten Konservierungen führen zu Verlusten an *Thiamin*, *Vitamin* B_6 u. Folsäure. Getrocknete Lebensmittel widerstehen den schädlichen Einfl. der Lagerung bei hoher Temp. besser als eingedoste Proben. W. Wesly. 7746◇

2788 **Über einige wenig bekannte, durch Pökeln konservierte Erzeugnisse tierischen Ursprungs: der „ausgebeinte Schinken", die „Violine" der Valtellina und die „Mocetta" der Valle d'Aosta.** Carlo Calcinardi. (Ind. Conserve **36**, 284—89, 1962; Pisa, Univ., Ist. di Parasitologia; ital.) — Vf. beschreibt einige Typen von durch Pökeln der ausgebeinten Keulen vom Schwein u. ganzen Keulen von Gemse, Schaf u. Ziege in der Valtellina u. Valle d'Aosta konservierten Produkten. G. Platzer. 7746◇

2789 **Physikochemische Eigenschaften von Milch.** 1. Mitt. **Die Gerinnung von Kuhmilch unter dem Einfluß verschiedener Elektrolyte.** Sudhish Chandra. (Proc. nat. Acad. Sci., India, Sect. A **33**, 17—23, 1963; Lucknow, Lucknow Univ., Chem. Dep.; engl.) — In Vers.-Reihen, bei denen steigende Konzz. an HCl zur Koagulation von Milch eingesetzt werden, ergeben sich zwei Koagulationsbereiche, die sich hinsichtlich ihrer Beziehung zur Konz. des Elektrolyten deutlich unterscheiden. Bei Verdünnungs-Verss. mit W. gilt bei Verw. von HCl als auch für zahlreiche andere Elektrolyte für die krit. Koagulations-Konz. das normale Verdünnungsgesetz für den ersten Bereich, während im zweiten Bereich die Verhältnisse umgekehrt liegen. Aus den Verss. wird ersichtlich, daß sich wss. Verdünnungen von Magermilch gegenüber der zur Gerinnung führenden Elektrolyt-Konzz. etwas stabiler als solche von normaler Milch verhalten. G. Heder. 7756◇

2790 **Fettsäurezusammensetzung der Milch.** 1. Mitt. **Wirkung des Grobfutters und des Nahrungsfettes.** W. H. Brown, J. W. Stull und G. H. Stott. (J. Dairy Sci. **45**, 191—96, 1962; Tucson, Univ. of Ariz., Dep. of Dairy Sci.; engl.) — Holsteinkühe erhielten eine Diät, die a) 1,0 lb/100 lbs. (Körper-Gew.) bzw. b) 2,5 lbs./100 lbs. Alfalfaheu, jeweils ohne u. mit Zusatz von 6% Talg (I) oder Baumwollsaatöl (II), enthielt. Bei a) steigt die Milchmenge, Fett- u. Lactose-Geh. sinken dagegen ab. Dies beruht auf einer verminderten Acetat-Bldg. im Pansen. II bewirkt ebenfalls eine Abnahme des Fett-Geh., daneben aber auch eine Veränderung des Fettsäurespektrums: Die C_6—C_{14}-Säuren nehmen ab, die C_{18}-Säuren zu. Diät b) u. I führen zu einer geringen, aber signifikanten Erhöhung des Fettgehaltes. Charakterist. ist jedoch, daß I u. II ihre spezif. Wrkg. ziemlich unabhängig von der Menge des Grobfutters ausüben. Winfried Krüger. 7756◇

2791 **Prooxydantien bei der spontanen Entwicklung des Oxydationsgeschmackes in Milch.** Grafton J. Smith und W. L. Dunkley. (J. Dairy Sci. **45**, 170—81, 1962; Davis, Univ. of Calif., Dep. of Food Sci. and Technol.; engl.) — In einer umfangreichen Studie untersuchten Vff. den Einfl. von Cu^{2+}, *Ascorbinsäure* (I) u. anderen Red.-Mitteln sowie *Xanthinoxydase* (II) auf den Oxydationsgeschmack (OG) der Milch. Wird Cu^{2+} durch *Neocuproin* (*2.9-Dimethyl-1.10-phenanthrolin*) gebunden oder die in Milch a priori enthaltene I durch Ascorbinsäureoxydase zerstört, bleibt die Bldg. des OG aus. I scheint für das Auftreten des OG mit verantwortlich zu sein, denn kein anderes Red.-Mittel (*Dihydroxymaleinsäure, Dithionit, L-Cystein, Hydrochinon, Hydroxylamin, Phenol,* Na_2SO_3) hatte zusammen mit Cu^{2+} eine so starke prooxydative Wirkung. Vff. vermuten, daß Cu^{2+} durch I zu Cu^+ red. wird. Bei Cu-Mengen $>1\ \mu g/g$ ist dagegen I nicht erforderlich; ihre Rolle soll von den Proteinen übernommen werden. II scheint jedoch auf die Autoxydation des Milchfettes keinen Einfl. zu haben. Winfried Krüger. 7756◇

2792 **Über Lagerungseinflüsse auf den Sulfhydrylgehalt von Milch und Milchprodukten.** Friedrich Kiermeier und Gamal Eldin Hamed. (Milchwissenschaft **17**, 601—03, 1962; München, Milchwirtschaftl. Institut der TH; dt.) — Die durch Milcherhitzung in Freiheit gesetzten SH-Gruppen (I) werden bei steigender Licht-Einw.-Zeit in Magermilch in stärkerem Umfang als in Vollmilch vermindert. Bei Trockenlagerung hat Licht diesbzgl. keinen Einfl. auf Trockenmilch. Eine Lagerungs-Temp. von 20° vermindert bei 24std. Lagerung den Geh. an I stärker als eine von 3°, jedoch verringert sich dieser Effekt bei steigender Erhitzungs-Temp. der Milch. Die Abnahme an I ist niedriger als bei Vollmilch, jedoch zeigen die Verhältnisse ähnliche Tendenz. I sind in Trockenmilch bzw. bei deren Lagerung bei niedriger relativer Luftfeuchtigkeit beständig. G. Heder. 7756◇

2793 **Nachweis von Büffelmilch als Verfälschungsmittel in Kuhmilch durch serologische Methoden.** P. G. Nair und K. K. Iya. (Milchwissenschaft **17**, 477—79, 1962; Karnal, Indien, National Dairy Res. Inst.; engl.) — Mittels beschriebenen serolog. Testes läßt sich in einer Mischung, die 63 Teile Kuhmilch u. einen Teil Büffelmilch enthält, die letztgenannte noch sicher nachweisen. Die Durchführung dieses Testes gelingt mit Magermilch besser als mit Vollmilch. G. Heder. 7756◇

2794 **Das Verhalten der Milch in der Zentrifugentrommel.** Hermann Gebhardt. (Milchwissenschaft **17**, 499—507, 1962; Hamburg-Lohbrügge; dt.) G. Heder. 7756◇

2795 **„Brauthite-Email", ein in der Milchwirtschaft verwendbares Material für korrosionsfeste Auskleidung von Behältern.** Heinz Hoffer. (Milchwiss. Ber. **11**, 89—96, 1961; Wolfpassing, Bundes-Lehr- u. Versuchsanstalt für Milchwirtschaft; dt.) — „Brauthite-Email" erweist sich als Überzugsmaterial von Metall beständig gegenüber Milch, 2%ig. Milchsäure-Lsg., 2%ig. H_3PO_4 u. 21%ig. NaCl-Lösung. Bei 60° ist es gegenüber 2%ig. HNO_3 u. gegenüber 1%ig. P_3-Reiniger-Lsg. wenig u. gegenüber 4%ig. NaOH nicht beständig. Bei 20° erweist es sich gegenüber P_3 u. NaOH in genannter Konz. als wenig beständig. 24std. Kontakt mit Milch u. Milch-Prodd. bei Raum-Temp. hatte keine organolept. Abweichungen von Standardproben zur Folge. G. Heder. 7756◇

2796 **Jodophore als Desinfektionsmittel in der Milchwirtschaft.** Leo Anderson. (Milchwissenschaft **17**, 513—17, 1962; Stockholm, Zentrallabor. der Milchzentrale Stockholm; dt.) — Mit einer Gebrauchs-Lsg. eines Jodophors (I), die 24 mg Jod pro Liter enthält, ist eine NaClO-Lsg. (II) mit 200 mg Chlor pro Liter in ihrer Desinfektions-Wrkg. gleichzusetzen. Bei Abtötung von Bakteriensporen, Schimmel u. Hefe werden mit dem Jodophor bessere Ergebnisse als mit Hypochlorit erzielt. I ist gegen Eiweiß stärker empfindlich als II, wegen des niedrigen pH-Wertes der Gebrauchs-Lsg. von I von 2,8 wird ihre Wrkg. durch alkal. Reinigungsmittel herabgesetzt, u. ihre Haltbarkeit ist geringer als die von II. Metalle werden von der I-Lsg. gewöhnlich nicht, jedoch Kupfer u. seine Legg. so stark angegriffen, daß in der damit in Berührung kommenden Milch Geschmacksfehler oxydativer Art entstehen. G. Heder. 7756◇

2797 **Über den Einfluß von Temperatur und Zeit auf den Keimgehalt bei Anlieferung von nicht tiefgekühlter Rohmilch.** Evelyn Sobeck und Wilhelm Binder. (Milchwiss. Ber. **11**, 123—33, 1961; Wien, Inst. für Milchwirtschaft u. Mikrobiologie an der Hochschule für Bodenkultur; dt.) — Unter den bei kleinbäuerlichen Verhältnissen herrschenden Kühlmöglichkeiten erfährt Milch bis zum Eintreffen in der Molkerei eine beträchtliche Keimvermehrung. Ausgangskeim-Geh. u. Keimvermehrungsgang ist bei maschinenermolkener Milch größer als bei handermolkener, was über eine ungenügende Reinigung der Maschine zu deuten ist. G. Heder. 7756◇

2798 **Bakteriologische Beschaffenheit und Haltbarkeit von aus Magermilchpulver und frischem Schlagrahm rekonstituierter Milch.** Eugen Ciblis und Georg Schwarz. (Milchwissenschaft **17**, 621—24, 1962; Hohenheim, Inst. für Milchwirtschaft u. Gärungswesen der Landwirtschaftlichen Hochschule; dt.) — Durch Auflösen von Magermilchpulver u. zugesetztem Rahm rekonstituierte Milch zeigte nach 3tägiger Lagerung bei 10° im allg. noch einwandfreien Geruch u. Geschmack, während die bei 20° gelagerten Proben, nach 2 Tagen größtenteils geronnen waren. Die bakteriolog. Beschaffenheit der frischen rekonstituierten Milch war zufriedenstellend, jedoch fand während der Lagerung eine starke Keimvermehrung statt. G. Heder. 7756◇

2799 **Ein Versuch zur Verbesserung der Methodik zur quantitativen Ermittlung lipolytischer Keime.** Siegfried Rath. (Milchwiss. Ber. **11**, 97—122, 1961; Wien, Inst. für Mikrobiologie u. Milchwirtschaft der Hochschule für Bodenkultur; dt.) — Bessere Ergebnisse bei der Ermittlung lipolyt. Keime als mit der gebräuchlichen Tributyrinagar-Meth. werden erzielt, wenn auf einem leeren Wasseragar die beimpfte Nähragarschicht in einer Stärke von 0,4—0,6 mm liegt. Lipolyse, die durch in dieser Schicht entwickelte Kolonien entsteht, wird im nachträglich aufgebrachten Differenzierungssubstrat, bestehend aus mit Viktoriablau-Base gefärbter Margarine, durch Bldg. eines tiefblauen Fleckes oder Punktes sichtbar. Einige Vers.-Ergebnisse lassen Adaptivität auch bei Mikrobenlipasen vermuten. Anwendung dieser Meth. in der Praxis zeigt, daß eine Kühlung von Rohmilch mit Leitungs- oder Brunnenwasser bis zur Anlieferung in einer Sammelstelle nicht genügt, um die Vermehrung von Lipolyten in ausreichendem Maße zu verhindern. G. Heder. 7756◇

2800 **Elektronenmikroskopische Untersuchungen über die physikalische Struktur der Butter.** Anne-Marie Knoop und Ernst Knoop. (Milchwissenschaft **17**, 604—08, 1962; Kiel, Physikal. Inst. der Bundesforschungsanstalt für Milchwirtschaft; dt.) — Elektronenmkr. Unterss. an Butterschnitten lassen erkennen, daß Körnchenstruktur mit größter Annäherung beim Fritz-Butterungs-Verf. erreicht wird, während bei der Butter-Herst. im Fertiger im Winter bei niedrigen Rahmreifungs-Temp. im allg. Körnchenstruktur, im Sommer dagegen homogene Struktur erreicht wird. Mit größter Annäherung wird homogene Struktur im Alfa-Herst.-Verf. erreicht. G. Heder. 7758◇

2801 **Der Diacetylgehalt in Säurewecker und Butter. Bericht über eine einfache Möglichkeit zur Verbesserung des Aromas in Butter.** Herbert Jager. (Milchwiss. Ber. **11**, 77—88, 1961; Rotholz, Bundes-Lehr- u. Versuchsanstalt für Hartkäserei; dt.) — Mit einer nicht näher charakterisierten, als „Biolog. Komplex“ bezeichneten Substanz gelingt es, durch Einw. auf die Mikroflora den Geh. an *Diacetyl* u. *Acetylmethylcarbinol* u. damit den Geh. an Aromastoffen in Säurewecker sowie daraus hergestellter Butter zu erhöhen. G. Heder. 7758◇

2802 **Untersuchung über die Verwendbarkeit von aluminiumbedampftem Pergamentersatzpapier als Buttereinwickler.** Heinz Hoffer. (Milchwiss. Ber. **11**, 59—76, 1961; Wolfpassing, Bundes-Lehr- u. Versuchsanstalt für Milchwirtschaft; dt.) — Im prakt. Vers. erweist sich, daß aluminiumbedampftes Pergamentersatzpapier als Buttereinwickler geeignet ist. Seine Wasserdampfdurchlässigkeit ist der von Echtpergament vergleichbar, kann jedoch durch Lackieren gesenkt werden. In seiner Lichtundurchlässigkeit ist der Einwickler einem aluminiumkaschierten Pergamenteinwickler gleichzusetzen, bzgl. seiner verminderten Neigung zur Stockflecken-Bldg. ist er jedoch letztgenanntem überlegen. G. Heder. 7758◇

2803 **Die Herstellung von Quark und Weißkäse unter Ausnutzung sämtlicher Eiweißstoffe der Milch.** Penü Petrow Peneff. (Milchwissenschaft **17**, 486—94, 1962; Plovdiv, Bulgarien; dt.) — Die Mitverw. lösl. Molkenproteine bei der Herst. von Quark u. Weißkäse führt zu erhöhten Ausbeuten bei gleichzeitiger biolog. Aufwertung der genannten Molkereiprodukte. Um alles Molkeneiweiß mit dem Labcasein auszufällen, muß Schaf- u. Kuhmilch mindestens für 15 Min. auf 78° erhitzt werden, wobei jedoch, bes. bei Schafmilch, ein Koagulum mit besten technolog. Eigg. beim Erhitzen auf 85° entsteht. Um das durch Erhitzen gestörte Salzgleichgewicht der Milch auszugleichen, soll auf 100 Liter Milch 20 g saures Calciumphosphat, 5 g Phosphorsäure u. 15 ml Reinkultur von Milchsäurebakterien zugesetzt werden. Die Labfähigkeit erhitzter Kuhmilch wird durch Einstellen ihres Säuregrades auf 25 Thörner-Grade (pH 6,2—6,4) mit Hilfe verd. HCl wesentlich verbessert. G. Heder. 7760◇

2804 **Proteolyse und Quarkbildung in Milch durch beschleunigtes Wachstum der Starterkulturen.** W. T. Williamson und M. L. Speck. (J. Dairy Sci. **45**, 164—69, 1962; Raleigh, N.C., State Coll., Dep. of Food Sci.; engl.) — An verschiedenen *Streptococcus lactis*-Stämmen wurde festgestellt, daß kein direkter Zusammenhang zwischen proteolyt. Fähigkeit, Säure-Bldg.-Vermögen u. Quarkausbeute besteht. Durch Zusatz von 1,2 mg/ml Pankreasextrakt zu Milch konnte die Proteolyse herabgesetzt u. die Quarkausbeute erhöht werden. Diese Befunde könnten Konsequenzen für die Käse-Herst. haben. Winfried Krüger. 7760◇

2805 **Der Einfluß der Verfahrenstechnik auf die Käsequalität.** H. E. Birkjär. (Milchwissenschaft **17**, 472—76, 1962; Hillerod, Dänemark, Staatl. Inst. für milchwirtsch. Forschung; dt.) — Vf. gibt tabellar. Überblick über Veränderungen in der Verf.-Technik, wenn einmal eine festere bzw. weichere Käsekonsistenz, zum anderen ein höherer bzw. niedriger Säuregrad des Käses erstrebt wird. G. Heder. 7760◇

2806 **Die Folienreifung des „Österreichischen Stangenkäses“.** Johann Futschik. (Milchwiss. Ber. **11**, 135—50, 1961; Wolfpassing, Bundes-Lehr- u. Versuchsanstalt für Milchwirtschaft; dt.) — Die aerobe Reifung des „Österreich. Stangenkäses“ in einer sauerstoffdurchlässigen Folie verläuft erfolgreich, wenn die Käseoberfläche durch Mikroorganismen wie *Mycoderma casei* u. *Oospora lactis* weitgehend entsäuert ist u. sich das aerobe Reifungsbakterium *Bacterium linens* angesiedelt hat. Dieser Zustand wird gewöhnlich in 8 Tagen nach der Erzeugung erreicht. Zu diesem Zeitpunkt ist der pH-Wert der Oberfläche gerade neutral bis schwach alkalisch. Als Folie wird zur Verpackung mit bestem Erfolg eine Zellglasfolie *MSAT-300* eingesetzt. G. Heder. 7760◇

2807 **Die Einwirkung von Carragheenin auf die Pepsinhydrolyse verschiedener Proteine.** O. W. Vaughan, L. J. Filer jun. und Helen Churella. (J. agric. Food Chem. **10**, 517—19, 1962; Columbus, Ohio, Ross Labor.; engl.) — In vitro u. in vivo (an Ratten) ausgeführte Unterss. zeigen, daß ein Zusatz von $\leqq$0,085% *Carragheenin* (**I**) zu Lsgg. mit verschiedenen Konzz. Eialbumin, Hämoglobin, Casein oder Sojabohneneiweiß (gelöst in HCl-Citrat-Puffer-Lsg., pH 1,6) die Pepsinaktivität (PA) in den Lsgg. mit $\geqq$1,0% Eiweiß (**II**) nicht beeinflußt. Bei höheren **I**- oder geringerer **II**-Konz. wird die PA deutlich inhibiert. Der **II**-Spiegel, bei der Inhibierung der PA bei gegebener **I**-Konz. auftritt u. der Einfl. des pH-Wertes auf den Grad der Inhibierung sind bei jedem **II**-Substrat verschieden. Die in Futtermitteln angewandten **I**-Spiegel stören die **II**-Verdaulichkeit nicht. W. Wesly. 7780◇

2808 **Untersuchungen über die chemisch-analytische Auftrennung der stickstofffreien Extraktstoffe (NFE) in grünem Pflanzenmaterial.** 1. Mitt. **Versuche zum Aufbau eines Trennungsschemas.** G. Sternkopf. (Arch. Tierernähr. **12**, 209—28, 1962; Halle-Wittenberg, Martin-Luther-Univ., Inst. für Tierernährung; dt.) — Es wird ein Trennungsgang beschrieben, um den nach dem Weender-Verf. summar. erfaßbaren Anteil an N-freien Extraktstoffen (NFE) in seinen Einzelkomponenten zu erfassen. Danach wird das Unters.-Material mit verschiedenen Lsgm. extrahiert. Die getrocknete Probe (Luzerne) wird nacheinander mit Ae., 80% A., kaltem W., 14% NaOH u. 1,25% H_2SO_4 (Siedehitze) extrahiert. Im Ae.- werden 0,7% (Monosaccharide), im A.- 25% (Saccharide), im wss. 5,8% (Fructosane), im NaOH- 34,8% (lösl. Hemicellulose) u. im H_2SO_4-Extrakt 17,5% (schwerlösl. Hemicellulose) der NFE nachgewiesen. Mit der Fraktionierung werden 75—90% der nach Weender definierten NFE erfaßt u. eine bessere Futterbewertung ermöglicht. A. Täufel. 7780◇

2809 **Untersuchungen über die chemisch-analytische Auftrennung der stickstofffreien Extraktstoffe (NFE) in grünem Pflanzenmaterial.** 2. Mitt. **Veränderungen der Zusammensetzung der stickstofffreien Extraktstoffe im Verlaufe der Vegetation bei Grünroggen, Luzerne und Rotklee.** G. Sternkopf. (Arch. Tierernähr. **12**, 241—52, 1962; Halle-Wittenberg, Institut für Tierernährung der Martin-Luther-Universität; dt.) — Die Verteilungsbilder der Kohlenhydrate in Abhängigkeit von verschiedenen Vegetationszuständen sind für Grünroggen, Luzerne u. Rotklee beschrieben u. funktionelle Zusammenhänge werden diskutiert. G. Heder. 7780◇

2810 **Untersuchungen über die chemisch-analytische Auftrennung der stickstofffreien Extraktstoffe (NFE) in grünem Pflanzenmaterial.** 3. Mitt. **Der Einfluß der Veränderungen der Zusammensetzung der stickstofffreien Extraktstoffe von Grünroggen und Luzerne auf ihre Verdaulichkeit an Kaninchen.** G. Sternkopf. (Arch. Tierernähr. **12**, 253 bis 260, 1962; Halle-Wittenberg, Inst. für Tierernährung der Martin-Luther-Universität; dt.) — Die Verdaulichkeit der vorwiegend aus Kohlenhydraten bestehenden N-freien Extraktstoffe von Grünroggen, Luzerne u. Rotklee ist, wie Fütterungs-Verss. an Kaninchen ergeben, einmal wegen der mit der Vegetationsstufe schwankenden Zus. der Kohlenhydrate vom jeweiligen Vegetationsgrad der Pflanzen abhängig. Zum anderen kann die Verwertbarkeit einzelner Zucker durch die Anwesenheit anderer verändert werden, so daß sich auch dadurch indirekt der Einfl. der jeweiligen Vegetationsstufe der Pflanze auf ihre Verdaulichkeit äußert. G. Heder. 7780◇

2811 **Untersuchungen über die Bereitung und Verfütterung von Grassilage.** 1. Mitt. **Verdaulichkeit von Grassilage.** W. Holzschuh, G. Knape und W. Schmidt. (Arch. Tierernähr. **12**, 229—39, 1962; Halle-Lettin, Fütterungsberatungsstelle Lettin; dt.) — Vgl. C. **1962**, 337. — Unter Hinweis auf die verschiedenen Möglichkeiten zur Herst. von *Grassilage* wird die Meth. der Heusilage (22—50% Trockensubstanz-Geh. des Ausgangsmaterials) erörtert u. an Hand von Grassilageproben nachgewiesen, daß die Heusilage allg. ein Endprod. guter Qualität ergibt. Durch Verdaulichkeits-Verss. der Silageproben an Schafen wird festgestellt, daß Zusätze von Melasse bzw. AIV-Säure (Gemisch aus 5 Liter konz. H_2SO_4 u. 12,5 Liter 33%ig. HCl mit W. auf 180 Liter verd.) bei der Silierung die Verdaulichkeit der organ. Substanz, der N-freien Extraktstoffe u. des Rohproteins erhöhen. Besonders bei regennassem Gras erscheint ein Zusatz von AIV-Säure zweckmäßig. A. Täufel. 7782◇

2812 **Untersuchungen über das Silieren trockener Erbsenblätter.** 2. Mitt. **Die Einwirkung von Entwässerung, Drusch und Konservierungsmitteln auf den Erfolg. Ein Konservierungsversuch im Silo mit Kunststoffglocke nach dem Vakuumverfahren.** A. Devuyst, M. Vanbelle, G. Maesmans, R. Arnould, W. Vervack und A. Moreels. (Agricultura [Louvain] [2] **10**, 643—57, 1962; Lovenjoul, Univ. de Louvain, Centre de Rech. Zootechn.; franz.) — 1. vgl.

1963, 1494. — Beim Silieren von gedroschenen u. nicht gedroschenen Erbsenblättern mit Geh. an Trockensubstanz von ≦20 u. sogar 17% wurden ohne Konservierungsmittel bei Saftverlusten (Eiweiß u. Trockensubstanz) gute Ergebnisse erzielt. Extrasilo verbesserte die Ergebnisse noch. *Kofasil* u. *Teramin* brachten keine Verbesserung. Die Konservierung im Silo mit Kunststoffglocke bei einem Vakuum von 15 mm Hg gab ausgezeichnete Werte u. 3,5% Milchsäuregehalt. W. Wesly. 7782◇

2813 **Untersuchung von Hafersorten zum Einsatz als Silage.** L. J. Anderson und M. L. Kaufmann. (Canad. J. Plant Sci. **43,** 157—60, 1963; Lacombe, Alberta, Canad. Dep. of Agric.; engl.) — Hohe u. spätreifende Hafersorten ergeben den höchsten Geh. an Trockensubstanz. Sie eignen sich als Saatgut u. für Futterzwecke gleichermaßen, so daß von einer speziellen Züchtung von Futterhafer abgeraten wird. G. Heder. 7782◇

2814 **Einfluß der Silagefütterung auf die Qualität von Milch und Milchprodukten.** 1. Mitt. **Einfluß der Silagefütterung auf die bakteriologische Beschaffenheit der Milch.** E. Renner, O. Kandler und F. Kiermeier. (Z. Lebensmittel-Unters. u. -Forsch. **117,** 487—99, 1962; Weihenstephan/Obb., Süddeutsche Versuchs- u. Forsch.-Anst. für Milchwirtsch.; dt.) — Silagefütterung führt zu einer signifikanten Erhöhung der Keimzahl in Milch. Betroffen sind vor allem die *Coli aerogenes*-Gruppe sowie die *Clostridien*-Arten. Erstere können in der Käserei bei Verw. von Rohmilch, letztere durch Spätblähungen infolge Lactatvergärung Störungen hervorrufen. Diese Befunde sind jedoch stark von der verfütterten Silagemenge sowie von der Qualität abhängig. In gut gesäuerten Silagen ist z. B. die Gefahr einer Infektion des Käseansatzes durch anaerobe Sporenbildner geringer. Winfried Krüger. 7782◇

2815 **Einfluß der Silagefütterung auf die Qualität der Butter.** Friedrich Kiermeier und Edmund Renner. (Milchwissenschaft **17,** 495—98, 1962; Weihenstephan, Süddtsch. Versuchs- u. Forschungsanst. für Milchwirtschaft; dt.) — 1. vgl. vorst. Referat. — Bei der geschmacklichen Beurteilung der Butter im Zusammenhang mit Silagefütterung zeigt sich eine Qualitätsabwertung bei Verw. von Gras- u. Kleesilage, weniger dagegen bei Verw. von Rübenblattsilage an. Maissilage erhöht zunächst die Wertmale der Butter über die aus Vgl.-Verss. ohne Silagefütterung erhaltenen, sie fallen jedoch schon nach 2wöchiger Lagerung stark ab. Die JZ. des Butterfettes wird gegenüber Vgl.-Verss. durch Gras- u. Kleesilage deutlich, durch Maissilage nur gering erhöht, während Rübenblattsilage einen geringen Rückgang der JZ. zur Folge hat. Der *Carotin*-Geh. wird gegenüber Vgl.-Verss. durch Klee- u. Grassilage um ca. 40%, durch Mais- u. Rübenblattsilage um 14 bzw. 22% in der Butter erhöht. G. Heder. 7782◇

2816 **Calcium- und Phosphorgehalt sowie Ca/P-Verhältnis in den Geflügelfuttern des Handels.** H. Kummer. (Landwirtsch. Forsch. **15,** 257—63, 1962; Augustenberg, Staatl. Landwirtschaftl. Versuchs- u. Forschungsanstalt; dt.) — Vf. erörtert den optimalen Geh. an Ca u. P bzw. deren optimales Verhältnis zueinander in *Hühnerfutter* u. weist nach, daß die im Handel befindlichen Futtermischungen diesbzgl. nicht immer die gestellten Anforderungen erfüllen u. somit für die Tiere ernährungsphysiolog. nachteilige Folgen haben können. G. Heder. 7786◇

2817 **Mikrobestimmung von Thiodan-Rückständen.** Lilian I. Butler, Jay C. Maitlen und Jack E. Fahey. (J. agric. Food Chem. **10,** 479—81, 1962; Yakima, Wash., USDA, Agric. Res. Serv., Entomology Res. Div.; engl.) — Zur Best. von *Thiodan* (I) in Pflanzen wird mit n-Hexan extrahiert, der Extrakt zur Trockne eingedampft, der Rückstand in Pyridin gelöst, mit NaOH versetzt u. erhitzt, worauf die Extinktion bei 525 mμ bestimmt wird. Das Verf. gestattet noch die Best. von 5 μg I oder *Thiodandiol* u. ihrer Isomeren. W. Wesly. 7788◇

2818 **Grundlegende Untersuchungen über Teig mit dem Brabander Extensographen.** 2. Mitt. **Bestimmung des scheinbaren Elastizitätsmoduls und Viscositätskoeffizienten von Weizenmehlteig.** H. G. Muller, Mary V. Williams, P. W. Russell Eggitt und J. B. M. Coppock. (J. Sci. Food Agric. **13,** 572—80, 1962; Cambridge, Spillers Ltd., Technol. Res. Station.; engl.) — 1. vgl. C. **1962,** 6247. — Ein auf der Eichung des Brabender-Extensographen beruhendes Verf. zur Best. des scheinbaren Elastizitätsmoduls (EM) u. Viscositäts-Koeff. (VK) von *Weizenmehlteig* wird beschrieben. Der EM wird durch die Prüfbedingungen viel weniger als der VK beeinflußt. Das Verf. ist für Reihen-Unterss. wegen der mühsamen Auswertung ungeeignet, ist aber von Bedeutung für Forschungsarbeiten. W. Wesly. 7798◇

2819 **Bestimmung und Beurteilung des SO_2-Gehaltes von mit Bisulfit behandelten Kartoffeln.** Ferenc Nagy. (Élelmiszervizsgálati Közlemények [Lebensmittelanalyt. Mitt.] **9,** 81—85, 1963; Budapest, Verpfleg. u. Ernähr. Wiss. Inst.; ung.) — Wegen des hohen Stärke-Geh. der Kartoffel empfiehlt Vf. zur Best. der geringen SO_2-Mengen statt des jodometr. Verf. die Meth. von Monier u. Williams. K. Gärtner. 7802△

2820 **Über den unspezifischen Nachweis von Konservierungsmitteln in Marmelade mittels osmophiler Hefen.** M. J. Bernaerts. (Z. Lebensmittel-Unters. u. -Forsch. **104,** 405—12, 1956; Brüssel, Labor. Central, Ministère des Affaires Economiques.) — Vf. beschreiben Verf., nach dem in einer Gärprobe mit *Saccharomyces rouxii* die Anwesenheit von Konservierungsmittel getestet werden kann. Natürliche Hemmstoffe, wie sie beispielsweise bei Blaubeeren vorliegen, können ausgeschaltet werden, wenn man den pH-Wert auf 5,5 einstellt, jedoch ist die bei diesem höheren pH-Wert — gegenüber dem sonst üblichen von 3—4 — verzögerte Gas-Bldg. zu berücksichtigen. Während sich bei ähnlichen Verdünnungs-Verff. *Limonen* als Hemmstoff erweist, können nach diesem Verf. Produkte aus Citrusfrüchten ohne Berücksichtigung ihres Limonen-Geh. mit Sicherheit geprüft werden. Zweifelhafte Resultate bei langgekochten Marmeladen können mit deren Geh. an *Furfurol* u. *Hydroxymethylfurfurol* in Zusammenhang stehen. G. Heder. 7814◇

2821 **Spektralphotometrische Bestimmung des Coffeins in coffeinhaltigem und coffeinfreiem Kaffee.** C. E. Barbera. (Z. Lebensmittel-Unters. u. -Forsch. **117,** 483—87, 1962; Napoli, Italien; dt.) — Aus coffeinfreiem Rohkaffee (0,15—0,07% *Coffein* [I]) wird das I in Ggw. von MgO mit sd. W. extrahiert u. der Extrakt zur Entfernung störender Substanzen über eine Säule aus MgO mit Cellulosepulver gegeben. Das Eluat wird mit H_2SO_4 angesäuert, mehrmals mit Chlf. extrahiert u. der wss. Rückstand nach Auffüllen auf ein definiertes Vol. bei 272 nm im Spektralphotometer gemessen. Noch 0,04 g I/100 g lassen sich mit einer Standardabweichung von ± 0,008 g bestimmen. Winfried Krüger. 7828◇

2822 **Untersuchungen über den mikroskopischen Nachweis einiger oft verwendeter Dickungsmittel in Trockenmischungen.** A. Th. Czaja. (Z. Lebensmittel-Unters. u. -Forsch. **117,** 499—513, 1962; Aachen, TH, Botan. Inst.; dt.) — Dickungsmittel, wie *Agar-Agar, Dän. Agar, Carragheen, Alginate, Guarmehl, Johannisbrotkernmehl, Traganth, Pektin, Gelatine* u. *Stärke-Amylose* sind mkr. im polarisierten Licht nachweisbar. Das Aussehen dieser Stoffe nach Färbung mit Lugolscher, *Chlorzinkjod-*, KJ_3- u. *Anilinblau*-Lsg. ist tabellar. ausführlich dargestellt. Winfried Krüger. 7842◇

2823 **Die Aminosäurezusammensetzung der Ziegenmilch und des Ziegenmilch-Caseins.** Hugo Höller. (Milchwissenschaft **17,** 485—86, 1962; Hannover, Physiolog. Inst. der Tierärztl. Hochschule; dt.) — Unter Heranziehung der Ionenaustauscherchromatographie wurden 3 Ziegenmilch-, 4 Kuhmilch-Casein- u. 10 Ziegenmilch-Casein-Proben hinsichtlich ihrer Aminosäure-Zus. untersucht. Im Vgl. zu Kuhmilch-Casein enthält das Casein der Ziegenmilch mehr *Histidin, Methionin. Prolin* u. *Threonin,* dagegen weniger *Arginin, Glutaminsäure, Isoleucin, Serin, Tyrosin* u. *Valin.* G. Heder. 7856◇

2824 **Dichte von Rahm bei tiefen Temperaturen.** P. D. Watson und R. P. Tittsler. (J. Dairy Sci. **45,** 159—63, 1962; Washington, D. C., USDA Eastern Utilization Res. and Development Div., Dairy Prod. Labor.; engl.) — Die Dichte von Rahm mit 20—50% Fett läßt sich bei 9,85° berechnen nach der Gleichung $D^{9,85} = 1{,}03123 - 0{,}00070 \cdot$ Fett-%. Ähnlich lineare Zusammenhänge bestehen zwischen der Dichte u. der Trockenmasse bzw. der fettfreien Trockenmasse. Winfried Krüger. 7856◇

2825 Permutit Co. Ltd., London, England (Erfinder: Vincent Ernest Gripp), **Reinigung von Gelatine,** bes. von Fe-Salzen. Eine wss., z. B. 5%ig., Lsg. von Gelatine wird mit einem Metallsalz einer starken Säure, z. B. $CaCl_2$, versetzt u. durch einen mit H-Ionen beladenen Kationenaustauscher, anschließend durch einen Anionenaustauscher geleitet. (**E. P. 897 435** vom 16/2. 1960, ausg. 30/5. 1962.) W. Kranz. 7709

2826 Enrico Bossi, Mailand, Italien, **Herstellung von Infusen,** bes. von Infusen des *Kaffees*, dad. gek., daß die Trennung des Infuses von den Feststoffen durch Zentrifugieren erfolgt. — Vorr., Zeichnungen. (**It. P. 554 135** vom 9/6. 1956.) K. Koebke. 7721

2827 P. Lorillard Co., New York, N.Y., V.St.A. (Erfinder: Harris B. Parmele und Clifford Oliver Jensen), **Tabakerzeugnis,** bestehend aus Tabak u. 5—10% des Tabaktrockengew. aus $CaCO_3$, das man im wesentlichen gleichmäßig im Tabakerzeugnis verteilt, wodurch die flüchtigen, den Tabak während des Rauchens gewöhnlich verlassenden vielkernigen KW-Stoffe sich im wesentlichen von dem sich bei der Verbrennung des behandelten Tabaks entwickelnden Rauch absondern. (**E. P. 903 067** vom 6/3. 1961, ausg. 9/8. 1962. **Zusatz zu E. P. 863 287; C. 1962, 4767.**) H. Maaß. 7735

2828 Wisconsin Alumni Research Foundation, übert. von: William C. Winder und Elwood W. Kielsmeier, Madison, Wis., V.St.A., **Trocknen von Milch** durch so langes Kühlen von pasteurisierter, kondensierter Milch auf mindestens 50° F, daß alles Fett im festen Zustand vorliegt (30—45% feste Bestandteile in der Milch), u. Trocknen unter Aufrechterhaltung des festen Zustandes des Butterfettes bei 4,5—25 mm, wobei die Temp. der Milch $< 95°$ F gehalten wird, bis der Anteil der festen Bestandteile $\geqq 70\%$ beträgt u. unterhalb einer Temp. $Y = 47 - 15{,}4 \cdot \log X$, wobei Y = Temp., X = Zeit in Min., bis der feste Anteil 87% erreicht. (**Can. P. 635 194** vom 20/1. 1959, ausg. 23/1. 1962.) H.-J. Nitzschke. 7757

2829 Armando Giro, Mailand, Italien, **Sterilisieren von Milch.** Man führt die Milch durch den sehr dünnen Zwischenraum zwischen der Innen- u. der Außenwand eines doppelwandigen Glasrohres, welches von innen u. außen mit UV-Licht bestrahlt wird. — Vorr., Zeichnung. (**It. P. 554 407** vom 3/11. 1955.) K. Koebke. 7757

2830 Wisconsin Malting Co., Milwaukee, übert. von: Clifford M. Hollenbeck. Manitowoc, Wis., V.St.A., **Enzymatische Futtermittel.** Als Futtermittel für Hühner u. dgl. wird ungemälzte Gerste mit hohem Rohfaser-Geh. verwendet, der im trocknen Zustand 1—8% Malz, auf den Gerste-Geh. der Futtermittel berechnet, beigemischt worden sind. Das Malz soll einen hohen Geh. an cytolyt. Enzymen u. hohe Aktivität aufweisen. Das Malz wird aus „Midwestern", 6-row-white- oder „Canadian", 6-row-blue-Aleurongerste hergestellt. Der Fütterungseffekt der Gerste wird wesentlich erhöht. (**A. P. 2 988 449** vom 4/12. 1957, ausg. 13/6. 1961.) H. Karst. 7781

2831 Abbott Laboratories, North Chicago, übert. von: John L. Schmidt, Highland Park, Henry S. Perdue, Lake Bluff, Glenn F. Lambert und Jonathan P. Miller, Waukegan, Ill., V.St.A., **Beifuttermittel zur Beschleunigung des Wachstums von Tieren.** Dem Tränkwasser für warmblütige Wirbeltiere werden je 50 Gallonen 1—10 gm. u. den festen Futtermitteln, bes. für Geflügel, Küken, Kaninchen u. weiße Mäuse, je Tonne 10—428 gm. eines nichttox. *1-(p-Chlorbenzhydryl)-4-methylpiperazinsalzes*, bes. des *Hydrochlorids*, zugesetzt. Die Freßlust der gefütterten Tiere wird angeregt, eine Gew.-Erhöhung u. Beschleunigung ihres Wachstums erzielt. (**A. P. 2 997 393** vom 17/11. 1958, ausg. 22/8. 1961.) H. Karst. 7781

2832 Grain Processing Corp., übert. von: Ralph Allan Zorn, Muscatine, Iowa, V.St.A., **Manganverbindungen des Bacitracins enthaltende Beifuttermittel.** Bacitracin enthaltende wss. Fermentationsmaischen werden z. B. aus 7,5 (%) Sojabohnenmehl, 2 Maisstärke u. 1 $CaCO_3$ hergestellt, die nach Sterilisierung mit fl. *Bacillus subtilis*-Kulturen beimpft u. bei 30° unter konstanter Belüftung ca. 30 Std. beim pH 8,1 bebrütet werden. Nach Beendigung der Fermentation werden der Maische ca. 0,1—5,0, bes. 0,3—2,0 einer Mn-Verb., bes. des Sulfats, Chlorids, Nitrats, Bromids u. dgl., zugefügt u. das W. aus der Masse durch Verdampfen ganz oder teilweise entfernt. Die Menge des zugefügten wasserlösl. Mn-Salzes soll ca. 0,6—300% des Gew. des in der Maische enthaltenen Bacitracin-Geh. betragen. Das Prod. wird mit üblichen Futtermitteln für Hühner u. Rindvieh, z. B. Mais- oder Sojabohnenmehl, vermischt. Durch den Zusatz der Mn-Verb. wird das Bacitracin stabilisiert u. seine Zers. bei der Lagerung verhindert. (**A. P. 2 985 533** vom 13/6. 1958, ausg. 23/5. 1961.) H. Karst. 7781

2833 Charles S. Webb, Palmerton, Pa., V.St.A., **Zinkhaltiges Beifuttermittel.** Zn-Sulfide, Zn-Carbonate oder Zn-Erze, die kein Pb, Bi, As u. dgl. enthalten, werden bei hohen Temp. in oxydierender Atmosphäre in totgebranntes ZnO übergeführt, das mit dolomit. Kalk im Verhältnis von 80—90 (%): 10—20 innig vermischt wird, worauf das Gemisch auf eine Teilchengröße von ca. 44—100 μ zerkleinert u. in Mengen von 0,01—1,0 *Futtermitteln* oder *Düngemitteln* beigemischt wird. Das Gemisch enthält ca. 88,0 ZnO, 1,8 Fe_2O_3, 6,1 CaO, 3,87 MgO u. 0,047 Cu. Es ist in Verdauungs-Fll. leicht lösl. u. leicht resorbierbar. Verzögerungen im Wachstum der Tiere u. Zn-Mangelkrankheiten bei Pflanzen werden vermieden. (**A. P. 2 999 752** vom 28/8. 1958, ausg. 12/9. 1961.) H. Karst. 7781

2834 Oil Seed Products, Inc., Great Falls, Mont., V.St.A., **Gewinnung von Futtermitteln aus Senfsamen oder Raps,** dad. gek., daß diese ohne Anwendung von Hitze durch Extraktion entölt werden, so daß das in den Samen enthaltene Enzym Myrosin (I) nicht zerstört wird. Das anfallende, extrahierte Mehl wird mit W. gemischt, solange auf 44—55° erwärmt, bis die Thioglucoside durch das I vollständig abgebaut sind, durch Dämpfen von den S-haltigen Verbb. befreit u. getrocknet. (**Ind. P. 67 404** vom 18/4. 1959, ausg. 7/10. 1960.) C. Lüttgen. 7787

2835 **F. Hoffmann-La Roche & Co. Akt.-Ges.** (Erfinder: **Rudolf Rüegg** und **Gabriel Saucy**), *Herstellung von Canthaxanthin beziehungsweise Rhodoxanthin.* (**Aust. P. 236 842** vom 29/1. 1959, ausg. 25/1. 1962. Schwz. Prior. 14/2. 1958. — C. **1961,** 2130 [D. A. S. 1 072 621].)

2836 **F. Hoffmann-La Roche & Co. Akt.-Ges.** (Erfinder: **W. Guex, O. Isler, R. Rüegg** und **G. Ryser**), Basel, Schweiz, *Herstellen von Polyencarbonsäuren und ihren Estern.* (**Jap. A. S. 9182/1961** vom 27/11. 1958, ausg. 30/6. 1961. Schwz. Prior. 27/11. 1957. E. Prior. 28/8. 1958. — C. **1962,** 16885 [F. P. 1 223 342].)

2837 **American Cyanamid Co.,** New York, N.Y., V.St.A., *Herstellung von l-Lysin.* (**Ind. P. 64 910** vom 11/8. 1958, ausg. 9/11. 1961. — C. **1961,** 17788 [A. P. 2 965 545].)

2838 **Chas. Pfizer & Co., Inc.,** Brooklyn, N.Y., V.St.A., *Futtermittel mit einem Gehalt an Oleandomycin–Harz-Adsorbat.* (**Ind. P. 68 693** vom 10/8. 1959, ausg. 15/11. 1961. — C. **1963,** 8374 [A. P. 2 970 053].)

2839 **American Cyanamid Co.** (Erfinder: **Charles Norman Huhtanen** und **William Lawrence Williams**), *Tierfutter.* (**Aust. P. 237 632** vom 4/2. 1960, ausg. 15/3. 1962. A. Prior. 12/2. 1959. — C. **1962,** 15073 [D. A. S. 1 123 187].)

H_{17}. Fette, Seifen, Wasch- und Reinigungsmittel usw.

2840 **Bericht des Komitees für Literatur-Rundschau. — Jahresübersicht der Literatur über Fette, Öle und Waschmittel.** 1. Mitt. I. I. Rusoff. (J. Amer. Oil Chemists' Soc. **38**, 339—360, 1961; New York, Tarrytown, General Foods Corp.; engl.) H. Franzen. 7870◇

2841 **Einwirkung ionisierender Strahlen auf Fette.** 4. Mitt. **Cis–trans-Isomerisierung und Verschiebung der Doppelbindungen.** H. Lück und R. Kohn. (Nahrung **7**, 199—211, 1963; München, Dt. Forsch. Anst. für Lebensm.-Chem.; dt.) — 3. vgl. C. **1963**, 10693. — Durch IR-spektroskop. Unterss. stellten Vff. fest, daß bei Einw. von Elektronenstrahlen (10 Mrad u. mehr) auf Fette sowohl Umlagerungen von cis- in trans-Formen als auch von trans- in cis-Formen stattfinden. Das Gleichgewicht ist bei Bestrahlung, verglichen mit thermodynam. Verhältnissen, weiter nach der Seite der energiereicheren Verbb. verschoben. Unabhängig von der Isomerisierung findet eine Wanderung von Doppelbindungen statt, wobei stets konjugierte Syst. gebildet werden. M. Finke. 7870◇

2842 **Nährwert- und chemische Veränderungen bei erhitzten Fetten. Ein Überblick.** Edward G. Perkins. (Food Technol. **14**, 508—14, 1960; Chicago, Ill., Armour and Comp., Food Res. Dep.; engl.) — Übersicht. — 111 Literaturangaben. A. Gabert. 7878□

2843 **Hydrierung von Linolenat.** 7. Mitt. **Trennung und Identifizierung isomerer Diene und Monoene.** B. Sreenivasan, Janina Nowakowska, E. P. Jones, E. Selke, C. R. Scholfield und H. J. Dutton. (J. Amer. Oil Chemists' Soc. **40**, 45—51, 1963; Peoria, Ill., Northern Reg. Res. Labor.; engl.) — 6. vgl. C. **1963**, 17913. — Die partielle Hydrierung eines Linolenatkonzentrats (erhalten durch Kristallisation der Methylester von Leinsamenöl bei —70° aus Methanol) bei 140°, 0—5 lbs./sq.in. u. 0,5% Ni-Katalysator, verringerte den Linolenat-Geh. um 48% u. erhöhte den Dien-Geh. um 29%, den Monoen-Geh. um ca. 17%. Die isomeren Diene u. Monene wurden durch Tieftemp.-Kristallisation aus Methanol in 6 Hauptfraktionen getrennt. Mittels Gegenstromverteilung (CCD) zwischen Pentan/Hexan u. Acetonitril (1 : 4) wurden cis–trans-Diene von cis-cis-Dienen, cis-cis-konjugierte teilweise von cis-cis-nichtkonjugierten Dienen getrennt. Mittels Gas–Fl.-Chromatographie (GLC, 10% Polyvinylacetat auf Chromosorb, 169°, bzw. 10% Äthylenglykolsuccinat auf Chromosorb, 150° bzw. Apiezon L, 200°) wurden die Diene mit einer trans-Doppelbindung (IR-spektrograph. nachgewiesen) in cis- u. trans- u. trans–cis-Isomere getrennt. Individuelle Stellungsisomere konnten nicht getrennt werden. Die oxydative Spaltung der Diene u. anschließende Fl.–Fl.-Chromatographie bzw. GLC ergab Säuren der Kettenlänge C_5 bis C_{13}, die Doppelbindung der cis- u. der trans-Monoene wurde in allen Lagen zwischen C_7 u. C_{16} nachgewiesen, wobei die meisten cis-Doppelbindungen bei C_9, C_{12} u. C_{15} lagen. Cis-9-Monoen wurde von cis-12-, cis-15- u. den trans-Monoenen durch Tieftemp.-Kristallisation besser als durch CCD getrennt. Die Aufarbeitung der einzelnen Fraktionen führte zu Proben mit einem Geh. von 95% cis-cis-Dienen, 90% cis–trans- oder trans–cis-Dienen, 95% cis-Monoenen u. 90% trans-Monoenen. H. Brämer. 7880◇

2844 **Hydrierung von Linolenat.** 8. Mitt. **Einfluß von Katalysatorkonzentration und Temperatur auf Geschwindigkeit , Selektivität und trans-Isomerenbildung.** A. E. Johnston, Helen M. Ven Horst, J. C. Cowan und H. J. Dutton. (J. Amer. Oil Chemists' Soc. **40**, 285—86, 1963; engl.) — 7. vgl. vorst. Referat. — Vortrag. — Unterss. des Einfl. von Temp. (70—230°) u. Katalysator-Konz. (25% Ni in Baumwollsamenflocken, elektrolyt. gefällt; 0,05—10%) auf die Selektivität der Linolenathydrierung, die trans-Isomeren-Bldg. u. die Hydriergeschw. eines äquimol. Gemisches von Linoleat/Linolenat ergab: Steigende Temp. u. Katalysator-Konz. erhöhen die Hydriergeschw., ohne die Selektivität zu verändern; die trans-Isomeren-Bldg. wird weitgehend unabhängig von der Katalysator-Konz. durch steigende Temp. begünstigt. H. Brämer. 7880◇

2845 **Darstellung von Glyceriden durch kontrollierte Veresterung.** R. O. Feuge, R. K. Willich und W. A. Guice. (J. Amer. Oil Chemists' Soc. **40**, 260—64, 1963; New Orleans, La., Southern Reg. Res. Labor.; engl.) — Vortrag. — Die Veresterung von 1-Monostearin mit überschüssiger Ölsäure in Ggw. von p-Toluolsulfonsäure bei 120° führt bei azeotroper Dest. des gebildeten W. mit Hexan zu 1-Oleo-3-stearin (F. 45°), wobei Acidolyse u. Umesterung nur untergeordnet erfolgen. Bei der Veresterung von 1.3-Distearin u. den gemischten Glyceriden von Palmitin- u. Stearinsäure mit überschüssiger Ölsäure zu Triglyceriden erfolgt neben geringer Acidolyse (gaschromatograph. Nachw. von 0,3% Myristin-, 1,8% Palmitin, 6,7% Stearin-, 90,1% Öl- u. 0,9% Linolsäure bezogen auf die gesamten freien Fettsäuren) u. Umesterung beträchtliche Isomerisierung, die im Falle des 1.3-Distearins zu 75% 1-Oleodistearin u. 25% 2-Oleodistearin führt. Auch die Veresterung von Diglyceriden der Palmitin- u. Stearinsäure mit Sebacinsäure in Ggw. von p-Toluolsulfonsäure u. azeotrope Dest. des Rk.-Wassers mit KW-Stoffen bei 200—210° erfolgt ohne nennenswerte Umesterung. H. Brämer. 7888◇

2846 **Aldehydische Verbindungen durch Ozonisation pflanzlicher Öle.** E. H. Pryde und J. C. Cowan. (J. Amer. Oil Chemists' Soc. **39**, 496—500, Nov. 1962; Peoria, Ill., Northern Reg. Res. Cav. of the Northeon Utiliz. Res. and Dev. Div., Agric. Res. Service; engl.) — In ihrer Übersicht über die Darst. aldehyd. Verbb. durch Ozonisation pflanzlicher Öle behandeln Vff. den Einfl. des Lsgm. u. der Red.-Meth. auf die Ozonisation von Methyloleat, die Herst. homologer Aldehydester, die partielle u. vollständige Ozonisation ungesätt. pflanzlicher Öle u. Rkk. u. Verw. von Azelainaldehydsäurederivaten. — 41 Literaturangaben. H. Brämer. 7894◇

2847 **Die Sulfurierung des Rücklaufs vom thermischen Crackprozeß von Masut durch Schwefelsäureanhydrid.** M. A. Aschimow, S. A. Dadaschewa und A. Je. Kalauschin. (Erdöl-Wirtsch. Aserbaidshan **41**, Nr. 9, 37—40, 1962; russ.) — Aus dem Rücklauf, dessen Kennzahlen in einer Tabelle zusammengestellt sind, wird die saure 177 bis 326°-Fraktion abdestilliert. Durch Sulfurierung mit 96%ig. H_2SO_4 wird der Teer-Geh. auf 3,2% gesenkt. Der Aromaten-Geh. ändert sich nicht. Die Sulfurierung der Fraktion erfolgt bei 60—65°, die Beschickungs-Geschw. mit dem 8—9% SO_3-haltigen Gas beträgt 4—5 Liter/Min. u. die Ausbeute an Na-Salzen der Sulfonsäure erreicht 13—14%. Die Salze besitzen eine niedrige Oberflächenspannung, einen guten Schaum-Bldg.-Koeff. u. annähernd die Wascheigg. von Asolat-B. P. Scheer. 7912◇

2848 **Das Schaumvermögen und die Oberflächenadsorption des Senegins.** P. Joos, E. Moerman und R. Ruyssen. (Boll. chim. farmac. **101**, 577—91, 1962; Gand, Belgien, Univ., Inst. de Pharm.; franz.) — Untersucht wurde ein *Senegin*, das aus den Wurzeln von *Polygala Senega* isoliert worden war, Molgew. 1550, Hämolyseindex 55400 (Rinderblut). Das Schaumvermögen (S) wurde nach der bereits früher beschriebenen pneumat. Meth. ermittelt; die Grenzkonz. lag bei 0,004—0,005 g/Liter, bei welcher Konz. eine Oberflächenspannung von 47,8 dyn/cm ermittelt wurde. Im sauren Bereich, pH 2,7—5,2, sinkt das S, bleibt bis pH 8 konst. u. nimmt dann bei pH 8—8,8 wieder ab. Für die Oberflächenadsorption wurde ein Wert von $0{,}14 \cdot 10^{-9}$ Mol/cm^2, entsprechend einem monomol. Film, ermittelt. Ferner wurde das S in Ggw. von Methanol (I), A. (**II**) u. Propanol (**III**) untersucht; die Schaum-Bldg. unterblieb bei einer Konz. von 30 (%) **I**, 25 **II** u. 15 **III**. Auch NaCl u. $CaCl_2$ setzen das S herab, während $AlCl_3$ weniger schaumverhütend wirkte. H. P. Fiedler. 7912◇

2849 **Entfernung von Fettschmutz von Baumwolle in wässerigen Waschmittelsystemen.** W. C. Powe. (J. Amer. Oil Chemists' Soc. **40**, 290—94, 1963; St. Joseph, Mich., Whirlpool Corp. Res. Labor.; engl.) — Vortrag. — Die Unters. der Abhängigkeit der Schmutzentfernung (Sebum, Lanolin, Schmalz, Motoren-, Mineral-, Paraffin-, Petrolöl) von Baumwolle in wss. Waschmittel-Syst. [Nonylphenol + 10 EO (I), Tridecanol + 10 EO (**II**), Tallöl + 10 EO (**III**), Na-Talgsulfat (**IV**), Na-Laurylsulfat (**V**), Na-Dodecylbenzolsulfonat (**VI**) von der Temp. (80—180° F), der Waschmittel-Konz. (0,05—1,0%), der Zeit (1/4—15 Min.) u. dem Builder (Na-Pyrophosphat, Na-Tripolyphosphat, Trinatriumorthophosphat, Na-Metasilicat, Na-Carbonat, Na-Tetraborat, Na-Hexametaphosphat, Na-Sulfat) ergab: Maximale Schmutzentfernung wird in 5 Min. bei 120° F mit 0,25%ig. Waschmittel-Konz. (Wirksamkeit von **V** > **VI** = **I** > **IV** = **II** > **III**) erreicht. Der wirksamste Builder ist Na-Tripolyphosphat, dabei wirken alle Builder in Kombination mit den nichtion. Stoffen höchstens additiv, in Kombination mit den anion. Stoffen synergist. auf das Schmutzentfernungsvermögen. Die Verss. wurden in einem Launderometer bei 120° F durchgeführt u. die Schmutzentfernung aus der Differenz des aufgetragenen u. des nach dem Waschen durch Extraktion mit Chlf./Methanol (1 : 1) gravimetr. bestimmten Schmutzes berechnet. H. Brämer. 7912◇

2850 **Neue Gesichtspunkte für die Kontrolle des Waschverfahrens an Hand von Probestreifen.** Edmund Walter. (Wäscherei-Techn. u. -Chem. **13**, 484—98, 1960; dt.) — Durch das Mitwaschen von Probestreifen u. deren physikal. u. chem. Unters. vor u. nach jeweils bestimmter Anzahl von Wäschen („Waschgangkontrollen") lassen sich allein wichtige Schlüsse über ein sachgemäßes Waschen finden. Von wesentlichem Einfl. sind der pH-Wert der Waschflotte, das Flottenverhältnis u. der O_2-Geh. der Wasch- bzw. Bleichbäder zwischen denen ein Abhängigkeitsverhältnis besteht. Die opt. Aufheller entfalten erst auf gut gereinigten Geweben ihre volle Wirkung. H. Spohn. 7912◇

2851 **Neuere Erkenntnisse zur Hygiene des Waschens und Chemisch-Reinigens.** H. E. Schwarzkopf und I. Treuhoff. (Wäscherei-Techn. u. -Chem. **13**, 502—08, 1960; Zittau, Dtsch. Amt für Material- u. Warenprüfung, Abt. Wäschereiforsch.; dt.) — Labor.- u. Praxis-Unterss. mit verschiedenen Wasch-Verff. haben gezeigt, daß zur Erzielung einer Keimfreiheit bzw. wesentlichen Verringerung der pathogenen Keime die Temp. von ausschlaggebender Bedeutung ist: Erst bei Temp. oberhalb 60° erfolgt, unabhängig vom Wasch-Verf., eine wesentliche Red. der Keimzahl. Beim Trocknungsprozeß im Tumbler (60°) wird die Keimzahl nicht beeinflußt. Bei einer Behandlung im Niederdruckkalander wird bei 104° (90 Sek.) lediglich eine gewisse Red. der Keimzahl u. erst bei 163° (60 Sek.) eine Keimfreiheit bei Verss. mit den Testbakterien *Bact. Coli* u. *Staph. aureus* erzielt, während *Bacillus mesentericus* sich als völlig thermostabil erweist. —

Bei der Chemisch-Reinigung erfolgt beim Trocken-Verf. mit nur *Bzn.*, *Trichloräthylen*, CCl_4 oder *Perchloräthylen*, wie auch bei Zusatz von bis zu 4% W. überraschenderweise keine Beeinflussung des Keimwachstums. Dagegen kann bei Mitverwendung der sog. Reinigungsverstärker (synthet. waschakt. Substanzen) u. Zusatz von 4% W. bei chlorierten KW-Stoffen, nicht jedoch bei Bzn., völlige Keimfreiheit erreicht werden. H. Spohn. 7912◇

2852 **Das Stärken in der Wäscherei.** József Szejtli, János Holló und Sándor Komlós. (Magyar Textiltechn. [Ung. Textiltechn.] **15,** 26—28, 1963; Budapest, TU, Lehrstuhl Landw. chem. Technol. u. Patyolat-Wäscherei; ung.) — Allg. Überblick. P. Wamoscher. 7912△

2853 **Das Stärken in der Wäscherei. 2. Mitt. Untersuchung der Verkleisterung des Stärkekornes.** János Holló, József Szejtli, Elemér László, Gyuláne Gantner und Sándor Komlós. (Magyar Textiltechn. [Ung. Textiltechn.] **15,** 64—68, 1963; ung.) — 1. vgl. vorst. Referat. — Beschreibung des Verkleisterungvorganges, welcher nur bei gleichzeitiger Angabe der angewendeten Meth. eindeutig ist u. der Unters.- u. Meß-Meth. sowie des Einfl. der Temp., Wrkg. von Zusätzen, des pH-Wertes auf die Verkleisterung; Darst. u. Aufklärung des Mechanismus: reversible Wasseraufnahme, irreversible Quellung, Herauslösen der Amylose, Dispersion des Raumnetzes, Rolle der die Stärke abbauenden Substanzen. — 50 Literaturangaben. P. Wamoscher. 7912△

2854 **Schaumkontrolle mit Phosphaten.** Paul E. Levesque und Norman S. Mount. (Soap chem. Specialties **39,** Nr. 7, 135, 137, 139, 1963; New York, NY, FMC Corp., Organ. Chem. Div.; engl.) — *Organ. Phosphate* [*Tributoxyäthyl-* (*„KP-140“*), *Trikresyl-* (*„Kronitex AA“*), *Triaryl-* (*„Kronitex MX“*) u. *Tributylphosphat*] eignen sich als Antischaummittel bei der Herst. von Detergentien, Fußbodenpflegeemulsionen, Papierbeschichtungsmitteln, u. a.; die optimale Konz. liegt zwischen 0,01 u. 0,2% u. wird empir. ermittelt. Die Wirksamkeit des Antischaummittels hängt ab von seiner Oberflächenspannung u. der der schäumenden Lsg., von seiner Löslichkeit, Dispergierbarkeit, Viscosität u. der Elastizität des die Gasblasen umgebenden Films. I. Ohme. 7912◇

2855 **Verhalten von Metall-Komplexfärbungen und -drucken gegenüber polyphosphathaltigen handelsüblichen Waschmitteln.** E. F. Wagner. (Melliand Textilber. **44,** 505—07, 1963; Krefeld, Wäschereiforschung; dt.) — Unterss. des Verh. von Direktfarbstoffen u. von 1:1- u. 2:1-Metallkomplexfarbstoffen auf Baumwoll-, Zellwoll-, Woll- bzw. Polyamidgeweben gegenüber Seife (5 g/Liter), einer Feinwaschmittel-Lsg. (1 g/Liter, pH 7,6, 0% P_2O_5) u. 5 unterschiedlichen Vollwaschmittel-Lsgg. bei 40 u. 60° unter Verw. von dest. W. bzw. permutiertem Leitungswasser von 0° dH mit dem Launderometer ergaben keine direkten Beziehungen zwischen Polyphosphat-Geh. der Waschmittel u. Waschbeständigkeit der Komplexfärbungen. Bei den auf der Faser nachgekupferten Direktfarbstoffen scheint allerdings zumindest bei höheren Temp. Entkupferung aufzutreten (Abnehmen der Naßechtheit). Die Meßergebnisse des Launderometers an 1:1-Metallkomplexfärbungen nach 1 Wäsche (40°, 28% P_2O_5) stimmen gut mit den Messungen in einer Trommelwaschmaschine nach 5 Wäschen überein, während die Prüfung nach der DEK mit Seife/Soda abweichende Werte ergibt. H. Brämer. 7912◇

2856 **Gaschromatographische Analyse von Fettsubstanzen.** 3. Mitt. **Ausführungstechnik für die Chromatogramme von Butter und ähnlichen Produkten.** Scipione Anselmi, Luigi Boniforti und Riccardo Monacelli. (Riv. ital. Sostanze grasse **38,** 436—42, 1961; Roma, Ist. super. di Sanità, Labor. di Chim.; ital.) — 2. vgl. C. **1961,** 13039. — Inhaltlich ident. mit der C. **1962,** 18316 referierten Arbeit. R. K. Müller. 7932◇

2857 **Chemische Zusammensetzung des Samenöls von Peganum Harmala.** Vishwa Paul, Hem Raj und K. L. Handa. (Proc. nat. Acad. Sci., India, Sect. A **29,** 238—41, 1960; Jammu, Reg. Res. Labor.; engl.) — Der %-Geh. an Palmitin-, Stearin-, Arachin-, Behen-, Öl- u. Linolsäure im Samenöl von *Peganum Harmala Linn.* (Vern. Harmala) N. O. Rutaceae wurde papierchromatograph. bestimmt. H. P. Rettig. 7932◇

2858 **Ultraviolettspektrophotometrische Untersuchung von frisch gepreßten Olivenölen.** Bartolomeo Doro und Sergio Remoli. (Boll. Lab. chim. provinc. **13,** 488—97, 1962; Trieste, Labor. chim. provinc.; ital.) — Zur Klärung der hohen spektrophotometr. Werte einiger frisch gepreßter Olivenöle werden diese an aktiviertem Al_2O_3 (nach Brockmann) unter Verw. von Cyclohexan als Elutionsmittel adsorbiert, wobei die prim. u. sek. Oxydations-Prodd., die die UV-Absorption herabsetzen, abgetrennt werden, u. somit eine spezifischere Auswertung der Jungfernöle ermöglicht wird. Ein Olivenöl gilt nicht mehr als frisch gepreßt, wenn es nach dieser Behandlung eine um 0,09 höhere Absorption bei 270 mμ zeigt (Tabellen). G. Platzer. 7932◇

2859 **Über die Umwandlung von Olivenöl in Fettsäuremethylester für die gaschromatographische Analyse.** Bartolomeo Doro und Gino Gabucci. (Boll. Lab. chim. provinc. **13,** 478—87, 1962; Trieste, Labor. chim. provinc.; ital.) — Die Meth. der Umesterung in Ampullen zur Darst. der Fettsäuremethylester von Olivenöl für die gaschromatograph. Analyse wird untersucht. Zur Durchführung einer glatten Veresterung ist es erforderlich, daß der Säure-Geh. der Proben 1,5% (als Ölsäure) nicht überschreitet. — Man füllt 2 g (2,3 ml $\pm$ 0,1) Ölprobe in eine 5-ml-Ampulle, fügt mit einer Injektionsspritze 0,3 g (0,38 ml $\pm$ 0,01) 1,5%ig. Na-Methylat zu, schmilzt mit der Flamme zu, schüttelt 2 Std. im Luftthermostaten bei 75—76°, dekantiert, trennt die 2 Schichten u. chromatographiert. Diese Meth. lieferte dieselben Ergebnisse wie die klass. Meth. von Anselmi. G. Platzer. 7932◇

2860 **Die Fettsäuren des Nimöles und ihre Reduktionsprodukte.** J. H. Skellon, S. Thorburn, J. Spence und S. N. Chatterjee. (J. Sci. Food Agric. **13,** 639—43, 1962; Acton, London, Brunel Coll., Dep. of Chem.; engl.) — Vff. untersuchten 2 Muster eines aus Kanpur (Indien) stammenden *Nimöles* (Margosafett, *Azadirachta indica*; *Meliaceae*); SZ. 41, VZ. 198, JZ. 70,2, Unverseifbares 0,9% bzw. SZ. 41,1, VZ. 196, JZ. 71 u. Unverseifbares 1,7%. Nach 20 Monaten sank die JZ beider Muster auf 67. Das raffinierte Öl lieferte nach Pb-Salztrennung aus 234 g Fettsäuren 68,4 g gesätt. u. 147,8 g ungesätt. Fettsäuren. Bei der gaschromatograph. Unters. der Fettsäuremethylester wurden 0,55 (%) Myristin-, 18,0 Palmitin-, 17,9 Stearin-, 51,12 Öl-, 9,99 Linol- u. 2,54 Arachinsäure; auch Behen- u. Lignocerinsäure konnten nachgewiesen werden. Nach Na-Red. wurden erhalten u. nachgewiesen: Myricyl-, Cetyl-, Linoleyl-, Oleyl-, Stearyl-, Arachidyl-, Behenyl- u. Lignocerylalkohol.) H. P. Fiedler. 7932◇

2861 **Über die Reinheitsprüfung der Kakaobutter.** H. P. Kaufmann, H. Wessels und B. Das. (Fette, Seifen, Anstrichmittel **64,** 723—29, 1962; Münster, Westf., Dt. Inst. für Fettforschung; dt.) — Bericht über die Anwendung der Gaschromatographie (der Fettsäuremethylester) u. der Dünnschichtchromatographie (der Triglyceride mit Hilfe der Mehrfach-Entw. u. der Bromierungs-Meth.) sowie der enzymat. Verseifung der Kakaobutterglyceride durch Schweinepankreaslipase in Verbindung mit diesen Meth. zur Erkennung verfälschter Kakaobutter. — 28 Literaturangaben. H. P. Rettig. 7932◇

2862 **Anmerkungen zum Nachweis von Fremdfetten in Kakaobutter nach dem Verfahren von A. Purr.** A. Fincke. (Fette, Seifen, Anstrichmittel **64,** 729—34, 1962; Köln, Bundesverband Dt. Süßwarenind., Lebensmittelchem. Inst., dt.) — Beim Nachw. von Fremdfetten in Kakaobutter nach Purr [1954—1961] durch Tieftemp.-Kristallisation in Verbindung mit chromatograph. Meth. ist es im Hinblick auf eine einwandfreiere Best. der Myristinsäure u. die schlecht reproduzierbare Abtrennung der Stearinsäure vom krit. Säurepaar Öl-/Palmitinsäure zweckmäßiger, die säulenchromatograph. Unters. u. Fettsäure-Best. nicht mit den unhydrierten sondern mit den hydrierten Fettsäuren durchzuführen u. bei der Tieftemp.-Kristallisation auch die Zus. der ungesätt. Fettsäuren zu untersuchen, da diese sich in der acetonlösl. Fraktion in jedem Falle stark anreichern. — 33 Literaturangaben. H. P. Rettig. 7932◇

2863 **Quantitative Gaschromatographie.** 5. Mitt. **Der analytische Fehler bei der quantitativen Auswertung der Fettsäuren.** Franco de Francesco und Danilo Avancini. (Boll. Lab. chim. provinc. **13,** 447—55, 1962; S. Michele all'Adige [Trento], Labor. chim. dell'Ist. agrar. provinc., Serviz. Repressione Frodi; ital.) — 3. vgl. C. **1962**, 5143; 4. vgl. Boll. Lab. chim. provinc. **12**, [1961], 422. — Der Analysenfehler, der bei der quant. gaschromatograph. Best. von Fettsäuren vorkommt, u. die Reproduzierbarkeit der Best. werden untersucht. Die Erfahrung zeigt, daß der abs. Fehler an den Enden des Chromatogramms größer ist u. keinesfalls derartige Veränderungen verursacht, die eine fehlerhafte Auswertung der Zus. eines Fettes zulassen könnten. Die Reproduzierbarkeit der Best. in Naturfetten ist ausgezeichnet, so daß die gaschromatograph. Meth. zur Kontrolle der Zus. von natürlichen Fetten bes. geeignet ist. G. Platzer. 7936◇

2864 **Analyse der cis-trans-Isomeren von Fettsäuren durch Gas-Flüssigkeit-Chromatographie.** Carter Litchfield, Raymond Reiser und A. F. Isbell. (J. Amer. Oil Chemists' Soc. **40**, 302—09, 1963; Tex., Texas Agric. Experim. Stat., Dep. Biochem. Nutrition; engl.) — Übersicht über die gaschromatograph. Analyse der cis-trans-Isomeren von Monoen-, Dien-, Trien- u. Epoxysäuren von cis-trans-isomerisierten u. von partiell hydrierten Fetten u. über die Herst. u. Anwendung von Apiezon- u. Polyestersäulen von hohem Auflösungsvermögen sowie über neue Ergebnisse der geometr. Isomerentrennung von Linolensäuremethylestern auf Polyester- u. Apiezonsäulen u. der Trennung von Öl- u. Elaidinsäureestern auf einer Polyestersäule. — 38 Literaturangaben. H. Brämer. 7936◇

2865 **Verteilung der einzelnen Fettsäuren in den Kristallfraktionen von Schmalz.** L. K. Arnold und A. D. Milloy. (J. Amer. Oil Chemists' Soc. **40**, 296—97, 1963; Ames, Iowa, Iowa State Univ. of Sci. and Technol.; engl.) — Unters. der Verteilung der einzelnen Fettsäuren (Palmitöl-, Öl-, Linol-, Myristin-, Palmitin- u. Stearinsäure) in den Triglyceriden von Schmalz durch fraktionierte Kristallisation (Kühlung mit Trockeneis), enzymat. Hydrolyse der Fraktionen u. des Originalschmalzes mittels Steapsin u. Gaschromatographie (20% Äthylenglykolsuccinat auf Chromosorb, 215° oder 5% Butandiolsuccinat auf Schamotte bei 220°) der Fettsäuremethylester ergab, daß die einzelnen Fettsäuren in den Fraktionen nicht wahllos (gesätt. u. ungesätt. C_{14}- u. C_{16}-Säuren befinden sich überwiegend in der 2-Stellung, alle C_{18}-Säuren überwiegend in 1- u. 3-Stellung), die Gesamtheit der gesätt. u. ungesätt. Säuren jedoch nahezu wahllos auf die 3 Glyceridstellungen verteilt sind. H. Brämer. 7936◇

2866 **Thunfisch-Fettsäuren.** 1. Mitt. **Grundlegende Untersuchungen über die Zusammensetzung des hellen und dunklen Fleisches von blauflossigem Thunfisch (Thunnus thynnus)-Strukturisomere der Monoenfettsäuren.** W. T. Roubal. (J. Amer. Oil Chemists' Soc. **40**, 213—215, 1963; Seattle, Wash., Bureau Commercial Fisheries Technol. Labor.; engl.) — Durch Gas-Fl.-Chromatographie (2,7% DEGS auf säuregewaschenem u. siliconisiertem Chromosorb W, 174°) der Fettsäuremethylester wurde die Fettsäure-Zus. des hellen u. dunklen Fleisches von 3 Proben von blauflossigem Thunfisch analyt. bestimmt. Zur Ermittlung der Strukturisomeren der Monoensäuren wurde die Monoenfraktion nach Malins u. Houle [1961] durch Harnstofffraktionierung u. Tieftemp.-Fällung mit Aceton konz., die Methylester (Veresterung der Säuren mit Methanol in Ggw. von H_2SO_4) unter vermindertem Druck fraktioniert dest. u. durch präparative Gas-Fl.-Chromatographie (40% DEGS auf Chromosorb, 224°) gereinigt. Oxydative Spaltung mit Essigsäure/Permanganat u. Gas-Fl.-Chromatographie der in Methylester übergeführten Spalt-Prodd. ergab folgende Strukturisomere: cis-9-Hexadecen-, cis-9-Octadecen-, cis-11-Octadecen-, cis-9-Eicosen-, cis-11-Eicosen-, cis-11-Docosen- u. cis-13-Docosensäure. H. Brämer. 7936◇

2867 **Thunfisch-Fettsäuren.** 2. Mitt. **Untersuchungen über die Zusammensetzung von rohem und bearbeitetem einheimischen Thunfisch.** William T. Roubal. (J. Amer. Oil Chemists' Soc. **40**, 215—18, 1963; engl.) — 1. vgl. vorst. Referat. — Die Gas-Fl.-chromatograph. Unters. von rohem, vorgekochtem u. konserviertem Thunfischöl (*Neothunnus macropterus, Katsuwonus pelamis, Thunnus germo* u. *Thunnus thynnus*) bewies die Ggw. von 20 Fettsäuren mit C_{14}—C_{22} u. 0—6 Doppelbindungen. Der Öl-Geh. u. die Fettsäure-Zus. stimmen im allg. bei hellem u. dunklem Fleisch gut überein. Veränderungen der ungesätt. Fettsäuren werden bei der Bearbeitung u. Konservierung von Thunfischöl nicht beobachtet. H. Brämer. 7936◇

2868 **Analyse von Seifen mittels Bromwasserstoff in Eisessig.** E. T. Haeberer und G. Maerker. (J. Amer. Oil Chemists' Soc. **40**, 274—75, 1963; Philadelphia, Pa., Eastern Reg. Res. Labor. of E. Utiliz. Res. and Dev. Div.; engl.) — Die Best. der Alkalisalze langkettiger Fettsäuren u. α-Sulfofettsäuren u. Na-Stearat, Na- u. K-Palmitat, K-Myristat, Di-Na-α-Sulfostearat u. von Di-K-α-Sulfopalmitat) gelingt durch Titration mit 0,1n HBr-Lsg. in Eisessig unter Verw. von gesätt. Kristallviolett-Lsg. als Indicator, wobei im Fall der α-Sulfofettsäuresalze nur das Salz der Carboxylgruppe erfaßt wird. Unterss. mit α-Phosphonofettsäuren u. α-Phosphonofettsäureestern ergaben, daß alle 3 Na-Ionen der Trinatriumsalze der α-Phosphonofettsäuren u. beide Na-Ionen der Dinatriumsalze der α-Phosphonofettsäureester bei der HBr-Titration erfaßt werden. H. Brämer. 7938◇

2869 **Schnellmethode zur Bestimmung nichtsulfonierter Öle.** L. E. Weeks, R. T. Haynes und E. J. Eccles jun. (J. Amer. Oil Chemists' Soc. **40**, 257—60, 1963; St. Louis, Miss., Monsanto Chem. Co., Inorg. Chem. Div., Res. Dep.; engl.) — Zur Best. des Geh. an unsulfonierten Ölen während des Sulfonierungsprozesses (H_2SO_4, Oleum, SO_3) von Mineralölen, wie z. B. Tetradecylbenzol, eignet sich die Dest. mit Äthylenglykol + 40% wss. NaOH; die Berechnung erfolgt nach der Formel: % unsulfonierte Öle = ml Destillat·0,87 (Dichte) × 100/Probengewicht. Die erhaltenen, gut reproduzierbaren Werte liegen über denen der Dampf-Dest. u. der PAe.-Extraktion für den Fall der H_2SO_4-Sulfonierung (Verlust von leichtflüchtigen Bestandteilen) u. unter denen der PAe.-Extraktion für die Oleum- u. SO_3-Sulfonierung. H. Brämer. 7942◇

2870 **Die Adsorption und Chromatographie von Alkylbenzolsulfonaten an Holzkohle.** K. J. Mysels, B. Biswas und M. Tuvell. (J. Amer. Oil Chemists' Soc. **39**, 66—69, 1962; Los Angeles, Calif., Univ. of Southern California, Chem. Dep.; engl.) — Zur Charakterisierung der Komponenten von Gemischen aus Na-Alkylbenzolsulfonaten wird eine aktivierte Holzkohle ausgewählter Korngröße (Darco G-60) herangezogen; als Lsgm. dient Methanol, dem variierende Mengen an Bzl. sowie eine kleine Menge an Ammoniak u. an W. zugesetzt sind. Die Adsorption der oberflächenakt. Stoffe (oSt) wird analyt. nach der spektrophotometr. Meth. von Mukerjee u. a. [1956] mit Methylenblau ermittelt. Zur Analyse werden mg-Mengen der oSt eingesetzt. Es wird festgestellt, daß bei ihrer Adsorption van der Waalsche wie ion. Kräfte in strenger Abhängigkeit vom Molgew. u. Struktur wirksam sind. K. Täufel. 7942◇

2871 **Daten der Röntgenstrahlenbeugung eines Pulvers der Salze von α-sulfonierten langkettigen Säuren.** D. A. Lutz, J. K. Weil, A. J. Stirton und L. P. Witnauer. (J. Amer. Oil Chemists' Soc. **38**, 493—94, 1961; Philadelphia, Pa., Eastern Reg. Res. Labor.; engl.) — Nach bereits beschriebener Meth. werden die sauren bzw. neutralen Salze von α-sulfonierten Fettsäuren (Laurin-, Myristin-, Palmitin-, Stearin- u. Behensäure) mit Na, K, Li, Cs, Ca, Mg u. Triäthanolamin im krist. Zustand unter Angabe des Kristallisationsmediums (W., A./W., Methanol, Chlf.) dargestellt u. in Pulverform auf ihre Röntgenstrahlenbeugung untersucht. Nach den in einer Tabelle mitgeteilten Meßdaten (Long spacing in Å) lassen sich die geprüften Verbb. eindeutig voneinander unterscheiden; ihre Identifizierung — auch in Gemischen — ist auf diese Weise durchführbar. K. Täufel. 7942◇

2872 I. T. S. S. A. Impianti Tecnici Sfruttamento Sottoprodotti Agricoli S. r. l., Bari, Italien, **Extraktion von Ölen und Fetten aus pflanzlichen und tierischen Materialien.** Beim Verf. nach It. PP. 494 106; C. **1959**, 12087 u. 488 006 kann das Lsgm. aus dem Extraktionsrückstand auch in einem Trockner zurückgewonnen werden, in den die entölte Masse aus dem Extraktor übergeführt wird. — Vorr., Zeichnung. (**It. P. 550915** vom 24/9. 1954. **Zusatz zu It. P. 488006; C. 1959, 7664.**) K. Koebke. 7873

2873 M. W. Kellogg Co., Jersey City, übert. von: John W. Copenhaver, Short Hills, Jack Kwiatek, North Arlington, und Horace R. Davis jun., Nutley, N.J., V.St.A., **Verhindern des Verfärbens von Fetten,** die zur Herst. von Seifen bestimmt sind, bes. von Talg, der durch Behandlung mit heißem Propan entfärbt wurde, durch Zusatz von 0,005—0,3% 2-Mercaptoäthanol, Thiophenol, Thiokresol oder Benzylmercaptan u. 0,005—0,3% H_3PO_4. (**A. P. 3 004 048** vom 4/4. 1951, ausg. 10/10. 1961.) C. Lüttgen. 7879

2874 Horace Kir Kourov-Beff, Seine, Frankreich, **Reinigen und Fraktionieren von Ölen und Fetten** (z. B. Soja-, Traubenkern-, Olivenöl) durch Auflösen in einem nicht polaren, mit einem niederen Alkohol unvollständig mischbaren Lsgm. [z. B. Cyclohexan (I), Hexan] u. Behandeln dieser Lsg. zuerst mit alkal.-alkohol. Lsgg. u. dann mit einem mit dem angewandten Lsgm. versetzten Alkohol. — Zum Beispiel löst man 100 g Olivenöl in 100 (cm³) I u. behandelt diese Lsg. mit 150 alkal. Methanol (II) dann mit 100 I enthaltendem II. Nach Entfernung des Lsgm. erhält man 76 g eines hellgelben, neutralen, geruchlosen Öles (JZ. 76). (**F. P. 1 157 938** vom 8/9. 1956, ausg. 5/6. 1958.) T. Oppermann. 7895

2875 Louis Gilles und Recherches Techniques et Applicatious Industrielles, Bouches-du-Rhône, Frankreich, **Verwendung von Silicon-Emulsionen zum selektiven Trennen,** z. B. der freien Säuren pflanzlicher Öle vom Neutralöl. — Auf 100 (kg) Öl aus Olivenöltrestern mit 10 Fettsäuren gibt man 3,7 Liter Soda-Lsg. von 36° Bé u. 30 g Silicone als wss. Emulsion. Man fügt 100 Liter W. hinzu u. behandelt in der Wärme bei 80°. Das gesamte Neutralöl setzt sich über der Dispersion (I) von Seife u. Pigmenten ab. Durch Erhöhung des pH-Wertes von I kann die Seife von der Pigmentdispersion getrennt werden. — Das Verf. ist auf alle pflanzlichen u. Mineralöle anwendbar. (**F. P. 1 181 409** vom 26/3. 1957, ausg. 16/6. 1959.) W. Heyne. 7895

2876 Amilcare Beglioni, Rom, Italien, **Gewinnung von Olivenöl** durch Auspressen von Oliven, dad. gek., daß die Presse mit aufeinander folgenden Schichten von ausgepreßtem Oliventreber u. frischen Oliven beschickt wird. Hohe Ausbeute. — Vorr., Zeichnung. (**It. P. 551 805** vom 17/6. 1955.) K. Koebke. 7895

2877 E. F. Drew & Co., Inc., übert. von: George Barsky, New York, N.Y., und Vigen K. Babayan, Livingston, N.J., V.St.A., **Behandeln von Cocosnußöl** (I) mit den Triglyceriden aus wenigstens einer niedrigmol. Fettsäure, bes. Capryl- (II) oder Caprinsäure (III), wobei Prodd. mit Ep. $<19^0$ erhalten werden. Pro 100 (Gew.-Teilen) I oder ähnlichem Öl werden 5—100 Triglycerid zur Rk. gebracht; es sollen höchstens 2,5 Laurinsäure u. 1,5 Capronsäure im Glycerid enthalten sein. Bevorzugtes Verhältnis im Triglycerid: 65—76 **II**:25—35 **III**. — Diagramm. (**Can. P. 563 197** vom 3/10. 1956, ausg. 9/9. 1958.) H.-J. Nitzschke. 7895

2878 James G. Roberts, Elkhorn, Nebr., V.St.A., **Butterähnliche Streichmasse** aus 45—50(%) W., 20—25 Butterfett u. 25—30 fettfreien Festbestandteilen aus Milch, von denen $\geqq 50$ feste Anteile aus Buttermilch sind. Herst. z. B. durch Mischen von 25 (Teilen) Molkerei-Prod. mit $\geqq 80$% Milchfett mit $\leqq 5$% einer Milchsäure produzierende Organismen enthaltenden Kultur, Lebensmittelfarbstoffen u. Vitaminkonzentraten, Zugabe von 14 festen Magermilchbestandteilen unter Rühren, dann von 50 W. bei 74—76° F u. schließlich von 16 festen Buttermilchbestandteilen. (**Can. P. 571 014** vom 28/4. 1954, ausg. 24/2. 1959. A. Prior. 4/1. u. 1/3. 1954.) H.-J. Nitzschke. 7901

2879 Chiesa Vittorio & Co., Mailand, Italien, **Weichmachen von Speisefetten,** bes. von *Cocosfett*, dad. gek., daß in das fl. Fett während der Verfestigung ein inertes Gas (N_2) eingeblasen wird, z. B. 1—5% des Fettgewichts. (**It. P. 550 709** vom 7/7. 1954.) K. Koebke. 7901

2880 Sylvester Barry, Melfort, Saskatchewan, Canada, **Seife** aus 65—80 (%) wasserlösl. Leim, 17—32 Seife u. 1—3 NaCl. (**Can. P. 559 880** vom 10/2. 1956, ausg. 8/7. 1958.) H.-J. Nitzschke. 7911

2881 Procter & Gamble Co., Cincinnati, Ohio, V.St.A., **Herstellung eines granulierten, bleichend wirkenden Waschmittels,** dad. gek., daß man ein in granulierter Form vorliegendes, nicht kation. Reinigungsmittel bei 66 bis 110°, bes. 82—104°, mit Na-Perborattetrahydratkristallen mischt u. das erhaltene Prod., ehe eine Zers. des Perborats erfolgt, abkühlt. (**Oe. P. 210 856** vom 6/4. 1956, ausg. 25/8. 1960.) T. Oppermann. 7913

2882 Ajem Laboratories, Inc., Livonia, übert. von: Orlan M. Arnold, Grosse Pointe Park, und Raymond H. Harbin, Detroit, Mich., V.St.A., **Reinigungsmittel** aus 39,34 (Teilen) wasserfreiem Na_2CO_3, 24 krist. wasserfreiem Na-Tripolyphosphat, 7,61 wasserfreiem Na_3PO_4, 16 $NaH_2PO_4 \cdot H_2O$, 2 $NaNO_2$, 5 Tributylphosphat, 2,5 Alkylphenoxypolyoxyäthylenäthanol, 1,5 Alkylarylpolyätheralkohol, 1 Phosphorsäuremono-2-äthylhexyl-bis-[polyoxyäthylenglykol]-ester u. 1 Siliconentschäumer (Dispersion von 5% koll. SiO_2 u. 1% oberflächenakt. Mittel in einem Polysiloxan). (**Can. P. 563 357** vom 28/5. 1956, ausg. 16/9. 1958. A. Prior. 2/6. 1955.) H.-J. Nitzschke. 7917

2883 Soc. Belge de l'Azote et des Produits Chimiques du Marly Soc. An., Lüttich, und Soc. Carbochimique Soc. An., Brüssel, Belgien, **Reinigungspräparate** vom nichtion. Typ, dad. gek., daß sie als hauptsächlichen wirksamen Bestandteil ein Gemisch aus dem Kondens.-Prod. aus einem oder mehreren Alkylenoxiden u. einer hydrophoben organ. Verb. u. einem Kondens.-Prod. aus einem oder mehreren Alkylenoxiden u. Wollfett oder Derivv. des Wollfettes enthalten. (**Oe. P. 212 473** vom 6/10. 1959, ausg. 27/12. 1960. E. Prior. 9/10. 1958 u. 15/9. 1959.) T. Oppermann. 7917

2884 Dehydag Deutsche Hydrierwerke G. m. b. H., Düsseldorf (Erfinder: Wennemar Strauss und Hans Wedell), **Reinigen von Metallteilen,** bes. von ölverschmutzten Gegenständen (I) durch organ. Lsgm. (II), dad. gek., daß man ein Bad von 2 Phasen verwendet, deren untere Phase aus einer wss. Lsg. eines Waschrohstoffes (III) besteht. Die zu reinigenden I werden beim Einbringen in das Bad zuerst mit den II behandelt, dann mit der wss. Lsg. des III u. schließlich gespült. (**Ind. P. 68 052** vom 16/6. 1959. **Aust. P. 234 739** vom 19/6. 1959, ausg. 17/8. 1961. D. Prior. 12/7. u. 6/8. 1958.) C. Lüttgen. 7917

2885 Joh. A. Benckiser G. m. b. H., Chemische Fabrik, Ludwigshafen/Rh., **Herstellung von festen, desinfizierenden Reinigungsmitteln** nach Oe. P. 207 020, dad. gek., das als baktericides Mittel p-Benzylphenol allein oder zum überwiegenden Teil zugesetzt wird. (**Oe. P. 212 471** vom 26/7. 1957, ausg. 27/12. 1960. D. Prior. 27/7. 1956. **Zusatz zu Oe. P. 207 020; C. 1960, 14554.**) T. Oppermann. 7917

2886 **Henkel & Cie. G.m.b.H.,** übert. von: **Hans Waldmann** und **Werner Stein,** Düsseldorf, *Trennen von Fettsäuregemischen.* (**A. P. 3 052 700** vom 24/6. 1959, ausg. 4/9. 1962. D. Prior. 3/7. 1958. — C. **1961,** 3186 [D. A. S. 1 088 490].)

2887 **Henkel & Cie. G.m.b.H.,** Düsseldorf, *Waschmittel in Stückform.* (**Oe. P. 224 245** vom 2/9. 1957, ausg. 12/11. 1962. D. Prior. 11/12. 1956. — C. **1959,** 17557 [D. A. S. 1 038 694].)

2888 **British Nylon Spinners Ltd.** (Erfinder: **Kenneth Arthur Brunt** und **David Williams**), *Waschmittel.* (**Aust. P. 237 500** vom 1/12. 1959, ausg. 8/3. 1962. — C. **1963,** 2671 [E. P. 873 214].)

2889 **Elektrochemische Fabrik Kempen G.m.b.H.,** Deutschland, *Reinigungsmittel in Pulverform.* (**F. P. 1 193 400** vom 18/3. 1958, ausg. 2/11. 1959. D. Prior. 21/3. 1957. — C. **1960,** 2727 [D. A. S. 1 057 717].)

2890 **Unilever N. V.,** Rotterdam (Erfinder: **Johannes Albertus Wolhoff,** Vlaardingen), Niederlande, *Korrosionsverhütende, Perverbindungen enthaltende Waschmittel.* (**Oe. P. 213 365** vom 11/2. 1959, ausg. 10/2. 1961. E. Prior. 11/2. 1958. — C. **1962,** 1837 [E. P. 849 747].)

2891 **Farbwerke Hoechst Akt.-Ges., vormals Meister Lucius & Brüning,** Frankfurt/M.-Höchst, *Chemische Reinigung von Fasergut.* (**Oe. P. 213 368** vom 9/9. 1959, ausg. 10/2. 1961. D. Prior. 11/9. 1958. — C. **1961,** 2476 [D. A. S. 1 084 865].)

2892 **Procter & Gamble Co.** (Erfinder: **Bruce Strain,** Wyoming, **Stanley L. Eaton** und **Kenneth R. Ericson**), Cincinnati, Ohio, V.St.A., *Reinigungsmittel in granulierter Form.* (**Schwz. P. 345 405** vom 6/4. 1956, ausg. 13/5. 1960. A. Prior. 8/4. 1955. — C. **1963,** 20226 [A. P. 2 876 200].)

2893 **Unilever Ltd.,** Port Sunlight, England, *Flüssiges Reinigungsmittel.* (**Ind. P. 68 107** vom 22/6. 1959, ausg. 30/1. 1962. E. Prior. 10/7. 1958. — C. **1962,** 15809 [E. P. 855 679].)

H_{18a}. Holz, Cellulose, Zellstoff, Papier, Papierdruck, Celluloid, Linoleum

2894 **Untersuchung von Celluloselösungen in Cadoxen (Äthylendiamin-Cadmiumhydroxid).** 1. Mitt. **Der Einfluß des Zustands der Cellulosepräparate auf ihre Löslichkeit in diesem Lösungsmittel.** Henryk Nadziakiewicz und Hanna Jedlińska. (Polimery — Tworzywa wielkoczasteczkowe **7,** 89—91, 1962; Inst. Włokien Sztucznych i Syntetycznych; pol.) — Zwischen dem Polymerisationsgrad (320—1850) der untersuchten Cellulose (**A**)-Präpp. u. ihrer Löslichkeit in Cadoxen besteht keine einfache Beziehung. Durch Quellung in 10%ig. NaOH können alle Präpp. nach 30 Min. langem Schütteln gelöst werden. Daraus wird gefolgert, daß entscheidend für die Löslichkeit von **A** nicht nur das Molgew., sondern ihre strukturellen Eigg. sind, bes. die Reste der ursprünglichen Struktur, die in allen **A**-Präpp., die nicht im Laufe ihrer Gewinnung gelöst werden, erhalten bleiben. I. Köditz. 7954

2895 **Veränderung der spezifischen Oberfläche der Cellulose bei chemischen Reaktionen.** L. Kudlaček und J. Růžička. (Hochmolekulare Verbind. [UdSSR] **4**, 1103—09, 1962; Pardubitze, Chem.-technol. Inst., ČSR; russ., Auszug: engl.) — Durch Methanol u. anschließende Behandlung mit n-Pentan entwässerte Präpp. verschiedener *Cellulosen* (**I**) wurden mit Hilfe von Ar auf die Größe ihrer inneren Oberfläche hin untersucht. In lufttrockenem Zustande zeigen **I** Werte von 1—3 m^2/g, auch wenn sie sich wesentlich in ihren physikal.-chem. Eigg. unterscheiden. Bei Trocknung verkleinert sich die spezif. Oberfläche auf 1—2 m^2/g. Quellung durch verd. Lsgg. von Alkali oder Säuren führt zu Werten bis zu 40,0 m^2/g. Aus Viscose-Lsgg. regenerierte **I** zeigen je nach der Art der Einw. spezif. Oberflächen von 10—15 m^2/g; beim Trocknen solcher Präpp. sinkt der Wert auf 1 m^2/g. Bei Nitrierung von **I** steigt die Größe der inneren Oberfläche anfangs etwas an (Gebiet der oxydierenden u. hydrolyt. Rkk.), um nachher abzufallen. Bei einem N_2-Geh. von ca. 10%, gleichgültig, ob in einer Gasatmosphäre oder mit einem Nitriergemisch gearbeitet wurde, hat man eine spezif. Oberfläche von ca. 10 m^2/g, die sich weiterhin prakt. nicht verändert. M. Ulmann. 7954◇

2896 **Die physikalischen Eigenschaften nasser Bahnen.** 1. Mitt. **Faser-Wasser-Bindung und das Verhalten nasser Zellstoffbahnen.** A. A. Robertson. (Tappi **42**, 969—78, 1959; Montreal, Canada, Pulp and Paper Res. Inst.; engl.) — Die experimentell ermittelten Änderungen der Bogen-Eigg. (Dehnbarkeit) bei der fortschreitenden Trocknung einer Zellstoff (**A**)-Bahn von 10 auf 50% Feststoff-Geh. werden graph. dargestellt. Die Kurven für eine Anzahl von **A** haben charakterist. Form, sind jedoch relativ zur Achse des prozentualen Trockengeh. verschoben in Abhängigkeit von dem mit der Faser gebundenen Wassergehalt. Aus den Daten kann ein krit. Feststoff-Geh. bestimmt werden, der das Verschwinden von „freiem" W. aus der **A**-Bahn kennzeichnet. Das „gebundene" W. wird annähernd durch das hydrodynam. spezif. Vol. vermittels der Permeabilitäts-Meth. gemessen. Die Eigg. des „gebundenen" W. u. die Mechanismen der Faser/W.-Bindung werden erörtert unter Verweisung auf eine Anzahl experimenteller Meth., die auf dem Trocknungsverhältnis, der Farbstoffbeweglichkeit u. der Wasserretention unter hydrostat. Spannung beruhen. Jede dieser Meth. mißt einen Anteil des „gebundenen" W., dessen Menge von der Festigkeit, mit der es von der Faser festgehalten wird u. den Kräften bei der Entwässerung, die für jede Meth. charakteristisch sind, abhängt. Ein Vgl. der Meth. läßt zwischen beweglichem u. unbeweglichem W. unterscheiden u. ist ein Mittel, um sie zu messen. F. Zeidler. 7956◇

2897 **Die physikalischen Eigenschaften nasser Bahnen.** 2. Mitt. **Faser-Eigenschaften und das Verhalten nasser Bahnen.** A. A. Robertson. (Svensk Papperstidn. **66**, 477—96, 1963; engl.) — Eine Reihe von Labor.-Verss. mit der Aufgabenstellung, die Veränderungen in den physikal. Eigg. einer nassen Zellstoff (**A**)-Bahn bei fortschreitender Entwässerung zu untersuchen, wird beschrieben. Die Eigg. des Vlieses werden in Beziehung zu den Faser-Eigg., dem Aufbau (Geometrie) desselben u. der Wasserverteilung in der Bahn gesetzt. Bes. Gew. wird auf den Mechanismus, nach der das W. von den Fasern zurückgehalten wird, gelegt. Die Rolle der Faserflexibilität u. der Kollabierung der Fasern sowie der Koch-Verff., Mahlung u. Trocknung werden diskutiert. Die Bedeutung der experimentellen Ergebnisse für die **A**-Beurteilung sowie für die Theorie u. Praxis der Papier-Herst. wird aufgezeigt. F. Zeidler. 7956◇

2898 N. V. de Bataafsche Petroleum Mij., Den Haag, Niederlande, **Fungicides Anstrichmittel zur Behandlung von Holz und besonders von Zapfstellen an Gummibäumen,** bestehend aus einem Mineralöl (**I**), Bitumen (**II**) u./oder mikrokristallinem Paraffin u. $<$2,5% eines Fungicids, z. B. 40 kg **II**, 60 **I**, 1 Ricinusöl u. 0,3 reinem Kreosot. (**Ind. P. 64 302** vom 7/6. 1958, ausg. 8/12. 1960.) C. Lüttgen. 7953

2899 Vita Mayer & Co. (Erfinder: Pietro Colombo), **Herstellung von Cellulosepülpe** aus Holzspänen der Pappel u. anderen laubabwerfenden Bäumen. Die Späne werden durch mehrere Zylindermühlen geschickt u. nach jedem Durchgang durch eine Mühle durch Eintauchen in NaOH (10—100 g/Liter) bei 20—40° damit durchtränkt, wobei ein Netzmittel, bes. ein Äthylenpolyoxykondensations-Prod., in Mengen von 0,05 Gew.-% des trockenen Holzes zugesetzt wird. (**Aust. P. 228 669** vom 24/12. 1957, ausg. 20/10. 1960.) K. Demmler. 7955

2900 Nobel-Bozel, Seine, Frankreich, **Bestrahlen von Hochpolymeren** mit ionisierender Strahlung in einem Nichtlöser. Man kann das Polymere auch in Monomerem quellen lassen u. dann in einem Nichtlöser bestrahlen. Die Polymeren können als Körner oder Pulver, als Folien, Fäden, Rohre, Platten vorliegen. — Man taucht 200 g Cellulose, die 95% α-Cellulose enthält, $1^1/_2$ Min. in n NaOH, trocknet bei 60°, walzt mit 600 cm^3 Vinylacetat u. taucht die erhaltenen gequollenen Flocken in W., wo sie mit ^{60}Co von 600c mit 2500 r/Min. bis zu 400000 r bestrahlt werden. Man erhält ein hartes, opakes, walzbares, bei 145° erweichendes Produkt. (**F. P. 1 210 101** vom 30/8. 1958, ausg. 7/3. 1960.) M. Pankow. 7955

2901 Udic Soc. An., Schweiz, **Herstellung von Cellulose mit hohem Gehalt an α-Cellulose.** Der durch Aufschluß von Holzhackspänen, bes. Rotbuchenholz, nach dem Sulfit-Verf. u. anschließendes Bleichen erhaltene Zellstoff wird zur Beseitigung der Verunreinigungen u. Pentosane bei 20° ca. 15 Min. mit 30—35% HCl im Verhältnis HCl : Cellulose 30—33 : 1 behandelt. Nach dem Abtrennen der HCl u. Auswaschen derselben wird der Cellulosebrei bei 20° ca. 30 Min. mit 8%ig. wss. NaOH nachbehandelt. Man erhält eine Cellulose mit ca. 96% α-Cellulose u. einem Pentosan-Geh. $<$0,8%. Die HCl-haltigen Behandlungs- u. Wasch-Fll. können in Mehrstufenverdampfern aufkonz. u. wieder verwendet werden. (**F. P. 1 224 438** vom 12/5. 1959, ausg. 23/6. 1960. Schwz. Prior. 12/5. 1958.) W. Wittholz. 7963

2902 Teikoku Jinzo Kenshi Kabushiki Kaisha, Kobe (Erfinder: Hioanari Fujimoto, Iwakuni), Japan, **Entfernung niedrigsiedender Lösungsmittel aus hochviscosen Flüssigkeiten von Hochmolekularen,** z. B. von CH_2Cl_2 aus solches enthaltendem Celluloseacetat. Man gibt die Fl. kontinuierlich in ein Rührgefäß u. leitet auf die Fl.-Oberfläche Wasserdampf, wobei Dampf u. Lsgm. entfernt werden. — Zeichnung. (**Jap. A. S. 18584/1960** vom 19/3. 1958, ausg. 23/12. 1960.) M. Pankow. 7971

2903 Celanese Corp. of America, New York, N.Y., V.St.A., **Celluloseester** von niedrigmol., aliphat. Carbonsäuren erhält man bei der Rk. von Cellulose mit einer Mischung aus niedrigmol. aliphat. Carbonsäureanhydriden, CH_2Cl_2, H_2SO_4 u. geringen Mengen einer dem Säureanhydrid entsprechenden Carbonsäure, vorteilhaft bei 15—45°. Vor der Veresterung soll die Cellulose einer aktivierenden Behandlung mit 20—100 Gew.-% (der Cellulose) einer niedrigmol., aliphat. Säure oder deren Mischung unterworfen werden. (**E. P. 840 319** vom 13/12. 1956, ausg. 6/7. 1960. A. Prior. 13/12. 1955.) G. König. 7971

2904 American Viscose Corp., Philadelphia, Pa., V.St.A., übert. von: David T. Milne, Deventer, Niederlande, **Stabile, kolloidale, in Wasser unlösliche, in Alkalien lösliche Hydroxyäthylcelluloseäther,** erhält man bei der Suspension eines Celluloseäthers, welcher 0,3—1,3 Hydroxyäthylgruppe auf eine Glucosegruppe ($C_6H_{10}O_5$) aufweist, in einer wss. Alkali-Lsg., die 0,4—4% Alkalihydroxid enthält. Das pH der Lsg. soll zwischen 5—9 liegen. Der Lsg. werden noch Alkalisalze der Ameisen-, Propion-, Butter-, Malein-, 2.4-Dimethylbenzoe- u. Fluorkieselsäure zugesetzt. — *Überzugsmassen*, Herst. von *Folien*, *Filmen*, *Druckpasten*. (**A. P. 2 947 645** vom 29/10. 1957, ausg. 2/8. 1960.) G. König. 7971

2905 Régie Nationale des Usines Renault, Seine, Frankreich, **Pfropfpolymerisation.** Allylcelluloseäther mit 0—1 Allylgruppe pro Celloglucaneinheit wird mit polymerisierbaren Verbb. polymerisiert, wodurch die Eigg., wie Abrieb, Färbbarkeit, Säurefestigkeit, Brennbarkeit, verändert werden. — 100 g Allylcellulse mit 0,3 Allylgruppen pro Celloglucaneinheit werden in 5 kg 0,2% Benzoylperoxid enthaltendes Styrol gegeben u. 13 Tage bei Raum-Temp. gehalten. Man trennt die Allylcellulose ab u. wäscht Polystyrol mit Bzl. ab: Gew.-Zunahme 42,5%. (**F. P. 1 211 629** vom 3/9. 1958, ausg. 17/3. 1960.) M. Pankow. 7971

2906 Furdoonjee Dorabjee Pudumjee „Alka", Bombay, Indien, **Gewinnung von gebleichtem Faserbrei zur Herstellung von Papier,** dad. gek., daß man das Rohmaterial, wie Bagasse, Esparto- u. „Sabai"-Gras, Stroh u. ähnliches Material, bes. in zerkleinertem Zustande mit einer wss. NaCl-Lsg. mischt u. elektrolysiert, wobei neben der Bleichung durch das entstehende Cl_2 gleichzeitig ein alkal. Aufschluß erfolgt. (**Ind. P. 64 827** vom 1/8. 1958, ausg. 15/12. 1960.) C. Lüttgen. 7975

2907 Kommanditbolaget Convex Playing-Card, Wilh. Nordfors & Co., Åbo, Finnland (Erfinder: Wilhelm Nordfors), **Bedrucken von Papier im Farbdruck.** Zunächst werden die mit Farbe zu bedruckenden Partien mit Firnis bestrichen, während die übrigen Partien befeuchtet werden. Das so vorbehandelte Papier wird einer Infrarotbestrahlung ausgesetzt u. dann mit Farbpulver bestreut, das auf dem Firnis haften bleibt. Nach Abblasen überschüssigen Pulvers wird das Papier einer UV-Bestrahlung zwecks Härtung der Firnispartien unterworfen, wobei gleichzeitig warme, feuchte Luft über das Papier geblasen wird. Abschließend wird nochmals kalte Luft über das Papier geleitet. — Abbildung. (**Finn. P. 30 573** vom 26/11. 1955, ausg. 15/1. 1960.) K. H. Kähler. 7989

2908 Addressograph-Multigraph Corp., Cleveland, Ohio, V.St.A., **Flachdruckfolie.** Auf einen flexiblen Träger, bes. eine mit Casein + Kaolin gestrichene Kraftpapierfolie wird eine alkal. Lsg. von Cellulose aufgetragen, die mit N_2O_4 oxydiert worden ist u. ggf. ein Pigment, bes. Al_2O_3, enthält. Durch längeres Erhitzen auf 90° oder Einw. einer verd. Mineralsäure, z. B. 10%ig. H_3PO_4 wird die Schicht unlösl. gemacht. Sie ist dann gleich stark hydrophil u. oleophil. (**E. P. 844 085** vom 8/1. 1958, ausg. 10/8. 1960. A. Prior. 25/1. 1957.) A. Kalix. 7989

2909 Asahi Kasei Kogyo Kabushiki Kaisha, Osaka (Erfinder: Masatoshi Nakayama, Nobeoka), Japan, **Bleichen von Celluloidabfällen.** Das gefärbte Material wird zerkleinert u. nach Zusatz von NaOCl oder $NaClO_2$ mit einer Cl-Konz. von 0,05—0,5% bei pH 2—6 auf 60 bis 100° erhitzt. — 100 g rote Celluloidabfälle werden auf 0,2 mm zerkleinert u. mit 2 Litern einer Lsg. von $NaClO_2$ mit 0,3%-Cl-Konz. versetzt, mit H_2SO_4 wird auf pH 3 gestellt, 1/2 Std. bei 80° gerührt, mit W. auf 80—100° erhitzt u. nach dem Trocknen mit A. versetzt. Das Regenerat kann erneut gefärbt werden. (**Jap. A. S. 18 583/1960** vom 1/10. 1958, ausg. 23/12. 1960.) M. Pankow. 7997

2910 Soc. An. des Forges de Saint-Hipolyte, Territoire de Belfort, Frankreich, **Herstellung von Celluloseschwämmen aus Regeneratcellulose.** Man taucht Fasern in eine gesätt. Salz-Lsg., z. B. Na_2SO_4-Lsg. u. läßt an den Fasern Salzkristalle abscheiden, die, auf die gewünschte Größe zerkleinert, mit Viscose gemischt u. geformt werden, worauf die geformte Mischung koaguliert wird u. die Kristalle gelöst werden. (**F. P. 1 215 195** vom 10/11. 1958, ausg. 15/4. 1960.) M. Pankow. 8001

2911 **Dow Chemical Co.** (Erfinder: **Francis E. Windover, Garth H. Beaver** und **Arthur W. Anderson**), Midland, Mich., V.St.A., *Thermoplastisches Celluloseätherpräparat.* (**Jap. A. S. 11 143/1961** vom 13/5. 1959, ausg. 20/7. 1961. A. Prior. 13/5. 1958. — C. **1962**, 15452 [A. P. 2 965 508].)

H_{18b}. Textilfasern

2912 **Hemdenstoffausrüstung von gewirkten Polyamiden.** H. Beiertz. (SVF Fachorg. Textilveredl. **17,** 911—16, 1962; Wiedenbrück, Westfalen; dt.) — Ausrüstungsmaschinen zu den einzelnen Ausrüstungsprozessen für Hemdenstoffe aus gewirkten Polyamiden sowie Ausrüstungs-Verff. werden beschrieben. I. Beßer. 8024◇

2913 **Reaktive Acryle — eine neue Art von Textilausrüstungsmaterial.** A. C. Nuessle und B. B. Kine. (Tinctoria [Milano] **59,** 475—85, 1962; Philadelphia, USA, Rohm and Haas Co.; ital. — C. **1962, 13624.**) A. Sander. 8032◇

2914 **Einfluß von Aktivatoren und Stabilisatoren auf den Bleichprozeß mit Chlorit und die Arbeitssicherheit.** Kazimierz Aścik. (Przegląd włókienniczy **16,** 589—97, 1962; pol.) — Vgl. C. **1962,** 8111, 9562. — Der Bleichmechanismus mit $NaClO_2$ wird erläutert.; die durchgeführten Verss. werden beschrieben. Diese Bleichmeth. erlaubt eine Verkürzung der Einwirkungszeit. Die größere Bleichgeschw. ermöglicht eine kontinuierliche Führung des Prozesses. Bes. bei Leinenfasern macht sich die größere Aktivität von $NaClO_2$ bemerkbar. Baumwoll- u. Leinenstoffe erhalten einen höheren Weißgeh., einen weichen Griff sowie besseren Glanz. Der Gew.-Verlust der Fasern ist bedeutend geringer als bei den klass. Bleichmethoden. In Ggw. von Milchsäure u. $Na_4P_2O_7$ wird ein günstiger Einfl. von H_2O_2 u. $NaBO_3$ auf die Verringerung der ClO_2-Entw. festgestellt. K. Pluta. 8032◇

2915 **Die statische Aufladung und ihre Verhinderung beim Ausrüsten von Wolle/Synthesefaser-Gemischen.** H. Grunert. (Z. ges. Textilind. **64,** 786—89, 1962; dt.) — Vgl. C. **1963,** 7211. — Mit Hilfe des elektrostat. Feldstärkenmeßgerätes werden die stat. Aufladungen bes. bei der Ausrüstung von Wolle-Synthesefaser (Trevira, Terlenka)-Gemischen gemessen. Es wird nachgewiesen, daß durch Einsatz von in W. lösl. wie auch permanent antistat. Prodd. die stat. Aufladung während der Ausrüstungsprozesse behoben werden kann. I. Beßer. 8032◇

2916 **Untersuchung schmutzabweisender Ausrüstungen.** J. M. Collins, O. C. Bacon und J. E. Smith. (Amer. Dyestuff Reporter **51,** P 1029—P 1036, 1962; E. I. du Pont de Nemours & Co., Inc., Org. Chem. Dep., Dyes Chem. & Techn. Labor.; engl.) — Die Best. der Wasser- u. Ölabweisung ist kein sicherer Maßstab für die entsprechende Fleckenbeständigkeit von mit wasser- u. ölabweisenden Mitteln ausgerüsteten Geweben. Wenn Flecken zu einer derartigen Best. aufgebracht werden, spielen deren physikal. Eigg., wie Oberflächenaktivität, Viscosität, Elektrolyten-Geh. u. die Umstände bei der Befleckung, wie Zeit u. Druck, eine entscheidende Rolle. Eine große Zahl gewöhnlicher Flecken wird durch eine statist. Meth. nach der Ähnlichkeit ihres Verh. eingestuft. 9 Flecken, einige wss. u. einige ganz oder teilweise aus Öl oder Fett, werden auf Grund von Korrelations-Koeff. als repräsentativ für das ganze Sortiment ausgewählt. Es wird dargelegt, inwieweit diese Flecken zur Best. der relativen Beständigkeit öl- u. wasserabweisender Ausrüstungen gegenüber den vielerlei Arten von Flecken herangezogen werden können. L. Jentgen. 8032◇

2917 **Schaumstoffe in der Textilindustrie.** E. Tögel. (Dtsch. Textiltechn. **13,** 369—71, 1963; Karl-Marx-Stadt, Forsch.-Inst. für Textiltechnol.; dt.) — Theoret. u. prakt. Hinweise für die Laminierung von Textilien werden gegeben. Die Eigg. der Schaumstoffe, die Laminier-Verff. u. die Einsatzgebiete werden beschrieben. I. Beßer. 8038◇

2918 **Textile Eigenschaften von Sicherheitsgurten und ihre Prüfmethoden.** K. Hensch. (Z. ges. Textilind. **65,** 448—53, 1963; dt.) — Die Eigg. der Sicherheitsgurte, bezogen auf die bei einem Verkehrsunfall auftretenden Kräfte u. die Besonderheiten der Kraftfahrzeug-Konstruktion, werden behandelt. Die Schwierigkeiten der dynam. Prüfmeth. werden besprochen. I. Beßer. 8040◇

2919 **Chemische Verbindungen bei der Verwertung von Fasern aus der Landwirtschaft.** George W. Irving jun. (Nat. Acad. Sci. — Nat. Res. Council, Publ. Nr. **1033,** 22—26, 1962; USDA, Agric. Res. Serv.; engl.) — Übersicht über die Verw. von chem. Verbb. bei der Gewinnung von Baumwolle u. Wolle. W. Wesly. 8042◇

2920 **Beobachtungen über das Quellen und die Struktur von Baumwollfasern.** Charles F. Goldthwait. (Amer. Dyestuff Reporter **51,** P 928—P 934, 1962; engl.) — Vgl. C. **1962,** 1841. — Über Änderungen in der Feinstruktur von Baumwolle (**A**) auf Grund der Ab- oder Zunahme ihrer Quellfähigkeit an Hand von Verss. mit Garnen oder Geweben wird berichtet. Die Ergebnisse beruhen auf unüblichen Meth. zur Messung der Quellwrkg. u. auf dem Färben behandelter **A** in wss. u. nichtwss. Mitteln. Durch Dehnungsmessungen während der Mercerisierung wird festgestellt, daß bei stärker werdender NaOH-Konz. progressive Änderungen von **A** eintreten. Durch Spezialfärbe-Verff. wird nachgewiesen, daß **A** nach dem Waschen mit starker NaOH eine höhere Restquellung u. offenere Struktur zeigt als gewöhnlich angenommen wird. Das Färben in CH_3OH ist vielversprechend als Absorptions-Verf. zur Unters. von Ausrüstungsverfahren. L. Jentgen. 8044◇

2921 **Die Garnaufdrehung als schnelle Prüfmethode für das Quellen von Baumwolle in verschiedenen Reagentien.** Jarrell H. Carra, Verne W. Tripp und Rollin S. Orr.

(Textile Res. J. **32,** 1041—42, 1962; New Orleans, La., US Dep. of Agric., Agric. Res. Serv., South. Utilizat. Res. and Dev. Div., South Reg. Res. Labor.; engl.) — Nichtpolare Fll., wie CCl_4 u. Bzl., die Cellulose nicht quellen lassen, bewirken bei Fasern u. Garnen keine Aufdrehung, W. u. viele Lsgg. haben eine mäßige Wrkg. u. starke Alkali-Lsgg. verursachen eine starke Aufdrehung. Dieses Verh. stimmt offensichtlich mit dem Quellvermögen solcher Reagentien überein. Es wird ein Verf., das auf dieser Beobachtung beruht, beschrieben, um das Quellvermögen eines Reagens zu bestimmen. 41 Fll. werden nach diesem Verf. in Gruppen von geringem, mittlerem u. hohem Quellvermögen eingestuft. Auch die Wrkg. des Zusatzes von W. zu diesen Fll. wird untersucht. L. Jentgen. 8044◇

2922 **Oxyluminescenz von Baumwolltextilien.** Robert A. Pittman und Verne W. Tripp. (Textile Res. J. **32,** 1038—40, 1962; New Orleans, La., US Dep. of Agric., Agric. Res. Serv., South. Utilizat. Res. and Dev. Div., South. Reg. Res. Labor.; engl.) — Der für die Best. der Oxyluminescenz von Baumwolle (**A**) konstruierte App. u. das Verf. werden beschrieben. Muster verschiedener modifizierter u. nicht modifizierter A-Gewebe werden auf diese Weise untersucht. Es werden verschiedene Kurventypen erhalten. Einige Muster zeigen einen mit der Temp. ständig steigenden Emissionsgrad, andere einen Emissionsgipfel bei einer Temp. unterhalb der Höchsttemp. von 200° u. a. zeigen bei niedrigen Temp. ein anomales Verhalten. In einer Tabelle werden die Zugehörigkeit verschiedener modifizierter u. unmodifizierter **A**-Gewebe zu diesen 3 Kurventypen u. ihr Photometerausschlag bei 200° wiedergegeben. Die Ergebnisse werden erörtert. L. Jentgen. 8044◇

2923 **Durch Strahlung induzierte Pfropfpolymerisation von Cellulose.** Jett C. Arthur jun. und Florine A. Blouin. (Amer. Dyestuff Reporter **51,** 1024—27, 1962; engl.) — Um festzustellen, ob in der Cellulosechemie u. bei der Herst. von Pfropfpolymeren von Baumwollfasern Strahlen hoher Energie erfolgreich verwendet werden können, werden die Strahlungschemie von Baumwollcellulose, d. h. die hauptsächlichsten mol. u. strukturellen Veränderungen, die durch Bestrahlung eintreten, die Vorgänge bei der Pfropfpolymerisation bestrahlter Cellulose u. die Eigg. der gepfropften Cellulose untersucht. L. Jentgen. 8044◇

2924 **Reaktion von Arylisocyanaten mit Baumwollcellulose.** 1. Mitt. **Veränderliche bei der Reaktion mit Phenylisocyanat.** S. E. Ellzey jun. und Charles H. Mack. (Textile Res. J. **32,** 1023—29, 1962; New Orleans, La., US Dep. of Agric., Agric. Res. Serv., Southern Utilizat. Res. and Dev. Div., South. Reg. Res. Labor.; engl.) — Die Wrkg. von Zeit, Temp., Konz., Lsgm. u. Katalsysator bei der Rk. zwischen Baumwollgewebe u. Phenylisocyanat in organ. Lsgm. werden untersucht. Es wird festgestellt, daß das Quellvermögen des Lsgm. für die modifizierte Baumwolle von Bedeutung ist. Unter den angewandten Bedingungen mangelt es der Rk. an Reproduzierbarkeit, wahrscheinlich wegen Feuchtigkeitsspuren im Reaktionssystem. Di-n-butylzinndiacetat erhöht die Rk.-Geschw. des Isocyanats mit Baumwolle erheblich. L. Jentgen. 8044◇

2925 **Reaktion von Arylisocyanaten mit Baumwollcellulose.** 2. Mitt. **Textile Eigenschaften von durch Reaktion mit Phenylisocyanat modifizierten Geweben.** S. E. Ellzey jun., Clinton P. Wade und Charles H. Mack. (Textile Res. J. **32,** 1029—33, 1962; engl.) — 1. vgl. vorst. Referat. — Baumwolldruckgewebe, das durch Rk. mit Phenylisocyanat in Pyridin oder $HCON(CH_3)_2$ modifiziert ist, hat etwas erhöhte Bruchfestigkeit u. Dehnung. So behandelte Gewebe sind gut gegen Fäulnis beständig, zeigen aber geringen Widerstand gegen Bewetterung. Die Feuchtigkeitsaufnahme ist geringer, die Beständigkeit gegen Hauswäsche ist gut. Innerhalb der untersuchten N- u. Cl-Geh. steht die Chlorschädigung durch Bleichen-Sengen in umgekehrtem Verhältnis zum N-Geh., aber in direktem zum Cl-Gehalt. Beim Sengen geht wenig des zurückgehaltenen Cl verloren. Die Knitterbeständigkeit wird durch die Phenylisocyanatbehandlung herabgesetzt. L. Jentgen. 8044◇

2926 **Wollzüchtung, Schafrassen und Wollprovenienzen der Sowjetunion.** G. Nitschke. (Z. ges. Textilind. **65,** 420—24, 1963; dt.) — Vgl. auf der Basis des Weltschafbestandes wie auch des Weltrohwollaufkommens mit den bes. Verhältnissen der Sowjetunion werden angestellt. Die verschiedenen Schafgruppen der SU werden nach rass. u. züchter. Gesichtspunkten gegliedert u. die allg. Eigg. der einzelnen Wollprovenienzen diskutiert. I. Beßer. 8060◇

2927 **Natürlich auftretende elektronen-paramagnetische Resonanz in Wolle.** J. J. Windle. (Textile Res. J. **32,** 963—65, 1962; Albany, Calif., U. S. Dep. of Agric., Agric. Res. Serv., Western Utilizat. Res. and Dev. Div., Western Reg. Res. Labor.; engl.) — Ein natürlich auftretendes Elektronen-Resonanz-Spektrum ist in Rohwolle u. gründlich gewaschenen Wollfasern u. -geweben entdeckt worden. Diese Spektren bestehen aus einer einzigen Linie von ca. 10 Gauß Breite, zentriert bei g = 2,003. Paramagnet. Unreinheiten in der Wolle verursachen eine andere viel breitere Resonanz, die sich hinsichtlich Intensität, g-Wert u. Linienbreite unterscheidet. Der Ursprung u. die Art dieser Resonanzen werden erörtert. L. Jentgen. 8060◇

2928 **Zusammenhänge zwischen Feinheit bzw. Länge und verschiedenen chemischen Kennzahlen der Wolle innerhalb des gleichen Kammzuges.** G. Blankenburg und G. Satlow. (Z. ges. Textilind. **64,** 745—46, 1962; Aachen, TH, Dt. Wollforsch.-Inst.; dt.) — Kammzugpartien werden in unterschiedliche Feinheitsbereiche zerlegt. Eine geringe Alkalilöslichkeit, Säurelöslichkeit u. Geschw. der Farbsäureaufnahme wird festgestellt, wenn die Wollfasern innerhalb eines Kammzuges länger u. entsprechend gröber sind. I. Beßer. 8060◇

2929 **Ein Vergleich einiger mechanischer Eigenschaften verschiedener Wollen in Wasser.** B. J. Rigby. (Textile Res. J. **32,** 1034—35, 1962; Ryde, Sydney, New South Wales, Australia, C.S.I.R.O., Div. of Text. Phys.; engl.) — Von verschiedenen Wollen (**A**) werden Belastungs–Dehnungs-Kurven aufgestellt, deren charakterist. Punkte in einer Abb. angezeigt werden. Aus den hierfür gefundenen Werten können andere Charakteristiken berechnet werden, so auch die Transition-Temp. von **A**, die zu vielen anderen mechan. Eigg. von **A** in Beziehung steht. Alle Belastungen bei den Verss. beruhen auf dem Durchmesser der wassergesätt. Fasern. In einer Tabelle werden die Ergebnisse von vergleichenden Messungen an 6 verschiedenen **A** wiedergegeben u. eingehend erörtert. In bezug auf Belastungs–Dehnungs-Eigg. u. Transition-Temp. sind sich die **A** sehr ähnlich. L. Jentgen. 8060◇

2930 **Der Gleichgewichts-Wassergehalt von Wollmustern bei der Absorption von Wasserdampf.** I. C. Watt. (Textile Res. J. **32,** 1035—37, 1962; Ryde, Sydney, Australia, C.S.I.-R.O., Div. of Text. Phys.; engl.) — Zahlen für das Wolle–W.-Syst. werden angegeben, aus denen hervorgeht, daß für Absorptionsstufen verschiedener Größe bei einer bestimmten relativen Feuchtigkeit der gleiche Wert für den Gleichgewichts-Wasser-Geh. erhalten wird, vorausgesetzt, daß die Gesamtabsorption innerhalb angemessener Zeit, z. B. in 24 Std., vollendet ist. Das bedeutet, daß die auf beschriebene Weise aufgestellten Woll–W.-Isothermen nicht vom Umfang der Feuchtigkeitsaufnahmen abhängig sind, wenn diese groß genug sind, um als integral bezeichnet zu werden. Das Woll–W.-Syst. zeigt in bezug auf die Schwankungen des Gleichgewichts-Wasser-Geh. ein ganz anderes Verh. als das Cellulose–W.-System. L. Jentgen. 8060◇

2931 **Der Einfluß der Bewetterung auf einige chemische und physikalische Eigenschaften von Wollfasern unter besonderer Bezugnahme auf das Filzen.** H. Zahn und G. Blankenburg. (Textile Res. J. **32,** 986—97, 1962; Aachen, TH, Dt. Wollforsch.-Inst.; engl.) — Die Faserspitzen werden durch Bewetterung erheblich verändert. Dies zeigt sich durch Änderungen in den Löslichkeiten u. der Aminosäurenzusammensetzung. Als Ergebnis des photochem. Abbaus zeigen die Fasern eine Abnahme von Festigkeit u. Dehnung u. des Widerstands gegen Kompression. Bewetterte Faserspitzen weisen trotz der Entfernung einer großen Zahl von Schuppen eine bessere Filzbarkeit auf als die Faserwurzeln. Auf Grundlage dieser Ergebnisse wird eine Filztheorie aufgestellt. L. Jentgen. 8060◇

2932 **Das Filzfreiausrüsten von Wolle.** Erich P. Frieser. (Textil-Prax. **18,** 141—51, 236—40, 343—53, 1963; dt.) — Eine Übersicht über die Verff. zur Filzfreiausrüstung von Wolle sowie deren theoret. Grundlagen wird gegeben. Die Verff. werden wie folgt eingeteilt: Verff., die einen Abbau der Schuppenschicht u. chem. Veränderung der Wollfaser zur

Folge haben, das Chloren (Chlorieren), enzymat. Verff. u. sonstige Meth. u. Verff., bei denen die Schuppenschicht ausgeglichen (maskiert) wird, Kunstharzbehandlung, Siliconbehandlung u. Behandlung mit Eiweißstoffen.
I. Beßer. 8060◇

2933 **Untersuchungen über das Schrumpffestmachen von Wolle.** 1. Mitt. **Der Einfluß anorganischer Salze auf die Reaktion von Kaliumpermanganat mit Wolle in neutraler Lösung.** V. A. Williams. (Textile Res. J. **32**, 977—85, 1962; Geelong, Victoria, Australia, C.S.I.R.O., Div. of Text. Ind., Wool Res. Labor.; engl.) — Neben der Ablagerung von MnO_2 auf der Faser wird durch die Rk. in dest. W. ein MnO_2-Sol erzeugt, das eine qual. Beobachtung der Permanganaterschöpfung erschwert. In Salz-Lsgg. bildet sich kein Sol. Die Permanganaterschöpfung ist bei niedriger Salz-Konz. am schnellsten, am langsamsten bei Null u. gesätt. Salz-Lsgg. Bei > 1 Mol. zugesetzter Salz-Konz. ist die Reihenfolge der Geschw. der $KMnO_4$-Erschöpfung die folgende: $NaNO_3 > NaCl > Na_2SO_4$. Bei < 1 Mol hat die Art des Salzes keinen Einfl. auf die Geschwindigkeit. Die Aktivierungsenergie der Rk. liegt bei 5500—8000 cal/mol, was darauf hindeutet, daß die die Geschw. bestimmende Stufe die Diffusion durch die Oberflächen-Lsg. u. nicht die Diffusion durch die Faser ist. Behandeln von Wolle mit wss. $KMnO_4$, gefolgt von einer Bisulfitreinigung, bewirkt eine Abnahme des Woll-Gew., die bei Behandlung in gesätt. Salz-Lsgg. am größten ist.
L. Jentgen. 8060◇

2934 **Neue Erkenntnisse über die Vorgänge beim Beizen von Kaninhaar.** H. G. Fröhlich. (SVF Fachorg. Textilveredl. **17**, 917—24, 1962; Mönchengladbach, Forsch.-Inst. der Hutindustrie; dt.) — Die Herst. von gebeiztem Haar u. die wichtigsten techn. angewandten Beizen werden kurz skizziert. Quellung, Cystin (**I**)-Geh. u. Alkalilöslichkeit von Haarspitze u. Haarschaft vor u. nach dem Beizen bei Wild-, Weiß-, Grau- u. Schwarzkanin werden untersucht. Die papierchromatograph. Auswertung von gebeizten Kaninhaaren zeigt, daß neben der Spaltung von **I** noch andere Aminosäuren (**A**), bes. Tyrosin u. Tryptophan angegriffen werden. Weitere Unterss. deuten auf einen mehr oder weniger merklichen Angriff weiterer **A**, wie Arginin, Glycin, Prolin, Leucin, Valin u. Phenylalanin beim Beizen hin. Mit verschiedenen Beizentypen behandeltes Wildkaninhaar vor u. nach der Beizung wird auf den Geh. an **A** untersucht. Die Vers.-Ergebnisse werden ausgewertet. Es werden IR-Spektrogramme, die vor u. nach dem Beizen aufgenommen werden, gezeigt. Die verbesserte Filz-Bldg. u. erhöhte Walkfähigkeit der gebeizten Haare wird erläutert. I. Beßer. 8066◇

2935 **Infrarot-Untersuchungen an gebeiztem Kaninhaar.** H. G. Fröhlich und J. Rau. (Z. ges. Textilind. **65**, 453—56, 1963; Mönchengladbach, Forsch.-Inst. der Hutindustrie e. V.; Reutlingen-Stuttgart, Forsch.-Inst. für Textilind.; dt.) — Vers.-Ergebnisse werden mitgeteilt, die als Bestätigung der Unterss. zur Aufklärung des Chemismus beim Beizen von Kaninhaar angesehen werden können. An Hand von IR-Spektren ist zu erkennen, daß die Spaltung der Disulfidbrücken durch die Beizchemikalien als die entscheidende chem. Rk. angesehen werden muß. Die Spaltung der Peptidbrücken läßt sich an Hand der Diagramme nicht nachweisen. Das Auftreten einer Absorptionsbande bei 9,6 μ kann als empfindlicher Nachw. für oxydative Behandlungen angesehen werden. I. Beßer. 8066◇

2936 **Superkontraktion von Seide in Lithiumbromidlösungen.** M. Leveau. (Bull. Inst. Textile France **1962**, Nr. 102, 871—85; Inst. Text. de France, Labor. de Chim.; franz.) — Das Verh. von Seidenfibroin in LiBr-Lsgg. wird untersucht u. mit dem Verh. von Wollkeratin unter gleichen Bedingungen verglichen. Verschiedene Analogien werden festgestellt (Vorhandensein einer Konz.-Schwelle, Einfl. vorheriger Befeuchtung usw.). Aber auch wichtige Unterschiede werden beobachtet, die der verschiedenen chem. Zus. beider Fasern zugeschrieben werden, bes. der Abwesenheit von Disulfidbindungen im Fibroin. L. Jentgen. 8068◇

2937 **Neue Zellstoffasern.** Edilio Guglielmino. (Fibre e Colori **11**, 385—89, 1961; ital.) — Übersicht über die neuere Entw. der Fasern auf Cellulosebasis. R. K. Müller. 8074◇

2938 **Untersuchungen über polynosische Fasern.** 5. Mitt. **Untersuchung über die Kristallinität und Zugänglichkeit von polynosischen Fasern.** Anonym. (Bull. Inst. Textile France **1962**, Nr. 102. 945—62; Rouen, Centre de Rech. des Ind. Text; franz.) — 4. vgl. C. **1963**, **11477**. — Die beschriebenen Verss. betreffen hauptsächlich den Kristallinitätsgrad u. nebenbei auch die Größe der Kristallite. Die Fasern werden einmal so wie sie sind u. dann nach vorheriger Behandlung mit Soda-Lsgg. untersucht. Da der Zweck der Arbeit ist, die innere Struktur der polynos. Fasern mit der von Natur- u. klass. Viscosefasern zu vergleichen, werden Baumwolle, eine glänzende Zellwolle u. die polynos. Fasern BX u. Z. 54 untersucht. Die Ergebnisse sind in Tabellen zusammengefaßt. Ganz allg. wird festgestellt, daß polynos. Fasern eine deutlich stärker orientierte innere Struktur aufweisen als klass. Viscosefasern u. eine ausgezeichnete Alkalibeständigkeit aufweisen. L. Jentgen. 8074◇

2939 **Untersuchungen über polynosische Fasern.** 6. Mitt. **Optische Anisotropie von Cellulosefasern.** J. Jacquemart. (Bull. Inst. Textile France **1962**, Nr. 102, 963—75; Inst. Text. de France, Labor. de Phys.; franz.) — 5. vgl. vorst. Referat. — Die opt. Eigg. der polynos. Fasern werden im Vgl. mit denen anderer Cellulosefasern bestimmt. Die opt. Anisotropie oder Doppelbrechung steht in direkter Beziehung zur mittleren Orientierung der kristallinen Strukturbestandteile des Materials. Folglich wirkt sich jede chem. oder physikal. Behandlung, die eine Veränderung der inneren Struktur hervorruft, in einer Veränderung der Doppelbrechung aus. Daher können die bes. Eigg. der verschiedenen Cellulosefasergruppen durch Best. der Doppelbrechung aufgezeigt werden. Die Naturfasern haben eine sehr hohe, deren Wert durch gemäßigte Sodabehandlungen nicht verändert wird. Dasselbe ist auch bei den polynos. Fasern der Fall, wenn auch der abs. Wert niedriger ist. Diese Stabilität der Doppelbrechung stellt die polynos. Fasern in Gegensatz zu den hochfesten Viscosefasern, die auch eine starke Doppelbrechung aufweisen, die aber gegen eine Behandlung mit 6%ig. Soda-Lsg. sehr empfindlich sind. L. Jentgen. 8074◇

2940 **Untersuchungen über polynosische Fasern.** 7. Mitt. **Die differentielle Färbung der polynosischen Fasern.** N. Iwanow und R. Schneider. (Bull. Inst. Textile France **1962**, Nr. 102, 977—80; Mulhouse, Centre de Rech. Text.; franz.) — Eine Meth. zur Best. der Eindringungs-Geschw. bestimmter Direktfarbstoffe in den Faserkern von Viscosefasern wird beschrieben; sie gestattet es, feine Qualitätsunterschiede von Zellwollen u. Reyons zu erkennen. Diese Meth. wird auf die polynos. Fasern Z 54 u. BX angewandt, die keine Mantel-Kernstruktur besitzen. Die gefundene mittlere Eindringung u. die „Eindringungs-Koeff." werden in Tabellen aufgeführt.
L. Jentgen. 8074◇

2941 **Die Rolle von Zink im Zersetzungsprozeß von Xanthaten im sauren Medium.** Zbigniew Cichowski. (Polimery — Tworzywa wielkocząsteczkowe **7**, 92—97, 1962; Tomaszow, Zaklady Włokien Sztucznych Labor. Badawcze; pol.) — Die Zers. von Äthyl-, Saccharose- u. Cellulosexanthogenat in Ggw. von Zn^{2+} wird untersucht. Zn reagiert mit Cellulosexanthogenat (**A**) nicht nur an der Oberfläche des sich bildenden Fadens, sondern im Gesamtquerschnitt des Fadens. Die wahrscheinliche Ursache der Schalen-Bldg. wird auf die Koagulation von **A** an der Außenseite des Fadens in Ggw. von Zn zurückgeführt. I. Köditz. 8074

2942 **Beitrag zur Untersuchung antistatischer Schlichten auf synthetischen Fasern.** J. Diemunsch und J. Chabert. (Bull. Inst. Textile France **1962**, Nr. 102, 887—944; Mulhouse, Centre de Rech. Text.; franz.) — Nach einem bibliograph. Überblick über die hauptsächlichsten Arbeiten, die sich mit den elektr. Eigg. der Textilfasern befassen, wird die zur Unters. des elektr. Widerstands der mit verschiedenen antistat. Prodd. behandelten Fasern benutzte Meß-Vorr. beschrieben. Die verschiedenen Größen, die einen Einfl. auf den Widerstand dieser Fäden ausüben, wie relative Luftfeuchtigkeit, Art u. Konz. der abgelagerten Prodd., sowie einige sek. Faktoren, wie Unterschied im auf das Muster angewandten Potential, Anwendungsdauer der Spannung u. Altern werden untersucht. Es wird gezeigt, daß die Unters. der Änderung des elektr. Widerstandes als Funktion der Streckung der vorher geschlichteten Mono- oder Multifilamente es ermöglicht, die Verteilung des Prod. auf dem textilen Substrat zu bestimmen. Die Unters. zeigt den Einfl. der Wasseraufnahme der Oberfläche u. Masse der behandelten Fäden, sowie, welche Rolle W. u. Art u. Konz. der abgelagerten Prodd. im komplexen Mechanismus der Leitung elektr. Ladungen spielen.
L. Jentgen. 8080◇

2943 **Temperaturabhängigkeit von Schermodul, Dichte und Kristallinität des isotaktischen Polypropylens.** T. Shibukawa, V. D. Gupta, R. Turner, J. H. Dillon und A. V. Tobolsky. (Textile Res. J. **32**, 1008—10, 1962; Princeton, N.J., Princeton Univ., Text. Res. Inst. and Frick Chem. Labor.; engl.) — Die Abhängigkeit der Schermoduls von der Dichte u. dem Kristallinitätsgrad wird an 2 Proben von isotakt. Polypropylen innerhalb eines Temp.-Bereichs bestimmt. Ein Härten der Proben erhöht Schermodul u. Dichte. Diese Zunahmen stehen offensichtlich in umgekehrtem Verhältnis zum Molgew. der beiden untersuchten Proben. Diese Vorgänge sind ähnlich wie die vorher bei Polyäthylen beobachteten. Dagegen ist die Änderung der Kristallinität mit der Temp., gemessen an Veränderungen der Dichte u. durch Röntgenstrahlenbeugung, bei Polypropylen nicht dieselbe wie bei linearem Polyäthylen. L. Jentgen. 8080◇

2944 **Überblick über die Fasereigenschaften der Polyacrylnitrilfaserstoffe und deren Auswirkung in Ausrüstungsprozessen.** W.-D. Köhler. (Dtsch. Textiltechn. **13**, 364 bis 369, 1963; Rudolstadt-Schwarza. Inst. für Text.-Technol. der Chemiefasern; dt.) — Allg. Faserstoff-Eigg., ihre Abhängigkeit von Spinn-Verff. u. Nachbehandlung werden besprochen. Über Bedingungen zur Erzeugung von Schrumpfgarnen wird berichtet. Angaben über die Maßänderung von PVY-Standardfasern werden gemacht. Der Einfl. der Zugspannung zur Erzielung einer geringen Dehnung bei gestufter Temp. in W. sowie Luft wird beschrieben. Angaben über Trocknungszeiten von schleuderfeuchten Faserstoffen werden gemacht. I. Beßer. 8080◇

2945 **Temperaturabhängigkeit des Schermoduls und der Dichte von Nylon 6.** T. Shibukawa, V. D. Gupta, R. Turner, J. H. Dillon und A. V. Tobolsky. (Textile Res. J. **32**, 1011—12, 1962; Princeton, N.J., Princeton Univ., Text. Res. Inst. and Frick Chem. Labor.; engl.) — Die Ergebnisse von Best. des Schermoduls u. der Dichte von einem Nylon-6-Muster bei —50 bis 250° werden besprochen. Aus der erhaltenen Modul–Temp.-Kurve ergeben sich mehrere Arten viscoelast. Verhalten. Wie bei dem früher untersuchten Polyäthylen u. -propylen erhöhen sich Modul u. Dichte durch Härten. Ein Trocknen der Nylon-6-Muster im Vakuum gibt einen höheren Schermodulus. L. Jentgen. 8080◇

2946 **Die neuen Airon-Kunstfasern.** Fabio Viviani. (Fibre e Colori **11**, 403—07, 1961; ital.) Überblick über die Eigg. der Faserstoffe Airon TK u. Airon PL: Reißfestigkeit, Zerreißdehnung, Elastizitätmodul, Kontraktion, Gew.-Verlust u. Änderung der Reißfestigkeit beim Waschen u. Gew.-Verlust beim Mercerisieren, Vers. in einfachen u. in Mischgeweben. R. K. Müller. 8080◇

2947 **Erkennen und Unterscheiden der Faserstoffe.** 1. Mitt. M. Stratmann. (Z. ges. Textilind. **64**, 746—54, 1962; Krefeld, Textiling.-Schule, Faserstoff-Labor.; dt.) — Die bei der Erkennung u. Unterscheidung der Faserstoffe gebräuchlichen Prüf-Verff. u. die ihnen heute gesetzten Anwendungsbereiche werden aufgezeigt. Die Anfärbung mit Testfarbstoff-Lsgg., Mikrobilder der Faserstoffe in Längsansicht u. Querschnitt, mkr. Unterss. von Veränderungen an den Faserstoffen nach Einbetten in spezif. Reagentien, mkr. Unterss. im polarisiertem Licht u. das Löslichkeits-Verh. der Farbstoffe in anorgan. oder organ. Lsgm. wird beschrieben. Arbeitsanleitungen für die Unters. unbekannter Warenmuster werden gegeben. I. Beßer. 8100◇

2948 **Erkennen und Unterscheiden der Faserstoffe.** M. Stratmann. (Z. ges. Textilind. **64**, 850—53, 948—52 1962; dt.) — 1. vgl. vorst. Referat. — Für alle auf dem Markt befindlichen Chemiefaserstoffe werden Identifizierungsmöglichkeiten angegeben. Die Verff. führen bes. schnell u. zuverlässig zum Ziel. Die Einteilung der Chemiefaserstoffe in Löslichkeitsgruppen wird vorgenommen. Allg. Angaben zur Unters. von Mischgespinsten u. Praxisbeispiele werden gemacht. I. Beßer. 8100◇

2949 **Einige mikroskopische Beobachtungen an mikrobiologisch geschädigten Fasern.** N. Bigler. (SVF Fachorg. Textilveredl. **17**, 878—87, 1962; Basel, CIBA AG.; dt.) — Mit Hilfe von *Wasserblau B Kristalle* (Höchst) werden Mikroorganismen u. Schädigungen, die sie auf dem Textilgut aus Wolle verursachen, nachgewiesen. Die Vers.-Durchführung wird ausführlich beschrieben. Die Unterscheidung normaler, mikrobiolog. u. chem. geschädigter Fasern aus Baumwolle geschieht durch die Quellungsreaktion. An Hand von Mikrophotographien wird der mikrobiolog. Abbau von Baumwollfasern demonstriert. I. Beßer. 8100◇

2950 **Erfahrungswerte für die Beurteilung von Textilien.** 2. Mitt. H. Bock und W. Neubert. (Z. ges. Textilind. **65**, 446—47, 1963; Düsseldorf, Helmut Morten G. m. b. H.; dt.) — 1. vgl. C. **1963**, 7211. — Die Prüfungsergebnisse von Damastproben werden statist. ausgewertet. Aus den Mittelwerts-Vgl. ergeben sich die charakterist. Unterschiede zwischen den Merkmalswerten für Damast u. denjenigen für Streifensatin. I. Beßer. 8102◇

2951 André Victor Léon Colin, Seine, Frankreich, **Weichmacher für** Natur-, Kunst- oder synthet. Textil- u. Papierfasern sind quatern. Ammoniumsalze der Formel $X-N(CH_3)_2RR'$, wobei X = Halogen, bes. Cl, R = gesätt. oder ungesätt. Alkylrest mit 12—18 C-Atomen, R' = niedermol. aliphat. Rest; 0,1—0,3‰ solcher Verbb. werden im letzten Spülbad bei 30—50° verwendet: Weicher Griff bei Textilien, Papierservietten u. Seidenpapier. — 3 Beispiele. (**F. P. 1 236 417** vom 23/9. 1959, ausg. 16/11. 1960.) H. Meltzer. 8029

2952 Joseph Bancroft & Sons Co., V.St.A. (Erfinder: Henry Robert Hushebeck), **Behandeln von Cellulosegeweben.** Man imprägniert natürliche oder regenerierte Cellulosegewebe mit einer wss. Lsg., die Aldehyde (HCHO oder davon abgeleitete Methylol-Verbb.), Citronensäure, $Sr(NO_3)_2$ u. $Mg(NO_3)_2 \cdot 6\,H_2O$ enthält, bei pH 1,5—5,5, trocknet u. erwärmt 3—5 Min. auf 205°. Diese Endausrüstung verleiht den Textilien Waschbeständigkeit, Dauerhaftigkeit u. Elastizität. — 7 Beispiele. (**F. P. 1 236 421** vom 23/9. 1959, ausg. 16/11. 1960. A. Prior. 24/9. 1958, 17/4. u. 16/9. 1959.) H. Meltzer. 8033

2953 Food Machinery & Chemical Corp., New York, N.Y., V.St.A., **Aktives Chlor enthaltendes Präparat,** bes. für die *Textilbleiche* oder zum *Oxydieren*, mit einer ≦ 38 Gew.-% akt. Cl abgebenden Substanz, einem oder mehreren Zusätzen (z. B. Alkalihydroxid, Alkaliphosphat, Alkalibicarbonat, Alkalisilicat, Alkylarylsulfonate, Alkylsulfate oder Polyalkylenoxidkondensate) u./oder einem Füllmittel (bes. Na_2SO_4) oder einem Abriebmittel (z. B. Ton, Bimsstein), dad. gek., daß es Dichlorcyanursäure oder ein Salz derselben (z. B. Na- oder K-Dichlorcyanurat) enthält. — Diagramm. (**Oe. P. 212 262** vom 25/9. 1956, ausg. 12/12. 1960.) T. Oppermann. 8033

2954 Soc. d'Électro-Chimie, d'Électro-Métallurgie et des Aciéries Électriques d'Ugine, Seine, Frankreich (Erfinder: Heinz Hefti), **Schonendes Bleichen von Cellulosegeweben** in einer wss. Lsg. von Triäthanolamin (I) mit 1—2 g pro Liter Alkali- oder Erdalkalichlorit (II) bei pH 3—7 u. 85—100°, wobei das Mol-Verhältnis von **I** zu **II** 0,05—0,35 : 1 beträgt. — 4 Beispiele. (**F. P. 1 235 212** vom 16/9. 1959, ausg. 26/10. 1960. A. Prior. 17/9. 1958.) H. Meltzer. 8033

2955 Soc. d'Électro-Chimie, d'Électro-Métallurgie et des Aciéries Électriques d'Ugine, Seine, Frankreich (Erfinder: Heinz Hefti), **Bleichen von Cellulosegeweben** mit wss. Lsgg., die 1—20 g Na- oder Erdalkalichlorit u. 0,01—5 g $Zn(NO_3)_2$, $Al_2(SO_4)_3$ oder $MgCl_2$ sowie 0,75 g Netzmittel pro Liter enthalten, bei 85—100°. (**F. P. 1 236 232** vom 14/9. 1959, ausg. 14/11. 1960. A. Prior. 17/9. 1958.) H. Meltzer. 8033

2956 Soc. An. Fibre Tessili Artificiali (Erfinder: Antonio Roncoroni), Mailand, Italien, **Herstellung von künstlichem Stroh** zur Verarbeitung auf Modeartikel, wie Haare, Gürtel, Stickereien, Taschen. Aus Fasern von *Polyvinylchlorid*, *Celluloseacetat* oder *regenerierter Cellulose* wird durch Verkleben ohne Verweben ein Band mit parallel liegenden Fasern hergestellt, durch Längsteilung in die gewünschte Breite gebracht u. auf beiden Seiten der Bänder ein Film aus dem gleichen oder einem ähnlichen Material aufgebracht, wobei die Dicke des Films auf einer Seite größer ist als auf der anderen. Beim darauffolgenden Trocknen rollt sich das Band etwas ein u. erhält das Aussehen von Stroh. (**Schwz. P. 343 995** vom 27/9. 1956, ausg. 29/2. 1960. It. Prior. 8/9. 1956.) K. Koebke. 8041

2957 Olin Mathieson Chemical Corp., V.St.A., **Falten- und Knitterfestmachen von Cellulose-Textilgut,** wie *Baumwolle*, durch Imprägnieren mit einer 4%ig. wss. Lsg. eines Rk.-Prod. aus HCHO u. einem Dihydrazid R(CO·$NHNH_2)_2$ (R = $(-CH_2-)_n$, wobei n = 0—5], z. B. dem Dihydrazid der Bernstein-, Glutar- oder Oxalsäure, bei pH 6—11 im mol. Verhältnis 4 : 20; als Katalysator wird $MgSO_4$ oder NH_4-p-Toluolsulfonat verwendet. (**F. P. 1 236 692** vom 27/8. 1959, ausg. 18/11. 1960.) H. Meltzer. 8045

2958 Ciba Soc. An., Schweiz, **Modifizieren von Polyhydroxylverbindungen,** wie *Cellulose* oder *Polyvinylalkohol* mit 2.4.6-Trihalogen-1.3.5-triazinen in wss. Medium bei pH 7 bis 10. — Man bringt Baumwollfasern in eine Lsg. aus 10 (Gew.-Teilen) 2.4.6-Trichlor-1.3.5-triazin in 200 Aceton u. 10 $NaHCO_3$ in 100 W. u. setzt noch 1 $NaHCO_3$ zu. Nach dem Auswaschen erhält man mit bas. Farbstoffen direkt färbbare Fasern. Die Quellbarkeit der Fasern ist verringert, ihre Festigkeit gegen Mikroorganismen verbessert. (**F. P. 1 234 869** vom 8/6. 1959, ausg. 19/10. 1960. Schwz. Prior. 14/7. 1958.) M. Pankow. 8045

2959 Arakawa Rinsan Kagaku Kogyo Kabushiki Kaisha (Erfinder: Tatsuo Nagoshi), Osaka, Japan, **Verfestigung von Stärkepaste** durch Zusatz von kleinen Mengen von Vinylacetat–Maleinsäureanhydrid-Mischpolymerisat (I) oder dessen Salzen. — Man mischt 1300 (kg) W., 154 Weizenstärke u. 3,6 des Na-Salzes eines niedrigpolymeren I u. löst ferner 12 eines Ölmittels in 150 W. von 90°, rührt mit der Stärkepaste zusammen, erhitzt 40 Min. lang bei 95° u. verwendet zum *Appretieren von Baumwollfäden* oder *Wellpappe*. (**Jap. A. S. 17 837/1960** vom 13/2. 1959, ausg. 6/12. 1960.) M. Pankow. 8045

2960 American Cyanamid Co., V.St.A. (Erfinder: Daniel Elmer Nagy und William Minor Wooding), **Wasserlösliches aminiertes kationisches Harz** durch Rk. von Melamin mit HCHO (im Verhältnis 1 : 2 bis 1 : 8 Mol) u. einem tert. Hydroxyalkylamin (Verhältnis Melamin zu Amin = 1 : 05 bis 1 : 4), ggf. in Ggw. eines aliphat. mehrwertigen Alkohols. — 252 (Gew.-Teile) Melamin, 894 Triäthanolamin, 1150 Formalin u. 30 10%ig. NaOH werden schnell auf 60° erhitzt, hier $^1/_2$ Std. gehalten, dann entfernt man W. bei 60—75°, gibt zu dem Rückstand 380 HCOOH (pH 4,5), hält 1 Std. bei 65° u. 10 Min. bei 80°, unterbricht die Rk. mit wss. NaOH (pH 6,8) u. verd. den Sirup auf 10%ig. Lsg., imprägniert damit Baumwollgewebe, trocknet bei 107° u. behandelt 4 Min. bei 149°: Verringerung der Schrumpfung. (**F. P. 1 220 659** vom 18/4. 1959, ausg. 27/5. 1960. A. Prior. 25/4. 1958.) M. Pankow. 8045

2961 Imperial Chemical Industries Ltd., London, England (Erfinder: Eric Samuel Nicholson, Robert Morris Robinson und Leonard Wood), **Verspinnen von Viscose.** Um die Abscheidung von S, bes. an den Düsenöffnungen, zu verhindern, setzt man der Spinn-Lsg. oder dem Fällbad 0,001—0,1, bes. 0,005—0,05 (%) gesätt., oxalkylierte, N-acylierte Polyalkylenpolyamine zu, die auch, z. B. mit Dimethylsulfat, weiter alkyliert sein können. Ein geeignetes Hilfsmittel wird z. B. erhalten, wenn man 110 (Teile) Laurinsäure mit 104 Tetraäthylenpentamin auf 180° erhitzt u. das Rk.-Prod. bei 160—170° in Ggw. von Na_2CO_3 mit 205 Äthylenoxid umsetzt. (**E. P. 835 566** vom 23/11. 1956, ausg. 25/5. 1960.) F. Böhm. 8075

2962 CTA Comp. Industrielle de Textiles Artificielles & Synthétiques Soc. An., Seine, Frankreich. **Herstellung von Kunstfasern aus Proteinen,** wie Casein, durch Verarbeitung von 18%ig. Lsgg., die Casein u. Na-Carboxymethylcellulose (I) im Verhältnis 90:10—65:35, bes. 85:15, enthalten. — Man mischt 85 (Teile) Schwefelsäurecasein u. 15 I, dispergiert in W. mit etwas Diäthyenglykolmonolaurat u. setzt nach einiger Zeit NaOH bis pH 110—10,5 zu, wobei man die Anteile an Mischkomponenten so wählt, daß eine 18%ig. Lsg. entsteht. Nach Filtrieren spinnt man in ein Bad von 40—45° aus 20 g/Liter H_2SO_4 u. 350 g/Liter Na_2SO_4 u. streckt die Fäden, die dann in bekannter Weise mit HCHO u. $Al_2(SO_4)_3$ nachbehandelt werden u. deren Naßfestigkeit der von Wolle entspricht. (**F. P. 1 221 629** vom 17/12. 1958, ausg. 2/6. 1960.) M. Pankow. 8079

2963 Tissages de Soieries Réunis, Seine, Frankreich, **Herstellung synthetischer thermoplastischer Fäden** mit starker Schrumpfung durch Behandeln der ungespannten Fäden mit einem Quellmittel unter gleichzeitiger Wärmefilierung. — Man taucht laufende Fadenstränge aus Nylon 20 Min. in eine wss. Lsg. mit je 5% $ZnCl_2$ u. Benzylalkohol, trocknet ohne Dehnung bei 100°, erhitzt in 30 Sek. auf 200° u. wäscht kalt mit verd. Na_2CO_3-Lsg. u. W. nach. (**F. P. 1 213 777** vom 28/10. 1958, ausg. 4/4. 1960.) M. Pankow. 8081

2964 Blanchiment et Apprêts de Tarare, Rhône, Frankreich (Erfinder: Sasson Abouharoun, Henri Bonnet und Paul Jacqueroud), **Schützen von Tüchern und Decken aus Thermoplasten gegen Brandflecke** von Zigaretten oder Streichhölzern durch einen Überzug aus wärmehärtendem Material, wie Äthoxylinharzen, Polyamin-, Polyamid- u./oder Polyurethanharzen, wobei man dem Thermoplast wärmeleitende Metallpulver zusetzen kann. (**F. P. 1 232 443** vom 22/4. 1959, ausg. 7/10. 1960.) M. Pankow. 8081

2965 Soc. Rhovyl, Seine, Frankreich, **Herstellung von Polyvinylchlorideinzelfäden,** die sich in viele feine Fäden aufteilen lassen, sog. „Fleurage". Man verspinnt Polyvinylchlorid mit einem bei der Spinn-Temp. schmelzenden thermoplast. Polymeren (Äthylen-, Propylen-, Styrol-, Acrylsäureesterpolymere). — Eine Mischung von 92 (Gew.-%) Polyvinylchlorid (K-Wert 70), 2-Dibutyl-Sn-maleat-Stabilisiermittel u. 6 Polyäthylen mit F. 140° wird bei 185° aus der Strangpresse zu einem Faden gespritzt, der sofort nach Verlassen der Spritzdüse in W. von 90° auf das 4fache gestreckt wird u. nun zu feinen Fäden aufgeteilt wird. Diese feinen Fäden eignen sich zur Herst. von Bürsten u. Pinseln. (**F. P. 1 205 696** vom 6/8. 1958, ausg. 4/2. 1960.) M. Pankow. 8081

2966 Kureha Kasei Kabushiki Kaisha (Erfinder: Keiichi Nambe, Kiyoshi Yamamoto und Shigeyuki Suzuki), Tokyo, Japan, **Vinylchloridtieftemperaturpolymerisation** bei —50 bis +5° unter Verw. von wasserlösl. Peroxyden, Salzen von Metallen mit leicht änderbarer Valenz ($FeSO_4$, CuCl) u. Red.-Mitteln, die bei der Polymerisations-Temp. Metalle höherer Valenz in solche niedriger Valenz reduzieren können, z. B. Oxal-, Dihydroxymaleinsäure, $Na_2S_2O_3$, nach Fenton oxydierte Monosaccharide. — In 150 (g) CH_3OH gibt man 4 Neoplex-Emulgator, dann 300 cm³ W., rührt bei —30° 0,76 Ferroammonsulfat u. 0,25 Oxalsäure in etwas W. u. dann 186 Vinylchlorid u. 1 30%ig. H_2O_2 ein, leitet N_2 ein u. salzt das Polymere nach 5 Std. aus. Es quillt in Tetrahydrofuran u. Cyclohexanon bei Raum-Temp., *Fäden*, aus Cyclohexanon-Lsg. gesponnen, schrumpfen bei 100° um 4—5%. (**Jap. A. S. 18588/1960** vom 25/2. 1958, ausg. 23/12. 1960.) M. Pankow. 8081

2967 Kurashiki Reyon Kabushiki Kaisha (Erfinder: Kenichi Tanabe und Kanji Matsubayashi), Kurashiki, Japan, **Herstellung gut färbbarer Formkörper u. Kunstfasern aus Polyvinylalkohol** (I). CO-Gruppen enthaltender I wird nach Formgebung mit NH_3, prim. oder sek. Aminen oder deren Salzen u. anorgan. CN-Verbb. behandelt. — 1100 (g) wss. 10%ig. I-Lsg. werden mit 40 Pyridin u. 89 N-Brombernsteinsäureamid gemischt u. 1 Std. bei 70 gehalten. Man fällt mit CH_3OH u. erhält ein Prod. mit 3 Mol-% CO-Gruppen. Man mischt es mit 50% I, gießt zu einem Film, den man nach Trocknen 3 Min. bei 150° hält u. danach 1 Std. mit einer wss. Lsg. aus 5% NH_3, 5,2% $NaHSO_3$, 2,5 NaCN u. 15% Na_2SO_4 von 50° behandelt u. mit einer 5%ig. Lsg. eines sauren Tartrazinfarbstoffes bei 50° färbt. (**Jap. A. S. 18587/1960** vom 9/6. 1958, ausg. 23/12. 1960.) M. Pankow. 8081

2968 Crylor, Seine, Frankreich (Erfinder: Jacques André Armand Menault), **Polyacrylnitrilfasern.** Zur Verbesserung ihrer Streckbarkeit führt man die Fasern nach dem Spinnen durch ein Keton enthaltendes Bad, das noch zusätzlich Äthylenoxid–Fettalkohol-Rk.-Prodd. (I) oder Butylstearat enthalten kann. — Man führt den vom Lsgm. befreiten Polyacrylnitrilfaden durch ein Cyclohexanonbad, das 1% (des eingetauchten Faden-Gew.) I enthält u. streckt dann in Dampf von 98° um das 12fache. — Statt Cyclohexanon kann man auch Aceton verwenden. — Zur Kräuselung von Polyacrylnitrilfasern führt man sie während des Streckens über eine 180—300° heiße Kontakt-Vorr., z. B. einen fingerartigen Zylinder, der zwischen Abspulwalze u. Streckwalze angebracht ist. (**F. PP. 1 240 653** vom 30/7. 1959 u. **1 240 695** vom 31/7. 1959, beide ausg. 20/12. 1960.) M. Pankow. 8081

2969 Tokyo Kogyo Daigaku Chō (Erfinder: Yoshio Iwakura, Tokyo), Japan, **Herstellung hydrophiler, gut** färbbarer Polyacrylnitrile durch Behandlung von Fasern oder Formkörpern aus Acrylnitrilmischpolymerisaten, die Epoxygruppen besitzen, mit Polyhydroxyaminen. — Man spinnt Polyacrylnitril, das 10 Gew.-% Glycidylmethacrylat enthält, zu Fäden, die um das 5fache gestreckt werden u. erhitzt die Fäden 2 Std. bei 55° unter Spannung in einer 50%ig. Lsg. von 2-[2'-Hydroxypropylamino]-äthanol in Aceton. Die Epoxygruppe des Polymeren geht dabei in die $-CH(OH)CH_2N(C_2H_4OH)CH_2CH(OH)CH_2OH$-Gruppe über. (**Jap. A. S. 18386/1960** vom 15/7. 1958, ausg. 19/12. 1960.) M. Pankow. 8081

2970 American Cyanamid Co., New York, N.Y., übert. von: Walter H. Schuller, Stamford, Conn., V.St.A., **Stabilisieren wäßriger Spinnlösungen von Acrylnitrilpolymerisaten und -mischpolymerisaten** (I), in konz. Lsg. von wasserlösl. Thiocyanaten gegen Farbänderung beim Altern, dad. gek., daß man ihnen 0,1—5%, bezogen auf **I**, eines Alkalibisulfits zusetzt. (**A. P. 2 946 761** vom 1/11. 1956, ausg. 26/7. 1960.) C. Lüttgen. 8081

2971 Courtaulds Ltd., London, England (Erfinder: Thomas James Dix, John Arthur Young und Frederick John Weymouth), **Herstellung von (Misch-) Polymerisatlösungen des Acrylnitrils** durch Bestrahlen mit UV in wss. Thiocyanat-Lsg. u. in Ggw. einer komplexbildenden Verb., z. B. eines β-Diketons, bes. Acetylaceton, oder eines Polyimins, z. B. Polyäthylenimin, oder Äthylendiamintetraessigsäure. Beispiele mit Acrylnitril (u. Methylacrylat) als Monomere, die durch die Zusätze höher polymerisiert wurden. Als Lichtquelle dient Sonnenlicht oder eine Hochdruck-Hg-Lampe. Die erhaltenen, naß verspinnbaren Lsgg. geben farblose *Fasern*. (**E. P. 830 011** vom 30/11. 1956, ausg. 9/3. 1960.) H. Schindler. 8081

2972 Vereinigte Glanzstoff-Fabriken Akt.-Ges., Wuppertal, **Polyäthylenterephthalatfäden** mit verringerter Rückstellkraft. Die Fäden werden bei 80—135° auf Verstreckwalzen verstreckt, anschließend bei 180—210° über Fixierwalzen geführt u. dann mit einer um 5—10% verringerten Abzugs-Geschw. zur Bobine geformt. — Schemazeichnung. (**Belg. P. 565 672** vom 13/3. 1958, ausg. 15/7. 1960. D. Prior. 8/5. 1957.) H. Möllering. 8081

2973 Régie Nationale des Usines Renault, Seine, Frankreich, **Oberflächenbehandlung von Polyglykolterephthalat-Filmen oder -Fäden** zur Verbesserung ihrer Haftung an Elastomeren u. plast. Massen mit einem sulfonierenden Mittel (Oleum, konz. H_2SO_4, SO_2Cl_2). — Ein Film aus Polyglykolterephthalat wird 5 Sek. durch ein Bad mit 36n H_2SO_4 geführt, sofort gewaschen, getrocknet, auf eine vorgeformte Mischung aus Glasfasern u. Styrol-Polyester-Mischung gebracht u. das Ganze bei 130° polymerisiert. Harte, abriebfeste Oberfläche. (**F. P. 1 203 184** vom 24/7. 1958, ausg. 15/1. 1960.) M. Pankow. 8081

2974 Soc. An. Paix & Cie., Nord, Frankreich, **Imprägnieren von Faserstoffen mit plastischen Massen,** bes. von *Glasfasermaterial* mit Polyestern oder deren Mischungen mit Styrol. Die Mischung u. Haftung der Komponenten wird durch Zusatz eines oberflächenakt. Stoffes der Formel $RO(CH_2OCH_2)_nH$ oder $R'COO(CH_2OCH_2)_nH$ (R = geradkettiger Fettalkoholrest oder Alkylphenolrest; R'COO = Fettsäurerest), wie Hexa-, Deka-, Undeka- oder Dodekaäthylenglykolalkylphenyläther, in Mengen von ca. 3% verbessert. (**F. P. 1 215 557** vom 15/1. 1958, ausg. 19/4. 1960.) M. Pankow. 8083

2975 **E. I. du Pont de Nemours & Co.** (Erfinder: **Eugen Edward Magat** und **David Tanner**), Wilmington, Del., V.St.A., *Modifizieren von Formkörpern aus Additionspolymeren.* (**Jap. A. S. 13 078/1961** vom 6/4. 1956, ausg. 10/8. 1961. A. Prior. 7/4. u. 25/4. 1955. — C. **1959,** 10106 [D. A. SS. 1 042 520 u. 1 042 521].)

2976 **Ciba Soc. An.,** Basel, Schweiz, *Herstellung von α.β-Di-[benzimidazolyl-(2)]-äthylenen.* (**F. P. 1 242 902** vom 4/8. 1959, ausg. 11/1. 1961. Schwz. Prior. 13/8. 1958. — C. **1961,** 17799 [D. A. S. 1 105 423].)

2977 **Courtaulds Ltd.,** London, England, *Fäden aus Acrylnitrilpolymeren.* (**Niederl. P. 103 567** vom 31/8. 1957, ausg. 15/1. 1963. E. Prior. 10/9. 1956. — C. **1960,** 10105 [D. A. S. 1 068 859].)

2978 **Catalin Corp. of America** (Erfinder: **Joseph Bernard Hyman, Stanley Kodozinski, William Robert Sterr** und **Peter Albert Yurcick**), N.J., V.St.A., *Herstellung wasserlöslicher Phenolformaldehydharze.* (**Jap. A. S. 10 998/1961** vom 25/7. 1956, ausg. 19/7. 1961. — C. **1960,** 7047 [Aust. P. 210 397].)

H19. Brennstoffe, Erdöl, Mineralöle

2979 **Anwendung von Strahlung bei der Kohleverarbeitung.** Shohei Tatebayashi. (J. Fuel Soc. Japan **41,** 968—75, 1962; Sci. and Techn. Agency; jap., Auszug: engl.) — Zusammenfassende Übersicht über die Verw. radioakt. Isotope in der Kohleindustrie Japans u. des Auslands. K. Strenge. 8120◇

2980 **Über Besonderheiten der Braunkohlen von Mittelasien.** I. Ss. Ssofijew, D. T. Sabramnyi und I. N. Ssemaschewa. (Usbek. chem. J. **1959,** Nr. 4, 61—68; Chem. Inst. der Akad. der Wiss. der UsbekSSR; russ.) — Verglichen werden Kohlenzahlen *mittelasiat. Braunkohle* (MAB) mit denen von Braunkohle aus der Ukraine, dem Südural u. aus Ostsibirien. An flüchtigen Stoffen enthält MAB nur 39—40%, während die Braunkohlen aus den anderen Lagerstätten ca. 50% aufweisen, was mit dem stärker oxydierenden Medium bei der MAB-Bldg. erklärt wird. Diese aeroben Verhältnisse verursachen auch die Ausbildung der dünneren plast. Schicht auf der mittelasiat. Backkohle. Die Trennung des fasrigen Vitrains aus MAB erfolgt in einem Gemisch von Bzl. u. CCl_4 in schweren Fll. mit dem spezif. Gew. von 1,45—1,32. Aus den einzelnen Fraktionen sowie ihren Huminsäuren wird der Geh. an funktionellen Gruppen bestimmt. 8,5—10,5% bestehen aus phenol. Hydroxylen (**II**). Der einheitliche Geh. an **II** entspricht der homogenen chem. Natur dieser Fraktion. In den Fraktionen mit dem spezif. Gew. von 1,40—1,35 setzen sich 59—93% des MAB-Vitrains ab, von Moskauer Kohle dagegen nur 37%. Die Intervalle in der Schichtung nach spezif. Gew. sagen über das Maß der Red. während der Braunkohle-Bldg. aus. J. Lehmberg. 8124△

2981 **Die Anreicherung von feinkörniger Kohle für die Energieerzeugung in Pyrit-Tonsuspensionen.** I. Ch. Nechoroschi und I. M. Asspiss. (Hochschulnachr. [Swerdlowsk], Bergbau-J. **5,** Nr. 10, 164—70, 1962; Ukrain. Forsch.-Inst. für Kohleanreicherung; russ.) — Die Aufbereitung feinklassiger Kohle (12—0 mm) wird durch Pyrittonsuspensionen erschwert. Die beschriebene Meth. ist einfach im Aufbau u. mit niedrigen Investitions- u. Betriebskosten verbunden. Das Verf. beruht auf der Anwendung von Hydrocyclonen, die die Bewegungs-Geschw. der Teilchen erhöhen u. gleichzeitig die Zähigkeit der Suspensionen erniedrigen u. so eine tiefere Anreicherung der Kohlen ermöglichen. Die Kenntnis der quant. u. qual. Kennziffern hilft die Anreicherung der Kohlen verbessern. Die theoret. Grundlagen u. das Verf.-Schema der Anlage werden ausführlich beschrieben. Herbert Hoffmann. 8126◇

2982 **Über die Inkohlung der Steinkohlen im nördlichen Saaletrog bei Halle.** Max Schwab. (Geol. **11,** 917—42, 1962; Halle, Saale; dt.) — Mit Hilfe opt. Reflexionsmessungen an Vitriniten wird der Inkohlungszustand der Steinkohlen des nördlichen Saaletroges von Wettin, Löbejün u. Plötz bestimmt. Die Wettiner Kohlen liegen als Fett- u. Eßkohlen (**A**) vor, die von Löbejün u. Plötz sind als **A** u. Magerkohlen sowie als Anthrazit ausgebildet. Die Inkohlung wurde durch permocarbonen Vulkanismus hervorgerufen. Durch Lagerungsstörungen wurden nur örtlich Änderungen des Inkohlungsbildes bedingt. R. Bätz. 8126◇

2983 **Die Kinetik der Oxydation von Steinkohlen bei niedrigen Temperaturen mittels Luft.** Wojciech Olpiński. (Arch. Górnictwa **7,** 183—99, 1962; pol.) — In einem Zwillingscalorimeter (vgl. C. **1963,** 4081) werden die Isothermen der O_2-Sorption, der Oxydationswärme u. der Entstehung von CO_2 bei 30, 50 u. 70° gemessen. Die Analyse der Vers.-Ergebnisse läßt erkennen, daß 2 parallele Rk.-Züge vorliegen, die sich in ihrer Abhängigkeit von Temp. u. Rk.-Zeit erheblich unterscheiden. K. Strenge. 8126◇

2984 **Die Verbrennungsgeschwindigkeit von Stadtgas, Propan und Butan-Luft-Sauerstoff-Gemischen.** Hirofumi Iida. (J. Fuel Soc. Japan **41,** 982—91, 1962; Tokyo, Tokyo Gas Co.; jap., Auszug: engl.) — Der Zusammenhang zwischen der Geschw.-Verteilung nahe der Brennerdüse u. der Reynolds-Zahl wird untersucht. Der Einfl. des Brennertyps u. der Strömungs-Geschw. der Gasgemische sowie die Verbrennungs-Geschw. von Stadtgas werden bestimmt. Die maximalen Verbrennungs-Geschw. von Propan- u. Butan-Luft-O_2-Gemischen werden als Funktion des Verhältnisses $O_2/O_2 + N_2$ angegeben. K. Strenge. 8128◇

2985 **Der Einfluß der Dichte und der Temperatur der Trübe auf die Geschwindigkeit der Kohleflotation.** D. Ss. Jemeljanow und W. M. Nasarenko. (Kohle d. Ukraine **3,**

Nr. 11, 9—10, 1959; russ.) — Die Verss. ergeben ein Maximum der Flotations-Geschw. bei Kohlen bei einem Geh. an festen Bestandteilen in der Trübe von 30%. Erwärmung auf 27—28° verkürzt die Flotationszeit fast um 1 Drittel.
J. Lehmberg. 8134△

2986 **Untersuchungen auf dem Gebiet der Intensivierung des Flotationsprozesses von Schlamm.** A. W. Bublikow, B. I. Meniowitsch und M. D. Shurakowskaja. (Koks u. Chem. [UdSSR] **1961**, Nr. 5, 3—9; russ.) — Beschreibung über die Entw., Konstruktion u. Arbeitsweise einer leistungsfähigen Ejektor-Flotationsmaschine für Kohlenschlamm, die sich durch beträchtliche Verminderung der Anzahl schnellverschleißender Teile auszeichnet. Die Leistungsfähigkeit beträgt 40—41 t/Stunde. J. Lehmberg. 8134△

2987 **Schwerflüssigkeits-Zentrifugalscheidung schwer aufbereitbarer Feinkohlen.** G. W. Schenk. (Aufbereitungs-Techn. **4**, 164—71, 1963; Prag; dt.) — Beschreibung des sowjet. Schwer-Fl.-Zentrifugalabscheiders GSchl2 M (für Rohkohle unter 3 mm Korngröße), der Scheidezentrifuge GOSchl2 M (für die Trennung der Kohle von der Fl.), der Spülzentrifuge GPSchl2M u. der automat. Filterpresse FPA 25-25. I. Köditz. 8134

2988 **Der Einfluß einer Verdichtung von Kohlen durch Brikettierung auf den Prozeß ihrer thermischen Zersetzung.** D. M. Lissin und Pak Gym Ssun. (Nachr. sibir. Abt. Akad. Wiss. UdSSR **1962**, Nr. 6, 35—45; Nowosibirsk, Sibir. Abt. der Akad. der Wiss. der UdSSR, Chem.-metallurg. Inst.; russ.) — Die Verdichtung von nichtbackenden Kohlen durch Brikettierung beschleunigt bei ihrer therm. Umwandlung die Bldg. von Teerdämpfen, die die Zers. der Kohlen charakterisieren. Die Rk.-Geschw. der Bldg. von gasförmigen Prodd. werden verlangsamt, wobei ihre Maxima, die hauptsächlich die Kondens.-Prozesse charakterisieren, verschoben werden. Die Rkk., die die Kondens. der Zwischenprodd. der Zers. widerspiegeln, gehen im Falle der Brikettierung viel tiefer, wodurch sich die Ausbeute an Gas u. bes. H_2, CO_2, CO erhöht. Durch die Ausdehnung der Kondens.-Prozesse unter Erhöhung der Kontaktierung der Oberflächen der Kohlenkörner im Brikett erhöht sich die Backfähigkeit der Kohlen bei ihrer Brikettierung. P. Scheer. 8136◇

2989 **Die Kokereitechnik in der Sowjetunion.** Rolf Grund, Johannes Köhler und Wilhelm Reerink. (Glückauf **98**, 1581—91, 1962; Essen-Altenessen, Recklinghausen u. Essen; dt.) — Bericht über Betriebe zur Koksgewinnung, zur Gasreinigung u. zur Gewinnung von Kohlewertstoffen im Donezbecken. Koksofenbatterien u. Kohlewertstoffanlagen sind nach dem Baukastenprinzip gebaut; der Ofenbetrieb ist weitgehend mechanisiert u. automatisiert. In den Betrieben der Gasreinigung u. Kohlewertstoffgewinnung wird vornehmlich nach klass. Verf. gearbeitet. Kondens., Gasentteerung, Kondensat- u. Teerscheidung, Entphenolung, NH_3- u. Benzolgewinnung sowie Entschwefelung mit H_2SO_4-Gewinnung werden beschrieben. M. Finke. 8142◇

2990 **Der Einfluß des Wassergehaltes der Kokskohle auf die Hochtemperaturverkokung im Horizontalkammerofen bei Schüttbetrieb.** Kurt-Günther Beck, Wilhelm Weskamp und Reinhold Beckmann. (Glückauf **98**, 1559—68, 1962; Essen; dt.) — Der Einfl. des Wasser-Geh. von Ruhrkokskohle (25% flüchtige Bestandteile) auf verschiedene Parameter der Hochtemp.-Verkokung bei gleicher Heizzug-Temp. von 1250° wird untersucht. Die Wasser-Geh. werden zwischen 2—12% um jeweils 2% erhöht u. die Änderungen des Schüttgew., der Garungszeit, des Kohlendurchsatzes, der Temp. des Gassammelraumes, des Wärmeverbrauchs/kg feuchter Kohle, des Schwindens der Kohle sowie der Güte des Kokses u. der Zus. der Kohlewertstoffe untersucht. Der wirtschaftlich günstigste Wasser-Geh. ist vom Verw.-Zweck des Kokses u. vom Transportweg abhängig. Auf die Wirtschaftlichkeit hat der Wasser-Geh. infolge des unterschiedlichen Wärmebedarfs, der aufzuarbeitenden Kondentsatmengen u. möglicher Durchsatzsteigerung den größten Einfluß. M. Finke. 8142◇

2991 **Der Einfluß des Druckes bei der thermischen Spaltung von Kohlen.** M. G. Skljar und W. I. Schusstikow. (Chem. Technol. Brennstoffe Öle [UdSSR] **7**, Nr. 8, 39—42, 1962; russ.) — Auf Grund von Verss. wird festgestellt, daß durch Änderung des Druckes die Richtung u. Intensität nicht nur der Haupt-Rk., sondern auch der Neben-Rk. in der gewünschten Weise beeinflußt werden können. Durch Druckerhöhung werden die Rkk. im Innern der Kohlekörner begünstigt, das mittlere Molgew. herabgesetzt, die Löslichkeit in organ. Lsgm. erhöht u. die Plastizität bei niedrigen Temp. erhöht. H. V. Adolphi. 8142□

2992 **Radiographie des Zusammenbackens von Kohlen.** Je. P. Bollter, N. Ss. Grijasnow und P. I. Schaschmurin. (Ber. Akad. Wiss. UdSSR **134**, 1403—05, 21/10. 1960; Swerdlowsk, Östl. Forsch.-Inst. für Kohlechem.; russ.) — Vff. untersuchen radiograph., ob bei der Verkokung von Kohlesorten die Körner infolge Erweichens der Masse nur Kontakt miteinander über die Oberfläche bekommen oder ob sie dispergieren. Die Oberflächenmarkierung erfolgt durch Eintauchen einer Probe in eine Lsg. von $^{45}CaCl_2$ oder $^{45}Ca \cdot (NO_3)_2$ (16 mg/ml u. 2,5 mc/ml) u. anschließender Fällung von $^{45}CaSO_4$ oder $^{45}CaCO_3$ auf der Oberfläche durch Eintauchen in eine K_2SO_4- oder Na_2CO_3-Lösung. Belichtungszeit nach der Anfertigung der Schliffe: 7—15 Tage. Die Proben werden mit nichtverkokten Mustern verglichen. Die Körner der Gaskohle zweier Schächte zeigen nach der Verkokung wenig Verformungen, die der Fettkohle zeigen starke Verformungen, lösen sich aber in der sie umgebenden plast. Masse nicht auf. G. Ewald. 8142□

2993 **Die Pyrolyse flüssiger Kohlenwasserstoffe im Gewölberaum von Koksöfen.** A. A. Glasunow und M. A. Pliner. (Koks u. Chem. [UdSSR] **1961**, Nr. 5, 33—36; russ.) — Untersucht wird der Pyrolyseverlauf während der gesamten Verkokungsperiode zur Best. der zweckmäßigsten Rohstoffbeschickung. Als Ausgangsmaterial werden Gemische aus leichtsd. u. schweren KW-Stoffen der Abgänge kokschem. Betriebe verwendet. Optimale Bedingungen bestehen bei 750—770°. Die Beschickung mit dem fl. Gemisch kann in Schamotteöfen (4—5% der trockenen Charge) nach 18- bis 20std. u. in Dinasteinöfen (2—2,5%) nach 10—11std. Verkokung erfolgen. Die Ausbeute an Benzol-KW-Stoffen beträgt bis zu 19% des Rohstoffes. Die Pyrolyse der fl. KW-Stoffe nach dieser Meth. übt auf die normale Verw. der Koksöfen u. die Eigg. des Kokses keinen Einfl. aus. J. Lehmberg. 8142△

2994 **Zur Gewinnung von metallurgischem Koks aus Torf.** Ch. I. Riwkina und N. W. Kulkowa. (Torf-Ind. [UdSSR] **38**, Nr. 5, 26—31, 1961; Kalinin, Torf-Inst.; russ.) — Zur Gewinnung von metallurg. Koks der Festigkeit 130—160 kg/cm² werden Pyrolyse-Verss. mit Hochmoor- u. Niederungstorfproben verschiedenen Zers.-Grades durchgeführt. Die Besonderheit des Prozesses beruht darauf, daß auf dem erhaltenen Torfkoks (in Generatoren) nicht nur Pyrolyse der sich bei der Verkokung von Torf ausscheidenden flüchtigen Prodd. erfolgt, sondern auch von zugesetzten fl. Brennstoffen. Das Verf., das in Abhängigkeit von den erforderlichen Prodd. gesteuert werden kann, wird beschrieben. J. Lehmberg. 8144△

2995 **Untersuchung der Festigkeit von Koks im heißen Zustand.** N. M. Smoljaninowa, A. A. Kaplin und L. M. Wassiljewa. (Koks u. Chem. [UdSSR] **1961**, Nr. 5, 25—28; Tomsk, Polytechn. Inst.; russ.) — Unterss. in einem Spezialapp. mit heizbarer Drehtrommel über die therm. u. mechan. Festigkeit von Hochofenkoks, auch im gasförmigen Medium, bei wiederholter Erhitzung bei 20—1200° zeigen ein Minimum des Abriebes bei 400—600°. Im sauren Medium steigt die Verschleiß-Wrkg., im reduzierenden fällt sie. Bei trockenem Ablöschen tritt Verminderung des Abriebs ein. J. Lehmberg. 8144△

2996 **Wirbelschichtvergasung von Lignit und die Herstellung von Aktivkohle aus Cyclonstaub.** Hiroshi Yanai. (J. Fuel Soc. Japan **41**, 976—81, 1962; Hokkaido Ind. Res. Inst.; jap., Auszug: engl.) — Es werden Verff. untersucht, die es gestatten, die Holzanteile von Lignit abzutrennen. Die Labor.-Verff. werden in einer Industrieanlage erprobt (Flotation, Sedimentation, Waschen mit Säure u. Behandeln mit Cl_2). Die Betriebsdaten eines Wirbelschichtofens werden mitgeteilt. In der Flugasche wird GeO_2 gefunden. K. Strenge. 8148◇

2997 **Untersuchungen zur Herstellung von Synthesegas aus Naturgas mit Hilfe von Metalloxiden. 1. Mitt. Festbett.** Seiji Terasawa, Noriyuki Sakikawa und Tadao Shiba. (Bull. Japan Petroleum Inst. **3**, 3—13, 1961; Meguroku, Tokyo, Tokyo Inst. of Techn., Dep. of Chem. Engng.; engl.) — Die Oxydation von *Naturgas* (CH_4) zu *Synthesegas* mit Metalloxiden verläuft nach $CH_4 + FeO \rightarrow CO + 2 H_2 +$ Fe u. Fe + Luft $\rightarrow$ FeO + N_2. Gegenüber dem Reforming-Prozeß ist dieses Verf., das am besten mit $FeO/Al_2O_3 - FeO_{1,33}/Al_2O_3$ verläuft, besser in der Wärmebilanz. Außerdem kann O_2 durch Luft ersetzt werden. Der Katalysator wird durch gemeinsame Fällung von $Fe(OH)_2$ u. $Al(OH)_3$ mit NH_4OH u. Trocknen bei 900° gewonnen. Weiter werden Katalysatoren aus Al_2O_3 u. Cu-, Mn-, Ni-, Cr- u. Co-Oxiden untersucht. Zusätze von Alkali, Cr-Oxiden oder MnO_2 schwächen die Rk.-Fähigkeit ab. Die günstigste Rk.-Temp. liegt bei >1000°. W. Holland. 8154◇

2998 **Die Feindestillation einer Teerbasenfraktion vom Kp. 240—280° (760 Torr).** Gerhard Buchmann. (Wiss. Z. Techn. Hochschule Chem. Leuna-Merseburg **4**, 235—43, 1962; Chem. Techn. **14**, 617—20, 741—44, 1962; Leuna-Merseburg, TH für Chem., Inst. für Org. Chem.; dt.) — Durch Vakuumfeinfraktionierung einer grob vordest. Teerbasenfraktion vom $Kp._{760}$ 240—280° in einer 3m-Kolonne (30mm Ø, Braunschweiger Wendeln 3×3 mm, ca. 150 theoret. Böden) bei 16 Torr werden bei einem Rücklaufverhältnis von 1 : 20 in ca. 160 Std. 151 Fraktionen (insgesamt 80,6% Destillat) mit $Kp._{16}$ 119,9—157,4° erhalten. Von allen Fraktionen werden Refraktion, Dichte u. FF. der Pikrate bestimmt u. mit Literaturwerten verglichen. Aus diesem Vgl. sowie durch papierchromatograph. Unters. der Fraktionen u. Fällungs-Rk. mit Harnstoff, Pikrinsäure oder $CuCl_2$ wird die Ggw. folgender Verbb. nachgewiesen (in der Reihenfolge der Dest.): *Isochinolin, Chinaldin, 8-Methylchinolin, 3-Methyl-, 1-Methylisochinolin, 7-Methyl-, Indol, 8-Methyl-, 6-Methylisochinolin* u. *4-Methylchinolin*. Im Siedebereich 142,8—143,4° (16 Torr) wird eine unbekannte Base mit F. 124° (A./W.) isoliert, die als *x-Methyl-4.5-cyclopentanocinnolin*, $C_{11}H_{10}N_2$, bezeichnet wird. M. Finke. 8176◇

2999 **Die Industrie des Erdgases in Italien.** C. Padovani. (Riv. Combustibili **17**, 177—98, 1963; ital.) — Die vorhandene Menge, der Verbrauch u. die Aufteilung des verbrauchten Erdgases auf die einzelnen Anwendungsgebiete, die im Einsatz für häusliche u. industrielle Wärmezwecke, für die Erzeugung von elektr. Strom u. als Rohstoff für die chem. Industrie bestehen, werden angegeben. R. Grundmann. 8186◇

3000 **Neue Daten über das Erdölgasauftreten im Gebiet der Diamantlagerstätten von „Udatschnaja" (Fluß Daldyn, Ost-Sibirien).** K. K. Makarow. (Ber. Akad. Wiss. UdSSR **134**, 650—53, 21/9. 1960; Allunions Forsch.-Inst. für Erdöl u. geol. Schürfungen; russ.) — Bei Bohrungen am Eruptionskanal Udatschnaja am Fluß Daldyn wurden *Erdöl* u. *Erdölgas* festgestellt. Das Gas enthielt 55,0 (Vol.-%) H_2, 37,2 CH_4 + höhere KW-Stoffe, 0,25 ungesätt. KW-Stoffe, 0,05 CO_2, 0,0049 He, 0,0143 Ar u. 1,05 O_2. Die Tränkung der Gesteine mit Erdöl erfolgte im untersuchten Gebiet während des Paläozoikums. O. Lebtag. 8186△

3001 **Über die Verdrängung des Gases durch Erdöl.** M. T. Abassow. (Ber. Akad. Wiss. AserbaidshanSSR **17**, 871—76, 1961; russ., Auszug: aserbaidshan.) — Die Verdrängung des Gases in Erdöllagerstätten durch gasgesätt. Erdöl wird auf mathemat. Wege nach der Meth. der aufeinanderfolgenden Schichten stationärer Zustände untersucht. H. V. Adolphi. 8186□

3002 **Die P-V-T-Beziehungen für mehrkomponentige Kohlenwasserstoffgase.** M. N. Alisade. (Ber. Akad. Wiss. AserbaidshanSSR **17**, 901—06, 1961; russ., Auszug: aserbaidshan.) — Über die krit. Koeff. von KW-Stoffen wird auf mathemat. Wege die *P-V-T*-Abhängigkeit für nicht ideale Zustände berechnet. Es wird eine Gleichung für V angegeben, die es gestattet, für Berechnungen in der Erdöl- u. Gasindustrie mit techn. Genauigkeitsansprüchen die Zustandsgrößen P, V, T schnell u. ohne Benutzung von Diagrammen zu berechnen. H. V. Adolphi. 8186□

3003 **Die Anwendung der Gleichungen von Kritschewski-Iljinski bei der Löslichkeit von Naturgas im Erdöl.** N. A. Triwuss. (Ber. Akad. Wiss. AserbaidshanSSR **17**, 907—12, 1961; russ., Auszug: aserbaidshan.) — Aufbauend auf früheren Arbeiten stellen Vff. fest, daß mit Hilfe der Gleichungen von Kritschewski-Iljinski die Löslichkeit von gasförmigen KW-Stoffen in stabilisiertem Erdöl mit zufriedenstellender Genauigkeit bestimmt werden kann. Vers.-Ergebnisse bestätigen die theoret. Ergebnisse. H. V. Adolphi. 8186□

3004 **Zur Charakteristik der Kohlenwasserstoffzusammensetzung der Kondensate des Karakum-Erdgasvorkommens.** 1. Mitt. **Kohlenwasserstoffzusammensetzung des Kondensats aus dem Bohrloch 153.** Ss. R. Ssergijenko, K. R. Atameredowa, A. A. Petrowa und Je. W. Tschirowa. (Nachr. Akad. Wiss. TurkmenSSR, Ser. physik.-techn., chem. geol. Wiss. **1962**, Nr. 5, 26—33; russ.) — Der Hauptteil des Kondensats (ca. 90%, Kp. 100—200°) besteht aus Cyclo- u. Isoparaffinen. Im Kondensat mit Kp. 145° dominieren Hexamethylen- u. im schweren Teil Pentamethylen-Cycloparaffine. Unter den paraffin. KW-Stoffen dominieren in allen Fraktionen Isostrukturen, vorwiegend mit 1—2 Verzweigungen in der Kette. P. Scheer. 8188◇

3005 **Zur Frage der Erweiterungsmöglichkeit für Tiefbohrungen.** E. I. Tagijew und A. W. Orlow. (Hochschulnachr. [Baku], Erdöl Gas **5**, 111—15, 1962; Moskau, Gubkin-Inst. für Erdölchem. u. Gasind.; russ.) — Zusammenstellungen von Bohrlochkonstruktionen für Tiefen von 7000 u. 8500 m, von Vgl.-Daten über den Verbrauch von Spül-Fl. u. über den Arbeitsdurck der Pumpen in 7000 u. 10000 m Tiefe sowie der erforderlichen Eigg. der Rohre aus Stahl u. Leichtmetallegierungen. J. Lehmberg. 8190△

3006 **Einfluß von Druck und Temperatur auf die Reaktion zwischen Bohrflüssigkeiten und Tongestein.** W. I. Leonidow, K. F. Shigatsch und L. K. Muchin. (Hochschulnachr. [Baku], Erdöl Gas **5**, Nr. 5, 35—38, 1962; Moskau Gubkin-Inst. für Petrolchem. u. Gasind.; russ.) — Die Unterss. werden mit Tonproben verschiedener Herkunft u. mit wss. Kalk-Lsg., wss. Silicat-Lsg. u. Bohr-Fl. auf Erdölbasis bei 20—100° u. Drücken von 200—500 at vorgenommen. Eine Steigerung des Druckes sowie der Temp. bewirkt bei wss. Lsgg. eine schnelle Durchdringung des Tons u. damit eine Herabsetzung der Festigkeit der Bohrlochwände. Die nichtwss. Lsg. bildet auf dem Ton eine dünne, prakt. undurchlässige Bitumenhaut, so daß die Festigkeit des Tons nicht vermindert wird. Auch die Erhöhung der Temp. ist für die Festigkeit ohne Bedeutung. J. Lehmberg. 8190△

3007 **Betriebstechnische Untersuchung des nichtionogenen Demulgators OKO mit Romaschkiner Erdöl.** Ja. G. Ssorkin, Ja. I. Nelkenbaum, F. Ch. Gabdrachmanow, F. G. Chakimow und M. S. Ssaifutdinow. (Chem. Technol. Brennstoffe Öle [UdSSR] **7**, Nr. 9, 24—27, 1962; Tschernikowsk, Erdölverarbeitungswerk; russ.) — Die Ergebnisse von Entsalzungs-Verss. mit dem nichtionogenen Demulgator (**D**) *OKO* werden mitgeteilt. OKO wird durch Behandlung mit *Äthylenoxid* (**I**) aus dem Sumpfrückstand der synthet. Fettsäure-Dest. gewonnen. Gegenüber anderen **D** (OP 10, KAUFE 14) werden weniger **I** u. gar keine Phenole u. Alkylphenole verbraucht. Bei niedrigerem Verbrauch je t Erdöl ist der Entsalzungseffekt bei OKO etwa doppelt so gut wie bei den anderen **D** u. um ein vielfaches besser als bei NTschK. OKO wird als 2%ig. wss. Lsg. vor der ersten Entsalzungsstufe unmittelbar ins Erdöl gegeben. Die physikal. Eigg. des Ausgangsstoffes u. des Demulgators sind angegeben. H. V. Adolphi. 8190◇

3008 **Der Einfluß des Paraffins auf die Stabilisierung natürlicher Erdölemulsionen.** A. G. Gobshila. (Hochschulnachr. [Baku], Erdöl Gas **5**, Nr. 5, 69—73, 1962; Forsch.-Inst. für Bohrung u. Förderung von Erdöl u. Gas; russ.) — Festes dispergiertes *Paraffin*, in Suspension mit in Erdöl stabilisierten Teer-Lsgg., trägt zur Stabilisierung der Emulsion bei. Paraffin konz. sich um die Emulsionströpfchen u. verhindert ihr Zusammenfließen oder die kompakten Teilchen lagern sich in das weitmaschige Gitter der Emulsionstropfen u. verhindern sowohl ihr Zusammenfließen als auch das Durchdringen des Demulgators zu der Tropfenoberfläche. J. Lehmberg. 8190△

3009 **Der Einfluß der Reihenfolge des Zusatzes von Reagentien und des Polymerisationsgrades von Cellulose auf die Veresterung und Löslichkeit von KMZ in Wasser.** M. S. Finkelstein, Tsch. D. Dcharijal, I. M. Timochin und A. I. Malinina. (Hochschulnachr. [Baku], Erdöl Gas **5**, 31—34, 1962; Moskau, Gubkin-Inst. d. Petrolchem. u. Gasind.; russ.) — Die Versss. bezwecken die Festlegung des Einfl. des Polymerisationsgrades der Cellulose u. der Aufeinanderfolge der Zugabe von NaOH u. $ClCH_2COONa$ (**I**) auf Veresterungs-Wrkg. u. Löslichkeit von KMZ (Carboxymethylcellulose). Die Ergebnisse dienen zur Ausarbeitung eines technolog. Verf. zur Herst. von KMZ als Bohr-Fl. mit großer Stabilisierungs-Eig. bei minimalem Verbrauch an Reagentien im Vgl. zu KMZ, die nach üblichen industriellen Verf. hergestellt wird. Die maximale Wasserabscheidung aus Ton-dispersionen mit 5,8—6,2 cm^3 wird mit KMZ erzielt, in der das Verhältnis von Cellulose : NaOH : I : W. = 1 : 1,5 : 1,3 :7,5 bzw. 9,5 beträgt. J. Lehmberg. 8190△

3010 **Kontrolle und Automatisierung von Raffinerien.** Ferdo Kiring. (Nafta [Zagreb] **13**, 422—27, 1962; Rijeka, Rafinerija nafte; kroat.) — Durch die Einführung der Automatisierung in die ölverarbeitende Industrie steigen die Anforderungen an den Techniker ständig. Einige Probleme u. Möglichkeiten, die sich durch die neue Technik ergeben, werden zur Diskussion gestellt. K. Strenge. 8194

3011 **Der Einfluß von Ultraschall auf den Crackprozeß des Destillates von Solaröl.** G. A. Balakischijew, R. G. Issmailow, M. I. Kornejew und Je. B. Meshebowski. (Hochschulnachr. [Baku], Erdöl Gas **5**, 59—62, 1962; Aserbaidshaner Asisbekow-Inst. für Erdöl u. Chem.; russ.) — Die Verss. werden mit direkter Beschallung der Rk.-Zone u. einer Frequenz von 21 kHz bei 380—440°, 30 at während 30 Min. durchgeführt. Die Gegenüberstellung der Ergebnisse mit denen des Crackprozesses ohne Schall-Einw. zeigt, daß die Ausbeute der 200°-Fraktion von 6 auf 26% steigt. Die Ausbeute an Gasen steigt mit Vergrößerung der Schallintensität. Durch Schall-Wrkg. kann die Rk.-Temp. niedriger gehalten werden, woraus sich eine Senkung der Koks-Bldg. ergibt. Die Erhöhung der Schallintensität führt zu einer beträchtlichen Senkung des spezif. Gew. der fl. Produkte. J. Lehmberg. 8196△

3012 **Die kombinierten Prozesse des katalytischen Reformierens.** G. Ss. Golow, N. B. Asspel, N. I. Posstnikow und Je. M. Ratner. (Chem. Technol. Brennstoffe Öle [UdSSR] **7**, Nr. 9, 8—13, 1962; russ.) — Auf Grund von aus- u. inländ. Erfahrungen in der Verarbeitung von südlichen Erdölen wird die Kombination der Hydroreinigung der Aromatenfraktion, der Reformierung u. der Aromatentrennung zu einer gemeinsamen technolog. Anlage empfohlen. Dadurch sollen die Bauzeit verkürzt, die Arbeitsproduktivität erhöht u. der Anfall an Prodd. erweitert werden. Die technolog. Prinzipschemata der Anlagen sind angegeben. Durch Hydroreinigung des Einsatz-Prod. der Reformierung wird die Lebensdauer des Katalysators zwischen 2 Regenerierungen von 6 auf 18 Monate erhöht. Der Reformierung sind 2 Hydrierungsreaktoren nachgeschaltet, die eine H_2SO_4-Raffination des Reformats ersetzen. Die Aromatentrennung erfolgt durch Extraktion mit Diäthylenglykol u. Nachdestillation. H. V. Adolphi. 8200◇

3013 **Qualität und Sortiment der Motorenöle der Rijeka Ölraffinerie.** Ferdinand Kirigin. (Nafta [Zagreb] **13**, 474—79, 1962; Rijeka, Rafinerija nafte; kroat.) K. Strenge. 8204

3014 **Möglichkeiten für die Verringerung der Disproportionen bei der Produktion von Benzin und Dieselkraftstoff.** Josip Verčon. (Nafta [Zagreb] **13**, 440—44, 1962; Beograd, Mašinski Fak.; kroat.) — Der Verbrauch von Kraftstoffen in Jugoslawien verschiebt sich immer mehr zugunsten des Dieselöls. Für 1965 wird ein Nachfrageverhältnis Diesel zu Bzn. = 1 : 2,4 erwartet. Da die Industrie mit dieser Entw. nicht Schritt hält, werden Vorschläge gemacht, die sowohl die Kraftfahrzeugindustrie als auch die ölverarbeitende Industrie betreffen. K. Strenge. 8204

3015 **Benzin für Flugzeugmotoren.** Kazimierz Kachlik. (Wiadomości naftowe **8**, 204—08, 1962; pol.) — Eine Übersicht über die Zus. von Bzn. für Flugzeugmotoren u. über die Arbeit der Flugzeugmotore in Abhängigkeit von den chem. u. physikal. Eigg. der Bzn. wird gegeben. Die angewendeten Kennziffern für Flugzeugbenzin werden besprochen. K. Pluta. 8204◇

3016 **Düsentreibstoffe mit hoher Volumenenergie auf Erdölbasis.** B. Salé. (Rev. Inst. franç. Pétrole Ann. Combustibles liquides **17**, 1260—80, 1962; Inst. Français du Pétrole; franz.) — Durch Vgl. von Struktur u. Eigg. wird festgestellt, daß Perhydroaromaten (polycycl. Naphthene) z. T. 10% mehr Energie/Vol. besitzen als einige gebräuchliche Düsentreibstoffe. Gewinnung, Reinigung u. Hydrierung von *Bzl.*, *Naphthalin*, *Anthracen*, *Phenanthren*, *Pyren*, *Chrysen* u. einigen Methyl-Derivv. werden beschrieben. W. Holland. 8204◇

3017 **Die Untersuchung einiger Eigenschaften von Kohlenwasserstoffen mit Hilfe eines Elektronenmikroskops.** S. A. Ssablina, B. I. Leontjew und A. Je. Ssasonow. (Erdöl-Wirtsch. Aserbaidshan **41**, Nr. 9, 35—37, 1962; russ.) — In dem untersuchten frischen *Flugbenzin* sind Teilchen von koll. Größe nur in unbedeutenden Mengen enthalten. In Treibstoffen, die von Nicht-KW-Stoff (I)-Komponenten (O-, N- u. bedeutende Mengen von S-Verbb.) befreit sind, fehlen prakt. Teilchen koll. Größe. I, die durch Absorbenten ausgeschieden werden, stellen teilweise Verbb. mol. Größe dar u. sind im Elektronenmikroskop bei 5—10000facher Vergrößerung sichtbar. Oxydation der Treibstoffe bei mäßigen Temp. führt zur Erhöhung von Zahl u. Größe der sichtbaren Teilchen, die bei 150—200° eine Größe von 0,1—0,5 μ erreichen u. zu langen verzweigten Ketten koagulieren. P. Scheer. 8204◇

3018 **Die Verwendung katalytisch gekrackter Destillate zur Produktion von Dieselöl.** Josip Širola. (Nafta [Zagreb] **13**, 398—404, 1962; Sisak, Rafinerija nafte; kroat.) — Crack-Prodd. als Kraftstoffe haben eine niedrige Cetanzahl u. sind oft chem. nicht stabil, da durch noch vorhandenen Katalysator sek. chem. Rkk. ablaufen. Um die Alterungsbeständigkeit solcher Öle zu prüfen, wird die Schnellalterungs-Meth. bei 100°, die beschleunigte Alterungs-Meth. bei 43° u. die normale Alterung an 3 Reihen von je 5 Proben durchgeführt. Die Ergebnisse werden mitgeteilt. K. Strenge. 8212

3019 **Die Herstellung von Transformatoren- und Turbinenölen.** Živadina Živanović. (Nafta [Zagreb] **13**, 435—40, 1962; Rijeka, Rafinerija nafte; kroat.) — Ergebnisse der Labor.-Produktion von Transformatorenöl durch H_2SO_4-Behandlung, SO_2-Extraktion, kombinierte H_2SO_4-SO_2-Behandlung u. Furfurolextraktion werden mitgeteilt. Als Ausgangs-Prodd. standen 3 Rohöle zur Verfügung. Für Turbinenöl werden bes. Aufarbeitungs-Verff. beschrieben. K. Strenge. 8218

3020 **Entparaffinierung von Schmierölen im Laboratorium.** Marijan Kolombo und Romuald Jelovica. (Nafta [Zagreb] **13**, 343—49, 1962; Rijeka, Rafinerija nafte; kroat.) — Eine App. zur labormäßigen Lsgm.-Entparaffinierung wird entwickelt. Die App. besteht aus einem Kühlbehälter für die Mischung (mit Kühlmittelumlauf), einem Filtertopf u. einer Vakuumpumpe. Die Temp. kann beliebig verändert oder konst. gehalten werden. Alle Teile werden an Hand von Abb. beschrieben u. die Resultate einiger prakt. Verss. mitgeteilt. K. Strenge. 8220

3021 **Detergentzusätze in der Erdölindustrie.** Nela Simonić. (Nafta [Zagreb] **13**, 495—99, 1962; Rijeka, Rafinerija nafte; kroat.) — Durch Sulfonierung u. anschließende Neutralisation von Schmierölfraktionen werden Detergentzusätze „in situ" hergestellt. Prakt. Verss. mit diesen vorbehandelten Schmierölen werden mitgeteilt. K. Strenge. 8220

3022 **Turbinenöl 22 aus Tuimasa-Erdöl.** N. G. Kalantar. (Chem. Technol. Brennstoffe Öle [UdSSR] **7**, Nr. 9, 29—34, 1962; Baschkir. Filiale der Akad. der Wiss. der UdSSR; russ.) — Aus Destillaten von Tuimasa-Erdöl kann ohne Verw. von Oxydationsinhibitoren normgerechtes *Turbinenöl 22* hergestellt werden. Die Rückstandsmenge beträgt 0,03%, die SZ. 0,35, der S-Geh. 1,0—1,2%. Die Stabilität des Öls kann durch intensivere Entparaffinierung verbessert werden. H. V. Adolphi. 8220◇

3023 **Über die Verteilung von organischem Kohlenstoff, Bitumen und schweren Kohlenwasserstoffen im Querschnitt des Meso- und Känozoikums des östlichen Transural in Verbindung mit der Erdölgas-Kapazität.** W. F. Nikonow. (Ber. Akad. Wiss. UdSSR **134**, 654—57, 21/9. 1960; Komplexe geol. Tjumen-Expedition; russ.) — Die Gesteine des Mesozoikums in der westsibir. Tiefebene sind gek. durch einen fast konst. Geh. an $C_{org.}$, der nach den unteren Schichten nur sprunghaft zunimmt. Der Geh. an *Bitumen* nimmt nach unten stark zu. Im sandhaltigen Gestein ist der Bitumen-Geh. höher als im lehmhaltigen. Am höchsten ist der Geh. an $C_{org.}$ u. Bitumen in den Juragesteinen. Zwischen dem Cl- u. $C_{org.}$-Geh. besteht eine umgekehrte Beziehung. Der Geh. an *schweren KW-Stoffen* nimmt von oben nach unten, unabhängig von den geochem. Besonderheiten des Gesteins, allmählich ab. Im Paläozoikum ist ihr Geh. am höchsten. Paläozoisches Erdöl tritt nur in der C-haltigen Stufe auf. Die Juragesteine sind nicht als erdölbildend zu betrachten, höchstens als bitumenbildend. In der Tiefebene besteht eine Beziehung zwischen Erdöl-Vork. u. Gestein nur im Paläozoikum. O. Lebtag. 8224△

3024 **Bitumen und seine Anwendung.** Ela Samokovlija. (Nafta [Zagreb] **13,** 499—505, 1962; Rijeka, Rafinerija nafte; kroat.) — Die jugoslaw. Normen für Bitumen enthalten verschiedene Unzulänglichkeiten, bes. im Hinblick auf den Paraffingehalt. Es wird daher vorgeschlagen, die DIN-Meth. für die Best. der Paraffinzahl einzuführen. Der Einfl. von Paraffin auf die Eigg. des Bitumens wird diskutiert.
K. Strenge. 8224

3025 **Die Verwendung von Bitumen aus Erdöl zum Schutz technischer Materialien.** Fran Podbrežnik. (Nafta [Zagreb] **13,** 520—26, 1962; Rijeka, „Antioksid"; kroat.) — Meth. zur Verbesserung der Haftfähigkeit, zur Verhütung der Gelatinierung, zur Verbesserung des Temp.-Verh. von bituminösen Überzügen u. a. mehr, werden angegeben. Die insekticiden u. fungiciden Eigg. von Bitumen werden ausgewertet.
K. Strenge. 8224

3026 **Bitumen aus dem Save-Becken-Rohöl.** Emilija Knežević. (Nafta [Zagreb] **13,** 506—12, 1962; Sisak, Rafinerija nafte; kroat.) — Überblick über die Technologie der Herst. u. die Eigg. der Bitumensorten.
K. Strenge. 8224

3027 **Fazielles Profil der Bitumenverteilung in den Ablagerungen des Mittleren Jura im südöstlichen Kaukasus.** Tsch. M. Chalifasade und G.-M. A. Alijew. (Hochschulnachr. [Baku], Erdöl Gas **5,** 9—13, 1962; Aserbaidshaner Kirow-Univ.; russ.) — Menge u. Zus. der untersuchten *Bitumina* in den Gesteinen (Argillit, Aleurolith u. Sandstein) 8 verschiedener Fazies werden sowohl nach der luminescenz-bituminolog. wie chem. Meth. festgestellt. Die Änderung der Eigg. u. Mengen der Bitumina im Argillit weist darauf hin, daß der Umfang der Bitumen-Bldg. im Ton nicht immer vom Geh. organ. Stoffe bestimmt wird, sondern oft von der Zus. u. Art der organ. Ausgangsstoffe abhängt, deren Anhäufung sich unmittelbar aus der Lage der Fazies ergibt. Je nach dem die schweren Bitumina auf dem Kontinent oder im Meer entstehen, ist ihr Wachstum mit der Sedimentation von pflanzlichen Materialien oder von Plankton verbunden.
J. Lehmberg. 8224△

3028 **Katalytische Oxydation von Bitumen.** Aleksandar Šolc. (Nafta [Zagreb] **13,** 512—19 1962; Rijeka, Rafinerija nafte; kroat.) — Der Einfl. verschiedener Katalysatoren auf die Eigg. von oxydiertem Bitumen wird untersucht. Die beste katalyt. Wirksamkeit zeigt $FeCl_3 \cdot 6\,H_2O$.
K. Strenge. 8224

3029 **Die Produktion von Paraffin aus Pipeline- und Tankablagerungen.** Frane Paro. (Nafta [Zagreb] **13,** 394—97, 1962; Sisak, Rafinerija nafte; kroat.) — Starke Ablagerungen in den Pipelines u. Rohölbehältern wurden bei der Reinigung der Anlagen bisher verbrannt. Ein hoher Anteil an mikrokristallinem Paraffin erlaubt jedoch eine rentable Aufarbeitung dieser Ablagerungen durch Dest. u. anschließende Behandlung mit H_2SO_4 u. Bleicherde.
K. Strenge. 8226

3030 **Untersuchungen über die Meßmöglichkeit der Ablagerungsbedingungen für Paraffin durch Einwirkung auf den thermodynamischen Zustand des Erdölstromes in Steigrohren.** W. A. Rasskasow und W. A. Prjashewski. (Hochschulnachr. [Baku], Erdöl Gas **5,** 45—48, 1962; Ufa, Erdöl-Inst.; russ.) — Der Grad der Ausfällung von *Paraffin* aus Erdöl erhöht sich mit der Senkung der Temp. u. des Drucks in den Vers.-Rohren, was eng mit dem thermodynam. Zustand des Erdölstroms zusammenhängt. Die Verss. werden in einem Bohrloch mit einer Pumpe in 957 m Tiefe u. Tiefenstutzen ab 931 m vorgenommen. Die Temp.- u. Druckmessungen finden in verschiedenen Tiefen vor u. während der Förderung statt, wobei die Temp. mit fortschreitender Tiefe ansteigen. Für die Druckmessungen liegen die Verhältnisse umgekehrt. Der Einfl. der Tiefenstutzen wirkt sich günstig auf die Änderung des thermodynam. Zustandes des Erdölstroms aus. J. Lehmberg. 8226△

3031 **Aufbereiten, Fördern, Einbauen und Verdichten von bituminösen Stoffen im Schwarzdeckenbau.** R. Hoppmann. (Bitumen, Teere, Asphalte, Peche und verwandte Stoffe **12,** 540—46, 1961; Aachen, TH; dt.) — Vgl. C. **1963,** 19068. — Übersicht über die wichtigsten Straßenbaugeräte bundesdeutscher Firmen, ihre wesentlichen Konstruktionsmerkmale u. ihr Einsatzgebiet. D. Meyer. 8236◇

3032 **Eine Vorrichtung für eine beschleunigte chromatographische Analyse von Kohlenwasserstoffgemischen.** W. W. Wesselow. (Nachr. sibir. Abt. Akad. Wiss. UdSSR **1959,** Nr. 4, 83—89; Angarsk, Kombinat Nr. 16, Zentrales Labor.; russ.) — Beschreibung der Konstruktion u. Arbeitsweise einer App. zur quant. Ermittlung aromat. KW-Stoffe in KW-Stoff-Gemischen der Erdölindustrie nach der säulenchromatograph. Best.-Methode. Die Best .kann in 30 Min. mit prakt. genügender Genauigkeit durchgeführt werden; ca. 0,7 ml des zu untersuchenden KW-Stoff-Gemisches sind dazu erforderlich.
S. Baryschnikow. 8242△

3033 **Ultrarotspektrographische Untersuchungen von Xyliten und deren Umwandlungsprodukten.** Erich Preu. (Freiberger Forsch.-H., Reihe A **1961,** Nr. 236, 37—52; dt.) — Durch einen Vgl. mit den Spektren der Holzlignine geht hervor, daß die untersuchten Xylite (**A**), X_1 (mumifiziertes Holz; Pirkowitz/O.L.), X_2 (cellulosereicher, langfaseriger Xylit; Koyne/N.L.), X_3 (cellulosearmer, kurzbrüchiger Xylit; Koyne/N.L.), X_5 (vergelter dopplerisierter Xylit; Berzdorf/O.L.) u. mit großer Wahrscheinlichkeit auch X_4 (heller Strukturxylit; Espenhain-Oberflöz) aus Koniferenholz entstanden sind. Der Lignin-Geh. von **A** nimmt mit zunehmender Inkohlung von X_1 nach X_5 zu. Eine Aufspaltung der Ätherbindung der die Benzolkerne verbindenden heterocycl. Ringe, wie sie für höhere Inkohlungsstufen der Braunkohle typ. ist, ist selbst bei X_5 noch kaum festzustellen. Aus den zwischen 680 u. 885 cm^{-1} liegenden Banden wird auf eine 4fache Substitution der Benzolkerne geschlossen. Der Cellulose (**B**)-Geh. von **A** ist den aus der Absorption bei der Wellenzahl 1060 cm^{-1} berechneten Extinktionen proportional. — IR-Spektren der Alkalilignine (**C**; Huminsäuren) aus X_1 zeigen, daß bei Gewinnungs-Temp. unter 200° die Zus. sehr ähnlich ist. Oberhalb dieser Temp. kommt es zu einer sich mehr u. mehr verstärkenden Aufsprengung der cycl. Äther, wodurch sich gleichzeitig die Zahl der OH-Gruppen erhöht. Eine Zunahme der CO-Gruppen kann durch Wasserabspaltung aus vorher gebildeten alkohol. Gruppen erklärt werden. Die phenol. OH-Gruppen sind stark assoziiert. Eine Abschwächung der aromat. Banden bei einer Aufschluß-Temp. von 267° (CH_2-Brücken-Bldg. zwischen den Benzolringen) wird neben aus der OCH_3-Gruppe gebildetem CH_3OH auch durch Spalt-Prodd. von **B** bewirkt. Die mit zunehmender Verschärfung der Aufschlußbedingungen entstehenden **C** haben Ähnlichkeit mit einer Inkohlungsreihe. — Nach 8std. Kochung bei 267° eines bei 167° von **B** befreiten **A** u. anschließender Ausfällung von **C** kann aus der verbleibenden sauren wss. Lsg. ein Ätherextrakt (14,6%) gewonnen werden, der als wesentliche Bestandteile Brenzcatechin, Protocatechusäure u. Vanillinsäure enthält. — Druckinkohlungs-Verss. von **A** mit W. (8 Std. bei 200 bzw. 250°) liefern Prodd., die äußerlich dem Dopplerit sehr stark ähneln, hinsichtlich ihrer Äther- u. OH-Gruppen sich aber doch beträchtlich von ihm unterscheiden.
R. Bätz. 8244◇

3034 **Ultraviolettspektren von Kohle und Extrakten.** R. A. Friedel. (Chem. and Ind. **1961,** 462—63, 1961; Pittsburgh, Pa., Bur. of Mines; Pittburgh Coal Res. Centre, Region V, Div. of Bituminons Coal, V.St.A.; engl.) — Die UV-Spektren von Kohle u. einem festen Pyridinextrakt werden bestimmt, wobei bei 2300 Å keine Absorption gefunden wird. Damit dürfte die Abwesenheit von Naphthalin u. dessen Derivv. bewiesen sein. Dagegen zeigen sowohl Chlf.- als auch Bzl./PAe.-Extrakte eine starke Absorption bei 2300 Å, sie sind mithin naphthalinhaltig. K. Huste. 8246◇

3035 **Bestimmung der Fähigkeit, Feuchtigkeit zu halten, an japanischen Kohlen.** Jiro Nitadori, Teruo Aoki, Masaaki Sato und Kiyoshi Koseki. (J. Fuel Soc. Japan **41,** 992—1001, 1962; Resources Res. Inst.; jap., Auszug: engl.) — Die Restfeuchtigkeit beträgt bei ca. 120 japan. Kohlen 1,2—45%. Die entsprechenden calor. Daten reichen von 8630—3300 kcal/kg. Eine Neu-Klassifizierung der japan. Kohlen nach der International Classification of Hard Coals wird an Hand der Ergebnisse vorgenommen.
K. Strenge. 8246◇

3036 **Bestimmung von Germanium im Steinkohlengaswasser.** Robert Király und Miklós Nádasy. (Kohászati Lapok [Ung. Z. Hüttenwes.] **95,** 571—73, 1962. Veszprém, Univ. chem. Schwerind.; ung.) — Die zur Best. des Ge-Geh. von Braunkohlengaswasser verwendete Dest.-Meth. wurde für Steinkohlengaswasser so abgeändert, daß die organ. Substanzen vor der Dest. mit HCl zerstört werden, am besten in Ggw. von H_2SO_2. Die Dest. wird dann in Ggw. von Na-Sulfoxylat als Red.-Mittel ausgeführt.
L. Zombory. 8246△

3037 **Ein automatischer Fraktionssammler.** Ivan Maček. (Nafta [Zagreb] **13**, 354—60, 1962; Sisak, Technol. Inst.; kroat.) — Mit Hilfe einer Magnetwaage können jeweils 1,5 bis 7 g Substanz in 240 Vorlagen aufgefangen werden. Konstruiert wurde die App. für die Säulenchromatographie von KW-Stoffen. K. Strenge. 8252

3038 **Ein Gerät zur automatischen Bestimmung des Gehaltes an Harnstoff im Lösungsmittel.** W. Ss. Iwanow, A. D. Jermolajewa und K. A. Ssyromjatnikow. (Chem. Technol. Brennstoffe Öle [UdSSR] **7**, Nr. 9, 46—50, 1962; Leningrad, Filiale des Konstrukt.-Büros für Erdölverarbeit. u. Erdölchem.; russ.) — Das Gerät dient zur Best. von *Harnstoff* (**I**) im Isopropylalkohol in kontinuierlich arbeitenden industriellen Entparaffinierungsanlagen. Es arbeitet period. mit einstellbarer Zyklendauer von 5—60 Min.; 1 ml Prod. wird mit 35 ml NaBrO-Lsg. zusammen dosiert. Der Druck des sich entwickelnden N_2 ist die Best.-Größe für den I-Gehalt. Das Produktflußschema u. das elektr. Schaltbild des Gerätes sind angegeben. H. V. Adolphi. 8252

3039 **Gaschromatographie in Theorie und Praxis.** Nada Lenac-Lukačević. (Nafta [Zagreb] **13**, 372—76, 1962; Sisak, Rafinerija nafte; kroat.) — Nach einer Darst. des Prinzips der Gaschromatographie werden einige Ergebnisse von Erd- u. Crackgasanalysen mitgeteilt. K. Strenge. 8252

3040 **Beurteilung jugoslawischer Erdöle auf Grund einer analytischen Laboratoriumsdestillation.** Josip Širola, Nada Lenac und Stjepan Lucijanić. (Nafta [Zagreb] **12**, 223—28, 1961; Sisak, Rafinerija nafte; kroat.) — Die Werte für spezif. Gew., Reid-Dampfdruck, Stockpunkt, Viscosität, S- u. Wasser-Geh., ASTM- u. Hempel-Dest. für Rohöle von Gojlo, Bunjani, Mramor, Brdo, Križ, Lipovljani, Stružec II u. Kikinda werden in Tabellen mitgeteilt. R. K. Müller. 8252◇

3041 **Die Analyse von Erdölprodukten durch Infrarot-Spektroskopie.** Vida Štemberger. (Nafta [Zagreb] **13**, 376—83, 1962; Rijeka, Rafinerija nafte; kroat.) — Die Identifizierung unbekannter Verbb. durch IR-Spektroskopie (**A**) stellt eine wertvolle Meth. zur Analyse von Zusätzen in Schmier- u. Heizölen dar. Zur Prüfung der Veränderung eines Öles oder Bitumens während des Gebrauchs eignet sich **A** durch die Möglichkeit, mit ihr charakterist. Gruppen zu identifizieren. Die quant. **A** wird hauptsächlich bei Bzn. angewandt, da sie es gestattet, bis zu 10 Komponenten nebeneinander zu erfassen. K. Strenge. 8252

3042 **Erfahrungen aus Betriebsprüfungen von Kraft- und Schmierstoffen.** Mićo Zambeli. (Nafta [Zagreb] **13**, 467—73, 1962; Sisak, Rafinerija nafte; kroat.) — Einige Benzinsorten werden nach der Unitown-Meth. getestet. Als Fahrzeuge standen alle Typen der Marke „Zastava" zur Verfügung; die Betriebsoctanzahlen werden mit Hilfe von Standard-Bezugsgemischen ermittelt. Es werden Folgerungen für die Produktion von Bzn. gezogen, die hauptsächlich die Tendenz zu Bzn. mit hohen Octanzahlen zeigen. K. Strenge. 8254

3043 **Chromatographische Analyse rumänischen Benzins.** Marian Jaworski. (Chem. analit. [Warszawa] **7**, 1095—106, 1962; Blachoeina Slaska, Inst. of Org. Synth.; poln.) — Bzn. mit einem Kp. bis zu 150° wurde in 5 Fraktionen zerlegt u. anschließend gaschromatograph. untersucht. Es wurden folgende Komponenten bestimmt: Butan, Pentan, Hexan, Heptan, Octan, Nonan sowie die entsprechenden Iso-Verbb., ferner Bzl., Toluol, Äthylbenzol, Summe von m- u. p-Xylol, o-Xylol, Cyclopentan u. Cyclohexan. H. Kuchenbecker. 8254◇

3044 **Die Anwendung der Gaschromatographie für die Untersuchung von Gasen und Leichtbenzinen.** N. I. Lulowa, A. I. Tarassow, A. K. Fedossowa und Ss. A. Leontjewa. (Chem. Technol. Brennstoffe Öle [UdSSR] **7**, Nr. 9, 14—19, 1962; Allunions-Forsch.-Inst. der Erdölind.; russ.) — Die Vollanalyse von Gasen der Erdölverarbeitung auf dem Chromatograph *ChL–3* wird beschrieben. Sie schließt die Best. von KW-Stoffen C_1—C_6 u. von Nicht-KW-Stoff-Komponenten ein. Untersucht wurde die Pentaamylen-Fraktion aus Gasen u. Bzn. von katalyt. Cracking-Anlagen u. der leichte Teil von straight-run-Benzin. H. V. Adolphi. 8254

3045 **Die chromatographische Analyse der Kohlenwasserstoffe C_1—C_5 unter Ausnutzung einer zusammengesetzten Kolonne.** W. G. Sisin und W. I. Ssokolowa. (Chem. Technol. Brennstoffe Öle [UdSSR] **7**, Nr. 9, 27—29, Sept. 1962; Baschkir. Erdöl-Forsch.-Inst.; russ.) — Mit Chinolin u. $AgNO_3$ als fl. Phasen der Gas–Fl.-Chromatographie können alle Komponenten der KW-Stoffgase C_1—C_5 einschließlich Divinyl, aber ausschließlich Acetalen, in nur einer Kolonne analysiert werden. Die Wirksamkeitsdauer einer Kolonne beträgt 450 Analysen. H. V. Adolphi. 8254◇

3046 **Adsorption mit dem Molekularsieb 5 A aus der Lösung Benzol–Hexan.** A. W. Kisselew und L. F. Pawlowa. (Kinetik u. Katalyse [UdSSR] **2**, 599—605, 1961; Moskau, Lomonossow-Univ., Inst. für physik. Chem.; russ.) — *n-Hexan* wird aus einer Benzol-Lsg. mit dem Molekularsieb *Linde 5 A* bis zur völligen Auffüllung der Kanäle adsorbiert. (Vers.-Temp. 20°), Bzl. hingegen überhaupt nicht. Wie Messungen an der Dampfphase zeigen, besitzt Benzoldampf eine sehr geringe Adsorptionsneigung (Vers.-Temp. 25°). Wolfram Köhler. 8254□

3047 **Vergleichende Untersuchungen der chemischen Zusammensetzung der leichten Fraktionen des Savebecken-Rohöls.** Branka Budeč. (Nafta [Zagreb] **13**, 349—54, 1962; Sisak, Rafinerija nafte; kroat.) — Die chem. Zus. der Benzinfraktionen der Rohöle aus Stružec (**A**), Duge Selo (**B**) u. Kloštar (**C**) wird durch Adsorption an Silicagel, durch die physikal. Konst. u. durch gaschromatograph. Meth. untersucht. Der Aromaten-Geh. beträgt bei **A** 13%, bei **B** 5%, bei **C** 8%. Die Benzinfraktion aus **B** wird durch naphthen. u. paraffin. KW-Stoffe charakterisiert. K. Strenge. 8254

3048 **Fortschritte bei Hypoid-Ölen.** Ivan Zamberlin. (Nafta [Zagreb] **13**, 452—59, 1962; Klara, Rafinerija mineralnik ulja „Enol"; kroat.) — Hypoidöle werden heute aus ausgesuchten Rohstoffen mit hohem Viscositätsindex hergestellt. Sie müssen strengsten Anforderungen genügen. Als Prüfmeth. treten daher neben die Labor-Verss. die Betriebs-Verss. in Kraftwagen. Abschließend werden Meßergebnisse mit dem 4-Kugel-App. an „Enol"-Hypoidölen angegeben. K. Strenge. 8258

3049 **Verbrauchte Motorenöle der Rijeka Ölraffinerie.** Božica Cuculić. (Nafta [Zagreb] **13**, 479—89, 1962; Rijeka, Rafinerija nafte; kroat.) — Über ein Forschungsprogramm wird berichtet, das die Unters. von 600 gebrauchten Ölen aus allen Teilen Jugoslawiens u. aus verschiedenen Kraftfahrzeugen zur Aufgabe hat. Es werden jeweils die Viscosität, die Säurezahl, die Basenzahl, der pH-Wert, das Hexan- u. das Benzolunlösliche, der Asche-Geh., die Verdünnung u. der Wasser-Geh. gemessen. Die Ergebnisse zeigen, daß die Ölwechselzeiten weit länger ausgedehnt werden können, als es bisher üblich ist. K. Strenge. 8258

3050 **Untersuchung von Inhibitoren für Motorenöle.** Marijan Kolombo. (Nafta [Zagreb] **13**, 489—95, 1962; Rijeka, Rafinerija nafte; kroat.) — Eine schnelle Labor.-Meth. zur Prüfung von Korrosionsinhibitoren u. Antioxydantien wird vorgestellt. In Bechergläser, die sich in einem Ölbad befinden, werden Rührer aus den üblichen Lagermetallen gebracht. Der Vers. läuft bei 110, 130, 150° über 72 Stunden. Anschließend werden an den Rührern das Aussehen u. die Gew.-Veränderung, im Öl die Viscosität, die Säurezahl, das Benzolunlösliche, der pH-Wert u. evtl. Ndd. untersucht. Vers.-Ergebnisse mit Zn-Dithiophosphat u. sulfonierten Terpenen werden mitgeteilt. K. Strenge. 8258

3051 Kommanditbolaget Hårdtorv, Magnus Hjelte m. fl., Stockholm, Schweden (Erfinder: Sixten Magnus Hjelte und Bengt Zimmermann), **Herstellung von Brenntorf.** Der frisch gestochene Torf wird durch Mahlen oder Zerkleinern u. anschließendes Lagern, ggf. unter Einw. von Ultraschall, zunächst von lose gebundenem W. befreit (Wasser-Geh. ca. 80%) u. dann weiter mechan. bearbeitet unter Zusatz von Torfpulver oder Kalkmehl, wodurch das zellgebundene W. teilweise entfernt wird. Hierauf wird zu Stücken verformt. (**Finn. P. 30 509** vom 23/9. 1953, ausg. 30/1. 1960. Schwed. Prior. 27/9. H. V. Kähler. 8123

3052 N. V. de Bataafsche Petroleum Mij. (Erfinder: Simon de Haan), **Verbrennen von Ruß-Öl-Gemischen.** Ein Gemisch aus z. B. 80% Gasöl, 0—2% Asche, etwas W. u. 10—60 Ruß (z. B. Nebenprod. bei der Wassergas-Herst.

aus KW-Stoffen) ist in üblichen Öfen nicht verbrennbar. Die Verbrennung ist in einem Zweikammerofen möglich, wobei in der 1. Kammer das Öl teilweise verdampft, teilweise vergast u. teilweise verbrannt, der suspendierte Ruß porös wird u. in kleinere Teilchen zerfällt. Das so erhaltene Gemisch wird in der 2. Kammer restlos verbrannt. — Abbildungen. (**Aust. P. 224 593** vom 29/10. 1958, ausg. 5/11. 1959. Niederl. Prior. 31/10. 1957.) H. Möllering. 8129

3053 Claude E. Davis, Fullerton, Calif., V.St.A., **Verpackte imprägnierte Holzkohle,** die zum Anzünden u. zum Erhitzen auf Rotglut dient. Die Kohle wird zunächst mit Isopropylalkohol gesätt. u. in einen Blechbehälter, der hermet. verschließbar ist, derart lose eingetragen, daß genügend Zwischenräume für die Expansion der während der Lagerung durch Verflüchtigung gebildeten Gase verbleiben. (**A. P. 2 963 352** vom 5/11. 1956, ausg. 6/12. 1960.) W. Hauswald. 8135

3054 Komarek-Greaves & Co., übert. von: Gustav Komarek und Karl R. Komarek, Chicago, Ill., V.St.A., **Bindemittellose Brikettierung von Kohlen.** Die Rohkohle wird in einem Strom heißer Gase zur Brikettpresse geführt, aus der das Gas im Kreislauf dem zum Transport der Kohle benötigten heißen Gasstrom zurückgeleitet wird. Die Menge des Rückführgases beträgt ca. 40—80% des Gesamtgases. Die Temp. des Gases nach der Zumischung der Kohle liegt bei 300—700° F. (**A. P. 2 937 080** vom 14/2. 1957, ausg. 17/5. 1960.) W. Hauswald. 8137

3055 William W. Odell, Amherst, Va., V.St.A., **Verkoken fester Brennstoffe.** Die hierzu benötigte Wärme wird durch Zuführung hocherhitzten Kokses geliefert, der mit der Kohle in den Verkoker eingeschleust wird u. der mit unterem Drehrost u. Austrag versehen ist. Der zugeführte Koks befindet sich im „Fluidzustand" u. wird aus den oberen Schichten des Koksfluidbettes, das durch Einführen von Luft–O_2 zum Glühen gebracht wird, entnommen. (**A. P. 2 898 272** vom 14/9. 1954, ausg. 4/8. 1959.) W. Hauswald. 8145

3056 Godfrey L. Cabot, Inc., Boston, Mass., übert. von: Harold Reintjes, Short Hills, N.J., V.St.A., **Verkokung von C-haltigen Materialien** mit vorherrschendem Geh. an fixem C, bei denen mindestens ein Teil bei erhöhten Temp. plast. wird u. Dämpfe abgibt. Das Ausgangsmaterial (Kohle, Petrolkoks, ggf. vermischt mit einem verkokungsfähigen Bindemittel) wird in außenbeheizten Rohren, die über die ganze Länge einen gleichen Querschnitt besitzen, erhitzt, wobei das Material unter mechan. Druck durch die Rohre, z. B. mittels Schrauben befördert wird. Die Erhitzungs-Temp. beträgt mehr als 800° F. Hierbei wird das Material elast. u. dichter. Es verbleibt in den Rohren in fließendem Zustand bis die Verkokung vollendet ist u. eine im wesentlichen gleichmäßige Dichte der Masse erreicht ist. Nach Austritt aus den Rohren wird die Masse unmittelbar in einen Ofen übergeführt, wo der so geformte Koks auf ca. 1800° F erhitzt wird. (**A. P. 2 922 752** vom 7/3. 1957, ausg. 26/1. 1960.) W. Hauswald. 8145

3057 Union Oil Co. of California, Los Angeles, Calif., übert. von: Ross A. Hanson, Fullerton, Calif., V.St.A., **Gewinnung eines hochwertigen aschearmen Kokses mit niedrigem V-Gehalt** aus schweren Mineralölen, die wesentliche Mengen metall. Verunreinigungen, einschließlich V, enthalten. Das Ausgangsöl wird der Lsgm.-Extraktion mit einer pentanfreien Alkylatgasolinfraktion (Siedebereich zwischen 200 u. 300° F) unterworfen. Diese Fraktion enthält hauptsächlich Isohexan, Isoheptan u. Isooctan. Bei dieser Extraktion wird der größte Teil des Öles gelöst u. bildet die Raffinatphase. Nach Trennung beider Phasen wird das Lsgm. der Extraktphase entfernt u. das extrahierte Öl auf 800 bis 950° F erhitzt u. dabei der hochwertige Koks gewonnen. (**A. P. 2 913 395** vom 4/3. 1957, ausg. 17/11. 1959.) W. Hauswald. 8145

3058 General Carbon & Chemical Corp., Robinson, Ill., übert. von: John W. Ward und J. Armin Bierbaum, McPherson, Kans., V.St.A., **Gewinnung eines Kokses von Elektrodenqualität** aus Erdölprodd., wie asphalthaltigem Öl oder schwerem katalyt. Cyclusöl. Diese Öle werden zunächst von S durch Umsetzung desselben in flüchtige S-Verbb. in Ggw. eines Katalysators befreit. Die gereinigten Öle werden dann in leichte u. schwere Fraktionen zerlegt. Die verbleibende schwere Fraktion wird in einem Ofen weiter erhitzt, wobei ein Teil der Leichtölfraktion, der von diesem Ofen kommt, in den Fraktionsturm zurückgeleitet wird. Aus dem Ofen gelangt die erhitzte Schwerfraktion unter kontrollierten Bedingungen in die Verkokungskammer. Der erhaltene Koks hat höchstens 0,2% S. (**A. P. 2 963 416** vom 9/10. 1957, ausg. 6/12. 1960.) W. Hauswald. 8145

3059 Houillères du Bassin de Lorraine, Frankreich (Erfinder: Pierre Nicolas Schuller), **Behandlung von pulverförmigen oder granulierten Materialien, insbesondere von Steinkohle, Braunkohle oder Ölschiefer.** Die Materialien werden einer Hebbewegung über der profilierten Sole eines Behandlungsbehälters ausgesetzt, wobei sie einer oscillierenden Bewegung um eine horizontale oder schwach geneigte Achse unterworfen werden. Das Gut wandert progressiv vom Eintrag zum Austrag. Im Falle einer Verkokung von Steinkohle wird in der Erweichungszone langsam erhitzt, wobei auch flüchtige Bestandteile frei werden (350—550°). Unterhalb 350 u. oberhalb 550° wird die Erhitzungs-Geschw. stark erhöht. (**F. P. 1 209 260** vom 16/7. 1958, ausg. 1/3. 1960.) W. Hauswald. 8145

3060 Socony Mobil Oil Co., Inc., übert. von: George C. Johnson und Sigmund J. Lukasiewicz, Woodbury, N.J., V.St.A., **Herstellung eines Petrolkokses mit geringem S-Gehalt.** Das Ausgangsmaterial (schwere Dest.-Rückstände von Rohöl) wird mit Na_2CO_3, $NaHCO_3$, $Na_2CO_3 \cdot H_2O$, $Na_2CO_3 \cdot 10\,H_2O$ oder NaOH versetzt (entweder durch Vermischen mit Pulvern dieser Stoffe oder durch Imprägnieren), dann bei 1100—1800°, vorzugsweise bei 1300—1500°, verkokt. Der erhaltene Koks wird schließlich mit W. zwecks Entfernung der S-Salze gewaschen. (**A. P. 2 921 017** vom 13/2. 1957, ausg. 12/1. 1960.) W. Hauswald. 8145

3061 Inland Steel Co., Chicago, Ill., übert. von: Frank W. Luerssen, Munster, Ind., V.St.A., **Vergasung fester Brennstoffe,** bes. zur Erzeugung eines CO-reichen Gases. Man bildet mindestens 2 Ströme von in O_2-angereichertem Gas feinverteilten festen Brennstoffen. Die Regelung des O_2 zum Brennstoff in einem der Ströme ist derart, daß eine vollständige Verbrennung eines wesentlichen Teiles des C mit relativ hoher Flammen-Temp. stattfindet. Der andere Strom enthält nur so viel O_2, daß eine unvollständige Verbrennung eines Teiles des C zu CO mit relativ niedriger Flammen-Temp. möglich ist. Beide Ströme treffen in einer Verbrennungszone axial aufeinander, wobei eine turbulente Mischung der Flammen u. der Verbrennungs-Prodd. eintritt. Die relativ hohe Flammen-Temp. des einen Stromes muß dabei ausreichen, um die endotherm. Rk. eines großen Teiles des darin enthaltenen CO_2 mit dem überschüssigen, nicht in Rk. getretenen C, der in dem anderen Strom enthalten ist, zu bewirken. Es wird ein CO- u. H_2-reiches Gas mit weniger als 10% CO_2 erhalten. (**A. P. 2 962 367** vom 8/7. 1958, ausg. 29/11. 1960.) W. Hauswald. 8149

3062 Koppers Co., Inc., übert. von: Ernest E. Donath, Pittsburgh, Pa., V.St.A., **Vergasung fester suspendierter Brennstoffe** mittels O_2 u. Dampf zwecks Synthesegaserzeugung. Die O_2-Menge ist derart bemessen, daß nur ein Teil des Brennstoffes verbrannt wird, um damit die erforderliche Wärme für die Rk. des verbleibenden Teiles des Brennstoffes mit Dampf zu liefern, um das Synth.-Gas zu bilden. Die Suspension wird bei einer erhöhten Temp. in einer geschlossenen Zone konst. Vol. zur Zündung gebracht, so daß eine explosive Verbrennung stattfindet. Das Vol. der explodierten Prodd. wird während der Explosion u. danach in dieser Zone konst. gehalten, um ein Synth.-Gas ohne Expansions- u. Abkühlungsmöglichkeit zu erzeugen. Die dabei auftretende Wärme wird für die endotherm. Rk. des Dampfes u. des C ausgenutzt. (**A. P. 2 925 335** vom 21/12. 1955, ausg. 16/2. 1960.) W. Hauswald. 8149

3063 Texaco Development Corp. (Erfinder: Du Bois Eastman), **Wassergasherstellung,** bes. für *Synthesezwecke*, aus *Mineralöl*. Die Verbrennungs-Prodd. von im Öl enthaltenen *V- u. Ni-Verbb.* zerstören die Al_2O_3-Auskleidung der Verbrennungskammer. Zur Verhütung dieses Nachteils wird die Verbrennung so geführt, daß 0,5—5% des im Öl enthaltenen Kohlenstoffs als C abgeschieden werden u. die Va- u. Ni-Verbrennungs-Prodd. aufnehmen. Der freigesetzte C soll die 50—100fache Menge der gebildeten V- oder Ni-Verb. betragen. (**Aust. P. 224 313** vom 20/2. 1958, ausg. 29/10. 1959.) H. Möllering. 8153

3064 Československá Socialistická Republika (Erfinder: Bedřich Fottr-Smolík, Prag), Tschechoslowakei, **Aktivierung von Reaktorwänden mit 2—5% Nickel, um eine Rußbildung zu unterdrücken** In Reaktoren, in denen KW-Stoffe therm. in ein *Gemisch von* $CO + H_2$ zerlegt werden sollen, werden die Wände vor der Füllung des Reaktors mit $Ni(NO_3)_2$ getränkt, um in der Oberflächenschicht der Wände einen Geh. von 2—5% Ni zu sichern. (**Tschech. P. 98 413** vom 4/5. 1958, ausg. 15/2. 1961.) L. Macher. 8155

3065 Československá Socialistická Republika (Erfinder: Bedřich Fottr-Smolík, Prag), Tschechoslowakei, **Katalysator für die Überführung von Kohlenwasserstoffen in ein Gemisch von Kohlenmonoxid und Wasserstoff** erhält man aus einer Trägersubstanz, die aus pelletisiertem Magnesitklinker-Pulver u. einem Aktivator (Ni u. Mg) besteht, wobei man den Magnesitklinker mit einer Lsg. von $Ni(NO_3)_2 + Mg(NO_3)_2$ in einer Menge sättigt, daß im Katalysator nach der Wärmebehandlung 5—9% Ni u. 0,5—0,9% Mg enthalten sind. (**Tschech. P. 98 414** vom 5/5. 1958, ausg. 15/2. 1961.) L. Macher. 8155

3066 Haldor Frederik Aksel Topsøe, Hellerup, Dänemark, **Umsetzen von Kohlenwasserstoffen mit Wasser oder Kohlendioxid zu kohlenmonoxidhaltigen Reaktionsprodukten.** Den erhitzten KW-Stoffen wird nach Zusatz von Wasserdampf oder CO_2 vorgewärmtes Gasgemisch, bestehend aus den Rk.-Teilnehmern, in einer solchen Menge unter gleichzeitiger Durchwirbelung zugemischt, daß das Gasgemisch auf die optimale Rk.-Temp. abgekühlt wird, worauf es durch die Katalysatormasse geleitet wird. — Abbildung. (**Dän. P. 89 244** vom 5/5. 1955, ausg. 3/10. 1960.) K. H. Kähler. 8155

3067 Edward O. Bennett, Houston, Tex., und Edward B. Hodge, Terre Haute, Ind., V.St.A., **Verhindern des Bakterienwachstums bei der Erdölgewinnung** aus öltragenden Formationen durch Überfluten mit W., in dem 2—50 ppm 4-Äthyl-3.5-heptandiondioxim gelöst sind. Von den Sulfat reduzierenden Bakterien, bes. Desulfovibrio desulfuricans, werden die Ölsande fördernden Leitungen freigehalten. (**A. P. 2 947 691** vom 2/4. 1959, ausg. 2/8. 1960.) H. Schindler. 8191

3068 Metallgesellschaft Akt.-Ges., Frankfurt/M., **Cracken von Leichtpetroleumfraktionen.** Eine Petroleumfraktion mit Kp. 50—150° wird bei 750° in Ggw. von 70% Dampf u. feinkörnigem Sand mit 0,4—1,2 mm Ø bei 0,6 Sek. Verweilzeit gecrackt. Der Sand wird im Kreislauf geführt. Der von den Crackprodd. mitgerissene Sand wird in einem Cyclon unter Einblasen von überhitztem Dampf nur so weit entfernt, daß der Feststoff-Geh. im Gas noch 0,05—0,5, bes. 0,1—0,4%, beträgt, wodurch das Verstopfen von Rohrleitungen vermieden wird. Anschließend werden die Rk.-Prodd. mit Druckwasser gekühlt. (**E. P. 843 909** vom 18/12. 1958, ausg. 10/8. 1960. D. Prior. 21/12. 1957.) G. Krauß. 8197

3069 Phillips Petroleum Co. (Erfinder: Joseph Wade Davison und Raymond Clogston Scofield), V.St.A., **Aufarbeitung von Crackgemischen.** Heiße Crackgasgemische, die Acetylen, höhere Acetylene, Olefine, Aromaten u. Teere enthalten, werden durch Einspritzen von W. in den Crackofen abgeschreckt u. stufenweise im Gegenstrom-Verf. mit W. u. Ölen abgekühlt, bis ein von Aromaten u. Teeren freies Gasgemisch erhalten wird, das komprimiert u. von anhaftendem W. u. Öl befreit wird. — 4 Verf.-Schemata. (**F. P. 1 235 354** vom 5/5. 1959, ausg. 4/11. 1960. A. Prior. 13/5. u. 19/5. 1958.) Eberhard Riedel. 8197

3070 Institut Français du Pétrole, des Carburants et Lubrifiants und Commissariat à l'Énergie Atomique, Seine, Frankreich (Erfinder: Gabriel de Gaudemaris), **Polymerisieren von verzweigten Olefinen** durch Bestrahlung (Röntgen-, γ-, Atommeilerstrahlung, schnelle Elektronen), wobei man zweckmäßig bei kurzer Dauer mit großer Intensität bestrahlt. — 50 g Diisobutylen werden in einer verchromten Messingzelle mit einem $^4/_{10}$ mm starken Al-Fenster bei 30—35° unter Rühren mit 100 W durch einen Beschleuniger bestrahlt. Man dest. Ausgangsmaterial ab u. erhält ein *Polymeres*, das bei $Kp._{15}$ 108—110° *Dimeres* u. daneben geringe Mengen höherer Polymerer gibt. Das Verf. eignet sich zur Herst. von niedrig polymeren öl- u. fettartigen Stoffen. (**F. P. 1 241 712** vom 14/11. 1958, ausg. 28/12. 1960.) M. Pankow. 8201

3071 Institut Français du Pétrole, des Carburants et Lubrifiants und Commissariat à l'Énergie Atomique, Seine, Frankreich (Erfinder: Eve de Gorski und Gabriel de Gaudemaris), **Herstellung niederer Isobutylenpolymerer** (Polymerisationsgrad < 100) durch Behandlung von Isooctan mit hochintensiver Strahlung, wobei fl. bis feste Polymere entstehen. Die fl. Prodd. dienen als *Brennstoff* u. *Schmieröl*, die pastenartigen als *Schmierfett* u. Zusatz zu Ölen u. Fetten, die festen sind isolierende *Wachse*. — 50 g Isooctan werden 40 Min. mit einem Beschleuniger u. einer Dosis von 2 W/Std./g bestrahlt, Isooctan wird abdest. u. ein *Polymeres* erhalten aus 37,9 (%) Triisobuten, 13,9 Tetraisobuten, 19,4 Pentaisobuten, 7,4 Hexaisobuten u. 21,4 höheren Polymeren. (**F. P. 1 238 810** ausg. 5/12. 1960.) M. Pankow. 8201

3072 N. V. de Bataafsche Petroleum Mij., Niederlande, **Polymerisation von Isobutylen** in Mischung mit Buten-(1) u./oder -(2) bei 20—200° mit einer Heteropolysäure als Katalysator bis zu ≧ 75% Polymeren mit einem Durchsatz-Koeff. von 4—20 Liter/Liter/Std. (Vol. in Litern der Füllung, in fl. Form pro dm³ Katalysator u. pro Std. gemessen). Bei höherer Temp. bildet sich auch *tetrameres*, sonst *dimeres* u. *trimeres Isobutylen*, die man als solche oder nach Hydrierung für *Treibstoffe* verwendet. — Kieselsäuregel wird mit 3n HCl bis zum Na-Geh. < 0,02 Gew.-% (Trockengewicht) u. mit W. gewaschen, 8 Std. bei 150° getrocknet, mit einer Silicowolframsäure imprägniert u. 8 Std. bei 180° getrocknet. Bei 50° leitet man eine fl. Mischung aus 25 (Vol.-%) Isobutylen, 25 Buten-(2) u. 50 Isobutan mit einem Koeff. von 10 Liter/Std. über den Katalysator, wobei 85% Isobutylen ohne Polymerisation von Buten-(2) polymerisieren. (**F. P. 1 228 487** vom 27/4. 1959, ausg. 31/8. 1960. Niederl. Prior. 28/4. 1958.) M. Pankow. 8201

3073 N. V. de Bataafsche Petroleum Mij., Niederlande, **Herstellung von Heteropolysäurekatalysatoren** mit einem Heteropolysäureanteil von < 8 Gew.-% (des Gewichts des gesamten trockenen Katalysators) u. einem SiO_2-Gelträger, dessen Alkali-Geh. (bezogen auf Trockensubstanz) < 1 Milliäquivalent/100 g (= 0,023 Gew.-% im Falle von Na) beträgt. Die Katalysatoren dienen zum *Reformieren, Cracken, Hydrieren, Dehydrieren, Aromatisieren, Alkylieren, Polymerisieren, Isomerisieren* sowie für *Additions-Rkk.* aller Art. — Man behandelt Handelskieselsäuregel (500 g) bei 20° 3 Std. mit 2 Liter 4n HCl, wäscht HCl-frei u. trocknet 8 Std. im Luftstrom bei 150°, taucht das Gel in W., das 12,9 g Silicowolframsäure enthält, u. verdampft das W. auf dem Wasserbad u. bei 180° in 8 Std., worauf man über den Katalysator eine Mischung aus 80,7 (Vol.-%) n-Butan u. 19,3 Isobuten bei normalem Druck mit einer Ausbeute von 5 Liter pro Std. u. pro Liter Katalysator leitet: 100%ig. Polymerisation. (**F. P. 1 228 488** vom 27/4. 1959, ausg. 31/8. 1960. Niederl. Prior. 28/4. 1958.) M. Pankow. 8201

3074 Laboratori Riuniti e Ricerche S. p. A., San Donato Milanese, Italien, **Kraftstoff,** bes. für Vergasermaschinen, mit einem Zusatz an Estern von organ. Säuren u. tert. Alkoholen (z. B. Linaloolformiat, Acetat des 1-Methylcyclohexanols, Propionat des α-Terpineols, Butyrat des tert.-Amylnaphthylcarbinols, m-Nitrobenzoat des tert.-Butylalkohols, Linaloolcinnamat, Furoat des tert.-Butylalkohols), dad. gek., daß er insgesamt < 10 Vol.-% aromat. KW-Stoffe u. bzw. oder Olefine enthält u. daß ein Geh. an vorst. Estern 0,1—5 Vol.-% beträgt. (**Oe. P. 212 476** vom 18/9. 1959, ausg. 27/12. 1960. It. Prior. 18/9. 1958.) T. Oppermann. 8205

3075 „Shell" Research Ltd., London, England, **Konzentrat zum Einlaufen von Verbrennungsmaschinen** aus einem Kraftstoff, welcher eine in Öl lösl., Cr enthaltende organ. Verb. (z. B. Cr-Acetylacetonat) in einer Konz. von ≧ 0,05 g Cr je 4,546 Liter Kraftstoff enthält. Hiermit wird der Motor so lange betrieben, bis er einen befriedigenden Zustand des Eingefahrenseins erreicht hat. (**Oe. P. 211 933** vom 10/8. 1959, ausg. 10/11. 1960. E. Prior. 12/8. 1958.) T. Oppermann. 8205

3076 Esso Research and Engineering Co., übert. von: Frederick N. Baumgartner, Plainfield, N.J., V.St.A., **Herstellung dibasischer Al-Seifen** erfolgt in 2 voneinander getrennten Stufen, indem man zunächst die Alkaliseife einer Fettsäure C_2—C_{36} mit einem anorgan. Al-Salz (I), bes. $Al_2(SO_4)_3$ unter Zusatz von Alkalihydroxid bei einem pH > 5, bes. bei pH 6—7, zu 60—95% in Ggw. von W. umsetzt, das Rk.-Gemisch wenige Min. bei diesem pH hält u. dann durch Zusatz der restlichen Menge I die Fällung des Endprod. bei pH < 5 beendet. Die Rk. verläuft z. B. nach: $Al_2(SO_4)_3 + 6\,NaOH + 4\,RCOOH \rightarrow 2\,(RCOO)_2AlOH + 3\,Na_2SO_4 + 4\,H_2O$. — Die Prodd. dienen als *Verdicker* (Gelierungsmittel) für KW-Stoffe. (**A. P. 2 922 800** vom 22/10.1956, ausg. 26/1. 1960.) O. Müller-Meiningen. 8211

3077 Esso Research and Engineering Co., Elizabeth, N.J., V.St.A., **Herstellung eines Tripolymeren** aus 20—95 (%) eines Polymeren (I), 1—30 Maleinsäureanhydrid (II) u. 1—75 eines Olefins (III), letztere im Mol-Verhältnis 2 : 1 bis 1 : 2, durch Bestrahlen mit z. B. γ-Strahlen, harten Röntgenstrahlen, Neutronen, Protonen, Deuteronen, Elektronen hoher Geschw. u. β-Teilchen. Als III wurden aliphat. Monoolefine mit 2—36 C-Atomen verwendet. — In den Beispielen wurden Polyisobutylen, Octadecen u. II, gelöst in Dioxan, bei 75° tripolymerisiert. Das Endprod. kann noch modifiziert werden durch Rk. mit einem aliphat. einwertigen Alkohol mit 1—25 C-Atomen, einem prim. oder sek. Amin oder einem Mercaptan oder mit Säure hydrolysiert u. das Prod. mit Alkali-, Erdalkali- oder einer Aminbase oder mit NH_4OH in Salzform übergeführt werden. In dieser Form dient das Prod. bes. als 20—50%ig. Zusatz zu *Mineralölschmiermitteln*, dessen physikal. Eigg. vor u. nach der prakt. Verw. in Tabellen dargestellt sind. (**E. P. 852 949** vom 13/3. 1959, ausg. 2/11. 1960. A. Prior. 31/3. 1958.) H. Schindler. 8221

3078 Gulf Oil Corp., Pittsburgh, übert. von: Charles B. Welsh, Philadelphia, Pa., V.St.A., **Gemischte Metallsalze organischer Thiophosphorsäureester,** bes. die Zn-Salze, erhält man bei der Rk. aliphat. einwertiger Alkohole oder Phenole, die im Durchschnitt 6—14 C-Atome enthalten, mit P_2S_5 im Mol-Verhältnis von ca. 4 : 1 bei 130—350°F. Das Rk.-Prod. wird mit Zn oder einer bas. Zn-Verb. (ZnO) im Verhältnis von 0,5—1 Mol auf 1 Mol P_2S_5 bei ca. 60—180° F umgesetzt. Anschließend setzt man Erdalkalihydroxide zu, bis das pH der Mischung mindestens 6 beträgt u. außerdem ca. 0,5—2 Gew.-% der Mischung an Benzoylperoxid u. erhitzt die Mischung auf 300° F bei normalem Druck. Als Alkohole eignen sich bes. die Oxo-Octylalkohole. Man kann auch Cyclohexanol, Propylcyclohexanol, Octenol, Tetradecenol anwenden. — *Zusatzstoffe für Mineralschmieröle.* (**A. P. 2 944 972** vom 26/10. 1956, ausg. 12/7. 1960.) G. König. 8221

3079 Pan American Petroleum Corp., übert. von: Platho P. Scott jun., Tulsa, Okla., und Alfred O. Fischer, Alice, Tex., V.St.A., **Zusatzmittel für Bohrschlämme,** bestehend aus granulierten Teilchen von wasser- u. ölbeständigem Material, das eine Druckfestigkeit von mindestens 5000 pds./sq.in, ein Elastizitätsmodul von mindestens 10000 sq.in, eine Härte zwischen 2—5 Mohs-Skala, ein spezif. Gew. zwischen 0,8—2 im Vgl. zu W. u. einen F. von mindestens 120° besitzt. Das Material hat eine durchschnittliche Krumbein-Sphärizität von mindestens 0,4. Die Korngröße ist derart, daß 20—90% das Sieb Nr. 30 passieren u. auf dem Sieb Nr. 40 verbleiben. 10—80% der Teilchen passieren Sieb Nr. 40 u. verbleiben auf Sieb Nr.100. Weniger als 10% passieren das letztere Sieb. In Betracht kommende Materialien sind Walnuß-, Kokosnußschalen, Hartgummi, Hartplastiks wie Polystyrol. (**A. P. 2 943 679** vom 15/7. 1955, ausg. 5/7. 1960.) W. Hauswald. 8221

3080 Pure Oil Co., Chicago, übert. von: Elmer W. Brennan, Carpentersville, Ernest T. Fronczak und Thomas W. Martinek, Crystal Lake, Ill., V.St.A., **Herstellung von Ziehschmiermitteln für Metalle.** Man mischt W. mit hydrophoben gelbildenden Stoffen (Montmorillonit, Bentonit, Carboxymethylcellulose) zur Herst. eines gelatinösen Schlamms, mischt dazu Pigmente (I) einer Teilchengröße bis 325 Maschen, rührt bis zur Bldg. einer weichen Paste, fügt C_{12-24}-Fettsäuren in solchen Mengen zu, daß deren Seifen die fertige Mischung emulgieren können, verseift durch Zusatz von konz. wss. Alkalihydroxid-Lsg. u. vermischt das erhaltene Prod. mit so viel mineral. oder fettem Öl, daß eine homogene, weiche Paste erhalten wird. — Beispiel für **I:** Pb-Carbonat, Zn-Oxid, Ba-Carbonat, Lithopon, Talkum, Graphit, Ca-Carbonat. — Reaktionsschema. (**A. P. 2 965 567** vom 8/10. 1954, ausg. 20/12. 1960.) E. Drews. 8221

3081 Continental Oil Co., übert. von: Robert L. Carlyle, Lake Jackson, Tex., und Earl F. Morris, Ponca City, Okla., V.St.A., **Herstellung basischer organischer Metallverbindungen,** die mit Schmierölen stabile Dispersionen bilden, erhält man durch Einleiten von CO_2 in Gemische aus Alkanolen C_1—C_5 mit Oxiden, Hydroxiden oder Sulfiden des Na, Ba oder Ca u. in Ggw. von 0,5—1 Mol W. je Mol anorgan. Verb. u. Rk. der erhaltenen Komplex-Verb. mit einer sulfonsäurehaltigen oberflächenakt. Verbindung. — Man leitet z. B. in eine Suspension von 5 (Teilen) CaO (85%ig.) in 80 CH_3OH (Wassergeh. 1%) CO_2 bis die Temp. zu fallen beginnt u. filtriert 33 einer in W. lösl. instabilen Verb. der Zus. $Ca(-O-CO-OCH_3)_2 \cdot n\,CH_3OH$ ab. Man mischt das Prod. mit 95 einer 50%ig. Lsg. von neutralem Ca-Postdodecylbenzolsulfonat in 170 „Bale"-Öl, erhitzt unter Abdest. von CH_3OH auf 150°, befreit das öllösl. Rk.-Prod. durch Zentrifugieren von suspendierten Teilchen. OHZ = 86. — Die Endprodd. dienen als *Schmiermittelzusätze* u. zur Herst. von Korrosionsinhibitoren. Basizitäts- u. Viscositätskurven. (**A. P. 2956018** vom 1/7. 1955, ausg. 11/10. 1960.) O. Müller-Meiningen. 8221

3082 Sinclair Refining Co., New York, N.Y., übert. von: John W. Nelson, Lansing, Ill., V.St.A., **Herstellung von Ca-12-Hydroxystearatseifenschmierfetten.** Man stellt die Seife in Ggw. von H_2O in einem Schmieröl her, das einen Fließpunkterniedriger (z. B. Polyacrylate „Acryloid") enthält, wobei auf eine Seifen-Konz. von 16—20 (Gew.-%) gearbeitet wird. Das Gemisch wird bei 260° entwässert, hierauf auf 285—295° F erhitzt bis die Oberfläche weich u. eben ist. Dann gibt man das restliche Schmieröl zu u. stellt auf einen Seifen-Geh. von 2—6 ein. Das Schmierfett hat eine Konsistenz von 10—50 Sek. im SIL-Mobilometer bei Anwendung eines 40-Grammgewichts. (**A. P. 2 940 931** vom 20/7. 1956, ausg. 14/6. 1960.) E. Drews. 8223

3083 Československá Socialistická Republika (Erfinder: Jan Krotký, Prag), Tschechoslowakei, **Schmiermittel** für bei —50 bis +300° arbeitende Mechanismen. Es besteht aus 1 (Teil) Methylphenylsiliconöl (Viscosität 23—27 cSt/100°) u. 1—2 eines aus Adipinsäure durch Kondens. mit Butanol u. Äthylenoxid erhaltenen Esters (Viscosität 2,95—3,25 cSt/100°) oder 1 Bis-2-äthylhexylsebacat unter Zusatz von 1% Phenthiazin als Antioxydans. (**Tschech. P. 98 155** vom 11/7. 1959, ausg. 15/1. 1961.) L. Macher. 8223

Redaktionsschluß: 1. November 1963

Herausgeber: Prof. Dr. Heinrich Bertsch, Berlin, u. Prof. Dr. Dr. h. c. Wilhelm Klemm, Münster
Chefredakteure und verantwortlich für den Inhalt: Dr. Eugen Klever, Berlin 30, Geisbergstraße 39, Fernsprecher: 249541 und Prof. Dr.-Ing. Eberhard Leibnitz, Berlin N 4, Schiffbauerdamm 19, Fernsprecher: 425571
©
Verlag: Akademie-Verlag GmbH, Berlin W 8, Leipziger Str. 3—4 (Fernsprecher: 220441, Telex-Nr. 011773, Postscheckkonto: Berlin 35021), und Verlag Chemie, GmbH, Weinheim/Bergstr. (Fernsprecher: Weinheim 3635 [Sammelnummer]; Fernschreiber: 0465516 chemieverlwnh; Postscheckkonten: Frankfurt/M. 145314 u. Berlin [West] 7430). Bestellnummer: 1007/135. Das Chemische Zentralblatt erscheint wöchentlich. Preis des Jahrganges einschl. Autoren-, Patent-, Sach- u. Formelregister: DM 1800,—; einseitig bedruckte Ausgabe: DM 2200,—. Abgabe der Zeitschrift nur mit sämtlichen Registern.
Abbestellungen nur bis spätestens 6 Wochen vor Ablauf des Kalenderjahres

Satz u. Druck: VEB „Maxim Gorki", Altenburg, u. VEB Leipziger Druckhaus, Leipzig, III/18/203. I. 64
Veröffentlicht unter der Lizenznummer 1273 des Presseamtes beim Vorsitzenden des Ministerrates
Printed in Germany

81 805

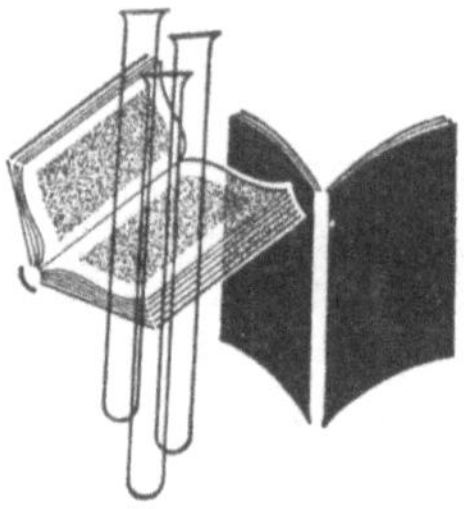